List of the Elements with Their Atomic Symbols and Atomic Weights

Name	Symbol	Atomic Number	Atomic Weight
Actinium	Ac	89	(227)*
Aluminum	Al	13	26.981538
Americium	Am	95	(243)
Antimony	Sb	51	121.760
Argon	Ar	18	39.948
Arsenic	As	33	74.92160
Astatine	At	85	(210)
Barium	Ba	56	137.327
Berkelium	Bk	97	(247)
Beryllium	Be	4	9.012182
Bismuth	Bi	83	208.98040
Bohrium	Bh	107	(272)
Boron	B	5	10.811
Bromine	Br	35	79.904
Cadmium	Cd	48	112.411
Calcium	Ca	20	40.078
Californium	Cf	98	(251)
Carbon	C	6	12.0107
Cerium	Ce	58	140.116
Cesium	Cs	55	132.90545
Chlorine	Cl	17	35.453
Chromium	Cr	24	51.9961
Cobalt	Co	27	58.933195
Copernicium	Cn	112	(285)
Copper	Cu	29	63.546
Curium	Cm	96	(247)
Darmstadtium	Ds	110	(281)
Dubnium	Db	105	(268)
Dysprosium	Dy	66	162.500
Einsteinium	Es	99	(252)
Erbium	Er	68	167.259
Europium	Eu	63	151.964
Fermium	Fm	100	(257)
Flerovium	Fl	114	(289)
Fluorine	F	9	18.998403
Francium	Fr	87	(223)
Gadolinium	Gd	64	157.25
Gallium	Ga	31	69.723
Germanium	Ge	32	72.64
Gold	Au	79	196.96657
Hafnium	Hf	72	178.49
Hassium	Hs	108	(270)
Helium	He	2	4.002602
Holmium	Ho	67	164.93032
Hydrogen	H	1	1.00794
Indium	In	49	114.818
Iodine	I	53	126.90447
Iridium	Ir	77	192.217
Iron	Fe	26	55.845
Krypton	Kr	36	83.798
Lanthanum	La	57	138.9055
Lawrencium	Lr	103	(262)
Lead	Pb	82	207.2
Lithium	Li	3	6.941
Livermorium	Lv	116	(293)
Lutetium	Lu	71	174.9668
Magnesium	Mg	12	24.3050
Manganese	Mn	25	54.938045
Meitnerium	Mt	109	(276)
Mendelevium	Md	101	(258)
Mercury	Hg	80	200.59
Molybdenum	Mo	42	95.96
Moscovium	Mc	115	(288)
Neodymium	Nd	60	144.242
Neon	Ne	10	20.1797
Neptunium	Np	93	(237)
Nickel	Ni	28	58.6934
Nihonium	Nh	113	(284)
Niobium	Nb	41	92.90638
Nitrogen	N	7	14.0067
Nobelium	No	102	(259)
Oganesson	Og	118	(294)
Osmium	Os	76	190.23
Oxygen	O	8	15.9994
Palladium	Pd	46	106.42
Phosphorus	P	15	30.973762
Platinum	Pt	78	195.094
Plutonium	Pu	94	(244)
Polonium	Po	84	(209)
Potassium	K	19	39.0983
Praseodymium	Pr	59	140.90765
Promethium	Pm	61	(145)
Protactinium	Pa	91	231.03588
Radium	Ra	88	(226)
Radon	Rn	86	(222)
Rhenium	Re	75	186.207
Rhodium	Rh	45	102.90550
Roentgenium	Rg	111	(280)
Rubidium	Rb	37	85.4678
Ruthenium	Ru	44	101.07
Rutherfordium	Rf	104	(265)
Samarium	Sm	62	150.36
Scandium	Sc	21	44.955912
Seaborgium	Sg	106	(271)
Selenium	Se	34	78.96
Silicon	Si	14	28.0855
Silver	Ag	47	107.8682
Sodium	Na	11	22.989769
Strontium	Sr	38	87.62
Sulfur	S	16	32.065
Tantalum	Ta	73	180.9479
Technetium	Tc	43	(98)
Tellurium	Te	52	127.60
Tennessine	Ts	117	(292)
Terbium	Tb	65	158.92535
Thallium	Tl	81	204.3833
Thorium	Th	90	232.0381
Thulium	Tm	69	168.93421
Tin	Sn	50	118.710
Titanium	Ti	22	47.867
Tungsten	W	74	183.84
Uranium	U	92	238.02891
Vanadium	V	23	50.9415
Xenon	Xe	54	131.293
Ytterbium	Yb	70	173.054
Yttrium	Y	39	88.90585
Zinc	Zn	30	65.38
Zirconium	Zr	40	91.224

*Values in parentheses are the mass numbers of the most common or longest lived isotopes of radioactive elements.

Periodic Table of the Elements

1 1A	2 2A	3 3B	4 4B	5 5B	6 6B	7 7B	8 8B	9 8B	10 8B	11 1B	12 2B	13 3A	14 4A	15 5A	16 6A	17 7A	18 8A
Main groups	Main groups	Transition metals	Transition metals	Transition metals	Transition metals	Transition metals	Transition metals	Transition metals	Transition metals	Transition metals	Transition metals	Main groups	Main groups	Main groups	Main groups	Main groups	Main groups
1 H 1.00794																	2 He 4.002602
3 Li 6.941	4 Be 9.012182											5 B 10.811	6 C 12.0107	7 N 14.0067	8 O 15.9994	9 F 18.998403	10 Ne 20.1797
11 Na 22.989769	12 Mg 24.3050											13 Al 26.981538	14 Si 28.0855	15 P 30.973762	16 S 32.065	17 Cl 35.453	18 Ar 39.948
19 K 39.0983	20 Ca 40.078	21 Sc 44.955912	22 Ti 47.867	23 V 50.9415	24 Cr 51.9961	25 Mn 54.938045	26 Fe 55.845	27 Co 58.933195	28 Ni 58.6934	29 Cu 63.546	30 Zn 65.38	31 Ga 69.723	32 Ge 72.64	33 As 74.92160	34 Se 78.96	35 Br 79.904	36 Kr 83.798
37 Rb 85.4678	38 Sr 87.62	39 Y 88.90585	40 Zr 91.224	41 Nb 92.90638	42 Mo 95.96	43 Tc (98)	44 Ru 101.07	45 Rh 102.90550	46 Pd 106.42	47 Ag 107.8682	48 Cd 112.411	49 In 114.818	50 Sn 118.710	51 Sb 121.760	52 Te 127.60	53 I 126.90447	54 Xe 131.293
55 Cs 132.90545	56 Ba 137.327	71 Lu 174.9668	72 Hf 178.49	73 Ta 180.9479	74 W 183.84	75 Re 186.207	76 Os 190.23	77 Ir 192.217	78 Pt 195.094	79 Au 196.96657	80 Hg 200.59	81 Tl 204.3833	82 Pb 207.2	83 Bi 208.98040	84 Po (209)	85 At (210)	86 Rn (222)
87 Fr (223)	88 Ra (226)	103 Lr (262)	104 Rf (265)	105 Db (268)	106 Sg (271)	107 Bh (272)	108 Hs (270)	109 Mt (276)	110 Ds (281)	111 Rg (280)	112 Cn (285)	113 Nh (284)	114 FL (289)	115 Mc (288)	116 Lv (293)	117 Ts (292)	118 Og (294)

* Lanthanide series	57 *La 138.9055	58 Ce 140.116	59 Pr 140.90765	60 Nd 144.242	61 Pm (145)	62 Sm 150.36	63 Eu 151.964	64 Gd 157.25	65 Tb 158.92535	66 Dy 162.500	67 Ho 164.93032	68 Er 167.259	69 Tm 168.93421	70 Yb 173.054
† Actinide series	89 †Ac (227)	90 Th 232.0381	91 Pa 231.03588	92 U 238.02891	93 Np (237)	94 Pu (244)	95 Am (243)	96 Cm (247)	97 Bk (247)	98 Cf (251)	99 Es (252)	100 Fm (257)	101 Md (258)	102 No (259)

ROBINSON | MCMURRY | FAY

CHEMISTRY

EIGHTH EDITION

일반화학

제8판

화학교재연구회 옮김

Pearson

자유아카데미

저자 소개

Jill K. Robinson

볼더에 있는 콜로라도 대학교에서 분석 및 대기화학으로 박사 학위를 받았다. 인디애나 대학교 수석 강사이며, 일반화학, 분석화학, 환경화학을 가르치고 있다. 명확하고 논리적인 교육 스타일로, 인디애나 대학교에서 최우수 강의 대통령상, 미국화학회 분석화학분과 교육우수상인 J. Calvin Giddings Award 등 다수의 상을 수상하였다. 로빈슨 교수는 강의기반 교육으로부터 학생중심 교육으로 전환할 수 있도록 워크숍을 이끌고 있다.

John McMurry

미국 하버드 대학교와 컬럼비아 대학교에서 수학했다. 40년 동안 20,000명이 넘는 학생들에게 일반화학과 유기화학을 가르쳤다. 현재 코넬 대학교 화학과 명예교수이며, 산타크루즈 캘리포니아 대학교(UCSC)에서 13년간 교수직에 있었다. 그는 Alfred P. Sloan Fellowship(1969~71), National Institute of Health Career Development Award(1975~80), Alexander von Humboldt Senior Scientist Award(1986~87), Max Planck Research Award(1991) 등 많은 상을 수상하였다.

Robert C. Fay

코넬 대학교 명예교수로, 1962년부터 45년간 코넬 대학교에서 일반화학과 무기화학을 가르쳤다. 명확하고 깔끔한 강의로 유명하며, 1980년에는 Clark Distinguished Teaching Award를 수상했다. 그는 또한 미국의 하버드 대학교와 이탈리아의 볼로냐 대학교에서 객원교수를 지냈다. 오벌린 대학의 파이 베타 카파(Phi Beta Kappa)로 졸업하였으며, 일리노이 대학교에서 박사 학위를 받았다. 이스트 앵글리아 대학교와 서섹스 대학교(잉글랜드)의 NSF 과학학부 연구원, 옥스포드 대학교의 NATO/Heineman 선임 연구원으로 활동했다.

머리말

학생들에게

프랜시는 첫 번째 화학 시간에 흥분되어 있었다. 모든 것은 끊임없이 운동하는 원자들로 구성되어 있다는 것을 그녀가 한 시간 만에 알게 된 것이다. 어느 것도 없어지거나 파괴되지도 않는다는 사실도 알게 되었다. 뭔가 타거나 썩어서 없어진다 해도, 지구상에서 사라지는 것이 아니라, 다른 것으로, 즉 기체, 액체, 분말로 변화한다는 것이다. 프랜시가 첫 번째 강의가 끝난 후 내린 결론이 있다. 화학에선 모든 것이 활기차고, 화학에는 죽음이 없다는 것이다. 왜 교육받은 사람들이 화학을 종교로 택하지 않는지, 그녀는 의아해했다.

– 베티 스미스, 나를 있게 한 모든 것들

이처럼 숨이 막힐 정도로, 모든 사람이 화학 강의에서 반응하는 것은 아니다. 화학을 종교로 착각하는 사람도 거의 없다. 그렇지만 화학이란 과목은 매우 논리적인 아름다움을 가지고 있다. 우리가 화학을 좋아하는 이유에는 두 가지가 있다. 우리 주변을 관찰해서 얻은 많은 결과의 '이유(Why)'를 화학이 설명해 주기 때문이다. 또한, 우리의 건강, 생활방식, 정치에 관한 정보를 선택할 수 있도록 화학이 도움을 주기 때문이다. 게다가 화학은 과학의 핵심이다. 그 덕분에 화학은 지난 세기에 있었던 그 많은 위대한 진보를 가져온 과학의 토대가 되어, 수명 연장과 풍요로운 삶을 가져다 주었다. 화학은 물질세계를 바르게 이해하도록 해줄 것이며, 필요로 하는 토대를 계속 제공하여 과학과 인류에 중요한 공헌을 하게 될 것이다.

이 책의 사용법

독자들은 교과서를 사용해 본 경험이 틀림없이 있을 것이다. 또한, 이 책을 소설처럼 읽어서는 안 된다는 것도 알고 있을 것이다. 이 책을 쓴 목적은 화학을 명확하고 쏙쏙 받아들이도록 소개하기 위함이다. 이를 위해 화학을 처음 공부하는 독자들이 화학을 이해하고 공감하도록 도울 것이다. 이 책에 푹 빠져서, 각 절마다 계속 질문하고 이해 여부를 확인해 본다면 큰 도움이 될 것이다. 이 책을 설계하고 집필한 방식은 독자의 마음을 활성화시켜 화학의 여러 원리를 배울 때 중요한 개념을 소화할 수 있도록 도울 것이다.

제8판 개정판에서는 효과적인 학습법 연구를 바탕으로, 학습 사이클을 구성하였다. 이제 학습 사이클의 구체적인 단계들이 검증된 전략들을 어떻게 사용하여 학습을 극대화하는지 알아보자.

제1단계: 새로운 자료의 학습

- **설명부**: 본문을 읽을 때는 항상 그 개념의 숨은 '이유'를 이해하도록 도전해야 한다. 예를 들어, 탄소가 네 개의 결합을 형성한다는 것을 배운다면 그 이유를 설명부에서 제공할 것이다. 개념적으로 이해한다면, 엄청 많은 사실들을 **암기할 필요가 없고**, 중요한 원칙들을 훨씬 쉽게 배우고 잊어버리지 않을 것이다!

- **그림**: 그림은 선택이 아니다! 대부분의 그림들은 중요한 점들을 요약해서 전달한다. **확인하기**에서는 핵심 원리를 주목하게 만들고, 그래프 해석 지침을 제공한다. 질문에 답하는 방법이 있다. 먼저 그림을 검토하라. 그리고 나서 관련 설명부를 다시 읽으면 된다. 확인하기 문제의 답은 문제 아래쪽에 있다. **개념탐구 질문**은 가장 중요한 개념을 독자 여러분이 소화하고 적용할 수 있도록 돕는 것으로, 여백에 있다.
- **예제**: 본문에 있는 수많은 예제들에서 보여 주는 것은 특정 유형의 문제를 해결하는 방법이다. 각 예제는 단계별로 풀어나간다.
  - **문제 파악**—문제 풀기의 첫 단계는 핵심 정보를 먼저 파악하고 기지량과 미지량으로 분류하기이다. 이 단계에서는 단어와 화학 기호 사이의 상호 변환도 포함한다. 한쪽에 기지량을, 다른 한쪽에 미지량을 나열하면, 정보가 구조화되어 올바른 전략 찾기 과정을 보다 가시화할 수 있다. 이러한 문제 파악 단계는 수치 문제에 사용된다.
  - **전략**—전략에서는 문제를 푸는 방법을 설명만 하지, 실제로 풀지는 않는다. 대개, 필요한 전략을 명확하게 설명하지 못하는 것이 흔히 빠지는 함정이다. 즉, 너무나 자주, 학생들은 숫자와 변수를 다루는 일부터 시작한다. 핵심 식을 먼저 찾지도 않고, 계획을 세우지도 않고, 시작부터 한다. 전략을 명확하게 설명한다면, 개념적 이해를 발전시킬 것이다. 또한, 특정 유형의 문제 풀이에 등장하는 단계들을 단순히 암기하는 것보다 훨씬 더 바람직하다.
  - **풀이**—계획의 윤곽이 잡히면 핵심 정보를 사용하여 답을 얻을 수 있다.
  - **점검**—문제 풀이를 끝내려면 얻은 답이 타당한지 여부를 점검하고 끝내야 한다. 세상의 유용한 지식과 화학적 지식을 모두 사용하여 얻은 답을 평가하라. 예를 들어 보자. 액체 물 시료에 열을 가할 때 나중 온도가 얼마인지를 계산하도록 요청받은 경우, 얻은 답을 비판적으로 고려해야 한다. 즉, 나중 온도는 처음 온도보다 낮은가? 가열했는데 온도 상승이 없으면 안 되는가? 나중 온도가 물의 끓는점인 100 ℃보다 높은가? 이 점검 단계가 문제에서 사용되는 때는 언제일까? 어떤 수의 크기와 부호를 추정할 때 또는 답의 물리적 의미를 익숙한 관찰에 기초하여 검증할 때이다.

  예제에서는 탐구한 개념을 통달했는지를 시험하는데, 두 문제가 뒤따를 것이다.

  연습문제는 형태와 복잡성이 예제와 비슷하다. 연습문제에서는 기본적인 이해를 시험할 것이다. 이 문제를 올바르게 완수했다면, **응용문제**에 도전해 보라. 응용문제에서는 새로운 상황에서 그 개념이 사용됨으로써 그 주제를 더 깊숙이 이해할 수 있다. 응용문제에 대한 해답은 이 책의 끝부분에 있다.
- **개념 문제**: 개념적 이해는 이 책의 주요 관심사이다. 개념적 문제의 의도는, 방정식에서 수치를 정확하게 사용하는 능력보다는 핵심 원리 이해를 탐색하면서, 원자/분자의 구조와 상호 작용을 시각화하는 중요한 기술을 독자가 갖도록 하는 데 있다. 주요 개념들을 확고히만 해준다면, 이러한 문제들을 정복하는 데 소비한 시간은 높은 장기적 이익을 제공할 것이다.

제2단계: 문제 풀기 연습

더 복잡하고 오래 지속되는 학습을 성취하는 방법이 있다. 많은 노력을 필요로 하고 학습 속도를 떨어뜨리는 문제들을 연습해 보는 것이다.

- **장 끝 문제**: 문제풀기는 화학 성공의 필수이다! 각 장의 끝에 있는 많고 다양한 문제들로 연습을 하면, 특정 개념들을 통달하게 될 것이다. 문제의 해답은 책의 뒷부분 '해답' 섹션에 있고, 문제 하나 걸러 있다.

제3단계: 통달하기

일단 한 장을 읽고 나서 장 끝 문제를 완성한 경우라면, 독자는 시험을 위해 복습할 필요가 있다. 또한 어떤 주제를 통달했는지, 그리고 여전히 굳건히 해야 할 부분이 어느 것인지를 평가할 필요가 있다. Inquiry 부분과 복습 문제는 그 장의 머릿돌로서 정신적 표현을 강화하는 곳으로, 그 방법은 학습을 재연하고 의미를 부여한다.

- **Inquiry**: Inquiry 부분에서는 화학과 주변 세계를 연결해 준다. 연결 방법은 많은 학생들의 미래 직업에 유용한 링크를 클릭하면 된다. 대표적인 주제는 재료, 의약품, 환경이다. 이 부분의 목표는 이해도를 높여 기억에 도움을 주는 것으로, 그 방법은 개념과 기억할 만한 용도를 묶어 주면 된다. Inquiry 부분은 각 장의 머릿돌로 생각할 수 있다. Inquiry 문제들이 여러 주요 개념 및 계산을 복습해 주기 때문이다. 이 부분들은 자격시험을 준비하는 데도 도움을 줄 것이다. 왜냐하면, 이 부분들이 자격시험의 새로운 버전과 동일한 스타일로 저술되었기 때문이다. 즉, 응용을 설명하는 구절 다음에는 일련의 질문들이 뒤따른다. 그 질문들로 과학 기본 개념을 그 상황에 적용하는 능력을 검증할 수 있다.
- **장 끝 정리와 복습 문제**: 장 끝 정리와 복습 문제는 시험 준비에 유용한 도구이다. 각 복습 문제는 정리의 학습 목표와 연계되어 있다.

감사의 글

저자들의 가족들과 재능 있는 여러분들 덕분에 개정판이 나왔습니다. 코스웨어 포트폴리오 매니저인 Terry Haugen에게 감사를 드립니다. 그의 통찰력과 제안으로 책이 개선되었습니다. Cathy Murphy, Coleen Morrison, Jay McElroy에게 감사를 드립니다. 원고와 미술 프로그램을 꼼꼼하게 검토를 해주어, 학생들이 보다 이해하기 쉽게 만들어 주었습니다. 수석 제품 마케팅 매니저인 Elizabeth Bell에게 감사를 드립니다. 제8판의 기능을 설명하는 데 새로운 활력을 불어넣어 주었습니다. Shercian Kinosian과 Kelly Murphy에게 감사를 드립니다. 제작 및 편집에 노력을 경주해 주었습니다. 미술 작품 제작을 코디해 준 Rebecca Marshall, 사진을 담당해 준 Angelica D. Aranas에게 감사를 드립니다.

탁월한 공헌을 해주신 여러 동료들에게도 특별히 감사를 드립니다. 이분들은 중요한 보조자료들을 많이 만들어 주었기에, 교과서를 하나의 완벽한 꾸러미로 전환시킬 수 있었습니다.

- 켄트 주립 대학의 Ruth Leslie는 부록 문제 은행을 새롭게 해주었습니다.
- 버지니아 커먼웰스 대학의 Joseph Topich는 전체 및 부분 해답집을 만들어 주었습니다.
- 디트로이트 머시 대학의 Mark Benvenuto는 교수 학습 자료에 귀중한 콘텐츠를 제공해 주었습니다.
- 톨레도 대학의 Kristi Mock은 제8판의 학생용 학습 가이드를 만들어 주었습니다.
- 클렘슨 대학의 Dennis Taylor는 강사용 자료집을 만들어 주었습니다.
- 성 요셉 칼루멧 대학의 Sandra Chimon-Rogers는 실험서를 새롭게 해주었습니다.

마지막으로, 감사를 드리고 싶은 분들이 있습니다. 모든 정확성을 검토해 주신 분들, 본문을 검토해 주신 분들, 또한 우리의 작업을 읽고 비판하고 개선해 주신 많은 다른 기관의 동료들에게도 감사를 드립니다.

Jill K. Robinson
John McMurry
Robert C. Fay

제8판을 검토해 주신 분들

Stanley Bajue, Medger Evers College
Joe Casalnuovo, Cal Poly, Pomona
Kathryn Davis, Manchester University
Sarah Edwards, Western Kentucky University
Stacy O'Reilly, Butler University
Gabriela Smeureanu, Hunter College
Lucinda Spryn, Thomas Nelson Community College
Joe Topich, Virginia Commonwealth University
Ken Tyrrell, Connors State College
Zachary Varpness, Chadron State College

제7판까지 검토해 주신 분들

James Almy, Golden West College
Laura Andersson, Big Bend Community College
David Atwood, University of Kentucky
James Ayers, Colorado Mesa University
Mufeed Basti, North Carolina A&T State University
David S. Ballantine, Northern Illinois University
Debbie Beard, Mississippi State University
Robert Blake, Glendale Community College
Ronald Bost, North Central Texas University
Danielle Brabazon, Loyola College
Gary Buckley, Cameron University
Robert Burk, Carleton University
Ken Capps, Central FL Community College
Joe Casalnuovo, Cal Poly Pomona
Myron Cherry, Northeastern State University
Sandra Chimon-Rogers, Calumet College of St. Joseph
Allen Clabo, Francis Marion University
Claire Cohen, University of Toledo
Paul Cohen, University of New Jersey
Katherine Covert, West Virginia University
David De Haan, University of San Diego
Nordulf W. G. Debye, Towson University
Dean Dickerhoof, Colorado School of Mines
David Dobberpuhl, Creighton University
Kenneth Dorris, Lamar University
Jon A. Draeger, University of Pittsburgh at Bradford
Brian Earle, Cedar Valley College
Amina El-Ashmawy, Collin County Community College
Joseph W. Ellison, United States Military Academy at West Point
Erik Eriksson, College of the Canyons
Peter M. Fichte, Coker College
Kathy Flynn, College of the Canyons
Joanne Follweiler, Lafayette College
Ted Foster, Folsom Lake College
Cheryl Frech, University of Central Oklahoma
Mark Freilich, University of Memphis
Mark Freitag, Creighton University
Travis Fridgen, Memorial University of Newfoundland
Chammi Gamage-Miller, Blinn College-Bryan Campus
Rachel Garcia, San Jacinto College
Katherine Geiser-Bush, Durham Technical Community College
Jack Goldsmith, University of South Carolina Aiken
Carolyn Griffin, Grand Canyon University
Nathanial Grove, UNC Wilmington
Thomas Grow, Pensacola Junior College
Mildred Hall, Clark State University
Tracy A. Halmi, Pennsylvania State University Erie
Keith Hansen, Lamar University
Lois Hansen-Polcar, Cuyahoga Community College
Wesley Hanson, John Brown University
Alton Hassell, Baylor University
Michael Hauser, St. Louis Community College-Meramec
M. Dale Hawley, Kansas State University
Patricia Heiden, Michigan Tech University
Sherman Henzel, Monroe Community College
Thomas Hermann, University of California-San Diego
Thomas Herrington, University of San Diego
Margaret E. Holzer, California State University-Northridge
Geoff Hoops, Butler University
Todd Hopkins, Baylor University
Narayan S. Hosmane, Northern Illinois University
Jeff Joens, Florida International University
Andy Jorgensen, University of Toledo
Jerry Keister, University of Buffalo
Chulsung Kim, University of Dubuque
Angela King, Wake Forest University

Regis Komperda, Wright State University
Ranjit Koodali, University of South Dakota
Peter Kuhlman, Denison University
Valerie Land, University of Arkansas Community College
John Landrum, Florida International University
Leroy Laverman, University of California–Santa Barbara
Celestia Lau, Lorain County Community College
Stephen S. Lawrence, Saginaw Valley State University
David Leddy, Michigan Technological University
Shannon Lieb, Butler University
Don Linn, IUPU Fort Wayne
Karen Linscott, Tri–County Technical College
Irving Lipschitz, University of Massachusetts–Lowell
Rosemary Loza, Ohio State University
Rudy Luck, Michigan Technological University
Rod Macrae, Marian University
Riham Mahfouz, Thomas Nelson Community College
Ashley Mahoney, Bethel College
Jack F. McKenna, St. Cloud State University
Craig McLauchlan, Illinois State University
Iain McNab, University of Toronto
Christina Mewhinney, Eastfield College
David Miller, California State University–Northridge
Rebecca S. Miller, Texas Tech University
Abdul Mohammed, North Carolina A&T State University
Linda Mona, United States Naval Academy
Edward Mottell, Rose–Hulman Institute
Ed Navarre, Southern Illinois University Edwardsville
Christopher Nichols, California State University–Chico
Gayle Nicoll, Texas Technological University
Mya Norman, University of Arkansas
Allyn Ontko, University of Wyoming
Robert H. Paine, Rochester Institute of Technology
Cynthia N. Peck, Delta College
Eileen Pérez, University of South Florida
Kris Quinlan, University of Toronto
Betsy Ratcliffe, West Virginia University
Al Rives, Wake Forest University
Richard Roberts, Des Moines Area Community College–Ankeny
Michael R. Ross, College of St. Benedict/St. John's University
Lev Ryzhkov, Towson University
Svein Saebo, Mississippi State University
Mark Schraf, West Virginia University
John Schreifels, George Mason University
Patricia Schroeder, Johnson County Community College
David Shoop, John Brown University
Penny Snetsinger, Sacred Heart University
Robert L. Snipp, Creighton University
Steven M. Socol, McHenry County College
Thomas E. Sorensen, University of Wisconsin–Milwaukee
L. Sreerama, St. Cloud State University
Keith Stein, University of Missouri–St. Louis
Beth Steiner, University of Akron
Kelly Sullivan, Creighton University
Susan Sutheimer, Green Mountain College
Andrew Sykes, University of South Dakota
Erach Talaty, Wichita State University
Edwin Thall, Florida Community College at Jacksonville
Lydia Tien, Monroe Community College
Donald Van Derveer, Georgia Institute of Technology
John B. Vincent, University of Alabama
Erik Wasinger, California State University–Chico
Steve Watton, Virginia Commonwealth University
Marcy Whitney, University of Alabama
James Wu, Tarrant County Community College
Mingming Xu, West Virginia University
Crystal Lin Yau, Towson University
James Zubricky, University of Toledo

역자 서문

2019년 가을 학기가 시작되고, 일반화학 제8판을 번역하던 중 들려온 소식은 일본의 화학자인 요시노 아키라가 리튬 이온 배터리 발전 공로로 노벨 화학상 수상자로 결정되었다는 뉴스였다. 2019년 10월 11일이었다. 그는 일본의 24번째 과학 분야 노벨상 수상자인 동시에 8번째 노벨 화학상 수상자이다.

7월에 일본의 경제 도발로 소재 연구에 대한 관심이 커지고 있던 시점에, 이 책의 번역을 시작하였다. 최근 과학 기술의 행보는 매우 빠르다. 화학의 경우도 매일 새롭고 놀라운 연구 결과가 인터넷과 대중 매체를 통해 신속하게 발표되고 있다. 오늘의 신형 모델이 내일이면 구형이 되고, 오늘의 이론이 내일이면 구닥다리가 될 정도로 급변하고 있다. 또한, 과학은 세분화되면서 동시에 통합되는 복잡한 양상을 보이고 있다.

색과 소리를 동시에 조절할 수 있는 유연 나노 소자, 유기 나노 소재를 이용한 생체 모방형 인공 신경, 전기 없이 작동하는 플렉시블 색채 냉각복사 나노 소재, 나노섬유 소재 기반의 호흡 가스 분석 센서 기술 등은 2019년 나노기술연구협의회가 선정해 발표한 '2019년 10대 나노기술'로 선정된 기술 중 일부이다. 나노기술은 어렵고 복잡한 기술이라는 인식에서 벗어나 이미 산업 전반에 사용되고 있다. 또한, 나노기술의 저변이 지속 확대되고 있다는 점을 알리기 위해 2016년부터 매년 10대 나노기술이 선정되고 있다.

지난 200여 년간 자연에서의 변화와 그에 따른 사회에서의 변화에 화학은 깊이 관여되어 있다. 즉, 인류의 변화에 물질의 조성, 성질, 변화를 다루는 학문인 화학이 관여하는 것이다. 게다가 삶이 유전적으로 조절되는 상세한 과정을 밝히는 현재의 분자생물학적 혁명의 중심에도 화학이 있다. 화학에 대한 기초 지식 없이는 현대 세계를 이해하는 것이 불가능하다.

이러한 과학 기술의 행보에 발맞추어 화학 교과목의 내용을 보완하는 일은 당연한 일일 것이다. 이에 일반화학 제8판이 상당한 변모를 보여 준 것은 매우 바람직한 일이다. 초판이 발행된 이후로, 개정판이 나올 때마다 새로운 내용들로 개선 발전되어 왔듯이, 이번 제8판은 1장 1절에서부터 나노과학 이야기로 시작하고 있다.

자연과학, 공학, 의학, 약학, 간호학 등의 전문 분야에서는 일반화학이 필수 과목일뿐 아니라 인문, 사회, 예술 분야의 일부 전공자에게도 일반화학 지식은 교양으로서 필요하다. 일반화학 제8판은 화학의 개념과 기본 원리를 이해시키기 위한 다양한 내용과 동기 유발의 흥미 있는 소재를 다루고 있어 매우 고무적이다. 다양한 화학의 읽을거리, 풍부한 소재의 그림과 사진, 다양성과 풍부함이 보이는 문제 등에는 화학의 이해를 돕고자 여러모로 노력한 점이 보인다.

이렇게 훌륭한 원서를 번역함에 있어서 원서에 충실하게 번역하는 것을 목표로 삼았다. 그러나 번역상의 오류, 용어의 불일치, 오자 등이 있을 수 있기에 많은 걱정이 앞선다. 본 교재에서 발견한 오류를 알려주시고 충고하여 주시면, 수정과 보완을 거쳐 더 나은 책이 되도록 노력할 것이다.

이 교재로 일반화학을 배우는 대한민국 학생 중에 미래의 노벨상 수상자가 나올 것을 기대하며, 뿌듯한 가슴으로 역자 서문에 마침표를 찍는다.

출간 후에라도 수정 사항이 있을 경우에는 자유아카데미 홈페이지(www.freeaca.com) 자료실에 제공할 예정이다.

끝으로 이 책을 펴내는 데 많은 고생을 아끼지 않은 자유아카데미의 임직원 여러분께 깊은 감사를 드린다.

2020년 1월

역자 대표

차례

chapter 1

화학적 도구: 실험과 측정

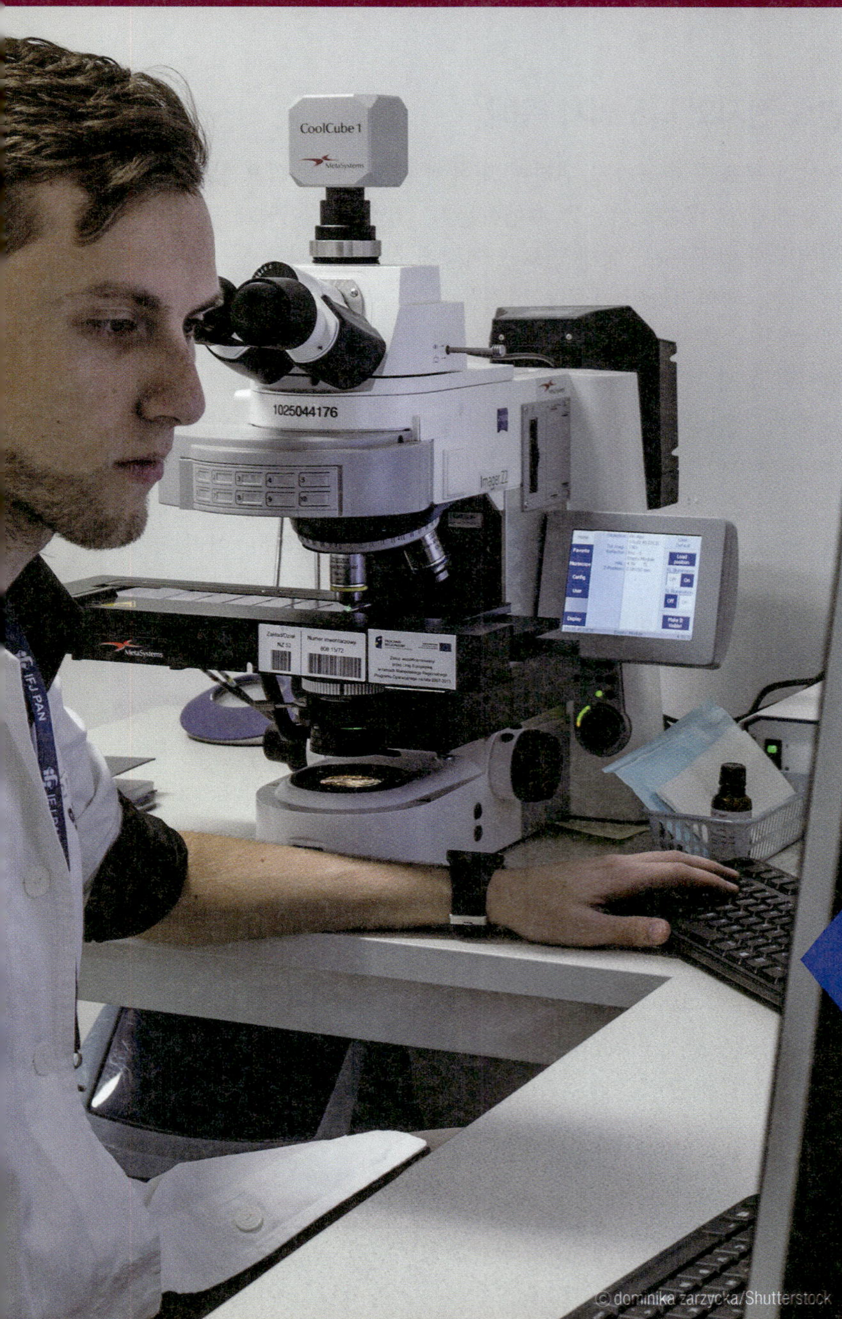

© dominika zarzycka/Shutterstock

CONTENTS

몇 세기에 걸쳐 과학적 측정장비는 크게 발전하였다. 현대 기술은 원자 현미경 등의 장비를 이용하여 하나의 원자 같은 매우 미세한 입자의 영상을 구현할 수 있게 한다.

나노 수준의 크기($1\ nm = 10^{-9}\ m$)를 가진 물질의 특징은 무엇일까?

이 질문의 답은 **23쪽 INQUIRY?** 에 나와 있다.

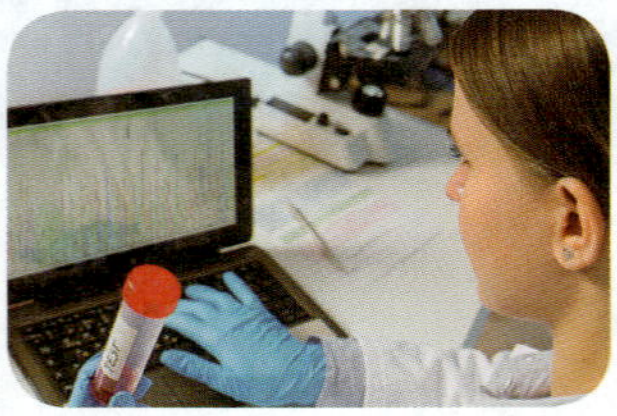

▲ 인간의 유전체(genome)에 존재하는 약 58억 개의 핵산 단위체, 뉴클레오타이드의 서열은 자동화된 DNA 서열 측정기 같은 장비를 활용하여 확인되었다. ©science photo/Shutterstock

삶은 지난 2백 년간 인간 역사의 어떤 기록보다도 더 많이 변화되었다. 의약품을 만들고 질병을 통제하고 작물 수확량을 증가시킬 수 있는 능력 덕분에, 지구의 인구는 1800년 이후 7배나 늘었고, 인간의 기대수명은 두 배로 늘어났다. 원유에 보존된 에너지를 이용할 수 있는 능력 때문에, 인간의 이동 방식은 말과 마차로부터 자동차와 비행기로 변화하였다. 자연계에서 발견할 수 없는 성질을 가진 물질을 제조할 수 있는 능력 때문에 많은 제품의 소재가 나무와 금속으로부터 폴리머와 세라믹으로 변화하였다.

어떤 면에서든 이러한 변화에는 물질의 조성, 성질, 변화를 다루는 학문인 '화학'이 관여되어 있다. 화학은 지난 200여 년간 자연에서의 변화와 그에 따른 사회에서의 변화에 깊이 관여되어 있다. 게다가, 화학은 삶이 유전적으로 조절되는 상세한 과정을 밝히는 현재의 분자생물학적 혁명의 중심에 있다. 오늘날 교육을 받은 사람이라면 화학에 대한 기초 지식 없이는 현대 세계를 이해하는 것이 불가능하다.

1.1 과학적 방법: 연료 전지의 나노입자 촉매

이 책을 펴봤다는 것은 자신의 목표를 추구하기 위하여 화학에 대해 더 알 필요가 있다고 이미 결정했다는 얘기이다. 생명체가 어떻게 기능을 수행하는지, 의약품이 어떻게 만들어지는지, 인간의 활동이 환경을 어떻게 바꾸는지, 대체 연료가 어떻게 청정에너지를 생산하는지 알고 싶을 것이다. 이를 위해서는, 과학자들이 새로운 발견을 위해 사용하는 실험적 방법론을 익히는 것으로부터 시작해야 한다. 화학의 기본 원리를 상세하게 이해하지 못해도 걱정할 필요는 없다. 우리는 현대의 여러 학제간 연구 과정에 초점을 맞출 것이기 때문이다.

과학적 방법론과 화학적 원리가 신소재를 만드는 데 어떻게 적용되는지 나노과학적 응용으로 살펴보자. **나노과학(nanoscience)**은 1에서 100 nm 사이의 최소 1차원을 가지는 구조물의 생산과 그에 대한 연구이다. 여기서 1나노미터는 10억분의 1미터이다. 나노 소재에 대한 연구는 화학, 물리학, 생물학, 의학, 재료 과학, 공학 분야에 걸쳐 빠르게 성장하는, 여러 학제에 걸친 연구이다. Inquiry에서 더 자세히 다루겠지만, 나노 척도의 무기 결정은 대규모 물질과는 다른 특성을 나타낸다. 그 특성은 입자의 크기에 따라 달라지며, 진단 치료용 도구나 지속적 에너지 플랫폼과 같은 응용에 맞춰 조정할 수 있다.

그런 연구 분야 중 하나는, 연료 전지에서 일어나는 반응에 나노입자 촉매를 사용하는 것이다. **촉매(catalyst)**란 화학 반응 속도를 높이는 물질이다. **연료 전지(fuel cell)**란 수소 등의 연료를 이용하여 전기를 생산하는 장치이다. 연료 전지는 전지와 유사한 방식으로 작동하지만, 연료를 계속 넣어 주어야 한다. 수소 연료 전지의 두 전극에서는 두 가지 반응이 일어난다. 한쪽 전극에서는 수소(H_2)가 양성자(H^+)로 변환되고, 다른 쪽 전극에서는 산소(O_2)가 양성자와 반응하여 물이 생성된다. 연료 전지의 화학 반응은 전자 이동을 수반하는 과정을 포함하며, **산화 환원 반응(redox reactions)**이라고 부른다. 아래의 반응 1에 의해 생성된 전자는 전선을 따라 이동하여 반응 2에 사용된다. 전선을 따라 일어나는 전자 이동은 전기를 생성한다. 연료 전지는 유해한 배기가스가 없는 **무공해(zero emission)**로 간주된다. 수소와 산소가 일으키는 전체 반응에서 전기가 발생하면서 생성되는 물질은 순수한 물뿐이기 때문이다.

미리보기…
화학 반응 속도와 **촉매**에 의해 어떻게 반응 속도가 증가하는지는 14장에 설명되어 있다.

미리보기…
4장에서 전자의 이동을 포함하는 **산화 환원 반응**처럼 서로 다른 형태의 화학 반응을 설명한다. 19장에서는 산화 환원 반응이 **연료 전지**에서 어떻게 적용되어 전기가 만들어지는지를 살펴볼 것이다.

$$\text{반응 1:} \qquad 2\,H_2(g) \longrightarrow 4\,H^+(aq) + 4\,e^-$$
$$\text{반응 2:} \qquad O_2(g) + 4\,H^+(aq) + 4\,e^- \longrightarrow 2\,H_2O(l)$$
$$\text{전체 반응:} \qquad 2\,H_2(g) + O_2(g) \longrightarrow 2\,H_2O(l)$$

연료 전지는 탄소 중립 에너지 경제를 추구하기 위해 유망한 기술이지만, 한가지 장애물이 있다. 이는 반응 2에서 산소가 물로 전환되는 속도가 느리다는 점이다. 전극 표면에 입혀진 백금 입자는 반응 속도를 높이기 위한 촉매로 사용되었으나, 이는 비용이 많이 든다. 팔라듐 합금으로 제조된 나노입자는 가성비가 높은 대체 촉매로서의 가능성을 보여 준 바 있다. 팔라듐 합금은 팔라듐(Pd)과 구리(Cu) 등의 금속 혼합물이다.

수소 연료 전지에 사용할 만한 촉매를 개발하기 위해, 화학자들은 과학적 방법을 사용하여 PdCu 나노입자의 다양한 특성을 신중하게 제어하고, 이 산소 반응의 반응 속도에 미치는 영향을 측정한다. 이 나노입자의 특성에서 변수는 팔라듐과 구리의 구성비, 입자의 크기, 입자의 모양이다. 나노입자의 모양은 놀랍게도 구, 입방체, 팔각대 등 다양하다(그림 1.1).

개념탐구 질문 1

수소 연료 전지의 광범위한 사용에 장애물은 무엇인가? 나노입자를 이용하여 이 문제를 어떻게 극복할 수 있는가?

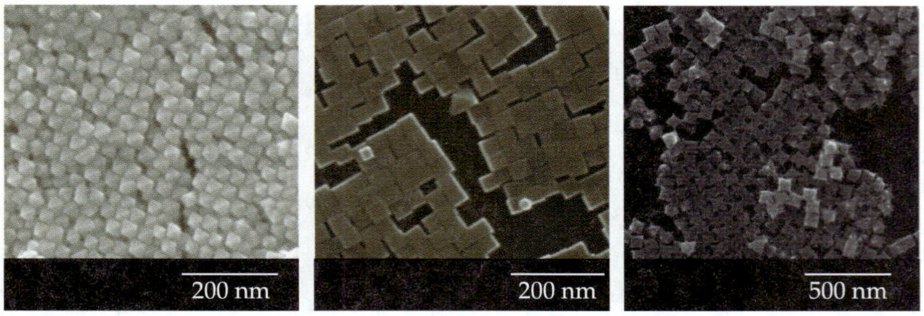

◀ 그림 1.1
왼쪽부터 팔면체 금 나노입자, 입방체 팔라듐 나노입자, 'octopods'라고 불리는 팔각대 금 나노입자의 전자 현미경 이미지. 팔각대 나노입자는 방향에 따라 한번에 4개의 가지만 볼 수 있다는 점에 유의하자.

인디애나 대학교의 Skrabalak 연구팀 제공.

과학적 방법론

연구에 대한 일반적인 접근 방식을 **과학적 방법론**이라고 부른다. 과학적 방법론은 관찰, 주의 깊은 실험설계, 신중한 결과 분석을 통해 도출한 문제의 공식화(formulation)를 반복하는 과정이다. 과학적 방법론은 새로운 아이디어의 유효성에 대한 시험법을 개발하는 과정도 포함하는데, 이런 시험법이 한 가지로 제한되는 경우는 드물다. 그림 1.2는 과학적 방법론의 주요 요소를 간략하게 나타낸 것이다.

- **관찰**. 관찰은 자연적인 현상을 체계적으로 기록하는 것으로, 정성적(성질을 묘사)일 수도 있고 정량적(측정 등에 의해 획득)일 수도 있다.
- **가설**. 가설은 관찰의 결과를 설명하기 위하여, 과학적 지식과 직관은 물론 과거의 실험에서 수집된 사실을 기반으로 수립된 것이다. 가설은 정확하지 않을 수 있고, 반드시 실험

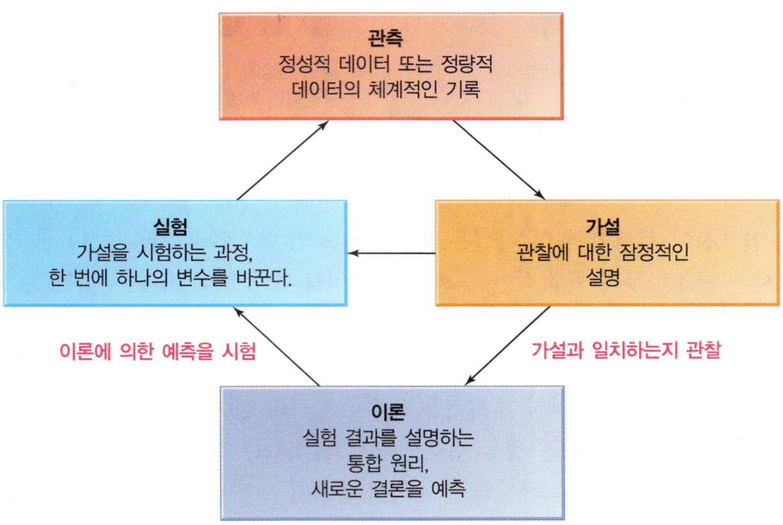

◀ 그림 1.2
과학적 방법론. 과학 연구에는 반복적 실험 방식이 사용된다. 가설과 이론은 새로운 실험과 관찰 결과를 바탕으로 다듬어진다.

▶ 확인하기

수많은 실험적 관찰이 가설을 뒷받침할 때 발전하는 것은 무엇인가?

답 이론

을 통해서 검증할 수 있어야 한다.

- **실험.** 실험은 가설을 검증하는 과정이다. 실험은 통제된 방식으로 수행해야 가치가 있다. 즉, 한번에 하나의 변수만 변경하고, 다른 변수는 일정하게 유지되는 방식으로 수행해야 한다.
- **이론.** 이론은 실험 데이터와 일치하는 가설을 통하여 수립되며, 실험 결과를 설명하는 통합된 원리이다. 이론은 관련된 체계에 대해 예측을 만들어내고, 이 이론을 검증하기 위하여 새로운 실험이 수행된다.

다른 과학 분야도 마찬가지지만 화학 분야를 연구할 때 명심해야 할 것이 있다. 그 이론(theories)을 절대적으로 입증하는 것이 불가능하다는 것이다. 새로운 실험의 결과는 현재의 이론으로는 설명할 수 없는 경우도 있다. '이론'이 할 수 있는 것은, 현재 우리가 생각해 낼 수 있는 최선의 설명을 제공하는 것이다. 과학은 끊임없이 변화하는 분야이며, 계속 정교해지는 장비를 통하여 새로운 관찰이 이루어지므로 현존 이론이 미래에 바뀔 가능성이 항상 존재한다.

과학 연구는 실험적 관찰이나 미지의 세계를 알고자 하는 욕구로부터 생겨나는 의문으로부터 시작한다. PdCu 나노입자의 경우, 연료 전지의 반응 속도가 증가하는 현상이 관찰되어 다음과 같은 의문이 야기되었다. "촉매 활성을 최적화하기 위해 나노입자의 크기, 모양, 조성과 관련된 변수를 어떻게 제어할 것인가?" 인디애나 대학의 Sara Skrabalak 교수 연구진은 고품질 나노소재를 합성하는 방법을 연구한다. 여러 가지 기술을 활용한 과거의 연구 프로젝트에서 나노입자의 크기, 형상, 조성을 제어하려는 시도가 있었지만, 나노 결정에서 팔라듐과 구리 원자의 분포는 통계적으로 규칙적이지 않다는 것이 밝혀졌다. 그림 1.3a는 나노 결정에서 Pd와 Cu 원자의 무작위적이고 무질서한 배열을 보여 준다. 그림 1.3b는 Pd 원자와 Cu 원자가 교대로 배열된 배열을 보여 준다. 정해진 원자 배열이 없다면, 화학 구조와 촉매 활성 같은 성질을 연관 지을 수 없다.

▶ 그림 1.3
나노 결정에서의 Pd와 Cu 원자 배열의 간단한 개요도. (a) Pd와 Cu 원자의 무질서한 배열은 반복 패턴이 없다. (b) 규칙적인 원자 배열은 반복적인 Pd와 Cu 원자의 반복 패턴이 있다.

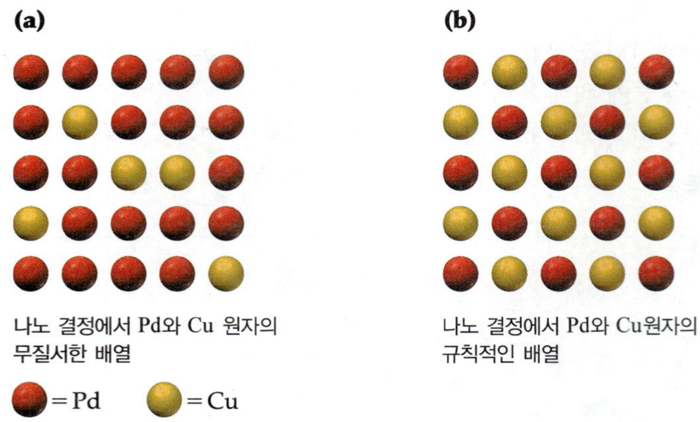

Skrabalak 연구진이 시험한 일반 가설은, 더 낮은 표면 에너지를 가지는 더 큰 PdCu 나노입자가 무질서한 구조로부터 규칙적인 구조로의 전이를 촉진할 것이라는 것이다. 학생 연구원들은 좀 더 작은 입자의 표면에 팔라듐과 구리를 침착시켜 입자의 성장 속도를 조심스럽게 제어했다. 그 후 다양한 이미징 기술을 사용하여, 나노입자의 구조를 원자 수준에서 밝히고 크기 분포를 측정했다. 전자 현미경 데이터를 분석하여, B2 상이라고 부르는 정렬된 PdCu의 핵 위에 Pd의 얇은 껍질이 있다는 것을 밝혀냈다. 그림 1.4a는 새로운 합성법으로 정렬된 B2 상으로 변환된 A1상의 Pd 와 Cu 원자의 불규칙적 분포를 나타낸다. 그림 1.4b는 B2 단계에서 PdCu 나노입자의 투과 전자 현미경 이미지를 보여 준다. 구형 입자의 평균 지름이 18.9 nm

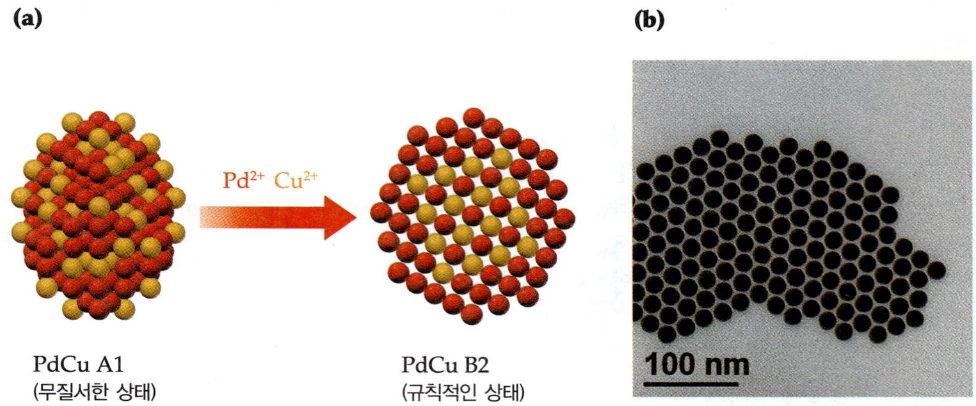

인디애나 대학의 Skrabalak 연구진 제공

◀ 그림 1.4
(a) PdCu 나노입자에서 무질서한 A1 상이 규칙적인 B2 상으로 전환되는 과정. (b) PdCu 나노입자에서 B2 상의 투과 전자 현미경 이미지

▶ 확인하기

그림 1.4b의 축적을 이용하여, PdCu 나노입자의 평균 지름을 결정하시오.

답 20 nm

인 균일한 크기 분포를 가진다.

과학적 방법론의 과정을 반복하여, PdCu 나노입자를 합성하는 제어되는 합성 기술을 고안하고자 하였다. 실험 결과는 새로운 가설을 도출하고, 그 가설을 시험하기 위한 추가 실험으로 이어졌다. 나노입자의 성장기전에 대한 연구를 통해 규칙적인 PdCu 나노입자 합성이 재현 가능해지면, 이 나노입자들의 촉매 활성을 시험하였다. 규칙적인 PdCu 나노입자는 무질서한 나노입자와 비교하여, 연료 전지에서 산소 반응 속도를 증가시키는 데 우수한 촉매 활성을 나타내었다. 정리하자면, Skrabalak 교수의 나노 소재 합성 연구는 연료 전지 및 기타 응용 분야를 위해 더 우수한 나노입자 촉매의 설계로 이어진다는 것이다.

본 교재에서 학습하게 될 다양한 화학적 원리는 나노소재 설계의 핵심이다. 8장 결합 이론과 분자 구조에서는 원자가 나노입자에 응집하는 결합과 힘을 학습하게 된다. 4장 수용액에서의 반응에서는 합성 기법에서 중요한 용액 농도를 계산하는 방법을 설명한다. 반응 속도와 반응에 영향을 미치는 요소들은 14장 반응 속도를 탐구하게 될 것이고, 19장 전기화학에는 나노입자 형성의 핵심 원리인 산화 환원 반응이 설명되어 있다.

전 세계의 대학교에서, 학생들은 앞서 설명한 나노입자 합성과 성질 연구와 같은 연구 프로젝트에 참여한다. 이 책이 세계 각지에서 일어나는 문제를 화학이 해결해가는 방식을 이해하고, 중요한 연구 프로젝트에 기여하는 데 요구되는 필수적인 화학 원리에 능숙해지기를 진심으로 바란다.

1.2 측정: SI 단위와 과학적 표기법

화학은 실험 과학이다. 그러나 실험이 재현성을 가지려면 실험하는 대상 물질의 양, 부피, 온도 등을 완전하게 나타내야 한다. 따라서 화학에서 가장 중요한 필수 사항 중 하나는 측정법이다.

1960년에 결정된 국제 조약에 따라, 전 세계의 과학자들은 측정의 국제 단위 체계(International System of Units)를 사용한다. 약어로는 **SI 단위**(프랑스어로 *Système Internationale d'Unités*)로 표기한다. 미국을 제외한 모든 산업화된 국가에서 사용하는 미터법에 따라, SI 체계는 일곱 가지 기본 단위로 구성되어 있다(**표 1.1**). 이 일곱 가지 기본 단위와 이들로부터 유도되는 단위들이면 모든 과학적인 측정에 충분하다. 이 장에서는 가장 흔히 사용되는 SI 단위인 질량, 길이, 온도에 대하여 살펴보고 그 밖의 SI 단위는 나중에 설명할 것이다.

개념탐구 질문 2

질량, 길이, 온도 측정의 SI 기본 단위는 무엇인가?

표 1.1 측정을 위한 일곱 가지 SI 기본 단위

물리량	단위명	약어
질량	킬로그램(kilogram)	kg
길이	미터(meter)	m
온도	켈빈(kelvin)	K
물질의 양	몰(mole)	mol
시간	초(second)	s
전류	암페어(ampere)	A
광도	칸델라(candela)	cd

어떤 측정계든 수반하는 한 가지 문제는, 단위의 크기가 너무 크거나 작아서 불편하다는 점이다. 예를 들어 미터(m)의 경우, 화학자가 소듐 원자의 지름(0.000 000 000 372 m)을 표기하려면 너무 크고, 천문학자가 지구와 태양 사이의 평균 거리(150,000,000,000 m)를 표기할 때에는 너무 작아서 불편하다. 이러한 이유로 SI 단위는 더 작거나 더 큰 양을 나타내는 접두사를 사용하여 변형된다. 접두사 밀리(milli−)는 1000분의 1을 나타내므로 1밀리미터(mm)는 1/1000미터(m)가 된다. 같은 방식으로, 접두사 킬로(kilo−)는 1000배를 나타내므로 1킬로미터(km)는 1000 미터(m)가 된다. (질량을 나타내는 SI 기본 단위인 킬로그램은 이미 킬로 접두사를 포함하고 있다는 점에 유의하자.) **표 1.2**에 접두사의 목록이 있다. 여기서 가장 일반적으로 사용되는 것들은 붉은색으로 표시되어 있다.

표 1.2에 있는 매우 작거나 매우 큰 수가 **과학적 표기법(scientific notation)**이라고 부르는 지수 형식 표기법을 이용하여 어떻게 표기되어 있는지 주의해서 보자. 예를 들어, 과학적 표기법을 이용하면 55,000은 5.5×10^4으로 나타내고, 0.003 20은 3.20×10^{-3}으로 나타낸다. 과학적 표기법이 불편하거나 지수와 관련된 수학적 조작에 대한 복습을 하려면, 부록 A를 읽어보자.

모든 측정값은 숫자와 단위를 가진다. 그 숫자가 어떤 것인지 정의하는 단위 없이 숫자만 사용한다면 제대로 된 측정이 될 수 없다. 친구에게 가장 가까운 테니스장까지의 거리가 얼마인지 물어보았을 때 '3'이라고 대답한다면 3블록인지, 3킬로미터인지, 3마일인지 알 수 없다.

표 1.2 SI 단위의 배수를 나타내는 접두사. 화학에서 자주 사용되는 접두사와 기호는 붉은색으로 나타내었다.

인자	접두사	기호	예
$1,000,000,000,000 = 10^{12}$	테라(tera)	T	1테라그램 (Tg) $= 10^{12}$ g
$1,000,000,000 = 10^9$	기가(giga)	G	1기가미터 (Gm) $= 10^9$ m
$1,000,000 = 10^6$	메가(mega)	M	1메가미터 (Mm) $= 10^6$ m
$1000 = 10^3$	킬로(kilo)	k	1킬로그램 (kg) $= 10^3$ g
$100 = 10^2$	헥토(hecto)	h	1헥토그램 (hg) = 100 g
$10 = 10^1$	데카(deka)	da	1데카그램 (dag) = 10 g
$0.1 = 10^{-1}$	데시(deci)	d	1데시미터 (dm) = 0.1 m
$0.01 = 10^{-2}$	센티(centi)	c	1센티미터 (cm) = 0.01 m
$0.001 = 10^{-3}$	밀리(milli)	m	1밀리그램 (mg) = 0.001 g
$*0.000\ 001 = 10^{-6}$	마이크로(micro)	μ	1마이크로미터 (μm) $= 10^{-6}$ m
$*0.000\ 000\ 001 = 10^{-9}$	나노(nano)	n	1나노초 (ns) $= 10^{-9}$ s
$*0.000\ 000\ 000\ 001 = 10^{-12}$	피코(pico)	p	1피코초 (ps) $= 10^{-12}$ s
$*0.000\ 000\ 000\ 000\ 001 = 10^{-15}$	펨토(femto)	f	1펨토몰 (fmol) $= 10^{-15}$ mol

*큰 수를 표기할 때 소수점 왼쪽으로 세 자리마다 쉼표를 표시하는 것과 마찬가지로, 매우 작은 수를 표기할 때 과학에서는 보통 소수점 다음 세 자리마다 약간의 공간을 띄어서 표기한다.

예제 1.1은 과학적 표기법으로 수를 나타내는 방법과 접두사를 이용하여 단위를 나타내는 방법을 설명한다.

예제 1.1

과학적 표기법과 SI 단위를 사용한 측정값 표현

다음 양을 과학적 표기법으로 표현하고, 또한 가장 적합한 접두사를 사용하여 수와 단위로 표현하시오.

(a) 소듐 원자의 지름 0.000 000 000 372 m

(b) 지구에서 태양까지의 거리 150,000,000,000 m

전략

수를 과학적 표기법으로 나타내기 위해서는 소수점을 왼쪽 또는 오른쪽으로 n번 옮겨서 1과 10 사이의 숫자가 나오도록 한다. 소수점을 오른쪽으로 옮기면 n은 음수이며, 소수점을 왼쪽으로 옮기면 n은 양수이다. 그런 후, 1과 10 사이의 숫자를 10^n으로 곱하여 표기한다. 과학적 표기법으로 나타낸 지수에 근접한 단위의 접두사를 선택한다.

풀이

(a)

소수점 이하 자리수가 오른쪽으로 이동한다.

$$0.000\ 000\ 000\ 372\ \text{m} = 3.72 \times 10^{-10}\ \text{m} = 372\ \text{pm}$$

(b)

소수점 이하 자리수가 왼쪽으로 이동한다.

$$150{,}000{,}000{,}000\ \text{m} = 1.5 \times 10^{11}\ \text{m} = 150\ \text{Gm}$$

▶ **연습문제 1.1** 어떤 나노입자의 지름 0.000 000 050 m를 과학적 표기법으로 나타내고, 또한 가장 적합한 접두사를 이용하여 수와 단위로 표현하시오.

▶ **응용문제 1.2** 다음 양을 표 1.1에 나타낸 질량과 길이의 SI 단위를 이용하여 과학적 표기법으로 표현하시오.

(a) 사람 머리카락의 지름 70 μm

(b) 거대 발전소의 이산화 탄소 연간 방출량 20 Tg

1.3 질량과 질량의 측정

질량(**mass**)이란 물체에 존재하는 물질의 양으로 정의된다. **물질**(**matter**)은 만지거나 맛보거나 냄새를 맡을 수 있는 물리적 형상을 한 모든 것을 나타내는 데 사용되는 용어이다. 더 과학적으로는 물질은 질량을 가진 모든 것이다. 질량은 SI 단위인 **킬로그램**(**kg**; 1 kg = 2.205 US lb, lb는 pound)로 측정된다. 킬로그램은 화학에서는 너무 큰 단위이기 때문에, **그램**(**g**; 1 g = 0.001 kg), **밀리그램**(**mg**; 1 mg = 0.001 g = 10^{-6} kg), **마이크로그램**(μ**g**; 1 μg = 0.001 mg = 10^{-6} g = 10^{-9} kg)이 흔히 사용된다. 기호 μ는 그리스 문자 M(mu)의 소문자이다. 1 g은 미국 10센트 주화의 질량의 절반보다 약간 작은 양이다.

$$1\ \text{kg} = 1000\ \text{g} = 1{,}000{,}000\ \text{mg} = 1{,}000{,}000{,}000\ \mu\text{g}\ \ (2.205\ \text{lb})$$

$$1\ \text{g} = 1000\ \text{mg} = 1{,}000{,}000\ \mu\text{g}\ \ (0.035\ 27\ \text{oz})$$

$$1\ \text{mg} = 1000\ \mu\text{g}$$

▲ 미화 10센트 동전의 질량은 약 2.27 g이다. ©Tony Baggett/Shutterstock

킬로그램은 프랑스 파리 교외의 지하에 보관되어 있는 백금-이리듐 합금으로 만들어진 원통형 막대의 질량으로 정의된다. 이 막대의 복제품 40개가 전 세계에 보급되어 있고, 그중 2개가 미국 Washington D.C 부근의 미국 국립표준기술국에 보관되어 있다.

질량(mass)과 **무게**(weight)는 흔히 혼동하여 사용되지만, 그 의미는 전혀 다르다. **질량**은 물체의 양을 측정한 것이고, **무게**는 중력이 그 물체를 끌어당기는 힘을 측정한 것이다. 질량은 위치와 상관이 없다. 어떤 사람이 지구에 있든 달에 있든 그 질량은 같다. 그러나 무게는 물체의 위치에 따라 달라진다. 어떤 사람이 지구에서 140파운드라면, 달에서는 지구보다 중력이 약하기 때문에 약 23파운드가 될 것이다.

지구상의 같은 장소에서는 질량이 같은 두 물체는 같은 무게를 가진다. 즉, 두 물체는 지구의 중력에 의해 동일하게 당겨진다. 따라서 질량이 알려진 표준이 되는 무게와 다른 무게를 비교하여 물체의 질량을 측정할 수 있다. 질량과 무게를 혼동하는 경우, 대부분은 언어적인 문제 때문이다. 우리는 실제로 두 무게를 비교하여 질량을 측정할 때 '무게'를 측정한다고 말한다. **그림 1.5**는 보통 실험실에서 질량을 측정하는 두 가지 유형의 저울을 보여 준다.

개념탐구 질문 3

모래 알갱이의 질량을 보고할 때, 그램 단위에 가장 적합한 접두사는 어떤 것인가?

▶ **그림 1.5**
실험실에서 질량을 측정하는 저울들

©Thanandorn Sinphet/Shutterstock ©kwanchai.c/Shutterstock

1.4 길이와 길이의 측정

개념탐구 질문 4

분자의 지름을 보고할 때, 미터 단위에 가장 적합한 접두사는 어떤 것인가?

미터(**meter**, **m**)는 SI 단위계에서 길이의 표준 단위이다. 미터는 원래 1790년에 적도에서 북극까지의 거리의 1000만분의 1로 정의되었지만, 1889년에 프랑스 파리 근처에 보관된 백금-이리듐 합금 막대에 표시된 두 선 사이의 길이로 다시 정의되었다. 정밀도를 증가시키기 위해, 1983년에 빛이 진공에서 1/299,792,458초 동안 진행하는 거리로 다시 정의되었다. 이 새로운 정의는 막대 위에 표시한 눈금 사이의 거리만큼 파악하기 쉬운 것은 아니지만, 분실되거나 손상되지 않는 이점이 있다.

1 m는 39.37인치(in)이고, 영국식 1야드(yard)보다는 약 10 % 더 길며, 화학에서 측정에 사용하기에는 너무 큰 단위이다. 흔히 사용되는 길이 측정단위로는 **센티미터**(cm; 1 cm = 0.01 m, 1인치의 반보다 약간 짧다.), **밀리미터**(mm; 1 mm = 0.001 m, 10센트 동전의 두께 정도), **마이크로미터**(**μm**; 1 μm = 10^{-6} m), **나노미터**(nm; 1 nm = 10^{-9} m), **피코미터**(pm; 1 pm = 10^{-12} m)가 있다. 따라서 화학자들은 소듐 원자의 지름을 372 pm(3.72×10^{-10} m)로 나타낸다.

$$1\ \text{m} = 100\ \text{cm} = 1000\ \text{mm} = 1{,}000{,}000\ \mu\text{m} = 1{,}000{,}000{,}000\ \text{nm}\ \ (1.0936\ \text{yd})$$

$$1\ \text{cm} = 10\ \text{mm} = 10{,}000\ \mu\text{m} = 10{,}000{,}000\ \text{nm}\ \ (0.3937\ \text{in.})$$

$$1\ \text{mm} = 1000\ \mu\text{m} = 1{,}000{,}000\ \text{nm}$$

1.5 온도와 온도의 측정

미국에서 파운드와 야드 대신 점차 킬로그램과 미터를 사용하는 것처럼, 온도 측정의 단위인 **화씨 온도**(Fahrenheit, °F)도 **섭씨 온도**(Celsius degree, °C)로 점차 대체되고 있다. 그러나 과학에서는 **켈빈**(kelvin, K)이 이 두 가지 모두를 대신하고 있다. ('켈빈 몇 도'가 아니고 '켈빈'으로 읽어야 한다.)

사실상 켈빈과 섭씨 온도는 같다. 두 가지 모두 표준 대기압에서 물의 어는점과 끓는점 사이의 간격을 100등분한 것이다. 두 단위의 유일한 차이점은 척도의 각 지점에 대응하는 숫자이다. 섭씨 온도 척도에서는 물의 어는점을 0 °C, 끓는점을 100 °C라고 한다. 반면에, 켈빈 척도에서는 가장 낮은 온도 −273.15 °C를 0 K이라고 정하고, 이 온도를 절대 영도(absolute zero)라고 한다. 따라서 0 K = −273.15 °C이고, 273.15 K = 0 °C이다. 예를 들어, 따뜻한 봄날 기온은 섭씨 온도로는 25 °C이고, 켈빈으로는 25 + 273.15 = 298 K이다.

켈빈과 섭씨 온도 간의 관계

켈빈 온도(K) = 섭씨 온도(°C) + 273.15

섭씨 온도(°C) = 켈빈 온도(K) − 273.15

켈빈과 섭씨 온도의 척도와는 달리, 화씨 온도의 척도는 물의 어는점(32 °F)과 끓는점(212 °F) 사이의 간격을 180도로 나눈다. 따라서 섭씨 100도는 화씨 180도의 범위에 해당한다. 화씨 1도는 섭씨 1도의 100/180 = 5/9에 해당한다. 그림 1.6은 켈빈, 섭씨, 화씨의 척도를 비교하였다.

화씨와 섭씨의 척도를 환산하려면, 온도 크기와 영점 차이의 조정이 필요하다. 크기 조정은 1 °C = (9/5) °F와 1 °F = (5/9) °C의 관계를 사용한다. 영점 조정은 물의 어는점이 화씨 척도에서가 섭씨 척도에서보다 32도가 더 높다는 사실을 이용한다. 따라서 섭씨를 화씨로 환산하려면, 크기 조정(곱하기 9/5)과 영점 조정(더하기 32)을 하면 된다. 화씨를 섭씨로 환산하려면 어는점을 조정하고(빼기 32) 크기 조정(곱하기 5/9)을 하면 된다. 다음 공식은 °C 와 °F 사이의 환산을 나타낸다.

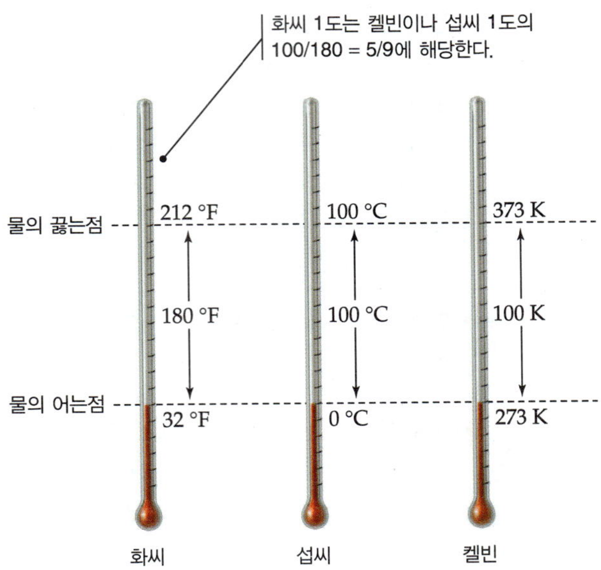

◀ 그림 1.6
화씨 온도, 섭씨 온도, 켈빈의 척도 비교

▶ 확인하기

다음 중 가장 큰 온도 증가를 나타내는 것은 어느 것인가?
+10 °F, +10 °C, +10 K

답 +10 °C와 +10 K의 온도 변화는 동일하고, +10 °F보다는 크다.

°C를 °F로 환산하는 식

$$°F = \left(\frac{9\ °F}{5\ \not{°C}} \times \not{°C}\right) + 32\ °F$$

°F를 °C로 환산하는 식

$$°C = \frac{5\ °C}{9\ \not{°F}} \times (\not{°F} - 32\ \not{°F})$$

예제 1.2에서는 온도 척도 사이의 환산하는 방법과 온도를 대략적으로 추산하는 방법을 설명하고 있다. 예제 1.2를 풀기에 앞서 본 교재의 예제에 주어진 정보를 체계화하고 분석하는, 일련의 유용한 단계를 제시한다는 점을 강조하고 싶다.

예제에서의 문제 풀이 단계

문제 파악

문제에서 주어진 정보를 알고 있는 것(known)과 알아내야 할 것(unknown)으로 분류한다. (물론 답으로 요구하는 양은 알아내야 할 정보로 분류한다.) 필요한 계산식과 과정을 파악하기 위해 단위와 기호를 명확하게 정한다.

전략

알고 있는 정보와 알아내야 할 정보 사이의 관계를 파악하고, 하나의 정보에서 다른 것을 구하는 전략을 구상한다.

풀이

문제를 푼다.

점검

가능하면 계산된 답이 합리적인지 확인하기 위해 대략적으로 예상하고, 숫자와 부호가 이해가 되는지 생각해 본다.

예제 1.2

서로 다른 온도 척도 사이의 환산

건강한 성인의 체온은 98.6 °F이다. 이 온도는 °C와 K로는 얼마인가?

문제 파악

알고 있는 것	알아내야 할 것
온도, 98.6 °F	°C와 K

전략

°F를 °C로, °C를 K로 환산하는 관계식을 이용한다.

풀이

°F를 °C로 환산하는 계산식을 수립한다.

$$°C = \left(\frac{5\ °C}{9\ \not{°F}}\right)(98.6\ \not{°F} - 32\ \not{°F}) = 37.0\ °C$$

37.0 °C를 K로 환산하면, 37.0 + 273.15 = 310.2 K이다.

점검

계산으로 구한 답이 맞았는지 점검을 위해 유용한 방법은 답을 추정해 보는 것이다. °F로 체온은 정수로 반올림하면 99 °F이다. °F와 °C 사이의 영점 차이는 32이므로 99에서 32를 빼면 67이다. °F의 눈금은 °C의 5/9에 해당하므로 5/9를 곱하는 대신 1/2를 곱하면 67/2는 33.5이다. 이 수치는 계산된 답 37.0 보다는 약간 작지만 차이가 크지 않으므로, 계산 과정이 옳다는 것을 나타낸다. 전 세계에서 매일 온도를 섭씨와 화씨로 보도하기 때문에 두 온도 척도 간의 환산법은 유용하다.

▶ **연습문제 1.3** 소금의 녹는점은 1474 °F이다. 이 온도는 °C와 K로는 얼마인가?

▶ **응용문제 1.4** 갈륨의 녹는점은 302.91 K로, 금속 중에서는 낮은 편이다. 갈륨을 운반하는 화물칸의 온도가 88 °F라면, 갈륨은 고체와 액체 중 어느 상태로 존재하는가?

1.6 유도 단위: 부피와 부피의 측정

표 1.1의 일곱 가지 SI 기본 단위를 다시 살펴보면, 면적, 부피, 밀도, 속도, 압력과 같은 친숙한 양을 측정하는 단위가 없다. 이들은 모두 기본적인 양이 아니고, 일곱 가지 기본 단위 중 하나 또는 그 이상의 단위를 사용하여 표현되는 **유도된** 양의 예이다(**표 1.3**)

물체가 차지하는 공간의 양으로 정의되는 부피는 SI 단위로는 세제곱미터(m^3)로 측정한다. 1세제곱미터는 한 변이 각각 1 m인 입방체가 차지하는 공간의 양으로 정의된다(**그림 1.7**).

1세제곱미터는 264.2 미국식 갤런에 해당한다. 화학에서 보통 사용하는 양보다는 매우 큰 양이다. 따라서 흔히 더 작고 편리한 측정 단위가 사용된다. **세제곱데시미터**(**dm^3**; $1\ dm^3 = 0.001\ m^3$)는 우리와 친숙한 **리터**(**L**)와 같고, **세제곱센티미터**(**cm^3**; $1\ cm^3 = 0.001\ dm^3 = 10^{-6}\ m^3$)는 **밀리리터**(**mL**)와 같은 양으로서 특히 편리한 단위이다. 미국식 쿼트보다 약간 큰 1리터는 한 변이 1 dm인 입방체의 부피이다. 1밀리리터는 한 변이 1 cm인 입방체의 부피이다(그림 1.7).

$$1\ m^3 = 1000\ dm^3 = 1{,}000{,}000\ cm^3 \quad (264.2\ gal)$$
$$1\ dm^3 = 1L = 1000\ mL \quad (1.057\ qt)$$

그림 1.8은 실험실에서 액체의 부피를 측정하는 데 흔히 사용되는 장치들을 나타낸 것이다.

개념탐구 질문 5

부피가 1 L인 입방체의 한 변의 길이는 얼마인가?

표 1.3 몇 가지 유도 단위들

양	정의	유도 단위(명칭)
면적	길이 곱하기 길이	m^2
부피	면적 곱하기 길이	m^3
밀도	단위 부피당 질량	kg/m^3
속도	단위 시간당 거리	m/s
가속도	단위 시간당 속도 변화	m/s^2
힘	질량 곱하기 가속도	$(kg \cdot m)/s^2$ (뉴턴, N)
압력	단위 면적당 힘	$kg/(m \cdot s^2)$ (파스칼, Pa)
에너지	힘 곱하기 거리	$(kg \cdot m^2)/s^2$ (줄, J)

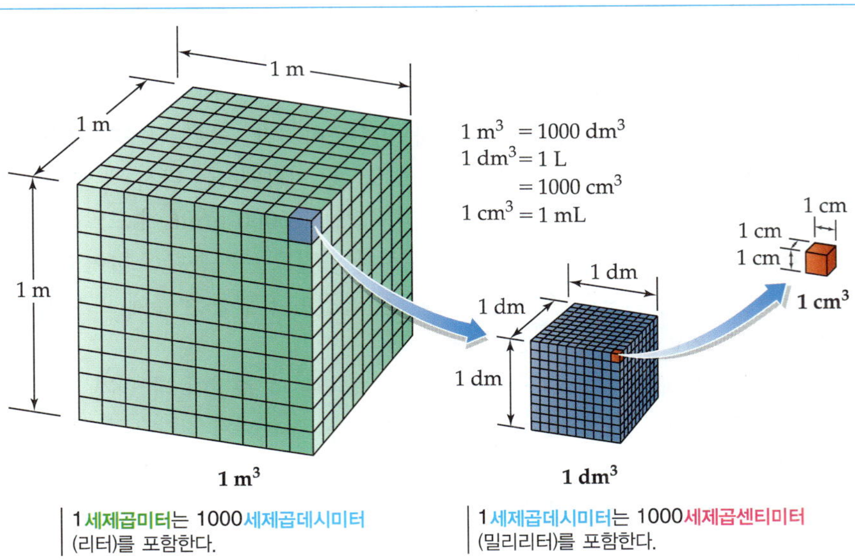

◀ **그림 1.7**
부피를 측정하는 단위. 세제곱미터는 한 변이 각각 1 m인 입방체의 부피이다.

▶ 그림 1.8
액체의 부피를 측정하는 데 흔히 사용되는 실험 장치들 ⓒlusia83/Shutterstock

1.7 유도 단위: 밀도와 밀도의 측정

물체의 질량과 그 부피와의 관계를 **밀도**라고 한다. 단순히 물체의 질량을 그 부피로 나눈 값인 **밀도(density)**는 SI 유도 단위로, 고체의 경우는 g/cm^3, 액체의 경우는 g/mL로 표시한다. 흔하게 볼 수 있는 물질의 밀도가 **표 1.4**에 있다.

표 1.4 흔히 볼 수 있는 물질들의 밀도

물질	밀도 (g/cm^3)
얼음 (0 °C)	0.917
물 (3.98 °C)	1.0000
금	19.31
헬륨 (25 °C)	0.000 164
공기 (25 °C)	0.001 185
사람의 지방	0.94
사람의 근육	1.06
코르크	0.22~0.26
발사 나무	0.12
지구	5.54

$$\textbf{밀도} = \frac{\text{질량(g)}}{\text{부피(mL 또는 cm}^3\text{)}}$$

대부분의 물질은 가열하거나 냉각하면 부피가 변하기 때문에, 밀도는 온도에 따라서 달라진다. 예를 들어, 3.98 °C에서 1.0000 mL 용기는 정확하게 물 1.0000 g을 포함한다(밀도 = 1.0000 g/mL). 그러나 온도가 올라감에 따라 물이 차지하는 부피가 증가하여 100 °C에서 1.0000 mL 용기는 0.9584 g만을 포함한다(밀도 = 0.9584 g/mL). 따라서 **밀도를 기록할 때는 반드시 온도를 표시해야 한다.**

대부분의 물질은 가열하면 팽창하고 냉각하면 수축하지만, 물은 다르게 행동한다. 물은 100 °C에서 3.98 °C까지는 냉각하면 수축하고, 3.98 °C 이하에서는 다시 팽창하기 시작한다. 따라서 액체 상태의 물의 밀도는 3.98 °C에서 최댓값인 1.0000 g/mL에 도달하고, 0 °C에서 0.999 87 g/mL까지 감소한다(**그림 1.9**). 얼기 시작하면 밀도는 계속 감소하여 0 °C 얼음에서는 0.917 g/cm^3가 된다. 물보다 작은 밀도를 가진 물질이나 얼음은 물에 뜨지만, 물보다 큰 밀도를 가진 물질은 가라앉는다.

▲ 황동 추와 베개 중 어느 것이 더 무거울까? 실제로 두 가지 모두 질량과 무게가 같다면, 황동 추의 밀도가 더 크다. 부피가 작기 때문이다. ⓒDima Moroz/Shutterstock ⓒHaller Tornello/Shutterstock

액체의 밀도를 알면 매우 유용하다. 액체는 질량보다 부피 측정이 더 쉽기 때문이다. 예를 들어, 1.55 g의 에틸 알코올이 필요하다고 생각해 보자. 정확하게 질량을 측정하는 것보다는 에틸 알코올의 밀도(0.7893 g/mL, 20 °C)를 찾아보고, 그림 1.8에 나타낸 주사기로 정확한 부피를 측정한다면 훨씬 더 쉬울 것이다.

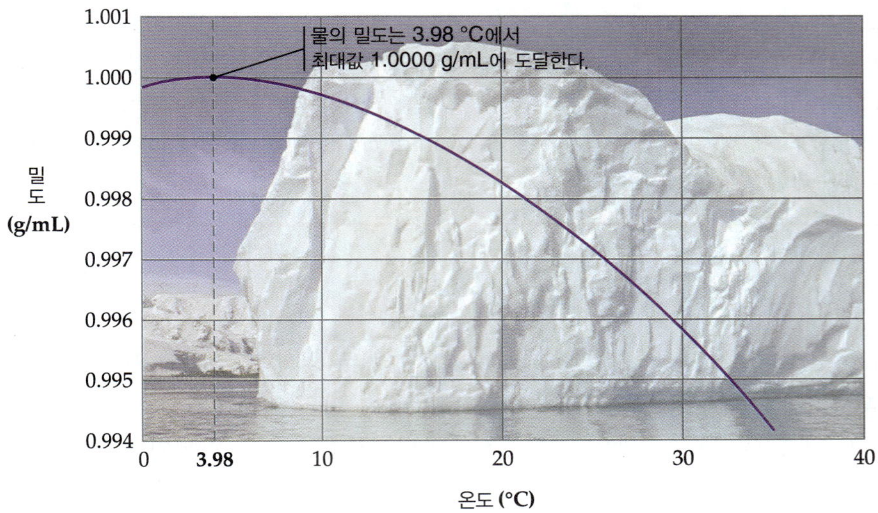

그림 1.9
온도에 따른 물의 밀도

▶ 확인하기

10 °C의 물 10.0 mL의 질량과 25 °C의 물 10.0 mL의 질량은 같은가?

답 같지 않다. 물의 밀도는 온도에 따라 달라진다. 10 °C의 물 10.0 mL의 질량은 25 °C의 물 10.0 mL의 질량보다 더 크다. 물의 밀도가 10 °C에서 더 크기 때문이다.

$$\text{밀도} = \frac{\text{질량}}{\text{부피}} \qquad \text{따라서} \qquad \text{부피} = \frac{\text{질량}}{\text{밀도}}$$

$$\text{부피} = \frac{1.55\,\cancel{\text{g}}\ \text{에틸 알코올}}{0.7893\,\dfrac{\cancel{\text{g}}}{\text{mL}}} = 1.96\ \text{mL 에틸 알코올}$$

예제 1.3

밀도를 이용한 질량과 부피의 관계

금 201 g의 부피는 몇 cm^3인가?

문제 파악

알고 있는 것	알아내야 할 것
금의 질량(201 g)	금의 부피(cm^3)

전략

밀도를 구하는 계산식을 부피를 구하는 계산식으로 재배열한다. 금의 밀도는 표 1.4의 알려진 값을 이용하고, 금의 질량을 이용하여 부피를 구한다.

풀이

$$\text{부피} = \frac{201\,\cancel{\text{g}}\ \text{금}}{19.31\,\cancel{\text{g}}/\text{cm}^3} = 10.4\ \text{cm}^3\ \text{금}$$

점검

금의 질량 201 g은 금의 밀도 항에 있는 질량 19.31 g보다 대략 10배 정도 크다. 따라서 금의 부피는 10 cm^3로 볼 수 있고, 계산된 금의 부피와 일치한다.

▶ 연습문제 1.5 과거에 마취제로 사용되던 클로로폼은 20 °C에서 밀도가 1.483 g/mL이다. 클로로폼 9.37 g이 필요하다면, 몇 mL를 사용해야 하는가? (1 mL = 1 cm^3)

▲ 팔찌가 순수한 은인지 어떻게 확인할 수 있을까? © Crepesoles/Shutterstock

응용문제 1.6 여름 휴가 때 해변에 갔다가 은팔찌를 주웠다. 이 팔찌를 보석상에게 보여 주었더니, 도금한 것이므로 10 달러를 주겠다고 한다. 보석상에게 속기 싫어서 이 팔찌를 화학 실험실로 가져가서 팔찌의 질량이 80.0 g임을 저울로 확인하였다. 팔찌의 부피를 측정하기 위해 20 °C에서 10.0 mL의 물이 채워진 눈금실린더에 팔찌를 넣었다. 팔찌를 넣은 후 눈금실린더의 부피는 17.64 mL가 되었다. 20 °C에서 은의 밀도는 10.5 g/cm^3이며, 1 cm^3 = 1 mL이다. 이 팔찌 금속의 정체에 대한 결론은 무엇인가?

1.8 유도 단위: 에너지와 에너지의 측정

에너지라는 단어는 누구에게나 익숙하지만, 비전문적인 용어로 간단히 정의하는 것은 힘들다. 사용하기에 편한 정의로 에너지란 열을 공급하거나 일을 할 수 있는 능력이다. 예를 들어, 댐 위에서 떨어지는 물은 터빈을 돌려서 전기를 발생시킬 수 있는 에너지를 가지고 있다. 프로페인 기체는 연소라는 화학적 과정에 의해 에너지를 방출할 수 있고, 이렇게 방출된 에너지로 집안의 온도를 올리거나 햄버거를 구울 수 있다.

에너지는 **운동 에너지**(kinetic energy)와 **위치 에너지**(potential energy)로 분류할 수 있다. 질량이 m이고 속도 v로 운동하는 물체의 **운동 에너지(E_K)**는 다음 식으로 구할 수 있다.

개념탐구 질문 6

다음 중 위치 에너지를 설명하는 문장은 어느 것인가?

(a) 0 K 이상의 온도에서 결정 내의 원자는 진동한다.

(b) 음전하로 대전된 전자는 양전하로 대전된 원자핵으로 끌려간다.

(c) 실온에서 산소 분자의 평균 속도는 약 500 m/s이다.

$$E_K = \frac{1}{2}mv^2$$

큰 질량과 높은 속도를 가질수록 운동 에너지는 증가한다. 높은 높이의 댐에 있는 물은 낮은 높이에 있는 같은 양의 물보다 큰 속도와 큰 운동 에너지를 가지고 떨어지게 된다.

반면, **위치 에너지(E_P)**는 저장된 에너지라고 할 수 있다. 위치 에너지는 높은 위치에 있는 물체와 화학 반응을 할 분자에 저장되어 있다. 댐의 뒷면에 있는 저수지에 위치하는 물은 댐 밑에 있는 물보다 높이 있기 때문에, 위치 에너지를 가진다. 물이 낙하하면 위치 에너지가 운동 에너지로 전환된다. 프로페인 등은 산소와의 연소 반응을 통하여 열과 일의 형태로 **에너지**를 방출하기 때문에, 위치 에너지를 가진 연료로 사용된다.

미리보기…

9장에서 화학 반응 중에 생성되거나 흡수되는 **에너지**의 양을 계산하게 될 것이다.

에너지의 단위인 (kg·m^2)/s^2은 운동 에너지 식 $E_K = 1/2mv^2$에서 유도된 것이다. 예를 들어, 50.0 kg(약 110 lb)인 사람이 자전거를 타고 10.0 m/s (약 22 mi/h)의 속도로 달린다면 운동 에너지는 2500 (kg·m^2)/s^2이다.

$$E_K = \frac{1}{2}mv^2 = \frac{1}{2}(50.0 \text{ kg})\left(10.0 \frac{\text{m}}{\text{s}}\right)^2 = 2500 \frac{\text{kg·m}^2}{\text{s}^2} = 2500 \text{ J}$$

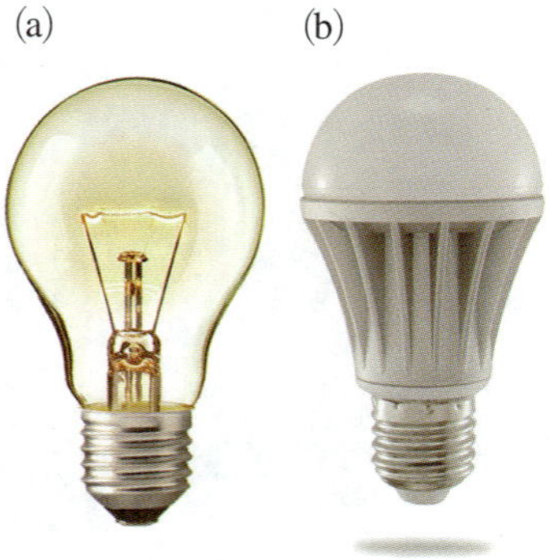

▲ (a) 75 W 백열전구는 75 J/s의 속도로 에너지를 소모한다. 그 에너지의 약 5%만이 빛으로 전환되고, 나머지 95%는 열로 방출된다. © Somchai Som/Shutterstoc (b) 에너지 효율이 높은 발광다이오드(LED) 전구가 백열전구를 대체해가고 있다. © SCOTTCHAN/Shutterstock

에너지의 SI 유도 단위인 (kg·m^2)/s^2은 영국의 물리학자인 줄(James Prescott Joule, 1818~1889)의 이름을 따서 **줄**(**Joule, J**)이다. J은 상당히 작은 단위이다. 커피잔에 든 물의 온도를 상온에서 끓는점까지 올리는 데 약 100,000 J 정도가 필요하다. 따라서 화학에서는 킬로줄(kJ)이 자주 사용된다.

에너지의 SI 단위인 J 대신에, 일부 화학자와 생화학자들은 아직도 칼로리(calorie, cal)를 사용한다. 원래 칼로리란 1 g의 물을 1 °C (정확히는 14.5 °C에서 15.5 °C로) 올리는 데 필요한 양의 에너지이며, 1 cal는 정확히 4.184 J로 정의된다.

$$1 \text{ cal} = 4.184 \text{ J (정확히)}$$

영양학자들은 다소 혼동하기 쉬운 단위인 큰 칼로리(Cal, 대문자 C로 시작)를 사용한다. 이는 1000 cal로 1 kcal에 해당한다.

$$1\ \text{Cal} = 1000\ \text{cal} = 1\ \text{kcal} = 4.184\ \text{kJ}$$

식품의 에너지 값이나 식품의 칼로리 함유량은 큰 칼로리(Cal)로 측정된다. 따라서 바나나가 70 Cal를 포함한다는 말은 바나나를 인체에서 연료로 이용할 때 70 Cal(70 kcal 또는 290 kJ)의 에너지가 생성된다는 의미이다.

예제 1.4

운동 에너지 계산하기

(a) 2360 lb (1070 kg)의 자동차가 63.3 mi/h(28.3 m/s)의 속도로 움직일 때, 운동 에너지는 몇 J인가? 과학적 표기법으로 나타내시오.

(b) 적합한 접두사를 사용하여, 이 운동 에너지를 숫자와 단위로 나타내시오.

문제 파악

알고 있는 것	알아내야 할 것
질량(1070 kg), 속도(28.3 m/s)	운동 에너지 E_K(J)

전략

운동 에너지(E_K) 공식을 이용한다. 질량의 단위가 kg이고 속도의 단위가 m/s이면, $1\ \text{J} = \dfrac{1\ \text{kg}\cdot\text{m}^2}{\text{s}^2}$이므로 운동 에너지는 줄 단위로 계산될 것이다.

풀이

(a) $E_K = \dfrac{1}{2}mv^2 = \dfrac{1}{2}(1070\ \text{kg})\left(28.3\dfrac{\text{m}}{\text{s}}\right)^2 = 428{,}476\dfrac{\text{kg}\cdot\text{m}^2}{\text{s}^2}$

$= 4.28476 \times 10^5\ \text{J}$

(b) 문제 (a)의 답에 적합한 접두사는 kilo(10^3)와 mega(10^6)이다. 따라서 정답은 428.476 kJ와 0.428 476 MJ이다.

점검

자동차는 중량이 크기 때문에 정답도 규모가 큰 에너지라야 한다. 운동 에너지의 규모를 추정하기 위해서라면, 자동차의 질량과 속도를 운동 에너지 공식에 대입할 때 지수만 대입한다.

$$E_K \approx (10^3\,\text{kg})\left(\frac{10^1\,\text{m}}{\text{s}}\right)^2 = 10^5\ \frac{\text{kg}\cdot\text{m}^2}{\text{s}^2}$$

10의 추정된 지수가 상세하게 계산된 값과 일치한다.

▶ **연습문제 1.7** 어떤 방사성 물질이 알파 입자라고 부르는 방사선을 빠른 속도로 방출한다.
알파 입자의 질량이 6.6×10^{-24} g이고 속도가 1.5×10^7 m/s이면, 알파 입자 하나의 운동 에너지는 몇 J인가? 과학적 표기법으로 나타내시오.

▶ **응용문제 1.8** 질량 450 g인 야구공의 운동 에너지는 406 J이다. 이 야구공의 속도를 m/s 단위로 계산하시오.

1.9 측정에서의 정확도, 정밀도, 유효 숫자

요리, 건축, 화학 분야에서의 측정 작업은 누구나 매일 수행하는 일이다. 그런데 이런 측정은 얼마나 정확한 것일까? 어떤 측정이든 측정하는 사람의 측정 기술과 측정 장비의 신뢰도에 따라 달라진다. 예를 들어, 여러분은 욕실 저울에서 측정한 체중과 병원 저울에서 측정한 체중이 약간 다름을 알 수 있었을 것이다. 실제 체중을 측정할 때 항상 약간의 불확정성(uncertainty)이 있다는 것이다. 화학에서도 마찬가지이다. 측정값에는 언제나 약간의 불확정성이 있다.

측정의 불확정성도를 논할 때는 **정확도**와 **정밀도**라는 용어가 필요하다. 일상생활에서는 정확도와 정밀도를 구별없이 사용하기도 하지만, 사실 이 두 용어에는 중요한 차이가 있다. **정확도(accuracy)**는 측정값이 참값과 얼마나 가까운지를 나타내고, **정밀도(precision)**는 반복된 독립 측정값이 얼마나 서로 일치하는지를 나타낸다. 그 차이를 확인하기 위해, 참값이 54.441 778 g인 테니스 공의 무게를 측정하는 경우를 생각해 보자. 세 가지 다른 종류의 저울을 사용

▲ 이 테니스 공의 질량은 약 54 g 이다. ©SCOTTCHAN/Shutterstock

하여 세 번씩 측정하여 다음 표와 같은 데이터를 획득하였다.

측정 번호	욕실 저울	실험실 저울	분석용 저울
1	0.1 kg	54.4 g	54.4418 g
2	0.0 kg	54.5 g	54.4417 g
3	0.1 kg	54.3 g	54.4418 g
(평균)	(0.07 kg)	(54.4 g)	(54.4418 g)

욕실 저울로 측정한 경우에는 그 측정값(평균 = 0.07 kg)은 정확하지도 않고 정밀하지도 않다. 욕실 저울로는 한 자리 수까지만 측정할 수 있었다. 이는 참값과 너무 차이가 나므로 정확도도 낮고, 측정값끼리도 너무 다르므로 정밀도도 낮다. 저렴한 실험실 저울로 측정한 경우에는 측정값(평균 54.4 g)이 세 자리 수이며, 꽤 정확한 편이다. 그러나 세 번의 측정값이 54.3 g부터 54.5 g까지 변하기 때문에 매우 정확하다고 볼 수는 없다. (공기의 흐름이나 공과 저울 표면의 점착 현상 때문일 것이다.) 마지막으로, 실험실에 있는 고가의 분석 저울로 측정한 경우에는 그 측정값(평균 = 54.4418 g)은 정밀하면서 동시에 정확하다. 측정값이 참값에 매우 가까우므로 정확하고, 여섯 자릿수가 측정 때마다 거의 변화하지 않으므로 정밀하다.

측정의 불확정성을 표현하기 위해 **기록하는 값은, 확실한 측정값의 자릿수에 추정 자릿수 하나를 더해서 표기하여야 한다.** 예를 들어, 1도마다 표시되어 있는 온도계를 읽을 때 가장 가까운 눈금의 자릿수인 25 °C는 확신할 수 있지만, 25 °C와 26 °C 사이의 값은 추정하여야 한다. 따라서 25.3 °C의 값을 얻을 수 있다.

측정 작업에서 기록된 전체 자릿수를 측정값의 **유효 숫자**(significant figure)라고 한다. 예를 들어, 테니스 공의 질량을 일반 저울로 측정하면(54.4 g) 유효 숫자가 세 개이지만, 분석용 저울로 측정하면(54.4418 g) 유효 숫자가 여섯 개이다. 마지막에 있는 숫자를 제외한 모든 숫자는 확실하다. 마지막 숫자는 추정값이다. 일반적으로 ±1의 오차를 가진다고 가정한다.

측정값에서 유효 숫자의 개수를 찾는 것은 대체로 쉽지만, 0이 존재하면 까다로워진다. 다음 네 가지 측정값을 살펴보자.

4.803 cm	유효 숫자 4개: 4, 8, 0, 3
0.006 61 g	유효 숫자 3개: 6, 6, 1
55.220 K	유효 숫자 5개: 5, 5, 2, 2, 0
34,200 m	유효 숫자가 3개(3, 4, 2)에서 5개(3, 4, 2, 0, 0) 사이

다음 규칙은 여러 상황에 적용된다.

1. **숫자 가운데에 있는 0은 다른 숫자와 동일하게 취급한다. 즉 항상 유효 숫자이다.** 4.803 cm의 유효 숫자는 4개이다.
2. **수의 시작 부분에 있는 0은 유효 숫자가 아니다. 이것은 소수점의 위치를 나타내기 위해서 사용된 것뿐이다.** 따라서 0.006 61 g의 유효 숫자는 3개이다. 따라서 0.006 61 g은 6.61×10^{-3} g 또는 6.61 mg으로 쓸 수 있음을 명심한다.
3. **수의 끝에 있는 0이 소수점 다음에 있으면 항상 유효 숫자이다.** 이런 0은 유효 숫자가 아니면 사용할 이유가 없다. 따라서 55.220 K은 유효 숫자가 5개이다. 유효 숫자가 4개이면 55.22 K으로 표기해야 한다.
4. **숫자의 마지막 부분에 있는 0이 소수점 앞에 있으면 유효 숫자일 수도 아닐 수도 있다.** 이런 0은 측정값의 일부인지, 아니면 자릿수를 채울 뿐인지 알 수 없다. 따라서 34,200 m의 유효 숫자는

3개, 4개, 5개 중 어느 것도 가능하다. 그러나 상식을 활용하여 추정한다. 온도를 20 ℃라고 읽었을 때 유효 숫자는 1개보다는 2개일 가능성이 높다. 유효 숫자가 1개라면 10~30 ℃ 사이의 온도라는 의미인데, 이는 별 쓸모가 없기 때문이다. 마찬가지로, 300 mL의 부피는 유효 숫자가 3개일 것이다. 한편 지구와 태양 사이의 거리인 93,000,000 mi(마일)은 유효 숫자가 2개 또는 3개일 것이다.

네 번째 규칙은 숫자를 일반적 표기법보다 과학적 표기법으로 기록하는 것이 더 나은 이유를 보여준다. 과학적 표기법으로 기록하면 유효 숫자의 개수를 나타낼 수 있다. 따라서 34,200을 과학적 표기법에 따라 3.42×10^4으로 기록하면 유효 숫자는 3개이고, 3.4200×10^4으로 기록하면 유효 숫자는 5개가 된다.

유효 숫자에 대한 주의점이 하나 더 있다. 물체를 세서 얻은 수처럼 '확실한 수'는 정확하며, 유효 숫자의 개수가 무한하다. 예를 들어, 일주일은 정확하게 7일이지, 6.9, 7.0, 7.1이 아니다. 또 1피트는 정확하게 12인치이지, 11.9, 12.0, 12.1이 아니다. 또한 과학적 표기법에서 사용되는 10의 지수도 정확한 수이다. 즉 10^3은 정확히 1000이지만, 수 1×10^3의 유효 숫자 개수는 1개이다.

예제 1.5

유효 숫자

다음 측정값들의 유효 숫자는 몇 개인가?

(a) 0.036 653 m (b) 7.2100×10^{-3} g (c) 72,100 km (d) $25.03

풀이

(a) 5개 (규칙 2) (b) 5개 (규칙 3)
(c) 3개, 4개, 5개 중 하나 (규칙 4) (d) $25.03은 정확한 수이므로 유효 숫자 개수는 무한하다.

연습문제 1.9 다음 측정값들의 유효 숫자는 몇 개인가?

(a) 0.003 00 mL (b) 2070 mi (c) 47.60 mL

응용문제 1.10 뷰렛 내 내용물의 부피를 읽고, 정확한 개수의 유효 숫자를 답하시오. 부피는 메니스커스(meniscus) 형태의 밑 부분을 읽어서 측정한다. (기록할 때는 눈금으로 확인할 수 있는 자릿수에, 추정 자릿수를 모두 포함시켜야 한다는 점을 기억하자.)

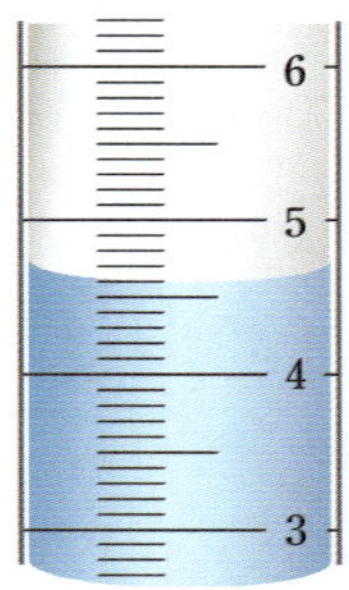

▲ 뷰렛 내 물질의 부피는 얼마인가? (응용문제 1.10)

개념 예제 1.6

측정값에서 정밀도와 정확도 결정

다음 중 어느 다트판이 정확도는 낮지만 정밀도가 높은 다트 판인가?

(a) (b) (c)

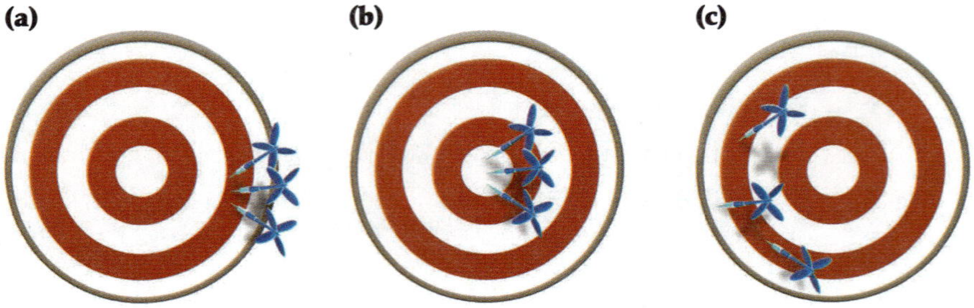

풀이

정밀도란 측정값들이 얼마나 서로 가까운지에 대한 것이고, 정확도란 측정값이 중앙에 얼마나 가까운지에 대한 것이다. 다트 판 (a)는 다트의 착점이 표적의 중앙에서 멀리 떨어져 있기 때문에 정확도는 낮지만, 다트 착점들이 거의 같은 위치에 있으므로 정밀도는 높다.

연습문제 1.11 위의 그림에서 정확도와 정밀도가 모두 낮은 다트 판은 어느 것인가?

응용문제 1.12 아세톤은 페인트의 제거제로 흔히 사용되는 용매이다. 아세톤 시료 1.000 mL가 질량 4.002 g의 작은 바이알(vial)에 담겨 있다. 아세톤이 채워진 바이알의 질량을 측정하였더니, 4.531 g, 4.525 g, 4.537 g이었다. 아세톤의 실제 질량이 0.7795 g이라면, 이 측정값의 정밀도와 정확도는 어떠한가?

▲ 계산기는 데이터의 정밀도에 의해 예상되는 유효 숫자 개수보다 더 많은 유효 숫자를 표시하기도 한다.
ⓒDino Osmic/Shutterstock

1.10 계산에서의 유효 숫자

실제 계산상의 유효 숫자보다 더 많은 유효 숫자가 나타나는 경우가 종종 있다. 계산기로 계산할 때가 그렇다. 예를 들어, 11.70갤런의 휘발유로 278마일을 운행한 자동차의 연비를 계산해 보자.

$$\text{연비} = \frac{\text{마일}}{\text{갤런}} = \frac{278\ \text{mi}}{11.70\ \text{gal}} = 23.760\ 684\ \text{mi/gal (mpg)}$$

계산기에 표시된 바로는 유효 숫자 개수가 8개이지만, 실제 측정값은 표시된 것만큼 정밀하지는 않다. 실제 측정값의 유효 숫자 개수는 3개뿐이고, 유효 숫자가 아닌 모든 숫자는 제거하여 23.8 mi/gal로 **반올림**하여야 한다.

유효 숫자 개수를 몇 개나 유지하고 몇 개를 버려야 하는지 어떻게 결정할까? 대부분의 경우 두 가지 규칙만 알면 충분하다.

1. **곱셈이나 나눗셈에서 답은 계산하는 수보다 유효 숫자 개수가 클 수 없다.** 잘 생각해 보면, 이 규칙은 상식적이다. 운전해 온 거리가 유효 숫자 3개뿐이면(278 마일은 277, 278, 279 마일 중 하나라는 의미), 유효 숫자가 3개를 넘는 연비를 계산하는 것이 불가능하다.

유효 숫자 3개 → 278 mi; 유효 숫자 4개 → 11.70 gal; 유효 숫자 3개 → 23.8 mi/gal

$$\frac{278\ \text{mi}}{11.70\ \text{gal}} = 23.8\ \text{mi/gal}$$

2. **덧셈이나 뺄셈에서 답은 계산하는 수보다 소수점 오른쪽에 더 많은 유효 숫자 개수를 가질 수 없다.** 예를 들어, 3.18 L의 물에 0.013 15 L의 물을 더한다면 3.19 L가 된다. 이 규칙도 상식 수준에서 이해하면 된다. 처음 부피가 소수점 두 자리 이하로는 얼마인지 정확히 모르므로, 더한 값이 소수점 두 자리 이하로 얼마인지 정확히 알 수 없다.

3.18? ??	← 소수점 이하 두 자리로 끝남
+ 0.013 15	← 소수점 이하 다섯 자리로 끝남
3.19? ??	← 소수점 이하 두 자리로 끝남

답에서 남겨야 하는 자릿수를 결정한 후 반올림하는 규칙은 다음과 같다.

1. **제거하는 첫 번째 숫자가 5보다 작으면 버리고 그 다음 숫자들도 모두 버린다.** 즉, 5.664를 유효 숫자 3개로 반올림할 때 버리는 첫 번째 숫자(4)가 5보다 작기 때문에 5.66이 된다.
2. **제거하는 첫 번째 숫자가 5 이상이면 왼쪽에 있는 숫자에 1을 더하여 반올림한다.** 즉, 5.664를 유효 숫자 2개로 반올림할 때 버리는 첫 번째 숫자(6)가 5 이상이기 때문에 5.7이 된다.

예제 1.7

계산에서의 유효 숫자

영국 런던에서 미국 일리노이주 시카고까지 3952 mi(마일)을 비행기로 가는 데 9.25시간이 걸린다. 비행기의 평균 속력은 시속 몇 마일인가?

문제 파악

알고 있는 것	알아내야 할 것
시간(9.25시간), 거리(3952 mi)	속력(mi/h)

전략

속력에 대한 계산식을 세우고 푼다. 수학 연산의 유효 숫자 규칙을 이용하여, 구하려는 답의 유효 숫자 개수를 결정한다.

풀이

먼저, 비행거리를 비행시간으로 나누는 계산식을 세운다

$$\text{평균 속력} = \frac{3952 \text{ mi}}{9.25 \text{ h}} = 427.243\ 24 \text{ mi/h}$$

다음 단계로, 계산값의 유효 숫자 개수를 결정한다. 위의 계산식은 나눗셈을 포함하고 있는데, 3952마일은 유효 숫자 개수가 4개이고 9.25시간은 유효 숫자 개수가 3개이다. 따라서 유효 숫자 개수가 적은 3개의 유효 숫자를 가지도록 답을 표기한다. 마지막으로, 반올림을 해야 한다. 계산기로 수행한 계산값 427.243 24에서 유효 숫자 427 다음의 숫자가 5보다 작은 2이므로 버린다. 따라서 427 mi/h로 표기한다.

이 문제뿐만 아니라 다른 문제에서도 유효 숫자이든 아니든 간에 숫자의 자릿수를 다 이용하여 계산한 후, 반올림은 가장 마지막에 해야 한다. 계산하는 중간 단계에서는 절대 반올림하면 안 된다.

▶ **연습문제 1.13** 다음 계산을 수행하고, 정확한 개수의 유효 숫자로 그 결과를 답하시오

(a) 24.567 g + 0.044 78 g = ? g
(b) 4.6742 g ÷ 0.003 71 L = ? g/L

▶ **응용문제 1.14** 다음 방법으로 염화 소듐 용액을 제조하였다.

- 25.0 mL 부피 플라스크(그림 1.8)를 분석 저울에 놓고 측정하여 질량이 35.6783 g임을 알아냈다.
- 염화 소듐을 부피 플라스크에 넣고 고체와 플라스크의 질량을 측정하였더니, 36.2365 g이었다.
- 부피 플라스크의 표선까지 물로 채우고, 잘 섞었다.

염화 소듐 용액의 농도를 g/mL 단위로 계산하고, 유효 숫자 개수에 유의하여 과학적 표기법으로 답하시오.

1.11 단위 환산

각종 측정, 무게 달기, 용액 제조 등 많은 과학 활동에는 수리적 계산이 필요하기 때문에, 측정하거나 계산된 양을 한 단위에서 다른 단위로 환산하는 작업이 종종 필요하다. 단위 환산은 어렵지 않다. 일상적으로 늘 수행하는 작업이다. 예를 들어 400미터 트랙을 7.5바퀴 달린다면, 한 바퀴의 거리를 미터 단위로 환산하면 3000 m(7.5바퀴 곱하기 400미터/바퀴)를 달린 것을 알아낼 수 있다. 과학적 단위 하나를 다른 단위로 환산하는 것도 이렇게 쉽다.

$$7.5 \text{ 바퀴} \times \frac{400 \text{ 미터}}{1 \text{ 바퀴}} = 3000 \text{ 미터}$$

서로 다른 단위를 포함하는 계산을 수행하는 가장 간단한 방법이 **차원 분석법(dimensional-analysis method)**이다. 이 방법은 단위 사이의 관계를 나타내는 **환산 인자(conversion factor)**를 사용하여, 한 단위로 표시된 양을 동등한 양을 가진 다른 단위로 환산한다.

▲ 스피드 스케이터는 바퀴를 미터로 변환하여 자신들이 지친 거리를 확인해야 한다.

$$\text{처음 양} \times \text{환산 인자} = \text{동등한 양}$$

예를 들어 1.4절에서 보았듯이, 1 m는 39.37 인치(in.)와 같다. 이 관계를 분수로 표현하여, 인치당 미터 또는 미터당 인치의 환산 인자로 형태를 바꾼다.

미터와 인치 사이의 환산 인자

$$\frac{1\ \text{m}}{39.37\ \text{in.}} \quad \text{또는} \quad \frac{39.37\ \text{in.}}{1\ \text{m}}$$

문제를 해결하는 차원 분석법의 핵심은 단위를 숫자처럼 취급하는 것이다. 숫자처럼 곱하고 숫자처럼 나누면 된다. 문제를 풀 때 방법은, 원하지 않는 단위는 소거되고 원하는 단위만 남도록 계산식을 세우는 것이다. 보통 알고 있는 것을 일단 적어놓고, 그 알고 있는 값을 조작하는 것이 가장 좋다. 예를 들어, 키가 69.5인치인데 이것을 미터로 바꾸고 싶다고 가정해 보자. 키를 인치로 먼저 적고, 인치당 미터의 환산 인자를 키에 곱하는 계산식을 수립한다.

$$69.5\ \cancel{\text{in.}} \times \frac{1\ \text{m}}{39.37\ \cancel{\text{in.}}} = 1.77\ \text{m}$$

처음 양 → 69.5 in.; 환산 인자 → $\frac{1\ \text{m}}{39.37\ \text{in.}}$; 동등한 양 → 1.77 m

계산식 왼쪽의 단위 'in'는 분모의 단위와 약분되어 없어지고, 'm'만 남는다.

차원 분석법에서는 필요 없는 단위를 없애는 계산식이 바르게 수립되었을 때만 옳은 답을 구할 수 있다. 계산식이 다른 방식으로 수립되면, 단위가 제대로 상쇄되지 않아 옳은 답을 구할수 없다. 따라서 인치로 표시한 키에 부적절한 환산 인자인 미터당 인치를 곱하면, 의미가 없는 단위를 가진 틀린 답을 얻게 될 것이다.

$$\text{틀린 예!} \qquad 69.5\ \text{in} \times \frac{39.37\ \text{in.}}{1\ \text{m}} = 2740\ \text{in.}^2/\text{m} \quad ??$$

▲ 적혈구의 부피는 얼마인가?

차원 분석법의 가장 큰 약점은 원하는 게 무엇인지 정확히 이해하지 못해도 옳은 답을 구할 수 있다는 것이다. 따라서 문제를 푼 후 검토 과정에서 대강의 값을 추정해 보는 것이 좋다. 검토에서 추정한 값이 상세한 풀이에서 얻은 값과 가깝지 않다면, 어딘가에 실수가 있음을 의미하므로 문제를 다시 풀어야 한다.

추정을 하지 않더라도 계산된 답이 의미가 있는지 확인하는 것은 중요하다. 예를 들어, 사람 세포의 부피를 계산하려고 하였는데 5.3 cm^3의 값을 얻었다면, 이 답이 옳지 않다는 것을 알 수 있다. 세포는 눈에 보이지 않을 정도로 작지만, 5.3 cm^3라는 부피는 호두만한 크기이다. 예제 1.8과 1.9는 문제를 풀 수 있는 전략과 차원 분석을 이용하여 단위를 환산한 후, 정답을 추정하는 방법을 보여 준다.

예제 1.8

유효 숫자를 이용한 단위 환산

부가티 베이론 슈퍼 스포트(Bugatti Veyron Super Sport)는 세상에서 가장 빠른 스포츠카로, 최고 속력이 267 mi/h이다. 정확한 개수의 유효 숫자로 이 속력을 다음 단위로 환산하시오.

(a) 시간당 킬로미터 (b) 초당 미터

문제 파악

알고 있는 것	알아내야 할 것
속력(267 mi/h)	속력(km/h, m/s)

전략

(a) 본 교재의 뒤표지 안쪽 페이지에서 km와 mi의 환산 인자를 찾아내고, 차원 분석법을 이용하여 mi 단위를 소거할 수 있도록 계산식을 수립한다.

(b) 위에서 구한 km/h로 나타낸 속력으로 시작하여 m/s의 속력을 구한다. 환산 인자로 변환하면, km와 h이 약분되고 m이 분자에 남고 s가 분모에 남는다.

풀이

(a) $\frac{267\ \text{mi}}{1\ \text{h}} \times \frac{1.609\ \text{km}}{1\ \text{mi}} = 429.603\frac{\text{km}}{\text{h}} = 430.\frac{\text{km}}{\text{h}}$

(b) $\frac{430.\ \text{km}}{1\ \text{h}} \times \frac{1000\ \text{m}}{1\ \text{km}}\frac{1\ \text{h}}{60\ \text{min.}} \times \frac{1\ \text{min.}}{60\ \text{s}} = 119.444\frac{\text{m}}{\text{s}} = 119\frac{\text{m}}{\text{s}}$

정말 빠른 스포츠카!

점검

(a) 계산값은 수백 km/h나 되므로 확실히 큰 수이다. 그러나 답을 추정하려면, 1 mi = 1.609 km이므로 동일한 거리를 측정할 때 킬로미터 값은 마일 값의 약 1.5배 정도 된다는 것을 알아채는 것이 좋다. 따라서 267 mi은 약 400 km가 되고 267 mi/h도 약 400 km/h가 된다. 이 추정치는 풀이 과정의 계산값과 유사하다.

(b) 척 봐도 매우 빠른 속력이므로 계산값은 맞는 것으로 보인다. 정상급 육상선수가 100 m를 약 10초에 뛰는데, 이 스포츠카는 그보다 약 10배 정도 빠르다. 이것은 타당해 보이나 이런 문제는 여러 가지 환산 인자를 요구하기 때문에 풀기 어려운 편이다. 따라서 중간 추정값을 적어가면서 한 번에 한 단계씩만 생각해 보는 것이 가장 좋다.

- 1 km = 1000 m이므로 스포츠카의 속력은 430,000 m/h 또는 4.3×10^5 m/h이다.
- 스포츠카는 시간당 가는 거리보다 초당 가는 거리가 작으므로, 시간 단위를 시간에서 초로 바꾸면 초당 속력의 숫자는 작아질 것이다. 1시간은 3600(3.6×10^3)초이므로, 4.3×10^5 m/h를 3.6×10^3 s/h로 나누어 최고 속력을 m/s로 추정할 수 있다.

$$\frac{10^5\ \text{m/h}}{10^3\ \text{s/h}} = 10^2\ \text{m/s}$$

계산된 값의 규모가 옳은지 점검할 때는 10의 지수를 이용하여 추정하는 것이 좋다. 따라서 이 추정값은 상세한 풀이와 일치한다.

▶ **연습문제 1.15** 보석의 중량은 캐럿(carat) 단위로 측정하고, 1캐럿은 정확히 200 mg이다. 세계에서 가장 큰 푸른 다이아몬드인 호프(Hope) 다이아몬드는 44.4캐럿이다. 이 다이아몬드의 질량은 몇 온스인가? (1 oz = 28.35 g)

▶ **응용문제 1.16** 순수한 다이아몬드의 밀도는 3.52 g/cm³이다. 차원 분석 식을 세워 연습문제 1.15에 있는 호프 다이아몬드의 부피(cm³)를 구하시오.

ⓒDavidNNP/Shutterstock

예제 1.9

제곱 단위와 세제곱 단위의 환산

1883년 8월 27일에 인도네시아 크라카타우 섬을 파괴했던 화산 폭발은 약 4.3 mi³의 화산재를 대기 중으로 방출하여 수년 동안 세계 기후에 영향을 미쳤다. 방출된 화산재의 부피는 SI 단위인 m³으로 환산하면 얼마인가?

▲ 인도네시아 Krakatau 섬의 화산 ⓒByelikova Oksana/Shutterstock

문제 파악

알고 있는 것	알아내야 할 것
부피(4.3 mi³)	부피(m³)

전략

mi^3을 km^3으로 환산한 후에, km^3을 m^3으로 환산하는 것이 가장 간단할 것이다. 환산 인자 전체를 세제곱해야 한다는 것에 주의하자.

풀이

$$4.3\ \cancel{mi}^3 \times \left(\frac{1\ km}{0.6214\ \cancel{mi}}\right)^3 = 17.92\ km^3$$

$$17.92\ \cancel{km}^3 \times \left(\frac{1000\ m}{1\ \cancel{km}}\right)^3 = 1.792 \times 10^{10}\ m^3$$

$$= 1.8 \times 10^{10}\ m^3 \quad \text{반올림하였다.}$$

점검

1 m는 1 mi보다 작은 단위이므로, 1 mi^3과 같은 부피의 m^3는 큰 수이다. 따라서 계산값은 매우 큰 수가 될 것이다. 1 km는 약 0.6 mi이므로 1 km^3은 약 1 mi의 $(0.6)^3$배, 즉 0.2 mi이다. 따라서 1 mi^3은 약 5 km^3이고, 4.3 mi^3은 약 20 km^3이다. 한편 1 km^3은 $(1000\ m)^3$이고, 이것은 10^9 m^3와 같다. 따라서 크라카타우 섬의 화산 폭발로 분출된 화산재의 부피는 약 $20 \times 10^9\ m^3$ 또는 $2 \times 10^{10}\ m^3$이다. 이 추정값은 상세한 풀이와 일치한다.

▶ **연습문제 1.17** 축구장의 최대 크기는 폭 90.0 m, 길이 120.0으로, 면적은 $1.08 \times 10^4\ m^2$이다. 이 축구장의 면적은 ft^2 단위로 얼마인가? (1 m = 3.28 ft)

▶ **응용문제 1.18** 적혈구 세포를 지름 6×10^{-6} m, 높이 2×10^{-6} m의 원통 형태라고 가정하면, 적혈구 세포의 부피는 몇 cm^3인가? 이 부피는 몇 pL(피코리터)인가?

INQUIRY ? 나노 척도 소재의 독특한 성질은 무엇일까?

금속을 대체하는 경량 소재, 뼈를 성장시키는 합성 지지체, 부작용 없이 암세포만 죽이는 항암제, 더 빠르면서 작아진 컴퓨터 등이 존재하는 세상을 상상해 보자. 이런 것들은 현재 가장 활발하게 연구되는 분야인 나노과학 결과의 일부일 뿐이다.

'나노 척도'의 정의는 일반적으로, 최소한 한 차원의 길이가 1~100 nm의 크기를 가지는 물질을 포함한다. 이 극도로 작은 영역에서 물질을 탐구하고 이해할 수 있게 해주는 연구용 기구는, 불과 몇 년 전만해도 구현이 불가능했다.

이 극도로 작은 크기의 물질을 이해하려면, 다른 척도의 물체와 크기를 비교하는 것이 좋다. **거시 척도**(**macroscale**)의 물체는 육안으로 관찰할 수 있어서, 측정용 자나 캘리퍼와 같은 도구로 측정할 수 있다. **마이크로 척도**(**microscale**)는 이보다 작은 크기의 세계이며, 소재의 차원이 마이크로미터 범위($1\ \mu m = 1 \times 10^{-6}\ m$)이기 때문에 마이크로 척도라고 부른다. 세포와 같은 마이크로 물체는 육안으로는 볼 수 없으므로 광학 현미경을 써야 형상화할 수 있다. **나노 척도**(**nanoscale**)는 마이크로 척도보다 1000배 더 작고, 나노미터 크기($1\ nm = 1 \times 10^{-9}\ m$)의 차원을 나타낸다. 원자와 분자는 전자 현미경이나 원자힘 현미경 같은 특수한 기구를 사용해야 형상화가 가능한 나노 척도의 물체이다. 그림 1.10은 척도 체제와 대표적인 물체이다.

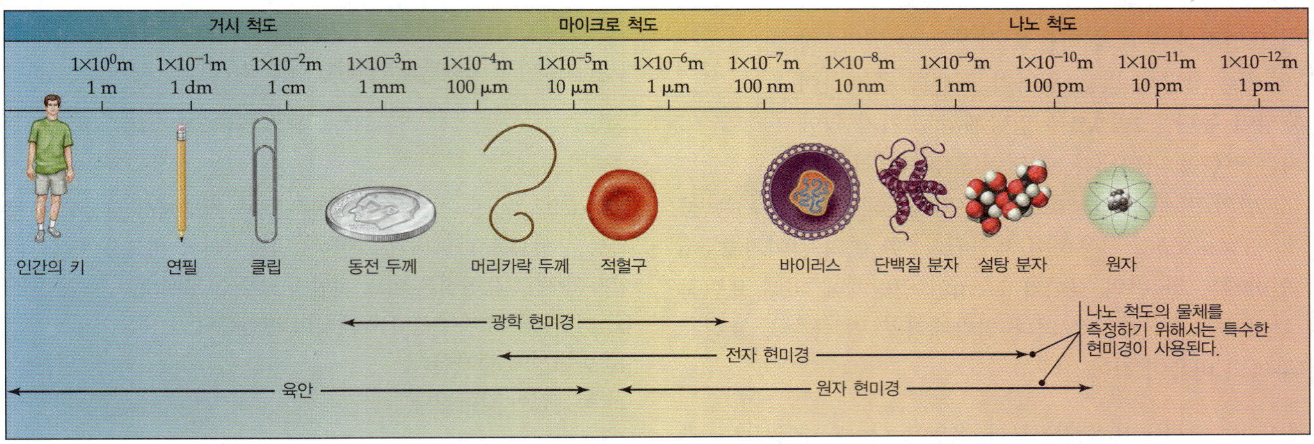

▲ 그림 1.10
거시 척도와 마이크로 척도의 물체

▲ 확인하기

육안으로는 볼 수 없으나, 현미경으로 볼 수 있는 대상체는 어떤 것인가? 광학 현미경으로는 볼 수 없으나, 원자 힘 현미경으로 볼 수 있는 것은 어떤 것인가?

답 세포는 현미경으로는 볼 수 있으나, 육안으로는 볼 수 없다. 분자와 바이러스는 원자 힘 현미경으로는 볼 수 있으나, 광학 현미경으로는 볼 수 없다. 해상도가 매우 높은 원자의 영상은 원자 힘 현미경으로 기록한 것이다.

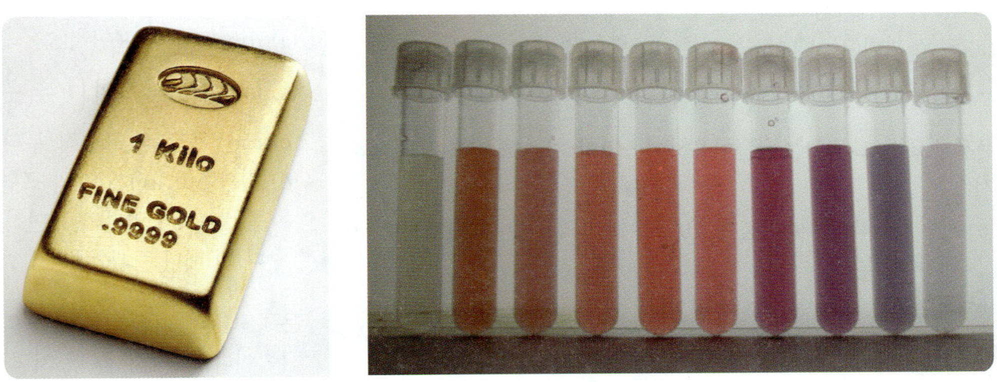

▶ 골드바(왼쪽)와 다양한 크기의 금 나노입자 용액(오른쪽).
금은 나노 척도에서는 특징적인 색을 유지하지 않는다. 왼쪽 바이알 속의 붉은색 용액에 들어 있는 금 나노입자의 지름은 3~30 nm이고, 오른쪽으로 갈수록 입자의 크기가 커진다. 오른쪽 용액의 보라색은 수백 nm의 지름을 가지는 금 입자의 특징적인 색깔이다. ⓒ egon999/Shutterstock/ⓒ Valeg96/CC 4.0: Attribution-Share Alike/Wikimedia Commons

나노과학기술은 물체의 크기를 나노미터 수준으로 감소시켜 그 성질을 변화시킨다는 면에서 매우 흥미로운 연구 분야이다. 지금까지 과학 수업에서는 물질은 양과 관계없이 그 특성이 동일하다고 배웠을 것이다. 예를 들어, 금은 녹는점이 높고 전기를 전도하는 노란색의 반짝이는 물질이다. 금은 상대적으로 비활성 물질이고 반응성이 없기 때문에 보석류나 화폐를 만드는 데 쓰인다. 금은 작은 조각이든 큰 골드바 형태든 완벽히 똑같은 성질을 가진다. 그러나 이러한 성질은 금 나노입자에서는 해당되지 않는다. 금 나노입자는 화학적으로 반응성이 있고, 색은 붉은색부터 보라색까지 다양하다. **일반적으로 나노입자는 크기와 조성에 따라 독특한 성질을 가진다.** 대용량 소재보다 녹는점이 낮고 색이 다양하며, 반응성이 더 큰 경향이 있다.

입자 크기에 따라 성질이 변하는 이유는 나노입자의 **표면적과 부피의 비율**로 설명할 수 있다. 작은 입자는 상당히 많은 원자가 표면에 존재하여 반응성이 높다. **그림 1.11**은 입방체의 크기가 양에 미치는 영향을 나타낸다. 표면적(SA)은 변의 개수에 각 변의 면적 $A = 1 \times w$를 곱하여 계산되며, 부피(V)는 공식 $V = 1 \times w \times h$를 사용하여 계산된다. 한 변의 길이가 2 cm인 입방체는 한 변의 길이가 1 cm인 입방체에 비해 표면적과 부피가 모두 크다. 그러나 입방체가 크면 클수록 표면적과 부피의 비율이 작아진다.

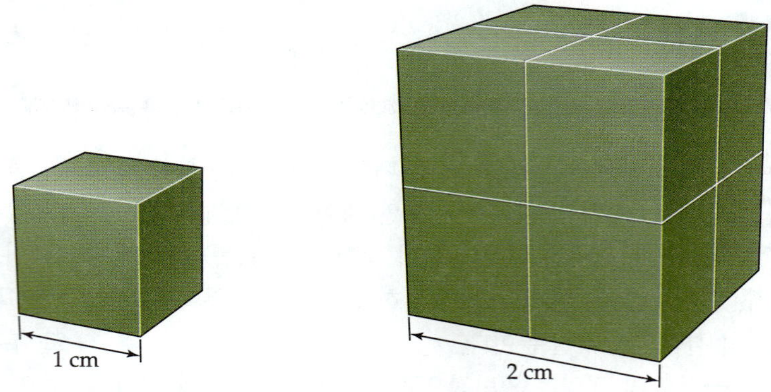

$SA = 6 \times (1\ \text{cm} \times 1\ \text{cm}) = 6\ \text{cm}^2$
$V = 1\ \text{cm} \times 1\ \text{cm} \times 1\ \text{cm} = 1\ \text{cm}^3$
$\frac{SA}{V} = 6$

$SA = 6 \times (2\ \text{cm} \times 2\ \text{cm}) = 24\ \text{cm}^2$
$V = 2\ \text{cm} \times 2\ \text{cm} \times 2\ \text{cm} = 8\ \text{cm}^3$
$\frac{SA}{V} = 3$

▲ **그림 1.11**
크기가 다른 입방체의 표면적과 부피의 비율

▲ 확인하기

입방체의 크기를 증가시키면 이들의 표면적과 부피의 비율은 어떻게 변화하는가?

답 입방체의 크기를 증가시키면 표면적과 부피의 비율은 감소한다.

문제 1.19 그림 1.10을 참고하여, 육안으로는 볼 수 없으나, 광학 현미경으로는 볼 수 있는 대상체를 모두 고르시오.
(a) 작은 개미(길이 1 mm)
(b) 세포(반경 5 μm)
(c) 바이러스(반경 50 nm)
(d) 분자(반경 1 nm)

문제 1.20 그림 1.10을 참고하여, 광학 현미경으로는 볼 수 없으나, 원자 현미경으로는 볼 수 있는 대상체를 모두 고르시오.
(a) 작은 개미(길이 1 mm) (b) 세포(반경 5 μm)
(c) 바이러스(반경 50 nm) (d) 분자(반경 1 nm)

문제 1.21 그림 1.10을 이용하여, 10의 지수로 다음을 추정하시오.
(a) 사람 머리카락의 지름은 10 nm 크기의 금 나노입자보다 몇 배가 큰가?
(b) 적혈구는 설탕 분자보다 몇 배가 큰가?

문제 1.22 나노 척도에서 물질은 다른 척도에서 관찰되지 않는 새로운 성질을 나타내기도 한다. 금덩어리와 비교하여, 금 나노입자의 새로운 성질은 어느 것인지 모두 고르시오.
(a) 미백색부터 자주색까지 색상이 변화한다.
(b) 반응성이 증가한다.
(c) 녹는점이 낮아진다.

문제 1.23 그림 1.11을 참고하여, 표면적/부피 비율이 큰 입방체는 어느 것인가?
(a) 한 변의 길이가 1 cm인 입방체
(b) 한 변의 길이가 2 cm인 입방체

문제 1.24 촉매 변환 장치는 백금 등의 귀금속을 이용하여 자동차 배기가스 내의 해로운 오염물질을 저감한다. 지름이 5.0 nm인 구형 백금 입자의 경우, 다음 값들을 계산하시오.
(a) μm^2 단위의 표면적($SA = 4\pi r^2$)
(b) μm^3 단위의 부피 $\left(V = \frac{4}{3}\pi r^3\right)$
(c) μm^{-1} 단위의 표면적/부피 비율
(d) 지름 5.0 μm 입자의 표면적/부피 비율은 0.6 μm^{-1}이다. 지름 5.0 nm 입자의 표면적/부피 비율은 지름 5.0 μm 입자보다 몇 배나 큰가?

문제 1.25 백금은 촉매 변환 장치에 이용되지만 희귀한 고가의 금속이다. 따라서 좀 더 저렴한 금속을 활용하기 위하여, 크기를

나노입자 척도로 줄여 반응성을 극대화하는 연구가 많이 진행되어 왔다. 입자가 작을수록 반응성이 더 높아진다. 표면적/부피 비율이 커지기 때문이다. 나노입자의 원자 중 어떤 유형의 원자가 반응성이 더 높은가?

(a) 입자의 표면에 존재하는 원자
(b) 입자의 내부에 존재하는 원자
(c) 나노입자의 원자의 위치는 반응성에 별로 영향을 미치지 않는다.

문제 1.26 원자의 지름이 250 pm일 때, 다음 나노입자의 표면에 존재하는 원자의 비율(%)를 계산하시오.

(a) 한 변의 길이가 5.0 nm인 입방형 나노입자
(b) 한 변의 길이가 10.0 nm인 입방형 나노입자

정리

절	개념 요약	학습 목표	문제
1.1 과학적 방법: 연료 전지의 나노입자 촉매	**과학적 방법**이란 연구를 수행할 때 사용되는 반복적 과정이다. 첫 번째 단계로서 관찰들에 기반을 두고 문제점을 도출한다. 다음에는 관찰을 설명할 수 있는 **가설**을 개발한다. 세워진 가설을 시험할 수 있도록 실험을 고안하고, 나타난 **실험** 결과를 토대로 초기 가설을 변경하거나 수정한다. **이론**은 수많은 실험들로부터 가설의 타당성을 입증했을 때 세울 수 있으며, 새로운 예측을 하는 데 이용된다. **모형**은 복잡한 시스템을 간결하게 표현하는 것을 의미하고, 이론을 보다 구체적인 것으로 만들어 준다.	1.1 과학적 방법의 각 단계를 인지한다.	문제 1.32, 1.34
		1.2 정성적 측정과 정량적 측정을 구분한다.	문제 1.34~1.35
1.2 측정: SI 단위와 과학적 표기법	정확한 측정은 과학적인 실험에 있어서 중요하다. 과학자들은 국제 단위(**SI 단위**)를 사용하여야 한다. 7개의 SI 기본단위들이 있고, 그 외에 유도 단위들이 있다(표 1.1).	1.3 수를 과학적 표기법으로 나타내고, SI 단위의 배수를 나타낼 때는 접두사를 사용한다.	예제 1.1; 문제 1.40, 1.44, 1.46, 1.48
1.3 질량과 질량의 측정	물체가 가지는 물질의 양인 **질량**의 측정 SI 단위는 **킬로그램**(**kg**)이다.	1.4 질량 측정에 사용되는 여러 종류의 접두사들 사이의 환산을 한다.	문제 1.50
1.4 길이와 길이의 측정	**길이**의 측정 SI 단위는 **미터**(m)이다.	1.5 길이 측정에 사용되는 여러 종류의 접두사들 사이의 환산을 한다.	문제 1.49, 1.51
1.5 온도와 온도의 측정	**화씨 온도**(°**F**)는 미국에서 널리 사용되는 온도 측정 단위인 반면, **섭씨 온도**(°**C**)는 미국을 제외한 나머지 국가에서 사용되는 온도 측정 단위이다. **켈빈**(**K**)은 과학적인 작업에서 사용되는 표준 온도 단위이다.	1.6 온도 측정에 사용되는 여러 단위들 사이의 환산을 한다.	예제 1.2; 문제 1.54, 1.56, 1.60
1.6 유도 단위: 부피와 부피의 측정	부피는 물체가 차지하는 공간의 크기이며, SI 단위인 **세제곱미터**($\mathbf{m^3}$)로 측정된다.	1.7 m^3와 다른 부피 단위 사이의 환산을 한다.	문제 1.64~1.65
		1.8 부피 측정에 사용되는 여러 종류의 접두사들 사이의 환산을 한다.	문제 1.63
1.7 유도 단위: 밀도와 밀도의 측정	**밀도**는 질량과 부피를 연결해 주는 성질이며, SI 유도 단위인 g/cm^3 혹은 g/mL로 측정된다.	1.9 밀도 공식을 이용하여 질량, 부피, 밀도를 계산한다.	예제 1.3; 문제 1.66, 1.68, 1.74, 1.76
		1.10 밀도를 이용하여, 한 물질이 다른 물질에 뜰 것인지 가라앉을 것인지를 예상한다.	문제 1.31
1.8 유도 단위: 에너지와 에너지의 측정	**에너지**는 열을 공급하거나 일을 할 수 있는 능력이며, SI 유도 단위인 $kg \cdot m^2/s^2$ 혹은 **줄**(J)로 측정된다. 에너지에는 운동 에너지와 위치 에너지의 두 가지가 있다. **운동 에너지**(E_K)는 운동의 에너지이고, **위치 에너지**(E_P)는 저장되는 에너지이다.	1.11 움직이는 물체의 운동 에너지를 계산한다.	예제 1.4; 문제 1.78~1.79
		1.12 흔히 사용되는 에너지 단위 사이의 환산을 한다.	문제 1.82~1.83

절	개념 요약	학습 목표	문제
1.9 측정에서의 정확도, 정밀도, 유효 숫자	측정값들이 **정확**하다면, 측정값들은 참값에 근접하게 된다. 측정값들이 **정밀**하다면, 재현성이 있을 뿐만 아니라 서로 비슷한 값을 가진다.	1.13 측정값에서 유효 숫자의 개수를 명시한다.	예제 1.5; 문제 1.84, 1.86
		1.14 얻어진 데이터 군의 정확도와 정밀도를 평가한다.	예제 1.6; 문제 1.12
		1.15 측정값이 가질 수 있는 유효 숫자의 적절한 개수를 기술한다.	문제 1.28~1.29
1.10 계산에서의 유효 숫자	물리적 양을 측정하거나 계산값을 정확한 개수의 **유효 숫자**로 **반올림**하여 측정값의 정밀도를 나타내는 것은 중요하다.	1.16 수학적인 계산 결과를 정확한 개수의 유효 숫자로 계산값을 표시한다.	예제 1.7; 문제 1.92~1.93
1.11 단위 환산	숫자의 계산을 해야 하는 많은 실험의 경우, 측정값을 다른 종류의 단위로 환산하는 것이 종종 필요하다. 이러한 환산을 하기 위해 **차원 분석법**이 널리 사용된다. 환산 계산식에서 원하지 않는 단위는 소거되도록 하고, 원하는 단위는 남을 수 있도록 하는 방법이다.	1.17 환산 인자를 이용하여 한 단위를 측정값을 다른 단위로 환산한다.	예제 1.8~1.9; 문제 1.94, 1.98, 1.102, 1.106

주요 용어

SI 단위
가설
거시 척도
과학적 방법론
과학적 표기법
관찰
그램(g)
나노과학
나노 척도
나노미터(nm)
리터(L)
마이크로 척도
마이크로그램(μg)
마이크로미터(μm)
물질
미터(m)
밀도
밀리그램(mg)
밀리리터(mL)
밀리미터(mm)
반올림
섭씨 온도(°C)
센티미터(cm)
실험
에너지
운동 에너지(E_K)
위치 에너지(E_p)
유효 숫자
이론
입방데시미터(dm^3)
입방미터(m^3)
입방센티미터(cm^3)
정량적
정밀도
정성적
정확도
줄(J)
질량
차원 분석법
켈빈(K)
킬로그램(kg)
피코미터(pm)
합금
화씨 온도(°F)
화학
환산 인자

주요 식

• 켈빈(K)과 섭씨 온도(°C)와의 관계식(1.5절)

$$온도(K) = 온도(°C) + 273.15$$
$$온도(°C) = 온도(K) - 273.15$$

• 섭씨 온도(°C)와 화씨 온도(°F)와의 관계식(1.5절)

$$°F = \left(\frac{9\ °F}{5\ °\cancel{C}} \times °\cancel{C}\right) + 32\ °F \quad °C = \frac{5\ °C}{9\ °\cancel{F}} \times (°\cancel{F} - 32\ °\cancel{F})$$

• 밀도 계산(1.7절)

$$밀도 = \frac{질량(g)}{부피(mL\ 또는\ cm^3)}$$

• 운동 에너지 계산(1.8절)

$$E_K = \frac{1}{2}mv^2$$

복습 문제

LO는 학습 목표(Learning Objectives)를 나타낸다.

이 장을 학습한 후엔, 학습자의 이해도를 평가할 수 있는 방법이 있다. **복습 문제**를 푸는 것이다. **복습 문제**들은 이 장의 학습 목표와 연계되어 있다. 따라서 푼 답이 틀렸다면, 이 장의 끝부분에 나와 있는 **정리** 문단의 **학습 목표**를 참고하면 된다. 정리 문단에는 **개념 요약**이 제공되며, **예제**를 참고하면 문제 해결 방법을 모델링할 수 있고, 제공되는 **추가 문제**들로 더 많은 연습을 할 수 있다.

1. 다음 중 금 나노입자 합성에 대한 가설은 어느 것인가? (**LO 1.1**)
   (a) 금 나노입자에 염 용액을 가하는 것은 그 색깔을 빨간색에서 파란색으로 바꾸는 원인이다.
   (b) 금 나노입자에 미치는 염의 효과를 시험하기 위해 다양한 농도의 염 용액을 나노입자에 가하고, 그 결과를 측정한다.
   (c) 평균 지름이 30 nm인 금 나노입자 용액은 450 nm에서 최대 흡광도를 가지는 파장을 가지며, 그 색깔은 붉은 주황색이다.
   (d) 음전하를 가진 물질을 금 나노입자 표면에 가하면 작은 입자 크기를 안정화하는 반발력이 형성된다.
2. 0.055 밀리초(ms)를 초로 환산하고, 과학적 표기법으로 답을 쓰시오. (**LO 1.3**)
   (a) 5.5×10^{-3} s (b) 5.5×10^{-4} s
   (c) 5.5×10^{-5} s (d) 5.5×10^{-7} s
3. 가장 큰 질량을 나타낸 것은 어느 것인가? (**LO 1.4**)
   (a) 2.5×10^{7} μg (b) 2.5×10^{2} mg
   (c) 2.5×10^{8} ng (d) 2.5×10^{-3} kg
4. 포유류 세포인 HELA 세포의 지름은 2×10^{-5} m이다. 미터 단위에 가장 적합한 접두사를 사용하여 표기한 것을 고르시오. (**LO 1.5**)
   (a) 2 μm (b) 20 μm
   (c) 200 nm (d) 0.2 mm
5. 태양의 표면 온도는 5778 K이다. 이 온도는 화씨 온도로 몇 도인가? (**LO 1.6**)
   (a) 3344 °F (b) 3040 °F
   (c) 10,920 °F (d) 9941 °F
6. 직육면체 물체의 제원이 13.0 cm × 11.0 cm × 12.0 cm일 때 부피를 리터 단위로 계산하시오. (**LO 1.7**)
   (a) 1720 L (b) 1.72 L
   (c) 14.3 L (d) 2.41 L
7. 어떤 금속 시료 25.5 g을 눈금 실린더에 담긴 물속에 넣었다. 금속이 바닥에 가라앉으면서 물의 수위가 15.7 mL에서 25.3 mL로 올라갔다. 이 금속의 정체는 무엇인가? (**LO 1.9**)
   (a) 주석(밀도 = 7.31 g/cm^3)
   (b) 납(밀도 = 11.34 g/cm^3)
   (c) 은(밀도 = 10.49 g/cm^3)
   (d) 알루미늄(밀도 = 2.64 g/cm^3)
8. 다음 액체의 시료가 각각 20 mL 있다. 질량이 가장 큰 것은 어느 것인가? (**LO 1.9**)
   (a) 물(밀도 = 1.0 g/mL)
   (b) 글리세롤(밀도 = 1.26 g/mL)
   (c) 에탄올(밀도 = 0.79 g/mL)
   (d) 아세트산(밀도 = 1.05 g/mL)
9. 실린더에 서로 섞이지 않는 두 액체인 물(밀도 = 1.0 g/mL)과 식용유(밀도 = 0.93 g/mL)가 들어 있다. 네 가지의 플라스틱 조각을 이 실린더에 넣으니, 그림과 같은 위치에 멈춰 있는 것이 관찰되었다. 다음 중 이 플라스틱 조각으로 판단되는 것은 어느 것인가? (**LO 1.10**)
   (a) 폴리염화비닐 (밀도 = 1.26 g/mL)
   (b) 폴리프로필렌 (밀도 = 0.90 g/mL)
   (c) 고밀도 폴리에틸렌 (밀도 = 0.96 g/mL)
   (d) 폴리에틸렌 테레프탈레이트 (밀도 = 1.38 g/mL)

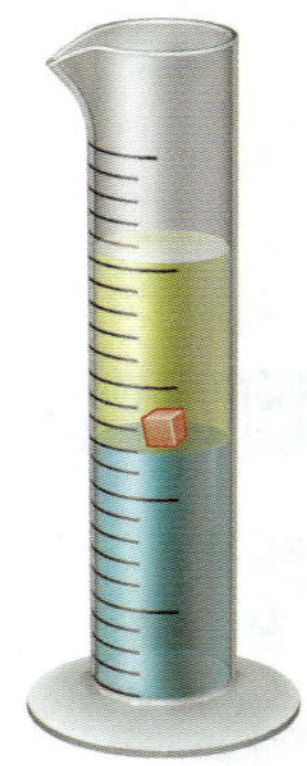

10. 질량이 9.1×10^{-28} g인 전자는 1.8×10^{7} m/s의 속도로 전자 현미경 내부를 돌아다닌다. 그 운동 에너지를 줄 단위로 계산하여 과학적 표기법으로 답을 쓰시오. (**LO 1.11**)
    (a) 1.5×10^{-16} J (b) 1.6×10^{-20} J
    (c) 2.9×10^{-13} J (d) 2.9×10^{-10} J
11. 다음 뷰렛의 측정값을 정확한 개수의 유효 숫자로 답하시오. (**LO 1.15**)
    (a) 1 mL
    (b) 1.4 mL
    (c) 1.40 mL
    (d) 1.400 mL

12. 한 과학자가 보정(calibration)이 안 된 pH 측정기를 사용하여 빗물 시료의 pH를 4회 측정하였다. 다른 pH 측정기는 표준 용액을 이용하여 보정되었다. 이 보정된 pH 측

정기를 이용하여 측정한 빗물 pH의 참값은 5.12였다. 보정 안 된 pH 측정기의 정확도와 정밀도에 대해 뭐라고 말할 수 있나? (**LO 1.14**)

pH 측정기	pH
1	5.68
2	5.61
3	5.71
4	5.63

(a) 보정이 안 된 pH 측정기는 정확하고 정밀하다.
(b) 보정이 안 된 pH 측정기는 정확하지도 않고 정밀하지도 않다.
(c) 보정이 안 된 pH 측정기는 정확하나 정밀하지는 않다.
(d) 보정이 안 된 pH 측정기는 정밀하나 정확하지는 않다.

13. 다음 계산을 수행하고, 정확한 개수의 유효 숫자 개수로 그 계산값을 답하시오. (**LO 1.16**)

$$\frac{\left(\dfrac{0.368}{1.001 \times 10^2}\right)}{(25.26 - 1.50)} = ?$$

(a) 1.5×10^{-4} (b) 1.55×10^{-4}
(c) 1.547×10^{-4} (d) 1.5473×10^{-4}

14. 어떤 사람이 6.52 mi/hr의 속도를 유지하며 달리고 있다. 이 사람이 15.0 km를 달릴 때 걸리는 시간은 얼마인가? (1 mi = 1.61 km) (**LO 1.17**)
(a) 85.7분 (b) 222분
(c) 50.0분 (d) 93.4분

15. 에어로젤은 투명한 저밀도 물질이다. 부피의 99.8%가 비어 있어 열이나 냉기에 대한 단열 효과가 뛰어나다. 실리카 계열의 에어로젤은 밀도가 3.0 mg/cm^{3}이다. 이 밀도는 g/m^3 단위로 얼마인가? (**LO 1.17**)
(a) 3.0×10^{-3} g/m^3 (b) 3.0×10^{1} g/m^3
(c) 3.0 g/m^3 (d) 3.0×10^{3} g/m^3

답:
1. d, 2. c, 3. a, 4. b, 5. d, 6. b, 7. d, 8. b, 9. c, 10. a, 11. c, 12. d, 13. b, 14. a, 15. d

개념 문제

각 장의 마지막에 있는 문제는 '개념 문제'로부터 시작한다. 이 부분의 문제는 수리적 문제보다는 시각적이고 추상적인 문제이며, 숫자와 수식에 대한 능력 향상보다는 이해를 이끌도록 구성되어 있다. 짝수 번 문제의 해답은 본 교재 마지막에 있는 부록 다음 부분에 있다. 문제 1.1~1.26은 이 장의 본문 중에 있다.

1.27 다음 저울 그림을 보고 빨간색 블록과 초록색 블록 중 밀도가 높은 것을 고르고, 그 이유를 설명하시오.

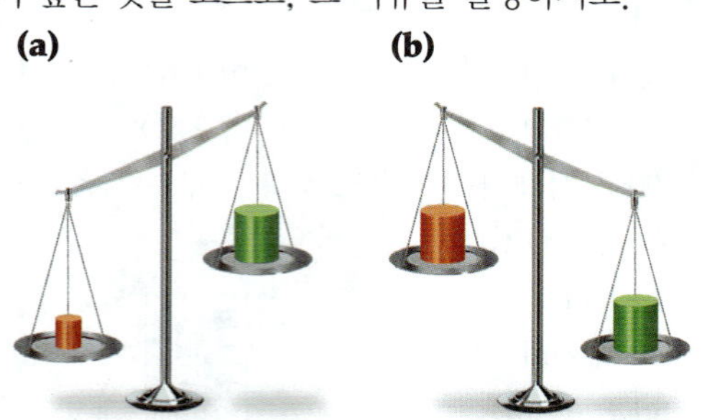

1.28 다음 섭씨 온도계에 나타난 온도의 측정값은 얼마인가? 해답에서 유효 숫자는 몇 개가 있어야 하는가?

1.29 다음 눈금 실린더에 담긴 물은 몇 밀리리터인가(a)? 클립의 길이는 몇 센티미터인가(b)? 각 해답에서 유효 숫자의 개수는 각각 몇 개인가?

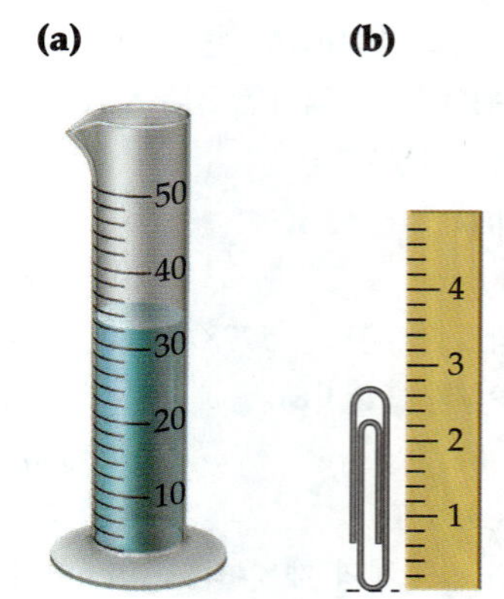

1.30 눈금 실린더 두 개가 있다. 하나는 용량이 5 mL(a)이고 다른 하나는 50 mL(b)이다. 두 눈금 실린더에 물 2.64 mL를 넣었을 때의 눈금을 각각 그리시오. 두 실린더 중 더 정확한 측정값을 제공하는 것은 어느 것인가? 설명하시오.

1.31 다음 실린더는 서로 섞이지 않는 세 가지 액체, 물(밀도 = 1.0 g/mL), 식용유(밀도 = 0.93 g/mL), 수은(밀도 = 13.5 g/mL)을 담고 있다. 어느 액체가 어느 것인가?

보충 문제

각 장의 마지막에 있는 보충 문제는 각 절에 나오는 특정 주제를 다룬다. 보충 문제는 짝수 번 문제와 비슷한 내용의 홀수 번 문제로 구성되어 있다. 짝수 번 문제의 해답은 본 교재 마지막에 있는 부록 다음 부분에 있다.

과학적 방법론(1.1절)

1.32 다음 내용은 18세기 프랑스 화학자 라부아지에(Lavoisier)에 의해 수립된 연소의 이론에 대한 것이다. 각 내용을 과학적 방법론의 적절한 단계(관찰, 가설, 가설 시험을 위한 실험)에 연결하시오.

(a) 금속을 밀폐된 용기에서 연소시키고, 고체의 질량 변화와 기체의 부피 변화를 측정한다.
(b) 물질의 연소 과정에서는 산소가 그 물질에 결합한다.
(c) 밀폐된 용기에 들어 있는 금속의 연소는 시간이 지나면 멈춘다.

1.33 다음 내용은 DNA 구조에 대한 이론의 수립 과정이다. 각 내용을 과학적 방법론의 적절한 단계(관찰, 가설, 가설 시험을 위한 실험)에 연결하시오.

(a) 두 가닥의 DNA는 나선형 구조를 형성하며 서로 감겨 있다.
(b) DNA 시료 내에는 염기 A와 염기 T의 양이 동일하고 염기 C와 염기 G의 양이 동일하다.
(c) 결정화된 DNA 시료에 X선을 조사하고 회절 무늬를 해석하여 구조에 대한 정보를 얻는다.

1.34 세계 최대 금괴에 대한 다음 내용을 정량적 관찰과 정성적 관찰로 구분하시오. (이 금괴는 2013년에 약 1,025만 달러의 가치가 있었다.)

(a) 금의 녹는점은 1064.2 ℃이다.
(b) 이 금괴의 부피는 15,730 cm^3이다.
(c) 금은 전기 전도체이다.
(d) 이 금괴의 질량은 250 kg이다.
(e) 이 금괴는 노랗게 빛난다.

1.35 다음 내용을 정량적 관찰과 정성적 관찰로 구분하시오.

(a) 어떤 물체의 무게가 지구보다 달에서 더 가볍다.
(b) 지구에서 무게가 50파운드(lb)인 물체가 달에서는 그 무게가 8.3 lb밖에 나가지 않는다.
(c) 물의 어는점은 차갑다.
(d) 물의 어는점은 0 ℃이다.

1.36 그림 1.2를 참고하여 답하시오. 가설을 뒷받침하는 내용이 다수 관찰되면, 무엇이 수립되는가?

1.37 가설과 이론의 차이점은 무엇인가?

(a) 가설은 현상에 대한 설명을 제공하지만, 이론은 그렇지 않다.
(b) 이론은 현상에 대한 설명을 제공하지만, 가설은 그렇지 않다.
(c) 이론과 가설은 둘다 현상에 대한 설명을 제공하지만, 이론은 실험적 관찰로 뒷받침된다.

SI 단위와 과학적 표기법(1.2절)

1.38 다음 양을 측정하고자 할 때 사용되는 SI 단위는 각각 무엇인가? 유도 단위의 경우, 여섯 가지 기본 단위를 이용하여 표현하시오.

(a) 질량　　(b) 길이
(c) 온도　　(d) 부피
(e) 에너지　　(f) 밀도

1.39 SI 단위의 배수를 표기하기 위한 접두사는 크거나 작은 양을 표시하기 위해 사용된다. 다음 표를 완성하시오. 첫 번째 줄은 예시이다.

접두사	약어	지수 계수
메가	M	10^{6}
	μ	
킬로		
		10^{-3}
나노		
	G	
		10^{-12}

1.40 다음 값이 동등한 값이 되도록 빈칸을 채우시오.
(a) 1 km = ________ m
(b) 1 m = ________ km
(c) 1 mmol = ________ mol
(d) 1 mol = ________ mmol

1.41 다음 값이 동등한 값이 되도록 빈칸을 채우시오.
(a) 1 L = ________ μL
(b) 1 μL = ________ L
(c) 1 L = ________ nL
(d) 1 nL = ________ L

1.42 와인 병에는 종종 'Volume = 75 cL'이라는 문구가 적혀 있다. *cL*이라는 단위는 무엇을 의미하는가?

1.43 다음 각 항에서 둘 중 더 큰 양을 고르시오.
(a) 5.63×10^{6} cm, 6.02×10^{1} km
(b) 46 μs, 3.2×10^{1} ms
(c) 200,098 g, 17×10^{1} kg

1.44 다음 각 항에서 둘 중 더 작은 양을 고르시오.
(a) 154 pm, 7.7×10^{-9} cm
(b) 1.86×10^{11} μm, 2.02×10^{2} km
(c) 2.9 GA, 3.1×10^{15} μA

1.45 1 mg은 몇 피코그램(pg)인가? 35 ng은 몇 피코그램(pg)인가?

1.46 1 L는 몇 마이크로리터(μL)인가? 20 mL는 몇 마이크로리터(μL)인가?

1.47 다음 환산을 수행하시오.
(a) 5 pm = ________ cm = ________ nm
(b) 8.5 cm^3 = ________ m^3 = ________ mm^3
(c) 65.2 mg = ________ g = ________ pg

1.48 다음 측정값을 과학적 표기법으로 작성하시오.
(a) 453.32 mg (b) 0.000 042 1 mL
(c) 667,000 g

1.49 다음 측정값을 과학적 표기법에서 표준 표기법으로 환산하시오.
(a) 3.221×10^{-3} mm (b) 8.940×10^{5} m
(c) $1.350\ 82 \times 10^{-12}$ m^3 (d) 6.4100×10^{2} km

질량, 길이, 온도의 측정(1.3~1.5절)

1.50 어떤 실험 과정에서 250 mg의 탄산 칼슘이 필요하다. 실험실의 저울은 그램 단위로 소수점 4자리까지 질량을 측정할 수 있다. 이 저울을 이용하여 250 mg을 취하려 할 때, 다음 중 어떤 측정값을 선택하여야 하는가?
(a) 0.0250 (b) 0.2500
(c) 0.0025

1.51 어떤 바이러스의 지름이 5.2×10^{-8} m이다. 이 바이러스의 지름을 보고하는 경우, 가장 적절한 접두사는 무엇인가?

1.52 화씨 1도와 섭씨 1도 중 어느 것이 더 큰가? 얼마나 더 큰가?

1.53 1켈빈과 화씨 1도 중 어느 것이 더 큰가?

1.54 염소의 정상 체온은 39.9 ℃이고, 호주에 서식하는 가시개미핥기의 정상 체온은 22.2 ℃이다. 이 온도를 화씨 온도로 각각 표기하시오.

1.55 자연에 존재하는 약 90개의 원소 중, 실온 근처에서 액체로 존재하는 원소는 수은(녹는점 = −38.87 ℃), 브로민(녹는점 = −7.2 ℃), 세슘(녹는점 = 28.40 ℃), 갈륨(녹는점 = 29.78 ℃)이다. 각 녹는점을 화씨 온도로 변환하시오.

1.56 요리를 하려고 오븐을 화씨 온도로 보정하였다. 그러나 요리법에 따르면 175 ℃에서 구워야 한다. 어떤 온도로 오븐을 설정하여야 하는가?

1.57 텅스텐은 백열전구의 필라멘트를 만드는 데 사용되던 원소로, 녹는점이 6192 °F이다. 이 온도를 섭씨 온도와 켈빈 온도로 각각 변환하시오.

1.58 섭씨 온도와 화씨 온도 체계가 만족스럽지 않아서, 에탄올을 기반으로 하는 새로운 온도 체계를 만들고자 한다. 섭씨 온도 체계에서는 에탄올의 녹는점과 끓는점이 각각 −117.3 ℃와 78.5 ℃이다. 새로운 온도의 단위는 °E를 사용하고, 에탄올의 녹는점과 끓는점을 각각 0 °E와 200 °E로 정의하였다.
(a) 새로운 에탄올 1도의 크기는 섭씨 1도와 어떻게 비교되는가?
(b) 에탄올 1도의 크기는 화씨 1도와 어떻게 비교되는가?
(c) 에탄올 온도 체계에서 물의 녹는점과 끓는점은 몇 도인가?
(d) 에탄올 온도 체계에서 사람의 정상 체온(98.6 °F)은 몇 도인가?
(e) 실외 온도계의 측정값이 130 °E라면, 옷을 어떻게 입어야 하는가?

1.59 암모니아 NH_3를 기반으로 하는 새로운 온도 체계를 만들고자 한다. 섭씨 온도 체계에서는 암모니아의 녹는점과 끓는점이 각각 −77.7 ℃와 −33.4 ℃이다. 새로운 온도의 단위는 °A를 사용하고, 암모니아의 녹는점과 끓는점을 각각 0 °A와 100 °A로 정의하였다. 이 온도 체계에 대하여 문제 1.58의 (a)~(d) 항을 답하시오.

1.60 염화 소듐의 녹는점과 끓는점은 각각 1074 K과 1686 K이

다. 이 온도를 섭씨 온도와 화씨 온도로 각각 변환하시오.

1.61 293.2 K의 물 시료 125 mL를 8분 25초 동안 가열하여 3.0 °F/min의 비율로 일정하게 온도가 상승함을 확인하였다. 이 물 시료의 최종 온도는 섭씨 몇 도인가?

유도 단위: 부피와 밀도(1.6~1.7절)

1.62 유도 SI 단위와 기본 SI 단위의 차이점은 무엇인가? 각각의 예를 제시하시오.

1.63 다음 각 항에서 더 큰 부피는 어느 것인가? 각각 얼마나 더 큰가?
(a) 1000 mL, 10 L (b) 1 m^3, 1 dL

1.64 각 변의 길이가 7.0 dm인 입방체의 부피는 몇 리터인가?

1.65 각 변의 길이가 2.5 cm인 입방체의 부피는 몇 밀리리터인가?

1.66 어떤 유리 시료의 무게가 27.43 g이고 부피가 12.40 cm^3일 때, 이 시료의 밀도를 g/cm^3 단위로 계산하시오.

1.67 어떤 납 시료의 무게가 206.77 g이고 부피가 15.50 cm^3일 때, 이 시료의 밀도를 g/cm^3 단위로 계산하시오.

1.68 한 용기에 밀도가 3.10 g/cm^3인 브로민 4.67 L가 담겨 있다. 이 브로민의 질량은 몇 킬로그램인가?

1.69 아스피린의 밀도는 1.40 g/cm^3이다. 무게가 250 mg인 아스피린 알약의 부피는 몇 세제곱센티미터인가? 무게가 500 lb인 아스피린 알약의 부피는 몇 세제곱센티미터인가?

1.70 0 °C에서 수소 기체의 밀도는 0.0899 g/L이고 염소기체의 밀도는 3.214 g/L이다. 1.0078 g의 수소 기체와 35.45 g의 염소 기체의 부피는 각각 몇 리터인가?

1.71 은의 밀도는 10.5 g/cm^3이다. 한 변의 길이가 0.62 m인 은 입방체의 질량은 몇 킬로그램인가?

1.72 길이 25.00 cm, 너비 1.55 cm, 높이 0.50 cm의 막대형 납 시료의 무게가 220.9 g이다. 납의 밀도는 몇 g/cm^3인가?

1.73 지름이 2.40 mm이고 길이가 15.0 cm인 철사 형태의 리튬 금속 시료의 무게가 0.3624 g이다. 리튬의 밀도는 몇 g/cm^3인가?

1.74 고풍스런 은 식기 세트가 순수한 은인지 확인하고자 한다. 작은 포크의 질량을 저울로 측정하였더니, 80.56 g이었다. 이 포크를 10.0 mL의 물로 채운 눈금 실린더에 넣었더니, 눈금의 측정값은 15.90 mL였다. 이 포크의 밀도를 계산하시오. 같은 온도에서 순수한 은의 밀도가 10.5 g/cm^3라면, 이 포크는 순수한 은인가?

1.75 페니 동전이 순수한 구리로 만들어졌는지 확인하기 위해 실험을 수행하였다. 10 페니의 질량을 저울에서 측정하여 24.656 g의 측정값을 얻었다. 10.0 mL의 물로 채운 눈금 실린더에 10 페니를 넣었더니, 눈금의 측정값은 12.90 mL였다. 이 페니 동전의 밀도를 계산하시오. 같은 온도에서 순수한 구리의 밀도가 8.96 g/cm^3라면, 이 동전은 순수한 구리인가?

1.76 널리 사용되는 유기 용매인 클로로폼(chloroform)의 밀도는 20 °C에서 1.4832 g/mL이다. 112.5 g의 클로로폼은 몇 밀리리터인가?

1.77 밀도가 1.8302 g/cm^3 인 황산은 화학약품 중에 가장 많이 생산되며, 세계적으로 연간 생산량이 약 3.6×10^{11} lb에 달한다. 이 연간 생산량은 몇 리터인가?

에너지(1.8절)

1.78 115 km/h의 속력으로 달리는 질량이 1400 kg인 자동차와, 38 km/h의 속력으로 달리는 질량이 12,000 kg인 트럭 중, 운동 에너지가 큰 것은 어느 쪽인가?

1.79 115 km/h의 속력으로 달리는 질량이 1400 kg인 자동차의 운동 에너지가 모두 열로 변환되었다고 가정하자. 이 열은 몇 칼로리인가? 이 열로 20.0 °C의 물을 50.0 °C로 올리려면 몇 리터까지 가열할 수 있는가? (1 칼로리는 물 1 mL의 온도를 1 °C 올린다.)

1.80 45.0 g의 메테인(천연가스)을 연소시키면 2498 kJ의 열에너지가 발생한다. 0.450온스의 메테인이 연소하면 몇 칼로리의 에너지가 발생하는가?

1.81 소듐(Na) 금속은 염소(Cl) 기체와의 화학 반응을 거쳐 염화 소듐(소금)을 생성한다. 1.00 g의 소듐이 1.54 g의 염소와 반응하면, 2.54 g의 염화 소듐을 생성하고 17.9 kJ의 열이 발생한다. 171 kcal의 열이 발생하기 위해 반응해야 할 소듐과 염소의 양은 몇 그램인가?

1.82 어떤 햄버거의 열량이 540칼로리라고 한다.
(a) 이 햄버거 하나의 열량은 몇 킬로줄인가?
(b) 이 햄버거 하나의 열량으로 100와트 전구를 몇 시간 동안 켤 수 있는가? (1 와트 = 1 J/s)

1.83 어떤 탄산음료 한 병(20 온스)은 238칼로리의 열량을 포함한다.
(a) 이 탄산음료 한 병의 열량은 몇 킬로줄인가?
(b) 이 탄산음료 한 병의 열량으로 75와트 전구를 몇 시간 동안 켤 수 있는가? (1 와트 = 1 J/s)

정확도, 정밀도, 유효 숫자(1.9~1.10절)

1.84 다음 중 정확한 수를 사용한 항목은 어느 것인가?
(a) 1 ft = 12 in.
(b) 1 cal = 4.184 J
(c) 에베레스트산의 높이는 29,035 ft이다.
(d) 1마일 경주의 세계기록은 모로코의 Hicham el Guerrouj가 1999년 7월에 수립한 3분 43.13초이다.

1.85 4.8 g의 중량을 가진 니켈과 4.8673 g의 중량을 가진 니켈은 질량에서 어떤 차이가 있는가?

1.86 다음 측정값들은 각각 몇 개의 유효 숫자를 가지는가?

(a) 35.0445 g (b) 59.0001 cm
(c) 0.030 03 kg (d) 0.004 50 m
(e) 67,000 m^2 (f) 3.8200×10^3 L

1.87 다음 측정값들은 각각 몇 개의 유효 숫자를 가지는가?
(a) $130.95 (b) 2000.003 g
(c) 5 ft 3 in. (d) 510 J
(e) 5.10×10^2 J (f) 10명의 학생

1.88 미국 플로리다에 있는 John F. Kennedy 우주 센터의 우주선 조립 건물은 세계에서 가장 큰 건물로, 부피가 3,666,500 m^3이다.
(a) 이 부피를 유효 숫자 네 개로 반올림하고, 다시 유효 숫자 두 개로 반올림하시오.
(b) 답변을 과학적 표기법으로 작성하시오.

1.89 지구 적도의 지름은 7926.381 mi.이다.
(a) 이 길이를 유효 숫자 네 개로 반올림하고, 다시 유효 숫자 두 개로 반올림하시오.
(b) 답변을 과학적 표기법으로 작성하시오.

1.90 다음 값들을 괄호 안에 표시된 유효 숫자 개수대로 반올림하시오.
(a) 35,670.06 m (4, 6) (b) 68.507 g (2, 3)
(c) 4.995×10^3 cm (3) (d) $2.309\ 85 \times 10^{-4}$ kg (5)

1.91 다음 값들을 괄호 안에 표시된 유효 숫자 개수대로 반올림하시오.
(a) 7.0001 kg (4) (b) 1.605 km (3)
(c) 13.2151 g/cm^3 (3) (d) 2,300,000.1 (7)

1.92 다음 계산의 결과를 올바른 유효 숫자 개수를 사용하여 표기하시오.
(a) 4.884×2.05 (b) $94.61 \div 3.7$
(c) $3.7 \div 94.61$ (d) $5502.3 + 24 + 0.01$
(e) $86.3 + 1.42 - 0.09$ (f) 5.7×2.31

1.93 다음 계산의 결과를 올바른 유효 숫자 개수를 사용하여 표기하시오.
(a) $\frac{3.41 - 0.23}{5.233} \times 0.205$ (b) $\frac{5.556 \times 2.3}{4.223 - 0.08}$

단위 환산(1.11절)

1.94 다음 환산을 수행하시오.
(a) 0.25 lb의 햄버거에는 몇 그램의 고기가 있는가?
(b) 시카고의 Willis 타워(구 Sears 타워, 높이 1454 ft)의 높이는 몇 미터인가?
(c) 오스트레일리아의 면적(2,941,526 mi^2)은 몇 제곱미터인가?

1.95 다음 값들을 유효 숫자 개수에 유의하여 SI 단위로 환산하시오.
(a) 5.4 in. (b) 66.31 lb
(c) 0.5521 gal (d) 65 mi/h
(e) 978.3 yd^3 (f) 2.380 mi^2

1.96 여자 20,000미터 경주의 세계기록은 1시간 5분 26.6초이며, 2000년에 Tegla Loroupe에 의해 수립되었다. 평균 속도는 시속 몇 마일인가? 유효 숫자 개수에 유의하여 표기하시오. (경주 거리는 유효 숫자 개수가 5개인 것으로 간주하시오.)

1.97 미국에서는 오토바이 엔진 배기가스의 일산화 탄소에 제한이 있으며, 킬로미터당 12.0 g만 허용된다. 이 제한은 마일당 몇 mg인가? 유효 숫자 개수에 유의하여 표기하시오.

1.98 농작물 경작에 사용되는 물의 양은 에이커-피트 단위로 측정된다. 1에이커-피트는 1에이커의 땅을 1피트 깊이까지 덮는 데 필요한 물의 양이다.
(a) 제곱마일당 640에이커가 있다면, 1에이커-피트에 몇 입방피트의 물이 있는가?
(b) 총 부피가 116 mi^3인 호수에는 몇 에이커-피트의 물이 있는가?

1.99 말의 키는 일반적으로 피트 대신 핸드로 측정한다. 1핸드는 정확히 1/3피트이다.
(a) 18.6핸드인 말의 키는 몇 센티미터인가?
(b) 각 변의 측정값이 $6 \times 2.5 \times 15$핸드인 직방형 상자의 부피는 몇 세제곱미터인가?

1.100 영국에서는 무게를 스톤 단위로 측정한다. 1스톤 = 14 lb이다. 몸무게가 8.65스톤인 사람은 몇 파운드인가?

1.101 용액 중에 녹아 있는 물질의 농도는 종종 단위 부피당 질량으로 표현된다. 예를 들어, 사람 혈액 중 콜레스테롤의 정상 농도는 약 200 mg/100 mL이다. 이 농도를 다음 단위로 표시하시오.
(a) mg/L (b) μg/mL
(c) g/L (d) ng/μL
(e) 정상인 사람의 혈액량이 5 L일 때, 이 사람의 혈액 중 콜레스테롤의 양은 몇 그램인가?

1.102 심장병 환자의 심방 세동을 조절하는 데 사용되는 약물인 디지털리스의 투약은, 투여량이 조금만 초과되어도 치명적일 수 있으므로 신중하게 제어되어야 한다. 환자 간 차이를 고려하기 위해, 약물의 용량은 mg/체중 kg으로 처방된다. 따라서 어린이와 성인의 체중은 크게 다르지만 체중 kg당 투여량은 동일하다. 처방량이 20 μg/체중 kg일 때, 체중이 160 lb인 환자에게는 몇 밀리그램의 디지털리스를 투여해야 하는가?

1.103 쉐이크(shake)는 초(s)를 대체하는 시간 단위이다. "양 꼬리를 흔드는 속도보다 빠르다"라는 관찰에 근거하여, 1쉐이크는 2.5×10^{-4} s로 정의한다. 자동차가 시속 55마일로 주행할 때, 그 속도는 몇 cm/쉐이크인가?

1.104 다음 각 항에서 둘 중 더 큰 것은 어느 것이고, 얼마나 큰가?
(a) 1리터, 1쿼트 (b) 1마일, 1킬로미터
(c) 1그램, 1온스 (d) 1센티미터, 1인치

1.105 폴리스타이렌은 CD 케이스나 투명한 컵을 만드는 데 흔히 사용되는 플라스틱이다. 폴리스타이렌의 밀도는 0.037 lbs/in^3이다. 이 밀도를 g/cm^3의 단위로 환산하시오.

1.106 폴리스타이렌은 병뚜껑, 요거트 용기, 카페트 등을 만드는 데 흔히 사용되는 플라스틱이다. 폴리프로필렌의 밀도는 0.55 oz/in^3이다. 이 밀도를 g/cm^3의 단위로 환산하시오.

다중 개념 문제

1.107 휘발유를 수송하는 큰 유조트럭의 적재용량이 3.4×10^4 L라고 한다.

(a) 이 트럭의 적재용량은 몇 갤런인가?

(b) 휘발유의 가격이 갤런당 $3.00이라면, 이 트럭을 휘발유로 가득 채웠을 때, 휘발유의 가치는 얼마이겠는가?

1.108 중량이 1.0온스인 초콜릿 조각은 15 mg의 카페인을 함유하고, 중량이 6.0온스인 일반 커피 한 잔은 105 mg의 카페인을 함유한다. 커피 2.0잔에 함유된 카페인과 동일한 양의 카페인을 초콜릿으로 섭취하려면, 초콜릿을 얼마나 섭취하여야 하는가?

1.109 불규칙한 형태의 규소 덩어리 8.763 g을 25.00 mL의 물이 들어 있는 눈금 실린더에 넣으니, 실린더의 수위는 28.76 mL로 상승하였다. 규소의 밀도는 몇 g/cm^3인가?

1.110 Lignum vitae는 선박용 베어링 제작에 사용되는 단단하고 내구성이 높으며 매우 조밀한 목재이다. 이 나무로 지름이 7.60 cm인 구를 만들었더니, 질량이 313 g이었다.

(a) 이 목재 구의 밀도는 얼마인가?

(b) 이 목재 구를 물에 넣으면 뜨는가 가라앉는가?

(c) 이 목재 구를 클로로폼에 넣으면 뜨는가 가라앉는가? (클로로폼의 밀도는 1.48 g/mL이다.)

1.111 다음 각 항에 답하시오.

(a) 요리할 때 사용하는 경험 법칙에는 "1파인트는 대개 1파운드이다."라는 것이 있다. 정확히 1 pt = 1 lb인 물질의 밀도는 몇 g/mL인가?

(b) 1평방마일은 정확히 640에이커이다. 1에이커는 몇 평방미터인가?

(c) 어떤 목재의 밀도가 0.40 g/cm^3이다. 이 목재 1.0코드의 질량은 몇 kg인가? 목재 1코드는 128입방피트와 같다.

(d) 어떤 원유 시료의 밀도는 0.85 g/mL이다. 이 원유 1.00배럴의 질량은 몇 kg인가? 원유 1배럴은 정확히 42갤런과 같다.

(e) 1갤런의 아이스크림에는 정확히 32인분이 들어 있으며, 1인분에는 165칼로리의 열량이 있고, 그 열량의 30.0%는 지방에서 나온다. 아이스크림 1/2갤런을 섭취한다면, 지방에서 나오는 열량은 얼마인가?

1.112 어떤 초콜릿 한 주머니에 들어 있는 정보는 다음과 같다.

1인분: 9조각 = 41 g

1인분당 열량 = 230 Cal

1인분당 총 지방 = 13 g

(a) 이 주머니에는 2.0 lb의 초콜릿이 담겨 있다. 이는 몇 조각인가?

(b) 이 초콜릿의 밀도는 1.4 g/mL이다. 초콜릿 한 조각의 부피는 얼마인가?

(c) 이 초콜릿 한 조각의 열량은 몇 칼로리인가?

(d) 지방 1그램은 대사를 통하여 9칼로리의 열량을 생성한다. 이 초콜릿에 들어 있는 열량 중, 지방에서 나오는 열량은 몇 %인가?

1.113 Vinaigrette 샐러드드레싱은 주로 기름과 식초로 구성된다. 올리브유의 밀도는 0.918 g/cm^3이고, 식초의 밀도는 1.006 g/cm^3이며, 이 두 액체는 서로 섞이지 않는다. 올리브유와 식초로 이루어진 어떤 혼합물의 총 질량이 397.8 g이고 총 부피가 422.8 cm^3인 경우, 혼합물 속의 기름의 양과 식초의 부피는 각각 얼마인가?

1.114 섭씨 온도와 화씨 온도는 특정 온도에서 겹치게 되어, 두 온도 모두 숫자상 동일한 값이 된다. 이 온도는 몇 도인가?

1.115 물에 1.30 cm × 5.50 cm × 3.00 cm 크기의 코르크를 넣고, 이 코르크 위에 각 변의 길이가 1.15 cm인 납 입방체를 올려놓았다고 하자. 코르크의 밀도는 0.235 g/cm^3이고, 납의 밀도는 11.35 g/cm^3이다. 이 코르크와 납의 조합체는 물에 뜨는가 가라앉는가?

1.116 보정된 메스플라스크에 에탄올을 25.00 mL 표선까지 채웠다. 에탄올을 넣기 전과 후의 플라스크 무게를 비교하여, 플라스크 속의 에탄올은 19.7325 g으로 측정되었다. 두 번째 실험에서 25.0920 g의 금속 조각을 플라스크에 넣고, 플라스크를 에탄올로 25.00 mL 표시부분까지 채웠다. 플라스크 속의 금속과 에탄올의 총 질량은 38.4704 g으로 측정되었다. 금속의 밀도는 몇 g/mL인가?

1.117 황동은 구리와 아연의 합금이다. 황동의 조성이 질량비로 구리 67.0%이고 아연 33.0%라면 길이가 1.62 in.이고 지름이 0.514 in.인 황동 실린더의 질량은 몇 그램인가? 구리의 밀도는 8.92 g/cm^3, 아연의 밀도는 7.14 g/cm^3이다. 황동의 밀도는 조성비에 따라 선형으로 변화한다고 가정한다.

1.118 해류 속도는 Sverdrup(sv)으로 측정한다. 1 sv = 10^9 m^3/s이다. 예를 들어, 플로리다 반도 끝에서의 해류인 걸프 스

트림(The Gulf Stream)은 35 sv의 흐름이다.

(a) 걸프 스트림의 흐름은 분당 몇 밀리리터인가?

(b) 24시간 동안 특정 지점을 지나는 걸프 스트림의 물의 질량은 얼마인가? 해수의 밀도는 1.025 g/mL이다.

(c) 1페타리터(PL)의 해수가 이 지점을 지나가려면, 시간이 얼마나 걸리는가? 1 PL = 10^{15} L이다.

1.119 갈륨(Ga)의 녹는점은 29.78 ℃, 대기압에서의 끓는점은 2204 ℃으로, 액체로 존재하는 온도 범위가 두 번째로 넓은 원소이다.

(a) 갈륨 1제곱인치의 질량이 0.2133 lb라면, 25℃에서 갈륨의 밀도는 몇 g/cm^{3}인가?

(b) 수은 대신 갈륨을 이용하여 갈륨 온도계를 만들어서, 갈륨의 녹는점과 끓는점을 각각 0 °G와 1000 °G로 정의하였다고 가정해 보자. 갈륨 온도 체계에서, 염화소듐의 녹는점(801 ℃)은 몇 °G인가?

chapter 2

원자, 분자 및 이온

©Jeff Warneck/Shutterstock

CONTENTS

만약 여러분이 탄소와 같은 큰 덩어리의 순수한 원소를 가지고 있고 이것을 계속해서 더 작은 조각으로 쪼개면, 어마어마한 수의 원자라고 하는 아주 작은 기본적인 단위로 구성된다는 것을 알게 될 것이다. 과학자들은 물질의 조성을 원자 수준으로 연구하고, 그 환경 및 시간이 지남에 따라 어떻게 변해왔는지를 연구한다.

얼음 중심부 시료 속에 있는 수소와 산소의 동위 원소가 과거 기후를 예측하는 데 어떻게 사용될 수 있는가?

이 질문의 답은 72쪽 INQUIRY ?에 나와 있다.

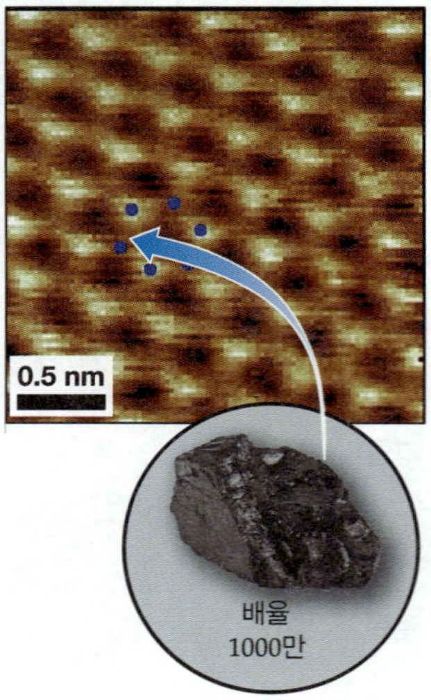

▲ 주사 터널링 현미경으로 고도로 정렬된 열분해 흑연의 작은 조각 안에 있는 탄소 개별 원자의 이미지를 생성한다.

사람들은 변화에 항상 매료되어 왔다. 특히 그 변화가 극적이거나 유용할 경우 더욱 그러하였다. 고대 사회에서는 나무 조각이 타서 열을 방출하고 잿더미로 바뀔 때 일어나는 변화가 특히 중요하였다. 마찬가지로, 붉은 암석 덩어리(철광석)를 숯과 함께 가열하여 무기, 연장, 도구의 제조에 유용한 회색 금속(철)이 만들어질 때 일어나는 변화는 엄청난 가치가 있었다. 그런 변화를 관찰하면서 철학자들은 물질들이 궁극적으로 무엇으로 이루어져 있을까를 생각하게 되었고, 오늘날 우리가 원소라고 부르는 근본적인 물질에 대한 개념에 도달하게 되었다.

동시대에 철학자들은 원소에 대한 문제를 깊이 생각하는 것과 동시에 관련 원소를 포함하는 물질에 대해서도 유심히 숙고하였다. 원소들은 무엇으로 구성되어 있을까? 물질을 잘게 쪼개고 또 쪼갤 수 있을까? 아니면 궁극적으로 끝이 있을까? 금 한 조각을 둘로 자르고 이 한 조각을 또 둘로 자르고 하는 것을 무한히 할 수 있을까? 아니면 멈추어야 하는 시점이 있을까? 플라톤과 아리스토텔레스를 비롯한 대부분의 사람들은 물질을 계속하여 자를 수 있다고 믿었으나, 그리스 철학자 데모크리토스(Democritus, B.C. 460~370)는 이에 동의하지 않았다. 데모크리토스는 물질은 '나눌 수 없는'이라는 뜻을 가진 그리스어 'atomos'에서 유래한, 현재 우리가 **원자**(atom)라고 부르는 작은 입자로 구성되어 있다고 제안하였다. 약 2000년 뒤에 현대적인 실험과학이 탄생하고 나서야 비로소 원소와 원자에 대해 자세히 알게 되었다.

비록 원자 이론이 오랫동안 존재하였지만, 1980년대 주사 터널링 현미경(STM)과 원자 힘 현미경(AFM)이 발명되기 전까지는 원자를 직접 볼 수 없었다. STM은 보조단 사진에 있는 각각의 탄소 원자의 영상을 만드는 데 사용되었다. 비로소 처음으로 물질을 원자 단위에서 직접 다루고 연구할 수 있게 되었다. 각각의 원자들은 새로운 방법으로 물질을 만들기 위한 시도에서 움직일 수 있다. 원자 수준에서 물질을 통제하고 연구하는 것은 컴퓨터, 생화학, 배터리 · 촉매제 · 플라스틱과 같은 산업 제품에 중요한 영향을 미친다.

2.1 화학과 원소

우리가 주위에서 볼 수 있는 모든 것은 현재까지 알려진 118가지 원소 중 하나 혹은 여러 개로 만들어진다. **원소**(element)는 화학적으로 변화시키거나 더 간단한 것으로 분해할 수 없는 기본적인 물질이다. 표 2.1에 나타낸 것처럼 수은, 은, 황은 흔히 볼 수 있는 예이다.

▲ 은, 수은, 황의 시료(위에서부터 아래로)

표 2.1 몇 가지 흔한 원소의 이름과 기호. 몇몇 원소의 기호는 라틴어 이름으로부터 유래되었으며, 그 라틴어 이름은 괄호 안에 표기하였다.

알루미늄	Al	염소	Cl	망가니즈	Mn	구리(*cuprum*)	Cu
아르곤	Ar	플루오린	F	질소	N	철(*ferrum*)	Fe
바륨	Ba	헬륨	He	산소	O	납(*plumbum*)	Pb
붕소	B	수소	H	인	P	수은(*hydrargyrum*)	Hg
브로민	Br	아이오딘	I	규소	Si	포타슘(*kalium*)	K
칼슘	Ca	리튬	Li	황	S	은(*argentum*)	Ag
탄소	C	마그네슘	Mg	아연	Zn	소듐(*natrium*)	Na

실제로 118가지 원소 중 약 90가지만 자연에서 존재하기 때문에, 앞서 말한 것처럼 모든 것이 118가지 원소 중 하나 혹은 여럿으로 만들어졌다는 것은 과장이다. 나머지 28가지 원소는 핵화학자들에 의해서 고에너지 입자 가속기를 이용하여 인공적으로 만들어졌다.

더욱이 자연에 존재하는 90가지 정도의 원소 중 83가지만이 지구상에서 의미 있는 양으로 존재한다. 수소는 관측된 우주 질량 중 약 75%를, 산소와 규소는 지각의 질량 중 약 75% 를, 산소, 탄소, 수소, 질소는 인체 질량의 95% 이상을 차지한다(**그림 2.1**). 대조적으로, 프랑슘(Fr)과 같은 원소는 전 지구를 통틀어서 20그램 미만으로 존재한다. 프랑슘은 불안정한 방사능 원소로서 그 원자가 끊임없이 생성되었다가 파괴되고 있다. **방사능(radioactivity)**에 대해서는 20장에서 설명할 것이다.

미리보기…
20장에서 알 수 있듯이, **방사능**이란 어떤 불안정한 원자가 방사선을 방출하고 자발적으로 붕괴하는 것이다.

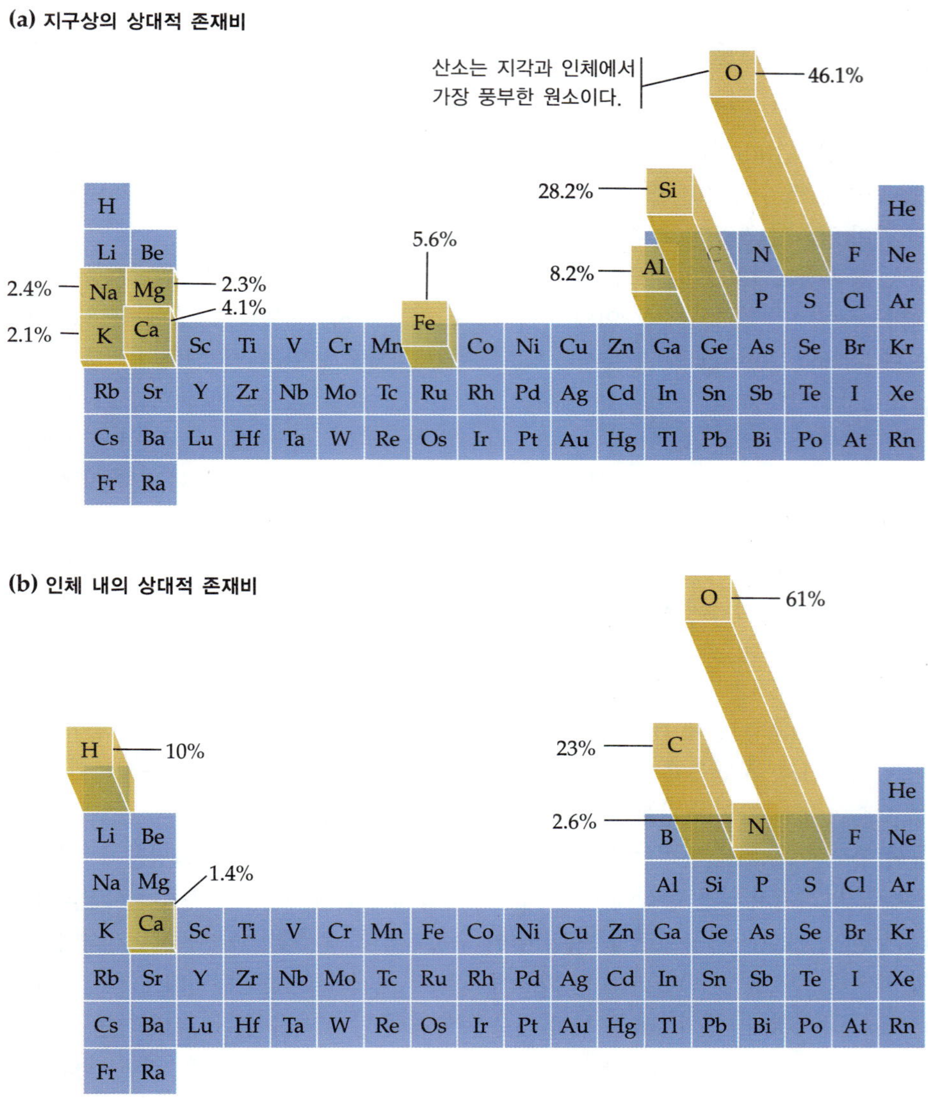

◀ 그림 2.1
질량 백분율로 표시한 (a) 지구의 지각과 (b) 인체에 포함되어 있는 원소의 조성. 각 경우 중요한 성분만을 표시하였다. 여러 다른 원소들도 소량 존재한다.

▶ 확인하기
지각과 인체 모두에서 가장 풍부하게 들어 있는 원소는 무엇인가? (a) 지각과 (b) 인체에서 두 번째로 풍부한 원소는 각각 무엇인가?

답 지각과 인체 모두에서 가장 풍부하게 들어 있는 원소는 산소이다. 규소는 지각에서 두 번째로 풍부한 원소이고, 탄소는 인체에서 두 번째로 풍부한 원소이다.

특별한 원소를 간단히 나타내기 위해 화학자들은 하나 또는 두 글자의 기호를 사용한다. 표 2.1에 예를 든 것처럼, 원소를 나타내는 기호의 첫 글자는 대문자로 쓰고 두 번째 글자가 있을 경우에는 소문자로 쓴다. 많은 기호들은 원소의 영어 이름에서 첫 글자 또는 두 글자를 써서 나타낸다. H = 수소(hydrogen), C = 탄소(carbon), Al = 알루미늄(aluminum) 등이 그렇다. 다른 기호들은 Na = 소듐(라틴어 *natrium*), Pb = 납(라틴어 *plumbum*), W = 텅스텐(독일어 *wolfram*)처럼 라틴어나 다른 언어에서 유래된 것이다. 모든 118가지 원소의 이름, 기호, 관련 정보는 이 책의 앞표지 안쪽에 있는 **주기율표(periodic table)**에 정리되어 있다.

개념탐구 질문 1

원소에 대한 다음 설명 중 거짓인 것은?

(a) 원소는 화학적으로 더 작게 부수거나 단순하게 변화시킬 수 없고 그 원소 그대로 존재한다.
(b) 모든 자연 발생적 원소는 안정하고 비방사성이다.
(c) 원소들은 지구상에 다양한 양으로 폭넓게 존재한다.
(d) 원소는 종종 원소의 라틴어 이름을 한 글자 혹은 두 글자를 사용해 기호로 표현된다.

2016년 국제 순수 응용 화학 연합(IUPAC)은 최근에 발견된 4개의 인공 원소의 이름과 기호를 승인하였다. 원소 113은 일본의 과학자들에 의해 니호늄(Nihonium, Nh)이라는 이름이 붙여졌다. 니혼(nihon)은 일본어로 '떠오르는 태양의 나라'를 의미한다. 원소 115와 117은 러시아 두브나(Dubna)의 핵 연구소와 미국 테네시 주의 오크 리지 국립 연구소(Oak Ridge National Laboratories)의 공동 발견자들에 의해 각각 모스코븀(Moscovium, Mc)과 테네신(tennesine, Ts)으로 명명되었다. 오가네손(Oganesson, Og)이라는 이름의 원소 118은 초중 원소의 발견에 오가네시안(Yuri Oganessian)의 선구적인 업적을 기려 그의 이름을 따 명명하였다.

2.2 원소와 주기율표

인류 역사의 초기부터 알려진 10가지 원소는 다음과 같다: 안티모니(Sb), 탄소(C), 구리(Cu), 금(Au), 철(Fe), 납(Pb), 수은(Hg), 은(Ag), 황(S), 주석(Sn). 그 후 수천 년 만에 '새롭게' 발견된 첫 번째 원소는 1250년에 발견된 비소(As)였다. 실제로 미국이 건국된 1776년에도 24가지 원소만이 알려져 있었다.

1700년대 후반과 1800년대 초반 과학적 발견의 속도가 빨라짐에 따라, 화학자들은 일반적인 결론을 끌어내기 위해 원소 사이의 유사성을 조사하기 시작하였다. 그중에서 1829년에 되베라이너(Johann Döbereiner)가 유사하게 행동하는 것으로 보이는, 세 원소의 그룹인 몇몇 3**조원소**(triad)를 발견하였다. 이것은 매우 성공적인 것으로 특히 중요한 의미를 가진다. 칼슘(Ca), 스트론튬(Sr), 바륨(Ba)이 하나의 3조원소를 형성하고, 염소(Cl), 브로민(Br), 아이오딘(I)과 리튬(Li), 소듐(Na), 포타슘(K)이 각각 다른 3조원소를 형성한다. 1843년까지 화학자들은 16가지의 3조원소를 알아냈고, 그 설명을 찾고자 애쓰고 있었다.

1800년대 중반에 같은 족의 원소들이 가지고 있는 유사성을 설명하려는 시도가 여러 차례 있었다. 그러나 획기적 돌파구는 1869년에 현대적 주기율표의 전신을 발표한 러시아 화학자인 멘델레예프(Dmitri Mendeleev)에 의해서 만들어졌다. 멘델레예프의 업적은 과학 이론이 어떻게 발전되는지를 보여 주는 이상적인 예가 될 것이다. 처음에는 수많은 원소와 이들 원소가 나타내는 성질과 거동에 대한 관측들이 서로 연관성 없이 보고되었다. 그러다가 더 많은 사실이 알려지면서, 사람들은 설명할 수 있는 방법으로 자료를 정리하려고 노력하였고, 궁극적으로 모순이 없는 가설이 나오게 되었다.

훌륭한 가설은 두 가지가 가능해야 한다. 첫째로, 알려진 사실(fact)을 설명할 수 있어야 한다. 둘째로, 알려지지 않은 현상에 대해 예측이 가능해야 한다. 이러한 예측이 시험되어 맞다고 밝혀지면 이 가설은 훌륭한 것이며, 가설이 수정되거나 폐기될 만한 다른 추가적인 사실이 발견될 때까지 유지될 것이다. 알려진 화학적 정보의 체계화에 대한 멘델레예프의 가설은 모든 시험을 통과하였다. 주기율표는 화학 반응성에 대해 알려진 사실들을 설명하는 데 유용하고 모순이 없는 방법으로 데이터를 정리하였을 뿐 아니라, 몇 개의 특이할 만한 예측을 가능하게 하였고, 나중에 이러한 예측은 정확한 것으로 밝혀졌다.

멘델레예프의 주기율표 배열 원칙은 실험적으로 측정된 화학적 사실을 이용하여 원소들을 수소=1로 하는 상대 질량[**원자량**(atomic weight)이라 함, 2.9절 참조] 순으로 배열한 후, 원소들을 그들의 화학 반응성에 따라 그룹화하는 것이었다. 이렇게 원소들을 배열하였더니, **그림 2.2**에서 볼 수 있듯이 몇 개의 '빈칸'이 나타나게 되었다. 알루미늄(상대 질량 ≈27.3)의 화학적 특성은 붕소(상대 질량≈11)와 비슷했다. 그러나 그 당시에는 알루미늄 아래 칸에 들어갈 만한 원소가 알려져 있지 않았다. 마찬가지로, 규소(상대 질량≈28)와 탄소(상대 질량≈12)는 많은 면에서 같은 특성을 가지고 있어서 같은 족으로 분류하였다. 그러나 규소 아래에 들어갈 만한 원소는 없었다.

H = 1							
Li = 7	Be = 9.4		B = 11	C = 12	N = 14	O = 16	F = 19
Na = 23	Mg = 24		Al = 27.3	Si = 28	P = 31	S = 32	Cl = 35.5
K = 39	Ca = 40	?, Ti, V, Cr, Mn, Fe, Co, Ni, Cu, Zn	? = 68	? = 72	As = 75	Se = 78	Br = 80

나중에 갈륨(Ga)으로 밝혀진, 미지의 원소가 알루미늄(Al) 아래에 있었고…

…나중에 저마늄(Ge)으로 밝혀진 미지의 않은 원소가 규소(Si) 아래에 있었다.

◀ 그림 2.2
멘델레예프 주기율표의 일부. 이 주기율표는 그 당시에 알려진 원자들의 상대 질량과 미지의 원소들을 나타내는 몇 개의 빈칸을 보여 주고 있다.

▲ 확인하기

1800년대에 Li, Na, K은 그들의 비슷한 반응성 때문에 3조원소로 그룹화되었다. 멘델레예프 주기율표에서 이 3조원소는 어떻게 표현되었는가?

답 비슷한 반응성을 가진 원소들은 같은 같은 족에 배치되었다.

멘델레예프는 주기율표에 빈칸으로 표시한 미지의 두 원소에 대해, 두 원소가 존재하며 미래에 발견될 것이라고 예측하였다. 더욱이 그는 미지의 두 원소의 성질을 놀랄만한 정확도로 예측하였다. 그는 알루미늄 밑에 있는 미지 원소를 **에카**–알루미늄[**에카**(eka)는 산스크리트어로 '처음'이라는 뜻]이라고 명명하였으며, 상대 질량이 68 정도이고 녹는점이 낮아야 된다고 예측하였다. 1875년에 발견된 Ga(갈륨)이 이러한 성질을 모두 가지고 있다. 그는 규소 밑에 있는 미지 원소를 **에카**–규소로 명명하였고, 상대 질량이 72 정도이고 어두운 회색을 가지는 것이라고 예측하였다. 1886년에 발견된 Ge(저마늄)의 성질이 완벽하게 일치한다(표 2.2).

그림 2.3의 현대 주기율표에서 원소는 **주기(period)**라고 하는 7개의 가로줄과 **족(group)**이라고 하는 18개의 세로줄로 된 격자 칸에 배열된다. 이런 방법으로 정리하면 **같은 족 원소들은 비슷한 화학적 성질을 가진다.** 1족에 속하는 리튬, 소듐, 포타슘 및 다른 금속 원소들은 비슷하게 행동한다. 2족에 속하는 베릴륨, 마그네슘, 칼슘 및 다른 원소들은 비슷하게 행동한다. 17족의 플루오린, 염소, 브로민 및 다른 원소들도 비슷하게 행동하며, 이런 경향이 표 전체에 걸쳐서 나타난다. (멘델레예프는 He, Ne, Ar, Kr, Xe, Rn 같은 18족 원소의 존재에 대해 모르고 있었다. 그가 주기율표를 만들었을 때 18족은 전혀 알려지지 않았다. 이들 18족 기체는 무색무취이고 거의 반응성이 없는 원소로, 1894년이 되어서야 비로소 Ar이 처음으로 분리될 때까지 발견되지 않았다.)

주기율표의 전체적 형태는 모두 인정하고 있지만, 역사적 배경 때문에 화학자들은 국가별로 족을 다른 방법으로 표시해 왔다. 이런 어려움을 해결하고자 족을 왼쪽부터 오른쪽으로 1에서 18까지로 정하는 국제적 기준이 만들어졌다.

▲ 갈륨은 녹는점이 낮은 빛나는 금속이다. ©e_rik/Shutterstock

▲ 저마늄은 단단한 회색의 준금속이다. ©Bjoern Wylezich/Shutterstock

표 2.2 갈륨(에카–알루미늄)과 저마늄(에카–규소)의 성질에 대한 예측값과 실제 측정값의 비교

원소	성질	멘델레예프의 예측값	실제 측정값
갈륨(Ga)	상대 질량	68	69.7
	밀도	5.9 g/cm^3	5.91 g/cm^3
	녹는점	낮음	29.8 °C
저마늄(Ge)	상대 질량	72	72.6
	밀도	5.5 g/cm^3	5.35 g/cm^3
	색깔	어두운 회색	밝은 회색

▲ 그림 2.3

주기율표. 각 원소는 한 문자 또는 두 문자 기호로 나타내고, 원자 번호로 구별한다(2.8절). 원소는 18개의 세로줄, 즉 **족**과 7개의 가로줄, 즉 **주기** 안에 정렬된다. 왼쪽의 두 족(1, 2족)과 오른쪽의 여섯 족(13~18족)을 주족이라고 한다. 중간에 있는 10개의 족(3~12족)은 **전이 금속족**이라고 한다. 란타넘으로 시작되는 14개의 원소를 **란타넘족**이라고 하고, 악티늄으로 시작되는 14개의 원소를 **악티늄족**이라고 하며, 이것들을 합쳐서 **내부 전이 금속족**이라고 한다.

붕소(B)에서 아스타틴(At)에 이르는 계단 모양의 선 왼쪽에 있는 원소(단, 수소는 예외)는 금속이며, 선의 오른쪽에 있는 원소(수소 포함)는 비금속이고, 선과 인접한 9개의 원소 중 7개는 준금속이다.

▶ 확인하기

5주기 16족에 위치하는 원소의 기호는 무엇인가? 이 원소를 금속, 준금속, 비금속으로 분류하시오.

답 Te, 준금속

미리보기…
주어진 원자의 세부 구조가 주기율표에서의 위치와 관련이 있다는 것을 5장에서 배우게 될 것이다.

주의할 점이 한 가지 더 있다. 실제로 주기율표에는 18개 족 대신에 32개의 족이 있지만 한 면에 적당하게 표시하기 위해, 란타넘으로 시작되는 14가지 원소(**란타넘족**, lanthanides)와 악티늄으로 시작되는 14가지 원소(**악티늄족**, actinides)를 표의 아래쪽에 따로 표시한다. 이런 족에는 족의 번호를 붙이지 않는다.

다시 설명하겠지만, 원소의 주기율표는 화학에서 가장 중요한 구성 원리이다. 지금 주기율표의 모양과 구조에 익숙해진다면 후반부에 가서 큰 도움을 받게 될 것이다. 예를 들어, 그림 2.3에서 일곱 주기(행)에 걸쳐서 주기의 크기가 규칙적으로 증가한다. 첫 번째 주기에는 수소(H)와 헬륨(He)의 2개 원소가 있고, 두 번째와 세 번째 주기에는 각각 8개의 원소가 있고, 네 번째와 다섯 번째 주기에는 각각 18개의 원소가 있다. 란타넘족과 악티늄족을 포함하는 여섯 번째와 일곱 번째 주기에는 각각 32개의 원소가 있다. 주기율표의 이런 규칙적 증가는 원자 구조의 유사한 규칙성을 반영하고 있다는 것을 5장에서 설명할 것이다.

개념탐구 질문 2
비슷한 화학적 성질을 가진 원소는 주기율표에 어떻게 위치하는가?

주기율표의 모든 족에 같은 수의 원소가 있지는 않다. 왼쪽에 있는 두 개의 족(1,2족)과 오른쪽에 있는 여섯 개의 족(13~18족)을 **주족**(**main group**)이라고 한다. 생명체를 구성하는 대부분의 원소, 즉 탄소, 수소, 질소, 산소, 인과 같은 원소들은 주족 원소들이다. 주족 사이 중앙에 있는 10개의 족(3~12족)은 **전이 금속족**(**transition metal group**)이라고 한다. 철, 구리, 아연, 금과 같이 우리에게 친숙한 대부분의 금속은 전이 금속이다. 주기율표 밑에 따로 표시한 14개의 족은 **내부 전이 금속족**(**inner transition metal group**)이라고 한다.

2.3 대표적 원소 족과 그들의 성질

물질을 설명하거나 확인하는 데 이용되는 모든 특성을 **성질(property)**이라고 한다. 성질의 예로는 부피, 양, 냄새, 색깔, 온도가 있다. 또한 녹는점, 용해도, 화학적 행동도 성질에 포함된다. 예를 들면 염화 소듐(식염)의 몇 가지 성질은 이렇게 말할 수 있다. "이 물질은 1474 °F (801 °C)에서 녹으며, 물에 용해되고, 질산 은 용액과 접촉하면 화학 반응을 한다."

▲ 염화 소듐 용액에 질산 은 용액을 첨가하면 염화 은의 흰색 침전이 생긴다.

성질은 시료의 양에 따라 달라지는지의 여부에 따라 **세기 성질**과 **크기 성질**로 나눌 수 있다. 온도, 녹는점과 같은 **세기 성질(intensive property)**은 시료의 양과 관계가 없는 값을 가진다. 작은 얼음 조각이나 커다란 빙산이나 같은 온도에서 녹는다. 길이, 부피와 같은 **크기 성질(extensive property)**은 시료의 양에 따라서 값이 변한다. 얼음 조각은 빙산보다 훨씬 더 작다.

또 성질은 물질의 화학적 구조에 변화가 있는가에 따라서 **물리적 성질**과 **화학적 성질**로 나눌 수 있다. **물리적 성질(physical property)**은 시료의 화학적 구조 변화를 포함하지 않는 것이 특징이다. **화학적 성질(chemical property)**은 화학적 구조 변화를 포함하는 성질이다. 예를 들면, 얼음의 녹는점은 물의 화학적 구조 변화 없이 고체에서 액체로 형태만 변하기 때문에 물리적 성질이다. 물은 고체와 액체 상태에서 모두 정확하게 동일한 화학적 조성(H_2O)을 갖는다. 비를 맞은 자전거가 녹이 스는 것은 철(Fe)이 공기 중의 산소 및 수분과 결합하여 새로운 물질인 녹(Fe_2O_3)을 형성한 것이기 때문에 화학적 성질이다. 표 2.3에 물리적 성질과 화학적 성질의 여러 가지 예가 있다.

표 2.3 물리적 성질 및 화학적 성질의 예

물리적 성질		화학적 성질
온도	양	(철의) 녹슴
색	냄새	(휘발유의) 연소
녹는점	용해도	(은의) 변색
전기 전도도	경도	(달걀의) 요리

앞에서 설명한 대로, 주기율표에서 같은 족에 있는 원소들은 종종 화학적 성질에서 놀라울 정도로 비슷한 성질을 나타낸다. 예를 들어 다음 몇 가지를 살펴보자.

- **1족–알칼리 금속** 리튬(Li), 소듐(Na), 포타슘(K), 루비듐(Rb), 세슘(Cs)은 무르고 은빛이 나는 금속이다. 모두 물과 빠르게(흔히 격렬하게) 반응하여 알칼리성(염기성)이 강한 생성물을 만든다. 따라서 **알칼리 금속**이라고 부른다. 알칼리 금속은 높은 반응성 때문에 천연에서 순수한 상태로는 발견되지 않으며, 다른 원소와 결합하여 존재한다. 프랑슘(Fr)도 알칼리 금속이지만, 앞서 설명한 대로 너무 희귀하기 때문에 그것에 대해서는 거의 알려진 바가 없다.

  1족에는 수소(H)도 포함되어 있지만, 수소는 무색의 기체로 외관과 성질이 알칼리 금속과는 전혀 다르다. 그 이유는 5.11절에서 설명할 것이다.

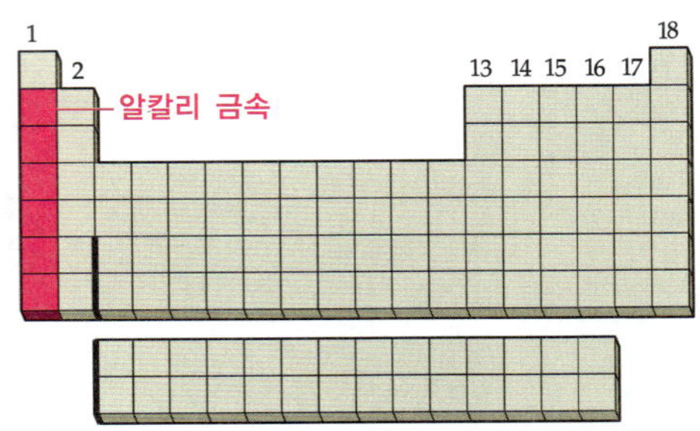

- **2족–알칼리 토금속** 베릴륨(Be), 마그네슘(Mg), 칼슘(Ca), 스트론튬(Sr), 바륨(Ba), 라듐(Ra)도 광택이 있는 은빛 금속이지만, 이웃에 있는 1족보다는 반응성이 약하다. 알칼리 금속처럼 알칼리 토금속도 천연에서 순수한 상태로 존재하지 않는다.

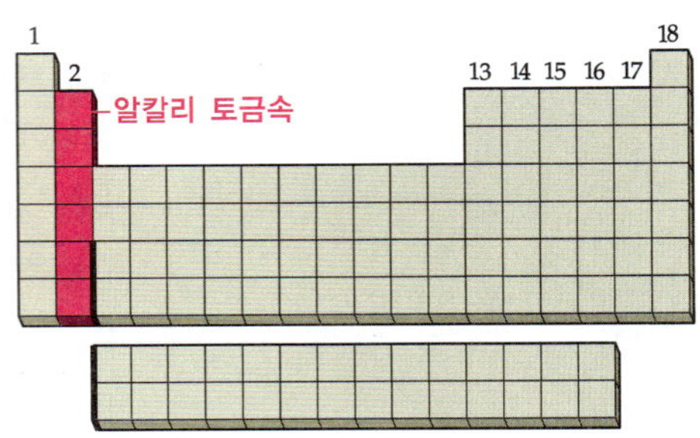

▲ 알칼리 금속인 소듐은 물과 격렬하게 반응하여 수소 기체와 알칼리성(염기성) 용액을 생성한다.

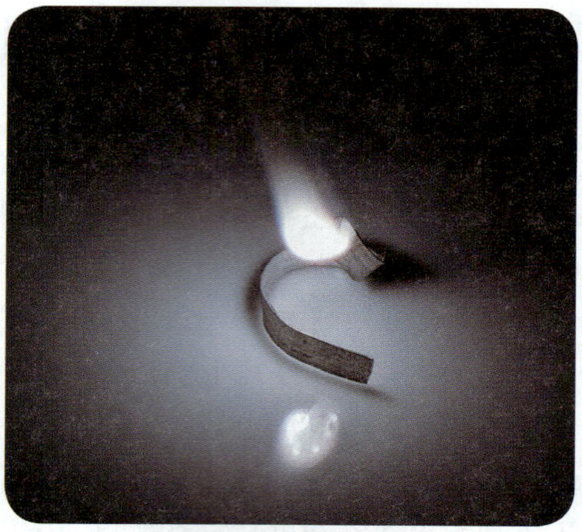

▲ 알칼리 토금속인 마그네슘은 공기 중에서 탄다. © usk75/Shutterstock

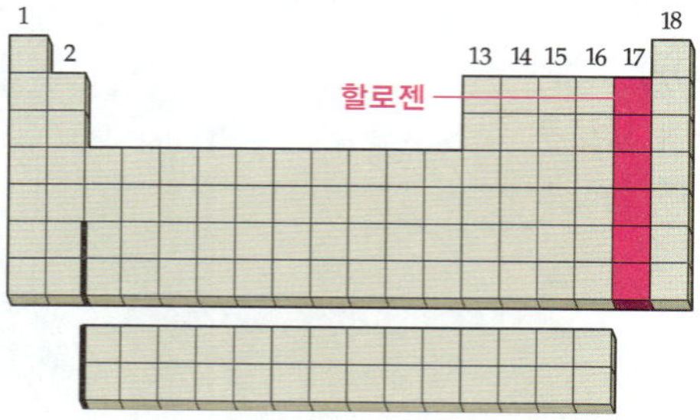

- **17족–할로젠** 플루오린(F), 염소(Cl), 브로민(Br), 아이오딘(I)은 색이 있고 부식성이 있는 비금속이다. 이들은 식염(염화 소듐, NaCl)처럼 자연에서 다른 원소와 화합한 채로만 존재한다. 실제로 **할로젠**(halogen)이란 족의 이름은 '염'을 의미하는 그리스어 'hals'에서 따온 것이다. 아스타틴(At)도 할로젠이지만, 너무 소량으로 존재하기 때문에 알려진 성질이 거의 없다.
- **18족–비활성 기체** 헬륨(He), 네온(Ne), 아르곤(Ar), 크립톤(Kr), 제논(Xe), 라돈(Rn)은 무색의 기체이며 화학적 반응성이 매우 작다. 헬륨과 네온은 다른 원소와 결합하지 않으며, 아르곤, 크립톤, 제논은 아주 소수의 원소들과 결합한다.

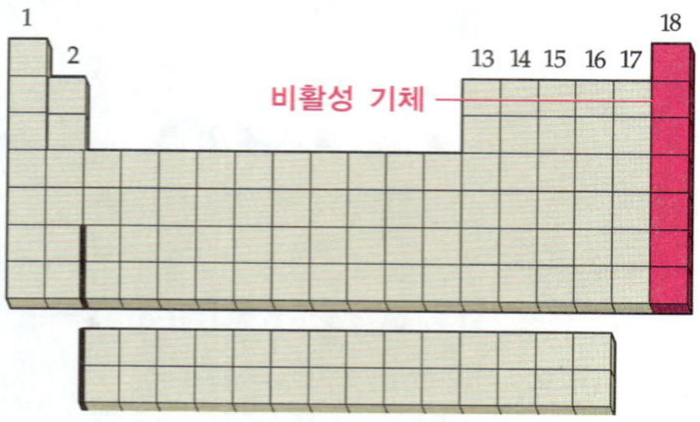

▲ 할로젠 중 하나인 브로민은 상온에서 부식성이 있는 진한 붉은색 액체이다. © Rvkamalov gmail.com/Shutterstock

▲ 비활성 기체 중 하나인 네온은 네온등과 네온사인에 이용된다. © Sabelskaya/Shutterstock

그림 2.3에 표시한 것처럼 주기율표의 원소들은 흔히 금속, 비금속, 준금속의 세 가지 범주로 분류된다.

- **금속** 원소 중 가장 많은 부분을 차지하는 금속은 주기율표의 왼편에 자리 잡고 있으며, 위쪽의 붕소(B)에서부터 아래쪽의 아스타틴(At)에 이르는 계단선으로 구분되어 있다. 금속은 외관에서 쉽게 특징을 찾을 수 있다. 수은을 제외하면 모두 상온에서 고체이고, 대부분은 금속과 연관된 은빛 광택을 가지고 있다. 더욱이 금속은 일반적으로 부서지지 않고 두드려 가공하기 쉬워서 연속된 긴 선으로 뽑거나 구부릴 수 있고, 열과 전기의 좋은 도체이다.

• **비금속** 수소를 제외하면 비금속은 주기율표의 오른편에 자리 잡고 있으며, 금속처럼 그 외관에 의해서 쉽게 알 수 있다. 17가지 비금속 중 상온에서 11가지가 기체이며, 1가지는 액체(브로민), 5가지는 고체(탄소, 인, 황, 셀레늄, 아이오딘)이다. 은빛 광택이 전혀 없으며 몇 가지는 진한 색을 띤다. 고체 비금속은 부서지기 쉬워서 가공이 어려우며, 열과 전기의 전도성이 좋지 않다.

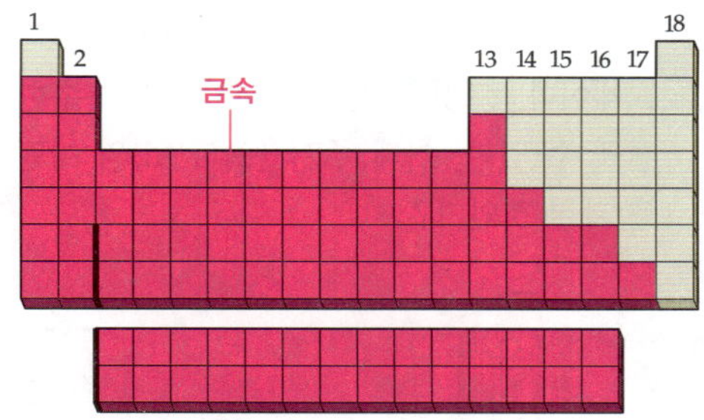

▲ 납, 알루미늄, 구리, 금, 철, 은은 대표적인 금속이다. 모두 전기를 통하며 선 형태로 만들 수 있다.
ⓒ BrankoG/Shutterstock / ⓒ Bjoern Wylezich/Shutterstock / ⓒ Roy Palmer/Shutterstock / ⓒ Roman Bodnarchuk/Shutterstock / ⓒ Aleksandr Pobedimskiy/Shutterstock / ⓒ Bjoern Wylezich/Shutterstock

▲ 브로민, 탄소, 인, 황은 대표적인 비금속이다. 모두 전기를 통하지 않고 선 형태로 가공되지 않는다.
ⓒ Rvkamalov gmail.com/Shutterstock / ⓒ Fablok/Shutterstock ⓒ Tasha Cherkasova/Shutterstock / ⓒ losmandarinas/Shutterstock

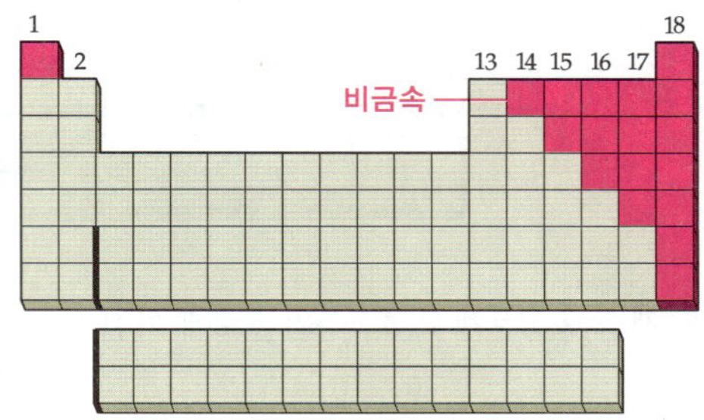

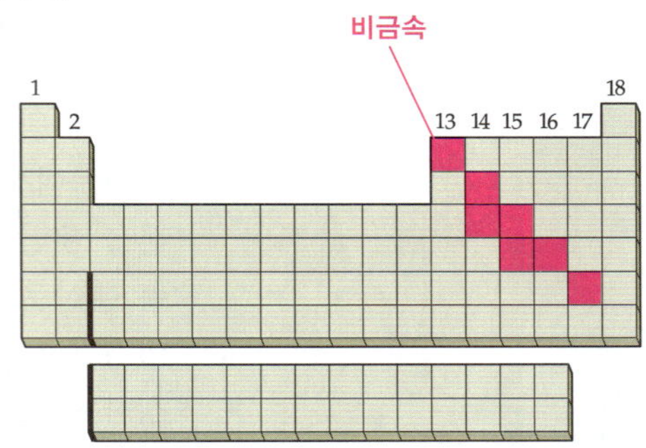

• **준금속** 금속과 비금속 사이의 계단 모양 경계선 부근에 있는 9가지 원소 중 7가지(붕소, 규소, 저마늄, 비소, 안티모니, 텔루륨, 아스타틴)는 금속과 비금속의 중간 성질을 가지므로 준금속이라고 한다. 대부분 준금속은 은빛 외관을 나타내며 실온에서 고체이지만 부서지기 쉽고 가공이 어려우며, 열이나 전기를 잘 전도하지 않는 경향이 있다. 예를 들면, **반도체**(semiconductor)로 널리 사용되는 규소는 전기 전도도가 금속과 절연체의 중간 정도이다.

개념 예제 2.1

성질에 따른 원소의 분류와 주기율표에서 원소의 위치

어떤 원소가 상온 및 상압에서 무색의 기체이다. 이 기체는 반응성이 높아 자연계에서 다른 원소와 결합된 형태로 발견된다. 이 원소를 금속, 비금속 또는 준금속으로 분류하고, 주기율표에서 위치를 나타내시오.

전략

주요 범주의 원소들 및 네 가지 특정한 족(알칼리 금속, 알칼리 토금속, 할로젠, 비활성 기체)의 성질과 원소의 종류를 연결시킨다.

풀이

이 원소는 기체이기 때문에 비금속이다. 수은을 제외한 모든 금속과 준금속은 상온 및 상압에서 고체이다. 그것의 높은 반응성은 할로젠을 나타내지만 브로민과 아이오딘은 아니다. 왜냐하면, 이들 원소는 상온에서 기체가 아니기 때문이다.

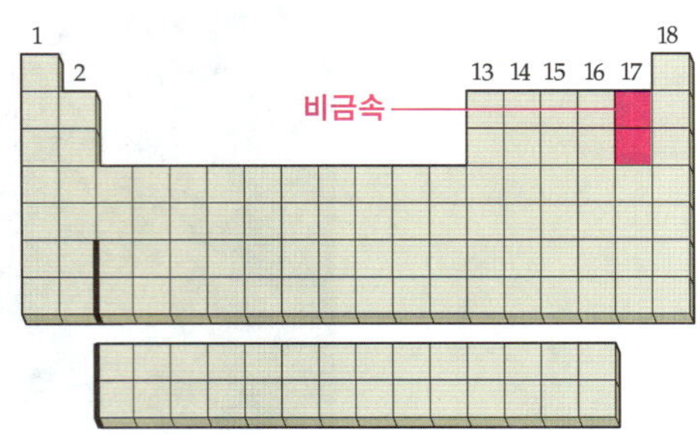

▶ **개념 연습문제 2.1** 이 원소는 상온 및 상압에서 빛나는 은색의 고체이다. 그것은 전기를 전달하며 순수한 형태로 자연에서 발견될 수 있다. 아래 주기율표(a~d)의 어떤 원소가 이러한 성질을 가질 것인가?

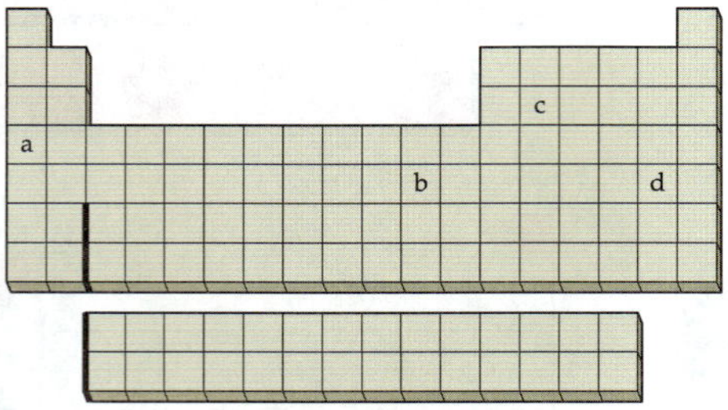

▶ **개념 응용문제 2.2** 주기율표에 어떤 원소를 나타내었다.

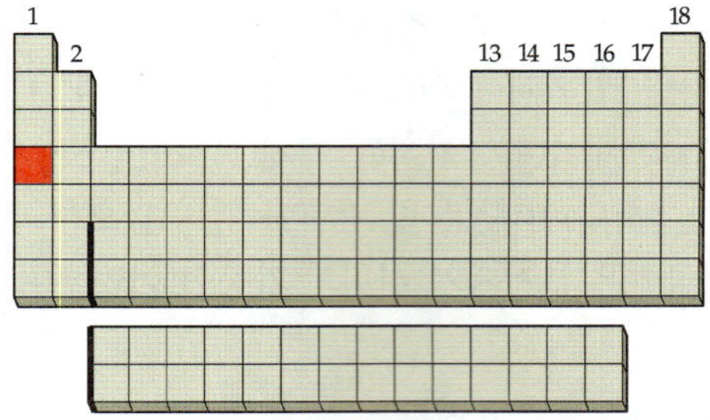

(a) 이 원소의 기호와 이름을 나타내고, 금속, 비금속, 준금속으로 분류하시오.
(b) 상온 및 상압에서 이 원소의 겉모양을 예측하시오.
(c) 이 원소의 순수한 시료를 망치로 친다면 어떤 일이 일어나겠는가?
(d) 이 원소를 전선으로 사용할 수 있을까?

2.4 원자론을 지지하는 증거들: 질량 보존 법칙과 일정 성분비 법칙

물질은 원자로 구성되어 있다는 개념은 각각의 원자들이 발견되기 전에 과학적인 이론으로 받아들여졌다. 수백 년 전에 과학자들은 훌륭한 실험을 설계하고 신중하게 측정하여 원자 이론을 뒷받침하는 결과를 얻어 냈다. 영국인 보일(Robert Boyle, 1627~1691)은 독립된 학문 분야로서 화학을 연구하였으며, 그 과정에서 많은 화학 실험을 수행한 첫 번째 과학자로 인정받고 있다. 보일은 기체의 성질과 거동에 대한 일련의 면밀한 연구를 통하여 물질을 구성하는 원자에 대해 분명한 증거를 제공하였다. 또한 보일은 원소를 더 이상 화학적으로 분해할 수 없는 물질이라고 최초로 정의하였고, 다양한 종류의 원소들이 존재할 수 있다고 제안하였다. 또한 서로 다른 원소들이 다양한 방법으로 서로 결합하여 우리가 **화합물(chemical compound)**이라고 부르는 수많은 물질이 만들어진다고 보았다.

보일 이후 수십 년 동안 화학은 느리게 발전하였는데, 프리스틀리(Joseph Priestley, 1733~1804)에 이르러서 또 한 번의 도약적인 발전이 이루어졌다. 1774년에 프리스틀리는 현재 사용되는 반응식 $2\ HgO \rightarrow 2\ Hg + O_2$에 따라 산화 수은(II)(HgO)을 가열하여 산소 기체를 제조하고 분리하였다.

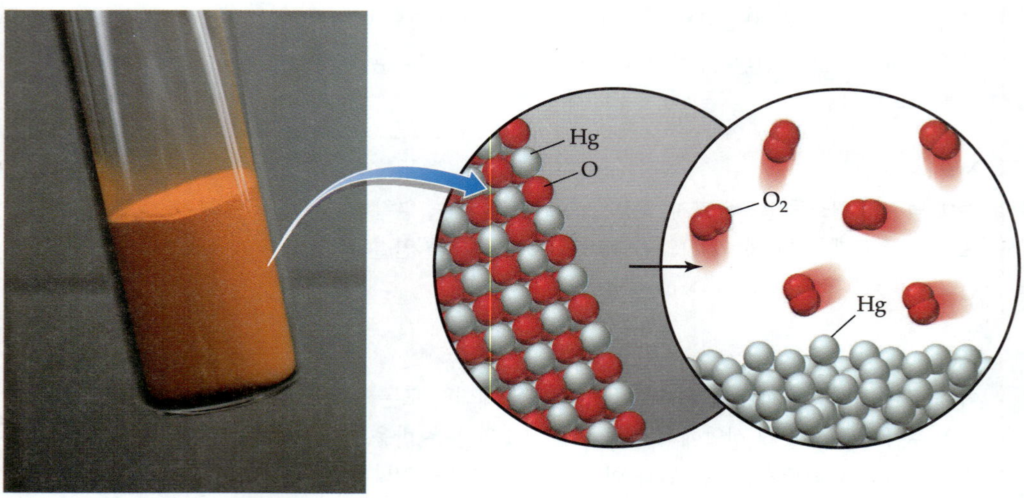

▶ 붉은색 가루인 HgO를 가열하면, 은빛 액체인 수은과 무색 기체인 산소로 분해된다. © W. Oelen/CC 3.0: Attribution-Share Alike/Wikimedia Commons

화학 변화를 표현하는 표준 방식은 각 화합물들을 **화학식**(**chemical formula**)으로 표시하는 것이다. 화학식은 구성 원소의 기호를 쓰고, 그 옆에 아래 첨자를 이용하여 구성 원자의 개수를 나타낸다. 만약 아래 첨자가 없다면 숫자 1을 뜻한다. 따라서 염화 소듐(식염)은 NaCl, 물은 H_2O, 슈크로스(설탕)는 $C_{12}H_{22}O_{11}$로 표시된다. 화학 반응은 **화학 반응식**(**chemical equation**)이라는 표준 방식에 의해 작성되는데, 변화를 일으키는 반응 물질을 왼쪽에 적고, 만들어지는 생성 물질을 오른쪽에 적으며, 화학 변화 방향을 나타내는 화살표가 둘 사이에 위치한다.

프리스틀리의 발견에 곧이어 라부아지에(Antoine Lavoisier, 1743~1794)는 연소와 관련된 주요한 물질이 산소라고 증명하였다. 더욱이 라부아지에는 닫힌 용기 안에서 물질이 연소될 때 연소 생성물의 질량은 출발 물질의 질량과 정확히 똑같다는 것을 자세한 관찰을 통해 증명하였다. 예를 들어, 수소 기체가 연소하여 산소와 결합하면 물(H_2O)이 생성되고, 물의 질량은 소모된 수소와 산소의 질량과 같다. **질량 보존 법칙**(**law of mass conservation**)이라는 이 원리는 화학의 기초가 되었다.

질량 보존 법칙 질량은 화학 반응에서 생성되거나 소멸되지 않는다.

질량 보존 법칙은 그림 2.4와 같은 실험으로 쉽게 보여 줄 수 있다. 질산 수은[$Hg(NO_3)_2$] 3.25 g과 아이오딘화 포타슘(KI) 3.32 g을 각각 물에 용해시키고 두 용액을 섞으면 바로 화학 반응이 일어나고, 불용성의 주황색 아이오딘화 수은(HgI_2) 고체를 형성한다. 혼합물을 여과하면 아이오딘화 수은 4.55 g을 얻고, 남은 용액의 물을 증발시키면 질산 포타슘(KNO_3) 2.02 g이 남는다. 그러므로 반응물의 질량의 합(3.25 g + 3.32 g = 6.57 g)은 생성물의 질량의 합(4.55 g + 2.02 g = 6.57 g)과 정확히 같다.

두 가지 반응물의 질량을 합한 값은... / ... 두 가지 생성물의 질량을 합한 값과 같다.

$$Hg(NO_3)_2 + 2\,KI \longrightarrow HgI_2 + 2\,KNO_3$$

질산 수은 / 아이오딘화 포타슘 / 아이오딘화 수은 / 질산 포타슘

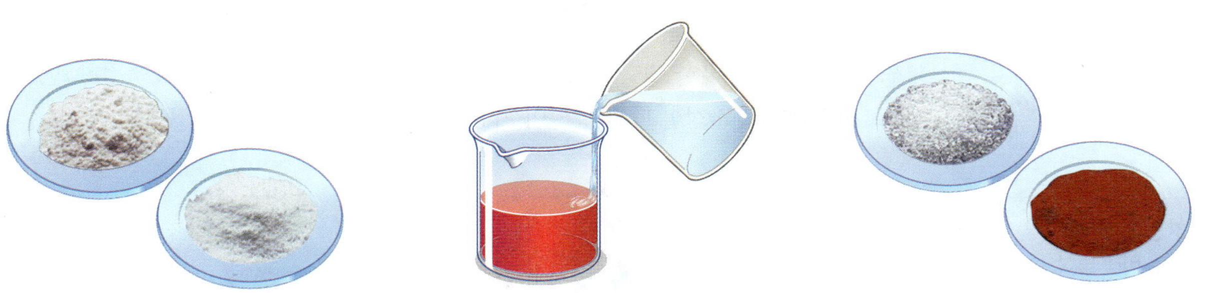

고체 KI와 고체 $Hg(NO_3)_2$의 무게를 재고 물에 용해시킨다.

각각의 용액을 섞으면 고체 HgI_2가 만들어지고, 여과를 통해 분리한다.

남은 용액을 증발시키면 고체 KNO_3를 얻는다. 질량을 측정해 보면, 생성물의 총 질량과 반응물의 총 질량이 같다.

▲ 그림 2.4
질량 보존 법칙 설명. 모든 화학 반응에서 만들어진 최종 생성물의 질량의 합은 출발 반응물의 질량의 합과 같다.

개념탐구 질문 3

프로페인은 다음 화학 반응식에 따라 산소를 연소시킨다.

$$C_3H_8 + 5\ O_2 \longrightarrow 3\ CO_2 + 4\ H_2O$$

프로페인 10.0 g이 산소 36.4 g과 완전히 반응하면 이산화 탄소 30.0 g과 얼마만큼의 물이 생성되나?

라부아지에 이후 수십여 년간 진전된 연구에 힘입어, 프랑스 화학자 프루스트(Joseph Proust, 1754~1826)는 오늘날 **일정 성분비 법칙(law of definite proportion)**이라고 알려진 화학의 두 번째 기본 원리를 만들어 냈다.

> **일정 성분비 법칙** 순수한 화합물로 구성된 시료들은 항상 동일한 질량비의 원소들을 함유한다.

모든 물(H_2O) 시료는 수소 대 산소의 질량비가 1:8이고, 모든 이산화 탄소(CO_2) 시료는 탄소 대 산소의 질량비가 3:8이다. 이처럼 **원소들은 불규칙한 비율이 아닌 일정한 비율로 결합한다.**

2.5 배수 비례 법칙과 돌턴의 원자론

프루스트가 일정 성분비 법칙을 만들던 시기와 같은 시기에 영국의 교사인 돌턴(John Dalton, 1766~1844)도 비슷한 연구를 하고 있었다. 이러한 연구의 결과로 돌턴은 **배수 비례 법칙(law of multiple proportion)**을 제안하게 되었다.

> **배수 비례 법칙** 원소들은 다양한 방법으로 결합하여 다른 화합물을 만들 수 있고, 서로 다른 화합물에서 원소 간의 질량비는 간단한 정수배이다.

▲ 갈색 기체인 NO_2는 도시 오염의 중요한 성분이다. © 상상아카데미

같은 원소들이 다른 비율로 결합하여 서로 다른 화합물을 만들 수 있다는 것이 돌턴의 배수 비례 법칙의 핵심 사항이다. 예를 들면, 질소와 산소는 7:8 질량비로 결합하여 일산화 질소(NO)라고 알려진 물질을 만들거나, 7:16 질량비로 결합하여 이산화 질소(NO_2)라고 알려진 물질을 만들 수 있다. 두 번째 물질은 첫 번째 물질보다 정확히 두 배의 산소를 포함한다.

NO:	질소 7 g마다 산소 8 g	N:O 질량비 = 7:8
NO_2:	질소 7 g마다 산소 16 g	N:O 질량비 = 7:16

NO와 NO_2에서 N:O 질량비 비교

$$\frac{\text{NO에서 N:O 질량비}}{NO_2\text{에서 N:O 질량비}} = \frac{(\text{질소 7 g})/(\text{산소 8 g})}{(\text{질소 7 g})/(\text{산소 16 g})} = 2$$

이 결과는 물질이 고유한 질량을 가진 불연속적인 원자로 구성되고, 서로 특정하고 명확한 방식으로 결합한다고 가정할 때만 설명이 가능하다(그림 2.5).

▶ **그림 2.5**
돌턴의 배수 비례 법칙 설명

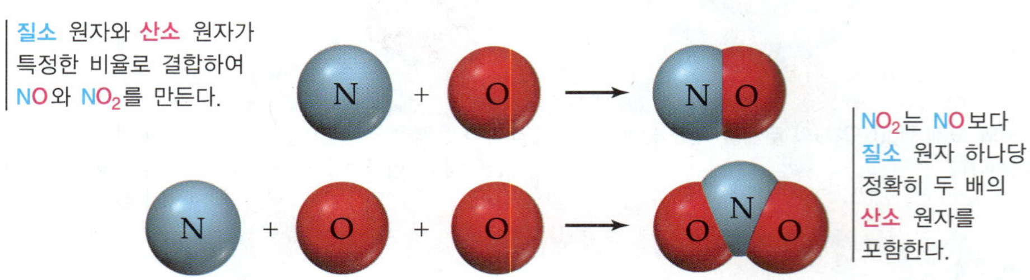

▶ 확인하기

화학식 N_2O_5인 화합물은 배수 비례 법칙을 따르는가?

답 정수 아래 첨자를 가진 모든 화학식은 배수 비례 법칙을 만족시킨다.

돌턴은 세 가지 법칙, 즉 질량 보존 법칙, 일정 성분비 법칙, 배수 비례 법칙을 조합하여 물질에 대한 새로운 이론을 아래와 같이 제안하였다.

- **원소는 원자(atom)라는 아주 작은 입자로 구성되어 있다.** 비록 돌턴은 원자가 어떻게 생겼는지 몰랐지만, 수많은 다른 원소들이 존재하는지를 설명하기 위해서는 원자들이 필요하다는 것을 알고 있었다.
- **각 원소는 그 원자의 질량으로 특징지어진다. 같은 원소의 원자는 같은 질량을 갖지만, 다른 원소의 원자는 다른 질량을 가진다.** 돌턴은 한 원소의 원자는 다른 원소의 원자와 분별되는 어떤 특징이 있어야 한다는 것을 알았다. 프루스트의 일정 성분비 법칙은 원소들이 언제나 특정한 질량비로 결합한다는 것을 보여 주기 때문에, 돌턴은 다른 원소들의 원자들 사이에 구별되는 특징은 질량(mass)이라고 추론하였다.
- **원자들이 정수비로 결합할 때 원소들의 화학적 결합은 다른 화합물을 만든다.** 원자들이 정수로 결합하여 서로 다른 순수한 화합물을 만들면, 항상 일정한 질량비의 원소를 함유한다(일정 성분비 법칙 및 배수 비례 법칙). 원자들은 절대로 분수비로 화학 반응에 참여하지 않는다.
- **화학 반응은 원자들이 화합물 속에서 결합하는 방법을 다시 배열할 뿐 원자 자체는 변하지 않는다.** 돌턴은 질량 보존 법칙이 성립하기 위해서는 원자들이 화학적으로 파괴될 수 없다는 것을 알았다. 만약 반응물과 생성물 모두에서 같은 개수와 종류의 원자가 존재하면, 반응물과 생성물의 질량은 같을 수밖에 없다.

돌턴이 제안한 모든 것이 맞지는 않았다. 예를 들면, 돌턴은 물이 H_2O가 아니라 HO라는 식을 가진다고 생각하였다. 그럼에도 불구하고 돌턴의 원자론은 궁극적으로 인정되었으며, 현대 화학의 기초가 되었다.

예제 2.2

배수 비례 법칙 이용

메테인과 프로페인은 천연가스의 성분이다. 메테인 시료는 탄소 5.70 g과 수소 1.90 g을 포함하고, 프로페인 시료는 탄소 4.47 g과 수소 0.993 g을 포함한다. 이 두 물질이 배수 비례 법칙을 따른다는 것을 보이시오.

전략

각 화합물에서 C : H 질량비를 구한 다음, 두 질량비가 간단한 정수배인지를 비교한다.

풀이

$$\text{메테인:}\quad \text{C:H 질량비} = \frac{5.70\text{ g C}}{1.90\text{ g H}} = 3.00$$

$$\text{프로페인:}\quad \text{C:H 질량비} = \frac{4.47\text{ g C}}{0.993\text{ g H}} = 4.50$$

$$\frac{\text{메테인에서 C:H 질량비}}{\text{프로페인에서 C:H 질량비}} = \frac{3.00}{4.50} = \frac{2}{3}$$

▲ 황은 푸른 불꽃을 내면서 연소하여 무색의 SO_2 기체를 생성한다. © Tuckwalker/Shutterstock

연습문제 2.3 화합물 A와 B는 황과 산소가 결합된 무색의 기체이다. 화합물 A는 황 6.00 g과 산소 5.99 g이 결합된 화합물이고, 화합물 B는 황 8.60 g과 산소 12.88 g이 결합된 화합물이다. 이 두 물질에서 질량비는 간단한 정수비라는 것을 보이시오.

응용문제 2.4 문제 2.3에서 화합물 A의 화학식이 SO_2라면 화합물 B의 화학식은 무엇인가?

2.6 원자 구조: 전자

돌턴의 원자론은 답하지 않은 남겨 놓은 질문이 있는데, "원자들은 무엇으로 되어 있을까"이다. 돌턴 자신도 이 질문에 대답을 할 수 없었고, 거의 1세기가 지난 뒤 영국의 물리학자 톰슨(J. J. Thomson, 1856~1940)이 실험에 의해서 몇 가지 단서를 제공하고 나서야 비로소 그 질문에 대한 해답을 찾을 수 있었다. 톰슨 실험은 구형 텔레비전과 컴퓨터 디스플레이의 선조격인 **음극선관**(CRT, cathode-ray tube)을 사용하였다.

그림 2.6a에서 볼 수 있듯이, 음극선관은 전극(electrode)이라는 두 개의 얇은 금속 조각을 넣고 공기를 제거하여 밀봉한 유리관이다. 전극 사이에 충분히 높은 전압을 걸어 주면, 음극[**캐쏘드**(cathode)]으로부터 양극[**애노드**(anode)]으로 전류가 흐른다. 만약 유리관이 충분히 진공이 되지 않고 소량의 공기나 다른 기체가 들어 있으면 전류의 흐름이 밝은 빛처럼 보이며, 이것을 음극선이라 부른다.

1890년대 많은 물리학자들은 음극선관에 자석이나 하전된 판을 가깝게 접촉하면 음극선이 휘어지는 것을 보여 주었다(그림 2.6b). 전자살이 음의 전극에서 생성되고 양의 전극판 쪽으로 휘기 때문에 톰슨은 음극선이 우리가 현재 **전자**(**electron**)라고 부르는 작은 음전하 입자로 구성되어 있어야만 한다고 제안하였다. 게다가 전자는 여러 다른 금속으로 만든 전극에서도 방출되므로 이러한 금속들은 모두 전자를 포함하고 있어야만 한다.

근처의 자기장이나 전기장에 의해 전자살이 휘는 정도는 세 가지 인자에 의존한다고 톰슨은 추론하였다.

1. **전기장이나 자기장의 세기**. 자기장이 셀수록 또는 하전된 판의 전압이 높을수록 많이 휜다.
2. **전자에 있는 음전하의 크기**. 입자의 전하가 클수록 자기장이나 전기장과 상호 작용이 더 커지고, 더 많이 휜다.

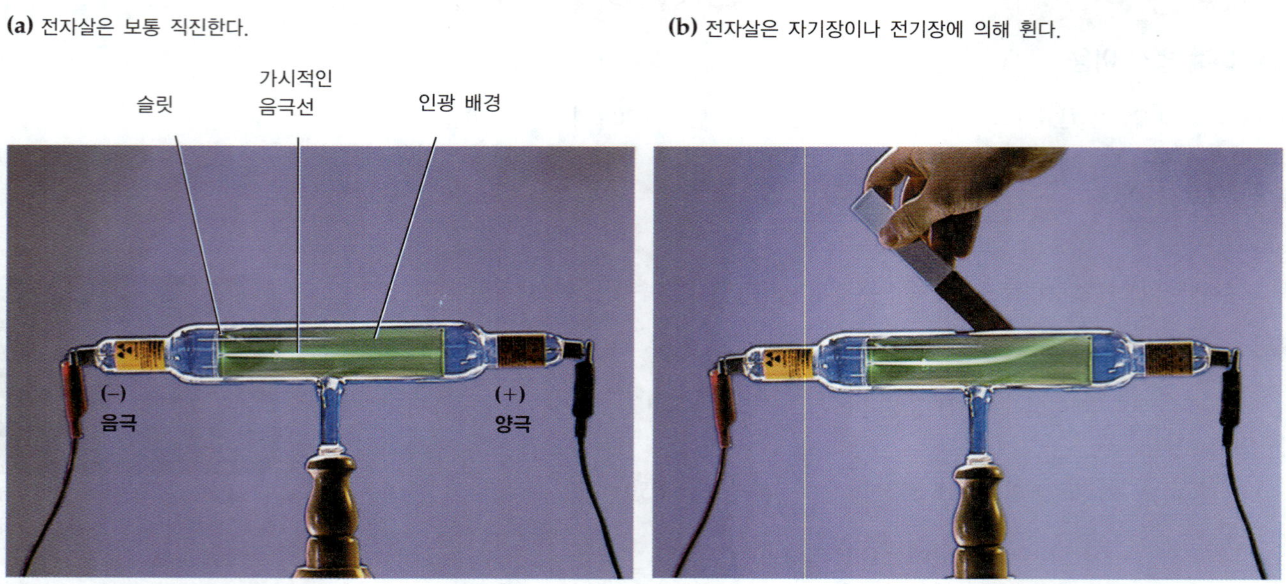

▶ 확인하기

음극선관 실험을 통해 전자의 전하에 대해 추론할 수 있는 것은 무엇인가?

답 전자들은 양으로 하전된 판을 향해서 휘므로 음의 전하를 가지는 것을 알 수 있다.

▲ **그림 2.6**
음극선관. 음극선관에서는 음전하를 띤 음극에서 방출되는 전자들이 슬릿을 통과하여 양전하를 띠는 양극으로 이동하며, 인광 띠에 의해 검출된다.

3. **전자의 질량.** 입자가 가벼울수록 더 크게 휜다(볼링공보다 탁구공이 더 많이 휘는 것처럼).

세기를 이미 알고 있는 전기장과 자기장에 의해 휘는 정도를 세밀하게 측정한 결과, 톰슨은 전자의 **전하 대 질량비** e/m를 계산할 수 있었다. 최근에 측정된 값은 다음과 같다.

$$\frac{e}{m} = 1.758\ 820 \times 10^8\ \text{C/g}$$

여기에서 e는 쿨롱(C)으로 표시하는 전자의 전하 크기, m은 그램으로 표시하는 전자의 질량이다. [**쿨롱**(**coulomb**)과 **전하**(**electrical charge**)에 대해서는 19장에서 더 공부할 것이다.] e는 양수값으로 정의되므로 전자의 실제 전하(음)는 $-e$인 것에 주의하라.

미리보기⋯
쿨롱과 **전하**가 전기화학의 기본이라는 것을 19장에서 공부할 것이다. 전기화학이란 배터리, 연료 전지, 금속의 전기 도금 등에 관련된 화학의 한 영역이다.

톰슨은 전자 자체의 전하 또는 질량이 아닌 전하 대 질량 비만을 측정할 수 있었다. 미국인 밀리컨(R. A. Millikan, 1868~1953)이 전자의 질량을 측정할 수 있는 방법을 고안하였다(그림 2.7). 밀리컨의 실험에서는 챔버 안으로 작은 기름방울들을 분사하고 작은 방울들이 두 수평 판 사이에서 떨어지도록 조작하였다. 망원경 접안렌즈를 통해 둥근 미세 방울이 공기 중에서 떨어지는 속도를 측정하고, 이것으로부터 질량을 계산할 수 있었다. 그 다음, 기름방울에 X선을 쪼여 음전하를 띠게 만들었다. X선은 주변 공기의 기체 분자에서 전자를 두드려 전자가 기름방울에 달라 붙었다. 위쪽 판이 양전압을 가지도록 두 수평 판 사이에 전압을 걸어 밑으로 떨어지는 전하를 띤 방울에 반대의 힘을 줌으로써 기름방울이 그 자리에 머물도록 만들 수 있었다.

밀리컨은 판 사이의 전압과 방울의 질량으로부터 기름방울 전하는 언제나 e의 작은 정수 배라는 것을 보여 줄 수 있었고, 현재 이 값은 $1.602\ 177 \times 10^{-19}$ C이다. 톰슨의 전하 대 질량비에 e 값을 대입하면, 전자의 질량 m 값은 $9.109\ 382 \times 10^{-28}$ g이 된다.

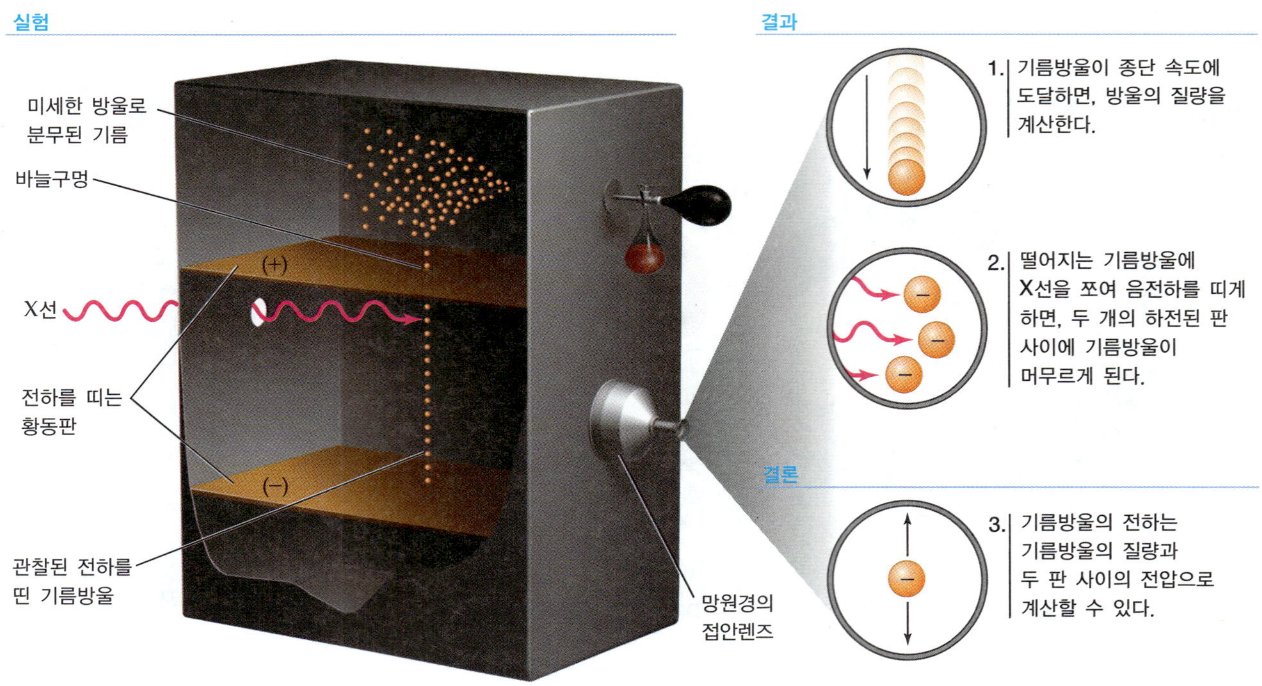

▲ **그림 2.7**
밀리컨의 기름방울 낙하 실험

▶ **확인하기**
기름방울의 전하가 측정되면, 전자의 전하는 어떻게 계산되는가?
답 기름방울의 전하는 표면에 부착된 전자에서 발생했기 때문에 총 전하량은 항상 전자 전하의 정수배이다.

개념탐구 질문 4

톰슨의 음극선 실험과 밀리컨의 기름방울 낙하 실험에서 전자의 어떤 성질이 측정되었는가?

$$\frac{e}{m} = 1.758\ 820 \times 10^{8}\ \text{C/g}이므로$$

$$m = \frac{e}{1.758\ 820 \times 10^{8}\ \text{C/g}} = \frac{1.602\ 177 \times 10^{-19}\ \cancel{\text{C}}}{1.758\ 820 \times 10^{8}\ \cancel{\text{C}}/\text{g}}$$
$$= 9.109\ 386 \times 10^{-28}\ \text{g}$$

2.7 원자 구조: 양성자와 중성자

알파 입자
(상대 질량 = 7000;
전하 = $+2e$)

전자
(상대 질량 = 1;
전하 = $-1e$)

톰슨의 음극선 실험 결과를 생각해 보라. 물질은 전체적으로 전기적 중성이므로, 전극에 있는 원자가 음전하 입자(전자)를 방출하는 것은 전기적 균형을 맞추기 위해 원자 내부에 양전하 입자도 가지고 있음을 의미한다. 양전하를 가진 입자와 원자 구조의 전체 모습에 관한 연구는 1911년 뉴질랜드의 물리학자 러더퍼드(Ernest Rutherford, 1871~1937)의 획기적인 실험에 의해 이루어졌다.

러더퍼드는 실험에서 라듐, 폴로늄, 라돈처럼 자연에 존재하는 여러 방사능 원소에서 방출되는 형태인 **알파(α) 입자**를 사용하였다. 러더퍼드는 알파 입자가 전자보다 7000배 더 무겁고, 전자 전하보다 두 배 크기의 양전하를 가지며, 그 부호는 전자와 반대라는 것을 알고 있었다.

러더퍼드는 알파 입자 살(beam)을 얇은 금박에 쏠 때, 대부분의 입자들이 휘지 않고 금박을 통과하는 것을 발견하였다. 그러나 아주 작은 수(20,000개마다 하나 정도)의 입자들은 진행 방향이 휘었고, 몇몇 입자들은 실제로 입자 방출원 쪽으로 되돌아갔다(그림 2.8). 러더퍼드는 다음과 같이 이 결과를 묘사하였다.

실험

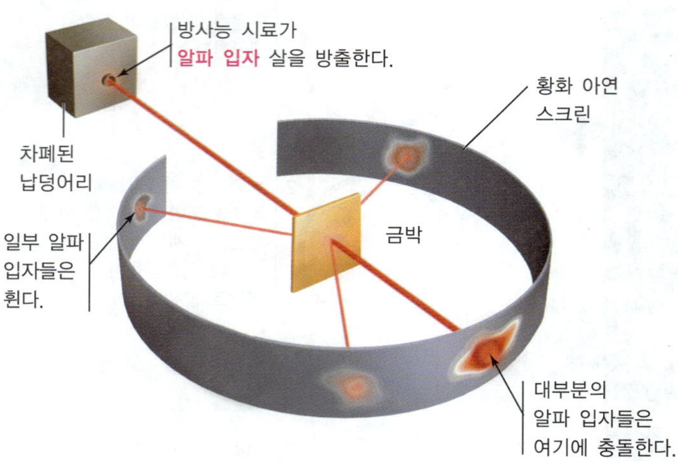

결과

알파 입자 살이 얇은 금박을 향하게 하면, 대부분의 알파 입자는 경로가 휘지 않고 통과하지만, 일부는 큰 각도로 휘거나 극히 드물게 입자 방출원 쪽으로 되돌아간다.

결론

대부분의 입자들은 경로가 휘지 않았기 때문에 금 원자들은 대부분 빈 공간으로 되어 있을 것이다. 원자의 질량은 아주 작고 조밀한 중심부에 집중되어 있어서 알파 입자의 경로가 휘게 된다.

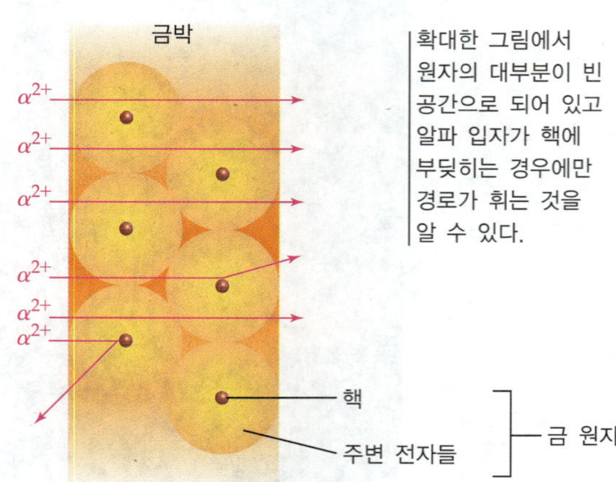

▲ 그림 2.8
러더퍼드의 산란 실험

▶ 확인하기

금박 실험에서 놀랄만한 결과는 무엇인가? 이 실험으로 알 수 있는 원자 구조에 대한 결론은 무엇인가?

답 일부 알파 입자는 되돌아간다. 이런 현상은 금 원자에 있는 조밀한 양전하 영역(핵)과 알파 입자의 상호 작용에 의해서만 설명된다.

이것은 내 인생에서 일어난 일 중에서 가장 믿을 수 없는 사건이었다. 그것은 마치 화장지 조각에 15인치 포탄을 발사했는데 그것이 튕겨져 나와 포탄 발사자를 맞힌 것만큼 놀라운 일이다.

러더퍼드는 금속 원자는 대부분 빈 공간이고, 질량은 **핵(nucleus)**이라는 아주 작은 중심부에 모여 있다고 설명하였다. 핵이 원자의 양전하와 대부분의 질량을 포함하고 전자들이 핵에서 상당히 먼 공간에서 움직이면, 왜 이런 산란 결과가 관찰되는지 분명해진다. 대부분 알파 입자들은 금박을 통과할 때 빈 공간과 만난다. 양전하를 띤 알파 입자는 작지만, 양으로 하전된 핵의 근처에 가까이 갈 때에만 세게 반발하여 되돌아간다.

최근 측정에 의하면, 원자의 지름은 대략 10^{-10} m이고, 핵의 지름은 대략 10^{-15} m이다. 이러한 숫자만으로는 핵이 정말로 얼마나 작은지 상상하기 힘들다. 비교해서 말하면, 원자 크기를 큰 경기장이라고 할 때, 핵은 운동장 한가운데 있는 작은 콩알 하나 정도의 크기라고 할 수 있다.

▲ 원자 속에 존재하는 핵의 상대적 크기는 대략 거대한 운동장 가운데 있는 콩알 하나 정도의 크기이다. © Maxisport/Shutterstock

러더퍼드와 여러 과학자들이 1910~1930년에 실험한 결과들로부터 핵은 **양성자**와 **중성자**라는 두 종류의 입자로 구성되는 것을 알 수 있었다. **양성자(proton)**는 질량이 $1.672\ 622 \times 10^{-24}$ g이고(전자 질량의 약 1836배) 양전하를 띤다. 양성자 전하와 전자 전하는 크기는 같고 부호는 반대이므로, 중성 원자에서 양성자 수와 전자 수는 같다. **중성자(neutron)**($1.674\ 927 \times 10^{-24}$ g)는 양성자 질량과 거의 동일하지만 전하를 띠지 않고, 핵에서 중성자 수는 양성자나 전자의 수와 직접 관련이 없다. 표 2.4에서 세 가지 기본 원자 구성 입자를 비교하였다. 그림 2.9는 원자의 개략적 모습을 나타내고 있다.

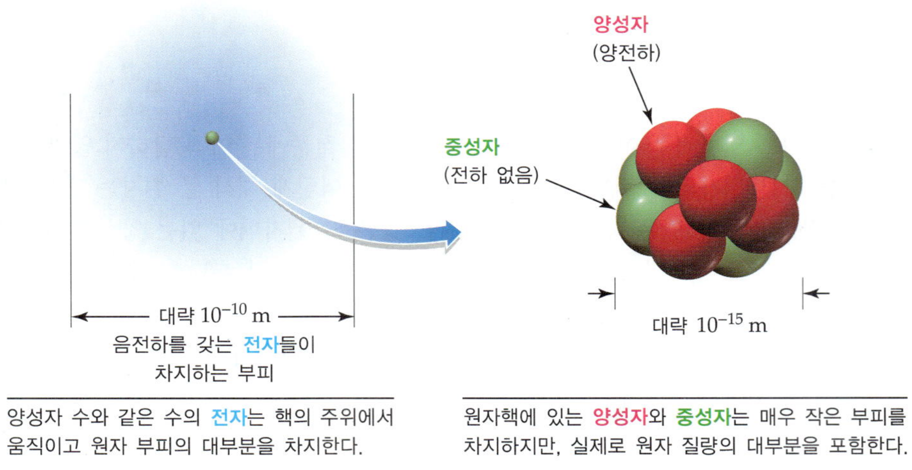

◀ 그림 2.9
원자의 크기

▶ 확인하기

원자의 지름은 핵의 지름과 비교해 몇 배 더 큰가?

답 10^5 또는 100,000

표 2.4 원자 구성 입자들의 비교

	질량		전하	
입자	그램	u*	쿨롱	*e*
전자	$9.109\ 382 \times 10^{-28}$	$5.485\ 799 \times 10^{-4}$	$-1.602\ 176 \times 10^{-19}$	−1
양성자	$1.672\ 622 \times 10^{-24}$	1.007 276	$+1.602\ 176 \times 10^{-19}$	+1
중성자	$1.674\ 927 \times 10^{-24}$	1.008 665	0	0

* 통합 원자 질량 단위(u)는 2.9절에서 정의된다.

예제 2.3

원자 크기를 이용한 계산

보통 연필은 실제로 탄소의 한 형태인 **흑연**(graphite)으로 만든다. 연필로 그은 선의 너비가 0.35 mm이고 탄소 원자의 지름이 1.5×10^{-10} m이면, 그 선의 너비에 몇 개의 탄소 원자가 배열되어 있는가?

문제 파악

알고 있는 것	알아내야 할 것
탄소 원자의 지름 $\left(\dfrac{1.5\times10^{-10}\text{ m}}{1\text{ 원자}}\right)$	선 너비에 있는 탄소 원자 수
연필 선의 너비 = 0.35 mm	

전략

알고 있는 정보(환산 인자가 아닌), 즉 연필 선의 너비로부터 시작한다. 적절한 환산 인자를 사용하여 수식을 만들고, 불필요한 단위를 소거한다. 이 문제에서는 접두사 사이의 환산 인자도 필요하다.

풀이

$$\text{원자 수} = 0.35\ \text{mm} \times \frac{1\ \text{m}}{1000\ \text{mm}} \times \frac{1\ \text{원자}}{1.5\times10^{-10}\ \text{m}}$$
$$= 2.3\times10^{6}\text{개 원자}$$

점검

원자 하나의 너비는 약 10^{-10} m이고, 일렬로 1 m를 배열하면 10^{10}개의 탄소 원자가 필요하다. 1 mm는 10^{7}개의 탄소 원자가 필요하고, 0.35 mm는 대략 0.3×10^{7} ($=3\times10^{6}$, 즉 3백만)개가 필요하다. 추정값은 해답과 일치한다.

▶ **연습문제 2.5** 러더퍼드 산란 실험에 사용한 금박은 두께가 약 0.005 mm이다. 금 원자의 지름이 2.9×10^{-10} m이면, 금박 두께에 몇 개의 원자가 있는가?

▶ **응용문제 2.6** 핀의 머리 크기 정도로 작은 탄소 조각은 약 10^{19}개의 원자를 포함한다. 탄소 원자의 지름이 1.5×10^{-10} m이고, 지구 적도의 둘레는 40,075 km이다. 이 탄소 조각에 있는 원자들을 한 줄로 세우면 지구를 몇 바퀴 돌 수 있는가?

2.8 원자 번호

지금까지는 원자를 일반적 용어로만 설명하였고, 중요한 질문에는 아직 답하지 않았다. 무엇이 한 원자를 다른 원자와 다르게 만드는가? 예를 들면 어떻게 해서 금 원자는 탄소 원자와 다른가? 이 질문에 대한 답은 매우 간단하다. **원소들은 그 원자핵에 있는 양성자 수에 따라 서로 다르다**. 이 값을 원소의 **원자 번호**(**atomic number**, Z)라고 부른다. 동일한 원소의 모든 원자들은 원자핵에 같은 수의 **양성자**(**proton**)를 포함한다. 원자 번호 1인 수소 원자는 모두 1개의 양성자를 갖고, 원자 번호 2인 헬륨 원자는 모두 2개의 양성자를 가지며, 원자 번호 6인 탄소 원자는 모두 6개의 양성자를 갖는다. 물론, 모든 중성 원자는 양성자 수와 같은 수의 전자를 갖는다.

기억하기…
주기율표는 원소의 원자 번호가 증가하는 순으로 배열되어 있다(표 2.3). 원자 번호는 핵에 있는 **양성자**의 수로 정의되며, 원소의 확인에 사용된다.

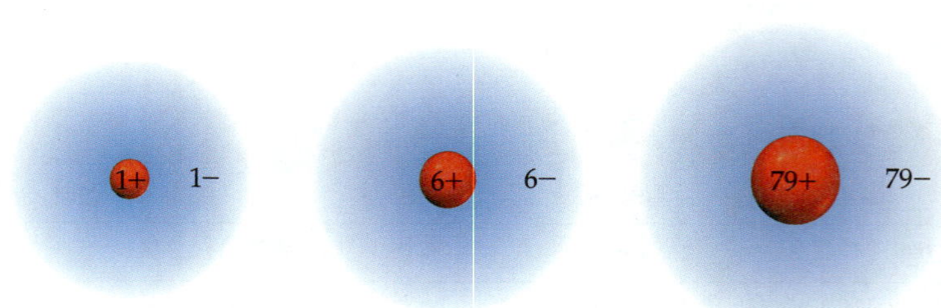

수소 원자 (양성자 1; 전자 1) 탄소 원자 (양성자 6; 전자 6) 금 원자 (양성자 79; 전자 79)

원자 번호(Z)
= 원자핵에 있는 양성자 수
= 중성 원자에서 원자핵 주위의 전자 수

모든 원자(수소는 예외)의 원자핵에는 양성자 이외에도 중성자를 포함한다. 한 원자의 양성자 수(Z)와 중성자 수(N)의 합을 **질량수**(**mass number**, A)라고 한다. 즉 $A = Z + N$이다.

질량수(A) = 양성자 수(Z) + 중성자 수(N)

대부분의 수소 원자는 중성자 없이 1개의 양성자를 가지므로, 질량수 $A = 1 + 0 = 1$이다. 대부분의 헬륨 원자는 2개의 양성자와 2개의 중성자를 가지므로, 질량수 $A = 2 + 2 = 4$이다. 대부분의 탄소 원자는 6개의 양성자와 6개의 중성자를 가지므로, 질량수 $A = 6 + 6 = 12$이다. 수소를 제외한 안정한 원자들은 적어도 양성자 수만큼의 중성자를 가지고 있다. 그러나 어떤 원자가 몇 개의 중성자를 가질 수 있는가를 예측할 수 있는 간단한 방법은 없다.

대부분의 수소 원자는 질량수가 1이고, **대부분**의 헬륨 원자는 질량수가 4이며, **대부분**의 탄소 원자는 질량수가 12라고 한 것에 주목하라. 실제로 한 원소의 원자들은 몇 개의 중성자를 갖는가에 따라서 서로 다른 질량수를 가질 수 있다. 원자 번호는 같지만 질량수가 다른 원자들을 **동위 원소**(**isotope**)라고 부른다. 예를 들면, 수소는 세 종류의 동위 원소를 가진다.

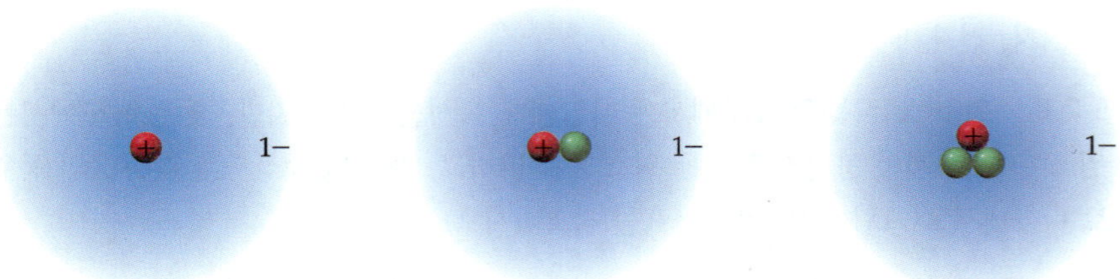

프로튬: 1개의 양성자 (●)와 0개의 중성자; 질량수 = 1

중수소: 1개의 양성자 (●)와 1개의 중성자(●); 질량수 = 2

삼중수소: 1개의 양성자 (●)와 2개의 중성자(●); 질량수 = 3

모든 수소 원자들은 원자핵에 1개의 양성자를 갖지만(그렇지 않으면 수소가 아니므로), 99.985%는 중성자를 갖지 않는다. 이러한 수소 원자를 **프로튬**(protium)이라고 부르고, 질량수는 1이다. 이 밖에 수소 원자의 0.015%를 차지하는 **중수소**(deuterium)는 1개의 중성자를 갖고 질량수가 2이다. 또한 중성자 2개를 갖는 질량수 3의 수소를 **삼중수소**(tritium)라고 부른다. 불안정한 방사성 동위 원소인 삼중수소는 자연에 미량만 존재하지만, 핵반응기에서 인공적으로 만든다. 다른 예로 질소는 15가지 동위 원소가 알려져 있으나 두 가지만 자연에 존재하고, 우라늄은 25가지 동위 원소가 알려져 있으나 세 가지만 자연에 존재한다. 전체적으로는 118개의 알려진 원소에 3600개 이상의 동위 원소들이 확인되고 있다.

동위 원소는 원소 기호에 질량수를 왼쪽 위 첨자로, 원자 번호를 왼쪽 아래 첨자로 표시한다. 따라서 프로튬은 $^{1}_{1}H$, 중수소는 $^{2}_{1}H$, 삼중수소는 $^{3}_{1}H$로 표시한다. 마찬가지로, 자연에 존재하는 질소의 두 동위 원소는 $^{14}_{7}N$(질소-14라고 부름)와 $^{15}_{7}N$(질소-15라고 부름)로 표시할 수 있다. 동위 원소의 중성자는 따로 표시하지 않지만, 질량수(위 첨자)에서 원자 번호(아래 첨자)를 빼면, 중성자 수를 계산할 수 있다. 예를 들어, 질량수 14에서 원자 번호 7을 빼면 7이 된다. 따라서 $^{14}_{7}N$은 7개의 중성자를 갖는다.

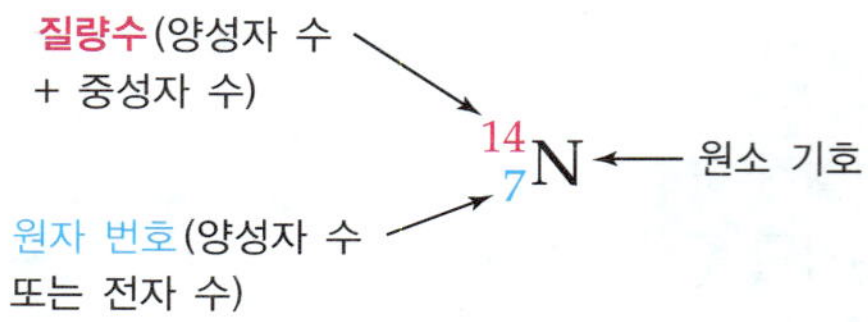

개념탐구 질문 5

원자 내 어떤 입자의 수가 원자의 종류와 원자의 질량수(A)를 결정하는가?

원자의 중성자 수는 원자의 화학적 성질에 거의 영향을 주지 않는다. 원소의 화학적 성질은 전자 수에 따라 결정되고, 전자 수는 핵에 있는 양성자 수에 따라 결정된다. 따라서 수소의 세 가지 동위 원소 모두는(똑같다고 할 수는 없지만) 화학 반응에서 거의 비슷하게 거동한다.

▲ 우라늄-235는 핵 추진 쇄빙선의 연료로 사용된다. © knyazev vasily/Shutterstock

예제 2.4

동위 원소 기호의 해석

핵발전소에서 사용하는 우라늄 동위 원소는 $^{235}_{92}U$이다. $^{235}_{92}U$ 원자는 양성자, 중성자, 전자가 각각 몇 개씩 있는가?

전략

$^{235}_{92}U$에서 원자 번호(아래 첨자 92)는 원자의 양성자 수와 전자 수를 표시한다. 중성자 수는 질량수(위 첨자 235)와 원자 번호(92)의 차이이다.

풀이

$^{235}_{92}U$ 원자는 양성자 92개, 전자 92개, 중성자 $235 - 92 = 143$개를 갖는다.

연습문제 2.7 동위 원소 $^{75}_{34}Se$는 의학적으로 췌장 질환의 진단에 사용된다. $^{75}_{34}Se$ 원자는 몇 개의 양성자, 중성자, 전자가 있는가?

응용문제 2.8 원소 X는 높은 농도에서는 사람에게 독성을 나타내지만, 낮은 농도에서는 삶에 필요한 원소이다. 24개의 양성자를 갖는 원소 X를 밝히고, 28개의 중성자를 갖는 X의 동위 원소를 기호로 나타내시오(그림 2.3의 주기율표를 참조하시오).

2.9 원자량과 몰

기억하기…

많은 출처에서 여전히 원자 질량 단위(amu)라는 용어를 사용하는데, 1961년에 통합 원자 질량 단위(u)로 대체되었다. 원자 질량 단위(amu)는 원래 시료 내 모든 산소 원자의 평균 질량(즉, 산소의 원자량)의 1/16로 정의되었으며, 통합 원자 질량 단위(u)는 ^{12}C 탄소 원자 질량의 1/12로 정의한다. 오늘날 amu라는 용어를 사용하는 경우가 있다면, 그것은 통합 원자 질량 단위(u)를 의미한다.

연필을 들어서 연필 끝의 좁은 부분을 주시해 보라. 탄소로 이루어진 연필심 끝에 몇 개의 원자가 있을까? 한 가지 확실한 것은 원자는 너무 작으므로 눈에 보이는 시료를 만드는 데 필요한 원자 수는 엄청나게 많다. 사실 원자는 매우 작아서 맨눈에 보이는 가장 작은 먼지 조각일지라도 약 10^{17}개의 원자를 포함한다. 그램으로 표시하는 단일 원자의 질량은 일상적으로 사용하기에 너무 작아서 화학자들은 **원자 질량 단위**(atomic mass unit, amu), 더 정확하게는 **통합 원자 질량 단위**(unified atomic mass unit, u)를 사용한다. 생물학에서는 **돌턴**(dalton, Da)이라고도 알려져 있다. 1 u는 $^{12}_{6}C$ 원자 1개 질량의 1/12로 정의하고, 이는 $1.660\ 539 \times 10^{-24}$ g이 된다.

$$\mathbf{1\ u} = \frac{^{12}_{6}\text{C 원자 1개의 질량}}{12} = 1.660\ 539 \times 10^{-24}\ \text{g}$$

전자 1개의 질량은 양성자와 중성자의 질량에 비해서 무시할 정도로 작기 때문에, 1 u를 $^{12}_{6}C$ 원자 1개 질량의 1/12로 정의하는 것은 양성자와 중성자의 질량이 거의 1 u라는 것을 의미한다(표 2.4). 그러므로 어떤 원자의 원자 질량 단위, 즉 **원자 질량**(**atomic mass**)은 그 원자의 질량수와 가까운 수치이다. 예를 들면, ${}^{1}_{1}\mathrm{H}$ 원자는 질량이 1.007 825이고, ${}^{235}_{92}\mathrm{U}$ 원자는 질량이 235.043 930이다. 실제로는 원자 질량은 차원이 없다고 간주하기 때문에, 단위 u는 따로 쓰지 않아도 된다.

자연계에 존재하는 대부분의 원소는 다른 동위 원소들의 혼합물로 존재한다. 앞표지 안쪽에 있는 주기율표를 살펴보면, 각 원소의 밑에서 원소의 **원자량**(atomic weight) 값을 볼 수 있다. 이때도 표시하지 않았지만, u 단위를 사용한다고 간주한다.

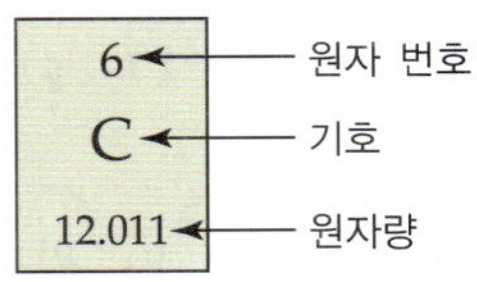

한 원소의 **원자량**(**atomic weight**)이란 자연에 존재하는 동위 원소들의 존재비를 고려한 동위 원소 질량의 가중평균값이다. 예를 들면, 지구상의 탄소는 ${}^{12}_{6}\mathrm{C}$ (98.89% 존재)와 ${}^{13}_{6}\mathrm{C}$ (1.11% 존재)의 두 가지 동위 원소 혼합물로 존재한다. 개별적으로 각 탄소는 질량이 12(${}^{12}\mathrm{C}$)와13.0034(${}^{13}\mathrm{C}$)이지만, 탄소 원자들의 평균 원자 질량, 즉 원자량은 12.011이다. 세 번째 탄소의 동위 원소 ${}^{14}_{6}\mathrm{C}$는 너무 적은 양으로 존재하므로 원자량을 계산할 때 무시할 수 있다.

$$\begin{aligned}\text{C의 원자량} &= ({}^{12}_{6}\mathrm{C}\ \text{질량})({}^{12}_{6}\mathrm{C}\ \text{존재비}) + ({}^{13}_{6}\mathrm{C}\ \text{질량})({}^{13}_{6}\mathrm{C}\ \text{존재비})\\ &= (12)(0.9889) + (13.0034)(0.0111)\\ &= 11.867 + 0.144 = 12.011\end{aligned}$$

예제 2.5

원자량 계산

염소는 자연계에서 두 가지 동위 원소로 존재한다. 즉, 존재비 75.76%의 동위 원소 질량 34.969를 갖는 ${}^{35}_{17}\mathrm{Cl}$과 존재비 24.24%의 동위 원소 질량 36.966을 갖는 ${}^{37}_{17}\mathrm{Cl}$이다. 염소의 원자량은 얼마인가?

문제 파악

알고 있는 것	알아내야 할 것
동위 원소 질량 및 존재비	염소의 원자량
(질량 34.969인 동위 원소 75.76%와 질량 36.966인 동위 원소 24.24%)	

전략

원소의 원자량은 동위 원소 질량의 가중평균이고, 각 동위 원소 질량에 그 존재비를 곱한 값의 합과 같다.

$$\begin{aligned}\text{원자량} &= ({}^{35}_{17}\mathrm{Cl}\ \text{질량})({}^{35}_{17}\mathrm{Cl}\ \text{존재비})\\ &\quad + ({}^{37}_{17}\mathrm{Cl}\ \text{질량})({}^{37}_{17}\mathrm{Cl}\ \text{존재비})\end{aligned}$$

풀이

원자량 $= (34.969)(0.7576) + (36.966)(0.2424) = 35.45$

점검

원자량은 35와 37 사이의 중간값을 가질 것이며, 더 많이 존재하는 동위 원소의 질량인 35에 가까운 값을 가질 것이다.

▶ **연습문제 2.9** 구리는 자연계에서 두 가지 동위 원소가 존재한다. 즉, 구리-63 (69.15%; 동위 원소 질량 = 62.93)과 구리-65 (30.85%; 동위 원소 질량 = 64.93)이다. 구리의 원자량을 계산하고, 주기율표에서 답을 확인하시오.

▶ **응용문제 2.10** 갈륨은 자연에서 두 가지 동위 원소를 가진다. 갈륨-69 (동위 원소 질량 = 68.9256)와 갈륨-71 (동위 원소 질량 = 70.9247)이다. 갈륨의 원자량은 69.7231이다.

(a) 계산을 하지 말고, 존재비가 높은 동위 원소를 말하시오.

(b) 각 동위 원소의 존재비를 백분율로 계산하시오.

▲ 위의 물질(헬륨, 물, 염화 소듐)은 각각 1 mol을 포함하고 있다. 이들은 모두 같은 질량을 가지는가?

일부 원소의 원자량은 상수가 아니다. 자연 동위 원소 존재비는 시료의 출처에 따라 다를 수 있기 때문이다. 2009년과 2011년에 Isotopic Abundances and Atomic Weights 위원회는 12개 원소(H, Li, B, C, N, O, Mg, Si, S, Cl, Br, Tl)에 대하여 단일 표준 원자량 값을 원자량 구간으로 대체하였다. 예를 들어, 질소의 표준 원자량은 [14.00643, 14.00728] 구간이 되었다. 실용적인 목적으로, 질소(14.0067) 및 기타 원소의 단일 대푯값이 이 책의 앞표지 안쪽에 있는 주기율표에 나와 있다.

원자량이 특별히 유용한 점은 원자 수와 질량 간의 환산 인자로 작용하기 때문이다. 즉, 물질의 질량을 측정함으로써 무수히 많은 수의 원자를 셀 수 있게 해준다. 예를 들면, 탄소 원자량이 12.011이라는 것을 알았다면, 15 mg(1.5×10^{-2} g)의 연필심 끝에 있는 탄소 원자 수는 7.5×10^{20}개라는 것을 계산할 수 있다.

$$(1.5 \times 10^{-2}\ \text{g})\left(\frac{1\ \text{u}}{1.6605 \times 10^{-24}\ \text{g}}\right)\left(\frac{1\ \text{C 원자}}{12.011\ \text{u}}\right) = 7.5 \times 10^{20}\ \text{C 원자}$$

우리가 일상적으로 취급하는 양을 구성하는 상당히 큰 원자 수를 언급할 때, 화학자들은 양의 SI 기본 단위인 **몰**(mole)과 그 약자로 mol을 사용한다. 어느 원소 1**몰**(**mole**)은 g으로 나타낸 질량, 즉 **몰질량**(**molar mass**)이 가진 양이며, 몰질량은 원자량과 수치가 동일하다. 탄소 원자 1몰은 12.011 g의 질량을 가지며, 은 원자 1몰은 107.868 g의 질량을 가진다. 따라서 몰질량은 g으로 표시한 질량과 원자 수 사이의 환산 인자로 사용된다. **서로 다른 원소가 같은 몰수를 가지면 또한 같은 원자 수를 갖는다.**

1몰에는 얼마나 많은 원자들이 들어 있을까? 실험 결과에 의하면, 원소 1몰은 $6.022\,141 \times 10^{23}$개의 원자를 포함하며, 이 값을 **아보가드로수**(**Avogadro's number**, N_A로 표시)라고 부른다. 이 명칭은 질량/원자 수 관계의 중요성을 처음으로 인지한 이탈리아 과학자인 아보가드로의 이름을 딴 것이다. 어떤 원소 1몰은 아보가드로수만큼의 원자를 가지고 있으며, 원소의 원자량을 g으로 나타낸 질량을 가지고 있다.

아보가드로수가 얼마나 큰 수인지 파악하는 것은 어렵지만, 몇 개의 비교 예를 들어 보면 크기에 대한 인식을 할 수 있다. 초 단위로 나타낸 우주의 나이(137억 년, 즉 4.32×10^{17} s)는 아보가드로수의 100만 분의 1밖에 되지 않는다. 전 세계 바닷물의 부피(1.3×10^{21} L)는 아보가드로수의 100분의 1도 안 되며, kg으로 나타낸 지구의 질량(5.98×10^{24} kg)은 단지 아보가드로수의 10배일 뿐이다. 이 책의 3장에서 몰에 대해 더 살펴볼 것이다.

예제 2.6

질량과 몰수 및 원자 수 사이의 전환

10.53 g의 규소 시료에 있는 규소의 몰수와 원자 수는 얼마인가? 규소의 원자량은 28.0855이다.

문제 파악

알고 있는 것	알아내야 할 것
시료의 질량 10.53 g 규소의 원자량(28.0855)	규소의 몰수 및 원자 수

전략

몰질량(28.0855 g/mol)은 원자량과 수치가 같다. 질량을 몰수로 전환하기 위해서 몰질량을 사용하고, 몰수를 원자 수로 전환하기 위해서 아보가드로수를 사용하라.

풀이

$$(10.53\ \cancel{\text{g Si}})\left(\frac{1\ \text{mol Si}}{28.0855\ \cancel{\text{g Si}}}\right) = 0.37492\ \text{mol Si}$$

$$(0.37492\ \cancel{\text{mol Si}})\left(\frac{6.022 \times 10^{23}\ \text{원자 Si}}{1\ \cancel{\text{mol Si}}}\right) = 2.258 \times 10^{23}\ \text{원자 Si}$$

점검

규소의 질량 10.53 g은 규소의 몰질량(28.0855 g/mol)의 1/3보다 약간 크므로 시료는 0.33 mol보다 약간 큰 몰수이다. 이러한 몰수는 아보가드로수의 1/3, 즉 2×10^{23}개보다 약간 많은 원자 수에 해당된다.

▶ **연습문제 2.11** 질량 9.50 g인 백금 반지에 있는 백금(Pt)의 몰수와 원자 수는 얼마인가? 이 책의 앞표지 안쪽에 있는 주기율표를 사용하여 백금의 원자량을 찾아보시오.

▶ **응용문제 2.12** 질량이 1.50 g인 원소 Y가 2.26×10^{22}개의 원자를 갖는다면, 원소 Y는 무엇인가?

2.10 원자량 측정: 질량 분석기

원소의 원자량을 측정하는 가장 보편적인 방법은 **질량 분석기(mass spectrometer)**라고 하는 기기를 사용하는 것이다. 질량 분석기는 의도된 용도에 따라 20가지 이상의 다른 종류가 상업적으로 사용 가능하지만, **그림 2.10**에서 보이는 전자 충격파를 사용하는 자기장형 측정기가 특히 일반적이다. 이 기기에서, 시료는 기화되어 고에너지 전자살이 조사되는 진공 챔버 내에

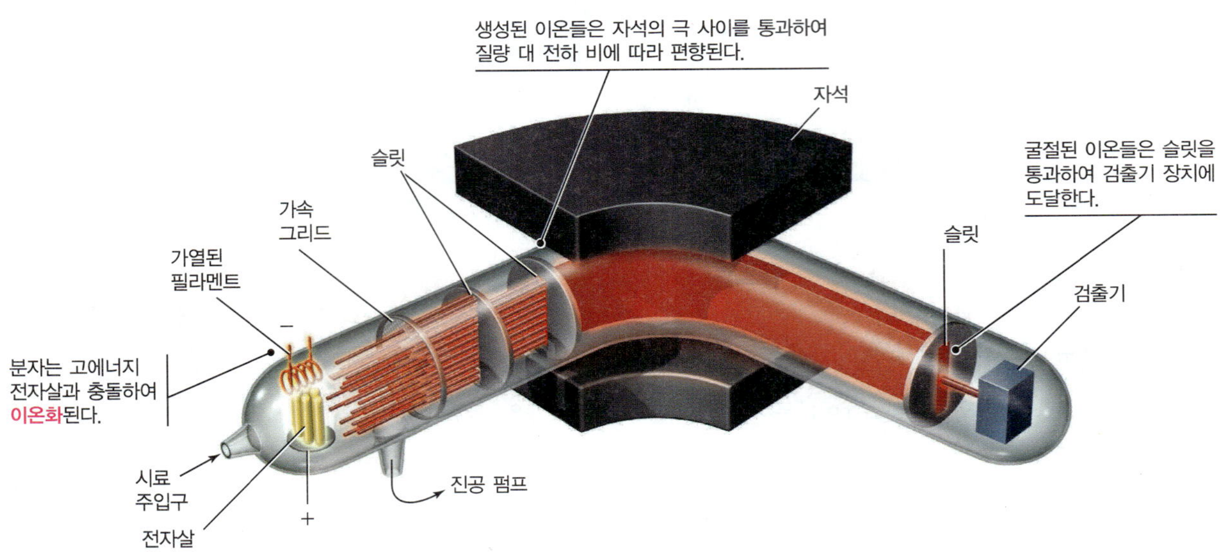

▲ **그림 2.10**
전자 충격파를 사용하는 자기장형 질량 분석기의 개략도

희석 가스로 투입된다. 전자살은 시료의 원자에서 나오는 다른 전자들과 충돌하여 시료를 양이온화시킨다. 이온은 하전된 입자이며, 2.12절에서 더 논의될 것이다. 붕소 원자(B)가 고에너지 전자에 의해 양으로 하전된 붕소 이온으로 이온화되는 반응은 다음과 같다.

$$\mathrm{B}(g) + \mathrm{e}^-(\text{고에너지}) \longrightarrow \mathrm{B}^+(g) + 2\ \mathrm{e}^-$$

전기장과 자기장은 중성 분자가 아닌, 하전된 종에만 힘을 가하기 때문에 이러한 이온화가 필요하다. 서로 다른 질량의 다양한 이온은 전기장에 의해 가속되어 강한 자석의 극 사이를 지나가고, 이 자석은 굽은 진공관을 통해 굴절한다. B^+와 같은 하전된 이온의 굴절 반경은 자석 극 사이를 지나면서 질량 대 전하 비에 따라 달라진다. 모든 이온이 동일한 전하(+1)를 갖는다고 가정하면, 굴절 반경은 질량에만 의존한다. 고속으로 회전하는 차량과 마찬가지로, 가벼운 이온은 무거운 것보다 더 크게 회전한다. 작고 가벼운 경주용 자동차는 무거운 세미 트럭보다 더 강하게 굴절을 만들 수 있다.

이때 자기장의 강도를 변화시킴으로써 서로 다른 질량의 이온을 굽은 관 끝의 슬릿과 검출기 어셈블리에 집중시키는 것이 가능하다. 그 결과, **질량 스펙트럼(mass spectrum)**은 이온 세기 대 질량의 그래프로 표시된다. 스펙트럼 피크의 세기(높이)가 보여 주는 것은 동위 원소의 상대적 존재량이다. 그림 2.11은 두 개의 동위 원소가 있는 붕소 시료의 질량 스펙트럼을 보여 준다. 가장 풍부한 동위 원소는 가장 높은 피크를 가지며, 종종 임의의 세기 값 100이 부여된다. 이때 세기 값 100은 자연에 존재하는 동위 원소의 존재비를 합한 %와 혼동되어서는 안 된다. 예제 2.7은 질량 스펙트럼으로부터 붕소의 원자량을 계산하는 법을 보여 준다.

▶ 그림 2.11
붕소 시료의 질량 스펙트럼. 질량이 11.0093인 ^{11}B 동위 원소는 질량이 10.0129인 ^{10}B 동위 원소보다 더 많이 존재한다.

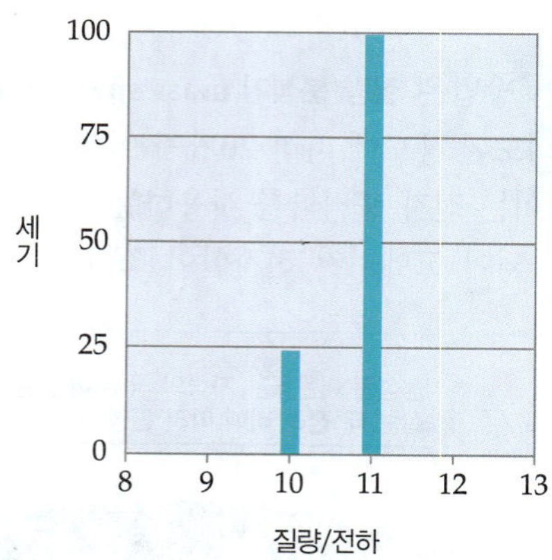

이온 질량/전하 비	이온 세기
10.0129	24.80
11.0093	100.00

예제 2.7

질량 스펙트럼으로부터 원자량 결정

그림 2.11의 붕소 시료의 질량 스펙트럼 데이터를 사용하여 붕소의 원자량을 계산하시오.

문제 파악

알고 있는 것	알아내야 할 것
^{10}B(질량/전하 비 = 10.0129와 세기 = 24.80) ^{11}B(질량/전하 비 = 11.0093과 세기 = 100.00)	붕소의 원자량

전략

동위 원소 피크의 세기로부터 각 동위 원소의 상대적 존재 비율을 계산한다. 그런 다음, 동위 원소 질량과 상대적 존재 비율을 사용하여 원자량을 계산하는 식을 사용한다(예제 2.5).

풀이

각 동위 원소의 퍼센트 존재 비율을 확인하려면, 먼저 각 동위 원소의 세기를 더하여 총 세기를 찾아라. ^{10}B의 세기는 24.80이고, ^{11}B의 세기는 100.00이므로, 강도 총 세기는 124.80이다. 각 동위 원소의 상대적 존재 비율은 동위 원소의 세기를 총 세기로 나누어 준다.

$$^{10}\text{B의 상대적 존재 비율: } \frac{24.80}{124.80} = 0.1987$$

$$^{11}\text{B의 상대적 존재 비율: } \frac{100.0}{124.80} = 0.8013$$

이제, 원자량을 계산하는 공식을 적용할 수 있다.
각 이온의 전하량은 +1이다. 따라서 질량/전하 비는 동위 원소의 질량과 같다.

$$\text{원자량} = (^{10}\text{B의 질량})(^{10}\text{B의 존재비}) + (^{11}\text{B의 질량})(^{11}\text{B의 존재비})$$

$$\text{원자량} = (10.0129)(0.1987) + (11.0093)(0.8013) = 10.81$$

점검

질량이 11에 가까운 붕소의 동위 원소는 10에 가까운 붕소의 동위 원소보다 네 배 더 풍부하다. 따라서 붕소의 원자량은 10보다 11에 가까워야 한다. 계산된 답 10.81은 예측과 일치한다.

연습문제 2.13 다음 원소 시료의 질량 스펙트럼 데이터를 사용하여 그 원소의 원자량을 계산하시오. 그 원소는 무엇인가?

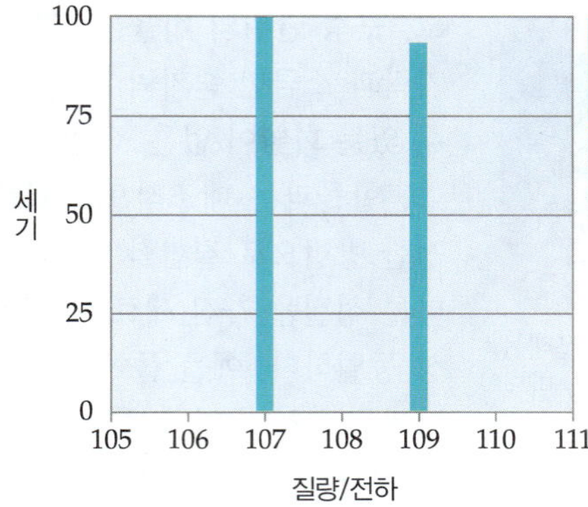

이온 질량/전하 비	이온 세기
106.905	100.00
108.905	92.90

응용문제 2.14 다음 원소 시료의 질량 스펙트럼 데이터를 사용하여 그 원소의 원자량을 계산하시오. 그 원소는 무엇인가?

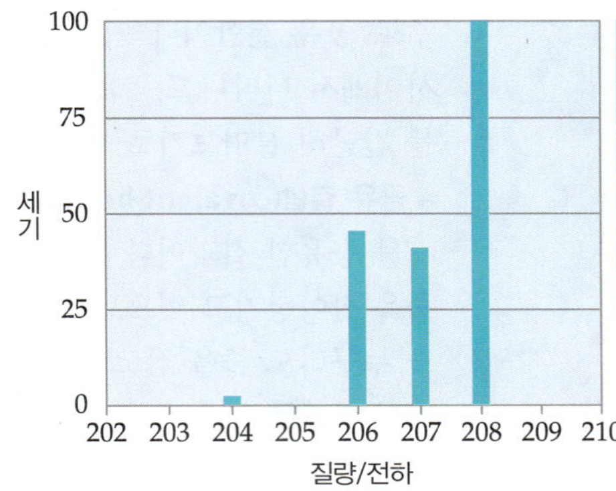

이온 질량/전하 비	이온 세기
203.9730	2.672
205.9744	45.992
206.9758	42.176
207.9766	100.000

2.11 혼합물과 화합물: 분자와 공유 결합

자연계에는 90개의 원소들이 존재하지만, 지구상에는 90개보다 훨씬 더 많은 물질들이 존재한다. 물, 설탕, 단백질 같은 식품과 면이나 레이온 같은 직물은 주변에서 볼 수 있는 친숙한 물질들로서 순수한 원소는 아니다. 물질(질량을 갖고 부피를 차지하는)은 순물질과 혼합물로 분류할 수 있다(그림 2.12). 순물질은 원소와 화합물로 분류할 수 있다.

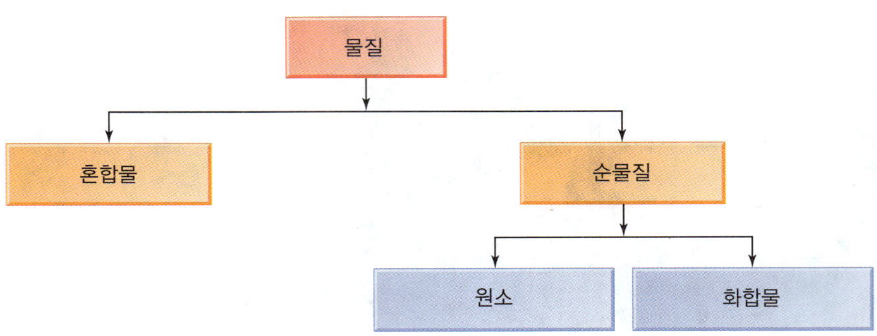

◀ **그림 2.12**
물질의 분류 도표

혼합물(mixture)이란 두 가지 이상의 물질이 각 물질 자체의 화학적 변화 없이, 임의의 비율로 서로 가해져 단순히 혼합된 것이다. 그러므로 혼합물의 구성 단위는 항상 같은 것이 아니

▲ 이 해변의 결정형 석영 모래는 순수한 화합물(SiO_2)이지만, 바닷물은 물에 많은 화합물이 녹아 있는 액체 혼합물이다. © Dale Lorna Jacobsen/Shutterstock

고, 구성 단위의 비율은 변할 수 있다. 예를 들어, 수소 기체와 산소 기체는 마치 설탕 한 숟가락과 소금한 숟가락이 섞이는 것처럼, 그들 자체의 변화 없이(가까이에 화학 반응을 개시할 수 있는 화염이 없는 조건에서) 어떤 비율로도 혼합될 수 있다.

혼합물과는 대조적으로 **화합물(chemical compound)**이란, 여러 다른 원소의 원자들이 특정한 방법으로 결합할 때 형성되는 순수한 물질이며, 구성 원소들이 가지고 있는 성질과 전혀 다른 성질을 가진 새로운 물질이다. 화합물은 항상 일정한 조성을 가지며, 구성 성분 또한 항상 동일하다. 예를 들어, 소듐(무른 은색 금속)의 원자는 염소(독성이 있는 황록색 기체)의 원자와 결합하여 **염화 소듐**(식염)이라는 잘 알려진 흰색 고체를 만든다. 마찬가지로, 두 개의 수소 원자는 한 개의 산소 원자와 결합하여 물을 형성한다.

화합물이 어떻게 형성되는지를 이해하기 위해, 화학 반응 초기에 두 원자가 서로 접근하면 무슨 일이 일어나는지를 상상해 보라. 전자는 핵보다도 훨씬 큰 부피를 차지하기 때문에 원자들이 충돌할 때 실제로 접촉하는 것은 전자들이다. 그러므로 화합물에서 원자들을 서로 붙들어 매고 연결시키는 **화학 결합(chemical bond)**을 하는 것은 전자들이다. 원자 간 화학 결합은 주로 **공유 결합**이나 **이온 결합**으로 분류된다. 일반적으로, 공유 결합은 주로 비금속 원자들 사이에서 나타나고, 이온 결합은 주로 금속과 비금속 원자들 사이에서 나타난다. 이 두 가지를 간단히 살펴보기로 하자.

공유 결합(covalent bond)은 화학 결합 가운데 가장 보편적인 결합으로, 두 원자가 서로 전자를 공유한 결과이다. 공유 결합은 줄다리기를 상상하면 이해하기 쉽다. 양쪽 사람들이 같은 줄을 잡아당기고 있으므로 양쪽 사람들은 효과적으로 함께 결합되었다고 할 수 있다. 양쪽 어느 누구라도 줄을 잡고 있는 한 떨어지지 않는다. 원자들의 경우도 비슷하다. 두 원자들이 몇 개의 전자를 공유하여 잡고 있으면, 원자들은 서로 결합한다(그림 2.13).

두 개 이상의 원자들이 공유 결합에 의해 결합되어 생기는 물질 단위를 **분자(molecule)**라고 한다. 염화 수소(HCl) 분자는 수소 원자와 염소 원자가 전자 두 개를 공유하여 만들어진다. 물 분자(H_2O)는 수소 원자 두 개가 각각 하나의 산소 원자와 전자 두 개를 공유할 때 만들어진다. 암모니아(NH_3) 분자는 수소 원자 세 개가 각각 하나의 질소 원자와 전자 두 개를 공유할 때 만들어진다. 이러한 분자나 다른 분자들을 시각화하려면, 그림 2.14에 나타낸 것처럼 각 구형 원자들이 서로 결합하여 특정한 3차원 형태의 분자를 형성한다고 상상하는 것이 도움이 된다. **공-막대**(ball-and-stick) 모형은 특별히 원자들 사이의 공유 결합을 나타내낸다. 반면

양쪽에서 같은 줄을 잡아당기기 때문에 두 팀은 서로 연결되어 있다.

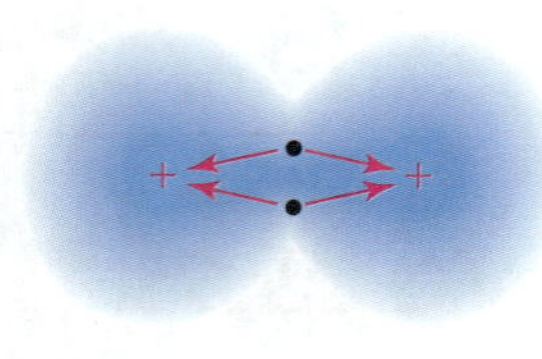

이와 유사하게, 양쪽의 핵(+)들이 (점으로 표시된) 같은 전자들을 잡아당기기 때문에 두 원자들은 서로 결합되어 있다.

▲ 그림 2.13
원자 간 공유 결합은 줄다리기와 비슷하다. © Zurijeta/Shutterstock

공-막대 모형은 원자(공)들이 공유 결합(막대)으로 서로 연결된 것을 보여 준다.

공간 채움 모형은 전체적인 분자 모양을 묘사하고 있지만 공유 결합을 분명하게 보여 주지는 않는다.

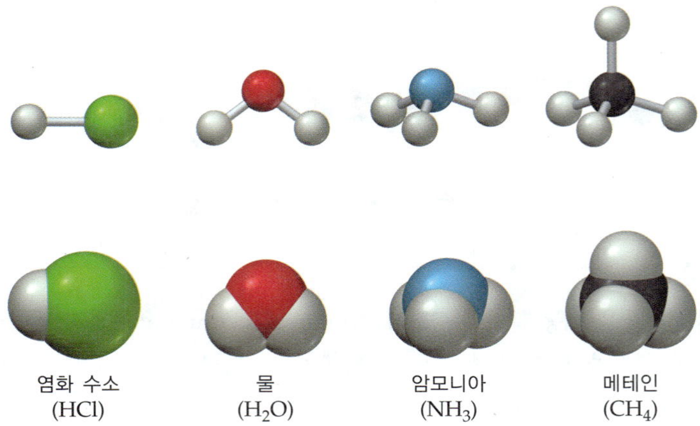

◀ **그림 2.14**
분자 모형. 이와 같은 분자 모형들은 분자들을 시각화하는 데 도움을 준다.

에, **공간 채움**(space-filling) 모형은 전체적인 분자 모양을 묘사하고 있지만, 공유 결합을 분명하게 보여 주지는 않는다.

개념 예제 2.8

혼합물과 화합물의 시각적 표현

다음 그림을 혼합물, 순수한 화합물, 원소로 구분하시오.

(a) **(b)** **(c)**

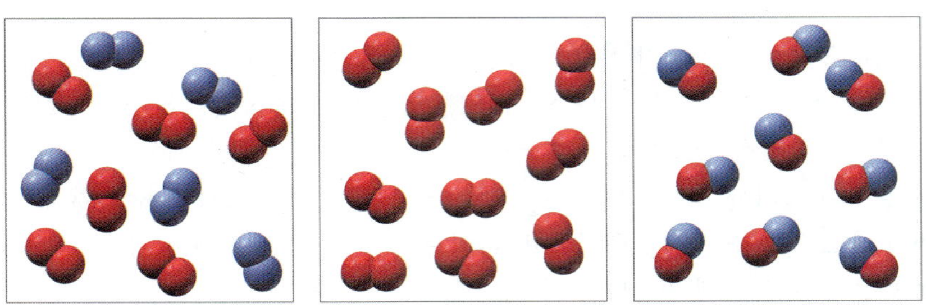

전략

화학자를 포함한 많은 사람들은 원자의 거동을 그림으로 나타내면 좀 더 화학을 쉽게 이해할 수 있음을 알았다. 이 책의 개념 문제에서는 원자와 분자를 구(의 집합)로 표현해서 도움을 주려고 한다. 그림을 있는 그대로 받아들이지 말고, 그림이 나타내는 의미를 해석하는 데 초점을 맞춰라. 원소는 단 한 종류의 원자만을 포함하고 있는 반면, 화합물은 두 개 이상의 원소가 서로 결합되어 있다. 순물질은 한 가지 종류의 원소 또는 화합물만 포함하는 반면, 혼합물은 두 가지 이상의 물질을 포함한다.

풀이

그림 **(a)**는 두 이원자 원소, 즉 두 개의 빨간색 원자로 구성된 분자와 두 개의 파란색 원자로 구성된 분자의 혼합물을 나타낸다. 그림 **(b)**는 모든 원자들이 동일하기 때문에 순수한 이원자 원소로 된 분자들을 나타낸다. 그림 **(c)**는 한 개의 빨간색 원자와 한 개의 파란색 원자로 구성된 순수한 화합물 분자들을 나타낸다.

▶ **개념 연습문제 2.15** 다음 그림 중 어느 것이 순수한 과산화 수소(H_2O_2) 분자를 나타내는가? 빨간색 구는 산소 원자, 상아색 구는 수소 원자를 나타낸다.

(a) **(b)** **(c)** **(d)**

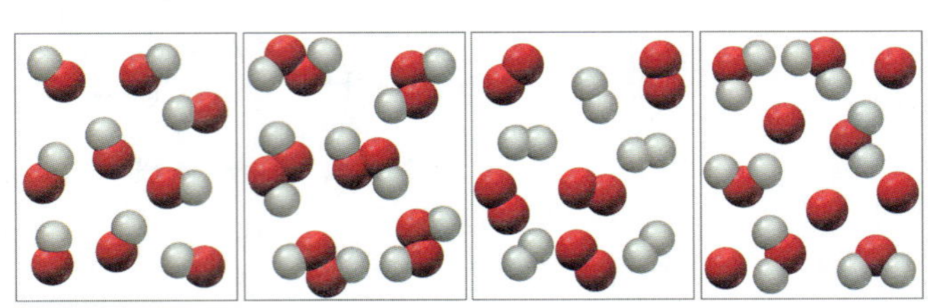

▶ **개념 응용문제 2.16** 빨간색 구와 파란색 구는 다른 원소의 원자를 나타낸다.

(a) 순물질을 설명하는 그림은 무엇인가?

(b) 혼합물을 설명하는 그림은 무엇인가?

(c) 배수 비례 법칙을 설명하는 두 개의 그림은 무엇인가?

(a) **(b)** **(c)** **(d)**

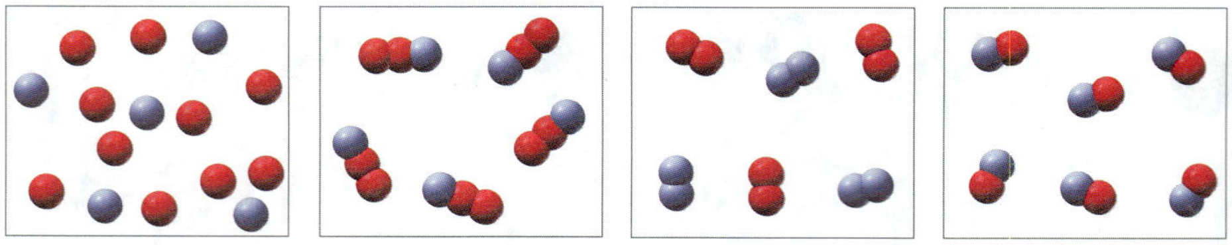

화학자들은 보통 분자를 **구조식**(**structural formula**)으로 나타낸다. 구조식은 원자들 사이에 특정한 연결을 보여 준다. 따라서 화학식만 사용하는 것보다 많은 정보를 제공한다. 예를 들면, 에틸 알코올의 화학식은 C_2H_6O이며, 구조식은 다음과 같다.

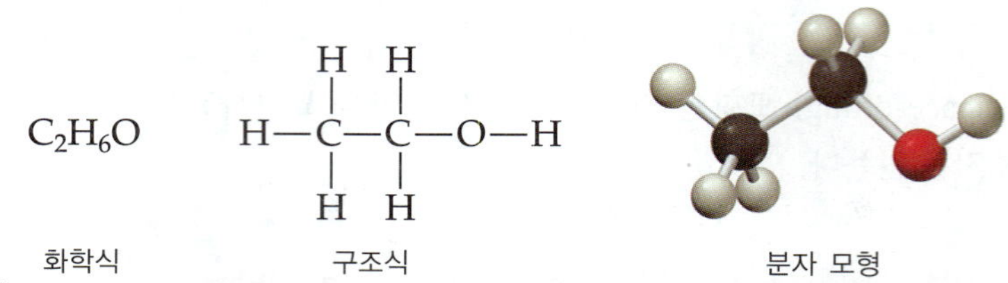

에틸 알코올

구조식에서는 원자 사이에 선을 이용하여 공유 결합을 나타낸다. 즉, 에틸 알코올에서 두 탄소 원자는 서로 공유 결합으로 연결되고, 산소 원자는 탄소 원자 중 하나와 연결되며, 여섯 개의 수소 원자는 한 탄소에 세 개의 수소, 다른 탄소에 두 개의 수소, 산소 원자에 한 개의 수소로 분배된다.

구조식은 탄소 화합물의 화학인 **유기 화학**(organic chemistry)에서 매우 중요하다. 크고 복잡한 분자의 거동은 거의 전적으로 그들 분자의 구조에 따른다. 예를 들어, 글루코스 같은 상대적으로 간단한 물질을 생각하기로 하자. 글루코스의 분자식 $C_6H_{12}O_6$은 원자들이 어떻게 결합되어 있는지에 관해서 어떠한 정보도 알려주지 않는다. 그러나 글루코스의 구조식은 5개의 탄소 원자와 1개의 산소 원자가 고리를 형성하며, 나머지 5개의 산소 원자는 각각 1개의 수소 원자와 결합하여 다른 탄소 원자에 결합되어 있음을 보여 준다.

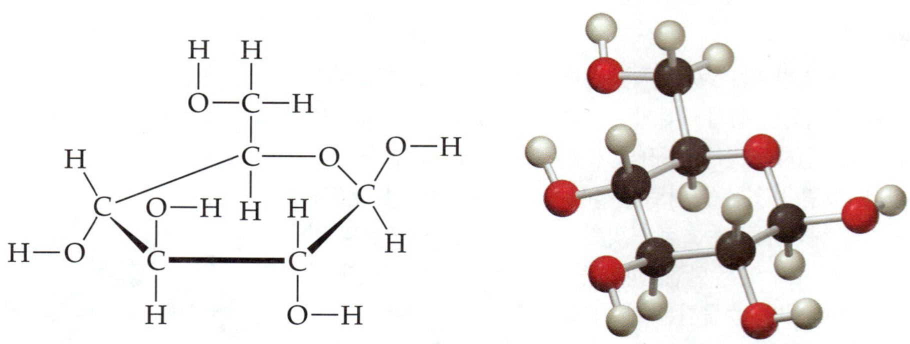
글루코스-$C_6H_{12}O_6$ [빨간색 = O, 회색 = C, 상아색 = H]

몇 가지 원소는 개별적인 원자보다는 분자로 존재한다. 수소, 질소, 산소, 플루오린, 염소, 브로민, 아이오딘은 모두 두 원자가 서로 공유 결합에 의해 결합되어 있는 **이원자**(diatomic) 분자로 존재한다. 그러므로 이러한 원소들을 화학 반응식에서 사용할 때에는 H_2, N_2, O_2, F_2, Cl_2, Br_2, I_2로 표시해야 한다. 수소를 제외한 모든 이원자 원소들은 주기율표의 가장 오른쪽에 밀집되어 있음에 주목하라.

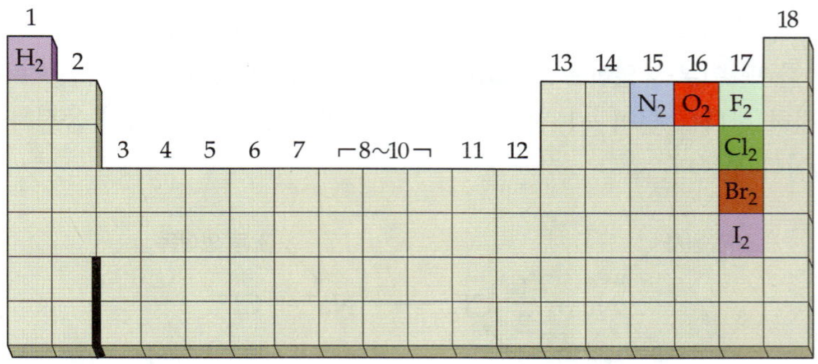

개념 예제 2.9

구조식과 분자식 사이의 전환

프로페인(C_3H_8)의 구조에서는 세 개의 탄소 원자가 일렬로 결합하고 있다. 양쪽 끝의 탄소 원자들은 세 개의 수소와 결합하고, 가운데 탄소는 두 개의 수소와 결합한다. 원자 사이의 공유 결합을 선으로 표시하여 구조식을 그리시오.

풀이

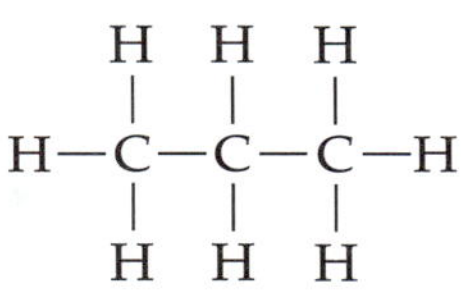

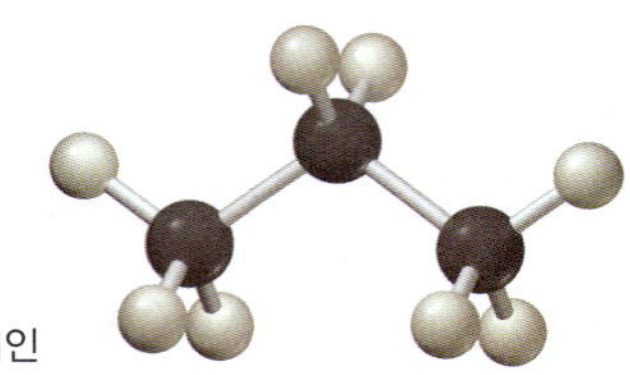

프로페인

▶ **개념 연습문제 2.17** 데옥시리보핵산(DNA)의 4가지 염기 중 하나인 타이민의 구조식은 다음과 같다. 타이민의 화학식은 무엇인가? 화학식을 쓸 때 원소 기호를 알파벳 순으로 쓰고, 각 원소의 수는 아래 첨자로 쓰시오.

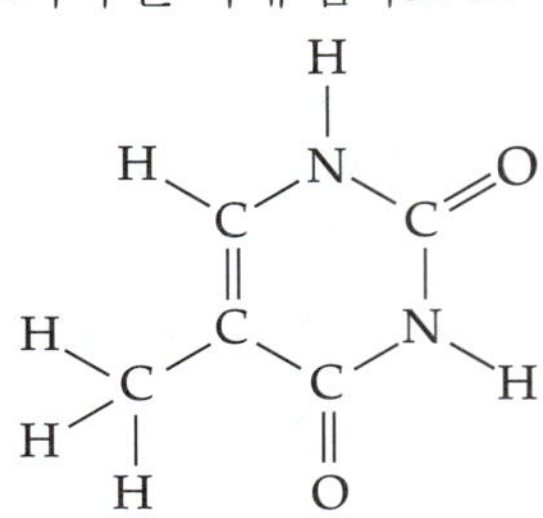

▶ **개념 응용문제 2.18** 흥분하거나 싸울 때 나오는 호르몬인 아드레날린은 다음과 같이 공-막대 모형으로 나타낼 수 있다. 아드레날린의 화학식은 무엇인가? (회색=C , 상아색=H, 빨간색=O, 파란색=N)

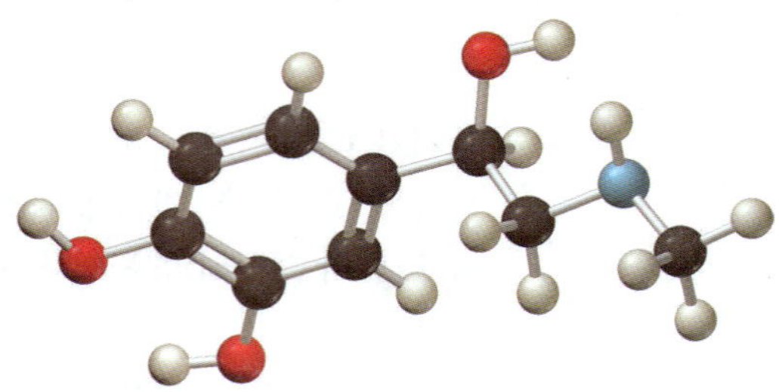

2.12 이온과 이온 결합

공유 결합과 대조적으로, **이온 결합(ionic bond)**은 전자를 공유하여 생기는 것이 아니라 하나 이상의 전자가 한 원자에서 다른 원자로 이동하여 생긴다. 앞에서 언급한 바와 같이, 이온 결합은 금속과 비금속 사이에 일반적으로 형성된다. 소듐, 마그네슘, 아연과 같은 금속 원소는 전자를 주는 경향이 있는 반면, 산소, 질소, 염소와 같은 비금속 원소는 전자를 받는 경향이 있다.

예를 들어, 소듐 금속이 염소 기체와 접촉하게 되면 소듐 원자는 전자를 염소 원자에게 주게되어 두 종류의 전하를 띤 입자를 형성하게 되는데, 이러한 입자를 **이온(ion)**이라고 한다.

▲ 염소는 유독한 녹색 기체이고, 소듐은 반응성이 좋은 금속이며, 염화 소듐은 무해한 흰색 고체이다.

소듐 원자는 전자 한 개를 잃기 때문에 음전하 하나를 잃어 +1 전하를 가진 Na^+ 이온이 된다. 이처럼 양전하를 띤 이온을 **양이온(cation)**이라 부른다. 반대로, 염소 원자는 전자 한 개를 얻기 때문에 음전하 하나를 얻어 −1 전하를 가진 Cl^- 이온이 된다. 이처럼 음전하를 띤 이온을 **음이온(anion)**이라 부른다.

소듐 원자 → Na, 염소 분자 → Cl_2, 소듐 양이온 → Na^+, 염소 음이온 → Cl^-

$$Na + \frac{1}{2}Cl_2 \longrightarrow Na^+ + Cl^-$$

앞의 화학 반응식에 이온을 표시하는 것은 하전된 종을 추적하는 데 유용하지만, 관례에 따라 화학 반응식에는 이온을 표시하지 않는다. 따라서 소듐과 염소의 반응식은 다음과 같이 쓴다.

$$Na + \frac{1}{2}Cl_2 \longrightarrow NaCl$$

마그네슘과 염소 분자(Cl_2)가 접촉할 때도 유사한 반응이 일어나 $MgCl_2$를 형성한다. 마그네슘 원자는 두 염소 원자에 각각 전자를 주고, 2가 전하를 가진 Mg^{2+} 양이온과 두 개의 Cl^- 음이온을 생성한다.

$$Mg + Cl_2 \longrightarrow Mg^{2+} + Cl^- + Cl^-$$

마그네슘과 염소의 반응에 대한 화학 반응식은 다음과 같다.

$$Mg + Cl_2 \longrightarrow MgCl_2$$

서로 다른 전하는 서로 끌어당기기 때문에 Na^+와 Mg^{2+} 같은 양이온은 음전하를 가진 Cl^-와 같은 음이온을 강하게 전기적으로 끌어당긴다. 이런 끌어당김을 이온 결합이라고 한다. 공유 결합이 생성되었을 때와는 다르게, 보통 조건에서는 분리된 Na^+Cl^- 분자라고 말할 수 없다. 같은 수의 Na^+와 Cl^- 이온이 규칙적으로 쌓인 **이온성 고체(ionic solid)**라고 말할 수 있을 뿐이다(그림 2.15). 예를 들어, 소금 결정에서 각 Na^+ 이온은 이웃하고 있는 여섯 개의 Cl^- 이온으로 둘러싸여 있고, 각 Cl^- 이온은 이웃하고 있는 여섯 개의 Na^+ 이온으로 둘러싸이지만, 공유 결합 분자에서의 원자들처럼 어느 이온 쌍이 서로 결합하고 있는지는 명확하게 말할 수 없다.

여러 개의 원자가 공유 결합을 하고 전하를 띠고 있는 원자단을 **다원자 이온(polyatomic ion)**이라고 한다. 예를 들어, 암모늄 이온(NH_4^+), 수산화 이온(OH^-), 질산 이온(NO_3^-), 2가 전하를 띤 황산 이온(SO_4^{2-}) 등이다(그림 2.16). 이러한 다원자 이온은 공유 결합에 의해 서로 연결된 특정한 수와 종류의 원자들로 구성되고, 전체 단위는 양전하 또는 음전하를 갖고 있으므로 다원자 이온을 전하를 띤 분자라고 생각할 수 있다. 이런 이온을 두 개 이상 포함하는 물질의 화학식을 쓸 때는 전체 다원자 단위에 괄호를 쓴다. 예를 들어, 화학식 $Ba(NO_3)_2$는 Ba^{2+} 양이온과 NO_3^- 다원자 음이온이 1 : 2 비율로 구성된 물질을 나타낸다. 2.12절에서 이들 이온의 화합물을 어떻게 명명하는지 배울 것이다.

이온 결합 화합물에는 알짜 전자가 없으므로 총 양전하 수는 총 음전하 수와 같아야 한다. 전체 중성 전하를 갖는다는 것은 이온 결합 화합물의 화학식을 작성하기 위한 가이드 역할을 한다. 예를 들어, 소듐 이온(Na^+) 및 브로민화 이온(Br^-)으로 형성된 이온 결합 화합물의 화학식은 NaBr이다. 소듐 이온으로부터의 하나의 양전하가 브로민화 이온으로부터의 하나의 음전하와 균형을 맞추기 때문이다. 소듐 이온(Na^+)과 황산 이온(SO_4^{2-})으로 형성된 이온 결

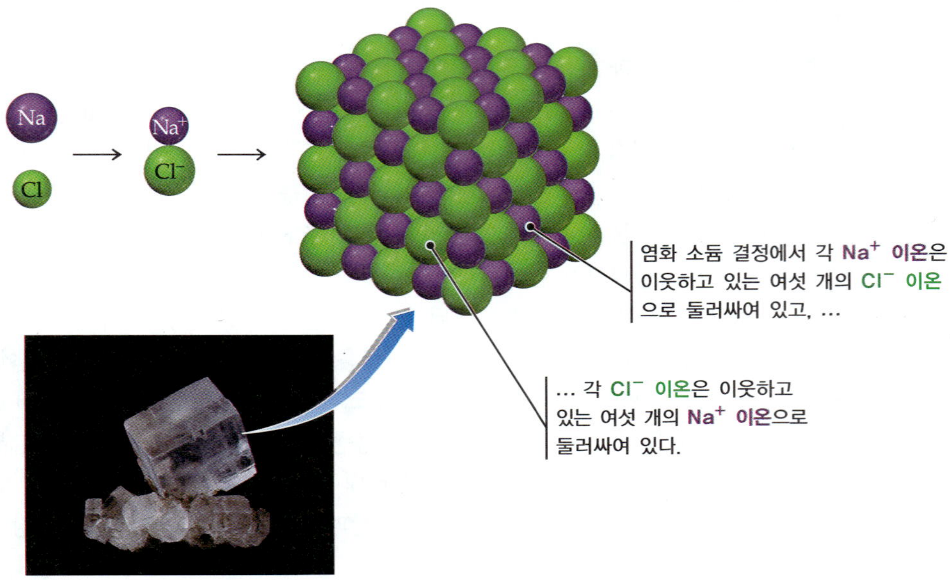

◀ **그림 2.15**
염화 소듐 결정에서 Na^+ 이온과 Cl^- 이온의 배열. 분리된 NaCl 분자는 없다. 대신에 전체 결정이 하나의 이온성 고체이다.

▶ **확인하기**

금속과 비금속이 이온 결합 화합물을 형성할 때, 어떤 원소가 전자를 잃고 어떤 원소가 전자를 얻는가?

답 금속은 전자를 잃어 양전하의 양이온을 형성한다. 비금속은 전자를 얻음으로써 음으로 하전된 음이온을 형성한다.

합 화합물의 화학식은 Na_2SO_4인데, 황산 이온의 −2 전하와 균형을 맞추기 위해 각각 +1 전하를 갖는 2개의 소듐 이온이 필요하기 때문이다. 소듐 이온(Na^+) 및 인산 이온(PO_4^{3-})으로 형성된 이온 결합 화합물의 화학식은 Na_3PO_4이다. 각각 +1 전하를 갖는 3개의 소듐 이온이 있어야 인산염의 −3 전하와 균형을 맞출 수 있기 때문이다.

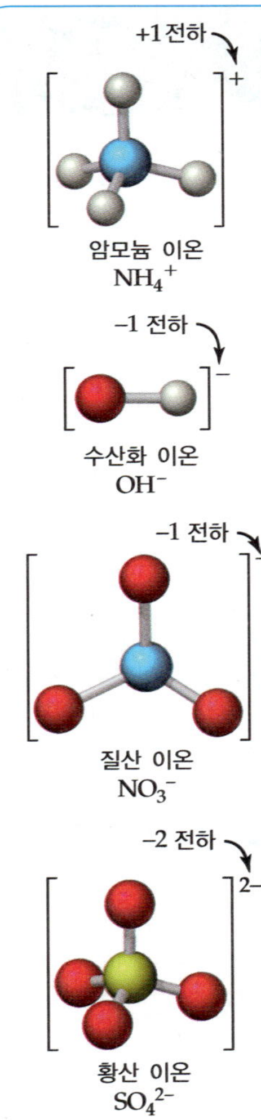

▲ **그림 2.16**
몇 가지 다원자 이온의 분자 모형

예제 2.10

이온 결합 화합물과 분자 화합물의 확인

다음 화합물 중 어느 것이 이온 결합 화합물이고, 어느 것이 분자 화합물(공유 결합 화합물)인가?

(a) BaF_2 (b) SF_4 (c) PH_3 (d) CH_3OH

전략

공유 결합은 일반적으로 비금속 원자들 사이에 형성되는 반면, 이온 결합은 금속과 비금속 원자들 사이에 형성된다는 것을 기억하라.

풀이

화합물 (a)는 금속(바륨)과 비금속(플루오린)으로 구성되므로 이온 결합 화합물이 될 것이다. 화합물 (b)~(d)는 모두 비금속으로만 구성되기 때문에 아마도 분자 화합물일 것이다.

▶ **연습문제 2.19** 다음 화합물 중 어느 것이 이온 결합 화합물인가?

(a) LiBr (b) $SiCl_4$ (c) NF_3

▶ **개념 응용문제 2.20** 다음 그림 중 어느 것이 이온 결합 화합물을 나타내고, 어느 것이 분자 화합물을 나타내는가? 설명하시오.

(a) (b)

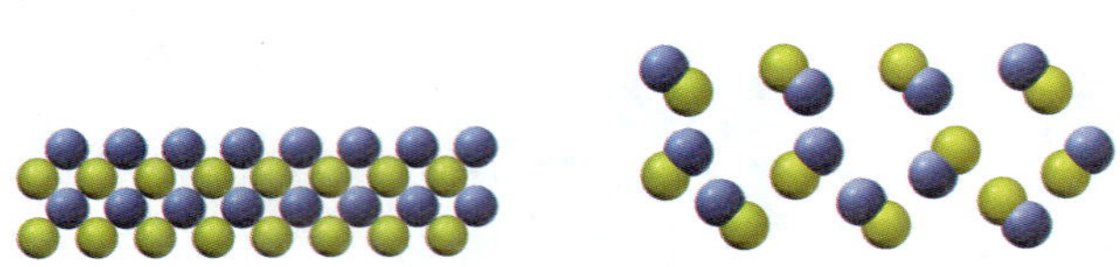

2.13 화합물 명명법

몇 가지 순수한 물질만 알려졌던 화학의 초기 시대에서는 새로 발견되는 화합물들에 가끔 기발한 이름 등을 붙였다. 예를 들면 모르핀, 생석회, 가성 포타슘, 바비투르산(barbituric acid; 발견자가 친구 Barbara의 이름을 기리기 위해 명명하였다.) 등이다. 오늘날 4000만 개 이상의 순수한 화합물이 알려졌고, 이들의 명명법에 체계적인 방법을 사용하지 않으면 혼란이 있을 것이다. 모든 화합물은 그 화합물을 유일하게 정의할 뿐 아니라, 화학자나 컴퓨터가 화합물의 화학 구조를 알 수 있도록 명명되어야 한다.

다른 종류의 화합물은 다른 규칙에 따라 명명된다. 예를 들면, 식용 소금은 화학식 NaCl에 따라 **염화 소듐**(sodium chloride)이라고 명명하지만, 식용 설탕($C_{12}H_{22}O_{11}$)은 탄수화물에 대한 특별한 규칙에 따라 ***β*-D-프럭토퓨라노실-*α*-D-글루코피라노사이드**(*β*-D-*fructofuranosyl*-*α*-D-*glucopyranoside*)라고 명명한다. (유기 화합물은 종종 상당히 복잡한 구조와 이에 부합하는 복잡한 이름을 갖는다. 그러나 이 책에서는 이에 대해 논의하지 않을 것이다.) 이 절에서는 간단한 이온 결합 화합물을 어떻게 명명하는지를 살펴본 다음, 필요한 경우 다음 장에서 추가적인 규칙을 소개할 것이다.

▲ 양귀비에서 발견된 진통제인 모르핀은 그리스 신화의 꿈의 신 Morpheus의 이름을 따서 명명하였다. © TTstudio/Shutterstock

이성분 이온 결합 화합물의 명명법

영어 명명법에서는 두 가지 원소만으로 구성된 이성분 이온 결합 화합물은 먼저 양이온을, 다음에 음이온을 명명한다. 양이온은 원소명을 그대로 사용하고, 음이온은 원소로부터 이름의 첫 부분을 가져온 다음 끝부분에 '-*ide*'를 붙인다. 예를 들면, KBr은 potassium bromide라고 명명한다. K^+ 이온은 potassium 이온, 음이온 Br^- 이온은 bromine 원소에서 유래된 bromide 이온으로 명명한다. 한국어로 명명할 때는 음이온을 먼저 부르고 다음에 양이온을 부르며, 음이온은 음이온의 원소 이름 끝에 '-*ide*'에 해당하는 '-화'를 붙인다. 상세한 한국어 명명법은 대한화학회 홈페이지의 화합물 명명법을 참고하라.

예를 들면, KBr은 **브로민화 포타슘**이라고 명명한다. 양이온 K^+ 이온은 **포타슘 이온**, 음이온 Br^-은 **브로민화 이온**으로 명명한다.

LiF	$CaBr_2$	$AlCl_3$
플루오린화 리튬	브로민화 칼슘	염화 알루미늄

▶ 그림 2.17
주족 양이온(파란색)과 음이온(빨간색). 양이온은 그것이 유래된 원소와 같은 이름을 갖는다. 음이온은 -화(-*ide*)로 끝나는 이름을 갖는다.

▶ 확인하기
2족과 16족 원소에 어떤 전하가 형성되는가?
답 2족은 +2, 16족은 −2

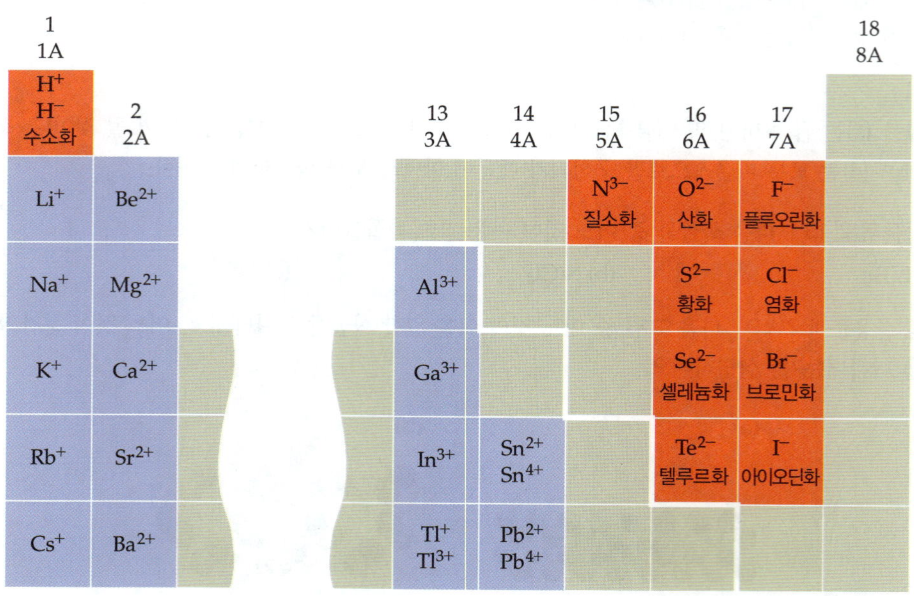

3 3B	4 4B	5 5B	6 6B	7 7B	8 8B	9 8B	10 8B	11 1B	12 2B
Sc^{3+}	Ti^{3+}	V^{2+} V^{3+}	Cr^{2+} Cr^{3+}	Mn^{2+}	Fe^{2+} Fe^{3+}	Co^{2+}	Ni^{2+}	Cu^{+} Cu^{2+}	Zn^{2+}
Y^{3+}					Ru^{3+}	Rh^{3+}	Pd^{2+}	Ag^{+}	Cd^{2+}
									Hg^{2+} $(Hg_2)^{2+}$

◀ **그림 2.18**
일반적인 전이 금속 이온. 수용액에서 존재하는 이온들만 나타내었다.

▶ **확인하기**

전이 금속 이온의 전하를 족 번호로부터 예측할 수 있는가?

답 아니요. 대부분의 전이 금속은 서로 다른 전하 상태를 형성한다. 전이 금속 이온의 전하는 공식 또는 이름으로 지정된다.

그림 2.17은 일반적인 주족 이온을 보여 주고, **그림 2.18**은 일반적인 전이 금속 이온을 보여 준다. 그림 2.17에는 몇 가지 흥미로운 점이 있다. 예를 들어, 금속은 양이온을, 비금속은 음이온을 형성하는 경향이 있다. 또한 주기율표에서 같은 족의 원소들은 같은 전하를 가진 이온들을 형성하고, 이온 전하는 족의 번호와 관련이 있다. 주족 금속은 일반적으로 족 번호의 끝자리와 동일한 전하를 갖는 양이온을 형성한다. 1족 원소들은 +1가 양이온(M^+, 여기서 M은 금속), 2족 원소들은 +2가 양이온(M^{2+}), 13족 원소들은 +3가 양이온(M^{3+})을 형성한다. 주족 비금속은 주로 음이온을 형성하고, 전하는 족 번호(미국식 표기법)의 끝자리에서 8을 뺀 값이다. 그러므로 16족 원소들은 −2가 이온($6-8=-2$), 17족 원소들은 −1가 이온($7-8=-1$)을 형성하고, 18족 원소들은 전혀 이온을 형성하지 않는다($8-8=0$). 이러한 18족 특성의 이유는 6장에서 다루기로 하겠다.

▶ 염화 철(II) 4수화물 결정은 초록색이고, 염화 철(III) 6수화물 결정은 황갈색이다.

그림 2.17과 그림 2.18에서 몇 가지 금속들은 두 가지 이상의 양이온을 형성함을 알 수 있다. 예를 들면, 철은 +2가인 Fe^{2+} 이온과 +3가인 Fe^{3+} 이온을 형성한다. 이러한 이온을 명명할 때 각각을 구별하여야 하므로 괄호 안에 전하수를 나타내는 로마 숫자를 써서 표현한다. 그러므로 $FeCl_2$는 염화 철(II), $FeCl_3$는 염화 철(III)이라고 쓴다. 또는 예전에 사용하던 방법으로 원소의 라틴명(철의 경우 ferrum)을 사용하여 낮은 전하에 대해서는 이름 뒤에 제일−(-*ous*)을, 높은 전하에 대해서는 제이−(-*ic*)를 사용하여 구별하기도 한다. 그러므로 $FeCl_2$는 염화 제일철(ferrous chloride), $FeCl_3$는 염화 제이철(ferric chloride)이라고 부른다. 아직도 이러한 종래의 표기법을 쓰기도 하지만, 이 책에서는 거의 사용하지 않을 것이다.

Fe^{2+}	Fe^{3+}	Sn^{2+}	Sn^{4+}
철(II) 이온 (iron(II) ion)	철(III) 이온 (iron(III) ion)	주석(II) 이온 (tin(II) ion)	주석(IV) 이온 (tin(IV) ion)
제일철 이온 (ferrous ion)	제이철 이온 (ferric ion)	제일주석 이온 (stannous ion)	제이주석 이온 (stannic ion)
(라틴어 *ferrum* = 철)		(라틴어 *stannum* = 주석)	

모든 중성 화합물에서든 전체 양전하수의 합과 전체 음전하수의 합은 같아야 한다. 그러므로 모든 이성분 화합물에서 양이온의 양전하수는 관련 있는 음이온의 음전하수를 계산하여 알 수 있다. 예를 들면, $FeCl_2$에서 철은 반드시 Fe(II)이어야 한다. 왜냐하면, 두 개의 Cl^- 이온이 Fe(II)와 결합하고 있기 때문이다. 유사하게 $TiCl_3$에서 타이타늄 이온은 Ti(III)이어야 한다. 왜냐하면, 세 개의 Cl^- 이온이 Ti(III)와 결합하고 있기 때문이다. 일반 규칙으로 전이 금속 화합물의 경우 불분명한 것을 피하기 위해 로마 숫자가 필요하다. 또한 주석(Sn), 탈륨

(Tl), 납(Pb)과 같은 주족 금속들도 두 종류 이상의 이온을 형성하므로 이러한 화합물들을 명명하기 위해서는 로마 숫자를 사용해야 한다. 1족과 2족 금속들은 한 가지 양이온만 형성하기 때문에 로마 숫자가 필요 없다.

예제 2.11

이성분 이온 결합 화합물의 경우 이름과 화학식 사이의 전환

다음 화합물의 체계적인 이름을 쓰시오.

(a) $BaCl_2$ **(b)** $CrCl_3$ **(c)** PbS **(d)** Fe_2O_3

전략

양이온은 원소명을 그대로 사용하고, 음이온은 원소로부터 이름의 첫 부분을 가져온 다음 끝 부분에 '-화(-ide)'를 붙인다. 만약 양이온이 전이 금속이라면, 그 전하는 로마 숫자로 명시한다. 결합 음이온의 음전하수를 세어서 양이온의 양전하수를 계산한다. 필요하면 그림 2.17과 2.18을 참고하라.

풀이

(a) 염화 바륨(barium chloride): 로마 숫자가 필요 없다. 2족 바륨은 Ba^{2+}만 형성하기 때문이다.

(b) 염화 크로뮴(III)[chromium(III) chloride]: 로마 숫자가 필요하다. 전이 금속 크로뮴의 +3가 전하를 표시하기 위해서이다.

(c) 황화 납(II)[lead(II) sulfide]: 황 음이온(S^{2-})은 −2가 전하를 가지므로 납 양이온은 +2가이다.

(d) 산화 철(III)[iron(III) oxide]: 세 개의 산화 이온(O^{2-})은 전체 −6 전하를 가지므로 두 개의 철 양이온은 전체 +6 전하를 갖는다. 그러므로 각각은 Fe(III)이다.

▶ **연습문제 2.21** 다음 화합물의 화학식을 쓰시오.

(a) 플루오린화 마그네슘(magnesium fluoride)

(b) 산화 주석(IV)[tin(IV) oxide]

▶ **개념 응용문제 2.22** 다음 주기율표에서 빨간색−빨간색, 초록색−초록색, 파란색−파란색으로 표시한 이성분 이온 결합 화합물의 이름과 그것의 가능한 화학식을 쓰시오.

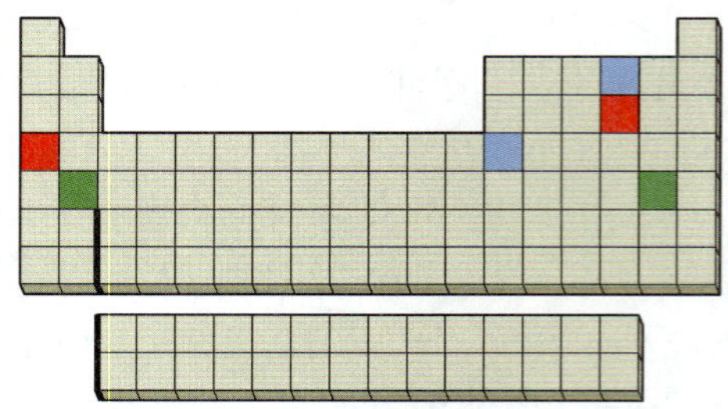

다원자 이온을 가진 화합물의 명명법

다원자 이온을 가진 이온 결합 화합물은 이성분 이온 결합 화합물과 같은 방법으로 명명한다.

먼저 양이온을 쓰고, 다음에 음이온을 쓴다. 한국어 명명은 음이온을 먼저 쓰고, 다음에 양이온을 쓴다. 예를 들어, $Ba(NO_3)_2$는 **질산 바륨**(barium nitrate)이라고 명명한다. 왜냐하면 Ba^{2+}는 양이온이고, 다원자 음이온 NO_3^-는 **질산 이온**(nitrate)이라는 이름을 갖기 때문이다. 다원자 이온은 간단하고 체계적으로 명명하는 방법이 없어서 **표 2.5**에 나열한 가장 보편적인 다원자 이온의 이름, 화학식, 전하를 모두 암기하는 것이 필요하다. 목록에서 암모늄 이온(NH_4^+)은 유일한 양이온이고, 나머지는 모두 음이온이다.

표 2.5에 있는 이온들에 대해 몇 가지 설명할 필요가 있다. 첫째, 대부분의 다원자 음이온의 이름은 아-**산**(*-ite*) 또는 -**산**(*-ate*)으로 끝난다. 수산화(hydroxide; OH^-), 사이안화(cyanide, CN^-), 과산화(peroxide, O_2^{2-})의 경우에만 -**화**(*-ide*)로 끝난다. 둘째, 몇몇 이온들은 한 원자가 서로 다른 수의 산소 원자와 결합하여 이성분 다원자 이온인 일련의 **옥소 음이온**(**oxoanion**)을 형성한다. 예를 들면, 하이포아염소산 이온(hypochlorite, ClO^-), 아염소산 이온(chlorite, ClO_2^-), 염소산 이온(chlorate, ClO_3^-), 과염소산 이온(perchlorate, ClO_4^-)이 있다. 아황산 이온(sulfite, SO_3^{2-})과 황산 이온(sulfate, SO_4^{2-})처럼 한 계열에 두 가지 옥소 음이온만 있을 때, 산소 수가 적은 이온은 아-**산**(*-ite*), 그리고 산소 수가 많은 이온은 -**산**(*-ate*)으로 쓴다.

표 2.5 몇 가지 다원자 이온

화학식	이름	화학식	이름
양이온		일전하 음이온 (계속)	
NH_4^+	암모늄(ammonium)	NO_2^-	아질산(nitrite)
일전하 음이온		NO_3^-	질산(nitrate)
$CH_3CO_2^-$	아세트산(acetate)	이전하 음이온	
CN^-	사이안화(cyanide)	CO_3^{2-}	탄산(carbonate)
ClO^-	하이포아염소산(hypochlorite)	CrO_4^{2-}	크로뮴산(chromate)
ClO_2^-	아염소산(chlorite)	$Cr_2O_7^{2-}$	다이크로뮴산(dichromate)
ClO_3^-	염소산(chlorate)	O_2^{2-}	과산화(peroxide)
ClO_4^-	과염소산(perchlorate)	HPO_4^{2-}	인산 수소(hydrogen phosphate)
$H_2PO_4^-$	인산 이수소(dihydrogen phosphate)	SO_3^{2-}	아황산(sulfite)
HCO_3^-	탄산 수소(hydrogen carbonate) [또는 중탄산(bicarbonate)]	SO_4^{2-} $S_2O_3^{2-}$	황산(sulfate) 싸이오황산(thiosulfate)
HSO_4^-	황산 수소(hydrogen sulfate) [또는 중황산(bisulfate)]	삼전하 음이온 PO_4^{3-}	 인산(phosphate)
OH^-	수산화(hydroxide)		
MnO_4^-	과망가니즈산(permanganate)		

SO_3^{2-} 아황산 이온(sul*fite* ion; 적은 산소 수) SO_4^{2-} 황산 이온(sul*fate* ion; 많은 산소 수)
NO_2^- 아질산 이온(nit*rite* ion; 적은 산소 수) NO_3^- 질산 이온(nit*rate* ion; 많은 산소 수)

한 계열에 옥소 음이온이 두 개보다 많은 경우, 가장 적은 산소 수를 가진 이온에 접두사 하이포-(*hypo*-; 더 적은 것을 의미)를, 가장 많은 산소 수를 가진 이온에 접두사 **과**-(*per*-; 더 많은 것을 의미)를 사용한다.

ClO^- **하이포**아염소산 이온(hypochlorite ion; 아염소산보다 적은 산소 수)
ClO_2^- 아염소산 이온(chlorite ion)
ClO_3^- 염소산 이온(chlorate ion)
ClO_4^- **과**염소산 이온(perchlorate ion; 염소산보다 많은 산소 수)

셋째, 몇 쌍의 이온들은 수소의 존재 여부와 연관되어 있다. 탄산수소 음이온(hydrogen carbonate anion, HCO_3^-)은 H^+ 이온이 존재하는 점에서 탄산 음이온(carbonate anion, CO_3^{2-})과 다르다. 황산 수소 음이온(hydrogen sulfate anion, HSO_4^-)은 H^+ 이온이 존재하는 점에서 황산 음이온(sulfate anion, SO_4^{2-})과 다르다. 요즘은 별로 사용하지 않지만, 수소를 포함하는 이온에 때때로 접두사 **중**-(*bi*-)을 붙이기도 한다. 예를 들면, $NaHCO_3$를 가끔 중탄산 소듐이라고도 부른다.

HCO_3^- 탄산수소(hydrogen carbonate) 이온 또는 **중**탄산(*bi*carbonate) 이온
CO_3^{2-} 탄산(carbonate) 이온
HSO_4^- 황산수소(hydrogen sulfate) 이온 또는 **중**황산(*bi*sulfate) 이온
SO_4^{2-} 황산(sulfate) 이온

예제 2.12

다원자 이온을 가진 화합물의 경우, 이름과 화학식 사이의 전환

다음 화합물의 체계적인 이름을 쓰시오.

(a) $LiNO_3$ (b) $KHSO_4$ (c) $CuCO_3$ (d) $Fe(ClO_4)_3$

전략

먼저 양이온을 명명하고, 두 번째로 음이온을 명명하라. 불행하게도 일반적인 다원자 이온의 이름과 전하는 암기하는 것 외에 대안이 없다. 도움이 필요하다면, 표 2.5를 참고하라.

풀이

(a) 질산 리튬(lithium nitrate): 로마 숫자가 필요 없다. 리튬(1족)은 Li^+ 이온만 형성하기 때문이다.

(b) 황산수소 포타슘(potassium hydrogen sulfate): 포타슘(1족)은 K^+ 이온만 형성한다.

(c) 탄산 구리(II)[copper(II) carbonate]: 로마 숫자가 필요하다. 탄산 이온은 −2가이므로 구리는 +2가이다. 전이 금속인 구리는 2개 이상의 이온을 형성할 수 있기 때문이다.

(d) 과염소산 철(III)[iron(III) perchlorate]: −1가의 과염소산 이온이 세 개 있으므로 철은 +3가이어야 한다.

▶ **연습문제 2.23** 탄산 철(III)의 화학식을 쓰시오.

▶ **개념 응용문제 2.24** 다음 그림은 고체 이온 결합 화합물이다. 빨간색 구는 양이온, 파란색 구는 음이온을 나타낸다.

(1)

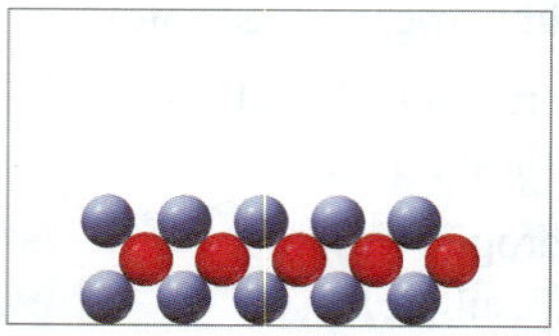

(2)

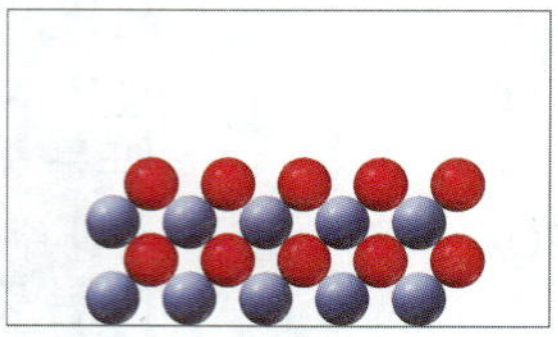

다음 화학식 중 어느 것이 각 그림과 일치하는가?

(a) LiBr (b) $NaNO_2$ (c) $CaCl_2$

이성분 분자성 화합물의 명명법

공유 결합하고 있는 두 개의 원소로만 이루어진 이성분 분자성 화합물은 이성분 이온 결합 화합물과 같은 방법으로 명명한다. 화합물에서 한 원소는 보다 전자가 부족하여 **양이온과 유사**(cationlike)하고, 다른 원소는 보다 전자가 풍부하여 **음이온과 유사**(anionlike)하다. 이온 결합 화합물의 경우처럼, 양이온성(cationlike) 원소는 원소명 그대로 쓰고, 음이온성(anionlike) 원소는 원소명 끝에 '**-화**(*-ide*)'라고 쓴다. 예를 들면, 화합물 HF는 플루오린화 수소(hydrogen fluoride)라고 부른다.

HF 수소는 주기율표에서 왼쪽 멀리 있으므로 더 양이온과 유사하고, 플루오린은 오른쪽 멀리 있으므로 더 음이온과 유사하다. 그러므로 **플루오린화 수소**라고 명명한다.

어느 원소가 좀 더 양이온성이고 어느 원소가 좀 더 음이온성인지를 결정하는 정량적 방법은 7.3절에서 살펴볼 것이다. 그러나 지금은 일반적으로 주기율표에서 원소의 상대적 위치를 살펴보는 것으로 결정할 수 있다는 것에 주목하라. 주기율표에서는 왼쪽 아래로 갈수록 더 양이온성이고, 오른쪽 위로 갈수록 더 음이온성이다(비활성 기체는 제외).

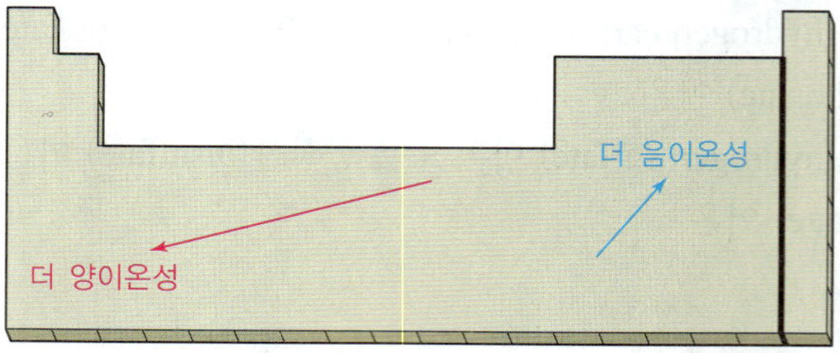

이런 일반화가 어떻게 적용되는지를 다음 예에서 볼 수 있다.

CO	일산화 탄소(carbon monoxide) (C는 14족, O는 16족)
CO_2	이산화 탄소(carbon dioxide)
PCl_3	삼염화 인(phosphorus trichloride) (P는 15족, Cl은 17족)
SF_4	테트라플루오린화 황(sulfur tetrafluoride) (S는 16족, F는 17족)
N_2O_4	사산화 이질소(dinitrogen tetroxide) (N은 15족, O는 16족)

비금속은 가끔 다른 비율로 결합하여 다른 화합물들을 만들기 때문에, 이성분 분자성 화합물의 이름은 존재하는 각각의 원자 수를 분명히 표시하기 위해 수 접두사를 포함한다. 예를 들어, 화합물 CO는 일산화 탄소(carbon *mon*oxide)라고 부르고, CO_2는 이산화 탄소(carbon *di*oxide)라고 부른다. **표 2.6**에 가장 보편적인 수 접두사를 열거하였다. 영어 명명법에서는 수 접두사 끝이 *a*나 *o*로 끝나고(*i*는 아님) 다음에 뒤따르는 음이온 이름이 모음으로 시작할 때(예를 들면 *oxide*), 접두사 끝의 *a*나 *o*는 삭제하여 이름에 두 모음이 겹치는 것을 피한다. 그러므로 CO는 carbon *mono*oxide 대신 carbon *mon*oxide로 쓰고, N_2O_4는 dinitrogen *tetra*oxide 대신 dinitrogen *tetr*oxide로 쓴다. 또한 화학식의 첫 원자에는 *mono*- 접두사를 사용하지 않는다. 예를 들어, CO_2는 이산화 탄소(carbon dioxide)라 명명하고, 이산화 일탄소(monocarbon dioxide)라 명명하지 않는다.

표 2.6 화합물 명명에 사용하는 수 접두사

접두사	의미
일-(mono-)	1
이-(di-)	2
삼-(tri-)	3
사-(tetra-)	4
오-(penta-)	5
육-(hexa-)	6
칠-(hepta-)	7
팔-(octa-)	8
구-(nona-)	9
십-(deca-)	10

▶ 원소나 원자단의 이름이 우리말일 경우에는 일, 이, 삼, 사…와 같은 우리말 접두사를 사용하고, 우리말이 아닌 경우에는 영어 접두사(모노, 다이, 트라이, 테트라…)를 사용한다.

예제 2.13

이성분 분자 화합물의 경우 이름과 화학식 사이의 전환

다음 화합물의 체계적인 이름을 쓰시오.

(a) PCl_3 (b) N_2O_3 (c) P_4O_7 (d) BrF_3

전략

주기율표에서 각 화합물 중 어느 원소가 더 양이온성이고(왼쪽이나 아래쪽), 어느 원소가 더 음이온성인가(오른쪽이나 위쪽)를 살펴보라. 그다음, 적당한 수 접두사를 사용하여 명명하라.

풀이

(a) 삼염화 인(phosphorus trichloride) (b) 삼산화 이질소(dinitrogen trioxide)
(c) 칠산화 사인(tetraphosphorus heptoxide) (d) 트라이플루오린화 브로민(bromine trifluoride)

▶ **연습문제 2.25** 오산화 이질소(dinitrogen pentoxide)의 화학식을 쓰시오.

▶ **개념 응용문제 2.26** 다음 화합물의 체계적인 이름을 쓰시오.

(a)

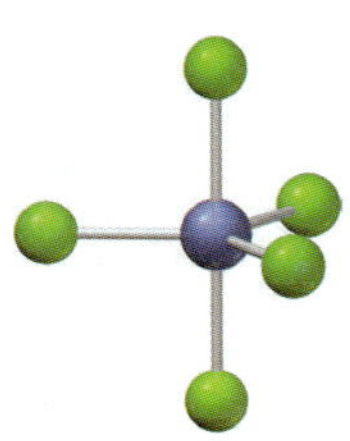

보라색 = P, 초록색 = Cl

(b)

파란색 = N, 빨간색 = O

INQUIRY? 얼음 핵에서 산소와 수소 동위 원소의 측정을 통해 어떻게 과거 기후를 예상할 수 있는가?

기후 변화란 장기간의 평균 기상 조건, 온도, 강우량의 변화를 의미한다. 기후 연구에는 열파, 토네이도, 허리케인과 같은 기상 이변의 수와 심각도를 추적하는 것도 포함된다. 지구의 기후는 지구의 궤도 변화, 태양의 강도, 화산 폭발로 인한 미립자, 온실 가스 수준 등 여러 가지 자연적 원인으로 인해 지질학적 시간에 따라 변화하였다.

기후 변화 또는 **지구 온난화**라는 용어는 20세기 중반에서 말까지 기후의 뚜렷한 온난화와 관련이 있었다. 이는 주로 화석 연료의 연소로 인한 대기 중 이산화 탄소 수준의 증가에 기인한다. 1901~2000년의 장기 평균 온도에 대한 1880년부터 현재까지의 전체 표면 온도(℃)의 변화를 보여 주는 그림 2.19를 살펴보자. 육지와 해상에서 측정된 온도는 지구의 평균 표면 온도가 상승하고 있음을 보여 준다. 지구 온난화가 지구 전체에 걸쳐 균일하지는 않지만, 전 세계 평균 기온의 상승 추세는 더 많은 지역이 냉각보다는 온난화되고 있음을 보여 준다. 지난 45년 동안 지구 표면 온도는 10년마다 평균 약 0.17 ℃(약 0.3 ℉)의 온도로 상승하였다. 기록된 관측의 전체 기간 동안 10년당 0.07 ℃ 증가한 것보다 두 배 이상 빠르다(1880~2015). 놀랍게도, 가장 따뜻한 해의 기록 17회 중 16회가 21세기에 이루어졌다.

최근의 과학자들은 위성 측정 및 수많은 기상 및 연구 방송국의 데이터를 사용하여 지구의 평균 온도를 기록해 왔다. 주변 온도 및 기타 정보는 측정이 거의 없는 영역의 데이터를 채우는 데 사용된다. 이 프로세스는 시간이 지남에 따라 지구 표면 온도의 변화를 모니터링하기 위한 일관되고 안정적인 방법을 제공한다. 그러나 최근의 온난화 경향을 맥락에 반영하기 위해서는 과거 기후에 대한 장기 기록이 필요하다. 과학자들은 과거 온도 기록을 분석하여, 이전의 온도 변화 속도와 빙하기와 같은 기후의 급격한 차이를 야기한 온도 변화의 크기를 평가할 수 있다.

지구상의 북극 빙원, 동굴의 암석, 산호초, 나이테 등에 과거 기후에 대한 단서가 새겨져 있다. 극지 얼음과 빙하 얼음의 산소 및 수소 동위 원소 비율 측정은 과거 지구 온도를 유추하는 데 사용될 수 있다. 감도가 좋은 질량 분석기(2.10절)를 사용하여 얼음 핵 시료의 수중 동위 원소 비율을 측정한다. 그림 2.20은 강설량의 $^{18}O/^{16}O$ 비율 차이와 해당 지역의 평균 연간 온도 사이의 선형 관계를 보여 준다. 동위 원소 비율은 온도를 측정할 수 있는 척도가 된다. 가벼운 동위 원소가 있는 물 분자보다 바다 표면에 있는 무거운 동위 원소를 함유하는 물 분자를 증발시키기 위해 더 많은 에너지가 필요하기 때문이다. 따뜻한 공기가 추운 극지방으로 이동함에 따라, 무거운 동위 원소를 포함하는 물 분자가 우선적으로 침전된다. 따라서 강수에서 무거운 동위 원소와 가벼운 동위 원소의 비율($^{18}O/^{16}O$ 및 $^{2}H/^{1}H$)은 온도가 높을수록 증가한

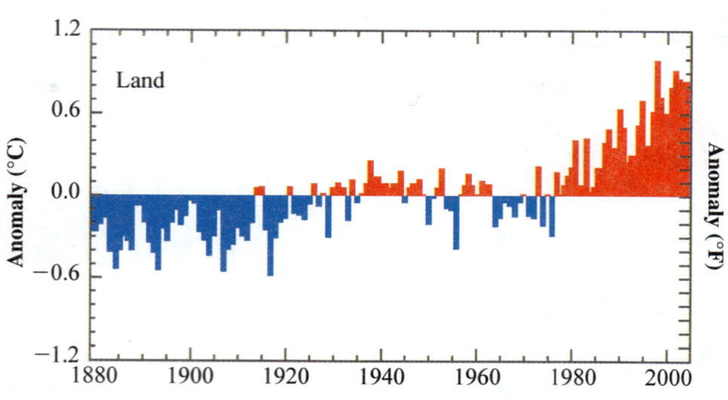

▲ 그림 2.19
지구와 해양 온도의 이상 현상. 1880년 이후의 연간 지구 온도는 1901~2000년의 장기 평균 온도와 비교된다. 0.0의 선은 장기 평균 지구 온도를 나타내고, 파란색과 빨간색 막대는 매년 평균 위 또는 아래의 차이를 나타낸다. 데이터는 육지 기반 기상 관측소와 해수면 온도 측정의 조합으로 제공된다. ⓒ NASA Goddard Institute for Space Studies/Wikimedia Commons

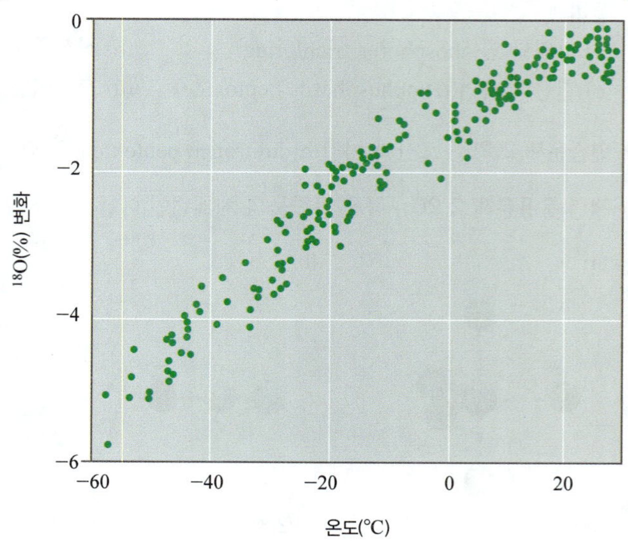

▲ 그림 2.20
강설 발생시, 평균 온도와 관련된 얼음 핵 시료의 $^{18}O/^{16}O$ 비율 차이

다. 남극 대륙과 같은 추운 지역은 따뜻한 바닷물보다 약 20% 적은 ^{18}O를 가진다.

얼음 핵 깊이에 대해 $^{18}O/^{16}O$ 또는 $^{2}H/^{1}H$를 도표로 표시하면, 시간에 따른 온도 변화가 나타난다. 얼음 핵 시료는 층수와 깊이에 따라 날짜가 지정된다. **그림 2.21**의 데이터는 길이가 3 km이고 800,000년으로 거슬러 올라가는 남극 빙하에서 생성되었다.

상단 그래프는 물의 무거운 동위 원소(^{2}H, 중수소)의 양의 변화를 보여 주고, 하단 그래프는 온도와의 상관 관계를 보여 준다. 이 데이터는 대략 10만 년마다 따뜻한 시기에 산재하는 추운 빙하기를 보여 준다. 역사적 기후 기록에 따르면, 지구는 따뜻하고 시원한 시기를 경험했지만, 지난 50년 동안의 온난화 속도는 전례가 없다. 과거의 지구 온도는 또한, 얼음 속 거품에 갇힌 이산화 탄소와 같은 온실 가스 수준과 상관될 수 있다. 10.11절은 기후에 미치는 온실 가스의 영향을 설명하고, 그림 10.25는 이산화 탄소 농도와 지구 온도 사이의 상관 관계를 보여 준다.

문제 2.27 지구 기후는 다음의 어느 변수로부터 영향을 받는가?

(a) 태양 주위를 도는 지구의 궤도
(b) 오염 또는 화산으로 인한 대기 중의 미립자
(c) 태양의 강도
(d) 온실 가스 수준
(e) 위의 모든 것

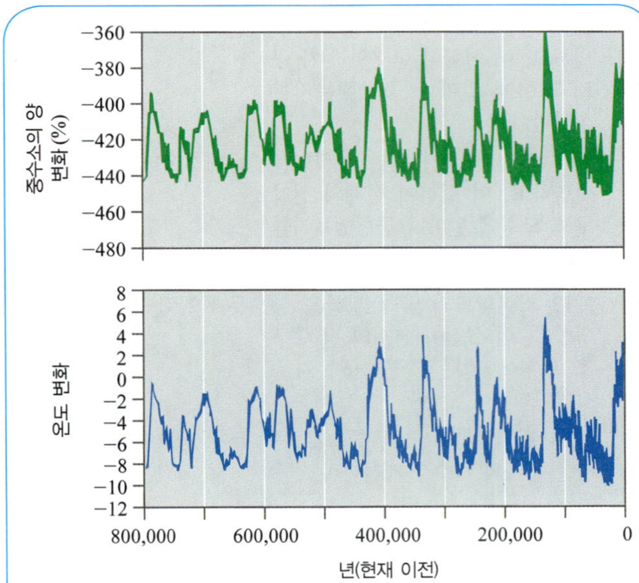

▲ **그림 2.21**
남극 EPICA Dome C 지역의 80만 년 전 얼음 핵에 대한 중수소 데이터 및 온도 추정

문제 2.28 그림 2.19를 사용하여, 다음 진술이 참인지 거짓인지 판별하시오.

(a) 1950년 이후 매년 평균 지구 온도는 1901~2000년 사이의 평균 온도보다 높았다.
(b) 1940년 이전의 평균 지구 온도는 1901~2000년 사이의 평균 온도보다 낮았다.
(c) 1970~2015년 사이의 온난화는 1900~1950년 사이의 온난화보다 빠른 속도로 일어났다.
(d) 지구 평균 기온은 1880~1910년 동안 냉각화 경향을 나타냈다.

문제 2.29 ^{18}O와 ^{2}H에는 몇 개의 양성자, 중성자, 전자가 있는가?

문제 2.30 적도 부근의 따뜻한 바닷물과 남 대륙의 눈 중에서 $^{18}O/^{16}O$의 비율이 높은 H_2O 시료는 어느 것인가?

문제 2.31 마지막 빙하기는 110,000년에서 11,700년 전에 일어났다. 그림 2.21을 사용하여, 따뜻한 기후와 빙하기 사이의 온도 변화와 중수소 비율 변화에 대한 질문에 답하시오.

(a) 현재의 따뜻한 기후와 약 22,000년 전에 발생한 빙하기의 최대 온도 차이는 얼마인가?
(b) 같은 기간 동안 중수소 비율의 변화는 얼마인가?

문제 2.32 이 문제에서 물을 구성하는 산소는 가장 풍부한 동위 원소(^{16}O 및 ^{18}O)로만 구성되어 있다고 가정하자. ^{16}O의 원자 질량은 15.9949146 u이고, ^{18}O의 원자 질량은 17.9991610 u이다.

(a) 표준 해수 시료는 0.1995% ^{18}O를 포함한다. 해수에서 산소의 원자량을 계산하고, 소수점 다섯 자리까지 답을 보고하시오.
(b) 북극 얼음 핵 시료는 0.1971% ^{18}O를 함유한다. 북극 얼음에서 산소의 원자량을 계산하고, 소수점 다섯 자리까지 답을 보고하시오.

문제 2.33 동위 원소 분석을 위해 얼음 핵 시료를 가열하여 기체 H_2O를 생성하였다. 1.00 μg의 기체 H_2O가 질량 분석기에 주입되었다면,

(a) 몇 몰의 물이 주입되었는가?
(b) 시료에 0.0156% 중수소가 포함되어 있으면, 몇 개의 중수소 원자가 주입되었는가?

정리

절	개념 요약	학습 목표	문제
2.1 화학과 원소	모든 물질은 현재까지 알려진 118가지 **원소**(화학적으로 분해할 수 없는 근본적인 물질) 중 하나 혹은 여러 개로 만들어진다. 원소는 하나 또는 두 개의 글자 약어로 기호화한다.	2.1 원소 이름을 표현하기 위해 기호를 사용한다.	문제 2.48, 2.50, 2.52
2.2 원소와 주기율표	원소는 **족**(세로줄)과 **주기**(가로줄)를 가진 **주기율표**에 배열된다. 같은 족에 있는 원소는 비슷한 화학적 거동을 보인다. 원소는 **금속**, **비금속**, **준금속**으로 분류된다.	2.2 주기율표에서 금속, 비금속, 준금속의 위치를 확인한다.	문제 2.37, 2.62, 2.63
		2.3 주기율표상에서 위치가 주어진 하나의 원소에 대한 원자 번호, 족 번호, 주기 번호를 나타낸다.	문제 2.36
		2.4 주족, 전이 금속족, 내부 전이 금속족을 확인한다.	문제 2.59, 2.61
2.3 대표적 원소 족과 그들의 성질	물질을 나타내는 특징 또는 성질은 몇 가지 방법으로 분류할 수 있다. **물리적 성질**은 시료의 화학적 조성을 바꾸지 않고 측정될 수 있는 성질을 말하며, **화학적 성질**은 화학적인 변화를 포함한다. **세기 성질**은 시료의 크기에 의존하지 않는 값이며, **크기 성질**은 시료의 양에 의존한다.	2.5 알칼리 금속, 알칼리 토금속, 할로젠, 비활성 기체 족의 위치를 명시하고, 그 원소의 예를 안다.	문제 2.35, 2.64~2.67
		2.6 금속, 비금속, 준금속 원소의 성질을 알고, 주기율표에서 위치를 안다.	예제 2.1; 문제 2.1~2.2, 2.68~2.71
2.4 원자론을 지지하는 증거들: 질량 보존 법칙과 일정 성분비 법칙	원소는 **화합물**을 만들기 위해서 서로 다른 방식으로 결합하고, 순수한 화합물은 항상 원소들의 질량비가 같다. 반응이 일어나는 동안 **질량 보존 법칙**이 적용되고 반응물의 질량과 생성물의 질량은 같다.	2.7 질량 보존 법칙을 사용하여 반응에서 생성물의 질량을 결정한다.	문제 2.78~2.79
2.5 배수 비례 법칙과 돌턴의 원자론	**원소**는 **원자**라고 하는 매우 작은 입자로 구성되어 있고, **배수 비례 법칙**에 따라 간단한 정수비로 결합할 수 있다.	2.8 같은 원소의 두 가지 화합물의 질량 조성을 사용하여 배수 비례 법칙을 설명한다.	예제 2.2; 문제 2.80, 2.82
		2.9 2개의 화합물에 대한 질량 조성 데이터와 1개의 화합물의 화학식을 제공하는 화합물의 화학식을 결정한다.	문제 2.83~2.84
2.6 원자 구조: 전자	원자는 세 개의 기본적인 입자로 구성된다. **양성자**는 (+) **전하**를 가지고, 전자는 (−) 전하를 가지며, **중성자**는 중성이다.	2.10 톰슨의 음극선관 실험을 설명하고, 이 실험이 현재의 원자 구조 모형에 얼마나 공헌했는지를 설명한다.	문제 2.86~2.88
		2.11 밀리컨의 기름 낙하 실험을 설명하고, 이 실험이 현재의 원자 구조 모형에 얼마나 공헌했는지를 설명한다.	문제 2.89~2.90
2.7 원자 구조: 양성자와 중성자	러더퍼드에 의해 제안된 원자핵 모형에 따르면, 양성자와 중성자는 **핵**이라고 부르는 밀집된 중앙부에 뭉쳐 있다. 반면에, 전자는 상대적으로 먼 거리에서 핵 주위를 움직인다.	2.12 러더퍼드의 금박 실험을 설명하고, 이 실험이 현재의 원자 구조 모형에 얼마나 공헌했는지를 설명한다.	문제 2.91~2.92
		2.13 원자의 크기로부터 시료에 있는 원자의 개수를 계산한다.	문제 2.93~2.94
2.8 원자 번호	원소는 원자가 가지고 있는 양성자의 수에 따라 다른데, 이 값을 원소의 **원자 번호**(Z)라고 한다. 원자의 양성자 수와 중성자 수의 합을 **질량수**(A)라 한다. 특정한 원소의 모든 원자들은 같은 원자 번호를 가지지만, 각 원자들이 갖는 중성자 수에 따라 질량수가 다르다. 원자 번호는 같지만 질량수가 다른 원자를 **동위 원소**라고 한다.	2.14 동위 원소 기호로부터 질량수, 원자 번호, 양성자 수, 중성자 수, 전자 수를 결정한다.	예제 2.4; 문제 2.100~2.102, 2.102, 2.104, 2.106

절	개념 요약	학습 목표	문제
2.9 원자량과 몰	**원자량**은 ^{12}C 원자 1개 질량의 1/12로 정의된 **통합 원자 질량 단위**(u)를 계산함으로써 측정된다. 양성자와 중성자는 대략 1의 질량을 갖기 때문에, 원자 질량 단위로 한 원자의 질량(동위 원소 질량)은 숫자상으로 그 원자의 질량수에 근접한다. 원소의 **원자량**은 자연계에 존재하는 동위 원소 질량의 가중평균값이다. 눈으로 보이는 물질을 이루는 매우 큰 원자 수를 언급할 때 기본 SI 단위인 몰이 사용된다. 1**몰**은 g으로 나타낸 질량, 즉 몰질량이 가진 양이며, 숫자상으로 원자량과 동일하다. 숫자상으로 어떤 원소 1몰은 **아보가드로수**(N_A)로 알려진 6.022×10^{23}개의 원자를 포함한다.	2.15 각 동위 원소의 질량과 존재비로부터 원자량을 계산한다. 2.16 몰질량 및 아보가드로수를 사용하여, 그램수 및 몰수와 원자 수 사이에 전환을 한다.	예제 2.5; 문제 2.116, 2.118, 2.120 예제 2.6; 문제 2.124~2.125
2.10 원자량 측정: 질량 분석기	**질량 분석기**는 질량 대 전하 비율에 따라 기체 이온을 분리한다. 질량 스펙트럼은 y축에서 이온의 세기 (수)와 x축에서 이온의 질량 대 전하 비율을 기록한다. 질량 스펙트럼 데이터를 사용하여 원소의 원자량을 계산할 수 있다.	2.17 질량 스펙트럼의 데이터를 사용하여 원소의 원자량을 계산한다.	예제 2.7; 문제 2.13~2.14, 2.132~2.133
2.11 혼합물과 화합물; 분자와 공유 결합	대부분의 물질은 두 개 이상의 원소의 원자가 **화학 반응**에서 결합할 때 형성된 **화합물**이다. 화합물에 있는 원자는 두 종류의 **화합 결합** 중 하나에 의해 결합되어 있다. **공유 결합**은 두 원자가 전자를 공유할 때 형성되어 **분자**라는 새로운 물질을 만든다.	2.18 물질을 혼합물, 순물질, 원소, 화합물로 분류한다. 2.19 구조식, 공-막대 모형, 화학식 사이에 전환을 한다.	예제 2.8; 문제 2.15~2.16 2.42 예제 2.9; 문제 2.43~2.44
2.12 이온과 이온 결합	**이온 결합**은 하나의 원자가 하나 이상의 전자를 다른 원자에 완전히 이동시켰을 때 만들어지는 **이온**에 의해 형성된다. 양(+)으로 하전된 이온(**양이온**)은 음(−)으로 하전된 이온(**음이온**)을 전기적 힘으로 강하게 끌어당긴다.	2.20 결합을 이온 결합 또는 공유 결합으로 분류한다. 2.21 화학 기호와 전하로부터 전자 수와 양성자 수를 결정한다. 2.22 이온 결합 화합물의 분자 모형과 화학식을 짝짓는다.	예제 2.10; 문제 2.134~2.135 문제 2.41, 2.138~2.139 문제 2.45
2.13 화합물 명명법	화합물은 다음의 일련의 규칙에 의해 체계적으로 명명한다. 이성분 이온 결합 화합물은 먼저 양이온을, 다음에 음이온을 명명한다. 이성분 분자성 화합물은 분자 내에 있는 두 원소 중 어느 하나는 양이온과 유사하고, 다른 하나는 음이온과 유사하다고 가정하고 명명한다. **다원자 이온**을 가진 화합물은 대부분의 화합물의 이름과 화학식을 암기해야 한다.	2.23 이온 결합 화합물의 경우, 이름과 화학식 사이에 전환을 한다. 2.24 이성분 분자성 화합물의 경우, 이름과 화학식 사이에 전환을 한다.	예제 2.11~2.12; 문제 2.146, 2.148, 2.150, 2.152 예제 2.13; 문제 2.161~2.162

주요 용어

공유 결합
구조식
내부 전이 금속족
다원자 이온
동위 원소
몰
몰질량
물리적 성질
배수 비례 법칙
분자
성질
세기 성질
아보가드로수
양성자
양이온
옥소 음이온
원소
원자
원자량
원자 번호(Z)
원자 질량
음이온
이온
이온 결합
이온성 고체
일정 성분비 법칙
전이 금속족
전자
족
주기
주기율표
주족
중성자
질량 보존 법칙
질량 분석기
질량수
질량 스펙트럼
크기 성질
통합 원자 질량 단위(u)
핵
혼합물
화학 결합
화학 반응식
화학식
화학적 성질
화합물

복습 문제

LO는 학습 목표(Learning Objectives)를 나타낸다.

이 장을 학습한 후엔, 학습자의 이해도를 평가할 수 있는 방법이 있다. **복습 문제**를 푸는 것이다. **복습 문제**들은 이 장의 학습 목표와 연계되어 있다. 따라서 푼 답이 틀렸다면, 이 장의 끝부분에 나와 있는 **정리** 문단의 **학습 목표**를 참고하면 된다. 정리 문단에는 **개념 요약**이 제공되며, **예제**를 참고하면 문제 해결 방법을 모델링할 수 있고, 제공되는 **추가 문제**들로 더 많은 연습을 할 수 있다.

1. 주기율표를 참조하자. 다음 중 화학적 성질이 가장 비슷한 원소 쌍은 어느 것인가? (**LO 2.3**)
   (a) K와 Cu (b) O와 Se
   (c) Be와 B (d) Rb와 Sr

2. 4주기, 16족에 속한 원소의 위치를 찾아내고, 금속, 비금속, 준금속으로 분류하시오. (**LO 2.2**)

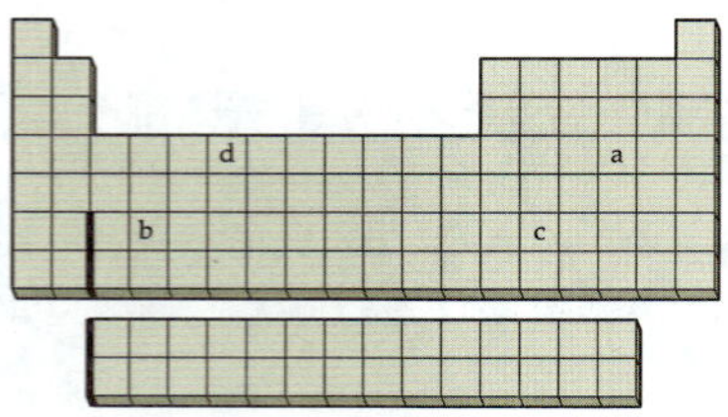

   (a) 위치 a의 원소; 비금속
   (b) 위치 b의 원소; 금속
   (c) 위치 c의 원소; 준금속
   (d) 위치 d의 원소; 금속

3. 금속 원소의 설명이 주기율표에서의 위치와 일치하지 않는 것은? (**LO 2.5~2.6**)

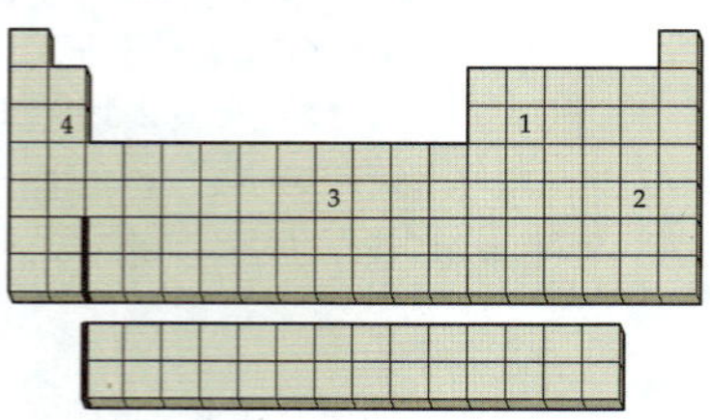

   (a) 원소 3–우수한 전기 전도체인 전이 금속족의 원소
   (b) 원소 2–할로젠 족에 있고 전기를 전도하지 않는 원소
   (c) 원소 4–자연에서 순수한 형태로 발견되는 알칼리 금속족의 원소
   (d) 원소 1–실온에서 고체이고 깨지기 쉬우며 전기 전도도가 낮은 원소

4. 황과 플루오린으로 이루어진 어떤 화합물이 8.00 g의 S와 9.50 g의 F를 함유한다. S와 F 질량의 조합 중 어느 것이 배수 비례의 법칙을 따르는 다른 화합물을 나타내는가? (**LO 2.8**)
   (a) 32.0 g의 S와 38.0 g의 F
   (b) 4.00 g의 S와 4.75 g의 F
   (c) 8.00 g의 S와 10.5 g의 F
   (d) 16.0 g의 S와 57.0 g의 F

5. 현재 전자라고 알려진 음으로 하전된 입자가 원자에 포함되어 있다는 발견은, 다음 중 어떤 실험과 후속 관찰로 인해 이루어졌는가? (**LO 2.10~2.12**)
   (a) 기름이 챔버 안으로 분사되고 기름방울이 떨어지는 속도가 전압이 가해지거나 가해지지 않은 상태에서 측정된다. 챔버의 X선은 공기 분자에서 전자를 생성한다. 전자는 기름에 달라붙고 기름방울은 음전하를 띠게 한다. 전압을 조정하면 음으로 대전된 기름방울이 떨어지는 속도가 변한다.
   (b) 밀봉된 유리관의 양끝에 있는 금속 전극에 고전압이 가해지면, 음극선이 생성된다. 음극선은 음으로 하전된 판에 의해 반발한다.
   (c) 방사성 물질은 얇은 금박지로 향하는 알파 입자를 방출한다. 대부분의 알파 입자는 금박을 통과하지만, 일부 알파 입자는 약간 휘어지며, 일부는 방사성 방출원 쪽으로 되돌아간다.
   (d) 순수한 화합물에서 다른 원소의 질량을 측정한다. 동일 화합물의 서로 다른 시료는 항상 동일한 질량 비율의 원소를 함유한다.

6. ${}^{206}_{82}Pb$의 원자에는 몇 개의 양성자, 중성자, 전자가 존재하는가? (**LO 2.14**)
   (a) 82(양성자), 206(중성자), 82(전자)
   (b) 124(양성자), 82(중성자), 124(전자)
   (c) 82(양성자), 124(중성자), 82(전자)
   (d) 82(양성자), 82(중성자), 124(전자)

7. 두 개의 자연 발생 동위 원소로 구성된 원소의 원자량은 얼마인가? 단, 첫 번째 동위 원소의 질량은 84.911이고 존재비는 72.17%이며, 두 번째 동위 원소의 질량은 86.909이고 존재비는 27.83%이다. (**LO 2.15**)
   (a) 85.47 (b) 86.35
   (c) 85.91 (d) 85.17

8. 다음 중 질량이 가장 큰 시료는? (**LO 2.16**)
   (a) 5.5 mol의 C (b) 2.1 mol의 S
   (c) 4.2 mol의 Be (d) 0.52 mol의 Ag

9. 1.2 g의 금에는 몇 개의 원자가 있는가? (**LO 2.16**)
   (a) 2.5×10^{21} (b) 1.4×10^{26}
   (c) 7.2×10^{23} (d) 3.7×10^{21}

10. 브로민에는 두 개의 자연 발생 동위 원소가 있다. ${}^{79}Br$(78.918 질량) 및 ${}^{81}Br$(80.916 질량). 브로민의 원자량이 79.904인 경우, 브로민 원자 시료의 질량 스펙트럼을 예측하시오. (**LO 2.17**)

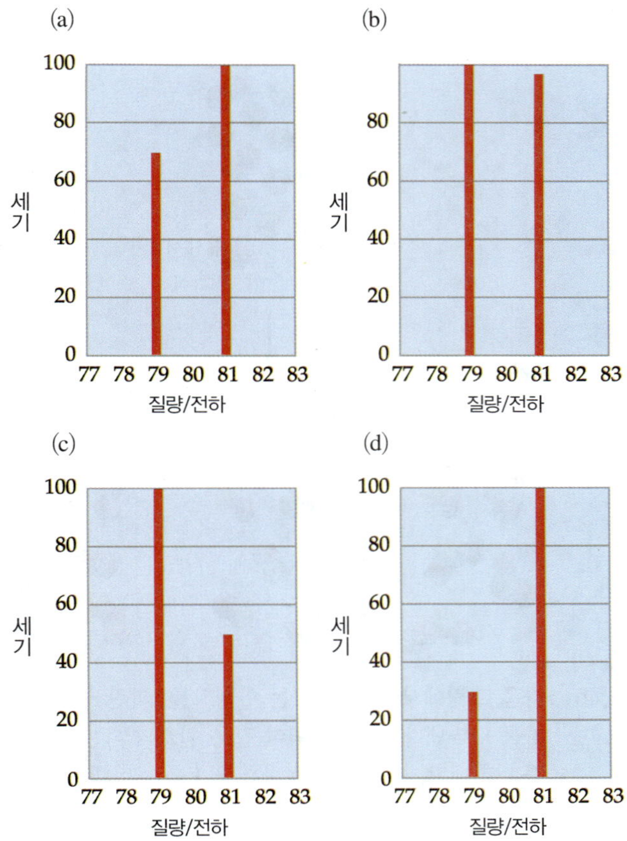

11. 다음 분자 그림이 나타내는 것은? (**LO 2.18**)

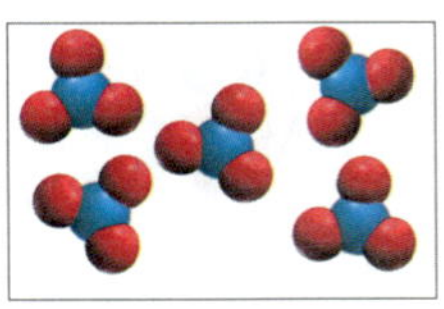

(a) 순수한 원소
(b) 두 원소의 혼합물
(c) 순수한 화합물
(d) 원소와 화합물의 혼합물

12. 다음 중 공유 결합일 것으로 예측되는 화합물은? (**LO 2.20**)
(a) Na_2O (b) PBr_3
(c) $CaBr_2$ (d) MgS

13. ${}^{107}_{47}Ag^+$에 있는 양성자, 중성자, 전자 수는? (**LO 2.21**)
(a) 양성자 = 47, 중성자 = 60, 전자 = 46
(b) 양성자 = 47, 중성자 = 107, 전자 = 48
(c) 양성자 = 60, 중성자 = 47, 전자 = 47
(d) 양성자 = 47, 중성자 = 107, 전자 = 46

14. 인산 소듐의 올바른 화학식은 어느 것인가? (**LO 2.24**)
(a) Na_3PO_4 (b) Na_3P
(c) $NaPO_4$ (d) $Na(PO_4)_2$

15. 다음 중 화합물의 이름이 틀린 것은? (**LO 2.23~2.25**)
(a) CaO; 산화 칼슘
(b) $FeBr_2$; 다이브로민화 철
(c) N_2O_5; 오산화 이질소
(d) CrO_3; 산화 크로뮴(VI)

답:

1. b, 2. a, 3. c, 4. d, 5. b, 6. c, 7. a, 8. b, 9. d, 10. b, 11. c, 12. b, 13. a, 14. a, 15. b

개념 문제

문제 2.1~2.33은 이 장의 본문 중에 있다.

2.34 다음 원소 또는 원소 족은 주기율표의 어디에 위치하는가?
(a) 알칼리 금속 (b) 할로젠
(c) 알칼리 토금속 (d) 전이 금속
(e) 수소 (f) 헬륨

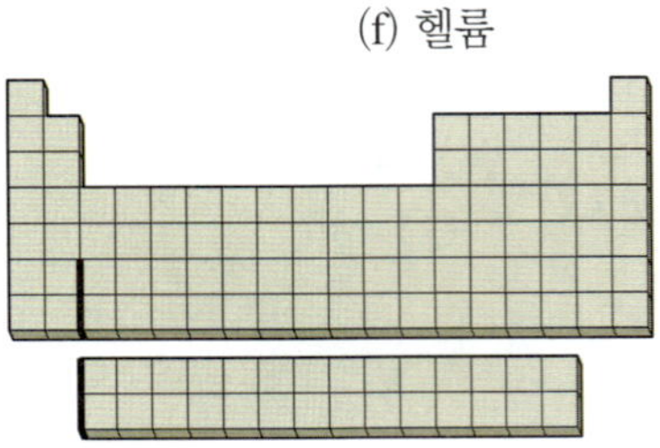

2.35 다음 주기율표의 빨간색 원소는 기체, 액체, 고체 중 어느 것일까? 파란색 원소의 원자 번호는 무엇인가? 초록색, 파란색, 빨간색 원소의 족 번호는 무엇인가? 초록색 원소와 화학적으로 유사한 하나 이상의 다른 원소의 이름을 말하시오.

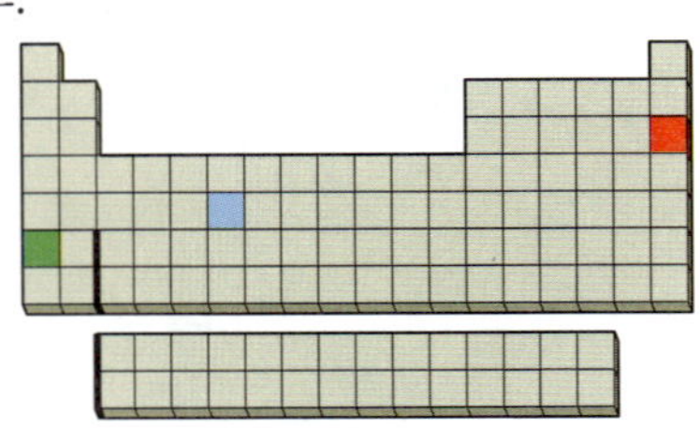

2.36 다음 주기율표에 표시된 원소는 연기 감지기에 사용된다. 무슨 원소인지 밝히고, 원자 번호와 어느 족인지를 말하시오.

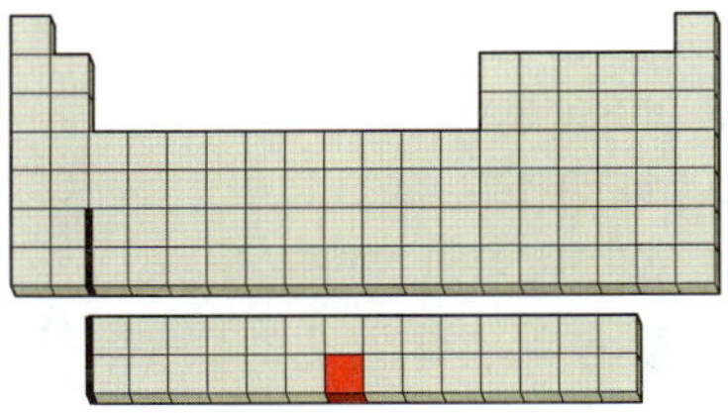

2.37 주기율표에 표시된 세 가지 원소를 밝히고, 어느 족인지를 말하시오. 이들 원소를 금속, 비금속, 준금속으로 분류하시오. 이 원소들의 화학적 반응성은 유사하겠는가 다르겠는가?

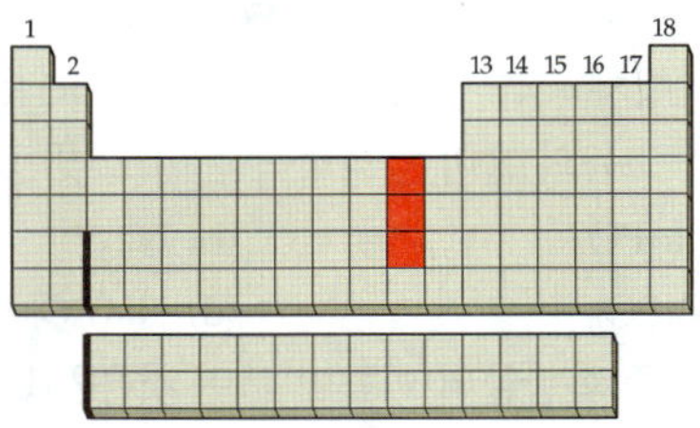

2.38 노란색 구는 황 원자를, 빨간색 구는 산소 원자를 나타내는 경우, 다음 그림 중 이산화 황(SO_2)의 집합을 나타내는 것은 어느 것인가?

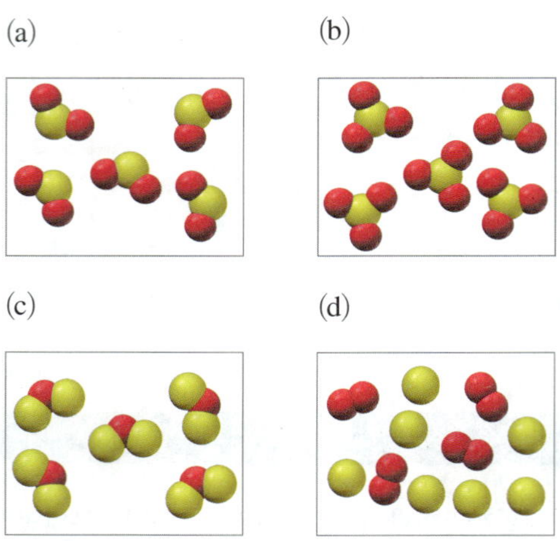

2.39 그림 (a)에 있는 물질의 혼합물이 반응을 한다고 가정하자. 다음 (b)~(d) 중 어느 것이 질량 보존 법칙에 일치하는 생성물 혼합물을 나타내는가?

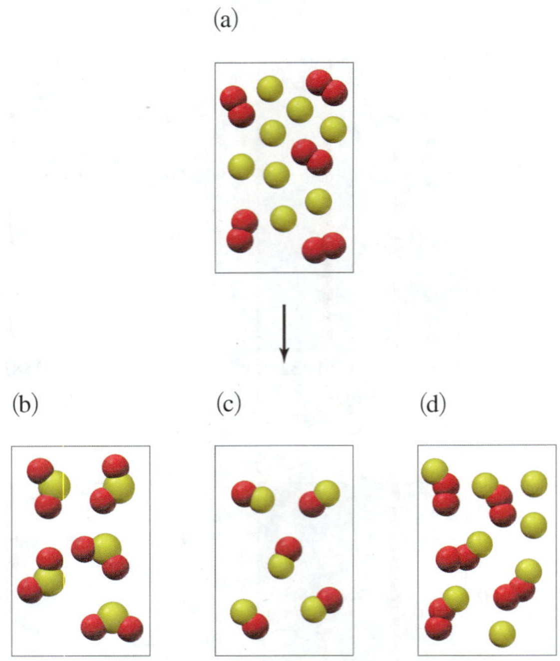

2.40 다음 그림에서 빨간색 구는 양성자를, 파란색 구는 중성자를 나타낸다. 어느 그림이 같은 원소의 다른 동위 원소를 나타내고, 어느 그림이 다른 원소를 나타내는가?

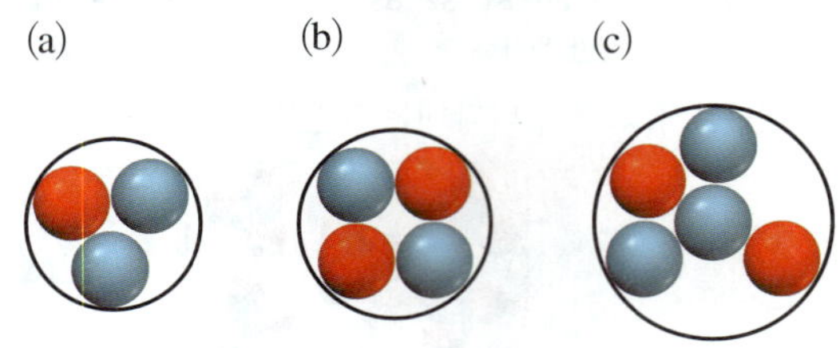

2.41 다음 3개의 그림 중 어느 것이 중성 Na 원자를 나타내고, 어느 것이 +2가를 갖는 Ca 원자(Ca^{2+})를 나타내며, 어느 것이 −1가를 띤 F 원자(F^-)를 나타내는가?

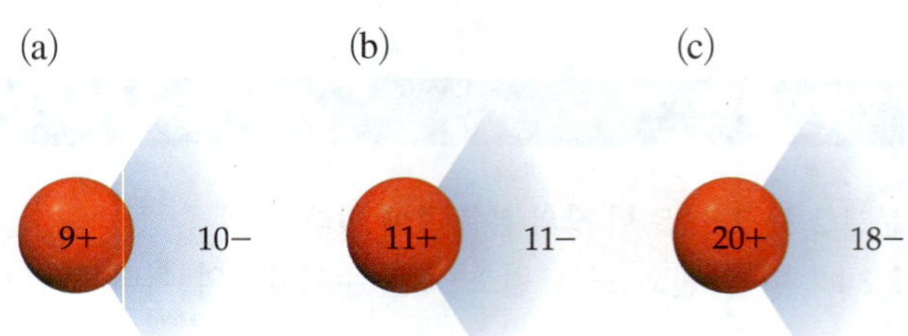

2.42 다음 그림에서 빨간색과 파란색 구는 다른 원소의 원자를 나타낸다. 분자 그림 (a)~(c)와 다음 설명을 연결하시오.

(i) 화합물로 구성된 순물질

(ii) 원소로 구성된 순물질

(iii) 원소의 혼합물

(a) (b) (c)

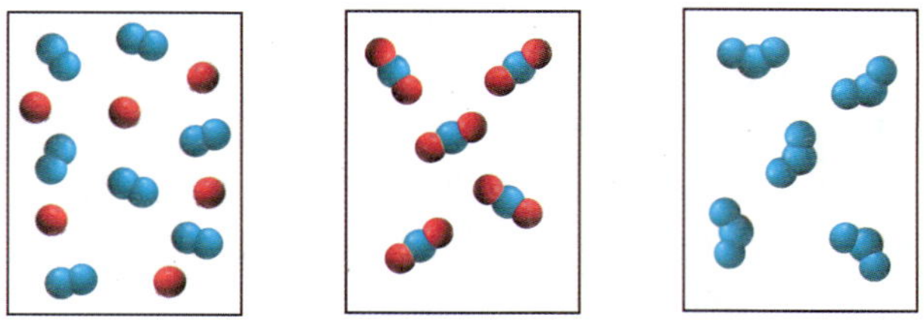

2.43 메싸이오닌은 단백질을 만드는 20개의 아미노산 구성 요소 중 하나이며, 다음과 같은 구조를 가지고 있다. 메싸이오닌의 화학식은 무엇인가? 화학식을 작성할 때 원소 기호를 알파벳 순서로 나열하고, 각 원소의 수는 아래 첨자로 적으시오.

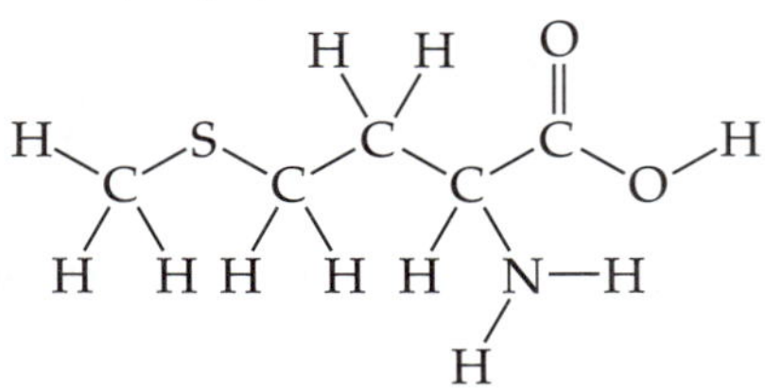

메싸이오닌 (아미노산)

2.44 다음 공–막대 분자 모형(빨간색 = O, 회색 = C, 파란색 = N, 상아색 = H)에 각각 해당하는 분자식을 쓰시오. 분자식을 작성할 때, 원소들을 알파벳 순서로 나열하시오.

(a) 알라닌 (아미노산)

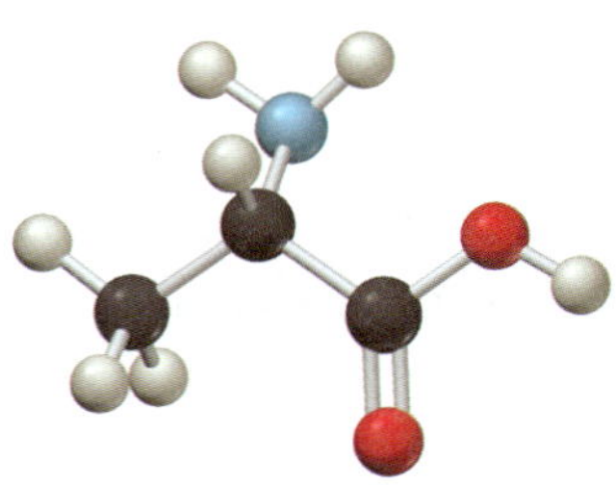

(b) 에틸렌 글라이콜 (자동차 부동액)

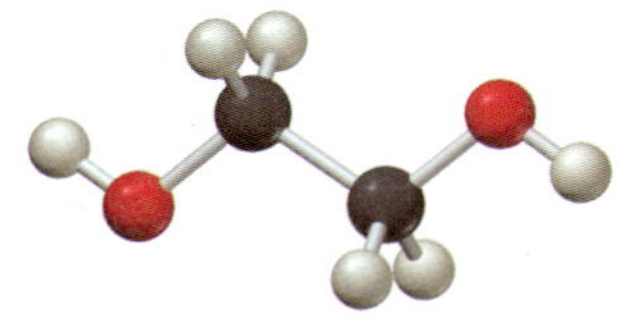

(c) 아세트산 (식초)

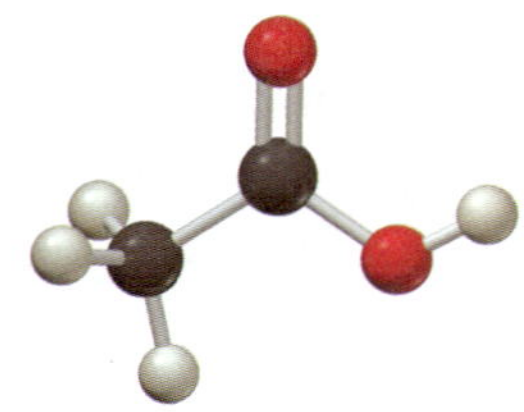

2.45 다음 그림에서 빨간색 구는 양이온을, 파란색 구는 음이온을 나타낸다. 그림 (a)~(d)와 다음 이온 결합 화합물을 짝지으시오.

(i) $Ca_3(PO_4)_2$ **(ii)** Li_2CO_3 **(iii)** $FeCl_2$ **(iv)** $MgSO_4$

(a) (b) (c) (d)

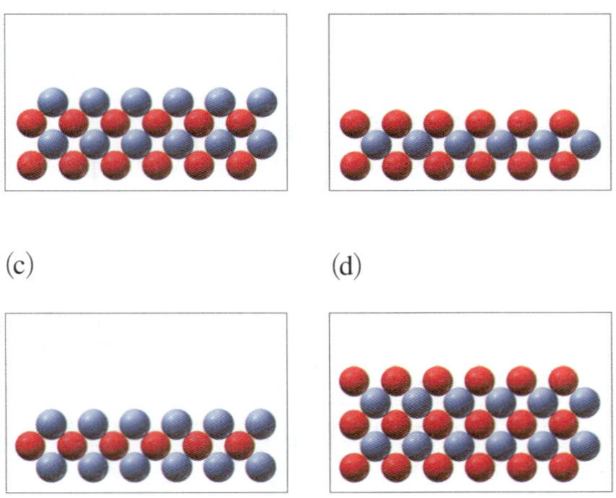

보충 문제

원소와 주기율표(2.1~2.3절)

2.46 현재 알려져 있는 원소의 개수는? 자연계에 있는 원소의 개수는?

2.47 관측된 우주 질량의 대략 75%를 차지하는 원소는 무엇인가? 인체 질량의 95%를 구성하는 4가지 원소는 무엇인가?

2.48 앞표지 안쪽의 알파벳 순으로 나열된 원소들을 보고 답하시오. 다음 원소의 기호는 무엇인가?

(a) 가돌리늄(컬러 TV 화면에 사용)
(b) 저마늄(반도체에 사용)
(c) 테크네튬(생의학 이미징에 사용)
(d) 비소(살충제에 사용)

2.49 앞표지 안쪽의 알파벳 순으로 나열된 원소들을 보고 답하시오. 다음 원소의 기호는 무엇인가?

(a) 카드뮴(충전식 Ni-cad 배터리에 사용)
(b) 이리듐(합금 강화에 사용)
(c) 베릴륨(우주 왕복선에 사용)
(d) 텅스텐(전구에 사용)

2.50 앞표지 안쪽의 알파벳 순으로 나열된 원소들을 보고 답하시오. 다음 기호에 해당하는 원소의 이름을 쓰시오.

(a) Te (b) Re (c) Be
(d) Ar (e) Pu

2.51 앞표지 안쪽의 알파벳 순으로 나열된 원소들을 보고 답하시오. 다음 기호에 해당하는 원소의 이름을 쓰시오.
(a) B (b) Rh (c) Cf
(d) Os (e) Ga

2.52 다음 각 서술의 틀린 점은 무엇인가?
(a) 주석의 기호는 Ti이다.
(b) 망가니즈의 기호는 Mg이다.
(c) 포타슘의 기호는 Po이다.
(d) 헬륨의 기호는 HE이다.

2.53 다음 각 서술의 틀린 점은 무엇인가?
(a) 탄소의 기호는 Ca이다.
(b) 소듐의 기호는 So이다.
(c) 질소의 기호는 Ni이다.
(d) 염소의 기호는 Cr이다.

2.54 멘델레예프 주기율표의 일부인 그림 2.2를 살펴보자.
(a) 주기율표에 원소들을 정렬하기 위해 어떤 특성을 이용하였는가?
(b) 멘델레예프는 주기율표에서 Al과 Si 아래에 알려지지 않은 원소의 특성을 어떻게 정확하게 예측할 수 있었는가?

2.55 그림 2.3의 주기율표를 살펴보자.
(a) 주기율표에 원소들을 정렬하기 위해 어떤 특성을 이용하였는가?
(b) 가로 행을 ________(이)라고 한다.
(c) 세로 열을 ________(이)라고 한다.
(d) 1, 2족 및 13~18족을 ________족이라고 한다.
(e) 3~12족을 ________족이라고 한다.
(f) 다음 3가지 원소를 금속, 비금속, 준금속으로 분류하시오.

Mo, Br, Si.

(g) 3주기 14족에 있는 원소의 기호는 무엇인가?

2.56 주기율표에서 행과 열은 각각 무엇이라고 부르는가?

2.57 주기율표에는 몇 개의 족이 있는가? 그들은 어떻게 표시되는가?

2.58 주기율표에서 같은 족에 있는 원소들의 공통적인 특징은 무엇인가?

2.59 주기율표에서 주족 원소는 어디에 있는가? 전이 금속족은 어디에 있는가?

2.60 주기율표에서 금속 원소는 어디에 있는가? 비금속 원소는 어디에 있는가?

2.61 준금속이란 무엇이며, 주기율표에서 준금속은 어디에 있는가?

2.62 다음 원소들을 금속, 비금속, 준금속으로 분류하시오.
(a) Ti (b) Te (c) Se
(d) Sc (e) Si

2.63 다음 원소들을 금속, 비금속, 준금속으로 분류하시오.
(a) Ar (b) Sb (c) Mo
(d) Cl (e) N (f) Mg

2.64 다음 족의 몇 가지 일반적 특성을 나열하시오.
(a) 알칼리 금속 (b) 비활성 기체 (c) 할로젠

2.65 (a) 주기율표를 보지 말고, 가능한 많은 알칼리 금속을 나열하시오(5가지는 흔한 원소이다).
(b) 주기율표를 보지 말고, 가능한 많은 알칼리 토금속을 나열하시오(5가지는 흔한 원소이다).

2.66 주기율표를 보지 말고, 가능한 많은 할로젠을 나열하시오(4가지는 흔한 원소이다).

2.67 주기율표를 보지 말고, 가능한 많은 비활성 기체를 나열하시오(6가지는 흔한 원소이다).

2.68 상온에서 어떤 원소는 물과 격렬하게 반응하고 전기를 잘 전달하며 단단하지 않은 은색의 고체로 밝혀졌다. 이 원소는 금속, 비금속, 준금속 중 어느 것일까?

2.69 상온에서 어떤 원소는 전기 전도도가 좋지 않으며 광택이 나는 은색 고체로 밝혀졌다. 원소의 시료를 망치로 치면 산산이 부서진다. 이 원소는 금속, 비금속, 준금속 중 어느 것일까?

2.70 상온에서 어떤 원소는 황색 결정성 고체이다. 이것은 전기를 전도하지 않으며 망치로 치면 산산이 부서진다. 이 원소는 금속, 비금속, 준금속 중 어느 것일까?

2.71 상온에서 특정 원소는 무색의 비활성 기체이다. 이 원소는 금속, 비금속, 준금속 중 어느 것일까?

2.72 주기율표 1, 2, 15, 17족 중 어느 족에서 모든 원소 기호의 첫 글자와 이름의 첫 글자가 같은가?

2.73 주기율표의 1, 2, 15, 17족에서 원소 기호의 첫 글자와 이름의 첫 글자가 다른 원소는 무엇인가?

2.74 어떤 유형의 성질(세기 혹은 크기)이 물질의 양에 의존하지 않는가?

2.75 다음 성질이 세기 성질인지 크기 성질인지를 말하시오.
밀도, 부피, 질량, 전기 전도도

원자론(2.4~2.5절)

2.76 돌턴의 원자론은 질량 보존 법칙과 일정 성분비 법칙을 어떻게 설명하는가?

2.77 배수 비례 법칙은 무엇이며, 돌턴의 원자론은 이를 어떻게 설명하는가?

2.78 질량이 114.0 g인 수은 시료를 산소 기체 12.8 g과 합한 결과, 123.1 g의 산화 수은(II)이 생성되었다. 반응이 완료된 후 남은 산소의 양은 얼마인가?

2.79 시료 $CaCO_3$을 가열하여 CaO 및 CO_2 기체를 발생시켰다. CO_2가 대기로 빠져나가는 동안 고체 CaO는 남아 있었다. $CaCO_3$의 질량이 612 g이고 CaO의 질량이 343 g인 경우, 반응에서 몇 그램의 CO_2가 생성되었는가?

2.80 메테인에서 수소는 3배 질량의 탄소와 결합한다. 탄소와 수소만을 포함하는 화합물의 시료에 32.0 g의 탄소와 8.0 g의 수소가 포함되어 있다면, 시료는 메테인일 수 있는가? 시료가 메테인이 아닌 경우, 메테인과 다른 물질이 배수 비례 법칙을 따른다는 것을 설명하시오.

2.81 보레인에서 수소는 3.6배 질량의 붕소와 결합한다. 수소 및 붕소만을 함유하는 화합물은 6.0 g의 수소 및 43.2 g의 붕소를 함유한다. 이 화합물은 보레인일 수 있는가? 보레인이 아닌 경우, 보레인과 다른 물질이 배수 비례 법칙을 따른다는 것을 설명하시오.

2.82 벤젠, 에테인, 에틸렌은 탄소와 수소만 포함된 많은 **탄화수소** 중 3가지이다. 다음 데이터를 이용하여, 배수 비례 법칙이 어떻게 성립하는지를 보이시오.

화합물	5.00 g 시료에 있는 탄소의 질량	5.00 g 시료에 있는 수소의 질량
벤젠	4.61 g	0.39 g
에테인	4.00 g	1.00 g
에틸렌	4.29 g	0.71 g

2.83 탄소(12.011)의 원자량은 수소(1.008) 원자량의 약 12배이다.

(a) 위 정보를 이용하여, 벤젠, 에테인, 에틸렌의 가능한 화학식을 계산하는 방법을 보이시오(문제 2.82).

(b) (a)의 답이 벤젠(C_6H_6), 에테인(C_2H_6), 에틸렌(C_2H_4)의 실제 화학식과 어떻게 일치하는지를 보이시오.

2.84 탄소와 산소를 함유한 두 화합물의 질량 % 조성은 다음과 같다.

화합물 1: 42.9%의 탄소와 57.1%의 산소
화합물 2: 27.3%의 탄소와 72.7%의 산소

위 두 화합물이 배수 비례 법칙을 따름을 보이시오. 제1 화합물 1의 화학식이 CO인 경우, 화합물 2의 화학식은 무엇인가?

2.85 일산화 탄소(CO) 및 이산화 탄소(CO_2) 외에, carbon suboxide라는 세 번째의 탄소 및 산소의 화합물이 있다고 가정한다. 2.500 g의 carbon suboxide 시료가 1.32 g의 C와 1.18 g의 O를 함유한다면, 배수 비례 법칙이 지켜짐을 보이시오. carbon suboxide의 가능한 화학식은 무엇인가?

원소와 원자(2.6~2.8 절)

2.86 톰슨 음극선관 실험의 결과로, 원자 내 어떤 입자가 발견되었는가?

2.87 톰슨의 실험에서 음극선의 휘는 정도에 영향을 미치는 것은 무엇인가?

2.88 그림 2.6에서 보여 준 톰슨의 음극선관 실험의 다음 설명은 참인가 거짓인가?

(a) 밀폐되고 진공 처리된 유리관의 금속 전극에 고전압을 가하면 전류가 흐른다.

(b) 음극선은 하전된 입자의 흐름이다.

(c) 음극선은 양으로 하전된 판에 의해 휘어진다.

(d) 여러 다른 종류의 금속 전극이 음극선을 생성할 수 있다.

(e) 음극선은 양성자로 구성된다.

(f) 알려진 세기의 전기장으로 야기된 음극선 살의 휘어지는 정도를 측정함으로써, 전자의 전하 대 질량 비를 계산하였다.

2.89 그림 2.7에서 보여 준 밀리컨 기름방울 실험에 관한 설명에서 빈칸을 채우시오.

미세한 기름 안개를 챔버에 분사하고, 접안렌즈를 사용하여 기름방울의 속도를 측정하였다. 떨어지는 기름방울의 종말 속도를 알면, 기름방울의 _______(질량/전하/부피)(을)를 계산할 수 있다.

X선은 공기방울에서 _______(전자/양성자)를 제거하여 기름방울의 표면에 달라붙게 하여 _______(음성/양성) 전하를 만들어 낸다. 하전된 기름방울은 가해 준 전압으로 인해 2개의 수평 판 사이에 떨어진다. 위쪽 판에는 _______(음의/양의) 전하가 주어진다. 이는 낙하의 저하를 늦추고 두 판 사이에서 머물게 한다. 기름방울의 전체 전하는 기름방울의 질량과 판의 전압으로 계산할 수 있다. 기름방울의 전하는 전자 전하의 _______(분수/정수의 배수)인 것으로 밝혀졌다. 기름방울 실험은 전자의 _______(질량/전하)(을)를 측정하여 전자의 _______(질량/전하)(이)가 톰슨의 전하 대 질량 비 측정으로부터 계산될 수 있게 하였다.

2.90 밀리컨 기름방울 실험의 전체 전하 중 다음 어떤 전하 값이 불가능한가? 이 문제의 경우, 현재 허용되는 전자의 전하를 반올림하여 1.602×10^{-19} C로 한다.

(a) -1.010×10^{-18} C (b) -8.010×10^{-19} C
(c) -2.403×10^{-18} C

2.91 러더퍼드의 금박 실험 결과, 원자 구조에 대해 무엇을 발견했는가?

2.92 러더퍼드의 금박 실험 전에 원자의 '자두 푸딩' 모형이 원자 구조를 나타냈다. 이 모형에서, 원자는 양전하 구름 내에 산재된 전자들로 구성된다. 이것이 올바른 원자 모형인 경우, 러더퍼드 실험 결과들이 어떻게 달라질지 예측하시오.

(a) 알파 입자는 거의 또는 전혀 휘지 않고, 금박을 통과할 것이다.

(b) 대부분의 알파 입자는 휘어져서 다시 방출원 쪽으로 되돌아갈 것이다.

(c) 대부분의 알파 입자는 원자에 흡수되어 금박을 통과하지도 휘어지지 않는다.

2.93 흑연 연필로 쓴 문장 끝부분의 마침표의 지름은 1 mm이다. 마침표가 핵을 나타내는 경우, 전체 원자의 지름은 대략 m 단위로 얼마인가?

2.94 의료용 X선으로부터 보호하기 위해 1/4-인치 두께의 납 시트가 사용된다. 단일 납 원자의 지름이 350 pm이면, 납 시트의 두께는 몇 개의 원자로 이루어지는가?

2.95 흑연 연필로 쓴 문장 끝부분에 있는 마침표의 지름은 1 mm이다. 단일 탄소 원자의 지름이 150 pm인 경우, 마침표를 가로질러 몇 개의 탄소 원자가 정렬되는가?

2.96 원자의 원자 번호와 질량수의 차이는 무엇인가?

2.97 원소의 원자 번호와 원자량의 차이는 무엇인가?

2.98 원자의 원자 번호를 나타내는 첨자는 동위 원소 기호를 쓸 때 종종 생략된다. 예를 들어, $^{13}_{6}C$는 종종 단순히 ^{13}C로 기재된다. 이것이 허용되는 이유는?

2.99 아이오딘은 텔루륨보다 원자 번호가 더 크지만(아이오딘의 경우 53, 텔루륨의 경우 52), 원자량은 더 작다(아이오딘의 경우 126.90, 텔루륨의 경우 127.60). 이를 설명하시오.

2.100 다음 원소의 이름과 기호를 적으시오.
(a) 원자 번호가 6인 원소
(b) 핵에 18개의 양성자가 있는 원소
(c) 전자가 23개인 원소

2.101 방사성 동위 원소 세슘-137은 우크라이나 체르노빌에서 발생한 1985년 원자력 발전소 재해로 인해 대량으로 낙하하여 생산되었다. 이 동위 원소의 기호를 표준 형식으로 적으시오.

2.102 다음 동위 원소의 기호를 쓰시오.
(a) 라돈-220 (b) 폴로늄-210 (c) 금-197

2.103 다음 동위 원소의 기호를 쓰시오.
(a) $Z = 58$ 및 $A = 140$ (b) $Z = 27$ 및 $A = 60$

2.104 다음 원자 각각에 있는 양성자, 중성자, 전자 수는?
(a) $^{15}_{7}N$ (b) $^{60}_{27}Co$ (c) $^{131}_{53}I$ (d) $^{142}_{58}Ce$

2.105 다음 원자 각각의 핵에 있는 양성자와 중성자 수는?
(a) ^{27}Al (b) ^{32}S (c) ^{64}Zn (d) ^{207}Pb

2.106 다음 원소가 무엇인지 밝히시오.
(a) $^{24}_{12}X$ (b) $^{58}_{28}X$ (c) $^{104}_{46}X$ (d) $^{183}_{74}X$

2.107 다음 원소가 무엇인지 밝히시오.
(a) $^{202}_{80}X$ (b) $^{195}_{78}X$ (c) $^{184}_{76}X$ (d) $^{209}_{83}X$

2.108 다음 동위 원소 기호 중 올바르지 않은 것은?
$^{18}_{9}F$ $^{12}_{5}C$ $^{33}_{35}Br$ $^{18}_{8}O$ $^{11}_{5}Bo$

2.109 다음 동위 원소 기호 중 올바르지 않은 것은?
$^{14}_{7}Ni$ $^{131}_{54}Xe$ $^{54}_{26}Fe$ $^{73}_{23}Ge$ $^{1}_{2}He$

2.110 플루오린은 단일 동위 원소로 자연적으로 발생한다. 플루오린화 수소(^{2}HF)에 있는 양성자, 중성자, 전자 수는? (중수소는 ^{2}H이다.)

2.111 수소에는 3개의 동위 원소(^{1}H, ^{2}H, 서로 다른 동위 원소로 구성된 ^{3}H)가 있고, 염소에는 2개의 동위 원소(^{35}Cl, ^{37}Cl)가 있다. HCl은 몇 가지인가? 각각의 화학식을 작성하고, 각각에 포함된 양성자, 중성자, 전자의 수를 쓰시오.

원자량, 몰 및 질량 분석기(2.9~2.10절)

2.112 통합 원자 질량 단위(u)는 어느 중성 원자 질량의 정확히 1/12로 정의되는가?
(a) ^{1}H (b) ^{12}C (c) ^{14}C (d) ^{16}O

2.113 (a) 통합 원자 질량 단위(u)는 매우 작은 원자 질량을 나타내는 데 사용된다. 1 u에 해당하는 그램 수는 얼마인가?
(b) 몰은 매우 많은 수의 원자를 나타내는 데 사용되는 단위이다. 원자 1몰에 해당하는 원자는 몇 개인가?

2.114 설명 (a)~(e)를 다음 용어(원자량, 원자 질량, 질량수, 원자 번호, 몰질량)와 짝지으시오.
(a) 한 개의 ^{13}C 원자와 같은 특정 원자의 질량
(b) 원소의 양성자 수로 결정되는 양
(c) 원소 1몰의 그램 수
(d) 원소의 양성자와 중성자의 수
(e) 자연에 존재하는 동위 원소 질량의 가중평균

2.115 다음 설명이 참인지 거짓인지 말하시오.
(a) 원소의 원자량과 원자 번호는 같은 값을 가진다.
(b) 원소의 몰질량과 원자량은 같은 값을 가진다.

2.116 구리에는 ^{65}Cu를 포함하여 두 개의 자연 발생 동위 원소가 있다. 주기율표를 보고, 두 번째 동위 원소가 ^{63}Cu인지 ^{66}Cu인지 보이시오.

2.117 유황에는 ^{33}S, ^{34}S, ^{36}S를 포함하여 자연 발생 동위 원소가 4개 있다. 주기율표를 보고, 네 번째 동위 원소가 ^{32}S인지 ^{35}S인지를 보이시오.

2.118 붕소는 자연에 존재하는 동위 원소 질량이 10.0129인 ^{10}B(19.9%)와 11.009 31인 ^{11}B(80.1%)의 두 동위 원소로 구성된다. 붕소의 원자량은 얼마인가? 주기율표에서 답을 확인하시오.

2.119 은은 자연에 존재하는 동위 원소 질량이 106.9051인 ^{107}Ag(51.84%)와 108.9048인 ^{109}Ag(48.16%)의 두 동위 원소로 구성된다. 은의 원자량은 얼마인가? 주기율표에서 답을 확인하시오.

2.120 마그네슘에는 존재비 78.99%인 ^{24}Mg(23.985), 존재비 10.00%인 ^{25}Mg(24.986), 존재비 11.01%인 3개의 자연 발생 동위 원소가 있다. 마그네슘의 원자량을 찾은 다음 세 번째 동위 원소의 질량을 계산하시오.

2.121 자연에서 얻는 규소 시료는 $^{28}Si(27.9769)$, $^{29}Si(28.9765)$ 및 $^{30}Si(29.9738)$로 구성된다. 규소의 원자량이 28.0855이고 ^{29}Si의 자연 존재비가 4.68%인 경우, ^{28}Si와 ^{30}Si의 자연 존재비는 얼마인가?

2.122 구리 금속에는 구리-63(69.15%; 동위 원소 질량 = 62.93)과 구리-65(30.85%; 동위 원소 질량 64.93)의 자연 발생 동위 원소가 2개 있다. 구리의 원자량을 계산하고, 주기율표에서 답을 확인하시오.

2.123 저마늄에는 5개의 자연 발생 동위 원소가 있다: ^{70}Ge, 20.5%, 69.924; ^{72}Ge, 27.4%, 71.922; ^{73}Ge, 7.8%, 72.923; ^{74}Ge, 36.5%, 73.921, ^{76}Ge, 7.8%, 75.921. 저마늄의 원자량은 얼마인가?

2.124 다음 각 시료의 질량은 몇 g인가?

(a) Ti 1.505 mol (b) Na 0.337 mol

(c) U 2.583 mol

2.125 다음 각 시료는 몇 mol인가?

(a) Ti 11.51 g (b) Na 29.127 g

(c) U 1.477 kg

2.126 원소의 원자량이 x인 경우, 원소의 6.02×10^{23}개의 원자의 질량은 몇 g인가? 답과 원소 x의 원자량을 수치적으로 비교하시오.

2.127 원소의 원자량이 x인 경우, 3.17×10^{20}개의 원자의 질량은 몇 g인가?

2.128 원소 Y의 6.02×10^{23}개의 원자의 질량이 83.80 g이라면, Y는 무엇인가?

2.129 원소 Z의 4.61×10^{21}개의 원자의 질량이 0.815 g이라면, Z는 무엇인가?

2.130 질량 분석기의 개략도를 보여 주는 그림 2.10을 참조하시오.

(a) 기체 원자에 전자살을 충돌시키는 목적은 무엇인가?

(b) 질량 분석기에서 구부러진 진공관을 통해 이동하는 전하가 +1인 두 개의 이온을 비교한다. 더 무거운 이온과 더 가벼운 이온 중 어느 쪽이 자기장에 의해 더 많이 굴절되는가?

(c) 주어진 일련의 실험 조건 하에서, 특정 질량 대 전하 비의 이온이 슬릿을 통과하여 검출기에 도달하였다. 질량 분석기의 어떤 실험적 변수를 변화시키면, 다른 질량 대 전하 비의 이온을 검출기에 충돌하도록 할 수 있는가?

2.131 구리에는 두 개의 자연 발생 동위 원소가 있다. ^{63}Cu(상대비 = 69.17%)와 ^{65}Cu(상대비 = 30.83%)이다. 다음 중 구리 시료를 나타내는 질량 스펙트럼을 선택하시오.

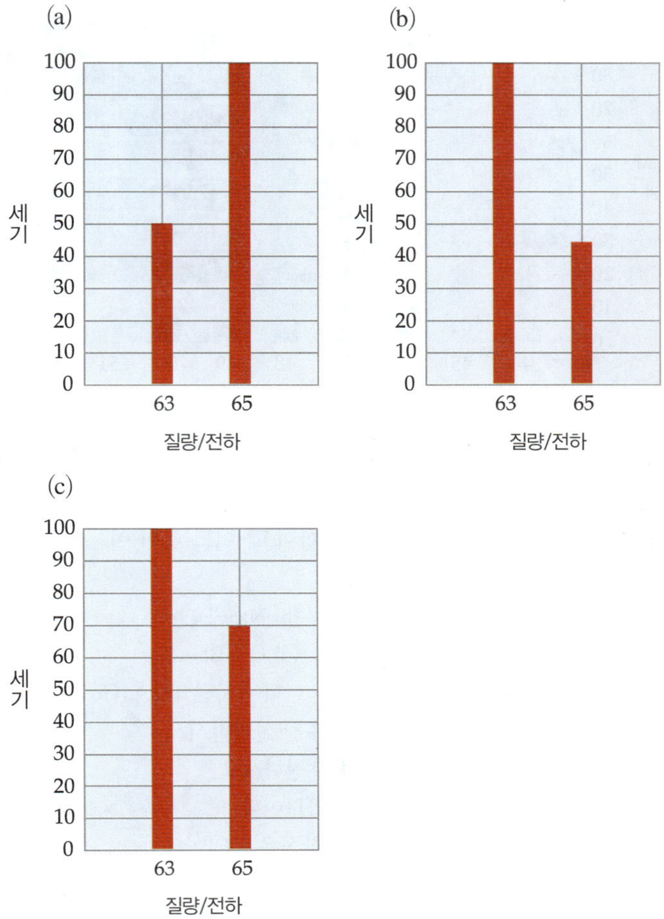

2.132 어떤 원소 시료의 질량 스펙트럼 데이터를 사용하여, 원소의 원자량을 계산하시오. 이 원소의 이름은 무엇인가?

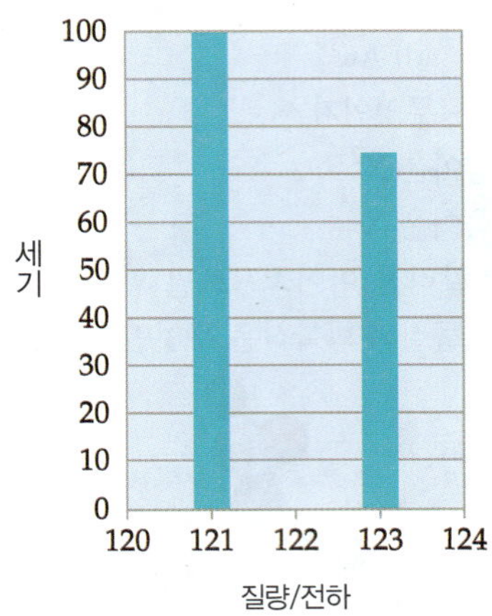

이온 전하/전하 비	이온 세기
120.9038	100.00
122.9042	74.80

2.133 어떤 원소 시료의 질량 스펙트럼 데이터를 사용하여, 원소의 원자량을 계산하시오. 이 원소의 이름은 무엇인가?

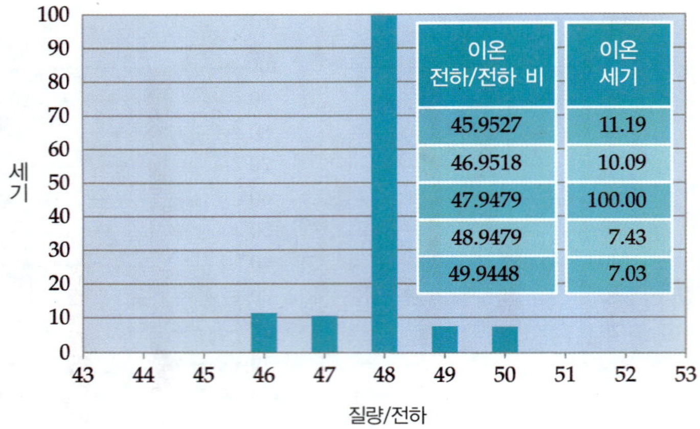

화합물(2.11~2.12절)

2.134 공유 결합과 이온 결합의 차이점은 무엇인가?

2.135 다음 중 어느 것이 공유 결합이고, 어느 것이 이온 결합인가? 그 이유를 설명하시오.

(a) B—Br (b) Na—Br

(c) Br—Cl (d) O—Br

2.136 기호 CO는 일산화 탄소를 나타내지만, 기호 Co는 원소 코발트를 나타낸다. 그 이유를 설명하시오.

2.137 다음 각 서술에서 오류를 수정하시오.

(a) 암모니아의 화학식은 NH3이다.

(b) 염화 포타슘 분자의 화학식은 KCl이다.

(c) Cl^-는 양이온이다.

(d) CH_4는 다원자 이온이다.

2.138 다음 각 이온에 있는 양성자와 전자의 수는?

(a) Be^{2+} (b) Rb^+

(c) Se^{2-} (d) Au^{3+}

2.139 다음 각 이온에서 원소 X는 무엇인가?

(a) 36개의 전자를 갖는 양이온 X^{2+}

(b) 36개의 전자를 갖는 음이온 X^-

2.140 '소독용 알코올'로 더 잘 알려진 아이소프로필 알코올의 구조식이 아래에 있다. 이 물질의 화학식은 무엇인가?

아이소프로필 알코올

2.141 젖산은 신 우유와 피로한 근육에서 발견되는 화합물이며, 젖산의 구조는 다음과 같다. 이 물질의 화학식은 무엇인가?

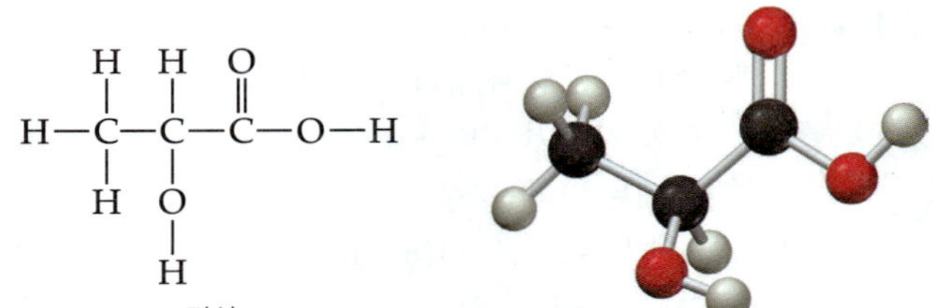

젖산

2.142 뷰테인은 일회용 라이터에 사용되는 연료로, 화학식은 C_4H_{10}이다. 탄소 원자는 C—C—C—C로 연결되며, 각각의 탄소는 4개의 공유 결합을 갖는다. 뷰테인의 구조식을 그리시오.

2.143 사이클로헥세인(C_6H_{12})은 나일론의 산업용 합성에 사용되는 중요한 출발 물질이다. 각각의 탄소는 2개의 수소 및 2개의 다른 탄소와 4개의 공유 결합을 갖는다. 사이클로헥세인의 구조식을 그리시오.

2.144 **옥테인 값**이라는 용어와도 관련이 깊고 휘발유에 들어 있는 물질인 아이소옥테인의 화학식은 C_8H_{18}이다. 각각의 탄소는 4개의 공유 결합을 가지며, 원자들은 그림에 도시된 순서대로 연결된다. 아이소옥테인의 완전한 구조식을 그리시오.

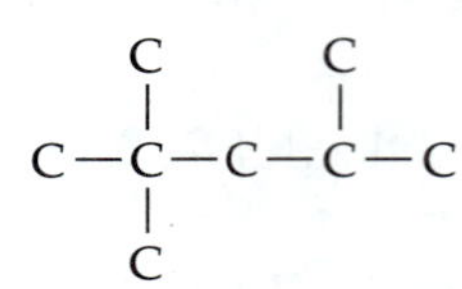

2.145 과당($C_6H_{12}O_6$)은 가장 달콤한 자연 발생 설탕이며, 많은 과일과 열매에서 발견된다. 각각의 탄소는 4개의 공유 결합을 갖고, 각각의 산소는 2개의 공유 결합을, 각각의 수소는 하나의 공유 결합을 가지며, 원자들은 도시 된 순서대로 연결된다. 과당의 완전한 구조식을 그리시오.

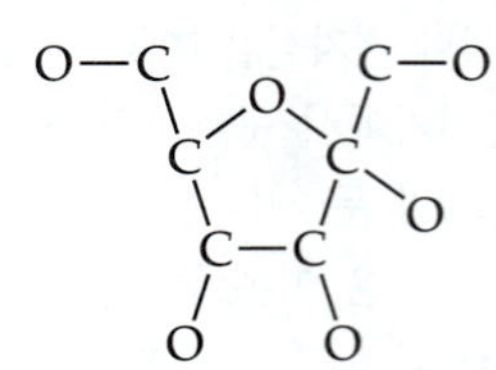

화합물 명명법(2.13절)

2.146 다음 이성분 화합물의 체계적인 이름을 쓰시오.

(a) CsF (b) K_2O (c) CuO

2.147 다음 이성분 화합물의 체계적인 이름을 쓰시오.

(a) BaS (b) $BeBr_2$ (c) $FeCl_3$

2.148 다음 이성분 화합물의 화학식을 쓰시오.

(a) 염화 포타슘

(b) 브로민화 주석(II)

(c) 산화 칼슘

(d) 염화 바륨

(e) 수소화 알루미늄

2.149 다음 이성분 화합물의 화학식을 쓰시오.
(a) 염화 바나듐(III)
(b) 산화 망가니즈(IV)
(c) 황화 구리(II)
(d) 산화 알루미늄

2.150 다음 화합물의 화학식을 쓰시오.
(a) 아세트산 칼슘
(b) 사이안화 철(II)
(c) 다이크로뮴산 소듐
(d) 황산 크로뮴(III)
(e) 과염소산 수은(II)

2.151 다음 화합물의 화학식을 쓰시오.
(a) 인산 리튬
(b) 황산 마그네슘
(c) 질산 망가니즈(II)
(d) 황산 크로뮴(III)

2.152 다음 화합물의 체계적인 이름을 쓰시오.
(a) $Ca(ClO)_2$ (b) $Ag_2S_2O_3$
(c) NaH_2PO_4 (d) $Sn(NO_3)_2$
(e) $Pb(CH_3CO_2)_4$ **(f)** $(NH_4)_2SO_4$

2.153 다음 이온의 이름을 쓰시오.
(a) Ba^{2+} (b) Cs^+
(c) V^{3+} (d) HCO_3^-
(e) NH_4^+ (f) Ni^{2+}
(g) NO_2^- (h) ClO_2^-
(i) Mn^{2+} (j) ClO_4^-

2.154 다음 이온으로부터 생성된 화합물의 화학식은 무엇인가?
(a) Ca^{2+}와 Br^- (b) Ca^{2+}와 SO_4^{2-}
(c) Al^{3+}와 SO_4^{2-}

2.155 다음 이온으로 생성된 화합물의 화학식은 무엇인가?
(a) Na^+와 NO_3^- (b) K^+와 SO_4^{2-}
(c) Sr^{2+}와 Cl^-

2.156 다음 원소와 칼슘으로부터 형성된 화합물의 화학식을 쓰시오.
(a) 염소 (b) 산소 (c) 황

2.157 다음 원소와 루비듐으로부터 형성된 화합물의 화학식을 쓰시오.
(a) 브로민 (b) 질소 (c) 셀레늄

2.158 다음 이온의 화학식과 전하를 표시하시오.
(a) 아황산 이온 (b) 인산 이온
(c) 지르코늄(IV) 이온 (d) 크로뮴산 이온
(e) 아세트산 이온 (f) 싸이오황산 이온

2.159 다음 화합물에서 양이온의 전하는 얼마인가?
(a) $Zn(CN)_2$ (b) $Fe(NO_2)_3$
(c) $Ti(SO_4)_2$ (d) $Sn_3(PO_4)_2$
(e) Hg_2S **(f)** MnO_2
(g) KIO_4 **(h)** $Cu(CH_3CO_2)_2$

2.160 다음 이성분 분자 화합물의 이름을 쓰시오.
(a) CCl_4 (b) ClO_2
(c) N_2O (d) N_2O_3

2.161 다음 화합물의 체계적인 이름을 쓰시오.
(a) NCl_3 (b) P_4O_6 (c) S_2F_2

2.162 질소와 산소로 이루어진 이성분 화합물의 이름을 쓰시오.
(a) NO (b) N_2O (c) NO_2
(d) N_2O_4 (e) N_2O_5

2.163 황과 산소로 이루어진 이성분 화합물의 이름을 쓰시오.
(a) SO (b) S_2O_2 (c) S_5O
(d) S_7O_2 (e) SO_3

2.164 누락된 정보를 채워 다음 화합물의 화학식을 쓰시오.
(a) $Na_?SO_4$ (b) $Ba_?(PO_4)_?$ (c) $Ga_?(SO_4)_?$

2.165 다음 화합물의 화학식을 쓰시오.
(a) 과산화 소듐 (b) 브로민화 알루미늄
(c) 황산 크로뮴(III)

다중 개념 문제

2.166 암모니아(NH_3)와 하이드라진(N_2H_4)은 둘다 질소와 수소의 화합물이다. 배수 비례 법칙에 따라, 암모니아를 생성하기 위해 질소 2.34 g이 주어지면, 몇 그램의 수소가 필요한가? 하이드라진을 생산하려면, 질소 2.34 g에 대해 몇 그램의 수소가 필요한가?

2.167 3.670 g의 질소가 0.5275 g의 수소와 결합하여 화합물 X를 생성하는 경우, 동일한 화합물을 만들기 위해서는 몇 그램의 질소가 1.575 g의 수소와 결합하는가? X는 암모니아(NH_3)와 하이드라진(N_2H_4) 중 어느 것인가?

2.168 1961년 이전에는 원자 질량 단위(amu)는 산소 원자량의 1/16 질량으로 정의되었다. 즉, 산소의 원자량은 정확히 16으로 정의되었다. 오늘날 산소의 원자량이 15.9994라면, 1961년 이전의 ^{12}C 원자의 질량은 얼마인가?

2.169 오늘날 Ca 원자의 질량이 39.9626이라면, 1961년 이전의 ^{40}Ca 원자의 원자 질량은 몇 amu인가? (문제 2.168 참조)

2.170 **화합물의 분자량**이란 분자 내 모든 원자가 가진 원자 질량의 합이다. 타이레놀의 활성 성분인 아세트아미노펜($C_8H_9NO_2$)의 분자량은 얼마인가?

2.171 화합물에서 원소의 **질량 퍼센트**란 원소의 질량(화합물의

원소 원자의 총 질량)을 화합물의 질량(화합물의 모든 원자의 총 질량)으로 나누어 100%를 곱한 값이다. 아세트아미노펜에서 각 원소의 질량 백분율은 얼마인가? (문제 2.170 참조)

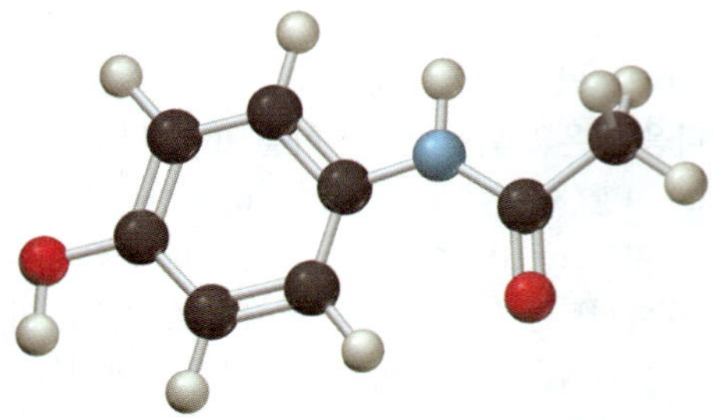

아세트아미노산($C_8H_9NO_2$)

2.172 다른 우주에서는, 우리의 전자와 유사한 가장 작은 음전하 입자를 블로벡이라고 부른다. 블로벡 한 개의 전하를 결정하기 위해, 밀리컨의 실험과 같이 하전된 기름방울을 이용한 실험이 수행되었으며, 다음과 같은 결과를 얻었다.

방울 수	전하(C)
1	7.74×10^{-16}
2	4.42×10^{-16}
3	2.21×10^{-16}
4	4.98×10^{-16}
5	6.64×10^{-16}

(a) 이러한 관찰에 근거하여 볼 때, 블로벡 전하의 가능한 최댓값은 얼마인가?

(b) 추가 실험에서 5.81×10^{-16} C의 전하를 가진 기름방울이 발견되었다. 이 새로운 결과가 (a)의 답을 변화시키는가? 그렇다면, 블로벡 전하의 새로운 최댓값은 얼마인가?

chapter 3

화학 반응에서의 질량 관계

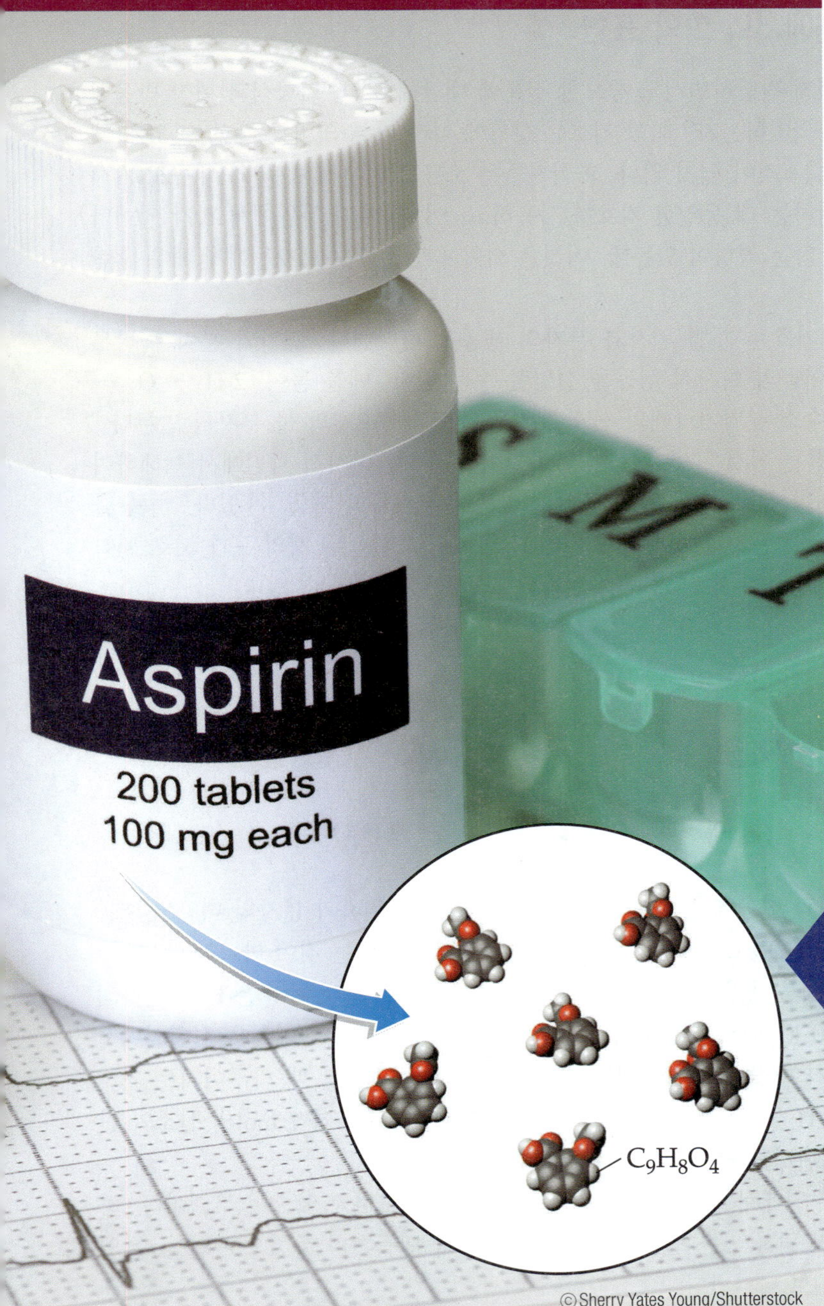

© Sherry Yates Young/Shutterstock

CONTENTS

반응물과 생성물 사이의 질량 관계는 제약 산업에서 사용하는 반응에서 생성되는 아세틸 살리실산의 양을 계산하는 데 쓰일 수 있다.

원자 경제의 원리는 화학 합성에서 폐기물을 최소화하기 위하여 어떻게 사용되는가?

이 질문의 답은 110쪽 **INQUIRY?** 에 나와 있다.

한 물질이 다른 물질로 변화하는 **화학 반응**(chemical reaction)이 과학의 핵심이라는 것을 깨닫는 것이 중요하다. 시각, 통증의 감각, 음식물의 에너지 변환을 포함하여 신체에서 일어나는 거의 모든 과정은 본질적으로 일련의 화학 반응이다. 마찬가지로, 우리가 매일 사용하는 염료, 플라스틱, 컴퓨터 칩, 금속과 같은 제품도 화학 반응에 의해 제조된 것들이다.

이 장에서는 화학 반응식의 작성 규칙을 먼저 살펴봄으로써 화학 반응을 어떻게 표현하는가를 배울 것이다. 다음으로, 화학 반응에서 반응물과 생성물 사이의 질량 관계를 검토하여 주어진 양의 출발 물질로부터 얼마만큼의 생성물이 만들어지는지 계산하게 될 것이다. 마지막으로, 화학식을 결정하고 분자량을 측정하는 방법을 살펴볼 것이다.

3.1 여러 다른 차원에서의 화학 표현

이 장을 시작하기 전에 먼저 간단하면서도 중요한 질문에 대답해 보라. 화학식과 화학 반응식의 숫자와 기호는 무엇을 의미하는가? 화학 기호는 상황에 따라 다른 의미를 가질 수 있기 때문에 이 질문에 대해 답하는 것이 쉽지 않다. 화학자들은 소규모(미시적 차원)와 대규모(거시적 차원)에서 화학을 표현하는 데 동일한 기호를 사용하고, 이 두 가지 차원에서 각각 일어나고 있는 일들을 구분하지 않는 경향이 있는데, 이것은 화학에 입문한 초보자들에게 매우 혼란스러울 수 있다.

미시적 차원에서 화학 기호는 개별 원자와 분자의 행동을 나타낸다. 원자와 분자는 너무 작아서 볼 수는 없지만, 이들의 미시적 행동을 설명할 수는 있다. 예를 들어, $2\ H_2 + O_2 \rightarrow 2\ H_2O$ 반응식은 "2개의 수소 분자가 1개의 산소 분자와 반응하여 2개의 물 분자를 만든다."라는 의미로 해석할 수 있다. 이것은 반응이 어떻게 일어나는가를 미시적 차원에서 이해하려고 하는 것이다. 단순하지만 서로 붙어 있는 구의 집합체로 분자를 나타낼 수 있다. 예를 들어, H_2가 O_2와 어떻게 반응하는지를 이해하기 위해 H_2와 O_2 분자는 두 개의 구가 서로 밀착된 그림으로 나타내고, 물 분자는 세 개의 구가 밀착된 그림으로 나타낼 수 있다.

$$2\ H_2 + O_2 \longrightarrow 2\ H_2O$$

거시적 차원에서 화학식과 반응식은 가시적인 특성을 일으키는 원자와 분자의 대규모 행동을 나타낸다. 즉, H_2, O_2, H_2O 기호는 단순히 한 개의 분자를 나타내는 것이 아니라, 측정 가능한 여러 개의 물리적 특성을 공유하는 엄청나게 많은 분자를 의미한다. 수많은 H_2O 분자의 집단은 0 ℃에서 얼고 100 ℃에서 끓는 무색의 액체로 나타난다. 분명히 이것은 실험실에서 특정 양의 반응물을 측정하여 플라스크에 넣고 가시적인 변화를 관찰할 때 다루어지는 거시적 행동인 것이다. 또한 $2\ H_2 + O_2 \rightarrow 2\ H_2O$ 반응식은 "2 mol의 수소가 1 mol의 산소와 반응하여 2 mol의 물을 생성한다."라는 의미로 해석할 수도 있다.

개념탐구 질문 1

다음 반응을 설명하는 문장을 작성하시오(회색 = C, 빨간색 = O, 상아색 = H).
(힌트: CH_4는 메테인이다.)

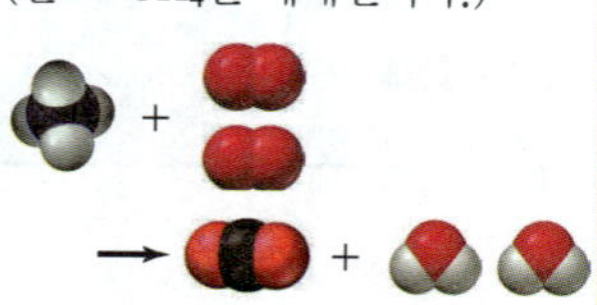

같은 방식으로 미시적 차원에서 구리의 단일 원자는 전기를 전도하지 않으며 무색이다. 하지만 거시적 차원에서 구리 원자의 큰 집단은 전선으로 가늘게 만들거나 동전으로 만들 수 있는 반짝이는 적갈색의 고체로 나타난다.

화학식이나 반응식은 거시적 차원 또는 미시적 차원에서 해석할 수 있다. H_2O 기호는 눈에 보이지 않는 한 개의 작은 분자를 의미하기도 하지만, 수영하기에 충분히 큰 분자 집단을 의미하기도 한다. 화학식 또는 반응식을 문맥에 따라 다르게 해석하는 방법을 배울 것이다.

3.2 화학 반응식의 균형 맞추기

앞 장에서 몇 가지 반응의 예로, 수소와 산소가 물을 만드는 반응, 소듐과 염소가 염화 소듐을 만드는 반응, 질산 수은(II)과 아이오딘화 포타슘이 아이오딘화 수은(II)을 만드는 반응 등을 제시하였다.

이쪽에 4 H와 2 O 원자 / 이쪽에 4 H와 2 O 원자

$$2\,H_2 + O_2 \longrightarrow 2\,H_2O$$

이쪽에 2 Na와 2 Cl 원자 / 이쪽에 2 Na와 2 Cl 원자

$$2\,Na + Cl_2 \longrightarrow 2\,NaCl$$

이쪽에 1 Hg, 2 N, 6 O, 2 K 및 2 I 원자 / 이쪽에 1 Hg, 2 N, 6 O, 2 K 및 2 I 원자

$$Hg(NO_3)_2 + 2\,KI \longrightarrow HgI_2 + 2\,KNO_3$$

이 반응식들이 어떻게 작성되는지 주의 깊게 살펴보자. 수소, 산소, 염소는 전자쌍을 공유하는 이원자 분자로 존재하므로 고립된 원자가 아닌 H_2, O_2, Cl_2로 작성해야 한다(2.11절). 이제 반응 화살표의 양쪽에 있는 원자들을 살펴보자. 아직 명시적으로 언급하지는 않았지만, 화학 반응식은 항상 **균형을 이루도록(balanced)** 작성되어 있다. 즉, 반응 화살표의 양쪽에 있는 원자의 개수와 종류는 동일하다. 이 필요조건은 **질량 보존 법칙(law of mass conservation)**의 결과이다(2.4절). 화학 반응에서 원자가 생성되거나 파괴되지 않으므로 생성물과 반응물에 있는 원자의 개수와 종류가 동일해야만 한다.

기억하기…
질량 보존 법칙에 따르면 화학 반응에서 질량이 생성되거나 소멸되지 않는다(2.4절).

화학 반응식의 균형을 맞추는 것은 반응에 참여하는 각기 다른 물질의 화학식 단위(formula unit)의 개수를 찾는 것이다. **화학식 단위(formula unit)**는 이름에서 알 수 있듯이 원자나 이온 또는 분자에 관계없이 주어진 화학식에 해당하는 하나의 단위를 의미한다. NaCl 하나의 화학식 단위는 Na^+ 이온 1개와 Cl^- 이온 1개이고, $MgBr_2$ 하나의 화학식 단위는 Mg^{2+} 이온 1개와 Br^- 이온 2개가 되며, H_2O 하나의 화학식 단위는 H_2O 분자 1개를 의미한다.

복잡한 반응식은 일반적으로 다음 장에서 볼 수 있듯이 체계적인 방법을 사용하여 균형을 맞춰야 하지만, 간단한 반응식은 종종 상식과 시행착오를 같이 사용하여 균형을 맞출 수 있다. 화학 반응식의 균형을 맞추는 네 단계는 다음과 같다.

1. **각 반응물과 생성물의 정확한 화학식 단위를 사용하여 불균형 반응식을 작성한다.** 암모니아(NH_3)와 산소가 반응하여 일산화 질소와 물을 만드는 반응에 대해 다음과 같이 작성한다.

$$NH_3 + O_2 \longrightarrow NO + H_2O \qquad \text{불균형 반응식}$$

2. **적합한 계수(coefficient)를 찾는다 – 화학식 앞에 있는 숫자는 반응식의 균형을 맞추는 데 필요한 각 물질의 화학식 단위의 개수를 나타낸다.** 반응식의 균형을 맞출 때 계수만 변경할 수 있으며, 화학식 자체는 변경할 수 없다. 반응식에서 두 가지 종에만 나타나는 원소부터 균형을 맞추는 것이 가장 좋다. 암모니아와 산소의 반응에서 H 원소는 NH_3와 H_2O에서 나타나고, N 원소는 NH_3와 NO에서 나타난다. H의 균형을 맞추기 위해 NH_3 앞에 계수 2를 쓰고, H_2O 앞에는 계수 3을 쓴다. 이제 반응물과 생성물에는 모두 6개의 H 원자가 있다.

$$2\,NH_3 + O_2 \longrightarrow NO + 3\,H_2O \qquad \text{H에 대한 균형}$$

N의 균형을 맞추려면 반응물에 2개의 N 원자가 있으므로 NO 앞에 계수 2가 필요하다.

$$2\ NH_3 + O_2 \longrightarrow 2\ NO + 3\ H_2O \qquad \text{H와 N에 대한 균형}$$

다른 원소와 결합하지 않은 원소는 계수를 바꾸어도 반응식에 있는 다른 종에 영향을 주지 않으므로 마지막에 균형을 맞추어야 한다. 이 경우 생성물에 5개의 O 원자가 있으므로 반응물에 있는 O_2 앞에 계수 5/2를 붙여 O_2의 균형을 맞춘다.

$$2\ NH_3 + \frac{5}{2} O_2 \longrightarrow 2\ NO + 3\ H_2O \qquad \text{H, N 및 O에 대한 균형}$$

3. **최소 정수 값으로 계수를 보고한다.** 이제 암모니아와 산소의 반응에 대한 반응식은 균형을 이루었다. 그러나 균형 반응식에는 정수 계수를 사용하는 것이 일반적이다. 따라서 모든 계수에 2를 곱하여 최종 균형 반응식을 얻는다.

$$4\ NH_3 + 5\ O_2 \longrightarrow 4\ NO + 6\ H_2O \qquad \text{균형 반응식}$$

균형을 맞추는 시행착오 과정에서 약분해야 할 계수가 있는 반응식에 도달할 수도 있다. 이러한 균형 반응식($8\ NH_3 + 10\ O_2 \longrightarrow 8\ NO + 12\ H_2O$)을 얻은 경우 공약수로 나누어 최소 정수 값을 얻는다. 모든 계수를 2로 나누면 정확한 균형 반응식이 된다.

개념탐구 질문 2

한 학생이 다음 계수를 사용하여 산화 붕소와 수산화 소듐 반응의 균형을 맞추려고 한다. 반응의 균형이 맞는가?

$$B_2O_3 + 6\ NaOH \longrightarrow 2\ Na_3BO_3 + 2\ H_2O$$

4. **반응식의 양쪽에 있는 원자의 개수와 종류가 동일한지를 확인하여 답을 점검한다.**

이쪽에 4 N, 12 H 및 10 O 원자 | 이쪽에 4 N, 12 H 및 10 O 원자

$$4\ NH_3 + 5\ O_2 \longrightarrow 4\ NO + 6\ H_2O$$

몇 가지 추가적인 예를 살펴보자.

개념 예제 3.1

화학 반응에서 원자와 분자의 시각화

다음과 같은 원소 A(빨간색 구)와 원소 B(파란색 구)의 반응에 대한 균형 반응식을 작성하시오.

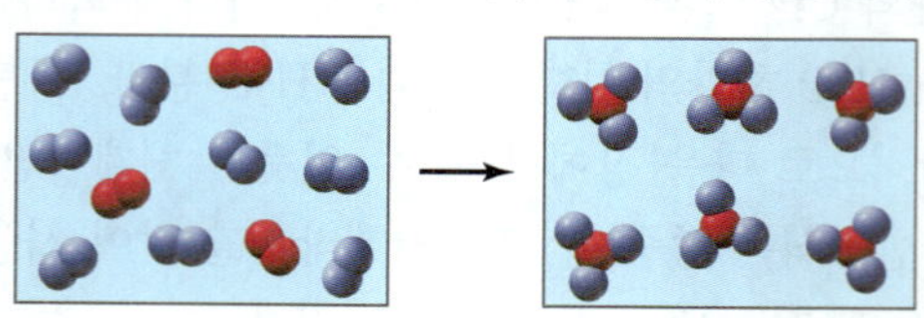

전략

분자 모형으로 나타낸 반응의 균형을 맞추는 것은 반응물과 생성물의 화학식 단위수를 세는 문제이다. 이 예에서 반응물 상자에는 3개의 빨간색 A_2 분자와 9개의 파란색 B_2 분자가 들어 있는 반면에, 생성물 상자에는 6개의 AB_3 분자가 포함되어 있고 반응물이 남아 있지 않다.

풀이

$3\ A_2 + 9\ B_2 \longrightarrow 6\ AB_3$ 반응식을 3으로 나누면 $A_2 + 3\ B_2 \longrightarrow 2\ AB_3$ 반응식이 된다.

점검

어떤 균형 반응식에서든지 원자의 개수와 종류가 양쪽에서 같아야 한다.

이쪽에 2 A와 6 B 원자 | 이쪽에 2 A와 6 B 원자

$$A_2 + 3\ B_2 \longrightarrow 2\ AB_3$$

개념 연습문제 3.1 다음과 같은 원소 A(빨간색 구)와 원소 B(녹색 구)의 반응에 대한 균형 반응식을 작성하시오.

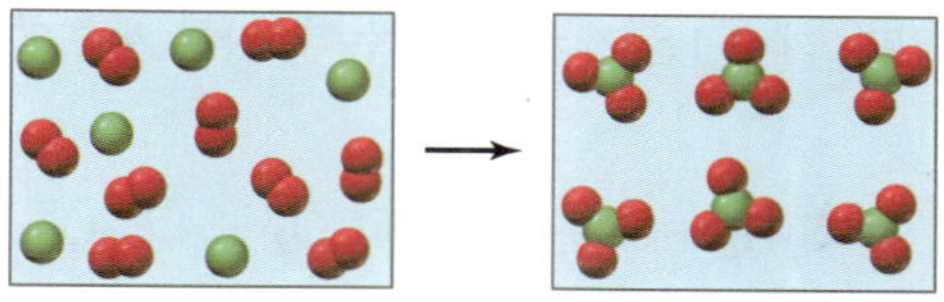

개념 응용문제 3.2 파란색 구가 질소 원자를 나타내고 빨간색 구가 산소 원자를 나타내는 경우, $2\ NO(g) + O_2(g) \longrightarrow 2\ NO_2(g)$ 반응의 반응물과 생성물을 나타내는 상자는 각각 어느 것인가?

(a) **(b)** **(c)** **(d)**

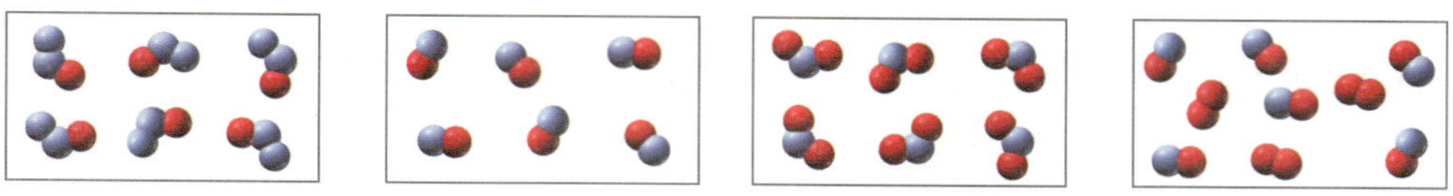

예제 3.2

화학 반응식의 균형 맞추기

프로페인(C_3H_8)은 무색무취의 기체로, 야영객이나 농촌 가정에서 난방이나 요리용 연료로 자주 사용된다. 이산화 탄소와 물을 생성하는 프로페인과 산소의 연소 반응에 대한 균형 반응식을 작성하시오.

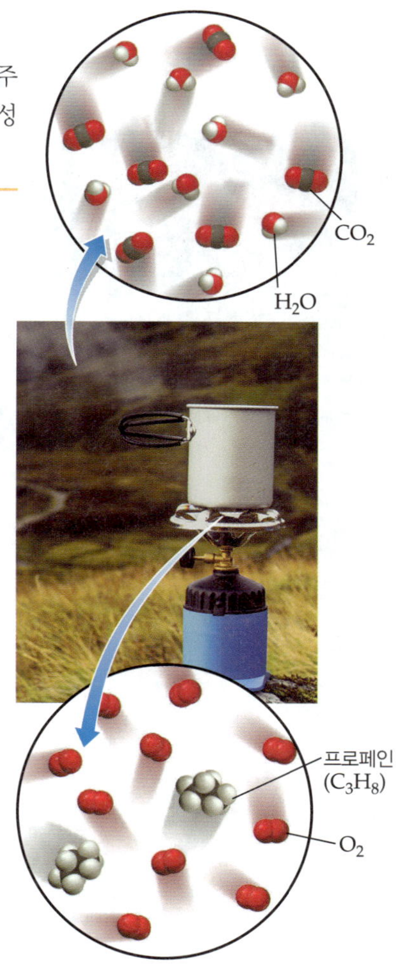

▲ 프로페인은 야영 난로나 농촌 가정에서 연료로 사용된다.
ⓒLolostock/Shutterstock

전략과 풀이

본문에서 설명한 네 단계를 따른다.

단계 1. 모든 물질에 대해 정확한 화학식을 사용하여 불균형 반응식을 작성한다.

$$C_3H_8 + O_2 \longrightarrow CO_2 + H_2O \qquad \text{불균형 반응식}$$

단계 2. 반응식의 균형을 맞추는 계수를 찾는다. 두 가지 종에만 나타나는 원소부터 균형을 맞춘다. 이 반응에서는 C와 H이다. 불균형 반응식을 보면, 반응식의 왼쪽에는 3개의 탄소 원자가 있지만, 오른쪽에는 1개의 탄소 원자가 있음에 유의한다. 오른쪽에 있는 CO_2에 계수 3을 붙이면 탄소가 균형을 이룬다.

$$C_3H_8 + O_2 \longrightarrow 3\ CO_2 + H_2O \qquad \text{C에 대한 균형}$$

다음으로, 수소 원자의 개수를 살펴보자. 왼쪽에는 8개의 수소가 있지만, 오른쪽에는 H_2O에 2개의 수소가 있다. 오른쪽에 있는 H_2O에 계수 4를 붙이면 수소가 균형을 이룬다.

$$C_3H_8 + O_2 \longrightarrow 3\ CO_2 + 4\ H_2O \qquad \text{C와 H에 대한 균형}$$

산소는 다른 원소와 결합하지 않았으므로 O_2의 계수를 마지막으로 찾는다. 산소 원자의 개수를 살펴보자. 왼쪽에는 2개의 산소가 있지만, 오른쪽에는 10개의 산소가 있다. 왼쪽에 있는 O_2에 계수 5를 붙이면 산소가 균형을 이룬다.

$$C_3H_8 + 5\ O_2 \longrightarrow 3\ CO_2 + 4\ H_2O \qquad \text{C, H 및 O에 대한 균형}$$

단계 3. 계수가 최소 정수 값으로 약분되어 있는지를 확인한다. 실제로 답은 이미 정확하지만, 시행착오로 인하여 다른 답에 도달했을 수도 있다.

$$2\ C_3H_8 + 10\ O_2 \longrightarrow 6\ CO_2 + 8\ H_2O$$

앞의 식은 균형을 이루었지만, 그 계수가 최소 정수 값이 아니다. 최종 반응식에 도달하려면 모든 계수를 2로 나눌 필요가 있다. 계수 1은 기록하지 않는다. 다른 계수가 주어지지 않은 경우는 계수가 1임을 암시한다.

$$C_3H_8 + 5\ O_2 \longrightarrow 3\ CO_2 + 4\ H_2O$$

단계 4. 답을 점검한다. 반응식의 양쪽에 있는 원자의 개수와 종류를 세어 그 값이 동일한지를 확인한다.

이쪽에 3 C, 8 H 및 10 O 원자 / 이쪽에 3 C, 8 H 및 10 O 원자

$$C_3H_8 + 5\ O_2 \longrightarrow 3\ CO_2 + 4\ H_2O$$

연습문제 3.3 로켓 연료용 하이드라진 합성 반응식의 균형을 맞추시오.

$$NH_3 + Cl_2 \longrightarrow N_2H_4 + NH_4Cl$$

응용문제 3.4 일반적인 안전 성냥의 주요 성분인 염소산 포타슘($KClO_3$)은 연소 반응에서 산소 공급원으로 작용할 수 있는 물질이다. 예를 들어, 일반 설탕(자당, $C_{12}H_{22}O_{11}$)과의 반응은 격렬하게 일어나 염화 포타슘, 이산화 탄소, 물을 생성한다. 이 반응의 균형 반응식을 작성하시오.

3.3 분자량과 몰질량

▲ 염화 에틸은 운동 부상에 분무식 마취제로 자주 사용된다.
ⓒJakkrit Orrasri/Shutterstock

에틸렌(C_2H_4)과 염화 수소(HCl)의 반응으로 염화 에틸(C_2H_5Cl)을 제조하는 실험실 실험을 상상해 보자. 염화 에틸은 의사와 운동 트레이너가 가벼운 부상에 분무식 마취제로 사용하는 무색의 끓는점이 낮은 액체이다. 반응식을 작성할 때 기체(g), 액체(l), 고체(s), 그리고 수용액(aq)의 표시가 반응물과 생성물의 화학 기호에 추가되어 물리적 상태를 나타내는 경우가 많다는 점에 주목할 수 있다. 지금부터 수시로 그렇게 할 것이다.

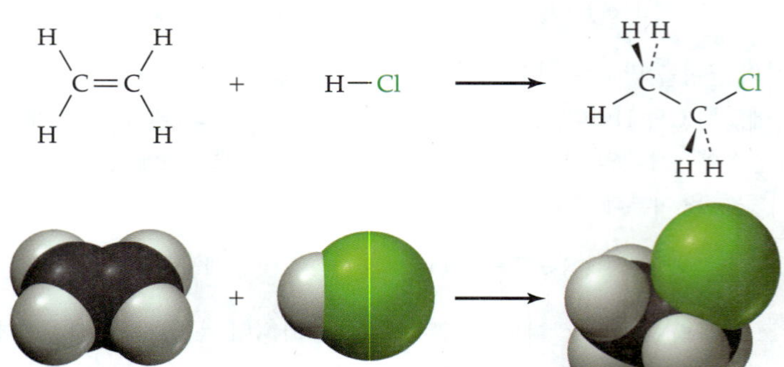

$C_2H_4(g)$ 에틸렌 + $HCl(g)$ 염화 수소 ⟶ $C_2H_5Cl(l)$ 염화 에틸(마취제)

실험에서 얼마나 많은 에틸렌과 염화 수소를 사용해야 하는가? 균형 반응식의 계수에 따르면 두 반응물이 1:1의 비율로 필요하다. 실험실에서 반응물 분자를 셀 수 없으므로 이들의 양을 측정해야 한다. 즉, 균형 반응식에서 계수로 주어진 반응물 분자의 숫자 비율(number ratio)을 질량비(mass ratio)로 변환하여 정확한 양을 사용하고 있는지를 확인해야 한다.

질량비는 반응에 관여하는 물질의 **분자량**(molecular weight)을 사용하여 결정한다. 원소의 **원자량(atomic mass)**이 원소를 이루는 **원자**(atoms)의 평균 질량인 것처럼(2.9절), 물질의 **분자**

량(molecular weight)은 물질을 이루는 **분자**(molecules)의 평균 질량이다. 수치적으로 분자량 또는 보다 일반적으로 이온성 및 분자성 물질을 모두 포함하는 **화학식량(formula weight)**은 분자 내 모든 원자의 원자량의 합과 같다.

기억하기…
원소의 **원자량**은 그 원소의 자연 발생 동위원소의 가중 평균 질량이다. 원자량은 보통 단위 없이 표기되지만 원자량의 단위는 통합 원자 질량 단위(u)이다(2.9절).

분자량 분자 내 모든 원자의 원자량의 합
화학식량 분자성 또는 이온성 화합물의 화학식 단위에 있는 모든 원자의 원자량의 합

예를 들어 에틸렌의 분자량은 28.0이고, 염화 수소의 분자량은 36.5이며, 염화 에틸의 분자량은 64.5이다. (이 수치는 편의상 소수점 아래 첫째 자리에서 반올림하였다. 실제 값은 더 정확하게 알려져 있다.)

에틸렌(C_2H_4)의 경우:

2 C의 원자량	= (2)(12.0) =	24.0
4 H의 원자량	= (4)(1.0) =	4.0
C_2H_4의 분자량	=	28.0

염화 수소(HCl)의 경우:

H의 원자량	= 1.0
Cl의 원자량	= 35.5
HCl의 분자량	= 36.5

염화 에틸(C_2H_5Cl)의 경우:

2 C의 원자량	= (2)(12.0) =	24.0
5 H의 원자량	= (5)(1.0) =	5.0
Cl의 원자량	=	35.5
C_2H_5Cl의 분자량	=	64.5

분자량을 어떻게 사용할 것인가? 2.9절에서 어떤 원소의 1**몰(mole)**은 그램 단위의 질량 또는 **몰질량**(molar mass)이 원소의 원자량과 수치적으로 동일한 양이라는 것을 확인하였다. 이와 마찬가지로, 어떤 화합물의 1 mol은 화합물의 분자량 또는 화학식량과 수치적으로 같고, **아보가드로수(Avogadro's number**, 6.022×10^{23})의 화학식 단위를 포함하는 양이다. 따라서 에틸렌 1 mol의 질량은 28.0 g이고, HCl 1 mol의 질량은 36.5 g이며, C_2H_5Cl 1 mol의 질량은 64.5 g이다.

기억하기…
몰(mole)은 물질의 양을 측정하기 위한 기본적인 SI 단위이다. 원자나 이온 또는 분자에 관계없이 어떤 물질 1 mol은 물질 원자량 또는 화학식량과 수치적으로 동일하다. 1 mol에는 **아보가드로수**(6.022×10^{23})의 화학식 단위가 포함되어 있다(2.9절).

HCl의 분자량 = 36.5	HCl의 몰질량 = 36.5 g/mol	1 mol의 HCl = 6.022×10^{23}개 HCl 분자
C_2H_4의 분자량 = 28.0	C_2H_4의 몰질량 = 28.0 g/mol	1 mol의 C_2H_4 = 6.022×10^{23}개 C_2H_4 분자
C_2H_5Cl의 분자량 = 64.5	C_2H_5Cl의 몰질량 = 64.5 g/mol	1 mol의 C_2H_5Cl = 6.022×10^{23}개 C_2H_5Cl 분자

예제 3.3

분자량 계산하기

포도당($C_6H_{12}O_6$)의 분자량은 얼마이며, g/mol 단위의 몰질량은 얼마인가?

문제 파악

알고 있는 것	알아내야 할 것
포도당의 화학식($C_6H_{12}O_6$)	포도당의 분자량과 몰질량

전략

물질의 분자량은 성분 원자의 원자량의 합이다. 분자에 존재하는 원소들을 나열하고, 각 원소의 원자량을 찾는다(편의상 소수점 아래 첫째 자리에서 반올림한다).

C (12.0) H (1.0) O (16.0)

그런 다음, 각 원소의 원자량에 원소가 화학식에 나타나는 횟수를 곱하고 그 결과를 합산한다.

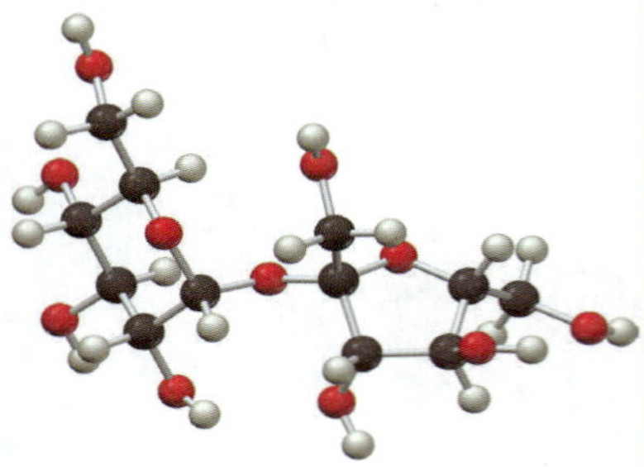

설탕(sucrose)

풀이

$$\begin{aligned} C_6\ (6 \times 12.0) &= 72.0 \\ H_{12}\ (12 \times 1.0) &= 12.0 \\ O_6\ (6 \times 16.0) &= 96.0 \\ \hline C_6H_{12}O_6\text{의 분자량} &= 180.0 \end{aligned}$$

포도당 한 분자의 질량이 180.0 u이므로 포도당 1 mol의 질량은 180.0 g이다. 따라서 포도당의 몰질량은 180.0 g/mol이다.

연습문제 3.5 황산(H_2SO_4)의 분자량을 계산하시오.

개념 응용문제 3.6 설탕의 구조식을 이용하여 분자량과 g/mol 단위의 몰질량을 계산하시오(회색 = C, 빨간색 = O, 상아색 = H).

예제 3.4

질량과 몰의 상호 변환

포도당은 저혈당 치료에 사용된다. 포도당 2.00 g을 포함한 정제에는 몇 몰의 포도당이 있는가? [포도당($C_6H_{12}O_6$)의 몰질량은 예제 3.3에서 계산하였다.]

문제 파악

알고 있는 것	알아내야 할 것
포도당의 질량(2.00 g)	포도당의 몰수

전략

알려진 양(그램)은 포도당의 몰질량을 환산 인자로 사용하면 미지의 양(mol)으로 변환할 수 있다. 원하지 않는 단위가 소거되도록 식을 세운다.

풀이

$$2.00\ \text{g 포도당} \times \frac{1\ \text{mol 포도당}}{180.0\ \text{g 포도당}} = 0.0111\ \text{mol 포도당}$$
$$= 1.11 \times 10^{-2}\ \text{mol 포도당}$$

점검

포도당의 몰질량이 180.0 g/mol이므로 포도당 1 mol의 질량은 180.0 g이다. 따라서 2.00 g의 포도당은 1/100 mol 또는 0.01 mol보다 약간 더 크다. 추정치와 풀이가 일치한다.

연습문제 3.7 알카셀처(Alka-Seltzer) 정제의 주성분인 $NaHCO_3$ 5.26 g은 몇 몰인가?

응용문제 3.8 인슐린의 과다 또는 운동 수준의 증가로 인해 당뇨병 환자가 저혈당을 경험할 경우, 치료법은 포도당 정제를 복용하는 것이다.

(a) 성인의 치료 권장량인 0.0833 mol의 포도당은 몇 그램인가?

(b) 일반 정제 한 개에는 3.75 g의 포도당이 들어 있다. 몇 정을 복용해야 하는가?

(c) 0.0833 mol에는 몇 개의 포도당 분자가 들어 있는가?

3.4 화학량론: 반응물과 생성물의 양적 관계

화학량론(**stoichiometry**, 그리스어 *stoicheion* '원소'와 *metron* '측정'에서 유래)은 화학 반응에

서 반응물과 생성물의 양을 연관시키는 데 필요한 화학 계산을 지칭한다. "주어진 양의 반응물로부터 만들 수 있는 생성물의 질량은 얼마인가?" 또는 "한 반응물이 다른 반응물과 완전히 반응하는 데 필요한 질량은 얼마인가?"와 같은 질문은 화학량론을 이용하여 대답할 수 있다.

모든 균형 화학 반응식에서 계수는 반응에 관여하는 각 물질의 화학식 단위의 개수를 나타내므로 몰수를 알 수 있다. 반응물과 생성물의 질량을 계산하기 위해 몰질량을 환산 인자로 사용할 수 있다. 예를 들어, 암모니아의 공업적 합성에 대한 다음과 같은 균형 반응식에서 2 mol의 $NH_3(g)$(2 mol × 17.0 g/mol = 34.0 g)를 생산하기 위해서는 1 mol의 $N_2(g)$(28.0 g)와 반응하는 데 3 mol의 $H_2(g)$(3 mol × 2.0 g/mol = 6.0 g)가 필요하다는 것을 알 수 있다.

이 몰수의 수소가 … / … 이 몰수의 질소와 반응하여 … / … 이 몰수의 암모니아를 생산한다.

$$3\,H_2(g) + 1\,N_2(g) \longrightarrow 2\,NH_3(g)$$

에틸렌과 HCl의 반응(3.3절의 시작 부분에 있는)을 다시 살펴보고, 15.0 g의 에틸렌이 있을 때 반응에 필요한 HCl의 그램수를 알아야 한다고 가정하자.

$$C_2H_4(g) + HCl(g) \longrightarrow C_2H_5Cl(l)$$

균형 반응식의 계수에 따르면, HCl 한 분자는 에틸렌 한 분자와 반응하므로 에틸렌 1 mol과의 반응에는 HCl 1 mol이 필요하다. 15.0 g의 에틸렌과 반응하기 위해 몇 그램의 HCl이 필요한지를 알아내려면, 먼저 15.0 g에 몇 몰의 에틸렌이 존재하는지를 알아내야 한다. 에틸렌의 몰질량을 계산하고, 그 값을 환산 인자로 사용하여 주어진 그램수를 몰수로 변환한다.

$$C_2H_4\text{의 분자량} = (2 \times 12.0) + (4 \times 1.0) = 28.0$$

$$C_2H_4\text{의 몰질량} = 28.0\ \text{g/mol}$$

$$C_2H_4\text{의 몰수} = 15.0\ \text{g 에틸렌} \times \frac{1\ \text{mol 에틸렌}}{28.0\ \text{g 에틸렌}} = 0.536\ \text{mol 에틸렌}$$

이제 에틸렌의 몰수(0.536 mol)를 알았고, 균형 반응식으로부터 필요한 HCl의 몰수(0.536 mol)도 알고 있으므로, 필요한 HCl의 질량을 구하기 위해 몰수를 그램수로 변환해야 한다. 다시 한 번 HCl의 몰질량을 계산하고, 그 값을 환산 인자로 사용하여 변환한다.

$$HCl\text{의 분자량} = 1.0 + 35.5 = 36.5$$

$$HCl\text{의 몰질량} = 36.5\ \text{g/mol}$$

$$HCl\text{의 그램수} = 0.536\ \text{mol}\ C_2H_4 \times \frac{1\ \text{mol HCl}}{1\ \text{mol}\ C_2H_4} \times \frac{36.5\ \text{g HCl}}{1\ \text{mol HCl}} = 19.6\ \text{g HCl}$$

따라서 15.0 g의 에틸렌과 반응하기 위해서는 19.6 g의 HCl이 필요하다.

방금 완료한 계산의 단계 순서를 주의 깊게 살펴보라. **몰수**(분자 수)는 균형 반응식의 계수로 주어지지만, **그램수**는 실험실에서 반응물의 질량을 측정하는 데 사용된다. 몰수는 각 반응물의 **분자가 몇 개**나 필요한지 알려 주는 반면, 그램수는 각 반응물의 **질량이 얼마나** 필요한지를 알려 준다.

몰수(moles) ⟶ 분자 또는 화학식 단위의 개수

그램수(grams) ⟶ 질량

그림 3.1의 순서도는 필요한 변환을 보여 준다. 한 반응물의 그램수에서 다른 반응물의

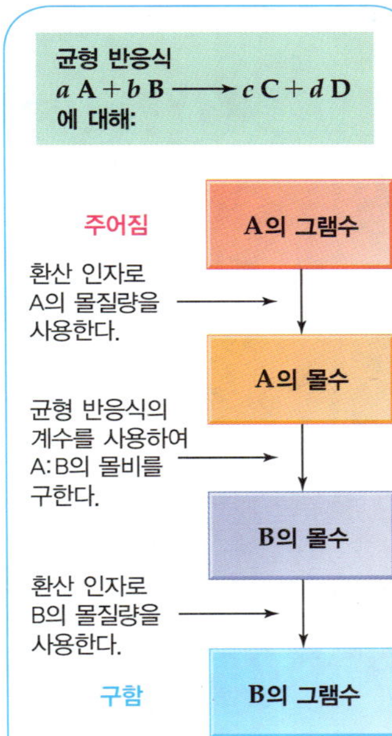

▲ 그림 3.1
화학량론: 화학 반응에 대한 몰수와 그램수 사이의 변환. 몰수는 균형 반응식의 계수로 주어진 바와 같이 각 반응물의 분자가 얼마나 많이 필요한지를 알려 준다. 그램수는 각 반응물의 질량이 얼마나 필요한지를 나타낸다.

▶ 확인하기

한 반응물의 질량을 다른 반응물의 질량과 연관시킬 때, 그램수를 몰수로 변환해야 하는 이유는 무엇인가?

답 반응에 대한 반응물과 생성물의 상대적 양은 균형 반응식의 계수로부터 알 수 있다. 이 계수는 질량이 아닌 원자/분자의 몰수 또는 개수를 나타낸다.

그램수로 직접 이동할 수 없다는 점에 유의해야 한다. 반드시 먼저 몰수로 변환해야 한다.

예제 3.5

반응물과 생성물의 질량 관계

가정용 표백제로 잘 알려진 하이포아염소산 소듐(NaOCl)의 수용액은 수산화 소듐과 염소의 반응에 의해 제조된다. 25.0 g의 Cl_2와 반응하려면 몇 그램의 NaOH가 필요한가?

$$2\ NaOH(aq) + Cl_2(g) \longrightarrow NaOCl(aq) + NaCl(aq) + H_2O(l)$$

▲ 가정용 표백제는 NaOH와 Cl_2의 반응에 의해 제조된 NaOCl의 수용액이다. © AePatt Journey/Shutterstock

문제 파악

알고 있는 것	알아내야 할 것
Cl_2의 질량(25.0 g) 균형 반응식	NaOH의 질량(g)

전략

목표는 주어진 양의 반응물(Cl_2)을 다른 반응물(NaOH)과 연관시키는 것이다. 반응물의 양적 관계를 찾으려면 몰수로 변환하고, 균형 반응식을 사용하여 양을 연관시켜야 한다. 몰질량은 몰수와 그램수 사이의 상호 변환에 사용된다. 그림 3.1에 요약된 일반적인 전략을 사용한다.

풀이

단계 1. Cl_2의 그램수를 Cl_2의 몰수로 변환한다. 그램수에서 몰수로의 변환은 Cl_2의 몰질량(70.9 g/mol)을 환산 인자로 사용하여 일반적인 방식으로 수행한다.

$$25.0\ \text{g Cl}_2 \times \frac{1\ \text{mol Cl}_2}{70.9\ \text{g Cl}_2} = 0.353\ \text{mol Cl}_2$$

단계 2. Cl_2의 몰수를 NaOH의 몰수로 변환한다. 균형 반응식의 계수는 1 mol의 Cl_2가 2 mol의 NaOH와 반응함을 보여 준다.

$$0.353\ \text{mol Cl}_2 \times \frac{2\ \text{mol NaOH}}{1\ \text{mol Cl}_2} = 0.706\ \text{mol NaOH}$$

단계 3. NaOH의 몰수를 NaOH의 그램수로 변환한다. NaOH의 몰질량(40.0 g/mol)을 환산 인자로 사용하여 몰수를 그램수로 변환하면, 이 반응에 28.2 g의 NaOH가 필요함을 알 수 있다.

$$0.706\ \text{mol NaOH} \times \frac{40.0\ \text{g NaOH}}{1\ \text{mol NaOH}} = 28.2\ \text{g NaOH}$$

여러 단계들을 결합하여 다음과 같이 문제를 해결할 수도 있다.

$$\text{NaOH의 그램수} = 25.0\ \text{g Cl}_2 \times \frac{1\ \text{mol Cl}_2}{70.9\ \text{g Cl}_2} \times \frac{2\ \text{mol NaOH}}{1\ \text{mol Cl}_2} \times \frac{40.0\ \text{g NaOH}}{1\ \text{mol NaOH}} = 28.2\ \text{g NaOH}$$

점검

NaOH의 몰질량은 Cl_2의 약 절반이며, Cl_2 1 mol당 NaOH 2 mol이 필요하다. 따라서 필요한 NaOH의 질량은 Cl_2의 질량, 즉 약 25 g과 비슷할 것이다.

연습문제 3.9 아스피린은 다음 반응식에 따라 살리실산($C_7H_6O_3$)과 아세트산 무수물($C_4H_6O_3$)의 반응에 의해 제조된다.

$$\underset{\text{살리실산}}{C_7H_6O_3(s)} + \underset{\text{아세트산 무수물}}{C_4H_6O_3(l)} \longrightarrow \underset{\text{아스피린}}{C_9H_8O_4(s)} + \underset{\text{아세트산}}{C_2H_4O_2(l)}$$

4.50 g의 살리실산과 반응하려면 몇 그램의 아세트산 무수물이 필요한가?

응용문제 3.10 문제 3.9에서 아스피린의 합성에 대한 균형 반응식을 참조하시오.
(a) 10.0 g의 아스피린을 만들려면, 몇 그램의 살리실산이 필요한가?
(b) 10.0 g의 아스피린이 합성될 때, 부산물로 몇 그램의 아세트산이 형성되는가?

개념탐구 질문 3

다음 도표는 AB_3를 형성하는 A_2(빨간색 구)와 B_2(파란색 구)의 반응을 나타낸다. 100% 미만의 수득 백분율로 일어난 반응을 나타내는 도표는 어느 것인가?

(a)

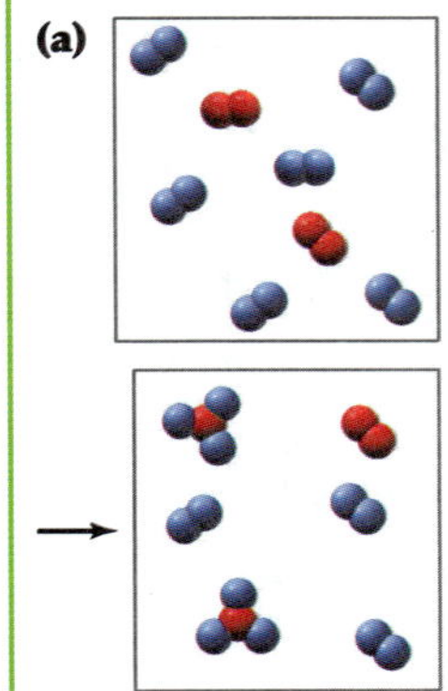

(b)

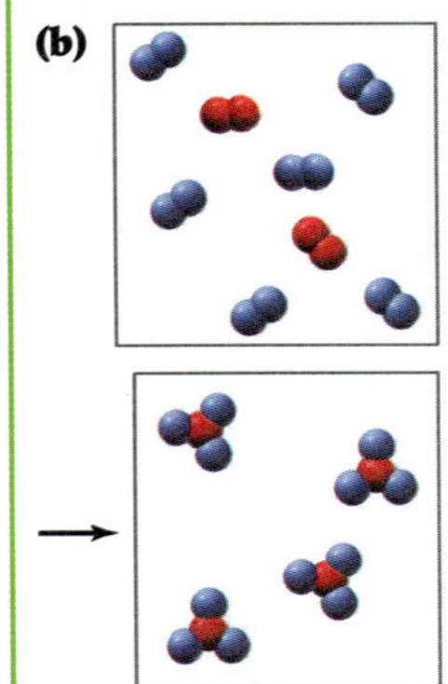

3.5 화학 반응의 수득률

앞 절에서 수행된 화학량론 예제에서 모든 반응이 "완료"된다는 미지의 가정을 하였다. 즉, 모든 반응물 분자가 생성물로 변환한다고 가정하였다. 실제로 몇몇 반응은 아주 잘 진행한다. 더 많은 경우 대부분의 분자들이 예상대로 반응하지만, 다른 과정이나 **부반응**(side reaction)도 발생한다. 따라서 반응의 **수득량**(yield)으로 불리는 실제로 형성된 생성물의 양은 일반적으로 계산에 의해 예측된 양보다 적다.

반응에서 실제로 형성된 생성물의 양을 이론적으로 가능한 양으로 나누고, 100%를 곱한 것이 반응의 **수득 백분율**(percent yield)이다. 예를 들어, 주어진 반응은 화학량론에 따라 6.9 g의 생성물을 생성할 수 있지만, 실제로 4.7 g만 생성되는 경우 이 반응의 수득 백분율은 (4.7 g/6.9 g)×100% = 68%이다.

$$\text{수득 백분율} = \frac{\text{생성물의 실제 수득량}}{\text{생성물의 이론적 수득량}} \times 100\%$$

예제 3.6은 수득 백분율을 계산하고 사용하는 방법을 보여 준다.

예제 3.6

수득 백분율 계산하기

건강상의 문제로, 현재 많은 지역에서 사용이 중단된 휘발유 첨가제인 메틸 *tert*-뷰틸 에터(MTBE, $C_5H_{12}O$)는 아이소뷰틸렌(C_4H_8)과 메탄올(CH_4O)을 반응시켜 제조할 수 있다. 26.3 g의 아이소뷰틸렌과 충분한 양의 메탄올을 반응시켜 32.8 g의 MTBE를 얻은 경우, 이 반응의 수득 백분율은 얼마인가?

$$\underset{\text{아이소뷰틸렌}}{C_4H_8(g)} + \underset{\text{메탄올}}{CH_4O(l)} \longrightarrow \underset{\text{메틸 }tert\text{-뷰틸 에터 (MTBE)}}{C_5H_{12}O(l)}$$

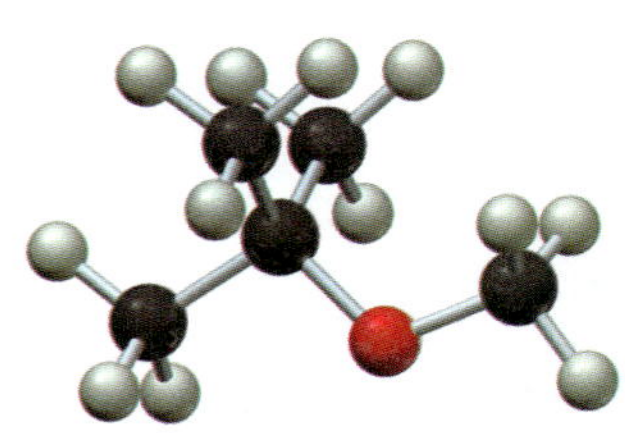

메틸 *tert*-뷰틸 에터

문제 파악

알고 있는 것	알아내야 할 것
균형 반응식 아이소뷰틸렌의 질량(26.3 g) 메탄올(아이소뷰틸렌과 반응하기에 충분한 양) MTBE의 질량(32.8 g, 생성물의 실제 수득량)	반응의 수득 백분율

전략

수득 백분율을 계산하려면, 실제 수득량과 이론적 수득량을 알아야 한다. 실제 수득량(MTBE 32.8 g)이 문제에 주어졌으므로 이론적 수득량, 즉 26.3 g의 아이소뷰틸렌이 완전히 반응하여 생성될 수 있는 MTBE의 양을 계산할 필요가 있다.

단계 1. 환산 인자로 사용할 반응물과 생성물의 몰질량을 계산한다.

단계 2. 균형 반응식의 계수와 몰질량을 환산 인자로서 사용하여 생성물인 MTBE의 이론적 양을 구한다.

단계 3. 수득 백분율 식을 사용한다.

풀이

단계 1. 몰질량 계산

아이소뷰틸렌, C_4H_8:

아이소뷰틸렌의 분자량 = (4 × 12.0) + (8 × 1.0) = 56.0

아이소뷰틸렌의 몰질량 = 56.0 g/mol

MTBE, $C_5H_{12}O$:

MTBE의 분자량 = (5 × 12.0) + (12 × 1.0) + 16.0 = 88.0

MTBE의 몰질량 = 88.0 g/mol

단계 2. 생성물의 이론적 양

26.3 g의 아이소뷰틸렌으로부터 이론적으로 생성될 수 있는 MTBE의 양을 계산하려면, 먼저 몰질량을 환산 인자로 사용하여 반응물의 몰수를 구해야 한다.

$$26.3\ \text{g 아이소뷰틸렌} \times \frac{1\ \text{mol 아이소뷰틸렌}}{56.0\ \text{g 아이소뷰틸렌}} = 0.470\ \text{mol 아이소뷰틸렌}$$

균형 반응식에 따르면, 반응물 1 mol당 생성물 1 mol이 생성되므로 0.470 mol의 아이소뷰틸렌은 이론적으로 0.470 mol의 MTBE를 생성할 수 있다. 이 MTBE의 질량을 구하려면 몰수를 질량으로 변환할 필요가 있다.

$$0.470\ \text{mol 아이소뷰틸렌} \times \frac{1\ \text{mol MTBE}}{1\ \text{mol 아이소뷰틸렌}} \times \frac{88.0\ \text{g MTBE}}{1\ \text{mol MTBE}} = 41.4\ \text{g MTBE}$$

단계 3. 수득 백분율 식

실제 양을 이론적 양으로 나누고 100%를 곱하면 수득 백분율이 얻어진다.

$$\frac{32.8\ \text{g MTBE}}{41.4\ \text{g MTBE}} \times 100\% = 79.2\%$$

점검

계산에 여러 단계가 포함되므로 수득 백분율의 수치를 추정하기가 어렵다. 그러나 수득 백분율의 값은 0%에서 100% 사이여야 한다. 따라서 79.2%의 답은 합당한 범위에 있다.

▶ 연습문제 3.11 에틸 알코올은 에틸렌(C_2H_4)과 물의 반응에 의해 공업적으로 제조된다. 4.6 g의 에틸렌이 4.7 g의 에틸 알코올을 생성하는 경우, 이 반응의 수득 백분율은 얼마인가?

$$\underset{\text{에틸렌}}{C_2H_4(g)} + H_2O(l) \longrightarrow \underset{\text{에틸 알코올}}{C_2H_6O(l)}$$

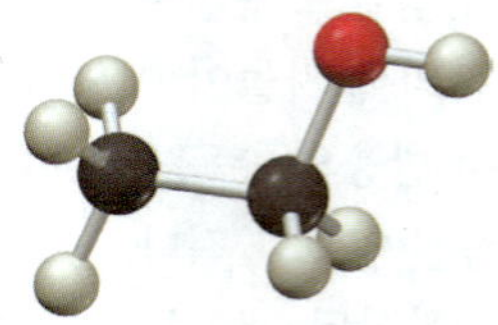

에틸 알코올

▶ 응용문제 3.12

(a) 의학적으로 마취제로 사용되는 '에터'인 다이에틸 에터($C_4H_{10}O$)는 에틸 알코올(C_2H_6O)을 산으로 처리하여 상업적으로 제조된다. 이 반응의 수득 백분율이 87.0%인 경우, 40.0 g의 에틸 알코올로부터 몇 그램의 다이에틸 에터가 얻어지는가?

$$\underset{\text{에틸 알코올}}{2\ C_2H_6O(l)} \xrightarrow{\text{산}} \underset{\text{다이에틸 에터}}{C_4H_{10}O(l)} + H_2O(l)$$

(b) 반응의 수득 백분율이 87.0%인 경우, 100.0 g의 다이에틸 에터를 생산하는 데 몇 그램의 에틸 알코올이 필요한가?

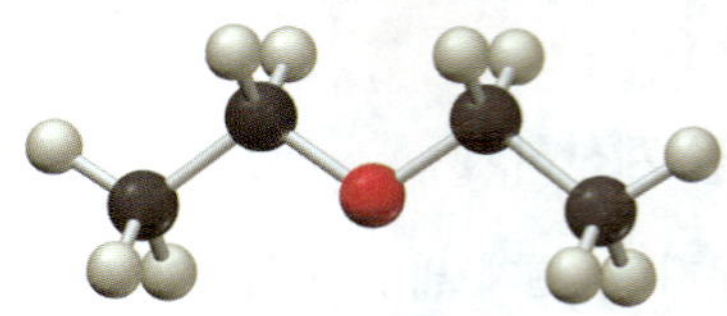

다이에틸 에터

개념탐구 질문 4

샌드위치는 치즈 1개와 빵 2조각으로 구성된다. 샌드위치를 만드는 반응식은 다음과 같이 작성할 수 있다.

$$C + 2\,B \longrightarrow S$$

여기서 C는 치즈, B는 빵 조각, S는 샌드위치를 나타낸다.

한계 반응물은 어느 것이며, 치즈 7개와 빵 10조각이 있는 경우 얼마나 많은 샌드위치를 만들 수 있는가?

3.6 반응물의 한계량이 있는 반응

화학자는 일반적으로 균형 반응식을 쓰기 때문에, 항상 정확한 비율의 반응물을 사용하여 반응이 수행된다는 인상을 쉽게 받을 수 있다. 실제로 이것은 일반적이지 않다. 화학량론에 따라 실제로 필요한 것보다 과량의 반응물을 사용하여 많은 반응이 수행된다. 예를 들어, 자동차 부동액과 폴리에스터 중합체의 제조를 위한 출발 물질로 사용되는 물질인 에틸렌 글라이콜($C_2H_6O_2$)의 공업적 합성을 살펴보자. 산화 에틸렌(C_2H_4O)과 고온에서 물과의 반응에 의해 매년 전 세계적으로 약 1,800만 톤의 에틸렌 글라이콜이 제조된다(1 톤 = 1000 kg).

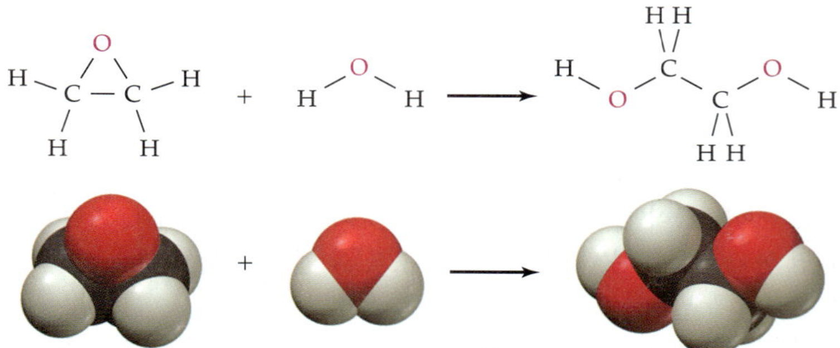

$C_2H_4O\,(g)$ (산화 에틸렌) + $H_2O\,(l)$ (물) $\xrightarrow{\text{열}}$ $C_2H_6O_2\,(l)$ (에틸렌 글라이콜)

물은 매우 저렴하고 풍부하기 때문에, 산화 에틸렌 1 mol당 정확히 물 1 mol을 사용해야 한다는 걱정을 할 필요가 없다. 오히려 더 비싼 산화 에틸렌 반응물을 완전히 소비하기에 충분한 양의 물이 존재한다는 것을 확신하기 위해, 과량의 물을 사용하는 것이 훨씬 쉽다. 물론 과량의 물이 존재하더라도 화학량론에 의해 요구되는 양만 반응을 진행한다. 과량의 물은 반응하지 않고 그대로 남아 있다.

실험에 사용된 반응물 분자들의 비율이 균형 반응식의 계수로 주어진 것과 다를 때마다, 반응이 완료된 후 한 반응물의 여분이 남게 된다. 따라서 화학 반응이 일어나는 정도는 한계량으로 존재하는 반응물인 **한계 반응물**(**limiting reactant**)에 의존하게 된다. 다른 반응물은 **초과 반응물**(excess reactant)이라고 한다.

초과 반응물과 한계 반응물이 있는 상황은 때때로 사람과 의자에게 일어나는 것과 유사하다. 방 안에 5명이 있고 의자는 3개뿐인 경우, 앉은 사람의 수가 사용 가능한 의자의 개수에 의해 제한되기 때문에 3명만 앉을 수 있고 다른 2명은 서 있게 된다. 의자는 한계 반응물과 같고, 사람은 초과 반응물이 된다. 예제 3.7은 한계 반응물 문제를 시각화하는 방법을 보여 준다.

개념 예제 3.7

분자 모형으로 한계 반응물 확인

다음에 나타낸 산화 에틸렌과 물로부터 에틸렌 글라이콜을 생성하는 균형 반응식과 분자 모형 그림을 보고 답하시오.

C_2H_4O (산화 에틸렌) + H_2O (물) $\xrightarrow{\text{열}}$ $C_2H_6O_2$ (에틸렌 글라이콜)

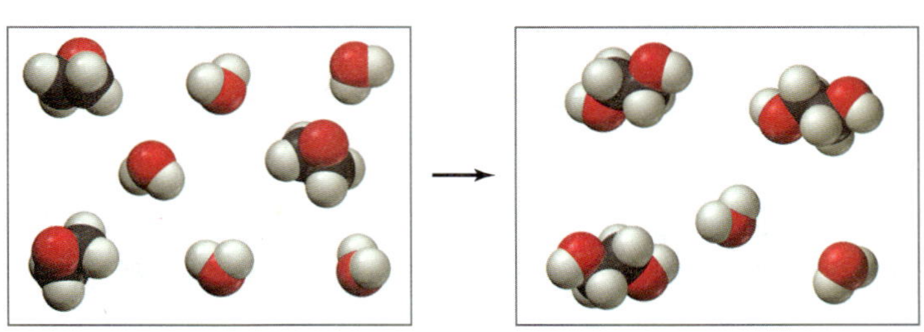

(a) 한계 반응물과 초과 반응물을 말하시오.
(b) 반응이 일어난 후 몇 개의 초과 반응물 분자가 남는가?
(c) 몇 개의 생성물 분자가 만들어지는가?

전략

반응물과 생성물 분자의 개수를 세고, 균형 반응식의 계수를 사용하여 서로 연관시킨다.

풀이

(a) 반응식의 반응물 쪽 상자에 있는 각 유형의 분자 수를 센다. 산화 에틸렌 분자 3개와 물 분자 5개가 있다. 균형 반응식에 따르면 반응물 사이의 화학량론은 1:1이다. 따라서 물 분자 5개와 반응하려면 산화 에틸렌 분자 5개가 필요하다. 산화 에틸렌 분자가 3개뿐이므로 한계 반응물이 되고, 물은 초과 반응물이다.

(b) 반응식의 생성물 쪽에 있는 물 분자 수를 센다. 반응하지 않은 2개의 물 분자가 있고, 물은 초과 반응물이라고 한다.

(c) 반응식의 생성물 쪽에 있는 에틸렌 글라이콜 분자 수를 센다. 3개의 에틸렌 글라이콜 분자가 존재한다.

그러므로 산화 에틸렌 분자 3개와 물 분자 5개의 반응은 에틸렌 글라이콜 분자 3개와 물 분자 2개를 남긴다.

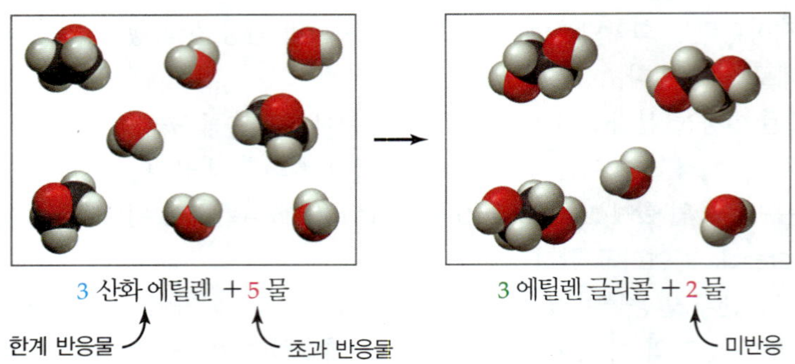

개념 연습문제 3.13 다음 도표는 A(빨간색 구)와 B_2(파란색 구)의 반응을 나타낸다.

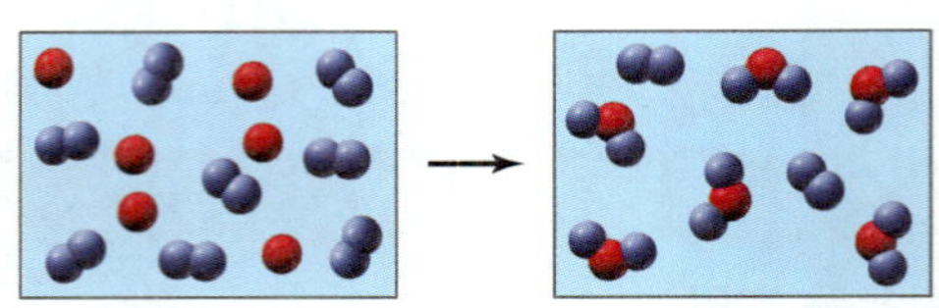

(a) 반응에 대한 균형 반응식을 쓰시오.

(b) 한계 반응물과 초과 반응물을 말하시오.

(c) 몇 개의 생성물 분자가 만들어지는가?

개념 응용문제 3.14 AB 분자 8개가 B_2 분자 6개와 반응할 때, 다음 반응에 대해 문제 3.13에 표시된 것과 유사한 도표를 그리시오. 각 원자를 기호 A 또는 B로 표시된 구로 나타내시오. 한계 반응물과 초과 반응물을 지정하시오.

$$2\ AB + B_2 \longrightarrow 2\ AB_2$$

그림 3.2는 한계 반응물을 확인하고, 지정된 양의 반응물이 혼합될 때 형성되는 생성물의 이론적 질량을 계산하는 데 필요한 단계들을 요약한 순서도이다. 이 과정에는 각 반응물이 완전히 소비된 경우 만들어질 수 있는 생성물의 양을 계산하는 과정이 포함된다. 한계 반응물은 각 반응물로부터 형성된 생성물의 양을 비교함으로써 결정할 수 있다. 한계 반응물은 가장 적은 양의 생성물을 형성할 것이며, 이는 **이론적 수득량**(theoretical yield)이 된다. 이전의 화학량론 예제에서와 같이, 반응물과 생성물의 양은 균형 반응식 및 몰수와 관련이 있다. 예제 3.8은 한계 반응물을 결정하고, 생성물과 초과 반응물의 양을 계산하는 방법을 보여 준다.

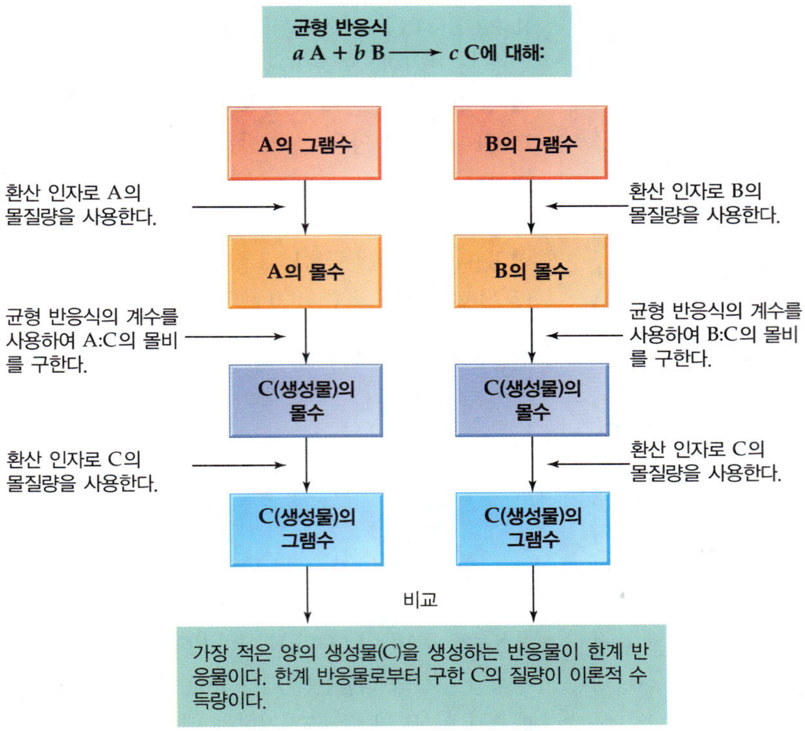

◀ 그림 3.2
한계 반응물을 확인하고 이론적 수득량을 계산하기 위한 단계

▶ 확인하기

한계 반응물은 어떻게 결정할 수 있는가?

답 화학량론을 이용하여 각 반응물에 의해 생성된 생성물의 양을 계산한다. 한계 반응물은 초과 반응물보다 적은 양의 생성물을 생성한다.

예제 3.8

한 반응물이 제한적일 때 생성물 또는 초과 반응물의 양 계산

고형 종양의 치료에 사용되는 항암제인 시스플라틴은 테트라클로로백금산 포타슘과 암모니아를 반응시켜 제조한다. 10.0 g의 K_2PtCl_4와 10.0 g의 NH_3가 반응한다고 가정하자.

$$K_2PtCl_4(aq) + 2\,NH_3(aq) \longrightarrow Pt(NH_3)_2Cl_2(s) + 2\,KCl(aq)$$

테트라클로로백금산 포타슘 　　　　 시스플라틴

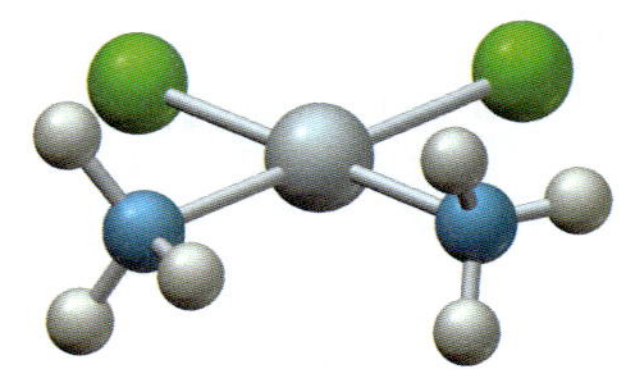

시스플라틴

(a) 한계 반응물과 초과 반응물은 각각 어느 것인가? 몇 그램의 시스플라틴이 형성되는가?

(b) 초과 반응물 중 몇 그램이 소비되고, 몇 그램이 남는가?

문제 파악

알고 있는 것	알아내야 할 것
균형 반응식	한계 반응물
NH_3의 질량(10.0 g)	$Pt(NH_3)_2Cl_2$의 질량(g)
K_2PtCl_4의 질량(10.0 g)	소비된 초과 반응물의 질량(g)
	남은 초과 반응물의 질량(g)

전략

(a) 각 반응물의 양이 알려져 있으므로, 그림 3.2에 요약된 절차를 사용하면 어떤 반응물이 한계 반응물인지 결정할 수 있다. 화학량론을 이용하여 주어진 각 반응물의 양으로 만들 수 있는 생성물의 양을 계산한다. 가장 적은 양의 생성물을 생성하는 반응물이 한계 반응물이며, 이것이 만들 수 있는 생성물의 최대량을 결정한다.

(b) 한계 반응물의 양을 초과 반응물의 양과 연관시키기 위해 화학량론을 이용할 수 있다.

풀이

(a) **단계 1.** 몰질량 계산

반응물의 몰수를 구하는 것은 항상 화학식량을 계산하고 몰질량을 환산 인자로 사용하여 시작한다.

K_2PtCl_4의 화학식량 $= (2\times39.1) + 195.1 + (4\times35.5) = 415.3$

K_2PtCl_4의 몰질량 $= 415.3$ g/mol

NH_3의 분자량 $= 14.0 + (3\times1.0) = 17.0$

NH_3의 몰질량 $= 17.0$ g/mol

$Pt(NH_3)_2Cl_2$의 분자량 $= 195.1 + (2\times17.0) + (2\times35.5) = 300.1$

$Pt(NH_3)_2Cl_2$의 몰질량 = 300.1 g/mol

단계 2. 각 반응물로부터 만들어지는 생성물의 양
화학량론을 이용하여 주어진 양의 각 반응물이 모두 반응한 경우 만들어질 수 있는 생성물의 양을 구한다.

$$10.0\ \text{g}\ K_2PtCl_4 \times \frac{1\ \text{mol}\ K_2PtCl_4}{415.3\ \text{g}\ K_2PtCl_4} \times \frac{1\ \text{mol}\ Pt(NH_3)_2Cl_2}{1\ \text{mol}\ K_2PtCl_4} \times \frac{300.1\ \text{g}\ Pt(NH_3)_2Cl_2}{1\ \text{mol}\ Pt(NH_3)_2Cl_2} = 7.23\ \text{g}\ Pt(NH_3)_2Cl_2$$

$$10.0\ \text{g}\ NH_3 \times \frac{1\ \text{mol}\ NH_3}{17.0\ \text{g}\ NH_3} \times \frac{1\ \text{mol}\ Pt(NH_3)_2Cl_2}{2\ \text{mol}\ NH_3} \times \frac{300.1\ \text{g}\ Pt(NH_3)_2Cl_2}{1\ \text{mol}\ Pt(NH_3)_2Cl_2} = 88.3\ \text{g}\ Pt(NH_3)_2Cl_2$$

이 계산에서 K_2PtCl_4가 가장 적은 그램수의 생성물을 생성하므로 한계 반응물임을 알 수 있다. 초과 반응물은 많은 양의 생성물을 생성하는 NH_3이다. 주어진 초기 K_2PtCl_4의 양을 고려할 때 $Pt(NH_3)_2Cl_2$ 7.23 g만이 생성될 수 있다.

(b) 초과 반응물과 한계 반응물의 정체가 확인되었으므로 화학량론을 이용하여 NH_3의 반응하는 양과 남는 양을 알아낼 수 있다. 한계 반응물(K_2PtCl_4)이 모두 소비된다는 것을 알고 있으므로, 화학량론을 통해 다음과 같이 NH_3의 반응하는 양을 계산할 수 있다.

$$10.0\ \text{g}\ K_2PtCl_4 \times \frac{1\ \text{mol}\ K_2PtCl_4}{415.3\ \text{g}\ K_2PtCl_4} \times \frac{2\ \text{mol}\ NH_3}{1\ \text{mol}\ K_2PtCl_4} \times \frac{17.0\ \text{g}\ NH_3}{1\ \text{mol}\ NH_3} = 0.819\ \text{g}\ NH_3$$

$$\text{반응하지 않은 } NH_3\text{의 그램수} = (10.0\ \text{g} - 0.819\ \text{g}) = 9.2\ \text{g}\ NH_3$$

점검

K_2PtCl_4(415.3 g/mol)가 NH_3(17.0 g/mol)보다 훨씬 큰 몰질량을 가지며, 반응이 각각 같은 그램수로 시작하기 때문에 K_2PtCl_4가 한계 반응물인 것이 합리적이다. 생성물인 $Pt(NH_3)_2Cl_2$의 양은 한계 반응물과 상대적 몰질량 및 반응의 화학량론으로부터 추정할 수 있다. 1 mol의 K_2PtCl_4가 1 mol의 $Pt(NH_3)_2Cl_2$를 생성하고 $Pt(NH_3)_2Cl_2$의 몰질량(300.1 g/mol)이 K_2PtCl_4의 몰질량(415.3 g/mol)의 약 3/4이므로, 생성된 양(7.23 g)은 초기 질량(10.0 g)의 약 3/4이어야 한다.

▶ **연습문제 3.15** 우주 왕복선 탑승 시에 산화 리튬이 사용되어 공기 공급 장치에서 물을 제거한다.

(a) 80.0 kg의 물을 제거하는 데 65 kg의 Li_2O가 사용되는 경우, 어느 반응물이 한계 반응물인가?

(b) 초과 반응물은 몇 킬로그램 남는가?

$$Li_2O(s) + H_2O(g) \longrightarrow 2\ LiOH(s)$$

▶ **응용문제 3.16** Li_2O와 H_2O의 반응으로 우주 왕복선 탑승 시 생성된 수산화 리튬은(문제 3.15), 나중에 공기 공급 장치에서 배출된 이산화 탄소를 제거하는 데 사용된다. 초기에 400.0 g의 LiOH가 존재하였고, 500.0 g의 $LiHCO_3$가 생성되었다. 이 반응은 공기에서 CO_2를 추가적으로 제거할 수 있는가? 그렇다면 얼마나 제거할 수 있는가?

$$LiOH(s) + CO_2(g) \longrightarrow LiHCO_3(s)$$

3.7 조성 백분율과 실험식

지금까지 다루었던 모든 물질은 화학식이 알려져 있었다. 그러나 새로운 화합물이 실험실에서 만들어지거나 자연에서 발견되는 경우, 그 화합물의 화학식은 실험적으로 결정해야 한다.

새로운 화합물의 화학식을 결정하는 것은 물질을 분석하여 어떤 원소가 포함되어 있고 각 원소가 얼마나 존재하는지 알아내는 것, 즉 화합물의 **조성**(composition)을 찾는 것으로 시작한다. 화합물의 **조성 백분율**(**percent composition**)은 존재하는 원소를 확인하고 각 원소의 질량 백분율을 부여함으로써 나타낸다. 예를 들어, 휘발유에서 발견되는 특정 무색 액체의 조성 백분율은 "질량으로 탄소 84.1%와 수소 15.9%를 포함한다."고 표현할 수 있다. 다시 말해 100.0 g의 화합물 시료는 84.1 g의 탄소 원자와 15.9 g의 수소 원자를 포함한다.

화합물의 조성 백분율을 알면 그 화합물의 화학식을 계산할 수 있다. 그림 3.3에 나타낸 바와 같이, 계산 전략은 화합물에서 각 원소의 상대적 몰수를 구한 다음, 이 수치를 사용하여 원소의 몰비를 정하는 것이다. 이 몰비는 차례대로 화학식의 아래 첨자에 해당한다.

질량으로 조성이 탄소 84.1%와 수소 15.9%인 무색의 액체를 예로 들어 보자. 계산을 쉽게 하기 위해 임의로 100 g의 물질을 취하고, 환산 인자로 몰질량을 사용하여 100 g에 포함된 원

소의 몰수를 구한다.

$$84.1\ \text{g C} \times \frac{1\ \text{mol C}}{12.01\ \text{g C}} = 7.00\ \text{mol C}$$

$$15.9\ \text{g H} \times \frac{1\ \text{mol H}}{1.008\ \text{g H}} = 15.8\ \text{mol H}$$

C와 H의 상대적 몰수를 알고 있으므로 둘 다 더 작은 숫자(7.00)로 나누어 몰비를 구한다.

$$C_{\left(\frac{7.00}{7.00}\right)}H_{\left(\frac{15.8}{7.00}\right)} = C_1H_{2.26}$$

1:2.26의 C:H 몰비는 액체의 임시 화학식으로 $C_1H_{2.26}$을 쓸 수 있음을 의미한다. 정수를 구할 때까지 시행착오 과정을 거쳐 아래 첨자에 작은 정수를 곱하면 **실험식(empirical formula)**이 얻어진다. 이는 화합물에 있는 원자의 최소 정수비를 나타낸다. 이 예에서는 C_4H_9의 실험식을 얻기 위해 아래 첨자에 4를 곱해야 한다. (아래 첨자는 실험 데이터의 작은 오차로 인해 항상 **정확한** 정수는 아니지만 그 차이는 작아야 한다.)

$$C_{(1\times4)}H_{(2.26\times4)} = C_4H_{9.04} = C_4H_9$$

조성 백분율로부터 결정된 실험식은 화합물에 존재하는 원자의 비율(ratio)만을 나타낸다. 분자의 **실제 원자 수**를 나타내는 **분자식(molecular formula)**은 실험식과 동일하거나 그 배수일 수 있다. 분자식을 결정하려면 물질의 분자량을 알아야 한다. 이 예에서 화합물(옥테인)의 분자량은 114.2이며, 이는 C_4H_9의 실험식량(57.1)의 단순한 배수이다.

배수를 구하기 위해 분자량을 실험식량으로 나눈다.

$$\text{배수} = \frac{\text{분자량}}{\text{실험식량}} = \frac{114.2}{57.1} = 2.00$$

그런 다음, 실험식의 아래 첨자에 이 배수를 곱하여 분자식을 얻는다. 이 예에서 옥테인의 분자식은 $C_{(4\times2)}H_{(9\times2)}$, 즉 C_8H_{18}이 된다.

조성 백분율로부터 물질의 실험식을 구할 수 있는 것처럼, 실험식 또는 분자식으로부터 물질의 조성 백분율을 구할 수도 있다. 이들의 계산 전략은 정반대이다. 예를 들어, 아스피린은 $C_9H_8O_4$의 분자식을 가지므로 9:8:4의 C:H:O 몰비를 갖는다. 몰수를 그램수로 변환함으로써 이 몰비를 질량비와 조성 백분율로 변환할 수 있다.

계산의 단순화를 위해 1 mol의 화합물로 시작하는 것으로 가정하자.

$$1\ \text{mol 아스피린} \times \frac{9\ \text{mol C}}{1\ \text{mol 아스피린}} \times \frac{12.0\ \text{g C}}{1\ \text{mol C}} = 108\ \text{g C}$$

$$1\ \text{mol 아스피린} \times \frac{8\ \text{mol H}}{1\ \text{mol 아스피린}} \times \frac{1.01\ \text{g H}}{1\ \text{mol H}} = 8.08\ \text{g H}$$

$$1\ \text{mol 아스피린} \times \frac{4\ \text{mol O}}{1\ \text{mol 아스피린}} \times \frac{16.0\ \text{g O}}{1\ \text{mol O}} = 64.0\ \text{g O}$$

각 원소의 질량을 전체 질량으로 나누고 100%를 곱하면 조성 백분율이 된다.

$$\text{아스피린 1 mol의 전체 질량} = 108\ \text{g} + 8.08\ \text{g} + 64.0\ \text{g} = 180\ \text{g}$$

$$\%C = \frac{108\ \text{g C}}{180\ \text{g}} \times 100\% = 60.0\%$$

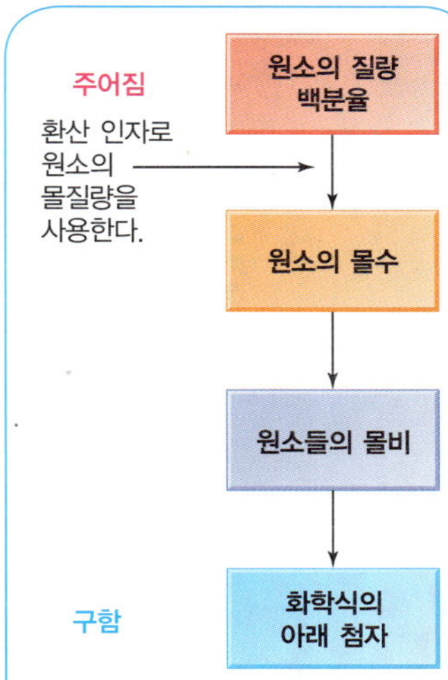

▲ 그림 3.3
화합물의 조성 백분율로부터 화합물의 화학식 계산

▶ 확인하기

몰비는 한 원소의 몰수를 다른 원소의 몰수로 나눈 값이다. 몰비는 화학식의 아래 첨자와 어떤 관련이 있는가?

답 화학식의 아래 첨자는 몰수를 나타낸다. 예를 들어, 1 mol의 C_2H_4에는 2 mol의 탄소 원자와 4 mol의 수소 원자가 있다. 몰비는 아래 첨자의 비율과 동일하다.

$$\%H = \frac{8.08 \text{ g H}}{180 \text{ g}} \times 100\% = 4.49\%$$

$$\%O = \frac{64.0 \text{ g O}}{180 \text{ g}} \times 100\% = 35.6\%$$

질량 백분율의 합계가 100%로의 반올림 오차 내에 있는지를 확인함으로써 답을 점검할 수 있다. 60.0% + 4.49% + 35.6% = 100.1%.

예제 3.9는 조성 백분율과 실험식 사이의 변환을 추가로 보여 준다.

예제 3.9

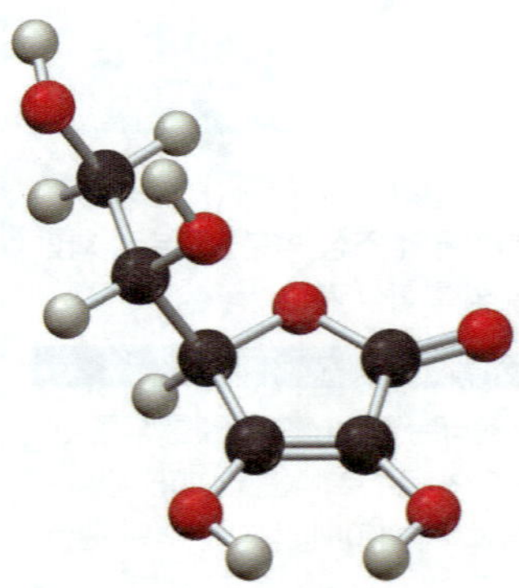

아스코브산

실험식과 분자식 계산

(a) 바이타민 C(아스코브산)는 질량으로 C 40.92%, H 4.58%, O 54.50%를 포함한다. 아스코브산의 실험식은 무엇인가?

(b) 아스코브산의 구조를 이용하여 아스코브산의 분자식을 결정하시오(회색 = C, 빨간색 = O, 상아색 = H). 실험식을 분자식으로 변환하려면 실험식에 어떤 정수를 곱해야 하는가?

(a) 문제 파악

알고 있는 것	알아내야 할 것
아스코브산의 조성 백분율 (질량으로 C 40.92%, H 4.58%, O 54.50%)	아스코브산의 실험식

전략

그림 3.3에 조성 백분율을 실험식으로 변환하는 과정이 간략하게 요약되어 있다. 100.0 g의 아스코브산이 있다고 가정하여 각 원소의 그램수를 몰수로 변환하고, 가장 작은 몰수로 나눠서 아래 첨자에 대한 몰비를 얻는다.

풀이

단계 1. 그림 3.3에 따라 첫 번째 단계는 시료에 있는 각 원소의 질량을 몰수로 변환하는 것이다.

$$40.92 \text{ g C} \times \frac{1 \text{ mol C}}{12.0 \text{ g C}} = 3.41 \text{ mol C}$$

$$4.58 \text{ g H} \times \frac{1 \text{ mol H}}{1.01 \text{ g H}} = 4.53 \text{ mol H}$$

$$54.50 \text{ g O} \times \frac{1 \text{ mol O}}{16.0 \text{ g O}} = 3.41 \text{ mol O}$$

단계 2. 몰비를 구한다. 세 숫자를 각각 가장 작은 숫자(3.41 mol)로 나누면 C:H:O 몰비는 1:1.33:1이 되고, 임시 화학식은 $C_1H_{1.33}O_1$이 된다.

단계 3. 실험식에 속한 정수 아래 첨자를 결정한다. 정수를 구할 때까지 시행착오 과정에서 아래 첨자에 1, 2, 3 또는 4와 같은 작은 정수를 곱하면 실험식이 얻어진다. $C_{(3\times1)}H_{(3\times1.33)}O_{(3\times1)} = C_3H_4O_3$.

(b) 문제 파악

알고 있는 것	알아내야 할 것
문항 (a)에서 얻은 실험식 아스코브산에 대한 공-막대 모형	분자식

전략

주어진 구조식에서 원자를 세어 분자식을 구한다. 실험식의 아래 첨자를 분자식으로 변환하는 데 필요한 곱셈 계수를 결정한다.

풀이

아스코브산의 구조식에서 원자를 세어 보면 $C_6H_8O_6$의 분자식이 얻어진다. 실험식($C_3H_4O_3$)의 아래 첨자에 2를 곱하면 분자식이 된다.

점검

실험식에 정수를 곱하여 분자식을 얻을 수 있다. 이것은 실험식이 정확하게 결정되었다는 강력한 증거이다.

연습문제 3.17 질량으로 C 14.25%, O 56.93%, Mg 28.83%의 조성 백분율을 갖는 부페린(bufferin) 정제 성분의 실험식은 무엇인가?

개념 응용문제 3.18 포도당의 구조식을 이용하여 분자식을 결정하시오. 실험식은 무엇인가? 포도당에서 각 원자의 조성 백분율은 얼마인가?

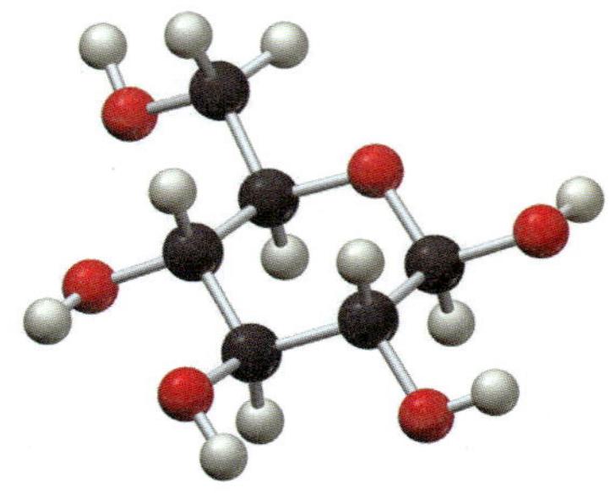

포도당

3.8 실험식 결정: 원소 분석

연소 분석(combustion analysis)은 특별히 탄소와 수소를 포함하는 유기 화합물에 대한 조성 백분율과 실험식을 결정하는 데 사용되는 가장 일반적인 방법 중 하나이다. 이 방법에서 조성을 모르는 화합물이 산소로 연소되면 휘발성 연소 생성물인 CO_2와 H_2O가 생성되고 이들을 분리하여 그 양을 자동화된 기기에 의해 측정한다. 예를 들어, 메테인(CH_4)은 다음 균형 반응식에 따라 연소한다.

$$CH_4(g) + 2\,O_2(g) \longrightarrow CO_2(g) + 2\,H_2O(g)$$

탄소를 포함하는 생성물(CO_2)과 수소를 포함하는 생성물(H_2O)의 양이 확인되면 계산 전략은 생성물에서 탄소와 수소의 몰수를 계산하는 것이다. 이로부터 출발 화합물의 C:H의 몰비를 구할 수 있다. 이 정보는 그림 3.4의 순서도에 요약된 것처럼 차례로 화학식을 제공한다.

연소 분석이 작동하는 방법의 예로, 가정용 좀약으로 흔히 사용되는 순수한 물질인 나프탈렌 시료가 있다고 생각하자. 시료의 알려진 양을 측정하고 순수한 산소로 연소시킨 다음, 생성물을 분석한다. 0.330 g의 나프탈렌 시료가 O_2와 반응하여 1.133 g의 CO_2와 0.185 g의 H_2O를 형성한다. 가장 먼저 구해야 할 것은 CO_2와 H_2O 생성물에 있는 탄소와 수소의 몰수로서 나프탈렌 시료에 원래 존재하는 각 원소의 몰수를 계산할 수 있다.

$$1.133\ \text{g CO}_2\ \text{중 C의 몰수} = 1.133\ \cancel{\text{g CO}_2} \times \frac{1\ \cancel{\text{mol CO}_2}}{44.01\ \cancel{\text{g CO}_2}} \times \frac{1\ \text{mol C}}{1\ \cancel{\text{mol CO}_2}} = 0.02574\ \text{mol C}$$

$$0.185\ \text{g H}_2\text{O 중 H의 몰수} = 0.185\ \cancel{\text{g H}_2\text{O}} \times \frac{1\ \cancel{\text{mol H}_2\text{O}}}{18.02\ \cancel{\text{g H}_2\text{O}}} \times \frac{2\ \text{mol H}}{1\ \cancel{\text{mol H}_2\text{O}}} = 0.0205\ \text{mol H}$$

이 경우 나프탈렌은 탄소와 수소만을 포함하기 때문에 필요하지 않지만, 모든 질량이 설명되고 다른 원소는 없는지 확인한다. 그렇게 하기 위해 출발 시료에서 C와 H의 그램수를

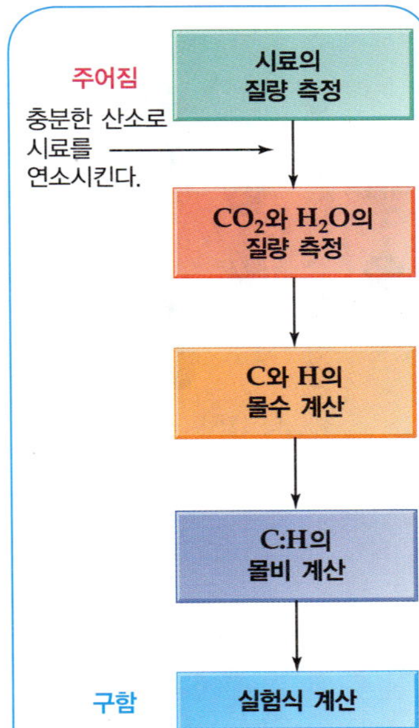

▲ 그림 3.4
C와 H를 포함하는 화합물의 연소 분석으로부터 실험식 결정

▶ 확인하기

연소 분석 중에 생성된 CO_2와 H_2O의 질량이 탄화수소의 실험식을 결정하는 데 어떻게 유용한지 개략적으로 설명하시오.

답 모든 CO_2는 화합물에 있는 탄소로부터 생성된다. 마찬가지로 모든 H_2O는 원래 화합물에 있는 수소로부터 생성된다. 따라서 이들 화합물의 질량을 사용하여 원래 화합물에 존재하는 C와 H의 몰수를 구할 수 있다.

구하려면 몰수를 그램수로 변환한다.

$$\text{C의 질량} = 0.02574\ \text{mol C} \times \frac{12.01\ \text{g C}}{1\ \text{mol C}} = 0.3091\ \text{g C}$$

$$\text{H의 질량} = 0.0205\ \text{mol H} \times \frac{1.01\ \text{g H}}{1\ \text{mol H}} = 0.0207\ \text{g H}$$

$$\text{C와 H의 전체 질량} = 0.3091\ \text{g} + 0.0207\ \text{g} = 0.3298\ \text{g}$$

생성물에서 C와 H의 전체 질량(0.3298 g)이 출발 시료의 질량(0.330 g)과 동일하므로 나프탈렌에는 다른 원소가 존재하지 않음을 알 수 있다.

나프탈렌에 있는 C와 H의 상대적 몰수를 알고 있으므로 더 큰 몰수를 더 작은 수로 나눠서 $C_{1.26}H_1$의 화학식을 얻는다.

$$C_{\left(\frac{0.02574}{0.0205}\right)}H_{\left(\frac{0.0205}{0.0205}\right)} = C_{1.26}H_1$$

그런 다음, 정수를 구할 때까지 시행착오 과정을 거쳐 아래 첨자에 작은 정수를 곱하여 C_5H_4의 정수 화학식을 얻는다.

아래 첨자에 2를 곱한다: $C_{(1.26\times2)}H_{(1\times2)} = C_{2.52}H_2$
아래 첨자에 3을 곱한다: $C_{(1.26\times3)}H_{(1\times3)} = C_{3.78}H_3$
아래 첨자에 4를 곱한다: $C_{(1.26\times4)}H_{(1\times4)} = C_{5.04}H_4 = C_5H_4$ (아래 첨자는 모두 정수이다.)

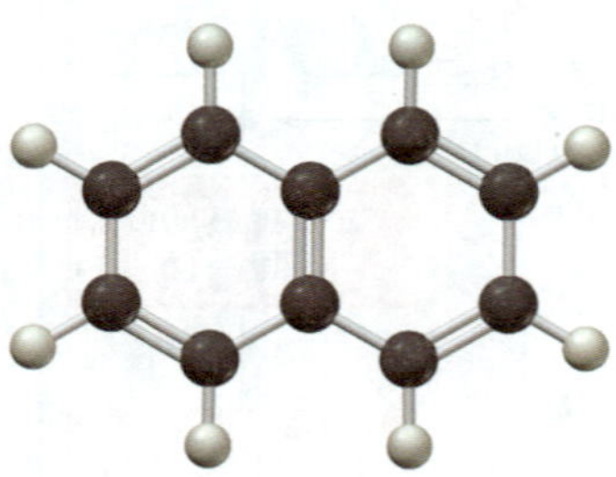
나프탈렌

원소 분석은 실험식만 제공한다. 분자식을 결정하려면 물질의 분자량을 알아야 한다. 다음 절에서는 화합물의 분자량을 결정하기 위한 질량 분석 데이터를 보게 될 것이다. 이 문제에서 나프탈렌의 분자량은 128.2, 즉 C_5H_4의 실험식량(64.1)의 두 배이다. 따라서 나프탈렌의 분자식은 $C_{(2\times5)}H_{(2\times4)} = C_{10}H_8$이 된다.

예제 3.10은 시료가 탄소와 수소 외에 산소를 포함할 때의 연소 분석하는 예를 보여 준다.

예제 3.10

연소 분석으로부터 실험식과 분자식 계산

염소(goat)의 향이나 더러운 양말이나 낡은 신발 냄새의 원인 물질인 카프로산은 탄소, 수소, 산소를 포함한다. 0.450 g의 카프로산 시료의 연소 분석에서 0.418 g의 H_2O와 1.023 g의 CO_2를 얻었다. 카프로산의 실험식은 무엇인가? 카프로산의 분자량이 116.2인 경우 분자식은 무엇인가?

문제 파악

알고 있는 것	알아내야 할 것
카프로산의 질량(0.450 g)	실험식
H_2O의 질량(0.418 g)과 CO_2의 질량(1.023 g)	분자식
카프로산의 분자량(116.2)	

전략

연소 분석 데이터를 실험식으로 바꾸려면 그림 3.4에 요약된 순서를 이용한다. 이 분자는 산소도 포함하며 산소는 연소 생성물을 만들지 않기 때문에, 분자에서 산소의 존재는 연소 분석으로 직접 알아낼 수 없다. 가급적 산소의 존재는 시료의 전체 질량에서 계산된 C와 H의 질량을 빼서 추론해야 한다. (산소의 양을 결정하는 방법을 설명하는 단계 2와 단계 3을 참조한다.)

풀이

단계 1. 시료에 있는 C와 H의 몰수를 구한다.

$$\text{C의 몰수} = 1.023\ \cancel{\text{g CO}_2} \times \frac{1\ \cancel{\text{mol CO}_2}}{44.01\ \cancel{\text{g CO}_2}} \times \frac{1\ \text{mol C}}{1\ \cancel{\text{mol CO}_2}} = 0.023\,24\ \text{mol C}$$

$$\text{H의 몰수} = 0.418\ \cancel{\text{g H}_2\text{O}} \times \frac{1\ \cancel{\text{mol H}_2\text{O}}}{18.02\ \cancel{\text{g H}_2\text{O}}} \times \frac{2\ \text{mol H}}{1\ \cancel{\text{mol H}_2\text{O}}} = 0.0464\ \text{mol H}$$

단계 2. 시료에 있는 각 원소의 그램수를 구한다.
단계 1에서 구한 몰수로 계산할 수 있는 C와 H로 시작한다.

$$\text{C의 질량} = 0.023\,24\ \cancel{\text{mol C}} \times \frac{12.01\ \text{g C}}{1\ \cancel{\text{mol C}}} = 0.2791\ \text{g C}$$

$$\text{H의 질량} = 0.0464\ \cancel{\text{mol H}} \times \frac{1.01\ \text{g H}}{1\ \cancel{\text{mol H}}} = 0.0469\ \text{g H}$$

출발 시료의 질량에서 C와 H의 질량을 빼면 0.124 g이 설명되지 않은 것으로 나타난다.

$$0.450\ \text{g} - (0.2791\ \text{g} + 0.0469\ \text{g}) = 0.124\ \text{g}$$

단계 3. 산소의 몰수를 구한다.
시료에는 산소도 존재하므로 '누락된' 질량은 산소로 인한 것이어야 한다. 이는 연소에 의해 알아낼 수 없다. 따라서 시료에서 산소의 몰수를 구해야 한다.

$$\text{O의 몰수} = 0.124\ \cancel{\text{g O}} \times \frac{1\ \text{mol O}}{16.00\ \cancel{\text{g O}}} = 0.007\,75\ \text{mol O}$$

단계 4. 원소의 몰비를 구한다.
세 원소(C, H, O)의 상대적 몰수를 알고 있으므로 세 몰수를 가장 작은 수(0.00775 mol의 산소)로 나누면 3:6:1의 C:H:O 비율을 얻게 된다.

$$C_{\left(\frac{0.02324}{0.00775}\right)}H_{\left(\frac{0.0464}{0.00775}\right)}O_{\left(\frac{0.00775}{0.00775}\right)} = C_3H_6O$$

단계 5. 분자식을 구한다.
따라서 카프로산의 실험식은 C_3H_6O이고, 실험식량은 58.1이다. 카프로산의 분자량이 116.2, 즉 실험식량의 두 배이므로, 카프로산의 분자식은 $C_{(2\times3)}H_{(2\times6)}O_{(2\times1)} = C_6H_{12}O_2$이어야 한다.

점검
간단한 실험식이 얻어지고, 분자량이 실험식량의 정수배인 경우 화학식이 정확하게 결정되었을 가능성이 높다.

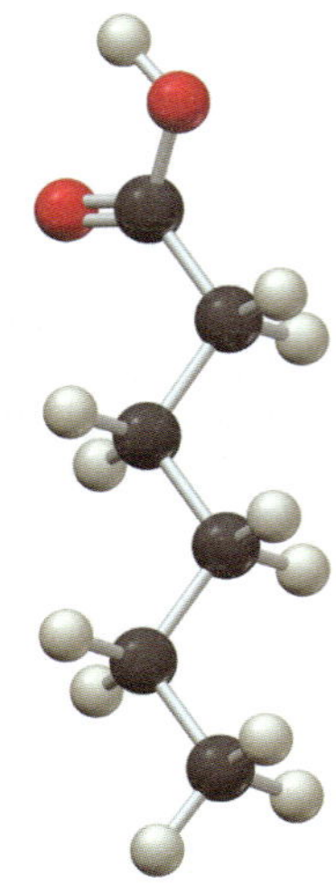

카프로산

연습문제 3.19 박하유에서 얻은 향미제인 멘톨은 탄소, 수소와 산소를 포함한다. 연소 분석에서 1.00 g의 멘톨은 1.161 g의 H_2O와 2.818 g의 CO_2를 생성한다. 멘톨의 실험식은 무엇인가? 주어진 구조식으로 답을 확인하시오.

응용문제 3.20 0.50 g의 탄화수소에 대해 연소 분석을 수행하여 1.55 g의 CO_2와 0.697 g의 H_2O가 생성되었다. 탄화수소의 실험식은 무엇인가? 몰질량이 142.0 g/mol일 때 분자식은 무엇인가?

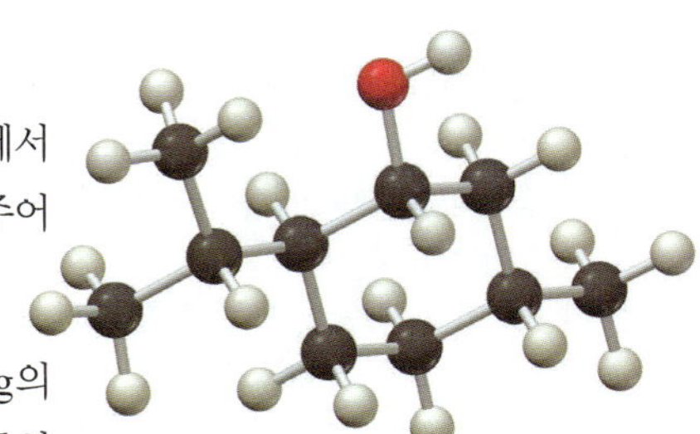

멘톨

3.9 분자량 측정: 질량 분석

앞 절에서 보았듯이, 화합물의 분자식을 결정하려면 분자량에 대한 지식이 필요하다. 그렇다면 분자량은 어떻게 결정하는가?

기억하기…
질량 분석기는 자기장을 사용하여 질량 대 전하 비가 다른 이온을 분리하는 기기이다(2.10절, 그림 2.10).

원자량과 분자량을 결정하는 가장 일반적인 방법은 **질량 분석기**(mass spectrometer)라고 하는 기기를 사용하는 것이다. 질량 분석기에서 분석하려면 분자를 기화 및 이온화해야 한다. 이온화는 각 분자에서 전자를 떨어지게 하는 고에너지 전자살로 분자에 충격을 가하여 +1 전하를 발생시킨다. 분자(M)의 이온화 반응은 다음과 같다.

$$M(g) + e^-_{\text{고에너지}} \longrightarrow M^+(g) + 2\ e^-$$

전기장과 자기장은 중성 분자가 아닌, 하전된 종에만 힘을 가하기 때문에 이온화가 필요하다. 이러한 이온화된 분자 중 일부는 남아 있고, 나머지는 더 작은 이온으로 조각난다. 전자살과의 충돌은 분자를 이온화할 뿐만 아니라, 결합을 끊기에 충분한 에너지를 갖는다. 다양한 질량 대 전하 비를 갖는 분자로부터 조각 이온이 분리되고 정량화되어 질량 스펙트럼으로 표시된다.

전형적인 질량 스펙트럼에는 질량 대 전하 비가 다양한 이온이 포함되어 있다. 가장 무거운 이온은 일반적으로 이온화된 분자 자체인 분자 이온(M^+)이다. 이 분자 이온의 질량을 측정함으로써 분자의 분자량을 결정할 수 있다. 예를 들어, 나프탈렌은 $C_{10}H_8$의 분자식과 일치하여 스펙트럼에서 질량 대 전하 비가 128인 경우 최대 피크가 나타난다(**그림 3.5**). 이 스펙트럼에는 질량/전하 129에 작은 피크가 있다. 이것은 자연적으로 발생하는 나프탈렌 시료 중 $^{13}C_{10}{}^1H_8$, 즉 탄소-13 **동위 원소**(**isotope**)의 존재로 인한 것이다. 탄소-13의 존재량이 약 1% 정도로 낮기 때문에 강도는 더 낮다. 가장 자연적으로 발생하는 탄소는 탄소-12 동위 원소이다. 현대식 질량 분석기는 매우 정밀하여 분자량을 종종 7개의 유효 숫자로 측정할 수 있다. 나프탈렌의 $^{12}C_{10}{}^1H_8$ 분자는 질량 분석법으로 측정하면 분자량이 128.0626이다. 화합물을 확인하려면 종종 높은 질량 정확도가 필요하다. 예를 들어, 분자식이 다른 두 화합물은 질량이 매우 유사할 수 있다(C_5H_8O = 84.0570과 C_6H_{12} = 84.0934). 실험실에서 합성된 분자의 정체를 확인하는 데 매우 정확한 질량 측정이 흔히 사용된다.

기억하기…
원자 번호는 동일하지만 질량수가 다른 원자를 **동위 원소**라고 한다. 탄소에는 몇 개의 동위 원소가 있으며 그중에서 ^{12}C와 ^{13}C만 안정적이다(2.8절).

▶ 확인하기

질량/전하 비가 102, 128, 129인 이온의 피크가 질량 스펙트럼에 나타난다. 각 피크를 다음 설명과 일치시키시오.

(a) 나프탈렌 분자보다 적은 원자를 갖는 조각 이온

(b) 한 개의 탄소-13 원자를 포함하는 +1 전하를 갖는 나프탈렌 이온

(c) +1 전하를 갖는 나프탈렌 이온(분자 이온이라고도 함)

답 (a) 질량/전하 102

(b) 질량/전하 129

(c) 질량/전하 128

나프탈렌의 질량 스펙트럼

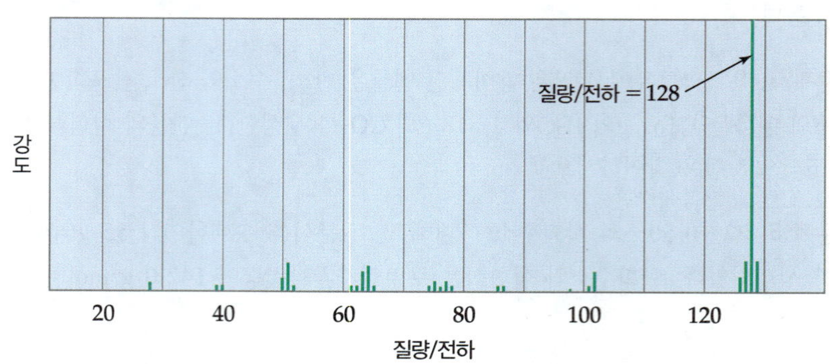

▲ 그림 3.5
나프탈렌의 질량 스펙트럼(분자량 = 128, 가로축에 질량 대 전하 비가 다른 피크가 나타나 있다.)

예제 3.11

연소 분석과 질량 스펙트럼으로부터 분자식 결정

어떤 화합물을 연소 분석하여 CH의 실험식을 얻었다. 이 화합물에 대한 질량 스펙트럼은 **그림 3.6**에 나타나 있다. 분자식은 무엇인가?

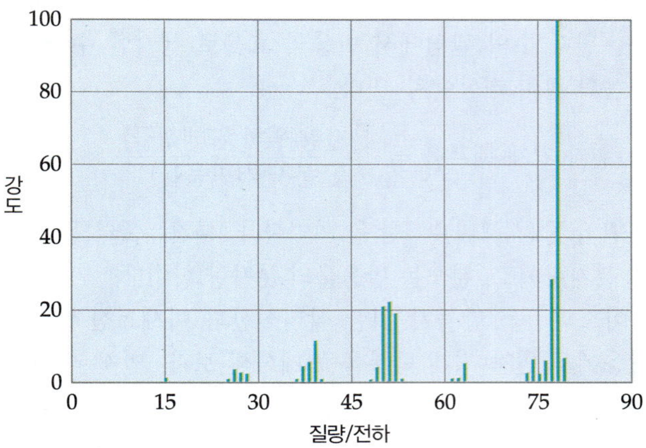

▲ **그림 3.6**
탄화수소의 질량 스펙트럼

문제 파악

알고 있는 것	알아내야 할 것
실험식(CH) 질량 스펙트럼(분자량을 구하는 데 사용)	분자식

전략

단계 1. 분자량은 질량 스펙트럼을 해석하여 구할 수 있다.

단계 2. 실험식량을 계산하고, 다음 식을 사용하여 실험식을 분자식으로 변환하는 데 필요한 정수 배수를 구한다.

$$\text{배수} = \frac{\text{분자량}}{\text{실험식량}}$$

풀이

단계 1. 분자량은 질량/전하 비가 가장 높고 가장 강한 피크에서 측정한 78이다. 79에서의 피크는 질량/전하 비가 가장 크지만, 강도는 매우 낮다. 이 피크는 자연 시료에서 탄소-13 동위 원소가 풍부하기 때문일 가능성이 높다.

단계 2. CH의 실험식량은 13이다. 실험식을 분자식으로 변환하기 위한 정수 배수는 주어진 식에 값을 대입하여 구할 수 있다.

$$\text{배수} = \frac{\text{분자량}}{\text{실험식량}} = \frac{78}{13} = 6$$

분자식은 실험식의 아래 첨자에 6을 곱하여 구할 수 있다.

$$C_{(1\times6)}H_{(1\times6)} = C_6H_6$$

▶ **연습문제 3.21** 어떤 화합물을 연소 분석하여 C_6H_5의 실험식을 얻었다. 이 화합물에 대한 질량 스펙트럼은 **그림 3.7**에 나타나 있다. 분자식은 무엇인가?

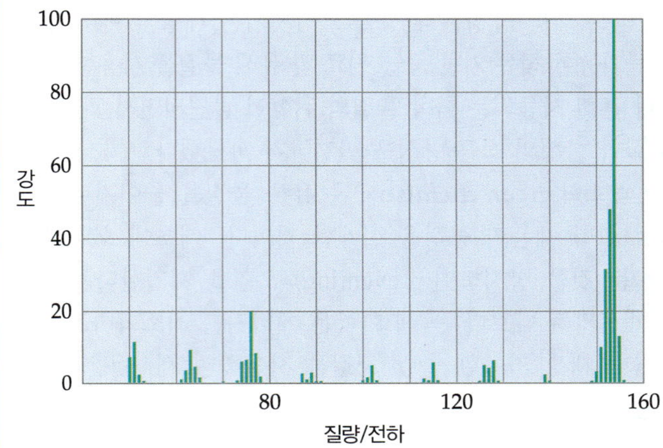

▲ **그림 3.7**
실험식이 C_6H_5인 화합물의 질량 스펙트럼

▶ **응용문제 3.22** C, H, N을 포함하는 1.00 g의 화합물을 연소 분석하여 2.79 g의 CO_2와 0.57 g의 H_2O를 얻었다. **그림 3.8**의 화합물에 대한 질량 스펙트럼을 고려할 때, 실험식은 무엇인가? 분자식은 무엇인가?

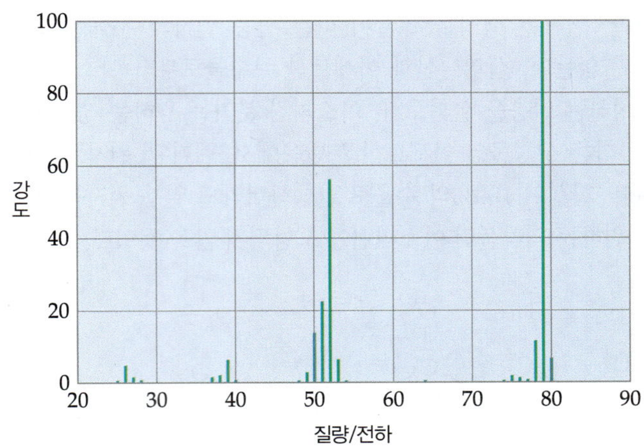

▲ **그림 3.8**
C, H, N을 포함하는 화합물의 질량 스펙트럼

INQUIRY? 원자 경제의 원리는 화학 합성에서 폐기물을 최소화하는 데 어떻게 사용되는가?

서로 다른 원소의 원자를 결합하여 새로운 화합물을 만드는 화학 합성(chemical synthesis)은 세계 경제의 중심이며, 우리의 삶을 향상시키는 많은 제품의 원천이다. 염료, 비료, 플라스틱, 합성 섬유, 의약품 및 전자 부품은 화학 반응으로 생성되는 물질의 친숙한 예이다. 과거에는 환경적 배려보다 신속하고 경제적인 생산 방법이 우선했다. 많은 화학 공정은 환경을 오염시키는 대량의 에너지, 재생 불가능한 석유 기반 공급 원료 및 유해 물질을 사용한다. 그러나 흔히 사용되는 화학 물질의 위험이 발견되면서 과학자들은 화학 합성의 접근 방식을 변경하기 시작했다.

녹색 화학(green chemistry)은 유해 물질을 줄이거나 제거하는 화학 제품과 공정을 설계한 것이다. 애초에 오염이 발생하는 것을 방지하여(preventing) 오염을 제거한다는 점에서 개선과는 다르다. 녹색 화학은 에너지를 최소화하고 무해하거나 재생 가능한 출발 물질을 사용하며 재사용, 재활용 또는 생분해될 수 있는 폐기물을 생성하는 반응 개발에 중점을 둔다. 녹색 화학 기술의 채택은 경제적 이익, 안전 개선 및 지속 가능한 미래에 대한 약속을 제공한다.

화학자들은 녹색 화학 원리를 사용하여 오염 물질과 폐기물의 형성을 막기 위해 원자 수준에서 공정을 설계한다. 반응에서 원자의 상당 부분이 폐기물로 이어지면 생산 비용이 높아질 수 있으며, 자원이 비효율적으로 사용된다. 반응의 효율을 평가하는 한 가지 방법은 수득 백분율(3.5절)이며, 반응물이 반응을 통해 생성물을 형성하는 정도를 측정한다. 수득 백분율은 반응의 완전성 또는 부반응의 존재를 설명하지만, 원하는 생성물로 끝이 나는 반응 원자의 분율은 고려하지 않는다. 살리실산과 아세트산 무수물로부터 아스피린을 합성하는 반응을 살펴보자. 아스피린 분자는 원하는 생성물이고, 다른 생성물인 아세트산은 반응에서 '폐기된' 원자로 구성된다. 합성이 100%의 수율로 발생하더라도 일부 원자는 남아서 원하는 의약품인 아스피린에 포함되지 않을 것이다.

원자 경제(atom economy)는 Stanford 화학 교수인 Barry Trost가 고안한 개념으로 **모든 또는 대부분의 출발 원자를 폐기물 부산물이 아닌 원하는 생성물로 만드는 것이 가장 좋다.** 원자 수의 관점에서 반응의 효율로 생각할 수 있으며, 다음과 같이 계산할 수 있다.

$$\text{원자 경제 백분율} = \frac{\text{분자량(원하는 생성물)}}{\sum \text{분자량(반응물)}} \times 100\%$$

여기서 $\sum$ (시그마)는 '합'을 의미한다. 분자는 원하는 생성물의 분자량이고, 분모는 반응물의 분자량 합이다.

아스피린을 만들기 위한 살리실산과 아세트산 무수물의 반응에서 원자 경제 백분율을 계산해 보자. 먼저 각 반응물(살리실산과 아세트산 무수물)과 원하는 생성물(아스피린)의 분자량을 계산해야 한다. 각 물질의 구조식을 조사하고, 각 종류별 원자 수를 세어 분자식을 결정한다. 구조식에서 탄소, 산소, 수소 원자 수를 세면 다음과 같은 분자식이 주어진다. 살리실산($C_7H_6O_3$), 아세트산 무수물($C_4H_6O_3$), 아스피린($C_9H_8O_4$). 각 원소의 원자량에 원소가 분자식에 나타나는 횟수를 곱하여 분자량(3.3절)을 계산한 다음, 그 결과를 합산한다.

살리실산 ($C_7H_6O_3$)	아세트산 무수물 ($C_4H_6O_3$)	아스피린 ($C_9H_8O_4$)
C_7 = (7)(12.0) = 84.0	C_4 = (4)(12.0) = 48.0	C_9 = (9)(12.0) = 108.0
H_6 = (6)(1.0) = 6.0	H_6 = (6)(1.0) = 6.0	H_8 = (8)(1.0) = 8.0
O_3 = (3)(16.0) = 48.0	O_3 = (3)(16.0) = 48.0	O_4 = (4)(16) = 64.0
분자량 = 138.0	분자량 = 102.0	분자량 = 180.0

분자에 있는 아스피린 분자량과 분모에 있는 살리실산과 아세트산 무수물의 분자량 합계를 사용하여 원자 경제 백분

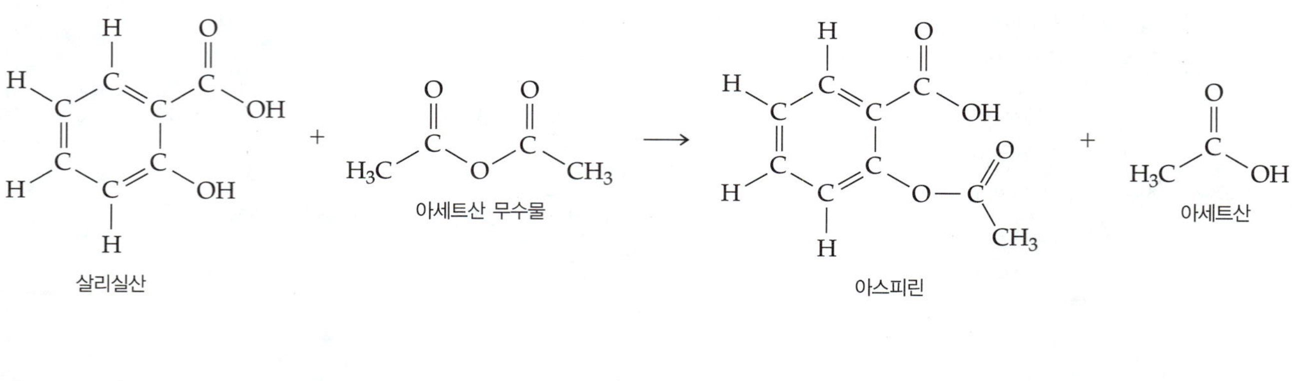

율에 대한 공식을 적용할 수 있다.

$$\text{원자 경제 백분율} = \frac{(180.0)}{(138.0+102.0)} \times 100\,\% = 75.00\,\%$$

원자 경제 백분율 계산은 반응이 물질의 활용에서 75.00%가 효율적이라는 것을 알려 준다. 아세트산(CH_3COOH) 분자는 합성에 있어서 바람직하지 않기 때문에 '부산물'이다. 따라서 탄소 원자 2개, 수소 원자 4개, 산소 원자 2개는 1개의 아스피린 분자의 생성에서 폐기물로 간주된다. 질량 보존 법칙(2.4절)에는 "화학 반응에서 질량이 생성되거나 소멸되지 않는다."고 명시되어 있다. 원자 경제는 화학 반응이 원자 사이의 결합을 끊고 형성하는 것을 포함하기 때문에 이 법칙을 이용하지만, 원자의 종류와 총 수는 그대로 유지된다. 녹색 화학은 불필요한 부산물이 아닌 원하는 생성물로 끝이 나는 반응 원자 수를 최대화하는 반응을 설계하는 것을 포함한다.

문제 3.23 녹색 화학의 목표는 무엇인가?

(a) 최저 비용의 원료로 화학 제품 및 공정 설계

(b) 유해 물질의 생성을 줄이거나 제거하는 보다 안전한 화학 제품 및 공정 설계

(c) 유해 폐기물 현장을 개선하기 위한 화학 제품 및 공정 설계

(d) 위의 모든 사항

문제 3.24 수득 백분율과 원자 경제 백분율이라는 용어를 다음 설명과 일치시키시오.

(a) 반응물을 생성물로 변환하는 반응의 효율

(b) 원하는 생성물에 포함된 반응 원자 수의 측면에서 반응의 효율

문제 3.25 유기 화합물의 화학적 합성에서 중요한 두 가지 반응을 보고 답하시오.

반응 1: 두 개의 분자가 결합하여 더 큰 분자를 형성하는 첨가 반응

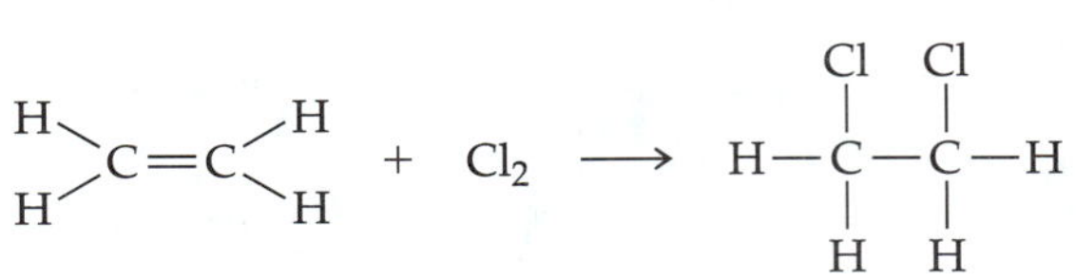

원하는 생성물

반응 2: 원자 또는 원자단이 다른 원자로 대체되는 치환 반응

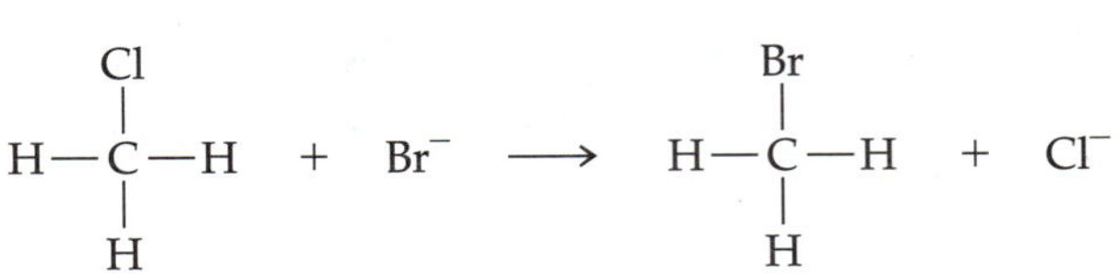

원하는 생성물

(a) 계산을 수행하지 않고 어떤 반응의 원자 경제 백분율이 더 높은지를 예측하시오.

(b) 두 반응에 대한 원자 경제 백분율을 계산하시오.

문제 3.26 프로펜은 플라스틱 랩과 스티로폼 컵에 사용되는 폴리프로필렌 폴리머를 포함한 다양한 제품의 원료이다. 프로판올과 황산을 혼합하여 가열하면 프로펜을 합성할 수 있다. [참고: 황산(H_2SO_4)은 회수할 수 있는 촉매이므로 원자 경제 계산에서 고려하지 않는다.]

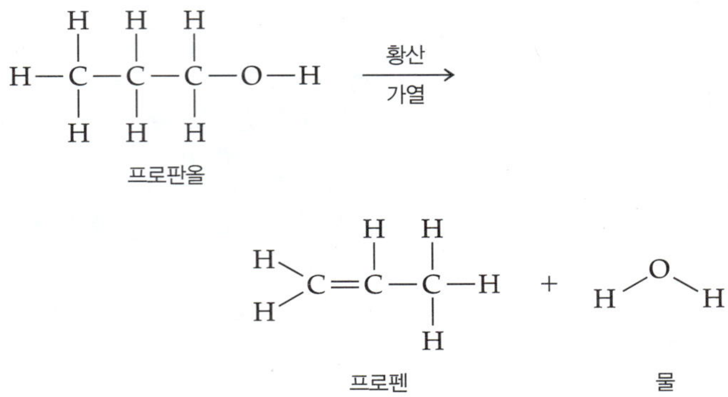

(a) 23.50 g의 프로판올이 반응하여 10.15 g의 프로펜을 생성하는 경우, 수득 백분율을 계산하시오.

(b) 프로판올로부터 프로펜의 합성에 대한 원자 경제를 계산하시오.

문제 3.27 이부프로펜(일반 의약품인 Advil과 Motrin의 활성 성분)은 통증을 완화하고 발열과 붓기를 줄여 주는 분자이다. 이부프로펜의 공-막대 모형은 다음과 같다(회색 = C, 상아색 = H, 빨간색 = O).

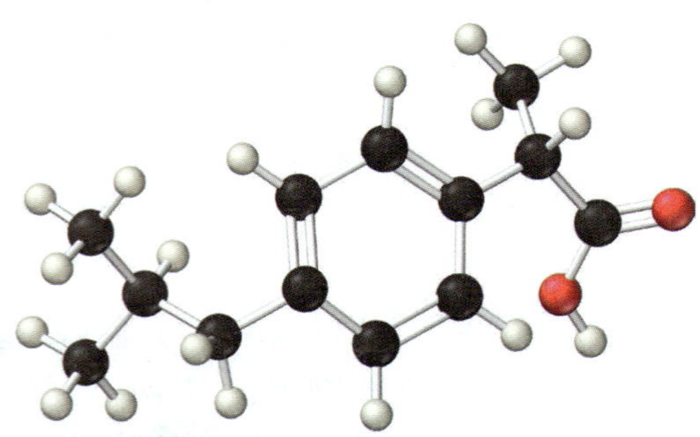

(a) 이부프로펜의 분자식은 무엇인가?

(b) 이부프로펜의 분자량은 얼마인가?

(c) 이부프로펜에서 각 원소의 조성 백분율은 얼마인가?

문제 3.28 1960년대에 개발된 이부프로펜의 원래 합성은 원자 경제 백분율이 40.0%이었다. 1990년대에 BHC Co.는 77.5%의 원자 경제 백분율로 이부프로펜을 위한 '보다 친환경적인' 3단계 합성을 개발했다. 3단계 합성에서는 생성된

이부프로펜 1 mol당 H 4 mol, C 2 mol, O 2 mol이 낭비된다.

(a) 생성된 이부프로펜 1 mol당 낭비되는 총 질량(g)을 계산하시오.

(b) 이부프로펜의 연간 생산량은 약 3천만 파운드이다. 매년 생산되는 이부프로펜의 몰수를 계산하시오(1 kg = 2.20 lbs).

(c) BHC Co.의 3단계 합성에 의한 이부프로펜의 연간 생산량 중 낭비되는 총 질량(kg)을 계산하시오.

정리

절	개념 요약	학습 목표	문제
3.1~3.2 화학 반응식의 균형 맞추기	화학 반응에서 질량이 생성되거나 소멸되지 않으므로 모든 화학 반응식은 균형을 이루어야 한다. 즉, 반응 화살표의 양쪽에 있는 원자의 개수와 종류가 동일해야 한다. 균형 반응식은 반응에서 반응물과 생성물의 화학식 단위의 개수비를 알려 준다. 계수는 반응물 또는 생성물의 몰수 또는 분자/원자의 개수를 나타낸다.	3.1 화학 반응에서 끊어지고 형성된 결합을 시각화하고, 분자 또는 원자의 개수를 균형 반응과 연관시킨다.	예제 3.1; 문제 3.29~3.30
		3.2 반응물과 생성물의 화학식으로 화학 반응의 균형을 맞춘다.	예제 3.2; 문제 3.38, 3.40
3.3~3.4 몰질량과 화학량론	원자량이 원자의 질량인 것처럼 분자량은 분자의 질량이다. 유사한 용어인 화학식량은 이온성 및 기타 비분자성 물질에 사용된다. 분자량은 분자 내 모든 원자의 원자량의 합이다. 물질의 1 mol은 그램 단위의 질량이 물질의 분자량 또는 화학식량과 수치적으로 동일한 양이다. 질량과 몰수 관계를 이용하여 화학 계산을 수행하는 것을 **화학량론**이라고 하며, 몰질량과 균형 반응식의 계수비를 변환 인자로 사용하여 수행한다.	3.3 화학식 또는 구조에 따라 화학식량, 분자량 및 몰질량을 계산한다.	예제 3.3; 문제 3.31, 3.44, 3.46
		3.4 물질의 질량, 몰수, 분자 또는 원자 사이를 변환한다.	예제 3.4; 문제 3.48, 3.50, 3.56
		3.5 화학량론을 이용하여 균형 반응식의 반응물과 생성물의 양(몰수 또는 질량)을 연관시킨다.	예제 3.5; 문제 3.62, 3.64
3.5 화학 반응의 수득률	반응에서 실제로 형성된 생성물의 양, 즉 반응의 수득율은 종종 이론적으로 가능한 양보다 적다. 실제 양을 이론적 양으로 나누고 100%를 곱하면, 반응의 수득 백분율이 얻어진다.	3.6 반응의 수득 백분율을 계산한다.	예제 3.6; 문제 3.11~3.12, 3.72
3.6 반응물의 한계량이 있는 반응	종종 반응은 균형 반응식에 의해 요구되는 것 이상으로 하나의 반응물을 과량으로 사용하여 수행된다. 그러한 경우, 반응이 일어나는 정도는 한계량으로 존재하는 반응물인 한계 반응물에 의존한다.	3.7 분자 모형으로 균형 반응의 반응물과 생성물에서 원자 또는 분자의 상대적 양을 결정한다.	예제 3.7; 문제 3.13~3.14, 3.32
		3.8 한계 반응물을 결정하고, 생성물의 이론적 수득량과 초과 반응물의 양을 계산한다.	예제 3.8; 문제 3.74, 3.77, 3.84
		3.9 한 반응물이 한계 반응물일 때 수득 백분율을 계산한다.	문제 3.80, 3.82
3.7~3.8 조성 백분율, 실험식 및 연소 분석	물질의 화학적 구성은 조성 백분율, 즉 각 성분 원소로 인한 물질의 질량 백분율로 설명된다. 원소 분석은 물질의 실험식을 계산하는 데 사용되며, 이 실험식은 화합물 내 원소의 원자에 대한 최소 정수비를 알려 준다. 실험식의 단순한 배수일 수 있는 분자식을 결정하려면 물질의 분자량을 알아야 한다.	3.10 화학식 또는 구조를 고려하여 조성 백분율을 계산한다.	문제 3.86~3.87
		3.11 화합물의 질량 조성 백분율과 분자량으로 실험식과 분자식을 결정한다.	예제 3.9; 문제 3.88, 3.90
		3.12 연소 분석 데이터와 분자량으로 실험식과 분자식을 결정한다.	예제 3.10; 문제 3.92, 3.94, 3.100
3.9 분자량 측정: 질량 분석	분자량은 질량 분석법에 의해 실험적으로 측정된다. 질량 분석기는 자기장을 사용하여 이온의 이동 방향을 바꿈으로써 서로 다른 질량의 이온을 분리한다.	3.13 질량 스펙트럼과 연소 분석 데이터를 사용하여 실험식과 분자식을 결정한다.	예제 3.11; 문제 3.106~3.107

주요 용어

계수	분자식	원자 경제	화학식 단위
균형 반응식	수득률	조성 백분율	화학식량
녹색 화학	수득 백분율	한계 반응물	
분자량	실험식	화학량론	

주요 식

- 분자량과 화학식량(3.3절)

  분자량: 분자 내 모든 원자의 원자량을 더한 합

  화학식량: 분자성 또는 이온성 화합물의 화학식 단위에 있는 모든 원자의 원자량을 더한 합

- 수득 백분율(3.5절)

$$\text{수득 백분율} = \frac{\text{생성물의 실제 수득량}}{\text{생성물의 이론적 수득량}} \times 100\%$$

복습 문제

LO는 학습 목표(Learning Objectives)를 나타낸다.

이 장을 학습한 후엔, 학습자의 이해도를 평가할 수 있는 방법이 있다. **복습 문제**를 푸는 것이다. **복습 문제**들은 이 장의 학습 목표와 연계되어 있다. 따라서 푼 답이 틀렸다면, 이 장의 끝부분에 나와 있는 **정리** 문단의 **학습 목표**를 참고하면 된다. 정리 문단에는 **개념 요약**이 제공되며, **예제**를 참고하면 문제 해결 방법을 모델링 할 수 있고, 제공되는 **추가 문제**들로 더 많은 연습을 할 수 있다.

1. 다음 그림은 A_2(빨간색 구)와 B_2(파란색 구)의 반응을 나타낸다. 균형 화학 반응식은 어느 것인가? **(LO 3.1)**

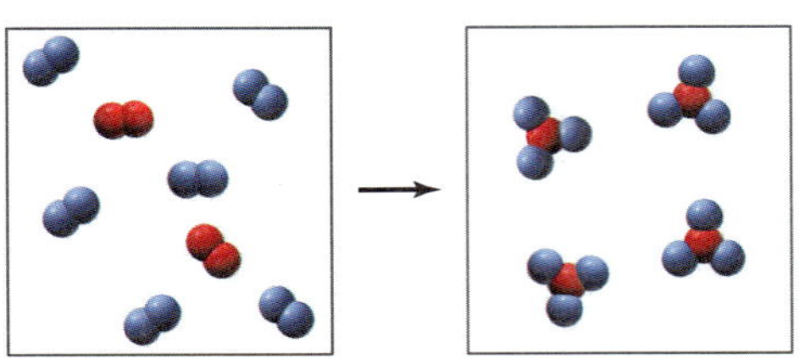

(a) $2\ A_2 + 6\ B_2 \longrightarrow 4\ AB_3$
(b) $4\ A + 12\ B \longrightarrow 4\ AB_3$
(c) $4\ A + 12\ B \longrightarrow A_4 + B_{12}$
(d) $A_2 + 3\ B_2 \longrightarrow 2\ AB_3$

2. 에탄올의 연소에 대한 균형 반응식의 계수는 어느 것인가? **(LO 3.2)**

$$\_\_\_\ C_2H_6O(l) + \_\_\_\ O_2(g) \longrightarrow \_\_\_\ CO_2(g) + \_\_\_\ H_2O(l)$$

(a) 1, 3, 2, 3　　(b) 2, 3, 4, 3
(c) 2, 7, 4, 6　　(d) 1, 4, 2, 3

3. 다음 공-막대 분자 모형은 카페인을 나타낸다. 카페인의 분자량을 계산하시오(회색 = C, 빨간색 = O, 파란색 = N, 상아색 = H). **(LO 3.3)**

(a) 194.2　　(b) 182.2
(c) 192.2　　(d) 180.2

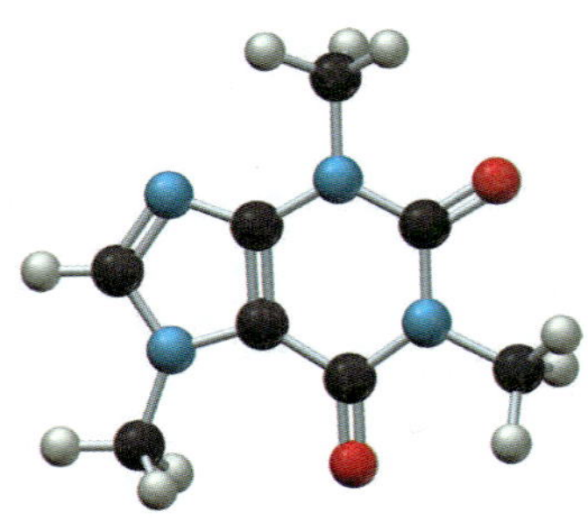

4. 다이어트 탄산음료 캔에는 저칼로리 설탕 대용 아스파탐($C_{14}H_{18}N_2O_5$)이 180 mg 들어 있다. 이 탄산음료 캔에는 몇 개의 아스파탐 분자가 들어 있는가? **(LO 3.4)**

(a) 3.7×10^{23}　　(b) 3.7×10^{20}
(c) 3.2×10^{25}　　(d) 1.2×10^{22}

5. 7.75 g의 $FeCl_3$에는 몇 몰의 염화 이온이 들어 있는가? **(LO 3.4)**

(a) 4.78×10^{-2}　　(b) 1.59×10^{-2}
(c) 1.43×10^{-1}　　(d) 1.91×10^{-1}

6. 환경에 더 좋은 석탄 연소를 수행하는 한 가지 방법은 아미노기($-NH_2$)를 함유한 화합물을 사용하여 발전소에서 배출되는 배기 가스에서 이산화 탄소를 제거하는 것이다. 이산화 탄소와 모노에탄올아민의 반응은 다음과 같다.

$$CO_2(g) + 2\ HOCH_2CH_2NH_2(aq) \longrightarrow HOCH_2CH_2NH_3^+(aq) + HOCH_2CH_2NHCO_2^-(aq)$$

1.0 kg의 이산화 탄소와 반응하는 데 필요한 모노에탄올아민의 질량은 얼마인가? (**LO 3.5**)

(a) 2.8 kg (b) 1.1 kg
(c) 0.93 kg (d) 0.53 kg

7. 42.85 g의 살리실산이 과량의 아세트산 무수물과 반응하여 48.47 g의 아스피린을 생성하는 경우 반응의 수득 백분율은 얼마인가? (**LO 3.6**)

$$C_7H_6O_3(s) + C_4H_6O_3(l) \longrightarrow C_9H_8O_4(s) + CH_3CO_2H(l)$$

살리실산 아세트산 무수물 아스피린 아세트산

(a) 88.40% (b) 64.69%
(c) 86.72% (d) 78.74%

8. 다음 그림은 AB_2와 B_2가 반응하여 AB_3을 형성하기 전의 혼합물을 나타낸다(빨간색 구 = A, 파란색 구 = B). 어느 것이 한계 반응물이며, 몇 개의 AB_3 분자가 형성되는가? (**LO 3.7**)

(a) B_2가 한계 반응물이고, 10개의 AB_3 분자가 형성된다.
(b) B_2가 한계 반응물이고, 4개의 AB_3 분자가 형성된다.
(c) AB_2가 한계 반응물이고, 6개의 AB_3 분자가 형성된다.
(d) AB_2가 한계 반응물이고, 4개의 AB_3 분자가 형성된다.

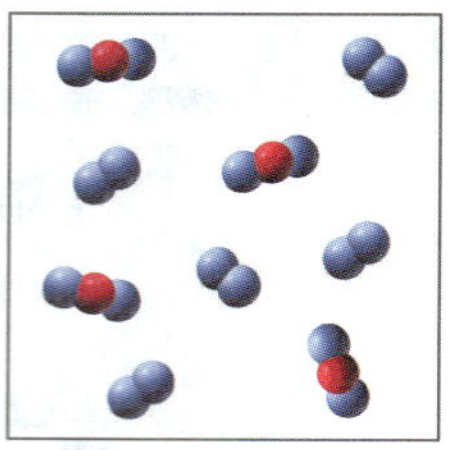

9. 2.00 mol의 질소와 5.50 mol의 수소를 반응 용기에 넣고 반응시켜 암모니아를 만드는 경우, 암모니아(NH_3)의 이론적 수득량은 얼마인가? (**LO 3.8**)

$$N_2(g) + 3\,H_2(g) \longrightarrow 2\,NH_3(g)$$

(a) 31.2 g (b) 62.3 g
(c) 93.7 g (d) 34.1 g

10. 은 제품의 변색인 황화 은은 은 금속과 황화 수소(H_2S)의 반응으로 만들어진다. 불균형 반응식은 다음과 같다.

$$Ag + H_2S + O_2 \longrightarrow Ag_2S + H_2O \text{ (불균형 반응식)}$$

반응이 Ag_2S를 의도적으로 만들기 위해 이용된다면, 90%의 수득률로 일어나는 경우, 496 g의 Ag, 80.0 g의 H_2S, 과량의 O_2로부터 몇 그램의 Ag_2S가 형성되는가? (**LO 3.9**)

(a) 525 g (b) 1139 g
(c) 583 g (d) 1025 g

11. 과망가니즈산 포타슘($KMnO_4$)에서 Mn의 질량에 의한 조성 백분율은 얼마인가? (**LO 3.10**)

(a) 22.6% (b) 34.8%
(c) 49.9% (d) 54.9%

12. 로켓 연료로 사용되는 무색의 액체 다이메틸하이드라진은 C 40.0%, H 13.3%, N 46.7%의 조성이다. 실험식은 무엇인가? (**LO 3.11**)

(a) CH_4N (b) CH_2N
(c) C_2H_4N (d) $C_2H_5N_2$

13. 격렬한 운동 후 근육 조직에는 젖산이 형성된다. 원소 분석 결과 젖산은 질량으로 탄소 40.0%, 수소 6.71%, 산소 53.3% 조성이다. 젖산의 분자량이 90.08인 경우, 분자식은 무엇인가? (**LO 3.11**)

(a) CH_2O (b) $C_3H_6O_3$
(c) $C_4H_8O_4$ (d) $C_4H_{10}O_2$

14. 0.50 g의 탄화수소에 대해 연소 분석을 수행하여 1.55 g의 CO_2와 0.697 g의 H_2O가 생성되었다. 이 탄화수소에 대한 질량 스펙트럼은 아래와 같다. 분자식은 무엇인가? (**LO 3.12, 3.13**)

(a) C_5H_{11} (b) C_8H_{18}
(c) $C_{11}H_{10}$ (d) $C_{10}H_{22}$

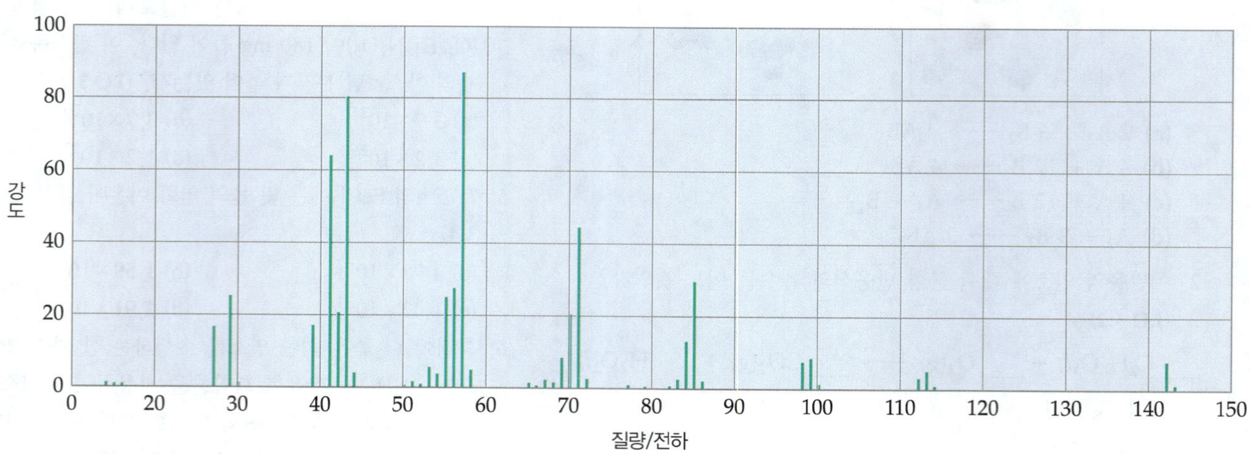

답:

1. d, 2. a, 3. a, 4. b, 5. c, 6. a, 7. c, 8. d, 9. b, 10. a, 11. b, 12. a, 13. b, 14. d

개념 문제

문제 3.1~3.28**은 이 장의 본문 중에 있다.**

3.29 다음 그림은 A(빨간색 구)와 B(파란색 구)의 반응을 나타낸다.

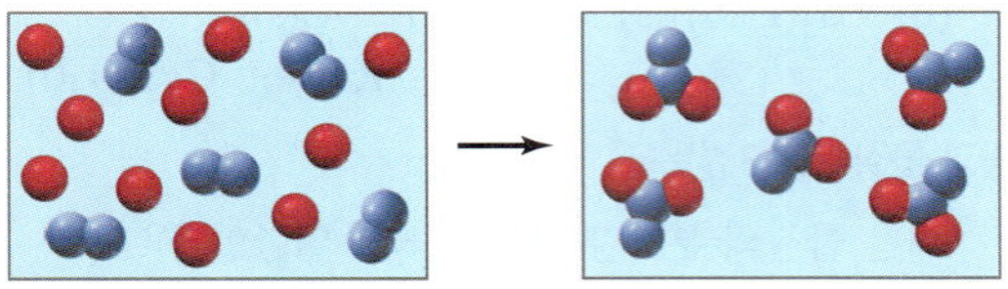

이 반응의 화학량론을 가장 잘 나타내는 반응식은 어느 것인가?

(a) $A_2 + 2\ B \longrightarrow A_2B_2$
(b) $10\ A + 5\ B_2 \longrightarrow 5\ A_2B_2$
(c) $2\ A + B_2 \longrightarrow A_2B_2$
(d) $5\ A + 5\ B_2 \longrightarrow 5\ A_2B_2$

3.30 다음 그림은 분자 차원에서의 반응을 나타낸다. A 원자는 빨간색 구로 표시되고, B 원자는 파란색 구로 표시된다. 균형 화학 반응식을 작성하시오.

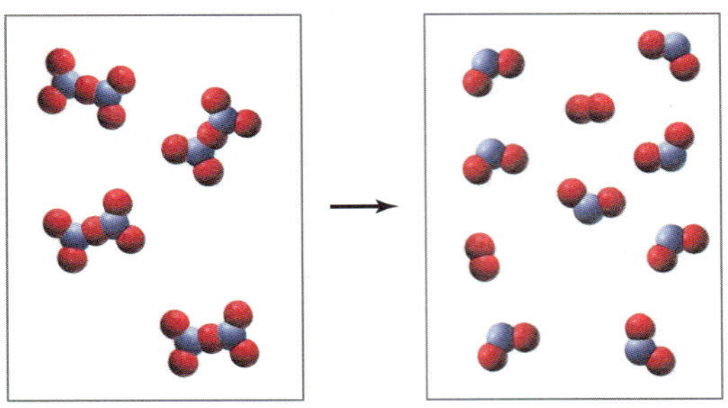

3.31 프로작(Prozac)이라는 이름의 항우울제로 판매되는 플루옥세틴(fluoxetine)은 다음 공-막대 분자 모형으로 나타낼 수 있다. 플루옥세틴의 분자식을 쓰고, 분자량을 계산하시오 (빨간색 = O, 회색 = C, 파란색 = N, 황록색 = F, 상아색 = H).

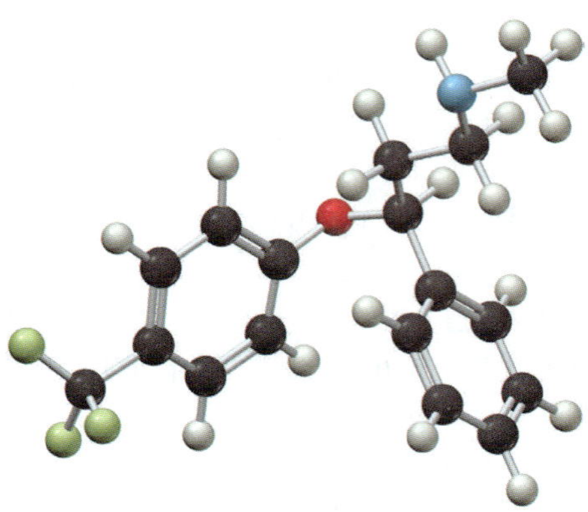

플루옥세틴

3.32 다음 그림은 A_2(빨간색 구)와 B_2(파란색 구)의 반응을 나타낸다.

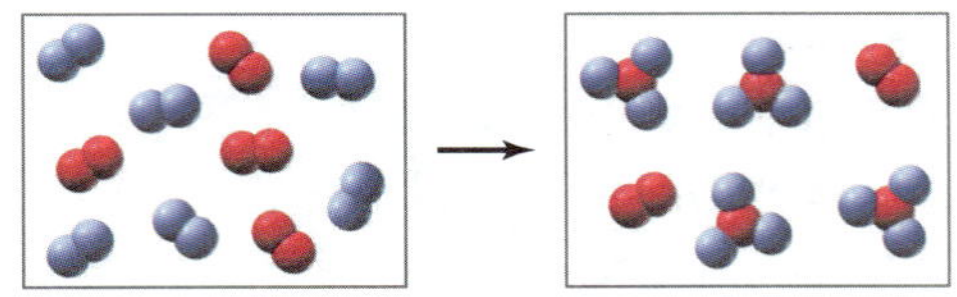

(a) 반응에 대한 균형 반응식을 작성하고, 한계 반응물을 말하시오.

(b) 1.0 mol의 A_2와 1.0 mol의 B_2로 몇 몰의 생성물을 만들 수 있는가?

3.33 단백질에서 흔히 발견되는 20개의 아미노산 중 하나인 시스테인(cysteine)의 조성 백분율은 얼마인가? (회색 = C, 빨간색 = O, 파란색 = N, 노란색 = S, 상아색 = H)

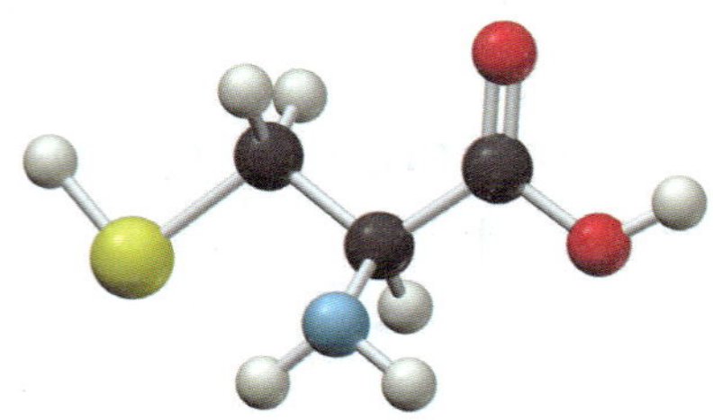

시스테인

3.34 데옥시리보핵산(deoxyribonucleic acid, DNA)의 성분인 사이토신(cytosine)은 다음 분자 모형으로 나타낼 수 있다. 0.001 mol의 사이토신을 연소 분석하는 경우 몇 몰의 CO_2와 H_2O가 형성되는가? (회색 = C, 빨간색 = O, 파란색 = N, 상아색 = H)

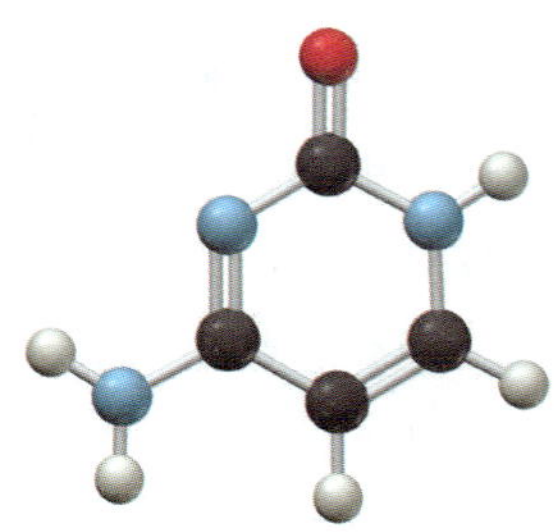

사이토신

3.35 화학식이 알려지지 않은 탄화수소(C_xH_y)를 연소 분석하여 다음 그림과 같은 결과를 얻었다. 이 탄화수소의 실험식은 무엇인가?

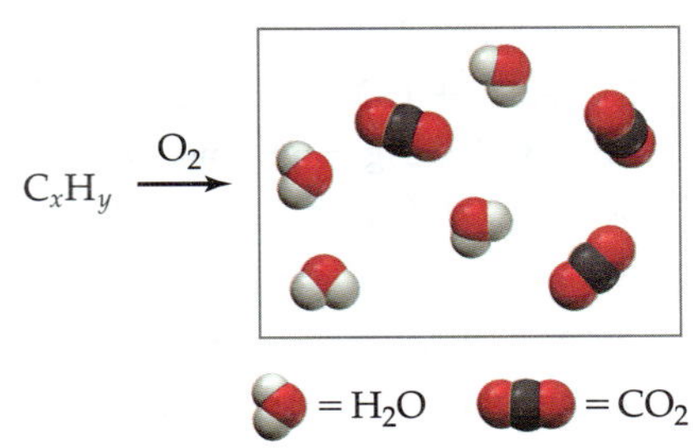

보충 문제

균형 반응식(3.2절)

3.36 다음 반응식 중 균형 반응식은 어느 것인가?

(a) 할로젠화 은 사진의 인화 반응

$$2\ AgBr + 2\ NaOH + C_6H_6O_2 \longrightarrow 2\ Ag + H_2O + 2\ NaBr + C_6H_4O_2$$

(b) 가정용 표백제의 제조 반응

$$2\ NaOH + Cl_2 \longrightarrow NaOCl + NaCl + H_2O$$

3.37 다음 반응식 중 균형 반응식은 어느 것인가? 필요한 경우 균형을 맞추시오.

(a) 용접에 사용되는 테르밋 반응

$$Al + Fe_2O_3 \longrightarrow Al_2O_3 + Fe$$

(b) CO_2로부터 포도당의 광합성 반응

$$6\ CO_2 + 6\ H_2O \longrightarrow C_6H_{12}O_6 + 6\ O_2$$

(c) 광석에서 금의 분리 반응

$$Au + 2\ NaCN + O_2 + H_2O \longrightarrow NaAu(CN)_2 + 3\ NaOH$$

3.38 다음 반응식의 균형을 맞추시오.

(a) $Mg + HNO_3 \longrightarrow H_2 + Mg(NO_3)_2$
(b) $CaC_2 + H_2O \longrightarrow Ca(OH)_2 + C_2H_2$
(c) $S + O_2 \longrightarrow SO_3$
(d) $UO_2 + HF \longrightarrow UF_4 + H_2O$

3.39 다음 반응식의 균형을 맞추시오.

(a) 질산 암모늄의 폭발 반응

$$NH_4NO_3 \longrightarrow N_2 + O_2 + H_2O$$

(b) 와인이 식초로 변질되는 반응

$$C_2H_6O + O_2 \longrightarrow C_2H_4O_2 + H_2O$$

(c) 로켓 연료의 연소 반응

$$C_2H_8N_2 + N_2O_4 \longrightarrow N_2 + CO_2 + H_2O$$

3.40 다음 반응식의 균형을 맞추시오.

(a) $SiCl_4 + H_2O \longrightarrow SiO_2 + HCl$
(b) $P_4O_{10} + H_2O \longrightarrow H_3PO_4$
(c) $CaCN_2 + H_2O \longrightarrow CaCO_3 + NH_3$
(d) $NO_2 + H_2O \longrightarrow HNO_3 + NO$

3.41 다음 반응식의 균형을 맞추시오.

(a) $VCl_3 + Na + CO \longrightarrow V(CO)_6 + NaCl$
(b) $RuI_3 + CO + Ag \longrightarrow Ru(CO)_5 + AgI$
(c) $CoS + CO + Cu \longrightarrow Co_2(CO)_8 + Cu_2S$

3.42 다음 반응식의 균형을 맞추시오.

(a) $C_6H_5NO_2 + O_2 \longrightarrow CO_2 + H_2O + NO_2$
(b) $Au + H_2SeO_4 \longrightarrow Au_2(SeO_4)_3 + H_2SeO_3 + H_2O$
(c) $NH_4ClO_4 + Al \longrightarrow Al_2O_3 + N_2 + Cl_2 + H_2O$

3.43 다음 반응식의 균형을 맞추시오.

(a) $CO(NH_2)_2(aq) + HOCl(aq) \longrightarrow NCl_3(aq) + CO_2(aq) + H_2O(l)$
(b) $Ca_3(PO_4)_2(s) + SiO_2(s) + C(s) \longrightarrow P_4(g) + CaSiO_3(l) + CO(g)$

분자량과 몰질량(3.3절)

3.44 다음 물질의 분자량(화학식량)은 얼마인가?

(a) Hg_2Cl_2(칼로멜, 과거에 설사가 나게 하는 약으로 사용)
(b) $C_4H_8O_2$(뷰티르산, 상한 버터 냄새를 유발하는 물질)
(c) CF_2Cl_2(염화 플루오린화 탄소, 성층권의 오존층을 파괴하는 프레온 가스)

3.45 다음 물질의 화학식은 무엇인가?

(a) $PCl_?$; 분자량 = 137.3
(b) 니코틴, $C_{10}H_{14}N_?$; 분자량 = 162.2

3.46 다음 의약품의 분자량은 얼마인가?

(a) $C_{33}H_{35}FN_2O_5$(아토바스타틴, 혈중 콜레스테롤 저하제)
(b) $C_{22}H_{27}F_3O_4S$(플루티카손, 소염제)
(c) $C_{16}H_{16}ClNO_2S$(클로피도그렐, 혈액응고 억제제)

3.47 다음 제초제의 분자량은 얼마인가?

(a) $C_6H_6Cl_2O_3$(2,4-다이클로로페녹시아세트산, 넓은 잎 식물에 효과적)
(b) $C_{15}H_{22}ClNO_2$(메톨라클로르, 발아하기 전 제초제)
(c) $C_8H_6Cl_2O_3$(디캄바, 넓은 잎 식물에 효과적)

3.48 다음 각 물질 1 mol의 질량은 몇 그램인가?

(a) Ti (b) Br_2 (c) Hg (d) H_2O

3.49 다음 각 물질 1 g에는 몇 몰이 들어 있는가?

(a) Cr (b) Cl_2 (c) Au (d) NH_3

3.50 27.5 g의 $MgCl_2$에는 몇 몰의 이온이 들어 있는가?

3.51 35.6 g의 AlF_3에는 몇 몰의 음이온이 들어 있는가?

3.52 클로로폼 0.0275 mol의 질량이 3.28 g인 경우 분자량은 얼마인가?

3.53 콜레스테롤 0.5731 mol의 질량이 221.6 g인 경우 분자량은 얼마인가?

3.54 황산 철(II)인 $FeSO_4$는 빈혈 치료에 처방된다. 표준 300 mg 정제에는 몇 몰의 $FeSO_4$가 들어 있는가? 철(II) 이온은 몇 개인가?

3.55 연필심은 실제로 거의 순수한 탄소이고, 연필로 표시한 마침표의 질량은 약 0.0001 g이다. 이 마침표에는 몇 개의 탄소 원자가 들어 있는가?

3.56 평균 커피 한 잔에는 약 125 mg의 카페인($C_8H_{10}N_4O_2$)이 들어 있다. 한 잔에는 몇 몰의 카페인이 들어 있는가? 카페인 분자는 몇 개인가?

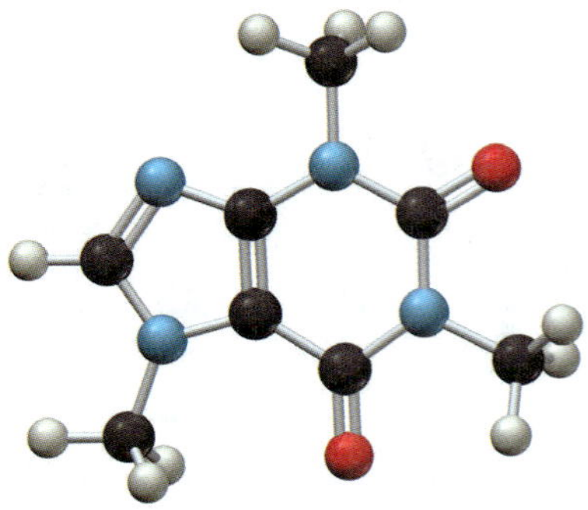

카페인

3.57 다음 각 시료의 질량은 몇 그램인가?
(a) 0.0015 mol의 소듐
(b) 0.0015 mol의 납
(c) 0.0015 mol의 디아제팜(Valium)($C_{16}H_{13}ClN_2O$)

3.58 질량이 25.12 g인 시료에는 6.022×10^{23}개의 입자가 들어 있다. 총 입자 수의 25.00%는 Ar 원자이고 75.00%는 다른 원소인 경우, 그 화학 성분은 무엇인가?

3.59 질량이 107.75 g인 시료는 He 원자 30%와 Kr 원자 70%의 혼합물이다. 이 시료에는 몇 개의 입자가 존재하는가?

3.60 타이타늄 금속은 금홍석(rutile, TiO_2) 광물로부터 얻어진다. 100.0 kg의 Ti를 생산하려면 몇 킬로그램의 금홍석이 필요한가?

3.61 철 금속은 적철광(hematite, Fe_2O_3) 광물을 탄소와 반응시켜 생산할 수 있다. 105 kg의 적철광에는 몇 킬로그램의 Fe가 존재하는가?

화학량론(3.4절)

3.62 적철광으로부터 철을 생산하는 과정에서 Fe_2O_3는 탄소와 반응한다.

$$Fe_2O_3 + C \longrightarrow Fe + CO_2 \quad \text{(불균형 반응식)}$$

(a) 반응식의 균형을 맞추시오.
(b) 525 g의 적철광과 반응하려면 몇 몰의 탄소가 필요한가?
(c) 525 g의 적철광과 반응하려면 몇 그램의 탄소가 필요한가?

3.63 Fe_2O_3로부터 순수한 철을 생산하는 대안적인 방법은 일산화 탄소와의 반응이다.

$$Fe_2O_3 + CO \longrightarrow Fe + CO_2 \quad \text{(불균형 반응식)}$$

(a) 반응식의 균형을 맞추시오.
(b) 3.02 g의 Fe_2O_3와 반응하려면 몇 그램의 CO가 필요한가?
(c) 1.68 mol의 Fe_2O_3와 반응하려면 몇 그램의 CO가 필요한가?

3.64 마그네슘 금속은 산소와 연소하여 산화 마그네슘(MgO)을 형성한다.
(a) 반응에 대한 균형 반응식을 작성하시오.
(b) 25.0 g의 Mg와 반응하려면 몇 그램의 O_2가 필요한가? 몇 그램의 MgO가 형성되는가?
(c) 25.0 g의 O_2와 반응하려면 몇 그램의 Mg가 필요한가? 몇 그램의 MgO가 형성되는가?

3.65 에틸렌(C_2H_4) 기체는 고온에서 물과 반응하여 에틸 알코올(C_2H_6O)을 생성한다.
(a) 0.133 mol의 H_2O와 반응하려면 몇 그램의 에틸렌이 필요한가? 몇 그램의 에틸 알코올이 생성되는가?
(b) 0.371 mol의 에틸렌과 반응하려면 몇 그램의 H_2O가 필요한가? 몇 그램의 에틸 알코올이 생성되는가?

3.66 순수한 산소는 처음에 산화 수은(II)을 가열하여 만들어졌다.

$$HgO \xrightarrow{\text{열}} Hg + O_2 \quad \text{(불균형 반응식)}$$

(a) 반응식의 균형을 맞추시오.
(b) 45.5 g의 HgO로부터 몇 그램의 Hg와 O_2가 형성되는가?
(c) 33.3 g의 O_2를 얻으려면 몇 그램의 HgO가 필요한가?

3.67 흰색 페인트의 안료로 사용되는 물질인 이산화 타이타늄(TiO_2)은 고온에서 $TiCl_4$와 O_2의 반응에 의해 공업적으로 제조된다.

$$TiCl_4 + O_2 \xrightarrow{\text{열}} TiO_2 + 2\,Cl_2$$

5.60 kg의 $TiCl_4$로부터 몇 킬로그램의 TiO_2가 제조되는가?

3.68 은 금속은 염소(Cl_2)와 반응하여 염화 은을 생성한다. 2.00 g의 Ag가 0.657 g의 Cl_2와 반응하는 경우 염화 은의 실험식은 무엇인가?

3.69 알루미늄은 산소와 반응하여 산화 알루미늄을 생성한다. 5.0 g의 Al이 4.45 g의 O_2와 반응하는 경우 산화 알루미늄의 실험식은 무엇인가?

3.70 아이오딘화 수소산(HI)의 공업적 생산은 하이드라진(N_2H_4)을 아이오딘으로 처리하여 일어난다.

$$2\,I_2 + N_2H_4 \longrightarrow 4\,HI + N_2$$

(a) 36.7 g의 N_2H_4와 반응하려면 몇 그램의 I_2가 필요한가?
(b) 115.7 g의 N_2H_4와 과량의 I_2 반응으로부터 몇 그램의 HI가 생성되는가?

3.71 아이오딘화 수소산을 생산하는 다른 방법은 아이오딘과 황화 수소의 반응이다.

$$H_2S + I_2 \longrightarrow 2\,HI + S$$

(a) 49.2 g의 H_2S와 반응하려면 몇 그램의 I_2가 필요한가?
(b) 95.4 g의 H_2S와 과량의 I_2 반응으로부터 몇 그램의 HI가 생성되는가?

반응 수득률과 한계 반응물(3.5~3.6절)

3.72 니켈 도금에 사용되는 황산 니켈(II)은 탄산 니켈(II)을 황산으로 처리하여 제조한다.

$$NiCO_3 + H_2SO_4 \longrightarrow NiSO_4 + CO_2 + H_2O$$

(a) 14.5 g의 $NiCO_3$와 반응하려면 몇 그램의 H_2SO_4가 필요한가?
(b) 수득률이 78.9%인 경우 몇 그램의 $NiSO_4$가 얻어지는가?

3.73 한때 로켓 추진제로 사용된 하이드라진(N_2H_4)은 산소와 반응한다.

$$N_2H_4 + O_2 \longrightarrow N_2 + 2\,H_2O$$

(a) 50.0 g의 N_2H_4와 반응하려면 몇 그램의 O_2가 필요한가?

(b) 수득률이 85.5%인 경우 몇 그램의 N_2가 얻어지는가?

3.74 1.39 mol의 H_2와 3.44 mol의 N_2가 있다고 가정하자. 몇 그램의 암모니아(NH_3)를 만들 수 있으며, 반응 후 어느 반응물이 몇 그램 남는가?

$$3\,H_2 + N_2 \longrightarrow NH_3$$

3.75 수소와 염소가 반응하여 염화 수소를 생성한다.

$$H_2 + Cl_2 \longrightarrow 2\,HCl$$

3.56 g의 H_2와 8.94 g의 Cl_2의 반응에서 몇 그램의 HCl이 형성되는가? 어느 것이 한계 반응물인가?

3.76 드라이클리닝 용매인 1,2-다이클로로에테인은 염화 에틸렌($C_2H_4Cl_2$)이라고도 한다. 15.4 g의 에틸렌(C_2H_4)을 3.74 g의 Cl_2와 반응시키면 몇 그램의 $C_2H_4Cl_2$를 제조할 수 있는가?

$$C_2H_4 + Cl_2 \longrightarrow C_2H_4Cl_2$$

1,2-다이클로로에테인
(염화 에틸렌)

3.77 다음 반응으로부터 각 생성물은 몇 그램 생성되며, 반응 후 어느 반응물이 몇 그램 남는가?

(a) (1.3 g NaCl) + (3.5 g $AgNO_3$) ⟶ (x g AgCl) + (y g $NaNO_3$)

(b) (2.65 g $BaCl_2$) + (6.78 g H_2SO_4) ⟶ (x g $BaSO_4$) + (y g HCl)

3.78 석회석($CaCO_3$)은 $CaCO_3 + 2\,HCl \longrightarrow CaCl_2 + H_2O + CO_2$ 반응식에 따라 염산과 반응한다. 1.00 mol의 CO_2가 22.4 L의 부피를 갖는 반응 조건에서 2.35 g의 $CaCO_3$와 2.35 g의 HCl 반응에 의해 몇 리터의 CO_2 기체가 형성될 수 있는가? 어느 것이 한계 반응물인가?

3.79 아자이드화 소듐(NaN_3)은 300 ℃로 가열될 때 N_2 기체를 생성하는데, 이는 자동차 에어백에 사용되는 반응이다. 1.00 mol의 N_2가 47.0 L의 부피를 갖는 반응 조건에서 38.5 g의 NaN_3를 가열하면 몇 리터의 N_2 기체가 형성될 수 있는가?

$$2\,NaN_3 \longrightarrow 3\,N_2(g) + 2\,Na$$

3.80 아세트산(CH_3CO_2H)은 아이소펜틸 알코올($C_5H_{12}O$)과 반응하여 바나나 냄새가 나는 향기 물질인 아세트산 아이소펜틸($C_7H_{14}O_2$)을 생성한다. 아세트산과 아이소펜틸 알코올의 반응에 의한 수득률이 45%인 경우, 3.58 g의 아세트산과 4.75 g의 아이소펜틸 알코올로부터 몇 그램의 아세트산 아이소펜틸이 형성되는가?

$$CH_3CO_2H + C_5H_{12}O \longrightarrow C_7H_{14}O_2 + H_2O$$

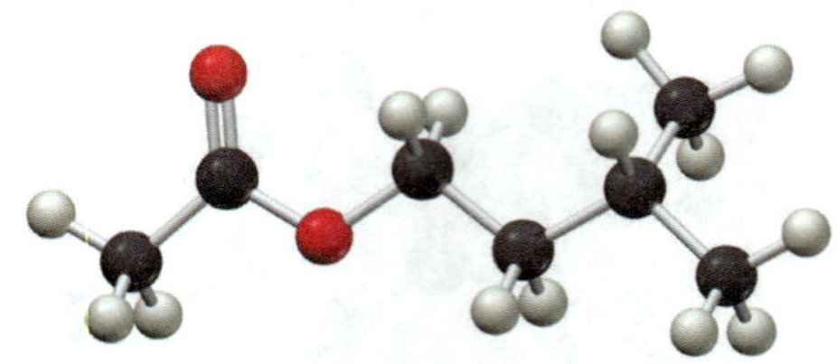

아세트산 아이소펜틸

3.81 암 치료에 사용되는 화합물인 시스플라틴[$Pt(NH_3)_2Cl_2$]은 암모니아와 테트라클로로백금산 포타슘의 반응에 의해 제조된다.

$$K_2PtCl_4 + 2\,NH_3 \longrightarrow 2\,KCl + Pt(NH_3)_2Cl_2$$

반응이 한계 반응물을 기준으로 95%의 수득률로 일어나는 경우, 55.8 g의 K_2PtCl_4와 35.6 g의 NH_3로부터 몇 그램의 시스플라틴이 형성되는가?

3.82 1.87 g의 아세트산(CH_3CO_2H)이 2.31 g의 아이소펜틸 알코올($C_5H_{12}O$)과 반응하여 2.96 g의 아세트산 아이소펜틸($C_7H_{14}O_2$)을 얻은 경우(문제 3.80 참조), 반응의 수득 백분율은 얼마인가?

3.83 3.42 g의 K_2PtCl_4와 1.61 g의 NH_3로부터 2.08 g의 시스플라틴을 얻은 경우(문제 3.81 참조), 반응의 수득 백분율은 얼마인가?

3.84 육염화 텅스텐(WCl_6)과 비스무트의 반응으로 십이염화 헥사텅스텐(W_6Cl_{12})을 얻었다.

$$WCl_6 + Bi \longrightarrow W_6Cl_{12} + BiCl_3 \quad \text{(불균형 반응식)}$$

(a) 반응식의 균형을 맞추시오.

(b) 150.0 g의 WCl_6과 몇 그램의 비스무트가 반응하는가?

(c) 228 g의 WCl_6이 175 g의 Bi와 반응할 때, 한계 반응물에 따라 몇 그램의 W_6Cl_{12}가 형성되는가?

3.85 많은 의약품의 합성에 사용되는 물질인 수소화 붕소 소듐($NaBH_4$)은 다음 반응식에 따라 NaH와 B_2H_6의 반응에 의해 제조될 수 있다.

$$2\,NaH + B_2H_6 \longrightarrow 2\,NaBH_4$$

(a) 8.55 g의 NaH와 6.75 g의 B_2H_6의 반응으로 몇 그램의 $NaBH_4$를 제조할 수 있는가?

(b) 어느 것이 한계 반응물이고, 반응 후 몇 그램의 초과 반응물이 남는가?

조성 백분율과 실험식(3.7절)

3.86 비료로 흔히 사용되는 물질인 요소의 화학식은 CH_4N_2O이다. 질량 조성 백분율은 얼마인가?

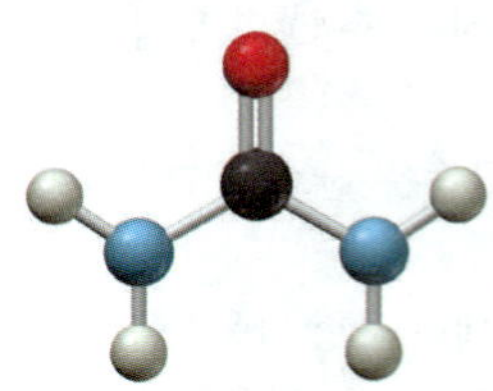

요소

3.87 다음 각 물질의 질량 조성 백분율을 계산하시오.
(a) 공작석(Malachite), 구리 함유 광물: $Cu_2(OH)_2CO_3$
(b) 아세트아미노펜, 두통약: $C_8H_9NO_2$
(c) 프러시안 블루(감청), 잉크 안료: $Fe_4[Fe(CN)_6]_3$

3.88 다음 질량 조성 백분율로 구성된 물질의 실험식은 무엇인가?
(a) 아스피린: H 4.48%, C 60.00%, O 35.52%
(b) 일메나이트(타이타늄 함유 광석): O 31.63%, Ti 31.56%, Fe 36.81%
(c) 싸이오황산 소듐(사진 '정착제'): O 30.36%, Na 29.08%, S 40.56%

3.89 휘발유 첨가제로 사용하기 위해 제안된 물질인 페로센(Ferrocene)은 조성 백분율이 H 5.42%, C 64.56%, Fe 30.02%이다. 페로센의 실험식은 무엇인가?

3.90 충치를 예방하기 위해 치약에 첨가된 최초의 플루오린화 화합물인 플루오린화 주석(II)의 실험식은 무엇인가? 질량 조성 백분율은 F 24.25%, Sn 75.75%이다.

3.91 다음 각 물질의 실험식은 무엇인가?
(a) 이부프로펜, 두통약: C 75.69%, O 15.51%, H 8.80%
(b) 자철석(magnetite), 자연 발생 자성 광물: Fe 72.36%, O 27.64%
(c) 지르콘, 합성 큐빅 지르코니아와는 다른 천연석: O 34.91%, Si 15.32%, Zr 49.77%

화학식과 원소 분석(3.8)

3.92 미지의 액체가 H 5.57%, Cl 28.01%, C 66.42%로 구성된다. 질량 분석법으로 구한 분자량은 126.58이다. 이 화합물의 분자식은 무엇인가?

3.93 미지의 액체가 C 34.31%, H 5.28%, I 60.41%로 구성된다. 질량 분석법으로 구한 분자량은 210.06이다. 이 화합물의 분자식은 무엇인가?

3.94 일반적으로 사용되는 용매인 톨루엔 45.62 mg을 연소 분석하여 35.67 mg의 H_2O와 152.5 mg의 CO_2를 얻었다. 톨루엔의 실험식은 무엇인가?

3.95 독 헴록(독미나리)에서 분리된 독성 물질인 코닌(coniine)은 탄소, 수소 및 질소만을 포함한다. 5.024 mg의 시료를 연소 분석하여 13.90 mg의 CO_2와 6.048 mg의 H_2O를 얻었다. 코닌의 실험식은 무엇인가?

3.96 사이토크롬(cytochrome) *c*는 모든 유산소 유기체의 세포에서 발견되는 철 함유 효소이다. 사이토크롬 *c*가 질량으로 Fe 0.43%인 경우, 최소 분자량은 얼마인가?

3.97 완두콩과 기타 콩과 식물의 뿌리혹에서의 질소 고정은 몰리브데넘(Mo)이 포함된 질소 고정 효소(nitrogenase)에 의해 수행된다. 이 효소가 2개의 몰리브데넘 원자를 포함하고 질량으로 Mo 0.0872%인 경우, 질소 고정 효소의 분자량은 얼마인가?

3.98 다이실레인(Si_2H_x)을 분석하여 질량으로 Si 90.28%를 포함하는 것으로 확인되었다. x의 값은 얼마인가?

3.99 특정 황화 금속(MS_2)은 고온 윤활제로 광범위하게 사용된다. MS_2가 질량으로 S 40.06%인 경우 금속 M은 무엇인가?

3.100 널리 사용되는 난연성 데카브롬(decabrom) 시료 31.472 mg을 연소 분석하여 1.444 mg의 CO_2를 얻었다. 데카브롬의 분자식은 $C_{12}Br_{10}$과 $C_{12}Br_{10}O$ 중 어느 것인가?

3.101 각성제 암페타민은 탄소, 수소, 질소만을 포함한다. 암페타민 시료 42.92 mg을 연소 분석하여 37.187 mg의 H_2O와 125.75 mg의 CO_2를 얻었다. 암페타민의 몰질량이 160 g/mol 미만인 경우, 분자식은 무엇인가?

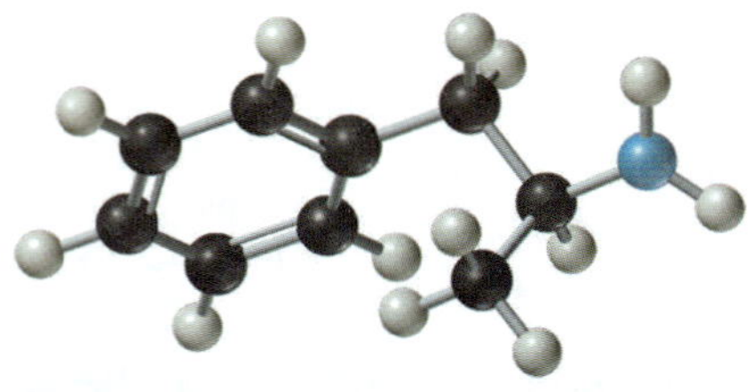
암페타민

질량 분석(3.9절)

3.102 질량 분석기에서 중성 분자의 경로를 설명하시오. 이온화가 첫 단계로 필요한 이유는 무엇인가?

3.103 실험실에서 만들어진 분자의 화학식을 확인하기 위한 분자량 측정에서 높은 정밀도와 정확도가 필요한 이유는 무엇인가?

3.104 유기 화합물의 분자량이 질량 분석에 의해 70.042 11인 것으로 밝혀졌다. 이 시료는 C_5H_{10}, C_4H_6O, $C_3H_6N_2$ 중 어느 것인가? 원소의 정확한 질량은 1.007 825(^{1}H), 12.000 00(^{12}C), 14.003 074(^{14}N), 15.994 915(^{16}O)이다.

3.105 유기 화합물의 분자량이 질량 분석에 의해 58.077 46인 것으로 밝혀졌다. 이 시료는 C_4H_{10}, C_3H_6O, $C_2H_6N_2$ 중 어느 것인가? 원소의 정확한 질량은 1.007 825(^{1}H), 12.000 00(^{12}C), 14.003 074(^{14}N), 15.994 915(^{16}O)이다.

3.106 (a) 탄소와 수소로 구성된 일반적으로 사용되는 용매인 벤젠 50.0 mg을 연소 분석하여 34.6 mg의 H_2O와 169.2 mg의 CO_2를 얻었다. 벤젠의 실험식은 무엇인가?
(b) 벤젠의 질량 스펙트럼을 이용하여 분자량을 확인하고, 분자식을 구하시오.

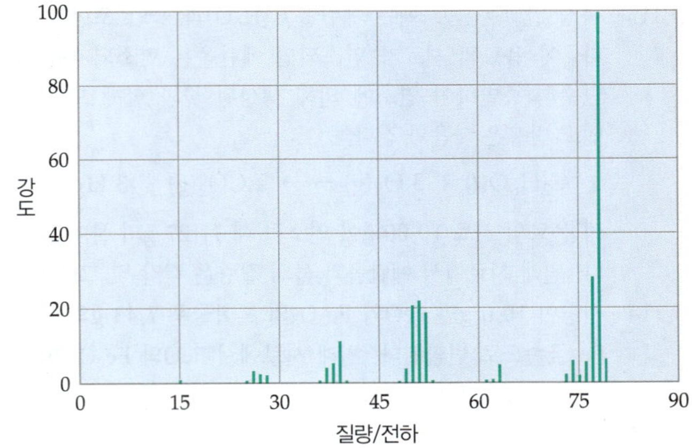

3.107 (a) 탄소, 수소, 산소로 구성된 화합물인 1,2,3-벤젠트라이올

150.0 mg을 연소 분석하여 64.3 mg의 H_2O와 314.2 mg의 CO_2를 얻었다. 1,2,3-벤젠트라이올의 실험식은 무엇인가?

(b) 1,2,3-벤젠트라이올의 질량 스펙트럼을 이용하여 분자량과 분자식을 구하시오.

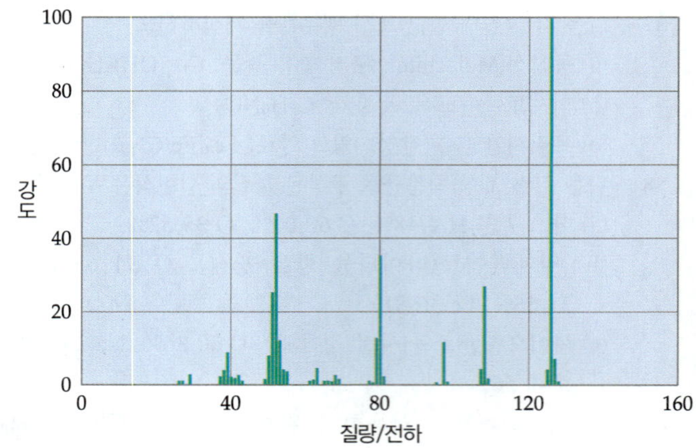

다중 개념 문제

3.108 에틸렌 글라이콜의 분자량은 표준 주기율표의 원자량을 사용하여 계산했을 때 62.0689이지만, 고분해능 질량 분석법에 의해 실험적으로 측정된 분자량은 62.0368이다. 값이 다른 이유를 설명하시오.

3.109 HCl의 몰질량은 36.5 g/mol이고, HCl 분자당 평균 질량은 36.5 u이다. $1\ u = 1.6605 \times 10^{-24}$ g이라는 사실을 이용하여 아보가드로수를 계산하시오.

3.110 휘발유의 화학식이 C_8H_{18}이고, 밀도가 0.703 g/mL로 가정하자. 휘발유 1.00 gal의 완전 연소로부터 몇 파운드(lb)의 CO_2가 생성되는가?

3.111 화합물 X는 탄소, 수소, 질소, 염소만을 포함한다. 1.00 g의 X가 물에 용해되어 과량의 질산 은($AgNO_3$)과 반응하게 되면 X의 모든 염소가 반응하여 1.95 g의 고체 AgCl이 형성된다. 1.00 g의 X가 완전 연소될 때 0.900 g의 CO_2와 0.735 g의 H_2O가 형성된다. X의 실험식은 무엇인가?

3.112 순수한 탄산 칼슘($CaCO_3$)으로 추정되는 분쇄된 암석 시료는 화학 분석을 통해 질량으로 Ca 51.3%, C 7.7%, O 41.0%를 포함하는 것으로 밝혀졌다. 이 암석 시료가 순수한 $CaCO_3$가 아닌 이유는 무엇인가?

3.113 특정 알코올 음료에는 에탄올(C_2H_6O)과 물만 포함되어 있다. 이 음료의 시료가 연소되면 에탄올은 연소되지만 물은 단순히 증발하여 연소에 의해 생성된 물과 함께 모아진다. 연소 반응은 다음과 같다.

$$C_2H_6O(l) + 3\ O_2(g) \longrightarrow 2\ CO_2(g) + 3\ H_2O(g)$$

이 음료의 시료 10.00 g이 연소될 때 11.27 g의 물이 모아진다. 원래 시료에서 에탄올과 물의 질량은 각각 몇 그램인가?

3.114 질량이 10.0 g인 FeO와 Fe_2O_3의 혼합물은 7.43 g의 순수한 Fe 금속으로 변환된다. 원래 시료에서 FeO와 Fe_2O_3의 질량은 각각 몇 그램인가?

3.115 화학식이 XCl_3인 화합물은 다음 반응식에 따라 $AgNO_3$ 수용액과 반응하여 AgCl 고체를 생성한다.

$$XCl_3(aq) + 3\ AgNO_3(aq) \longrightarrow X(NO_3)_3(aq) + 3\ AgCl(s)$$

0.634 g의 XCl_3이 들어 있는 용액을 과량의 $AgNO_3$ 수용액과 반응시킬 때, 1.68 g의 AgCl 고체가 형성되었다. 원자 X는 무엇인가?

3.116 식이 탄수화물을 섭취하면 포도당($C_6H_{12}O_6$)으로 소화되고, 대사되어 이산화 탄소와 물로 된다.

$$C_6H_{12}O_6 + O_2 \longrightarrow CO_2 + H_2O \quad \text{(불균형 반응식)}$$

반응식의 균형을 맞추고, 66.3 g의 포도당으로부터 생성된 CO_2의 질량(g)과 부피(L)를 계산하시오. 단, 정상 체온에서 CO_2 1 mol의 부피가 25.4 L라고 가정한다.

3.117 질량이 2.196 g인 구리선을 과량의 황과 반응시켰다. 이어서 남아 있는 황을 연소시켜 SO_2 기체를 얻었다. 생성된 황화 구리의 질량은 2.748 g이었다.

(a) 황화 구리의 조성 백분율은 얼마인가?

(b) 황화 구리의 실험식은 무엇인가?

(c) 황화 구리의 밀도가 5.6 g/cm^{3}인 경우, cm^{3}당 구리 이온 수를 계산하시오.

3.118 15족에 속하는 원소 X는 두 개의 염화물(XCl_3, XCl_5)을 형성한다. 과량의 Cl_2를 8.729 g의 XCl_3과 반응시켜 13.233 g의 XCl_5를 얻었다. 원자 X는 무엇이며, 원자량은 얼마인가?

3.119 질량이 10.00 g인 XCl_3과 XCl_5의 혼합물은 질량으로 Cl 81.04%를 포함한다. 이 혼합물에는 몇 그램의 XCl_3과 XCl_5가 존재하는가?

3.120 테러용 폭탄의 잠재적 성분인 질산 암모늄은 인산수소 다이암모늄[$(NH_4)_2HPO_4$]을 첨가하여 비폭발적으로 만들 수 있다. NH_4NO_3–$(NH_4)_2HPO_4$ 혼합물의 분석 결과에서 질소의 질량 백분율이 30.43%로 나타났다. 혼합물에서 두 성분의 질량비는 얼마인가?

3.121 창유리는 일반적으로 소다회(Na_2CO_3), 석회석($CaCO_3$), 규사(SiO_2)를 혼합한 후, 1500 °C로 가열하여 Na_2CO_3과 $CaCO_3$에서 CO_2를 배출함으로써 만들어진다. 생성된 유리

는 질량으로 Na_2O 약 12%, CaO 13%, SiO_2 75%로 구성된다. 0.35 kg의 유리를 만들려면 각 반응물은 어느 정도 필요한가?

3.122 미확인 금속 M은 미확인 할로젠 X와 반응하여 화합물 MX_2를 형성한다. 이 화합물을 가열하면 다음 반응에 의해 분해된다.

$$2\ MX_2(s) \longrightarrow 2\ MX(s) + X_2(g)$$

1.12 g의 MX_2를 가열하면 56.0 mL의 X_2 기체와 함께 0.720 g의 MX가 얻어진다. 사용된 반응 조건에서 1.00 mol의 기체는 22.41 L의 부피를 갖는다.

(a) 할로젠 X는 무엇이며, 원자량은 얼마인가?

(b) 금속 M은 무엇이며, 원자량은 얼마인가?

3.123 자동차 부동액으로 흔히 사용되는 에틸렌 글라이콜은 탄소, 수소, 산소만을 포함한다. 시료 23.46 mg을 연소 분석하여 20.42 mg의 H_2O와 33.27 mg의 CO_2를 얻었다. 에틸렌 글라이콜의 실험식은 무엇인가? 분자량이 62.0인 경우, 분자식은 무엇인가?

3.124 (a) 폴리염화 바이페닐(PCB)은 변압기와 콘덴서에 냉각제로 사용되는 화합물이었지만, 독성이 강하고 환경에 지속되기 때문에 1979년 미국 의회에서 생산이 금지되었다. 탄소, 수소, 염소를 포함하는 PCB 1.0 g을 연소 분석하여 1.617 g의 CO_2와 0.138 g의 H_2O를 얻었다. 실험식은 무엇인가?

(b) 분자량이 326.26인 경우, 분자식은 무엇인가?

(c) 연소 분석으로 탄소, 수소, 산소, 염소를 포함하는 화합물의 실험식을 결정할 수 있는가?

chapter 4

수용액에서의 반응

© MRProduction/Shutterstock

CONTENTS

우리 몸 안에서 일어나는 많은 화학 반응들은 수용액에서 일어나며, 침전, 산 – 염기 및 산화 – 환원 반응의 일반적인 종류로 분류된다. 격렬한 운동은 체액과 전해질을 감소시키고, 몸의 정교한 화학적 균형을 무너뜨린다.

스포츠 음료는 땀으로 손실된 화학물질을 어떻게 보충하는가?

이 질문의 답은 155쪽 **INQUIRY ?** 에 나와 있다.

우리의 세계는 물에 기초를 두고 있다. 지구 표면의 약 71%는 물로 덮여 있고, 3%는 얼음으로 덮여 있다. 또한 성인 몸무게의 66%는 물이고, 물은 모든 생명체를 유지시키는 데 필요하다. 따라서 우리 몸에서 일어나는 모든 반응을 포함한 많은 중요한 화학 반응이 물에서, 즉 **수용액**(aqueous solution)에서 일어난다는 것은 놀라운 일이 아니다.

앞 장에서는 화학 반응을 어떻게 기술하고, 반응에서 반응물과 생성물 사이의 특정한 질량 관계를 어떻게 계산할 수 있는지를 보았다. 이 장에서는 화학 반응을 분류할 수 있는 몇 가지 방법을 기술하고, 화학 반응이 일어나는 몇 가지 일반적인 방법을 탐색함으로써 화학 반응에 대한 공부를 계속할 것이다.

4.1 용액의 농도: 몰농도

화학 반응이 일어나기 위해서는 반응하는 분자나 이온들이 접촉해야 한다. 이것은 반응물들이 움직이기 쉬워야만 한다는 것이고, 대부분의 화학 반응은 고체 상태에서보다는 액체 상태, 즉 용액에서 일어남을 의미한다. 따라서 용액에서 물질의 정확한 양을 기술하기 위한 표준화된 방법이 필요하다.

이미 살펴본 바와 같이, 화학 반응에 대한 화학량론 계산은 항상 몰수로 작업하는 것이 필요하다. 따라서 용액의 농도를 표현하는 가장 일반적으로 유용한 방법은 **몰농도**(**molarity**, M)인데, 어느 물질, 즉 **용질**(**solute**)을 충분한 양의 용매에 녹여 1리터의 용액을 만들 때 용질의 몰수를 말한다. 예를 들어, NaCl 1.00 mol(58.5 g)을 충분한 물에 녹여 1.00 L를 만든다면, 그 용액의 농도는 1.00 mol/L, 즉 1.00 M이 된다. 어느 용액의 몰농도는 용질의 몰수를 용액의 부피(L)로 나누어 구할 수 있다.

$$\textbf{몰농도(M)} = \frac{\text{용질의 몰수(mol)}}{\text{용액의 부피(L)}}$$

중요한 것은 **용액**의 최종 부피이지, 사용한 **용매**의 초기 부피가 아니라는 것에 주의하라. 용질에 의해 늘어나는 부피 때문에 용액의 최종 부피는 용매의 부피보다 약간 클 수 있다. 실제로는 알려진 몰농도를 갖는 용액은 적절한 양의 용질의 무게를 잰 후에 그림 4.1에 나타낸 **부피 플라스크**(volumetric flask)라는 용기에 넣어 만든다. 충분한 용매를 넣어 용질을 녹이고, 용매를 더 가하여 정확하게 눈금이 매겨진 최종 부피에 도달하도록 맞추어 준다. 그리고 균일한 농도가 되도록 용액을 부드럽게 섞어 준다.

몰농도는 어느 용액의 부피를 용질의 몰수와 관련시키는 환산 인자로 사용할 수 있다. 용액의 몰농도와 부피를 알면 용질의 몰수를 계산할 수 있다. 용질의 몰수와 용액의 몰농도를 알면 용액의 부피를 구할 수 있다. 예제 4.1과 4.2는 어떻게 계산하는지를 보여 준다.

$$\text{몰농도} = \frac{\text{용질의 몰수}}{\text{용액의 부피(L)}}$$

$$\text{용질의 몰수} = \text{몰농도} \times \text{용액의 부피} \qquad \text{용액의 부피} = \frac{\text{용질의 몰수}}{\text{몰농도}}$$

측정한 몰수의 **용질**을 부피 플라스크에 넣는다. → 충분한 용매를 가하고 흔들어 용질을 녹인다. → 플라스크의 목에 있는 보정 표선에 도달하도록 용매를 더 가한다. 균일하게 될 때까지 용액을 섞어 준다.

▲ **그림 4.1**
알려진 몰농도의 용액 제조하기

▲ 확인하기

측정된 몰수의 용질을 넣기 전에 250 mL의 용매를 부피 플라스크에 넣는 것은 왜 정확하지 않은 실험 방법인지 설명하시오.

답 용액의 최종 부피가 250 mL가 되어야 정확하다. 그러나 처음부터 250 mL를 넣으면 용액의 농도가 묽어질 것으로 예상되므로 정확한 실험 방법이 아니다.

예제 4.1

용액의 몰농도 계산

황산(H_2SO_4) 2.355 g을 물에 녹여 최종 부피 50.0 mL로 희석하여 만든 용액의 몰농도는 얼마인가?

문제 파악

알고 있는 것	알아내야 할 것
용질의 질량(황산 2.355 g) 용액의 부피(50.0 mL)	몰농도(M = mol/L)

전략

몰농도란 용액의 리터당 용질의 몰수이다. 따라서 황산 2.355 g의 몰수를 알아내고, 용액의 부피(L)로 나누어 주는 것이 필요하다.

풀이

황산의 분자량 = (2 × 1.0) + (32.1) + (4 × 16.0) = 98.1

황산의 몰질량 = 98.1 g/mol

$$2.355\ \text{g}\ \cancel{H_2SO_4} \times \frac{1\ \text{mol}\ H_2SO_4}{98.1\ \text{g}\ \cancel{H_2SO_4}} = 0.0240\ \text{mol}\ H_2SO_4$$

$$\frac{0.0240\ \text{mol}\ H_2SO_4}{0.0500\ \text{L}} = 0.480\ \text{M}$$

용액 중 황산의 농도는 0.480 M이다.

▶ **연습문제 4.1** 가당(sweetened) 아이스티 음료 355 mL에 설탕(sucrose, $C_{12}H_{22}O_{11}$) 43.0 g이 들어 있다. 이 음료 중 설탕의 몰농도를 계산하시오.

▶ **응용문제 4.2** 정맥 주사용 용액을 제조하기 위해 13.252 g의 포도당($C_6H_{12}O_6$)과 0.686 g의 염화 소듐을 250.0 mL 부피 플라스크에 넣고 눈금까지 물을 채워 혼합하였다. 각 성분의 몰농도를 계산하시오.

예제 4.2

용액에서 용질의 몰수 계산

염산(HCl)은 상업적으로 12.0 M 용액으로 판매된다. 이 12.0 M 용액 300.0 mL에 들어 있는 HCl의 몰수는 얼마인가?

문제 파악

알고 있는 것	알아내야 할 것
용액의 부피(300.0 mL) 용액의 몰농도(12.0 M)	용질의 몰수(mol HCl)

전략

용질의 몰수는 용액의 몰농도와 용액의 부피를 곱하여 계산한다.

풀이

HCl의 몰수 = (용액의 몰농도) × (용액의 부피)

$$= \frac{12.0 \text{ mol HCl}}{1 \cancel{\text{L}}} \times 0.3000 \cancel{\text{L}} = 3.60 \text{ mol HCl}$$

12.0 M 용액 300.0 mL에는 HCl 3.60 mol이 들어 있다.

검토

12.0 M의 HCl 용액 1 L는 HCl 12 mol을 포함하고 있으므로, 용액 300 mL(0.3 L)는 0.300 × 12.0 = 3.60 mol을 포함하고 있다.

▶ **연습문제 4.3** 0.20 M $NaHCO_3$ 용액 125 mL에는 용질이 몇 mol 존재하는가?

▶ **응용문제 4.4** 정상 혈액에서 콜레스테롤(cholesterol, $C_{27}H_{46}O$)의 농도는 약 0.005 M이다.
(a) 혈액 750 mL에는 콜레스테롤이 몇 그램 들어 있는가?
(b) 콜레스테롤에 대한 의료 검사에 콜레스테롤 25 mg이 필요하다. 이러한 검사를 위해 필요한 혈액은 몇 mL인가?

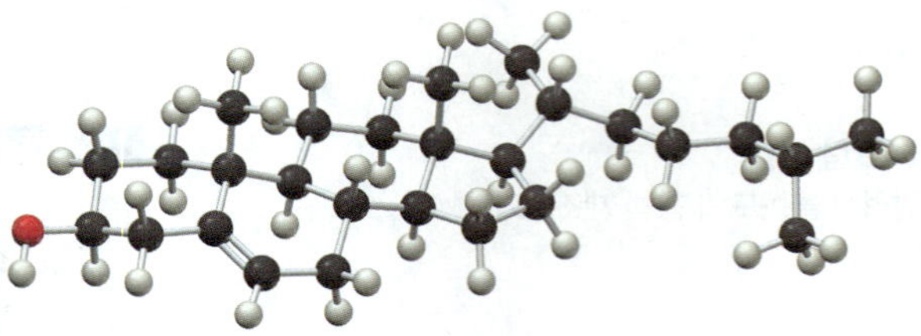

콜레스테롤

4.2 진한 용액의 희석

편의상 화학물질은 때로는 진한 용액으로 구매하여 저장하였다가 사용 전에 희석한다. 예를 들어 염산 수용액은 보통 12.0 M로 시판되지만, 실험실에서 물로 희석하여 최종 농도가 6.0 M이나 1.0 M이 되도록 제조하여 사용한다.

$$\text{진한 용액} + \text{용매} \longrightarrow \text{희석한 용액}$$

진한 용액을 희석할 때 기억해야 할 중요한 것이 있다. 용질의 몰수가 일정하다는 것이다. 용매를 더 가하면 용액의 부피만 변할 뿐이다. 용질의 몰수는 몰농도와 부피를 곱하여 계산할 수 있기 때문에, 다음의 식을 만들 수 있다.

$$\textbf{용질의 몰수(일정)} = \text{몰농도} \times \text{부피} = M_i \times V_i = M_f \times V_f$$

▲ 냉동 오렌지 주스 농축액을 마시기 전에 물을 첨가하여 희석하는 것처럼 많은 화학물질의 용액도 희석해야만 한다. ©Lucky_elephant / Shutterstock

여기서 M_i는 초기 몰농도, V_i는 초기 부피, M_f는 최종 몰농도, V_f는 희석 후 최종 부피이다. 이 식을 더 유용한 형태로 재배열하면, 희석 후 몰농도(M_f)는 초기 농도(M_i)에 초기 부피와 최종 부피의 비(V_i/V_f)를 곱해 구할 수 있다는 것을 알 수 있다.

$$M_f = M_i \times \frac{V_i}{V_f}$$

예를 들어, 2.00 M H_2SO_4 용액 50.0 mL를 부피가 200.0 mL가 되도록 희석한다고 하자. 용액의 부피는 4배로 증가하였으므로(50 mL에서 200 mL로), 용액의 농도는 1/4배로 감소한다(2.00 M에서 0.500 M로).

$$M_f = 2.00\ \text{M} \times \frac{50.0\ \cancel{\text{mL}}}{200.0\ \cancel{\text{mL}}} = 0.500\ \text{M}$$

실제로 희석은 주로 그림 4.2처럼 실시한다. 희석하려는 부피를 **피펫**(pipet)이라고 하는 보정된 기구를 사용하여 취한 후, 선택한 부피의 빈 부피 플라스크에 넣고, 플라스크의 보정 표선까지 희석한다. 한 가지 일반적인 예외로 H_2SO_4와 같은 강산을 희석할 때에는 많은 양의 열이 발생하기 때문에 이러한 단계로 하지 않는다. 이러한 경우에는 산에 물을 가하는 것보다 산을 천천히 물에 가하는 것이 훨씬 더 안전하다.

개념탐구 질문 1

1.0 M NaCl 수용액 10.00 mL를 100.0 mL 부피 플라스크에 넣고 눈금까지 물을 더해 희석 용액을 만들었다. 용액이 희석될 때 변하지 않는 양은 무엇인가? (용질의 몰수, 물의 몰수, 용액의 몰농도 중에서 고르시오.)

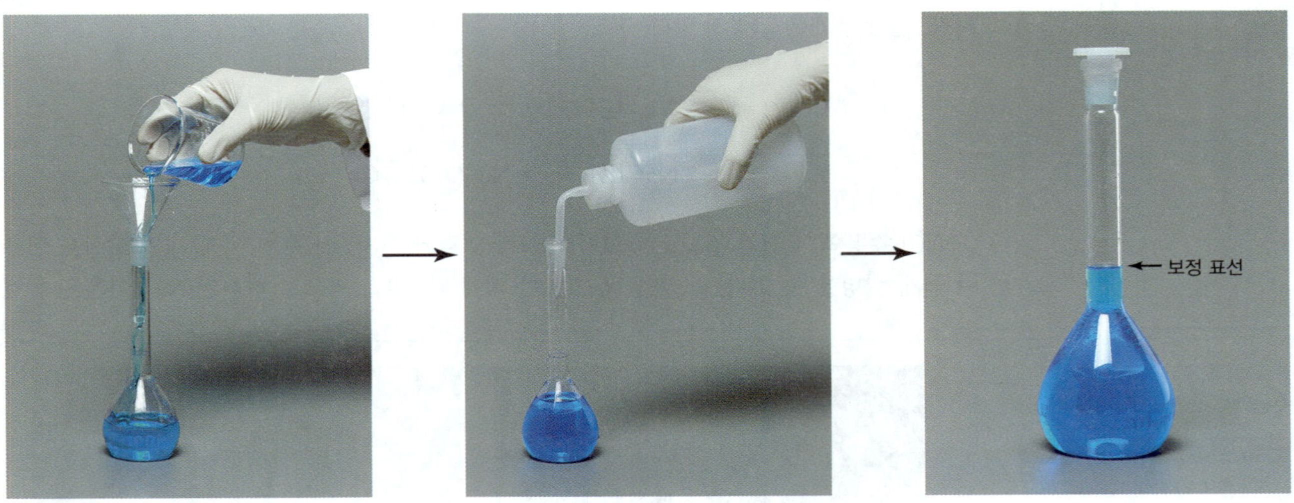

희석시키려는 부피를 취하여 빈 부피 플라스크에 넣는다.

용매를 보정 표선 바로 아래까지 가하고, 플라스크를 흔들어 준다.

용매를 보정 표선까지 더 가하고, 플라스크를 다시 흔들어 준다.

▲ 그림 4.2
진한 용액을 희석하는 과정

예제 4.3

용액의 희석

0.2500 M NaOH 500.0 mL를 제조하는 데 필요한 1.000 M NaOH 용액의 부피는 얼마인가?

문제 파악

알고 있는 것	알아내야 할 것
최종 부피(V_f = 500.0 mL) 최종 농도(M_f = 0.2500 M) 초기 농도(M_i = 1.000 M)	초기 부피(V_i)

전략

초기 부피(V_i)는 식 $M_i \times V_i = M_f \times V_f$를 재배열하여 $V_i = (M_f/M_i) \times V_f$를 만들어 구할 수 있다.

풀이

$$V_i = \frac{M_f}{M_i} \times V_f = \frac{0.2500\ \cancel{\text{M}}}{1.000\ \cancel{\text{M}}} \times 500.0\ \text{mL} = 125.0\ \text{mL}$$

검토

희석 후에 농도가 1/4배로 감소하기 때문에(1.000 M에서 0.2500 M로), 부피는 4배로 증가하여야 한다. 따라서 용액 500.0 mL를 제조하려면 500.0/4 = 125.0 mL로 시작해야 한다.

▶ **연습문제 4.5** 3.50 M 포도당 용액 75.0 mL를 400.0 mL의 부피로 희석하면 최종 농도는 얼마인가?

▶ **응용문제 4.6** 황산은 보통 18.0 M 농도로 시판된다. 0.500 M 황산 수용액 250.0 mL를 어떻게 제조할 것인가?(산에 물을 가하지 말고 물에 산을 가해야 한다는 것을 기억하라.)

4.3 수용액에서의 전해질

물에서의 반응에 대한 공부를 시작하기 전에, 수용액의 일부 일반적인 성질을 알아보는 것은 유익하다. 설탕(sucrose)과 소금(NaCl)은 둘 다 물에 녹는다는 것을 우리는 경험적으로 알고 있다. 하지만 결과적으로 생성되는 용액은 아주 다르다. 분자 물질인 설탕이 물에 녹을 때 생성되는 용액은 물에 의해 둘러싸인 중성의 설탕 **분자(molecule)**를 포함한다. 반면에, 이온성 물질인 NaCl이 물에 녹을 때 생성되는 용액은 물에 둘러싸여 있고, 서로 분리된 Na^+와 Cl^- **이온(ion)**을 포함하고 있다. 전하를 띤 이온들이 존재하기 때문에 NaCl 용액은 전류를 전도하지만, 설탕 용액은 그렇지 않다.

기억하기…

분자는 둘 이상의 비금속 원자들이 전자를 공동 소유하는 공유 결합의 결과 생성된 물질의 기본 입자이다. 이온 결합 물질은 금속 원자가 비금속 원자에게 전자를 전달하여 생긴 **이온** 간의 이온 결합으로 생성된다(2.11절).

$$\underset{\text{설탕}}{C_{12}H_{22}O_{11}(s)} \xrightarrow{H_2O} C_{12}H_{22}O_{11}(aq)$$

$$NaCl(s) \xrightarrow{H_2O} Na^+(aq) + Cl^-(aq)$$

NaCl 수용액의 전기 전도도는 **그림 4.3**처럼 연결된 전지, 전구 및 여러 개의 도선을 이용하여 쉽게 설명할 수 있다. 도선을 NaCl 수용액에 담글 때, 양으로 하전된 Na^+ 이온은 용액을

▶ **그림 4.3**

수용액의 전기 전도도 실험

▶ **확인하기**

전구를 1.0 M (a) HNO_3, (b) HF, (c) C_2H_5OH의 용액에 설치할 때 전구의 모양을 설명하시오. 이 화합물의 분류에 대해서는 표 4.1을 참조하시오.

답 (a) HNO_3는 강전해질이고 거의 완전히 이온으로 해리되기 때문에, 전구는 밝을 것이다. (b) HF는 약전해질이고 약간만 해리되기 때문에, 전구에 희미하게 불이 들어올 것이다. (c) 에탄올은 비전해질이기 때문에, 전구에 불이 들어오지 않을 것이다.

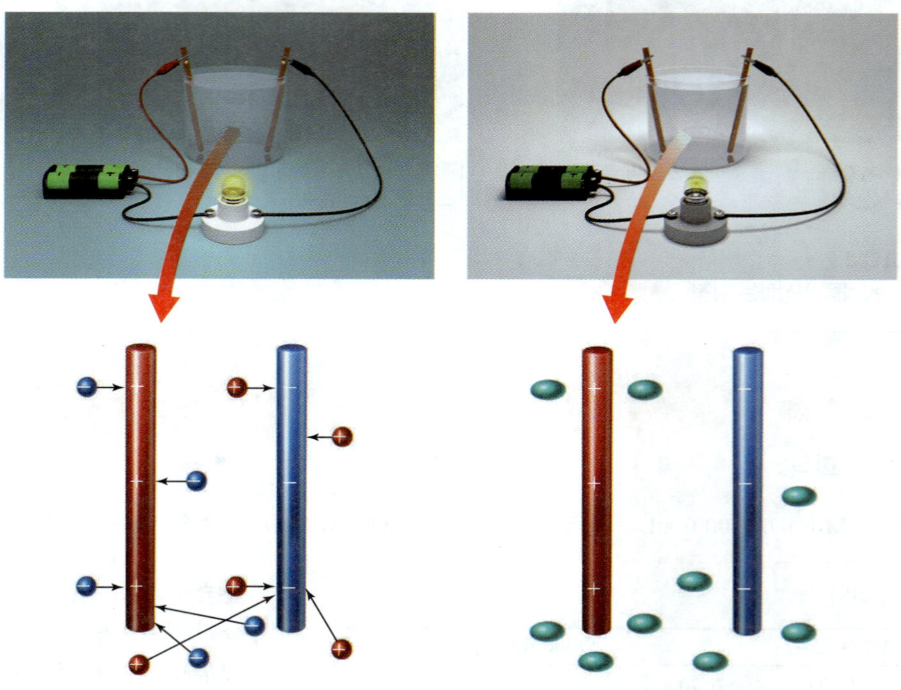

NaCl 수용액은 하전된 입자(이온들)의 이동으로 전기가 흐른다. 따라서 전기 전도도 장치에 불이 들어온다. ©haryigit/Shutterstock

설탕 수용액은 움직일 수 있는 하전된 입자가 없으므로 전기가 흐르지 않는다. 따라서 전기 전도도 장치에 불이 들어오지 않는다. ©haryigit/Shutterstock

통해 전지의 음으로 하전된 단자에 연결된 도선 쪽으로 이동하며, 음으로 하전된 Cl^- 이온은 전지의 양으로 하전된 단자에 연결된 도선 쪽으로 이동한다. 결과적으로, 전하의 이동은 전류가 흐르도록 하여 전구에 불이 들어온다. 그렇지만 도선을 설탕 수용액에 담그면, 전류를 운반하는 이온들이 없기 때문에 전구에 불이 들어오지 않는다.

물에 용해되어 전기를 전도하는 이온의 용액을 만드는 NaCl이나 KBr과 같은 물질을 **전해질(electrolyte)**이라고 한다. 수용액에서 이온을 만들지 못하는 설탕이나 에틸 알코올과 같은 물질은 **비전해질(nonelectrolyte)**이라고 한다. 대부분의 전해질은 이온 결합 화합물(ionic compound)이지만, 몇 가지 물질은 분자 화합물이다. 예를 들어, 염화 수소(HCl)는 순수할 때에는 기체상의 분자 화합물이지만, 물에 용해되면 **해리되어(dissociate)**, 즉 쪼개져서 H^+와 Cl^- 이온을 생성한다.

$$HCl(g) \xrightarrow{H_2O} H^+(aq) + Cl^-(aq)$$

물에 용해될 때 대부분(70~100%) 이온으로 해리되는 화합물을 **강전해질(strong electrolyte)**이라 하는 반면, 낮은 정도로만 해리되는 화합물을 **약전해질(weak electrolyte)**이라고 한다. 예를 들어, 염화 포타슘(KCl)과 대부분의 다른 이온 화합물은 묽은 용액에서 거의 다 해리되므로 강전해질이다. 반대로, 아세트산(acetic acid, CH_3CO_2H)은 0.10 M 용액에서 약 1.3% 정도만 해리되므로 약전해질이다. 따라서 0.10 M 아세트산 용액은 전기를 약하게 전도하여 그림 4.3에서 전구에는 희미하게 불이 들어올 뿐이다.

0.10 M 용액에 대해

$$\underset{(2\%)}{KCl(aq)} \rightleftharpoons \underset{(98\%)}{K^+(aq) + Cl^-(aq)} \quad \text{강전해질}$$

$$\underset{(99\%)}{CH_3CO_2H(aq)} \rightleftharpoons \underset{(1\%)}{H^+(aq) + CH_3CO_2^-(aq)} \quad \text{약전해질}$$

해리 반응식에서 정방향과 역방향의 이중 화살표($\rightleftharpoons$)는 반응이 양쪽 방향으로 동시에 일어나는 것을 나타내는 데 사용된다. 즉, 해리는 정방향의 반응과 역방향의 반응 간에 **평형(equilibrium)**이 이루어지는 동적 과정이다. 아세트산의 해리는 정방향으로 일어나는 반면, H^+와 $CH_3CO_2^-$ 이온의 재결합은 역방향으로 일어난다. 평형 화살표의 크기는 평형 반응이 주로 생성물을 생성하는 쪽인지 주로 반응물을 생성하는 쪽인지를 나타낸다. 결국, 반응물과 생성물의 농도는 일정한 값에 도달하고, 더 이상 시간이 지나도 변하지 않는다. **화학 평형(chemical equilibrium)**에 대하여는 15장에서 더 깊이 배울 것이다.

미리보기…
15장에서 살펴보게 될 **화학 평형**은 정방향과 역방향으로 둘 다 반응이 일어나되, 생성물과 반응물의 농도가 시간이 지나도 일정하게 유지되는 상태이다.

전해질의 세기에 따라 분류된 몇 가지 물질의 목록을 **표 4.1**에 나타내었다. 순수한 물은 비전

표 4.1 몇 가지 물질들의 전해질 분류

강전해질	약전해질	비전해질
HCl, HBr, HI	CH_3CO_2H	H_2O
$HClO_4$	HF	CH_3OH(메틸 알코올)
HNO_3	HCN	C_2H_5OH(에틸 알코올)
H_2SO_4		$C_{12}H_{22}O_{11}$(설탕)
KBr		대부분의 탄소 화합물(유기 화합물)
NaCl		
NaOH, KOH		
기타 가용성 이온 결합 화합물		

개념탐구 질문 2
그림 4.3에 나오는 전구 실험 기구를 1.0 M 루비듐 브로마이드 수용액에 담갔다. 전구의 불빛이 밝을지 희미할지 아니면 안 켜질지 예측하시오.

해질로 분류된다는 것에 주목하라. 상당한 정도로 H^+와 OH^- 이온으로 해리되지 않기 때문이다. 물의 해리는 16.4절에서 더 상세하게 알아볼 것이다.

예제 4.4

용액에서 이온의 농도 계산

완전한 해리를 가정하고, 강전해질인 Na_2SO_4 0.350 M 용액에서 이온들의 전체 몰농도는 얼마인가?

문제 파악

알고 있는 것	알아내야 할 것
화합물 Na_2SO_4 0.350 M의 몰농도	이온들의 전체 몰농도

전략

Na_2SO_4의 해리로부터 이온들이 생성되므로, 물에 Na_2SO_4가 용해되는 반응식을 쓴다. 균형 반응식은 화합물 1 mol로부터 이온 3 mol(Na^+ 2 mol과 SO_4^{2-} 1 mol)이 생성됨을 보여 준다.

$$Na_2SO_4(s) \xrightarrow{H_2O} 2\,Na^+(aq) + SO_4^{2-}(aq)$$

풀이

완전한 해리를 가정하면, 이온들의 전체 몰농도는 Na_2SO_4의 몰농도의 3배, 즉 1.05 M이다.

$$\frac{0.350\ \text{mol}\ \cancel{Na_2SO_4}}{1\ \text{L}} \times \frac{3\ \text{mol 이온}}{1\ \cancel{\text{mol}\ Na_2SO_4}} = 1.05\ \text{M}$$

▶ **연습문제 4.7** 완전한 해리를 가정하면, $FeBr_3$ 0.225 M 수용액에서 Br^- 이온의 몰농도는 얼마인가?

▶ **개념 응용문제 4.8** 세 가지 다른 물질 A_2X, A_2Y, A_2Z가 물에 녹아 다음 결과들을 나타내었다(명확하게 하려고 물 분자들은 생략하였다).

(a) 물질들 중 어느 것이 가장 강한 전해질이고, 어느 것이 가장 약한 전해질인가? 그 이유를 설명하시오.

(b) A_2Y 0.350 M 용액에서 A 이온과 Y 이온의 몰농도는 얼마인가?

(c) 그림에 나타낸 것으로 미루어 볼 때, A_2X의 이온화 백분율은 얼마인가?

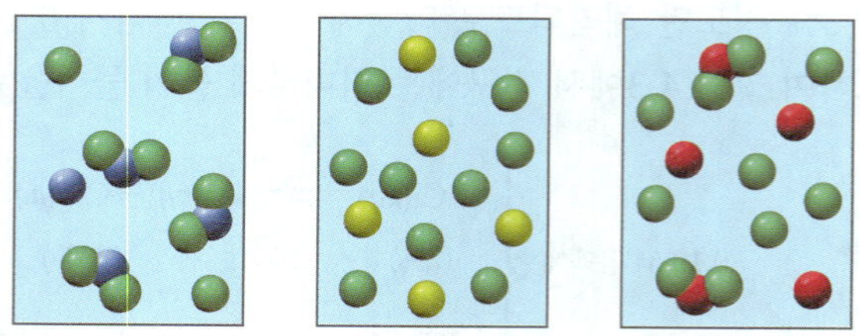

A_2X A_2Y A_2Z

4.4 수용액에서 화학 반응의 유형

수용액에서 일어나는 많은 일반적인 화학 반응은 **침전 반응**(precipitation reaction), **산-염기 중화 반응**(acid-base neutralization reaction), **산화-환원 반응**(oxidation-reduction reaction) 중 한 부류에 속한다. 이후의 절에서 더 자세히 들여다보기 전에 각 반응의 예를 간단히 살펴보자.

▲ 질산 납(II) 수용액이 아이오딘화 포타슘(KI)과 반응하면 노란색의 아이오딘화 납(II) 침전물이 생성된다. ©Lindsey Moore/Shutterstock
$Pb(NO_3)_2(aq) + 2\,KI(aq) \longrightarrow PbI_2(s) + 2\,KNO_3(aq)$

- **침전 반응(precipitation reaction)**이란 가용성 이온 반응물들(강전해질)이 **침전물**(precipitate)이라고 하는 불용성 고체 생성물을 생성하는 과정이며, 이 침전물은 용액으로부터 가라앉으므로 일부 용해된 이온들을 제거한다. 대부분의 침전 반응들은 두 개의 이온 화합물들의 음이온과 양이온이 상대를 서로 바꾸면서 일어난다. 예를 들어, 질산 납(II) 수용액은 아이오딘화 포타슘 수용액과 반응하여 질산 포타슘 수용액과 불용성의 노란색 아이오딘화 납(II)을 생성한다.

$$Pb(NO_3)_2(aq) + 2\,KI(aq) \rightarrow 2\,KNO_3(aq) + PbI_2(s)$$

- **산-염기 중화 반응(acid-base neutralization reaction)**이란 산이 염기와 반응하여 물과 **염**(salt)이라고 하는 이온 결합 화합물을 생성하는 과정이다. 산은 물에 녹을 때 H^+ 이온을 생성하는 화합물이고, 염기는 물에 녹을 때 OH^- 이온을 생성하는 화합물이다. 따라서 침

전 반응이 용액으로부터 금속 이온과 비금속 이온을 제거하는 것과 같이, 중화 반응은 용액으로부터 H^+ 이온과 OH^- 이온을 제거한다. HCl과 NaOH가 반응하여 물과 수용성 NaCl이 생성되는 것은 전형적인 사례이다.

$$HCl(aq) + NaOH(aq) \longrightarrow H_2O(l) + NaCl(aq)$$

- **산화–환원 반응(oxidation-reduction reaction, redox reaction)**이란 반응 상대들(원자, 분자, 이온) 간에 하나 이상의 전자가 이동하는 과정이다. 이러한 전자 이동의 결과로 여러 반응물에 있는 원자의 전하가 변한다. 예를 들어 금속 마그네슘이 염산 수용액과 반응할 때, 한 개의 마그네슘 원자는 한 개의 전자를 두 개의 H^+ 이온에 각각 주고 Mg^{2+} 이온과 H_2 분자를 생성한다. 마그네슘의 전하는 0에서 +2로 변하고, 각 수소의 전하는 +1에서 0으로 변한다.

$$Mg(s) + 2\ HCl(aq) \longrightarrow MgCl_2(aq) + H_2(g)$$

개념탐구 질문 3

다음 화학 반응은 침전 반응, 산–염기 중화 반응, 산화 환원 반응 중 어느 것인가?

$$Cu^{2+}(aq) + Zn(s) \longrightarrow Cu(s) + Zn^{2+}(aq)$$

4.5 수용액에서의 반응과 알짜 이온 반응식

지금까지 사용한 반응식은 모두 **분자 반응식(molecular equation)**이다. 즉, 반응에 관여한 모든 물질이 마치 **분자**인 것처럼, 완전한 화학식을 사용하여 표기하였다. 예를 들어, 앞 절에서 물질이 수용액에 녹아 있는 것을 나타내기 위하여, 괄호 안에 **상태를 나타내는 약자**(*aq*)를 사용하여 질산 납(II)이 아이오딘화 포타슘과 반응하여 고체 PbI_2를 생성하는 침전 반응을 표기하였다. 반응식의 어디에서도 이온들이 관여된다는 것을 나타내지 않고 있다. 그렇지만 반응 동안에 일어나는 화학 변화를 반영하는 좀 더 정확한 방식이 있다. 다음 예들이 그것이다.

기억하기…
화학 반응에서 물질의 물리적 상태는 종종 괄호 안에 **상태를 나타내는 약자**로 표기하며, 고체는 (*s*), 액체는 (*l*), 기체는 (*g*), 수용액은 (*aq*)로 표기한다(3.3절).

분자 반응식

$$Pb(NO_3)_2(aq) + 2\ KI(aq) \longrightarrow 2\ KNO_3(aq) + PbI_2(s)$$

이 반응식은 분자들이 상호 작용하는 것을 의미한다. 그렇지만 질산 납, 아이오딘화 포타슘, 질산 포타슘은 물에 녹아 이온들의 용액을 만드는 강전해질들이라는 것이 사실이다. 따라서 모든 이온들이 명확하게 보이도록 **이온 반응식(ionic equation)**으로 침전 반응을 쓰는 것이 더 정확하다.

이온 반응식

$$Pb^{2+}(aq) + 2\ NO_3^-(aq) + 2\ K^+(aq) + 2\ I^-(aq) \longrightarrow 2\ K^+(aq) + 2\ NO_3^-(aq) + PbI_2(s)$$

이 이온 반응식은 NO_3^- 이온과 K^+ 이온이 반응 동안에 변화가 일어나지 않음을 보여 준다. 대신 이 이온들은 반응 화살표의 양쪽에 나타난 전하의 균형을 맞춰 주기 위해 존재하는 **구경꾼 이온(spectator ion)**으로서의 역할을 한다. 구경꾼 이온은 반응식 양쪽에서 상쇄되기 때문에 **알짜 이온 반응식(net ionic equation)**은 반응하는 화학종(이 예에서는 Pb^{2+}와 I^- 이온)만을 나타낸다.

이온 반응식

$$Pb^{2+}(aq) + \cancel{2\ NO_3^-}(aq) + \cancel{2\ K^+}(aq) + 2\ I^-(aq) \longrightarrow \cancel{2\ K^+}(aq) + \cancel{2\ NO_3^-}(aq) + PbI_2(s)$$

알짜 이온 반응식

$$Pb^{2+}(aq) + 2\ I^-(aq) \longrightarrow PbI_2(s)$$

개념탐구 질문 4
구경꾼 이온이란 무엇인가?

알짜 이온 반응식에서 구경꾼 이온을 뺀다고 해서 구경꾼 이온의 존재가 의미가 없음을 말하는 것은 아니다. 만약 Pb^{2+} 이온의 용액과 I^- 이온의 용액을 섞어 어느 반응이 일어난다면, 이러한 용액들은 각 용액에서 전하의 균형을 맞추기 위한 또 다른 이온들도 포함해야 한다. 즉, Pb^{2+} 용액은 음이온을 포함해야 하며, I^- 용액도 양이온을 포함해야 한다. 알짜 이온 반응식에서 이러한 다른 이온들을 빼는 것은 이러한 이온들이 화학 반응을 하지 않음을 의미할 뿐이다. 반응하지 않는 구경꾼 이온은 전하의 균형을 맞추는 역할을 한다.

예제 4.5

알짜 이온 반응식 쓰기

염산 수용액은 아연 금속과 반응하여 수소 기체와 염화 아연 수용액을 생성한다. 이 과정의 알짜 이온 반응식을 쓰고, 구경꾼 이온을 찾아내시오.

$$2\,HCl(aq) + Zn(s) \longrightarrow H_2(g) + ZnCl_2(aq)$$

전략

먼저, 용액에 존재하는 모든 화학종들을 포함시켜 이온 반응식을 쓴다. 표 4.1을 보면 HCl(분자 화합물)과 $ZnCl_2$(가용성 이온 결합 화합물) 모두 용액에서 이온으로 존재하는 강전해질이다. 다음으로 반응 화살표 양쪽에 존재하는 이온들, 즉 구경꾼 이온을 찾아 이들을 삭제하고 알짜 이온 반응식만을 남겨 놓는다.

▲ 아연 금속은 염산과 반응하여 수소 기체와 Zn^{2+} 이온 수용액을 생성한다.

풀이

이온 반응식

$$2\,H^+(aq) + \cancel{2\,Cl^-}(aq) + Zn(s) \longrightarrow H_2(g) + Zn^{2+}(aq) + \cancel{2\,Cl^-}(aq)$$

알짜 이온 반응식

$$2\,H^+(aq) + Zn(s) \longrightarrow H_2(g) + Zn^{2+}(aq)$$

염화 이온은 이 반응에서 유일한 구경꾼 이온이다.

▶ **연습문제 4.9** 다음 반응의 알짜 이온 반응식을 쓰시오.

$$2\,AgNO_3(aq) + Na_2CrO_4(aq) \longrightarrow Ag_2CrO_4(s) + 2\,NaNO_3(aq)$$

▶ **개념 응용문제 4.10** 투명한 무색 용액 두 개를 섞으면 흰색 침전물이 생성되어 용기 바닥에 가라앉는다. 오른쪽 그림은 용액 중의 이온들을 나타내며, 반응 후에 고체가 생성되었다. 구경꾼 이온을 찾고, 이 반응의 균형 알짜 이온 반응식과 분자 반응식을 쓰시오.

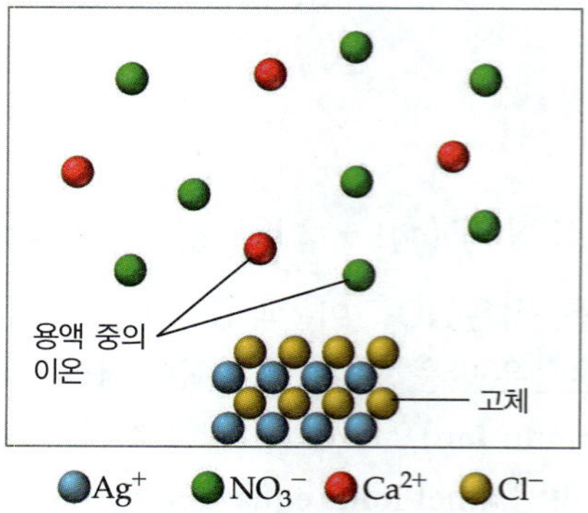

4.6 침전 반응과 용해도 지침

두 물질의 수용액들을 섞을 때 침전 반응이 일어날지를 어떻게 예측할 수 있을까? 그러려면 각 잠재적인 생성물의 **용해도(solubility)**, 즉 각 화합물이 주어진 온도에서 주어진 양의 용매에 얼마나 많이 녹을 것인지를 알아야 한다. 어떤 물질의 물에서의 용해도가 크면 침전물은 생기지 않을 것이다. 반면, 어떤 물질의 물에서의 용해도가 작으면 수용액에서 침전될 것이다.

용해도는 복잡한 문제이므로 정확한 예측이 항상 가능하지는 않다. 더욱이 용해도는 반응물 이온들의 농도에 좌우된다. 따라서, **가용성**(soluble)과 **불용성**(insoluble)이라는 말은 정확한 것이 아니다. 용해도는 용해도가 높은 물질과 용해도가 낮은 물질의 연속체이다. 어떤 물질이 녹아 0.01 M 이상의 농도로 용해되면 가용성이라고 한다. 화합물을 구성하는 양이온과 음이온을 보면 용해도를 예측할 수 있다. 어떤 화합물이 다음 기준 중 하나 이상을 충족하면 가용성이다.

1. 어떤 화합물이 다음 양이온 중 하나를 포함하면 가용성이다.

- Li^+, Na^+, K^+, Rb^+, Cs^+(1A족 양이온)
- NH_4^+(암모늄 이온)

즉, 알칼리 금속 양이온이나 암모늄 양이온을 포함하는 모든 이온 화합물들은 존재하는 음이온에 관계없이 물에 용해되어 침전되지 않는다.

2. 어떤 화합물이 다음 음이온 중 하나를 포함하면 가용성이다.

- Cl^-, Br^-, I^-(할로젠화 음이온, halide)
  예외: Ag^+, Hg_2^{2+}, Pb^{2+}의 할로젠화물
- NO_3^-(질산 이온), ClO_4^-(과염소산 이온), $CH_3CO_2^-$(아세트산 이온), SO_4^{2-}(황산 이온)
  예외: Sr^{2+}, Ba^{2+}, Hg_2^{2+}, Pb^{2+}의 황산염

다시 말해, 할로젠화 이온, 질산 이온, 과염소산 이온, 아세트산 이온, 황산 이온을 포함하는 대부분의 이온 결합 화합물은 물에 가용성이며, 존재하는 양이온에 관계없이 침전되지 않는다. 침전 생성의 예외로는 은(I), 수은(I), 납(II)의 할로젠화물과 스트론튬, 바륨, 수은(I) 및 납(II)의 황산염들이 있다.

반면, 위에서 열거한 양이온이나 음이온 중 하나를 포함하지 않는 화합물은 가용성이 아니다. 따라서 탄산 이온(CO_3^{2-}), 황화 이온(S^{2-}), 인산 이온(PO_4^{3-}), 수산화 이온(OH^-)은 알칼리 금속이나 암모늄 양이온을 포함하지 않는다면, 일반적으로 불용성이다. 주요한 예외로는 Ca^{2+}, Sr^{2+}, Ba^{2+}의 황화물과 수산화물이 있다. **표 4.2**에는 용해도 지침을 요약하였다.

화합물이 가용성이 되게 하는 대부분의 이온은 1로 하전되어 +1의 전하(Li^+, Na^+, K^+, Rb^+, Cs^+, NH_4^+)나 −1의 전하(Cl^-, Br^-, I^-, NO_3^-, ClO_4^-, $CH_3CO_2^-$)를 갖는다. 매우 소

표 4.2 물에서 이온 결합 화합물에 대한 용해도 지침

가용성 화합물	일반적인 예외
Li^+, Na^+, K^+, Rb^+, Cs^+(1족 양이온)	없음
NH_4^+(암모늄 이온)	없음
Cl^-, Br^-, I^-(할로젠화 이온)	Ag^+, Hg_2^{2+}, Pb^{2+}의 할로젠화물
NO_3^-(질산 이온)	없음
ClO_4^-(과염소산 이온)	없음
$CH_3CO_2^-$(아세트산 이온)	없음
SO_4^{2-}(황산 이온)	Sr^{2+}, Ba^{2+}, Hg_2^{2+}, Pb^{2+}의 황산염
불용성 화합물	**일반적인 예외**
CO_3^{2-}(탄산 이온)	1족 양이온, NH_4^+의 탄산염
S^{2-}(황화 이온)	1족 양이온, NH_4^+, Ca^{2+}, Sr^{2+}, Ba^{2+}의 황화물
PO_4^{3-}(인산 이온)	1족 양이온, NH_4^+의 인산염
OH^-(수산화 이온)	1족 양이온, NH_4^+, Ca^{2+}, Sr^{2+}, Ba^{2+}의 수산화물

개념탐구 질문 5

표 4.2의 용해도 지침을 이용하여, 이온 결합 화합물인 Na_2CO_3와 $Fe(OH)_3$가 가용성인지 불용성인지 분류하시오.

▲ $AgNO_3$ 수용액과 Na_2CO_3 수용액이 반응하여 흰색의 Ag_2CO_3 침전물이 생성된다.

수의 2 또는 3으로 하전된 이온들이 가용성 화합물을 생성한다. 이러한 용해도 성질이 나타나는 이유는, 많은 전하를 갖는 이온들을 포함한 화합물이 비교적 강한 이온 결합을 생성하기 때문이다. 결정 안에서 이온들을 서로 강하게 끌어당기는 이온 결합의 세기가 클수록 용해 과정에서 그러한 결합들을 깨뜨리기 더 어렵게 된다. 이 주제는 6.8절에서 다시 다루기로 한다.

용해도 지침을 활용하면, 두 가지 이온 결합 화합물의 용액들을 섞을 때 침전물이 생성될지의 여부를 예상할 수 있을 뿐만 아니라, 의도적으로 침전 반응을 일으켜 특정 화합물을 만들 수 있다. 예를 들어 고체 탄산 은(Ag_2CO_3) 시료를 만들려면, $AgNO_3$ 용액과 Na_2CO_3 용액을 섞으면 된다. 두 가지 출발 물질은 $NaNO_3$처럼 모두 물에 가용성이다. 탄산 은은 이온들의 유일한 불용성 조합이므로 용액으로부터 침전물이 생성될 것이다.

$$2\ AgNO_3(aq) + Na_2CO_3(aq) \longrightarrow Ag_2CO_3(s) + 2\ NaNO_3(aq)$$

예제 4.6

침전 반응의 생성물 예측

$CdCl_2$ 수용액과 $(NH_4)_2S$ 수용액을 섞을 때 침전 반응이 일어날까? 만약 그렇다면 알짜 이온 반응식을 쓰시오.

전략

한 가지 반응물의 양이온과 다른 반응물의 음이온을 결합시켜 가능한 반응의 생성물을 결정한다.

$$CdCl_2(aq) + (NH_4)_2S(aq) \longrightarrow CdS(?) + 2\ NH_4Cl(?)$$

다음으로, 표 4.2를 이용하여 각 생성물의 용해도를 예측한다.

풀이

용해도 지침으로부터, 두 가지 가능한 생성물 중 황화물인 CdS는 불용성이고, 암모늄 화합물이며 할로젠화물인 NH_4Cl은 가용성일 것으로 예상된다. 따라서 침전 반응은 일어날 것이다.

$$Cd^{2+}(aq) + S^{2-}(aq) \longrightarrow CdS(s)$$

▶ **연습문제 4.11** $AgClO_4$ 수용액과 $CaBr_2$ 수용액을 섞었을 때 침전 반응이 일어날 것인지를 예측하고, 만약 일어난다면 알짜 이온 반응식을 쓰시오.

▶ **응용문제 4.12** $Ca_3(PO_4)_2$ 시료를 제조하기 위하여 침전 반응을 어떻게 이용할 것인가? 알짜 이온 반응식을 쓰시오.

예제 4.7

침전 반응에서 화학량론의 가시화

두 가지 이온 화합물의 수용액을 혼합했을 때, 다음 결과가 얻어졌다.

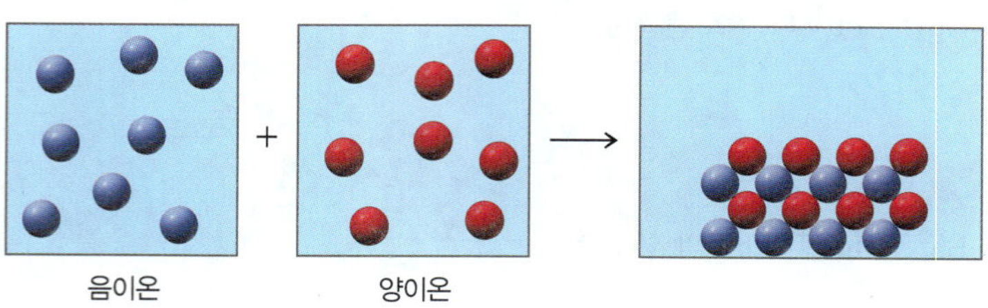

(단지 파란색 구로 나타낸 첫 번째 화합물의 음이온과 빨간색 구로 나타낸 두 번째 화합물의 양이온만을 나타냄.) 어느 양이온과 음이온의 조합이 관찰된 결과들과 잘 일치할까?

음이온: NO_3^-, Cl^-, CO_3^{2-}, PO_4^{3-}

양이온: Ca^{2+}, Ag^+, K^+, Cd^{2+}

전략

이 그림은 침전 반응을 나타낸다. 용액 중 이온들이 질서 있는 배열로 용기 바닥에 가라앉는 것을 보여 주기 때문이다. 구의 개수를 세어 보면 양이온과 음이온이 같은 수(각 8개)로 반응하여, 전하가 1이든 2이든 같은 수의 전하를 가져야 한다(목록에는 3가 양이온이 없다). 모든 가능한 조합들을 살펴보고, 어느 것이 침전될 것인지를 결정한다.

풀이

1가로 하전된 이온들의 가능한 조합: $AgNO_3$, KNO_3, AgCl, KCl

2가로 하전된 이온들의 가능한 조합: $CaCO_3$, $CdCO_3$

가능한 조합들 중에서 AgCl, $CaCO_3$, $CdCO_3$는 불용성이다. 따라서 침전물은 (1) Ag^+와 Cl^-, (2) Ca^{2+}와 CO_3^{2-}, (3) Cd^{2+}와 CO_3^{2-}의 세 가지 가능한 양이온과 음이온 간의 조합으로부터 생성될 수 있다.

▶ **개념 연습문제 4.13** 파란색 구로 나타낸 음이온을 포함하는 수용액을, 빨간색 구로 나타낸 양이온을 포함하는 용액에 가하여 다음 결과를 얻었다.

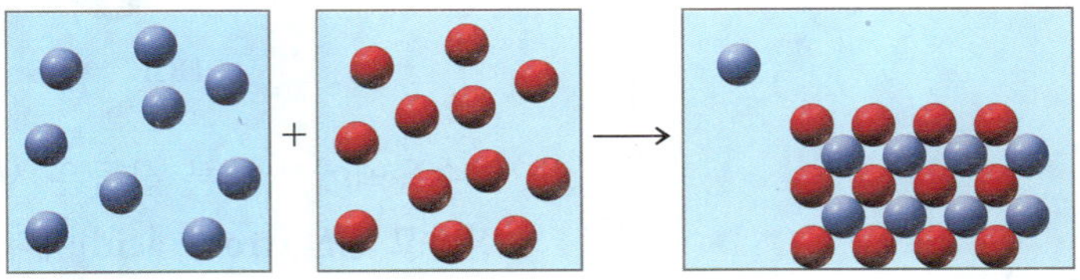

어느 양이온과 음이온의 조합들이 관찰된 결과와 일치할까?

음이온: S^{2-}, PO_4^{3-}

양이온: Mg^{2+}, Fe^{3+}, NH_4^+

▶ **개념 응용문제 4.14** 화합물 $Pb(NO_3)_2$, KBr, $Ba(CH_3CO_2)_2$를 포함하는 용액으로부터 흰색 침전물이 생성되었다. 침전물이 무엇인지 알아내고, 예제 4.7에서 나타낸 것과 비슷한 그림으로 침전 반응을 나타내시오.

4.7 산, 염기와 중화 반응

1777년에 프랑스의 화학자 앙투안 라부아지에(Antoine Lavoisier, 1743~1794)는 모든 산(acid)이 산소(oxygen)라고 하는 공통 원소를 포함하고 있다고 제안하였다. 실제로 **산소**라는 말은 '산을 생성하는 것'이란 의미를 갖는 그리스어로부터 파생되었다. 그렇지만 영국의 화학자 험프리 데이비(Humphrey Davy, 1778~1829)경이 1810년에 염산(muriatic acid, 현재는 hydrochloric acid라고 부름)은 수소와 염소만을 포함하고 있고, 산소를 함유하고 있지 않다는 것을 밝혀냈을 때, 라부아지에의 개념은 수정되어야 했다. 따라서 데이비의 연구에서는 산에서 공통적인 원소가 산소가 아닌 **수소**(hydrogen)라고 제안하였다.

화합물에서 산의 거동과 수소의 존재 간의 관계는 스웨덴의 화학자 아레니우스(Svante Arrhenius, 1859~1927)에 의해 분명해졌다. 아레니우스는 **산(acid)**은 물에서 해리하여 수소 이온(H^+)을 생성하는 물질이고, **염기(base)**는 물에서 해리하여 수산화 이온(OH^-)을 생성하는 물질이라고 제안하였다.

미리보기…
산과 염기에 대해서는 16장에서 자세하게 공부할 것이다.

산 $HA(aq) \longrightarrow H^+(aq) + A^-(aq)$

염기 $MOH(aq) \longrightarrow M^+(aq) + OH^-(aq)$

이 반응식에서 HA는 산에 대한 일반적인 화학식으로, 예를 들면 HCl, HNO_3 등이 있다. MOH는 금속 수산화물에 대한 일반적인 화학식으로, 예를 들면 NaOH, KOH 등이 있다.

반응식에서 사용하기에는 편리하지만, 기호 $H^+(aq)$는 수용액에 존재하는 이온의 구조를 정확히 나타내지는 않는다. 가까이에 전자를 갖고 있지 않은 수소 핵인 양성자로서, H^+는 반응성이 너무 커서 그 자체로만은 존재할 수 없다. H^+는 물 분자의 산소 원자와 결합하여 하이드로늄 이온(hydronium ion, H_3O^+)을 형성한다. 때로 편의상, 특히 반응식의 균형을 맞출 때 $H^+(aq)$라고 쓰지만, 산 수용액을 나타낼 경우에는 $H_3O^+(aq)$를 더 자주 쓸 것이다. 예를 들어, 염화 수소(hydrogen chloride)는 물에 용해될 때 $Cl^-(aq)$와 $H_3O^+(aq)$를 생성한다.

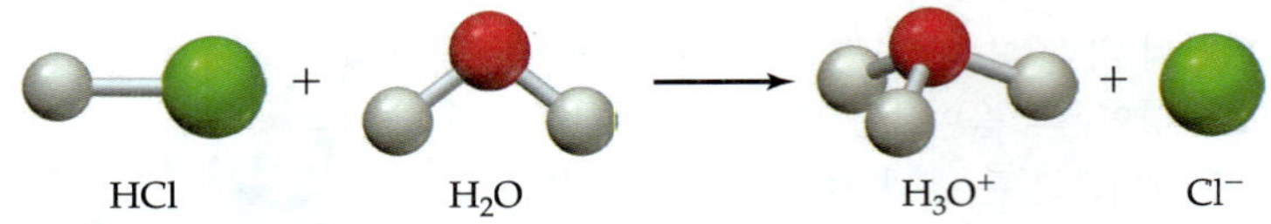

수용액에서 다른 산들은 서로 다른 정도로 해리된다. 높은 정도로 해리되는 산은 강전해질이고 **강산(strong acid)**이다. 반면, 적은 정도로만 해리되는 산은 약전해질이고 **약산(weak acid)**이다. 예를 들어, 표 4.1에서 본 바와 같이 HCl, $HClO_4$, HNO_3, H_2SO_4는 강전해질이고 강산이다. 반면, CH_3CO_2H와 HF는 약전해질이고 약산이다. 아세트산에는 실제로 수소 4개가 들어 있지만, 산소 원자에 결합된 수소 하나만 해리된다는 것에 유의해야 한다. 16장에서는 분자의 구조가 산의 해리에 미치는 영향을 설명할 것이다.

개념탐구 질문 6

메틸아민과 물과의 반응은 다음과 같다.

$$CH_3NH_2(aq) + H_2O(l) \rightleftharpoons CH_3NH_3^+(aq) + OH^-(aq)$$

메틸아민은 강산, 약산, 강염기, 약염기 중 무엇인가?

아세트산

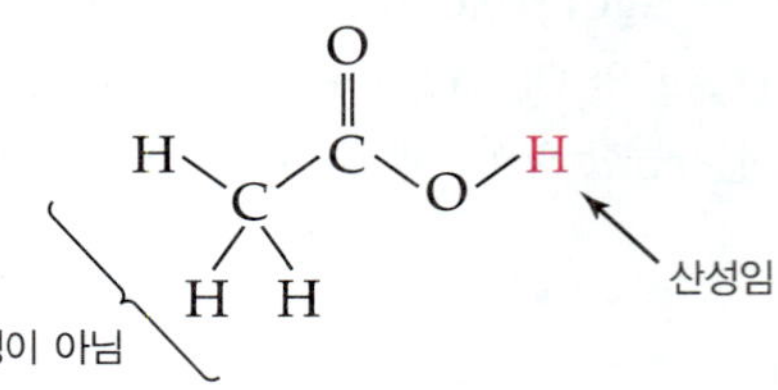

다른 산들은 산성을 나타내는 수소의 개수가 다르고, 용액에서 서로 다른 개수의 H_3O^+ 이온을 생성할 수 있다. 염산(HCl)은 **일양성자산(monoprotic acid)**이라고 한다. 그 이유는 염산이 H^+ 이온을 단 하나만 생성하기 때문이다. 반면에, 황산(H_2SO_4)은 **이양성자산(diprotic acid)**이라고 한다. 그 이유는 황산이 H^+ 이온 두 개를 생성할 수 있기 때문이다. 인산(H_3PO_4)은 삼양성자산(triprotic acid)이라고 하며, H^+ 이온 세 개를 생성할 수 있다. 황산의 경우, H^+의 첫 번째 해리는 완전히 일어난다. 즉, 모든 H_2SO_4 분자는 H^+ 하나를 잃는다. 그러나 두 번째 해리는 다음 반응식에서 이중 화살표로 나타낸 것과 같이 완결되지 않는다.

$$\text{황산:}\quad \begin{aligned} &H_2SO_4(aq) + H_2O(l) \longrightarrow HSO_4^-(aq) + H_3O^+(aq) \\ &HSO_4^-(aq) + H_2O(l) \rightleftharpoons SO_4^{2-}(aq) + H_3O^+(aq) \end{aligned}$$

인산의 경우, 세 개의 해리 반응 중 어느 것도 완결되게 일어나지 않는다.

$$\text{인산:}\quad \begin{aligned} &H_3PO_4(aq) + H_2O(l) \rightleftharpoons H_2PO_4^-(aq) + H_3O^+(aq) \\ &H_2PO_4^-(aq) + H_2O(l) \rightleftharpoons HPO_4^{2-}(aq) + H_3O^+(aq) \\ &HPO_4^{2-}(aq) + H_2O(l) \rightleftharpoons PO_4^{3-}(aq) + H_3O^+(aq) \end{aligned}$$

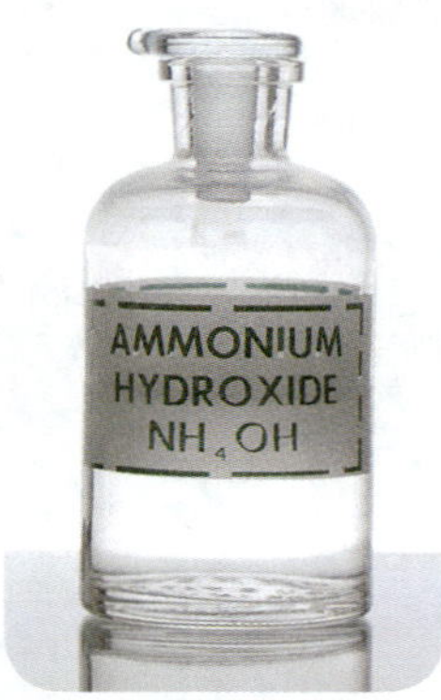

▲ 이 시약병에는 '수산화 암모늄(Ammonium Hydroxide)' 대신 '암모니아 수용액(Aqueous Ammonia)'이라고 표시해야만 하지 않을까? ©ggw/Shutterstock

염기도 산과 같이 수용액에서 OH^- 이온을 생성하는 정도에 따라 강하거나 약할 수 있다. NaOH, $Ba(OH)_2$와 같은 대부분의 금속 수산화물은 강전해질이고 **강염기(strong base)**이지만, 암모니아(NH_3)는 약전해질이며 **약염기(weak base)**이다.

$$\begin{aligned} &NaOH(aq) \longrightarrow Na^+(aq) + OH^-(aq) \\ &Ba(OH)_2(aq) \longrightarrow Ba^{2+}(aq) + 2\ OH^-(aq) \end{aligned}$$

암모니아는 물과 소량만 반응하여 NH_4^+와 OH^- 이온을 생성하기 때문에 약염기이다. 암모니아 수용액을 종종 **수산화 암모늄(ammonium hydroxide)**이라고 부른다. 이는 NH_4^+와 OH^- 이온의 농도가 낮기 때문에 실제는 잘못된 이름이다.

$$NH_3(g) + H_2O(l) \rightleftharpoons NH_4^+(aq) + OH^-(aq)$$

표 4.3 흔하게 사용되는 산과 염기

	산	이름	염기	이름	
강산	$HClO_4$	과염소산	KOH	수산화 포타슘	강염기
	H_2SO_4	황산	$NaOH$	수산화 소듐	
	HBr	브로민화 수소산	$Ba(OH)_2$	수산화 바륨	
	HCl	염화 수소산 또는 염산	$Ca(OH)_2$	수산화 칼슘	
	HNO_3	질산			
	H_3PO_4	인산	NH_3	암모니아	
	HF	플루오린화 수소산			
	HNO_2	아질산			
약산	CH_3CO_2H	아세트산			약염기

개념탐구 질문 7

다음 중 어떤 용액이 H_3O^+ 농도가 가장 높을 것인지 표 4.3을 보고 답하시오.

1.0 M HNO_3, 1.0 M HF, 1.0 M $NaOH$, 1.0 M NH_3

4.3절에서 설명한 아세트산의 해리처럼, 암모니아와 물 사이의 반응은 매우 적은 정도로만 (약 1%) 일어난다. 대부분의 암모니아는 반응하지 않고 남아 있기 때문에, 정반응과 역반응 사이에서의 동적 평형이 존재한다는 것을 나타내기 위하여 이중 화살표를 사용하여 그 반응을 쓴다.

표 4.3에는 몇 가지 일반적인 산과 염기의 이름, 화학식 및 분류를 요약하였다.

산의 명명

대부분의 산은 **산소산(oxoacid**, oxyacid)이다. 다시 말하면, 이들은 수소와 다른 원소들 외에 추가적으로 산소를 함유하고 있다. 물에 녹을 때 산소산은 하나 이상의 H^+ 이온과 **표 4.4**에 나열된 것들 중 한 가지의 **산소산 음이온(oxoanion**, oxyanion)을 생성한다. 이에 대해서는 이전에 2.13절에서 살펴보았다.

기억하기…
산소산 음이온은 주어진 원소의 원자가 다른 개수의 산소 원자들과 결합하는 다원자 음이온이다(2.12절).

산소산의 이름은 상응하는 산소산 음이온의 이름과 관련이 있는데, 영어명에서 *-ite*나 *-ate*로 끝나는 음이온의 이름은 각각 *-ous acid*나 *-ic acid*로 바뀐다. 다시 말하면 더 적은 수의 산소를 포함하는 산은 *-ous*로 끝나고, 더 많은 수의 산소를 포함하는 산은 *-ic*로 끝난다. 예를 들어, 화합물 HNO_2는 아질산(*nitrous acid*)이라고 부른다. 그 이유는 더 적은 수의 산소를 함유하고 있고 물에 녹을 때 아질산 이온(nitr*ite* ion, NO_2^-)을 생성하기 때문이다. 반면에, 화합물 HNO_3는 질산(*nitric acid*)이라고 부른다. 그 이유는 더 많은 수의 산소를 포함하고 있고, 물에 녹을 때 질산 이온(nitr*ate* ion, NO_3^-)을 생성하기 때문이다.

아질산은 아질산 이온을 생성

$$HNO_2(aq) + H_2O(l) \xrightleftharpoons{\text{물에 용해}} H_3O^+(aq) + NO_2^-(aq)$$

질산은 질산 이온을 생성

$$HNO_3(aq) + H_2O(l) \xrightarrow{\text{물에 용해}} H_3O^+(aq) + NO_3^-(aq)$$

비슷한 방식으로 하이포아염소산(hypochlor*ous* acid)은 하이포아염소산 이온(hypochlor*ite* ion)을 생성하고, 아염소산(chlor*ous* acid)은 아염소산 이온(chlor*ite* ion)을 생성한다. 염소산(chlor*ic* acid)은 염소산 이온(chlor*ate* ion)을 생성하고, 과염소산(perchlor*ic* acid)은 과염소산 이온(perchlor*ate* ion)을 생성한다(표 4.4).

산소산 이외에 HCl과 같이 산소를 포함하지 않는 다른 산도 소수 존재한다. 그러한 화합물에는 수용액을 나타낼 경우, 접두사 *hydro*-와 접미사 *-ic acid*가 사용된다.

염화 수소는 염산(*hydro*chlor*ic* acid)을 생성

$$HCl(g) + H_2O(l) \xrightarrow{\text{물에 용해}} H_3O^+(aq) + Cl^-(aq)$$

표 4.4 흔한 산소산들과 그들의 음이온

산소산		산소산 음이온	
HNO_2	아질산(Nitr*ous* acid)	NO_2^-	아질산 이온(Nitr*ite* ion)
HNO_3	질산(Nitr*ic* acid)	NO_3^-	질산 이온(Nitr*ate* ion)
H_3PO_4	인산(Phosphor*ic* acid)	PO_4^{3-}	인산 이온(Phosph*ate* ion)
H_2SO_3	아황산(Sulfur*ous* acid)	SO_3^{2-}	아황산 이온(Sulf*ite* ion)
H_2SO_4	황산(Sulfur*ic* acid)	SO_4^{2-}	황산 이온(Sulf*ate* ion)
$HClO$	하이포아염소산(*Hypo*chlor*ous* acid)	ClO^-	하이포아염소산 이온(*Hypo*chlor*ite* ion)
$HClO_2$	아염소산(Chlor*ous* acid)	ClO_2^-	아염소산 이온(Chlor*ite* ion)
$HClO_3$	염소산(Chlor*ic* acid)	ClO_3^-	염소산 이온(Chlor*ate* ion)
$HClO_4$	과염소산(*Per*chlor*ic* acid)	ClO_4^-	과염소산 이온(*Per*chlor*ate* ion)

사이안화 수소는 사이안산(*hydro*cyan*ic* acid)을 생성

$$HCN(g) + H_2O(l) \xrightarrow{\text{물에 용해}} H_3O^+(aq) + CN^-(aq)$$

예제 4.8

산의 명명

다음 산을 명명하시오.

(a) $HBrO(aq)$

(b) $H_2S(aq)$

전략

산을 명명하기 위해, 화학식을 보고 화합물이 산소산인지 여부를 결정한다. 그렇다면 표 4.4에 따라 산소 원자의 수를 반영하여 명명해야 한다. 화합물이 산소산이 아니면, 접두사 *hydro*-와 접미사 *-ic acid*를 사용하여 명명한다.

풀이

(a) 이 화합물은 물에 녹을 때 하이포아브로민산 이온(hypobromite ion, BrO^-)을 생성하는 산소산이다. 따라서 그 이름은 하이포아브로민산(hypobromous acid)이다.

(b) 이 화합물은 산소산이 아니며, 물에 녹을 때 황화 이온(sulfide ion)을 생성한다. 순수한 기체로서의 H_2S는 황화 수소(hydrogen sulfide)라고 부른다. 수용액에서는 황화 수소산(hydrosulfuric acid)이라고 부른다.

▶ **연습문제 4.15** 산 HI와 $HBrO_2$를 명명하시오.

▶ **응용문제 4.16** 다음 이름에 해당하는 화학식을 쓰시오.

(a) 아인산(phosphorous acid)

(b) 셀레늄화 수소산(hydroselenic acid)

중화 반응

산과 염기가 정확한 화학량론적 비로 혼합되면, 물과 이온성 **염(salt)**을 생성하는 중화 반응이 일어나 산과 염기의 성질이 모두 사라진다. 염의 음이온(A^-)은 산으로부터 유래되고, 염의 양이온(M^+)은 염기로부터 유래된다.

중화 반응

$$\underset{\text{산}}{HA(aq)} + \underset{\text{염기}}{MOH(aq)} \longrightarrow \underset{\text{물}}{H_2O(l)} + \underset{\text{염}}{MA(aq)}$$

일반적으로 염은 수용액에서 강전해질이므로, 강산과 강염기의 중화 반응을 이온 반응식으로 쓸 수 있다.

$$H^+(aq) + A^-(aq) + M^+(aq) + OH^-(aq) \longrightarrow H_2O(l) + M^+(aq) + A^-(aq)$$

이온 반응식의 양쪽에 있는 이온(A^-와 M^+)을 상쇄하면 알짜 이온 반응식이 된다. 이는 물에서 강산과 강염기의 반응을 기술하게 된다.

알짜 이온 반응식

$$H^+(aq) + OH^-(aq) \longrightarrow H_2O(l)$$

또는 $$H_3O^+(aq) + OH^-(aq) \longrightarrow 2\ H_2O(l)$$

약산과 강염기의 반응에서도 비슷한 중화 반응이 일어나지만, 약산은 물에서 불완전하게 해리되기 때문에 간단한 $H^+(aq)$보다는 그 산의 분자식을 써야 한다. 이 약산은 주로 중성의 분자로 존재한다. 예를 들어, 약산 HF와 강염기 KOH와의 반응에 대한 알짜 이온 반응식은 다음과 같이 쓴다.

$$HF(aq) + OH^-(aq) \longrightarrow H_2O(l) + F^-(aq)$$

예제 4.9

산-염기 반응의 이온 반응식과 알짜 이온 반응식 쓰기

HBr 수용액과 $Ba(OH)_2$ 수용액 간의 중화 반응에 대한 이온 반응식과 알짜 이온 반응식을 모두 쓰시오.

전략

브로민화 수소(hydrogen bromide)는 그 수용액이 H^+ 이온과 Br^- 이온을 포함하는 강산이다. 수산화 바륨(barium hydroxide)은 그 수용액이 Ba^{2+} 이온과 OH^- 이온을 포함하는 강염기이다. 따라서 반응물 쪽에는 네 가지의 다른 이온들이 혼합되어 있다. 수산화 바륨에 2개의 수산화 이온이 있기 때문에, $Ba(OH)_2$ 하나의 화학식 단위와 반응하기 위해 HBr 2분자가 필요하다. 중화 반응을 이온 반응식으로 쓰고, 구경꾼 이온들을 상쇄하여 알짜 이온 반응식을 쓴다.

풀이

이온 반응식

$$2\ H^+(aq) + 2\ Br^-(aq) + Ba^{2+}(aq) + 2\ OH^-(aq) \longrightarrow 2\ H_2O(l) + 2\ Br^-(aq) + Ba^{2+}(aq)$$

알짜 이온 반응식

$$2H^+(aq) + 2OH^-(aq) \longrightarrow 2H_2O(l)$$

또는 $$H^+(aq) + OH^-(aq) \longrightarrow H_2O(l)$$

HBr이 $Ba(OH)_2$와 반응하면, 산으로부터의 양성자(H^+)와 염기로부터의 OH^-가 결합하여 물과 염($BaBr_2$)을 생성한다.

연습문제 4.17 다음 각 산-염기 반응의 균형 이온 반응식과 알짜 이온 반응식을 쓰시오.

$$Ca(OH)_2(aq) + 2\ CH_3CO_2H(aq) \rightarrow ?$$

응용문제 4.18 마그네시아(magnesia, 고토(苦土), 활성 성분: 산화 마그네슘) 현탁액은 소화불량과 속쓰림을 치료하기 위한 제산제(antacid)로 사용된다. 산화 마그네슘과 위산(염산)과의 반응에 대한 균형 이온 반응식과 알짜 이온 반응식을 쓰시오.

©digitalreflections/Shutterstock

4.8 용액의 화학량론

4.1절에서 몰농도는 용질의 몰수와 용액의 부피 사이의 환산 인자임을 알았다. 따라서 용액의 부피와 몰농도를 알면 용질의 몰수를 계산할 수 있고, 용질의 몰수와 용액의 몰농도를 알면 용액의 부피를 구할 수 있다.

그림 4.4의 흐름도에서 나타낸 것처럼 몰농도를 사용하는 것은 용액에서 물질들의 화학량론적인 계산을 실행하는 데 있어서 매우 중요하다. 어느 용액이 또 다른 용액의 주어진 부피와 반응하는 데 필요한 부피를 계산하는 것을 몰농도는 가능하게 한다. 이런 종류의 계산은 예제 4.10에서와 같이 특히 산과 염기의 화학에서 중요하다.

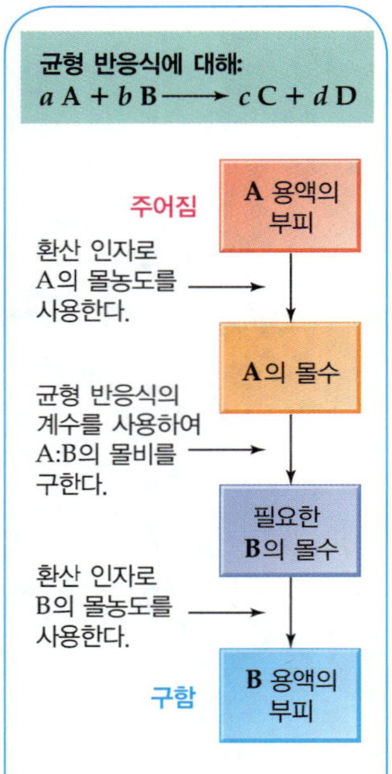

▲ 그림 4.4
화학량론적 계산에서 몰수와 부피 간의 환산 인자로 몰농도 사용

▲ 확인하기

용액 A의 리터수를 용액 B의 리터수로 전환하는 데 필요한 환산 인자를 구하시오. 용액 A의 몰농도는 X, A와 B에 대한 화학량론적인 계수는 각각 a와 b, 용액 B의 몰농도는 Y라고 가정한다.

답

$$\text{L}_A \times \frac{\text{X mol A}}{1\ \text{L}} \times \frac{b\ \text{mol B}}{a\ \text{mol A}} \times \frac{1\text{L}}{\text{Y mol B}} = \text{L}_B$$

예제 4.10

용액에서의 반응 화학량론

HCl의 묽은 수용액인 위산은 다음 반응식과 같이 탄산수소 소듐($NaHCO_3$)과 반응시켜 중화할 수 있다.

$$\text{HCl}(aq) + \text{NaHCO}_3(aq) \longrightarrow \text{NaCl}(aq) + \text{H}_2\text{O}(l) + \text{CO}_2(g)$$

0.100 M HCl 18.0 mL를 중화시키기 위해 필요한 0.125 M $NaHCO_3$ 용액의 부피는 몇 mL인가?

문제 파악

알고 있는 것	알아내야 할 것
HCl의 부피(18.0 mL) HCl의 농도(0.100 M) $NaHCO_3$의 농도(0.125 M) 균형 반응식	$NaHCO_3$의 부피(mL)

전략

화학량론 문제를 풀려면 한 가지 반응물의 몰수를 구하고, 균형 반응식의 계수를 이용하여 다른 반응물의 몰수를 구하는 것이 필요하다. 몰농도는 부피와 몰수 사이의 환산 인자로 사용된다. 그림 4.4는 반응물이나 생성물의 부피를 관련시키는 단계들을 요약해 놓은 것이다.

풀이

먼저, 부피와 몰농도를 곱하여 0.100 M 용액 18.0 mL에 HCl 몇 mol이 들어 있는지를 구해야 한다.

$$\text{HCl의 몰수} = 18.0\ \cancel{\text{mL}} \times \frac{1\ \cancel{\text{L}}}{1000\ \cancel{\text{mL}}} \times \frac{0.100\ \text{mol}}{1\ \cancel{\text{L}}} = 1.80 \times 10^{-3}\ \text{mol HCl}$$

다음에는, 균형 반응식의 계수를 이용하여 $NaHCO_3$의 몰수를 구한다.

$$1.80 \times 10^{-3}\ \cancel{\text{mol HCl}} \times \frac{1\ \text{mol NaHCO}_3}{1\ \cancel{\text{mol HCl}}} = 1.80 \times 10^{-3}\ \text{mol NaHCO}_3$$

몰수와 부피 사이의 전환을 몰농도를 이용하여 $NaHCO_3$의 부피를 구한다.

$$1.80 \times 10^{-3}\ \cancel{\text{mol NaHCO}_3} \times \frac{\cancel{1\ \text{L 용액}}}{0.125\ \cancel{\text{mol NaHCO}_3}} \times \frac{1000\ \text{mL}}{\cancel{1\ \text{L 용액}}} = 14.4\ \text{mL 용액}$$

따라서 0.100 M HCl 용액 18.0 mL를 중화시키기 위해 0.125 M $NaHCO_3$ 용액 14.4 mL가 필요하다.

검토

균형 반응식은 HCl과 $NaHCO_3$가 1:1의 몰비로 반응함을 보여 준다. 따라서 두 용액의 농도가 거의 같다. 따라서 $NaHCO_3$ 용액의 부피와 HCl 용액의 부피가 거의 같아야 한다.

연습문제 4.19 0.100 M NaOH 50.0 mL와 반응하는 데 필요한 0.250 M H_2SO_4 용액의 부피는 얼마인가?

$$H_2SO_4(aq) + 2\ NaOH(aq) \longrightarrow Na_2SO_4(aq) + 2\ H_2O(l)$$

응용문제 4.20 0.150 M KOH 용액 25.0 mL와 반응하는 데 HNO_3 용액 68.5 mL가 필요하다면, HNO_3 용액의 몰농도는 얼마인가?

$$HNO_3(aq) + KOH(aq) \longrightarrow KNO_3(aq) + H_2O(l)$$

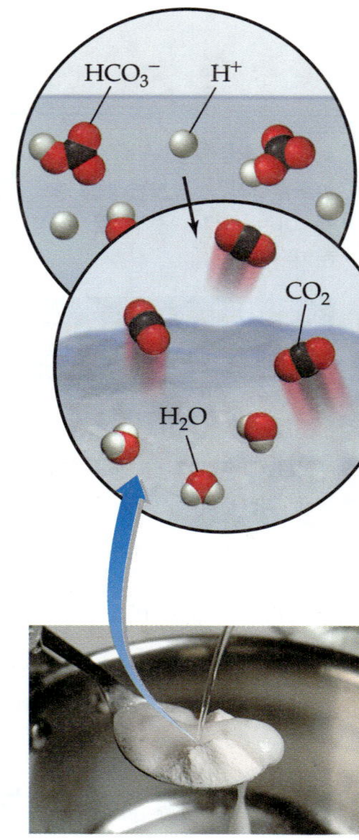

▲ 탄산수소 소듐($NaHCO_3$)을 산으로 중화하면 CO_2 기체가 발생한다. 이는 용액에서 '쉬익' 하는 소리와 함께 거품이 나는 것으로 알 수 있다. ©New Africa/Shutterstock

4.9 용액의 농도 측정: 적정

용액의 농도를 측정하는 것은 여러 이유로 중요하다. 예를 들어, H^+, OH^-, Fe^{3+}, Mg^{2+}, Ca^{2+}, Cl^-와 같은 이온의 농도는 음용, 관개 및 산업 목적으로 사용되는 물의 질에 있어서 중요하다. 더욱이 4.1절에서 기술한 방법으로 제조한 용액은 용질의 몰수를 용액의 부피로 나누어 계산한 정확한 몰농도가 아닌 결과를 가져올 수도 있다. 이러한 차이는 화학물질이 종종 순수한 형태로 판매되지 않거나, 용매나 공기 중의 다른 화학물질들과 반응하기 때문에 발생한다. 용액의 정확한 몰농도를 결정하기 위하여 흔히 사용하는 기술을 **적정**이라고 한다.

적정(titration)이란 부피가 측정된 어떤 용액을 농도가 알려진 또 다른 물질의 용액(**표준 용액**, standard solution)과 반응시켜 그 용액의 농도를 결정하는 절차이다. 부피를 측정한 첫 번째 용액과 반응하는 표준 용액의 부피를 구함으로써 첫 번째 용액의 농도를 계산할 수 있다. (그렇지만 이 반응이 완결되어 수득률이 100%이어야 한다.)

적정이 어떻게 실행되는지를 이해하기 위해, 산-염기 반응에서 농도를 구하려고 하는 HCl 수용액(산)을 NaOH(염기)와 반응시키는 것을 생각해 보자.

$$NaOH(aq) + HCl(aq) \longrightarrow NaCl(aq) + H_2O(l)$$

먼저 HCl 용액의 부피를 측정하고 반응하는 동안 색깔이 변하는 화합물인 **지시약**(indicator)을 소량 넣어 줌으로써 적정을 시작한다. 예를 들어, 페놀프탈레인은 산성 용액에서는 무색이지만, 염기성 용액에서는 붉게 변한다. 다음으로 **뷰렛**(buret)이라는 보정된 유리관에 농도를 아는 NaOH 표준 용액을 채우고, NaOH 용액을 HCl 용액에 서서히 가한다. 페놀프탈레인이 분홍색으로 막 변하기 시작할 때 HCl은 모두 완전히 반응하였고, 용액에는 극소량의 초과된 NaOH가 들어 있다. 뷰렛의 눈금을 읽어 부피를 알고 있는 HCl 용액과의 반응을 위해 가한 NaOH 표준 용액의 부피를 알면, HCl의 농도를 계산할 수 있다. 전략을 **그림 4.5**

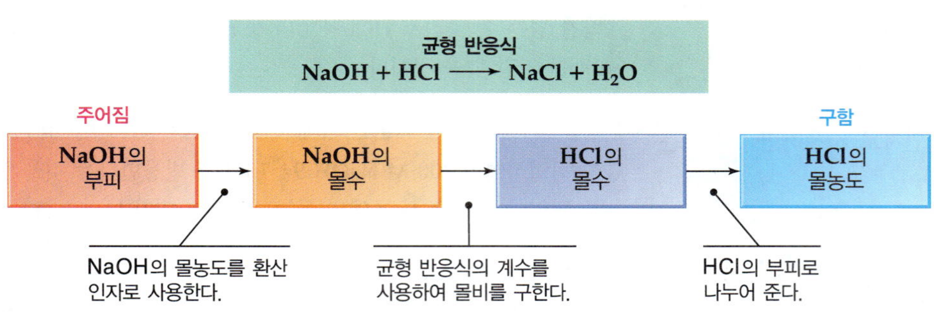

◀ **그림 4.5**
산-염기 적정에 대한 흐름도. NaOH 표준 용액으로 적정하여 HCl 용액의 농도를 결정하는 데 필요한 계산들을 요약하였다.

에 요약하였고, 실험 과정은 **그림 4.6**에 나타내었다.

▶ **그림 4.6**
농도를 모르는 산 용액을 농도를 아는 염기 용액으로 적정하기

▶ **확인하기**

HCl과 NaOH의 화학 반응에서 색변화는 무엇을 나타내는가?

답 HCl은 완전히 반응하였고, 염기는 용액 중에 과량이 남아 있다. 처음에 나타나는 희미하고 지속적인 색 변화는 적정의 종말점을 나타낸다.

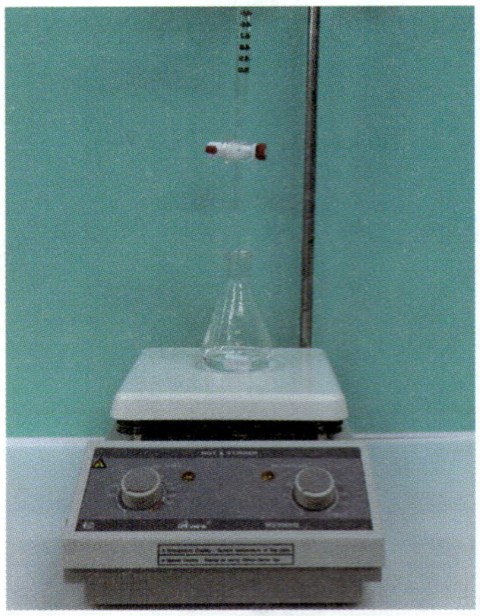

부피를 측정한 산 용액을 플라스크에 넣고, 페놀프탈레인(phenolphthalein) 지시약을 가한다.

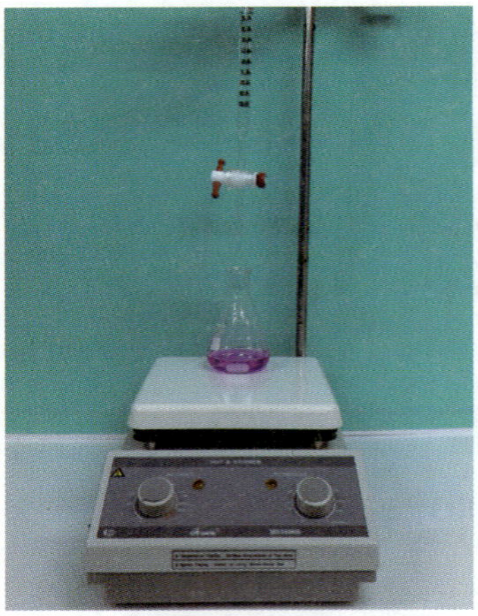

지시약의 색이 변할 때까지 농도를 아는 염기 용액을 뷰렛으로부터 가한다. 뷰렛으로 가한 염기 용액의 부피를 읽으면 산의 농도를 계산할 수 있다.

예제 4.11

적정 과정으로 용액의 농도 결정

염산(HCl) 20.0 mL 시료를 적정하여 0.100 M NaOH 42.6 mL와 반응한다는 것을 알게 되었다. 염산 용액의 몰농도는 얼마인가?

문제 파악

알고 있는 것	알아내야 할 것
HCl 용액의 부피(20.0 mL) NaOH 용액의 부피(42.6 mL) NaOH 용액의 농도(0.100 M) 균형 반응식	HCl 용액의 농도(M)

전략

화학량론 문제를 푸는 데에는 한 반응물의 몰수를 구하는 것과 균형 반응식의 계수를 사용하여 다른 반응물의 몰수를 구하는 것이 필요하다. 몰농도는 부피와 몰수 사이의 환산 인자로 사용된다. 그림 4.5에는 적정 실험에서 농도를 구하기 위해 필요한 단계들을 요약해 놓았다.

풀이

NaOH 표준 용액의 몰농도를 환산 인자로 사용하면 반응하는 NaOH의 몰수를 계산할 수 있다.

$$\text{NaOH의 몰수} = 0.0426\ \cancel{\text{L NaOH}} \times \frac{0.100\ \text{mol NaOH}}{1\ \cancel{\text{L NaOH}}} = 0.004\ 26\ \text{mol NaOH}$$

균형 반응식에 따르면 HCl의 몰수는 NaOH의 몰수와 같다.

$$\text{HCl의 몰수} = 0.004\ 26\ \cancel{\text{mol NaOH}} \times \frac{1\ \text{mol HCl}}{1\ \cancel{\text{mol NaOH}}} = 0.004\ 26\ \text{mol HCl}$$

HCl의 몰수를 부피로 나누어 줌으로써 HCl의 몰농도를 얻는다.

$$\text{HCl의 몰농도} = \frac{0.004\ 26\ \text{mol HCl}}{0.0200\ \text{L HCl}} = 0.213\ \text{M HCl}$$

검토

적정에 사용된 NaOH 용액의 부피는 HCl 용액의 부피의 2배를 약간 넘는다. 따라서 HCl 용액의 농도는 NaOH 용액의 농도의 2배를 약간 넘을 것이다.

▶ **연습문제 4.21** 식초(묽은 아세트산, CH_3CO_2H) 25.0 mL 시료를 적정하여 0.200 M NaOH 94.7 mL와 반응한다는 것을 알게 되었다. 아세트산 용액의 몰농도는 얼마인가?

$$NaOH(aq) + CH_3CO_2H(aq) \longrightarrow CH_3CO_2Na(aq) + H_2O(l)$$

개념 응용문제 4.22 뷰렛에 H^+ 이온이 들어 있고, 플라스크에 OH^- 이온이 들어 있으며, 각각의 부피는 100 mL라고 가정하자. 적정으로 모든 OH^- 이온을 중화하기 위해 뷰렛으로부터 플라스크에 가해야 하는 부피는 몇 mL인가? 반응식은 $H^+(aq) + OH^-(aq) \longrightarrow H_2O(l)$이다.

용기에 들어 있는 입자의 수는 농도에 정비례한다고 가정한다.

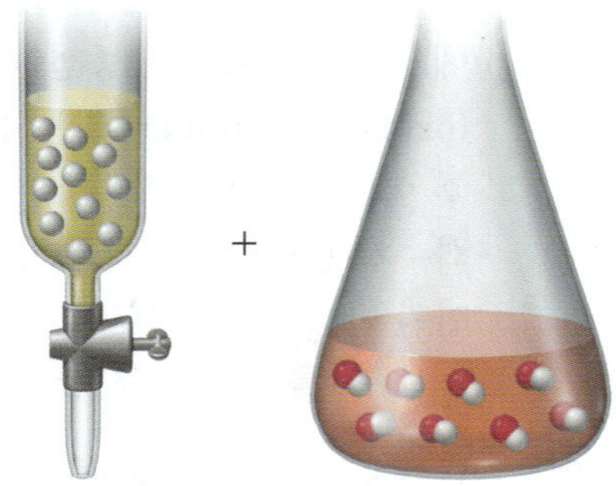

4.10 산화-환원 반응

자주색 과망가니즈산 이온(MnO_4^-)은 수용액에서 Fe^{2+} 이온과 반응하여 Fe^{3+}와 연분홍색의 Mn^{2+}를 생성한다.

$$MnO_4^-(aq) + 5\ Fe^{2+}(aq) + 8\ H^+(aq) \longrightarrow Mn^{2+}(aq) + 5\ Fe^{3+}(aq) + 4\ H_2O(l)$$

마그네슘 금속은 공기 중에서 강한 백색광을 내면서 연소하여 산화 마그네슘 고체를 생성한다.

$$2\ Mg(s) + O_2(g) \longrightarrow 2\ MgO(s)$$

붉은 인은 액체 브로민과 반응하여 삼브로민화 인 액체를 생성한다.

$$2\ P(s) + 3\ Br_2(l) \longrightarrow 2\ PBr_3(l)$$

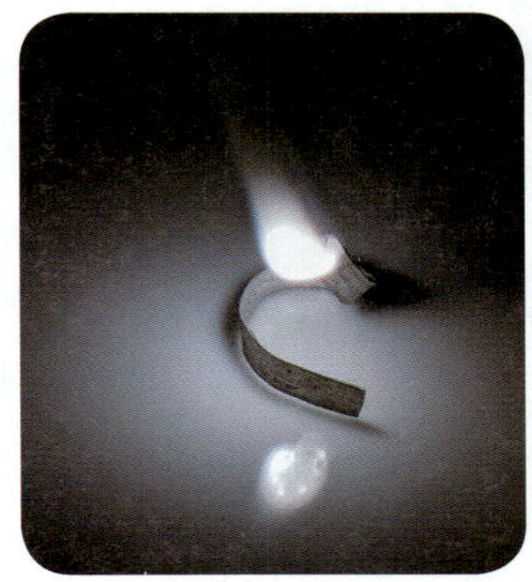

▲ 마그네슘 금속은 공기 중에서 연소하여 MgO를 생성한다. ©usk75/Shutterstock

이러한 수많은 다른 반응들은 서로 관련이 없어 보이고 많은 반응이 수용액에서 일어나지도 않지만, 이 모든 반응들은 산화-환원(oxidation-reduction, redox) 반응이다.

역사적으로 **산화**(oxidation)라는 말은 어떤 원소가 산소와 결합하여 산화물(oxide)을 생성하는 것을 말하고, **환원**(reduction)이라는 말은 산화물로부터 산소가 제거되어 원소를 생성하는 것을 말한다. 이러한 산화-환원 과정은 인류 문명의 발전에 중요한 역할을 해 왔고, 아직도 엄청난 상업적 가치를 가지고 있다. 금속 철이 습한 공기와 반응하여 산화되는 것(녹스는 것)은 수천 년 동안 알려져 왔고, 아직도 건물, 배, 교량 등에 엄청난 구조적 손상을 끼치는 심각한 문제이다. 철광석(Fe_2O_3)을 숯(C)으로 환원시켜 철 금속을 만드는 것은 선사 시대부터 시작되었으며, 오늘날에도 강철 제조의 초기 단계에서 사용되고 있다.

$4\ Fe(s) + 3\ O_2(g) \longrightarrow 2\ Fe_2O_3(s)$ 철이 녹스는 것: Fe의 산화

$2\ Fe_2O_3(s) + 3\ C(s) \longrightarrow 4\ Fe(s) + 3\ CO_2(g)$ 철의 생산: Fe_2O_3의 환원

오늘날에는 **산화**(oxidation)와 **환원**(reduction)이라는 말이 훨씬 더 넓은 의미를 갖는다. 이제 **산화(oxidation)**는 어떤 물질(원소, 화합물, 이온)이 하나 이상의 전자를 잃는 것으로, **환원(reduction)**은 어떤 물질이 하나 이상의 전자를 얻는 것으로 정의한다. 그러므로 산화-환원 반응은 한 물질로부터 다른 물질로 전자가 전달되는 과정이다.

산화 →

$A^{2-} \longrightarrow A^- +$ 전자

$A^- \longrightarrow A +$ 전자

$A \longrightarrow A^+ +$ 전자

$A^+ \longrightarrow A^{2+} +$ 전자

← 환원

반응물 A는 중성의 원자, 단원자 이온, 다원자 이온 또는 분자일 수 있다.

산화-환원 반응이 일어나는 것을 어떻게 알 수 있는가? 그 답은 어떤 화합물의 각 원자에 대해 그 원자가 중성인지, 전자가 풍부한지 또는 전자가 부족한지를 나타내는 **산화수**(**oxidation number**) 또는 **산화 상태**(oxidation state)라고 하는 값을 정하는 것이다. 반응 전후 어떤 원자의 산화수를 비교하면, 그 원자가 전자들을 얻었는지 잃었는지를 알 수 있다. 산화수가 반드시 이온의 전하를 의미하는 것은 아니라는 점에 유의하라. 산화수는 단지 산화-환원 반응 동안에 전자들을 추적하는 데 도움을 주는 편리한 도구일 뿐이다.

산화수를 정하는 규칙은 다음과 같다.

1. 원소 상태에 있는 원자의 산화수는 0이다.

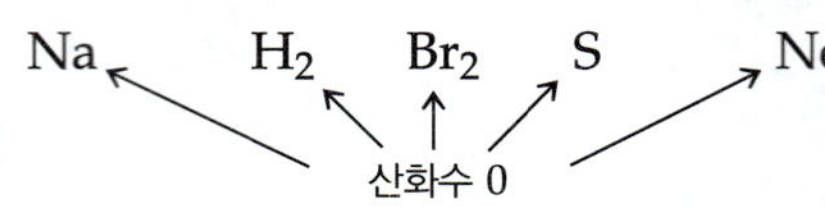

2. 단원자 이온에서 원자의 산화수는 그 전하와 동일하다. 몇 가지 이온들의 전하를 2.12절에서 복습하라. 예를 들어,

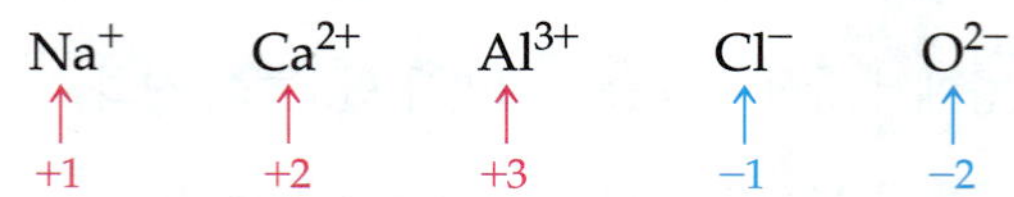

3. 다원자 이온이나 분자 화합물에 있는 원자의 산화수는 일반적으로 그것이 단원자 이온일 때의 산화수와 같다. 예를 들어, 수산화 이온(OH^-)에서 수소 원자는 마치 H^+인 것처럼 산화수가 +1이고, 산소 원자는 마치 O^{2-}인 것처럼 산화수가 −2이다.

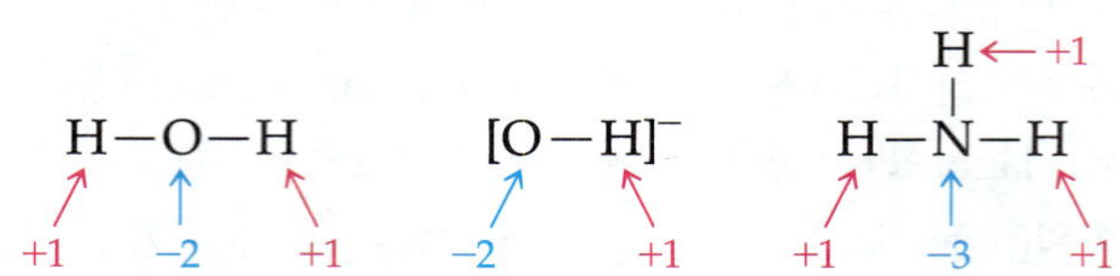

개념탐구 질문 8

다음 반응이 산화 반응인지 환원 반응인지 구별하고, 그 이유를 설명하시오.

$$Cu^{2+} + e^- \longrightarrow Cu^+$$

일반적으로 주기율표에서 더 왼쪽에 있는 원소들은 **'양이온이 되려는'** 가능성이 더 크다. 그러므로 금속들은 일반적으로 산화수가 양의 값이다. 주기율표에서 더 오른쪽에 있는 원소들은 **'음이온이 되려는'** 가능성이 더 크다. O, N, 할로젠과 같은 비금속들은 일반적으로 산화수가 음의 값이다. 이러한 경향에 대한 이유는 6.3~6.5절에서 알게 될 것이다.

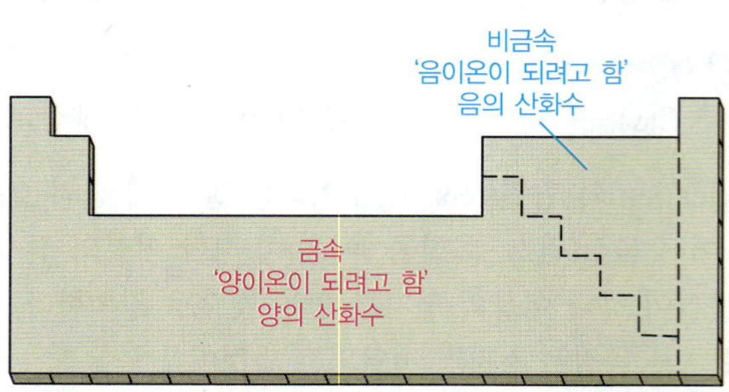

(a) 수소의 산화수는 +1 또는 −1이다. Na나 Ca 같은 금속에 결합할 때, 수소의 산화수는 −1이다. 반면 C, N, O, Cl과 같은 비금속에 결합할 때, 수소의 산화수는 +1이다.

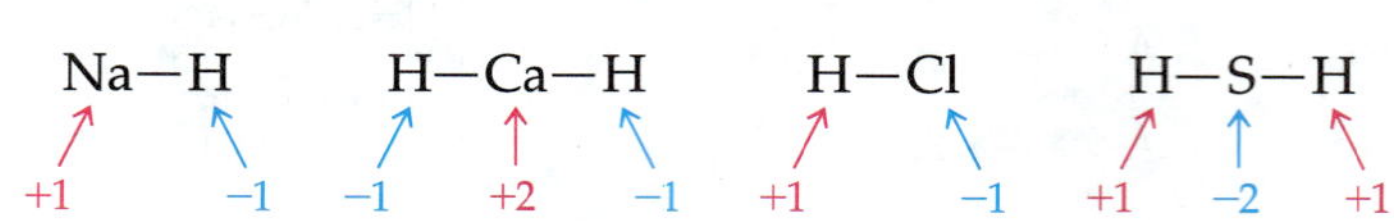

(b) 산소의 산화수는 보통 −2이다. 주요한 예외로 $O_2{}^{2-}$ 이온이나 O−O 공유 결합을 갖는

과산화물(peroxide)이 있다. 과산화물에서 산소 원자의 산화수는 둘 다 −1이다.

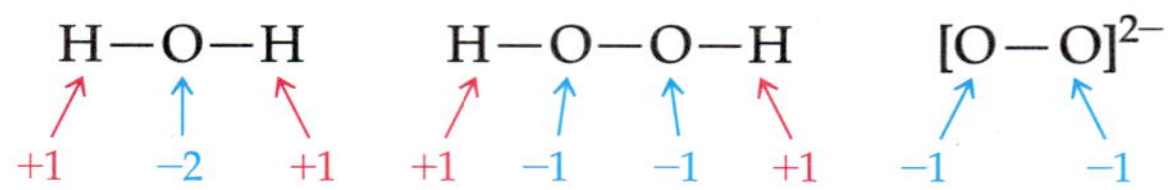

(c) **할로젠의 산화수는 보통 −1이다.** 주요한 예외로 할로젠 원자가 산소에 결합된 염소, 브로민, 아이오딘의 화합물들이 있다. 이 경우 산소의 산화수는 −2이고, 할로젠의 산화수는 양의 값을 갖는다. 예를 들어, Cl_2O에서 O 원자의 산화수는 −2이고, 각 Cl 원자의 산화수는 +1이다.

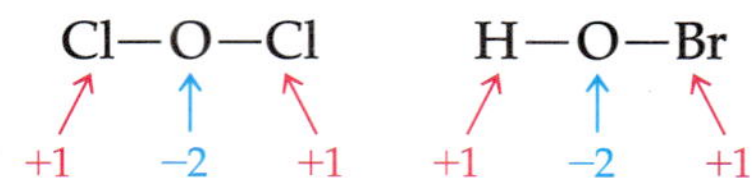

4. **중성 분자에서 산화수의 합은 0이고, 다원자 이온에서 산화수의 합은 알짜 전하와 같다.** 산화수를 구하기 어려운 경우에 어떤 원자의 산화수를 알아내고자 할 때 이 규칙은 특히 유용하다. 일반적인 개념은 처음에 '쉬운' 원자의 산화수를 정하는 것이고, 다음에 뺄셈으로 '어려운' 원자의 산화수를 알아내는 것이다. 예를 들어, 황산(H_2SO_4)에서 황 원자의 산화수를 알고자 한다고 하자. 각 H 원자의 산화수는 +1, 각 O 원자의 산화수는 −2이므로, 그 화합물이 0의 알짜 전하를 가지려면 S 원자의 산화수는 +6이어야 한다.

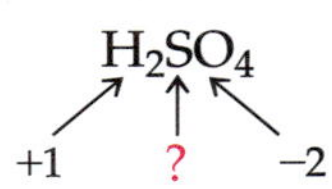

$2(+1) + (?) + 4(-2) = 0$ 알짜 전하

$? = 0 - 2(+1) - 4(-2) = +6$

과염소산 음이온(ClO_4^-)에서 염소 원자의 산화수를 구하려면, 각 산소의 산화수는 −2이므로, 과염소산 이온이 −1의 알짜 전하를 갖기 위해 Cl 원자의 산화수는 +7이어야 한다.

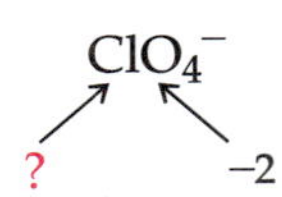

$? + 4(-2) = -1$ 알짜 전하

$? = -1 - 4(-2) = +7$

암모늄 양이온(NH_4^+)에서 질소 원자의 산화수를 구하려면, 각 H 원자의 산화수가 +1이므로, 암모늄 이온이 +1의 알짜 전하를 갖기 위해 N 원자의 산화수는 −3이어야 한다.

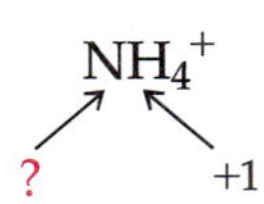

$? + 4(+1) = +1$ 알짜 전하

$? = +1 - 4(+1) = -3$

예제 4.12

산화수 정하기

다음 물질에서 각 원자의 산화수를 정하시오.

(a) CdS (b) AlH_3 (c) $S_2O_3^{2-}$ (d) $Na_2Cr_2O_7$

전략

원소의 산화수를 정하는 첫 단계에서 H, O와 다른 주족 원소들의 산화수는 그 원소가 단원자 이온이 될 때의 산화수와 같다고 생각한다. 그러고 나서 화학종을 이루는 모든 원자들의 산화수를 모두 더한 합이 화학종의 전하와 같다는 사실을 이용하여 산화수를 모르는 원자의 산화수를 찾아낸다.

(a) S^{2-}에서 황 원자의 산화수는 −2이므로, Cd의 산화수는 +2이어야 한다.

(b) 금속에 결합된 수소의 산화수는 −1이므로, Al의 산화수는 +3이어야 한다.

(c) O의 산화수는 일반적으로 −2이므로, 이 음이온이 −2의 알짜 전하를 가지려면 S의 산화수는 +2이어야 한다. 즉, $(2\ S^{+2})(3\ O^{-2})$에 대하여, $2(+2) + 3(-2) = -2$의 알짜 전하를 갖는다.

(d) Na는 항상 +1이고 산소는 −2이므로, 이 화합물이 중성이 되려면 Cr의 산화수는 +6이어야 한다. 즉, $(2\ Na^{+})(2\ Cr^{+6})(7\ O^{-2})$에 대하여, $2(+1) + 2(+6) + 7(-2) = 0$의 알짜 전하를 갖는다.

풀이

(a) CdS: Cd +2, S −2 **(b)** AlH_3: Al +3, H −1 **(c)** $S_2O_3^{2-}$: S +2, O −2 **(d)** $Na_2Cr_2O_7$: Na +1, Cr +6, O −2

▶ **연습문제 4.23** 다음 화합물에서 각 원자의 산화수를 정하시오.

(a) $SnCl_4$ **(b)** CrO_3 **(c)** $VOCl_3$
(d) V_2O_3 **(e)** HNO_3 **(f)** $FeSO_4$

▶ **응용문제 4.24** 염소의 산화수는 −1부터 +7까지 여러 값을 가질 수 있다.

(a) 염소의 산화수가 +2, +3, +6, +7인 염소 산화물 화합물의 화학식과 이름을 쓰시오.

(b) 산화수에 기초하여, (a)의 어떤 염소 산화물이 산소 분자와 반응할 수 없는가?

4.11 산화−환원 반응의 확인

일단 산화수가 정해지면, 앞 절에서 언급한 모든 반응들이 왜 산화−환원 과정인지가 분명해진다. 예를 들어, 철이 녹스는 것을 생각해 보자. 반응물 중 두 가지, 즉 Fe와 O_2는 중성 원소이므로 산화수가 0이다. 하지만, 생성물에서 산소 원자의 산화수는 −2이고 철 원자의 산화수는 +3이다. 따라서 Fe의 산화수는 0에서 +3으로 변하고(전자를 잃어 산화), O의 산화수는 0에서 −2로 변한다(전자를 얻어 환원). 산화되는 원자들이 내놓은 전체 전자 수(4 Fe × 3전자/ Fe = 12전자)는 환원되는 원자들이 얻은 전자 수(6 O × 2전자/O = 12전자)와 같다.

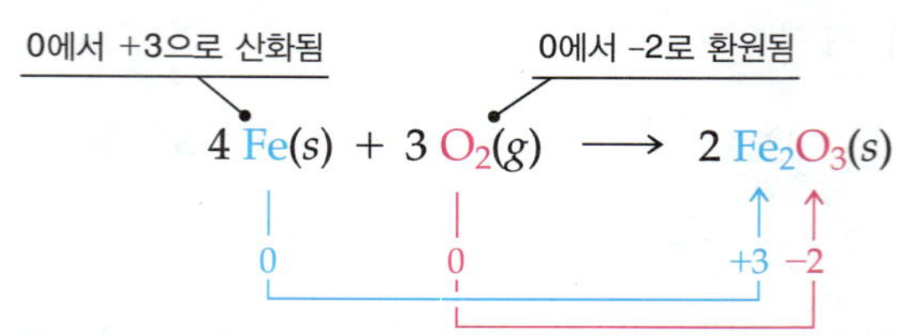

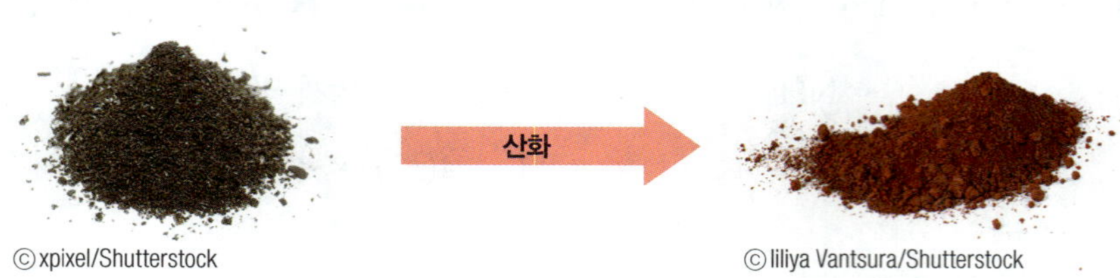

Fe(*s*) $Fe_2O_3(s)$

▲ 은색의 철가루가 산소와 결합하여 산화되면 빨간색의 산화 철(III)이 된다.

철광석으로부터 철 금속을 생산하는 과정에 대해서도 비슷한 분석을 할 수 있다. 철 원자의 산화수는 반응물(Fe_2O_3)에서 +3으로부터 생성물(Fe)에서 0으로 변하므로 환원된다. 동시에, 탄소 원자의 산화수는 반응물(C)에서 0으로부터 생성물(CO_2)에서 +4로 변하므로 산화된다. 산소 원자들은 반응물과 생성물 모두에서 산화수가 −2이므로 변하지 않는다. 산화되는 원자들이 내놓은 전체 전자 수(3 C × 4전자/C = 12전자)는 환원되는 원자들이 얻은 전자 수(4 Fe × 3전자/Fe = 12전자)와 같다.

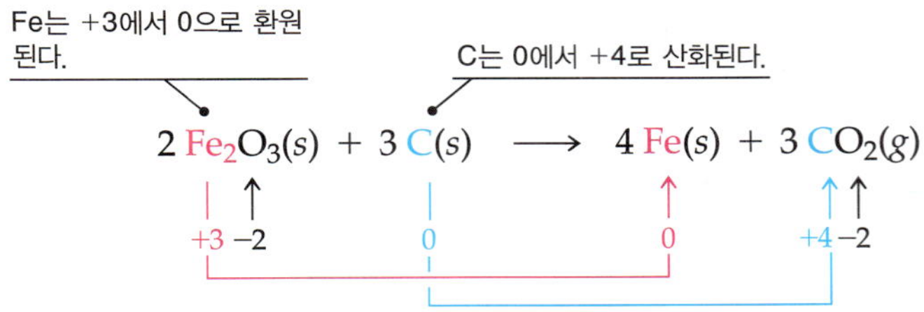

개념탐구 질문 9

이 반응에서 $Fe_2O_3(s)$와 $C(s)$ 중 산화제는 무엇인가?

이러한 예들에서 볼 수 있듯이, 산화와 환원 반응의 각각을 **반쪽 반응(half-reaction)**이라고 한다. 이들은 항상 함께 일어난다. 산화–환원 반응은 두 개의 반쪽 반응들, 즉 하나의 산화 반쪽 반응과 하나의 환원 반쪽 반응으로 구성되어 있다. 한 원자가 하나 이상의 전자들을 잃을 때, 또 다른 원자는 그 전자들을 얻어야 한다. 전자를 내놓아 환원을 일으키는 물질(예를 들면, Fe와 O_2의 반응에서 철 원자 및 C와 Fe_2O_3의 반응에서 탄소 원자)을 **환원제(reducing agent)**라고 한다. 전자들을 받아들여 산화를 일으키는 물질(예를 들어, Fe와 O_2의 반응에서 산소 원자, C와 Fe_2O_3의 반응에서 철 원자)을 **산화제(oxidizing agent)**라고 한다. 환원제가 전자를 내놓을 때 그 자체는 산화되고, 산화제가 전자를 받아들일 때 그 자체는 환원된다.

환원제	산화제
• 환원이 일어나게 한다.	• 산화가 일어나게 한다.
• 하나 이상의 전자를 잃는다.	• 하나 이상의 전자를 받아들인다.
• 산화된다.	• 환원된다.
• 원자의 산화수가 증가한다.	• 원자의 산화수가 감소한다.

19장에서 산화–환원 반응은 주기율표에서 18족의 비활성 기체 원소들을 제외한 거의 모든 원소에서 흔히 일어난다는 것을 알게 될 것이다. 일반적으로 금속은 전자를 잃고 환원제로 작용하는 반면, O_2와 할로젠 원소들과 같은 반응성이 강한 비금속들은 전자를 받아들여 산화제로 작용한다.

미리보기…

배터리와 같은 산화–환원 반응의 응용은 19장 전기 화학에서 배우게 될 것이다.

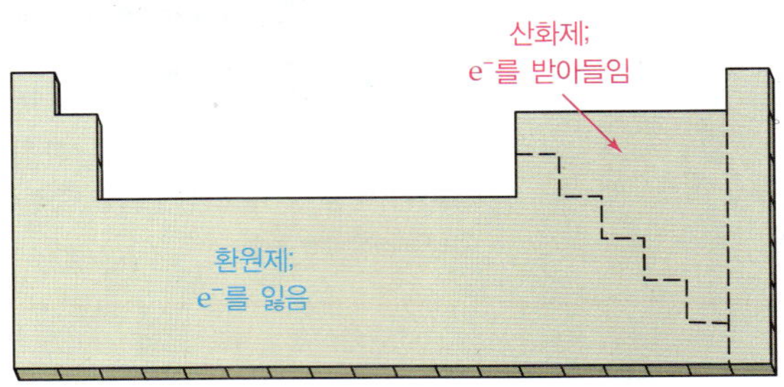

다른 금속들은 산화–환원 반응에서 서로 다른 개수의 전자를 내놓을 수 있다. 리튬, 소듐, 기타 1족 원소들은 전자 하나만을 내놓고 산화수 +1인 +1가 양이온이 된다. 그렇지만 베릴륨, 마그네슘, 기타 2족 원소들은 일반적으로 전자 두 개를 내놓고 +2가 양이온으로 된다. 주기율표의 중간에 있는 전이 금속들은 다양한 개수의 전자들을 내놓아 반응의 종류에 따라 두 가지 이상의 이온을 만들 수 있다. 예를 들어, 타이타늄은 염소와 반응하여 $TiCl_3$와 $TiCl_4$를 생성할 수 있다. 염화 이온(Cl^-)의 산화수는 −1이므로, $TiCl_3$에서 타이타늄 원자의 산화수는 +3이나, $TiCl_4$에서 타이타늄 원자의 산화수는 +4이다.

예제 4.13

산화제와 환원제의 확인

모든 원자들의 산화수를 정하고, 각 경우에 어떤 물질이 산화되고 어떤 물질이 환원되는지를 설명하시오. 산화제와 환원제를 확인하시오.

(a) $Ca(s) + 2\ H^+(aq) \longrightarrow Ca^{2+}(aq) + H_2(g)$

(b) $2\ Fe^{2+}(aq) + Cl_2(aq) \longrightarrow 2\ Fe^{3+}(aq) + 2\ Cl^-(aq)$

전략과 풀이

(a) Ca와 H_2에서 원자의 산화수는 0이다. Ca^{2+}의 산화수는 +2, H^+의 산화수는 +1이다. Ca는 산화수가 0에서 +2로 증가하였으므로 산화되었고, H^+는 산화수가 +1에서 0으로 감소하였으므로 환원되었다. 환원제는 전자를 내놓는 물질이므로 산화수가 더 커지고, 산화제는 전자를 받아들이는 물질이므로 산화수가 더 작아진다. 이 문제에서 칼슘이 환원제이고 H^+는 산화제이다.

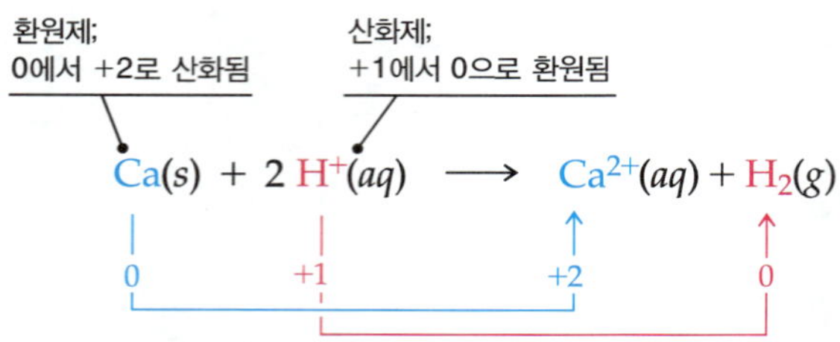

(b) 중성 원소 Cl_2의 원자들의 산화수는 0이다. 단원자 이온들은 그 전하와 산화수가 같다.

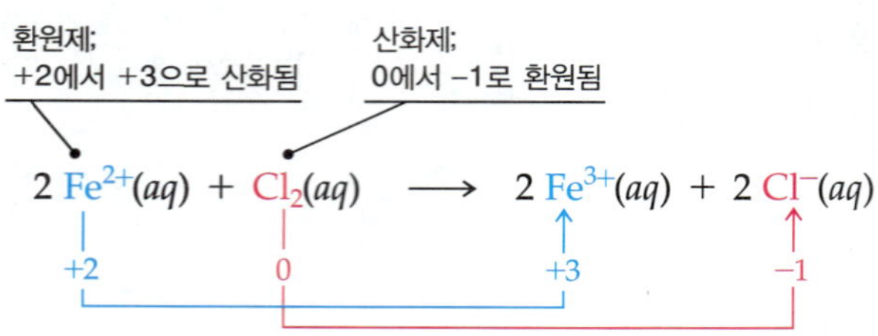

철의 산화수는 +2에서 +3으로 증가하였기 때문에 Fe^{2+}는 산화되었고, 염소의 산화수는 0에서 −1로 감소하였기 때문에 Cl_2는 환원되었다. Fe^{2+}는 환원제이고 Cl_2는 산화제이다.

▶ **연습문제 4.25** 다음 반응에서 산화제 및 환원제를 찾으시오.

$$4\ NH_3(g) + 5\ O_2(g) \longrightarrow 4\ NO(g) + 6\ H_2O(l)$$

▶ **응용문제 4.26** 경찰은 종종 사람의 혈액 중 에탄올(C_2H_5OH)의 함량을 알아내기 위해 음주 측정기(breathalyzer) 검사를 사용한다. 이 측정에는 색 변화를 일으키는 산화–환원 반응이 포함된다. 즉, 다이크로뮴산 포타슘(potassium dichromate)은 불그스레한 오렌지색이고, 황산 크로뮴(III)[chromium(III) sulfate]는 녹색이다. 균형 반응식은 다음과 같다.

$$2\ K_2Cr_2O_7(aq) + 3\ C_2H_5OH(g) + 8\ H_2SO_4(aq) \longrightarrow 2\ Cr_2(SO_4)_3(aq) + 2\ K_2SO_4(aq) + 3\ CH_3COOH(aq) + 11\ H_2O(l)$$

(a) 산화되는 원소와 환원되는 원소를 말하시오.

(b) 산화제와 환원제는 무엇인지 찾으시오.

▲ 음주 측정기 검사는 산화–환원 반응을 이용하여 날숨 중 알코올 농도를 측정하는 것이다.
©nikamo/Shutterstock

4.12 원소의 활동도 서열

수용액 중의 양이온, 일반적으로 금속 이온이 자유 원소와 반응하여 다른 양이온과 다른 원소를 생성하는 반응은 모든 산화–환원 반응들 중에서 가장 간단한 반응이다. 예를 들어, 수용액 중 구리(II) 이온은 철 금속과 반응하여 철(II) 이온과 구리 금속을 생성한다(**그림 4.7**).

$$Fe(s) + Cu^{2+}(aq) \longrightarrow Fe^{2+}(aq) + Cu(s)$$

어떤 주어진 이온과 어떤 주어진 원소 사이에서 반응이 일어날지 여부는, 서로 다른 물질들이 전자를 얻거나 잃기가 상대적으로 얼마나 더 쉬운지, 즉 각 화학종이 얼마나 쉽게 환원되

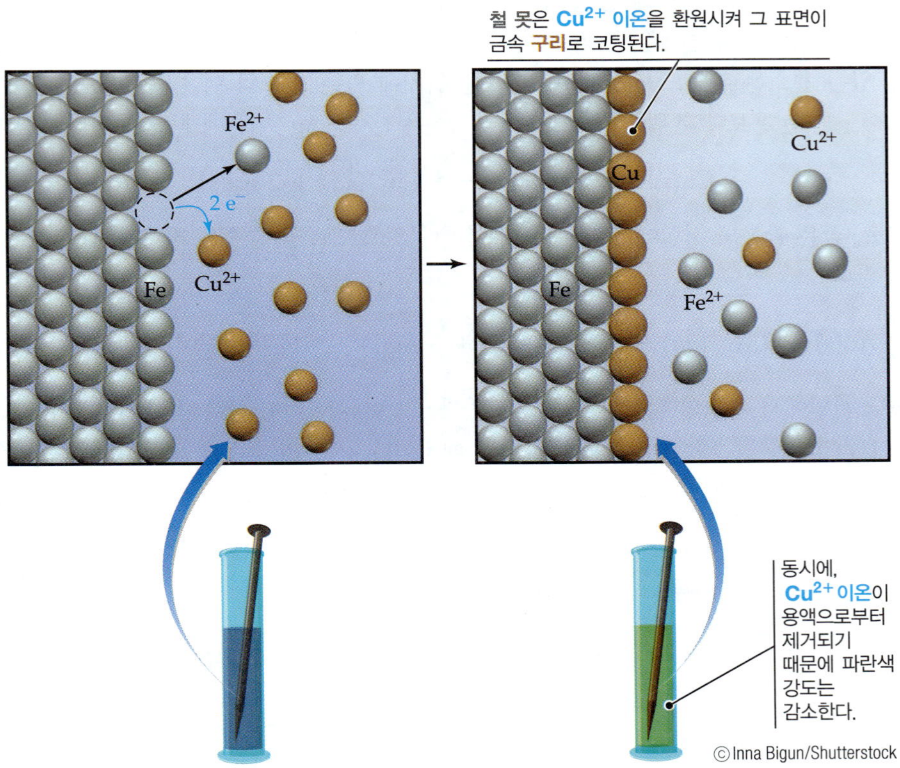

◀ **그림 4.7**
철과 수용액 중 구리(II) 이온의 산화–환원 반응

▶ **확인하기**

못 표면에서는 원자 수준에서 무슨 일이 일어나고 있는가?

답 Cu^{2+}는 Fe(*s*) 원자로부터 전자 2개를 받아들여 못 표면에 Cu(*s*) 코팅을 형성한다. 못의 Fe(*s*)는 녹아서 수용액에서 Fe^{2+} 이온이 된다.

거나 산화되는지에 달려 있다. 여러 서로 다른 반응들의 결과를 주목하면, 수용액에서 환원 능력 순서로 원소들을 나열한 **활동도 서열**(**activity series**)을 구성할 수 있다(**표 4.5**).

표 4.5 원소의 활동도 서열

산화 반응

강한 환원제 ↑	이 원소들은 수용성 H^+ 이온(산)이나 액체 H_2O와 빠르게 반응하여 H_2 기체를 방출한다.	$Li \longrightarrow Li^+ + e^-$ $K \longrightarrow K^+ + e^-$ $Ba \longrightarrow Ba^{2+} + 2\,e^-$ $Ca \longrightarrow Ca^{2+} + 2\,e^-$ $Na \longrightarrow Na^+ + e^-$
	이 원소들은 수용성 H^+ 이온이나 수증기와 반응하여 H_2 기체를 방출한다.	$Mg \longrightarrow Mg^{2+} + 2\,e^-$ $Al \longrightarrow Al^{3+} + 3\,e^-$ $Mn \longrightarrow Mn^{2+} + 2\,e^-$ $Zn \longrightarrow Zn^{2+} + 2\,e^-$ $Cr \longrightarrow Cr^{3+} + 3\,e^-$ $Fe \longrightarrow Fe^{2+} + 2\,e^-$
	이 원소들은 수용성 H^+ 이온과 반응하여 H_2 기체를 방출한다.	$Co \longrightarrow Co^{2+} + 2\,e^-$ $Ni \longrightarrow Ni^{2+} + 2\,e^-$ $Sn \longrightarrow Sn^{2+} + 2\,e^-$
		$H_2 \longrightarrow 2\,H^+ + 2\,e^-$
약한 환원제	이 원소들은 수용성 H^+ 이온과 반응하지 않아 H_2 기체를 방출하지 않는다.	$Cu \longrightarrow Cu^{2+} + 2\,e^-$ $Ag \longrightarrow Ag^+ + e^-$ $Hg \longrightarrow Hg^{2+} + 2\,e^-$ $Pt \longrightarrow Pt^{2+} + 2\,e^-$ $Au \longrightarrow Au^{3+} + 3\,e^-$

개념탐구 질문 10

다음 중 어느 용액이 물과는 반응하지 않으나, 산성 용액과는 반응하여 수소 기체를 생성하는가?

K, Ba, Ag, Zn(표 4.5를 참고하시오.)

표 4.5의 위쪽에 있는 원소들은 전자를 잘 내놓아 강한 환원제가 되는 반면, 아래쪽에 있는 원소들은 전자를 잘 내놓지 않아 약한 환원제가 된다. 결과적으로, 활동도 서열에서 더 높은 위치에 있는 원소는 활동도 서열에서 더 낮은 위치에 있는 원소의 이온을 환원시킬 것이다. 예를 들어, 구리는 은보다 더 위에 있으므로 구리 금속은 전자를 Ag^+ 이온에게 줄 수 있다(**그림 4.8**).

$$Cu(s) + 2\,Ag^+(aq) \longrightarrow Cu^{2+}(aq) + 2\,Ag(s)$$

반대로, 금은 활동도 서열에서 은보다 더 아래에 있으므로 금 금속은 전자를 Ag^+ 이온에게 주지 못한다.

$$Au(s) + 3\,Ag^+(aq) \not\longrightarrow Au^{3+}(aq) + 3\,Ag(s) \quad \text{반응이 일어나지 않는다.}$$

활동도 서열에서 수소의 위치는 특히 중요한다. 그 이유는 어떤 금속이 산(H^+) 수용액과 반응하여 H_2 기체를 방출할 것인지를 나타내기 때문이다. 서열의 위쪽에 있는 금속, 즉 1족 알칼리 금속과 2족 알칼리 토금속은 매우 강한 환원제이다. 따라서 H^+의 농도가 매우 낮은 순수한 물과도 반응한다.

산화됨 환원됨 변하지 않음

$$2\,Na(s) + 2\,H_2O(l) \longrightarrow 2\,Na^+(aq) + 2\,OH^-(aq) + H_2(g)$$

(산화수: Na 0 → Na^+ +1; H_2O의 H +1 → H_2 0; O −2 → OH^- −2, H +1)

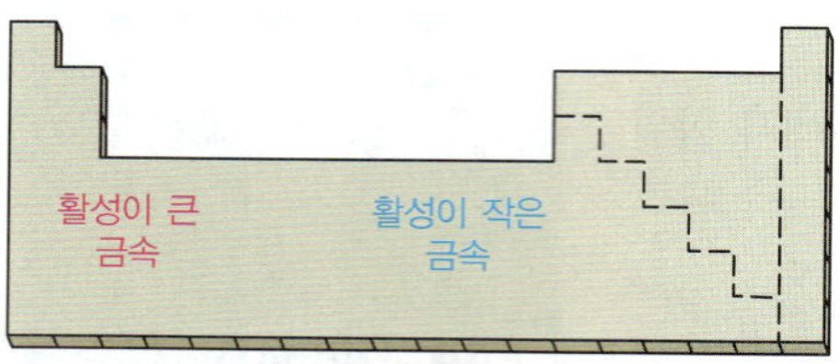

반면에, 서열의 중간에 있는 금속들은 산 수용액과 반응하지만 물과는 반응하지 않는다. 서열의 아래쪽에 있는 금속들은 산 수용액이나 물과 반응하지 않는다.

$$Fe(s) + 2\,H^+(aq) \longrightarrow Fe^{2+}(aq) + H_2(g)$$
$$Ag(s) + H^+(aq) \longrightarrow \text{반응하지 않는다.}$$

▶ **그림 4.8**
구리 수용액과 Ag^+ 이온의 산화–환원 반응

▶ **확인하기**
은 이온(Ag^+)들은 구리 선 표면에서 환원되고, 구리 원자들은 산화되어 수용액에 푸른색 Cu^{2+} 이온들을 생성한다. 이 관찰을 토대로, 환원성이 강한 원소가 위쪽에 오는 활동도 서열에서 Ag의 위치를 Cu와 비교하여 예측하시오.
답 표 4.5에서 보듯이, Cu는 Ag보다 환원성이 강하므로 활동도 서열에서 위쪽에 위치한다.

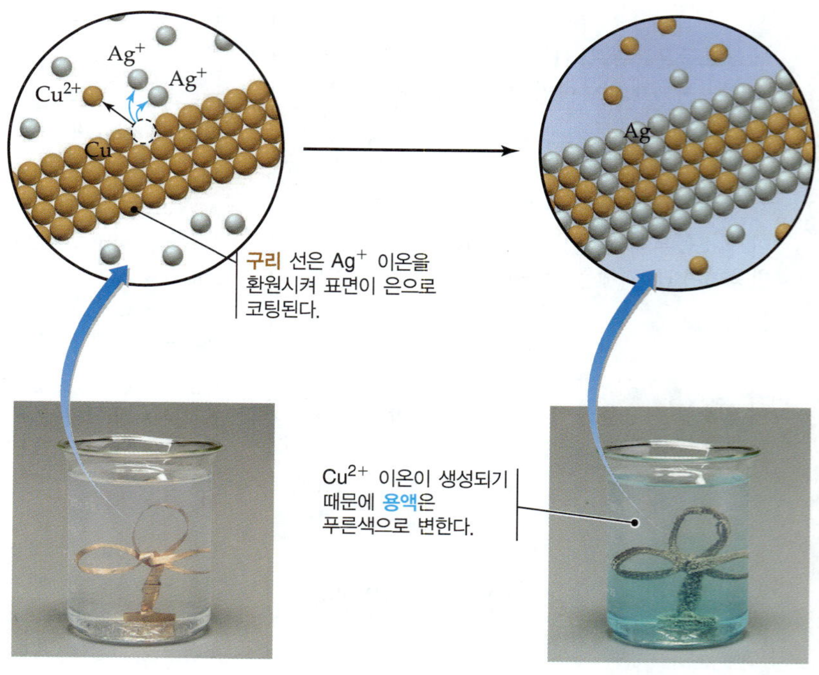

가장 쉽게 산화되는 금속, 즉 활동도 서열의 위쪽에 있는 금속들은 주기율표의 왼쪽에 있다는 것에 주목하라. 반대로, 가장 어렵게 산화되는 금속, 즉 활동도 서열의 아래쪽에 있는 금속들은 주기율표의 오른쪽에 더 가까이 있는 전이 금속 족에 있다.

예제 4.14

산화–환원 반응의 생성물 예측

다음 산화–환원 반응이 일어날지 예측하시오.

(a) $Hg^{2+}(aq) + Zn(s) \longrightarrow Hg(l) + Zn^{2+}(aq)$
(b) $2\ H^+(aq) + Cu(s) \longrightarrow H_2(g) + Cu^{2+}(aq)$

전략
표 4.5를 보고 원소들의 상대적인 반응성을 알아본다.

풀이
(a) 아연은 활동도 서열에서 수은보다 더 위에 있다. 따라서 이 반응은 일어날 것이다.
(b) 구리는 활동도 서열에서 수소보다 더 아래에 있다. 따라서 이 반응은 일어나지 않을 것이다.

▶ **연습문제 4.27** 다음 반응이 일어날지 예측하시오.

$$Ca^{2+}(aq) + Mg(s) \longrightarrow Ca(s) + Mg^{2+}(aq)$$

▶ **응용문제 4.28** 다음 반응을 이용하여 원소 A, B, C, D를 환원제로서 가장 강한 것부터 가장 약한 것의 순서로 나열하시오.

$$A + D^+ \longrightarrow A^+ + D \qquad C^+ + D \longrightarrow C + D^+$$
$$B^+ + D \longrightarrow B + D^+ \qquad B + C^+ \longrightarrow B^+ + C$$

4.13 산화–환원 적정

4.9절에서 산이나 염기 용액의 농도를 **적정(titration)**에 의해 구할 수 있음을 배웠다. 농도를 모르는 산이나 염기 용액의 부피를 측정하여 플라스크에 넣고, 농도를 아는 염기나 산 용액을 뷰렛으로 서서히 가한다. 지시약의 색 변화로 알 수 있는 완결 반응에 필요한 가한 용액의 부피를 측정함으로써 모르는 농도를 계산할 수 있다.

기억하기…
적정에 사용되는 반응은 완결되는 반응이어야 하고, 수득률이 100%이어야 한다(4.9절).

비슷한 과정을 수행하면 **산화–환원 적정**(redox titration)을 이용하여 많은 산화제나 환원제의 농도를 측정할 수 있다. 이때 필요한 것은 측정하고자 하는 물질의 농도가 수득률 100%로 산화 또는 환원 반응을 해야 하고, 색 변화와 같은 반응이 완결된 때를 나타내는 어떤 수단이 있어야 한다는 것이다. 색 변화는 반응물 중 하나 또는 첨가된 지시약 때문이다.

예를 들어, 농도를 알고자 하는 $KMnO_4$ 용액이 있다고 하자. 수용성 $KMnO_4$는 산성 용액에서 다음 알짜 이온 반응식에 따라 옥살산($H_2C_2O_4$)과 반응한다(K^+는 구경꾼 이온이다).

$$5\ H_2C_2O_4(aq) + 2\ MnO_4^-(aq) + 6\ H^+(aq) \longrightarrow 10\ CO_2(g) + 2\ Mn^{2+}(aq) + 8\ H_2O(l)$$

이 반응은 100% 수득률로 완결되고, MnO_4^- 이온의 진한 자주색이 없어질 때 갑작스런 색 변화가 일어난다.

여기에 사용된 전략을 그림 4.9에 요약하였다. 산–염기 적정에서처럼, 일반적인 개념은 한 물질(이 경우 $H_2C_2O_4$)의 질량을 측정하고, 균형 반응식으로부터 몰비를 이용하여 완결된 반응에 필요한 두 번째 물질(이 경우 $KMnO_4$)의 몰수를 알아낸다. $KMnO_4$의 몰질량을 이용하여 질량을 계산하고, 최종적으로 적정을 통해 그 질량을 포함하는 용액의 부피를 구한다. 그 몰수를 부피로 나누어 몰농도를 구한다.

이 절차가 어떻게 실행되는지의 한 가지 예로, $H_2C_2O_4$ 0.2585 g을 조심스럽게 무게를 달아 0.5 M H_2SO_4 약 100 mL에 녹인다. 정확한 부피는 중요하지 않다. 이는 녹은 $H_2C_2O_4$의 양이 중요한 것이지 농도가 중요한 것은 아니기 때문이다. 다음으로, 농도를 모르는 $KMnO_4$

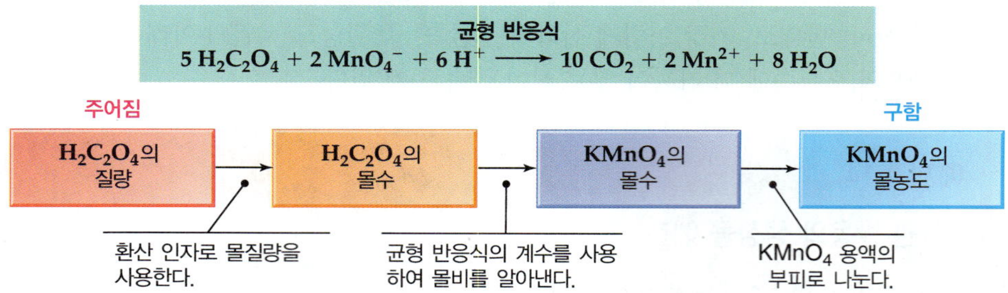

▲ 그림 4.9
$H_2C_2O_4$의 산화-환원 적정으로 $KMnO_4$ 용액의 농도 측정을 위한 계산 요약

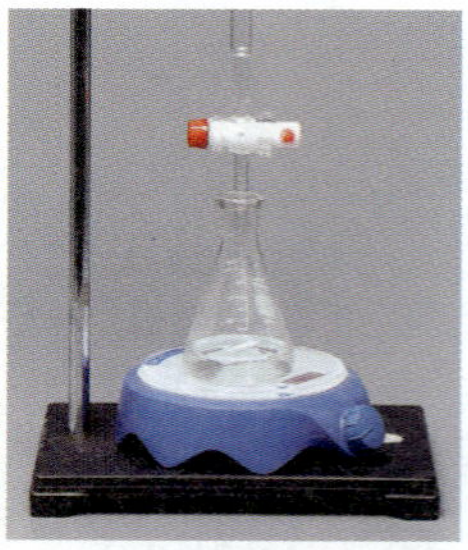

옥살산의 정확한 양을 달아 황산 수용액에 녹인다.

↓

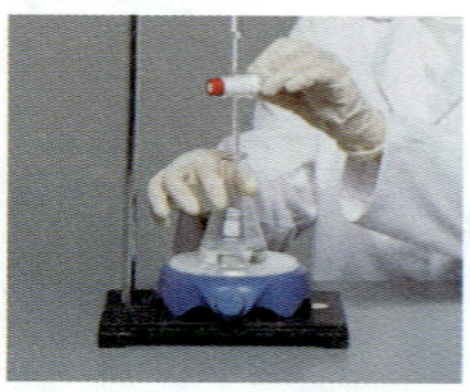

농도를 모르는 **$KMnO_4$** 수용액을 뷰렛으로 가한다.

↓

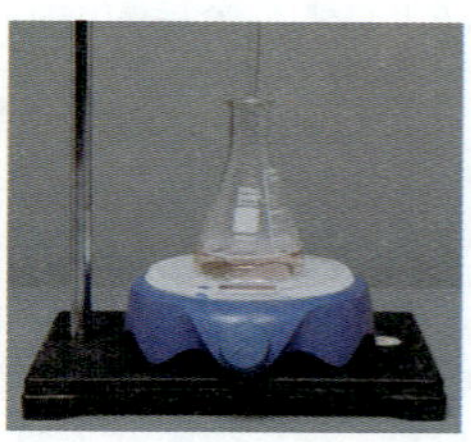

… 모든 옥살산이 반응했다는 것을 나타내는 희미한 자주색이 지속될 때까지 가한다.

▲ 그림 4.10
$KMnO_4$로 옥살산($H_2C_2O_4$)의 산화-환원 적정

▲ 확인하기

적정의 종말점에 도달할 때까지 플라스크의 용액은 왜 맑은가?

답 자주색 적정 시약인 MnO_4^-는 $H_2C_2O_4$에 의해 무색의 Mn^{2+}로 환원된다. $H_2C_2O_4$가 다 소모되자마자, 플라스크에 첨가되는 추가적인 MnO_4^-가 자주색 종말점을 나타낸다.

수용액을 뷰렛에 넣고 서서히 $H_2C_2O_4$ 용액에 가한다. 반응이 진행되기 때문에 가한 MnO_4^- 이온의 자주색이 처음에는 없어지지만, 계속 가하다 보면 옅은 자주색이 없어지지 않고 지속된다. 이는 모든 $H_2C_2O_4$가 반응하였기 때문에 MnO_4^- 이온이 더 이상 환원되지 않는다는 것을 의미한다. 이 적정의 당량점(equivalence point), 즉 **종말점**(end point)에서 $KMnO_4$ 용액이 22.35 mL 첨가된 것을 알 수 있다(**그림 4.10**).

$KMnO_4$ 용액의 몰농도를 계산하기 위해, 적정에 사용되는 22.35 mL의 용액에 존재하는 $KMnO_4$의 몰수를 구할 필요가 있다. 그림 4.9에 요약된 절차를 따라 먼저 MnO_4^-와 반응하는 옥살산의 몰수를 계산한다. 그램에서 몰수로의 환산은 $H_2C_2O_4$의 몰질량을 환산 인자로 사용하여 실시한다.

$$H_2C_2O_4\text{의 몰수} = 0.2585\ \cancel{g\ H_2C_2O_4} \times \frac{1\ mol\ H_2C_2O_4}{90.03\ \cancel{g\ H_2C_2O_4}}$$
$$= 2.871 \times 10^{-3}\ mol\ H_2C_2O_4$$

균형 반응식에 따르면, 옥살산 5 mol은 과망가니즈산 이온 2 mol과 반응한다. 따라서 $H_2C_2O_4$ 2.871×10^{-3} mol과 반응하는 $KMnO_4$의 몰수를 계산할 수 있다.

$$KMnO_4\text{의 몰수} = 2.871 \times 10^{-3}\ \cancel{mol\ H_2C_2O_4} \times \frac{2\ mol\ KMnO_4}{5\ \cancel{mol\ H_2C_2O_4}}$$
$$= 1.148 \times 10^{-3}\ mol\ KMnO_4$$

반응하는 $KMnO_4$의 몰수(1.148×10^{-3} mol)와 $KMnO_4$ 용액의 부피(22.35 mL)를 알기 때문에 몰농도를 계산할 수 있다.

$$\text{몰농도} = \frac{1.148 \times 10^{-3}\ mol\ KMnO_4}{22.35\ \cancel{mL}} \times \frac{1000\ \cancel{mL}}{1\ L} = 0.051\ 36\ M$$

$KMnO_4$ 용액의 몰농도는 0.051 36 M이다.

예제 4.15

산화-환원 반응을 이용한 용액의 농도 측정

I_3^- 수용액의 농도는 녹말 지시약의 존재 하에서 싸이오황산 소듐(sodium thiosulfate, $Na_2S_2O_3$) 수용액으로 적정하여 측정할 수 있다. 녹말 지시약은 모든 I_3^- 이온이 반응할 때 진한 파란색에서 무색으로 변한다. I_3^- 용액 10.00 mL와 완전히 반응하는 데 0.102 M $Na_2S_2O_3$ 용액 24.55 mL가 필요하다면, I_3^-의 몰농도는 얼마인가? 알짜 이온 반응식은 다음과 같다.

$$2\ S_2O_3^{2-}(aq) + I_3^-(aq) \rightarrow S_4O_6^{2-}(aq) + 3\ I^-(aq)$$

문제 파악

알고 있는 것	알아내야 할 것
I_3^- 용액의 부피(10.00 mL) $Na_2S_2O_3$ 용액의 부피(24.55 mL) $Na_2S_2O_3$ 용액의 몰농도(0.102 M)	I_3^- 용액의 몰농도

전략

그램수에서 몰수로 환산하는 대신, $Na_2S_2O_3$ 용액의 부피를 사용하여 $S_2O_3^{2-}$의 몰수를 구할 수 있다는 것을 제외하면, 풀이 절차는 그림 4.9에서 설명한 것과 같다.

풀이

먼저, 적정에 사용된 싸이오황산 이온의 몰수를 구할 필요가 있다.

$$24.55\ \cancel{mL} \times \frac{1\ \cancel{L}}{1000\ \cancel{mL}} \times \frac{0.102\ mol\ S_2O_3^{2-}}{1\ \cancel{L}}$$
$$= 2.50 \times 10^{-3}\ mol\ S_2O_3^{2-}$$

균형 반응식에 따르면, $S_2O_3^{2-}$ 이온 2 mol이 I_3^- 이온 1 mol과 반응한다. 따라서 I_3^- 이온의 몰수를 구할 수 있다.

$$2.50 \times 10^{-3}\ \cancel{mol\ S_2O_3^{2-}} \times \frac{1\ mol\ I_3^-}{2\ \cancel{mol\ S_2O_3^{2-}}}$$
$$= 1.25 \times 10^{-3}\ mol\ I_3^-$$

I_3^-의 몰수(1.25×10^{-3} mol)와 부피(10.00 mL)를 모두 알고 있으므로, 몰농도를 계산하자.

$$\frac{1.25 \times 10^{-3}\ mol\ I_3^-}{10.00\ \cancel{mL}} \times \frac{10^3\ \cancel{mL}}{1\ L} = 0.125\ M$$

I_3^- 용액의 몰농도는 0.125 M이다.

검토

균형 반응식에 따르면, 반응에 필요한 $S_2O_3^{2-}$의 양(2 mol)은 I_3^-의 양(1 mol)의 두 배이다. 적정 결과는 $S_2O_3^{2-}$ 용액의 부피(24.55 mL)가 I_3^- 용액의 부피(10.00 mL)의 두 배를 조금 넘는다는 것을 나타내고 있다. 따라서 두 용액의 농도는 거의 같아야 하고, 대략 0.1 M이다.

▶ **연습문제 4.29** Fe^{2+} 용액 10.00 mL와 완전히 반응하는 데 0.105 M $KBrO_3$ 용액 31.50 mL가 필요하다면, 수용액에서 Fe^{2+} 이온의 몰농도는 얼마인가? 알짜 이온 반응식은 다음과 같다.

$$6\ Fe^{2+}(aq) + BrO_3^-(aq) + 6\ H^+(aq) \longrightarrow 6\ Fe^{3+}(aq) + Br^-(aq) + 3\ H_2O(l)$$

▶ **응용문제 4.30** 황산 철(II)은 바이타민 정제(tablet)에 철의 공급원으로 첨가하는 용해성 이온 결합 화합물이다. 정제 한 개를 물 10.0 mL에 녹여 0.0100 M $K_2Cr_2O_7$ 용액 14.92 mL로 적정하였을 때, 이 정제에 들어 있는 철의 질량(mg)을 구하시오. 알짜 이온 반응식은 다음과 같다.

$$Cr_2O_7^{2-}(aq) + 6\ Fe^{2+}(aq) + 14\ H^+(aq) \longrightarrow 2\ Cr^{3+}(aq) + 6\ Fe^{3+}(aq) + 7\ H_2O(l)$$

4.14 산화–환원 반응의 응용

산화–환원 반응은 주기율표에서 헬륨과 네온을 제외한 모든 원소에서 일어나고, 자연, 생태계 및 산업 전반에 걸쳐 많은 과정에서 일어난다. 몇 가지 예를 들어 보자.

▶ 붉은 I_3^- 용액을 소량의 녹말이 함유된 용액에 가하면 진한 파란색으로 변한다.

- **연소(combustion)**: **연소**는 연료가 공기 중에서 산소에 의해 산화되어 타는 반응이다. 휘발유, 연료용 기름, 천연가스, 목재, 종이 및 기타 탄소와 수소로 이루어진 유기물질들은 가장 흔한 연료이다. 마그네슘과 칼슘과 같은 일부 금속들도 공기 중에서 연소된다.

$$\underset{\text{메테인 (천연가스)}}{CH_4(g)} + 2\ O_2(g) \longrightarrow CO_2(g) + 2\ H_2O(l)$$

- **표백(bleaching)**: **표백**은 산화–환원 반응을 이용하여 색이 있는 물질을 탈색하거나 색을 옅게 한다. 검은 머리카락을 표백하여 금발로 만들고, 의류를 표백하여 얼룩을 제거하며, 목재 펄프를 표백하여 흰색의 종이를 만드는 것들을 예로 들 수 있다. 사용되는 산화제는 상황에 따라 다르다. 과산화 수소(H_2O_2)는 머리카락에 이용되고, 하이포아염소산 소듐(NaOCl)은 의류에 이용되며, 오존과 이산화 염소는 목재 펄프에 이용된다. 그렇

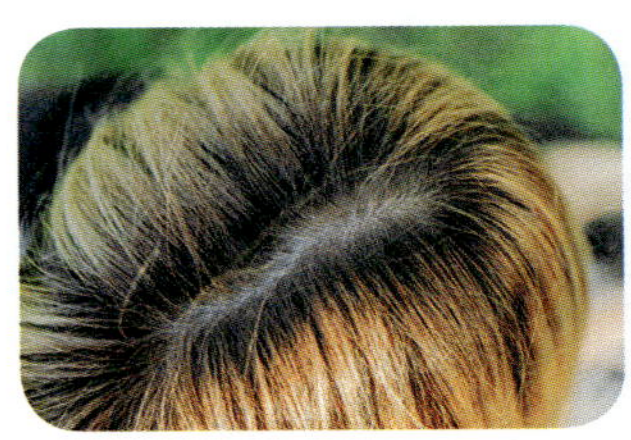

▲ 검은 머리를 과산화 수소로 산화–환원 반응에 의해 표백할 수 있다. ©Yashkin Ilya /Shutterstock

지만 그 원리는 항상 같다. 모든 경우에 색을 띤 불순물들은 강한 산화제와 반응하여 없어진다.

- **전지**(**battery**): **전지**는 여러 종류와 크기로 만들어지지만, 산화–환원 반응이 모든 형태의 전지에 에너지를 공급한다. 실험실에서 실행하는 전형적인 산화–환원 반응, 예를 들어 아연 금속이 Ag^+와 반응하여 아연 이온(Zn^{2+})과 금속 은을 생성하는 반응에서, 반응물은 플라스크에서 섞이고 전자는 반응물 간의 직접적인 접촉에 의해 이동된다. 그렇지만 전지에서 두 반응물들은 분리된 칸에 놓여 있고, 전자는 이들 사이에서 도선을 통하여 이동한다.

  전등이나 소형 가전제품에 흔히 사용되는 저렴한 알칼리 전지는 얇은 철제 통을 사용한다. 이는 하나의 반응물로 아연 분말과 죽과 같은 수산화 포타슘(KOH)을 함유하고 있는 부분과, 다른 반응물로 죽과 같은 분말 탄소와 이산화 망가니즈(MnO_2)를 포함하는 부분으로 구성되어 있고, 종이로 분리되어 있다. 금속 캡이 있는 흑연 막대가 MnO_2와 닿으면 전기적 접촉이 제공된다. 통과 흑연 막대를 도선으로 연결하면, 아연은 산화–환원 반응에서 도선을 통하여 전자를 MnO_2 쪽으로 흐르게 한다. 이 결과로 발생하는 전류는 전구를 밝히거나 소형 전기 기구에 에너지를 공급하는 데 사용될 수 있다. 그 반응은 다음과 같다.

$$Zn(s) + 2\ MnO_2(s) \longrightarrow ZnO(s) + Mn_2O_3(s)$$

  전지에 관한 화학은 19.10절에서 더 상세히 다룰 것이다.

- **야금**(**metallurgy**): **야금**은 광석에서 금속을 추출하고 정제하는 과정인데, 여러 산화–환원 과정을 이용한다. 예를 들어, 금속 아연은 ZnO를 탄소 형태의 코크스(coke)로 환원시켜 만들어진다는 것을 알게 될 것이다.

$$ZnO(s) + C(s) \longrightarrow Zn(s) + CO(g)$$

- **부식**(**corrosion**): **부식**이란 습한 공기 중에서 철이 녹스는 것처럼, 산화에 의해 금속을 망가뜨리는 것이다. 녹으로 인한 경제적 결과는 엄청나다. 미국에서 매년 생산되는 철의 최대 1/4은 부식에 의하여 망가진 교량, 건물 및 구조물을 교체하는 데 사용되는 것으로 추정된다. (녹의 화학식 $Fe_2O_3 \cdot H_2O$에서 중간에 있는 점은 물 분자 하나가 불특정한 방식으로 각 Fe_2O_3와 결합되어 있음을 나타낸다.)

$$4\ Fe(s) + 3\ O_2(g) \xrightarrow{H_2O} \underset{\text{녹}}{2\ Fe_2O_3 \cdot H_2O(s)}$$

- **호흡**(**respiration**): **호흡**은 숨쉬는 과정이자 생물이 필요로 하는 에너지를 공급하는 여러 가지 생물학적 산화–환원 반응에 산소를 이용하는 과정을 말한다. 에너지는 천천히 복잡한 여러 단계의 경로를 거쳐 음식 분자들로부터 방출되지만, 호흡의 전반적인 결과는 연소 반응의 결과와 비슷하다. 예를 들어, 단당류인 포도당($C_6H_{12}O_6$)은 O_2와 반응하여 다음 반응식에 따라 CO_2와 H_2O를 생성한다.

$$\underset{\substack{\text{포도당} \\ \text{(탄수화물)}}}{C_6H_{12}O_6} + 6\ O_2 \rightarrow 6\ CO_2 + 6\ H_2O + \text{에너지}$$

INQUIRY ? 스포츠 음료는 땀으로 손실된 화학물질을 어떻게 보충하는가?

프로나 아마추어 선수들 모두 운동하는 동안 게토레이(Gatorade)와 파워에이드(Powerade) 같은 스포츠 음료를 흔히 마신다. 이러한 음료가 어떻게 운동을 더 잘하게 하고 더 빨리 회복되게 할까? 스포츠 음료의 개발은 1965년 미국 플로리다대학교 풋볼 코치들이 선수들이 더울 때 운동하고 나서, 극도로 지치고 체중이 상당히 줄고 더울 때 운동 후에 거의 소변을 볼 필요가 없다는 것을 알게 되었을 때 시작되었다. 그 팀은 이 문제에 대해 플로리다대학교 의과대학의 신장 전문의인 로버트 케이드(Robert Cade, 1927~2007) 박사와 상의하였는데, 그는 땀으로 손실된 전해질들이 신체의 정교한 화학 균형을 흔들어 놓은 것이라고 생각하였다. 소듐과 포타슘 이온은 신경과 근육 기능, 신체의 열 조절, 물의 분포 그리고 에너지를 얻기 위한 포도당과 같은 용질들의 수송에서 중요하기 때문에 주요 관심 대상이 되었다.

그의 가설을 검증하기 위해, 케이드 박사 연구팀은 코칭스태프에게 허락을 받은 후, 더울 때 격렬하게 운동하기 전후 1학년 선수들의 체액을 연구하였다. 연구 결과는 놀랄 만하였다. 운동 후 선수들에게는 전해질의 불균형이 일어났고, 혈당이 낮아졌으며, 전체 혈액의 부피가 감소하였다. 이러한 요인들은 신체 기능의 감소와 어떤 경우에는 극단적인 열에 의해 기진맥진한 상태를 가져왔다. 이러한 자료로부터 케이드 연구팀은 이러한 모든 문제들을 해결하기 위한 치료 방법을 강구하기 시작했다. 땀을 통해 손실된 체액 및 전해질들과 에너지를 위해 산화된 탄수화물을 보충하기 위한 음료를 만들었다. 처음에 만든 것에는 물, 소금, 설탕이 들어 있었지만, 그 맛이 역겨워 아무도 마실 수 없었다. 마침내 케이드 박사 부인은 레몬 주스를 첨가하는 것을 제안하게 되었다.

1966년경, **게토레이**(Gatorade)로 알려진 그 음료는 주요한 식품이 되었다. 더 이상 열 소진 때문에 발생하는 선수들의 입원은 거의 존재하지 않았다. 게토레이를 마시지 않았던 한 명의 선수에게만 문제가 있었고, 학교 역사상 처음으로 플로리다대학교 풋볼 팀(Gators)은 명성이 있는 오렌지볼(Orange Bowl)에 진출했다. 이 대학은 1966년 12월 말에 게토레이에 대한 공식 성명서를 발표했고, Florida Times-Union은 다음과 같은 머리말로 요약하였다: "One Lil' Swig of That Kickapoo Juice and Biff, Bam, Sock–It's Gators, 8–2."

▲ 게토레이와 기타 스포츠 음료들은 전해질들을 함유하고 있어 전기를 전도한다.

문제 4.31 스포츠 음료 중 바이타민이 강화된 상품은 구조가 다음과 같은 물질뿐 아니라, 염화 소듐(NaCl), 시트르산 소듐($NaC_6H_7O_7$), 인산 이수소 포타슘(KH_2PO_4)을 함유하고 있다.

(a) 표 4.1(일부 흔한 물질들의 전해질 분류)을 이용하여, 이 스포츠 음료의 성분들을 강전해질, 약전해질, 비전해질로 분류하시오.

(b) 어느 물질들이 중요한 생물학적 기능을 가지고 전해질을 보충하는지 확인하시오.

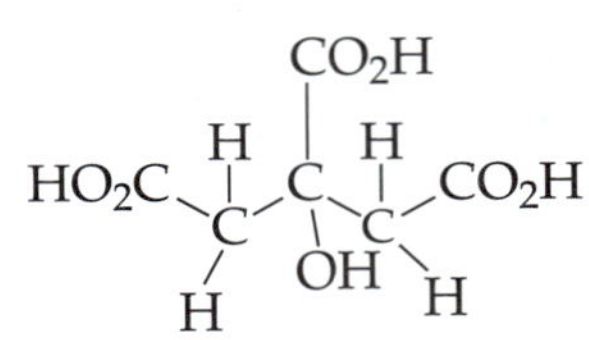

시트르산($C_6H_8O_7$)

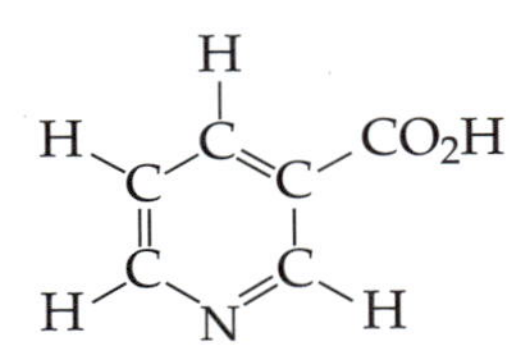

바이타민 B3($C_6NH_5O_2$)

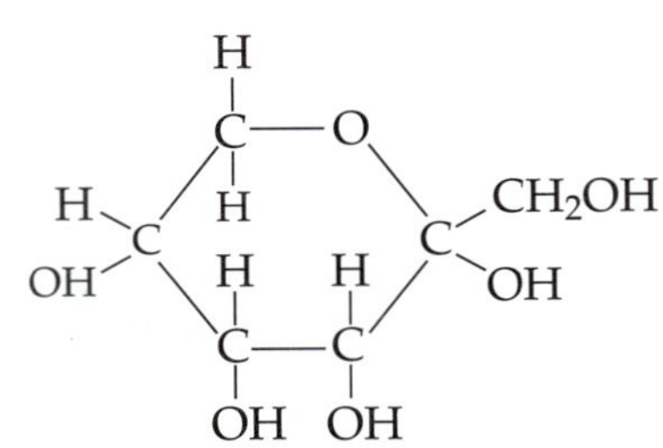

과당($C_6H_{12}O_6$)

문제 4.32 파워에이드의 영양 표시에는 음료 360 mL 중 소듐 150 mg과 포타슘 35 mg이 있다고 명시하고 있다. 소듐과 포타슘 이온의 농도를 몰농도 단위로 계산하시오.

문제 4.33 파워에이드에 들어 있는 소듐 이온의 농도가 0.416 mg/mL이다. 같은 농도의 소듐 이온이 들어 있는 음료를 만들고자 할 경우, 용액 0.500 L를 만들기 위해 염화 소듐 몇 그램이 필요한가?

문제 4.34 염화 이온 농도의 스포츠 음료를 분석하는 한 가지 방법은, 은 이온을 첨가하여 생성된 AgCl 침전물의 무게를 측정하는 것이다. 많은 스포츠 음료에는 은과 반응하여 침전물을 만드는 인산 이온(PO_4^{3-})이 들어 있는데, 이로 인해 염화 이온을 측정하는 것이 방해를 받는다. 인산 이온은 염화 이온을 분석하기 전에 침전에 의해 제거할 수 있다.

(a) 용해도 지침(표 4.2)을 사용하여, 아래 목록으로부터 인산과 반응하여 침전물을 생성하지만 염화 이온과는 침전물을 생성하지 않는 양이온을 선택하시오.

$$K^+,\ Ba^{2+},\ Pb^{2+},\ NH_4^+$$

(b) (a)로부터 이 침전 반응의 알짜 이온 반응식을 쓰시오.

문제 4.35 침전에 의해 인산 이온이 제거된 후, 과량의 은 이온을 스포츠 음료 100.0 mL에 가했다. 염화 은의 흰색 침전물을 여과하여 분리하고 건조한 후 무게를 달아보니 172 mg 이라는 것을 알았다. 이 음료 중 염화 이온의 농도를 몰농도 단위로 계산하시오.

문제 4.36 처음으로 만든 게토레이의 맛은 시트르산 ($H_3C_6H_5O_7$)이 들어 있는 레몬 주스를 가하여 개선하였다. 시트르산은 오늘날에도 스포츠 음료의 맛을 좋게 하려고 첨가한다. 음료 중에 들어 있는 시트르산의 농도를 다음 반응에 따라 수산화 소듐으로 적정으로 측정하였다.

$$H_3C_6H_5O_7(aq) + 3\,NaOH(aq) \longrightarrow Na_3C_6H_5O_7(aq) + 3\,H_2O(l)$$

완결 반응을 위해 음료 25.0 mL에 0.0400 M NaOH 35.6 mL가 필요하였다면, 시트르산의 몰농도를 계산하시오.

정리

절	개념 요약	학습 목표	문제
4.1 용액의 농도: 몰농도	용액에서 어느 물질의 농도는 보통 **몰농도(M)**로 나타내고, 용액 리터당 용해된 물질(**용질**)의 몰수로 정의한다. 용액의 몰농도는 용액의 부피와 용질의 몰수 사이의 환산 인자로 사용하며, 용액에서 화학량론의 계산을 가능하게 한다.	4.1 용질의 질량과 총 부피가 주어질 때 용액의 몰농도를 계산한다.	예제 4.1; 문제 4.1~4.2, 4.50~4.51
		4.2 몰농도를 알고 용액의 부피가 주어질 때 용질의 양을 계산한다.	예제 4.2; 문제 4.3~4.4, 4.46, 4.53
		4.3 몰농도를 알고 있는 용액 제조를 위한 적당한 방법을 기술한다.	문제 4.55~4.56
4.2 진한 용액의 희석	희석을 할 때, 용매를 가함으로써 단지 부피만 변하고, 용질의 양은 변하지 않는다.	4.4 희석하여 만든 용액의 농도를 계산한다.	예제 4.3; 문제 4.5~4.6, 4.59~4.60
		4.5 용액을 희석하는 적절한 방법을 기술한다.	문제 4.60~4.61
4.3 수용액에서의 전해질	많은 반응들이 수용액에서 일어난다. 이온을 포함하는 수용액 물질은 전기를 전도하고 **전해질**이라고 한다. NaCl과 같은 이온 결합 화합물과 물에 녹을 때 주로 이온으로 해리되는 분자 화합물들은 **강전해질**이다. 작은 정도만 해리되는 물질은 **약전해질**이고, 수용액에서 이온을 생성하지 않는 물질은 **비전해질**이다.	4.6 물질을 강전해질, 약전해질, 비전해질로 분류한다(표 4.1).	문제 4.62~4.63
		4.7 강전해질 용액에서 이온들의 농도를 계산한다.	예제 4.4; 문제 4.7~4.8, 4.68, 4.70
4.4 수용액에서 화학 반응의 유형	물에서의 반응은 세 가지 주요 형태로 구분할 수 있다. **침전 반응**은 두 가지 이온 물질들이 섞여서 용액으로부터 침전물이 가라앉을 때 일어난다. **산-염기 중화 반응**은 산이 염기와 반응하여 물과 이온성 염을 생성할 때 일어난다. **산화-환원 반응**은 하나 이상의 전자들이 반응 상대들 사이에서 이동하는 과정이다.	4.8 화학 반응을 침전 반응, 산-염기 중화 반응, 산화-환원 반응으로 분류한다.	문제 4.72~4.73
4.5 수용액에서의 반응과 알짜 이온 반응식	이온 화합물들은 수용액에서 양이온과 음이온으로 존재한다. **이온 반응식**은 반응에서의 모든 이온들을 보여주고, **알짜 이온 반응식**은 반응에 참여하는 이온들만을 보여 준다. **구경꾼 이온**들은 전하의 균형을 맞추기 위해 존재하지만, 화학 반응에는 참여하지 않는다.	4.9 분자 반응식이 주어질 때 알짜 이온 반응식을 쓰고, 구경꾼 이온들을 확인한다.	예제 4.5; 문제 4.9~4.10, 4.74

절	개념 요약	학습 목표	문제
4.6 침전 반응과 용해도 지침	용해도 지침(표 4.2)은 이온 화합물에서 어느 음이온과 양이온의 조합이 가용성인지 불용성인지를 예측하는 데 사용된다. 반응에서 침전물이 생성될 것인지를 예측하기 위해, 가능한 생성물의 화학식을 적고 **용해도**를 결정한다.	4.10 용해도 지침(표 4.2)을 사용하여 물에서 이온 화합물의 용해도를 예측한다. 4.11 침전 반응이 일어날 것인지 예측하고, 이온 반응식과 알짜 이온 반응식을 쓴다.	문제 4.76~4.77 예제 4.6, 4.7; 문제 4.11~4.14, 4.78, 4.80
4.7 산, 염기와 중화 반응	산은 물에서 해리되어 수소 이온(H^+)을 내는 물질이고, 염기는 해리되어 수산화 이온(OH^-)을 내는 물질이다. 강산과 강염기와의 중화는 알짜 이온 반응식으로 쓸 수 있다. 여기에서 반응에 참여하지 않는 구경꾼 이온들은 명시하지 않는다. $H^+(aq) + OH^-(aq) \longrightarrow H_2O(l)$	4.12 산의 이름과 화학식의 변환을 한다. 4.13 해리한 분자의 구조에 근거하여 산을 강산과 약산으로 분류한다. 4.14 산-염기 중화 반응에 대해 이온 반응식과 알짜 이온 반응식을 쓴다.	예제 4.8; 문제 4.15~4.16 문제 4.40 예제 4.9; 문제 4.17~4.18, 4.96, 4.98
4.8 용액의 화학량론	화학량론 계산은 화학량론 계수가 몰과 관련되기 때문에 균형 반응식에서 반응물과 생성물의 양을 몰 단위로 관련시켜 실행한다. 몰농도는 용질의 몰수와 용액의 부피 사이의 환산 인자이다.	4.15 화학량론 계산에서 몰농도를 사용하여 몰과 부피 간에 환산한다.	예제 4.10; 문제 4.19~4.20, 4.100~4.101
4.9 용액의 농도 측정: 적정	**적정**은 용액에서 정확한 농도를 알기 위해 사용하는 방법이다. 농도를 모르는 용액의 일정한 부피를 플라스크에 가한다. 농도를 아는 용액(적정 시약)을 반응이 완결될 때까지 뷰렛으로 가한다. 측정한 적정 시약의 부피와 반응 화학량론을 사용하여 플라스크에 있는 용액의 농도를 계산한다.	4.16 적정 자료를 사용하여 용액의 농도를 측정한다. 4.17 적정 과정 동안에 용액에 존재하는 물질을 가시화한다.	예제 4.11; 문제 4.21, 4.102~4.103 문제 4.22, 4.42~4.43
4.10 산화–환원 반응	**산화**는 하나 이상의 전자를 잃는 것이고, **환원**은 하나 이상의 전자를 얻는 것이다. 산화–환원 반응은 물질에 있는 각 원자에 **산화수**를 정함으로써 확인할 수 있다. 이는 해당 원자가 중성인지, 전자가 풍부한지, 전자가 부족한지에 대한 척도를 제공한다. 반응 전후 원자의 산화수를 비교하면, 그 원자가 전자들을 얻었는지 잃었는지를 알 수 있다.	4.18 화합물에서 원자들의 산화수를 정한다.	예제 4.12; 문제 4.23~4.24, 4.108, 4.110
4.11 산화–환원 반응의 확인	산화와 환원은 함께 일어나야만 한다. 한 물질이 하나 이상의 전자들을 잃을 때면(산화되면), 또 다른 물질은 그 전자들을 받아들인다(환원된다). 전자들을 내어놓음으로써 환원을 일으키는 물질을 **환원제**라고 한다. 전자들을 받아들임으로써 산화를 일으키는 물질을 **산화제**라고 한다. 환원제는 전자들을 내놓을 때 그 자체는 산화되고, 산화제는 전자들을 받아들일 때 그 자체는 환원된다.	4.19 산화–환원 반응, 산화제, 환원제를 확인한다.	예제 4.13; 문제 4.25~4.26, 4.118~4.119
4.12 원소의 활동도 서열	가장 간단한 산화–환원 반응들 중에는 물 중의 양이온(보통 금속 이온)이 자유 원소와 반응하여 다른 양이온과 다른 원소를 생성하는 반응이 있다. 일련의 다른 반응들의 결과들로부터 **활동도 서열**을 구성하는 것이 가능하다. 이는 원소들을 수용액에서 환원력의 순서대로 배열하는 것이다.	4.20 주기율표에서 원소들의 위치와 활동도 서열을 사용하여 산화–환원 반응이 일어날지 예측한다. 4.21 제공되는 실험 자료에 근거하여 활동도 서열을 밝히고, 어떤 산화–환원 반응이 일어날지 예측한다.	예제 4.14; 문제 4.27~4.28, 4.45, 4.120 문제 4.122~4.123
4.13~4.14 산화–환원 적정과 산화–환원 반응의 응용	용액에서 산화제와 환원제의 농도는 산화–환원 적정에 의해 측정할 수 있다.	4.22 산화–환원 적정을 이용하여 용액에서 산화제와 환원제의 농도를 측정한다.	예제 4.15; 문제 4.29, 4.124, 4.126, 4.132

주요 용어

강산
강염기
강전해질
구경꾼 이온
몰농도(M)
반쪽 반응
분자 반응식
비전해질
산
산-염기 중화 반응
산화
산화수
산화제
산화-환원 반응
삼양성자산
알짜 이온 반응식
약산
약염기
약전해질
염
염기
산소산
용질
용해도
이양성자산
이온 반응식
일양성자산
적정
전해질
침전 반응
하이드로늄 이온(H_3O^+)
해리
환원
환원제
활동도 서열

주요 식

• 몰농도(4.1절)

$$\text{몰농도}(M) = \frac{\text{용질의 몰수}}{\text{용액의 리터수}}$$

• 희석(4.2절)

$$M_i \times V_i = M_f \times V_f$$

복습 문제

LO는 학습 목표(Learning Objectives)를 나타낸다.

이 장을 학습한 후엔, 학습자의 이해도를 평가할 수 있는 방법이 있다. **복습 문제**를 푸는 것이다. **복습 문제**들은 이 장의 학습 목표와 연계되어 있다. 따라서 푼 답이 틀렸다면, 이 장의 끝부분에 나와 있는 **정리** 문단의 **학습 목표**를 참고하면 된다. 정리 문단에는 **개념 요약**이 제공되며, **예제**를 참고하면 문제 해결 방법을 모델링할 수 있고, 제공되는 **추가 문제**들로 더 많은 연습을 할 수 있다.

1. 10.19 g의 에탄올(CH_3CH_2OH)을 충분한 양의 물에 녹여 만든 250.0 mL 수용액의 몰농도를 구하시오. (**LO 4.1**)
(a) 0.8848 M (b) 18.08 M
(c) 1.130 M (d) 0.01808 M

2. 0.250 M 염화 마그네슘 용액 375.0 mL 용액에 들어 있는 염화 이온의 질량을 구하시오. (**LO 4.2**)
(a) 3.32 g (b) 47.3 g
(c) 23.6 g (d) 6.65 g

3. 0.400 M NaOH 용액 50.0 mL를 만들기 위해 필요한 2.00 M NaOH 저장 용액의 부피를 구하시오. (**LO 4.4**)
(a) 15.0 mL (b) 1.00 mL
(c) 10.0 mL (d) 4.00 mL

다음 그림을 보고 4번과 5번 문제를 푸시오. 그림은 세 가지 다른 물질 AX_3, AY_3, AZ_3가 물에 녹은 수용액을 나타낸다(간결하게 나타내기 위해 물은 생략하였다).

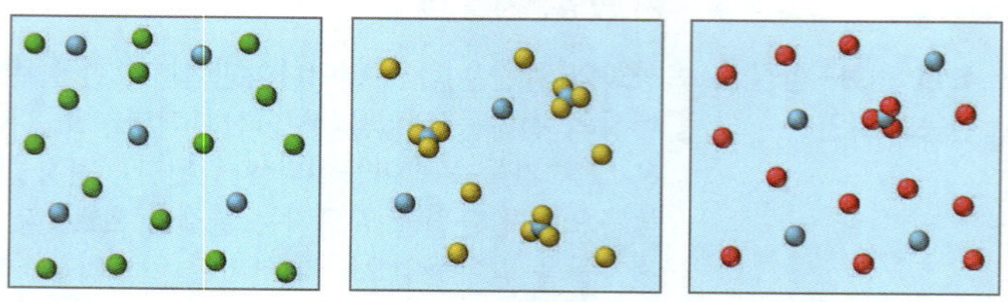

AX_3 AY_3 AZ_3

4. 다음 중 가장 약한 전해질을 고르시오. (**LO.4.6**)
(a) AX_3
(b) AY_3
(c) AZ_3
(d) 모든 물질은 강전해질이다.

5. 0.500 M AX_3 용액에 들어 있는 A 이온과 X 이온의 몰농도를 구하시오. (**LO 4.7**)
(a) 0.500 M A와 0.500 M X
(b) 0.500 M A와 0.167 M X
(c) 1.500 M A와 0.500 M X
(d) 0.500 M A와 1.500 M X

6. 다음 중 물에 녹았을 때 전류를 흐르지 않는 물질을 고르시오. (**LO 4.6**)
(a) NaOH
(b) HNO_3
(c) Na_2SO_4
(d) CH_3OH

7. 다음 중 0.10 M KOH 용액 10 mL와 혼합하였을 때, 침전을 생성하지 않는 용액을 고르시오. (**LO 4.10, 4.11**)
(a) 0.10 M NH_4Cl 용액 10 mL
(b) 0.10 M $PbSO_4$ 용액 10 mL
(c) 0.10 M $Fe(NO_3)_3$ 용액 10 mL
(d) 0.10 M $AgCH_3CO_2$ 용액 10 mL

8. 0.5 M 탄산 암모늄 용액 10 mL와 0.5 M 질산 은 용액 10 mL를 혼합한 반응의 알짜 이온 반응식으로 옳은 것을 고르시오. (**LO 4.9, 4.11**)
(a) $NH_4^+(aq) + NO_3^-(aq) \longrightarrow NH_4NO_3(s)$
(b) $Ag^+(aq) + CO_3^{2-}(aq) \longrightarrow AgCO_3^-(s)$
(c) $2\ Ag^+(aq) + CO_3^{2-}(aq) \longrightarrow Ag_2CO_3(s)$
(d) 반응이 일어나지 않으므로 알짜 이온 반응식을 쓸 수 없다.

9. 0.100 M 질산 납(II) 용액 75.0 mL와 0.190 M 아이오딘화 포타슘 용액 100.0 mL를 혼합하여 주황색의 아이오딘화 납(II) 침전이 생성되었다. 반응이 완결되었다고 가정할 때, 생성된 아이오딘화 납(II)의 질량을 구하시오. (**LO 4.11, 4.15**)
(a) 1.729 g (b) 3.458 g
(c) 4.380 g (d) 8.760 g

10. 0.375 M Na_2CO_3 용액 25.00 mL를 완전히 반응시키기 위해 필요한 0.250 M HCl 용액의 부피를 구하시오. (**LO 4.15**)

$$2\ HCl(aq) + Na_2CO_3(aq) \longrightarrow 2\ NaCl(aq) + H_2O(l) + CO_2(g)$$

(a) 75.0 mL (b) 18.8 mL
(c) 37.5 mL (d) 33.3 mL

11. 음식물이 분해되는 과정의 중간 산물인 석신산의 분자량은 118.1이다. 1.926 g의 석신산 분자를 물에 녹인 용액을 적정하는 데 0.5000 M NaOH 수용액 65.20 mL가 사용되었다면, 석신산 한 개가 내놓는 수소 이온의 수는 몇 개인지 구하시오. (**LO 4.16**)
(a) 1 (b) 2 (c) 3 (d) 4

12. 세제에 사용되는 광물인 보렉스, $Na_2B_4O_7$를 구성하는 각 원자의 산화수를 구하시오. (**LO 4.18**)

	Na	B	O
(a)	+2	+3	−2
(b)	−1	−3	+2
(c)	+1	+3	−2
(d)	+1	+2	−1

13. 다음 반응식에서 산화된 원소와 산화제를 바르게 짝지은 것을 고르시오. (**LO 4.19**)

$$HCrO_4^-(aq) + H_2S(aq) \longrightarrow Cr_2O_3(s) + SO_4^{2-}$$

	산화된 원소	산화제
(a)	O	$HCrO_4^-$
(b)	S	$HCrO_4^-$
(c)	Cr	H_2S
(d)	Cr	$HCrO_4^-$

14. 다음 제시된 원소들의 활성화도는 위에서 아래로 갈수록 작아진다. 제시된 부분 활성화도를 이용하여, 다음 중 가능한 반응을 고르시오. (**LO 4.20**)

$$K(s) \longrightarrow K^+(aq) + e^-$$
$$Mg(s) \longrightarrow Mg^{2+}(aq) + 2e^-$$
$$H_2(g) \longrightarrow 2\ H^+(aq) + 2e^-$$
$$Ag(s) \longrightarrow Ag^+(aq) + e^-$$

(a) $Mg(s) + 2\ K^+(aq) \longrightarrow Mg^{2+}(aq) + 2\ K(s)$
(b) $2\ Ag(s) + 2\ H^+(aq) \longrightarrow 2\ Ag^+(aq) + H_2(g)$
(c) $H_2(g) + Mg^{2+}(aq) \longrightarrow 2\ H^+(aq) + Mg(s)$
(d) $Mg(s) + 2\ Ag^+(aq) \longrightarrow Mg^{2+}(aq) + 2\ Ag(s)$

15. 과망가니즈산 포타슘($KMnO_4$) 용액의 농도를 구하기 위해 농도를 아는 옥살산($H_2C_2O_4$) 용액으로 적정하였고, 반응식은 다음과 같다.

$$5\ H_2C_2O_4(aq) + 2\ KMnO_4(aq) + 3\ H_2SO_4(aq) \longrightarrow 10\ CO_2(g) + 2\ MnSO_4(aq) + K_2SO_4(aq) + 8\ H_2O(l)$$

과망가니즈산 포타슘 용액 22.35 mL를 적정하는 데 0.5170 g의 옥살산이 사용되었다면, 과망가니즈산 용액의 농도를 구하시오. (**LO 4.22**)
(a) 0.6423 M (b) 0.1028 M
(c) 0.4161 M (d) 0.2569 M

답:

1. a, 2. d, 3. c, 4. b, 5. d, 6. d, 7. a, 8. c, 9. b, 10. a, 11. b, 12. c, 13. b, 14. d, 15. b

개념 문제

문제 4.1~4.36은 이 장의 본문 중에 있다.

4.37 상자 (a)는 어느 주어진 농도에서 입자들의 용액 1.0 mL를 나타낸다. 상자 (b)~(d) 중 어느 것이 용매의 부피를 2배로 증가시켜 (a)를 희석한 후에 얻어진 결과의 용액 1.0 mL를 나타내는가?

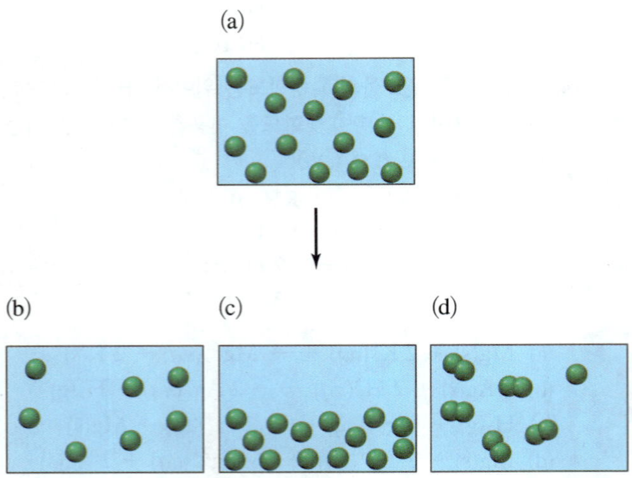

4.38 빨간색 구로 나타낸 양이온의 수용액과 노란색 구로 나타낸 음이온의 용액이 섞이도록 놓아둔다고 하자. 세 가지 가능한 결과를 상자 (1)~(3)에 나타내었다.

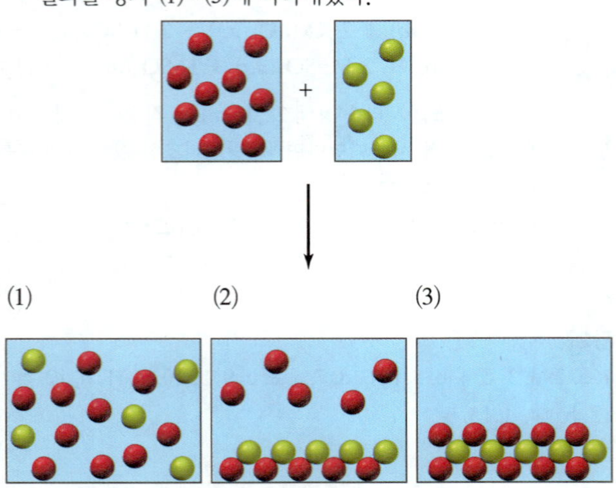

어느 결과가 다음 각 반응에 해당되는가?

(a) $2\ Na^{+}(aq) + CO_3^{2-}(aq) \rightarrow$

(b) $Ba^{2+}(aq) + CrO_4^{2-}(aq) \rightarrow$

(c) $2\ Ag^{+}(aq) + SO_3^{2-}(aq) \rightarrow$

4.39 파란색 구로 나타낸 양이온의 수용액과 빨간색 구로 나타낸 음이온의 용액이 섞이도록 놓아두어 다음 결과가 얻어졌다.

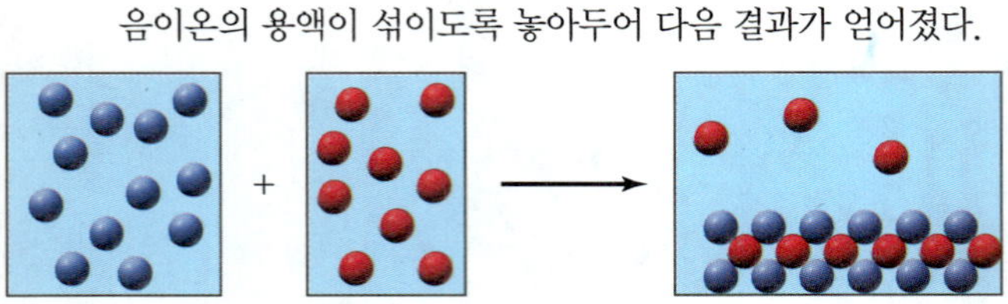

다음 목록으로부터, 선택된 양이온과 음이온의 어느 조합이 관찰된 결과와 일치하는가? 설명하시오.

양이온: Na^{+}, Ca^{2+}, Ag^{+}, Ni^{2+}

음이온: Cl^{-}, CO_3^{2-}, CrO_4^{2-}, NO_3^{-}

4.40 다음 그림은 세 가지 산 HA(A = X, Y, Z)의 수용액을 나타낸다(명확하게 하기 위해 주위의 물은 생략하였다). 어느 것이 가장 강한 산이고, 어느 것이 가장 약한 산인가?

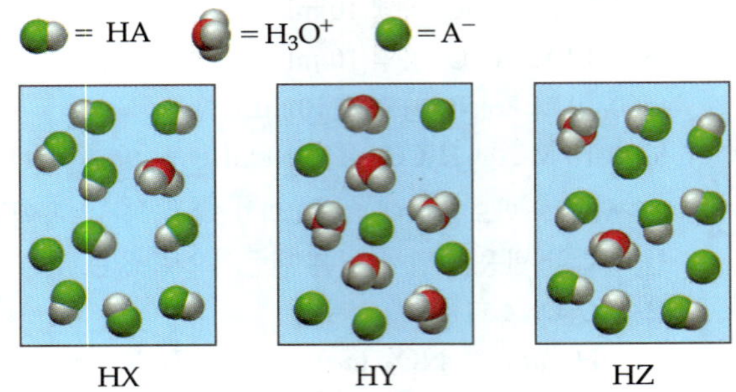

4.41 파란색 구로 나타낸 OH^{-}의 수용액이 빨간색 구로 나타낸 산 H_nA와 섞이도록 놓아둔다고 하자. 세 가지 가능한 결과를 상자 (1)~(3)에 나타내었다. 여기서 초록색 구는 산의 음이온 A^{n-}를 나타낸다.

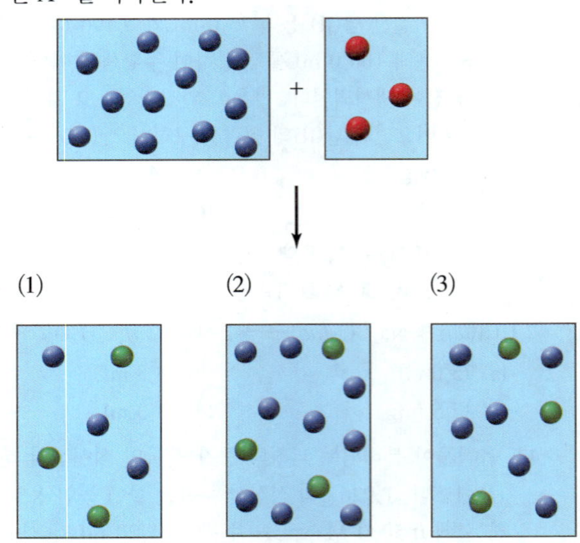

어느 결과가 다음 각 반응에 해당하는가?

(a) $HF + OH^{-} \longrightarrow H_2O + F^{-}$

(b) $H_2SO_3 + 2\ OH^{-} \longrightarrow 2\ H_2O + SO_3^{2-}$

(c) $H_3PO_4 + 3\ OH^{-} \rightarrow 3\ H_2O + PO_4^{3-}$

4.42 NaOCl(하이포아염소산 소듐, 가정용 표백제의 활성 성분) 수용액의 농도는 산성 용액에서 아이오딘화 이온과의 산화－환원 적정으로 정량할 수 있다.

$$OCl^{-}(aq) + 2I^{-}(aq) + 2H^{+}(aq) \longrightarrow Cl^{-}(aq) + I_2(aq) + H_2O(l)$$

뷰렛 속의 파란색 구는 I^{-} 이온, 플라스크 속의 빨간색 구는 OCl^{-} 이온을 나타내고, 뷰렛 속의 I^{-} 이온의 농도는 0.120 M이며, 뷰렛과 플라스크 속 액체의 부피는 같다고 가정하자. 플라스크 속 NaOCl의 농도는 얼마인가? 모든 OCl^{-} 이온과 반응하기 위해, 뷰렛 속의 I^- 용액 몇 %를 플라스크에 첨가해야 하는가?

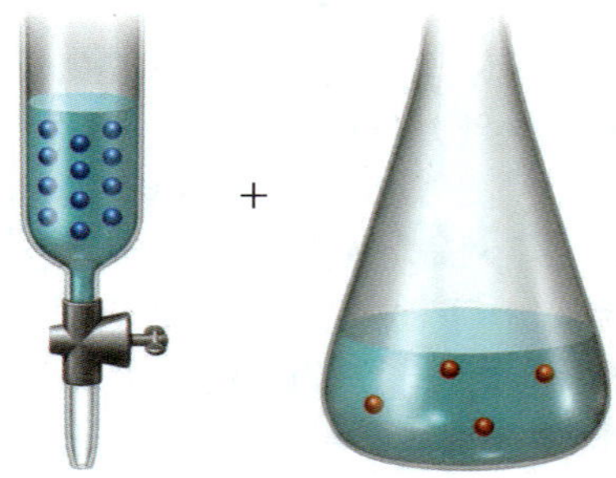

4.43 용액의 전기 전도도는 용해된 이온의 전체 농도에 의해 결정된다. 적정 과정으로 세 가지 다른 용액의 전도도를 측정한다고 하자.

(a) 0.100 M KCl 1.00 L에 0.100 M $AgNO_3$를 가하여 적정한다.

(b) 0.100 M HF 1.00 L에 0.100 M KOH를 가하여 적정한다.

(c) 0.100 M $BaCl_2$ 1.00 L에 0.100 M Na_2SO_4를 가하여 적정한다.

다음 그래프 중 어느 것이 어느 적정에 해당하는가?

(1)

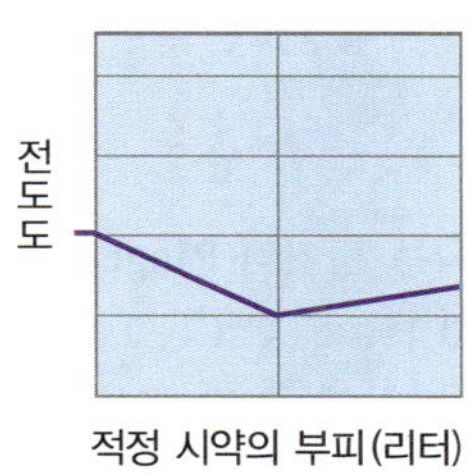

(2)

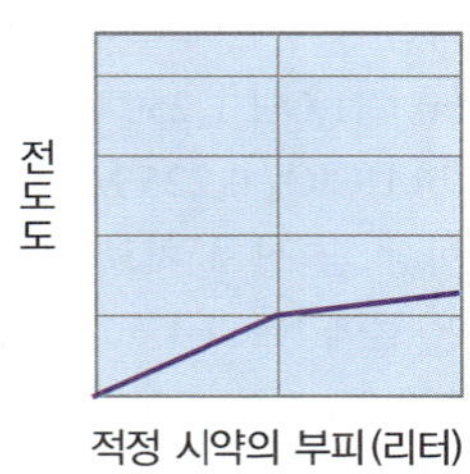

(3)

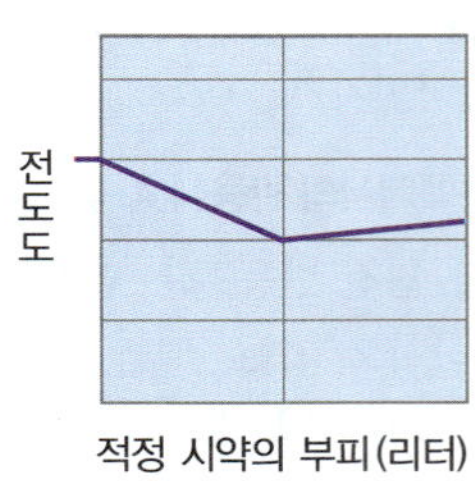

4.44 주기율표에서의 위치를 근거로, 다음 반응 중 어느 것이 일어날 것으로 예측되는가?

(a) 빨간색$^+$ + 초록색 → 빨간색 + 초록색$^+$

(b) 파란색 + 초록색$^+$ → 파란색$^+$ + 초록색

(c) 빨간색 + 파란색$^+$ → 빨간색$^+$ + 파란색

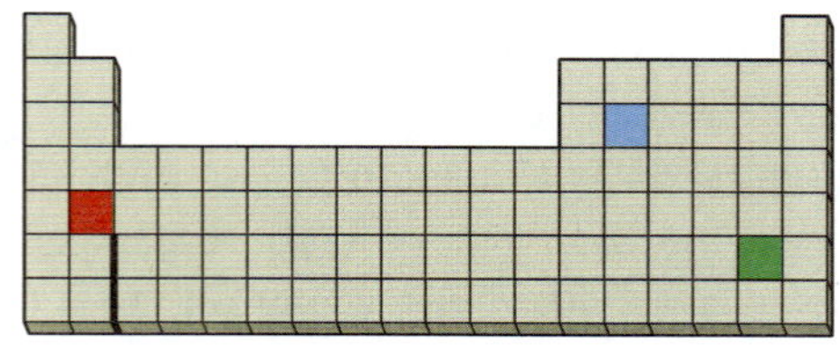

4.45 다음 두 가지 산화–환원 반응이 양이온 수용액과 고체 금속 사이에 일어난다. 초록색 양이온의 수용액은 파란색의 고체 금속과 반응할까? 설명하시오.

(a)

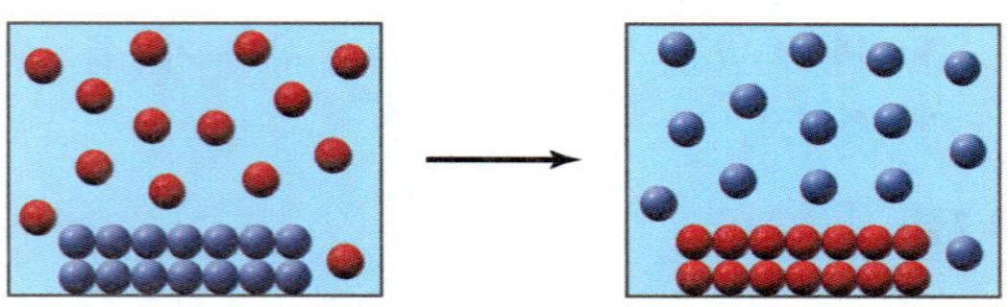

(b)

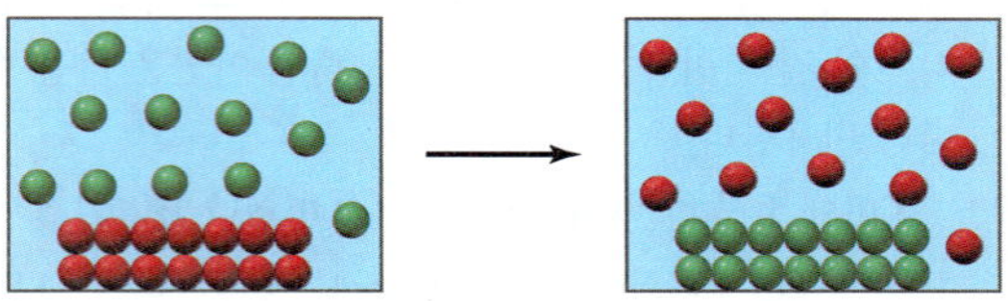

보충 문제

몰농도(4.1절)

4.46 다음 각 용액에는 용질 몇 mol이 존재하는가?

(a) 1.200 M HNO_3 35.0 mL

(b) 0.67 M 포도당($C_6H_{12}O_6$) 175 mL

4.47 다음 각 용액을 만들기 위해 사용해야 할 용질은 몇 g인가?

(a) 0.600 M 에틸 알코올(C_2H_6O) 250.0 mL

(b) 0.200 M 붕산(H_3BO_3) 167 mL

4.48 $BaCl_2$ 15.0 g을 함유하는 0.45 M $BaCl_2$ 용액의 양은 몇 mL인가?

4.49 KOH 0.0171 mol을 함유하는 0.350 M KOH 용액의 양은 몇 mL인가?

4.50 콘택트렌즈를 헹굴 때 사용하는 살균 식염수는 살균한 물에 NaCl 400 mg을 녹여 100 mL로 희석하여 만들 수 있다. 이 용액의 몰농도는 얼마인가?

4.51 정상 혈액에서 포도당($C_6H_{12}O_6$)의 농도는 100 mL당 약 90 mg이다. 포도당의 몰농도는 얼마인가?

4.52 구리는 다음 반응식에 따라 묽은 질산과 반응한다.

$$3\ Cu(s) + 8\ HNO_3(aq) \longrightarrow 3\ Cu(NO_3)_2(aq) + 2\ NO(g) + 4\ H_2O(l)$$

무게 3.045 g인 구리 동전을 소량의 질산에 녹이고, 그 결과 생성된 용액을 물로 50.0 mL까지 희석한다면, $Cu(NO_3)_2$의 몰농도는 얼마인가?

4.53 바닷물에 포함된 금의 추정 농도는 1.0×10^{-11} g/mL이다.
(a) 이 농도를 mol/L 단위로 나타내시오.
(b) 바닷물의 부피가 1.3×10^{21} L라고 가정하고, 바닷물에 녹아 있는 금의 양을 그램 단위로 추정하시오.

4.54 다음 각 용액을 만들기 위해 용질 몇 g이 필요한가?
(a) 1.25 M NaOH 500.0 mL
(b) 0.250 M 포도당($C_6H_{12}O_6$) 1.50 L

4.55 고체 $CaCl_2$로부터 $CaCl_2$ 0.330 M 용액 500 mL를 어떻게 만들 것인가? 사용하는 유리 기구를 구체적으로 명시하시오.

4.56 고체 CaF_2로부터 0.100 M 플로오린화 이온의 용액 250 mL를 어떻게 만들 것인가? 사용하는 유리 기구를 구체적으로 명시하시오.

희석(4.2절)

4.57 미국에서 1982년 이후에 주조된 페니 동전은 대부분이 아연(97.5%)이고, 구리를 표면에 입힌 것이다. 1982년 이후의 페니 동전을 소량의 질산에 녹인다면, 코팅된 구리는 문제 4.52와 같이 반응하고, 표면에 노출된 아연은 다음 반응식에 따라 반응한다.

$$Zn(s) + 2\ HNO_3(aq) \longrightarrow Zn(NO_3)_2(aq) + H_2(g)$$

무게 2.482 g인 페니 동전에 대해, 결과적으로 생성되는 용액을 물로 250.0 mL까지 희석한다면 $Zn(NO_3)_2$의 몰농도는 얼마인가?

4.58 12.0 M 염산 용기에 염산이 35.7 mL 남아 있다. 이 용액을 250.0 mL로 희석할 경우, HCl의 농도는 얼마인가?

4.59 0.0913 M NaOH 70.00 mL를 0.0150 M의 농도로 희석한 결과, 얻어지는 용액의 부피는 얼마인가?

4.60 3.00 M 저장 용액으로부터 $CaCl_2$ 0.100 M 염화 이온의 용액 250 mL를 어떻게 만들 것인가? 사용하는 유리 기구를 구체적으로 명시하시오.

4.61 3.00 M 저장 용액으로부터 $CaCl_2$ 0.150 M 용액 250 mL를 어떻게 만들 것인가? 사용하는 유리 용기를 구체적으로 명시하시오.

전해질(4.3절)

4.62 다음 수용액을 그림 4.3과 같은 전기 전도도 장치를 가지고 실험하였다. 각각 어떤 결과(어둡다, 희미하다, 밝다)를 기대하는가?
(a) 0.10 M 염화 포타슘(KCl)
(b) 0.10 M 메탄올(CH_3OH)
(c) 0.10 M 아세트산(CH_3CO_2H)

4.63 다음 수용액을 그림 4.3과 같은 전기 전도도 장치를 가지고 실험하였다. 각각 어떤 결과(어둡다, 희미하다, 밝다)를 기대하는가?
(a) 0.10 M 플루오린화 수소산(HF)
(b) 0.10 M 염화 소듐(NaCl)
(c) 0.10 M 포도당(glucose, $C_6H_{12}O_6$)

4.64 $Ba(OH)_2$와 H_2SO_4 용액 모두 개별적으로는 전기를 전도하지만, 두 용액을 같은 몰수의 양으로 섞으면 전도도가 사라진다. 그 이유를 설명하시오.

4.65 물에서 HCl 용액은 전기를 전도하지만, 클로로폼($CHCl_3$)에서 HCl 용액은 그렇지 않다. 이러한 관찰은 HCl이 물에서는 어떻게 존재하고 클로로폼에서는 어떻게 존재하는지에 대해, 무엇을 말해 주는가?

4.66 다음 각 물질을 강전해질, 약전해질, 비전해질로 분류하시오.
(a) HBr (b) HF
(c) $NaClO_4$ (d) $(NH_4)_2CO_3$
(e) NH_3 (f) 에틸 알코올

4.67 분자 물질이 강전해질이 되는 것은 가능할까? 그 이유를 설명하시오.

4.68 완전한 해리를 가정하면, 다음 각 용액에서 이온들의 전체 몰농도는 얼마인가?
(a) K_2CO_3 0.750 M 용액
(b) $AlCl_3$ 0.355 M 용액

4.69 다음 각 용액에서 이온들의 전체 몰농도는 얼마인가?
(a) CH_3OH 1.250 M 용액
(b) $HClO_4$ 0.225 M 용액

4.70 화상 및 상처 치료에 사용되는 **링거액**(Ringer's solution)은 물에 NaCl 4.30 g, KCl 0.150 g, $CaCl_2$ 0.165 g을 녹여 500.0 mL로 희석하여 만든다. 용액 중 각 구성 이온의 몰농도는 얼마인가?

4.71 Na_2SO_4 0.550 g, Na_3PO_4 1.188 g, Li_2SO_4 0.223 g을 물에 녹여 100.00 mL의 부피로 희석하여 만든 용액에서 각 이온의 몰농도는 얼마인가?

알짜 이온 반응식과 수용액에서의 반응(4.4~4.5절)

4.72 다음 각 반응을 침전 반응, 산-염기 중화 반응, 산화-환원 반응으로 분류하시오.
(a) $Hg(NO_3)_2(aq) + 2\ NaI(aq) \rightarrow 2\ NaNO_3(aq) + HgI_2(s)$
(b) $2\ HgO(s) \xrightarrow{\text{가열}} 2\ Hg(l) + O_2(g)$
(c) $H_3PO_4(aq) + 3\ KOH(aq) \rightarrow K_3PO_4(aq) + 3\ H_2O(l)$

4.73 다음 각 반응을 침전 반응, 산-염기 중화 반응, 산화-환원 반응으로 분류하시오.
(a) $S_8(s) + 8O_2(g) \rightarrow 8SO_2(g)$
(b) $NiCl_2(aq) + Na_2S(aq) \rightarrow NiS(s) + 2\ NaCl(aq)$
(c) $2\ CH_3CO_2H(aq) + Ba(OH)_2(aq) \rightarrow (CH_3CO_2)_2Ba(aq) + 2\ H_2O(l)$

4.74 문제 4.72의 반응들의 알짜 이온 반응식을 쓰시오.

4.75 문제 4.73의 반응들의 알짜 이온 반응식을 쓰시오.

침전 반응과 용해도 지침(4.6절)

4.76 다음 물질 중 어느 것이 물에 녹을 것으로 생각되는가?
(a) $PbSO_4$ (b) $Ba(NO_3)_2$
(c) $SnCO_3$ (d) $(NH_4)_3PO_4$

4.77 다음 물질 중 어느 것이 물에 녹을 것으로 생각되는가?
(a) ZnS (b) $Au_2(CO_3)_3$
(c) $PbCl_2$ (d) Na_2S

4.78 다음 물질의 수용액을 섞을 때 침전 반응이 일어날지 예측하시오. 침전물을 생성하는 반응들에 대해서는 알짜 이온 반응식을 쓰시오.
(a) $NaOH + HClO_4$ (b) $FeCl_2 + KOH$
(c) $(NH_4)_2SO_4 + NiCl_2$ (d) $CH_3CO_2Na + HCl$

4.79 다음 물질의 수용액을 섞을 때 침전 반응이 일어날지 예측하시오. 침전물을 생성하는 반응들에 대해서는 알짜 이온 반응식을 쓰시오.
(a) $MnCl_2 + Na_2S$ (b) $HNO_3 + CuSO_4$
(c) $Hg(NO_3)_2 + Na_3PO_4$ (d) $Ba(NO_3)_2 + KOH$

4.80 0.10 M $BaCl_2$를 가할 때, 다음 수용액 중 어느 것이 침전물을 생성하지 않을까?
(a) 0.10 M $LiNO_3$ (b) 0.10 M K_2SO_4
(c) 0.10 M $AgNO_3$

4.81 0.10 M NaOH를 가할 때, 다음 수용액 중 어느 것이 침전물을 생성하지 않을까?
(a) 0.10 M $MgBr_2$ (b) 0.10 M NH_4Br
(c) 0.10 M $FeCl_2$

4.82 다음 물질을 침전 반응으로 어떻게 만들 것인가?
(a) $PbSO_4$ (b) $Mg_3(PO_4)_2$
(c) $ZnCrO_4$

4.83 다음 물질을 침전 반응으로 어떻게 만들 것인가?
(a) $Al(OH)_3$ (b) FeS
(c) $CoCO_3$

4.84 0.150 M HCl 30.0 mL와 0.200 M $AgNO_3$ 25.0 mL가 반응할 때, 생성되는 침전물은 무엇이고 질량은 얼마인가?

4.85 0.100 M $BaCl_2$ 55.0 mL와 0.150 M Na_2CO_3 40.0 mL가 반응할 때, 생성되는 침전물은 무엇이고 질량은 얼마인가?

4.86 $NaNO_3$와 $AgNO_3$를 혼합한 수용액이 있다고 하자. 침전 반응을 이용하여 어떻게 두 금속 이온을 분리할 수 있는가?

4.87 $BaCl_2$와 $CuCl_2$를 혼합한 수용액이 있다고 하자. 침전 반응을 이용하여 어떻게 두 금속 이온을 분리할 수 있는가?

4.88 미지의 염의 수용액이 있다. 그 용액을 묽은 NaOH, Na_2SO_4, KCl 용액으로 처리하면 침전이 생성되지 않는다. 이 용액은 다음 양이온 중 어느 것을 포함하고 있을까?
(a) Ag^+ (b) Cs^+
(c) Ba^{2+} (d) NH_4^+

4.89 미지의 염의 수용액이 있다. 그 용액을 묽은 $BaCl_2$, $AgNO_3$, $Cu(NO_3)_2$ 용액으로 처리하면 침전이 생성되지 않는다. 이 용액은 다음 음이온 중 어느 것을 포함하고 있을까?
(a) Cl^- (b) NO_3^-
(c) OH^- (d) SO_4^{2-}

4.90 다음 각 양이온 쌍을 분리하기 위하여 어떻게 침전 반응을 이용할 수 있는가? 첨가하고자 하는 각 반응물에 대한 화학식을 적고, 각 반응의 균형 알짜 이온 반응식을 쓰시오.
(a) K^+ 와 Hg_2^{2+} (b) Pb^{2+}와 Ni^{2+}
(c) Ca^{2+} 와 NH_4^+ (d) Fe^{2+}와 Ba^{2+}

4.91 다음 각 음이온 쌍을 분리하기 위하여 어떻게 침전 반응을 이용할 수 있는가? 첨가하고자 하는 각 반응물에 대한 화학식을 적고, 각 반응의 균형 알짜 이온 반응식을 쓰시오.
(a) Cl^-와 NO_3^- (b) S^{2-}와 SO_4^{2-}
(c) SO_4^{2-}와 CO_3^{2-} (d) OH^-와 ClO_4^-

4.92 다음 세 용액 0.100 M Na_2SO_4 100.0 mL, 0.300 M $ZnCl_2$ 50.0 mL, 0.200 M $Ba(CN)_2$ 100.0 mL를 혼합하였다.
(a) 어떤 이온 결합 화합물이 용액에서부터 침전되겠는가?
(b) 모든 불용성 화합물들은 완전히 침전된다고 가정하면, 용액에 남아 있는 각 이온의 몰농도는 얼마인가?

4.93 흰색 고체 시료 250.0 g이 KNO_3, $BaCl_2$, NaCl의 혼합물이라는 것이 알려졌다. 이 혼합물 100.0 g을 물에 녹이고 과량의 H_2SO_4와 반응시켰을 때, 흰색 침전 67.3 g을 얻었다. 남아 있는 150.0 g의 혼합물을 물에 녹이고 과량의 $AgNO_3$와 반응시켰을 때, 두 번째 침전물 197.6 g을 얻었다.
(a) 이 두 침전물의 화학식은 각각 무엇인가?
(b) 처음 혼합물 250 g에 포함된 각 물질의 질량은 얼마인가?

산, 염기와 중화 반응(4.7절)

4.94 미지의 산 또는 염기 용액이 있다. 이 물질이 산인지 염기인지 어떻게 알아낼 수 있을까?

4.95 수용액에서 약산이나 약염기의 해리를 나타내기 위해, 왜 이중 화살표($\rightleftharpoons$)를 사용하는가?

4.96 다음 반응의 균형 이온 반응식을 쓰시오.
(a) 과염소산 수용액을 수산화 칼슘 수용액으로 중화한다.
(b) 수산화 소듐 수용액을 아세트산 수용액으로 중화한다.

4.97 다음 반응의 균형 이온 반응식을 쓰시오.
(a) 브로민화 수소산 수용액을 수산화 칼슘 수용액으로 중화한다.
(b) 수산화 바륨 수용액을 질산 수용액으로 중화한다.

4.98 다음 반응의 균형 알짜 이온 반응식을 쓰시오.
(a) $LiOH(aq) + HI(aq) \longrightarrow ?$
(b) $HBr(aq) + Ca(OH)_2(aq) \rightarrow ?$

4.99 다음 반응의 균형 알짜 이온 반응식을 쓰시오. $HClO_3$는 강산임에 주목하라.
(a) $Fe(OH)_3(s) + H_2SO_4(aq) \rightarrow ?$
(b) $HClO_3(aq) + NaOH(aq) \longrightarrow ?$

용액의 화학량론과 적정(4.8~4.9절)

4.100 0.500 M HBr 450 mL가 들어 있는 플라스크를 사고로 바닥에 떨어뜨렸다. 다음 반응식에 따라 이 산을 중화시켜 흘린 것을 처리하는 데 K_2CO_3 몇 g이 필요한가?

$$2\,HBr(aq) + K_2CO_3(aq) \longrightarrow 2\,KBr(aq) + CO_2(g) + H_2O(l)$$

4.101 스컹크의 냄새는 **싸이올**(thiol)이라고 하는 화합물 때문이다. 이러한 화합물 중 대표적인 예인 뷰테인싸이올(butanethiol, $C_4H_{10}S$)은 다음 반응에 따라 가정용 표백제인 NaOCl과 반응시켜 탈취할 수 있다.

$$2\,C_4H_{10}S + NaOCl(aq) \longrightarrow C_8H_{18}S_2 + NaCl + H_2O(aq)$$

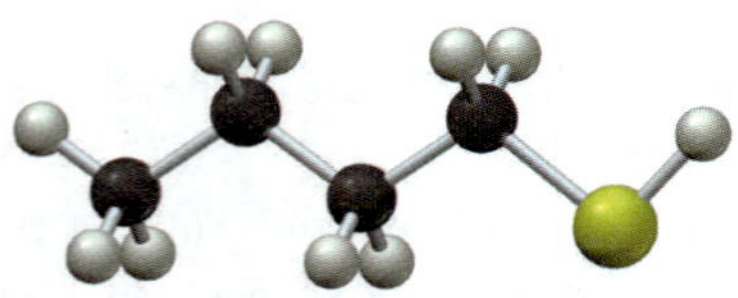

뷰테인싸이올

0.0985 M NaOCl 5.00 mL와의 반응으로 뷰테인싸이올 몇 g을 탈취할 수 있을까?

4.102 과망가니즈산 포타슘($KMnO_4$)은 옥살산($H_2C_2O_4$)과 다음 반응식에 따라 황산 수용액에서 반응한다.

$$2\,KMnO_4 + 5\,H_2C_2O_4 + 3\,H_2SO_4 \longrightarrow 2\,MnSO_4 + 10\,CO_2 + 8\,H_2O + K_2SO_4$$

옥살산 3.225 g과 완전히 반응하기 위해 0.250 M $KMnO_4$ 용액 몇 mL가 필요한가?

4.103 옥살산($H_2C_2O_4$)은 시금치 잎에서 발견되는 독성 물질이다. 옥살산 12.0 g을 충분한 물에 녹여 만든 400.0 mL 용액의 몰농도는 얼마인가? 다음 반응에 따라 옥살산 용액 25.0 mL를 적정하는 데 필요한 0.100 M KOH는 몇 mL인가?

$$H_2C_2O_4(aq) + 2\,KOH(aq) \longrightarrow K_2C_2O_4(aq) + 2\,H_2O(l)$$

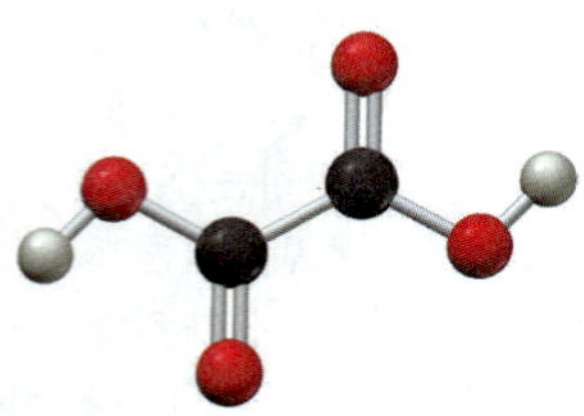

옥살산

4.104 다음 용액을 중화시키기 위해서는 1.00 M KOH 몇 mL를 첨가해야 하는가?

(a) 0.240 M LiOH(25.0 mL)와 0.200 M HBr(75.0 mL)의 혼합물

(b) 0.300 M HCl(45.0 mL)과 0.250 M NaOH(10.0 mL)의 혼합물

4.105 다음 용액을 중화시키기 위해서는 2.00 M HCl 몇 mL를 첨가해야 하는가?

(a) 0.160 M HNO_3(100.0 mL)와 0.100 M KOH(400.0 mL)의 혼합물

(b) 0.120 M NaOH(350.0 mL)와 0.190 M HBr(150.0 mL)의 혼합물

4.106 다음 용액을 섞을 때 생성되는 용액은 산성인가 염기성인가 중성인가?

(a) 0.100 M HBr 50.0 mL와 0.200 M KOH 30.0 mL

(b) 0.0750 M HCl 100.0 mL와 0.100 M $Ba(OH)_2$ 75.0 mL

4.107 다음 용액을 섞을 때 생성되는 용액은 산성인가 염기성인가 중성인가?

(a) 0.0500 M $HClO_4$ 65.0 mL와 0.0750 M NaOH 40.0 mL

(b) 0.100 M HNO_3 125.0 mL와 0.0750 M $Ca(OH)_2$ 90.0 mL

산화수(4.10절)

4.108 다음 화합물에서 각 원소의 산화수를 정하시오.

(a) NO_2 (b) SO_3
(c) $COCl_2$ (d) CH_2Cl_2
(e) $KClO_3$ (f) HNO_3

4.109 다음 화합물에서 각 원소의 산화수를 정하시오.

(a) $VOCl_3$ (b) $CuSO_4$
(c) CH_2O (d) Mn_2O_7
(e) OsO_4 (f) H_2PtCl_6

4.110 다음 이온에서 각 원소의 산화수를 정하시오.

(a) ClO_3^- (b) SO_3^{2-}
(c) $C_2O_4^{2-}$ (d) NO_2^-
(e) BrO^- (f) AsO_4^{3-}

4.111 다음 이온에서 각 원소의 산화수를 정하시오.

(a) $Cr(OH)_4^-$ (b) $S_2O_3^{2-}$
(c) NO_3^- (d) MnO_4^{2-}
(e) HPO_4^{2-} (f) $V_2O_7^{4-}$

4.112 질소는 −3에서 +5까지 여러 다른 산화수를 가질 수 있다.

(a) 질소의 산화수가 +1, +2, +4, +5인 질소 산화물의 화학식과 이름을 쓰시오.

(b) 산화수에 기초하여, (a) 중 어떤 질소 산화물이 산소 분자(O_2)와 반응할 수 없는가?

4.113 인은 −3에서 +5까지 여러 다른 산화수를 가질 수 있다.

(a) 인이 공기 중에서 연소할 때, 육산화 사인(tetraphosphorus hexoxide)이나 십산화 사인(tetraphosphorus decoxide)을 생성한다. 각 화합물의 화학식과 산화수를 쓰시오.

(b) 산화수에 기초하여, 제한적으로 공급되는 산소로 연소시킬 경우, (a) 중 어느 인 산화물이 생성될까?

산화-환원 반응(4.11절)

4.114 주기율표에서 가장 좋은 환원제들은 어디에서 찾을 수 있는가? 가장 좋은 산화제들은 어디에서 찾을 수 있는가?

4.115 주기율표에서 가장 쉽게 환원되는 원소들은 어디에서 찾을 수 있는가? 가장 쉽게 산화되는 원소들은 어디에서 찾을 수 있는가?

4.116 다음 각 물질이 산화−환원 반응에서 전자를 얻는지 잃는지 말하시오.

(a) 산화제 (b) 환원제
(c) 산화되는 물질 (d) 환원되는 물질

4.117 다음 각 물질이 산화−환원 반응에서 산화수가 증가하는지 감소하는지 말하시오.

(a) 산화제 (b) 환원제
(c) 산화되는 물질 (d) 환원되는 물질

4.118 다음 각 반응에서 어떤 원소가 산화되고 어떤 원소가 환원되는가?

(a) $Ca(s) + Sn^{2+}(aq) \rightarrow Ca^{2+}(aq) + Sn(s)$

(b) $ICl(s) + H_2O(l) \rightarrow HCl(aq) + HOI(aq)$

4.119 다음 각 반응에서 어떤 원소가 산화되고 어떤 원소가 환원되는가?

(a) $Si(s) + 2\ Cl_2(g) \rightarrow SiCl_4(l)$

(b) $Cl_2(g) + 2\ NaBr(aq) \rightarrow Br_2(aq) + 2\ NaCl(aq)$

활동도 서열(4.12절)

4.120 금속의 활동도 서열(표 4.5)을 이용하여, 다음 각 반응의 결과를 예측하시오. 반응이 일어나지 않으면, *NR*.이라고 쓰시오.

(a) $Na^+(aq) + Zn(s) \rightarrow ?$ **(b)** $HCl(aq) + Pt(s) \rightarrow ?$

(c) $Ag^+(aq) + Au(s) \rightarrow ?$ **(d)** $Au^{3+}(aq) + Ag(s) \rightarrow ?$

4.121 표 4.5의 활동도 서열에서, 스트론튬(Sr)이나 안티모니(Sb)는 보이지 않는다. 주기율표에서 두 원소의 위치로 미루어 볼 때, 어느 것이 더 좋은 환원제일 것으로 예상되는가? 다음 반응은 일어날까? 그 이유를 설명하시오.

$$2\ Sb^{3+}(aq) + 3\ Sr(s) \longrightarrow 2\ Sb(s) + 3\ Sr^{2+}(aq)$$

4.122 (a) 다음 반응을 이용하여, 원소 A, B, C, D를 환원제로서의 능력이 감소하는 순서로 배열하시오.

$A + B^+ \longrightarrow A^+ + B$ $C^+ + D \longrightarrow$ 반응하지 않음

$B + D^+ \longrightarrow B^+ + D$ $B + C^+ \longrightarrow B^+ + C$

(b) (a)에서 정한 활동도 서열에 따라, 다음 반응 중 어느 것이 일어날 것으로 예상되는가?

(1) $A^+ + C \longrightarrow A + C^+$

(2) $A^+ + D \longrightarrow A + D^+$

4.123 (a) 다음 반응을 이용하여, 원소 A, B, C, D를 환원제로서의 능력이 감소하는 순서로 배열하시오.

$2\ A + B^{2+} \longrightarrow 2\ A^+ + B$ $B + D^{2+} \longrightarrow B^{2+} + D$

$A^+ + C \longrightarrow$ 반응하지 않음 $2C + B^{2+} \longrightarrow 2\ C^+ + B$

(b) (a)에서 정한 활동도 서열에 따라 다음 반응 중 어느 것이 일어날 것으로 예상되는가?

(1) $2\ A^+ + D \longrightarrow 2\ A + D^{2+}$

(2) $D^{2+} + 2\ C \longrightarrow D + 2\ C^+$

산화-환원 적정(4.13절)

4.124 다음 균형 반응식에 따라, 아이오딘(I_2)은 중성 용액에서 싸이오황산(thiosulfate) 이온 수용액과 반응한다.

$$I_2(aq) + 2\ S_2O_3^{2-}(aq) \longrightarrow S_4O_6^{2-}(aq) + 2\ I^-(aq)$$

I_2 용액을 적정하는 데 0.150 M $Na_2S_2O_3$ 용액 35.20 mL가 필요하다면, 용액에는 I_2 몇 g이 존재하는가?

4.125 문제 4.124의 반응식에 따라, I_2 2.486 g과 완전히 반응하는 데 필요한 0.250 M $Na_2S_2O_3$ 용액은 몇 mL인가?

4.126 다이크로뮴산 이온($Cr_2O_7^{2-}$)은 산성 용액에서 다음 균형 반응식에 따라 수용액의 철(II) 이온과 반응한다.

$$Cr_2O_7^{2-}(aq) + 6\ Fe^{2+}(aq) + 14\ H^+(aq) \longrightarrow 2\ Cr^{3+}(aq) + 6\ Fe^{3+}(aq) + 7\ H_2O(l)$$

Fe^{2+} 용액 50.00 mL를 적정하기 위하여 0.2004 M $K_2Cr_2O_7$ 용액 46.99 mL가 필요하다면, Fe^{2+}의 농도는 얼마인가?

4.127 문제 4.126의 반응식에 따라, $FeSO_4$ 시료를 적정하는 데 0.1500 M $K_2Cr_2O_7$ 용액 18.72 mL가 필요하였다. 이 시료의 질량은 얼마인가?

4.128 As(III) 용액 50.00 mL와 완결 반응을 위해 0.100 M $KBrO_3$ 용액 22.35 mL가 필요하다면, As(III) 용액의 몰농도는 얼마인가? 균형 반응식은 다음과 같다.

$$3\ H_3AsO_3(aq) + BrO_3^-(aq) \longrightarrow Br^-(aq) + 3\ H_3AsO_4(aq)$$

4.129 $KBrO_3$의 표준 용액은 산화–환원 적정에 자주 사용된다. 필요한 용액은 $KBrO_3$를 물에 녹인 후 As(III) 용액으로 적정하여 만들 수 있다. As_2O_3 1.550 g을 적정하는 데 용액 28.55 mL가 필요하다면, $KBrO_3$ 용액의 몰농도는 얼마인가? 균형 반응식은 문제 4.128에 있다. (As_2O_3는 산성 수용액에 녹아 H_3AsO_3를 생성한다. $As_2O_3 + 3H_2O \longrightarrow 2H_3AsO_3$)

4.130 광물 중 철 금속의 함량은 먼저 시료를 Br_2로 산화시켜 모든 철을 Fe^{3+}로 전환시킨 다음, Sn^{2+}로 적정하여 Fe^{3+}를 Fe^{2+}로 환원하는 산화–환원 방법으로 측정할 수 있다. 균형 반응식은 다음과 같다.

$$2\ Fe^{3+}(aq) + Sn^{2+}(aq) \longrightarrow 2\ Fe^{2+}(aq) + Sn^{4+}(aq)$$

Fe^{3+}을 적정하는 데 0.1015 M Sn^{2+} 용액 13.28 mL가 필요하다면, 광석 시료 0.1875 g에 들어 있는 Fe의 질량 백분율은 얼마인가?

4.131 문제 4.130에서 사용된 Sn^{2+} 용액의 농도는 알고 있는 양의 Fe^{3+}와 반응시켜 알 수 있다. Fe_2O_3 1.4855 g과 완전히 반응시키기 위해 Sn^{2+} 용액 23.84 mL가 필요하다면, 이 용액의 몰농도는 얼마인가?

4.132 혈중 알코올 농도는 다음 균형 반응식에 따라 다이크로뮴산 포타슘을 이용하는 산화–환원 적정으로 측정할 수 있다.

$$C_2H_5OH(aq) + 2\ Cr_2O_7^{2-}(aq) + 16\ H^+(aq) \longrightarrow 2\ CO_2(g) + 4\ Cr^{3+}(aq) + 11\ H_2O(l)$$

혈액 시료 10.002 g과 완전히 반응하는 데 0.04988 M $K_2Cr_2O_7$ 용액 8.76 mL가 필요하다면, 혈중 알코올 농도는 질량 백분율로 얼마인가?

4.133 혈중 칼슘 농도는 옥살산 이온을 가하여 옥살산 칼슘(CaC_2O_4)을 침전시킨 후, 산 수용액에 그 침전물을 녹이고, 그 결과 생성되는 옥살산($H_2C_2O_4$)을 $KMnO_4$로 적정하여 측정할 수 있다.

$$5\ H_2C_2O_4(aq) + 2\ MnO_4^-(aq) + 6\ H^+(aq) \longrightarrow 10\ CO_2(g) + 2\ Mn^{2+}(aq) + 8\ H_2O(l)$$

적정에 0.000 988 M $KMnO_4$ 용액 21.08 mL가 필요하다면, 혈액 10.0 mL에는 Ca^{2+} 몇 mg이 존재하는가?

다중 개념 문제

4.134 NaOH와 반응하는 산성 수소 하나를 포함하는 벤조산(benzoic acid, 분자량 = 122)과 갈산(gallic acid, 분자량 = 170)의 혼합물을 1.00 g 가지고 있다. 이 혼합물을 NaOH 0.500 M 용액으로 적정하는 데 두 가지 산과 완전히 반응하기 위해 염기 14.7 mL가 필요하다. 원래 혼합물에는 각 산이 질량으로 몇 g 존재하는가?

4.135 화학식 $XOCl_2$를 갖는 화합물이 물과 반응하여 HCl 및 NaOH와 반응하는 두 개의 산성 수소를 갖는 또 다른 산 H_2XO_3를 생성한다. $XOCl_2$ 0.350 g을 물 50.0 mL에 가하고 그 결과 생성된 용액을 적정할 때, 모든 산과 반응하는 데 NaOH 0.1225 M 용액 96.1 mL가 필요하였다.

(a) $XOCl_2$와 H_2O와의 반응에 대한 균형 반응식을 쓰시오.

(b) 원소 X의 원자량은 얼마이고 원소명은 무엇인가?

4.136 시료 중에 포함된 철의 질량을 측정하기 위해, 철을 Fe^{2+}로 산화시킨 후 $Ce(NH_4)_2(NO_3)_6$ 용액으로 적정할 수 있다.

$$Fe^{2+}(aq) + Ce^{4+}(aq) \longrightarrow Fe^{3+}(aq) + Ce^{3+}(aq)$$

완결 반응을 위해 시료 1.2284 g에 대해 $Ce(NH_4)_2(NO_3)_6$ 0.1018 M 용액 54.91 mL가 필요하다면, 시료에 포함된 철의 질량 백분율은 얼마인가?

4.137 어떤 금속은 원소 상태로 천연에 존재하는 반면, 다른 것들은 광석에서 화합물로 존재한다. 예를 들어, 금은 결합되지 않은 금속으로 발견되고, 수은은 황화 수은(II)(HgS) 광석을 산소 중에서 가열하여 얻으며, 아연은 산화 아연(II)(ZnO) 광석을 코크스와 함께 가열하여 얻는다. 활동도 서열에서의 위치로부터, 금속 은, 백금, 크로뮴 중 어느 것이 다음 각 과정에 의해 얻어질까?

(a) 원소 상태로 발견되는 것은?

(b) 황화물을 산소와 함께 가열하여 얻는 것은?

(c) 산화물을 코크스와 함께 가열하여 얻는 것은?

4.138 무게가 14.98 g이고 소량의 구리를 포함하는 시료를 처리하여 Cu^{2+} 이온을 함유하는 수용액을 얻었다. 그리고 아이오딘화 소듐을 가하여 고체 아이오딘화 구리(I)와 I_3^- 이온을 얻고, I_3^-를 싸이오황산 이온($S_2O_3^{2-}$)으로 적정하였다. 완결 반응을 위하여 이 적정에 0.100 M $Na_2S_2O_3$ 용액 10.49 mL가 필요하였다. 시료 중 구리의 질량 백분율은 얼마인가? 균형 반응식은 다음과 같다.

$$2\,Cu^{2+}(aq) + 5\,I^-(aq) \longrightarrow 2\,CuI(s) + I_3^-(aq)$$
$$I_3^-(aq) + 2\,S_2O_3^{2-}(aq) \longrightarrow 3\,I^-(aq) + S_4O_6^{2-}(aq)$$

4.139 이온 결합 화합물의 용해도는 **용해도곱 상수**(solubility product constant, K_{sp})라는 값을 써서 정량적으로 나타낸다. 일반적인 용해 과정에 대해

$$A_aB_b \rightleftharpoons a\,A^{n+} + b\,B^{m-},\ K_{sp} = [A^{n+}]^a\,[B^{m-}]^b$$

[ ]는 mol/L 단위의 농도를 나타낸다.

(a) Ag_2CrO_4의 용해도곱 상수를 표현하는 식을 쓰시오.

(b) Ag_2CrO_4에 대한 용해도곱 상수 K_{sp}가 1.1×10^{-12}이라면, 용액에서 Ag^+와 CrO_4^{2-}의 몰농도는 얼마인가?

4.140 MgF_2의 용해도곱 상수를 나타내는 식을 쓰시오(문제 4.139 참조). 용액에서 $[Mg^{2+}] = 2.6 \times 10^{-4}$ mol/L라면, K_{sp} 값은 얼마인가?

4.141 HCl과 HBr을 포함하는 100.0 mL 수용액을 0.1235 M NaOH로 적정하였다. 산을 중화시키는 데 필요한 염기의 부피는 47.14 mL이었다. 그리고 AgCl 및 AgBr의 형태로 Cl^- 및 Br^- 이온을 침전시키기 위하여 $AgNO_3$ 수용액을 가하였다. 얻어진 할로젠화 은 화합물의 질량은 0.9974 g이었다. 원래 용액에서 HCl과 HBr의 몰농도는 얼마인가?

4.142 질량 10.50 g인 CuO와 Cu_2O 혼합물을 환원시켜 순수한 구리 금속 8.66 g을 얻었다. 원래 혼합물 중 CuO와 Cu_2O의 양은 각각 몇 g인가?

4.143 어떤 금속(M) 시료가 수증기 및 HCl 수용액 모두와 반응하여 H_2 기체를 방출하지만, 상온에서는 물과 반응하지 않는다. 이 금속 1.000 g이 산소 중에서 연소할 때, 금속 산화물(M_2O_3) 1.890 g이 생성되었다. 이 금속은 무엇인가?

4.144 어떤 미지의 금속(M)이 물이나 수증기와는 반응하지 않는 것으로 알려졌지만, 산성 수용액과의 반응성은 연구되지 않았다. 금속 시료 1.000 g을 산소 중에서 연소시켜, 그 결과 생성된 금속 산화물이 금속 황화물로 바뀌었을 때, 황화물 1.504 g이 얻어졌다. 이 금속은 무엇인가?

4.145 아세트산(CH_3CO_2H, 일양성자산)과 옥살산($H_2C_2O_4$, 이양성자산)의 혼합물을 중화하는 데 0.100 M NaOH 27.15 mL가 필요하다. 같은 양의 혼합물을 적정할 때, 완결 반응을 위해 0.0247 M $KMnO_4$ 15.05 mL가 필요하다. 혼합물 중 각 산의 질량 백분율은 얼마인가?(아세트산은 MnO_4^-와 반응하지 않는다. 옥살산과 MnO_4^-와의 반응식은 문제 4.133에 있다.)

4.146 광석 중 철 함량은 문제 4.130에서처럼, 먼저 시료를 Sn^{2+}로 환원시킨 후 Fe^{2+}를 Fe^{3+}로 산화시키기 위하여 $KMnO_4$로 적정하는 산화−환원 과정으로 측정할 수 있다. 균형 반응식은 다음과 같다.

$$MnO_4^-(aq) + 5\,Fe^{2+}(aq) + 8\,H^+(aq) \longrightarrow Mn^{2+}(aq) + 5\,Fe^{3+}(aq) + 4\,H_2O(l)$$

Fe^{3+}를 적정하는 데 0.1116 M $KMnO_4$ 용액 48.39 mL가 필요하다면, 시료 2.368 g에 포함된 Fe의 질량 백분율은 얼마인가?

4.147 $FeCl_2$와 NaCl의 혼합물을 물에 녹이고, 질산 은 수용액을 가하여 7.0149 g의 침전물을 얻었다. 같은 양의 혼합물을 MnO_4^-로 적정할 때, 완결 반응을 위해 0.198 M $KMnO_4$ 14.28 mL가 필요하였다. 이 혼합물에서 두 화합물의 질량 백분율은 얼마인가? (Na^+와 Cl^-는 MnO_4^-와 반응하지 않는다. Fe^{2+}와 MnO_4^-와의 반응식은 문제 4.146에 있다.)

4.148 아스피린 제조에 사용되는 살리실산(salicylic acid)은 원소 C, H, O만을 함유하고 있고, NaOH와 반응하는 산성 수소가 단 하나만 있다. 살리실산 1.00 g이 완전히 연소할 때,

CO_2 2.23 g과 H_2O 0.39 g이 얻어진다. 살리실산 1.00 g을 0.100 M NaOH로 적정할 때, 완결 반응을 위해 염기 72.4 mL가 필요하다. 살리실산의 실험식과 분자식은 무엇인가?

4.149 화합물 X는 원소 C, H, O, S만을 포함한다. 시료 5.00 g을 완전히 연소시켜 CO_2 4.83 g, H_2O 1.48 g과 소량의 SO_2(SO_3로 더 산화되어 물에 녹아 황산을 생성)를 얻었다. H_2SO_4를 적정하는 데 완결 반응을 위해 1.00 M NaOH 109.8 mL가 필요하다. (황산에서 두 개의 H 원자들은 산성이고, NaOH와 반응한다.)

(a) X의 실험식은 무엇인가?

(b) X 5.00 g을 NaOH로 적정할 때, X는 NaOH와 반응하는 산성 수소 두 개를 가지며, 시료를 완전히 중화하는 데 1.00 M NaOH 54.9 mL가 필요하다는 것을 알았다. X의 분자식은 무엇인가?

4.150 금속 탄산염(MCO_3) 1.268 g을 0.1083 M 황산(H_2SO_4) 100.00 mL로 처리하였더니, CO_2 기체와 금속 황산염(MSO_4)의 수용액을 생성하였다. 모든 용해된 CO_2를 제거하기 위해 용액을 끓인 후, 0.1241 M NaOH로 적정하였다. 과량의 H_2SO_4를 중화하는 데 NaOH 71.02 mL가 필요하였다.

(a) 금속 M은 무엇인가?

(b) CO_2의 밀도가 1.799 g/L라면, CO_2 기체 몇 L가 생성되겠는가?

4.151 원소 M은 산업적으로 다음(불균형) 반응식에 따라 두 단계 과정에 의해 제조된다.

(1) $M_2O_3(s) + C(s) + Cl_2(g) \longrightarrow MCl_3(l) + CO(g)$

(2) $MCl_3(l) + H_2(g) \longrightarrow M(s) + HCl(g)$

M_2O_3 0.855 g을 반응 공정에 넣었다고 하자. 단계 (2)에서 생성된 HCl이 물에 녹아 0.511 M NaOH로 적정될 때, HCl을 중화하는 데 NaOH 용액 144.2 mL가 필요하다.

(a) 두 반응식의 균형을 맞추시오.

(b) 원소 M은 무엇이며, 원자량은 얼마인가?

(c) 반응에서 생성되는 M의 질량은 몇 g인가?

4.152 물 250.0 mL에 NaOH와 $Ba(OH)_2$의 혼합물 10.0 g을 녹이고 1.50 M 염산으로 적정한다. 염산 108.9 mL를 가한 후 적정이 완료되었다. 혼합물 중 각 물질의 질량은 몇 g인가?

4.153 네 가지 용액을 만들어 다음 순서로 혼합하였다.

(a) 0.100 M $BaCl_2$ 100.0 mL로 시작하여

(b) 0.100 M $AgNO_3$ 50.0 mL를 가하고

(c) 0.100 H_2SO_4 50.0 mL를 가하고

(d) 0.100 M NH_3 250.0 mL를 가하였다.

각 단계 후 일어나는 반응의 반응식을 쓰고, 모든 반응들이 완결된다고 가정하고 최종 용액에 들어 있는 Ba^{2+}, Cl^-, NO_3^-, NH_3, NH_4^+의 농도를 계산하시오.

4.154 0.120 M $Cr(NO_3)_2$와 0.500 M HNO_3를 함유하는 100.0 mL 용액에 0.250 M $K_2Cr_2O_7$ 용액 20.0 mL를 가하였다. 다이크로뮴산염과 크로뮴(II) 이온은 반응하여 크로뮴(III) 이온으로 된다.

(a) 이 반응의 균형 알짜 이온 반응식을 쓰시오.

(b) 반응 후 용액 중 모든 이온들의 농도를 계산하시오. 농도를 점검하여 이 용액이 전기적으로 중성인지 확인하시오.

4.155 아질산 소듐($NaNO_2$)은 방부제로 식육가공품에 자주 첨가된다. 시료 중 아질산 이온의 양은, 아질산(HNO_2)을 생성하도록 산성화시키고, 그 아질산을 과량의 아이오딘화 이온과 반응시킨 후, 그 결과 생성되는 I_3^- 이온을 전분 지시약 존재하에서 싸이오황산염 용액으로 적정하여 측정할 수 있다. 완성되지 않은 불균형 반응식은 다음과 같다.

(1) $HNO_2 + I^- \longrightarrow NO + I_3^-$(산성 용액에서)

(2) $I_3^- + S_2O_3^{2-} \longrightarrow I^- + S_4O_6^{2-}$

(a) 두 산화–환원 반응의 균형을 맞추시오.

(b) 질량 2.935 g인 아질산 이온을 포함하는 시료를 분석할 때, 0.1500 M $Na_2S_2O_3$ 용액 18.77 mL가 반응에 필요하다. 시료 중 NO_2^- 이온의 질량 백분율은 얼마인가?

4.156 놋쇠는 구리와 아연의 약 4:1 비율의 합금으로, 소량의 주석, 납, 철이 포함되어 있다. 구리와 아연의 질량 백분율은 놋쇠를 뜨거운 질산에 녹이는 것으로 시작하는 과정에 의해 측정할 수 있다. 그 결과 생성되는 Cu^{2+}와 Zn^{2+} 이온의 용액을 암모니아 수용액으로 처리하여 산도를 낮춘 후, 싸이오 사이안산 소듐(NaSCN)과 아황산(H_2SO_3)을 가하여 싸이오 사이안산 구리(I)(CuSCN)를 침전시킨다. 고체 CuSCN을 모아 산 수용액에 녹이고, 아이오딘산 포타슘(KIO_3)으로 처리하여 아이오딘을 얻는데, 이 아이오딘을 싸이오황산 소듐($Na_2S_2O_3$)으로 적정한다. CuSCN을 제거한 후 남은 여과액은 암모니아 수용액을 가하여 중화시키고, 인산 일수소 이암모늄[$(NH_4)_2HPO_4$] 용액을 가하여 인산 암모늄 아연($ZnNH_4PO_4$) 침전물을 얻는다. 이 침전물을 900 °C로 가열하여 파이로인산 아연($Zn_2P_2O_7$)으로 전환시켜 무게를 측정한다. 그 반응식은 다음과 같다.

(1) $Cu(s) + NO_3^-(aq) \longrightarrow Cu^{2+}(aq) + NO(g)$ (산에서)

(2) $Cu^{2+}(aq) + SCN^-(aq) + HSO_3^-(aq) \longrightarrow CuSCN(s) + HSO_4^-(aq)$ (산에서)

(3) $Cu^+(aq) + IO_3^-(aq) \longrightarrow Cu^{2+}(aq) + I_2(aq)$ (산에서)

(4) $I_2(aq) + S_2O_3^{2-}(aq) \longrightarrow I^-(aq) + S_4O_6^{2-}(aq)$ (산에서)

(5) $ZnNH_4PO_4(s) \longrightarrow Zn_2P_2O_7(s) + H_2O(g) + NH_3(g)$

(a) 모든 반응식의 균형을 맞추시오.

(b) 질량 0.544 g인 놋쇠 시료를 위의 방법으로 분석하였을 때, 아이오딘 적정에 0.1220 M 싸이오황산 소듐 용액 10.82 mL가 필요하였다. 놋쇠 중 구리의 질량 백분율은 얼마인가?

(c) (b)에서 놋쇠 시료는 $Zn_2P_2O_7$ 0.246 g을 생성하였다. 놋쇠 중 아연의 질량 백분율은 얼마인가?

4.157 어떤 금속 황화물(MS_n, n은 작은 정수)은 고온의 윤활제로 널리 사용되고 있다. 이 물질은 금속 오염화물(MCl_5)을 황화 소듐(Na_2S)과 반응시켜 제조한다. 공기 중에서 금속 황화

물을 700 °C까지 가열하면 삼산화 금속(MO_3)과 이산화 황(SO_2)이 생성되고, 이는 산성 수용액 조건에서 Fe^{3+} 이온과 반응하여 황산 이온(SO_4^{2-})이 된다. $BaCl_2$ 수용액을 가하면 $BaSO_4$의 침전물이 생성된다. 불균형 반응식은 다음과 같다.

(1) $MCl_5(s) + Na_2S(s) \longrightarrow MS_n(s) + S(l) + NaCl(s)$

(2) $MS_n(s) + O_2(g) \longrightarrow MO_3(s) + SO_2(g)$

(3) $SO_2(g) + Fe^{3+}(aq) \longrightarrow Fe^{2+}(aq) + SO_4^{2-}(aq)$ (산에서)

(4) $SO_4^{2-}(aq) + Ba^{2+}(aq) \longrightarrow BaSO_4(s)$

MCl_5 4.61 g으로 시작하여 반응 (1)은 91.3%의 수득률로 진행된다고 가정한다. 생성물 MS_n이 산화된 후 SO_2가 산화되고, 황산 이온이 침전되어 $BaSO_4(s)$ 7.19 g이 생성된다.

(a) MS_n 시료에는 황 몇 mol이 존재하는가?

(b) n(n = 1, 2, 3...)에 대한 몇 가지 가능한 값을 가정하고, 각 경우 M의 원자량은 얼마인가?

(c)가능한 금속 M에는 무엇이 있는가? 금속 황화물 MS_n의 화학식은 무엇인가?

(d) 모든 반응식의 균형을 맞추시오.

4.158 어느 준금속 M 0.200 g을 공기 중에서 가열하였더니 산화물 M_2O_3가 얻어졌다. 이 산화물을 산 수용액에 녹이고 $KMnO_4$로 적정하였을 때, 반응의 완결을 위해 0.100 M MnO_4^- 10.7 mL가 필요하였다. 불균형 반응식은 다음과 같다.

$$H_3MO_3(aq) + MnO_4^-(aq) \longrightarrow H_3MO_4(aq) + Mn^{2+}(aq) \text{ (산에서)}$$

(a) 반응식의 균형을 맞추시오.

(b) 산화물이 몇 mol 생성되었고, 처음 시료 0.200 g에는 몇 mol의 준금속이 들어 있었는가?

(c) 준금속 M은 무엇인가?

chapter 5

주기성과 원자의 전자 구조

ⓒ IanRedding/Shutterstock

CONTENTS

불꽃 안에서 가열된 원소가 방출하는 색은 전자가 원자 내 다른 에너지 준위로 전이함으로써 발생한다. 원자는 특징적인 색을 방출하는데, 이는 각 원자들이 전자 구조라 부르는 고유의 에너지 준위를 가지고 있기 때문이다.

원자 방출 스펙트럼에 관한 지식이 보다 효율적인 전구를 만드는 데 어떻게 도움이 될까?

이 질문의 답은 204쪽 **INQUIRY?** 에 나와 있다.

2.2절에 소개된 주기율표는 화학에서 가장 중요한 체계화된 원리이다. 만약 주기율표에서 어느 한 족(group)에 있는 한 원소의 성질을 알면, 같은 족의 다른 원소들과 심지어 그 원소 주변에 있는 원소들의 성질도 쉽게 추측할 수 있다. 주기율표는 처음에 실험적 관찰에 의해서 만들어졌지만, 주기율표의 과학적 기초는 오랜 시간에 걸쳐 확립되고 잘 이해되었다.

주기율표라고 명명한 이유를 알아보기 위하여, 그림 5.1에 나타낸 원자 번호에 대한 원자 반지름의 변화를 살펴보자. 이 그래프는 올라갔다 내려갔다 하는 주기적인 양상을 보여 준다. 제일 왼쪽의 원자 번호 1번(수소)에서 시작해서 원자 반지름은 증가하고 원자 번호 3번 (리튬)에서 극댓값을 가지며, 이후 감소하여 극솟값이 된다. 그리고 다시 증가하여 원자 번호 11번 (소듐)에서 극댓값을 가진 후 다시 감소한다. 극댓값은 1족 원소(Li, Na, K, Rb, Cs, Fr)에서 나타나고, 극솟값은 17족 원소들(F, Cl, Br, I)에서 볼 수 있다.

그림 5.1에서 볼 수 있는 원자 반지름의 주기성은 특별한 것이 아니다. 수십 가지 다른 물리적, 화학적 성질들도 원자 번호에 따라 비슷한 방법으로 비슷한 결과로 나타난다. 5장과 6장에서 이러한 주기성의 여러 예를 살펴보고, 또한 왜 이러한 주기성이 나타나는지 알아보고자 한다.

▶ 그림 5.1
각 원자 번호에 대한 원자 반지름을 pm 단위로 표시한 그래프. 주기적 증감 현상을 분명하게 볼 수 있다. (18족 원소에 대해서는 정확한 자료가 없다.)

▲ 확인하기

한 주기를 따라 왼쪽에서 오른쪽으로 가로지를 때 원자 반지름은 어떤 주기적인 경향성을 보이는가? 또, 같은 족을 따라 아래로 내려갈 때는 어떤 경향성을 보이는가?

답 일반적으로 원자 반지름은 그 주기를 따라 가로지를 때 감소하며, 족을 따라 내려갈 때 증가한다.

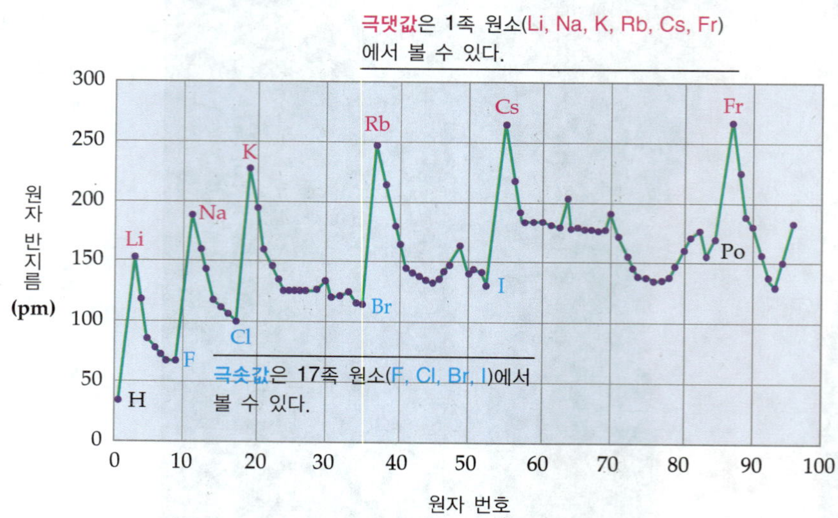

5.1 복사 에너지의 파동성과 전자기 스펙트럼

▲ 전자기파와 마찬가지로 바다의 파도 역시 파장, 진동수, 진폭으로 특징지을 수 있다. ©alybaba/Shutterstock

원자의 어떤 기본적인 성질이 우리가 관찰하는 원자 반지름이나 원소의 다른 많은 특징에서 나타나는 주기적 변화에 관여하는 것일까? 이런 질문은 멘델레예프 이후 50여 년 동안 화학자들의 생각을 사로잡아 왔으며, 1920년대에 이르러서야 그 해답이 정립되기 시작하였다. 어떻게 그 해답이 서서히 밝혀졌는지를 알기 위해서는, 먼저 가시광선과 다른 형태의 복사 에너지의 성질에 대해서 알아야 한다. **분광학**(spectroscopy), 즉 복사 에너지와 물질의 상호 작용에 관한 연구가 원자 구조에 관한 막대한 정보를 알려 주었다.

우리의 감각으로 볼 때는 다른 것처럼 보이지만, 가시광선, 적외선, 마이크로파, 라디오파, X선 등은 모두 **전자기 복사**(electromagnetic radiation), 즉 **복사 에너지(radiant energy)**의 다른 종류이다. 그림 5.2에 나타낸 것처럼, 이들은 집합적으로 **전자기 스펙트럼**(electromagnetic spectrum)을 구성한다.

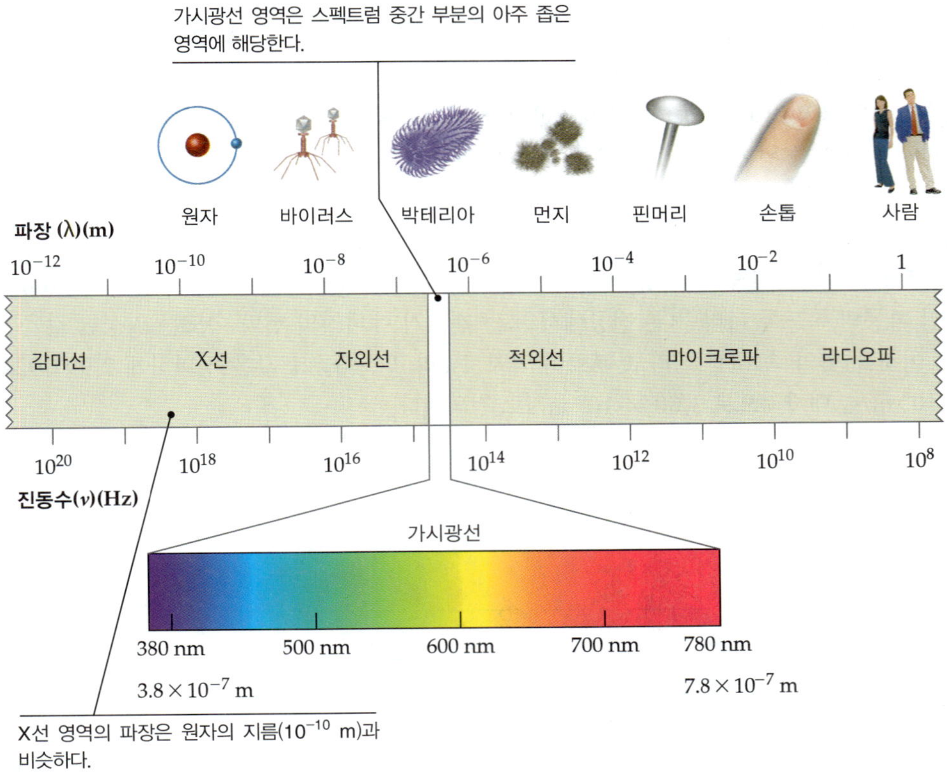

◀ **그림 5.2**
전자기 스펙트럼. 스펙트럼은 낮은 진동수의 라디오파로부터 높은 진동수의 감마선까지, 파장과 진동수의 연속적인 범위로 구성된다.

진공을 지나는 전자기 에너지는 바다의 파도가 물을 통해 이동하는 것처럼 진행한다. 바다의 파도처럼 전자기 에너지도 **진동수**, **파장**, **진폭**으로 표현할 수 있다. 만약 어느 한 지점에서 물을 통해 이동하는 파도의 잘린 면을 옆에서 관찰한다면, 마루와 골이 있는 일반적 파동의 모습을 볼 수 있다(**그림 5.3**).

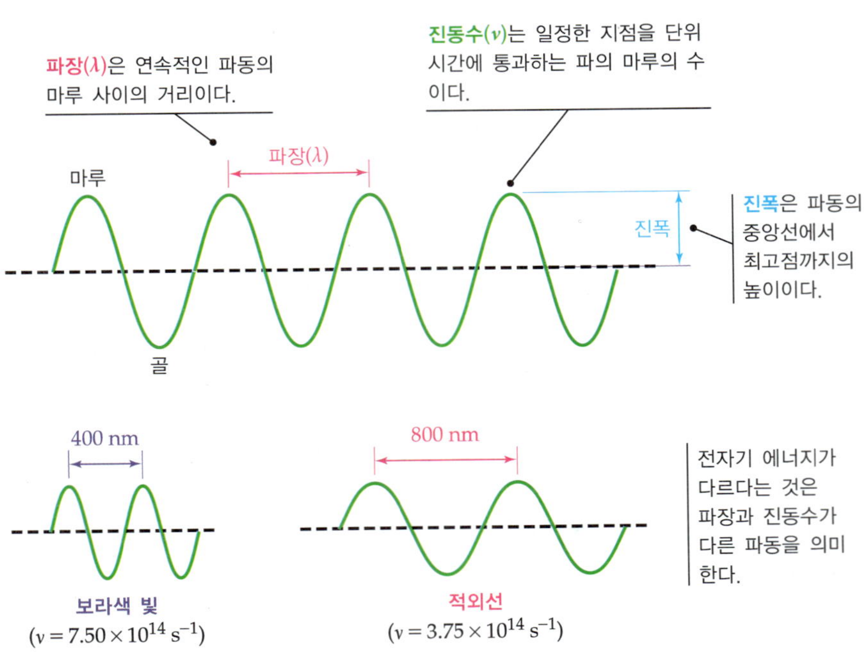

◀ **그림 5.3**
전자기파의 특성. 전자기파는 파장, 진동수, 진폭으로 특징지을 수 있다.

파동의 **진동수**(**frequency**, ν; 그리스어 뉴)란 간단히 단위 시간에 일정한 지점을 지나가는 파동의 마루의 수를 말하며, 단위는 초의 역수(1/s 또는 s^{-1}) 또는 **헤르츠**(**hertz**, Hz; 1 Hz = 1 s^{-1})로 나타낸다. 파동의 **파장**(**wavelength**, λ; 그리스어 람다)이란 파동의 마루에서 그 다음 마루까지의 거리이며, 파동의 **진폭**(**amplitude**)은 마루와 골의 중간 지점을 연결한 선에서 마루까지의 높이를 말한다. 물리적으로 전자기 에너지의 세기는 파동 진폭의 제곱에 비례한다. 아주 희미한 빛과 눈이 부시는 강한 빛은 같은 파장과 진동수를 가지고 있지만, 그 진폭은 크게 다르다.

미터(m) 단위인 파동의 파장에 초의 역수(s^{-1}) 단위인 진동수를 곱하면 초당 미터(m/s) 단위인 파동의 속도를 나타낸다. 진공에서 모든 전자기 에너지의 전파 속도는 일정한 값을 갖는다. 이것을 빛의 속도(광속)라고 부르며 약자로 c라고 쓴다. 그 값은 정확하게 2.997 924 58 $\times 10^8$ m/s, 대략적으로 3.00 $\times 10^8$ m/s로 정의된다.

$$\text{파장} \times \text{진동수} = \text{속도}$$
$$\lambda(\text{m}) \times \nu(\text{s}^{-1}) = c(\text{m/s})$$

다르게 표현하면,

$$\lambda = \frac{c}{\nu} \quad \text{또는} \quad \nu = \frac{c}{\lambda}$$

▲ 수은등의 푸른빛은 소듐등의 노란빛보다 파장이 더 길까, 더 짧을까? ©Natalia Bratslavsky/Shutterstock

이 관계식은 진동수와 파장이 서로 반비례 관계에 있음을 보여 준다. 즉 긴 파장을 갖는 전자기 에너지는 낮은 진동수를, 짧은 파장을 갖는 전자기 에너지는 높은 진동수를 갖는다. 예제 5.1은 전자기 복사의 파장과 진동수를 어떻게 변환하는지를 보여 준다.

예제 5.1

파장으로부터 진동수 계산

가로등에 쓰이는 수은등의 연한 푸른빛은 파장이 436 nm이다. 진동수(Hz)는 얼마인가?

문제 파악

알고 있는 것	알아내야 할 것
파장(λ)	진동수(ν)

전략

파장과 진동수의 관계식을 이용한다. 광속(c)은 m/s 단위이므로 nm를 m로 바꾸는 것을 잊지 말자.

풀이

$$\nu = \frac{c}{\lambda} = \frac{\left(3.00 \times 10^8 \frac{\cancel{\text{m}}}{\text{s}}\right)}{(436\ \cancel{\text{nm}})\left(\frac{1\ \cancel{\text{m}}}{10^9\ \cancel{\text{nm}}}\right)}$$
$$= 6.88 \times 10^{14}\ \text{s}^{-1} = 6.88 \times 10^{14}\ \text{Hz}$$

구하는 빛의 진동수는 6.88×10^{14} s^{-1}, 즉 6.88×10^{14} Hz이다.

▶ **연습문제 5.1** 진동수 ν = 102.5 MHz인 FM 라디오파의 파장(m)은 얼마인가?

▶ **개념 응용문제 5.2** 아래에 두 개의 전자기파를 나타내었다.

(a) **(b)**

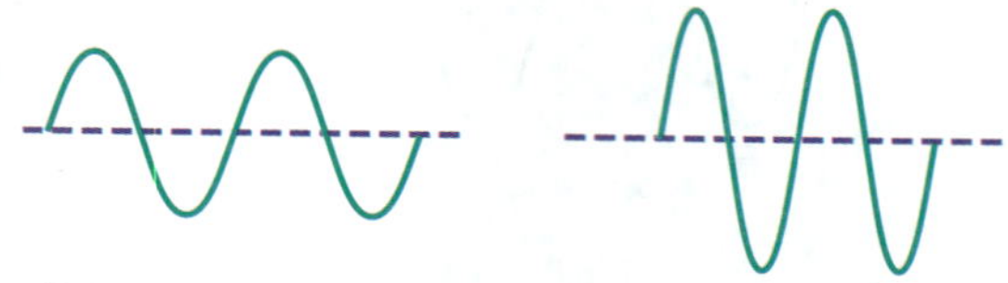

(a) 어떤 파동이 더 진동수가 높은가?
(b) 어떤 파동이 더 강한(밝은) 빛을 나타내는가?
(c) 파란색 빛과 빨간색 빛을 나타내는 파동은 각각 무엇인가?

우리는 육안으로 파동의 성질을 갖는 가시광선을 관측할 수 없기 때문에, 복사 에너지가 파동의 성질을 어떻게 가지는지 의아해할 수 밖에 없다. 과학자들은 파동이 나타내는 물리적인 현상, 예를 들면 회절(diffraction)과 간섭(interference)과 같은 현상의 존재에 대한 실험을 실시하게 되었다. 그림 5.4a에 나타낸 바와 같이, 회절 현상은 물체 주위로 빛이 굽어지는 현상이라고 볼 수 있다. 그림 5.4b에 나타낸 바와 같이, 간섭 현상은 두 개 혹은 그 이상의 파동들을 겹쳐서 새로운 파동을 형성하는 것이다. 동일한 진동수를 가진 파들이 마루와 골이 나란하게 되어 같은 위상(phase)을 가질 때, **보강 간섭**(constructive interference)이 일어난다. 이때 각 지점에서 두 개의 파동을 더하면, 생겨나는 새로운 파동의 진동수는 같고 진폭은 더 크다. 반면에, 동일한 진동수를 가진 파들이 다른 위상(phase)을 가질 때, **상쇄 간섭**(destructive interference)이 일어난다. 한 파동의 골과 다른 파동의 마루가 서로 일치하게 된다. 따라서, 각 지점에서 각 파동의 진폭을 더하면 생겨나는 새로운 파동의 진폭은 0이 된다.

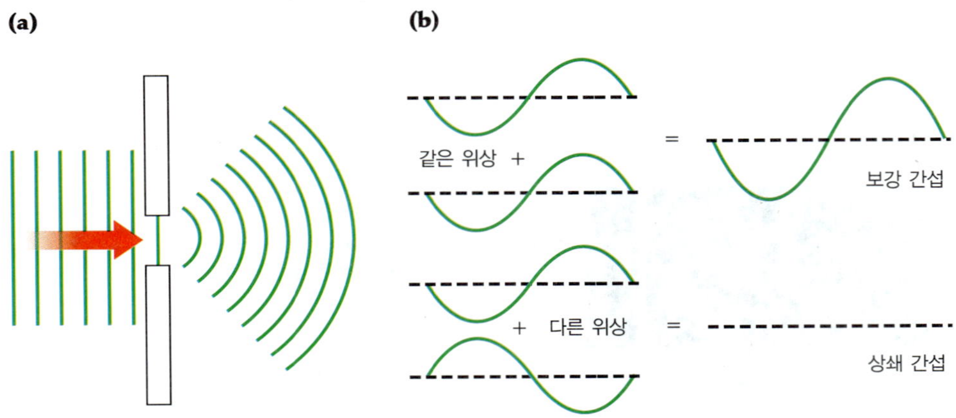

회절은 물체 주위에 파동이 굽어지는 현상이다.

보강 간섭과 상쇄 간섭은 파동의 성질이다.

◀ 그림 5.4
회절과 간섭 현상은 파동들에 의해 나타난 현상들이다.
(a) 회절은 파동이 슬릿(slit)을 통과할 때 파동이 구부러지는 현상이다.
(b) 보강 간섭은 같은 진동수를 가지는 두 파동들이 같은 위상을 가지고 포개져 같은 진동수를 가지면서 증가된 진폭을 가진 새로운 파동을 나타나게 한다. 이에 비해 상쇄 간섭은 위상이 다른 두 파동들이 포개져 진폭이 영인 새로운 파동을 나타나게 한다.

1800년대 초, 영(Thomas Young, 1773~1829)은 이중 슬릿 실험에 의해 빛이 파동임을 증명하였다(그림 5.5) 두 개의 평행한 슬릿에 한 개의 파장을 가진 빛을 통과시키면, 검출기(광학 스크린)에 간섭 패턴이 나타난다. 한 빛이 두 개의 슬릿을 통과할 때 각각의 슬릿에서 회절이 일어난다. 회절된 두 개의 파가 상호 보강적으로 간섭이 일어나게 되면 밝은 띠(band)들을 형성하게 되고, 회절된 두 개의 파가 상호 비보강적으로 간섭이 일어나게 되면 어두운 띠들을 형성하게 된다. 빛이 가지는 파동성 때문에 밝은 띠와 어두운 띠를 가져다 준다. 우리는 5.4절에서 빠른 속도를 가지는 전자들과 같은 입자들이 유사 이중 슬릿 실험에서 파동성을 역시 나타냄을 볼 것이다.

5.2 복사 에너지의 입자성: 광전 효과와 플랑크 가설

1905년에 아인슈타인(Albert Einstein, 1879~1955)이 광전 효과(photoelectric effect)에 대한 설명을 제안했을 때, 원자 구조의 모형을 발전시키는 한 가지 중요한 진전이 이루어졌다. 과학자들은 1800년대 후반부터 깨끗한 금속 표면에 빛을 쪼이면 전자가 튀어나온다는 것을 알고 있었다(그림 5.6). 더구나 전자를 튀어나오게 하는 빛의 진동수는 한곗값 이상이 되어야 하며, 그것은 각 금속마다 다르다는 것을 알았다. 예를 들어, 소듐 금속은 파란색 빛

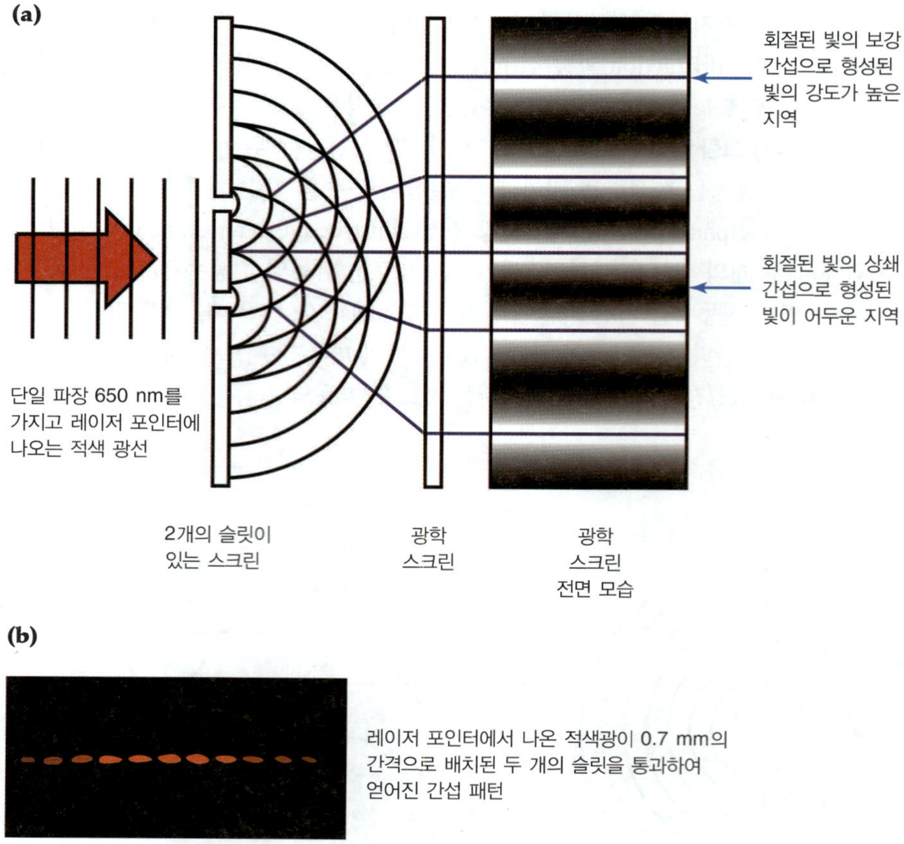

▶ **그림 5.5**
복사선은 두 개의 슬릿 실험에서 파동성을 보인다.
(a) 한 개의 빛이 두 개의 좁은 슬릿을 가지는 장애물에 입사된다. 두 개의 슬릿을 통과할 때 빛은 회절되고 회절된 두 개의 빛은 보강 또는 상쇄 간섭 현상을 일으켜서 밝은 띠와 어두운 띠를 형성한다. ⓒinductiveload/Wikimedia Commons
(b) 적색광이 두 개의 슬릿을 통과하여 얻어지는 간섭 패턴

▲ **확인하기**
두 개의 슬릿 실험으로부터 빛의 어떤 파동성이 측정되었는가?
답 회절과 간섭

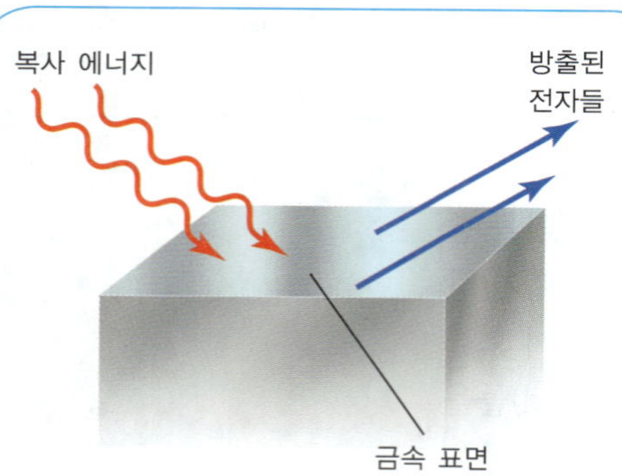

▲ **그림 5.6**
광전 효과. 깨끗한 금속 표면에 한계 진동수 이상의 복사 에너지를 조사하면 전자를 방출한다.

($\nu \approx 6.5 \times 10^{14}$ Hz)을 쪼이면 전자를 방출하지만 빨간색, 빛($\nu \approx 4.5 \times 10^{14}$ Hz)을 쪼이면 아무런 효과를 보이지 않는다.

아인슈타인은 광전 효과를 설명하기 위해, 빛은 **광자**(photon)라는 작은 입자의 흐름처럼 행동한다고 가정하였다. 이때 광자의 에너지(E)는 독일의 물리학자인 플랑크(Max Planck, 1858~1947)의 이름을 따라 플랑크 가설(Planck's postulate)이라고 하는 관계식을 따르며, 진동수 ν(또는 파장 λ)와 관련이 있다.

$$\textbf{플랑크 가설}\quad E = h\nu = \frac{hc}{\lambda}$$

비례 상수 h는 오늘날 플랑크 상수라고 부르는 기본적인 물리 상수이고, 그 값은 $h = 6.626 \times 10^{-34}$ J·s이다. 예를 들면, 진동수 $\nu = 4.62 \times 10^{14}\ \text{s}^{-1}$ (파장 $\lambda = 649$ nm)인 붉은빛의 광자 한 개의 에너지는 3.06×10^{-19} J이다. [1.8절에 나온 에너지의 SI 단위는 줄(joule, J)이며, $1\ \text{J} = 1\,(\text{kg}\cdot\text{m}^2)/\text{s}^2$이라는 것을 상기하라.]

$$E = h\nu = (6.626 \times 10^{-34}\ \text{J}\cdot\text{s})(4.62 \times 10^{14}\ \text{s}^{-1}) = 3.06 \times 10^{-19}\ \text{J}$$

2.9절로부터, 어떤 물질 1몰(mol)은 아보가드로수(6.022×10^{23})만큼의 양이라는 사실을 기억하자. 따라서 전자기 에너지를 광자 단위로 표시하는 것보다 몰 단위로 표시하는 것이 오히려 편리하다. 3.06×10^{-19} J의 광자 에너지에 아보가드로수를 곱하면 184 kJ/mol의 에너

지를 얻는다.

$$\left(3.06 \times 10^{-19} \frac{\text{J}}{\cancel{\text{광자}}}\right)\left(6.022 \times 10^{23} \frac{\cancel{\text{광자}}}{\text{mol}}\right) = 1.84 \times 10^{5} \frac{\text{J}}{\text{mol}}$$

$$\left(1.84 \times 10^{5} \frac{\cancel{\text{J}}}{\text{mol}}\right)\left(\frac{1\ \text{kJ}}{1000\ \cancel{\text{J}}}\right) = 184\ \text{kJ/mol}$$

진동수가 크고 파장이 짧은 빛은 높은 에너지 복사선을 갖는다. 그리고 진동수가 낮고 파장이 긴 빛은 낮은 에너지를 갖는다. 예를 들어, 파란색 빛($\lambda \approx 450$ nm)은 빨간색 빛($\lambda \approx 650$ nm)보다 파장은 짧고 에너지는 더 크다. 마찬가지로 X선($\lambda \approx 1$ nm)은 FM 라디오파($\lambda \approx 10^{10}$ nm, 즉 10 m) 보다 파장이 짧고 더 큰 에너지를 갖는다.

만약 금속 표면과 충돌하는 광자의 진동수(혹은 에너지)가 어떤 최솟값이 되지 못하면 전자는 튀어나오지 못한다. 그러나 한곗값 이상에서는 광자에서 전자로 충분한 에너지가 전해져서 금속에 구속되어 있는 인력을 극복하고 전자들이 튀어나온다(**그림 5.7**). 전자를 방출하는 데 필요한 에너지의 양은 금속의 일함수(Φ)라고 부르며, 1족과 2족 원소들에서 가장 낮다. 즉, 주기율표에서 왼쪽에 있는 원소들은 다른 금속들보다 전자를 약하게 붙들고 있으며, 전자들을 쉽게 방출한다(**표 5.1**).

각 광자의 에너지는 그 진동수(또는 파장)에 의해서만 결정되고, 빛의 세기에 무관하다는 점에 유의하자. 빛의 세기는 그 빛에 포함된 광자의 **수**의 척도인 반면에, 진동수는 그 광자가 가진 **에너지**의 척도이다. 높은 에너지를 가진 아주 약한 빛의 광자도 쉽게 금속 표면에서 몇 개의 전자를 떼어낼 수 있다. 그러나 낮은 에너지를 가진 아주 센 빛의 광자들은 단 하나의 전자도 금속에서 떼어낼 수 없다. 비유를 하자면, 유리창에 질량이 다른 공을 던지는 것을 생각해 볼 수 있다. 탁구공(낮은 에너지) 천 개를 유리창에 던지면 모두 튕겨 나오지만, 야구공(높은 에너지) 한 개를 탁구공과 같은 속도로 던지면 유리창이 깨질 것이다. 마찬가지로, 낮은 에너지의 광자는 금속 표면에서 튕겨나가지만, 한곗값보다 큰 에너지를 가지는 광자가 하나라도 있으면 금속을 깨뜨려 전자를 떼어낼 수 있다.

아인슈타인의 업적에서 알 수 있는 중요한 결론은, 빛의 움직임과 다른 모든 형태의 전자기 에너지가 그 전에 알던 것보다 훨씬 복잡하다는 것이다. 빛에너지는 파동처럼 행동할 뿐 아니라 **작은 입자처럼 행동한다**. 이런 생각은 처음에는 이상하게 보이지만, 빛을 물질과 같

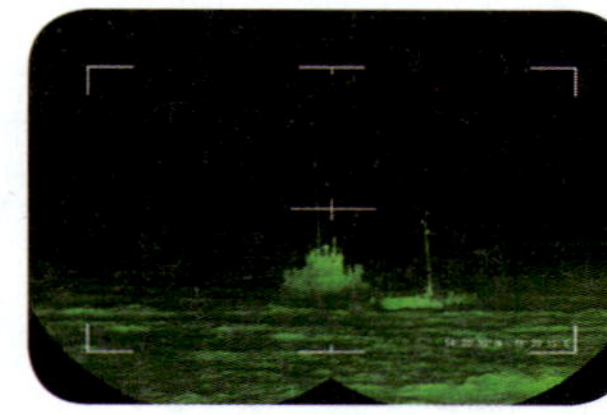

▲ 야간 시력용 안경은 적외선이 조사될 때 전자를 방출하는 금속 합금의 광전 효과에 기반을 두고 있다. ©Nightman1965/Shutterstock

표 5.1 몇 가지 금속들의 일함수

원소	일함수(Φ) (kJ/mol)
Cs	188
K	221
Na	228
Ca	277
Mg	353
Cu	437
Fe	451

개념탐구 질문 1

277 kJ/mol(432 nm)의 에너지를 가진 빛이 칼슘 조각의 표면에 쪼여지면 **광전 효과**(photoelectric effect)에 의해 전자들이 방출된다. 칼슘의 표면에 광전 효과를 일으키는 빛의 파장은 얼마일까?

쪼여준 빛의 진동수에 따라 금속 표면으로부터 튀어나오는 전자 수를 그리면 한곗값이 있음을 알 수 있다.

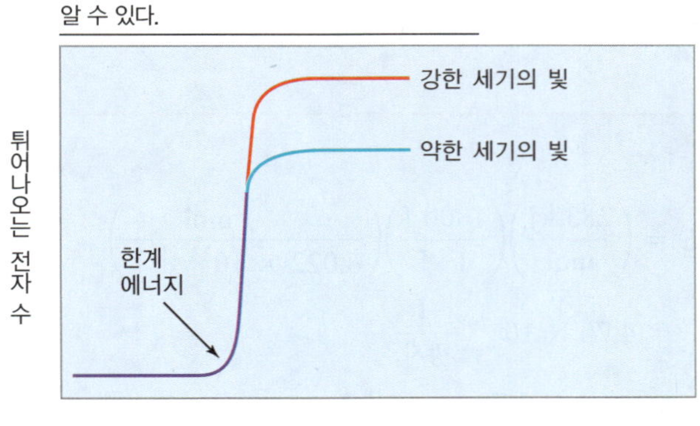

빛의 진동수를 바꾸지 않고 그 세기를 증가시키면 튀어나오는 전자 수는 증가하지만, 한곗값은 변하지 않는다.

◀ **그림 5.7**
진동수에 의존하는 광전 효과

▲ 확인하기

만약 (a) 한곗값보다 작은 진동수를 가진 아주 강한 빛이 사용된다면 (b) 한곗값보다 큰 진동수를 가진 아주 희미한 빛이 사용된다면, 금속 표면에서 전자가 방출되겠는가? 빛이 입자성을 가진다는 것을 이러한 관찰이 어떻게 설명해 주는가?

답 (a) 전자가 방출되지 않는다. (b) 적은 수의 전자가 방출된다. 오직 특정한 진동수 이상의 빛만이 전자를 방출시키기에 충분한 에너지를 가지고 있다. 이것은 '입자'와 유사하다. 야구공은 창문을 깰 수 있지만, 탁구공은 그렇지 못하다.

▲ 창문은 야구공 한 개를 던져도 깨질 수 있다. 하지만 천 개의 탁구공을 던진다면 튕겨져 나올 뿐이다.
ⓒPhil McDonald/Shutterstock

은 것이라고 생각하면 아주 이상한 것도 아니다. 물질과 전자기 에너지는 둘 다 양자화된다(quantized)고 말하며, 이것은 둘 다 불연속적인 양으로 일어난다는 것을 의미한다. 수소 원자가 1개 또는 2개로 존재하고 1.5개 또는 1.8개로 존재할 수 없는 것처럼, 광자도 1.5개나 1.8개로 존재할 수 없다. 원소의 가능한 가장 작은 양이 원자인 것처럼 **양자(quantum)**는 어떤 양(quantity)의 가능한 가장 작은 단위이다. 원자 하나에 상당하는 물질이 상상할 수도 없을 만큼 작은 것처럼, 빛의 한 광자에 해당하는 양자의 에너지도 거의 상상할 수 없을 만큼 작다. 그러나 근본적인 사고는 같다. 플랑크 가설과 입자성을 가진 아인슈타인의 광자는 당대의 고전 물리학 법칙들로부터 극적으로 시작되었고, 궁극적으로는 과학자들로 하여금 원자 구조에 관한 생각의 전환을 야기하였다.

예제 5.2

광자의 에너지 계산

$\nu = 3.35 \times 10^8$ Hz를 갖는 레이더파의 에너지(kJ/mol)는 얼마인가?

문제 파악

알고 있는 것	알아내야 할 것
진동수(ν)	에너지(E)

전략

진동수 ν를 갖는 광자의 에너지는 식 $E_{광자} = h\nu$로 계산된다. 광자 1 mol의 에너지를 구하기 위해 광자 한 개의 에너지에 아보가드로수를 곱해야 한다.

풀이

$$E = h\nu = (6.626 \times 10^{-34}\ \text{J}\cdot\cancel{\text{s}})(3.35 \times 10^8\ \cancel{\text{s}^{-1}})$$
$$= 2.22 \times 10^{-25}\ \text{J}$$
$$\left(2.22 \times 10^{-25} \frac{\text{J}}{\cancel{\text{광자}}}\right)\left(6.022 \times 10^{23} \frac{\cancel{\text{광자}}}{\text{mol}}\right)$$
$$= 0.134\ \text{J/mol} = 1.34 \times 10^{-4}\ \text{kJ/mol}$$

▶ **연습문제 5.3** 전자기 에너지를 쪼였을 때 생물학적 영향은 일반적으로 복사 에너지가 증가할수록 더 심각해진다. 즉 적외선을 쪼이면 기분 좋게 따뜻하다. 그러나 자외선을 쪼이면 살갗이 타고 심하면 화상을 입는다. 또한 X선은 상당한 조직 손상을 일으킬 수 있다. 다음 파장의 에너지(kJ/mol)는 얼마인가? $\lambda = 1.55 \times 10^{-6}$ m인 적외선, $\lambda = 250$ nm인 자외선, $\lambda = 5.49$ nm인 X선)

▶ **응용문제 5.4** 상온에서 전자레인지로 컵에 들어 있는 물을 끓이려면 74 kJ의 열이 필요하다. 전자레인지에서 나오는 마이크로파의 파장이 2.3×10^{-3} m라면, 물을 끓이기 위해서는 몇 몰의 광자가 필요한가?

예제 5.3

주어진 일함수에서 광전 효과의 진동수 계산

리튬 금속의 일함수는 $\Phi = 283$ kJ/mol이다. 리튬으로부터 전자를 방출시키기 위해 필요한 빛의 진동수는 얼마인가?

문제 파악

알고 있는 것	알아내야 할 것
일함수(Φ) = 에너지(E)	진동수(ν)

전략

금속의 일함수란 전자를 방출하는 데 필요한 최소의 에너지이다. 리튬은 $E = 283$ kJ/mol이다. 일함수의 단위 kJ/mol을 J/광자로 바꿔서 광자 한 개의 에너지를 구하고, 플랑크 식 $E = h\nu$를 $\nu = E/h$로 바꿔서 진동수를 구한다.

$$E = \left(\frac{283\ \cancel{\text{kJ}}}{\cancel{\text{mol}}}\right)\left(\frac{1000\ \text{J}}{1\ \cancel{\text{kJ}}}\right)\left(\frac{1\ \cancel{\text{mol}}}{6.022 \times 10^{23}\ \text{광자}}\right)$$
$$= 4.70 \times 10^{-19}\ \frac{\text{J}}{\text{광자}}$$
$$\nu = \frac{E}{h} = \frac{4.70 \times 10^{-19}\ \cancel{\text{J}}}{(6.626 \times 10^{-34}\ \cancel{\text{J}}\cdot\text{s})} = 7.09 \times 10^{14}\ \text{s}^{-1}$$
또는 7.09×10^{14} Hz

연습문제 5.5 금속 아연의 일함수는 350 kJ/mol이다. λ = 390 nm인 자외선의 광자는 아연으로부터 전자를 방출할 수 있을까?

개념 응용문제 5.6 두 원소 루비듐과 은을 비교하시오.

(a) 어떤 원소의 일함수가 더 높을까?

(b) 어떤 원소가 긴 파장의 빛에서 광전 효과를 일으킬까?

5.3 원자 선 스펙트럼과 양자화된 에너지

이제 우리는 전자기 복사가 파동성과 입자성을 가지고 있다는 것을 알았다. 이것이 물질과 어떻게 상호 작용하는지 검토하여 원자 구조에 대한 실마리를 얻을 수 있다. 원자로부터의 빛의 방출과 백열전구로부터의 빛의 방출을 비교해 보자. 태양이나 일반적인 백열전구에서 나오는 빛은 백색광이다. 그것은 전자기 스펙트럼의 가시광선 영역 전체를 차지하는 모든 파장의 빛이 다 섞여 있다는 것을 의미한다. 백색광은 실제로 많은 색깔의 빛의 스펙트럼으로 이루어져 있다. 백색광의 가는 빛살을 유리 프리즘에 통과시켰을 때 '무지개'색이 나타나는 것이 그 증거이다(**그림 5.8a**). 이것은 백색광에 들어 있는 서로 다른 파장의 빛이 다른 속도로 유리를 통과하기 때문에 일어난다. 그 결과, 백색광은 긴 파장 끝(780 nm)의 빨간색부터 짧은 파장 끝(380 nm)의 보라색까지 여러 색의 성분으로 나누어진다. 마찬가지로, 이러한 색의 분리는 빛이 공기 중의 물방울을 통과하여 무지개를 형성할 때, 또는 구름 속의 정렬된 얼음 결정을 통과하여 **환일**(parhelion 또는 sundog)이 일어날 때도 나타난다(**그림 5.8b**).

(a) **(b)**

◀ **그림 5.8**
백색광의 구성 색으로의 분리. (a) 보통 백색광의 가는 빛살이 유리 프리즘을 통과할 때, 파장이 다른 빛들은 유리를 통과하는 속도가 다르고 다른 색으로 나타난다. 빛이 공기 중의 물방울을 지나며 무지개를 형성할 때, ©Kostenko Maxim/Shutterstock (b) 빛이 구름 속의 얼음 결정을 통과하여 환일이라고 하는 특이한 기상 현상이 일어날 때 비슷한 효과가 발생한다. ©Karin Hildebrand Lau/Shutterstock

가시광선이나 전자기 에너지를 가지는 다른 종류의 전자기파는 원자 구조와 어떤 관계가 있을까? 그 대답은 원자를 가열하거나 다른 방법으로 원자가 높은 에너지 상태로 되면 특정한 빛을 내보내므로, 각 원자의 구조에 대한 단서를 제공해 준다는 사실과 관련이 있다. 태양에서 나오는 백색광과 달리, 높은 에너지 상태로 들뜬 원자가 내놓은 빛은 모든 파장이 연속적으로 분포하지 않는다. 좁은 슬릿과 프리즘을 통과하면 들뜬 원자에서 나오는 빛은 **선 스펙트럼**(**line spectrum**)이라 불리는 검은 바탕에 불연속적인 일련의 선으로 무지개 색깔 전부가 아닌 몇 가지 특정한 파장의 색으로만 나타난다. 만약 수소 원자가 방전관에서 전기적으로 들떴을 때는 몇 가지 다른 색깔로 이루어진 분홍색을 띤 빛을 낸다(**그림 5.9a**). 네온사인에 들어가는 네온이나 불꽃놀이에 사용되는 소듐염과 같은 다른 원소들도 들뜸에 의해 선 스펙트럼을 만들어낸다(**그림 5.9b**). 실제로 불꽃놀이에 쓰이는 아름다운 색상들은 화약에 의해 가열된 여러 종류의 금속 원자 혼합물에 의해 방출된 빛으로부터 만들어진다.

▶ 전기적으로 들뜬 수소 원자는 방전관에서 분홍색 빛을 낸다. 네온 원자는 주황색 빛을 방출한다. 열에 의해 들뜬 상태인 소듐 원자는 불꽃에서 노란색 빛을 방출한다.

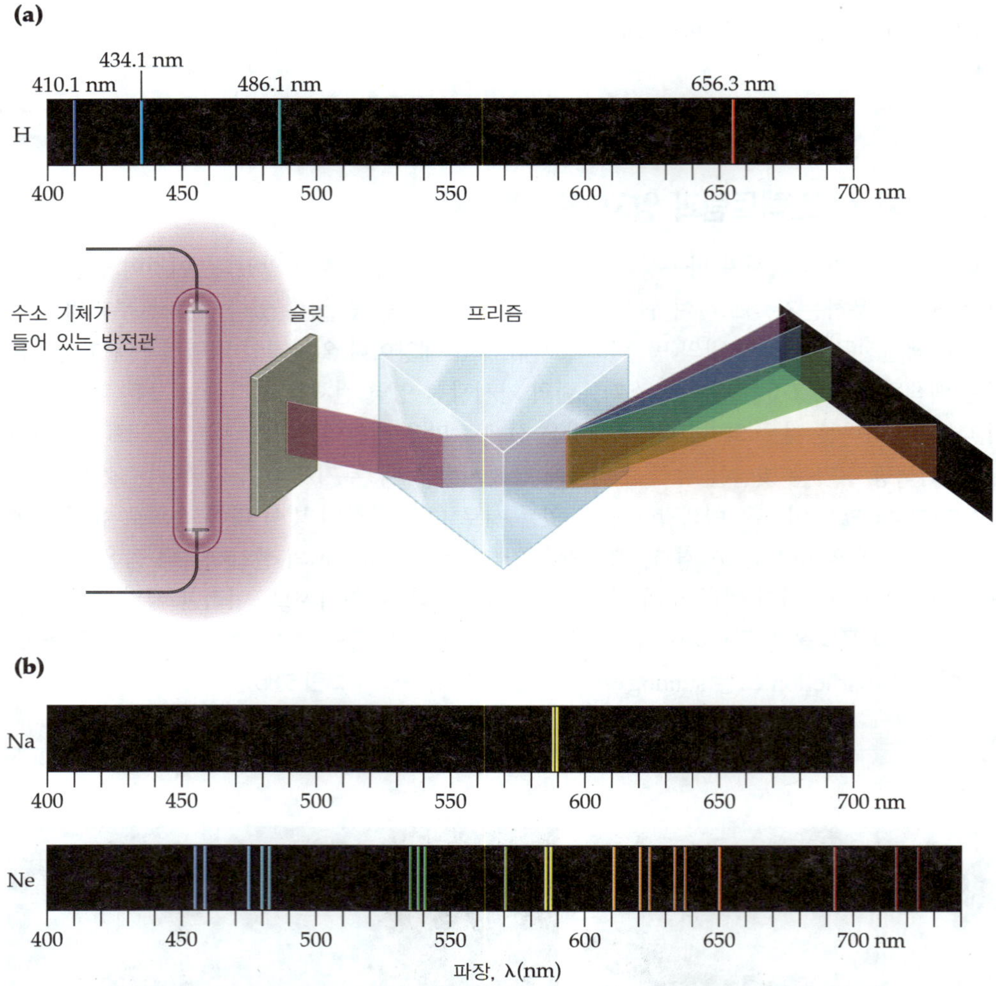

▶ 그림 5.9
원자의 선 스펙트럼. (a) 수소 방전관에서 나온 빛이 좁은 슬릿과 프리즘을 통과할 때 방출 스펙트럼의 빛이 분리되었다. (b) 각각의 원소들, 이를테면 소듐과 네온은 각각의 고유한 선 스펙트럼을 가지고 있다. 이를 통해 시료에 들어 있는 원소를 확인하거나 양을 측정하는 데 사용된다.

▲ 확인하기

원자의 방출 스펙트럼이 태양의 방출 스펙트럼과 다른 점은 무엇인가?

답 태양의 방출 스펙트럼은 가시광선 영역의 모든 전자기 복사 파장을 포함하고 있다. 원자의 방출 스펙트럼은 불연속적인 가시광선 영역의 파장을 가진 선 스펙트럼으로 구성된다.

기억하기…
러더퍼드는 원자는 대부분 빈 공간이고 가운데에 양전하가 밀집한 핵으로 이루어져야 한다고 제안했다.

들뜬 원자가 특정한 파장의 빛을 방출한다는 것이 발견된 후, 화학자들은 여러 원소들의 선 스펙트럼 목록을 만들기 시작하였다. 화학자들은 각 원소들이 그 자신만의 독특한 스펙트럼 '지문'을 가지고 있다는 것을 곧 알게 되었다. 그 결과를 이용하여 광물이나 다른 물질에 들어 있는 원소들을 분석하였다.

과학계에서는 종종 실험적 결과가 이론보다 먼저 얻어지고, 그 결과를 설명하기 위한 이론이 개발된다. 그리고 선 스펙트럼을 설명하기 위한 원자 구조 이론은 몇십 년 동안 발견되지 않았다. 1900~1911년에 과학자들은 중요한 실험을 했고, 선 스펙트럼의 퍼즐을 푸는 데 도움을 주는 이론을 세웠다. 그중에는 양자 에너지에 관한 플랑크 가설(1900), 아인슈타인의 광자와 광전 효과(1905)와 **러더퍼드의 원자핵 모형(Rutherford's nuclear model**, 1911)이 있다. 이러한 중대한 발견을 기반으로, 러더퍼드의 연구실에서 일하던 덴마크 물리학자 보어(Niels Bohr, 1885~1962)는 선 스펙트럼의 존재를 예측하는 원자 모형을 제안하였다. 그의 수소 원자 모형은 행성이 태양 궤도를 도는 것과 같이, 한 개의 전자가 한 개의 작고 양전하를 띤 원자핵 주위를 원을 그리며 돌고 있다고 설명했다. 보어에 따르면, 궤도의 에너지 준위는 **양자화되어 있다**(quantized). 따라서 전자는 특정한 에너지에 해당하는 특정한 궤도에서만 회전할 수 있다. 궤도의 양자화된 특성은 계단과 경사로를 오르는 비유로 생각해 볼 수 있다. 경사로에서의 높이는 연속적으로 변하지만, 계단에서는 불연속적인 크기로 높이가 변하므로 각 계단의 높이는 양자화되어 있다.

▲ 경사로에서는 높이가 연속적으로 변하지만, 계단에서는 높이가 불연속적인 크기로 변한다. 마찬가지로 전자기 에너지는 연속적이 아니라, 불연속적인 크기로 방출된다.
©Nestor Noci/Shutterstock

보어 모형의 성과는 수소의 선 스펙트럼에서 관찰된 것을 설명할 수 있다는 점이다. n이라고 불리는 각 궤도는 그들만의 반지름(n)을 가지고 있고, 이것은 곧 에너지와 연관되어 있다. 즉, 반지름이 증가하면 에너지 또한 증가한다. 다시 말해, $n = 2$라면 $n = 1$일 때보다 더 큰 에너지를 가지고 있고, $n = 3$이면 $n = 2$일 때보다 더 큰 에너지를 가지고 있다. 보어 모형에 따르면, 전자가 궤도 내에서 운동할 때 에너지의 변화는 없다. 그러나 낮은 궤도로 전자가 이동한다면 두 궤도 사이의 에너지 차이만큼의 에너지를 가진 광자를 방출하게 된다(그림 5.10).

$$\Delta E = E_{\text{최종}} - E_{\text{초기}} = h\nu$$

보어 모형에 따르면, 원자 에너지의 양자화는 마치 사람이 계단과 계단 사이에 서 있을 수 없는 것처럼, 전자가 궤도와 궤도 사이에 존재할 수 없기 때문에 발생한다.

원자에 의해서 에너지가 흡수될 때, 전자는 낮은 궤도에서 높은 궤도로 이동한다($n_{\text{초기}} < n_{\text{최종}}$). 반면에, 전자가 높은 궤도에서 낮은 궤도로 떨어질 때, 에너지는 방출된다($n_{\text{초기}} > n_{\text{최종}}$). 수소 원자에서 전자가 n = 6, 5, 4, 3에서 n = 2로 전이되면 전자기 스펙트럼의 가시광선 영역대 파장의 방출이 일어난다(발머 계열). 그림 5.10에서 볼 수 있듯이 전자들이 $n = 6$, 5, 4, 3에서 $n = 1$로 전이되면 발머 계열보다 에너지 차이가 크다. 그 결과, 스펙트럼의 자외선 영역대의 광자를 방출한다. 마찬가지로, $n = 6$, 5, 4에서 $n = 3$으로 전자가 전이되면 발머 계열보다 작은 에너지 차이를 보이고, 적외선 영역대의 스펙트럼선과 관련이 있다.

보어의 원자 모델에 앞서 발머(1825~1898)와 뤼드베리(1854~1919)의 공동 연구로 수소 원자의 선 스펙트럼에서 나타나는 선들의 관계를 나타낼 수 있는 공식을 유도하게 되었다. 수소 원자의 선 스펙트럼이 나타내는 파장은 **발머-뤼드베리 식**에 의해 나타낼 수 있다.

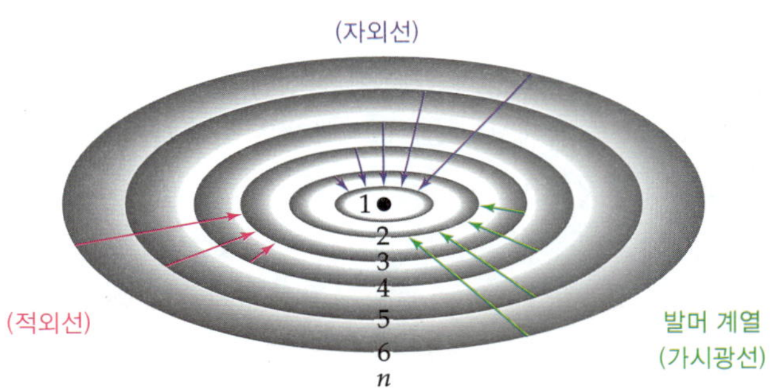

높은 에너지의 궤도로부터 낮은 에너지의 궤도로 전자가 전이할 때, 두 궤도의 에너지 차이에 해당하는 진동수를 가진 전자기 복사(에너지)를 방출한다.

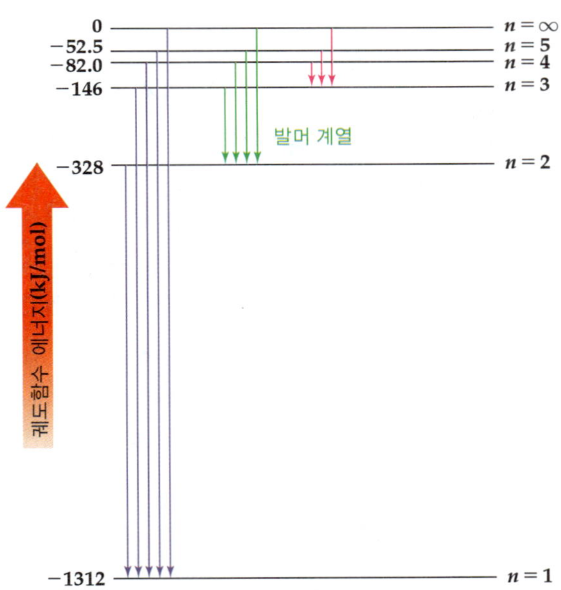

서로 다른 스펙트럼 계열은 높은 에너지 궤도로부터 낮은 에너지 궤도로의 전자 전이에 해당한다.

▲ 그림 5.10
수소에 대한 보어 모형은 원자의 선 스펙트럼을 예측한다.

▲ 확인하기

어떤 전자 전이가 가장 높은 에너지의 빛을 방출하는가?

n = 5에서 n = 3, n = 5에서 n = 2, n = 5에서 n = 1

답 n = 5에서 n = 1 궤도 간의 에너지 차이가 가장 크다.

발머-뤼드베리 식

$$\frac{1}{\lambda} = R_\infty\left[\frac{1}{m^2} - \frac{1}{n^2}\right] \qquad R_\infty = 1.097 \times 10^{-2}\ \text{nm}^{-1}$$

낮은 에너지 궤도의 n 값 (→ m^2)
높은 에너지 궤도의 n 값 (→ n^2)

뤼드베리 상수인 R_∞는 $1.097 \times 10^{-2}\ \text{nm}^{-1}$의 크기를 가지며, 수소에 대한 발머-뤼드베리 식의 변수 m과 n은 보어 모형에서 오비탈의 에너지 준위를 나타낸다. 변수 n은 높은 에너지 궤도의 n 값에 해당하고, 변수 m은 핵에서 가까운 낮은 에너지 궤도의 n 값에 해당한다.

그림 5.10에서 n 값이 아주 커져 무한대에 이르면 $n = \infty$와 $n = 1$ 간의 에너지 차이는 1312 kJ/mol에 이른다. 즉, 1312 kJ은 전자가 아주 먼 거리(무한히 큰 준위)로부터 와서 H^+와 반응하여 가장 낮은 에너지 상태에 전자가 있는 수소 원자 1 mol을 생성할 때 방출되는 에너지이다.

$$H^+ + e^- \longrightarrow H + \text{에너지} \quad (1312\ \text{kJ/mol})$$

H^+에 전자 하나를 더할 때 방출되는 에너지는 수소 원자로부터 전자를 한 개 제거할 때 흡수되는 에너지와 크기가 같으므로, 수소 원자로부터 전자 한 개를 제거할 때 필요한 에너지를 1312 kJ/mol이라고 말할 수도 있다. 다음 장에서, 원자로부터 전자 한 개를 제거하는 데 필요한 에너지는 원소의 화학 반응성에 관한 중요한 단서를 제공한다는 사실을 배우게 될 것이다.

보어의 모형은 수소 원자의 선 스펙트럼을 설명하는 데 매우 효과적이었지만, 몇 가지 제약을 가지고 있다.

개념탐구 질문 2
현대 원자 이론에 따르면, 보어의 원자 모델은 어떤 부분이 더 이상 정확한 사실로 받아들여지지 않는가?

- 수소와 **1전자 화학종**(H, He^+, Li^{2+}) 이외의 원자 스펙트럼을 예측하는 데 실패하였다. 만약 2개 이상의 전자가 존재하면, 전자-전자 반발력과 같은 상호 작용은 보다 복잡한 모형으로 설명되어야 한다.
- 전자의 위치에 대한 정확한 묘사가 불가능하다. **전자들이 고정된 궤도에서 움직이는 것은 아니다.** 사실 우리는 원자 속 전자의 정확한 위치에 대해 알 수 없다. 다만 주어진 공간의 부피에서 전자가 존재할 수 있는 확률을 알 뿐이다.

하지만, 전자가 양자화된 에너지 준위를 가지고 있다는 근본적인 발상은 보어가 1922년 노벨 물리학상을 받게 된 중요한 이론이다. 다음 몇 절에서는 보어의 생각을 확장시키고, 더 나아가 원자 속 전자에 대한 현대적 모형을 설명할 것이다.

예제 5.4

보어 모형과 발머-뤼드베리 식의 연관성

(a) 발머-뤼드베리 식을 사용하여, 수소 원자 내 전자의 에너지 준위가 $n=4$에서 $n=1$로 떨어질 때 방출하는 광자의 파장을 계산하시오.

(b) 광자의 에너지를 kJ/mol 단위로 계산하시오. 광자의 에너지가 그림 5.10에 주어진 $n=4$와 $n=1$ 준위 사이의 에너지 차이와 부합하는지 확인하시오.

(a) 전략

발머-뤼드베리 식을 이용하고 m과 n 값을 찾는다. n은 가장 높은 에너지 준위를 나타내는 4이고, m은 가장 낮은 에너지 준위를 나타내는 1이다. 그러므로 뤼드베리 식에서 $n = 4$이고 $m = 1$이다.

풀이

파장을 구하기 위해 식을 풀면

$$\frac{1}{\lambda} = R_\infty\left[\frac{1}{m^2} - \frac{1}{n^2}\right] = (1.097 \times 10^{-2}\ \text{nm}^{-1})\left[\frac{1}{1^2} - \frac{1}{4^2}\right]$$

$$= 1.028 \times 10^{-2}\ \text{nm}^{-1}$$

또는 $\lambda = \dfrac{1}{1.028 \times 10^{-2}\ \text{nm}^{-1}} = 97.3\ \text{nm}$

(b) 전략

플랑크 가설을 이용하여 파장에서 에너지로 전환한다. 식을 이용하기 위해 먼저 파장의 단위를 미터로 바꾼다. 이유는 빛의 속도의 단위가 m/s이기 때문이다. 플랑크 식에서 에너지의 단위는 J/광자이며, 이것을 kJ/mol로 바꿔야 한다.

풀이

$$E = \frac{hc}{\lambda} = \frac{(6.626 \times 10^{-34}\ \text{J}\cdot\text{s})\left(3.00 \times 10^8\ \frac{\text{m}}{\text{s}}\right)}{(97.3\ \text{nm})\left(\frac{1\ \text{m}}{10^9\ \text{nm}}\right)}$$

$$= 2.05 \times 10^{-18}\ \frac{\text{J}}{\text{광자}}$$

$$\left(2.05 \times 10^{-18}\ \frac{\text{J}}{\text{광자}}\right)\left(6.022 \times 10^{23}\ \frac{\text{광자}}{\text{mol}}\right)$$

$$= 1.23 \times 10^6\ \text{J/mol}$$

$$= 1.23 \times 10^3\ \text{kJ/mol}$$

점검

$n = 4$에서 $n = 1$로의 전이에서 방출되는 광자의 파장은 스펙트럼의 자외선 영역에 속하며, 이는 이론과 일치한다. 그림 5.10에서 에너지는 각각의 n 값에 따라 kJ/mol 단위로 주어지고, $\Delta E = E_{최종} - E_{초기} = [-1312\ \text{kJ/mol} - (-82\ \text{kJ/mol})] = -1.23 \times 10^3$ kJ/mol이다. 이 크기는 광자의 에너지와 일치하고, 음의 부호는 전자가 높은 에너지 준위에서 낮은 에너지 준위로 떨어지면서 원자로부터 에너지가 방출된 것을 나타낸다. ΔE의 양의 부호는 에너지가 흡수되는 것을 의미하며, 전자가 낮은 에너지 준위에서 높은 에너지 준위로 이동한 것을 나타낸다.

▶ **연습문제 5.7** 발머 식은 전자기 스펙트럼의 가시광선 영역을 넘어서 자외선 영역까지 확장될 수 있다. 발머 계열에서 $n = 7$에 해당하는 자외선의 파장(nm)과 에너지(kJ/mol)는 얼마인가? (발머 계열에서는 $m = 2$임을 상기하라.)

▶ **응용문제 5.8**

(a) $m = 3$인 수소의 적외선 영역의 계열에서 가장 긴 파장의 선은 몇 nm인가?

(b) $m = 3$인 수소의 적외선 영역의 계열에서 가장 짧은 파장의 선은 몇 nm인가? (힌트: $n = \infty$)

5.4 물질의 파동성: 드브로이 가설

1900년대 초에 밝혀진 물질과 복사 에너지의 유사성은 1924년 프랑스 물리학자인 드브로이(Louis de Broglie, 1892~1987)에 의해서 더욱 확장되었다. 드브로이는 만약 **빛**이 어떤 측면에서 **물질**과 같이 행동한다면, **물질**도 어떤 측면에서는 **빛**과 같이 행동할 것이라고 제안하였다. 즉, 빛이 파동과 입자의 성질을 가지고 있는 것처럼 물질도 입자의 성질뿐만 아니라 파동의 성질을 가지고 있을 것이다.

물질이 파동과 비슷한 성질을 갖는다는 그의 이론을 전개하기 위해서, 드브로이는 광자의 에너지와 파장의 반비례 관계에 초점을 맞추었다.

$$E = \frac{hc}{\lambda} \quad \text{이므로} \quad \lambda = \frac{hc}{E}$$

1905년 아인슈타인이 제안한 상대성 원리의 일부인 유명한 $E = mc^2$이라는 식을 이용하여 E에 대입하면 다음을 얻는다.

$$\lambda = \frac{hc}{E} = \frac{hc}{mc^2} = \frac{h}{mc}$$

드브로이는 빛의 속도(c)를 입자의 속도(v)로 대체함으로써, 전자처럼 움직이는 입자에도 이와 비슷한 식이 적용될 수 있다고 제안하였다. 결과적으로 **드브로이 식**(**de Broglie equation**)은, 질량 m이고 속도 v로 움직이는 전자나 다른 어떤 입자 또는 물체의 '파장'을 계산할 수 있게 해 준다.

드브로이 식 $\lambda = \dfrac{h}{mv}$

예제 5.5는 드브로이 식을 이용해 움직이는 입자의 파장을 계산하는 것을 보여 준다.

예제 5.5

움직이는 입자의 드브로이 파장 계산

질량이 9.11×10^{-31} kg이고 속도가 2.2×10^{6} m/s(빛의 속도의 1% 정도)인 수소 원자 속 전자의 파장을 계산하시오.

전략

질량과 속도를 알기 때문에, 드브로이 식을 이용하면 파장을 구할 수 있다. 질량과 속도 모두 SI 단위인 kg과 m/s인 것에 유의하라.

풀이

J·s로 표현되는 플랑크 상수의 단위를 (kg·m²)/s로 나타내야 한다[1J = 1 (kg·m²)/s²].

$$\lambda = \frac{h}{mv} = \frac{6.626 \times 10^{-34}\ \frac{\text{kg}\cdot\text{m}^2}{\text{s}}}{(9.11 \times 10^{-31}\ \text{kg})\left(2.2 \times 10^{6}\ \frac{\text{m}}{\text{s}}\right)}$$

$$= 3.3 \times 10^{-10}\ \text{m}$$

▶ **연습문제 5.9** 55.0 mi/h(1 mi = 1609.3 m)로 달리는 1150 kg의 질량을 가진 자동차의 드브로이 파장(m)은 얼마인가?

▶ **응용문제 5.10** 전자 현미경은 고속 전자의 드브로이 파장을 이용하여 작은 물체의 영상을 만든다. 전자 현미경의 배율($\approx 10^6$배)은 가시광선을 사용하는 광학 현미경의 배율($\approx 10^3$배)보다 더 크다. 그 이유는 고속 전자의 파장이 가시광선의 파장보다 더 작기 때문이다. 더 좋은 화질을 얻기 위해서는 전자의 파장은 입자의 지름보다 10배 작아야 한다. 1 nm 입자의 영상을 얻기 위해 필요한 전자의 속도를 구하시오.

빛과 물질이 모두 파동처럼 그리고 입자처럼 행동한다는 것은 무엇을 의미하는가? 일상적인 인간 수준에서 그 답은 아무 의미가 없다. 야구공과 같은 익숙한 물체의 파동성은 눈으로 직접 측정할 수 없다. 왜냐하면, 육안으로 보이는 물체의 드브로이 파장은 너무 작기 때문이다. 빛과 물질의 파동/입자 이중 표현을 이해하는 데 있어서의 문제는 상식으로는 이해할 수 없다는 것이다. 눈과 다른 감각을 이용한 개인적 경험에서 발달되어 온 직관은 빛과 물질이 어떻게 행동하는지 '추측'하게 한다. 입자가 동시에 파동으로 행동한다는 것은 이러한 현상을 관측할 수 없기 때문에 상상하기 어렵다.

반면에, 거리와 질량이 아주 작은 원자 수준에서 빛과 물질은 우리가 알고 있는 것과는 어떤 면에서 다르게 행동한다. 전자와 같은 원자 구성 입자들이 파동성을 나타낸다는 이론을 뒷받침하기 위해 많은 실험들이 수행되고 있다.

두 개의 평행한 슬릿을 가진 판상에 전자살을 주사했을 때 어떤 현상이 일어나는지 관찰해 보자. 두 개의 슬릿을 가진 벽에 테니스공을 던지는 상황을 생각해 보자. 어떤 테니스공들은 벽면에 튕겨 나올 것이고, 또 어떤 공은 슬릿을 통과하게 될 것이다. 첫 번째 벽 후면에 다른 벽이 있다면, 슬릿을 통과한 공은 후면의 벽을 치게 된다. 공이 후면 벽에 부딪힌 부분을 점으로 표시하면, 전면 벽에 있는 슬릿과 비슷한 두 줄기의 띠로 구성된 점들이 있을 거라고 생각할 수 있다. 전자는 9.11×10^{-31} kg의 질량을 가진 아주 작은 입자라는 것은 알고 있다. 전자가 입자로 거동을 한다면, 전자들 역시 두 개의 슬릿을 통과한 후에 테니스공들처럼 두 개의 띠를 형성하게 된다(그림 5. 11a). 그러나 테니스공과 달리, 두 개의 슬릿에 조사된 전자살들은 슬릿을 통과하여 검출부(후면 벽)에 밝은 띠와 어두운 띠를 형성하는 간섭 양상을 보인다. 이러한 현상은 두 개의 슬릿을 통과한 전자파가 나타내는 간섭 패턴과 닮았다고 볼 수 있다(**그림 5. 11b**). 5.1절에 서술한 바와 같이, 두 개의 광선이 두 개의 슬릿을 통과한 후 회절된 빛들의 보강 혹은 상쇄 간섭의 결과로 나타난 간섭 현상이 있음을 상기하라. 두 개의 슬릿을 통과한 전자살들로부터 얻어지는 이미지를 **그림 5.11c**에 나타내었다. 두 개의 슬릿을 향하는 전자살들을 이용한 실험에서 얻어진 관찰 결과는, 전자와 같이 원자보다 작은 입자들이 파동성을 가지고 있음을 입증해 주고 있다.

개념탐구 질문 3

그림 5.11은 두 개의 슬릿을 가진 벽에 전자들 같은 입자들의 행동을 보여 준다. 이 실험으로부터 전자들의 행동에 대해 얻을 수 있는 결론은 무엇인가?

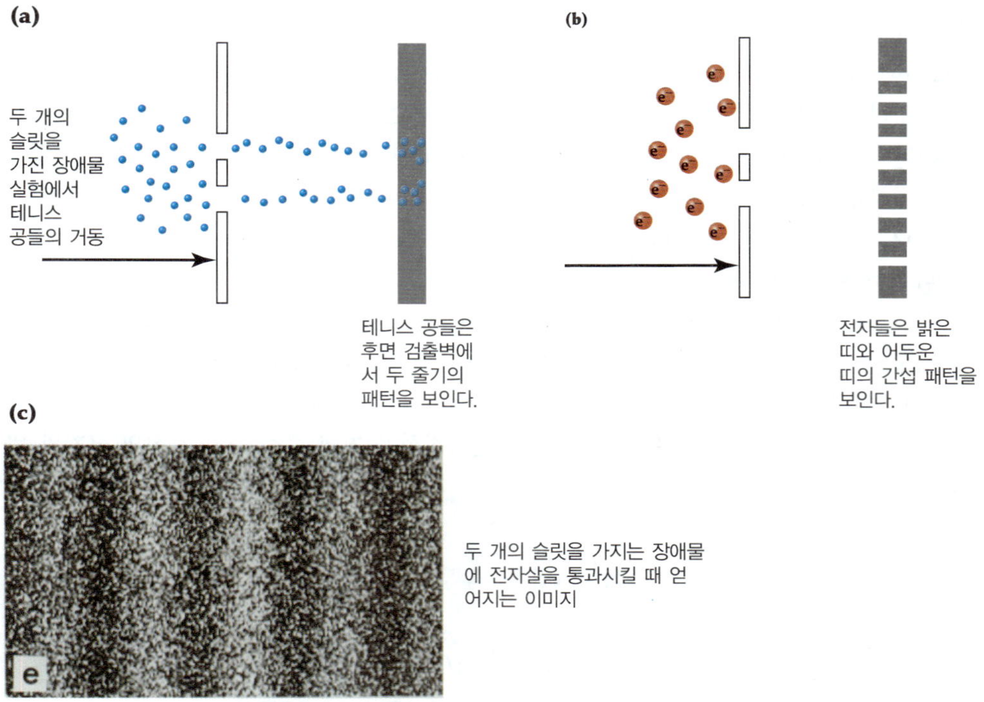

그림 5.11
전자의 파동성
(a) 테니스 공과 같은 입자들이 두 개의 슬릿을 가진 벽을 향하게 되면, 후면 벽의 검출벽에 두 줄기의 띠를 형성한다.
(b) 두 개의 슬릿을 가지는 장애물에 전자살이 주사되면, 파동성이 나타내는 간섭 패턴을 나타낸다.
(c) 두 개의 슬릿을 가지는 장애물에 전자살을 통과시킬 때 얻어지는 이미지 ⓒDr. Tonomura and Belsazar/CC 3.0: Attribution-Share Alike/Wikimedia Commons

5.5 양자 역학적 원자 모형: 하이젠베르크의 불확정성 원리

에너지의 입자적 성질과 물질의 파동적 성질을 가지고 원자 구조 문제로 다시 돌아가자. 5.3절에 기술한 보어 모형처럼, 19세기 말과 20세기 초에 원자 구조에 대한 여러 모형이 제안되었다. 각 전자는 그들의 특정한 에너지 준위에만 존재한다는 결론 때문에 보어 모형은 역사적으로 대단히 중요한 의미를 가지지만, 그 모형은 1개보다 많은 전자를 갖는 원자에 대해서는 잘 맞지 않아서 폐기되었다.

원자 구조를 이해하는 새로운 돌파구가 1926년에 오스트리아 물리학자인 슈뢰딩거(Erwin Schrödinger, 1887~1961)에 의하여 **양자 역학적 원자 모형(quantum mechanical model)**이라는 원자 모형이 제안되면서 마련되었다. 양자 역학 모형의 근본적인 개념은 전자가 일정한 궤도를 따라 움직이는 작은 입자라는 생각을 버리고, 대신 전자의 파동성에 관심을 기울인 것이다. 실제로 1927년에 하이젠베르크(Werner Heisenberg, 1901~1976)에 의해서 전자가 어디에 있고 어느 경로를 가고 있는지를 정확하게 아는 것은 **불가능하다**는 **하이젠베르크의 불확정성 원리(Heisenberg uncertainty principle)**가 알려졌다.

하이젠베르크의 불확정성 원리는 어떤 순간에 전자의 위치를 결정하려고 할 때 무슨 일이 일어날지를 상상함으로써 이해될 수 있다. 우리가 전자를 '보기' 위해서는 적당한 진동수를 갖는 광자가 전자와 상호 작용하여 우리 눈이 감지할 수 있도록 튕겨져 나와야 한다. 그러나 상호 작용 과정에서 광자로부터 전자로 에너지가 전달되고, 그것 때문에 전자의 에너지는 증가하여 전자는 더 빨리 움직일 것이다. 그러므로 전자의 위치를 결정하려는 그 행위 자체가 전자의 위치를 바꾸어 놓게 된다.

수학적으로 말하면, 하이젠베르크의 원리는 전자 위치의 불확정성(Δx)과 그 전자 운동량의 불확정성(Δmv)의 곱은 $h/4\pi$보다 크거나 같다는 것이다.

하이젠베르크의 불확정성 원리 $(\Delta x)(\Delta mv) \geq \dfrac{h}{4\pi}$

▲ 총알과 같은 아주 빠른 물체들도 일상생활에서는 그 운동을 포착할 수 있다. 그러나 원자 수준에서는 속도와 위치를 결코 동시에 정확히 알 수 없다. © yolicanizares/Shutterstock

이 식에 따르면, 전자(혹은 임의의 물체)의 위치와 속도를 동시에 어느 정도 이상 정확하게 알 수 없다. 만약 전자의 **속도**를 아주 정확하게 알면(Δmv는 작다), 전자의 **위치**는 불확실하다(Δx는 커야 한다). 반대로, 전자의 위치를 정확히 알면(Δx가 작다), 전자의 속도는 정확히 알 수 없다(Δmv가 커야 한다). 결과적으로, 전자는 그 위치와 속도를 물리적으로 측정할 때마다 항상 불확실한 것으로 나타난다.

간단히 계산을 해보면 불확정성 원리의 결론을 더 분명하게 이해할 수 있다. 앞 절에서 말한 것처럼 전자 질량 m은 9.11×10^{-31} kg이고, 수소 원자의 경우 전자의 속도 v는 2.2×10^6 m/s이다. 만약 속도를 10% 범위(0.2×10^6 m/s) 안에서 정확히 측정하면, 수소 원자에 있는 전자의 위치에 대한 불확정성은 3×10^{-10} m(300 pm)보다 더 크다. 그러나 수소 원자의 지름이 단지 240 pm이므로, **전자 위치의 불확정성은 거의 수소 원자 자신의 크기와 비슷하다.**

$$(\Delta x)(\Delta mv) \geq \frac{h}{4\pi}\text{이면} \quad (\Delta x) \geq \frac{h}{(4\pi)(\Delta mv)}\text{이므로}$$

$$\Delta x \geq \frac{6.626 \times 10^{-34}\ \dfrac{\cancel{\text{kg}} \cdot \text{m}^{\cancel{2}}}{\cancel{\text{s}}}}{(4)(3.1416)(9.11 \times 10^{-31}\ \cancel{\text{kg}})\left(0.2 \times 10^6\ \dfrac{\cancel{\text{m}}}{\cancel{\text{s}}}\right)}$$

$$\Delta x \geq 3 \times 10^{-10}\ \text{m} \quad \text{또는} \quad 300\ \text{pm}$$

개념탐구 질문 4

날고 있는 공과 음극선관에 있는 전자 중에서 어떠한 입자에 대해 위치와 속도를 정확히 측정하는 것은 불가능한가? (두 가지 입자 모두 위치와 속도를 정확히 측정하는 것이 불가능일까? 혹은 그 중의 하나의 입자에 대해만 위치와 속도를 정확히 측정하는 것이 불가능일까?)

일상생활에서처럼 물체의 질량 m이 상대적으로 클 때, 하이젠베르크 식에서 사용하는 Δx와 Δv는 모두 매우 작을 것이다. 따라서 눈에 보이는 물체의 속도나 위치를 결정하는 것은 별 문제가 없다. 문제는 원자 수준에서만 일어나는 것이다.

5.6 양자 역학적 원자 모형: 오비탈과 양자수

원자 구조에 대한 슈뢰딩거의 양자 역학적 모형은 **파동 방정식**(wave equation)이라고 불리는 수학적 식의 형태로 표현된다. 이렇게 불리게 된 것은 유체 내에서 일어나는 일반적인 파동의 움직임을 설명하는 데 사용되는 식의 형태와 비슷하기 때문이었다. 파동 방정식의 해를 **파동 함수**(**wave function**) 또는 **오비탈**(**orbital**)이라고 부르고, 기호 ψ(그리스 문자 psi, 프사이)로 나타낸다. 전자의 파동 함수는 그 절댓값의 제곱($|\psi|^2$)이 핵 주위 공간의 주어진 부피 안에서 전자가 발견될 확률이라고 생각하면 된다. 이때 보어 원자 모형에서의 '궤도(orbit)'와 양자 역학적 모형에서의 '오비탈(orbital)'의 차이를 명확히 구분하는 것은 중요하다. 즉, 하나의 궤

도는 그 전자의 특정 위치를 말해 주는 반면, 오비탈은 하나의 수학적 식이다. 하이젠베르크의 불확정성의 원리에 따르면 전자의 위치를 정확하게 아는 것은 불가능하다. 하지만 파동 함수는 전자가 어디에서 가장 높은 확률로 발견될 것인지를 말해 준다.

파동 방정식	$\xrightarrow{\text{풀이}}$	파동 함수 또는 오비탈(ψ)	$\longrightarrow$	공간의 특정 영역에서 전자를 발견할 확률($\|\psi\|^2$)

하나의 파동 함수는 각각 n, l, m_l로 표현되는 **양자수**(**quantum number**)라고 불리는 3개의 매개변수에 의해 특징지어진다. 이 양자수들에 의해 오비탈의 에너지 준위와 해당 전자가 차지하고 있는 영역의 3차원적 모양이 결정된다.

- **주양자수**(**principal quantum number, n**)는 양의 정수(n = 1, 2, 3, 4, …)이며, 오비탈의 크기와 에너지 준위를 결정한다. 수소 및 He^+와 같은 다른 1전자 원자들의 경우, 오비탈의 에너지는 n 값에만 의존한다. 다전자 원자들의 경우 오비탈의 에너지 준위는 n과 l 양자수에 의해 결정된다.

  n 값이 증가함에 따라 허용되는 오비탈의 수는 증가하며, 그 오비탈들의 크기가 커져서 전자가 핵으로부터 더 멀리 떨어져 있을 수 있게 된다. 양전하로부터 음전하를 분리시키는 데에는 에너지가 필요하므로 전자와 핵 사이의 증가된 거리는 그 오비탈 내에 있는 전자의 에너지가 양자수 n이 증가할수록 커진다는 것을 의미한다.

  우리는 종종 오비탈들이 주양자수 n에 따라 핵 주변의 연속적인 층, 즉 **껍질**(**shell**)로 그룹을 짓고 있다고 표현한다. 예를 들어, $n = 3$인 오비탈들은 3번째 껍질에 들어 있다고 말한다.
- **각운동량 양자수**(**angular momentum quantum number, l**)는 오비탈의 3차원적인 모양을 결정한다. 주양자수가 n인 오비탈에 대해, 각운동량 양자수 l은 0에서 $n-1$까지의 정숫값을 가질 수 있다. 따라서 각 껍질에는 모양이 서로 다른 n개의 오비탈들이 존재한다.

  n = 1이면 l = 0
  n = 2이면 l = 0, 1
  n = 3이면 l = 0, 1, 2
  . . . 등

  주양자수 n에 따라 오비탈들이 각 껍질 속에 그룹으로 존재하는 것으로 생각하는 것이 편리한 것처럼, 껍질 내의 오비탈들이 각운동량 양자수 l에 따라 **부껍질**(subshell) 내에 다시 그룹을 지어 존재한다고 말한다. 서로 다른 부껍질은 일반적으로 숫자 대신 소문자 알파벳으로 나타내는데, 그 순서는 s, p, d, f, g이다(역사적으로 문자 s, p, d, f는 원자 스펙트럼에 나타나는 여러 선들을 설명하는 *sharp*, *principal*, *diffuse*, *fundamental* 단어의 사용으로부터 유래한다). f 이후에 연속적으로 있는 부껍질은 g, h, …와 같이 알파벳 순으로 표시된다.

각운동량 양자수 l	0	1	2	3	4	. . .
부껍질 표기	s	p	d	f	g	. . .

  예를 들어 $n = 3$이고 $l = 2$인 오비탈은 $3d$ 오비탈이다. 여기서 3은 3번째 껍질을 의미하고 d는 $l = 2$인 부껍질을 의미한다.
- **자기 양자수**(**magnetic quantum number, m_l**)는 기준 좌표축들에 대한 오비탈의 공간적 배향을 결정한다. 각운동량 양자수가 l인 오비탈에 대하여 자기 양자수 m_l은 $-l \sim +l$ 사

이의 정숫값을 가질 수 있다. 따라서 각 부껍질 내의 오비탈들은 모양(즉 l 값)은 같지만, $(2l+1)$개의 다른 공간적 배향으로 존재한다. 이 점에 대해서는 다음 절에서 더 자세히 살펴볼 것이다.

$l = 0$이면 $m_l = 0$
$l = 1$이면 $m_l = -1, 0, +1$
$l = 2$이면 $m_l = -2, -1, 0, +1, +2$
$\cdots$ 등

표 5.2에는 처음 4개의 껍질에 대하여 허용되는 양자수들의 조합이 정리되어 있다.

개념탐구 질문 5

$4d$ 오비탈에 있는 전자의 n, l, m_l 값을 구하시오.

표 5.2 처음 4개 껍질에 대하여 허용되는 양자수들(n, l, m_l)의 조합

n	l	m_l	오비탈 표시	부껍질 속의 오비탈 수	껍질 속의 오비탈 수
1	0	0	1*s*	1	1
2	0	0	2*s*	1	4
	1	−1, 0, +1	2*p*	3	
3	0	0	3*s*	1	9
	1	−1, 0, +1	3*p*	3	
	2	−2, −1, 0, +1, +2	3*d*	5	
4	0	0	4*s*	1	16
	1	−1, 0, +1	4*p*	3	
	2	−2, −1, 0, +1, +2	4*d*	5	
	3	−3, −2, −1, 0, +1, +2, +3	4*f*	7	

그림 5.12는 여러 오비탈의 에너지 준위를 보여 준다. 이 절의 초반에 언급한 바와 같이, 수소 원자에서 오비탈의 에너지 준위는 주양자수 n에만 의존하지만, 다전자 원자에서 오비탈의 에너지 준위는 n과 l에 따라 달라진다. 다시 말하면, 수소 원자의 경우 특정한 껍질 속의 오비

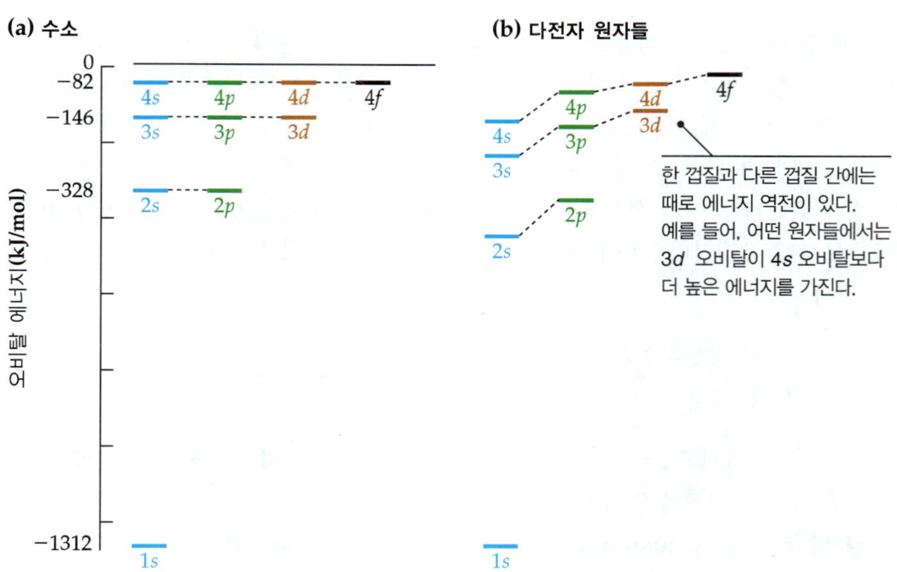

▶ **그림 5.12**
원자 오비탈의 에너지 준위: (a) 수소와 (b) 전형적인 다전자 원자. (b)에서는 여러 부껍질들의 에너지 값의 차이들을 과장되게 표시하여 보기 쉽게 하였다.

▶ **확인하기**

수소 원자와 다전자 원자에서 4*s*, 4*p*, 4*d*, 4*f* 오비탈의 에너지 준위 순서를 결정하시오.

답 수소 원자의 경우 4*s*, 4*p*, 4*d*, 4*f* 오비탈의 에너지는 모두 같다. 다전자 원자 내에서는 낮은 에너지에서 높은 에너지 순서는 $4s < 4p < 4d < 4f$이다.

탈들은 모두 같은 에너지를 가지지만 다른 원자들은 그들의 부껍질에 의존하여 조금씩 다른 에너지를 갖는다. 실제로 어떤 두 껍질 사이에는 에너지의 역전도 일어난다. 예를 들어, 어떤 다전자 원자의 경우 3*d* 오비탈은 4*s* 오비탈보다 더 높은 에너지를 가진다.

예제 5.6

오비탈에 양자수 부여

4*p* 오비탈에 대해 가능한 양자수들의 조합을 구하시오.

전략

주양자수 *n*은 껍질 수를 말해 주며, 여기서는 그 값이 4이다. 각운동량 양자수 *l*은 부껍질을 지정하며, *p* 오비탈의 경우 $l = 1$이다. 자기 양자수 m_l은 오비탈의 공간적 배향을 결정하며, $-l$에서 $+l$까지 정숫값을 가질 수 있으므로 $l = 1$에 대해 $m_l = -1, 0, +1$이다.

풀이

허용되는 조합은 다음과 같이 3가지가 가능하다.

$n = 4, l = 1, m_l = -1$　　$n = 4, l = 1, m_l = 0$

$n = 4, l = 1, m_l = +1$

▶ **연습문제 5.11** 다음 양자수를 가지는 오비탈에서 전자의 오비탈 표기를 제시하시오.

$n = 4, l = 3, m_l = -2$

▶ **응용문제 5.12** 표 5.2를 $n = 5$까지 확대하여 허용되는 양자수의 조합들을 제시하시오. 5번째 껍질 속에는 몇 개의 오비탈이 있는가?

5.7 오비탈의 모양

앞 절에서, 파동 함수(오비탈)의 절댓값의 제곱은 공간의 특정 영역 내에서 전자가 발견될 확률을 나타낸다고 설명하였다. 그 공간 영역의 모양은 각운동량 양자수 *l*에 의해 정의된다. $l = 0$이면 *s* 오비탈, $l = 1$이면 *p* 오비탈, $l = 2$이면 *d* 오비탈, $l = 3$이면 *f* 오비탈로 불린다. 여러 가지 가능한 오비탈 중에서 *s*, *p*, *d*, *f* 오비탈이 중요하다. 그 이유는 알려진 원소들에서는 실제로 전자가 이들 오비탈에만 채워지기 때문이다. 이 4개의 오비탈을 각각 하나씩 살펴보자.

s 오비탈

5.6절에서 설명하였듯이, 파동 함수(ψ), 혹은 오비탈은 파동 방정식의 해이며, 파동 함수는 전자에 허용되는 에너지 상태를 예측할 수 있다. 파동 함수의 제곱($|\psi|^2$)은 공간의 주어진 영역에서 전자를 발견할 확률이다. 그림 5.13a에 ψ^2을 점들을 이용하여 1*s* 오비탈에 대한 전자 밀도 그림으로 나타내었다. 핵 근처에서 점들이 고농도로 존재하는 것은 전자를 발견할 확률이 높다는 것이다. 모든 *s* 오비탈들은 구형이다. 따라서 *s* 오비탈에서 전자를 발견할 확률은 핵으로부터의 거리에만 의존하고 방향에는 무관하다. 그림 5.13b에 나타낸 바와 같이, 1*s* 오비탈에 대한 전자 밀도의 값은 핵($r = 0$)에서 제일 크고, 핵으로부터의 거리(r)이 커지면 전자 밀도는 감소하게 된다. 그림 5.13c는 핵에 근접한 부근에서의 전자 밀도가 제일 크며, 핵으로부터의 주어진 거리(r)에 해당되는 얇은 구 껍질 안에서 전자를 발견할 확률을 훨씬 더 정확하게 나타내는 반지름 분포 그림이다. 반지름 확률 함수(radial probability function)는 전자 밀도(ψ^2)에 반지름 r을 가지는 구의 표면적을 곱한 값이다. 핵은 $r = 0$이므로 이에 해당하는 구의 표면적은 $4\pi r^2$에 $r = 0$을 대입하면 표면적이 0이며, 핵에서 반지름 확률 함수는 0이 된다. 반지름 r이 증가하면 반지름 확률 함수는 증가한다. 이는 r이 증가함에 따라 구의 표면적 증가가

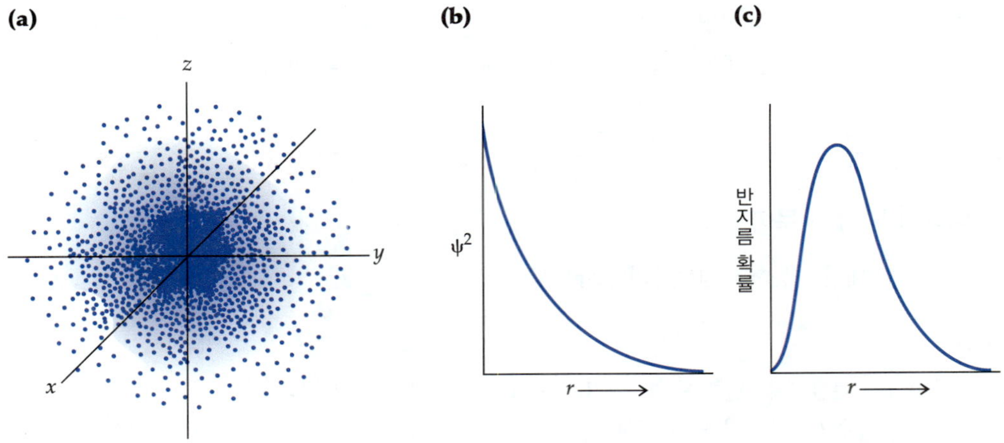

▶ **그림 5.13**
1*s* 오비탈의 표현.
(a) 1*s* 오비탈의 전자 밀도 분포. 고농도의 점들은 주어진 부피에서 전자를 발견할 확률이 높음을 나타낸다.
(b) 1*s* 오비탈에 대해 핵으로부터의 거리 *r*의 함수로서의 확률 밀도(ψ^2)
(c) 1*s* 오비탈에 대한 반지름 분포 그림은 핵으로부터 주어진 거리(*r*)에 있는 얇은 구껍질에서 전자를 발견할 확률을 나타낸다.

전자 밀도의 감소보다 우세하기 때문이다. 반지름 *r*이 더욱 증가하면, 구의 표면적의 증가보다는 전자 밀도의 지수 함수적 감소가 더 우세하여 반지름 확률 함수는 감소하게 된다.

반지름 확률 함수를 시각화하는 간단한 방법으로서 공연장에 있는 좌석들을 고려해 보자(**그림 5.14**). 첫째 줄은 좌석은 3개의 좌석 중 3개가 채워져 있으므로(100%) 점유 백분율이 가장 높다. 다음의 줄에 있는 좌석 점유 백분율은 작아진다. 두 번째 줄에서는 5개 좌석 중에서 4개가 점유되었고(80%), 세 번째 줄에서는 7개 좌석 중에서 3개가 점유되었고(71%), 네 번째 줄에서는 9개 좌석 중에서 4개가 점유되었다(44%). 좌석의 점유 백분율은 한 오비탈에서 전자 밀도(ψ^2)로서 생각할 수 있다. 핵에서의 거리가 증가함에 따라 전자 밀도가 감소하는 것과 같이, 무대에서의 거리가 멀어짐에 따라 좌석의 점유 백분율은 감소하게 된다. 반지름 확률 함수 혹은 핵으로부터 주어진 거리에서 전자를 발견할 확률은 각 줄에서 관객의 총수로 생각할 수 있다. 첫 번째 줄 = 3명의 관객, 두 번째 줄 = 4명의 관객, 세 번째 줄=5명의 관객, 네 번째 줄 = 4명의 관객. 첫 번째 줄을 세 번째 줄을 비교해 보자. 첫 번째 줄은 가장 높은 점유 백분율을 보이지만 3개의 좌석만 가능하여 3명의 관객이 있는 결과를 가져온다. 세 번째 줄에서는 낮은 점유 백분율을 보이지만, 전체 좌석 수가 많아서 5명의 관객이 있는 결과를 가져온다. 공연장에 있는 좌석이 있는 줄들을 반지름 분포 그림으로 생각해 보면, 세 번째 줄이 가장 많은 수의 관객을 가지고 있어서 가장 큰 값의 반지름 확률 함수를 보이게 된다.

▶ **그림 5.14**
공연장을 반지름 확률로 비유하기. 각 줄에 있는 좌석의 점유 백분율은 핵으로부터의 거리가 증가함에 따라 전자를 발견할 확률로 생각할 수 있다. 무대에서의 거리가 멀어짐에 따라 좌석의 점유 백분율은 감소한다. 반지름 확률은 각 줄에 있는 전체 관객의 수로 생각할 수 있다. 세 번째 줄이 가장 많은 좌석(5)이 점유되어 있으므로 가장 큰 반지름 확률을 가진다.

그림 5.13b에 나타낸 바와 같이, *s* 오비탈의 ψ^2 값은 핵 근처에서 가장 크고 핵으로부터 거리가 멀어지면 급격하게 감소하지만, 핵으로부터 아주 멀어져도 그 값이 0이 되지는 않는다. 이 때문에 원자의 경계나 크기는 명확히 말할 수가 없다. 그러나 **그림 5.15**에서와 같이 흔히 전

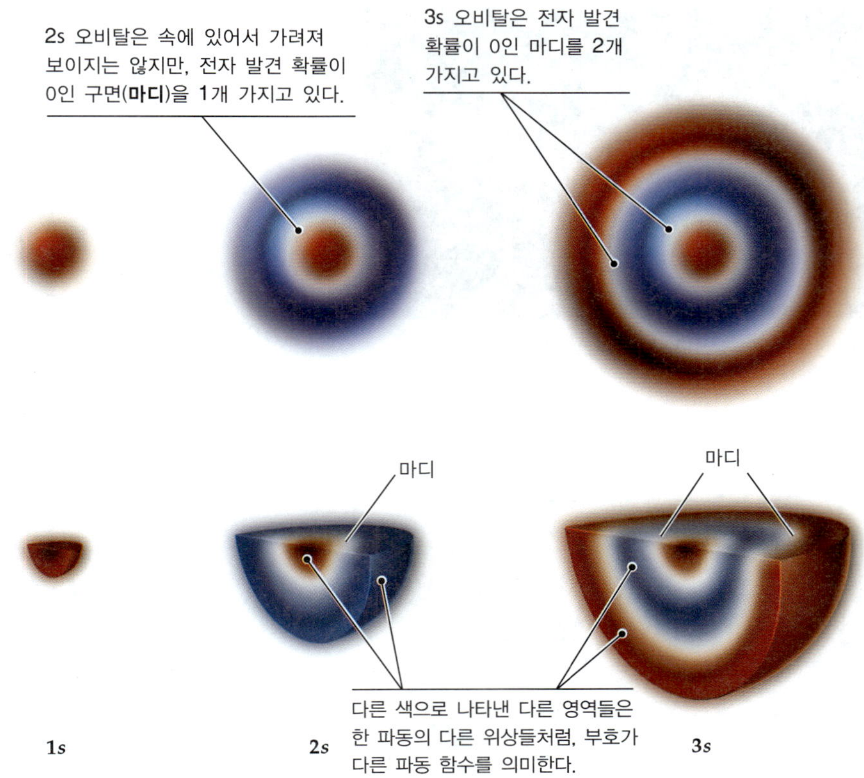

◀ **그림 5.15**
1*s*, 2*s*, 3*s* 오비탈의 공간적 표현. 상단은 이 구형 오비탈을 자른 단면을, 하단은 3차원적인 내부 절단면들을 보여 준다. 전자를 발견할 확률은 각 색의 짙은 정도로 표시하였다.

▲ 확인하기

1*s*, 2*s*, 3*s* 오비탈 사이의 차이점은 무엇인가?

답 1*s* → 2*s* → 3*s*로 갈수록 크기가 증가한다. 또한 2*s* 오비탈에는 전자가 발견될 확률이 0인 지점, 즉 마디가 1개, 그리고 3*s* 오비탈에는 마디가 2개 존재한다.

자가 90%의 확률로 발견되는 부피의 경계 표면을 가정하여 그 원자의 크기를 표현한다.

모든 *s* 오비탈들은 구형이지만, 다른 껍질에 존재하는 *s* 오비탈들 간에는 상당한 차이가 있다. 그 중 한 가지는 껍질 수가 증가하면 *s* 오비탈의 크기가 커진다는 것이고, 이는 바깥 껍질 *s* 오비탈에 있는 전자가 내부 껍질 *s* 오비탈에 있는 전자보다 평균적으로 핵으로부터 더 멀리 떨어져 있음을 의미한다. 또 다른 차이점은 바깥 껍질 *s* 오비탈의 전자 분포는 전자가 발견될 확률이 높은 영역을 2개 이상 가지고 있다는 것이다. 그림 5.15에 나타낸 바와 같이, 2*s* 오비탈은 하나의 구 안에 또 하나의 구가 존재하는 형태여서 전자가 발견될 확률이 높은 영역을 2개 가지고 있고, 이 두 영역은 전자가 발견될 확률이 0인 표면, 즉 **마디(node)**에 의해 나뉘어 있다. 마찬가지로, 3*s* 오비탈은 전자가 발견될 확률이 높은 영역 3개와 구형 마디 2개를 가진다.

오비탈 마디, 즉 전자 발견 확률이 0이 아닌 영역과 구분되게 해 주는, 전자 발견 확률이 0인 구의 표면의 개념은 이해하기 쉽지 않다. 왜냐하면, "만약 전자가 마디에 존재하는 것이 허용되지 않는다면, 오비탈의 한 영역에서 다른 영역으로 전자가 어떻게 이동할 수 있는가"와 같은 질문이 제기될 수도 있기 때문이다. 그러나 이는 전자가 파동과 같은 거동 대신 입자와 같은 거동을 할 것으로 가정했기 때문에 생겨난 오해로 인한 질문이다.

사실 마디는 바닷물의 진행파에서부터 로프나 기타 줄의 진동에 의해 발생하는 정상파(또는 정재파)에 이르기까지 파동의 고유한 성질이다(그림 5.16). 마디는 파동에서 진폭이 0인 지점에 해당한다. 한 마디의 양쪽은 0이 아닌 진폭을 갖는다. 파동은 두 가지 **위상(phase)**, 즉 진폭이 0이 되는 선을 기준으로 +와 −의 부호에 해당하는 위쪽의 마루와 아래쪽의 골을 갖는 것에 유의하라. 이와 비슷하게, 그림 5.15에 다른 색으로 나타낸 것과 같이 2*s*와 3*s* 오비탈의 서로 다른 영역들도 2개의 다른 위상인 +와 −를 가지고 있다.

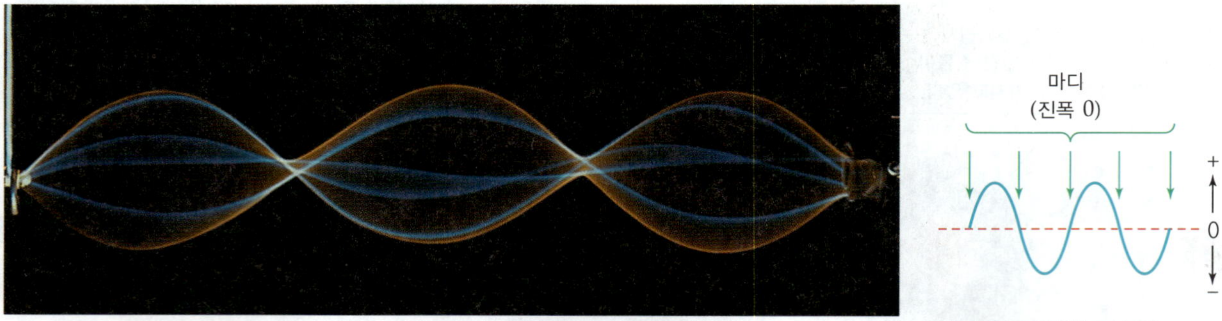

로프의 한쪽 끝을 고정시키고 다른 쪽을 빠르게 진동시키면 정상파(standing wave)가 만들어진다.

파동은 **마디**라고 불리는 진폭이 0인 영역으로 분리되어 서로 다른 부호(+/−)의 두 가지 위상을 가진다.

▲ **그림 5.16**
진동하는 로프의 정상파 ©Hecht, Eugene/CC 4.0: Attribution-Share Alike/Wikimedia Commons

수소 원자에서 1*s*, 2*s*, 3*s* 오비탈의 차이점을 이해하기 위한 다른 방법으로, **그림 5.17**에 나타낸 바와 같이 반지름 확률 그림을 면밀히 분석해 보면 알 수 있다. 1*s* 오비탈은 2*s* 오비탈이 최대의 반지름 확률을 나타내는 반지름보다 작은 반지름에서 최대의 반지름 확률을 보인다. 이러한 것은 1*s* 오비탈에 있는 전자가 2*s* 오비탈에 있는 전자보다 핵에 가까이에서 평균적으로 더 많이 시간을 소비한다는 뜻이다. 이와 마찬가지로, 2*s* 오비탈에 대해 최댓값의 반지름 확률을 보이는 반지름 r은 3*s* 오비탈에 대해 최댓값의 반지름 확률을 보이는 반지름보다 작은 값을 보이고 있어서 핵에 가깝다. *s* 오비탈에 대한 반지름 확률 그림으로부터 n 값을 증가시키면 *s* 오비탈의 크기가 증가함을 알 수 있다. 크기가 큰 *s* 오비탈은 크기가 작은 *s* 오비탈보다 에너지가 높다. 이는 전자가 핵으로부터 멀리 떨어져 있는 확률이 더 크며, 양의 전하와 음의 전하를 분리하기 위해서는 에너지를 필요로 하기 때문이다.

▶ **그림 5.17**
수소 원자의 1*s*, 2*s* 및 3*s* 오비탈의 반지름 확률 그림

▶ 확인하기

1*s*, 2*s* 및 3*s* 오비탈에는 몇 개의 마디가 있는가?

답 마디는 반지름 확률이 영인 곳이다. 1*s* 오비탈은 마디의 개수가 0이다. 2*s* 오비탈은 100 pm 근처에 마디가 한 개 있다. 3*s* 오비탈은 100 pm와 375 pm 근처에 마디가 두 개 있다.

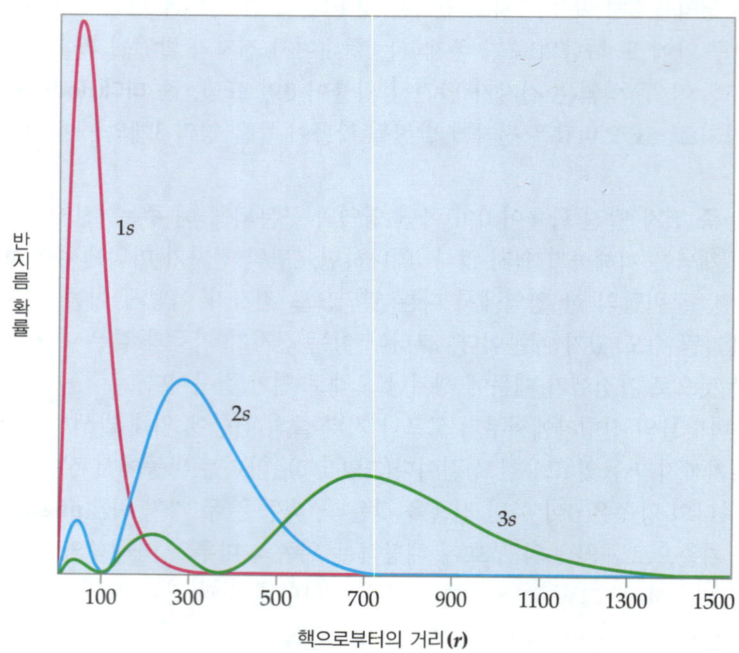

오비탈의 크기와 에너지: $1s < 2s < 3s$

그림 5.15에 나타낸 바와 같이, $2s$와 $3s$ 오비탈에 대한 마디의 개수는 그림 5.17에 나타낸 반지름 확률 그림에서 확연히 알 수 있다. $2s$ 오비탈은 핵으로부터의 거리가 100 pm인 곳에 반지름 확률이 0이므로 마디에 해당된다. $3s$ 오비탈은 반지름 확률이 0인 마디가 두 개 있으며, 100 pm와 375 pm에 존재한다.

p 오비탈

p 오비탈들은 구형이 아니라 아령 모양이며, 전자의 분포는 핵을 관통하여 자르는 평면 마디(planar node)에 의해 양분되어 있고, 핵을 중심으로 양쪽에 존재하는 동일한 로브(lobe) 모양의 영역에 집중되어 있다. 그 결과 p 전자를 핵 근처에서 발견할 확률은 0이다. **그림 5.18**에 제시된 바와 같이, 한 p 오비탈의 두 로브는 서로 다른 위상(두 가지 다른 색)을 가진다. 같은 위상을 갖는 로브들이 상호 작용을 하는 경우에만 공유 화학 결합을 만들 수 있기 때문에, 위상이 화학 결합에 매우 중요하다는 것을 7장에서 배울 것이다.

$l = 1$일 때 허용되는 m_l 값은 3가지이다. 따라서 두 번째 껍질부터는 각 껍질에 3가지 p 오비탈들이 존재한다. 이 오비탈들은 x, y, z축을 따라 서로 90°의 각도를 이루며 배향된다. 두 번째 껍질에 들어 있는 3가지 p 오비탈은 $2p_x$, $2p_y$, $2p_z$로 표기한다. 예상할 수 있는 것이지만, 세 번째 또는 그 이상의 껍질에 들어 있는 p 오비탈은 두 번째 껍질의 p 오비탈($2p$ 오비탈)보다 더 크고, 핵으로부터 더 멀리 떨어져 있다. 그러나 이들 p 오비탈의 모양은 거의 같다.

각 p 오비탈은 핵을 통과하는 마디 면(nodal plane)으로 분리되어 있고, 전자가 발견될 확률이 큰 두 영역(로브 모양)을 가지고 있다.

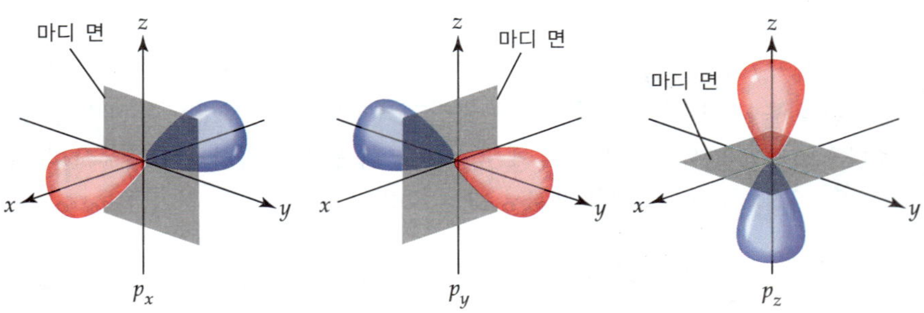

로브들의 두 가지 다른 색은 파동의 두 다른 위상과 비슷하게 다른 부호(+/−)를 나타낸다.

◀ **그림 5.18**
3개의 $2p$ 오비탈의 3차원적인 표현. 아령 모양의 각 오비탈들은 x, y, z축 중의 하나와 나란한 방향으로 배향되어 있다.

*d*와 *f* 오비탈

3번째 이상의 껍질들은 한 가지 모양으로 되어 있는 s와 p 오비탈과는 달리 두 가지 다른 모양으로 되어 있는 5개의 d 오비탈을 가진다. 5개의 d 오비탈 중에서 4개는 클로버 잎 모양이며 핵을 통과하는 2개의 마디 면에 의해 분리되어 있고, 전자 발견 확률이 최대인 4개의 로브들로 되어 있다(**그림 5.19a~d**). 5번째 d 오비탈은 p_z 오비탈과 비슷한 모양이지만, xy 평면에 높은 전자 밀도를 가지는 도넛 모양의 영역을 추가로 가지고 있다(**그림 5.19e**). 이 5개의 d 오비탈은 모양은 다르지만, 같은 껍질 속에서 에너지는 모두 같다. p 오비탈들과 달리 d 오비탈의 두 로브는 같은 위상(같은 색)을 가지며, 번갈아 나타나는 로브들의 위상은 서로 다르다.

부껍질의 l 양자수가 증가함에 따라 핵을 통과하는 마디 면의 수와 오비탈은 기하학적으로

▶ **그림 5.19**
5개의 3*d* 오비탈의 3차원적인 표현. 4개의 *d* 오비탈은 네 잎 클로버 모양이며(a~d), 5번째는 도넛 안에 길게 늘여진 아령 모양이다(e). 7개의 4*f* 오비탈 중 하나도 나타내었다(f). 그림 5.18의 *p* 오비탈과 마찬가지로 로브의 다른 색깔은 다른 위상을 나타낸다.

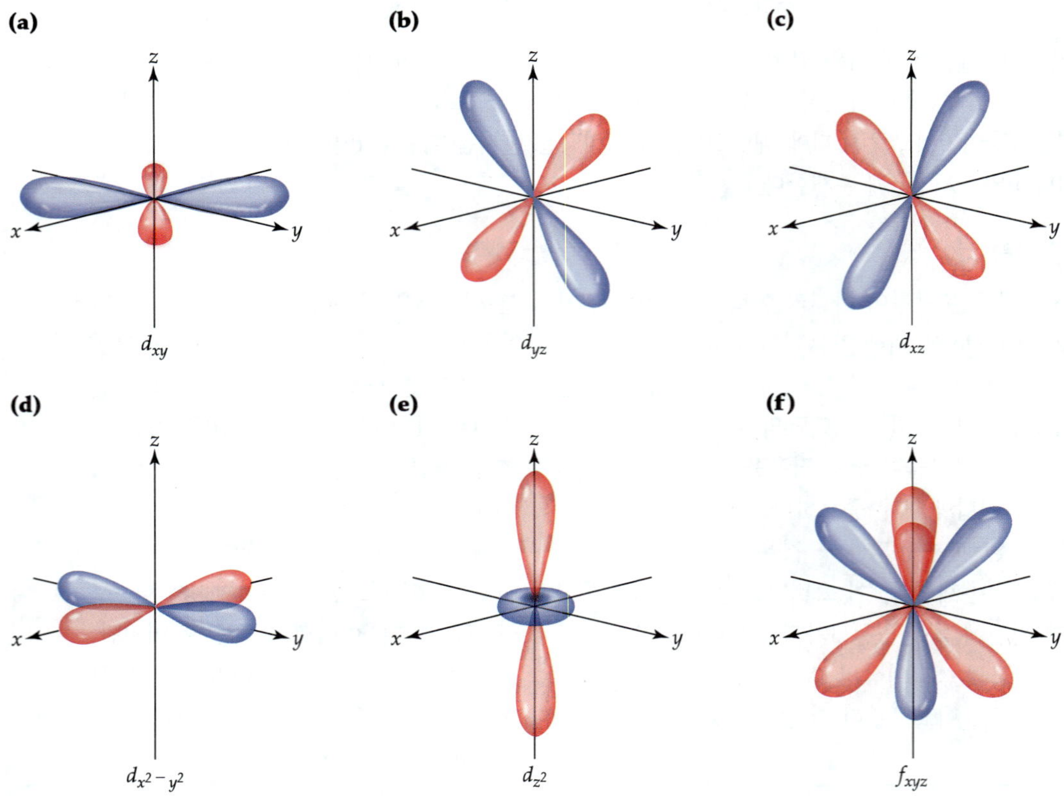

복잡해지는 것을 볼 수 있다. *s* 오비탈은 한 개의 로브를 가지며, 핵을 통과하는 마디 면이 없다. *p* 오비탈은 2개의 로브와 1개의 마디 면을 가지며, *d* 오비탈은 4개의 로브와 2개의 마디 면을 갖는다. 7개의 *f* 오비탈들은 더욱 복잡하여 핵을 통과하는 3개의 마디 면으로 분리되어 있고 전자 발견 확률이 최대인 8개의 로브를 가진다. (**그림 5.19f**는 7개의 4*f* 오비탈 중의 하나를 보여 준다.) 하지만 다음 장에서 다루게 될 대부분의 원소는 화학 결합에 *f* 오비탈들을 사용하지 않는다. 따라서 *f* 오비탈에 대해서는 더 자세히 논의하지 않을 것이다.

예제 5.7

오비탈에 양자수 부여

아래에 나타낸 4번째 껍질 오비탈의 경우, *n*과 *l* 양자수의 가능한 조합을 제시하시오.

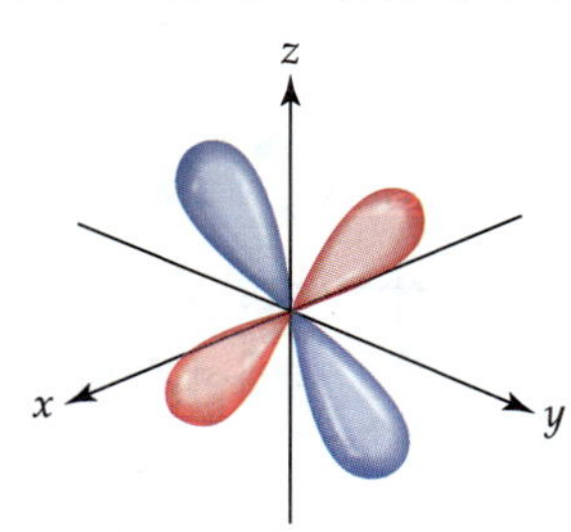

전략

이 오비탈이 4번째 껍질에 있으므로 $n = 4$이다. 오비탈 모양으로부터 각운동량 양자수 *l*을 결정한다. 클로버 잎 모양은 *d* 오비탈을 나타내고 있으므로 $l = 2$이다.

풀이

$n = 4$, $l = 2$

▶ **개념 연습문제 5.13** 아래에 나타낸 오비탈의 경우, 가능한 n과 l 양자수의 조합을 구하시오.

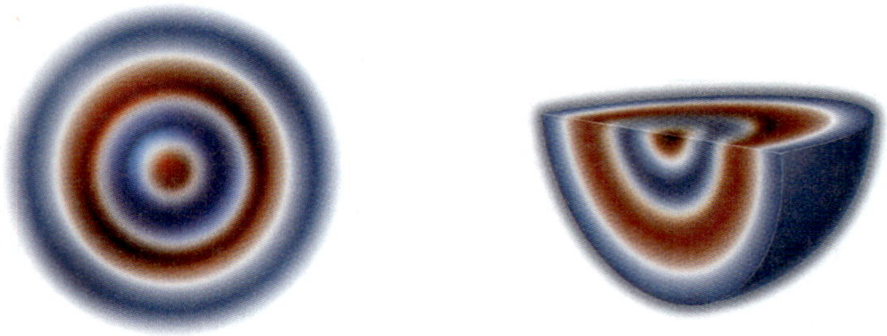

▶ **개념 응용문제 5.14** g 오비탈은 핵을 통과하는 마디 면을 몇 개 가지고 있는가?

5.8 전자 스핀과 파울리 배타 원리

5.6절에서 논의한 3가지 양자수(n, l, m_l)는 오비탈의 에너지, 모양, 공간적 배향을 결정하지만, 오비탈에 대한 모든 것을 말해 주는 것은 아니다. 많은 다전자 원자들에 대한 선 스펙트럼을 상세히 연구한 결과, 어떤 스펙트럼 선들은 실제로 서로 아주 가깝게 위치하는 쌍으로 존재한다는 것이 밝혀졌다(그림 5.9의 소듐 가시광선 스펙트럼에서도 자세히 보면 이 선들의 쌍을 볼 수 있다). 따라서 이는 간단한 양자 역학으로 예측하는 것보다 더 많은 에너지 준위가 존재한다는 것을 의미하므로, 또 다른 4번째 양자수가 필요하다. m_s로 표기되는 이 4번째 양자수는 **전자 스핀**(electron spin)이라는 성질과 연관되어 있다.

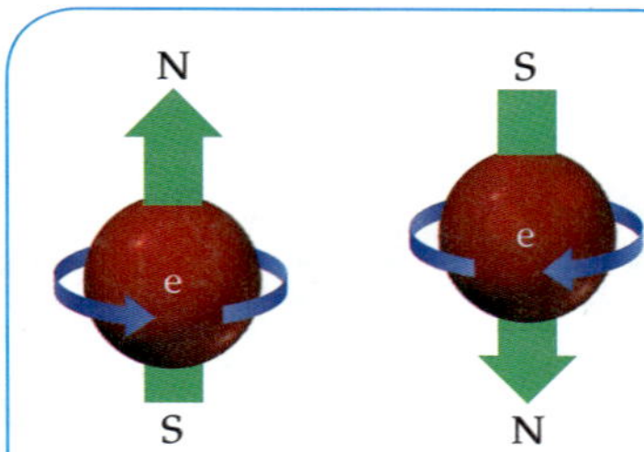

▲ 그림 5.20
전자 스핀. 전자들은 어떤 측면에서 축을 중심으로 자전하는 전하를 띤 아주 작은 구와 같이 행동한다. 이 **스핀**(파란색 화살표)은 아주 미약한 **자기장**(초록색 화살표)과 +1/2 또는 −1/2의 값을 가지는 4번째 양자수 m_s를 초래한다.

어떤 면에서 전자들은 마치 지구가 매일 자전하는 것과 같이 축을 중심으로 자전하는 것처럼 행동한다. 이처럼 자전하는 전하는 아주 미약한 자기장과 +1/2 또는 −1/2의 값을 가질 수 있는 **스핀 양자수(spin quantum number, m_s)**를 초래한다(그림 5.20). +1/2 스핀은 보통 위로 향한 화살표(↑)로 표시하고, −1/2 스핀은 아래로 향한 화살표(↓)로 표시한다. 서로 관계가 있는 3개의 양자수 n, l, m_l과는 달리 m_s 값은 다른 3개의 양자수와 무관하다.

스핀 양자수는 다전자 원자들 내에서 전자들이 특정 오비탈들을 점유할 때에 중요하다. 1925년에 오스트리아 물리학자 파울리(Wolfgang Pauli, 1900~1958)에 의해 제안된 **파울리 배타 원리(Pauli exclusion principle)**에 따르면, 한 원자 내의 두 전자는 4개의 양자수를 모두 동일한 값으로 가질 수 없다. 다시 말해, 어떤 전자에 대한 4개의 양자수의 조합은 한 원자 내에서 그 전자의 고유한 '주소'와 같은 역할을 한다. 따라서, 두 전자는 동일한 주소를 가질 수 없다.

파울리 배타 원리 한 원자 내에 있는 두 전자는 4개의 양자수를 모두 동일하게 가질 수 없다.

그렇다면 파울리 배타 원리의 결과는 무엇일까? 같은 오비탈을 점유하는 전자들은 동일한 3개의 양자수(n, l, m_l)를 가진다. 그러나 그 전자들이 동일한 (n, l, m_l)값을 가지더라도, 4번째 양자수 m_s 값은 +1/2 또는 −1/2의 서로 다른 값을 가져야 한다. 따라서 하나의 오비탈은 반대 스핀을 갖는 전자들을 2개까지만 가질 수 있다.

개념탐구 질문 6

칼슘의 4s 오비탈에 있는 한 전자의 양자수들은 $n = 4$, $l = 0$, $m_l = 0$, $m_s = +1/2$ 값을 가진다. 칼슘의 4s 오비탈에 있는 다른 전자의 양자수들(n, l, m_l, m_s)은 어떠한 값을 가지는가?

5.9 다전자 원자의 오비탈 에너지 준위

5.6절에서 언급했던 것처럼, 전자가 1개 밖에 없는 수소 원자 내의 한 오비탈의 에너지 준위는 주양자수 n에 의해서만 결정된다. 같은 껍질 내에 존재하는 모든 수소 오비탈들은 그 외의 다른 양자수들과는 무관하게 동일한 에너지 값을 가진다. 예를 들어, 수소 원자(1전자 원자)에서 $2s$와 $2p$ 오비탈들은 같은 에너지를 가지며, $3s$, $3d$, $3p$ 오비탈들은 같은 에너지를 가진다. 하지만 다전자 원자에서는 상황이 다르다. 특정 오비탈의 에너지 준위가 껍질뿐만 아니라 부껍질에도 관련이 있기 때문이다. 그림 5.12에서 본 것처럼 특정 껍질의 s, p, d, f 오비탈은 다전자 원자 내에서 조금씩 다른 에너지를 가진다. 그림 5.12로부터 다전자 원자의 $n=3$인 오비탈들의 에너지 순서는 $3s < 3p < 3d$임을 알 수 있다.

다전자 원자에서 이러한 부껍질들의 에너지 차이는 전자–전자 간의 반발력에 기인한다. 수소 원자에서 유일한 전기적 상호 작용은 양전하를 띤 핵과 음전하를 띤 전자 간의 인력이지만, 다전자 원자들에서는 여러 다른 상호 작용들이 존재한다. 핵과 각 전자 사이의 인력뿐만 아니라, 각 전자와 이웃하는 전자 사이에 반발력도 존재한다.

껍질(내부) 전자들에 의한 바깥 껍질 전자들의 반발은 특히 중요하다. 왜냐하면 바깥 껍질 전자들이 핵으로부터 더욱 멀리 밀려나고, 그 결과 핵에 덜 단단히 붙잡히기 때문이다. 따라서 바깥 껍질 전자들에 대한 핵의 인력은 일부 소멸되는데, 이를 내부 껍질 전자가 핵으로부터 바깥 껍질 전자를 **가리는**(shield) 효과라고 한다(그림 5.21). 전자가 실제로 느끼는 핵전하를 유효 핵전하(effective nuclear charge, $Z_{유효}$)라고 하며, 실제 핵전하($Z_{실제}$)에 비하면 종종 상당히 작은 값이 된다.

유효 핵전하 $Z_{eff} = Z_{실제} - 전자\ 가림$

전자 가림은 같은 껍질 내의 오비탈 간의 에너지 차이를 어떻게 초래하는 것일까? 그 해답은 오비탈 모양 차이의 결과이다. s, p, d 오비탈들의 모양을 비교해 보자. $3s$ 오비탈은 구형이어서 핵 근처에서 큰 확률 밀도를 갖는 반면, $3p$ 오비탈들은 핵의 위치에 마디가 하나 있는 아령 모양이고, $3d$ 오비탈 중 4개는 핵의 위치에 마디가 있는 클로버 잎 모양이다. 그림 5.22는 $3s$, $3p$, $3d$ 오비탈들에 대한 반지름 확률을 나타낸 그림이다. $3s$ 오비탈은 반지름 확률이 최댓값을 가지는 반지름이 $3p$ 혹은 $3d$보다 핵에서 더 먼 거리에 있다. $3s$ 오비탈에 있는 전자들이 $3p$ 혹은 $3d$ 오비탈에 있는 전자들보다 평균적으로 더 멀리 떨어져 있다면, $3s$ 오비탈이 가장 에너지가 높다고 추측할 수 있다. 그러나 $3s$ 오비탈은 핵 근처로 가까이 침투할 수 있고,

▶ 그림 5.21
전자 가림 효과의 원인과 유효 핵전하. 내부 껍질 전자들은 핵의 실제 총 전하에 비해 약한 인력을 느끼게 된다. 내부 껍질 전자들이 핵을 일부 가리기 때문이다.

▶ 확인하기

$2s$ 오비탈에 있는 전자와 $3s$ 오비탈에 있는 전자 중 어느 전자의 유효 핵전하($Z_{유효}$)가 더 작은 값을 갖는가?

답 $3s$ 오비탈에 있는 전자는 $1s$, $2s$, $2p$ 전자들에 의해 가려지므로 더 작은 $Z_{유효}$ 값을 갖는다. $2s$ 오비탈에 있는 전자는 $1s$ 전자들에 의해서만 가려진다.

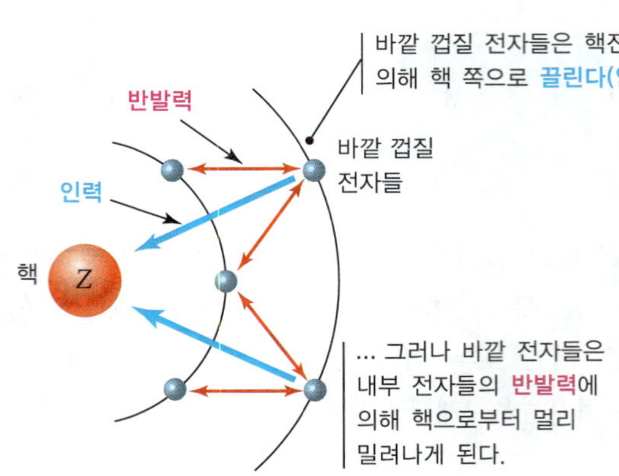

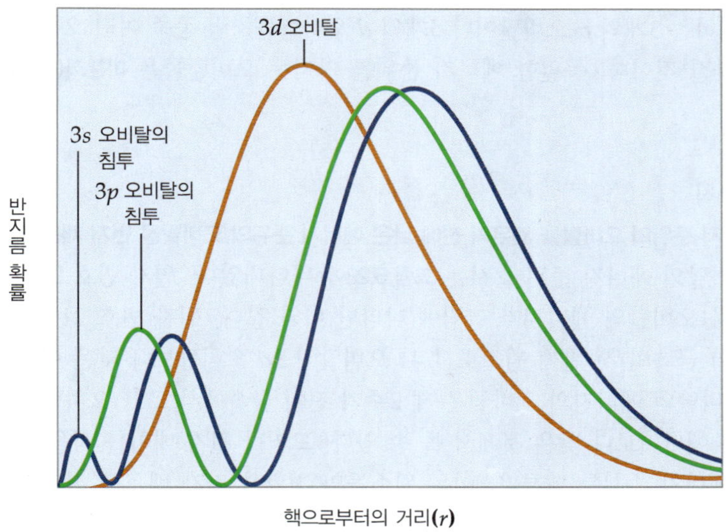

◀ 그림 5.22
3s, 3p, 3d 오비탈에 대한 반지름 확률 분포를 나타낸 그림. 침투 효과가 오비탈 에너지의 순서를 결정한다($3s < 3p < 3d$).

▲ 확인하기

3s, 3p, 3d 오비탈에 있는 전자 중 어떤 오비탈에 있는 전자가 가장 효과적으로 가려지는가?

답 3s 및 3p 오비탈이 3d 오비탈보다 핵에 더 가깝게 침투하므로 내부 전자가 핵에서 3d 오비탈에 있는 전자를 가장 효과적으로 가린다.

3s 오비탈의 내부 전자들이 차지하고 있는 지역으로 침투할 수 있는 능력으로 인해 실은 제일 낮은 에너지 준위를 가진다. 3s 오비탈의 반지름 확률 그림의 작은 봉우리는 3p 혹은 3d 오비탈들에 있는 전자보다 3s 오비탈 전자를 핵에 더 가까이에서 발견할 중요한 확률을 나타낸다. 3s 오비탈의 전자들은 3p 혹은 3d 전자보다 내부 전자들에 의해 덜 가려지고, 유효 핵전하($Z_{유효}$)가 가장 큰 값을 가진다. 높은 유효 핵전하는 전자의 더 낮은 에너지에 해당된다. 마찬가지로, 3d 오비탈에 있는 전자보다 3p 오비탈에 있는 전자가 핵에 더 가까이 침투할 수 있기 때문에 더 낮은 에너지를 가지게 된다.

요약하면, 특정 껍질 내의 각운동량 양자수 l 값이 작을수록 전자의 유효 핵전하($Z_{유효}$)가 더 크고, 에너지가 더 작다.

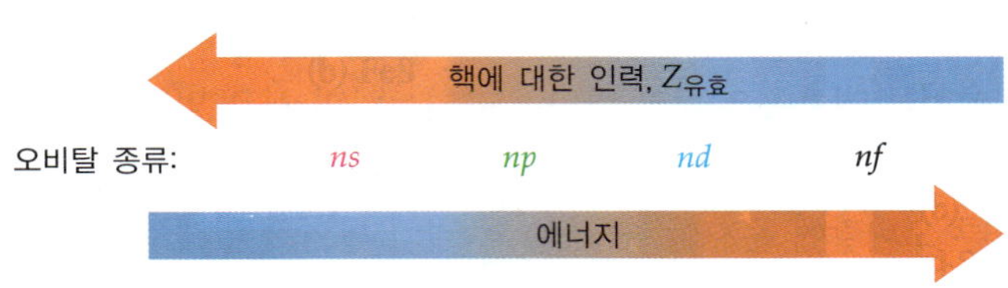

서로 다른 오비탈에 있는 전자들이 각각 정도가 다르게 가려진다. 결과적으로 다른 $Z_{유효}$ 값을 갖는다는 생각은 여러 화학적 현상들을 설명하기 위해 앞으로도 자주 쓰게 될 매우 유용한 개념이다.

5.10 다전자 원자의 전자 배치

이제 모든 원소들에 대해 전자적 설명을 제공할 모든 요소들이 준비가 되었다. 여러 오비탈의 상대적인 에너지를 알면, 각각의 원소들에 대해 어떤 오비탈들이 전자들에 의해 채워질 것인지 즉, 원소의 **전자 배치(electron configuration)**를 예측할 수 있다.

오비탈에 전자들이 채워지는 순서는 **쌓음 원리(Aufbau Principle)**라 부르는 3개의 규칙들에 의해 결정된다. 일반적으로 하나의 원자에 순차적으로 추가되는 각 전자는 비어 있는 오비탈 중에서 가장 낮은 에너지 준위의 오비탈을 채운다. 결과적으로 만들어지는 에너지가 가장 낮은 전자 배치를 **바닥 상태 전자 배치(ground-state electron configuration)**라고 한다. 특정 부껍질 속에 존재하는 3개의 *p* 오비탈이나 5개의 *d* 오비탈들처럼 종종 여러 오비탈이 동일한 에너지 준위를 가질 것이다. 동일한 에너지 준위를 가지는 오비탈들은 **미분화(degenerate)**되어 있다고 한다.

쌓음 원리의 규칙

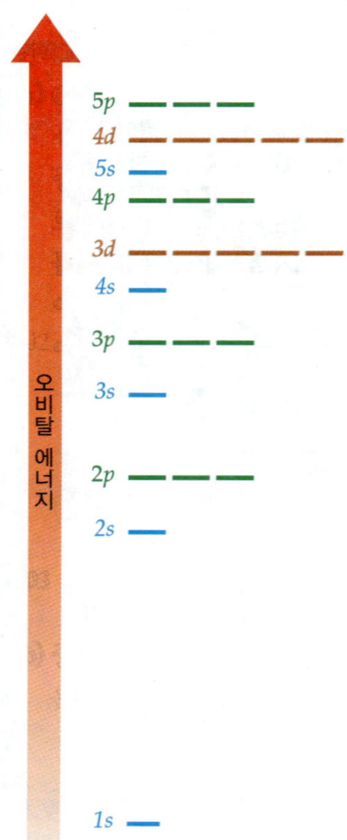

▲ 그림 5.23
다전자 원자에서 오비탈의 에너지 준위

1. **높은 에너지 준위의 오비탈을 채우기 전에 낮은 에너지 준위의 오비탈을 먼저 채운다.** 다전자 원자에서 오비탈의 에너지 준위 순서는 그림 5.23에 나타내었다. 원자 번호 20인 칼슘 원자까지는 원자 오비탈의 에너지가 그림에 나타난 바와 같다. 원자 번호 21인 스칸듐(Sc) 원자는 전이 금속의 첫 번째 원소로서 4*s* 오비탈이 3*d* 오비탈보다 낮은 에너지 준위를 가진다. 오비탈의 에너지의 뒤바뀜은 제 2주기 전이 금속에서도 5*s* 오비탈의 에너지가 4*d* 오비탈의 에너지보다 낮은 것에서 볼 수 있다. 그러나 전자 배치를 적을 때 그림 5.23에 나타낸 에너지 순서를 따른다. 이는 원소들의 정확한 전자 배치를 신뢰성 있게 예측할 수 있기 때문이다.
2. **하나의 오비탈에는 반대 스핀을 갖는 전자 2개까지만 채워진다.** 이는 파울리 배타 원리를 다시 표현한 것이며(5.8절 참조), 배타 원리는 한 원자 내의 두 전자는 4개의 양자수를 모두 동일하게 가질 수 없다는 것을 강조한다.
3. **2개 이상의 미분화된 오비탈들이 존재할 경우, 미분화된 오비탈들이 모두 반씩 채워질 때까지 각각의 오비탈에 전자가 1개씩 채워진다.** 이를 훈트 규칙(Hund's rule)이라고 한다. 그 다음 반씩 채워진 오비탈들에 2번째 전자들이 각각 채워진다. 여기서 1개의 전자로 채워진 각 오비탈에 있는 전자들은 스핀 양자수가 동일하다.

훈트 규칙 에너지가 동일한 오비탈이 2개 이상 존재할 경우, 오비탈들이 모두 반씩 채워질 때까지 각 오비탈에 전자가 1개씩만 채워진다. 반만 채워진 오비탈에 있는 전자들의 스핀 양자수는 모두 같다.

훈트 규칙의 원리는 전자들은 서로 반발하고 가능하면 서로 멀리 떨어져 있게 되기 때문이다. 전자들은 동일한 영역을 차지하는 동일한 오비탈에 존재하는 것보다 다른 공간 영역을 차지하는 다른 오비탈에 존재할 때 서로 더 멀리 떨어져 있게 되어 에너지가 더 낮아진다. 또한, 반만 채워진 오비탈 내의 전자들은 반대 스핀을 가진 경우보다 동일한 스핀을 가질 때가 서로 더 멀리 떨어져 있게 된다는 것이 밝혀져 있다.

전자 배치는 주양자수 *n*을 점유하고 있는 오비탈인 *s*, *p*, *d*, *f* 앞에 붙여서 나타내고 오비탈에 채워진 전자의 수는 위첨자로 나타낸다. 쌓음 원리의 규칙이 어떻게 적용되는지, 다음의 몇 가지 예를 살펴보자.

- **수소**: 수소는 전자를 1개만 가진다. 이 전자는 가장 낮은 에너지 준위의 1*s* 오비탈을 차지한다. 따라서 수소의 바닥 상태 전자 배치는 $1s^1$이다.

$$\mathbf{H:}\ 1s^1$$

- **헬륨**: 헬륨은 2개의 전자를 가진다. 둘 다 가장 낮은 에너지 준위의 1*s* 오비탈을 채운다. 두 전자는 서로 반대 스핀을 가진다.

$$\mathbf{He:}\ 1s^2$$

- **리튬과 베릴륨**: $1s$ 오비탈이 완전히 채워지면, 3번째와 4번째 전자들이 그 다음으로 낮은 에너지 준위의 비어 있는 $2s$ 오비탈에 들어간다.

  Li: $1s^2\ 2s^1$ **Be:** $1s^2\ 2s^2$

- **붕소~네온**: 붕소에서 네온까지의 6개 원소들에서 전자들은 세 개의 $2p$ 오비탈을 순차로 채운다. 세 개의 $2p$ 오비탈들은 에너지 준위가 동일한 **미분화**(degenerate) 상태이므로 훈트 규칙에 따라 전자들이 채워진다. 탄소의 경우 2개의 $2p$ 전자들이 다른 오비탈들을 점유하는데, 전자 배치를 표현할 때에는 임의로 $2p_x$, $2p_y$, $2p_z$로 명시해 준다. 질소에 대해서도 마찬가지여서 3개의 $2p$ 전자들이 3개의 다른 오비탈에 채워진다. 훈트 규칙을 따라 1개의 전자로 채워진 탄소와 질소의 $2p$ 오비탈 각각에 들어 있는 전자들은 +1/2 또는 −1/2의 동일한 스핀 양자수를 가지지만, 전자 배치에는 명시되지 않는다.

  명확하게 하기 위해, 전자들을 화살표로 나타내는 **오비탈 채움 도표**(orbital−filling diagram)를 이용하여 전자 배치를 명시하기도 한다. 두 가지 스핀 양자수 값은 화살표를 위로 또는 아래로 향하게 하여 표시한다. 위/아래 화살표 쌍은 오비탈이 채워져 있음을 나타내는 반면, 위(또는 아래)로 향한 하나의 화살표는 오비탈이 반만 채워져 있음을 나타낸다. 탄소와 질소의 도표에서 확인할 수 있듯이, 미분화된 $2p$ 오비탈들은 훈트 규칙에 따라 다 채워지지 않고 반만 채워지며, 전자 스핀은 모두 동일하다는 점에 유의해야 한다.

전자 배치 **오비탈 채움 도표**

B: $1s^2\ 2s^2\ 2p^1$ 또는
C: $1s^2\ 2s^2\ 2p_x^{\ 1}\ 2p_y^{\ 1}$ 또는
N: $1s^2\ 2s^2\ 2p_x^{\ 1}\ 2p_y^{\ 1}\ 2p_z^{\ 1}$ 또는

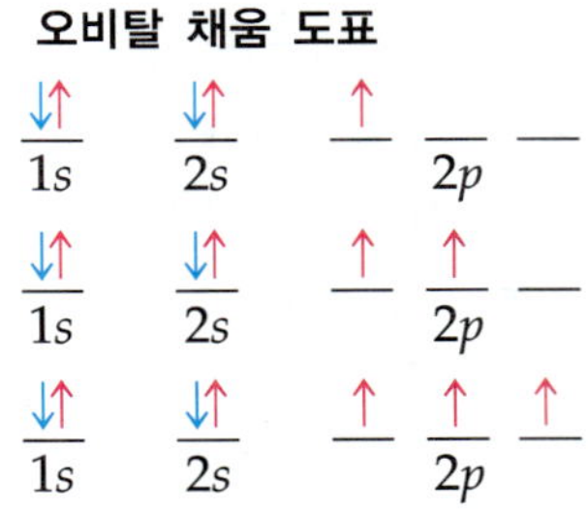

산소에서 네온에 이르기까지 3개의 $2p$ 오비탈들은 순차적으로 채워진다. 플루오린과 네온의 경우 다른 $2p$ 오비탈들을 더 구분할 필요가 없기 때문에, 단순하게 $2p^5$와 $2p^6$로 전자 배치를 적는다.

O: $1s^2\ 2s^2\ 2p_x^{\ 2}\ 2p_y^{\ 1}\ 2p_z^{\ 1}$ 또는
F: $1s^2\ 2s^2\ 2p^5$ 또는
Ne: $1s^2\ 2s^2\ 2p^6$ 또는

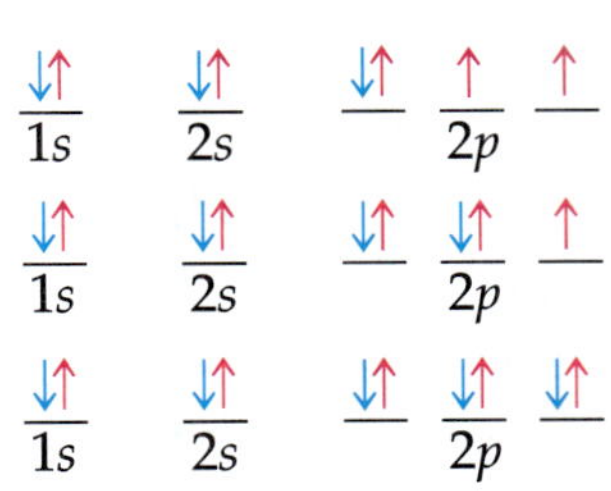

- **소듐과 마그네슘**: 그 다음으로 $3s$ 오비탈이 채워지게 되어 소듐과 마그네슘의 바닥 상태 전자 배치는 아래와 같이 된다. 완전히 전자가 채워진 껍질을 표시하기 위하여 바로 앞 주기에 있는 비활성 기체의 원소 기호를 사용한 후, 채워지지 않은 껍질의 전자 배치만 표기하는 간략 표기법도 자주 사용함에 유의하여야 한다.

네온의 전자 배치

Na: $1s^2\ 2s^2\ 2p^6\ 3s^1$ 또는 [Ne] $3s^1$

Mg: $1s^2\ 2s^2\ 2p^6\ 3s^2$ 또는 [Ne] $3s^2$

개념탐구 질문 7

다음 중에서 어느 것이 쌓음 원리의 규칙을 위반하였는가?

(a)

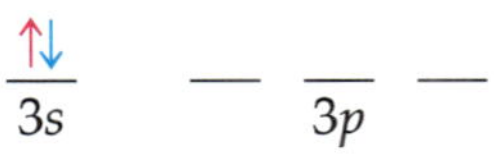

(b)

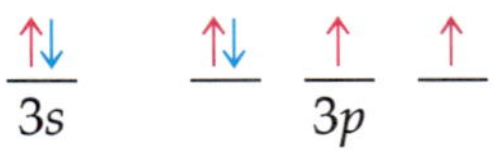

(c)

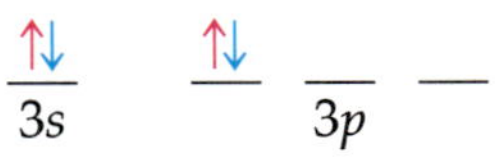

- **알루미늄~아르곤**: 앞에서 붕소에서 네온까지의 $2p$ 오비탈이 채워지는 방식과 똑같은 규칙에 의해 $3p$ 오비탈들이 채워진다. Si, P, S의 경우 어느 특정한 미분화된 $3p$ 오비탈이 채워지는지를 분명히 표시하지 않고, 부껍질 속의 총 전자 수만 간단히 표기해 준다. 예를 들어, Si의 경우 $3p_x^1\ 3p_y^1$ 대신 $3p^2$로만 전자 배치를 적는다.

$$\textbf{Al:}\ [\text{Ne}]\ 3s^2\ 3p^1 \quad \textbf{Si:}\ [\text{Ne}]\ 3s^2\ 3p^2 \quad \textbf{P:}\ [\text{Ne}]\ 3s^2\ 3p^3$$
$$\textbf{S:}\ [\text{Ne}]\ 3s^2\ 3p^4 \quad \textbf{Cl:}\ [\text{Ne}]\ 3s^2\ 3p^5 \quad \textbf{Ar:}\ [\text{Ne}]\ 3s^2\ 3p^6$$

- **아르곤 다음의 원소들**: 아르곤에서 $3p$ 부껍질을 다 채우고 난 후에는 처음으로 오비탈 채움 순서의 역전이 일어난다. 포타슘과 칼슘에서 다음 두 전자는 계속해서 3번째 껍질인 $3d$ 오비탈을 채우기보다는 $4s$ 부껍질에 들어간다. 그다음에서야 $3d$ 부껍질이 채워져서 스칸듐에서 아연까지의 첫 번째 전이 금속 계열이 완성된다.

$$\textbf{K:}\ [\text{Ar}]\ 4s^1 \qquad \textbf{Ca:}\ [\text{Ar}]\ 4s^2 \qquad \textbf{Sc:}\ [\text{Ar}]\ 4s^2\ 3d^1 \longrightarrow \textbf{Zn:}\ [\text{Ar}]\ 4s^2\ 3d^{10}$$

실험적으로 결정된 원소들의 바닥 상태 전자 배치를 **그림 5.24**에 나타내었다.

5.11 변칙적인 전자 배치

앞 절에서 설명한 바닥 상태 전자 배치를 결정하는 기준들은 잘 들어맞지만, 완전히 정확한 것은 아니다. 그림 5.24를 자세히 살펴보면, 90개의 원자의 전자 배치는 규칙에 의해 정확하게 설명될 수 있지만, 21개 원자의 경우 예측된 전자 배치가 올바르지 않다는 것을 알 수 있다.

이와 같은 변칙들(anomalies)에 대한 이유는 종종 반만 채워지거나 완전히 채워진 부껍질들의 특별한 안정성과 관련이 있다. 예를 들어, 크로뮴의 경우 [Ar] $4s^2\ 3d^4$의 전자 배치가 예측되지만 실제로는 [Ar] $4s^1\ 3d^5$의 전자 배치를 갖는다. $4s$ 오비탈의 전자 1개를 에너지가 비슷한 $3d$ 오비탈로 옮김으로써, 크로뮴은 하나의 완전히 채워진 부껍질($4s^2$)을 반만 채워진 2개의 부껍질($4s^1\ 3d^5$)들로 대체하여 두 전자가 서로 더 멀리 떨어져 있게 한다. 같은 방식으로, 구리도 예측되는 [Ar] $4s^2\ 3d^9$ 배치 대신 실제로는 [Ar] $4s^1\ 3d^{10}$의 전자 배치를 가진다. $4s$ 오비탈로부터 $3d$ 오비탈로 전자 1개를 이동시켜서 구리는 하나의 완전히 채워진 부껍질($4s^2$)을 또 다른 하나의 완전히 채워진 부껍질($3d^{10}$)로 대체하고, 반만 채워진 부껍질($4s^1$)을 얻게 된다.

그림 5.24에서 볼 수 있는 변칙적인 전자 배치의 대부분은 부껍질들 간의 에너지 준위 차이가 작은, 원자 번호(Z)가 40보다 큰 원소들에서 나타난다. 모든 경우에 있어서 하나의 부껍질로부터 또 다른 부껍질로의 전자 이동은 전자−전자 반발력의 감소를 통하여 원자의 총 에너지를 낮춘다.

표 5.3 주족 원소들의 원자가 껍질 전자 배치

족	원자가 껍질 전자 배치	
1	ns^1	(총 1개)
2	ns^2	(총 2개)
13	ns^2np^1	(총 3개)
14	ns^2np^2	(총 4개)
15	ns^2np^3	(총 5개)
16	ns^2np^4	(총 6개)
17	ns^2np^5	(총 7개)
18	ns^2np^6	(총 8개)

5.12 전자 배치와 주기율표

전자 배치는 왜 그렇게 중요할까? 그리고 전자 배치는 주기율표와 어떤 관계가 있을까? 이 질문들의 답은 그림 5.24를 자세히 살펴보면 얻을 수 있다. 가장 바깥쪽 껍질, 즉 **원자가 껍질(valence shell)**에 있는 전자들에만 초점을 맞춰보면, **주기율표의 특정 족(group) 내의 모든 원소들은 서로 비슷한 원자가 껍질 전자 배치를 가진다(표 5.3)**. 예를 들어, 1족 원소들은 모두 s^1, 2족 원소들은 s^2, 13족 원소들은 s^2p^1 원자가 껍질 전자 배치를 가진다. 주기율표의 다른 족들도 몇 가지 예외를 제외하고는 이와 비슷한 전자 배치를 가진다. 더욱이 원자가 껍질 전자들은 가장 바깥에 있어서 가장 약하게 붙잡혀 있기 때문에 원소의 성질을 결정하는 데 있어

1	2	3	4	5	6	7	8	9	10	11	12	13	14	15	16	17	18
1 H $1s^1$																	2 He $1s^2$
3 Li $2s^1$	4 Be $2s^2$											5 B $2s^2 2p^1$	6 C $2s^2 2p^2$	7 N $2s^2 2p^3$	8 O $2s^2 2p^4$	9 F $2s^2 2p^5$	10 Ne $2s^2 2p^6$
11 Na $3s^1$	12 Mg $3s^2$											13 Al $3s^2 3p^1$	14 Si $3s^2 3p^2$	15 P $3s^2 3p^3$	16 S $3s^2 3p^4$	17 Cl $3s^2 3p^5$	18 Ar $3s^2 3p^6$
19 K $4s^1$	20 Ca $4s^2$	21 Sc $4s^2 3d^1$	22 Ti $4s^2 3d^2$	23 V $4s^2 3d^3$	24 Cr $4s^1 3d^5$	25 Mn $4s^2 3d^5$	26 Fe $4s^2 3d^6$	27 Co $4s^2 3d^7$	28 Ni $4s^2 3d^8$	29 Cu $4s^1 3d^{10}$	30 Zn $4s^2 3d^{10}$	31 Ga $4s^2 3d^{10} 4p^1$	32 Ge $4s^2 3d^{10} 4p^2$	33 As $4s^2 3d^{10} 4p^3$	34 Se $4s^2 3d^{10} 4p^4$	35 Br $4s^2 3d^{10} 4p^5$	36 Kr $4s^2 3d^{10} 4p^6$
37 Rb $5s^1$	38 Sr $5s^2$	39 Y $5s^2 4d^1$	40 Zr $5s^2 4d^2$	41 Nb $5s^1 4d^4$	42 Mo $5s^1 4d^5$	43 Tc $5s^2 4d^5$	44 Ru $5s^1 4d^7$	45 Rh $5s^1 4d^8$	46 Pd $4d^{10}$	47 Ag $5s^1 4d^{10}$	48 Cd $5s^2 4d^{10}$	49 In $5s^2 4d^{10} 5p^1$	50 Sn $5s^2 4d^{10} 5p^2$	51 Sb $5s^2 4d^{10} 5p^3$	52 Te $5s^2 4d^{10} 5p^4$	53 I $5s^2 4d^{10} 5p^5$	54 Xe $5s^2 4d^{10} 5p^6$
55 Cs $6s^1$	56 Ba $6s^2$	71 Lu $6s^2 4f^{14} 5d^1$	72 Hf $6s^2 4f^{14} 5d^2$	73 Ta $6s^2 4f^{14} 5d^3$	74 W $6s^2 4f^{14} 5d^4$	75 Re $6s^2 4f^{14} 5d^5$	76 Os $6s^2 4f^{14} 5d^6$	77 Ir $6s^2 4f^{14} 5d^7$	78 Pt $6s^1 4f^{14} 5d^9$	79 Au $6s^1 4f^{14} 5d^{10}$	80 Hg $6s^2 4f^{14} 5d^{10}$	81 Tl $6s^2 4f^{14} 5d^{10} 6p^1$	82 Pb $6s^2 4f^{14} 5d^{10} 6p^2$	83 Bi $6s^2 4f^{14} 5d^{10} 6p^3$	84 Po $6s^2 4f^{14} 5d^{10} 6p^4$	85 At $6s^2 4f^{14} 5d^{10} 6p^5$	86 Rn $6s^2 4f^{14} 5d^{10} 6p^6$
87 Fr $7s^1$	88 Ra $7s^2$	103 Lr $7s^2 5f^{14} 6d^1$	104 Rf $7s^2 5f^{14} 6d^2$	105 Db $7s^2 5f^{14} 6d^3$	106 Sg $7s^2 5f^{14} 6d^4$	107 Bh $7s^2 5f^{14} 6d^5$	108 Hs $7s^2 5f^{14} 6d^6$	109 Mt $7s^2 5f^{14} 6d^7$	110 Ds $7s^1 5f^{14} 6d^9$	111 Rg $7s^1 5f^{14} 6d^{10}$	112 Cn $7s^2 5f^{14} 6d^{10}$	113 Nh	114 Fl	115 Mc	116 Lv	117 Ts	118 Og

57 La $6s^2 5d^1$	58 Ce $6s^2 4f^1 5d^1$	59 Pr $6s^2 4f^3$	60 Nd $6s^2 4f^4$	61 Pm $6s^2 4f^5$	62 Sm $6s^2 4f^6$	63 Eu $6s^2 4f^7$	64 Gd $6s^2 4f^7 5d^1$	65 Tb $6s^2 4f^9$	66 Dy $6s^2 4f^{10}$	67 Ho $6s^2 4f^{11}$	68 Er $6s^2 4f^{12}$	69 Tm $6s^2 4f^{13}$	70 Yb $6s^2 4f^{14}$
89 Ac $7s^2 6d^1$	90 Th $7s^2 6d^2$	91 Pa $7s^2 5f^2 6d^1$	92 U $7s^2 5f^3 6d^1$	93 Np $7s^2 5f^4 6d^1$	94 Pu $7s^2 5f^6$	95 Am $7s^2 5f^7$	96 Cm $7s^2 5f^7 6d^1$	97 Bk $7s^2 5f^9$	98 Cf $7s^2 5f^{10}$	99 Es $7s^2 5f^{11}$	100 Fm $7s^2 5f^{12}$	101 Md $7s^2 5f^{13}$	102 No $7s^2 5f^{14}$

▲ 그림 5.24
원소들의 바깥 껍질, 바닥 상태 전자 배치

▲ 확인하기

변칙적인 전자 배치를 갖는 5주기 원소들을 확인하시오.

답 Nb, Mo, Ru, Rh, Pd, Ag

서 가장 중요하다. 따라서 주기율표의 특정 족에 속하는 원소들은 비슷한 화학적 성질을 띠게 된다.

주기율표는 전자로 채워진 오비탈들에 따라 원소들을 4개의 구역으로 나눌 수 있다(그림 5.25). 주기율표의 왼편에 있는 1족과 2족 원소들은 *s* 오비탈에 전자가 채워지는 원소들이기 때문에 ***s*-구역 원소(*s*-block element)**라고 하며, 주기율표의 오른편에 있는 13~18족 원소들은 *p* 오비탈에 전자가 채워지기 때문에 ***p*-구역 원소(*p*-block element)**, 주기율표의 가운데에 있는 전이 금속들은 *d* 오비탈에 전자들이 채워지기 때문에 ***d*-구역 원소(*d*-block element)**라고 한다. 그리고 *f* 오비탈에 전자가 채워지는 란타넘족과 악티늄족의 ***f*-구역 원소(*f*-block element)**는 주기율표의 하단에 따로 분리해서 위치해 있다.

주기율표를 그림 5.25에 정리되어 있는 것과 같이 생각하면 전자들의 오비탈 채움 순서를 기억하는 데 유용하다. 주기율표의 좌측 상단에서 시작하여 연속적인 주기를 따라 이동하면 오비탈 채움 순서와 일치한다. 예를 들어, 주기율표의 1주기는 H와 He 단 2개의 *s*-구역 원소들만 있기 때문에 첫 번째 *s* 오비탈(1*s*)이 먼저 채워진다. 2주기는 2개의 *s*-구역 원소(Li, Be)로부터 시작하여 6개의 *p*-구역 원소(B~Ne)로 이어진다. 그래서 이용할 수 있는(비어 있는) 두 번째 *s* 오비탈(2*s*)이 채워지고, 그 다음 처음으로 이용할 수 있는 *p* 오비탈(2*p*)이 채워진다. 이와 비슷하게 3주기를 따라가면 3*s*와 3*p* 오비탈들이 채워진다. 4주기는 다시 2개의 *s*-구역 원소(K과 Ca)로부터 시작하지만, 그 다음으로 10개의 *d*-구역 원소들(Sc~Zn)과 6개의 *p*-구역 원소들(Ga~Kr)이 뒤따른다. 따라서, 오비탈 채움 순서는 4*s* 다음에 처음으로 이용할 수 있는 *d* 오비탈(3*d*), 그 다음에 4*p* 오비탈이다. 주기율표의 순차적인 주기를 따라가면 전자의 전체 오비탈 채움 순서가 된다.

$$1s \rightarrow 2s \rightarrow 2p \rightarrow 3s \rightarrow 3p \rightarrow 4s \rightarrow 3d \rightarrow 4p \rightarrow 5s \rightarrow 4d \rightarrow$$
$$5p \rightarrow 6s \rightarrow 4f \rightarrow 5d \rightarrow 6p \rightarrow 7s \rightarrow 5f \rightarrow 6d \rightarrow 7p$$

▶ 그림 5.25
주기율표의 구역들. 서로 다른 구역들은 서로 다른 오비탈들이 채워지는 것을 의미한다.

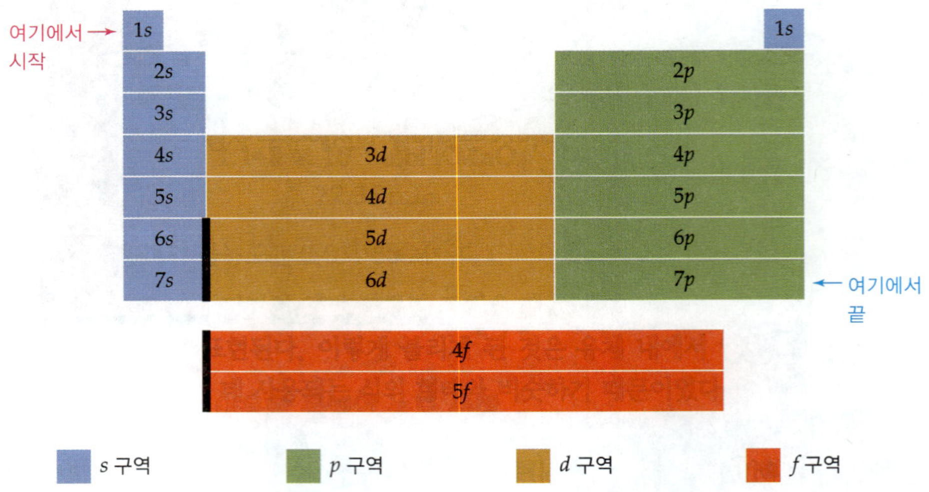

주기율표의 배열은 전자들의 오비탈 채움 순서를 기억하는 방법을 제공한다. 좌측 상단에서 출발하여 순차적으로 주기를 따라가면 그 순서가 $1s \rightarrow 2s \rightarrow 2p \rightarrow 3s \rightarrow 3p \rightarrow 4s \rightarrow 3d \rightarrow 4p$ 등과 같이 된다.

개념 예제 5.8

한 원자에 대한 바닥 상태 전자 배치 결정

원자 번호(Z)가 33인 비소(As)의 바닥 상태 전자 배치를 제시하고, 위 또는 아래로 향한 화살표로 전자를 표시하여 오비탈 채움 도표를 그리시오.

전략

그림 5.25에 제시된 바와 같이, *s*, *p*, *d*, *f*-구역 원소들을 갖는 주기율표를 생각하라. 좌측 상단의 수소에서 시작하여 33개의 전자들이 추가될 때까지 오비탈을 채운다. 이때 하나의 오비탈에는 전자가 2개까지만 들어갈 수 있다는 점과, 미분화된 오비탈들은 어느 한 오비탈이 다 채워지기 전에 모두 반이 채워져야 한다는 점에 유의한다.

풀이

As: $1s^2\ 2s^2\ 2p^6\ 3s^2\ 3p^6\ 4s^2\ 3d^{10}\ 4p^3$ 또는 [Ar] $4s^2\ 3d^{10}\ 4p^3$

오비탈 채움 도표는 각 오비탈 속의 전자들을 화살표로 표시한다. 훈트 규칙에 따라 전자들이 짝을 짓기 전에 오비탈에 각각 1개씩 채워지기 때문에, 3개의 4*p* 전자들은 모두 동일한 스핀을 가진다는 점에 유의하라.

As: [Ar] ↓↑ (4*s*) ↓↑ ↓↑ ↓↑ ↓↑ ↓↑ (3*d*) ↑ ↑ ↑ (4*p*)

▶ **개념 연습문제 5.15** Ti($Z = 22$)의 경우, 예측되는 바닥 상태 전자 배치를 제시하고, 오비탈 채움 도표를 그리시오.

▶ **개념 응용문제 5.16** 다음과 같은 바닥 상태 전자 배치를 갖는 원자는 무엇인지 확인하시오.

(a) [Kr] ↓↑ (5*s*) ↑ ↑ ↑ ↑ ↑ (4*d*) — — — (5*p*)

(b) [Ar] ↓↑ (4*s*) ↓↑ ↓↑ ↓↑ ↑ ↑ (3*d*) — — — (4*p*)

5.13 전자 배치와 주기적 성질: 원자 반지름

주기성을 보여 주는 원소들의 많은 성질 중의 하나가 원자 반지름이다. 그러나 5.6절에서 언급한 바와 같이, 원자 주위의 전자 구름이 뚜렷한 경계를 가지지 않는데 어떻게 원자의 크기를 확정적으로 말할 수 있을 것인가 궁금할 것이다. 그래서 일반적으로 2개의 동일한 원자들이 서로 결합할 때 두 핵간 거리의 반을 원자 반지름으로 정의한다. 예를 들어, Cl_2에서 두 염소 원자의 핵간 거리는 198 pm이며, 다이아몬드(탄소 홑원소 물질) 내에서 두 탄소 원자의 핵간 거리는 154 pm이다. 따라서 염소의 원자 반지름은 Cl—Cl 거리의 반인 99 pm이고, 탄소의 원자 반지름은 C—C 거리의 반인 77 pm라고 말할 수 있다.

결정한 반지름 값들이 덧셈 법칙을 따르는지를 확인하면 원자 반지름이 정확한지를 점검할 수 있다. 예를 들어, Cl과 C의 원자 반지름이 각각 99 pm와 77 pm이므로 Cl과 C가 결합할 때 Cl—C 핵간 거리는 99 pm + 77 pm, 즉 176 pm이어야 한다. 실제로 클로로메테인(CH_3Cl) 분자에서 측정한 Cl—C 핵간 거리는 178 pm이고, 이는 예상한 값에 대단히 가깝다.

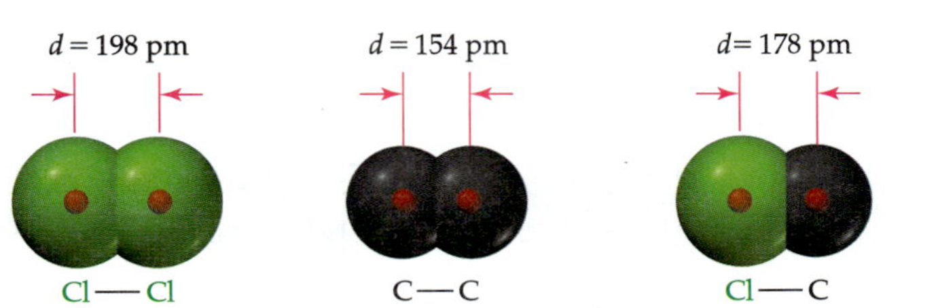

$\frac{d}{2} = 99$ pm $\quad \frac{d}{2} = 77$ pm $\quad$ (99 pm + 77 pm = 176 pm 예상)

그림 5.26과 이 장의 맨 앞에 있는 그림 5.1에서 그래프로 보여 준 바와 같이, 원자 번호에 따른 원자 반지름을 비교해 보면 주기적인 증감 현상을 나타낸다. 원자 반지름은 주기율표의 같

은 족(세로열)에서는 아래로 갈수록 증가(예: Li < Na < K < Rb < Cs)하지만, 같은 주기(가로행)에서는 오른쪽으로 갈수록 감소(예: Na > Mg > Al > Si > P > S > Cl)한다. 이러한 거동은 어떻게 설명할 수 있을까?

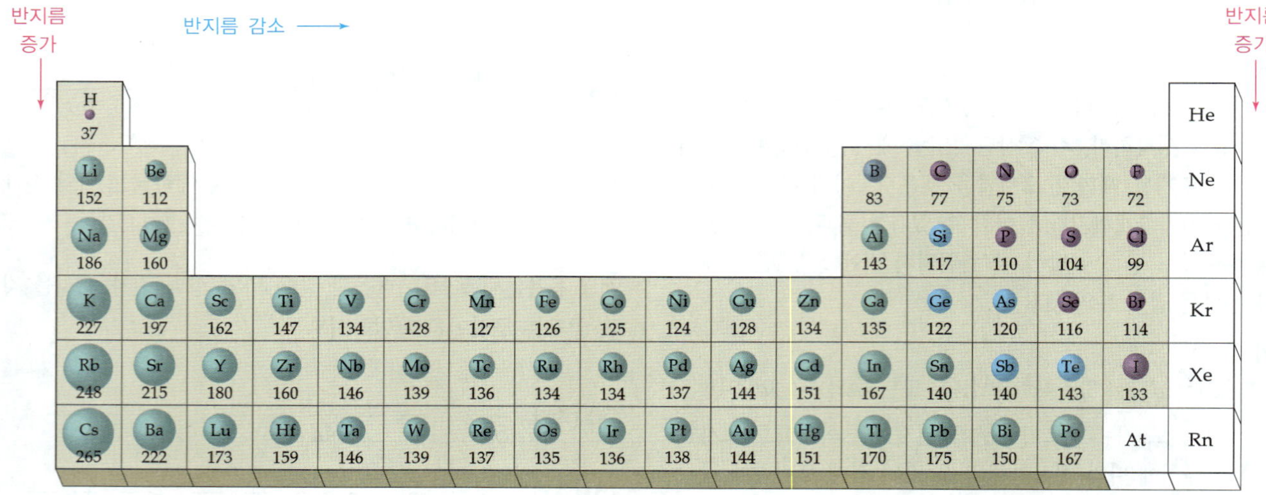

▲ **그림 5.26**
피코미터(pm) 단위로 나타낸 원소들의 원자 반지름

주기율표의 같은 족에서 아래로 갈수록 원자 반지름이 증가하는 것은 더 큰 원자가 껍질 오비탈이 순차적으로 채워지기 때문이다. 예를 들어, Li의 경우 전자가 채워진 가장 바깥 껍질이 2번째($2s^1$), Na는 3번째($3s^1$), K는 4번째($4s^1$), 그리고 Rb($5s^1$), Cs($6s^1$), Fr($7s^1$)이다. 더 큰 껍질들이 채워지므로 원자 반지름도 더 커진다.

주기율표의 왼쪽에서 오른쪽으로 갈수록 원자 반지름이 감소하는 것은 핵 속의 양성자수가 증가함에 따라 유효 핵전하가 증가하기 때문이다. 5.9절에서 살펴본 것처럼, 하나의 전자가 실제로 느끼는 유효 핵전하($Z_{유효}$)는 실제 핵전하($Z_{실제}$)보다는 작다. 이는 원자 내의 다른 전자들에 의한 가림(shielding) 때문이다. 한 전자가 느끼는 가림의 정도는 그 전자가 상호 작용하는 다른 전자들의 껍질과 부껍질에 따라 달라진다. 일반적인 규칙에 따라 원자가 껍질 전자는

- 핵에 더 가까운 내부 껍질 전자에 의해서 강하게 가려진다.
- $s > p > d > f$ 순서에 따라 같은 껍질 내의 다른 전자들에 의해서는 덜 강하게 가려진다.
- 핵으로부터 같은 거리에 있는 같은 부껍질 내의 다른 전자들에 의해서는 가장 약하게 가려진다.

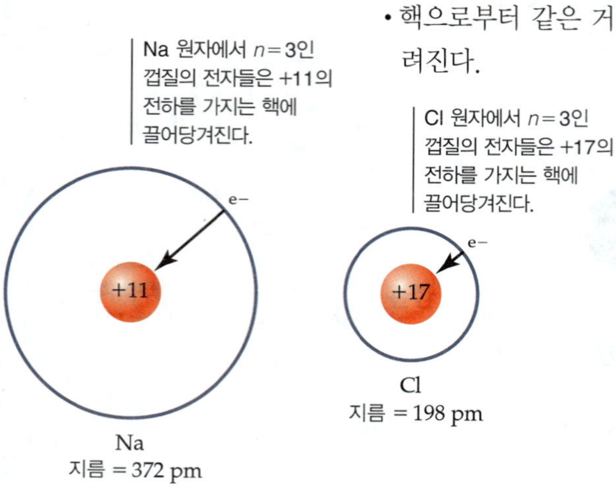

3주기에서 보면, 오른쪽으로(Na에서 Cl로) 갈수록 동일한 껍질에 전자가 1개씩 추가로 채워진다(Na의 $3s^1$에서 Cl의 $3s^23p^5$까지). 같은 껍질 내의 전자들은 핵으로부터의 거리가 대략 같기 때문에 서로를 효과적으로 가리지 못한다. 그러나 이와 동시에, 핵전하(Z)는 Na의 +11에서 Cl의 +17까지 증가한다.

따라서 원자가 껍질 전자들의 유효 핵전하는 같은 주기 내에서 오른쪽으로 갈수록 증가하여 원자가 껍질 전자들을 핵에 더 가까이 끌어당기므로 원자 반지름은 점차 감소한다(**그림 5.27**).

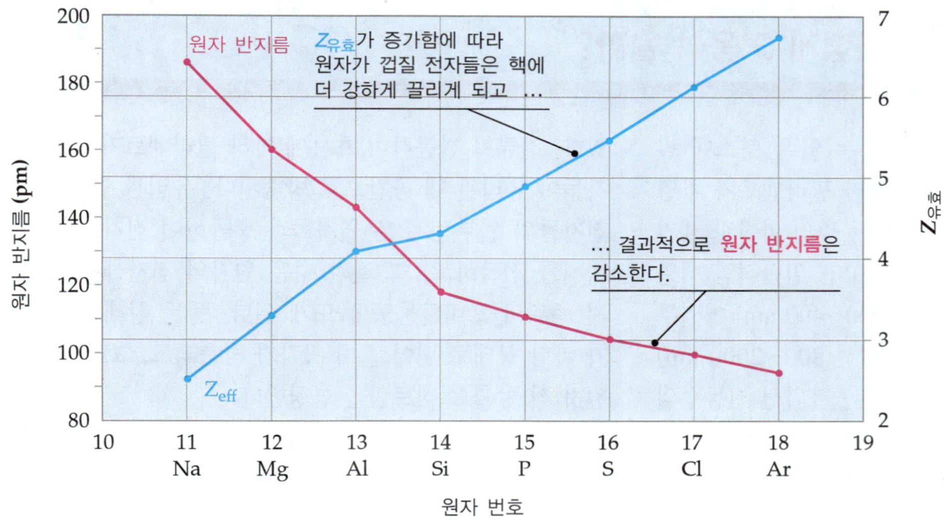

◀ **그림 5.27**
원자 반지름과 가장 에너지가 높은 전자의 유효 핵전하($Z_{유효}$) 계산값을 원자 번호에 따라 도시한 그림

▲ **확인하기**

$Z_{유효}$와 원자 반지름 사이의 관계는 어떠한가? $Z_{유효}$가 원자 반지름에 어떻게 영향을 미치는지 설명하시오.

답 $Z_{유효}$가 증가함에 따라 원자 반지름은 감소한다. $Z_{유효}$가 클수록 전자들이 핵과의 인력을 더 강하게 느끼게 되어 원자 반지름은 감소하게 된다.

원자 반지름에 대해 참인 것은 다른 원자 성질들에도 참이고, 이들 성질의 주기성은 전자 배치로 설명할 수 있다. 다음 장에서 이 주제를 계속 다룰 것이다.

예제 5.9

원자 반지름의 상대적 크기 예측

다음 각 원자 쌍 중 어느 원자가 더 클 것으로 예상하는가? 그 이유를 설명하시오.

(a) Mg 또는 Ba

(b) W 또는 Hf

전략

한 주기 내에서는 오른쪽으로 갈수록 강한 힘으로 전자들을 핵 쪽으로 끌어당기는 유효 핵전하($Z_{유효}$)가 증가하므로 원자 반지름이 감소한다. 같은 족 내에서는 아래로 갈수록 더 높은 에너지 준위의 껍질에 전자가 채워지기 때문에 원자 반지름이 증가한다.

풀이

(a) Ba($n = 6$의 원자가 껍질)이 Mg($n = 3$의 원자가 껍질)보다 반지름이 더 크다.

(b) Hf(핵전하 = +72)이 W(핵전하 = +74)보다 반지름이 더 크다.

▶ **연습문제 5.17** 다음 원자들을 작은 것부터 큰 것으로 나열하시오.

Cs, Si, Sn

▶ **응용문제 5.18** 다음 화학 결합 중 결합 길이가 가장 긴 것으로 예측되는 것을 고르시오.

C−F, C−I, C−Br

INQUIRY? 원자 방출 스펙트럼에 대한 지식이 보다 효율적인 전구를 만드는 데 어떻게 도움이 될까?

백년 이상 사용해 온 표준 백열전구는 얇은 텅스텐 필라멘트에 전류가 흐르고, 그에 따라 필라멘트가 가열되어 열과 빛을 방출한다. 방출되는 빛의 파장과 세기는 가열된 필라멘트의 온도에 따라 결정된다. 일반적인 백열전구의 온도는 약 2500 °C이고, 자외선(200~400 nm) 영역부터 가시광선(400~800 nm) 영역 및 적외선(800~2000 nm) 영역에 이르는 파장의 빛을 모두 방출한다. 자외선 진동수의 빛은 전구의 유리에 의하여 차단되고, 가시광선 진동수의 빛은 유리를 통과하며(백색광을 낸다는 의미의 백열전구), 적외선 진동수의 빛은 전구와 그 주변의 온도를 높인다.

오랜 역사에도 불구하고, 백열전구는 실제로 매우 비효율적인 장치이다. 사실 백열전구에서는 사용하는 전기 에너지의 단지 5%만이 빛에너지로 변환되고, 나머지 95%는 열에너지로 변환되어 손실된다. 따라서 가정과 회사에서 사람들은 에너지를 적게 사용하기 위해서 백열전구를 현대의 소형 형광전구로 대체하고 있다. (형광전구가 매우 효율적이라는 것은 아니다. 이것도 단지 에너지의 20%만 빛으로 변환하여 백열전구보다 4배 더 효율적일 뿐이다.)

본질적으로 형광전구는 2.6절에 기술된 음극선관의 변형된 형태이다. 전구는 두 개의 주요 부분, 즉 소량의 수은 증기를 포함하는 아르곤이 채워진 유리관(직선형 또는 코일형)과 제어된 고전압 전류를 공급해 주는 전기회로로 구성되어 있다. 전류가 관통하여 흐름에 따라 필라멘트가 가열되면 전자들이 유리관 내 공간으로 방출된다. 유리관 안에서 흐르는 전자들의 일부는 수은 원자들과 충돌하여 전자들의 운동 에너지를 전달하고, 그 결과 수은 원자의 전자들은 높은 에너지 준위의 오비탈들로 들뜨게 된다. 들뜬 상태의 수은 전자가 바닥 상태로 떨어질 때 광자가 방출되고, **그림 5.28**과 같은 원자 선 방출 스펙트럼을 형성한다.

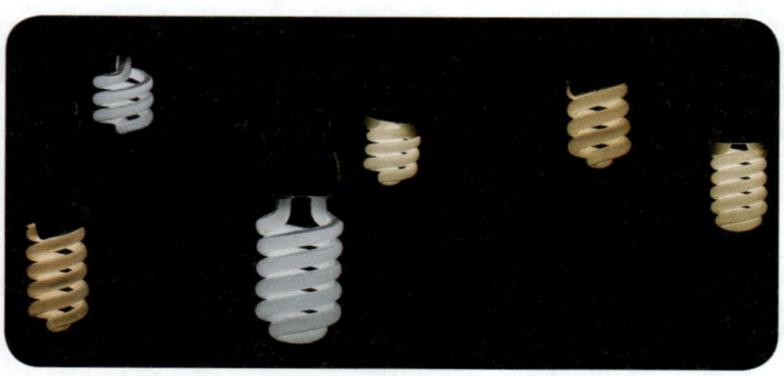

▲ 이와 같은 소형 형광전구는 일반적인 백열전구보다 가정을 밝히는 에너지 효율이 훨씬 더 높다. ©Laboko/Shutterstock

들뜬 상태의 수은 원자에서 방출되는 광자들의 일부는 우리 눈으로 관찰할 수 있는 가시광선 영역에 있지만, 대부분의 광자는 우리 눈으로 볼 수 없는 185 nm와 254 nm 파장을 가지는 자외선 영역에 있다. 이러한 자외선 에너지를 잡기 위하여, 자외선을 흡수하여 가시광선으로 에너지를 다시 방출하는 **형광체**(phosphor)로 형광전구 안쪽 벽면이 코팅되어 있다. 결과적으로 형광등은 백열전구보다 훨씬 적은 에너지를 소모한다.

여러 종류의 다른 형광체가 형광등에 사용되고 있다. 형광체는 종류에 따라 다양한 색깔의 가시광선을 방출하기 때문이다. 일반적으로 금속 산화물과 희토류 이온의 여러 가지 착물[Y_2O_3:Eu^{3+}(붉은색 방출), $CeMgAl_{11}O_{19}$:Tb^{3+}(초록색 방출), $BaMgAl_{10}O_{17}$:Eu^{2+}(파란색 방출)]로 만들어진 소위 삼형광체(triphosphor) 혼합물이 사용되고 있다. 형광체에 의해서 얻어지는 최종 색깔은 제조회사가 희망하는 대로 조정될 수 있으며, 일반적으로는 세 개의 형광체가 가시광선 영역에서 균일하게 방출되어 우리 눈이 천연 백색으로 감지하는 색깔로 재생된다(**그림 5.29**).

역자 주: 이제 소형 형광(compact fluorescent light)전구도 내구성과 에너지 효율이 더욱 뛰어난 LED 전구로 빠르게 교체되고 있다.

▶ 그림 5.28
수은의 방출 선 스펙트럼

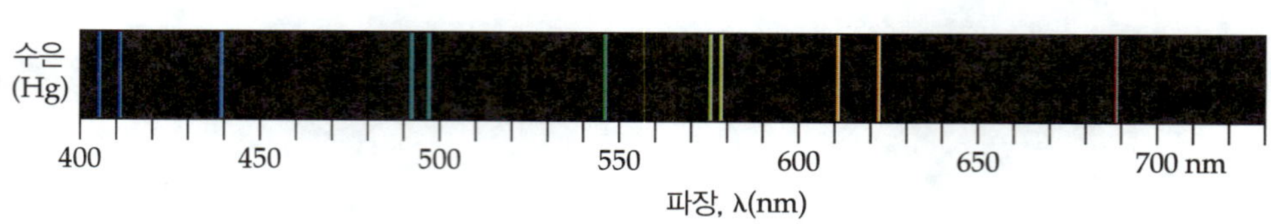

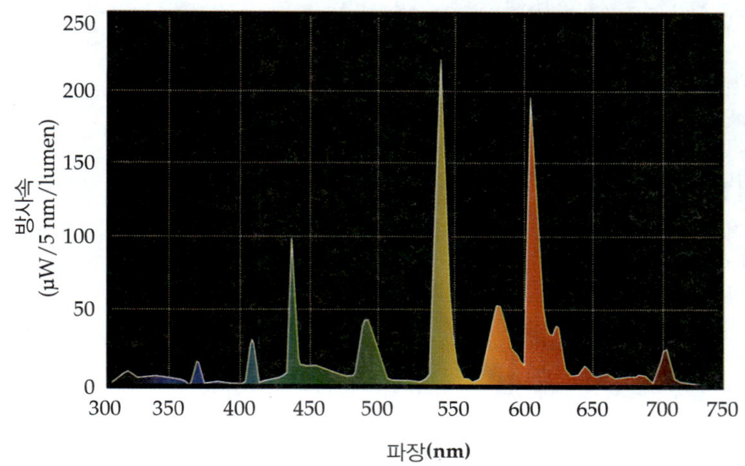

◀ 그림 5.29
일반적인 형광전구에서 방출되는 삼형광체 스펙트럼. 삼형광체 스펙트럼은 가시광선 영역에 걸쳐 분포되어 있어, 우리 눈에 백색 빛으로 인식된다.

문제 5.19 다음 전구는 전기 에너지가 빛에너지로 전환되는 백분율(percentage)은 얼마인가?

(a) 백열전구

(b) 형광전구

문제 5.20 다음 형광전구에서 수은 전자를 들뜨게하여 선 스펙트럼을 방출하게 하는 에너지 근원(source)은 다음 중 어느 것일까?

(a) 불꽃의 열에너지

(b) 고속으로 움직이는 전자의 운동 에너지

(c) 전구 내에 코팅된 형광체로부터 방출된 빛

문제 5.21

(a) 형광전구의 삼형광체에서의 방출 스펙트럼과 백색광원인 태양 또는 백열전구에서의 방출 스펙트럼의 차이는 무엇인가?

(b) 백열등이 우리 눈에 '흰색 빛'으로 보이는 이유는 무엇인가?

문제 5.22 수은 증기는 형광등 안에 포함되어 있다.

(a) 이 책의 앞표지 안쪽의 주기율표를 사용하여 수은의 바닥 상태의 전자 배치를 쓰시오.

(b) 수은의 바닥 상태의 오비탈 채움 도표를 그리시오.

(c) 바닥 상태의 수은에는 몇 개의 홀전자가 존재하는가?

문제 5.23 전기를 이용해 수은 원자에 에너지를 더해 주면 6*s* 오비탈의 전자는 6*p* 오비탈로 들뜸이 가능하다.

(a) 들뜬 상태의 수은 원자의 전자 배치를 쓰시오.

(b) 들뜬 상태의 수은에는 몇 개의 홀전자가 존재하는가?

문제 5.24 높은 에너지 오비탈에서 낮은 에너지 오비탈로 전자가 전이할 때 원자 방출 스펙트럼이 나타난다. 수은 방출 스펙트럼(그림 5.28)에서 434.7 nm의 파란색 선은 7*d* 오비탈에서 6*p* 오비탈로의 전자 전이에 의해 나타난다.

(a) 높은 에너지 오비탈인 7*d*의 주양자수(n), 각운동량 양자수(l)를 나타내고, 가능한 자기 양자수(m_l)의 범위를 나타내시오.

(b) 낮은 에너지 오비탈인 6*p*의 주양자수(n), 각운동량 양자수(l)를 나타내고, 가능한 자기 양자수(m_l)의 범위를 나타내시오.

(c) 7*d* 오비탈과 6*p* 오비탈의 에너지 차이를 kJ/mol 단위로 계산하시오.

문제 5.25 수은의 선 스펙트럼에서 3개의 다른 파장과 수은의 3가지 전자 전이가 아래와 같이 나열되어 있다. 각각 오비탈의 전자 전이와 파장을 짝지으시오.

방출 선: 185.0 nm, 140.2 nm, 126.8 nm

전자 전이: $8p \rightarrow 6s$, $7p \rightarrow 6s$, $6p \rightarrow 6s$

정리

절	개념 요약	학습 목표	문제
5.1 복사 에너지의 파동성과 전자기 스펙트럼	**전자기 스펙트럼**을 구성하는 빛과 다른 형태의 **복사 에너지**에 대한 이해를 바탕으로 원자 및 분자의 성질에 대해 이해한다. 전자기파는 진공에서 빛의 속도(c)로 이동하고, **진동수**(ν), **파장**(λ), **진폭**으로 구별된다.	**5.1** 전자기파의 파장, 진동수, 진폭을 표시하고, 그 의미를 이해한다.	문제 5.2, 5.26
		5.2 전자기 복사의 파장과 진동수 사이를 상호 변환한다.	예제 5.1; 문제 5.38, 5.40
5.2 복사 에너지의 입자성: 광전 효과와 플랑크 가설	전자기 에너지는 불연속적으로 존재하며, 이를 **양자**라고 한다. 한 개의 양자의 에너지는 **플랑크 가설**로 계산되는 전자기파의 진동수와 관계가 있다. **광전 효과**에서 한곗값보다 큰 에너지를 갖는 빛은 물질로부터 전자를 제거할 수 있다. 아인슈타인은 광전 효과의 설명에서 빛이 입자(광자)와 같이 행동한다고 제안하였다.	**5.3** 전자기 복사의 파장 또는 진동수가 주어졌을 때, 에너지를 J/광자 또는 kJ/mol 단위로 계산한다.	예제 5.2; 문제 5.42, 5.44, 5.46
		5.4 광전 효과를 기술하고, 그것이 빛의 입자성을 어떻게 증명하는지 설명한다.	문제 5.52~5.53
		5.5 금속의 일함수가 주어졌을 때, 광전 효과를 일으키기 위해 필요한 복사선의 진동수 또는 파장을 계산한다.	예제 5.3; 문제 5.54~5.55
5.3 원자 선 스펙트럼과 양자화된 에너지	들뜬 원자에서 방출되는 빛은 연속으로 분산된 파장의 빛으로 구성된 태양의 백색광과는 다르게 소수의 불연속적인 파장으로 구성된 **선 스펙트럼**이다. **발머-뤼드베리 식**은 수소 원자의 방출 스펙트럼의 파장을 계산할 수 있는 수학적인 모형이다. 보어 원자 모형은 밀도가 높고 양전하를 띠는 원자핵 주위를 전자가 다른 반지름을 가지는 궤도를 회전하는 것으로 묘사한다. 이 모형은 오비탈의 에너지가 **양자화**되어 있다고 가정하기 때문에 선 스펙트럼을 잘 설명한다. 하지만 고정된 전자 궤도를 설명하는 보어의 원자 모형은 틀렸다. 보어 모형의 또 다른 한계는 일전자 원소들만 정확히 설명한다는 것이다.	**5.6** 연속 스펙트럼과 선 스펙트럼의 차이를 기술한다.	문제 5.56~5.57
		5.7 보어의 원자 모형에서 서로 다른 전자 전이에 대한 파장과 진동수를 비교한다.	문제 5.27
		5.8 발머-뤼드베리 식을 사용하여, 수소 원자에서 전자 전이의 파장과 에너지를 계산한다.	예제 5.4; 문제 5.58, 5.60, 5.62, 5.64
5.4 물질의 파동성: 드브로이 가설	어떤 경우에는 빛이 입자(**광자**)의 흐름처럼 행동하기도 하며, 전자나 다른 매우 작은 단위의 물질이 파동처럼 행동하기도 한다. 질량이 m인 입자가 속도 v로 이동할 때의 파장은 **드브로이 식**을 이용하여 구할 수 있다.	**5.9** 드브로이 식을 이용하여, 움직이는 물체의 파장을 계산한다.	예제 5.5; 문제 5.66~5.67, 5.71
		5.10 거시적인 물질의 파장을 왜 관찰할 수 없는지 설명한다.	문제 5.68~5.69
5.5 양자 역학적 원자 모형: 하이젠베르크의 불확정성 원리	**하이젠베르크의 불확정성 원리**에 따르면, 전자(또는 어떤 다른 물체)의 위치와 속도를 둘 다 특정 정확도 이상으로 알 수 없다.	**5.11** 속도를 알고 있을 때, 움직이는 물체의 위치의 불확정성을 계산한다.	문제 5.72~5.73
5.6 양자 역학적 원자 모형: 오비탈과 양자수	슈뢰딩거는 파동의 움직임을 묘사하기 위해 사용하는 수학적인 식에 의해 원자를 표현하는 **양자 역학 모형**을 1926년에 제안하였다. 원자에서 각각의 전자의 움직임은 **파동 함수** 또는 **오비탈**로 표현할 수 있고, 파동 함수의 절댓값의 제곱은 주어진 공간에 전자를 발견할 확률을 나타낸다. 각각의 파동 함수는 **양자수**라고 불리는 3개의 파라미터 조합을 가진다. **주양자수** n은 오비탈의 크기를 정하고, **각운동량 양자수** l은 오비탈의 모양을 결정하며, **자기 양자수** m_l은 오비탈의 공간적 배향을 결정한다.	**5.12** 다른 오비탈에 존재하는 전자를 설명하기 위해 가능한 양자수 조합을 확인하고 적는다.	예제 5.6; 문제 5.76, 5.78, 5.80, 5.86

절	개념 요약	학습 목표	문제
5.7 오비탈의 모양	파동 함수의 절댓값의 제곱($\|\psi\|^2$) 또는 오비탈은 공간의 특정 영역에서 전자가 발견될 확률을 의미한다. 오비탈의 모양과 공간적 배치는 각운동량 양자수 *l*에 의해 정의된다. $l = 0$일 때 *s* 오비탈, $l = 1$일 때 *p* 오비탈, $l = 2$일 때 *d* 오비탈, $l = 3$일 때 *f* 오비탈이라고 한다.	**5.13** 모양을 바탕으로 오비탈을 구분하고, 양자수 조합을 사용하여 설명한다. **5.14** 다른 종류의 오비탈과 다른 껍질에 마디 면을 그린다.	예제 5.7; 문제 5.28, 5.93 문제 5.90~5.92
5.8 전자 스핀과 파울리 배타 원리	전자 스핀을 나타내는 네 번째 양자수 m_s는 하나의 오비탈에 채워진 두 개의 전자를 구분해 준다. **파울리 배타 원리**는 한 원자 안에 있는 두 전자는 어떤 경우에도 4개의 양자수가 모두 같을 수 없다는 것을 의미한다. **스핀 양자수** m_s는 전자의 스핀이 +1/2 또는 −1/2임을 명시한다. 같은 오비탈에 들어가 있는 전자들은 반드시 반대 스핀을 가져야 한다.	**5.15** 원자에 존재하는 전자들에 대해 4개의 양자수를 지정한다.	문제 5.80~5.83, 5.86~5.89
5.9 다전자 원자의 오비탈 에너지 준위	같은 껍질 안에서 수소 원자의 오비탈은 같은 에너지를 가진다. 다전자 원자에서 같은 껍질 안의 *s, p, d, f* 오비탈의 에너지는 조금씩 다르다. 다전자 원자의 부껍질의 에너지 차이는 오비탈의 모양이 달라 전자가 가려지는 정도가 다르기 때문에 나타난다.	**5.16** 전자의 가림 효과가 에너지가 가장 낮은 부껍질에서 가장 높은 부껍질 순서로 어떻게 형성되는지 설명한다. **5.17** 에너지에 따라서 부껍질이 채워지는 순서를 예상한다.	문제 5.94~5.97 문제 5.100~5.103
5.10~5.11 다전자 원자의 전자 배치	다전자 원자의 **바닥 상태 전자 배치**는 **쌓음 원리**라고 하는 다음의 일련의 규칙에 따라 완성된다. **1.** 가장 낮은 에너지의 오비탈이 먼저 채워진다. **2.** 한 개의 **오비탈**에는 2개의 전자가 들어갈 수 있고 (**파울리 배타 원리**), 두 개의 전자는 반대 스핀을 가진다. **3.** 만약 둘 이상의 오비탈이 같은 에너지를 가진다면 (미분화), 각각의 오비탈은 한 개의 오비탈이 완전히 채워지기 전에 절반씩 먼저 채워진다(**훈트 규칙**). 쌓음 원리는 원소의 전자 배치를 정확히 예측한다. 하지만 21개의 원소는 반이 채워지거나 완전히 채워진 부껍질의 특이한 안정성 때문에 변칙적인 전자 배치를 가진다(그림 5.24).	**5.18** 바닥 상태에서 원자의 전자 배치를 적는다.	예제 5.8; 문제 5.104~5.105, 5.109~5.110
5.12 전자 배치와 주기율표	주기율표는 화학에서 가장 중요한 배열 원리이다. 주기율표의 같은 족의 원소들은 비슷한 **원자가 껍질** 전자 배치를 가지기 때문에 비슷한 성질을 나타낸다. 주기율표는 오비탈에 전자가 채워지는 순서를 예측하는 데 사용될 수 있다(그림 5.25).	**5.19** 원자의 바닥 상태에서 오비탈 채움 도표를 그려보고, 홀전자 수를 결정한다. **5.20** 오비탈 채움 도표 또는 전자 배치를 통해 원자를 확인한다.	예제 5.8; 문제 5.15~5.16, 5.106~5.108 문제 5.16, 5.31~5.32
5.13 전자 배치와 주기적 성질: 원자 반지름	원소의 원자 반지름은 주기율표에서 원소의 위치에 따라 주기적인 증감 현상을 보인다. 원자 반지름은 같은 족에서 아래로 갈수록 주양자수(*n*)가 증가하므로 커지고, 같은 주기에서 왼쪽에서 오른쪽으로 갈수록 **유효 핵전하**($Z_{유효}$)가 커지므로 그에 따라 원자 반지름은 작아진다.	**5.21** 원자 반지름의 주기성을 설명한다. **5.22** 주기율표의 위치에 따른 원자의 상대적인 크기를 예측한다.	문제 5.118~5.119 예제 5.9; 문제 5.120~5.123

주요 용어

d-구역 원소
f-구역 원소
p-구역 원소
s-구역 원소
각운동량 양자수(l)
광자
광전 효과
껍질
드브로이 식
러더퍼드 원자핵 모형
마디
미분화
바닥 상태 전자 배치
발머–뤼드베리 식
복사 에너지
부껍질
선 스펙트럼
스핀 양자수(m_s)
쌓음 원리
양자
양자수
양자 역학 모형
양자화
오비탈
원자가 껍질
위상
유효 핵전하($Z_{유효}$)
자기 양자수(m_l)
전자기 스펙트럼
전자 배치
주양자수(n)
진동수(ν)
진폭
파동 함수
파울리 배타 원리
파장(λ)
플랑크 가설
하이젠베르크 불확정성 원리
헤르츠(Hz)
훈트 규칙

주요 식

• 진동수(ν)와 파장(λ)과의 관계(5.1절)

$$\lambda = \frac{c}{\nu} \quad \text{또는} \quad \nu = \frac{c}{\lambda}$$

여기서 c는 빛의 속도(3.00×10^8 m/s)이다.

• 에너지(E)와 진동수(ν) 또는 파장(λ)과 관계된 플랑크 가설(5.2절)

$$E = h\nu = \frac{hc}{\lambda}$$

여기서 h는 플랑크 상수(6.626×10^{-34} J·s)이다.

• 수소의 선 스펙트럼을 설명하는 발머–뤼드베리 식(5.3절)

$$\frac{1}{\lambda} = R_\infty\left[\frac{1}{m^2} - \frac{1}{n^2}\right] \quad \text{또는} \quad \nu = R_\infty \cdot c\left[\frac{1}{m^2} - \frac{1}{n^2}\right]$$

여기서 m과 n은 정수($n > m$)이고, R_∞는 뤼드베리 상수이다.

• 파장(λ), 질량(m), 속도(v)와 관계된 드브로이 가설(5.5절)

$$\lambda = \frac{h}{mv}$$

• 하이젠베르크의 불확정성 원리(5.6절)

• $(\Delta x)(\Delta mv) \geq \dfrac{h}{4\pi}$

복습 문제

LO는 학습 목표(Learning Objectives)를 나타낸다.

이 장을 학습한 후엔, 학습자의 이해도를 평가할 수 있는 방법이 있다. **복습 문제**를 푸는 것이다. **복습 문제**들은 이 장의 학습 목표와 연계되어 있다. 따라서 푼 답이 틀렸다면, 이 장의 끝부분에 나와 있는 **정리** 문단의 **학습 목표**를 참고하면 된다. 정리 문단에는 **개념 요약**이 제공되며, **예제**를 참고하면 문제 해결 방법을 모델링할 수 있고, 제공되는 **추가 문제**들로 더 많은 연습을 할 수 있다.

1. 더 높은 에너지를 가지는 복사에 해당되는 파동은 어느 것인가? (**LO 5.1**)

(a) **(b)**

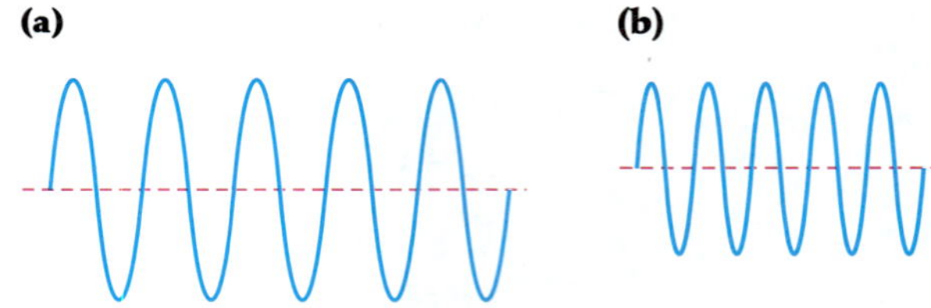

2. 다음 빛의 진동수는 헤르츠(Hz)로 얼마인가? (**LO 5.2**)

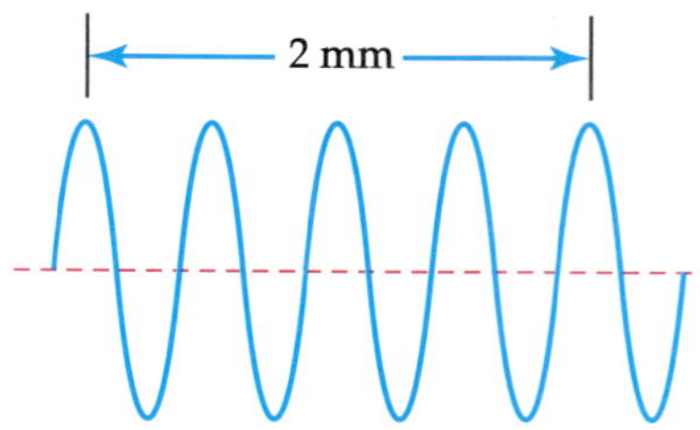

(a) 6.0×10^{11} Hz　　(b) 6.0×10^{8} Hz
(c) 1.5×10^{11} Hz　　(d) 1.5×10^{8} Hz

3. 파장이 85 nm인 자외선의 1몰 광자가 가지는 에너지는 kJ로 얼마인가? (**LO 5.3**)
(a) 1.4×10^{-6} kJ　　(b) 1.4×10^{3} kJ
(c) 2.4×10^{14} kJ　　(d) 2.4×10^{-15} kJ

4. 다음 전자파 중 일함수가 350 kJ/mol인 아연 금속으로부터 가장 많은 전자들을 방출할 수 있는 것은 어떤 것인가? (**LO 5.4, 5.5**)
(a) 320 nm의 파장을 가지는 희미한 빛
(b) 360 nm의 파장을 가지는 희미한 빛
(c) 360 nm의 파장을 가지는 밝은 빛
(d) 375 nm의 파장을 가지는 밝은 빛

5. 다음 수소 원자에 대한 가시광선 영역의 원자 발광 스펙트럼이다. (**LO 5.6**)

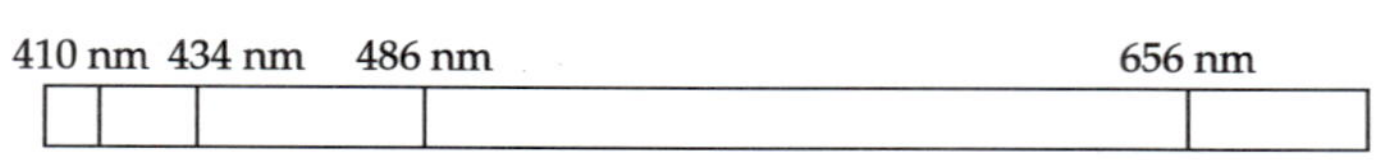

4개의 선들에 대해 얻을 수 있는 결론은 무엇인가?
(a) 수소 분자는 H_4의 화학식을 가지고 있다.
(b) 스펙트럼의 가시광선 영역에서 4개의 선밖에 없기 때문에 스펙트럼의 자외선 영역에서는 더 많은 선들이 있을 것이다.
(c) 들뜬 수소 원자에서 4개의 전자들이 있다.
(d) 수소 원자의 전자의 경우, 특정 에너지만 허용된다.

6. $Cu(NO_3)_2$와 같은 구리 염이 화염 속에서 탈 때, 파랑-초록색의 빛이 방출된다. 다음 중 구리 원소의 방출 스펙트럼을 나타낸 것은 어느 것인가? (**LO 5.6**)

(a)

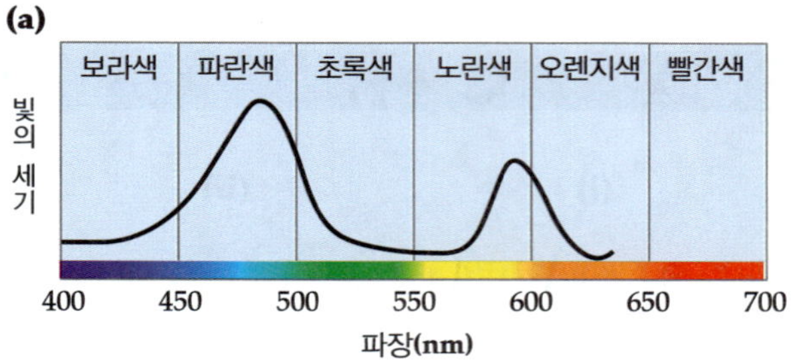

(b)

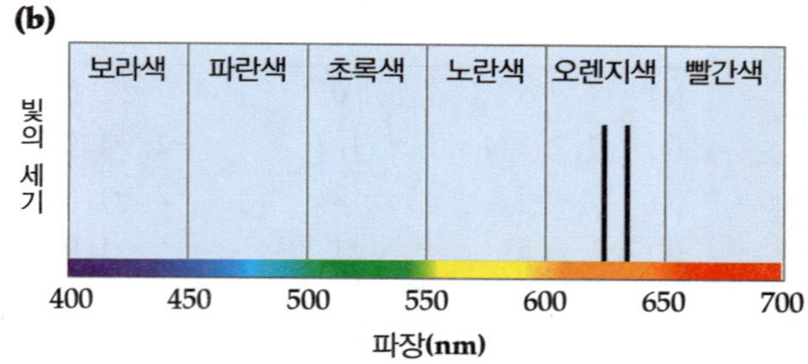

(c)

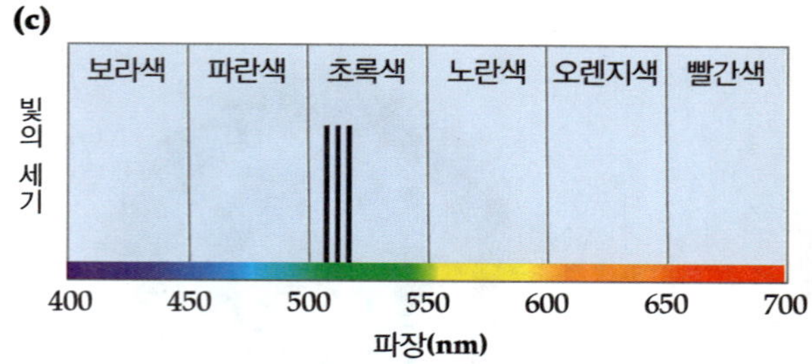

(d)

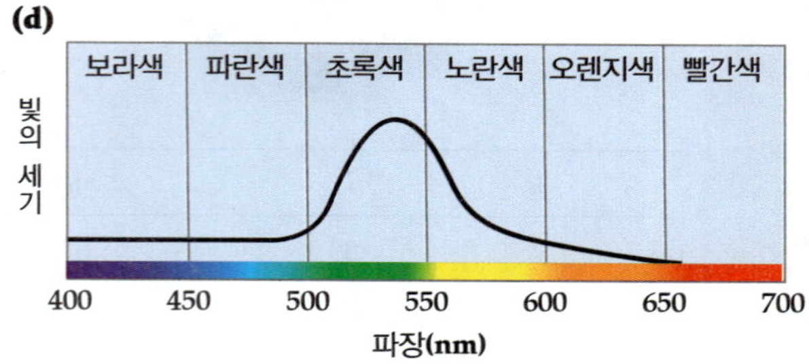

7. 다음 화살표 중 **가장 짧은 파장**을 갖는 빛의 **흡수**를 나타내는 화살은 어떤 것인가? (**LO 5.7**)

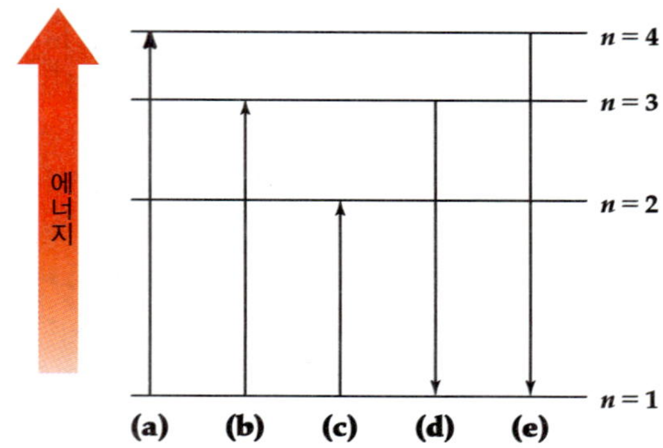

8. 수소 원자의 한 전자가 $n = 5$인 오비탈에서 $n = 2$인 오비탈로 전이를 하여 빛을 방출할 때, 빛의 파장을 nm로 계산하시오. (**LO 5.8**)
(a) 2.31×10^{-3} nm　　(b) 4.34×10^{-2} nm
(c) 231 nm　　(d) 434 nm

9. 질량이 9.11×10^{-28} g인 전자가 2.1×10^{7} m/s의 속도로 가속될 때, 파장을 미터로 계산하시오. (**LO 5.9**)
(a) 3.5×10^{-14} m　　(b) 2.9×10^{-7} m
(c) 3.5×10^{-11} m　　(d) 2.9×10^{10} m

10. $5p$ 오비탈에 있는 전자에 대해 가능한 n, l, m_l 값은 어떤 것인가? (**LO 5.12**)

	n	l	m_l
(a)	5	0	0
(b)	1, 2, 3, 4, 5	1, 2	−2, −1, 0, +1, +2
(c)	5	2	−2, −1, 0, +1, +2
(d)	5	1	−1, 0, +1

11. 아래에 나타낸 오비탈에 대해 가능한 n, l, m_l 값은 어떤 것인가? (**LO 5.13**)

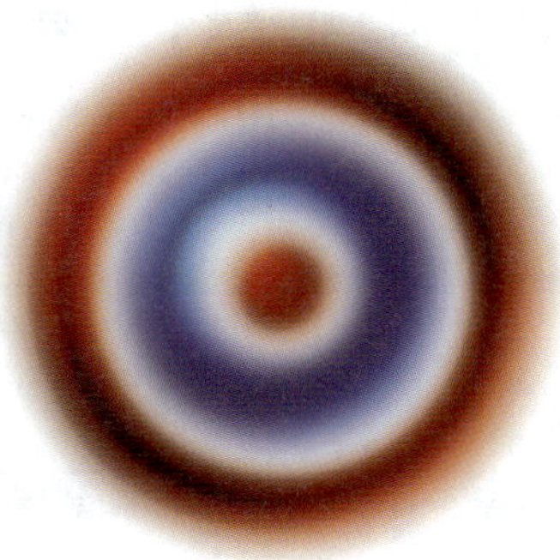

	n	l	m_l
(a)	2	0	0
(b)	3	0	0
(c)	3	1	−1, 0, +1
(d)	4	2	−2, −1, 0, +1, +2

12. 다전자 원자에서 $3s$ 오비탈은 $3p$ 오비탈보다 낮은 에너지 준위를 가진다. 그 이유는 무엇인가? (**LO 5.16**)
   (a) $3p$ 오비탈이 $3s$ 오비탈보다 더 많은 마디 표면이 있기 때문이다.
   (b) $3p$ 오비탈에 있는 전자가 $3s$ 오비탈에 있는 전자보다 핵에 더 가까이에 있을 확률이 높기 때문이다.
   (c) $3s$ 오비탈에 있는 내부 전자가 $3p$ 오비탈에 있는 전자보다 효과적으로 전자를 가리게 되기 때문이다.
   (d) $3s$ 오비탈 대신 3개의 $3p$ 오비탈들에 전자의 에너지가 분포되기 때문이다.

13. $[Ne]3s^23p^4$의 바닥 상태 전자 배치를 가지는 원소는 어느 것인가? (**LO 5.18**)
   (a) S (b) Si
   (c) Cr (d) Te

14. Fe 원소의 바닥 상태 전자 배치를 오비탈 채움 도표로 맞게 표시한 것은 어느 것인가? (**LO 5.19**)

(a)

[Ar] ↑↓ ($4s$) ↑↓ ↑ ↑ ↑ ↑ ($3d$) __ __ __ ($4p$)

(b)

[Ar] __ ($4s$) ↑↓ ↑ ↑ ↑ ↑ ($3d$) __ __ __ ($4p$)

(c)

[Ar] ↑↓ ($4s$) ↑↓ ↑↓ ↑↓ __ __ ($3d$) __ __ __ ($4p$)

(d)

[Ar] __ ($4s$) ↑↓ ↑↓ ↑↓ ↑ ↑ ($3d$) __ __ __ ($4p$)

15. 가장 큰 원자 반지름을 가지는 원소는 어느 것인가? (**LO 5.20**)
   (a) Rb (b) Co
   (c) Mg (d) As

답:
1. b, 2. a, 3. b, 4. a, 5. d, 6. c, 7. a, 8. d, 9. c, 10. d, 11. b, 12. c, 13. a, 14. a, 15. a

개념 문제

문제 5.1~5.25는 이 장의 본문 중에 있다.

5.26 아래에 두 개의 전자기파가 있다.
   (a) 더 강한 세기를 갖는 파동은 어느 것인가?
   (b) 더 높은 에너지 복사에 해당하는 파동은 어느 것인가?
   (c) 어떤 파동이 노란색을 나타내고, 어떤 파동이 적외선을 나타내는가?

(i) **(ii)**

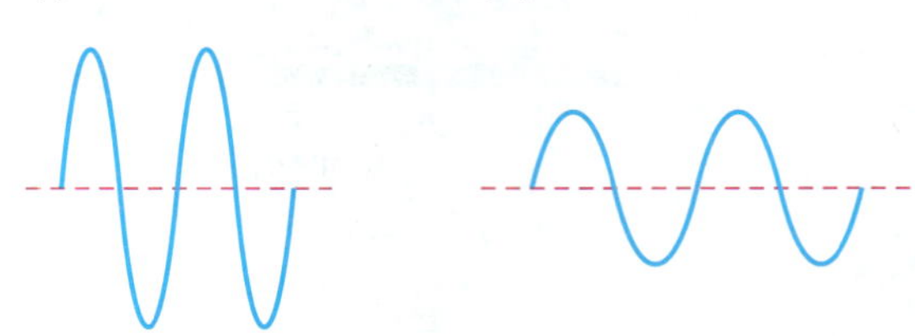

5.27 다음 그림은 수소 원자에서 서로 다른 껍질의 에너지 준위를 나타낸 것이다.

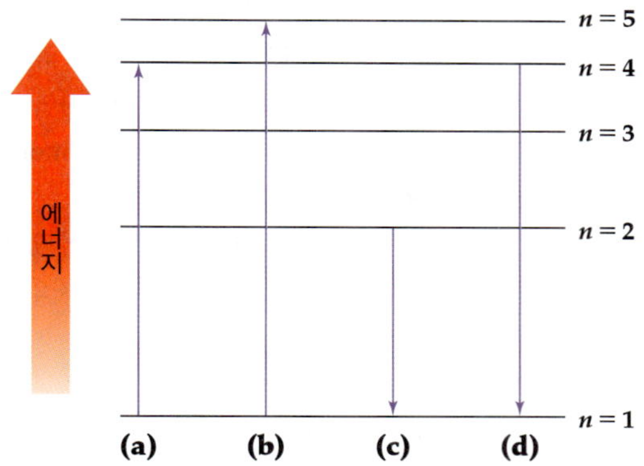

(a) 어떤 전이가 가장 긴 파장의 빛을 흡수하겠는가?

(b) 어떤 전이가 가장 짧은 파장의 빛을 방출하겠는가?

5.28 다음 오비탈 그림이 어떤 오비탈에 해당하는지 확인하고, 주양자수(n)와 각운동량 양자수(l)를 각각 나타내시오.

(a) **(b)**

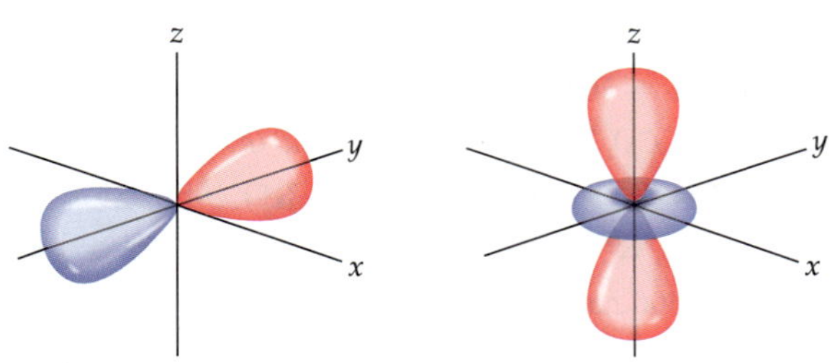

(3번째 껍질) (4번째 껍질)

5.29 다음과 같이 설명되는 원소는 빈 주기율표에서 어느 위치에 있는가?

(a) ns^2np^5의 원자가 껍질 바닥 상태 전자 배치를 갖는 원소

(b) [Ar] $4s^2 3d^{10} 4p^5$의 바닥 상태 전자 배치를 갖는 원소

(c) 최대 주양자수가 $n = 4$인 전자를 갖는 원소

(d) p 오비탈에 한 개의 홀전자를 갖는 원소

(e) d-구역 원소

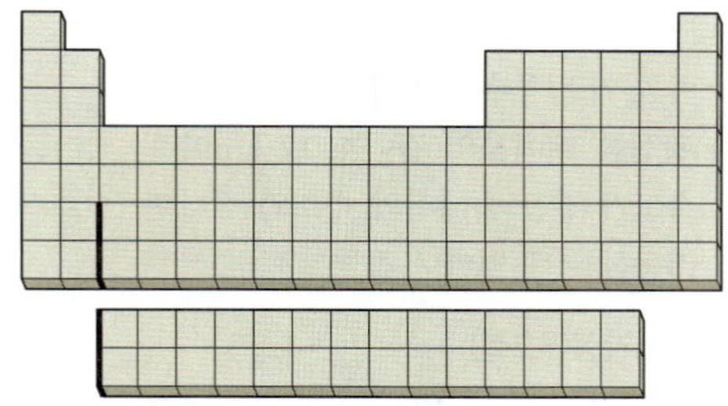

5.30 다음 주기율표에 보여 준 원소 중 하나는 변칙적인 바닥 상태 전자 배치를 갖는다. 다음의 빨강, 파랑, 초록으로 표시한 원소는 어느 원소에 해당하며, 그 이유는 무엇인가?

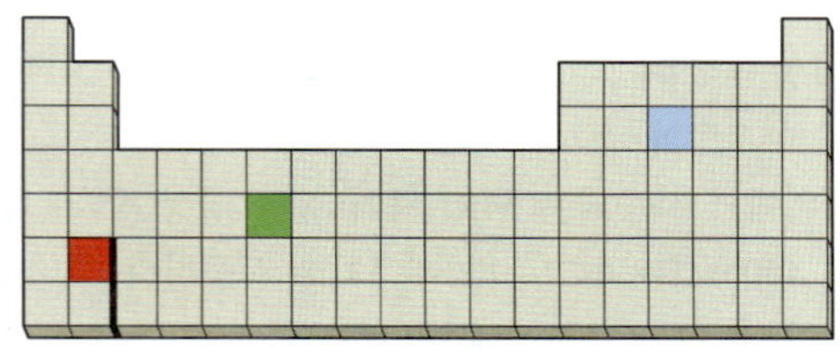

5.31 다음과 같은 오비탈 채움 도표를 갖는 원자는 무엇인가?

[Ar] ↑↓ (4s) ↑↓ ↑↓ ↑↓ ↑↓ ↑↓ (3d) ↑ __ __ (4p)

5.32 다음 오비탈 채움 도표는 바닥 상태의 원자가 아닌 들뜬 상태 원자의 전자 배치이다. 어떤 원자인지 확인하고, 바닥 상태 전자 배치를 나타내시오.

[Ar] ↑↓ (4s) ↑↓ ↑↓ ↑↓ ↑↓ ↑↓ (3d) ↑↓ ↑↓ __ (4p)

5.33 다음 세 개의 구 중에서 Ca 원자를 나타내는 것은 어떤 것인가? Sr 원자를 나타내는 것은 어떤 것인가? Br 원자를 나타내는 것은 어떤 것인가?

$r = 215$ pm $r = 114$ pm $r = 197$ pm

보충 문제

복사 에너지의 파동성(5.1절)

5.34 빨간색과 보라색 중 어느 빛이 더 큰 진동수를 갖는가? 어느 것의 파장이 더 긴가? 어느 것의 에너지가 더 큰가?

5.35 적외선 빛과 자외선 빛 중 더 큰 진동수를 갖는 것은 어느 것인가? 더 긴 파장을 갖는 것은 어느 것인가? 더 큰 에너지를 갖는 것은 어느 것인가?

5.36 허블(Hubble) 우주 망원경은 $1.15 \times 10^{-7} \sim 2.0 \times 10^{-6}$ m 파장 영역의 전자기 에너지를 감지한다. 이 영역에서 완전히 발견되는 전자기 스펙트럼은 어떤 영역인가? 부분적으로 검출되는 전자기 스펙트럼은 어떤 영역들인가?

5.37 웨스트버지니아 주에 있는 그린 뱅크 망원경(세계에서 가장 큰 조종 가능한 전파 망원경)은 290 MHz ~ 90 GHz 영역의 진동수를 감지한다. 이 감지 영역에서 완전히 또는 부분적으로 발견되는 전자기 스펙트럼은 어떤 영역(또는 영역들)인가?

5.38 진동수 $\nu = 5.5 \times 10^{15}$ s^{-1}인 자외선의 파장은 미터 단위로 얼마인가?

5.39 파장 $\lambda = 4.33 \times 10^{-3}$ m인 마이크로파의 진동수는 얼마인가?

5.40 휴대전화는 825 MHz의 주파수를 송출하고, 875 MHz의 주파수를 송신한다.

(a) 송출되는 신호의 파장(cm)은?

(b) 송신되는 신호의 파장(cm)은?

5.41 광섬유는 방대한 양의 데이터를 빠르게 전송할 수 있게 한

다. 광섬유 중 하나는 전송하는 빛의 파장이 1.3×10^3 nm 이다.

(a) 이 빛의 진동수는 얼마인가?

(b) 광섬유 케이블의 길이가 12 km이다. 케이블 속의 빛의 속도가 진공 속에서의 속도와 같다면, 신호가 그 거리를 이동하는 데 얼마나 걸릴까?

복사 에너지의 입자성(5.2절)

5.42 다음 파동의 에너지(kJ/mol)를 계산하고, 각 쌍 중 어느 것이 더 큰 값인지를 말하시오.

(a) 99.5 MHz에서의 FM 라디오파와 1150 kHz에서의 AM 라디오파

(b) $\lambda = 3.44 \times 10^{-9}$ m인 X선과 $\lambda = 6.71 \times 10^{-2}$ m인 마이크로파

5.43 병원에서 사용되는 MRI(자기 공명 영상 장치) 바디 스캐너는 400 MHz의 고주파 에너지로 작동한다. 이것은 어느 정도의 에너지(kJ/mol)에 해당하는가?

5.44 다음과 같은 에너지를 갖는 광자들의 파장을 미터 단위로 나타내면 얼마인가? 어떤 영역의 전자기 스펙트럼인가?

(a) 90.5 kJ/mol (b) 8.05×10^{-4} kJ/mol

(c) 1.83×10^3 kJ/mol

5.45 다음 광자 각각의 에너지(kJ/mol)는 얼마인가?

(a) $\nu = 5.97 \times 10^{19}$ s^{-1} (b) $\nu = 1.26 \times 10^6$ s^{-1}

(c) $\lambda = 2.57 \times 10^2$ m

5.46 우리는 스카치테이프를 선물 포장에 사용하는 데 익숙하지만, 이것이 전자기 복사선을 방출한다는 사실은 잘 알지 못한다. 스카치테이프가 진공 상태(공기 중이 아닌)에서 풀어질 때 나노초 동안 대략 $\nu = 2.9 \times 10^{18}$ s^{-1}의 진동수를 갖는 광자가 방출된다.

(a) $\nu = 2.9 \times 10^{18}$ s^{-1}의 진동수를 가지는 광자의 파장을 m로 나타내면 얼마인가?

(b) $\nu = 2.9 \times 10^{18}$ s^{-1}의 진동수를 가지는 광자의 에너지를 kJ/mol로 나타내면 얼마인가?

(c) 이 광자는 어떤 전자기 복사선인가?

5.47 단단한 윈터그린향 사탕은 **마찰 발광**(triboluminescent)을 한다. 이는 분쇄될 때 빛의 섬광을 방출한다는 의미이다. (어두운 방에서 입 안에서 윈터그린향 사탕이 부서질 때 거울을 본다면 섬광을 볼 수 있을 것이다.) 가장 강하게 방출되는 빛의 파장은 $\lambda = 450$ nm이다.

(a) $\lambda = 450$ nm의 파장을 가지는 광자의 진동수를 s^{-1}로 나타내면 얼마인가?

(b) $\lambda = 450$ nm의 파장을 가지는 광자의 에너지를 kJ/mol로 나타내면 얼마인가?

(c) $\lambda = 450$ nm의 파장을 가지는 빛은 어떤 색깔인가?

5.48 국제 단위계(SI)에서 초(second)는 세슘-133 원자의 두 에너지 준위 사이의 전이에 해당하는 복사선이 가지는 9,192,631,770주기의 기간으로 정의된다. 이러한 두 에너지 준위의 에너지 차이를 kJ/mol로 계산하면 얼마인가?

5.49 빛에 노출될 때 어두워지는 광변색성 선글라스(photochromic sunglass)는 무색의 AgCl이 유리에 소량 포함되어 있다. 빛을 받으면 금속 은 원자가 생성되고 유리는 어두워진다. $AgCl \longrightarrow Ag + Cl$. 유리의 견고한 구조에 의해 염소 원자의 떨어짐이 방지되고, 반응은 빛이 없어지자마자 역으로 일어난다. 만약 반응이 진행되기 위해 310 kJ/mol의 에너지가 필요하다면 필요한 빛의 파장은 얼마인가?

5.50 CD, DVD, 블루–레이 디스크에 부호화되어 있는 데이터는 레이저를 사용하여 읽을 수 있다. 다음 레이저의 파장(nm)과 에너지(J)는 얼마인가?

(a) CD 레이저, $\nu = 3.85 \times 10^{14}$ s^{-1}

(b) DVD 레이저, $\nu = 4.62 \times 10^{14}$ s^{-1}

(c) 블루–레이 레이저, $\nu = 7.41 \times 10^{14}$ s^{-1}

5.51 준금속 저마늄(germanium)은 광검출기의 부품으로 사용되는데, 이것은 빛에 노출되었을 때 전류를 발생시킨다. 만약 저마늄 광검출기가 400~1700 nm의 범위에서 광자에 반응한다면, 다음의 광원을 검출할 수 있겠는가?

(a) $\nu = 4.35 \times 10^{14}$ s^{-1}인 레이저

(b) $E = 43$ kJ/mol인 광자

(c) $\nu = 706$ THz인 전자기 복사선

5.52 세슘(Cs) 금속의 일함수는 188 kJ/mol이고, 이는 637 nm의 파장을 가지는 빛의 에너지와 같다. 다음 중 세슘으로부터 가장 적은 수의 전자를 방출시키는 조건은 무엇인가?

(a) 500 nm의 파장과 높은 진폭

(b) 500 nm의 파장과 낮은 진폭

(c) 650 nm의 파장과 높은 진폭

(d) 650 nm의 파장과 낮은 진폭

5.53 칼슘(Ca) 금속의 일함수를 kJ/mol로 나타낼 수 있고, 이는 432 nm의 파장을 가지는 빛의 에너지와 같다. 다음 중 칼슘으로부터 가장 많은 수의 전자를 방출시키는 조건은 무엇인가?

(a) 400 nm의 파장과 높은 진폭

(b) 400 nm의 파장과 낮은 진폭

(c) 450 nm의 파장과 높은 진폭

(d) 450 nm의 파장과 낮은 진폭

5.54 은(Ag) 금속의 일함수는 436 kJ/mol이다. 은 시료로부터 전자를 방출시키기 위해서 필요한 빛의 진동수는 얼마인가?

5.55 세슘(Cs) 금속은 광전 셀(photoelectric cell)에 사용되는데, 이는 세슘 금속 표면에서 전자를 방출하는 데 필요한 에너지의 양이 206.5 kJ/mol로서 비교적 적은 값을 가지고 있기 때문이다. 이러한 에너지에 해당되는 빛의 파장은 nm의 단위로 얼마인가?

원자 선 스펙트럼과 양자화된 에너지(5.3절)

5.56 분광학은 조사한 에너지와 물질과의 상호 작용을 바탕으로 물질의 정성 및 정량 분석을 하는 기술이다. 중수소 램프는 자외선 영역의 스펙트럼 광원으로 종종 사용되고, 다음 그림과 같은 방출 스펙트럼을 나타낸다. 이 스펙트럼은 연속 스

펙트럼인가? 선 방출 스펙트럼인가?

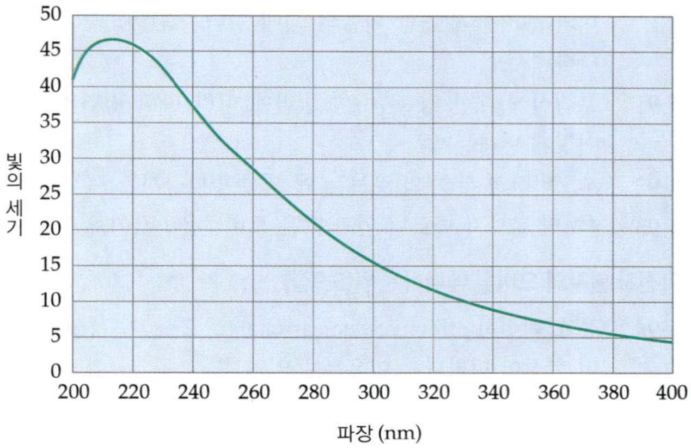

5.57 소듐-증기 램프(소듐 램프)는 조명으로 널리 사용되고 있다. 이 전등의 방출 스펙트럼은 다음과 같다. 이 방출 스펙트럼은 연속 스펙트럼인가? 선 스펙트럼인가?

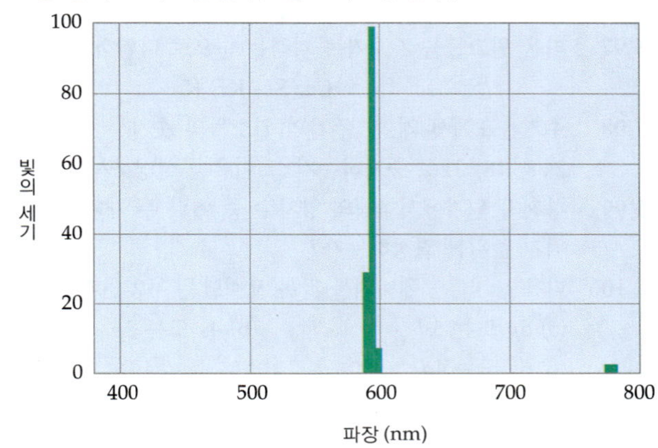

5.58 수소의 발머 선 스펙트럼에 대한 방정식에 따라, $n=3$은 656.3 nm에서 빨간색 스펙트럼 선을, $n=4$는 486.1 nm에서 초록색 선을, $n=5$는 434.0 nm에서 파란색 선을 낸다. 각 스펙트럼 선에 해당하는 복사선의 에너지(kJ/mol)를 계산하시오.

5.59 수소의 발머 선 스펙트럼에 대한 방정식에 따라, $n=4$는 486.1 nm에서 초록색 선을 낸다. 이 스펙트럼 선에 해당하는 복사선의 에너지(kJ/mol)를 계산하시오.

5.60 수소 원자의 첫 번째 껍질($n=1$)로부터 전자를 완전히 제거하는 데 필요한 에너지(kJ)와 파장을 계산하시오($R_\infty = 1.097 \times 10^{-2}\ \text{nm}^{-1}$).

5.61 수소 원자의 두 번째 껍질($n=2$)로부터 전자를 완전히 제거하는 데 필요한 에너지(kJ)와 파장을 계산하시오($R_\infty = 1.097 \times 10^{-2}\ \text{nm}^{-1}$).

5.62 수소의 선 스펙트럼 계열 중 하나는 전자가 더 바깥 껍질들에서 네 번째 껍질로 떨어질 때의 에너지 방출에 의하여 이 선은 발머-뤼드베리 식을 사용하여 계산할 수 있다.

$$\frac{1}{\lambda} = R_\infty\left[\frac{1}{m^2} - \frac{1}{n^2}\right]$$

여기서 $m=4$, $R_\infty = 1.097 \times 10^{-2}\ \text{nm}^{-1}$, n은 4보다 큰 정수이다. 이 계열의 처음 두 선의 파장(nm)과 에너지(kJ/mol)를 계산하시오. 이것은 전자기 스펙트럼의 어떤 영역에 속하는가?

5.63 수소의 선 스펙트럼 계열 중 하나는, 전자가 더 바깥 껍질들에서 세 번째 껍질로 떨어질 때의 에너지 방출에 의하여 나타난다. 이 선은 발머-뤼드베리 식을 사용하여 계산할 수 있다.

$$\frac{1}{\lambda} = R_\infty\left[\frac{1}{m^2} - \frac{1}{n^2}\right]$$

여기서 $m=3$, $R_\infty = 1.097 \times 10^{-2}\ \text{nm}^{-1}$, n은 3보다 큰 정수이다. 이 계열의 처음 두 선의 파장(nm)과 에너지(kJ/mol)를 계산하시오. 이것은 전자기 스펙트럼의 어떤 영역에 속하는가?

5.64 발머 식을 사용하여, $n=6$이고 $m=2$일 때 수소의 스펙트럼 선의 파장을 nm로 계산하시오. 이 선에 해당하는 복사선의 에너지(kJ/mol)는 얼마인가?

5.65 수소 원자 스펙트럼에서 특정 계열의 선들은 더 바깥 껍질들에서 다섯 번째 껍질($n=5$)로 전자가 전이하면서 에너지를 방출할 때 나타난다. 발머-뤼드베리 식을 사용하여, 해당 계열에서 가장 긴 파장을 가지는 두 선의 파장(nm)과 에너지(kJ/mol)를 계산하시오. 이 선들은 전자기 스펙트럼의 어떤 영역에 해당하겠는가?

입자의 파동성(5.4절)

5.66 양성자와 전자는 입자 가속기에서 매우 높은 에너지를 받아 가속될 수 있다. 전자(질량 = 9.11×10^{-31} kg)가 빛의 속도의 5%로 가속될 때, 전자의 파장(m)은 얼마인가? 이 파장은 전자기 스펙트럼에서 어떤 영역에 해당하는가?

5.67 양성자(질량 = 1.673×10^{-24} g)가 빛의 속도의 1%로 가속될 때, 파장(m)은 얼마인가? 이 파장은 전자기 스펙트럼의 어떤 영역에 속하는가?

5.68 무게가 145 g이고 156 km/h로 움직이는 야구공의 드브로이 파장(m)은 얼마인가? 왜 우리는 이 파장을 관찰할 수 없는가?

5.69 무게가 1.55 mg이고 1.38 m/s의 속도로 나는 모기의 드브로이 파장(m)은 얼마인가? 왜 우리는 이 파장을 관찰할 수 없는가?

5.70 드브로이 파장이 0.500 nm가 되려면, 145 g의 야구공은 얼마의 속도(m/s)로 움직여야 하는가?

5.71 전자(질량 = 9.11×10^{-31} kg)의 드브로이 파장이 붉은 빛(750 nm)이 되려면, 전자는 얼마의 속도로 움직여야 하는가?

오비탈과 양자 역학(5.5~5.8절)

5.72 하이젠베르크의 불확정성 원리를 이용하여, 무게가 0.68 g이고 0.85 m/s로 움직이는 꿀벌의 위치의 불확실 정도(m)를 계산하시오. 속도의 불확실 정도는 0.1 m/s라고 가정하시오.

5.73 헬륨(He) 원자의 질량은 4.0026 amu이고, 평균 속도는 25 ℃에서 1.36×10^3 m/s이다. 속도의 불확실 정도가 1%라면 헬륨 원자 위치의 불확실 정도(m)는 얼마인가?

5.74 하이젠베르크의 불확정성 원리는 무엇이며, 이것은 원자 구

조를 설명하는 데 어떤 영향을 주는가?

5.75 오비탈의 공간 한계를 결정하기 위해 95%와 같은 임의의 값을 왜 사용해야 하는가?

5.76 네 가지 양자수는 무엇이고, 각각 무엇을 나타내는가?

5.77 다음의 양자수 조합 중 어느 것이 허용되지 않는지를 밝히고, 그 이유를 설명하시오.

(a) $n = 3$, $l = 0$, $m_l = -1$

(b) $n = 3$, $l = 1$, $m_l = 1$

(c) $n = 4$, $l = 4$, $m_l = 0$

5.78 다음 각 전자에 대하여 가능한 양자수 조합을 제시하시오.

(a) $4s$ 전자 (b) $3p$ 전자

(c) $5f$ 전자 (d) $5d$ 전자

5.79 다음 양자수를 가지는 전자의 오비탈 이름을 쓰시오.

(a) $n = 3$, $l = 0$, $m_l = 0$

(b) $n = 2$, $l = 1$, $m_l = -1$

(c) $n = 4$, $l = 3$, $m_l = -2$

(d) $n = 4$, $l = 2$, $m_l = 0$

5.80 다음 양자수 조합 중 어느 것이 바닥 상태의 코발트 원자($Z=27$)를 나타내는가?

(a) $n = 3$, $l = 0$, $m_l = 2$

(b) $n = 4$, $l = 2$, $m_l = -2$

(c) $n = 3$, $l = 1$, $m_l = 0$

5.81 다음 양자수 조합 중 어느 것이 바닥 상태의 셀레늄 원자($Z=34$)를 나타내는가?

(a) $n = 3$, $l = 3$, $m_l = 2$

(b) $n = 4$, $l = 2$, $m_l = -2$

(c) $n = 4$, $l = 1$, $m_l = 0$

5.82 가장 높은 에너지를 갖는 전자의 주양자수가 $n=5$일 때, 이 원자가 가질 수 있는 전자는 최대 몇 개인가?

5.83 가장 높은 에너지를 갖는 전자가 주양자수 $n=4$이고 각운동량 양자수 $l=0$일 때, 이 원자가 가질 수 있는 최대 전자는 몇 개인가?

5.84 소듐(Na) 원자는 전자가 $4p$ 오비탈에서 $3s$ 오비탈로 이동할 때 330 nm 파장의 빛을 방출한다. 이때 두 오비탈 사이의 에너지 차이(kJ/mol)는 얼마인가?

5.85 들뜬 상태의 루비듐(Rb) 원자는 λ = 795 nm인 붉은 빛을 방출한다. 이 방출을 일으키는 에너지 차이(kJ/mol)는 얼마인가?

5.86 탄소의 각 전자들에 대한 4가지 양자수를 나타내시오.

5.87 산소의 각 전자들에 대한 4가지 양자수를 나타내시오.

5.88 Sr 원자에서 최외각에 놓여 있는 2개의 전자에 대한 4가지 양자수를 나타내시오

5.89 다음 양자수 조합 중 어느 것이 Mo에서 d 전자의 타당한 4가지 양자수 조합인가?

(a) $n = 4$, $l = 1$, $m_l = 0$, $m_s = +1/2$

(b) $n = 5$, $l = 2$, $m_l = 0$, $m_s = -1/2$

(c) $n = 4$, $l = 2$, $m_l = -1$, $m_s = +1/2$

(d) $n = 5$, $l = 2$, $m_l = -3$, $m_s = +1/2$

5.90 $4s$ 오비탈은 몇 개의 마디 평면을 가지는가? $4s$ 오비탈의 마디와 전자를 발견할 확률의 최대 지역을 단면도를 이용하여 나타내시오.

5.91 부껍질에 대한 양자수 l이 변함에 따라 마디 평면의 개수는 어떻게 변하는가?

5.92 p 오비탈의 두 개의 로브는 왜 색깔이 다를까?

5.93 4개의 로브가 클로버 잎과 닮은 오비탈은 l 값이 얼마인가?

다전자 원자의 오비탈 에너지 준위(5.9절)

5.94 **유효 핵전하**(effective nuclear charge, $Z_{유효}$)가 무엇이고, 이런 현상이 나타나는 이유는 무엇인가?

5.95 다전자 원자에서 전자 가림이 어떻게 $3s$, $3p$, $3d$ 오비탈의 에너지 차이를 야기하는가?

5.96 다음 오비탈에 있는 전자를 가림 능력에 따라 순서대로 나열하시오.

$4s$, $4d$, $4f$

5.97 다음 원소들을 $Z_{유효}$가 증가하는 순으로 나열하시오.

Ca, Se, Kr, K

5.98 주기율표에서 왜 한 주기의 원소들의 숫자는 아래로 가면서 2, 8, 18, 32로 증가하는지 그 이유를 설명하시오.

5.99 다전자 원자에서 4개의 양자수 중 어떤 두 개가 오비탈의 에너지 준위를 결정하는가?

5.100 다음 중 더 큰 에너지를 갖는 오비탈은 무엇인가?

(a) $5p$ 또는 $5d$ (b) $4s$ 또는 $3p$

(c) $6s$ 또는 $4d$

5.101 다음 각 다전자 원자의 오비탈을 에너지가 증가하는 순으로 나열하시오.

(a) $4d$, $3p$, $2p$, $5s$ (b) $2s$, $4s$, $3d$, $4p$

(c) $6s$, $5p$, $3d$, $4p$

5.102 쌓음 원리에 따라 다전자 원자에서 다음의 오비탈이 채워진 후, 즉각적으로 채워지는 오비탈은 무엇인가?

(a) $4s$ (b) $3d$

(c) $5f$ (d) $5p$

5.103 쌓음 원리에 따라 다음 각각의 오비탈이 채워지기 바로 전에 어떤 오비탈이 채워지는가?

(a) $3p$ (b) $4p$

(c) $4f$ (d) $5d$

전자 배치(5.10~5.12절)

5.104 다음 원소들의 예상되는 바닥 상태 전자 배치를 나타내시오.

(a) Ti (b) Ru

(c) Sn (d) Sr

(e) Se

5.105 다음 원자 번호를 가지는 원자의 예상되는 바닥 상태 전자 배치를 쓰시오.

(a) $Z = 55$ (b) $Z = 40$

(c) $Z = 80$ (d) $Z = 62$

5.106 다음 원자들의 오비탈 채움 도표를 그리시오. 각각의 전자는

위 또는 아래로 향한 화살표로 나타내고, 속껍질 전자들은 비활성 기체 원소의 약자를 사용하여 나타내시오.

(a) Rb (b) W
(c) Ge (d) Zr

5.107 다음 원자 번호를 가지는 원자들의 오비탈 채움 도표를 그리시오. 각각의 전자는 위 또는 아래로 향한 화살표로 나타내고, 속껍질 전자들은 비활성 기체의 원소 약자를 사용하여 나타내시오.

(a) $Z = 25$ (b) $Z = 56$
(c) $Z = 28$ (d) $Z = 47$

5.108 다음 각 바닥 상태 원자에 존재하는 홀전자 수는 몇 개인가?

(a) O (b) Si
(c) K (d) As

5.109 다음 원자가 무엇인지 확인하시오.

(a) 바닥 상태 전자 배치가 [Ar] $4s^2\ 3d^{10}\ 4p^1$인 원자
(b) 바닥 상태 전자 배치가 [Kr] $4d^{10}$인 원자

5.110 다음 각 원자들의 원소 기호를 쓰고, 바닥 상태 전자 배치를 구하시오. 또 오비탈 채움 도표를 그리시오. 내부 껍질은 비활성 기체 원소의 약자를 사용한다.

(a) 가장 무거운 알칼리 토금속
(b) 가장 가벼운 전이 금속
(c) 가장 무거운 악티늄족 금속
(d) 가장 가벼운 준금속
(e) 5주기 16족 원소

5.111 부껍질 $1s$, $2s$, $2p$, $3s$, $3p$, $3d$에 대해 다음에 해당되는 것을 찾으시오.

(a) $l = 2$를 가진다.
(b) $m_l = -1$일 수 있다.
(c) 질소 원자에서 비어 있다.
(d) 탄소 원자에서 채워져 있다.
(e) Be 원자에서 최외각 전자가 들어 있다.
(f) 두 전자는 스핀 $m_s = +1/2$을 갖는다.

5.112 g 오비탈을 채우기 시작하는 원자 번호는 몇 번인가?

5.113 g 오비탈이 훈트 규칙에 의해 채워진다면, 채워진 g 오비탈을 가지는 첫 번째 원소의 원자 번호는 무엇인가?

5.114 중성 소듐 원자가 전자 하나를 잃을 때 생성되는 소듐 이온(Na^+)의 바닥 상태 전자 배치가 무엇일지 예측하시오.

5.115 중성 염소 원자에 전자 하나를 더할 때 생성되는 염화 이온(Cl^-)의 바닥 상태 전자 배치가 무엇일지 예측하시오.

5.116 최근에 발견된 $Z = 116$ 원소의 예상되는 바닥 상태 전자 배치는 무엇인가?

5.117 주기율표의 Fr 바로 아래의 아직 발견되지 않은 원소의 원자 번호와 예상되는 바닥 상태 전자 배치를 쓰시오

전자 배치와 주기적 성질(5.13절)

5.118 주기율표의 같은 족에서 아래로 내려갈수록 원자 반지름이 증가하는 이유는 무엇인가?

5.119 주기율표의 같은 주기에서 왼쪽에서 오른쪽으로 갈수록 원자 반지름이 감소하는 이유는 무엇인가?

5.120 다음 원자들을 원자 반지름이 증가하는 순서대로 나열하시오: S, F, O

5.121 다음 원자들을 원자 반지름이 증가하는 순서대로 나열하시오: Rb, Cl, As, K

5.122 다음 각 쌍 중 원자 반지름이 더 큰 원자는 무엇인가?

(a) Na 또는 K (b) V 또는 Ta
(c) V 또는 Zn (d) Li 또는 Ba

5.123 다음 각 쌍 중 원자 반지름이 더 큰 원자는 무엇인가?

(a) C 또는 Ge (b) Ni 또는 Pt
(c) Sn 또는 I (d) Na 또는 Rb

다중 개념 문제

5.124 He^+와 같이 하나의 전자를 갖는 원자나 이온의 오비탈 에너지는 발머-뤼드베리 식과 유사한 방정식으로 설명될 수 있다.

$$\frac{1}{\lambda} = Z^2 R \left[\frac{1}{m^2} - \frac{1}{n^2} \right]$$

여기서 Z는 원자 번호이다. 만약에 He^+에 있는 전자가 $n = 3$에서 $n = 2$로 전이할 때 방출되는 빛의 파장(nm)은 얼마인가?

5.125 He^+와 비슷하게 Li^{2+} 이온도 하나의 전자를 갖는다(문제 5.124). Li^{2+}의 전자가 $n = 1$에서 $n = 4$로 전이하려면 파장(nm)이 얼마인 빛을 흡수해야 하는가?

5.126 각운동량 양자수(l)가 0, 1, 2, ⋯, $n+1$의 정숫값(0, 1, 2, ⋯, $n-1$ 대신)을 가지는 것을 제외하고는 4개의 양자수가 우리 우주에서와 같은 가능한 값을 가질 수 있는 우주를 상상해 보자.

(a) 이 우주에서 주기율표의 처음 두 주기에는 몇 개의 원소가 있을까?
(b) 두 번째 주기 다섯 번째 족에 있는 원소의 원자 번호는 얼마인가?
(c) 원자 번호 12를 가진 원소의 오비탈 채움 도표를 그리시오.

5.127 다음 원자에 대해 오비탈 채움 도표를 그리시오. 각 전자는 위 또는 아래로 향한 화살표로 표시하고, 속껍질 전자들은 비활성 기체의 원소 약자를 이용하여 나타내시오.

(a) Sr (b) Cd
(c) $Z = 22$인 원자 (d) $Z = 34$인 원자

5.128 Y(180 pm)와 La(187 pm)의 원자 반지름은 크게 다르지만 Zr(160 pm)과 Hf(159 pm)의 원자 반지름은 거의 같다. 이를 설명하시오.

5.129 다음 식은 $Z_{유효}$를 계산하는 하나의 방법이다.

$$Z_{유효} = \sqrt{\frac{(E)(n^2)}{1312\ \text{kJ/mol}}}$$

여기서 E는 원자에서 전자 하나를 제거하는 데 필요한 에너지이고, n은 주양자수이다. 이 식을 이용하여, 포타슘(K, E = 418.8 kJ/mol)과 크립톤(Kr, E = 1350.7 kJ/mol)에서 가장 높은 에너지를 갖는 전자의 $Z_{유효}$를 계산하시오.

5.130 1와트(W)는 1 J/s이다. 75 W 백열전구의 출력 에너지의 5.0%가 가시광선이고 이 빛의 평균 파장이 550 nm라고 가정한다면, 매초 백열전구에 의해 방출되는 가시광선의 광자는 몇 개나 되겠는가?

5.131 전자레인지는 마이크로파를 식품에 쪼여 흡수된 마이크로파가 열로 바뀌면서 작동한다. λ = 15.0 cm인 마이크로파가 사용되고 모든 에너지가 열로 변환되며, 물 1.00 g을 1.00 ℃ 올리는 데 4.184 J이 필요하다고 가정할 때, 350 mL의 물을 20 ℃에서 95 ℃로 가열하는 데 얼마나 많은 광자가 필요한가?

5.132 원자에서 전자를 떼어내는 데 필요한 에너지를 **이온화 에너지**(ionization energy, E_i)라고 한다. 이 에너지는 **광전자 분광법**(photoelectron spectroscopy)으로 측정할 수 있다. 파장 λ의 빛을 원자에 쪼이면 전자가 튀어나온다. 튀어나온 전자의 운동 에너지(E_k)는 속도 v($E_k = mv^2/2$)를 측정하여 결정할 수 있으며, E_i는 에너지 보존 법칙을 이용하여 계산할 수 있다. 즉, 입사한 빛의 에너지는 $E_i + E_k$이다. λ = 48.2 nm인 빛이 2.371×10^6 m/s로 전자를 방출하면, 셀레늄 원자의 이온화 에너지(kJ/mol)는 얼마인가? 전자의 질량(m)은 9.109×10^{-31} kg이다.

5.133 구리(Cu) 금속 타겟에 30,000 V의 전압 차에 의해 가속되는 고에너지 전자가 충돌할 때 1.54×10^{-10} m의 파장을 갖는 X선이 생성된다. 전자의 운동 에너지는 전압 차(V)와 전하(C)의 곱과 같다(1 volt × coulomb = 1 J).

(a) 30,000 V의 전압 차로 가속된 전자의 운동 에너지(J)와 드브로이 파장(m)은 얼마인가?

(b) 구리 타겟에 의해 방출된 X선의 에너지(J)는 얼마인가?

5.134 보어 원자 구조 모형에서 전자는 다음의 식으로 주어진 특정 거리에서 핵의 주위를 회전한다.

$$r = \frac{n^2 a_0}{Z}$$

여기서 r은 궤도의 반지름이고, Z는 핵의 전하, a_0는 **보어 반지름**으로 5.292×10^{-11} m이며, n은 양의 정수로 주양자수(n = 1, 2, 3, …)와 같다. 보어는 일정한 궤도에서 전자의 에너지 준위 E는 다음과 같다고 주장하였다.

$$E = \frac{-Ze^2}{2r}$$

여기서 e는 전자의 전하이다. 두 에너지 준위 간의 에너지 차이 ΔE를 계산하는 식을 유도하시오. 유도된 식이 발머-뤼드베리 식과 어떤 관계가 있는가?

5.135 다른 모든 규칙은 동일하며, 양자수 규칙이 다르고 스핀 양자수가 세 가지 값 m_s = −1/2, 0, +1/2을 가진다고 가정하자.

(a) Z = 25인 원소의 오비탈 채움 도표를 그리시오. 가장 바깥 부껍질에 있는 개별 전자를 위 또는 아래로 향한 화살표나 0으로 표시하시오. 부분적으로 채워진 오비탈은 몇 개인가?

(b) 이 새로운 규칙에서 세 번째 족, 4주기 원소의 원자 번호는 얼마인가? 이것은 s, p, d, f 중 어느 구역에 속하는가?

5.136 크로뮴(Cr) 금속에 광전 효과를 발생하기 위하여 최저 에너지 7.21×10^{-19} J이 필요하다.

(a) 크로뮴으로부터 전자를 제거하는 데 필요한 빛의 최소 진동수는 얼마인가?

(b) 파장이 2.50×10^{-7} m인 빛을 진공 유리관 안에 놓여 있는 크로뮴 조각에 쪼였다. 전자가 방출되는 최소 드브로이 파장은 얼마인가? (입사광의 에너지는 보존된다. 즉, 광자의 에너지는 전자 방출에 필요한 에너지와 전자의 운동 에너지를 합한 값이다.)

5.137 X-선 발생 장치에서 발생하는 광자의 에너지는 4.70×10^{-16} J이다.

(a) 이 광자의 진동수는 얼마인가?

(b) 진동수 (a)를 가지는 방사선의 파장은 얼마인가?

(c) (b)와 같은 드브로이 파장을 가지는 전자의 속도는 얼마인가?

(d) (c)의 속도로 이동하는 전자의 운동 에너지는 얼마인가?

5.138 들뜬 상태의 수소 원자는 $5f$ 부껍질에 전자가 존재한다. 전자가 $3d$ 부껍질로 떨어지면서 광자를 내놓게 된다.

(a) 두 부껍질의 주양자수(n)와 각운동량 양자수(l)를 구하고, 가능한 자기 양자수(m_l)의 범위를 나타내시오.

(b) 이 과정에서 방출되는 빛의 파장은 얼마인가?

(c) 수소 원자의 $3d$ 부껍질에 한 개의 전자가 존재한다. 이 전자 제거에 필요한 에너지(kJ/mol)는 얼마인가?

5.139 비활성 기체 제논에 대해 생각해 보자.

(a) 제논의 전자 배치를 이전 주기 비활성 기체의 약자를 사용하여 나타내시오.

(b) 제논이 801 kJ/mol의 에너지를 흡수할 때 최외각 전자는 바로 다음 부껍질의 높은 에너지 상태로 전이가 일어나 들뜨게 된다. 이러한 들뜬 상태의 제논의 전자 배치를 쓰시오.

(c) 들뜬 상태의 제논 원자에서 최외각 전자를 완전히 떼어내기 위해서는 369 kJ/mol의 에너지가 필요하며, 이는 세슘(376 kJ/mol)의 경우와 거의 같다. 그 이유를 설명하시오.

chapter 6

이온 결합 화합물: 주기적 경향과 결합 이론

ⓒAfrica Studio/Shutterstock

CONTENTS

소금과 같은 대부분의 이온 결합 화합물은 결정성 고체이다. 놀랍게도, 이 플라스크에 있는 이온 결합 화합물은 화학 공정에서 용매로 사용되는 액체이다.

어떻게 이온성 액체가 좀 더 환경친화적인 공정으로 이끌까?

이 질문의 답은 237쪽 INQUIRY ? 에 나와 있다.

5장에서는 고립 원자의 전자 구조에 대하여 살펴보았다. 지금부터는 화합물 속의 원자들에 대하여 알아보도록 하자. 화합물에서 원자들을 서로 붙잡고 있는 힘은 무엇인가? 분명히 원자들을 함께 붙잡고 있는 어떤 힘이 있음에 틀림이 없다. 그렇지 않다면 원자들은 따로 분리되어 날아갈 것이며, 화합물이란 존재하지 않을 것이다. 2.11절에서 살펴본 것처럼 원자들을 함께 붙잡는 힘을 **화학 결합**(chemical bonds)이라 부르고, 화학 결합은 공유 결합과 이온 결합의 두 종류가 있다. 일반적으로, 이온 결합은 주로 금속 원자와 비금속 원자 사이에 형성되는 반면에, 공유 결합은 주로 비금속 원자 사이에 형성된다. 양전하와 음전하 사이의 인력인 정전기적 힘은 원자들이 서로 결합을 형성하는 근본적인 이유이다. 그러나 이온 결합과 공유 결합에서 전하의 형태는 다르다. 6, 7, 8장에서, 화학 결합의 성질과 결합의 형성과 분해에 수반되는 에너지 변화를 살펴볼 것이다. 이온과 이온 결합의 형성을 살펴보면서 이 장을 시작하려고 한다.

6.1 이온의 전자 배치

4.10절과 4.11절의 산화-환원 반응 논의에서 주기율표 왼쪽의 금속 원소들은 화학 반응에서 전자를 주어 양이온을 형성한다는 것을 배웠다. 반대로, 주기율표 오른쪽의 할로젠과 몇 가지 비금속 원소들은 화학 반응에서 전자를 받아 음이온을 형성하는 경향이 있다. 그 결과로 생기는 이온의 **바닥 상태 전자 배치(ground-state electron configuration)**는 어떠한가?

기억하기…
원자나 이온의 **바닥 상태 전자 배치**는 원자나 이온의 최저 에너지 상태에 점유된 원자 오비탈을 나타내는 것이다(5.10절).

주족 원소(1~2족, 13족~17족)**의 이온은 비활성 기체의 전자 배치를 갖기 위하여 전자를 잃거나 얻는다.** 같은 전자 배치를 갖는 원자나 이온은 등전자이다. 따라서, 주족 이온은 비활성 기체와 **등전자**이다. **쌓음 원리(aufbau principle**, 5.10절)는 이온 결합 화합물의 형성에 적용된다. 어떤 양이온을 형성할 때 금속에서 방출된 전자들은 최고 에너지 점유 오비탈로부터 나오는 반면에, 음이온을 형성할 때 비금속이 받은 전자들은 최저 에너지의 비점유 오비탈로 들어간다. 예를 들어, 소듐 원자($1s^22s^22p^63s^1$)가 염소 원자와 반응하여 전자 한 개를 잃을 때, 소듐의 원자가 껍질 $3s$ 전자를 잃고 네온($1s^22s^22p^6$)의 비활성 기체 전자 배치를 갖는 Na^+ 이온이 된다. 동시에, 염소 원자($1s^22s^22p^63s^23p^5$)가 소듐으로부터 전자 한 개를 받을 때, 그 전자는 $3p$ 부껍질에 남아 있는 빈 곳을 채워 아르곤의 비활성 기체 전자 배치($1s^22s^22p^63s^23p^6$)를 갖는 Cl^- 이온이 된다.

기억하기…
쌓음 원리에 따르면, 에너지가 더 낮은 오비탈은 에너지가 더 높은 오비탈보다 먼저 채워지고 하나의 오비탈은 반대 스핀을 가진 전자 두 개만 수용한다(5.10절).

$$\mathbf{Na}\text{: } 1s^2\,2s^2\,2p^6 3s^1 \xrightarrow{-e^-} \mathbf{Na^+}\text{: } 1s^22s^22p^6 \text{ 또는 [Ne]}$$
$$\mathbf{Cl}\text{: } 1s^2\,2s^2\,2p^6\,3s^2\,3p^5 \xrightarrow{+e^-} \mathbf{Cl^-}\text{: } 1s^2\,2s^2\,2p^6\,3s^2\,3p^6 \text{ 또는 [Ar]}$$

소듐에 대한 이와 같은 사실은 1족의 다른 원소에 대하여도 마찬가지이다. 즉, 1족의 모든 원소는 원자가 껍질 s 전자를 잃어 양이온을 형성하고, 그 결과 생성된 모든 이온은 비활성 기체 전자 배치를 갖는다. 2족 원소들도 마찬가지다. 즉, 2족의 모든 원소들은 반응할 때 원자가 껍질 s 전자 2개를 모두 잃고, 2가 양이온을 형성한다. 예를 들어, Mg 원자($1s^22s^22p^63s^2$)는 2개의 $3s$ 전자를 잃고 네온 전자 배치($1s^22s^22p^6$)를 갖는 Mg^{2+} 이온이 된다.

개념탐구 질문 1
질소는 이온을 형성할 때 얼마나 많은 수의 전자를 얻거나 잃는가?
힌트: 질소($Z=7$)의 전자 배치를 쓰시오.

$$\mathbf{1족\ 원자}\text{: [비활성 기체] } ns^1 \xrightarrow{-e^-} \mathbf{1족\ 이온^+}\text{: [비활성 기체]}$$
$$\mathbf{2족\ 원자}\text{: [비활성 기체] } ns^2 \xrightarrow{-2e^-} \mathbf{2족\ 이온^{2+}}\text{: [비활성 기체]}$$

1족과 2족 금속들이 적절한 수의 전자를 **잃고** 비활성 기체 전자 배치를 갖는 이온이 되는 것처럼, 16족과 17족 비금속은 금속과 반응할 때 적절한 수의 전자를 **얻는다**. 17족 할로젠은 전자 한 개를 얻어 비활성 기체 전자 배치를 갖는 1가 음이온을 형성하고, 16족 원소는

표 6.1 몇 가지 일반적인 주족 이온과 그들의 비활성 기체 전자 배치

1족	2족	13족	16족	17족	전자 배치
H^+					[없음]
H^-					[He]
Li^+	Be^{2+}				[He]
Na^+	Mg^{2+}	Al^{3+}	O^{2-}	F^-	[Ne]
K^+	Ca^{2+}	$*Ga^{3+}$	S^{2-}	Cl^-	[Ar]
Rb^+	Sr^{2+}	$*In^{3+}$	Se^{2-}	Br^-	[Kr]
Cs^+	Ba^{2+}	$*Tl^{3+}$	Te^{2-}	I^-	[Xe]

*이들 이온은 추가적으로 채워진 *d* 부껍질을 가지므로 진정한 비활성 기체 전자 배치를 갖는 것은 아니다.

전자 2개를 얻어 비활성 기체의 전자 배치를 갖는 2가 음이온을 형성한다. 예를 들어, 산소 ($1s^22s^22p^4$)는 금속과 반응할 때 네온 전자 배치($1s^22s^22p^6$)를 갖는 O^{2-} 이온이 된다.

$$\textbf{16족 원자}: [\text{비활성 기체}]\ ns^2\,np^4 \xrightarrow{+2e^-} \textbf{16족 이온}^{2-}: [\text{비활성 기체}]\ ns^2\,np^6$$
$$\textbf{17족 원자}: [\text{비활성 기체}]\ ns^2\,np^5 \xrightarrow{+e^-} \textbf{17족 이온}^{-}: [\text{비활성 기체}]\ ns^2\,np^6$$

가장 일반적인 주족 이온의 화학식과 전자 배치가 **표 6.1**에 나열되어 있다.

전이 금속 원소가 이온을 형성하는 것은 주족 원소가 이온을 형성하는 것과 조금 다르다. 전이 금속은 비금속과 반응하여 먼저 원자가 껍질 *s* 전자들을 잃고 그 다음에 한 개 이상의 *d* 전자를 잃어 양이온을 형성한다. 그 결과, 전이 금속 양이온에 남아 있는 모든 원자가전자는 *d* 오비탈을 점유한다. 예를 들어, 철은 두 개의 4*s* 전자를 잃으면 Fe^{2+} 이온을 형성하고, 두 개의 4s와 한 개의 3*d* 전자를 잃으면 Fe^{3+} 이온을 형성한다.

$$\textbf{Fe:}\ [\text{Ar}]\ 4s^2\ 3d^6 \xrightarrow{-2e^-} \textbf{Fe}^{2+}\textbf{:}\ [\text{Ar}]\ 3d^6$$
$$\textbf{Fe:}\ [\text{Ar}]\ 4s^2\ 3d^6 \xrightarrow{-3e^-} \textbf{Fe}^{3+}\textbf{:}\ [\text{Ar}]\ 3d^5$$

전자 배치를 쓸 때는 4*s* 전자 **다음에** 3*d* 전자를 추가하는 반면, 전이 금속이 이온을 형성할 때는 3*d* 전자보다 4*s* 전자를 **먼저** 제거하는 것이 이상하게 보일 수 있다. 주기율표의 쌓음 원리에 따르면, 에너지가 더 낮은 오비탈은 에너지가 더 높은 오비탈보다 먼저 채워진다. 5.12절에 요약된 전자 배치를 쓰는 과정에서 3*d* 오비탈보다 먼저 4*s* 오비탈을 채운다. 이것은 4*s* 오비탈이 에너지가 더 낮다는 것을 의미한다. 이온을 형성할 때, 일반적으로 전자는 에너지가 더 높은 오비탈에서 먼저 제거된다. 이것은 전이 원소에서 4*s* 오비탈이 3*d* 오비탈보다 에너지가 더 높다는 것을 의미한다. 4s와 3*d* 오비탈의 에너지가 원자 번호에 따라 어떻게 변하는지 (**그림 6.1**) 살펴보아, 오비탈 에너지의 명백한 모순을 설명해 보자.

4주기 원소 포타슘과 칼슘(Z = 19, 20)에 대해, 4*s* 오비탈이 3*d* 오비탈보다 에너지가 더 낮으며, 전자 배치를 쓸 때 더 먼저 채워진다는 것을 그림 6.1은 보여 준다.

K와 Ca의 오비탈 에너지: $4s < 3d < 4p$

K: $[\text{Ar}]4s^1$ **Ca:** $[\text{Ar}]4s^2$

그러나 전이 금속 스칸듐(Z = 21)에서 시작하여 핵의 인력과 내부 전자에 의한 불완전한 가리움 때문에, 3*d* 오비탈이 4*s* 오비탈보다 에너지가 더 낮다.

전이 원소(Z ≥ 21)의 오비탈 에너지: $3d < 4s < 4p$

▶ 그림 6.1

다전자 원자에서 4s와 3d 오비탈의 에너지. $Z=4$에서 $Z=20$까지 4s 오비탈이 3d 오비탈보다 에너지가 더 낮다. 전이 금속 원소($Z=21$)에서 시작하여, 4s 오비탈이 3d 오비탈보다 에너지가 더 높다. 전이 금속 이온을 형성할 때, 4s 오비탈이 에너지가 더 높기 때문에, 전자는 3d 오비탈보다 먼저 4s 오비탈에서 제거된다.

▶ 확인하기

4s 오비탈이 3d 오비탈보다 에너지가 더 높아지기 시작하는 원자 번호는?

답 전이 금속 계열의 시작인 원자 번호 21

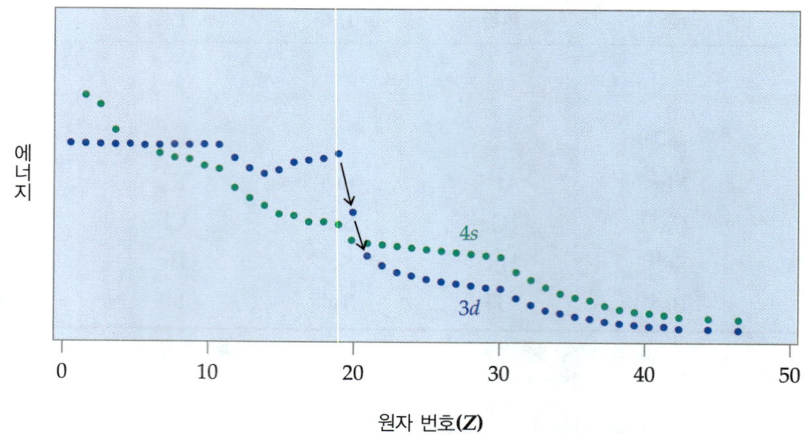

전자가 최저 에너지 오비탈을 먼저 채운다면, 4s 오비탈보다 3d 오비탈을 먼저 채울 것으로 예측된다. Sc^{3+} 이온에 전자를 첨가하여 중성 원자를 형성하는 과정을 검토해 보자. Sc^{3+}는 Ar과 등전자이다. 전자 한 개가 첨가되어 Sc^{2+}를 생성할 때, 전자 한 개는 3d 오비탈에 들어가서 [Ar]$3d^1$ 전자 배치를 갖는다. 놀랍게도, 다음 전자 두 개는 4s 오비탈에 첨가되어 Sc^+와 중성 Sc 원자를 생성한다. 그 이유는 3d 오비탈이 4s 오비탈보다 조밀하여, 다른 전자가 3d 오비탈에 첨가됨으로써 야기되는 전자–전자 반발이 4s 오비탈의 에너지 증가를 상회하기 때문이다.

$$Sc^{3+}: [Ar] \xrightarrow{+e^-} Sc^{2+}: [Ar]3d^1$$
$$Sc^{2+}: [Ar]3d^1 \xrightarrow{+e^-} Sc^{+}: [Ar]4s^1 3d^1$$
$$Sc^{+}: [Ar]4s^1 3d^1 \xrightarrow{+e^-} Sc: [Ar]4s^2 3d^1$$

비슷하게, Ti^{4+} 이온에 첨가될 때 4s 오비탈보다 3d 오비탈에 전자 두 개가 먼저 첨가된다.

$$Ti^{4+}: [Ar] \xrightarrow{+e^-} Ti^{3+}: [Ar]3d^1$$
$$Ti^{3+}: [Ar]3d^1 \xrightarrow{+e^-} Ti^{2+}: [Ar]3d^2$$
$$Ti^{2+}: [Ar]3d^2 \xrightarrow{+e^-} Ti^{+}: [Ar]4s^1 3d^2$$
$$Ti^{+}: [Ar]4s^1 3d^2 \xrightarrow{+e^-} Ti: [Ar]4s^2 3d^2$$

중성 Ti와 Sc 원자의 전자 배치는 4s 오비탈을 먼저 채우는 방식으로 예측한 것과 같다. 그러므로 5.12절에서 설명한 대로, 주기율표를 이용하여 전자 배치를 쓰는 것은 올바른 전자 배치를 주는 방법이다. 그러나 전이 금속 원소에서 4s 오비탈이 3d 오비탈보다 에너지가 더 높다. 이것이 전이 금속 원소의 전자 배치를 쓸 때 3d 오비탈보다 4s 오비탈에서 전자를 먼저 제거하는 이유이다. 원소 이트륨(Y)(Z = 39)에서 5s와 4d 오비탈의 비슷한 에너지 변화가 일어난다. 5주기 전이 금속 원소에서 5s 오비탈이 4d 오비탈보다 에너지가 더 높으며, 양이온을 생성할 때 5s 오비탈에서 전자를 먼저 제거한다.

예제 6.1

이온의 바닥 상태 전자 배치

다음 이온들의 바닥 상태 전자 배치를 예측하시오.

(a) Se^{2-} (b) Cs^{+} (c) Cr^{3+}

전략

먼저 원자에 대한 전자 배치를 쓰라. 이온의 전하를 설명하기 위하여 음이온에 대해서는 전자를 더하고, 양이온에 대해서는 전자를 빼시오. 전이 금속 양이온은 *d* 전자보다 더 바깥 껍질의 *s* 전자를 먼저 잃는다는 것을 기억하라.

풀이

(a) Se의 원자가전자 배치는 $[Ar]4s^2 4p^4$이다. Se^{2-} 이온을 생성하기 위하여 전자 두 개를 더하시오.

$$\text{Se: [Ar] } 4s^2\, 4p^4 \xrightarrow{+2e^-} \text{Se}^{2-}\text{: [Ar] } 4s^2\, 4p^6 \text{ 또는 [Kr]}$$

(b) Cs의 전자 배치는 $[Xe]6s^1$이다. Cs^+ 이온을 생성하기 위하여 전자 한 개를 제거하시오.

$$\text{Cs: [Xe] } 6s^1 \xrightarrow{-e^-} \text{Cs}^{+}\text{: [Kr] } 5s^2\, 5p^6 \text{ 또는 [Xe]}$$

(c) Cr의 전자 배치는 $[Ar]4s^1 3d^5$이다. Cr^{3+}를 생성하기 위하여 전자 세 개를 제거해야 한다. 먼저 4*s* 오비탈로부터 전자 한 개를 제거하고, 그 다음에 Cr^{3+} 이온을 생성하기 위하여 3*d* 오비탈로부터 전자 두 개를 제거하시오.

$$\text{Cr: [Ar] } 4s^1\, 3d^5 \xrightarrow{-3e^-} \text{Cr}^{3+}\text{: [Ar] } 3d^3$$

▶ **연습문제 6.1** 다음 각 이온들의 바닥 상태 전자 배치를 예측하시오.

(a) Ra^{2+} (b) Ni^{2+} (c) N^{3-}

▶ **응용문제 6.2** 다음 이온 조합 중 어느 것이 등전자인가?

(a) F^-, Cl^-, Br^- (b) Ti^{4+}, Ca^{2+}, Cl^-

(c) Na^+, Mg^{2+}, Al^{3+}

6.2 이온 반지름

원자 반지름(**radii of atom**)이 규칙적으로 변하는 것처럼(5.13절), 이온 반지름도 규칙적으로 변한다. **그림 6.2**에 제시한 것처럼, 1족과 2족 원소에 대하여 양이온을 형성하려고 전자를 제거할 때 원자 크기는 크게 감소한다. 예를 들어, Na 원자의 반지름은 186 pm인 반면에 Na^+ 양이온의 반지름은 102 pm이다. 마찬가지로, Mg 원자의 반지름은 160 pm이고, Mg^{2+} 양이온의 반지름은 72 pm이다.

기억하기…

원자 반지름은 주기율표의 족에서 아래로 갈수록 연속적으로 더 큰 원자가 껍질을 차지하기 때문에 증가하고, 주기율표의 주기에서 왼쪽에서 오른쪽으로 갈수록 유효 핵전하가 증가하기 때문에 감소한다(5.13절).

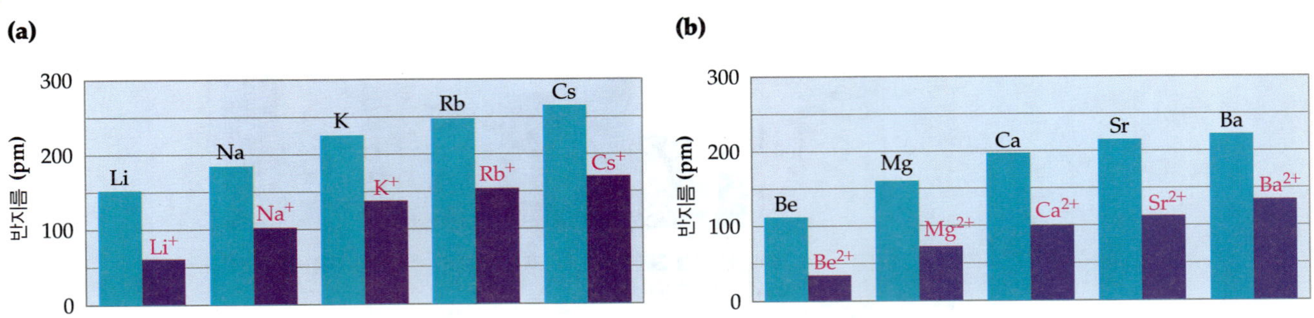

원자가 껍질 전자의 주양자수가 **중성 원자**보다 양이온의 경우에 더 작고 Z_{eff}가 더 크다는 두 가지 이유 때문에, 해당되는 **양이온**은 중성 원자보다 반지름이 더 작다.

▲ **그림 6.2**
(a) 1족의 원자와 양이온 반지름, (b) 2족의 원자와 양이온 반지름

▲ **확인하기**

1족과 2족 원소들이 양이온을 형성할 때 일어나는 반지름의 크기는 어떻게 변화하는가?

답 1족과 2족 원소들은 양이온이 형성될 때 원자 반지름은 약 2배(매우 큰 변화) 감소한다.

기억하기···

전자가 느끼는 **유효 핵전하**(Z_{eff})는 안쪽 전자에 의해 바깥쪽 전자의 전자 가림 때문이고, 실제 핵전하보다 상당히 낮아질 수 있다.
$Z_{eff} = Z_{실제} -$ 전자 가림 (5.9절)

중성 원자로부터 전자를 제거하여 생기는 양이온은, 더 큰 원자가 껍질 오비탈로부터 전자가 제거되고 **유효 핵전하(effective nuclear charge, Z_{eff})**가 증가하는 등의 두 가지 이유 때문에, 중성 원자보다 반지름이 더 작다(5.9절). 예를 들어, 중성 Na 원자가 전하를 갖는 Na^+ 양이온으로 될 때 전자 배치는 $1s^22s^22p^63s^1$에서 $1s^22s^22p^6$로 변한다.

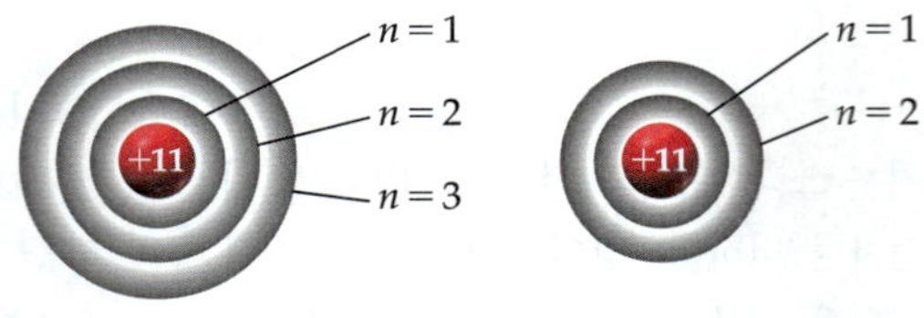

Na: $1s^2 2s^2 2p^6 3s^1 \xrightarrow{-e^-}$ **Na⁺:** $1s^2 2s^2 2p^6$ 또는 [Ne]

Cl: [Ne] $3s^2 3p^5 \xrightarrow{+e^-}$ **Cl⁻:** [Ne] $3s^2 3p^6$

Na **원자**의 원자가 껍질은 **세 번째** 껍질이지만, Na^+ **양이온**의 원자가 껍질은 **두 번째** 껍질이다. 따라서 Na^+ 이온은 Na 원자보다 더 작은 원자가 껍질을 가지므로 크기는 더 작다. 게다가, 원자가 껍질 전자에 의하여 느끼는 유효 핵전하는 중성 원자보다 Na^+ 양이온이 더 크다. Na 원자는 양성자 11개와 전자 11개를 갖지만, Na^+ 양이온은 양성자 11개와 전자 10개만을 갖는다. 양이온에서 전자 수가 더 작아지는 것은 전자들이 서로 더 적게 가리는 것을 의미한다. 따라서 핵에 대하여 더 강한 끌어당김을 느낀다.

1족 원소들이 전자 한 개를 잃을 때 느낀 효과는 2족 원소들이 2개의 전자를 잃을 때와 동일하다. 예를 들어, Mg 원자($1s^22s^22p^63s^2$)로부터 2개의 원자가전자를 잃으면 Mg^{2+} 양이온($1s^22s^22p^6$)으로 된다. Mg^{2+} 양이온의 전자 껍질이 더 작아지는 것과 유효 핵전하가 증가하는 원인이 합쳐져 원자 반지름은 크게 수축한다. 주기율표의 왼쪽 2/3를 차지하는 금속 원자들이 양이온으로 될 때 이와 비슷한 수축이 일어난다.

원자들이 한 개 또는 더 많은 전자를 잃고 양이온으로 될 때 수축하는 것처럼, 원자들이 전자를 얻어 음이온으로 될 때는 확장된다. 17족 원소(할로젠)는 그림 6.3에 제시한 것처럼 크게 확장된다. 예를 들어 염소는 거의 두 배 크기로 확장되는데, 중성일 때의 99 pm에서 184 pm인 염화 이온으로 확장된다.

▶ **그림 6.3**
17족 원소(할로젠)와 음이온 반지름

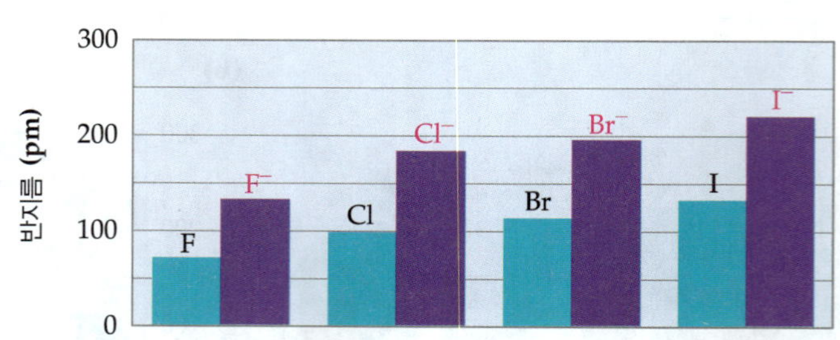

음이온은 중성 원자들보다 더 크다. 왜냐하면 추가적인 전자–전자 반발과 Z_{eff}의 감소 때문이다.

개념탐구 질문 2

중성 원자의 반지름에 비해 음이온의 반지름은 어떠할 것으로 예상하는가? 그 차이에 대한 이유는 무엇인가?

17족 원자가 전자를 얻어 음이온으로 될 때 확장되는 이유를 원자가 껍질의 양자수(quantum number) 변화로 설명할 수 없다. 왜냐하면 첨가된 전자는 이미 점유된 p 껍질을 거의 완전히 채우기 때문이다. 예를 들어, Cl 원자의 $[Ne]3s^23p^5$는 Cl^- 음이온으로 될 때 $[Ne]3s^23p^6$로 된다. 그러므로 그 확장은 전적으로 유효 핵전하의 감소와 전자가 추가될 때 생기는 전자–전자 반발의 증가 때문이다.

예제 6.2

이온의 상대적인 크기 예측

다음 각 쌍 중 어느 원자 또는 이온이 더 클 것으로 예상하는가?

(a) S 또는 S^{2-} (b) Cl^- 또는 I^- (c) Ni 또는 Ni^{2+}

전략

각각의 쌍에서, 원자가전자의 부껍질과 유효 핵전하(Z_{eff})를 비교한다. 더 큰 크기는 더 큰 원자가전자의 n과 더 작은 Z_{eff}와 연관된다.

풀이

(a) 양성자 대 전자의 비율이 감소함에 따라서 Z_{eff}도 감소하기 때문에 크기는 S^{2-}가 S보다 크다. 양성자 대 전자의 비율은 S^{2-}(16 양성자/18 전자)가 S(16 양성자/16 전자)보다 작다. 또한, 3p 부껍질에 있는 추가적인 전자는 전자–전자 반발이 커져 크기가 증가한다.

(b) I^-가 Cl^-보다 더 크다. Cl^-는 원자가전자가 3p 부껍질에 있지만, I^-는 원자가전자가 5p 부껍질에 있다.

(c) 3d 오비탈보다 큰 4s 오비탈에서 2개의 전자가 제거된 Ni^{2+}보다 Ni가 더 크다. 또한 Z_{eff}도 Ni^{2+}가 Ni보다 양성자 대 전자의 비율이 더 크기 때문에 크다; Ni(28 양성자/28 전자)이고 Ni^{2+}(28 양성자/26 전자).

▶ **연습문제 6.3** 다음 원자 또는 이온 중 어느 것이 가장 클 것으로 예상하는가?

Fe, Fe^{2+}, Fe^{3+}

▶ **개념 응용문제 6.4** 다음 그림에서 어느 것이 K^+ 이온, Ca^{2+} 이온, Cl^- 이온인가?

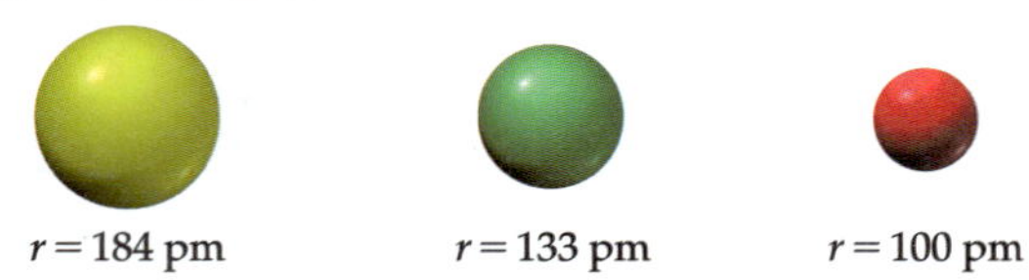

6.3 이온화 에너지

앞 장에서 원자가전자가 에너지를 흡수하면 그 전자 배치가 변하는 것을 보았다. 에너지가 흡수되면, 원자가 껍질 전자는 낮은 에너지 오비탈로부터 더 큰 주양자수 n을 갖는 높은 에너지 오비탈로 올라간다. 충분한 에너지를 흡수하면 이 전자는 원자로부터 완전히 제거되며, 그 결과로 양이온이 생긴다. 기체 상태의 고립된 중성 원자로부터 가장 높은 에너지 전자를 제거하는 데 필요한 에너지의 양을 그 원자의 **이온화 에너지(ionization energy**, E_i)라고 한다. 수소 원자의 $E_i = 1312.0$ kJ/mol이다.

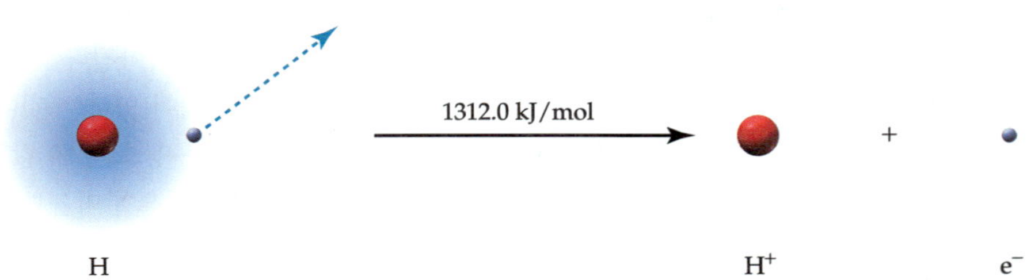

그림 6.4에 나타낸 것처럼, 이온화 에너지는 낮은 375.7 kJ/mol의 세슘부터 높은 2372.3 kJ/mol의 헬륨까지의 넓은 범위에 걸쳐 다르다. 더구나 이 자료는 분명한 주기성을 보여 준다. 최소 E_i 값은 1족 원소(알칼리 금속)에 해당하고, 최대 E_i 값은 18족 원소(비활성 기체)에 해당한다. 주기율표의 같은 주기에서는 왼쪽에서 오른쪽으로 가면서, 예를 들어 Na로부터 Ar로 가면서 E_i 값은 점진적으로 증가한다. 모든 에너지 값은 한 원자로부터 전자 1개를 제거하는 데 필요한 것을 의미하며, 항상 양수 값임을 유의하라.

그림 6.4에서 보이는 분명한 주기성은 전자 배치로 설명할 수 있다. 18족 원소의 원자들은 s(헬륨) 또는 s와 p(다른 비활성 기체)의 원자가 부껍질이 완전히 채워져 있다. 5.13절에서 본

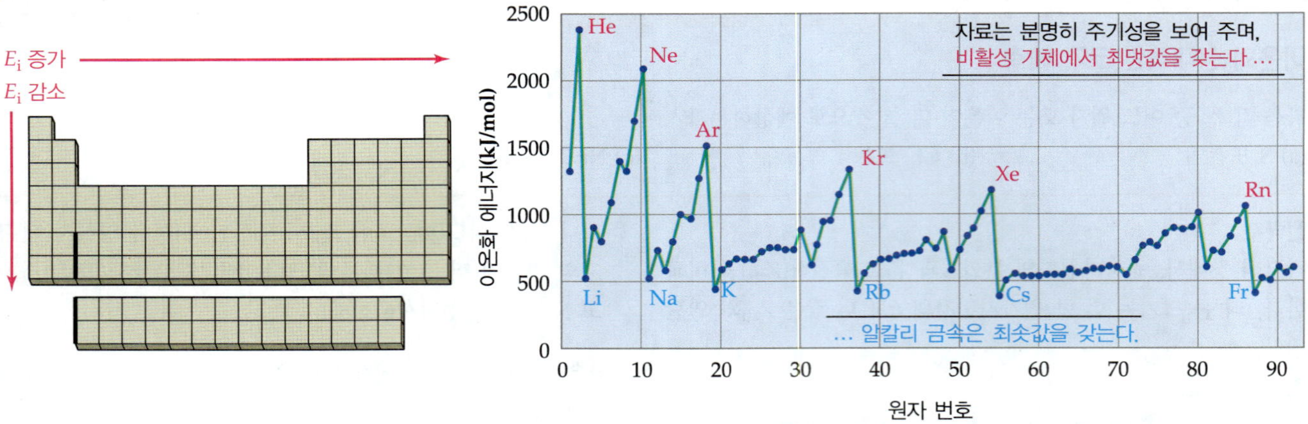

▲ **그림 6.4**
첫 92개 원소의 이온화 에너지

▲ 확인하기

이온화 에너지 경향은 같은 족에서 밑으로 내려갈 때와 같은 주기에서 가로지를 때 (왼쪽에서 오른쪽으로) 어떻게 변하는가?

답 이온화 에너지는 같은 족에서는 밑으로 내려갈 때 감소하고, 같은 주기에서는 왼쪽에서 오른쪽으로 갈수록 증가한다.

기억하기…
원자가전자는 내부 껍질 (핵심부) 전자에 의해 강하게 가려진다. 원자가전자와 같은 껍질에 있는 다른 전자에 의해서는 덜 강하게 **가려지며**, 가려지는 정도는 $s > p > d > f$ 순이다.

것처럼, 채워진 원자가 부껍질의 전자는 비교적 큰 Z_{eff}를 느낀다. 왜냐하면, 같은 부껍질 안의 전자들은 서로를 매우 세게 **가리지(shield)** 않기 때문이다. 그 결과, 전자들은 단단하게 핵에 붙잡히고, 원자 반지름은 작으며, 전자 제거에 필요한 에너지는 비교적 크다. 그것에 비하여, 1족 원소의 원자들은 원자가 껍질에 한 개의 s 전자만 갖는다. 이러한 원자가전자는 **핵심부 전자(core electrons)**라고 불리는 모든 내부 껍질 전자에 의하여 핵으로부터 잘 가려져서 작은 Z_{eff}를 갖는다. 따라서 원자가전자는 느슨하게 붙들려 있어 전자 제거에 필요한 에너지는 비교적 작다.

그림 6.4의 이온화 에너지 그래프는 자료들의 명백한 주기적 성질 외에도 추가적인 경향을 보인다. 그 중 한 가지는 이온화 에너지가 주기율표의 한 족 내에서, 예를 들면 Li에서 Fr로, 그리고 He에서 Rn으로 내려가면서 감소하는 경향이다. 같은 족에서 아래로 내려가면 원자 번호가 증가하면서, 원자가 껍질 전자의 주양자수와 함께 핵으로부터 전자의 평균 거리도 또한 증가한다. 그 결과, 원자가 껍질 전자는 덜 단단하게 붙잡히게 되고 E_i는 더 작아진다.

E_i 데이터에 관한 또 다른 특징은 주기율표의 행을 따라서 작은 불규칙성이 있다는 것이다. 첫 20개 원소의 E_i 값을 자세히 살펴보면(**그림 6.5**), 베릴륨의 E_i 값은 이웃 붕소의 E_i 값보다 크고, 질소의 E_i 값은 이웃 산소의 E_i 값보다 크다. 마찬가지로, 마그네슘은 알루미늄보다 큰 E_i 값을 갖고, 인은 황보다 약간 더 큰 E_i 값을 갖는다.

개념탐구 질문 3
원소의 첫 번째 이온화 에너지는 주기율표의 가로줄에 따라 어떻게 변화하는가? 그 변화의 이유는 무엇인가?

Be, Mg와 그 외의 2족 원소들이 약간 큰 E_i 값을 갖는 사실은 그들의 전자 배치로 설명할 수 있다. 예를 들어 베릴륨과 붕소를 비교해 보자. 베릴륨의 이온화에서는 $2s$ 전자가 제거되지만, 붕소의 이온화에서는 $2p$ 전자가 제거된다.

제거되는 s 전자

$$\text{Be}\ (1s^2\ 2s^2) \longrightarrow \text{Be}^+\ (1s^2\ 2s^1) + e^- \qquad E_i = 899.4\ \text{kJ/mol}$$

제거되는 p 전자

$$\text{B}\ (1s^2\ 2s^2\ 2p^1) \longrightarrow \text{B}^+\ (1s^2\ 2s^2) + e^- \qquad E_i = 800.6\ \text{kJ/mol}$$

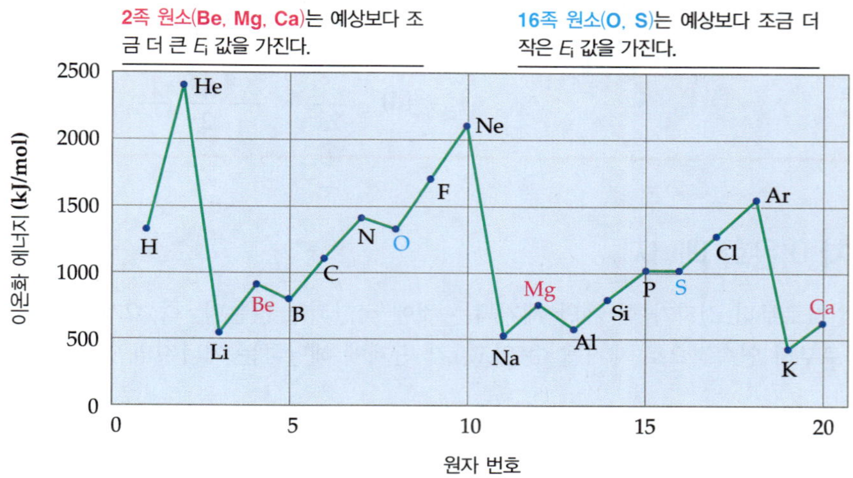

◀ **그림 6.5**
첫 20개 원소의 이온화 에너지

2*s* 전자는 평균적으로 2*p* 전자보다 핵에 더 가깝기 때문에 더 단단히 붙잡혀 있고 제거하기가 더 어렵다. 따라서 베릴륨의 E_i 값은 붕소보다 크다. 다르게 설명하면, 붕소의 2*p* 전자는 2*s* 전자에 의하여 어느 정도는 가려지기 때문에 베릴륨의 2*s* 전자가 제거되는 것보다 더 쉽게 제거된다.

16족 원소 원자들의 E_i 값들이 작은 사실도 그들의 전자 배치로 설명할 수 있다. 예를 들어, 질소와 산소를 비교하면, 질소 전자는 절반이 채워진 오비탈로부터 제거되고, 반면에 산소 전자는 채워진 오비탈로부터 제거된다.

절반이 채워진 오비탈

$$\text{N}\ (1s^2\ 2s^2\ 2p_x^{\ 1}\ 2p_y^{\ 1}\ 2p_z^{\ 1}) \longrightarrow \text{N}^+\ (1s^2\ 2s^2\ 2p_x^{\ 1}\ 2p_y^{\ 1}) + e^- \qquad E_i = 1402.3\ \text{kJ/mol}$$

전부 채워진 오비탈

$$\text{O}\ (1s^2\ 2s^2\ 2p_x^{\ 2}\ 2p_y^{\ 1}\ 2p_z^{\ 1}) \longrightarrow \text{O}^+\ (1s^2\ 2s^2\ 2p_x^{\ 1}\ 2p_y^{\ 1}\ 2p_z^{\ 1}) + e^- \qquad E_i = 1313.9\ \text{kJ/mol}$$

전자들은 서로 반발하고 가능한 멀리 떨어져 머무는 경향이 있다. 오비탈의 전부를 채운 전자들은 절반만 채운 전자들보다 에너지가 약간 높기 때문에 조금 쉽게 제거된다. 그러므로 산소는 질소보다 작은 E_i 값을 갖는다.

예제 6.3

이온화 에너지 예측

Se, Cl, S 원소를 이온화 에너지가 증가하는 순서로 나열하시오.

전략

이온화 에너지는 일반적으로 주기율표 행의 왼쪽에서 오른쪽으로 가면서 증가하고, 같은 족에서는 위에서 아래로 가면서 감소한다.

풀이

순서는 Se < S < Cl이다.

▶ **연습문제 6.5** 주기율표를 사용하여 다음 원소들을 이온화 에너지가 가장 낮은 것에서 높은 순서로 말하시오.

Se, O, Rb.

▶ **개념 응용문제 6.6** 주어진 원소들의 원자가전자들에 대한 오비탈 채우기 그림을 보고, 이온화 에너지가 낮은 것에서 높은 순서로 원소들을 정리하시오.

6.4 고차 이온화 에너지

이온화는 원자로부터 전자가 한 개만 제거되는 것에 국한되지 않는다. 즉, 2개 이상의 전자가 한 원자로부터 연속적으로 제거될 수 있고, 각 단계에 해당하는 에너지의 양은 측정될 수 있다.

M + 에너지 $\longrightarrow M^+ + e^-$ 1차 이온화 에너지(E_{i1})
M^+ + 에너지 $\longrightarrow M^{2+} + e^-$ 2차 이온화 에너지(E_{i2})
M^{2+} + 에너지 $\longrightarrow M^{3+} + e^-$ 3차 이온화 에너지(E_{i3})
… 등등

각 이온화 단계마다 연속적으로 더 큰 에너지가 필요하다. 이는 음전하인 전자를 양전하인 이온으로부터 제거하는 것은 중성 원자일 경우보다 더 어렵기 때문이다. 그러나 흥미롭게도 연속적 단계 사이의 에너지 차이는 원소마다 크게 다르다. 소듐에서 두 번째 전자를 제거하기 위해서는 첫 번째 전자를 제거할 때보다 거의 10배의 에너지가 필요하지만(4562 대 496 kJ/mol), 마그네슘에서 두 번째 전자를 제거하기 위해서는 첫 번째 전자를 제거할 때보다 단지 두 배의 에너지만 필요하다(1451 대 738 kJ/mol).

다른 원소들에서도 연속적 이온화 에너지들 사이에 큰 간격이 발견되는데, 이를 **표 6.2**에서 지그재그 선으로 표시하였다. 마그네슘의 2차와 3차 이온화 에너지 사이에 큰 간격이 있고, 알루미늄에서는 3차와 4차 이온화 에너지 사이에, 실리콘에서는 4차와 5차 이온화 에너지 사이에 큰 간격이 있다.

표 6.2에서 지그재그 선으로 강조된 이온화 에너지의 급증은 전자 배치를 조사하면 이해할 수 있다.

표 6.2 주족 3주기 원소들의 고차 이온화 에너지(kJ/mol)

족	1	2	13	14	15	16	17	18
E_i 번호	Na	Mg	Al	Si	P	S	Cl	Ar
E_{i1}	496	738	578	787	1,012	1,000	1,251	1,520
E_{i2}	4,562	1,451	1,817	1,577	1,903	2,251	2,297	2,665
E_{i3}	6,912	7,733	2,745	3,231	2,912	3,361	3,822	3,931
E_{i4}	9,543	10,540	11,575	4,356	4,956	4,564	5,158	5,770
E_{i5}	13,353	13,630	14,830	16,091	6,273	7,013	6,540	7,238
E_{i6}	16,610	17,995	18,376	19,784	22,233	8,495	9,458	8,781
E_{i7}	20,114	21,703	23,293	23,783	25,397	27,106	11,020	11,995

*지그재그 선은 이온화 에너지가 크게 변하는 곳을 나타낸다.

먼저, 소듐을 조사해 보자. 소듐에서 1차와 2차 이온화 에너지가 나타나는 반응식은 다음과 같다.

$$Na(1s^22s^22p^63s^1) + \text{에너지} \longrightarrow Na^+(1s^22s^22p^6) + e^- \quad \text{1차 이온화 에너지}(E_{i1})$$
$$Na^+(1s^22s^22p^6) + \text{에너지} \longrightarrow Na^{2+}(1s^22s^22p^5) + e^- \quad \text{2차 이온화 에너지}(E_{i2})$$

소듐에서 E_{i1}과 E_{i2} 사이의 커다란 이온화 에너지 차이는 $3s$ 부껍질과 $2p$ 부껍질에서 전자를 1개 제거할 때 필요한 에너지의 차이에서 기인한다. 즉, $3s$ 부껍질은 핵에서 멀리 있기 때문에 $2p$ 부껍질보다 더 많이 가려져서 1차 이온화 에너지가 더 작다. 달리 말하면, $2p$ 오비탈 전자에 비하여 $3s$ 오비탈 전자의 Z_{eff}가 더 작다.

다음으로 마그네슘을 조사해 보면, E_{i2}와 E_{i3} 사이에 큰 증가가 있다. 마그네슘의 첫 3개 이온화 에너지가 나타나는 식은 다음과 같다.

$$Mg(1s^22s^22p^63s^2) + \text{에너지} \longrightarrow Mg^+(1s^22s^22p^63s^1) + e^- \quad \text{1차 이온화 에너지}(E_{i1})$$
$$Mg^+(1s^22s^22p^63s^1) + \text{에너지} \longrightarrow Mg^{2+}(1s^22s^22p^6) + e^- \quad \text{2차 이온화 에너지}(E_{i2})$$
$$Mg^{2+}(1s^22s^22p^6) + \text{에너지} \longrightarrow Mg^{3+}(1s^22s^22p^5) + e^- \quad \text{3차 이온화 에너지}(E_{i3})$$

소듐의 경우와 비슷하게, 내부 핵심부 전자($2p$)가 제거되는 3차 이온화에서 에너지가 크게 증가한다. **부분적으로** 채워진 원자가 껍질에서 전자를 제거하는 것은 Z_{eff}가 작으므로 비교적 쉬운 데 비하여, **채워진** 원자가 껍질에서 전자를 제거하는 것은 Z_{eff}가 크므로 비교적 어렵다. 달리 말하자면, 주족 원소가 반응하여 생성된 이온들은 보통 s와 p 부껍질이 채워져 있어서(비활성 기체 전자 배치) 원자가 껍질에 8개의 전자(팔전자계)를 갖는 원자나 이온에 해당한다. 주기율표의 가로줄을 따라서, 소듐([Ne]$3s^1$)은 전자 1개만을 쉽게 잃을 수 있고, 마그네슘([Ne]$3s^2$)은 전자 2개만을, 알루미늄([Ne]$3s^23p^1$)은 전자 3개만을 쉽게 잃을 수 있다.

바깥(두 번째) 껍질의 8전자

$$Na\ (1s^2\ 2s^2\ 2p^6\ 3s^1) \longrightarrow Na^+\ (1s^2\ 2s^2\ 2p^6)\ +\ e^-$$
$$Mg\ (1s^2\ 2s^2\ 2p^6\ 3s^2) \longrightarrow Mg^{2+}\ (1s^2\ 2s^2\ 2p^6)\ +\ 2e^-$$
$$Al\ (1s^2\ 2s^2\ 2p^6\ 3s^2\ 3p^1) \longrightarrow Al^{3+}\ (1s^2\ 2s^2\ 2p^6)\ +\ 3e^-$$
$$\vdots \qquad\qquad \vdots$$
$$Cl\ (1s^2\ 2s^2\ 2p^6\ 3s^2\ 3p^5) \longrightarrow Cl^{7+}\ (1s^2\ 2s^2\ 2p^6)\ +\ 7e^-$$

예제 6.4

고차 이온화 에너지

Ge와 As의 5차 이온화 에너지 중 어느 것이 더 큰가?

전략

주기율표에서 그 원소들의 위치를 보고, 전자 배치를 써 보자. 만약 5번째 전자가 안쪽 껍질로부터 제거되어야 한다면, 그 원소의 이온화 에너지가 클 것이다.

풀이

Ge: [Ar]$4s^23d^{10}4p^2$ As: [Ar]$4s^23d^{10}4p^3$

14족 원소인 Ge는 4개의 원자가전자를 가지며 4개의 상대적으로 낮은 이온화 에너지를 가지는 반면에, 15족 원소인 As는 5개

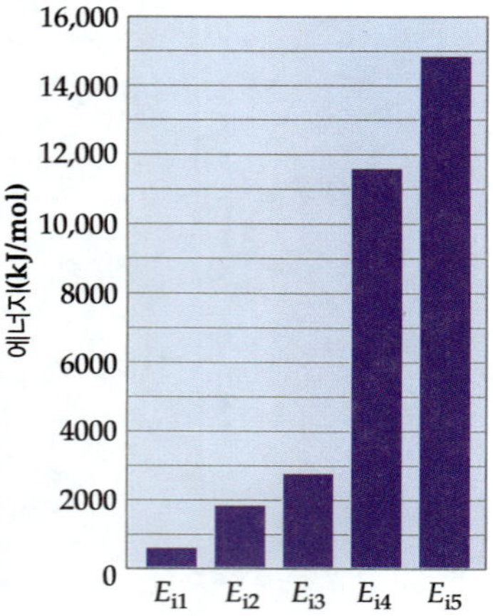

의 원자가전자를 가지며 5개의 작은 이온화 에너지를 갖는다. Ge에서 제거되는 5번째 전자는 더 낮은 부껍질($n = 3$)에 존재하므로 저마늄은 비소보다 E_{i5}가 더 크다.

연습문제 6.7 Be, C, N 중 3차 이온화 에너지는 어느 것이 더 큰가?

개념 응용문제 6.8 왼쪽의 그림은 주기율표에서 어느 3주기 원자의 연속적인 이온화 에너지를 나타낸다. 이 원자는 무엇일까?

6.5 전자 친화도

원자로부터 전자를 제거하여 양이온을 형성할 때의 에너지 변화를 측정할 수 있는 것처럼, 원자에 전자를 첨가하여 음이온을 형성할 때의 에너지 변화도 측정할 수 있다. 원소의 **전자 친화도(electron affinity, E_{ea})**란 전자 1개를 기체 상태에서 고립된 원자에 첨가할 때 일어나는 에너지 변화이다.

음으로 하전된 전자와 결과적으로 생성되는 양이온이 나누어질 때는 항상 에너지를 가해야 하기 때문에, 이온화 에너지(6.3절)는 항상 양의 값이다. 그러나 중성 원자에 한 개의 전자를 가할 때 일반적으로 에너지가 방출되기 때문에, 전자 친화도는 대개 음의 값이다.* 이와 동일한 부호 규약이 모든 화학에 적용되는 것을 9장에서 알게 될 것이다: 즉 양수 값의 에너지 변화는 에너지 흡수를 의미하고, 음수 값의 에너지 변화는 에너지 방출을 의미한다.

E_{ea} 값이 더 음수일수록 원자는 전자를 받는 경향이 증가하고, 그 음이온은 더 안정하다. 대조적으로, 전자를 첨가하여 불안정한 음이온을 형성하는 원자는 원칙적으로 양의 E_{ea} 값을 갖는다. 그러나, 그러한 경우는 일어나지 않기 때문에 실험적으로 측정할 수 없다. 그러한 원자에 대한 E_{ea} 값은 0보다 크다라고 설명할 수밖에 없다. 예를 들어, 수소의 E_{ea}는 −72.8 kJ/mol이고, 이는 에너지를 방출하고 H^- 음이온이 안정하다는 것을 의미한다. 그러나 네온의 E_{ea}는 0 kJ/mol보다 크고, 그것은 Ne에 전자를 첨가할 수 없고 Ne^- 음이온이 불안정하다는 것을 의미한다.

$$\mathrm{H}(1s^1) + e^- \longrightarrow \mathrm{H}^-(1s^2) + 72.8\ \mathrm{kJ/mol} \qquad E_{ea} = -72.8\ \mathrm{kJ/mol}$$
$$\mathrm{Ne}(1s^2 2s^2 2p^6) + e^- + \text{에너지} \longrightarrow \mathrm{Ne}^-(1s^2 2s^2 2p^6 3s^1) \qquad E_{ea} > 0\ \mathrm{kJ/mol}$$

이온화 에너지처럼, 전자 친화도도 그 원소의 전자 배치와 관련 있는 주기성을 나타낸다. **그림 6.6**의 자료는 17족 원소들이 가장 큰 음수의 전자 친화도를 가지며, 가장 큰 에너지를 방출하는 반면, 2족과 18족 원소들은 거의 0에 가까운 또는 양수의 전자 친화도를 가지며 이는 작은 에너지를 방출하거나 에너지를 흡수한다는 것을 의미한다.

개념탐구 질문 4
큰 음의 전자 친화도를 갖는 원소는 유효 핵전하(Z_{eff})가 작은가 큰가?

원소의 전자 친화도 값은 몇 가지 서로 상쇄하는 요인들 사이의 상호 작용에 기인한다. 추가된 전자와 원자핵 사이의 인력은 음의 E_{ea} 값을 나타나게 하지만, 추가의 전자가 더해질 때 생기는 전자–전자 반발의 증가는 양의 E_{ea} 값을 나타낸다.

할로젠(F, Cl, Br, I)은 큰 음의 E_{ea} 값을 갖는 것으로 알려져 있다. 이는 이들 원소 각각이 큰 Z_{eff}를 가지고 있고, 첨가되는 전자가 들어갈 수 있는 원자가 껍질의 공간이 존재하기 때문이다. 플루오린화 이온(F^-)과 같이 음전하를 띠는 **할로젠화 음이온**은 s와 p 부껍질이 채워진 비활성 기체의 전자 배치를 가지며, 첨가된 전자와 원자핵 사이의 인력이 크다. 비활성 기체

*중성 원자가 음이온을 형성하기 위해 한 개의 전자를 얻을 때 에너지가 방출되는 것을 E_{ea}로 정의하고, 음의 부호를 사용한다. 어떤 책과 참고문헌은 반대 규정을 적용하여 한 음이온이 중성 원자를 형성하기 위해 한 개의 전자를 잃을 때 에너지를 흡수하는 것을 E_{ea}로 정의하고, 양의 값을 사용한다. 두 정의는 단순하게 서로 반대이다. 따라서 에너지 변화의 부호 역시 반대이다.

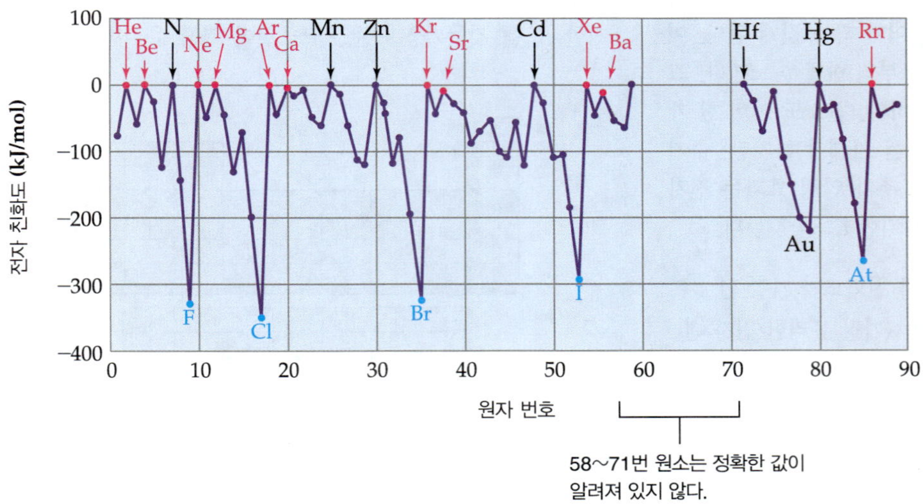

17족 원소(할로젠)에서와 같이 음의 E_{ea} 값은, 전자가 원자에 첨가될 때 에너지가 방출됨을 나타낸다.

2족 원소(알칼리 토금속)와 18족 원소(비활성 기체)에서와 같이 값이 0이면 에너지는 흡수되지만, 정확한 값은 측정할 수 없음을 나타낸다.

▲ **그림 6.6**
1~57번과 72~86번 원소의 전자 친화도

▲ 확인하기

주기율표에서 어느 족이 음으로 가장 큰 전자 친화도를 가지는가? 음의 전자 친화도는 무엇을 의미하는가?

답 할로젠의 큰 음의 E_{ea} 값은 그들이 음이온을 형성하면서 큰 에너지를 방출한다는 것을 의미한다.

원소(He, Ne, Ar, Kr, Xe)는 양의 E_{ea} 값을 갖는 것으로 알려져 있다. 그 이유는 이 원소들의 s와 p 부껍질은 모두 꽉 채워져 있고, 첨가되는 전자가 핵으로부터 가리워져 있는 그 다음 껍질로 들어가고, 상대적으로 작은 Z_{eff}를 느끼기 때문이다. 그러므로 첨가되는 전자에 대한 핵의 인력은 작아지고, 추가적인 전자–전자 반발이 우세하게 된다.

할로젠: $Cl(\ldots 3s^2 3p^5) + e^- \longrightarrow Cl^-(\ldots 3s^2 3p^6)$ $\quad E_{ea} = -348.6$ kJ/mol

비활성 기체: $Ar(\ldots 3s^2 3p^6) + e^- \longrightarrow Ar^-(\ldots 3s^2 3p^6 4s^1)$ $\quad E_{ea} > 0$ kJ/mol

그림 6.6의 자료에 대한 다른 경향을 찾아보면, 0에 가까운 알칼리 토금속(Be, Mg, Ca, Sr, Ba)의 E_{ea}는 특히 주목을 끈다. 이러한 원소의 원자들은 채워진 s 부껍질을 가지며, 이는 추가되는 전자들이 p 부껍질로 들어가야 하는 것을 의미한다. 주기율표의 왼쪽에 위치하는 원소는 비교적 작은 Z_{eff}를 갖는다는 사실과 더불어, 더 높은 에너지를 갖는 p 부껍질로 전자가 추가된다는 사실 때문에, 알칼리 토금속 원자들이 전자를 받아들이기 쉽지 않고 0에 가까운 E_{ea} 값을 갖는다.

알칼리 토금속: $Mg(\ldots 3s^2) + e^- \rightarrow Mg^-(\ldots 3s^2 3p^1)$ $\quad E_{ea} \approx 0$ kJ/mol

예제 6.5

다른 원소의 전자 친화도 비교

질소는 왜 이웃한 C와 O보다 덜 유리한(더 큰 양의 값) E_{ea} 값을 갖는가?

전략 및 풀이

원소의 E_{ea} 값 크기는 그 원소의 원자가 껍질 전자 배치에 의존한다. C, N, O의 전자 배치는 다음과 같다.

탄소: $1s^2 2s^2 2p_x^1 2p_y^1$ $\quad$ 질소: $1s^2 2s^2 2p_x^1 2p_y^1 2p_z^1$

산소: $1s^2 2s^2 2p_x^2 2p_y^1 2p_z^1$

탄소는 $2p$ 부껍질에 2개의 전자만 갖고, 빈 $2p_z$ 오비탈에 쉽게 또 다른 전자를 받는다. 그러나 질소는 반만 채운 2p 부껍질을 갖고, 추가되는 전자는 2p 오비탈에 들어가 짝을 짓게 된다. 이때 이들 전자들은 이미 존재하는 전자로부터 반발을 느낀다. 그리하여 질소의 E_{ea}는 탄소보다 덜 유리하다. 산소도 이미 한 개의 전자를 갖는 오비탈에 한 개의 전자를 가해야 하지만, 주기율표에서 가로를 따라 증가하는 Z_{eff}의 추가 안정 효과는 전자 반발 효과를 상쇄하여 O가 N보다 더 유리한 E_{ea}를 갖는다.

연습문제 6.9 Ge, As, Br 원소를 전자 친화도가 가장 덜 유리한 것부터 유리한 순서로 나열하시오. (가장 유리한 전자 친화도가 가장 큰 음의 값을 갖는다.)

개념 응용문제 6.10 표시한 세 원소 중 어느 것이 가장 덜 유리한 E_{ea}를 갖는가? 또한, 어느 것이 가장 유리한 E_{ea}를 갖는가?

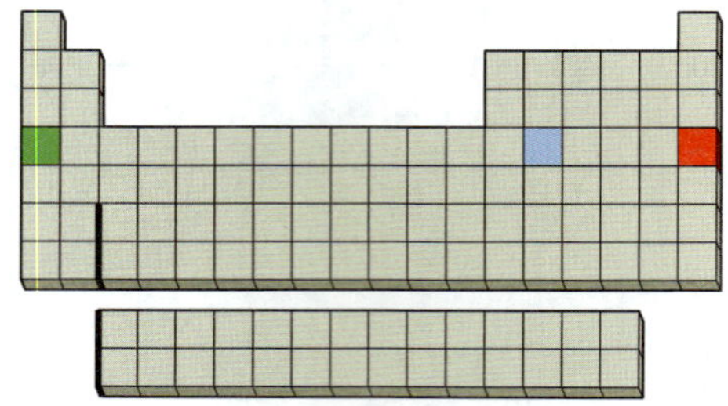

6.6 팔전자 규칙

앞의 네 절에서 살펴본 중요한 요점들을 정리해 보고, 몇 가지 일반적인 결론을 도출해 낼 수 있는지 알아보자.

- **1족 원소는 비교적 낮은 E_{i1} 값**을 가지므로, 그들이 반응할 때 ns^1 원자가 껍질의 전자를 쉽게 잃고, 주기율표의 전 주기에 있는 비활성 기체 원소의 전자 배치로 되려는 경향이 있다.
- **2족 원소는 비교적 낮은 E_{i1}과 E_{i2} 값**을 가지므로, 그들이 반응할 때 ns^2 원자가 껍질의 두 전자를 모두 쉽게 잃고, 비활성 기체 원소의 전자 배치로 되려는 경향이 있다.
- **17족 원소는 비교적 높은 음의 E_{ea} 값**을 가지므로, 그들이 반응할 때 전자 한 개를 쉽게 얻어 $ns^2\ np^5$로부터 $ns^2\ np^6$로 변하여, 같은 주기의 이웃한 비활성 기체 원소의 전자 배치로 되려는 경향이 있다.
- **18족 원소(비활성 기체)는 본래 비활성**이고, 거의 반응을 하지 않는다. 18족은 쉽게 전자를 잃거나 얻지 않는다.

이러한 모든 설명들은 **팔전자 규칙**(**octet rule**)이라는 한 문장으로 요약할 수 있다.

팔전자 규칙 주족 원소들은 바깥 껍질의 전자가 8개가 되도록 반응을 일으키려는 경향이 있다. 즉, 주족 원소들은 반응을 일으켜 원자가전자 껍질에 있는 s와 p 부준위가 모두 채워져 있는 비활성 기체의 전자 배치를 하려는 경향이 있다.

다음 장에서 다루겠지만, 주기율표의 3족과 그 이하의 족에서처럼 팔전자 규칙에는 예외가 있기는 하다. 하지만 화학 결합을 예측하거나 결합에 대한 직관적 정보를 얻는 데 유용하다.

팔전자 규칙의 원리는 무엇일까? 얼마나 많은 원자가전자를 얻을 것인지 잃을 것인지를 결정하는 요인은 무엇일까? 만약 처음부터 전자가 느슨하게 잡혀 있다면 전자를 잃을 것이다. 다시 말해서, 전자가 느끼는 유효 핵전하(Z_{eff})가 작고 이온화 에너지가 작다면 전자를 잃을 것이다. 예를 들어, 1, 2, 13족 금속들의 원자가 껍질 전자들은, 중심부의 전자들에 의해 핵전하가 가리워져 상대적으로 작은 Z_{eff}를 느끼게 됨으로써 전자를 쉽게 잃어버린다. 그러나 일단 전자를 잃어버림으로써 비활성 기체의 전자 배치에 도달하게 되면, 강한 Z_{eff}를 느끼는 안쪽 껍질에서 전자가 떨어져 나가야 하므로 갑자기 전자를 잃어버리는 것이 어려워진다.

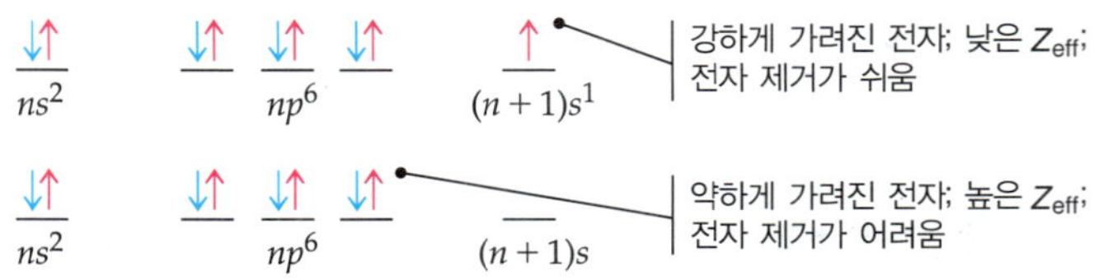

반대로, 전자가 큰 Z_{eff}를 가지면서 강하게 잡혀 있다면, 전자를 잃는 것보다 얻는 것이 더 용이하다. 예를 들어, 16, 17족의 원자가 껍질 전자들은 가리움 효과가 작기 때문에 강한 Z_{eff}를 느끼게 되므로 쉽게 떨어져 나가지 않는다. 따라서 높은 Z_{eff} 값은 비어 있는 원자가 껍질 오비탈에 하나 혹은 그 이상의 전자가 채워지는 것을 가능하게 한다. 전자를 잃을 때와 마찬가지로, 비활성 기체의 전자 배치에 도달하면 더 이상 전자가 채워질 수 있는 낮은 에너지의 오비탈이 존재하지 않기 때문에, 추가적인 전자는 낮은 Z_{eff}의 높은 에너지의 오비탈에 채워져야 한다.

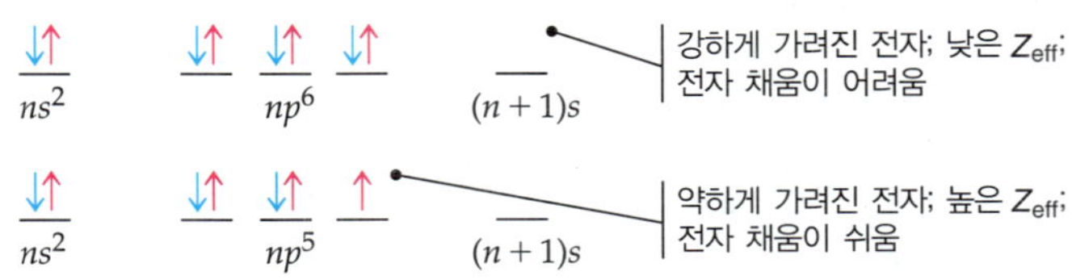

개념탐구 질문 5

왜 1족, 2족 원소들은 이온을 만들 때 전자를 잃을까?

숫자 8은 원자가 껍질 전자에 있어서 일종의 마법의 수라고 할 수 있다. 따라서, 8개의 전자로 채워진 오비탈에서 전자는 높은 Z_{eff}로 강하게 잡혀 있기 때문에 전자를 떼어내는 것이 어렵고, s와 p 부준위가 모두 채워져 낮은 에너지의 오비탈이 존재하지 않기 때문에 전자를 추가하는 것이 어렵다.

예제 6.6

화학 반응과 팔전자 규칙

금속 리튬은 질소와 반응하여 Li_3N을 생성시킨다. Li_3N에서 질소 원자는 어떤 비활성 기체의 전자 배치를 갖는가?

전략과 풀이

Li_3N 화합물에는 세 개의 Li^+ 이온이 있고, 각각은 1족인 금속 리튬의 $2s$ 오비탈의 전자가 떨어져 나간 후 생긴 이온이다. 따라서 Li_3N의 질소 원자는 중성 원자에 비해 세 개의 전자를 더 가지고 있어야 한다. 즉, 질소 원자는 3가의 음이온이 되고 팔전자 원자가 껍질을 가진 Ne의 전자 배치와 같게 된다.

$$\text{N: } (1s^2\ 2s^2\ 2p^3) \xrightarrow{+3e^-} \text{N}^{3-}\text{:}(1s^2\ 2s^2\ 2p^6) \text{ 또는 [Ne]}$$

▶ **연습문제 6.11** $SrCO_3$의 스트론튬 원자는 어떤 전자 배치를 가지고 있는가?

▶ **응용문제 6.12** 16족 원소들은 이온이 될 때 전자를 잃을 것인가 얻을 것인가? 또, 몇 개의 전자를 잃거나 얻을 것인가? 16족 원소들의 이온의 전하는 무엇일까?

6.7 이온 결합과 이온성 고체의 형성

이온 결합(ionic bond)은 한 원자에서 다른 원자로 전자가 이동한 결과로 생성되는 양전하와 음전하 이온 간의 정전기적 인력에 기인한다. 친근한 예로 Na^+와 Cl^-로 이루어진 소금을 들 수 있다. 금속 소듐과 염소 기체와 직접 반응하면, 소듐은 작은 양의 이온화 에너지로 인해 비교적 쉽게 전자를 잃고, 염소는 큰 음의 전자 친화도를 가지기 때문에 전자를 얻게 되어 소듐 이온과 염화 이온이 생성된다. 일반적으로, 작은 E_i 값을 가지는 원소에서 음의 E_{ea} 값을 가지는 원소로 전자가 이동하여 양이온과 음이온이 생성된다. 소듐에서 염소로의 전자 이동은 다음과 같다.

▲ 염화 소듐이 염소 가스와 반응하면 고체 염화 소듐이 생성되면서 불꽃의 형태로 에너지가 방출된다.
ⒸInna Bigun/Shutterstock

$$\mathrm{Na} + \mathrm{Cl} \longrightarrow \mathrm{Na^+\,Cl^-}$$

Na: $1s^2\,2s^2\,2p^6\,3s^1$ Cl: $1s^2\,2s^2\,2p^6\,3s^2\,3p^5$ → $\mathrm{Na^+}$: $1s^2\,2s^2\,2p^6$ $\mathrm{Cl^-}$: $1s^2\,2s^2\,2p^6\,3s^2\,3p^6$

이온성 고체 염화 소듐에서 소듐과 염소가 반응하여 Na^+와 Cl^-을 생성하는 반응의 전체적인 에너지 변화 ΔE는 어떻게 될까? 왼쪽의 그림과 같이, 용해된 염화 소듐이 염소 기체와 접촉하게 되면 격렬한 반응이 일어나고, 백색 고체 NaCl이 생성된다. 소듐과 염소의 반응은 열로서 에너지를 방출한다. (그리스 문자의 대문자 형태인 델타(delta, Δ)는 어떤 값의 변화를 나타낼 때 사용되므로 에너지 변화는 ΔE가 된다.) 원소들로부터 염화 소듐이 형성되면서 열을 방출하기 때문에 ΔE는 음이다. 에너지를 방출하는 요인을 살펴보자. E_i와 E_{ea} 값을 비교해 보면, 염소 원자가 전자를 받아들일 때 내놓는 에너지[Cl(g)의 E_{ea} = −348.6 kJ/mol]는 소듐 원자가 전자를 잃을 때 필요한 에너지[Na(g)의 E_i = +495.8 kJ/mol]를 극복하지 못한다.

Na에 대한 E_i	= +495.8 kJ	(불리하다)
Cl에 대한 E_{ea}	= −348.6 kJ	(유리하다)
ΔE	= +147.2 kJ	(불리하다)

소듐 원자와 염소 원자의 반응의 알짜 에너지 변화 ΔE는 +147.2 kJ/mol이기 때문에 다른 요인이 작용하지 않는 한 반응은 일어나지 않을 것이다. 이와 같이 전자 이동의 불리한 에너지 변화를 극복할 수 있는 부가적 요인은, **이온성 고체(ionic solid)**의 형성에 참여하는 양이온과 음이온 간의 정전기적 인력으로 인해 크게 증가하는 안정성이다.

기억하기…
이온성 고체에서 반대의 부호를 가지는 이온들은 이온 결합에 의해 서로 끌어당기기 때문에 서로 결합되어 있다(2.11절).

고체인 금속 소듐과 기체인 염소 분자와 반응하여 고체 염화 소듐을 형성하는 실제 반응은 단계적으로 일어나는 반응이 아니다. 하지만, 각각의 에너지 변화를 실험적으로 측정할 수 있는 가상의 단계 반응이 있다고 가정하면, 에너지 변화를 계산하는 게 좀 더 쉬워진다. 전체 에너지 변화에서 고려해야 할 다섯 단계가 있다.

단계 ① 고체인 금속 Na를 **승화** 과정을 통해 독립된 기체 상태의 Na로 전환시킨다. 고체 상태에서 원자들을 잡고 있는 힘을 이겨내야 되기 때문에 승화 과정에는 에너지가 필요하다. Na의 승화 에너지는 양의 값을 갖는다(+107.3 kJ/mol).

$$\mathrm{Na}(s) \longrightarrow \mathrm{Na}(g)$$
Na(s) 1 mol당 +107.3 kJ

단계 ② 기체 상태의 Cl_2 분자를 각각의 Cl 원자로 나눈다. 이 또한 Cl 간의 결합을 끊어내서 분리시켜야 하므로 에너지가 필요하다. 이때 필요한 에너지 역시 양의 값을 가진다: Cl_2의 경우 1 mol당 +243 kJ (혹은 Cl_2 1/2 mol당 +122 kJ)이다. 7.2절에서 결합 해리 에너지를 깊게 다룰 것이다.

$$1/2\ \mathrm{Cl_2}(g) \longrightarrow \mathrm{Cl}(g)$$
$Cl_2(g)$ $\frac{1}{2}$ mol당 +122 kJ

단계 ③ 독립된 Na 원자를 Na^+ 이온과 전자로 분리한다. 이때 필요한 에너지는 소듐의 1차 이온화 에너지(E_{i1})로 양의 값이다: +495.8 kJ/mol.

$$\mathrm{Na}(g) \longrightarrow \mathrm{Na^+}(g) + \mathrm{e^-}$$
Na(g) 1 mol당 +495.8 kJ

단계 ④ Cl 원자에 전자를 첨가함으로써 Cl^- 이온을 형성한다. 이때 내놓는 에너지는 염소 원자의 전자 친화도이며 음의 값이다: −348.6 kJ/mol.

$$\mathrm{Cl}(g) + \mathrm{e^-} \longrightarrow \mathrm{Cl^-}(g)$$
Cl(g) 1 mol당 −348.6 kJ

단계 ⑤ 마지막으로, 고체의 NaCl이 독립된 기체 상태의 Na^+와 Cl^- 이온으로부터 만들어진다. 에너지 변화는 고체 내 이온 간의 전체 정전기적 인력의 척도이고, 서로 독립된 이온들이 응집하여 고체를 형성할 때 방출되는 에너지의 양이다. NaCl 형성의 에너지 변화는 음의 값이다: −787 kJ/mol.

$$Na^+(g) + Cl^-(g) \longrightarrow NaCl(s) \quad -787\ \text{kJ/mol}$$

알짜 반응:

알짜 에너지 변화(ΔE):

$$Na(s) + 1/2\ Cl_2(g) \longrightarrow NaCl(s) \quad -411\ \text{kJ/mol}$$

금속 소듐과 염소 기체 간의 반응을 가상의 다섯 단계로 **그림 6.7**에 나타내었다. 이러한 그림 형태를 보른–하버 순환이라 하고, 각 반응이 어떻게 전체 에너지 변화에 기여하는지와 어떻게 알짜 과정이 각각의 반응의 합이 되는지를 보여 준다. 그림에서 보여 주는 것처럼, 단계 1, 2, 3은 양의 값을 가지며 에너지를 흡수하는 반면에, 단계 4, 5는 음의 값을 가지며 에너지를 방출한다. 가장 큰 기여는 단계 5인데, 이것은 고체 생성물에서 이온 사이에 정전기적 힘–즉, 이온 결합의 세기를 측정한다. 이온 결합에 기인하는 이러한 많은 양의 고체 안정화 에너지가 생기지 않는다면, 반응은 일어나지 않을 것이다.

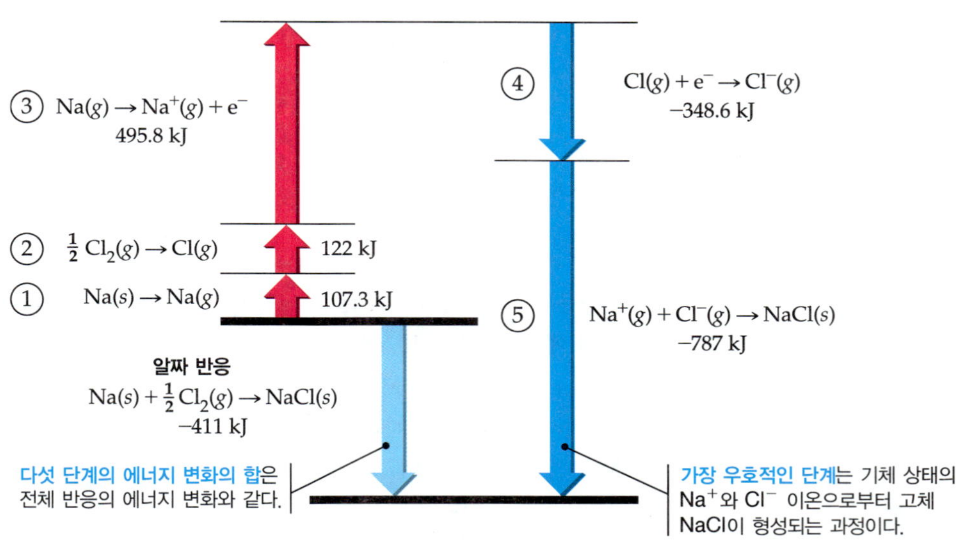

◀ **그림 6.7**
$Na(s)$와 $Cl_2(g)$로부터 $NaCl(s)$이 생성되는 과정의 보른–하버 순환

▶ **확인하기**

(a) 보른–하버 순환의 어느 단계에서 가장 큰 에너지가 방출되는가?
(b) 각 원소로부터 이온 화합물이 형성될 때 왜 (a)에 해당되는 단계가 우호적이라고 고려할 수 있는가?

답 (a) 단계 ⑤. 기체 상태의 Na^+와 Cl^- 이온으로부터 고체 NaCl이 형성될 때의 정전기적 인력
(b) 반응이 에너지를 방출하게 되면 생성물은 더 낮은 에너지 상태가 되므로 좀 더 안정하다.

마그네슘과 염소의 반응에 대한 유사 보른–하버 순환은 알칼리 토금속 원소 반응의 에너지 변화를 보여 준다(**그림 6.8**). NaCl을 형성하는 소듐과 염소의 반응에서와 같이 전체 에너지 변화에는 다섯 단계가 기여한다. 첫째, 마그네슘 금속 고체가 고립된 기체상의 마그네슘 원자로 변환되어야 한다(승화). 둘째, Cl_2 분자의 결합이 끊어져 염소 원자를 생성하여야 한다. 셋째, 마그네슘 원자가 2개의 전자를 잃어 Mg^{2+} 이온을 생성하여야 한다. 넷째, 2단계에서 형성된 염소 원자가 전자를 얻어 Cl^- 이온을 생성하여야 한다. 다섯째, 기체 이온들이 결합하여 이온성 고체 $MgCl_2$를 생성하여야 한다. 보른–하버 순환에서 보듯, 이온 결합은 전체 과정이 일어나게 하는 데 충분한 에너지를 방출하게 한다.

▶ 그림 6.8
원소로부터 $MgCl_2$가 생성되는 과정의 보른–하버 순환

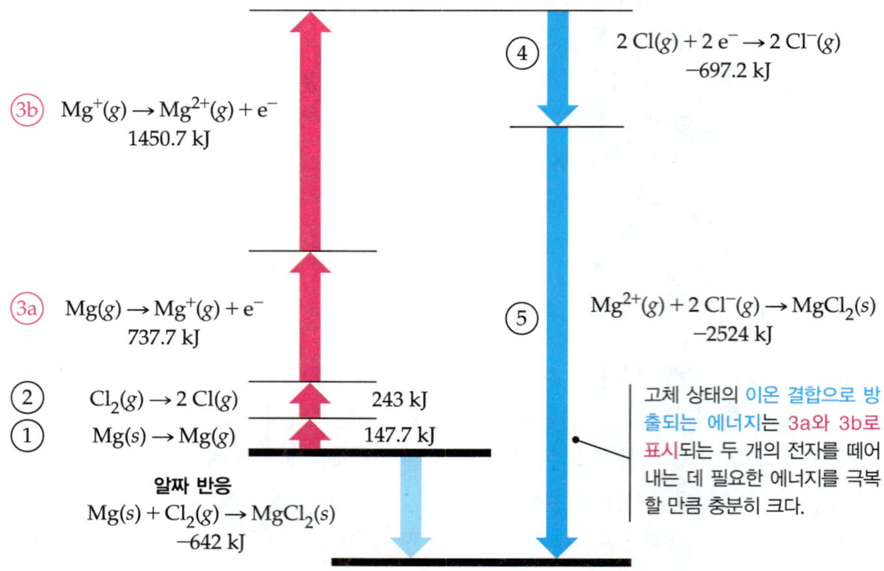

예제 6.7

이온 결합 화합물의 형성에서 에너지 변화 계산

원소들로부터 $KF(s)$가 생성될 때 발생하는 알짜 에너지 변화를 kJ/mol 단위로 계산하시오.

$K(s) + 1/2\,F_2(g) \longrightarrow KF(s)$

다음의 자료들이 필요하다.

$K(s)$의 승화열 = 89.2 kJ/mol

$F_2(g)$의 결합 해리 에너지 = 158 kJ/mol

$KF(s)$의 정전기적 상호 작용 = −821 kJ/mol

$F(g)$의 E_{ea} = −328 kJ/mol

$K(g)$의 E_i = 418.8 kJ/mol

전략

이온성 고체 KF를 생성하는 과정에서 각 단계의 화학 반응을 쓰고, 그림 6.7과 비슷한 보른–하버 순환을 그리시오. 각 단계의 에너지 변화의 합은 알짜 반응의 에너지 변화이다.

풀이

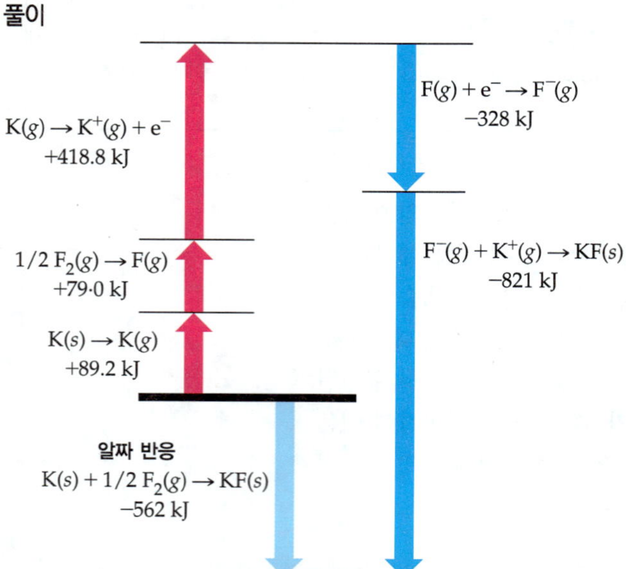

▶ **연습문제 6.13** 원소들로부터 $MgF_2(s)$가 생성될 때 발생하는 알짜 에너지 변화를 kJ/mol 단위로 계산하시오.

$Mg(s) + F_2(g) \longrightarrow MgF_2(s)$

필요한 자료들이 필요하다.

$Mg(s)$의 승화열 = 147.7 kJ/mol

$F_2(g)$의 결합 해리 에너지 = 158 kJ/mol

$MgF_2(s)$의 정전기적 상호 작용 = −2957 kJ/mol

$F(g)$의 E_{ea} = −328 kJ/mol

$Mg(g)$의 E_{i1} = 737.7 kJ/mol

$Mg(g)$의 E_{i2} = 1450.7 kJ/mol

▶ **응용문제 6.14** $LiCl(s)$의 정전기적 인력 에너지를 계산하시오. 아래 자료들이 필요하다.

$Li(s)$의 승화열 = 161 kJ/mol

$Cl_2(g)$의 결합 해리 에너지 = 243 kJ/mol

$Li(s) + 1/2\,Cl_2(g) \longrightarrow LiCl(s)$ = −409 kJ/mol

$Cl(g)$의 E_{ea} = −349 kJ/mol

$Li(g)$의 E_i = 520 kJ/mol

6.8 이온성 고체의 격자 에너지

고체에서 이온 간의 정전기적 상호 작용 에너지의 척도－즉, 고체의 이온 결합의 세기의 척도－를 **격자 에너지(lattice energy, *U*)**라고 한다. 일반적으로, 격자 에너지는 이온성 고체를 각 기체 이온으로 분해할 때 공급해야 하는 에너지의 양으로 정의하므로, 양의 값을 갖는다. 그러나 이온으로부터 고체의 형성은 분해의 반대이므로, 음의 값을 갖는다. 예를 들어, 그림 6.7에 그려진 보른－하버 순환의 단계 ⑤에서 NaCl의 생성은 음의 값, $-U$를 갖는다.

$$\mathrm{NaCl}(s) \longrightarrow \mathrm{Na^+}(g) + \mathrm{Cl^-}(g) \qquad U = +787\ \mathrm{kJ/mol} \quad \text{(에너지 흡수)}$$
$$\mathrm{Na^+}(g) + \mathrm{Cl^-}(g) \longrightarrow \mathrm{NaCl}(s) \qquad -U = -787\ \mathrm{kJ/mol} \quad \text{(에너지 방출)}$$

어떤 요인이 이온 결합 화합물에서 격자 에너지의 크기에 영향을 미치는가? 격자 에너지는 이온성 화합물에서 양이온과 음이온 간의 이온 결합의 세기에 의존한다. **Coulomb 법칙**은 전기 전하의 상호 작용으로 생기는 힘(F)을 설명한다. 그것은 상수 k에 이온 전하(z_1과 z_2)의 곱을 곱한 것에 이온의 중심(핵) 사이의 거리 d의 제곱으로 나눈 것과 같다.

쿨롱 법칙(Coulomb's law) $$F = k \times \frac{z_1 z_2}{d^2}$$

에너지는 힘 곱하기 거리와 같으므로, 격자 에너지는 다음과 같다.

격자 에너지(lattice energy) $$U = F \times d = k \times \frac{z_1 z_2}{d}$$

상수 k 값은 특정한 화합물에서 이온들의 배열에 의존하고, 물질이 다르면 k 값도 다르다.

이온 간 거리 d가 작고 전하 z_1과 z_2가 클 때 격자 에너지가 크다. 거리 d가 작다는 것은 이온들이 서로 가까이 조밀하게 위치하고 있음을 의미하고, 이것은 이온 반지름이 작다는 것을 의미한다. 그러므로 z_1과 z_2가 일정하면, 표 6.3에 나열한 것처럼, 최대 격자 에너지는 가장 작은 이온으로부터 생성된 화합물들에 속한다.

음이온이 같고 양이온이 다른 일련의 화합물 내에서, 양이온이 작을수록 격자 에너지는 증가한다. 예를 들어 LiF, NaF, KF를 비교하면, 양이온의 크기는 $K^+ > Na^+ > Li^+$ 순이므로 격자 에너지는 LiF > NaF > KF 순서에 따른다. 마찬가지로, 양이온이 같고 음이온이 다른 일련의 화합물 내에서, 음이온 크기가 감소할수록 격자 에너지는 증가한다. 예를 들어 LiF,

개념탐구 질문 6

이온의 전하 크기는 격자 에너지에 어떤 영향을 미치는가? 이온 반지름은 격자 에너지에 어떤 영향을 미치는가?

표 6.3 몇 가지 이온성 고체의 격자 에너지(kJ/mol)

	음이온				
양이온	F^-	Cl^-	Br^-	I^-	O^{2-}
Li^+	1036	853	807	757	2925
Na^+	923	787	747	704	2695
K^+	821	715	682	649	2360
Be^{2+}	3505	3020	2914	2800	4443
Mg^{2+}	2957	2524	2440	2327	3791
Ca^{2+}	2630	2258	2176	2074	3401

LiCl, LiBr, LiI를 비교하면, 음이온의 크기는 $I^- > Br^- > Cl^- > F^-$ 순서이므로 격자 에너지는 역순인 LiF > LiCl > LiBr > LiI이다.

표 6.3은 또한 더 큰 전하를 갖는 이온의 화합물일수록 더 작은 전하를 갖는 이온의 화합물보다 더 큰 격자 에너지를 갖는다는 것을 보여 준다. 예를 들면 NaI, MgI_2, AlI_3를 비교하면, 양이온 전하의 순서는 $Al^{3+} > Mg^{2+} > Na^+$이고, 격자 에너지는 $AlI_3 > MgI_2 > NaI$ 순이다.

예제 6.8

격자 에너지

NaCl과 CsI 중 어느 것이 더 큰 격자 에너지를 갖는가?

전략

물질의 격자 에너지 크기는 성분 이온의 전하와 그 성분 이온의 크기에 의하여 영향을 받는다. 이온 전하가 클수록, 또한 이온의 크기가 작을수록 격자 에너지는 크다. Na^+, Cs^+, Cl^-, I^-의 네 이온은 모두 단일 전하를 띠며, 크기만 다르다.

풀이

Na^+는 Cs^+보다 작고 Cl^-는 I^-보다 작으므로, 이온 간 거리는 NaCl이 CsI보다 작다. 따라서 NaCl은 더 큰 격자 에너지를 갖는다.

연습문제 6.15 SrF_2, CuI_2, CsI, MgO 중 격자 에너지가 가장 큰 것은 어느 것인가?

개념 응용문제 6.16 다음 그림 중 하나는 NaCl을, 다른 하나는 MgO를 표시한다. 각 그림은 어느 화합물이며, 어느 것이 격자 에너지가 더 큰가?

(a)

(b)

INQUIRY? 이온성 액체가 어떻게 환경친화적 공정에 사용되는가?

이온성 화합물을 생각할 때는 아마도 높은 용융점을 갖는 결정성 고체인 염화 소듐(mp = 801 °C), 산화 마그네슘(mp = 2825 °C), 탄산 리튬(mp = 732 °C) 등을 생각할 것이다. 많은 이온 결합 화합물이 그 설명에 부합하는 것이 분명한 사실이지만, 전부 그런 것은 아니다. 이온 결합 화합물의 일부는 상온에서 액체로 존재한다. 실례로, 거의 한 세기 전에 발견된 최초의 이온성 액체 화합물인 에틸암모늄 나이트레이트($CH_3CH_2NH_3^+NO_3^-$)는 녹는점이 겨우 12 °C (54 °F)에 불과하다.

액체의 한 가지 속성은 흐를 수 있다는 것이다. 이렇게 되려면, 격자 내의 이온들은 서로 상대적 위치로의 이동이 가능하고, 그들 사이의 정전기력을 극복해야 한다. 따라서, 이온성 액체 내의 이온 사이의 인력은 이온의 위치가 단단하게 고정되어 있는 이온성 고체보다 낮다. 일반적으로, 오늘날 사용되는 이온성 액체는 양이온이 불규칙적인 모양을 갖고 있거나, 하나 또는 모든 이온의 크기가 커서 큰 부피에 걸쳐 전하가 분산되도록 한 염이다. 두 요인이 결정 격자 에너지를 최소화하고, 그것 때문에 고체를 덜 안정하게 하고 액체를 선호하게 만든다. 대표적인 양이온은 아민(amines)이라 불리는 질소 함유 유기 화합물, 테트라뷰틸암모늄 이온, *N*-알킬피리디늄 이온 중 하나로부터 유도된다.

▲ 독일의 회사 BASF에서는, 이와 같은 수백 종의 이온성 액체를 다양한 화학 공정에 사용하기 위해 상업적으로 제조 및 판매하고 있다.

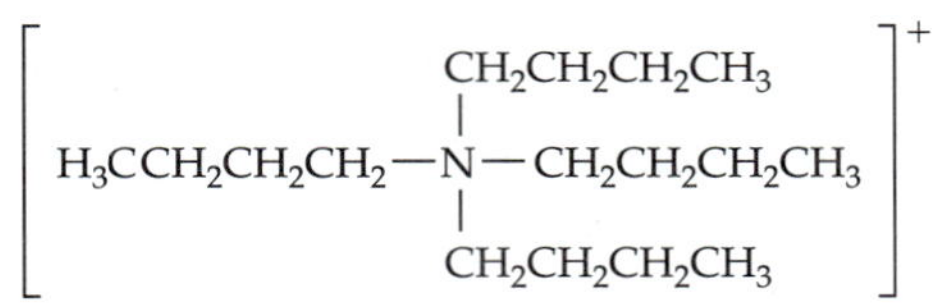

테트라뷰틸암모늄 이온

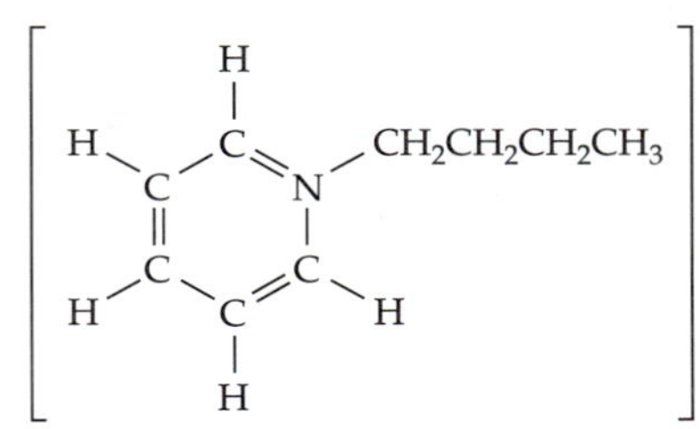

N-알킬피리디늄 이온

음이온도 양이온만큼 다양하고, 서로 다른 음이온/양이온 조합으로 제조된 500개 이상의 이온성 액체가 상업적으로 이용 가능하다. 대표적인 음이온은 헥사플루오로포스페이트, 테트라플루오로보레이트, 알킬 설페이트, 트라이플루오로메테인설포네이트, 할로젠화 이온 등이 있다.

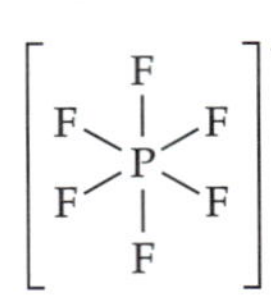

헥사플루오로포스페이트

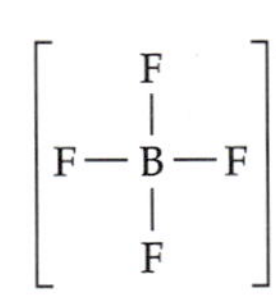

테트라플루오로보레이트

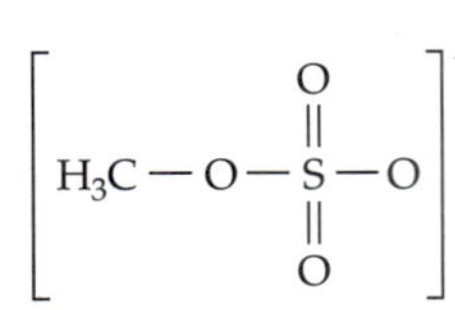

알킬 설페이트

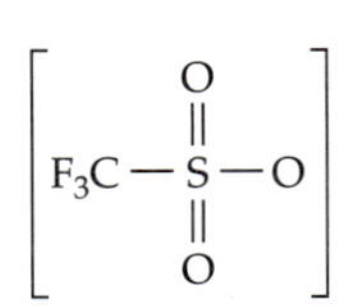

트라이플루오로메테인설포네이트

Cl^-, Br^-, I^-

할로젠화 이온

수년 동안, 이온성 액체는 실험실 수준의 호기심에서 벗어나지 못했다. 그러나 최근에는 이온성 액체가 3장의 Inquiry에서 서술한 것과 같이, 특히 녹색 화학 공정에 사용하는 데 우수한 용매라는 것이 밝혀졌다. 이온성 액체는 많은 유용한 특성을 갖는다.

- 다양한 종류의 화합물을 고농도로 녹일 수 있어 필요한 액체의 양을 최소화할 수 있다.
- 양이온과 음이온의 구조를 변화시킴으로써, 특정 반응에 사용하기 위한 미세 조정이 가능하다.

- 불연성이다.
- 고온에서 안정적이다.
- 쉽게 증발하지 않는다.
- 일반적으로 회수가 가능하고 여러 번 재사용할 수 있다.

현재 이온성 액체는 많은 산업 공정에서 독성 또는 가연성 유기 용매의 대체재로 연구되고 있다. 예를 들면, 고온 전지에서의 전해질 및 오일 셰일에서 무거운 유기 물질의 추출을 위한 용매로 탐구되고 있다.

대부분의 의약품은 염이므로 이온성 액체 약물은 이중 작용 물질을 생성하는 새로운 방법이다. 약학적 활성 양이온과 약학적 활성 음이온을 조합하면 2가지 약물의 작용이 조합된 이온성 액체가 생성된다. 또한 이온성 액체는 태양의 열에너지를 저장하는 데 사용된다. 낮 동안 태양열은 이온성 물질을 적당한 온도에서 액체로 녹인다. 밤에 온도가 떨어져 이온성 액체가 고체로 얼어붙으면 에너지가 방출된다. 앞으로 이온성 액체에 대해 훨씬 더 많이 들을 것이다.

문제 6.17 산업 공정에서 유기 용매를 이온성 액체로 대체하는 것은 어떤 장점이 있는가? 아래 보기에서 모두 고르시오.

(a) 이온성 액체는 불연성이다.
(b) 이온성 액체는 재생 자원으로부터 얻을 수 있다.
(c) 이온성 액체는 재활용이 가능하다.
(d) 이온성 액체는 고온에서 사용이 가능하다.

문제 6.18 이온성 액체의 어떠한 구조적 특징이 쉽게 고체를 형성하는 것을 방지하는가?

문제 6.19 다음과 같은 두 가지 이온성 액체를 비교해 보자: 브로민화 테트라헵틸암모늄과 아이오딘화 테트라헵틸암모늄. 테트라헵틸암모늄 이온의 구조는 다음과 같다.

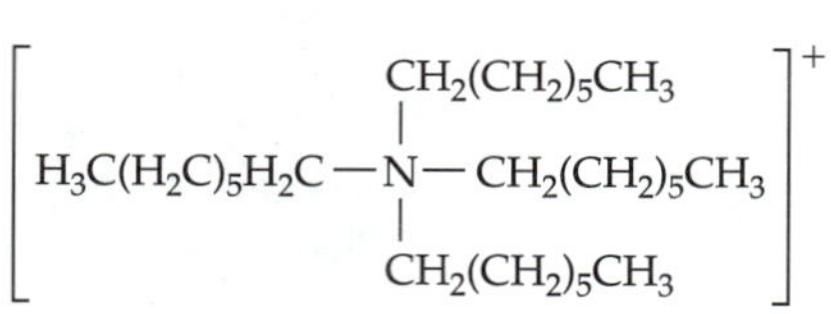

(a) 다음 그림 중 어떤 것이 브로민화 테트라헵틸암모늄이고 아이오딘화 테트라헵틸암모늄인가?

(i) **(ii)**

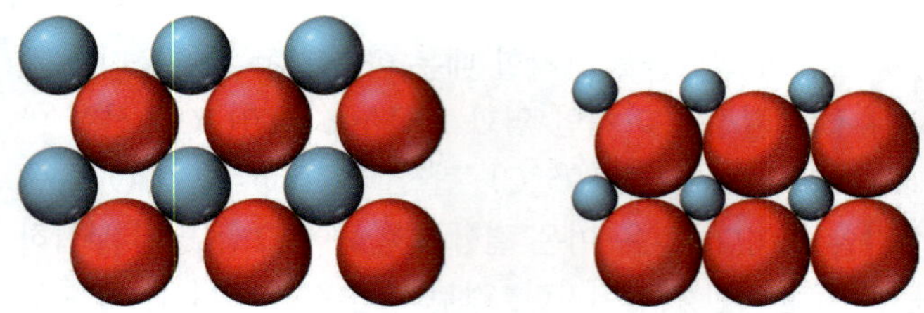

(b) 어떤 이온성 액체가 더 큰 격자 에너지를 갖는가?
(c) 둘 중 하나의 이온성 액체는 88 °C의 녹는점을 갖고, 다른 하나는 39 °C의 녹는점을 갖는다. 이온성 액체와 녹는점을 연결하시오.

문제 6.20 크기가 큰 아민 양이온 및 염화 음이온으로 이루어진 이온성 액체는 41 °C의 녹는점을 갖는다. 녹색 화학의 용매로 적용할 경우, 화합물을 가열하는 데 에너지가 필요하지 않도록 녹는점이 실온(25 °C)보다 낮은 것이 바람직하다. 이온성 액체의 녹는점은 염화 이온을 다른 음이온으로 치환함으로써 변화시킬 수 있다. 치환 가능한 음이온에는 F^-, Se^{2-}, O^{2-}, Br^-가 있다.

(a) 이러한 이온의 전자 배치를 각각 쓰시오.
(b) 어떤 이온이 등전자인가?
(c) 염화 이온을 대체하여 녹는점이 더 낮은 이온성 액체를 만들기 위한 가장 좋은 이온은 어떤 이온인가?

정리

절	개념 요약	학습 목표	문제
6.1 이온의 전자 배치	주기율표 왼쪽의 금속 원소들은 전자를 내놓고 양이온이 되려는 경향이 강한 반면, 오른쪽의 할로젠 원소나 몇몇 비금속 원소들은 전자를 받아서 음이온이 되려는 경향이 강하다. 주족 금속들은 채워진 오비탈 중 에너지가 가장 높은 궤도의 전자들을 내놓으면서 양이온이 되며, 전자들이 비금속 원소들에 들어갈 때는 비워진 오비탈 중 에너지가 가장 낮은 궤도로 들어간다.	6.1 주족과 전이 금속 이온들의 바닥 상태 전자 배치를 쓴다.	예제 6.1; 문제 6.21, 6.40, 6.42, 6.44
		6.2 주족과 전이 금속 이온에 있는 홀전자 수를 결정한다.	문제 6.46~6.47
6.2 이온 반지름	양이온이 되면, **유효 핵전하(Z_{eff})**가 증가하고 때로는 원자가 껍질이 수축되므로 본래의 원자보다 크기가 줄어든다. 반대로 음이온이 되면, Z_{eff}가 감소하고 전자들 사이의 반발력이 커지므로 본래의 원자보다 크기가 늘어난다.	6.3 원자, 양이온, 음이온의 상대적 크기를 예측한다.	예제 6.2; 문제 6.22, 6.48~6.49, 6.51
		6.4 등전자 이온들의 상대적 크기를 예측한다.	문제 6.52, 6.54
6.3 이온화 에너지	고립된 중성 원자에서 원자가 껍질의 전자 하나를 제거하는 데 필요한 에너지를 **이온화 에너지(E_i)**라 한다. 이 에너지는 주기율표 왼쪽의 금속 원소들이 가장 작고 오른쪽의 비금속 원소들이 가장 크다. 따라서 금속들은 화학 반응에서 대개 전자를 잃고 산화제로 작용하는 경우가 많다.	6.5 원소들을 이온화 에너지가 커지는 순서로 배열한다.	예제 6.3; 문제 6.6, 6.58~6.59
		6.6 이온화 에너지의 주기적 경향을 설명한다.	문제 6.56
6.4 고차 이온화 에너지	원자의 이온화에서 전자는 하나만 제거될 수도 있지만 둘 이상의 전자가 차례로 제거될 수 있으며, 필요한 에너지도 차례로 증가한다. 일반적으로 원자가 껍질의 전자는 **핵심부 전자**보다 훨씬 쉽게 제거된다.	6.7 여러 원소들의 순차적 이온화 에너지를 비교한다.	예제 6.4; 문제 6.24, 6.60, 6.62
		6.8 순차적 이온화 에너지의 값으로 원소들을 판별한다.	문제 6.8, 6.25, 6.64~6.65
6.5 전자 친화도	고립된 중성 원자에 전자 하나가 더해질 때 흡수되거나 방출되는 에너지를 **전자 친화도(E_{ea})**라고 부른다. 관례에 따라 에너지의 흡수는 양의 값을, 방출은 음의 값을 부여한다. 전자 친화도는 17족에서 가장 작은 음의 값, 그리고 2족과 18족에서 가장 큰 양의 값을 보인다. 따라서 17족 원소들은 화학 반응에서 대개 전자를 받아들인다.	6.9 여러 원소들의 전자 친화도를 비교한다.	예제 6.5; 문제 6.68~6.69
		6.10 전자 친화도의 주기적 경향을 설명한다.	문제 6.70~6.73
6.6 팔전자 규칙	일반적으로 주족 원소들의 반응은 **팔전자 규칙**을 따른다. 이는 화학 반응에서 원소들이 원자가 껍질 속의 s와 p 부껍질을 가득 채워 비활성 기체의 전자 배치를 이루려는 경향을 가리킨다. 주기율표 왼쪽의 원소들은 전자를 내놓고, 반대로 오른쪽의 원소들은 전자를 받아서 0족 기체의 배치를 이루려고 하며, 비활성 기체들은 반응성이 거의 없다.	6.11 팔전자 규칙을 이용하여 주족 이온들의 전하와 전자 배치, 이온 결합 화합물들의 화학식을 예측한다.	예제 6.6; 문제 6.31, 6.74, 6.76, 6.78
6.7 이온 결합과 이온성 고체의 형성	1족과 2족의 금속들이 15~17족의 비금속들과 반응할 때 금속 원자는 하나 이상의 전자를 비금속 원자에게 준다. 그러면 금속 양이온과 비금속 음이온이 정전기적 인력으로 결합된 화합물이 생성된다. 이런 결합을 **이온 결합**이라 부르며, 염화 소듐은 그 한 예이다.	6.12 이온 결합 화합물들의 화학식과 분자 이미지의 관계를 나타낸다.	문제 6.26~28
		6.13 구성 원소들로부터 이온성 화합물이 만들어질 때 나타나는 과정을 보른-하버 순환으로 나타내고, 에너지 변화를 구한다.	예제 6.7; 문제 6.32~6.33, 6.82, 6.84, 6.86
6.8 이온성 고체의 격자 에너지	결정 안의 이온들이 상호 작용하는 에너지들의 총합을 **격자 에너지(U)**라고 한다. 이온들의 크기가 작고 전하가 클수록 격자 에너지가 크다.	6.14 이온 결합 화합물들의 화학식이나 분자적 표현을 토대로, 격자 에너지의 상대적 크기를 비교한다.	예제 6.8; 문제 6.29~6.30, 6.98~6.99

주요 용어

Coulomb 법칙
격자 에너지(U)
등전자
보른–하버 순환
이온 결합
이온화 에너지(E_i)
전자 친화도(E_{ea})
팔전자 규칙
핵심부 전자

주요 식

• 쿨롱 법칙(6.8절)

$$F = k \times \frac{z_1 z_2}{d^2}$$

• 격자 에너지(U) (6.8절)

$$U = F \times d = k \times \frac{z_1 z_2}{d}$$

복습 문제

LO는 학습 목표(Learning Objectives)를 나타낸다.

이 장을 학습한 후엔, 학습자의 이해도를 평가할 수 있는 방법이 있다. **복습 문제**를 푸는 것이다. **복습 문제**들은 이 장의 학습 목표와 연계되어 있다. 따라서 푼 답이 틀렸다면, 이 장의 끝부분에 나와 있는 **정리** 문단의 **학습 목표**를 참고하면 된다. 정리 문단에는 **개념 요약**이 제공되며, **예제**를 참고하면 문제 해결 방법을 모델링할 수 있고, 제공되는 **추가 문제**들로 더 많은 연습을 할 수 있다.

1. Mg^{2+} 이온의 바닥 상태 전자 배치는 어느 것인가? (**LO 6.1**)
   (a) $1s^2 2s^2 2p^6$ (b) $1s^2 2s^2 2p^6 3s^2$
   (c) $1s^2 2s^2 2p^6 3s^2 3p^2$ (d) $1s^2 2s^2 2p^6 3s^2 3p^6$
2. Ru^{2+} 이온의 바닥 상태 전자 배치와 홀전자의 개수는 몇 개인가? (**LO 6.1, 6.2**)
   (a) $[Kr]5s^2 4d^4$ 홀전자 개수 0
   (b) $[Kr]5s^2 4d^6$ 홀전자 개수 0
   (c) $[Kr]4d^6$ 홀전자 개수 4
   (d) $[Kr]5s^2 4d^4$ 홀전자 개수 4
3. 원자와 이온 반지름에 관해 틀리게 설명한 것을 찾으시오. (**LO 6.3**)
   (a) I^-는 Br^-보다 반지름이 크다.
   (b) Ba^{2+}는 Ba보다 반지름이 작다.
   (c) Te는 Te^{2-}보다 반지름이 크다.
   (d) Sr^{2+}는 Se^{2-}보다 반지름이 작다.
4. Rb^+, Br^-와 Sr^{2+} 이온들을 작은 것에서 큰 순서로 나열하시오. (**LO 6.4**)
   (a) $Br^- < Rb^+ < Sr^{2+}$ (b) $Sr^{2+} < Br^- < Rb^+$
   (c) $Rb^+ < Sr^{2+} < Br^-$ (d) $Sr^{2+} < Rb^+ < Br^-$
5. 다음 중 가장 큰 에너지가 필요한 과정은 어느 것인가? (**LO 6.5**)
   (a) $K(g) \longrightarrow K^+(g) + e^-$
   (b) $Na(g) \longrightarrow Na^+(g) + e^-$
   (c) $Ba(g) \longrightarrow Ba^+(g) + e^-$
   (d) $Na^+(g) \longrightarrow Na^{2+}(g) + e^-$
6. 인은 마그네슘보다 더 ______ 이온화 에너지가 필요한데, 그 이유는 ______. (**LO 6.5, 6.6**)
   (a) 큰, 인의 전자는 마그네슘의 전자보다 더 높은 n 준위에 있기 때문이다
   (b) 큰, 인의 전자는 마그네슘의 전자보다 더 큰 Z_{eff}를 갖기 때문이다
   (c) 작은, 인의 전자는 마그네슘의 전자보다 더 낮은 n 준위에 있기 때문이다
   (d) 작은, 인의 전자는 마그네슘의 전자보다 더 작은 Z_{eff}를 갖기 때문이다
7. 어떤 2주기 원소의 순차적 이온화 에너지를 표시하였다. 이 원소는 무엇인가? (**LO 6.8**)
   $E_{i1} = 1402$ kJ/mol
   $E_{i2} = 2856$ kJ/mol
   $E_{i3} = 4578$ kJ/mol
   $E_{i4} = 7475$ kJ/mol
   $E_{i5} = 9445$ kJ/mol
   $E_{i6} = 53,266$ kJ/mol
   $E_{i7} = 64,630$ kJ/mol
   (a) Be (b) C (c) N (d) F
8. 다음 중 가장 큰 에너지가 방출되는 과정은 어느 것인가? (**LO 6.9**)
   (a) $Cl(g) + e^- \longrightarrow Cl^-(g)$
   (b) $Kr(g) + e^- \longrightarrow Kr^-(g)$
   (c) $Rb(g) + e^- \longrightarrow Rb^-(g)$
   (d) $Cl^-(g) + e^- \longrightarrow Cl^{2-}(g)$
9. 큰 음수의 전자 친화도를 갖는 원소는 대개 ______. (**LO 6.10**)
   (a) Z_{eff}가 크고 원자가 궤도에 빈자리가 있다
   (b) Z_{eff}가 작고 원자가 궤도에 빈자리가 있다
   (c) Z_{eff}가 크고 원자가 궤도가 채워져 있다
   (d) Z_{eff}가 작고 원자가 궤도가 채워져 있다

10. 포타슘과 황으로 이루어진 이온 결합 화합물의 화학식을 예측하시오. (**LO 6.11**)
(a) KS (b) KS_2 (c) K_2S_2 (d) K_2S

11. 세슘과 염소로 이루어진 이온 결합 화합물을 가장 잘 표현한 분자 척도 그림은 어느 것인가? (세슘은 빨간색 원으로, 염소는 파란색 원으로 표시되어 있다.) (**LO 6.12**)

(a)

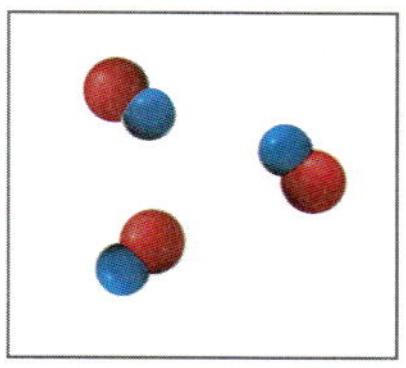

(b)

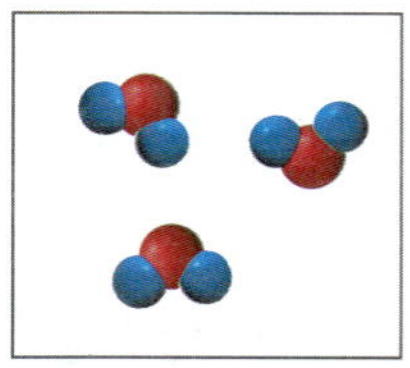

(c)

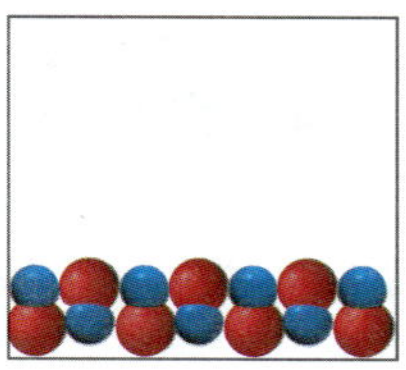

(d)

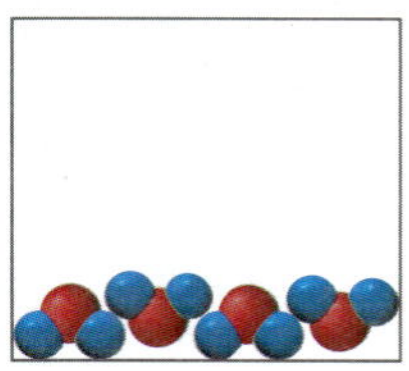

12. 다음 정보로부터 $CaCl_2(s)$의 격자 에너지를 계산하기 위한 보른–하버 순환을 그리시오. (**LO 6.13**)
$Ca(s)$와 $Cl_2(g)$로부터 $CaCl_2(s)$가 생성되는 알짜 에너지 = −795.4 kJ/mol
$Ca(s)$의 승화열 = +178 kJ/mol
$Ca(g)$의 E_{i1} = +590 kJ/mol
$Ca(g)$의 E_{i2} = +1145 kJ/mol
$Cl_2(g)$의 결합 해리 에너지 = +243 kJ/mol
$Cl(g)$의 E_{ea1} = −348.6 kJ/mol
(a) 2603 kJ/mol (b) 2254 kJ/mol
(c) 2481 kJ/mol (d) 1663 kJ/mol

13. 가장 높은 격자 에너지를 갖는 화합물을 선택하시오. (**LO 6.14**)
(a) CaS (b) $SrCl_2$
(c) NaI (d) $CuBr_2$

답:
1.a, 2.c, 3.c, 4.d, 5.d, 6.b, 7.c, 8.a, 9.a, 10.d, 11.c, 12.b, 13.a

개념 문제

문제 6.1~6.20은 이 장의 본문 중에 있다.

6.21 전자 배치가 아래와 같은 이온의 원소들은 주기율표의 어디에 있는가? 이는 각각 어떤 이온인가?
(a) 3+ 이온: $1s^2 2s^2 2p^6$ (b) 3+ 이온: $[Ar]3d^3$
(c) 2+ 이온: $[Kr]5s^2 4d^{10}$ (d) 1+ 이온: $[Kr]4d^{10}$

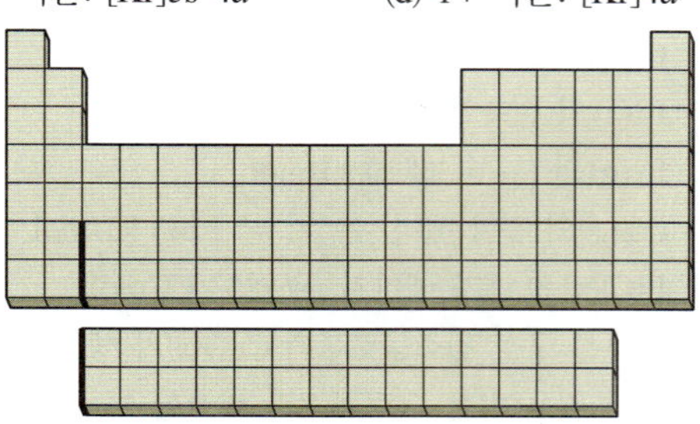

6.22 그림에서 금속, 비금속, 양이온, 음이온을 나타내는 구는 각각 어떤 것일까?

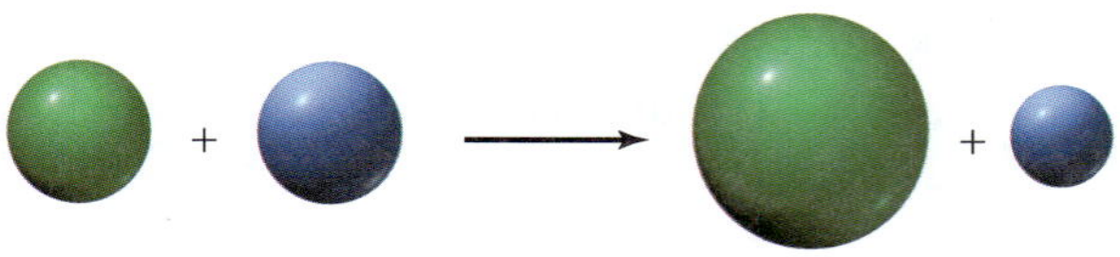

6.23 다음 원소들이 있는 곳을 주기율표에 대략 표시하시오.
(a) E_{i1}이 가장 작은 원소
(b) 원자 반지름이 가장 큰 원소
(c) E_{ea}가 가장 작은 원소

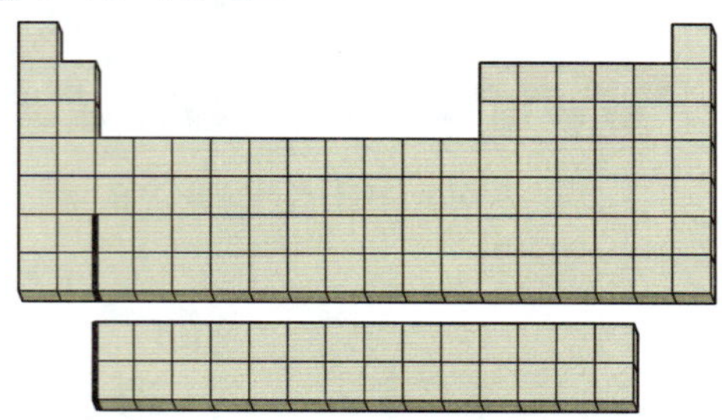

6.24 표시된 세 원소들을 셋째 전자를 잃기 쉬운 순서로 나열하시오.

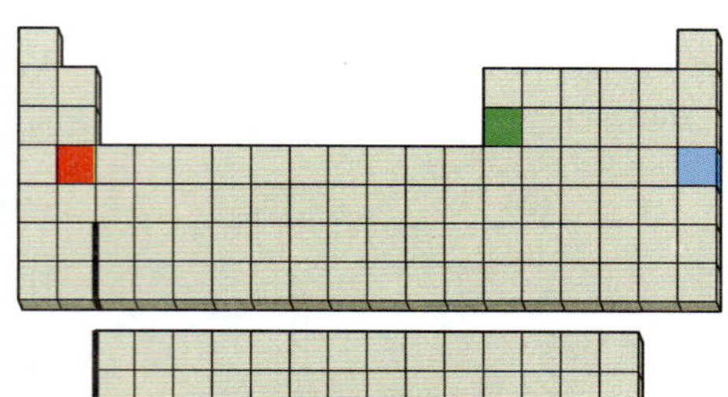

6.25 그림은 3주기 원소들의 순차적 이온화 에너지를 나타낸 것이다. 어떤 원소일 가능성이 가장 높은가?

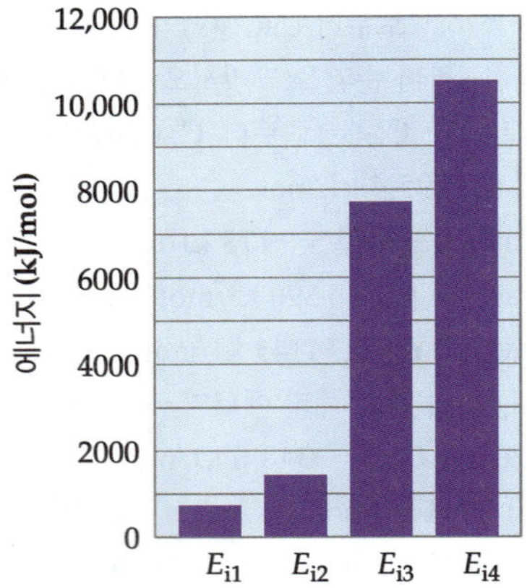

6.26 빨간색 구는 양이온, 파란색 구는 음이온을 나타낸다. 다음 이온 결합 화합물들과 그림 (a)~(d)를 각각 연결하시오.

(i) $Ca_3(PO_4)_2$ (ii) Li_2CO_3 (iii) $FeCl_2$ (iv) $MgSO_4$

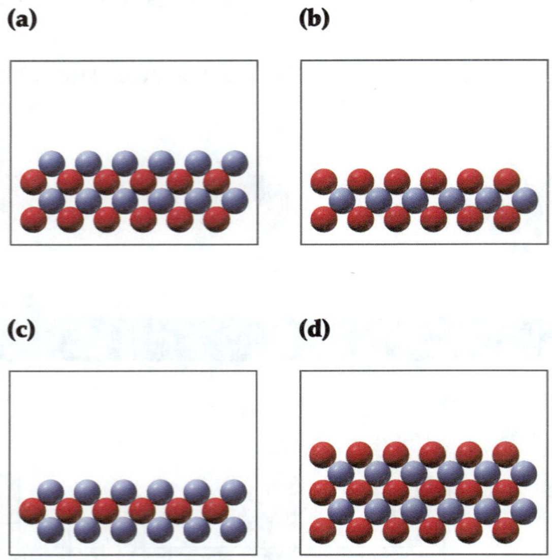

6.27 다음 그림 중 이온 결합 화합물과 공유 결합 화합물은 각각 어느 것일까?

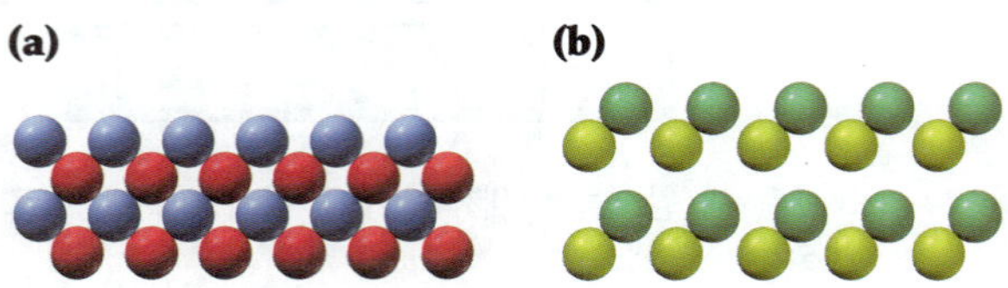

6.28 그림 (a)~(d)는 25°C의 소듐, 염소, 아이오딘, 염화 소듐을 나타낸다. 각 그림과 물질을 올바로 짝지으시오.

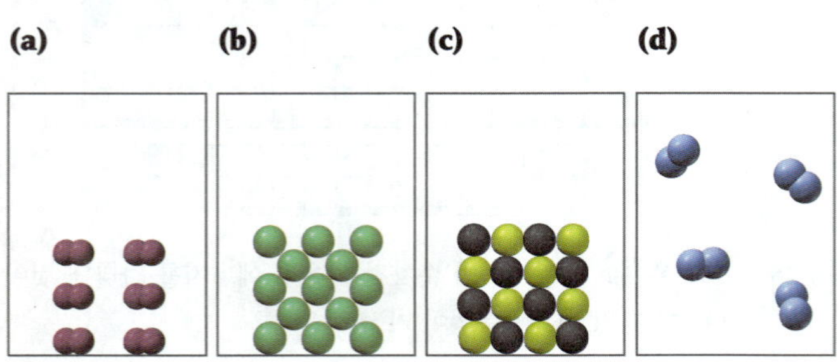

6.29 다음 할로젠화 알칼리 금속 중 어느 것이 격자 에너지가 가장 크고, 어느 것이 가장 작은가? 설명하시오.

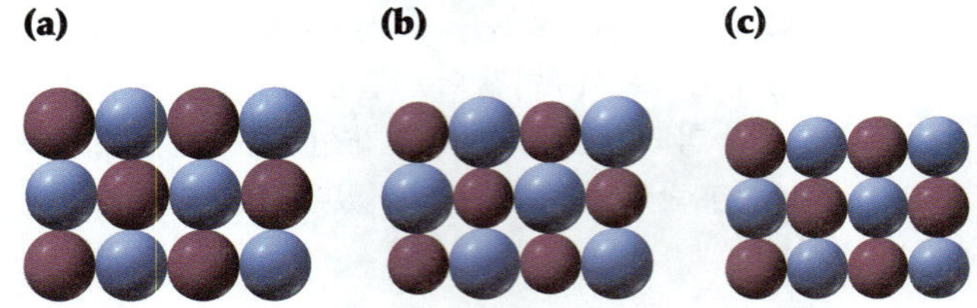

6.30 다음 할로젠화 알칼리 금속 중 어느 것이 격자 에너지가 가장 크고, 어느 것이 가장 작은가? 설명하시오.

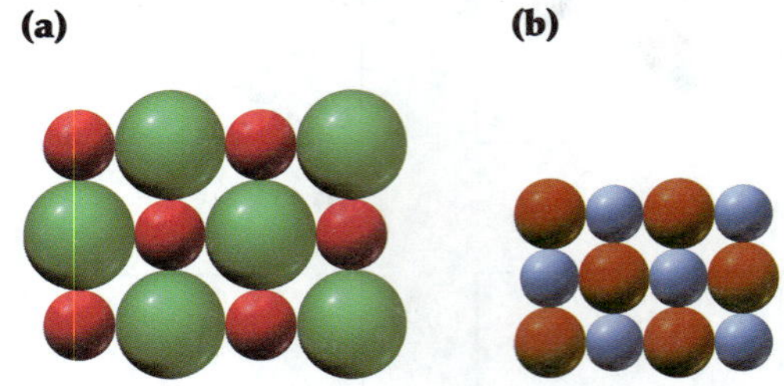

6.31 다음 그림의 빨강과 빨강, 파랑과 파랑, 초록과 초록이 결합한 세 가지 이성분 화합물이 있다. 각 화합물의 화학식을 쓰시오.

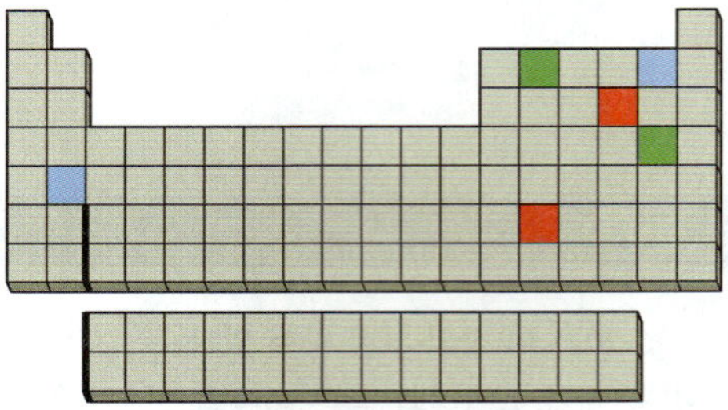

6.32 다음은 구성 원소들로부터 LiCl(*s*)이 생성되는 각 단계에 관련된 값들이다. 그림 6.7과 비슷한 보른-하버 순환을 그리시오.

Cl(*g*)의 E_{ea} = −348.6 kJ/mol
Li(*s*)의 승화열 = +159.4 kJ/mol
Li(*g*)의 E_{i1} = +520 kJ/mol
$Cl_2(g)$의 결합 해리 에너지 = +243 kJ/mol
LiCl(*s*)의 격자 에너지 = +853 kJ/mol

6.33 다음은 구성 원소들로부터 CaO(*s*)가 생성되는 각 단계에 관련된 값들이다. 그림 6.7과 비슷한 보른-하버 순환을 그리시오.

O(*g*)의 E_{ea1} = −141 kJ/mol
O(*g*)의 E_{ea2} = 745.1 kJ/mol
Ca(*s*)의 승화열 = 178 kJ/mol
Ca(*g*)의 E_{i1} = 590 kJ/mol
Ca(*g*)의 E_{i2} = 1145 kJ/mol
$O_2(g)$의 결합 해리 에너지 = 498 kJ/mol
CaO(*s*)의 격자 에너지 = 3401 kJ/mol

보충 문제

이온의 전자 배치(6.1절)

6.34 공유 결합과 이온 결합의 차이는 무엇인가?

6.35 다음 두 원자의 결합은 이온 결합인가 공유 결합인가?
(a) Cl과 F (b) Rb와 F
(c) Na와 S (d) N과 S

6.36 분자와 이온의 차이는 무엇인가?

6.37 다음을 분자나 이온으로 분류하시오.
(a) NO_3^- (b) NH_4^+
(c) NO_2 (d) $CH_3CO_2^-$

6.38 다음 이온에 양성자와 전자는 몇 개씩 있는가?
(a) Be^{2+} (b) Rb^+
(c) Se^{2-} (d) Au^{3+}

6.39 다음 이온의 원소 X는 무엇인가?
(a) X^{2+}, 36개의 전자가 있는 양이온
(b) X^-, 36개의 전자가 있는 음이온

6.40 다음 양이온들의 바닥 상태 전자 배치를 쓰시오.
(a) La^{3+} (b) Ag^+ (c) Sn^{2+}

6.41 다음 음이온들의 바닥 상태 전자 배치를 쓰시오.
(a) Se^{2-} (b) N^{3-}

6.42 Ca^{2+}의 전자 배치는 무엇인가? Ti^{2+}의 전자 배치를 쓰시오.

6.43 2+ 이온의 바닥 상태 전자 배치가 $[Ar]3d^{10}$인 원소를 쓰시오.

6.44 바닥 상태의 전자 배치가 $1s^2 2s^2 2p^6$인 2가 양이온은 무엇인가?

6.45 바닥 상태의 전자 배치가 $[Kr]4d^3$인 이온은 무엇인가? 전자 배치가 $[Kr]5s^2 4d^2$인 원소는 무엇인가?

6.46 Sc부터 Zn 사이의 전이 금속 계열 중 2+ 양이온의 전자 배치가 4개의 홀전자를 갖는 원소는 두 개가 존재한다. 무엇 무엇인가?

6.47 Sc부터 Zn 사이의 전이 금속 계열 중 3+ 양이온의 전자 배치가 5개의 홀전자를 갖는 원소는 무엇인가?

이온 반지름(6.2절)

6.48 다음 원자나 이온 쌍 중 어느 것이 더 클까?
(a) S, S^{2-} (b) Ca, Ca^{2+} (c) O^-, O^{2-}

6.49 다음 원자나 이온 쌍 중 어느 것이 더 클까?
(a) Rb, Rb^+ (b) N, N^{3-} (c) Cr^{3+}, Cr^{6+}

6.50 다음 이온들을 작은 것에서 큰 순으로 나열하시오.
Sr^{2+}, Se^{2-}, Br^-, Rb^+

6.51 다음 이온들을 작은 것에서 큰 순으로 나열하시오.
Mg^{2+}, O^{2-}, F^-, Na^+

6.52 Cu^+와 Cu^{2+} 중 어느 쪽이 더 큰 반지름을 가지는가? 이유를 설명하시오.

6.53 Fe^{2+}와 Fe^{3+} 중 어느 쪽이 더 큰 반지름을 가지는가? 이유를 설명하시오.

6.54 Ti^{4+}, Sc^{3+}, Ca^{2+}, S^{2-} 이온들은 같은 수의 전자들을 가지고 있다. 이 이온들을 크기에 따라 나열하고, 이유를 설명하시오.

6.55 Se^{2-}, F^-, O^{2-}, Rb^+ 중 어느 것이 가장 큰 반지름을 가지고 있는가? 이유를 설명하시오.

이온화 에너지(6.3절)

6.56 주기율표에서 1차 이온화 에너지가 가장 큰 족과 가장 작은 족은 무엇인가? 이유를 설명하시오.

6.57 주기율표에서 이온화 에너지가 가장 작은 원소와 가장 큰 원소는 무엇인가?

6.58 다음 원소들 중 1차 이온화 에너지가 가장 작은 것은 무엇이고 가장 큰 것은 무엇인가?
(a) Li, Ba, K (b) B, Be, Cl
(c) Ca, C, Cl

6.59 다음 원소들을 1차 이온화 에너지가 작은 것에서 큰 순서로 나열하시오.
(a) Na, I, P (b) P, Sr, Mg
(c) Ca, Cs, Se

고차 이온화 에너지(6.4절)

6.60 (a) K와 Ca 중 2차 이온화 에너지가 작은 것은 무엇인가?
(b) Ga와 Ca 중 3차 이온화 에너지가 큰 것은 무엇인가?

6.61 (a) Sn과 Sb 중 4차 이온화 에너지가 작은 것은 무엇인가?
(b) Se와 Br 중 6차 이온화 에너지가 큰 것은 무엇인가?

6.62 세 개의 원자들이 다음과 같은 전자 배치를 가지고 있다.
(a) $1s^2 2s^2 2p^6 3s^2 3p^3$ (b) $1s^2 2s^2 2p^6 3s^2 3p^6$
(c) $1s^2 2s^2 2p^6 3s^2 3p^6 4s^2$
이 세 원자들 중에 E_{i2}가 가장 큰 원소는 무엇인가? E_{i7}이 가장 작은 원소는 무엇인가?

6.63 세 개의 원자들이 다음과 같은 전자 배치를 가지고 있다.
(a) $1s^2 2s^2 2p^6 3s^2 3p^1$ (b) $1s^2 2s^2 2p^6 3s^2 3p^5$
(c) $1s^2 2s^2 2p^6 3s^2 3p^6 4s^1$
이 세 원자들 중에 E_{i1}가 가장 큰 원소는 무엇인가? E_{i4}가 가장 작은 원소는 무엇인가?

6.64 2주기의 원소의 1차~4차의 이온화 에너지가 각각 801, 2427, 3660, 25,025 kJ/mol이다. 이 원소는 무엇인가?

6.65 2주기의 원소의 1차~4차의 이온화 에너지가 각각 900, 1757, 14,849, 21,007 kJ/mol이다. 이 원소는 무엇인가?

전자 친화도(6.5절)

6.66 Na^+와 같은 1가 양이온의 전자 친화도와 중성 원자의 이온화 에너지는 어떤 관계가 있는가?

6.67 Cl^-와 같은 1가 음이온의 이온화 에너지와 중성 원자의 전자 친화도는 어떤 관계가 있는가?

6.68 Na^+와 Na 중 어느 것이 더 큰 음의 전자 친화도를 가지는가? Na^+와 Cl은 어떠한가?

6.69 Br과 Br^- 중 어느 것이 더 큰 음의 전자 친화도를 가지는가?

6.70 왜 대개의 경우 중성 원자에 전자가 더해질 때 에너지가 방출되고, 중성 원자에서 전자가 제거될 때 에너지가 흡수되는가?

6.71 이온화 에너지는 주기율표의 1족에서 18족으로 갈수록 증가한다. 반면, 전자 친화도는 1족에서 17족까지는 증가하지만 18족에서는 급격하게 감소한다. 이유는 무엇인가?

6.72 2차 전자 친화도가 음수인 원소는 없다. 다시 말하면, 모든 원소에 대하여 $A^-(g) + e^- \longrightarrow A^{2-}(g)$ 과정은 선호되지 않는다. 이유는 무엇인가?

6.73 인(P)이 그 주위의 규소(Si)나 황(S)에 비해 전자 친화도가 적은 음수값을 가지는 이유는 무엇인가?

팔전자 규칙(6.6절)

6.74 다음 원소가 이온이 되는 반응에서 이 원소들은 어떤 비활성 기체와 같은 전자 배치를 가지며, 어떤 전하를 가지는가?
(a) N (b) Ca (c) S (d) Br

6.75 다음 원소가 이온이 되는 반응에서 이 원소들은 어떤 비활성 기체와 같은 전자 배치를 가지며, 어떤 전하를 가지는가?
(a) I (b) O (c) Al (d) Ca

6.76 다음 원소 쌍은 반응하여 이원자 이온 화합물을 만든다. 이 화합물의 화학식과 그 이름을 쓰시오.
(a) 마그네슘과 염소 (b) 칼슘과 산소
(c) 리튬과 질소 (d) 알루미늄과 산소

6.77 다음 원소 쌍은 반응하여 이원자 이온 화합물을 만든다. 이 화합물의 화학식과 그 이름을 쓰시오.
(a) 소듐과 아이오딘 (b) 포타슘과 황
(c) 리튬과 질소 (d) 바륨과 플루오린

6.78 원소 X가 원소 Y와 반응하여 X^{3+}와 Y^{2-}를 포함하는 화합물을 생성한다.
(a) X는 금속인가 비금속인가? 설명하시오.
(b) Y는 금속인가 비금속인가? 설명하시오.
(c) 이 생성물의 화학식은 무엇인가?
(d) X와 Y는 주기율표의 어떤 족에서 찾을 수 있는가?

6.79 원소 X가 원소 Y와 반응하여 X^{2+}와 Y^-를 포함하는 화합물을 생성한다.
(a) X는 금속인가 비금속인가? 설명하시오.
(b) Y는 금속인가 비금속인가? 설명하시오.
(c) 이 생성물의 화학식은 무엇인가?
(d) X와 Y는 주기율표의 어떤 족에서 찾을 수 있는가?

이온 화합물의 형성(6.7절)

6.80 Li 원자가 전자를 Br 원자에게 잃어 고립된 Li^+, Br^-를 만들 때의 에너지 변화를 kJ/mol로 계산하시오. [$Li(g)$의 E_i는 520 kJ/mol, $Br(g)$의 E_{ea}는 −325 kJ/mol이다.] 리튬 원자가 브로민 원자에게 전자를 주어 고립된 $Li^+(g)$와 $Br^-(g)$ 이온을 형성하는가? 설명하시오.

6.81 세슘은 모든 원소 중 가장 작은 이온화 에너지(376 kJ/mol)를 가지며, 염소는 가장 큰 음의 전자 친화도(−349 kJ/mol)를 가진다. 세슘이 염소에게 전자를 주어 고립된 $Cs^+(g)$, $Cl^-(g)$를 형성하는가? 설명하시오.

6.82 표 6.3에서 $LiBr(s)$의 격자 에너지를 찾아, 1몰의 고체 LiBr이 원자로부터 생성될 때의 에너지 변화를 kJ로 계산하시오. [$Li(s)$의 승화 에너지는 +159.4 kJ/mol이며, $Br_2(g)$의 결합 해리 에너지는 +224 kJ/mol이다. 또한 $Br_2(l)$를 $Br_2(g)$로 변화시키는 데 필요한 에너지는 30.9 kJ/mol이다.]

6.83 표 6.3에서 격자 에너지를 찾고, 다음 물질이 그들의 원소로부터 생성될 때의 에너지 변화를 kJ/mol로 계산하시오.
(a) $LiF(s)$[$Li(s)$의 승화 에너지는 +159.4 kJ/mol, $Li(g)$의 E_i는 520 kJ/mol, $F(g)$의 E_{ea}는 −328 kJ/mol, $F_2(g)$의 결합 해리 에너지는 +158 kJ/mol이다.]
(b) $CaF_2(s)$[$Ca(s)$의 승화 에너지는 +178.2 kJ/mol, E_{i1} = +589.8 kJ/mol, E_{i2} = +1145 kJ/mol이다.]

6.84 그림 6.7, 6.8에 제시된 보른–하버 순환은 닫힌 루프(loop)를 형성하므로 **순환**(cycle)이라고 부른다. 그 회로에서 여섯 가지 에너지 변화 중에서 다섯 가지만 알면 여섯 번째 값을 계산할 수 있다. 다음 다섯 가지 값을 이용하여, 수소화 소듐(NaH)의 격자 에너지(kJ/mol)를 계산하시오.
$H(g)$의 E_{ea} = −72.8 kJ/mol
$Na(g)$의 E_{i1} = +495.8 kJ/mol
$Na(s)$의 승화열 = +107.3 kJ/mol
$H_2(g)$의 결합 해리 에너지 = +435.9 kJ/mol
원소로부터 $NaH(s)$를 형성할 때 알짜 에너지 변화= −60 kJ/mol

6.85 다음 자료들을 이용하여, $CaH_2(s)$의 격자 에너지(kJ/mol)를 계산하시오.
$H(g)$의 E_{ea} = −72.8 kJ/mol
$Ca(g)$의 E_{i1} = +589.8 kJ/mol
$Ca(g)$의 E_{i2} = +1145 kJ/mol
$Ca(s)$의 승화열 = +178.2 kJ/mol
$H_2(g)$의 결합 해리 에너지 = +435.9 kJ/mol
원소로부터 $CaH_2(s)$를 형성할 때 알짜 에너지 변화 = −186.2 kJ/mol

6.86 다음 자료들을 이용하여, 원소로부터 $CsF(s)$ 형성에 대한 에너지 변화(kJ/mol)를 계산하시오.
$F(g)$의 E_{ea} = −328 kJ/mol
$Cs(g)$의 E_{i1} = +375.7 kJ/mol
$Cs(g)$의 E_{i2} = +2422 kJ/mol
$Cs(s)$의 승화열 = +76.1 kJ/mol
$F_2(g)$의 결합 해리 에너지 = +158 kJ/mol
$CsF(s)$의 격자 에너지 = +740 kJ/mol

6.87 $CsF_2(s)$의 격자 에너지는 +2347 kJ/mol이다. 문제 6.86에 제시된 데이터를 이용하여, 원소로부터 $CsF_2(s)$를 형성할 때의 에너지 변화(kJ/mol)를 계산하시오. 전체 반응이 에너지를 흡수하는가, 방출하는가? 보충문제 6.86의 답을 참조할 때, Cs과 F의 반응에서 CsF, CsF_2 중 어떤 화합물이 생성될까?

6.88 다음 데이터를 이용하여, 원소로부터 $CaCl(s)$를 형성할 때의 전체 에너지 변화(kJ/mol)를 계산하시오.

$Cl(g)$의 E_{ea} = −348.6 kJ/mol
$Ca(g)$의 E_{i1} = +589.8 kJ/mol
$Ca(g)$의 E_{i2} = +1145 kJ/mol
$Ca(s)$의 승화열 = +178.2 kJ/mol
$Cl_2(g)$의 결합 해리 에너지 = +243 kJ/mol
$CaCl_2(s)$의 격자 에너지 = +2258 kJ/mol
$CaCl(s)$의 격자 에너지 = +717 kJ/mol(추정값)

6.89 문제 6.88의 데이터를 이용하여, 원소로부터 $CaCl_2(s)$를 형성할 때의 에너지 변화를 계산하시오. $CaCl(s)$, $CaCl_2(s)$ 중 어떤 것이 더 형성될 것 같은가?

6.90 문제 6.84의 데이터를 이용하여, $NaH(g)$가 생성되는 보른-하버 순환을 그리시오.

6.91 문제 6.83(a)의 데이터를 이용하여, $LiF(s)$가 생성되는 보른-하버 순환을 그리시오.

6.92 다음 자료들을 이용하여, $MgF(s)$와 $MgF_2(s)$가 원소로부터 생성될 때의 전체 에너지 변화를 kJ/mol로 계산하시오. 계산된 답을 볼 때, Mg와 F의 반응에서 MgF와 MgF_2 중 어떤 것이 생성될 것인가?

$F(g)$의 E_{ea} = −328 kJ/mol
$Mg(g)$의 E_{i1} = +737.7 kJ/mol
$Mg(g)$의 E_{i2} = +1450.7 kJ/mol
$Mg(s)$의 승화열 = +147.7 kJ/mol
$F_2(g)$의 결합 해리 에너지 = +158 kJ/mol
$MgF_2(s)$의 격자 에너지 = +2952 kJ/mol
$MgF(s)$의 격자 에너지 = +930 kJ/mol(추정값)

6.93 $MgF(s)$와 $MgF_2(s)$의 보른-하버 순환을 그리시오(문제 6.92).

6.94 6.7절에서 소듐 고체가 염소 기체와 반응하여 염화 소듐(Na^+Cl^-)을 생성하는 반응이 441 kJ/mol로 선호된다는 것을 보았다. 소듐화 염소(Cl^+Na^-)가 생성되는 반응의 에너지를 계산하고, 왜 염화 소듐이 선호되는지를 설명하시오.

$$2\,Na(s) + Cl_2(g) \rightarrow 2\,Cl^+Na^-(s)$$

Cl^+Na^-의 격자 에너지는 Na^+Cl^-와 같다고 가정하시오. 다음 데이터가 추가적으로 필요하다.

$Na(g)$의 E_{ea} = −52.9 kJ/mol
$Cl(g)$의 E_{i1} = +1251 kJ/mol

6.95 소듐화 염소가 생성되는 반응의 보른-하버 순환을 그리시오(문제 6.94).

6.96 아래의 데이터와 표 6.2와 6.3의 데이터를 이용하여, 산소의 2차 전자 친화도 E_{ea2}를 계산하시오. 기체 상태에서 O^{2-}는 안정한가? 고체 상태의 MgO에서는 왜 안정한가?

$Mg(s)$의 승화열 = +147.7 kJ/mol
$O_2(g)$의 결합 해리 에너지 = +498.4 kJ/mol
$O(g)$의 E_{ea1} = −141.0 kJ/mol
원소로부터 $MgO(s)$를 형성할 때 에너지 변화 = −601.7 kJ/mol

6.97 다음 자료들로부터, $CaC_2(s)$ 격자 에너지의 보른-하버 순환을 구성하시오.

$CaC_2(s)$를 형성할 때의 에너지 변화 = −60 kJ/mol
$Ca(s)$의 승화열 = +178 kJ/mol
$Ca(g)$의 E_{i1} = +590 kJ/mol
$Ca(g)$의 E_{i2}= +1145 kJ/mol
$C(s)$의 승화열 = +717 kJ/mol
$C_2(g)$의 결합 해리 에너지 = +614 kJ/mol
$C_2(g)$의 E_{ea1} = −315 kJ/mol
$C_2(g)$의 E_{ea2} = +410 kJ/mol

격자 에너지(6.8절)

6.98 예상되는 격자 에너지 순서로 다음 화합물을 나열하시오.

LiCl, KCl, KBr

6.99 예상되는 격자 에너지 순서로 다음 화합물을 나열하시오.

$AlBr_3$, $MgBr_2$, LiBr, CaO.

다중 개념 문제

6.100 많은 초기 화학자들은 주기율표 원소 사이의 대각선 관계에 주목하였다. 그것에 의하면 어떤 원소는 가끔 그 원소의 바로 밑 원소보다 밑의 오른쪽 원소와 더 비슷하다. 예를 들어 리튬은 소듐보다 마그네슘과 더 유사하고, 붕소는 알루미늄보다 규소와 더 유사하다. 원자 반지름 및 Z_{eff}와 같은 주기적 경향에 관한 지식을 이용하여 대각선 관계의 존재를 설명하시오.

6.101 973 K에서 이틀 동안 원소 Cs와 Pt를 함께 가열하면 57.67%의 Cs와 42.33%의 Pt를 포함한 검붉은 색의 이온 화합물이 생성된다.

(a) 생성된 화합물의 실험식은?
(b) Cs 이온의 전하와 전자 배치는?
(c) Pt 이온의 전하와 전자 배치는?

6.102 다음 데이터를 이용하여, $CrCl_2I(s)$의 보른-하버 순환을 그린 후 격자 에너지를 계산하시오.

$CrCl_2I(s)$를 형성할 때의 에너지 변화 = −420 kJ/mol
$Cl_2(g)$의 결합 해리 에너지 = +243 kJ/mol
$I_2(s)$의 결합 해리 에너지 = +151 kJ/mol
$I_2(s)$의 승화열 = +62 kJ/mol
$Cr(s)$의 승화열 = +397 kJ/mol
$Cr(g)$의 E_{i1} = 652 kJ/mol
$Cr(g)$의 E_{i2} = 1588 kJ/mol
$Cr(g)$의 E_{i3} = 2882 kJ/mol
$Cl(g)$의 E_{ea} = −349 kJ/mol
$I(g)$의 E_{ea} = −295 kJ/mol

6.103 원소 Bi의 전자 구조를 고려하시오.

(a) 제1차 이온화 에너지 E_{i1} = +703 kJ/mol이다. Bi 원자 한 개를 이온화시킬 수 있는 빛의 가능한 가장 긴 파장은?

(b) 중성 Bi와 Bi^+ 양이온의 전자 배치를 쓰시오.

(c) Bi가 Bi^+로 이온화될 때, 제거되는 전자의 양자수 n, l은?

(d) 원자 번호 115번 원소의 이온화 에너지는 Bi보다 클 것인가 같을 것인가 작을 것인가? 설명하시오.

6.104 철은 Fe, Fe^{2+}, Fe^{3+}의 산화 상태를 갖는다.

(a) 세 가지의 전자 배치를 각각 쓰시오.

(b) Fe^{2+}가 Fe^{3+}로 될 때 제거되는 전자의 양자수 n, l은?

(c) Fe의 제3차 이온화 에너지 E_{i3} = +2952 kJ/mol이다. $Fe^{2+}(g)$를 $Fe^{3+}(g)$로 이온화시킬 수 있는 빛의 가장 긴 파장은?

(d) Ru의 제3차 이온화 에너지는 Fe의 제3차 이온화 에너지보다 작다. 그 이유를 설명하시오.

6.105 원자의 이온화 에너지는 광전자 분광법(photoelectron spectroscopy)으로 측정할 수 있다. 어떤 원자에 파장 λ의 빛을 쪼여 주고 전자를 방출시킬 때, 방출되는 전자의 속도(v)를 측정하면 $E_K = 1/2mv^2$의 공식을 이용하여 운동 에너지(E_K)를 계산할 수 있다. 그러면 입사된 빛의 에너지는 E_i와 E_K의 합이라는 관계를 이용하여 E_i를 구할 수 있다.

(a) 원자 Rb의 이온화 에너지(kJ/mol)는? (파장 λ = 58.4 nm의 빛이 입사되어 2.450×10^6 m/s의 속도를 갖는 전자를 방출시키며, 전자의 질량은 9.109×10^{-31} kg이다.)

(b) K의 이온화 에너지(kJ/mol)는? (파장 λ = 142 nm의 빛이 입사되어 속도가 1.240×10^6 m/s인 전자를 방출시킨다.)

chapter 7

공유 결합과 전자점 구조

© Carolina K. Smith MD/Shutterstock

CONTENTS

파라티온은 옥수수, 밀, 목화와 같은 작물에서 해충의 피해를 줄이기 위해 사용되는 유기인산계 살충제이다. 유기인산계 화합물의 독성은 이 장에서 논의될 화학 결합의 특성에 좌우된다.

결합의 극성도가 어떻게 유기인산계 살충제의 독성에 영향을 주는가?

이 질문의 답은 274쪽 **INQUIRY ?** 에 나와 있다.

이 장의 표지 그림은 살충제인 파라티온의 화학 결합을 보여 준다. 이 **화합물**(compound)에서 모든 결합은 C—C, C—H, C—O, P—S와 같은 비금속 원소 간의 결합으로 이루어져 있다. 앞장에서 금속과 반응성이 있는 비금속 사이의 이온 결합이 일반적으로 원자들 간의 전자 이동에 의해 형성됨을 보았다. 금속은 1개 이상의 전자를 잃어서 양이온이 되는 반면, 비금속은 1개 이상의 전자를 얻어서 음이온이 된다. 상반된 전하를 띠는 이온들은 **이온 결합**(ionic bond)이라 부르는 정전기적 인력에 의해 서로 붙들려 결합하게 된다.

그렇다면 같은 원소나 비슷한 성질의 원소 사이의 결합은 어떻게 형성될까? 간단히 이 질문에 답하자면, 그런 화합물에서의 결합은 하나의 원자에서 다른 원자로 전자를 전달하기보다는 원자들 사이에 전자를 **공유**(sharing)함으로써 결합이 형성된다. 2.10절에서 보았듯이, 전자를 공유하여 생긴 결합은 **공유 결합**(covalent bond)이며, 1개 이상의 공유 결합에 의해 서로 묶인 물질의 기본 단위를 **분자**(molecule)라고 한다. 이 장에서는 공유 결합의 특성을 살펴볼 것이다.

7.1 분자의 공유 결합

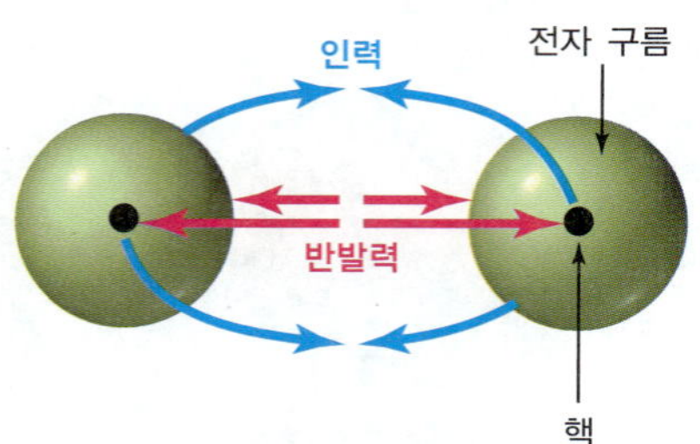

핵–전자 인력이 핵–핵과 전자–전자의 반발력보다 크면 원자들을 서로 묶는 알짜 인력의 결과를 나타낸다.

▲ **그림 7.1**
H—H 공유 결합. 이 결합은 정전기적 인력과 반발력의 알짜 결과이다.

공유 결합의 모형은 두 원자 사이의 전자 **공유**(sharing)를 보여 주지만, 이온 결합에서는 전자의 **전달**(transfer)이 일어난다. 공유 결합의 형성, 즉 원자 사이에서 전자가 어떻게 공유되는지를 보여 주기 위한 예로서 H_2 분자의 H—H 결합을 살펴보도록 하자. 두 개의 수소 원자들이 서로 접근할 때 이들 사이에 정전기적 인력이 발생하기 시작한다. 2개의 양으로 하전된 핵은 서로 반발하고 2개의 음으로 하전된 전자도 서로 반발하지만, 각 핵은 두 전자를 끌어당긴다(**그림 7.1**). 인력이 반발력보다 클 때 공유 결합을 형성하여 두 개의 원자는 서로 묶이게 되고, 두 공유 전자는 핵 사이의 영역을 점유한다.

핵심은 H_2 분자에서 공유 전자가 두 원자를 서로 결합시키는 '접착제'로 작용한다는 것이다. 두 핵은 동시에 동일한 전자들을 끌어당겨 서로 연결된다. 이것은 마치 동일한 줄을 잡아당기는 두 줄다리기 팀이 서로에게 붙잡혀 있는 것과 같은 모습이다.

공유 결합에서 핵과 전자 사이의 다양한 인력과 반발력의 크기는 원자들이 얼

▶ **그림 7.2**
H_2 분자에서 핵간 거리에 대한 퍼텐셜 에너지 그래프

▶ **확인하기**

왜 H_2 결합 길이는 74 pm인가?

답 핵간 거리 74 pm에서 인력이 극대화되므로 에너지가 최소이다. 최소 에너지 상태가 가장 안정하다.

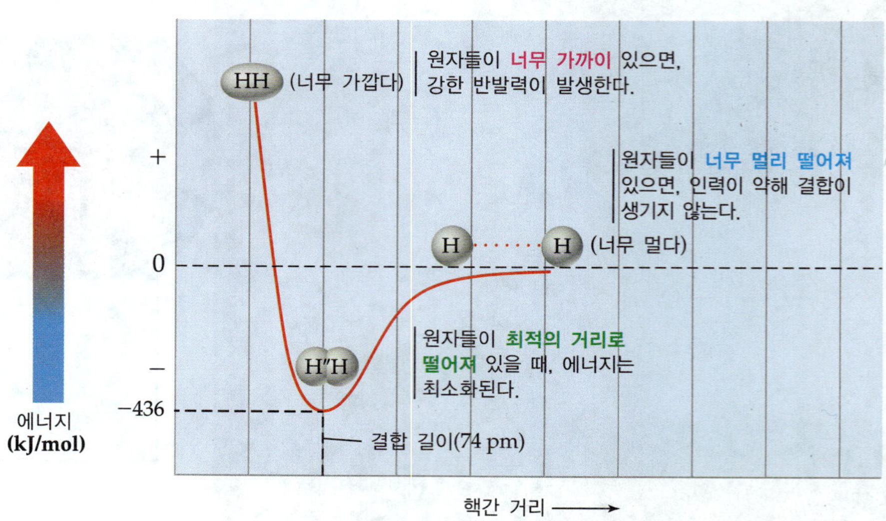

마나 가까이 위치하는가에 의존한다. 수소 원자들이 너무 멀리 떨어져 있으면 작용하는 인력이 작아 결합은 존재하지 않는다. 수소 원자들이 너무 가까이 접근하면 핵간 반발력이 매우 커져서 원자들은 서로 밀쳐낸다. 그러므로 핵 사이에는 **결합 길이(bond length)**라고 부르는 최적 거리가 존재하며, 이 거리에서 알짜 인력이 최대이고 H—H 분자는 가장 안정하다. H_2 분자의 결합 길이는 74 pm이다. 핵간 거리에 따른 에너지 그래프에서 결합 길이는 최소 에너지, 즉 가장 안정한 배열을 갖는 H—H 간 거리이다(그림 7.2).

모든 분자에서 모든 결합은 두 결합 원자 사이의 핵간 거리에 해당하는 고유한 **결합 길이**(bond length)를 갖는다. 그러나 당연히 같은 쌍의 원자 사이의 결합은 비슷한 결합 길이를 갖는다. 예를 들어, 탄소-탄소 단일 결합은 분자의 정확한 구조와 관계없이 보통 152.0~153.5 pm의 결합 길이를 갖는다. 다음 예는 공유 결합이 2.10절에서 설명한 **원자 사이의 선(lines between atoms)**으로 표시되는 것에 주목하라.

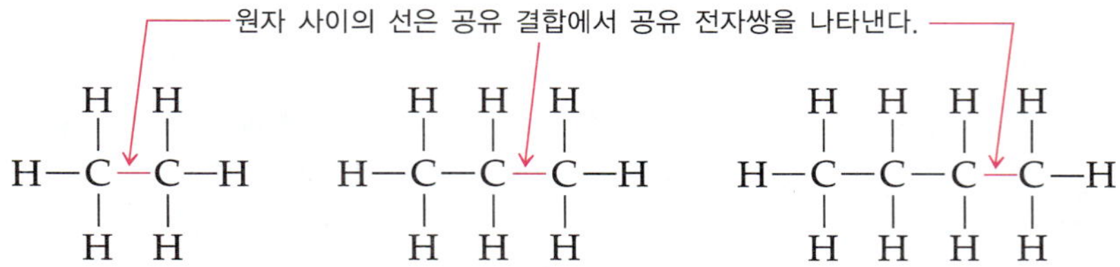

	에테인	프로페인	뷰테인
(C—C) 결합 길이:	153.5 pm	153.2 pm	153.1 pm

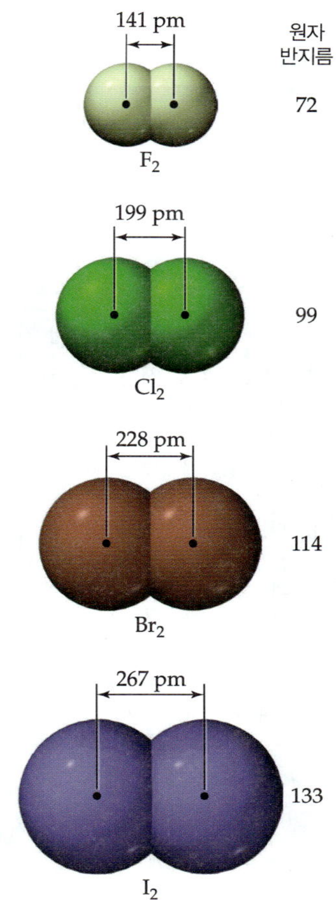

비슷한 결합은 비슷한 길이를 가지기 때문에, 평균값들의 표를 만들어 다른 종류의 결합을 비교할 수 있다(표 7.1). 그렇지만 특정 분자의 실제 값은 평균값에서 ±10% 정도 벗어날 수 있음을 기억하라.

모든 공유 결합은 최대 안정도에 도달하는 자신의 고유한 결합 길이를 갖고, 그 길이는 원자 반지름(15.3절)으로부터 대략 예측할 수 있다. 예를 들어 수소 원자 반지름이 37 pm이고, 염소 원자 반지름이 99 pm이므로, 염화 수소 분자에서 H—Cl 결합 길이는 약 37 pm + 99 pm = 136 pm이다. 실제 값은 127 pm이다. 할로젠 이원자 분자 계열에서, 같은 족에서 아래로 내려갈수록 원소의 원자 반지름이 증가하고, 결합 길이가 증가함을 주목하라.

표 7.1 평균 결합 길이(pm)

H—H	74[a]	C—H	110	N—H	98	O—F	130	I—I	267[a]
H—C	110	C—C	154	N—C	147	O—Cl	165	S—F	168
H—F	92[a]	C—F	141	N—F	134	O—Br	180	S—Cl	203
H—Cl	127[a]	C—Cl	176	N—Cl	169	O—I	199	S—Br	218
H—Br	142[a]	C—Br	191	N—Br	184	O—N	136	S—S	208
H—I	161[a]	C—I	176	N—N	140	O—O	132		
H—N	98	C—N	147	N—O	136	F—F	141[a]		
H—O	94	C—O	143	O—H	94	Cl—Cl	199[a]		
H—S	132	C—S	181	O—C	143	Br—Br	228[a]		
다중 공유 결합[b]									
C═C	134	C≡C	120	C═O	121	O═O	121[a]	N≡N	113[a]

[a] 실제값
[b] 다중 공유 결합은 7.5절에서 설명함.

7.2 공유 결합의 세기

그림 7.2의 H_2 분자에서 핵간 거리에 따른 에너지 그래프를 다시 살펴보고, H_2 분자의 에너지가 결합되지 않은 상태의 2개의 수소 원자보다 왜 더 낮은가에 주목하라. 한 쌍의 수소 원자가 서로 결합하면 보다 낮은 에너지 상태의 H_2 분자를 형성하고, 이때 436 kJ/mol의 에너지를 방출한다. 반대 과정을 살펴보면, 1 mol의 H_2 분자를 2 mol의 수소 원자로 분리할 때 436 kJ/mol의 에너지를 가해 주어야 한다.

개념탐구 질문 1

화학 결합에 대한 설명 중 잘못된 것을 고르시오.

(a) 결합 길이는 핵간 거리에 따른 에너지 그래프에서 최고 에너지 상태이다.

(b) 탄소–탄소 단일 결합처럼 같은 종류의 결합 길이는 매우 다양한 분자 내에서 거의 비슷한 값을 갖는다.

(c) 탄소–탄소 이중 결합 길이는 탄소–탄소 단일 결합 길이보다 짧다.

기체 상태에 있는 고립 분자의 화학 결합을 끊기 위하여 공급해야 하는 에너지, 즉 그 결합이 형성될 때 방출되는 에너지를 **결합 해리 에너지(bond dissociation energy, *D*)**라고 한다. 결합을 끊기 위해서는 항상 에너지를 공급해야 하기 때문에, 결합 해리 에너지는 언제나 양수 값이다. 반면에, 결합 형성 시 방출되는 에너지는 언제나 음수 값이다.

결합 길이와 유사하게, 모든 결합은 그 자신만의 고유의 결합 해리 에너지 값을 갖고, 동일한 원자로 이루어진 결합은 비슷한 *D* 값을 갖는다. 예를 들어, 탄소–탄소 단일 결합은 분자의 정확한 구조와 관계없이 대략 350~380 kJ/mol의 *D* 값을 갖는다.

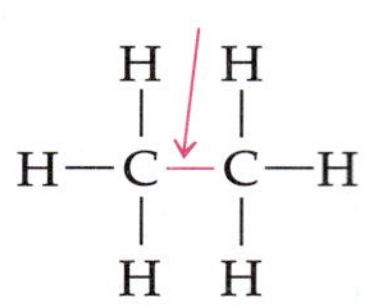

에테인
D = 377 kJ/mol

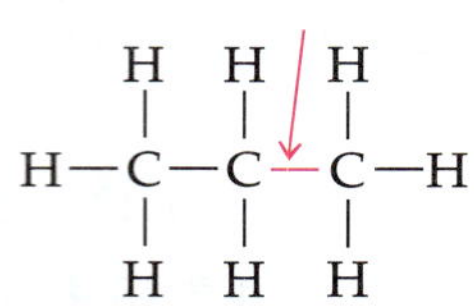

프로페인
D = 370 kJ/mol

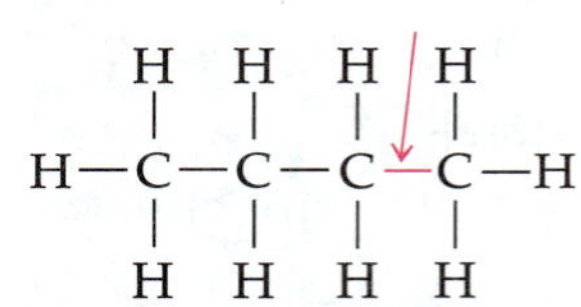

뷰테인
D = 372 kJ/mol

특정 결합의 평균 결합 해리 에너지를 **표 7.2**에 나타내었다. 이 값들 또한 분자의 실제 구조

표 7.2 평균 결합 해리 에너지, D (kJ/mol)

H—H	436[a]	C—H	410	N—H	390	O—F	180	I—I	151[a]
H—C	410	C—C	350	N—C	300	O—Cl	200	S—F	310
H—F	570[a]	C—F	450	N—F	270	O—Br	210	S—Cl	250
H—Cl	432[a]	C—Cl	330	N—Cl	200	O—I	220	S—Br	210
H—Br	366[a]	C—Br	270	N—Br	240	O—N	200	S—S	225
H—I	298[a]	C—I	240	N—N	240	O—O	180		
H—N	390	C—N	300	N—O	200	F—F	159[a]		
H—O	460	C—O	350	O—H	460	Cl—Cl	243[a]		
H—S	340	C—S	260	O—C	350	Br—Br	193[a]		
다중 공유 결합[b]									
C=C	728[c]	C≡C	965[d]	C=O	732	O=O	498[a]	N≡N	945[a]

[a] 실제값

[b] 다중 공유 결합은 7.5절에서 설명함.

[c] 에텐에서의 값

[d] 에타인(아세틸렌)에서의 값

에 따라 ±10% 정도 벗어날 수 있다. 151 kJ/mol의 작은 결합 해리 에너지를 갖는 I—I 결합으로부터 570 kJ/mol의 큰 결합 해리 에너지를 갖는 H—F 결합까지, 넓은 범위의 결합 해리 에너지가 나열되어 있다. 그렇지만 자연 상태로 존재하는 분자에서 흔히 볼 수 있는 대부분의 결합(C—H, C—C, C—O)의 해리 에너지는 일반적으로 350~400 kJ/mol 범위에 있다.

주기적인 성질과 결합 길이는 왜 어떤 결합이 다른 결합보다 더 강한지를 설명해 줄 수 있다. 일련의 할로젠화 수소 결합에서 결합 길이와 D 값을 살펴보자.

결합	결합 해리 에너지(D)(kJ/mol)	결합 길이(pm)
H—F	570	92
H—Cl	432	127
H—Br	366	142
H—I	298	161

할로젠의 주기를 따라 아래로 내려갈수록 D 값은 점점 작아지며, 이것은 결합이 더 약해짐을 의미한다. 할로젠의 원자 반지름이 증가할수록 공유 전자들은 더 멀리 있게 되고, 양으로 하전된 원자핵으로부터 더 많이 가려져, 결합 길이는 더 길어지고 더 약한 결합이 된다. 몇몇 예외가 있지만, **일반적으로 더 짧은 결합이 더 강하다.** 예를 들어, F—F 결합은 플루오린 원자가 더 작기 때문에 Cl—Cl 결합보다 더 강할 것으로 예측되지만, 실제는 Cl—Cl 결합 해리 에너지가 243 kJ/mol인 것과 비교해, F—F 결합 해리 에너지는 더 작은 159 kJ/mol의 값을 갖는다. 8장에서는 공유 결합의 길이와 세기를 포함한 공유 결합의 특성을 이해하기 위해, 두 가지 이론인 분자 오비탈 이론과 원자가 결합 이론에 대해 다룰 것이다. 특정 모형은 일부 특성들을 잘 설명하고 예측하는 데 사용될 수 있지만, 다른 특성들은 또 다른 모형으로 설명하는 것이 더 적합하다는 것을 알 수 있을 것이다.

개념탐구 질문 2

다음 중 탄소–산소 결합의 결합 해리 에너지(D)가 가장 큰 분자는 어느 것인가?

(a)

:C≡O:

(b)

:Ö=C=Ö:

(c)

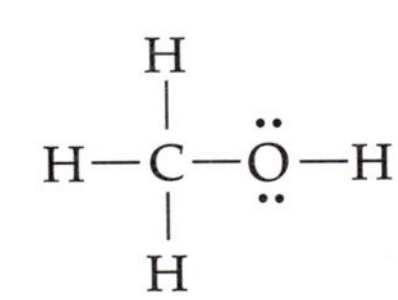

결합 길이와 세기와의 상관 관계는 다중 결합에서도 유효하다. 이러한 다중 결합을 갖는 분자를 설명할 때 종종 원자 사이의 공유 전자쌍 수에 해당되는 **결합 차수(bond order)**라는 용어를 사용한다. 따라서 F_2 분자에서 F—F 결합은 1차, O_2 분자에서 O=O 결합은 2차, N_2 분자에서 N≡N 결합은 3차가 된다.

다중 결합은 그에 상응하는 단일 결합 물질보다 원자간 서로 공유하는 전자가 더 많기 때문에 더 짧고 더 강한 결합이다. 예를 들어, O_2의 O=O 이중 결합과 H_2O_2(과산화 수소)의 O—O 단일 결합을 비교하고, N_2의 N≡N 삼중 결합과 N_2H_4(하이드라진)의 N—N 단일 결합을 비교해 보라.

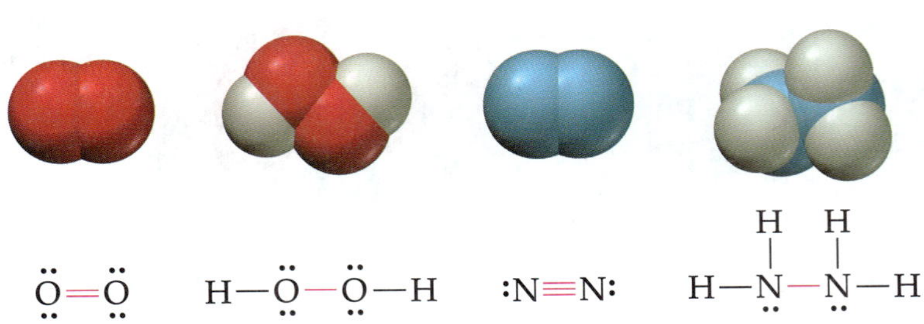

결합 길이:	121 pm	148 pm	110 pm	145 pm
결합 세기:	498 kJ/mol	213 kJ/mol	945 kJ/mol	275 kJ/mol

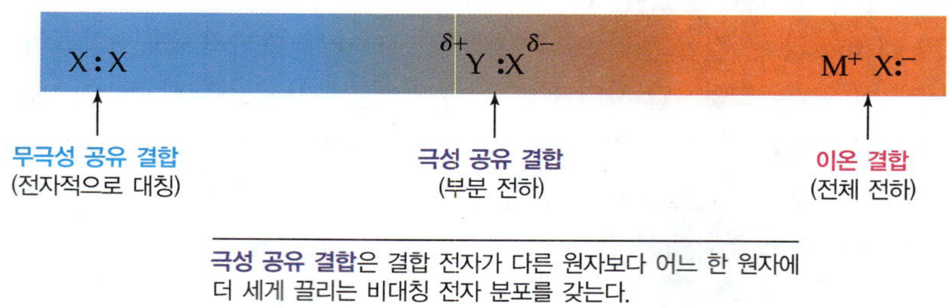

▶ 그림 7.3
무극성 공유 결합에서 이온 결합까지 나타낸 결합의 연속성. 델타(δ)는 부분 전하를 나타내고, 부분 양전하(δ+)와 부분 음전하(δ−)로 표시한다.

7.3 극성 공유 결합: 전기 음성도

이 시점에서 어떤 주어진 결합은 전자들이 완전히 이동하는 순수한 이온 결합이거나, 전자들을 동등하게 공유하는 순수한 공유 결합 중의 하나라는 그릇된 생각을 가질 수 있다. 그렇지만 실제로는 이온 결합과 공유 결합은 연속되는 넓은 범위의 가능성 중 양 극단을 나타낼 뿐이다. 대부분의 결합은 이러한 양 극단 사이에 존재하고, 이 경우에 결합 전자는 두 원자 사이에 완전히 균등하게 공유되는 것도 아니고 완전히 이동되지도 않는다. 이러한 결합을 **극성 공유 결합(polar covalent bond)**이라고 한다(그림 7.3). 그 결과 원자들이 갖게 되는 부분 전하를 표시하기 위하여 그리스어 소문자 델타(δ)를 사용한다. 결합 전자를 더 적게 공유하는 원자는 부분 양전하(δ+)로 표시하고, 결합 전자를 더 많이 공유하는 원자는 부분 음전하(δ−)로 표시한다.

결합의 극성은 **전기 음성도(electronegativity, EN)**의 차이 때문이다. 전기 음성도는 공유 결합에서 공유 전자를 끌어당기는 분자 내 원자들의 능력으로 정의된다. 그림 7.4에 나타낸 바와 같이 전기 음성도는 단위가 없으며, 가장 높은 전기 음성도를 갖는 플루오린에 4.0의 값을 부여한다. 주기율표의 왼쪽에 있는 금속 원소들은 전자를 약하게 끌어당기며, 작은 전기 음성도 값을 가지고 있다. 반면, 주기율표의 오른편 위쪽에 있는 할로젠 원소들과 그 밖의 반응성이 있는 비금속 원소들은 전자를 세게 끌어당기며, 큰 전기 음성도 값을 갖는다. 그림 7.4는 또한 주기율표의 같은 족에서는 일반적으로 아래로 갈수록 전기 음성도가 감소한다는 것을 보여준다.

전기 음성도는 왼쪽에서 오른쪽으로 갈수록 증가한다.

최대 전기 음성도

H 2.1																	He
Li 1.0	Be 1.5											B 2.0	C 2.5	N 3.0	O 3.5	F 4.0	Ne
Na 0.9	Mg 1.2											Al 1.5	Si 1.8	P 2.1	S 2.5	Cl 3.0	Ar
K 0.8	Ca 1.0	Sc 1.3	Ti 1.5	V 1.6	Cr 1.6	Mn 1.5	Fe 1.8	Co 1.9	Ni 1.9	Cu 1.9	Zn 1.6	Ga 1.6	Ge 1.8	As 2.0	Se 2.4	Br 2.8	Kr
Rb 0.8	Sr 1.0	Y 1.2	Zr 1.4	Nb 1.6	Mo 1.8	Tc 1.9	Ru 2.2	Rh 2.2	Pd 2.2	Ag 1.9	Cd 1.7	In 1.7	Sn 1.8	Sb 1.9	Te 2.1	I 2.5	Xe
Cs 0.7	Ba 0.9	Lu 1.1	Hf 1.3	Ta 1.5	W 1.7	Re 1.9	Os 2.2	Ir 2.2	Pt 2.2	Au 2.4	Hg 1.9	Tl 1.8	Pb 1.9	Bi 1.9	Po 2.0	At 2.1	Rn

전기 음성도는 위에서 아래로 갈수록 감소한다.

▲ 그림 7.4
주기율표에서 전기 음성도 값과 경향성

▲ 확인하기

어떤 원소가 황과 산소 사이의 화학 결합에서 더 강하게 전자를 끌어당길까?

답 산소(EN = 3.5)는 황(EN = 2.5)보다 높은 전기 음성도를 가지므로 공유 전자쌍을 더 강하게 끌어당길 것이다.

결합의 극성은 결합 해리 에너지에 영향을 미치는 중요한 요소 중 하나이다. 미국의 화학자인 폴링(Linus Pauling, 1901~1994)은 결합 극성에 기인하는 여분의 결합 세기를 검토하여 그림 7.4에 나타낸 전기 음성도 척도를 발전시켰다. 예를 들어, HF의 결합 해리 에너지는 대략 H_2(436 kJ/mol)와 F_2(159 kJ/mol)의 평균값인 297 kJ/mol일 것으로 추정할 수 있을 것이다. 그러나 HF 결합 세기는 이보다 더 강하다(570 kJ/mol). 폴링은 이러한 불일치를 결합 극성으로 설명하였다. H_2의 결합은 무극성인 반면 HF의 결합은 큰 극성을 가지며, 결과적으로 플루오린은 부분 음전하, 수소는 부분 양전하를 띤다. 이들 부분 전하 사이의 인력은 결합을 끊는 데 필요한 에너지를 증가시킨다. 일반적으로, **결합 극성이 증가할수록 결합 세기가 증가한다.** 많은 화합물의 결합 해리 에너지를 이용하여 폴링은 상대적 전기 음성도 값의 척도를 구할 수 있었다.

화합물에서 전자 전이의 범위는 분리된 기체 상태 분자의 전자 분포를 계산하여 색으로 나타내는 **정전기 퍼텐셜 지도**(electrostatic potential maps)에서 가장 쉽게 볼 수 있다. 연두색은 중성의 무극성 원자, 푸른색은 한 원자의 전자 부족(부분 양전하), 붉은색은 한 원자의 전자 과잉(부분 음전하)을 나타낸다. 결합의 연속성을 나타내는 스펙트럼 상에서 다른 위치에 나타나는 세 가지 분자 Cl_2, HCl, NaCl를 비교해 보자.

무극성 공유 결합(nonpolar covalent). 염소 분자의 결합은 염소 원자들이 같은 전기 음성도를 갖기 때문에 무극성 공유 결합이다. 결합 전자는 동일한 두 개의 염소 원자에게 동등하게 끌린다. 이와 같이, 동일한 두 원자 사이의 공유 결합이 있는 모든 이원자 분자는 비슷한 결과를 보인다. 그러므로 두 염소 원자들은 부분 양전하도 부분 음전하도 갖지 않고, 그림 7.5에서 보여 주는 정전기 퍼텐셜 지도에서 동일한 연두색을 나타낸다.

HCl: 극성 공유 결합(polar covalent). 염화 수소 분자의 결합은 극성 공유 결합이다. 3.0의 전기 음성도 값을 갖는 염소 원자는 2.1의 전기 음성도를 갖는 수소 원자보다 공유 전자쌍을 더욱 강하게 끌어당긴다. 그림 7.5의 정전기 퍼텐셜 지도에서 전자 분포는 비대칭이다. 염소는 부분 음전하(정전기 퍼텐셜 지도에서 주황색)를, 수소는 부분 양전하(정전기 퍼텐셜 지도에서 푸른색)를 띤다.

NaCl: 이온 결합(ionic). 고체 상태 염화 소듐에서의 결합은 염소(EN = 3.0)와 소듐(EN = 0.9) 사이의 큰 전기 음성도 차이 때문에 큰 이온성을 띤다. 앞에서 Na^+와 Cl^- 사이의 정전기적 인력에 의한 결합으로 이를 설명했다. 그러나 실험에 의하면 NaCl 결합은 약

Cl_2: 무극성 공유 결합(ΔEN= 0)
연두색은 중성 원자를 나타낸다.

HCl: 극성 공유 결합(ΔEN= 0.9)
붉은색은 부분 음전하를 나타내고, 푸른색은 부분 양전하를 나타낸다.

NaCl: 이온 결합(ΔEN= 2.1)
붉은색은 부분 음전하를 나타내고, 푸른색은 부분 양전하를 나타낸다.

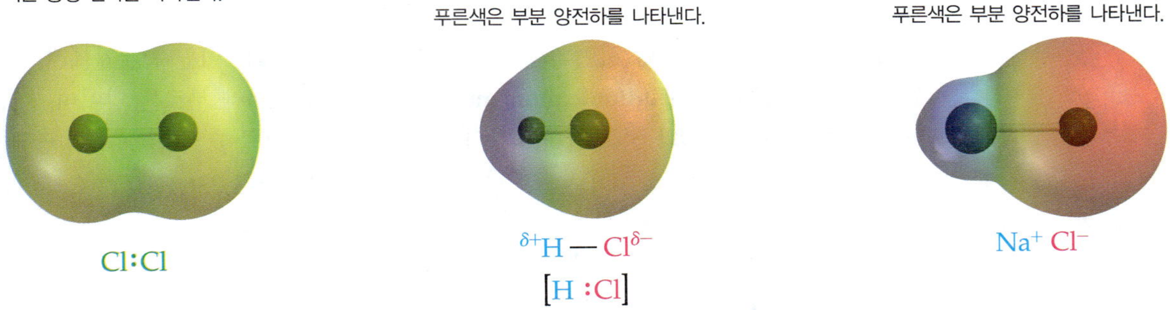

점으로 표시된 두 결합 전자는 두 Cl 원자 사이에 균등하게 분포되어 있다.

두 결합 전자는 H보다 Cl에 더 강하게 끌려 있다.

이온 결합은 Na에서 Cl로 하나의 전자 이동을 나타낸다.

▲ 그림 7.5
정전기 퍼텐셜 지도는 화학 결합에서 다른 전기 음성도를 갖는 원소 사이의 전자 이동 정도를 보여 준다.

80%만이 이온성이고, Na에서 Cl로 이동된 전자는 여전히 소듐 근처에서 어느 정도 존재한다. 따라서 정전기 퍼텐셜 지도에서 전자가 부족한 소듐 원자는 푸른색이고, 전자가 풍부한 염소는 붉은색이다(그림 7.5).

예제 7.1

결합 종류의 분류

클로로폼 $CHCl_3$의 탄소-염소 결합과 브로민화 루비듐의 루비듐-브로민 결합의 종류를 비극성 공유 결합, 극성 공유 결합, 이온 결합으로 분류하시오.

전략

그림 7.4에 주어진 값들을 이용하여 원소 사이의 전기 음성도 차이를 계산하고, 분류 지침을 따른다.

- 동일하거나 비슷한 전기 음성도를 갖는 원자 사이의 결합은 보통 비극성 공유 결합이다.
- 전기 음성도 값이 2단위 이상 차이가 나는 원자 사이의 결합은 주로 이온 결합이다.
- 전기 음성도 값이 2단위 이하 차이가 나는 원자 사이의 결합은 보통 극성 공유 결합이다.

풀이

클로로폼의 C−Cl 결합은 극성인 반면, 브로민화 루비듐의 Rb^+Br^- 결합은 대부분 이온 결합이다.

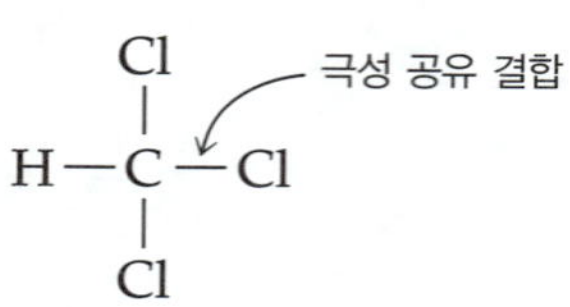

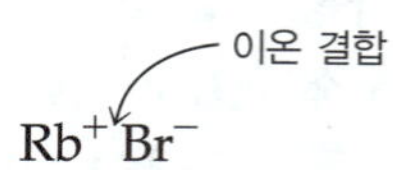

염소:	EN = 3.0
탄소:	EN = 2.5
차이	= 0.5

브로민:	EN = 2.8
루비듐:	EN = 0.8
차이	= 2.0

▶ **연습문제 7.1** 그림 7.4의 전기 음성도 값을 이용하여, 다음 화합물의 결합이 극성 공유 결합인지 이온 결합인지를 예측하시오. 어느 화합물이 잘못되었는가?

(a) $SiCl_4$(비극성 공유)

(b) CsBr (이온성)

(c) F_2 (비극성 공유)

(d) CH_4(극성 공유)

▶ **응용문제 7.2** 아래 그림은 물의 정전기 퍼텐셜 지도이다. H와 O 중 어느 것이 양전하로 편극(전자 부족)되고 어느 것이 음전하로 편극(전자 풍부)되었는가? 이러한 편극은 그림 7.4에 주어진 O와 H의 전기 음성도 값과 일치하는가?

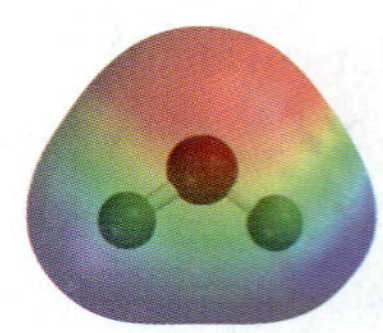

물

예제 7.1에서는 원소들 사이의 전기 음성도의 차이가 무극성 공유 결합, 극성 공유 결합, 이온 결합을 분류하는 데 지침으로 사용될 수 있음을 보여 준다. 일반적으로, 두 원소 사이의 전기 음성도의 차이가 2.0 또는 그보다 크면 이온 결합을 나타낸다. 실제로, $\Delta EN = 2.0$과 $\Delta EN = 1.9$를 갖는 결합 사이의 극성도는 거의 차이가 없다. 이원자 분자에서 결합의 극성의 척도는 **쌍극자 모멘트(dipole moment)**, μ(그리스어로 뮤)라 부르는 양이며, 이는 쌍극자의 양쪽 끝 전하량 Q와 전하 간 거리 r의 곱으로 정의된다. 즉 $\mu = Q \times r$이다. 쌍극자 모멘트의 단위는 **디바이**(debye, D)로 표시하고, SI 단위로 $1\ D = 3.336 \times 10^{-30}\ C \cdot m$(coulomb meter)이다. 참고로, 전하의 전하량은 1.60×10^{-19} C이다. 그러므로 양성자 하나와 전자 하나가 100 pm(전형적인 공유 결합의 길이보다 다소 짧은 거리) 떨어져 있으면, 쌍극자 모멘트는 $1.60 \times 10^{-29}\ C \cdot m$, 즉 4.8 D이다.

$$\mu = Q \times r$$

$$\mu = (1.60 \times 10^{-19}\ C)(100 \times 10^{-12}\ m)\left(\frac{1\ D}{3.336 \times 10^{-30}\ C \cdot m}\right) = 4.80\ D$$

개념탐구 질문 3

이원자 분자 A−B와 C−D의 결합 길이는 같다. A와 B 사이의 전기 음성도 차이는 1.0이고, C와 D 사이의 전기 음성도 차이는 0.5이다. 더 큰 쌍극자 모멘트를 갖는 이원자 분자는 어느 것인가?

결합의 이온성 백분율을 계산하는 것은 극성 공유 결합과 이온 결합 사이를 정확히 나누지 않고, 전자 이동의 정도를 연속적인 것으로 설명하는 유용한 방법이다. 전자를 동등하게 공유하는 공유 결합은 이온성이 0%이며, 완벽한 이온 결합은 이온성이 100%이다. 결합에서 이온성 백분율을 예측하는 하나의 방법은, 완전히 전하가 분리되었다고 가정했을 때 계산된 쌍극자 모멘트에 대하여 관찰된 쌍극자 모멘트 사이의 비율을 계산하고, 여기에 100을 곱한 결과이다. 예제 7.2에서 이온성 백분율을 계산하는 과정을 설명한다.

예제 7.2

쌍극자 모멘트로부터 이온성 백분율 계산

기체 상태의 NaCl의 쌍극자 모멘트는 9.00 D이고, 원자 사이의 결합 길이는 236 pm이다. NaCl 결합의 이온성 백분율을 구하시오.

전략

NaCl이 100% 이온성이라면, 음전하(Cl^-)는 양전하(Na^+)로부터 236 pm로 분리된다. 전하가 완전히 분리되었다고 가정하고 쌍극자 모멘트를 계산하고, 계산된 값과 실제 값을 비교해 본다.

풀이

전하가 완전히 분리되었을 때 쌍극자 모멘트를 계산한다.

$$\mu = Q \times r$$
$$\mu = (1.60 \times 10^{-19}\ \text{C})(236 \times 10^{-12}\ \text{m})$$
$$= 3.776 \times 10^{-29}\ \text{C}\cdot\text{m}$$

디바이 단위로 환산하면

$$(3.776 \times 10^{-29}\ \text{C}\cdot\text{m})\left(\frac{1\ \text{D}}{3.336 \times 10^{-30}\ \text{C}\cdot\text{m}}\right) = 11.3\ \text{D}$$

NaCl의 관찰된 쌍극자 모멘트 9.00 D를 적용하면 Na^+Cl^- 결합은 79.6%의 이온성을 띤다.

$$\frac{9.00\ \text{D}}{11.3\ \text{D}} \times 100\% = 79.6\%$$

$$\text{이온성 백분율} = \frac{\text{실험적으로 관찰된 쌍극자 모멘트}(\mu)}{\text{이론적인 쌍극자 모멘트}(\mu)} \times 100\%$$

▶ **연습문제 7.3** 기체 상태의 AgCl의 쌍극자 모멘트는 μ = 6.08 D이고, 결합 길이는 228 pm이다. Ag−Cl 결합의 이온성 백분율을 계산하시오.

▶ **응용문제 7.4** 그림 7.4의 전기 음성도 값을 이용하여 Li−H와 H−F 중 어느 결합이 더 큰 이온성 백분율을 갖는지 예측하시오. 다음의 자료를 참고하시오: LiH의 쌍극자 모멘트는 μ = 6.00 D이고, 결합 길이는 160 pm이다; HF의 쌍극자 모멘트는 μ = 1.83 D이고, 결합 길이는 92 pm이다.

7.4 이온 결합 화합물과 공유 결합 화합물의 비교

표 7.3에 있는 NaCl과 HCl의 차이를 비교해 보면, 이온 결합 화합물과 공유 결합 화합물의 차이를 이해할 수 있다. 염화 소듐은 이온 결합 화합물이고, 녹는점 801 °C와 끓는점 1465 °C를 갖는 백색 고체이다. 공유 결합 화합물인 염화 수소는 녹는점 −115 °C와 끓는점 −84.9 °C를 갖는 무색 기체이다. 이와 같이, 이온 결합 화합물과 공유 결합 화합물의 성질 사이에 존재하는 큰 차이점은 어떻게 설명할 수 있을까?

표 7.3 NaCl과 HCl의 몇 가지 물리적 성질

성질	NaCl	HCl
화학식량	58.44 amu	36.46 amu
겉모양	백색 고체	무색 기체
결합의 종류	이온 결합	공유 결합
녹는점	801 °C	−115 °C
끓는점	1465 °C	−84.9 °C

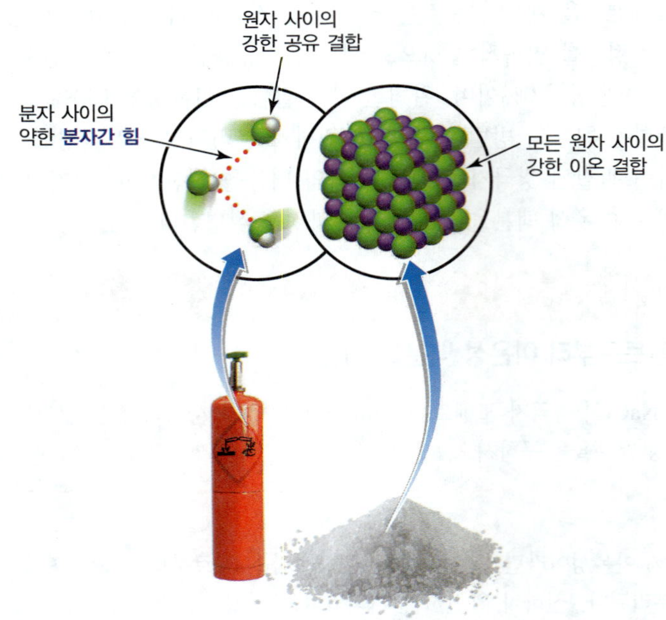

▲ 이온 결합 화합물인 염화 소듐은 801 °C에서 녹는 백색 결정성 고체이다. 분자성 화합물인 염화 수소는 상온에서 기체이다.

개념탐구 질문 4

이온 결합 화합물과 공유 결합 화합물 중 어느 것이 더 높은 녹는점과 끓는점을 갖는 경향성을 보이는가? 이유는 무엇인가?

이온 결합 화합물은 강한 이온 결합 때문에 녹는점이 높은 고체로 존재한다. 2.11절에서 설명한 것처럼, 우리가 눈으로 보는 염화 소듐은 NaCl 분자 형태로 존재하지 않는다. 각 Na^+ 이온이 주위의 많은 Cl^- 이온에 끌리고, 각 Cl^- 이온은 주위의 많은 Na^+ 이온에 끌려 형성되는 이온들의 거대한 3차원 그물 구조로 존재한다. 염화 소듐이 녹거나 끓어서 이온들이 서로 자유롭게 분리되려면 결정 전체의 모든 이온 간의 인력, 즉 **격자 에너지(lattice energy, *U*)**를 극복해야 한다. 이 과정은 많은 에너지를 필요로 한다.

기억하기…

격자 에너지(*U*)는 이온성 고체를 기체 상태의 구성 이온으로 분리할 때 필요한 에너지이고, 따라서 결정의 이온 결합 세기를 나타내는 척도이다(6.8절).

반면, 공유 결합 화합물은 녹는점이 낮은 고체나 액체, 또는 심지어 기체 상태로 존재한다. 염화 수소와 같은 공유 결합 화합물 시료는 개개의 염화 수소 분자로 구성된다. 공유 결합 화합물을 녹이거나 끓이기 위해서는 분자 사이에 작용하는 힘을 끊어야 한다. 공유 결합 화합물에서 결합은 분자 **사이에** 존재하는 것이 아니라 분자 **내**에 존재한다. 분자 사이에는 **분자간 힘(intermolecular force)**이라고 하는 인력이 존재한다. **분자간 힘은 이온 결합이나 공유 결합보다 약하다.** 따라서 분자간 힘을 극복하여 공유 결합 물질을 녹이거나 끓이는 데 상대적으로 작은 에너지가 필요하다. 분자간 힘의 특성은 8장에서 살펴볼 것이다.

미리보기…

분자의 **분자간 힘**의 크기는 녹는점, 끓는점과 같은 많은 성질에 영향을 미친다. 분자간 힘은 8.6절에서 자세히 다루겠다.

7.5 전자점 구조: 팔전자 규칙

공유 결합이나 극성 공유 결합에서 원자 사이의 전자의 공유를 나타내는 한 가지 방법은 **전자점 구조(electron-dot structure)** 또는 **루이스 구조**(Lewis structure)이다. 루이스 구조는 미국 버클리 소재 캘리포니아 대학교에 근무하던 루이스(G. N. Lewis, 1875~1946) 교수의 이름을 따서 그렇게 부른다. 전자점 구조는 원자의 원자가전자를 점으로 나타내고, 이들 원자가전자들이 분자에서 어떻게 분포되는지를 점의 위치로 표시한다. 여기서 가장 중요한 개념은 원자들이 결합을 형성할 때, **완전한 원자가 껍질**(complete valence shell) 또는 **비활성 기체 전자 배치**(noble gas electron configuration)를 만족시키도록 전자를 공유한다는 점이다.

전자점 모형은 다른 대부분의 모형과 마찬가지로 결합을 단순화하여 표현한 도식이며, 이는 구조를 예측하는 데 유용하도록 발전되어온 것이다. 건물의 모형이 청사진 역할을 하는 것처럼, 루이스 구조는 분자를 만들기 위해 원자들을 결합할 때 작용하는 원칙들을 포함하는 '청사진'으로 생각할 수 있다. 결합에 대한 전자점 모형의 몇 가지 중요한 사용법은 분자식, 반응성, 분자의 모양을 예측하는 것이다.

H_2 분자의 전자점 구조는 수소 원자 사이에 한 쌍의 점을 그려 넣는다. 이것은 이들 수소 원자들이 공유 결합에서 한 쌍의 전자를 공유함을 나타낸다.

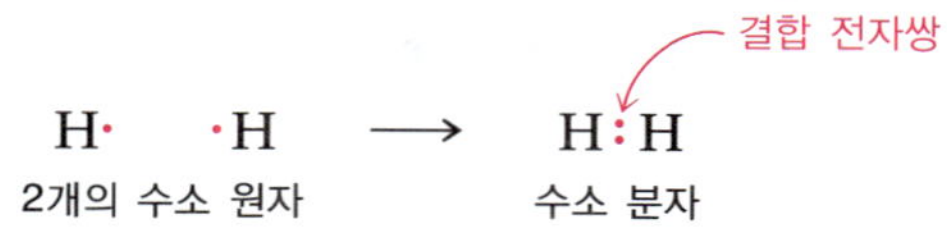

수소 분자의 공유 결합에서 전자 두 개를 공유함으로써 각 수소 원자는 실질적으로 한 쌍의 전자를 갖게 되어, 비활성 기체인 헬륨처럼 $1s^2$ 전자 배치로 안정해진다.

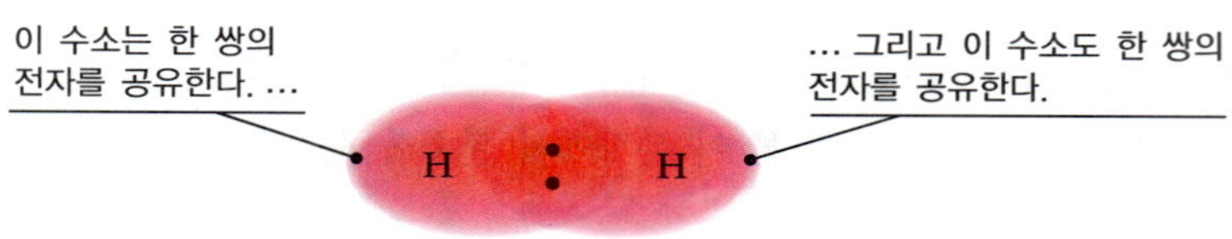

수소 이외의 원자들 또한 전자쌍을 공유하여 공유 결합을 형성한다. 이렇게 형성되는 분자의 전자점 구조는 각 원자에 올바른 수의 원자가전자를 할당하여 그린다. 붕소와 같은 13족 원자는 3개의 원자가전자를, 탄소와 같은 14족 원자는 4개의 원자가전자를 가지며, 마찬가지로 다른 원자들은 각각 그들이 속한 주기율표의 족 번호의 끝자리 수와 같은 수의 원자가전자를 갖는다. 17족의 플루오린 원소는 7개의 원자가전자를 가진다. F_2 분자의 전자점 구조는 어떻게 공유 결합이 형성되는지를 보여 준다.

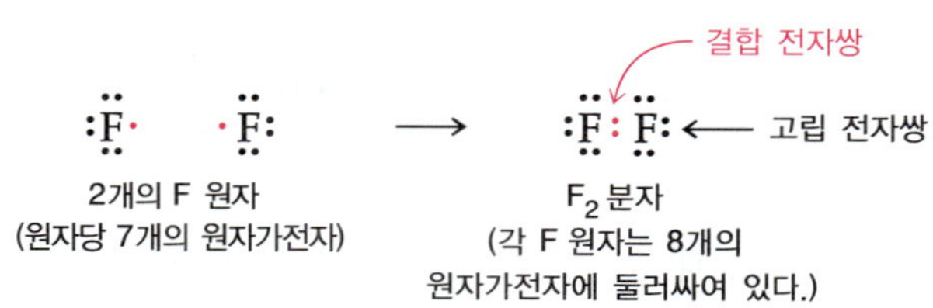

플루오린 원자의 7개 원자가전자 중 6개는 이미 3개의 원자 오비탈에 짝지어 채워져 있으므로 결합에서 공유되지 않는다. 그러나 일곱 번째 원자가전자는 홀전자이므로 다른 플루오린과의 공유 결합에서 공유될 수 있다. 그 결과 생성되는 F_2 분자의 각 원자는 8개의 원자가 껍질 전자를 갖는 비활성 기체 전자 배치를 하며, 6.6절에서 다룬 것처럼 **팔전자 규칙(octet rule)**을 따른다. 각 플루오린 원자의 3쌍의 비결합 전자를 **고립 전자쌍(lone pair)** 또는 **비결합 전자쌍(nonbonding pair)**이라고 하며, 공유된 전자를 **결합 전자쌍(bonding pair)**이라고 한다.

주족 원자들이 결합을 형성할 때 *s*와 *p* 부껍질을 채워 비활성 기체의 전자 배치를 가지려는 경향성, 즉 팔전자(octet) 규칙은 많은 분자의 화학식과 전자점 구조를 예측하는 데 중요한 지침이 되는 원리이다. 일반적 규칙으로서 주족 원자는 더 이상 공유할 수 있는 전자가 없어질 때까지 또는 팔전자 배치에 도달할 때까지, 가능하면 많은 원자가 껍질 전자를 공유한다. 다음의 지침을 적용해 보자.

- **13족 원소.** 붕소와 같은 13족 원소는 3개의 원자가전자를 가지므로 보레인(borane, BH_3) 같은 중성 분자에서 3개의 전자쌍 결합을 형성할 수 있다. 이 분자에서 붕소 원자는 3개

(a)

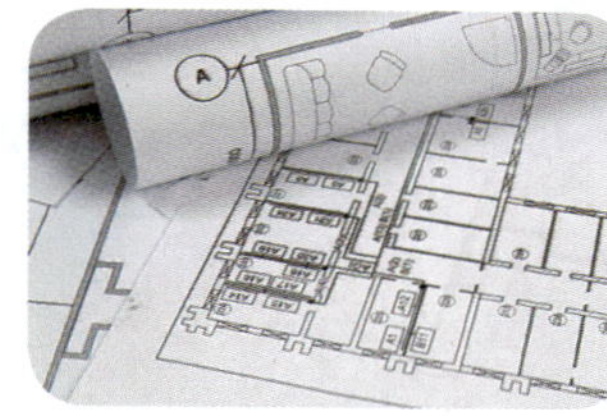

©Bayurov Alexander/Shutterstock

(b)

©Zastolskiy Victor/Shutterstock

▲ 루이스 구조는 원자를 결합하여 분자를 만들고, 그들의 3차원 구조를 예측하기 위한 일련의 지침을 제공하는 '청사진'으로 생각할 수 있다.

기억하기…
팔전자 규칙을 따르기 위해서 주족 원소들은 그들의 원자가전자 껍질에 있는 *s*와 *p* 부껍질을 채워서 비활성 기체 전자 배치를 갖는 반응을 하려고 한다(6.6절).

의 결합 전자쌍만 가지므로 팔전자 규칙을 만족시킬 수 없다. (BH_3의 결합 상황은 22.5절에서 설명하겠지만, 여기에 설명한 것보다 실제로 훨씬 복잡하다.)

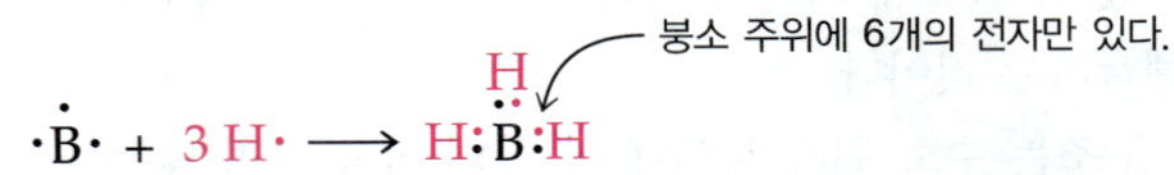

보레인

- **14족 원소**. 탄소와 같은 14족 원소는 4개의 원자가전자를 가지므로, 메테인(methane, CH_4)처럼 4개의 결합을 형성한다. 그 결과 형성된 분자 내의 탄소 원자는 4개의 결합 전자쌍을 갖는다.

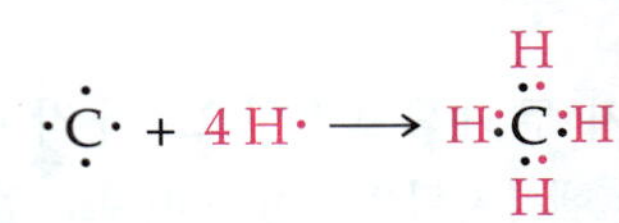
메테인

- **15족 원소**. 질소와 같은 15족 원소는 5개의 원자가전자를 가지므로, 암모니아(ammonia, NH_3)처럼 3개의 결합을 형성한다. 이 분자에서 질소 원자는 3개의 결합 전자쌍과 1개의 고립 전자쌍을 갖는다.

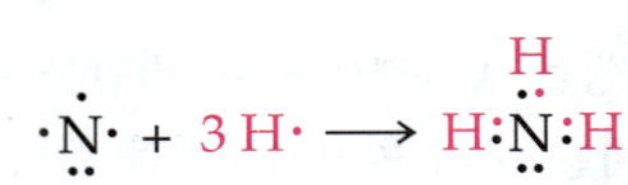
암모니아

- **16족 원소**. 산소와 같은 16족 원소는 6개의 원자가전자를 가지므로, 물(H_2O)처럼 두 개의 결합을 형성한다. 이 분자에서 산소 원자는 2개의 결합 전자쌍과 2개의 고립 전자쌍을 갖는다.

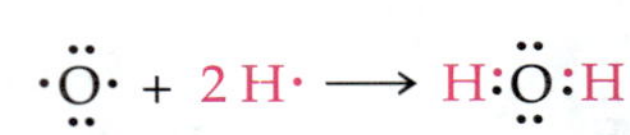
물

- **17족 원소**(할로젠). 플루오린과 같은 17족 원소는 7개의 원자가전자를 가지므로, 플루오린화 수소(hydrogen fluoride, HF)처럼 1개의 결합을 형성한다. 이 분자에서 플루오린 원자 1개의 결합 전자쌍과 3개의 고립 전자쌍을 갖는다.

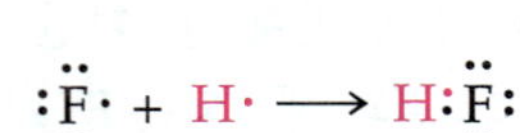
플루오린화 수소

- **18족 원소**(비활성 기체). 네온과 같은 18족 원소는 이미 원자가 껍질 팔전자를 만족시키므로, 거의 공유 결합을 형성하지 않는다.

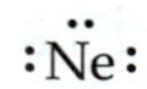
공유 결합을 형성하지 않는다.

이러한 결론을 **표 7.4**에 요약하였다.

방금 설명한 것처럼, 모든 공유 결합이 1개의 공유 전자쌍, 즉 단일 결합(single bond)만 갖는 것이 아니다. 산소 분자, 질소 분자, 그리고 다른 많은 분자에서 원자들은 2개 이상의 전자쌍을 공유하여 다중(multiple) 공유 결합을 형성한다. 예를 들어, 산소 분자에서 산소 원자는

표 7.4 2주기 원소의 공유 결합

족	원자가전자 수	결합 수	예
13	3	3	BH_3
14	4	4	CH_4
15	5	3	NH_3
16	6	2	H_2O
17	7	1	HF
18	8	0	Ne

두 쌍의 원자 쌍, 즉 4개의 전자를 공유함으로써 원자가 껍질 팔전자를 만족시키며, **이중 결합**(**double bond**)을 형성한다. 비슷하게 질소 분자의 질소 원자는 세 쌍의 전자쌍, 즉 6개의 전자를 공유하여 **삼중 결합**(**triple bond**)을 형성한다.

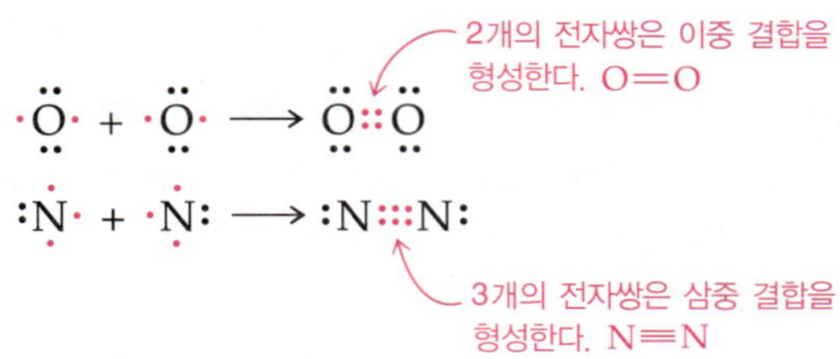

공유 결합에 대해서 마지막 한 가지 언급해야 할 점은 결합 전자들의 근원과 관련이 있다. 대부분의 공유 결합에서는 2개의 원자가 각각 1개의 전자를 제공하여 공유 결합을 형성하지만, 하나의 원자가 2개의 전자(한 쌍의 고립 전자)를 원자가 오비탈이 비어 있는 다른 원자에 제공할 때도 형성될 수 있다. 예를 들어, 암모늄 이온(NH_4^+)은 암모니아(:NH_3)의 질소 원자가 고립 전자 한 쌍을 H^+에 제공하여 결합할 때 형성된다. 이러한 결합을 **배위 공유 결합**(**coordinate covalent bond**)이라고 하며, 한 원자가 다른 원자의 비어 있는 오비탈에 전자쌍을 제공함으로써 형성된다.

보통의 공유 결합—각 원자는 1개의 전자를 제공한다.

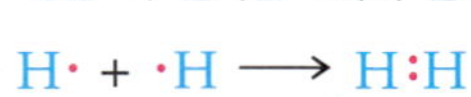

배위 공유 결합—질소 원자가 2개의 전자를 모두 제공한다.

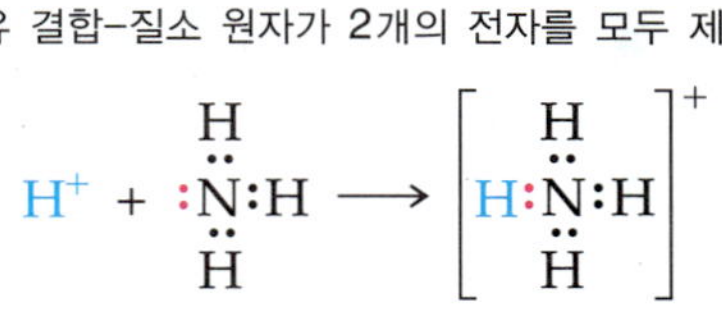

암모늄 이온(NH_4^+)의 질소 원자는 일반적인 결합 수보다 많은, 즉 3개 대신 4개의 결합을 갖지만, 여전히 팔전자 원자가전자를 갖는다. 질소, 산소, 인, 황은 자주 배위 공유 결합을 형성한다.

예제 7.3

전자점 구조 그리기

포스핀(PH_3)의 전자점 구조를 그리시오.

전략

주족 원소에서 형성되는 공유 결합의 수는 원소의 족 번호에 의존한다. 15족 원소인 인은 5개의 원자가전자를 가지므로 3개의 결합을 형성하고, 나머지 1쌍의 전자쌍은 고립 전자쌍으로 남아 원자가 껍질 팔전자가 만족된다. 각 수소는 1개의 전자를 제공한다.

풀이

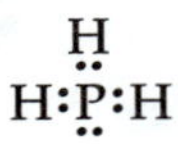

포스핀

▶ **연습문제 7.5** 달걀 썩는 냄새를 갖는 유독한 황화 수소(hydrogen sulfide, H_2S) 기체의 올바른 전자점 구조를 고르시오.

(a)

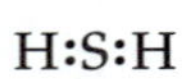

(b)

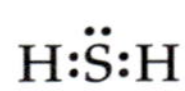

(c)

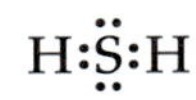

(d)

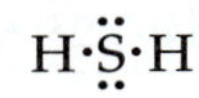

▶ **응용문제 7.6** 팔전자 규칙을 사용하여, 다음 원소들로 형성되는 화합물의 분자식을 예측하시오.

(a) 산소와 플루오린

(b) 규소와 염소

7.6 전자점 구조 그리는 방법

전자점 구조를 그릴 때 전자 2개로 이루어진 공유 결합은 선으로 표시하는 일반적인 관례를 따른다. 마찬가지로, 이중 결합에서 4개의 공유 전자(2쌍)를 나타내기 위해서 원자 사이에 이중선을 사용하며, 삼중 결합에서 6개의 공유 전자(3쌍)를 나타내기 위해서 삼중선을 사용한다. 전자점 구조를 그릴 때 개별적인 전자를 정렬하는 것은 지루한 작업이 될 수 있다. 특히 다중 결합을 가지는 경우나 큰 분자의 경우 더욱 그러하다. 어떤 화합물에도 적용할 수 있는 전자점 구조를 그리는 일반적인 방법은 다음과 같은 단계를 따르는 것이다.

전자점 구조 그리기

단계 1. 분자 또는 이온에 있는 전체 원자가전자 수를 구한다. 모든 원자들에 대한 원자가전자 수를 찾은 다음, 음이온은 각 음전하마다 1개의 전자를 더해 주고, 양이온은 각 양전하마다 1개의 전자를 뺀다. 예를 들어, SF_4의 경우 전체 원자가전자 수는 34개(황으로부터 6개, 4개의 각 플루오린으로부터 7개의 전자)이다. OH^-는 전체 원자가전자 수가 8개(산소로부터 6개, 수소로부터 1개, 음전하에 대하여 1개)이다. NH_4^+는 전체 원자가전자 수가 8개(질소로부터 5개, 4개의 수소로부터 1개씩, 양전하에 대하여 −1개)이다.

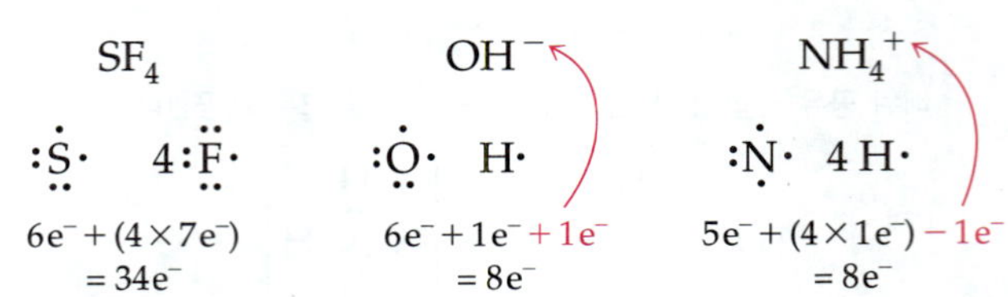

단계 2. 원자 사이의 연결이 무엇인지를 파악하고, 선을 사용하여 결합을 표시한다. 때때로 연결 방법이 제시될 것이다. 어느 경우에는 스스로 추측해야 한다. 전자점 구조에서 원자를 연결할 때 사용하는 지침은 다음과 같다.

- 중심 원자는 일반적으로 가장 낮은 전기 음성도를 가지는 원자이다(H 제외).
- 수소와 할로젠은 일반적으로 하나의 결합만을 형성한다.
- 2주기 원소들은 일반적으로 표 7.4에 주어진 결합 수대로 결합한다.
- (**팔전자 규칙 예외**) 붕소와 알루미늄 같은 13족 원소들은 흔하게 8개보다 더 적은 전자에 둘러싸이는 **전자 결핍(electron deficient)**이 된다. 7.5절에 있는 BH_3의 전자점 구조가 대표적인 사례이다. B는 단지 3개의 결합, 즉 총 6개의 전자를 가진다.
- (**팔전자 규칙 예외**) 3주기와 그 아래 주기의 원소들을 때때로 **확장 팔전자(expanded octet)**를 가진다. 즉, 팔전자 규칙에 의해 예측한 것보다 더 많은 수의 결합을 형성한다. 이러한

원자들은 2주기의 대응 원자들보다 크기가 크며, 그들 주변에 4개 이상의 원자를 수용하여 4개 이상의 결합을 형성할 수 있다(그림 7.6). 예를 들어, 2주기 원소인 질소는 3개의 염소와 결합하여 NCl_3를 만들어 팔전자 규칙을 따르지만, 3주기 원소인 인은 5개의 염소와 결합하여 PCl_5를 만들어 팔전자 규칙을 따르지 않는다.

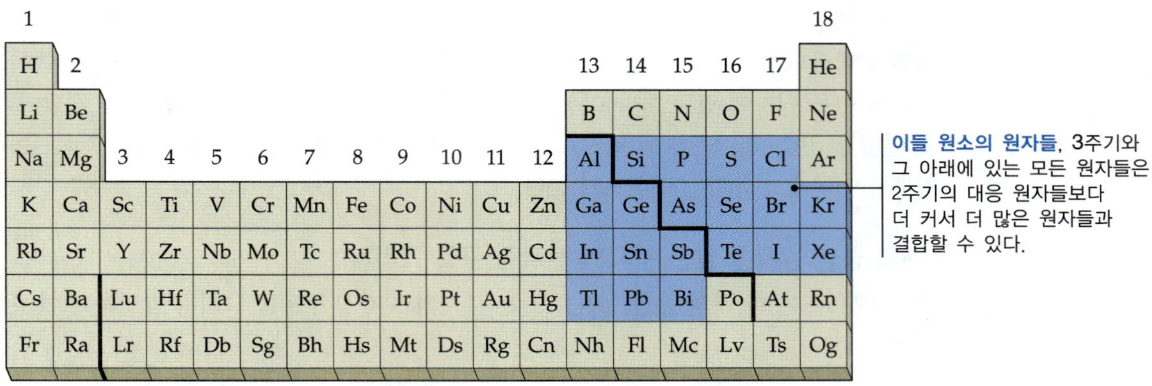

▲ 그림 7.6
파란색으로 나타낸 주족 원소들은 팔전자 규칙을 종종 따르지 않는다.

▲ 확인하기

다음 중 어떤 원소가 전자점 구조에서 중심 원자가 될 때 확장 팔전자를 갖겠는가?

Cl, O, S, I, C

답 Cl, S, I

예를 들어 SF_4에서의 연결을 예측해야 할 때, 가장 그럴듯한 예측은 각 플루오린이 중심 원자가 되는 황과 단일 결합을 형성하는 것이다.

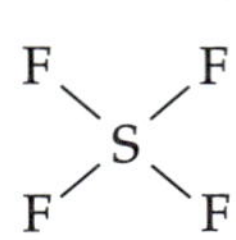

테트라플루오린화 황, SF_4

개념탐구 질문 5

전자점 구조를 만족시키는 기준은?

단계 3. 단계 1에서 구한 전체 원자가전자 수로부터 결합에 이용한 원자가전자 수를 뺀 후에, 남은 전자 수를 구한다. 이 나머지 전자를 말단 원자(수소 이외)에 필요한 만큼 할당하여 팔전자를 갖게 한다. SF_4에서 전체 34개의 원자가전자 중 8개는 공유 결합에 사용되었고, 나머지 전자는 $34 - 8 = 26$개이다. 26개 중에서 24개는 4개의 말단 플루오린 원자에 할당되어 각 원자의 팔전자 배치를 만족시킨다.

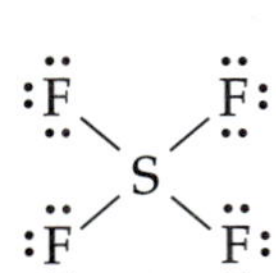

$8 + 24 = 32$개의 전자가 배분됨

단계 4. 단계 3 이후에도 할당되지 않고 남은 전자가 있다면, 이들은 중심 원자에 배치한다. SF_4에서 34개의 전자 중 32개는 이미 할당되었으므로, 나머지 2개의 전자는 중심은 S 원자에 배치한다. 황은 3주기 원소이므로 *d* 오비탈을 사용하여 팔전자를 확장할 수 있다.

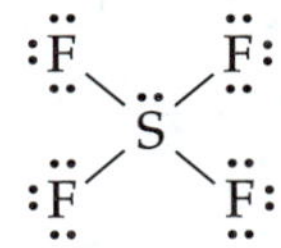

34개의 전자가 배분됨

단계 5. 중심 원자의 아직은 불완전한 팔전자를 해결하기 위해 다중 결합을 만든다. 단계 3 이후에 할당되지 않은 전자들이 더 이상 없지만, 중심 원자가 아직도 팔전자를 만족시키지 않으면 이웃 원자에 있는 하나 이상의 고립 전자쌍을 이용하여 다중 결합(이중 결합이나 삼중 결합)을 만든다. 산소, 탄소, 질소, 황은 종종 다중 결합을 형성한다. 예제 7.4는 이러한 경우를 어떻게 취급하는지를 보여 준다.

한 개의 중심 원자를 갖는 분자의 전자점 구조 그리기

예제 7.4와 7.5는 한 개의 중심 원자를 갖는 분자의 전자점 구조를 그리는 방법을 보여 준다.

예제 7.4

중심 원자 1개와 단일 결합을 갖는 분자의 전자점 구조 그리기

OF_2의 전자점 구조를 그리시오.

전략

이 절에서 설명한 '전자점 구조 그리기'의 5단계를 따른다.

풀이

단계 1. 우선 전체 원자가전자 수를 구한다. 산소는 6개, 플루오린은 각각 7개이므로 전체 20개의 전자를 갖는다.

단계 2. 다음은, 원자들이 어떻게 연결될지 결정하고, 결합을 선으로 그린다. 산소가 플루오린보다 전기 음성도가 낮고, 할로젠은 일반적으로 하나의 결합을 가지므로, 산소를 중심에 위치시킨다.

F—O—F

단계 3. 결합에 사용된 전자 수(총 4개, 결합당 2개)를 단계 1에서 계산된 전체 전자 수(20개)에 빼서 남은 전자 수를 구한다 $(20-4=16)$. 남은 전자들은 말단 원자에 각각 팔전자를 만족하도록 최대한 많이 할당한다. 플루오린 원자는 팔전자 규칙을 만족하려면 각각 3쌍의 고립 전자쌍이 필요하며, 총 12개의 비결합 전자가 존재한다.

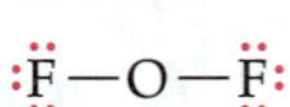

4 + 12 = 16개의 전자가 배분됨

단계 4. 단계 3에서 할당되지 않은 전자들을 중심 원자에 할당한다.

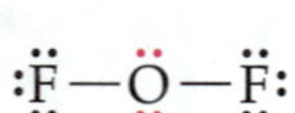

20개의 전자가 배분됨

단계 5. 중심 원자가 팔전자가 아니면 다중 결합을 만든다. 중심 원자인 산소가 팔전자를 충족하므로, 이 단계는 필요하지 않다.

점검

전자점 구조는 항상 두 가지 기준으로 점검이 가능하다. (1) 최종 구조가 분자의 모든 원자가전자의 총합과 같은 전자 수를 갖는가? (2) 각각의 원자가 모두 팔전자 규칙을 만족하는가? OF_2의 구조는 20개의 전자를 갖고 모든 원자는 팔전자이므로, 유효한 전자점 구조를 그렸다고 판단할 수 있다.

▶ **연습문제 7.7** $POCl_3$의 전자점 구조가 옳은지 확인하고, 잘못된 구조의 경우 무엇이 잘못되었는지 설명하시오.

(a) (b) (c) (d)

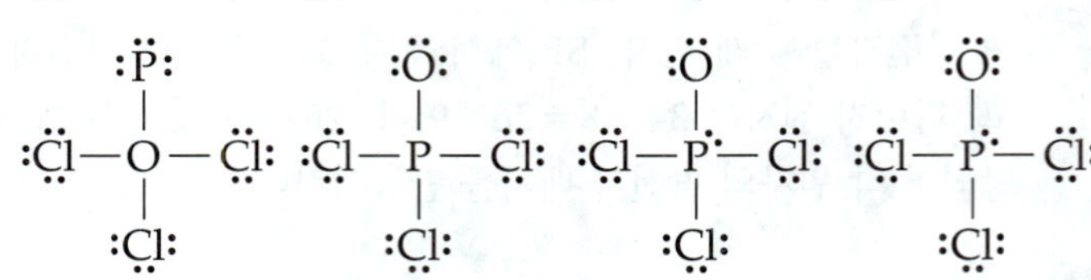

▶ **응용문제 7.8** 다음 분자 또는 이온의 전자점 구조를 그리시오.

(a) CH_2F_2 (b) $AlCl_3$ (c) ClO_4^-
(d) PCl_5 (e) $XeOF_4$ (f) NH_4^+

예제 7.5

중심 원자 1개와 다중 결합을 가지는 분자의 전자점 구조 그리기

폼알데하이드는 합판이나 파티클 보드를 만들 때 사용되는 공업용 접착제 제조에 쓰이는 화합물이다. 폼알데하이드(CH_2O)의 전자점 구조를 그리시오.

전략

'전자점 구조 그리기'에서 설명한 5단계를 따른다.

풀이

단계 1. 우선 전체 원자가전자 수를 구한다. 탄소는 4개, 수소는 1개, 산소는 6개이므로 12개의 전자를 갖는다.

단계 2. 원자들이 어떻게 연결될지 결정하고, 결합을 나타내는 선으로 그린다. 폼알데하이드의 경우, 전기 음성도가 더 낮은 탄소가 중심 원자이고, 수소와 산소 모두 탄소에 결합된다.

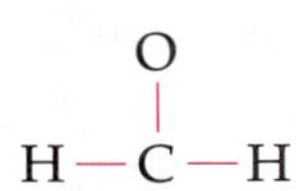

단계 3과 4. 전체 12개의 전자 중 6개는 결합에 사용되며, 말단 산소 원자에 6개의 전자를 할당한다. 중심 원자인 탄소에는 할당할 전자가 남지 않는다.

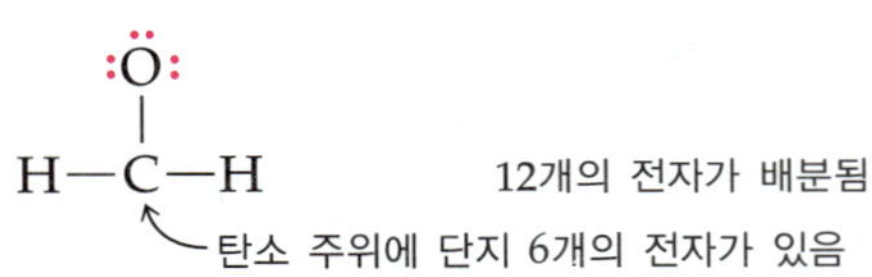

단계 5. 이 시점에서 모든 원자가전자들이 할당되었지만, 중심 원자인 탄소는 여전히 팔전자를 만족하지 않는다. 팔전자를 이루려면 산소가 가진 전자 2개가 고립 전자쌍에서 결합 전자쌍으로 이동해야 한다. 이때 산소와 탄소 모두 팔전자를 만족하는 탄소–산소 이중 결합이 생성된다.

폼알데하이드(CH_2O)

점검

CH_2O의 구조에서 원자가전자 수가 12개이며, 모든 원자는 팔전자를 만족한다.

▶ **연습문제 7.9** 일산화 탄소 CO의 올바른 전자점 구조를 고르시오.

(a)

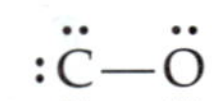

(b)

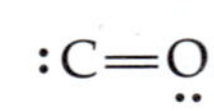

(c)

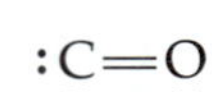

(d)

▶ **응용문제 7.10** SCN^-의 올바른 전자점 구조를 식별하시오.

(a)

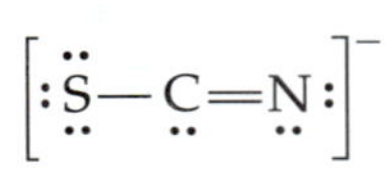

(b)

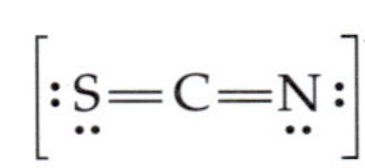

(c)

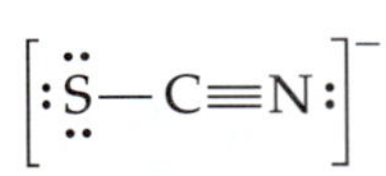

(d)

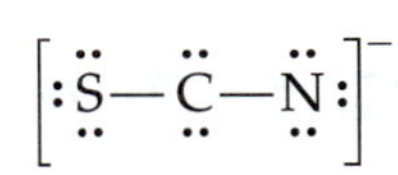

(e) **(b)**와 **(c)** 양쪽 다 옳다.

(f) **(a)**~**(d)** 모든 구조가 다 옳다.

7.7 라디칼의 전자점 구조 그리기

수소를 제외하고는 6천만 종의 알려진 화합물에 들어 있는 거의 모든 원자들은 팔전자 규칙을 따른다. 그 결과, 대부분의 화합물은 짝수개의 전자를 가지며, 이는 전자들이 오비탈에 짝을 지어 채워지기 때문이다. 드물게 **라디칼**(**radical**) 또는 **자유 라디칼**(free radical)이라고 하는 물질들은 홀수개의 전자를 가진다. 이것은 이 전자들 중 적어도 하나는 절반만 채워진 오비탈에 짝을 이루지 않고 들어 있다는 것을 의미한다.

이들 홀전자 때문에 라디칼은 대개 반응성이 매우 커서 전자들이 짝을 이룰 수 있는 일련의 화학 반응을 급속히 겪게 되어 보다 안정한 생성물을 형성한다. 이러한 전자들의 짝지음은 고

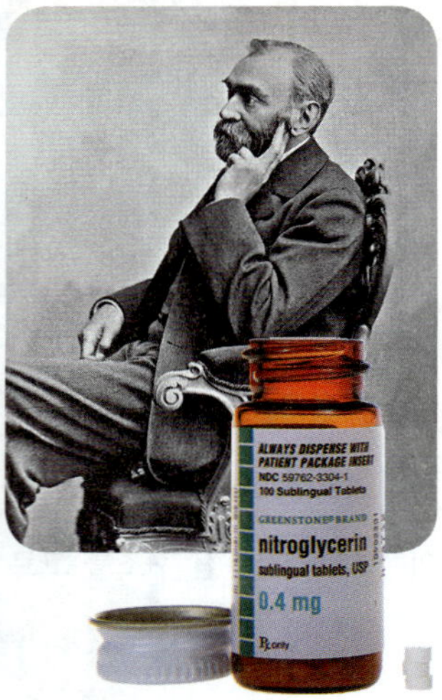

▲ 노벨(Alfred Nobel)은 나이트로글리세린 분자의 배합체인 다이너마이트의 발명으로 거둔 부를 사용하여 최고 명성의 노벨상을 제정하였다. 그는 말년에 자신의 심장을 치료하기 위해 일산화 질소를 분비하는 나이트로글리세린을 의사가 처방하는 것을 보고 역설적이라고 생각했다. ©Gösta Florman(1831~1900)/The Royal Library/Wikimedia Commons ©Sheila Fitzgerald/Shutterstock

립된 할로젠 원자들이 이합체를 이루어 할로젠 분자를 형성하거나, 이산화 질소(NO_2)가 이합체를 이루어 사산화 이질소(N_2O_4)를 형성하는 이유이다.

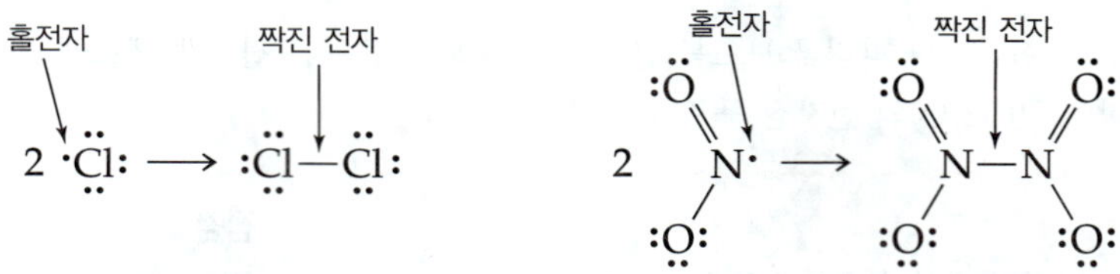

이들의 높은 반응성에도 불구하고, 적은 양의 라디칼은 연료의 연소, 폴리에틸렌이나 다른 고분자의 공업적 제조, 지금도 진행 중인 염화플루오린화탄소에 의해 상층 대기에서 지구의 오존층이 파괴되는 반응을 포함한 많은 일반적인 화학 반응 경로에 관여한다. 더욱 놀랍게도, 라디칼은 또한 우리 몸속에 존재하며, 중요 생명 반응을 매개하고 암, 폐기종, 뇌졸중, 당뇨와 같은 많은 질병의 유발 요인으로 작용한다. 심지어 정상적인 노화의 결과로 일어나는 변화 또는 라디칼과 관계가 있다고 여겨진다.

예를 들어 일산화 질소(NO)는 연소 기관에서 배출되는 라디칼로, 대기의 오존 오염의 원인이 되는 일련의 반응을 개시한다. 하지만 NO는 인체에서 몇 가지 유용한 목적으로 작용이 가능하며, 일산화 질소가 심혈관계에서 중요한 신호 물질로 작용한다는 것을 발견한 과학자에게 1998년 노벨 생리의학상이 수여되었다. 일산화 질소는 또한 혈관 이완성 물질(EDRF)로 알려져 있으며, 혈관 내벽에 줄지은 세포에서 분비된다. NO의 분비는 혈관을 둘러싼 근육을 이완시키고, 그 부분의 혈관을 팽창시켜 혈류를 증가시킨다. 모발의 성장, 폐동맥고혈압, 협심증 등은 NO 분비에 영향을 주는 약물로 치료가 가능하다.

예제 7.6

라디칼의 전자점 구조 그리기

일산화 질소(NO)의 전자점 구조를 그리시오.

전략

7.6절의 '전자점 구조 그리는 방법'에서 설명한 5단계를 따른다. 라디칼에서는 최소 전기 음성도를 갖는 원자가전자가 홀수개의 전자를 가져 불완전 팔전자 형태가 된다.

풀이

단계 1. 전체 원자가전자 수를 구한다. 질소는 5개, 산소는 6개이므로 전체 11개의 전자를 가진다. 홀수개의 전자는 라디칼이 존재함을 가리킨다.

단계 2. 원자들의 연결을 결정한다. 질소와 산소가 단순 이원자 분자 형태로 서로 결합되어 있다.

단계 3과 4. 결합에 사용된 원자가전자 수(2개)를 단계 1에서 계산된 전체 전자 수(11개)에서 빼고 남은 전자 수(9개)를 구한다. 남은 전자들은 말단 원자에 팔전자를 만족하도록 최대한 많이 할당한다. 전기 음성도가 더 큰 산소에 팔전자를 부여하고, 남은 전자는 질소에 둔다.

11개의 전자가 배분됨

단계 5. 모든 원자가전자들이 할당되었지만, 이 구조에서 질소는 전자를 5개만 가져 전혀 팔전자를 만족하지 않는다. 따라서 산소의 전자 2개를 고립 전자쌍에서 결합 전자쌍으로 이동시켜 이중 결합을 생성한다. 전기 음성도가 더 큰 산소는 팔전자 규칙을 만족하며, 질소는 이제 팔전자에 좀 더 가까워졌다. 가장 작은 전기 음성도를 가지는 원소는 절대로 팔전자가 되지 못하는데, 그것은 라디칼이 홀수개의 전자를 가지기 때문이다.

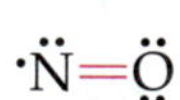

11개의 전자가 배분됨

점검

NO의 구조는 11개의 전자를 갖고, 가장 큰 전기 음성도를 가지는 원자(O)가 팔전자를 이루고 있다.

▶ **연습문제 7.11** 성층권 오존의 파괴에 관여하는 ClO_2 라디칼의 가장 좋은 전자점 구조를 고르시오.

(a)

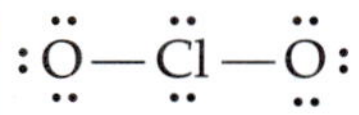

(c)

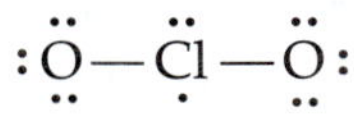

(b)

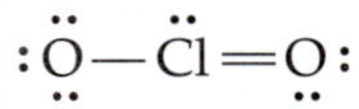

(d)

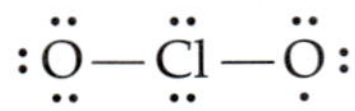

▶ **응용문제 7.12** 다음 중 어느 산소 종이 가장 반응성이 클 것으로 예상하는가?

O_3, O_2, O_2^-

7.8 수소와 2주기 원소만을 포함하는 화합물의 전자점 구조

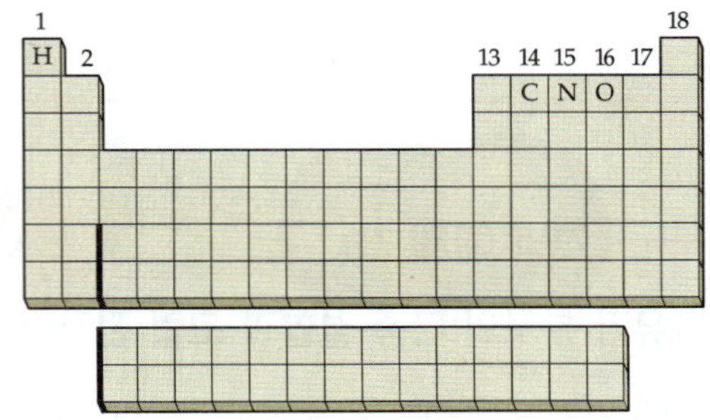

생명 현상과 관련이 있는 자연 상태에서 발견되는 많은 화합물(단백질, 지방, 탄수화물 및 기타 화합물)은 수소와 더불어 적어도 한 가지 이상의 2주기 원소, 즉 탄소, 질소, 산소만을 포함한다. 탄소 원자들이 서로 사슬 형태로 결합하고 있는 분자들을 **유기 화합물**(**organic compound**)이라고 한다. 이러한 화합물의 전자점 구조는 비교적 그리기 쉽다. 그 이유는 이들은 거의 모두 팔전자 규칙을 따르며, 각 원소에 의하여 형성되는 결합 수는 예측 가능하기 때문이다(표 7.4).

수소와 함께 몇 가지 2주기 원자를 포함하는 분자에서 2주기 원자들은 서로 결합하여 중심을 이루며, 주위에 수소들이 결합된다. 예를 들어, 에테인(C_2H_6)에서 두 탄소는 각각 4개의 결합을 형성하는데, 모두 6개의 수소와 결합하고 각각의 수소는 1개씩의 결합을 형성한다. 두 탄소 원자를 연결하고 각 탄소에 적절한 수의 수소를 더해 주면, 다음과 같은 하나의 구조가 가능하다.

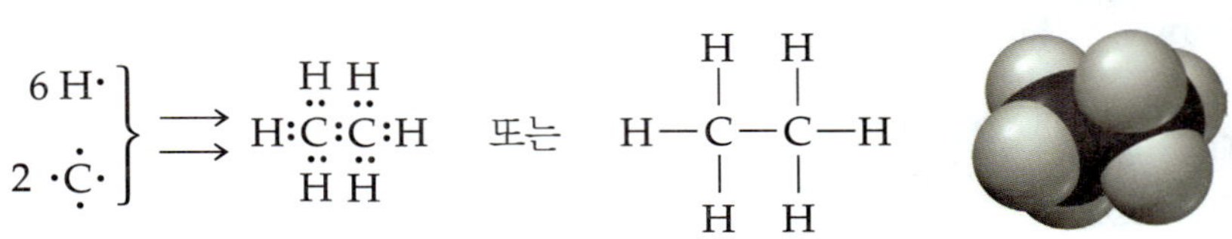

에테인(C_2H_6)

개념탐구 질문 6

전자점 구조에서, 2주기 원소 중 전형적으로 4개의 결합을 형성하는 원소는? 또한 2주기 원소 중 전형적으로 2개의 결합과 2개의 고립 전자쌍을 만드는 원소는?

여러 개의 2주기 원자를 포함하는 더 큰 분자에 대해서는 일반적으로 둘 이상의 전자점 구조를 그릴 수 있다. 이러한 경우에는 구조를 그리기 전에 원자간 연결 순서에 관한 몇 가지 추가적 지식이 필요하다.

예제 7.7

2개 이상의 중심 원자를 가진 분자의 전자점 구조 그리기

아세틸렌은 용접용 토치의 연료나 화학 합성의 출발 물질로 주로 사용된다. 아세틸렌(C_2H_2)의 전자점 구조를 그리시오.

전략

7.6절에서 설명한 '전자점 구조 그리는 방법' 5단계를 따른다. 2개 이상의 중심 원자를 갖는 분자의 경우, 2주기 원자들이 가운데에 자리하여 서로 연결된다.

풀이

단계 1. 분자 전체의 원자가전자 수를 구한다. 탄소는 각각 4개, 수소는 각각 1개이므로 전체 10개의 전자를 갖는다.

단계 2. 원자들의 연결을 결정한다. 2주기 원소(C)를 사슬로 연결한다.

H—C—C—H

단계 3과 4. 결합에 사용된 원자가전자 수(6개)를 단계 1에서 계산된 전체 전자 수(10개)에서 빼고 남은 전자 수(4개)를 구한다. 남은 전자들은 수소를 제외한 말단 원자에 팔전자를 만족하도록 최대한 많이 할당한다. 4개의 전자가 남았고 말단 원자는 모두 수소이므로, 전자들은 중심 탄소 원자에 배치한다.

$$H-\ddot{C}-\ddot{C}-H$$

단계 5. 모든 원자가전자들이 할당되었지만, 이 구조에서 두 중심 탄소 원자는 팔전자가 아니다. 따라서, 두 탄소가 가진 전자쌍을 이동하여 두 탄소 사이에 삼중 결합을 만들어 탄소가 팔전자가 되도록 한다. 수소의 원자가 껍질도 2개의 전자로 채워져 있다.

$$H-C\equiv C-H$$

점검

C_2H_2의 구조는 10개의 원자가전자를 가지며, 각각의 원자는 완전한 껍질을 가진다. 즉, 탄소는 8개, 수소는 2개의 전자를 가진다.

▶ **연습문제 7.13** 다음 분자나 이온의 전자점 구조를 그리시오.

(a) 메틸아민, CH_5N (b) 에틸렌, C_2H_4
(c) 과산화 수소, H_2O_2 (d) 하이드라진, N_2H_4

▶ **응용문제 7.14** C_2H_6O의 화학식을 갖는 두 분자가 있다. 이 두 분자에 대한 전자점 구조를 그리시오. (힌트 : 원자의 연결은 두 구조에서 다르다.)

개념 예제 7.8

유기 분자의 다중 결합과 고립 전자쌍 확인

다음 구조는 단백질을 구성하는 아미노산의 하나인 히스티딘(histidine)이다. 원자 사이의 연결 상태만 나타내고 다중 결합은 표시하지 않았다. 히스티딘의 분자식을 구하고, 다중 결합과 고립 전자쌍의 위치를 표시하여 구조를 완성하시오(빨간색=O, 회색=C, 파란색=N, 상아색=H).

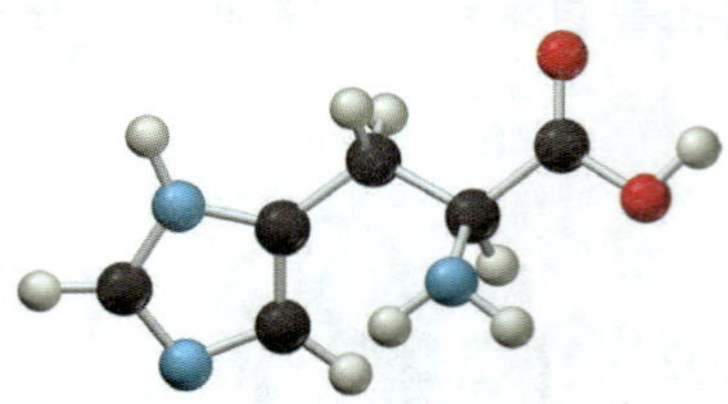

히스티딘

전략

각 원소의 원자 수를 세어 분자식을 구한다. 그런 다음, 원자가 완전한 팔전자를 이루기 위해 필요한 것이 무엇인지 찾는다. 표 7.4에는 주기율표의 다른 족에 속하는 원소가 형성하는 결합 수가 나타나 있다. 각 탄소(회색)는 4개의 결합을, 각 산소(빨간색)는 2개의 결합을, 각 질소(파란색)는 3개의 결합을 가져야 한다. 각 원자별로 고립 전자쌍을 더하여 팔전자를 만족시킨다. 탄소는 이미 4개의 결합으로 완전한 팔전자를 이루며, 질소는 1쌍의 고립 전자쌍이 필요하고, 산소는 2쌍의 고립 전자쌍이 필요하다.

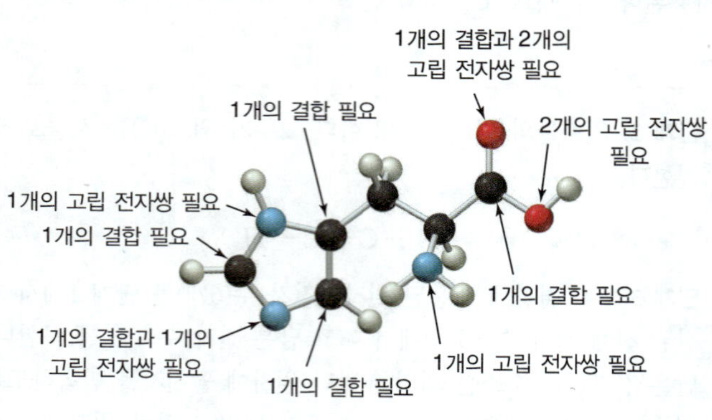

풀이

히스티딘은 $C_6H_9N_3O_2$의 분자식을 갖는다.

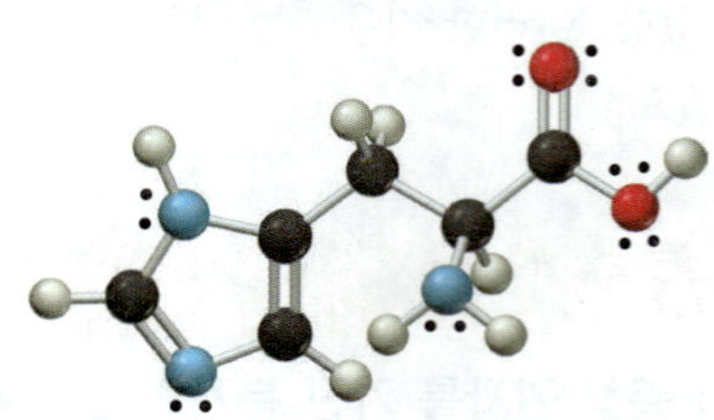

점검

이 구조에서 모든 전자를 다 세고 전체 원자가전자 수를 비교하는 것은 시간이 많이 걸릴 것이다. 큰 분자의 구조를 점검하는 가장 좋은 방법은 각 원자(H 제외)가 모두 팔전자인지 확인해 보는 것이다.

▶ **연습문제 7.15** 다음 구조는 모든 살아 있는 세포에서 발견되는 DNA의 구성 성분인 사이토신을 나타낸 것이다. 원자 사이에 연결 상태만 나타내고, 다중 결합과 고립 전자쌍의 위치를 표시하지 않았다. 사이토신의 분자식을 구하고, 다중 결합과 고립 전자쌍의 위치를 표시하여 구조를 완성하시오(빨간색=O, 회색=C, 파란색=N,

상아색=H).

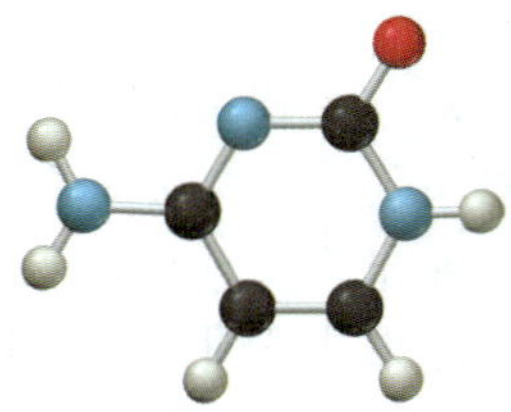

Cytosine

▶ **응용문제 7.16** 다음 화학식을 갖는 분자의 두 가지 가능한 전자점 구조를 그리시오. 구조를 그릴 때 서로 다른 방법으로 원자를 연결해도 된다. (힌트: 2주기 원자들이 연결되는 공통된 방법에 대해서는 예제 7.8의 구조를 살펴보시오.)

(a) C_6H_7N (b) $C_2H_5O_2N$

7.9 전자점 구조와 공명

전자점 구조를 그리기 위해 7.6절에서 제시한 단계적 절차는 종종 흥미로운 문제를 야기시킨다. 오존(O_3)을 예로 들어 보자. 단계 1에 의해, 이 분자는 18개의 원자가전자를 가지며, 단계 2~4를 따라가면 다음과 같은 구조가 그려진다.

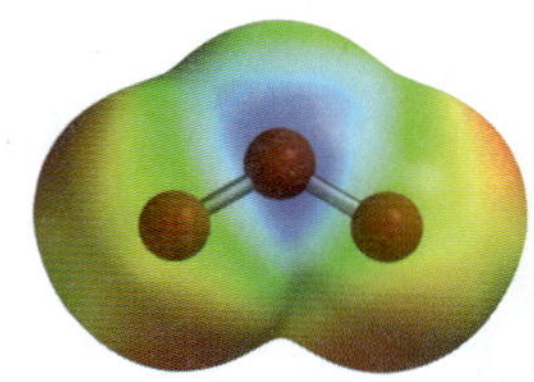

▲ 동일한 두 산소–산소 결합을 보여 주는 오존의 정전기 퍼텐셜 지도

$$:\ddot{\underset{..}{O}}-\ddot{O}-\ddot{\underset{..}{O}}:$$

이 시점에서 중심 원자는 아직 팔전자를 갖지 않음을 알 수 있다. 따라서 말단 산소에 있는 고립 전자쌍 하나를 결합 전자쌍으로 이동시켜 중심 산소가 팔전자가 되도록 해야 한다. 그러나 어떤 산소의 고립 전자쌍을 취해야 할까? '오른쪽'과 '왼쪽' 산소 중 어느 것에서 고립 전자쌍을 옮기더라도 타당한 구조를 얻을 수 있다.

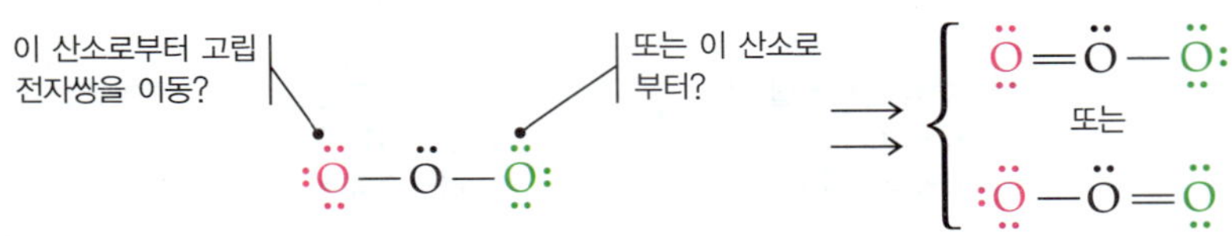

O_3의 두 구조 중 어느 것이 옳을까? 사실, 두 구조 모두 그 자체로는 옳은 구조가 아니다. 이 묘사는 실제 오존 구조에 대한 실험적인 증거와 일치하지 않는다. 이것이 정확한 묘사라면, 하나의 산소–산소 결합이 또 다른 산소–산소 결합보다 짧아야 하고, 이중 결합 영역에서 전자 밀도가 높게 나와야 한다. 하지만 측정값에 의하면, 오존 분자의 두 산소–산소 결합 길이는 동일하다. 정전기 퍼텐셜 지도에서도 두 결합의 전자 밀도가 동일하게 나타난다. 이중 결합은 중심 산소와 말단 산소 사이의 전자 밀도를 증가시켜 빨갛게 나타나도록 했을 것이다. 전자 밀도가 대칭적으로 분포하고 있다는 것은 이중 결합의 전자들이 **비편재화(delocalization)**되어 두 개의 산소–산소 결합에 퍼져 있음을 나타낸다.

오존의 결합 길이와 결합 세기는 실험적으로 측정하여 다른 분자들의 평균적인 단일 결합(O—O), 이중 결합(O=O)과 비교할 수 있다. 오존의 산소–산소 결합의 특성은 일반적인 단일 결합과 이중 결합 사이에 있다. 오존의 두 결합 길이는 128 pm로 동일하므로, 오존의 결합 차수는 순수한 단일 결합과 이중 결합의 중간인 1.5라고 표현할 수 있다.

	O_2의 (O=O) 결합	평균 (O—O) 결합	오존의 산소–산소 결합
결합 길이(pm)	121	132	128
결합 세기(kJ/mol)	498	146	374

전자점 모형이 실제 오존 구조와 일치하지 않는다는 사실로부터, 루이스 이론은 화학자들이 원자들이 어떻게 결합되는지를 예측하기 위해 사용하는 결합 모형에 불과하다는 것을 강조하

고자 한다. 루이스 이론은 상당히 유용하지만, 모든 모형에는 한계가 있어서 실제 그 자체를 대신할 수 없다는 것을 명심해야 한다.

오존의 결합에서 어떻게 '혼합된 성질이 나타날 수 있을까? 1930년대에 폴링(Linus Pauling)이 발전시킨 **공명 이론(resonance theory)**에서는 많은 분자들의 실제 구조가 둘 이상의 전자점 구조의 혼합으로 묘사된다. 굽은 화살표는 다른 전자점 구조로 전환될 때 전자들이 어떻게 재배열되는지를 나타내는 표시 방법이다. 실제로, 전자들이 분자 내에서 흘러가는 것이 아니라, 전자점 구조에서 전자의 변화를 따라가기 위해 굽은 화살표를 쓴다는 것에 유의하라. 이 화살표는 어떤 전자들이 어디로 이동하는지를 나타낸다. 전자들은 이동하여 새로운 결합이나 고립 전자쌍이 될 수 있다. 공명 구조를 그릴 때는 원자는 움직이지 말고, 전자들만 이동시켜야 한다. 오존 분자의 공명에 기여하는 두 전자점 구조가 어떻게 서로 전환되는지를 굽은 화살표가 보여 준다.

공명 구조는 둘 이상의 전자점 구조를 이중머리 **공명 화살표**(resonance arrow, ⟷)로 연결하여 나타낸다. 이중머리 직선 화살표로는 항상 공명만을 나타내며, 다른 목적으로는 절대 사용하지 않는다. 오존에 대해서는 두 개의 공명 구조를 그릴 수 있다. 이 두 구조의 **평균**(average)을 **공명 혼성(resonance hybrid)**이라고 부른다. 두 공명 형태는 원자가 껍질 전자(결합 및 비결합 전자 모두)의 위치만 다르다는 것을 주목하라. 전체 원자가전자 수는 두 구조에서 동일하며, 원자들 사이의 연결 관계와 원자들의 상대적 위치도 동일하게 유지된다.

개념탐구 질문 7

오존의 분자 구조는 어떻게 묘사되는가?

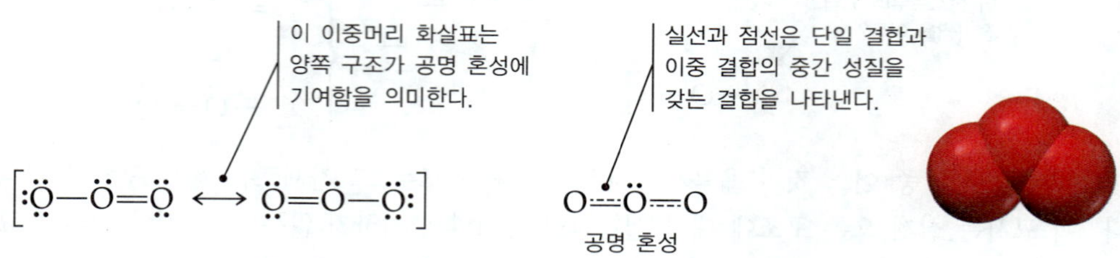

모든 분자가 하나의 전자점 구조만으로 그려질 수 없다는 사실로부터, 전자점 모형은 결합이 어떻게 형성되는지와 전자들이 분자 내에 어떻게 분포하는지를 지나치게 단순화하고 있다는 것을 알 수 있다. 전자 분포를 더 정확하게 기술하는 방법인 **분자 오비탈 이론**(molecular orbital theory)에 대해서는 8장에서 다룰 것이다. 그럼에도 불구하고, 화학자들은 분자 구조와 반응 위치를 예측할 때 쉽고 강력한 도구로서 전자점 구조와 공명 구조를 통상적으로 사용하고 있다.

예제 7.9

공명 구조 그리기

질산 이온(NO_3^-)은 세 개의 동등한 질소–산소 결합을 가지며, 그 전자 구조는 세 개의 전자점 구조의 공명 혼성이다.

(a) 질산 이온의 전자점 구조를 바르게 그리시오.

(b) (a)에서 그린 구조를 굽은 화살표를 이용하여 다른 두 공명 구조로 전환하시오.

(c) 세 공명 구조와 공명 혼성을 모두 그리시오.

(a) 전략 및 풀이

여느 전자점 구조를 그릴 때처럼 시작한다. 질산 이온에는 원자가전자가 질소로부터 5개, 3개의 산소로부터 각각 6개, 음전하로부터 1개로 총 24개가 있다. 동등한 세 산소는 모두 전기 음성도가 작은 중심 원자인 질소와 결합한다.

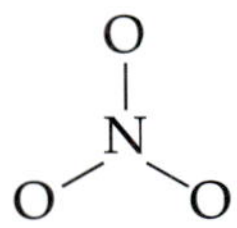

24개 원자가전자 중 할당된 6개

나머지 18개의 원자가전자를 말단 산소 원소들에 분배하면 산소의 팔전자는 완결되지만, 질소는 전자를 6개만 갖게 된다.

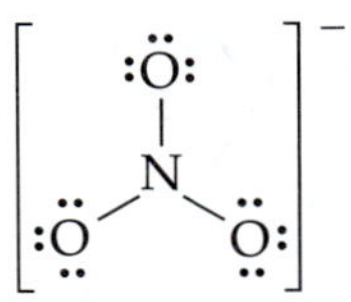

질소가 팔전자계를 채우게 하기 위해서, 산소 원자 중 하나의 고립 전자쌍을 이용하여 질소–산소 이중 결합을 형성해야 한다.

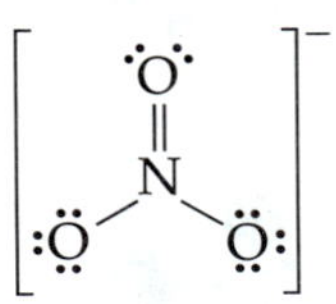

(b) 전략 및 풀이

굽은 화살표를 이용하여 전자의 위치를 바꾸고, 새로운 전자점 구조를 만든다. 공명 구조를 그릴 때 원자를 옮기거나 단일 결합을 끊어서는 안 된다.

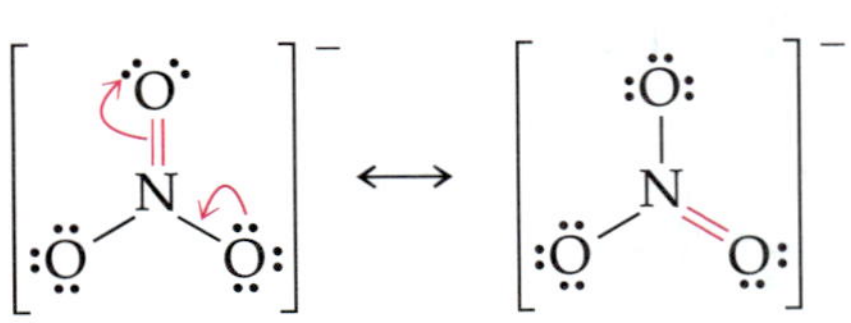

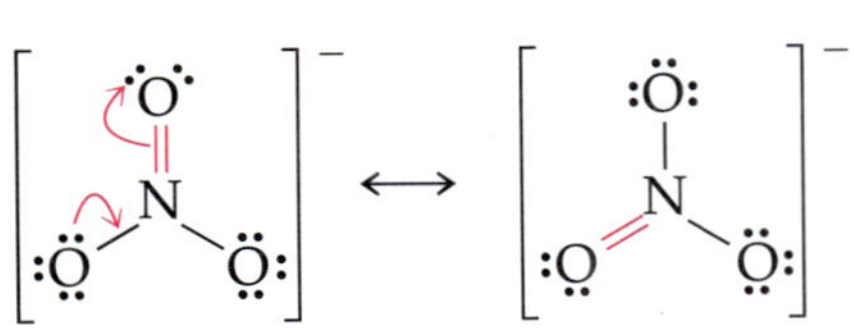

(c) 전략 및 풀이

모든 타당한 전자점 구조를 공명 화살표(들)로 이어 그린다. 공명 혼성은 세 구조의 평균이고, 동등한 세 질소–산소 결합으로 그려진다. 각 결합은 단일 결합과 이중 결합의 중간임을 나타내기 위해서 실선과 점선으로 나타낸다.

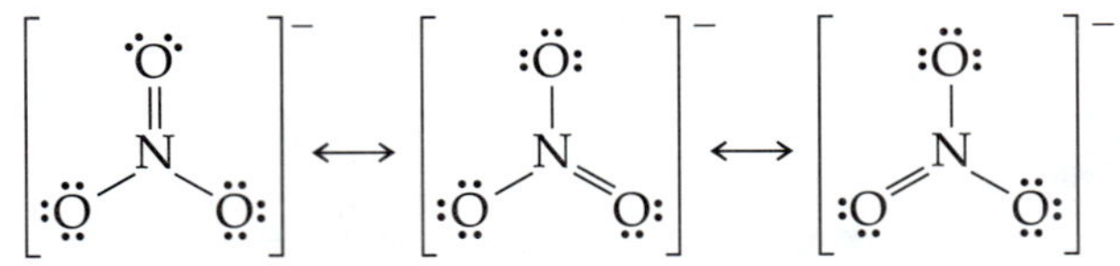

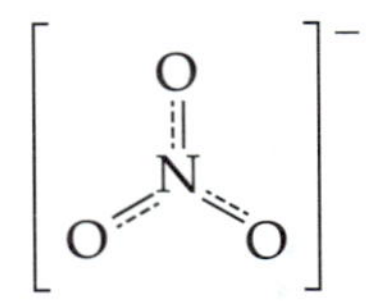

공명 혼성

점검

모든 구조에서 원자가전자가 올바르며, 팔전자 규칙이 충족된다.

▶ **연습문제 7.17** '웃음 기체'라고 불리는 일산화 이질소(N_2O)는 종종 치과에서 마취제로 쓰인다.

(a) N—N—O로 연결된 전자점 구조를 그리시오.

(b) 굽은 화살표를 이용하여, (a) 구조가 어떻게 다른 공명 구조로 전환되는지를 보이시오.

▶ **응용문제 7.18** 다음 각 분자 또는 이온에 대해, 모든 원자(H 제외)가 팔전자를 갖는 공명 구조를 가능한 한 많이 그리시오. 굽은 화살표를 이용하여, 한 구조가 어떻게 다른 구조로 전환되는지를 보이시오.

(a) SO_2 (b) CO_3^{2-} (c) BF_3

개념 예제 7.10

유기 화합물의 공명 구조 그리기

히스티딘의 구조식(예제 7.8)이 있다. 다음 화살표들을 따라간 구조가 히스티딘의 전자점 구조로서 타당한지를 평가하시오. 만약 그렇다면 그 공명 구조를 그리시오.

(a)

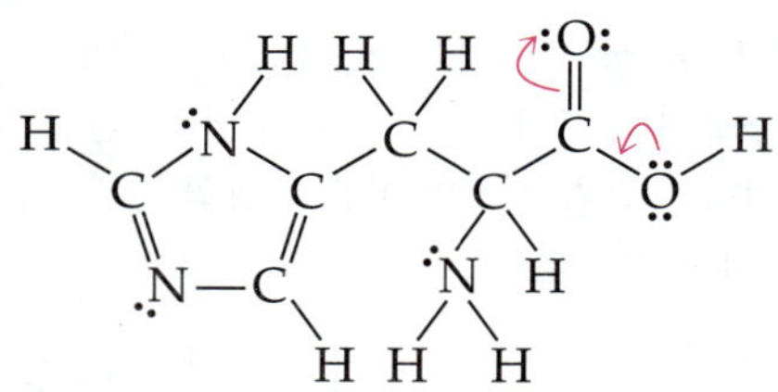

(b)

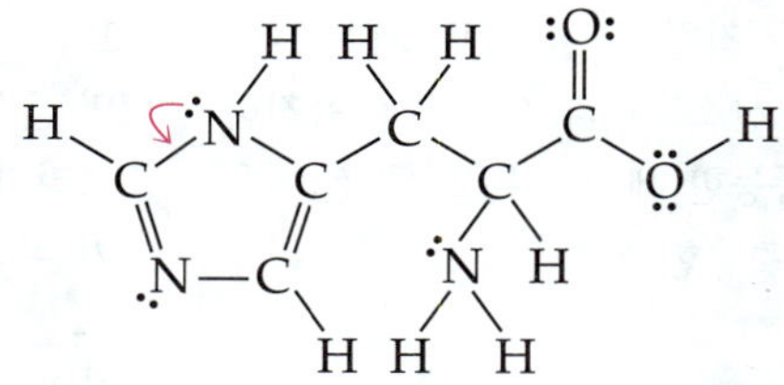

전략

굽은 화살표로 표시된 대로 전자를 재배열하고, 각 원자가 팔전자 규칙을 만족하는지 확인한다. 팔전자 규칙을 벗어나면 타당하지 않은 전자점 구조이다.

풀이

(a) 각 원자는 팔전자 규칙을 만족한다. 공명 구조는 다음과 같다.

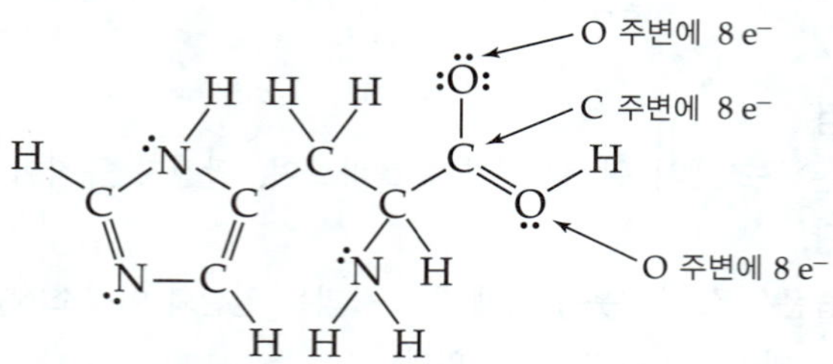

(b) 화살표대로 움직이면 무의미한 구조가 되는데, C의 결합이 다섯 개($10e^-$)가 되어 팔전자를 초과하기 때문이다. 표시된 화살표로는 공명 구조를 그릴 수 없다.

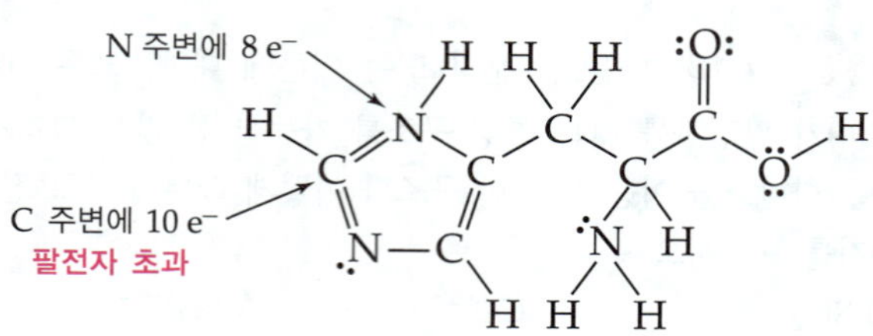

연습문제 7.19 다음 화살표들을 따라간 구조가 히스티딘의 전자점 구조로서 타당한지 평가하시오. 만약 타당하다면 그 공명 구조를 그리시오.

(a)

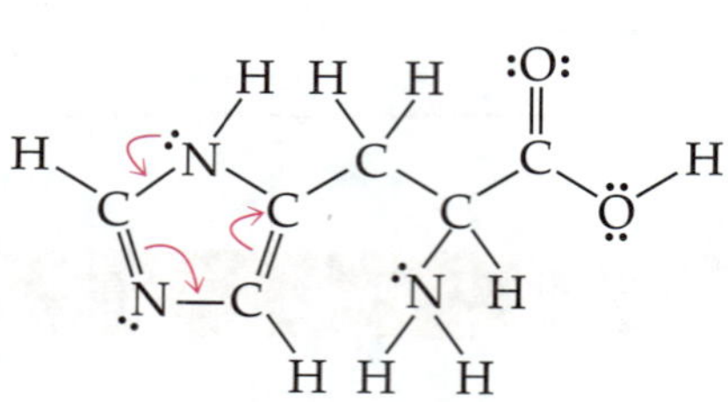

(b)

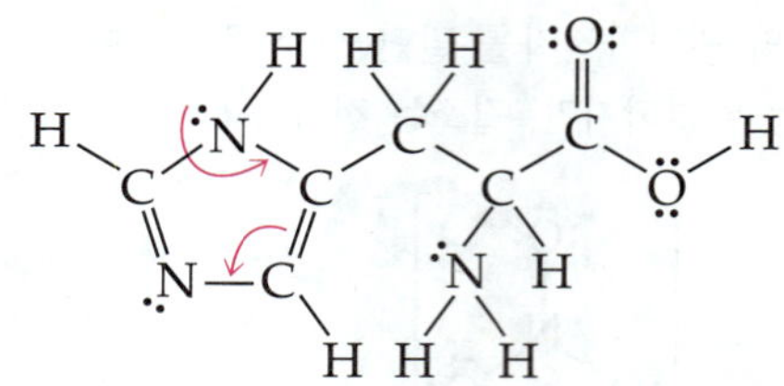

응용문제 7.20 다음 구조는 향수에 사용되는 화합물의 일종인 아니솔의 원자들 간 연결 상태를 나타낸다(빨간색=O, 회색=C, 파란색=N, 상아색=H).

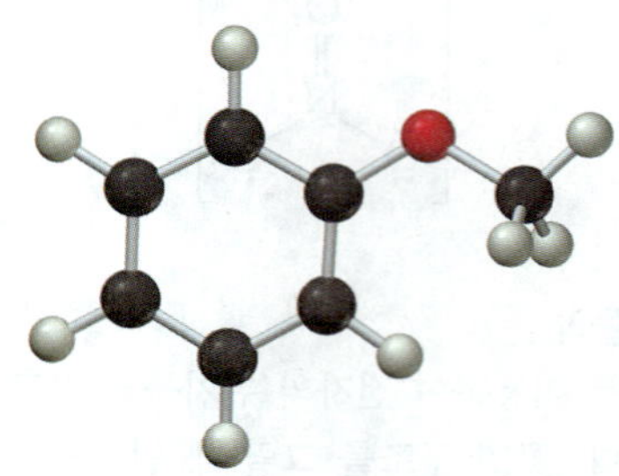

아니솔

(a) 다중 결합과 고립 전자쌍을 나타내어 아니솔의 구조를 그리시오.

(b) 원래 구조가 어떻게 두 개의 공명 구조로 전환되는지를 굽은 화살표를 이용하여 보이시오.

7.10 형식 전하

전자점 구조에서 특정 원자가 갖는 **형식 전하(formal charge)**의 개념은 7.3절에서 논의된 전기 음성도 및 극성 공유 결합 개념과 밀접한 관련이 있다. 형식 전하는 일종의 전자 계산

(bookkeeping)을 위한 것으로, 주어진 전자점 구조의 한 원자 주변에 있는 원자가전자 수와 고립 원자의 원자가전자 수를 비교하여 그 차이로 계산할 수 있다. 전자점 구조의 한 원자가 가진 전자 수와 그 원자의 원자가전자 수가 다르다면, 그 원자는 전자를 얻거나 잃은 것이므로 형식 전하를 갖게 된다. 분자 내 원자가 고립 원자보다 많은 전자를 가지면 음의 형식 전하를 갖고, 적은 전자를 가지면 양의 전하를 갖는다.

형식 전하 = (자유 원자의 원자가전자 수) − (결합 원자의 원자가전자 수)

결합 원자의 원자가전자 수를 셀 때, 공유되지 않은 비결합 전자와 공유 전자를 구분할 필요가 있다. 계산을 위해서, 비결합 전자는 한 원자가 전부 '소유'하지만, 결합 전자는 다른 원자와 공유하기 때문에 절반만 소유한다고 생각할 수 있다. 그러므로 형식 전하의 정의는 다음과 같이 다시 쓸 수 있다.

형식 전하 = (자유 원자의 원자가전자 수) − $\frac{1}{2}$(결합 전자 수) − (비결합 전자 수)

예를 들어, 암모늄 이온(NH_4^+)에서 네 개의 동등한 수소 원자는 질소와의 공유 결합에서 각각 2개의 원자가전자를 가지며, 질소 원자는 네 개의 N−H 결합으로부터 각각 2개씩, 총 8개의 원자가전자를 갖는다.

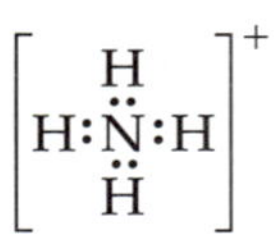

암모늄 이온:
질소 주위의 8개의 원자가전자
각 수소 주위의 2개의 원자가전자

계산을 위해서, 각 수소 원자는 두 개의 공유된 결합 전자의 절반, 즉 하나의 전자를 가지고, 질소 원자는 여덟 개의 공유된 결합 전자의 절반인 네 개의 전자를 가진다고 쓰자. 고립된 수소 원자는 전자 하나를 갖고, 암모늄 이온의 각 수소도 여전히 각각 전자 하나를 갖기 때문에, 수소 원자는 전자를 얻거나 잃은 것이 아니므로 형식 전하가 없다. 하지만, 고립된 질소 원자는 원자가전자가 다섯 개인 반면 NH_4^+의 질소 원자는 전자 네 개만을 가지므로 형식 전하가 +1이다. 모든 원자의 형식 전하의 합(이 예에서는 +1)은 그 이온의 전체 전하와 같아야 한다.

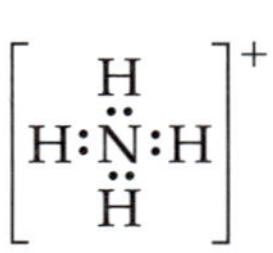

수소:	고립 수소의 원자가전자	1
	결합 수소의 결합 전자	2
	결합 수소의 비결합 전자	0
	형식 전하 = $1 - \frac{1}{2}(2) - 0 = 0$	
질소:	고립 질소의 원자가전자	5
	결합 질소의 결합 전자	8
	결합 질소의 비결합 전자	0
	형식 전하 = $5 - \frac{1}{2}(8) - 0 = +1$	

형식 전하 계산의 진가는 앞 절에서 설명한 공명 구조에 적용할 때 드러난다. 주어진 물질의 공명 구조들이 서로 동등하지 않은 경우가 종종 있다. 한 구조가 다른 것 보다 '더 좋을' 수가 있는데, 이는 구조가 물질의 실제 전자 구조에 더 근접하다는 것을 의미한다. 그런 경우, 공명 혼성은 더 좋은 구조 쪽으로 편중된다.

서로 다른 공명 구조들의 상대적 중요도를 평가할 때, 자주 쓰이는 세 가지 기준은 다음과 같다.

- 작은 형식 전하(양이든 음이든)가 선호된다. 0은 −1보다, −1은 −2보다 선호된다.
- 음의 형식 전하는 전기 음성도가 큰 원자에 위치해야 한다.
- 같은 전하가 서로 인접한 원자에 있어서는 안 된다.

이 기준으로 N_2O의 공명 구조를 평가할 수 있다. 형식 전하는 구조 내 각 원자에 표시되어 있다.

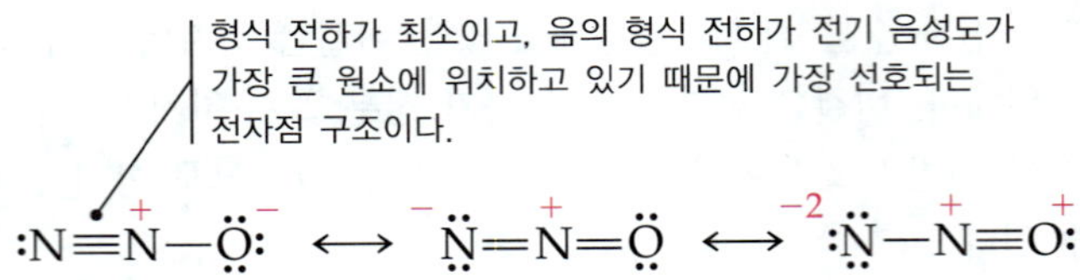

각 공명 구조에 표시된 형식 전하를 더하면 N_2O의 전체 전하 값인 0을 얻을 수 있음을 보라. 첫 번째, 두 번째 구조는 세 번째 구조보다 형식 전하의 크기가 작기 때문에 선호된다. 첫 번째 구조의 음전하는 전기 음성도가 큰 산소 원자에 위치하기 때문에 '가장 좋다'. 형식 전하에 근거한 가장 좋은 구조는 공명 혼성에 가장 많이 기여할 것이다. 이 경우, N_2O에서 질소–산소 결합은 단일 결합에 가까운 성질을 갖고, 질소–질소 결합은 삼중 결합에 가까운 성질을 가질 것이다.

예제 7.11

형식 전하 계산

다음 SO_2의 전자점 구조에서 각 원자의 형식 전하를 계산하시오.

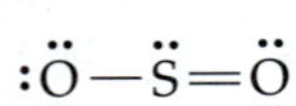

전략

형식 전하 계산 공식을 이용한다. 각 원자의 원자가전자 수(족 번호와 관련)를 구한다. 그 다음, 그 원자의 결합 전자 수의 절반과 모든 비결합 전자 수를 뺀다.

풀이

황:	고립 황의 원자가전자	6
	황의 결합 전자	6
	황의 비결합 전자	2
	형식 전하 $= 6 - \frac{1}{2}(6) - 2 = +1$	
단일 결합 산소:	고립 산소의 원자가전자	6
	산소의 결합 전자	2
	산소의 비결합 전자	6
	형식 전하 $= 6 - \frac{1}{2}(2) - 6 = -1$	
이중 결합 산소:	고립 산소의 원자가전자	6
	산소의 결합 전자	4
	산소의 비결합 전자	4
	형식 전하 $= 6 - \frac{1}{2}(4) - 4 = 0$	

SO_2의 황 원자는 +1, 단일 결합 산소는 −1의 형식 전하를 갖는다. 그러므로 SO_2 구조는 다음과 같이 그릴 수 있다.

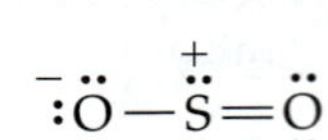

점검

형식 전하의 합은 분자 또는 이온의 전체 전하와 같아야 한다. 이 경우, 형식 전하의 합은 중성 SO_2 분자의 전하와 동일한 0이다.

▶ **연습문제 7.21** 다음 구조에서 각 원자의 형식 전하를 계산하시오.

사이안산 이온: 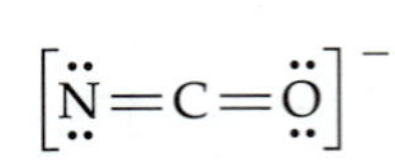

▶ **응용문제 7.22** 문제 7.21에 있는 사이안산 이온의 전자점 구조에서 시작하시오.

(a) 굽은 화살표를 이용하여, 원래 구조를 다른 두 전자점 구조로 전환하시오.
(b) 세 공명 구조에서 각 원자의 형식 전하를 계산하고, 공명 혼성에 어떤 구조가 가장 많이 기여하는지 고르시오.
(c) 어떤 결합(탄소−질소 또는 탄소−산소)이 가장 짧을 것으로 예상하는가?

예제 7.12

유기 화합물의 형식 전하 계산

단백질과 관련된 화합물인 아세트아마이드의 두 공명 구조에서 C, O, N 원자의 형식 전하를 계산하시오. 공명 혼성에 어떤 구조가 더 많이 기여하는지 고르시오.

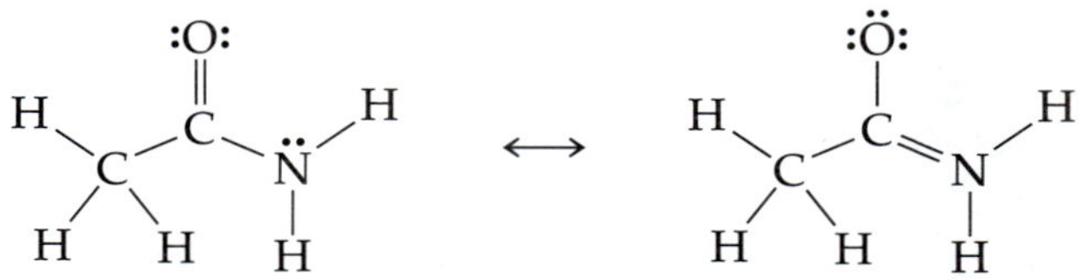

전략

형식 전하 계산 공식을 이용한다. 이 절에 나열된 세 가지 낮은 기준(낮은 형식 전하, 전기 음성도가 큰 원자에 음의 형식 전하, 같은 전하의 분리)으로 공명 구조의 중요도를 평가한다.

풀이

+와 − 전하를 나누는 데는 에너지가 필요하므로, 형식 전하가 없는 구조가 공명 혼성에 가장 크게 기여한다. 따라서 실제 아세트아마이드의 전자 구조는 가장 선호되는 낮은 에너지 구조에 더 가깝다.

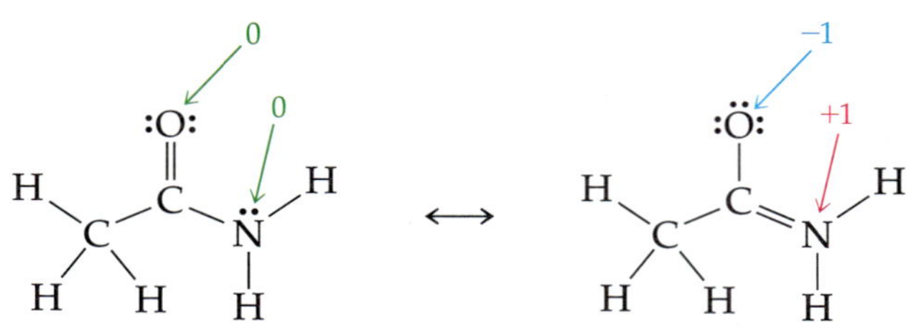

| 이 구조의 에너지가 더 낮다. | 이 구조의 에너지가 더 높다.

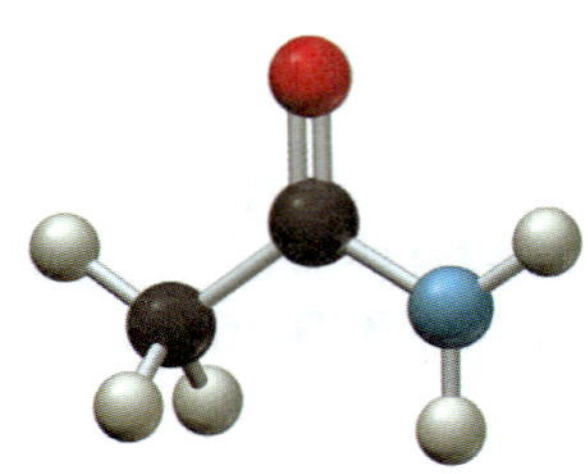

아세트아마이드

연습문제 7.23 식초의 주성분인 아세트산의 두 공명 구조에서 C와 O 원자의 형식 전하를 계산하시오. 공명 혼성에 어느 구조가 더 많이 기여하는지 고르시오.

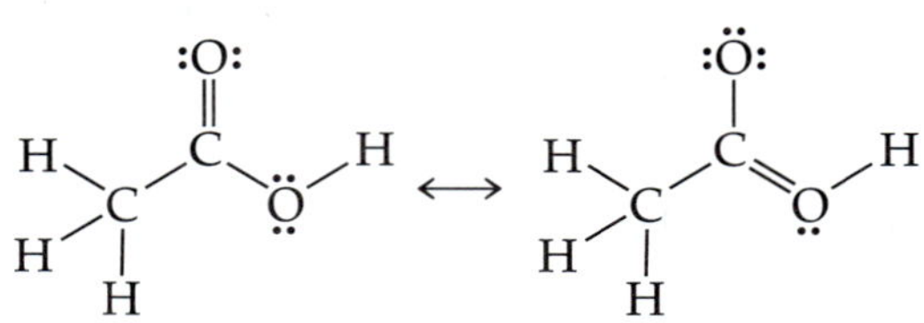

1 2

응용문제 7.24 아니솔(문제 7.20)의 세 공명 구조는 다음과 같다. C와 O 원자의 형식 전하를 계산하시오. 공명 혼성에 어느 구조가 더 많이 기여하는지 고르시오.

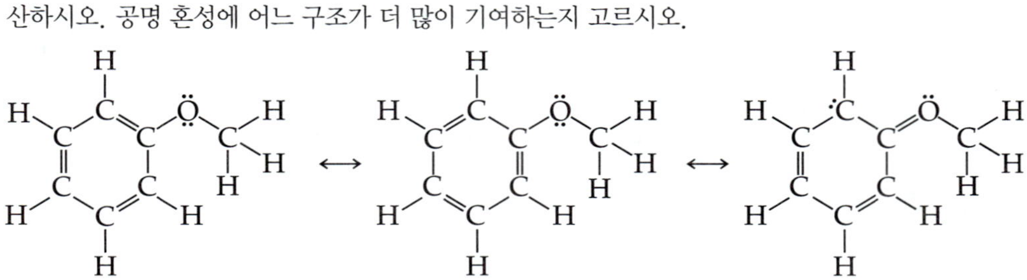

1 2 3

INQUIRY ? 결합의 극성도가 유기인산계 살충제의 독성에 어떻게 영향을 미치는가?

▲ 유기인산계 살충제는 전 세계적으로 곡물 재배에 널리 이용되고 있다. ©comzeal images/Shutterstock

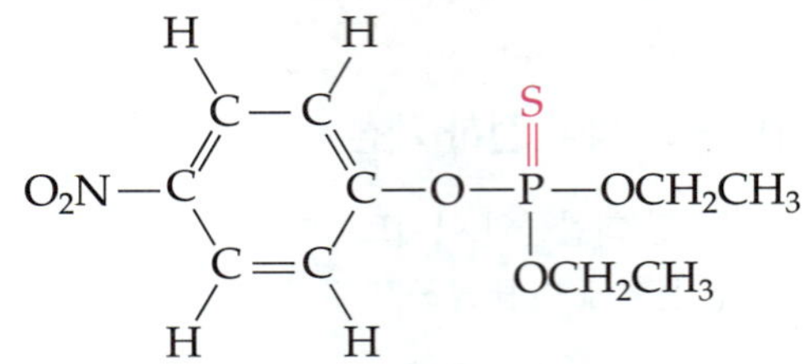

파라티온

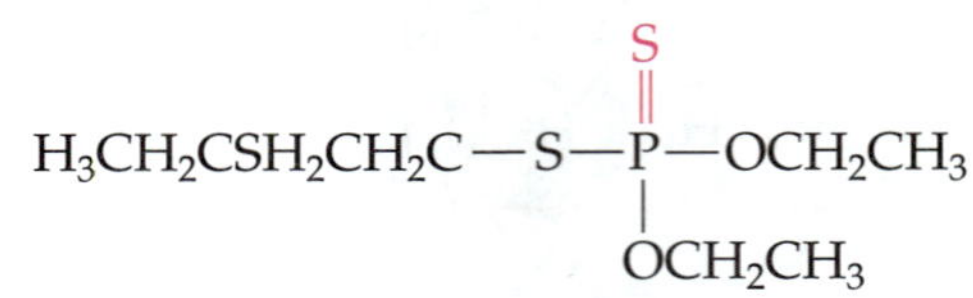

다이설포톤

유기인산은 살충제로서 널리 사용되어 온 화합물의 한 종류이다. 이들은 독성이 없고 물에 쉽게 녹는 물질로 빠르게 분해되어 환경의 관점에서 이롭다. 유기인산의 일반적인 화학 구조는 다음과 같다.

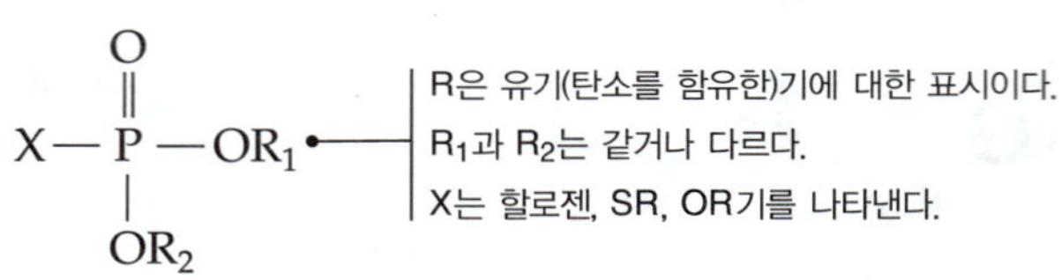

유기인산계 살충제는 짧은 수명 때문에 매우 유망하며, 이들의 화학 구조를 변화시켜 독성을 조절할 수 있다. 사실 신경계에 작용하는 물질은 치환기 X와 R이 변화된 매우 독성이 강한 유기인산 화합물이다. 여기서 우리는 결합 극성이 어떻게 이 화합물의 독성에 영향을 주는지와, 다른 전기 음성도를 갖는 원자의 치환이 어떻게 이들 화합물을 사람이 사용하기에 안전한 물질로 만들 수 있는지를 알아본다.

들판과 재배하는 채소를 공격하는 다양한 해충들을 통제하는 데 사용되는, 두 가지 유기인산계 살충제인 파라티온(parathion)과 다이설포톤(disulfoton)의 화학 구조를 알아보자. 유기인산의 일반적인 구조에서 인과 산소 사이의 이중 결합은 인과 황의 이중 결합으로 대체되었다.

이 화합물들은 상업적인 농업과 주변 환경에 사용될 때 사람들에게 심각한 독성을 가하지 못하도록 화학적인 변화가 이루어졌다. 유기인산은 생명체에 정상적인 신경 전달을 하기 때문에 독성이 있다. 유기인산 분자는 콜린에스테레이스(cholinesterase)라는 효소와 반응하여 그 기능을 억제하고, 신경을 지속적으로 마비시켜 사망에 이르게 한다. 유기인산계 살충제와 효소 사이의 반응에서 인 원자는 양전하를 띤다. 큰 양전하는 반응의 속도를 증가시키고, 살충제의 독성을 증가시킨다.

그림 7.7은 인–산소 이중 결합(P=O)과 인–황 이중 결합(P=S)을 가진 유기인산의 정전기 퍼텐셜 지도와 전하를 보여 준다. 산소가 황보다 전기 음성도가 크기 때문에 더 강하게 공유 전자를 끌어당긴다. 그래서 P=O 결합을 가진 분자는 인에 더 큰 양전하(+1.80)를 갖기 때문에 독성이 더 강하다. 독성이 약한 P=S에서 인의 양전하(+1.30)는 더 작다. 정전기 퍼텐셜 지도는 강한 붉은색으로 산소의 음전하를 나타내고 있다. 황 원자의 크기는 더 크고 전기 음성도는 더 낮으며, 노란색과 붉은색의 혼합으로 묘사된 더 작은 음전하를 갖는다.

P=S 결합을 가진 유기인산은 곤충과 포유류의 생화학적 차이로 인해서 매우 강한 살충제이다. 곤충의 경우에는, 산화 효소에 의해서 황 원자를 빠르게 산소로 바꿔서 강한 신경 독성 물질을 만든다. 동물의 경우에는, 이러한 효소가 훨씬 적게 있어서 황을 산소로 바꾸는 것이 심각할 정도는 아니다. 그러므로 이 화합물이 포유류의 몸 속에 들어가면 독성이 훨씬 작은 형태로 존재하나, 곤충에게는 독성이 강한 형태로 바뀐다. 비록 P=S 결합이 유기인산을 독성이 작은 물질로 만들지만, 여전히 이런 살충제를 사용할 때는 주의해야 한다. 사람의 중독과 관련된 몇몇 경우와 심지어 사망한 경우도 있었다.

문제 7.25 유기인산계 살충제의 독성은 화학식에서 산소

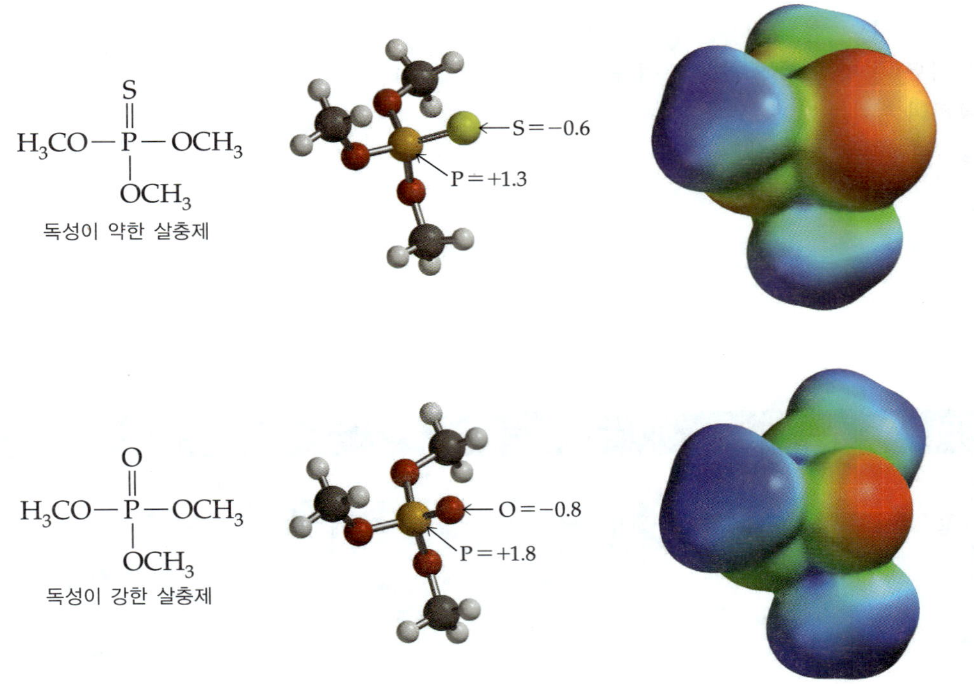

▶ 그림 7.7
유기인산계 화합물의 분자 모형화. 유기인산계 살충제에서, 인 원자의 양전하는 다양한 전기 음성도를 가진 원소들과의 결합에 의해 바뀔 수 있다. 산소가 황보다 전기 음성도가 크므로 P=O가 P=S보다 극성이 크고 인의 양전하도 더 크다.

원자를 황 원자로 치환함으로써 변화될 수 있다.

(a) 그림 7.4를 이용하여, 인–황 또는 인–산소 중 어느 결합이 더욱 극성을 띠는지를 결정하시오.

(b) 인–황 또는 인–산소 중 어느 결합이 더 독성을 띠는 살충제가 될지를 설명하시오.

문제 7.26 다음 구조를 갖는 치환된 페닐다이에틸인산 살충제를 생각해 보자.

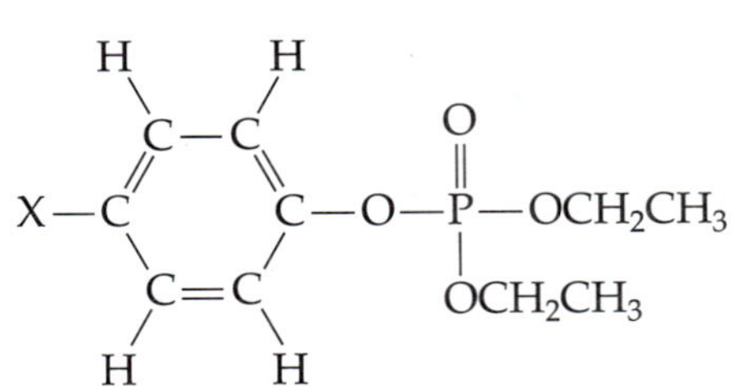

X 위치에 다음 작용기가 있을 때, 어느 것이 가장 독성이 강한가?

(a) I, Br, Cl　　(b) CF_3, CHF_2, CH_2F, CH_3

문제 7.27 유기인산계 화합물에서 인은 확장된 팔전자를 갖는다. 전자점 구조에서 왜 인은 8개보다 많은 전자를 수용하는가?

문제 7.28 다음 구조는 유기인산계 살충제인 다이아지논(diazinon)을 나타낸다. 단지 원자 간 결합만 보여 주며, 다중 결합은 표시되지 않았다. 다이아지논의 화학식을 구하고, 다중 결합과 비공유 전자쌍의 위치를 나타낸 구조를 완성하시오(빨간색=O, 회색=C, 노란색=S, 파란색=N, 상아색=H, 보라색=P). (힌트: 인과 황은 이중 결합을 한다.)

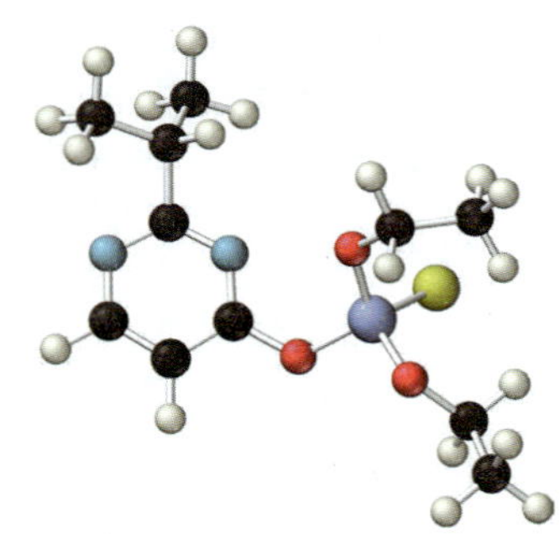

문제 7.29 신경 독성 물질인 사린(sarin)의 전자점 구조는 다음과 같다. P의 형식 전하를 계산하고, P에 결합된 원자들 F, C, 두 O의 형식 전하를 계산하시오.

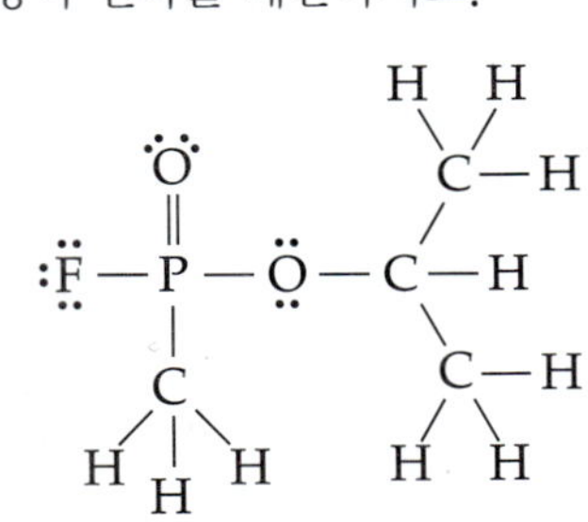

문제 7.30 사린 분자에서 굽은 화살표에 의해서 표시된 새로운 전자점 구조를 그리시오. 새로운 구조가 타당성이 있는

지 결정하고, 타당하다면 F, P, 두 개의 O 원자의 형식 전하를 계산하시오. 형식 전하를 문제 7.29에서 계산한 값과 비교하시오. 공명 혼성에 가장 기여가 큰 구조를 형식 전하를 사용하여 평가하시오.

(a)

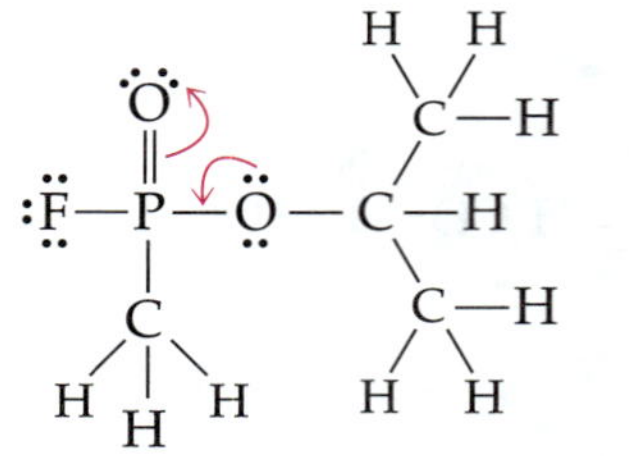

(b)

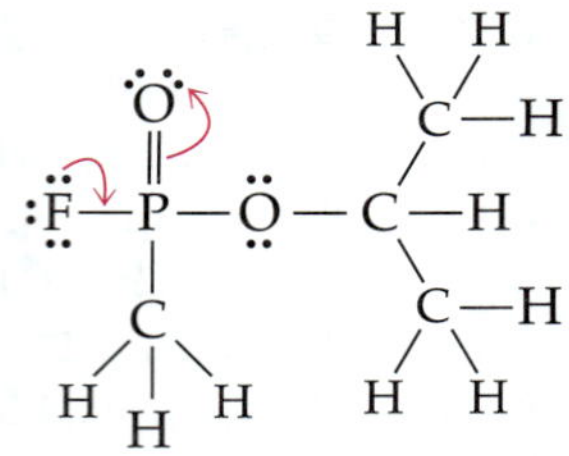

정리

절	개념 요약	학습 목표	문제
7.1 분자의 공유 결합	**공유 결합**이란 원자 사이에 전자를 공유함으로써 이루어진다. 원자를 연결하는 힘은 각 원자에서 음전하를 띤 전자와 두 원자의 양전하를 띤 핵에 의한 정전기적 인력이다.	7.1 이온 결합과 공유 결합의 차이를 설명한다. 7.2 두 핵이 공유 결합을 형성하기 위하여 접근할 때 일어나는 에너지 변화를 설명한다.	문제 7.40 문제 7.33~7.34, 7.47
7.2 공유 결합의 세기	모든 공유 결합은 최고의 안정성을 가지는 고유한 **결합 길이**와 그 결합 세기를 나타내는 특정한 **결합 해리 에너지**(D)를 갖는다. 결합이 형성될 때 에너지가 방출되고, 결합이 끊어질 때 에너지를 흡수한다.	7.3 결합 차수와 원자 크기에 기초하여, 결합 길이와 결합 해리 에너지의 경향을 예측한다.	문제 7.42, 7.44
7.3 극성 공유 결합: 전기 음성도	HCl에서와 같이 서로 다른 원자 사이의 결합에서 종종 한 원자는 다른 원자보다 더 강하게 결합 전자를 끌어당겨 **극성 공유 결합**을 만든다. 결합 극성은 한 분자에서 원자들이 공유 전자를 끌어당기는 능력을 나타내는 **전기 음성도(EN)**의 차이 때문이다. 전기 음성도는 주기율표의 같은 주기에서는 왼쪽에서 오른쪽으로 갈수록 증가하고, 같은 족에서는 일반적으로 위에서 아래로 갈수록 감소한다.	7.4 전기 음성도 값이 증가하는 순서로 원소들을 배열한다. 7.5 결합을 무극성 공유 결합, 극성 공유 결합, 이온 결합으로 분류한다. 7.6 전자 밀도의 높고 낮은 영역을 결정하기 위해서 정전기 퍼텐셜 지도를 해석한다. 7.7 결합의 이온성 백분율을 계산한다.	문제 7.48 예제 7.1; 문제 7.50, 7.54 문제 7.33~7.34 예제 7.2; 문제 7.60~7.61
7.4 이온 결합 화합물과 공유 결합 화합물의 비교	이온 결합 화합물은 높은 녹는점을 가진 고체이다. 이것은 결정에서 모든 원자 간에 강한 이온 결합이 존재하기 때문이다. 일반적으로 공유 결합 화합물은 낮은 녹는점을 가진다. 이것은 분자들이 실제 결합보다 훨씬 약한 분자 간 힘에 의해 결합되기 때문이다.	7.8 이온 결합 화합물과 공유 결합 화합물의 물리적 성질의 차이를 설명한다.	문제 7.35, 7.62~7.63
7.5 전자점 구조: 팔전자 규칙	일반적으로 주족 원소들은 팔전자 규칙을 만족하든지 혹은 더 이상 공유할 수 있는 원자가 없을 때까지, 가능하면 많은 원자가 껍질 전자를 공유한다. 주기율표의 3주기와 그 아래 주기의 원자들은 팔전자 규칙에 의해 예측한 결합 수보다 더 많은 전자를 수용한다.	7.9 팔전자 규칙을 만족하는 전자점 구조를 그린다.	예제 7.3; 문제 7.3
7.6 전자점 구조 그리는 방법	**전자점 구조**는 원자의 원자가전자를 점으로 나타내며, 원자 사이에 공유하는 한 쌍의 점으로 **단일 결합**의 두 전자를 나타낸다. 유사하게 **이중 결합**은 4개의 점 혹은 원자 사이에 두 선으로 나타내고, **삼중 결합**은 6개의 점 혹은 원자 사이에 세 개의 선으로 나타낸다.	7.10 다중 결합 및 확장 팔전자를 포함하는 모든 분자에 대해, 다섯 단계 방법을 이용하여 전자점 구조를 그린다.	예제 7.4~7.5; 문제 7.66, 7.68, 7.70, 7.74

절	개념 요약	학습 목표	문제
7.7 라디칼의 전자점 구조 그리기	**라디칼**이란 홀수 전자를 가진 반응성이 큰 화학종이다. 가장 작은 전기 음성도를 갖는 원자는 라디칼의 전자점 구조에서 완전한 팔전자를 이루지 못한다.	7.11 라디칼의 전자점 구조를 그린다.	예제 7.6; 문제 7.9~7.10
7.8 수소와 2주기 원소만을 포함하는 화합물의 전자점 구조	많은 생물 및 유기 화합물들은 단지 2주기 원소와 수소 원자를 함유한다. 표 7.4에서 서술한 결합의 형태를 따라 전자점 구조를 그리면 된다.	7.12 2개 이상의 중심 원자를 갖는 분자에 대한 전자점 구조를 그린다.	예제 7.7~7.8; 문제 7.38, 7.80, 7.82
7.9 전자점 구조와 공명	다중 결합을 갖는 어떤 분자들은 두 가지 이상의 전자점 구조를 나타낼 수 있다. 그런 경우에 단일 구조는 적절하지 않다. 분자의 실제 구조는 서로 다른 각 구조의 **공명 혼성**이다.	7.13 하나의 구조가 다른 구조로 어떻게 변환되는지 묘사하는 굽은 화살표를 사용하여 공명 구조를 그린다.	예제 7.9~7.10; 문제 7.84, 7.86, 7.88, 7.91
		7.14 공명 혼성 모형을 사용하여 분자 내 결합을 묘사한다.	문제 7.90, 7.93
7.10 형식 전하	**형식 전하**는 전자점 구조에서 어떤 원자가전자 수와 비교해서, 그 원자가 더 많은 혹은 더 적은 전자를 가지고 있는지를 표시한다. 공명 혼성에 대한 각 공명 구조의 상대적인 기여를 평가하는 데 형식 전하가 사용된다.	7.15 전자점 구조에서 각 원자의 형식 전하를 계산한다.	예제 7.11; 문제 7.94, 7.96, 7.100
		7.16 형식 전하를 사용하여 공명 혼성에 대한 각 공명 구조의 기여를 평가한다.	예제 7.12; 문제 7.98, 7.102, 7.105

주요 용어

결합 길이
결합 전자쌍
결합 차수
결합 해리 에너지(D)
고립 전자쌍
공명 이론
공명 혼성
극성 공유 결합
단일 결합
라디칼
배위 공유 결합
비편재화
삼중 결합
쌍극자 모멘트
원자 사이의 선
유기 화합물
이온성 백분율
이중 결합
전기 음성도(EN)
전자 부족
전자점 구조
형식 전하
확장된 팔전자

주요 식

- 형식 전하(7.10절)

$$\text{형식 전하} = \text{자유 원자의 원자가전자 수} - \frac{1}{2}(\text{결합 전자 수}) - \text{비결합 전자 수}$$

복습 문제

LO는 학습 목표(Learning Objectives)를 나타낸다.

이 장을 학습한 후엔, 학습자의 이해도를 평가할 수 있는 방법이 있다. **복습 문제**를 푸는 것이다. **복습 문제**들은 이 장의 학습 목표와 연계되어 있다. 따라서 푼 답이 틀렸다면, 이 장의 끝부분에 나와 있는 **정리** 문단의 **학습 목표**를 참고하면 된다. 정리 문단에는 **개념 요약**이 제공되며, **예제**를 참고하면 문제 해결 방법을 모델링 할 수 있고, 제공되는 **추가 문제**들로 더 많은 연습을 할 수 있다.

1. 다음 그래프는 두 원자의 핵간 거리에 따른 퍼텐셜 에너지를 나타낸 것이다. (**LO 7.2**)

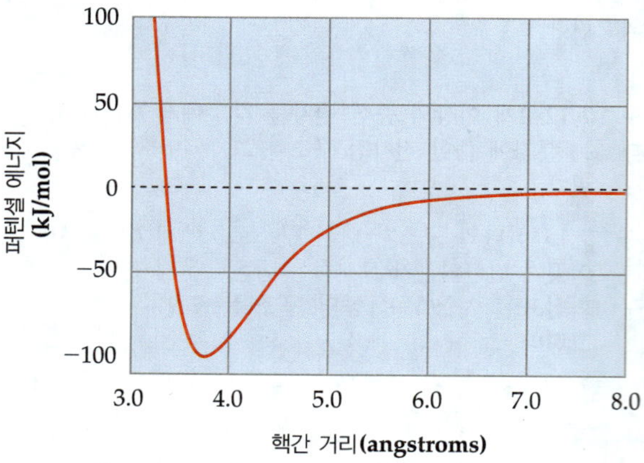

두 원자 사이의 결합 길이는 얼마인가?

(a) 3.4 angstroms (b) 3.8 angstroms
(c) 6.0 angstroms (d) 8.0 angstroms

2. 다음 중 탄소–산소 결합 길이가 가장 짧은 것은 어느 분자인가? (**LO 7.3, 7.9**)

(a) CH_3OH (b) CO
(c) CO_2 (d) HCOOH

3. 아래에 화합물들과 결합의 종류를 짝지어 놓았다. 결합의 종류가 잘못 분류된 것은 어느 것인가? (**LO 7.5**)

(a) Rb_2O(극성 공유) (b) SO_2(극성 공유)
(c) O_3(무극성 공유) (d) KBr(이온성)
(e) HF(극성 공유)

4. 아미노산인 시스테인에서 가장 극성인 결합은? (**LO 7.6**)

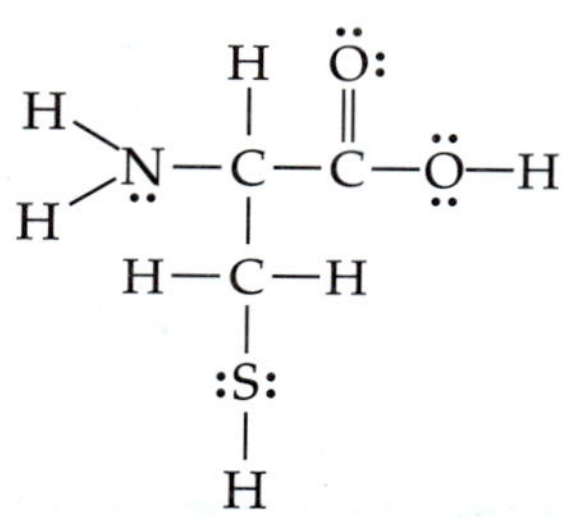

(a) N−H (b) S−H (c) C−O
(d) O−H (e) N−C

5. 상온에서 고체인 화합물은 어느 것인가? (**LO 7.8**)

(a) H_2O (b) Na_2S
(c) SO_3 (d) Cl_2

6. 아황산 이온(SO_3^{2-})의 옳은 전자점 구조를 고르시오. (**LO 7.10**)

(a)

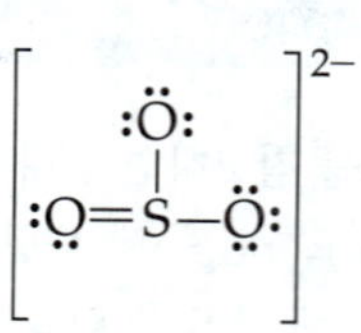

(b)

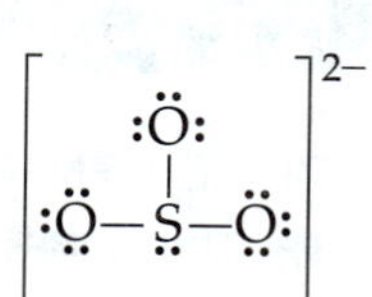

(c)

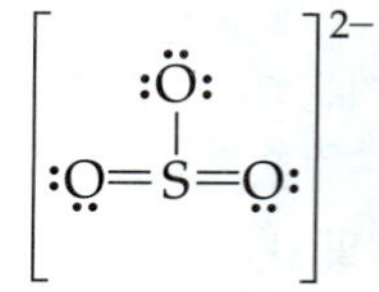

(d)

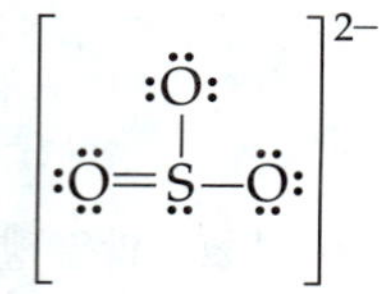

7. $SeCl_2$의 옳은 전자점 구조를 고르시오. (**LO 7.10**)

(a)

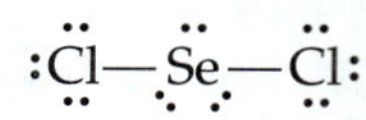

(b)

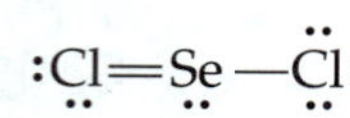

(c)

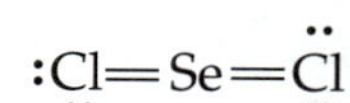

(d)

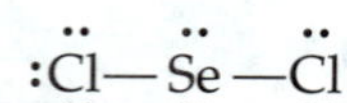

8. ClF_3의 옳은 전자점 구조를 고르시오. (**LO 7.10**)

(a)

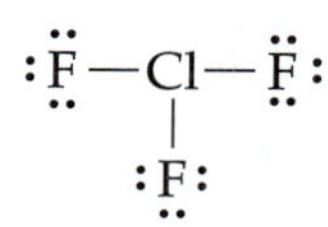

(b)

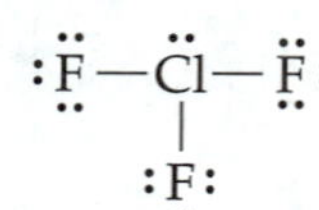

(c)

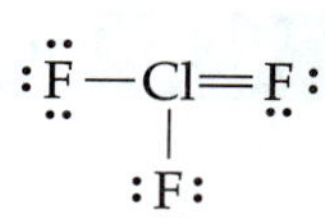

(d)

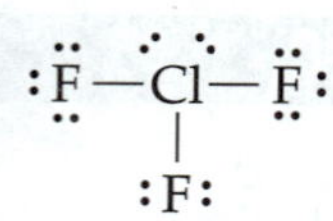

9. 원자들이 다음 순서로 연결된 분자의 옳은 전자점 구조는 어느 것인가? (**LO 7.12**)

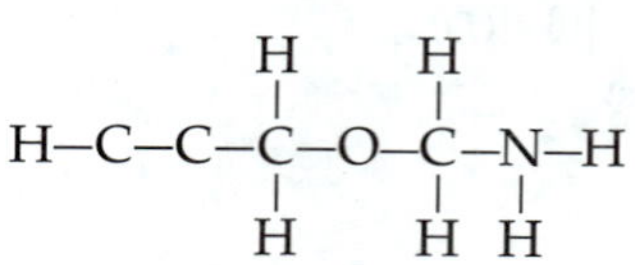

(a)

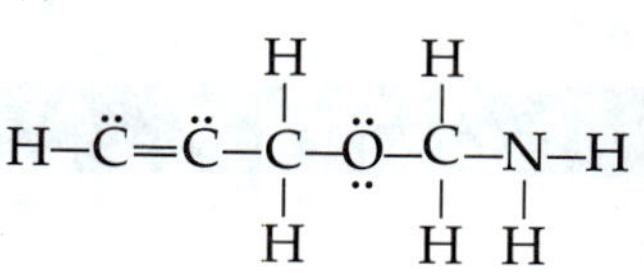

(b)

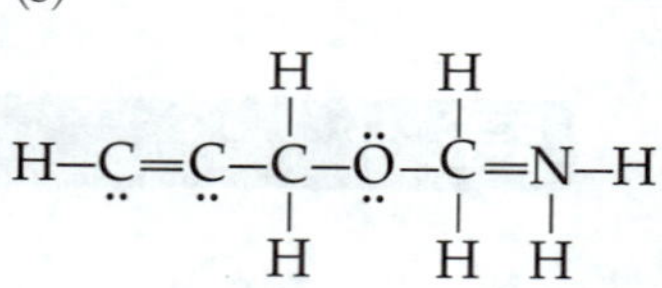

(c)

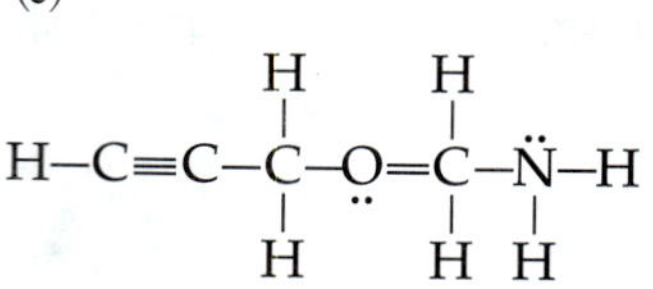

(d)

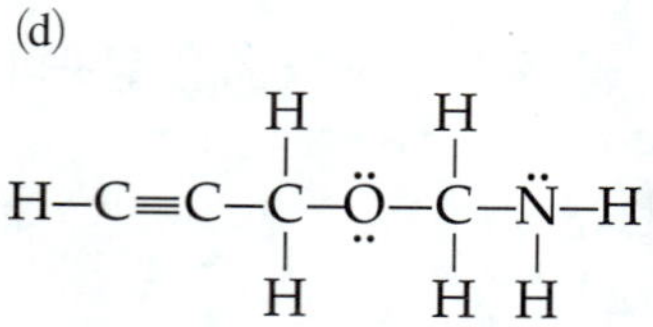

10. 다음 쌍 중 공명 구조를 나타내는 것은 어느 것인가? (**LO 7.13**)

(a)

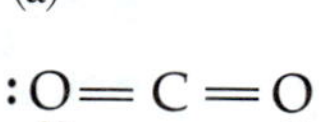 와 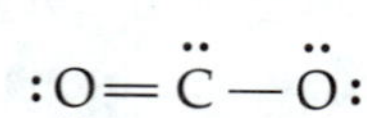

(b)

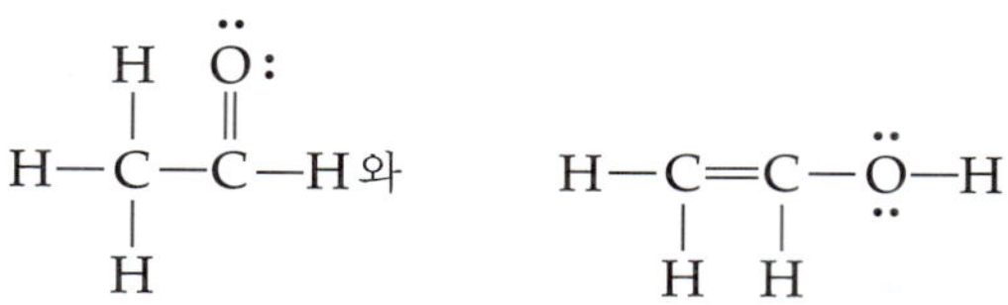

(c)

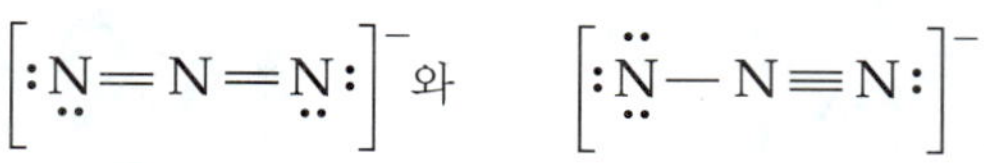

11. DNA의 염기인 사이토신의 구조는 다음과 같다.

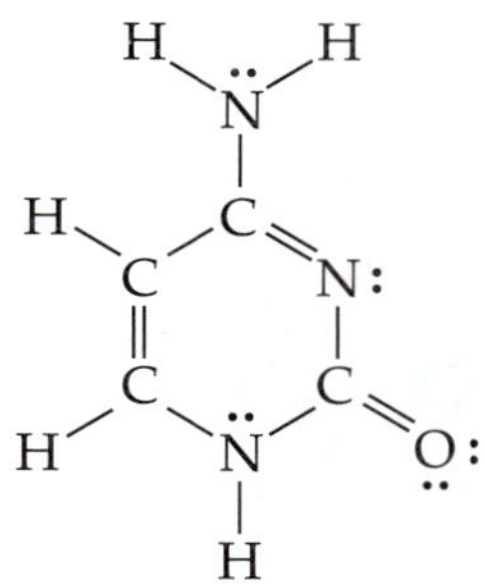

다음 중 사이토신의 공명 구조가 아닌 것은 어느 것인가? (**LO 7.13**)

(a)

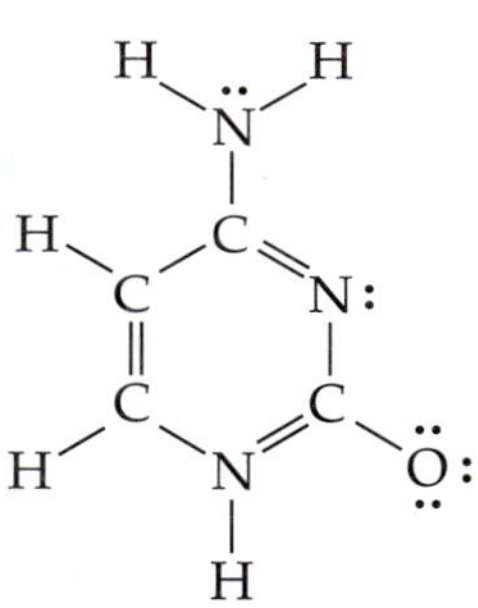

(b)

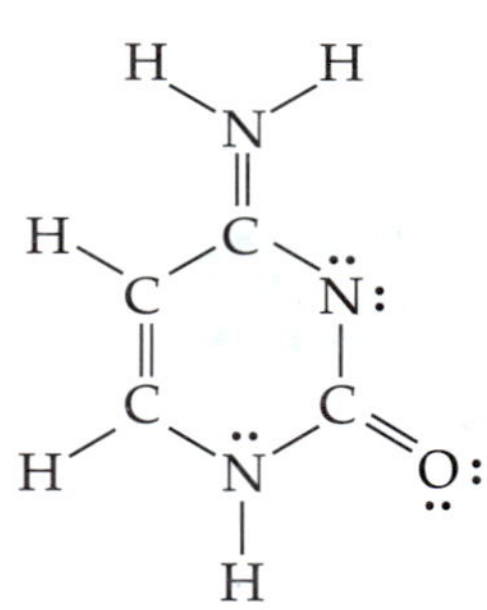

(c)

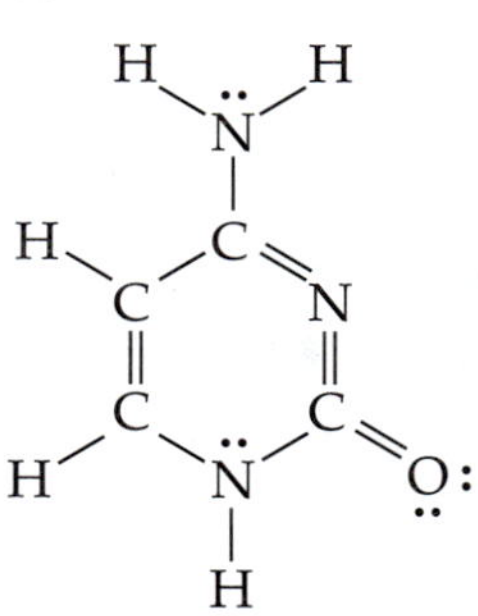

(d)

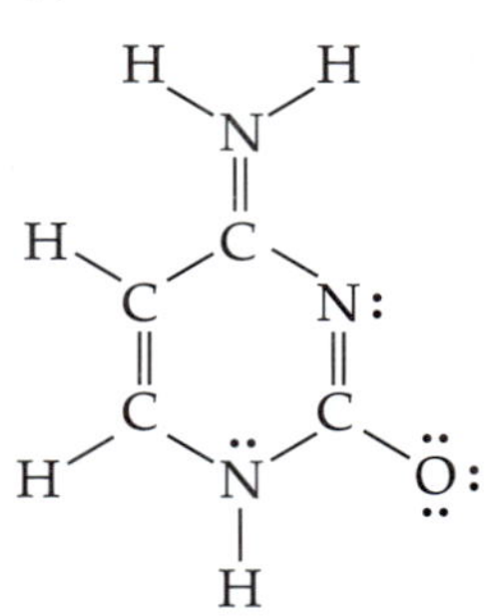

12. 탄산 이온(CO_3^{2-})에서 탄소–산소의 결합 길이를 예측하시오. (**LO 7.14**)

탄소–산소의 평균 결합 길이 자료:

C—O (143 pm) C=O (121 pm) C≡O (113 pm)

(a) 143 pm (b) 132 pm

(c) 121 pm (d) 118 pm

13. 브로민산 이온에서 브로민의 형식 전하는 어느 것인가? (**LO 7.15**)

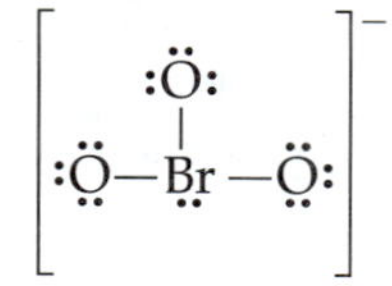

(**a**) +1 (**b**) +2

(**c**) +3 (**d**) −2

14. 형식 전하에 기초하여 싸이오 황산 이온의 가장 좋은 전자점 구조는 어느 것인가? (**LO 7.16**)

(a)

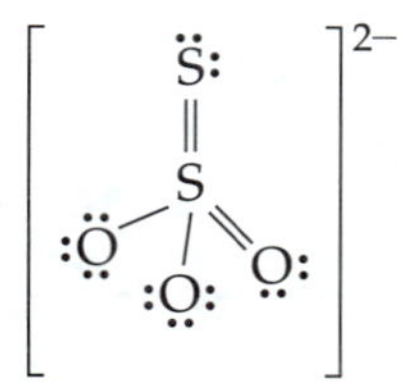

(b)

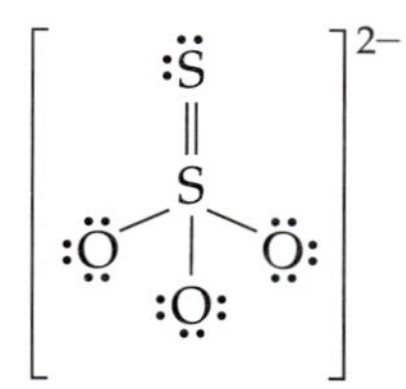

(c)

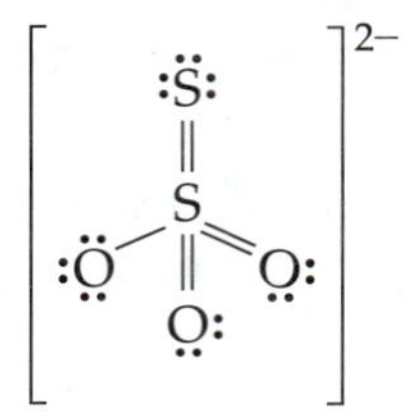

(d)

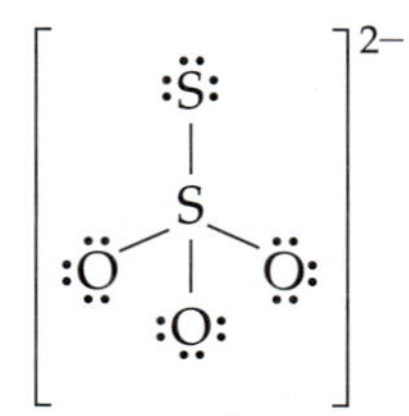

15. 형식 전하를 사용하여, 공명 혼성에 가장 크게 기여하는 공명 구조를 고르시오. (**LO 7.16**)

(a) 구조 I

(b) 구조 II

(c) 구조 III

(d) 모든 구조가 공명 혼성에 동일하게 기여한다.

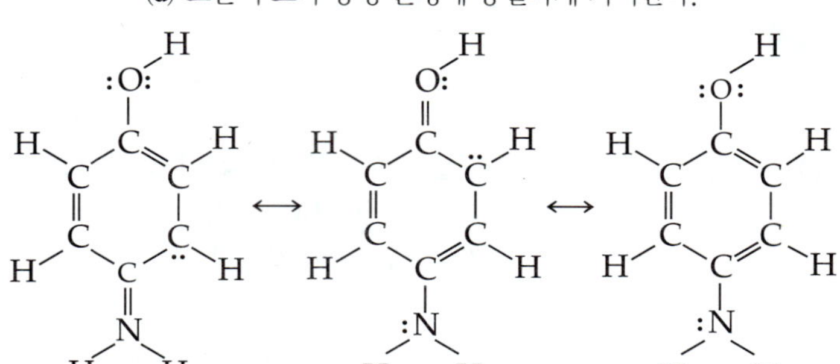

I II III

답: 1. b, 2. b, 3. a, 4. d, 5. b, 6. b, 7. d, 8. d, 9. d, 10. c, 11. c, 12. b, 13. b, 14. a, 15. c

개념 문제

문제 7.1~7.30은 이 장의 본문 중에 있다.

7.31 다음 그림은 핵간 거리에 따른 두 원자의 퍼텐셜 에너지를 나타낸다. 그래프에 표시된 알파벳에 대한 맞는 설명을 고르시오.

(a) 두 원자 사이의 반발력이 존재하지 않는다.

(b) 두 원자는 서로 인력과 반발력이 존재하지 않는다.

(c) 두 원자 사이에 인력이 최대가 되어서 퍼텐셜 에너지가 최소가 된다.

(d) 두 원자 사이에 인력이 존재하지만 세기가 최대가 아니다.

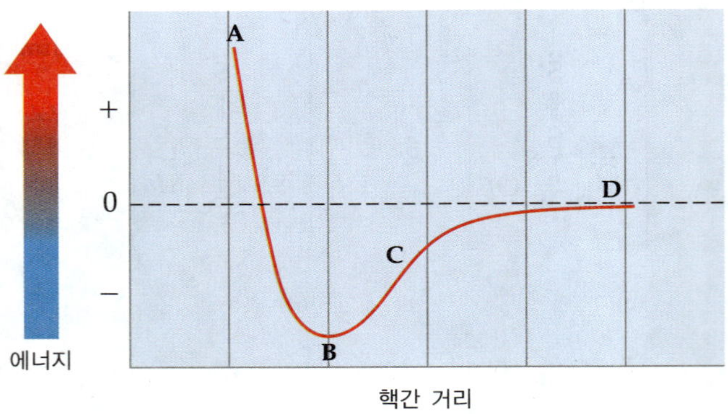

7.32 다음 그림은 핵간 거리에 따른 두 원자의 퍼텐셜 에너지를 보여 준다. 어느 결합이 가장 강한가? 어느 결합이 가장 긴가?

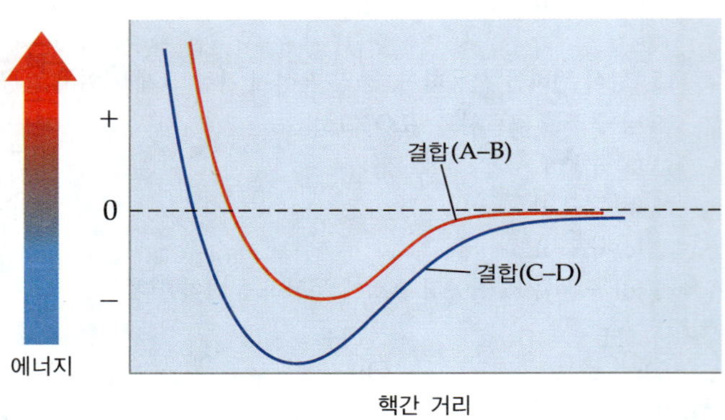

7.33 다음 두 가지 정전기 퍼텐셜 지도 중 하나는 메틸리튬(CH_3Li)이고, 다른 하나는 클로로메테인(CH_3Cl)이다. 이들의 극성 형태에 기초하여, 어느 것이 어떤 분자인지를 밝히시오.

(a)

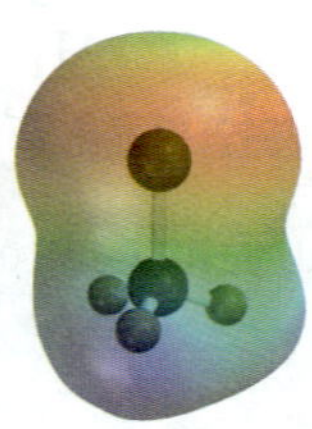

(b)

7.34 다음에 아세트알데하이드(C_2H_4O), 에테인(C_2H_6), 에탄올(C_2H_6O), 플루오로에테인(C_2H_5F)의 정전기 퍼텐셜 지도를 나타내었다. 각 화합물에 해당하는 정전기 퍼텐셜 지도를 고르시오.

(a)

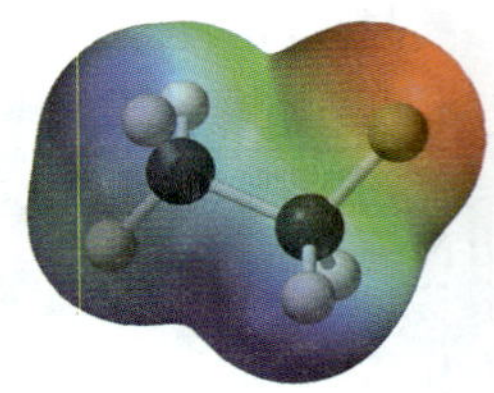

(b)

(c)

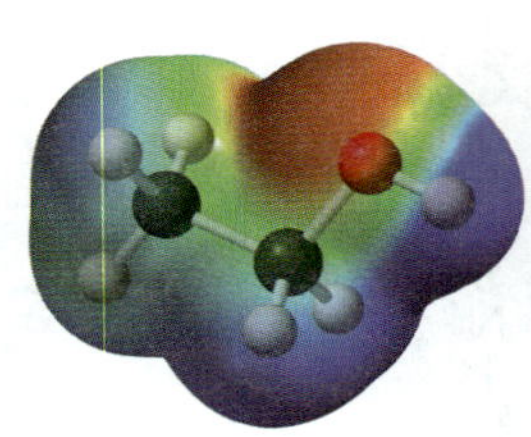

(d)

7.35 다음 그림 중 이온 결합 화합물과 공유 결합 화합물을 표현한 그림을 각각 고르시오.

(a)

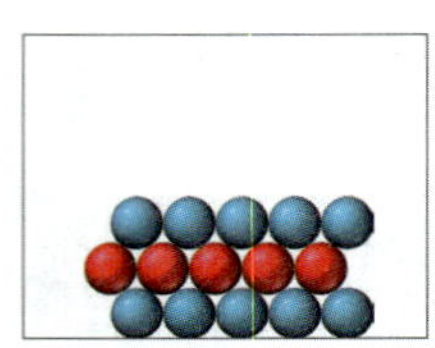

(b)

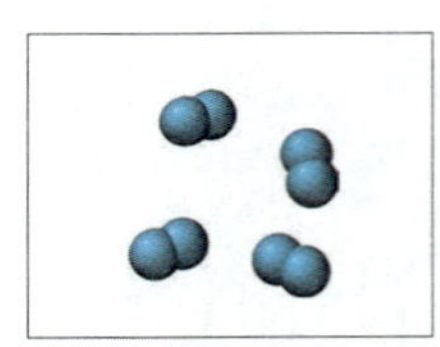

(c)

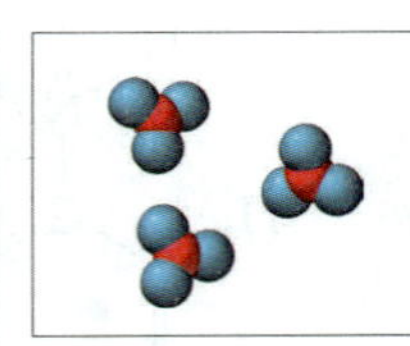

7.36 다음은 비처방 두통약 타이레놀의 주성분인 아세트아미노펜(acetaminophen)을 공–막대 모형으로 나타낸 것이다(빨간색=O, 회색=C, 파란색=N, 상아색=H). 아세트아미노펜의 분자식을 적고, 이중 결합과 고립 전자쌍의 위치를 표시하시오.

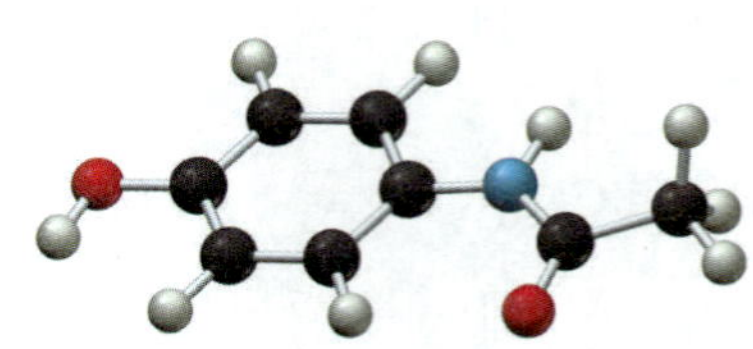

아세트아미노펜

7.37 다음 공–막대 분자 모형은 탈리도마이드(thalidomide)라는 약물이다. 이 약물은 기형아의 출산을 유발하지만 한센병에 대해 치료 효과가 있음이 밝혀졌다. 모형에서의 선은 원자 사이의 결합만을 나타내며, 단일, 이중, 또는 삼중 결합을 구분하지 않는다(빨간색=O, 회색=C, 파란색=N, 상아색=H). 탈리도마이드의 분자식을 적고, 다중 결합과 고립 전자쌍의 위치를 표시하시오.

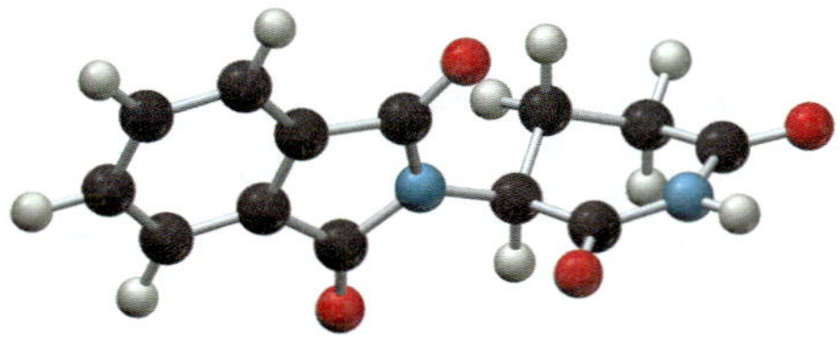

탈리도마이드

7.38 와인 숙성에 사용되는 살짝 그을린 나무통에서 발견되는 화합물인 시납알데하이드(sinapaldehyde)는 원자 사이에 다음의 연결 구조를 갖는다. 고립 전자쌍과 다중 결합을 표시하여, 시납알데하이드의 전자점 구조를 완성하시오.

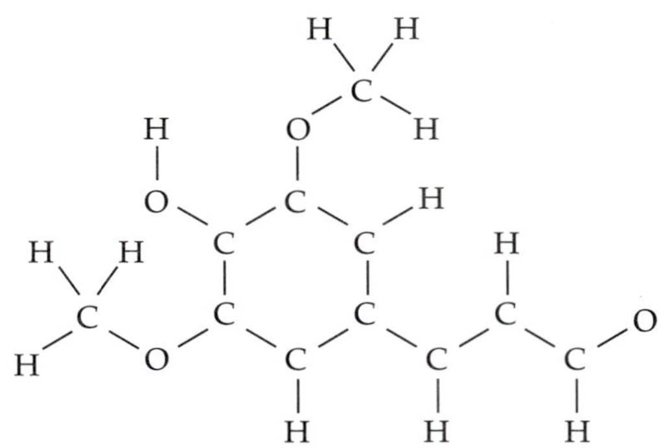

시납알데하이드

7.39 바이타민 C(아스코브산)는 원자 사이에 다음과 같은 연결 구조를 갖는다. 고립 전자쌍과 다중 결합을 표시하여, 바이타민 C의 전자점 구조를 완성하시오.

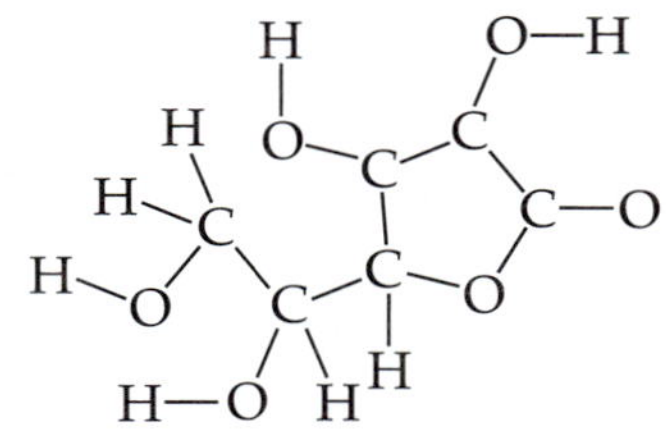

바이타민 C

보충 문제

공유 결합(7.1절)

7.40 다음 설명에 해당하는 결합의 종류를 고르시오(이온 결합, 무극성 공유 결합, 공유 결합).

(a) 하나 또는 그 이상의 전자들이 금속에서 비금속 원자로 전달된다.

(b) 전자들이 두 원자 사이에서 동등하게 공유된다.

(c) 전자들이 두 원자 사이에서 동등하지 않게 공유된다.

7.41 왜 두 개의 원자들이 가까이 와서 공유 결합을 형성하는가?

(a) 원자들이 서로 가까이 있을 때, 두 원자에 있는 양으로 하전된 핵과 전자 사이의 인력이 발생한다.

(b) 원자들이 서로 가까이 있을 때, 원자핵 내의 양성자 사이의 반발력이 최소화된다.

(c) 원자들이 서로 가까이 있을 때, 두 원자에 있는 전자 사이의 반발력이 최소화된다.

공유 결합의 세기(7.2절)

7.42 다음 결합의 결합 해리 에너지 차이를 설명하시오.

(C−F, 450 kJ/mol), (N−F, 270 kJ/mol), (O−F, 180 kJ/mol), (F−F, 159 kJ/mol)

7.43 다음 결합의 결합 해리 에너지 차이를 설명하시오.

(C−F, 450 kJ/mol), (C−Cl, 330 kJ/mol), (C−Br, 270 kJ/mol), (C−I, 240 kJ/mol)

7.44 다음 중 가장 강한 결합을 예측하시오.

N−H, O−H, S−H

7.45 다음 중 가장 약한 결합을 예측하시오.

Cl−Cl, Br−Br, I−I

극성 공유 결합 : 전기 음성도(7.3절)

7.46 주기율표에서 전기 음성도의 일반적인 경향성은 어떠한가?

7.47 Z=119인 발견되지 않은 원소의 전기 음성도를 예측하시오.

7.48 다음 원소들을 전기 음성도가 증가하는 순서로 나열하시오.

Li, Br, Pb, K, Mg, C

7.49 다음 원소들을 전기 음성도가 감소하는 순서로 나열하시오.

C, Ca, Cs, Cl, Cu

7.50 다음 중 어느 것이 주로 이온 결합성 물질이고, 어느 것이 공유 결합성 물질인가?

(a) HF (b) HI (c) $PdCl_2$

(d) BBr_3 (e) NaOH (f) CH_3Li

7.51 그림 7.4의 전기 음성도 자료를 사용하여, 다음의 각 쌍으로 되어 있는 결합 중 어느 결합이 더 극성인지를 예측하시오.

(a) C−H 또는 C−Cl

(b) Si−Li 또는 Si−Cl

(c) N−Cl 또는 N−Mg

7.52 문제 7.51에 나와 있는 각 결합에 대한 극성의 방향을 $\delta+/\delta-$ 표기를 이용하여 나타내시오.

7.53 문제 7.50에 나와 있는 각 결합에 대한 극성의 방향을 $\delta+/\delta-$ 표기를 이용하여 나타내시오.

7.54 $CdBr_2$, P_4, BrF_3, MgO, NF_3, $BaCl_2$, $POCl_3$, LiBr은 어떤 종류의 화합물인가?
(a) 주로 이온 결합 화합물
(b) 무극성 공유 결합 화합물
(c) 극성 공유 결합 화합물

7.55 S_8, $CaCl_2$, $SOCl_2$, NaF, CBr_4, BrCl, LiF, AsH_3는 어떤 종류의 화합물인가?
(a) 주로 이온 결합 화합물
(b) 무극성 공유 결합 화합물
(c) 극성 공유 결합 화합물

7.56 다음 화합물을 각 결합의 이온성이 증가하는 순서로 나열하시오.

CCl_4, $BaCl_2$, $TiCl_3$, ClO_2

7.57 다음 화합물을 각 결합의 이온성이 증가하는 순서로 나열하시오.

NH_3, NCl_3, Na_3N, NO_2

7.58 원소 P, Br, Mg만을 이용하여, 다음에 해당하는 화학식을 만드시오.
(a) 이온 결합 화합물
(b) 팔전자 규칙을 따르면서 형식 전하가 없는 극성 공유 결합 화합물

7.59 원소 Ca, Cl, Si만을 이용하여, 다음에 해당하는 화학식을 만드시오.
(a) 이온 결합 화합물
(b) 팔전자 규칙을 따르면서 형식 전하가 없는 극성 공유 결합 화합물

7.60 BrCl의 쌍극자 모멘트는 0.518 D이고, 원자 간의 결합 길이는 213.9 pm이다. BrCl 결합의 이온성 백분율은 얼마인가?

7.61 ClF의 쌍극자 모멘트는 0.887 D이고, 원자 간의 거리는 162.8 pm이다. ClF 결합의 이온성 백분율은 얼마인가?

이온 결합 화합물과 공유 결합 화합물의 비교(7.4절)

7.62 다음 화합물 중 상온(25 °C)에서 기체 상태로 존재할 것 같은 물질은 어느 것인가?
(a) NH_3 (b) K_3N (c) Ca_3N_2

7.63 다음 화합물 중 상온(25 °C)에서 고체 상태로 존재할 것 같은 물질은 어느 것인가?
(a) H_2S (b) SO_2 (c) Na_2S

전자점 구조와 공명(7.5-7.7절)

7.64 팔전자 규칙이 왜 주로 주족 원소에 적용되고 전이 금속에는 적용되지 않는지 설명하시오.

7.65 다음 화합물 중 팔전자 규칙을 따르지 않는 원자를 포함한 물질은 무엇인지 고르시오.
(a) $AlCl_3$ (b) PCl_3
(c) PCl_5 (d) $SiCl_4$

7.66 다음 각 분자 또는 이온의 전자점 구조를 그리시오.
(a) CBr_4 (b) NCl_3 (c) C_2H_5Cl
(d) BF_4^- (e) O_2^{2-} (f) NO^+

7.67 3주기 또는 그 아래 주기의 원자를 포함한 다음 분자들의 전자점 구조를 그리시오.
(a) $SbCl_3$ (b) KrF_2 (c) ClO_2
(d) PF_5 (e) H_3PO_4 (f) $SeCl_2$

7.68 XeF_5^+의 올바른 전자점 구조를 고르시오.

(a) (b) (c)

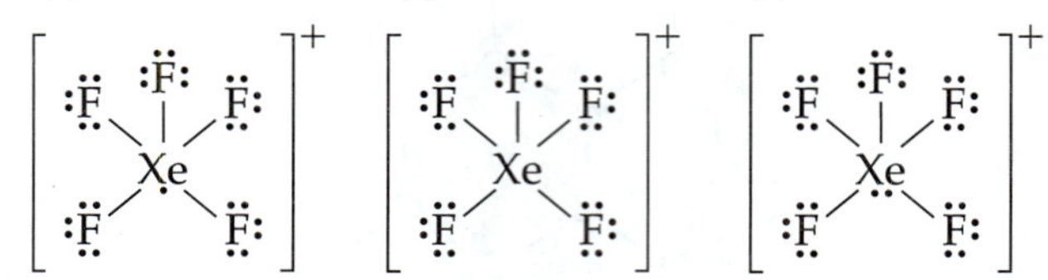

7.69 하이드로늄 이온(H_3O^+)의 전자점 구조를 그리고, 배위 공유 결합이 H_2O와 H^+의 반응으로 형성되었다는 것을 보이시오.

7.70 옥살산($H_2C_2O_4$)은 조리하지 않은 시금치와 다른 식물에서 발견되는 독성 물질이다(약 15 lb 가량의 시금치를 섭취해야 치사량이 된다). 옥살산이 한 개의 C−C 단일 결합을 갖고 C−H 결합은 없다면, 이것의 고립 전자쌍과 다중 결합을 표시하여 전자점 구조를 그리시오.

7.71 이황화 탄소(CS_2)의 고립 전자쌍과 다중 결합을 표시하여 전자점 구조를 그리시오.

7.72 3주기 원소 중 다음 이온의 X가 될 수 있는 것은 무엇인지 말하시오.

(a) (b)

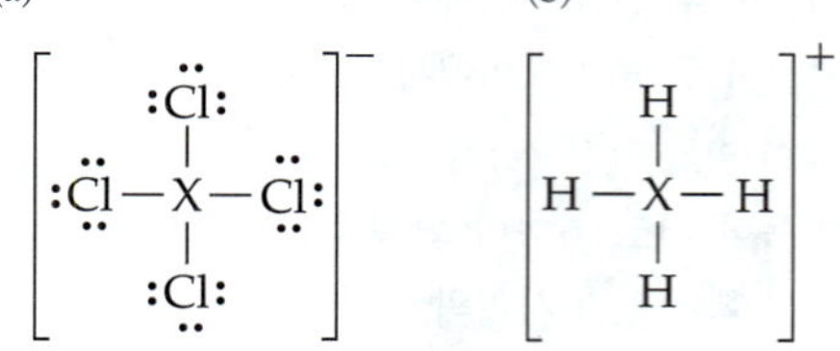

7.73 4주기 원소 중 다음 화합물의 X가 될 수 있는 것은 무엇인지 말하시오.

(a) (b)

7.74 고립 전자쌍과 다중 결합을 표시하여, 다음 연결 구조를 갖는 분자의 전자점 구조를 그리시오.

(a)

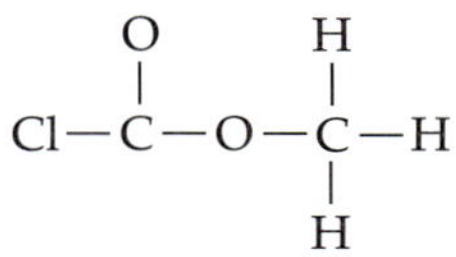

(b)

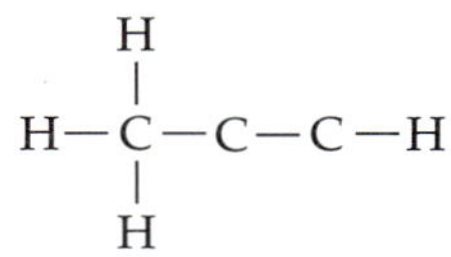

7.75 고립 전자쌍과 다중 결합을 표시하여, 다음 연결 구조를 갖는 분자의 전자점 구조를 그리시오.

(a)

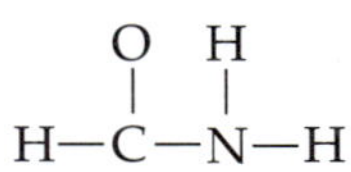

(b)

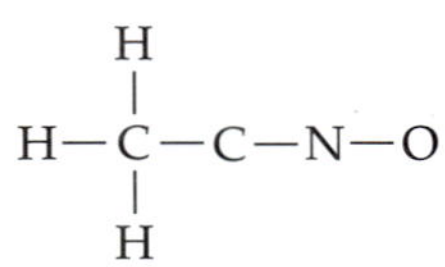

7.76 N_2H_2와 N_2H_4 중 N—N 결합이 더 강할 것으로 기대되는 화합물은 어느 것인가? 설명하시오.

7.77 NO와 NO_2 중 N—O 결합이 더 강할 것으로 기대되는 화합물은 어느 것인가? 설명하시오.

7.78 다음 물질의 전자점 구조를 그리시오.

(a) $F_3S—S—F$

(b) $CH_3—C = C—CO_2^-$

7.79 오래된 탐정 소설에서 'knockout drops'로 알려진 클로랄 수화물(chloral hydrate)의 전자점 구조를 그리시오.

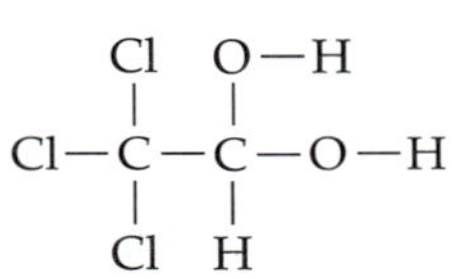

클로랄 수화물

2주기 원소만을 포함하는 분자의 전자점 구조(7.8절)

7.80 주의력 결핍 장애에 처방되는 리탈린(Ritalin)의 주성분인 메틸페니데이트(methylphenidate, $C_{14}H_{19}NO_2$)는 다음 구조를 갖는다. 고립 전자쌍과 다중 결합을 표시하여 다음 전자점 구조를 완성하시오.

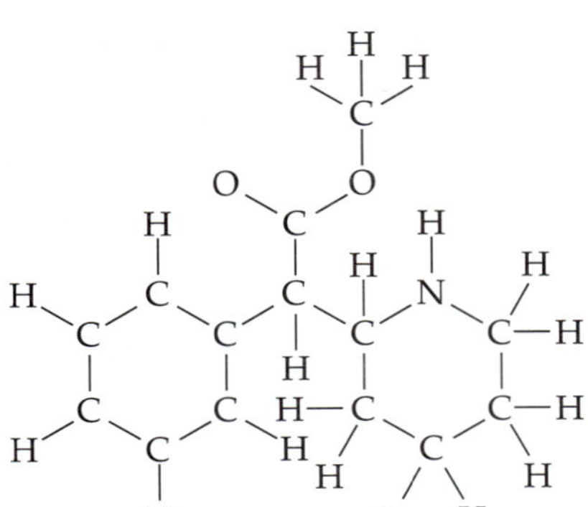

메틸페니데이트(리탈린)

7.81 발작 치료에 처방되는 항경련제 리리카(Lyrica)의 주성분인 프레가발린(pregabalin, $C_8H_{17}NO_2$)은 다음 구조를 갖는다. 고립 전자쌍과 다중 결합을 표시하여 다음 전자점 구조를 완성하시오.

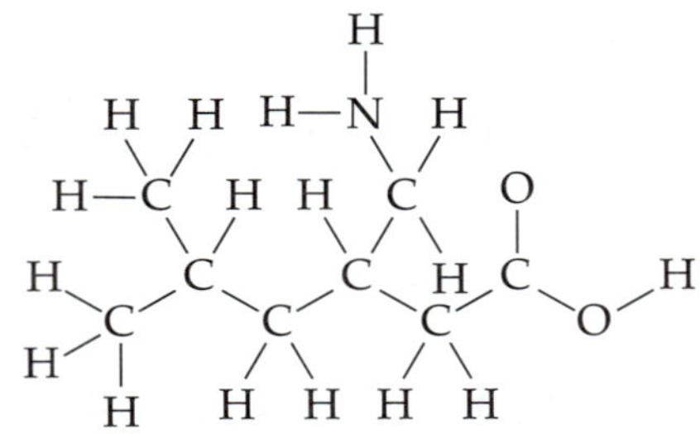

프레가발린(리리카)

7.82 다음 분자 모형은 상업적으로 알려진 인공 감미료 아스파탐(aspartame, $C_{14}H_{18}N_2O_5$)이다. 다음은 원자 간의 연결만 나타낸 것으로, 다중 결합은 표시하지 않았다. 다중 결합과 고립 전자쌍의 위치를 표시하여 구조를 완성하시오.

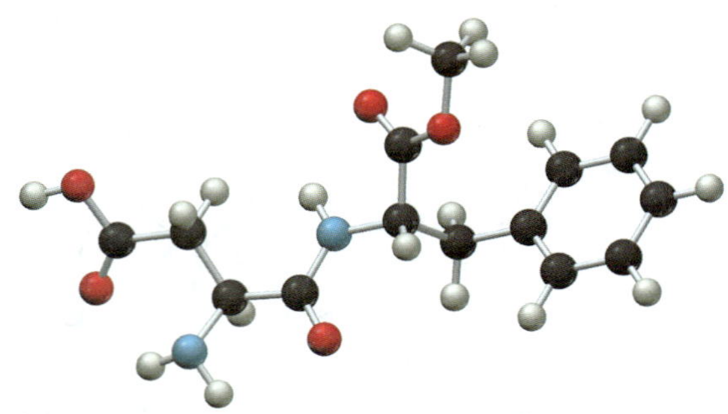

아스파탐

7.83 애드빌(Advil)과 모트린(Motrin)이란 이름으로 판매되는 이부프로펜(ibuprofen, $C_{13}H_{18}O_2$)은 통증 완화와 염증 치료제로 처방전 없이 살 수 있는 약이다. 필요한 위치에 수소 원자와 고립 전자쌍을 첨가하여 이부프로펜의 구조를 완성하시오.

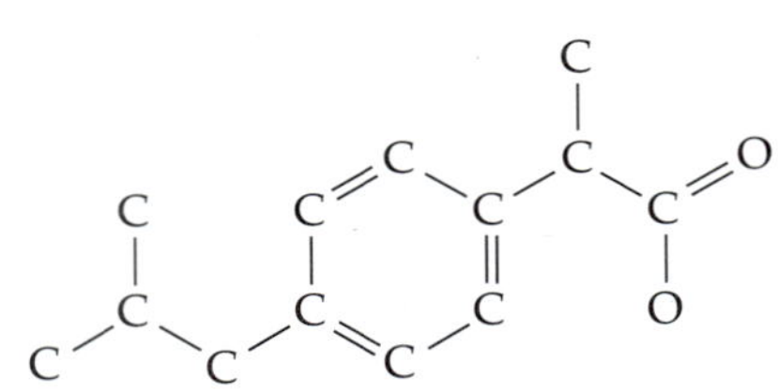

이부프로펜

공명(7.9절)

7.84 다음 분자나 이온에 대하여, 팔전자 규칙에 맞는 공명 구조를 가능한 많이 그리시오. 굽은 화살표를 사용하여, 한 구조에서 다른 구조로의 전환을 묘사하시오.

(a) HN_3 (b) SO_3 (c) SCN^-

7.85 질소를 포함하는 다음 화합물에 대하여 공명 구조를 가능한 많이 그리시오. 단, 모든 팔전자 규칙을 만족하지 않아도 된다. 굽은 화살표를 사용하여, 한 구조에서 다른 구조로의 전환을 묘사하시오.

(a) N_2O (b) NO

(c) NO_2 (d) $N_2O_3(ONNO_2)$

7.86 다음 구조 중 공명 구조를 나타낸 것은 어느 것이고, 아닌 것은 어느 것인가?

(a)

(b)

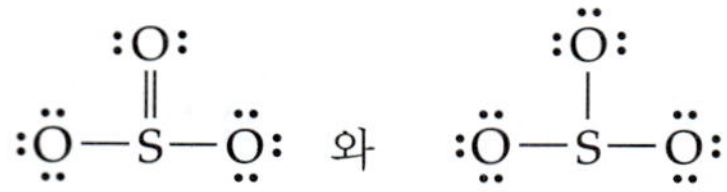

(c)

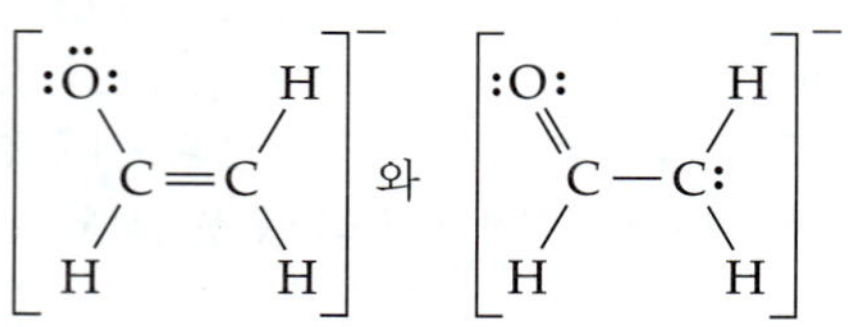

(d)

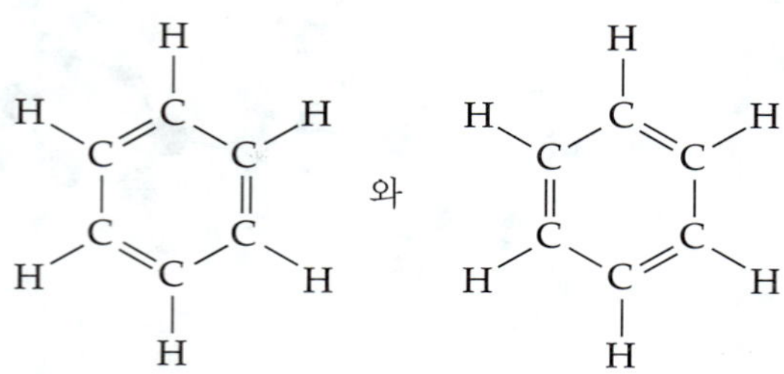

7.87 다음 구조 중 공명 구조를 나타낸 것은 어느 것이고, 아닌 것은 어느 것인가?

(a)

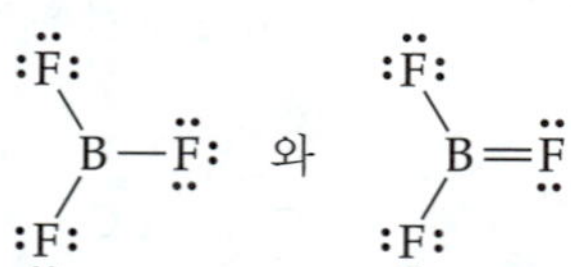

(b)

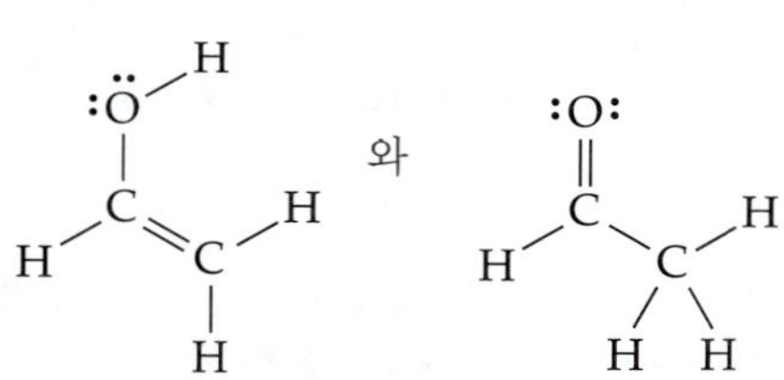

(c)

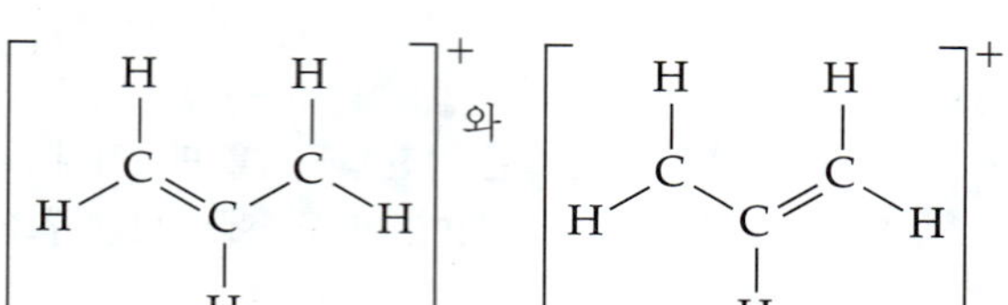

7.88 페놀(phenol, C_6H_6O)에 대해, 팔전자 규칙을 만족시키는 공명 구조를 가능한 많이 그리시오. 굽은 화살표를 사용하여, 한 구조에서 다른 구조로의 전환을 묘사하시오.

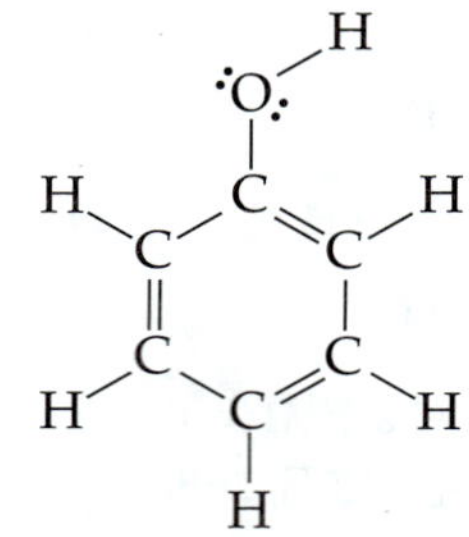

7.89 C_2H_5N에 대해, 팔전자 규칙을 만족시키는 공명 구조를 가능한 많이 그리시오. 굽은 화살표를 사용하여, 한 구조에서 다른 구조로의 전환을 묘사하시오.

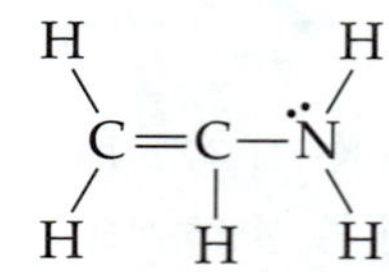

7.90 벤젠은 다음과 같은 구조식을 가진다.

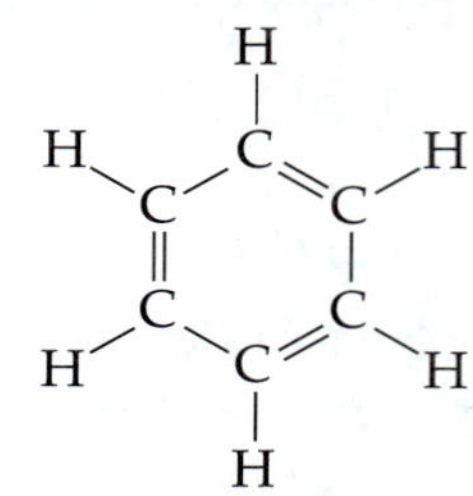

(a) 굽은 화살표를 사용하여, 기존 구조가 어떻게 공명 변환되는지 보이시오.

(b) 다음 중 어느 설명이 벤젠 중의 탄소–탄소 결합을 잘 설명한 것인가?

(i) 3개의 탄소–탄소 결합은 다른 탄소–탄소 결합보다 더 길고 약하다.

(ii) 모든 6개의 탄소–탄소 결합은 동일하며, 그 길이와 강도는 단일 및 이중 결합 사이에 있다.

(iii) 탄소–탄소 이중 결합의 길이는 단일 결합과 이중 결합 길이를 교차하여 전환한다.

7.91 다음 구조를 갖는 사산화 황(sulfur tetroxide, SO_4)에 대해, 3개의 공명 구조를 그리시오. (이것은 중성 분자로, 황산 이온이 아니다.) 각 구조에서 원자의 형식 전하를 계산하시오.

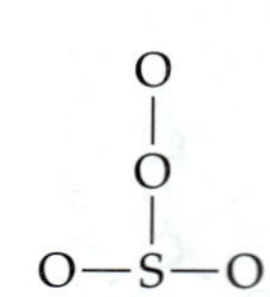

사산화 황

7.92 다음은 의류를 보관할 때 사용되는 나프탈렌(naphthalen, $C_{10}H_8$)의 완성하지 않은 구조이다.

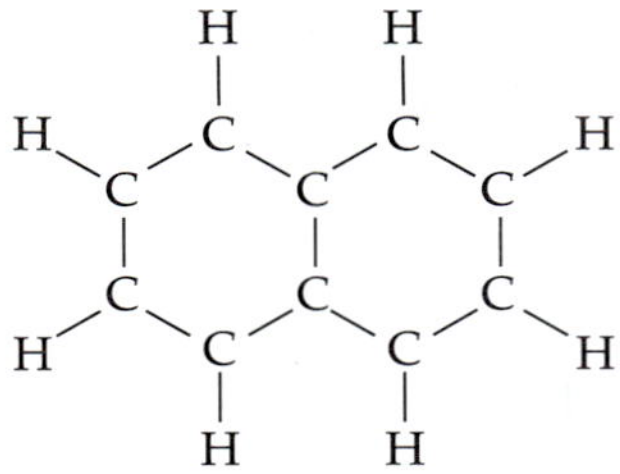

나프탈렌

(a) 필요한 위치에 이중 결합을 추가하여 완벽한 전자점 구조를 그리시오.

(b) 이 구조에서 시작하여 어떻게 새로운 공명 구조가 그려지는지 굽은 화살표를 사용하여 나타내시오.

7.93 다음 (a), (b), (c), (d) 4개의 다른 구조는 다이브로모벤젠(dibromobenzene) 화합물을 그린 것이다. 실제로는 오직 세 개의 화합물만 존재한다. 이를 설명하시오.

(a)

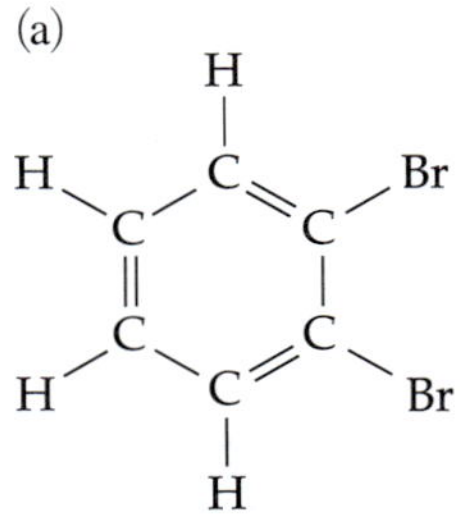

(b)

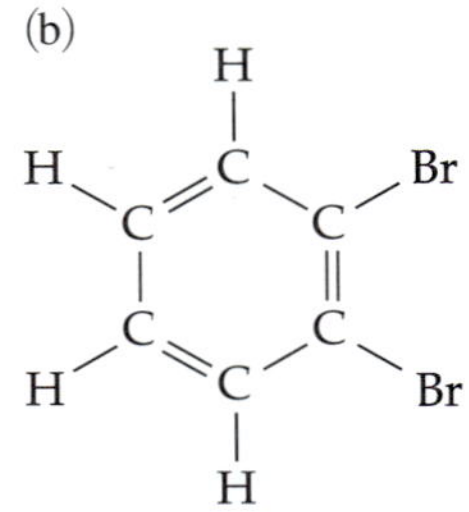

(c)

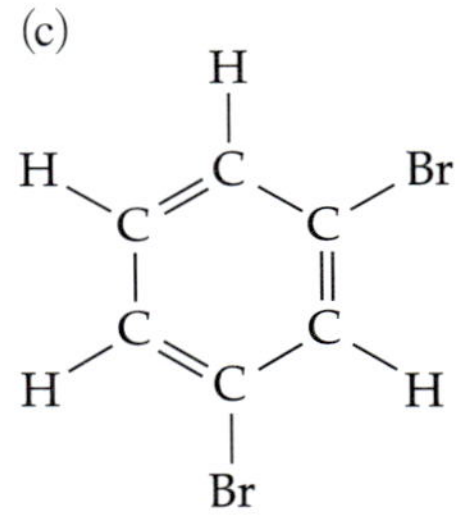

(d)

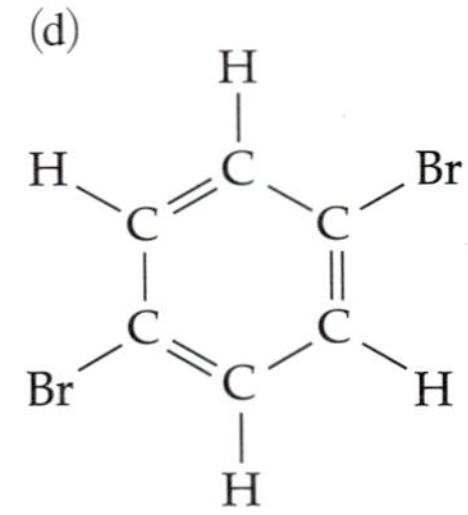

형식 전하(7.10절)

7.94 일산화 탄소(CO)의 전자점 구조를 그리고, 두 원자의 형식 전하를 계산하시오.

7.95 다음 전자점 구조에서 각 원자의 형식 전하를 계산하시오.

(a)

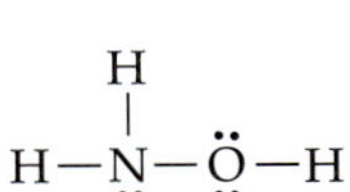

(b)

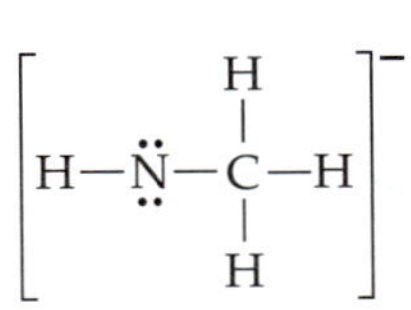

(c)

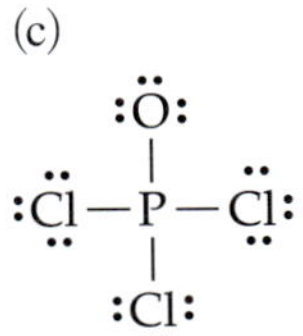

7.96 다음 ClO_2^-의 공명 형태에서 각 원자의 형식 전하를 계산하시오.

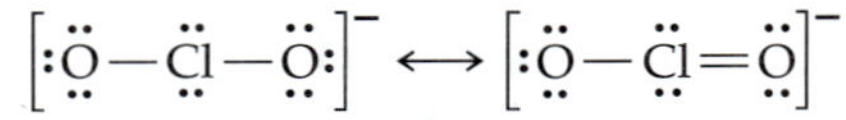

7.97 다음 H_2SO_3의 공명 형태에서 각 원자의 형식 전하를 계산하시오.

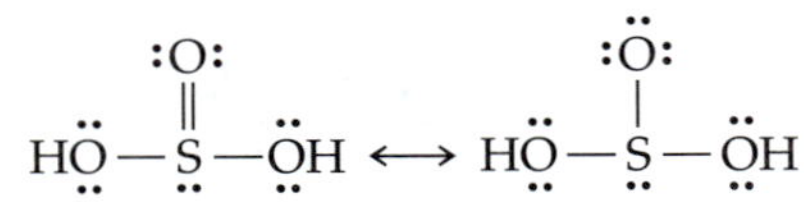

7.98 다음 구조에서 각 원자의 형식 전하를 계산하시오. 두 구조 중 어느 것이 공명 혼성에 더 중요하게 기여하는가?

(a)

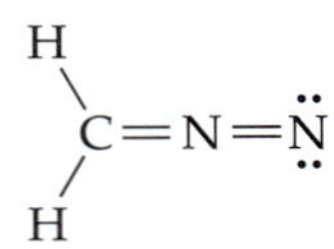

(b)

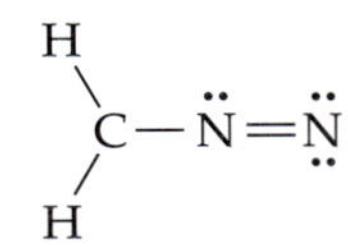

7.99 다음 두 공명 구조에서 C 원자와 O 원자의 형식 전하를 계산하시오. 두 구조 중 어느 것이 공명 혼성에 더 중요하게 기여하는가? 이를 설명하시오.

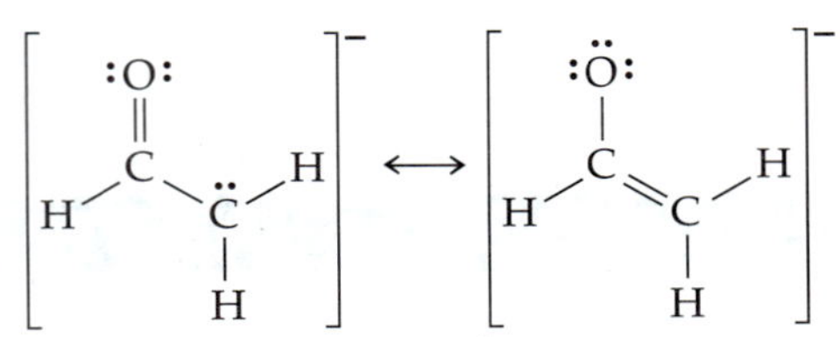

7.100 트라이클로로나이트로메테인(CCl_3NO_2)에 대해 팔전자 규칙을 따르는 두 개의 전자점 공명 구조를 그리고, 두 구조에 있는 N 원자와 O 원자의 형식 전하를 나타내시오. (탄소는 염소 및 질소와 연결된다. 질소는 두 개의 산소와도 연결된다.)

7.101 염화 나이트로실(NOCl)에 대해, 팔전자 규칙을 따르는 두 개의 전자점 공명 구조를 그리시오. (질소는 중심 원자이다.) 만약 형식 전하가 존재할 경우 표시하고, 두 구조 중 어느 것이 공명 혼성에 더 큰 기여를 하는지를 예측하시오.

7.102 굽은 화살표로 나타낸 공명 구조를 그리시오. 형식 전하를 계산하고, 두 구조 중 어느 것이 공명 혼성에 더 큰 기여를 하는지 예측하시오.

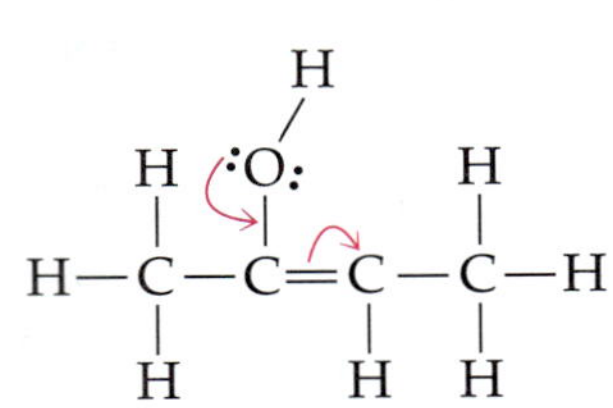

7.103 굽은 화살표로 나타낸 공명 구조를 그리시오. 형식 전하를 계산하고, 두 구조 중 어느 것이 공명 혼성에 더 큰 기여를 하는지를 예측하시오.

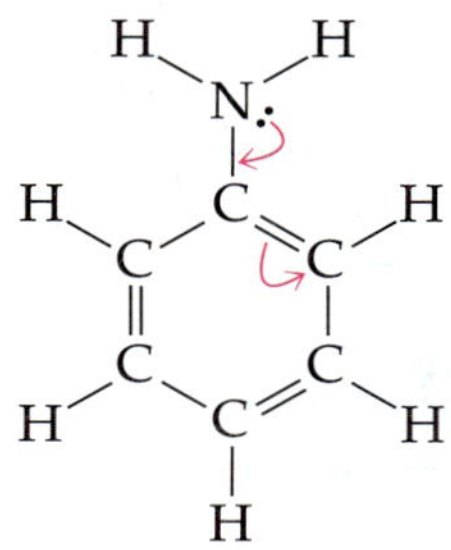

7.104 트라이플루오린화 붕소(boron trifluoride)는 다이메틸 에터(dimethyl ether)와 반응하여 배위 공유 결합 화합물을 형성한다. 반응물과 생성물에서 B 원자와 O 원자의 형식 전하를 계산하시오.

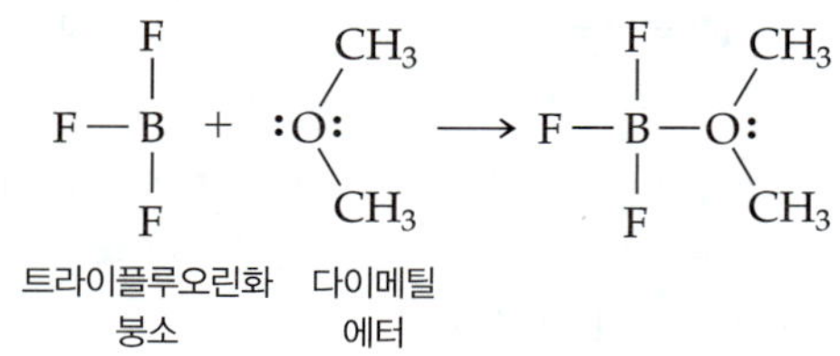

7.105 싸이오풀민산(thiofulminic acid) H−C≡N−S은 최근 매우 낮은 온도에서 관찰되었다.

(a) 싸이오풀민산의 전자점 구조를 그리고, 형식 전하를 계산하시오.

(b) 같은 화학식을 가지며 H−N−C−S로 연결되어 있는 연관된 화합물 또한 알려져 있다. 이 연관된 화합물의 전자점 구조를 그리고, 형식 전하를 계산하시오.

(c) 두 분자 중 어느 것이 더 안정적인가? 이를 설명하시오.

7.106 1984년 12월 인도의 보팔에서 기체 유출 사고로 인하여 최소한 3000명의 인명 피해를 입힌 유독 기체인, 아이소사이안화 메틸(methyl isocyanate, CH_3NCO)에 대한 두 개의 공명 구조를 그리시오. 각 공명 구조에서 원자의 형식 전하를 계산하시오.

7.107 사이안산 이온(cyanate, OCN^-)에서 탄소가 중심 원자이다.

(a) OCN^-에 대해 가능한 많은 공명 구조를 그리고, 각 원자의 형식 전하를 계산하시오.

(b) 어느 공명 구조가 공명 혼성에 가장 큰 기여를 하는가? 가장 적은 기여를 하는 것은 어느 것인가? 이를 설명하시오.

다중 개념 문제

7.108 N_2O_5 분자는 질소−산소 결합을 갖지만, 질소−질소 결합과 산소−산소 결합을 갖지 않는다. N_2O_5에 대해 8개의 공명 구조를 그리고, 각 원자의 형식 전하를 계산하시오. 이 공명 구조 중 어느 것이 공명 혼성에 더 중요한 기여를 하는가?

7.109 황은 염소와 반응하여 질량비로 47.5%의 황과 52.5%의 염소를 갖는 생성물을 형성한다. 각 원자는 어느 것도 형식 전하를 갖지 않는다. 이 생성물의 전자점 구조를 그리시오.

7.110 황은 암모니아와 반응하여 질량비로 69.6%의 황과 30.4%의 질소를 갖는 생성물 A(몰질량 184.3 g)를 형성한다.

(a) 생성물 A의 화학식은 무엇인가?

(b) 생성물 A에서, S 원자와 N 원자는 하나의 고리 주위에 번갈아가며 존재한다. 원자의 절반은 형식 전하를 갖는다. 생성물 A에 대해, 2개의 가능한 전자점 구조를 그리시오.

(c) 화합물 A가 250 °C에서 금속 은과 가열될 때, 새로운 생성물 B가 형성된다. 생성물 B는 A와 같은 조성 백분율을 갖고, 92.2 g의 몰질량을 갖는다. A와 마찬가지로 고리 구조를 갖는 B에 대해, 2개의 가능한 전자점 구조를 그리시오.

7.111 중성 OH 분자는 대기 상층부에서 발생하는 일부 오존 파괴 과정과 관계가 있다.

(a) OH 분자와 OH^- 이온의 전자점 구조를 각각 그리시오.

(b) 전자 친화도가 단일 원자에 대해 정의된 것처럼, 분자에 대해 정의될 수 있다. OH에 첨가된 전자가 한 원자의 단일 원자 오비탈에 위치한다는 것을 가정하고, 어느 원자가전자를 받아들이는지 확인하시오. 또한 원자 오비탈의 n과 l 양자수를 구하시오.

(c) OH의 전자 친화도는 O 원자와 거의 유사하지만, 약간 더 음성이다. 이를 설명하시오.

7.112 파울리 배타 원리가 오비탈당 2개가 아니라 3개의 전자를 허용하도록 변경되었다고 가정하자.

(a) 팔전자를 대신하여 얼마나 많은 최외각(가장 바깥 껍질) 전자가 비활성 기체 전자 배치를 하기 위하여 필요한가?

(b) 공유 결합에서 얼마나 많은 전자들이 공유되는가?

(c) $Z = 12$를 갖는 원소 X의 전자 배치를 구하고, 전자점 구조를 그리시오.

(d) X_2 분자의 전자점 구조를 그리시오.

7.113 다이크로뮴산 이온($Cr_2O_7^{2-}$)은 Cr−Cr 결합도 O−O 결합도 갖지 않는다.

(a) $4s$와 $3d$ 전자를 모두 고려하여, 각 원자의 형식 전하를 최소화하는 전자점 구조를 그리시오.

(b) (a)에서 그린 전자점 구조에서, 각 Cr 원자가 얼마나 많은 최외각(가장 바깥 껍질) 전자를 갖는가?

chapter 8

공유 결합: 결합 이론과 분자 구조

© islergucleratolyesi/Shutterstock

CONTENTS

우리는 감귤류 과일을 먹거나 보충제를 섭취하여 바이타민 C라고도 알려진 아스코브산을 얻는다. 바이타민 C는 조직을 재생 또는 회복하고 신경 전달 물질을 생성하며 효소를 활성화시킨다. 분자의 생물학적 기능은 이 장에서 논의할 분자의 두 가지 특성인 분자 모양과 분자간 힘에 따라 달라진다.

천연 바이타민과 합성 바이타민 중 어느 것이 건강에 더 좋을까?

이 질문의 답은 324쪽 **INQUIRY?** 에 나와 있다.

분자 구조의 중요성은 무엇인가? 분자의 특성과 거동을 이해하기 위해서 분자의 정확한 3차원 형태와 전하 분포는 중요하다. 녹는점, 끓는점, 용해도, 반응성 이 모든 것은 분자 구조에 의존한다. 또한 분자 구조는 냄새, 맛, 신경자극과 같은 생물학적 과정에서 중요한 역할을 한다. 앞 장에서 기술한 전자점(electron-dot) 구조는 분자 내 원자들 간의 연결을 표시하는, 즉 공유 결합의 위치를 확인하는 간단한 방법을 제공하고 있다. 그러나 전자점 구조는 2차원인 반면 분자는 3차원이다. 분자 구조의 상세한 그림을 얻기 위해서는 그 이상의 정보가 요구된다.

이 장에서는 분자의 모양 및 분자 사이의 상호 작용을 설명하는 전자점 구조의 개념과 극성 공유 결합의 개념을 정립할 것이다. 구조와 반응성을 비롯한 분자의 특성을 설명하고 예측하기 위해, 원자가 결합 이론과 분자 오비탈 이론을 포함한 더 복잡한 화학 결합 모형이 사용될 것이다.

8.1 분자 모양: VSEPR 모형

물, 암모니아, 메테인의 공–막대 모형을 살펴보자. 이러한 분자들을 포함한 대부분의 분자들은 각자 고유한 3차원 모양을 갖는다. 아래의 공–막대 모형 그림은 실선, 쐐기 모양 선, 점선을 이용하여 3차원 모양을 나타낸 구조적인 모형이다. 실선은 종이 평면에 놓이는 것을, 점선은 보는 사람의 시선으로부터 종이 평면 뒤로 멀어지는 것을, 굵은 쐐기 모양 선은 종이 평면으로부터 보는 사람 방향으로 튀어나오는 것을 표시하였다. 이러한 3차원 표현법을 이용하여 분자를 그리는 것은 유용하다.

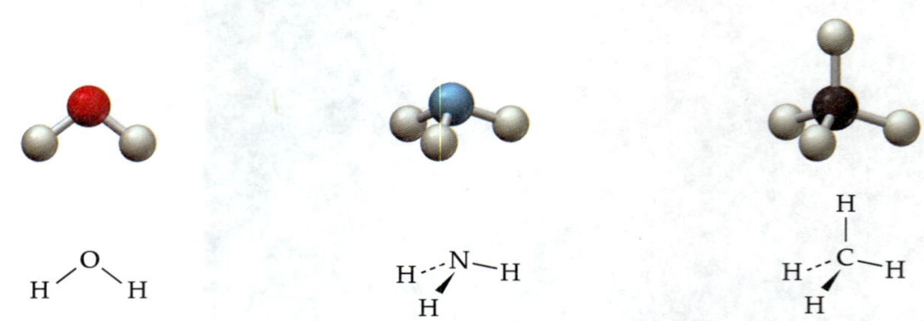

물(H_2O)   암모니아(NH_3)   메테인(CH_4)

분자 모양은 결합 원자의 전자 구조에 따라 결정된다. 어떤 분자의 대략적 구조는 **원자가 껍질 전자쌍 반발 모형[valence-shell electron pair repulsion (VSEPR) model]**을 이용하여 예측할 수 있다. 결합 전자 및 고립 전자쌍들은 '전하구름'으로 생각될 수 있는데, 이들은 서로 반발하여 가능하면 멀리 떨어져 있게 된다. 그 결과, 분자들이 고유한 모양을 갖게 된다는 것이다. VSEPR 모형을 적용할 때 기억해야 할 두 단계는 다음과 같다.

VSEPR 모형의 적용

개념탐구 질문 1
VSEPR 모형에 의하면 분자의 3차원 형상을 결정하는 것은 무엇인가?

단계 1. 7. 6절에서 설명한 대로 분자의 전자점 구조를 그리고, 중심 원자 주위의 전하구름 수를 센다. 전하구름은 간단히 말해서, 화학 결합이나 고립 전자쌍에서 원자 주변 영역을 차지하고 있는 한 그룹의 전자이다. 홀전자(라디칼 종), 고립쌍 전자, 단일 결합, 이중 결합과 삼중 결합 등의 결합과 전자 그룹은 한 개의 전하구름을 나타낸다. 한 개의 원자 주변의 전하구름의 전체 수는 전자들을 포함하고 있는 공간 영역의 수와 같다. 예를 들어 네 개의 단일 결합을 가지는 원자는 네 개의 전하구름을 가지고 있다. 고립 전자쌍, 단일 결합, 이중 결합을 각각 하나씩 가지고 있는 원자는 세 개의 전하구름을 가지고 있다.

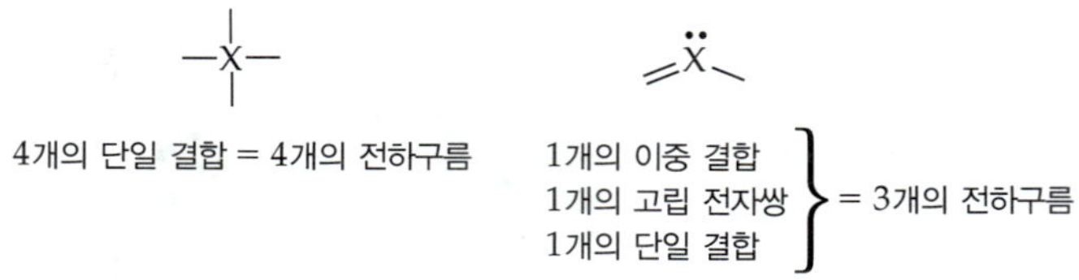

단계 2. 전하구름은 공간에서 가능하면 서로 멀리 떨어지도록 배향한다는 가정 하에, 각 원자 주위 전하구름의 공간적 배치를 예측한다. 어떻게 그들의 방향이 결정되는가는 전하구름의 수에 의존한다. 그 가능성을 살펴보자.

2개의 전하구름

CO_2(2개의 이중 결합)와 HCN(1개의 단일 결합과 1개의 삼중 결합)의 탄소 원자처럼 한 원자가 2개의 전하구름만 가지고 있을 때, 그 구름은 서로 반대 방향을 향해야 가장 멀리 떨어져 있을 수 있다. 따라서 CO_2와 HCN은 선형 분자이고, 이때 **결합각(bond angle)**은 180°이다.

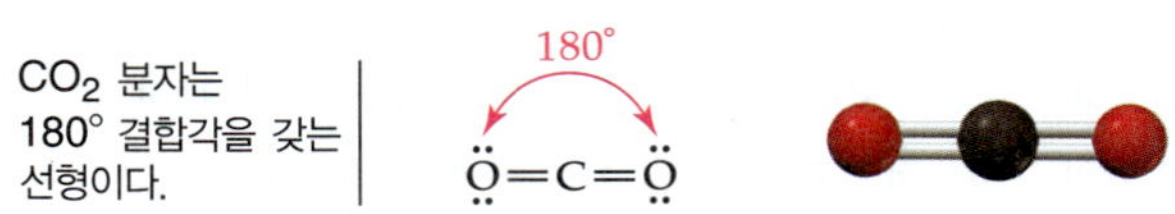

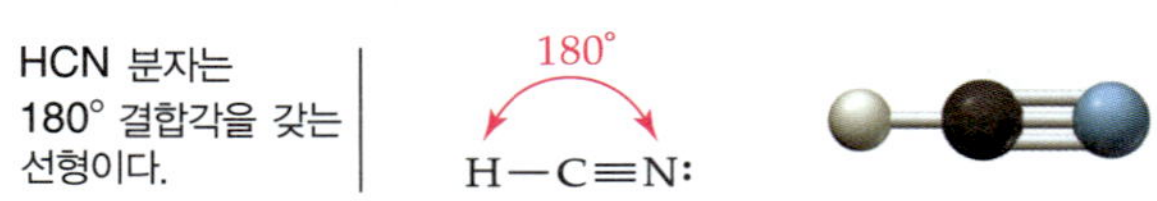

3개의 전하구름

폼알데하이드의 탄소 원자(2개의 단일 결합과 1개의 이중 결합)와 이산화 황(SO_2)의 황 원자(1개의 단일 결합, 1개의 이중 결합, 1개의 고립 전자쌍)처럼 3개의 전하구름이 있을 때, 그 전하구름은 동일한 평면에 놓이고, 정삼각형의 꼭짓점을 향해야 가장 멀리 떨어지게 된다. 그러므로 폼알데하이드 분자는 **평면 삼각형 모양**(trigonal planar shape)이고, H—C—H와 H—C=O 결합각은 120°에 가깝다. 비슷한 방법으로 SO_2 분자는 황 주위에 3개의 전하구름이 위치하는 삼각 평면 배열을 갖는다. 그러나 그 삼각형의 한 꼭짓점은 1개의 고립 전자쌍이 점유하고, 두 꼭짓점은 산소 원자가 점유한다. 그러므로 이 분자는 **굽은 모양**(bent shape)이고, O—S=O 결합각은 180°가 아니라 대략 120°이다. 전하구름의 수가 분자의 결합각을 결정하지만 고립 전자쌍은 '보이지' 않으므로 실제 분자의 모양은 원자의 위치에 의해서만 결정된다는 점을 주목하라. 한 가지 기억해야 할 것이 있다. 우리가 **모양**(shape)이라는 표현을 사용할 때 그것은 한 분자 안에서 전체 원자의 배열을 의미하는 것이지, 특정 원자 주위의 전하구름의 기하적인 배열을 의미하는 것은 아니라는 점이다.

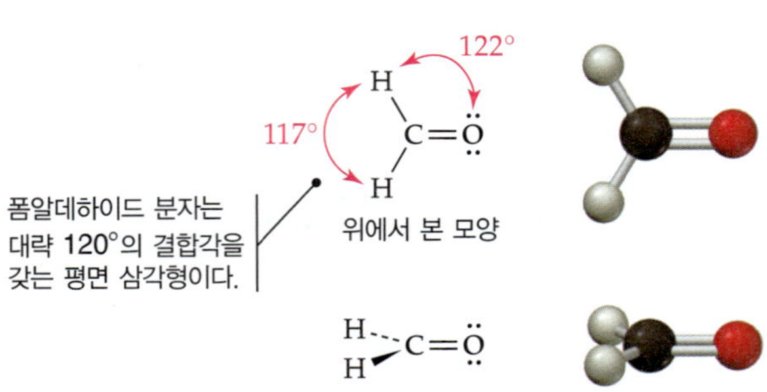

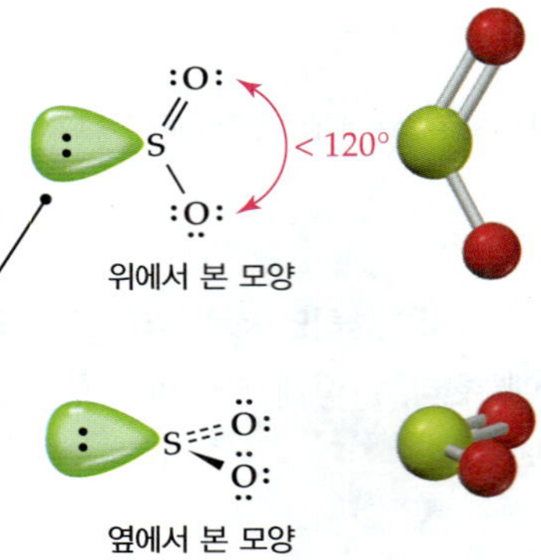

SO$_2$ 분자는 대략 120°의 결합각을 갖는 굽은 모양이다.

4개의 전하구름

CH_4(4개의 단일 결합), NH_3(3개의 단일 결합과 1개의 고립 전자쌍), H_2O(2개의 단일 결합과 2개의 고립 전자쌍)의 중심 원자처럼 4개의 전하구름이 있을 때, 그 구름들은 정사면체의 꼭짓점을 향하는 구조일 때 가장 멀리 떨어져 있을 수 있다. **그림 8.1**에서 보여 주는 바와 같이, 정사면체는 동일한 4개의 면이 정삼각형으로 이루어진 기하 구조이다. 중심 원자는 사면체 중심에 위치하고, 전하구름은 네 꼭짓점을 향하며, 중심에서 어떠한 두 꼭짓점으로 그린 두 선 사이의 각은 109.5°이다.

▶ 그림 8.1
4개의 전하구름으로 둘러싸인 원자의 사면체 기하 구조

▶ 확인하기
사면체 기하 구조에서 4개의 전하구름을 갖는 이유는?
답 전하구름은 서로 밀어내고, 사면체 기하 구조는 전하구름들 사이에서 최대의 각을 이루기 때문이다.

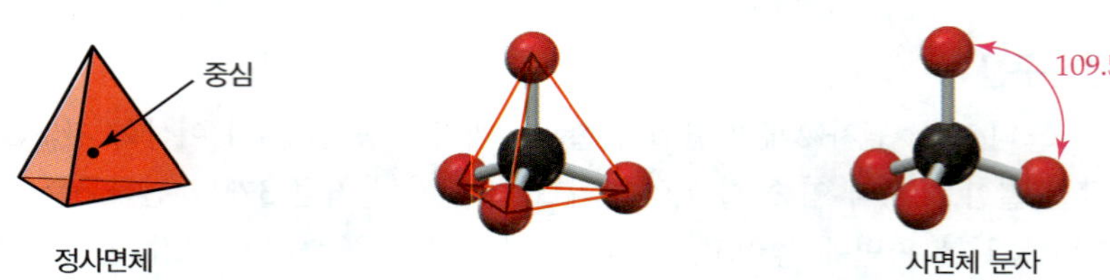

원자는 정사면체 **중심**에 위치한다.

4개의 전하구름은 **네 꼭짓점**을 향한다.

두 결합 사이의 각은 모두 109.5°이다.

팔전자 원자가전자는 특히 2주기 원소에서 거의 일반적이므로 많은 분자의 원자들은 사면체에 바탕을 둔 기하 구조를 갖는다. 예를 들어, 메테인은 109.5°의 H—C—H 결합각을 갖는 사면체 구조를 갖는다. NH_3에서 질소 원자의 4개 전하구름은 사면체 배열을 하고 있으나, 그 사면체의 꼭짓점 중 하나는 1개의 고립 전자쌍에 의해 점유되므로 분자의 모양은 **삼각뿔**(trigonal pyramid)이다. 마찬가지로, H_2O는 사면체의 두 꼭짓점이 고립 전자쌍에 의해 점유되므로 굽은 모양을 갖는다.

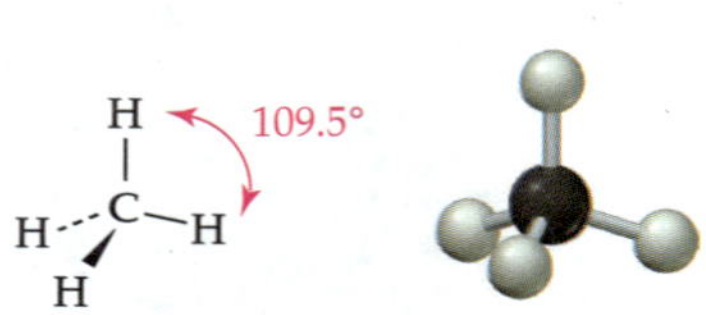

메테인 분자는 109.5°의 결합각을 가진 사면체 구조이다.

CH_4

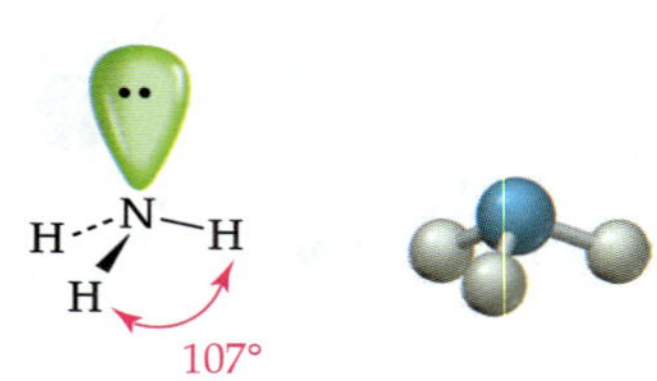

암모니아 분자는 107°의 결합각을 가진 삼각뿔 구조이다.

NH_3

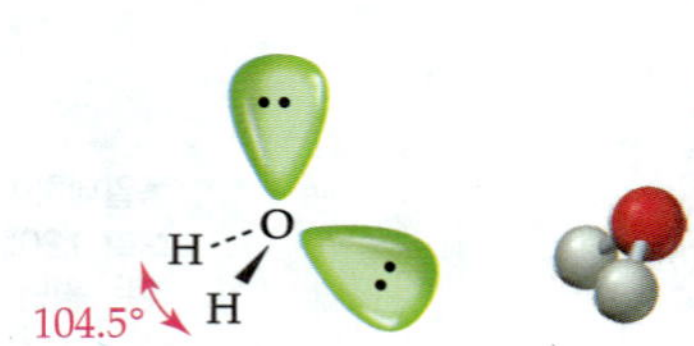

물 분자는 104.5°의 결합각을 가진 굽은 모양이다.

H_2O

암모니아의 H—N—H 결합각(107°)과 물의 H—O—H 결합각(104.5°)은 이상적인 사면체에서의 결합각(109.5°)보다 작은 것에 또한 주목하라. 그와 같이, 결합각이 이상적인 사면체 값보다 약간 감소한 이유는 고립 전자쌍 때문이다. 고립 전자쌍의 전하구름은 두 핵 사이의 공간에 갇혀 있지 않기 때문에 결합 전자의 전하구름보다 더 퍼져 있다. 결과적으로, 약간 팽창된 고립 전자쌍의 전하구름은 분자의 다른 부분의 결합각을 축소시키는 경향이 있다.

5개의 전하구름

5개의 전하구름은 PCl_5, SF_4, ClF_3, I_3^-의 중심 원자에서 발견되는 것처럼 **삼각쌍뿔**(trigonal bipyramid)이라고 부르는 기하학적 구조의 꼭짓점을 향한다. 3개의 전하구름은 평면에 위치하여 정삼각형의 꼭짓점을 향하며, 네 번째 전하구름은 똑바로 위쪽을, 다섯 번째 전하구름은 똑바로 아래쪽을 향한다.

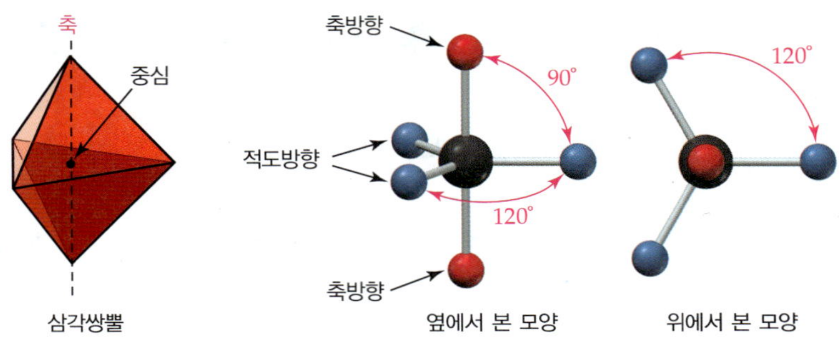

삼각쌍뿔 기하 구조는 앞에서 설명한 선형, 삼각 평면, 사면체의 기하 구조와 다르다. 왜냐하면 두 종류의 위치가 있기 때문이다. 즉, 3개의 **적도** 위치(이중뿔의 적도 방향)와 2개의 **축방향** 위치(쌍뿔의 축방향)이다. 3개의 적도 위치는 서로 120°이고, 축 위치와는 90°이다. 두 축방향 위치는 서로 180°이고, 적도 위치와는 90°이다.

삼각쌍뿔 전하구름 배열을 갖는 어떤 물질은 5개의 전하구름이 결합 전자인가 또는 비결합 전자인가에 따라 다른 모양을 갖는다. 예를 들어, 오염화 인(PCl_5)에서 인 원자는 주위의 5개의 위치를 모두 염소 원자가 차지하므로 삼각쌍뿔 모양을 갖는다.

PCl_5 분자는 삼각쌍뿔이다.

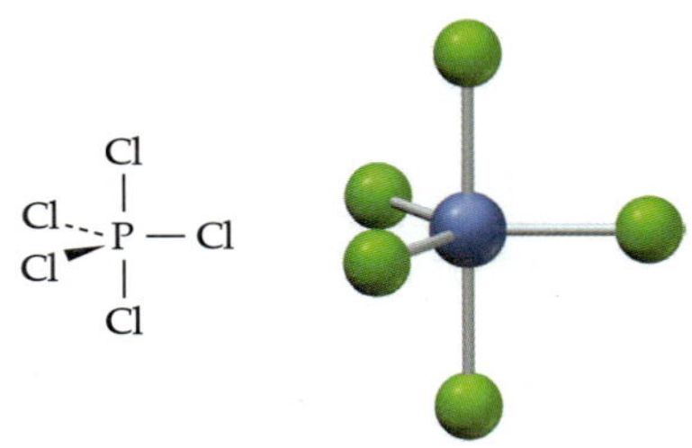

SF_4의 황 원자는 다른 4개의 원자와 결합하고, 1쌍의 비결합 고립 전자쌍을 갖는다. 고립 전자쌍은 결합 전자쌍보다 더 퍼져 있고 더 많은 공간을 점유하므로 SF_4의 비결합 전자쌍도 2개의 전하구름만 가까이에 위치하는(90° 각도로) 적도 위치를 차지한다. 만일 축방향 위치를 차지한다면 3개의 전하구름이 가까이에 위치하게 된다. 결과적으로 SF_4는 종종 시소라고 부르는 모양으로 설명한다. 즉, 두 축방향의 결합은 널판이 되고 두 적도방향 결합은 시소의 다리가 된다.

개념탐구 질문 2

4개의 결합과 1개의 고립 전자쌍(5개의 전하구름)을 가진 분자에서 고립 전자쌍의 위치는?

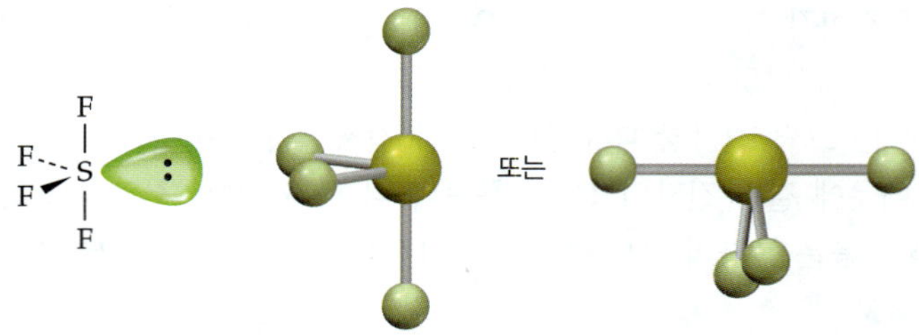

ClF_3의 염소 원자는 다른 3개의 원자와 결합하고, 2개의 비결합 고립 전자쌍을 갖는다. 2개의 고립 전자쌍은 적도 위치를 차지하므로 ClF_3 분자는 T 모양의 구조를 갖게 된다.

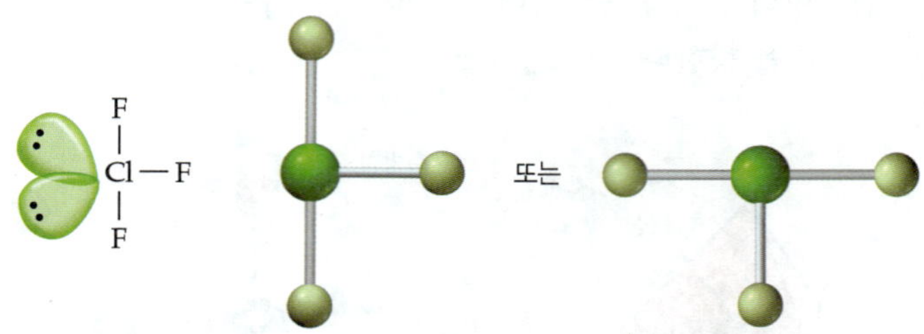

I_3^- 이온의 아이오딘 중심 원자는 다른 2개의 원자와 결합하고, 3개의 고립 전자쌍을 갖는다. 3개의 고립 전자쌍은 모두 적도 위치를 차지하므로 I_3^-는 선형 구조를 갖게 된다.

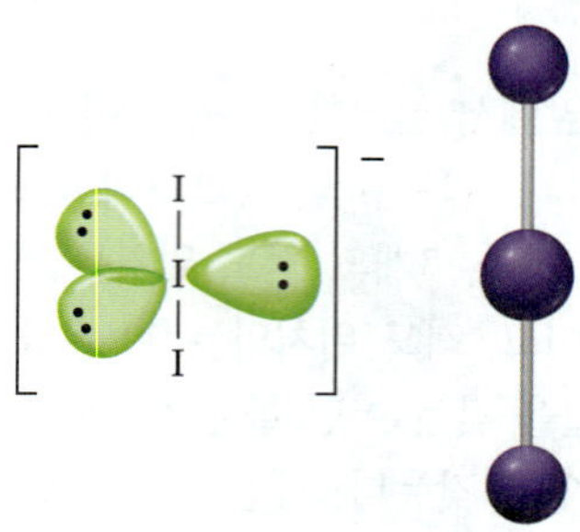

6개의 전하구름

중심 원자 주위에 있는 6개의 전하구름은 8개의 정삼각형 면으로 이루어진 기하 구조인 정팔면체의 6개 꼭짓점을 향한다. 6개의 위치는 동일하고, 두 이웃한 위치 사이의 각은 90°이다.

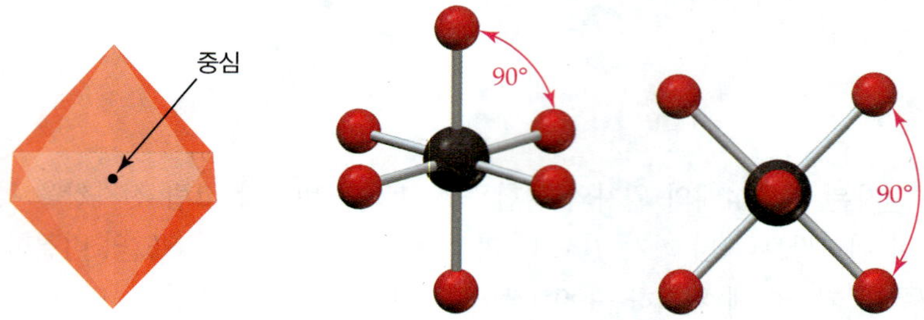

5개 전하구름의 경우에서처럼, 6개의 전하구름 원자를 갖는 분자들은 전하구름들이 결합 전자인지 또는 비결합 전자인지에 따라 다른 모양을 가질 수 있다. 예를 들어, 헥사플루오린화 황(SF_6)은 황 주위의 6개의 위치를 모두 플루오린 원자들이 차지한다.

SF_6 분자는 팔면체이다.

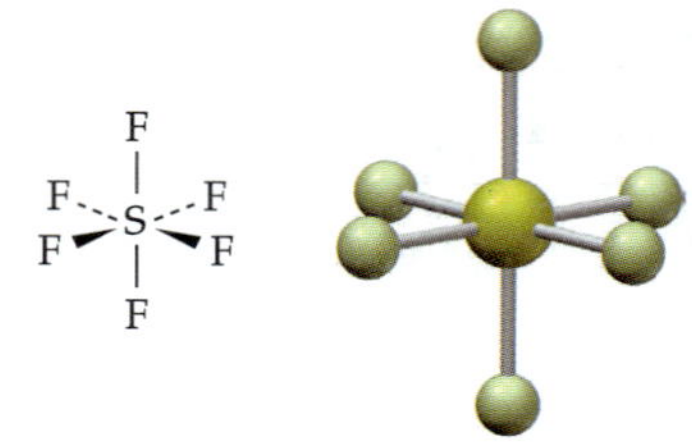

$SbCl_5^{2-}$ 이온의 안티모니 원자도 6개의 전하구름을 갖지만 5개의 원자와만 결합하고, 1개의 비결합 고립 전자쌍을 갖는다. 결과적으로, 이 이온은 사각형을 밑면으로 하는 **사각뿔**(square pyramid) 모양을 갖는다.

$SbCl_5^{2-}$ 이온은 사각뿔 모양이다.

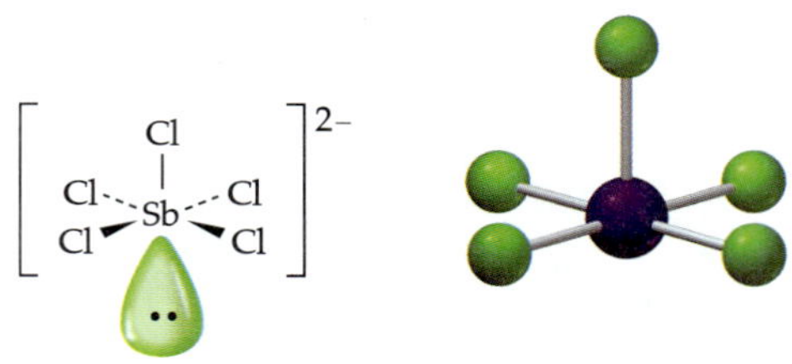

XeF_4의 제논 원자는 4개의 원자와 결합하고, 2개의 고립 전자쌍을 갖는다. 예측하는 바와 같이, 이 두 고립 전자쌍은 전기적 반발을 최소화하도록 가능하면 서로 멀리 떨어져 위치한다. 그 결과, 이 분자는 **사각 평면**(square planar) 모양을 갖게 된다.

XeF_4 분자는 사각 평면 모양이다.

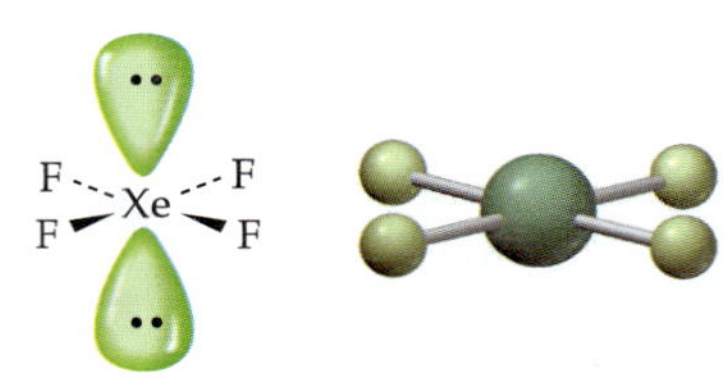

이상에서 설명한 2~6개의 전하구름의 기하학적 구조를 **표 8.1**에 요약하였다.

예제 8.1

VSEPR 모형을 이용하여 분자 모양의 예측

BrF_5의 모양을 예측하시오.

전략

우선 BrF_5의 전자점 구조를 그려서, 중심 브로민 원자가 6개의 전하구름(5개의 결합과 1개의 고립 전자쌍)을 갖는다는 것을 밝혀낸다. 그다음, 6개의 전하구름이 어떻게 배열되는가를 예측하라.

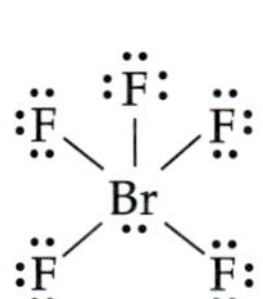

펜타플루오린화 브로민

풀이

6개의 전하구름이므로 팔면체 배열을 추측할 수 있다. 5개의 결합 원자와 1개의 고립 전자쌍은 BrF_5의 구조가 사각뿔이 되도록 한다.

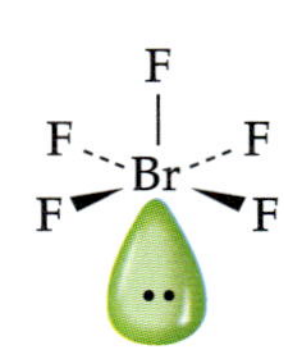

▶ **연습문제 8.1** ICl_4^-의 모양을 예측하시오.

▶ **개념 응용문제 8.2** 다음 각 분자 모형에서 중심 원자 주위의 전하구름의 수와 기하학적인 배열은 무엇인가? 분자 모양은 무엇인가?

(a) **(b)**

표 8.1 2, 3, 4, 5, 6개의 전하구름을 갖는 원자 주위의 기하 구조

결합 수	고립 전자쌍 수	전하구름 수	기하 구조 및 모양	예
2	0	2	 선형	O=C=O
3	0	3	 삼각 평면	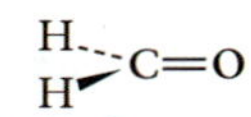
2	1	3	 굽은형	
4	0	4	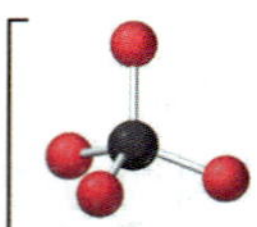 사면체	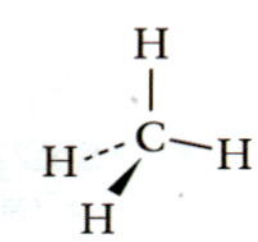
3	1	4	 삼각뿔	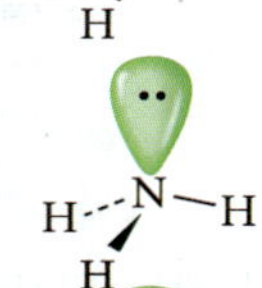
2	2	4	 굽은형	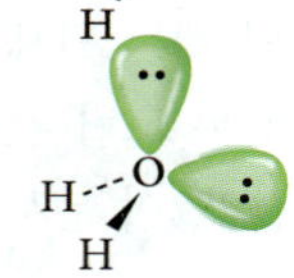
5	0	5	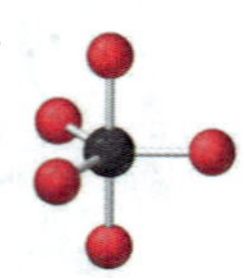 삼각쌍뿔	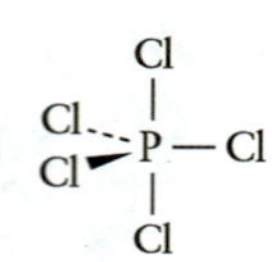
4	1	5	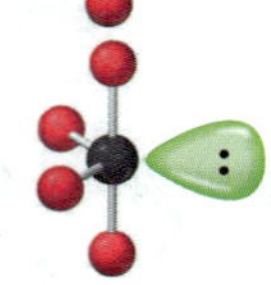 시소 모양	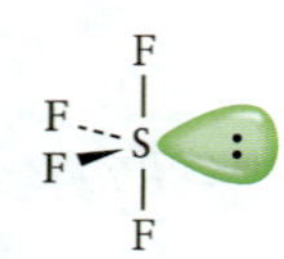
3	2	5	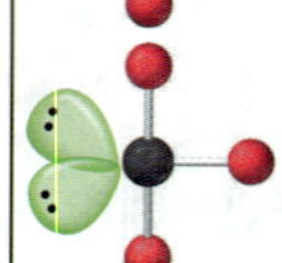 T 모양	
2	3	5	 선형	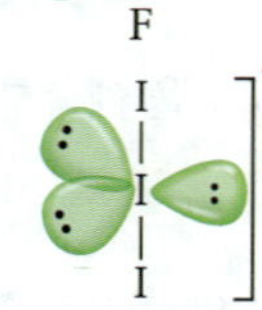
6	0	6	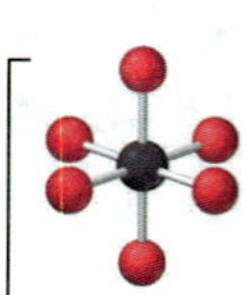 팔면체	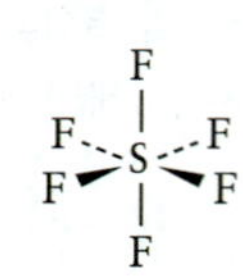
5	1	6	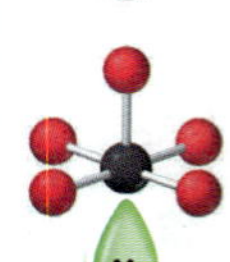 사각뿔	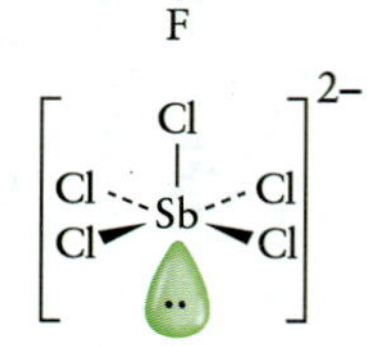
4	2	6	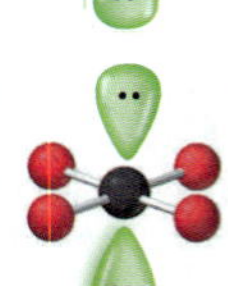 사각 평면	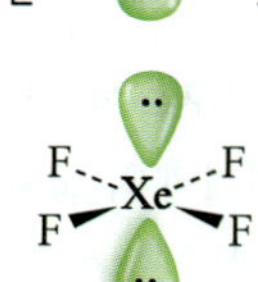

더 큰 분자의 기하 구조

표 8.1에 요약한 규칙으로부터, 더 큰 분자에서 각 원자 주위의 기하 구조 또한 예측할 수 있다. 예를 들어, 에틸렌($H_2C{=}CH_2$)에서 2개의 탄소 원자는 각각 3개의 전하구름을 가진다. 따라서 각 탄소 주위의 기하 구조는 삼각 평면이다. 분자는 전체적으로 평면이고, H−C−C와 H−C−H 결합각은 대략 120°이다.

에틸렌의 각 탄소 원자는 삼각 평면 기하 구조이고, 전체 분자는 평면이고, 결합각은 120°이다.

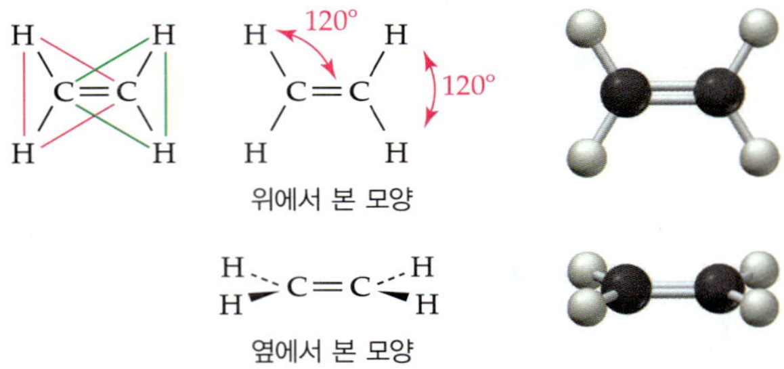

다른 4개의 원자와 결합한 탄소 원자들은 각각 사면체 중심에 위치한다. 에테인($H_3C{-}CH_3$)은 아래 그림에서 보여 주는 바와 같이, 한 사면체의 중심 탄소 원자가 다른 사면체의 꼭짓점 탄소 원자가 되는 모습으로 두 사면체가 결합한다.

에테인의 각 탄소는 사면체 기하 구조이고, 결합각은 109.5°이다.

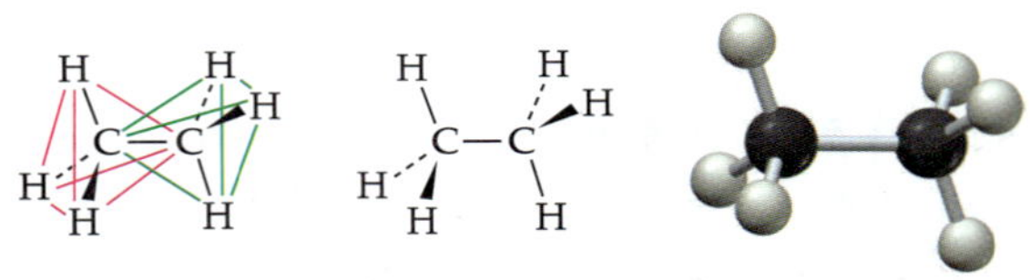

예제 8.2

두 개 이상의 중심 원자를 가지고 있는 분자 모양의 예측

피루브산(pyruvic acid)은 탄수화물과 몇몇 아미노산의 대사 작용에서 중요한 물질이다. 피루브산의 각 중심 원자들을 둘러싼 기하 구조를 설명하고, 분자의 전체 모양을 그리시오.

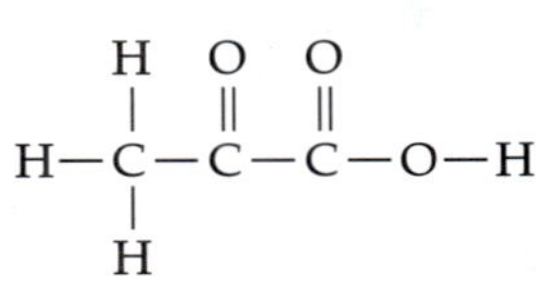

피루브산

전략

VSEPR 모형을 사용하여 3개의 탄소 원자 각각을 둘러싼 전하구름의 기하 배열을 예측한다. VSEPR 모형에 의해 예측된 결합각을 보여 주는 3차원 모양을 표현하도록, 점선과 쐐기 선을 이용하여 전체 분자를 그린다.

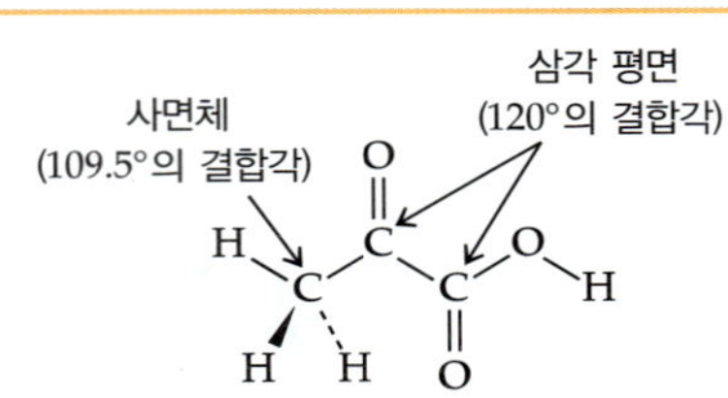

풀이

왼쪽에 위치한 탄소는 4개의 전하구름(4개의 단일 결합)을 가지고 있고, 109.5°의 결합각을 가진 사면체 구조이다. 중앙에 있는 탄소와 오른쪽에 있는 탄소는 둘 다 3개의 전하구름(두 개의 단일 결합과 한 개의 이중 결합)을 가지며, 120°의 결합각을 가진 삼각 평면이다.

▶ **연습문제 8.3** 아세트산(CH_3CO_2H)은 식초의 주요 유기 성분이다. 아세트산의 전자점 구조를 그리고, 각 탄소 원자를 둘러싼 결합각을 부여하시오. 분자를 3차원으로 나타내시오. (두 개의 탄소는 한 개의 단일 결합으로 연결되었고, 두 개의 산소는 동일한 탄소에 연결되어 있다.)

▶ **응용문제 8.4** 벤젠(C_6H_6)은 6개의 탄소 원자들이 모두 하나의 고리로 연결되어 있고, 각 탄소 역시 한 개의 수소와 연결된 분자이다. 벤젠의 전자점 구조를 그리고, 각 탄소를 둘러싼 결합각을 말하시오. 분자를 3차원으로 나타내시오.

8.2 원자가 결합 이론

앞 절에서 설명한 VSEPR 모형은 분자 모양을 예측하는 간단한 방법이지만 공유 결합의 전자 성질(nature)을 설명하지는 못한다. 결합을 설명하기 위해, 원자가 결합 이론과 분자 오비탈 이론이라고 하는 두 개의 모형이 개발되었다. 먼저 원자가 결합 이론을 살펴보고, 이어서 8.7절과 8.8절에서 분자 오비탈 이론을 살펴볼 것이다.

원자가 결합 이론(valence bond theory)은 공유 결합에서 전자쌍이 어떻게 공유되는지를 시각적으로 잘 보여 주는 오비탈 모형을 제시한다. 핵심은, 두 원자들이 서로 충분히 접근하여 한 원자의 홀전자 점유 오비탈이 다른 원자의 홀전자 점유 오비탈과 겹칠 때 공유 결합이 형성된다는 것이다. 이러한 오비탈 겹침으로 짝을 이루게 된 전자쌍은 두 원자핵에 끌리게 되며, 결과적으로 두 원자를 결합시킨다. 예를 들어, H_2 분자에서 두 수소의 홀전자 점유 1s 오비탈이 겹쳐 H—H 결합이 형성된다.

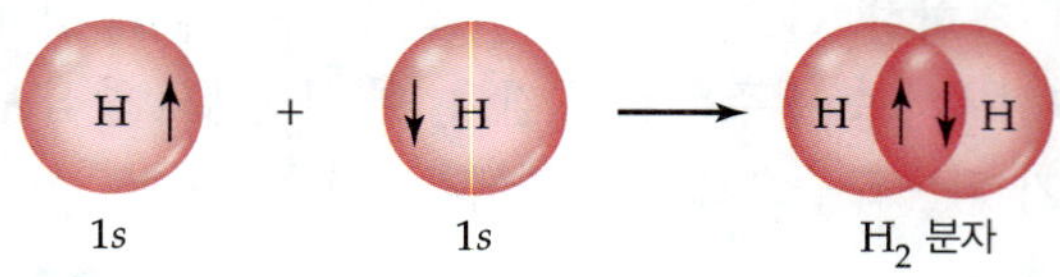

기억하기…
슈뢰딩거 파동 방정식은 원자의 파동성에 중심을 두고, 원자 구조를 양자 역학 모형으로 기술한다. 파동 방정식의 해를 파동 함수 또는 오비탈이라고 부른다(5.6절).
파동 함수에서 p 오비탈의 두 로브는 파동의 서로 다른 **위상**에 해당하는 서로 다른 수학적 부호를 갖는다(5.7절).

원자 오비탈은 **슈뢰딩거 파동 방정식(Schrödinger wave equation)**에서 얻으며, p 원자 오비탈에서 두 개의 로브를 다른 색으로 나타낸 것처럼 서로 다른 **위상(phase)**을 갖는다는 것을 상기하자. 원자가 결합 모형에서 두 로브의 겹침은 같은 위상이어야 한다. 오비탈의 위상은 양(위) 또는 음(아래) 파동의 위상과 유사하다. 같은 위상이 겹치는 로브는 위상에 두 개의 파동을 추가하는 것과 유사하다. 결과 파동의 진폭이 증가한다. 따라서 원자가 결합 이론에서 전자를 찾을 확률이 증가한다. 공유 결합의 세기는 오비탈 겹침 정도에 의존한다. 따라서 겹침이 클수록 결합의 세기는 크다. 이것은 s 오비탈이 아닌 다른 오비탈들이 겹쳐 형성된 결합은 결합의 방향성을 가짐을 의미한다. 예를 들어, F_2 분자의 각 플루오린 원자는 바닥 상태에서 [He] $2s^2\ 2p_x^2\ 2p_y^2\ 2p_z^1$의 전자 배치를 가지며, 2개의 홀전자 점유 2p 오비탈이 겹쳐서 F—F 결합을 형성한다. 두 개의 2p 오비탈은 최적의 겹침이 일어나도록 서로 직접적으로 향해야 하며, F—F 결합은 오비탈의 축방향을 따라 형성된다. 오비탈의 정면 겹침으로 생기는 이러한 결합을 **시그마(σ) 결합(sigma bond)**이라고 부른다.

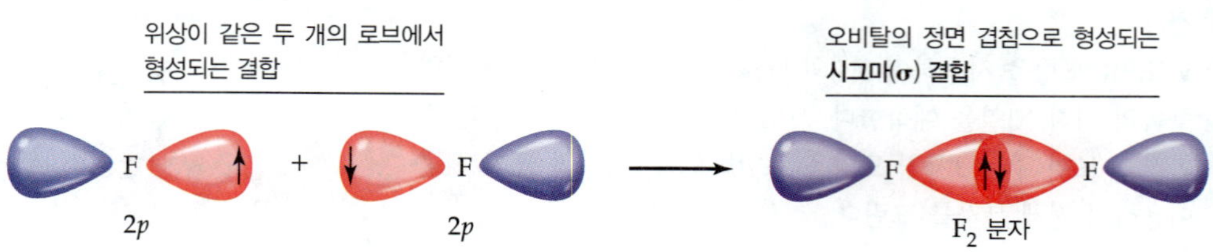

HCl의 공유 결합은 수소의 1s 오비탈과 염소의 3p 오비탈이 p 오비탈 축을 따라 겹침으로 형성된다.

개념탐구 질문 3

원자가 결합 이론에서, 어떤 종류의 오비탈 중첩으로 화학 결합이 일어나는가?

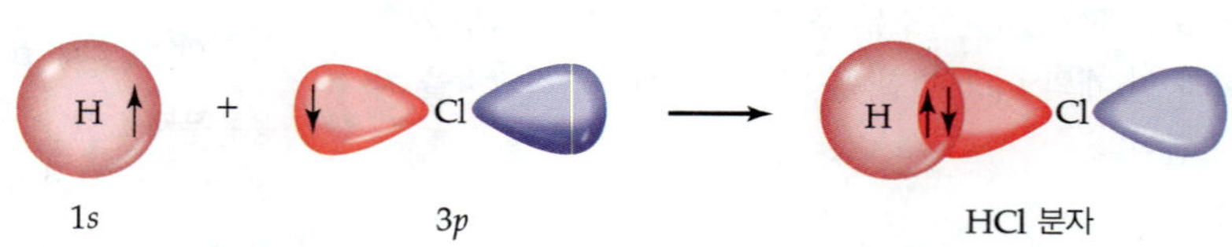

원자가 결합 이론의 중요 개념은 다음과 같이 요약될 수 있다.

원자가 결합 이론의 중요 개념

- 공유 결합은 반대 스핀의 홀전자를 갖는 원자 오비탈들이 겹쳐서 형성된다. 두 로브의 겹침은 반드시 같은 위상이어야 한다.
- 결합에 참여하는 각 원자는 자신의 원자 오비탈을 유지하되, 겹치는 오비탈에 존재하는 전자쌍은 두 원자에 의하여 공유된다.
- 오비탈의 겹침이 클수록 결합은 세다. *s* 오비탈 이외의 다른 오비탈이 결합에 관여할 때, 이 결합은 방향성을 갖는다.

8.3 혼성화와 sp^3 혼성 오비탈

원자가 결합 이론은 다원자 분자의 전자 구조와 원자 주위의 관찰되는 기하 구조를 어떻게 설명하는가? 먼저 메테인(CH_4)과 같은 간단한 사면체 분자를 살펴보자. 이를 다루는 데 있어서 몇 가지 문제점이 있다.

탄소는 바닥 상태에서 [He] $2s^2\ 2p_x^1\ 2p_y^1$의 전자 배치를 갖는다. 따라서 탄소는 4개의 원자가전자를 가지며, 이 중 2개는 2*s* 오비탈에서 짝을 이루고 있으며, 나머지 2개의 전자는 임의로 $2p_x$와 $2p_y$라고 지정한 서로 다른 2*p* 오비탈에 홀전자로 존재한다. 그러나 원자가전자 중 2개가 이미 짝을 이루고 있어 나머지 2개의 짝짓지 않은 전자만 공유 결합에 이용할 수 있다면 탄소는 어떻게 4개의 결합을 형성할 수 있을까? 이에 대한 답은 다음과 같다. 하나의 전자가 낮은 에너지 상태의 2*s* 오비탈로부터 높은 에너지 상태의 비어 있는 $2p_z$ 오비탈로 들뜨게 되면, 4개의 홀전자를 갖게 되고 4개의 결합을 형성할 수 있는 [He] $2s^1\ 2p_x^1\ 2p_y^1\ 2p_z^1$ 와 같은 들뜬 상태가 된다는 것이다.

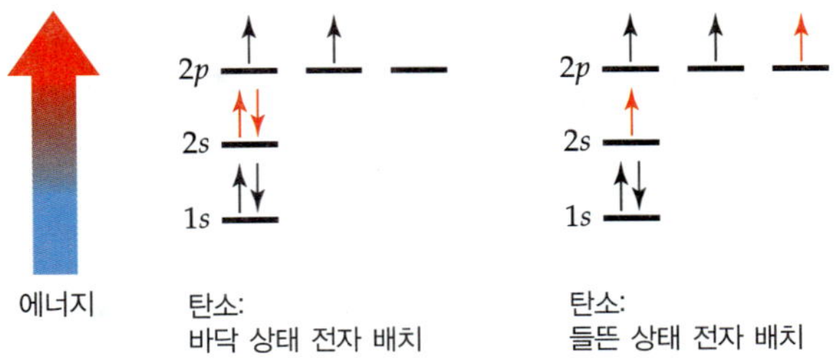

두 번째 문제점은 좀 더 해결하기 어려운 것인데, 만약 들뜬 상태의 탄소가 두 종류의 오비탈, 즉 2*s*와 2*p*를 결합에 이용한다면 어떻게 4개의 **동등한** 결합이 형성될 수 있는가하는 문제이다. 게다가 탄소의 세 2*p* 오비탈은 서로 90° 위치에 있고 2*s* 오비탈은 방향성이 없는데, 어떻게 탄소가 정사면체의 꼭짓점을 향하는 109.5°의 결합각을 갖는 4개의 결합을 형성할 수 있을까? 이 문제에 대한 해답은 **혼성 오비탈** 개념을 제안한 폴링(Linus Pauling)에 의하여 1931년에 제시되었다.

슈뢰딩거 파동 방정식에서 유도한 *s*와 *p* 원자 오비탈에 대한 양자 역학적 파동 함수들이 어떻게 수학적으로 결합되어 **혼성 원자 오비탈(hybrid atomic orbital)**이라고 하는 새로운 한 벌의 동등한 파동 함수를 형성할 수 있는지를 폴링은 보여 주었다. 들뜬 상태 탄소 원자에서와 같이 1개의 *s* 오비탈과 3개의 *p* 오비탈이 결합될 때, sp^3 혼성 오비탈이라고 부르는 4개의 동등한 혼성 오비탈이 형성된다. (sp^3의 위첨자 3은 혼성 오비탈이 형성될 때 얼마나 많은 *p* 오비탈이 참여하는가를 나타내는 것이지, 그 오비탈에 있는 전자의 수를 나타내는 것은 아니다.)

개념탐구 질문 4

원자가 결합 이론에서 원자 오비탈보다는 혼성 오비탈을 사용해야 하는 이유는?

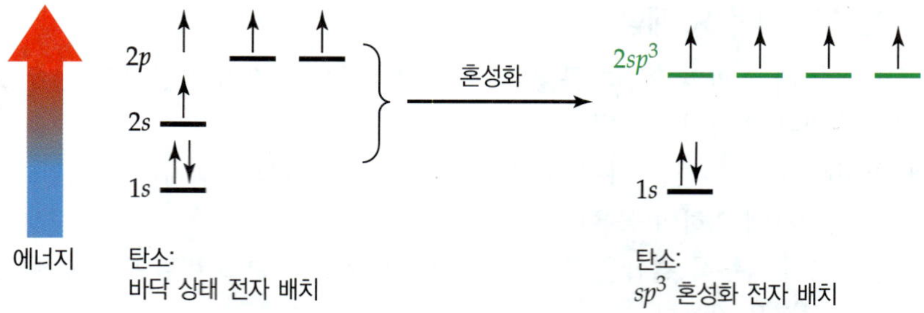

원자의 p 오비탈처럼 4개의 동등한 sp^3 혼성 오비탈은 각각 위상이 서로 다른 2개의 로브를 갖는다(5.7절). 그러나 그 로브 중 하나는 다른 하나보다 더 크기 때문에 이 오비탈은 상당한 방향성을 갖게 된다. 4개의 커다란 로브는 **그림 8.2**와 같이 서로 109.5°의 각도로 사면체의 네 꼭짓점을 향한다. 일관성 있게 색을 사용하기 위해서 다른 위상의 오비탈은 붉은색과 푸른색을 이용해서 쉽게 볼 수 있게 하였다. 결과적으로 나타난 혼성 오비탈의 커다란 로브는 초록색을 이용해서 볼 수 있게 한다.

방향성이 큰 혼성 오비탈로 형성된 공유 결합에서 공유 전자는 결합된 두 핵 사이의 영역에서 대부분 머문다. 그 결과 sp^3 혼성 오비탈로 구성된 공유 결합은 대개 상당히 강하다. 실제로 CH_4에서 4개의 강한 C−H 결합이 형성될 때 방출되는 에너지는 들뜬 상태의 탄소를 만들 때 필요한 에너지를 상쇄하고도 남는다. **그림 8.3**은 메테인의 4개의 C−H 시그마 결합이 수소의 1s 오비탈과 탄소의 sp^3 혼성 오비탈의 정면 겹침에 의하여 어떻게 형성될 수 있는가를 보여 준다.

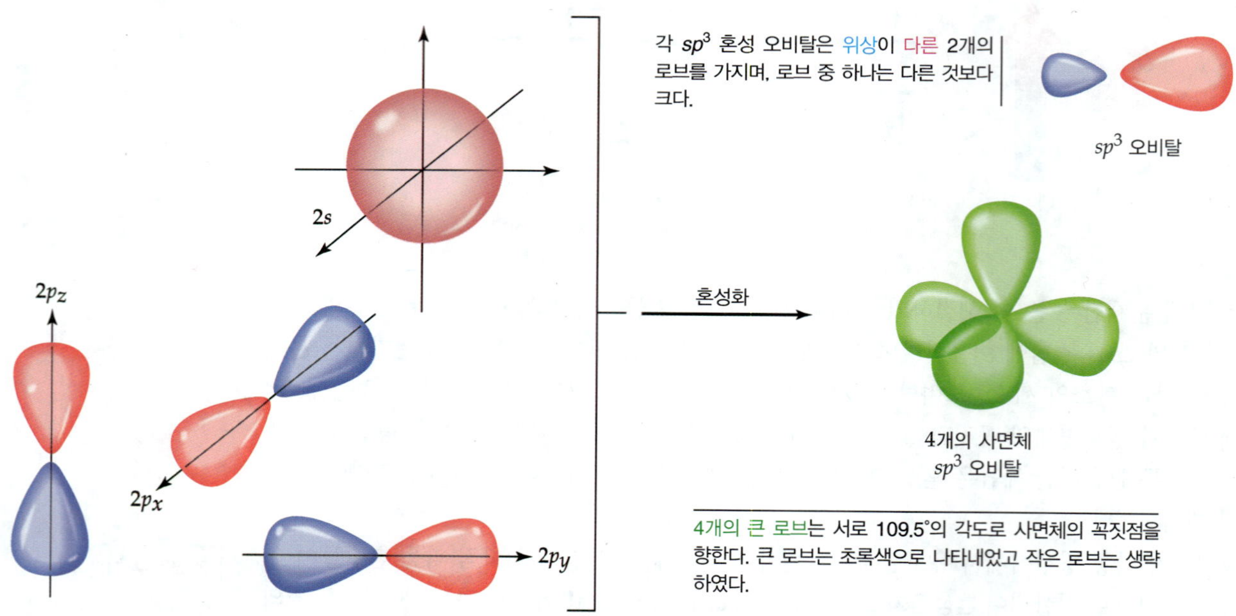

▲ 그림 8.2
1개의 s 원자 오비탈과 3개의 p 원자 오비탈의 결합에 의한 4개의 sp^3 혼성 오비탈의 형성

▲ 확인하기

4개의 sp^3 혼성 오비탈을 형성하기 위해 혼합한 원자 오비탈의 수와 형태를 말하시오.

답 3개의 2p 오비탈은 수학적으로 4개의 동등한 sp^3 혼성 오비탈을 형성하기 위해 2s 오비탈과 혼합되었다.

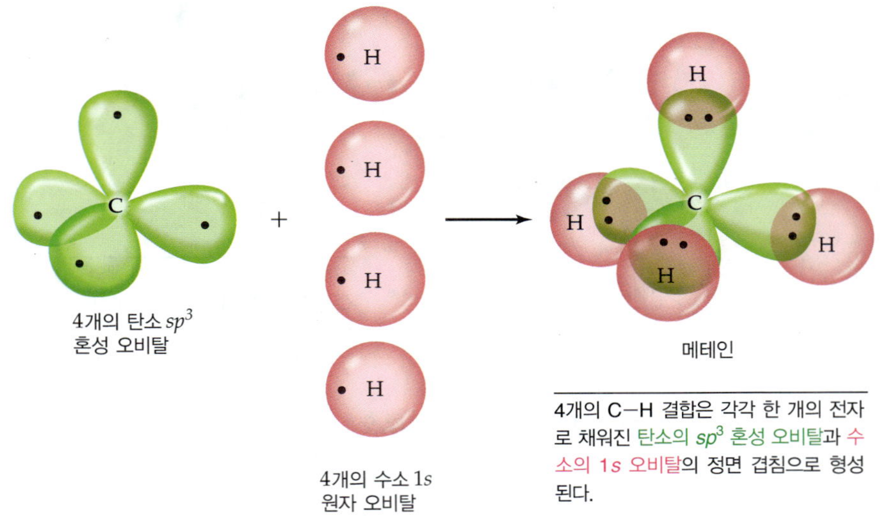

◀ 그림 8.3
메테인(CH_4)에서의 결합

▶ 확인하기
어떤 유형의 오비탈이 겹침으로 메테인의 C—H 결합이 형성되는가?
답 탄소의 홀전자 점유 sp^3 혼성 오비탈과 수소의 홀전자 점유 1s 오비탈이 겹친다.

사면체 메테인 분자에서 탄소에 대한 결합을 설명하는 것과 같은 방식으로, 삼각뿔 구조인 암모니아 분자의 질소, 굽은형 구조인 물 분자의 산소, 그리고 VSEPR 모형에 의하여 4개 전하구름의 사면체 배열이라고 예측되는 기타 모든 원자는 sp^3 혼성화에 의해 설명될 수 있다.

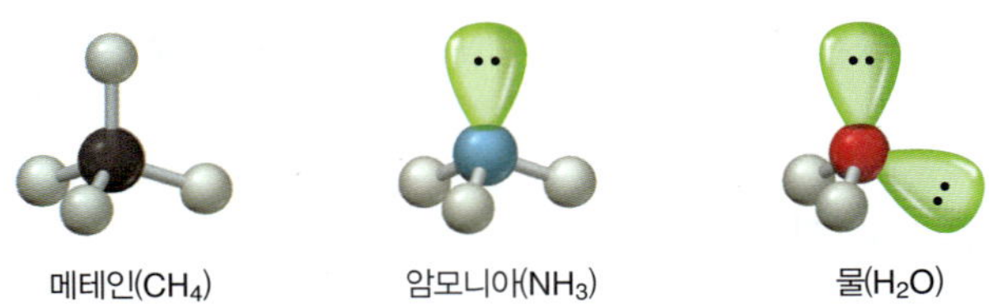

예제 8.3

사면체 기하 구조에서 오비탈 겹침 확인

PCl_3의 P—Cl 결합을 형성하는 오비탈의 겹침을 확인하시오.

전략

PCl_3의 전자점 구조를 그리고, 중심 원자를 둘러싼 혼성 오비탈과 그 기하 구조를 결정한다. 말단(terminal) 원자의 어떤 오비탈이 홀전자 점유하여, 그것들과 중심 원자의 홀전자 점유 혼성 오비탈과의 겹침으로 결합을 이루게 한다. 어떤 오비탈인가?

풀이

PCl_3의 전자점 구조는 세 개의 단일 결합과 한 개의 고립 전자쌍을 가지고 있다. sp^3 혼성 오비탈에 대응하는 사면체 배열에는 네 개의 전하구름이 있다. 세 개의 결합과 한 개의 고립 전자쌍을 가지고 있기 때문에 PCl_3는 삼각뿔 모양이다.

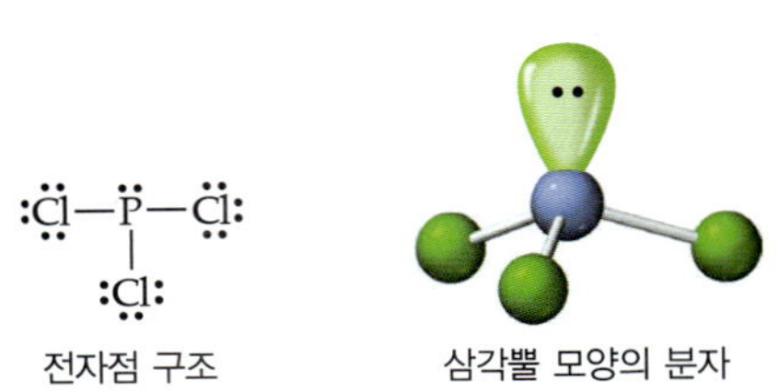

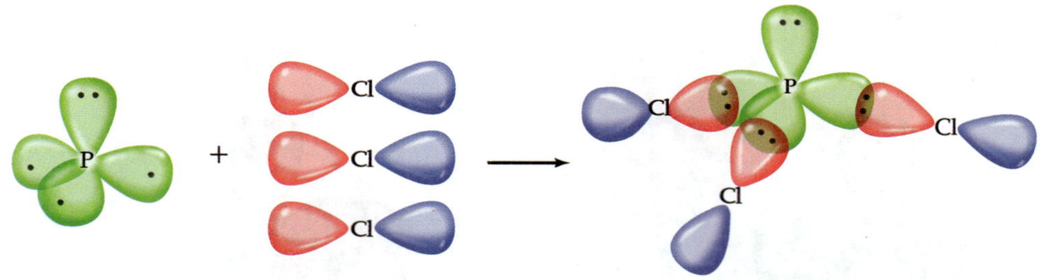

4개의 인 sp^3 혼성 오비탈

3개의 염소 $3p$ 원자 오비탈

3개의 P−Cl 결합은 각각 한 개의 전자로 채워진 염소의 $3p$ 오비탈과 인의 sp^3 혼성 오비탈의 정면 겹침으로 형성된다.

연습문제 8.5 CH_2Cl_2의 C−Cl 결합과 C−H 결합을 형성하는 오비탈의 겹침을 확인하시오.

응용문제 8.6 시골의 가정이나 캠핑하는 사람들의 난방에 사용되는 연료인 프로페인(C_3H_8)의 결합을 그리시오. C−C 결합과 C−H 결합을 형성하는 각 원자의 오비탈 겹침의 종류를 쓰시오.

8.4 기타 혼성 오비탈

5개 또는 6개의 전하구름을 가진 원자의 경우는 훨씬 복잡하지만, 표 8.1에 나타낸 다른 기하 구조들도 역시 특정한 종류의 오비탈 혼성화로 설명할 수 있다. 하나씩 살펴보자.

sp^2 혼성화

3개의 전하구름을 갖는 원자의 경우, 1개의 s 원자 오비탈과 2개의 p 오비탈이 합쳐 혼성화되어 3개의 **sp^2 혼성 오비탈**(**sp^2 hybrid orbital**)을 형성한다. 이러한 sp^2 혼성 오비탈은 한 평면상에 놓이며, 서로 120°로 정삼각형의 꼭짓점을 향한다. 1개의 p 오비탈은 원래 그대로 남아 그림 8.4처럼 sp^2 혼성 오비탈 평면에 대하여 90°의 각을 이루며 배향한다.

sp^2 혼성화 원자에서 혼성화되지 않은 p 오비탈의 존재는 몇 가지 재미있는 결과를 가져온다. 예를 들어, 무색 기체로 공업적 폴리에틸렌 제조에서 출발 물질로 사용되는 에틸렌($H_2C{=}CH_2$)을 살펴보자. 에틸렌의 각 탄소 원자는 3개의 전하구름을 갖고 sp^2 혼성화된다. sp^2 혼성화된 탄소 원자 2개가 서로 접근하며, sp^2 오비탈들이 정면 겹침하여 시그마(σ) 결합을 형성한다. 마찬가지로, 두 탄소의 혼성화되지 않은 p 오비탈도 서로 접근하여 결합을 형성하지만, 이 경우에는 정면이 아니라 측면으로 평행하게 접근한다. 이러한 측면 결합에서 공유 전자들은 원자핵을 연결하는 축에 바로 존재하지 않고 축의 위와 아래 영역을 점유하며, 이것을 **파이(π) 결합**(**pi bond**)이라고 부른다(그림 8.5). 에틸렌의 C=C 결합과 같은 이중 결합은 한 개의 시그마 결합과 한 개의 파이 결합으로 구성된다. 추가로 에틸렌에서는 수소 $1s$ 오비탈과 남아 있는 4개의 sp^2 오비탈이 겹쳐져서 4개의 C−H 결합이 형성된다.

파이 결합은 두 영역에서 오비탈이 겹쳐진다. 하나는 핵 사이를 잇는 선(**핵간 축**)의 윗부분이고, 또 하나는 그 선의 아랫부분이다. 이 두 영역은 동일한 결합의 부분이고, 두 결합 전자는 그 두 영역에 퍼져 있다. 항상 그런 것처럼, p 로브는 결합을 형성하기 위해 같은 위상으로 겹쳐야 한다. σ와 π 두 겹침의 결과 두 탄소는 4개의 전자를 공유하며, 탄소−탄소 이중 결합을 형성한다.

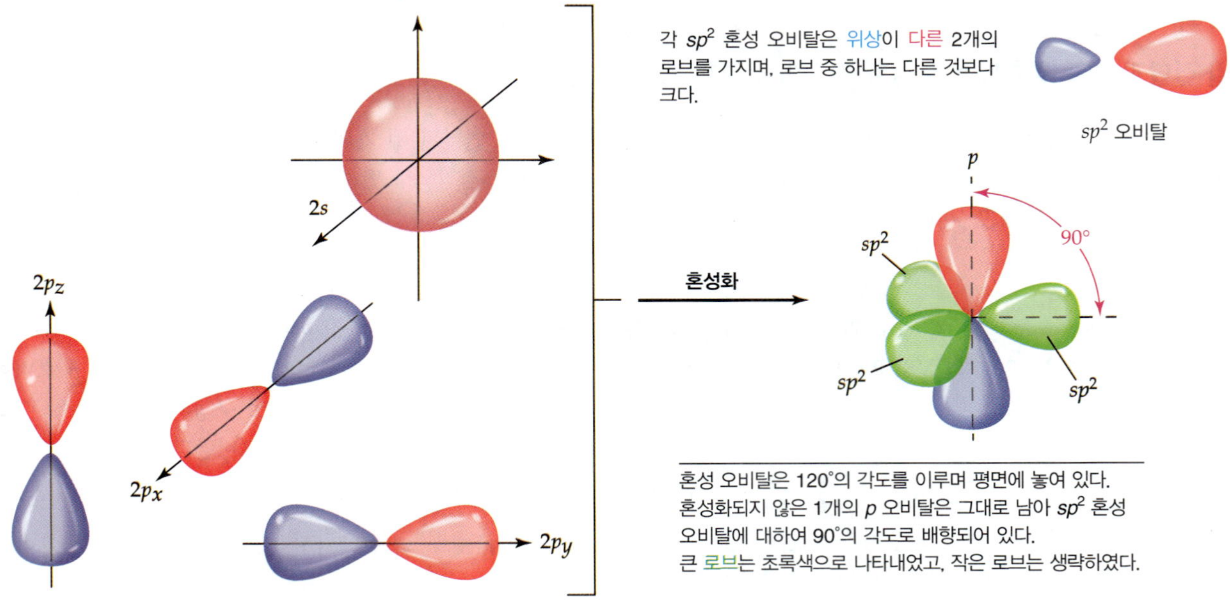

▲ **그림 8.4**
1개의 s 오비탈과 2개의 p 오비탈의 결합으로 형성되는 sp^2 혼성 오비탈

▲ 확인하기

3개의 sp^2 혼성 오비탈을 형성하기 위해 혼합된 오비탈의 유형과 그 수를 쓰시오. 어떤 원자의 오비탈이 sp^2 혼성 오비탈과 혼합되지 않았는가? 그리고 sp^2 혼성 오비탈에 대한 배향은 무엇인가?

답 한 개의 $2s$ 오비탈과 두 개의 $2p$ 오비탈이 수학적으로 혼합되어 3개의 sp^2 혼성 오비탈을 형성한다. 한 개의 $2p$ 원자 오비탈은 sp^2 혼성 오비탈에 90°로 배향한다.

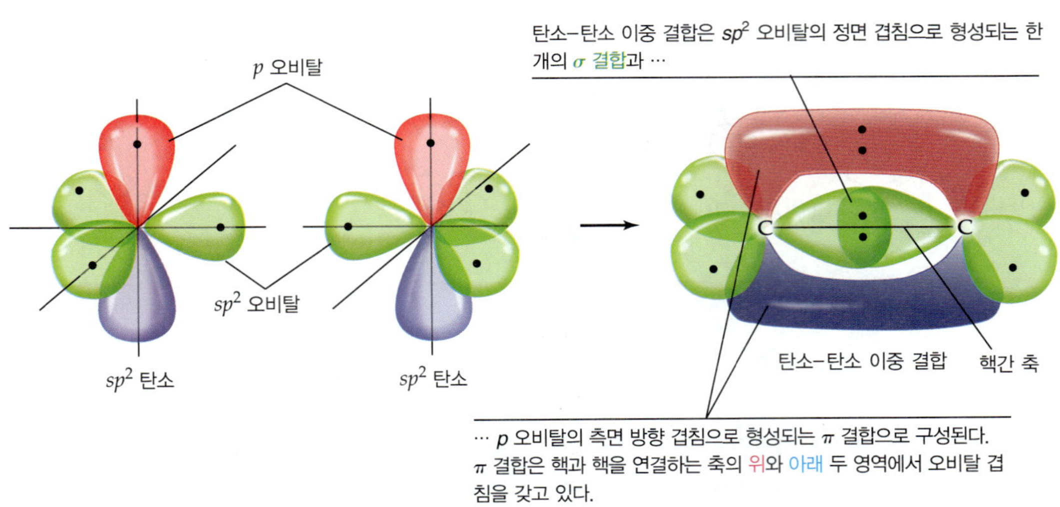

▲ **그림 8.5**
탄소–탄소 이중 결합의 구조

▲ 확인하기

에틸렌의 탄소 원자들 사이에서 σ 결합을 형성하기 위해 겹치는 오비탈과 π 결합을 형성하기 위해 겹치는 오비탈은 무엇인가?

답 σ 결합은 C(sp^2)와 C(sp^2)의 겹침으로 형성되고, π 결합은 C ($2p$)와 C($2p$)의 겹침으로 형성된다.

예제 8.4

단일 결합과 이중 결합에서 혼성화와 오비탈 겹침 확인

폴리프로필렌 고분자를 만드는 출발 물질인 프로필렌(C_3H_6)은 연속적으로 연결된 세 개의 탄소 원자를 가진다. 분자의 전체 모양을 그리고, 각 원자의 어떤 종류의 오비탈 겹침으로 탄소-탄소 결합과 탄소-수소 결합을 형성하는지를 말하시오.

전략

분자의 전자점 구조를 그리고, 각 탄소 원자를 둘러싼 전하구름의 수를 센다. 전하구름의 수와 VSEPR 모형을 사용하여 기하 구조와 혼성화를 예측한다.

풀이

화학식이 C_3H_6인 분자와 연속적으로 연결된 탄소들은 각 탄소에 4개의 단일 결합을 하기에 수소 원자가 충분하지 않다. 그러므로 프로필렌은 적어도 한 개의 탄소-탄소 이중 결합을 포함해야 한다. 아래 구조에서 왼쪽에 있는 탄소 원자는 네 개의 전하구름(네 개의 단일 결합)과 sp^3 혼성 오비탈을 가진 사면체 기하 구조를 가진다. 다른 탄소 원자들은 세 개의 전하구름(두 개의 단일 결합과 한 개의 이중 결합)과 sp^2 혼성 오비탈을 가진 삼각 평면 구조이다. 왼쪽의 탄소는 결합각이 109.5°이고, 다른 탄소 원자들은 결합각이 120°이다.

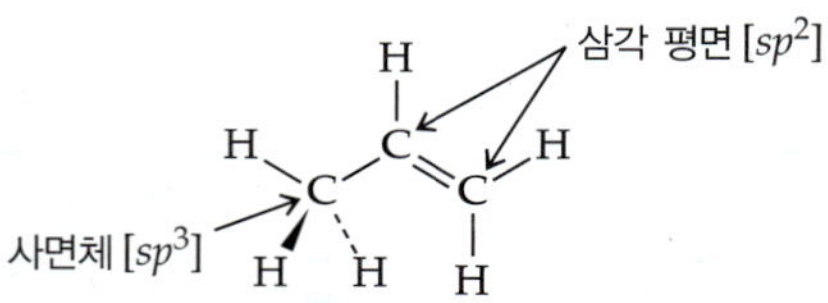

프로필렌

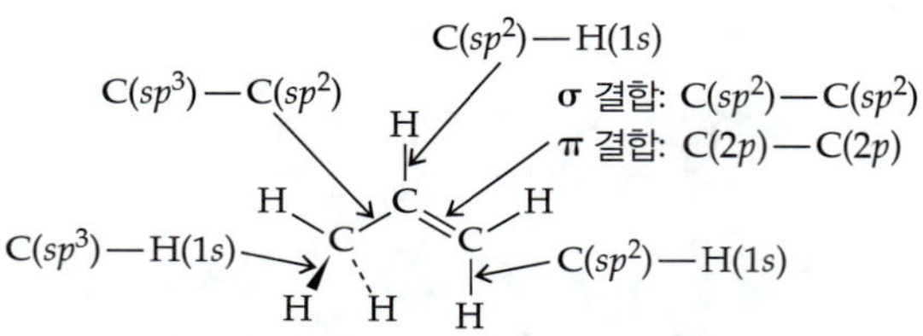

탄소-탄소 단일 결합은 sp^3 오비탈과 sp^2 오비탈의 겹침으로 형성된다. 탄소-탄소 이중 결합은 두 개의 sp^2 혼성 오비탈의 정면 겹침으로부터 형성된 σ 결합과 두 개의 p 오비탈의 측면 겹침으로 형성된 π 결합으로 구성된다. 각 탄소-수소 결합은 수소가 부착된 탄소의 혼성 오비탈과 수소 1s 오비탈의 겹침으로부터 형성된다.

▶ **연습문제 8.7** 폼알데하이드($H_2C=O$)의 탄소 원자의 혼성화를 설명하고, 각 원자의 어떤 종류의 오비탈 겹침으로 분자의 결합을 형성하는지를 말하시오.

▶ **응용문제 8.8** 사이클로펜텐(C_5H_8)에서 각 탄소 원자의 혼성화를 설명하시오. 각 원자의 어떤 종류의 오비탈 겹침으로 탄소-탄소와 탄소-수소 결합을 형성하는지를 말하시오.

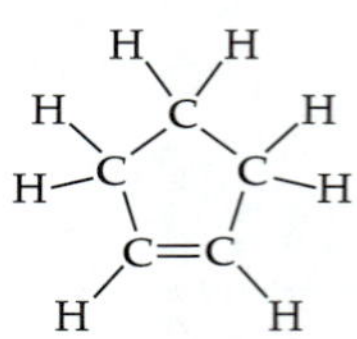

사이클로펜텐

sp 혼성화

2개의 전하구름을 갖는 원자의 경우, 1개의 원자 s 오비탈과 1개의 p 오비탈이 합쳐 혼성화되어 서로 180°를 향하는 2개의 ***sp* 혼성 오비탈**(***sp* hybrid orbital**)을 형성한다. 원자 한 개의 sp 혼성화에는 1개의 p 오비탈만 참여하므로, 나머지 2개의 p 오비탈은 그대로 남아 **그림 8.6**에서 보여 주는 것처럼 sp 혼성 오비탈에 대하여 90°로 향한다.

아세틸렌(H−C≡C−H)은 sp 혼성화의 가장 간단한 예 중 하나이다. 아세틸렌은 무색 기체로 용접에 사용된다. 아세틸렌 분자의 두 탄소 원자는 선형 기하 구조를 가지며, sp 혼성화되어 있다. 두 sp 혼성화 탄소 원자의 sp 오비탈이 정면으로 접근하여 σ 결합을 형성할 때, 각 탄소의 혼성화되지 않은 p 오비탈이 정렬되어 π 결합을 형성한다. 2개의 p 오비탈은 위/아래 방향으로 정렬하고, 다른 2개의 오비탈은 앞/뒤 방향으로 정렬한다. 그리하여 아세틸렌에는

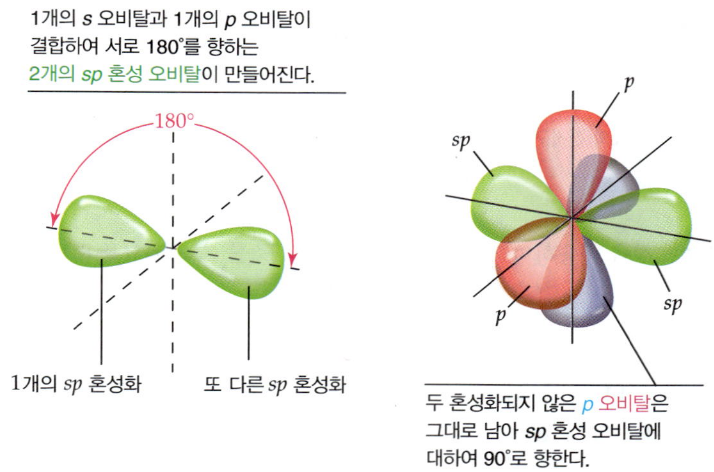

◀ 그림 8.6
sp 혼성화

▶ 확인하기

두 개의 *sp* 혼성 오비탈을 형성하기 위해 혼합된 원자 오비탈의 수와 유형을 쓰시오. 혼합되지 않은 원자 오비탈은 무엇이며, *sp* 혼성 오비탈에 대한 배향은 무엇인가?

답 한 개의 *s* 오비탈과 한 개의 *p* 오비탈이 두 개의 *sp* 혼성 오비탈을 만들기 위해 수학적으로 혼합되었다. *sp* 혼성 오비탈에 90°로 배향되는 두 개의 2*p* 원자 오비탈이 남아 있다.

p 오비탈의 측면 겹침으로 서로 수직한 2개의 π 결합과 *sp* 오비탈의 정면 겹침으로 생성되는 1개의 σ 결합이 생긴다. 알짜 결과는 6개의 전자 공유와 삼중 결합의 형성이다(그림 8.7). 이와 함께 아세틸렌에서는 나머지 2개의 *sp* 오비탈과 수소 1*s* 오비탈들이 겹쳐 두 개의 C—H 결합을 형성한다.

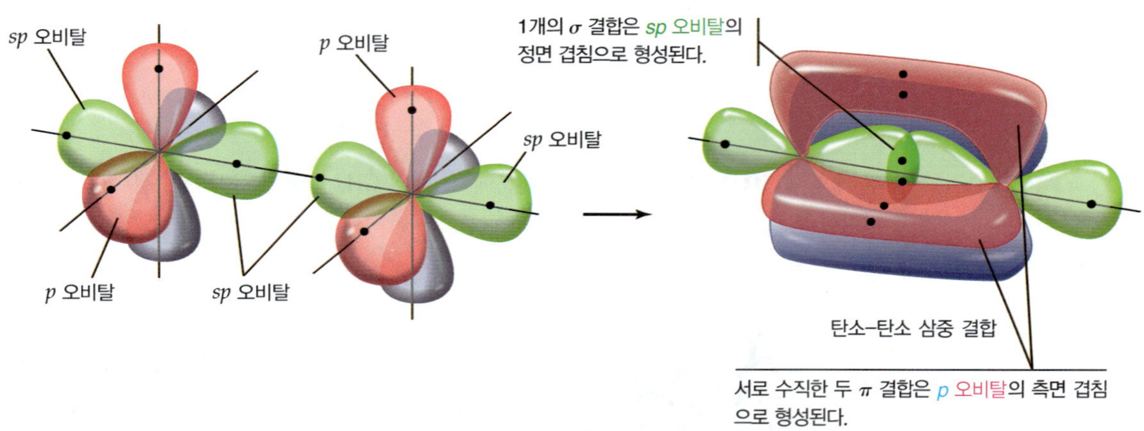

▲ 그림 8.7
두 개의 *sp*-혼성 원자들에 의한 삼중 결합의 형성

▲ 확인하기

에틸렌의 탄소 원자들 간의 σ 결합과 π 결합을 형성하는 오비탈 겹침은 무엇인가?

답 σ 결합은 C(*sp*)와 C(*sp*)의 겹침으로 형성되고, 두 개의 π 결합은 C(2*p*)와 C(2*p*)의 겹침으로 형성된다.

예제 8.5

단일 결합과 이중 결합에서 혼성화와 오비탈 겹침 확인

알렌($H_2C{=}C{=}CH_2$) 속 탄소 원자의 혼성화를 설명하고, 결합 형성의 오비탈 겹침을 나타내는 분자의 대략적인 모양을 그리시오.

전략

전자점 구조를 그려서 각 원자의 전하구름의 수를 구한다.

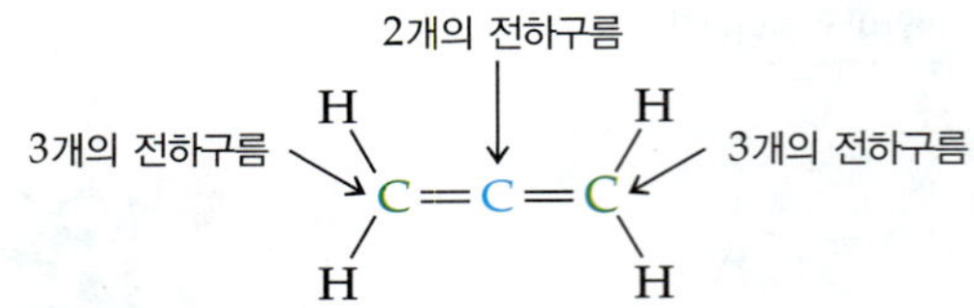

그런 다음, VSEPR 모형을 이용하여 각 원자 주위의 기하 구조를 예측한다(표 8.1).

풀이

알렌의 중심 탄소 원자는 2개의 전하구름(2개의 이중 결합)을 가지므로 선형 기하 구조이고, *sp* 혼성화되어 있다. 두 개의 말단 탄소 원자는 각 3개의 전하구름(1개의 이중 결합과 2개의 단일 결합)을 가지므로 삼각 평면 기하 구조이고, sp^2 혼성화되어 있다. 중심 탄소는 sp 오비탈을 이용하여 180° 각도를 갖는 2개의 σ 결합을 형성하고, 2개의 혼성화되지 않은 *p* 오비탈을 이용하여 두 개의 말단 탄소와 π 결합을 형성한다. 혼성화되지 않은 *p* 오비탈은 서로 90°로 배향되어 있고, 이러한 공간 배열을 보여 주기 위해 $2p_x$와 $2p_y$로 표기되어 있다. 각 말단 탄소 원자는 1개의 sp^2 오비탈을 이용하여 중심 탄소와 σ 결합을, *p* 오비탈을 이용하여 π 결합을 형성하며, 나머지 2개의 sp^2 오비탈을 이용하여 C—H 결합을 형성한다.

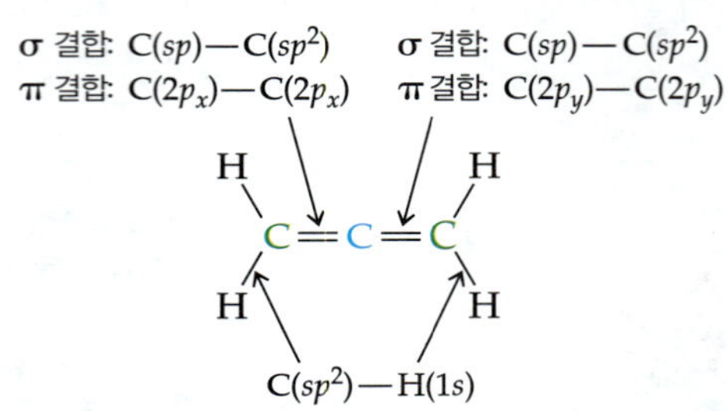

두 개의 π 결합의 상호 수직 배열 때문에 두 개의 CH_2 그룹이 유사한 수직 배열을 만든다는 것을 기억하라.

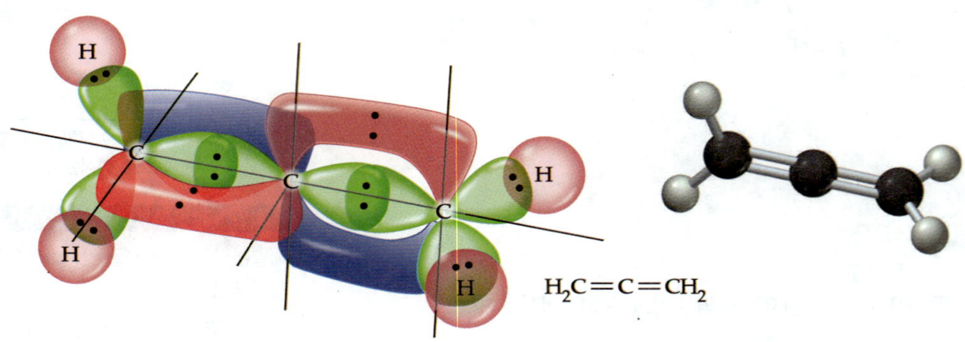

연습문제 8.9 다음과 같은 이산화 탄소 구조에서 시그마와 파이 결합을 형성하기 위하여 어느 오비탈이 겹친 것인가?

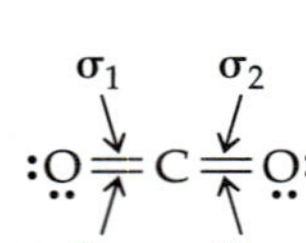

응용문제 8.10 사이안화 수소 분자(H—C≡N) 속 탄소 원자의 혼성화를 설명하고, 대략적인 그림을 그려서 결합에 사용되는 혼성 오비탈을 나타내시오.

5개 또는 6개의 전하구름을 갖는 원자

PCl_5의 인이나 SF_6의 황처럼 5개 또는 6개의 전하구름을 갖는 주족 원소는, 각각 5개와 6개의 원자 오비탈이 결합하여 혼성화된다고 한때 생각한 적이 있다. 그러나 이 껍질에는 4개의 *s*와 *p* 오비탈만 존재하므로, 5개 또는 6개의 오비탈을 이용하려면 *d* 오비탈이 참여한다는 것을 의미한다. 21.11절에서 살펴보겠지만, 많은 전이 금속 화합물에서 실제로 *d* 오비탈을 포함하는 혼성화를 볼 수 있다. 그러나 최근의 양자 역학적 계산에 따르면, 주족 화합물은 혼성화에서 *d* 오비탈을 사용하지 않고, 원자가 결합 이론으로는 쉽게 설명할 수 없는 보다 복잡한 결합 양식을 따른다는 것이 밝혀졌다.[a]

표 8.2는 주족 원소의 가장 보편적인 세 가지 혼성화와 그에 해당되는 기하 구조에 대해 요약한 것이다.

표 8.2 혼성 오비탈과 기하 구조

전하구름 수	전하구름의 기하 구조	혼성화
2	선형	sp
3	삼각 평면	sp^2
4	사면체	sp^3

8.5 극성 공유 결합과 쌍극자 모멘트

분자 극성은 분자의 화학적 성질과 물리적 성질 모두에 영향을 미치는 중요한 특성이다. 분자 극성의 개념을 이해하기 위해 **결합 쌍극자**(bond dipole)와 **쌍극자 모멘트**(dipole moment)의 개념을 정립하는 것이 필요하다. 7.3절에서 살펴본 바와 같이, **전기 음성도(electronegativity)**가 서로 다른 원자 사이에는 **극성 공유 결합(polar covalent bond)**이 형성된다. 예를 들어 염소는 탄소보다 전기 음성도가 더 크기 때문에, 클로로메테인 (CH_3Cl)의 염소 원자는 C−Cl 결합에서 탄소 원자보다 전자를 더 세게 끌어당긴다. 따라서 C−Cl 결합은 편극되어 염소 원자는 전자가 약간 증가하고(δ−), 탄소 원자는 전자가 조금 부족하게 된다(δ+).

클로로메테인의 극성 C−Cl 결합은 양전하 끝과 음전하 끝을 갖는다. 이를 결합 **쌍극자(dipole)**라고 부르고, 한쪽 끝이 십자 모양으로 표시된 화살표(↔)를 사용하여 쌍극자를 나타내며, 전자의 이동 방향을 표시한다. 화살머리 끝은 쌍극자의 음전하 끝(δ−)을, 십자 모양(+ 표시처럼 보이는)은 양전하 끝(δ+)을 나타낸다. 클로로메테인에서 C−H 결합 역시 탄소가 수소보다 전기 음성도가 약간 더 크기 때문에 작은 결합 쌍극자를 가진다. 이론적으로 결합 쌍극자는 부분적인 음전하를 가진 탄소 원자를 가리키는 화살표로 그릴 수 있지만, 실제로는 C−H 결합이 거의 무극성이라고 간주된다. 탄소와 수소 간 전기 음성도의 차이가 작기 때문에, 일반적으로 C−H 결합의 결합 쌍극자는 그리지 않는다.

분자 내 각각의 결합이 극성이면, 각각의 결합 극성과 고립 전자쌍 영향의 알짜 합계 때문에 전체 분자는 때로 극성을 나타낸다. CH_3Cl의 전체 분자 극성은 **정전기 퍼텐셜 지도(electrostatic potential map)**에서 분명히 볼 수 있다. 전자가 많은 염소 원자는 빨간색으로 보이고, 전자가 부족한 분자의 나머지 부분은 청록색으로 나타난다. 결과적으로 **분자 쌍극자**

기억하기…
극성 공유 결합이란 결합 전자가 두 원자 사이에 불평등하게 공유된 것으로 완벽하게 이동하지는 않는다. 즉, 이온 결합과 비극성 공유 결합의 중간 상태이다(7.3절).

기억하기…
전기 음성도란 분자 내 원자가 공유 결합에서 공유한 전자를 끌어당기는 능력이다. 주기율표의 왼쪽에 있는 금속은 최소한의 전기 음성도를 가지는 반면, 오른쪽 상단에 있는 할로젠과 다른 반응성 비금속들은 최대한의 전기 음성도를 가진다(7.3절).

기억하기…
정전기 퍼텐셜 지도는 분자 내 전자의 분포도를 나타내기 위해 색을 사용한다. 전자가 많은 부분은 빨간색, 전자가 부족한 부분은 파란색이다(7.3절).

[a] 확장된 옥텟 분자에서의 결합 이론에 대한 자세한 내용은 다음 참고자료를 참조하라.
Noury, S., Silvi, B., & Gillespie, R. Chemical Bonding in Hypervalent Molecules: Is the Octet Rule Relevant?, *Inorg. Chem.* Vol. 41, 2002, p. 2164.
T. A. Mitchell et al. Predicting the Stability of Hypervalent Molecules, *Journal of Chemical Education*, Vol. 84, 2007, p. 629.
Galbraith, J. On the Role of *d* Orbital Hybridization in the Chemistry Curriculum, *Journal of Chemical Education*, Vol. 84, 2007, p. 783.

표 8.3 몇 가지 화합물의 쌍극자 모멘트

이름	쌍극자 모멘트(D)
NaCl[a]	9.0
CH_3Cl	1.90
H_2O	1.85
NH_3	1.47
HCl	1.11
CO_2	0
CCl_4	0

[a]기체상에서 측정

기억하기…

쌍극자 모멘트(μ)의 크기는 쌍극자 양쪽 끝 전하량(Q)과 전하 간 거리(r)의 곱으로 정의한다. 쌍극자 모멘트의 단위는 **디바이**(debye, D)로 표시하며, 1D = 3.336×10^{-30} C·m(coulomb meter, SI 단위)이다(7.3절).

는 다음 방법으로 생각할 수 있다. 중심 원자 주변의 고립 전자쌍과 결합의 배열에서 대칭성을 고려한다. 배열이 비대칭이면 분자는 알짜 극성을 갖는다. 클로로메테인은 사면체 배열을 하며 4개의 결합이 있다. C−Cl 결합은 극성인 반면에, 세 개의 C−H 결합은 비극성이며 중심 원자 주변의 결합은 비대칭적인 배열을 나타낸다.

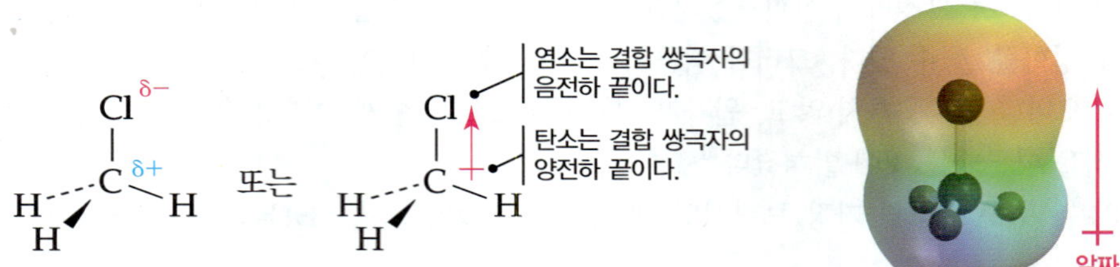

클로로메테인, CH_3Cl

실험적으로 쌍극자 모멘트를 측정하는 것은 비교적 쉽다. 몇 가지 물질에 대한 값이 **표 8.3**에 제시되어 있다. 알짜 분자 극성의 척도는 **쌍극자 모멘트**(**dipole moment**, μ; 그리스어로 '뮤') 라 부르는 양이다.

표 8.3처럼 이온 결합 화합물인 NaCl이 훨씬 더 큰 쌍극자 모멘트를 갖는 것은 당연하다. 왜냐하면, 기체상에서 강한 이온 결합으로 서로 붙잡고 있는 Na^+와 Cl^- 이온쌍으로 존재하기 때문이다. 분자 화합물인 물과 암모니아도 역시 큰 쌍극자 모멘트를 갖는다. 그 이유는 수소에 비해 산소와 질소는 전기 음성도 값이 크고, 알짜 분자 극성에 기여하는 고립 전자쌍을 갖고 있기 때문이다.

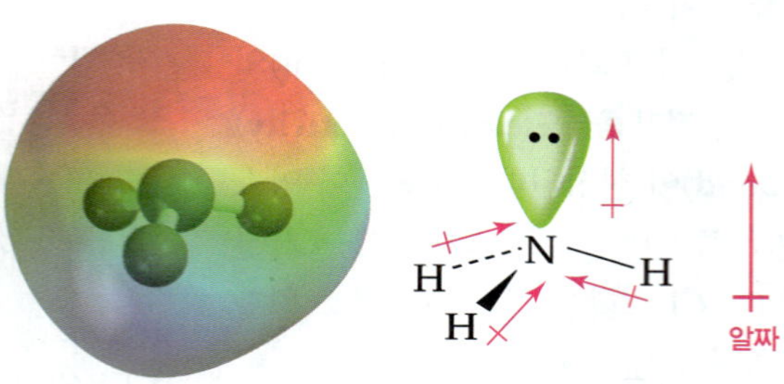

암모니아(μ = 1.47 D)

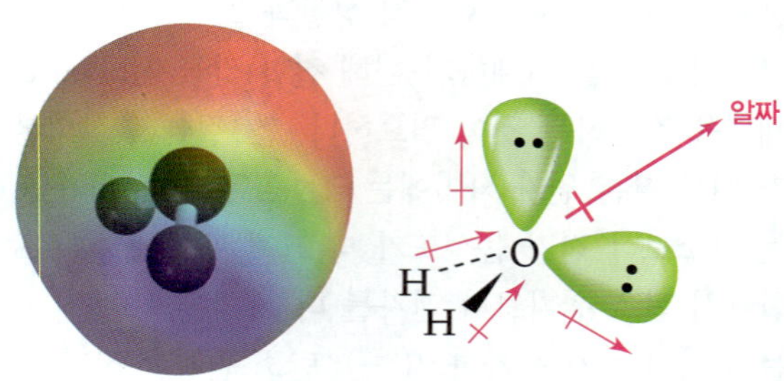

물(μ = 1.85 D)

물이나 암모니아와는 대조적으로, 이산화 탄소와 사염화 탄소(CCl_4)의 쌍극자 모멘트는 0이다. 이들 분자는 각각 분자 내에 극성 공유 결합을 갖지만 대칭 구조이므로 각 결합 극성은 모두 상쇄되기 때문이다.

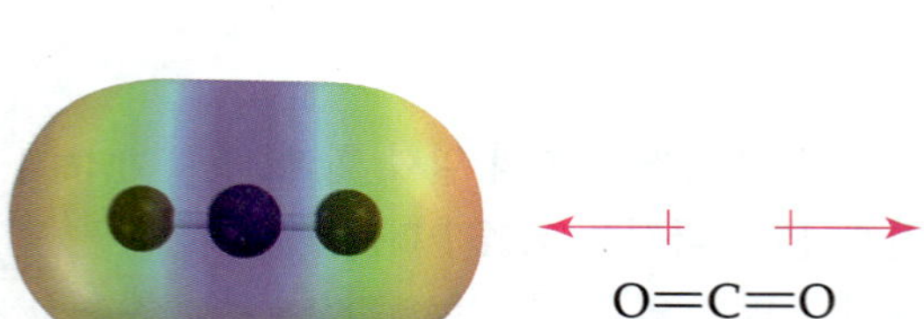

이산화 탄소(μ = 0)

사염화 탄소(μ = 0)

그림 8.8은 분자 극성을 예측하는 전략의 윤곽을 나타낸 것이다. 첫 번째 단계로, 전자점 구조를 그리고, VSEPR 모형(8.1절)을 사용하여 3차원 분자 모양을 결정한다. 다음 단계로, 전기 음성도 값(그림 7.4)을 사용하여 결합 쌍극자를 그리고, 분자가 쌍극자 모멘트를 가지는지 결정하기 위해 결합 쌍극자와 고립 전자쌍의 대칭을 점검한다.

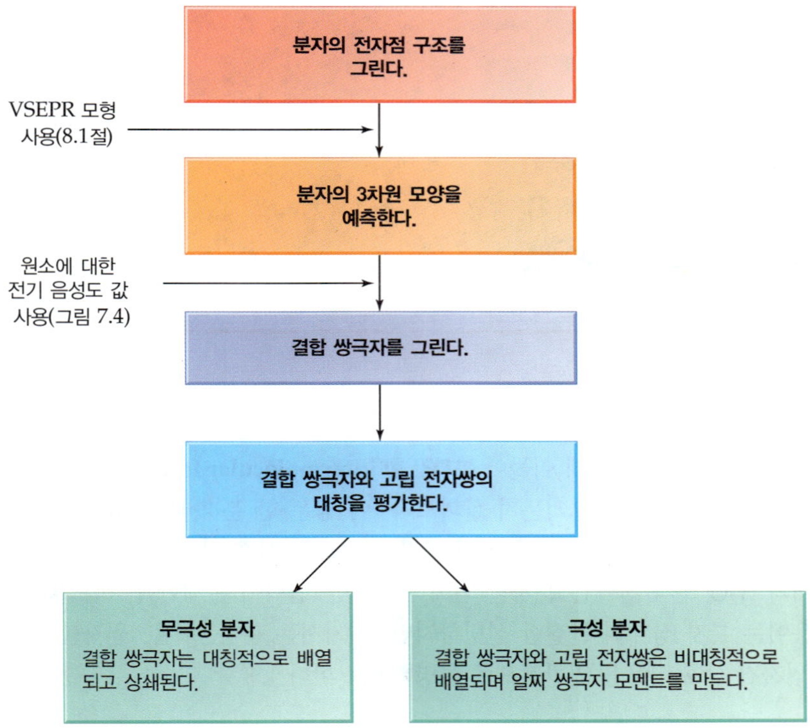

◀ 그림 8.8
분자 극성을 예측하기 위한 전략

예제 8.6은 분자 극성을 예측하기 위한 과정을 설명한다.

개념 예제 8.6

쌍극자 모멘트의 존재 예측

폴리염화 바이닐(PVC) 고분자 제조의 출발 물질인 염화 바이닐($H_2C{=}CHCl$)은 쌍극자 모멘트를 갖는가? 그렇다면 쌍극자 모멘트의 방향을 제시하시오.

전략과 풀이

그림 8.8에 설명된 순서를 따라 분자 극성을 결정한다. 염화 바이닐의 전자점 구조는 다음과 같다.

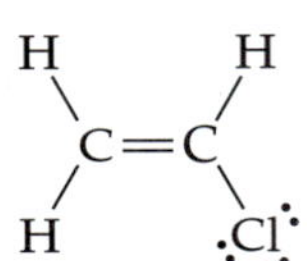

8.1절에서 설명한 VSEPR 모형은 염화 바이닐 분자 모형을 예측하기 위해 사용된다. 탄소 원자는 둘 다 세 개의 전하구름을 가지므로, 각 탄소는 삼각 평면 기하 구조를 갖는다. C=C 이중 결합의 파이 부분에서 혼성화되지 않은 탄소 $2p$ 오비탈이 측면에서 겹치기 때문에, 전체 분자는 평면이다.

염화 바이닐

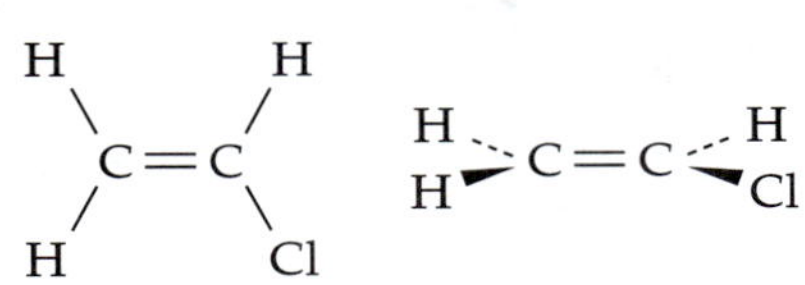

위에서 본 모양 옆에서 본 모양

그 후에, 결합된 원자들의 전기 음성도 차이에 따라 각 결합에 극성을 배정하고, 결합 쌍극자들의 대칭성과 각각의 기여도를 모두 합하여 전체 극성을 합리적으로 예측한다. C−Cl 결합만 실제적인 극성을 가지기 때문에, 분자는 염소 원자 방향의 알짜 극성을 갖는다.

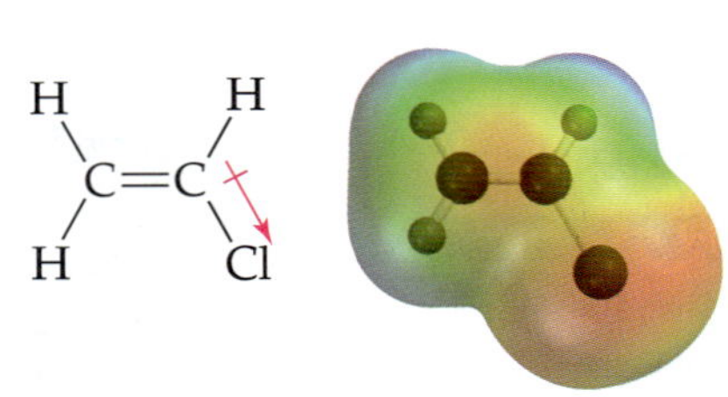

▶ 개념 연습문제 8.11 다음 중 쌍극자 모멘트를 가질 수 있는 화합물은 어느 것인가? 각 방향을 제시하시오.

(a) SF_6 (b) SO_3 (c) BrF_3

개념 응용문제 8.12 다음 정전기 퍼텐셜 지도와 일치하는 분자를 짝지으시오.
CH_3F, CHF_3, CF_4, CH_2F_2

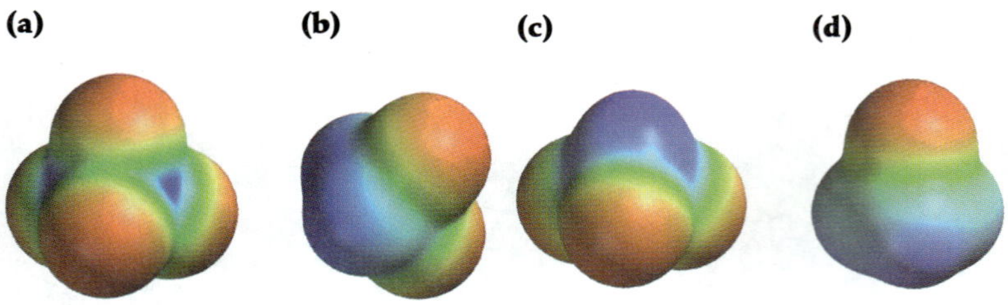

8.6 분자간 힘

분자 극성에 대해 배웠으니, 이제 이들이 **분자간 힘(intermolecular force)**이라 부르는 분자 사이에 형성되는 힘을 어떻게 일으키는지 살펴보자. 이 힘은 한 분자 내에 있는 원자들 사이의 공유 결합과는 다르다. 예를 들어, 각 H_2O 분자는 수소와 산소 사이에 두 개의 공유 결합이 있지만, 2개의 H_2O 분자 간에는 분자간 힘이라고 하는 인력이 존재한다. (엄밀히 말해서 **분자간**이란 용어는 분자 상태의 물질만 설명하지만, 여기서는 분자, 이온, 원자를 포함하는 모든 종류의 입자간 상호 작용을 일반적으로 설명하기로 한다.)

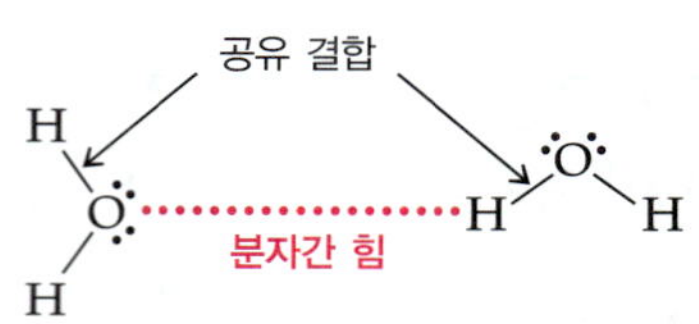

분자간 힘

분자간 힘은 용해도, 녹는점, 끓는점과 같은 물질의 많은 중요한 거시적 성질에 영향을 미친다. 이 절의 마지막에서 알게 되는 것처럼, 분자간 힘은 또한 생체 분자의 형태와 상호 작용을 안정화시키는 중요한 역할을 한다. 물질의 분자간 힘의 세기가 어떻게 녹는점과 끓는점에 영향을 미치는지를 이해하기 위해, 먼저 분자 수준에서 기체, 액체, 고체의 차이를 시각화해 보아야 한다. **그림 8.9**는 기체 입자들이 입자들 간의 인력(분자간 힘)이 약하기 때문에, 사방으로 무질서하고 자유롭게 움직인다는 것과 용기의 부피를 가득 채운다는 것을 보여 준다. 액체와 고체는 입자 사이에 강한 인력이 존재한다는 점에서 기체와 구분된다. 액체에서는 인력이 입자를 가깝게 붙잡아 놓을 만큼 충분히 세지만, 여전히 서로를 지나치면서 자유롭게 이동하는

▶ 그림 8.9
기체, 액체, 고체 분자의 비교

▶ 확인하기
어떤 상태의 물질이 분자간 인력이 가장 센가?
답 고체

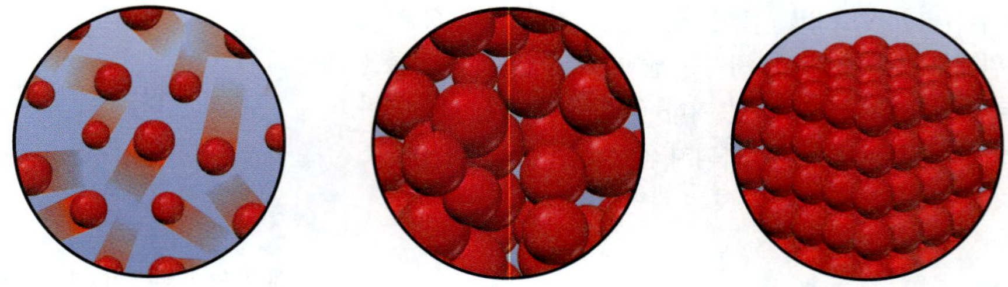

기체 입자들은 서로 인력을 거의 느끼지 않고 무질서하고 자유롭게 움직인다.

액체 입자들은 인력에 의해 서로 조밀하게 붙잡혀 있지만 자유롭게 이동한다.

고체 입자들은 규칙적인 배열로 단단하게 붙잡혀 있다.

것을 허용하고 있다. 고체에서는 인력이 매우 강하여 입자들을 단단히 붙잡아 움직이지 않게 한다.

온도는 물질의 상태에 영향을 미친다. 온도가 높아지면 입자들은 더 큰 운동 에너지를 가진다. 따라서 그들을 서로 붙잡고 있는 분자간 힘을 극복할 수 있다. 우리는 온도에 따라서 고체 얼음, 액체 물, 기체 수증기 중 어느 하나의 상태로 존재하는 H_2O의 예에 익숙하다. 질소(N_2)는 또 다른 예를 보여 준다. 질소는 더 높은 온도에서는 기체이지만, 낮은 온도에 서는 액체가 된다(그림 8.10).

분자간 인력은 일반적으로 네덜란드 과학자인 반데르발스(Johannes van der Waals, 1837~1923)의 이름을 붙여 **반데르발스 힘(van der Waals force)**이라고 부른다. 이 힘에는 **런던 분산력**, **쌍극자-쌍극자 힘**, **수소 결합**과 같은 몇 가지 형태가 있다. 또한 이온과 분자 간에는 **이온-쌍극자 힘**이 작용한다. 모든 분자간 힘은, 같은 전하 사이의 상호 반발 또는 다른 전하 사이의 상호 인력과 같은 전기적 성질에서 기인한다. 만일 어떤 입자들이 이온이라면, 전체 전하가 존재하고 이온-이온 간 인력은 매우 강하게 될 것이다(에너지는 500~1000 kJ/mol). 이것은 **이온 결합(ionic bond)**이라고 부르는 범주에 들어간다. 입자가 중성인 경우에는 부분 전하만 존재하지만, 그렇다고 하더라도 인력은 상당할 수 있다.

기억하기…
이온 결합은 일반적으로 금속의 양이온과 반응성이 좋은 비금속의 음이온 사이에서 형성된다(6.7절).

런던 분산력

모든 원자와 분자는 구조에 관계없이 전자의 움직임으로 인하여 **런던 분산력(London dispersion force)**을 가지고 있으며, 분자 내에 일시적인 쌍극자 모멘트를 생성한다. 예를 들어, Br_2와 같은 간단한 무극성 분자를 살펴보자. 전체 분자 내에서 전자 분포는 시간 평균적으로 대칭이지만, 어느 짧은 순간에는 한쪽의 전자가 다른 쪽에 비해 많아져서 짧은 수명의 쌍극자가 생겨난다. 이러한 분자의 순간 쌍극자는 인접한 분자들의 전자 분포에 영향을 미쳐 주

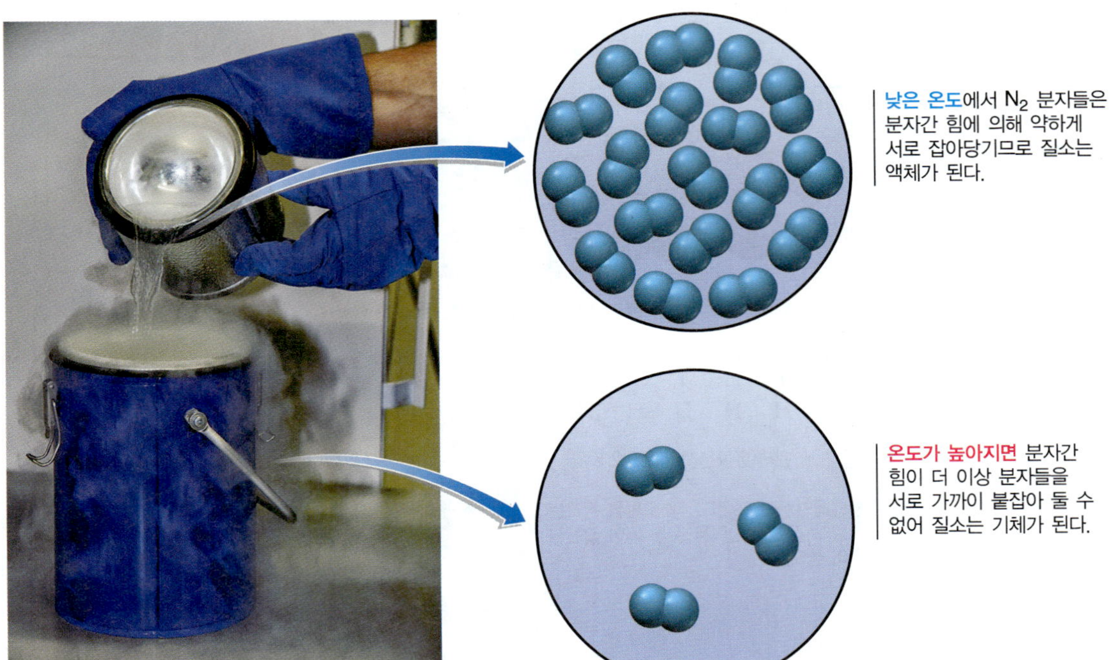

▲ 그림 8.10
분자간 힘

▶ 그림 8.11
런던 분산력

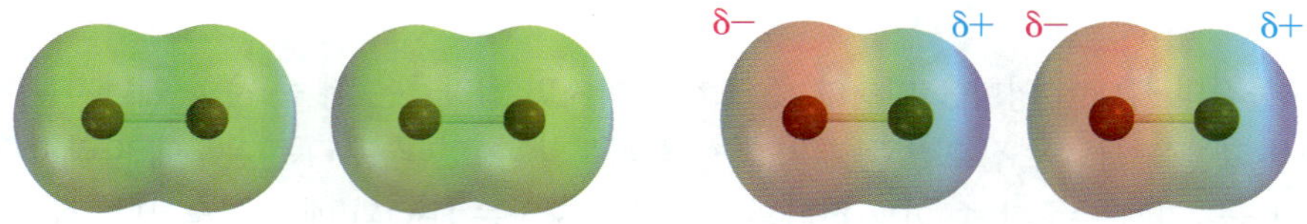

Br_2 분자의 시간 평균적 전자 분포는 **대칭**이다.

어느 순간 분자 내의 전자 분포가 **비대칭**이면, 순간 쌍극자가 생성되어 이웃 분자에 대응되는 쌍극자를 유발한다.

표 8.4 주요 할로젠의 녹는점과 끓는점

할로젠	녹는점(K)	끓는점(K)
F_2	53.5	85.0
Cl_2	171.6	239.1
Br_2	265.9	331.9
I_2	386.8	457.5

위의 분자들에게 순간 쌍극자를 유발한다(그림 8.11). 결과적으로 약한 인력이 생겨 Br_2는 실온에서 기체보다 액체 상태로 존재한다.

런던 분산력은 1~10 kJ/mol 정도의 에너지로 일반적으로 작다. 이들의 정확한 크기는 분자의 전자구름이 주위의 전기장에 의해 얼마나 쉽게 일그러질 수 있는가, 즉 **편극도(polarizability)**라는 성질에 따라 달라진다. 작거나 가벼운 원자는 작은 수의 전자들이 단단하게 붙잡혀 있기 때문에 덜 편극되고, 작은 분산력을 갖는다. 그러나 큰 분자나 무거운 원자는 많은 전자를 가지므로, 이들 중 일부는 단단하게 붙잡혀 있지 않고 핵에서 멀리 떨어져 있어 편극되기 쉽고, 큰 분산력을 갖는다. 예로서, 할로젠 중 F_2 분자는 작고 편극되지 않는 경향이 있는 반면, I_2는 크고 잘 편극된다. 결과적으로 F_2는 분산력이 작아 실온에서 기체 상태이지만, I_2는 분산력이 커서 고체이다(표 8.4).

분자 모양은 분자에 영향을 미치는 분산력의 크기 결정에 중요하다. 분자 접촉을 최소화하는 조밀한 모양보다는 넓게 퍼진 모양의 분자일수록 분자 표면적을 극대화하며, 분자 간 접촉을 증가시켜 큰 분산력을 갖게 된다. 예를 들어 펜테인(pentane)의 끓는점은 309.2 K이지만 2,2-다이메틸프로페인(2,2-dimethylpropane)의 끓는점은 282.6 K이다. 두 물질 모두 같은 분자식(C_5H_{12})을 갖지만 펜테인이 더 길고 조금 퍼진 모양을 가진 반면, 2,2-다이메틸프로페인은 더 구형이고 조밀한 모양을 갖는다(그림 8.12).

▶ 그림 8.12
분자 모양이 런던 분산력에 미치는 영향

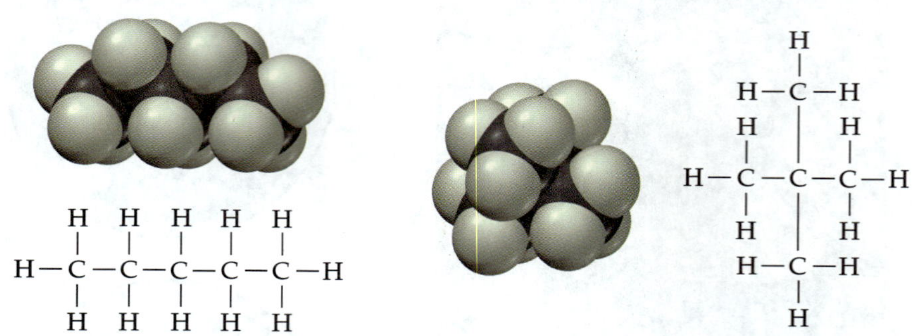

펜테인(끓는점 = 309.2 K)

2,2-다이메틸프로페인(끓는점 = 282.6 K)

펜테인처럼 더 길고 **덜 조밀한 분자**는 보다 강한 분산력을 갖게 되어 끓는점이 높다.

2,2-다이메틸프로페인처럼 **더 조밀한 분자**는 분산력이 약해 끓는점이 낮다.

쌍극자-쌍극자 힘

중성이지만 극성인 분자는 이웃 분자의 쌍극자 사이에 전기적 상호 작용이 생기므로 쌍극자–쌍극자 힘(dipole–dipole force)을 받게 된다. 이 힘은 분자 배향에 따라 인력 혹은 반발력이 될 수 있으며(**그림 8.13**), 많은 분자가 모인 집합체의 알짜 힘은 이들 두 힘의 합이다. 비슷한 분자량을 가지는 분자에서 쌍극자–쌍극자 힘은 런던 분산력보다 강하다. 쌍극자–쌍극자 힘은 3~4 kJ/mol 정도의 에너지를 가진다.

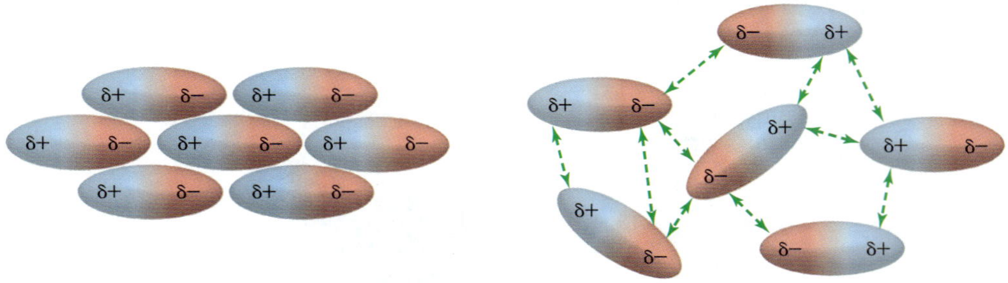

극성 분자들은 서로 다른 전하들이 접근할 때 서로 **끌어당기지만** …

… 같은 전하들이 접근할 때는 **반발한다**.

◀ **그림 8.13**
쌍극자–쌍극자 힘

예로서 뷰테인은 분자량이 58이고 끓는점이 −0.5 °C인 무극성 분자이다. 반면에, 분자량이 같은 아세톤은 극성이기 때문에 끓는점이 57 °C로 더 높다.

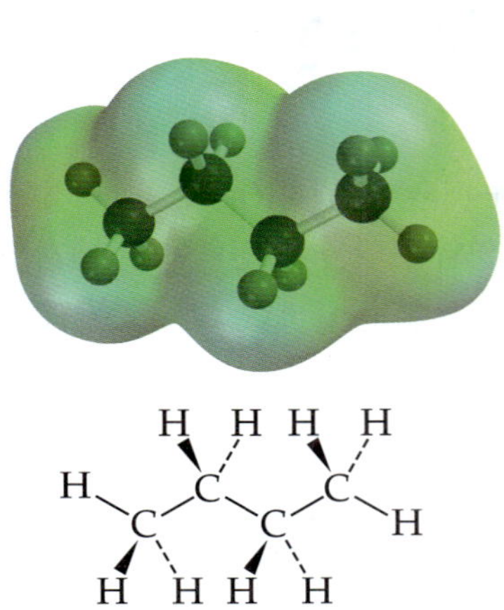

뷰테인(C_4H_{10})
분자량 = 58
끓는점 = −0.5 °C

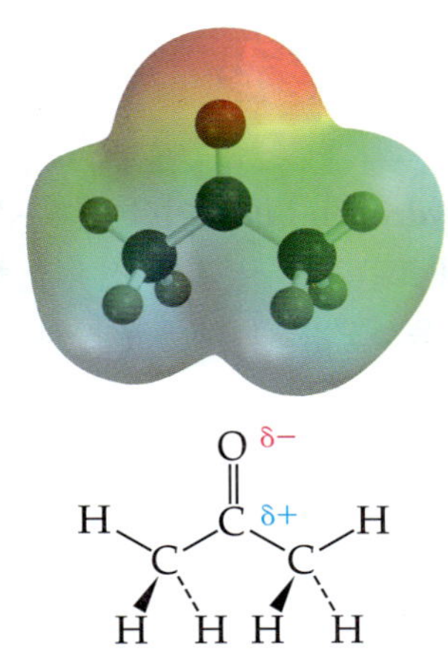

아세톤(C_3H_6O)
분자량 = 58
끓는점 = 56.1 °C

주어진 쌍극자–쌍극자 상호 작용의 강도는 관련된 쌍극자 모멘트의 크기에 의존한다. 물질이 더 극성일수록 쌍극자–쌍극자 상호 작용의 세기가 더 세다. **표 8.5**는 비슷한 분자량을 갖지만 쌍극자 모멘트가 서로 다른 몇 가지 물질을 보여 준다. 이는 쌍극자 모멘트와 끓는점 사이에 대략적인 상호 관계를 알 수 있다. 쌍극자 모멘트가 클수록 분자간 힘이 커지고, 이러한 힘을 극복하기 위해 더 많은 열을 가해야 한다. 따라서, 쌍극자 모멘트가 큰 물질은 일반적으로 끓는점이 높다.

표 8.5 분자량, 쌍극자 모멘트, 끓는점의 비교

물질	분자량	쌍극자 모멘트(D)	끓는점(K)
$CH_3CH_2CH_3$	44.10	0.08	231
CH_3OCH_3	46.07	1.30	248
CH_3CN	41.05	3.93	355

개념탐구 질문 5

비슷한 분자량을 가지는 세 개의 분자를 고려하자. 가장 높은 끓는점은 쌍극자 모멘트가 최대인 분자인가 최소인 분자인가?

수소 결합

미리보기…
23.11절에서 **DNA**의 분자 조성과 구조와 복제에 있어서 수소 결합의 역할을 검토할 것이다.

수소 결합은 다방면에서 지구의 생명체에 중요하다. 물은 수소 결합 때문에 보통 온도에서 기체가 아닌 액체 상태로 존재한다. 수소 결합은 생화학적으로 필수적인 역할을 하는 거대한 생체 분자의 형태를 유지하는 데 중요한 분자간 힘이다. 우리의 유전자 코드를 저장하는 **데옥시리보핵산**(DNA)은 수소 결합을 통해 서로 꼬여 있는 나선형 구조를 갖는 두 가닥의 긴 분자 사슬로 되어 있다.

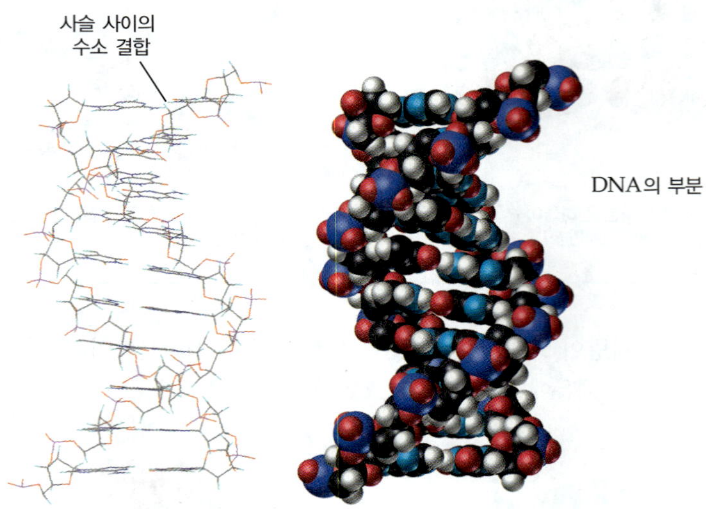

수소 결합(hydrogen bond)이란 전기 음성도가 매우 큰 원자(O, N, F)에 결합한 수소 원자와, 같은 분자 또는 다른 분자의 전자가 풍부한 영역 간의 상호 인력이다. 대개 전자가 풍부한 영역은 전기 음성도가 큰 다른 원자의 비공유 전자쌍이다. 예를 들어 물과 암모니아는 모두 수소 결합을 할 수 있다.

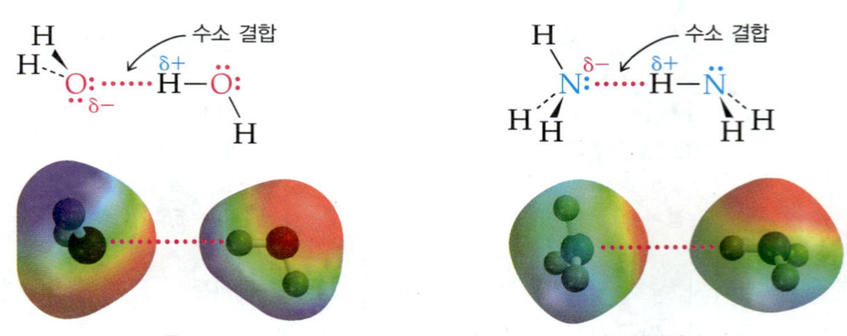

수소 결합을 생성할 수 있는 이유는 무엇인가? 이는 O—H, N—H, F—H 결합에서 수소는 부분 양전하를 띠고, 전기 음성도가 큰 원자가 부분 음전하를 가져 극성이 크기 때문이다. 또한 수소 원자는 핵을 가려 막을 수 있는 내부 전자가 없고 크기가 작기 때문에 다른 분자가 접근하기 용이하다. 따라서 수소와 이웃 원자의 비공유 전자쌍 사이에는 매우 큰 쌍극자–쌍극자 인력이 생겨 수소 결합을 형성한다. 특히, 각각의 물 분자(H_2O)는 두 개의 수소와 두 개의 전자쌍을 갖기 때문에, 수소 결합을 통해 광대한 3차원 그물구조를 형성할 수 있다(**그림 8.14**).

수소 결합은 최대 40 kJ/mol의 에너지를 가질 정도로 매우 강하다. 14~17족 원소를 포함하는 공유 결합성 이성분계 수소화물의 끓는점을 나타낸 **표 8.6**은 수소 결합의 영향력을 보여

©Bronwyn Photo/Shutterstock

▲ **그림 8.14**
물의 수소 결합

▲ 확인하기

한 개의 물 분자는 물 분자를 둘러싼 수소 결합을 몇 개나 형성할 수 있는가?

답 산소의 고립 전자쌍 두 개가 각각 다른 물 분자의 수소 원자와 수소 결합을 형성하고, 두 개의 수소 원자가 다른 물 분자에 있는 한 개의 산소 원자와 수소 결합을 형성한다. 따라서 모두 네 개의 수소 결합을 형성할 수 있다.

준다. 예상대로 주기율표의 같은 족에서는 아래로 내려갈수록 분자량이 증가하므로, 런던 분산력이 증가하여 끓는점이 일반적으로 증가한다. 예를 들면, $CH_4 < SiH_4 < GeH_4 < SnH_4$이다. 그러나 세 가지 물질 NH_3, H_2O, HF는 매우 이례적이다. 이 물질은 예상보다 높은 끓는점을 갖는다. 모두 수소 결합 때문이다.

표 8.6 14, 15, 16, 17족을 포함하는 공유 결합성 이성분 수소화물의 끓는점

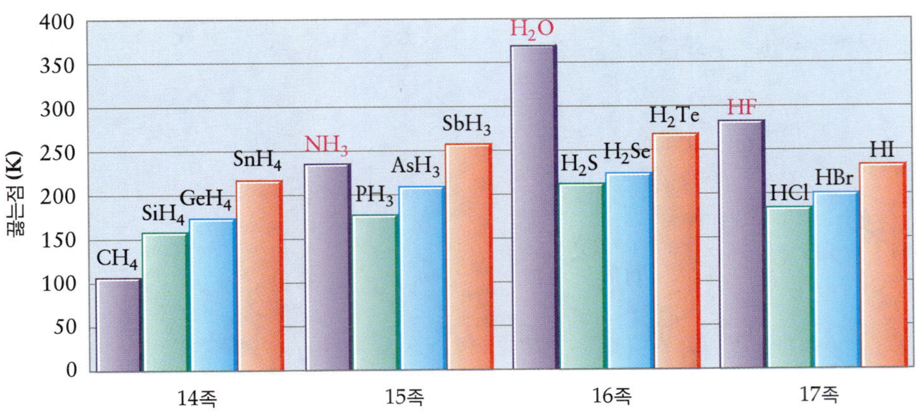

주기율표에서 같은 족에서는 아래로 내려갈수록 분자량이 증가하므로 일반적으로 끓는점이 증가한다. 질소(NH_3), 산소(H_2O), 플루오린(HF)의 수소화물은 수소 결합을 형성하기 때문에, 비정상적으로 높은 끓는점을 갖는다.

개념 예제 8.7

수소 결합 그리기

메탄올(CH_3OH)은 연료 전지로 사용될 수 있는 액체이다. 액체 시료에서 한 개의 메탄올 분자가 다른 메탄올 분자에 둘러싸일 때 형성 가능한 모든 수소 결합을 그리시오.

전략

수소 결합은 강한 쌍극자-쌍극자 상호 작용으로 발생하며, 그 모양은 다음과 같이 나타낸다. X는 전기 음성도가 높은 원자인 F, O, N 중 하나를 나타낸다. 모양을 고정하기 위해 두 개의 CH_3OH 분자를 정렬하고, 수소 결합을 그린다.

$$X-\overset{\delta+}{H}\cdots\cdots:\overset{\delta-}{X}$$

풀이

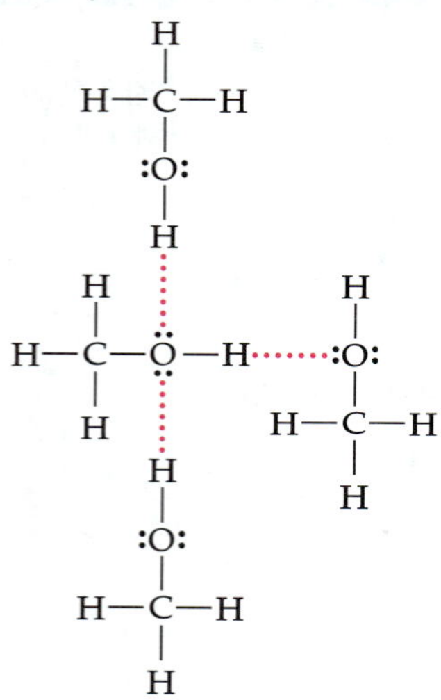

▶ **개념 연습문제 8.13** 폼알데하이드(CH_2O)를 포함한 액체 시료가 물에 용해되어 있다. 이 용액에서 형성할 수 있는 수소 결합을 잘못 표시한 것은 어느 것인가?

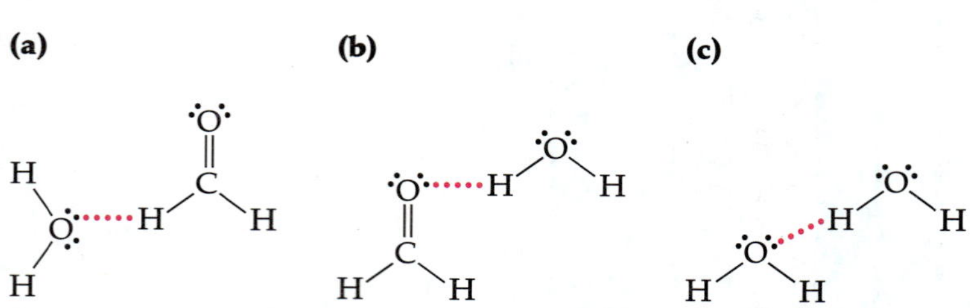

▶ **개념 응용문제 8.14** 구아닌(G)-사이토신(C) 분자 쌍과 아데닌(A)-타이민(T) 분자 쌍 사이의 수소 결합이 두 개의 DNA 가닥을 함께 잡고 있다. 아래 그림에서 이 분자 쌍들은 두 개의 DNA 가닥 안에 나란하게 존재한다. 빨간색의 구불구불한 선은 분자가 DNA의 당-인산 골격에 결합된 곳을 나타낸다.

(a) G-C 쌍과 A-T 쌍에서 발생하는 수소 결합을 그리시오.

(b) A-T 쌍과 G-C 쌍 중 DNA의 어떤 영역이 더 높은 녹는점을 가지겠는가?

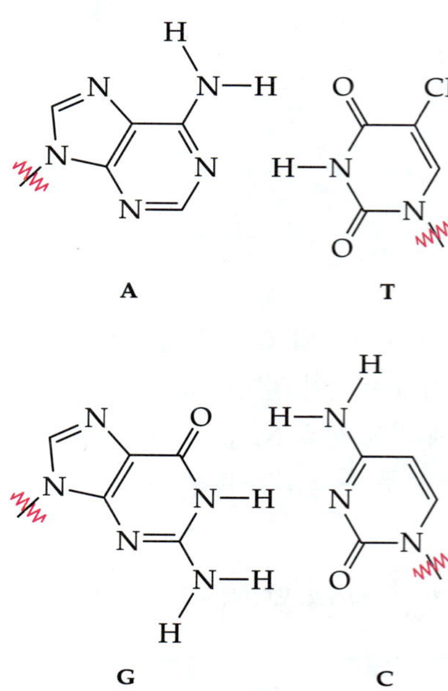

이온-쌍극자 힘

앞 절에서, 각 결합 쌍극자의 합이 0이 아니면 분자는 알짜 극성과 전체 쌍극자 모멘트를 가지고 있음을 알았다. 분자는 한쪽 부분은 여분의 전자를 가져 부분적으로 음전하(δ−)를 띠고, 반대쪽 부분은 전자가 부족하여 부분적으로 양전하(δ+)를 띤다. **이온-쌍극자 힘(ion-dipole force)**은 이온과 극성 분자의 부분 전하 사이에 전기적 상호 작용의 결과이다(그림 8.15).

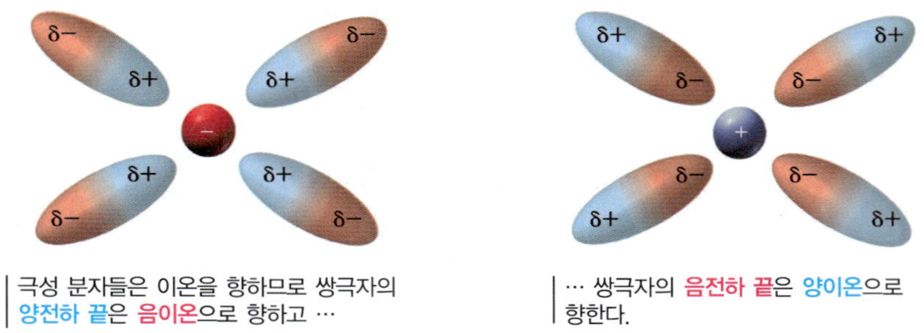

◀ 그림 8.15
이온–쌍극자 힘

이온이 존재할 때 극성 분자는 쌍극자의 양전하 끝이 음이온에 가깝고, 쌍극자의 음전하 끝은 양이온에 가깝도록 배향되는 것이 유리하다. 상호 작용 에너지 E의 크기는 이온의 전하(z), 쌍극자 모멘트 μ로 측정되는 쌍극자 세기에 비례하고, 이온과 쌍극자 사이의 거리 r의 제곱에 반비례한다. 즉 $E \propto z\mu/r^2$이다. 이온–쌍극자 힘은 세기에 있어서 매우 가변적이고, NaCl과 같은 이온성 물질의 수용액에서, 극성 물 분자들이 이온을 둘러싸는 상황에서 특히 중요하다. 13장에서 **용액의 형성(formation of solution)**을 보다 자세히 살펴볼 것이다.

미리보기…
13.2절에서 **용액의 형성**을 수반하는 에너지 변화와, 그 에너지 변화가 다른 종류의 분자간 힘에 의해 어떻게 영향을 받는가를 살펴볼 것이다.

표 8.7은 여러 종류의 분자간 힘을 비교한 것이다.

표 8.7 분자간 힘의 비교

힘	세기	특징
이온–쌍극자	매우 가변적(10~70 kJ/mol)	이온과 극성 분자 사이에서 일어남.
쌍극자–쌍극자	약함(3~4 kJ/mol)	극성 분자 사이에서 일어남.
런던 분산력	약함(1~10 kJ/mol)	모든 분자 사이에서 일어남; 세기는 크기와 편극도에 좌우됨.
수소 결합	중간(10~40 kJ/mol)	O—H, N—H, F—H 결합을 갖는 분자 사이에서 일어남.

예제 8.8

분자간 힘의 결정

다음 물질은 어떤 종류의 분자간 힘을 갖는지 확인하시오.

(a) HCl
(b) CH_3CH_3(에테인)
(c) CH_3NH_2(메틸아민)
(d) Kr

전략
각 물질의 구조를 보고 어떤 종류의 분자간 힘이 존재하는지를 결정한다. 모든 분자들은 분산력을 갖는다. 극성 분자들은 쌍극자–쌍극자 힘을 갖고, O—H, N—H, F—H 결합을 포함하는 분자는 수소 결합을 한다.

풀이
(a) HCl은 극성 분자이지만 수소 결합을 형성하지 않는다. 쌍극자–쌍극자 힘과 분산력이 존재한다.

(b) CH_3CH_3는 무극성 분자이므로 분산력만 존재한다.

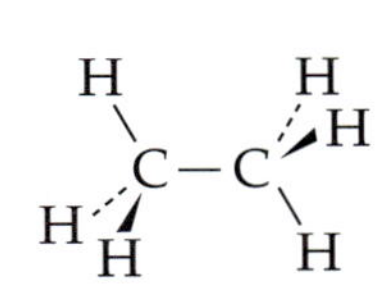

에테인

(c) CH_3NH_2는 수소 결합을 형성할 수 있는 극성 분자이다. 또한 쌍극자–쌍극자 힘과 분산력도 존재한다.

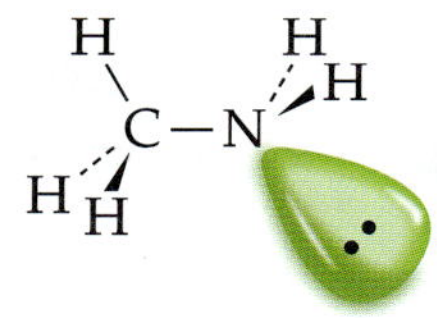

메틸아민

(d) Kr은 무극성이므로 분산력만 존재한다.

▶ **연습문제 8.15** Cl_2, CCl_4, CH_3F, HF는 어떤 종류의 분자간 힘을 갖는가? 다음 설명 중 어느 것이 거짓인가?

(a) CH_3F는 분산력, 쌍극자–쌍극자 힘, 수소 결합이 존재한다.
(b) CCl_4는 Cl_2보다 강한 분산력을 가진다.
(c) HF는 분산력, 쌍극자–쌍극자 힘, 수소 결합이 존재한다.
(d) CCl_4는 분산력만 존재한다.

▶ **응용문제 8.16** 다음 화합물이 갖는 분자간 힘의 종류를 고려하여, 끓는점이 낮은 물질부터 순서대로 배열하시오. H_2S(분자량 = 34), CH_3OH(분자량 = 32), C_2H_6(분자량 = 30), Ar(분자량 = 40)

8.7 분자 오비탈 이론: 수소 분자

오비탈 겹침에 의해 형성되는 공유 결합의 원자가전자 결합 모형은 시각적으로 쉽게 설명할 수 있고, 대부분의 분자에 대해 만족스럽게 적용할 수 있다. 그러나 몇 가지 문제점이 있다. 원자가전자 결합 모형의 가장 심각한 결점은 종종 전자 구조를 잘못 기술한다는 점이다. 이러한 이유로 **분자 오비탈 이론**[**molecular orbital(MO) theory**]이라는 새로운 결합 이론을 사용한다. 분자 오비탈 모형은 원자가전자 결합 모형보다 훨씬 복잡하며 시각적으로 쉽게 보여 주기 어렵지만, 특히 커다란 분자들에 대해서는 화학적, 물리적 성질에 대한 보다 만족스러운 설명을 제공한다.

분자 오비탈 이론의 기본 개념을 소개하기 위하여, 먼저 오비탈에 대하여 다시 한번 생각해 보자. 오비탈의 개념은 양자 역학적 파동 방정식으로부터 기원한다. 파동 함수의 제곱은 어떤 주어진 공간에서 전자를 발견할 수 있는 확률이다. 지금까지 고려했던 오비탈은 그것이 원자 개개에 특징적인 것이기 때문에 **원자 오비탈**이라고 불렀다. 같은 원자의 원자 오비탈들은 합쳐져서 혼성화될 수 있고, 다른 원자들에 있는 원자 오비탈들은 서로 겹쳐 공유 결합을 형성할 수 있다. 그러나 이들 오비탈과 전자는 특정 원자에 소속된 채로 남아 있다.

> **원자 오비탈** 파동 함수의 제곱으로부터, 원자의 어떤 주어진 공간에서 전자를 발견할 수 있는 확률을 구할 수 있다.

분자 오비탈 이론은, 결합을 논할 때 개개 원자에 집중하지 않고 분자 전체를 고려하는 다른 접근 방법을 취한다. 원자 오비탈이 원자에 관한 것인 것처럼, **분자 오비탈**(**molecular orbital**)은 분자에 관한 것이다.

> **분자 오비탈** 파동 함수의 제곱으로부터, 분자의 어떤 주어진 공간에서 전자를 발견할 수 있는 확률을 구할 수 있다.

분자 오비탈은 원자 오비탈처럼 특정한 에너지 준위와 특정한 모양을 가지며, 각 오비탈은 반대 스핀을 가진 최대 2개의 전자에 의하여 채워질 수 있다. 분자 오비탈의 에너지와 모양은 분자의 크기와 복잡성에 의존하므로 상당히 복잡할 수 있지만, 원자 오비탈과 분자 오비탈 사이의 기본적 유사성은 그대로 유지된다. MO 이론의 몇 가지 일반적 특성을 알아보기 위하여 간단한 이원자 분자 H_2의 분자 오비탈을 살펴보자.

고립 상태의 수소 원자 2개가 서로 접근하여 상호 작용하기 시작할 때 어떤 일이 일어날지 생각해 보자. 1s 오비탈은 함께 뒤섞이기 시작하고, 전자들은 두 원자 전체에 퍼지게 된다. 분자 오비탈 이론에서는 오비탈 상호 작용이 일어나는 두 가지 방식이 있다고 설명한다. 그것은 더하기 방법(additive way)과 빼기 방법(subtractive way)이다. 더하기 상호 작용은 대략 달걀 모양의 분자 오비탈을 형성한다. 반면에, 빼기 상호 작용은 원자 사이에 **마디(node)**를 갖는 분자 오비탈을 형성한다(**그림 8.16**).

기억하기…
마디는 궤도 안에서 0이 아닌 확률의 영역들을 분리하는 0의 전자 확률(전자가 존재할 수 없는) 표면이다(5.7절).

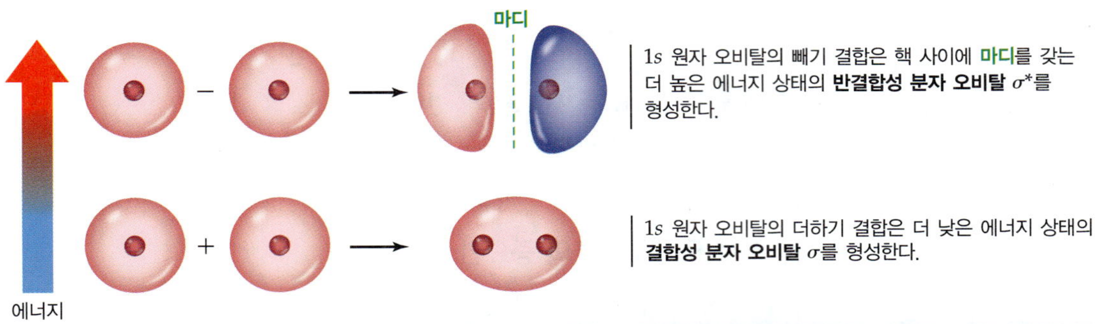

▲ **그림 8.16**
H_2 분자에서 분자 오비탈의 형성

▲ 확인하기
왜 어떤 분자 오비탈들은 결합이라고 언급되고, 또 다른 분자 오비탈은 반결합이라고 언급되는가?
답 한 개의 결합은 두 개의 원자 사이에서 더 높은 전자 밀도에 반응한다. 결합성 오비탈은 원자 간의 전자 밀도를 증가시키는 반면, 반결합성 오비탈은 마디로 인해 원자 간의 전자 밀도를 감소시킨다.

σ라고 표시하는 더하기 결합은 고립 상태의 2개의 1s 오비탈보다 낮은 에너지를 가지며 **결합성 분자 오비탈(bonding molecular orbital)**이라고 부른다. 그 이유는 그 안에 있는 어떤 전자든지 그들 시간의 대부분을 두 핵 사이의 영역에서 보내고, 두 원자가 결합하도록 돕기 때문이다. σ^*로 표시하고 '시그마 스타'라고 읽는 빼기 결합은 고립 상태의 두 1s 오비탈보다 높은 에너지를 가지며, **반결합성 분자 오비탈(antibonding molecular orbital)**이라고 부른다. 그 안에 있는 어떤 전자도 핵 사이의 중심 영역을 점유할 수 없고, 결합에 기여할 수도 없기 때문이다.

그림 8.17에 나타낸 것과 같은 도표는 다양한 오비탈의 에너지 관계를 나타내는 데 사용된다. 고립 상태의 2개의 H 원자 오비탈을 양쪽에 나타내고, H_2의 두 분자 오비탈은 중간에 나타낸다. 출발 수소 원자 오비탈은 각각 1개의 전자를 가지며, 이들이 짝을 이루어 공유 결합을 형성한 후에는 더 낮은 에너지 상태의 결합성 MO를 점유한다.

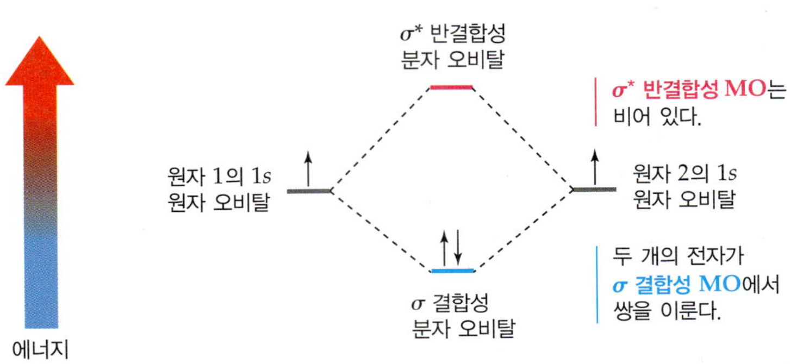

◀ **그림 8.17**
H_2 분자에 대한 분자 오비탈의 에너지 준위

◀ 확인하기
수소 분자에서 σ와 σ^* 분자 오비탈의 에너지는 고립 수소 원자의 1s 오비탈의 에너지와 비교하여 어떻게 나타나는가?
답 σ 오비탈은 수소 1s 오비탈보다 더 낮은 에너지를 갖고, σ^* 오비탈은 수소 1s 오비탈보다 더 높은 에너지를 갖는다.

H_2^-와 같은 이원자 화학종에 대해서도 비슷한 MO 도표를 그릴 수 있고 이들의 안정도도 예측할 수 있다. 예를 들어, 전자 1개를 갖는 중성 H 원자와 전자 2개를 갖는 H^- 음이온이 결합하여 H_2^- 이온을 구성한다고 생각해 보자. **그림 8.18**에서 보듯이, 결과로서 생기는 H_2^- 이온

에는 3개의 전자가 있다. 이 중 2개는 낮은 에너지의 결합성 σ MO를 점유하고, 나머지 1개의 전자는 높은 에너지의 반결합성 σ^* MO를 점유한다. 2개의 전자는 에너지를 낮추는 반면에, 1개의 전자는 에너지를 끌어 올려서, 전체적으로는 안정화되는 결과를 가져온다. 그러므로 H_2^- 이온은 안정하리라 예측된다. (그리고 실제 실험 결과와도 일치한다.)

기억하기…
결합 차수는 원자 간 공유된 전자쌍의 수이다. 결합 차수가 높을수록 결합 길이는 더 짧아지고, 결합은 더 강하다(7.2절).

결합 차수(bond order), 즉 원자 사이에 공유한 전자쌍의 수는 MO 도표로부터 결합 전자 수에서 반결합 전자 수를 뺀 후 2로 나누어 계산한다.

$$\text{결합 차수} = \frac{(\text{결합 전자 수}) - (\text{반결합 전자 수})}{2}$$

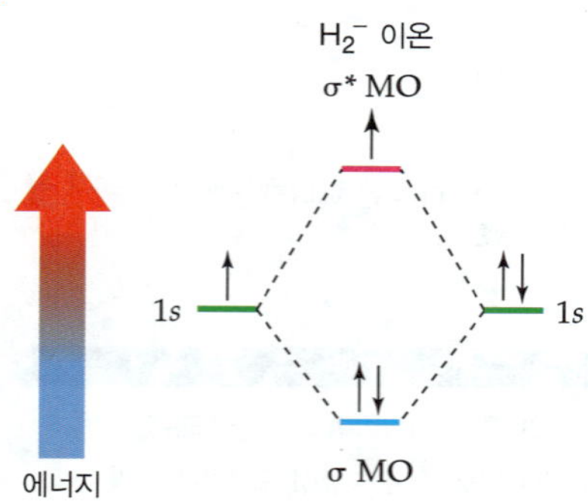

▲ **그림 8.18**
안정한 H_2^- 이온의 분자 오비탈 에너지 준위

예를 들어, H_2 분자는 2개의 결합 전자를 갖고 반결합 전자는 없으므로 결합 차수는 1이다. 같은 방법으로 H_2^- 이온의 결합 차수는 1/2이다.

결합에 관한 분자 오비탈 이론의 중요한 개념은 다음과 같이 요약할 수 있다.

분자 오비탈 이론의 중요한 개념

- 원자 오비탈이 원자에 관한 것인 것처럼 분자 오비탈은 분자에 관한 것이다. 분자 오비탈은 전자를 가장 많이 발견할 수 있는 분자의 공간 영역을 나타내며, 고유한 크기, 모양, 에너지 준위를 갖는다.
- 분자 오비탈은 서로 다른 원자의 원자 오비탈이 결합하여 형성된다. 형성되는 분자 오비탈의 수는 결합하는 원자 오비탈의 수와 같다.
- 출발 원자 오비탈보다 낮은 에너지 상태에 있는 오비탈은 결합성 오비탈이고, 출발 원자 오비탈보다 높은 에너지의 MO들은 반결합성 오비탈이다.
- 전자들은 최소 에너지를 갖는 MO부터 채워지기 시작한다. 각 오비탈에는 두 개의 전자만 채워지고 그들의 스핀은 짝을 짓는다.
- 결합 차수는 결합성 MO의 전자 수에서 반결합성 MO의 전자 수를 빼고 2로 나누어 계산할 수 있다.

예제 8.9

1족 이원자 분자의 MO 도표 구성하기

He_2 분자의 MO 도표를 구성하시오. 결합 차수는 얼마인가? 이 분자는 안정한가?

전략

He_2 분자의 원자가전자 전체 수를 세고, MO 도표에서 최소 에너지를 갖는 오비탈부터 전자를 채운다. 이 절에 나온 식을 따라 결합 차수를 계산한다. 영(0)보다 더 큰 결합 차수가 안정한 화학종임을 나타낸다. 결합 차수가 높을수록 더 강한 결합이다.

풀이

가상의 헬륨 분자(He_2)에는 4개의 전자가 있다. 2개는 더 낮은 에너지를 가진 결합성 오비탈에, 그리고 2개는 더 높은 에너지를 가진 반결합성 오비탈에 채워진다. 2개의 결합 전자에 대한 에너지 감소는 두 개의 반결합 전자에 대한 에너지 증가에 의해 상쇄되기 때문에, He_2 분자는 알짜 결합 에너지가 없고 안정하지 않다. 가상의 He_2 분자는 2개의 결합 전자와 2개의 반결합 전자를 가지므로 결합 차수가 $(2-2)/2 = 0$이다. 따라서 He_2 분자의 불안정성이 설명된다.

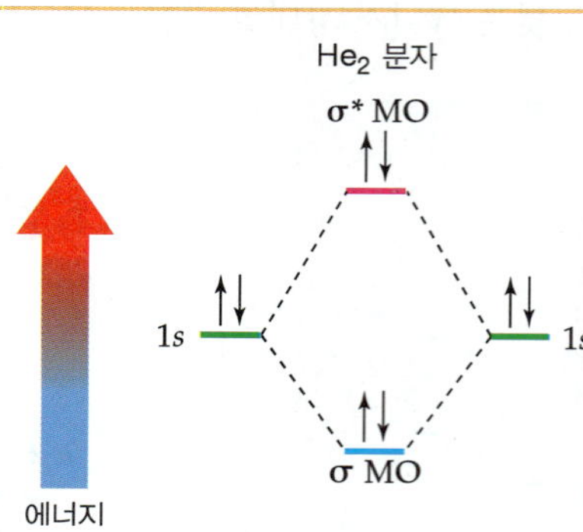

▶ **연습문제 8.17** He_2^+ 이온의 MO 도표를 그리시오. 결합 차수는 얼마인가? 이 이온은 안정한가?

▶ **응용문제 8.18** MO 이론에 따르면, He_2^{2+}는 He_2^+보다 더 강한 결합을 갖는가, 더 약한 결합을 갖는가?

8.8 분자 오비탈 이론: 기타 이원자 분자

지금까지 H_2 분자의 결합을 살펴보았다. 이제 수준을 높여, 좀 더 복잡한 N_2, O_2, F_2와 같은 몇 가지 2주기 이원자 분자의 결합을 알아보자. 8.2절에서 설명한 원자가 결합 이론에 의하면, N_2의 두 질소 원자는 삼중 결합을 하며 각각 1개의 고립 전자쌍을 갖는다. O_2의 두 산소 원자는 이중 결합을 하며 각각 2개의 고립 전자쌍을, F_2의 두 플루오린 원자는 단일 결합을 하며 각각 3개의 고립 전자쌍을 갖는다.

원자가 결합 이론에 따른 예측:	:N≡N:	Ö=Ö	:F̤—F̤:
	1개의 σ 결합과 2개의 π 결합	1개의 σ 결합과 1개의 π 결합	1개의 σ 결합

이 간단한 원자가 결합 이론에 따르면, 위 세 분자의 모든 전자들은 **스핀쌍**을 이루고 있다고 예측되는데 불행하게도 이는 사실이 아니다. 바꿔 말하면, 전자점 구조에 따르면 이 세 분자의 전자로 채워진 원자 오비탈은 모두 각각 2개의 전자를 갖는다. 그러나 O_2 분자는 스핀쌍을 이루지 않은 2개의 전자를 갖고 있고, 이 두 전자는 2개의 다른 홀전자 점유 오비탈에 존재한다는 것은 실험적으로 쉽게 증명할 수 있다.

O_2의 전자 구조에 대한 실험적 증거는 홀전자를 갖는 물질은 자기장에 끌리게 되는 **상자기성(paramagnetic)**이라는 특성을 나타낸다는 사실에 근거한다. 더 많은 홀전자를 갖는 물질일수록 상자기성 인력이 더 세다. 그에 반하여, 전자들이 모두 스핀쌍을 이루는 물질은 자기장에 의하여 약하게 밀려나며, 이것을 **반자기성(diamagnetic)**이라고 한다. N_2와 F_2는 전자점 구조에 의하여 예상되는 것처럼 반자기성이지만, O_2는 상자기성이다. 액체 O_2를 센 자석의 두 극 사이에 부으면 O_2는 그림 8.19처럼 양쪽 극에 달라붙는다.

▲ 그림 8.19
상자기성 ⓒBob Burk, supported by the National Science Foundation/CC 3.0: Attribution/Wikimedia Commons

▶ 확인하기

액체 O_2는 왜 자석의 양쪽 극에 붙는가?

답 홀전자를 가진 분자들은 상자기성이고 자기장에 끌린다.

O_2는 왜 상자기성인가? 전자점 구조와 원자가 결합 이론은 O_2의 자기적 성질을 설명하는데 실패했지만, MO 이론은 실험 결과를 잘 설명한다. N_2, O_2, F_2에 대한 분자 오비탈 이론에 따르면, 두 원자가 서로 접근하여 그들의 원자가 껍질 오비탈이 상호 작용하면 분자 오비탈이 형성된다. 4개 오비탈의 상호 작용이 일어나 4개의 결합성 MO와 4개의 반결합성 MO를 형성하고, 이들의 상대적 에너지는 그림 8.20에 나타낸 것과 같다. (N_2에서 σ_{2p}와 π_{2p} 오비탈의

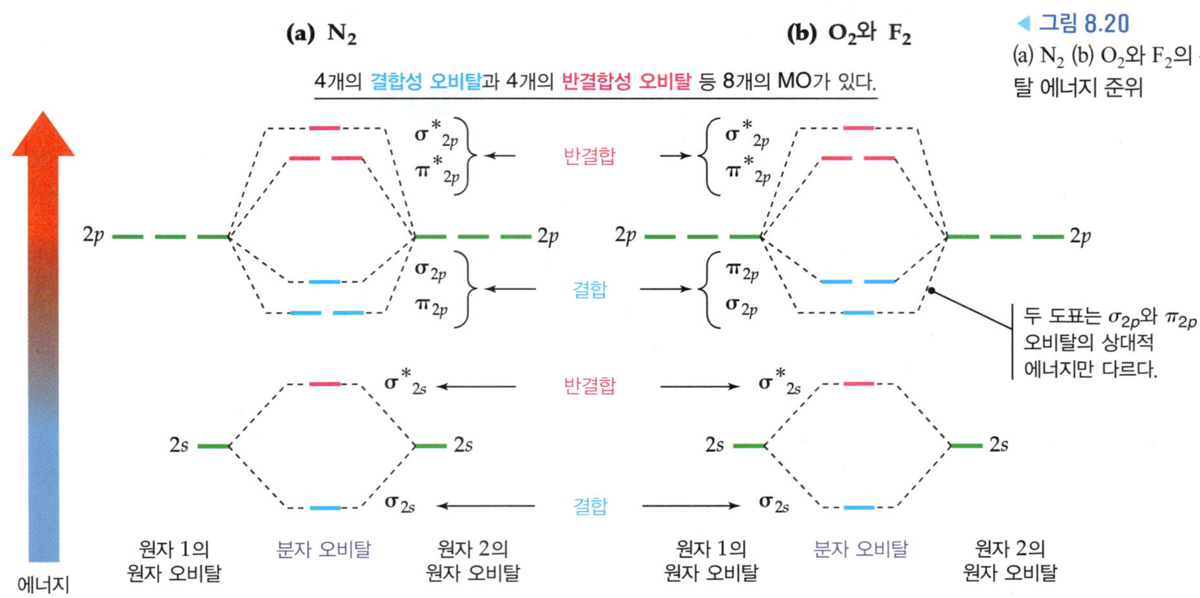

◀ 그림 8.20
(a) N_2 (b) O_2와 F_2의 분자 오비탈 에너지 준위

개념탐구 질문 6

산소 기체의 어떤 성질은 분자 오비탈 이론에 의해서 설명될 수 있지만, 원자가 결합 이론에 의해서 설명될 수 없는가?

기억하기…

미분화된 오비탈은 동일한 에너지를 갖는다(5.10절).

상대적 에너지가 O_2 및 F_2에서와는 다름에 주목하라.)

그림 8.20의 도표들은 다음과 같은 오비탈 상호 작용을 보여 준다.

- 2*s* 오비탈은 상호 작용하여 σ_{2s}와 σ^*_{2s} MO로 된다.
- 핵간 축에 놓이는 두 2*p* 오비탈은 정면으로 상호 작용하여 σ_{2p}와 σ^*_{2p} MO로 된다.
- 핵간 축에 수직한 나머지 2쌍의 2*p* 오비탈은 측면 상호 작용에 의하여 서로 90° 각도로 배향하는 2개의 **미분화된(degenerate)** π_{2p}와 2개의 미분화된 π^*_{2p} MO로 된다.

그림 8.20과 같은 MO 도표는 대개 수학적 계산으로 얻어지지만, 반드시 예측되는 것은 아니라는 것 역시 강조할 점이다. 그러므로 MO 이론은 원자가 결합 이론(VBT)보다 눈으로 쉽게 그려보는 것도, 직관적 수준에서 이해하는 것도 쉽지 않다. σ_{2p}, σ^*_{2p}, π_{2p}, π^*_{2p} MO의 모양은 **그림 8.21**에 나타내었다.

▶ **그림 8.21**
두 *p* 원자 오비탈의 (a) 정면 상호 작용에 의한 σ_{2p}와 σ^*_{2p} MO의 형성, (b) 측면 상호 작용에 의한 π_{2p}와 π^*_{2p} MO의 형성

▶ **확인하기**

같은 위상을 가진 오비탈 로브의 상호 작용으로 형성되는 분자 오비탈은? 오비탈이 원자핵 사이에 마디를 가지는 오비탈은?

답 결합성 분자 오비탈, 반결합성 분자 오비탈

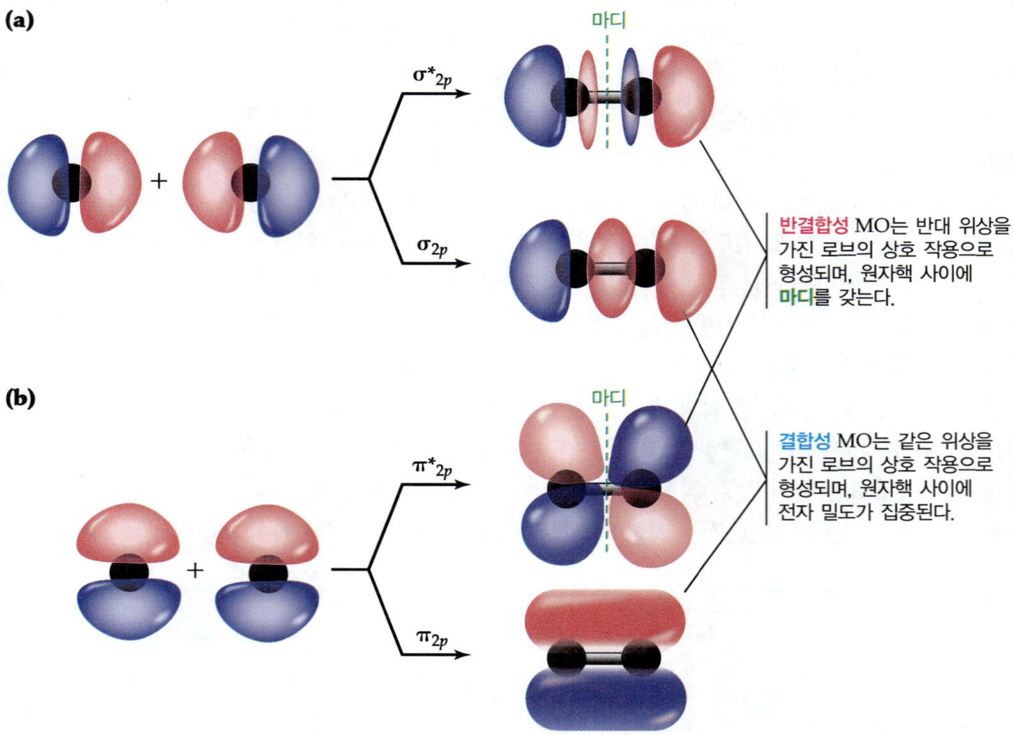

적절한 수의 원자가전자를 분자 오비탈에 채워 주면 **그림 8.22**에 보인 것과 같은 결과를 얻는다. N_2와 F_2는 모든 전자가 스핀쌍을 이루지만, O_2는 미분화된 π^*_{2p} 오비탈에 2개의 홀전자를 갖는다. 따라서 N_2와 F_2는 반자기성인 반면, O_2는 상자기성이다.

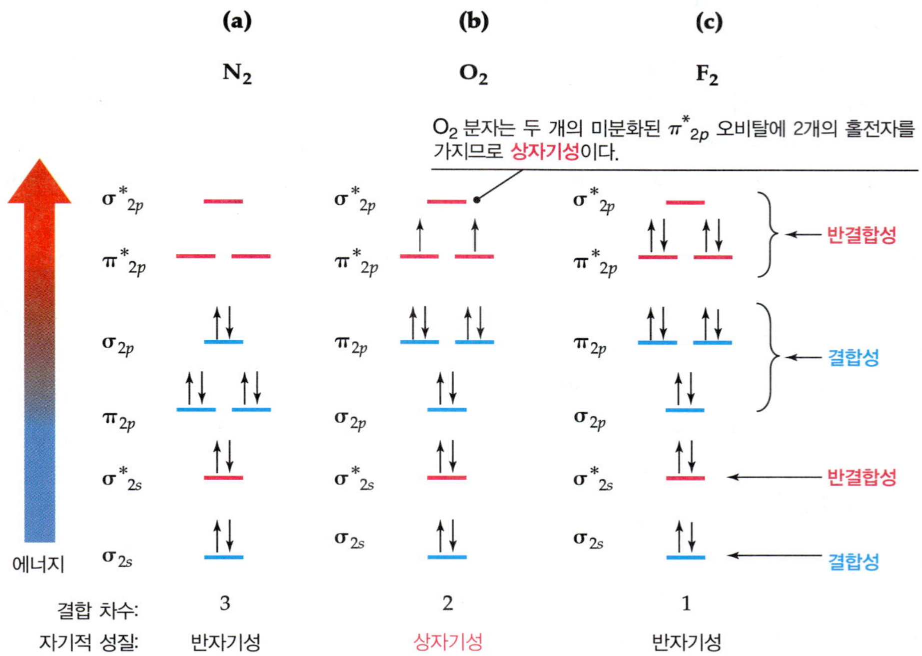

◀ **그림 8.22**
2주기 이원자 분자인 (a) N_2, (b) O_2, (c) F_2의 분자 오비탈 에너지 준위. N_2는 10개의 원자가전자를 가지고 모든 전자가 스핀쌍을 이루며, O_2는 12개의 원자가전자를 가지고 2개의 홀전자를 가지고 있으며, F_2는 14개의 원자가전자를 가지고 모든 전자가 스핀쌍을 이루고 있다.

예제 8.10

2주기 이원자 분자의 MO 도표 구성하기

일반적으로 산화 질소라 부르는 일산화 질소(NO)는 N_2(그림 8.22a)와 비슷한 분자 오비탈 도표를 가지는 이원자 분자이다. 산화 질소의 MO 도표를 그리고 결합 차수를 예측하시오. NO는 반자기성인가 상자기성인가?

전략
NO의 원자가전자 수를 세고, 그림 8.22a에 나타낸 가장 낮은 에너지 오비탈로부터 시작하여 유효한 MO에 배정한다.

풀이

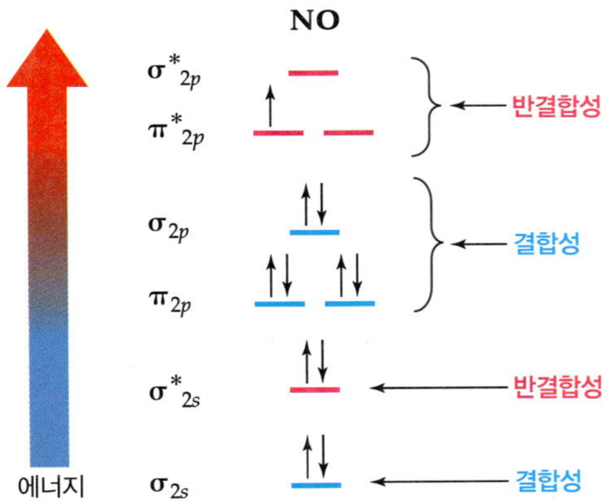

산화 질소는 N으로부터 5개와 O로부터 6개, 총 11개의 원자가전자를 가지고 있다. 11개의 전자는 그림 8.22a의 MO에 배정된다. NO는 8개의 결합 전자와 3개의 반결합 전자를 가지고, $(8-3)/2 = 2.5$의 결합 차수를 갖는다. NO는 한 개의 홀전자를 가지기 때문에 상자기성이다.

▶ **연습문제 8.19** B_2 분자는 그림 8.22a의 N_2와 비슷한 MO 도표를 갖는다. B_2의 결합 차수는 얼마이며, 자기적 성질은 반자기성인가 상자기성인가?

▶ **응용문제 8.20** O_2^{2-}, O_2^-, O_2, O_2^+, O_2^{2+}의 결합 차수를 결정하고, 결합 에너지와 결합 길이가 증가하는 순으로 나열하시오.

8.9 원자가 결합 이론과 분자 오비탈 이론의 결합

서로 다른 두 이론으로 동일한 개념을 설명할 때마다 한 가지 묻게 되는 질문은 어떤 이론이 더 좋은가 하는 것이다. 이 문제에 대한 답은 쉽지 않는데, 어느 것이 '더 좋다'는 것이 무엇을 의미하느냐에 따라 답이 달라지기 때문이다. 원자가 결합 이론은 간단하고 보기에 쉽기 때문에 더 좋지만, MO 이론은 정확하기 때문에 더 좋다. 그렇지만 가장 좋은 것은 두 이론의 장점을 결합한 조합 이론이다.

원자가 결합 이론은 두 가지 중요한 문제점이 있다. (1) 자기적 성질과 에너지 준위와 같은 전자 구조를 부정확하게 예측한다. O_2 분자에 있어서 실험적 자료가 홀전자를 가진 상자기성이라고 하더라도 모든 전자들은 전자점 구조에서는 쌍을 이룬다. (2) 원자가 결합 이론은(O_3와 같이) 단일 전자점 구조를 가진 분자들의 결합을 적절하게 표시할 수 없다. 어떠한 단일 구조도 적절하게 표시되지 않는다. 다중 전자점 구조의 혼합(7.9절)인 공명 혼성의 개념은 원자가 결합 이론에 의해 잘 설명되지 않는다. 첫 번째 문제는 자주 일어나지는 않지만, 두 번째 문제는 훨씬 더 보편적으로 일어난다. 공명 문제를 더 잘 다루기 위하여, 화학자들은 때로 두 이론을 합친 결합 이론을 이용한다. 즉, 어떤 주어진 분자의 σ 결합은 원자가 결합 이론으로 설명하고, 동일한 분자의 π 결합은 MO 이론으로 설명하는 것이다.

예를 들어 O_3를 생각해 보자. 원자가 결합 이론에 의하면 오존은 각각 2개의 O—O σ 결합과 1개의 O=O π 결합을 갖는 두 개의 동등한 구조의 공명 혼성체라고 설명한다(7.9절). 한 구조에서는 왼쪽 산소 원자의 p 오비탈에 고립 전자쌍 전자가, 오른쪽 산소에 π 결합이 존재한다. 다른 구조에서는 오른쪽 산소 p 오비탈에 고립 전자쌍 전자가, 그리고 왼쪽 산소에 π 결합이 있다. O_3의 실제 구조는 이 두 공명 구조 형태의 평균이라고 할 수 있다. 즉, 3개의 p 오비탈이 한 세트가 되어 겹쳐 만드는 전체 영역을 네 전자들이 점유하는 형태이다. 공명 구조들 사이의 차이는 p 전자의 위치뿐이다. 원자들 자체는 두 가지 구조에서 동일한 위치에 있고 기하 구조도 동일하다(그림 8.23).

▶ 그림 8.23
오존의 구조

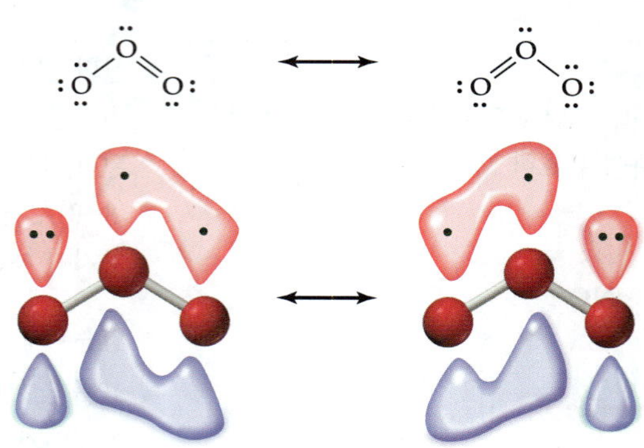

원자가 결합 이론은 특정한 원자쌍 사이에 편재화되어 있는 전자인 오존에서의 O—O σ 결합을 잘 기술하고 있지만, 네 전자들이 분자 전체에 퍼져 있는, 즉 **비편재화된** p 원자 오비탈 사이의 π 결합을 설명하는 데는 부적절하다. 바로 이 부분을 MO 이론이 가장 잘 설명할 수 있다. MO는 분자 전체에 비편재화된 전자들을 포함하는 결합을 가장 잘 설명할 수 있다. 이러한 경우, 원자가 결합 이론과 MO 이론을 결합하여 사용한다. 한 쌍의 원자 사이에 편재화된 σ 결합 같은 경우는 원자가 결합 이론의 용어로 가장 잘 기술될 수 있다. 반면에, 분자 전체에 비편재화된 π 전자의 경우는 MO 이론으로 가장 잘 설명된다. 최소 에너지의 π 분자 오비탈은 오존의 두 공명 구조의 혼합으로 공명 혼성을 가장 잘 설명한다.

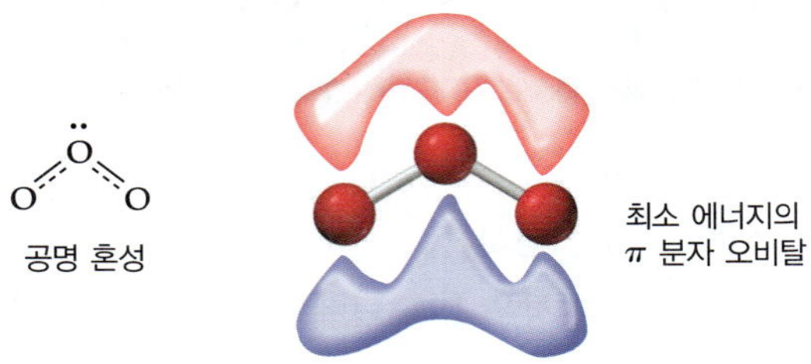

예제 8.11

원자가 결합 이론과 MO 이론의 결합

아세트아마이드(C_2H_5NO)는 성간 공간(interstellar space)에서 발견되는 유기 화합물이다. 이 화합물은 원자 사이에 아래와 같은 연결을 가지고 있고, 두 개의 동등하지 않은 전자점 공명 구조를 사용하여 그릴 수 있다. 두 구조를 모두 그리고, π 전자들이 산소와 질소 원자에 어떻게 비편재화되어 있는지를 보여 주는 π 분자 오비탈을 그리시오.

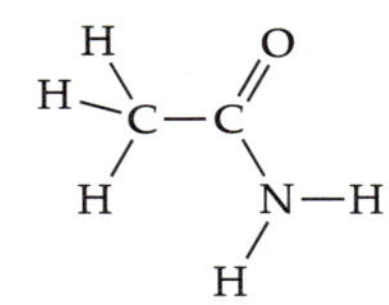

아세트아마이드

전략

보편적인 방법(7.9절)으로, 모든 비결합 전자들을 포함하여 전자점 구조 2개를 그린다. 이 두 가지 구조들은 한 개는 탄소–산소 이중 결합이 있고 질소에 고립 전자쌍이 있는 반면에, 다른 구조는 탄소–질소 이중 결합이 있고 산소에 고립 전자쌍이 한 개 더 있다는 점에서 차이가 있다. 이렇게 O–C–N 공명에 해당하는 π 분자 오비탈은 세 개의 원자 모두를 포함한다.

풀이

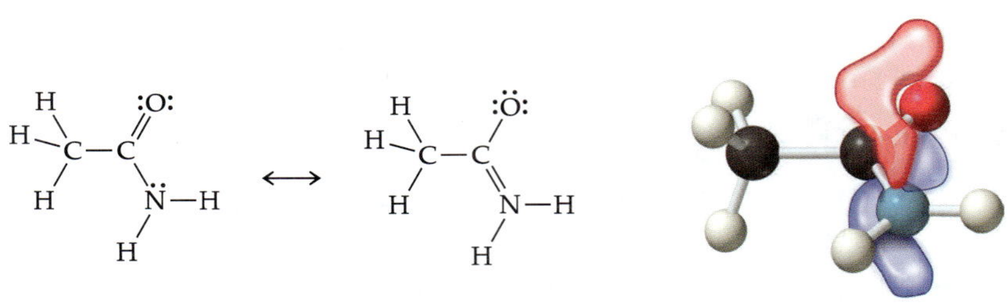

▶ **연습문제 8.21** 폼산 이온(HCO_2^-)의 공명 구조 2개를 그리시오. 또한 π 전자들이 두 산소 원자에 어떻게 비편재화되어 있는지를 보여 주는 π 분자 오비탈을 그리시오.

▶ **응용문제 8.22** 벤젠 분자 C_6H_6 두 공명 구조 2개를 그리고, π 전자가 어떻게 탄소 원자에 비편재화되어 있는지를 보여 주는 π 분자 오비탈을 그리시오.

INQUIRY? 천연, 합성 바이타민 중 어느 것이 사람의 건강에 더 좋을까?

화학 산업이 개발되기 전인 19세기 말과 20세기 초에는 질병 치료, 의복 염색, 향수에 사용되는 물질은 천연에서만 구한 것들이었다. 예를 들면, 17세기까지 양귀비와 버드나무 껍질의 추출물이 통증 완화에 사용되었다. 중동 지역의 패류에서 얻는 티리안 퍼플(Tyrian purple)이라고 불리는 귀한 자주색 염료는 아주 옛날부터 알려져 있었다. 수레박하, 월계수, 장미, 라벤더에서 증류되어 농축된 오일은 수세기 동안 향수 제조에 사용되어왔다.

▲ 실험실에서 만든 합성이든 식품으로부터 나온 천연이든 바이타민 C는 동일하다. ©happysmiling/Shutterstock

이러한 천연물들은 처음에는 화학적 성분을 모른 채로 사용되었다. 그러나 화학이 발전함에 따라, 과학자들은 천연물에 있는 화합물의 구조를 파악하는 방법을 알았다. 예를 들어, 라임과 다른 감귤류가 질병을 치료하는 성질을 가지고 있다는 점이 수세기 동안 알려져 있었다. 그러나 1933년까지는 활성 성분인 바이타민 C의 구조가 밝혀지지 않았다. 오늘날 민간요법에 대한 관심이 증가하고, 식물에서 약효가 있는 중요한 화합물을 확인하는 연구가 활발하게 진행되고 있다.

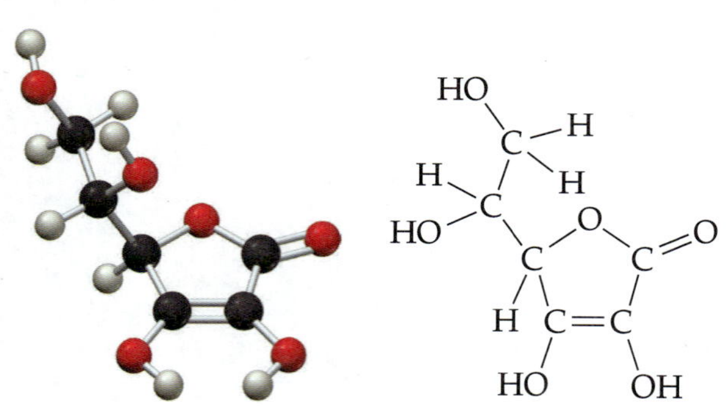

바이타민 C(아스코브산) 구조

일단 구조가 알려지면, 유기 화학자들은 실험실에서 그 화합물의 합성을 시도한다. 출발 물질의 값이 싸고 합성 과정이 매우 간단하다면, 식물이나 세균으로부터 분리하는 것보다 화합물을 제조하는 것이 더욱 경제적일 것이다. 바이타민 C의 경우 1933년에 완전한 합성이 이루어졌고, 현재는 포도당에서 시작해서 바이타민 C를 합성하는 것이 감귤이나 다른 천연물질에서 추출하는 것보다 훨씬 저렴하다. 전 세계적으로 110,000 톤 이상의 바이타민 C가 매년 합성되고 있다.

그러나 '합성' 바이타민 C는 '천연' 만큼 좋을까? 어떤 사람들은 천연이 더 좋다고 생각하면서 아직도 천연에서 나온 바이타민만을 찾는다. 오렌지를 먹는 것이 정제 한 알을 먹는 것보다 아마 더 낫다고 하여도 그 차이는 오렌지에 존재하는 많은 다른 물질 때문일 것이다. 마치 실험실에서 소듐과 염소를 반응시켜 합성한 NaCl이 바다에서 얻은 NaCl과 똑같은 것처럼, 바이타민 C는 모두 똑같다. 천연 및 합성 화합물은 어느 쪽도 다른 쪽보다 더 우수하지 않으며, 모든 면에서 동일하다.

문제 8.23 아래에 나타낸 바이타민 C의 구조를 참고하여 다음 질문에 답하시오.

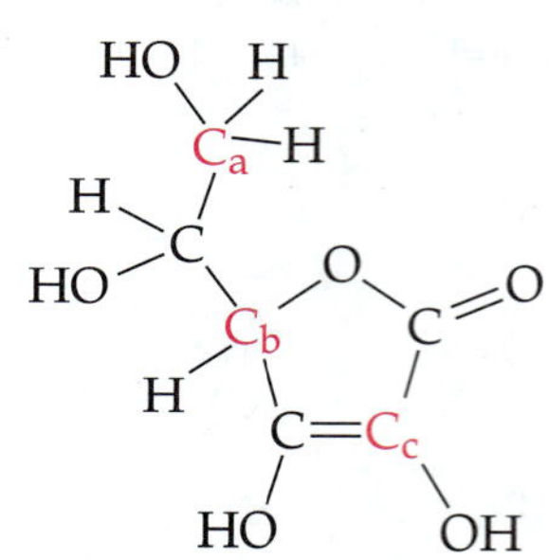

(a) 구조 중 C_a, C_b, C_c로 표시된 탄소 원자의 결합각은 얼마인가?

(b) 구조 중 C_a, C_b, C_c로 표시된 탄소 원자의 혼성화를 쓰시오.

(c) 오원자 고리에서 탄소–탄소 이중 결합을 형성하기 위하여 어떤 오비탈이 겹쳐야 하는가?

문제 8.24 바이타민 C는 주위의 물 분자와 수소 결합을 형성하므로 수용성 물질이다. 그림에서 표시된 1~4 중 어느 상호 작용이 바이타민 C와 주위 물 사이에서 수소 결합을 형성할 수 있는가?

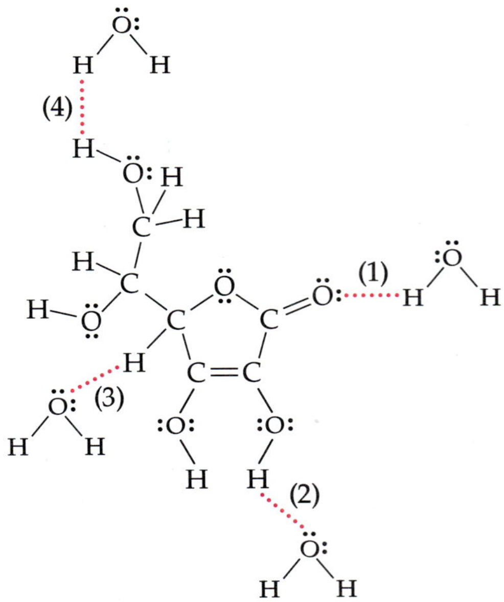

문제 8.25 카페인은 가장 널리 사용되는 향정신성 각성제이다. 카페인은 차나 커피와 같은 식물들의 씨나 잎에서 천연적으로 발견되며, 실험실에서 합성될 수도 있다. 다음 구조는 카페인에 있는 원자들의 연결을 나타낸 것이다. 원자들의 형식 전하가 0이 되는 전자점 구조를 그리기 위해, 다중 결합과 전자의 고립 전자쌍을 그려 넣으시오.

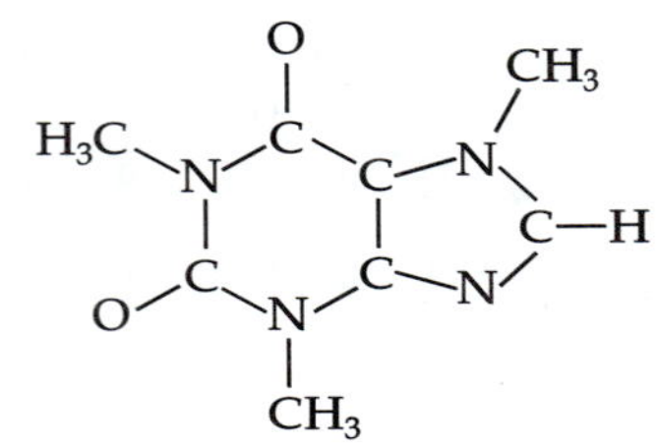

(a) 고립 전자쌍은 몇 개가 있는가? π 결합은 몇 개가 있는가?

(b) 카페인에는 어떤 종류의 분자간 힘이 있는가?

(c) 카페인은 상온에서 고체, 액체, 기체 중 어떤 상일까? 이유를 설명하시오.

문제 8.26 버드나무 껍질에서 추출한 분자인 살리신은 통증 완화에 사용된다. 전자 밀도를 비편재화시키는 파이(π) 분자 오비탈을 가지고 있는 육원자 고리는 살리신 구조 중 어느 것인가?

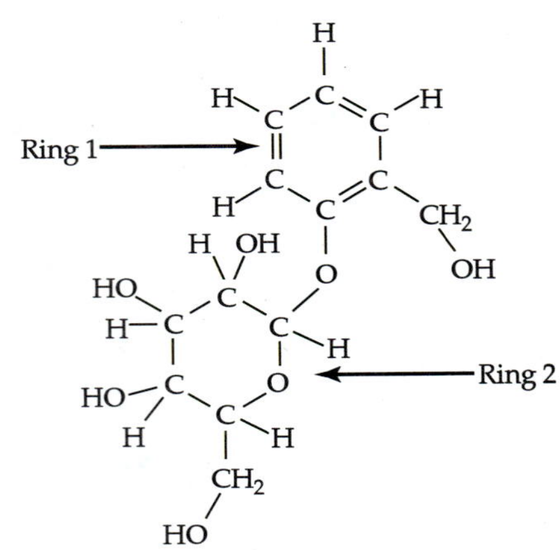

정리

절	개념 요약	학습 목표	문제
8.1 분자 모양: VSEPR 모형	분자 모양은 때로 **원자가 껍질 전자쌍 반발(VSEPR) 모형**으로 예측할 수 있다. 원자 주위의 전자를 서로 반발하는 전하구름으로 취급하여 그들이 가능하면 서로 멀리 떨어져 배향된다고 본다. 2개의 전하구름을 갖는 원자들은 전하구름이 선형으로, 3개의 전하구름을 갖는 원자들은 삼각 평면으로, 4개의 전하구름을 갖는 원자들은 사면체 배열로 된다. 마찬가지로 5개의 전하구름을 갖는 원자들은 삼각쌍뿔, 6개의 전하구름을 갖는 원자들은 팔면체 구조로 배열된다.	8.1 한 개의 중심 원자를 가진 분자나 이온의 모양과 결합각을 예측하기 위해 VSEPR 모형을 사용한다. 8.2 두 개 이상의 중심 원자를 가진 분자의 결합각을 예측하기 위해 VSEPR 모형을 사용한다.	예제 8.1; 문제 8.42~8.49 예제 8.2; 문제 8.50~8.55
8.2 원자가 결합 이론	**원자가 결합 이론**에 따르면, 공유 결합은 같은 위상의 홀전자 점유 원자 오비탈의 겹침에 의하여 형성된다. 핵간 축을 따른 정면 겹침은 **σ 결합**을, 또한 핵간 축 위와 아래에서의 측면 겹침은 **π 결합**을 형성한다.	8.3 σ 결합과 π 결합 간 차이를 원자가 결합 이론으로 기술한다.	문제 8.58
8.3~8.4 혼성 오비탈	주족 원소 화합물의 공유 결합에서 관찰되는 기하 구조는 *s*와 *p* 원자 오비탈이 결합하여 생성하는 혼성 오비탈 때문이라고 생각한다. 혼성 오비탈은 특정한 방향으로 배향하는 방향성이 매우 커서 ***sp* 혼성 오비탈**은 선형 기하 구조, ***sp*^{2} 혼성 오비탈**은 삼각 평면 기하 구조, ***sp*^{3} 혼성 오비탈**은 사면체 기하 구조이다. 5개 또는 6개의 전하구름을 갖는 주족 원자의 결합은 훨씬 복잡하다.	8.4 한 분자에 대한 전자점 구조를 기술하고, 비말단 원자에 대한 결합각과 혼성화를 결정한다. 8.5 분자에서 σ, π 결합을 형성하기 위해 어떤 오비탈이 겹치는지 확인한다.	문제 8.32~8.33, 8.62~8.65 예제 8.3~8.5; 문제 8.66~8.72
8.5 극성 공유 결합과 쌍극자 모멘트	결합에서 원소들 사이의 전기 음성도 차이가 극성 공유 결합을 야기할 수 있다. 결합 쌍극자와 고립 전자쌍이 분자의 중심을 둘러싼 비대칭 배열이 발생하면, 분자는 **쌍극자 모멘트**로 측정하는 성질인 알짜 극성을 갖는다.	8.6 주어진 분자가 쌍극자 모멘트를 갖는지 예측하고, 그 방향을 나타낸다. 8.7 분자의 정전기 퍼텐셜 지도를 해석한다.	예제 8.6; 문제 8.35,8.78, 8.80 문제 8.34, 8.36~8.37
8.6 분자간 힘	반데르발스 힘으로 알려진 **분자간 힘**은 고체와 액체 상태에서 입자들이 서로 붙잡는 원인이 되는 인력이다. 분자간 힘은 모두 정전기적 인력으로부터 일어난다. **런던 분산력**은 모든 분자의 특성이고, 순간적인 비대칭 전자 분포에 의해 발생하는 일시적 쌍극자 모멘트의 존재로 생긴다. **쌍극자–쌍극자 힘**은 두 개의 극성 분자 간에 발생한다. **수소 결합**은 O, N, F에 결합된 양(+)의 극성을 띤 수소와 O, N, F 원자의 고립 전자쌍 간의 인력이다. **이온–쌍극자 힘**은 이온과 극성 분자 간에 발생한다.	8.8 분자간 힘의 종류를 확인한다. 8.9 녹는점, 끓는점과 같은 물리적 성질과 분자간 힘의 세기를 관련짓는다. 8.10 두 개의 분자 간에 발생하는 수소 결합을 그린다.	예제 8.8; 문제 8.15, 8.88~8.89 문제 8.16, 8.90~8.91
8.7~8.8 분자 오비탈 이론	**분자 오비탈 이론**은 종종 원자가 결합 모형보다 전자 구조를 보다 잘 기술한다. **분자 오비탈**은 파동 함수이고, 파동 함수의 제곱은 한 분자의 주어진 공간 영역에서 전자를 발견할 수 있는 확률이다. 두 원자 오비탈이 결합하면 출발 원자 오비탈보다 낮은 에너지를 가진 **결합성** MO 1개와 높은 에너지의 **반결합성** MO 1개를 형성하여 두 개의 분자 오비탈을 만든다. 분자 오비탈 이론은 분자의 비편재화된 π 결합을 설명할 때 특히 유용하다.	8.11 1주기 이원자 분자나 이온의 분자 오비탈 도표를 해석한다. 8.12 2주기 이원자 분자나 이온의 분자 오비탈 도표를 해석한다. 결합 차수를 계산하고, 자기성을 예측한다.	예제 8.9; 문제 8.17~8.18 예제 8.10; 문제 8.98, 8.100, 8.102

절	개념 요약	학습 목표	문제
8.9 원자가 결합 이론과 분자 오비탈 이론의 결합	공명을 나타내는 분자는 종종 원자가 결합 이론과 분자 오비탈 이론을 조합하여 기술된다. 원자가 결합 이론은 σ 결합을 아주 잘 설명하는 단순한 모형이지만, 종종 자기성과 같은 성질을 설명하기에는 적절하지 않다. 분자 오비탈 이론은 π 결합에서 전자 비편재화를 설명하기에 훨씬 정교한 모형이며, 성질을 보다 정확하게 예측한다.	8.13 분자의 오비탈 겹침 그림을 그리고, 원자가 결합 이론과 분자 오비탈 이론을 모두 사용하여 설명한다.	예제 8.11; 문제 8.21~8.22, 8.108~8.109

주요 용어

sp 혼성 오비탈
sp^2 혼성 오비탈
sp^3 혼성 오비탈
결합각
결합성 분자 오비탈
데옥시리보핵산(DNA)
런던 분산력
반결합성 분자 오비탈
반데르발스 힘
반자기성
분자간 힘
분자 오비탈
분자 오비탈 이론
상자기성
수소 결합
시그마(σ) 결합
쌍극자
쌍극자–쌍극자 힘
원자가 결합 이론
원자가 껍질 전자쌍 반발
(VSEPR) 모형
이온–쌍극자 힘
파이(π) 결합
편극
혼성 원자 오비탈

복습 문제

LO는 학습 목표(Learning Objectives)를 나타낸다.

이 장을 학습한 후엔, 학습자의 이해도를 평가할 수 있는 방법이 있다. **복습 문제**를 푸는 것이다. **복습 문제**들은 이 장의 학습 목표와 연계되어 있다. 따라서 푼 답이 틀렸다면, 이 장의 끝부분에 나와 있는 **정리** 문단의 **학습 목표**를 참고하면 된다. 정리 문단에는 **개념 요약**이 제공되며, **예제**를 참고하면 문제 해결 방법을 모델링할 수 있고, 제공되는 **추가 문제**들로 더 많은 연습을 할 수 있다.

1. SeF_4의 3차원 모양을 바르게 나타낸 것은? (**LO 8.1**)

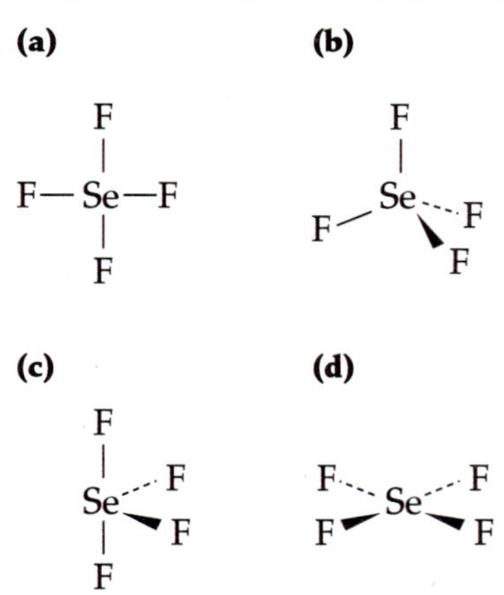

2. CCl_3^-의 기하학적 구조와 중심 원자 주변의 예측되는 결합각은 얼마인가? (**LO 8.1**)
(a) 평면 삼각형, 120°
(b) 삼각뿔, 109.5°
(c) 삼각뿔, 120°
(d) 굽은형, 109.5°

3. OCN^-의 기하학적 구조와 중심 원자 주변의 예측되는 결합각은 얼마인가? (**LO 8.1**)
(a) 선형, 180°　　(b) 굽은 모양, 120°
(c) 굽은형, 109.5°　　(d) 평면 삼각형, 120°

4. 젖산은 포도당 대사의 폐기물이다. 젖산에 있는 원자들 사이의 연결은 다음과 같다. 이중 결합과 고립 전자쌍을 추가하여 전자점 구조를 그리시오. 번호가 매겨진 탄소와 산소 원자들 주위의 예측되는 결합각을 나타내시오. (**LO 8.2**)

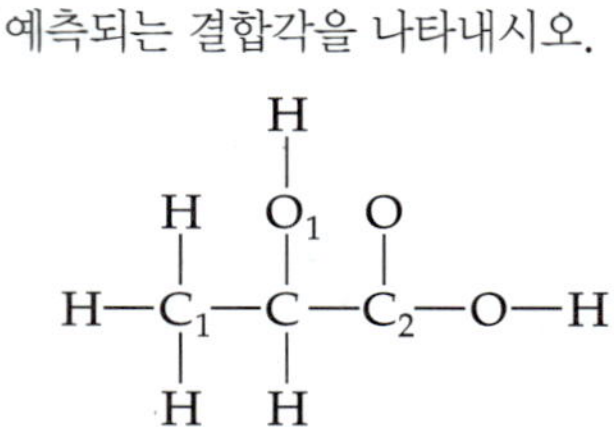

(a) $C_1 = 90°$, $O_1 = 180°$, $C_2 = 90°$
(b) $C_1 = 109.5°$, $O_1 = 180°$, $C_2 = 120°$
(c) $C_1 = 109.5°$, $O_1 = 109.5°$, $C_2 = 109.5°$
(d) $C_1 = 109.5°$, $O_1 = 109.5°$, $C_2 = 120°$

5. 다음 도표는 *p-p* 궤도 겹침 또는 *s-p* 궤도 겹침을 나타낸 것이다. 원자가 결합 이론에서 π 결합을 나타낸 도표는? (**LO 8.3**)

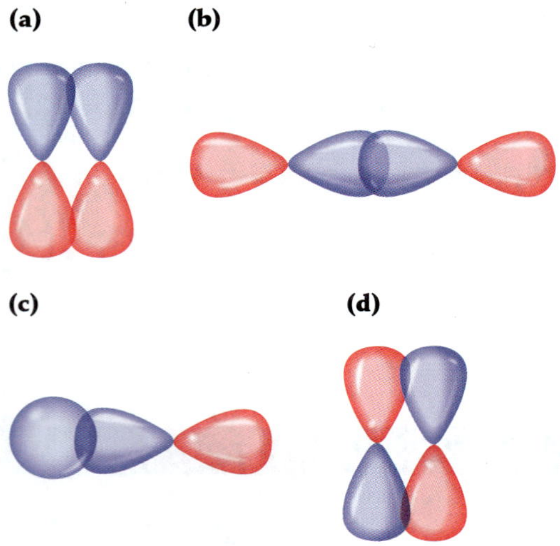

6. 다음 분자 중 중심 원자와 sp^3 혼성을 하는 것은? (**LO 8.4**)
   (a) PCl_5 (b) OF_2
   (c) CO_2 (d) SF_4

7. 아미노산 히스티딘의 원자 사이의 연결은 다음과 같다. 다중 결합과 고립 전자쌍을 추가하여 전자점 구조를 완성하시오. 번호가 매겨진 탄소와 질소 원자들의 혼성은? (**LO 8.4**)

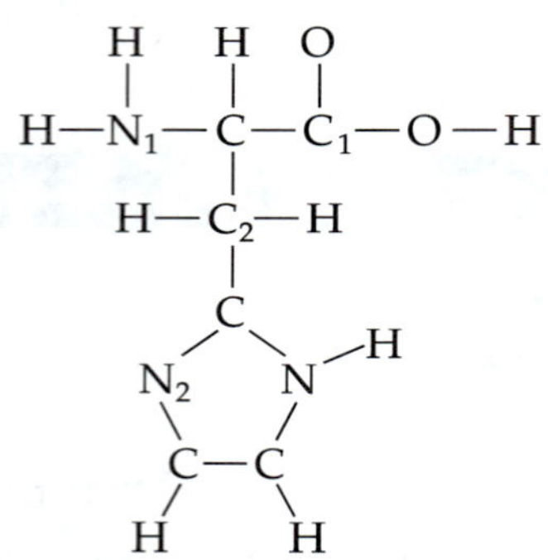

   (a) $N_1 = sp^2$, $N_2 = sp$, $C_1 = sp^2$, $C_2 = sp^3$
   (b) $N_1 = sp^2$, $N_2 = sp^2$, $C_1 = sp^3$, $C_2 = sp^2$
   (c) $N_1 = sp^3$, $N_2 = sp$, $C_1 = sp^2$, $C_2 = sp^3$
   (d) $N_1 = sp^3$, $N_2 = sp^2$, $C_1 = sp^2$, $C_2 = sp^3$

8번과 9번 질문에 답하기 위하여, 소화성 궤양 및 속 쓰림 치료에 사용되는 약물인 Tagamet의 화학 구조를 사용하시오.

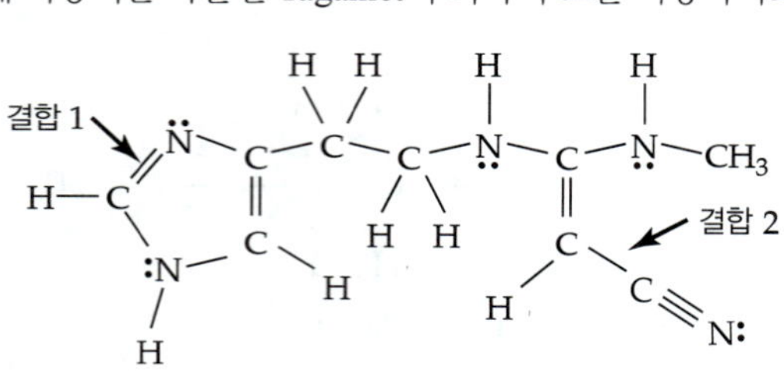

8. 1번 결합을 형성하기 위해서는, 다음 중 어떤 궤도가 겹쳐야 하는가? (**LO 8.5**)
   (a) σ 결합: N(sp^2)과 C(sp^2); π 결합: N(p)과 C(p)
   (b) N(sp^2)과 C(sp^2)
   (c) σ 결합: N(sp^2)과 C(sp^2); π 결합: N(sp^2)과 C(sp^2)
   (d) σ 결합: N(sp)과 C (sp^2); π 결합: N(p)과 C(p)

9. 2번 결합을 형성하기 위해서는, 다음 중 어떤 궤도가 겹쳐야 하는가? (**LO 8.5**)
   (a) C(sp)와 C(sp) (b) C(sp)와 C(sp^2)
   (c) C(sp^2)와 C(sp^2) (d) C(sp^3)와 C(sp^2)

10. 다음 중 극성 결합을 가지고 있지만 비극성인 분자는? (**LO 8.6**)
   (a) SF_6 (b) SF_2
   (c) F_2 (d) NF_3

11. 다음 구조를 나타내는 아세톤에는 어떤 종류의 분자간 힘이 존재하는가? (**LO 8.8**)

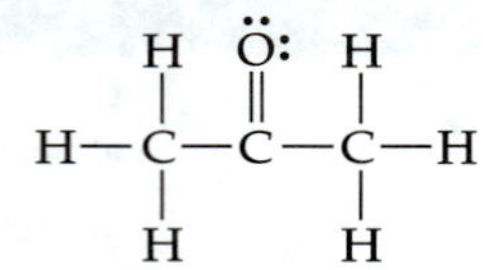

   (a) 런던 분산력
   (b) 런던 분산력과 쌍극자–쌍극자 힘
   (c) 쌍극자–쌍극자 힘
   (d) 런던 분산력, 쌍극자–쌍극자 힘과 수소 결합

12. 다음 물질 중 끓는점이 낮은 물질부터 순서대로 배열하시오. (**LO 8.9**)

   CaF_2, CF_4, CH_4, CHF_3

   (a) $CH_4 < CF_4 < CHF_3 < CaF_2$
   (b) $CF_4 < CH_4 < CHF_3 < CaF_2$
   (c) $CaF_2 < CH_4 < CHF_3 < CF_4$
   (d) $CH_4 < CHF_3 < CaF_2 < CF_4$

13. 다음 물질 중 끓는점이 낮은 물질부터 순서대로 배열하시오. (LO 8.9)

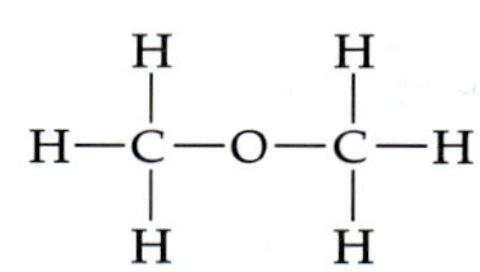
(I)

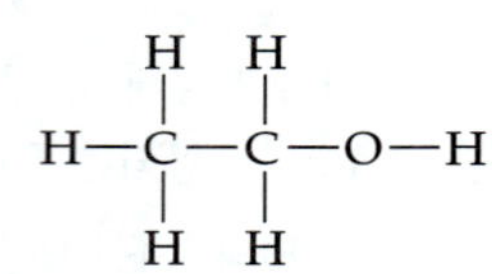
(II)

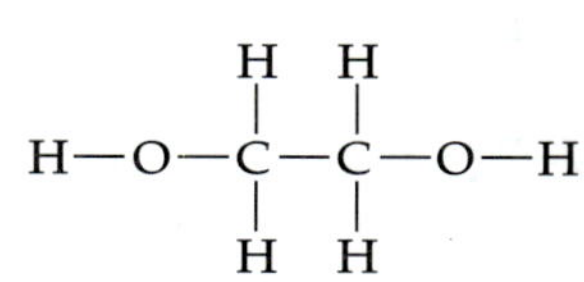
(III)

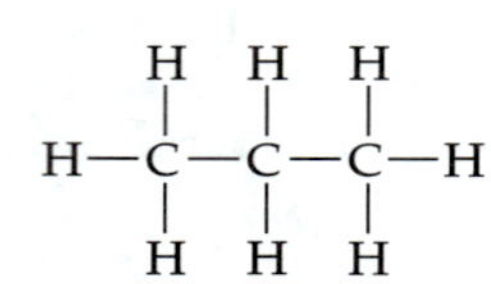
(IV)

   (a) I < II < III < IV
   (b) II < III < I < IV
   (c) IV < II < III < I
   (d) IV < I < II < III

14. DNA 염기 타이민은 수소 결합을 할 수 있기 때문에 물에 용해된다. 다음 중 타이민과 주변의 물 분자 사이에 유효한 수소 결합은? (**LO 8.10**)

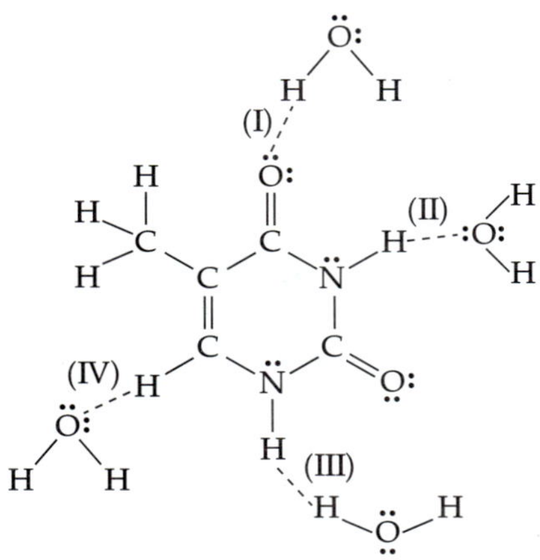

(a) I, II (b) I, II, IV
(c) I, II, III (d) III, IV

15. C_2 분자의 MO 도표는 N_2(그림 8.22a)와 유사하다. C_2의 결합 차수는 얼마인가? C_2는 반자기성인가 상자기성인가? (**LO 8.12**)
(a) 결합 차수 = 2, 반자기성
(b) 결합 차수 = 2, 상자기성
(c) 결합 차수 = 0, 상자기성
(d) 결합 차수 = 3/2, 반자기성

답:
1. c, 2. b, 3. a, 4. d, 5. a, 6. b, 7. d, 8. a, 9. b, 10. a, 11. b, 12. a, 13. d, 14. a, 15. b

개념 문제

문제 8.1~8.26**은 이 장의 본문 중에 있다.**

8.27 다음 각 분자 모형에서 중심 원자 주위의 기하학적 구조는 무엇인가?

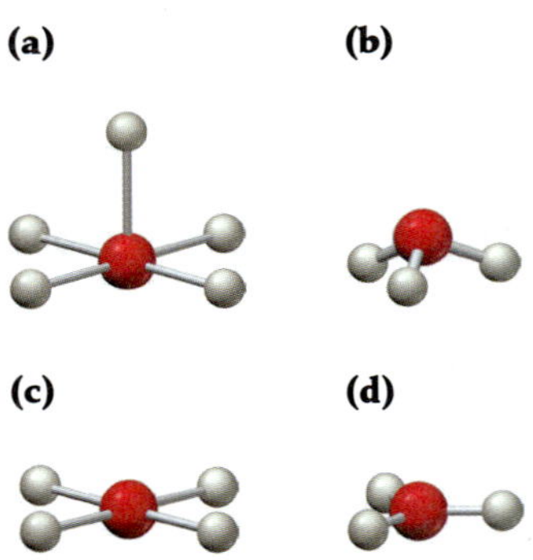

8.28 다음 각 분자 모형에서 중심 원자 주위의 기하학적 구조는 무엇인가? (어떤 경우에는 한 개의 보이는 원자 바로 뒤쪽에 '숨겨진' 원자가 있을 수 있다.)

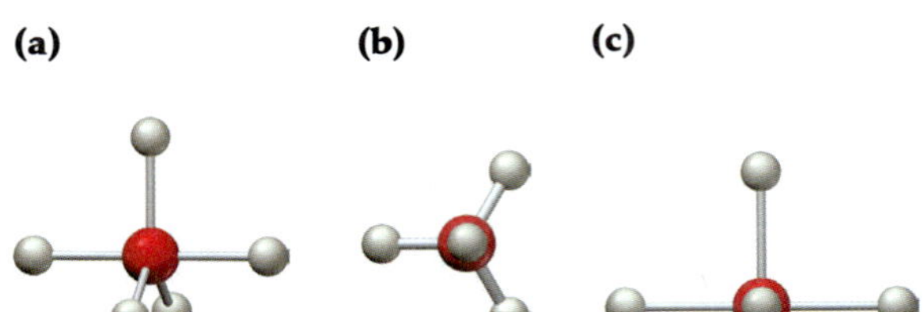

8.29 다음 분자 모형 중 세 개는 사면체 중심 원자를 갖고, 하나는 그렇지 않다. 다른 것은 어느 것인가? (어떤 경우에는 한 개의 보이는 원자 바로 뒤쪽에 '숨겨진' 원자가 있을 수 있다.)

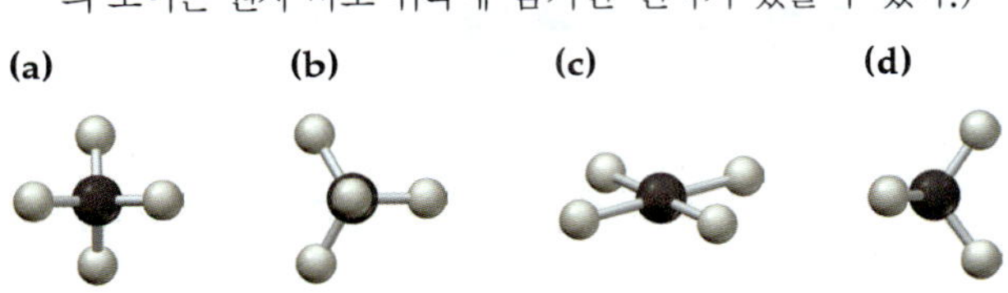

8.30 다음 각 그림은 어떤 혼성 오비탈인가?

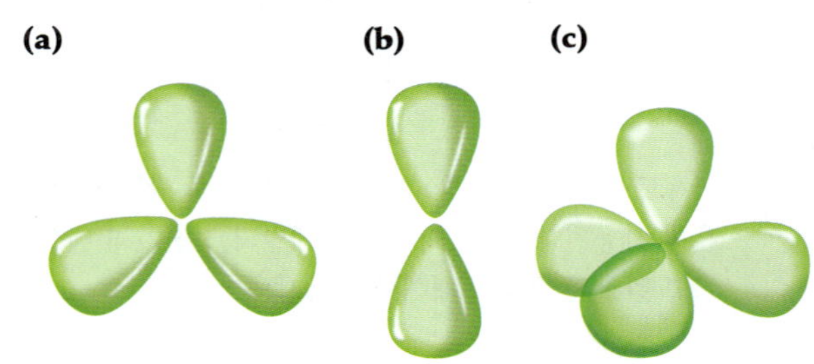

8.31 VSEPR 모형은 대개는 정확하지만 항상은 옳지 않은, 간단한 구조 예측 기법이다. 동물 소변으로 배출되는 배설물인 요소를 예로 들어보자.

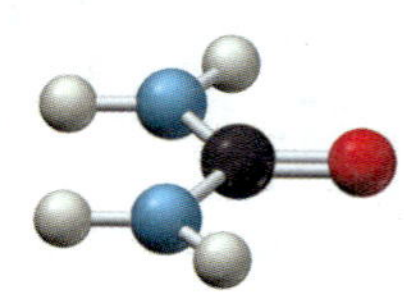

VSEPR 모형에 의하면, 요소에 있는 C와 N 원자에 대해서 어떤 혼성화를 예상하는가? 또한 여러 결합각에 대한 근삿값은 얼마로 추정되는가? 위에 보이는 분자 모형에 기초한 실제 혼성화와 결합각은? (빨간색 = O, 회색 = C, 파란색 = N, 상아색 = H)

8.32 다음은 비처방 두통약 타이레놀의 주성분인 아세트아미노펜(acetaminophen)을 공-막대 모형으로 나타낸 것이다(빨간색 = O, 회색 = C, 파란색 = N, 상아색 = H).
(a) 아세트아미노펜의 분자식은 무엇인가?
(b) 아세트아미노펜에서 다중 결합의 위치를 표시하시오.
(c) 각 탄소 주위의 기하학적 구조는 무엇인가?
(d) 각 탄소의 혼성화는 무엇인가?

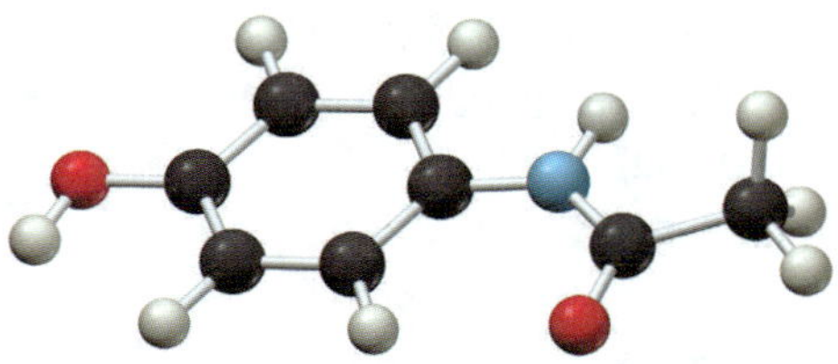

아세트아미노펜

8.33 다음 공–막대 분자 모형은 탈리도마이드(thalidomide)이다. 탈리도마이드는 출산을 앞둔 어머니가 먹으면 선천적 결손증을 야기하지만, 나병에 대해서는 효과가 있는 약이다. 선은 원자 간의 연결 상태만 나타내고, 그 결합이 단일 결합인지 이중 결합인지 삼중 결합인지를 나타내지는 않는다(빨간색 = O, 회색 = C, 파란색 = N, 상아색 = H).

(a) 탈리도마이드의 분자식은 무엇인가?

(b) 탈리도마이드에 있는 다중 결합의 위치를 나타내시오.

(c) 각 탄소 원자 주위의 기하학적 구조는 무엇인가?

(d) 각 탄소 원자의 혼성화는 무엇인가?

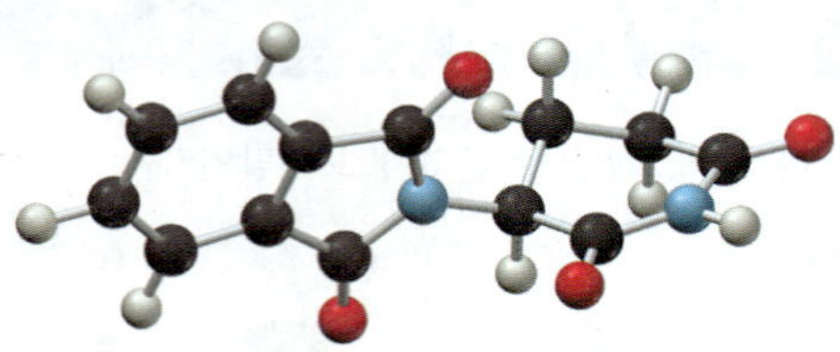

탈리도마이드

8.34 아세트산 에틸($CH_3CO_2CH_2CH_3$)은 매니큐어 제거용 용매로 흔히 사용된다. 다음 아세트산 에틸의 정전기 퍼텐셜 지도를 보고 관찰된 극성에 대해 설명하시오.

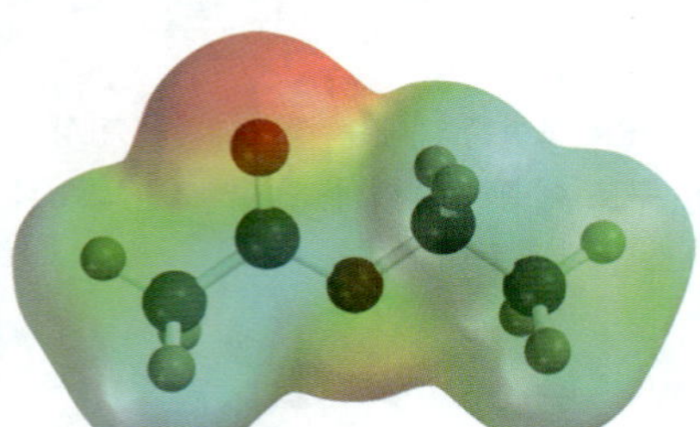

8.35 메탄올의 쌍극자 모멘트 μ = 1.70 D이다. 화살표를 이용하여 전자들의 이동 방향을 표시하시오.

8.36 메틸아민(CH_3NH_2)은 썩은 생선의 악취를 내는 물질이다. 다음 메틸아민의 정전기 퍼텐셜 지도를 보고, 관찰된 극성을 설명하시오.

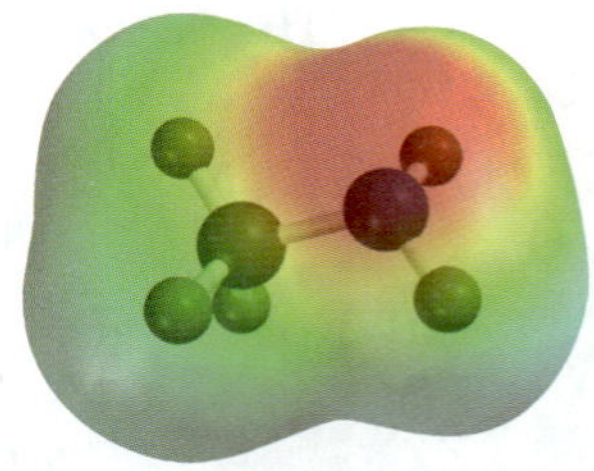

8.37 동일한 화학식($C_2H_2Cl_2$)을 갖지만, 원자들의 배치가 다른 다이클로로에틸렌 분자 두 개가 있다.

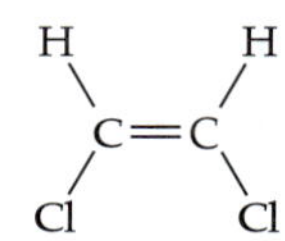

cis 1,2 다이클로로에틸렌

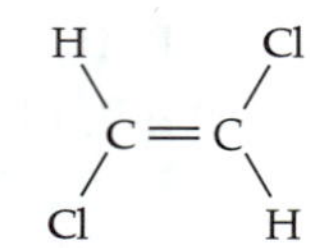

trans 1,2 다이클로로에틸렌

(a) 각 다이클로로에틸렌의 구조와 정전기 퍼텐셜 지도를 짝지으시오.

(i) **(ii)**

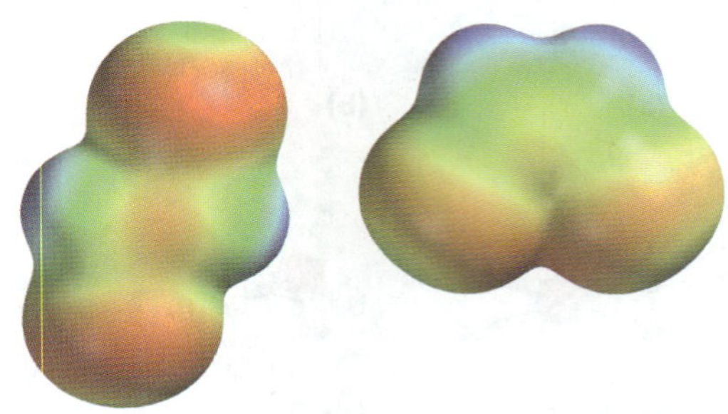

(b) 다이클로로에틸렌의 어떤 구조가 쌍극자 모멘트가 2.39 D이고, 어떤 것이 0.00 D인가?

(c) 다이클로로에틸렌의 어떤 구조가 더 높은 끓는점을 갖는가?

보충 문제

VSEPR 모형(8.1절)

8.38 다음과 같은 수의 전하구름을 갖는 원자는 각각 어떤 기하학적 구조를 갖는지 예측하시오.

(a) 3 (b) 5 (c) 2 (d) 6

8.39 다음 설명에 적당한 분자의 구조는 무엇인가?

(a) 중심 원자가 2개의 고립 전자쌍을 가지고, 다른 원자들과

3개의 결합을 하는 경우

(b) 중심 원자가 2개의 고립 전자쌍을 가지고, 다른 원자들과 2개의 결합을 하는 경우

(c) 중심 원자가 2개의 고립 전자쌍을 가지고, 다른 원자들과 4개의 결합을 하는 경우

8.40 다음과 같은 기하학적 구조를 갖는 분자에서 중심 원자 주위의 전하구름은 몇 개인가?

(a) 사면체 (b) 팔면체
(c) 굽은형 (d) 선형
(e) 사각뿔 (f) 삼각뿔

8.41 다음과 같은 기하학적 구조를 갖는 분자에서 중심 원자 주위의 전하구름은 몇 개인가?

(a) 시소 모양 (b) 사각 평면
(c) 삼각쌍뿔 (d) T 모양
(e) 삼각 평면 (f) 선형

8.42 다음 각 분자의 예측되는 형태는 무엇인가?

(a) H_2Se (b) $TiCl_4$
(c) O_3 (d) GaH_3

8.43 다음 각 분자의 예측되는 형태는 무엇인가?

(a) XeO_4 (b) SO_2Cl_2
(c) OsO_4 (d) SeO_2

8.44 다음 각 분자 또는 이온의 예측되는 형태는 무엇인가?

(a) SbF_5 (b) IF_4^+
(c) SeO_3^{2-} (d) CrO_4^{2-}

8.45 다음 각 이온의 모양을 예측하시오.

(a) NO_3^- (b) NO_2^+ (c) NO_2^-

8.46 다음 각 음이온의 예측되는 형태는 무엇인가?

(a) PO_4^{3-} (b) MnO_4^- (c) SO_4^{2-}
(d) SO_3^{2-} (e) ClO_4^- (f) SCN^-

8.47 다음 각 양이온의 예측되는 형태는 무엇인가?

(a) XeF_3^+ (b) SF_3^+ (c) ClF_2^+ (d) CH_3^+

8.48 다음에 대하여 각각 예측되는 결합각은 얼마인가?

(a) SF_2의 F—S—F 각
(b) N_2H_2의 H—N—N 각
(c) KrF_4의 F—Kr—F 각
(d) NOCl의 Cl—N—O 각

8.49 다음에 대하여 각각 예측되는 결합각은 얼마인가?

(a) PCl_6^-의 Cl—P—Cl 각
(b) ICl_2^-의 Cl—I—Cl 각
(c) SO_4^{2-}의 O—S—O 각
(d) BO_3^{3-}의 O—B—O 각

8.50 아크릴로나이트릴(acrylonitrile)은 아크릴 섬유 제조의 출발 물질이다. 아크릴로나이트릴의 모든 결합각을 예측하시오.

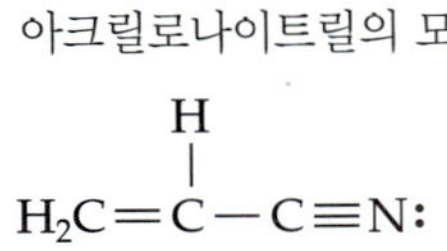
아크릴로나이트릴

8.51 다이메틸 설폭사이드(dimethyl sulfoxide)의 모든 결합각을 예측하시오. 다이메틸 설폭사이드는 수의학에서 염증을 치료하는 데 사용되는 강력한 용매이다.

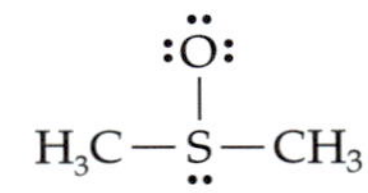
다이메틸 설폭사이드

8.52 해양학자들은 한 지역에서 추적자(tracer, 물질의 행방, 변화를 추적하는 데 쓰는 방사성 동위 원소) 분자들을 방출하고, 다른 지역에서 그들의 존재를 검출함으로써 바닷물의 섞임 현상을 연구한다. CF_3SF_5 분자는 그런 추적자 중의 하나이다. CF_3SF_5의 전자점 구조를 그리고, 탄소와 황의 결합각을 예측하시오.

8.53 지구를 보호하는 오존층을 손상시키는 클로로플루오로탄소(chlorofluorocarbon) 냉매에 대한 잠재적 대체 물질은 E143a[트라이플루오로메틸 메틸 에터(trifluoromethyl methyl ether), F_3COCH_3]라고 하는 화합물이다. F_3COCH_3의 전자점 구조를 그리고, 탄소 원자들과 산소 원자 주위의 기하학적 구조를 예측하시오.

8.54 탄소 원자로 된 육각 고리를 포함하는 물질인 사이클로헥세인(cyclohexane)은 왜 평면 구조가 아니고 주름진 비평면 구조를 가지는지 설명하고, C—C—C 결합각을 예측하시오.

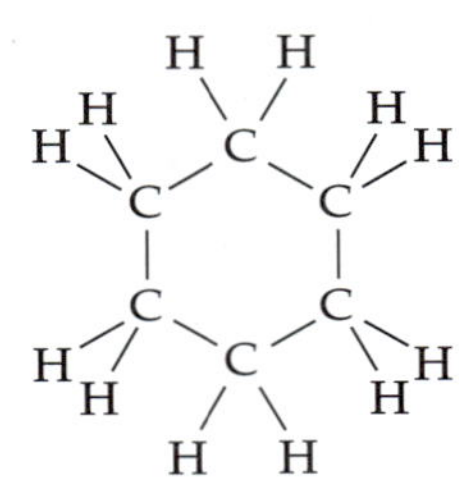
사이클로헥세인

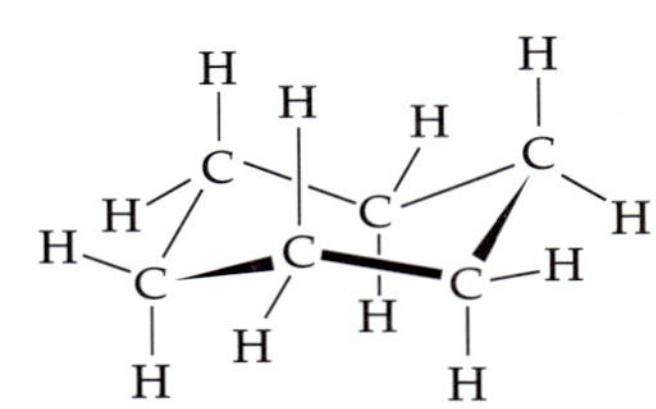
옆에서 본 구조

8.55 사이클로헥세인(문제 8.54)처럼, 벤젠도 탄소 원자로 된 육각 고리를 가지고 있다. 그러나 주름진 구조가 아니고, 평면 구조이다. 그 이유를 설명하고, C—C—C 결합각을 예측하시오.

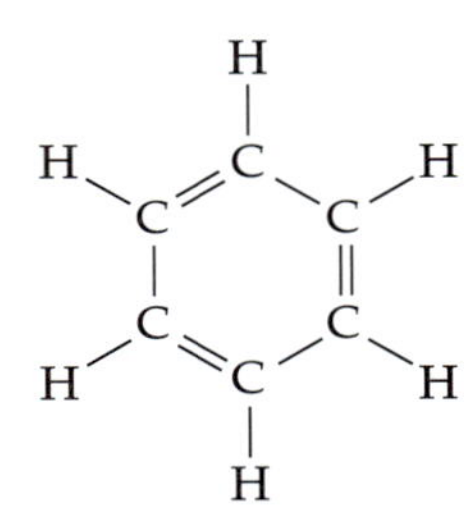
벤젠

8.56 VSEPR 이론을 사용하여 다음 질문에 답하시오.

(a) BF_3와 PF_3 중 어떤 분자가 더 작은 F—X—F 결합각을 갖는가?
(b) PCl_4^+와 ICl_2^- 중 어떤 이온이 더 작은 Cl—X—Cl 결합각을 갖는가?
(c) CCl_3^-와 PCl_6^- 중 어떤 이온이 더 작은 Cl—X—Cl 결합각을 갖는가?

8.57 다음 각 물질의 전자점 구조를 그리시오. 말단 원자를 제외한 모든 원자의 기하학적 구조를 예측하시오.

(a) $F_3S—S—F$ (b) $CH_3—C{\equiv}C—CO_2^-$

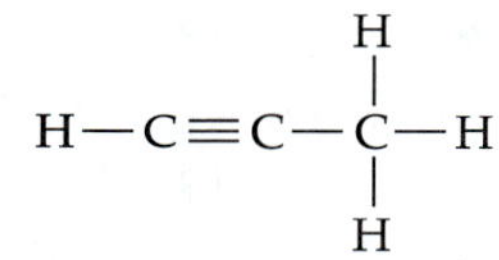

원자가 결합 이론과 혼성화(8.2~8.4절)

8.58 π 결합과 σ 결합에 존재하는 전자들의 공간적 분포의 차이점은 무엇인가?

8.59 C—C 결합의 평균 결합 해리 에너지(D)는 350 kJ/mol이고, C=C 결합의 평균 결합 해리 에너지(D)는 728 kJ/mol이다. 이들 값에 근거할 때, σ와 π 결합 중 어느 것이 더 강한 결합인가?

8.60 다음과 같은 수의 전하구름을 갖는 원자의 예측되는 혼성화는 무엇인가?

(a) 2 (b) 3 (c) 4

8.61 다음 각 혼성 오비탈에 대응하는 전하구름의 공간상 배열은 어떠한가?

(a) sp^3 (b) sp^2 (c) sp

8.62 다음 각 분자에 표시된 원자의 예측되는 혼성화는 무엇인가?

(a) $H_2C{=}O$ (b) BH_3

(c) CH_3SH (d) $H_2C{=}NH$

8.63 다음 각 이온에 표시된 원자의 예측되는 혼성화는 무엇인가?

(a) BH_4^- (b) HCO_2^-

(c) CH_3^+ (d) CH_3^-

8.64 옥살로아세트산(oxaloacetic acid)은 식품대사에서 시트르산 순환에 관여하는 중간체이다. 옥살로아세트산에 있는 다양한 탄소 원자들의 혼성화는 무엇인가? 다양한 결합각의 근삿값은 얼마인가?

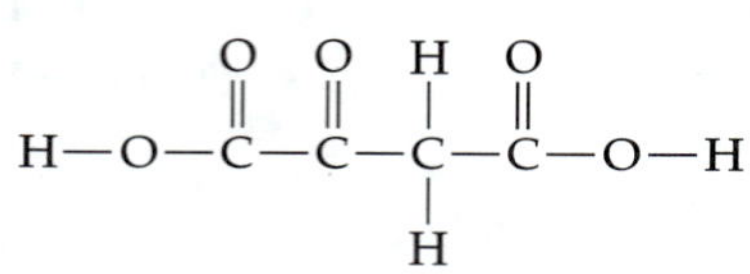
옥살로아세트산

8.65 아미노산 글라이신(glycine)에 있는 원자들은 다음 그림과 같이 연결되어 있다.

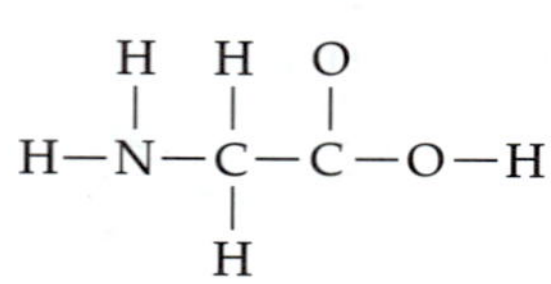
글라이신

(a) 글라이신에 고립 전자쌍을 표시하고, 어떤 다중 결합을 하는지 확인하여 전자점 구조를 그리시오.

(b) H—C—H, O—C—O, H—N—H 결합각의 근삿값을 예측하시오.

(c) C와 N 원자들은 어떤 혼성 오비탈을 사용하는가?

8.66 독성 기체인 포스젠(Cl_2CO)의 탄소 원자의 혼성화를 설명하고, 혼성 오비탈과 π 결합을 보여 주는 분자의 대략적인 모양을 그리시오.

8.67 프로파인(propyne, C_3H_4)의 각 탄소 원자의 혼성화를 설명하고, 혼성 오비탈과 π 결합을 보여 주는 분자의 대략적인 모양을 그리시오.

8.68 웰부트린(Wellbutrin)이라는 의약명으로 시판되는 부프로피온(bupropion)은 우울증 치료제로 사용되는 엄격히 관리되는 처방 의약품이다. 다음 부프로피온에 고립 전자쌍을 표시하여 전자점 구조를 완성하시오.

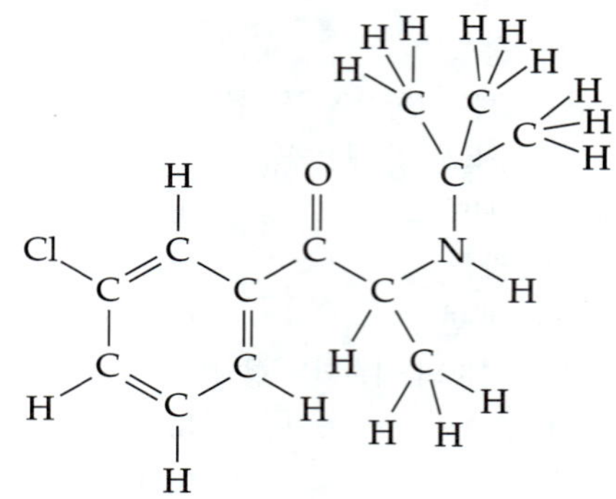
부프로피온

(a) 이 분자에는 몇 개의 σ 결합과 π 결합이 있는가?

(b) 이 분자에 있는 각 탄소 원자의 혼성화를 쓰시오.

(c) 각 탄소 원자의 결합각을 구하시오.

(d) 이 분자에 있는 질소 원자의 혼성화를 쓰시오.

8.69 서스티바(Sustiva)라는 의약명으로 시판되는 에파비렌즈(efavirenz)는 인간 면역 결핍 바이러스(HIV)의 치료에 사용되는 의약품이다. 다음 에파비렌즈에 고립 전자쌍을 표시하여 전자점 구조를 완성하시오.

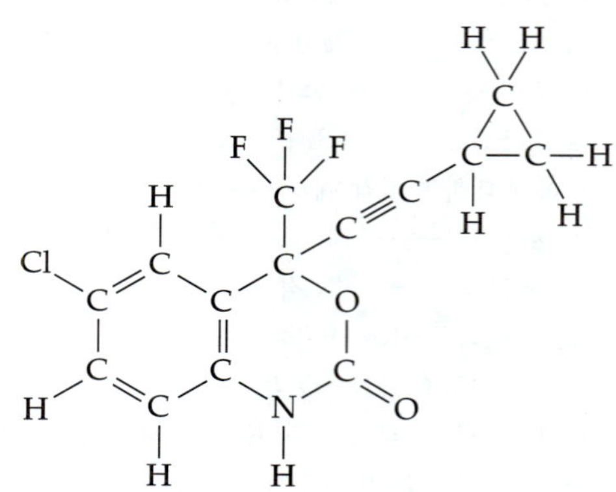
에파비렌즈

(a) 이 분자에는 몇 개의 σ 결합과 π 결합이 있는가?

(b) 이 분자에 있는 각 탄소 원자의 혼성화를 쓰시오.

(c) 이 분자에 있는 질소 원자의 혼성화를 쓰시오.

(d) 이 분자에 있는 산소 원자의 혼성화를 쓰시오.

8.70 보라진(borazine)에 있는 B와 N 원자의 혼성화는 무엇인가? B—N—B와 N—B—N 결합각은 얼마이며, 분자의 전체적인 모양은 어떠한가?

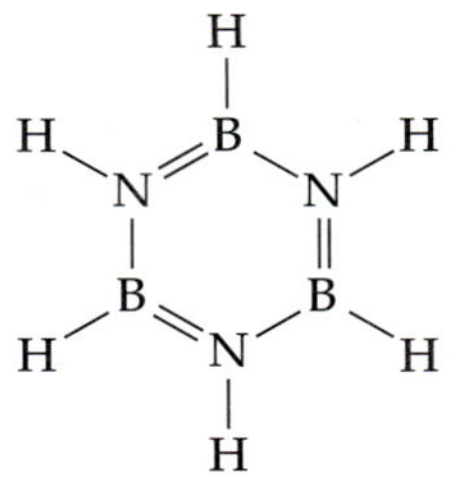
보라진

8.71 벤자인(benzyne, C_6H_4)은 매우 에너지가 높고 반응성이 큰 분자이다. 삼중 결합을 이루는 두 탄소 원자의 예측되는 혼성화는 무엇인가? C−C≡C 결합각의 '이론적인' 값은 얼마인가? 왜 벤자인이 그렇게 큰 반응성을 갖는다고 생각하는가?

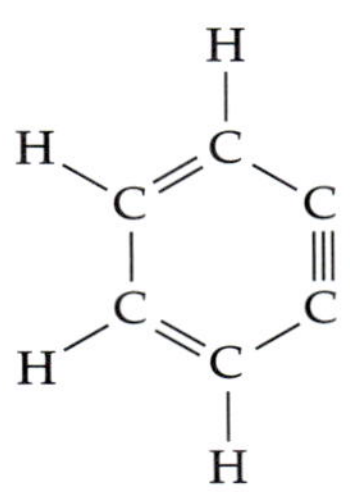
벤자인

8.72 아스피린(aspirin)은 원자 사이에 다음과 같은 연결을 갖는다. 아스피린의 전자점 구조를 완성하고, 이 분자에는 몇 개의 σ 결합과 π 결합이 있는지와 각 탄소 원자의 혼성화는 무엇인지 밝히시오.

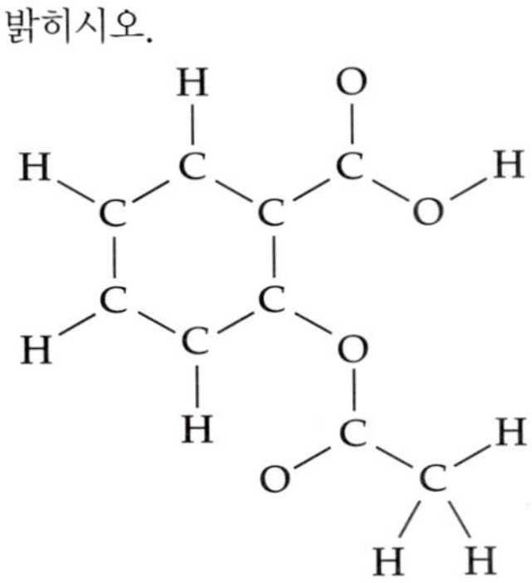
아스피린

8.73 $[H-C-N-Xe-F]^+$ 양이온은 완전한 선형 구조이다. 이 기하학적 구조와 일치하는 전자점 구조를 그리고, 탄소 및 질소 원자의 혼성화를 설명하시오.

8.74 아크릴로나이트릴(acrylonitrile, C_3H_3N)은 중합되어 카펫이나 섬유를 만드는 분자이다. 원자 사이의 연결은 다음과 같다.

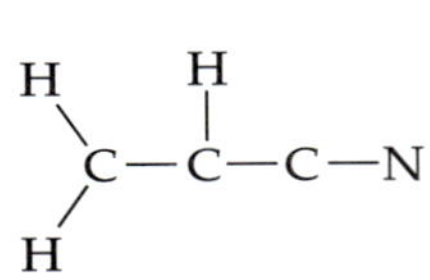

(a) 아크릴로나이트릴에 대해서 다중 결합과 고립 전자쌍을 추가하여 전자점 구조를 완성하시오.

(b) 이 분자에는 몇 개의 σ 결합과 π 결합이 있는가?

(c) 이 분자에 있는 각 탄소 원자의 혼성화를 쓰시오.

(d) 이 분자에서 가장 짧은 결합은 무엇인가?

8.75 계피유의 냄새는 신남알데하이드(cinnamaldehyde, C_9H_8O) 때문이다. 신남알데하이드의 각 탄소 원자의 혼성화는 무엇인가? 몇 개의 σ 결합과 π 결합이 있는가?

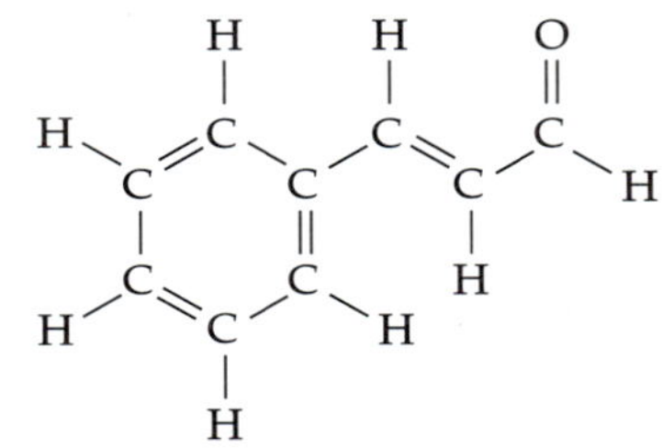
신남알데하이드

8.76 다음 분자 모형은 카페인을 나타낸 것이다. 카페인에 다중 결합의 위치를 표시하고, 각 탄소 원자의 혼성화를 쓰시오 (빨간색 = O, 파란색 = N, 회색 = C, 상아색 = H).

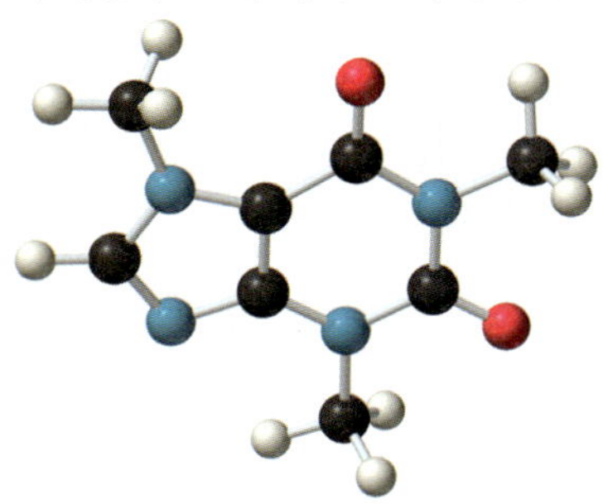
카페인

8.77 다음 분자 모형은 아스코브산, 즉 바이타민 C를 나타낸 것이다. 아스코브산에 다중 결합의 위치를 표시하고, 각 탄소 원자의 혼성화를 쓰시오(빨간색 = O, 회색 = C, 상아색 = H).

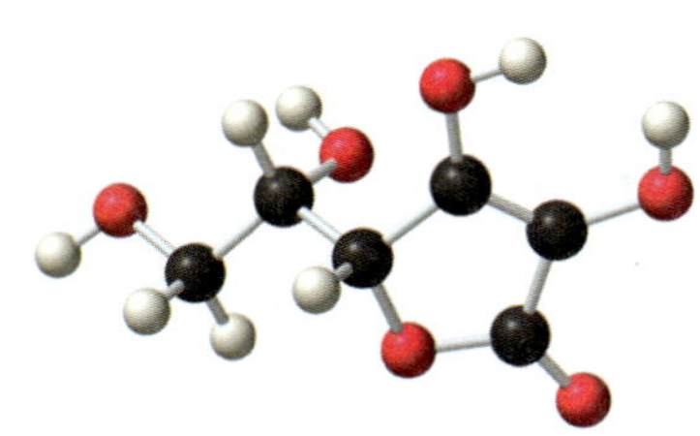
아스코브산

쌍극자 모멘트(8.5절)

8.78 다음 중 어느 물질의 쌍극자 모멘트가 0이 아닌가? 그 이유를 설명하고, 각 화합물에 대해 쌍극자 방향을 그리시오.

(a) Cl_2O (b) XeF_4

(c) Chloroethane, CH_3CH_2Cl (d) BF_3

8.79 다음 중 어느 물질의 쌍극자 모멘트가 0이 아닌가? 그 이유를 설명하고, 각 화합물에 대해 쌍극자 방향을 그리시오.

(a) NF_3 (b) CH_3NH_2

(c) XeF_2 (d) PCl_5

8.80 SO_2의 쌍극자 모멘트는 1.63 D이지만 CO_2는 왜 0인지 그 이유를 설명하시오.

8.81 PCl_3와 PCl_5의 3차원 구조를 그리고, 왜 한 분자는 쌍극자 모멘트가 있고 다른 분자는 없는지를 설명하시오.

8.82 X가 할로젠인 PtX_4^{2-} 이온은 사각 평면 구조를 갖는다.

(a) 쌍극자 모멘트를 갖지 않는 $PtBr_2Cl_2^{2-}$ 이온의 구조를 그리시오.

(b) 쌍극자 모멘트를 갖는 $PtBr_2Cl_2^{2-}$ 이온의 구조를 그리시오.

8.83 SiF_4와 SF_4 두 화합물 중 어느 것이 극성이고, 어느 것이 무극성 화합물인가?

8.84 왜 극성 공유 결합을 갖지만 쌍극자 모멘트를 갖지 않는 분자들이 있는가?

8.85 플루오린은 염소보다 전기 음성도가 크지만, 플루오로메테인(CH_3F; $\mu = 1.86$ D)은 클로로메테인(CH_3Cl; $\mu = 1.90$ D)보다 쌍극자 모멘트가 작다. 그 이유를 설명하시오.

분자간 힘(8.6절)

8.86 런던 분산력과 쌍극자–쌍극자 힘의 차이는 무엇인가?

8.87 다음 쌍 중 분산력이 더 강한 물질은 어떤 것인가?

(a) 에테인(C_2H_6)과 옥테인(C_8H_{18})

(b) HCl과 HI

(c) H_2O와 H_2Se

8.88 다음 각 물질의 가장 중요한 분자간 힘은 무엇인가?

(a) 클로로폼, $CHCl_3$ (b) 산소, O_2

(c) 폴리에틸렌, C_nH_{2n+2} (d) 메탄올, CH_3OH

8.89 Xe, CH_3Cl, HF 중에서

(a) 가장 작은 쌍극자–쌍극자 힘을 갖는 것은?

(b) 가장 강한 수소 결합을 하는 것은?

(c) 가장 큰 분산력을 갖는 것은?

8.90 메탄올(CH_3OH; 끓는점 = 65 °C)은 메테인(CH_4; 끓는점 = −164 °C)보다 거의 230 °C 높은 온도에서 끓지만, 1-데칸올($C_{10}H_{21}OH$; 끓는점 = 231 °C)은 데케인($C_{10}H_{22}$; 끓는점 = 174 °C)보다 단지 57 °C 높은 온도에서 끓는다. 그 이유를 설명하시오.

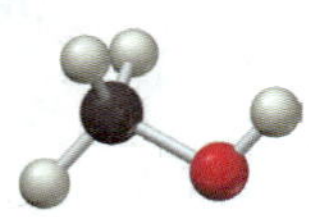

메탄올

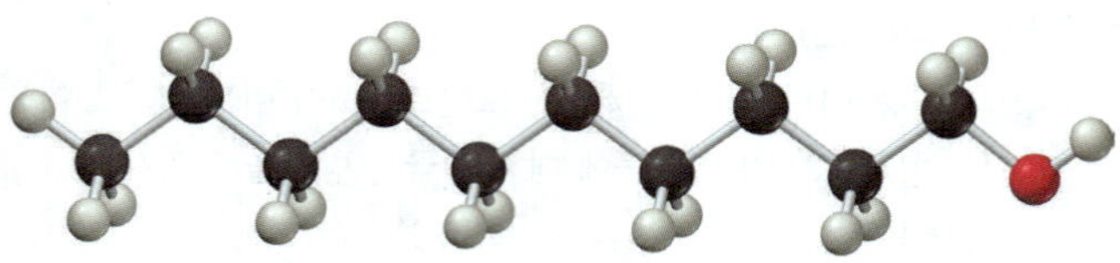

1-데칸올

8.91 다음 각 물질의 두드러진 분자간 힘을 말하시오. 다양한 힘의 상대적 세기에 대한 지식을 이용하여, 각 물질을 정상 끓는점의 순서로 나열하시오.

Al_2O_3, F_2, H_2O, Br_2, ICl, NaCl

8.92 두 암모니아 분자 사이에서 어떻게 수소 결합이 형성되는지 그림을 그리시오.

8.93 1,3-프로판다이올은 분자 간 수소 결합뿐만 아니라, 분자 내 수소 결합도 할 수 있다. 분자 내 수소 결합을 보여 주는 1,3-프로판다이올의 구조를 그리시오.

1,3-프로판다이올

8.94 물에 녹은 메틸아민(CH_3NH_2)을 포함하는 액체 시료가 있다. 메틸아민과 물 사이에 생기는 수소 결합을 묘사한 그림은 어느 것인가?

(a)

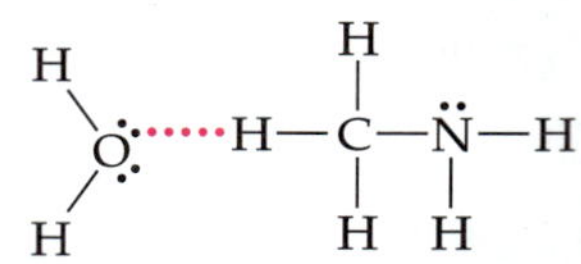

(b)

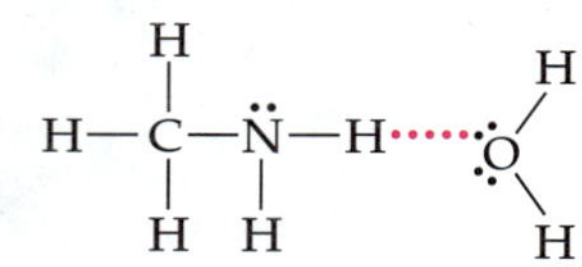

(c)

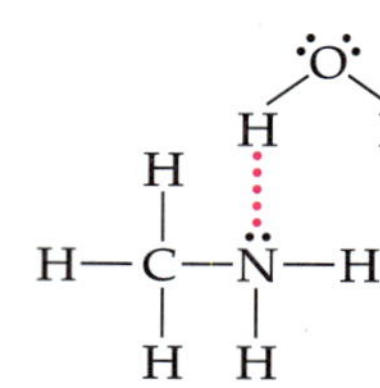

(d)

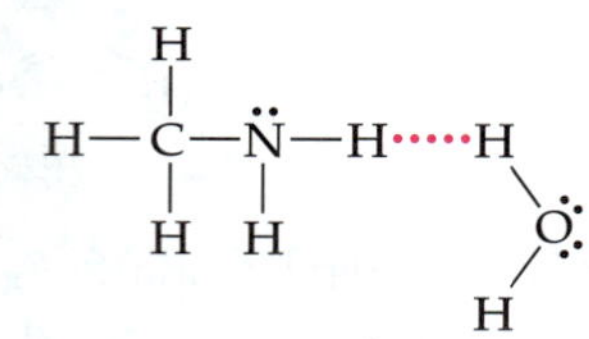

8.95 다이메틸 에터(dimethyl ether)는 다음 구조를 갖는다.

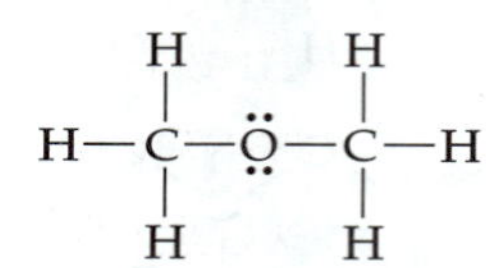

(a) 순수한 다이메틸 에터 시료에는 수소 결합이 있는가? 있다면 수소 결합을 그리시오.

(b) 다이메틸 에터와 물 사이에 생기는 수소 결합을 묘사한 그림은 어느 것인가?

(i)

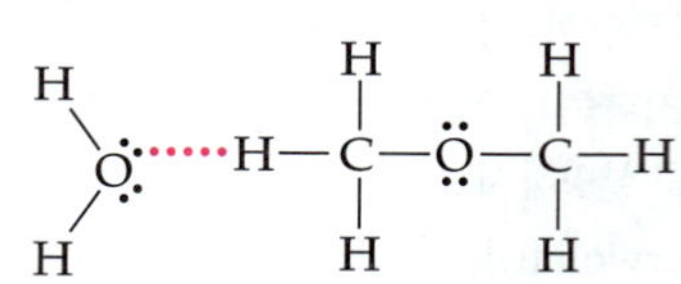

(ii)

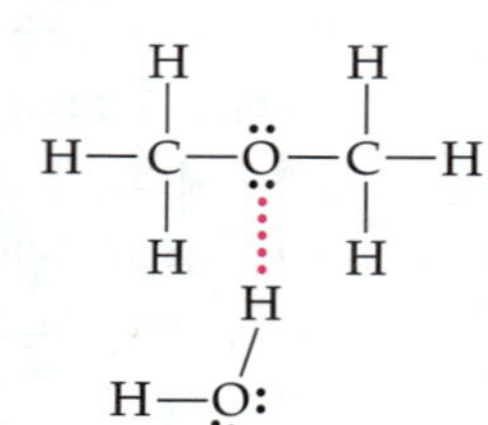

분자 오비탈 이론(8.7~8.9절)

8.96 결합성 분자 오비탈과 반결합성 분자 오비탈에 있는 전자의 공간 분포 차이는 무엇인가?

8.97 주어진 분자 오비탈 중, 예를 들면 σ_{2s} 결합성 오비탈과 반결합성 오비탈 중 에너지가 더 높은 것은? 설명하시오.

8.98 그림 8.22b의 MO 에너지 도표를 이용하여, O_2^+, O_2, O_2^-의 결합을 설명하시오. 셋 중 어느 것이 가장 안정할까? 각각의 결합 차수는 얼마인가? 홀전자를 갖는 것은 무엇인가?

8.99 그림 8.22a의 MO 에너지 도표를 이용하여, N_2^+, N_2, N_2^-의

결합을 설명하시오. 셋 중 어느 것이 가장 안정할까? 각각의 결합 차수는 얼마인가? 홀전자를 갖는 것은 무엇인가?

8.100 C_2 분자의 MO 도표는 그림 8.22a와 유사하다.
(a) C_2의 결합 차수는 얼마인가?
(b) C_2의 결합 차수를 증가시키기 위해서는 전자 하나를 추가해야 하는가 제거해야 하는가?
(c) (b)에서 얻은 새로운 종의 전하와 결합 차수를 구하시오.

8.101 그림 8.22b에서 O_2의 MO 도표를 살펴보고, 다음 질문에 답하시오.
(a) O_2의 결합 차수는 얼마인가?
(b) O_2의 결합 차수를 증가시키기 위해서는 전자 하나를 추가해야 하는가 제거해야 하는가?
(c) (b)에서 얻은 새로운 종의 전하와 결합 차수를 구하시오.

8.102 그림 8.22에서 해당하는 중성 이원자 종의 MO 도표를 살펴보고, 다음 각 이온들이 반자기성인지 상자기성인지 예측하시오. Li_2와 C_2의 그림은 N_2와 유사하고, Cl_2는 F_2와 유사하다.
(a) C_2^{2-} (b) C_2^{2+} (c) F_2^-
(d) Cl_2 (e) Li_2^+

8.103 그림 8.22에서 해당하는 중성 이원자 종의 MO 도표를 살펴보고, 다음 각 이온들이 반자기성인지 상자기성인지 예측하시오. Li_2와 C_2의 그림은 N_2와 유사하고, Cl_2는 F_2와 유사하다.
(a) O_2^{2+} (b) N_2^{2+} (c) C_2^+
(d) F_2^{2+} (e) Cl_2^+

8.104 Li_2에 대한 MO 에너지 도표를 그리시오. 결합 차수는 얼마인가? 이 분자는 안정한가? 설명하시오.

8.105 탄화 칼슘(CaC_2)은 물과 반응하여 아세틸렌(C_2H_2)을 생성한다. 이 방법은 때때로 아세틸렌을 얻는 편리한 방법이다. 그림 8.22a의 MO 에너지 도표를 이용하여, 탄화 음이온(C_2^{2-})의 결합을 설명하시오. 결합 차수는 얼마인가?

8.106 고온에서 황 증기는 주로 $S_2(g)$ 분자 형태로 존재한다.
(a) 3주기 이원자 분자의 분자 오비탈은 2주기 이원자 분자의 것과 비슷하다고 가정하고, $S_2(g)$의 원자가 오비탈에 대한 MO 도표를 그리시오.
(b) S_2는 상자기성인가 반자기성인가?
(c) $S_2(g)$의 결합 차수는 얼마인가?
(d) S_2에 두 개의 전자를 더해 주면 이황화 이온(S_2^{2-})이 된다. S_2^{2-}의 결합 길이는 S_2의 결합 길이보다 긴가 아니면 짧은가? 설명하시오.

8.107 일산화 탄소는 화석 연료의 불완전 연소에 의해서 생긴다.
(a) CO의 원자가 분자 오비탈의 전자 배치를 쓰시오. CO는 N_2 분자와 비슷한 분자 오비탈 도표를 가진다.
(b) CO는 상자기성인가 반자기성인가?
(c) CO의 결합 차수는 얼마인가? 이 결합 차수는 전자점 구조로 예측한 것과 일치하는가?
(d) CO는 OH^-와 반응해서 폼산 이온(HCO_2^-)을 형성한다. 폼산 이온의 전자점 구조를 그리시오. 가능하다면 공명 구조를 그리시오.

8.108 아질산(NO_2^-) 이온에서 p 오비탈의 위치와 기하 구조를 그리시오. σ 결합에 대해서는 편재화된 원자가 결합 모형을 이용하고, π 결합에 대해서는 비편재화된 MO 모형을 이용하여, 이 이온의 결합을 설명하시오.

8.109 알릴(allyl) 양이온에서 p 오비탈의 위치와 기하 구조를 그리시오. σ 결합에 대해서는 편재화된 원자가 결합 모형을 이용하고, π 결합에 대해서는 비편재화된 MO 모형을 이용하여 이 양이온의 결합을 설명하시오.

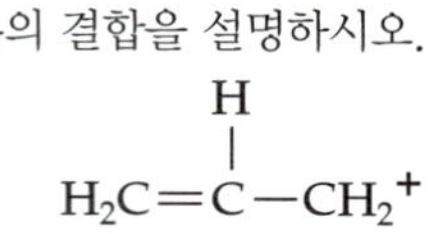

알릴 양이온

다중 개념 문제

8.110 다음 설명을 충족시키는 분자의 구조를 제안하시오.
(a) 두 개의 σ 결합과 두 개의 π 결합을 갖는 탄소 원자를 포함한다.
(b) 두 개의 σ 결합과 한 개의 π 결합을 갖는 질소 원자를 포함한다.
(c) 배위 공유 결합을 갖는 황 원자를 포함한다.

8.111 사이안산 이온(OCN^-)에서 탄소가 중심 원자이다.
(a) OCN^-에 대해서 가능한 많은 공명 구조를 그리고, 각 원자의 형식 전하를 표시하시오.
(b) 공명 혼성에 가장 많이 기여하는 공명 구조는 무엇인가? 가장 조금 기여하는 공명 구조는 무엇인가? 설명하시오.
(c) OCN^-는 선형인가 굽은형인가? 설명하시오.
(d) 탄소 원자의 혼성 오비탈은 무엇인가? 그리고 탄소 원자에는 얼마나 많은 π 결합이 있는가?

8.112 I_5^- 이온은 커다란 'V'자 모양을 하고 있다. 이 전체 기하 구조와 일치하는 전자점 구조를 그리시오.

8.113 다이크로뮴산 이온($Cr_2O_7^{2-}$)에는 Cr−Cr 또는 O−O 결합이 없다.
(a) $4s$와 $3d$ 전자를 포함하는 전자점 구조를 그리되, 각 원자의 형식 전하를 최소화하는 구조를 그리시오.
(b) 위에서 그린 전자점 구조에서 각 Cr 원자는 몇 개의 최외각 전자를 갖는가? Cr 원자 주위의 예상되는 기하학적 구조는 무엇인가?

8.114 분자에 있는 각각의 결합이 종종 극성인 것처럼, 전체 분자

도 각 결합 극성의 알짜 합 때문에 종종 극성이 된다. 화학식이 $C_2H_2Cl_2$인 물질은 가능한 구조가 3개 있다. 그 중 2개는 전체적으로 극성이고, 한 개는 아니다.

(a) $C_2H_2Cl_2$의 가능한 구조 3개를 그리시오. 각각에 대해 전체적인 모양을 예측하고, 어떻게 다른지 설명하시오.

(b) 무극성인 한 개의 구조는 어떤 것이고, 극성인 두 개의 구조는 어떤 것들인가? 설명하시오.

(c) 세 구조 중 두 개는 시스-트랜스(cis-trans) 이성질화(isomerization)라는 과정에 의해 서로 상호 변환이 가능하다. 시스-트랜스 이성질화 과정은 분자에 자외선을 쪼였을 때 중심 탄소-탄소 결합의 회전이 일어나면서 이루어진다. 이 이성질화에 200 nm의 파장을 갖는 빛이 필요하다면, 얼마의 에너지(kJ/mol)가 관여하는 것인가?

(d) 중심 탄소-탄소 결합에 관여하는 오비탈을 그리고, 결합의 회전이 일어나기 위해서는 왜 그만큼의 에너지가 필요한지를 설명하시오.

8.115 사이클로옥타테트라엔 2가 음이온($C_8H_8^{2-}$)은 다음과 같은 구조를 가진 유기 이온이다. σ 결합은 제외하고 π 결합만 고려하면, 사이클로옥타테트라엔 2가 음이온은 다음의 π 분자 오비탈 에너지 도표로 설명할 수 있다.

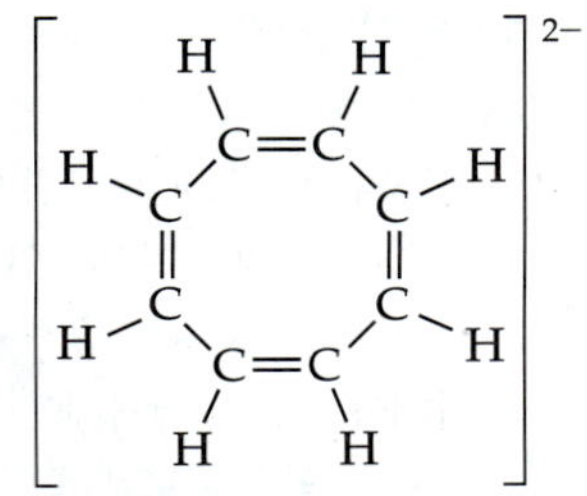

사이클로옥타테트라엔 2가 음이온

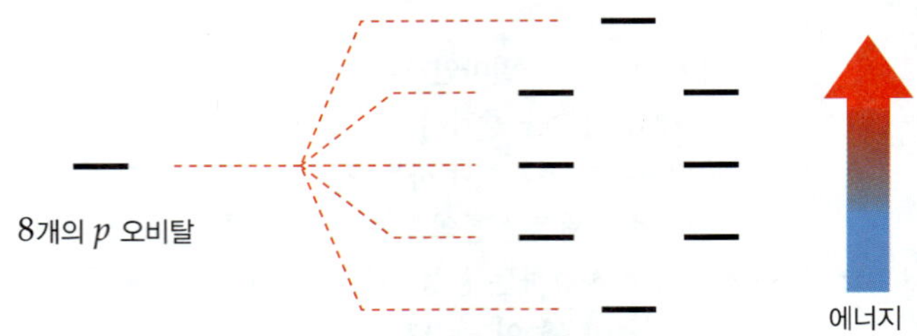

사이클로옥타테트라엔 2가 음이온
π 분자 오비탈

(a) 8개 탄소 원자의 혼성화는 무엇인가?

(b) 3개의 π 분자 오비탈은 결합, 3개는 반결합, 2개는 독립된 p 오비탈과 같은 에너지 준위에 있는 비결합(nonbonding) 오비탈이다. 어느 것이 어느 오비탈에 해당하는가?

(c) 각 분자 오비탈에 적절한 수의 p 전자들을 위/아래 화살표(↑↓)로 표시하여 할당함으로써 MO 에너지 도표를 완성시오.

(d) 그린 MO 에너지 도표를 근거로 하면, 2가 음이온은 상자기성인가 반자기성인가?

chapter 9

열화학: 화학 에너지

ⓒ Chokniti Khongchum/Shutterstock

CONTENTS

조류로부터의 광생물반응기에서 만들어진 바이오연료는 화석연료의 재생 가능한 대안이다.

바이오연료의 에너지 함량은 어떻게 결정되는가?

이 질문의 답은 371쪽 **INQUIRY** 에 나와 있다.

에너지는 우리의 생활 모든 면에서 중요하다. 우리가 먹는 음식은 이동, 성장, 사고 및 98.6 °F의 체온을 유지하기 위한 에너지를 제공한다. 석탄, 기름, 가스와 같은 화석연료는 전기 생산, 제조 과정 및 운송에 필요한 에너지를 제공한다. 예상된 석유의 부족 그리고 기후 변화와 오염을 포함한 화석연료를 태워 나온 원하지 않던 결과는 태양전지, 풍력발전단지 및 바이오연료와 같은 재생 가능한 에너지원의 사용을 촉진시켰다. 이번 장 마지막의 Inquiry는 바이오연료가 어떻게 만들어지는지 설명하고 에너지 함량을 탐구한다.

우리는 이번 장에서 몇 가지 서로 다른 형태의 에너지를 살펴보고, 그와 함께 화학 반응을 동반하는 열에너지의 흡수 및 방출에 연관된 **열화학**(**thermochemistry**)의 주제를 다루고자 한다. 또한, 우리는 "왜 화학 반응이 일어나는가?"의 매우 중요한 질문에 어떻게 열전달이 영향을 미치는지 살펴볼 것이다. 간단히 말하면, 높은 에너지를 가지는 덜 안정한 물질은 일반적으로 낮은 에너지를 가진 더 안정된 물질로 변환된다.

9.1 에너지와 에너지 보존

기억하기…
에너지는 열을 공급하거나 일을 하는 능력으로 **운동 에너지**(움직임의 에너지) 또는 **퍼텐셜 에너지**(아직 방출되지 않고 저장된 에너지)로 분류된다(1.8절).

에너지(energy)란 말은 모든 사람들에게 친숙한 단어이지만 기술적인 용어를 사용하지 않고 간단히 정의하기는 대단히 어렵다. 그러나 **에너지**(**energy**)를 일을 할 수 있는 능력 혹은 열을 공급하는 능력이라고 말하는 것은 상당히 좋은 정의이다. 예를 들어, 댐에서 떨어지는 물은 터빈을 돌리고 전기를 생산하는 데 사용될 수 있는 에너지를 가지고 있다. 프로페인 기체 탱크는 연소의 화학 과정에 노출되었을 때, 집을 덥히거나 햄버거를 조리할 수 있는 에너지를 가진다.

에너지는 **운동 에너지**와 **퍼텐셜 에너지**로 분류된다. **운동 에너지**(**kinetic energy**, E_K)란 움직임의 에너지이다.

운동 에너지 $E_K = \frac{1}{2}mv^2$ 여기서 m= 질량, v = 속도

에너지의 SI 유도 단위($kg \cdot m^2/s^2$)는 운동 에너지의 표현, $E_K = (1/2)mv^2$으로부터 나온 것으로 **줄**(**joule, J**)이라고 한다.

$$1\ (kg \cdot m^2/s^2) = 1\ J$$

그와 대조적으로, **퍼텐셜 에너지**(**potential energy**, E_P)란 저장된 에너지로, 높이로 인해 물체에 저장될 수 있거나 분자가 수행할 수 있는 반응으로 인해 분자에 저장될 수 있다. 댐 내부의 저수지 물은 댐의 바닥을 흐르는 물줄기보다 높은 위치로 인해 퍼텐셜 에너지를 가지고 있다. 물이 떨어지게 되면 물의 퍼텐셜 에너지는 운동 에너지로 바뀌게 된다. 연료로 사용되는 프로페인과 다른 물질들은 산소와 반응하여 열을 방출할 수 있는 **연소 반응**(combustion reaction)을 할 수 있기 때문에 퍼텐셜 에너지를 가진다.

운동 에너지와 퍼텐셜 에너지의 관계를 좀 더 자세히 논의해 보자. **에너지 보존 법칙**(**conservation of energy law**)에 의하면, 에너지는 창조되거나 소멸되지 않는다. 에너지는 단지 한 형태에서 다른 형태로 바뀔 뿐이다.

에너지 보존 법칙 에너지는 창조되거나 소멸되지 않으며, 단지 한 형태에서 다른 형태로 변환될 뿐이다.

◀ **그림 9.1**
에너지의 보존. 저수지 안의 물에 포함된 전체 에너지양은 일정하다.

수력 발전 댐을 예로 생각해 보자. 댐 안쪽 저수지에 움직임 없이 있는 물은 배출구 쪽의 수로보다 높은 위치에 있으므로 퍼텐셜 에너지를 갖지만, 움직임이 없기 때문에($v = 0$) 운동 에너지는 없다. 그러나 물이 수로를 통해 떨어지면 물의 높이와 퍼텐셜 에너지는 감소하는 반면, 물의 속도와 운동 에너지는 증가한다. 움직이는 물은 발전기의 터빈을 돌려 자신의 운동 에너지를 전기 에너지로 변환시킨다(**그림 9.1**).

낙하하는 물이 가진 운동 에너지가 전기 에너지로 전환되는 것은 에너지에 대한 여러 다른 중요한 점을 보여 준다. 그 중 한 가지는 에너지가 많은 형태를 가지고 있다는 것이다. 예를 들면, 열에너지는 떨어지는 물의 운동 에너지와 매우 달라 보이나, 실제적으로는 상당히 유사하다. **열에너지**(thermal energy)는 단지 분자들의 운동 에너지로, 우리는 물체의 **온도**(**temperature**)를 구함으로써 그것을 측정한다. 원자나 분자들이 천천히 움직인다면, 우리는 그 물체를 낮은 온도를 가진 차가운 것으로 인식하게 된다. 반대로, 원자나 분자들이 매우 빠르게 움직이고 온도계나 다른 측정 장치에 **격렬하게** 충돌한다면, 우리는 그 물체를 온도가 높으며 뜨거운 것으로 인식하게 된다.

열(**heat**)이란 두 물체 간의 온도 차이의 결과로 한 물체로부터 다른 물체로 전달되는 열에너지의 양이다. 빠르게 움직이는 뜨거운 물체의 분자들이 느리게 움직이는 차가운 물체의 분자들과 충돌하여 운동 에너지를 전달하고 느리게 움직이는 분자들을 빠르게 한다.

화학 에너지(chemical energy)는 저수지 안의 물이 갖는 에너지와는 다른 형태의 에너지로 보이나, 실제로 상당히 유사하다. 화학 에너지는 화학 결합이 저장 매체로 작용하는 퍼텐셜 에너지의 한 종류이다. 저수지에 있는 물이 더 안정한 위치로 떨어질 때 퍼텐셜 에너지가 방출된다. 이처럼, 화합물들은 반응을 통해 더 안정한 생성물을 형성할 때 열이나 빛의 형태로 퍼텐셜 에너지를 방출할 수 있다. 우리는 이 내용을 곧 살펴볼 것이다.

물의 낙하에서 두 번째로 알 수 있는 점은 에너지 보존 법칙과 관련된다. 댐에서 낙하하는 물과 관련된 모든 에너지의 경로를 추적하려면 물의 낙하로부터 초래한 모든 연쇄적 상황을 고려해야 한다. 물이 부딪히는 소리, 댐 바닥의 바위가 데워지는 것, 발전기의 터빈이 돌아가고 전기 발전기가 작동하는 것, 전력 송신, 이 전기로 작동되는 기기, 기타 등등을 고려할 필요가 있다. 실제로, 이 과정을 논리적으로 계속 확장해 가면 물의 낙하와 관련된 모든 에너지를 추적하는 과정은 전 우주를 포함시킬 필요가 있다. 왜냐하면, 한 형태로 잃은 에너지는 다른 곳에서 **항상** 다른 형태의 에너지로 나타나기 때문이다. 에너지 보존 법칙은 매우 중요해 **열역학 제1법칙(the first law of thermodynamics)**으로 알려져 있다.

개념탐구 질문 1

겨울에 집을 데우기 위해 천연가스를 연소시킬 때, _____ 에너지는 _____ 에너지로 변환된다(빈칸을 '운동' 또는 '퍼텐셜'로 채우시오.

> **열역학 제1법칙** 에너지는 창조되거나 소멸되지 않으며, 단지 한 형태에서 다른 형태로 변환될 뿐이다.

9.2 내부 에너지와 상태 함수

화학 반응에서 일어나는 에너지 변화의 경로를 추적할 때, 반응과 그것을 둘러싸고 있는 세계를 분리하여 생각하는 것이 종종 도움이 된다. 어떤 실험에서 관심의 초점이 되는 물질, 즉 반응물과 생성물을 합쳐서 **계(system)**라고 부르며, 그 밖의 모든 것, 즉 반응 플라스크, 용매, 실험실, 건물 등은 **주위(surroundings)**라고 부른다. 만약 계와 주위를 확실히 고립시킬 수 있어 계와 주위 사이에 에너지 전달이 일어나지 않는다면, 계 내부의 모든 분자 또는 이온의 운동 에너지와 퍼텐셜 에너지의 총합으로 정의되는 계의 전체 **내부 에너지(internal energy, *E*)**는 보존되고, 반응 과정에서 일정하게 유지될 것이다. 사실 이 주장은 단지 열역학 제1법칙의 다른 표현일 뿐이다.

> **열역학 제1법칙** 고립계의 전체 내부 에너지 E는 일정하다.

물론 실제로는 화학 반응을 주위로부터 완벽하게 고립시키는 것은 가능하지 않다. 실제 상황에서는 화합물이 플라스크나 용기의 벽과 물리적으로 접촉하고, 용기 그 자체도 주위 공기 및 실험대와 접촉한다. 그러나 중요한 문제는 계를 고립시킬 수 있는가가 아니라, 주위로부터 계에 들어가는 에너지 또는 계를 떠나서 주위로 흐르는 에너지를 정확하게 측정할 수 있느냐 하는 것이다(그림 9.2). 다시 말하면 우리는 계의 내부 에너지에서의 어떠한 **변화(change)**든 에너지를 측정할 수 있어야만 한다. 내부 에너지 변화 ΔE란 반응 후 계의 최종 상태와 반응 전 계의 초기 상태 사이에서의 내부 에너지 차이를 나타낸다.

▶ **그림 9.2**
화학 반응에서의 에너지 변화

▶ **확인하기**

주위 온도의 감소를 유발하는 어떤 화학 반응에 대한 $\Delta E_{계}$의 부호는 무엇인가?

답 화학 반응(계)이 주위로부터 열을 흡수하기 때문에 $\Delta E_{계}$는 양이다.

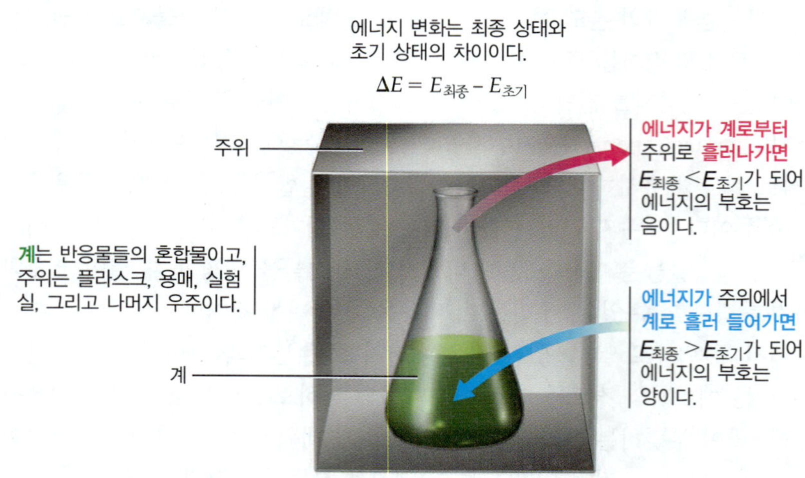

$$\Delta E = E_{\text{최종}} - E_{\text{초기}}$$

관습적으로, 에너지 변화는 계의 관점에서 측정된다. **계로부터 주위로**(from the system to the surroundings) 흘러나가는 에너지는 계가 에너지를 잃기 때문에 음의 부호를 가진다(즉, $E_{\text{최종}}$이 $E_{\text{초기}}$보다 작다). 주위에서 계로(from the surroundings to the system) 흘러 들어가는 에너지는 계가 에너지를 얻기 때문에 양의 부호를 가진다(즉, $E_{\text{최종}}$이 $E_{\text{초기}}$보다 크다).

예를 들어 만일 메테인(CH_4) 1.00 mol을 산소 2.00 mol과 함께 연소시키면, 802 kJ의 열이 방출되어 열이 계로부터 주위로 이동한다. 계는 반응이 시작할 때 가진 것보다 802 kJ만큼 더 적은 에너지를 갖게 되므로 $\Delta E = -802$ kJ이다. 이러한 에너지 흐름을 측정하는 방법은, 반응 용기를 항온 수조에 넣고 반응이 진행되는 동안 온도 상승을 확인하는 것이다.

$$CH_4(g) + 2O_2(g) \longrightarrow CO_2(g) + 2H_2O(g) + 802\ \text{kJ 에너지} \quad \Delta E = -802\ \text{kJ}$$

메테인 연소 실험으로부터 초기 내부 에너지($E_{\text{초기}}$)와 최종 내부 에너지($E_{\text{최종}}$)의 정확한 값은 알지 못하지만, 생성물인 $CO_2(g)$와 $2H_2O(g)$는 반응물인 $CH_4(g)$와 $2O_2(g)$보다 802 kJ 적은 내부 에너지를 갖는다는 점은 알 수 있다. 이 반응의 $\Delta E = -802$ kJ 값은 반응물이 **균형 반응식에 표시된 계수의 몰수에 따라** 생성물로 변할 때 방출된 에너지 값에 해당된다는 점에 유의하라. 즉, 메테인 기체 1 mol이 산소 기체 2 mol과 반응하여 이산화 탄소 기체 1 mol과 수증기 2 mol을 생성할 때 802 kJ이 방출된다(그림 9.3).

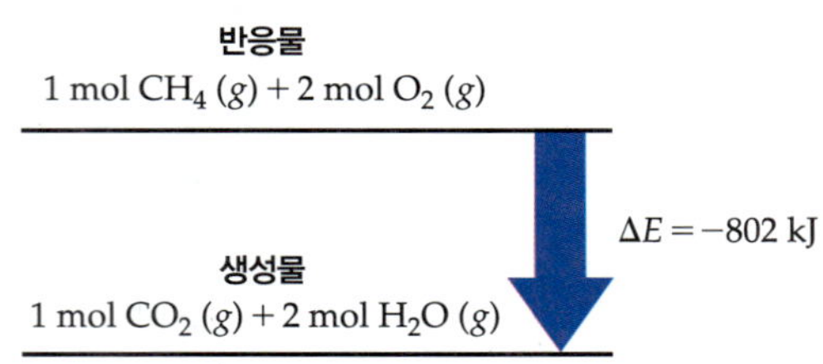

▲ 그림 9.3
1 mol 메테인(CH_4)의 연소 반응에서의 에너지 변화

계의 내부 에너지는 화합물의 종류, 시료의 크기, 온도, 압력, 물리적 상태(기체, 액체, 고체) 등 많은 것에 의존한다. 그러나 내부 에너지는 계의 과거 이력에는 의존하지 않는다. 하루 전 또는 한 시간 전 시점에서 계의 온도 또는 물리적 상태가 어떠하였는지는 전혀 상관이 없으며, 화합물이 어떤 경로로 생성되었는지도 관련이 없다. 문제가 되는 것은 계의 현재 상태이다. 그러므로 내부 에너지는 **상태 함수**(**state function**)라고 부르며, 상태 함수 값은 계의 현재 상태에만 의존한다. 압력, 부피, 온도는 상태 함수의 다른 예이고, 열과 일은 상태 함수가 아니다.

▲ 천연가스(메테인, CH_4)가 연소하여 그 주위에 열로서 에너지를 방출한다. ©Darren Pullman/Shutterstock

상태 함수 현재 상태에 도달하기까지의 경로와는 무관하고, 계의 현재 상태 또는 조건에만 의존하는 함수 또는 성질

우리는 '세계 아티초크(섬엉겅퀴 식물)의 수도'라 불리는 캘리포니아 주의 카스트로빌(Castroville)로부터 '우주의 중심(보스턴의 별명)'으로 불리는 매사추세츠 주의 보스턴까지의 여행을 상상함으로써 상태 함수의 개념을 설명할 수 있다. 당신은 '계'이고 당신의 위치는 상태 함수라고 할 수 있다. 그 이유는 당신이 어떻게 현재 위치에 있게 되었는가는 여기서 아무런 상관이 없기 때문이다. 위치가 상태 함수이므로 카스트로빌에서 보스턴(두 도시 간의 거리는 약 2720마일이다)까지의 여행을 마친 후에 위치 **변화**는 지나온 경로가 노스다코타이든 또는 루이지애나이든 아무런 상관이 없다(그림 9.4).

그림 9.4에 보여 준 대륙횡단 여행은 상태 함수에 관한 한 가지 중요한 성질인 상태 함수의 가역성을 설명하고 있다. 카스트로빌에서 보스턴까지의 여행을 끝낸 후에 다시 되돌아간다고 상상해 보라. 최종 위치는 이제 초기 위치와 같아지기 때문에 위치의 변화 값은 0이다. 계가

▶ **그림 9.4**
상태 함수. 당신의 위치는 상태 함수이므로 캘리포니아 주 카스트로빌에서 매사추세츠 주 보스턴까지 가는 여행에서 당신의 위치 변화는 지나는 여행 경로와 무관하다.

▶ **확인하기**

다음 중 어떤 것이 상태 함수인가?
고속도로 위의 자동차 속도, 카스트로빌에서 보스턴까지 경로의 거리

답 자동차 속도는 카스트로빌에서 보스턴으로 가기 위해 선택한 경로에 의존하지 않으므로 상태 함수이다. 자동차는 30 mph에서 가속하거나 75 mph에서 감속하더라도 거의 60 mph로 주행한다. 주행 거리는 선택한 경로에 의존하기 때문에 상태 함수가 아니다.

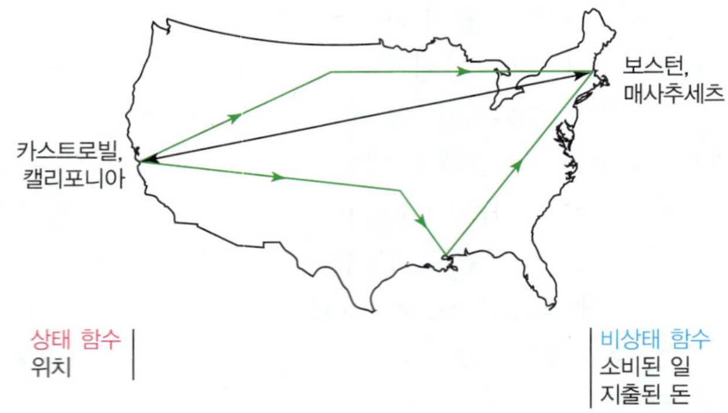

원래 상태로 돌아갈 때 상태 함수의 전체 변화는 0이다. 그러나 상태 함수가 아닐 때는 비록 그 경로가 계를 원래 상태로 되돌리는 경우라도 전체 변화는 0이 아니다. 예를 들어, 여행 중에 행했던 일은 초기 위치로 돌아와도 되돌릴 수 없으며, 소비한 돈이나 시간도 다시 나타나지 않는다.

음식의 칼로리 함유량 측정은 화학 반응의 에너지 변화가 상태 함수라는 원리에 기초하고 있다. 탄수화물 및 지방과 같은 생물학적 분자의 에너지 함량은 9.7절에 서술하고 있는 것과 같이, 열량계 실험에서 분자와 산소와의 연소 반응을 통해 측정할 수 있다. 에너지 변화는 이들 화합물이 체내에서 에너지를 얻기 위해 '연소'될 때와 동일하다. 두 과정의 전체 화학 반응이 동일하기 때문이다.

$$C_6H_{12}O_6(s) + 6\,O_2(g) \xrightarrow{\text{연소 또는 물질대사}} 6\,CO_2(g) + 6\,H_2O(l) \quad \Delta E = -2810\text{ kJ}$$

기억하기…
에너지는 자주 다른 단위들로 변환하여 사용하며, 일반적 환산 인자는 4.184 J = 1 cal, 1000 cal = 1 Cal이다.

포도당이 직접 연소하거나 혹은 체내에서 일련의 반응으로 이산화 탄소와 물로 대사하거나, 같은 양의 에너지가 방출된다. 왜냐하면, 상태 함수는 초기 상태에서 최종 상태로의 선택한 경로에 의존하지 않기 때문이다. 식품의 에너지 함량은 g당 **큰 칼로리(Calories, Cal)** 단위로 일반적으로 보고된다. 포도당 연소의 에너지 변화는 다음과 같이 식품 라벨에 기재된 단위로 바꿀 수 있다.

$$\frac{2810\text{ kJ}}{1\text{ mol } C_6H_{12}O_6} \times \frac{1000\text{ J}}{1\text{ kJ}} \times \frac{1\text{ cal}}{4.184\text{ J}} \times \frac{1\text{ Cal}}{1000\text{ cal}} \times \frac{1\text{ mol } C_6H_{12}O_6}{180.0\text{ g } C_6H_{12}O_6} = 3.73\text{ Cal/g}$$

9.3 팽창 일

▲ 계단을 달려서 올라가는 사람은 중력을 극복하기 위한 많은 일을 한다. ©lzf/Shutterstock

일은 많은 형태로 나타나는 에너지 전달의 한 종류이다. 물리학에서 **일(work, w)**은 물체를 이동시키는 힘(F)과 물체의 이동 거리(d)의 곱으로 정의한다.

$$\text{일} = \text{힘} \times \text{거리}$$
$$w = F \times d$$

예를 들어, 계단을 달려 올라갈 때 다리의 근육은 중력을 극복하기에 충분한 힘을 제공하여 계단을 오르게 한다. 또 수영을 할 때, 수영선수는 물을 헤치는 충분한 힘을 제공하여 앞으로

나아간다.

화학적 계에서 보게 되는 가장 일반적 종류의 일은 계의 부피 변화로 행해지는 **팽창 일**[expansion work, **압력-부피 일**(pressure-volume work) 또는 PV **일**(***PV*** work)이라고도 함]이다. 프로페인(C_3H_8)과 산소의 연소 반응에 대한 균형 반응식에 따르면, 6 mol의 반응물로부터 7 mol의 생성물이 생성된다.

$$\underbrace{C_3H_8(g) + 5\,O_2(g)}_{6\text{ mol 기체}} \longrightarrow \underbrace{3\,CO_2(g) + 4\,H_2O(g)}_{7\text{ mol 기체}}$$

만일 반응이 움직이는 피스톤을 가진 용기 내에서 일어나면, 부피가 더 커진 생성물 기체는 외부 압력(P)에 대항하여 피스톤을 바깥쪽으로 밀어낼 것이다. 따라서 일을 하게 된다(그림 9.5).

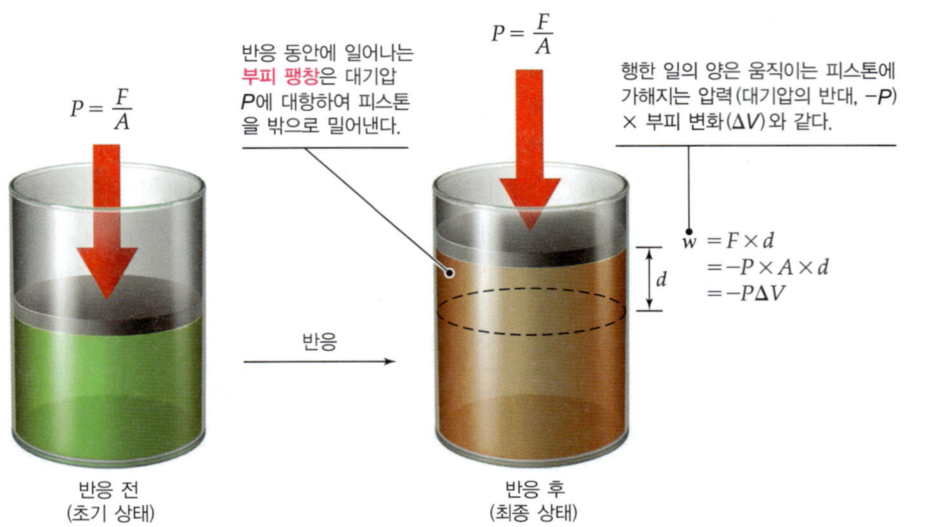

◀ 그림 9.5
화학 반응에서의 팽창 일

간단한 계산으로 팽창하는 동안에 행한 일의 정확한 양을 알 수 있다. 물리학에서 힘(F)은 면적(A)과 압력(P)의 곱으로 정의한다. 그림 9.5에서 팽창하는 기체가 나타내는 힘은 피스톤의 면적(A)과 기체가 피스톤을 밀어내는 압력의 곱이다. 이 내부 압력은 외부 대기압과 크기는 같지만, 움직임이 상호 반대 방향이므로 부호가 반대이다. 그러므로 외부 대기압이 P라면 내부 압력은 $-P$의 값을 가져야 한다.

$$F = -P \times A \quad \text{여기서 } P\text{는 외부 대기압이다.}$$

피스톤이 거리 d만큼 밀려 나갔을 때 행한 일의 양은 힘과 거리의 곱, 즉 압력, 면적, 거리를 곱한 것과 같다.

$$w = F \times d = -P \times A \times d$$

피스톤의 면적과 피스톤의 이동 거리의 곱은 계의 부피 변화, 즉 $\Delta V = A \times d$이므로 위의 식을 간단히 할 수 있다. 즉, 행한 일의 양은 피스톤에 가해진 기체의 압력과 부피 변화를 곱한 값과 같으므로 PV 일이라고 한다.

$$\underset{\text{음수 값}}{w} = -P\underset{\text{양수 값}}{\Delta V} \qquad \text{팽창하는 동안 행한 일}$$

팽창하는 동안 행한 일에 대한 부호는 무엇을 의미하는가? 공기 분자를 밀어내어 피스톤을 위로 올라가게 하는 것은 계가 일을 행하는 것이므로 일에너지는 계를 빠져 나간다. 그러므로 앞의 식에서 일에 대한 음의 부호는 앞서 설정한 ΔE에 대한 관습적 표현과 일치하며(9.2절), 우리는 항상 계의 입장에서 에너지 변화를 고려한다. 계의 밖으로 흘러나가는 어떠한 에너지도 계가 에너지를 잃는 것이기 때문에 음의 부호를 갖는다($E_{최종} < E_{초기}$).

압력을 대기압(atm)으로 표시하고 부피 변화를 리터(L)로 나타내면, 행한 일의 양은 리터 · 압력(L·atm) 단위를 갖는다. 여기서 1 atm = 101 × 10^3 kg/(m·s^2)이므로, 1 L·atm = 101 J이 된다.

$$1\ \text{L} \cdot \text{atm} = (1\ \text{L})\left(\frac{10^{-3}\ \text{m}^3}{1\ \text{L}}\right)\left(101 \times 10^3\ \frac{\text{kg}}{\text{m} \cdot \text{s}^2}\right) = 101\ \frac{\text{kg} \cdot \text{m}^2}{\text{s}^2} = 101\ \text{J}$$

어떤 반응에서 팽창이 아닌 부피의 수축이 일어나면, ΔV 항은 음의 부호를 갖게 되고 일은 양의 부호를 갖는다. 이 과정에서 계는 일에너지를 얻기 때문에($E_{최종} > E_{초기}$), 에너지의 출입은 계의 관점에서 본다는 것과 잘 일치한다. 이에 대한 한 예는, 기체 상태의 수소와 질소의 반응에 의한 암모니아의 공업적 합성이다. 기체 반응물 4 mol로부터 2 mol의 기체 생성물만 합성되므로, 계의 부피는 수축되고 계는 일을 얻게 된다.

$$\underbrace{3\ H_2(g) + N_2(g)}_{\text{4 mol 기체}} \longrightarrow \underbrace{2\ NH_3(g)}_{\text{2 mol 기체}}$$

$$\underset{\text{양의 값}}{w} = -P\underset{\text{음의 값}}{\Delta V} \qquad \text{수축되는 동안 얻은 일}$$

만약 부피 변화가 없다면, $\Delta V = 0$이고 일은 하지 않는다. 이러한 예는 3 mol의 기체 반응물이 3 mol의 기체 생성물로 되는 메테인의 연소와 같은 경우이다.

$$CH_4(g) + 2\ O_2(g) \longrightarrow CO_2(g) + 2\ H_2O(g)$$

예제 9.1

PV 일의 양 계산

어떤 반응이 외부 압력 5.0 atm에 대응하여 부피가 12.0 L에서 14.5 L로 팽창할 때 행한 일(kJ)을 계산하시오.

문제 파악

알고 있는 것	알아내야 할 것
압력(P) = 5.0 atm 초기 부피($V_{초기}$), 최종 부피($V_{최종}$)	일(w)

전략

화학 반응 동안 행해진 팽창 일은 $w = -P\Delta V$ 식으로 계산한다. 여기서 P는 부피 변화에 대응하는 외부 압력이다. 이 예에서는 $P = 5.0$ atm이고 $\Delta V = (14.5 - 12.0)\ \text{L} = 2.5\ \text{L}$이다.

풀이

$$w = -(5.0\ \text{atm})(2.5\ \text{L}) = -12.5\ \text{L} \cdot \text{atm}$$

$$(-12.5\ \text{L} \cdot \text{atm})\left(101\ \frac{\text{J}}{\text{L} \cdot \text{atm}}\right) = -1.3 \times 10^3\ \text{J} = -1.3\ \text{kJ}$$

점검

에너지 변화의 부호를 확인하는 것은 항상 유용하다. 에너지와 일의 변화는 계의 관점에서 표현한다. 이 경우 계는 부피 팽창으로 주위에 일을 행하고, 따라서 w의 부호가 음이 될 것이다.

연습문제 9.1 44.0 atm의 일정한 외부 압력에서, 부피가 8.60 L에서 4.30 L로 수축하는 암모니아 합성이 진행되는 동안에 행해진 일(kJ)을 계산하시오. 어느 방향으로 일에너지가 흐르는가?

개념 응용문제 9.2 다음 반응의 결과, 얼마나 많은 일(kJ)이 어느 방향으로 행해졌는가?

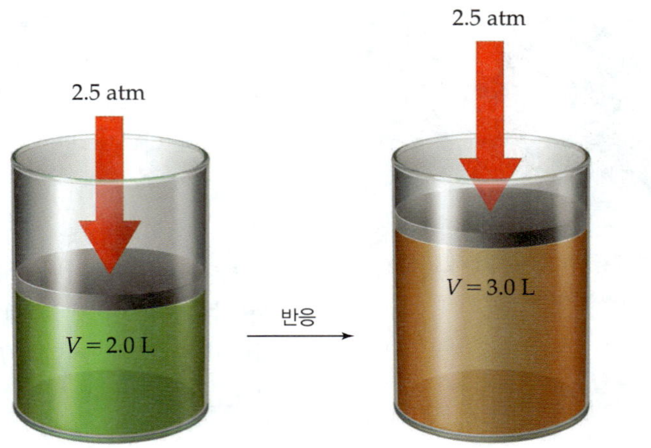

9.4 에너지와 엔탈피

지금까지 계가 열을 전달하거나 일을 하여 주위와 에너지를 교환할 수 있다는 것을 배웠다. 자동차 엔진에서 가솔린(C_8H_{18})의 연소는 주위를 가열하고, 생성물인 CO_2와 H_2O 기체가 팽창의 원인이 되어 피스톤을 밀어내는 일을 한다(그림 9.6). 전달되는 열을 표현하는 기호로 q를 사용하고, 식 $w = -P\Delta V$를 이용하면 어떤 계의 전체 내부 에너지 변화 ΔE를 다음과 같이 나타낼 수 있다.

계의 내부 에너지 변화(ΔE) $\Delta E = q + w = q - P\Delta V$

여기서 계가 열을 얻으면 q의 부호는 양의 값이고, 계가 열을 잃으면 q의 부호는 음이다.

이 식을 재정리하여 전달된 열량 q에 대하여 풀면 다음 식이 된다.

$$q = \Delta E + P\Delta V$$

개념탐구 질문 2

0 °C 아래의 온도에서 액체 상태의 물이 얼음으로 어는 것을 생각해 보자.

$$H_2O(l) \longrightarrow H_2O(s)$$

에너지의 전달이 주로 열로 일어나는가 일로 발생하는가? 그 변화의 부호는 무엇인가?

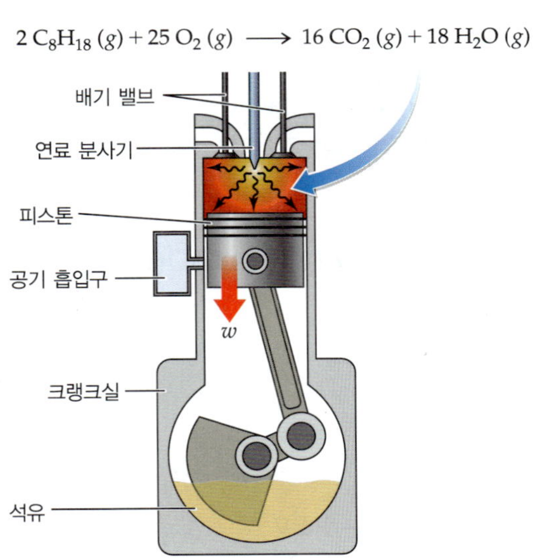

그림 9.6
가솔린(C_8H_{18})이 자동차 엔진에서 연소될 때 에너지는 열과 일로 전달된다.

▲ 화학 반응은 종종 일정 대기압에서 열린 용기에서 진행된다.

어떤 화학 반응이 진행될 수 있는 두 가지 방법을 살펴보자. 한 가지 방법은 반응이 일정한 부피를 갖는 밀폐 용기에서 일어나도록 할 수 있다. 따라서 $\Delta V = 0$이다. 이 경우, 계의 에너지 변화는 전적으로 열전달에 기인하므로 PV 일은 없다. 이와 같은 일정 부피에서의 열전달을 기호 q_v로 나타낸다.

$$q_v = \Delta E \qquad \text{일정한 부피에서; } \Delta V = 0$$

또 다른 방법으로 어떤 반응이 일정한 압력이 유지되는 열린 플라스크 또는 기타 기구에서 진행될 수 있다. 이 경우, 계의 부피는 자유롭게 변할 수 있다. 그러한 경우에 $\Delta V \neq 0$이고 계의 에너지 변화는 열전달과 PV 일 둘 모두에 기인한다. 이와 같은 일정한 압력에서의 열전달을 기호 q_p로 나타낸다.

$$q_p = \Delta E + P\Delta V \qquad \text{일정한 압력에서}$$

일정한 압력의 열린 용기 내에서 진행되는 반응은 화학에서 매우 일반적이다. 따라서 이러한 과정에서의 열변화 q_p를 그 반응에 대한 **반응열(heat of reaction)** 또는 **엔탈피 변화(enthalpy change, ΔH)**라고 한다. 어떤 계의 **엔탈피(enthalpy, H)**는 $E + PV$와 같다.

엔탈피 변화(ΔH) $q_p = \Delta E + P\Delta V = \Delta H$ (엔탈피 변화)

반응 동안에 발생하는 엔탈피 **변화**만이 중요하다는 것에 주목하라. 내부 에너지와 같이 엔탈피는 그 값이 현재 상태에 도달하기 위해 사용한 경로와는 무관하고, 오로지 현재 상태에만 의존하는 상태 함수이다. 따라서 반응 전후의 계의 정확한 엔탈피 값을 알 필요가 없다. 다만 최종 상태와 초기 상태의 차이만 알면 된다.

$$\begin{aligned}\Delta H &= H_{\text{최종}} - H_{\text{초기}} \\ &= H_{\text{생성물}} - H_{\text{반응물}}\end{aligned}$$

일정 부피에서의 열흐름 $q_v = \Delta E$와 일정 압력에서의 열흐름 $q_p = \Delta H$ 사이에는 얼마나 큰 차이가 있는가? 앞에서 설명했던 프로페인(C_3H_8)과 산소의 연소 반응을 다시 살펴보자. 일정한 부피의 닫힌 용기에서 반응이 진행될 때 PV 일은 없고, 방출되는 모든 에너지는 열로만 방출되며 $\Delta E = -2046$ kJ이다. 그러나 동일한 반응이 일정 압력의 열린 용기에서 일어날 때에는 단지 2044 kJ의 열만이 방출된다($\Delta H = -2044$ kJ). 2 kJ 만큼의 차이가 생기는 것은 일정 압력에서는 6 mol의 기체 반응물이 7 mol의 기체 생성물로 변환할 때 대기에 대항하여 약간의 팽창 일을 하기 때문이다.

$$\underset{\text{프로페인}}{C_3H_8(g)} + 5\,O_2(g) \longrightarrow 3\,CO_2(g) + 4\,H_2O(g) \qquad \begin{aligned}\Delta E &= -2046\text{ kJ} \\ \Delta H &= -2044\text{ kJ} \\ P\Delta V &= +2\text{ kJ}\end{aligned}$$

정리하면:

$$\left[\begin{aligned}q_v &= q_p + w \\ \Delta E &= \Delta H - P\Delta V \\ -2046\text{ kJ} &= -2044\text{ kJ} - (+2\text{ kJ})\end{aligned}\right]$$

개념탐구 질문 3

어떤 종류의 화학 반응에서 엔탈피 변화와 에너지 변화는 같은가($\Delta H = \Delta E$)?

프로페인과 산소의 반응에서 볼 수 있는 사실은 대부분의 다른 반응에서도 사실이다. ΔH와 ΔE 사이의 차이는 일반적으로 작아서, 두 값은 거의 같다. 물론, 3 mol의 기체 반응물로부터 3 mol의 기체 생성물이 생기는 메테인의 연소와 같이 부피 변화도 없고 일도 하지 않는 경우에는 ΔH와 ΔE가 정확히 같다.

$$CH_4(g) + 2\,O_2(g) \longrightarrow CO_2(g) + 2\,H_2O(g) \quad \Delta E = \Delta H = -802 \text{ kJ}$$

일의 양은 프로페인의 연소와 같은 대부분의 화학 반응에서 열에 비해 작다. 그러나 많은 양의 일은 열이 일로 변환되는 공학 시스템에 의해 얻어질 수 있다. 자동차 엔진의 예에서, 피스톤이 행한 일의 대부분은 반응의 열전달에 따른 온도 상승의 결과로서 기체 생성물의 팽창으로부터 일어난다.

예제 9.2

반응의 내부 에너지 변화(ΔE) 계산

질소와 수소로부터 암모니아를 만드는 반응의 $\Delta H = -92.2$ kJ이다. 이 반응이 40.0 atm의 일정 압력에서 진행되고 부피 변화가 -1.12 L일 때 ΔE 값(kJ)은 얼마인가?

$$N_2(g) + 3\,H_2(g) \longrightarrow 2\,NH_3(g) \quad \Delta H = -92.2 \text{ kJ}$$

문제 파악

알고 있는 것	알아내야 할 것
엔탈피 변화($\Delta H = -92.2$ kJ)	내부 에너지 변화(ΔE)
압력($P = 40.0$ atm)	
부피 변화($\Delta V = -1.12$ L)	

전략

엔탈피 변화 ΔH, 부피 변화 ΔV, 압력 P가 주어져 에너지 변화 ΔE를 구하는 문제이다. 식 $\Delta H = \Delta E + P\Delta V$를 재정리하면 $\Delta E = \Delta H - P\Delta V$ 형태가 된다. 여기에 적절한 ΔH, P, ΔV 값을 대입한다.

풀이

$$\Delta E = \Delta H - P\Delta V$$

여기서 $\Delta H = -92.2$ kJ

$$P\Delta V = (40.0 \text{ atm})(-1.12 \text{ L}) = -44.8 \text{ L}\cdot\text{atm}$$
$$= (-44.8 \text{ L}\cdot\text{atm})\left(101 \frac{\text{J}}{\text{L}\cdot\text{atm}}\right) = -4520 \text{ J}$$
$$= -4.52 \text{ kJ}$$

$$\Delta E = (-92.2 \text{ kJ}) - (-4.52 \text{ kJ}) = -87.7 \text{ kJ}$$

점검

일과 같은 에너지 전달이 열에 비하여 일반적으로 작기 때문에, ΔE는 ΔH와 부호가 같고 크기도 비슷하다고 예상할 수 있다.

▶ **연습문제 9.3** 수소와 산소가 반응하여 수증기를 만들 때 $\Delta H = -484$ kJ이다. 대기압에서 H_2 2.00 mol과 O_2 1.00 mol이 반응하고, 부피 변화가 -24.4 L라면 ΔE 값(kJ)은 얼마인가?

$$2\,H_2(g) + O_2(g) \longrightarrow 2\,H_2O(g) \quad \Delta H^\circ = -484 \text{ kJ}$$

▶ **개념 응용문제 9.4** 다음 반응의 $\Delta E = -186$ kJ/mol이다.

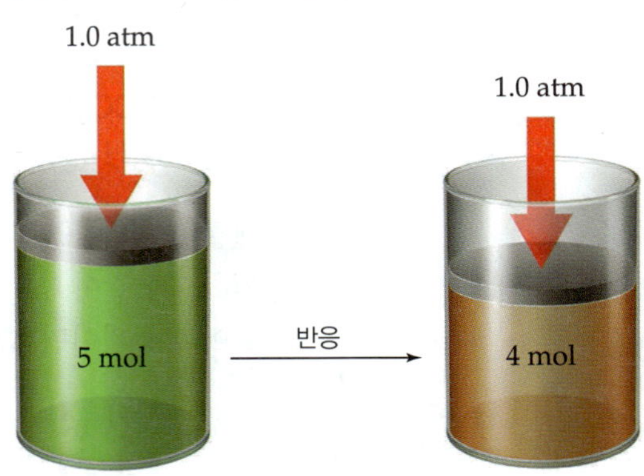

(a) $P\Delta V$의 부호는 양인가 음인가? 설명하시오.

(b) ΔH의 대략적인 크기와 부호를 구하고, 설명하시오.

9.5 열화학 반응식과 열역학적 표준 상태

반응물이 생성물로 변환될 때, **열화학 반응식**(**thermochemical equation**)은 흡수되거나 방출되는 엔탈피 변화(ΔH) 값과 함께 균형 화학 반응식을 제공한다. 프로페인 연소의 열화학 반응식은 다음과 같다.

$$C_3H_8(g) + 5\,O_2(g) \longrightarrow 3\,CO_2(g) + 4\,H_2O(g) \quad \Delta H = -2044\text{ kJ}$$

서로 다른 반응이 비교될 수 있도록 모든 측정이 똑같이 이루어진다는 것을 보장하기 위해, **열역학적 표준 상태(thermodynamic standard state)**라는 특별한 조건을 정의하였다.

> **열역학적 표준 상태** 1 atm의 압력*과 명시된 온도, 일반적으로 25 ℃에서 가장 안정한 물질의 형태(용액 상태의 물질에 대해서는 1 M 농도에서)

이러한 표준 조건에서의 측정값은 기호에 위 첨자 °을 첨가하여 나타낸다. 그러므로 표준 조건에서 측정된 엔탈피 변화는 **표준 반응 엔탈피(standard enthalpy of reaction)**라 하고, $\Delta H°$로 나타낸다. 예를 들어, 열역학적 표준 상태에서 프로페인과 산소의 반응은 다음과 같이 쓴다.

$$C_3H_8(g) + 5\,O_2(g) \longrightarrow 3\,CO_2(g) + 4\,H_2O(g) \quad \Delta H° = -2044\text{ kJ (25 °C, 1 atm)}$$

열화학 반응식은 각 물질 양을 특정한다. 프로페인의 연소 반응식은 프로페인 기체 1 mol과 산소 기체 5 mol이 반응하여 이산화 탄소 기체 3 mol과 수증기 4 mol이 생성되며, 2044 kJ의 열이 방출된다는 것을 의미한다. 그러나 특정 반응에서 방출되는 열량은 반응물의 양에 의존한다. 따라서 산소 10.00 mol과 프로페인 2.000 mol의 반응은 2.000 × 2044 kJ = 4088 kJ을 방출한다.

$$2\,C_3H_8(g) + 10\,O_2(g) \longrightarrow 6\,CO_2(g) + 8\,H_2O(g) \quad \Delta H° = -4088\text{ kJ}$$

$\Delta H°$가 반응의 방향성을 나타낼 수 있음을 알아야 한다. **역반응의 경우 $\Delta H°$의 부호는 바뀌어야만 한다.** 상태 함수(9.2절)의 가역성으로, 역반응의 엔탈피 변화는 정반응과 부호는 반대이고 크기는 같다. 지금 이산화 탄소 기체와 수증기로부터 프로페인과 산소를 생성하는 반응을 고려해 보라(프로페인 연소 반응의 역반응). 프로페인 1 mol의 생성을 위해 $\Delta H° = +2044$ kJ이 흡수되어야만 한다.

$$3\,CO_2(g) + 4\,H_2O(g) \longrightarrow C_3H_8(g) + 5\,O_2(g) \quad \Delta H° = +2044\text{ kJ}$$
$$C_3H_8(g) + 5\,O_2(g) \longrightarrow 3\,CO_2(g) + 4\,H_2O(g) \quad \Delta H° = -2044\text{ kJ}$$

엔탈피 변화를 나타낼 때는 반응물과 생성물의 물리적 상태를 고체(s), 액체(l), 기체(g), 수용액(aq)과 같이 명시해야 함을 유념하라. 프로페인과 산소의 반응에 대한 엔탈피 변화는 생성물이 수증기이면 $\Delta H° = -2044$ kJ이고, 생성물이 액체 물이면 $\Delta H° = -2220$ kJ이다.

$$C_3H_8(g) + 5\,O_2(g) \longrightarrow 3\,CO_2(g) + 4\,H_2O(g) \quad \Delta H° = -2044\text{ kJ}$$
$$C_3H_8(g) + 5\,O_2(g) \longrightarrow 3\,CO_2(g) + 4\,H_2O(l) \quad \Delta H° = -2220\text{ kJ}$$

두 반응에 대한 $\Delta H°$ 값 사이의 176 kJ 차이는 액체 물의 수증기로의 변환이 에너지를 필요로 하기 때문에 발생한다. 액체 물이 수증기로 변환되는 반응은 44.0 kJ/mol이 필요하기 때문에, 액체 물이 생성되면 $\Delta H°$는 더 커지고(더 큰 음의 값으로), 수증기가 생성되면 $\Delta H°$는 더 작아진다(더 작은 음의 값으로).

개념탐구 질문 4

다음 반응의 엔탈피 변화를 고려할 때:

$$H_2(g) + \frac{1}{2}O_2(g) \longrightarrow H_2O(g)$$
$$\Delta H = -241.8\text{ kJ}$$

아래 반응의 엔탈피 변화는 얼마인가?

$$2\,H_2O(g) \longrightarrow 2\,H_2(g) + O_2(g)$$
$$\Delta H = \ ?\text{ kJ}$$

*이 책과 대부분의 다른 책에 나와 있는 표준 압력은 1기압(atm)으로 나타내었지만, 1바(bar)로 재정의되었다. 1 bar는 0.986 923 atm과 동일하지만, 그 차이는 매우 작다.

$$H_2O(l) \longrightarrow H_2O(g) \quad \Delta H° = 44.0\ kJ$$

또는 $$4\ H_2O(l) \longrightarrow 4\ H_2O(g) \quad \Delta H° = 176\ kJ$$

예제 9.3은 주어진 반응에서 알고 있는 반응물의 양과 반응 방향으로부터 그 반응의 열전달 양을 어떻게 계산할 수 있는가를 보여 준다.

예제 9.3

반응에서 방출된 열량 계산

프로페인 5.00 g이 과량의 산소와 반응할 때 발생되는 열(kJ)은 얼마인가?

$$C_3H_8(g) + 5\ O_2(g) \longrightarrow 3\ CO_2(g) + 4\ H_2O(g) \quad \Delta H° = -2044\ kJ$$

문제 파악

알고 있는 것	알아내야 할 것
프로페인의 양(5.00 g)	열전달(kJ)
균형 열화학 반응식	

전략

균형 반응식에 따르면 프로페인 1 mol의 반응으로부터 2044 kJ의 열이 발생한다. 프로페인 5.00 g이 반응할 때 발생되는 열량을 알아내기 위해서는, g을 mol로 변환하고 열량과 관련되는 열화학 반응식을 이용해야 한다.

풀이

프로페인(C_3H_8)의 몰질량은 44.09 g/mol이므로, C_3H_8 5.00 g은 0.1134 mol과 같다.

$$5.00\ g\ C_3H_8 \times \frac{1\ mol\ C_3H_8}{44.09\ g\ C_3H_8} = 0.1134\ mol\ C_3H_8$$

1 mol의 프로페인은 2044 kJ의 열을 발생시키므로, 0.1134 mol의 C_3H_8은 232 kJ의 열을 방출한다.

$$0.1134\ mol\ C_3H_8 \times \frac{2044\ kJ}{1\ mol\ C_3H_8} = 232\ kJ$$

점검

C_3H_8의 몰질량은 대략 44 g/mol이므로 5 g의 C_3H_8은 거의 0.1 mol이다. 그러므로 발생되는 열은 C_3H_8 1 mol이 방출하는 열량의 거의 10분의 1이며, 추정치는 232 kJ과 상당히 가까운 204 kJ을 얻을 수 있다.

연습문제 9.5 다음 열화학 반응식을 이용하여, 10.0 g 액체 상태의 물이 수소와 산소 기체로 변환될 때 얼마나 많은 열(kJ)이 방출 또는 흡수되는가를 계산하시오.

$$2\ H_2(g) + O_2(g) \longrightarrow 2\ H_2O(l) \qquad \Delta H° = -571.6\ kJ$$

응용문제 9.6 1월 한 달 동안 미국 중서부의 가정 난방에 약 1.8×10^6 kJ의 에너지가 필요하다. 1.8×10^6 kJ의 에너지를 제공하려면 얼마나 많은 프로페인(kg)을 연소해야 하는가?

$$C_3H_8(g) + 5\ O_2(g) \longrightarrow 3\ CO_2(g) + 4\ H_2O(g) \quad \Delta H° = -2044\ kJ$$

▲ 수소로 채워진 풍선은 공기 중에서 연소하여 주변에 에너지를 방출한다. ©Maxim Bilovitskiy/CC 4.0: Attribution-Share Alike/Wikimedia Commons

9.6 화학적 변화와 물리적 변화의 엔탈피

어떤 계에서 일어나는 거의 모든 변화에는 엔탈피의 증가나 감소가 동반된다. 그러한 변화는

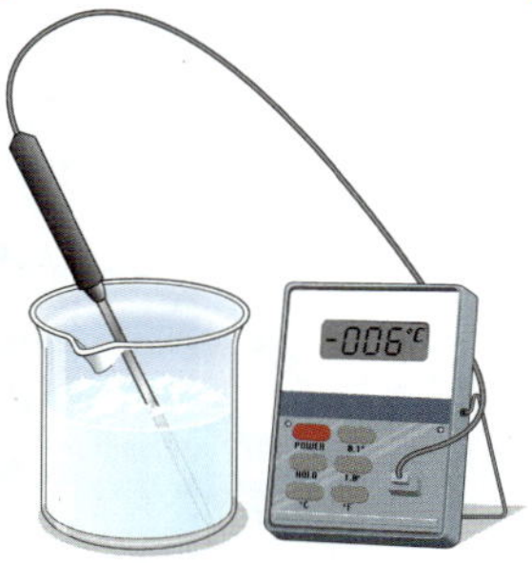

▲ 그림 9.7
수산화 바륨 팔수화물과 염화 암모늄의 흡열 반응. 이 반응은 주위로부터 많은 열을 빨아들여 외부 온도가 0 ℃ 이하로 떨어진다.

▶ 확인하기

흡열 반응의 사진 안에서 계와 주위를 확인하시오.

답 반응은 계이다. $Ba(OH)_2 \cdot 8\,H_2O(s) + 2\,NH_4Cl(s) \longrightarrow BaCl_2(aq) + 2\,NH_3(aq) + 10\,H_2O(l)$
용액, 비커, 테이블 위, 온도 측정기, 실내 공기는 주위이다.

고체가 액체로 녹는 것과 같은 물리적 변화이거나, 프로페인의 연소와 같은 화학적 변화일 수 있다. 이 두 종류의 예를 살펴보자.

화학적 변화의 엔탈피

엔탈피 변화는 일정한 압력에서 계의 외부 또는 내부로 흐르는 열의 측정값이기 때문에 종종 **반응열**(heat of reaction)이라고 불린다. 생성물이 반응물보다 큰 엔탈피를 가지면, 열은 주위에서 계로 흘러 들어가고 ΔH의 부호는 양이다. 이러한 반응을 **흡열**(**endothermic**; endo는 '안'을 의미하므로 '열이 안쪽으로 흐르는' 것을 뜻함)이라고 한다. 예를 들어, 수산화 바륨 팔수화물* 1 mol과 염화 암모늄의 반응은 주위로부터 80.3 kJ을 흡수한다($\Delta H° = +\ 80.3$ kJ). 열을 잃은 주위는 매우 차가워져서 온도가 영하로 떨어진다(그림 9.7).

$$Ba(OH)_2 \cdot 8\,H_2O(s) + 2\,NH_4Cl(s) \longrightarrow$$
$$BaCl_2(aq) + 2\,NH_3(aq) + 10\,H_2O(l) \quad \Delta H° = +80.3\ \text{kJ}$$

만약 생성물이 반응물보다 작은 엔탈피를 가지면, 열은 계로부터 주위로 흐르고 ΔH의 부호는 음이다. 이러한 반응을 **발열**(**exothermic**; exo는 '바깥'을 의미하므로 '열이 밖으로 흐르는' 것을 뜻함)이라고 한다. 예를 들어, 테르밋(thermite) 반응이라고 하는 알루미늄과 산화 철(Ⅲ) 사이의 반응은 대단히 많은 열을 방출하면서($\Delta H° = -852$ kJ) 주위를 매우 뜨겁게 만든다. 이 반응은 철을 용접하는 건설공사에 이용된다.

$$2\,Al(s) + Fe_2O_3(s) \longrightarrow 2\,Fe(s) + Al_2O_3(s) \quad \Delta H° = -852\ \text{kJ}$$

앞에서 언급한 바와 같이, 어떤 반응식에 주어진 $\Delta H°$ 값은 다음 세 가지를 만족한다. 그 반응식은 반응물과 생성물의 몰수를 표현하도록 균형이 잡혀 있어야 한다. 모든 물질은 표준 상태에 있다. 각 물질의 물리적 상태는 명시한 것과 같다.

물리적 변화의 엔탈피

낮은 온도, 예를 들면 −10 ℃에 있는 얼음 덩어리에 열을 가하여 엔탈피를 서서히 증가시키면 어떤 일이 생길까? 초기에 가한 열은 0 ℃에 도달할 때까지 얼음의 온도를 증가시킬 것이다. 그 이상 가한 열은 얼음의 온도 상승 없이 얼음을 녹이며, 이때 가해지는 에너지는 얼음 결정에서 H_2O 분자를 서로 단단하게 붙잡고 있는 힘을 극복하는 데 소비된다. 온도의 변화 없이 어떤 물질을 녹이는 데 필요한 열량을 **용융 엔탈피**(enthalpy of fusion) 또는 **용융열**(heat of fusion, $\Delta H_{용융}$)이라고 한다. 0 ℃에서 H_2O의 $\Delta H_{용융} = 6.01$ kJ/mol이며, 열이 흡수되므로 이 과정은 흡열이다. 다음 열화학 반응식은 물의 용융열을 나타낸다.

$$H_2O(s) \longrightarrow H_2O(l) \qquad \Delta H_{용융} = +6.01\ \text{kJ/mol}$$

얼음이 녹은 다음 추가적으로 열을 가하면 물의 온도는 100 ℃에 도달할 때까지 증가한다. 여기에 열을 더 가해 주면 물이 끓게 된다. 다시 한번 액체 상태에서 분자들을 함께 붙잡는 힘을 이겨내는 에너지가 필요하므로, 모든 액체가 증기로 변환될 때까지 온도는 다시 오르지 않는다. 온도의 변화 없이 어떤 물질을 증발시키는 데 필요한 열량을 **증발 엔탈피**(enthalpy of vaporization) 또는 **증발열**(heat of vaporization, $\Delta H_{증발}$)이라고 한다. 100 ℃에서 H_2O의 $\Delta H_{증발} = 40.7$ kJ/mol이며, 이 과정은 흡열이다. 다음 열화학 반응식은 물의 증발열을 나타낸다.

*수산화 바륨 팔수화물[$Ba(OH)_2 \cdot 8H_2O$]은 결정성 화합물로서, 바륨 이온 주위에 8개의 물 분자가 무리지어 결합되어 있다.

$$H_2O(l) \longrightarrow H_2O(g) \qquad \Delta H_{증발} = +40.7 \text{ kJ/mol}$$

녹음과 끓음 이외에 또 다른 물리적 변화는 **승화(sublimation)**이다. 이것은 액체 상태를 거치지 않고 고체가 증기로 직접 바뀌는 것이다. 예를 들어, 고체 CO_2(드라이아이스)는 대기압에서 액체 상태로의 1차적 녹음 과정 없이 고체에서 직접 증기로 바뀐다. 엔탈피는 상태 함수이므로, 고체로부터 증기로 바뀌는 데 필요한 엔탈피 변화는 선택한 경로와 관계없이 일정해야 한다. 따라서 어떤 주어진 온도에서 물질의 **승화 엔탈피**(enthalpy of sublimation) 또는 **승화열**(heat of sublimation, $\Delta H_{승화}$)은 용융열과 증발열의 합과 같다(그림 9.8).

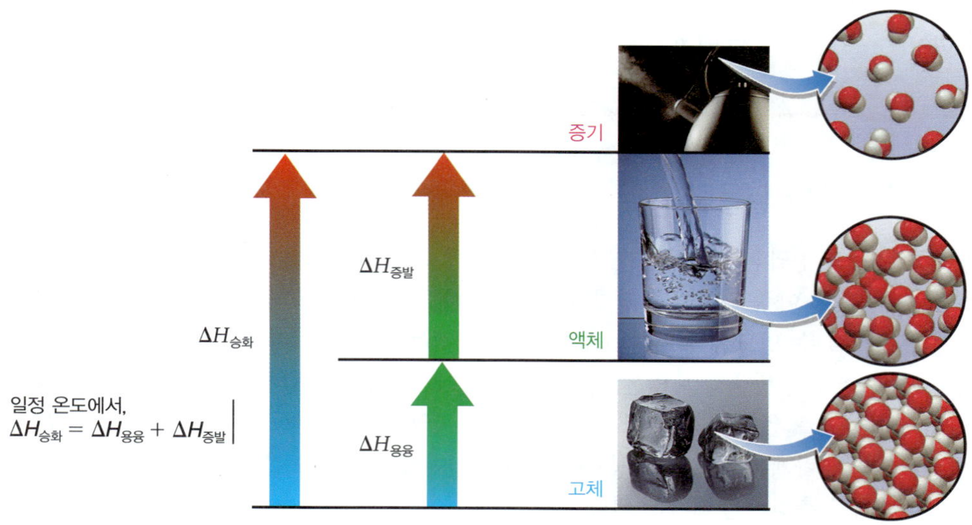

◀ 그림 9.8
상태 함수로서의 엔탈피. 엔탈피는 상태 함수이기 때문에 고체에서 증기로의 엔탈피 변화 값은 두 상태 사이에 선택할 수 있는 경로에 의존하지 않는다.
증기 ©SJ Travel Photo and Video/Shutterstock 액체 ©Tarasyuk Igor/shutterstock 고체 ©Alias Studiot Oy/Shutterstock

예제 9.4

흡열과 발열 과정의 분류

다음 반응에서 계와 주위 사이의 열전달 방향을 나타내고, 흡열 또는 발열로 분류하며, $\Delta H°$의 부호를 정하시오.

(a) 겨울 호수 표면에서의 물의 동결

(b) 피부에서 증발하는 땀

(c) 손난로를 만들기 위한 황산 마그네슘 염의 물에서의 용해

전략

각 과정의 반응식을 작성하고, 관측된 온도 변화에서 열이 흡수되는지 방출되는지를 평가한다.

풀이

(a) 물의 동결에 따른 주위에서의 온도 변화를 관찰하는 것은 어렵다. 그러나 고체 얼음을 액체 물로 녹이려면 주위로부터 열이 흡수되어야 한다는 것은 직관적으로 알 수 있다. 동결의 역반응에서[$H_2O(l) \longrightarrow H_2O(s)$] 계는 주위에 열을 방출한다. 따라서 이 과정은 발열이며, $\Delta H°$가 음이다.

(b) 땀이 증발할 때 액체 물은 수증기로 변하고[$H_2O(l) \longrightarrow H_2O(g)$] 계는 주위로부터 열을 흡수한다. 이러한 상변화가 당신의 몸(주위의 일부)에서 열을 흡수하기 때문에 증발한 땀이 당신을 시원하게 해준다. 따라서 기호 $\Delta H°$는 양이고, 이 과정은 흡열이다.

(c) 손난로에서 $MgSO_4(s) \longrightarrow Mg^{2+}(aq)+SO_4^{2-}(aq)$ 계가 주위에 열을 전달하므로 용액의 온도가 증가한다. 그러므로 이 과정은 발열이며, $\Delta H°$는 음이다.

▶ **연습문제 9.7** 다음 과정을 흡열 또는 발열로 분류하며, $\Delta H°$의 부호를 정하시오.

1.0 M HCl 250 mL에 1.0 M NaCl 250 mL를 넣었고, 용액의

온도는 23.4 °C에서 30.4 °C로 상승했다.

응용문제 9.8 순간 핫팩과 냉찜질 팩은 온도 변화를 만들기 위해, 물에 용해되거나 깨질 수 있는 캡슐 안에 고체 염을 담고 있다. 냉찜질 팩의 경우, 다음 염 중 물 100.0 mL에 용해될 때 온도가 가장 크게 감소하는 것은 어느 것인가? 다음 열화학 자료를 활용하여 물음에 답하시오.

$LiF(s) \longrightarrow Li^+(aq) + F^-(aq)$ $\Delta H° = +5.5\ kJ$

$LiCl(s) \longrightarrow Li^+(aq) + Cl^-(aq)$ $\Delta H° = -37.1\ kJ$

$NH_4NO_3(s) \longrightarrow NH_4^+(aq) + NO_3^-(aq)$ $\Delta H° = +25.7\ kJ$

$CaCl_2(s) \longrightarrow Ca^{2+}(aq) + 2Cl^-(aq)$ $\Delta H° = -81.8\ kJ$

(a) LiF 10.0 g (b) LiCl 10.0 g

(c) NH_4NO_3 10.0 g (d) $CaCl_2$ 10.0 g

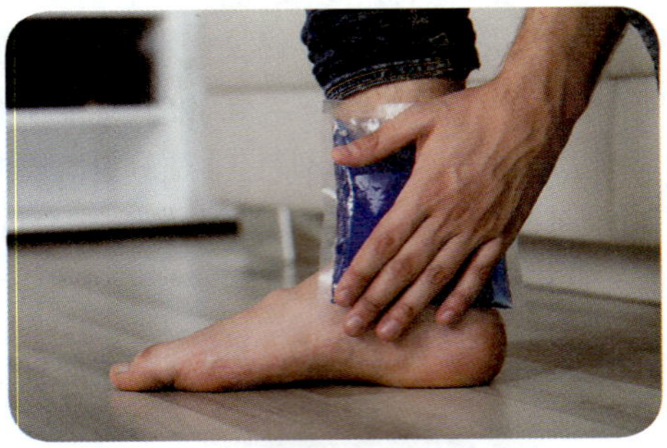

▲ 순간 냉찜질 팩은 운동 부상을 치료하는 데 사용된다. ©Andrey_Popov/Shutterstock

9.7 열량계와 열용량

반응하는 동안 전달된 열량은 **그림 9.9**에 개략적으로 나타낸 **열량계**(calorimeter)라는 장치로 측정될 수 있다. 아주 간단히 설명하자면, 열량계는 젓개와 온도계 그리고 내용물을 대기압과 같게 유지시킬 수 있도록 설치한 느슨한 뚜껑을 갖는 단열 용기이다. 반응은 용기 내에서 일어나고, 흡수 또는 방출되는 열은 온도 변화로부터 계산할 수 있다. 열량계 내부의 압력은 일정(대기압)하므로 온도 측정을 함으로써 반응 과정의 엔탈피 변화 ΔH를 계산할 수 있다. 이러한 형태의 열량계는 핫팩이나 냉찜질 팩에서 일어나는 반응과 같이, 염이 물에 녹는 반응의 엔탈피 변화를 측정하는 데 이용된다.

▶ **그림 9.9**
일정 압력 하에서 일어나는 어떤 반응의 열흐름(ΔH)을 측정하기 위한 열량계

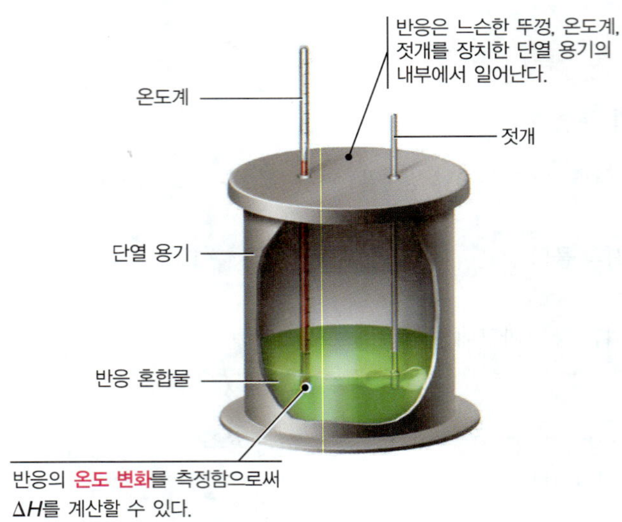

개념탐구 질문 5
수용액에서의 반응은 그림 9.9에 보이는 열량계에서 일어나고, 용액의 온도는 감소한다. 이 반응에 대한 ΔH의 부호는 무엇인가?

통열량계(bomb calorimeter)라 불리는 장치는 연소 반응 또는 가연성 물질을 태우는(더 일반적으로 말하면 연소(combustion) 반응은 화염을 발생시키는 모든 반응이다.) 동안 방출되는 열을 측정하는 데 이용된다. 시료를 작은 시료 컵에 담아 강철 통에 넣은 후 강철 통을 고압의 산소로 채워 밀봉하고, 물로 채운 단열 용기에 넣는다(**그림 9.10**). 반응물을 전기로 점화하여 연소시키고, 주변 물의 온도 변화로부터 발생한 열을 계산한다. 반응은 일정 압력이 아

닌 일정 부피에서 일어난다. 따라서 측정값은 ΔH가 아닌 ΔE이다. 감자 칩과 같은 식품의 칼로리 함량은 통열량계 내부에서의 연소를 통해 측정할 수 있다.

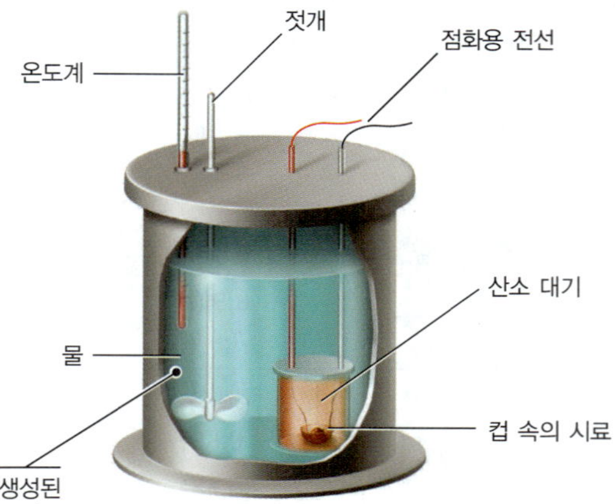

◀ **그림 9.10**
일정한 부피에서 일어나는 연소 반응 중 발생된 열(ΔE)을 측정하기 위한 통열량계

열량계 내부의 온도 변화로부터 어떤 반응의 ΔH(또는 ΔE)를 어떻게 계산할 수 있을까? 열량계와 그 내용물이 일정량의 열을 흡수할 때 온도 상승은 **열량계**의 열용량에 좌우된다. **열용량(heat capacity, C)**은 어떤 물체 또는 일정량의 어떤 물질의 온도 상승에 필요한 열량이다. 이는 다음과 같은 관계식으로 나타낼 수 있다.

$$C = \frac{q}{\Delta T}$$

여기서 q는 전달된 열량이고, ΔT는 온도 변화이다($\Delta T = T_{최종} - T_{초기}$).

열용량이 클수록 같은 온도 변화를 일으키는 데 필요한 열량은 더 크다. 예를 들어, 욕조에 가득찬 물은 커피 컵에 가득찬 물보다 열용량이 크다. 따라서 컵의 물보다 욕조의 물을 데우는 데 훨씬 더 많은 열이 필요하다. 흡수된 열의 정확한 양은 열용량과 상승 온도의 곱과 같다.

$$q = C \times \Delta T$$

열용량은 **크기 성질(extensive property)**로 물체의 크기와 조성에 모두 의존한다. 서로 다른 물질을 비교하려면, **비열 용량**(specific heat capacity) 혹은 간단히 **비열(specific heat, c)**이라고 알려진 값을 정의하는 것이 유용하다. 비열이란 물질 1 g의 온도를 1 ℃ 올리기 위하여 필요한 열량이다. 주어진 물질의 온도를 올리기 위하여 필요한 열량은 비열, 물질의 질량, 상승 온도를 곱한 값과 같다.

기억하기…
길이, 부피와 같은 **크기 성질**은 시료의 크기에 의존하는 값을 가진다. 온도, 녹는점과 같은 **세기 성질**은 시료의 양에 의존하지 않는 값을 가진다(2.3절).

$$q = 비열(c) \times 물질의\ 질량(m) \times \Delta T$$

예제 9.5는 비열(c)과 열용량(C)이 어떻게 결정되는지를 보여 준다.

비열과 밀접한 관련이 있는 것이 **몰열용량(molar heat capacity, C_m)**이다. 몰열용량은 물질 1 mol의 온도를 1 ℃ 올리는 데 필요한 열량으로 정의한다. 그러므로 주어진 몰수를 가진 어떤 물질의 온도를 올리는 데 필요한 열량은 다음과 같다.

$$q = C_m \times 물질의\ 몰수 \times \Delta T$$

▲ 워싱턴 주 노스캐스케이드의 첼랜 호는 미국의 내륙 호수 중 세 번째로 깊다. 수심은 1486 ft이다. 많은 물 때문에 열용량이 커서 주위의 온도를 온화하게 한다. ©Frank L Junior/Shutterstock

몇 가지 흔한 물질의 비열과 몰열용량 값을 **표 9.1**에 나타내었다. 이 값들은 온도 의존성이 있으므로 측정된 온도가 꼭 표시되어야 한다.

표 9.1에 나타난 것처럼, 액체 물의 비열은 대부분의 다른 물질보다 훨씬 더 크다. 이 때문에 일정한 양의 물을 냉각하거나 데울 때에는 많은 열전달이 필요하다. 그 결과, 큰 호수나 물이 있는 곳은 그 주변 지역의 대기 온도 급변을 완화하는 경향이 있다. 또 다른 결과로, 약 60 %가 물인 인체는 외부 조건의 변화에도 불구하고 내부 온도를 상대적으로 일정하게 유지할 수 있다.

표 9.1 25 ℃에서 몇 가지 물질의 비열과 몰열용량

물질	비열(c) J/(g·°C)	몰열용량(C_m) J/(mol·°C)
공기(건조)	1.01	29.1
알루미늄	0.897	24.2
구리	0.385	24.4
금	0.129	25.4
철	0.449	25.1
수은	0.140	28.0
염화 소듐(NaCl)	0.859	50.2
물(s)[a]	2.03	36.6
물(l)	4.179	75.3

[a] −11°C에서

예제 9.5

비열(c)과 몰열용량(C_m)의 계산

규소 45.0 g을 6.0 ℃ 올리기 위해서는 192 J이 필요하다. 규소의 비열[J/(g·℃)]은 얼마인가? 규소의 몰열용량[J/(mol·℃)]은 얼마인가?

문제 파악

알고 있는 것	알아내야 할 것
열전달($q = 192$ J)	비열(c)
규소의 질량($m = 45.0$ g)	몰열용량(C_m)
온도 변화($\Delta T = 6.0$ ℃)	

전략

어떤 물질의 비열을 구하려면, 그 물질 1 g의 온도를 1 ℃ 올리는 데 필요한 에너지양을 계산하면 된다. 몰열용량을 계산하려면 규소의 몰질량을 사용하여 비열에서의 그램을 몰로 변환한다.

풀이

$$\text{규소의 비열}(c) = \frac{192\ \text{J}}{(45.0\ \text{g})(6.0\ ^\circ\text{C})} = 0.71\ \text{J}/(\text{g}\cdot{}^\circ\text{C})$$

$$\text{몰열용량}(C_m){:}\ \frac{0.71\ \text{J}}{(\text{g}\cdot{}^\circ\text{C})} \times \frac{28.1\ \text{g 규소}}{1\ \text{mol 규소}} = \frac{20.0\ \text{J}}{(\text{mol}\cdot{}^\circ\text{C})}$$

점검

표 9.1은 여러 가지 물질의 비열과 몰열용량을 보여 준다. 계산된 값은 표에 주어진 범위 내에 있다. 따라서 적절한 수이다.

▶ **연습문제 9.9** 납 75.0 g을 10.0 ℃ 올리기 위하여 97.2 J이 필요하다면, 납의 비열[J/(g·℃)]은 얼마인가? 납의 몰열용량[J/(mol·℃)]은 얼마인가?

▶ **응용문제 9.10** 1650 J로 전체 열량계의 온도를 2.00 ℃ 올릴 때, 열량계의 열용량(C)을 계산하시오.

예제 9.6

일정한 압력의 열량계 실험으로 ΔH 계산

은 이온 수용액은 염화 이온 수용액과 반응하여 흰색의 고체 침전물인 염화 은을 생성한다.

$$Ag^+(aq) + Cl^-(aq) \longrightarrow AgCl(s)$$

열량계에 1.00 M 염화 소듐 용액 10.0 mL를 넣고 1.00 M 질산 은 용액 10.0 mL를 첨가하면, 흰색의 염화은 침전이 생기고, 혼합 수용액의 온도는 25.0 ℃에서 32.6 ℃로 상승한다. 혼합 수용액의 비열은 4.18 J/(g·℃)이고, 밀도는 1.00 g/mL이며, 열량계 자체는 무시할 정도로 열량을 흡수한다고 가정할 때, 이 반응에서의 ΔH(kJ)를 계산하시오.

문제 파악

알고 있는 것	알아내야 할 것
질산 은 용액의 부피(10.0 mL)	반응 엔탈피 변화(ΔH)
질산 은 용액의 농도(1.00 M)	
염화 소듐 용액의 부피(10.0 mL)	
염화 소듐 용액의 농도(1.00 M)	
초기 온도(25.0 ℃)	
최종 온도(32.6 ℃)	
혼합물의 비열(c = 4.18 J/(g·℃))	
혼합물의 밀도(d = 1.00 g/mL)	

전략

열량계 실험에서 주위로 전달된 열은 반응에 의해 전달된 열과 크기는 같지만, 부호는 반대이다($q_{반응} = -q_{계}$). 용액은 주위이며, 용액의 비열, 질량, 온도는 주어졌다. 반응의 열전달($q_{반응}$)을 몰수로 나누면 반응의 엔탈피 변화(ΔH)를 알 수 있다.

풀이

단계 1. 반응의 열전달을 계산한다.

$$q_{반응} = -q_{주위}$$
$$q_{반응} = -q_{용액}$$

용액의 비열, 질량, 온도 변화는 주어져 있고, 이들은 이용하면 $q_{반응}$을 계산할 수 있다.

$$q_{반응} = -(c \times m \times \Delta T)_{용액}$$
$$q_{반응} = -\left[\left(\frac{4.18\ \text{J}}{\text{g}\cdot℃}\right)(20.0\ \text{g})(7.6\ ℃)\right] = -635.4\ \text{J}$$

단계 2. 반응의 열전달($q_{반응}$)을 몰수로 나누면, 엔탈피 변화(ΔH)를 구할 수 있다. 균형 반응식에 따르면, 생성물인 염화 은의 몰수는 반응물인 은 이온(또는 염화 이온)의 몰수와 같다.

$$\text{은 이온의 몰수} = (10.0\ \text{mL})\left(\frac{1\ \text{L}}{1000\ \text{mL}}\right)\left(\frac{1.00\ \text{mol Ag}^+}{1\ \text{mL}}\right) = 1.00 \times 10^{-2}\ \text{mol Ag}^+$$

$$\text{염화 은의 몰수} = 1.00 \times 10^{-2}\ \text{mol AgCl}$$

$$\Delta H = \frac{-635.4\ \text{J}}{1.00 \times 10^{-2}\ \text{mol AgCl}} \times \frac{1\ \text{kJ}}{1000\ \text{J}} = -63.5\ \text{kJ/mol AgCl}$$

따라서 ΔH = −63.5 kJ(반응에 의해 열이 방출되어 용액을 데우기 때문에 음의 값을 가진다.)

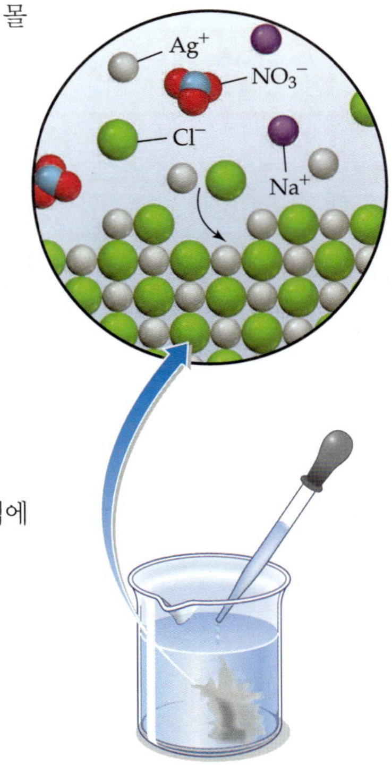

▲ 질산 은 수용액과 염화 소듐 수용액의 반응으로 고체 염화 은을 생성하는 반응은 발열 과정이다.

연습문제 9.11 열량계에서, 25.0 ℃의 1.0 M 황산 25.0 mL를 1.0 M 수산화 소듐 50.0 mL에 첨가하면 수용액의 온도는 33.9 ℃로 상승한다. 이 수용액의 비열은 4.18 J/(g·℃), 밀도는 1.00 g/mL이며, 열량계 자체는 무시할 정도의 열을 흡수한다고 가정할 때, 이 반응에서의 ΔH(kJ)를 계산하시오.

$$H_2SO_4(aq) + 2\ NaOH(aq) \longrightarrow 2\ H_2O(l) + Na_2SO_4(aq)$$

응용문제 9.12 15.0 g의 질산 암모늄이 150.0 mL의 물에 용해될 때, 그 액체의 온도는 24.5 ℃에서 17.5 ℃로 떨어진다(용액의 비열은 4.18 J/g·℃이고, 열량계로 전달되는 열이 없다고 가정하시오). 이 반응에서 질산 암모늄의 ΔH(kJ)를 계산하시오.

$$NH_4NO_3(s) \longrightarrow NH_4^+(aq) + NO_3^-(aq) \quad \Delta H = ?$$

예제 9.7

일정한 부피의 열량계에서 ΔE 계산

포도당($C_6H_{12}O_6$) 2.00 g이 통열량계에서 연소될 때, 물과 열량계의 온도는 18.6 ℃ 상승한다. 열량계의 열용량이 1675 J/℃라고 가정할 때, 포도당의 연소 에너지(ΔE)를 kJ/mol 단위로 계산하시오.

$$C_6H_{12}O_6(s) + 6\ O_2(g) \longrightarrow 6\ CO_2(g) + 6\ H_2O(l) \quad \Delta E = ?$$

문제 파악

알고 있는 것	알아내야 할 것
$C_6H_{12}O_6$ 2 g $\Delta T = 18.6$ ℃ 열용량(1675 J/℃)	ΔE(kJ)

전략

열량계 실험에서 주위로 전달된 열은 반응에 의해 전달된 열과 크기는 같지만, 부호는 반대이다 ($q_{반응} = -q_{주위}$). 열량계(강철 통과 물)는 주위이고, 열전달량은 식 $q = C \times \Delta T$로 계산할 수 있다. 반응의 열전달($q_{반응}$)을 몰수로 나누면, 반응의 엔탈피 변화(ΔH)를 구할 수 있다.

풀이

단계 1. 반응에 대한 열전달($q_{반응}$)을 계산한다.

$$q_{반응} = -q_{주위}$$
$$q_{반응} = -q_{열량계}$$
$$q_{반응} = -(C \times \Delta T)$$
$$q_{반응} = -\left[\left(\frac{1675\ \text{J}}{^\circ\text{C}}\right)(18.6\ ^\circ\text{C})\right] = -3.116 \times 10^4\ \text{J}$$

단계 2. 반응의 열전달($q_{반응}$)을 몰수로 나누면, 엔탈피 변화(ΔH)를 구할 수 있다.

$$\frac{-3.116 \times 10^4\ \text{J}}{2.00\ \text{g}\ C_6H_{12}O_6} \times \frac{180.1\ \text{g}\ C_6H_{12}O_6}{1\ \text{mol}\ C_6H_{12}O_6} \times \frac{1\ \text{kJ}}{1000\ \text{J}} = \frac{-2.81 \times 10^3\ \text{kJ}}{\text{mol}\ C_6H_{12}O_6}$$

연소 반응이 포도당 1 mol에 대해 써졌으므로, $\Delta E = -2.81 \times 10^3$ kJ 이다.

점검

연소 반응은 에너지를 방출하고 주위를 데우므로, ΔE의 부호는 음이다. 건강한 식습관을 위해 칼로리를 관리하는 많은 사람들은 탄수화물이 대략 4 Cal/g을 가지고 있음을 알고 있다. 포도당은 탄수화물이므로, 답의 유효성을 점검하기 위해 kJ/mol에서 Cal/g으로 변환할 수 있다.

$$\frac{2.81 \times 10^3\ \text{kJ}}{\text{mol } C_6H_{12}O_6} \times \frac{1\ \text{mol } C_6H_{12}O_6}{180.1\ \text{g } C_6H_{12}O_6} \times \frac{1\ \text{Cal}}{4.18\ \text{kJ}} = 3.73\ \text{Cal/g} \approx 4\ \text{Cal/g}$$

연습문제 9.13 톨루엔(C_7H_8) 1.00 g이 통열량계에서 연소될 때, 온도는 13.0 ℃ 상승한다. 열량계의 열용량이 3.21 kJ/℃라고 가정할 때, 톨루엔의 연소 에너지(ΔE)를 kJ/mol 단위로 계산하시오.

응용문제 9.14 옥테인(C_8H_{18}) 연소의 $\Delta E = -5468$ kJ/mol이다. 옥테인(C_8H_{18}) 1.00 g이 통열량계에서 연소할 때, 온도는 25.67 ℃에서 37.15 ℃로 상승한다. 통열량계의 열용량을 kJ/℃ 단위로 계산하시오.

9.8 헤스 법칙

지금까지는, 화학 반응 중에 일어나는 에너지 변화에 대하여 일반적으로 기술하였다. 이제 구체적인 예로, **하버 공정**(Haber process)을 살펴보도록 하자. 이 공정에 의해 전 세계적으로 매년 약 1억 2000만 톤의 암모니아가 생산되며, 특히 이 암모니아는 주로 비료로 사용된다(1톤 = 1000 kg). 수소와 질소로부터 암모니아가 생성되는 반응은 $\Delta H° = -92.2$ kJ이고, 발열 반응이다.

$$3\ H_2(g) + N_2(g) \longrightarrow 2\ NH_3(g) \quad \Delta H° = -92.2\ \text{kJ}$$

이 반응을 자세히 살펴보면, 보이는 것처럼 그렇게 간단하지 않다. 실제로 전체 반응은 여러 단계를 거쳐 일어나고, 중간 단계에서 하이드라진(N_2H_4)이 생성된다.

$$2\ H_2(g) + N_2(g) \longrightarrow \underset{\text{하이드라진}}{N_2H_4(g)} \xrightarrow{H_2} \underset{\text{암모니아}}{2\ NH_3(g)}$$

하이드라진이 암모니아로 변환되는 반응의 엔탈피 변화는 $\Delta H° = -187.6$ kJ로 측정된다. 그러나 수소와 질소로부터 하이드라진이 형성되는 단계의 $\Delta H°$를 측정하는 것은 쉽지 않다. 이는 이 단계에서 반응이 깨끗하게 진행되지 않기 때문이다. 중간체로서 생성된 하이드라진의 일부만이 암모니아로 변환되고, 출발 물질인 질소의 일부는 반응하지 않은 채 남는다.

다행스럽게도 이 어려움을 피해갈 수 있는 방법이 있다. 이 방법을 사용하면 직접 측정할 수 없는 에너지 변화를 간접적으로 측정할 수 있다. 이것이 가능한 이유는 엔탈피가 상태 함수이기 때문이다. 상태 함수인 ΔH는 두 상태 사이에 취한 경로와 관계없이 똑같다. 그리하여 여러 단계의 각 엔탈피 변화의 합은 전체 반응의 엔탈피 변화와 같아야 한다. 이를 **헤스 법칙**(**Hess's law**)이라고 한다.

헤스 법칙 어떤 반응의 전체 엔탈피 변화는 그 반응을 이루는 각 단계의 엔탈피 변화를 합한 값과 같다.

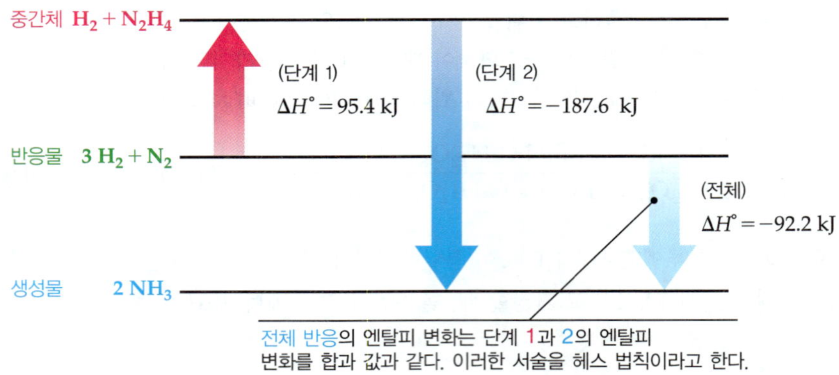

▶ **그림 9.11**
질소와 수소로부터의 암모니아 합성에 대한 단계별 엔탈피 변화. 단계 2와 전체 반응의 $\Delta H°$ 값을 알면 단계 1의 $\Delta H°$를 계산할 수 있다.

▶ 확인하기
두 단계에 걸쳐 일어나는 다른 반응에서, 단계 2에 대한 $\Delta H°$가 +25.0 kJ이고 전체 반응의 $\Delta H°$가 −25.0 kJ이면 단계 1의 $\Delta H°$는 얼마인가?
답 −50.0 kJ

전체 반응식을 구할 때 각 단계의 반응물과 생성물은 대수처럼 합하거나 뺄 수 있다. 예를 들어, 암모니아 합성에서 단계 1과 단계 2의 합은 전체 반응과 같다. 따라서 단계 1과 단계 2의 엔탈피 변화의 합은 전체 반응의 엔탈피 변화와 같다. 이러한 지식을 이용하면, 단계 1의 엔탈피 변화를 계산할 수 있다. **그림 9.11**은 이 상황을 그림으로 나타낸 것이며, 예제 9.8은 헤스 법칙을 계산하는 예이다.

$$\begin{array}{lll}
\text{단계 1.} & 2\,H_2(g) + N_2(g) \longrightarrow \cancel{N_2H_4(g)} & \Delta H°_1 = ? \\
\text{단계 2.} & \cancel{N_2H_4(g)} + H_2(g) \longrightarrow 2\,NH_3(g) & \Delta H°_2 = -187.6\text{ kJ} \\
\hline
\text{전체 반응} & 3\,H_2(g) + N_2(g) \longrightarrow 2\,NH_3(g) & \Delta H°_{\text{반응}} = -92.2\text{ kJ}
\end{array}$$

$$\Delta H°_1 + \Delta H°_2 = \Delta H°_{\text{반응}}\text{이므로}$$
$$\Delta H°_1 = \Delta H°_{\text{반응}} - \Delta H°_2$$
$$= (-92.2\text{ kJ}) - (-187.6\text{ kJ}) = +95.4\text{ kJ}$$

예제 9.8

헤스 법칙을 이용한 $\Delta H°$ 계산

천연가스의 주성분인 메테인은 산소 중에서 연소하여 이산화 탄소와 물을 생성한다.

$$CH_4(g) + 2\,O_2(g) \longrightarrow CO_2(g) + 2\,H_2O(l)$$

다음 자료를 이용하여, 메테인 연소의 $\Delta H°$(kJ)를 계산하시오.

$$\begin{array}{ll}
CH_4(g) + O_2(g) \longrightarrow CH_2O(g) + H_2O(g) & \Delta H° = -275.6\text{ kJ} \\
CH_2O(g) + O_2(g) \longrightarrow CO_2(g) + H_2O(g) & \Delta H° = -526.7\text{ kJ} \\
H_2O(l) \longrightarrow H_2O(g) & \Delta H° = 44.0\text{ kJ}
\end{array}$$

전략

종종 시행착오가 있겠지만, 목적은 각 반응을 어떻게 조합하여 더하면 원하는 반응이 되겠는가 찾아내는 것이다. 알아두어야 할 중요한 점은 다음과 같다.

- 모든 반응물[$CH_4(g)$와 $O_2(g)$]은 왼쪽에 나타내야 한다.
- 모든 생성물[$CO_2(g)$와 $H_2O(l)$]은 오른쪽에 나타내야 한다.
- 모든 중간 생성물[$CH_2O(g)$와 $H_2O(g)$]은 오른쪽과 왼쪽의 양쪽 모두에 나타나야 하고, 그래야만 약분되어 소거된다.
- 제시된 반응의 역반응[$H_2O(g) \longrightarrow H_2O(l)$]의 $\Delta H°$는 반대 부호를 가져야 한다(9.5절).

• 만일 반응에 어떤 계수를 곱하면[$H_2O(g) \longrightarrow H_2O(l)$에 2를 곱한 경우], 그 반응의 $\Delta H°$에도 동일한 계수를 곱해 주어야 한다(9.5절).

풀이

$$
\begin{array}{rcll}
CH_4(g) + O_2(g) & \longrightarrow & \cancel{CH_2O(g)} + \cancel{H_2O(g)} & \Delta H° = -275.6\ kJ \\
\cancel{CH_2O(g)} + O_2(g) & \longrightarrow & CO_2(g) + \cancel{H_2O(g)} & \Delta H° = -526.7\ kJ \\
2\,[\cancel{H_2O(g)} & \longrightarrow & H_2O(l)]\ \ 2\,[\Delta H° = -44.0\ kJ] = & -88.0\ kJ \\
\hline
CH_4(g) + 2\,O_2(g) & \longrightarrow & CO_2(g) + 2\,H_2O(l) & \Delta H° = -890.3\ kJ
\end{array}
$$

▶ **연습문제 9.15** 수성 가스(water gas)란 1000 ℃에서 탄소에 수증기를 반응시켜 만든 CO와 H_2 혼합물의 이름이다.

$$C(s) + H_2O(g) \longrightarrow \underbrace{CO(g) + H_2(g)}_{\text{'수성 가스'}}$$

이렇게 얻어진 수소는 정제하여 암모니아 합성의 출발 물질로 사용된다. 다음 자료를 이용하여, 수성 가스 반응의 $\Delta H°$(kJ)를 계산하시오.

$$
\begin{array}{rcll}
C(s) + O_2(g) & \longrightarrow & CO_2(g) & \Delta H° = -393.5\ kJ \\
2\,CO(g) + O_2(g) & \longrightarrow & 2\,CO_2(g) & \Delta H° = -566.0\ kJ \\
2\,H_2(g) + O_2(g) & \longrightarrow & 2\,H_2O(g) & \Delta H° = -483.6\ kJ
\end{array}
$$

▶ **개념 응용문제 9.16** A와 B로부터 D가 생성되는 반응은 두 단계로 진행한다. 이를 헤스 법칙 그림으로 표시하면 다음과 같다.

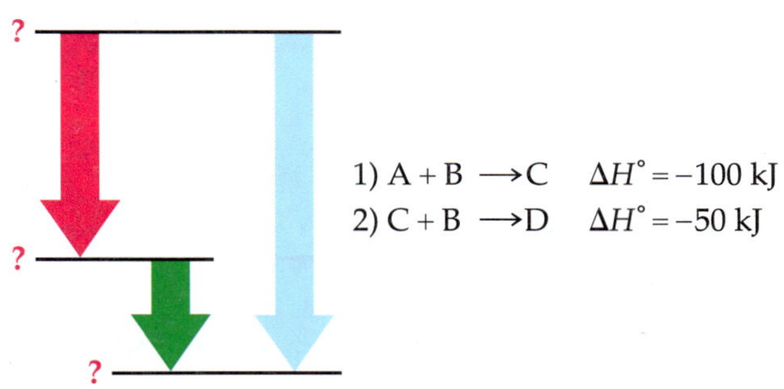

(a) 전체 반응식은 무엇이고, $\Delta H°$는 얼마인가?
(b) 그림의 각 화살표는 어느 단계에 해당되고, 이 중 어느 화살표가 전체 반응에 해당하는가?
(c) 그림에는 세 가지 에너지 준위가 있다. 각 에너지 준위는 어느 물질의 에너지를 나타내는가?

9.9 표준 생성열

앞 절에서 사용한 $\Delta H°$ 값은 어떻게 얻어졌는가? 수억 개로 알려진 너무나도 많은 모든 반응의 $\Delta H°$를 측정하는 것은 불가능하다. 더 효과적인 방법이 있다. 다른 물질의 **표준 생성열(standard heat of formation, $\Delta H°_f$)**을 측정하고, 그 수치를 이용하여 그 물질들을 포함한 어떤 반응의 $\Delta H°$를 계산하는 것이다.

> **표준 생성열** 표준 상태에 있는 성분 원소들로부터 표준 상태의 물질 1 mol을 생성할 때의 엔탈피 변화($\Delta H°_f$)

이 정의에 대한 몇 가지 사항에 주목하라. 첫째, 성분 원소들로부터 하나의 물질을 형성하는 '반응'은 (종종 실제로 일어날 수도 있지만) 가상적이다. 예를 들면, 실험실에서 탄소와 수소를 합쳐 메테인을 만들 수는 없다. 그러나 메테인의 생성열은 $\Delta H°_f = -74.8$ kJ/mol이고, 이는 다음과 같은 가상적인 반응의 표준 엔탈피 변화에 해당한다.

$$C(s) + 2\,H_2(g) \longrightarrow CH_4(g) \quad \Delta H° = -74.8 \text{ kJ}$$

둘째, 반응에 참여하는 각 물질은 1 atm 압력과 특정한 온도(일반적으로 25 ℃)에서 가장 안정한 표준 형태에 있어야 한다. 예를 들면, 탄소는 이 조건에서 다이아몬드보다는 고체 흑연 형태가 가장 안정하고, 수소는 H 원자가 아니라 기체 H_2 분자가 가장 안정하다. **표 9.2**는 몇 가지 흔한 물질의 표준 생성열을 제시하고 있으며, 더 상세한 목록은 부록 B에 있다.

표 9.2에는 어떤 원소도 수록되어 있지 않다. 정의에 따라 표준 상태에서 어떤 원소[아르곤(*g*), 금(*s*) 등]의 가장 안정한 형태는 $\Delta H°_f = 0$ kJ을 갖기 때문이다. 즉, 원소 자체로부터 그 원소가 형성될 때의 엔탈피 변화는 0이다. 모든 원소의 $\Delta H°_f$를 0이라고 정의하는 것은 마치 열화학적으로 '해수면' 같은 기준점을 설정하는 것인데, 이 기준점으로부터 다른 모든 엔탈피 변화를 측정한다.

표 9.2 25 ℃에서 몇 가지 물질의 표준 생성열

물질	화학식	$\Delta H°_f$ (kJ/mol)	물질	화학식	$\Delta H°_f$ (kJ/mol)
아세틸렌	$C_2H_2(g)$	227.4	염화 수소	$HCl(g)$	−92.3
암모니아	$NH_3(g)$	−46.1	산화 철(III)	$Fe_2O_3(s)$	−824.2
이산화 탄소	$CO_2(g)$	−393.5	탄산 마그네슘	$MgCO_3(s)$	−1095.8
일산화 탄소	$CO(g)$	−110.5	메테인	$CH_4(g)$	−74.8
에탄올	$C_2H_5OH(l)$	−277.7	일산화 질소	$NO(g)$	91.3
에틸렌	$C_2H_4(g)$	52.3	물(*g*)	$H_2O(g)$	−241.8
포도당(글루코스)	$C_6H_{12}O_6(s)$	−1273.3	물(*l*)	$H_2O(l)$	−285.8

표준 생성열을 열화학적 계산에 어떻게 이용할 수 있는가? 어떤 화학 반응의 표준 엔탈피 변화는 모든 생성물의 생성열 합에서 모든 반응물의 생성열 합을 빼서 구할 수 있다. 이때 균형 반응식에 나타난 물질의 계수를 각 생성열에 곱해 준다.

$$\Delta H°_{\text{반응}} = \Delta H°_f(\text{생성물}) - \Delta H°_f(\text{반응물})$$

반응의 $\Delta H°$를 구하려면

$$a\,A + b\,B + \cdots \longrightarrow c\,C + d\,D + \cdots$$

. . . 이들 반응물의 생성열의 합을 뺀다.

이들 생성물의 생성열의 합에서 . . .

$$\Delta H°_{\text{반응}} = [c\,\Delta H°_f(C) + d\,\Delta H°_f(D) + \cdots] - [a\,\Delta H°_f(A) + b\,\Delta H°_f(B) + \cdots]$$

▲ 포도의 당을 발효시켜 포도주의 에틸 알코올을 얻는다. ©Alf Manciagli/Shutterstock

하나의 예로, 주류 생산 과정에서 일어나는 반응인, 포도당으로부터 에틸 알코올(에탄올)을 얻는 발효 반응의 $\Delta H°$를 구하는 계산은 다음과 같다.

$$C_6H_{12}O_6(s) \longrightarrow 2\,C_2H_5OH(l) + 2\,CO_2(g) \qquad \Delta H° = ?$$

표 9.2 자료를 이용하면 다음과 같은 답을 얻는다.

$$\Delta H° = [2\ \Delta H°_f(\text{에탄올}) + 2\ \Delta H°_f(CO_2)] - [\Delta H°_f(\text{포도당})]$$
$$= (2\text{ mol})(-277.7\text{ kJ/mol}) + (2\text{ mol})(-393.5\text{ kJ/mol}) - (1\text{ mol})(-1273.3\text{ kJ/mol})$$
$$= -69.1\text{ kJ}$$

이 발효 반응은 69.1 kJ의 발열 반응이다.

이와 같은 계산법이 가능한 이유는 무엇일까? 그것은 엔탈피가 하나의 상태 함수로서, 이 계산이 바로 헤스 법칙의 또 다른 응용이기 때문이다. 즉, 반응에 참여하는 각 물질의 생성열에 해당하는 반응식들의 합은 전체 반응에 대한 엔탈피 변화와 같다.

(1)	$C_6H_{12}O_6(s) \longrightarrow 6\ \cancel{C}(s) + 6\ \cancel{H_2}(g) + 3\ \cancel{O_2}(g)$	$-\Delta H°_f = +1273.3\text{ kJ}$
(2)	$2\,[2\ \cancel{C}(s) + 3\ \cancel{H_2}(g) + 1/2\ \cancel{O_2}(g) \longrightarrow C_2H_5OH(l)]$	$2\,[\Delta H°_f = -277.7\text{ kJ}] = -555.4\text{ kJ}$
(3)	$2\,[\cancel{C}(s) + \cancel{O_2}(g) \longrightarrow CO_2(g)]$	$2\,[\Delta H°_f = -393.5\text{ kJ}] = -787.0\text{ kJ}$
(전체)	$C_6H_{12}O_6(s) \longrightarrow 2\ C_2H_5OH(l) + 2\ CO_2(g)$	$\Delta H° = -69.1\text{ kJ}$

반응 (1)은 성분 원소로부터 포도당을 생성하는 반응을 역으로 나타낸 것이다. 따라서 $\Delta H°_f$ 앞에 −부호를 더해야 한다는 것에 유념하라. 또한, 에탄올과 이산화 탄소의 생성을 각각 나타내는 반응 (2)와 (3)에 각각 2를 곱해 준 것은 전체 반응의 균형을 맞추기 위한 것임도 주의하라.

예제 9.9

표준 생성열을 이용한 $\Delta H°$ 계산

산소-아세틸렌 용접용 토치는 아세틸렌 기체[$C_2H_2(g)$]를 연소시킨다. 표 9.2의 자료를 이용하여, 아세틸렌이 연소하여 $CO_2(g)$와 $H_2O(g)$를 생성하는 반응의 $\Delta H°$(kJ)를 계산하시오.

전략

균형 반응식을 쓰고, 표 9.2로부터 각 반응물과 생성물에 해당하는 생성열을 찾는다. 그리고 다음 식을 사용하여 계산한다.

$$\Delta H°_{\text{반응}} = \Delta H°_f(\text{생성물}) - \Delta H°_f(\text{반응물})$$

균형 반응식에 나타난 계수를 $\Delta H°_f$에 곱하여 계산한다. O_2가 원소 형태이기 때문에 $\Delta H°_f(O_2) =$ 0 kJ/mol임을 기억하라.

풀이

균형 반응식은 다음과 같다.

$$2\ C_2H_2(g) + 5\ O_2(g) \longrightarrow 4\ CO_2(g) + 2\ H_2O(g)$$

필요한 생성열은 표 9.2에서 다음과 같다.

$$\Delta H°_f\,[C_2H_2(g)] = 227.4\text{ kJ/mol} \qquad \Delta H°_f\,[H_2O(g)] = -241.8\text{ kJ/mol}$$
$$\Delta H°_f\,[CO_2(g)] = -393.5\text{ kJ/mol}$$

이 반응의 표준 엔탈피 변화는 다음과 같다.

$$\Delta H° = [4\ \Delta H°_f\,(CO_2)] + 2\ \Delta H°_f\,(H_2O)] - [2\ \Delta H°_f\,(C_2H_2)]$$
$$= (4\text{ mol})(-393.5\text{ kJ/mol}) + (2\text{ mol})(-241.8\text{ kJ/mol}) - (2\text{ mol})(227.4\text{ kJ/mol})$$
$$= -2512.4\text{ kJ}$$

연습문제 9.17 표 9.2의 자료를 이용하여, 공업적 질산 제조 방법인 오스트발트(Ostwald) 공정에서 암모니아(NH_3)와 산소(O_2)가 반응하여 일산화 질소(NO)와 $H_2O(g)$를 생성하는 반응의 $\Delta H°$(kJ)를 계산하시오.

응용문제 9.18 자동차 엔진에서 일어나는 옥테인(C_8H_{18}) 연소의 열화학 반응식은 다음과 같다.

$$2\ C_8H_{18}(l) + 25\ O_2(g) \longrightarrow 8\ CO_2(g) + 9\ H_2O(l) \qquad \Delta H° = -5220\ \text{kJ}$$

표 9.2의 자료를 이용하여 $\Delta H°_f[C_8H_{18}(l)]$를 계산하시오.

9.10 결합 해리 에너지

앞 절에서 기술한 생성열로부터 전체 반응열을 구하는 방법은 대단히 유용하지만, 여전히 문제점을 갖고 있다. 이 방법을 이용하려면, 반응에 참여하는 모든 물질의 $\Delta H°_f$가 필요하다. 이것은 매우 많은 측정이 필요하다는 것을 의미한다. 왜냐하면 4000만 개 이상의 화합물이 알려져 있기 때문이다. 그러나 실제로는 몇 천 개의 $\Delta H°_f$ 값만 측정되었다.

어떤 반응의 정확한 $\Delta H°$를 계산하는 데 필요한 $\Delta H°_f$ 자료를 충분히 얻을 수 없는 반응의 경우에는 종종 7.2절에서 설명한 평균 **결합 해리 에너지(bond dissociation energy, *D*)**를 이용하면 $\Delta H°$가 추정 가능하다. 앞서 명백하게 적시하지는 않았지만, 결합 해리 에너지는 실제로 대응하는 결합 붕괴 반응의 표준 엔탈피 변화이다.

기억하기…
결합 해리 에너지란 기체 상태에 있는 고립 분자의 화학 결합을 끊기 위하여 공급하는 에너지의 양, 즉 그 결합이 형성될 때 방출되는 에너지 양이다(7.2절).

$$\text{X} - \text{Y} \longrightarrow \text{X} + \text{Y}\ \text{반응에서},\ \Delta H° = D = \text{결합 해리 에너지}$$

예를 들어 Cl_2의 결합 해리 에너지가 243 kJ/mol이라고 말할 때, 그것이 의미하는 바는 $Cl_2(g) \longrightarrow 2\ Cl(g)$ 반응의 표준 엔탈피 변화가 $\Delta H° = +243$ kJ이라는 것이다. 결합을 깨려면 항상 에너지를 가해야 하기 때문에 결합 해리 에너지는 항상 양의 값이다. 평균 결합 해리 에너지는 표 9.2에 주어졌고, 용이한 참조를 위해 **표 9.3**에 재정리되어 있다.

헤스 법칙을 이용하여, 반응물의 결합 해리 에너지의 합에서 생성물의 결합 해리 에너지의 합을 빼서 어떤 반응의 대략적인 엔탈피 변화를 계산할 수 있다.

$$\Delta H° = D(\text{반응물의 결합}) - D(\text{생성물의 결합})$$

예를 들어 수소(H_2)와 염소(Cl_2)가 반응하여 염화 수소(HCl)가 생성되는 반응에서, 반응물은 1개의 Cl—Cl 결합과 1개의 H—H 결합을 가지고 있으며, 생성물은 2개의 H—Cl 결합을 갖는다.

표 9.3 평균 결합 해리 에너지, *D*(kJ/mol)

H—H	436[a]	C—H	410	N—H	390	O—F	180	I—I	151[a]
H—C	410	C—C	350	N—C	300	O—Cl	200	S—F	310
H—F	570[a]	C—F	450	N—F	270	O—Br	210	S—Cl	250
H—Cl	432[a]	C—Cl	330	N—Cl	200	O—I	220	S—Br	210
H—Br	366[a]	C—Br	270	N—Br	240	O—N	200	S—S	225
H—I	298[a]	C—I	240	N—N	240	O—O	180		
H—N	390	C—N	300	N—O	200	F—F	159[a]		
H—O	460	C—O	350	O—H	460	Cl—Cl	243[a]		
H—S	340	C—S	260	O—C	350	Br—Br	193[a]		
다중 공유 결합									
C=C	728	C≡C	965	C=O	732	O=O	498[a]	N≡N	945[a]

[a]정확한 값

$$H_2(g) + Cl_2(g) \longrightarrow 2\ HCl(g)$$

앞에서 소개한 표 9.3의 자료에 의하면, Cl_2의 결합 해리 에너지는 243 kJ/mol, H_2의 결합 해리 에너지는 436 kJ/mol, HCl의 결합 해리 에너지는 432 kJ/mol이다. 그러므로 우리는 이 반응의 대략적인 표준 엔탈피 변화를 계산할 수 있다.

$$\begin{aligned}\Delta H^\circ &= D(\text{반응물의 결합}) - D(\text{생성물의 결합})\\ &= (D_{Cl-Cl} + D_{H-H}) - (2\ D_{H-Cl})\\ &= [(1\ mol)(243\ kJ/mol) + (1\ mol)(436\ kJ/mol)] - (2\ mol)(432\ kJ/mol)\\ &= -185\ kJ\end{aligned}$$

이 반응은 대략 185 kJ의 발열 반응이다.

예제 9.10

결합 해리 에너지를 이용한 ΔH° 계산

표 9.3의 자료를 이용하여, 메테인과 Cl_2가 반응하여 클로로폼을 생성하는 공업적 합성법의 대략적인 ΔH°(kJ)를 계산하시오.

$$CH_4(g) + 3\ Cl_2(g) \longrightarrow CHCl_3(g) + 3\ HCl(g)$$

전략

반응물과 생성물의 모든 결합을 확인하고, 표 9.3에서 해당되는 결합 해리 에너지를 찾는다. 다음으로, 이 반응의 엔탈피 변화를 계산하기 위해 반응물의 결합 해리 에너지의 합에서 생성물의 결합 해리 에너지의 합을 뺀다.

풀이

반응물은 4개의 C−H 결합과 3개의 Cl−Cl 결합을 갖는다. 생성물은 1개의 C−H 결합, 3개의 C−Cl 결합, 3개의 H−Cl 결합을 갖는다. 표 9.3으로부터 결합 해리 에너지는 다음과 같다.

$$\begin{array}{llll} C-H & D = 410\ kJ/mol & Cl-Cl & D = 243\ kJ/mol\\ C-Cl & D = 330\ kJ/mol & H-Cl & D = 432\ kJ/mol\end{array}$$

반응물의 결합 해리 에너지의 합에서 생성물의 결합 해리 에너지의 합을 빼면, 이 반응에 대한 대략적인 엔탈피 변화를 얻는다.

$$\begin{aligned}\Delta H^\circ &= [3\ D_{Cl-Cl} + 4\ D_{C-H}] - [D_{C-H} + 3\ D_{H-Cl} + 3\ D_{C-Cl}]\\ &= [(3\ mol)(243\ kJ/mol) + (4\ mol)(410\ kJ/mol)] - [(1\ mol)(410\ kJ/mol)\\ &\qquad + (3\ mol)(432\ kJ/mol) + (3\ mol)(330\ kJ/mol)]\\ &= -327\ kJ\end{aligned}$$

이 반응은 대략 330 kJ의 발열 반응이다.

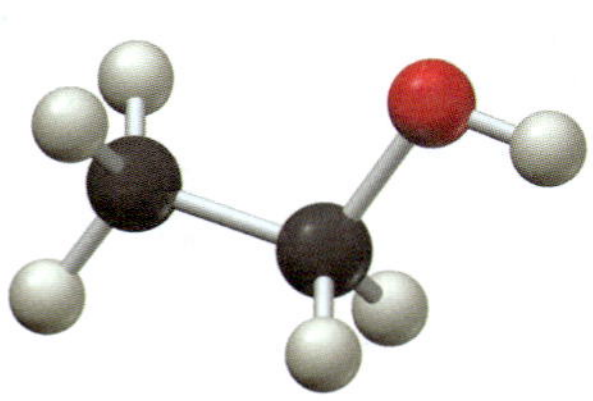

에틸 알코올

연습문제 9.19 표 9.3의 자료를 이용하여, 에틸렌으로부터 에틸 알코올의 공업적 합성의 ΔH°(kJ)를 계산하시오.

$$C_2H_4(g) + H_2O(g) \longrightarrow C_2H_5OH(g)$$

응용문제 9.20 벤젠(C_6H_6)은 두 개의 공명 구조를 가지고 있다. 이는 각각의 탄소−탄소 결합, 즉 C−C 단일 결합과 C=C 이중 결합 사이의 결합 세기가 동등하다는 의미이다.

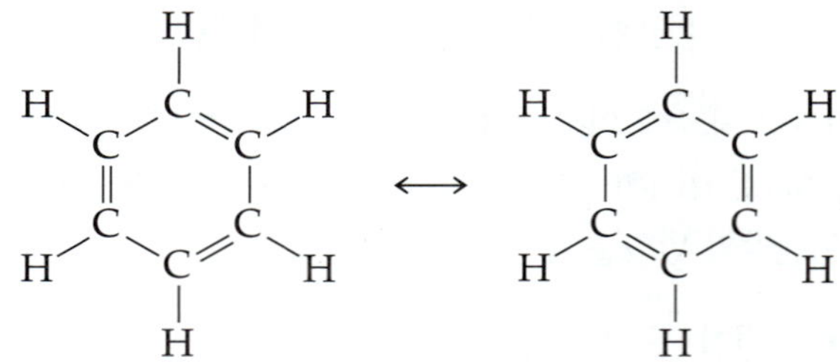

주어진 벤젠의 탄소–탄소 결합 세기를 추정하시오.

$$2\ C_6H_6(g) + 15\ O_2(g) \longrightarrow 12\ CO_2(g) + 6\ H_2O(g) \quad \Delta H° = -6339\ kJ$$

결합 해리 에너지의 자료를 표 9.3에서 찾을 수 있다(O_2의 O=O 결합 세기는 498 kJ/mol이고, CO_2의 C=O 결합 세기는 804 kJ/mol이다.).

9.11 엔트로피 소개

이 장의 서론에서, 화학 반응(또는 물리적 과정)은 나중 상태가 처음 상태보다 안정할 때 진행된다고 기술한 바 있다. 일반적으로 화학 반응에서는 에너지가 방출된다고 할 수 있는데, 이는 높은 내부 에너지를 가진 덜 안정한 물질이 낮은 내부 에너지를 가진 보다 안정한 물질로 바뀌기 때문이다. 그러나 동시에, 몇몇 반응은 에너지를 방출하는 대신 흡수하면서도 일어날 수 있다는 것을 보았다. 예를 들어, 이전에 보여 주었던 그림 9.7에 나타낸 수산화 바륨 팔수화물과 염화 암모늄의 흡열 반응은 주위로부터 80.3 kJ의 열을 흡수하고($\Delta H° = +80.3$ kJ), 주위는 차가워져 0 ℃ 이하로 떨어진다.

▲ 썰매를 타고 언덕을 내려오는 것은 자발적 과정으로, 일단 시작되면 계속된다. 썰매를 끌고 언덕을 오르는 것은 계속되는 에너지 공급이 필요한 비자발적 과정이다. ©A_Lesik/Shutterstock

$$Ba(OH)_2 \cdot 8\ H_2O(s) + 2\ NH_4Cl(s) \longrightarrow BaCl_2(aq) + 2\ NH_3(aq) + 10\ H_2O(l) \quad \Delta H° = +80.3\ kJ$$

에너지를 자발적으로 흡수하면서 일어나는 물리적 과정의 한 예는 얼음조각이 녹을 때이다. 0 ℃에서 얼음은 자발적으로 주위에서 열을 흡수하여 고체에서 액체 상태의 물이 된다.

이 상황을 더 살펴보기 전에, **자발적**이라는 말이 화학에서 무엇을 의미하는가를 이해하는 것이 중요하다. 왜냐하면, 화학에서의 자발적(spontaneous)이라는 용어는 일상적 용어와 동일하지 않기 때문이다. 화학에서의 **자발적 과정(spontaneous process)**이란 한 번 시작되면 계속되는 외부의 영향이 없이도 자기 스스로 진행되는 과정을 말한다. 그 변화는 마치 용수철이 풀리는 것이나 썰매가 언덕을 굴러 내려오는 것처럼 빠르게 일어날 필요는 없다. 철교나 폐차된 자동차가 서서히 녹스는 것처럼 느리게 일어날 수도 있다. 그에 반해서, **비자발적**(nonspontaneous) 과정은 외부의 영향이 계속적으로 존재할 때만 일어난다. 용수철을 되감거나 썰매를 언덕 위로 밀어서 올리려면 에너지가 계속해서 공급되어야 한다. 외부의 영향이 멈추면 그 과정도 정지한다.

수산화 바륨 팔수화물과 염화 암모늄의 반응 및 얼음조각의 융해는 열에너지를 흡수하면서도 자발적으로 일어나는 것에 주목하라. 무슨 일이 일어나고 있는 것인가? 에너지 이외에도 어떤 반응이나 과정의 자발성을 결정하는 다른 요인이 있음에 틀림없다. 이러한 추가적인 요인을 지금 간단히 살펴보고, 구체적인 내용은 **열역학(thermodynamics)**을 주제로 하는 18장에서 조금 더 깊이 있게 공부하게 될 것이다.

미리보기…
18장의 주제는 **열역학**으로서, 엔트로피와 자유 에너지에 대해 보다 상세하게 논의할 것이다.

열을 흡수하지만 자발적으로 일어나는 두 과정, 즉 수산화 바륨 팔수화물의 반응과 얼음조각의 융해 과정 사이의 공통점은 무엇인가? 이 예들을 포함하여, 열을 흡수하지만 자발적으로 일어나는 모든 과정의 공통점은 계의 분자 무질서도가 증가한다는 점이다. $Ba(OH)_2 \cdot 8\ H_2O$ 결정 속에 단단히 붙들려 있는 8개의 H_2O 분자는 수용액상에서 느슨하게 떨어져 나와 자유로이 무질서하게 운동한다. 마찬가지로, 고체 얼음 속에 단단히 붙들려 있던 물 분자는 결정의 질서도를 잃어버리고, 액체 상태의 물에서 자유롭게 운동하게 된다.

어떤 계의 무질서 정도를 그 계의 **엔트로피(entropy, *S*)**라고 한다. 엔트로피의 단위는 J/K(kJ/K가 아니다)이며, 순수한 물질에 대하여 측정할 수 있는 값이다. *S* 값이 클수록 계에 있는 입자들의 분자 무질서도는 크다. 예를 들어, 기체는 액체보다 더 큰 무질서도와 더 높은 엔트로피를 가지며, 액체는 고체보다 더 큰 무질서도와 더 높은 엔트로피를 갖는다(그림 9.12).

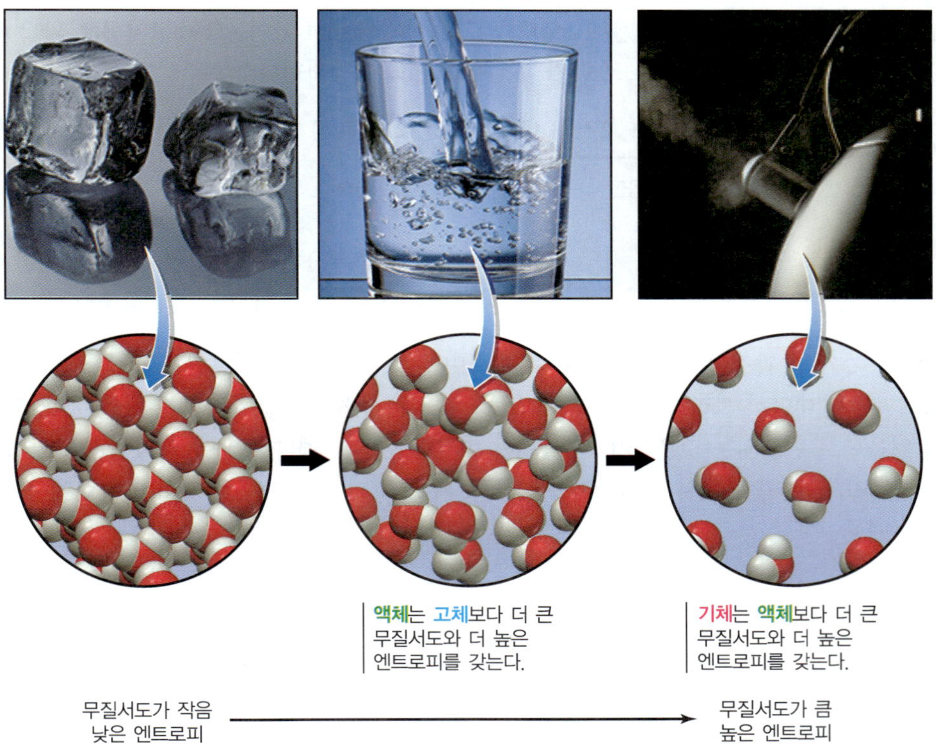

◀ 그림 9.12
엔트로피는 분자 무질서도의 척도이다.
ⓒAlias Studiot Oy/Shutterstock
ⓒTarasyuk Igor/shutterstock
ⓒSJ Travel Photo and Video/Shutterstock

▶ 확인하기

기체가 액체와 고체보다 높은 엔트로피를 가지는 이유는 무엇인가?

답 기체는 입자 사이의 공간에서 빠른 속도로 움직이고 있기 때문에, 고체와 액체에 비해 분자의 무질서도 정도가 더 크다. 이와 대조적으로, 고체 안 원자들의 위치는 상대적으로 고정되어 있다.

엔트로피 변화는 $\Delta S = S_{최종} - S_{초기}$로 나타낸다. 수산화 바륨 팔수화물의 반응과 얼음의 융해처럼, 무질서도가 증가하면 $S_{최종} > S_{초기}$이므로 ΔS는 양의 값을 갖는다. $Ba(OH)_2 \cdot 8\ H_2O(s)$와 $NH_4Cl(s)$ 반응의 $\Delta S° = +428$ J/K이고, 얼음 융해의 $\Delta S° = +22.0$ J/(K · mol)이다. 무질서도가 감소하면 $S_{최종} < S_{초기}$이므로 ΔS는 음의 값을 갖는다. 예를 들어, 물이 얼 때 $\Delta S° = -22.0$ J/(K · mol)을 갖는다($\Delta H°$처럼 $\Delta S°$의 위 첨자 °는 표준 상태를, $\Delta S°$는 모든 생성물과 반응물이 표준 상태에 있을 때 일어나는 반응의 표준 엔트로피 변화를 나타낸다).

따라서 열(ΔH)의 방출과 흡수, 그리고 분자 무질서도(ΔS)의 증가와 감소, 이 두 가지 요인이 어떤 계의 화학적 변화와 물리적 변화의 자발성을 결정한다. 어떤 과정이 자발적인가의 여부를 판단하려면, 엔탈피와 엔트로피 변화를 모두 고려해야 한다.

자발적 과정	H가 감소하면 유리(음의 ΔH)
	S가 증가하면 유리(양의 ΔS)
비자발적 과정	H가 증가하면 유리(양의 ΔH)
	S가 감소하면 유리(음의 ΔS)

두 가지 요인들이 동일한 방향으로 작용할 필요가 없음에 유의하라. 어떤 과정이 엔탈피에서는 **불리**하지만(흡열, 양의 ΔH), 그럼에도 불구하고 만약 엔트로피에서 대단히 **유리**하다면(양의 ΔS), 그 과정은 자발적으로 일어날 수 있다. 얼음의 융해[$\Delta H° = +6.01$ kJ/mol; $\Delta S° = +22.0$ J/(K · mol)]가 바로 그러한 과정이다. 수산화 바륨 팔수화물과 염화 암모늄의 반응($\Delta H° = +80.3$ kJ; $\Delta S° = +428$ J/K)도 마찬가지이다. 후자의 경우, 고체 반응물 3 mol로부터 10 mol의 액체 물, 용해된 2 mol의 암모니아와 3 mol의 이온(1 mol의 Ba^{2+}와 2 mol의 Cl^-) 등이 생성된다. 결과적으로 분자 무질서도가 크게 증가한다.

$$\underbrace{Ba(OH)_2 \cdot 8\,H_2O(s) + 2\,NH_4Cl(s)}_{\text{3 mol 고체 반응물}} \longrightarrow \underset{\substack{\uparrow \\ \text{3 mol} \\ \text{용해된 이온들}}}{BaCl_2(aq)} + \underset{\substack{\uparrow \\ \text{2 mol} \\ \text{용해된 분자들}}}{2\,NH_3(aq)} + \underset{\substack{\uparrow \\ \text{10 mol} \\ \text{액체 물 분자}}}{10\,H_2O(l)}$$

$$\Delta H° = +80.3\text{ kJ} \longleftarrow \text{불리하다}$$

$$\Delta S° = +428\text{ J/K} \longleftarrow \text{유리하다}$$

반대로, 어떤 과정이 엔탈피에서는 유리하지만(발열, 음의 ΔH), 그럼에도 불구하고 만약 엔트로피에서 대단히 불리하다면(음의 ΔS), 그 과정은 비자발적일 수 있다. 예를 들어, 액체 물이 얼음으로 변환되는 것은 0 ℃ 이상에서 비자발적이다. 왜냐하면 이 과정은 엔탈피($\Delta H° = -6.01$ kJ/mol) 측면에서 유리하지만, 엔트로피[$\Delta S° = -22.0$ J/(K · mol)] 측면에서는 불리하기 때문이다.

예제 9.11

반응의 ΔS 부호 예측

다음 각 반응의 $\Delta S°$ 값이 양인지 또는 음인지 예측하시오.

(a) $H_2C{=}CH_2(g) + Br_2(g) \longrightarrow BrCH_2CH_2Br(l)$

(b) $2\,C_2H_6(g) + 7\,O_2(g) \longrightarrow 4\,CO_2(g) + 6\,H_2O(g)$

전략

각 반응을 살펴보고, 분자 무질서도가 증가하는지 감소하는지를 판단한다. 기체 분자 수가 증가하는 반응은 일반적으로 양의 ΔS를 갖는 반면, 기체 분자 수가 감소하는 반응은 음의 ΔS를 갖는다.

풀이

(a) 2 mol의 기체 반응물이 반응하여 1 mol의 액체 생성물로 될 때, 계의 분자 무질서도 값은 감소한다. 따라서 이 반응은 음의 $\Delta S°$ 값을 갖는다.

(b) 9 mol의 기체 반응물로부터 10 mol의 기체 생성물이 발생될 때 계의 분자 무질서도 값은 증가한다. 따라서 이 반응은 양의 $\Delta S°$ 값을 갖는다.

▶ **연습문제 9.21** 에테인(C_2H_6)은 아세틸렌(C_2H_2)에 수소를 반응시켜 합성된다. 이 반응의 $\Delta S°$ 값은 양인가 음인가? 설명하시오.

$$C_2H_2(g) + 2\,H_2(g) \longrightarrow C_2H_6(g)$$

▶ **개념 응용문제 9.22** 다음 그림으로 나타낸 반응의 $\Delta S°$ 값은 양인가 음인가? 설명하시오.

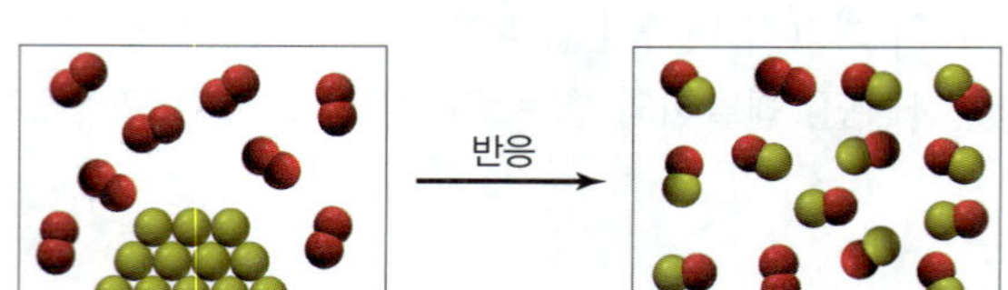

9.12 자유 에너지 소개

어떤 전체 과정의 자발성에 대한 엔탈피 변화(ΔH)와 엔트로피 변화(ΔS)의 상대적 기여 정도는 어떻게 판단할 수 있을까? 화학 반응이나 다른 과정의 자발성 여부를 판단할 때, 이 두 가지 요인을 모두 고려하기 위하여 **깁스 자유 에너지 변화(Gibbs free-energy change, ΔG)**라는 양을 정의한다. 이는 $\Delta G = \Delta H - T\Delta S$라는 식으로 정의하며, ΔH와 ΔS와 관련되어 있다.

자유 에너지 변화 — 반응열 — 온도(켈빈) — 엔트로피 변화

$$\Delta G = \Delta H - T\Delta S$$

자유 에너지 변화 ΔG 값은 어떤 화학적 과정이나 물리적 과정이 자발적으로 일어나는지의 여부를 결정한다. 만약 ΔG 값이 음의 값이면, 자유 에너지는 방출되고 그 과정은 자발적이다. ΔG 값이 0이면, 그 과정은 자발적도 비자발적도 아니며 그 대신 평형 상태에 있다. ΔG 값이 양의 값이면, 자유 에너지가 흡수되고 그 과정은 비자발적이다.

$\Delta G < 0$ 과정은 자발적이다.
$\Delta G = 0$ 과정은 평형 상태에 있다. 즉 자발적도 비자발적도 아니다.
$\Delta G > 0$ 과정은 비자발적이다.

자유 에너지 식의 $T\Delta S$ 항이 온도 의존적이기 때문에, 온도에 따라서는 어떤 과정이 자발적일 수도 혹은 비자발적일 수도 있다는 것을 추론할 수 있다. 예를 들어, 낮은 온도에서는 불리한 ΔH 항(양수)이 유리한 $T\Delta S$ 항(양수)보다 큰 값을 가질 수 있고, 고온에서는 $T\Delta S$ 항이 더 큰 값을 가질 수 있다. 따라서 낮은 온도에서 비자발적인 흡열 과정이, 고온으로 되면 자발적으로 될 수 있다. 실제로 이것은 얼음–물 전이에서 일어나는 현상이다. 0 °C보다 낮은 온도에서 얼음이 녹는 것은 비자발적이다. 왜냐하면, 불리한 ΔH 항이 유리한 $T\Delta S$ 항보다 크기 때문이다. 그러나 0 °C보다 높은 온도에서 얼음이 녹는 것은 자발적이다. 왜냐하면, 유리한 $T\Delta S$ 항이 불리한 ΔH 항보다 크기 때문이다(그림 9.13). 정확하게 0 °C에서 이 두 항은 균형을 이룬다.

$$\Delta G° = \Delta H° - T\Delta S°$$

$$-10\ °\text{C}(263\ \text{K})\text{에서:}\quad \Delta G° = 6.01\,\frac{\text{kJ}}{\text{mol}} - (263\ \text{K})\left(0.0220\,\frac{\text{kJ}}{\text{K}\cdot\text{mol}}\right) = +0.22\ \text{kJ/mol}\ (\text{비자발적})$$

$$0\ °\text{C}(273\ \text{K})\text{에서:}\quad \Delta G° = 6.01\,\frac{\text{kJ}}{\text{mol}} - (273\ \text{K})\left(0.0220\,\frac{\text{kJ}}{\text{K}\cdot\text{mol}}\right) = 0.00\ \text{kJ/mol}\ (\text{평형})$$

$$+10\ °\text{C}(283\ \text{K})\text{에서:}\quad \Delta G° = 6.01\,\frac{\text{kJ}}{\text{mol}} - (283\ \text{K})\left(0.0220\,\frac{\text{kJ}}{\text{K}\cdot\text{mol}}\right) = -0.22\ \text{kJ/mol}\ (\text{자발적})$$

반응의 자발성이 온도에 의해 조절되는 화학 반응의 예가 있다. 탄소와 물이 반응하여 일산화 탄소와 수소가 생성되는 경우이다. 이 반응은 엔탈피 측면에서 불리하지만(ΔH 항이 양), 1 mol의 고체와 1 mol의 기체가 2 mol의 기체로 변환되면서 무질서도가 증가하기 때문에 유리한 $T\Delta S$ 항(양)을 갖는다.

$$C(s) + H_2O(g) \longrightarrow CO(g) + H_2(g) \qquad \Delta H° = +131\ \text{kJ}\quad \text{불리하다}$$

$$\Delta S° = +134\ \text{J/K}\quad \text{유리하다}$$

▶ **그림 9.13**
융해와 결빙. 얼음이 녹는 것은 엔탈피 측면에서는 불리하지만 ($\Delta H > 0$), 엔트로피 측면에서는 유리하다($\Delta S > 0$). 물이 어는 것은 엔탈피 측면에서는 유리하지만($\Delta H < 0$), 엔트로피 측면에서는 불리하다($\Delta S < 0$).

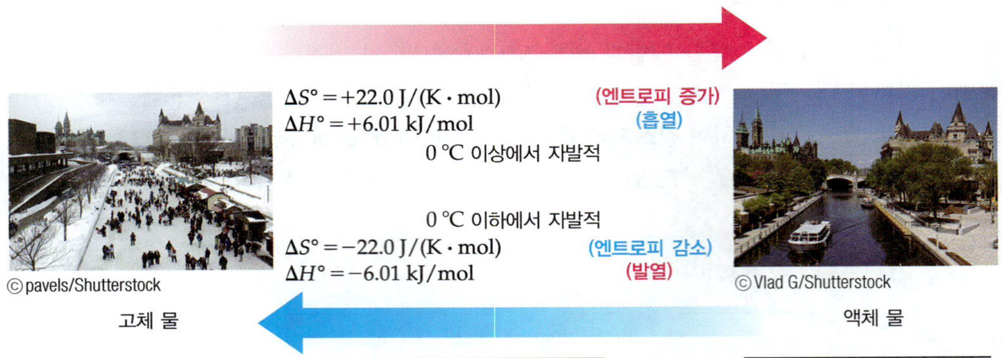

0 °C 이하에서 깁스 자유 에너지 식의 엔탈피 항 ΔH는 엔트로피 항 $T\Delta S$보다 우세하므로 물이 **어는 것**이 자발적이다.

0 °C에서 엔트로피와 엔탈피 항들은 정확히 균형을 이룬다.

0 °C 이상에서 엔트로피 항은 엔탈피 항보다 우세하므로 얼음이 **녹는 것**이 자발적이다.

탄소와 물을 실온에서 섞으면 반응이 일어나지 않는다. 그 이유는 이 온도에서는 불리한 ΔH 항이 유리한 $T\Delta S$ 항보다 크기 때문이다. 그러나 대략 978 K(705 °C)에서 이 반응은 자발적으로 된다. 왜냐하면, 유리한 $T\Delta S$ 항이 불리한 ΔH 항보다 커지기 때문이다. 따라서 978 K보다 낮은 온도에서 ΔG는 양의 값, 978 K에서 $\Delta G = 0$, 978 K보다 높은 온도에서 ΔG는 음의 값이다(이 계산값은 ΔH와 ΔS가 온도에 따라 약간 변하기 때문에 정확하지 않다).

$$\Delta G° = \Delta H° - T\Delta S°$$

$$695\ °\text{C}\ (968\ \text{K})\text{에서:}\quad \Delta G° = 131\ \text{kJ} - (968\ \text{K})\left(0.134\ \frac{\text{kJ}}{\text{K}}\right) = +1\ \text{kJ (비자발적)}$$

$$705\ °\text{C}\ (978\ \text{K})\text{에서:}\quad \Delta G° = 131\ \text{kJ} - (978\ \text{K})\left(0.134\ \frac{\text{kJ}}{\text{K}}\right) = 0\ \text{kJ (평형)}$$

$$715\ °\text{C}\ (988\ \text{K})\text{에서:}\quad \Delta G° = 131\ \text{kJ} - (988\ \text{K})\left(0.134\ \frac{\text{kJ}}{\text{K}}\right) = -1\ \text{kJ (자발적)}$$

사실, 탄소와 물의 반응은 메탄올(CH_3OH)을 공업적으로 생산하는 과정의 첫 단계이다. 천연가스와 석유의 공급이 감소함에 따라 이 반응은 합성 연료의 제조에 중요할 수 있다.

자발적 과정과 비자발적 과정이 균형을 이룰 때, 즉 $\Delta G = 0$이고 에너지적으로 반응물이 생성물로 되는 것도 생성물이 반응물로 변환되는 것도 일어나지 않으려는 상황일 때, 이 과정은 평형 상태에 있다고 한다. 평형 상태에서는 다음과 같은 식을 세울 수 있다.

$$\Delta G = \Delta H - T\Delta S = 0 \quad \text{평형에서}$$

이 식을 T에 대하여 풀면, 다음과 같다.

$$T = \frac{\Delta H}{\Delta S}$$

이 식은 자발적 반응과 비자발적 반응 사이에서 거동의 전환이 일어나는 온도를 계산할 수 있게 한다. 예를 들어, 얼음의 융해 과정에서 알려진 $\Delta H°$와 $\Delta S°$ 값을 이용하면, 액체 물과 고체 얼음이 평형에 있는 온도를 구할 수 있다.

$$T = \frac{\Delta H°}{\Delta S°} = \frac{6.01\ \text{kJ}}{0.0220\ \dfrac{\text{kJ}}{\text{K}}} = 273\ \text{K} = 0\ °\text{C}$$

물과 얼음의 평형 온도는 273 K, 즉 0 ℃로 얼음의 녹는점이라는 것은 놀라운 사실이 아니다.

같은 방법으로, 탄소와 물의 반응이 자발적 반응과 비자발적 반응 사이에서 전환되는 온도는 978 K, 즉 705 ℃이다.

$$T = \frac{\Delta H^\circ}{\Delta S^\circ} = \frac{131\ \text{kJ}}{0.134\ \frac{\text{kJ}}{\text{K}}} = 978\ \text{K}$$

앞 절과 이번 절은 엔트로피와 자유 에너지에 대한 서론일 뿐이다. 18장에서 이 두 중요한 주제에 대하여 훨씬 더 심층적으로 배우기로 한다.

개념 예제 9.12

주어진 반응의 ΔH, ΔS, ΔG 부호 예측

다음과 같은 비자발적 변환의 ΔH, ΔS, ΔG 부호는 각각 무엇인가?

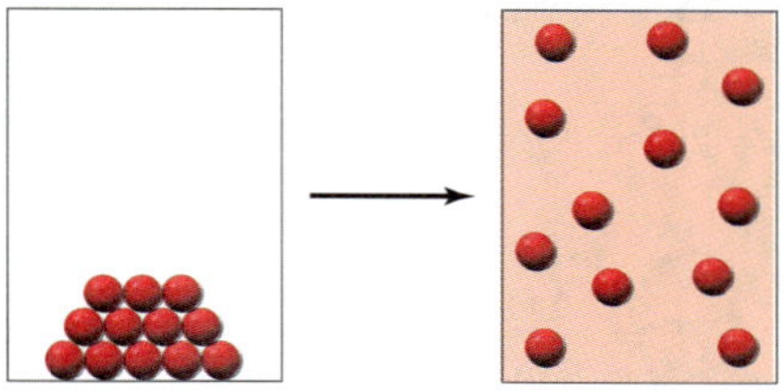

전략

우선, 어떤 종류의 과정이 그림에 표시되어 있는가를 결정한다. 그런 다음, 그 과정이 계의 엔트로피(분자의 무질서도)를 증가시키는지 감소시키는지의 여부와 발열 또는 흡열의 여부를 결정한다.

풀이

그림은 고체 상태에서 규칙적으로 배열되어 있는 입자들이 기체로 승화되는 것을 보여 준다. 고체가 기체가 되는 과정은 분자의 무질서도를 증가시키므로 ΔS는 양이다. 게다가 이 과정은 비자발적이라고 하였으므로 ΔG도 양이다. 이 과정은 엔트로피 측면에서 유리하지만(ΔS가 양), 그럼에도 불구하고 비자발적이므로 엔탈피 측면에서는 불리해야만 한다(ΔH가 양). 이것은 당연한 결론이다. 왜냐하면, 고체에서 액체 또는 기체로의 변환은 에너지를 필요로 하며, 항상 흡열 과정이기 때문이다.

▶ **개념 연습문제 9.23** 다음 자발적인 반응의 ΔH, ΔS, ΔG 부호는 무엇인가?

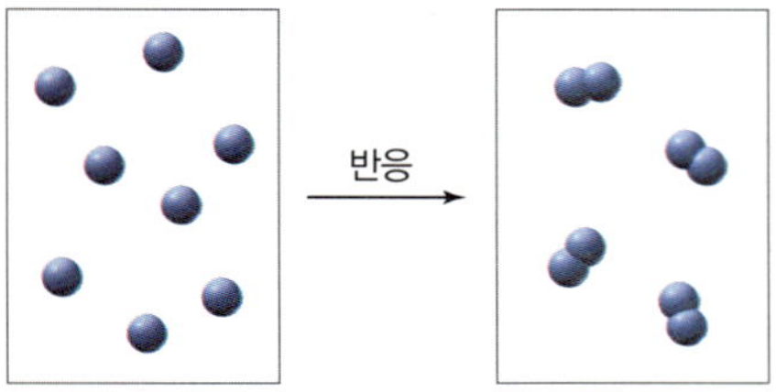

▶ **개념 응용문제 9.24** 다음 반응은 발열 반응이다.

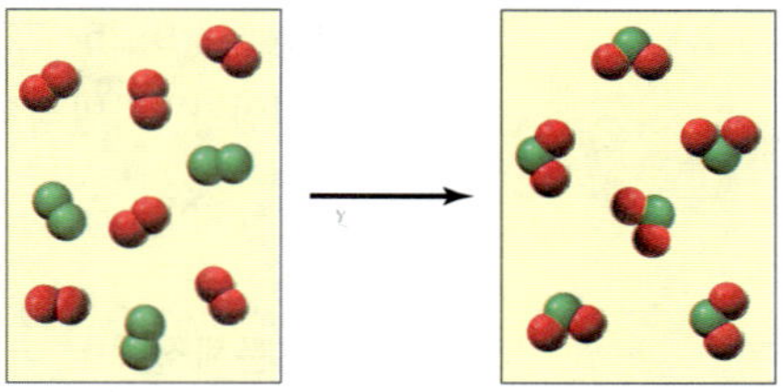

(a) 이 반응의 균형 반응식을 쓰시오(빨간색 구＝A; 녹색 구＝B).

(b) 이 반응에 대한 ΔH와 ΔS의 부호는 무엇인가?

(c) 이 반응은 낮은 온도에서만, 고온에서만, 또는 모든 온도에서 자발적인가? 그 여부를 설명하시오.

예제 9.13

자유 에너지 식을 이용한 평형 온도 계산

석회석($CaCO_3$)을 가열하여 이산화 탄소(CO_2) 기체를 제거하는, 포틀랜드 시멘트 제조에 사용되는 반응을 통해 생석회(CaO)는 얻어진다. 이 반응은 25 ℃ 표준 상태에서 자발적인가? 이 반응이 자발적으로 진행되는 온도를 계산하시오.

$$CaCO_3(s) \longrightarrow CaO(s) + CO_2(g) \quad \Delta H^\circ = 179.2 \text{ kJ}; \quad \Delta S^\circ = 160.0 \text{ J/K}$$

전략

주어진 온도에서 어떤 반응의 자발성은 그 온도에서 ΔG 값이 양인가 음인가의 여부를 결정하면 알 수 있다. 자발적 반응과 비자발적 반응 사이의 전환점으로 $\Delta G = 0$을 설정한 다음, T에 대하여 풀면 알 수 있다.

풀이

25 ℃(298 K)에서

$$\Delta G = \Delta H - T\Delta S = 179.2 \text{ kJ} - (298 \text{ K})\left(0.1600 \frac{\text{kJ}}{\text{K}}\right) = +131.5 \text{ kJ}$$

이 온도에서 ΔG는 양이므로 반응은 비자발적이다. 자발성과 비자발성 사이의 전환점은 대략 다음과 같다.

$$T = \frac{\Delta H}{\Delta S} = \frac{179.2 \text{ kJ}}{0.1600 \dfrac{\text{kJ}}{\text{K}}} = 1120 \text{ K}$$

대략 1120 K(847 ℃) 이상에서 이 반응은 자발적이 된다.

연습문제 9.25 공업적 암모니아 합성 방법인 하버 공정은 25 ℃ 표준 상태에서 자발적인가 비자발적인가? 자발성의 전환이 몇 ℃에서 일어나는가?

$$N_2(g) + 3\,H_2(g) \longrightarrow 2\,NH_3(g) \quad \Delta H^\circ = -92.2 \text{ kJ}; \Delta S^\circ = -199 \text{ J/K}$$

응용문제 9.26 어떤 특정한 반응의 $\Delta H^\circ = +75.0$ kJ; $\Delta S^\circ = +231$ J/K이다. 이 반응은 몇 도에서 평형인가? 반응이 자발적으로 일어나려면 온도는 증가해야 하나 감소해야 하나?

INQUIRY ? 바이오 연료의 에너지 함량을 어떻게 결정하는가?

▲ 양식장에서 성장하는 조류는 40 %까지의 기름을 보유하는데, 이것은 바이오디젤 연료를 생산하는 데 사용되어질 수 있다. ⓒAJCespedes/Shutterstock

▲ 밝은 노란색 유채 식물로부터 나오는 식물성 기름은 바이오디젤 연료의 대량 생산에 대한 선두 후보이다. ⓒGo Jakus/Shutterstock

석유 시대는 미국 Pennsylvania 주의 Titusville 근처에서 세계 최초의 유정을 뚫었던 1859년 8월에 시작되었다. 그 후 전 세계적으로 약 1350억 배럴(1배럴 = 42갤런 = 160 L)의 원유가 소비되었으며, 그중 상당량은 주로 자동차의 연료로 사용되었다. 현재 세계의 석유 소비량은 연간 3.4×10^{10}배럴이고, 현재 채굴 가능한 매장량은 1.7×10^{12}배럴이다. 따라서 세계의 알려진 석유 매장량은 현재 소비 추세로는 약 50년 후에 고갈될 것이다. 그러므로 대체 에너지 자원이 필요하다.

현재 개발되고 있는 다양한 대체 에너지 자원 중에는 바이오 연료(biofuel)가 있다. 이것은 최근에 수목, 옥수수, 사탕수수, 유채 등의 생물체들로부터 얻을 수 있는 연료로서, 재생 가능하고 화석 연료보다 탄소 중립적이기 때문에 매우 유망해 보인다. 탄소 중립(carbon neutral)이라 함은 바이오 연료의 제조 과정과 연소 과정에서 환경으로 배출되는 CO_2의 양이 식물이 성장하면서 광합성에 의해 환경으로부터 제거되는 CO_2의 양과 같다는 것을 뜻한다.

현재 가장 큰 관심의 대상이 되는 두 종류의 바이오 연료는 에탄올과 바이오디젤이다. 에탄올은 단순히 에틸 알코올로서, 알코올 음료에 포함되어 있는 알코올처럼 탄수화물을 효모로 발효시켜 얻는다.

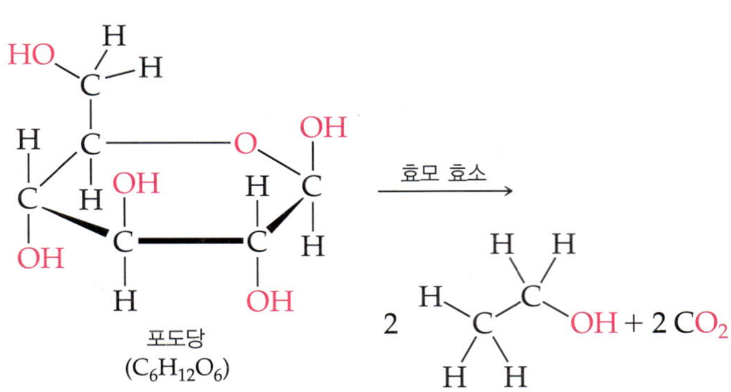

포도당 ($C_6H_{12}O_6$)

에탄올 (C_2H_5OH)

음료 에탄올과 연료 에탄올의 유일한 차이는 당(sugar)의 원료이다. 음료 에탄올은 주로 포도(포도주)나 곡류(증류주)의 당을 발효시켜 얻는 반면, 연료 에탄올은 주로 사탕수수나 옥수수를 발효시켜 얻는다. 연구자들은 주로 셀룰로스를 포함하는 값싼 농산물 또는 벌목 부산물을 발효 가능한 당으로 전환시키는 경제적 방법을 개발하고 있다.

어떤 종류의 식물성 기름이든 바이오디젤로 사용될 수 있지만, 유채 씨 기름과 콩 기름이 가장 일반적이다. 조류는 바이오디젤로 변환될 수 있는 기름의 또 다른 재생가능한 원료이고, 빠르게 성장하는 조류는 토양 식물보다 60배까지 더 빠르게 기름을 생산할 수 있다. 식물처럼 조류도 성장하기 위해 CO_2를 필요로 하며, 발전소 옆에 조류 양식장을 두어 부산물인 CO_2 배기가스를 조류에게 공급하는 것이 가능하다.

바이오연료의 에너지 함량은 어떻게 결정되는가?

물질이 연소할 때 방출되는 에너지 양을 **연소열(heat of combustion**, $\Delta H°_c$) 또는 **연소 엔탈피**(combustion enthalpy)라고 부른다. 이것은 1 mol의 물질과 산소의 반응에 대한 표준 엔탈피 변화이다. 액체 옥테인(C_8H_{18})의 $\Delta H°_c = -5470$ kJ/mol이다.

$$C_8H_{18}(l) + \frac{25}{2}O_2(g) \longrightarrow 8\,CO_2(g) + 9\,H_2O(l)$$
$$\Delta H°_c = -5470 \text{ kJ/mol}$$

이 장에서 설명했던 여러 가지 방법들을 이용하여 연소열을 결정할 수 있다. 에너지 전달량을 측정하기 위해서는 통열량계에서 연료를 연소시킬 수 있었고, 기체상 연료에 대한 연소열을 추정하기 위해서는 결합 해리 에너지를 사용할 수 있으며, 연소 반응에 대한 엔탈피 변화를 계산하기 위해서는 표준 엔탈피 생성 자료($\Delta H°_f$)를 이용할 수 있다.

바이오디젤은 산 촉매 하에서 일반적인 식물성 기름과 메틸 알코올의 반응에 의해 생산되는, 긴 사슬의 메틸 에스터라 불리는 유기 화합물로 이루어진다.

표 9.4 몇 가지 연료의 연소 엔탈피

연료	ΔH°_c(kJ/mol)	ΔH°_c(kJ/g)	ΔH°_c(kJ/mL)
수소, $H_2(g)$	−285.8	−141.8	−9.9[a]
에탄올, $C_2H_5OH(l)$	−1366.8	−29.7	−23.4
옥테인, $C_8H_{18}(l)$	−5470	−47.9	−33.6
바이오디젤, $C_{17}H_{35}CO_2CH_3(l)$ 스테아르산에서	−11,175	−37.8	−34.5

[a]0 ℃에서 압축된 액체에 대해 계산됨.

각각 다른 연료들의 효율을 비교하기 위해서는, 몰당으로 계산하기보다는 그램이나 밀리미터당으로 계산하는 것이 유용하다(**표 9.4**). 로켓 엔진과 같은 무게가 중요한 적용 분야에 대해서는 수소가 이상적이다. 왜냐하면, 그램당 연소 엔탈피가 알려진 연료 중에서 가장 높기 때문이다. 자동차와 같이 부피가 중요한 적용 분야에서는, 가솔린과 같이 탄소와 수소를 포함하는 화합물인 탄화수소의 혼합물이 가장 효과적이다. 왜냐하면, 부피당을 기반으로 한 탄화수소 연소 엔탈피는 상대적으로 높기 때문이다.

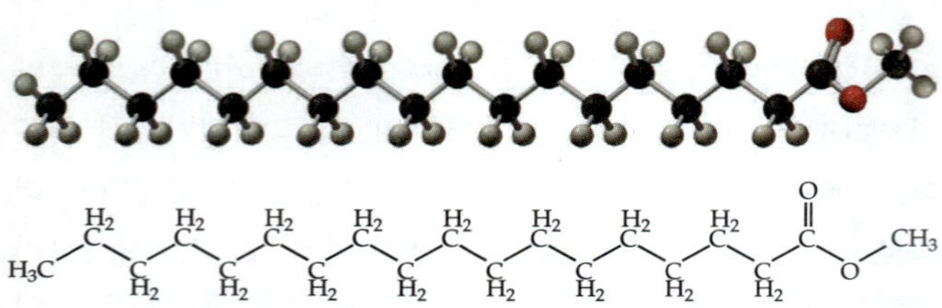

바이오디젤에 포함된 전형적인 긴 사슬의 메틸 에스터

가솔린과 비교하여 바이오연료의 에너지 함량은 어떠한가?

표 9.4에서 볼 수 있듯이, 에탄올은 가솔린의 대표적인 탄화수소인 옥테인에 비해 부피당 연소 엔탈피가 낮다. 따라서 에탄올은 기름 탱크에서 에너지의 양을 증가시키기 위해 종종 가솔린과 혼합된다. E10은 10%의 에탄올 양이 포함된 가솔린이며, E85는 85%의 에탄올 양이 포함된 가솔린이다. 바이오디젤은 부피당 기반으로 할 때 옥테인과 비슷한 연소열을 가지므로, 트럭과 자동차에 사용하는 석유 기반의 디젤과 일반적으로 혼합된다(30%까지의 바이오디젤).

문제 9.27 발효 옥수수에 의해 생성되는 바이오연료는 무엇인가? 식물성 기름과 메틸 알코올의 반응에 의해 생성되는 바이오연료는 무엇인가?

문제 9.28 가솔린에 비해 바이오연료가 환경에 대해 나은 이유가 무엇인가?

문제 9.29

(a) 액체 에탄올(C_2H_6O)의 연소 균형 반응식을 쓰시오.

$$C_2H_6O(l) + O_2(g) \longrightarrow CO_2(g) + H_2O(l)$$

(b) 표 9.2의 자료와 [$C_2H_6O(l)$의 $\Delta H^\circ_f = -277.7$ kJ/mol]을 이용하여, 에탄올의 연소 엔탈피(ΔH°_c)를 kJ/mol 단위로 계산하시오.

문제 9.30 결합 해리 에너지는 반응물과 생성물이 기체 상태인 반응의 엔탈피 변화를 추정하는 데 사용될 수 있다. 자동차의 엔진에서는 액체 연료가 연소되기 전에 기체상으로 바뀐다. 표 9.3의 결합 해리 에너지를 이용하여, 기체 상태의 에탄올의 연소열(kJ/mol)을 대략적으로 계산하시오(O=O 결합 세기는 498 kJ/mol이고, CO_2의 C=O 결합 세기는 804 kJ/mol이다). 에탄올의 구조식은 다음과 같다.

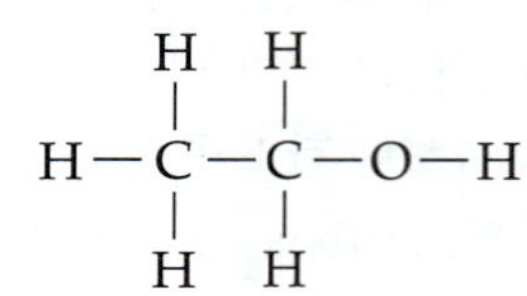

문제 9.31

(a) 1 atm의 일정한 외부 압력에서, 에탄올 1 mol이 연소하는 동안 부피가 73.5 L에서 49.0 L로 수축할 때 행해진 *PV* 일(kJ)에 대하여 계산하시오. 일에너지 흐름은 어느 방향인가?(1 L · atm = 101.325 J)

(b) $\Delta H = -1367$ kJ/mol일 때, 에탄올 1 mol의 연소에 대한 내부 에너지 변화(ΔE)를 계산하시오.

문제 9.32 0.350 g의 바이오디젤($C_{19}H_{38}O_2$)이 통열량계에서 연소될 때, 물과 열량계의 온도는 5.29 ℃ 상승한다. 통열량계의 열용량이 2.50 kJ/℃일 때, 연소 에너지(ΔE)를 kJ/g 단위로 계산하시오.

문제 9.33 12.0 갤런들이 연료 탱크에 바이오디젤 39.9 kg이 들어갈 수 있다. 다음 열화학적 식을 이용하여, 바이오디젤 탱크 하나의 연소에 의해 방출되는 전체 열량(MJ)을 계산하시오. 12.0 갤런 탱크의 옥테인(가솔린의 주요 성분)이 연소할 때 방출된 열량은 1530 MJ일 때, 이를 답과 비교하시오.

$$C_{19}H_{38}O_2(l) + 27.5\ O_2(g) \longrightarrow 19\ CO_2(g) + 19\ H_2O(l) \quad \Delta H^\circ = -11{,}236\ \text{kJ}$$

정리

절	개념 요약	학습 목표	문제
9.1 에너지와 에너지 보존	에너지는 운동 에너지 또는 퍼텐셜 에너지로 존재한다. **운동 에너지(E_K)**는 움직임의 에너지이다. 그 값은 $E_K = (1/2)mv^2$ 식에 의해서 물질의 질량 m과 속도 v 모두에 의존한다. **퍼텐셜 에너지(E_P)**는 물체의 위치 또는 그 조성으로 인해 화학 물질에 저장된 에너지이다.	9.1 움직이는 물체의 운동 에너지를 계산한다. 9.2 에너지의 서로 다른 단위들을 변환한다.	문제 9.46~9.47 문제 9.52~9.53
9.2 내부 에너지와 상태 함수	**열역학 제1법칙**으로 알려진 **에너지 보존 법칙**에 의하면 에너지는 창조되거나 소멸되지 않는다. 따라서 고립계의 총에너지는 일정하다. 계의 전체 **내부 에너지(E)**, 즉 계 내부의 각 입자에 대한 모든 운동 에너지와 퍼텐셜 에너지의 합은 그 값이 단지 계의 현재 상태에만 의존하고, 그 조건이 어떻게 도달하는지에 의존하지 않기 때문에 **상태 함수**이다.	9.3 상태 함수를 확인한다. 9.4 열과 일의 부호를 확인한다.	문제 9.48~9.49 문제 9.34~9.36
9.3 팽창 일	**일**(w)은 어떤 운동을 일으킨 힘과 이동 거리의 곱으로 정의된다. 화학에서 일어나는 대부분의 일은 반응하는 동안 공기 분자가 밀어내어 생기는 부피 변화의 결과로 행해지는 팽창 일(PV 일)이다. 팽창하는 기체에 의해 행해진 일의 양은 $w = -P\Delta V$ 식으로 나타낸다. 여기서 P는 계가 밀어내는 것에 대항하는 압력이며, ΔV는 계의 부피 변화이다.	9.5 PV 일을 계산한다.	예제 9.1; 문제 9.37, 9.54, 9.56, 9.60
9.4 에너지와 엔탈피	반응하는 동안 일어나는 전체 내부 에너지 변화는 전달되는 열(q)과 행해진 일($-P\Delta V$)의 합이다. 식 $\Delta H = \Delta E + P\Delta V$는 열화학의 기본식이며, ΔH는 계의 **엔탈피 변화**이다. 반응계의 총 내부 에너지 변화는 **반응열**이라 불리는 ΔH와 거의 같으므로 일반적으로 $P\Delta V$는 ΔE보다 훨씬 작다.	9.6 반응의 내부 에너지 변화(ΔE)를 계산한다.	예제 9.2; 문제 9.62, 9.64~9.65
9.5-9.6 열화학 반응식과 화학적 변화와 물리적 변화의 엔탈피	**열화학 반응식**은 반응 엔탈피 변화(ΔH) 값과 함께 균형 화학 반응식을 나타낸다. 이동한 열량은 반응물과 생성물의 양에 의존하고, 열화학 반응식은 화학적 및 물리적 변화에서 각 물질 양을 명시한다. 음의 ΔH를 갖는 반응은 계가 열을 잃기 때문에 **발열**이며, 양의 ΔH를 갖는 반응은 계가 열을 흡수하기 때문에 **흡열**이다.	9.7 주어진 열화학 반응식과 반응물 또는 생성물의 양을 이용하여 이동한 열량을 계산한다. 9.8 흡열 반응과 발열 반응을 분류하고 ΔH의 부호를 판단한다.	예제 9.3; 문제 9.68~9.72 예제 9.4; 문제 9.66~9.67, 9.74~9.75
9.7 열량계와 열용량	**열용량**(C)이란 어떤 물질의 온도를 1 ℃ 높이는 데 얼마나 많은 열이 필요한가를 나타내는 값이다. 유사하게 **비열(c)** 및 **몰열용량(C_m)**은 어떤 물질의 주어진 양의 온도를 1 ℃ 높이는 데 필요한 열량을 나타내는 값이다. 열량계란 물과의 반응을 둘러싼 주위와 물의 온도 변화 측정을 통해 반응의 ΔH를 결정하는 데 이용되는 장치이다.	9.9 열용량(C), 비열(c), 몰 열용량(C_m) 식을 이용하여 열용량, 온도 변화, 열전달을 계산한다. 9.10 열량계 실험에서 엔탈피 변화를 계산한다.	예제 9.5; 문제 9.78~9.82 예제 9.6~9.7; 문제 9.82, 9.84, 9.86, 9.88
9.8 헤스 법칙	엔탈피는 상태 함수이므로 ΔH는 반응물과 생성물 사이에 취하는 경로와 무관하다. 그리하여 어떤 반응에서 각 단계에 대한 엔탈피 변화의 합은 전체 반응에 대한 전체 엔탈피 변화와 같다. 이러한 관계를 **헤스 법칙**이라고 한다.	9.11 헤스 법칙을 이용하여 전체 반응과 각 단계 반응의 ΔH 값을 구한다.	예제 9.8; 문제 9.38~9.39, 9.93~9.94, 9.96
9.9 표준 생성열	헤스 법칙을 이용하면 반응물과 생성물의 표준 생성열($\Delta H°_f$)이 알려진 반응의 경우, 그 반응의 엔탈피 변화를 계산할 수 있다. 표준 생성열($\Delta H°_f$)은 표준 상태(1 atm과 특정한 온도, 일반적으로 25 ℃)에 있는 가장 안정적인 형태의 성분 원소로부터 **열역학적 표준 상태**의 물질 1 mol이 가상적으로 생성될 때의 엔탈피 변화이다.	9.12 원소의 표준 상태를 확인한다. 9.13 성분 원소로부터 화합물의 표준 생성열($\Delta H°_f$)을 쓴다. 9.14 원소와 화합물의 표준 생성열($\Delta H°_f$)을 사용하여 반응의 엔탈피 변화($\Delta H°$)를 계산한다.	문제 9.100~9.101 문제 9.102~9.103 예제 9.9; 문제 9.106, 9.108, 9.110

절	개념 요약	학습 목표	문제
9.10 결합 해리 에너지	결합을 끊는 것은 흡열 과정이고, 결합을 이루는 것은 화학 반응의 엔탈피 변화를 위한 근본적인 이유가 되는 발열 과정이다. 결합 해리 에너지(D)는 반응물에서 끊어진 모든 결합에 대한 D의 합에서 생성물에서 형성된 모든 결합에 대한 D의 합을 뺌으로써 기체상에서 반응의 $\Delta H°$를 추정하기 위해서 사용될 수 있다.	9.15 결합 해리 에너지를 사용하여 반응에서의 $\Delta H°$를 추정한다.	예제 9.10; 문제 9.19~9.20, 9.118~9.121
9.11-9.12 엔트로피와 자유 에너지 소개	계의 분자 무질서도의 척도인 엔트로피(S)는 엔탈피와 함께 어떤 과정이 자발적으로 일어나는지 여부를 결정하는 데 중요하다. 엔탈피 변화와 엔트로피 변화는 함께 $\Delta G = \Delta H - T\Delta S$ 식으로 표현되는 **깁스 자유 에너지 변화**(ΔG)라는 값을 정의한다. ΔG 값이 음이면 반응은 **자발적 과정**이고, ΔG 값이 양이면 반응은 비자발적이다.	9.16 주어진 화학 반응식 또는 분자 도표를 이용하여 엔트로피 변화(ΔS)의 부호를 예측한다.	예제 9.11; 문제 9.21~9.22, 9.126~9.127, 9.130
		9.17 깁스 자유 에너지(ΔG)와 자발성의 상관관계를 이용하여 ΔG, ΔH, ΔS의 부호를 예측한다.	예제 9.12; 문제 9.23~9.24, 9.40, 9.42, 9.129, 9.132
		9.18 깁스 자유 에너지 식을 이용하여 평형 온도를 계산한다.	예제 9.13; 문제 9.134~9.138

주요 용어

계
깁스 자유 에너지 변화(ΔG)
내부 에너지(E)
몰열용량(C_m)
반응열(ΔH)
발열
비열(c)
상태 함수
승화
에너지
에너지 보존 법칙
엔탈피(H)
엔탈피 변화(ΔH)
엔트로피(S)
연소열($\Delta H°_c$)
열
열역학적 표준 상태
열역학 제1법칙
열용량(C)
열화학
열화학 반응식
온도
운동 에너지(E_K)
일(w)
자발적 과정
주위
줄(J)
퍼텐셜 에너지(E_P)
표준 반응 엔탈피($\Delta H°$)
표준 생성열($\Delta H°_f$)
헤스 법칙
흡열

주요 식

- 운동 에너지(9.1절)

$E_K = \frac{1}{2}mv^2$ 여기서 m = 질량, v = 속도

- 일(9.3절)

일(w) = 힘(F) × 거리(d) = $-P\Delta V$

- 내부 에너지(9.4절)

$\Delta E = q + w = q - P\Delta V$ 여기서 q_p = 일정 압력 하에서의 열, P = 압력,
ΔE = 내부 에너지 변화, ΔV = 부피 변화

- 열용량(9.7절)

$C = \frac{q}{\Delta T}$

- 열전달(9.7절)

$q = C \times \Delta T$

q = 비열(c) × 물질의 질량(m) × ΔT

$q = C_m$ × 물질의 몰수 × ΔT

- 반응열(9.9절)

$a\,A + b\,B + \cdots \longrightarrow c\,C + d\,D + \cdots$ 반응에서

$\Delta H°_{반응} = [c\,\Delta H°_f(C) + d\,\Delta H°_f(D) + \cdots] - [a\,\Delta H°_f(A) + b\,\Delta H°_f(B) + \cdots]$

- 자유 에너지 변화(9.12절)

$\Delta G = \Delta H - T\Delta S$ 여기서 ΔH = 엔탈피 변화, T = 온도, ΔS = 엔트로피 변화

복습 문제

LO는 학습 목표(Learning Objectives)를 나타낸다.

이 장을 학습한 후엔, 학습자의 이해도를 평가할 수 있는 방법이 있다. **복습 문제**를 푸는 것이다. **복습 문제**들은 이 장의 학습 목표와 연계되어 있다. 따라서 푼 답이 틀렸다면, 이 장의 끝부분에 나와 있는 **정리** 문단의 **학습 목표**를 참고하면 된다. 정리 문단에는 **개념 요약**이 제공되며, **예제**를 참고하면 문제 해결 방법을 모델링 할 수 있고, 제공되는 **추가 문제**들로 더 많은 연습을 할 수 있다.

1. 공기 중에서 치토스를 연소시켜 이산화 탄소와 물을 생성시킬 때, 방출되는 에너지의 양은 어떤 사람이 치토스를 먹고 탄수화물을 이산화 탄소와 물로 물질대사시켜 나오는 에너지의 양과 ________. 왜냐하면 에너지 변화는 ________(이기 때문이다. (**LO 9.3**)
(a) 같다; 상태 함수
(b) 같다; 경로 함수
(c) 다르다; 상태 함수
(d) 다르다; 경로 함수

2. 공기로 채워진 상온의 풍선을 냉장고에 넣으면 풍선은 수축한다. 풍선 안의 공기에 대한 q와 w의 부호는 무엇인가? (**LO 9.4**)
(a) $q = +,\ w = -$ (b) $q = +,\ w = +$
(c) $q = -,\ w = -$ (d) $q = -,\ w = +$

3. 기체가 1.5 atm의 일정한 외부 압력에 대항하여 15 L에서 35 L로 팽창할 때, 행해진 일을 계산하시오. (**LO 9.5**)
(a) −5.3 kJ (b) +3.0 kJ (c) −3.0 kJ
(d) +5.3 kJ (e) +30 kJ

4. 다음 중 어느 반응의 ΔE와 ΔH가 같은가? (**LO 9.6**)
(a) $CO_2(g) + H_2O(l) \longrightarrow H_2CO_3(aq)$
(b) $2\,NaHCO_3(s) \longrightarrow Na_2CO_3(s) + H_2O(g) + CO_2(g)$
(c) $2\,H_2(g) + O_2(g) \longrightarrow 2\,H_2O(g)$
(d) $CH_4(g) + 2\,O_2(g) \longrightarrow CO_2(g) + 2\,H_2O(g)$

5. 아이소옥테인은 가솔린의 주성분이며, 공기 중에서 연소 시 물과 이산화 탄소를 생성한다.
$$2\,C_8H_{18}(l) + 25\,O_2(g) \longrightarrow 16\,CO_2(g) + 18\,H_2O(l) \quad \Delta H° = -10{,}940\ \text{kJ}$$
100.0 mL 아이소옥테인(밀도 = 0.690 g/mL)이 연소한다면 얼마만큼의 에너지가 방출될 것인가? (**LO 9.7**)
(a) 3300 kJ (b) 6620 kJ
(c) 6950 kJ (d) 3.02 kJ

6. 몇 가지 과정들이 표에 주어져 있다. 이들은 흡열 또는 발열로 표시되어 있고 $\Delta H°$가 주어져 있다. $\Delta H°$ 부호와 흡열 또는 발열의 분류가 모두 올바르게 표시되어 있는 것은 어느 과정인가? (**LO 9.8**)

과정	흡열 또는 발열?	$\Delta H°$ 부호
(a) 질산 암모늄이 물에 용해되고, 용액의 온도는 감소한다.	흡열	$\Delta H° = +$
(b) 천연가스의 주성분인 메테인이 화로 위에서 연소되며, 화염을 만든다.	흡열	$\Delta H° = -$
(c) 물이 냉장고 안에서 얼음으로 언다.	흡열	$\Delta H° = +$
(d) 소독용 알코올이 피부로부터 증발한다.	발열	$\Delta H° = -$

7. 25 °C에서 50.0 g의 철 조각을 녹는점인 1538 °C까지 올리는 데 필요한 열의 양은 얼마인가? 철의 비열은 0.451 J/g·°C 이다. (**LO 9.9**)
(a) 34.1 kJ (b) 168 kJ
(c) 12.1 kJ (d) 6.78 kJ

8. 금속 구체는 음료를 묽게 만들지 않고 시원하게 만드는 방도로 팔린다. 한 개당 20.0 g인 금속 구체 4개가 냉장고 안에서 0 °C로 냉각된다. 어떤 금속이 따뜻한 음료의 온도를 가장 낮추겠는가? (**LO 9.9**)
(a) 금, c = 0.128 J/(g·°C)
(b) 구리, c = 0.385 J/(g·°C)
(c) 알루미늄, c = 0.902 J/(g·°C)
(d) 스테인리스강, c = 0.460 J/(g·°C)

9. 100 °C의 25.0 g 화강암 조각을 25.0 °C의 물 100 g에 넣으니 물의 온도가 28.4 °C로 상승했다. 화강암의 비열은 얼마인가? (물의 비열은 4.18 J/(g·°C)이다.) (**LO 9.10**)
(a) 0.563 J/(g·°C) (b) 1.53 J/(g·°C)
(c) 0.992 J/(g·°C) (d) 0.794 J/(g·°C)

10. 12.5 g의 NH_4NO_3를 커피 컵 열량계 안의 150.0 g의 25.0 °C 물에 녹일 때, 용액의 최종 온도는 19.7 °C이다. 용액의 비열이 물의 비열[4.18 J/(g·°C)]과 같다고 가정할 때, NH_4NO_3의 몰당 ΔH는 얼마인가? (**LO 9.10**)

$$NH_4NO_3(s) \longrightarrow NH_4^+(aq) + NO_3^-(aq) \quad \Delta H = ?$$

(a) +3.60 kJ (b) +23.0 kJ
(c) +21.3 kJ (d) −3.60 kJ

11. 다음 반응의 엔탈피 변화를 계산하시오.

$$C(s) + 2\,H_2(g) \longrightarrow CH_4(g) \quad \Delta H = ?$$

다음 반응의 엔탈피 값이 주어져 있다. (**LO 9.11**)

$$CH_4(g) + 2\,O_2(g) \longrightarrow CO_2(g) + 2\,H_2O(l) \quad \Delta H = -890.4\text{ kJ}$$

$$C(s) + O_2(g) \longrightarrow CO_2(g) \quad \Delta H = -393.5\text{ kJ}$$

$$H_2(g) + \frac{1}{2}O_2(g) \longrightarrow H_2O(l) \quad \Delta H = -285.8\text{ kJ}$$

(a) −1569.7 kJ (b) +211.1 kJ
(c) −1855.5 kJ (d) −74.7 kJ

12. 표준 생성 엔탈피($\Delta H°_f$) 표를 통해 $NaNO_3(s)$가 −467.9 kJ/mol의 값을 가짐을 알 수 있다. 어느 반응이 −467.9 kJ의 $\Delta H°$ 값을 가지는가? (**LO 9.13**)

(a) $Na^+(aq) + NO_3^-(aq) \longrightarrow NaNO_3(s)$
(b) $Na(s) + N(g) + O_3(g) \longrightarrow NaNO_3(s)$
(c) $Na(s) + \frac{1}{2}N_2(g) + \frac{3}{2}O_2(g) \longrightarrow NaNO_3(s)$
(d) $2\,Na(s) + N_2(g) + 3\,O_2(g) \longrightarrow 2\,NaNO_3(s)$

13. 나이트로글리세린 폭발의 ΔH 값은 얼마인가? (**LO 9.14**)

$$2\,C_3H_5(NO_3)_3(l) \longrightarrow 3\,N_2(g) + \frac{1}{2}O_2(g) + 6\,CO_2(g) + 5\,H_2O(g) \quad \Delta H = ?$$

물질	$\Delta H°_f$(kJ/mol)
$C_3H_5(NO_3)_3(l)$	−364.0
$H_2O(g)$	−285.8
$CO_2(g)$	−393.5

(a) −315.0 kJ (b) −4517 kJ
(c) −3425 kJ (d) −3062 kJ

14. 결합 해리 에너지를 이용하여, 이 반응의 엔탈피 변화를 계산하시오. (**LO 9.15**)

$$C_2H_2(g) + HCl(g) \longrightarrow CH_2CHCl(g) \quad \Delta H = ?$$

결합 종류	결합 해리 에너지(kJ/mol)
C−C	350
C=C	728
C≡C	965
H−Cl	432
C−Cl	330
C−H	410

(a) 42 kJ (b) −71 kJ
(c) −308 kJ (d) −42 kJ

15. 기체인 AB_3 분자와 A_2 분자의 다음 흡열(endothermic) 반응을 생각해 보자. (**LO 9.16, 9.17**)

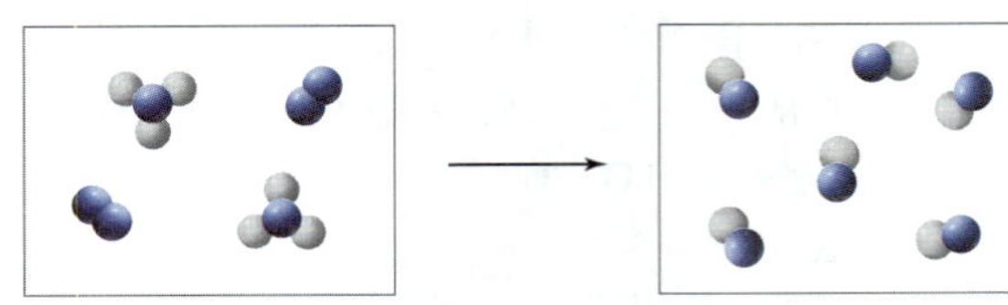

이 반응의 자발성에 대해 참인 진술을 찾으시오.
(a) 이 반응은 높은 온도에서 자발적이다.
(b) 이 반응은 낮은 온도에서 자발적이다.
(c) 이 반응은 항상 자발적이다.
(d) 이 반응은 자발적일 수 없다.

답:
1. a, 2. d, 3. c, 4. d, 5. a, 6. a, 7. a, 8. c, 9. d, 10. b, 11. d, 12. c, 13. d, 14. b, 15. a

개념 문제

문제 9.1~9.33은 이 장의 본문 중에 있다.

9.34 드라이아이스(고체 CO_2) 조각이 풍선 내부에 놓인 후 그 입구가 차단되었다. 시간이 지남에 따라 이산화 탄소의 승화로 풍선의 부피가 증가하였다. CO_2의 승화 과정 동안의 엔탈피 변화의 부호와 일의 부호를 결정하시오.

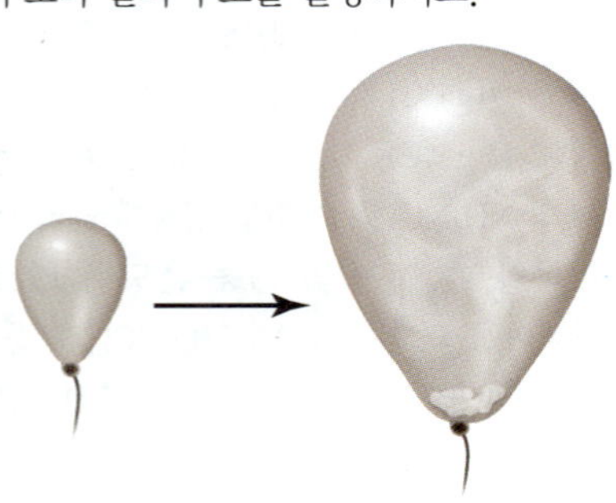

9.35 부피와 온도 모두 변화가 일어나는 다음 반응을 상상해 보자.

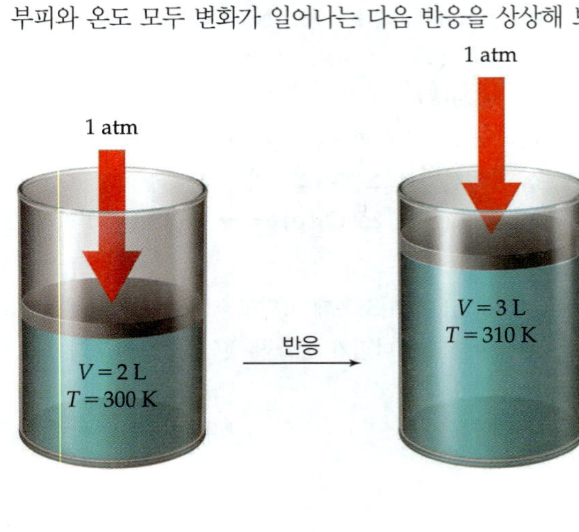

(a) 일이 행해졌는가? 그렇다면 일의 부호는 양인가 음인가?
(b) 엔탈피의 변화가 있는가? 그렇다면 ΔH의 부호는 무엇인가? 이 반응은 발열인가 흡열인가?

9.36 (a) 계에 일이 행해졌을 때와 (b) 주위로 일이 행해졌을 때의 상황을 나타내는 도표(도형)를 다시 그리시오.

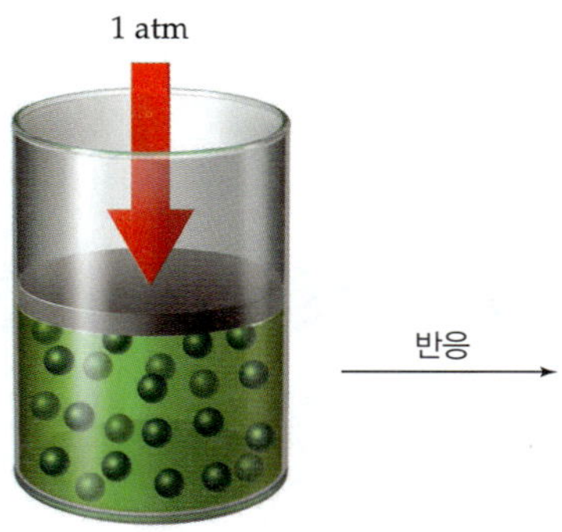

9.37 이동 가능한 피스톤이 장착된 실린더 내에서 어떤 반응이 일어났다. 초기 부피는 $V = 5.00$ L이고, 그 실린더는 일정한 온도와 압력에 있다. $\Delta H = -35.0$ kJ이고, $\Delta E = -34.8$ kJ이라 가정할 때, 반응 후 피스톤의 위치를 보여 주는 그림을 다시 그리시오. 또한 V는 증가하는가 감소하는가 그대로인가?

9.38 A와 B의 반응은 두 단계로 진행하여 D를 생성한다.

$$(1)\ A + B \rightarrow C \qquad \Delta H° = -20\ kJ$$
$$(2)\ C + B \rightarrow D \qquad \Delta H° = +50\ kJ$$
$$(3)\ A + 2\,B \rightarrow D \qquad \Delta H° = ?$$

(a) 어떤 헤스 법칙 도표가 반응 단계와 전체 반응에 해당하는가?

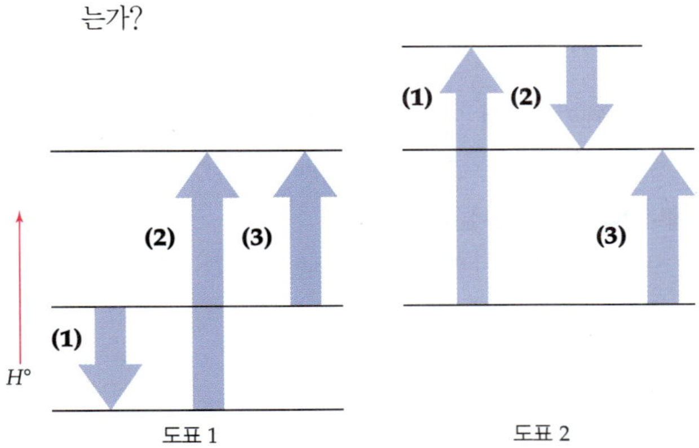

도표 1 도표 2

(b) 전체 반응의 $\Delta H°$ 값은 얼마인가?

$$A + 2\,B \longrightarrow D \qquad \Delta H° = ?$$

9.39 아세틸렌(C_2H_2)과 H_2는 두 단계로 반응하여 에테인(CH_3CH_3)을 생성한다.

$$(1)\ HC \equiv CH + H_2 \rightarrow H_2C = CH_2 \qquad \Delta H° = -175.1\ kJ$$
$$(2)\ H_2C = CH_2 + H_2 \rightarrow CH_3CH_3 \qquad \Delta H° = -136.3\ kJ$$
$$\text{전체}\ HC \equiv CH + 2H_2 \longrightarrow CH_3CH_3 \qquad \Delta H° = -311.4\ kJ$$

헤스 법칙 도표에서 화살표(a~c) 중 어떤 화살표가 어느 단계에 해당하고, 어떤 화살표가 전체 반응에 해당하는가? 반응물과 생성물의 도표상의 위치는 각각 어디인가?

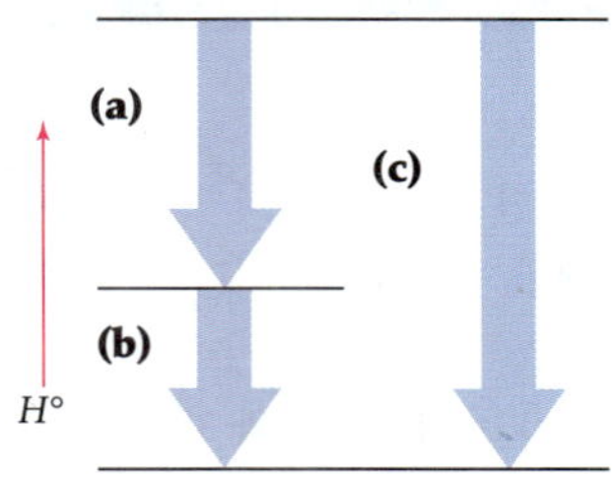

헤스 법칙 도표

9.40 다음 반응은 발열 반응이다.

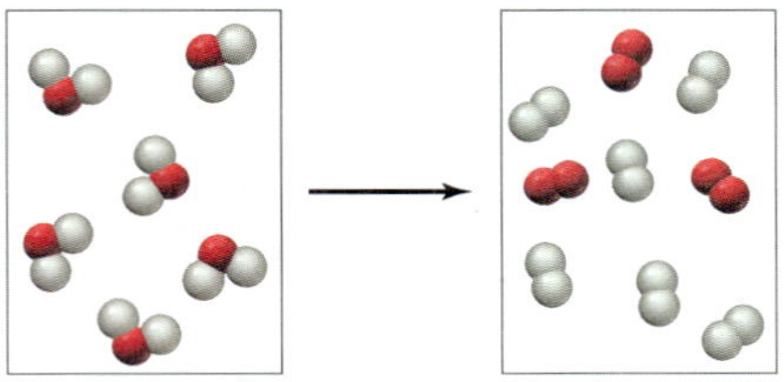

(a) 이 반응의 균형 반응식을 쓰시오(빨간색 구는 A 원자를, 상아색 구는 B 원자를 나타낸다).
(b) 이 반응의 ΔH와 ΔS의 부호(+ 혹은 −)는 무엇인가?
(c) 이 반응은 낮은 온도에서만, 또는 높은 온도에서만, 아니면 모든 온도에서 자발적인가?

9.41 다음 그림은 A → B + C 유형의 반응을 그린 것이다. 여기서 서로 다른 색깔의 구는 서로 다른 분자 구조를 나타낸다. 이 반응이 $\Delta H° = +55$ kJ을 가진다고 가정하면, 반응은 모든 온도에서 자발적인가 비자발적인가, 혹은 어떤 온도에서는 자발적이지만 다른 온도에서는 비자발적인가? 설명하시오.

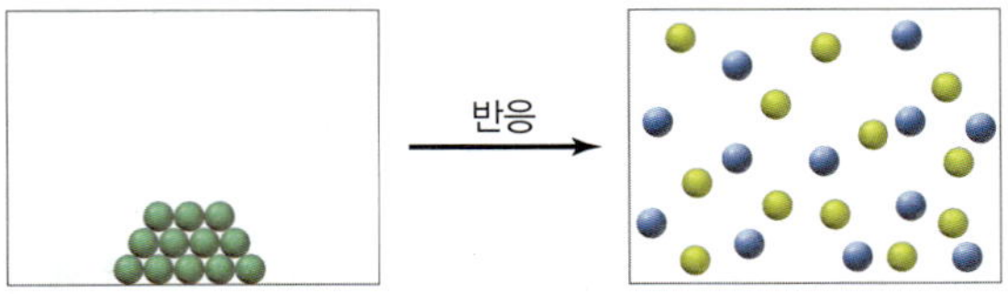

9.42 다음과 같은 자발적 변화의 ΔH, ΔS, ΔG의 부호는 무엇인가? 설명하시오.

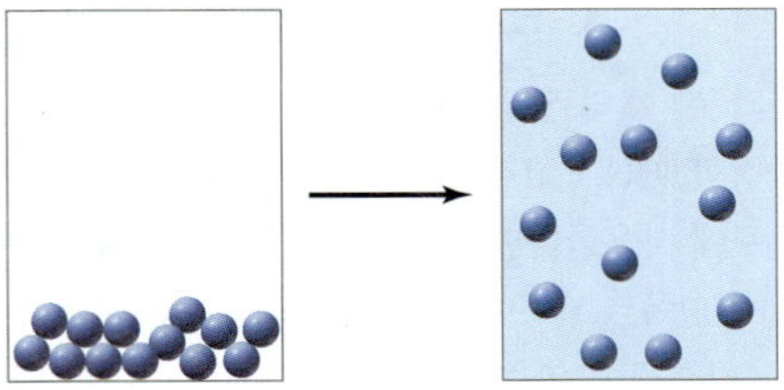

9.43 A_3 분자들의 다음 반응은 자발적이다.

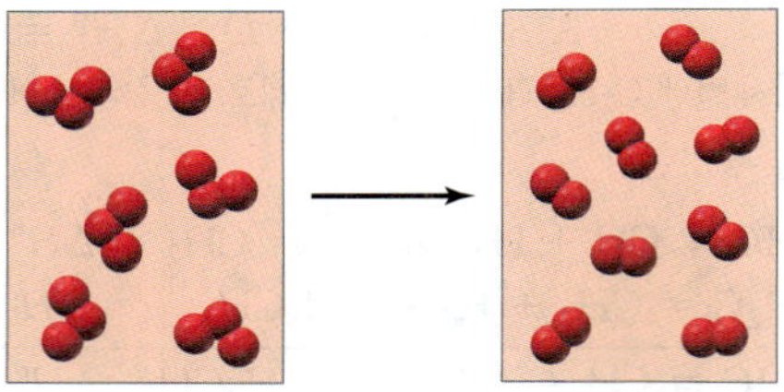

(a) 반응의 균형 반응식을 쓰시오.

(b) 반응의 ΔH, ΔS, ΔG의 부호는 무엇인가? 설명하시오.

보충 문제

열, 일, 에너지(9.1~9.3절)

9.44 열과 온도의 차이는 무엇인가? 일과 에너지의 차이는 무엇인가? 운동 에너지와 퍼텐셜 에너지의 차이는 무엇인가?

9.45 내부 에너지란 무엇인가?

9.46 115 km/h로 달리는 1400 kg의 승용차와 38 km/h로 달리는 12,000 kg의 트럭 중에서 어느 것이 더 큰 운동 에너지를 갖는가?

9.47 115 km/h로 달리는 1400 kg의 승용차의 운동 에너지(문제 9.46)가 전부 열로 변환될 수 있다고 가정했을 때, 이 승용차의 에너지로 온도를 20 ℃에서 50 ℃로 올릴 수 있는 물의 양은 얼마인가? 1 g의 물을 1 ℃ 올리는 데 필요한 열은 4.184 J이다.

9.48 다음 중 상태 함수인 것과 아닌 것은 어떤 것인가?

(a) 얼음조각의 온도

(b) 분무기의 부피

(c) Paula Radcliffe의 마라톤 세계 기록 갱신을 위해 필요한 시간: 2시간 15분 25초

9.49 다음 중 상태 함수인 것과 아닌 것은 어떤 것인가?

(a) 기숙사 방에서 화학 수업 교실까지의 거리

(b) 화학 수업 교실 내부의 온도

(c) 은행 계좌 잔액

9.50 3.6 atm의 일정한 외부 압력에 대항하여 부피를 3.2 L에서 3.4 L로 증가시키는 어떤 화학 반응이 행한 일(J)을 계산하시오. 이 에너지 변화의 부호는 무엇인가?

9.51 C=C 이중 결합에 H_2를 첨가하는 반응은 식물성 기름으로부터 마가린을 제조하는 데 이용되는 중요한 반응이다. H_2 50.0 mL와 에틸렌(C_2H_4) 50.0 mL가 1.5기압에서 반응하여 50.0 mL의 에테인(C_2H_6) 생성물이 얻어진다. 행한 PV 일의 양을 계산하고, 에너지 흐름의 방향을 말하시오.

$$C_2H_4(g) + H_2(g) \longrightarrow C_2H_6(g)$$

9.52 사과 한 개의 영양분(50 Cal)이 전구 하나를 밝힐 수 있다고 가정할 때(1 Cal = 1000 cal), 만약 이 에너지를 다음 각각의 전구에 사용한다면 전구를 몇 분간 작동시킬 수 있을 것인가?

(a) 100와트(W) 백열등(1 W = 1 J/s)

(b) 비슷한 양의 빛을 내는 23와트 소형 형광등

9.53 더블 치즈버거 한 개는 440 Cal(1 Cal = 1000 cal)의 칼로리 함유량을 가진다. 이 에너지가 텔레비전 수상기를 작동시키는 데 사용될 수 있다고 가정하면, 다음의 텔레비전 수상기들을 몇 시간 작동시킬 수 있는가?

(a) 275 W 46인치 플라스마 TV(1 W = 1 J/s)

(b) 175 W 46인치 LCD TV

9.54 용기 외부의 압력이 0.975 atm으로 일정한 상태에서, 실린더 용기 내부의 반응이 피스톤을 밀어내어 12.0 L에서 18.0 L가 되었다(실린더의 부피는 $V = \pi r^2 h$, h는 높이, 1 L·atm = 101.325 J이다).

(a) 반응이 진행되는 동안 행한 일 w는 몇 J인가?

(b) 피스톤의 지름이 17.0 cm라면, 피스톤은 얼마나 멀리 움직이는가?

9.55 0.905 atm의 일정 압력 하에서, 지름 40.0 cm의 움직이는 피스톤이 장착된 실린더 용기 내부에서 어떤 화학 반응이 일어나는 동안 피스톤의 높이가 65.0 cm 내려갔다(실린더의 부피는 $V = \pi r^2 h$, h는 높이, 1 L·atm = 101.3 J이다).

(a) 반응이 일어나는 동안 부피는 몇 L 변하였는가?

(b) 반응이 일어나는 동안 행한 일 w는 몇 J인가?

9.56 탄화수소 연료 시료가 산소와 점화되거나 연소될 때, 내부 에너지는 7.20 kJ만큼 감소한다. 만약 5670 J의 열이 주위로 방출되었다면, 일의 크기와 부호는 얼마인가? 만약 반응이 1 atm의 압력에서 일어났다면, 부피 변화는 얼마인가?

9.57 금속 용접에 이용하는 아세틸렌과 산소의 반응에서 $\Delta H° = -1256.2$ kJ이다.

$$C_2H_2(g) + 5/2\ O_2(g) \longrightarrow H_2O(g) + 2\ CO_2(g) \qquad \Delta H° = -1256.2\ \text{kJ}$$

대기압에서 아세틸렌 6.50 g이 반응할 때, 부피 변화가 −2.80 L라면 행한 일의 양(kJ)과 ΔE의 값은 얼마인가?

에너지와 엔탈피(9.4절)

9.58 내부 에너지 변화 ΔE와 엔탈피 변화 ΔH의 차이는 무엇인가? 이 둘 중 일정 압력에서 측정하는 것은 무엇이며, 일정 부피에서 측정하는 것은 무엇인가?

9.59 어떤 조건에서 ΔE와 ΔH가 본질적으로 같아지는가?

9.60 약 274 mL 부피를 가지는 고체 트라이나이트로톨루엔(TNT,

$C_7H_5N_3O_6$) 2.00 mol이 폭발하면 1.0 atm, 상온에서 448 L의 기체를 생성한다. 폭발이 일어나는 동안 얼마나 많은 *PV* 일(kJ)이 행해졌는가?

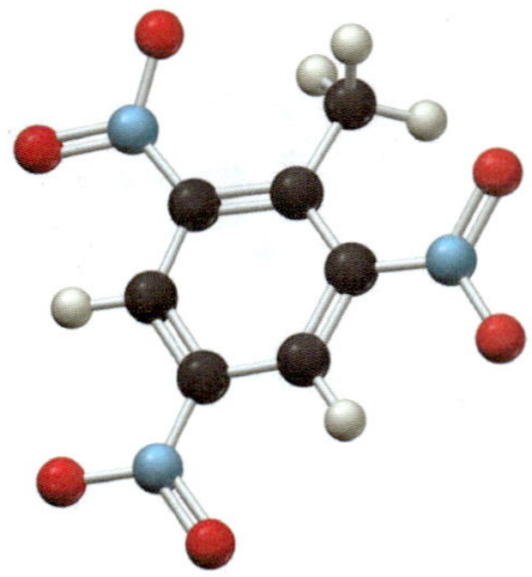

트라이나이트로톨루엔

$$2\ C_7H_5N_3O_6(s) \rightarrow 12\ CO(g) + 5\ H_2(g) + 3\ N_2(g) + 2\ C(s)$$

9.61 수증기를 생성하는 수소와 산소의 반응은 $\Delta H° = -484$ kJ이다. 대기압에서 0.25 mol O_2와 0.50 mol H_2가 반응할 때 부피 변화가 −5.6 L라면, 얼마나 많은 *PV* 일이 행하여졌으며, ΔE 값(kJ)은 얼마인가?

$$2\ H_2(g) + O_2(g) \longrightarrow 2\ H_2O(g) \quad \Delta H° = -484\ \text{kJ}$$

9.62 압력 1.5 atm에서 에틸렌 50.0 mL와 H_2 50.0 mL의 반응(문제 9.51)에 대한 엔탈피 변화는 $\Delta H = -0.31$ kJ이다. ΔE 값은 얼마인가?

9.63 특정 반응이 244 kJ의 열을 방출하여 어떤 계에 35 kJ의 *PV* 일을 행하였다고 가정할 때, 계 및 주위의 ΔE와 ΔH 값은 각각 얼마인가?

9.64 어떤 반응의 내부 에너지 변화(ΔE)가 +44.0 kJ이고 부피 증가가 14.0 L라면, 1.00 atm의 일정 압력에서 이 반응의 엔탈피 변화(ΔH)는 얼마인가?(1 L·atm = 101.325 J)

9.65 1.10 atm의 일정 압력에서 어떤 반응이 71.5 kJ의 내부 에너지 변화(ΔE)와 13.6 L의 부피 감소로 일어난다. 이 반응의 엔탈피 변화(ΔH)는 얼마인가? (1 L·atm = 101.325 J)

화학적·물리적 변화에 대한 열화학 반응식(9.5~9.6절)

9.66 다음 과정에서 계와 주위 간의 열전달 방향을 나타내고, 흡열 또는 발열로 분류하고, $\Delta H°$의 부호를 정하시오.

(a) 피부 소독용 알코올의 증발

(b) 용융 금의 골드바로의 응고

(c) 손의 열로 인한 고체 갈륨 금속의 용융

9.67 다음 과정에서 계와 주위 간의 열전달 방향을 나타내고, 흡열 또는 발열로 분류하고, $\Delta H°$의 부호를 정하시오.

(a) $N_2(g) + O_2(g) \rightarrow 2\ NO(g) \quad \Delta H° = +182.6$ kJ

(b) $2\ H_2O(g) \rightarrow 2\ H_2(g) + O_2\ (g) \quad \Delta H° = +483.6$ kJ

(c) $H_2(g) + Cl_2(g) \rightarrow 2HCl(g) \quad \Delta H° = -184.6$ kJ

9.68 마취제로 사용되는 친숙한 '에터'는 다이에틸 에터(diethylether, $C_4H_{10}O$)이다. 이것의 증발열은 끓는점에서 +26.5 kJ/mol이다. 다이에틸 에터의 밀도가 0.7138 g/mL일 때, 끓는점에서 100 mL의 다이에틸 에터를 액체에서 증기로 변환시키는데 필요한 에너지(kJ)는 얼마인가?

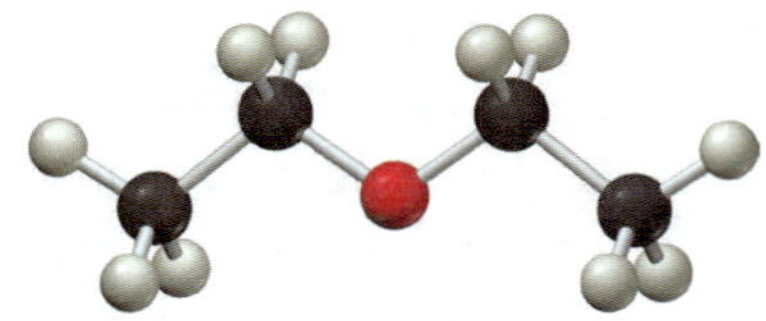

다이에틸 에터

9.69 끓는점에서 100 mL의 물을 액체에서 수증기로 변환시키는 데 필요한 에너지(kJ)는 얼마인가? 다이에틸 에터에 대한 문제 9.68의 계산 결과와 비교할 때 어떠한가?[$\Delta H_{vap}(H_2O)$ = +40.7 kJ/mol]

9.70 알루미늄 금속은 염소와 반응할 때 눈부신 불꽃을 낸다.

$$2\ Al(s) + 3\ Cl_2(g) \rightarrow 2\ AlCl_3(s) \quad \Delta H° = -1408.4\ \text{kJ}$$

5.00 g의 Al이 반응할 때 방출되는 열(kJ)은 얼마인가?

9.71 1.00 g의 Na와 H_2O의 반응에서 얼마나 많은 열(kJ)이 방출되는가 흡수되는가? 이 반응은 발열 반응인가 흡열 반응인가?

$$2\ Na(s) + 2\ H_2O(l) \rightarrow 2\ NaOH(aq) + H_2(g) \quad \Delta H° = -368.4\ \text{kJ}$$

9.72 다음 각 반응에서 얼마나 많은 열(kJ)이 방출되거나 흡수되는가?

(a) 프로페인 15.5 g의 연소

$$C_3H_8(g) + 5\ O_2(g) \rightarrow 3\ CO_2(g) + 4\ H_2O(l) \quad \Delta H° = -2220\ \text{kJ}$$

(b) 염화 암모늄과 수산화 바륨 팔수화물 4.88 g의 반응

$$Ba(OH)_2 \cdot 8\ H_2O(s) + 2\ NH_4Cl(s) \rightarrow BaCl_2(aq) + 2\ NH_3(aq) + 10\ H_2O(l) \quad \Delta H° = +80.3\ \text{kJ}$$

9.73 가속 경주의 연료로 때때로 사용되는 나이트로메테인(CH_3NO_2)은 다음 반응식으로 연소한다. 100.0 g의 나이트로메테인이 연소할 때 방출되는 열은 얼마인가?

$$4\ CH_3NO_2(l) + 7\ O_2(g) \longrightarrow 4\ CO_2(g) + 6\ H_2O(g) + 4\ NO_2(g) \quad \Delta H° = -2441.6\ \text{kJ}$$

9.74 Fe_2O_3 2.50 g과 충분한 양의 일산화 탄소가 반응하여 금속 철을 생성하는 반응에서 얼마나 많은 열(kJ)이 방출되거나 흡수되는가? 이 과정은 발열 반응인가 흡열 반응인가?

$$Fe_2O_3(s) + 3\ CO(g) \rightarrow 2\ Fe(s) + 3\ CO_2(g) \quad \Delta H° = -24.8\ \text{kJ}$$

9.75 산화 칼슘 233.0 g과 충분한 양의 탄소가 반응하여 탄화 칼슘을 생성하는 반응에서 얼마나 많은 열(kJ)이 방출되거나 흡수되는가? 이 과정은 발열 반응인가 흡열 반응인가?

$$CaO(s) + 3\ C(s) \rightarrow CaC_2(s) + CO(g) \quad \Delta H° = 464.6\ \text{kJ}$$

열량계와 열용량(9.7절)

9.76 열용량과 비열의 차이는 무엇인가?

9.77 통열량계로 측정하는 것은 ΔH 값인가 ΔE 값인가? 설명하시오.

9.78 소듐 금속은 비교적 큰 몰열용량[28.2 J/(mol · °C)]으로 인해 때때로 열 교환기의 냉매로 이용된다. 소듐의 비열과 몰열용량은 J/(g·°C) 단위로 얼마인가?

9.79 타이타늄 금속은 제트 엔진과 같은 많은 첨단기술 응용에서 구조 물질로 이용된다. 89.7 J로 33.0 g 타이타늄 블록의 온도를 5.20 °C 상승시킨다고 할 때, 타이타늄의 비열은 J/(g·°C) 단위로 얼마인가? 타이타늄의 몰열용량은 J/(g·°C) 단위로 얼마인가?

9.80 코카콜라가 물과 같은 4.18 J/(g·°C)의 비열을 가진다고 가정하고, 하나의 캔(약 350 g)을 25 °C에서 3 °C로 냉각할 때 전달되는 열량(kJ)을 계산하시오.

9.81 코코아 250.0 g(약 1컵)의 온도를 25.0 °C에서 80.0 °C까지 올리는 데 필요한 열량을 계산하시오. 단, 코코아는 물과 같은 4.18 J/(g·°C)의 비열을 가진다고 가정하자.

9.82 운동선수의 부상을 치료하는 데 사용하는 순간 냉찜질 팩에는 고체 NH_4NO_3와 물주머니가 들어 있다. 팩이 압착되면 물주머니가 터지고, 이때 고체가 녹는 흡열 반응이 부상 부위의 온도를 낮춘다.

$$NH_4NO_3(s) \longrightarrow NH_4NO_3(aq) \qquad \Delta H = +25.7\text{ kJ}$$

50.0 g의 NH_4NO_3가 물 125 mL에 용해되어 있는 냉찜질 팩을 압착했을 때의 최종 온도는 몇 °C인가? 용액의 비열은 4.18 J/(g·°C), 초기 온도는 25.0 °C이며, 냉찜질 팩과 주위 간의 열전달은 없다고 가정하자.

9.83 순간 핫팩에는 고체와 물주머니가 들어 있다. 팩이 압착되면 물주머니가 터지고, 이때 고체가 녹는 발열 반응이 온도를 증가시킨다. 다음 반응은 핫팩을 만드는 데 사용된다.

$$LiCl(s) \xrightarrow{H_2O} Li^+(aq) + Cl^-(aq) \qquad \Delta H = -36.9\text{ kJ}$$

25.0 g의 LiCl이 물 125 mL에 용해되어 있는 핫팩을 압착했을 때의 최종 온도는 몇 °C인가? 용액의 비열은 4.18 J/(g·°C)이고, 초기 온도는 25.0 °C이며, 핫팩과 주위 간의 열전달은 없다고 가정하자.

9.84 CaO 1.045 g을 열량계 안에 있는 25.0 °C 물 50.0 mL에 가할 때, 물의 온도가 32.3 °C로 증가한다. 용액의 비열은 4.18 J/(g·°C)이고, 열량계 자체는 무시할 정도의 열을 흡수한다고 가정할 때, 이 반응의 ΔH(kJ/mol)를 계산하시오.

$$CaO(s) + H_2O(l) \rightarrow Ca(OH)_2(aq)$$

9.85 25.0 °C 물 50.0 g에 NaOH 8.00 g이 녹아 있는 용액을 물 250.0 g에 HCl 8.00 g이 용해되어 있는 용액이 담겨 있는 열량계에 가할 때, 용액의 온도는 33.5 °C로 증가한다. 용액의 비열은 4.18 J/(g·°C)이고, 열량계는 무시할 정도로 열을 흡수한다고 가정할 때, 이 반응의 ΔH(kJ/mol)를 계산하시오.

$$NaOH(aq) + HCl(aq) \rightarrow NaCl(aq) + H_2O(l)$$

물 248.0 g에 HCl 10.00 g이 용해되어 있는 용액을 이용하여 이 실험을 반복하면, 동일한 온도 상승이 관측된다. 이를 설명하시오.

9.86 벤젠(C_6H_6) 0.187 g이 통열량계 내에서 연소되면, 물과 열량계 모두 온도가 3.45 °C 상승한다. 열량계의 열용량이 2.46 kJ/°C라고 가정할 때, 벤젠의 연소 에너지(ΔE)를 kJ/g과 kJ/mol 단위로 계산하시오.

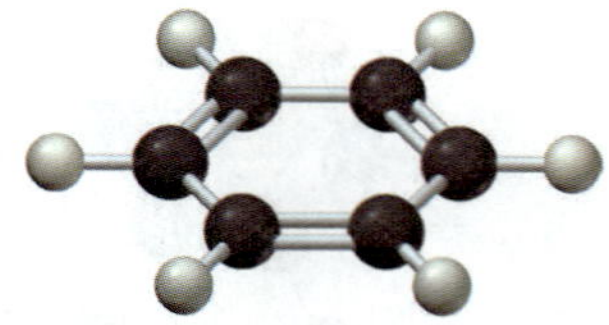

벤젠

9.87 에탄올(C_2H_6O) 0.500 g이 통열량계 내에서 연소되면, 물과 열량계 모두 온도가 9.83 °C 상승한다. 열량계의 열용량이 1.50 kJ/°C라고 가정할 때, 에탄올의 연소 에너지(ΔE)를 kJ/g과 kJ/mol 단위로 계산하시오.

9.88 마그네슘 금속 1.50 g이 6.00 M HCl 수용액 200 mL와 반응할 때 온도가 25.0 °C에서 42.9 °C로 상승한다. 열량계의 열용량은 776 J/°C이고 최종 용액의 비열은 물의 비열[4.18 J/(g·°C)]과 같으며, 용액의 밀도는 1.00 g/mL라고 가정할 때, 이 반응의 ΔH(kJ)를 계산하시오.

9.89 몰리브데넘(Mo) 금속 조각 111.0 g을 100.0 °C로 가열하고, 24.6 °C에서 물 150.0 g을 포함한 열량계에 위치시킨다. 이 계는 28.0 °C의 최종 온도에서 평형에 도달한다. 몰리브데넘 금속의 비열(J/g·°C)을 계산하시오. 물의 비열은 4.18 J/g·°C이다.

9.90 구연산(citric acid)은 해리할 수 있는 수소를 3개 가지고 있다. 0.64 M 구연산 5.00 mL와 0.77 M NaOH 45.00 mL를 초기 온도 26.0 °C에서 혼합할 때, 구연산이 중화되면서 온도는 27.9 °C로 상승한다. 혼합물의 양은 51.6 g이고 비열은 4.0 J/(g·°C)이다. 주위로 열의 전달이 없다고 가정하자. 1.00 mol의 구연산이 반응할 때의 엔탈피 변화(kJ)를 계산하시오. 이 반응은 발열 반응인가 흡열 반응인가?

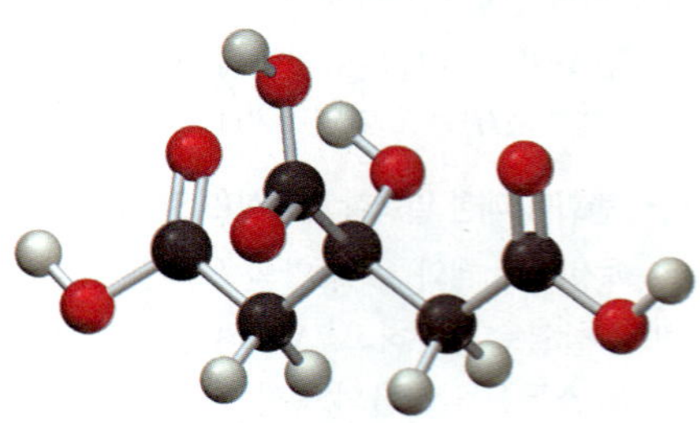

구연산

9.91 0.200 M CsOH 100.0 mL를 0.400 M HCl 50.0 mL와 열량계에서 섞는다고 가정하자. 용액은 22.50 °C에서 출발하고, 반응 후의 최종 온도는 24.28 °C이다. 용액의 밀도는 모두 1.00 g/mL이고, 혼합 용액의 비열은 4.2 J/(g·°C)이다. 1.00 mol CsOH의 중화 반응의 엔탈피 변화(kJ)는 얼마인가?

헤스 법칙(9.8절)

9.92 헤스 법칙이란 무엇인가? 헤스 법칙이 작동하는 이유는 무엇인가?

9.93 다음 단계들은 아세트산(CH_3CO_2H) 생산을 위한 산소와 에틸 알코올(CH_3CH_2OH)의 반응에서 일어난다. 전체 반응식을 얻기 위한 반응식 1과 2의 합을 보이고, 전체 반응식의 $\Delta H°$를 계산하시오.

$$(1)\ CH_3CH_2OH(l) + 1/2\ O_2(g) \rightarrow CH_3CHO(g) + H_2O(l) \quad \Delta H° = -174.2\ kJ$$
$$(2)\ CH_3CHO(g) + 1/2\ O_2(g) \rightarrow \underline{CH_3CO_2H(l) \qquad \Delta H° = -318.4\ kJ}$$
$$(전체)\ CH_3CH_2OH(l) + O_2(g) \rightarrow CH_3CO_2H(l) + H_2O(l) \quad \Delta H° = ?$$

9.94 산업용 탈지 용매인 염화 메틸렌(CH_2Cl_2)은 염소와 메테인 사이의 반응으로부터 제조된다.

$$CH_4(g) + 2\ Cl_2(g) \rightarrow CH_2Cl_2(g) + 2\ HCl(g)$$

다음 자료를 활용하여, 이 반응의 $\Delta H°$(kJ)를 계산하시오.

$$CH_4(g) + Cl_2(g) \rightarrow CH_3Cl(g) + HCl(g) \quad \Delta H° = -98.3\ kJ$$
$$CH_3Cl(g) + Cl_2(g) \rightarrow CH_2Cl_2(g) + HCl(g) \quad \Delta H° = -104\ kJ$$

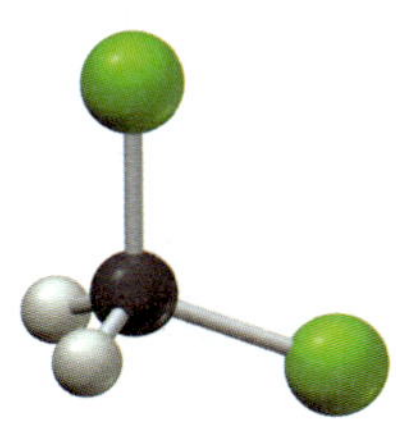

염화 메틸렌

9.95 실험실에서 수행할 수 없는 가상 과정의 반응 엔탈피 계산을 위해 헤스 법칙이 사용될 수 있다. 메테인에서 에틸렌으로의 변환에 대한 $\Delta H°$를 계산할 수 있도록 헤스 법칙 순환을 설정하시오.

$$2\ CH_4(g) \rightarrow C_2H_4(g) + 2\ H_2(g)$$

다음 자료를 활용할 수 있다.

$$2\ C_2H_6(g) + 7\ O_2(g) \rightarrow 4\ CO_2(g) + 6\ H_2O(l) \quad \Delta H° = -3120.8\ kJ$$
$$CH_4(g) + 2\ O_2(g) \rightarrow CO_2(g) + 2\ H_2O(l) \quad \Delta H° = -890.3\ kJ$$
$$C_2H_4(g) + H_2(g) \rightarrow C_2H_6(g) \quad \Delta H° = -136.3\ kJ$$
$$H_2O(l) \quad \Delta H°_f = -285.8\ kJ/mol$$

9.96 다음 자료를 이용하여, 일산화 질소와 산소의 반응 $2\ NO(g) + O_2(g) \rightarrow N_2O_4(g)$의 $\Delta H°$(kJ) 값을 구하시오.

$$N_2O_4(g) \rightarrow 2\ NO_2(g) \quad \Delta H° = 55.3\ kJ$$
$$NO(g) + 1/2\ O_2(g) \rightarrow NO_2(g) \quad \Delta H° = -58.1\ kJ$$

9.97 헤스 법칙 순환식을 세우고, 다음 자료를 이용하여 질산 수용액 $HNO_3(aq)$의 $\Delta H°_f$를 계산하시오. 몇몇 반응식의 경우 분수를 사용해야 할 필요가 있다.

$$3\ NO_2(g) + H_2O(l) \rightarrow 2\ HNO_3(aq) + NO(g) \quad \Delta H° = -137.3\ kJ$$
$$2\ NO(g) + O_2(g) \rightarrow 2\ NO_2(g) \quad \Delta H° = -116.2\ kJ$$
$$4\ NH_3(g) + 5\ O_2(g) \rightarrow 4\ NO(g) + 6\ H_2O(l) \quad \Delta H° = -1165.2\ kJ$$
$$NH_3(g) \quad \Delta H°_f = -46.1\ kJ/mol$$
$$H_2O(l) \quad \Delta H°_f = -285.8\ kJ/mol$$

생성열(9.9절)

9.98 화합물의 표준 생성열이란 무엇인가?

9.99 원소의 표준 상태는 어떻게 정의하는가? 왜 원소는 항상 $\Delta H°_f = 0$인가?

9.100 다음 원소나 화합물의 표준 상태에서의 상태는 무엇인가?
(a) Cl_2 (b) Hg (c) CO_2 (d) Ga

9.101 다음 원소나 화합물의 표준 상태에서의 상태는 무엇인가?
(a) NH_3 (b) Fe (c) N_2 (d) Br_2

9.102 원소로부터 다음 화합물이 형성될 때의 균형 화학 반응식을 쓰시오.
(a) 산화 철(III)
(b) 슈크로스(설탕, $C_{12}H_{22}O_{11}$)
(c) 헥사플루오린화 우라늄(25 °C에서 고체)

9.103 원소로부터 다음 화합물이 형성될 때의 균형 화학 반응식을 쓰시오.
(a) 에탄올(C_2H_6O)
(b) 황산 소듐
(c) 다이클로로메테인(액체, CH_2Cl_2)

9.104 세계적으로 가장 많이 생산되는 화학 물질인 황산(H_2SO_4)은 두 단계 산화 반응을 통해 황을 삼산화 황(SO_3)으로 만든 다음, 물과 반응시켜 얻을 수 있다. 다음 자료를 활용하여, SO_3의 $\Delta H°_f$(kJ/mol)를 계산하시오.

$$S(s) + O_2(g) \rightarrow SO_2(g) \quad \Delta H° = -296.8\ kJ$$
$$SO_2(g) + 1/2\ O_2(g) \rightarrow SO_3(g) \quad \Delta H° = -98.9\ kJ$$

9.105 다음 자료로부터 벤젠(C_6H_6)의 $\Delta H°_f$(kJ/mol)를 계산하시오.

$$2\ C_6H_6(l) + 15\ O_2(g) \rightarrow 12\ CO_2(g) + 6\ H_2O(l) \quad \Delta H° = -6534\ kJ$$
$$\Delta H°_f\ (CO_2) = -393.5\ kJ/mol$$
$$\Delta H°_f\ (H_2O) = -285.8\ kJ/mol$$

9.106 $SO_3(g)$와 $H_2O(l)$가 반응하여 $H_2SO_4(aq)$를 생성하는 반응의 표준 엔탈피 변화 $\Delta H° = -227.8$ kJ이다. 문제 9.104의 자료를 이용하여 $H_2SO_4(aq)$에 대한 $\Delta H°_f$(kJ/mol)를 계산하시오[$H_2O(l)$의 $\Delta H°_f = -285.8$ kJ/mol이다].

9.107 수용액이 식초로 알려진 아세트산(CH_3CO_2H)은 에틸 알코올(CH_3CH_2OH)과 산소의 반응으로 제조된다.

$$CH_3CH_2OH(l) + O_2(g) \rightarrow CH_3CO_2H(l) + H_2O(l)$$

다음 자료를 활용하여 이 반응의 $\Delta H°$(kJ)를 계산하시오.

$$\Delta H°_f\ [CH_3CH_2OH(l)] = -277.7\ kJ/mol$$
$$\Delta H°_f [CH_3CO_2H(l)] = -484.5\ kJ/mol$$
$$\Delta H°_f\ [H_2O(l)] = -285.8\ kJ/mol$$

9.108 폴리스타이렌 고분자의 전구체인 스타이렌(styrene, C_8H_8)의 표준 연소열은 −4395 kJ/mol이다. 연소 반응의 균형 반응식을 쓰고, 스타이렌의 $\Delta H°_f$(kJ/mol)를 계산하시오.

$$\Delta H°_f\,[CO_2(g)] = -393.5\ \text{kJ/mol}$$
$$\Delta H°_f\,[H_2O(l)] = -285.8\ \text{kJ/mol}$$

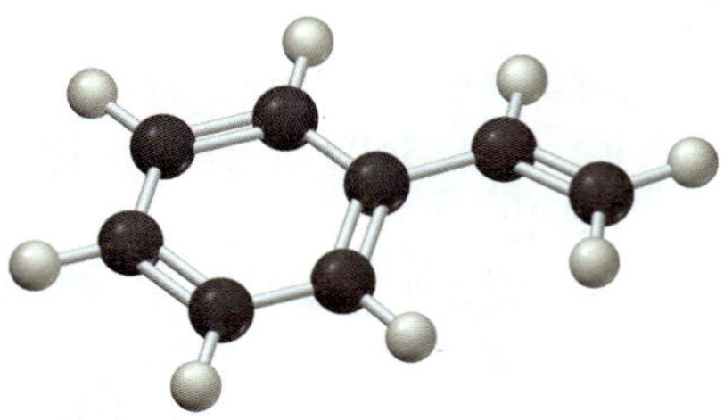

스타이렌

9.109 옥테인값을 높이기 위해 사용하는 가솔린 첨가제인 메틸 *tert*-뷰틸 에터(MTBE, $C_5H_{12}O$)의 $\Delta H°_f = -313.6$ kJ/mol이다. 연소 반응의 균형 반응식을 쓰고, 표준 연소열(kJ)을 계산하시오.

9.110 메틸 *tert*-뷰틸 에터(MTBE)는 다음 반응식과 같이 메탄올(l) ($\Delta H°_f = -239.2$ kJ/mol)과 2-메틸프로펜(g)을 반응시켜 제조한다.

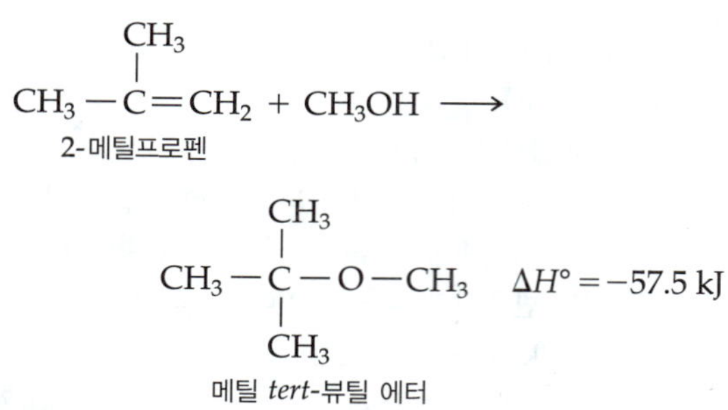

2-메틸프로펜의 $\Delta H°_f$(kJ/mol)를 계산하시오.

9.111 프랑스식 감자튀김(french fries)을 만들고 남은 식용유는 태워서 연료로 사용할 수 있다. 이에 대한 균형 반응식을 쓰고, 다음 자료를 이용하여 식용유의 연소로 생기는 에너지 양(kJ/mL)을 계산하시오.

분자식 = $C_{51}H_{88}O_6$ $\quad \Delta H°_f = -1310$ kJ/mol
밀도 = 0.94 g/mL

9.112 부록 B의 표준 생성열을 사용할 때, $CaCO_3(s) \rightarrow CaO(s) + CO_2(g)$ 반응의 $\Delta H°$(kJ)는 얼마인가?

9.113 부록 B의 표준 생성열을 사용할 때, 다음 반응의 $\Delta H°$(kJ)는 얼마인가?

$$3\,N_2O_4(g) + 2\,H_2O(l) \rightarrow 4\,HNO_3(aq) + 2\,NO(g)$$

9.114 시멘트 제조의 중요한 단계인 석회석($CaCO_3$)으로부터 석회(CaO)를 합성하는 반응의 $\Delta H°$(kJ)를 계산하시오.

$$CaCO_3(s) \rightarrow CaO(s) + CO_2(g) \quad \Delta H°_f[CaCO_3(s)] = -1207.6\ \text{kJ/mol}$$
$$\Delta H°_f[CaO(s)] = -634.9\ \text{kJ/mol}$$
$$\Delta H°_f[CO_2(g)] = -393.5\ \text{kJ/mol}$$

9.115 표 9.2의 자료를 이용하여, CO_2와 액체 H_2O로부터 포도당($C_6H_{12}O_6$)과 O_2가 생성되는 모든 녹색식물의 광합성 반응의 $\Delta H°$(kJ)를 계산하시오.

9.116 부록 B의 자료를 사용하여 다음 과정의 표준 반응 엔탈피(kJ)를 구하시오.

(a) $C(s) + CO_2(g) \rightarrow 2\,CO(g)$
(b) $2\,H_2O_2(aq) \rightarrow 2\,H_2O(l) + O_2(g)$
(c) $Fe_2O_3(s) + 3\,CO(g) \rightarrow 2\,Fe(s) + 3\,CO_2(g)$

9.117 옥테인값(octane rating)이라는 용어는 가솔린의 한 성분인 아이소옥테인(C_8H_{18})으로부터 유래한다.

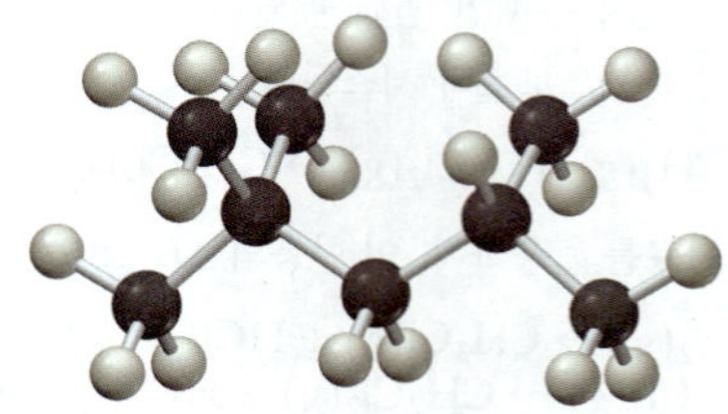

아이소옥테인

(a) 아이소옥테인(l)과 O_2가 반응하여 $CO_2(g)$와 $H_2O(l)$를 생성하는 연소에 대한 균형 반응식을 쓰시오.
(b) 아이소옥테인(l)에 대한 표준 몰 연소열은 −5461 kJ/mol이다. 아이소옥테인(l)의 $\Delta H°_f$ 값을 계산하시오.

결합 해리 에너지(9.10절)

9.118 표 9.3의 결합 해리 에너지 자료를 이용하여, 에테인의 대략적인 연소열(kJ)을 계산하시오(O=O의 결합 세기는 498 kJ/mol이고, CO_2에서 C=O의 결합 세기는 804 kJ/mol이다).

9.119 표 9.3의 자료를 이용하여, 암모니아로부터 하이드라진을 만드는 반응의 대략적인 $\Delta H°$(kJ)를 계산하시오.

$$2\,NH_3(g) + Cl_2(g) \rightarrow N_2H_4(g) + 2\,HCl(g)$$

9.120 표 9.3의 평균 결합 해리 에너지 자료를 이용하여, 다음 반응의 대략적인 반응 엔탈피(kJ)를 계산하시오.

(a) $2\,CH_4(g) \rightarrow C_2H_6(g) + H_2(g)$
(b) $C_2H_6(g) + F_2(g) \rightarrow C_2H_5F(g) + HF(g)$
(c) $N_2(g) + 3\,H_2(g) \rightarrow 2\,NH_3(g)$

9.121 표 9.3의 결합 해리 에너지 자료를 이용하여, 수증기와 프로펜으로부터 아이소프로필 알코올(소독용 알코올)의 높은 온도에서의 공업적 합성 반응의 대략적인 $\Delta H°$(kJ)를 계산하시오.

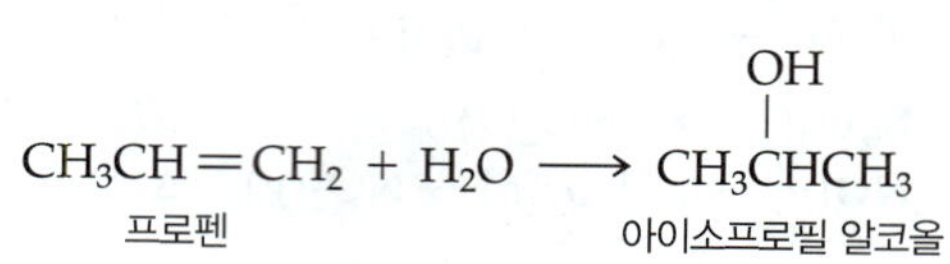

자유 에너지와 엔트로피(9.11~9.12절)

9.122 엔트로피란 무엇을 측정하는 것인가?

9.123 반응에서 자유 에너지(ΔG)를 구성하는 두 개의 항은 무엇인가? 둘 중 어느 항이 일반적으로 더 중요한가?

9.124 자발적이면서 동시에 흡열인 반응이 어떻게 가능한가?

9.125 비자발적이면서 동시에 발열인 반응이 가능한가? 설명하시오.

9.126 다음 과정의 엔트로피 변화가 양인지 음인지 말하시오.
(a) 탄산음료 캔을 처음 열 때 '쉬익' 하는 소리
(b) 종자가 식물로 성장하는 것

9.127 다음 과정의 엔트로피 변화 ΔS가 양인지 음인지 말하시오.
(a) 100 ℃에서 액체 물이 수증기로 되는 것
(b) 0 ℃에서 액체 물이 얼음으로 되는 것
(c) 빙하에 의한 산의 침식

9.128 문제 9.127에 열거된 과정에서 자유 에너지 변화 ΔG는 양, 음, 0 중 어느 것인지 말하시오.

9.129 향수병을 개봉할 때 냄새가 나는 분자들은 공기와 혼합되어 천천히 방 전체로 확산된다. 확산 과정의 ΔG는 양, 음, 0 중 어느 것인가? 확산의 ΔH와 ΔS는 어떠한가?

9.130 석유를 가솔린으로 크래킹하는 단계 중 하나에는, 큰 탄화수소 분자를 더 작은 분자로 열분해하는 과정이 포함되어 있다. 예를 들어 다음과 같은 반응이 일어날 수 있다.

$$C_{11}H_{24} \longrightarrow C_4H_{10} + C_4H_8 + C_3H_6$$

이 반응의 ΔS는 양인가 음인가? 설명하시오.

9.131 드라이클리닝(dry cleaning)에서 용매로 사용하는 1,2-다이클로로에테인의 상업적인 생산은 에틸렌과 염소의 반응을 포함한다.

$$C_2H_4(g) + Cl_2(g) \longrightarrow C_2H_4Cl_2(l)$$

이 반응의 ΔS는 양인가 음인가? 설명하시오.

9.132 다음과 같은 ΔH와 ΔS 값을 갖는 반응은 자발적인가 비자발적인가? 그리고 발열인지 흡열인지를 말하시오.
(a) $\Delta H = -48$ kJ; $\Delta S = +135$ J/K, 400 K에서
(b) $\Delta H = -48$ kJ; $\Delta S = -135$ J/K, 400 K에서
(c) $\Delta H = +48$ kJ; $\Delta S = +135$ J/K, 400 K에서
(d) $\Delta H = +48$ kJ; $\Delta S = -135$ J/K, 400 K에서

9.133 다음과 같은 ΔH와 ΔS 값을 갖는 반응은 자발적인가 비자발적인가? 그리고 발열인지 흡열인지를 말하시오.
(a) $\Delta H = -128$ kJ; $\Delta S = 35$ J/K, 500 K에서
(b) $\Delta H = +67$ kJ; $\Delta S = -140$ J/K, 250 K에서
(c) $\Delta H = +75$ kJ; $\Delta S = 95$ J/K, 800 K에서

9.134 어떤 반응의 $\Delta H = -33$ kJ, $\Delta S = -58$ J/K이라고 가정하시오. 어떤 온도에서 자발적 과정이 비자발적 과정으로 바뀌는가?

9.135 어떤 반응이 $\Delta H = +41$ kJ, $\Delta S = -27$ J/K을 가진다고 가정하시오. 어떤 온도에서 자발적 과정이 비자발적 과정으로 바뀌는가?

9.136 문제 9.132의 반응 (a)~(d) 중 어느 반응이 모든 온도에서 자발적인가 비자발적인가? 그리고 어느 반응이 평형 온도를 가지는가?

9.137 폴리(염화 바이닐)[PVC, poly(vinyl chloride)]을 공업적으로 제조할 때 출발 물질로 사용하는 염화 바이닐($H_2C{=}CHCl$)은 두 단계의 과정으로 제조되고 있다. 그 첫 단계는 염소(Cl_2)와 에틸렌을 반응시켜 1,2-다이클로로에테인을 만드는 단계이다.

$$Cl_2(g) + H_2C = CH_2(g) \rightarrow ClCH_2CH_2Cl(l)$$
$$\Delta H° = -217.5 \text{ kJ}$$
$$\Delta S° = -233.9 \text{ J/K}$$

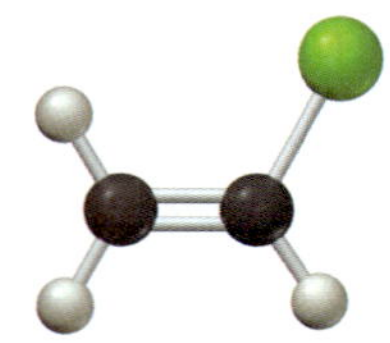

염화 바이닐

(a) 주어진 반응은 엔탈피, 엔트로피, 양쪽 모두에 의해 유리한지 혹은 양쪽 모두에 의해 불리한지 여부를 말하시오. 그리고 298 K에서 $\Delta G°$를 계산하시오.
(b) 주어진 반응이 자발적과 비자발적 사이에서 평형 온도를 가지는지 그 여부를 말하시오. 만약 '예'라면, 평형 온도를 계산하시오.

9.138 에틸 알코올의 $\Delta H_{용융} = 5.02$ kJ/mol이고, 녹는점은 −114.1 ℃이다. 에틸 알코올의 $\Delta S_{용융}$ 값은 얼마인가?

9.139 클로로폼의 $\Delta H_{증발} = 29.2$ kJ/mol이고, 끓는점은 61.2 ℃이다. 클로로폼의 $\Delta S_{증발}$ 값은 얼마인가?

9.140 끓는점은 평형 상태에서 액체와 증기가 공존할 때의 온도로 정의한다. 액체 브로민의 증발열($\Delta H_{증발} = 30.91$ kJ/mol)과 증발 엔트로피[$\Delta S_{증발} = 93.2$ J/(K·mol)]를 이용하여, 액체 브로민의 끓는점(℃)을 계산하시오.

9.141 벤젠의 $\Delta H_{용융} = 9.95$ kJ/mol이고 $\Delta S_{용융} = 35.7$ J/(K·mol)이라고 할 때, 벤젠의 녹는점(K)은 얼마인가?

9.142 금속 수은은 광물인 진사(안료용으로도 쓰이는 적색 황화 수은, HgS)를 공기 중에서 가열하여 얻는다.

$$HgS(s) + O_2(g) \rightarrow Hg(l) + SO_2(g)$$

(a) 부록 B의 자료를 이용하여, 이 반응의 $\Delta H°$(kJ)를 계산하시오.
(b) 이 반응의 엔트로피 변화는 $\Delta S° = +36.7$ J/K이다. 이 반응은 25 ℃에서 자발적인가?
(c) 만약 자발적이라면, 어느 온도 이하에서 비자발적인가? 설명하시오.

9.143 메탄올(CH_3OH)은 공업적으로 CO와 H_2로부터 두 단계를 거쳐 만든다. 이것은 만드는 것이 저렴하여 메테인(CH_4)과 같은 탄화수소 연료의 전구체로 사용하는 것을 검토하고 있다.

단계 1. $CO(g) + 2\,H_2(g) \rightarrow CH_3OH(l)$ $\quad \Delta S° = -332$ J/K

단계 2. $CH_3OH(l) \rightarrow CH_4(g) + 1/2\,O_2(g)$ $\quad \Delta S° = 162$ J/K

(a) 단계 1의 $\Delta H°$(kJ)를 계산하시오.
(b) 단계 1의 $\Delta G°$(kJ)를 계산하시오.
(c) 단계 1은 298 K에서 자발적인가?
(d) 단계 1에서 $\Delta H°$와 $\Delta S°$ 중 어느 항이 더 중요한가?
(e) 단계 1의 자발적인 온도 범위는 얼마인가?

(f) 단계 2의 $\Delta H°$를 계산하시오.

(g) 단계 2의 $\Delta G°$를 계산하시오.

(h) 단계 2는 298 K에서 자발적인가?

(i) 단계 2에서 $\Delta H°$와 $\Delta S°$ 중 어느 항이 더 중요한가?

(j) 단계 2는 어떤 온도 범위에서 자발적인가?

(k) CO와 H_2로부터 CH_4를 제조하는 반응의 전체 $\Delta G°$, $\Delta H°$, $\Delta S°$를 계산하시오.

(l) 전체 반응은 298 K에서 자발적인가?

(m) 만약 여러분이 생산 설비를 설계한다고 가정할 때, 반응을 몇 개의 단계로 나누어 수행하도록 계획할 것인가 아니면 함께 수행하도록 계획할 것인가? 설명하시오.

다중 개념 문제

9.144 국소마취제로 사용하는 염화 에틸(ethyl chloride, C_2H_5Cl)은 에틸렌과 염화 수소의 반응으로 제조한다.

$$C_2H_4(g) + HCl(g) \longrightarrow C_2H_5Cl(g) \quad \Delta H° = -72.3 \text{ kJ}$$

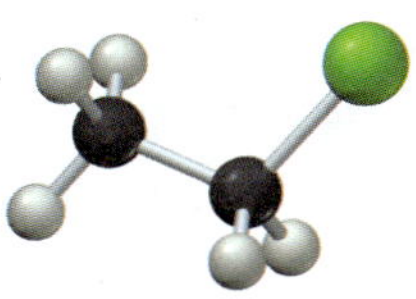

염화 에틸

대기압에서 에틸렌 89.5 g이 HCl 125 g과 반응할 때 부피 변화가 −71.5 L라면 얼마만큼의 PV 일(kJ)이 행하여졌으며, ΔE 값(kJ)은 얼마인가?

9.145 9.1절에서, 댐이나 폭포의 정상에 있는 물의 위치 에너지는 물이 바닥의 암반으로 낙하할 때 열로 변환된다고 하였다. 정상에 있는 물의 위치 에너지는 $E_P = mgh$와 같으며, m은 물의 질량, g는 중력에 의해 떨어지는 물의 가속도(g = 9.81 m/s^2)이고, h는 물이 떨어지는 높이이다. 모든 에너지가 열로 변환된다고 가정할 때, California 주에 위치한 높이 739 m의 Yosemite Falls에서 떨어지는 물의 온도(℃)를 계산하시오. 물의 비열은 4.18 J/(g·K)이다.

9.146 어떤 과정이 자발적이기 위해서는 계와 주위의 전체 엔트로피가 증가해야만 한다. 즉,

$$\Delta S_{전체} = \Delta S_{계} + \Delta S_{주위} > 0 \text{ (자발적 과정)}$$

게다가 주위의 엔트로피 변화 $\Delta S_{주위}$는 $\Delta S_{주위} = -\Delta H/T$ 식으로 표현되는 엔탈피 변화와 관련이 있다.

(a) ΔG와 $\Delta S_{전체}$는 모두 자발성에 대한 기준을 제공하므로 그들은 서로 관련되어 있어야만 한다. 그들 사이의 관계식을 유도하시오.

(b) 298 K에서 CO_2로부터 포도당이 합성되는 광합성 반응의 $\Delta S_{주위}$ 값은 얼마인가?

$$6\,CO_2(g) + 6\,H_2O(l) \rightarrow C_6H_{12}O_6(s) + 6\,O_2(g)$$
$$\Delta G° = 2879 \text{ kJ}$$
$$\Delta S° = -262 \text{ J/K}$$

9.147 80.0 ℃의 뜨거운 차 400.0 g을 10.0 ℃의 차가운 차로 만들려면, 얼마만큼의 0 ℃ 얼음을 넣어 주어야 하는가? 차의 비열은 4.18 J/(g·℃), 얼음의 $\Delta H_{융용}$은 +6.01 kJ/mol이다.

9.148 $NaNO_3$와 KF의 혼합물 10.0 g을 물 100.0 g에 녹였을 때 온도가 2.22 ℃ 상승하는 것을 확인하였다. 다음 자료를 이용하여, 최초 혼합물에서 각 화합물의 질량을 계산하시오. 용액의 비열은 4.18 J/(g·℃)라고 가정하시오.

$$NaNO_3(s) \rightarrow NaNO_3(aq) \quad \Delta H = +20.4 \text{ kJ/mol}$$
$$KF(s) \rightarrow KF(aq) \quad \Delta H = -17.7 \text{ kJ/mol}$$

9.149 $4\,CO(g) + 2\,NO_2(g) \longrightarrow 4\,CO_2(g) + N_2(g)$ 반응을 생각하자. 다음 자료를 이용하여, 25 ℃에서 이 반응의 $\Delta H°$를 결정하시오.

$$NO(g) \quad \Delta H°_f = +91.3 \text{ kJ/mol}$$
$$CO_2(g) \quad \Delta H°_f = -393.5 \text{ kJ/mol}$$
$$2\,NO(g) + O_2(g) \rightarrow 2\,NO_2(g) \quad \Delta H° = -116.2 \text{ kJ}$$
$$2\,CO(g) + O_2(g) \rightarrow 2\,CO_2(g) \quad \Delta H° = -566.0 \text{ kJ}$$

9.150 반응 $S_8(g) \rightarrow 4\,S_2(g)$의 $\Delta H°$ = +237 kJ이다.

(a) S_8 분자는 황 원자 8개가 하나의 고리에 배열되어 있다. S_8의 각 황 원자 주위의 혼성도와 기하학적 배열은 무엇인가?

(b) 평균 S−S 결합 해리 에너지는 225 kJ/mol이다. 위에 주어진 $\Delta H°$ 값을 이용하여, $S_2(g)$의 S=S 이중 결합 에너지를 계산하시오.

(c) S_2에서의 결합이 O_2에서의 결합과 유사하다고 가정하고, S_2에서의 결합의 분자 오비탈을 도시하시오. S_2는 상자기성인가 반자기성인가?

9.151 포스젠 $COCl_2(g)$는 제1차 세계대전에서 화학무기로 사용한 독가스이다.

(a) 포스젠의 전자점 구조를 그리시오.

(b) 결합 해리 에너지(표 9.3)와 C(g)의 $\Delta H°_f$ = 716.7 kJ/mol을 이용하여 25 ℃에서의 $COCl_2(g)$의 $\Delta H°_f$를 추정하시오. 추정한 값을 부록 B에 수록된 실제 $\Delta H°_f$와 비교하고, 계산한 값이 단지 추정값에 지나지 않는 이유를 설명하시오.

9.152 엎질러진 산은 종종 탄산 소듐이나 중탄산 소듐으로 중화한다. 균형을 맞추지 않은 아세트산 중화 반응의 반응식은 다

음과 같다.

(1) $CH_3CO_2H(l) + Na_2CO_3(s) \rightarrow$
$CH_3CO_2Na(aq) + CO_2(g) + H_2O(l)$

(2) $CH_3CO_2H(l) + NaHCO_3(s)$
$CH_3CO_2Na(aq) + CO_2(g) + H_2O(l)$

(a) 두 반응식의 균형을 맞추시오.

(b) 엎질러진 순수한 아세트산(밀도 = 1.049 g/mL) 1.000갤런(gal)을 중화하는 데 필요한 각 물질은 몇 kg인가?

(c) 각 반응에서 얼마의 열(kJ)이 흡수 또는 방출되는가? 부록 B의 $CH_3CO_2Na(aq)$의 표준 생성열 $\Delta H°_f = -726.1$ kJ/mol을 참고하시오.

9.153 (a) 포타슘 금속과 물의 반응에 대한 균형 반응식을 쓰시오.

(b) 부록 B의 자료를 이용하여, 포타슘 금속과 물의 반응에 대한 $\Delta H°$를 계산하시오.

(c) 포타슘 덩어리 7.55 g을 25 ℃의 물 400.0 g에 넣는다고 가정하자. 방출되는 모든 열은 물을 데우는 데만 사용된다면 물의 최종 온도는 얼마인가?

(d) 문제 (c)에서 만들어진 KOH 용액의 몰농도는 얼마인가? 이 용액을 중화시키려면 0.554 M H_2SO_4 몇 mL가 필요한가?

9.154 로켓 연료의 한 성분인 하이드라진이 연소되면 N_2와 H_2O를 생성한다.

$$N_2H_4(l) + O_2(g) \rightarrow N_2(g) + 2\ H_2O(l)$$

(a) 하이드라진의 전자점 구조를 그리시오. 각 질소 원자의 기하학적 배열을 예측하고, 각 질소의 혼성도를 말하시오.

(b) 헤스 법칙 순환식을 세우는 데 필요한 다음 자료를 이용하여, 연소 반응의 $\Delta H°$를 계산하시오. 몇몇 반응식의 경우 분수를 사용할 필요가 있다.

$2\ NH_3(g) + 3\ N_2O(g) \rightarrow 4\ N_2(g) + 3\ H_2O(l)$ $\quad \Delta H° = -1011.2$ kJ

$N_2O(g) + 3\ H_2(g) \rightarrow N_2H_4(l) + H_2O(l)$ $\quad \Delta H° = -317.2$ kJ

$4\ NH_3(g) + O_2(g) \rightarrow 2\ N_2H_4(l) + 2\ H_2O(l)$ $\quad \Delta H° = -286.0$ kJ

$H_2O(l) \quad \Delta H°_f = -285.8$ kJ/mol

(c) 100.0 g의 하이드라진이 연소하면, 얼마의 열이 방출되는가?

9.155 플루오린 기체가 화합물 X와 반응하여 F 61.7%, Cl 38.3% 질량 % 조성을 가진 단일 화합물 Y가 생성되었다.

(a) 생성물 Y의 가능한 분자식은 무엇인가? X의 화학식은 무엇인가?

(b) Y의 전자점 구조를 그리고, 중심 원자 주위의 기하학적 배열을 예측하시오.

(c) 다음 자료를 이용하여, Y의 합성에 대한 $\Delta H°$를 계산하시오.

$2\ ClF(g) + O_2(g) \rightarrow Cl_2O(g) + OF_2(g)$ $\quad \Delta H° = +205.4$ kJ

$2\ ClF_3(l) + 2\ O_2(g) \rightarrow Cl_2O(g) + 3\ OF_2(g)$ $\quad \Delta H° = +532.8$ kJ

$OF_2(g) \quad \Delta H°_f = +24.5$ kJ/mol

(d) 이 반응의 수득률이 87.5%라 가정하고, 25.0 g의 X가 화학량론적 양의 F_2와 반응할 때, 얼마의 열(kJ)이 방출 또는 흡수되는가?

chapter 10

기체: 기체의 성질과 행동

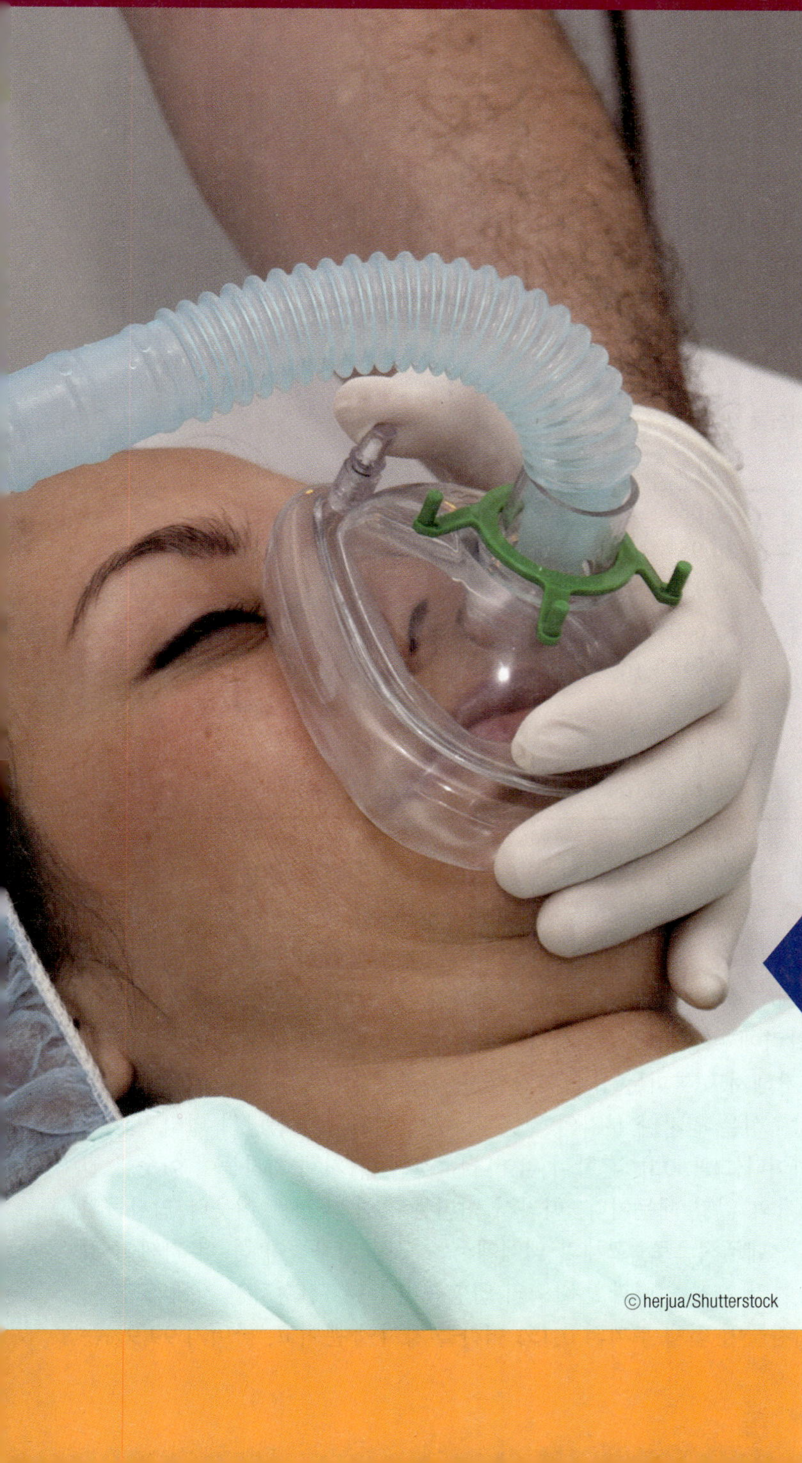

ⓒherjua/Shutterstock

CONTENTS

휘발성 마취 화합물들은 상온에서는 액체이나, 쉽게 증발하여 흡입으로 투여된다.

흡입된 마취제가 어떻게 작용을 하는가?

이 질문의 답은 421쪽 INQUIRY ? 에 나와 있다.

우리 주변을 살펴보면 물질들이 서로 다른 형태를 가지고 있음을 알 수 있다. 대부분의 물질들은 **고체**로 되어 있다. 이들 고체 물질은 원자, 분자, 이온들이 일정한 방법으로 단단하게 결합되어 있어 일정한 부피와 모양을 가진다. 어떤 물질은 **액체**로 되어 있는데, 액체의 구성 원자나 분자는 덜 강하게 결합되어 있어서 부피는 일정하나 모양은 일정하지 않고 변할 수 있다. 또 다른 물질은 **기체**로 되어 있는데, 기체의 구성 원자나 분자들은 그들 사이에 인력이 거의 없기 때문에, 어떠한 부피가 주어지든 그 안에서 자유롭게 운동한다.

비록 기체의 종류는 적지만(실온과 대기압에서 기체인 물질은 약 백 가지 정도뿐이다), 기체의 성질에 대한 실험적 연구들은 원자 이론 발전에서 대단히 중요하였다. 이 장에서는 기체 연구의 역사적 발전 과정을 간단하게 살펴봄으로써, 기체의 행동이 어떻게 기술될 수 있는지 알아보기로 한다.

10.1 기체와 기체 압력

우리는 지구의 대기를 구성하는 기체 혼합물인 공기 속에서 살고 있다. **표 10.1**에서 보는 바와 같이, 건조한 공기의 99% 이상의 부피를 질소와 산소 기체가 차지하고 있다. 나머지 1%는 대부분 아르곤이며, 몇 가지 다른 물질들이 미량 포함되어 있다. 기후 변화와 관련하여 많은 관심을 받고 있는 이산화 탄소는 공기 중에 약 0.040%, 즉 400 ppm 존재한다. 이는 비록 작은 수치이지만, 화석 연료의 연소나 열대 우림의 파괴가 증가함에 따라 1850년 측정치인 290 ppm 에서 지난 160년 동안 증가한 것이다.

표 10.1 해수면에서 건조 공기의 조성

성분	부피 %	질량 %
N_2	78.08	75.52
O_2	20.95	23.14
Ar	0.93	1.29
CO_2	0.040	0.060
Ne	1.82×10^{-3}	1.27×10^{-3}
He	5.24×10^{-4}	7.24×10^{-5}
CH_4	1.7×10^{-4}	9.4×10^{-5}
Kr	1.14×10^{-4}	3.3×10^{-4}

공기는 여러 가지 측면에서 전형적인 기체이며, 공기의 거동은 기체에 관한 몇 가지 중요한 점을 알려 준다. 예를 들면, 기체 혼합물은 항상 **균일**(homogeneous)한다. 이것은 그 조성이 일정하다는 의미이다. 간혹 서로 혼합되지 않아 층 분리가 일어나는 액체(기름과 물처럼)와는 달리, 기체는 항상 완벽하게 혼합된다. 또한, 기체는 **압축할 수 있다**(compressible). 압력이 가해지면 기체의 부피는 압력에 비례하여 감소한다. 그렇지만 고체와 액체는 거의 압축되지 않는다. 심지어 큰 압력이 가해져도 부피는 아주 약간만 변할 뿐이다.

기체들의 균일 혼합과 압축성은 원자나 분자와 같은 각 구성 입자들이 상당히 멀리 떨어져 있기 때문에 나타나는 특성이다(**그림 10.1**). 혼합이 일어나는 것은 각 기체 입자들이 이웃한 입자들 사이의 상호 작용이 거의 없기 때문이다. 따라서 이러한 혼합 과정은 이웃한 입자들의 화학적 성질과 관계가 없다. 대조적으로, 고체와 액체에서는 구성 입자들이 좀 더 가까이 있어 혼합을 방해할 수 있는 여러 가지 인력과 반발력의 영향을 받는다. 전형적인 기체의 경우, 보통의 환경에서는 기체 입자들이 전체 부피의 0.1% 이하를 차지할 뿐이고, 나머지 99.9%는

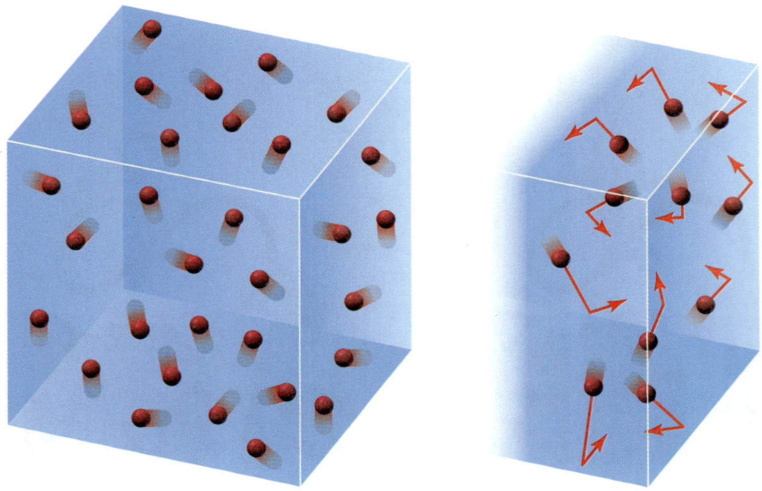

▲ **그림 10.1**
기체의 분자적 관점

빈 공간으로 있기 때문에 압축이 가능하다. 그러나 고체와 액체의 경우에는 그 구성 입자들이 대략 70%의 부피를 차지한다.

기체들의 가장 뚜렷한 특성 중 한 가지는, 기체들이 용기의 기벽에 측정 가능한 **압력**을 가한다는 것이다(그림 10.1). 풍선을 불거나 자전거 타이어에 바람을 넣으면, 그 내부 압력으로 팽팽해짐을 알 수 있다. 과학적인 용어로서의 **압력(*P*)**이란 단위 면적(*A*)에 미치는 힘(*F*)으로 정의된다. 힘은 질량(*m*)과 가속도(*a*)의 곱으로 정의되며, 지상에서 중력 가속도 $a = 9.81\ \text{m/s}^2$이다.

$$\text{압력}(P) = \frac{F}{A} = \frac{m \times a}{A}$$

힘의 SI 단위는 **뉴턴(newton, N)**으로, $1\ \text{N} = 1\ (\text{kg}\cdot\text{m})/\text{s}^2$이다. 압력의 SI 단위는 **파스칼(pascal, Pa)**로, $1\ \text{Pa} = 1\ \text{N/m}^2 = 1\ \text{kg}/(\text{m}\cdot\text{s}^2)$이다. 좀 더 익숙한 단위로 나타낸다면, 1 Pa은 실제로 대단히 작은 양이다. 즉, 10.2 mg의 질량이 $1.00\ \text{cm}^2$의 면적에 가해질 때 작용하는 압력이다.

$$P = \frac{m \times a}{A} = \frac{(10.2\ \text{mg})\left(\frac{1\ \text{kg}}{10^6\ \text{mg}}\right)\left(9.81\frac{\text{m}}{\text{s}^2}\right)}{(1.00\ \text{cm}^2)\left(\frac{1\ \text{m}}{10^2\ \text{cm}}\right)^2} = \frac{1.00 \times 10^{-4}\frac{\text{kg}\cdot\text{m}}{\text{s}^2}}{1.00 \times 10^{-4}\ \text{m}^2}$$

$$= 1.00\frac{\text{kg}}{\text{m}\cdot\text{s}^2} = 1.00\ \text{Pa}$$

어림잡아 말하면, 손가락 끝에 놓여 있는 하나의 1센트짜리 동전은 약 250 Pa의 압력을 가한다. 타이어 안에 있는 공기나 작은 동전이 손가락 끝에 가하는 압력처럼, 지구 표면 위의 공기의 질량은 **대기압**(atmospheric pressure)으로 작용한다. 실제로 지표면에서 상층 대기까지 단면적 $1\ \text{m}^2$의 공기 기둥의 질량은 약 10,300 kg이다. 이때 작용하는 대기압은 101,000 Pa, 즉 101 kPa이다(**그림 10.2**).

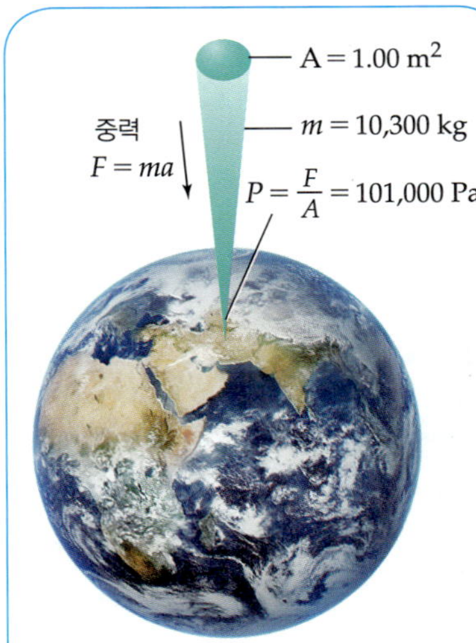

▲ **그림 10.2**
대기압. 지표면에서 상층 대기까지 단면적이 $1\ \text{m}^2$인 공기 기둥의 질량은 약 10,300 kg이다. 이 공기 기둥이 약 101,000 Pa의 대기압을 나타낸다.

▶ 그림 10.3
진공 처리된 금속 캔에 대한 대기압 영향. (a) 진공 펌프가 금속 캔에 연결되어 있다. (b) 진공 펌프가 켜지면 내부 압력이 낮아지면서 대기압에 의해 금속 캔이 찌그러진다.

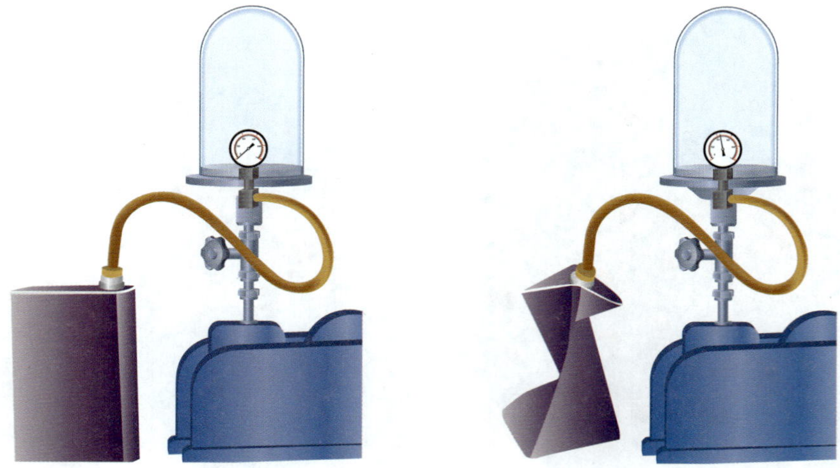

$$P = \frac{m \times a}{A} = \frac{10{,}300 \text{ kg} \times 9.81 \frac{\text{m}}{\text{s}^2}}{1.00 \text{ m}^2} = 101{,}000 \text{ Pa} = 101 \text{ kPa}$$

항상 타이어나 농구공과 같은 일상적인 물체의 압력은 제곱인치당 파운드 단위로 측정한다(lb/in.^{2} 또는 psi). 대기압도 lb/in.^{2}로 표현이 가능하다(그림 10.2). 대기 기둥의 질량(10,300 kg)과 면적(1 m^2)을 SI 단위로부터 파운드와 인치 단위로의 변환하면 된다.

$$\frac{10{,}300 \text{ kg}}{1 \text{ m}^2} \times \frac{2.21 \text{ lb}}{1 \text{ kg}} \times \left(\frac{1 \text{ m}}{10^2 \text{ cm}}\right)^2 \times \left(\frac{2.54 \text{ cm}}{1 \text{ in.}}\right)^2 = 14.7 \frac{\text{lb}}{\text{in.}^2}$$

우리는 실제로 대기에 의해서 눌리는 힘을 느낄 수가 없는데, 그 이유는 우리 몸에서 밖으로 밀어내는 힘이 동등하게 작용하기 때문이다. 하지만 대기압에 의한 힘은 금속 캔을 진공 펌프에 연결해 보면 확인할 수 있다. 진공 펌프가 켜지면, 금속 캔의 내부 압력은 낮아지고, 대기압은 금속 캔을 찌그러트릴 정도로 강하게 작용될 수 있다(**그림 10.3**)!

SI 단위가 의무적으로 사용되고 있지만, 압력의 화학적인 측정 단위로서 파스칼(Pa)은 불편하다. 따라서 **수은주 밀리미터**(millimeter of mercury, mmHg)와 **기압**(atmosphere, atm), **바**(bar)가 압력의 단위로 더 많이 사용되고 있다.

수은주 밀리미터(mmHg)는 이탈리아 과학자 Evangelista Torricelli (1608~1647)를 따라 **토르**(torr)라고도 하는데, 이는 그가 수은 **기압계**(barometer)를 이용하여 대기압을 측정했기 때문이다. **그림 10.4**에 나타낸 바와 같이, 기압계는 한쪽 끝이 막혀 있고, 수은이 채워진 길고 가느다란 관으로 이루어져 있고, 이것을 수은이 들어 있는 용기에 뒤집어 세운다. 중력에 의한 수은 기둥에 의한 압력이 대기압과 정확하게 같아질 때까지 수은은 관을 따라 내려간다. 수은 기둥의 높이는 고도와 기상 조건에 따라서 매일 변할 수 있으나, 해수면에서의 표준 대기압은 정확하게 760 mmHg로 정의된다.

수은의 밀도(0 °C에서 1.359 51 $\times 10^4$ kg/m^3)와 중력 가속도(9.806 65 m/s^2)를 알면, 760 mm(0.760 m) 높이의 수은 기둥에 의해 가해지는 압력을 계산할 수 있다. 따라서 1 표준 **기압(atm)**은 이제 정확하게 101,325 Pa로 정의된다.

$$P = (0.760 \text{ m})\left(1.359\,51 \times 10^4 \frac{\text{kg}}{\text{m}^3}\right)\left(9.806\,65 \frac{\text{m}}{\text{s}^2}\right) = 101{,}325 \text{ Pa}$$

$$1 \text{ atm} = 760 \text{ mm Hg} = 101{,}325 \text{ Pa}$$

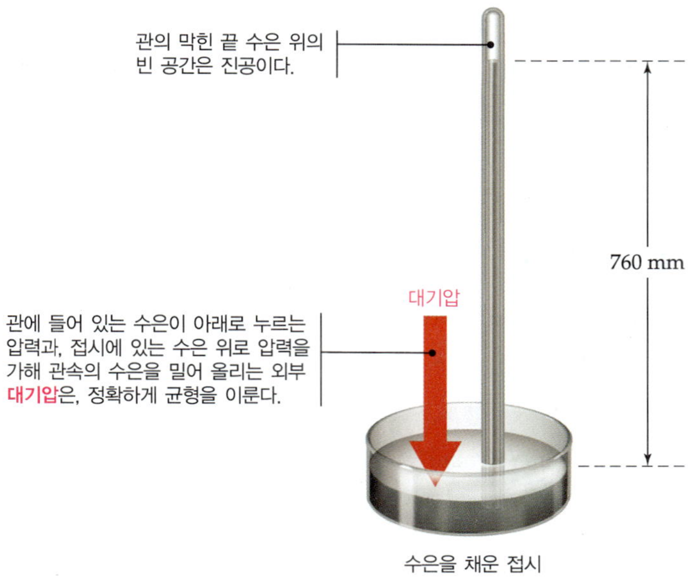

◀ **그림 10.4**
수은 기압계. 수은 기압계는 유리관에 들어 있는 수은 기둥의 높이를 읽어서 대기압을 측정한다.

▶ **확인하기**

만약 기압계가 액체 수은(d=13.6 g/mL) 대신 액체 물(d=1.00 g/mL)로 채워진다면, 막힌 관에서의 물의 높이는 어떻게 되겠는가?

답 수은이 물보다 13.6배 더 밀도가 크기 때문에, 물기둥은 13.6배 더 높을 것이다(10,336 mm 혹은 1.03 m). 이렇게 높은 물기둥 때문에, 물을 기압계에 사용하는 것은 비현실적이다.

엄밀히 말해 SI 단위는 아니지만, 압력의 단위로 **바**(**bar**)가 빠르게 인기를 얻고 있다. SI 단위인 Pa의 10의 거듭제곱으로 쉽게 나타낼 수 있고, 1 atm과 약 1% 정도의 차이밖에 없기 때문이다.

$$1 \text{ bar} = 100{,}000 \text{ Pa} = 100 \text{ kPa} = 0.986\ 923 \text{ atm}$$

대기압과 다른 압력 단위들 사이의 환산 인자를 표 10.2에 요약해 놓았다.

용기 속에 들어 있는 기체의 압력은 끝이 열린 **압력계**(**manometer**)를 사용하여 측정하는데, 원리는 수은 기압계와 유사하다. 그림 10.5에서 보는 바와 같이, 끝이 열린 압력계는 수은으로 채워진 U자관으로 되어 있으며, 한쪽 끝은 기체로 채워진 용기에 연결되어 있

표 10.2 일반적인 압력 단위들 사이의 변환

	1 atm
Pa(1 N/m^2)	*1.013 25 × 10^5
kPa	*101.325
bar	*1.013 25
mmHg	*760
lb/in.^{2} 또는 psi	14.7

*이 변환들은 정확하며, 계산할 때 유효 숫자 개수를 제한하지 않는다.

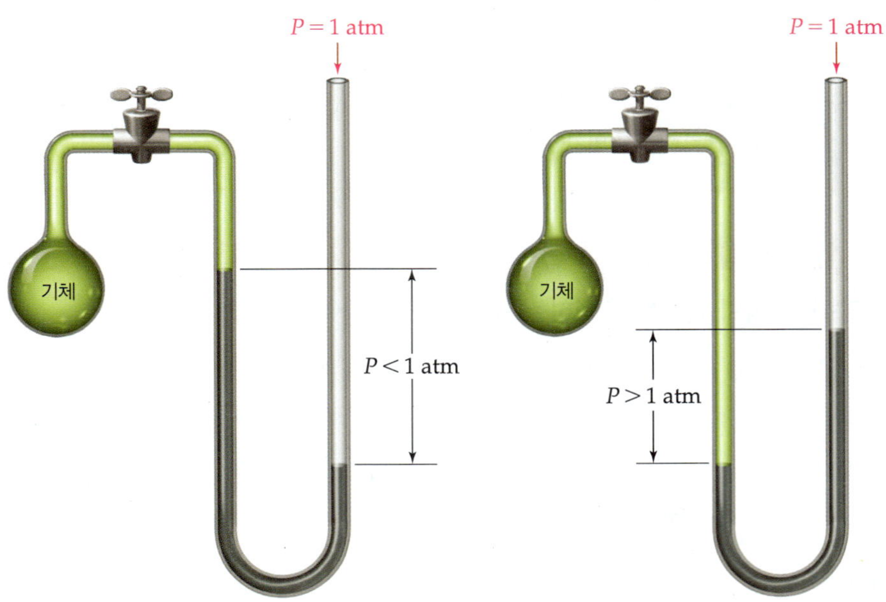

(a) 수은 높이는 용기에 연결된 관 쪽이 더 높다. 용기 내의 압력이 대기압보다 낮기 때문이다.

(b) 수은 높이는 열린 관 쪽이 더 높다. 용기 내의 압력이 대기압보다 더 높기 때문이다.

◀ **그림 10.5**
용기 내 기체의 압력을 측정하는 데 사용되는 끝이 열린 압력계

▶ **확인하기**

용기 내부의 기체 압력이 1 atm으로 같을 때, 용기에 연결된 관과 열린 관의 수은의 높이를 각각 설명하시오.

답 동일하다.

고 다른 쪽 끝은 대기에 열려져 있다. 기체 시료와 대기 사이의 압력 차는 U자관 양쪽의 수은 높이 차와 같다. 용기 내에 있는 기체의 압력이 대기압보다 낮으면, 용기에 연결된 관의 수은 높이가 더 높다(그림 10.5a). 만약 용기 내 기체의 압력이 대기압보다 높으면, 대기 쪽으로 열려 있는 관의 수은 높이가 더 높다(그림 10.5b).

예제 10.1

다른 압력 단위들 사이의 변환

공식적인 고도가 8848 m인 Everest 산의 정상에서 대기압은 보통 265 mmHg이다. 이 값을 Pa, atm, bar 값으로 환산하시오.

▲ 대기압은 고도 증가에 따라 감소한다. Everest 산 정상에서의 전형적인 대기압은 265 mmHg이다.
ⓒDmitry Pichugin/Shutterstock

전략

101,325 Pa/760 mmHg, 1 atm/760 mmHg와 1 bar/10^5 Pa의 환산 인자를 이용하여 필요한 계산을 한다.

풀이

$$(265\ \text{mm Hg})\left(\frac{101{,}325\ \text{Pa}}{760\ \text{mm Hg}}\right) = 3.53 \times 10^4\ \text{Pa}$$

$$(265\ \text{mm Hg})\left(\frac{1\ \text{atm}}{760\ \text{mm Hg}}\right) = 0.349\ \text{atm}$$

$$(3.53 \times 10^4\ \text{Pa})\left(\frac{1\ \text{bar}}{10^5\ \text{Pa}}\right) = 0.353\ \text{bar}$$

점검

1 atm은 760 mmHg와 같다. 265 mmHg는 760 mmHg의 약 1/3이므로 Everest 산에서의 공기 압력은 표준 대기압의 약 1/3, 즉 대략 30,000 Pa, 0.3 atm, 0.3 bar이다.

연습문제 10.1 허리케인 어마(Hurricane Irma, 2017)는 중심부 압력이 914 mbar이었고, 이는 대서양 허리케인에 대해 가장 적게 기록된 값이다. 이 압력을 mmHg의 단위로 계산하시오.

응용문제 10.2 해수면에서 대기압은 1 atm이다. 수중으로 10 m 내려갈 때마다 압력이 1 atm씩 증가한다. Herbert Nitsch는 자유 잠수 부문에서 214 m 깊이로 세계 기록 보유자이다. 이 깊이에서의 압력은 Pa 단위로 얼마인가?

개념 예제 10.2

용기 내 기체의 압력을 측정하는 데 사용되는 끝이 열린 압력계

외부 압력이 750 mmHg이라면, 그림에서 보는 장치 내부의 기체 압력은 얼마인가?

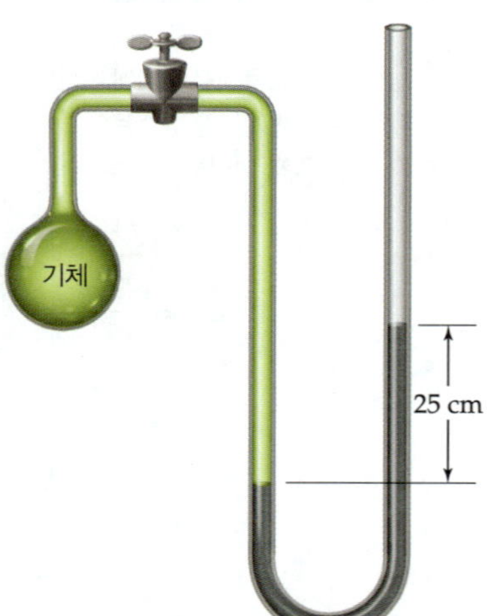

▲ 끝이 열린 압력계(개념 예제 10.2)

전략

용기 내부의 기체 압력은 외부 압력과 압력계 측정값의 차이와 같다. 용기 내부의 기체 압력은 대기압보다 높다. 그 이유는 액체 높이가 대기 쪽으로 열린 관이 높기 때문이다.

풀이

$$P_{기체} = 750\ \text{mmHg} + \left(25\ \text{cm Hg} \times \frac{10\ \text{mm}}{1\ \text{cm}}\right) = 1000\ \text{mmHg} = 1.0 \times 10^3\ \text{mmHg}$$

개념 연습문제 10.3 외부 압력이 0.975 atm이면, 장치 내부의 기체 압력은 mmHg 단위로 얼마인가?

개념 응용문제 10.4 수은 대신 광물유로 채운, 끝이 열린 압력계가 있다고 가정하자. 용기에 연결된 관의 광물유의 높이가 대기에 연결된 관보다 237 mm 더 높고, 대기압이 746 mmHg이다.

(a) 그림 10.5와 유사한 압력계 그림을 그리시오.

(b) 용기 내의 기체 압력은 mmHg 단위로 얼마인가? (수은의 밀도는 13.6 g/mL이고, 광물유의 밀도는 0.822 g/mL이다.)

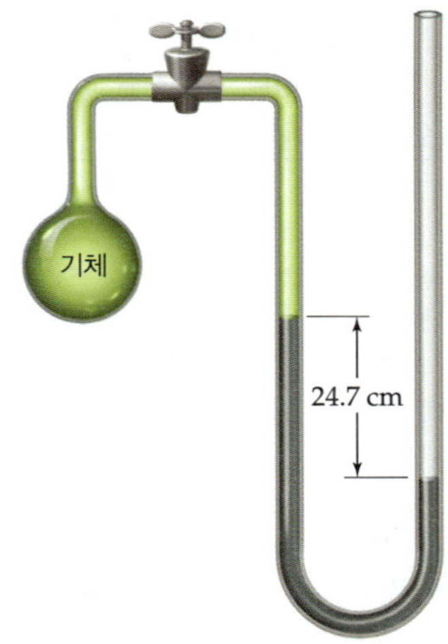

▲ 끝이 열린 압력계(개념 연습문제 10.3)

10.2 기체 법칙들

고체나 액체와는 달리, 기체들은 서로 달라도 그들의 화학적 구성과 관계없이 매우 유사한 물리적 거동을 나타낸다. 예를 들면, 헬륨과 플루오린은 화학적 특성이 매우 다르지만 대부분의 물리적 거동은 거의 동일하다. 1600년대 후반에 많은 관찰을 통해, 기체의 물리적 성질은 네 가지 변수들, 즉 압력(P), 온도(T), 부피(V), 몰수(n)로 서술할 수 있음을 알았다. 이러한 네 가지 변수들 사이의 특정한 관계를 **기체 법칙들**(**gas laws**)이라고 하고, 이러한 법칙을 정확히 따르는 기체를 **이상 기체**(**ideal gas**)라고 한다.

보일 법칙: 기체의 부피와 압력 사이의 관계

한쪽 끝에 움직일 수 있는 피스톤이 장치되어 있는 실린더 안에 기체 시료가 들어 있다고 생각하자(**그림 10.6**). 피스톤을 아래로 눌러서 기체에 가하는 압력을 증가시키면 어떤 일이 일어날까? 경험들을 통해 압력을 증가시키면 실린더 안에 있는 기체의 부피가 줄어드는 것을 알 수 있을 것이다. **보일 법칙**(**Boyle's law**)에 따르면, 일정한 온도에서 일정한 양의 기체의 부피는 압력에 반비례한다. 기체의 압력이 2배가 되면 부피는 1/2로 줄어들고, 압력이 1/2로 되면 부피는 2배로 증가한다.

보일 법칙 $V \propto 1/P$ 또는 $PV = k$(일정한 n, T에서) 이상 기체의 부피는 압력에 반비례한다. 즉, n과 T가 일정할 때 P와 V의 곱은 일정한 값을 가진다. (기호 $\propto$은 비례함을 뜻하며, k는 상수이다.)

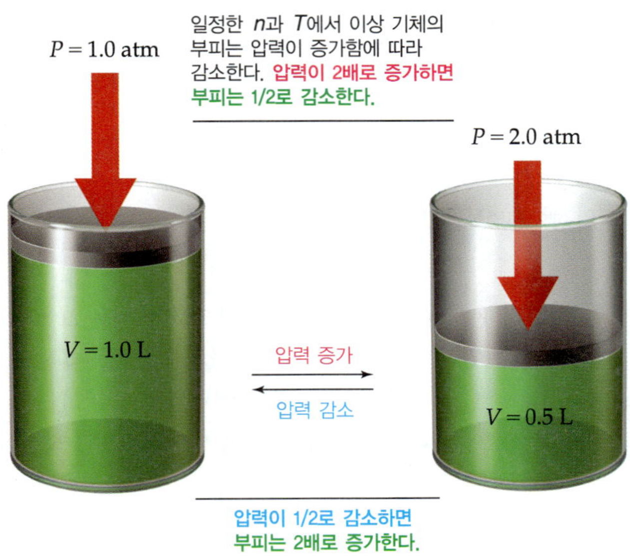

◀ **그림 10.6**
보일 법칙

▶ **확인하기**
만약 압력이 3배가 되면 부피는 어떻게 될까?
답 부피는 원래 부피의 1/3이 된다.

표 10.3 일정한 n과 T에서 기체 시료의 압력–부피 측정

압력(mmHg)	부피(L)
760	1
380	2
253	3
190	4
152	5
127	6
109	7
95	8
84	9
76	10

기체 시료에 대해서 일련의 압력–부피를 측정하고(**표 10.3**) 이들 값을 **그림 10.7**과 같이 도시하면, 보일 법칙의 타당성을 쉽게 확인할 수 있다. 부피 V를 압력 P에 대해 도시하면, 결과는 쌍곡선 형태의 곡선을 나타낸다(그림 10.7a). 그러나 부피 V를 압력의 역수인 $1/P$에 대해서 도시하면, 직선을 나타낸다(그림 10.7b). 이러한 도시는 수식 $y = mx + b$의 특성을 나타낸다. 여기서 $y = V$, $m =$ 직선의 기울기(여기서는 상수 k), $x = 1/P$, $b = y$ 절편(여기서는 상수 0)이다(직선 방정식에 대해서는 부록 A.3 참조).

$$\underset{\substack{\uparrow \\ y}}{V} = \underset{\substack{\uparrow \\ m}}{k}\underset{\substack{\uparrow \\ x}}{\left(\frac{1}{P}\right)} + \underset{\substack{\uparrow \\ b}}{0} \quad (\text{또는 } PV = k)$$

▶ 그림 10.7
보일 법칙의 도시

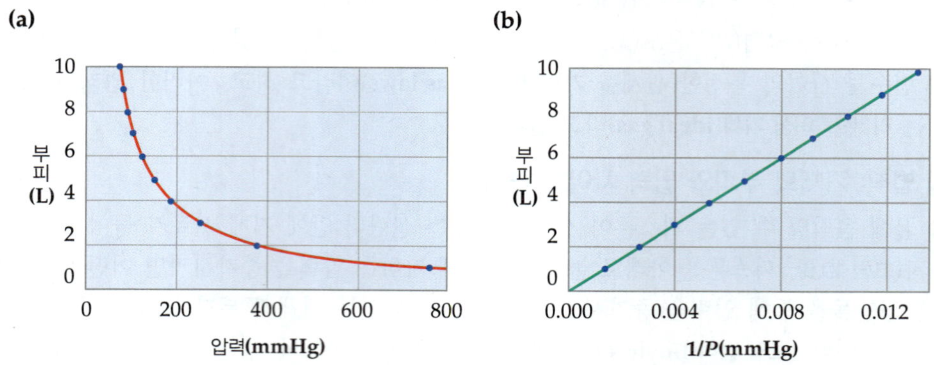

(a) 기체 시료에 대한 V 대 P의 도시는 쌍곡선이다.

(b) V 대 $1/P$의 도시는 직선이다. 이러한 직선은 $y = mx + b$의 형태를 갖는다.

샤를 법칙: 기체의 부피와 온도 사이의 관계

움직일 수 있는 피스톤이 한쪽 끝에 장치되어 있는 실린더 안에 기체 시료가 들어 있다고 생각하자(**그림 10.8**). 압력을 일정하게 유지하기 위해 피스톤은 자유롭게 움직일 수 있도록 하고, 기체 시료의 온도를 올리면 어떤 일이 일어날까? 경험을 통해, 실린더 안의 기체 부피가 팽창하기 때문에 피스톤이 위로 움직이게 될 것이란 것을 알 수 있다. **샤를 법칙**(**Charles's law**)에 따르면, 일정한 압력에서 일정한 양의 이상 기체의 부피는 절대 온도에 비례한다. 기체의 켈빈 온도가 2배로 되면 부피가 2배로 되고, 기체의 켈빈 온도가 1/2로 되면 부피도 1/2이 된다.

> **샤를 법칙 $V \propto T$ 또는 $V/T = k$(일정한 n, P에서)** 이상 기체의 부피는 절대 온도에 비례한다. 즉 n과 P가 일정할 때 V를 T로 나누면 일정한 값을 가진다.

표 10.4 일정한 n과 P에서 기체 시료의 온도–부피 측정

온도(K)	부피(L)
123	0.45
173	0.63
223	0.82
273	1.00
323	1.18
373	1.37

기체 시료에 대하여 일련의 온도–부피 관계를 측정함으로써 얻은 **표 10.4**의 결과를 통해 샤를 법칙의 타당성을 확인할 수 있다. 보일 법칙과 마찬가지로, 샤를 법칙도 수식 $y = mx + b$로 나타낼 수 있다. 여기서 $y = V$, $m =$ 직선의 기울기(여기서는 상수 k), $x = T$, $b = y$ 절편(여기서는 0)이다. 그러므로 V를 T에 대해서 도시하면, 기울기가 상수 k인 직선이 된다(**그림 10.9**).

$$\underset{\substack{\uparrow \\ y}}{V} = \underset{\substack{\uparrow \\ m}}{k}\underset{\substack{\uparrow \\ x}}{T} + \underset{\substack{\uparrow \\ b}}{0} \quad \left(\text{또는 } \frac{V}{T} = k\right)$$

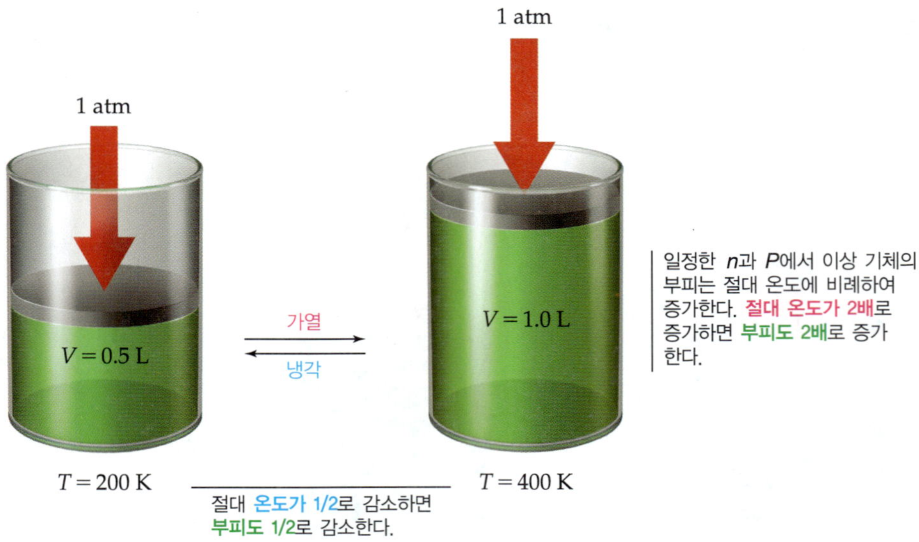

◀ 그림 10.8
샤를 법칙

▶ 확인하기

만약 절대 온도가 3배만큼 감소한다면 부피는 어떻게 될까?

답 부피는 처음 부피의 1/3이 된다.

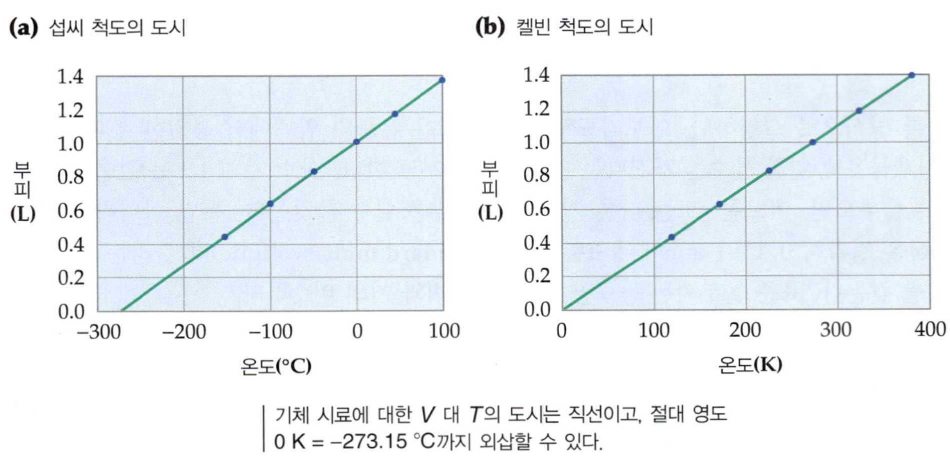

◀ 그림 10.9
샤를 법칙의 도시

그림 10.9의 부피 대 온도의 도시는 흥미로운 사실을 시사하고 있다. 부피를 섭씨 온도 단위로 도시할 때, 직선은 T = −273.15 °C에서 V = 0으로 외삽된다(그림 10.9a). 그러나 물질은 음의 부피를 가질 수 없다. 이것은 −273.15 °C가 가장 낮은 온도, 즉 켈빈(K) 단위에서 **절대 영도**임을 나타내고 있다(그림 10.9b). 실제로, 절대 영도의 대략적인 값은 처음에는 이와 같은 단순한 방법으로 결정되었다.

아보가드로 법칙: 기체의 부피와 양 사이의 관계

움직일 수 있는 피스톤이 장치되어 있는 실린더들 안에 들어 있는 두 종류의 기체 시료들이 있다고 생각하자(**그림 10.10**). 같은 온도와 압력에서 하나의 실린더에는 1 mol의 기체가 들어 있고, 또 다른 실린더에는 2 mol의 기체가 들어 있다. 두 번째 실린더에 들어 있는 기체의 양이 2배이므로 그 기체 부피도 2배일 것이라고 상식적으로 생각할 수 있다. **아보가드로 법칙(Avogadro's law)**에 따르면, 일정한 압력과 온도에서 기체의 부피는 오직 그 몰수에 따라 달라진다. 만일 기체의 양이 2배로 되면 기체의 부피는 2배가 되고, 기체의 양이 1/2배가 되면 부피도 1/2배가 된다.

아보가드로 법칙 $V \propto n$ 또는 $V/n = k$(일정한 T와 P에서) 이상 기체의 부피는 기체의 몰수에 비례한다. 즉 T와 P가 일정할 때 V를 n으로 나누면 일정한 값을 가진다.

▶ 그림 10.10
아보가드로 법칙

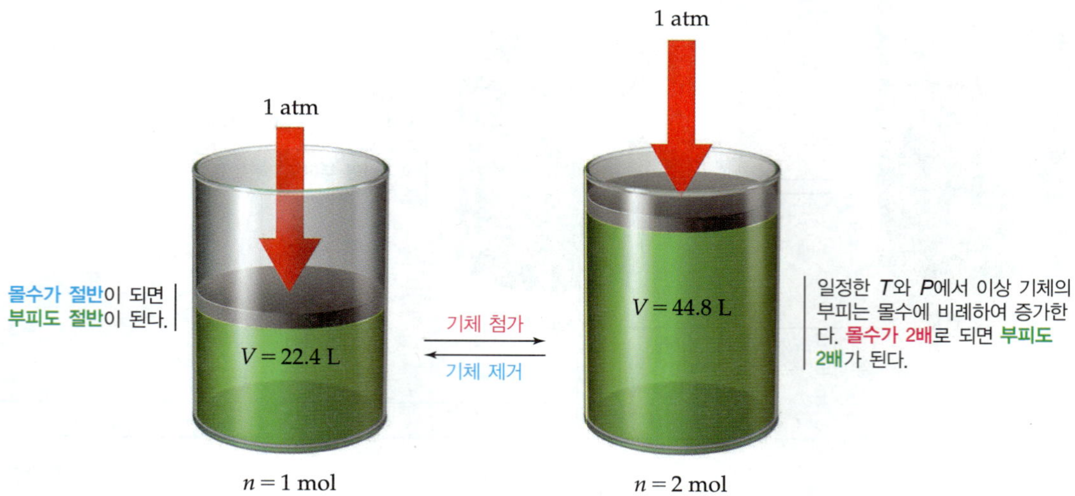

다른 방식으로 설명하면, 아보가드로 법칙은 같은 온도와 압력에서 동일한 부피의 서로 다른 기체들은 동일한 몰수를 가진다는 것을 나타내기도 한다. 산소 기체 1 L는 같은 T와 P에서 헬륨, 플루오린, 아르곤, 또는 다른 기체 1 L와 같은 몰수를 갖는다. 뿐만 아니라, 이상 기체 1 mol은 정확히 0 ℃, 1 atm에서 **표준 몰부피(standard molar volume)**라 불리는 22.414 L의 부피를 갖는다. 표준 몰부피는 농구공 세 개의 부피와 거의 비슷하다.

개념 예제 10.3

기체 법칙들의 시각적 표현

초기 기체 시료에 (a)와 (b)에 제시된 조건의 변화가 가해졌을 때, 피스톤의 대략적인 위치를 표시하시오.

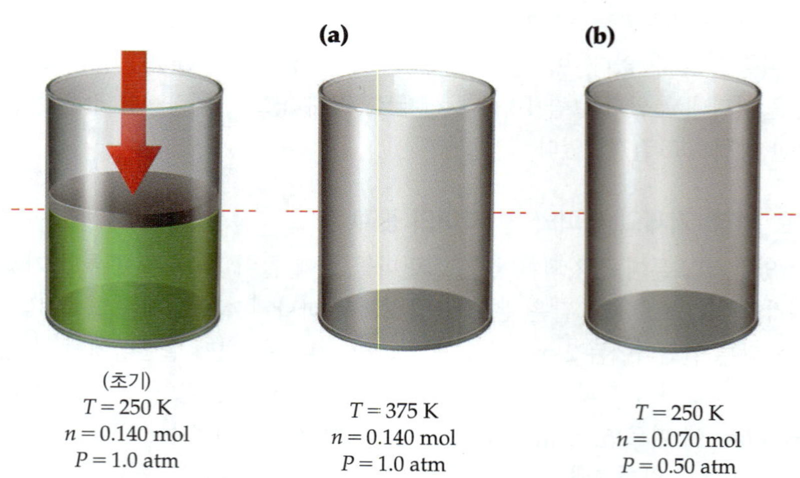

전략

P, n, T 중 어느 변수가 변하는지 확인하고, 적절한 기체 법칙에 따라 각 부피 변화를 계산한다.

풀이

(a) 몰수 n과 압력 P는 일정하고, 온도 T는 375/250 = 1.5배 증가한다. 샤를 법칙에 따라 $V \propto T$이므로 부피는 1.5배 증가한다.

(b) 온도 T는 일정하고, 몰수 n과 압력 P는 모두 절반으로 감소한다. 아보가드로 법칙($V \propto n$)에 따라 몰수가 반으로 감소하면 부피도 반으로 감소하고, 보일 법칙($V \propto 1/P$)에 따라 압력이 반으로 감소하면 부피는 두 배로 증가한다. 두 변화는 상쇄되어 부피는 변하지 않는다.

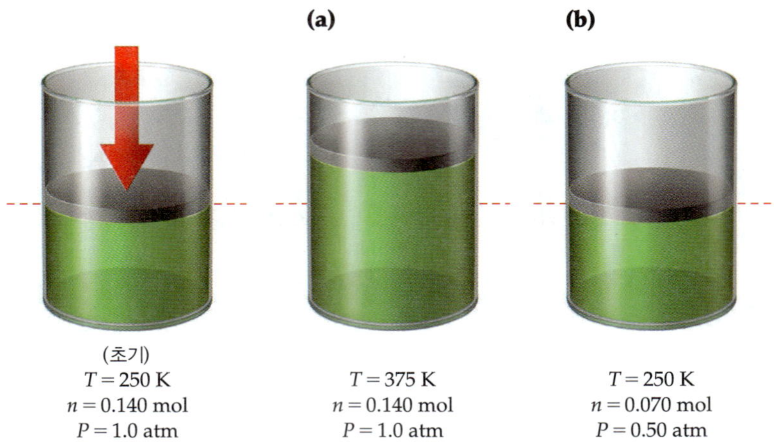

개념 연습문제 10.5 1.0 atm의 일정한 압력 하에서 초기 기체 시료에 제시된 조건의 변화가 가해졌을 때, 움직일 수 있는 피스톤의 대략적인 위치를 표시하시오.

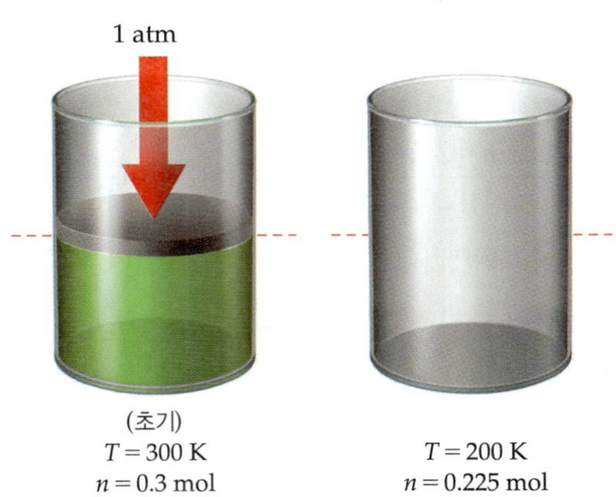

개념 응용문제 10.6 초기 기체 시료에 (a)와 (b)에 제시된 조건의 변화가 가해졌을 때, 움직일 수 있는 피스톤의 대략적인 위치를 표시하시오.

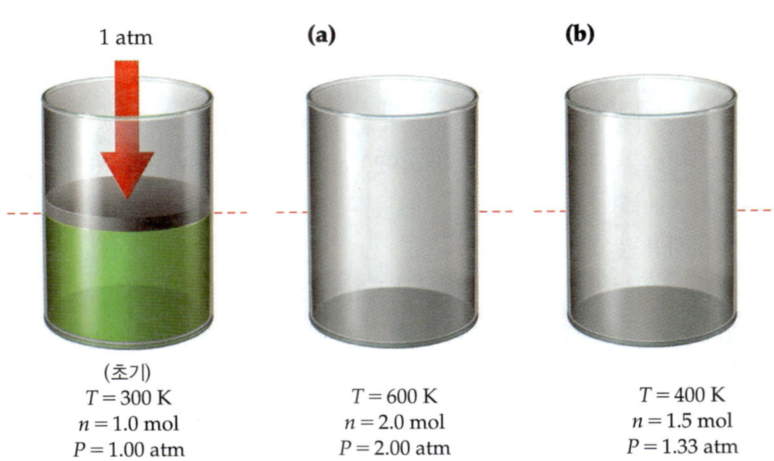

10.3 이상 기체 법칙

앞에서 논의한 세 가지 기체의 법칙들은 기체의 부피가 압력, 온도, 몰수의 변화에 어떤 영향을 받는가를 나타내는 **이상 기체 법칙(ideal gas law)**이라는 하나의 식으로 결합시킬 수 있다. 변수 P, V, T, n 중 세 가지 변수 값을 알면, 나머지 한 변수 값은 이상 기체 법칙을 사용하여 계산할 수 있다. 이 식에서 비례 상수 R을 **기체 상수(gas constant, *R*)**라고 하며, 모든 기체에 대해서 동일한 값을 가진다.

개념탐구 질문 1

다음 기체들 중에서 STP 상태에서 가장 큰 부피를 갖는 기체는 어느 것인가? (기체들이 이상적으로 행동한다고 가정하시오.)

Ar, 10 g, O_2 10 g, He 10 g

이상 기체 법칙 $V = \frac{nRT}{P}$ 또는 $PV = nRT$

이상 기체 법칙은 다시 보일 법칙, 샤를 법칙, 아보가드로 법칙의 다른 형태로 재정리할 수 있다.

보일 법칙	$PV = nRT = k$	(n, T가 일정할 때)
샤를 법칙	$\frac{V}{T} = \frac{nR}{P} = k$	(n, P가 일정할 때)
아보가드로 법칙	$\frac{V}{n} = \frac{RT}{P} = k$	(T, P가 일정할 때)

기체 상수 R의 값은 기체의 표준 몰부피로부터 계산할 수 있다. 기체 1 mol은 0 ℃(273.15 K), 1 atm에서 22.414 L의 부피를 차지하므로 기체 상수 R은 0.082 058 (L·atm)/(K·mol)이며, SI 단위로는 8.3145 J/(K·mol)이다.

$$R = \frac{P \cdot V}{n \cdot T} = \frac{(1\ \text{atm})(22.414\ \text{L})}{(1\ \text{mol})(273.15\ \text{K})} = 0.082\ 058\frac{\text{L}\cdot\text{atm}}{\text{K}\cdot\text{mol}}$$

$$= 8.3145\ \text{J/(K}\cdot\text{mol)}\quad (P\text{의 단위는 파스칼이고, } V\text{의 단위는 m}^3\text{일 때})$$

계산에 사용된 특수 조건[0 ℃(273.15 K)와 1 atm]을 **표준 온도와 압력(standard temperature and pressure, STP)**이라고 한다. 이 표준 조건은 일반적으로 기체의 계산에 이용되고 있다. 기체의 측정에 사용되는 표준 온도(0 ℃ 또는 273.15 K)는 열역학적 측정에 사용되는 온도(25 ℃ 또는 298.15 K; 9.5절)와 다르다는 점에 유의해야 한다.

기체의 표준 온도와 압력(STP) $T = 0°C \quad P = 1\ \text{atm}$

기체를 측정할 때 사용하는 표준 압력은 아직까지 이 책이나 대부분의 다른 책에서도 1 atm(101,325 Pa)을 사용한다. 그러나 1 bar 또는 100,000 Pa로 다시 정의되고 있다는 점에 주의해야 한다. 이 새로운 표준 압력은 0.986 923 atm이며, 따라서 새롭게 정의되는 표준 몰부피도 22.414 L가 아니고 22.711 L이다. 대부분의 다른 책에서처럼, 이 책에서도 표준 기압으로 1 atm을 계속 사용할 것이다.

이상(ideal) 기체 법칙이라는 명칭은 비이상적(nonideal)으로 행동하는 기체가 있다는 것을 의미한다. 실제로 모든 상황에서 이 식을 완전히 따르는 이상 기체라는 것은 존재하지 않는다. 모든 실제 기체들은 어느 정도는 비이상적이고, 기체 법칙들에 의해 예상되는 행동에서 약간 벗어난다. **표 10.5**에서 보는 바와 같이, 실제 기체의 몰부피는 22.414 L라는 이상적인 값과는 약간의 차이가 있다. 그러나 대부분의 조건에서 이상적인 행동으로부터 벗어나는 정도는 매우 작아서, 거의 차이가 나타나지 않는다. 10.8절에서는 벗어남의 정도가 더 큰 경우에 대해서 논의할 것이다.

표 10.5 0 ℃와 1 atm에서 몇 가지 실제 기체들의 몰부피

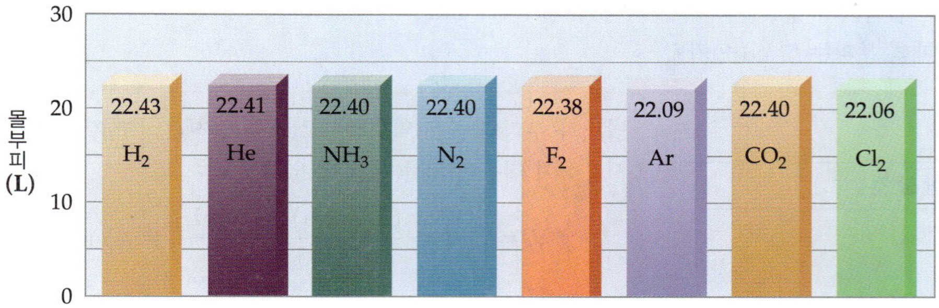

예제 10.4

이상 기체 법칙을 사용하여 미지값 구하기

성인의 평균 폐 용량은 3.8 L이다. 폐 속에 공기는 몇 mol이 들어 있는가? 폐는 1.00 atm의 압력과 정상 체온 37 ℃ 하에 있다고 가정하시오.

문제 파악

알고 있는 것	알아내야 할 것
부피(V= 3.8 L) 압력(P = 1.00 atm) 온도(T = 37 ℃)	기체의 몰수(n)

전략

이 문제는 V, P, T가 주어졌을 때, n 값을 묻는 문제이다. 이상 기체 법칙을 변형한 식 $n = PV/RT$를 이용하고, 섭씨 온도를 절대 온도로 전환하여 주어진 각 P, V, T 값을 식에 대입한다.

풀이

$$n = \frac{PV}{RT} = \frac{(1.00\ \text{atm})(3.8\ \text{L})}{\left(0.082\ 06\ \frac{\text{L}\cdot\text{atm}}{\text{K}\cdot\text{mol}}\right)(310\ \text{K})} = 0.15\ \text{mol}$$

평균 성인의 폐는 0.15 mol의 공기를 갖는다.

점검

4 L의 폐 부피는 이상 기체의 표준 몰부피, 즉 22.4 L의 약 1/6이다. 따라서 폐는 1/6 mol, 즉 0.17 mol의 용량을 가진다.

연습문제 10.7 STP 상태에서, 1.00×10^5 L 부피의 저장 탱크 안에는 메테인(CH_4) 기체가 몇 몰 들어 있는가?

응용문제 10.8 350 mL 부피의 에어로솔 스프레이에는 추진제로 프로페인(C_3H_8) 기체 3.2 g이 포함되어 있다. 20 ℃에서 이 용기에 들어 있는 기체의 압력은 몇 atm인가?

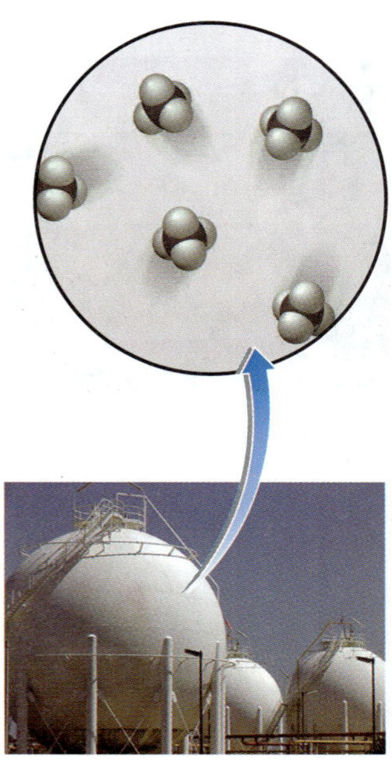

▲ 탱크 안에는 메테인 기체가 몇 몰이 존재할까? © Paulo Resende/Shutterstock

예제 10.5

변수들이 변할 때 이상 기체 법칙의 사용

전형적인 자동차 엔진의 경우, 실린더 안에서 휘발유와 공기의 혼합물은 발화되기 전에 1.0 atm에서 9.5 atm으로 압축된다. 압축되지 않았을 때의 실린더 부피가 410 mL이면, 그 혼합물이 완전히 압축되었을 때의 부피는 몇 mL인가?

문제 파악

알고 있는 것	알아내야 할 것
초기 압력(P_i = 1.0 atm)	최종 부피(V_f)
최종 압력(P_f = 9.5 atm)	
초기 부피(V_i = 410 mL)	

전략

이상 기체 법칙을 재정리해서 식의 한 변은 값이 변하는 변수들을, 식의 다른 변에는 값이 일정한 상수들을 놓는다.

풀이

이상 기체 법칙에서 압력과 부피는 변하므로 이들을 식의 좌변에 놓고, n, R, T는 일정하므로 우변에 놓는다.

$$\underbrace{PV}_{\text{변하는 변수들}} = \underbrace{nRT}_{\text{상수들}} = k$$

압력과 부피의 곱은 일정하므로(보일 법칙), 식 $P_iV_i = P_fV_f$을 사용하여 최종 부피를 구할 수 있다.

$$V_f = \frac{P_iV_i}{P_f} = \frac{(1.0\ \text{atm})(410\ \text{mL})}{(9.5\ \text{atm})} = 43\ \text{mL}$$

점검

실린더의 압력이 약 10배 증가하므로, 보일 법칙에 따라서 부피는 대략 400 mL에서 40 mL로 감소해야 한다.

▶ **연습문제 10.9** 자동차 타이어의 부피가 일정하다고 가정하고, 0 ℃에서 타이어 내부의 압력이 2.15 atm에서 2.37 atm으로 증가하려면, 최종 온도(℃)는 얼마가 되어야 하는가?

▶ **응용문제 10.10** 745 mmHg와 25.0 ℃ 조건 하에서 한 기상 관측 기구의 부피는 45.0 L이다. 이 기구의 압력이 178 mmHg이고 온도가 225 K인 고도 10,000 m에 있다면, 기구의 부피는 얼마가 되는가?

10.4 기체들에 대한 화학량론적 관계

▲ 자동차 에어백은 아자이드화 소듐의 분해로 생성되는 질소 기체에 의해 팽창된다. ©Vereshchagin Dmitry/Shutterstock

화학 공업에서의 가장 중요한 과정들을 포함하는 많은 화학 반응들에는 기체가 관여하고 있다. 예를 들면, 세계적으로 매년 1억 3000만 톤의 암모니아가 $3\ H_2(g) + N_2(g) \longrightarrow 2\ NH_3(g)$ 반응식에 따라 수소와 질소의 반응으로 생산되고 있다. 따라서 고체, 액체, 용액의 양을 계산한 것처럼 기체 반응물의 양도 계산할 수 있어야 한다.

대부분의 기체 계산들은 이상 기체 법칙을 이용하여, P, V, T, n의 변수 중에서 세 변수를 알 때, 4번째 변수를 계산하는 과정이다. 예를 들면, 자동차 에어백 전개에 사용되는 반응은 고온에서 아자이드화 소듐 NaN_3을 분해시켜 N_2 기체를 생성하는 반응이다(소듐은 후속 반응에 의해 제거된다). 예제 10.6은 주어진 반응물의 양에서 기체 생성물의 부피를 계산하는 예를 보여 주고 있다.

예제 10.6

화학 반응에서 생산되는 기체의 부피 계산

1.15 atm과 30 ℃에서 NaN_3 45.0 g이 분해되면, N_2 기체 몇 L가 생성되겠는가?

$$2\ NaN_3(s) \longrightarrow 2\ Na(s) + 3\ N_2(g)$$

문제 파악

알고 있는 것	알아내야 할 것
압력(P = 1.15 atm) 온도(T = 30 °C) NaN_3의 질량(45.0 g)	N_2의 부피(V)

전략

화학량론적 관계를 이용하여, NaN_3 45.0 g에서 생산되는 N_2의 몰수를 구하고, 그 후 이상 기체 법칙을 이용하여 N_2의 부피를 계산한다.

풀이

생성된 N_2 기체의 몰수 n 값을 알려면, 우선 NaN_3 45.0 g이 몇 mol인가를 알아야 한다.

$$NaN_3\text{의 몰질량} = 65.0\ \text{g/mol}$$

$$NaN_3\text{의 몰수} = (45.0\ \text{g NaN}_3)\left(\frac{1\ \text{mol NaN}_3}{65.0\ \text{g NaN}_3}\right) = 0.692\ \text{mol NaN}_3$$

다음에는, 분해 반응에서 생성되는 N_2 기체의 몰수를 알아야 한다. 균형 화학 반응식에 따르면, NaN_3 2 mol이 반응하면 N_2 3 mol을 생성하므로 0.692 mol의 NaN_3가 반응하면 N_2 1.04 mol이 생성된다.

$$N_2\text{의 몰수} = (0.692\ \text{mol NaN}_3)\left(\frac{3\ \text{mol N}_2}{2\ \text{mol NaN}_3}\right) = 1.04\ \text{mol N}_2$$

마지막으로, 이상 기체 법칙을 사용하여 N_2 부피를 계산한다. 계산에서, 섭씨 온도(30 °C)가 아니라 절대 온도(303 K)를 사용해야 함을 기억해야 한다.

$$V = \frac{nRT}{P} = \frac{(1.04\ \text{mol N}_2)\left(0.08206\ \frac{\text{L}\cdot\text{atm}}{\text{K}\cdot\text{mol}}\right)(303\ \text{K})}{1.15\ \text{atm}} = 22.5\ \text{L}$$

▲ 석회석($CaCO_3$)처럼 탄산기를 포함하는 암석은 염산과 같은 묽은 산과 반응하면 이산화 탄소 거품을 생성한다.

ⓒ Lovely monkey/Shutterstock

▶ **연습문제 10.11** 석회석($CaCO_3$)과 같이 탄산기를 포함하는 암석이 염산과 같은 묽은 산과 반응하면 다음 화학 반응식과 같이 이산화 탄소를 생성한다.

$$CaCO_3(s) + 2\,HCl(aq) \longrightarrow CaCl_2(aq) + CO_2(g) + H_2O(l)$$

석회석($CaCO_3$) 33.7 g이 완전히 반응하여 생성된 CO_2 기체의 부피는 STP 상태에서 몇 L인가?

▶ **응용문제 10.12** 생산되는 모든 암모니아의 약 83%는 농작물을 위한 비료로 사용된다. 암모니아는 다음 화학 반응식에 따라서 수소와 질소 기체로부터 합성이 된다.

$$3\,H_2(g) + N_2(g) \longrightarrow 2\,NH_3(g)$$

STP 상태에서 500.0 L의 암모니아 합성을 위해서 필요한 수소와 질소 기체의 부피는 얼마인가?

이상 기체 법칙을 다르게 응용하면 밀도와 몰질량 같은 성질들을 계산할 수 있다. 밀도는 **그림 10.11**에서 보는 것처럼, 알고 있는 온도와 압력에서 부피가 알려진 기체의 질량을 측정하여 간단히 계산한다. 기체 밀도는 온도와 압력에 의해 급격하게 변화하므로 이들의 정확한 값이 명시되어야 한다. 기체 밀도 값은 일관성 있게 STP 상태에서의 값들로 일반적으로 보고되고 있다. 이상 기체 법칙을 이용하면, 임의의 온도와 압력에서 측정된 밀도로부터 STP 상태에서의 밀도 값을 구할 수 있다. 예를 들면, 암모니아 기체 시료의 무게가 0.672 g이고, 25 °C와 733.4 mmHg 압력에서 1.000 L 용기에 들어 있다면, STP 상태에서의 암모니아의 밀도는 다

▶ **그림 10.11**
미지의 기체 밀도 결정하기

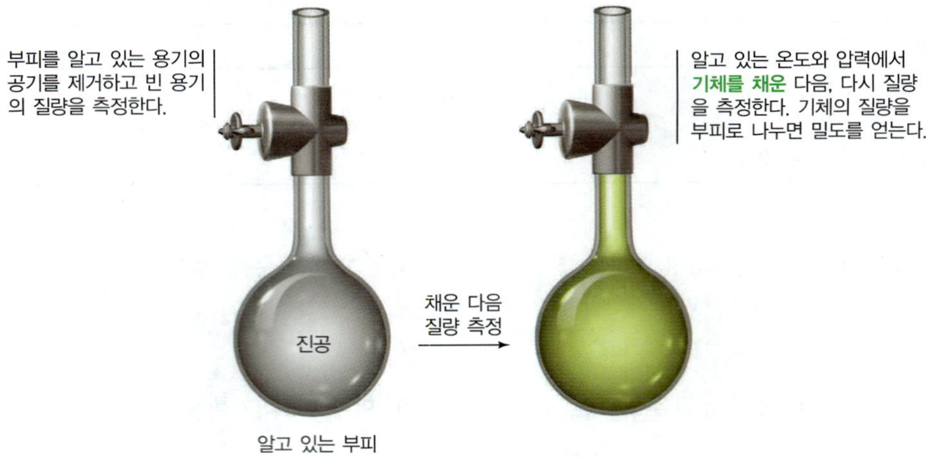

음과 같이 구할 수 있다. 물질의 밀도는 그 질량을 부피로 나눈 값이다. 암모니아 시료의 경우 질량은 0.672 g이지만, 기체 부피는 표준 상태에서 제시한 값이 아니므로 우선 STP 상태에서의 값으로 환산해야 한다. 시료의 n은 일정하기 때문에, 표준 상태가 아닌 조건에서 측정한 PV/RT는 SPT 상태에서의 PV/RT와 같다고 놓고, STP 상태에서의 V를 구할 수 있다.

$$n = \left(\frac{PV}{RT}\right)_{\text{측정}} = \left(\frac{PV}{RT}\right)_{\text{STP}} \quad \text{또는} \quad V_{\text{STP}} = \left(\frac{PV}{RT}\right)_{\text{측정}}\left(\frac{RT}{P}\right)_{\text{STP}}$$

$$V_{\text{STP}} = \left(\frac{733.4\ \text{mmHg} \times 1.000\ \text{L}}{298\ \text{K}}\right)\left(\frac{273\ \text{K}}{760\ \text{mmHg}}\right) = 0.884\ \text{L}$$

표준 상태가 아닌 조건에서 측정한 1.000 L 용기 내부의 기체는 STP 상태에서 0.884 L의 부피를 갖는다. 주어진 질량을 이 부피로 나누면, STP 상태에서 암모니아의 밀도를 구할 수 있다.

$$\text{밀도} = \frac{\text{질량}}{\text{부피}} = \frac{0.672\ \text{g}}{0.884\ \text{L}} = 0.760\ \text{g/L}$$

기체 밀도와 몰질량 사이의 관계식은 이상 기체 법칙을 재정리함으로써 얻을 수 있다. 밀도는 질량을 부피로 나눈 값이므로, 질량에 대한 항이 이상 기체 법칙에 반드시 추가되어야 한다. 몰과 몰질량(M)의 곱은 질량이므로, 이상 기체 법칙의 양변에 몰질량을 곱하면 식에 질량을 포함시킬 수 있다.

$$PV(M) = \underbrace{n(M)}_{\text{질량}(m)}RT$$

개념탐구 질문 2

다음 기체들 중 압력 1 atm과 온도 25 ℃에서 가장 높은 밀도를 갖는 기체는?

H_2, He, CO_2, N_2

질량을 부피로 나눈 값인 밀도를 계산하기 위하여 식을 재정리할 수 있다.

$$PV(M) = mRT$$

$$\text{식의 양변을 } V\text{로 나누면} \quad \frac{P\cancel{V}(M)}{\cancel{V}} = \frac{mRT}{V}$$

$$PM = \left(\frac{m}{V}\right)RT$$

$$\text{식의 양변을 } RT\text{로 나누면} \quad \frac{PM}{RT} = \frac{\left(\frac{m}{V}\right)\cancel{RT}}{\cancel{RT}}$$

기체 밀도 $d = \frac{m}{V} = \frac{PM}{RT}$

알고 있는 온도와 압력의 조건 하에서 미지 기체의 밀도를 측정할 수 있다면, 기체의 몰질량을 계산할 수 있다. 밀도를 측정하여 미지 기체를 확인하는 방법을 예제 10.7은 보여 주고 있다.

예제 10.7

기체 밀도를 이용하여 몰질량과 미지 기체의 확인

늪에서 발생되는 미지 기체를 유리 용기에 수집해서 STP 상태에서 밀도를 측정하여 0.714 g/L임을 알아냈다. 이 기체의 몰질량은 얼마인가? 가능한 미지 기체의 정체는 무엇인가?

문제 파악

알고 있는 것	알아내야 할 것
밀도(d = 0.714 g/L)	몰질량(M)
온도(T = 0°C)	
압력(P = 1 atm)	

전략

d, P, T 값을 알고 있기 때문에, 기체 밀도의 식을 재정리하면 몰질량을 계산할 수 있다. 일단 몰질량을 알게 되면 미지 시료를 추측할 수 있다.

풀이

기체 밀도 관계식에서는 섭씨 온도(0 ℃)보다 절대 온도(273 K)를 사용해야 한다.

$$d = \frac{P(M)}{RT} \quad \text{또는} \quad M = \frac{dRT}{P}$$

$$M = \frac{(0.714\text{g/L})\left(0.08206\,\frac{\text{L}\cdot\text{atm}}{\text{mol}\cdot\text{K}}\right)(273K)}{(1\text{ atm})} = 16.0\text{ g/mol}$$

그러므로 미지 기체(실제는 메테인, CH_4)의 몰질량은 16.0 g/mol이다.

▶ **연습문제 10.13** HCl과 Na_2S의 반응으로 불쾌한 냄새가 나는 기체가 생성된다. 이 기체 시료 1.00 L는 STP 상태에서 질량이 1.52 g인 것으로 확인되었다. 이 기체의 몰질량은 얼마인가? 가능하다고 생각되는 화합물의 화학식과 명칭은 무엇인가?

▶ **응용문제 10.14** 그림은 물에 드라이아이스 $CO_2(s)$를 첨가하여 생성된 이산화 탄소 기체를 보여 주고 있다. 이산화 탄소는 공기보다 밀도가 크기 때문에 아래쪽으로 흐른다.

© nikkytok/Shutterstock

(a) 1 atm과 25 ℃에서 이산화 탄소의 밀도(g/L)는 얼마인가?
(b) 왜 이산화 탄소는 공기보다 밀도가 큰가?

10.5 기체 혼합물: 부분 압력과 돌턴 법칙

기체 법칙들은 화학적 특성과 무관하게 모든 순수한 기체에 적용되는 것과 같이, 공기와 같은 기체 **혼합물**(mixture)에도 적용된다. 기체 혼합물의 압력, 부피, 온도, 몰수는 이상 기체 법칙과 관련이 있다.

기체 혼합물에서 무엇이 압력을 나타내는가? 일정한 온도와 부피 하에서 순수한 기체의 압력은 기체의 몰수에 비례하므로($P = nRT/V$), 기체 혼합물에서 각 기체들이 기여하는 압력은 혼합물 중 각 기체의 몰수에 비례한다. 다시 말해서, 일정한 V와 T 하에서 용기 내부의 기체 혼합물에 의한 전체 압력은 각 기체들이 나타내는 부분 압력의 합과 같다. 이것이 **돌턴의 부분 압력 법칙(Dalton's law of partial pressure)**이다.

개념탐구 질문 3
산소와 질소 기체의 혼합물의 전체 압력은 1 atm이다. 만약 산소의 몰수가 질소의 몰수의 2배가 된다면, 각 기체의 부분 압력은 얼마인가?

돌턴의 부분 압력 법칙 일정한 V와 T에서 $P_{전체} = P_1 + P_2 + P_3 + \cdots$, 여기서 P_1, P_2, …는 각각의 기체가 용기에 단독으로 있을 때 나타내는 기체의 압력이다.

기체 혼합물 중 여러 기체들의 개별 압력 P_1, P_2, …를 부분 압력(partial pressure)이라고 한다. 또한 그것은 각각의 기체들이 용기에 단독으로 있을 때 나타나는 압력이다. 즉,

$$P_1 = n_1\left(\frac{RT}{V}\right) \quad P_2 = n_2\left(\frac{RT}{V}\right) \quad P_3 = n_3\left(\frac{RT}{V}\right) \ \ldots \text{등등}$$

그러나 기체 혼합물의 모든 기체들은 같은 온도와 부피를 갖는다. 따라서 전체 압력은 개개 기체들의 화학적 특성이 아니라, 존재하는 기체의 전체 몰수에 의존한다고 돌턴 법칙을 다시 쓸 수 있다.

$$P_{전체} = (n_1 + n_2 + n_3 + \ \ldots\ )\left(\frac{RT}{V}\right)$$

기체 혼합물에서 개개 성분의 농도는 일반적으로 **몰분율(mole fraction, X)**로 나타낸다. 몰분율은 혼합물 중 각 성분의 몰수를 전체 몰수로 나눈 것으로 간단히 정의된다.

$$\textbf{몰분율}(X) = \frac{\text{각 성분의 몰수}}{\text{혼합물의 전체 몰수}}$$

예를 들면, 성분 1의 몰분율은 다음과 같이 나타낸다.

$$X_1 = \frac{n_1}{n_1 + n_2 + n_3 + \ \ldots} = \frac{n_1}{n_{전체}}$$

$n = PV/RT$이므로 다음과 같이 쓸 수 있다.

$$X_1 = \frac{P_1\left(\frac{V}{RT}\right)}{P_{전체}\left(\frac{V}{RT}\right)} = \frac{P_1}{P_{전체}}$$

이것을 성분 1의 부분 압력 P_1으로 다시 쓸 수 있다.

기체 혼합물에서 성분 1의 부분 압력은 다음과 같다.

부분 압력(partial pressure) $P_1 = X_1 \cdot P_{전체}$

이 식은 기체 혼합물에서 각 성분이 나타내는 부분 압력은 그 성분의 몰분율에 전체 압력을 곱한 값과 같다는 것을 의미한다. 예를 들면, 공기에서는 N_2, O_2, Ar, CO_2 기체의 몰분율은 각각 0.7808, 0.2095, 0.0093, 0.000 39이고(표 10.1), 공기의 전체 압력은 각 기체의 부분 압력의 합과 같다.

$$P_{공기} = P_{N_2} + P_{O_2} + P_{Ar} + P_{CO_2} + \ \ldots$$

그러므로 공기의 전체 압력 1 atm (760 mmHg)에서 각 성분 기체의 부분 압력은 다음과 같다.

$$
\begin{aligned}
P_{N_2} &= 0.7808 \times 1.00\ \text{atm} &&= 0.7808\ \text{atm} \\
P_{O_2} &= 0.2095 \times 1.00\ \text{atm} &&= 0.2095\ \text{atm} \\
P_{Ar} &= 0.0093 \times 1.00\ \text{atm} &&= 0.0093\ \text{atm} \\
P_{CO_2} &= 0.0004 \times 1.00\ \text{atm} &&= 0.0004\ \text{atm} \\
P_{\text{공기}} &= P_{N_2} + P_{O_2} + P_{Ar} + P_{CO_2} &&= 1.0000\ \text{atm}
\end{aligned}
$$

환자의 폐에 산소와 마취제의 부분 압력을 꾸준히 점검되어야 하는 병원 수술실에서의 마취제 사용에서부터 수중 탐사에 사용되는 잠수용 기체의 성분에 이르기까지, 돌턴 법칙은 실제로 많이 응용되고 있다. 예제 10.8은 기체 혼합물의 부분 압력을 계산하는 방법을 보여 준다.

예제 10.8

부분 압력 계산

90 ℃에서 1.50 L 강철 용기에는 H_2 5.50 g, N_2 7.31 g, NH_3 2.42 g이 들어 있다. 용기 내부에 있는 각 성분 기체의 부분 압력과 전체 압력은 얼마인가?

문제 파악

알고 있는 것	알아내야 할 것
각 기체의 질량	부분 압력(P_{H_2}, P_{N_2}, P_{NH_3})
부피(V = 1.50 L)	전체 압력($P_{\text{전체}}$)
온도(T = 90℃)	

전략

몰질량을 사용하여 각 기체의 질량으로부터 각 기체의 몰수를 계산한다. 각 기체의 부분 압력은 일반식 $P_1 = n_1(RT/V)$을 사용하여 계산하고, 기체 혼합물의 전체 압력은 각 기체의 부분 압력의 합으로 계산한다.

풀이

각 기체의 몰수:

$$5.50\ \text{g H}_2 \times \frac{1\ \text{mol H}_2}{2.02\ \text{g H}_2} = 2.72\ \text{mol H}_2 \qquad 7.31\ \text{g N}_2 \times \frac{1\ \text{mol N}_2}{28.0\ \text{g N}_2} = 0.261\ \text{mol N}_2$$

$$2.42\ \text{g NH}_3 \times \frac{1\ \text{mol NH}_3}{17.0\ \text{g NH}_3} = 0.142\ \text{mol NH}_3$$

각 기체의 부분 압력:

$$P_{H_2} = \frac{(2.72\ \text{mol H}_2)\left(0.08206\dfrac{\text{L}\cdot\text{atm}}{\text{K}\cdot\text{mol}}\right)(363\ \text{K})}{1.50\ \text{L}} = 54.0\ \text{atm}$$

$$P_{N_2} = \frac{(0.261\ \text{mol N}_2)\left(0.08206\dfrac{\text{L}\cdot\text{atm}}{\text{K}\cdot\text{mol}}\right)(363\ \text{K})}{1.50\ \text{L}} = 5.18\ \text{atm}$$

$$P_{NH_3} = \frac{(0.142\ \text{mol NH}_3)\left(0.08206\dfrac{\text{L}\cdot\text{atm}}{\text{K}\cdot\text{mol}}\right)(363\ \text{K})}{1.50\ \text{L}} = 2.82\ \text{atm}$$

▲ 수중에서 잠수용 탱크에 들어 있는 산소의 부분 압력은 대기압 하에 있는 공기 중 산소의 부분 압력과 같아야 한다. ©Rich Carey/Shutterstock

각 기체의 부분 압력의 합은 전체 압력이다.

$$P_{전체} = P_{H_2} + P_{N_2} + P_{NH_3} = 54.0 \text{ atm} + 5.18 \text{ atm} + 2.82 \text{ atm} = 62.0 \text{ atm}$$

연습문제 10.15 나이트록스(nitrox, 잠수용 기체)란 스쿠버다이버들이 질소 중독(혈액 내 질소의 과다 흡수에 기인하는)에 의한 정신적, 육체적 기능 상실을 방지하기 위해 사용하는 기체 혼합물이다. 25 ℃와 50 atm에서 10.0 L 탱크에 O_2가 235.5 g, N_2가 366.8 g이 들어 있다면, 질소와 산소의 부분 압력은 얼마인가?

응용문제 10.16 수심 250 ft에서 수압은 8.38 atm이다. 잠수용 기체 중 산소의 부분 압력이 1.0 atm 공기 중 산소의 부분 압력과 같은 0.21 atm일 때, 잠수용 기체 중 산소의 몰분율은 얼마인가?

10.6 기체 분자 운동론

지금까지는 기체들이 왜 그렇게 행동하는지에 대한 이유를 이해하는 것보다, 기체의 행동을 설명하는 데 집중하였다. 실제로 그 이유는 간단하며, 1세기 전에 **분자 운동론(kinetic-molecular theory)**이라는 모형을 이용하여 설명되었다. 분자 운동론은 다음의 몇 가지 가정에 기초하고 있다.

1. 기체는 무작정하게 운동하는 원자들 또는 분자들과 같은 작은 입자들로 되어 있다.
2. 기체 입자들 자신의 부피는 기체의 전체 부피에 무시할 수 있다. 기체 부피의 대부분은 빈 공간이다.
3. 기체 입자들은 서로 독립적으로 행동한다. 입자 사이에는 인력과 반발력이 없다.
4. 기체 입자들 사이의 충돌 또는 입자와 용기의 기벽과의 충돌은 탄성 충돌이다. 즉, 입자들은 기벽과 충돌할 때 같은 속력과 같은 에너지를 가지고 튕겨진다. 따라서 일정한 온도에서 기체 입자들의 전체 운동 에너지는 일정하다.
5. 기체 입자들의 평균 운동 에너지는 기체 시료의 절대 온도에 비례한다.

이러한 가정을 기초로 하여 기체들의 행동을 이해하는 것은 가능할 뿐만 아니라, 정량적으로 이상 기체 법칙을 유도할 수 있다(여기서는 유도하지 않는다). 예를 들면, 각 기체 법칙들이 기체 분자 운동론의 5가지 가정을 어떻게 따르는가를 살펴보자.

- **보일 법칙**($P \propto 1/V$): 기체 압력은 기체 입자들이 용기의 기벽에 충돌하는 횟수와 충돌 힘의 척도이다. 일정한 n과 T에서 전체 부피가 작아질수록 입자들 사이의 거리는 짧아지므로 충돌 빈도수는 더 증가한다. 따라서 압력은 부피가 감소함에 따라 증가한다(그림 10.12a).
- **샤를 법칙**($V \propto T$): 온도는 기체 입자들의 평균 운동 에너지의 척도이다. 일정한 n과 P에서 온도가 높을수록 기체 입자들은 더 빠르게 운동한다. 일정한 압력을 유지하기 위하여, 기체 분자들의 용기의 기벽과의 충돌 빈도수가 증가하지 않으려면 더 많은 운동 공간이 필요하다. 그러므로 온도가 증가함에 따라 부피는 증가한다(그림 10.12b).
- **아보가드로 법칙**($V \propto n$): 기체 시료에 입자 수가 많을수록, 일정한 P와 T에서 일정한 압력을 유지하기 위하여, 입자의 용기의 기벽과의 충돌 빈도수가 증가하지 않기 위해서는 더 큰 부피가 필요하다. 그러므로 기체의 몰수가 증가할수록 부피도 증가한다(그림 10.12c).
- **돌턴 법칙**($P_{전체} = P_1 + P_2 + \ldots$): 기체 입자들은 떨어져 있고 서로 독립적으로 행동하기

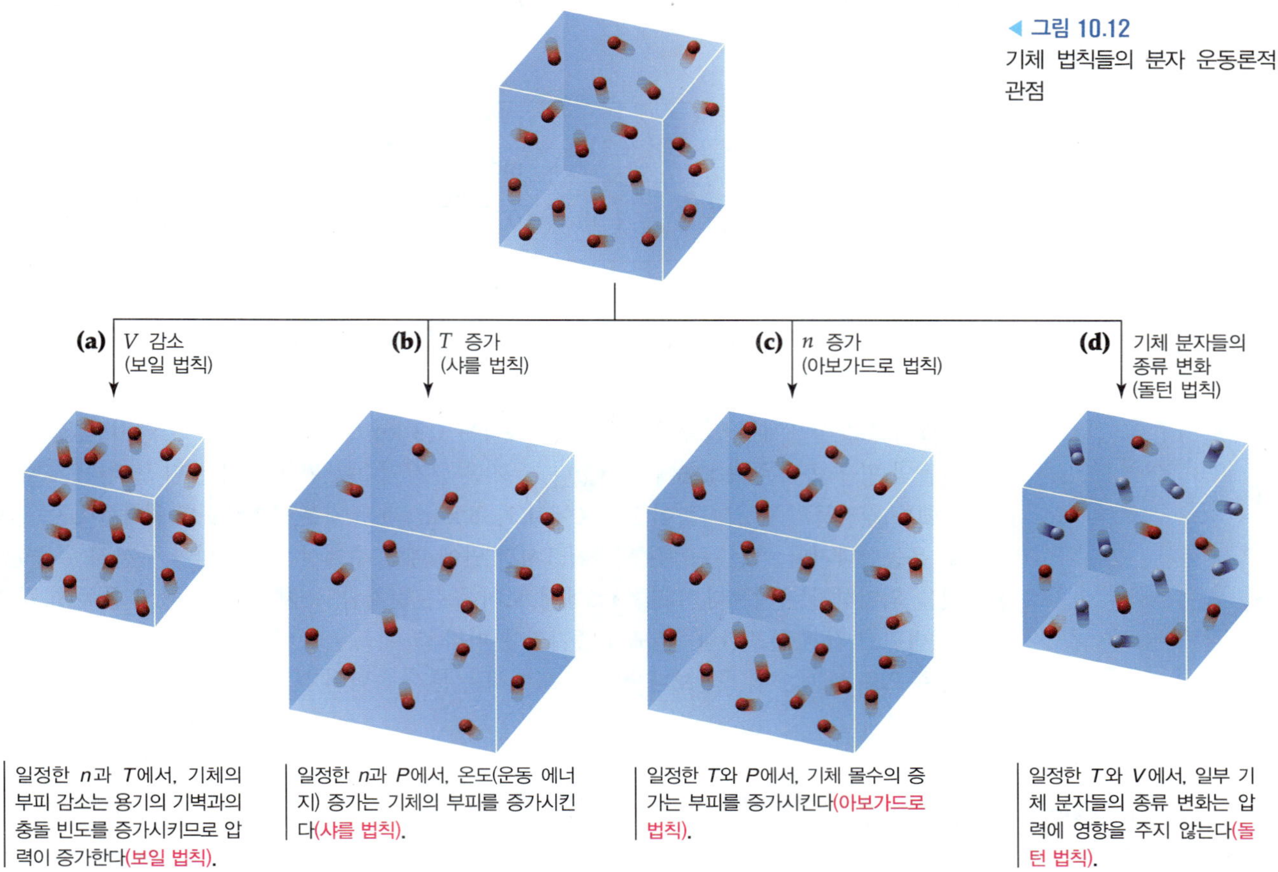

◀ 그림 10.12
기체 법칙들의 분자 운동론적 관점

때문에 기체 입자들의 화학적 특성과는 관계가 없다. 일정한 부피에서 기체의 전체 압력은 오로지 온도 T와 기체의 전체 몰수 n에 의존한다. 그러므로 특정 기체에 의한 압력은 그 입자의 화학적 특성과는 무관하고, 오로지 혼합물 내 그 기체의 몰분율에만 의존한다(그림 10.12d).

분자 운동론의 중요한 결론 중 하나는, 가정 5의 온도와 분자의 운동 에너지 E_K 사이의 관계로부터 나온다. 비록 이 책에서 그 증명을 하진 않겠지만, 기체 입자 1 mol의 전체 운동 에너지는 $3RT/2$와 같고, 각 입자의 평균 운동 에너지는 $3RT/2N_A$(여기서 N_A는 Avogadro 수)가 된다. 이 관계를 알면 주어진 온도에서 기체 입자의 평균 속력 u의 계산이 가능하다. 예를 들면, 실온(298 K)에서 헬륨 원자의 평균 속력 u을 구하기 위하여 다음과 같이 쓸 수 있다.

$$E_K = \frac{3\,RT}{2\,N_A} = \frac{1}{2}mu^2$$

u를 구하기 위해 재정리하면 다음과 같다.

기체 입자의 평균 속력(u)

$$u^2 = \frac{3\,RT}{mN_A}$$

$$\text{또는}\quad u = \sqrt{\frac{3RT}{mN_A}} = \sqrt{\frac{3RT}{M}}\quad \text{여기서 } M\text{은 몰질량이다.}$$

R[8.314 J/(K·mol)]과 헬륨의 몰질량 M(4.00×10^{-3} kg/mol) 값을 대입하면, 다음과 같은 결과를 얻을 수 있다.

$$u = \sqrt{\frac{(3)\left(8.314 \dfrac{\text{J}}{\text{K}\cdot\text{mol}}\right)(298 \text{ K})}{4.00 \times 10^{-3} \dfrac{\text{kg}}{\text{mol}}}} = \sqrt{1.86 \times 10^{6} \frac{\text{J}}{\text{kg}}}$$

$$= \sqrt{1.86 \times 10^{6} \frac{\dfrac{\text{kg}\cdot\text{m}^2}{\text{s}^2}}{\text{kg}}} = 1.36 \times 10^{3} \text{ m/s}$$

그러므로 실온에서 헬륨 원자의 평균 속력은 1.3 km/s 이상이다! 25 ℃에서 몇몇 다른 분자들의 평균 속력은 **표 10.6**에 주어졌다. 무거운 분자일수록 평균 속력은 더 느리다.

헬륨 원자들의 평균 속력이 298 K에서 1.36 km/s라는 것은, 모든 헬륨 원자들이 이 속력으로 운동한다거나 어떤 주어진 원자가 1시간 만에 메인 주에서 캘리포니아 주까지 이동한다는 것을 의미하지는 않는다. **그림 10.13**에서 보여 주는 것처럼, 기체 내 입자들의 운동 속력은 넓은 범위에 걸쳐 분포한다. 온도가 증가함에 따라 그 분포는 보다 평평해지고, 최고 속력은 높은 쪽으로 이동한다. 즉, 보다 높은 온도에서는 분자 속력의 분포 범위가 보다 넓어진다. 더욱

개념탐구 질문 4

25 ℃에서 Ar 기체 원자들의 평균 속력은 얼마인가? 표 10.6을 이용하여 평가하시오.

표 10.6 25 ℃에서 몇몇 기체 분자들의 평균 속력(m/s)

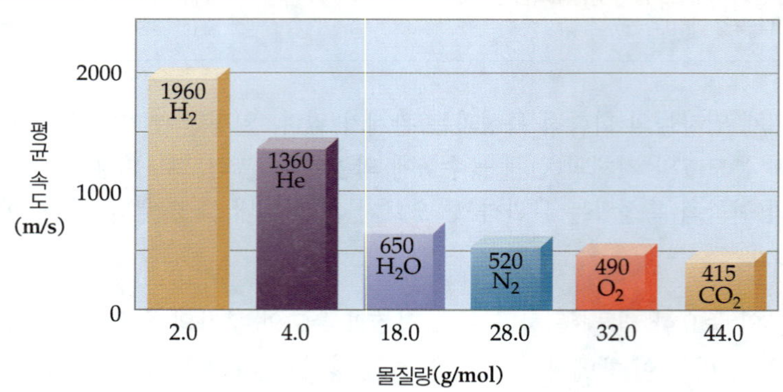

▶ 그림 10.13
온도가 다를 때 헬륨 원자들의 속력 분포

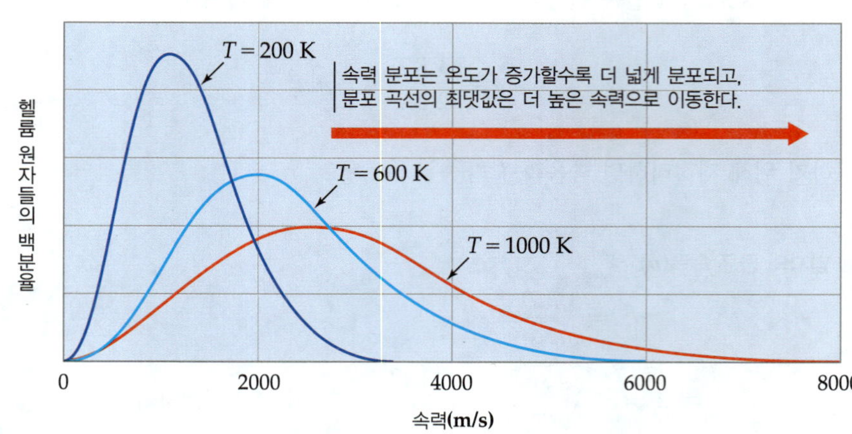

▶ 확인하기

온도가 증가할수록 기체 입자들의 평균 속력은 어떻게 되는가? 온도가 증가할수록 기체 입자들의 속력 분포의 곡선 모양은 어떻게 되는가?

답 온도가 증가할수록 기체 분자들의 평균 속력은 증가한다. 속력 분포 곡선 모양은 더 넓게 분포된다. 이것은 더 높은 온도에서 더 넓은 범위의 속력을 갖는다는 것을 의미한다.

이 각 기체 입자들은 흔히 매우 짧은 거리만을 이동한 후, 다른 입자와 충돌하고 다른 방향으로 튕겨져 나가게 된다. 그러므로 기체 입자들의 실제 경로는 무질서한 지그재그 형태를 띤다.

1 atm과 실온에서 헬륨의 경우, 충돌 사이의 평균 거리, 즉 **평균 자유 행로**(mean free path)는 약 2×10^{-7} m, 혹은 1000개 원자의 지름 정도에 해당하고, 1초당 약 10^{10}번 충돌한다. 더 큰 산소 분자의 경우, 평균 자유 행로는 약 6×10^{-8} m이다.

10.7 기체의 확산과 분출: 그레이엄의 법칙

기체 입자들의 연속적인 운동과 빠른 속력은 몇 가지 중요한 결과를 낳는다. 그러한 결과 중 하나는, 기체들은 접촉하면 빠른 속도로 혼합한다는 것이다. 예를 들면, 향수병 마개를 열면 향기는 실내로 빠르게 퍼진다. 이것은 향수 분자들이 공기 분자들과 혼합되기 때문이다. 이와 같이, 다른 종류의 기체 분자들이 빈번한 충돌과 함께 무작정한 분자 운동에 의해 혼합되는 현상을 **확산**(**diffusion**)이라고 한다. 기체 분자들이 충돌하지 않고 작은 구멍을 통해서 진공으로 빠져나가는 유사한 과정을 **분출**(**effusion**)이라고 한다(그림 10.14).

1800년대 중반에 스코틀랜드 화학자 그레이엄(1805~1869)에 의해서 공식화된 **그레이엄의 법칙**(**Graham's law**)에 따르면, 기체의 분출 속도는 그 기체의 몰질량의 제곱근에 반비례한다. 다시 말해, 가벼운 분자들일수록 더 빨리 분출한다.

그레이엄의 법칙 분출 속도 $\propto \dfrac{1}{\sqrt{M}}$

기체의 분출 속도는 그 기체의 몰질량 $\boldsymbol{M}$의 제곱근에 반비례한다.

같은 온도와 압력에서 두 기체를 비교하면, 두 기체의 분출 속도의 비는 몰질량의 제곱근의 비에 반비례한다는 식을 얻을 수 있다.

$$\frac{\text{분출 속도}_1}{\text{분출 속도}_2} = \frac{\sqrt{M_2}}{\sqrt{M_1}} = \sqrt{\frac{M_2}{M_1}}$$

분출 속도와 몰질량의 제곱근 사이의 반비례 관계는 앞 절에서 기술한 온도와 운동 에너지 사이의 관계와 직접적인 연관이 있다. 기체 입자의 평균 속력(u)는 몰질량(M)의 제곱근에 반비례한다.

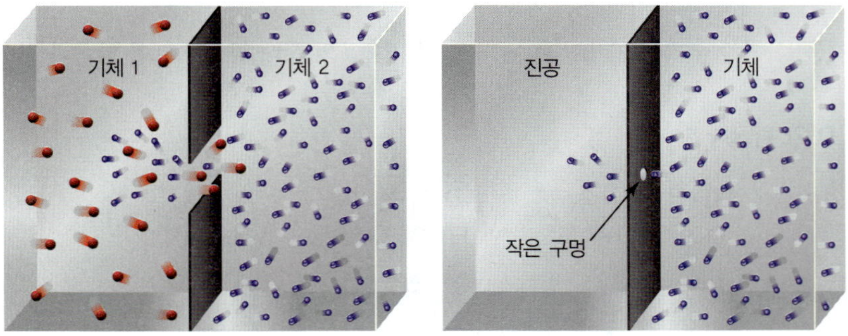

확산은 분자 충돌이 일어나는 조건에서 무작정한 운동에 의해 기체 분자들이 혼합되는 현상이다.

분출은 분자들의 충돌 없이 작은 구멍을 통하여 기체가 진공으로 빠져나가는 현상이다.

◀ 그림 10.14
기체의 확산과 분출

$$u = \sqrt{\frac{3RT}{M}}$$
$$u \propto \sqrt{\frac{1}{M}}$$

▲ 원자로의 연료로 사용하는 우라늄-235의 대부분은 이런 실린더에서 UF_6의 기체 확산을 통해서 얻는다. ©rootstock/Shutterstock

분출 속도는 분자들의 평균 속력에 비례하고, 이는 결과적으로 그레이엄의 분출 법칙이 된다.

확산은 분자 충돌이 일어나기 때문에 분출보다 더 복잡하지만, 일반적으로 그레이엄의 법칙이 좋은 근사로서 잘 적용된다. 그레이엄의 법칙에서 가장 중요한 실질적 결과 중 하나는, 기체 혼합물들을 각 성분 물질의 확산 속도 차이를 이용하여 순수한 성분으로 분리할 수 있다는 것이다. 예를 들면, 자연에 존재하는 우라늄은 ^{235}U(0.72%)과 ^{238}U(99.28%) 동위 원소의 혼합물이다. 핵 반응의 연료로 사용되는 핵분열 가능한 우라늄-235를 정제하고 농축하는 공장에서는 우라늄 원소를 끓는점 56 °C의 휘발성 UF_6로 전환한 다음, UF_6 기체를 투과막을 통하여 한 공간에서 다른 공간으로 확산시킨다. $^{235}UF_6$와 $^{238}UF_6$ 분자들은 몰질량비의 제곱근에 따라 조금 다른 속도로 막을 통해 확산된다.

$$^{235}UF_6\text{의 경우, } M = 349.03$$
$$^{238}UF_6\text{의 경우, } M = 352.04$$
$$\text{그러므로} \quad \frac{^{235}UF_6\text{의 확산 속도}}{^{238}UF_6\text{의 확산 속도}} = \sqrt{\frac{352.04}{349.03}} = 1.0043$$

그러므로, 막을 통과하는 UF_6 기체는 더 가벼워서 빨리 운동하는 동위 원소의 양이 약간 더 많아진다. 따라서 이와 같은 과정을 수천 번 반복하면 동위 원소를 분리할 수 있다. 비록 지금은 더 좋은 방법이 개발되어서 그 비율이 감소하고 있긴 하다. 그러나 서방 세계 핵연료 공급량의 약 30%(매년 약 5000톤)는 이와 같은 기체 확산법으로 생산된다.

예제 10.9

그레이엄의 법칙을 이용한 확산 속도 계산

H_2, HD, D_2를 포함하는 수소 기체 시료를 순수한 성분들로 분리한다고 가정하자. 그레이엄의 법칙에 따라 세 분자들의 상대적인 확산 속도는 얼마인가? (H = ^{1}H)와 (D = ^{2}H)

전략

먼저, 세 분자들의 몰질량을 구한다. H_2는 M = 2.016, HD는 M = 3.022, D_2는 M = 4.028이다. 다음으로, 서로 다른 기체 분자들의 쌍에 그레이엄의 법칙을 적용한다.

풀이

세 분자들 중 가장 무거운 기체인 D_2에 대한 각 기체들의 상대 확산 속도를 다음과 같이 계산할 수 있다.

HD를 D_2와 비교하면,

$$\frac{\text{HD의 확산 속도}}{D_2\text{의 확산 속도}} = \sqrt{\frac{D_2\text{의 몰질량}}{\text{HD의 몰질량}}} = \sqrt{\frac{4.028}{3.022}} = 1.155$$

H_2를 D_2와 비교하면,

$$\frac{H_2\text{의 확산 속도}}{D_2\text{의 확산 속도}} = \sqrt{\frac{D_2\text{의 몰질량}}{H_2\text{의 몰질량}}} = \sqrt{\frac{4.028}{2.016}} = 1.414$$

따라서 상대 확산 속도들은 H_2(1.414) > HD(1.155) > D_2(1.000)이다.

점검
기체 분자의 몰질량이 작을수록 상대 확산 속도가 높다는 점에서 답은 적절하다.

연습문제 10.17 O_2와 Kr 중 어느 기체가 더 빨리 확산하고, 몇 배나 더 빠른가?

응용문제 10.18 미지 기체는 다공성 막을 SO_2보다 1.414배 빠르게 확산한다면, 그 기체의 몰질량은 얼마인가? 미지 기체는 어떤 기체인가?

10.8 실제 기체들의 행동

지금 앞에서 설명한 것을 확장하려고 한다. 실제 기체의 행동은 흔히 이상 기체의 행동과 약간 다르다. 예를 들면, 분자 운동론에서 기체 입자들 자신의 부피는 기체 전체의 부피에 비해 무시할 수 있다고 가정하고 있다. 이 가정은 전형적인 기체 분자들이 전체의 부피의 0.1%보다 적은 부피만을 차지하는 표준 온도와 압력(STP)에서 유효하다. 그러나 분자들 자신의 부피가 전체 부피의 약 20%에 달하는 0 ℃와 500 atm에서는 유효하지 않다(그림 10.15). 결과적으로, 고압에서 실제 기체의 부피는 이상 기체 법칙으로 예측한 것보다 더 크다.

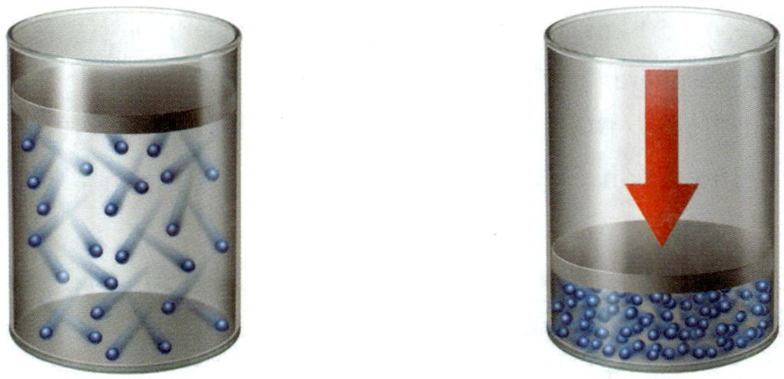

◀ 그림 10.15
실제 기체의 부피

실제 기체들과 관련된 두 번째 문제는, 기체 입자들 사이에 인력이 작용하지 않는다는 가정이다. 낮은 압력에서는 기체 입자들이 멀리 떨어져 있어서 이들 사이의 인력은 무시할 수 있으므로 이 가정은 타당하다. 그러나 높은 압력에서는 입자들이 훨씬 가까워져서 이들 사이의 인력은 보다 더 중요해진다. 일반적으로, 분자들 사이의 인력은 분자 지름의 약 10배 거리 부근에서 중요해지며, 거리가 감소함에 따라 빠르게 증가한다(그림 10.16). 결과적으로, 실제 기체 분자들이 약하게 서로 끌어당기게 되고, 일정한 압력에서 부피가 감소한다(또는 일정한 부피에 대해서는 압력이 감소한다).

▲ 그림 10.16
분자들은 분자 지름의 약 10배 거리까지는 서로 인력이 작용한다. 그 결과, 대부분의 실제 기체의 부피는 300 atm까지의 압력에서의 이상 기체의 부피와 비교할 때 감소한다.

분자 부피의 효과(V를 증가시킴)와 분자간 인력의 효과(V를 감소시킴)가 반대라는 것에 주의해야 한다. 이 두 가지 인자는 중간 영역의 압력에서는 서로 상쇄되지만, 약 300 atm 이상에서는 분자 부피의 효과가 우세하다.

실제 기체들의 행동이 이상 기체 법칙으로부터 벗어남은 a와 b의 두 가지 보정 인자를 갖는 **반데르발스 식(van der Waals equation)**이라는 이상 기체 법칙의 수정에 의해 수학적으로 다룰 수 있다. 기체 분자 부피의 효과에 의해 생기는 V 증가는 측정 부피로부터 nb를 빼서 보정할

개념탐구 질문 5

어떤 온도와 압력 조건들이 실제 기체 부피를 이상 기체 법칙에 의해 계산된 부피보다 크게 만들까?

수 있다. 여기서 n은 기체의 몰수이다. 기체 분자간 인력 효과에 의해 생기는 일정한 P에서의 V 감소(또는 일정한 V에서 P 감소)는 압력에 an^2/V^2를 더하여 보정할 수 있다.

반데르발스 식

분자간 인력에 대한 보정 → 분자 부피에 대한 보정

$$\left(P + \frac{an^2}{V^2}\right)(V - nb) = nRT$$

$$\text{또는}\quad P = \frac{nRT}{V - nb} - \frac{an^2}{V^2}$$

10.9 지구의 대기와 온실 효과

지구를 둘러싼 기체들의 맨틀은 우리가 생각하는 균일 혼합물과 거리가 있다. 대기압은 고도에 따라 예측 가능한 방식으로 감소하지만, 고도에 따른 온도의 변화는 훨씬 복잡하다(**그림 10.17**). 대기의 네 개 영역 구분은 이러한 온도 곡선에 기초로 하여 정해졌다. 지표면에서 가장 가까운 **대류권**(troposphere) 영역에서 온도는 약 12 km 고도까지 규칙적으로 감소하여 최솟값에 도달한다. 그 다음, 약 50 km 고도까지의 **성층권**(stratosphere)에서는 온도가 증가한다. 성층권 위의 **중간권**(mesosphere) 영역(50~85 km까지)에서 온도는 다시 감소하지만, **열권**(thermosphere, 85 km 이상)에서 다시 증가한다. 이러한 고도에 대해 실감을 주기 위한 예를 제시하면, 여객기들은 10~12 km 고도의 대류권 상층부를 비행한다. 제트기의 세계 비행 고도 기록은 대략 성층권의 중간인 37.65 km이다.

대기와 관련된 가장 잘 알려진 환경 문제들 중 하나는, 인간의 활동에 기인한 온실 가스의 농도 증가이다. **온실 효과**(**greenhouse effect**)란 복사열이라고도 알려진 적외선(IR) 복사를 대기의 기체 분자들이 흡수함으로써 지구의 온도가 상승하는 것을 의미한다. **온실 가스**(**greenhouse gases**)는 적외선 복사를 흡수하는 기체들이다. 온실 효과는 기후를 조절하는 데

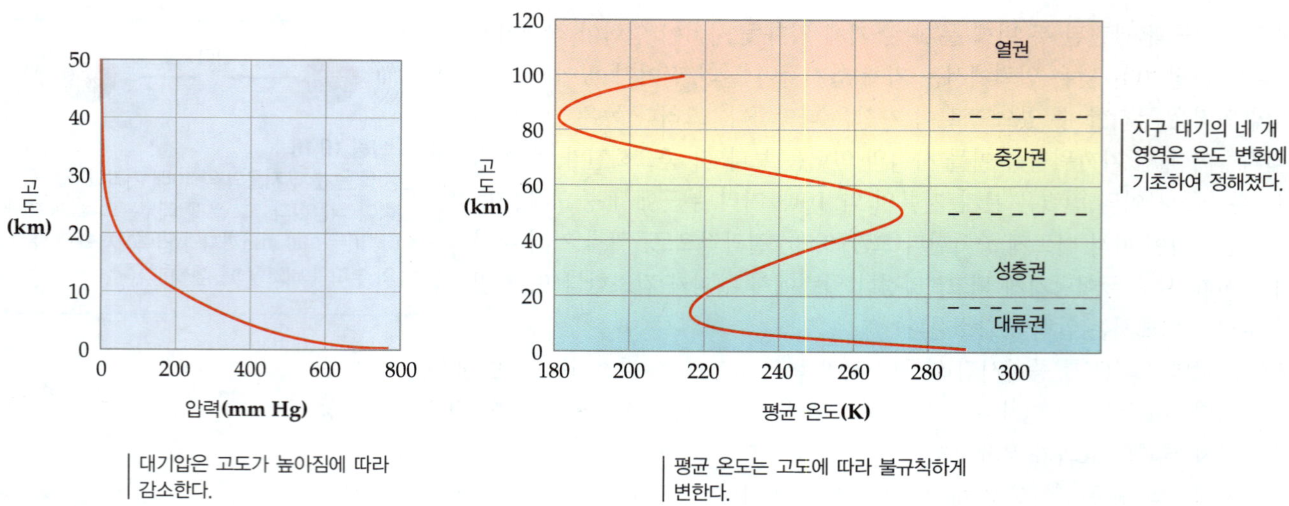

▲ **그림 10.17**
고도에 따른 대기압과 평균 온도의 변화

결정적인 자연적으로 발생하는 현상이다. 만약 지구에 도달하는 태양 복사선의 양만이 기후를 조절하는 유일한 인자라면, 우리 지구의 평균 온도는 약 0 °F 정도 밖에 되지 않을 것이다. 대부분의 물은 얼어 있을 것이고, 지구는 생명체가 살아가기에 적절하지 않은 것이다! 그래서 물, 이산화 탄소, 메테인과 같은 온실 가스의 존재는 지구 전체의 평균 온도를 거의 60 °F까지 증가시킨다.

온실 효과의 원리는 **그림 10.18**에 설명되어 있다. 지구의 주된 에너지원인 태양은 전자기 스펙트럼의 자외선(UV)과 가시광선 영역(보라색과 노란색 화살표)에서 가장 강하게 복사선을 방출한다. 가장 고에너지이고, 생물학적으로 유해한 자외선(보라색 화살표)은 성층권의 오존과 산소에 의해 흡수되고, 따라서 지표면에 도달하지 않는다. 결과적으로 지구에 도달하는 복사선의 대부분은 가시광선(노란색 화살표)인데, 이들은 지구 표면(식물, 바위, 물, 콘크리트)에 흡수되어 지표면을 데우게 된다. 그 다음, 이렇게 따뜻해진 지표면은 적외선(IR)을 공간으로 재방출한다(빨간색 화살표). 낮 동안 데워진 검은 아스팔트 도로가 저녁 때는 적외선 복사를 하여 우리는 열의 형태로 느낄 수 있다. 지구로부터 방출되는 적외선은 공간으로 빠져나가거나 온실 가스에 의해 흡수된다. 온실 가스는 적외선 에너지를 다시 재복사하고, 이들 중 일부는 돌아와 지구의 온도를 높이게 된다. 온실 효과는 온실의 유리창이 지구의 대기와 유사한 방식으로 행동하는 연유로 이름 지어졌다. 유리를 통과해 지표면에서 흡수된 가시광선은 내부를 데우고, 더운 내부의 표면에서 방출된 적외선 복사선은 유리에 의해 흡수되어 열의 일부가 빠져나가는 것을 막는다. 쉽게 온실 내부는 외부 온도보다 더 따뜻해진다.

그림10.19는 태양과 지구로부터 방출되는 전자기 복사선의 특징에서의 차이를 설명해 주고 있다. 지구로 들어오는 태양 복사선의 경우, 전자기 스펙트럼의 가시광선 영역(푸른빛)인 483 nm에서 최대 세기를 갖지만, 지구로부터 방출되는 전자기 복사선은 적외선 영역인 10,000 nm에서 최대 세기를 갖는다. 왜 지구와 태양에서 방출되는 빛의 파장이 다를까? 그 답은 태양이 지구보다 훨씬 뜨겁기 때문이다. 태양과 지구는 둘 다 **흑체**(black-body)로서 빛을 방출한다. 흑체는 연속적인 스펙트럼을 방출하는데, 그 파장은 온도에 의존한다. 흑체 복사선의 익숙한 예로는, 뜨거운 전기난로가 붉은 주황색의 빛을 내는 현상이 있다. 태양 방출

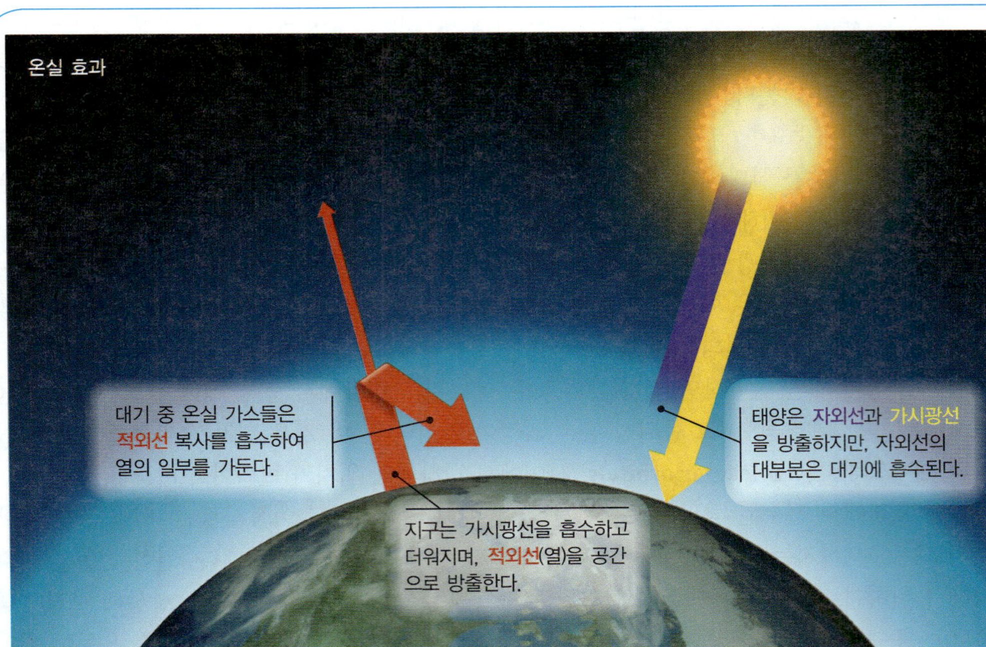

◀ **그림 10.18**
온실 효과

▶ **확인하기**

지구 표면에 도달하는 전자기 복사선의 주된 영역은 무엇인가? 지구 표면으로부터 방출되는 전자기 복사선의 영역은?

답 가시광선이 지구 표면에 도달하고, 적외선이 지표면으로부터 방출된다.

▶ 그림 10.19
지구 표면에 입사되는 태양 복사선의 스펙트럼과, 지구로부터 방출되는 복사선의 스펙트럼

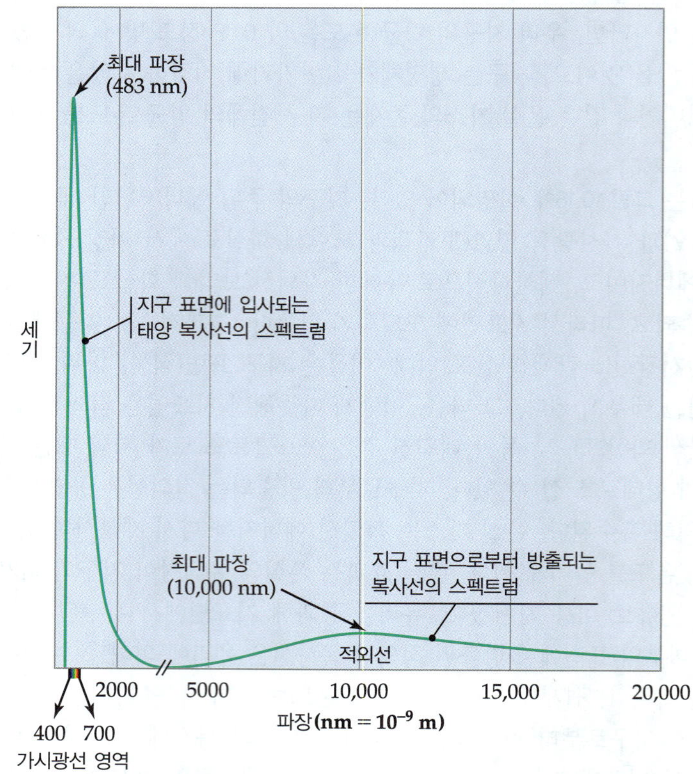

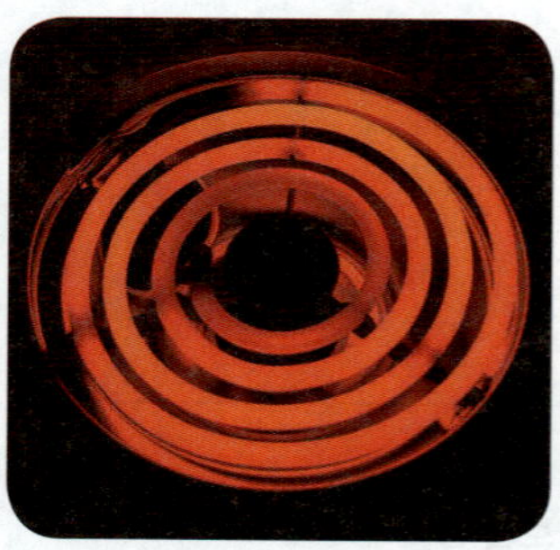
▲ 뜨거운 전기난로는 흑체 복사선을 방출한다. ©Alan Falcony/Shutterstock

스펙트럼에서 최고 파장인 483 nm는 매우 뜨거운 온도인 6000 K에 해당하는 데 반해, 지구 방출 스펙트럼의 최대 파장인 10,000 nm 근처는 288 K(15 °C 또는 59 °F) 온도에 해당한다.

10.10 온실 가스

왜 대기 기체들 중에서 일부 기체만을 온실 가스로 분류하고 있는가? 대기 중에서 가장 농도가 큰 두 개의 기체들, N_2(부피 80%)와 O_2(부피 20%)는 적외선을 흡수하지 않으므로 온실 가스로 분류되지 않는다. 대조적으로, CO_2는 대기 중에서 부피로는 단지 0.04%만 존재하지만, 기후 조절에 중요한 역할을 하는 온실 가스이다. CO_2는 온실 가스이지만 N_2나 O_2는 온실 가스가 아닌 이유를 설명하기 위해서는, 적외선의 광자가 흡수될 때 분자 수준에서 어떠한 일들이 일어나는지를 이해해야만 한다.

먼저 원자들과 가시광선의 상호 작용을 다시 한번 생각해 보자. 5.3절에서 전자가 높은 에너지의 오비탈에서 낮은 에너지의 오비탈로 떨어질 때, 원자 **선 스펙트럼들(line spectra)**이라고 하는 불연속적인 일련의 색깔을 띤 선들을 방출한다는 것을 기억해 보라. 반대로, 원자가 동일한 파장의 빛을 흡수하면, 전자들은 낮은 에너지 오비탈에서 높은 에너지 오비탈로 이동을 하게 된다. 분자들에서도 동일한 흡수 과정이 일어난다. 이 경우 원자 오비탈들 사이가 아니라 **분자 오비탈들(molecular orbitals)** 사이에서 전자들의 위치가 변화한다(8.7절).

온실 효과에서 흡수된 적외선은 전자를 높은 에너지 오비탈로 이동시킬 수 있을 만큼의 에너지로는 충분하지는 않지만, 분자들 내부의 결합 진동 운동을 증가시킨다. 결합 진동을 시각화하기 위하여, 용수철 양쪽 끝에 연결된 원자들을 나타내 주는 2개의 공을 상상해 보자(**그림 10.20**). 용수철은 늘어나고 줄어들 수 있다. 적외선의 흡수를 통해, 분자의 신축 운동이 원자들을 더욱더 멀리 떨어뜨리는 들뜬 진동 운동 상태에 이르게 한다.

기억하기…
어떤 원소의 **선 스펙트럼**은 어두운 배경에 의해 분리된 몇몇 파장으로 구성되어 있다(5.3절).

기억하기…
분자 오비탈은 하나의 파동함수로, 그 제곱값은 분자 내부의 주어진 공간 안에서 전자를 발견할 확률을 나타낸다(8.7절).

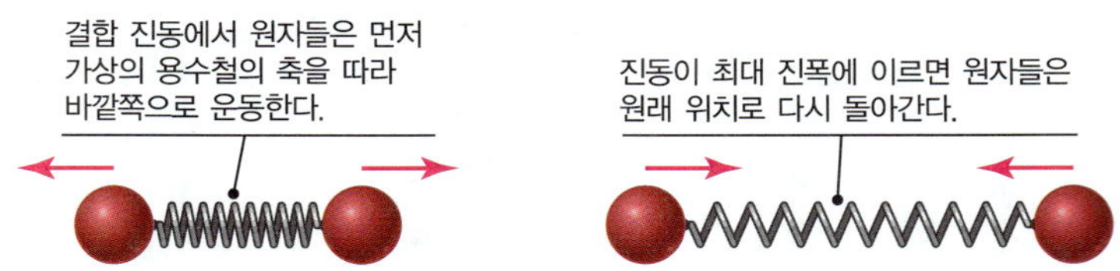

◀ **그림 10.20**
이원자 분자 내부의 결합 진동의 시각화

온실 가스인 CO_2에서 발생하는 몇몇의 결합 진동들을 조사해 보자. CO_2는 선형 구조를 하고 있으며, 중심 탄소 원자 주위로 2개의 이중 결합을 갖고 있다. 그렇지만 이 결합들은 정지 상태에 있지 않고, 아래에서 보여 주는 것처럼 3가지 다른 방식으로 진동한다.

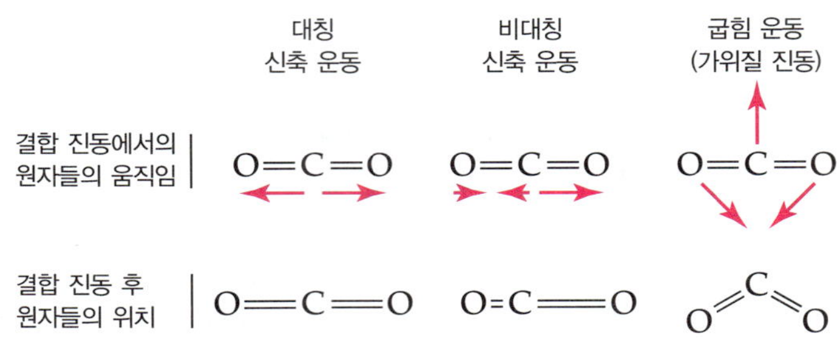

대칭 신축 운동에서는 두 C=O 결합들은 동일하게 늘어나고, 비대칭 신축 운동에서는 두 산소 원자들이 같은 방향으로 운동한다. 결과적으로 한 C=O 결합은 더 길어지고, 다른 하나는 짧아진다. 굽힘 진동은 CO_2의 선형 구조를 굽은 구조로 변화시킨다. 일단 원자들이 새로운 위치에 도달한 후에는 되돌아가게 되고, 원자들은 원래 위치 주변을 진동하게 된다. 모든 CO_2 분자들은 이러한 진동 운동들을 끊임없이 한다.

분자는 다음의 두 가지 조건을 만족할 때 적외선의 광자를 흡수한다.

1. **낮은 진동 상태와 들뜬 진동 상태 사이의 에너지 차이가 적외선 광자의 에너지와 정확히 일치한다.** 원자들과 분자들에 있는 에너지 준위들은 **양자화되어(quantized)** 있다는 것을 명심하라(5.4절). 광자의 에너지가 두 상태 사이의 에너지 차이와 정확히 같을 때만 광자가 흡수될 수 있다.
2. **진동 운동은 쌍극자 모멘트를 변화시킨다**(8.5절).

기억하기…
원자들과 분자들에서 에너지 준위들은 **양자화되어**(quantized) 있다. 이것은 전자들에게는 어떤 특정한 에너지만 가능하다는 것을 의미한다(5.4절).

위의 조건을 만족한다면, CO_2 내의 각각 진동 운동을 평가해 보자.

대칭 신축 운동(symmetric stretch): 산소가 탄소보다 전기음성도가 크므로 각각의 C=O 결합은 결합 쌍극자를 가지나, 각각의 쌍극자는 정확히 서로 상쇄되어 CO_2는 알짜 쌍극자 모멘트를 갖지 않는다. 신축 운동을 하는 동안 두 개의 C=O 결합들이 길어질 때 쌍극자들은 여전히 서로 상쇄되어 쌍극자 모멘트의 변화는 없다. 따라서 대칭 신축 진동은 적외선을 흡수하지 않는다.

비대칭적 신축 운동(asymmetric stretch): 비대칭 신축 운동에서는 두 개의 산소 원자들은 부분적인 음의 전하를 갖고, 같은 방향으로 진동 운동하게 한다. 이는 결과적으로 음전하가 CO_2 분자의 한쪽 방향으로 운동하게 되어 알짜 쌍극자 모멘트를 만들어낸다. 따라서, 비대칭 신축 진동은 적외선을 흡수한다.

굽힘(가위질) 진동[bending(scissoring) vibration]: 굽힘 진동은 CO_2 분자를 쌍극자 모멘트가 없는 선형 구조에서 쌍극자 모멘트가 있는 굽힘 구조로 변화시킨다. 두 결합 쌍극자들은 산소 원자들에 부분적인 음전하를 향하게 한다. 결과적으로, CO_2의 두 산소 원자들

기억하기…
쌍극자 모멘트란 분자의 극성에 대한 척도로서, 분자 양 끝의 전하의 크기와 이 전하들 사이의 거리의 곱으로 정의된다(8.5절).

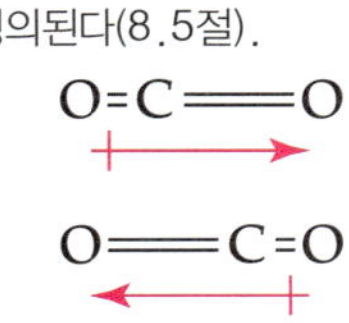

비대칭 신축 운동은 교차하는 쌍극자 모멘트를 생기게 한다.

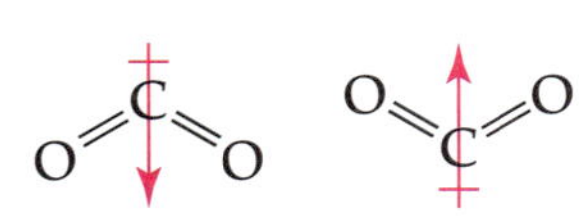

굽힘 진동은 교차하는 쌍극자 모멘트를 생기게 한다.

▶ **그림 10.21**
이산화 탄소의 적외선 흡수 스펙트럼

▶ **확인하기**

어떤 진동이 적외선을 흡수하지 않는가? 그 이유는?

답 진동이 쌍극자 모멘트에 변화를 유발하지 않는 대칭 신축 진동이다.

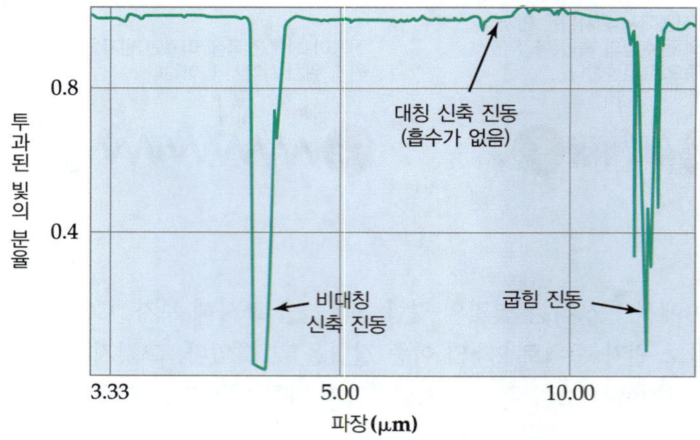

에 부분적인 음전하와 탄소 원자에 부분적인 양전하가 있게 된다. 따라서 굽힘 진동은 쌍극자의 변화를 생기게 하고 적외선을 흡수한다.

그림 10.21은 CO_2의 적외선 흡수 스펙트럼을 보여 주고 있다. 수직축은 시료를 투과한 빛의 분율이고, 음의 피크는 적외선의 흡수를 의미한다. 비대칭 신축 운동과 굽힘 진동 모두 흡수 피크를 갖고 있다. 대칭 신축 운동에 대한 파장(진동수)은 표시되어 있지만, 쌍극자 모멘트의 알짜 변화가 없기 때문에 흡수 피크가 없다.

적외선을 흡수하는 분자들은 온실 가스이고, 그 중에서 가장 중요한 예는 물이다. 날씨가 맑은 날의 밤이 흐린 날의 밤보다 더 선선한 것은 온실 효과의 잘 알려진 예이다; 구름에 있는 수증기가 적외선을 강하게 흡수하기 때문이다. 비록 수증기가 자연적인 온실 효과에 가장 크게 기여하지만, 대기 중 수증기의 양은 인간 활동으로부터 배출되는 것으로 조절된다기보다는, 주로 대기 온도에 의해 조절된다. 인간 활동에 의해 배출되는 온실 가스 중 가장 크게 우려되는 것은, 이산화 탄소(CO_2), 일산화 이질소(N_2O), 메테인(CH_4), 할로젠을 포함하고 있는 기체들이다. 이산화 탄소는 주로 화석 연료가 연소하면서 대기 중에 배출되지만, 산업 공정과 유기 물질의 부패에서도 상당한 양이 배출된다. 메테인은 주로 화석 연료의 채굴과 사용, 쓰레기 매립지, 농업 활동, 가축 사육, 흰개미들로부터 배출된다. 흙이나 바다에서의 자연적인 미생물 활동과 농업 활동에서 비료의 사용이 아산화 질소(일산화 이질소) 배출의 요인이다. 수소화염화플루오린화 탄소($CHClF_2$) 또는 육플루오린화 황(SF_6)과 같은 할로젠화 기체들은, 주로 냉장고와 에어컨과 같은 다양한 산업 제품에서 방출되는 합성된 온실 가스이다.

지구 온난화 지수(Global-warming potential, GWP)란 온실 가스가 대기 중에 질량 기준당 얼마나 많은 열을 가둘 수 있는가에 대한 상대적인 측정량이다. 이산화 탄소를 기준 값인 1로 정하고 있다. GWP는 일반적으로 특정 시간 간격 보통 20년, 100년, 500년에 걸쳐 계산되며, 이는 얼마나 강하게 적외선을 흡수하는가 그리고 얼마나 오랫동안 대기 중에 남아 있는가에 영향을 받는다. **표 10.7**은 인간의 활동과 관계되는 주요 온실 가스에 대한 GWP 값을 보여 주고 있다. 표 10.7은 또한 온실 가스의 복사력 수치를 포함하고 있다. 이 값은 기체들의 온실 효과에 대한 상대적 기여를 설명하는 값이다. 복사력에 대한 양의 값으로 높을수록 더 큰 온난화 효과를 의미한다. 복사력은 지구의 에너지 균형에서의 알짜 변화로 정의되며, 그 단위는 제곱미터당 와트(W/m^2)이다. 비록 CO_2는 표 10.7의 온실 가스들 중 가장 낮은 GWP 값을 갖지만, 다른 기체들보다 더 높은 농도를 갖기 때문에 온실 효과에 가장 큰 기여를 한다.

표 10.7 온실 가스의 지구 온난화 지수와 복사력

온실 가스	지구 온난화 지수(100년 값)	대기에서의 농도	복사력(W/m^2)
CO_2	1	400 ppm	1.82
CH_4	21	1.8 ppm	0.48
N_2O	310	325 ppb	0.17
CFC-12	4600	0.52 ppb	0.17
SF_6	22,800	0.007 ppb	0.004
할로젠화 기체들(전체)			0.360

출처: 기후 변화에 대한 정부 간 협의체(Intergovernmental Panel on Climate Change–Climate Change 2013: The Physial Science Basis.)

10.11 기후 변화

지구 온난화(global warming)란 지구로 들어오거나 지구에서 방출되는 복사선에 의한 민감한 열적 균형의 혼란을 말한다. 이것은 대기 중 온실 가스들의 농도가 증가됨으로써 야기된다. 온실 가스들의 증가는 더 많은 적외선을 흡수할 것이고, 이는 온난화 효과를 가속시키는 원인이 된다. 그러나 이런 현상은 **기후 변화(climate change)**라는 용어로 기술되는 것이 더 정확하다. 지구 내 모든 지역에서 온도가 동일하게 증가하지 않기 때문이다. 그 대신에 다른 지역들에서 온난화 정도가 다르게 진행되어 따뜻해지고, 일부 지역에서는 심지어 저온화를 경험할 수도 있다. 기후 과학은 매우 복잡하다. 전 세계적인 이슈이고, 온실 가스 농도는 기후에 영향을 주는 많은 요인 중에 하나이기 때문이다. 운량, 미세먼지, 태양 에너지, 극지방의 만년설의 해빙 또는 산림의 황폐화로 인한 지표면의 반사율의 변화는, 전 세계 그리고 일부 지역 온도에 영향을 주는 다소의 변수들이다. 이 절에서는 온실 가스의 농도가 시간에 따라 어떻게 변화하고 있으며, 현재와 미래의 기후에 어떤 영향을 주는지에 대하여 설명할 것이다.

1700년도 말 시작된 산업 혁명 이래로, 에너지를 얻기 위한 화석 연료의 연소, 삼림의 채벌, 시멘트 또는 금속과 같은 산업 제품들의 생산으로 인해서 대기 중 온실 가스의 양은 현저히 증가되었다. 비록 대기에서 온실 가스는 자연적인 메커니즘에 의해 감소하지만, 증가 속도가 제거 속도를 넘어서기 때문에 온실 가스 농도는 증가하고 있다. 예를 들면, 대기 중의 이산화 탄소의 농도가 1850년의 290 ppm에서 2014년의 400 ppm로 지난 160년 동안 꾸준히 증가되었다는 것을 측정값들이 보여 주고 있다(그림 10.22).

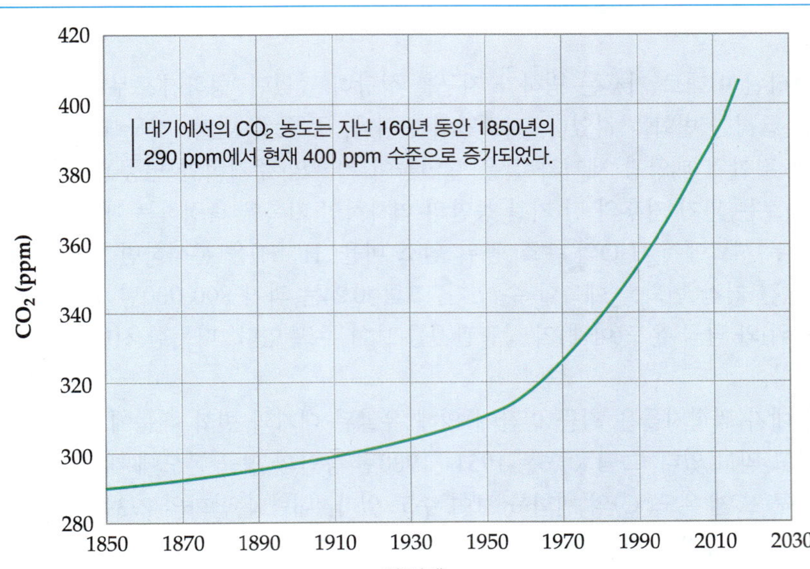

◀ **그림 10.22**
1850년 이후 대기 중 CO_2의 연간 농도
출처: National Aeronautics and Space Administration Goddard Institute for Space Studies.

▶ **확인하기**

1850년~2017년 기간 동안 CO_2 증가 속도는 변해왔는가?

답 CO_2 증가 속도는 1970년 이후 눈부시게 증가해왔고 매년 계속해서 증가하고 있다.

아주 오래전 시간 척도로 온실 가스의 수준을 조사하여 현재의 상황을 다른 시대의 상황과 비교하는 것은 유용하다. 빙하 중심부의 깊이는 시간과 상관관계가 있기 때문에, 과학자들은 극지방의 만년설로부터 채취한 빙하 중심부 시료에서 역사적 기록을 찾을 수 있다. 얼음 속의 공기 거품에 갇힌 온실 가스들을 측정해 보면, 현재 지구 대기 내에 있는 CO_2와 CH_4 농도는 과거 650,000년에서는 전례가 없는 수준이다(그림 10.23). 이러한 온실 가스들의 농도는 시간이 흐름에 따라서 조금씩 요동쳐왔으나, 지난 세기에서 급격하게 증가했다는 사실은 명백하다. 오랜 기간 동안 CO_2의 농도는 300 ppm을 넘긴 적이 없었지만, 화석 연료의 사용에 의해 그 수준이 400 ppm 이상으로 증가하였다. 메테인 농도는 역사적 기록에서는 0.8 ppm (800 ppb)을 넘긴 적이 없었지만, 최근에는 1.8 ppm(1800 ppb)까지 증가하였다. 마찬가지로, N_2O의 농도는 지난 100,000년 동안 280 ppb를 넘긴 적이 없었지만, 325 ppb까지 증가하였다. 대부분의 할로젠화 기체들은 인간에 의해 만들어졌고, 지난 몇 십 년 동안에 할로젠화 기체들이 산업 공정에 사용되면서 이 기체들의 대기 중 농도는 증가하기 시작했다.

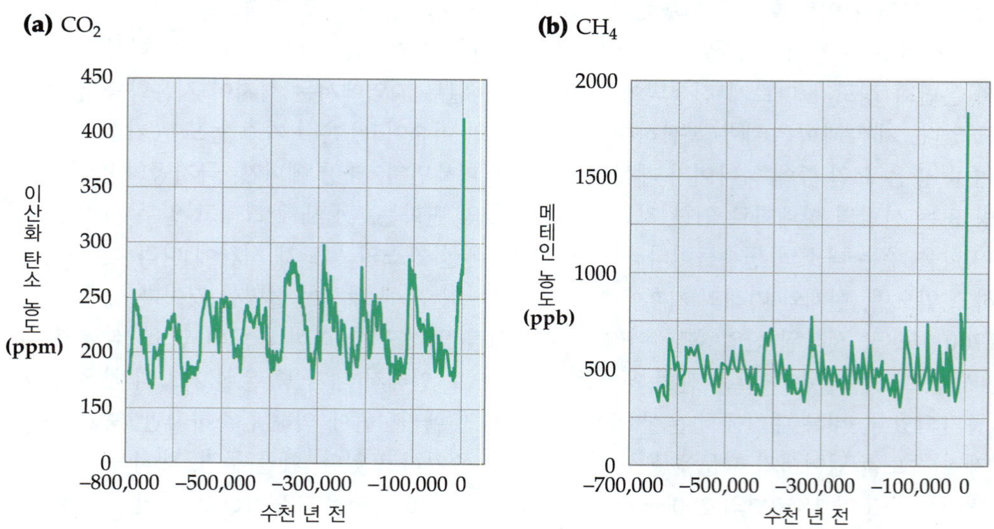

▶ **그림 10.23**
빙하 중심부와 대기 측정에서 얻어진 온실 가스들의 장기간 역사적 기록
출처: U.S. Environmental Protection Agency, Climate Change, Greenhouse Gases.

▶ **확인하기**

대기 중의 CO_2와 CH_4의 현재 농도 수준은 과거 650,000년 동안의 농도 수준과 비교하면 어떠한가?

답 역사적 기록에 따르면, CO_2와 CH_4의 농도 수준은 지난 수세기 동안 급격하게 증가했음을 보여 주고 있으며, 과거 650,000년 동안의 어떤 시점보다도 현저하게 높다.

지구가 형성된 이래로 기후는 빙하가 지구를 상당히 덮었던 '빙하기'로부터 상대적으로 따뜻한 시대로 급격한 변화를 겪었다. 지표면의 반사율, 공중 중 먼지, 지구 궤도의 변화, 온실 가스 농도와 결합된 태양광 세기와 같은 요인들이 기후의 주기적인 변동을 만들었다. 빙하의 중심부 시료는 과거 기후의 긴 기간 동안의 역사적인 기록을 측정하는 데 사용될 수 있다. 빙하의 중심부 시료에서 H_2O의 수소 동위 원소 비율($^2H:^1H$)을 분석하면, 과학자들은 평균 지구 온도의 긴 기간 변화를 예측할 수 있다. 그림 10.24는 과거 800,000년 동안 이산화 탄소(CO_2) 농도(위)와 남극 온도(아래)의 상관관계를 보여 주고 있다. 따뜻한 시대는 높은 CO_2 농도와 일치한다.

대부분의 대기 과학자들은 최근 인간에 의해 유발된 대기의 변화 때문에 기후가 급격하게 변하고 있다고 믿고 있다. 그림 10.25는 1951~1980년 동안의 평균 온도에 대하여 1880년부터 현재까지 지구 표면 온도(℃)의 변화를 보여 주고 있다. 대략 온난화의 2/3는 1975년도 이후 시작되었다. 온도 증가는 작은 것 같이 보이지만(1990년부터 지금까지 약 1 ℃), 지난 수 천 년 동안의 기후 변화보다 훨씬 빠른 속도로 온난화가 진행되고 있다는 것을 깨닫는 것은 중요

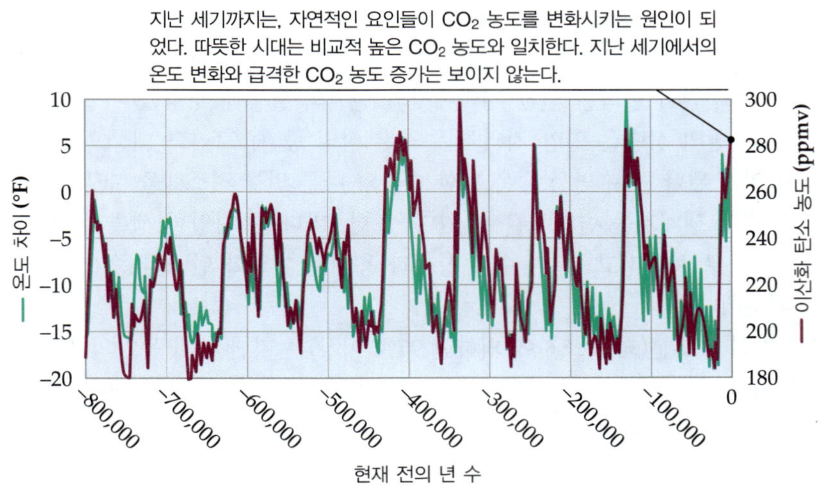

◀ **그림 10.24**

빙하 중심부에서 측정한 CO_2 농도와 지구 온도와의 상관관계

출처: National Research Council. Advancing the Science of Climate Change. The National Academies Press, 2010.

▶ **확인하기**

이 그림은 CO_2 농도의 증가가 지구 온도 증가의 원인이 되는 것을 보여 주고 있는가?

답 아니다. 온도 변화가 CO_2 농도 변화와 직접적으로 관련 있음을 보여 주지 못한다. 반대의 경우가 일어날 수도 있다. 즉, 온도 변화가 CO_2 농도 변화의 원인이 될 수도 있다. 요인이 복잡한 방법으로 관련되어 있지만, 자료는 더 높은 온도가 더 높은 CO_2 농도와 일치한다는 것은 명확하게 보여 준다.

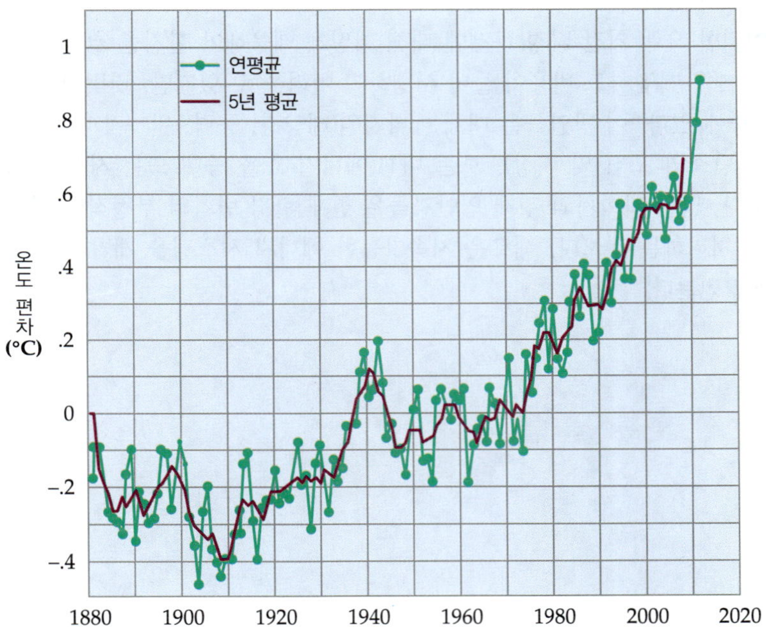

◀ **그림 10.25**

1951~1980년의 평균 온도와 비교한 지구 표면 온도(°C)의 변화. 초록색 점선은 년 평균치이고, 빨간색 실선은 5년 평균치이다.

출처: National Aeronautics and Space Administration. GISS Surface Temperature Analysis.

하다. 기후 모형에 의하면 미래의 온실 가스 배출 수준에 따라, 2100년까지 평균 지구 온도가 3.5~4 °C(6~7 °F) 정도 증가할 것이며, 온난화는 지속적으로 가속화될 것으로 예측된다.

과학자들은 빙하의 크기, 해수면 변화, 생물의 다양성 변화, 바다의 산도와 같은 환경 조건의 경향을 보여 주는 지표들을 이용하여 기후 변화의 영향을 추적하고 있다. 북극은 지구의 나머지 지역보다 빠르게 따뜻해지고 있으며, 빙하는 놀라운 속도로 녹아가고 있다. 2012년 9월의 북극 빙하의 면적은 1979~2000년 평균보다 더 적은 130만 mi^2(텍사스 면적의 다섯 배)이다(그림 10.26). 기후는 생태계에 중요한 영향을 미치며, 온도 변화의 속도는 많은 종들이 생존을 위해 적응할 수 없을 정도로 빠르다. 특히, 빙하에 의존하는 종(북극곰과 물개) 또는 산이나 추운 물에서 적응하는 종들(새앙토끼와 연어)과 같은 기후에 민감한 종들은 아마도 개체수가 급격히 감소하거나, 극단적인 경우에는 멸종에 이를 수 있다. 기후 변화에 관한 정부간

▲ 기후 변화가 미국 새앙토끼의 개체수를 감소하는 주요 원인일 수 있다. ⓒRandy Bjorklund/Shutterstock

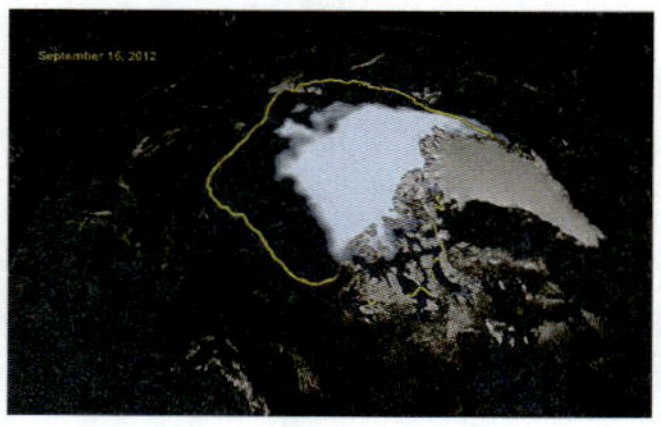

▲ 그림 10.26
북극의 빙하 규모. 2012년 9월의 빙하 규모는 1979~2000년 9월의 평균치(노란색 선으로 표시)의 49%로 기록적으로 가장 작았다. ⓒNASA, Goddard Space Flight Center Scientific Visualization Studio and NASA Earth Observatory, Jesse Allen/Wikimedia Commons

협의체의 연구에 의하면, 지구 온도가 이번 세기 말까지 도달할 것으로 예측된 수준에 도달한다면 식물과 동물 종들의 20~30%가 멸종의 위기에 놓일 수 있다. 지난 세기에 온도 상승에 따른 육지 얼음의 녹음과 물의 열적 팽창에 의해서 해수면은 거의 10인치가 높아졌다. 해수면의 변화는 연안 지역에서의 인간의 활동에 영향을 미칠 수 있다. 예를 들면, 해수면의 상승은 연안 지역 침수와 부식의 증가, 그리고 태풍으로부터 더 큰 피해의 원인이 된다. 해수면 상승은 또한 습지와 다른 민물 시스템을 바닷물로 변화시키는 것과 같이 생태계를 변화시킬 수 있다. 또한, 바다 속 다양한 생물의 안식처인 산호초가 급속도로 사라지고 있다. 수온 상승과 용해된 이산화 탄소의 증가로 야기된 높은 산도 때문이다.

기후 과학자의 대부분(최근 조사에 의하면 97% 이상)은 지난 세기 동안의 온난화 추세가 인간의 활동에 기인된 것이 거의 확실하다는 데 동의하며, 기후 변화에 관한 정부간 협의체, 국립과학원, 미국화학회 등의 대부분의 세계적인 과학 선도 조직에도 이러한 입장을 지지하는 공개적인 발언을 해 오고 있다. 현재 진행 중인 기후 변화의 결과는 과학적으로 입증되었다. 따라서 인류는 극한의 날씨 현상(혹서, 가뭄, 홍수)에 대한 위험 증가, 해안의 유실, 농업과 식품 공급에 큰 영향을 줄 수 있는 날씨 유형의 변화를 반드시 고려해야 한다.

우리는 이러한 오랜 기간 환경 문제에 대해 어떻게 대응해야 할지를 결정해야 한다. 해결 방안은 매우 복잡하고 비용이 들며 시행하기 어려울 수 있지만, 몇몇 방안들이 연구 및 시험 중에 있다. 이 방안들은 대체 에너지원(태양광, 풍력, 원자력과 같은), 탄소 격리(이산화 탄소의 포집 및 저장), 보존 대책(에너지 효율 증대 또는 사용 감소)들을 포함하고 있다. 많은 과학자와 정책 입안자들은 현재 환경 변화의 부정적인 결과에 관련된 비용을 처리하는 것보다, 새로운 지속가능한 에너지 시스템을 개발하는 것이 더 경제적이라고 믿는다.

INQUIRY? 흡입된 마취제는 어떻게 작용하는가?

마취란 약의 투여를 통해 일시적으로 유도된 감각이나 인지 상실의 상태를 말한다. 이는 무통(고통으로부터의 완화나 억제), 마비(근육 완화), 건망증(기억 상실), 무의식 등을 포함한다. 1846년에 William Morton에 의해 시행된 치과 수술 중 에터 유도 마취는 의료 역사상 가장 중요한 획기적인 발전 중 하나로 자리매김하고 있다. 그때까지만 하더라도, 모든 외과 수술은 환자들이 의식이 있는 상황에서 시행되어왔다. Morton의 성과 후 클로로폼이 마취제로서 빠르게 사용되었다. 영국의 빅토리아 여왕은 1853년 클로로폼에 의해 마취된 상태에서 출산을 하기도 하였다.

역사를 통틀어 의사들과 과학자들은, 빠르게 마취시키고 향기도 좋고 부작용이 없는 완벽한 흡입 마취제를 찾아왔다. 에터와 클로로폼 이외에도 수백 종의 물질들이 흡입 마취제로서 쓰일 수 있음이 확인되었다. Halothane(할로테인), isoflurane(아이소플루레인), sevoflurane(세보플루레인), desflurane(데스플루레인) 등은 현재 흔히 사용되는 약제이다. 이 4종 모두 독성이 없고 불연성이며, 상대적으로 적은 양으로도 효능이 있다.

◀ 큰 유기 전구로 구성된 Morton의 에터 흡입기. 전구 안에는 다이에틸에터로 적셔진 스폰지가 있고, 기구의 주둥이는 환자의 입에 놓인다. 환자의 반대편 입구를 열어서 공기가 주입되고, 환자가 호흡함에 따라 에터에 적셔진 스폰지를 통해 회수된다. © Daderot/Wikimedia Commons

그 중요성에도 불구하고, 흡입 마취제가 신체에서 어떻게 작용하는지에 대해 놀라울 정도로 알려진 바가 거의 없다. 심지어, 행동 상태로서의 마취라는 정의도 정확하지 않고, 마취에 이르는 뇌 기능 변화의 본질도 알려진 바 없다. 현저하게 서로 다른 흡입 마취제들의 효능은 올리브 오일에서의 용해도와 상당히 관련이 있다. 즉, 올리브 오일에 더 잘 녹을수록 마취제로서의 효능은 더 강하다. 이러한 독특한 관찰 결과 때문에, 많은 과학자는 마취제가 신경 세포를 둘러싸고 있는 지방 막에서의 용해에 의해 작용한다고 믿고 있다. 결과적으로, 유동성과 막의 형태가 변화함으로써 소듐 이온이 신경 세포 내부로 통과하는 능력을 저하시킨다. 따라서 신경 자극의 발화를 막는다.

마취의 깊이는 뇌에 도달하는 마취제의 농도에 의해 결정된다. 뇌 농도는 혈류로의 마취제의 전달과 마취제의 용해도 흡입 공기에서의 마취제의 부분 압력에 의존한다. 마취제의 효능은 일반적으로 최저 폐포 농도(MAC)로 표현된다. 이는 환자의 50%에서 얻은 결과로, 외과 자극에 반응하지 않

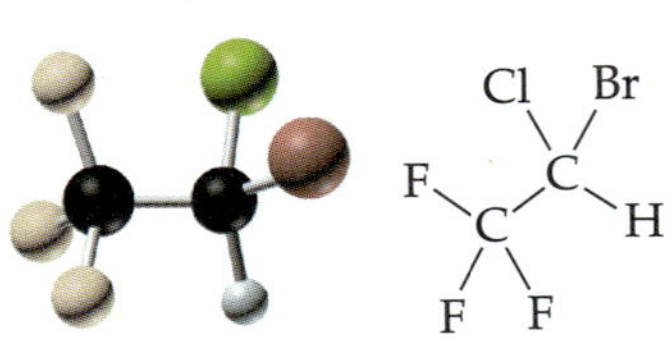

할로테인

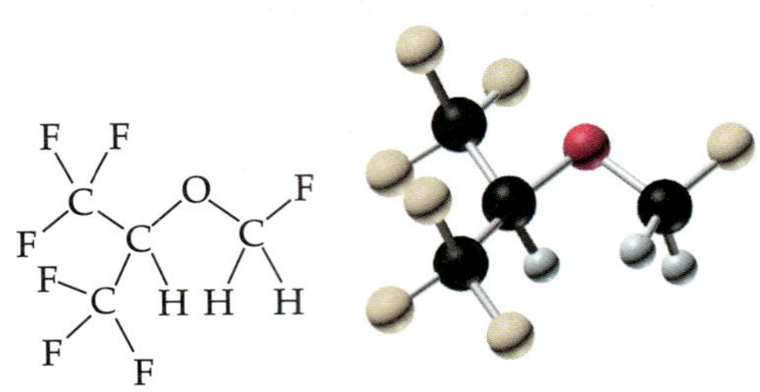

세보플루레인

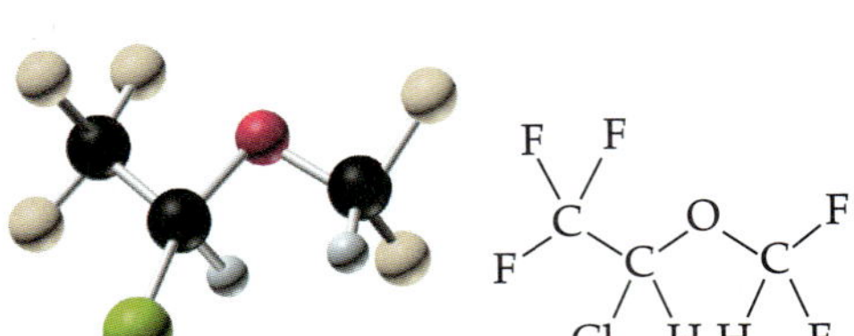

아이소플루레인

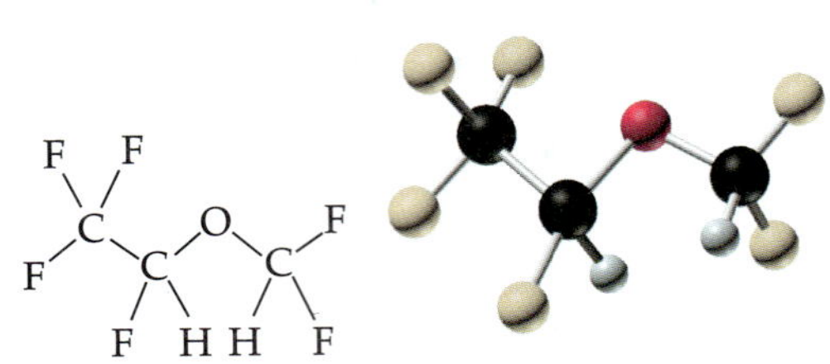

데스플루레인

는 상태에 이르게 하는 흡입 공기 중 마취제의 부피 백분율로 정의된다. 이 최저 폐포 농도(MAC)는 마취제의 부분 압력으로도 표현될 수 있다. 이상 기체 법칙은 기체의 부피가 직접적으로 기체의 몰수와 관련이 있다는 것을 보여 주고 있다. 따라서 기체의 부피 분율은 몰분율과 같다. **표 10.8**은 데스플루레인(desflurane)이 6.2%의 부피 MAC 값을 갖는다는 것을 보여 준다. 이는 0.062의 부피 분율을 의미하고, 기체 혼합물에서의 몰 분율이 0.062라는 것을 의미한다. 환자가 흡입하는 공기의 전체 압력은 상압(~760 mmHg)이므로, 데스플루레인의 부분 압력은 부분 압력에 대한 식을 이용하여 계산할 수 있다.

$$P_{데스플루레인} = X_{데스플루레인}P_{전체} = (0.062)(760\ \text{mmHg}) = 47\ \text{mmHg}$$

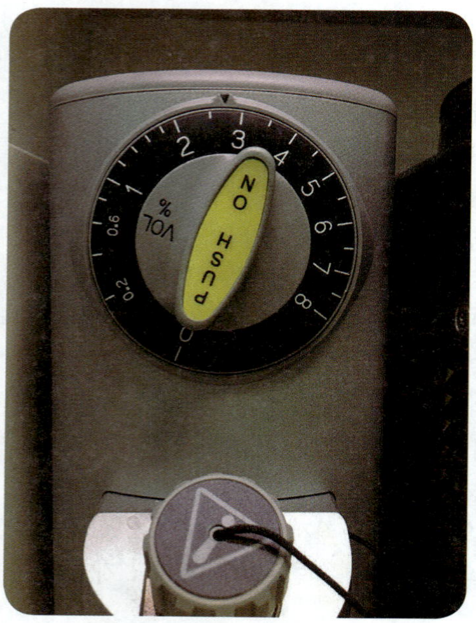

▲ 증발기는 담겨 있는 액체 상태의 마취제를 흡입하기 편한 기체 상태로 바꿔 준다.
©martin81/Shutterstock

표 10.8에서 보여 주는 것과 같이, 일산화 이질소(N_2O)는 일반적인 마취제 중 가장 약한 효능을 보인다. 80:20의 일산화 이질소/산소 혼합 기체를 흡입해도, 환자의 50%보다 더 적은 수의 환자들이 마취 상태에 이른다. 할로테인(halothane)은 가장 강력한 마취제여서, 5.7 mmHg의 부분 압력으로도 환자의 50%를 마취시키는 데 충분하다.

표 10.8 흡입 마취제의 상대적 효능

마취제	MAC(%)	MAC (부분 압력, mmHg)
일산화 이질소	—	>760
데스플루레인	6.2	47
세보플루레인	2.5	19
아이소플루레인	1.4	11
할로테인	0.75	5.7

문제 10.19 15 mmHg 부분 압력의 다이에틸에터는 환자의 50%를 마취 상태로 이끌 수 있다. 다이에틸에터의 MAC는 얼마인가? (전체 압력은 760 mmHg라고 가정하시오.)

문제 10.20 클로로폼의 MAC는 0.77%이다.

(a) 환자들의 50%를 마취시키기 위해 필요한 클로로폼의 부분 압력은 얼마인가? (전체 압력은 760 mmHg라고 가정하시오.)

(b) 적절한 MAC를 만들기 위해 STP 하에서의 10.0 L의 공기에서 필요한 클로로폼의 질량은?

문제 10.21 N_2O:O_2의 부피 혼합 비율이 70:30인 혼합 기체가, 정맥 천자나 요추 천자와 같은 기본적인 조치 과정에서 아이들의 고통을 완화시키는 데 사용된다. 10.0 L의 혼합 기체 탱크는 25 ℃에서 50 atm의 전체 압력을 갖는다.

(a) 탱크에서의 N_2O와 O_2의 부분 압력은 얼마인가?

(b) 탱크에 있는 N_2O와 O_2의 질량은 몇 그램인가?

문제 10.22 8% 세보플루레인($C_4H_3F_7O$), 62% N_2O, 30% O_2의 혼합 기체가 수의학 조치 과정에서 고양이들을 마취하는 데 사용된다. 만약 고양이가 전체 압력 1 atm의 혼합 기체를 흡입한다면, 각 기체들의 부분 압력은 mmHg로 얼마인가?

정리

절	개념 요약	학습 목표	문제
10.1 기체와 기체 압력	기체란 거대한 빈 공간에서 독립적으로 운동하는 원자들이나 분자들의 집단이다. 무작정하게 운동하는 입자와 용기 기벽과의 충돌은 단위 면적당 힘을 가하는데, 이를 **압력(P)**이라 한다. 압력의 SI 단위는 **파스칼(Pa)**이지만, 보다 일반적으로 **기압(atm)**, 밀리미터에 이치지(**mmHg**), **바(bar)**를 사용한다.	10.1 압력의 다른 단위들 사이에 상호 변환한다. 10.2 기압계 또는 압력계에서 수은 기둥의 높이로부터 압력을 결정한다.	예제 10.1; 문제 10.38~10.39 예제 10.2; 문제 10.23~10.25, 10.40, 10.42
10.2 기체 법칙들	기체의 물리적 상태는 네 가지 변수, 즉 압력(P), 온도(T), 부피(V), 몰수(n)로 정의할 수 있다. 이러한 네 가지 변수 사이의 특정한 관계를 **기체 법칙**이라고 한다: 보일 법칙, 샤를 법칙, 아보가드로 법칙.	10.3 기체 법칙들을 이용하여 기체 시료의 조건이 변할 때 압력, 부피, 몰수, 온도를 계산한다.	예제 10.3; 문제 10.26, 10.48
10.3 이상 기체 법칙	세 가지의 개별 기체 법칙들을 $PV = nRT$라는 하나의 **이상 기체 법칙**으로 결합할 수 있다. P, V, T, n의 4가지 변수 중에서 세 가지를 알면, 나머지 한 변수를 계산할 수 있다. 식에서 상수 R을 **기체 상수(R)**라고 하며, 모든 기체의 경우 동일한 값을 가진다. **표준 온도와 압력**(STP; 1 atm와 0 °C)에서 이상 기체의 표준 몰부피는 22.414 L이다.	10.4 이상 기체 법칙을 이용하여 기체 시료의 압력, 부피, 몰수, 온도를 계산한다.	예제 10.4~10.5; 문제 10.52~10.58
10.4 기체들에 대한 화학량론적 관계	이상 기체 법칙은 기체 시료의 몰수를 계산하는 데 사용될 수 있다. 화학 반응에서 기체 반응물 또는 기체 생성물의 몰수는 화학량론을 이용하면 다른 물질들과 관련시킬 수 있다. 기체 밀도는 미지 기체를 확인하는 데 사용될 수 있고, 압력, 몰질량, 온도에 의존한다.	10.5 화학 반응에서 기체들의 부피를 계산한다. 10.6 기체의 밀도에 대한 식을 이용하여 기체의 밀도 또는 몰질량을 계산한다.	예제 10.6; 문제 10.70, 10.72, 10.74 예제 10.7; 문제 10.66, 10.68
10.5 기체 혼합물: 부분 압력과 돌턴 법칙	기체 법칙들은 순수 기체뿐만 아니라 기체 혼합물에도 적용된다. **돌턴의 부분 압력 법칙**에 따르면, 용기에 있는 기체 혼합물의 전체 압력은 각 성분 기체들이 단독으로 있을 때의 압력, 즉 부분 압력들의 합과 같다.	10.7 기체 혼합물에 있는 각 기체의 부분 압력, 몰분율 또는 양을 계산한다.	예제 10.8; 문제 10.82, 10.86, 10.90
10.6 기체 분자 운동론	기체들의 행동을 **분자 운동론**이라는 모형을 사용하여 설명할 수 있다. 분자 운동론은 다음의 5 가지 가정에 기초하고 있다. 1. 기체는 무작정하게 운동하는 작은 입자들로 이루어져 있다. 2. 기체 입자들 자신의 부피는 기체의 전체 부피에 비해 무시할 수 있다. 3. 기체 입자들 사이에는 인력이나 반발력이 없다. 4. 기체 입자들의 충돌은 탄성 충돌이다. 5. 기체 입자들의 평균 운동 에너지는 기체의 절대 온도에 비례한다.	10.8 분자 운동론의 가정을 사용하여 기체의 행동을 예측한다. 10.9 주어진 온도에서 기체 입자의 평균 분자 속력을 계산한다.	문제 10.27~10.28, 10.32 문제 10.94, 10.98
10.7 기체의 확산과 분출: 그레이엄의 법칙	분자 운동론으로부터 얻은 운동 에너지와 온도 사이의 관계로부터, 임의의 온도에서 기체 입자의 평균 속력을 계산할 수 있다. 이러한 관계의 중요하고 실질적인 결과가 **그레이엄의 법칙**이다. 이 법칙은 기체의 **분출** 속도, 즉 막의 작은 구멍을 통한 자발적인 통과 속도가 기체 몰질량의 제곱근에 반비례한다는 것이다.	10.10 분출과 확산의 과정을 시각화한다. 10.11 그레이엄의 법칙을 사용하여 두 기체에 대한 상대 확산 속도들을 계산한다.	문제 10.33 예제 10.9; 문제 10.100~10.103, 10.143
10.8 실제 기체들의 행동	실제 기체들의 행동은, 특히 높은 압력에서 기체 입자들이 더 가까이 있어서 분자들 사이의 인력이 중요하게 되면 이상 기체 법칙에 의해 예상되는 행동과 다르다. 이상적 행동으로부터의 벗어남은 **반데르발스 식**에 의해 수학적으로 다룰 수 있다.	10.12 기체들이 이상적 행동으로부터 상당히 벗어났을 때의 온도와 압력 조건을 확인한다. 10.13 반데르발스 식을 이용하여 실체 기체들의 성질들을 계산한다.	문제 10.110~10.111 문제 10.112, 10.114

절	개념 요약	학습 목표	문제
10.9~10.11 지구의 대기, 온실 효과, 그리고 기후 변화	**온실 효과**란 적외선을 흡수하는 기체(**온실 가스**)에 의해 지구로부터 방출되는 열을 가두는 현상이다. **기후 변화**는 인간의 활동으로 온실 가스의 수준이 상승한 결과로 일어나고 있다. 측정과 모형에 따르면, 북극과 대륙과 같은 특정 지역들은 바다와 같은 다른 지역에 비해 더욱 온난해진다는 것을 보여 주고 있다.	10.14 온실 효과의 원리를 설명한다.	문제 10.120, 10.122
		10.15 분자의 진동을 조사하여, 분자가 온실 가스에 해당하는지 예측한다.	문제 10.123~10.126
		10.16 시간 경과에 따른 온실 가스 농도의 경향들과 기후 변화의 측정되고 예측된 효과들을 기술한다.	문제 10.127~10.133

주요 용어

그레이엄의 법칙
기체 법칙들
기체 상수(R)
기후 변화
뉴턴(N)
대기압(atm)
돌턴의 부분 압력 법칙
몰분율(X)
수은주 밀리미터(mmHg)
바
반데르발스 식
보일 법칙
분자 운동론
분출
샤를 법칙
아보가드로 법칙
압력(P)
압력계
온실 가스
온실 효과
이상 기체
이상 기체 법칙
지구 온난화
파스칼(Pa)
표준 몰부피
표준 온도와 압력(STP)
확산

주요 식

- 보일 법칙(10.2절)

  $V \propto 1/P$ 또는 $PV = k$(일정한 n과 T에서)
- 샤를 법칙(10.2절)

  $V \propto T$ 또는 $V/T = k$(일정한 n과 P에서)
- 아보가드로 법칙(10.2절)

  $V \propto n$ 또는 $V/n = k$(일정한 T와 P에서)
- 이상 기체 법칙(10.3절)

  $V = \dfrac{nRT}{P}$ 또는 $PV = nRT$
- 기체의 표준 온도와 압력(STP) (10.3절)

  $T = 0\ ^\circ\mathrm{C} \quad P = 1\ \mathrm{atm}$
- 기체 밀도(10.4절)

  $d = \dfrac{m}{V} = \dfrac{PM}{RT}$
- 돌턴의 부분 압력 법칙(10.5절)

  $P_{전체} = P_1 + P_2 + P_3 + \ldots$

  여기서 P_1, P_2, …는 각 성분 기체들이 용기에 단독으로 있을 때 나타내는 압력이다.
- 몰분율(10.6절)

  $X = \dfrac{\text{각 성분의 몰수}}{\text{혼합물의 전체 몰수}}$

• 부분 압력(10.6절)

$P_1 = X_1 \cdot P_{전체}$

• 온도 T에서 기체 입자의 평균 속력(10.6절)

$$u = \sqrt{\frac{3RT}{mN_A}} = \sqrt{\frac{3RT}{M}}$$ 여기서 M은 몰질량이다.

• 그레이엄의 법칙(10.7절)

$$\text{분출 속도} \propto \frac{1}{\sqrt{M}}$$

• 반데르발스 식(10.8절)

$$\left(P + \frac{an^2}{V^2}\right)(V - nb) = nRT \quad \text{또는} \quad P = \frac{nRT}{V - nb} - \frac{an^2}{V^2}$$

여기서 a와 b는 이상 기체 법칙의 보정 인자이다.

복습 문제

LO는 학습 목표(Learning Objectives)를 나타낸다.

이 장을 학습한 후엔, 학습자의 이해도를 평가할 수 있는 방법이 있다. **복습 문제**를 푸는 것이다. **복습 문제**들은 이 장의 학습 목표와 연계되어 있다. 따라서 푼 답이 틀렸다면, 이 장의 끝부분에 나와 있는 **정리** 문단의 **학습 목표**를 참고하면 된다. 정리 문단에는 **개념 요약**이 제공되며, **예제**를 참고하면 문제 해결 방법을 모델링 할 수 있고, 제공되는 **추가 문제**들로 더 많은 연습을 할 수 있다.

1. 자동차 타이어의 팽창에 적정한 압력은 35 psi이다. 이 압력은 mmHg 단위로 얼마인가? (1 atm = 14.7 psi; 1 atm = 760 mmHg) (**LO 10.1**)
   (a) 3.9×10^5 mmHg
   (b) 0.68 mmHg
   (c) 3.2×10^2 mmHg
   (d) 1.8×10^3 mmHg
2. 외부 압력이 0.92 atm일 때, 용기 내부에 있는 기체의 압력은 몇 atm인가? (**LO 10.2**)

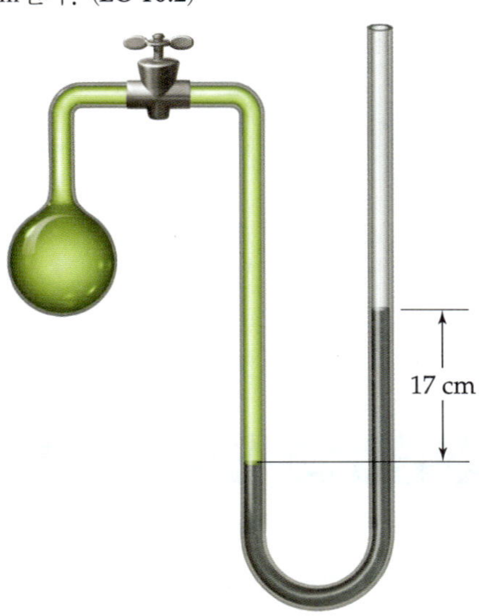

   (a) 1.1 atm (b) 2.6 atm
   (c) 0.22 atm (d) 0.70 atm
3. 움직일 수 있는 피스톤이 있는 실린더에 산소가 채워져 있다고 가정하자. 초기 조건은 $T = 250$ K, $n = 0.140$ mol, $P = 1.00$ atm이다. 만약 초기 부피가 1.0 L이라면, 온도가 400 K로 상승하고, 압력은 0.75 atm으로 감소되었을 때 최종 부피는 얼마인가? (**LO 10.3**)

(초기)
$T = 250$ K
$n = 0.140$ mol
$P = 1.0$ atm

   (a) 2.1 L (b) 1.2 L
   (c) 0.83 L (d) 1.6 L
4. 많은 실험실용 기체들은 부피 43.8 L의 강철 실린더에 담아서 판매된다. 20 ℃에서 실린더의 압력이 17,180 kPa일 때, 실린더 속에 들어 있는 아르곤 기체의 질량은 몇 g일까? (**LO 10.4**)
   (a) 1.83×10^7 g (b) 1.81×10^5 g
   (c) 1.23×10^4 g (d) 122 g
5. 지방에서는 프로페인 가스(C_3H_8)가 종종 연료로 사용되고 있다. 25℃에서 압력이 4.50 atm, 부피가 15.0 L인 용기 안에 있는 프로페인 가스의 완전한 연소에 의해 생성되는 CO_2의 부피는 STP 상태에서 몇 L일까? 프로페인의 연소 화학 반응

식은 다음과 같다. $C_3H_8(g) + 5\ O_2(g) \longrightarrow 3\ CO_2(g) + 4\ H_2O(l)$ (**LO 10.4, 10.5**)

(a) 61.8 L (b) 186 L
(c) 20.6 L (d) 2.21×10^3 L

6. 어떤 비금속이 440 ℃에서 수소와 반응하여, 독성이 있고 악취가 나는 기체를 생성한다. 25.0 ℃와 1.00 atm에서 질량이 6.618 g인 기체가 2.00 L의 부피를 가지는 것으로 확인되었다. 이 기체의 몰질량은 얼마인가? (**LO 10.6**)
(a) 67.9 g/mol (b) 162 g/mol
(c) 80.9 g/mol (d) 193.6 g/mol

7. 트리믹스는 산소, 헬륨, 질소로 이루어진 기체 혼합물로 심해 스쿠버 잠수에 사용된다. 헬륨은 혈액 내 질소와 산소가 과량으로 용해될 때 발생하는 질소 혼수 상태 및 산소 독성의 효과를 경감하기 위해 포함된다. 트리믹스가 들어 있는 용기의 전체 압력이 200 atm이고, 헬륨의 부분 압력이 34 atm이다. 용기에 들어 있는 헬륨은 부피로 몇 %를 차지하고 있을까? (**LO 10.7**)
(a) 17% (b) 38%
(c) 23% (d) 83%

8. 암모니아(NH_3) 기체 시료는 가열된 철 촉매에 의해 질소와 산소로 완전히 분해된다. 만약 N_2와 H_2의 기체 혼합물의 전체 압력이 1.80 atm이라면, N_2의 부분 압력은 얼마인가? (**LO 10.7**)
(a) 1.35 atm (b) 0.45 atm
(c) 0.90 atm (d) 0.63 atm

9. 아래에 보이는 장치는 잠금 꼭지로 연결된 3개의 용기로 되어 있다. 잠금 꼭지를 열었을 때 장치 내부의 압력은 얼마일까? 용기 연결관들의 부피는 0이고 온도는 일정하게 유지된다고 가정하시오. (**LO 10.3, 10.7**)
(a) 1.10 atm (b) 1.73 atm
(c) 4.14 atm (d) 1.41 atm

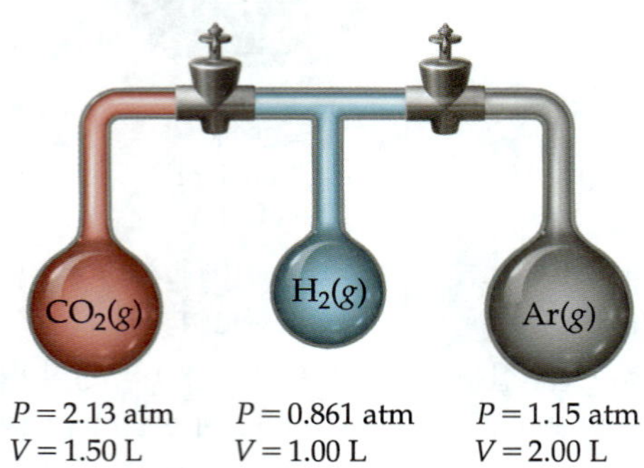

10. STP 상태에서 염소, 수소, 산소 기체의 혼합물이 용기에 담겨 있다. 산소 기체를 나타내는 곡선은 어느 것인가? (**LO 10.8**)
(a) 곡선 (a) (b) 곡선 (b) (c) 곡선 (c)

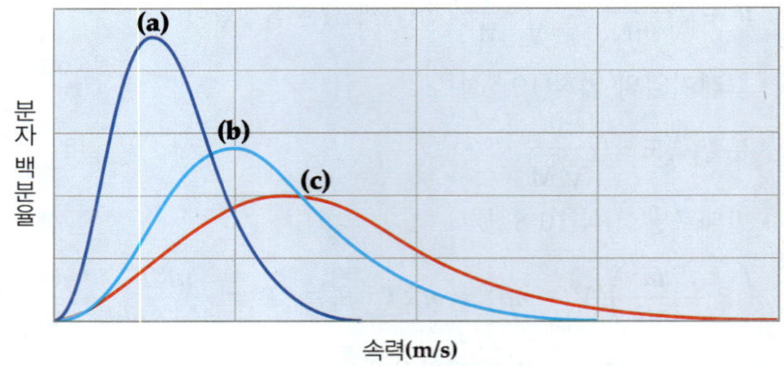

11. 지구 지표면에서 기록된 가장 차가운 온도는 남극 대륙 Vostok Station에서 관측된 −89.2 ℃이다. 이 온도에서 질소의 속력은 얼마인가? (**LO 10.9**)
(a) 933 m/s (b) 40.2 m/s
(c) 404 m/s (d) 12.8 m/s

12. 어떤 미지 기체가 다공성 막을 통해 H_2보다 2.92배 느리게 확산된다고 확인되었다. 이 기체의 몰질량은 얼마인가?
(a) 17.0 g/mol (b) 5.84 g/mol
(c) 8.52 g/mol (d) 30.0 g/mol

13. 이상 기체의 행동으로부터의 벗어남에 대하여, 다음 문장 중 참인 것을 말하시오. (**LO 10.12**)
(a) 기체 입자들 사이의 인력은 실제 기체 시료의 부피를 이상 기체 법칙에 의해 예측된 것보다 크게 만든다.
(b) 기체 입자들 사이의 인력은 낮은 압력에서 시료의 부피에 가장 큰 영향을 미친다.
(c) 기체 입자들 자신의 부피는 낮은 압력에서 시료의 부피에 가장 큰 영향을 미친다.
(d) 기체 입자들 자신의 부피는 이상 기체 법칙에 의해 예측된 것보다 실제 시료의 부피를 크게 해준다.

답:

1. d, 2. a, 3. a, 4. c, 5. b, 6. c, 7. a, 8. b, 9. d, 10. b, 11. c, 12. a, 13. d

개념 문제

문제 10.1~10.22**는 이 장의 본문 중에 있다.**

10.23 한쪽 끝은 수은이 담긴 접시 안에 있고, 다른 쪽 끝은 잠금 꼭지로 막혀 있는 유리관이 있다. 수은 표면으로부터 잠금 꼭지까지의 거리는 850 mm이다. 장치의 온도는 25 ℃이고,

유리관 안의 수은 높이는 접시에 들어 있는 수은 높이와 같다.

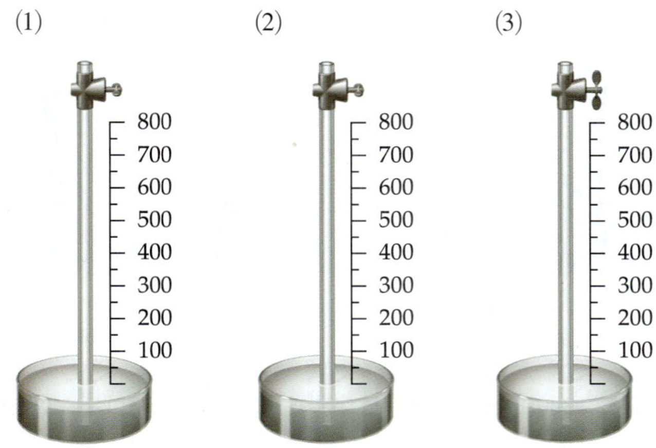

(a) 온도가 25 ℃에서 −25 ℃로 낮아졌을 때, 유리관 안에 수은 기둥의 대략적인 높이를 그림 (1)에 표시하시오.

(b) 유리관의 꼭대기에 진공 펌프를 연결한 다음 잠금 꼭지를 열어 유리관 안을 진공으로 만든 후, 잠금 꼭지를 닫고 펌프를 제거했을 때, 유리관 안에 수은 기둥 대략적인 높이를 그림 (2)에 표시하시오.

(c) 그림 (2)에서 잠금 꼭지를 열었을 때, 유리관 안에 수은 기둥의 대략적인 높이를 그림 (3)에 표시하시오.

10.24 다음 그림의 장치는 **끝이 닫힌**(closed-end) 압력계라고 한다. 기체 시료와 연결되지 않은 관이 막혀 있고, 그 안이 진공으로 되어 있기 때문이다. 유리구 안에 있는 기체의 압력을 읽을 수 있는 방법을 설명하시오.

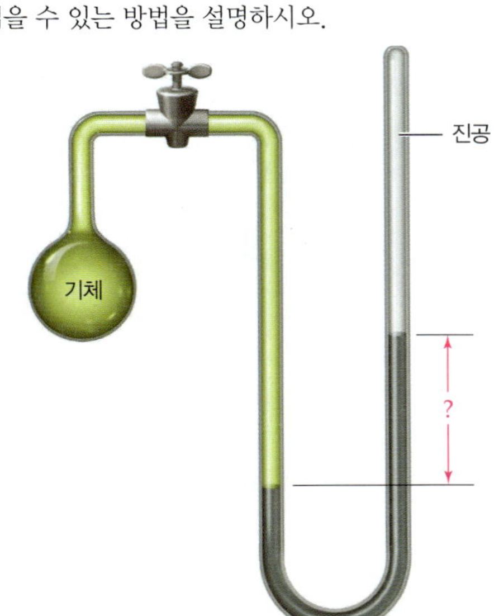

10.25 다음 그림에서 잠금 꼭지 A가 열렸을 때, 끝이 열린 압력계가 어떻게 되는지 다시 그리시오.

10.26 다음 그림과 같이 이동할 수 있는 피스톤이 장치된 실린더에 기체 시료가 있다고 가정하자.

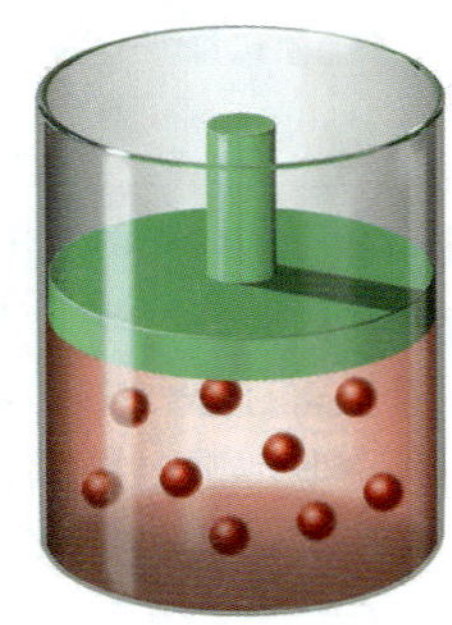

(a) 일정한 압력 하에서 온도가 300 K에서 450 K로 증가한 후, (b) 일정한 온도 하에서 압력이 1 atm에서 2 atm으로 증가한 후, (c) 온도는 300 K에서 200 K로 감소하고, 압력은 3 atm에서 2 atm으로 감소한 후에, 각각 시료가 어떻게 되는지를 나타내는 그림을 다시 그리시오.

10.27 (a)에 나타낸 것처럼, 350 K의 온도에서 밀폐된 용기에 들어 있는 기체 시료가 있다고 가정하자. (b)~(d)의 그림 중, 온도가 350 K에서 150 K로 낮아진 후의 기체를 나타내는 것은 어느 것인가? 기체의 끓는점은 90 K이다.

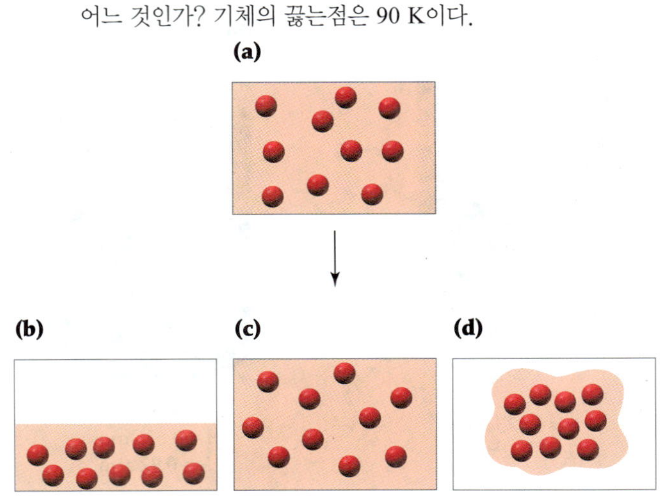

10.28 300 K에서 He(원자량 = 4)과 Xe(원자량 = 131)의 혼합물이 있다고 가정하자. 다음 그림 중 어느 것이 혼합물을 가장 잘 나타내는가? (파란색 = He, 빨간색 = Xe)

(a) **(b)** **(c)**

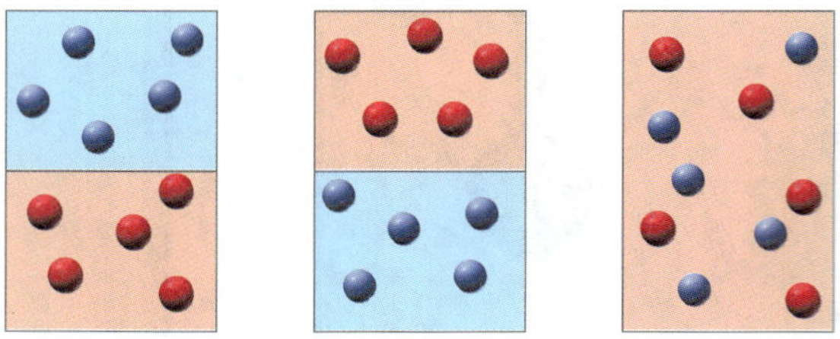

10.29 다음 그림은 빨간색, 파란색, 초록색과 검은색의 네 가지 기체로 이루어진 혼합물을 담고 있는 용기를 보여 주고 있다. 용기 내부의 전체 압력이 420 mmHg라면, 각 성분 기체의 부분 압력은 얼마인가?

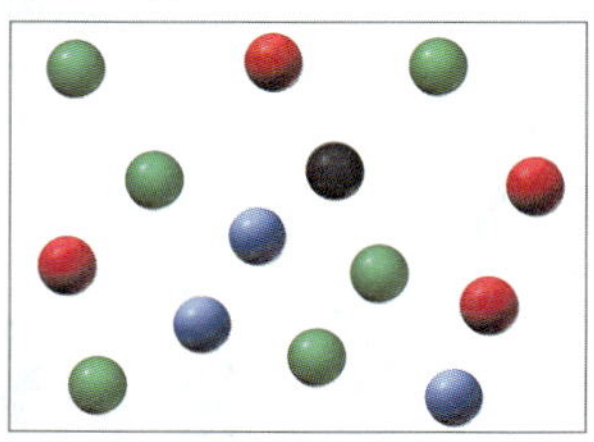

10.30 세 개의 구가 다음 그림에서처럼 두 개의 구에는 각각 다른 종류의 기체가 들어 있고, 하나의 구는 비어 있는 상태로 연결되어 있다. 잠금 꼭지들을 열고, 계가 평형을 도달하게 한 후, 장치에 기체들의 상태를 나타내는 그림을 그리시오.

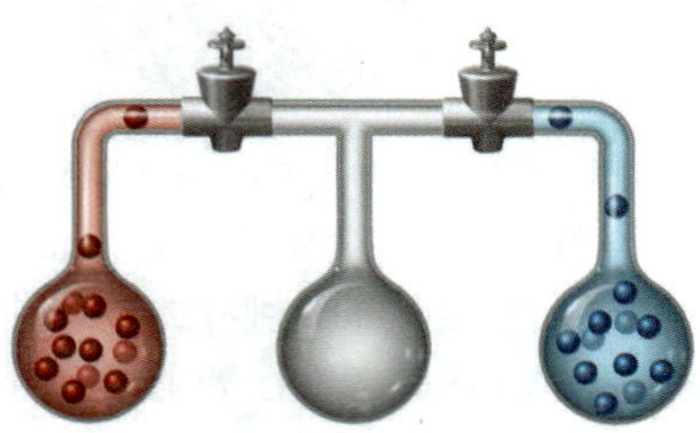

10.31 초기 기체에 (a), (b), (c)에 제시된 변화가 가해졌을 때, 이동할 수 있는 피스톤의 대략적인 위치를 표시하시오.

(초기)
$T = 25\ °C$
$n = 0.075$ mol
$P = 0.92$ atm

(a)

$T = 50\ °C$
$n = 0.075$ mol
$P = 0.92$ atm

(b)

$T = 175\ °C$
$n = 0.075$ mol
$P = 2.7$ atm

(c)

$T = 25\ °C$
$n = 0.22$ mol
$P = 2.7$ atm

10.32 300 K에서의 헬륨(빨간색)과 아르곤(파란색)의 1:1 혼합물이 아래 왼쪽 그림에 그려져 있다. 온도가 150 K로 낮아질 때 나타나는 변화를 그리시오.

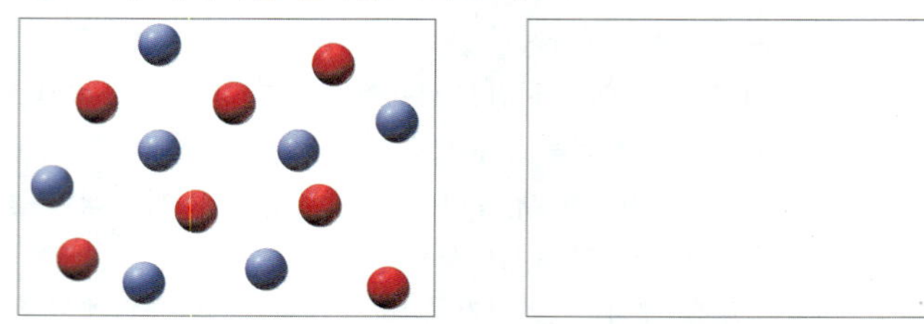

300 K 150 K

10.33 두 기체들의 1 : 1 혼합물을 작은 구멍으로 통과시킨 분출 결과는 아래 그림과 같다.

(a) 노란색과 파란색 중 어느 기체 분자의 평균 속력이 빠르겠는가?

(b) 노란색 분자의 분자량이 25라면, 파란색 분자의 분자량은 얼마인가?

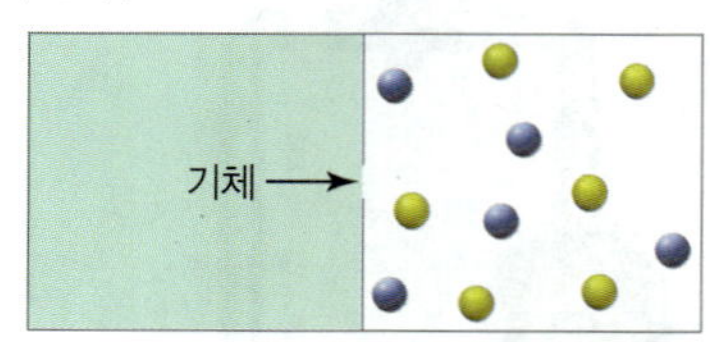

보충 문제

기체와 기체 압력 (10.1절)

10.34 압력의 또 다른 일반적인 측정 단위로는 제곱 인치당 파운드(psi)가 있다. 1 atm과 1.00 mmHg는 몇 psi인가?

10.35 물의 밀도는 1.00 g/mL이고 수은의 밀도는 13.6 g/mL이라면, 표준 대기압에서 물기둥의 높이는 미터 단위로 얼마가 될까? 1 bar 압력의 경우 얼마가 될까?

10.36 왜 기체들은 압력을 나타내는가?

10.37 고체나 액체에 비해 기체가 더 잘 압축될 수 있는 이유는 무엇인가?

10.38 콜로라도 주의 파이크스 피크(Pikes Peak) 정상의 대기압은 약 480 mmHg이다. 이 값을 atm과 Pa 단위로 환산하시오.

10.39 다음 변환을 수행하시오
(a) 352 torr를 kPa로
(b) 0.255 atm을 mmHg로
(c) 0.0382 mmHg를 Pa로

10.40 그림 10.5에 제시한 수은을 채운 끝이 열린 압력계에 연결된 기체 용기에서, 용기에 연결된 관 쪽의 높이가 대기에 연결된 관 쪽의 높이보다 17.6 cm 더 낮고, 장치의 외부 대기압이 754.3 mmHg일 때, 용기 내부의 압력은 몇 mmHg인가?

10.41 수은을 채운 끝이 열린 압력계에 연결된 기체 용기에서, 용기에 연결된 관 쪽의 높이가 대기에 연결된 관 쪽의 높이보다 28.3 cm 더 높고, 장치의 외부 대기압이 1.021 atm일 때, 용기 내부의 압력은 몇 atm인가?

10.42 수은(20 ℃에서 밀도 = 13.546 g/mL) 대신 에틸알코올(20 ℃에서 밀도 = 0.7893 g/mL)을 채운 끝이 열린 압력계를 가정하자. 대기에 열린 쪽이 관의 액면이 기체 시료에 연결된 쪽의 액면보다 55.1 cm 더 높고, 대기압이 752.3 mmHg일 때, 기체 시료의 압력은 몇 Pa인가?

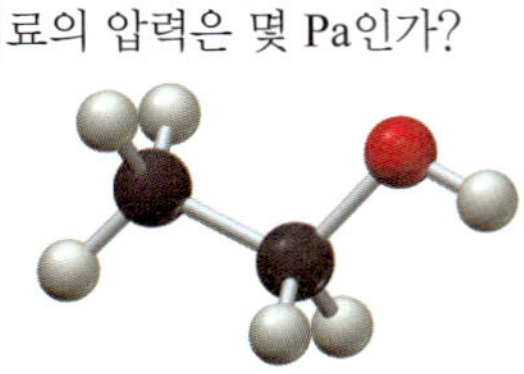

에틸 알코올

10.43 수은(20 ℃에서 밀도 = 13.546 g/mL) 대신 클로로폼(20 ℃에서 밀도 = 1.4832 g/mL)이 채워진 끝이 열린 압력계가 있다고 가정하자. 기체 시료에 연결된 관의 압력이 0.788 atm이고, 대기압이 0.849 atm이라면, 두 개의 관 속 액체의 높이는 얼마나 차이가 나겠는가? 어느 쪽 관의 클로로폼 높이가 더 높은가?

클로로폼

10.44 대기가 순수한 CO_2 기체로만 이루어져 있다면, 대기압은 몇 mmHg인가?

10.45 금성의 표면 온도는 약 1050 K이고, 압력은 지구 대기압의 약 75배이다. 이러한 조건을 금성의 'STP'라고 한다면, 금성에서 기체의 표준 몰부피는 몇 L일까?

10.46 표 10.1에 주어진 자료로부터, 공기의 평균 분자량을 계산하시오.

10.47 부피로 산소 2.0%의 O_2와 98.0%의 He로 되어 있는 잠수용 기체 혼합물의 평균 분자량은 얼마인가?

기체 법칙들 (10.2절~10.3절)

10.48 움직일 수 있는 피스톤이 장치된 실린더가 있다고 가정하자. 다음과 같이 조건이 변할 때, 실린더 내부에 있는 기체 압력은 어떻게 되는가?
(a) 부피를 일정하게 유지하면서 절대 온도를 3배로 증가시켰을 때
(b) 온도와 부피를 일정하게 유지하면서 기체의 양을 1/3 감소시켰을 때
(c) 일정한 온도에서 부피를 45% 감소시켰을 때
(d) 절대 온도를 1/2 감소시키고, 부피를 3배로 증가시켰을 때

10.49 움직일 수 있는 피스톤이 장치된 실린더가 있다고 가정하자. 다음과 같이 조건이 변할 때, 실린더 내의 기체 부피는 어떻게 되는가?
(a) 압력을 일정하게 유지하면서 절대 온도를 반으로 낮추었을 때
(b) 온도와 압력을 일정하게 유지하면서 기체의 양을 1/4 증가시켰을 때
(c) 일정한 온도에서 압력을 75% 감소시켰을 때
(d) 절대 온도를 두 배로 높이고 압력을 두 배로 증가시켰을 때

10.50 STP 상태에서 O_2 1.00 L, 공기 1.00 L, H_2 1.00 L 중, 가장 많은 분자들을 포함하고 있는 시료는 어느 것인가?

10.51 50 ℃, 750 mmHg에서 공기 2.50 L와 −10 ℃, 765 mmHg에서 CO_2 2.16 L 중, 더 많은 분자들을 포함하고 있는 시료는 어느 것인가?

10.52 산소 기체는 보통 150 atm으로 압축하여 49.0 L 강철 용기에 넣어 판매된다. 온도가 일정하게 유지된다면, 1.02 atm에서 기체가 차지하는 부피는 몇 L인가? 또한 압력을 150 atm으로 일정하게 유지하면서 온도를 20.0 ℃에서 35.0 ℃로 올리면 어떻게 되는가?

10.53 스쿠버다이버가 사용하는 압축 공기 탱크는 부피는 8.0 L이고, 20 ℃에서 압력은 140 atm이다. STP 상태에서 탱크 속 공기의 부피는 몇 L인가?

10.54 CO_2 기체 15.0 g이 300 K에서 부피가 0.30 L이면, 압력은 몇 mmHg인가?

10.55 N_2 기체 2.00 g이 부피가 0.40 L이고, 압력이 6.0 atm이라면, 절대 온도는 얼마인가?

10.56 태양계 우주 공간에 있는 물질은 거의 모두 온도 100 K에서 약 1원자/cm^3 밀도의 수소 원자로 구성되어 있다. 이 기체 압력은 몇 mmHg인가?

10.57 메테인 기체(CH_4)는 43.8 L의 실린더에 5.54 kg을 담아서 판매된다. 20 ℃에서 실린더 내부의 압력은 몇 kPa인가?

10.58 풍선을 채우는 데 사용되는 헬륨 기체의 작은 실린더는 25 ℃에서 부피는 2.30 L이고, 압력은 13,800 kPa이다. 풍선 하나가 25 ℃에서 부피가 1.5 L이고 압력이 1.25 atm이라면 몇 개의 풍선을 채울 수 있겠는가?

10.59 드라이아이스(고체 CO_2)는 때때로 광산에서 '폭약'으로 사용된다. 구멍을 뚫고, 드라이아이스와 소량의 화약을 넣은 후, 도화선을 심고, 구멍을 막는다. 점화되었을 때, 폭발하는 화약은 드라이아이스를 빠르게 증발시키면서 엄청난 압력을 만들어낸다. 0.800 L 부피의 구멍에 500.0 g의 드라이아이스를 넣고, 점화된 화약이 CO_2를 700 K까지 가열시킨다면, 구멍 안의 최종 압력은 얼마일까?

10.60 123.0 ℃와 0.93 atm의 수증기(기체 H_2O) 15.0 L와 −5.0 ℃의 얼음 덩어리 10.5 g 중, 어느 시료가 더 많은 분자를 포함하고 있겠는가?

10.61 85 ℃와 1111 mmHg에서 3.14 L의 Ar과 11.07 g의 Cl_2 중, 어느 시료가 더 많은 분자들을 포함하고 있겠는가?

10.62 STP 상태에서 하나는 수소 기체를, 다른 하나는 산소 기체를 포함하고 있는 두 개의 동일한 플라스크가 있다고 가정하자. 이들 플라스크를 열지 않고, 둘을 어떻게 구별할 수 있겠는가?

10.63 같은 온도와 압력 하에서, 하나는 염소 기체를, 다른 하나는 아르곤 기체를 포함하고 있는 두 개의 동일한 플라스크가 있다고 가정하자. 이들 플라스크를 열지 않고, 둘을 어떻게 구별할 수 있겠는가?

기체 화학량론 (10.4절)

10.64 4.0 m × 5.0 m × 2.5 m 공간에서 산소 기체의 전체 질량은 몇 g인가? 기체는 STP 상태에 있고, 공기는 부피로 20.95%의 산소를 포함한다고 가정하자.

10.65 동맥혈의 평균 산소 함유량은 대략 0.25 g/L이다. 체온이 37 ℃라고 가정하면, 동맥혈 1 L에 의해 운반되는 산소는 몇 mol인가? 몇 mL인가?

10.66 STP 상태에서 이상 기체 1 mol은 22.414 L의 부피를 갖는다. 이상 기체로 가정할 때, STP 상태에서 다음 기체의 밀도는 몇 g/L인가?
(a) CH_4 (b) CO_2 (c) O_2

10.67 714 mmHg와 27.5 ℃에서, 부피로 27.0% F_2와 73.0% He을 포함하는 기체 혼합물의 밀도는 몇 g/L인가?

10.68 압력은 356 mmHg, 온도는 22.5 ℃, 부피는 1.500 L인 유리구에 들어 있는 기체의 질량은 0.9847 g이다. 이 기체의 분자량은 얼마인가?

10.69 밀도가 다음과 같은 기체의 분자량은 얼마인가?
(a) STP 상태에서 1.342 g/L
(b) 25 ℃와 752 mmHg에서 1.053 g/L

10.70 순수한 산소 기체는 처음에는 산화 수은(II)(HgO)을 가열하여 얻었다.

$$2\,HgO(s) \longrightarrow 2\,Hg(l) + O_2(g)$$

HgO 10.57 g을 가열하여 발생하는 산소 기체의 부피는 STP 상태에서 몇 L인가?

10.71 문제 10.70의 화학 반응식에 따르면, 0.0155 mol의 O_2를 만들려면, 몇 g의 HgO를 가열해야 하는가?

10.72 수소 기체는 아연 금속과 염산을 반응시켜 만들 수 있다.

$$Zn(s) + 2\,HCl(aq) \longrightarrow ZnCl_2(aq) + H_2(g)$$

(a) 아연 25.5 g이 반응한다면, 742 mmHg와 15 ℃에서 H_2 몇 L를 생성하겠는가?
(b) 350 mmHg와 30.0 ℃에서 H_2 5.00 L를 만들려면 아연 몇 g을 반응시켜야 하는가?

10.73 질산 암모늄은 가열될 때 다음 화학 반응식에 따라 폭발적으로 분해될 수 있다.

$$2\,NH_4NO_3(s) \longrightarrow 2\,N_2(g) + 4\,H_2O(g) + O_2(g)$$

450 ℃와 1.00 atm에서 NH_4NO_3 450 g을 폭발시키면 몇 L의 기체가 생성되는가?

10.74 과산화 소듐(Na_2O_2)과 CO_2의 반응은 우주선에서 공기에 있는 CO_2를 제거하고, 호흡에 필요한 O_2를 생성하는 데 이용된다.

$$2\,Na_2O_2(s) + 2\,CO_2(g) \longrightarrow 2\,Na_2CO_3(s) + O_2(g)$$

(a) 평균 호흡 속도는 4.50 L/min(25 ℃, 735 mmHg)이고, 방출된 공기 안의 CO_2 농도가 부피로 3.4%라고 가정하면, 24시간 동안 생성되는 CO_2는 몇 g인가?
(b) Na_2O_2 3.65 kg으로 며칠 동안 호흡을 지속할 수 있겠는가?

10.75 폴리에틸렌을 만드는 데 촉매로 사용되는 물질인 염화 타이타늄(III)은 $TiCl_4$ 증기와 H_2의 고온 반응으로 생성된다.

$$2\,TiCl_4(g) + H_2(g) \longrightarrow 2\,TiCl_3(s) + 2\,HCl(g)$$

(a) 435 ℃와 795 mmHg에서 155 L의 H_2가 완전히 반응하기 위해서 필요한 $TiCl_4$는 몇 g인가?
(b) STP 상태에서 (a)의 반응으로부터 생성되는 HCl 기체는 몇 L인가?

10.76 자전거의 전형적인 고압 타이어는 25 ℃에서 7.80 atm의 압력과 365 mL의 부피를 갖는다. 만약에 중량을 최소화시키기 위해 타이어에 헬륨을 채운다면, 타이어에 있는 헬륨의 질량은 얼마가 되겠는가?

10.77 1.00 g의 나이트로글리세린이 20.0 ℃와 1.00 atm에서 500.0 mL의 강철 용기에 들어 있다고 가정하자. 폭발이 일어나면 용기와 내용물의 온도가 425 ℃까지 올라간다. 균형 화학 반응식은 다음과 같다.

$$4\ C_3H_5N_3O_9(l) \longrightarrow 12\ CO_2(g) + 10\ H_2O(g) + 6\ N_2(g) + O_2(g)$$

(a) 처음 용기 속에 나이트로글리세린과 기체(공기)는 각각 몇 mol인가?

(b) 폭발 이후 용기 안의 기체는 몇 mol이 있을까?

(c) 이상 기체 법칙에 따르면 폭발 후 용기 내부의 압력은 몇 atm이겠는가?

10.78 대기 중에 있는 SO_2의 가장 큰 공급원 중 하나는 석탄 발전소이다. 2%의 황을 포함하고 있는 석탄 1 kg을 태웠을 때, 발생하는 SO_2의 부피를 L 단위로 계산하시오. 모든 황이 SO_2로 변환된다고 가정하자.

10.79 광석을 제련하여 순수한 금속을 얻는 과정은 이산화 황(SO_2)의 대기 공급원 중 하나이다.

(a) 가장 흔한 납 광물인 Galena는 주로 황화 납(II)(PbS)이다. 순수한 납 생산의 첫 번째 과정은 황화 납을 산화시켜 아황산 납(II)($PbSO_3$)을 얻는 것이다. 그 다음, 아황산 납(II)은 열분해 과정을 통해 산화 납(II)과 이산화 황 기체로 분해된다. 다음 식의 균형 화학 반응식을 구하시오.

$$PbSO_3(s) \xrightarrow{\text{가열}} PbO(s) + SO_2(g)$$

(b) 250 g의 $PbSO_3$이 분해될 때, 1 atm과 300 ℃에서 SO_2는 몇 L 생성되겠는가?

돌턴 법칙과 몰분율 (10.5절)

10.80 표 10.1에 있는 자료를 이용하여, STP 상태에서 건조 공기 중에 있는 성분 기체의 부분 압력을 atm으로 계산하시오.

10.81 천연 가스는 많은 물질들의 혼합물로서, 주요 성분은 CH_4, C_2H_6, C_3H_8, C_4H_{10}이다. 기체들의 전체 압력이 1.48 atm이고, 성분들의 몰 비율이 94 : 4.0 : 1.5 : 0.50이라면, 각 기체의 부분 압력을 atm으로 계산하시오.

10.82 박테리아 배양 용기에 사용하는 특수 기체 혼합물은 질량으로 1.00%의 CO_2와 99.0%의 O_2를 포함하고 있다. 전체 압력이 0.977 atm일 때 혼합물 중 각 기체의 부분 압력은 몇 atm인가?

10.83 약간의 레이저들에 사용하는 기체 혼합물은 질량으로 5.00%의 HCl, 1.00%의 H_2, 94%의 Ne를 포함하고 있다. 이 혼합물은 210 ℃에서 부피가 49.0 L이고 압력이 13,800 kPa인 실린더에 담아서 판매된다. 각 기체의 부분 압력은 몇 kPa인가?

10.84 문제 10.83의 기체 혼합물 속에 있는 각 기체의 몰분율은 얼마인가?

10.85 Ar과 N_2 기체의 혼합물은 STP 상태에서 1.413 g/L의 밀도를 가진다. 각 기체의 몰분율은 얼마인가?

10.86 290 K에서 H_2 14.2 g과 Ar 36.7 g의 혼합물이 100.0 L 용기에 들어 있다.

(a) H_2의 부분 압력은 몇 atm인가?

(b) Ar의 부분 압력은 몇 atm인가?

10.87 300 K에서 20.0 L의 플라스크에 0.776 g의 He와 3.61 g의 CO_2가 들어 있다.

(a) He의 부분 압력은 몇 mmHg인가?

(b) CO_2의 부분 압력은 몇 mmHg인가?

10.88 마그네슘 금속은 염산과 반응하여 수소 기체를 생성한다.

$$Mg(s) + 2\ HCl(aq) \longrightarrow MgCl_2(aq) + H_2(g)$$

생성되는 기체는 25 ℃와 747 mmHg에서 3.557 L의 부피를 갖는다. 기체가 부분 압력 23.8 mmHg에서 수증기로 포화된다면, 수소 기체의 부분 압력은 몇 mmHg인가? 또한 이 반응에서 사용한 마그네슘 금속은 몇 g인가?

10.89 염소 기체는 최초로 1774년에 MnO_2로 NaCl을 산화시켜서 만들어졌다.

$$2\ NaCl(s) + 2\ H_2SO_4(l) + MnO_2(s) \longrightarrow Na_2SO_4(s) + MnSO_4(s) + 2\ H_2O(g) + Cl_2(g)$$

생성된 기체는 28.7 mmHg의 부분 압력에서 수증기로 포화되고, 27 ℃와 755 mmHg에서 부피가 0.597 L라고 가정하자.

(a) 기체 속 Cl_2의 몰분율은 얼마인가?

(b) 반응이 완전히 일어났다고 가정하면, 실험에 사용된 NaCl은 몇 g인가?

10.90 천연 가스는 탄화수소의 혼합물이고, 주성분은 메테인(CH_4)과 에테인(C_2H_6)이다. 전형적인 혼합물은 $X_{\text{메테인}} = 0.915$와 $X_{\text{에테인}} = 0.085$이다. 15.50 g의 천연 가스 시료가 20.00 ℃에서 부피가 15.00 L라고 가정하자.

(a) 시료 안의 기체 전체 mol 수는 얼마인가?

(b) 시료의 압력은 몇 atm인가?

(c) 시료 중에 있는 각 성분 기체들의 부분 압력은 몇 atm인가?

10.91 기체 화합물 Q는 제논과 산소만으로 이루어져 있다. 0.100 g의 Q를 0 ℃에서 50.0 mL 강철 용기에 넣었더니 압력이 0.229 atm이었다.

(a) Q의 몰질량은 얼마이고, 가능한 화학식은 무엇인가?

(b) 용기와 그 내용물이 100 ℃로 가열되었을 때, Q는 그 성분 원소들로 분해된다. 용기 내부의 전체 압력, 제논과 산소의 부분 압력은 얼마인가?

분자 운동론(10.6절)

10.92 분자 운동론의 기본 가정들은 무엇인가?

10.93 열과 온도의 차이는 무엇인가?

10.94 20 km 고도에서의 평균 온도는 220 K이다. 이 고도에서 N_2 분자의 평균 속력은 몇 m/s인가?

10.95 뜨거운 여름날($T = 37$ ℃)과 추운 겨울날($T = -25$ ℃)에서의 질소 분자의 평균 속력을 m/s 단위로 계산하시오.

10.96 제논 원자들이 20 ℃에서 Br_2 분자들의 평균 속력과 같은 평균 속력을 갖게 되는 온도는 몇 ℃인가?

10.97 산소 분자의 평균 속력이 580 mph로 이동하는 비행기와 같아지는 온도는 몇 ℃인가?

10.98 150 K에서의 H_2와 375 ℃에서의 He 중에서 어느 것의 평균 속력이 더 높겠는가?

10.99 145 mph의 Ferrari와 145 ℃에서의 UF_6 기체 분자 중에서 어느 것의 평균 속력이 더 높겠는가?

10.100 빅리그의 속구는 약 45 m/s의 속력으로 이동한다. 헬륨 원자가 같은 속력을 가지게 되는 온도는 몇 ℃인가?

10.101 독일 아우토반에서 자동차들은 최고 230 km/h의 속력으로 달린다. 산소 분자가 이와 같은 평균 속도를 가지는 온도는 몇 ℃인가?

그레이엄의 법칙(10.7 절)

10.102 분출과 확산의 차이는 무엇인가?

10.103 헬륨으로 채워진 풍선이 공기로 채워진 풍선보다 압력이 빨리 감소되는 이유는 무엇인가?

10.104 다공성 막을 통해 Xe보다 1.86배 더 빨리 확산되는 기체의 분자량은 얼마인가? 그 기체는 무엇이라고 생각할 수 있는가?

10.105 염소는 두 가지 동위 원소 ^{35}Cl과 ^{37}Cl의 혼합물로 존재한다. 세 화학종 $(^{35}Cl)_2$, $^{35}Cl^{37}Cl$, $(^{37}Cl)_2$의 확산 속도 비는 얼마인가?

10.106 HCl, F_2, Ar 기체들의 막을 통한 확산 속도에 따라 순서를 정하고 확산 속도 비를 계산하시오.

10.107 CO와 N_2 중에서 다공성 막을 통해 더 빨리 확산되는 것은 어느 것인가? 시료에는 각 원소의 가장 흔한 동위 원소인 ^{12}C, ^{16}O, ^{14}N만이 포함되어 있다고 가정하자.

10.108 330 K에서 두 개의 112 L 탱크가 기체로 가득 차 있다. 하나는 5.00 mol의 Kr, 다른 것에는 5.00 mol의 O_2가 들어 있다. 기체 분자 운동론의 가정을 고려하여, 다음의 각 성질에 대해 낮은 것부터 높은 것 순으로 기체의 순서를 정하시오.

(a) 충돌 빈도 (b) 밀도(g/L)
(c) 평균 속력 (d) 압력

10.109 293 K에서 두 개의 동일한 732.0 L 탱크에 각각 212.0 g의 기체가 들어 있는데, 하나에는 네온이, 다른 하나에는 질소가 들어 있다. 분자 운동론의 가정에 기초하여, 다음의 각 성질들에 대해 낮은 것부터 높은 것 순으로 기체의 순서를 정하시오.

(a) 평균 속력 (b) 압력
(c) 충돌 빈도 (d) 밀도(g/L)

실제 기체(10.8절)

10.110 (a) 기체 입자들 자신의 부피는 ________(높은 또는 낮은) 압력에서 기체 시료의 전체 부피에 가장 큰 영향을 준다.
(b) 각 입자의 부피는 이상 기체 법칙에 의해 계산된 부피보다 기체 시료의 실제 부피를 ________(더 크게 또는 더 적게) 해준다.

10.111 (a) 입자들 사이의 인력은 ________(높은 또는 낮은) 압력에서 기체 시료의 전체 부피에 가장 큰 영향을 준다.
(b) 입자들 사이의 인력은 이상 기체 법칙에 의해 계산된 부피보다 기체 시료의 실제 부피를 ________(더 크게 또는 더 적게) 해준다.

10.112 300 K에서 0.600 L의 N_2 0.500 mol이 있을 때, 이상 기체 법칙과 반데르발스 식을 이용하여 압력을 atm 단위로 계산하시오. N_2의 경우, $a = 1.35\ (L^2 \cdot atm)/mol^2$, $b = 0.0387$ L/mol이다.

10.113 300 K에서 0.600 L의 N_2 15.00 mol이 있을 때, 이상 기체 법칙과 반데르발스 식을 이용하여 압력을 atm 단위로 계산하시오. N_2의 경우, $a = 1.35\ (L^2 \cdot atm)/mol^2$, $b = 0.0387$ L/mol이다.

10.114 핵발전소의 연료로 필요한 우라늄 동위 원소의 정제에 사용되는 고체 분자인 육플루오린화 우라늄은 56.5 ℃에서 승화한다. 70.0 ℃에서 512.9 g의 UF_6가 22.9 L의 용기 속에 있다고 가정하자.
(a) 이상 기체 법칙을 이용하여 용기 내부의 압력을 계산하시오.
(b) 반데르발스 식을 이용하여 용기 내부의 압력을 계산하시오. (UF_6의 경우 $a = 15.80\ (L^2 \cdot atm)/mol^2$, $b = 0.1128$ L/mol)

10.115 이상 기체 법칙과 반데르발스 식을 이용하여 0 ℃, 50 ℃, 100 ℃에서 1.000 L 용기 안에 있는 NH_3 기체 45.0 g의 압력을 atm 단위로 계산하시오. NH_3의 경우, $a = 4.17\ (L^2 \cdot atm)/mol^2$, $b = 0.0371$ L/mol이다.

지구의 대기, 온실 가스 그리고 기후 변화 (10.9절~10.11절)

10.116 대기의 영역들을 명명하시오. 대기의 다른 영역들 사이를 구별하는 데 사용되는 성질은 무엇인가?

10.117 지구의 대기는 대략 5.15×10^{15} kg의 질량을 가지고 있다. 공기의 평균 몰질량이 28.8 g/mol이라면, 대기 안에 몇 몰의 기체가 있겠는가? STP 상태에서 대기의 부피는 몇 L인가? [주의: 공기의 평균 몰질량은 질소와 산소의 몰질량의 가중 평균치이다. 0.20(32.0 g/mol) + 0.80(28.0 g/mol) = 28.8 g/mol]

10.118 대류권은 전체 대기 질량의 3/4을 차지하고 있지만, 전체 대기의 120 km 두께에 비해 작은 12 km의 두께를 가지고 있다. 대류권이 대기 전체 질량의 큰 분율을 가지는 이유를 설명하시오.

10.119 산소의 부피 퍼센트(20.95 %)는 대류권에서 일정하다.
(a) 이 퍼센트를 몰분율로 표현하시오.
(b) 전체 대기압이 1 atm인 해수면에서의 산소의 부분 압력을 계산하시오.
(c) 전체 대기압이 0.20 atm일 때, 비행기들이 날고 있는 고도인 11 km에서의 산소의 부분 압력을 계산하시오.

10.120 전자기 복사선의 적절한 영역으로 빈칸을 채우시오; 자외선, 가시광선, 적외선.
(a) 태양은 전자기 복사선 중에서 ________과 ________을 가장 강렬하게 방출한다.
(b) 대기는 입사되는 태양 복사선으로부터 생물학적인 피해를 줄 수 있는 _____ 을 걸러서 지구에 도달하는 것을 방지해 준다.

(c) 지구는 __________ 복사선을 가장 강하게 방출한다.

(d) 온실 가스는 ________복사선을 흡수한다.

10.121 (a) 태양 복사선의 최대 방출 파장은 483 nm이다. 483 nm의 파장을 갖는 광자 1 mol의 에너지를 계산하시오.

(b) 지구 복사선의 최대 방출 파장은 10,000 nm이다. 10,000 nm의 파장을 갖는 광자 1 mol의 에너지를 계산하시오.

(c) 지구와 태양 중 더 강한 에너지 복사선을 방출하는 것은?

10.122 지구와 태양은 왜 방출 스펙트럼이 다른가?

10.123 오존(O_3)은 대류권에서 해로운 오염 물질이다. 오존의 전자점 구조를 그리고, 대칭 신축 운동 및 비대칭 신축 운동을 평가하여 오존(O_3)이 온실 가스인지 아닌지를 결정하시오.

10.124 대기에서 가장 흔한 질소와 산소는 왜 온실 가스가 아닌지 설명하시오.

10.125 물 분자는 이산화 탄소와 유사한 결합 진동을 보여 준다. 물의 대칭, 비대칭, 굽힘 진동 운동들이 적외선을 흡수하는지를 판단하시오.

10.126 메테인에서 대칭 신축 및 비대칭 신축에 대한 결합 진동을 아래 그림에서 보여 주고 있다. 각 진동이 적외선을 흡수하는지를 판단하시오. 화살표는 진동 운동하는 동안 원자들의 운동을 나타내고 있다.

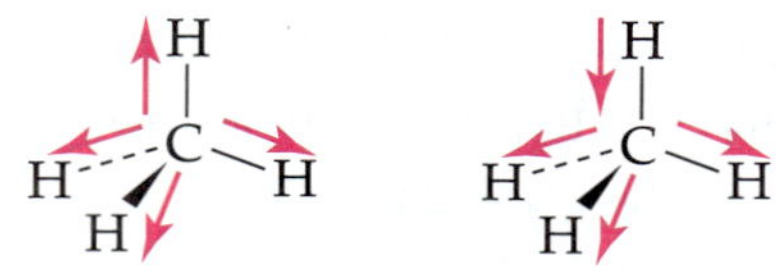

대칭 신축 비대칭 신축

10.127 이산화 탄소가 온실 효과에 미치는 영향은 메테인보다 몇 배나 클까? (표 10.7에 있는 복사력 값들을 이용하여 두 기체를 비교하시오.)

10.128 N_2O는 GWP 값이 310이고, CO_2는 GWP 값이 1이다. 그러나 CO_2가 온실 효과에 보다 큰 기여를 한다. 이를 설명하시오.

10.129 비록 인간의 활동이 대기 중에 있는 수증기 농도에 심각한 영향을 미치진 않지만, 다른 온실 가스들에 의한 표면의 온난화는 증발 속도를 증가시킬 수 있다. 더 많은 수증기가 대기에 진입하게 된다면, 온실 효과에 기초로 하여 기후에 어떠한 영향이 있겠는가?

10.130 인간 활동과 관계있는 주요 온실 가스에는 무엇이 있는가?

10.131 대기의 CO_2와 CH_4 농도는 지난 150년간 어떤 경향을 나타내는가? 수십만 년 동안 어떤 경향을 나타내는가?

10.132 지구 표면은 온실 가스 증가의 결과로 온난화 현상을 겪고 있는가? 그렇다면 얼마나 증가되었나?

10.133 과학자들이 기후 변화의 영향을 평가하기 위해 사용하는 몇 가지 지표를 말하시오.

다중 개념 문제

10.134 연료 탱크가 거의 비어 갈 때 운전자들은 '증기로 달린다(running on fumes)'고 얘기하곤 한다. 만약 15.0 갤런의 자동차 연료 탱크에 단지 휘발유 증기만이 남아 있고, 자동차의 연비가 액체 휘발유 1갤런당 20.0 mile이라면, 그 자동차가 달릴 수 있는 최대 거리는 얼마인가? 휘발유의 몰질량은 105 g/mol, 액체 휘발유의 밀도는 0.75 g/mL, 압력은 743 mmHg, 온도는 25 ℃라고 가정하자.

10.135 파키스탄의 K2는 고도 28,251 ft로 세계에서 두 번째로 높은 산이다. 등산가가 적응하기 위해 머무는 베이스캠프는 해발 약 16,400 ft에 위치해 있다.

(a) 고도에 따른 대략적인 대기압 P는 다음 식으로 주어진다. $P = e^{-h/7000}$, 여기서 P의 단위는 atm이고, h는 미터로 나타낸 고도이다. K2 베이스캠프에서의 대기압은 대략 몇 mmHg인가?

(b) K2 정상에서의 대기압은 몇 mmHg인가?

(c) 공기 중 산소의 몰분율이 0.2095라면, K2 정상에서의 산소의 부분 압력은 대략 몇 mmHg인가?

10.136 어떤 플라스크에서 모든 공기를 제거하여 진공으로 만들었을 때, 플라스크의 질량이 478.1 g이라고 가정하자. 그 속에 아르곤을 압력 2.15 atm까지 채우고 무게를 다시 측정했다. 이 플라스크의 부피가 7.35 L이고 온도는 20.0 ℃이면, 무게는 몇 g인가?

10.137 아래 그림은 잠금 꼭지로 연결된 3개의 1.000 L 유리구가 각각 항온조에 담겨 있는 것을 보여 주고 있다. 유리구 A에는 25 ℃에서 $H_2O(g)$, $CO_2(g)$와 $N_2(g)$의 혼합물이 들어 있고, 전체 압력은 564 mmHg이다. 유리구 B는 비어 있고 온도는 −70 ℃이며, 유리구 C도 비어 있고 온도는 −190 ℃이다. 잠금 꼭지는 잠겨 있고 유리구 연결관의 부피는 0이다. CO_2는 −78 ℃에서 승화하고, 질소는 −196 ℃에서 끓는다.

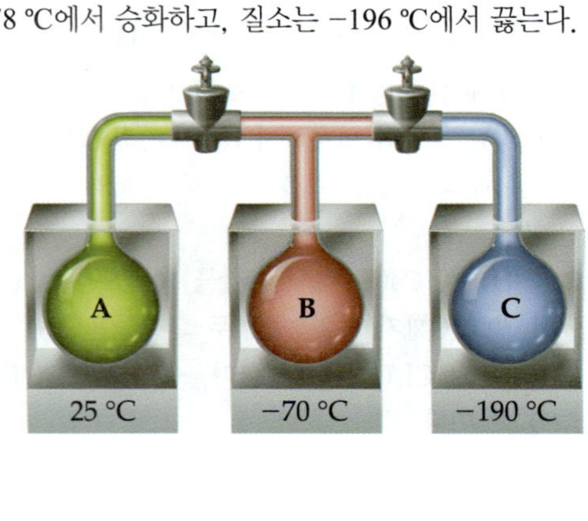

(a) A와 B 사이의 잠금 꼭지를 열고 계가 평형에 도달하게 한다. A와 B의 압력은 219 mmHg이다. 유리구 A와 B에는 무엇이 들어 있겠는가?
(b) 장치 안에 H_2O는 몇 mol이 있겠는가?
(c) 두 개의 잠금 꼭지를 열어서 계가 다시 평형에 도달하게 한다. 장치 내부의 압력은 33.5 mmHg이다. 유리구 A, B, C에는 무엇이 들어 있겠는가?
(d) 장치 안에는 N_2가 몇 mol 있겠는가?
(e) 장치 안에는 CO_2가 몇 mol 있겠는가?

10.138 탄산 수은(I) Hg_2CO_3 고체에 질산 HNO_3를 가하면, 질산 수은(II) $Hg(NO_3)_2$와 물, A와 B 두 기체를 생성하는 반응이 일어난다.

$$Hg_2CO_3(s) + HNO_3(aq) \longrightarrow Hg(NO_3)_2(aq) + H_2O(l) + A(g) + B(g)$$

(a) 기체들이 20 ℃에서 500.0 mL 유리구에 포집될 때, 압력이 258 mmHg이다. 몇 mol의 기체가 존재하는가?
(b) 기체 혼합물이 $CaO(s)$를 통과하면, 기체 A는 반응하여 $CaCO_3(s)$를 생성한다.

$$CaO(s) + A(g) + B(g) \longrightarrow CaCO_3(s) + B(g)$$

남아 있는 기체 B를 20 ℃에서 250.0 mL 용기에 모으면 압력이 344 mmHg이다. 몇 몰의 기체 B가 존재하는가?
(c) (b)에서 모은 기체 B의 질량이 0.218 g이라면, B의 밀도는 몇 g/L인가?
(d) B의 분자량은 얼마이고, 화학식은 무엇인가?
(e) 탄산 수은(I)과 질산과의 균형 화학 반응식을 쓰시오.

10.139 C_nH_{2n+2} 화학식을 갖는 탄화수소 0.148 g을 과량의 O_2 존재하에 400.0 mL의 강철 용기 안에서 연소시켰다. 반응 전 기체 혼합물의 온도는 25.0 ℃, 압력은 2.000 atm이었다. 완전 연소가 일어나고 상당한 양의 열이 방출된 후, 생성물과 남아 있는 O_2 혼합물의 온도는 125.0 ℃, 압력은 2.983 atm이었다.
(a) 탄화수소의 화학식과 몰질량은?
(b) 반응물들의 부분 압력은 몇 atm인가?
(c) 생성물과 남아 있는 O_2의 부분 압력은 몇 atm인가?

10.140 $CS_2(g)$와 과량의 $O_2(g)$의 혼합물이 100.0 ℃와 3.00 atm에서 10.0 L의 반응 용기에 들어 있다. 불꽃을 일으키면 $CS_2(g)$가 점화되어 다음 화학 반응식에 따라 완전 연소한다.

$$CS_2(g) + 3\,O_2(g) \longrightarrow CO_2(g) + 2\,SO_2(g)$$

반응 후에 온도는 100.0 ℃로 돌아오고, 기체 생성물의 혼합물(CO_2, SO_2와 반응하지 않은 O_2)의 압력은 2.40 atm이다. 생성물의 혼합물 속에 있는 각 기체의 부분 압력은 얼마인가?

10.141 $Ca(ClO_3)_2$와 $Ca(ClO)_2$의 혼합물 10.0 g을 10.0 L 용기 속에서 700 ℃까지 가열하면, 두 화합물은 모두 분해되어서 $O_2(g)$와 $CaCl_2(s)$를 생성한다. 용기 내부의 최종 압력은 1.00 atm이다.
(a) 분해 반응의 균형 화학 반응식을 쓰시오.
(b) 처음 혼합물에서 각 화합물의 질량은 얼마인가?

10.142 15 ℃에서 5.00 L 용기에 PCl_3 25.0 g과 O_2 3.00 g이 들어 있다. 용기를 200.0 ℃로 가열하면 내용물들이 반응하여 $POCl_3$를 생성한다. 반응이 완전히 일어나고, 모든 반응물들과 생성물들이 기체상이라 가정하면, 용기 내부의 최종 압력은 얼마인가?

10.143 500.0 mL의 비어 있는 강철 용기에 25.0 g의 $CaCO_3$를 넣고, 용기와 내용물을 1500 K까지 가열하면 $CaCO_3$는 다음 화학 반응식에 따라 완전히 분해된다.

$$CaCO_3(s) \longrightarrow CaO(s) + CO_2(g)$$

(a) 용기에 남아 있는 고체들의 부피를 무시하고, 이상 기체 법칙을 사용하여 1500 K에서 용기 내부의 압력을 계산하시오.
(b) 용기 내부의 압력을 더 정확하게 계산하시오. 용기 내부에 있는 고체 CaO(밀도 = 3.34 g/mL)의 부피를 고려하고, 압력을 계산하는 데 van der Waals 식을 사용하시오. $CO_2(g)$의 반데르발스 상수는 $a = 3.59\ (L^2\cdot atm)/mol^2$, $b = 0.0427$ L/mol이다.

10.144 이산화 질소는 다음과 같이 이합체화하여 사산화 이질소를 생성한다.

$$2\,NO_2(g) \longrightarrow N_2O_4(g)$$

298 K에서 NO_2/N_2O_4 혼합물 9.66 g은 6.51 L의 부피 속에서 0.487 atm의 압력을 나타낸다. 혼합물에서 두 기체의 몰분율은 얼마인가?

10.145 비어 있는 4.00 L의 강철 용기에 300 ℃에서 1.00 atm $CH_4(g)$와 4.00 atm $O_2(g)$를 채운다. 불꽃을 일으켜서 CH_4를 다음 화학 반응식에 따라 완전 연소시킨다.

$$CH_4(g) + 2\,O_2(g) \longrightarrow CO_2(g) + 2\,H_2O(g) \qquad \Delta H^\circ = -802\ kJ$$

(a) 이 반응에서 생성된 $CO_2(g)$의 질량은 얼마인가?
(b) 강철 용기의 질량은 14.500 kg이고, 기체 혼합물의 평균 몰 열용량은 21 J/(mol·℃), 강철의 비열은 0.449 J/(g·℃)라고 하면, 연소 후 용기 내부의 최종 온도는 얼마인가?
(c) 연소 후 용기 내부에 있는 $CO_2(g)$의 부분 압력은 얼마인가?

10.146 C, H, O만을 포함하는 기체 상태의 화합물 X가 O_2 속에서 연소될 때, 미지 기체 1부피가 3부피의 O_2와 반응하여 2부피의 CO_2와 3부피의 기체 H_2O를 생성한다. 모든 부피는 동일한 온도와 압력에서 측정된다고 가정하자.
(a) 미지 기체의 화학식을 구하고, 연소 반응의 균형 화학 반응식을 쓰시오.
(b) 구한 화학식이 실험식인지 분자식인지를 설명하시오.
(c) 화합물 X의 두 가지 가능한 전자점 구조를 그리시오.
(d) 5.000 g의 X가 연소하면 144.2 kJ의 열이 발생한다. 부록 B에서 $CO_2(g)$와 $H_2O(g)$의 ΔH°_f 값을 찾아서, 화합

물 X의 $\Delta H°_f$를 계산하시오.

10.147 아이소옥테인 C_8H_{18}은 **옥테인값**(octane rating)의 기준이 되는 휘발유 성분이다.

(a) 아이소옥테인이 연소하여 CO_2와 H_2O를 생성하는 균형 화학 반응식을 쓰시오.

(b) 휘발유가 100% 아이소옥테인이고, 연소하면 CO_2와 H_2O만을 생성한다. 아이소옥테인의 밀도는 0.792 g/mL라고 가정하자. 미국의 연간 휘발유 소비량이 4.6×10^{10} L이면, 매년 생성되는 이산화 탄소의 질량은 몇 kg인가?

(c) STP 상태에서 이 CO_2의 부피는 몇 L인가?

(d) 공기는 부피로 21.0%의 O_2를 함유한다고 가정하고, 1 mol의 아이소옥테인의 연소에 필요한 공기는 몇 mol인가? STP 상태에서 이 공기의 부피는 몇 L인가?

10.148 공학에서 사용되는 **랭킨**(Rankine) 온도 척도와 화씨 온도 척도의 관계는 켈빈 온도 척도와 섭씨 온도 척도의 관계와 같다. 다시 말해서, 랭킨 1도는 화씨 1도와 같은 크기이고, 0 °R= 절대 영도이다.

(a) 물의 어는점은 랭킨 온도 척도로 얼마인가?

(b) 랭킨 온도 척도에서 (L·atm)/(°R·mol)로 나타낸 기체 상수 R의 값은 얼마인가?

(c) van der Waals 식을 이용하여, 온도 525 °R에서 2.50 mol의 CH_4가 들어 있는 400.0 mL 용기 내부의 압력을 구하시오. CH_4의 경우 a = 2.253 $(L^2\cdot atm)/mol^2$, b = 0.04278 L/mol이다.

10.149 화학적 폭발은 많은 양의 고온 기체를 순간적으로 방출하여 엄청난 압력(최대 700,000 atm까지)과 속도(최대 20,000 mi/h까지)의 충격파를 만든다. 예를 들면, 나이트로글리세린($C_3H_5N_3O_9$)의 폭발은 네 가지 기체 A, B, C, D를 방출한다.

$$n\, C_3H_5N_3O_9(l) \longrightarrow a\, A(g) + b\, B(g) + c\, C(g) + d\, D(g)$$

나이트로글리세린 1 mol(227 g)이 폭발하여 1950 °C와 1.00 atm 압력에서 부피가 1323 L인 기체를 방출한다고 가정하자.

(a) 나이트로글리세린 0.004 00 mol이 폭발하면, 고온 기체를 몇 mol 방출하겠는가?

(b) 나이트로글리세린 0.004 00 mol의 폭발로 방출된 생성물을 500.0 mL 플라스크에 모아 −10 °C로 냉각할 때, 생성물 A는 고체가 되고 플라스크 안의 압력은 623 mmHg이다. A의 몰수는 얼마이고 어떤 물질인가?

(c) 기체 B, C, D가 Li_2O 분말이 들어 있는 관을 통과할 때, 기체 B는 반응하여 Li_2CO_3를 생성했다. 남아 있는 기체 C와 D를 다른 500.0 mL 플라스크에 모았을 때, 25 °C에서 압력은 260 mmHg이었다. 기체 B의 몰수는 얼마이고 어떤 물질인가?

(d) 기체 C와 D를 뜨거운 분말 구리 충전관에 통과시켰을 때, 기체 C는 반응하여 CuO를 생성하였다. 남아 있는 기체 D를 세 번째 500.0 mL의 플라스크에 모았을 때, 25 °C에서 질량은 0.168 g이었고 압력은 223 mmHg이었다. C와 D의 몰수는 각각 얼마이고 어떤 물질인가?

(e) 나이트로글리세린의 폭발 반응의 균형 화학 반응식을 쓰시오.

10.150 휘발유에 사용되는 옥테인 부스터(octane booster)인 메틸 3차–뷰틸 에터(methyl *tert*-butyl ether) 0.1500 g을 연소시켰더니, 0.3744 g의 CO_2와 0.1838 g의 H_2O가 생성되었다. 부피 1.00 L의 비어 있는 플라스크를 압력 100.0 kPa와 온도 54.8 °C에서 메틸 3차–뷰틸 에터 증기로 채웠더니, 플라스크의 질량은 3.233 g 증가하였다.

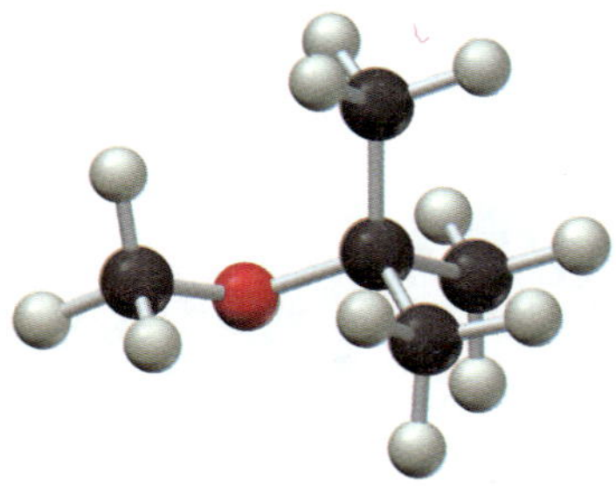

메틸 3차-뷰틸 에터(methyl *tert*-butyl ether)

(a) 메틸 3차–부틸 에터의 실험식은 무엇인가?

(b) 메틸 3차–뷰틸 에터의 분자량은 얼마이고, 분자식은 무엇인가?

(c) 연소 반응의 균형 화학 반응식을 쓰시오.

(d) 메틸 3차–뷰틸 에터의 연소 엔탈피는 $\Delta H°_{연소}$ = −3368.7 kJ/mol이다. 표준 생성 엔탈피 $\Delta H°_f$는 얼마인가?

chapter 11

액체와 상변화

ⓒKarynav/Shutterstock

CONTENTS

이산화 탄소(CO_2)는 온도와 압력이 변화하면 다른 상으로 존재한다. 1 atm일 때, −78.5 °C 이하의 온도에서 CO_2는 흔히 드라이아이스라고 하는 고체 상태이다. 만일 1 atm 하에서 온도가 상승하면, CO_2는 기체가 된다. 보다 더 높은 온도와 압력에서 CO_2는 액체 형태와 초임계 유체상이 되며 커피에서 카페인을 제거하거나 드라이클리닝과 같은 곳에서 유해한 용매의 대체 물질로 사용된다.

커피에서 카페인을 어떻게 제거하는가?

이 질문의 답은 455쪽 INQUIRY ? 에 나와 있다.

기억하기…

분자간 힘은 분자, 이온, 원자들을 포함하는 모든 입자들 사이에 발생하는 인력이다. 이온-쌍극자 힘, 쌍극자-쌍극자 힘, 런던 분산력, 수소 결합은 분자간 힘의 모든 형태이다(8.6절).

10장에서 다룬 분자 운동론에서는 기체 입자들이 서로 독립적으로 행동한다고 가정함으로써 기체의 성질을 설명하였다. 기체 입자 간의 **분자간 힘(intermolecular force)**이 매우 약하기 때문에 기체 상태의 입자들은 무질서하게 이동하며 공간상의 부피를 점유할 수 있다. 하지만 액체나 고체에 존재하는 입자들은 입자 간 거리가 작고 입자 사이에 상당한 인력이 존재하여 기체 입자와 다르다. 이 장에서는 분자간 힘이 어떻게 액체의 성질에 영향을 미치는지와 에너지가 상변화에 어떻게 관련되는지를 살펴볼 것이다. 또한 고체, 액체, 기체 및 초임계 유체상 간의 상전이가 일어나는 동안 어떤 일이 발생하는지와 이와 같은 상전이에 미치는 온도와 압력의 효과를 살펴볼 것이다. 아울러 고체와 액체 상 사이의 중간 상인 액정에 대해, 그리고 이 독특한 결정상의 응용에 대해 배울 것이다.

11.1 액체의 성질

여러 친숙하고도 관찰할 수 있는 액체의 성질들은 분자간 힘으로 설명할 수 있다. 예를 들어, 물이나 휘발유를 쏟으면 쉽게 흐르지만 엔진 오일이나 단풍 시럽은 느리게 흐른다.

액체의 흐름에 대한 저항의 척도를 **점도(viscosity)**라고 한다. 꿀은 잘 흐르지 않으며 높은 점도를 가지고 있는 액체이고, 물은 쉽게 흐르며 낮은 점도를 지닌 액체이다. 점도는 액체 상태에서 각 분자들이 액체 안에서 이동하는 용이성, 즉 존재하는 분자간 힘과 관련이 있다. 약한 분자간 힘을 갖는 물질들은 상대적으로 점도가 낮지만, 강한 분자간 힘을 갖는 물질들은 상대적으로 점도가 높다. 펜테인(C_5H_{12})과 글리세롤[glycerol, $C_3H_5(OH)_3$]을 비교해 보자. 비극성 물질인 펜테인은 런던 분산력으로 분자들을 서로 묶어 둔다. 런던 분산력은 상대적으로 약하므로 펜테인은 낮은 점도를 가진다. 반면, 글리세롤은 하이드록시기(OH)를 세 개 가지고 있어서 다른 글리세롤 분자들과 수소 결합을 형성할 수 있다. 글리세롤 분자들 사이의 분자간 힘은 강해서 높은 점도의 원인이 된다. 글리세롤은 점도가 꿀과 비슷한 투명한 액체이다.

개념탐구 질문 1

다음 중 어떤 액체가 가장 큰 점도를 가지고 있을까?
$CH_3CH_2CH_2CH_2OH$,
$CH_3CH_2CH_2CH_2CH_3$,
$CH_3CH_2OCH_2CH_3$

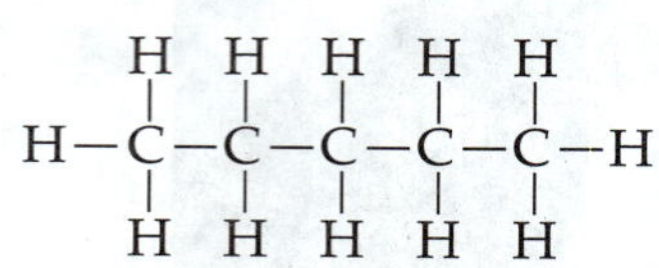

펜테인

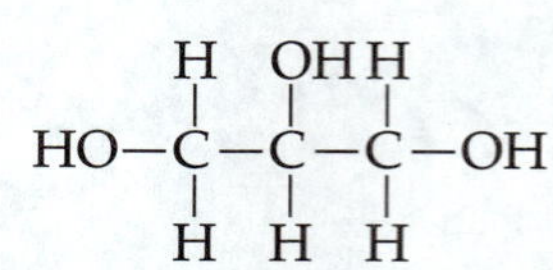

글리세롤

▲ 소금쟁이가 연못의 표면을 뚫고 들어가지 않고 연못 위를 걸을 수 있는 것은 표면 장력 때문이다.

액체의 또 다른 친숙한 성질은 액체들이 넓게 퍼져 표면적이 증가하는 것에 대해 저항하는 장력인 **표면 장력(surface tension)**이다. 표면 장력은 액체 표면의 분자간 힘과 액체 내부의 분자간 힘의 차이에 의해 생긴다. 표면에 있는 분자는 오로지 한쪽 방향으로만 인력이 존재하므로 액체 내부 방향으로 끌어당겨지는 반면, 액체 내부의 분자들은 모든 방향으로 둘러싸여 있어 동일하게 끌어당겨진다(그림 11.1). 소금쟁이가 물 위를 걷는 것과 새로 왁스를 칠한 차에 물방울이 동그랗게 맺히는 것 모두 표면 장력 때문이다.

점도와 마찬가지로 분자간 힘이 큰 액체일수록 일반적으로 표면 장력도 크다. 두 성질 모두 온도에 의존하는데, 온도가 높아지면 분자들의 운동 에너지가 증가하여 서로 묶어 놓으려는 인력을 상쇄할 수 있기 때문이다. 몇 가지 물질에 대한 자료가 표 11.1에 있다. 수은은 표면 장력이 매우 크기 때문에 수은 방울은 구슬 모양을 형성하고(그림 11.1), 압력계의 수은 기둥 꼭대기는 **메니스커스(meniscus)**라 부르는 둥근 모양을 하고 있다.

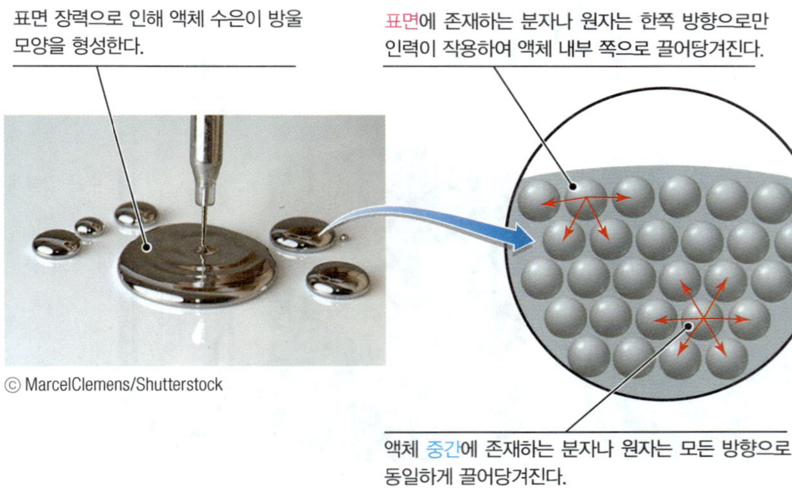

◀ 그림 11.1
표면 장력. 표면 장력은 액체가 넓게 퍼져 표면적이 증가하는 것에 대한 저항이다.

표 11.1 20℃에서 몇 가지 물질에 대한 점도와 표면 장력

이름	화학식	점도(N·s/m²)	표면 장력(J/m²)
펜테인	C_5H_{12}	2.4×10^{-4}	1.61×10^{-2}
벤젠	C_6H_6	6.5×10^{-4}	2.89×10^{-2}
물	H_2O	1.00×10^{-3}	7.29×10^{-2}
에탄올	C_2H_5OH	1.20×10^{-3}	2.23×10^{-2}
수은	Hg	1.55×10^{-3}	4.6×10^{-1}
글리세롤	$C_3H_5(OH)_3$	1.49	6.34×10^{-2}

11.2 증기 압력과 끓는점

증기 압력과 끓는점은 분자간 힘의 세기에 의해 영향을 받는 액체의 두 가지 다른 성질들이다. 우리는 이 두 가지 성질들과 이들이 어떻게 분자의 구조와 분자간 힘에 연관되는지에 대해 기술할 것이다. 액체가 끓을 때 액체가 증기로 변하는 것을 눈으로 확인할 수 있다. 그러나 다른 조건에서도 액체가 증기로 변한다. 그림 11.2에 나타낸 두 가지 실험을 살펴보자. 한 실험에서는 액체가 열린 용기에 들어 있고, 다른 실험에서는 액체가 수은 **압력계(manometer)**에 연결된 닫힌 용기에 들어 있다. 일정한 시간이 지난 후 첫 번째 용기의 액체는 증발되어 없어지는 반면, 두 번째 용기의 액체는 그대로 남아 있고 압력은 증가한다. 일정한 온도와 평형에서 압력 증가는 액체의 **증기 압력(vapor pressure)**이라고 하는 일정한 값을 갖는다.

열린 용기에서 증기상으로 변하는 분자들은 액체에서 벗어나 액체가 모두 증발할 때까지 공기 중으로 퍼져 나가지만, 닫힌 용기에 들어 있는 분자들은 용기 안에 갇혀 달아날 수 없다. 액체에서 증기로 전환되는 분자가 많으면 많을수록, 무질서한 운동을 하고 있는 기체의 일부 분자들이 때때로 액체로 되돌아가는 분자 수도 증가한다. 결국 액체로 되돌아가는 기체 분자 수와 액체에서 증발하는 분자 수가 서로 같아지는 동적 평형을 이루는 지점이 존재한다. **개개의 분자들은 끊임없이 한 상에서 다른 상으로 오가지만, 액체상과 증기상에 존재하는 분자의 전체 개수는 일정하게 유지된다.**

기억하기…
용기 내의 기체 압력은 수은이 채워진 U자관으로 된 한쪽 끝이 열린 **압력계**로 측정할 수 있다. 기체의 압력과 대기압과의 차이는 U자관의 두 관의 수은주의 높이 차와 같다(10.1절).

▲ 브로민은 색을 띠기 때문에 액체 위의 붉은 증기를 확인할 수 있다. ⓒ Rvkamalov/Shutterstock

▶ **그림 11.2**
증기 압력의 발생

▶ **확인하기**

25 °C에서 압력계 안에 물이 들어 있다. 만일 25 °C에서 물의 증기 압력이 0.0313 atm이라고 하면, 수은 관의 양쪽의 높이 차이는 얼마인가? (760 mmHg = 1 atm)

답

$0.0313\text{ atm} \times \dfrac{760\text{ mmHg}}{1\text{ atm}}$

$= 23.8\text{ mmHg}$

열린 용기에서 일정 시간 방치된 액체는 증발되어 없어지지만...

...닫힌 용기에 일정 시간 방치된 액체는 압력을 높인다.

기억하기···
분자 운동론(kinetic-molecular theory)에는 다섯 가지 가정이 있으며, 이를 이용하여 기체의 거동을 설명하고, 이상 기체 법칙을 유도할 수 있다. 온도와 운동 에너지는 식 $E_K = (3/2)RT$와 같은 관계가 성립한다(10.6절).

분자 수준에서 기체의 거동을 설명하기 위해 10.6절에서 도입된 **분자 운동론(kinetic molecular theory)**으로 증발과 증기 압력 둘 다 설명할 수 있다. 액체에서 분자들은 끊임없이 움직이지만, 분자들의 운동 속도는 그들이 갖고 있는 운동 에너지의 양에 따라 다양하게 달라진다. 많은 양의 시료에 대한 분자의 운동 에너지 분포 곡선을 **그림 11.3**에 나타내었으며, 온도에 따라 곡선의 정확한 모양이 정해진다. 온도가 높을수록, 그리고 물질의 끓는점이 낮을수록, 시료의 액체 표면을 벗어나 증기로 전환될 수 있는 충분한 운동 에너지를 갖는 분자의 분율이 커진다.

▶ **그림 11.3**
액체의 분자 운동 에너지 분포

▶ **확인하기**

온도가 높아질수록 곡선 아래, 점선 오른쪽의 면적은 어떻게 되는가? 온도 상승은 증기 압력에 어떤 영향을 미치는가?

답 점선 오른쪽의 곡선 아래 면적은 온도에 따라 증가한다. 빨간색 선(높은 T) 아래의 면적과 파란색 선(낮은 T) 아래의 면적을 비교해 보라. 높은 온도에서는 액체로부터 기체상으로 이동할 수 있는 충분한 운동 에너지를 갖는 분자들이 더 많이 존재하므로 증기 압력이 높아진다.

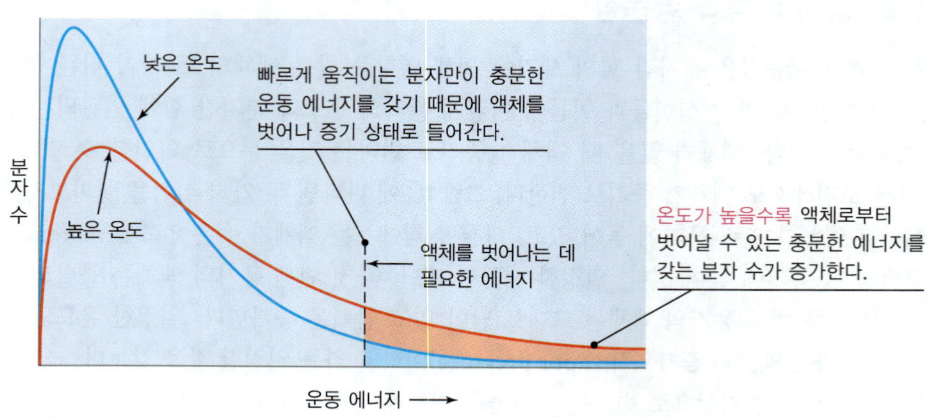

액체의 증기 압력 값은 시료에 존재하는 분자간 힘의 크기와 온도에 따라 달라진다. 분자간 힘이 약할수록 느슨하게 붙잡혀 있는 분자들이 쉽게 증발하기 때문에 증기 압력은 높다. 온도가 높을수록 증발에 필요한 충분한 운동 에너지를 갖는 분자들의 분율이 증가하기 때문에 증기 압력은 높아진다.

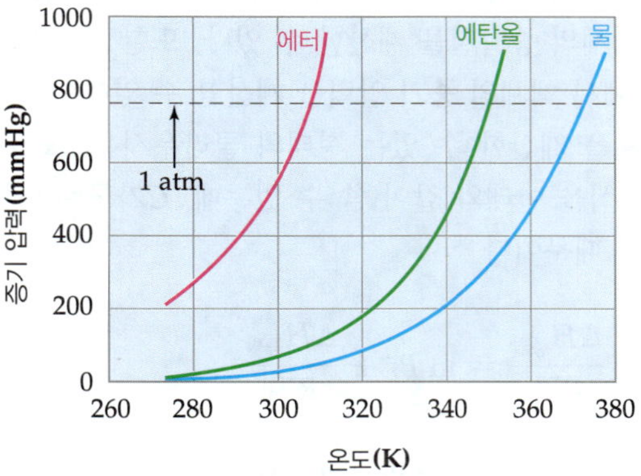

에터, 에탄올, 물의 증기 압력은 온도의 함수로 도시하면 비선형 증가를 보인다.

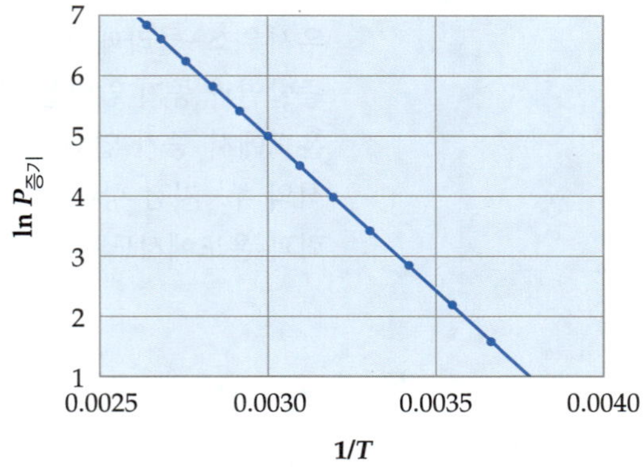

표 11.2의 자료를 기반으로 ln $P_{증기}$를 $1/T$(K)에 대해 도시하면 선형 관계를 보인다.

▲ **그림 11.4**
여러 온도에서 액체들의 증기 압력

클라우시우스-클라페이론 식

만일 다른 온도에서 증기 압력을 측정한다면 증발 엔탈피 또는 **증발열**(**heat of vaporization**)($\Delta H_{증발}$)을 계산할 수 있다. 증발열은 액체 1 mol이 기체로 전환하는 데 필요한 에너지양이다. **그림 11.4**에 나타낸 바와 같이 액체의 증기 압력은 온도에 따라 비선형적으로 증가한다. 하지만 증기 압력에 자연로그를 취한 $\ln P_{증기}$를 절대 온도의 역수인 $1/T$에 대하여 도시하면 선형 관계가 성립된다. 온도에 따른 물의 증기 압력 자료를 **표 11.2**에 나타내었으며, 그래프를 그림 11.4에 나타내었다. 선형 그래프는 수식 $y = mx + b$로 나타낼 수 있다. 이때 $y = \ln P_{증기}$, $x = 1/T$, m은 직선의 기울기($-\Delta H_{증발}/R$), b는 y절편(상수, C)이다. 따라서 자료는 **클라우시우스-클라페이론 식**(**Clausius-Clapeyron equation**)에 잘 맞는다.

클라우시우스-클라페이론 식

자연로그 ↓

$$\ln P_{증기} = \left(-\frac{\Delta H_{증발}}{R}\right)\frac{1}{T} + C$$

$$y = m\,x + b$$

여기서 $\Delta H_{증발}$은 액체의 증발열, R은 기체 상수(10.3절), C는 각 물질의 고유한 상수이다.

표 11.2 여러 온도에서 물의 증기 압력

온도(K)	$P_{증기}$(mmHg)	ln $P_{증기}$	$1/T$	온도(K)	$P_{증기}$(mmHg)	ln $P_{증기}$	$1/T$
273	4.58	1.522	0.003 66	333	149.4	5.007	0.003 00
283	9.21	2.220	0.003 53	343	233.7	5.454	0.002 92
293	17.5	2.862	0.003 41	353	355.1	5.872	0.002 83
303	31.8	3.459	0.003 30	363	525.9	6.265	0.002 75
313	55.3	4.013	0.003 19	373	760.0	6.633	0.002 68
323	92.5	4.527	0.003 10	378	906.0	6.809	0.002 65

여러 온도에서 액체의 증기 압력을 측정하고 결과를 도시하여 선의 기울기를 얻으면, 클라우시우스–클라페이론 식을 이용하여 액체의 증발열을 계산할 수 있다. 또한 주어진 온도에서 증발열과 증기 압력을 알면, 다른 온도에서 액체의 증기 압력을 계산할 수 있다. 서로 다른 두 온도에서 증기 압력을 측정하여 $\Delta H_{증발}$을 계산할 수 있는 형태의 클라우시우스–클라페이론 식의 두–지점 형태를 유도할 수 있다. 식을 아래와 같이 쓸 수 있는데, C가 상수(어떤 두 압력과 온도에서도 그 값은 동일하다)이기 때문이다.

$$C = \ln P_1 + \frac{\Delta H_{증발}}{RT_1} = \ln P_2 + \frac{\Delta H_{증발}}{RT_2}$$

압력을 한 변에, 온도를 다른 변에 있도록 이 식을 다음과 같이 정리할 수 있다.

$$\ln P_1 - \ln P_2 = \frac{\Delta H_{증발}}{RT_2} - \frac{\Delta H_{증발}}{RT_1}$$

수학적으로 좀 더 정리하면, 다음과 같은 클라우시우스–클라페이론 식의 또 다른 형태를 구할 수 있다.

$$\ln\left(\frac{P_1}{P_2}\right) = \frac{\Delta H_{증발}}{R}\left(\frac{1}{T_2} - \frac{1}{T_1}\right)$$

ⓒNoppakit 77/Shutterstock

▲ 확인하기

끓는점에서 액체의 증기 압력은 얼마인가?

답 끓는점에서 증기 압력은 외부 압력과 같다. 해수면에서 대기의 외부 압력은 1 atm에 가깝다.

만일 $\Delta H_{증발}$과 한 온도에서의 증기 압력이 알려져 있다면, 예제 11.1에서와 같이 새로운 온도에서 액체의 증기 압력을 계산할 수 있다.

액체의 증기 압력이 증가하여 외부 압력과 동일하게 되는 점에서 액체는 끓는점에 도달하며, 액체는 증기로 변한다. 분자 수준에서 끓음은 다음과 같이 묘사할 수 있다. 액체 내부에 있는 분자 몇 개가 순간적으로 주위의 인력을 끊고 미세한 기포를 형성한다. 만약 대기에 의한 외부 압력이 기포 내부의 증기 압력보다 크면 기포는 즉시 터진다. 하지만 외부 압력과 기포의 증기 압력이 같은 온도에서 기포는 터지지 않는다. 대신 기포는 밀도가 큰 액체 사이를 뚫고 올라오게 되고, 더 많은 분자들이 합쳐져 기포의 크기가 커지며, 끓을 때 관찰되는 격렬한 움직임으로 나타난다.

외부 압력이 정확히 1 atm(760 mmHg)일 때 액체의 끓는 온도를 **정상 끓는점(normal boiling point)**이라고 부른다. 그림 11.4에서 각 곡선들이 압력 760 mmHg를 나타내는 점선과 만나는 온도가 세 액체의 정상 끓는점으로, 에터 34.6 ℃(307.8 K), 에탄올 78.3 ℃(351.5 K), 물 100.0 ℃(373.15 K)이다.

외부 압력이 1 atm보다 낮으면, 끓는 데 필요한 증기 압력은 1 atm보다 낮고 액체는 정상 끓는점보다 낮은 온도에서 끓는다. 예를 들어, 대기압이 약 260 mmHg 밖에 안 되는 에베레스트산 정상에서 물은 100 ℃가 아니라 약 71 ℃에서 끓는다. 반대로, 외부 압력이 1 atm보다 높으면 끓는 데 필요한 증기 압력은 1 atm보다 높고, 따라서 액체는 정상 끓는점보다 높은 온도에서 끓는다. 압력솥은 물의 끓는점을 상승시키는 이같은 효과를 이용한 것이다. 스튜를 조리할 때 조리 최고 온도는 물의 끓는점 이상으로 올릴 수 없다. 압력솥 안의 압력이 높아지면 물의 끓는점은 250 ℉(121 ℃)로 높아진다.

예제 11.1

클라우시우스-클라페이론 식을 이용하여 증기 압력 계산하기

34.7 ℃에서 에탄올의 증기 압력은 100.0 mmHg이고, 증발열은 38.6 kJ/mol이다. 65.0 ℃에서 에탄올의 증기 압력은 몇 mmHg인가?

문제 파악

알고 있는 것	알아내야 할 것
$\Delta H_{증발} = 38.6$ kJ/mol 34.7 ℃에서의 증기 압력 ($P_1 = 100.0$ mmHg) $T_1 = 34.7$ ℃ $T_2 = 65.0$ ℃	65 ℃에서의 증기 압력(P_2)

전략

증발열과 특정 온도에서의 증기 압력을 알고 있을 경우, 임의의 온도에서 액체의 증기 압력을 계산할 수 있는 클라우시우스-클라페이론 식의 재배열된 형태를 사용한다. 온도를 K 단위로, $\Delta H_{증발}$을 J 단위로 바꾼다.

$$\ln\left(\frac{P_1}{P_2}\right) = \frac{\Delta H_{증발}}{R}\left(\frac{1}{T_2} - \frac{1}{T_1}\right)$$

풀이

알고 있는 모든 값을 식에 대입하고, P_2에 대해 풀이한다.

$$\ln\left(\frac{100.0 \text{ mmHg}}{P_2}\right) = \frac{38{,}600 \text{ J/mol}}{8.314 \text{ J/mol} \cdot \text{K}}\left(\frac{1}{338.2} - \frac{1}{307.9}\right)$$

$$\ln\left(\frac{100.0 \text{ mmHg}}{P_2}\right) = -1.3509$$

$$\frac{100.0 \text{ mmHg}}{P_2} = e^{-1.3509} = 0.2590$$

$$P_2 = 386 \text{ mmHg}$$

점검

더 높은 온도에서 증기 압력이 더 클 것으로 예상되므로 답은 타당하다. 계산의 복잡성 때문에 구해진 증기 압력의 자릿수를 가늠하기는 어렵다.

▶ **연습문제 11.1** 브로민의 경우, 41.0℃에서 $P_{증발} = 400$ mmHg이고, 정상 끓는점은 331.9 K이다. 브로민의 증발열($\Delta H_{증발}$)은 몇 kJ/mol인가?

▶ **응용문제 11.2** 물의 정상 끓는점은 100 ℃이고, 증발열은 $\Delta H_{증발} = 40.7$ kJ/mol이다. 대기압이 $P = 407$ mmHg인 콜로라도 주에 있는 파이크스 피크(Pikes Peak) 산 정상에서 물의 끓는점은 몇 ℃나 될까?

11.3 고체, 액체, 기체 사이의 상변화

고체인 얼음이 녹아 액체인 물이 되고, 액체인 물이 얼어 고체인 얼음이 되거나 증발하여 기체인 수증기로 되며, 기체인 수증기가 응축되어 액체인 물이 되는 것에 우리는 친숙하다. 물질의 화학적 특성은 변하지 않고 물리적 형태만 변화하는 이러한 과정을 **상변화(phase change)** 또는 **상태 변화**(change of state)라고 한다. 어떤 한 상태 또는 **상(phase)**으로 존재하는 물체는 다른 두 가지 상태 중 하나로 바뀔 수 있다. 드라이아이스(고체 CO_2)가 **승화**(sublimation)될 때처럼 고체는 직접 기체로 바뀔 수도 있다. 다양한 상변화에 대한 명명은 다음과 같다.

용융(녹음)	고체 → 액체
응고	액체 → 고체
증발	액체 → 기체
응축	기체 → 액체
승화	고체 → 기체
증착	기체 → 고체

자연적으로 일어나는 모든 과정과 마찬가지로, 모든 상변화에는 **자유 에너지 변화(free-**

기억하기…

자유 에너지 변화(ΔG)의 값은 화학적 변화 또는 물리적 변화에 대한 자발성의 일반적 판단 기준이다. 만일 $\Delta G < 0$이면 자발적 과정이고, $\Delta G = 0$이면 평형 상태에 있으며, $\Delta G > 0$이면 비자발적 과정이다(9.13절).

energy change, ΔG)가 수반된다. 9.13절에서 살펴본 바와 같이, 자유 에너지 변화 ΔG는 식 $\Delta G = \Delta H - T\Delta S$에 따라 엔탈피 부분($\Delta H$)과 온도 의존성 엔트로피 부분($T\Delta S$)의 두 기여 항으로 구성된다. 엔탈피 부분은 액체나 고체를 붙잡고 있는 분자간 인력을 형성하거나 끊을 때 수반되는 열의 흐름이고, 엔트로피는 다양한 상에 존재하는 분자의 무질서도 차이와 관련된다. 기체는 액체보다 훨씬 더 무질서하고 엔트로피가 크며, 액체는 고체보다 훨씬 더 무질서하고 엔트로피가 크다.

고체가 녹아 액체가 되거나, 고체가 승화하여 기체로 되거나, 액체가 증발하여 기체로 되는 데는 모두 입자들의 운동성 증가에 따른 무질서도의 증가가 수반된다. 입자들을 서로 붙잡고 있는 분자간 힘을 극복하기 위하여 반드시 열이 흡수되어야 한다. 따라서 이와 같은 상변화에서는 ΔS와 ΔH가 모두 양의 값을 갖는다. 이와는 반대로 액체가 얼어 고체가 되거나, 기체가 고체로 증착되거나, 기체가 액체로 응축되는 데는 입자들의 운동성 감소에 따른 무질서도의 감소가 수반된다. 이 과정에서 분자간 인력이 형성되고 열에너지가 방출된다. 따라서 이와 같은 상변화에서는 ΔS와 ΔH가 모두 음의 값을 갖는다. 이와 같은 상변화 과정을 **그림 11.5**에 요약하여 나타내었다.

▶ 그림 11.5

상전이 과정에서 에너지와 엔탈피 변화. 무질서도가 작은 상에서 큰 상으로 변하면(위쪽 방향 화살표) ΔH와 ΔS는 모두 양의 값이 되며, 무질서도가 큰 상에서 작은 상으로 변하면(아래쪽 방향 화살표) ΔH와 ΔS는 모두 음의 값이 된다.

▶ 확인하기

어떤 상의 엔탈피가 가장 큰가? 어떤 상의 엔탈피가 가장 작은가?

답 기체, 고체

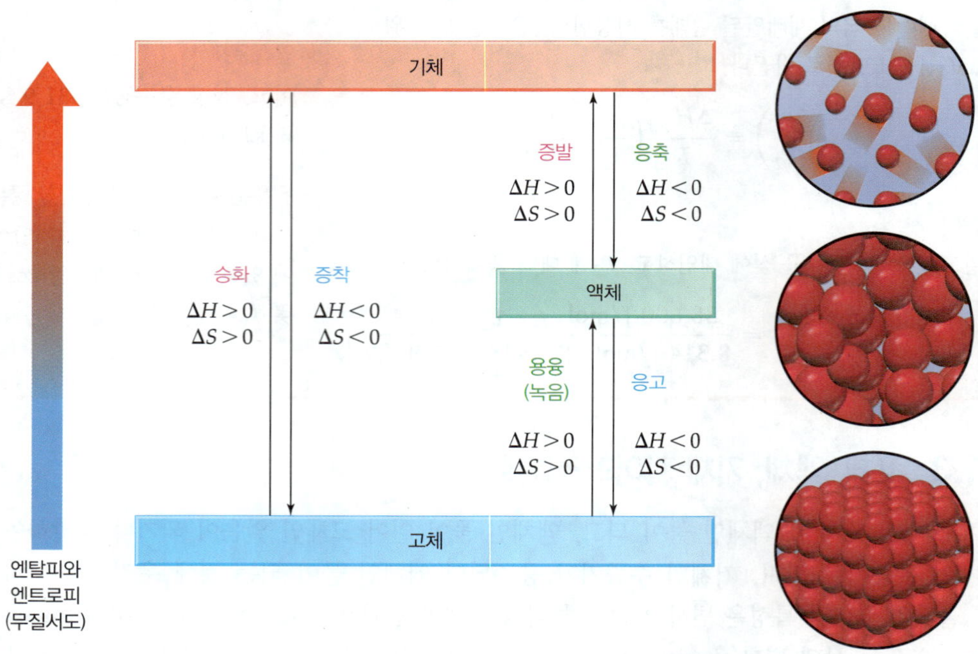

고체 얼음이 액체 물로 변화되는 것과 액체 물이 기체 상태의 수증기로 변화되는 것을 통해 상변화가 일어나는 동안 에너지 상관관계를 살펴보자.

얼음이 액체 물로 녹음(용융): $\Delta H = +6.01$ kJ/mol, $\Delta S = +22.0$ J/(K·mol)

액체 물이 수증기로 증발: $\Delta H = +40.67$ kJ/mol, $\Delta S = +109$ J/(K·mol)

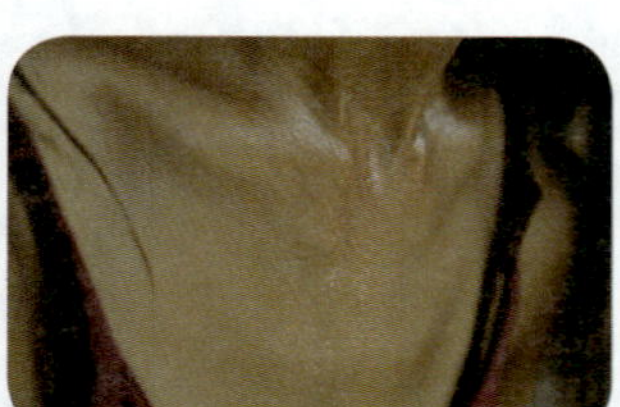

▲ 운동 후 땀이 증발하면서 열을 빼앗아가기 때문에 몸이 시원해진다. ©Fred Ho/Shutterstock

액체가 기체로 변할 때 더 많은 분자간 인력을 극복해야 하고 훨씬 더 큰 무질서 상태로 되기 때문에, 고체 → 액체 변화가 일어날 때보다 액체 → 기체 변화가 일어날 때 ΔH와 ΔS는 더 크다. 이와 같이 액체 물이 기체 수증기로 변할 때 많은 열을 흡수하기 때문에, 많은 생명체들은 이 과정을 냉각 메커니즘으로 이용한다. 더운 날 우리가 땀을 흘릴 때, 땀이 증발되면서 열을 흡수하기 때문에 피부는 시원함을 느끼게 된다.

상변화가 반대 방향으로 일어나는 경우, 관련된 열화학적 변화량은 숫자의 절댓값은 같고 부호는 반대이다.

액체 물이 얼음으로 응고: $\Delta H = -6.01$ kJ/mol, $\Delta S = -22.0$ J/(K·mol)
수증기가 액체 물로 응축: $\Delta H = -40.67$ kJ/mol, $\Delta S = -109$ J/(K·mol)

감귤 농가에서는 추운 밤에 나무에 물을 뿌려 물이 얼 때 방출되는 열을 이용하여 냉해를 막는다. 잎에 뿌려진 물이 얼면서 열이 발생되어 나무를 보호하게 된다.

ⓒMaria Uspenskaya/Shutterstock

▲ 확인하기

왜 감귤 농가에서는 추운 밤에 나무에 물을 뿌리는가?

답 물이 얼 때 방출되는 열을 이용하여 과일의 냉해를 막는다.

상변화의 ΔH와 ΔS 값을 알면 상변화가 일어나는 온도를 계산할 수 있다. 9.13절에서 다룬 바와 같이 ΔG 값이 음수이면 반응은 자발적이고, 양수이면 비자발적이며, 0이면 평형 상태이다. 따라서 $\Delta G = 0$으로 놓고 자유 에너지 식을 T에 대해 풀면 두 상이 평형을 이룰 때의 온도를 계산할 수 있다. 예를 들어 물의 고체 → 액체 상변화에서는

평형일 때 $\Delta G = \Delta H - T\Delta S = 0$
따라서 $T = \Delta H/\Delta S$
여기에 $\Delta H = +6.01$ kJ/mol이고, $\Delta S = +22.0$ J/(K·mol)를 대입하면 다음과 같다.

$$T = \frac{6.01\ \dfrac{\text{kJ}}{\text{mol}}}{0.0220\ \dfrac{\text{kJ}}{\text{K}\cdot\text{mol}}} = 273\ \text{K}$$

바꾸어 말하면 누구나 알고 있는 사실이지만 273 K(또는 0 ℃), 1 atm에서 얼음은 액체 물로, 또는 액체 물은 얼음으로 변한다. 실제적으로는 반대 방향으로 계산하는 것이 좀 더 유용하다. 즉, 상변화가 일어나는 온도를 측정하고, 이를 이용하여 $\Delta S(=\Delta H/T)$를 계산하는 것이다.

예제 11.2

증발 엔트로피의 계산

물의 끓는점은 100 ℃이고, 물이 수증기로 변할 때 엔탈피 변화 $\Delta H_{증발} = 40.67$ kJ/mol이다. 증발할 때의 엔트로피 변화 $\Delta S_{증발}$는 몇 J/(K·mol)인가?

문제 파악

알고 있는 것	알아내야 할 것
물의 끓는점($T = 100$ ℃) 엔탈피 변화($\Delta H_{증발} = 40.67$ kJ/mol)	엔트로피 변화($\Delta S_{증발}$)

전략

상변화가 일어나는 온도에서 두 상은 평형을 이루어 공존하고, 이 상들 사이의 자유 에너지 차이 ΔG는 0이다. 즉, $\Delta G = \Delta H - T\Delta S = 0$이다. ΔH와 T가 주어질 경우, 이 식은 $\Delta S = \Delta H/T$로 나타낼 수 있다. T의 단위는 절대 온도(kelvin, K)임을 명심하라.

풀이

$$\Delta S_{증발} = \frac{\Delta H_{증발}}{T} = \frac{40.67\ \dfrac{\text{kJ}}{\text{mol}}}{373.15\ \text{K}} = 0.1090\ \text{kJ/(K}\cdot\text{mol)}$$
$$= 109.0\ \text{J/(K}\cdot\text{mol)}$$

점검

물이 액체에서 기체로 바뀌면 엔트로피 변화가 상당히 큰 양의 값이어야 한다. $\Delta S_{증발}$의 계산값이 예상했던 부호와 크기에 부합하므로 적절한 답이라고 할 수 있다.

▶ **연습문제 11.3** 에탄올의 끓는점은 78.4 ℃이고, 액체에서 기체로 바뀔 때의 엔탈피 변화는 $\Delta H_{증발} = 38.56$ kJ/mol이다. 증발할 때의 엔트로피 변화 $\Delta S_{증발}$는 몇 J/(K·mol)인가?

▶ **응용문제 11.4** 클로로폼($CHCl_3$)의 $\Delta H_{증발} = 29.2$ kJ/mol, $\Delta S_{증발} = 87.5$ J/(K·mol)이다. 클로로폼의 끓는점은 몇 K인가?

11.4 상전이 동안의 에너지 변화

물질에 지속적으로 열을 가하면 **가열 곡선**(heating curve)을 얻을 수 있는데, H_2O에 대한 가열 곡선을 그림 11.6에 나타내었다. −25.0 ℃의 고체 H_2O로부터 125.0 ℃의 기체 H_2O가 될 때까지 가열할 때, 곡선은 5개의 다른 과정과 5개의 다른 구역으로 구성된다.

▶ **그림 11.6**
H_2O 1 mol에 열을 가할 때 일어나는 온도 변화와 상 전이를 나타낸 H_2O의 가열 곡선

▶ **확인하기**

가열 곡선의 평평한 구간에서는 어떤 과정이 일어나고 있는가? 이 구간에서 열은 가해지지만, 온도는 상승하지 않는다. 설명하시오.

답 평평한 구간은 상변화에 해당한다. 열로 가해진 에너지는 분자간 힘을 끊는 데 사용되고, 입자의 평균 속도(온도가 상승하면 빨라짐)를 증가시키지는 않는다.

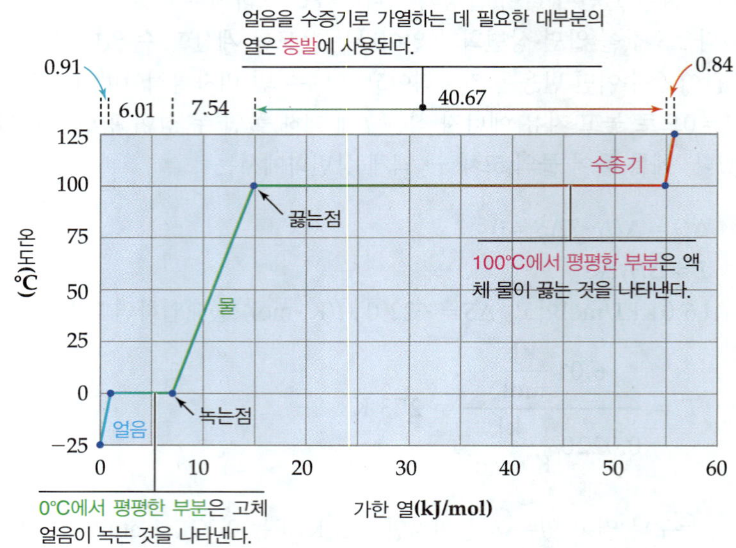

기억하기…
물질의 몰열용량(C_m)은 물질 1 mol의 온도를 1℃ 올리는 데 필요한 열량이다(9.7절).

1. **고체 H_2O의 가열**: 물의 어는점 이하의 임의의 온도, 예를 들어 −25.0 ℃에서 시작하여 0 ℃가 될 때까지 얼음에 열을 가한다. 얼음을 가열하는 데 드는 에너지의 양을 계산하려면 얼음의 **몰열용량(molar heat capacity**, 36.57 J/mol·℃)과 온도 변화(+25 ℃)를 계산에 사용한다.

$$\text{얼음을 } -25\ ℃\text{에서 } 0\ ℃\text{까지 가열하는 데 필요한 에너지} = \left(36.57\ \frac{\text{J}}{\text{mol}\cdot ℃}\right)(25.0\ ℃)$$
$$= 914\ \text{J/mol} = 0.914\ \text{kJ/mol}$$

2. **고체 H_2O의 녹음(용융)**: 얼음의 온도가 0 ℃에 도달하면 추가적으로 가한 열은 온도를 올리는 데 사용되지 않고, 수소 결합과 다른 분자간 힘을 끊는 데 사용되는데, 이는 그림 11.6에 나타낸 가열 곡선에서 0 ℃에서 평평한 부분이 나타나는 것으로 알 수 있다. 이 온도[**녹는점**(melting point)]에서 고체와 액체는 평형을 이루면서 공존하며, 얼음 결정을 이루는 분자들이 본래의 정해진 위치에서 벗어나 액체상으로 바뀐다. 고체가 완전히 액체로 변한 후에 다시 온도가 올라간다. 분자간 힘을 극복하여 고체가 액체로 전환되기 위해 필요한 에너지의 양을 **용융 엔탈피**(enthalpy of fusion) 또는 **용융열(heat of fusion, $\Delta H_{용융}$)**이라고 한다. 얼음의 용융열 $\Delta H_{용융} = +6.01$ kJ/mol이다.
3. **액체 H_2O의 가열**: 액체 물에 지속적으로 열을 가하면 100 ℃의 끓는점에 도달할 때까지 온도가 올라간다. 액체 물을 가열하는 데 필요한 에너지의 양은 액체 물의 몰열용량(75.4 J/mol·℃)과 온도 변화(+100 ℃)를 사용하여 계산한다.

$$\text{물을 } 0\ ℃\text{에서 } 100\ ℃\text{까지 가열하는 데 필요한 에너지} = \left(75.4\ \frac{\text{J}}{\text{mol}\cdot ℃}\right)(100\ ℃)$$
$$= 7.54 \times 10^3\ \text{J/mol} = 7.54\ \text{kJ/mol}$$

4. **액체 H_2O의 증발**: 일단 물의 온도가 100 ℃에 도달하면 추가적으로 가한 열은 온도를 올리는 데 사용되지 않고 분자간 힘을 극복하는 데 사용된다. 이는 이는 가열 곡선에서 100 ℃에서 두 번째 평평한 부분이 나타나는 것으로 알 수 있다. 이 온도[**끓는점**(boiling point)]에서 액체와 기체가 평형을 이루면서 공존하며, 액체의 표면에 있던 분자들이 떨어져 나와 기체상으로 들어간다. 액체가 기체로 전환되기 위해 필요한 에너지의 양을 **증발 엔탈피**(enthalpy of vaporization) 또는 증발열(heat of vaporization, $\Delta H_{\text{증발}}$)이라고 한다. 물의 $\Delta H_{\text{증발}} = +40.67$ kJ/mol이다.
5. **H_2O 기체의 가열**: 액체가 완전히 기체로 증발된 후에만 온도가 다시 올라간다. 수증기의 몰열용량(33.6 J/mol·℃)과 온도 변화(+25 ℃)를 사용하여 수증기를 가열하는 데 필요한 에너지의 양을 계산한다.

$$\text{수증기를 100 ℃에서 125 ℃로 가열하는 데 필요한 에너지} = \left(33.6\ \frac{\text{J}}{\text{mol}\cdot\text{℃}}\right)(25\ \text{℃})$$
$$= 840\ \text{J/mol} = 0.840\ \text{kJ/mol}$$

−25 ℃의 고체 얼음을 125 ℃의 기체 수증기로 변화시키기 위해 필요한 에너지 56.05 kJ/mol 중에서 대부분(40.67 kJ/mol)이 증발에 사용된다는 것에 주목하라. 고체에서 액체로 전환될 때는 상대적으로 적은 수의 수소 결합을 끊어야 하지만, 액체에서 기체로 전환되기 위해서는 **모든** 수소 결합을 끊어야 하기 때문에 물의 증발열이 용융열보다 크다.

−25 ℃의 고체 H_2O에서 125 ℃의 기체 H_2O로 만드는 데 필요한 전체 에너지의 양은 다음과 같이 다섯 단계의 합이다.

(1) $H_2O(s)$ 1 mol을 −25 ℃에서 0 ℃까지 가열:	0.914	kJ
(2) 0 ℃에서 $H_2O(s)$ 1 mol을 $H_2O(l)$ 1 mol로 용융:	6.01	kJ
(3) $H_2O(l)$ 1 mol을 0 ℃에서 100 ℃까지 가열:	7.54	kJ
(4) 100 ℃에서 $H_2O(l)$ 1 mol을 $H_2O(g)$ 1 mol로 증발:	40.67	kJ
(5) $H_2O(g)$ 1 mol을 100 ℃에서 125 ℃까지 가열:	0.840	kJ
필요한 전체 에너지:	55.97	kJ

개념탐구 질문 2

사람의 피부에 110 ℃의 수증기가 응축되어 약한 화상을 입혔다. 110 ℃에서 100 ℃로 수증기의 온도가 내려갈 때; 100 ℃에서 수증기가 물로 응축될 때; 100 ℃에서 체온 37 ℃로 액체 물의 온도가 내려갈 때 중, 어떤 과정이 피부에 가장 많은 열을 방출할까?

표 11.3에 몇 가지 화합물의 용융열과 증발열을 나타내었다. 물에 대해서 살펴본 모든 내용은 다른 화합물에도 똑같이 적용된다. 증발이 일어나려면 모든 분자간 힘이 끊어져야 하지만, 고체가 액체로 변할 때는 상대적으로 작은 분자간 힘을 극복하면 되므로 화합물의 증발열은 용융열보다 항상 더 크다.

표 11.3 몇 가지 화합물의 용융열과 증발열

이름	화학식	$\Delta H_{\text{용융}}$(kJ/mol)	$\Delta H_{\text{증발}}$(kJ/mol)
암모니아	NH_3	5.66	23.33
벤젠	C_6H_6	9.87	30.72
에탄올	C_2H_5OH	4.93	38.56
헬륨	He	0.02	0.08
수은	Hg	2.30	59.11
물	H_2O	6.01	40.67

예제 11.3

온도 변화에 따른 열량 계산

25 ℃ 물 50.0 g을 150 ℃ 수증기로 바꾸는 데 필요한 열은 얼마나 되는가? 물의 끓는점은 100 ℃이고, $C_m[H_2O(l)]=75.4$ J/(mol·℃), $\Delta H_{증발}=40.67$ kJ/mol, $C_m[H_2O(g)]=33.6$ J/(mol·℃)이다.

문제 파악

알고 있는 것	알아내야 할 것
온도 변화(25 ℃에서 150 ℃) 물의 양(50.0 g) 끓는점(100 ℃) $\Delta H_{증발}=40.67$ kJ/mol $C_m[H_2O(l)]=75.4$ J/(mol·℃) $C_m[H_2O(g)]=33.6$ J/(mol·℃)	열(q, kJ 단위)

전략

시료를 가열하는 데는 3가지 단계가 수반된다. 단계 1은 액체 물을 끓는점까지 가열하는 것이고, 단계 2는 액체 물을 기화시키는 것이고, 단계 3은 수증기를 가열하는 것이다. 우선 몰열용량이 주어졌으므로 그램을 몰로 전환하여 각 단계에서 q를 계산한다.

풀이

먼저 물의 몰수를 알아낸다.

$$50.0\text{ g H}_2\text{O} \times \frac{1\text{ mol H}_2\text{O}}{18.0\text{ g H}_2\text{O}} = 2.78\text{ mol H}_2\text{O}$$

단계 1: 액체 H_2O를 25 ℃에서 100 ℃까지 가열:

$$q = C_m \times \text{물질의 몰수} \times \Delta T$$
$$= \left(75.4\ \frac{\text{J}}{\text{mol}\cdot\text{℃}}\right)(2.78\text{ mol})(75\text{ ℃}) = 1.57 \times 10^4\text{ J}$$
$$= 15.7\text{ kJ}$$

단계 2: 액체 H_2O 기화:

$$q = \Delta H_{증발} \times \text{물질의 몰수} = (40.67\text{ kJ/mol})\ (2.78\text{ mol})$$
$$= 113.0\text{ kJ}$$

단계 3: 기체 H_2O를 100 ℃에서 150 ℃까지 가열:

$$q = C_m \times \text{물질의 몰수} \times \Delta T$$
$$= \left(33.6\ \frac{\text{J}}{\text{mol}\cdot\text{℃}}\right)(2.78\text{ mol})(50\text{ ℃}) = 4.67 \times 10^3\text{ J}$$
$$= 4.67\text{ kJ}$$

필요한 전체 열은 세 단계에서의 열을 합한 것이다.

15.7 kJ + 113.0 kJ + 4.67 kJ = 133 kJ

점검

열의 양은 크고 양의 값인데, 상변화를 생각하면 적절하다. 각 단계에서의 열의 크기 또한 적절하다. 액체에서 기체로의 상변화에 대부분의 열이 필요한데, 물 분자 사이의 강한 수소 결합이 끊어져야 하기 때문이다. 액체 물의 온도를 올리는 것이 수증기의 온도를 올리는 것보다 열을 더 필요로 한다. 액체 물의 경우에 몰열용량과 온도 변화가 더 크기 때문이다.

▶ **연습문제 11.5** 50 ℃의 액체 벤젠(C_6H_6) 50.0 g을 100 ℃의 기체 벤젠으로 변화시키려면 얼마만큼의 열이 필요한가? 벤젠의 끓는점은 80.1 ˚C이고, $C_m[C_6H_6(l)]=136.0$ J/(mol·℃), $\Delta H_{증발}=30.72$ kJ/mol, $C_m[C_6H_6(g)]=82.4$ J/(mol·℃)이다.

▶ **응용문제 11.6** 25 ℃의 액체 물 10.0 g을 냉각하여 −10 ℃의 얼음으로 얼릴 때 q의 부호는 무엇이며, 크기는 얼마인가? 물의 어는점은 0 ℃이고, $C_m[H_2O(l)]=75.4$ J/(mol·℃), $\Delta H_{융용}=+6.01$ kJ/mol, $C_m[H_2O(s)]=36.6$ J/(mol·℃)이다.

11.5 상도표

▶ 삼중점에서는 끓고 있는 액체 속에 고체가 존재한다. 즉, 고체, 액체, 기체가 평형을 이루며 공존한다.

물질의 한 상은 온도와 압력에 따라 다른 두 상 중 하나로 자발적으로 변할 수 있다. 공기가 없는 닫힌 계에서 순수한 물질의 압력과 온도 의존성을 나타내는 간편한 방법은 **상도표(phase diagram)**를 이용하는 것이다. 그림 11.7에서 물에 대해 설명한 바와 같이, 전형적인 상도표를 이용하여 여러 압력과 온도의 조합에서 안정한 상이 무엇인지를 알 수 있다. 온도나 압력을 바꾸어 상과 상 사이의 경계선을 지나갈 때 상변화가 일어난다.

그림 11.7의 왼쪽 아래 원점에서 시작하여 왼쪽의 고체와 오른쪽의 기체 사이의 경계선을 따라 오른쪽 위로 이동하면서 물의 상도표를 조사해 보자. 이 선상에 있는 점들은 닫힌 계에서 두 상이 평형을 이루어 고체 얼음과 기체 수증기 사이에 상전이가 일어나는 압력/온도 조

합을 나타낸다. 좀 더 고체/기체 경계선을 따라가면 두 선이 갈라져 액체 영역과의 경계가 형성된 교차점을 만난다. 그림 11.7에서 보듯이, H_2O의 고체/액체 경계선은 위로 올라가면서 약간 왼쪽으로 기울어진 반면, 액체/기체 경계선은 오른쪽 위로 점진적으로 증가하는 곡선을 그린다. **삼중점(triple point)**이라고 부르는 세 선의 교차점은 세 개의 상이 평형을 이루며 공존하는 점이며, 물질마다 고유한 압력과 온도의 조합이 정해져 있다. 물의 삼중점 온도(T_t)는 0.0098 ℃이고, 삼중점 압력(P_t)은 6.0×10^{-3} atm이다.

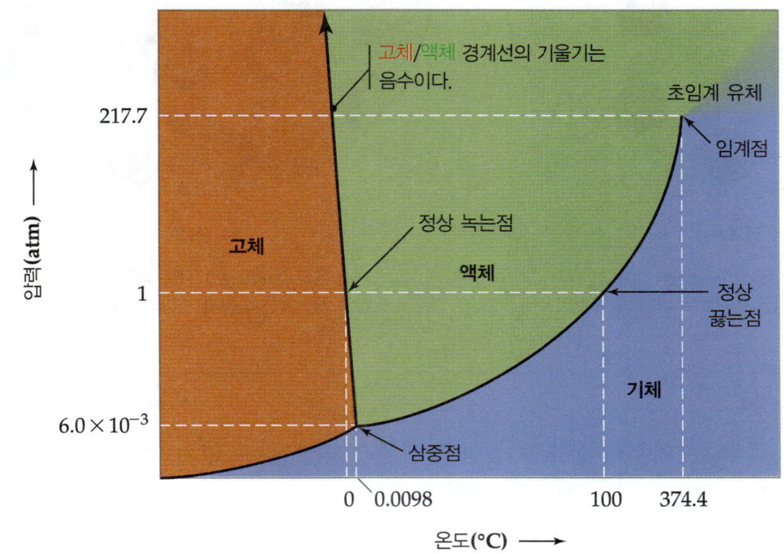

◀ **그림 11.7**
H_2O의 상도표. 상도표의 다양한 특성은 본문에서 다룬다. 압력 축과 온도 축의 눈금을 비례적인 척도로 그리지 않은 것에 유의하라.

▶ **확인하기**

(a) 1기압의 −1 ℃에서 물은 어떤 상으로 존재하는가?

(b) 온도를 −1 ℃로 유지하면서 압력을 1 atm에서 1×10^{-4} atm으로 감소시키면 어떤 상변화가 일어나는가?

답 (a) $H_2O(s)$;
(b) 승화 $H_2O(s) \rightarrow H_2O(g)$

삼중점에서 약간 왼쪽 위로 올라가는 고체/액체 경계선은 다양한 압력에서 고체 얼음의 녹는점(또는 액체 물의 어는점)을 나타낸다. 압력이 1 atm일 때, **정상 녹는점(normal melting point)**이라고 부르는 녹는점은 정확하게 0 ℃이다. 경계선이 약간 음의 기울기를 갖는 것은 압력이 증가할수록 얼음의 녹는점이 낮아진다는 것을 나타낸다. 이런 점에서 물은 독특하다. 대부분의 물질은 압력이 증가함에 따라 녹는점이 상승하여 고체/액체 경계선이 양의 기울기를 갖기 때문이다. 대부분의 물질은 고체 상태일 때 입자들이 더 가깝게 뭉쳐 있기 때문에 고체상이 액체상보다 더 조밀하다. 압력이 증가하면 분자들을 더 가깝게 밀어붙이므로 고체상이 더욱 유리해지고, 따라서 고체/액체 경계선이 양의 기울기를 갖게 된다. 하지만 물은 고체인 얼음이 될 때 덜 조밀해진다. 얼음에서 3차원 수소 결합의 모양이 질서정연해지면서 분자들 사이에 커다란 빈 공간이 생기기 때문이다(그림 11.8). 결과적으로 압력이 증가하면 액체상이 유리해지며, 고체/액체 경계선이 음의 기울기를 갖게 된다.

그림 11.9는 녹는점에 대한 압력의 영향을 보여 주는 간단한 실험이다. 0 ℃ 정도의 얼음덩어리 위에 가느다란 철사를 두르고 철사의 양 끝에 무거운 추를 달아 놓으면 철사가 얼음덩어리를 빠르게 잘라 나가는데, 이는 증가된 압력에 의해 철사 아래 있는 얼음의 녹는점이 낮아져서 얼음이 액체화되기 때문이다.

삼중점에서 오른쪽 위로 올라가는 액체/기체 경계선은 액체와 기체가 공존하고 물이 증발하는(또는 수증기가 응축하는) 압력/온도의 조합을 나타낸다. 실제로 1 atm 이하까지의 곡선 부분은 그림 11.4에서 이미 본 바와 같이 증기 압력 곡선이다. 압력이 1 atm일 때 물의 정상 끓는점은 100 ℃이다. 액체/기체 경계선을 따라가면 선이 갑자기 끝나는 **임계점(critical point)**에 도달한다. 임계 온도 T_c는 아무리 압력을 높여도 기체가 액화될 수 없는 온도이며,

▶ 그림 11.8
얼음과 액체 물의 분자 그림

▶ 확인하기

고체와 액체 중 H_2O의 어떤 상이 가장 밀도가 큰가?

답 고체상보다 액체상에서 분자들의 공간이 작기 때문에 액체상의 밀도가 더 크다.

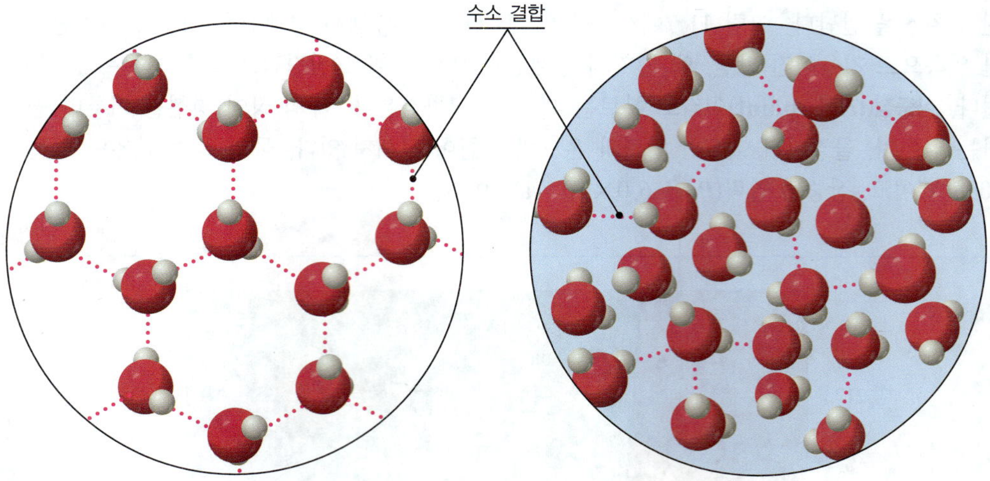

$H_2O(s)$

얼음에는 수소 결합이 규칙적인 3차원 구조를 이루고 있어 분자들 사이에 빈 공간이 생긴다.

$H_2O(l)$

액체 물의 온도가 높아지면, 약간의 수소 결합이 끊어지면서 분자 사이의 공간이 더 조밀해진다.

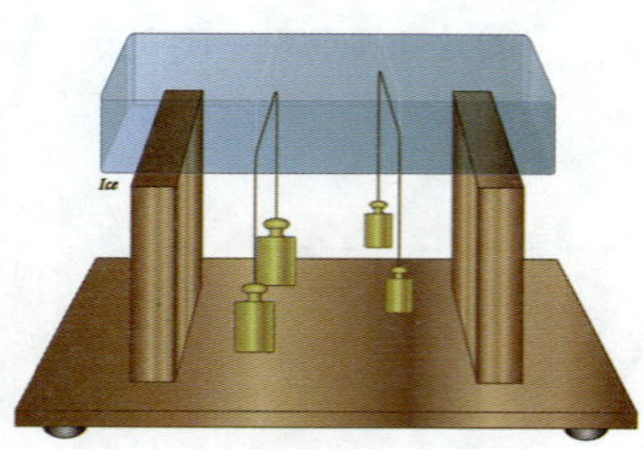

©Fouad A. Saad/Shutterstock

▲ 그림 11.9
압력과 녹는점. 무거운 추가 달린 철사로 얼음 덩어리를 자를 수 있는 이유는 무엇인가?

임계 압력 P_c는 아무리 온도를 높여도 액체가 증발될 수 없는 압력이다. 물에 대한 $T_c = 374.4$ ℃이고, $P_c = 217.7$ atm이다.

고체/액체 또는 액체/기체 사이의 상전이는 자주 보기는 하지만, 임계점에서의 거동은 일상적인 경험에서 벗어나기에 상상하기 힘들다. 다음과 같이 생각해 보도록 하자. 임계점에 있는 기체(gas)는 매우 높은 압력 하에서 분자들이 아주 가깝게 압축되므로 거의 액체와 같이 된다. 임계점에 있는 액체(liquid)는 매우 높은 온도 하에서 분자들이 서로 충분히 떨어져 있기 때문에 거의 기체와 같게 된다. 따라서 두 상은 단순하게 같게 되고, 진정한 액체도 진정한 기체도 아닌 **초임계 유체(supercritical fluid)**를 형성한다. 임계점을 넘어선 영역에서는 뚜렷한 물리적 상변화가 일어나지 않는다. 대신 하얀 진주 같은 광택이 시시각각으로 나타나고, 눈으로 볼 수 있는 액체와 기체의 경계가 사라진다. Inquiry 그림 11.13에 이산화 탄소의 초임계 상전이의 모습이 보인다.

예제 11.4

상도표 해석

냉동건조식품은 음식을 얼려 낮은 압력에서 얼음을 승화시켜 수분을 제거하여 만든다. 그림 11.7에 나타낸 물의 상도표를 살펴볼 때 얼음과 수증기가 평형을 이루는 최고 압력은 몇 mmHg인가?

전략

얼음과 수증기의 평형은 삼중점 압력 $P_t = 6.0 \times 10^{-3}$ atm 이하에서만 성립하며, mmHg로 압력 단위를 바꾸어야 한다.

풀이

$$6.0 \times 10^{-3}\ \text{atm} \times \frac{760\ \text{mmHg}}{1\ \text{atm}} = 4.6\ \text{mmHg}$$

▶ **개념 연습문제 11.7** 그림 11.7에 있는 H_2O의 상도표를 보고 50 ℃에서 압력이 6×10^{-3} atm에서 5 atm으로 증가할 때와 5 atm에서 온도가 50 ℃에서 375 ℃로 상승할 때 H_2O 시료에 어떤 변화가 생기는지 설명하시오.

▶ **개념 응용문제 11.8** 갈륨 금속의 상도표는 다음과 같다(압력 축은 임의의 척도로 표시하였다). 그림에 나타낸 영역에서 갈륨은 서로 다른 두 종류의 고체상을 갖는다.

(a) 상도표에 고체, 액체, 기체 영역을 나타내시오.
(b) 갈륨은 몇 개의 삼중점이 있는가? 도표에 원으로 표시하시오.
(c) 1 atm의 압력에서 고체와 액체 중 어느 상의 밀도가 더 큰가? 설명하시오.

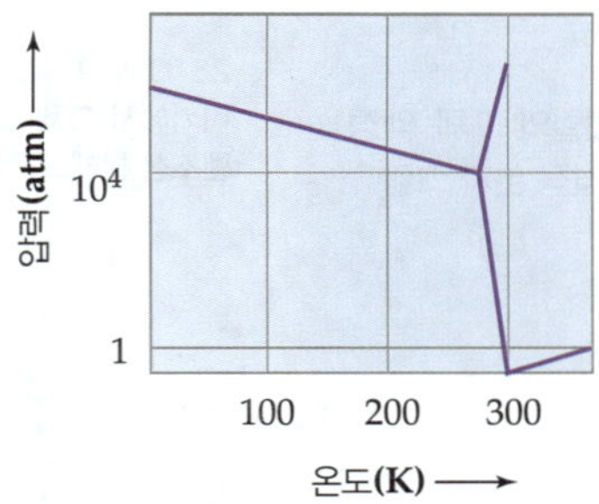

11.6 액정

ⓒLilKar/Shutterstock

여러분은 아마도 매일 액정 표시장치(LCD)가 있는 제품을 사용할 것이다. 랩톱 컴퓨터 스크린, 스마트폰, 텔레비전, 디지털 시계, 전자레인지 및 여러 전자기기들은 LCD 테크놀로지를 사용하여 영상을 제공한다. 액정이란 무엇일까? 우리는 소금 알갱이(염화 소듐)나 수정과 같은 고체 물질을 대체로 결정이라고 생각한다. 고체는 강한 분자간 힘을 가지고 있으며, 입자들은 고정된 위치와 배향을 유지한다. 고체 안에 있는 분자들간의 강한 힘으로 인해 형태를 유지하는 단단한 물질이 된다. 이와 반대로 액체는 분자들이 약한 상호간 힘을 가지고 있으며, 이로 인해 분자들이 위치와 배향을 바꾸게 되므로 흐르는 성질을 갖게 되고 모양도 변한다. **액정(liquid crystal)**은 고체와 액체의 중간상이다. 액정은 고체처럼 질서정연한 배열을 하며 액체처럼 흐른다.

1888년, 식물학자이자 화학자인 라이니처(Friedrich Reinitzer, 1857~1927)는 식물에서 콜레스테롤의 화학적 기능에 대해 연구 중이었다. 그는 액정상에 대해 기술한 최초의 과학자로 알려져 있다. 그는 화합물 벤조산 콜레스테릴을 가열할 때 두 개의 확연히 다른 녹는점이 나타나는 것을 보고 놀랐다. 145.5 ℃(293.9 ℉)에서 고체가 녹으면서 혼탁한(뿌옇고 불투명한) 액체가 되었다. 혼탁한 액체를 더 가열하니 178.5 ℃(353.3 ℉)에서 맑은 액체로 변했다. 맑은 액체를 냉각시키니 역순으로 상전이가 일어났다. 맑은 액체는 178.5 ℃에서 불투명한 액체가 되었고, 145.5 ℃에서 고체가 되었다. 그는 결정 고체 상태와 액체 상태 사이에 액정의 상태라고 하는 새로운 물질의 상태를 발견했다고 결론을 내렸다. **그림 11.10**에 미네랄 기름 중탕에서 벤조산 콜레스테릴을 가열할 때 나타나는 고체, 액정, 액체 상태를 나타내었다.

액정은 길쭉하며 막대 같은 형태의 유기 분자이다. 액정의 일반적인 구조는:

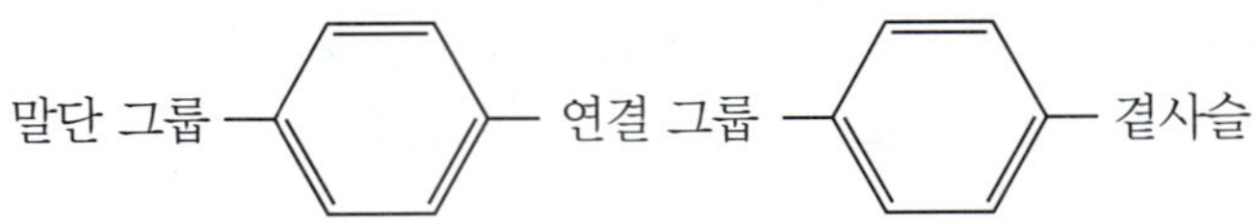

액정 분자들은 종종 6각 탄소 고리를 포함하고 있는데, 각 탄소는 삼각 평면의 기하 구조인 sp^2로 혼성화되어 있어 평평한 고리를 만든다. 이 평평한 고리로 인해 납작한 면이 생기며 분자가 층층이 쌓이게 된다. 연결 그룹이 (C=N)과 같은 이중 결합일 때 이중 결합 주위로 회전이 되지 않기 때문에 분자의 경직성이 증가하게 된다. 말단 그룹은 종종 극성이다. 이 극성으로 인해 분자간에 힘이 강하게 되고 질서정연한 배열을 갖게 된다. 곁사슬은 탄소 원자들의 사슬이며 분자 길이를 길게 만든다. **그림 11.11**에 21~47 ℃에서 액정상인 *N*-(4-메톡시벤질리딘)-4-뷰틸아닐린(MBBA)의 분자 구조를 나타내었다.

▶ **그림 11.10**
벤조산 콜레스테릴의 고체, 액정 액체 상태의 거시적 분자 그림

25 °C의 미네랄 기름이 담긴 비커에서 고체상으로 존재하는 벤조산 콜레스테릴

150 °C의 미네랄 기름이 담긴 비커에서 액정상으로 존재하는 벤조산 콜레스테릴

177 °C의 미네랄 기름이 담긴 비커에서 액체상으로 존재하는 벤조산 콜레스테릴

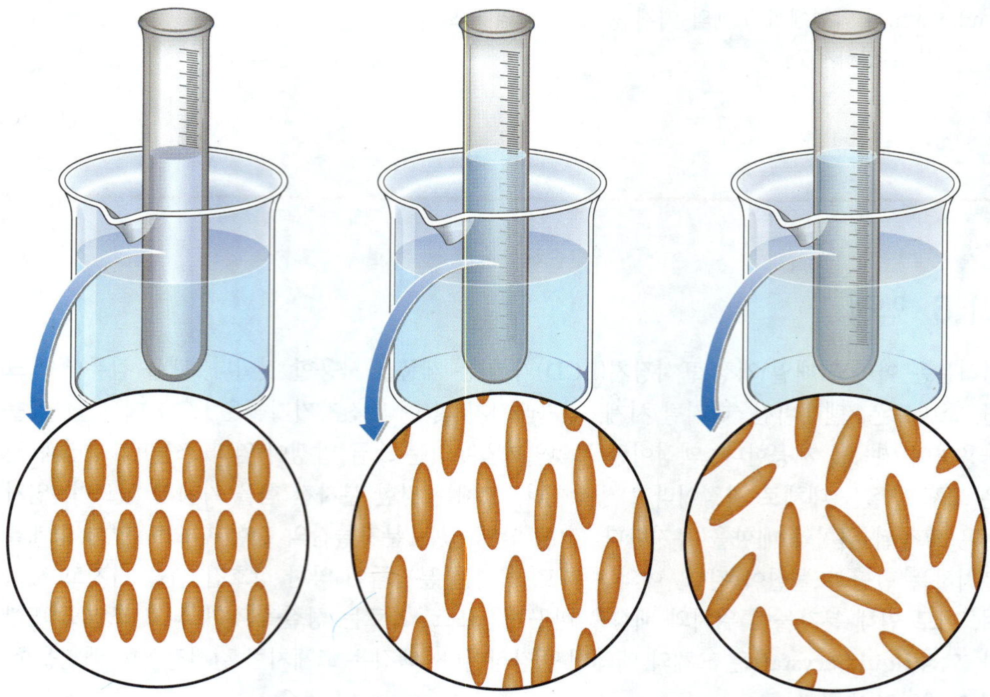

고정된 배향과 위치를 가지고 있는 고체상의 분자들

액정상의 분자들이 긴 축으로 거의 서로 평행하게 정렬되어 있다. 분자들이 위치를 이동할 수는 있으나 배향성은 동일하게 유지한다.

액체상의 분자들은 무작위 배향을 하고 있으며 위치를 이동한다.

▶ **그림 11.11**
21~47 °C에서 액정상인 *N*-(4-메톡시벤질리딘)-4-뷰틸아닐린(MBBA)의 분자 구조

극성 말단 그룹은 분자간 힘을 강하게 만든다.

이중 결합 주위로 회전이 되지 않아 경직성이 증가된다.

6각 탄소 고리는 평면이어서 쌓임을 촉진한다.

탄화수소 곁사슬은 분자 길이를 늘인다.

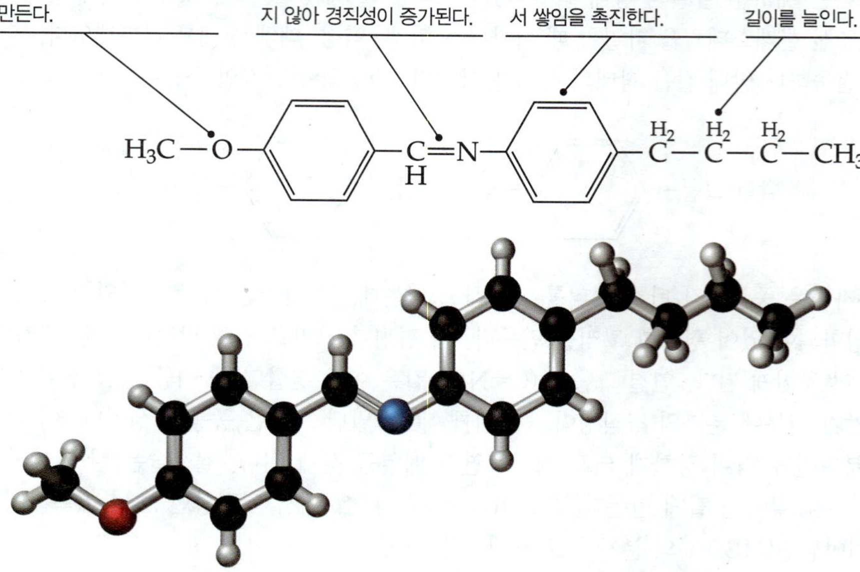

개념탐구 질문 3

다음 분자들 중 어느 것이 액정 상태로 존재할 가능성이 가장 큰가?

(a) $CH_3CH_2CH_2CH_2CH_2CH_2CH_2CH_3$

(b) 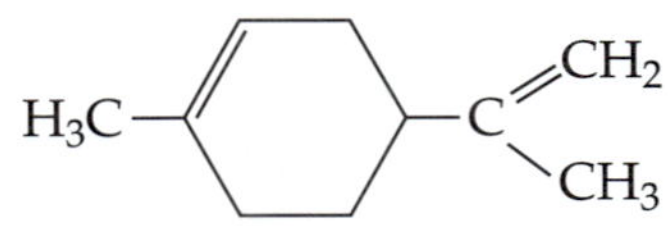

(c) 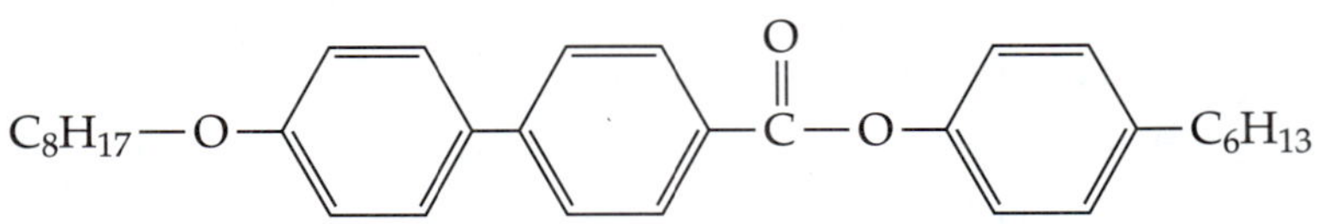

액정상으로 존재하는 분자들은 배향 방식에 따라 분류된다(그림 11.12). **네마트 액정상(nematic liquid crystal phase)**에서 분자들의 긴 축은 거의 평행하지만, 분자들의 끝이 줄 맞춰 배열되어 있지는 않다. 네마트 상의 모습은 한쪽 방향으로 헤엄치는 물고기 떼를 상상하면 된다. 물고기 떼는 한쪽 방향으로 질서를 유지하지만, 그룹 안에서 위치를 바꿀 수 있다. **스멕트 액정상(smectic liquid crystal phase)**에서 분자들의 긴 축은 평행하고, 분자들의 끝 또한 정렬되어 분자들의 열이 생긴다. 스멕트 상의 모습은 식료품 가게 안의 선반 위에 쌓아 놓은 통조림 캔들을 상상하면 된다. 스멕트 상은 각 층의 긴 분자 축과 평면 사이에 형성된 각도에 따라 다양한 변체가 알려져 있다. 스멕트 A에는 분자들의 줄과 분자의 긴 축 사이의 각도가 90° 이다. 스멕트 상에서는 분자들이 긴 축을 중심으로 회전할 수는 있지만, 서로를 지나 쉽게 미

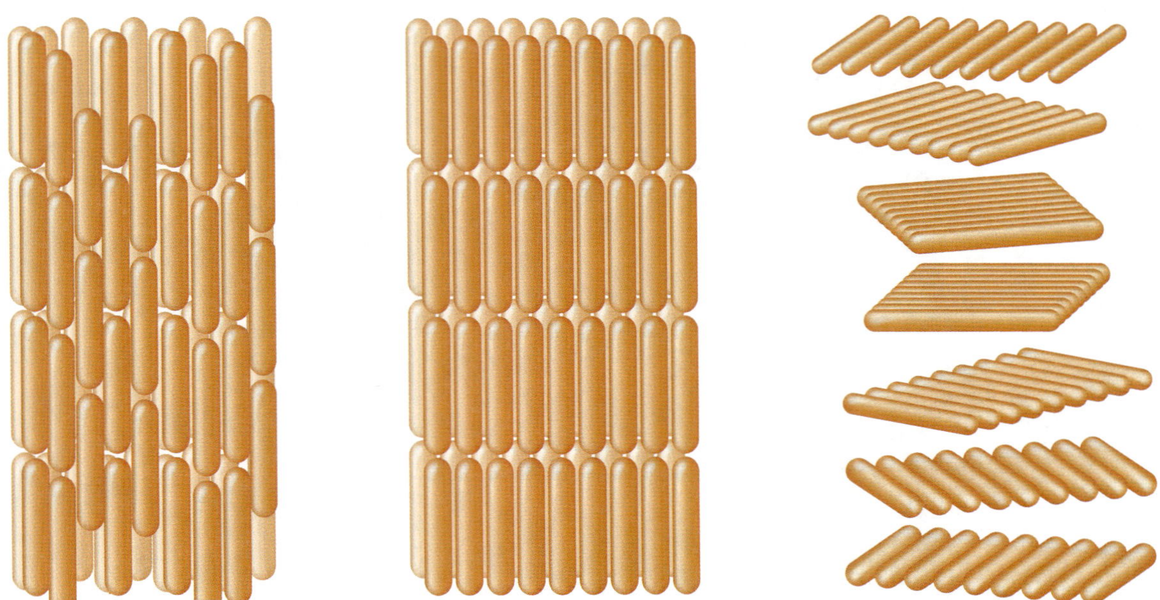

네마트 액정상
분자들의 긴 축들이 거의 평행하지만, 분자들의 끝이 줄 맞춰 배열되어 있지 않다.

스멕트 액정상
분자들의 긴 축들이 평행하며, 분자들의 끝 또한 정렬되어 분자들의 열이 생긴다. 스멕트 A에서는 분자의 긴 축과 가로 행 사이의 각이 90°이다.

콜레스테르 액정상
분자들이 한 층 위에 다른 층이 놓이도록 배치되어 있지만, 분자들의 긴 축이 위층과 아래층 사이에 작은 각도로 회전되도록 배열되어 있다.

▲ **그림 11.12**
네마트, 스멕트, 콜레스테르 액정상들의 분자 배향. 액정상들은 다양한 정렬 방식을 보인다.

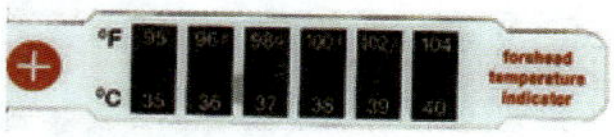

▲ 체온을 기록할 수 있는 값이 싼 액정 온도계 ⓒWikipidia

끄러질 수 없다. **콜레스테르 액정상(cholesteric liquid crystal phase)**에서는 분자들의 한 층이 다른 층의 위에 놓여 있지만, 각 층에 있는 분자들의 긴 축들이 위층과 아래층 사이에서 회전되도록 배열되어 있다. 층 쌓임은 나선형 방식으로 일어난다.

액정은 분자들의 지향 배향성에 따른 **비등방성 성질(anisotropic properties)**을 갖는다. 전기장을 사용하여 액정 시료에 있는 극성 분자들의 배향성을 바꿀 수 있는데, 결과적으로 액정의 광학적 성질이 변한다. 네마트 액정은 상대적으로 투명하지만, 전기장이 걸리면 불투명해진다. 이런 행동은 밝은 배경 위에 어두운 상을 만드는 데 적합하며, 디지털 시계와 휴대용 계산기의 액정 표시장치에 사용된다. 콜레스테르 액정은 나선형 꼬임에서의 피치 및 바라보는 각도에 따라 다른 파장의 빛을 반사한다. 콜레스테르 액정의 피치는 온도-의존성이기 때문에 관찰된 색상은 온도의 함수이다. 따라서 액정은 값이 싸면서도 구부리기 쉬운 온도계로 사용될 수 있다. 액정을 형성하는 다른 화합물을 섞으면 희망하는 온도 범위에서 온도 변화를 나타낼 수 있도록 맞춤형으로 만들 수 있다.

INQUIRY ? 커피에서 카페인을 어떻게 제거하는가?

카페인($C_8H_{10}N_4O_2$)은 식물의 씨앗과 잎에서 자연적으로 생기는 살충제인데, 그 식물을 갉아먹는 특정 곤충들을 죽이거나 마비시킨다. 사람에게는 카페인이 자극제로 작용하는데, 그 이유 때문에 커피 원두나 녹차 잎에서 제거되기도 한다. **추출**(extraction)은 커피 원두로부터 카페인 분자를 제거하는 것과 같이 혼합물로부터 어떤 물질을 분리하는 과정이다. 1905년에 로셀리우스(Ludwig Roselius)는 벤젠(C_6H_6)을 용매로 사용하여 커피에서 카페인을 추출하는 방법을 개발하였다. 카페인은 무극성 용매인 벤젠에 잘 녹는데, 카페인 분자의 상당 부분이 무극성이기 때문이다. 만일 용질과 용매의 극성이 같으면 용해도는 높게 된다. 다시 말하면 무극성 용매에는 무극성 용질이 잘 녹고, 극성 용매에는 극성 용질이 잘 녹는다. 하지만 식품산업에서 벤젠을 용매로 사용하는 것은 잘못된 선택인데, 벤젠은 매우 독성이 크고 암을 유발하는 발암물질이기 때문이다. 커피의 잔류 벤젠은 소비자의 건강에 심각한 위협이 될 수 있다.

탄소–수소 결합을 가진 유기 화합물은 무극성이다. 카페인은 무극성 용매에 높은 용해도를 보이는데, 분자의 상당 부분이 무극성이기 때문이다.

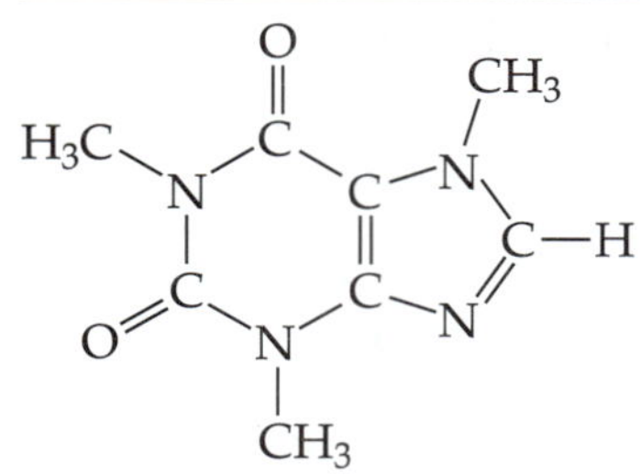

카페인

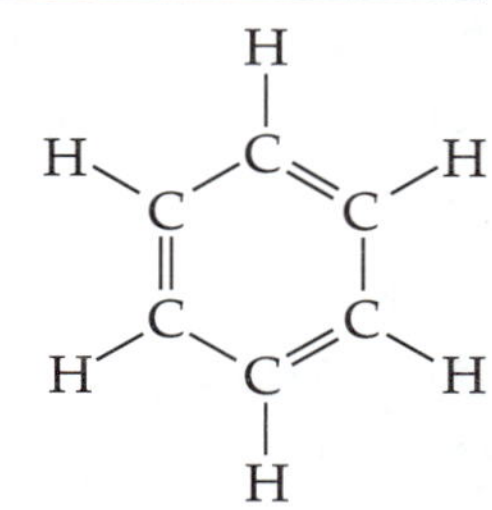

벤젠

훨씬 안전한 방법은 초임계 CO_2를 사용하여 커피 원두로부터 카페인을 추출하는 것이다. CO_2는 독성이 없고, 불연성이며, 식품 시료로부터 쉽게 분리할 수 있고, 재활용할 수 있다. CO_2는 무극성 분자이고, 카페인과 같은 무극성 용질을 잘 녹인다. 하지만 실온과 대기압(25 ℃, 1 atm)에서 CO_2는 기체이기 때문에 용매로 사용될 수 없다. 온도와 압력을 올리면 CO_2의 초임계상이 만들어지는데, 기체와 액체 중간 정도의 독특한 성질을 가지게 된다. 초임계 CO_2는 액체상과 같은 용매 특성을 보이는데, 마치 기체처럼 빠르게 확산하고 흐르기 때문에 통상적인 유기 용매를 사용할 때보다 훨씬 빠르게 추출 작업을 할 수 있다. 초임계 CO_2는 표면 장력도 작아서 커피 원두에 있는 미세한 구멍으로 투과되어 내부에 있는 카페인을 녹여낼 수 있다.

그림 11.13에 있는 CO_2의 상도표에서 보듯이 CO_2의 초임계

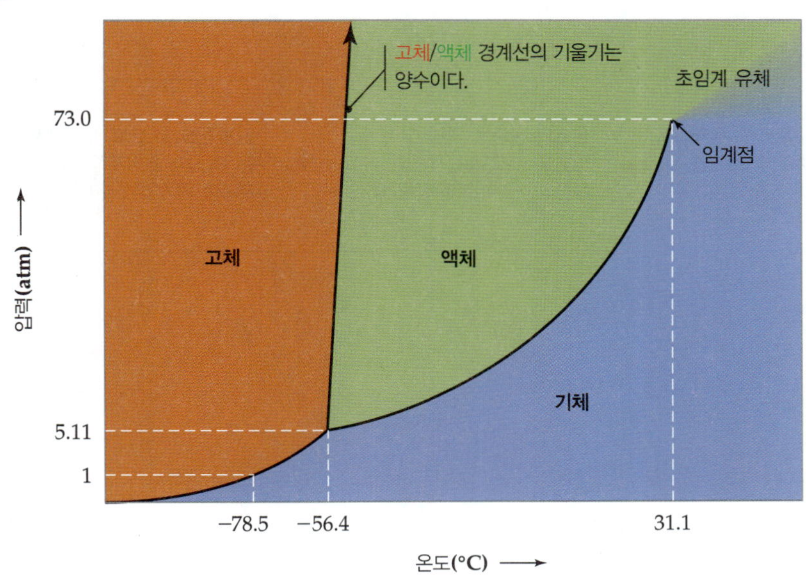

◀ 그림 11.13
CO_2의 상도표. 압력 축과 온도 축의 눈금을 비례적인 척도로 그리지 않았다.

상은 비교적 적당한 온도와 압력(31.1 ℃, 73.0 atm)에서 도달할 수 있다. 임계점에 쉽게 도달할 수 있기 때문에 CO_2는 가장 널리 사용되는 초임계 유체가 되었다. 산업과 연구 분야에서 용매로서의 초임계 CO_2는 환경친화적 드라이클리닝, 분석적 분리, 중합 반응에 응용된다. CO_2의 상도표는 물의 상도표(그림 11.7)와 동일한 특성을 많이 보이지만, 상이한 몇몇 흥미로운 점들이 있다. 첫째, 삼중점에서 $P_t = 5.11$ atm인데, 이 압력 이하에서는 CO_2는 온도가 몇 도가 되더라도 절대로 액체가 될 수 없다는 것이다. 압력 1 atm에서 CO_2는 −78.5 ℃ 이하에서는 고체이지만, 이 온도 이상에서는 기체로 존재한다. 이는 이산화 탄소가 표준 압력에서는 절대로 액체 형태로 존재할 수 없음을 의미한다. 둘째, 고체/액체 경계선이 양의 기울기인데, 이것은 압력이 상승하면 고체상이 유리하며 고체 CO_2의 녹는점은 압력에 따라 상승한다는 것을 의미한다.

그림 11.14에서 보듯이, 액체와 초임계 유체 사이의 전이는 고압 용기를 사용하여 관찰할 수 있다. 처음에 CO_2는 액체 상태로 용기 내에 존재하며, 기체와 액체상이 분명히 구분된다. 고압 용기를 75 atm으로 맞추면, 온도의 상승으로 액체가 덜 조밀하게 되고, 따라서 액체와 기체상의 구분이 불분명해진다. 임계 온도에 도달하면 기체와 액체상의 밀도가 같아지고, 경계선이 더 이상 존재하지 않게 된다.

문제 11.9

(a) 커피 원두에서 카페인을 추출하는 데 새로운 용매가 왜 필요했는가?

(b) 카페인의 용해도는 왜 초임계 CO_2에서 높은가?

(c) 이산화 탄소는 초임계 유체 중 왜 가장 널리 사용되는가?

문제 11.10 이산화 탄소가 들어 있는 소화기의 압력이 75 ℉에서 70 atm이다. 이 소화기에 들어 있는 CO_2는 어떤 상인가?

문제 11.11 그림 11.13에 있는 CO_2의 상도표를 보고, 다음 변화가 일어날 때 CO_2 시료는 어떻게 되는지 설명하시오.

(a) 2 atm의 일정한 압력에서 온도를 −100 ℃에서 0 ℃로 상승시킨다.

(b) 30 ℃의 일정한 온도에서 압력을 72 atm에서 5.0 atm으로 감소시킨다.

(c) 먼저 −10 ℃에서 압력을 3.5 atm에서 76 atm으로 증가시키고, 그 다음에 온도를 −10 ℃에서 45 ℃로 상승시킨다.

문제 11.12 액체 이산화 탄소는 드라이클리닝 작업에서 무독성 용매로도 사용된다. CO_2의 상도표(그림 11.13)를 참조하여 다음 질문에 답하시오.

(a) 액체 CO_2가 존재할 수 있는 최저 압력은 얼마인가?

(b) 액체 CO_2가 존재할 수 있는 최저 온도는 얼마인가?

(c) 액체 CO_2가 존재할 수 있는 최고 온도는 얼마인가?

문제 11.13

(a) $CO_2(s) \longrightarrow CO_2(g)$의 상전이에서 ΔS의 부호를 예측하시오.

(b) 1 atm일 때, $CO_2(s)$는 몇 ℃에서 자발적으로 승화하는가? CO_2의 상도표(그림 11.13)를 사용하여 이 질문에 답하시오.

(c) 1 mol $CO_2(s)$의 승화열 ΔH가 26.1 kJ이라고 할 때, 이 상전이에 해당하는 ΔS(J/K·mol)를 계산하시오. (힌트: 이 문제 (b)에서 구한 온도를 사용하여 답을 계산하시오.)

문제 11.14 $CO_2(s)$ 100.0 g을 −78.5 ℃에서 33 ℃까지 가열하여 $CO_2(g)$로 만든 후, 압력을 75.0 atm으로 증가시켜 초임계 이산화 탄소 시료를 만들었다. $CO_2(s)$ 시료를 승화시키고, $CO_2(g)$를 가열하는 데 얼마만큼의 열이 필요하겠는가? ($\Delta H_{승화}$ = 26.1 kJ/mol; $CO_2(g)$의 C_m = 35.0 J/mol·℃)

▶ **그림 11.14**
고압 용기에서 액체와 초임계 CO_2 사이의 상전이

임계 온도 이하에서는 액체 CO_2와 기체상 사이의 경계면이 분명하다. → 온도의 상승은 액체 CO_2의 밀도를 감소시켜, 액체와 기체상의 구분이 불명확해진다. → 임계 온도(31.1 ℃) 이상에서는 CO_2가 초임계상으로 존재하며, 경계면이 사라진다.

정리

절	개념 요약	학습 목표	문제
11.1 액체의 성질	액체의 두 가지 중요한 성질에는, 흐름에 대한 액체의 저항의 척도인 점도와, 펼쳐짐에 따른 표면적 증가에 저항하는 **표면 장력**이 있다. 이 성질들은 액체 시료에서 분자간의 힘의 세기에 의해 영향을 받는다.	11.1 물리적 현상을 관찰한 것과 올바른 액체 성질을 짝짓는다. 11.2 분자 구조에 기초하여, 어떤 물질의 점도 혹은 표면 장력이 더 높을지 예측한다.	문제 11.20~11.21 문제 11.22~11.25
11.2 증기 압력과 끓는점	밀폐된 용기에서 액체 분자가 증발함에 따라 증가하는 압력을 **증기 압력**이라고 부른다. 온도가 오름에 따라 증기 압력이 상승한다. 더 많은 분자들이 분자간 힘을 극복하고 기체상으로 들어가는 데 충분한 에너지를 갖게 되기 때문이다.	11.3 클라우시우스-클라페이론 식을 사용하여, 여러 온도에서의 증기 압력이나 $\Delta H_{증발}$을 계산한다.	예제 11.1; 문제 11.26, 11.28, 11.36
11.3 고체, 액체, 기체 사이의 상변화	어떤 한 **상**(고체, 액체, 기체)에 있는 물질은 **상변화**를 거쳐 다른 두 상 중에 하나로 바뀔 수 있다. 자연적으로 일어나는 모든 과정들과 같이, 상변화에는 자유 에너지 변화인 $\Delta G = \Delta H - T\Delta S$가 관련되어 있다. 엔탈피 성분인 ΔH는 분자간 힘의 변화의 척도이고, 엔트로피 성분인 ΔS는 상전이에 수반되는 분자의 무질서도 변화의 척도이다.	11.4 자유 에너지 식을 사용하여, 상변화가 자발적으로 일어나는 온도 혹은 상변화에 대한 ΔS를 계산한다.	예제 11.2; 문제 11.48~11.57
11.4 상전이 동안의 에너지 변화	고체상으로 있는 물질에 열을 가하면 녹는점에 도달할 때까지 온도가 올라간다. 녹는점에서는 열을 더 가하더라도 에너지가 분자들 사이의 분자 상호간 힘을 끊는 데 사용되므로 온도 변화가 없다. 모든 고체가 액체로 전환된 후에 열을 더욱 가하면 온도가 상승한다. 끓는점에서는 추가로 열을 가하더라도 온도 변화가 없는데, 이는 에너지가 분자 상호간 힘을 극복하는 데 사용되어 분자들이 기체상으로 전환되기 때문이다. 열을 더 가하면 증기의 온도가 상승한다.	11.5 물질에 대한 가열 곡선을 그리거나 해석한다. 11.6 온도와 물질의 상변화와 연관된 열의 양을 계산한다.	문제 11.42, 11.44, 11.50 예제 11.3; 문제 11.46, 11.48
11.5 상도표	상변화에 미치는 온도와 압력의 효과는 **상도표**를 사용하여 그림으로 설명할 수 있다. 전형적인 상도표는 세 구역-고체, 액체, 기체-이 세 개의 경계선으로 나뉘어 있는데, 이 경계선은 어떤 두 상이 평형에 있는지와 상변화가 일어나는 압력/온도의 조합을 나타낸다. 정확히 1 atm의 압력에서, 고체/액체 경계선의 온도가 물질의 **정상 녹는점**에 해당하고, 액체/기체 경계선의 온도가 **정상 끓는점**에 해당한다. 세 개의 선은 **삼중점**에서 만나는데, 세 상이 평형 상태로 공존하는 온도와 압력의 특이한 조합을 나타낸다. 액체/기체 경계선은 삼중점에서 시작하여 **임계점**으로 이어지는데, 임계점은 그 임계점 이상에서 액체상과 기체상이 초임계 유체가 되는 압력과 온도의 조합이다.	11.7 상도표를 사용하여, 주어진 온도와 압력에서 물질의 상 혹은 온도와 압력이 변할 때 일어나는 상전이를 식별한다. 11.8 주어진 적절한 자료로부터 상도표를 그린다.	예제 11.4; 문제 11.16~11.17, 11.55, 11.61 문제 11.56~11.57, 11.62
11.6 액정	**액정**은 액체와 고체 두 성질을 나타내는 중간 상이다. 액정을 구성하는 분자들은 견고하고 길쭉한 모양과 극성기를 가지며, 분자간 힘을 통해 분자들이 배열된다. 액정은 분자 구조나 온도에 따라 여러 형태의 정렬된 상을 갖는다. **네마트 상**에서 분자들은 긴 축을 따라 서로 평행하게 배열된다. **스멕트 상**에서 분자들은 긴 축을 따라 서로 평행하게 열을 맞춰 배열되어 있고 분자들의 끝이 정렬되어 있다. **콜레스테르 상**에서 분자들은 한 층은 다른 층 위에 놓이게 정렬되어 있지만, 분자들의 긴 축이 위층과 아래층에 대해 작은 각도로 돌아가 나선형을 만든다.	11.9 분자 구조에 근거하여, 어떤 분자들이 액정상으로 나타날지 예상한다. 11.10 액정에서 분자들 사이에 분자간 힘의 종류를 분류한다. 11.11 분자의 형상과 고체, 액체, 통상적인 액정상을 포함하는 물질들의 다른 상태를 짝짓는다.	문제 11.68~11.69 문제 11.70~11.73 문제 11.18~11.19

주요 용어

네마트 액정상	스멕트 액정상	정상 끓는점	콜레스테르 액정상
비등방성 성질	액정	점성	클라우시우스–클라페이론 식
상	용융열($\Delta H_{용융}$)	증기압	표면 장력
상도표	임계점	증발열($\Delta H_{증발}$)	
상변화	정상 녹는점	초임계 유체	

주요 식

• 클라우시우스–클라페이론 식(11.2절)

$$\ln P_{증기} = \left(-\frac{\Delta H_{증기}}{R}\right)\frac{1}{T} + C$$

여기서 $\Delta H_{증발}$은 증발열, R은 기체 상수, C는 특정 물질의 특성을 나타내는 상수이다.

• 클라우시우스–클라페이론 식의 두–지점 형태(11.2절)

$$\ln\left(\frac{P_1}{P_2}\right) = \frac{\Delta H_{증기}}{R}\left(\frac{1}{T_2} - \frac{1}{T_1}\right)$$

복습 문제

LO는 학습 목표(Learning Objectives)를 나타낸다.

이 장을 학습한 후엔, 학습자의 이해도를 평가할 수 있는 방법이 있다. **복습 문제**를 푸는 것이다. **복습 문제**들은 이 장의 학습 목표와 연계되어 있다. 따라서 푼 답이 틀렸다면, 이 장의 끝부분에 나와 있는 **정리** 문단의 **학습 목표**를 참고하면 된다. 정리 문단에는 **개념 요약**이 제공되며, **예제**를 참고하면 문제 해결 방법을 모델링 할 수 있고, 제공되는 **추가 문제**들로 더 많은 연습을 할 수 있다.

1. 동일하게 생긴 튜브 세 개에 물, 에틸렌 글라이콜, 올리브유의 각각 다른 액체가 채워져 있다. 조그만 쇠공을 튜브 안에 넣고 바닥에 가라앉는 데 걸리는 시간을 측정했다.

튜브	액체	쇠공이 바닥에 가라앉는 데 걸리는 시간
1	물	0.2초
2	에틸렌 글라이콜	3.2초
3	올리브유	16.5초

쇠공이 액체 속으로 떨어지는 시간이 다른 이유는 액체의 어떤 성질 때문인가? (**LO 11.1**)

(a) 표면 장력
(b) 끓는점
(c) 점성
(d) 증기압

2. 다음 유기 화합물 중 점성이 가장 낮은 것은 무엇인가? (**LO 11.2**)

(a)

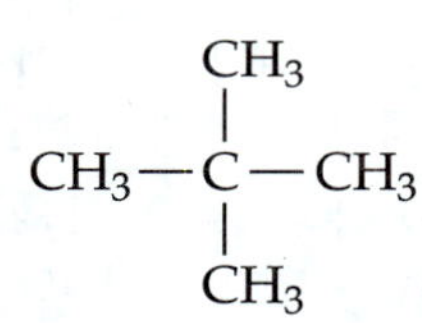

(b)

$$H_3C-CH_2-CH_2-CH_2-CH_2-CH_3$$

(c)

$$H_3C-CH_2-CH_2-CH_2-CH_2-CH_2-NH_2$$

(d)

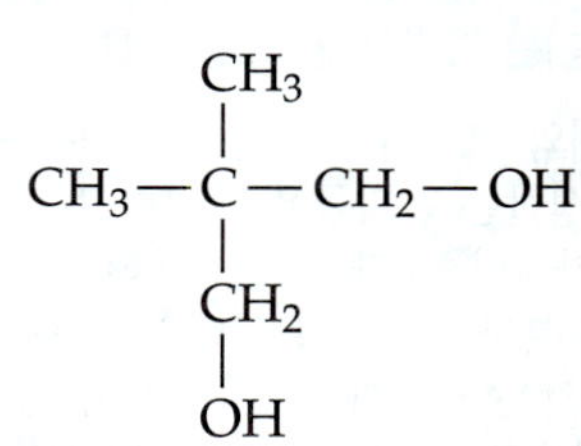

3. 웃음가스라고도 불리며 치과의사들이 종종 마취제로 사용하는 아산화 질소는 −111.3 °C에서 $P_{증기} = 100.0$ mmHg이고 정상 끓는점이 −88.5 °C이다. 아산화 질소의 증발열은 몇 kJ/mol인가? (**LO 11.3**)

(a) 22.1 kJ/mol (b) −22.1 kJ/mol

(c) 218 kJ/mol (d) 2.21×10^4 kJ/mol

4. 콜로라도주 덴버시는 해발 1마일 고도에 있어 마일-하이 시티라고 한다. 덴버시에서는 물이 95 °C에서 끓는다. 덴버의 대기압은 얼마인가? H_2O의 $\Delta H_{증기} = 40.67$ kJ/mol이다. **(LO 11.3)**

(a) 532 mmHg (b) 759 mmHg

(c) 908 mmHg (d) 636 mmHg

5. 마그네슘 금속의 $\Delta H_{용융} = 9.037$ kJ/mol이고 $\Delta S_{용융} = 9.79$ J/(K·mol)이다. 마그네슘의 녹는점은 몇 °C인가? **(LO 11.4)**

(a) 0.923 °C (b) 923 °C

(c) 650 °C (d) 1.08×10^3 °C

6. 어떤 화합물의 녹는점이 65 °C이고 끓는점이 175 °C이다. 다음 그림 중에 이 화합물의 40 °C에서 200 °C까지 가열 곡선을 나타낸 것은? **(LO 11.5)**

(a)

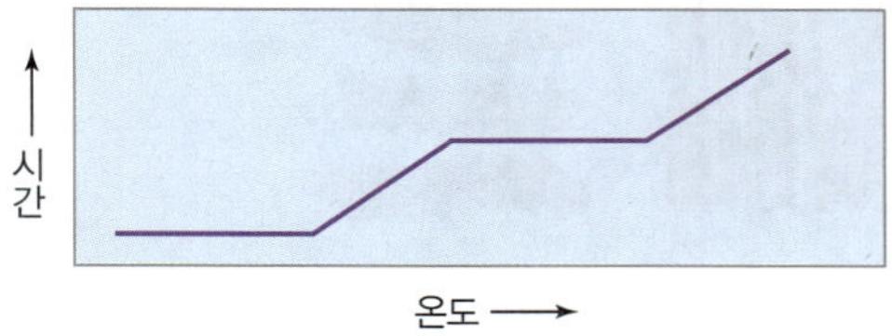

(b)

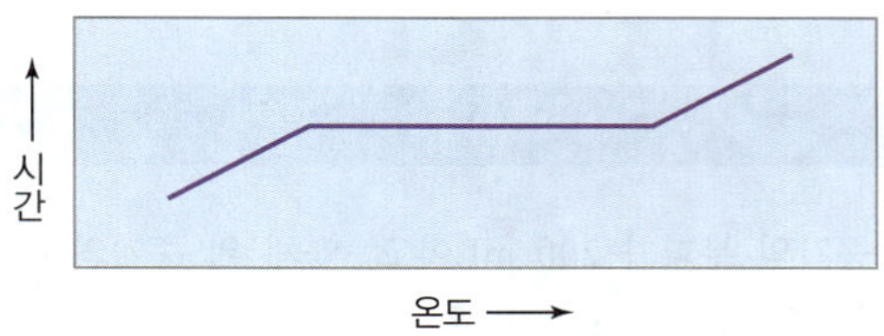

(c)

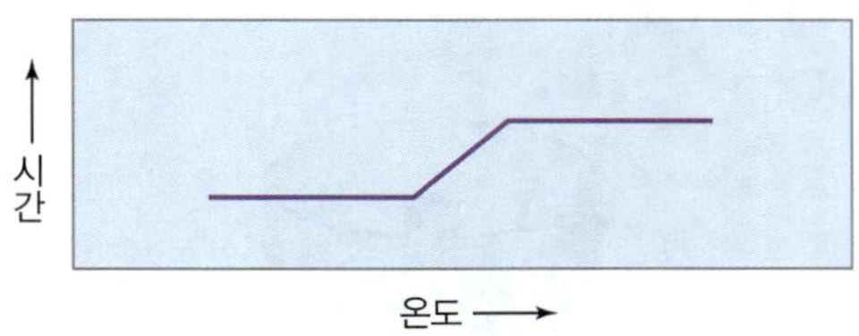

(d)

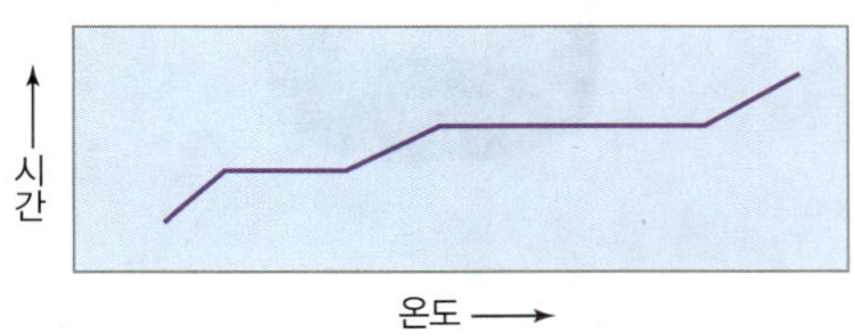

7. 수은의 녹는점은 −38.8 °C이고 몰 열용량은 액체일 때 27.9 J/(K·mol), 고체일 때 28.2 J/(K·mol)이며 $\Delta H_{용융} = 2.33$ kJ/mol이다. 열용량은 온도에 따라 변하지 않는다고 가정한다. Hg 7.50 g을 −50.0 °C에서 +50.0 °C로 가열하는 데 필요한 에너지는 몇 J인가? **(LO 11.6)**

(a) 236 J (b) 192 J

(c) 105 J (d) 111 J

이산화 탄소 상도표를 이용하여 질문 8과 9에 답하시오.

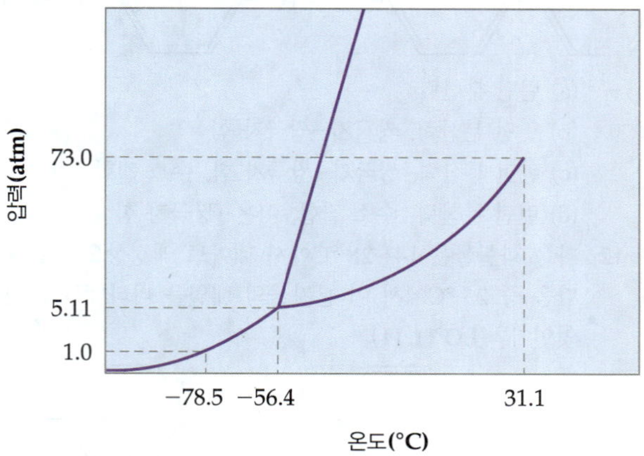

8. 만일 이산화 탄소 시료가 50 atm, 0 °C에서 시작하여 압력이 1 atm으로 감소한다면 어떤 상전이가 일어나는가? **(LO 11.7)**

(a) 고체에서 기체 (b) 액체에서 고체

(c) 액체에서 기체 (d) 기체에서 고체

9. 어떤 조건 하에서 초임계상이 존재하는가?

(a) 5.11 atm과 −56.4 °C (b) 2 atm과 25 °C

(c) 50 atm과 −50 °C (d) 80 atm과 35 °C

10. 다음 중 액정상을 가질 것 같은 분자는 어느 것인가? **(LO 11.9)**

(a)

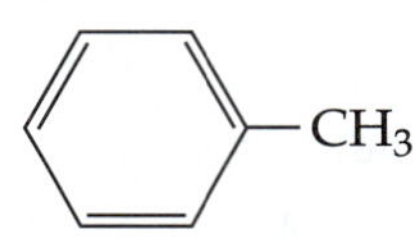

(b)

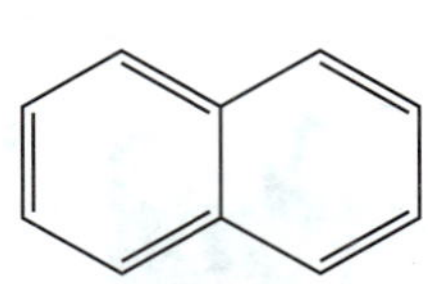

(c)

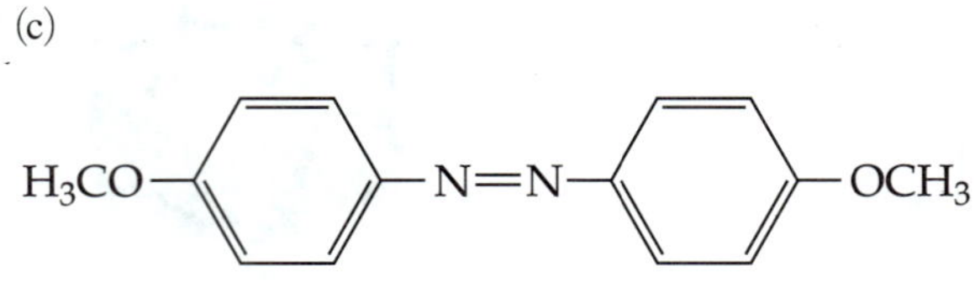

(d)

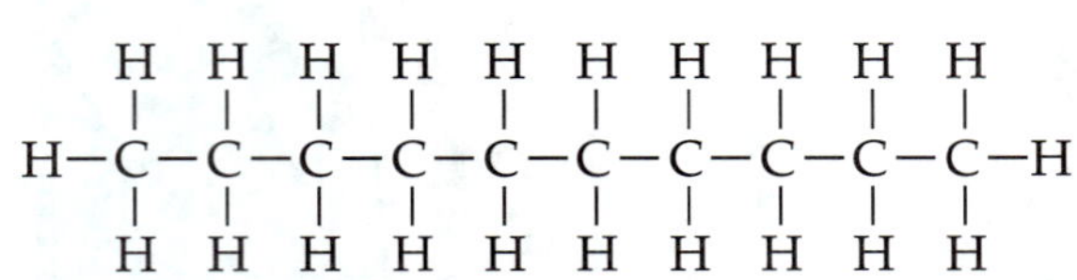

11. 아래 분자 구조를 가진 화합물 시료에는 어떤 종류의 분자간 힘이 존재하는가?

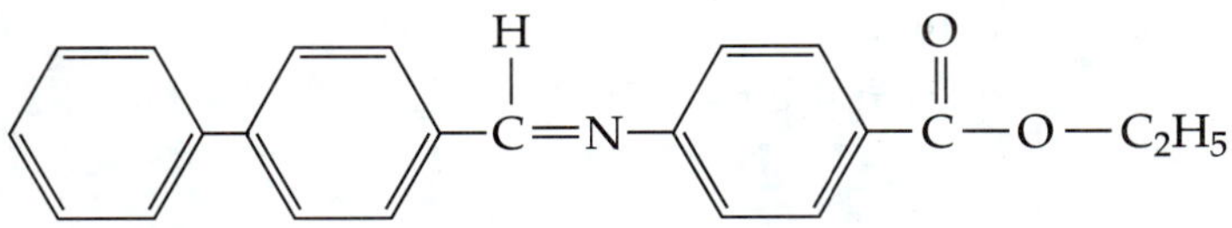

(a) 런던 분산력
(b) 런던 분산력, 쌍극자–쌍극자 힘
(c) 런던 분산력, 쌍극자–쌍극자 힘, 수소 결합
(d) 런던 분산력, 수소 결합, 이온–쌍극자 힘

12. 다음 화합물은 14~28 ℃에서 네마트 액정상으로 존재한다. 다음 중 25 ℃에서 이 분자들의 배열을 나타내는 그림은 무엇인가? (**LO 11.11**)

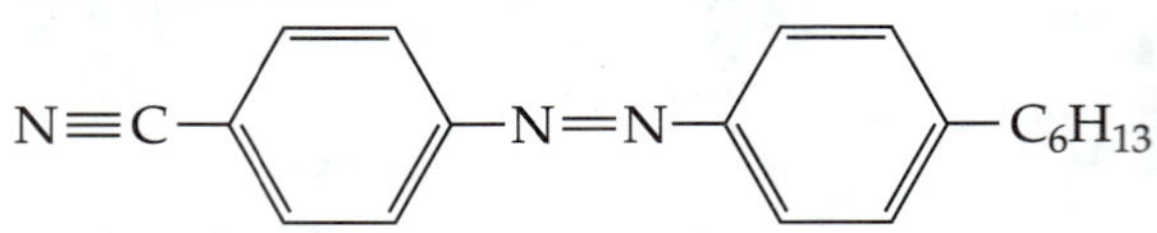

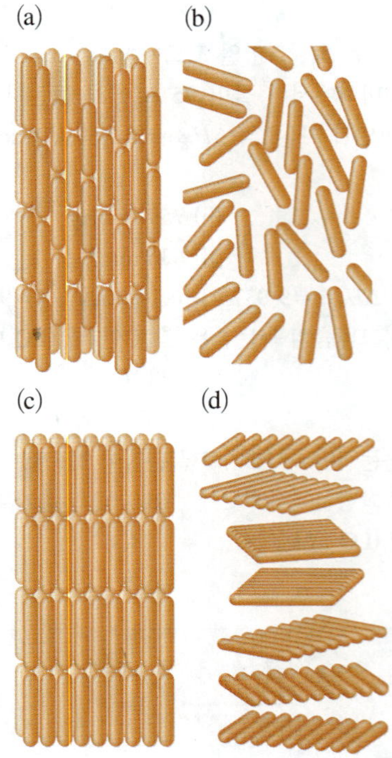

답:
1. c, 2. a, 3. a, 4. d, 5. c, 6. d, 7. b, 8. c, 9. d, 10. c, 11. b, 12. a

개념 문제

문제 11.1~11.14는 이 장의 본문 중에 있다.

11.15 움직이는 피스톤이 설치된 실린더에 액체가 들어 있다고 가정하자. 실린더 안에는 공기가 없고, 액체 위 증기가 차지하는 공간의 부피가 200 mL이고, 액체 위 증기의 평형 증기 압력은 28.0 mmHg이다. 일정한 온도에서 증기가 차지하는 공간의 부피를 200 mL에서 100 mL로 감소시키면, 액체 위의 평형 증기 압력은 얼마인가?

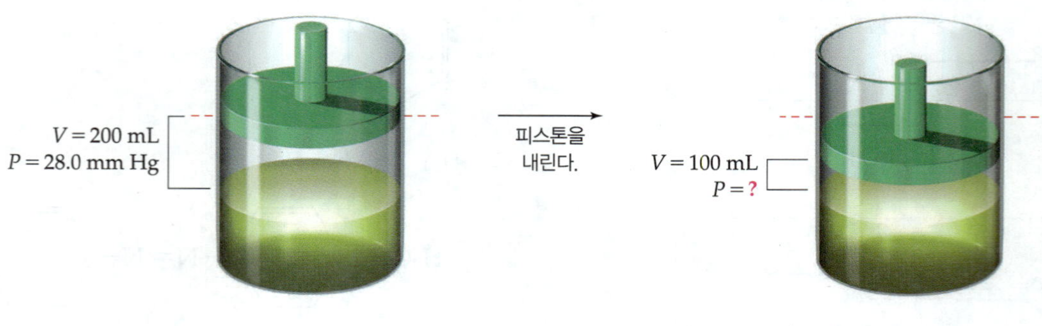

11.16 어떤 물질의 상도표는 아래와 같다.

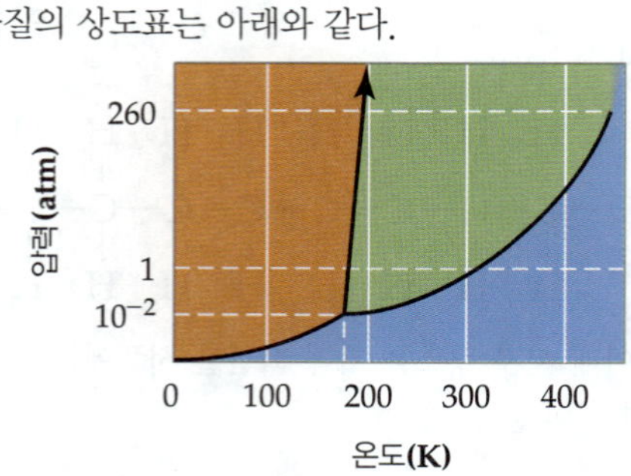

(a) 이 물질의 정상 끓는점과 정상 녹는점은 대략 얼마인가?
(b) 다음과 같은 조건에서, 이 물질의 물리적 상태는 무엇인가?
(i) $T = 150$ K, $P = 0.5$ atm
(ii) $T = 325$ K, $P = 0.9$ atm
(iii) $T = 450$ K, $P = 265$ atm

11.17 다음에 나타낸 탄소의 상도표에는 세 개의 다른 고체상이 있다.

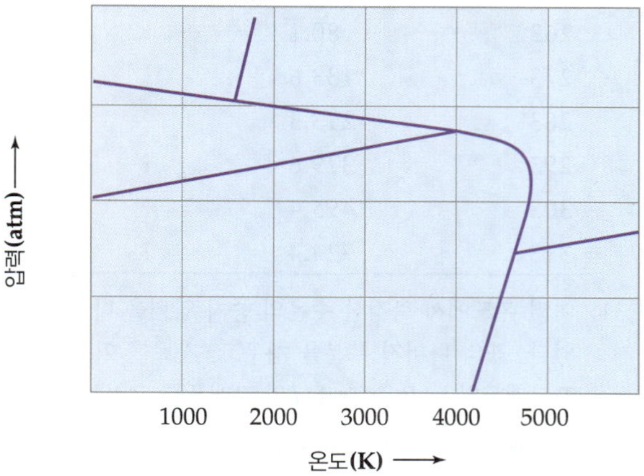

(a) 상도표에 고체, 액체, 기체의 영역을 나타내시오.

(b) 탄소는 몇 개의 삼중점을 갖는가? 상도표에 원으로 표시하시오.

(c) 흑연은 정상 조건에서 가장 안정한 고체상이다. 상도표에 흑연상의 영역을 나타내시오.

(d) 흑연은 압력 100,000 atm에서 온도 2500 K까지 가열하면 다이아몬드로 전환될 수 있다. 상도표에서 다이아몬드상의 영역을 나타내시오.

(e) 흑연과 다이아몬드 중에서 어느 상의 밀도가 큰가? 설명하시오.

11.18 액정으로 존재하는 어떤 물질의 상도표는 아래에 같다.

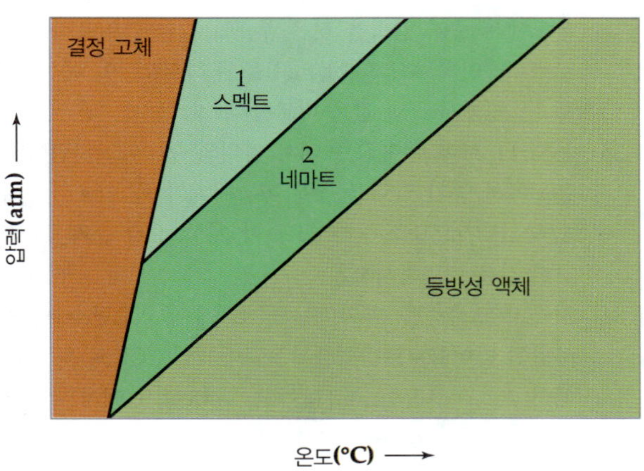

(a) 어느 두 상 사이가 스멕트 액정상과 네마트 액정상인가?

(b) 만일 이 물질이 1이라고 표시된 온도와 압력 상태에 있고, 상이 변할 때까지 온도가 올라간다면 그 상전이는 무엇인가? 분자들의 질서가 어떻게 변화하는지 기술하고, 그 변화에 대한 이유를 설명하시오.

(c) 만일 이 물질이 2라고 표시된 온도와 압력 상태에 있고, 상이 변할 때까지 온도가 올라간다면 그 상전이는 무엇인가? 분자들의 질서가 어떻게 변화하는지 기술하고, 그 변화에 대한 이유를 설명하시오.

11.19 다음 화합물은 121 °C에서 고체에서 스멕트 액정상으로 상전이가 일어난다. 더 가열할 경우 이 화합물은 131 °C에서 액체상으로 또 다른 상전이가 일어난다.

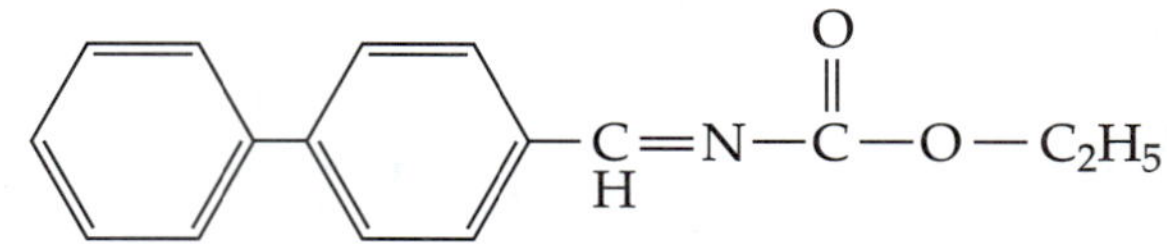

(a) 125 °C에서 분자들의 배열을 나타내는 그림은 무엇인가?

(b) 135 °C에서 분자들의 배열을 나타내는 그림은 무엇인가?

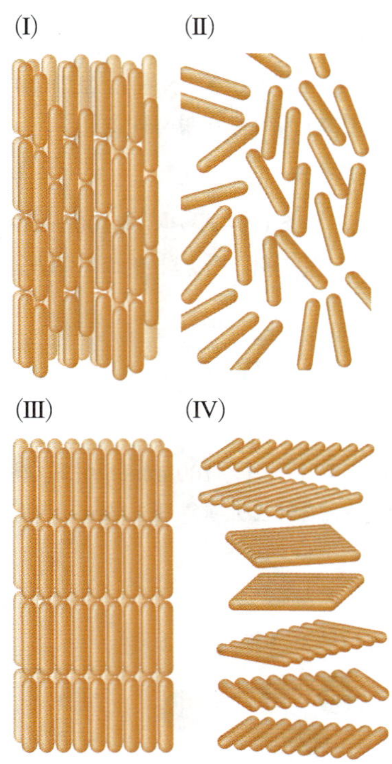

보충 문제

액체의 성질(11.1절)

11.20 자성을 띠는 바늘을 유리컵에 담긴 물의 표면 위에 가만히 놓으면 나침반과 같이 움직인다. 바늘이 물 위에 떠 있는 것은 물의 점성 때문인가, 아니면 표면 장력 때문인가?

11.21 물은 병의 좁은 목을 통하여 빠르게 흐르지만, 메이플 시럽은 천천히 흐른다. 이와 같은 거동의 차이는 액체의 점성 때문인가, 아니면 표면 장력 때문인가?

11.22 다음 각 쌍에서 어느 물질의 표면 장력이 더 큰지 예측하시오.

(a) CCl_4와 CH_2Br_2

(b) 에탄올(CH_3CH_2OH)와 에틸렌 글라이콜 ($HOCH_2CH_2OH$)

11.23 다음 각 쌍에서 어느 물질의 점도가 더 큰지 예측하시오.
(a) 헥세인($CH_3CH_2CH_2CH_2CH_2CH_3$)와 1-헥산올 ($CH_3CH_2CH_2CH_2CH_2CH_2OH$)
(b) 펜테인과 네오펜테인

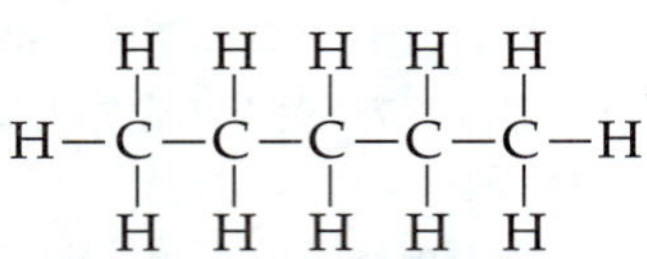

펜테인

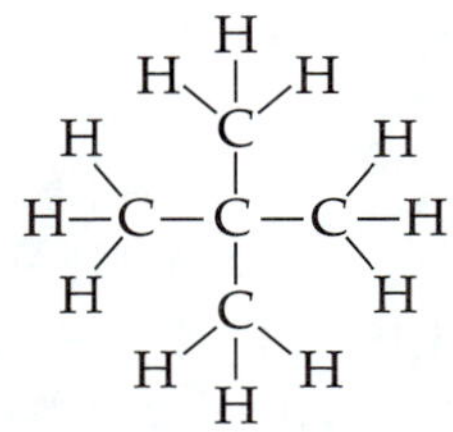

네오펜테인

11.24 다음은 올리브유의 주성분인 올레산의 화학 구조이다. 올리브유가 왜 물보다 점도가 더 큰지 설명하시오.

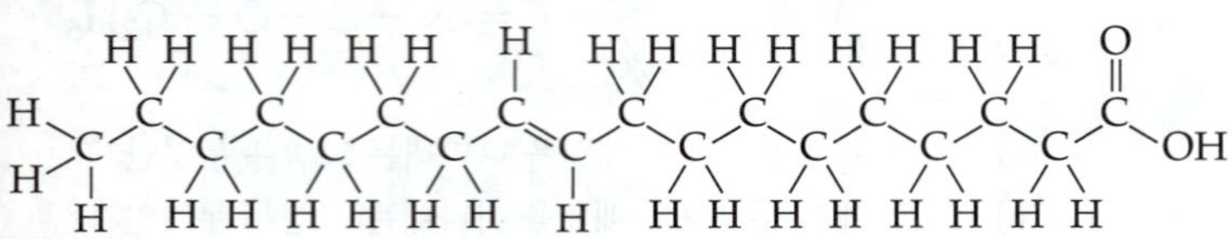

11.25 물의 점도는 20 ℃에서 1.00×10^{-3} N·s/m^{2}이고, 황화 다이메틸[$(CH_3)_2S$]의 점도 2.8×10^{-4} N·s/m^{2}보다 높다. 화학 구조에 기초하여 점도의 차이를 설명하시오.

증기 압력과 끓는점(11.2절)

11.26 −5.1 ℃에서 이황화 탄소(CS_2)의 $P_{증기}$ = 100 mmHg이고, 정상 끓는점은 46.5 ℃이다. 이황화 탄소의 $\Delta H_{증발}$은 몇 kJ/mol인가?

이황화 탄소

11.27 5.4 ℃에서 $SiCl_4$의 증기 압력은 100 mmHg이고, 정상 끓는점은 57.7 ℃이다. $SiCl_4$의 $\Delta H_{증발}$은 몇 kJ/mol인가?

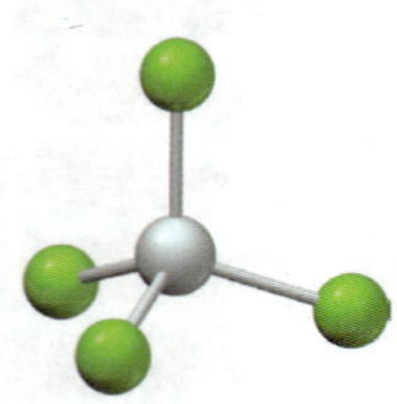

사염화 규소

11.28 20.0 ℃에서 CS_2의 증기 압력은 몇 mmHg인가? (문제 11.26 참조)

11.29 30.0 ℃에서 $SiCl_4$의 증기 압력은 몇 mmHg인가? (문제 11.27 참조)

11.30 다이클로로메테인(CH_2Cl_2)은 커피 원두에서 카페인을 제거할 때 사용되는 유기 용매이다. 다양한 온도에서 측정한 다이클로로메테인의 증기 압력을 다음 표에 나타내었다. 표의 나머지 부분을 채우고, 자료를 이용하여 $P_{증기}$ 대 T 그래프와 ln $P_{증기}$ 대 $1/T$의 그래프를 그리시오.

온도(K)	$P_{증기}$(mmHg)	ln $P_{증기}$	$1/T$
263	80.1	?	?
273	133.6	?	?
283	213.3	?	?
293	329.6	?	?
303	495.4	?	?
313	724.4	?	?

11.31 여러 온도에서 측정한 수은의 증기 압력을 다음 표에 나타내었다. 표의 나머지 부분을 채우고, 자료를 이용하여 $P_{증기}$ 대 T 그래프와 ln $P_{증기}$ 대 $1/T$의 그래프를 그리시오.

온도(K)	$P_{증기}$(mmHg)	ln $P_{증기}$	$1/T$
500	39.3	?	?
520	68.5	?	?
540	114.4	?	?
560	191.6	?	?
580	286.4	?	?
600	432.3	?	?

11.32 문제 11.30에서 만든 그래프를 이용하여, 다이클로로메테인의 $\Delta H_{증발}$(kJ/mol)을 구하시오.

11.33 문제 11.31에서 만든 그래프를 이용하여, 수은의 $\Delta H_{증발}$(kJ/mol)을 구하시오. 수은의 정상 끓는점은 630 K이다.

11.34 문제 11.30에 주어진 표에서 임의의 두 온도를 선택하고 각 온도에서 증기 압력을 찾은 후, 이 값들을 이용하여 다이클로로메테인의 $\Delta H_{증발}$(kJ/mol)을 구하시오. 이 계산 값과 문제 11.32에서 구한 값을 비교하시오.

11.35 문제 11.31에 주어진 표에서 임의의 두 온도를 선택하고 각 온도에서 증기 압력을 찾은 후, 이 값들을 이용하여 수은의 $\Delta H_{증발}$(kJ/mol)을 구하시오. 이 계산 값과 문제 11.33에서 구한 값을 비교하시오.

11.36 지구의 오존층을 파괴하는 클로로플루오로탄소 냉매들 중 하나인 다이클로로다이플루오로메테인(CCl_2F_2)은 −81.6 ℃에서 $P_{증기}$ = 40.0 mmHg이고, −43.9 ℃에서 $P_{증기}$ = 400 mmHg이다. CCl_2F_2의 정상 끓는점은 몇 ℃인가?

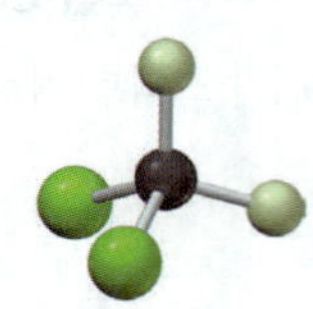

다이클로로다이플루오로메테인

11.37 실험실에서 보편적으로 사용하는 용매인 아세톤의 $\Delta H_{증발}$은 29.1 kJ/mol이고, 정상 끓는점은 56.1 ℃이다. 아세톤의 $P_{증기}$가 105 mmHg일 때, 온도는 몇 ℃인가?

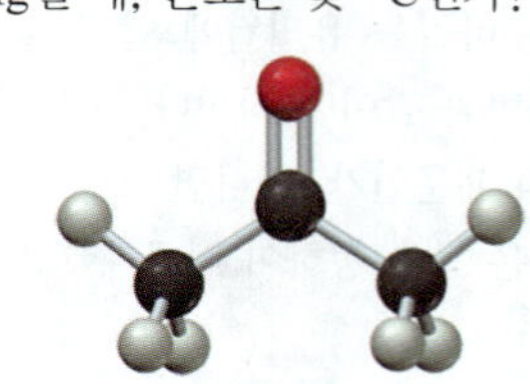

아세톤

상변화(11.3-11.4절)

11.38 일반적으로 $\Delta H_{증발}$가 $\Delta H_{용융}$보다 큰 이유는 무엇인가?

11.39 같은 온도에서 승화열 $\Delta H_{승화}$는 $\Delta H_{증발}$와 $\Delta H_{용융}$의 합과 같은 이유를 설명하시오.

11.40 좀약으로 더 잘 알려진 나프탈렌은 끓는점 = 218 ℃이고 $\Delta H_{증발}$ = 43.3 kJ/mol이다. 나프탈렌의 증발 엔트로피 $\Delta S_{증발}$는 몇 J/(K·mol)인가?

11.41 사염화 타이타늄($TiCl_4$)은 녹는점이 −23.2 ℃이고 $\Delta H_{용융}$ = 9.37 kJ/mol이다. $TiCl_4$의 용융 엔트로피 $\Delta S_{용융}$는 몇 J/(K·mol)인가?

11.42 녹는점이 50 ℃이고 끓는점이 125 ℃이며, 1 atm 압력에 있는 어떤 화합물을 가정하자. 50 ℃에서 125 ℃로 올릴 때 가열 곡선을 그리시오.

11.43 50 ℃에서 승화하고 1 atm 압력에 있는 어떤 화합물을 가정하자. 25 ℃에서 75 ℃로 올릴 때 가열 곡선을 그리시오.

11.44 수은의 mp는 −38.8 ℃이고, bp는 356.6 ℃이다. 1.0 atm 압력에서 다음 조건 하의 수은은 어떤 상 변화를 일으키겠는가?

(a) 시료의 온도를 −30 ℃에서 365 ℃로 올렸다.

(b) 시료의 온도를 291 K에서 238 K로 내렸다.

(c) 시료의 온도를 638 K에서 231 K로 내렸다.

11.45 아이오딘의 mp는 113.7 ℃이고 bp는 184.4 ℃이다. 1.0 atm의 압력에서 다음 조건 하의 아이오딘은 어떤 상변화를 일으키겠는가?

(a) 가열하는 동안 고체 시료의 온도가 113.7 ℃로 유지되었다.

(b) 시료의 온도를 452 K에서 389 K로 내렸다.

11.46 얼음 5.00 g을 −11.0 ℃에서 30.0 ℃로 가열할 때 필요한 에너지는 몇 kJ인가? 물의 용융열은 6.01 kJ/mol이고, 고체 얼음의 몰열용량은 36.6 J/(K·mol)이며, 액체 물의 몰열용량은 75.4 J/(K·mol)이다.

11.47 수증기 15.3 g을 115.0 ℃에서 액체 물 75.0 ℃로 응축시킬 때, 방출되는 에너지는 몇 kJ인가? 액체 물의 증발열은 40.67 kJ/mol이고, 액체 물의 몰열용량은 75.4 J/(K·mol)이며 수증기의 몰열용량은 33.6 J/(K·mol)이다.

11.48 물 7.55 g을 33.5 ℃에서 −11.0 ℃로 냉각시킬 때 방출되는 에너지는 몇 kJ인가? (필요한 자료는 문제 11.46 참조)

11.49 에탄올 증기 25.0 g을 93.0 ℃에서 −11.0 ℃로 응축시킬 때 방출되는 에너지는 몇 kJ인가? 에탄올의 mp는 −114.1 ℃, bp는 78.3 ℃, $\Delta H_{증발}$는 38.56 kJ/mol, $\Delta H_{용융}$는 4.93 kJ/mol이다. 액체 에탄올의 몰열용량은 112.3 J/(K·mol)이고, 에탄올 증기의 몰열용량은 65.6 J/(K·mol)이다.

11.50 그림 11.6에 나타낸 물의 몰 가열 곡선과 유사한 에탄올(C_2H_5OH)의 몰 가열 곡선을 그리시오. 고체 에탄올의 녹는점에서 시작하여 온도를 100 ℃까지 올리시오. (필요한 자료는 문제 11.49 참조)

11.51 그림 11.6에 나타낸 물의 몰 가열 곡선과 유사한 소듐의 몰 가열 곡선을 그리시오. 고체 소듐의 녹는점에서 시작하여 온도를 1000 ℃까지 올리시오. 소듐의 mp는 97.8 ℃, bp는 883 ℃이고, $\Delta H_{증발}$는 89.6 kJ/mol, $\Delta H_{용융}$는 2.64 kJ/mol이다. 소듐 액체와 증기 상의 몰열용량은 모두 20.8 J/(K·mol)이고 온도에 상관없이 일정하다고 가정한다.

상도표(11.5절)

11.52 실온에서 플라스크에 물을 채우고, 고무호스로 진공 펌프에 연결한 후 펌프를 작동시켰다. 몇 분 후에 물의 부피가 줄어들고 남은 물은 얼음으로 변했다. 이 현상을 설명하시오.

11.53 실온에서 플라스크에 에터를 채우고, 고무호스로 진공 펌프에 연결한 후 펌프를 작동시키니 에터가 끓기 시작했다. 이 현상을 설명하시오.

11.54 그림 11.13에 나타낸 CO_2의 상도표를 이용하여, 다음 조건에서 어떤 상이 존재할지 예측하시오.

(a) $T = -60$ ℃, $P = 0.75$ atm

(b) $T = -35$ ℃, $P = 18.6$ atm

(c) $T = -80$ ℃, $P = 5.42$ atm

11.55 그림 11.7에 나타낸 H_2O의 상도표를 이용하여, 다음과 같은 변화가 있을 때 H_2O 시료에 어떤 일이 일어나는지 설명하시오.

(a) 6.5 atm의 일정한 압력에서 온도를 48 ℃에서 −4.4 ℃로 내린다.

(b) 380 ℃의 일정한 온도에서 압력을 85 atm에서 226 atm으로 높인다.

11.56 브로민의 T_t는 −7.3 ℃, P_t는 44 mmHg, T_c는 315 ℃, P_c는 102 atm이다. 액체의 밀도는 3.1 g/cm^3, 고체의 밀도는 3.4 g/cm^{3}이다. 브로민의 상도표를 그린 후, 관심 있는 모든 점을 표기하시오.

11.57 산소의 T_t는 54.3 K, P_t는 1.14 mmHg, T_c는 154.6 K, P_c는 49.77 atm이다. 액체의 밀도는 1.14 g/cm^3, 고체의 밀도는 1.33 g/cm^{3}이다. 산소의 상도표를 그린 후, 관심 있는 모든 점을 표기하시오.

11.58 문제 11.56에서 그린 브로민의 상도표를 이용하여, 다음 조건에서 어떤 상이 존재할지 예측하시오.

(a) $T = -10$ ℃, $P = 0.0075$ atm

(b) $T = 25$ ℃, $P = 16$ atm

11.59 문제 11.57에서 그린 산소의 상도표를 이용하여, 다음 조건에서 어떤 상이 존재할지 예측하시오.

(a) $T = -210$ ℃, $P = 1.5$ atm

(b) $T = -100$ ℃, $P = 66$ atm

11.60 고체 산소(문제 11.57)에 압력을 가하면 얼음이 녹는 것처럼 녹겠는가? 설명하시오.

11.61 25 ℃에서 다음 세 개의 기체 시료가 있다고 가정하자. 세 기체 중에서 압력을 가하면 액화되는 것과 액화되지 않는 것을 구별하고, 이를 설명하시오.

암모니아: $T_c = 132.5$ ℃, $P_c = 112.5$ atm

메테인: $T_c = -82.1$ ℃, $P_c = 45.8$ atm

이산화 황: $T_c = 157.8$ ℃, $P_c = 77.7$ atm

11.62 대기압에서 벤젠의 녹는점은 5.53 ℃이고, 끓는점은 80.09 ℃이다. 액체의 밀도는 0.8787 g/cm^{3}이고, 고체의 밀도는 0.899 g/cm^{3}이다. $T_c = 289.01$ ℃, $P_c = 48.34$ atm, $T_t = 5.52$ ℃, $P_t = 0.0473$ atm이다. 200 K, 66.5 atm인 점에서 출발하여, 다음 경로를 상도표에서 추적하시오.
(1) 먼저, P를 일정하게 유지하면서 T를 585 K까지 올린다.
(2) 다음, T를 일정하게 유지하면서 P를 38.5 atm까지 내린다.
(3) 그 다음, P를 일정하게 유지하면서 T를 278.66 K까지 내린다.
(4) 마지막으로, T를 일정하게 유지하면서 P를 0.0025 atm까지 내린다.
출발할 때의 상과 맨 마지막의 상은 무엇인가?

11.63 문제 11.57에서 그린 산소의 상도표를 보고, 0.0011 atm, −225 ℃인 점에서 출발하여, 다음 경로를 상도표에서 추적하시오.
(1) 먼저, T를 일정하게 유지하면서 P를 35 atm까지 올린다.
(2) 다음, P를 일정하게 유지하면서 T를 −150 ℃까지 올린다.
(3) 그 다음, T를 일정하게 유지하면서 P를 1.0 atm까지 내린다.
(4) 마지막으로, P를 일정하게 유지하면서 T를 −215 ℃까지 내린다.
출발할 때의 상과 맨 마지막의 상은 무엇인가?

11.64 문제 11.62에서 몇 번의 상전이가 일어나는가? 일어난 상전이는 무엇인가?

11.65 문제 11.63에서 일어나는 상전이는 무엇인가?

11.66 다음 자료를 이용하여, 크립톤의 상도표를 그리시오. $T_t = -169$ ℃, $P_t = 133$ mmHg, $T_c = -63$ ℃, $P_c = 54$ atm, mp = −156.6 ℃, bp = −152.3 ℃이다. 고체 크립톤의 밀도는 2.8 g/cm^3, 액체 크립톤의 밀도는 2.4 g/cm^{3}이다. 실온에서 기체 크립톤 시료에 압력을 증가하면 액화될 수 있는가?

11.67 다음 조건에서 크립톤의 물리적 상(문제 11.64)은 무엇인가?
(a) $P = 5.3$ atm, $T = -153$ ℃,
(b) $P = 65$ atm, $T = 250$ K

액정 (11.6절)

11.68 다음 각 화합물이 액정상을 가질 것인지 판단하고, 그 이유에 대해 설명하시오.
(a)

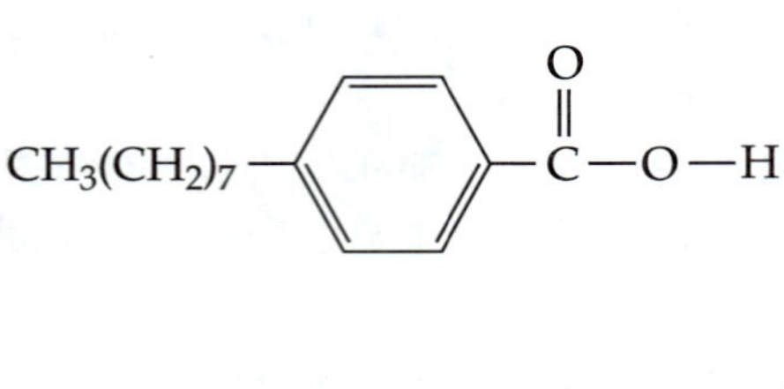

(b)

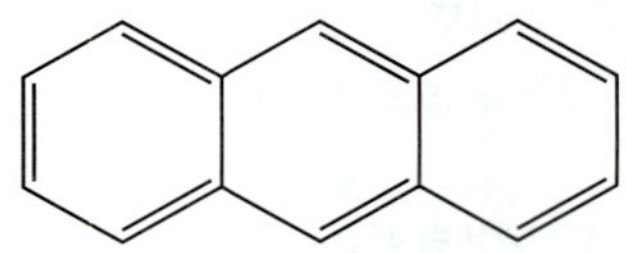

(c)

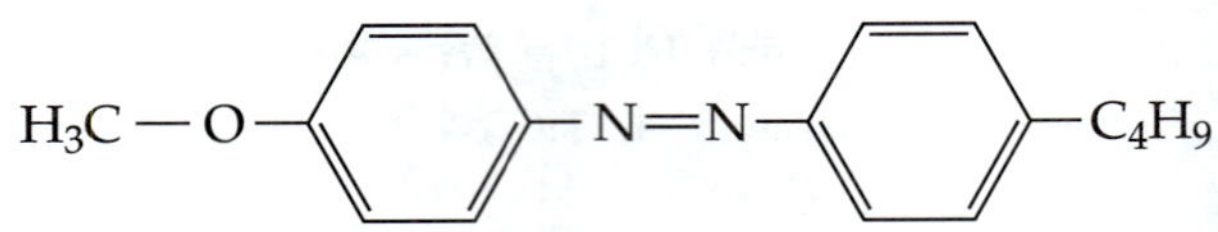

11.69 다음 각 화합물이 액정상을 가질 것인지 판단하고, 그 이유에 대해 설명하시오.
(a)

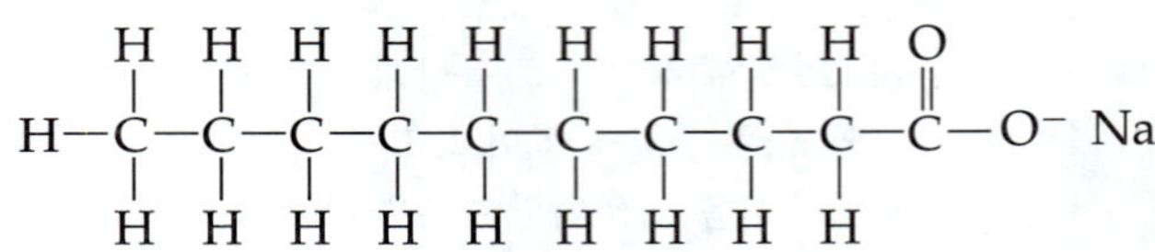

(b)

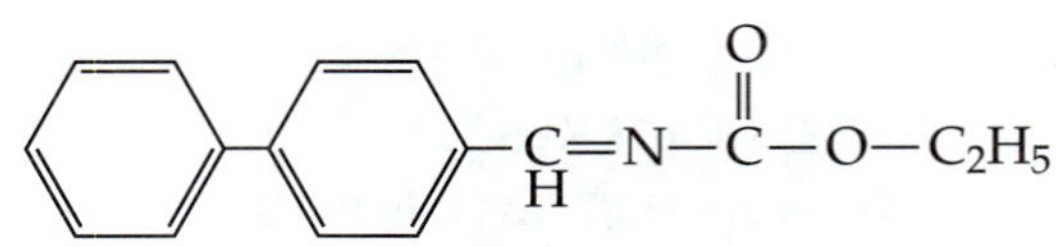

(c)

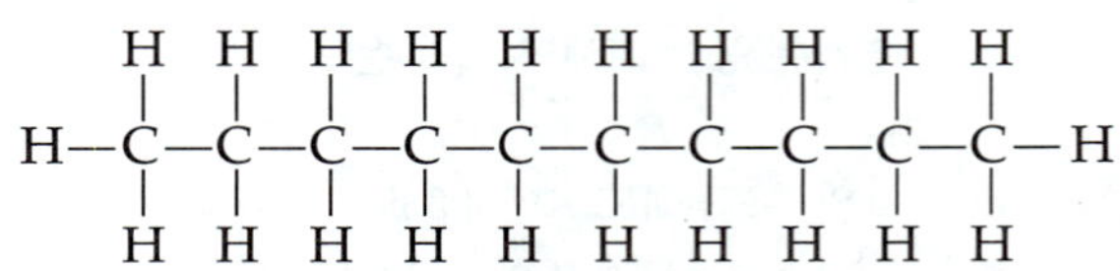

11.70 액정에서 분자간 힘은 질서정연한 배열을 만드는 데 중요하다. 다음 화합물의 시료에는 어떤 분자간 힘이 존재하는가?

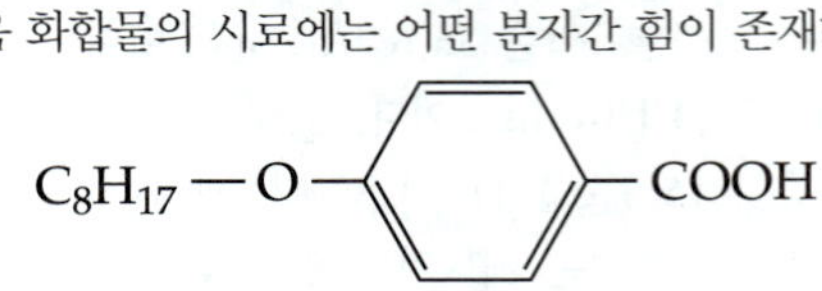

11.71 액정에서 분자간 힘은 질서정연한 배열을 만드는 데 중요하다. 다음 화합물의 시료에는 어떤 분자간 힘이 존재하는가?

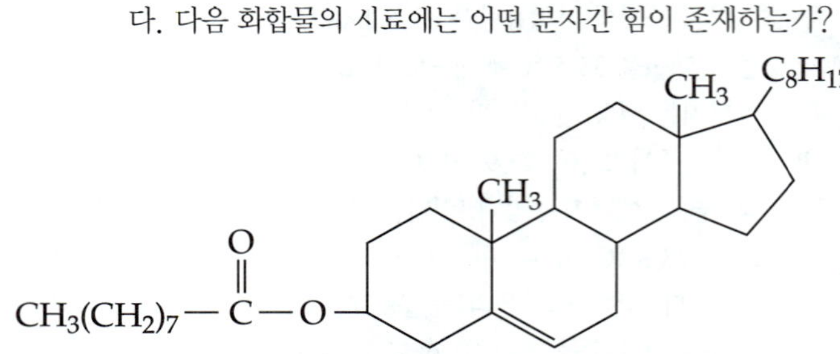

11.72 I과 II로 표시된 두 화합물은 액정상을 갖는다. 어떤 화합물이 더 높은 온도에서 고체에서 액정상으로 변화될 것인지 예측하고, 그 이유를 설명하시오.

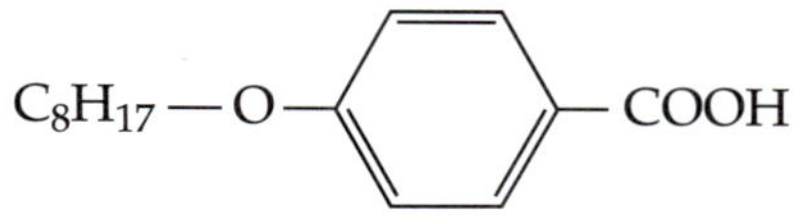

화합물 I

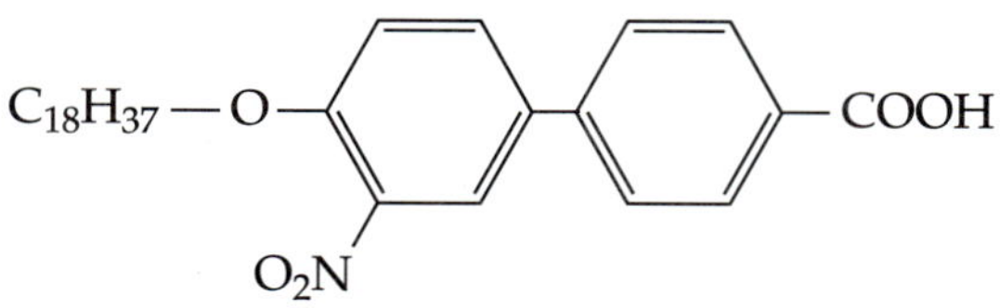

화합물 II

11.73 화합물 벤조산 콜레스테릴은 막대처럼 생긴 분자로, 145.5 ℃에서 고체에서 액정상으로 변한다. 벤조산 콜레스테릴이 곡선형으로 생긴 콜레스테릴 올레일 카보네이트(Cholesteryl oleyl carbonate)와 섞이면 고체에서 액정 전이 온도가 변한다. 전이 온도가 올라갈지 혹은 내려갈지를 예측하고, 그 이유를 설명하시오.

다중 개념 문제

11.74 다음 각 물질에서 가장 강하게 작용하는 분자간 힘은 무엇인지 파악하시오. 여러 힘들의 상대적 세기에 대한 지식을 사용하여 정상 끓는점이 높은 순서대로 물질을 배열하시오.

Al_2O_3, F_2, H_2O, Br_2, ICl, NaCl

11.75 클로로플루오로탄소 냉매인 트라이클로로플루오로메테인 CCl_3F는 −23 ℃에서 $P_{증기} = 100.0$ mmHg이고, $\Delta H_{증발} = 24.77$ kJ/mol이다.

(a) 트라이클로로플루오로메테인의 정상 끓는점은 몇 ℃인가?

(b) 트라이클로로플루오로메테인의 $\Delta S_{증발}$는 얼마인가?

11.76 부록 B에 있는 에탄올(C_2H_5OH)에 대한 열역학적 자료를 참고하여 에탄올의 정상 끓는점을 추정하고, 25 ℃에서 에탄올의 증기 압력을 계산하시오.

11.77 물질 X의 증기 압력은 삼중점(48 ℃)에서 100 mmHg이다. 1 mol의 X를 1 atm에서 일정한 가열 속도로 가열하면 다음과 같은 가열 곡선이 얻어진다.

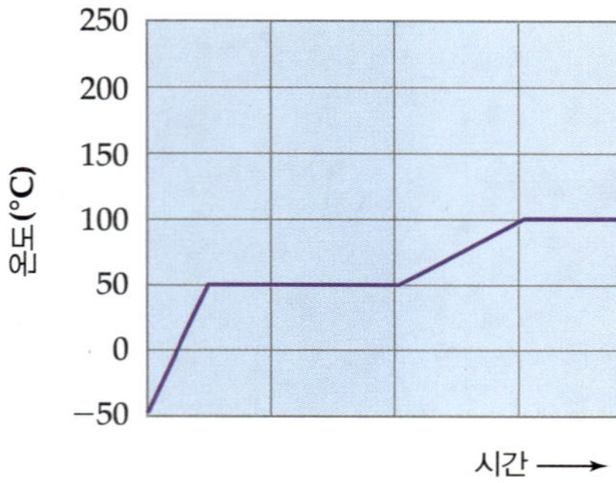

(a) X의 상도표를 그린 다음 영역의 상 명칭을 쓰고, 삼중점, 녹는점, 끓는점을 나타내시오.

(b) 다음에 나타낸 각 설명에 부합하는 X의 상(고체, 액체, 기체)은 무엇인가?

(i) 50 ℃에서 밀도가 가장 큰 상

(ii) 50 ℃에서 밀도가 가장 작은 상

(iii) 비열이 가장 큰 상

(iv) 80 ℃, 1 atm에서 가장 우세한 상

(v) 20 mmHg의 증기 압력을 갖는 상

chapter 12

고체와 고체상 물질

ⓒVan Pympk/Shutterstock

CONTENTS

셀레늄화 카드뮴으로 만든 양자점 용액은 자외선을 흡수하여 특정 파장의 가시광선을 방출한다. 양자점은 텔레비전 디스플레이에서 암 치료에 이르기까지 응용 측면에서 혁명을 일으킬 수 있는 나노입자이다.

양자점은 무엇이고, 양자점의 색깔을 조절하는 인자는 무엇인가?

이 질문의 답은 501쪽 INQUIRY ? 에 나와 있다.

도구와 무기, 집과 고층 건물, 컴퓨터, 레이저 등을 만드는 데 이용되는 재료들은 인류 문명 발전에 큰 영향을 주었다. 실제로 고고학자들은 사용된 재료의 관점에서, 나무와 돌 등 자연 그대로의 재료만을 사용하던 석기 시대, 구리와 주석 합금으로 도구, 무기, 장신구 등을 만들던 청동기 시대, 철로 다양한 인공물을 만들던 철기 시대로 초기 인류 역사를 구분한다.

오늘날에도 구리와 철은 여전히 매우 중요한 자원이다. 구리는 전선을 만드는 데 사용되고, 철은 철강의 주성분이다. 고대에는 알려지지 않았던 알루미늄과 타이타늄과 같은 금속은 오늘날 현대 기술에서 선도적인 역할을 하고 있다. 예를 들어, 이러한 금속들은 밀도가 작고 내부식성이 우수하기 때문에 항공기 산업에 널리 이용된다.

반도체(semiconductors), **초전도체**(superconductors), **고기능성 세라믹**(advanced ceramics), **복합 재료**(composites) 및 **나노입자**(nanoparticles)와 같은 **고체상**(solid-state) 물질을 통해 현대 기술은 가능하게 되었다. 반도체는 컴퓨터의 소형 전자 장치에 이용된다. 초전도체는 의학용 영상 장비인 자기 공명 영상(magnetic resonance imaging, MRI) 장치의 강력한 전자석을 제조하는 데 사용된다. 고기능성 세라믹과 복합 재료는 공학, 전자, 생의학 등 다양한 분야에서 사용되고 있으며, 입자 크기에 따라 고유한 특성을 나타내는 나노입자는 자외선 차단제부터 암 치료제에 이르기까지 다양한 용도로 기타 여러 제품에 사용되고 있어 미래에 더욱 중요한 재료가 될 것이다.

이 장에서는 고체의 구조와 다양한 유형의 결합이 물질의 특성에 어떤 영향을 주는지 살펴볼 것이다. 금속 결합에 대한 설명과 더불어, 전도성과 같은 금속의 특성이 어떻게 발현되는지 살펴볼 것이다. 그리고 고체의 구조에 대한 이해를 바탕으로, 현대의 고체상 물질의 결합, 특성, 흥미로운 응용 분야에 대해 알아볼 것이다.

12.1 고체의 종류

우리 주변을 살펴보면, 대부분의 물질들은 액체나 기체보다 고체라는 것과, 또한 수많은 종류의 고체들이 존재한다는 사실을 쉽게 알 수 있다. 철이나 알루미늄과 같은 고체들은 딱딱하고 금속성이다. 반면 설탕이나 소금과 같은 고체들은 결정성이며 쉽게 부서진다. 또한 고무와 플라스틱 같은 고체들은 유연하고 비결정성이다.

고체의 종류를 분류하는 기본적인 기준은 결정성과 비결정성이다. **결정성 고체(crystalline solid)**는 구성 입자(원자, 이온, 분자)들이 넓은 영역에 걸쳐 질서 정연하게 규칙적으로 배열된 고체이다. 보통 결정성 고체는 평평한 면과 특징적인 각을 가지고 있기 때문에, 원자 수준에서 형성된 이와 같은 질서 있는 배열도 눈으로 확인할 수 있다(그림 12.1a). 반면, **비결정성 고**

(a) 자수정과 같은 결정성 고체는 평평한 면과 특징적인 각을 가지고 있다. 이러한 규칙적인 거시적 특성은 원자 수준에서도 입자들이 유사한 방식으로 질서 정연하게 배열되어 있음을 보여 준다. ©Jiri Vaclavek/Shutterstock

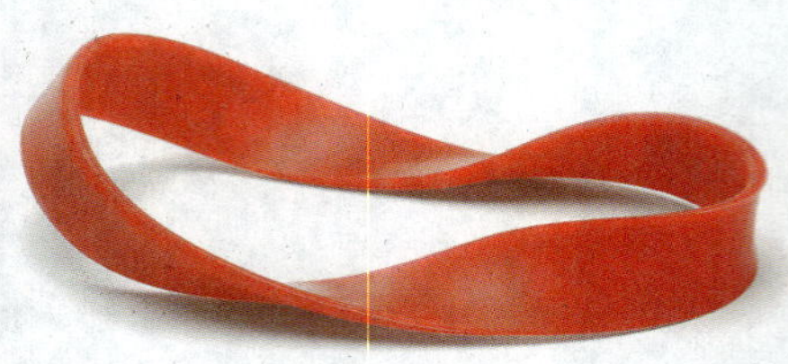

(b) 고무와 같은 비결정성 고체는 구성 입자들이 무질서하게 배열되어 있다. ©design56 / Shutterstock

▲ 그림 12.1
결정성 고체와 비결정성 고체

체(amorphous solid)는 구성 입자들이 무질서하게 배열되어 넓은 영역에 걸쳐 규칙성이 없는 구조를 갖는다(그림 12.1b). 고무가 대표적인 비결정성 고체이다.

결정성 고체는 또다시 **이온성**(ionic), **분자성**(molecular), **공유성 그물 구조**(covalent network), **금속성**(metallic) **고체**로 분류할 수 있다. 염화 소듐과 같은 **이온성 고체(ionic solid)**의 구성 입자는 이온이다. 2.12절에서 설명한 바와 같이, 염화 소듐 결정은 규칙적인 3차원 배열에서 이온 결합을 통해 서로 붙잡고 있는, 교대로 배열된 Na^+ 이온과 Cl^- 이온들로 구성되어 있다.

설탕이나 얼음과 같은 **분자성 고체(molecular solid)**의 구성 입자는 분자이다. 8.6절에서 설명한 분자간 힘에 의하여 분자들이 서로 붙잡혀 있다. 예를 들어, 얼음 결정은 수소 결합(그림 12.2a)에 의해 규칙적인 방식으로 결합된 물 분자들로 구성되어 있다.

석영(그림 12.2b)이나 다이아몬드와 같은 **공유성 그물 구조 고체(covalent network solid)** 원자들은 공유 결합을 통하여 서로 연결되어 커다란 3차원 배열을 이룬다. 그림 12.2c는 각각의 SiO_4 단위가 하나의 **매우 커다란** 분자를 만들기 위해 산소 원자를 공유하는 것을 보여 준다.

은이나 철과 같은 **금속성 고체(metallic solid)** 역시, 원자들로 이루어진 커다란 배열로 되어 있고, 전기 전도도와 같은 금속의 성질을 갖는다.

여러 종류의 결정성 고체와 이들의 특성을 표 12.1에 요약하였다.

(a) 얼음은 각각의 H_2O 분자가 수소 결합에 의해 규칙적인 방식으로 서로 붙잡고 있는 구조로 이루어져 있다.

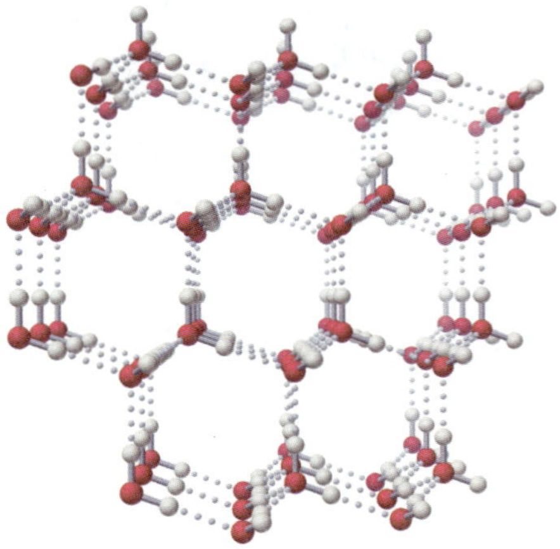

(b) 석영(SiO_2)은 기본적으로 Si—O 공유 결합을 갖는 하나의 매우 커다란 분자이다. 각 규소 원자는 산소 원자 4개와 결합하여 정사면체 기하 구조를 형성한다. 각 산소 원자는 두 개의 규소 원자와 결합하여 거의 선형 기하 구조를 형성한다.

(c) SiO_4 정사면체들이 꼭짓점에 있는 산소 원자를 공유하여 연결되는 방식을 간략하게 그림으로 표현하였다.

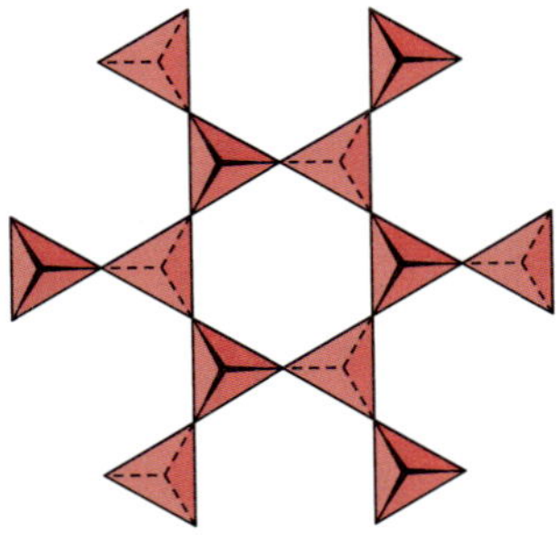

▲ 그림 12.2
분자성 고체인 얼음과 공유성 그물 구조 고체인 석영의 결정 구조

◀ 확인하기

석영은 물보다 녹는점이 훨씬 높다. 각 단위체를 서로 묶고 있는 힘의 유형에 기초하여 차이점을 설명하시오.

답 얼음에서는 물 분자들이 수소 결합으로 연결되어 있다. 석영에서는 각 SiO_2 단위들이 공유 결합으로 연결되어 있다. 공유 결합이 수소 결합보다 강하므로, 석영의 녹는점이 더 높다.

표 12.1 결정성 고체의 종류와 특성

고체의 종류	분자간 힘	성질	예
이온성	이온–이온 힘	부서지기 쉬움, 딱딱함, 높은 녹는점	NaCl, KBr, $MgCl_2$
분자성	분산력, 쌍극자–쌍극자 힘, 수소 결합	부드러움, 낮은 녹는점, 부도체	H_2O, Br_2, CO_2, CH_4
공유성 그물 구조	공유 결합	딱딱함, 높은 녹는점	C(다이아몬드), SiO_2
금속성	금속 결합	경도와 녹는점이 다양함, 전도성	Na, Zn, Cu, Fe

12.2 고체의 구조 규명: X-선 결정학

고체의 구조를 실험적으로 어떻게 규명할 수 있을까? 광학 원리에 의하면, 물체를 관찰하기 위해 사용되는 빛의 파장은 물체 길이의 2배보다 작아야 한다. 원자 반지름이 약 2×10^{-10} m이고 우리 눈으로 감지할 수 있는 가시광선의 파장은 $4 \sim 7 \times 10^{-7}$ m이므로 정밀한 광학 현미경을 사용하더라도 원자는 볼 수 없다. 원자를 '보기' 위해서 대략 10^{-10} m 파장을 갖는 '빛'을 사용해야 하는데, 이는 **전자기 스펙트럼(electromagnetic spectrum)**에서 X-선 영역이다.

기억하기…
전자기 스펙트럼은 가시광선, 적외선, 마이크로파, 라디오파, X선 등의 복사 에너지에 해당하는 모든 파장으로 구성되어 있다.

X-선 결정학의 시초는 1912년 라우에(Max von Laue)의 업적까지 거슬러 올라간다. 라우에는 X-선이 황산 구리 결정을 통과한 후 사진 건판에 충돌하는 실험을 수행하여, X-선이 결정에 있는 원자들에 의해 회절된 것을 나타내는 일련의 반점들의 패턴이 사진 건판에 형성되는 것을 발견하였다. 염화 소듐 결정에서 얻어진 전형적인 X-선 회절 패턴을 **그림 12.3**에 나타내었다.

▶ 그림 12.3
X선 회절 실험

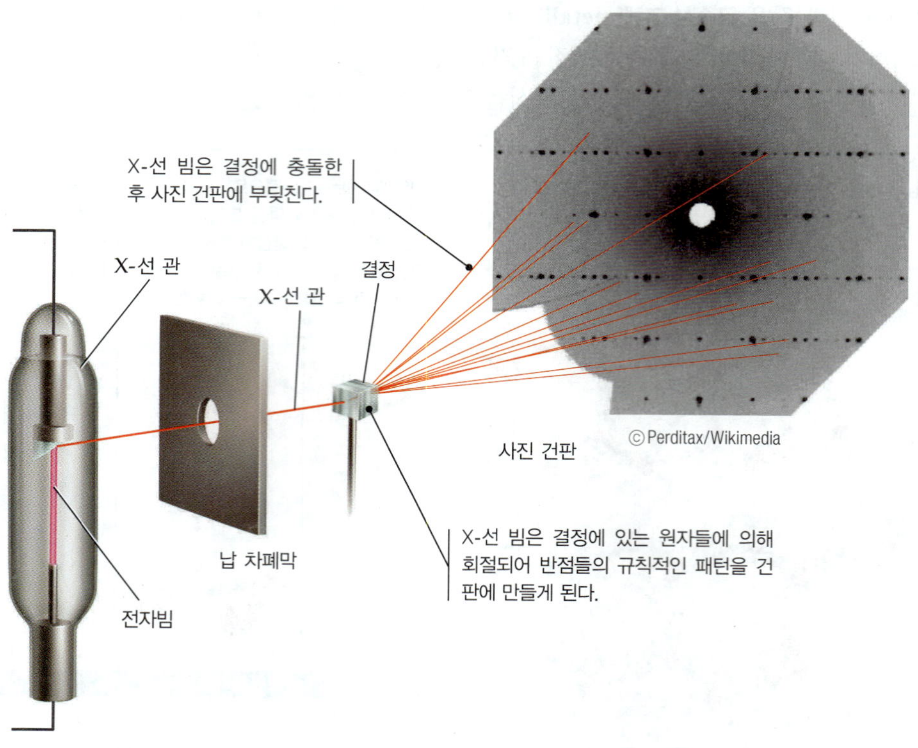

개념탐구 질문 1
왜 가시광선이 아닌 X-선을 결정 안의 원자의 위치를 정하는데 사용하는가?

전자기 복사선의 **회절(diffraction)**은 (회절 격자의 선들과 같이) 규칙적인 간격을 갖는 선 또는 (결정에 있는 원자와 같이) 규칙적인 간격을 갖는 점을 포함하는 물체에 의해 X-선 빔이 휘어질 때 일어난다. 이러한 산란은 선 또는 점 사이의 간격과 복사선의 파장이 비슷할 때만 일어난다.

그림 12.4에 도식적으로 나타낸 바와 같이, 회절은 같은 시간에 같은 영역을 동시에 통과하는 두 파장 사이의 **간섭**(interference)에 의해 발생한다. 두 파동의 마루와 마루, 골과 골의 위상이 같으면 **보강 간섭(constructive interference)**이 일어나고, 합쳐진 파동의 세기는 증가한다. 하지만 파동의 위상이 상반되면 **상쇄 간섭(destructive interference)**이 일어나 파동은 상쇄된다. 보강 간섭의 결과 라우에 사진 건판에서 관찰되는 진한 반점들이 생기며, 상쇄 간섭의 결과 반점 주위에 밝은 부분이 생긴다.

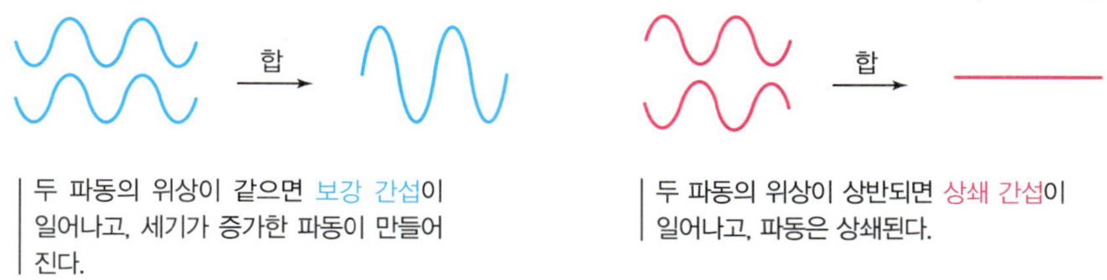

◀ **그림 12.4**
전자기파의 간섭

결정에 존재하는 원자들이 어떻게 X-선을 회절시켜 사진 건판에 일정한 패턴의 반점들을 만들어내는가? 1913년 영국의 물리학자 브래그 부자(William H. Bragg와 그의 아들 William L. Bragg)의 설명에 의하면, 결정의 서로 다른 원자 층에 의해 X-선은 회절되며, 경우에 따라 보강 간섭이나 상쇄 간섭이 일어난다.

브래그의 해석을 이해하기 위하여, 거울에 빛이 입사되어 반사되는 것처럼 파장이 λ인 X-선이 결정면과 각도 θ를 이루며 충돌하고 동일한 각도로 반사된다고 가정하자(**그림 12.5**). 맨 위 층의 원자에 충돌한 빛은 입사각과 같은 각도 θ로 반사되고, 두 번째 층의 원자에 충돌한 빛도 각도 θ로 반사된다. 그러나 두 번째 원자층은 첫 번째 원자층보다 X-선 광원으로부터 멀기 때문에, X-선이 두 번째 층에 도달하는 거리가 첫 번째 층에 도달하는 거리보다 더 길어지며, 길어진 거리는 그림 12.5에서 BC이다. 삼각법을 이용하면 늘어난 거리 BC가 두 원자층 사이의 거리 $d(=AC)$에 $\sin\theta$를 곱한 것과 같다는 것을 알 수 있다.

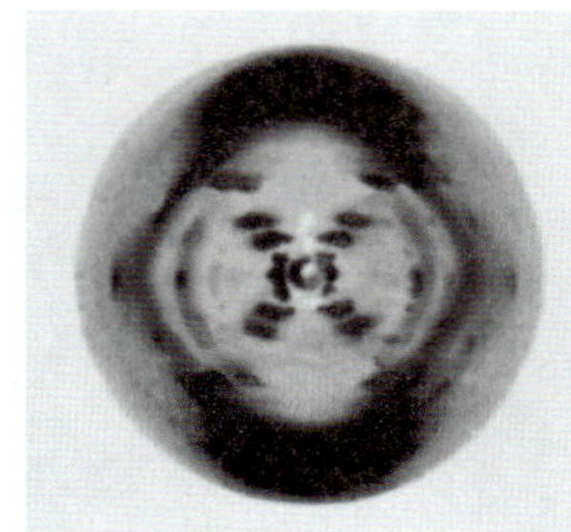

▲ 1952년에 촬영된 Rosalind Franklin의 DNA의 X-선 회절 영상은 James Watson과 Francis Crick이 제안한 DNA 이중 나선 모형이 만들어지는 데 매우 중요한 자료를 제공하였다.

$$\sin\theta = \frac{BC}{d} \quad \text{따라서,} \quad BC = d\sin\theta$$

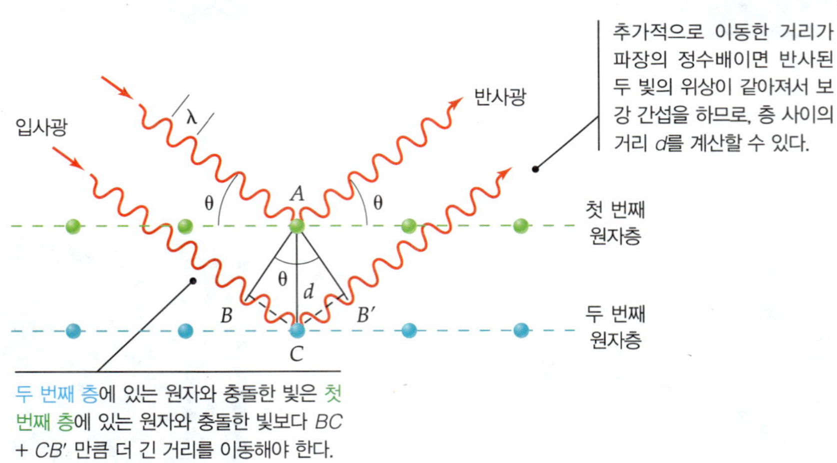

◀ **그림 12.5**
어떤 결정의 맨 위 두 층에 있는 원자들에 의한 파장 λ인 X-선의 회절

반사광이 결정을 빠져나갈 때 늘어난 거리 $BC = CB'$를 다시 이동해야 하므로, 두 번째 층을 통과하는 빛에 대한 전체 늘어난 이동 거리는 $2d\sin\theta$가 된다.

$$BC + CB' = 2d\sin\theta$$

Bragg의 해석의 요점은 두 원자층에 충돌하는 빛은 처음에는 서로 위상이 같지만, 추가적으로 이동한 거리 $BC + CB'$ 값이 파장의 정수배($n\lambda$; $n = 1, 2, 3, \ldots$)일 때만 반사된 빛이 서로 위상이 같다는 것이다. 추가적으로 이동한 거리가 파장의 정수배가 아닐 경우에는 반사된 빛의 위상은 서로 다르므로 상쇄된다. 추가적으로 이동한 거리에 관한 식 $2d\sin\theta = n\lambda$를 d에

개념탐구 질문 2

X-선 결정학에서 사용되는 빛의 파장은 1.54×10^{-10} m이다. 그림 12.5에서 보강 간섭이 일어나는 $(BC+B'C)$ 거리의 길이는 얼마인가?

대해 풀면 **브래그 식(Bragg equation)**이 얻어진다.

$$BC + CB' = 2d\sin\theta = n\lambda$$

$$\textbf{Bragg 식} \quad d = \frac{n\lambda}{2\sin\theta}$$

브래그 식의 변수 중에서 파장 λ는 알려져 있고, $\sin\theta$는 측정이 가능하며, n은 작은 정수인데 보통 1이다. 따라서 결정 내의 원자들이 이루는 층과 층 사이의 거리 d를 계산할 수 있다. 이와 같은 연구 업적으로 브래그 부자는 1915년 노벨 물리학상을 공동 수상하였다. 당시 아들의 나이는 25세였다.

컴퓨터로 제어되는 현대적인 X-선 회절 장치를 이용하면, 자동으로 결정을 회전시켜 모든 각도에서 회절을 측정한다. X-선 회절 패턴의 분석으로 결정 내에 존재하는 어떤 두 원자 간의 거리 측정이 가능하다. 분자 물질인 경우, 원자 간 거리의 정보로부터 어느 원자들이 서로 결합을 형성할 만큼 가까운지 알 수 있다. 따라서 X-선 분석은 3차원 분자 구조를 결정하는데 매우 중요한 방법이다(그림 12.6).

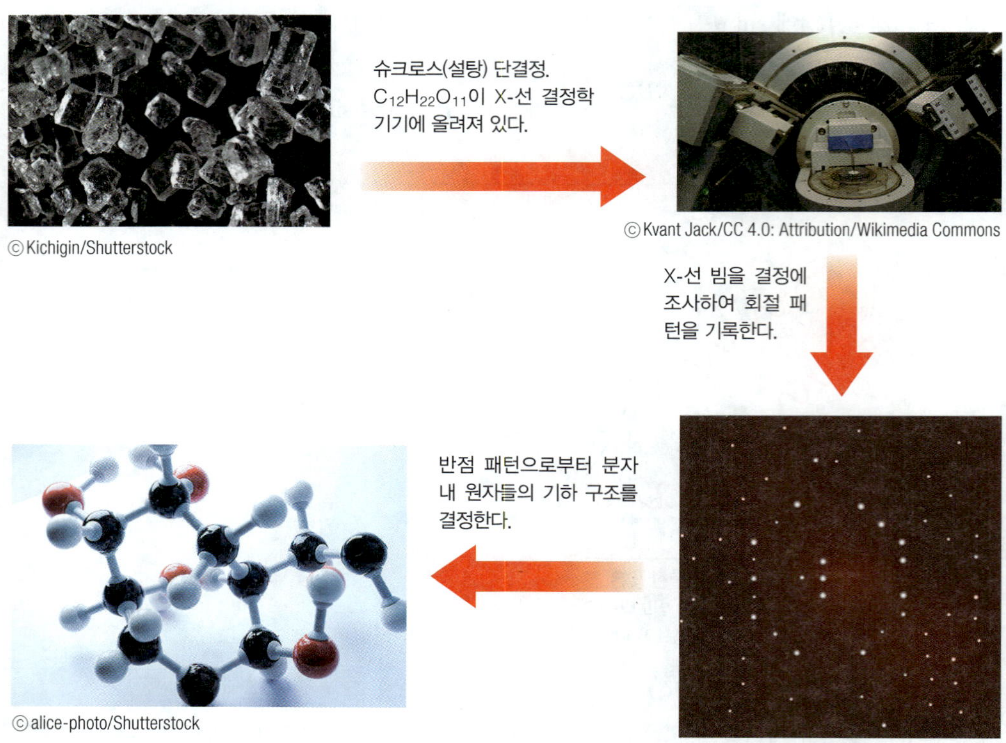

▶ 그림 12.6
X-선 결정학을 바탕으로 컴퓨터로 그린 슈크로스(설탕, $C_{12}H_{22}O_{11}$)의 구조(검은색 = C, 빨간색 = O, 흰색 = H)

12.3 결정성 고체의 구형 쌓임: 단위 세포

결정 내에서 원자, 이온, 분자와 같은 입자들은 어떻게 쌓일까? 가장 간단한 결정 쌓임의 예로, 개개의 구형 금속 원자들의 쌓임으로 이루어진 금속을 살펴보자. 일반적으로 금속 원자들은(다른 종류의 입자들도 마찬가지로) 서로 쌓임으로써 가능한 한 밀집하여 원자간 인력을 극대화한다.

여러 개의 크기가 같은 구슬을 상자 안에 규칙적으로 배열하려 한다면, 네 가지 방식 중 하나를 선택할 수 있을 것이다. 구슬을 배열할 수 있는 한 가지 방식은 같은 층에 있는 구슬들이 정사각형을 이루며 질서 정연한 배열을 만들고, 그 바로 위에 다른 층을 겹쳐 쌓는 것이다. 즉, 첫 번째 층의 구슬 위에 두 번째 층의 구슬을 놓아 모든 층들이 동등하게 쌓는 것이다(그림 12.7a). **단순 입방 쌓임(simple cubic packing)**이라고 하는 이 배열에서 각 구는 여섯 개의 다른 구에 의해 둘러싸인다. 즉, 네 개는 같은 층에 있고, 한 개는 위에, 나머지 다른 한 개는 아래에 있다. 따라서 **배위수(coordination number)**는 6이다. 단순 입방 쌓임에서 구가 차지하는 부피는 단지 가용 부피의 52%로 공간 활용이 비효율적이며, 입자간 인력이 최소가 된다. 주기율표의 모든 금속 중에서 폴로늄(Po)만이 이 방식으로 결정을 형성한다.

또 다른 방법으로, 구를 위아래로 직접 쌓는 방식과 달리 공간을 좀 더 효율적으로 사용하는 방법이 있다. 주어진 층(*a*층)에 있는 구슬들이 서로 약간 떨어져 정사각형을 이루며 질서 정연한 배열을 만들고, *a*층 구들이 형성하는 오목한 부분에 새로운 구들이 들어가 *b*층 배열을 만들며, 계속해서 층을 교대로 쌓아 *a*-*b*-*a*-*b* 순으로 쌓이게 하는 방법이다(그림 12.7b). **체심 입방 쌓임(body-centered cubic packing)**이라고 하는 이 배열에서 한 개의 구는 위에 네 개, 아래에 네 개의 구로 둘러싸이므로 각 구의 배위수는 8이다. 체심 입방 쌓임에서 구가 차지하는 부피는 가용 부피의 68%로 공간 활용이 효율적이다. 철과 소듐 등 16개 금속이 이 방식으로 결정을 형성한다.

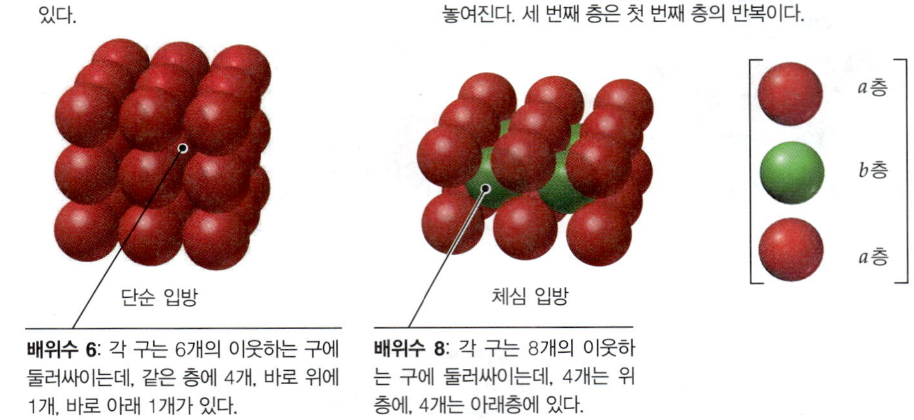

◀ **그림 12.7**
단순 입방 쌓임과 체심 입방 쌓임

◀ 확인하기

단순 입방 쌓임과 체심 입방 쌓임 중 어느 쌓임이 보다 조밀한 물질을 만들 수 있을까?

답 밀도는 단위 부피당 질량으로 정의된다. 체심 입방 쌓임에서 원자들 사이의 공간이 더 작기 때문에 단위 부피당 더 큰 질량을 만들 수 있다.

구를 쌓는 나머지 두 가지 배열은 모두 **조밀 쌓임**(closest-packing)이다. **육방 조밀 쌓임(hexagonal closest-packing)** 배열(그림 12.8a)은 두 층이 번갈아 *a*-*b*-*a*-*b* 형태로 쌓인다. 각 층은 서로 접촉하고 있는 구의 육각형 배열을 갖고, *a*층의 구들이 형성하는 작은 삼각형 모양의 오목한 부분에 *b*층의 구들이 들어간다. 아연과 마그네슘 등 21개 금속이 이 방식으로 결정을 형성한다.

입방 조밀 쌓임(cubic closest-packing) 배열(그림 12.8b)은 세 층이 번갈아 *a*-*b*-*c*-*a*-*b*-*c* 형태로 쌓인다. *a*-*b*층은 육방 조밀 쌓임 배열과 동일하다. 하지만 세 번째 층은 *a*층이나 *b*층과 다른 위치에 놓인다. 은과 구리 등 18개 금속이 이 방식으로 결정을 형성한다.

두 종류의 조밀 쌓임 배열에서 각 구의 배위수는 12이다. 여섯 개는 같은 층에, 세 개는 위층에, 세 개는 아래층에 있으며, 가용 부피의 74%를 차지한다. 과일 가게에 가면 진열장에 쌓여 있는 오렌지나 사과를 살펴보라. 아마도 조밀 쌓임 상태로 쌓여 있을 것이다.

▲ 이 오렌지들은 어떤 쌓임으로 배열되어 있는가? ©Puiipouiz/Shutterstoc

▲ 이 벽돌들이 규칙적인 방식으로 서로 겹쳐 쌓인 것처럼, 결정은 규칙적인 방식으로 함께 쌓인 많은 수의 작은 반복 단위인 단위 세포로 구성된다. ©Dja65/Shutterstoc

결정에서 구들이 어떻게 쌓여 있는지 전체적인 모습을 살펴보았다. 이제 좀 더 가까이 접근하여 살펴보도록 하자. 커다란 벽돌 담장은 많은 수의 동등한 벽돌을 반복적인 패턴으로 함께 쌓아 만든다. 결정은 **단위 세포(unit cell)**라고 하는 여러 반복 단위들을 3차원으로 함께 쌓아 만든다.

결정성 고체에는 14종류의 서로 다른 단위 세포 기하 구조가 있다. 모두 6면이 평행사변형인 평행육면체 기하 구조이다. 여기서는 입방 대칭을 갖는 단위 세포, 즉 모든 변의 길이가 같고 변들이 이루는 각이 90°인 단위 세포만을 고려하려고 한다. 11개의 다른 단위 세포들은 입방 기하 구조를 갖지 않는다.

입방 단위 세포에는 **원시 입방**(primitive-cubic), **체심 입방**(body-centered cubic), **면심 입방**(face-centered cubic)인 세 종류가 있다. 그림 12.9a에 나타낸 바와 같이, 금속의 **원시 입방 단위 세포(primitive-cubic unit cell)**는 각 여덟 개 꼭짓점에 한 개씩의 원자가 있고, 이 원자들은 주위의 또 다른 일곱 개의 입방체에 의해 공유된다(전체 8개의 입방체). 결과적으로 각 꼭짓점에 있는 원자는 주어진 각 단위 세포에 1/8만 속한다. 이러한 원자들이 규칙적으로 줄지어 쌓여 있는 원시 입방 단위 세포는 단순 입방 쌓임에서 발견되는 반복 단위이다.

▶ 그림 12.8
육방 조밀 쌓임과 입방 조밀 쌓임. 두 조밀 쌓임 방식에서 각 구는 이웃하는 12개의 구들과 접촉하고 있다. 6개는 같은 층에, 3개는 위층에, 3개는 아래층에 있다.

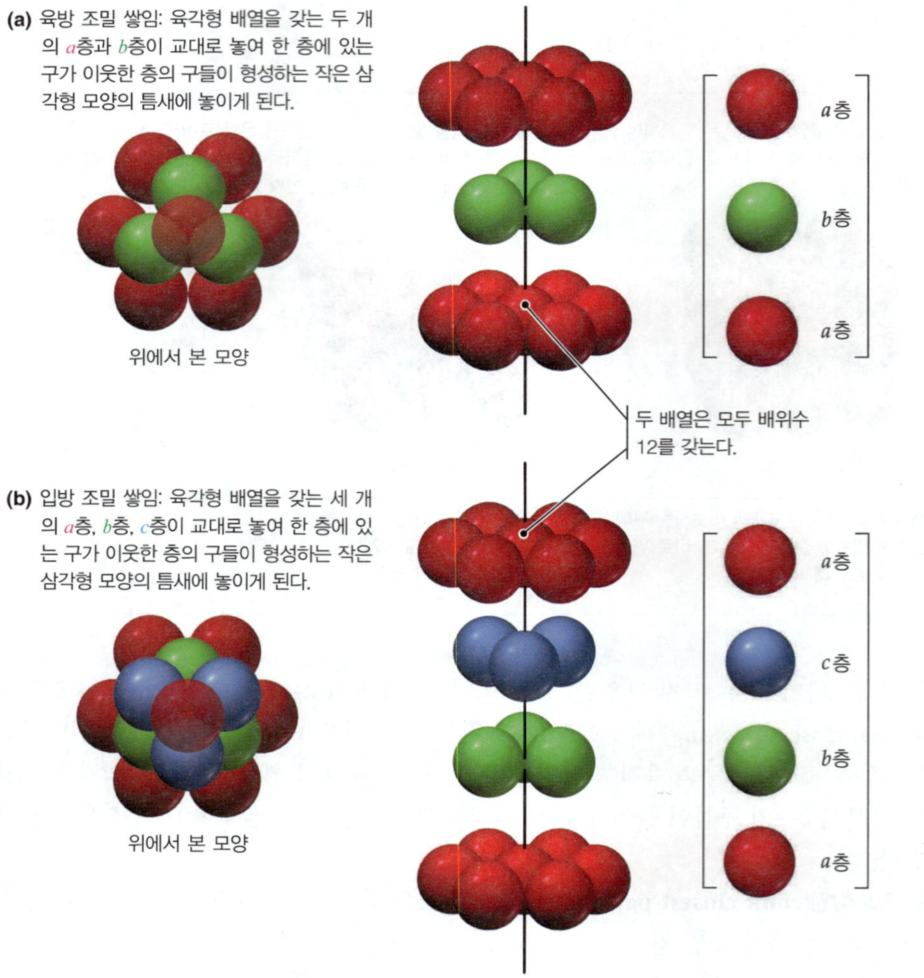

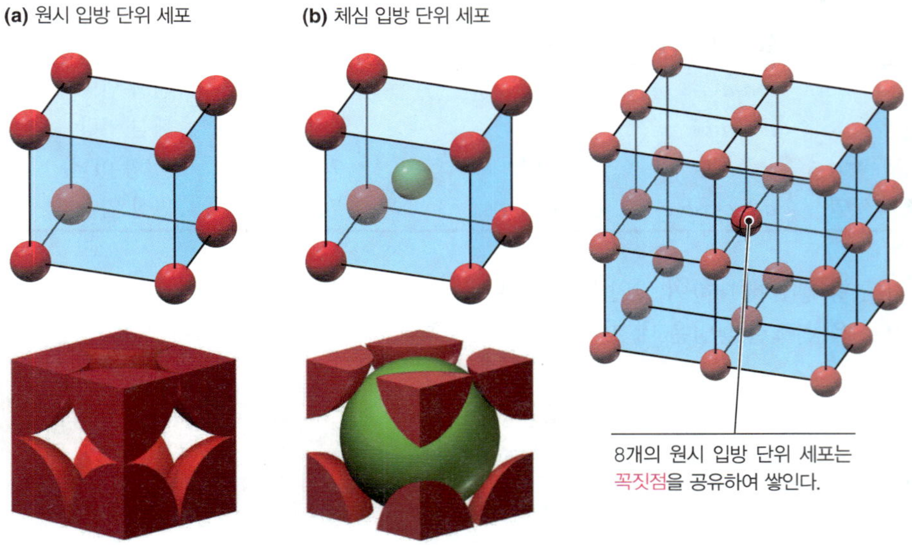

◀ 그림 12.9
(a) 원시 입방 단위 세포, (b) 체심 입방 단위 세포의 기하 구조. 둘 다 골격 보기(위)와 공간 채움 보기(아래)를 나타내었다.

◀ 확인하기

원시 입방과 체심 입방 단위 세포에는 몇 개의 원자들이 존재하는가?

답 원시 입방 단위 세포는 꼭짓점 8개에 원자들이 있고, 각 꼭짓점에 있는 원자는 8개의 단위 세포가 공유하므로, 원자의 1/8만 주어진 단위 세포에 속한다. 원시 입방 단위 세포의 경우는 1/8 × 8(꼭짓점 원자) = 원자 1개이다. 체심 입방 단위 세포는 원자 1개가 내부에 있고, 8개가 꼭짓점에 있으므로 [1(중심 원자)] + [1/8 × 8(꼭짓점 원자)] = 원자 2개이다.

체심 입방 단위 세포(body-centered cubic unit cell)는 각 여덟 개의 꼭짓점에 한 개씩의 원자가 있고, 입방체 중심에 또 다른 원자가 있다(그림 12.9b). 두 개의 반복 층과 약간 떨어진 층에 있는 구로 이루어진 체심 입방 단위 세포는 체심 입방 쌓임에서 발견되는 반복 단위이다.

면심 입방 단위 세포(face-centered cubic unit cell)에는 각 여덟 개의 꼭짓점에 한 개씩의 원자가 있고, 입방체의 여섯 면의 중심에 한 개씩의 원자가 있는데, 이 원자들은 이웃하는 또 다른 입방체에 의해 공유된다(그림 12.10a). 따라서 각 면의 원자는 주어진 단위 세포에 1/2이 속한다. 이러한 면심 입방 단위 세포는 입방 조밀 쌓임에서 발견되는 반복 단위이고, 단위 세포의 체대각선 방향에서 아래로 내려 보면 볼 수 있다(그림 12.10b). 단위 세포 입방체의 면은 원자의 층에 대하여 54.790°의 각을 이룬다.

개념탐구 질문 3

입방 단위 세포를 그림으로 나타내시오. 단위 세포의 꼭짓점, 모서리, 그리고 입방체의 면 중심에 원자가 각각 어떤 비율로 존재하는가?

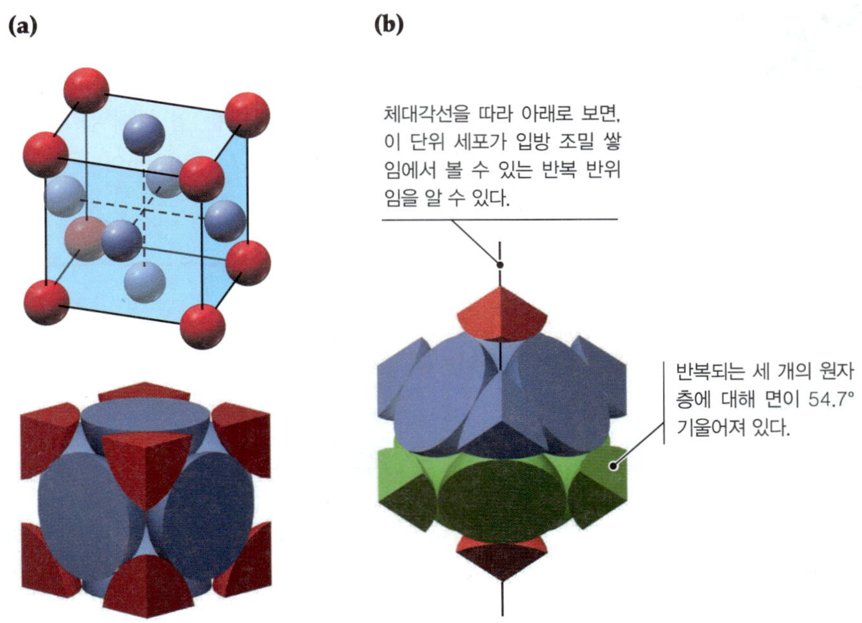

◀ 그림 12.10
면심 입방 단위 세포의 기하 구조

◀ 확인하기

면심 입방 단위 세포에는 몇 개의 원자들이 존재하는가?

답 면심 입방 단위 세포는 면에 원자의 1/2에 해당하는 원자 6개가 있고, 각 꼭짓점에 원자의 1/8에 해당하는 원자 8개가 있다. [1/2 × 6(면심 원자)]+[1/8 × 8(꼭짓점 원자)] = 원자 4개

표 12.2 네 가지 구형 쌓임

구조	쌓임 방식	배위수	사용 공간(%)	단위 세포
단순 입방	*a-a-a-a-*	6	52	원시 입방
체심 입방	*a-b-a-b-*	8	68	체심 입방
육방 조밀 쌓임	*a-b-a-b-*	12	74	(입방 아님)
입방 조밀 쌓임	*a-b-c-a-b-c-*	12	74	면심 입방

네 가지 구형 쌓임에 대하여 쌓임 방식, 배위수, 점유된 공간의 부피, 단위 세포를 **표 12.2**에 요약하였다. 육방 조밀 쌓임은 네 가지 중에서 유일하게 입방 단위 세포가 아니다.

예제 12.1

단위 세포의 크기를 이용한 원자 반지름 계산

은 금속은 입방 조밀 쌓임 결정을 형성하고, 단위 세포의 한 변의 길이 $d = 407$ pm이다. 은 원자의 반지름은 몇 pm인가?

전략과 풀이

입방 조밀 쌓임은 면심 입방 단위 세포를 갖는다. 입방체의 한 면을 정면으로 바라보면 면의 대각선 방향으로 면에 위치한 원자들과 꼭짓점에 있는 원자들이 서로 접촉하고 있는 반면에, 꼭짓점에 있는 원자들은 모서리를 따라 접촉하지 않고 서로 떨어져 있다. 각 면의 대각선 길이는 원자 반지름의 4배이다. 즉 $4r$이다.

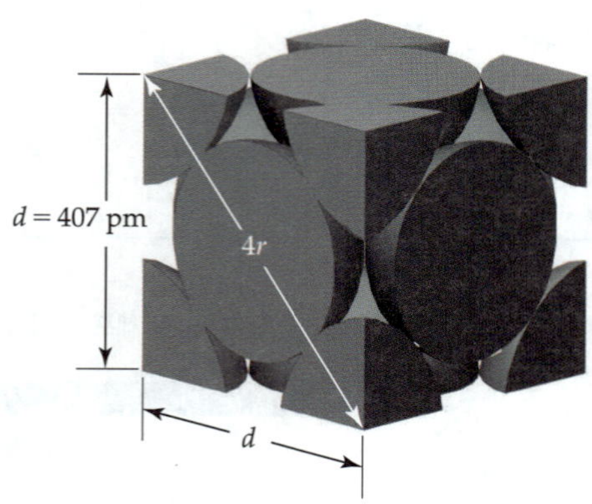

입방체에서 면의 대각선과 두 변은 직각삼각형을 형성하므로 각 변 길이의 제곱의 합은 대각선 길이의 제곱과 같다는 피타고라스 정리를 이용하면 $d^2 + d^2 = (4r)^2$을 얻을 수 있고, r에 대하여 풀면 한 원자의 반지름을 얻을 수 있다.

$$d^2 + d^2 = (4r)^2$$

$$2d^2 = 16r^2 \quad \text{and} \quad r^2 = \frac{d^2}{8}$$

$$\text{그러므로} \quad r = \sqrt{\frac{d^2}{8}} = \sqrt{\frac{(407 \text{ pm})^2}{8}} = 144 \text{ pm}$$

은 원자의 반지름은 144 pm이다.

▶ **연습문제 12.1** 칼슘 금속은 입방 조밀 쌓임 배열로 결정화된다. 칼슘의 원자 반지름은 197 pm이다. 단위 세포의 모서리 길이는 몇 pm인가?

▶ **응용문제 12.2** 폴로늄 금속은 단순 입방 배열로 결정화되는데, 단위 세포의 모서리 길이는 $d = 334$ pm이다. 폴로늄의 반지름은 몇 pm인가?

예제 12.2

단위 세포의 크기를 이용한 금속의 밀도 계산

니켈은 한 변의 길이가 352.4 pm인 면심 입방 단위 세포를 갖는다. 니켈의 밀도는 몇 g/cm^{3}인가?

전략

밀도는 질량을 부피로 나눈 값이다. 단일 단위 세포의 질량은 단위 세포 내의 원자 개수와 원자 한 개의 질량을 곱하여 구할 수 있다. 한 변의 길이 d인 입방 단위 세포의 부피는 $d^3 = (3.524 \times 10^{-8} \text{ cm})^3 = 4.376 \times 10^{-23} \text{ cm}^3$이다.

풀이

면심 입방 단위 세포 내의 여덟 개 꼭짓점에 있는 각 원자는 여덟 개의 단위 세포에 공유되므로 한 단위 세포에 $1/8 \times 8 = 1$ 원자만 속한다. 또 여섯 면에 있는 각 원자는 두 개의 단위 세포와 공유되므로 한 단위 세포에 $1/2 \times 6 = 3$ 원자만 속한다. 따라서 한 개의 단위 세포는 꼭짓점에 있는 원자 1개와 면에 있는 원자 3개, 즉 전체 4개의 원자를 가지며, 각 원자의 질량은 니켈의 몰질량(58.69 g/mol)을 아보가드로수(6.022×10^{23} 원자/mol)로 나눈 값과 같다. 이제 밀도를 계산할 수 있다.

$$\text{밀도} = \frac{\text{질량}}{\text{부피}}$$

$$= \frac{(4\,\text{원자})\left(\dfrac{58.69\,\dfrac{\text{g}}{\text{mol}}}{6.022 \times 10^{23}\,\dfrac{\text{원자}}{\text{mol}}}\right)}{4.376 \times 10^{-23}\ \text{cm}^3} = 8.909\ \text{g/cm}^3$$

계산된 니켈의 밀도는 8.909 g/cm^{3}이다(측정값은 8.90 g/cm^{3}이다).

▶ **연습문제 12.3** 폴로늄 금속은 단순 입방 배열로 결정화되는데, 단위 세포의 모서리 길이는 $d = 334$ pm라고 한다. 폴로늄의 밀도는 얼마인가?

▶ **응용문제 12.4** 어떤 금속 시료의 밀도가 22.67 g/cm^{3}로 측정되었다. X선 회절 실험을 통해 면심 입방 세포의 모서리 길이가 383.3 pm로 측정되었다. 이 금속의 원자량을 계산하고, 금속이 무엇인지 밝히시오.

12.4 이온성 고체의 구조

NaCl이나 KBr과 같은 간단한 이온성 고체는 구가 일정한 방식으로 함께 쌓이는 점은 금속과 유사하다. 그러나 일반적으로 음이온들은 양이온들보다 큰 이온 반지름을 갖기 때문에 이들 구가 모두 같은 크기가 아니라는 점에서 금속과 다르다. 결과적으로, 이온성 고체는 이온 크기와 이온 전하에 따라 서로 다른 다양한 단위 세포를 갖는다. NaCl, KCl과 그 밖의 많은 염들은 면심 입방 단위 세포를 갖는다. 큰 Cl^- 음이온이 꼭짓점과 면에 위치하고, 작은 Na^+ 양이온은 음이온들 사이에 형성되는 공간의 크기에 맞게 위치한다(그림 12.11).

기억하기…
반지름은 원자가 전자를 잃고 양이온이 될 때 감소하고, 원자가 전자를 얻어 음이온이 될 때 증가한다.

물론, 이온성 물질의 단위 세포는 같은 수의 양이온과 음이온을 함유하여 전기적으로 중성이어야 한다. 예를 들어, NaCl 단위 세포는 네 개의 Cl^- 음이온($1/8 \times 8 = 1$개의 꼭짓점 원자와 $1/2 \times 6 = 3$개의 면 원자)과 네 개의 Na^+ 양이온($1/4 \times 12 = 3$개의 모서리 원자와 1개의 중심 원자)이 있다. (입방 단위 세포에서 각 꼭짓점에 있는 원자는 8개의 단위 세포에 공유되고, 각 면에 있는 원자는 2개의 단위 세포에 공유되며, 각 모서리에 있는 원자는 4개의 단위 세포에 공유되는 것을 기억하라.)

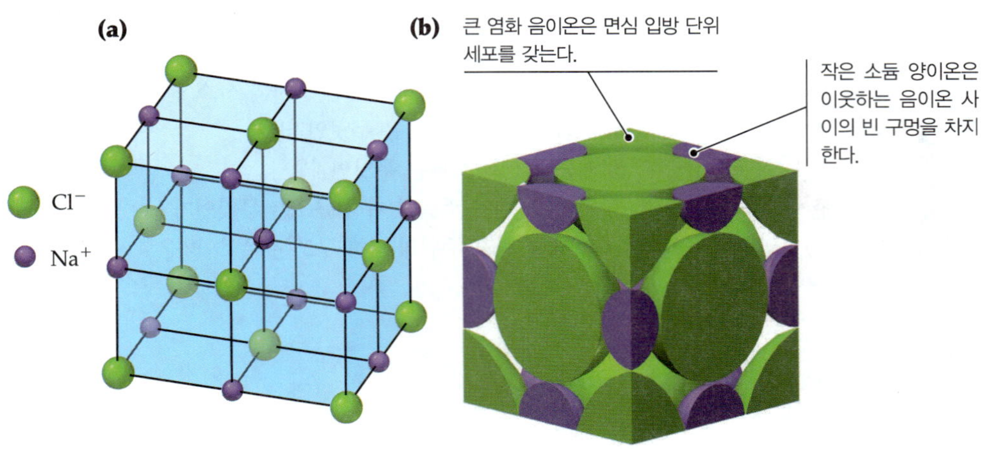

◀ **그림 12.11**
NaCl 단위 세포. 단위 세포의 한 변을 중심으로 나타낸 (a) 골격 보기와 (b) 공간 채움 보기

▶ 그림 12.12
(a) CuCl과 (b) $BaCl_2$의 단위 세포

◀ 확인하기

CuCl 단위 세포에 Cu와 Cl 이온이 몇 개씩 들어 있는가? CuCl 단위 세포의 전체 전하는 얼마인가? $BaCl_2$ 단위 세포에 Ba와 Cl 이온이 몇 개씩 들어 있는가? $BaCl_2$ 단위 세포의 전체 전하는 얼마인가?

답 CuCl 단위 세포: Cu^+ 4개, Cl^- 4개, 전체 전하 0. $BaCl_2$ 단위 세포: Ba^{2+} 4개, Cl^- 8개, 전체 전하 0.

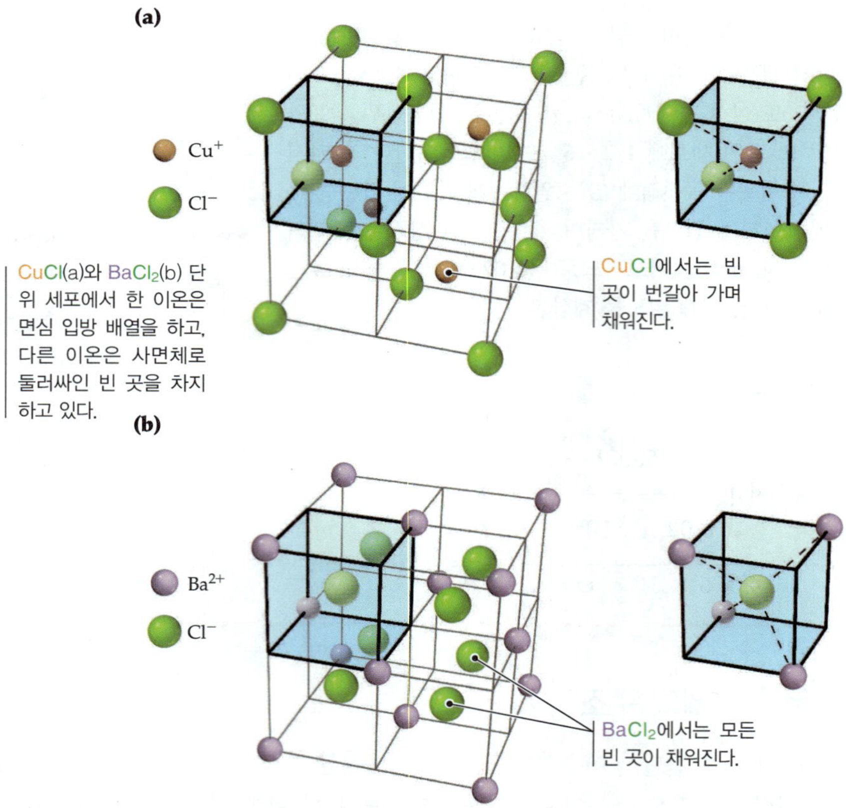

흔하게 발견되는 다른 두 이온성 단위 세포들을 **그림 12.12**에 나타내었다. 염화 구리(I)에서 큰 Cl^- 음이온은 면심 입방 배열을 하고, 작은 Cu^+ 양이온은 구멍에 위치하여 네 개의 음이온 사면체에 각각 둘러싸인다. 이와는 대조적으로, 염화 바륨은 작은 Ba^{2+} **양이온**이 면심 입방 배열을 하고, 큰 Cl^- 음이온이 사면체 구조로 둘러싸인다. 전하를 중성으로 만들려면 Ba^{2+} 양이온보다 두 배 많은 Cl^- 음이온이 필요하다.

개념 예제 12.3

단위 세포를 이용한 화학식과 기하학적 구조 결정

산화 레늄은 다음과 같은 입방 단위 세포로 결정화된다.

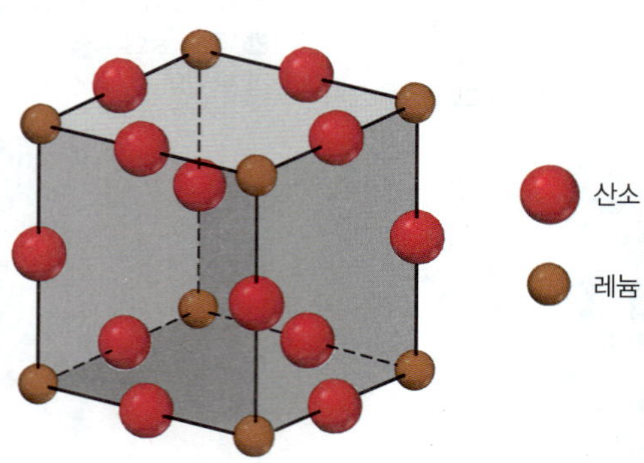

(a) 단위 세포에는 몇 개의 레늄 원자와 산소 원자가 존재하는가?
(b) 산화 레늄의 화학식은 무엇인가?
(c) 레늄의 산화 상태는 무엇인가?
(d) 각 산소 원자 주위의 기하 구조는 무엇인가?
(e) 각 레늄 원자 주위의 기하 구조는 무엇인가?

전략과 풀이

(a~b) 단위 세포의 각 꼭짓점 원자는 세포 8개에 공유되고, 각 면심 원자는 세포 2개에 공유되며, 모서리 원자는 세포 4개에 공유된다. 단위 세포의 꼭짓점 8개에 레늄 원자가 있다. $(8 \times 1/8) = 1$개 레늄 원자. 모서리에 산소 원자 12개가 있다. $(12 \times 1/4) = 3$개 산소 원자. 따라서 화학식은 ReO_3이다.

(c) 산소의 산화 상태는 −2이고, Re 원자 1개당 산소 원자가 3개 있으므로, 이온성 화합물의 단위 세포를 전기적으로 중성으로 만들려면 Re의 산화 상태는 +6이어야 한다.

(d) 각각의 산소는 결합을 두 개 형성한다. 단위 세포 그림에서 기하 구조가 선형임을 볼 수 있다.

(e) 단위 세포들이 서로 연결되면, Re는 8면체 기하 구조로 산소 6개와 결합한다.

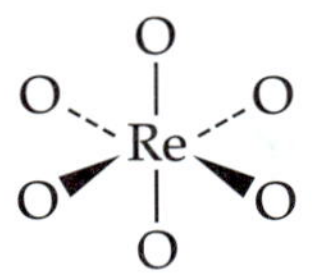

▶ **개념 연습문제 12.5** 황화 아연은 다음과 같은 입방 단위 세포로 결정화된다.

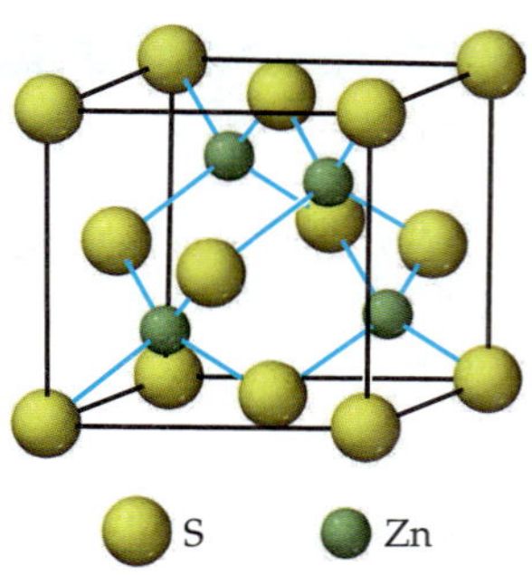

(a) 단위 세포에는 몇 개의 황 원자와 아연 원자가 존재하는가?

(b) 황화 아연의 화학식은 무엇인가?

(c) 아연의 산화 상태는 무엇인가?

(d) 각 아연 원자 주위의 기하 구조는 무엇인가?

▶ **개념 응용문제 12.6** 칼슘, 산소, 타이타늄을 포함하는 광물인 페로브스카이트(perovskite)는 다음과 같은 입방 단위 세포로 결정화된다.

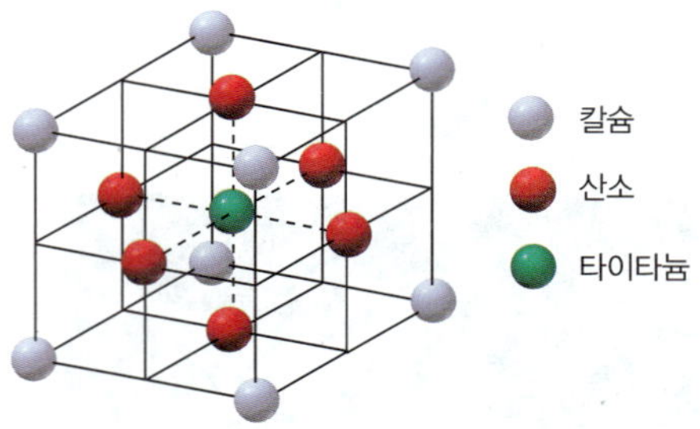

(a) 페로브스카이트의 화학식은 무엇인가?

(b) 페로브스카이트 구조에서 타이타늄의 산화수는 무엇인가?

(c) 각 타이타늄, 산소, 칼슘 이온 주위의 기하 구조는 무엇인가?

12.5 공유성 그물 구조 고체

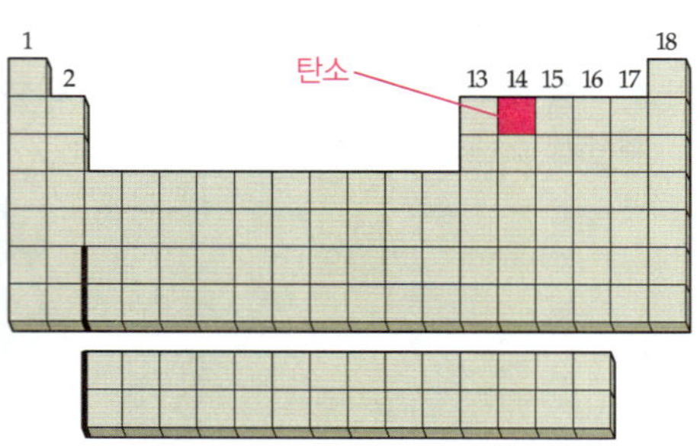

공유성 그물 구조 고체에 들어 있는 원자들은 거대한 3차원 배열 내부에 공유 결합으로 묶여 있다. 공유성 그물 구조 고체는 원자들 사이의 강한 공유 결합 때문에 단단하고 녹는점이 높다. 탄소와 규소는 몇 가지 서로 다른 공유성 그물 구조 고체를 형성하는데, 익숙한 예로서 흑연, 다이아몬드, 유리 등이 있다.

탄소

탄소는 40종류 이상의 알려진 구조, 즉 **동소체(allotrope)**를 갖고 있으며, 일부는 결정성이지만 대부분은 비결정성으로 존재한다. 흑연은 탄소의 가장 흔한 동소체로 자연 상태에서 가장 안정하며, 육각형 고리로 연결된 2차원 판상으로 구성된 결정성을 갖는 공유성 그물 구조 고체이다(그림 12.13a). 각 탄소 원자는 sp^2 혼성을 이루며, 세 개의 다른 탄소와 삼각 평면 구조로 결합한다. 탄소로 이루어진 다이아몬드는 각 탄소 원자가 sp^3 혼성을 이루며, 네 개의 다른 탄소 원자와 정사면체 구조로 결합된 공유성 그물 구조 고체이다(그림 12.13b).

(a) **흑연**은 육각 고리로 연결된 sp^2로 혼성된 탄소 원자들이 2차원 층상 구조를 이루는 공유성 그물 구조 고체이다.

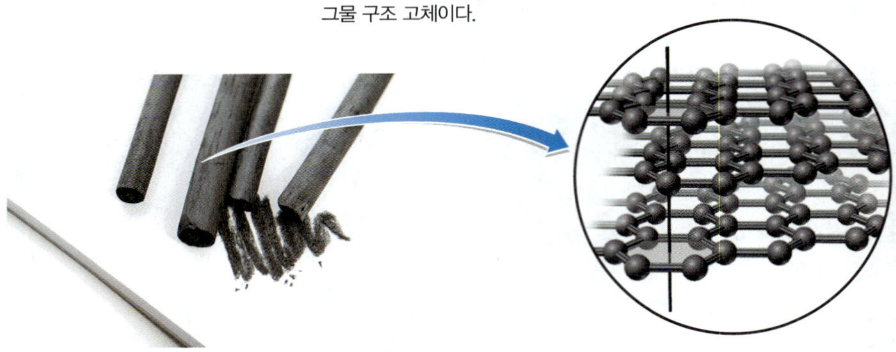

각 층에 존재하는 원자들은 이웃 층에 있는 원자들과 약간 비껴 놓여 있다.

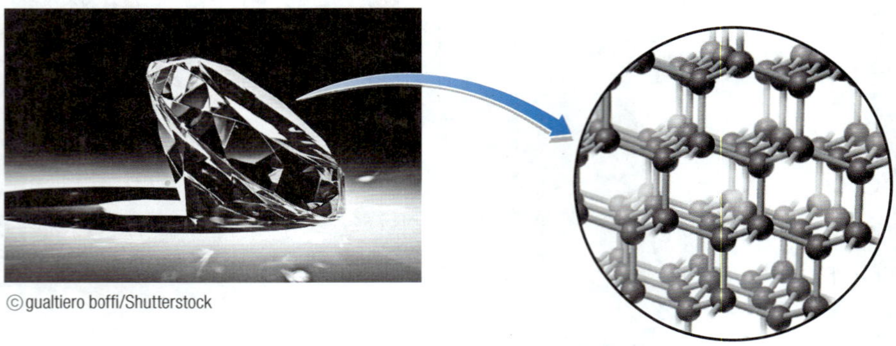

(b) **다이아몬드**는 sp^3로 혼성된 탄소 원자들의 거대한 3차원 배열이고, 각 탄소 원자들이 다른 네 개의 탄소 원자들과 정사면체 기하 구조를 이루며 결합되어 있다.

▲ **그림 12.13**
탄소의 두 결정성 동소체인 (a) 흑연과 (b) 다이아몬드

◀ **확인하기**

다이아몬드와 흑연의 분자 구조에 근거하여, 어떤 물질이 더 높은 전도도를 나타낼 것으로 예상되는가?

답 흑연은 탄소 원자가 sp^2 혼성을 이루기 때문에 더 높은 전도성을 갖는다. 전자가 혼성에 참여하지 않는 p 오비탈이 중첩되어 이뤄진 확장된 시스템 내에서 움직일 수 있어 전류를 흐를 수 있다.

흑연 및 다이아몬드와 더불어 탄소의 세 번째 동소체는 1985년에 발견된 그을음 성분인 **풀러렌**(fullerene)이다. 풀러렌은 축구공과 같은 독특한 모양을 가지며, 구형의 C_{60} 분자로 구성되어 있다. C_{60} 구는 오각형 면 12개와 육각형 면 20개를 가지고 있으며, 각 원자는 sp^2로 혼성되어 있고, 세 개의 다른 탄소 원자와 결합한다(**그림 12.14a**). 흑연과 풀러렌 모두와 밀접한

▶ **그림 12.14**
풀러렌(C_{60})과 탄소 나노튜브

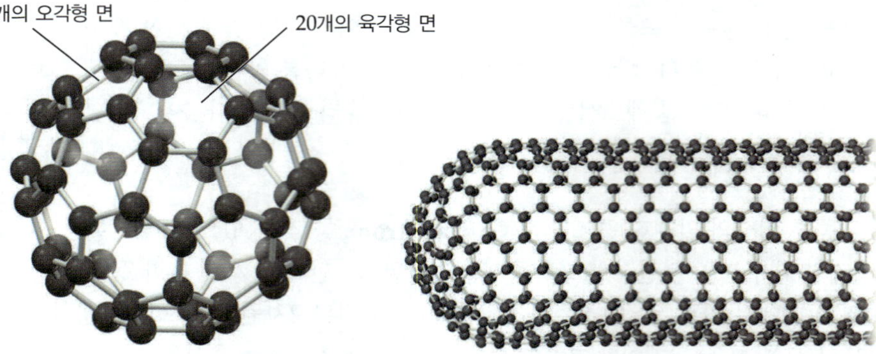

(a) **풀러렌**은 분자 구조가 축구공과 같은 모양을 갖는 분자성 고체이다. 이 공은 12개의 오각형 면과 20개의 육각형 면을 갖고, 각 탄소 원자는 sp^2로 혼성되어 있다.

(b) **탄소 나노튜브**는 지름이 2~30 nm 정도 되도록 흑연 층을 말아 올린 튜브로 구성되어 있다.

관련이 있는 탄소 동소체를 **나노튜브**(nanotube)라고 부르는데(**그림 12.14b**), 흑연의 한 층을 말아 올린 것과 같이 반복되는 육원자 탄소 고리로 이루어진 튜브 모양의 구조이다. 일반적으로 튜브의 지름은 약 2~30 nm이고, 길이는 1 mm 이하이다.

탄소 동소체들의 구조가 다르면 서로 다른 성질을 나타낸다. 다이아몬드 결정은 모든 원자들이 단일 결합으로 단단히 붙잡혀 있는 3차원 그물 구조를 형성하기 때문에 지금까지 알려진 물질 중에서 가장 단단하다. 또한 다이아몬드는 보석 이외에도 공업용으로 (재료를 자르고 깎는) 톱날과 드릴날에 사용된다. 다이아몬드는 전기적으로 부도체이고, 600만~1,000만 기압에서 녹는점은 약 8700 ℃이다. 무색 투명하고 결정성이 좋은 다이아몬드는 매우 희귀하며, 중앙아프리카와 남아프리카와 같은 한정된 곳에서만 발견된다.

흑연은 연필심, 전지의 전극 물질, 자물쇠의 윤활제로 사용하는 검정색의 윤활성 물질이다. 이와 같은 성질은 흑연의 층상 구조에 기인한다. 공기와 물 분자가 흑연 층의 평평한 면에 흡착하여 층들은 서로 잘 미끄러지고, 흑연은 매끄러운 느낌과 윤활 성질을 띤다. 보통의 압력에서 흑연은 다이아몬드보다 안정하지만, 매우 높은 압력과 높은 온도에서 다이아몬드로 전환될 수 있다. 실제로, 고온에서 150,000 atm의 압력을 흑연에 가하여 매년 약 120,000 kg의 공업용 다이아몬드를 합성한다.

미리보기…
22.6절에는 탄소 및 탄소 화합물의 구조와 성질에 대해 기술되어 있다.

흑연처럼 검고 빛나는 풀러렌은 흥미로운 전기적 특성을 가지고 있기 때문에 현재 활발한 연구 대상이다. 풀러렌을 루비듐 금속과 반응시키면 풀러렌화 루비듐(Rb_3C_{60})이라는 초전도 물질이 생성된다. 골프채, 자전거의 프레임, 선박과 비행기 제조에 사용되는 구조 복합 재료의 섬유로 탄소 나노튜브를 이용하는 연구가 진행 중이다. 탄소 나노튜브의 인장 강도는 강철에 비해 약 50~60배 더 크다. 탄소와 몇 가지 탄소 화합물의 화학은 22.6절에서 자세하게 다룰 것이다.

실리카

살아 있는 생명체가 탄소 화합물로 이루어진 것처럼, 대부분의 암석과 광물은 규소 화합물로 이루어져 있다. 예를 들어, 석영과 대부분의 모래는 순수에 가까운 **실리카**(silica, SiO_2)이다. 실제로 지각 질량의 약 75%는 규소와 산소로 이루어져 있다. 규소와 탄소가 주기율표의 14족에 있다는 점을 고려하면, SiO_2의 성질이 CO_2와 비슷하다고 생각할 수도 있을 것이다. 그러나 실제로 CO_2는 실온에서 기체 상태로 존재하는 분자 물질이지만, SiO_2(그림 12.2b)는 녹는점이 1600 ℃가 넘는 공유성 그물 구조 고체이다.

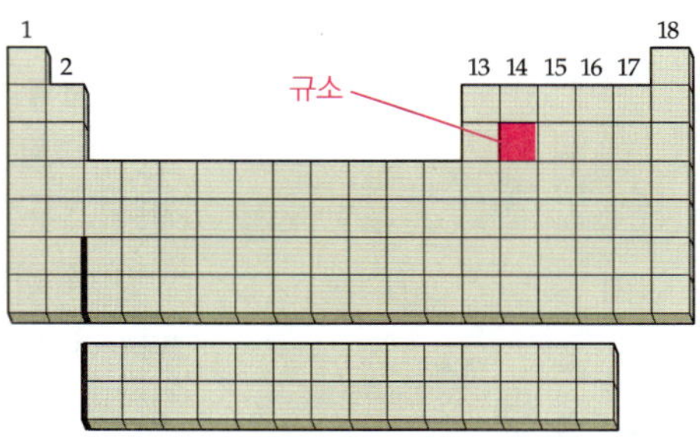

CO_2와 SiO_2의 중요한 성질 차이는 주로 탄소와 규소의 전자 구조가 다르기 때문이다. **탄소**–산소 **이중 결합**(**double bond**)의 π 결합은 탄소의 $2p$ 오비탈과 산소의 $2p$ 오비탈이 옆으로 겹쳐서 생성된다(8.4절). 비슷하게 **규소**–산소 이중 결합이 형성되려면 산소의 $2p$ 오비탈과 규소의 $3p$ 오비탈이 겹쳐야 한다. 그러나 Si–O 결합 길이는 C–O 결합 길이보다 길고, $3p$ 오비탈이 $2p$ 오비탈보다 크기 때문에 두 오비탈은 잘 겹쳐지지 않는다. 결과적으로 분자 구조에서 규소는 두 개의 산소와 두 개의 이중 결합을 형성하지 않고, 네 개의 산소와 네 개의 단일 결합을 형성하는 공유성 그물 구조를 갖는다.

기억하기…
두 원자의 혼성 오비탈이 원자와 원자를 잇는 축을 따라 배열되어 오비탈이 겹치면서 σ 결합이 형성되고, 혼성되지 않은 p 오비탈이 평행하게 배열되어 옆으로 겹치면서 π 결합이 형성되면, 두 원자 사이에는 **이중 결합**이 형성된다(8.4절).

1600 ℃ 이상으로 실리카를 가열하면, 많은 Si–O 결합이 끊어지고 결정성 고체로부터 점성이 큰 액체로 변한다. 이와 같은 유체를 냉각하면, 일부 Si–O 결합이 무질서한 배열로 재형성되어 **석영 유리**(quartz glass)라고 하는 비결정성 고체가 형성된다. 냉각하기 전에 첨가제를 넣어 혼합하면 여러 종류의 유리를 제조할 수 있다. 예를 들어, 보통의 창유리는 $CaCO_3$와 Na_2CO_3를 첨가해서 만든다. 다양한 전이 금속 이온을 첨가하여 색유리를 만들고, B_2O_3를 첨가하여 파이렉스(Pyrex)라는 상표명을 갖는 녹는점이 높은 붕규산 유리(borosilicate glass)를

▲ 색유리에는 전이 금속 이온이 들어 있다. ⓒPhongsak Meedaenphai/Shutterstock

▲ 알루미늄은 연성 때문에 전력선에 사용되는 도선으로 뽑을 수 있다. ⓒjeffy11390/Shutterstock

만든다. 붕규산 유리는 열팽창이 작아 잘 깨지지 않기 때문에 조리용 주방 기구와 실험실용 유리 기구에 특히 유용하다. 규소와 규소 함유 광물의 화학은 22.6절에서 좀 더 자세하게 다룰 예정이다.

12.6 금속에서의 결합

지금까지 고체의 다양한 유형과 그 구조에 대해 살펴보았다. 이제 결합 모형을 이용하여 금속의 특성에 대하여 설명할 것이다. 경도와 녹는점 같은 성질은 금속에 따라 상당히 다르지만, 어떤 성질들은 금속의 일반적인 특성이 되는 것도 있다. 예를 들어 모든 금속은 도선으로 뽑을 수 있고(연성), 유리나 이온성 결정과 같이 조각으로 깨지지 않으면서 판상으로 얇게 두드려 펼 수 있다(전성). 게다가 모든 금속은 열전도성과 전기 전도성이 크다. 금속은 손으로부터 효율적으로 열을 전도하여 빼앗아가기 때문에 금속을 만질 때 차갑게 느껴진다. 그리고 금속 도선을 전지의 단자에 연결하면 금속 도선을 통해 전류가 전도된다.

이러한 성질을 이해하기 위하여 금속에서의 결합을 살펴볼 필요가 있다. 널리 사용되는 두 가지 이론적 모형인 **전자 바다 모형**(electron-sea model)과 **분자 오비탈 이론**(molecular orbital theory)을 생각해 보고자 한다.

금속의 전자 바다 모형

어떤 금속에 대한 전자점 구조를 그릴 때, 이웃하는 원자쌍 사이마다 전자쌍 결합을 형성하는 데 이용할 원자가전자들이 충분하지 않다는 것을 쉽게 알 수 있다. 예를 들어, 원자당 한 개의 원자가전자($3s^1$)만 갖는 소듐은, 각각의 Na 원자가 8개의 가장 가까운 이웃 원자로 둘러싸여 있는 체심 입방 구조로 결정화된다. 그 결과 원자가전자들은 어떤 특정 원자쌍 사이의 결합에만 편재할 수는 없다. 그 대신에 원자가전자는 비편재화되어 있고 결정 전체에 속하게 된다.

전자 바다 모형(electron-sea model)에서 금속 결정은 그 결정 전체에서 자유롭게 이동하는 비편재화된 전자의 바다에 잠겨 있는 금속 양이온이 3차원으로 배열되어 있는 것으로 볼 수 있다(그림 12.15). 비편재화되어 있고 움직일 수 있는 원자가전자들은 연속되어 있으며, 금속 양이온들을 함께 붙잡아 주는 정전기적 접착제처럼 작용한다.

전자 바다 모형으로 금속의 전기 전도도와 열전도도를 간단하고 정성적으로 설명할 수 있다. 전자는 움직일 수 있으므로, 금속에 전압을 걸어 줄 때 음의 전극에서 양의 전극으로 전자가 자유롭게 이동한다.

움직일 수 있는 전자는 또한, 결정의 한쪽 부분에서 다른 부분으로 운동 에너지를 전달함으로써 열도 전도할 수 있다. 금속은 비편재화된 결합이 모든 방향으로 확장되므로 전성과 연성이 있다. 즉, 다이아몬드 또는 SiO_2와 같은 공유 결합성 그물 모양의 고체에서처럼 특정 결합 방향으로 제한되지 않는다. 금속 결정의 모양이 변형될 때 편재된 결합이 파괴되지는 않는다.

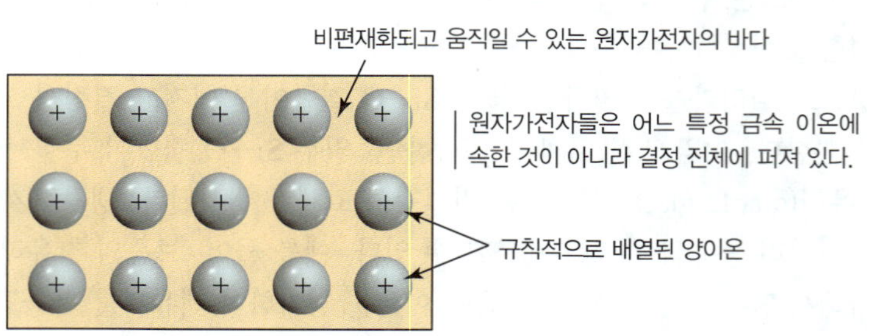

▶ **그림 12.15**
2차원으로 표현한 금속의 전자 바다 모형. 규칙적으로 배열된 양이온들이 비편재화되고 움직일 수 있는, 연속적으로 분포된 원자가전자들 속에 잠겨 있다.

그 대신에 전자 바다는 그저 새로운 양이온 분포로 조정될 뿐이며, 변형된 구조의 에너지는 본래의 에너지와 비슷하다. 그러므로 소듐과 같은 금속을 변형시키는 데 필요한 에너지는 비교적 작다. 철은 더 많은 원자가전자($4s^2 3d^6$)를 가지고 있어서 정전기적 '접착'이 더 조밀하므로, 철과 같은 전이 금속을 변형시키는 데 필요한 에너지가 더 크다.

금속에 대한 분자 오비탈 이론

분자 오비탈 이론으로 금속 결합에 대해 더욱 상세하게 이해할 수 있다. 분자 오비탈 이론이란 8.7~8.9절에서 논의한 작은 분자의 **분자 오비탈**(**molecular orbital**, **MO**)에 대한 설명을 논리적으로 확장한 것이다. H_2 분자에서 두 H 원자의 $1s$ 오비탈들이 겹쳐져서 σ 결합성 MO(bonding molecular orbital)와 더 높은 에너지의 σ^* 반결합성 MO(antibonding molecular orbital)가 만들어진다는 것을 기억하라. 기체 상태의 Na_2 분자의 결합도 비슷하다. 즉, 두 Na 원자의 $3s$ 오비탈들이 합쳐져서 σ와 σ^* MO가 만들어진다. 각각의 Na 원자가 한 개의 $3s$ 원자가전자만 가지고 있으므로, 더 낮은 에너지의 결합성 오비탈은 채워지고 더 높은 에너지의 반결합성 오비탈은 비어 있다.

기억하기…
분자 오비탈(MO)은 파동함수이며, 파동함수의 제곱은 분자의 주어진 공간 영역 내에서 전자를 발견할 확률을 알려 준다. MO는 분자를 이루는 원자들의 원자 오비탈들이 수학적으로 결합하여 이루어진다(8.7~8.9절).

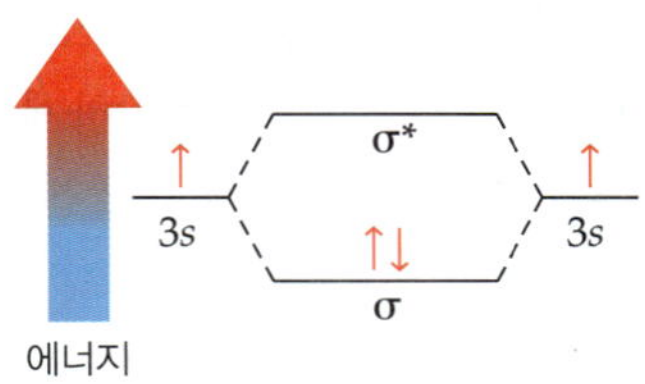

이제, 더 많은 Na 원자들이 모여 함께 소듐 금속 결정을 구성하면 어떻게 되는지를 생각해 보자. 8.7절로부터 기억할 주요한 개념은 **형성된 분자 오비탈 수가 합쳐진 원자 오비탈 수와 같다는 것이다.** 그러므로 삼원자인 Na_3 분자에는 3개의 MO가 있고, Na_4 분자에는 4개의 MO가 있다. 이는 **그림 12.16**에서 볼 수 있다. 한 변이 1.5 mm인 소듐 금속의 입방 결정은 약 10^{20}개의 Na 원자를 포함하므로 약 10^{20}개의 MO를 가지며, 각각의 MO는 결정에 있는 모든

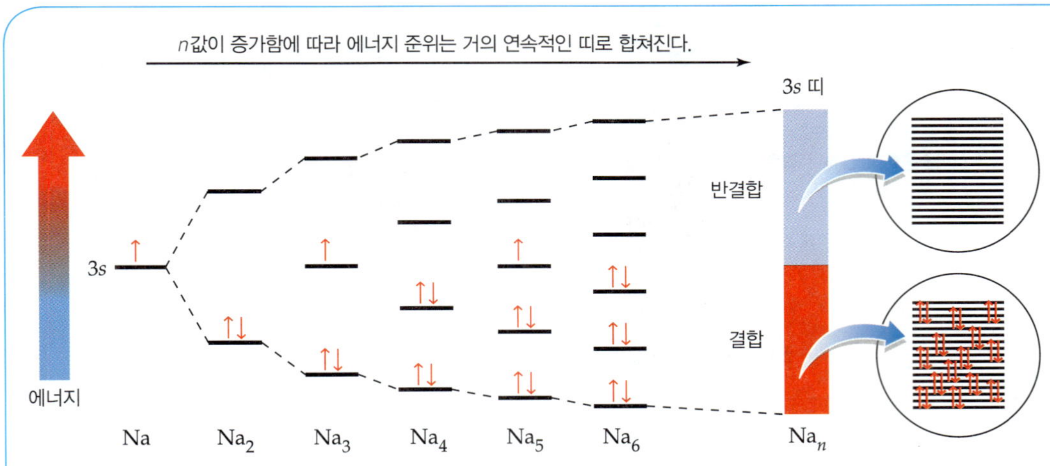

Na의 $3s$ 띠의 반인 높은 에너지 부분은 간격이 조밀한 반결합합 MO들로 구성되어 있고, 전자들이 낮은 에너지의 결합성 MO를 채우기 때문에 비어 있다.

Na의 $3s$ 띠의 반인 낮은 에너지 부분은 간격이 조밀한 결합성 MO들로 구성되어 있고, 각각의 Na 원자는 하나의 $3s$ 전자를 가지며 각각의 MO는 두 개의 전자를 보유할 수 있기 때문에 채워져 있다.

▲ **그림 12.16**
Na_n 분자에 대한 분자 오비탈 에너지 준위. 소듐 금속 결정을 거대한 Na_n 분자라고 생각할 수 있으며, 여기서 n은 약 10^{20}의 값을 갖는다. 이 그림과 계속되는 그림에서 진한 빨간색은 띠의 채워진 부분을 나타낸다.

◀ 확인하기

Na_6 분자에는 $3s$ 원자 오비탈에서 유래된 분자 오비탈이 몇 개 존재하는가? $3s$ 원자 오비탈보다 에너지가 낮은 분자 오비탈의 개수와 에너지가 높은 분자 오비탈의 개수는 각각 얼마인가? 어떤 오비탈에 전자가 채워지는가?

답 $3s$ 원자 오비탈보다 에너지가 낮은 3개의 분자 오비탈과 에너지가 높은 3개의 분자 오비탈 등 총 6개의 분자 오비탈이 존재한다. 이 중 에너지가 낮은 오비탈에 전자가 채워져 있다.

원자에 걸쳐 비편재화되어 있다. Na 원자 수가 증가함에 따라 Na_n 분자에서 연속되는 MO들 사이의 에너지 차이가 감소하는 것을 알 수 있다. 그림 12.16에서와 같이, Na_3의 MO들 사이의 에너지 간격은 Na_2보다 작고, 이러한 경향은 더 많은 Na 원자가 결정에 더해지는 동안 계속된다. 결과적으로, 큰 n 값에 대해서는 거의 연속적인 에너지 준위 띠로 합쳐진다. 이 **띠**(**band**)는 에너지적으로 매우 가까운 MO의 집합이므로, 금속의 MO 이론은 종종 **띠이론**(**band theory**)으로 불린다. 그림 12.16에서 소듐 금속의 3*s* 띠의 아래쪽 절반은 띠의 위쪽 절반에 위치한 반결합성 MO보다 에너지가 낮은 결합성 MO로 구성되어 있다. 각각의 Na 원자는 하나의 3*s* 전자를 가지며, 각 MO당 두 개의 전자를 보유할 수 있기 때문에 결합성 MO는 전자로 채워져 있다.

띠이론은 금속의 전기 전도도를 어떻게 설명하는가? 금속에서 각각의 MO는 일정한 에너지를 가지므로(그림 12.16), 금속의 각 전자는 특정 운동 에너지와 특정 속도를 갖는다. 이 값들은 특정 MO 에너지 준위에 의존하며, 띠의 아래에서 위로 갈수록 증가한다. 1차원 금속 도선에서 동일한 속도로 반대 방향으로 이동하는 전자들은 동일한 운동 에너지를 갖는다. 그러므로 띠 내의 에너지 준위들은 **미분화된**(**degenerate**) 쌍이 된다. 한 세트의 에너지 준위들은 오른쪽으로 이동하는 전자들에 적용되고, 다른 한 세트는 왼쪽으로 이동하는 전자들에 적용된다.

기억하기…
미분화된 에너지 준위들은 동일한 에너지를 갖는다(5.11절).

두 세트의 준위들은 전압을 걸어 주지 않았을 때 동일하게 분포된다. 즉, 오른쪽으로 이동하는 각각의 전자에 대해 또 다른 전자는 정확하게 동일한 속도로 왼쪽으로 이동한다(**그림 12.17**). 그 결과, 어느 한 방향으로도 알짜 전류는 없다. 그러나 전압을 걸어 주면 오른쪽으로(전지의 양의 단자 쪽으로) 이동하는 전자는 가속되며, 왼쪽으로(전지의 음의 단자 쪽으로) 이동하는 전자는 느려진다. 매우 느린 속도로 왼쪽으로 이동하는 전자 일부는 방향이 변화한다. 그리하여 이제 오른쪽으로 이동하는 전자 수가 왼쪽으로 이동하는 전자 수보다 많으므로 알짜 전류가 흐르게 된다.

▶ **그림 12.17**
1차원 소듐 금속 도선에 대한 절반이 채워진 3*s* MO 에너지 준위 띠. 두 세트의 미분화된 에너지 준위에 대한 전자의 이동 방향은 수평 화살표로 표시되었다.

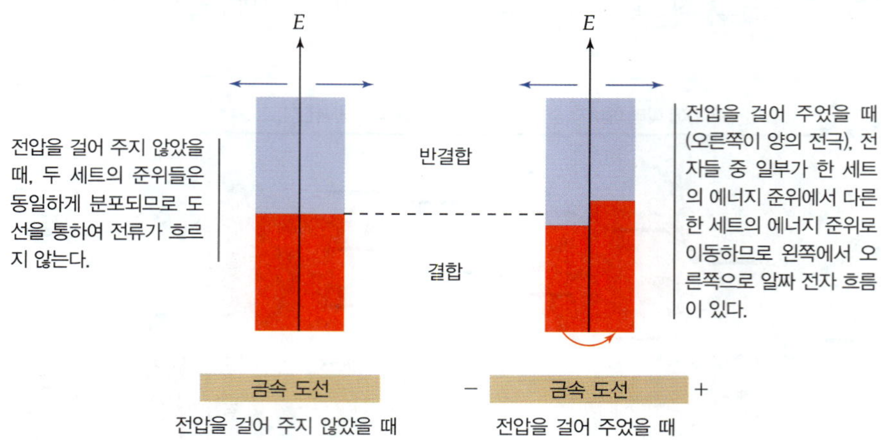

그림 12.17은 띠가 부분적으로 채워졌을 때만 전압이 전자를 한 세트의 에너지 준위로부터 다른 한 세트의 에너지 준위로 이동시킬 수 있다는 것을 보여 준다. 띠가 완전히 채워졌을 때는 전자들이 들뜰 수 있는 비어 있는 에너지 준위가 없으므로, 전압을 걸어 주어도 두 세트의 에너지 준위들은 동등하게 분포된 채로 유지된다. 이것은 전자가 완전히 채워진 띠에서는 전압이 전자들을 가속할 수 없다는 것을 의미한다. 이러한 결과는 1차원의 전선뿐만 아니라 3차원의 결정에도 적용된다. **완전히 채워진 띠만 갖는 물질은 전기 부도체이다. 반면에, 일부만 채워진 띠를 갖는 물질은 금속성 도체이다.**

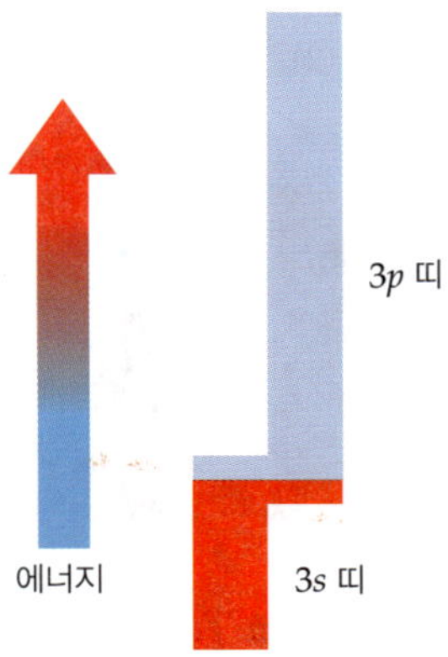

◀ 그림 12.18

마그네슘 금속의 혼합 3s–3p 띠. 3s와 3p 띠는 비슷한 에너지를 가지며, 서로 겹쳐 Mg 원자 한 개당 4개의 MO로 구성된 혼합띠를 형성한다. 각각의 Mg 원자는 두 개의 원자가전자만 갖기 때문에, Mg 원자 한 개당 최대 8개의 전자를 수용하는 혼합띠는 부분적으로 채워진다. (이 그림과 계속되는 그림에서 오른쪽으로 이동하는 전자와 왼쪽으로 이동하는 전자에 대한 개별적인 에너지 준위 세트는 나타내지 않았다.)

◀ 확인하기

금속이 마그네슘 대신 알루미늄이라면 3s–3p 띠의 전자 채워짐 정도는 어떠하겠는가?

답 각각의 Al 원자는 두 개의 3s 전자와 한 개의 3p 전자를 가지고 있기 때문에 띠의 채워진 부분(빨간색으로 표시한 부분)은 부분적으로 3p 띠로 확장될 것이다.

앞에서 설명한 분석에 근거하여, 마그네슘의 전자 배치가 [Ar]$3s^2$이고 완전히 채워진 3s 띠를 갖기 때문에 부도체일 것이라고 예측할 수 있다. 그러나 3p 원자가 오비탈을 아직 고려하지 않았기 때문에 이 예측은 틀렸다.

3s 오비탈들이 합쳐져서 3s 띠를 형성하는 것처럼, 3p 오비탈들이 합쳐져서 3p 띠를 형성한다. 3s와 3p 띠가 에너지 면에서 많이 떨어져 있으면, 3s 띠는 채워지고 3p 띠는 비어 있을 것이다. 따라서 마그네슘은 부도체가 될 것이다. 그렇지만 실제로는 3s와 3p 띠는 에너지가 겹치므로 결과적으로 형성된 혼합띠(composite band)는 부분적으로만 채워진다(그림 12.18). 따라서 마그네슘을 비롯한 알칼리 토금속 원소들은 금속성 도체이다.

전이 금속은 *d* 띠를 가지고 있어서 이 *d* 띠가 *s* 띠와 겹쳐서 금속 원자 한 개당 6개의 MO로 구성되는 혼합띠를 형성할 수 있다. 이 MO의 절반은 결합성 MO이고, 나머지 절반은 반결합성 MO이다. 그러므로 6개의 전자로는 단지 결합성 MO만 채워지고, 반결합성 MO는 비어 있게 되기 때문에, 금속 원자당 6개의 원자가전자를 갖는 금속이 최대 결합을 형성할 것으로 예상된다. 결합성 오비탈이 채워지거나 거의 채워진 전이 원소는 계열 내에서 높은 녹는점을 갖는다. 첫 번째 전이 금속 계열에서 바나듐(5개의 원자가전자를 가짐)이 가장 높은 녹는점(1910 ℃)을 나타낸다. 두 번째와 세 번째 전이 금속 계열에서는 몰리브데넘과 텅스텐(둘 다 6개의 원자가전자를 가짐)이 가장 높은 녹는점을 보인다. 몰리브데넘은 2623 ℃에서 녹고, 텅스텐은 3422 ℃에서 녹는다. 반면에, 수은은 낮은 녹는점(−39 ℃)을 가지고 있어 실온에서 액체이다. 수은은 12개의 원자가전자를 가지고 있고 반결합성 오비탈이 모두 채워져 결합 상호작용이 낮아진다.

예제 12.4

띠이론을 이용한 녹는점 설명

크로뮴과 아연의 녹는점은 각각 1907 ℃와 420 ℃이다. 띠이론을 이용하여 이 차이를 설명하시오.

전략

녹는점은 결합성 MO와 반결합성 MO의 점유 정도에 의존할 것이다. 반결합 전자에 비해 결합 전자의 초과분이 더 많을수록 결합이 더 강해지고 녹는점도 더 높아진다. 각 금속의 전자 배치와 결합 전자 및 반결합 전자의 수를 결정한다.

풀이

크로뮴의 전자 배치는 [Ar] $3d^5 4s^1$이고, 아연은 [Ar] $3d^{10} 4s^2$이다. 3d와 4s 띠가 겹쳐진다고 가정한다. 금속 원자 한 개당 12개의 원자가전자를 수용할 수 있는 혼합띠는 Cr의 경우에는 반만 채워지고, Zn의 경우에는 완전히 채워진다. 크로뮴은 모든 결합성 MO가 채워지고, 모든 반결합성 MO는 비어 있기 때문에, 강한 결합과 그 결과로 높은 녹는점이 예상된다. 아연은 결합성 MO와 반결합성 MO가 모두 채워지기 때문에 약한 결합과 낮은 녹는점이 예상된다. (아연의 전기 전도성이 크다는 사실은 4*p* 오비탈도 혼합띠에 기여한다는 것을 알려 준다.)

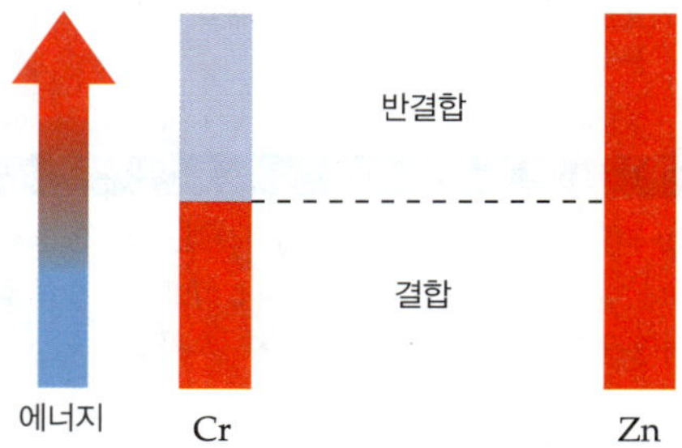

연습문제 12.7 수은 금속은 실온에서 액체이다. 띠이론을 이용하여 녹는점(−39 ℃)이 낮은 이유를 제시하시오.

개념 응용문제 12.8 다음 그림은 세 가지 금속 Hf, Pt, Re에 대한 혼합 *s*−*d* 띠의 전자 분포를 나타낸 것이다.

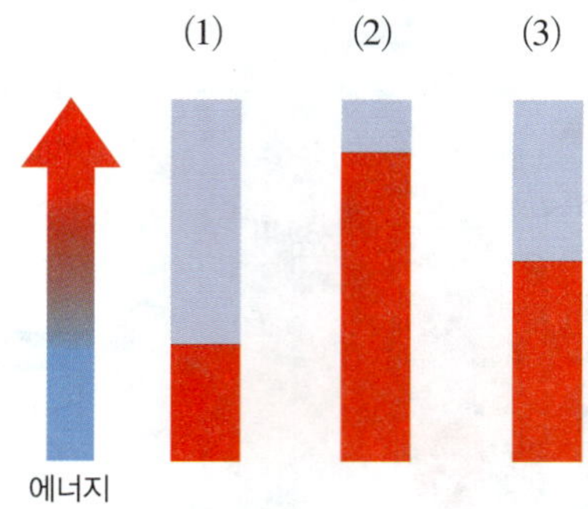

(a) 각각의 그림은 어느 금속에 해당하는가? 설명하시오.
(b) 어느 금속이 녹는점이 가장 높으며, 어느 금속이 가장 단단한가? 설명하시오.
(c) 어느 금속이 녹는점이 가장 낮으며, 어느 금속이 가장 무른가? 설명하시오.

12.7 반도체

규소나 저마늄 같은 **반도체(semiconductor)**는 금속과 부도체 중간의 전기 전도도를 갖는 물질이다. 반도체의 전기적 성질을 이해하기 위하여 먼저 부도체에서의 결합을 살펴보자. 예를 들어, 공유 결합성 그물 구조 고체인 다이아몬드를 생각해 보자. 각각의 C 원자는 다른 4개의 C 원자들과 사면체 구조로 결합한다(그림 12.13). 편재된 결합으로 설명하면, sp^3 혼성 오비탈이 겹쳐져서 C−C 전자쌍 결합이 생긴다. 비편재된 결합으로 설명하면, 모든 C 원자들의 2*s*와 2*p* 원자가 오비탈이 합쳐져서 결합성 MO와 반결합성 MO의 띠가 생기며, C 원자 한 개당 MO는 모두 4개이다. 일반적으로 부도체의 경우 **원자가띠(valence band)**라고 하는 낮은 에너지의 결합성 MO와, **전도띠(conduction band)**라고 하는 높은 에너지의 반결합성 MO가 에너지 면에서 상당히 큰 **띠간격(band gap)**으로 분리되어 있다. 다이아몬드에서 띠간격은 약 520 kJ/mol이다.

다이아몬드에서 두 개의 띠는 각각 C 원자 한 개당 4개의 전자를 수용할 수 있다. 탄소는 4개의 원자가전자($2s^22p^2$)만 가지므로 원자가띠는 완전히 채워지며, 전도띠는 완전히 비어 있다. 전압을 걸어 주었을 때 전자들이 들떠서 올라갈 수 있는 원자가띠에는 비어 있는 MO가 없고, 또한 띠간격이 커서 비어 있는 MO의 전도띠에는 전자가 분포되지 않기 때문에 다이아몬드는 부도체이다. 반면, 금속 전도체는 가장 높은 채워진 MO와 가장 낮은 비어 있는 MO 사이에 차이가 없다. 반도체의 MO는 부도체와 비슷하지만, 반도체에서는 띠간격이 아주 작다. 그 결과, 충분한 에너지를 가진 몇 개의 전자는 간격을 뛰어올라 더 높은 에너지를 갖는 전도띠에 채워진다. 그러므로 전도띠는 부분적으로 채워지고, 이에 따라 원자가띠에는 채워지지 않은 몇 개의 MO가 생기기 때문에 원자가띠는 부분적으로 비어 있게 된다. 반도체에 전압을 걸어 주면, 전압이 부분적으로 채워진 띠에 있는 전자를 가속할 수 있기 때문에 소량의 전류를 전도한다. 그림 12.19는 금속, 부도체 및 반도체의 에너지 준위의 차이를 보여 준다. 표 12.3은 14족 원소의 전기적 성질이 띠간격의 크기에 따라 어떻게 변하는지를 보여 준다.

반도체의 경우에는 온도가 올라감에 따라 전기 전도도가 증가한다. 이것은 온도가 증가함에 따라 전도띠에 채워지기에 충분한 열에너지를 갖는 전자의 수가 증가하기 때문이다. 높은 온도일수록 전도띠에 전하 운반체(전자)가 더 많아지고 원자가띠는 더 비게 된다. 반대로, 금속

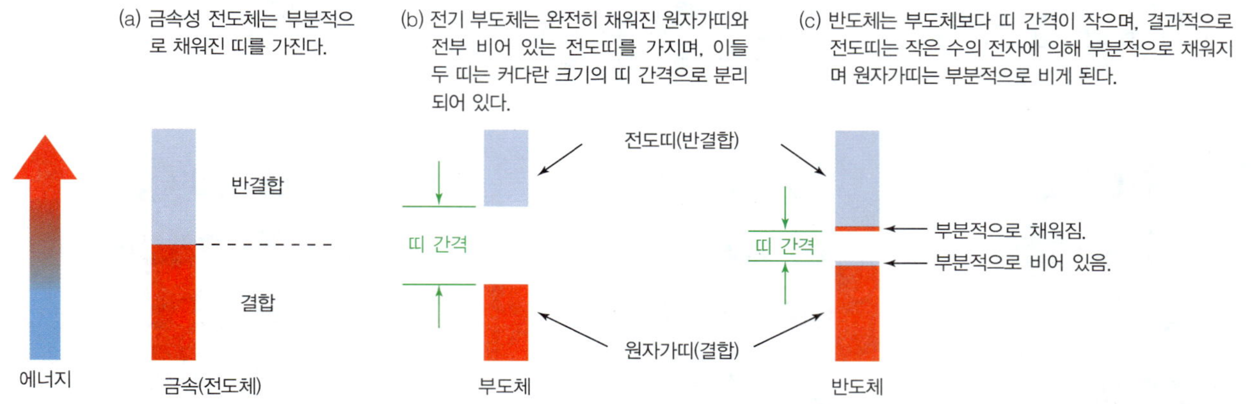

▲ 그림 12.19
(a) 금속성 전도체, (b) 전기 부도체, (c) 반도체에 대한 MO 에너지 준위 띠.
금속과 반도체에서 부분적으로 채워진 띠가 존재하여 전기 전도도가 생긴다.

◀ **확인하기**

반도체의 띠간격 에너지는 부도체나 전도체와 비교할 때 얼마나 되겠는가?

답 반도체의 띠간격 에너지는 금속과 부도체의 띠간격 에너지의 사이 값을 가질 것이다.

표 12.3 14족 원소의 띠간격

원소*	띠간격(kJ/mol)	물질의 종류
C(다이아몬드)	520	부도체
Si	107	반도체
Ge	65	반도체
Sn(회색 주석)	8	반도체
Sn(흰색 주석)	0	금속
Pb	0	금속

*Si, Ge, 회색 Sn은 다이아몬드와 구조가 같다.

의 경우에는 온도가 올라감에 따라 전기 전도도가 감소한다. 높은 온도일수록 격자 주위에서 금속 양이온의 진동 운동이 증가하고, 양이온의 진동은 결정을 통과하는 전자의 흐름을 방해한다. 그러므로 전기 전도도의 온도 의존성은 금속과 반도체를 구별하는 최선의 기준이다. 온도가 올라감에 따라 금속의 전도도는 감소하는 반면, 반도체의 전기 전도도는 증가한다.

반도체의 전도도는 소량(ppm)의 불순물을 첨가하여 크게 증가시킬 수 있다. 이 과정을 **도핑(doping)**이라고 한다. 예를 들면, 규소와 같은 14족 반도체에 인과 같은 15족 원소를 첨가하는 것을 생각해 보자. 다이아몬드처럼 규소는 각각의 Si 원자가 다른 네 개의 Si 원자들에 의해 둘러싸여 있는 사면체 구조를 가지며, 완전한 팔전자를 이룬다(그림 12.20a). 첨가된 P 원자는 규소의 결정 구조에서 정상적인 Si 위치를 차지하지만, 각각의 P 원자는 5개의 원자가전자를 가지고 있으므로 결합에 필요 없는 여분의 전자 한 개를 도입하게 된다(그림 12.20b). MO 그림에서 여분의 전자들은 전도띠에 채워진다. P가 도핑된 규소의 전도띠에 있는 전자의 개수는 순수한 규소보다 훨씬 더 많으므로 도핑된 반도체의 전도도는 이에 상응하는 만큼 더 크다. Si 원자 백만 개당 한 개만 P로 치환되어도 전도띠에 있는 전자의 개수는 $\sim 10^{10}/cm^3$에서 $\sim 10^{17}/cm^3$로 증가하며, 전도도는 $\sim 10^7$만큼 증가한다. 전하 운반체가 음(negative)전하의 전자이므로, 15족 원소가 도핑된 규소를 ***n*형 반도체(*n*-type semiconductor)**라고 한다.

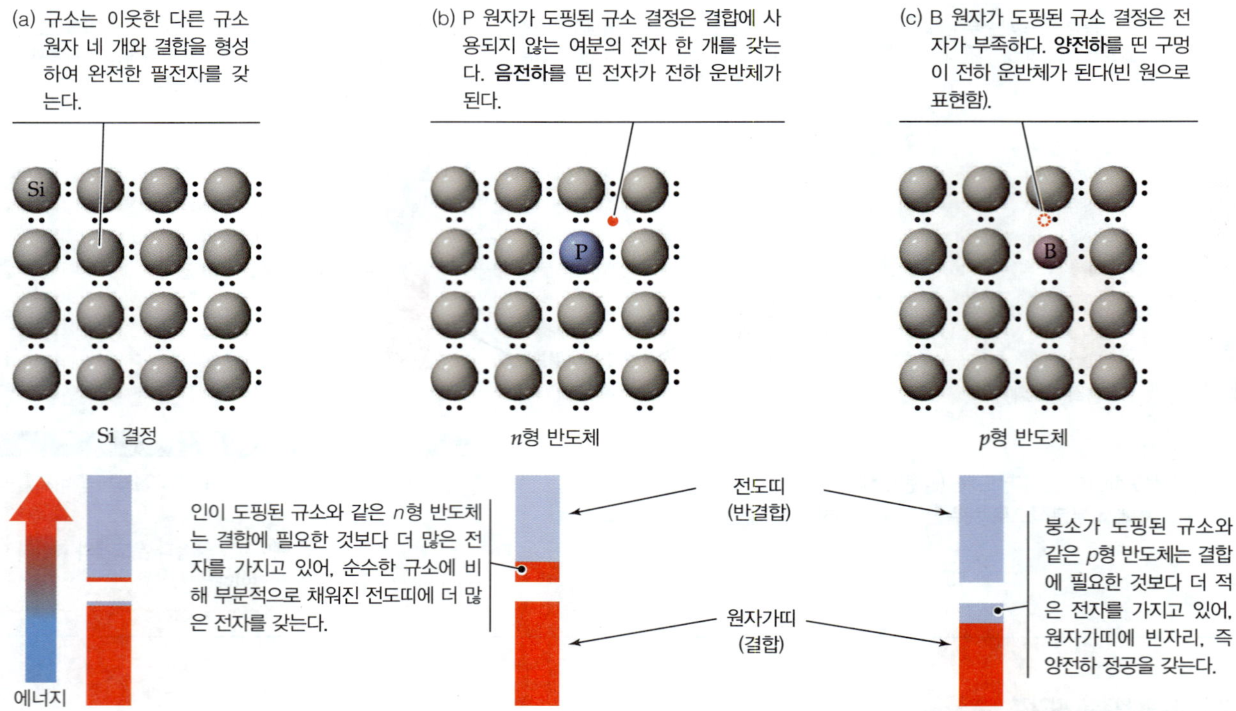

▲ **그림 12.20**
*n*형과 *p*형 반도체인 도핑된 규소 결정과 각각의 MO 에너지 준위

◀ 확인하기

어떤 종류의 반도체에서 전도띠의 전자 수가 증가되는가?

답 *n*형

이제 붕소와 같은 13족 원소가 도핑된 규소 반도체를 생각해 보자. 각각의 B 원자는 3개의 원자가 전자만을 가지고 있으므로 이웃한 4개의 Si와 결합을 형성하기에는 전자가 충분하지 않다(그림 12.20c). 이에 대한 MO 그림에서 원자가띠의 결합성 MO는 단지 부분적으로만 채워진다.

원자가띠에 있는 빈자리는 채워진 띠에 있는 양전하 정공(positive hole)으로 간주할 수 있다. 부분적으로 채워진 원자가띠에 있는 전자들이 걸어 준 전압 하에서 이동할 때 양전하 정공은 반대 방향으로 이동한다. 전하 운반체가 양전하 정공이라고 간주할 수 있기 때문에, 13족 원소가 도핑된 규소를 ***p*형 반도체**(***p*-type semiconductor**)라고 한다. 편재화된 모습을 나타낸 그림에서 양전하 정공은 B—Si 전자쌍 결합에서 전자가 없어진 것이다. 이웃한 Si—Si 결합으로부터 전자가 이 정공으로 이동할 때, 정공은 반대 방향으로 이동한다.

예제 12.5

도핑된 반도체의 종류 구별

소량의 알루미늄이 도핑된 저마늄 결정을 생각해 보자. 도핑된 결정은 *n*형 반도체인가, *p*형 반도체인가? 도핑된 결정의 전도도를 순수한 저마늄과 비교하시오.

전략

주기율표에서 저마늄과 알루미늄의 위치를 생각해 보고, 도핑된 결정의 원자가전자와 순수한 저마늄의 원자가전자의 상대적인 개수를 생각해 보라. 순수한 반도체보다 도핑된 반도체의 전자가 더 많으면 *n*형 반도체이고, 전자가 더 적으면 *p*형 반도체이다.

풀이

저마늄은 규소처럼 14족 반도체이고, 알루미늄은 붕소처럼 13족 원소이다. 그러므로 도핑된 저마늄은 *p*형 반도체이다. 왜냐하면 각각의 Al 원자는 이웃하는 4개의 Ge 원자와 결합하는 데 필요한 것보다 하나 더 적은 수의 원자가전자를 가지고 있기 때문이다(규소처럼 저마늄은 다이아몬드 구조를 갖는다). 그러므로 원자가띠는 부분적으로 채워지고, 이것이 전기 전도도를 설명한다. 도핑된 저마늄은 원자가띠에 훨씬 더 많은 양전하 정공을 가지고 있으므로, 전도도는 순수한 저마늄보다 크다. 즉 전압을 걸어 주었을 때 전자가 들떠서 올라갈 수 있는 비어 있는 MO를 더 많이 가지고 있다.

연습문제 12.9 비소가 도핑된 저마늄은 n형 반도체인가 p형 반도체인가? 도핑에 의해 전도도는 어떻게 영향을 받는가?

개념 응용문제 12.10 다음 그림은 네 가지 물질, 즉 다이아몬드, 규소, 알루미늄이 도핑된 규소, 흰색 주석에 대한 MO 에너지 준위 띠의 전자 분포를 나타낸 것이다.

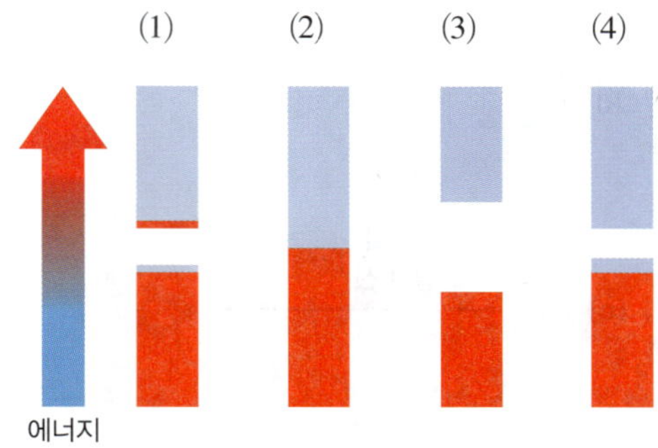

(a) 각 그림은 어떤 물질에 해당하는가?

(b) 네 가지 물질을 전기 전도도가 증가하는 순서로 나열하고 설명하시오.

12.8 반도체의 응용

도핑된 반도체는 오늘날 수많은 상업 제품에 이용되는 고체 전자 소자의 핵심 부품이다. 이러한 소자들 중에는 다음과 같은 것들이 있다.

- 교류를 직류로 바꿔 주는 다이오드(diode)
- 교통 신호등의 광원, 자동차 브레이크등, 디지털 시계, 병원에서 혈액 내 헤모글로빈의 산소 포화도를 관찰하는 산소 농도계 등에 이용되는 **발광 다이오드**(light emitting diode, LED)
- 태양광을 전기로 변환시키는 **광(태양) 전지**[photovoltaic(solar) cell]
- 컴퓨터의 집적 회로, 휴대 전화, 많은 전자 제품에서 전자 신호를 조절하고 증폭하는 **트랜지스터**(transistor)

이러한 모든 소자들은 n형 또는 p형 반도체로 이루어졌다.

다이오드

다이오드는 전류를 한쪽 방향으로 흐르게 하고 반대 방향으로는 강력하게 흐르지 못하게 하는 소자이다. 이것은 p형 반도체를 n형 반도체에 연결하여 $p-n$ 접합(junction)을 이룬 것이다(**그림 12.21**).

만약 n형 반도체가 배터리의 음극에 연결되고, p형 반도체가 배터리의 양극에 연결되면(그림 12.21a), n형 반도체의 전도띠에 있는 전자는 음극과 서로 반발하여 양극으로 끌려가게 된다. 결과적으로, 전자들은 $p-n$ 접합 영역을 지나 n쪽에서 p쪽까지 이동한다. 즉, 전자들은 p형 반도체의 원자가띠의 공동(양전하 정공)이 있는 쪽으로 떨어지게 된다. 동시에, 양전하 정공은 반대 방향, 즉 p쪽에서 n쪽으로 이동하며, n형 반도체의 전도띠에 있는 전자와 결합하게 된다. 전지가 n쪽에는 전자를, p쪽에는 양전하 정공을 계속 주입하기 때문에 이 소자가 전지에 연결되어 있는 한, 전자와 정공의 이동에 의해 지속적으로 전류를 흐르게 한다. 이와 같은 방법으로 소자가 전지와 연결되어 있을 때 $p-n$ 접합은 순방향 바이어스(forward bias)에 놓여 있다고 한다.

만약 전지와 반대로 연결되면[역방향 바이어스(reverse bias), 그림 12.21b], 전하 운반체는 반대 방향으로 움직인다. 음전하를 띤 전자는 전지의 양극 쪽으로 이동하고, 양전하 정공은 음극 쪽으로 이동한다. 전하 운반체가 $p-n$ 접합에서 멀어지기 때문에 이 접합은 전류가 거의 흐르지 않는다. 즉 전류는 순방향 바이어스로 있을 때만 흐르게 된다. $p-n$ 접합은 회로의 하

▶ 그림 12.21
반도체 다이오드

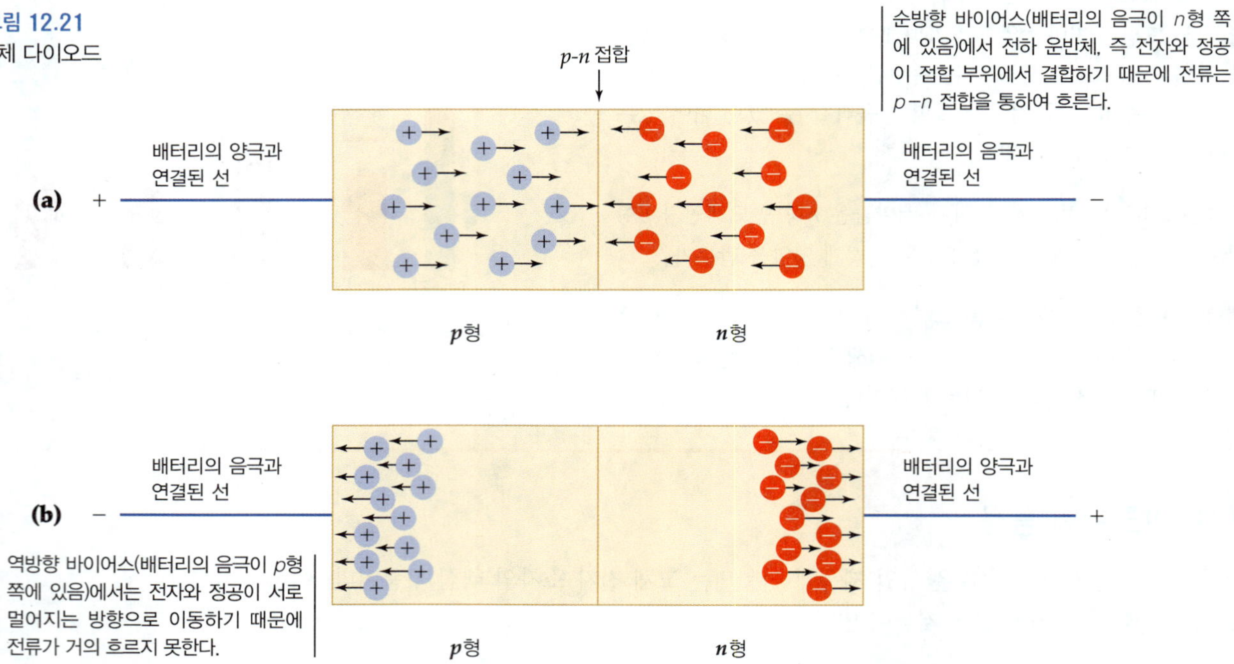

나로서 교류 전위 하에서 전류를 한쪽 방향으로만 흐르게 하여 교류를 직류로 바꿔 주는 **정류기**(rectifier)로 작용한다.

발광 다이오드

순방향 바이어스 다이오드의 $p-n$ 접합에서 전자와 정공이 결합하면 전도띠에서 원자가띠로 전자가 전이하기 때문에 에너지는 빛으로 발산된다. 발광 다이오드, 즉 LED의 도식이 띠이론에 해당하는 에너지 준위와 함께 **그림 12.22**에 나타나 있다.

▶ 그림 12.22
발광 다이오드(LED) 모식도와 띠이론에 해당하는 에너지 준위 도표

▶ 확인하기

발광 다이오드의 $p-n$ 접합이 순방향 바이어스로 연결되어 있는가, 역방향 바이어스로 연결되어 있는가?

답 순방향 바이어스. 그림 12.21에서 n형 반도체가 배터리의 음극에 연결되어 있기 때문에 순방향이다.

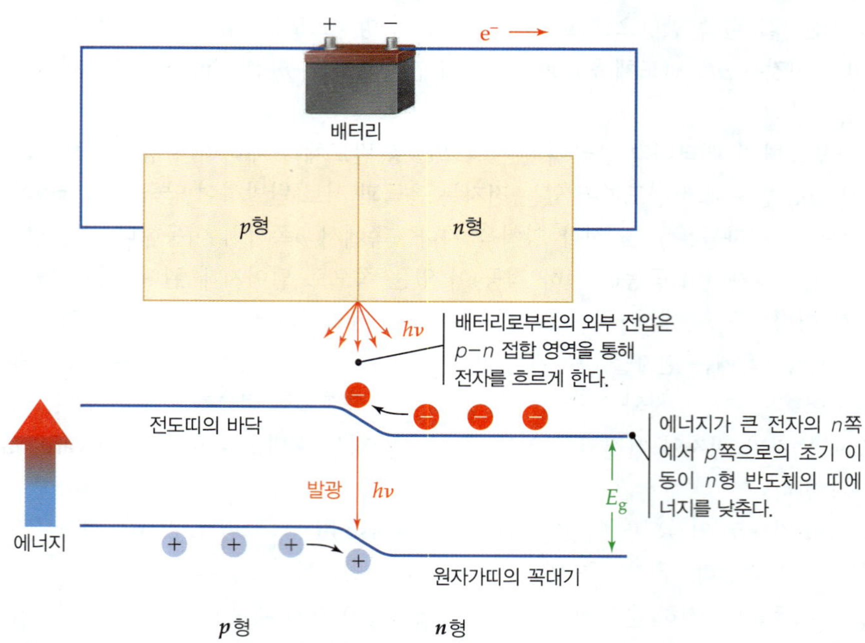

에너지 준위 그림에서 아주 적은 양의 전자가 n쪽에서 p쪽으로 $p-n$ 접합을 가로질러 이동하기 때문에 n형 쪽과 p형 쪽의 원자가띠와 전도띠는 서로 다른 에너지를 갖게 된다. n쪽의 에너지 감소는 에너지가 높은 전자의 손실로 인한 것인데, 이후 곧 n쪽에는 접합을 가로질러 p쪽으로 이동할 충분한 에너지를 가진 전자가 남아 있지 않게 된다. 외부 전위 존재 하에서는 전자가 $p-n$ 접합 부위의 에너지 언덕을 넘는 데 필요한 에너지를 배터리의 순방향 바이어스로부터 얻는다. 어떤 LED에서의 발산되는 빛의 에너지는 대략적으로 띠간격 에너지(E_g)와 같으며, 이것은 다음 식과 같이 빛의 파장과 관계가 있다.

개념탐구 질문 4

띠간격 에너지가 서로 다른 두 개의 $p-n$ 반도체 접합을 비교하시오. 띠간격 에너지가 작은 것과 큰 것 중 발광 다이오드에서 더 긴 파장의 빛을 발산하는 것은 무엇인가?

$$E_g = h\nu = hc/\lambda$$

LED 제작에 이용되는 반도체는 일반적으로 GaAs, GaP, AlAs, InP와 같은 13족과 15족 원소의 1:1 화합물이다. 소위 3-5 반도체라고 하는 이들은 Si와 Ge 등의 원소형 반도체와 같은 다이아몬드 구조이며, 같은 수의 원자가 전자를 갖고 있다. 예를 들어, GaAs에서 각각의 Ga 원자는 사면체를 이루는 4개의 As 원자로 둘러싸여 있고, 각각의 As 원자는 사면체를 이루는 4개의 Ga 원자로 둘러싸여 있다(그림 12.23).

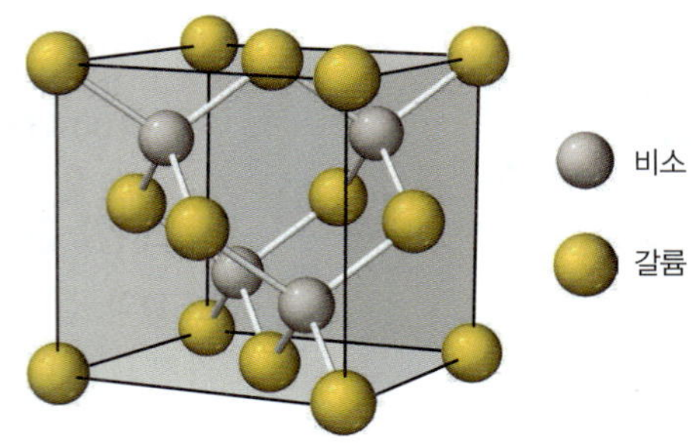

▲ 그림 12.23
각 비소 원자 주위로 사면체 기하 구조를 지닌 갈륨 비소 단위 세포

원자당 평균 전자 수는 4(Ga에서 3개, As에서 5개)이고, 따라서 순수한 Si와 Ge처럼 원자가띠는 거의 차 있고 전도띠는 거의 비어 있게 된다. n형 GaAs 반도체는 As보다 전자가 한 개 더 많은 원소(예를 들어 Se)를, p형 GaAs 반도체는 Ga보다 전자가 한 개 적은 원소(예를 들어 Zn)를 첨가하여 만들 수 있다.

LED를 제조하는 방법 중 하나는 투명한 기판에 **화학 기상 증착법**(chemical vapor deposition)으로, 얇은 막의 n형 반도체 층과 p형 반도체 층을 만드는 것이다. 예를 들어, GaAs 층은 고순도의 트라이메틸갈륨[trimethylgallium, $Ga(CH_3)_3$]과 아르신[arsine, AsH_3]을 약 1000 ℃에서 뜨거운 기판에 접촉시켜 증착할 수 있다.

$$Ga(CH_3)_3(g) + AsH_3(g) \xrightarrow{1000\ ^\circ C} GaAs(s) + 3\ CH_4(g)$$

LED의 띠간격과 색깔은 **원자 반지름**(atomic radii)과 **전기 음성도**(electronegativity)와 같은 주기적 성질로, 반도체 혼합물의 성분비를 달리하여 조절할 수 있다. 반도체 결정 내 원자의 반지름이 증가함에 따라 전자를 통한 결합력은 다소 약해지고, 띠간격의 에너지 차이는 줄어든다. 15족의 P, As, Sb와 조합하여 만든 갈륨(13족) 반도체를 생각해 보자. P에서 Sb로 원자 반지름이 증가함에 따라 띠간격 에너지가 점차 작아진다[GaP(222 kJ/mol), GaAs(135 kJ/mol), GaSb(67.5 kJ/mol)].

기억하기…
원자 반지름은 두 개의 같은 원자핵 사이의 결합 거리의 반으로, 주기를 가로질러 오른쪽 방향으로 작아지고 족의 아래 방향으로 커진다(5.14절). 전기 음성도는 결합을 이루는 원자 간의 공유된 전자를 끌어당기는 정도로, 주기에서는 오른쪽 방향으로 커지고, 족에서는 아래 방향으로 작아진다(7.3절).

GaAs나 ZnSe처럼 같은 주기에 있는 원자를 포함하는 반도체의 띠간격 에너지를 비교할 때, 원자 반지름이 비슷하고 서로 다른 두 개의 결정 내 원자 간의 결합 거리도 매우 차이가 적다. 이 경우에 있어, 결합 극성이 띠간격 에너지에 큰 영향을 준다. 그림 7.4에 주어진 전기 음성도 값으로부터 Ga와 As($2.0-1.6=0.40$) 및 Zn과 Se($2.4-1.6=0.80$) 간의 전기 음성도 차이를 계산할 수 있다. Zn과 Se 사이의 전기 음성도 차이가 Ga와 As의 경우보다 크므로, Zn과 Se 사이의 결합이 더 강하고 띠간격 에너지도 ZnSe(261 kJ/mol)가 GaAs(135 kJ/mol)보다 크다.

반도체의 성분비를 변화시킴으로써 띠간격 에너지를 조절할 수 있음을 살펴보았다. 반도체 구조에서 한 원자를 비슷한 다른 원자로 치환시킨 **고용체**(solid solution)로 가능한 띠간격 에너지와 LED의 색깔을 더 넓은 영역으로 확장할 수 있다. 예를 들어, GaAs와 GaP는 $GaP_xAs_{1-x}(0 \le x \le 1)$의 조성을 갖는 고용체를 형성한다. 이 고용체는 x값이 0에서 1까지 증가함에 따라 적외선에 해당하는 ~135 kJ/mol에서부터 녹색광에 해당하는 ~222 kJ/mol까지 띠간격이 변한다. 다양한 상업용 LED에서 발광되는 익숙한 적색광은 띠간격이 181 kJ/mol인 $GsP_{0.40}As_{0.60}$으로부터 얻는다. 녹색과 청색 영역의 빛은 질화 갈륨 인듐($Ga_xIn_{1-x}N$) 고용체로부터 얻는다.

▲ 잭슨빌 재규어스 스타디움에 있는 고해상도 전광판의 LED 불빛
ⓒjthomasweb/Shutterstock

체육 경기장이나 거리의 전광판은 적색, 녹색, 청색의 LED들을 결합하여 만든다. 예를 들어, 세계 최대의 고해상도 비디오 보드인, 잭슨빌 재규어스(Jacksonvile Jaguars) 스타디움의 362 ft×60 ft 크기의 전광판은 900만 개 이상의 LED로 만들어졌으며, 각각의 조합으로 다양한 색깔을 만들어낼 수 있다.

LED는 백열전구에 비해 더 작고, 더 밝으며, 수명이 길고, 에너지 효율이 높으며, 스위치를 켰을 때 반응이 빠르다. 예를 들어, LED 자동차 브레이크등은 전통적인 브레이크 백열등보다 점등 시간이 0.2초가 빠르며, 이는 교통 안전 측면에서 중요하다. 이 정도의 빠른 점등은 시속 100 km로 뒤따르는 운전자에게 약 5.8 m의 정지 거리를 확보해 주는 것과 같다.

광(태양) 전지

LED와 같이 태양 전지도 $p-n$ 접합을 포함하지만, 이들 두 소자는 서로 반대의 작동 원리를 가지고 있다. LED는 전기 에너지를 빛으로 변환하는 반면, 광(태양) 전지는 빛을 전기로 변환시킨다. $p-n$ 접합에 띠간격보다 크거나 비슷한 에너지의 빛을 쪼이면 전자는 p형 반도체의 원자가띠로부터 전도띠로 들뜨게 된다(**그림 12.24**). 만약 $p-n$ 접합을 포함시켜 전자 회로를 만들면, 접합 영역 전도띠의 내리막 경사 때문에 전자는 접합의 p쪽에서 n쪽으로 흐른다. 원자가띠에 남은 양전하 정공은 반대 방향으로 이동한다. 이 결과 생기는 전류는 배터리를 충전하거나 계산기 또는 전구와 같은 전기 장치를 작동시키는 데 이용된다.

▶ 그림 12.24
띠이론의 에너지 준위 그림에 상응하는 광(태양) 전지의 모식도

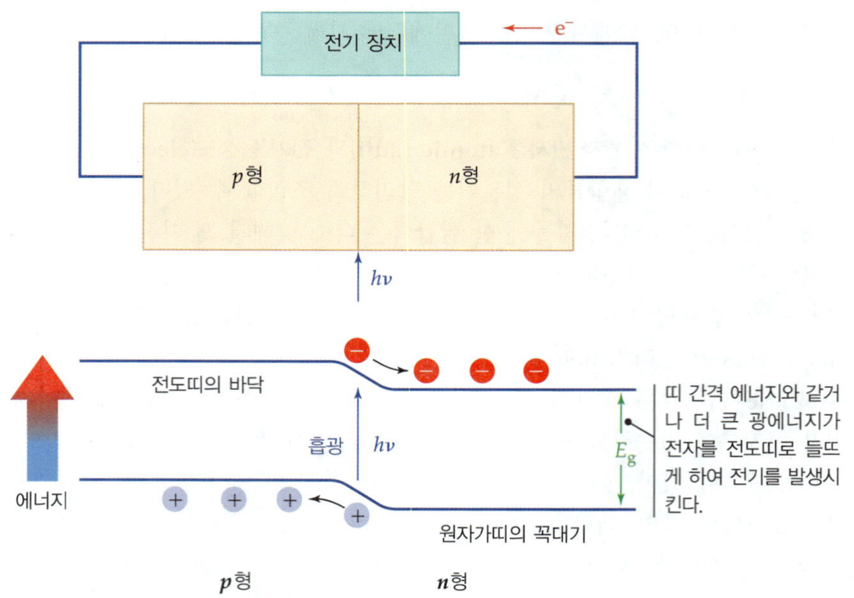

107 kJ/mol의 띠간격을 갖는 규소는 태양 전지를 만드는 재료로 널리 쓰인다. 이것은 약 1100 nm보다 짧은 파장의 빛(자외선, 가시광선, 적외선의 일부)을 흡수한다. 현재 빛을 전기로 변환하는 효율이 단지 약 20% 정도로, 보다 저렴한 재료와 간단한 제조 공정을 사용하여 전지의 효율을 높이고, 경제적인 태양 전지를 개발하는 데 연구의 초점이 맞추어지고 있다.

트랜지스터

라디오, 텔레비전, 컴퓨터, 휴대전화, 많은 전자 제품에 필수적인 부품인 트랜지스터는 1947년에 Bell 연구소에서 발명되었다. 트랜지스터는 *n*−*p*−*n* 접합 또는 *p*−*n*−*p* 접합으로 구성되어 현대의 집적 회로에서 전기 신호를 조절 또는 증폭하는 작용을 한다. 극히 작게 만들어진 이러한 소자는 놀랄 만큼 많은 수를 작은 공간에 넣을 수 있기 때문에 전자 제품의 크기를 줄이고 속도를 증가시킨다. 예를 들어, 현재 사용되는 컴퓨터의 마이크로프로세서는 약 2 cm^2의 표면적을 갖는 실리콘 칩 위에 수백억 개의 트랜지스터가 들어 있으며, 초당 1000억 개 이상의 지시를 수행할 수 있다.

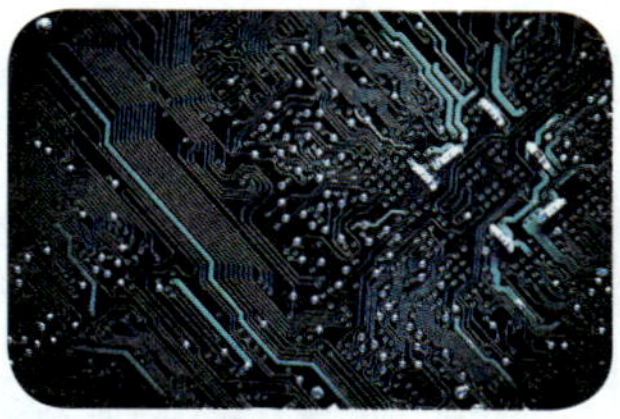

▲ 인텔 코어 vPro 프로세서

ⓒElena11/Shutterstock

12.9 초전도체

고온 초전도체의 발견은 지난 수십 년 동안 가장 흥분되는 과학 발전 중의 하나이다. 초전도체는 화학, 물리, 재료과학 분야에서 수많은 연구를 촉진시켜 왔으며, 향후 초고속 컴퓨터, 자기 부상 열차, 에너지 손실 없이 송전하는 전력선의 개발을 이끌어 갈 것으로 기대되고 있다.

초전도체(**superconductor**)란 **초전도 전이 온도**(**superconducting transition temperature**, T_c)라고 하는 특정 온도 이하에서 모든 전기 저항을 상실하는 물질이다. 이 현상은 1911년에 네덜란드의 물리학자 Heike Kamerlingh Onnes에 의해서 발견되었다. Onnes는 수은을 액체 헬륨으로 4.2 K까지 냉각할 때 갑자기 전기 저항이 소멸되는 것을 발견하였다(그림 12.25). T_c 이하에서 초전도체는 완전 도체로 되고, 한 번 발생시킨 전류는 에너지 손실 없이 무한히 흐른다.

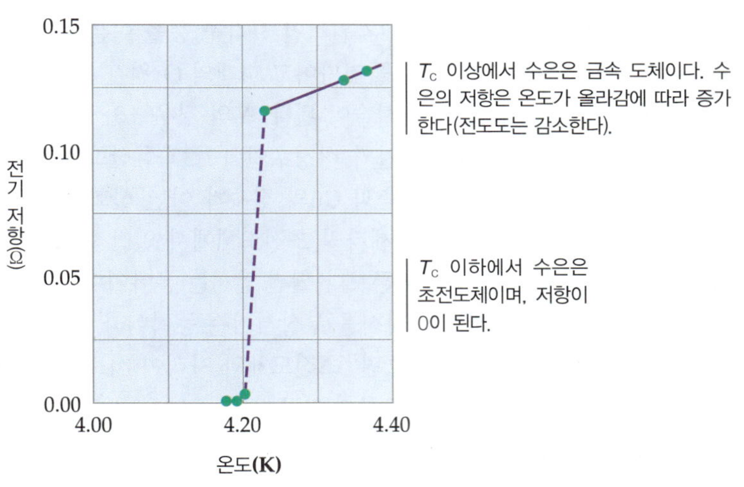

◀ 그림 12.25
수은의 전기 저항은 초전도 전이 온도(T_c = 4.2 K)에서 0으로 감소한다.

1911년 이래 과학자들은 점점 더 높은 온도에서 초전도 현상을 보이는 물질을 발견해 왔으며, 현재 6000종 이상의 초전도체가 알려져 있다. 1986년까지 T_c 기록값은 Nb_3Ge 화합물에 대한 23.2 K였다. 그런데 1986년에 IBM Zürich 연구소에 근무하는 K. Alex Müller와 J. Georg Bednorz가 비화학량론적 바륨 란타넘 구리 산화물($Ba_xLa_{2-x}CuO_4$, 여기에서 *x*는 대략 0.1)이 35 K의 T_c를 나타냄을 발견하면서 이 기록은 깨지게 되었다. 이후 곧이어 과학자들은 더 높은 T_c 값을 갖는 구리 함유 산화물을 계속 발견하였다. 예를 들면, 90 K의 $YBa_2Cu_3O_7$, 125 K의 $Tl_2Ba_2Ca_2Cu_3O_{10}$, 133 K의 $HgBa_2Ca_2Cu_3O_{8+x}$, 그리고 지금까지 가장 높은 138 K의 $Hg_{0.8}Tl_{0.2}Ba_2Ca_2Cu_3O_{8.33}$이다. 금속 산화물, 즉 **세라믹**(ceramic)이라고 하는 비금속 무기

▶ 그림 12.26
$YBa_2Cu_3O_7$ 결정 구조의 한 단위 세포. 단위 세포는 Y 원자 1개, Ba 원자 2개, Cu 원자 3개, O 원자 7개를 포함한다.

▶ 확인하기

$YBa_2Cu_3O_7$의 단위 세포가 3개의 Cu 원자와 7개의 O 원자를 포함하고 있음을 보이시오.

답 단위 세포의 각 꼭짓점에 8개의 Cu $(8\times1/8)=1$로 1개의 Cu 원자가 있고, 각 모서리에 8개의 Cu $(8\times1/4)=2$로 2개의 Cu 원자가 있어, 총 3개의 Cu 원자가 단위 세포에 있다. 12개의 O 원자가 모서리에 $(12\times1/4)=3$으로 3개의 O 원자가 있고, 8개의 O 원자가 면에 $(8\times1/2)=4$로 4개의 O 원자가 있어, 총 7개의 산소 원자가 단위 세포에 있다.

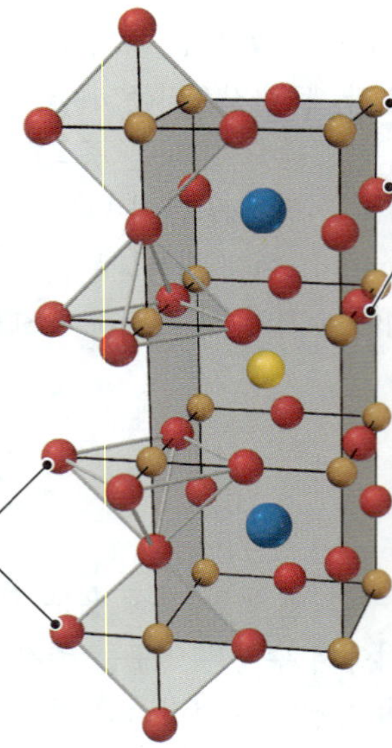

물 고체는 대부분 부도체이기 때문에, 위에 열거한 화합물이 높은 T_c 값을 나타내리라고는 전혀 예상하지 못했었다. 세라믹 초전도체를 발견한 공로로 Müller와 Bednorz는 1987년에 노벨 물리학상을 수상하였다.

1-2-3 화합물(이트륨 1개, 바륨 2개, 구리 3개)이라고 하는 $YBa_2Cu_3O_7$ 결정 구조를 그림 12.26에 나타내었다. Cu 원자의 2/3는 5개의 O 원자로 구성된 사각뿔로 둘러싸이고, 산소들의 일부는 이웃한 CuO_5 원자단에 공유되어 2차원적인 사각뿔 층을 이룬다. 나머지 Cu 원자는 4개의 O 원자로 구성된 사각 평면으로 둘러싸이고, 4개의 O 원자 중에서 2개는 이웃한 CuO_4 사각 평면에 공유되어 CuO_4 그룹 사슬이 된다. Y의 경우 +3, Ba는 +2, O는 −2인 일반적인 산화수를 기초로 할 때, Cu 원자가 비정수인 +2.33의 산화수를 갖는다는 점이 흥미롭다. 무한히 확장된 Cu와 O 원자 층과 Cu의 정수가 아닌 산화수가 전류 흐름에 중요한 역할을 하는 것으로 보인다. 그러나 세라믹 초전도체에서 일반적으로 인정되는 초전도 이론은 아직 없다. 이 분야는 실험이 이론보다 훨씬 앞서는 분야이다.

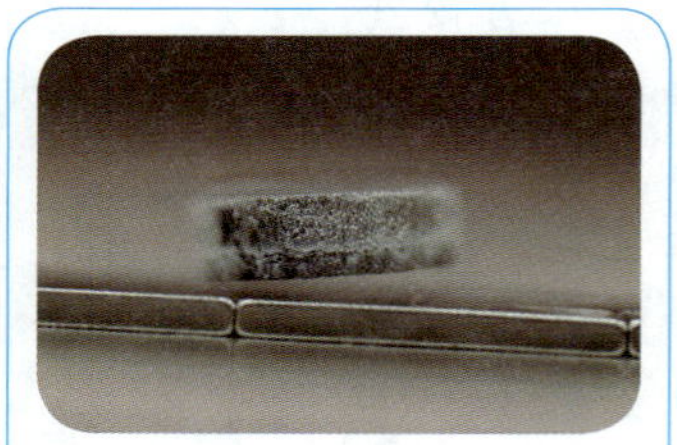

▲ 그림 12.27
액체 질소로 77 K까지 냉각시켰을 때 $YBa_2Cu_3O_7$ 펠릿 위에 부상하는 자석. $YBa_2Cu_3O_7$은 약 90 K에서 초전도체가 된다. ©Igor Krasilov/Shutterstock

초전도체의 가장 극적인 성질 중 하나는 자석을 부상시키는 능력이다. 초전도체를 T_c 이하로 냉각하여 자석을 그 초전도체 위에 놓으면, 초전도체와 자석이 서로 반발하여 자석은 공기 중에 떠 있는 것처럼 초전도체 위에 떠오른다(그림 12.27).

반발력은 다음 방법으로 생긴다. 자석을 초전도체 쪽으로 움직이면 초전도체 표면에 초전류가 유발되는데, 자석 이동을 중지한 다음에도 초전류가 계속해서 흐른다. 곧이어 초전류로 인해 초전도체에 자기장이 유발되고 이것은 자석으로부터 생기는 자기장을 정확하게 상쇄한다. 그리하여 초전도체 벌크 내부에서 알짜 자기장은 0이 되는데, 이 현상을 **마이스너 효과**(Meissner effect)라고 한다. 반면, 초전도체 외부에서는 자석과 초전류 때문에 생기는 자기장들은 동일한 두 막대자석의 극이 마주치는 것처럼 서로 반발한다. 따라서 초전도체 위의 자석은 아래 방향의 중력과 함께 위 방향의 자력을 받아 두 힘이 동일한 점에서 떠 있게 된다. 마이스너 효과를 응용할 수 있는 것으로, 현재 중국 상하이에서 운영하는 것과 같은 고속 자기 부상 열차를 들 수 있다(그림 12.28).

▲ 그림 12.28
중국 상하이에서 현재 상용화된 주행 속도 430 km/h의 자기 부상 열차 ©ChameleonsEye/Shutterstock

초전도체는 여러 분야에 응용될 수 있다. 예를 들어, 강력한 초전도 자석은 의료 진단에 널리 이용하고 있는 자기 공명 영상(MRI) 장치의 필수 부품이다. 초전도체는 고속 입자 가

속기에서 전하 입자의 경로를 휘게 만드는 자석 제조에도 이용된다. 그러나 이러한 응용은 액체 헬륨으로 4.2 K까지 냉각하는 통상적 초전도체($T_c \leq 20$ K)를 이용하는데, 액체 헬륨은 정교한 극저온 장치가 필요한 값비싼 물질이다. 새로운 고온 초전도체의 T_c 값은 우유보다 싸고 풍부한 액체 질소 냉매의 끓는점(bp 77 K) 이상에 있기 때문에 고무적이다. 물론 훨씬 더 높은 T_c 값을 갖는 물질에 대한 연구는 계속되고 있다. 장거리 전력 수송과 같은 것에 이용하려면 실온에서 초전도성을 보이는 물질이어야 한다.

현재 알려진 고온 초전도체들은 녹는점이 높은 부서지기 쉬운 분말이므로, 전기 장치에 필요한 도선과 코일로 제조하기가 쉽지 않다. 그럼에도 불구하고 고온 초전도체의 공업적 응용이 시작되고 있다. 초전도성 박막은 휴대 전화 기지국의 마이크로파 필터로 이용되고 있고, 또한 현재 길이 1 km 정도의 초전도성 도선은 상업적으로 이용 가능하다.

1991년에 AT&T Bell 연구실의 과학자들이 C_{60} 분자를 함유한 탄소 동소체인 풀러렌에 근거한 새로운 종류의 고온 초전도체를 발견하였다(12.5절). 이 축구공 모양의 C_{60} 분자는 포타슘과 반응하여 안정한 결정성 고체인 K_3C_{60}으로 된다. 이 결정에서 C_{60}^{3-} 이온은 면심 입방 배열을 하고 있으며, C_{60}^{3-} 이온들 사이의 공동에 K^+ 이온이 끼어들어 있다(그림 12.29). 실온에서 K_3C_{60}은 금속 전도체이지만, 19.5 K에서 초전도체로 된다. 같은 종류의 풀러렌화물인 Rb_3C_{60}과 Cs_3C_{60}은 각각 29.5 K와 40 K의 높은 T_c 값을 갖는다. 최근 2015년에 매우 높은 압력(150 GPa) 하에서 황화 수소가 203 K 근처에서 초전도 전이 현상을 보이는 것이 알려졌다.

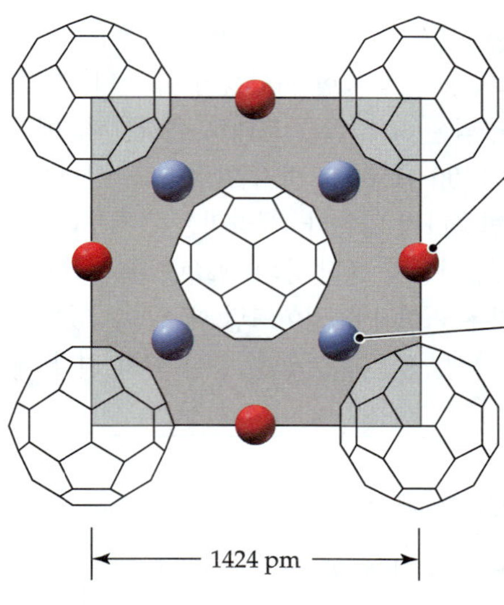

◀ **그림 12.29**
입방체 면에 대해 수직한 방향에서 바라본 면심 입방 구조 K_3C_{60}의 단위 세포 일부분

12.10 세라믹과 복합 재료

세라믹(ceramics)은 무기물의 비금속, 비분자성 고체로, 석영(SiO_2)과 같은 결정성 물질과 유리와 같은 비결정성 물질을 모두 포함한다. 도자기 및 자기와 같이 고대로부터 알려진 전통적 규산 세라믹은 규산알루미늄 점토를 고온으로 가열하여 만든다. 현대의 소위 **첨단 세라믹(advanced ceramics)**은 첨단공학, 전자공학, 생의학 등 여러 분야에 유용하다. 여기에는, 알루미나(Al_2O_3)와 같은 **산화물 세라믹**(oxide ceramics)과 탄화 규소(SiC) 및 질화 규소(Si_3N_4)와 같은 **비산화물 세라믹**(nonoxide ceramics)이 있다. 표 12.4에서 여러 가지 세라믹의 성질을

표 12.4 몇 가지 세라믹과 금속 재료의 성질

물질	녹는점(°C)	밀도(g/cm^3)	탄성률(Gpa)[a]	경도(모스 경도계)[b]
산화물 세라믹				
알루미나(Alumina, Al_2O_3)	2054	3.99	380	9
베릴리아(Beryllia, BeO)	2578	3.01	370	8
지르코니아(Zirconia, ZrO_2)	2710	5.68	210	8
비산화물 세라믹				
탄화 붕소(Boron carbide, B_4C)	2350	2.50	280	9
탄화 규소(Silicon carbide, SiC)	2830	3.16	400	9
질화 규소(Silicon nitride, Si_3N_4)	1900	3.17	310	9
금속				
알루미늄(Aluminum)	660	2.70	70	3
순탄소강(Plain carbon steel)	1515	7.86	205	5

[a] 탄성률은 물질이 하중을 받을 때 견디는 단단함을 압력 단위(1 gigapascal = 1 GPa = 10^9 Pa)로 나타낸 것이다. 그 값이 클수록 단단하다.

[b] 모스 경도의 수치는 1~10의 범위를 갖는데, 매우 부드러운 활석이 1, 천연 물질 중에서 가장 단단한 다이아몬드가 10이다.

알루미늄 또는 강철과 같은 금속과 비교하였다. 산화물 세라믹은 원소 이름의 *-um* 끝을 *-a*로 치환하여 명명한다. 그러므로 BeO는 베릴리아(beryllia), ZrO_2는 지르코니아(zirconia)로 부른다.

세라믹의 성질은 여러 관점에서 금속보다 우수하다. 세라믹은 녹는점이 더 높다. 그리고 더 강성이고, 더 견고하고, 마모와 부식에 대한 저항성이 더 크다. 더구나 금속이 녹거나 산화로 인해 부식되는 고온에서, 세라믹은 그 성질을 그대로 유지한다. 예를 들어, 질화 규소와 탄화 규소는 공기 중 산화에 대해 1400~1500 °C까지 안정하고, 산화물 세라믹은 이미 모두 산화되었으므로 산소와 더 이상 반응하지 않는다. 세라믹은 강철보다 덜 조밀하므로 가볍고 고온에서 안정하여 비행기, 우주선, 자동차 엔진 등의 재료로 유용하다.

▲ 가스 터빈 엔진에 이용하는 질화 규소 회전자 ©Hshkrc/CC 4.0: Attribution-Share Alike/Wikimedia Commons

그러나 불행하게도, 세라믹은 커피잔을 떨어뜨릴 때 알 수 있는 것처럼 잘 깨진다. 세라믹의 깨지기 쉬운 특성, 경도, 강성, 높은 녹는점은 강한 화학 결합 때문이다. 예를 들어, 탄화

▶ 그림 12.30
입방체 모양의 탄화 규소(SiC) 단위 세포. 이 결정은 결합이 강하고 방향성이 커서 외부 응력에 대해 변형될 수 없다.

▶ 확인하기

탄화 규소의 단위 세포에는 몇 개의 규소와 탄소가 있는가?

답 4개의 탄소와 4개의 규소

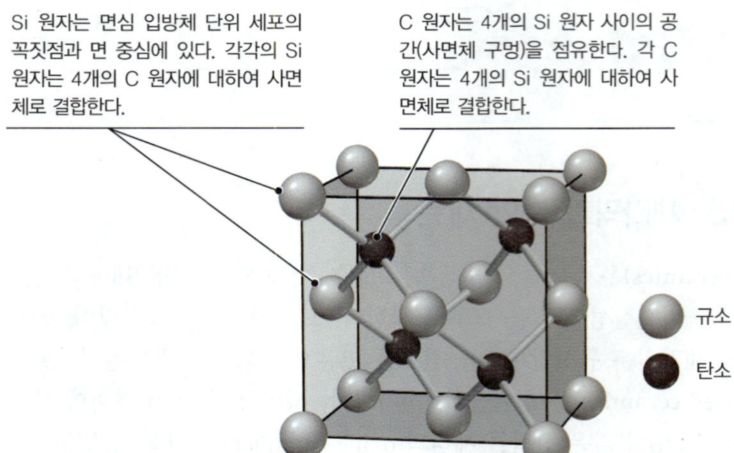

규소는 다이아몬드 구조로 결정화되는 공유 결합성 그물 구조 고체이다(**그림 12.30**). 각 Si 원자는 4개의 C 원자와 사면체로 결합하고, 각 C 원자는 4개의 Si 원자와 사면체로 결합한다. 고체가 하중 또는 충격을 받을 때, 강하고 방향성이 대단히 큰 공유 결합(D_{Si-C} = 435 kJ/mol)은 원자 면이 서로 미끄러지는 것을 방지한다. 그러므로 이러한 고체는 외부 압력을 완화하려고 변형될 수 없다. 고체의 모양은 일정 수준까지는 유지되지만, 그다음 결합이 갑자기 무너지고 특정 한계점 이상에서 물질이 부서진다. 대부분 결합이 이온성인 산화물 세라믹도 비슷하게 행동한다. 이에 반하여 금속은 외부 압력을 받아 변형된다. 이것은 금속 양이온 면이 전자 바다에서 쉽게 미끄러질 수 있기 때문이다(12.6절). 그러므로 금속은 움푹 들어가지만, 세라믹은 산산이 부서진다.

세라믹 공정, 즉 원료로부터 최종 세라믹 제품에 이르는 공정 과정이 어떻게 구성되는지에 따라 최종 제품의 내구성과 파괴에 대한 내성이 결정된다. 공정은 대개 고운 분말에서 시작한다. 그리고 그 분말은 유기 바인더와 혼합, 성형, 충전 후, 마지막으로 1300~2000 ℃에서 소결한다(sintered). 녹는점 이하에서 일어나는 **소결(sintering)**은 분말 입자들이 완전히 녹지 않고 함께 '밀착'되는 과정이다. 소결하는 동안 결정 입자들은 더 크게 성장하고, 입자 사이의 빈 곳이 없어지면서 밀도가 증가한다. 불행하게도 물질 내의 불순물과 남아 있는 빈 곳으로 인해 미세한 금들이 만들어져 그 물질이 응력에 견딜 수 없게 되기도 한다. 따라서 그 물질의 불순물과 빈 곳을 최소화하는 것이 중요하며, 이를 위해 소결 전의 입자들은 순도가 높고 미세해야 한다.

이러한 분말을 만드는 한 방법이 **솔–젤법(sol–gel method)**이다. 이 방법에서는 금속 산화물 분말을 금속과 알코올로부터 유도된 알콕시화 금속(metal alkoxide)으로부터 합성한다. 예를 들어, 에톡시화 타이타늄[titanium ethoxide, $Ti(OCH_2CH_3)_4$]으로부터 타이타니아(titania, TiO_2)를 합성할 때에는, 벤젠 용액 하에서 염화 타이타늄(IV)을 에탄올과 암모니아에 반응시켜 만든 $Ti(OCH_2CH_3)_4$를 출발 물질로 이용한다.

$$\underset{\text{에탄올}}{TiCl_4 + 4\,HOCH_2CH_3} + 4\,NH_3(g) \xrightarrow{\text{벤젠}} \underset{\text{에톡시화 타이타늄}}{Ti(OCH_2CH_3)_4} + 4\,NH_4Cl(s)$$

그다음에 순수한 $Ti(OCH_2CH_3)_4$를 적당한 유기 용매에 녹이고 물을 가하여 **가수 분해(hydrolysis)**한다.

$$Ti(OCH_2CH_3)_4 + 4\,H_2O \xrightarrow{\text{용해}} Ti(OH)_4(s) + 4\,HOCH_2CH_3$$

이 반응에서는 Ti–OCH_2CH_3 결합이 끊어지면서 Ti–OH 결합이 생성되고 에탄올이 재생된다. $Ti(OH)_4$는 이 용액 중에서 솔(sol)이라고 하는 콜로이드 분산계를 생성하며, 이 솔은 지름이 단지 0.001~0.1 μm 정도의 매우 고운 입자로 구성된다. 다음 반응으로 물 분자가 제거되고 Ti 원자들은 산소에 의해 서로 연결된다.

$$(HO)_3Ti—O—H + H—O—Ti(OH)_3 \longrightarrow (HO)_3Ti—O—Ti(OH)_3 + H_2O$$

모든 OH기가 이러한 반응을 하므로 솔 입자는 산소 다리를 통한 3차원 그물 구조로 연결된다. 그러면서 솔은 젤(gel)이라고 하는 더 굳은 젤라틴 같은 물질로 변한다. 그다음에 젤을 가열하여 남은 물과 용매를 제거하면 1 μm보다 작은 지름을 갖는 고순도 입자로 구성된 TiO_2 미세 분말을 얻는다(**그림 12.31**).

▶ 그림 12.31
분말을 소결하여 만든 치밀한 세라믹의 전자 현미경 사진. 지름이 1 μm보다 작은 TiO_2의 치밀한 입자로 이루어진 분말은 솔-젤법으로 만들었다. ©Epop/Wikimedia Commons

산화물 세라믹은 중요한 용도로 다양하게 쓰이고 있다. 예를 들어, 알루미나는 전기 저항이 크고 열적 안정도가 크며, 화학적으로 비활성이기 때문에 스파크-플러그 부도체 제조에 이용된다. 알루미나는 독성이 없고 생물계에서 근본적으로 비활성이므로 치과용 재료와 인공 고관절에 이용되며, 전자 회로 기판용 재료로도 이용된다. 고순도의 실리카(SiO_2) 섬유는 대기권에 재진입하는 우주 왕복선을 보호하는 가볍고 내열성이 강한 세라믹 타일을 제조하는 데 사용된다. 우주 왕복선은 스타이로폼보다 밀도가 작고, 1600 ℃까지 견딜 수 있는 타일 20,000여 장으로 덮어 씌워져 있다.

세라믹은 가볍고 충격에 강하여 총탄이나 다른 발사체를 약화시키거나 굴절시키기 때문에 군사용으로 폭넓게 이용되고 있다. 예를 들면, 과거에 강철(밀도 7.86 g/cm^3)로 만들었던 방탄복을 오늘날에는 탄화 붕소(밀도 2.50 g/cm^3)와 같은 가벼운 세라믹 물질로 만들고 있다. 전투용 차량과 군용 항공기에 강철 대신에 가벼운 세라믹 방탄판을 사용함으로써 기동성을 향상시켰고 연료 소비량을 감소시켰다.

▲ 세라믹 방탄판은 방탄 조끼 내부에 일반적으로 사용된다. ©Fotokostic/Shutterstock

예제 12.6

에톡시화 금속 혼합물의 가수 분해 반응을 이용한 1-2-3 초전도체 합성

1-2-3 세라믹 초전도체 $YBa_2Cu_3O_7$은 에톡시화 이트륨(yttrium ethoxide), 에톡시화 바륨(barium ethoxide), 에톡시화 구리(II)[copper(II) ethoxide]의 화학량론적 혼합물을 적당한 유기 용매에 넣고 솔-젤법으로 합성한다. 산소 중에서 가열하기 전의 산화 생성물은 화학식이 $YBa_2Cu_3O_{6.5}$이다. 에톡시화 금속의 화학량론 혼합물의 가수 분해 반응에 대한 균형 반응식을 쓰시오.

전략

우선 에톡시화 금속의 화학식을 결정한다. 그리고 다음에 에톡시화 금속 혼합물과 물과의 반응에 대한 균형 반응식을 쓴다.

풀이

에톡시화 리간드는 에탄올($HOCH_2CH_3$)의 음이온으로 −1의 전하를 갖는다. 이트륨은 3족 원소이므로 산화수가 +3이고, 따라서 에톡시화 이트륨의 화학식은 $Y(OCH_2CH_3)_3$이어야 한다. 마찬가지로 바륨(2족)과 구리(II)는 산화수가 +2이므로 에톡시화 바륨과 에톡시화 구리는 각각 $Ba(OCH_2CH_3)_2$와 $Cu(OCH_2CH_3)_2$이어야 한다.

$Y(OCH_2CH_3)_3$의 가수 분해 반응은 에톡시화 리간드당 H_2O 한 분자가 반응하여 일어나며, 이때 Y−OCH_2CH_3 결합이 분해되고 Y−OH 결합이 생성된다.

$$Y(OCH_2CH_3)_3 + 3\ H_2O \longrightarrow Y(OH)_3 + 3\ HOCH_2CH_3$$

이와 비슷하게, $Ba(OCH_2CH_3)_2$와 $Cu(OCH_2CH_3)_2$의 가수 분해 반응에서는 각각 $Ba(OH)_2$와 $Cu(OH)_2$를 얻게 된다.

$$Ba(OCH_2CH_3)_2 + 2\ H_2O \longrightarrow Ba(OH)_2 + 2\ HOCH_2CH_3$$

$$Cu(OCH_2CH_3)_2 + 2\ H_2O \longrightarrow Cu(OH)_2 + 2\ HOCH_2CH_3$$

초전도체 합성에서 세 가지 에톡시화 금속이 1:2:3의 비로 존재하므로, 혼합물의 가수 분해 생성물을 $Y(OH) \cdot 2Ba(OH)_2 \cdot 3Cu(OH)_2$ 또는 $YBa_2Cu_3(OH)_{13}$이라고 쓸 수 있다. 그러므로 가수 분해 반응은 13개의 $-OCH_2CH_3$ 리간드에 대하여 13개의 H_2O 분자가 필요하다. 이 균형 반응식은 다음과 같다.

$$Y(OCH_2CH_3)_3 + 2\ Ba(OCH_2CH_3)_2 + 3\ Cu(OCH_2CH_3)_2 + 13\ H_2O \longrightarrow YBa_2Cu_3(OH)_{13} + 13\ HOCH_2CH_3$$

이후 $YBa_2Cu_3(OH)_{13}$을 가열하면 물이 제거되면서 혼합 금속 수산화물이 산화물 $YBa_2Cu_3O_{6.5}$로 변환된다. 이것을 O_2 기체 중에서 가열하면 $YBa_2Cu_3O_7$으로 산화된다.

연습문제 12.11 렌즈, 레이저 거울, 기타 광학 부품에 이용하는 실리카 유리는 솔-젤법으로 만들 수 있다. 이 과정의 한 단계는 $Si(OCH_3)_4$의 가수 분해이다. 이 반응의 균형 반응식을 쓰시오.

응용문제 12.12 산화물 세라믹인 타이타늄산 바륨($BaTiO_3$)의 결정은 비대칭 이온 배열을 가지며, 전기 쌍극자 모멘트를 갖는다. 그러한 물질을 강유전체(ferroelectric)라고 하고, 다양한 전자 장치에 이용된다. 타이타늄산 바륨은 알콕시화 금속 혼합물의 가수 분해 반응이 포함된 솔-젤법으로 만들 수 있다. 아이소프로폭시화 바륨(barium isopropoxide)과 아이소프로폭시화 타이타늄(titanium isopropoxide)의 1:1 혼합물의 가수 분해 반응에 대한 균형 반응식을 쓰시오. 그리고 그 결과 얻어진 솔이 $BaTiO_3$로 어떻게 변환되는가를 설명하시오. [isopropoxide 리간드는 소독용 알코올로 알려진 아이소프로필 알코올 $HOCH(CH_3)_2$의 음이온이다.]

세라믹은 부서지기 쉽고 균열이 생기기 쉽다. 그렇지만 어떤 세라믹 분말을 소결하기 전에 탄소, 붕소 또는 탄화 규소와 같은 제2의 물질을 섞어 부서지기 쉬운 세라믹을 강화하고 단단하게 만들 수 있다. **세라믹 복합 재료(ceramic composite)**라고 하는 혼성 물질은 두 구성 물질의 장점을 모두 가지고 있다. 그 한 예가 **휘스커**(whisker) 형태의 탄화 규소로 강화된 미세 알루미나 복합 재료이다. 휘스커는 작은 섬유 모양의 입자로, 지름이 0.5 μm이고 길이가 50 μm이다. 휘스커는 단결정이므로 매우 강하다. 탄화 규소-강화 알루미나는 높은 온도에서도 큰 강도와 큰 내충격성을 가지므로 고강도 강철용 고속 절삭 기구의 제조에 이용된다.

섬유와 휘스커가 어떻게 복합 재료의 강도와 균열 내성을 증가시킬 수 있는가? 첫째, 섬유는 섬유 축을 따라 크게 강화된다. 왜냐하면, 대부분의 화학 결합은 축 방향으로 배열하기 때문이다. 둘째, 섬유는 미세 균열의 진행을 막아 재료의 파괴를 방지할 수 있는 여러 가지 방법이 있다. 섬유가 복합 재료에서 발생하는 균열을 빗나가게 하여 한 방향으로 진행되는 것을 방지할 수 있고, 또한 균열이 생길지라도 섬유가 섞여 있어서 균열된 부분들의 일부는 결합된 채로 유지될 수 있다.

탄화 규소-강화 알루미나는 섬유와 주위 매트릭스가 모두 세라믹으로 구성된 복합 재료이다. 그러나 두 상이 서로 다른 종류의 복합 재료도 있다. 예를 들어, 붕소 섬유로 강화된 알루미늄 금속과 같은 **세라믹-금속 복합 재료(ceramic-metal composite)** 또는 **서밋(cermet)**이 있고, 붕소/에폭시 또는 탄소/에폭시와 같은 **세라믹-고분자 복합 재료(ceramic-polymer composite)**도 있다(에폭시는 긴 사슬의 유기 분자로 구성된 수지이다). 이러한 재료는 중량 대비 강도의 비가 크기 때문에 우주 항공 산업과 군사적 응용에 널리 쓰인다. 예를 들어, 붕소-강화 알루미늄은 우주선의 경량 구조물로 이용되고, 붕소/에폭시와 탄소/에폭시 표피는 군용 항공기에 이용된다. 복합 재료 물질을 이용함으로써 민간 항공기 분야에서도 무게를 20~30% 만큼 줄일 수 있었다. 이러한 무게 감소에 상응하여 비행기 항공료의 40% 정도에 해당하는 연료를 절약할 수 있게 되었다. 또한 탄소/에폭시 복합 재료는 골프채, 테니스 라켓, 낚싯대, 자전거와 같은 강하지만 가벼워야 하는 스포츠 장비에 쓰인다.

복합 재료에 사용되는 세라믹 섬유는 보통 고온 방법으로 만든다. 예를 들어, 탄소(흑연) 섬유는 폴리아크릴로나이트릴(polyacrylonitrile) 섬유를 열분해하여 만들 수 있다. 폴리아크릴로나이트릴 섬유는 올론(Orlon) 직물 제조에도 이용되는 긴 사슬의 유기물 분자이다.

▲ 첨단 기술의 B-2 항공기 표면은 탄소 섬유를 함유한 강력하고 가벼운 복합 재료로 만들어진다. ©Angel DiBilio/Shutterstock

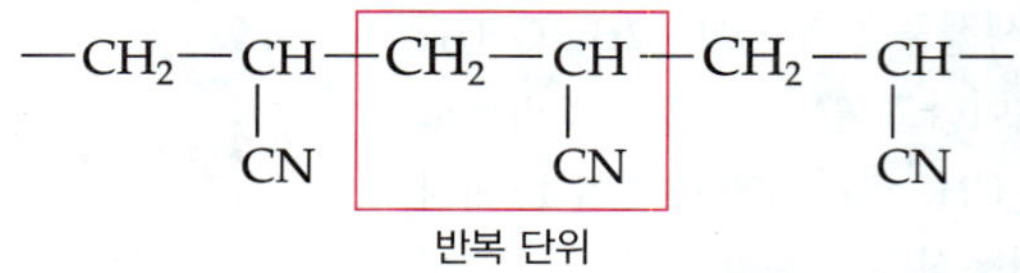

폴리아크릴로나이트릴

다단계 공정의 최종 단계에서 섬유 중 탄소는 400~2500 ℃에서 가열되어 흑연으로 변화된다. 마찬가지로, 탄화 규소 섬유는 규소와 탄소 원자가 번갈아 연결된 긴 사슬 분자를 가진 섬유를 가열하여 만들 수 있다.

$$-SiH_2-CH_2-\underbrace{SiH_2-CH_2}_{\text{반복 단위}}-SiH_2-CH_2- \xrightarrow[-H_2]{\text{가열}} \text{SiC 섬유}$$

INQUIRY? 양자점은 무엇이고, 그것의 색깔은 어떻게 조절되는가?

나노과학은 나노크기의 구조의 독특한 성질을 연구하는 것이다. 나노크기는 적어도 1차원 이상에서 1~100 나노미터(nm) 크기를 갖는 입자로 정의된다. 나노물질의 극히 작은 크기를 이해하려면 1 nm의 크기에 주목하면 도움이 된다. 즉, 1 nm란 수소 원자 4개를 일렬로 늘어놓은 폭의 길이와 같고, 사람 머리카락의 지름보다 약 50,000분의 1만큼 작다. 1장의 Inquiry에서는 작은 크기 때문에 갖게 되는 나노입자의 독특한 성질을 설명하였다. 이러한 물질들은 '벌크(bulk)', 즉 큰 부피의 물질보다 낮은 녹는점, 다른 색깔, 반응성이 큰 경향이 있다. 예를 들어, 벌크 상태의 금속 금은 노란색이며 반응성이 없지만, 금 나노입자는 빨간색이며 반응성이 있다. 이렇게 녹는점이 낮고 반응성이 큰 이유는 상당한 비율의 원자가 나노입자 표면이나 모서리에 위치하여 고체 덩어리 내부보다 덜 단단하게 결합되어 있기 때문이다(5 nm의 입자는 원자의 30%가 표면에 존재한다).

양자점(quantum dot)은 반도체 나노입자의 예이며, 입자의 지름에 따라 각기 다른 색을 보인다. 나노 크기에서 입자의 크기와 화학적 조성이 특성에 영향을 준다. 양자점의 크기에 따라 다른 색을 보이는 이유는 무엇일까? 대답은 입자의 매우 작은 크기와 관련이 있다. 나노입자는 개별 원자와 벌크 고체의 중간 크기를 갖고 있기 때문에, 그들의 전자 에너지 준위의 간격은 넓은 간격을 갖는 개별 원자와 거의 연속 띠를 갖는 벌크 금속의 중간 정도이다. 또한 에너지 간격은 나노입자의 크기에 의존한다. 그림 12.32에서는 나노입자에서 서로 결합한 원자의 수가 증가함에 따른 오비탈 에너지 준위의 변화를 보여 주고 있다. 두 원자 오비탈이 중첩하여(그림 12.32a) 두 개의 새로운 분자 오비탈(MO)을 만든다. 결합성 MO는 반결합성 MO보다 에너지가 낮다(그림 12.32b). 더 많은 원자 오비탈이 참여하면서 더 낮은 에너지의 결합성 MO와 더 높은 에너지의 반결합성 MO가 만들어진다(그림 12.32c, d). 결합성과 반결합성 MO의 수가 많아지면서 독립적이었던 에너지 준위는 서로 가까워져 연속적인 띠를 형성하게 된다(그림 12.32e). 원자 오비탈이 더 참여하게 됨에 따라 오비탈의 집단이 '확산'됨을 확인할 수 있다. 두 개의 띠가 확산될수록 띠간격이 줄어든다.

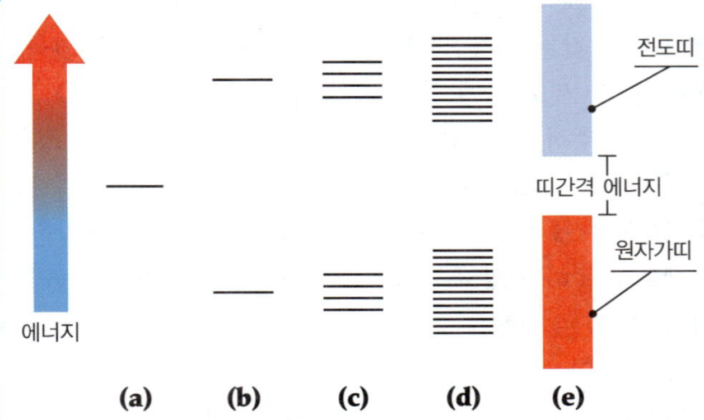

▲ 그림 12.32
나노입자 안의 원자 수(n)가 증가함에 따른 에너지 준위의 변화를 나타낸 도표. (a) 원자 오비탈, $n = 1$, (b) 분자 오비탈, $n = 2$, (c) 분자 오비탈, $n = 4$, (d) 분자 오비탈, $n = 13$, (e) 띠, $n = 6 \times 10^{23}$.

양자점의 색깔은 전자 전이로부터 온다. 지름이 1~10 nm인 양자점에 자외선을 비칠 때, 나노입자의 크기에 의존하여 가시광선을 방출한다. 자외선을 쪼이면 원자가띠에 있는 전자가 전도띠로 들뜨게 된다. 순차적으로, 들뜬 전자는 다시 원자가띠로 돌아오면서 띠간격과 대략 비슷한 에너지의 가시광선의 광자를 방출하게 된다. 나노입자가 커질수록 띠간격이 작아지고, 방출하는 빛은 높은 에너지의 보라색에서 낮은 에너지의 적색으로 색이동을 한다. 3 nm의 CdSe 입자는 520 nm의 녹색광을 발광하는 반면에, 같은 물질 5.5 nm의 입자는 620 nm의 적색광을 발광한다. 입자의 크기가 감소함에 따라 발광되는 빛의 파장이 빨간색으로부터 보라색으로 감소하므로, 한 가지 물질의 나노입자의 크기를 다르게 하여 무지개 색깔 전체를 얻을 수 있다(그림 12.33).

양자점은 나노입자의 독특한 광학적 성질 때문에 수많은 곳에 응용될 수 있다. 예를 들어, 양자점은 신체의 생체 분자를 표시하거나 추적하는 데 사용한다. 양자점의 표면에

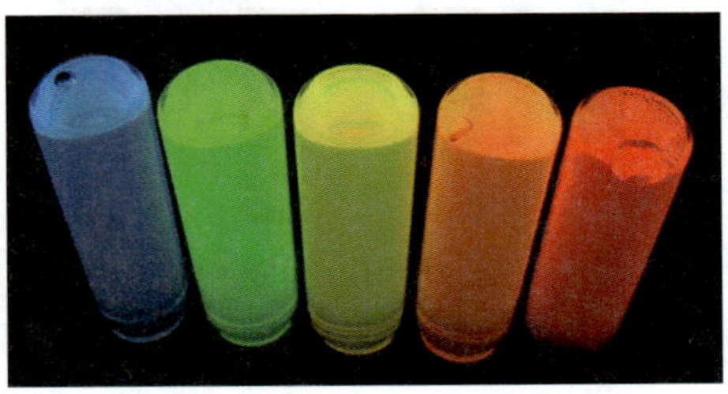

▲ 그림 12.33
양자점이라고 하는 CdSe 나노입자가 방출하는 가시광은 나노입자의 크기가 증가하면서 청색에서 적색으로 변한다. 입자의 평균 지름은 푸른색=2.4 nm, 녹색=2.5 nm, 노란색=3.0 nm, 주황색=2.9 nm, 붉은색=4.2 nm이다.

DNA나 단백질 같은 특정 생체 분자를 찾아 결합할 수 있는 유기 분자를 붙여 변형시킬 수 있다. 생체 분자와 결합한 이들 나노입자에 자외선을 쪼여 주면, 양자점의 크기에 상응하는 색깔의 빛을 방출함으로써 특정 생체 분자에 대한 형광 탐침 또는 표식이 될 수 있다. 따라서 여러 가지 크기와 변형된 표면을 갖는 양자점들의 혼합물에 단일 파장의 광원을 조사하면, 한 세포 안에 있는 여러 가지 다른 생분자들을 동시에 탐지, 추적, 색깔로 형상화할 수 있다. 양자점을 포함한 여러 형태의 나노입자는 암과의 전쟁에서 유용한 무기가 될 수 있다. 예를 들어, 나노입자를 적당히 변형시켜 건강한 세포에는 반응하지 않고 암세포 막 표면의 수용체만을 골라 결합할 수 있는 항체를 부착시킬 수 있다. 이러한 나노입자를 사용하여 암세포를 형상화할 수 있다면, 가장 초기에 암을 발견하여 치료율을 크게 높일 수 있을 것이다.

▶ 양자점은 세포를 염색하는 데 사용되던 기존의 다양한 염료를 대체할 수 있는 반도체 나노입자이다.
양자점의 표지 단백질은 유방암 세포의 표면에서 적색광을 방출하는 반면, 일반적인 청색 염료는 세포의 핵을 착색시킨다.

문제 12.13 크기가 다른 CdSe 양자점 용액들은 왜 서로 다른 색을 갖는가?

문제 12.14 크기가 다른 세 가지 CdSe 나노입자(2.2 nm, 3.5 nm, 5.0 nm)의 에너지 도표는 다음과 같다. 원자가띠는 빨간색이고, 전도띠는 하늘색이다. 각 도표와 입자 크기를 짝지으시오.

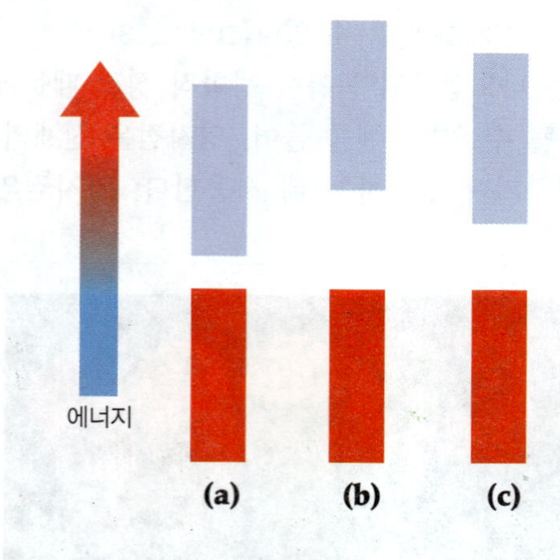

문제 12.15 지름이 2.0 nm인 CdSe 나노입자 양자점이 있다. 지름 50 μm의 사람 머리카락을 가로질러 나노입자를 놓으려면 얼마나 많은 나노입자가 필요한가?

문제 12.16 크기가 다른 4개의 CdSe 양자점 나노입자의 흡수 스펙트럼이 있다. 입자 크기 (a)는 빨간색, 입자 크기 (b)는 주황색, 입자 크기 (c)는 노란색, 입자 크기 (d)는 녹색으로 표시하였다. 입자 크기가 작은 것부터 큰 것의 순으로 나열하시오.

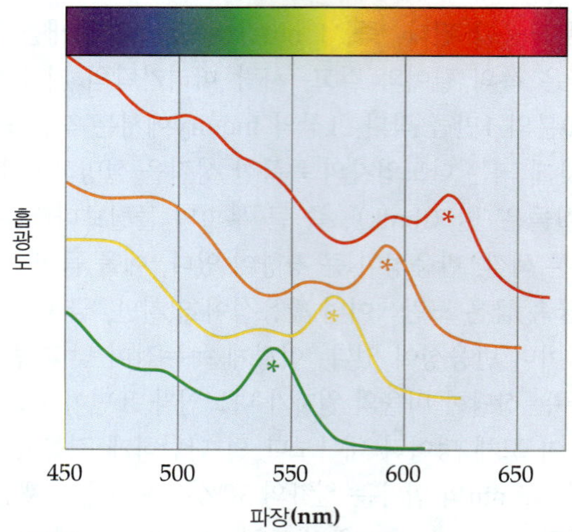

문제 12.17 한 세포 내에서 두 단백질의 경로를 추적하고자 한다. 단백질 A에 노란색 빛을 발광하는 양자점을 부착하고, 단백질 B에 같은 물질로 이루어진 파란색 빛을 발광하는 양자점을 부착했다. 어느 양자점이 더 큰가? 설명하시오.

정리

절	개념 요약	학습 목표	문제
12.1 고체의 종류	고체 입자가 무작위로 정렬되어 있으면 **비결정성 고체**, 질서 정연하면 **결정성 고체**로 규정할 수 있다. 결정성 고체는 더 세분화할 수 있는데, 입자들이 이온이면 **이온성 고체**, 입자들이 분자면 **분자성 고체**, 분자로 분리되지 않고 원자들이 공유 결합으로 정렬되어 있으면 **공유성 그물 구조 고체**, 입자들이 금속 원자이면 **금속성 고체**라고 한다.	12.1 화학적 조성과 특성에 기초하여 고체의 종류를 구별한다.	문제 12.28~12.31
12.2 고체의 구조 규명: X-선 결정학	고체 내부 원자들의 구조는 결정에 X선을 조사하여 나타나는 회절 패턴을 분석하여 측정할 수 있다.	12.2 Bragg 식을 사용하여 결정 내 원자 층 사이의 간격을 계산한다.	문제 12.32~12.33
12.3~12.5 결정성 고체의 구형 쌓임과 단위 세포	결정 내부 입자들의 규칙적인 3차원 배열은 **단위 세포**라 부르는 작은 반복 단위로 구성된다. **단순 입방 쌓임**은 **원시 입방 단위 세포**를 사용하는데, 입방 세포의 각 꼭짓점에 원자가 하나씩 존재한다. **체심 입방 쌓임**은 **체심 입방 단위 세포**를 사용하는데, 원자가 세포의 중심에 한 개, 각 꼭짓점에 하나씩 존재한다. **입방 조밀 쌓임**은 **면심 입방 단위 세포**를 사용하는데, 원자가 세포 면의 중심에 각각 하나씩, 각 꼭짓점에 하나씩 존재한다. 네 번째 쌓임 유형은 **육방 조밀 쌓임**인데, 입방체가 아닌 단위 세포를 사용한다.	12.3 결정성 고체에서 네 종류의 구형 쌓임 정렬 방식과 세 종류의 입방 단위 세포를 식별한다.	문제 12.18
		12.4 단위 세포 차원으로부터 물질의 밀도, 원자의 반지름, 분자량을 계산한다.	예제 12.1~12.2; 문제 12.36, 12.38, 12.42, 12.44
		12.5 단위 세포를 사용하여 이온 결합 화합물의 화학식과 기하 구조를 결정한다.	예제 12.3; 문제 12.19~12.20
12.6 금속에서의 결합	두 가지 결합 모형이 금속에 사용된다. **전자 바다 모형**에서 금속을 비편재화된 유동적인 원자가전자의 바다에 잠겨 있는 금속 양이온의 배열로 나타낼 수 있으며, 전자 바다가 양이온들을 서로 묶어 주는 정전기적인 접착제와 같이 작용한다. **띠이론**이라고 하는 금속의 분자 오비탈 이론에 의하면, 비편재화된 원자가전자가 매우 가까이 접해 있는 수많은 MO 에너지 준위를 차지하여 거의 연속적인 띠처럼 합쳐진다. 두 이론은 전성, 연성, 높은 열 및 전기 전도도와 같은 성질을 설명할 수 있다. 특히 띠이론은 원자가전자의 개수가 녹는점이나 경도 등과 같은 성질에 어떻게 영향을 주는지 더 잘 설명해 준다.	12.6 금속의 전자 바다 모형을 설명하고, 이것으로 금속의 성질을 어떻게 설명할 수 있는지 설명한다.	문제 12.60~12.64
		12.7 금속의 분자 오비탈 이론(띠이론)을 설명하고, 금속에 대한 MO 에너지 준위 도표를 그리고, 띠이론을 사용하여 금속의 특성을 설명한다.	예제 12.4; 문제 12.21, 12.68~12.72
12.7 반도체	띠이론은 금속, 부도체, 반도체의 전기적 성질을 설명할 수 있다. 부분적으로 채워진 띠를 갖는 물질은 금속성 전도체이고, 완전히 채워진 띠를 갖는 물질은 전기 부도체이다. 부도체는 **원자가띠**라고 하는 결합성 MO들과, **전도띠**라고 하는 반결합성 MO들이 에너지적으로 크게 떨어져 있어 큰 **띠간격**을 갖는다. **반도체**는 띠간격이 더 작아 열에너지만으로 일부 전자가 전도띠를 점유한다. 그로 인해 부분적으로 채워진 원자가띠와 전도띠는 약간의 전도도를 가질 수 있다. 반도체의 전기 전도도는 **도핑**을 통해 증가될 수 있다. 15족 불순물을 14족 원소에 첨가하면 ***n*형 반도체**가 만들어지고, 13족 불순물을 14족 원소에 가하면 ***p*형 반도체**가 얻어진다.	12.8 부도체, 반도체, 도체의 MO 도표를 그린다. 띠이론을 사용하여 왜 다른 물질이 다른 전도도를 갖는지 설명한다.	문제 12.22~12.24, 12.78
		12.9 *n*형 또는 *p*형으로 도핑된 반도체를 분류하고, MO 도표를 그린다.	예제 12.5; 문제 12.82, 12.84, 12.86
		12.10 원자 크기와 전기 음성도의 주기적인 경향에 따라 상대적인 띠간격을 예측한다.	문제 12.98~12.101
		12.11 반도체에서 방출되거나 흡수된 빛의 파장을 띠이론의 에너지 준위 도표에서 띠간격과 관련지어 설명한다.	문제 12.25, 12.96, 12.105
12.8 반도체의 응용	도핑된 반도체는 현대의 반도체를 이용한 전자 장치에 있어서 필수적이다. 예를 들면, 다이오드, 발광소자(LED), 광(태양) 전지나 트랜지스터 같은 것들이다.	12.12 반도체의 응용 분야에 대해 설명한다.	문제 12.92~12.94

절	개념 요약	학습 목표	문제
12.9 초전도체	**초전도체**란 **초전도 전이 온도**(T_c)라고 하는 특정 온도 이하에서 모든 전기적 저항을 잃는 물질이다. 예를 들면, $YBa_2Cu_3O_7$의 T_c는 90 K이다. T_c 이하에서 초전도체는 마이스너 효과로 인해 자석을 공중에 뜨게 한다.	12.13 온도에 대한 초전도체의 전기 저항 도표를 설명한다.	문제 12.111
12.10 세라믹과 복합 재료	세라믹은 무기, 비금속, 비분자성 고체이다. 현대의 **첨단 세라믹**은 Al_2O_3나 $YBa_2Cu_3O_7$과 같은 산화물 세라믹과, SiC나 Si_3N_4와 같은 비산화물 세라믹을 포함한다. 세라믹은 일반적으로 금속보다 녹는점이 높고, 가볍고, 딱딱하고, 단단하고, 부식이나 마모에 강하다. 세라믹 공정의 한 가지 접근법은 알콕시화 금속의 가수 분해를 포함하는 **솔-젤법**이다. 세라믹의 강도를 세게 하고, 파괴 인성을 높이기 위해 세라믹 복합 재료를 만든다. 예를 들면, Al_2O_3 입자에 SiC 휘스커를 가하여 강화된 Al_2O_3/SiC 혼성 물질 같은 것이 있다. 다른 형태의 복합 재료로는 **세라믹-금속 복합 재료**가 있다.	12.14 세라믹의 결합과 결합 모형 용어로 그 특성을 설명한다. 12.15 세라믹의 합성을 설명하고, 솔-젤법에서 발생하는 반응에 대한 균형 반응식을 쓴다.	문제 12.116, 12.118, 12.120 예제 12.6; 문제 12.126, 12.128

주요 용어

n형 반도체	띠간격	세라믹	솔-젤법
p형 반도체	띠이론	세라믹 복합 재료	첨단 세라믹
결정성 고체	면심 입방 단위 세포	소결	체심 입방 단위 세포
공유성 그물 구조 고체	반도체	원시 입방 단위 세포	체심 입방 쌓임
금속성 고체	배위수	원자가띠	초전도 전이 온도(T_c)
단순 입방 쌓임	분자성 고체	육방 조밀 쌓임	초전도체
단위 세포	브래그 식	이온성 고체	회절
도핑	비결정성 고체	입방 조밀 쌓임	
동소체	세라믹-고분자 복합 재료	전도띠	
띠	세라믹-금속 복합 재료(서밋)	전자 바다 모형	

주요 식

• 브래그 식(12.7절)

$d = \dfrac{n\lambda}{2 \sin \theta}$ 여기서 d는 원자들로 이루어진 층 사이의 거리, λ는 X선의 파장, θ는 원자들로 이루어진 층에 가해진 X선의 입사각이다.

복습 문제

LO는 학습 목표(Learning Objectives)를 나타낸다.

이 장을 학습한 후엔, 학습자의 이해도를 평가할 수 있는 방법이 있다. **복습 문제**를 푸는 것이다. **복습 문제**들은 이 장의 학습 목표와 연계되어 있다. 따라서 푼 답이 틀렸다면, 이 장의 끝부분에 나와 있는 **정리** 문단의 **학습 목표**를 참고하면 된다. 정리 문단에는 **개념 요약**이 제공되며, **예제**를 참고하면 문제 해결 방법을 모델링 할 수 있고, 제공되는 **추가 문제**들로 더 많은 연습을 할 수 있다.

1. 테트라아이오딘화 규소는 120.5 ℃에서 녹고, X선을 회절시키며, 고체나 액체 상태에서 전기를 통하지 않는다. 이것은 어떤 종류의 고체인가? (**LO 12.1**)
   (a) 이온성 고체
   (b) 공유성 그물 구조 고체
   (c) 분자성 고체
   (d) 금속성 고체

2. $\lambda = 131.5$ pm인 X선이 알루미늄 결정에 의해 25.5° 각도로 회절한다. 이 회절을 1차 회절로 가정하면, 알루미늄의 원자층 사이의 간격은 몇 pm인가? (**LO 12.2**)
(a) 76.4 pm (b) 183.1 pm
(c) 305.5 pm (d) 152.7 pm

3. 저온에서 고체 상태 아르곤의 밀도는 1.623 g/cm^{3}이고, 면심 입방 단위 세포로 결정을 형성한다. 아르곤 원자의 반지름은 몇 pm인가? (**LO 12.3, 12.4**)
(a) 546.9 pm (b) 273.4 pm
(c) 136.7 pm (d) 193.4 pm

4. 텔루륨화 은의 한 형태인 Ag_2Te는 밀도가 7.70 g/cm^{3}이고, 입방 단위 세포로 결정을 형성한다. X-선 결정학으로 얻어진 입방 단위 세포 한 변의 길이는 529 pm이다. 단위 세포에 들어 있는 Ag 원자의 수는 몇 개인가? (**LO 12.3, 12.4**)
(a) 1 (b) 2 (c) 4 (d) 6

5. 산화 나이오븀은 다음과 같은 입방 단위 세포로 결정을 형성한다.

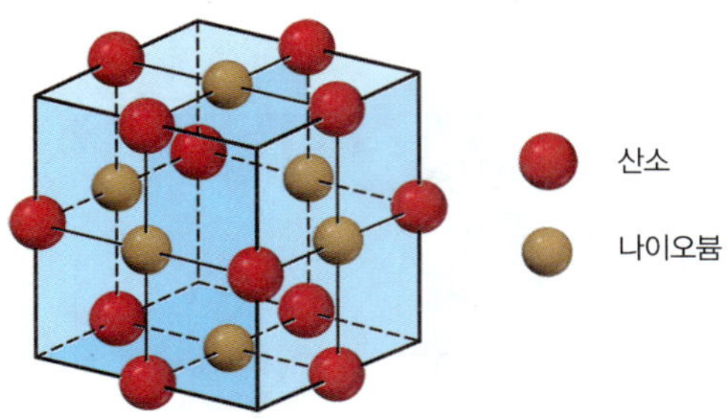

산화 나이오븀의 화학식은 무엇이며, 나이오븀의 산화 상태는 무엇인가? (**LO 12.5**)
(a) NbO, Nb = +2 (b) Nb_2O, Nb = +2
(c) NbO_2, Nb = +4 (d) Nb_2O_3, Nb = +3

6. 다음 도표는 세 가지 금속(Ag, Mo, Y)에 대한 *s-d* 혼합띠의 전자 분포를 나타낸 것이다.

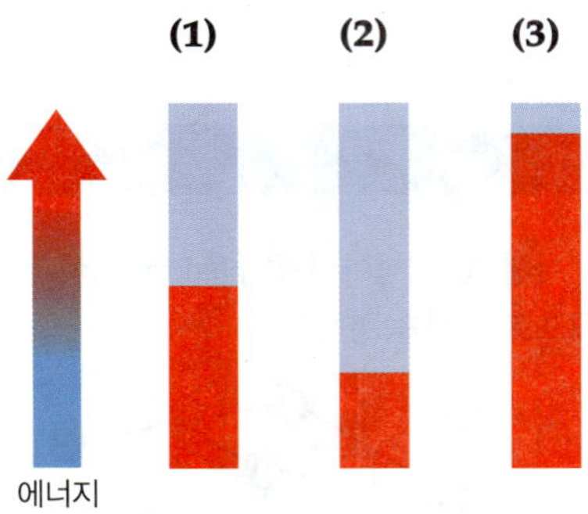

각각의 도표는 어떤 금속에 해당하는가? (**LO 12.7**)
(a) Ag = 3, Mo = 1, Y = 2
(b) Ag = 2, Mo = 1, Y = 3
(c) Ag = 2, Mo = 3, Y = 1
(d) Ag = 1, Mo = 2, Y = 3

7. 문제 6의 세 가지 금속에 대한 *s-d* 혼합띠의 전자 분포에 대한 도표를 참고하시오. 녹는점이 가장 높은 금속은 무엇인가? (**LO 12.7**)
(a) 금속 1
(b) 금속 2
(c) 금속 3

8. 다음 도표는 여러 가지 물질에 대한 분자 궤도의 전자 분포를 나타내고 있다. 산화 마그네슘, 저마늄, 주석에 해당하는 도표는 각각 어느 것인가? (**LO 12.8**)

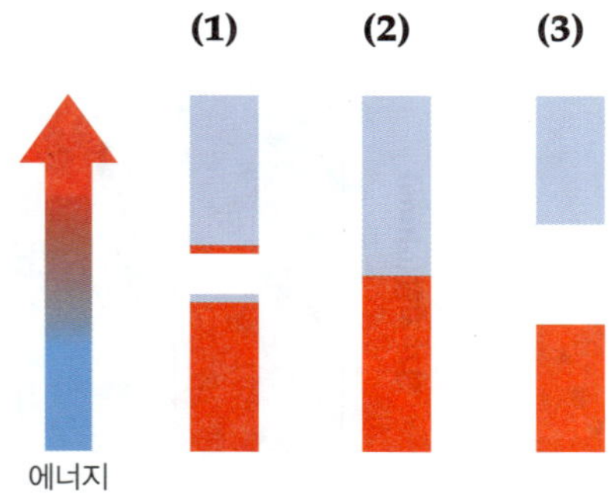

(a) 도표 1 = 주석, 도표 2 = 산화 마그네슘, 도표 3 = 저마늄
(b) 도표 1 = 저마늄, 도표 2 = 산화 마그네슘, 도표 3 = 주석
(c) 도표 1 = 저마늄, 도표 2 = 주석, 도표 3 = 산화 마그네슘
(d) 도표 1 = 산화 마그네슘, 도표 2 = 주석, 도표 3 = 저마늄

9. 다음 그림은 도핑된 반도체의 분자 궤도 도표를 나타낸 것이다. 만약 반도체가 규소인 경우, 아래 도표는 *n*형과 *p*형 도핑 중 어느 것에 속하는지와 도펀트(dopant)로 사용될 수 있는 원소를 바르게 짝지은 것은? (**LO 12.9**)

(a) *n*형, As (b) *n*형, Ga
(c) *p*형, As (d) *p*형, Ga

10. 휴대 전화의 소형화는 일반적인 규소 기반 반도체 대신 정교한 비소화 갈륨(GaAs) 반도체를 사용하여 가능하다. 다음 중 GaAs보다 띠간격 에너지가 작은 반도체는 어느 것인가? (**LO 12.10**)
(a) ZnSe (b) GaP
(c) GaSb (d) GaN

11. 인화 갈륨(GaP) 반도체의 띠간격이 222 kJ/mol일 때, GaP LED가 발광하는 빛의 파장을 계산하시오. (**LO 12.11**)
(a) 186 nm (b) 245 nm
(c) 539 nm (d) 854 nm

12. 다음 반도체의 응용성에 관한 설명 중 잘못된 것은? (**LO 12.12**)
(a) 다이오드는 전류가 한 방향으로 흐르지만, 반대 방향으로는 흐르지 않게 한다.

(b) 순방향 바이어스에서 *p-n* 접합은 태양 전지를 만드는 데 사용된다.
(c) 컴퓨터의 집적 회로에서 중요한 부품인 트랜지스터는 *p-n-p* 접합으로 구성된다.
(d) 순방향 바이어스에서 *p-n* 접합은 발광 다이오드를 만드는 데 사용된다.

13. 초전도체는 초전도 전이 온도라 불리는 특정 온도 이하에서 모든 전기 저항을 잃는 물질이다. 다음 그래프 중 어떤 그래프가 초전도체의 거동을 나타내는가? **(LO 12.13)**

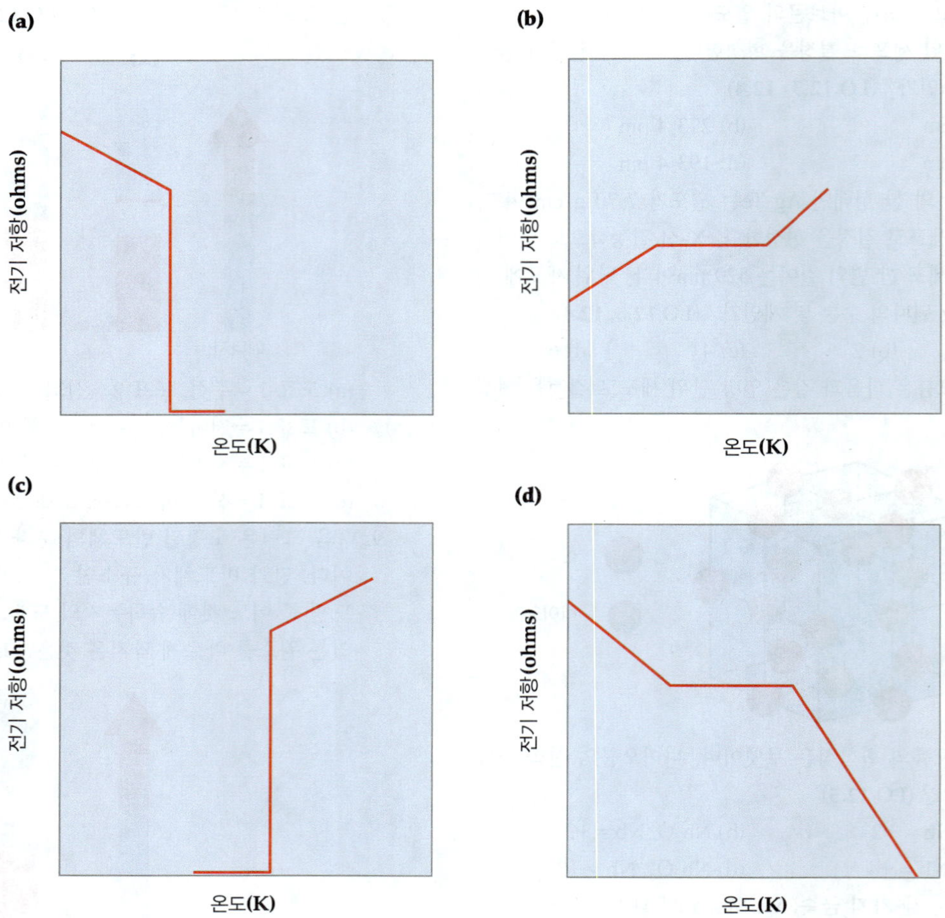

답:
1. c, 2. d, 3. d, 4. c, 5. a, 6. a, 7. a, 8. c, 9. d, 10. c, 11. c, 12. b, 13. c

개념 문제

문제 12.1~12.17은 이 장의 본문 중에 있다.

12.18 다음은 어떤 종류의 쌓임인가를 밝히시오.

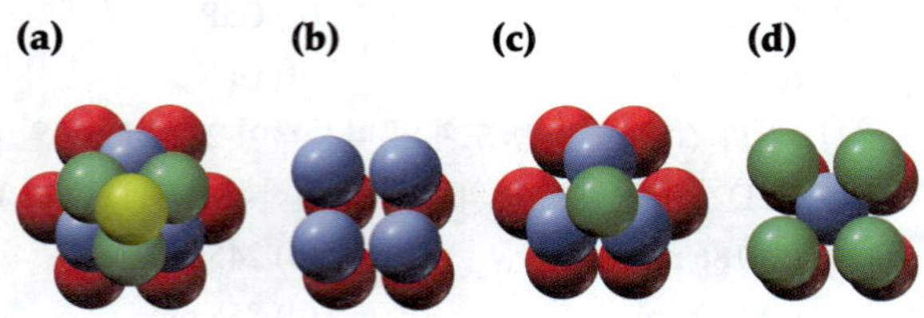

12.19 황화 아연 또는 섬아연광(sphalerite)은 다음과 같은 입방 단위 세포로 결정을 형성한다.

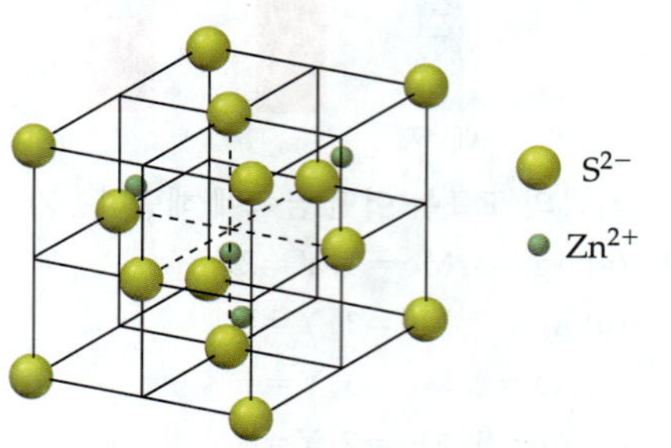

(a) 황화 이온은 어떤 형태의 쌓임인가?
(b) 단위 세포에 몇 개의 S^{2-} 이온과 Zn^{2+} 이온이 들어 있는가?

12.20 산화 타이타늄은 다음과 같은 정방(tetragonal) 단위 세포로 결정화된다.

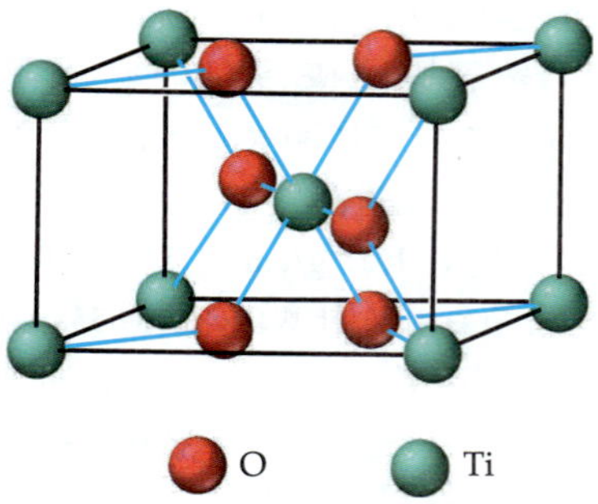

(a) 각 단위 세포에 몇 개의 타이타늄 이온과 몇 개의 산소 이온이 들어 있는가?
(b) 산화 타이타늄의 화학식은 무엇인가?
(c) 타이타늄의 산화 상태는 무엇인가?

12.21 다음 도표는 세 가지 다른 전이 금속에 대한 $s-d$ 혼합띠의 전자 분포를 나타낸 것이다.

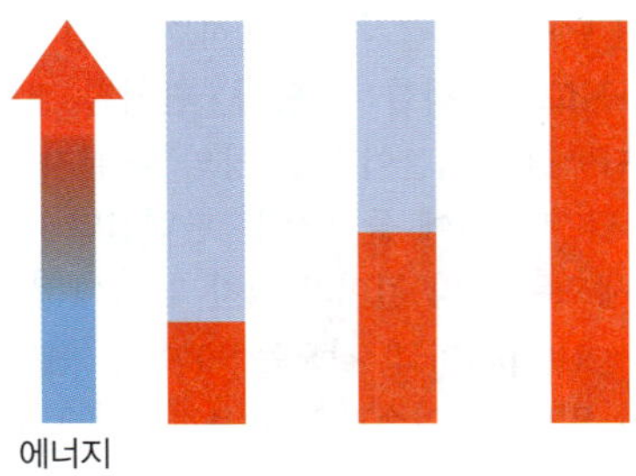

(a) 어떤 금속의 녹는점이 가장 높은가? 설명하시오.
(b) 어떤 금속의 녹는점이 가장 낮은가? 설명하시오.
(c) 금속을 경도가 증가하는 순서로 나열하고, 설명하시오.

12.22 다음 도표는 네 가지 다른 물질에 대한 MO 에너지 준위 띠의 전자 분포를 나타낸 것이다.

(a) 각각의 물질을 부도체, 반도체, 금속으로 분류하시오.
(b) 네 가지 물질을 전기 전도도가 증가하는 순서로 나열하고, 설명하시오.
(c) 온도가 증가할 때 각 물질의 전기 전도도가 증가하겠는가 감소하겠는가?

12.23 다음 도표는 규소 원소 물질에 대한 MO 에너지 준위 띠의 전자 분포를 나타낸 것이다.

(a) 원자가띠, 전도띠, 띠간격을 표시하시오.
(b) 규소에 갈륨(Ga)이 도핑될 때 전자 분포 변화를 도표로 나타내시오.
(c) 규소에 비소(As)가 도핑될 때 전자 분포 변화를 도표로 나타내시오.
(d) 순수한 규소와 도핑된 규소의 전기 전도도를 비교하고, 차이를 설명하시오.

12.24 원소 상태의 탄소(다이아몬드), 규소, 저마늄, 회색 주석, 흰색 주석에 대한 MO 에너지 준위로 이루어진 띠의 전자 분포를 그리시오(띠간격 자료는 표 12.3에 있다). 여기서 14족 원소가 달라짐에 따라 띠들에서의 전자 분포가 어떻게 변화하는지를 나타내시오.

12.25 도표 (1)과 (2)는 두 가지 다른 LED에 대한 에너지 준위를 나타낸 것이다. 이 중 한 LED는 적색 빛을 방출하고, 또 다른 LED는 청색 빛을 방출한다. 어느 것이 적색을 방출하는 것이고, 어느 것이 청색을 방출하는 것인가? 설명하시오.

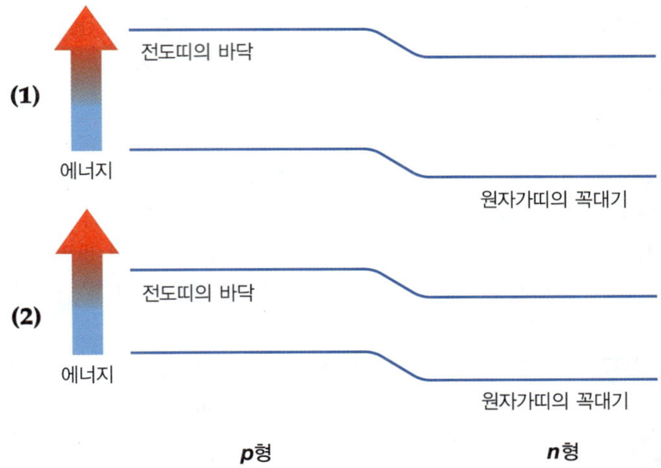

보충 문제

고체의 종류(12.1절)

12.26 결정성 고체의 주요 분류 네 가지를 나열하고, 각각의 예를 쓰시오.

12.27 결정성 고체의 주요 분류 네 가지에 존재하는 입자는 각각 어떤 종류인가?

12.28 Na_3PO_4, CBr_4, 고무, 금, 석영 중 다음 각 설명에 가장 가까

운 것은 어느 것인가?
(a) 비결정성 고체
(b) 이온성 고체
(c) 분자성 고체
(d) 공유성 그물 구조 고체
(e) 금속성 고체

12.29 다이아몬드, Hg, Cl_2, 유리, KCl 중 다음 각 설명에 가장 가까운 것은 어느 것인가?
(a) 비결정성 고체
(b) 이온성 고체
(c) 분자성 고체
(d) 공유성 그물 구조 고체
(e) 금속성 고체

12.30 매우 단단하며 녹는점이 알려져 있지 않은 탄화 규소는 X선을 회절시킨다. 탄화 규소는 비결정성, 이온성, 분자성, 공유성 그물 구조, 금속성 고체 중 어떤 종류의 고체인가?

12.31 녹는점이 31.1 ℃인 트라이브로민화 비소는 X선을 회절시키고, 고체나 액체 모두 전기 전도성이 없다. 트라이브로민화 비소는 비결정성, 이온성, 분자성, 공유성 그물 구조, 금속성 고체 중 어떤 종류의 고체인가?

X-선 결정학(12.2절)

12.32 $\lambda = 154.2$ pm인 X선이 어떤 금속 표면에서 $\theta = 22.5°$의 각도로 회절한다. X선 회절을 일으키는 원자층 사이의 간격은 몇 pm인가?

12.33 $\lambda = 154.2$ pm인 X선이 어떤 금속 표면에서 $\theta = 76.84°$의 각도로 회절한다. X선 회절을 일으키는 원자층 사이의 간격은 몇 pm인가?

결정성 고체의 구형 쌓임: 단위 세포(12.3절)

12.34 금속의 네 가지 쌓임의 종류 중 공간 이용을 가장 효율적으로 하는 것은 무엇인가? 그리고 가장 비효율적으로 하는 것은 무엇인가?

12.35 (a) 단위 세포란 무엇인가?
(b) 원시 입방 단위 세포, 체심 입방 단위 세포, 면심 입방 단위 세포에는 각각 몇 개의 원자들이 들어 있는가?

12.36 구리는 한 변의 길이가 362 pm인 면심 입방 단위 세포로 결정을 형성한다. 구리 원자의 반지름은 몇 pm인가? 구리의 밀도는 몇 g/cm^3인가?

12.37 납은 한 변의 길이가 495 pm인 면심 입방 단위 세포로 결정을 형성한다. 납 원자의 반지름은 몇 pm인가? 납의 밀도는 몇 g/cm^3인가?

12.38 알루미늄의 밀도는 2.699 g/cm^3이고, 면심 입방 단위 세포로 결정을 형성한다. 단위 세포 한 변의 길이는 몇 pm인가?

12.39 텅스텐은 한 변의 길이가 317 pm인 체심 입방 단위 세포로 결정을 형성한다. 단위 세포에서 체심에 위치한 원자를 지나는 체대각선의 길이는 몇 pm인가?

12.40 문제 12.39의 경우, 텅스텐 원자의 반지름은 몇 pm인가?

12.41 소듐의 밀도는 0.971 g/cm^3이고, 체심 입방 단위 세포로 결정을 형성한다. 소듐 원자의 반지름은 몇 pm인가? 단위 세포 한 변의 길이는 몇 pm인가?

12.42 타이타늄 금속의 밀도는 4.506 g/cm^3이고, 원자 반지름은 144.8 pm이다. 타이타늄은 어떤 종류의 입방 단위 세포로 결정을 형성하는가?

12.43 칼슘의 밀도는 1.55 g/cm^3이고, 입방 단위 세포로 결정을 형성하고, 단위 세포 한 변의 길이는 558.2 pm이다.
(a) 단위 세포 한 개에 들어 있는 Ca 원자의 수는 몇 개인가?
(b) 칼슘의 결정을 형성하는 단위 세포는 세 종류의 입방 단위 세포 중 어느 것인가?

12.44 납(Pb)의 원자 반경은 175 pm이고, 밀도는 11.34 g/cm^3이다. 납은 원시 입방 구조와 면심 입방 구조 중 어느 구조인가?

12.45 어떤 금속 시료의 밀도를 측정하였더니 6.84 g/cm^3였다. X-선 회절 실험에 의해 면심 입방 세포의 모서리 길이가 350.7 pm로 측정되었다. 이 금속은 무엇이며, 원자량과 원자 반지름은 얼마인가?

12.46 어떤 단백질이 결정을 형성하면 X-선 결정학을 이용하여 분자 구조를 결정할 수 있다. 단백질 결정은 비록 고체이지만 단백질과 더불어 많은 양의 물 분자를 포함한다. 예를 들어, 달걀 흰자에 들어 있는 단백질인 라이소자임 결정의 단위 세포는 변의 길이가 각각 7.9×10^3 pm, 7.9×10^3 pm, 3.8×10^3 pm이고, 각도는 90°이다. 단위 세포에는 8개의 분자가 있다. 라이소자임의 분자량이 1.44×10^4이고 밀도가 1.35 g/cm^3라면, 단위 세포에서 단백질이 차지하는 백분율은 얼마인가?

12.47 작은 단백질인 전갈 독소의 분자 구조는 X-선 결정학을 이용하여 결정되었다. 단위 세포는 각도 90°를 가지며, 16분자를 포함하고, 부피가 1.019×10^2 nm^3이다. 이 독소의 분자량이 3336이고 밀도가 1.35 g/cm^3라면, 단위 세포에서 단백질이 차지하는 백분율은 얼마인가?

12.48 철은 한 변의 길이가 287 pm인 체심 입방 단위 세포로 결정을 형성한다. 금속 철의 밀도는 7.86 g/cm^3이고, 몰질량은 55.85 g이다. 자료를 이용하여 아보가드로수를 계산하시오.

12.49 은 금속은 한 변의 길이가 408 pm인 면심 입방 단위 세포로 결정을 형성한다. 은의 몰질량은 107.9 g/mol이고, 밀도는 11.50 g/cm^3이다. 주어진 자료를 이용하여 아보가드로수를 계산하시오.

이온성 고체의 구조(12.4절)

12.50 수소화 소듐(NaH)은 NaCl(그림 12.11)과 비슷하게 면심 입방 단위 세포로 결정화된다. H^- 이온과 접해 있는 Na^+ 이온의 수는 몇 개인가? 그리고 Na^+ 이온에 접해 있는 H^- 이온의 수는 몇 개인가?

12.51 염화 세슘은 Cl^- 이온이 입방체의 꼭짓점에 위치하고, 체심에 Cs^+ 이온이 위치하는 입방 단위 세포로 결정을 형성한다. 단위 세포 속에 들어 있는 + 전하와 − 전하의 수를 세고, 단

위 세포가 전기적으로 중성임을 밝히시오.

12.52 NaH 단위 세포의 한 변의 길이가 488 pm이면 Na–H 결합 길이는 몇 pm인가? (문제 12.50 참조)

12.53 CsCl 단위 세포(문제 12.51)의 한 변의 길이는 412.3 pm이다. Cs–Cl 결합 길이는 몇 pm인가? Cl^- 이온의 이온 반지름이 181 pm라면, Cs^+ 이온의 이온 반지름은 몇 pm인가?

공유성 그물 구조 고체(12.5절)

12.54 탄화 규소(SiC)는 다이아몬드와 비슷한 구조를 갖는 공유성 그물 구조 고체이다. 탄화 규소 구조의 일부를 그리시오.

12.55 문제 12.54에서 그린 SiC의 구조를 바탕으로 탄화 규소의 몇 가지 특성을 예측하시오.

12.56 탄소 나노튜브에서 탄소 원자의 혼성은 무엇인가? 왜 탄소 나노튜브가 좋은 전도체인지 설명하시오.

12.57 탄소와 산소는 결합하여 분자 화합물인 CO_2를 형성하는 반면, 규소와 산소는 결합하여 화학식이 SiO_2인 공유성 그물 구조 고체를 형성한다. 두 14족 원소와 산소 사이의 결합의 차이를 설명하시오.

금속에서의 결합(12.6절)

12.58 포타슘 금속은 체심 입방 구조로 결정화된다. 단위 세포 한 개를 그리고, 중심의 포타슘 원자와 그것에 가장 가까운 포타슘 원자의 결합에 대한 전자점 구조를 그려보시오. 무엇이 문제인가?

12.59 세슘 금속의 결합에 대한 전자 바다 모형을 설명하시오. 세슘은 체심 입방 구조이다.

12.60 전자 바다 모형으로 금속의 전성과 연성을 어떻게 설명할 수 있는가?

12.61 전자 바다 모형으로 금속의 전기 전도도와 열전도도를 어떻게 설명할 수 있는가?

12.62 소듐의 녹는점은 97.8 ℃이고, 염화 소듐의 녹는점은 801 ℃이다. 녹는점으로부터 금속 결합과 이온 결합의 상대적인 세기를 어떻게 추론할 수 있는가?

12.63 금속 소듐은 힘이 가해지면 쉽게 변형되는 반면, 염화 소듐은 부서진다. 이를 설명하시오.

12.64 세슘 금속은 매우 부드러운 반면, 텅스텐은 매우 딱딱하다. 전자 바다 모형을 이용하여 이 차이를 설명하시오.

12.65 소듐은 98 ℃에서 녹고, 마그네슘은 650 ℃에서 녹는다. 마그네슘의 녹는점이 더 높은 이유를 전자 바다 모형을 이용하여 설명하시오.

12.66 왜 금속에 대한 분자 오비탈 이론을 띠이론이라고 하는가?

12.67 포타슘 금속의 4*s* 띠의 전자 분포를 나타내는 MO 에너지 준위 도표를 그리시오.

12.68 띠이론이 금속의 전기 전도성을 어떻게 설명해 주는가?

12.69 일부만 채워진 띠를 갖는 물질은 금속성 도체이고, 완전히 채워진 띠만 갖는 물질은 전기 부도체이다. 띠의 전자 분포가 전기 전도도에 영향을 주는 이유를 설명하시오.

12.70 베릴륨 금속에 대한 MO 에너지 준위 도표를 그리고, 다음 두 경우의 MO에 대한 전자 분포를 나타내시오.
(a) 에너지면에서 2*s*와 2*p* 띠가 잘 분리되어 있다.
(b) 에너지면에서 2*s*와 2*p* 띠가 겹쳐져 있다.
이 중 베릴륨이 높은 전기 전도도를 갖는다는 사실과 부합하는 것은 어느 것인가? 설명하시오.

12.71 칼슘 금속에 대한 MO 에너지 준위 그림을 그리고, 다음 두 경우의 MO에 대한 전자 분포를 나타내시오.
(a) 에너지면에서 4*s*와 3*d* 띠가 잘 분리되어 있다.
(b) 에너지면에서 4*s*와 3*d* 띠가 겹쳐져 있다.
이 중 칼슘이 높은 전기 전도도를 갖는다는 사실과 부합하는 것은 무엇인가? 설명하시오.

12.72 제2 전이 금속에 대한 녹는점은 1522 ℃인 이트륨으로부터 2623 ℃인 몰리브데넘까지 증가한 다음, 321 ℃인 카드뮴까지 다시 감소한다. 띠이론을 이용하여 이러한 경향을 설명하시오.

12.73 구리는 모스 경도 3이고, 철은 모스 경도 5이다. 구리가 철보다 무른 이유를 띠이론으로 설명하시오.

12.74 텅스텐은 단단하고 매우 높은 녹는점(3422 ℃)을 갖는 반면, 금은 무르고 상대적으로 낮은 녹는점(1064 ℃)을 갖는다. 이러한 성질은 전자 바다 모형과 MO 모형(띠이론) 중 어느 것과 더 잘 부합하는가? 설명하시오.

12.75 바나듐의 증발 엔탈피(460 kJ/mol)가 아연의 증발 엔탈피(114 kJ/mol)보다 훨씬 큰 이유를 설명하시오.

반도체(12.7~12.8절)

12.76 반도체를 정의하고, 세 가지 예를 드시오.

12.77 다음 용어가 각각 무엇을 의미하는지 말하시오.
(a) 원자가띠 (b) 전도띠
(c) 띠간격 (d) 도핑

12.78 다음의 경우, MO 에너지 준위의 띠와 전자 분포를 그리시오.
(a) 반도체
(b) 전기 부도체
왜 반도체가 높은 전기 전도도를 갖는지 설명하시오.

12.79 다음의 경우, MO 에너지 준위의 띠와 전자 분포를 그리시오.
(a) 반도체
(b) 금속성 전도체
왜 반도체가 낮은 전기 전도도를 갖는지 설명하시오.

12.80 띠간격의 크기가 증가함에 따라 반도체의 전기 전도도는 어떻게 변하는가? 이를 설명하시오.

12.81 온도가 증가할수록 반도체의 전기 전도도는 어떻게 변하는가? 이를 설명하시오.

12.82 *n*형 반도체란 무엇인지 설명하고, 예를 드시오. MO 에너지 준위 도표를 그리고, *n*형 반도체에 대한 원자가띠와 전도띠의 전자 분포를 나타내시오.

12.83 *p*형 반도체란 무엇인지 설명하고, 예를 드시오. MO 에너지 준위 도표를 그리고, *p*형 반도체에 대한 원자가띠와 전도띠의 전자 분포를 나타내시오.

12.84 순수한 저마늄보다 저마늄에 인을 도핑한 것이 더 전기 전도

도가 높은 이유를 설명하시오.

12.85 순수한 규소보다 규소에 갈륨을 도핑한 것이 더 전기 전도도가 높은 이유를 설명하시오.

12.86 다음 반도체를 *n*형과 *p*형으로 분류하시오.
(a) In으로 도핑한 Si
(b) Sb로 도핑한 Ge
(c) As로 도핑한 회색 Sn

12.87 다음 반도체를 *n*형과 *p*형으로 분류하시오.
(a) As로 도핑한 Ge
(b) B로 도핑한 Ge
(c) Sb로 도핑한 Si

12.88 소위 2–6족 반도체는 12족과 16족 원소의 1:1 화합물이다. 화학 기상 증착법으로 $Cd(CH_3)_2(g)$와 $H_2Se(g)$의 분자 전구체로부터 2–6 반도체인 CdSe를 합성하는 반응의 균형 반응식을 쓰시오.

12.89 화학 기상 증착법으로 다이메틸아연[$Zn(CH_3)_2$]과 다이에틸텔루륨[$Te(CH_2CH_3)_2$]으로부터 2–6족 반도체인 ZnTe를 합성하는 반응의 균형 반응식을 쓰시오. 이때 또 다른 반응 생성물은 프로페인($CH_3CH_2CH_3$) 기체로 가정한다.

12.90 다음 물질을 전기 전도도가 증가하는 순으로 나열하시오.
(a) Cu
(b) Al_2O_3
(c) Fe
(d) 순수한 Ge
(e) In으로 도핑한 Ge

12.91 다음 물질을 전기 전도도가 증가하는 순으로 나열하시오.
(a) 순수한 회색 Sn
(b) Sb로 도핑한 회색 Sn
(c) NaCl
(d) Ag
(e) 순수한 Si

12.92 다이오드가 어떻게 교류를 직류로 변환하는지를 설명하시오.

12.93 LED는 *n*형과 *p*형 반도체가 전지의 적당한 극과 연결될 때 빛이 나온다. 전지의 극을 반대로 하면 빛이 나오지 않는 이유를 설명하시오.

12.94 LED와 광(태양) 전지의 주된 차이점은 무엇인가?

12.95 LED가 방출하는 빛의 파장을 결정하는 것은 무엇인가?

12.96 띠간격이 193 kJ/mol인 GaP_xAs_{1-x} LED에서 방출되는 빛의 파장은 얼마인가?

12.97 470 nm 파장의 청색 빛을 내는 LED에서 요구되는 띠간격은 얼마인가?

12.98 두 개의 LED 반도체 GaN과 InN을 생각해 보자.
(a) 어느 것이 띠간격 에너지가 더 작은가?
(b) LED 중 하나는 적색 빛을 방출하고, 나머지 하나는 자외선을 방출한다. 구분하시오.

12.99 두 개의 LED 반도체 GaN과 GaP를 생각해 보자.
(a) 어느 것이 띠간격 에너지가 더 큰가?
(b) LED 중 하나는 녹색 빛을 방출하고, 나머지 하나는 자외선을 방출한다. 구분하시오.

12.100 반지름의 크기만을 고려할 때, 다음 LED 반도체를 띠간격 에너지가 증가하는 순으로 고용체를 나열하시오.

$$GaP_{1.00}As_{0.00},\ GaP_{0.80}As_{0.20},\ GaP_{0.50}As_{0.50}$$

12.101 전기 음성도만을 고려할 때, 다음 LED 반도체를 띠간격 에너지가 증가하는 순으로 고용체를 나열하시오.

$$Al_{0.40}Ga_{0.60}As,\ Al_{0.25}Ga_{0.75}As,\ Al_{0.05}Ga_{0.95}As$$

12.102 *p–n* 접합을 갖는 광 전지는 태양광을 전기로 변환시킨다.

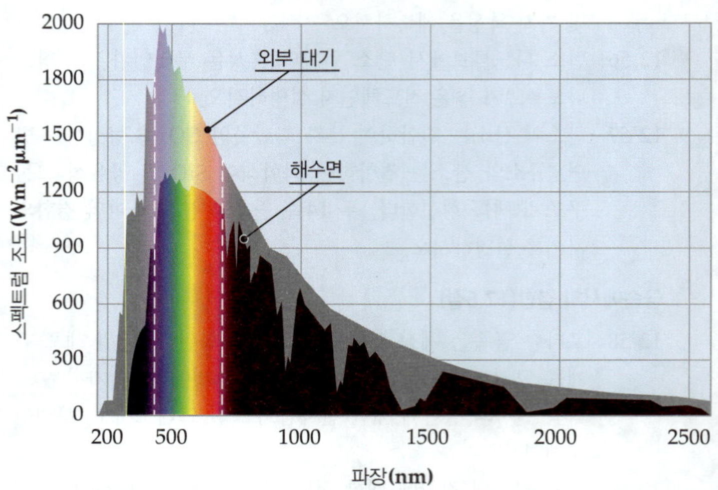

(a) 띠간격 에너지가 107 kJ/mol인 실리콘 반도체는 광 전지를 만들기 위해 주로 사용된다. 실리콘의 띠간격 에너지에 상응하는 파장을 계산하시오.
(b) 그래프에 나타낸 실리콘이 흡수하는 파장과 지구의 표면에 도달하는 빛의 파장을 비교하시오. 그 파장이 태양이 가장 강하게 방출하는 파장과 일치하는가?

12.103 *p–n* 접합을 갖는 광 전지는 태양광을 전기로 변환시킨다. 최적화된 반도체는 지구 표면에 도달하는 최대 태양광의 파장과 같은 띠간격을 갖는 것이다.
(a) 지표면에 도달하는 최대 태양광의 대략적인 파장과 색깔은 무엇인가? 문제 12.102의 그림을 참조하시오.
(b) 다음 반도체 중 최대 태양광을 가장 잘 맞게 흡수할 수 있는 것은 어느 것인가? 띠간격 에너지가 145 kJ/mol인 CdTe 또는 띠간격 에너지가 248 kJ/mol인 ZnSe.

12.104 레이저 프린터와 CD 플레이어를 만드는 원료인 비소화 갈륨(gallium arsenide)은 130 kJ/mol의 띠간격을 갖는다. GaAs는 금속성 전도체, 반도체, 전기 부도체 중 어디에 해당하는가? 14족 원소 중에서 GaAs와 등전자인 것은 어느 것인가? (등전자 물질은 같은 수의 전자를 갖는 것이다.)

12.105 넓은 띠간격 반도체는 2~7 전자 볼트(eV)의 띠간격을 갖는다(1 eV = 96.485 kJ/mol). 넓은 띠간격을 갖는 반도체인 GaN은 블루레이 DVD 플레이어용 레이저를 발생시킬 때 응용되며 3.44 eV의 띠간격을 갖는다. 어떤 레이저에 쓰이는 $Ga_xIn_{1-x}N$은 갈륨 일부가 인듐으로 치환된 물질이다.

(a) 띠간격을 고려할 때 GaN이 방출하는 빛의 파장은 몇 nm 인가?

(b) 레이저 장치에서 나오는 빛이 청색이라면, GaN의 갈륨 일부를 인듐으로 치환한 것이 $Ga_xIn_{1-x}N$의 띠간격을 증가시켰는가 감소시켰는가?

12.106 다음의 경우 전기 전도도는 증가하겠는가 감소하겠는가 그대로 유지되겠는가?

(a) Cd로 도핑된 n형 InP. 설명하시오.

(b) Se로 도핑된 p형 InP. 설명하시오.

12.107 Ga로 도핑된 셀레늄화 아연(ZnSe)은 Zn 원자 일부가 Ga로 치환되어 있으며 n형 반도체이다. 이렇게 도핑된 ZnSe의 MO 에너지 준위 도표를 그리고, 전자 분포를 나타내시오. 그리고 Ga 치환이 n형 반도체를 만들 수 있는 이유를 설명하시오.

12.108 무한한 1차원적인 배열의 수소 음이온(H^-)으로 구성된 가상적인 물질을 생각해 보자.

(a) 각 원자 오비탈로부터 MO 띠가 어떻게 형성되는지를 보이고, 왜 이 물질이 전기 부도체이어야 하는지를 설명하시오.

(b) 만일 위 물질의 수소 음이온 몇 개가 중성 수소 원자로 치환되었다면, 그 결과 생성된 '도핑된' 물질은 더 좋은 전기 전도체여야 한다. 도핑된 물질에 대한 MO 에너지 준위 도표를 그리고, 띠의 전자 분포를 나타내시오. 그리고 왜 도핑된 물질이 전기를 전도할 수 있는지를 설명하시오.

(c) 도핑된 물질이 n형인지, p형인지를 나타내고 설명하시오.

12.109 탄소의 그물형 공유 결합성 고체인 다이아몬드는 225 nm의 자외선에 상응하는, 530 kJ/mol의 띠간격 에너지를 갖는다. 다이아몬드의 띠간격 에너지가 자외선 영역에 있으므로, 순수한 다이아몬드는 가시광선을 흡수하지 못하며 투명하고 무색의 결정이다. 미량의 불순물로 인해 다이아몬드가 색깔을 띠는데 질소가 가장 일반적이며 노란색 다이아몬드가 된다.

(a) 질소가 도핑된 다이아몬드는 p형 반도체인지, n형 반도체인지 분류하시오.

(b) 순수한 다이아몬드와 질소 도핑 다이아몬드의 차이를 알 수 있도록 다이아몬드의 띠구조를 그리시오.

(c) 노란색 다이아몬드는 425 nm 정도의 빛을 흡수한다. 이 빛의 파장에 상응하는 띠간격 에너지를 계산하시오.

초전도체(12.9절)

12.110 초전도체의 가장 큰 특징 두 가지는 무엇인가?

12.111 $YBa_2Cu_3O_7$은 T_c 90 K 이하에서 초전도체이고, 90 K 이상에서는 금속성 전도체이다. $YBa_2Cu_3O_7$의 온도에 따른 전기 저항의 변화를 대략적으로 그리시오.

12.112 풀러렌에 기초한 초전도체 K_3C_{60}에 있는 K^+ 이온의 배위 환경은 어떻게 구성되어 있는가?

12.113 그림 12.27을 보고 Cu, Y, Ba 원자의 배위수를 말하시오.

12.114 77 K 이상의 T_c를 보이는 초전도체는 특별한 관심을 끌 수 있다. 77 K가 특별한 이유는 무엇인가?

12.115 $YBa_2Cu_3O_7$ 초전도체는 솔-젤법으로 산소 속에서 가열함으로써 에톡시화 금속의 화학량론적 혼합물로부터 합성할 수 있다. 75.4 g의 $Cu(OCH_2CH_3)_2$와 과량의 물이 반응하는 데 필요한 $Y(OCH_2CH_3)_3$와 $Ba(OCH_2CH_3)_2$는 각각 몇 g인가? 수득률을 100%로 가정할 때, $YBa_2Cu_3O_7$은 몇 g이 얻어지는지 계산하시오.

세라믹과 복합 재료(12.10절)

12.116 세라믹은 무엇이며, 어떤 성질이 금속과 세라믹을 구별되게 하는가?

12.117 세라믹에서의 결합과 금속에서의 결합을 비교하시오.

12.118 왜 세라믹이 금속보다 더 내마모성이 강한가?

12.119 왜 산화물 세라믹이 금속보다 더 내부식성이 강한가?

12.120 엔진 부품을 만드는 데 사용되는 높은 온도의 세라믹인 질화 규소(Si_3N_4)는 각각의 Si가 4개의 N 원자에 결합되어 있고, 각각의 N 원자가 3개의 Si 원자에 결합되어 있는 공유 결합성 그물 구조 고체이다. 질화 규소는 왜 구리와 같은 금속보다 더 깨지기 쉬운지를 설명하시오.

12.121 전열 기기의 내화물로 사용되는 마그네시아(MgO)는 NaCl 처럼 면심 입방 구조를 가지고 있다. MgO 구조의 단위 세포 하나를 그리시오. 왜 MgO는 마그네슘 금속보다 깨지기 쉬운지를 설명하시오.

12.122 세라믹 공정이란 무엇인가?

12.123 세라믹 분말을 소결(sintering)할 때 일어나는 현상을 기술하시오.

12.124 드물게 강한 산화물 세라믹인 지르코니아(ZrO_2)는 매우 날카로운 식탁용 칼을 만드는 데 사용된다. 지르코니아 분말을 만드는 솔-젤법에서 아이소프로폭시화 지르코늄(zirconium isopropoxide)의 가수 분해 반응에 대한 균형 반응식을 쓰시오. 아이소프로폭시화 리간드는 아이소프로필 알코올 $[HOCH(CH_3)_2]$의 음이온이다.

12.125 산화 아연은 바리스터(varistor, 가변 저항기)를 만들 때 사용되는 반도체 세라믹이다. 솔-젤법으로 에톡시화 아연(zinc ethoxide)을 가수 분해시켜 ZnO 분말을 만드는 과정에 대한 균형 반응식을 쓰시오.

12.126 $Si(OH)_4$ 솔이 젤이 될 때 일어나는 반응들을 설명하시오. 이 젤이 건조되고 소결되어 얻어지는 세라믹의 화학식은 무엇인가?

12.127 $Y(OH)_3$ 솔이 젤이 될 때 일어나는 반응들을 설명하시오. 이 젤이 건조되고 소결되어 얻어지는 세라믹의 화학식은 무엇인가?

12.128 일부 세라믹은 분자 또는 이온 전구체로부터 쉽게 합성할 수 있다. 이붕소화 타이타늄(TiB_2) 분말은 140 ℃에서 유기 용매에 용해시킨 수소화 붕소 타이타늄(III)을 분해하여 얻는다. 반응에서 얻어지는 부산물이 다이보레인(B_2H_6)과 수소 분자일 때, 이 반응의 균형 반응식을 쓰시오. (단, 수소화 붕소 이온은 BH_4^-이다.)

12.129 GeS_2는 솔–젤법을 적용시킬 수 있는 비산화물계 세라믹이다. 유기 용매에서 테트라에톡시화 저마늄[$Ge(OCH_2CH_3)_4$]과 H_2S를 반응시켜 GeS_2를 만드는 과정의 균형 반응식을 쓰시오.

12.130 질화 규소 분말은 기체 암모니아와 사염화 규소를 반응시켜 만들 수 있다. 부산물은 염화 수소 기체이다. 이 반응의 균형 반응식을 쓰시오.

12.131 붕소는 삼염화 붕소 증기와 수소 기체 존재 하에서 텅스텐 도선을 전기적으로 가열하면 붕소가 증착된다. 이 반응의 균형 반응식을 쓰시오.

12.132 흑연/에폭시 복합 재료가 테니스 라켓이나 골프채를 만드는 좋은 재료인 이유를 설명하시오.

12.133 탄화 규소로 강화된 알루미나가 순수한 알루미나보다 더 강하고 단단한 이유를 설명하시오.

다중 개념 문제

12.134 자철광(magnetite)은 밀도가 5.20 g/cm^{3}인 산화 철 광석이다. 고온에서 자철광은 일산화 탄소와 반응하여 철과 이산화 탄소를 생성한다. 자철광 2.660 g을 충분한 양의 일산화 탄소와 반응시켜 298 K, 751 mmHg에서 CO_2 1.136 L를 얻었다.

(a) 생성된 철의 질량은 몇 g인가?

(b) 자철광의 화학식은 무엇인가?

(c) 자철광은 한 변의 길이가 839 pm인 다소 복잡한 입방 단위 세포를 갖는다. 각 단위 세포에 들어 있는 Fe 원자와 O 원자의 수는 각각 몇 개인가?

12.135 알루미늄 덩어리 8.894 g을 압착하여 변의 길이가 36.5 cm인 정사각형 박막이 되도록 펼쳤다.

(a) Al의 밀도가 2.699 g/cm^{3}라면, 박막의 두께는 몇 cm가 되는가?

(b) 박막의 두께는 단위 세포 몇 개에 해당하는가? 알루미늄의 결정은 면심 입방 구조이며, 원자 반지름은 143 pm이다.

12.136 밀도가 2.70 g/cm^{3}이고, 한 변의 길이가 404 pm인 입방 단위 세포를 갖는 13족 금속이 있다. 이 금속 조각 1.07 cm^{3}가 과량의 염산과 반응하여 무색의 기체가 얻어지는데, 이 기체는 23.0 ℃, 740 mmHg의 압력에서 4.00 L의 부피를 갖는다.

(a) 이 금속이 무엇인지 밝히시오.

(b) 단위 세포는 원시 입방, 면심 입방, 체심 입방 중 어느 것인가?

(c) 금속 원자의 원자 반지름은 몇 pm인가?

12.137 기체가 완전히 제거된 500.0 mL 플라스크에 한 변의 길이가 1.62 mm인 정육면체 모양의 알칼리 금속 결정을 넣고 증발시켰다. 증기의 압력은 802 ℃에서 12.5 mmHg이다. 이 금속 고체는 체심 입방 구조를 갖는 것으로 알려졌다.

(a) 금속 원자의 원자 반지름은 몇 pm인가?

(b) 그림 5.19의 자료를 이용하여, 이 알칼리 금속이 무엇인지 밝히시오.

(c) 고체와 기체의 밀도는 각각 몇 g/cm^{3}인가?

12.138 298 K, 755 mmHg의 압력에서 1.588 g의 알칼리 금속과 0.500 L 플라스크에 담겨진 기체 할로젠이 화학량론적으로 반응을 완결하였다고 가정하자(즉, 금속과 할로젠은 모두 소모되었다). 이 반응에서 22.83 kJ이 방출되었다($\Delta H = -22.83$ kJ). 이성분 이온 결합 화합물인 생성물은 면심 입방으로 배열된 음이온과 각 음이온 사이의 변의 중심에 양이온이 자리하는 단위 세포로 결정을 형성한다. 또한 입방체의 중심에도 양이온이 있다.

(a) 이 알칼리 금속이 무엇인지 밝히시오.

(b) 단위 세포의 한 변의 길이는 535 pm이다. 그림 6.1의 자료로부터 알칼리 금속 양이온의 이온 반지름을 찾은 후, 할로젠화 음이온의 반지름을 계산하시오. 그림 6.2의 자료를 이용하여 음이온이 무엇인지 밝히시오.

(c) 단위 세포에 대한 정면도를 공간 채움 보기로 그리고, 각 이온을 나타내시오. 단위 세포에서 음이온들은 서로 접하고 있는가?

(d) 화합물의 밀도는 몇 g/cm^{3}인가?

(e) 화합물의 표준 생성열은 얼마인가?

12.139 산화 유로퓸(II)은 띠간격이 108 kJ/mol인 반도체이다. 69 K 이하에서 이 물질은 강자성(ferromagnetic)이다. 즉 홀전자가 모두 같은 방향으로 정렬되어 있다. EuO에 있는 각각의 유로퓸 이온에는 몇 개의 f 전자가 존재하는가? (란타넘족 이온은 4f 오비탈이 6s 오비탈보다 에너지가 낮다.)

12.140 3.0 mW 다이오드 레이저의 파장 660 nm의 적색 빛을 태양 전지에 쪼였다.

(a) 레이저로부터 초당 몇 개의 광자가 방출되는가? (1 W = 1 J/s)

(b) 모든 광자가 태양 전지에 흡수되고 광자 한 개가 전자 한 개를 생성하게 한다면, 태양 전지 회로에서 흐르는 전류는 몇 암페어인가?

12.141 광물질 뷔스타이트(Wustite)는 실험식 Fe_xO를 갖는 비화학

량론적 철 산화물이다. 여기서 x는 1보다 약간 작다. 뷔스타이트는 약간의 Fe 자리가 비어 있는 FeO로 간주할 수 있다. 이 물질은 밀도가 5.75 g/cm^{3}이고, 변의 길이가 431 pm인 입방 단위 세포를 가지며, 그 안에서 산소 원자들은 면심 입방 배열을 한다.

(a) 화학식 Fe_xO에서 x 값은 얼마인가?

(b) (a)의 화학식에 근거하여, Fe의 평균 산화 상태는 얼마인가?

(c) 뷔스타이트의 각 Fe 원자는 산화 상태가 +2 또는 +3이다. +3의 산화 상태를 갖는 Fe 원자는 몇 퍼센트인가?

(d) 파장이 70.93 pm인 X선을 사용할 때 단위 세포의 면에 위치한 원자들을 포함하는 면으로부터 나오는 3차 회절은 몇 도에서 나타나는가? (3차 회절은 Bragg 식에서 n의 값이 3인 것을 의미한다.)

(e) 뷔스타이트는 약간의 Fe^{2+}가 Fe^{3+}로 치환된 반도체 철(II) 산화물이다. 이것은 n형 반도체인가 p형 반도체인가? 설명하시오.

12.142 알칼리 금속 풀러렌화물 초전도체인 M_3C_{60}에서 거의 구형 모양의 $C_{60}{}^{3-}$ 음이온은 입방 조밀 쌓임(면심 입방) 배열을 이루며 쌓여 있고, 상대적으로 큰 크기의 $C_{60}{}^{3-}$ 음이온 사이의 틈새 구멍에 M^+ 양이온이 위치한다. 이 틈새 구멍은 $C_{60}{}^{3-}$ 이온 6개로 둘러싸인 팔면체 구멍과 4개의 $C_{60}{}^{3-}$ 이온으로 둘러싸인 사면체 구멍 등 두 종류가 있다.

(a) 단위 세포 한 개의 삼차원 구조를 그리시오.

(b) 단위 세포당 몇 개의 $C_{60}{}^{3-}$ 이온, 팔면체 틈새 구멍, 사면체 틈새 구멍이 존재하는가?

(c) 팔면체 틈새 구멍과 사면체 틈새 구멍의 분율 좌표를 밝히시오(분율 좌표란 단위 세포 모서리 길이에 대한 분율이다. 예를 들어, 단위 세포 중심은 분율 좌표 $\frac{1}{2}, \frac{1}{2}, \frac{1}{2}$에 해당한다).

(d) $C_{60}{}^{3-}$ 이온의 반지름은 약 500 pm이다. 단위 세포에서 면 대각선을 따라 $C_{60}{}^{3-}$ 이온들이 맞닿아 있다고 가정하고, 팔면체 틈새 구멍과 사면체 틈새 구멍의 반지름을 계산하시오.

(e) Na^+, K^+ Rb^+의 이온 반지름은 각각 102, 138, 152 pm이다. 이 중 어느 것이 팔면체 틈새 구멍과 사면체 틈새 구멍에 잘 들어맞을까? $C_{60}{}^{3-}$ 이온으로 이루어진 틀이 팽창할 경우에 잘 들어맞을 수 있는 양이온은 무엇인가?

12.143 단일 벽(single-walled) 탄소 나노튜브는 실린더 형태로 말아 놓은 흑연의 단일 판이라고 할 수 있다(그림 12.14). 길이가 1.0 mm이고 지름이 1.08 nm인 단일 벽 나노튜브에서 C 원자의 수를 계산하시오 (흑연의 C−C 결합 길이는 141.5 pm이다).

12.144 C=C 이중 결합을 지닌 작은 분자(단량체라 부름)는 서로 결합되어 중합체라고 하는 긴 사슬 분자를 형성한다. 즉, 아크릴로나이트릴($H_2C{=}CHCN$)을 적당한 조건 하에서 중합 반응시키면, 복합 재료용 탄소 섬유 생산의 출발 물질인 폴리아크릴로나이트릴을 만들 수 있다.

(a) 아크릴로나이트릴과 폴리아크릴로나이트릴에 대한 전자점 구조식을 쓰시오. 또한, 어떻게 전자가 재배열되어 중합체가 형성되는지 나타내시오.

(b) 표 7.1의 결합 해리 에너지를 사용하여, 아크릴로나이트릴이 폴리아크릴로나이트릴로 전환되는 반응의 $H_2C{=}CHCN$ 단위당 ΔH 값을 계산하시오. 이 반응은 발열 반응인가 흡열 반응인가?

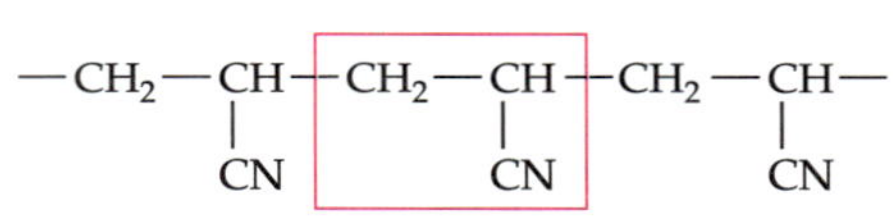

반복 단위

폴리아크릴로나이트릴

chapter 13

용액과 용액의 성질

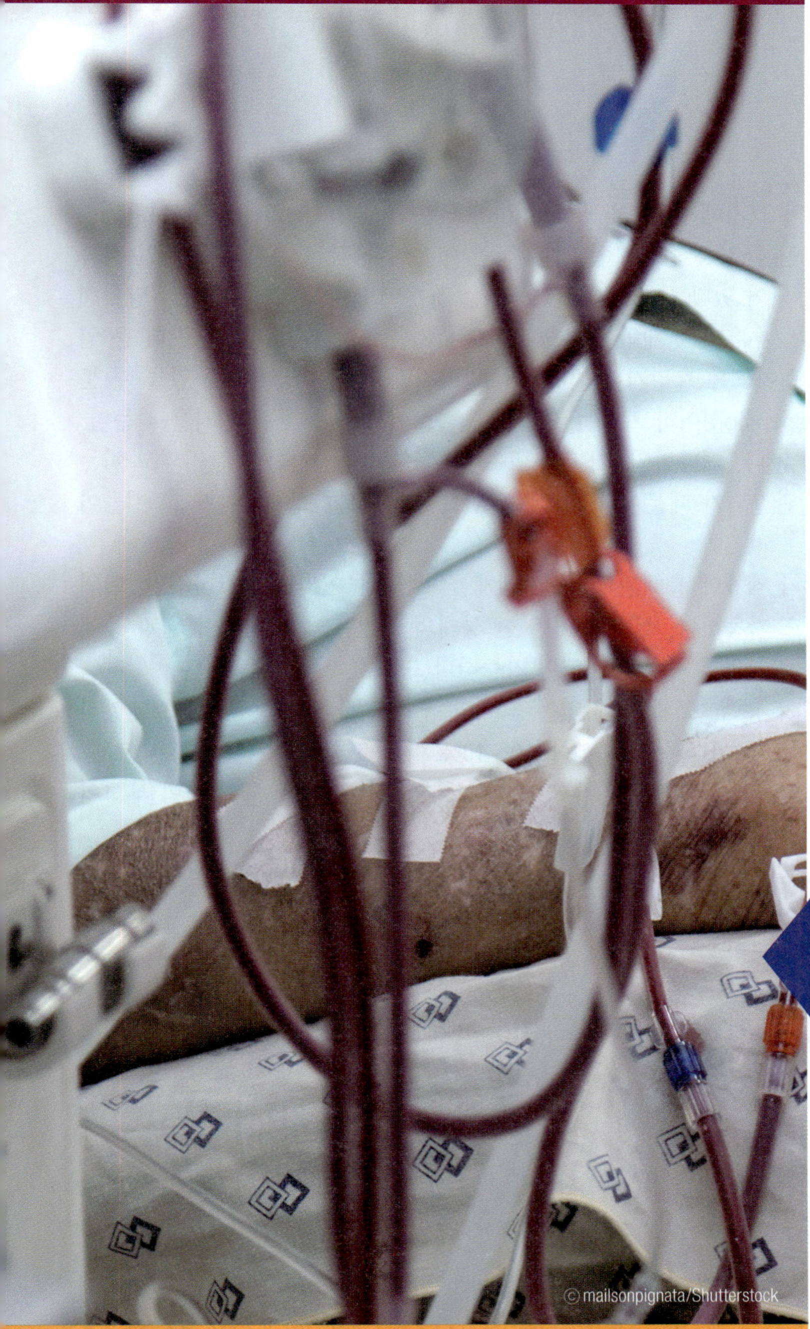
© mailsonpignata/Shutterstock

CONTENTS

신장이 더 이상 기능을 하지 않는 환자의 혈액을 투석기(인공 신장기)를 이용한 혈액 투석으로 노폐물을 제거한다. 이 장에서 논의할 삼투(osmosis) 원리가 혈액 투석의 기초이다.

혈액 투석이 어떻게 신부전 환자의 혈액을 깨끗하게 할까?

이 질문의 답은 545쪽 INQUIRY ? 에 나와 있다.

지금까지 순물질, 즉 원소와 화합물 둘에 주로 관심을 가져왔다. 하지만 주위를 둘러보면, 일상생활에서 보는 대부분의 물질들은 **혼합물**(mixture)이다. 공기는 질소와 산소가 주성분인 기체 혼합물이고, 휘발유는 여러 다양한 유기 화합물들의 액체 혼합물이며, 암석은 여러 광물이 섞여 있는 고체 혼합물이다.

혼합물은 두 가지 이상의 순물질이 각각의 화학적 성질에는 변화가 없이 임의의 비율로 섞여 있는 것이다. 혼합물은 겉보기에 따라 **불균일**(heterogeneous) 혼합물과 **균일**(homogeneous) 혼합물로 나눌 수 있다. 불균일 혼합물은 구성 성분들이 육안으로 보았을 때 균일하게 혼합되지 않아 영역에 따라 서로 다른 조성으로 나타난다. 소금과 설탕, 그리고 물과 기름이 그 예들이다. 균일 혼합물은 적어도 육안으로 보기에는 균일하게 혼합이 이루어져 전 영역에 걸쳐 일정한 조성을 갖는다. 바닷물(염화 소듐과 물)과 황동(구리와 아연)이 그 예들이다. 이 장에서는 몇 가지 균일 혼합물의 성질, 특히 **용액**(solution)이라고 하는 혼합물의 성질을 중점적으로 알아보기로 한다.

13.1 용액

균일 혼합물은 구성 입자의 크기에 따라 **용액**(solution) 또는 **콜로이드**(colloid)로 분류할 수 있다. **용액**은 가장 대표적인 균일 혼합물로서, 전형적인 이온이나 작은 분자의 크기인 지름 0.1~2 nm 범위의 입자로 되어 있다. 용액은 색깔을 띠는 경우에도 투명하고, 가만히 방치해 두었을 때 분리되지 않는다. 우유나 안개와 같은 **콜로이드**는 지름 2~500 nm 범위의 더 큰 입자들을 포함하고 있다. 콜로이드는 흐리거나 빛에 불투명하지만 가만히 방치해 두었을 때 분리되지 않는다. **현탁액**(suspension)이라고 하는 혼합물은 콜로이드보다 더 큰 입자를 갖는다. 현탁액은 정말로 균일하지 않다. 왜냐하면, 가만히 방치해 두었을 때 입자들이 분리되고 이는 저분해능의 현미경으로도 관찰되기 때문이다. 혈액, 페인트, 에어로졸 스프레이가 그 예들이다.

용액은 일반적으로 고체가 액체에 용해된 것 또는 액체들의 혼합물이라고 생각하지만, 이외에 여러 다른 종류의 용액도 가능하다. 실제로 어떤 한 상태의 물질은 다른 상태 물질과 용액을 형성할 수 있고, 7가지 서로 다른 종류의 용액이 가능하다(**표 13.1**).

한 고체와 또 다른 고체의 용액, 고체 중에 있는 기체의 용액도 잘 알려져 있다. 스테인리스강(철에 4~30% 크로뮴 포함)이나 놋쇠(구리에 10~40% 아연 포함)와 같은 합금은 고체/고체 용액이고, 팔라듐 중 수소는 기체/고체 용액이다. 실제로 금속 팔라듐은 자신의 부피의 935배까지 H_2 기체를 흡수할 수 있다.

표 13.1 몇 가지 서로 다른 종류의 용액

용액의 종류	예
기체 중의 기체	공기(O_2, N_2, Ar과 기타 기체들)
액체 중의 기체	탄산수(물 중의 CO_2)
고체 중의 기체	팔라듐 금속 중의 H_2
액체 중의 액체	가솔린(탄화수소 혼합물)
고체 중의 액체	치과용 아말감(은 중의 수은)
액체 중의 고체	바닷물(물 중의 NaCl과 기타 염류)
고체 중의 고체	법정 순도의 은(sterling silver; 은 92.5%, 구리 7.5%)과 같은 금속 합금

기체 또는 고체가 액체에 용해된 용액에서, 용해된 물질을 **용질**(**solute**)이라고 하고, 액체는 **용매**(**solvent**)라고 한다. 한 액체가 다른 액체에 용해된 경우, 일반적으로 소량 성분을 용질이라 하고 다량 성분을 용매라고 한다. 따라서 10% 에틸 알코올과 90% 물의 혼합물에서, 용질은 에틸 알코올이고 용매는 물이다. 그러나 90% 에틸 알코올과 10% 물의 혼합물이라면, 용질은 물이고 용매는 에틸 알코올이 된다.

13.2 엔탈피 변화와 용해 과정

공기와 같은 기체/기체 혼합물의 예외적인 경우를 제외하고, 표 13.1에 수록된 다른 종류의 용액들은 **응축상**(condensed phase)으로서 액체나 고체 상태를 가진다. 따라서 순수한 액체와 고체의 성질을 설명하기 위해, 8.6절에서 기술한 모든 **분자간 힘**(**intermolecular force**)은 용액의 성질을 설명할 때도 마찬가지로 중요하다. 하지만 용액에서의 상황은 순수한 물질에 비해 좀 더 복잡하다. 그 이유는 고려해야 할 3가지 유형의 상호 작용, 즉 용질–용질, 용매–용매, 용매–용질 상호 작용 때문이다.

기억하기…
분자간 힘에는 이온–쌍극자, 쌍극자–쌍극자, 런던 분산력, 수소 결합이 있다(8.6절).

그림 13.1은 분자적 관점에서 용액 형성 과정을 세 개의 개별 단계로 나타낸 것이다. 각 단계의 엔탈피 변화는, 분자들을 분리하거나 분자들을 모이도록 하는 데 수반되는 분자간 힘에 의해 결정된다.

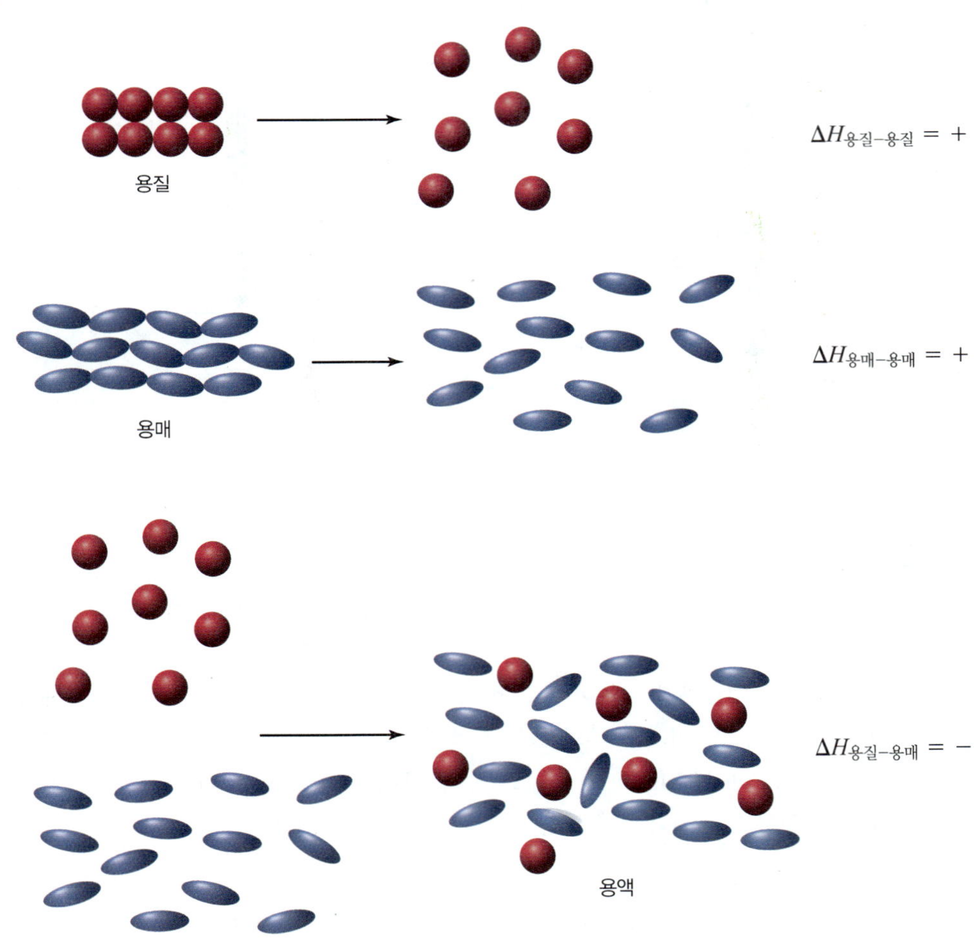

◀ **그림 13.1**
분자적 관점에서 세 개의 개별 단계로 나타낸 용액 형성 과정. 용질 입자를 분리하는 과정의 엔탈피 변화($\Delta H_{용질-용질}$)는 분자간 힘을 이기는 데 에너지가 소요되기 때문에 양이다. 용매 분자들을 분리하는 과정의 엔탈피 변화($\Delta H_{용매-용매}$)는 분자간 힘을 이기는 데 에너지가 소요되기 때문에 양이다. 용질과 용매가 상호 작용하는 과정의 엔탈피 변화($\Delta H_{용질-용매}$)는 분자간 힘이 형성될 때 에너지가 방출되기 때문에 음이다.

기억하기…
격자 에너지(U)는 결정 내 이온들 사이의 정전기적 상호 작용 에너지들의 합이다. 이것은 이온성 고체를 개별 기체상 이온들로 분쇄하기 위해 공급해야 하는 에너지의 양이다(6.8절).

- **1 단계. 용질–용질 상호 작용**: 용질 입자들을 결정 상태로 붙잡아 두려는 분자간 힘을 이기기 위하여 에너지가 흡수된다(양의 ΔH). 이온성 고체의 경우, 용질–용질 상호 작용을 이기기 위해 필요한 에너지의 양은 **격자 에너지(lattice energy)**와 관련된다. 결과적으로, 격자 에너지가 더 큰 물질들은 격자 에너지가 작은 물질들보다 덜 용해되는 경향이 있다. 따라서 4.6절에서 용해도 지침을 논의할 때 보았던 것처럼, 1가 이온을 갖는 화합물이 2가 또는 3가 이온을 갖는 화합물보다 더 잘 용해된다.
- **2 단계. 용매–용매 상호 작용**: 용매 분자들 사이의 분자간 힘을 이기기 위해서는 용매 입자들에 대해 공간을 만들어 주기 위해 분자들을 분리하고 떨어뜨려야 하기 때문에, 에너지가 흡수된다(양의 ΔH).
- **3 단계. 용매–용질 상호 작용**: 용매 분자가 용질 입자와 인력이 작용할 때 분자간 힘이 형성되기 때문에, 에너지가 방출된다(음의 ΔH).

용액 형성 과정의 전체 엔탈피 변화를 **용해열**(heat of solution) 또는 **용해 엔탈피**($\Delta H_{용해}$)라고 부르고, 각 단계에 대한 엔탈피 변화들의 합이다.

$$\Delta H_{용해} = \Delta H_{용질-용질} + \Delta H_{용매-용매} + \Delta H_{용질-용매}$$

처음 두 종류의 상호 작용은 흡열 과정으로, 용매 분자들을 떼어 놓거나 결정을 깨뜨리려면 에너지가 필요하다. 세 번째 상호 작용만 발열 과정이며, 용매와 용질 입자 사이에 서로 당기는 분자간 힘이 작용한다. 세 가지 상호 작용의 합이 $\Delta H_{용해}$가 흡열 과정인지 발열 과정인지를 결정한다. 어떤 물질들의 경우, 하나의 발열 상호 작용이 충분히 커서 두 개의 흡열 상호 작용을 능가하기도 하지만, 다른 물질들에서는 그와 반대이다(그림 13.2).

▶ **그림 13.2**
$\Delta H_{용해}$의 구성 성분. $\Delta H_{용해}$ 값은 용매–용매, 용질–용질, 용매–용질 세 가지 항의 합이다.

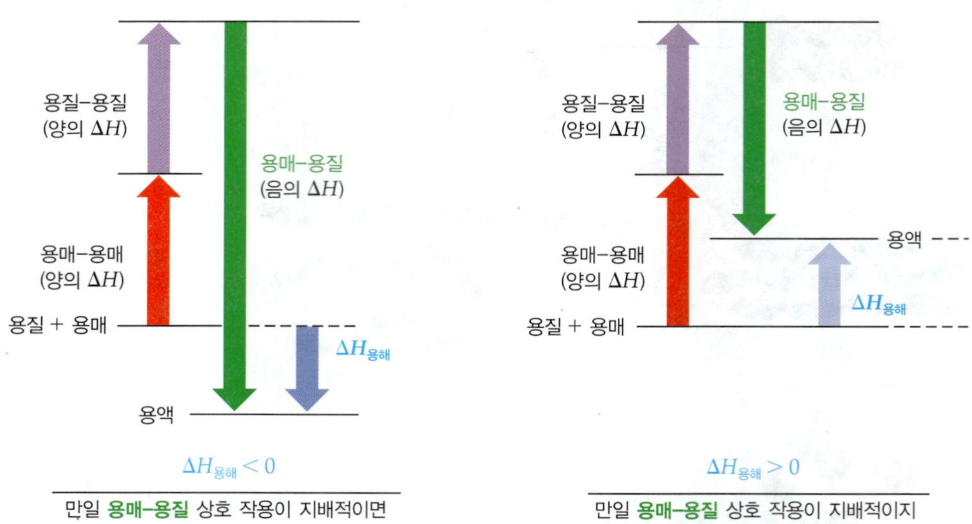

개념탐구 질문 1
용질이 용해할 때 다음과 같이 엔탈피가 변한다면, $\Delta H_{용해}$의 부호는 무엇이고, 용액의 온도는 어떻게 변하는가?

$\Delta H_{용질-용질} = +90$ kJ/mol
$\Delta H_{용매-용매} = +25$ kJ/mol
$\Delta H_{용질-용매} = -130$ kJ/mol

운동선수가 상처를 치료하기 위하여 즉석 핫팩과 콜드팩을 사용할 때 음과 양의 용해 엔탈피 모두에서 득을 본다. 두 가지 종류의 즉석 팩들은 물주머니와 건조된 화학물질로 구성되어 있다. 핫팩에는 $CaCl_2$ 또는 $MgSO_4$가, 콜드팩에는 NH_4NO_3가 들어 있다. 팩을 쥐어짜면, 물주머니가 터져서 고체가 용해되고, 온도는 상승하거나 하강한다(그림 13.3).

핫팩: $CaCl_2(s)$ $\quad \Delta H_{용해} = -81.3$ kJ/mol
$MgSO_4(s)$ $\quad \Delta H_{용해} = -91.2$ kJ/mol
콜드팩: $NH_4NO_3(s)$ $\quad \Delta H_{용해} = +25.7$ kJ/mol

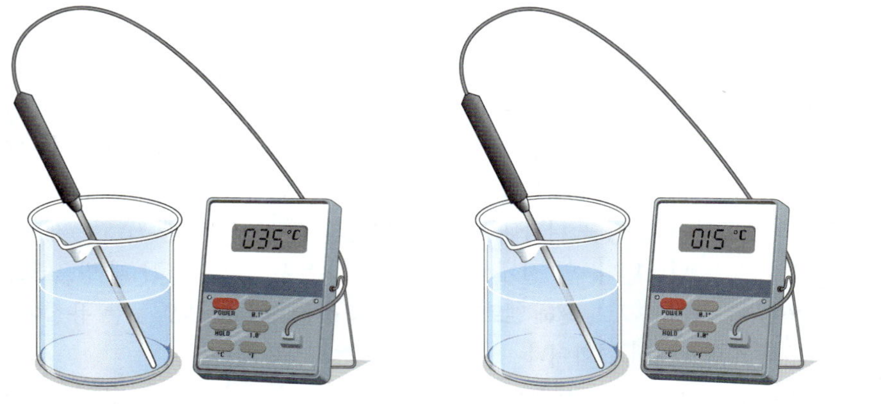

물에 $CaCl_2$를 용해시키는 것은 **발열 과정**이고, 물의 온도를 초기 온도인 25 °C보다 오르게 한다.

물에 NH_4NO_3를 용해시키는 것은 **흡열 과정**이고, 물의 온도를 초기 온도인 25 °C보다 내리게 한다.

◀ **그림 13.3**
용해 엔탈피. 용해 엔탈피는 음(발열 반응)일 수도 있고, 양(흡열 반응)일 수도 있다.

염화 소듐(NaCl)이 물에 용해될 때, 깨뜨려야 하거나 형성되어야 하는 분자간 힘의 형태를 조사해 보자. **그림 13.4**는 염화 소듐 결정에서 소듐 이온과 염화 이온이 용해되는 과정에 대한 분자적 표현을 보여 준다. 고체 염화 소듐을 물에 넣으면, 모서리 또는 가장자리의 위치 때문에 보다 약하게 결합되어 있는 이온들이 물 분자들에 노출되고, 물 분자들은 이들과 충돌하여 결국 이온이 떨어지게 된다. 더 많은 물 분자들이 이온 주위에 클러스터를 형성하고, 이온–쌍극자 인력에 의해 이온을 안정화시킨다. 새로운 가장자리와 모서리가 결정에서 노출되고, 결정 전체가 용해될 때까지 앞의 과정이 계속된다. 용액 속의 이온들은 **용매화**(solvated)된다고 하고, 특히 물이 용매인 경우에는 **수화**(hydrated)된다고 한다. 이는 이온들이 정렬된 용매 분자의 껍질에 의해 둘러싸이고, 안정화된다는 의미이다. 이온성 물질이 물속에서 방출되는 수화 에너지는 큰 양이온보다는 작은 양이온들에서 일반적으로 더 크다. 왜냐하면, 물 분자들이 작은 이온들의 핵에 더 가깝게 접근할 수 있고, 따라서 더 단단히 결합할 수 있기 때문이다. 또한 수화 에너지는 일반적으로 이온의 전하량이 증가할수록 커진다.

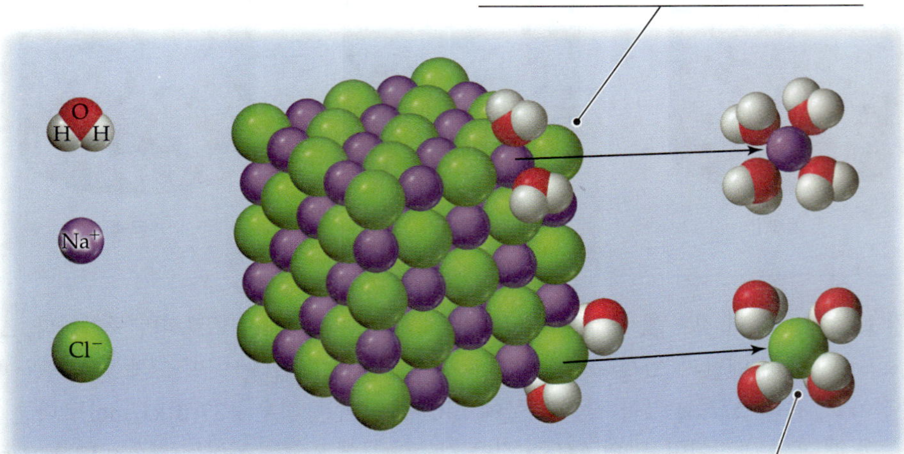

◀ **그림 13.4**
물속에서 NaCl 결정의 용해

▶ 확인하기

물속에서 NaCl이 용해될 때 (a) 용매–용매, (b) 용매–용질, (c) 용질–용질 사이에 작용하는 분자간 힘을 기술하시오.

답 (a) 수소 결합, (b) 이온–쌍극자, (c) 이온 결합

13.3 용해도 예측

기억하기…

깁스 자유 에너지 변화(ΔG)의 부호는 어떤 과정이 자발적으로 일어나는지 여부를 결정하는 데 이용한다. 만약 ΔG가 음이면 그 과정은 자발적이며, 만약 ΔG가 양이면 그 과정은 비자발적이다(9.13절).

다른 모든 화학적 및 물리적 과정과 마찬가지로 용질이 용매에 용해되는 과정은 **깁스 자유 에너지 변화**(**Gibbs free-energy change**) $\Delta G = \Delta H - T\Delta S$와 관련이 있고, 이 값으로 자발성 여부를 판단할 수 있다. 만일 ΔG 값이 음수이면 용해 과정은 자발적이고 용질이 녹으며, ΔG 값이 양수이면 용해 과정은 비자발적이고 용질은 녹지 않는다. 엔탈피 항 ΔH는 용해 과정 동안 계의 내부 또는 외부로의 열 흐름을 나타내며, 온도 의존성인 엔트로피 항 $T\Delta S$는 계의 내부에서 분자 무질서 정도를 나타낸다. 앞 절에서, 엔탈피 변화는 용액이 형성될 때 방출 또는 흡수되는 열로 정의했다. 마찬가지로, **용해 엔트로피**(**entropy of solution**, $\Delta S_{용해}$)는 용질이 용매에 용해될 때 발생하는 엔트로피 변화이다.

$\Delta H_{용해}$와 $\Delta S_{용해}$는 어떤 값을 가질까? 엔트로피 변화를 먼저 생각해 보자. 용해 과정에서 분자의 무질서도가 증가하기 때문에 용액의 엔트로피는 일반적으로 양의 값이다. 예를 들어 물에 NaCl을 녹이는 경우, 용해 엔트로피는 +43.4 J/(K·mol)이다. 고체가 액체에 녹을 때 무질서도는 증가한다. 그 이유는 규칙적으로 배열된 결정에서 용매화된 이온이나 분자들이 용액 중에서 자유롭게 이동할 수 있는 덜 규칙적인 배열 상태로 변하기 때문이다. 한 액체가 다른 액체에 녹을 때, 서로 다른 분자들이 뒤섞이면서 무질서도는 증가한다(그림 13.5).

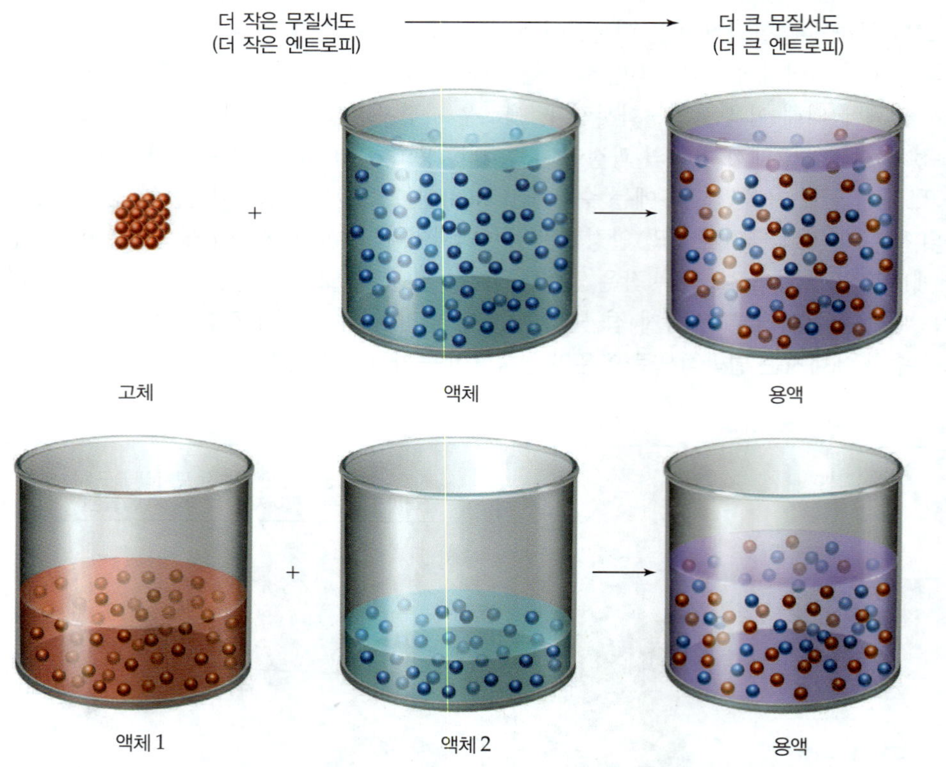

▶ 그림 13.5
용해 엔트로피. 용해 엔트로피는 일반적으로 양수 값이다. 왜냐하면, 분자 무질서도는 고체가 액체에 녹거나 한 액체가 다른 액체에 녹을 때 일반적으로 증가하기 때문이다.

▶ 확인하기

기체가 액체에 녹을 때 $\Delta S_{용해}$ 값의 부호를 예측하시오.

답 대체로 기체가 액체에 녹을 때는 $\Delta S_{용해} < 0$이다. 기체의 경우 높은 엔트로피를 가지므로 기체 분자는 자유롭게 움직이는 반면, 기체가 액체에 녹아 엔트로피가 감소하게 되면 기체 분자의 움직임은 크게 줄어든다.

그림 13.5에 나타낸 것처럼, 대부분의 고체와 액체는 용해할 때 엔트로피가 증가한다, $\Delta S_{용해} = +$. 그러나 용해 엔탈피 $\Delta H_{용해}$의 값은 예측하기가 보다 어렵다. 어떤 고체들은 녹을 때 발열 과정이고, 음의 $\Delta H_{용해}$ 값을 갖지만(물에 LiCl을 녹이는 경우 −37.0 kJ/mol), 다른 고체들은 녹을 때 흡열 과정이며, 양의 $\Delta H_{용해}$ 값을 갖는다(물에 KCl을 녹이는 경우 +17.2 kJ/mol). 앞 절의 그림 13.2는 용질과 용매 입자들 사이의 분자간 힘의 상호 작용이 $\Delta H_{용해}$ 값에 어떻게 영향을 미치는지를 보여 준다. 표 13.2에 보편적 이온성 물질들의 $\Delta H_{용해}$와 $\Delta S_{용해}$ 값들

표 13.2 25 °C 물에서 몇 가지 용해 엔탈피와 용해 엔트로피

물질	$\Delta H°_{용해}$(kJ/mol)	$\Delta S°_{용해}$[J/(K·mol)]
LiCl	−37.0	10.5
NaCl	3.9	43.4
KCl	17.2	75.0
LiBr	−48.8	21.5
NaBr	−0.6	54.6
KBr	19.9	89.0
KOH	−57.6	12.9

을 나타내었다.

주어진 용매에 용질이 용해될 것인지를 어떻게 예측할 수 있을까? 만약 용액 형성 과정의 자유 에너지 변화가 음의 값이라면, 이 과정은 자발적으로 일어날 것이라고 열역학은 이야기해 준다. 25 °C에서 염화 소듐이 용해할 때 자유 에너지 변화는

$$\begin{aligned}\Delta G° &= \Delta H° - T\Delta S° \\ \Delta G° &= (+3{,}900\ \text{J/mol}) - (298\ \text{K})(43.4\ \text{J/K}\cdot\text{mol}) \\ &= -9{,}033\ \text{J/mol} = -9.0\ \text{kJ/mol}\end{aligned}$$

음의 $\Delta G°$는 물에 염화 소듐이 용해하는 과정이 자발적이라는 것을 나타낸다. 그러나 열역학적으로 다루기보다는 "끼리끼리 녹는다(Like dissolves like)."라는 문구로 요약되는 간단한 용해도 규칙을 이용하여 용해도를 예측하는 것은 매우 편리하다. 용질 입자들, 용매 분자들, 용매와 용질 입자들 사이의 분자간 힘의 형태가 종류와 크기에서 유사할 때 용액이 형성된다. 따라서 NaCl과 같은 이온성 고체는 물과 같은 극성 용매에 잘 용해된다. 그 이유는 Na^+ 및 Cl^- 이온과 극성 물 분자 사이에 작용하는 강한 이온–쌍극자 인력이, 물 분자 사이의 강한 수소 결합 인력 및 Na^+와 Cl^- 이온 사이의 강한 이온–이온 인력과 비슷한 크기이기 때문이다. 같은 방식으로, 콜레스테롤($C_{27}H_{46}O$)과 같은 비극성 유기 물질은 벤젠(C_6H_6)과 같은 비극성 유기 용매에 잘 용해된다. 그 이유는 두 종류의 분자들 사이에 작용하는 런던 분산력(London dispersion forces)이 비슷한 크기이기 때문이다. 하지만 기름은 물에 잘 용해되지 않는다. 그 이유는 두 액체가 서로 다른 종류의 분자간 힘을 가지기 때문이다.

▲ 기름과 물은 섞이지 않는다. 왜냐하면 물은 극성이고 기름은 비극성이기 때문이다. 매우 다른 형태의 분자간 힘은 기름이 물에 거의 용해되지 않도록 한다. © malialeon/Shutterstock

개념 예제 13.1

화학 구조에서 용해도 예측

펜테인(C_5H_{12})과 1-뷰탄올(C_4H_9OH)은 비슷한 분자량의 유기물 액체이지만, 용해도는 상당히 다르다. 둘 중 어느 것이 물에 더 잘 용해될까? 설명하시오.

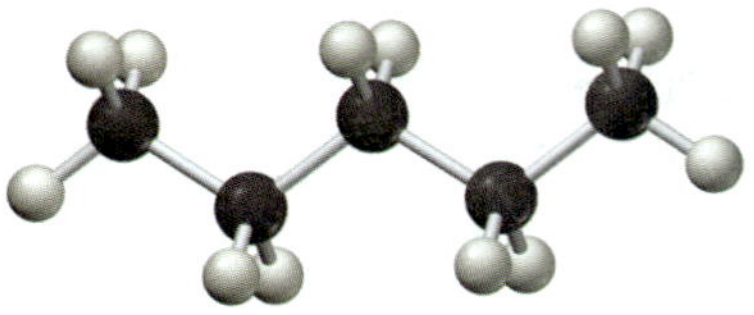

펜테인

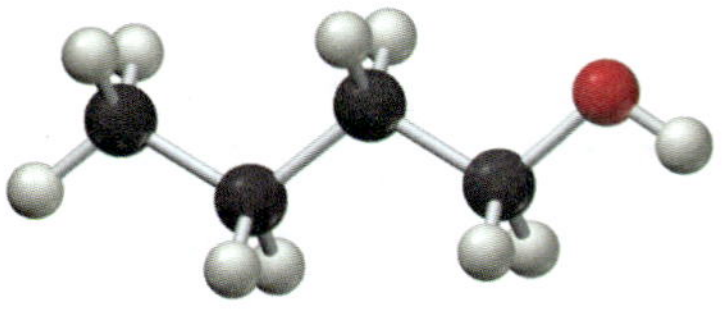

1-뷰탄올

전략

구조를 살펴보고 각각의 경우 분자 사이에 존재하는 분자간 힘의 종류를 알아낸다. 용매–용매 상호 작용, 용매–용질 상호 작용, 용질–용질 상호 작용 만약 이 세 가지 상호 작용 사이의 분자간 힘의 크기가 비슷하다면, 용액이 되기 쉬울 것이다. 물과 비슷한 분자간 힘을 갖는 물질이 물에 더 잘 용해될 것이다.

풀이

펜테인은 비극성 분자이어서 두 펜테인 분자 간에는 런던 분산력이 분자간 힘으로 작용한다. 그러나 물은 극성이며 수소 결합을 형성한다. 펜테인은 물과 강한 분자간 상호 작용은 하지 않을 것이다. 그러나 1-뷰탄올은 물처럼 −OH 작용기를 가지고 있어 스스로 그리고 물과 수소 결합을 형성할 수 있다. 아래에 보이는 바와 같이, 강한 용매–용질 상호 작용의 결과로 1-뷰탄올은 물과 3개의 수소 결합을 형성한다. 따라서 1-뷰탄올이 물에 더 잘 용해된다.

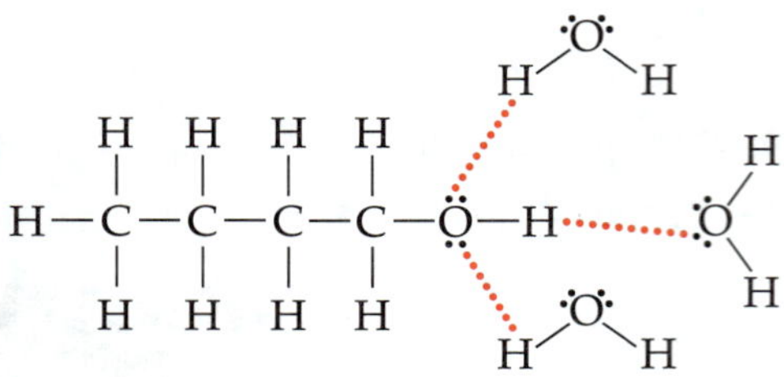

▶ **개념 연습문제 13.1** 다음 세 화합물을 펜테인(C_5H_{12})에 대한 용해도가 증가할 것으로 예상되는 순서대로 나열하시오.

1,5-펜테인다이올($C_5H_{12}O_2$), KBr, 톨루엔(C_7H_8, 가솔린의 한 성분).

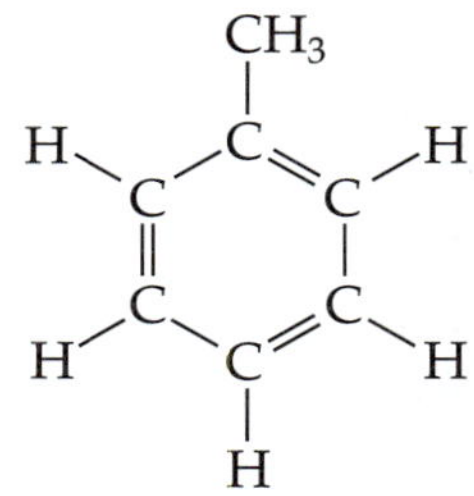

톨루엔

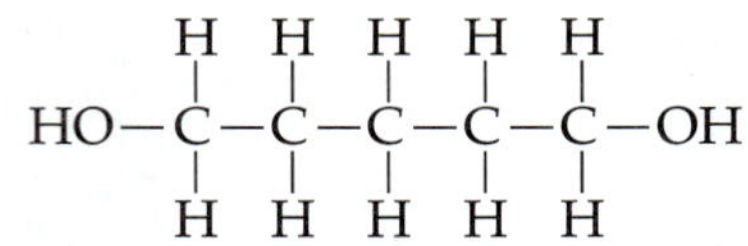

1,5-펜테인다이올

▶ **개념 응용문제 13.2** 많은 사람들이 건강을 위하여 바이타민 영양제를 먹고 있으며, 과다복용 가능성은 각각의 바이타민이 지용성인지 수용성인지에 따라 다르다. 만약 바이타민이 비극성인 지방 조직에 용해된다면 이들은 체내에 축적되는 반면, 수용성 바이타민은 빠르게 배출된다. 바이타민 C와 바이타민 E의 공–막대 모형(ball-and-stick model)을 이용하여 어떤 물질이 지방에 더 잘 용해되는지 결정하시오.

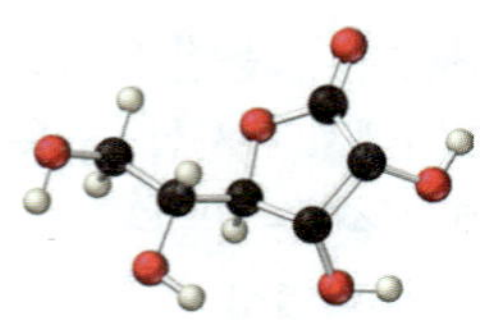

바이타민 C

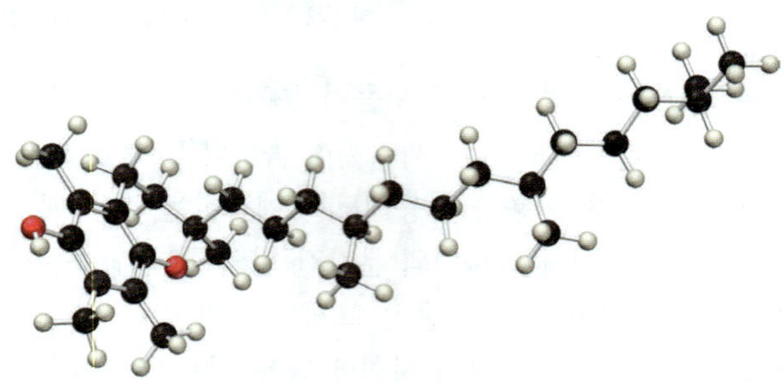

바이타민 E

13.4 용액의 농도 단위

일상생활에서는 용액을 묽다 또는 진하다라고 기술하는 것만으로 대부분 충분하다. 하지만 과학 연구에서는, 일반적으로 용액의 정확한 농도, 즉 일정한 양의 용매에 용해되어 있는 용질의 정확한 양을 알 필요가 있다. 농도를 표현하는 여러 가지 방식들이 있는데 각각 그 나름의 장점과 단점이 있다. 가장 보편적인 네 가지 농도 단위는 **몰농도(molarity)**, **몰분율**(mole fraction), **질량 백분율**(mass percent), **몰랄 농도**(molality)이다.

몰농도(M)

기억하기…
주어진 **몰농도**의 용액은 먼저 소량의 용매로 용질을 용해한 후 원하는 부피까지 용매로 묽혀서 만든다. 원하는 부피의 용매에 바로 용질을 용해시켜 용액을 만들지는 않는다(4.1절).

화학 실험실에서 농도를 나타내는 가장 보편적인 방식은 몰농도(M)를 사용하는 것이다. 4.1절에서 논의된 바와 같이, 용액의 몰농도는 용액의 부피당 용질의 몰수(mol/L, 약자 M)로 나타낸다. 예를 들어, 만약 NaOH 0.500 mol(20.0 g)을 충분한 양의 물에 용해시킨 후, 1.000 L 용액으로 만들면 이 용액의 농도는 0.500 M이다.

$$\textbf{몰농도}(\mathrm{M}) = \frac{\text{용질의 몰수}}{\text{용액의 부피(L)}}$$

몰농도를 사용할 때의 장점으로 두 가지를 들 수 있다. (1) 질량 대신에 몰수를 사용하기 때문에 화학량론적 계산이 단순화된다. (2) 용액의 양(따라서 용질의 양도 같이)을 질량(칭량, weighing)이 아닌 부피(붓기, pouring)로 측정한다. 그 결과, **적정(titration)**이 특히 쉬워진다.

몰농도의 단점 또한 두 가지이다. (1) 용액의 부피가 온도 변화에 따라 팽창하거나 수축하기 때문에 정확한 용질의 농도가 온도에 따라 달라진다. (2) 용액의 밀도를 알지 못하면 일정한 부피의 용액 속에 들어 있는 정확한 용매의 양을 알 수 없다.

기억하기…
적정이란 용액의 농도를 결정하는 과정으로, 정확히 측정된 부피를 가진 용액을 농도를 알고 있는 다른 물질의 표준 용액과 반응시킴으로써 수행된다(4.9절).

몰분율(X)

10.5절에서 논의된 바와 같이, 용액 중 어떤 성분의 몰분율(mole fraction, X)이란, 이 성분의 몰수를 용액을 구성하는(용매도 포함) 전체 몰수로 나눈 값이다.

$$\textbf{몰분율}(X) = \frac{\text{성분 몰수}}{\text{용액을 구성하는 전체 몰수}}$$

예를 들어, 메틸 알코올(CH_3OH) 1.00 mol(32.0 g)을 물 5.00 mol(90.0 g)에 용해시킨 용액에서, 메틸 알코올의 몰분율 $X = 1.00\text{ mol}/(1.00\text{ mol} + 5.00\text{ mol}) = 0.167$이다. 단위가 상쇄되므로 몰분율은 단위가 없음을 주목하기 바란다.

몰분율은 온도와 무관하다. 이 때문에 기체 혼합물과 관련된 계산에 특히 유용하다. 특별한 상황을 제외하고는 몰분율은 액체 용액에는 거의 사용하지 않는다. 이는 다른 농도 단위들이 일반적으로 더 편리하기 때문이다.

질량 백분율(질량 %)

명칭에서 알 수 있는 것처럼, 용액 중 어떤 성분의 **질량 백분율(mass percent)**은 그 성분의 질량을 용액의 전체 질량으로 나누고 100%를 곱해서 구한다.

$$\textbf{질량 백분율} = \frac{\text{성분의 질량}}{\text{용액의 전체 질량}} \times 100\%$$

예를 들어, 글루코스 10.0 g을 물 100.0 g에 용해시켜 만든 용액은 9.09 질량 % 글루코스 농도를 갖는다.

$$\text{글루코스 질량 \%} = \frac{10.0\text{ g}}{10.0\text{ g} + 100.0\text{ g}} \times 100\% = 9.09\text{ 질량 \%}$$

질량 백분율과 밀접한 관련이 있으며, 특히 매우 묽은 용액에 유용한 농도 단위로는 **백만분율(parts per million, ppm)**과 **십억분율(parts per billion, ppb)**이 있다.

$$\textbf{백만분율}(\text{ppm}) = \frac{\text{성분의 질량}}{\text{용액의 전체 질량}} \times 10^6$$

$$\textbf{십억분율}(\text{ppb}) = \frac{\text{성분의 질량}}{\text{용액의 전체 질량}} \times 10^9$$

어떤 물질의 1 ppm 농도는 용액 1 kg(100만 mg)에 용질 1 mg이 포함된 것을 의미한다. 실

▲ 이 뒷마당 수영장에 1/4 티스푼의 설탕을 용해시키면 약 1 ppb의 설탕 농도가 될 것이다. ⓒsae-hwan park/Shutterstock

온 근처에서 묽은 수용액은 1 kg이 1 L이므로, 1 ppm은 용액 1 L에 용질 1 mg이 포함된 것을 의미하기도 한다. 같은 방식으로, 1 ppb 농도는 1 L 수용액에 용질 0.001 mg이 포함된 것을 의미한다.

ppm과 ppb 값은 공기나 물에 포함된 미량의 불순물 농도를 표기하는 데 빈번하게 이용한다. 따라서 생수 속에 납의 최대 허용 농도는 15 ppb 또는 약 67,000 L당 1 g과 같이 나타낼 수 있다.

농도 표시에 질량 백분율(또는 ppm)을 사용할 때의 장점은 그 값이 온도와 무관하다는 것이다. 이는 어떤 물질을 가열하거나 냉각하여도 질량은 변하지 않기 때문이다. 질량 백분율을 사용할 때의 단점은, 일반적으로 액체 용액의 경우 부피보다 질량으로 양을 측정하는 것이 편리하지 않다는 점이다. 더구나 질량 백분율을 몰농도로 환산하기 위해서는 용액의 밀도를 알아야 한다. 예제 13.5는 환산 방법을 보여 준다.

예제 13.2

질량 백분율 농도

5.75 질량 % LiCl 수용액이 있다고 가정하자. 이 용액 몇 g이 LiCl 1.60 g을 포함하고 있는가?

문제 파악

알고 있는 것	알아내야 할 것
질량 백분율(5.75%)	용액의 질량(g)
용질의 질량(1.60 g LiCl)	

전략

농도가 5.75 질량 %라고 하는 것은 용액 100.0 g에 5.75 g의 LiCl(그리고 94.25 g의 물)이 들어 있다는 것을 의미하므로, 이 관계를 환산 인자로 이용할 수 있다.

풀이

$$\text{용액의 질량} = 1.60\ \text{g LiCl} \times \frac{100\ \text{g 용액}}{5.75\ \text{g LiCl}} = 27.8\ \text{g 용액}$$

▶ **연습문제 13.3** 1.00 L의 물에 1.00 mol의 NaCl을 용해시켜 만든 소금 수용액의 질량 백분율 농도는 얼마인가? (물의 밀도는 1.00 g/mL로 가정한다.)

▶ **응용문제 13.4** 설탕(sucrose, $C_{12}H_{22}O_{11}$) 15.0 g을 넣어 7.50 질량 %의 용액을 제조하려 한다. 이때 필요한 물의 양(g 단위)을 계산하시오.

예제 13.3

농도 단위로 백만분율(ppm) 사용

질산 이온(NO_3^-)은 비료의 유출이나 정화조의 누설로 상수도에 유입된다. 식수에 대한 질산 이온의 법적 한계는 10.0 ppm이다. 이 농도를 초과하는 식수를 마신 유아는 심각하게 병들게 된다. 10.0 ppm의 농도를 가진 물 1.5 L에 존재하는 질산 이온의 질량(mg)은 얼마인가? (물의 밀도는 1.0 g/mL라고 가정한다.)

문제 파악

알고 있는 것	알아내야 할 것
질산 이온의 농도(10.0 ppm)	질산 이온의 질량(mg)
물의 부피(1.5 L)	

전략

밀도를 이용하여 물의 질량(전체 용액의 질량)을 물의 부피로 전환한다. 알고 있는 사실을 ppm 계산식에 대입하여 NO_3^-의 질량을 계산한다.

풀이

$$\text{물의 질량 계산하기: } 1.5\ \text{L} \times \frac{1\ \text{mL}}{1 \times 10^{-3}\ \text{L}} \times \frac{1.0\ \text{g}}{1\ \text{mL}} = 1500\ \text{g}$$

$$\text{ppm 식 사용하기: } 10.0\ \text{ppm} = \frac{NO_3^-\text{의 질량}}{1500\ \text{g}} \times 10^6$$

$$NO_3^-\text{의 질량} = 0.015\ \text{g} = 15\ \text{mg}$$

점검

계산된 질산 이온의 질량은 매우 작다. 이는 ppm이 극미량의 용질을 표현하는 데 사용하는 단위이므로 타당한 값이다. ppm의 증배계수가 10^6이므로, 용질의 양이 용액의 전체 질량과 비교할 때 약 10^6배로 적을 것이라 예상할 수 있다.

연습문제 13.5 식수 시료 50.0 mL에 1.25 μg의 비소(As)가 포함되어 있다. ppb 단위로 농도를 계산하고, 그 값이 법적 한계인 10.0 ppb를 초과하는지 아닌지를 결정하시오. (물의 밀도는 1.0 g/mL라고 가정한다.)

응용문제 13.6 작업장 내에서 사람의 일산화 탄소 노출에 대한 법적 한계는 35 ppm이다. 공기의 밀도를 1.3 g/L라고 하면, 최대 허용 농도에서 1.0 L의 공기 중에는 몇 g의 일산화 탄소가 들어 있는가?

몰랄 농도(m)

용액의 **몰랄 농도(molality, m)**는 용매 1 kg당 용질의 몰수(mol/kg)로 정의한다.

$$\textbf{몰랄 농도}(m) = \frac{\text{용질의 몰수}}{\text{용매의 질량(kg)}}$$

예를 들어, 1.000 m KBr 수용액을 만들려고 하면, 물 1.000 kg(1000 mL)에 KBr 1.000 mol (119.0 g)을 용해시키면 된다. 이 수용액의 최종 부피가 얼마인지 정확하게 알 수 없지만, 1000 mL보다 약간 클 것으로 예상할 수 있다. 명칭은 비슷하지만, 몰농도와 몰랄 농도의 차이를 분명히 알아야 한다. 몰농도는 **용액의 부피**(L)당 용질의 몰수이고, 몰랄 농도는 **용매의 질량**(kg)당 용질의 몰수이다.

몰랄 농도를 사용할 때의 주된 장점은, 물질을 가열하거나 냉각하여도 질량은 변하지 않으므로 온도와 무관하다는 점이다. 따라서 이 장의 뒤에 나오는 용액의 특정한 물성의 계산에 적합하다. 몰랄 농도를 사용할 때의 단점은, 용액의 양을 부피가 아닌 질량으로 측정해야 한다는 것과, 몰랄 농도를 몰농도로 환산하기 위해서는 용액의 밀도를 알아야 한다는 점이다(예제 13.5 참조).

네 가지 농도 표시 방법의 요약을 상대적인 장점 및 단점과 함께 **표 13.3**에 제시하였다.

표 13.3 여러 농도 단위의 비교

이름	단위	장점	단점
몰농도(M)	$\frac{\text{용질 mol}}{\text{용액 L}}$	화학량론에 유리, 부피로 측정	온도 의존성, 용매의 질량을 알기 위해서는 밀도를 알아야 함
몰분율(X)	없음	온도와 무관, 특별한 용도에 유용	질량으로 측정, 몰농도로 변환하기 위해서는 밀도를 알아야 함
질량 %	%	온도와 무관, 소량에 유용	질량으로 측정, 몰농도로 변환하기 위해서는 밀도를 알아야 함
몰랄 농도(m)	$\frac{\text{용질 mol}}{\text{용매 kg}}$	온도와 무관, 특별한 용도에 유용	질량으로 측정, 몰농도로 변환하기 위해서는 밀도를 알아야 함

예제 13.4

용액의 몰랄 농도 계산

설탕(슈크로스, $C_{12}H_{22}O_{11}$) 1.45 g을 물 30.0 mL에 용해시켜 만든 용액의 몰랄 농도는 얼마인가? 설탕의 몰질량은 342.3 g/mol이고, 물의 밀도는 1.00 g/mL이다.

문제 파악

알고 있는 것	알아내야 할 것
설탕의 질량(1.45 g)	몰랄 농도(m)
물의 부피(30.0 mL)	
설탕의 몰질량(342.3 g/mol)	

전략

몰랄 농도는 용매 1 kg에 들어 있는 용질의 몰수이다. 따라서 설탕 1.45 g은 몇 mol이고, 물 30.0 mL는 몇 kg인지를 알아야 한다.

풀이

설탕의 몰수는

$$1.45\ \text{g 설탕} \times \frac{1\ \text{mol 설탕}}{342.3\ \text{g 설탕}} = 4.24 \times 10^{-3}\ \text{mol 설탕}$$

물의 밀도는 1.00 g/mL이므로 물 30.0 mL의 질량은 30.0 g, 즉 0.0300 kg이다. 따라서 이 용액의 몰랄 농도는 다음과 같다.

$$\text{몰랄 농도} = \frac{4.24 \times 10^{-3}\ \text{mol}}{0.0300\ \text{kg}} = 0.141\ m$$

▶ **연습문제 13.7** 아세트산 소듐(CH_3CO_2Na) 0.150 mol을 얻기 위해서는 0.500 m 아세트산 소듐 수용액 몇 g이 필요한가?

▶ **응용문제 13.8** 콜레스테롤($C_{27}H_{46}O$) 0.385 g을 클로로폼($CHCl_3$) 40.0 g에 용해시켜 만든 용액의 몰랄 농도는 얼마인가? 이 용액에서 콜레스테롤의 몰분율은 얼마인가?

예제 13.5

밀도를 사용하여 몰농도를 다른 농도 단위로 변환하기

0.750 M의 황산(H_2SO_4) 수용액의 밀도는 20 °C에서 1.046 g/mL이다. 이 용액의 (a) 몰분율, (b) 질량 %, (c) 몰랄 농도는 각각 얼마인가? H_2SO_4의 몰질량은 98.1 g/mol이다.

문제 파악

알고 있는 것	알아내야 할 것
H_2SO_4 수용액 농도(0.750 M)	몰분율, 질량 %, 몰랄 농도
H_2SO_4 수용액 밀도(1.046 g/mL)	
H_2SO_4의 몰질량(98.1 g/mol)	

전략

각 농도 단위를 이용하여 처음과 마지막 농도를 식으로 적어라. 이는 알고 있는 밀도와 몰질량을 어떻게 처음 농도 단위를 마지막 농도 단위로 변환하는 데 사용할 것인지를 판단하는 데 도움이 될 것이다.

몰농도: $\dfrac{0.750\ \text{mol}_{H_2SO_4}}{1\ \text{L}_{\text{용액}}}$ → 몰분율: $\dfrac{\text{mol}_{H_2SO_4}}{\text{mol}_{\text{전체}}}$

몰농도: $\dfrac{0.750\ \text{mol}_{H_2SO_4}}{1\ \text{L}_{\text{용액}}}$ → 질량 %: $\dfrac{\text{g}_{H_2SO_4}}{\text{g}_{\text{용액}}} \times 100\%$

몰농도: $\dfrac{0.750\ \text{mol}_{H_2SO_4}}{1\ \text{L}_{\text{용액}}}$ → 몰랄 농도: $\dfrac{\text{mol}_{H_2SO_4}}{\text{kg}_{\text{용매}}}$

풀이

(a) **몰분율**: 몰분율을 계산하기 위해서는, 1.00 L의 용액을 이 용액의 전체 몰수(mol H_2SO_4 + mol H_2O)로 변환하는 것이 필요하다. 용액의 몰농도가 0.750 M이므로 1.00 L 내 H_2SO_4의 몰수는 0.750이다. H_2O의 몰수를 구하기 위해서는, 먼저 밀도를 이용하여 용액의 전체 질량을 계산해야 한다.

$$1.00\ \text{L 용액의 질량} = 1.00\ \text{L} \times \frac{1\ \text{mL}}{1 \times 10^{-3}\ \text{L}} \times \frac{1.046\ \text{g}}{1\ \text{mL}} = 1046\ \text{g}$$

용액의 전체 질량은 H_2SO_4의 질량 + H_2O의 질량이다. H_2SO_4의 질량은 몰수를 그램(g)으로 변환해서 구한다.

$$1.00\ \text{L 용액 내 } H_2SO_4 \text{ 질량} = 0.750\ \text{mol} \times \frac{98.1\ \text{g}}{\text{mol}} = 73.6\ \text{g}$$

물의 질량: 1046 g 용액 −73.6 g H_2SO_4 = 972.4 g H_2O

물의 몰수는 위 질량을 몰수로 변환해서 구한다.

$$972.4\ \text{g}\ H_2O \times \frac{1\ \text{mol}\ H_2O}{18.0\ \text{g}\ H_2O} = 54.0\ \text{mol}\ H_2O$$

따라서 H_2SO_4의 몰분율은

$$X_{H_2SO_4} = \frac{0.750\ \text{mol}\ H_2SO_4}{0.750\ \text{mol}\ H_2SO_4 + 54.0\ \text{mol}\ H_2O} = 0.0137$$

(b) **질량 %**: 질량 %를 계산하기 위해서는, 몰질량을 사용하여 0.750 mol의 H_2SO_4를 그램(g)으로 변환하고, 밀도를 사용하여 1.00 L의 용액을 그램(g)으로 변환한다. 이 값들은 (a) 부분에서 계산하였다. H_2SO_4의 질량 %는

$$H_2SO_4\text{의 질량 \%} = \frac{73.6\ \text{g}\ H_2SO_4}{1046\ \text{g 용액}} \times 100\% = 7.04\%$$

(c) **몰랄 농도**: 몰랄 농도를 계산하기 위해서는, 1.00 L의 용액을 용매의 kg으로 변환한다. 물의 질량은 (a) 부분에서 계산하였으며, 972.4 g 또는 0.9724 kg이다.

$$H_2SO_4\text{의 몰랄 농도} = \frac{0.750 \text{ mol } H_2SO_4}{0.9724 \text{ kg } H_2O} = 0.771\ m$$

▶ **연습문제 13.9** 20 °C에서 0.500 M 아세트산(acetic acid) 수용액의 밀도는 1.0042 g/mL이다. 이 용액의 몰랄 농도는 얼마인가? 아세트산(CH_3CO_2H)의 몰질량은 60.05 g/mol이다.

▶ **응용문제 13.10** 20 °C에서 0.258 *m* 글루코스 수용액의 밀도는 1.0173 g/mL이고, 글루코스의 몰질량은 180.2 g/mol이다. 이 용액의 몰농도는 얼마인가?

13.5 용해도에 영향을 미치는 인자들

고체 NaCl을 물에 넣으면 처음에는 빠르게 용해되지만, 점점 더 많은 NaCl을 물에 넣을수록 용해되는 속도는 느려지게 된다. 결국에는 더 이상 용해되지 않게 된다. 그 이유는 결정에서 용액 속으로 용해되어 들어가는 Na^+와 Cl^- 이온의 수와, 용액에서 결정으로 돌아오는 이들 이온의 수가 같아지는 동적 평형에 이르기 때문이다. 이 시점에서 녹을 수 있는 NaCl이 최대치가 되고, 이 용액은 그 용질로 **포화(saturated)**되었다고 한다.

$$\text{용질} + \text{용매} \underset{\text{결정화}}{\overset{\text{용해}}{\rightleftharpoons}} \text{용액}$$

이 정의에서 포화 용액은 용해되지 않은 고체와 일정 온도에서 **평형**(equilibrium)에 놓여 있다는 것에 주목할 필요가 있다. 그러나 어떤 물질은 **과포화(supersaturated)** 용액을 형성할 수 있는데, 과포화 용액은 평형 상태보다 더 많은 용질을 포함한다. 예를 들어, 아세트산 소듐 포화 용액을 고온에서 만든 다음 서서히 냉각시키면 그림 13.6처럼 과포화 용액이 얻어진다. 하지만 이러한 용액은 불안정해서 결정화를 유도하는 작은 아세트산 소듐의 종자 결정(seed crystal)을 가해 주면 침전이 일어난다.

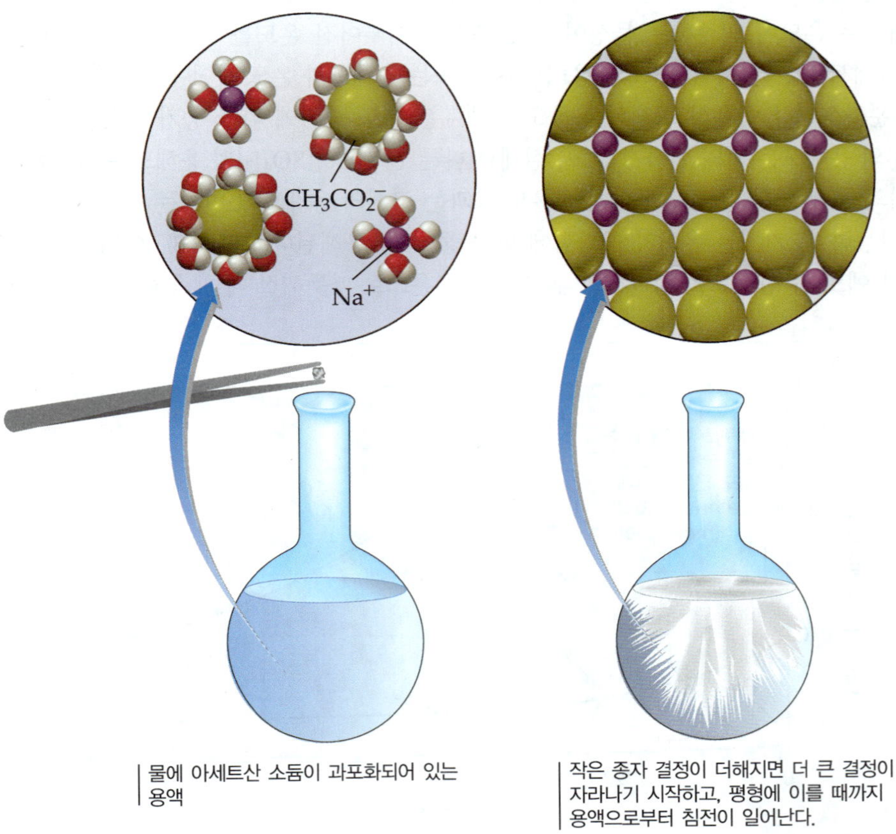

◀ 그림 13.6
과포화 용액의 침전 생성

▶ 그림 13.7
온도의 함수로 나타낸 몇 가지 흔한 고체들의 물에 대한 용해도

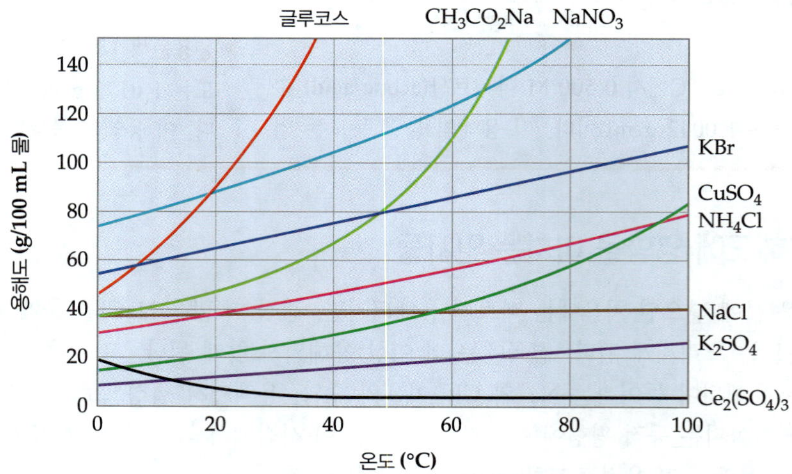

대부분의 물질은 온도가 올라갈수록 더 많이 용해되지만, 정확한 관계는 종종 복잡하고 비선형이다.

용해도에 대한 온도 효과

일정 온도에서 포화 용액의 형성에 필요한 용매의 단위 부피당 물질의 양을 그 물질의 용해도(solubility)라고 한다. 용해도는 그 물질의 물리적 특성이다. **그림 13.7**에서 보는 것처럼 물질들은 매우 상이한 용해도를 갖는다. 예를 들어, 염화 소듐은 20 °C에서 물에 대한 용해도가 35.9 g/100 mL이고, 질산 소듐은 20 °C에서 물에 대한 용해도가 87.3 g/100 mL이다. 때로는, 특히 두 액체가 섞이는 경우 용매와 용질은 혼합된다. 이는 이들이 모든 비율에서 서로 용해된다는 것을 의미한다. 에틸 알코올과 물의 용액이 한 예이다.

용해도는 온도에 의존하는 물성이므로, 측정이 이루어진 온도를 함께 보고해야 한다. 그림 13.7에서 보는 것처럼, 구조와 용해도 사이 또는 용해도와 온도 사이에 분명한 상관관계는 없다. 분자성이나 이온성 고체의 용해도는 대부분 온도 증가에 따라 증가한다. 하지만 일부(NaCl)의 용해도는 거의 변하지 않고, 실제로 다른 일부[$Ce_2(SO_4)_3$]의 용해도는 감소한다.

기체의 물에 대한 용해도에 미치는 온도 효과는 고체의 용해도에 미치는 온도 효과보다 더 예측 가능하다. 기체는 온도가 증가함에 따라 물에 덜 용해된다(**그림 13.8**). 이러한 용해도 감소의 한 예로, 탄산음료를 냉장시킨 후 꺼내어 실온으로 따뜻해질 때 계속해서 기포가 발생하

▶ 그림 13.8
온도의 함수로 나타낸 몇 가지 기체들의 물에 대한 용해도

▶ 확인하기

물속에 용해되어 있는 용존 산소량은 10 °C와 30 °C 중 어느 온도에서 더 높은가?

답 10 °C

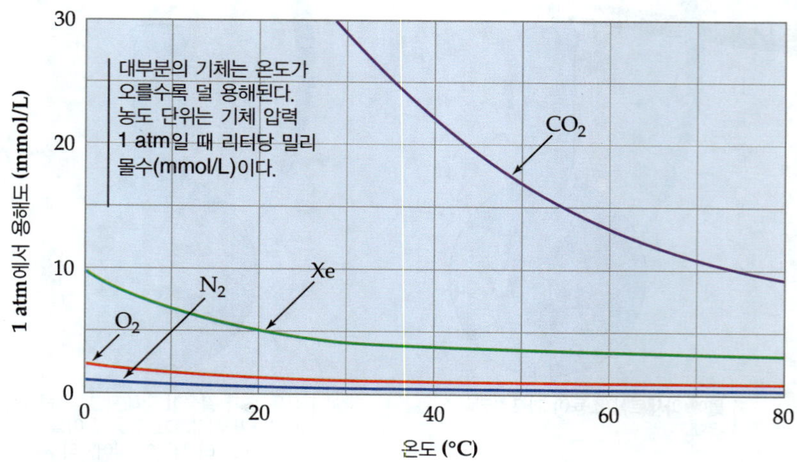

는 것을 들 수 있다. 곧 이 탄산음료는 용해되어 있던 CO_2를 많이 잃어버려 맛이 밋밋해진다. 훨씬 더 중요한 예는 열오염(thermal pollution)이라고 알려진 효과이다. 이는 공장에서 방출된 열수(hot water)가 호수와 강물의 용존 산소의 농도를 감소시켜 수중 생태계에 손상을 주는 것이다.

그림 13.7과 그림 13.8에 보인 것과 같이, 고체의 용해도는 대부분 온도가 증가함에 따라 증가하지만, 기체의 용해도는 대부분 온도가 증가함에 따라 감소한다. 고체와 기체의 용해도에 대한 온도 효과가 다른 이유는 무엇일까? 이 질문에 대답하기 위해서, 용액이 만들어질 때 일어나는 엔트로피 변화를 고려해야 한다. 그림 13.5에서 고체가 액체에 용해할 때 무질서도가 증가하며, $\Delta S_{용액} > 0$이다. 고체 결정 속의 입자들은 높은 질서도를 가지며, 서로 위치를 변경하지 않는다. 결정이 용해할 때, 용매화된 분자 또는 이온들은 용액에서 자유롭게 움직이며, 낮은 질서도를 갖는다. 용해도에 대한 $\Delta S_{용액}$ 값이 양의 값일 때의 효과를 살펴보자. 깁스 자유 에너지의 식은 다음과 같다.

$$\Delta G = \Delta H - T\Delta S$$

ΔS가 양이면, $(-T\Delta S)$ 항은 온도가 증가함에 따라 ΔG가 더 큰 음의 값이 되도록 한다. ΔG의 값이 더 큰 음의 값일수록 반응은 용해된 생성물이 되는 것을 더욱 선호한다.

반대로, 기체가 액체에 용해할 때는 엔트로피가 감소하며, $\Delta S_{용액} < 0$이다. 기체상의 입자들은 빠르게 움직이고 있고, 큰 엔트로피를 갖는다. 기체 입자가 액체에 용해할 때, 이들의 움직임은 크게 감소하고 용매화는 질서도를 증가시키며, 엔트로피가 감소하게 된다. ΔS가 음이면, $(-T\Delta S)$ 항은 온도가 증가함에 따라 ΔG가 더 큰 양의 값이 되도록 한다. ΔG의 값이 더 큰 양의 값일수록, 반응은 용해되지 않은 반응물을 더욱 선호한다. 요약하면, 양의 $\Delta S_{용액}$을 갖는 물질은 온도가 증가함에 따라 더 잘 용해되지만, 음의 $\Delta S_{용해}$를 갖는 물질은 온도가 증가함에 따라 덜 용해된다.

개념탐구 질문 2

그림 13.7에서 어느 고체가 $\Delta S_{용해} < 0$인가?

용해도에 대한 압력 효과

압력은 액체와 고체의 용해도에 거의 영향을 주지 않지만, 기체의 용해도에는 크게 영향을 준다. **헨리 법칙**(**Henry's law**)에 따라 일정 온도에서 액체에 대한 어떤 기체의 용해도는 용액 위 그 기체의 부분 압력에 정비례한다.

헨리 법칙 용해도 $= k \cdot P$

이 식에서 상수 k는 각 기체의 특성이고, P는 용액 위 기체의 부분 압력이다. 부분 압력이 두 배로 되면 용해도는 두 배가 되고, 부분 압력이 세 배로 되면 용해도는 세 배가 된다. 헨리 법칙 상수는 일반적으로 mol/(L·atm) 단위로 나타내고, 25 °C 측정값으로 보고한다. 기체의 부분 압력 P가 1 atm이 되면, 수치적으로 헨리 법칙 상수 k가 기체의 용해도(mol/L)와 같아짐에 주목하라.

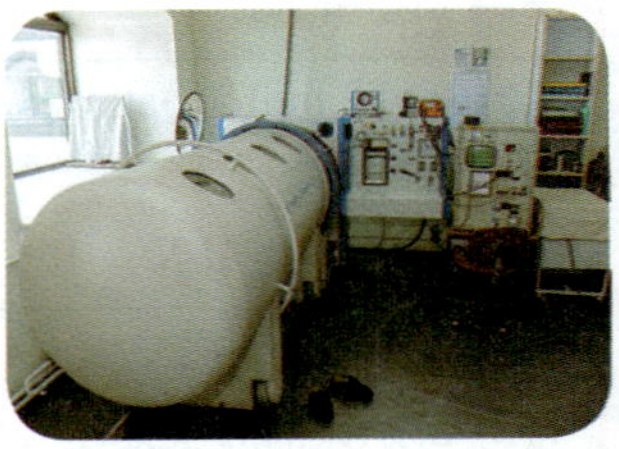

▲ 잠수부가 물속에서 너무 빠르게 올라오면 혈액 속에 질소 방울이 생성되어 생기는 증상인 잠수병을 보일 수 있다. 치료는 감압실 속에 잠수부를 넣고 압력을 천천히 조절해 가며 변화시켜 주는 방식으로 이루어진다. ©Fotosr52/Shutterstock

아마 가장 흔히 볼 수 있는 헨리 법칙 거동을 따르는 예는 소다수나 탄산음료 캔을 열 때이다. 열자마자 '쉿'하는 소리를 내면서 기체 방울이 분출한다. 이는 깡통 내부의 CO_2 압력이 급감함에 따라 CO_2의 용해도가 갑자기 감소하기 때문이다. 헨리 법칙과 관련된 더 심각한 예는, 심해 잠수부들이 너무 빠르게 물 표면으로 나올 때 고통스럽고 생명을 잃을 수도 있는 상태인 **잠수병**(decompression sickness, DCS) 또는 **감압병**(bends)으로 발전하는 경우이다. 잠수병은 높은 수압 하에서 많은 양의 질소가 혈액에 용해되어 있기 때문에 발생한다. 잠수부

▶ 그림 13.9
분자적 관점에서의 헨리 법칙

▶ 확인하기
압력이 증가된 후 다시 평형을 회복하였을 때, 초기 상태와 비교하여 용액 중 기체의 농도는 어떻게 되는가?
답 압력이 증가하였기 때문에 농도가 증가한다.

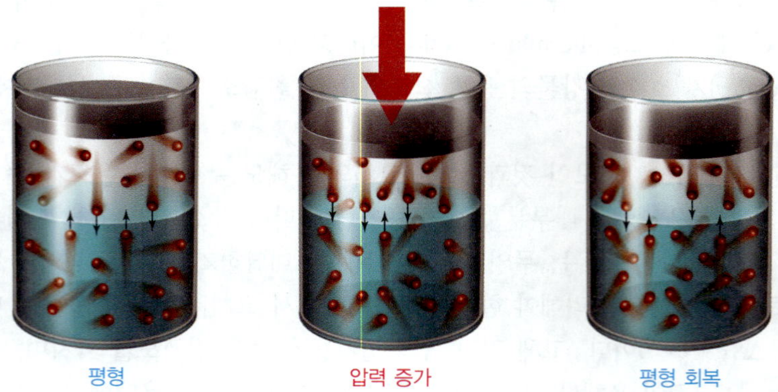

주어진 압력에서 같은 수의 기체 입자가 용액으로 들어가고 나오는 **평형**이 형성되어 있다.

피스톤을 밀어서 **압력이 증가**할 때, 떠날 수 있는 기체 입자보다 더 많은 기체 입자가 순간적으로 용액 속으로 들어간다.

그러므로 용해도는 **새로운 평형**에 도달할 때까지 증가한다.

가 물 위로 올라와 압력이 너무 급격히 감소하면 질소 기포들이 혈액 중에 생기고, 이들이 모세혈관을 막아 혈액의 흐름을 차단하게 된다. 이러한 문제는 공기(산소/질소) 대신 산소/헬륨 혼합물을 호흡용 기체로 사용함으로써 방지할 수 있다. 이는 헬륨의 혈액에 대한 용해도가 질소보다 매우 낮기 때문이다.

분자 수준에서 볼 때, 압력 상승에 따라 기체의 용해도가 증가하는 것은 용해되어 있는 기체와 용해되지 않은 기체 사이의 평형의 위치 변화 때문이다. 일정 압력에서 용액으로 들어가고 빠져나가는 기체 입자의 수가 동일할 때 평형이 형성된다. 하지만 압력이 증가하면 빠져나가는 것보다 더 많은 기체 입자가 용액으로 들어간다. 이에 따라 새로운 평형이 형성될 때까지 기체 용해도는 증가한다(**그림 13.9**).

예제 13.6

헨리 법칙을 사용한 기체의 용해도 계산

토양 훈증 소독제로 이용하는 기체인 브로민화 메틸(CH_3Br)의 25 °C에서 헨리 법칙 상수 k = 0.159 mol/(L·atm)이다. 25 °C와 125 mmHg 부분 압력에서, 물에 대한 브로민화 메틸의 용해도(mol/L)는 얼마인가?

문제 파악

알고 있는 것	알아내야 할 것
k = 0.159 mol/(L·atm)	용해도(mol/L)
T = 25 °C	
CH_3Br의 부분 압력 = 125 mmHg	

전략

헨리 법칙에 따라 용해도 = $k \cdot P$이다.

풀이

$$k = 0.159\ \text{mol/(L}\cdot\text{atm)}$$

$$P = 125\ \text{mm Hg} \times \frac{1\ \text{atm}}{760\ \text{mm Hg}} = 0.164\ \text{atm}$$

$$\text{용해도} = k \cdot P = 0.159\ \frac{\text{mol}}{\text{L}\cdot\text{atm}} \times 0.164\ \text{atm} = 0.0261\ \text{M}$$

125 mmHg 부분 압력에서, 물에 대한 브로민화 메틸의 용해도는 0.0261 M이다.

▶ **연습문제 13.11** 25 °C, 1 atm에서 물에 대한 CO_2의 용해도는 3.2×10^{-2} M이다. 25 °C에서 CO_2의 부분 압력이 5.0 atm일 때, 물에 대한 CO_2의 용해도는 얼마인가?

▶ **응용문제 13.12** 문제 13.11에서 계산한 헨리 법칙 상수를 이용하여, 다음 경우에서 CO_2 농도를 구하시오.

(a) 25 °C에서 2.5 atm의 CO_2 압력으로 밀봉된 소다(soda) 캔

(b) 25 °C에서 대기로 열린 소다 캔(대기압 중의 CO_2는 약 0.04 부피 %이다.)

13.6 용액의 물리적 거동: 총괄성

용액의 거동은 순수한 용매와 비교해 볼 때 정성적으로는 비슷하지만 정량적으로는 다르다. 예를 들어 순수한 물은 100.0 °C에서 끓고 0.0 °C에서 얼지만, 1.00 *m*(molal) 염화 소듐 수용액은 101.0 °C에서 끓고 −3.7 °C에서 언다.

순수한 용매에 비해 용액에서 관찰되는 더 높은 끓는점과 더 낮은 어는점은 **총괄성(colligative property)**의 예들이다. 총괄성은 녹은 용질의 양에 의해 결정되고, 용질의 화학적 성질과는 무관하다. **총괄**(colligative)이라는 용어는 '함께 집단으로 묶임'을 의미한다. 용질 입자들의 '집단'이 관찰되는 효과의 원인이 되기 때문에 이 용어를 사용한다. 다른 총괄성으로는 순수한 용매에 비해 용액의 증기 압력이 더 낮은 것과 **삼투**(osmosis)가 있다. 삼투란 용매와 여타 작은 분자들이 반투막을 통과하여 이동하는 현상이다.

총괄성 순수한 용매와 용액의 성질을 비교해 보았을 때

- 용액의 증기 압력이 더 낮다.
- 용액의 끓는점이 더 높다.
- 용액의 어는점(또는 녹는점)이 더 낮다.
- 용액에서 삼투(osmosis)가 일어난다. 즉, 용매 분자들이 반투막을 통과하여 이동한다.

네 가지 총괄성은 13.7~13.9절에서 좀 더 상세하게 다룰 것이다.

13.7 용액의 증기 압력 내림: 라울 법칙

11.2절에서 밀폐 용기 내 액체는 그 액체의 증기와 평형에 놓여 있고, 그 증기에 의해 가해지는 압력을 **증기 압력(vapor pressure)**이라고 부른다는 것을 배웠다. 그런데 같은 온도에서 순수한 용매의 증기 압력을 용액의 증기 압력과 비교해 보면, 두 값이 다르다는 것을 알 수 있다. 고체가 녹아 있는 경우와 같이, 용질이 비휘발성이고 용질의 증기 압력이 무시할 정도로 작으면, 이 용액의 증기 압력은 항상 순수한 용매의 증기 압력보다 더 작다. 두 액체의 혼합물에서 흔히 볼 수 있는 것처럼, 용질이 휘발성이고 용질의 증기 압력이 상당히 크면, 그 혼합물의 증기 압력은 두 순수한 액체의 증기 압력 사이의 중간값으로 나타난다.

기억하기…
평형 상태에서 액체로부터 증기로의 증발 속도는 증기로부터 액체로의 응축 속도와 같다. 최종 **증기 압력**은 평형 상태에 있는 기체의 부분 압력이다(11.2절).

비휘발성 용질을 갖는 용액

비휘발성 용질의 용액이 순수한 용매보다 더 낮은 증기 압력을 갖는다는 것은 **압력계(manometer)**를 이용하여 쉽게 확인할 수 있다(**그림 13.10**). 다른 방법으로는, 순수한 용매의 증발 속도와 용액의 증발 속도를 비교해 봄으로써 확인할 수 있다. 용액은 항상 순수한 용매보다 느리게 증발한다. 왜냐하면 용액의 증기 압력이 더 낮고 용액의 분자들이 빠져나가기 더 어렵기 때문이다.

기억하기…
압력계는 압력을 측정하는 데 사용하는 수은이 채워진 U자형 관이다. 관의 한쪽 끝은 시료 용기에 연결되어 있고 다른 한쪽 끝은 대기에 노출되어 있다(10.1절).

라울 법칙(Raoult's law)에 따라, 비휘발성 용질을 갖는 용액의 증기 압력은 순수한 용매의 증기 압력에 용매의 몰분율을 곱한 값과 같다. 즉,

라울 법칙 $$P_{\text{용액}} = P_{\text{용매}} \times X_{\text{용매}}$$

여기서 $P_{\text{용액}}$은 용액의 증기 압력, $P_{\text{용매}}$는 같은 온도에서 순수한 용매의 증기 압력, $X_{\text{용매}}$는 그 용액 중 용매의 몰분율이다.

개념탐구 질문 3

1.0 M 에탄올 수용액 100 mL와 1.0 M NaCl 수용액 100 mL가 실험실 의자에 방치되어 있다. 어느 용액이 증발하여 먼저 건조 상태가 되는가?

▶ 그림 13.10
용액의 평형 증기 압력

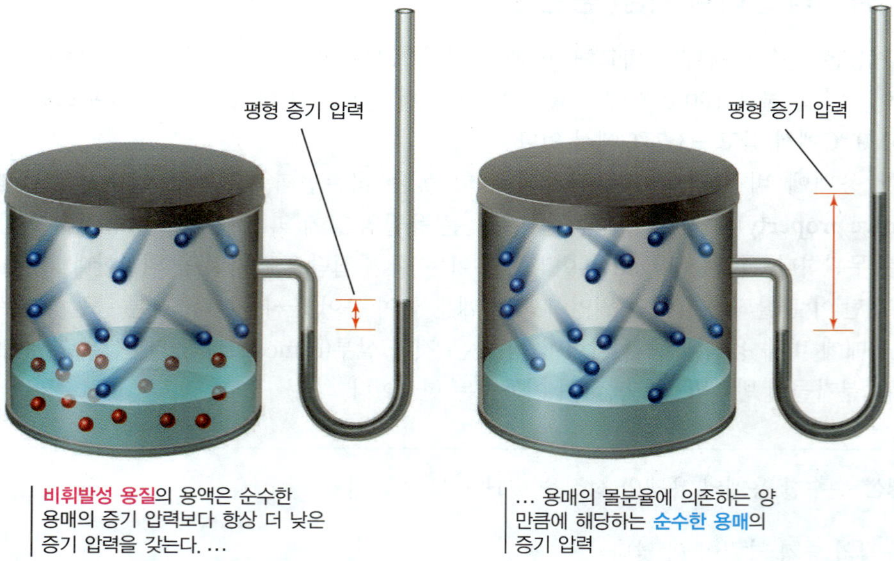

25 °C에서 15.0 mol의 물에 1.00 mol의 글루코스를 용해시킨 용액의 증기 압력은 얼마인가? 순수한 물의 증기 압력은 25 °C에서 23.76 mmHg이므로 용액의 증기 압력은 더 낮을 것으로 예측할 수 있다. 이 용액에서 물의 몰분율은 다음과 같다.

$$X_{\text{용매}} = \frac{15.0 \text{ mol } H_2O}{15.0 \text{ mol } H_2O + 1.0 \text{ mol 글루코스}} = 0.938$$

따라서, 라울 법칙으로부터 이 용액의 증기 압력이 22.3 mmHg라는 것을 알 수 있다. 이것은 1.5 mmHg의 증기 압력 내림($\Delta P_{\text{용액}}$)에 해당한다.

$$P_{\text{용액}} = P_{\text{용매}} \times X_{\text{용매}} = 23.76 \text{ mmHg} \times 0.938 = 22.3 \text{ mmHg}$$
$$\Delta P_{\text{용액}} = P_{\text{용매}} - P_{\text{용액}} = 23.76 \text{ mmHg} - 22.3 \text{ mmHg} = 1.5 \text{ mmHg}$$

다른 방법으로, 증기 압력 내림 값은 순수한 용매의 증기 압력에 **용질**의 몰분율을 곱해서도 바로 계산할 수 있다. 즉,

$$\Delta P_{\text{용액}} = P_{\text{용매}} \times X_{\text{용질}} = 23.76 \text{ mmHg} \times \frac{1.00 \text{ mol 글루코스}}{1.00 \text{ mol 글루코스} + 15.0 \text{ mol } H_2O}$$
$$= 1.49 \text{ mmHg}$$

분자성 물질과는 달리, 염화 소듐과 같은 이온성 물질이 용질인 경우, 염화 소듐 화학식 단위보다 전체 용질 입자(이온)의 농도에 근거하여 몰분율을 계산해야 한다. 예를 들어 25 °C에서 물 15.0 mol에 염화 소듐 1.00 mol을 용해시킨 용액은 완전 해리를 가정했을 때 2.00 mol의 용해된 입자를 가진다. 따라서 물의 몰분율은 0.882가 되고, 용액의 증기 압력은 21.0 mmHg가 된다.

$$X_{\text{물}} = \frac{15.0 \text{ mol } H_2O}{1.00 \text{ mol } Na^+ + 1.00 \text{ mol } Cl^- + 15.0 \text{ mol } H_2O} = 0.882$$
$$P_{\text{용액}} = P_{\text{용매}} \times X_{\text{용매}} = 23.76 \text{ mmHg} \times 0.882 = 21.0 \text{ mmHg}$$

물의 몰분율이 글루코스 용액보다 염화 소듐 용액에서 더 작으므로 염화 소듐 용액의 증기 압력이 더 작다. 25 °C에서 염화 소듐 용액의 증기 압력은 21.0 mmHg이고, 글루코스 용액의

증기 압력은 22.3 mmHg이다.

10.3절에서 설명한 이상 기체 법칙이 '이상' 기체에 대해서만 적용되는 것처럼, 라울 법칙도 이상 용액에 대해서만 적용된다. 라울 법칙은 대부분의 실제 용액에서도 근사적으로 잘 들어맞지만, 용질의 농도가 증가할수록 이상 상태에서 크게 벗어난다. 라울 법칙은 용질의 농도가 낮고 용질과 용매 입자들이 비슷한 분자간 힘을 가질 때 가장 잘 들어맞는다.

만일 용질 입자와 용매 분자 사이의 분자간 힘이 용매 분자들만의 분자간 힘보다 작으면 용매 분자는 용액 중에서 덜 단단하게 붙잡혀 있게 되고, 증기 압력은 라울 법칙의 예상값보다 크게 된다. 반대로, 용질과 용매 분자 사이의 분자간 힘이 용매 분자들만의 분자간 힘보다 세면 용매 분자는 용액 중에서 더 단단하게 붙잡혀 있게 되고, 증기 압력은 라울 법칙의 예상값보다 작게 된다. 특히 이온성 물질의 용액은 라울 법칙의 예상값보다 훨씬 더 작은 증기 압력을 종종 갖는다. 이는 용해된 이온과 극성 물 분자 사이의 이온–쌍극자 힘이 매우 강하기 때문이다.

개념탐구 질문 4

아래 도표는 순수한 용매와 비휘발성 용질의 용액에 대한 증기 압력 곡선의 일부분에 대한 상세도를 보여 준다. 어느 곡선이 용액을 나타내는가?

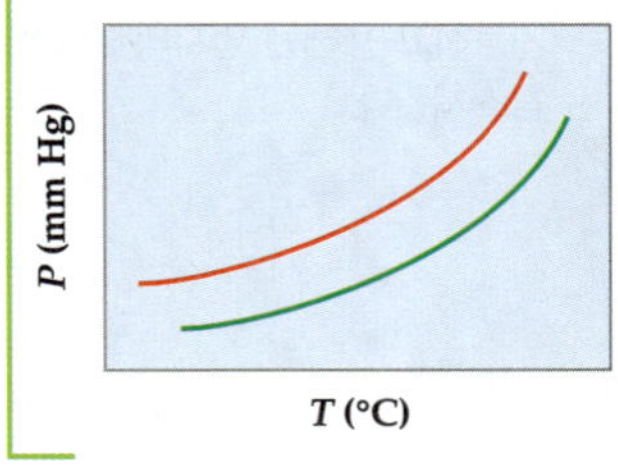

좀 더 복잡한 것은 이온성 물질이 완전히 해리하는 경우가 극히 드물다는 것이다. 따라서 이온 결합 화합물의 용액은 일반적으로 이 화합물의 화학식이 제시하는 것보다 적은 양의 입자를 포함한다. 실제 해리되는 정도는 **반트호프 인자**(**van't Hoff factor, *i***)로 표현된다.

$$\text{반트호프 인자} \quad i = \frac{\text{용액 중 입자의 몰수}}{\text{용해된 용질의 몰수}}$$

이 식을 재구성해 보면, 용액 중에 용해된 입자의 몰수는 용해된 용질의 몰수에 반트호프 인자를 곱한 값과 같다는 것을 알 수 있다.

$$\text{용액 중 입자의 몰수} = i \times \text{용해된 용질의 몰수}$$

설탕($C_{12}H_{22}O_{11}$)과 같은 비전해질에서는 항상 $i = 1$로 가정한다. 한 예로서 염화 소듐과 같은 전해질 용액의 경우, 0.05 *m* 염화 소듐에 대해 실험적으로 측정한 반트호프 인자는 1.9이다. 이것은 염화 소듐 1 mol이 완전 해리할 경우 예상되는 2.0 mol이 아니라 1.9 mol의 입자만 내어놓는다는 것을 의미한다. 입자 1.9 mol 중에서 0.9 mol은 Cl^-이며, 0.9 mol은 Na^+이고 0.1 mol은 해리되지 않은 NaCl이다. 그러므로 0.05 *m* 용액에서 NaCl은 $(0.9/1.0) \times 100\% = 90\%$만 해리하고 증기 압력 내림 값은 예상보다 작게 된다.

염화 소듐과 같은 이온성 화합물은 수용액에서 왜 완전히 해리하지 않을까? **그림 13.11**은 용해된 Na^+와 Cl^- 이온의 분자 수준 이미지를 보여 준다. 각각의 이온은 수화된 껍질 속에서 주위의 물 분자들과 이온–쌍극자 힘을 형성한다. 용액에서 분자와 이온은 자유롭게 주변으로 움직이고, 때로는 반대 하전을 띤 이온이 서로 인력이 작용할 만큼 근접해서 이온 쌍(ion pair)을 형성하기도 한다. 이온 쌍은 둘이 아닌 용해된 입자 한 개처럼 행동한다. 이온 쌍 형성 때문에 많은 이온성 고체들은 완전히 해리하지 않고, 예상하는 것보다 낮게 측정된 반트호프 인자를 갖는다.

비휘발성 용질이 용매에 용해될 때 관찰되는 증기 압력 내림을 어떻게 설명할까? 이전의 여러 경우에서 살펴본 것처럼, 액체에서 기체로의 증발과 같은 물리적 과정은 자유 에너지 변화($\Delta G_{증발} = \Delta H_{증발} - T\Delta S_{증발}$)를 수반한다. $\Delta G_{증발}$ 값이 더 음수일수록 증발 과정은 더 잘 일어난다. 따라서 용액 중의 용매와 순수한 용매의 증발 용이성을 비교하려면, 이 두 가지 경우에서 $\Delta H_{증발}$과 $\Delta S_{증발}$ 항의 부호와 상대적 크기를 비교해야 한다.

액체에서 기체로의 증발은 엔탈피(양의 $\Delta H_{증발}$)로 인해서는 불리해진다. 액체 상태의 분자간 인력을 극복하는 데 에너지가 필요하기 때문이다. 그러나 동시에 증발은 엔트로피

▶ 그림 13.11
수용액 염 용액에서의 이온 쌍 형성. 염화 소듐 용액에서 수화된 양이온과 음이온은 자유롭게 움직이며, 일시적으로 서로를 끌어당겨 이온 쌍을 형성한다. 이온 쌍은 하나의 입자처럼 거동하고 용해된 입자의 농도를 감소시킨다.

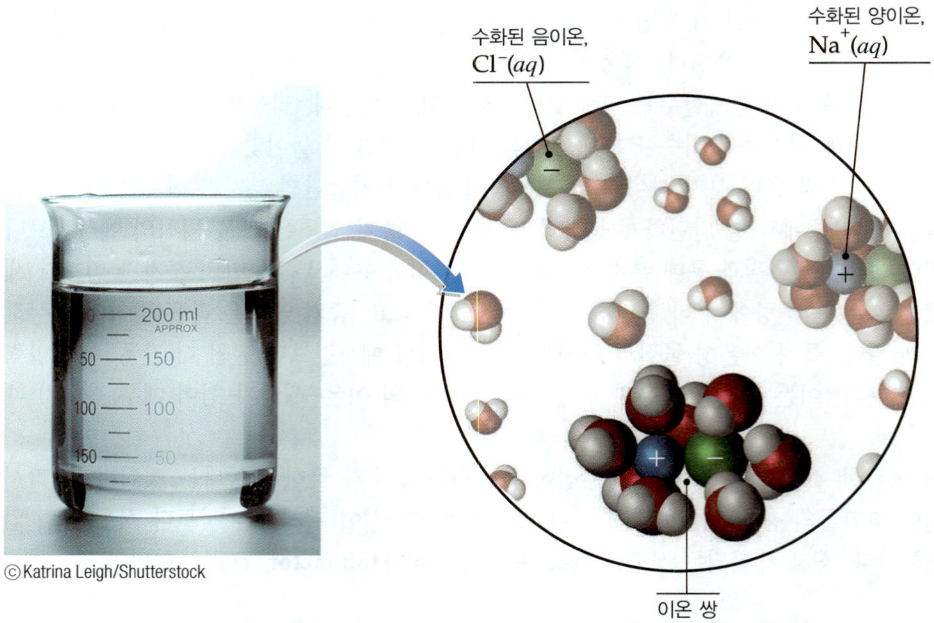

©Katrina Leigh/Shutterstock

(양의 $\Delta S_{증발}$)로 인해서는 유리해진다. 분자들이 액체 상태에서 기체 상태로 변할 때 분자 무질서도가 증가하기 때문이다.

순수한 용매와 용액을 비교해 보면, 순수한 용매와 용액 중의 용매의 증발 **엔탈피**는 비슷하다. 왜냐하면, 이 두 가지 경우에 액체로부터 떨어져 나가려는 용매 분자들이 극복해야 하는 분자간 힘이 비슷하기 때문이다. 그러나 순수한 용매와 용액 중의 용매의 증발 **엔트로피**는 비슷하지 않다. 용액 중의 용매는 순수한 용매보다 분자들이 더 무질서하고 더 큰 엔트로피를 가지므로 액체에서 증기로 가면서 일어나는 엔트로피 **변화**는 순수한 용매보다 용액 중의 용매에서 더 작다. $\Delta H_{증발}$에서 더 작은 $T\Delta S_{증발}$을 빼면 용액에 대한 $\Delta G_{증발}$은 더 큰(덜 음수) 값이 된다. 결과적으로 증발은 용액에서 덜 일어나게 되고, 평형 상태에서 용액의 증기 압력은 더 낮게 된다(그림 13.12).

▶ 그림 13.12
증기 압력 내림. 순수한 용매에 비해 더 낮은 용액의 증기 압력은 이들의 증발 엔트로피($\Delta S_{증발}$) 차이 때문이다.

▶ 확인하기

순수한 용매와 용액 중 어느 것이 더 $\Delta S_{증발}$ 값이 큰가? 더 큰 $\Delta S_{증발}$ 값은 $\Delta G_{증발}$에 어떤 영향을 미치나?

답 순수한 용매의 $\Delta S_{증발}$ 값이 더 크다. 더 큰 $\Delta S_{증발}$ 값은 $\Delta G_{증발}$을 더욱 더 음의 값이 되게 한다. 이는 더욱 생성물 선호 반응이 됨을 의미한다.

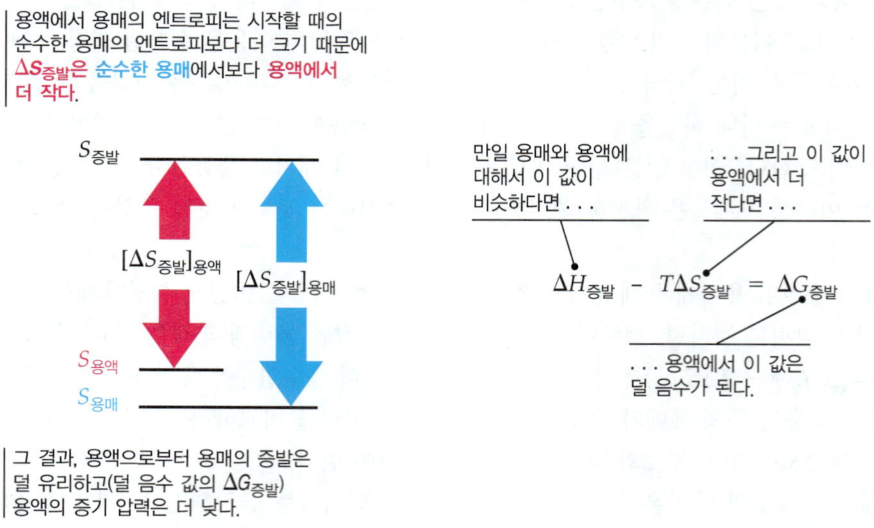

예제 13.7

전해질 용액의 증기 압력 계산

70 °C에서 500.0 g의 H_2O에 18.30 g의 염화 소듐(NaCl)을 용해시킨 용액의 증기 압력(mmHg)은 반트호프 인자가 1.9라고 가정하였을 때 얼마인가? 70 °C에서 순수한 물의 증기 압력은 233.7 mmHg이다.

문제 파악

알고 있는 것	알아내야 할 것
용질의 질량(18.3 g NaCl)	$P_{용액}$
용매의 질량(500.0 g H_2O)	
$i = 1.9$	
$P_{H_2O} = 233.7$ mmHg	

전략

라울 법칙에 따라, 용액의 증기 압력($P_{용액}$)은 순수한 용매의 증기 압력(P_{H_2O})에 용액 중의 용매의 몰분율($X_{용매}$)을 곱한 값과 같다. 따라서 용매와 용질의 몰수를 구한 다음, 용매의 몰분율을 계산해야 한다. 전해질은 용액에서 해리되며, 용질 입자 수를 알기 위해서 반트호프 인자가 사용된다.

풀이

첫째, 몰질량을 사용하여 NaCl과 H_2O의 몰수를 계산한다.

$$\text{NaCl의 몰수} = 18.3\text{ g NaCl} \times \frac{1\text{ mol NaCl}}{58.44\text{ g NaCl}} = 0.313\text{ mol NaCl}$$

$$H_2O\text{의 몰수} = 500.0\text{ g }H_2O \times \frac{1\text{ mol }H_2O}{18.02\text{ g }H_2O} = 27.75\text{ mol }H_2O$$

둘째, 용액 중 물의 몰분율을 계산한다. 반트호프 인자 1.9는 NaCl이 불완전하게 해리하여 화학식 단위당 1.9개의 입자만을 내놓는다는 것을 의미한다. 따라서 이 용액은 용해된 입자를 1.9 × 0.313 mol = 0.59 mol 포함하고, 물의 몰분율은 다음과 같다.

$$H_2O\text{의 몰분율} = \frac{27.75\text{ mol}}{0.59\text{ mol} + 27.75\text{ mol}} = 0.9792$$

라울 법칙으로부터, 이 용액의 증기 압력은

$$P_{용액} = P_{용매} \times X_{용매} = 233.7\text{ mmHg} \times 0.9792 = 228.8\text{ mmHg}$$

▶ **연습문제 13.13** 반트호프 인자를 2.7이라고 가정하고, 70 °C에서 100.0 g의 물에 10.00 g의 염화 칼슘($CaCl_2$)을 용해시킨 용액의 증기 압력은 몇 mmHg인가? 70 °C에서 순수한 물의 증기 압력은 233.7 mmHg이다.

▶ **응용문제 13.14** 70 °C에서 100.0 g의 물에 8.110 g의 염화 마그네슘($MgCl_2$)을 용해시켜 만든 용액의 증기 압력은 224.7 mmHg이다. 70 °C에서 순수한 물의 증기 압력은 233.7 mmHg이다. $MgCl_2$의 반트호프 인자는 얼마인가?

휘발성 용질을 갖는 용액

돌턴의 부분 압력 법칙(Dalton's law of partial pressures)에 따라, 두 휘발성 액체 A와 B의 혼합물에서 전체 증기 압력 $P_{전체}$는 각 성분의 증기 압력인 P_A와 P_B의 합이다.

$$P_{전체} = P_A + P_B$$

각 성분의 증기 압력 P_A와 P_B는 라울 법칙에 따라 계산한다. 즉, A의 증기 압력은 A의 몰분율(X_A)과 순수한 A의 증기 압력($P°_A$)을 곱한 값과 같다. 그리고 B의 증기 압력은 B의 몰분율(X_B)과 순수한 B의 증기 압력($P°_B$)을 곱한 값과 같다. 따라서 이 용액의 전체 증기 압력은 다음과 같다.

$$P_{전체} = P_A + P_B = (P°_A \cdot X_A) + (P°_B \cdot X_B)$$

두 가지 비슷한 액체 유기물인 벤젠(C_6H_6, bp = 80.1 °C)과 톨루엔(C_7H_8, bp = 110.6 °C)의 혼합물을 예로 들어 보자. 순수한 벤젠은 25 °C에서 증기 압력 $P°$ = 96.0 mmHg이고, 순수한 톨루엔은 25 °C에서 증기 압력 $P°$ = 30.3 mmHg이다. 이 둘의 1:1 혼합물에서 각각의 몰분율 X = 0.500이고, 용액의 증기 압력은 63.2 mmHg이다.

$$\begin{aligned} P_{전체} &= (P°_{벤젠})(X_{벤젠}) + (P°_{톨루엔})(X_{톨루엔}) \\ &= (96.0\text{ mmHg} \times 0.500) + (30.3\text{ mmHg} \times 0.500) \\ &= 48.0\text{ mmHg} + 15.2\text{ mmHg} = 63.2\text{ mmHg} \end{aligned}$$

기억하기…

돌턴의 부분 압력 법칙에 의하면 일정한 부피와 온도에서 용기 내 기체 혼합물의 전체 압력은 용기 내 기체 각각의 압력의 합과 같다(10.5절).

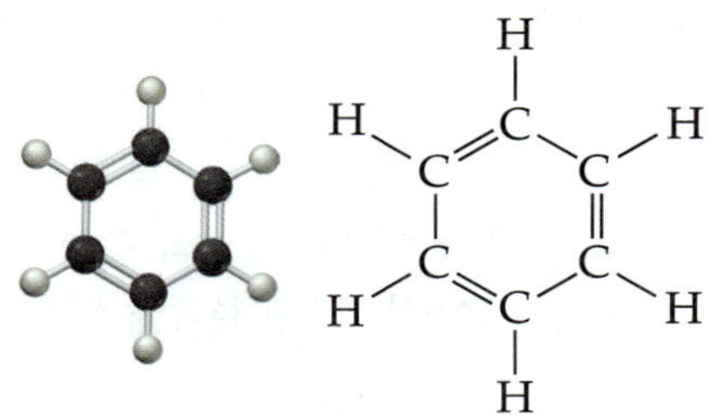

벤젠

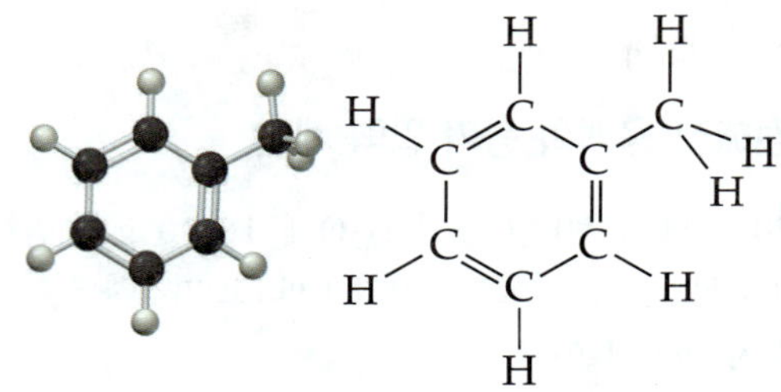

톨루엔

혼합물의 증기 압력은 순수한 두 액체의 증기 압력 사이의 중간값이라는 데 주목할 필요가 있다(**그림 13.13**). 그림 13.13은 용액의 증기 압력이 각 성분의 증기 압력의 합이라는 것을 보여 준다.

비휘발성 용질의 경우와 같이, 휘발성 액체들의 혼합물에 대해서 라울 법칙은 이상 용액에 대해서만 적용된다. 대부분의 실제 용액은 용액에 존재하는 분자간 힘의 종류와 세기에 따라, 이상 상태로부터 양이나 음의 방향으로 약간 벗어나는 거동을 보여 준다.

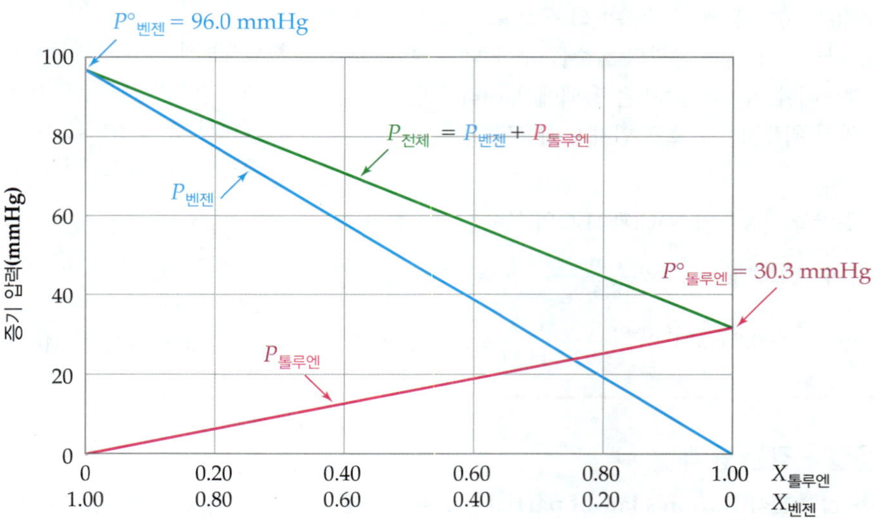

▶ 그림 13.13
휘발성 액체 혼합물에 대한 라울 법칙. 25 °C에서 두 휘발성 액체인 벤젠과 톨루엔으로 된 용액의 증기 압력은 각각 라울 법칙에 의해 계산된 두 성분이 기여하는 증기 압력의 합과 같다.

개념 예제 13.8

휘발성 용질을 갖는 용액의 증기 압력 계산

25 °C에서 에탄올(C_2H_5OH) 25.0 g을 물 100.0 g에 용해시켜 만든 용액의 증기 압력(mmHg)은 얼마인가? 25 °C에서 순수한 물의 증기 압력은 23.8 mmHg이고, 순수한 에탄올의 증기 압력은 61.2 mmHg이다.

문제 파악

알고 있는 것	알아내야 할 것
C_2H_5OH의 질량(25.0 g)	$P_{용액}$
H_2O의 질량(100.0 g)	
P_{H_2O} = 23.8 mmHg	
$P_{C_2H_5OH}$ = 61.2 mmHg	

전략

휘발성 용질을 함유한 용액의 전체 증기 압력은 $P_{전체} = P_A + P_B = (P°_A \cdot X_A) + (P°_B \cdot X_B)$인 일반 방정식을 사용하여 계산한다. 각 액체의 몰분율은 그램을 몰로 변환시킨 후 전체 몰수로 나누어 준다.

풀이

각 액체의 그램수를 몰수로 변환한다.

$$C_2H_5OH\text{ 몰수} = 25.0\text{ g }C_2H_5OH \times \frac{1\text{ mol }C_2H_5OH}{46.0\text{ g }C_2H_5OH} = 0.543\text{ mol }C_2H_5OH$$

$$H_2O\text{ 몰수} = 100.0\text{ g }H_2O \times \frac{1\text{ mol }H_2O}{18.0\text{ g }H_2O} = 5.56\text{ mol }H_2O$$

각 액체의 몰분율을 계산한다.

$$X_{C_2H_5OH} = \frac{0.543\text{ mol }C_2H_5OH}{0.543\text{ mol }C_2H_5OH + 5.56\text{ mol }H_2O} = 0.089$$

$$X_{H_2O} = \frac{5.56\text{ mol }H_2O}{0.543\text{ mol }C_2H_5OH + 5.56\text{ mol }H_2O} = 0.911$$

용액의 증기 압력은 다음과 같다.

$$P_{\text{용액}} = P_{H_2O} + P_{C_2H_5OH} = (23.8\text{ mmHg} \times 0.911) + (61.2\text{ mmHg} \times 0.089) = 27.1\text{ mmHg}$$

점검

용액의 증기 압력 27.1 mmHg는 각각의 순수한 액체의 증기 압력 값의 사이에 있으므로 이 답은 합리적이다. 용액의 증기 압력이 순수한 에탄올의 증기 압력보다 물의 증기 압력의 값에 더 가까운 것은 혼합물에 에탄올보다 물의 몰분율이 더 크므로 이해가 된다.

▶ **연습문제 13.15** 25 °C에서 물 25.0 g을 에탄올 100.0 g에 용해시켜 만든 용액의 증기 압력(mmHg)은 얼마인가? 25 °C에서 순수한 물의 증기 압력은 23.8 mmHg이고, 에탄올의 증기 압력은 61.2 mmHg이다.

▶ **개념 응용문제 13.16** 다음 그림은 순수한 두 액체와 이 둘의 혼합물에 대한 증기 압력 곡선을 보여 준다. 어느 곡선이 순수한 액체를 나타내고, 어느 곡선이 혼합물을 나타내는가?

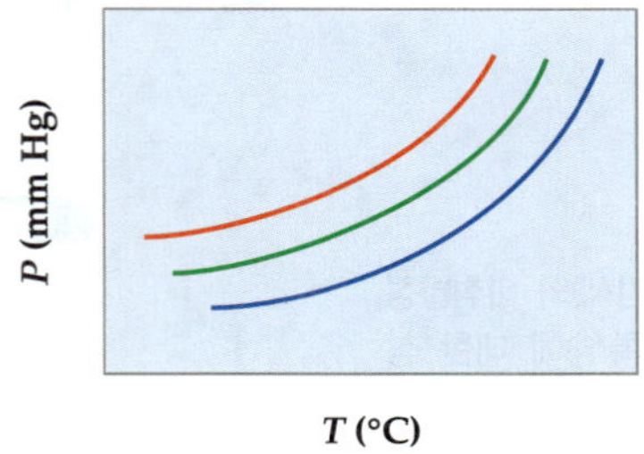

13.8 용액의 끓는점 오름과 어는점 내림

액체의 증기 압력은 온도 상승에 따라 증가하고, 액체의 증기 압력이 대기압과 같을 때 액체는 끓는다는 것을 11.3절에서 배웠다. 일정 온도에서 비휘발성 용질의 용액은 순수한 용매보다 낮은 증기 압력을 가지므로, 이 용액을 끓게 하려면 더 높은 온도로 가열해야 한다. 게다가 용액의 더 낮은 증기 압력은 **상도표(phase diagram)**에서 용액의 액체/증기 상전이(phase transition) 선이 순수한 용매의 그것보다 항상 더 아래에 있음을 의미한다. 결과적으로 용액의 삼중점 온도 T_t는 더 낮고, 용액의 고체/액체 상전이 선은 용액에서 더 낮은 온도로 이동하므로 용액을 얼리기 위해서는 더 낮은 온도로 냉각해야 한다. **그림 13.14**는 용액의 상도표가 순수한 용매의 것과 어떻게 다른지를 보여 준다.

기억하기… 물질의 **상도표**는 온도와 압력 도표로서, 주어진 P와 T의 조건에서 어떤 상이 안정한지를 보여 준다(11.9절).

용액의 끓는점은 증기 압력과 같이 용해되어 있는 입자의 농도에 의존한다. 따라서 1 atm에서 1.00 *m* 글루코스 수용액은 약 100.51 °C에서 끓지만(정상보다 0.51 °C 높다), 1.00 *m* NaCl 수용액은 약 101.02 °C에서 끓는다(정상보다 1.02 °C 높다). 왜냐하면, NaCl 용액에 용해된 입자(이온)는 글루코스 용액에 비해 두 배가 많기 때문이다. 앞 절에서 기술한 증기 압력 내림과 마찬가지로, 이온성 물질의 용액에 대한 끓는점 오름의 실제 정도는 반트호프 인자로 주어지는 해리도(extent of dissociation)에 따라 달라진다.

용액의 끓는점 변화 ΔT_b

$$\Delta T_b = K_b \cdot m \cdot i$$

여기서 K_b는 각 용매의 고유한 **몰랄 끓는점 오름 상수(molal boiling-point-elevation constant)**, m은 용질 입자의 몰랄 농도, i는 반트호프 인자이다.

개념탐구 질문 5

0.5 *m* $Ca(NO_3)_2$, 1.0 *m* $C_{12}H_{22}O_{11}$, 0.6 *m* NaCl 용액 중 어느 용액의 끓는점이 가장 높은가?

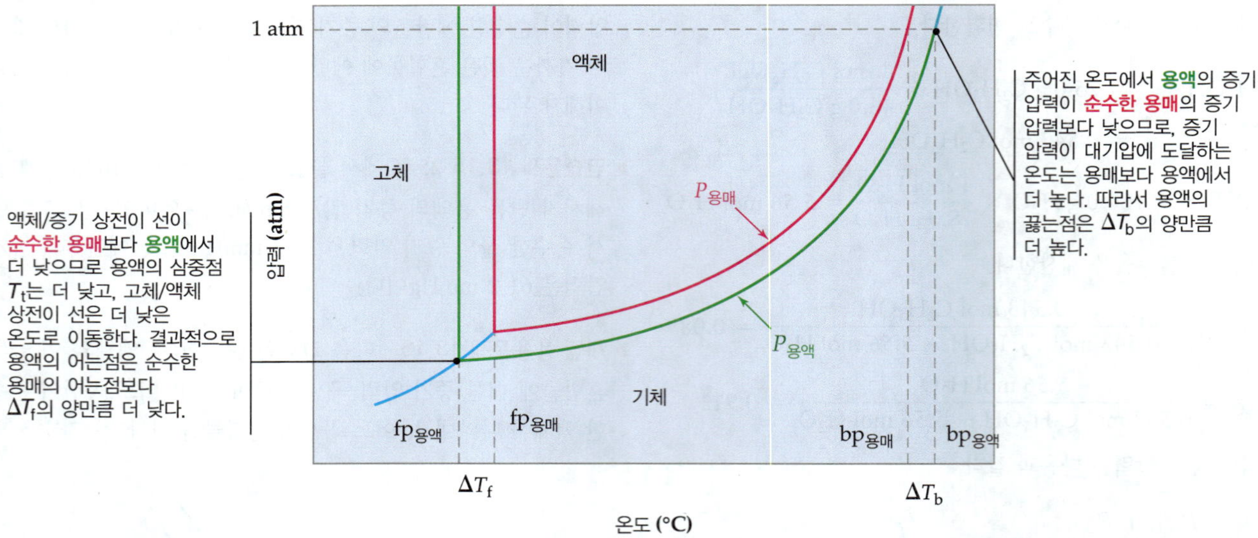

▲ 그림 13.14
순수한 용매(빨간색)와 비휘발성 용질의 용액(초록색)에 대한 상도표

▲ 확인하기

순수한 용매의 증기 압력과 용액의 증기 압력을 비교하면 어떠한가? 용액의 끓는점과 어는점은 증기 압력 변화의 어떤 영향을 받는가?

답 용액의 증기 압력은 순수한 용매의 증기 압력보다 낮다. 따라서 순수한 용액의 어는점은 순수한 용매의 어는점보다 낮아지며, 용액의 끓는점은 순수한 용매의 끓는점보다 높아진다.

▲ 프로필렌 글리콜(propylene glycol)은 제빙액의 한 가지 성분으로 얼음 형성을 방지하기 위하여 비행기 날개에 뿌린다. 얼음은 공기 흐름을 방해하고 양력을 감소시킨다. 제빙액은 얼음을 녹이고 어는점을 낮추어서 얼음이 다시 형성되는 것을 방지한다. ©aapsky/Shutterstock

농도는 몰농도가 아닌, 용질의 농도가 온도와 무관한 몰랄 농도(용매 kg당 용질의 몰수)로 나타내야 한다. 몇 가지 잘 알려진 물질의 몰랄 끓는점 오름 상수를 **표 13.4**에 나타내었다.

표 13.4 몇 가지 물질의 몰랄 끓는점 오름 상수(K_b)와 몰랄 어는점 내림 상수(K_f)

물질	K_b [(°C·kg)/mol]	K_f [(°C·kg)/mol]
벤젠(C_6H_6)	2.64	5.07
장뇌(camphor, $C_{10}H_{16}O$)	5.95	37.8
클로로폼($CHCl_3$)	3.63	4.70
다이에틸 에터($C_4H_{10}O$)	2.02	1.79
에탄올(C_2H_6O)	1.22	1.99
물(H_2O)	0.51	1.86

용액의 어는점은 끓는점처럼 용질 입자의 농도에 의해 결정된다. 예를 들어 1.00 *m* 글루코스 수용액은 −1.86 °C에서 얼고, 1.00 *m* NaCl 수용액은 약 −3.72 °C에서 언다.

용액의 어는점 변화 ΔT_f

$$\Delta T_f = -K_f \cdot m \cdot i$$

여기서 K_f는 각 용매의 고유한 **몰랄 어는점 내림 상수(molal freezing-point-depression constant, K_f)**, m은 용질 입자의 몰랄 농도, i는 반트호프 인자이다.

몇 가지 몰랄 어는점 내림 상수도 표 13.4에 나타내었다.

총괄성은 얼핏 보기에는 모호한 것 같지만, 실상은 화학 실험실과 일상생활에서 여러 가지 실질적인 용도로 활용되고 있다. 예를 들어 자동차 운전자들은 겨울철에 도로를 운전할 때 어는점 내림을 이용하는데, 눈은 소금 살포로 녹게 된다. 자동차 방열기에 넣어 주는 부동액과 비행기 날개에 뿌리는 얼음 제거 용액 또한 물의 어는점 내림을 활용한 것이다. 이 동일한 자동차 부동액이 여름철에는 끓는점을 상승시켜 방열기의 물이 끓어 넘치지 않도록 한다.

용액의 끓는점 오름과 어는점 내림의 근본적 원인은 증기 압력 내림의 원인과 동일하다. 이는 순수한 용매와 용액 중 용매의 엔트로피 차이 때문이다. 먼저 끓는점 오름을 살펴보기로 하자. 액체상과 증기상은 끓는점(T_b)에서 평형에 놓여 있다. 그러므로 이 두 상 사이의 자유 에너지 차이($\Delta G_{증발}$)는 0이다.

$$\Delta G_{증발} = \Delta H_{증발} - T_b\Delta S_{증발} = 0\text{이므로}$$

$$\Delta H_{증발} = T_b\Delta S_{증발}\text{이고} \quad T_b = \frac{\Delta H_{증발}}{\Delta S_{증발}}\text{이다.}$$

순수한 용매와 용액 중 용매의 증발 엔탈피($\Delta H_{증발}$)를 비교하면 이 두 값은 서로 비슷하다. 이는 두 경우에서 용매 분자를 붙잡고 있는 비슷한 분자간 힘을 이겨 내야 하기 때문이다. 하지만 증발 엔트로피 값은 비슷하지 않다. 왜냐하면 용액 중 용매는 순수한 용매보다 더 큰 분자 무질서도를 가지기 때문에, 용액과 증기 사이의 엔트로피 변화는 순수한 용매와 증기 사이의 엔트로피 변화보다 작다. 그러나 $\Delta S_{증발}$이 용액에서 더 작으면 T_b는 이것에 상당하는 만큼 더 커야 한다. 바꿔 말하면 용액의 끓는점(T_b)은 순수한 용매의 끓는점보다 높다(**그림 13.15**).

비슷한 설명을 어는점 내림에 적용할 수 있다. 액체상과 고체상은 어는점에서 평형이므로, 두 상 사이의 자유 에너지 차이($\Delta G_{용융}$)는 0이다.

$$\Delta G_{용융} = \Delta H_{용융} - T_f\Delta S_{용융} = 0\text{이므로}$$

$$\Delta H_{용융} = T_f\Delta S_{용융}\text{이고} \quad T_f = \frac{\Delta H_{용융}}{\Delta S_{용융}}\text{이다.}$$

용액 중 용매와 순수한 용매를 비교하면, 용매 분자들 사이에 비슷한 분자간 힘이 관여하기 때문에 용융 엔탈피($\Delta H_{용융}$)가 유사하다는 것을 알 수 있다. 하지만 용융 엔트로피($\Delta S_{용융}$)는 비슷하지 않다. 왜냐하면, 용액 중 용매는 순수한 용매보다 분자 무질서도가 더 크기 때문에 용액 중 용매와 고체 사이의 엔트로피 변화가 순수한 용매와 고체 사이의 엔트로피 변화보다 더 크다. 용액에 대한 $\Delta S_{용융}$이 더 크면 T_f는 그것에 상당하는 만큼 더 작아야 한다. 이는 용액의 어는점(T_f) 이 순수한 용매의 어는점보다 더 낮다는 것을 의미한다(**그림 13.16**).

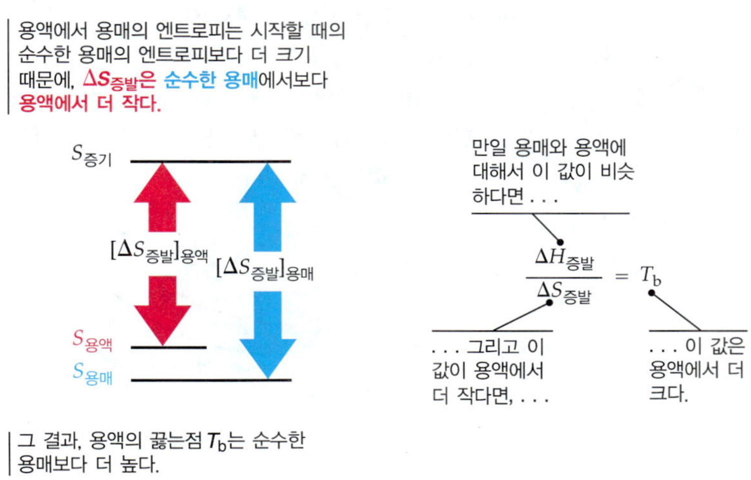

◀ **그림 13.15**
끓는점 오름. 용액이 순수한 용매에 비해 더 높은 끓는점을 갖는 것은 이들의 증발 엔트로피 $\Delta S_{증발}$의 차이 때문이다.

▶ **그림 13.16**
어는점 내림. 용액이 순수한 용매에 비해 더 낮은 어는점을 갖는 것은 이들의 용융 엔트로피 $\Delta S_{용융}$의 차이 때문이다.

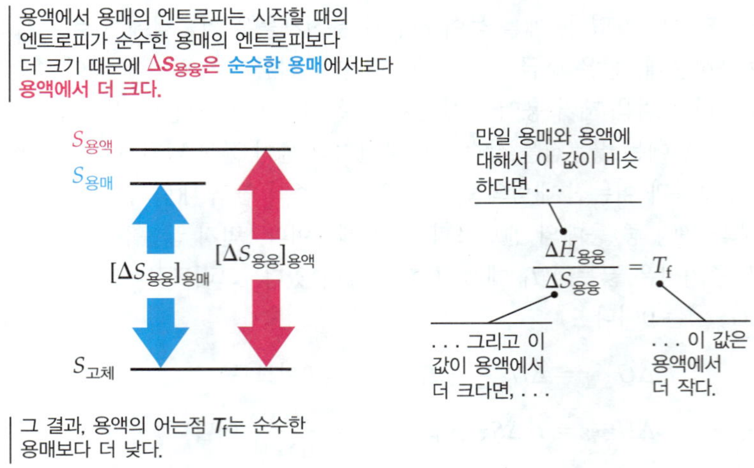

예제 13.9

어는점 내림을 이용한 용액의 몰랄 농도 계산

에틸렌 글리콜($C_2H_6O_2$)은 물에 용해시켜서 자동차 엔진용 부동액으로 사용된다. 1 atm에서 용액의 어는점이 −37.0 °C라면 에틸렌 글리콜 수용액의 몰랄 농도는 얼마인가? 물의 몰랄 어는점 내림 상수는 표 13.4에 나와 있다.

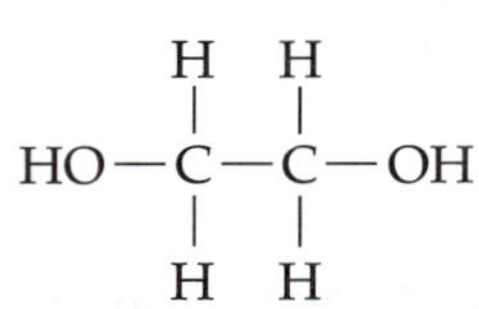

에틸렌 글리콜

©kasarp studio/Shutterstock

문제 파악

알고 있는 것	알아내야 할 것
어는점(−37.0 °C)	몰랄 농도(m)
K_f = 1.86(°C·kg)/mol	

전략

에틸렌 글리콜은 비전해질이므로 반트호프 인자 i = 1이다. 몰랄 농도 m을 구하기 위하여 몰랄 어는점 내림 식을 재정리한다.

$$\Delta T_f = -K_f \cdot m \cdot i \text{ 이므로 } m = \frac{-\Delta T_f}{K_f \cdot i}$$

여기서 K_f = 1.86(°C·kg)/mol이고, ΔT_f = 0.0 °C − 37.0 °C = −37.0 °C이다.

풀이

$$m = \frac{-(-37.0\ °C)}{1.86 \dfrac{(°C \cdot kg)}{mol}} = 19.9 \frac{mol}{kg} = 19.9\ m$$

용액의 몰랄 농도는 19.9 m이다.

▶ **연습문제 13.17** 500.0 g의 물에 에틸렌 글리콜($C_2H_6O_2$) 616.9 g을 용해시켜 만든 부동액의 정상 끓는점은 몇 °C인가? 물의 몰랄 끓는점 오름 상수는 0.51(°C·kg)/mol이다.

▶ **응용문제 13.18** 다음 상도표는 비휘발성 용질이 용해된 클로로폼 용액과 순수한 클로로폼의 액체/증기 상전이 경계를 확대하여 보여 주고 있다.

(a) 순수한 클로로폼의 대략적인 끓는점은 얼마인가?

(b) 비휘발성 용질의 대략적인 몰랄 농도는 얼마인가? (클로로폼의 K_b는 표 13.4에 있다.)

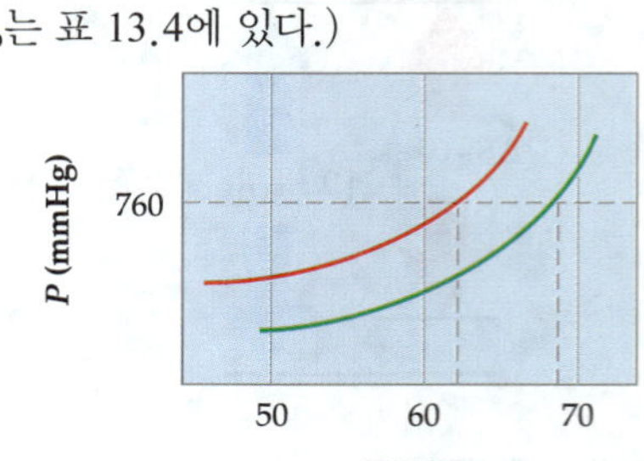

13.9 삼투와 삼투 압력

생체 세포 둘레의 막을 구성하는 물질들 중 어떤 물질들은 **반투과성**(semipermeable)이다. 즉, 이 물질들은 물이나 기타 더 작은 분자들은 통과시키지만 큰 용질 분자나 용매화된 이온은 통과하지 못하도록 차단한다. 용액과 순수한 용매 또는 다른 농도의 두 가지 용액을 적절한 반투막으로 분리하였을 때, **삼투**(**osmosis**)라고 불리는 과정으로 용매 분자는 막을 통과해서 이동한다. 비록 용매의 막 통과는 양방향으로 일어나지만, 용매 쪽에서 용액 쪽으로 통과가 더 우세하고 더 빠르게 일어난다. 결과적으로 순수한 용매 쪽 액체의 양이 감소하는 반면, 용액 쪽 액체의 양은 증가한다. 따라서 용액의 농도는 감소한다.

삼투 현상은 그림 13.17의 실험 장치를 이용하여 실증할 수 있다. 원통형 용기 내부의 용액은 반투막에 의해 비커 내에서 순수한 용매로부터 분리되어 있다. 용매는 비커 쪽에서 원통형 용기 쪽으로 막을 통과해 이동하고, 이어서 부착된 관의 액체의 액면이 상승하게 된다. 관 내부의 증가된 액체 무게는 막을 통하여 용매를 되돌려 보내는 압력을 증가시키는데, 이것은 정방향과 역방향 통과 속도가 같아지고, 액체의 액면이 더 이상 올라가지 않을 때까지 계속된다.

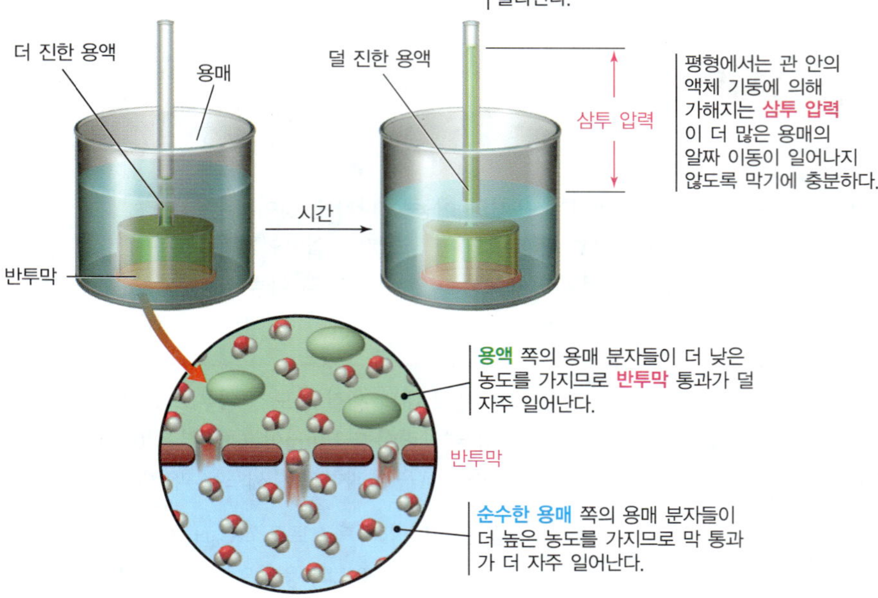

◀ **그림 13.17**
삼투 현상

▶ **확인하기**
용액측과 용매측 모두에서 반투막을 통과하는 용매의 속도는 언제 같아지는가?
답 관 속에 있는 액체 기둥에 의해 걸리는 압력과 용액의 삼투 압력이 같아질 때이다.

용매 분자가 막을 통과할 때 이러한 평형에 이르기 위해 필요한 압력을 용액의 **삼투 압력** [**osmotic pressure**, Π(그리스어 대문자 파이)]이라고 한다. 삼투 압력은 비교적 묽은 용액에서도 매우 클 수 있다. 예를 들어, 25 °C에서 0.15 M NaCl 용액의 삼투 압력은 7.3 atm이다. 이는 약 75 m의 수면 차이에 해당하는 값이다. 캘리포니아 연안의 거대한 레드우드(미국 삼나무)와 같이 뿌리에서 나무의 잎으로 물이 상승하는 것은 삼투 압력 때문이다. 나무 내부에서 이동하는 액체는 지하수보다 용질의 농도가 더 높다.

평형 상태에서 삼투 압력은 다음 식처럼 용액 속 용질 입자의 농도에 따라 달라진다.

▲ 세포막이 낮은 용질 농도를 갖는 용액과 높은 용질 농도를 갖는 용액 사이에 경계를 형성할 때 나타나는 삼투 압력이 물을 뿌리에서 잎까지 올라가게 한다. © Byelikova Oksana/Shutterstock

삼투 압력

$$\Pi = MRTi$$

여기서 M은 용질 입자의 몰농도, R은 기체 상수 [0.082 06(L·atm)/(K·mol)], T는 절대 온도, i는 반트호프 인자이다.

예를 들어, 300 K에서 비전해질인 1.00 M 글루코스 수용액의 삼투 압력은 24.6 atm이다.

$$\Pi = MRTi = \left(1.00\ \frac{\text{mol}}{\text{L}}\right)\left(0.082\ 06\ \frac{\text{L}\cdot\text{atm}}{\text{K}\cdot\text{mol}}\right)(300\ \text{K})(1) = 24.6\ \text{atm}$$

다른 총괄성의 경우, 몰랄 농도를 사용한 것과 달리 삼투 압력을 계산할 때는 용질 농도로 **몰농도**(molarity)가 주어지는 것에 주목하라. 삼투 압력은 $\Pi = MRTi$ 식으로 표현되는 특정 온도에서 측정하므로, 몰랄 농도와 같이 온도와 무관한 단위로 농도를 표시할 필요가 없다.

모든 다른 총괄성과 마찬가지로, 삼투는 순수한 용매가 막을 통과하여 용액과 섞일 때 순수한 용매의 엔트로피가 상당히 증가하는 것에서 기인한다. 분자 수준에서도 삼투 현상을 설명해 볼 수 있는데, 막의 용매 쪽에 있는 용매 분자들은 농도가 더 크기 때문에 용액 쪽의 분자들보다 좀 더 자주 막에 접근한다. 이에 따라 좀 더 자주 통과하게 된다(그림 13.17).

예제 13.10

용액의 삼투 압력 계산

그림 13.18은 농도가 다른 용액에서 적혈구의 세포막을 통과하는 용매의 이동을 나타낸 것이다.
(a) 녹아 있는 입자들 전체의 농도가 0.30 M일 때, 적혈구 세포 내 용액의 삼투 압력은 얼마인가?
(b) 적혈구 세포막을 가로지르는 압력 차가 5 atm 이상이면 적혈구 세포는 파열된다. 만약 이들을 순수한 물에 넣으면 적혈구 세포는 파열될까?

문제 파악

알고 있는 것	알아내야 할 것
용액에서 입자의 몰농도(0.30 M)	삼투 압력(Π)
온도(298 K)	

전략

적혈구 세포를 혈장에서 분리하여 순수한 물에 넣으면 물이 세포막을 통과하여 들어옴으로써 세포 내부의 압력이 증가한다. 이 압력의 최댓값은 다음 식으로 구할 수 있다.

$$\Pi = MRTi$$

여기서 $Mi = 0.30$ mol/L, $R = 0.082\ 06$ (L·atm)/(K·mol), $T = 298$ K이다.

풀이

(a) $\Pi = \left(0.30\ \frac{\text{mol}}{\text{L}}\right)\left(0.082\ 06\ \frac{\text{L}\cdot\text{atm}}{\text{K}\cdot\text{mol}}\right)(298\ \text{K}) = 7.3\ \text{atm}$

(b) 물 분자들은 세포막을 통과해서 세포가 부풀게 한다. 왜냐하면 세포 내의 용질 농도가 외부보다 더 높기 때문이다. 내부의 삼투 압력이 7.3 atm이고, 외부는 0 atm이기 때문에 압력 차가 5 atm을 초과하므로 세포는 파열된다.

▶ **연습문제 13.19** 덱스트로스($C_6H_{12}O_6$) 50.0 g을 충분한 물에 녹여서 만든 1.00 L의 용액으로 만들어진 정맥 내 용액의 삼투 압력은 얼마인가? 덱스트로스는 비전해질이며 체온은 37.0 °C이다.

▶ **응용문제 13.20** 사람 눈 세포의 삼투 압력은 25 °C에서 8.0 atm이다. 콘택트렌즈를 보관하기 위해 사용되는 식염수는 물에 NaCl을 용해시켜 제조한다.
(a) 똑같은 삼투 압력의 용액을 만들기 위해서는 염화 소듐의 몰농도는 얼마로 하여야 할까? NaCl의 반트호프 인자는 1.9이다.
(b) 삼투 압력이 5.5 atm인 식염수에 보관했던 콘택트렌즈를 눈에 착용했다. 세포막을 통과하는 물 이동의 알짜 방향은? 세포의 크기는 어떻게 변화하나?

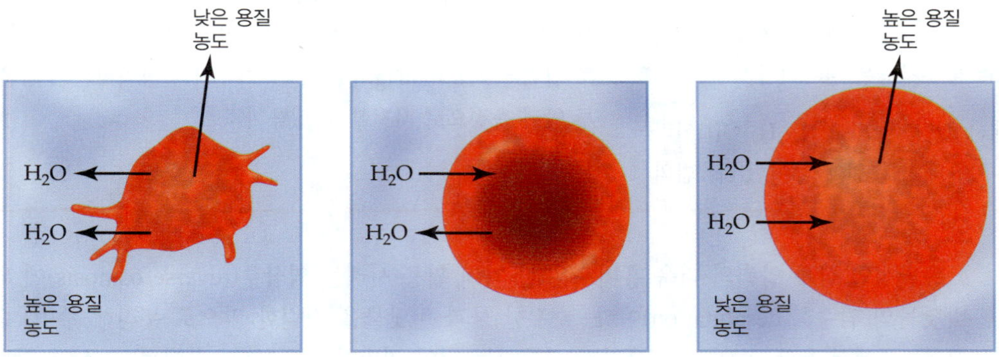

고장액에서는 용액 중(세포 밖) 용질의 농도가 세포 안 용질의 농도보다 높다. 물은 세포로부터 세포 밖으로 흘러나와 세포가 쭈글쭈글해지거나 수축된다.

등장액에서는 용액 중(세포 밖) 용질의 농도와 세포 안 용질의 농도가 같다. 세포막을 통한 물의 이동은 없다.

저장액에서는 용액 중(세포 밖) 용질의 농도가 세포 안 용질의 농도보다 낮다. 물은 세포 안으로 이동해서 세포는 부풀다가 내부 압력이 너무 높으면 터지게 된다.

◀ 그림 13.18
용질 농도가 혈장의 적혈구 세포에 미치는 영향

총괄성은 실험실에서 미지 물질의 분자량 측정에 종종 활용되고 있다. 앞서 설명한 네 가지 총괄성 모두 사용할 수 있지만, 삼투 효과의 크기가 매우 크기 때문에 가장 정확한 값은 삼투 압력 측정을 통해서 얻는다. 예를 들어, 300 K에서 0.0200 M 글루코스 수용액은 374.2 mmHg의 삼투 압력을 나타내는데, 쉽게 유효 숫자 네 자리까지 읽을 수 있다. 하지만 동일한 용액이 어는점을 0.04 °C만큼 낮추는데, 이 값은 유효 숫자 한 자리만 읽을 수 있다. 예제 13.11은 삼투 압력을 분자량 측정에 어떻게 이용할 수 있는지를 보여 준다.

예제 13.11

삼투 압력을 이용한 용질의 분자량 계산

인슐린 20.0 mg을 물에 용해시켜 부피가 5.00 mL가 되게 희석한 용액의 삼투 압력이 300 K에서 12.5 mmHg이다. 인슐린의 분자량은 얼마인가?

문제 파악

알고 있는 것	알아내야 할 것
삼투 압력 (Π = 12.5 mmHg)	인슐린의 분자량
인슐린의 질량 (20.0 mg)	
용액의 부피 (5.00 mL)	

전략

분자량을 결정하기 위해서 20.0 mg 시료로 주어진 인슐린의 몰수를 알아야 한다. 이를 위해 우선 삼투 압력에 대한 식을 재정리하여 인슐린 용액의 몰농도를 알아낸 다음, 여기에 부피를 곱해 인슐린의 몰수를 구한다.

풀이

$\Pi = MRTi$이므로 $\quad M = \dfrac{\Pi}{RTi}$

$$M = \frac{12.5\ \text{mmHg} \times \dfrac{1\ \text{atm}}{760\ \text{mmHg}}}{0.082\ 06\ \dfrac{\text{L}\cdot\text{atm}}{\text{K}\cdot\text{mol}} \times 300\ \text{K} \times 1} = 6.68 \times 10^{-4}\ \text{M}$$

용액의 부피는 5.00 mL이므로 인슐린의 몰수는

$$\text{인슐린의 몰수} = 6.68 \times 10^{-4}\ \frac{\text{mol}}{\text{L}} \times \frac{1 \times 10^{-3}\ \text{L}}{1\ \text{mL}} \times 5.00\ \text{mL}$$
$$= 3.34 \times 10^{-6}\ \text{mol}$$

인슐린의 질량과 몰수를 알고 있으므로 인슐린의 몰질량, 즉 분자량을 계산할 수 있다.

$$\text{몰질량} = \frac{\text{인슐린의 질량}}{\text{인슐린의 몰수}} = \frac{0.0200\ \text{g 인슐린}}{3.34 \times 10^{-6}\ \text{mol 인슐린}}$$
$$= 5990\ \text{g/mol}$$

인슐린의 분자량은 5990이다.

연습문제 13.21 비전해질인 글루코스 0.8220 g에 물을 가하여 200.0 mL의 용액을 만들었을 때 298 K에서의 삼투 압력이 423.1 mmHg이었다. 글루코스의 분자량은 얼마인가?

응용문제 13.22 범죄 현장에서 설탕(sucrose, $C_{12}H_{22}O_{11}$)이라고 주장하는 미지의 흰색 가루가 테이블 위에 놓여 있다. 법의학 화학자가 미지의 흰색 가루 0.512 g에 충분한 물을 가하여 용해시킨 100.0 mL의 용액을 만들었다. 25 °C에서 측정한 삼투 압력은 278 mmHg이었다. 그 가루가 설탕이라는 주장을 삼투 압력 측정으로 지지할 수 있을까?

▲ 이스라엘에 있는 Hadera 바닷물 역삼투(seawater reverse-osmosis, SWRO) 담수화 공장은 세계에서 가장 크고 연간 약 44억 갤런의 담수를 생산한다.

총괄성인 삼투 압력의 더욱 흥미로운 한 가지 활용 사례는 **역삼투**(reverse osmosis)에 의한 바닷물의 담수화(desalination)이다. 순수한 물과 바닷물을 적절한 막으로 분리해 주면, 순수한 물 쪽에서 용액 쪽으로 물 분자가 이동하는 것이 역방향 이동보다 더 빠르다. 삼투 압력이 형성됨에 따라 정방향과 역방향의 물 통과 속도는 25 °C에서 약 30 atm의 삼투 압력에서 결국 같아지게 된다. 그러나 만약 30 atm보다 더 큰 압력을 용액 쪽에 가해 주면, 물의 역방향 이동이 더 유리하게 된다. 따라서 바닷물에서 순수한 물을 얻을 수 있는 것이다(그림 13.19).

바닷물의 담수화는 크루즈선에서부터 전장의 군대에 의한 사용, 나라 전체에 식수의 제공하는 데까지 많은 응용사례들이 있다. 이스라엘의 경우, 역삼투에 의해 국내에서 소비되는 물 수요의 35% 이상을 얻는다.

▶ 그림 13.19
높은 압력에서 역삼투에 의한 바닷물의 담수화

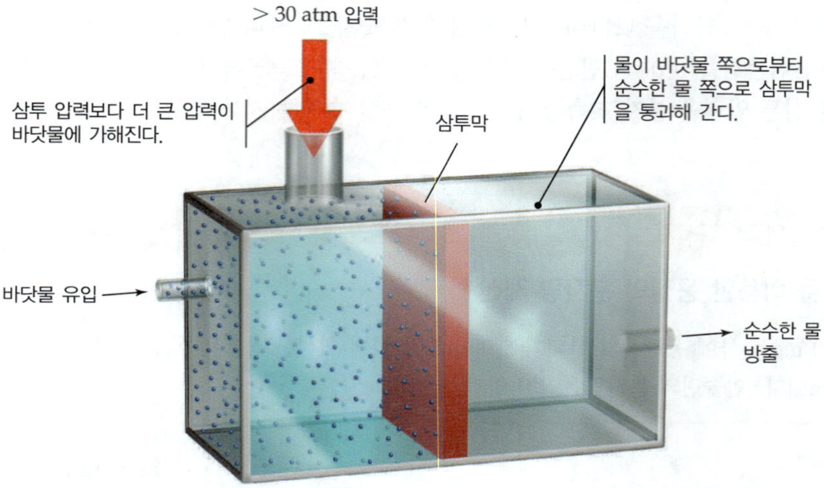

INQUIRY ? 혈액 투석이 어떻게 신부전 환자의 혈액을 깨끗하게 할까?

신장의 주요한 기능은 혈액을 여과하고 소변으로 노폐물을 내보내는 것이다. 또한 신장은 인체의 혈압과 pH, 전해질의 균형을 조절하는 등의 생명 활동에 불가결한 중요한 기능을 가지고 있다. 더욱이 신장은 여러 가지 중요한 호르몬을 생산하며, 여과된 혈액으로부터 글루코스, 아미노산, 물과 같은 작은 분자들과 이온들의 재흡수를 책임진다. 이러한 기능들이 생명 유지에 필수적임에도 불구하고, 현재 미국에서는 66만 명 이상의 사람들이 말기 신장 질환 및 신부전으로 고통받고 있다. 신부전에 대해서는 어떠한 치료법도 없다. 신부전 환자들에게 할 수 있는 유일한 선택은, 신장의 기능을 대신하는 정기적인 투석과 장기 이식뿐이다.

투석(dialysis) 과정은 용매 분자와 작은 용질 입자들이 반투과성 투석막을 통과한다는 것을 제외하고는 삼투와 유사하다. 삼투에서는 용매 분자들만 반투막을 통과한다는 것을 기억하라. 투석에서는 세포와 같은 큰 콜로이드 입자와 단백질과 같은 큰 분자들만 막을 통과할 수 없다(그림 13.20).(작은 분자와 큰 분자에 있어 크기에 대한 정확한 기준은 애매모호하며, 다양한 기공(pore) 크기를 가지는 투석막이 사용될 수 있다.) 단백질과 같은 큰 분자들은 투석되지 않아 작은 이온들과 분자들로부터 단백질을 분리할 수 있기 때문에, 투석은 실험 연구에 필요한 단백질의 정제를 위한 소중한 과정이다.

의료계에 있어 투석의 가장 중요한 응용은 인공 신장기이다. **혈액 투석**(hemodialysis)은 인공 신장기에서 환자의 혈액을 깨끗하게 하는 것으로서, 요소와 같은 노폐물을 제거하고, 포타슘/소듐 이온의 균형을 조절할 수 있게 한다(그림 13.21). 혈액이 몸으로부터 우회하여 투석관을 통하여 펌프되어 흐르는 동안, 염화 소듐(NaCl), 탄산수소 소듐($NaHCO_3$), 염화 포타슘(KCl), 글루코스와 같은 물질들은 혈액의 혈장 내 구성 성분과 동일한 조성을 갖는 투석 용액으로 들어오기 때문에 투석막을 통한 총량 이동은 없다. 그러나 때로는 혈액 내의 임계 물질의 농도 증가가 초래될 수도 있으므로 투석 용액의 조절이 필요하기도 한다. 예를 들면, 투석 용액에 있는 과잉의 탄산수소염(bicarbonate, HCO_3^-)은 산의 불균형을 조절(즉, 혈액 pH를 조절)하는 데 사용될 수도 있다. 표 13.5는 혈액 투석 용액의 다양한 성분들과 농도를 나타낸 것이다.

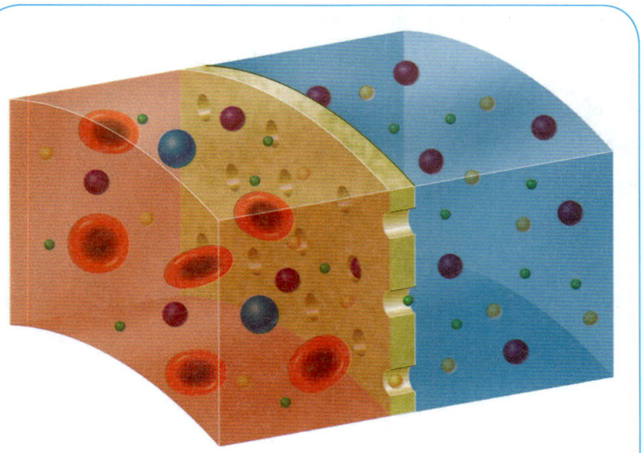

▲ 그림 13.20

투석막. 세포(붉은색 디스크로 표시)와 단백질(파란색 구로 표시)은 막을 통과하기에는 너무 커서 그대로 유지되는 반면, 용매와 작은 용질 분자들(분홍색, 초록색, 노란색 구로 표시)은 막에 있는 작은 구멍을 통하여 통과한다.

▲ 그림 13.21

혈액 투석의 도식, 인공 심장

표 13.5 대표적인 혈액 투석 용액의 조성

물질	농도
Na^+	137 mmol/L
Cl^-	105 mmol/L
Ca^{2+}	3.0 mmol/L
CH_3COO^-	4.0 mmol/L
K^+	2.0 mmol/L
HCO_3^-	33 mmol/L
Mg^{2+}	0.75 mmol/L
덱스트로스($C_6H_{12}O_6$)	1.11 mmol/dL

혈액 내 작은 노폐물들은 투석막을 통과하여 혈액에서 용액 쪽으로 이동하면서 제거되지만, 세포, 단백질, 기타 중요한 혈액 성분들은 크기가 크기 때문에 막을 통과하지 못한다. 일반적으로 혈액 투석 치료는 대략 3~4시간이 소요되며, 일주일에 3~4회를 반복하여야 한다.

투석 용액에서의 용질 농도가 혈액에서의 용질 농도보다 높게 되면, 물이 막을 통과하여 환자의 몸으로 들어갈 수 있으므로, 투석 용액을 만드는 데 사용되는 물은 극도로 순수해야 한다. 미국에서는 구강보건을 촉진하기 위하여 식수의 절반 이상이 플루오린으로 강화되어 있기 때문에, 플루오린화 이온은 특히 미국에서는 특별한 관심사이다. 식수에 있어서 플루오린의 최적 수준은 1.0 ppm이며, 최대 법적 허용한계는 4.0 ppm이다. 투석에 사용되기 전에 시에서 공급되는 물은 정화되어야 하며, 플루오린화 이온 농도는 0.2 ppm 이하로 감소되어야 한다. 정수 시스템의 기능 저하가 있었을 때 투석 치료에서 플루오린 중독이 발생했었다. 1993년 시카고 병원에서 12명의 환자가 통증, 구토 및 가려움 등의 증상을 나타냈으며, 3명의 환자는 심장마비로 죽었다. 플루오린 중독의 경우를 방지하기 위한 새로운 규격이 투석 장치 안에 적용되어 있다.

그러나 불행하게도 미국의 장기 기증망(United Network for Organ Sharing, UNOS)의 보고에 따르면, 현재 95,000명 이상의 환자들이 신장 이식을 기다리고 있고, 이식될 수 있는 장기의 수는 충분하지 않다. 두 개의 기능을 하고 있는 신장을 가진 건강한 사람들은 일생 동안 하나의 신장을 기증할 수 있다. 그러나 대부분의 장기 기증은 사망한 기증자에서 이루어진다. 대부분의 주에서는 장기 기증의 의사를 당신의 운전면허증 뒷면에 서명하는 것으로 표시할 수 있다.

문제 13.23 투석막과 삼투에 사용되는 전형적인 반투막 사이에는 어떤 차이가 있는가?

문제 13.24 요소는 혈청에 높은 용해도를 가지며, 투석 치료에서 혈액으로부터 여과되는 노폐물 중의 하나이다. 요소가 수용성 혈청(H_2O)에 용해될 때, 다음 상호 작용, 즉 용매–용매, 용매–용질, 용질–용질 상호 작용 중 가장 강한 분자간 힘을 분류하시오.

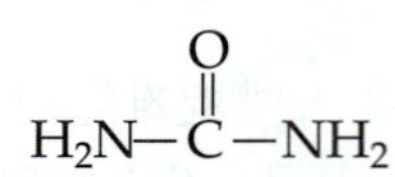

요소

문제 13.25

(a) 표 13.5를 사용하여, 25 °C에서 혈액 투석 용액의 삼투 압력을 계산하시오.

(b) 25 °C에서 혈액의 삼투 압력이 7.70 atm이라면, 투석에서 반투막을 통한 용매의 이동 방향은?(혈액이 투석 용액 쪽으로 또는 투석 용액이 혈액 쪽으로)

문제 13.26 투석 용액에 플루오린화 이온이 존재하면 위험하다. 왜냐하면, 환자들이 보통 사람들보다 더 많은 부피의 유체에 노출되기 때문이다. 전형적인 4시간 투석 치료에서 환자들은 보통 사람들이 일주일에 마시는 정도(~12 L)로 많은 유체에 노출된다. 2.0 ppm의 플루오린화 이온을 함유하고 있는 12.0 L의 물에 들어 있는 플루오린화 이온의 질량은?

정리

절	개념 요약	학습 목표	문제
13.1~13.2 용액과 엔탈피 변화	**용액**은 전형적인 이온이나 작은 분자 크기의 입자를 가지고 있는 균일 혼합물이다. 기체나 고체가 액체에 용해된 용액에서 용해된 물질은 **용질**, 액체는 **용매**라고 한다. 용액의 **엔탈피**($\Delta H_{용액}$)는 용매–용매, 용질–용질, 용매–용질의 분자간 힘들의 상대적인 세기에 따라 양일 수도 있고 음일 수도 있다.	13.1 용액 형성 과정에서 수반되는 분자간 힘의 종류를 분류한다. 13.2 용액 형성 과정에서 각 단계별 엔탈피 변화로부터 용액의 엔탈피를 결정한다.	문제 13.40~13.41, 13.48 문제 13.42~13.43
13.3 용해도 예측	용매에 용질이 용해될 때 자유 에너지 변화($\Delta G = \Delta H - T\Delta S$)를 수반한다. 엔탈피 변화는 **용액의 엔탈피**($\Delta H_{용액}$)이고, 엔트로피 변화는 **용액의 엔트로피**($\Delta S_{용액}$)이다. $\Delta G < 0$이면, 용해 과정은 자발적이다. 용해도를 예측하는 간단한 규칙은 "끼리끼리 녹는다"는 것이다. 비극성 용질은 비극성 용매에서 용해도가 클 것이고, 극성 용질은 극성 용매에서 용해도가 클 것이다.	13.3 용질과 용매의 화학 구조에 근거하여 물질의 용해도를 예측한다.	예제 13.1; 문제 13.27, 13.44~13.49, 13.52
13.4 용액의 농도 단위	용액의 농도는 몰농도(용질의 몰수/용액의 리터 수), 몰분율(용질의 몰수/용액의 몰수), 질량 백분율[(용질의 질량/용액의 질량)×100%], 몰랄 농도(용질의 몰수/용매의 kg 수) 등 여러 방식으로 나타낼 수 있다.	13.4 질량 백분율 단위로 용액의 농도를 계산한다. 13.5 백만분율(ppm) 또는 십억분율(ppb) 단위로 용액의 농도를 계산한다. 13.6 몰농도 또는 몰랄 농도 단위로 용액의 농도를 계산한다. 13.7 한 농도 단위를 다른 농도 단위로 변환한다.	예제 13.2; 문제 13.66 예제 13.3; 문제 13.58,13.69 예제 13.4; 문제 13.60, 13.62, 13.70, 13.76 예제 13.5; 문제 13.56, 13.64, 13.72, 13.74
13.5 용해도에 영향을 미치는 인자들	평형에 도달해 용질이 더 이상 일정한 양의 용매에 용해되지 않을 때 용액은 **포화되었다**고 한다. 용해도는 보통 온도 의존적이다. 기체의 용해도는 일반적으로 온도 증가에 따라 물에서 감소하지만, 고체의 용해도는 증가하기도 하고 감소하기도 한다. 기체의 용해도는 압력에도 좌우된다. **헨리 법칙**에 따르면, 일정 온도에서 어떤 액체에 대한 기체의 용해도는 용액 위 기체의 부분 압력에 비례한다.	13.8 주어진 온도에서 용질의 용해도를 결정하기 위하여 용해도 곡선을 분석한다. 13.9 기체의 용해도를 계산하기 위하여 헨리 법칙을 이용한다.	문제 13.80~13.81 예제 13.6; 문제 13.82~13.86
13.6~13.9 용액의 물리적 특성들: 총괄성(증기 압력 내림, 끓는점 오름, 어는점 내림, 삼투 압력)	순수한 용매와 비교할 때, 용액은 일정 온도에서 더 낮은 증기 압력, 더 낮은 어는점 및 더 높은 끓는점을 가진다. 이에 덧붙여 반투막으로 용매와 분리된 용액은 **삼투** 현상을 나타낸다. 용액의 이들 네 가지 성질 모두는 용질의 화학적 실체가 아니라 용질의 농도에만 의존한다. 이와 같은 성질을 **총괄성**이라고 한다. 모든 총괄성의 근본 원인은 모두 동일하다. 용액 중 용매가 순수한 용매에 비해 더 큰 엔트로피를 가지기 때문이다.	13.10 용질이 추가되었을 때 용액의 증기 압력 변화를 정성적으로 예측한다. 13.11 비휘발성 용질을 포함하는 용액의 증기 압력을 계산한다. 13.12 휘발성 용질을 포함하는 용액의 증기 압력을 계산한다. 13.13 용액의 끓는점 오름과 어는점 내림 양을 계산한다. 13.14 용액의 삼투 압력을 계산한다. 13.15 용질의 분자량을 계산하기 위하여 삼투 압력 혹은 다른 총괄성을 이용한다.	문제 13.29~13.33, 13.88 예제 13.7; 문제 13.92, 13.102 예제 13.8; 문제 13.108, 13.110 예제 13.9; 문제 13.90, 13.94, 13.114, 13.116, 13.132 예제 13.10; 문제 13.34, 13.118, 13.120 예제 13.11; 문제 13.124, 13.143

주요 용어

과포화	백만분율(ppm)	용액 엔탈피($\Delta H_{용액}$)	콜로이드
라울 법칙	삼투	용액 엔트로피($\Delta S_{용액}$)	포화
몰랄 끓는점 오름 상수(K_b)	삼투 압력(Π)	용질	헨리 법칙
몰랄 농도(m)	십억분율(ppb)	이온 쌍	혼합물
몰랄 어는점 내림 상수(K_f)	용매	질량 백분율(질량 %)	
반트호프 인자(i)	용액	총괄성	

주요 식

- 용액의 농도 단위(13.4절)

$$몰농도(M) = \frac{용질의\ 몰수}{용액의\ 부피(L)}$$

$$몰분율(X) = \frac{성분\ 몰수}{용액을\ 구성하는\ 전체\ 몰수}$$

$$질량\ 백분율 = \frac{성분의\ 질량}{용액의\ 전체\ 질량} \times 100\%$$

$$백만분율(ppm) = \frac{성분의\ 질량}{용액의\ 전체\ 질량} \times 10^6$$

$$십억분율(ppb) = \frac{성분의\ 질량}{용액의\ 전체\ 질량} \times 10^9$$

$$몰랄\ 농도(m) = \frac{용질의\ 몰수}{용매의\ 질량(kg)}$$

- 헨리 법칙(13.5절)

용해도 = $k \cdot P$, 여기에서 상수 k는 특정 기체의 고유 특성이며, P는 용액 위 기체의 부분 압력이다.

- 라울 법칙과 증기 압력 내림(13.7절)

$P_{용액} = P_{용매} \times X_{용매}$

$\Delta P_{용액} = P_{용매} \times X_{용질}$

- 반트호프 인자(13.7절)

$$i = \frac{용액\ 중의\ 입자의\ 몰수}{용해된\ 용질의\ 몰수}\ (비전해질인\ 경우,\ i = 1)$$

- 몰랄 끓는점 오름(13.8절)

$\Delta T_b = K_b \cdot m \cdot i$, 여기서 K_b는 몰랄 끓는점 오름 상수, i는 반트호프 인자이다.

- 몰랄 어는점 내림(13.8절)

$\Delta T_f = -K_f \cdot m \cdot i$, 여기서 K_f는 몰랄 어는점 내림 상수, i는 반트호프 인자이다.

- 삼투 압력(13.9절)

$\Pi = MRTi$

복습 문제

LO는 학습 목표(Learning Objectives)를 나타낸다.

장을 학습한 후엔, 학습자의 이해도를 평가할 수 있는 방법이 있다. **복습 문제**를 푸는 것이다. **복습 문제**들은 이 장의 학습 목표와 연계되어 있다. 따라서 푼 답이 틀렸다면, 이 장의 끝부분에 나와 있는 **정리** 문단의 **학습 목표**를 참고하면 된다. 정리 문단에는 **개념 요약**이 제공되며, **예제**를 참고하면 문제 해결 방법을 모델링할 수 있고, 제공되는 **추가 문제**들로 더 많은 연습을 할 수 있다.

1. 에탄올(CH_3CH_2OH)은 헥세인(C_6H_{14})에 용해된다. 용질 분자 둘, 용매 분자 둘, 용질과 용매 분자 사이에서 가장 강한 분자간 힘을 제시한 것을 고르시오. (**LO 13.1**)

용질–용질	용매–용매	용질–용매
(a) 수소 결합	분산력	수소 결합
(b) 쌍극자–쌍극자 힘	분산력	쌍극자–쌍극자 힘
(c) 분산력	분산력	분산력
(d) 수소 결합	분산력	분산력

2. 염화 리튬이 물에 용해될 때 용액의 온도는 올라간다. 용액 형성 과정에서 단계별 엔탈피 변화를 나타내는 것은 어느 도표인가? (**LO 13.2**)

(a)

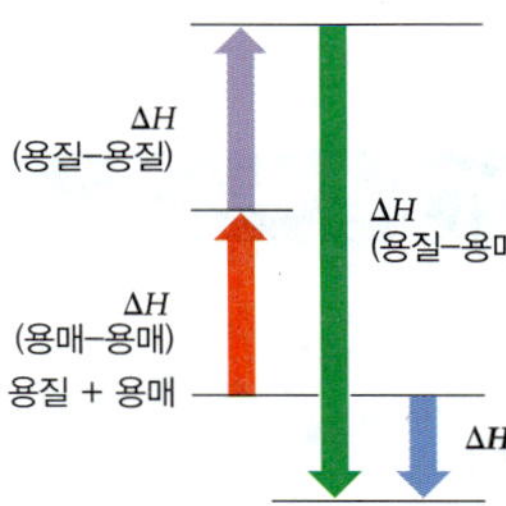

(b)

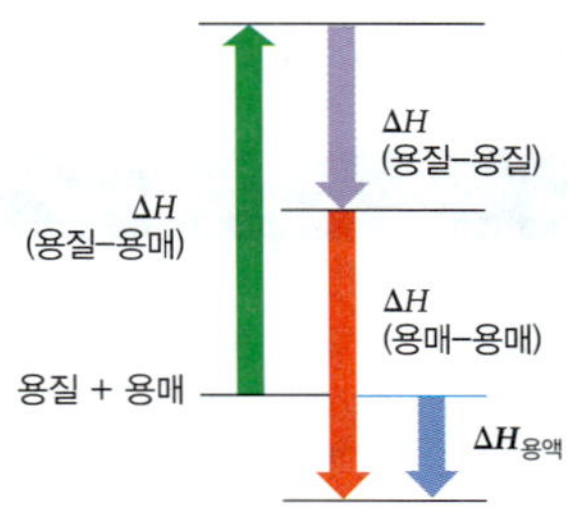

(c)

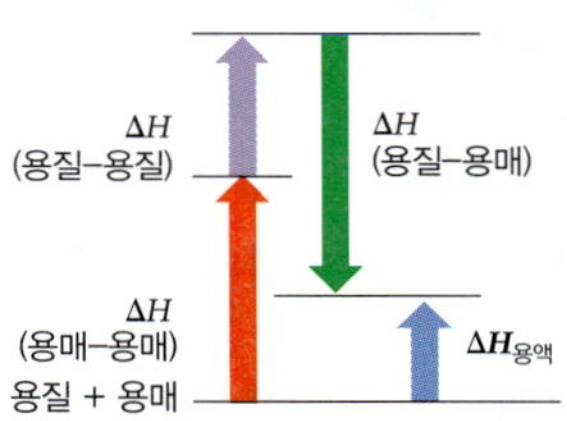

(d)

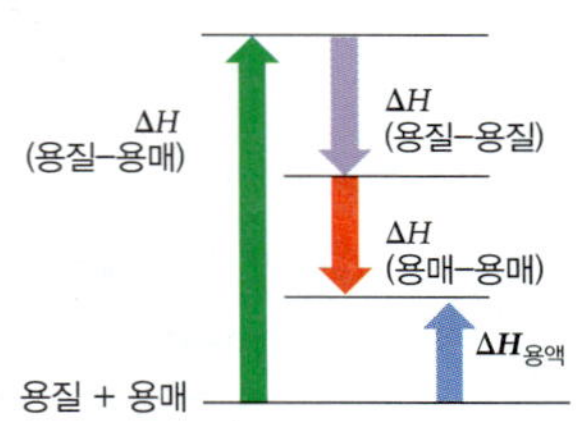

3. 아세트산 소듐(CH_3COONa)이 가장 큰 용해도를 가지는 용매는 어느 것인가? (**LO 13.3**)
   (a) 아세톤(CH_3OCH_3)
   (b) 메탄올(CH_3OH)
   (c) 에탄올(CH_3CH_2OH)
   (d) 펜테인($CH_3CH_2CH_2CH_2CH_3$)

4. 고무 알코올(rubbing alcohol)은 아이소프로필 알코올 90%(질량) 수용액이다. 고무 알코올 50.0 g에는 아이소프로필 알코올 몇 몰이 들어 있는가? (**LO 13.4**)
   (a) 45 mol　　(b) 0.75 mol
   (c) 4.5 mol　　(d) 1.3 mol

5. 플루오린화 이온을 낮은 농도로 음용수에 첨가하여 충치를 예방한다. 플루오린화 이온 1.5 ppm 용액을 만들려면, 750 L 물에 몇 그램의 플루오린화 소듐(NaF)을 첨가해야 하는가? (**LO 13.5**)
   (a) 1.1 g　　(b) 2.5 g
   (c) 0.51 g　　(d) 3.1 g

6. 진한 염산 용액에는 HCl 37.0%(질량)가 있다. 이 용액의 밀도가 1.18 g/mL라면, 몰농도는 얼마인가? (**LO 13.6, 13.7**)
   (a) 10.1 M　　(b) 16.2 M
   (c) 8.60 M　　(d) 12.0 M

7. 10.0 M NaOH 수용액은 25 °C에서 밀도가 1.33 g/cm^{3}이다. 이 용액에서 NaOH의 질량 백분율을 계산하시오. (**LO 13.4, 13.7**)
   (a) 53.2%　　(b) 30.1%
   (c) 40.0%　　(d) 13.3%

8. 20 °C에서 아세트산 소듐(CH_3COONa) 용액의 몰농도가 7.5 M이다. 아세트산 소듐의 용해도를 온도의 함수로 보여 주는 그래프를 이용하여 용액을 설명하시오. 이 용액은 ________이다. (**LO 13.7, 13.8**)

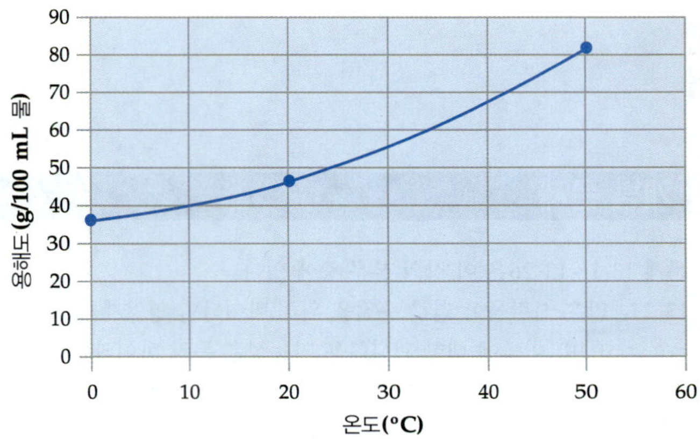

   (a) 포화 용액　　(b) 불포화 용액
   (c) 과포화 용액　　(d) 콜로이드

9. 잠수부는 수면 아래 66 ft 깊이에서 21%(부피) 산소를 포함한 압축 공기로 숨을 쉰다. 이 깊이에서 전체 압력은 3.0 atm이다. 정상 체온(37 °C)에서 물에 대한 O_2의 헨리 법칙 상수는 1.93×10^{-3} mol/(L·atm)이다. 수면 아래 66 ft에서 잠수부의 혈액 속 O_2의 용해도는 얼마인가? (**LO 13.9**)
   (a) 1.22×10^{-3} M　　(b) 2.76×10^{-2} M
   (c) 1.22×10^{-1} M　　(d) 2.76×10^{-1} M

10. 다음 용액들 중 어느 용액의 증기 압력이 가장 낮은가?(이온 화합물은 완전 해리가 된다고 가정한다.) (**LO 13.10**)
   (a) 0.25 *m* $Ca(NO_3)_2$ 수용액
   (b) 0.30 *m* 염화 소듐(NaCl) 수용액
   (c) 물 50 mL와 에탄올(CH_3CH_2OH) 50 mL의 혼합 용액
   (d) 물 25 mL와 에탄올(CH_3CH_2OH) 50 mL의 혼합 용액

11. 25 °C에서 250.0 g의 물에 60.0 g의 KCl을 용해시켜 용액을 만들었다. 25 °C에서 물의 증기 압력이 23.76 mmHg라면, 이 용액의 증기 압력은 얼마인가? (**LO 13.11**)
   (a) 20.7 mmHg　　(b) 21.3 mmHg
   (c) 22.5 mmHg　　(d) 25.5 mmHg

12. 어떤 용액이 클로로폼($CHCl_3$) 4.08 g과 아세톤(CH_3COCH_3) 9.29 g을 포함하고 있다. 순수한 클로로폼과 순수한 아세톤의 증기 압력은 35 °C에서 각각 295 torr, 332 torr이다. 이상 거동을 한다고 할 때, 이 용액 위의 증기 압력을 계산하시오. (**LO 13.12**)

(a) 256 torr (b) 314 torr
(c) 325 torr (d) 462 torr

13. 자동차 방열기에서 물의 어는점을 −22.0 °C로 낮추기 위해서는 물 3.55 kg에 에틸렌 글리콜(자동차 부동액, $C_2H_6O_2$) 몇 kg을 용해시켜야 하는가? 물에 대한 몰랄 어는점 내림 상수 K_f = 1.86(°C·kg)/mol이다. (**LO 13.13**)
(a) 0.865 kg (b) 0.0420 kg
(c) 9.01 kg (d) 2.61 kg

14. 정맥 주사용 글루코스 용액과 혈청은 삼투 압력이 같다(37 °C에서 7.65 atm). 이 용액 0.50 L에 몇 그램의 글루코스를 용해시켜야 하는가? (**LO 13.14**)
(a) 54 g (b) 27 g
(c) 227 g (d) 2.2 g

15. 헤모글로빈은 신체에서 산소를 운반하는 큰 분자이다. 100.0 mL 물에 헤모글로빈 2.61 g을 포함하는 수용액은 25 °C에서 7.52 mmHg의 삼투 압력을 나타낸다. 헤모글로빈의 몰질량은 얼마인가? 헤모글로빈은 물에서 해리되지 않는다고 가정한다. (**LO 13.15**)
(a) 1.96×10^3 g/mol (b) 84.8 g/mol
(c) 6.45×10^4 g/mol (d) 3.65×10^3 g/mol

답:
1. d, 2. a, 3. b, 4. b, 5. b, 6. d, 7. b, 8. c, 9. a, 10. a, 11. b, 12. c, 13. d, 14. b, 15. c

개념 문제

문제 13.1~13.26은 이 장의 본문 중에 있다.

13.27 많은 사람들이 건강 증진을 위해 바이타민 영양제를 먹고 있으며, 이들에 대한 과다복용 가능성은 특정 바이타민이 지용성인지 수용성인지에 따라 다르다. 만약 어떤 바이타민이 비극성 지방조직에 용해된다면 이것은 몸에 축적될 것이나, 수용성 바이타민이라면 빠르게 몸 밖으로 배출될 것이다. 니아신(niacin)과 바이타민 D의 공–막대 모형을 보고 어떤 것이 보다 지용성인지를 판단하시오.

니아신

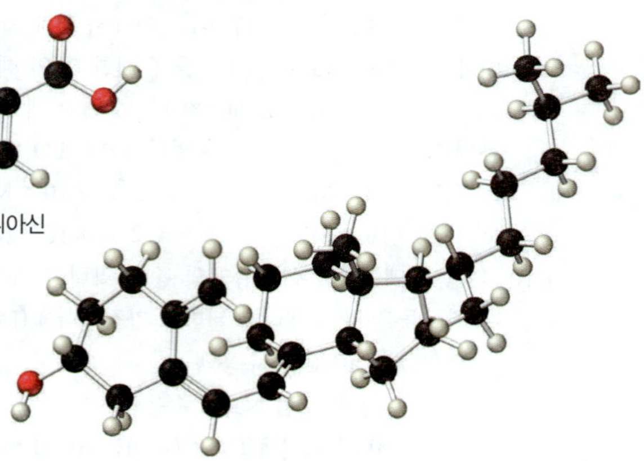
바이타민 D

13.28 다음 그림에 표시한 상황을 엔트로피 증가에 따라 나열하시오.

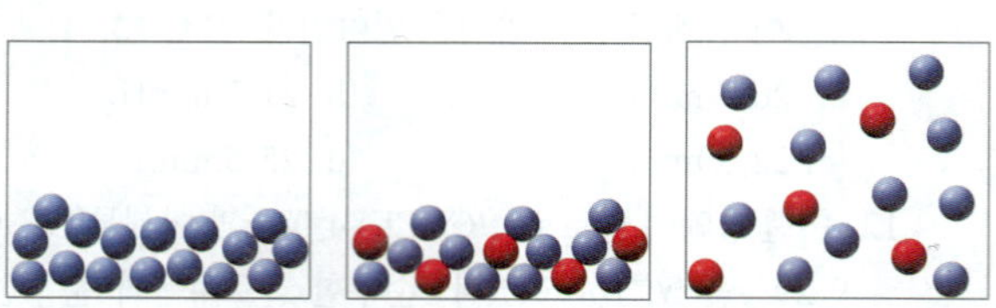

13.29 다음 상도표는 어떤 순수한 액체(초록색 곡선)의 증기 압력 곡선과 이 첫 번째 액체를 다른 두 번째 휘발성 액체와 섞은 혼합물(빨간색 곡선)의 증기 압력 곡선을 보여 준다.

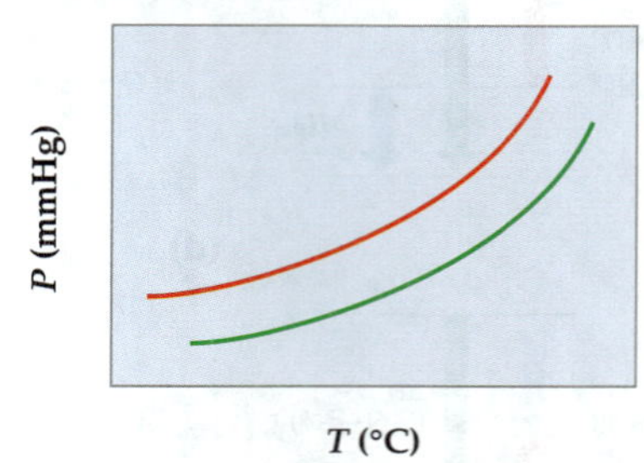

(a) 두 번째 액체의 끓는점은 첫 번째 액체의 끓는점보다 높은가 낮은가?
(b) 두 번째 액체에 대한 증기 압력 곡선의 대략적인 위치를 도표에 그리시오.

13.30 다음 상도표는 순수한 에터와, 에터에 비휘발성 용질이 용해되어 있는 용액의 액체/증기 상전이 경계를 보여 주고 있다.

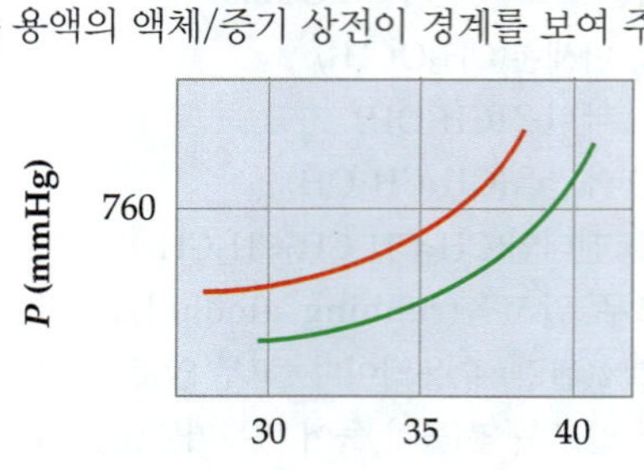

(a) 순수한 에터의 대략적인 정상 끓는점은 얼마인가?
(b) 용질의 대략적인 몰랄 농도는 얼마인가? [에터의 K_b는 2.02(°C·kg)/mol이다.]

13.31 다음 도표는 용매(빨간색 곡선)와 용매에 두 번째 액체가 들어 있는 용액(초록색 곡선)의 증기 압력 곡선의 일부를 확대하여 보여 주고 있다. 두 번째 액체는 용매보다 더 휘발성인가 덜 휘발성인가?

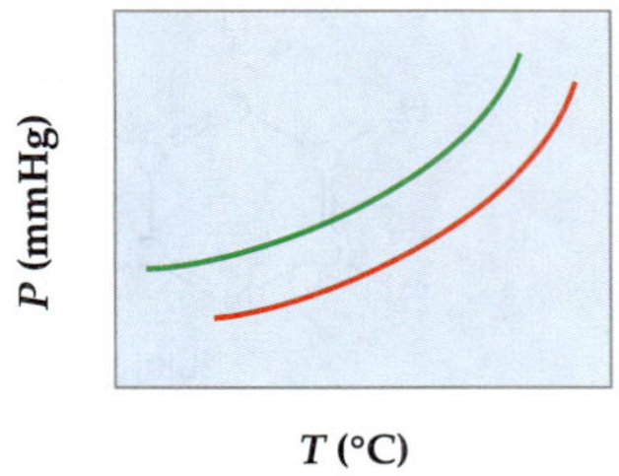

13.32 다음 상도표는 같은 농도의 두 용액의 액체/증기 상전이 경계를 보여 주고 있다. 하나는 비휘발성 용질을 포함하고 있고, 다른 하나는 주어진 온도에서의 증기 압력이 순수한 용매의 약 절반인 휘발성 용질을 포함하고 있다.

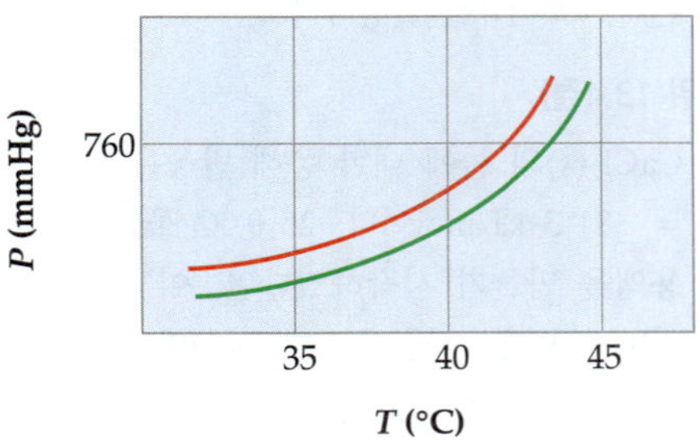

(a) 빨간색과 초록색, 어느 곡선이 비휘발성 용질의 용액을 나타내며, 어느 곡선이 휘발성 용질의 용액을 나타내는가?
(b) 순수한 용매에 해당하는 증기 압력 곡선의 대략적인 위치를 도표에 그리시오.
(c) (b)에서 그린 곡선에 근거하여, 용매가 $K_b = 2.0\ °C/m$의 값을 가진다고 할 때, 비휘발성 용질의 대략적인 몰랄 농도는 얼마인가?
(d) (b)에서 그린 곡선에 근거하여, 순수한 용매의 대략적인 정상 끓는점은 얼마인가?

13.33 순수한 물(파란색)과 NaCl 수용액(초록색)이 담긴 두 비커가 그림 (a)와 같이 밀폐된 용기 속에 놓여 있다. (b)~(d) 그림 중 어느 것이 충분한 시간이 흐른 후의 상황을 나타내는가?

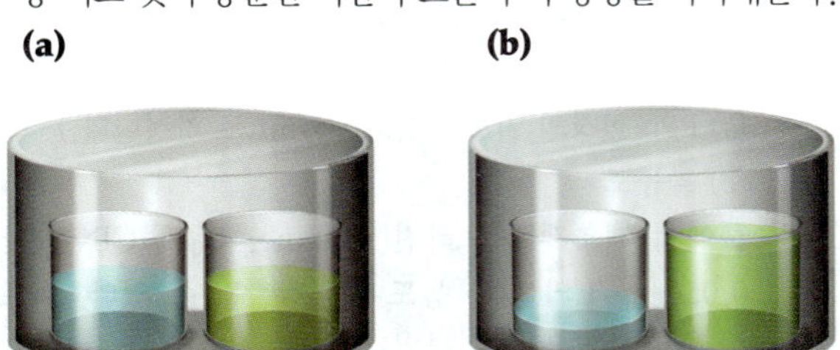

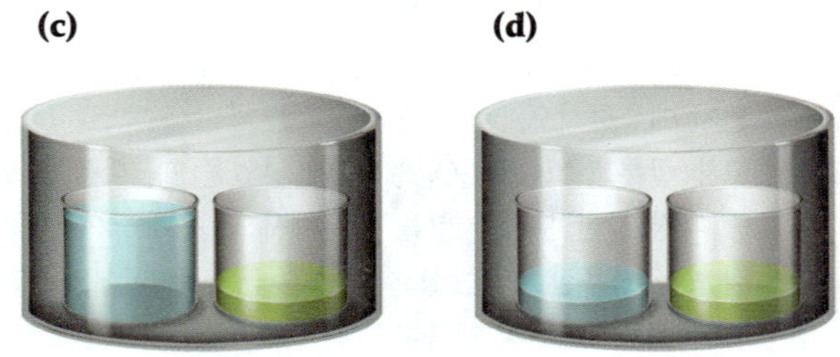

13.34 두 액체가 반투막에 의해 분리되어 있다고 가정한다. 평형에 도달한 이후의 상황을 나타내는 그림을 그리시오.

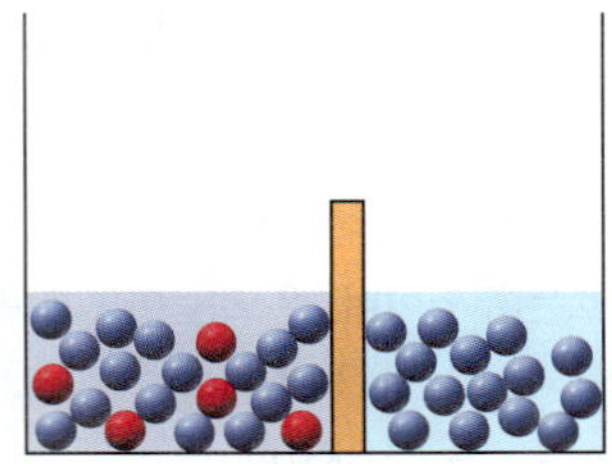

13.35 다음 상도표는 농도가 같은 두 용액의 고체-액체 상전이 경계선을 아주 일부만 보여 주고 있다. 여기서 물질 A의 $i = 1$이고, 물질 B의 $i = 3$이다.

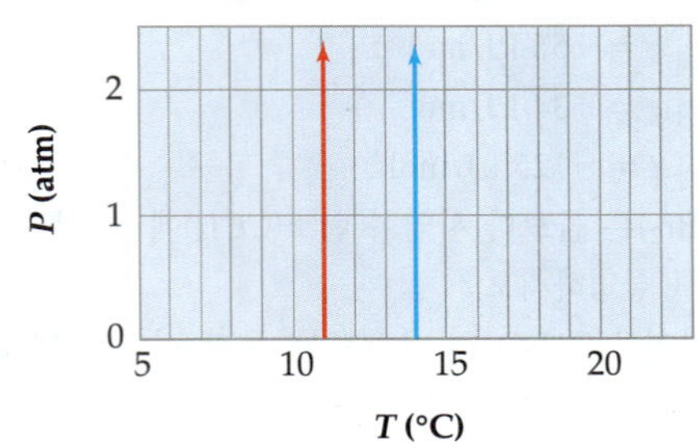

(a) 빨간색과 파란색 중 어느 선이 용액 A를 나타내며, 어느 선이 용액 B를 나타내는가?
(b) 순수한 액체 용매의 녹는점은 대략 얼마인가?
(c) 용매의 K_f가 $3.0\ °C/m$이라고 가정할 때, 각 용액의 몰랄 농도는 대략 얼마인가?

보충 문제

용액, 엔탈피 변화와 용해도(13.1~13.3절)

13.36 NaCl 덩어리 5 g을 물에 넣으면 천천히 용해되지만, NaCl 가루 5 g을 넣으면 빨리 용해된다. 그 이유를 설명하시오.

13.37 더 큰 격자 에너지를 갖는 이온성 물질은 더 작은 격자 에너지를 갖는 이온성 물질보다 물에 덜 용해되는 이유는 무엇인가?

13.38 어느 것이 더 큰(더 음의) 수화 에너지(hydration energy)를 가질 것으로 예상되는가?
(a) Na^+ 또는 Cs^+ (b) K^+ 또는 Ba^{2+}

13.39 SO_4^{2-}와 ClO_4^- 중 어느 것이 더 큰 수화 에너지를 가질 것으로 예상되는가? 그 이유를 설명하시오.

13.40 고체 아이오딘(I_2)을 물에 넣었을 때, 다음 상호 작용 중 가장

강한 분자간 힘을 분류하시오: 용매–용매, 용매–용질, 용질–용질. 이들 상호 작용을 근거로, I_2가 물에 용해되는지 아닌지 예측하시오.

13.41 고체 글루코스($C_6H_{12}O_6$)를 물에 넣었을 때, 다음 상호 작용 중 가장 강한 분자간 힘을 분류하시오: 용매–용매, 용매–용질, 용질–용질. 이들 상호 작용을 근거로, 글루코스가 물에 용해되는지 아닌지 예측하시오.

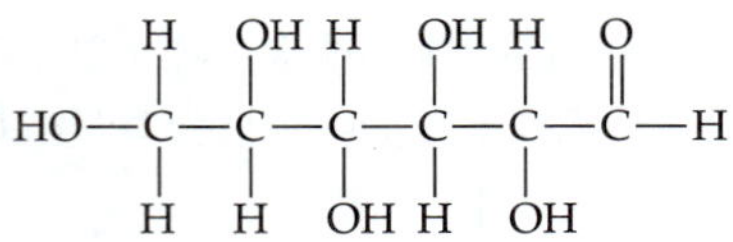

글루코스

13.42 용질이 다음과 같은 엔탈피 변화를 일으키며 용해될 때 $\Delta H_{용액}$의 부호는 무엇이며, 온도는 어떻게 변화하는가?

$\Delta H_{용질-용질} = +642$ kJ/mol

$\Delta H_{용매-용매} = +31$ kJ/mol

$\Delta H_{용질-용매} = -648$ kJ/mol

13.43 용질이 다음과 같은 엔탈피 변화를 일으키며 용해될 때 $\Delta H_{용액}$의 부호는 무엇이며, 온도는 어떻게 변화하는가?

$\Delta H_{용질-용질} = +56$ kJ/mol

$\Delta H_{용매-용매} = +34$ kJ/mol

$\Delta H_{용질-용매} = -125$ kJ/mol

13.44 브로민(Br_2)은 물보다 사염화 탄소(CCl_4)에 더 잘 용해된다. 그 이유를 설명하시오.

13.45 폼알데하이드(CH_2O)의 용해도는 물과 사염화 탄소(CCl_4) 중 어디에서 더 클지를 예측하시오.

13.46 아세트산(CH_3COOH)의 용해도는 물과 벤젠(C_6H_6) 중 어디에서 더 클지를 예측하시오

13.47 뷰테인(C_4H_{10})의 용해도는 물과 벤젠(C_6H_6) 중 어디에서 더 클지를 예측하시오.

13.48 다음 화합물들을 물에서의 용해도가 증가하는 순서대로 나열하시오: Br_2, KBr, 톨루엔(C_7H_8, 휘발유의 성분).

13.49 다음 화합물들을 헥세인(C_6H_{14})에서의 용해도가 증가하는 순서대로 나열하시오: NaBr, CCl_4, CH_3COOH.

13.50 에틸 알코올(CH_3CH_2OH)을 물에 용해시킬 때, 에틸 알코올 한 분자와 주위 물 분자 간에는 얼마나 많은 수소 결합이 형성되는가? 이들 수소 결합을 그려 보시오.(힌트: 수소 결합을 그리기 전에 구조식에 비공유 전자쌍을 넣으시오.)

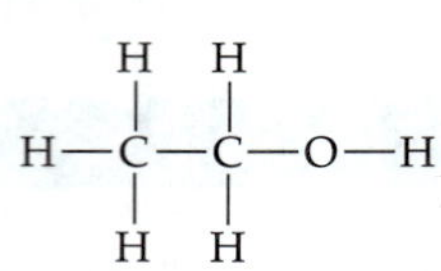

13.51 바이타민 니아신($C_6H_5O_2N$)을 물에 용해시킬 때, 니아신 한 분자와 주위 물 분자 간에는 얼마나 많은 수소 결합이 형성되는가? 이들 수소 결합을 그려 보시오.(힌트: 수소 결합을 그리기 전에 비공유 전자쌍을 구조식에 넣으시오.)

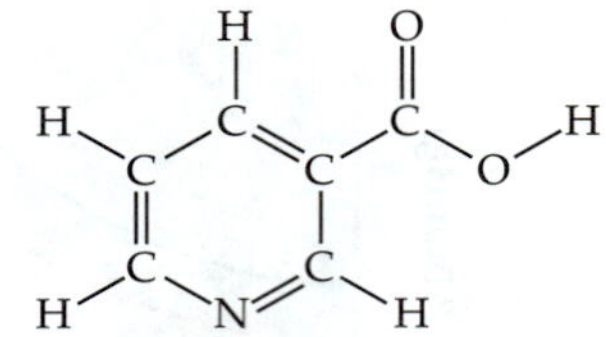

니아신

13.52 에틸 알코올(CH_3CH_2OH)은 20 °C에서 물과 섞이지만, 펜틸 알코올($CH_3CH_2CH_2CH_2CH_2OH$)은 2.7 g/100 mL 정도만 물에 용해된다. 그 이유를 설명하시오.

13.53 펜틸 알코올($CH_3CH_2CH_2CH_2CH_2OH$)은 옥테인(C_8H_{18})과는 섞이지만, 메틸 알코올(CH_3OH)은 옥테인에 용해되지 않는다. 그 이유를 설명하시오.

농도 단위(13.4절)

13.54 $CaCl_2(s)$의 물에 대한 용해 반응은 발열 반응이며, $\Delta H_{용해} = -81.3$ kJ/mol이다. 25.0 °C 물을 가지고 1.00 m $CaCl_2$ 용액을 만들기 시작하였다면, 이 용액의 최종 온도(°C)는 얼마가 되겠는가? 순수한 H_2O와 용액의 비열은 동일하게 4.18 J/(K·g)이라고 가정한다.

13.55 $NH_4ClO_4(s)$의 물에 대한 용해 반응은 흡열 반응이며, $\Delta H_{용해} = +33.5$ kJ/mol이다. 25.0 °C 물을 가지고 1.00 m NH_4ClO_4 용액을 만들기 시작하였다면, 이 용액의 최종 온도(°C)는 얼마가 되겠는가? 순수한 H_2O와 용액의 비열은 동일하게 4.18 J/(K·g)이라고 가정한다.

13.56 바닷물을 NaCl 수용액이라 가정한다면, 바닷물의 몰농도는 얼마인가? 바닷물의 밀도는 20 °C에서 1.025 g/mL이고, NaCl의 농도는 3.50 질량 %이다.

13.57 바닷물을 3.50 질량 %의 NaCl 수용액이라 가정하면, 바닷물의 몰랄 농도는 얼마인가?

13.58 프로프라놀올(propranolol, $C_{16}H_{21}NO_2$)은 고혈압 치료에 사용되는 이른바 베타 차단제(beta-blocker)인데 혈장의 농도가 50 ng/L일 때 효능이 좋다. 프로프라놀올의 이 농도를 다음 농도 단위로 나타내시오.

(a) PPb(혈장의 밀도는 1.025 g/mL로 가정한다.)

(b) 몰농도

13.59 물에서 제초제 아트라진(atrazine, $C_8H_{14}ClN_5$) 잔류물은 0.050 μg/L의 낮은 농도에서 검출될 수 있다. 아트라진의 이 농도를 다음 농도 단위로 나타내시오.

(a) PPb(용액의 밀도는 1.00 g/mL로 가정한다.)

(b) 몰농도

13.60 다음 각 용액은 어떻게 만드는가?

(a) 0.150 M 글루코스 수용액

(b) 1.135 m KBr 수용액

(c) $X_{메탄올} = 0.15$와 $X_{물} = 0.85$인 메틸 알코올(메탄올)과 물의 용액

13.61 다음 각 용액은 어떻게 만드는가?

(a) 155 ppm의 요소(CH_4N_2O) 100 mL 수용액

(b) K^+ 농도가 0.075 M인 수용액 100 mL

13.62 클로로폼(chloroform, $CHCl_3$)에 용해시킨 0.0268 M 벤조산(benzoic acid, $C_7H_6O_2$) 용액 165 mL는 어떻게 만드는가?

13.63 클로로폼(chloroform, $CHCl_3$)에 용해시킨 0.325 M 벤조산(benzoic acid, $C_7H_6O_2$) 용액 250 mL는 어떻게 만드는가?

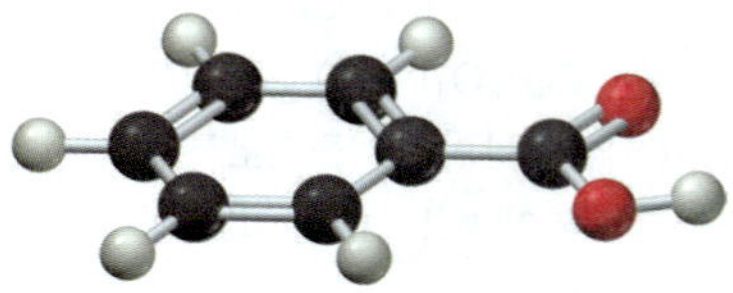

벤조산

13.64 다음 용액들 중 어느 용액의 농도가 더 진한가?

(a) 0.500 M KCl 수용액, 0.500 질량 % KCl 수용액

(b) 1.75 M 글루코스 수용액, 1.75 *m* 글루코스 수용액

13.65 다음 용액들 중 어느 용액이 더 큰 몰농도를 가지는가?

(a) 10 ppm KI 수용액, 10,000 ppb KBr 수용액

(b) 0.25 질량 % KCl 수용액, 0.25 질량 % 시트르산(citric acid, $C_6H_8O_7$) 수용액

13.66 다음 용액들의 질량 백분율 농도를 구하시오.

(a) 물 1.00 kg에 시트르산(citric acid, $C_6H_8O_7$) 0.655 mol을 용해시킨 용액

(b) 물 5.00 mL에 KBr 0.135 mg을 용해시킨 용액

(c) 다이클로로메테인(dichloromethane, CH_2Cl_2) 145 g에 아스피린(aspirin, $C_9H_8O_4$) 5.50 g을 용해시킨 용액

13.67 문제 13.66에서 만든 각 용액의 몰랄 농도는 얼마인가?

13.68 지구의 성층권에 있는 오존층은 전체 압력이 평균 10 mmHg (1.3×10^{-2} atm)이다. 오존층에서 오존의 부분 압력은 약 1.2×10^{-6} mmHg(1.6×10^{-9} atm)이다. 공기의 평균 몰질량을 29 g/mol이라고 가정할 때, 오존 농도는 백만분율(ppm) 단위로 얼마인가?

13.69 혈액 0.1 L당 납이 10 μg을 초과하는 농도를 갖는 사람은 의학적으로 납 중독으로 여겨진다. 이 농도는 십억분율(ppb)로 얼마인가? 혈액의 밀도는 물의 밀도와 같다고 가정하시오.

13.70 다음 각 용액의 농도는 얼마인가?

(a) 물 1.30 L에 H_2SO_4 25.0 g을 용해시켜 만든 용액의 몰랄 농도

(b) CH_2Cl_2 80.0 g에 니코틴(nicotine, $C_{10}H_{14}N_2$) 2.25 g을 용해시켜 만든 용액 중 각 성분의 몰분율

13.71 가정에서 사용하는 표백제는 5.0 질량 % 하이포염소산 소듐(sodium hypochlorite, NaOCl) 수용액이다. 표백제의 몰랄 농도는 얼마인가? 표백제에서 NaOCl 몰분율은 얼마인가?

13.72 16.0 질량 % 황산 수용액의 밀도는 25.0 °C에서 1.1094 g/mL이다. 이 용액의 몰농도는 얼마인가?

13.73 에틸렌 글라이콜(ethylene glycol, $C_2H_6O_2$)은 자동차 부동액의 주성분이다. 40.0 질량 % 에틸렌 글라이콜 수용액의 밀도가 20 °C에서 1.0514 g/mL라면, 몰농도는 얼마인가?

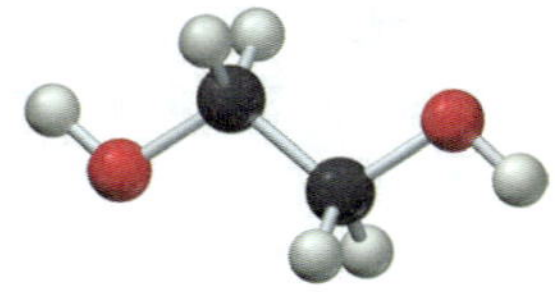

에틸렌 글리콜

13.74 자동차 부동액으로 사용하는 40.0 질량 % 에틸렌 글라이콜(ethylene glycol, $C_2H_6O_2$) 수용액의 몰랄 농도는 얼마인가?

13.75 에틸렌 글라이콜(ethylene glycol, $C_2H_6O_2$)은 자동차 부동액으로 사용되는 무색의 액체이다. 만약 20 °C에서 4.028 *m* 에틸렌 글라이콜 수용액의 밀도가 1.0241 g/mL라면, 이 용액의 몰농도는 얼마인가? 에틸렌 글라이콜의 몰질량은 62.07 g/mol이다.

13.76 모르핀과 동류인 날로핀(nalorphine, $C_{19}H_{21}NO_3$)은 마약 중독자의 금단 현상 치료에 사용한다. 1.5 mg 투여량을 얻기 위해서는 몇 g의 1.3×10^{-3} *m* 날로핀 수용액이 필요한가?

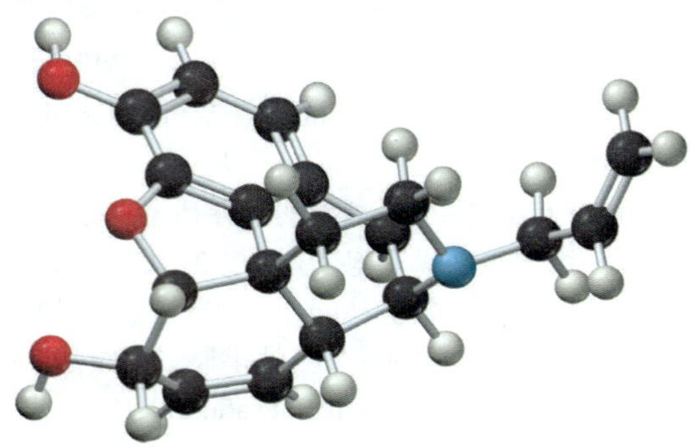

날로핀

13.77 32.5 g의 설탕(sucrose, $C_{12}H_{22}O_{11}$)에 몇 g의 물을 더해야 0.850 *m* 용액이 되는가?

13.78 0.944 M 글루코스(glucose, $C_6H_{12}O_6$) 수용액의 밀도는 20 °C에서 1.0624 g/mL이다. 이 수용액의 농도는 다음 농도 단위로 얼마인가?

(a) 몰분율

(b) 질량 백분율

(c) 몰랄 농도

13.79 락토스(lactose, $C_{12}H_{22}O_{11}$)는 포유류의 젖에서 발견되는 자연적으로 발생하는 당이다. 20 °C에서 0.335 M 락토스 수용액의 밀도는 1.0432 g/mL이다. 이 수용액의 농도는 다음 농도 단위로 얼마인가?

(a) 몰분율

(b) 질량 백분율

(c) 몰랄 농도

용해도와 헨리 법칙(13.5절)

13.80 그림 13.7의 용해도 그래프를 참고하여, 다음 각 쌍의 화합물 중 어느 것이 주어진 온도에서 몰 용해도가 더 클지 예상하시오.

(a) 60 °C에서 $CuSO_4$ 또는 NH_4Cl

(b) 20 °C에서 CH_3CO_2Na 또는 글루코스

13.81 그림 13.7의 용해도 그래프를 참고하여, 다음 각 쌍의 화합물 중 어느 것이 주어진 온도에서 몰 용해도가 더 클지를 예상하시오.

(a) 40 °C에서 NaCl 또는 NH_4Cl

(b) 20 °C에서 K_2SO_4 또는 $CuSO_4$

13.82 PVC 고분자를 만드는 출발 물질인 염화 바이닐(vinyl chloride, $H_2C{=}CHCl$)은 25 °C에서 헨리 법칙 상수가 0.091 mol/(L·atm)이다. 25 °C와 0.75 atm 부분 압력에서 물에 대한 염화 바이닐의 용해도(mol/L)는 얼마인가?

13.83 황화 수소(hydrogen sulfide, H_2S)는 썩은 달걀 냄새를 나타내는 유독성 기체이다. 물에 대한 $H_2S(g)$의 용해도는 STP에서 0.195 M이다. 0 °C에서 H_2S의 헨리 법칙 상수는 얼마인가? 0 °C와 25.5 mmHg 부분 압력에서 물에 대한 H_2S의 용해도(mol/L)는 얼마인가?

13.84 물고기가 살기 위해서는 일반적으로 물속의 O_2 농도가 적어도 4 mg/L는 되어야 한다. 0 °C, 대기압에서 이 농도를 얻기 위해 필요한 물 위 산소의 부분 압력은 얼마인가? 물에 대한 O_2 용해도는 0 °C와 1 atm 부분 압력에서 2.21×10^{-3} mol/L이다.

13.85 10,000 ft 고도에서 폐의 산소 부분 압력은 약 68 mmHg이다. 이 부분 압력과 정상 체온인 37 °C에서 혈액(혹은 물)에 녹아 있는 O_2의 농도(mg/L)는 얼마인가? 물에 대한 O_2 용해도는 37 °C와 1 atm 부분 압력에서 1.93×10^{-3} mol/L이다.

13.86 헥사플루오린화 황(sulfur hexafluoride)은 고전압 변압기 속에 불연성 절연체로 사용되며, 25 °C에서 헨리 법칙 상수가 2.4×10^{-4} mol/(L·atm) 이다. 25 °C와 2.00 atm의 부분 압력에서 헥사플루오린화 황의 물에 대한 용해도(mol/L)는 얼마인가?

13.87 눌어붙지 않는 고분자인 테플론(Teflon)은 테트라플루오로에틸렌(tetrafluoroethylene, C_2F_4)으로부터 만들어진다. 만일 C_2F_4가 298 K에서 1.01×10^{-3} M 정도까지 물에 용해되어 0.63 atm의 부분 압력을 나타내는 기체라면, 298 K에서 헨리 법칙 상수는 얼마인가?

총괄성(13.6~13.9절)

13.88 톨루엔 1 mL를 벤젠(bp 80.1 °C) 100 mL에 추가할 때, 벤젠의 끓는점은 상승하지만, 벤젠 1 mL를 톨루엔(bp 110.6 °C) 100 mL에 추가할 때, 톨루엔 용액의 끓는점은 떨어진다. 그 이유를 설명하시오.

13.89 고체 $CaCl_2$를 액체 상태 물에 넣으면, 온도가 상승한다. 고체 $CaCl_2$를 0 °C에서 얼음에 추가하면 온도가 떨어진다. 그 이유를 설명하시오.

13.90 다음 수용액을 어는점이 낮은 것에서 높은 것 순으로 나열하시오: 0.10 *m* $FeCl_3$, 0.30 m 글루코스($C_6H_{12}O_6$) , 0.15 *m* $CaCl_2$. 완전하게 해리한다고 가정한다.

13.91 다음 수용액 중 어느 것이 (a) 높은 어는점, (b) 높은 끓는점, (c) 낮은 증기 압력을 가지는가?: 0.50 *m* 설탕($C_{12}H_{22}O_{11}$), 0.35 *m* HNO_3

13.92 35 °C에서 에틸 알코올(C_2H_6O) 100.00 g에 벤조산($C_7H_6O_2$) 5.00 g을 용해시켜 만든 용액의 증기 압력(mmHg)은 얼마인가? 35 °C에서 순수한 에틸 알코올의 증기 압력은 100.5 mmHg 이다.

13.93 클로로폼(chloroform, $CHCl_3$) 75.00 g에 아스피린(아세틸살리실산, $C_9H_8O_4$) 1.50 g을 용해시켜 만든 용액의 정상 끓는점(°C)은 얼마인가? 클로로폼의 정상 끓는점은 61.7 °C이며, 클로로폼의 K_b는 표 13.4에 있다.

13.94 물 110 g에 $MgCl_2$ 7.40 g을 용해시킨 용액의 어는점(°C)은 얼마인가? 물의 K_f 값은 표 13.4에 있고, $MgCl_2$의 반트호프 인자는 $i = 2.7$이다.

13.95 완전하게 해리된다고 가정할 때, 어는점이 −2.95 °C인 KBr 수용액의 몰랄 농도는 얼마인가? 물의 몰랄 어는점 내림 상수는 표 13.4에 있다.

13.96 HCl 9.12 g을 물 190 g에 용해시켰을 때, 용액의 어는점이 −4.65 °C가 되었다. HCl의 반트호프 인자는 얼마인가?

13.97 310 K에서 0.125 M $MgCl_2$ 용액의 삼투 압력이 8.57 atm으로 관찰되었다. 이 조건에서 $MgCl_2$의 반트호프 인자를 계산하시오.

13.98 NaCl 1 mol을 물 1 L에 추가하면, 끓는점이 증가한다. 메틸알코올 1 mol을 물 1 L에 추가하면 끓는점이 감소한다. 그 이유를 설명하시오.

13.99 0 °C에서 9 M H_2SO_4 100 mL를 0 °C의 액체 물 100 mL에 추가했더니 온도가 12 °C로 상승하였다. 0 °C에서 9 M H_2SO_4 100 mL를 0 °C의 고체 얼음 100 g에 추가했더니 온도가 −12 °C로 감소하였다. 거동의 차이를 설명하시오.

13.100 용액과 비교할 때 순수한 용매의 상 경계가 어떻게 다른지를 보여 주는 상도표를 그리시오.

13.101 용액의 농도는 끓는점 오름이나 어는점 내림을 고려할 때는 몰랄 농도로 표현해야 하지만, 삼투 압력을 고려할 때는 몰농도로 표현할 수 있다. 이유는?

13.102 각각 비휘발성 용질을 포함하는 아래 용액들의 증기 압력(mmHg)은 얼마인가? 45 °C에서 물의 증기 압력은 71.93 mmHg이다.

(a) 45.0 °C에서 물 150.0 g 중 요소(urea, CH_4N_2O) 10.0 g의 용액

(b) 완전 해리를 가정할 때, 45.0 °C에서 물 150.0 g 중 LiCl 10.0 g의 용액

13.103 27 °C에서 메탄올(CH_3OH) 80.0 g 중 글루코스($C_6H_{12}O_6$) 16.0 g 용액의 증기 압력(mmHg)은 얼마인가? 27 °C에서 순수한 메탄올의 증기 압력은 140 mmHg이다.

13.104 문제 13.102에 나오는 각 용액의 끓는점(°C)은 얼마인가? 물의 $K_b = 0.51$ (°C·kg) /mol이다.

13.105 문제 13.102에 나오는 각 용액의 어는점(°C)은 얼마인가? 물의 $K_f = 1.86$ (°C·kg) /mol이다.

13.106 1.0 *m* K_2SO_4 수용액은 어는점이 −4.3 °C이다. K_2SO_4의 반트호프 인자 *i* 값은 얼마인가?

13.107 KCl의 반트호프 인자 i = 1.85이다. 0.75 m KCl 수용액의 끓는점은 얼마인가? 물의 K_b = 0.51 (°C·kg)/mol이다.

13.108 헵테인(C_7H_{16})과 옥테인(C_8H_{18})은 가솔린의 구성 성분이다. 80.0 °C에서 헵테인의 증기 압력은 428 mmHg이고, 옥테인의 증기 압력은 175 mmHg이다. 80.0 °C에서 헵테인과 옥테인의 혼합물이 305 mmHg의 증기 압력을 갖는다면 이 혼합물의 $X_{헵테인}$은 얼마인가?

13.109 사이클로펜테인(C_5H_{10})과 사이클로헥세인(C_6H_{12})은 휘발성이고 비극성인 탄화수소이다. 30.0 °C에서 사이클로펜테인의 증기 압력은 385 mmHg이고, 사이클로헥세인의 증기 압력은 122 mmHg이다. 30.0 °C에서 C_5H_{10}과 C_6H_{12}의 혼합물이 212 mmHg의 증기 압력을 갖는다면 이 혼합물의 $X_{사이클로펜테인}$은 얼마인가?

13.110 아세톤(C_3H_6O)과 아세트산 에틸($C_4H_8O_2$)은 종종 용매로 사용하는 유기 액체이다. 30.0 °C에서 아세톤의 증기 압력은 285 mmHg이고, 아세트산 에틸의 증기 압력은 118 mmHg이다. 30 °C에서 아세트산 에틸 25.0 g에 아세톤 25.0 g을 용해시켜 만든 용액의 증기 압력(mmHg)은 얼마인가?

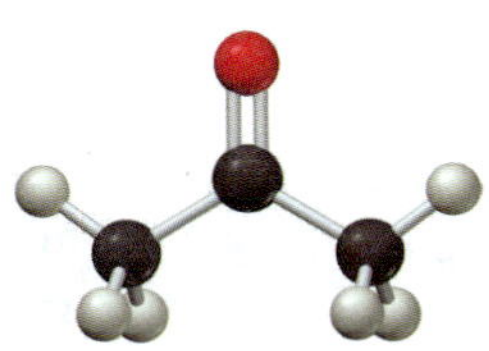
아세톤

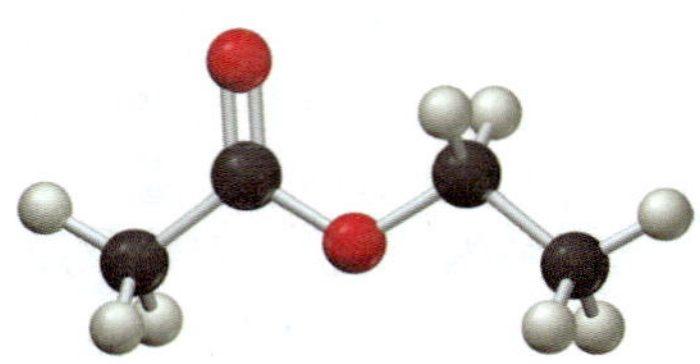
아세트산 에틸

13.111 공업 용매인 클로로폼($CHCl_3$)과 다이클로로메테인(CH_2Cl_2)은 메테인과 염소를 반응시켜 만들고, 생성 혼합물은 분별 증류 과정을 거치게 된다. 25 °C에서 $CHCl_3$의 증기 압력은 205 mmHg이고, CH_2Cl_2의 증기 압력은 415 mmHg이다. 25 °C에서 $CHCl_3$ 15.0 g과 CH_2Cl_2 37.5 g 혼합물의 증기 압력(mmHg)은 얼마인가?

13.112 문제 13.110에 나오는 액체 혼합물 속 각 성분의 몰분율은 얼마인가? 또한 30 °C에서 증기 속 각 성분의 몰분율은 얼마인가?

13.113 문제 13.111에 나오는 액체 혼합물 속 각 성분의 몰분율은 얼마인가? 또한 25 °C에서 증기 속 각 성분의 몰분율은 얼마인가?

13.114 클로로폼 215 g에 아스피린($C_9H_8O_4$) 5.00 g을 용해시켜 만든 용액은 순수한 클로로폼보다 정상 끓는점이 ΔT = 0.47 °C 만큼 높다. 클로로폼의 몰랄 끓는점 오름 상수값은 얼마인가?

13.115 아세트산 50.0 g에 아스코브산(바이타민 C, $C_6H_8O_6$) 3.00 g을 녹여 만든 용액은 순수한 아세트산보다 어는점이 ΔT = 1.33 °C만큼 낮다. 아세트산의 대한 몰랄 어는점 내림 상수값은 얼마인가?

13.116 아세트산 50.0 g 중 시트르산($C_6H_8O_7$) 용액은 끓는점 오름이 ΔT = 1.76 °C이다. 아세트산에 대한 몰랄 끓는점 오름 상수 K_b = 3.07 (°C·kg)/mol이면 이 용액의 몰랄 농도는 얼마인가?

13.117 글루코스($C_6H_{12}O_6$) 26.0 g을 에틸 알코올 285 g에 용해시켜 만든 용액의 끓는점이 79.1 °C라면 에탄올의 정상 끓는점(°C)은 얼마인가? 에틸 알코올의 K_b는 표 13.4를 참조하시오.

13.118 다음 용액들 각각의 예상 삼투 압력(atm)은 얼마인가?

(a) 50 °C에서 NaCl 5.00 g이 용해되어 있는 350.0 mL 수용액

(b) 10 °C에서 아세트산 소듐(CH_3CO_2Na) 6.33 g이 용해되어 있는 55.0 mL 수용액

13.119 298 K에서 11.5 mg의 인슐린(분자량 5990)이 들어 있는 6.60 mL 수용액의 예상 삼투 압력(mmHg)은 얼마인가? 물기둥의 높이(m)는 얼마인가? 298 K에서 수은의 밀도는 13.534 g/mL이다.

13.120 300 K에서 어떤 미지 분자 물질 수용액의 삼투 압력은 4.85 atm이다. 이 용액의 몰농도는 얼마인가?

13.121 사람의 혈액은 체온 37.0 °C에서 대략 7.7 atm의 삼투 압력을 나타낸다. 정맥으로 주입하는 글루코스 용액이 혈액과 같은 삼투 압력을 나타내려면 몇 몰농도이어야 하는가?

13.122 −2 °C에서 눈 덮인 도로에 소금을 뿌리면 눈이 녹는다. 하지만 −30 °C에서 눈 덮인 도로에 소금을 뿌릴 때에는 아무 일도 일어나지 않는다. 그 이유를 설명하시오.

13.123 그램당 금액이 문제가 되지 않는다면, 다음 중 어느 물질이 보도나 도로의 눈을 녹이는 데 단위 질량당 가장 효율적인가? 글루코스($C_6H_{12}O_6$), LiCl, NaCl, $CaCl_2$. 그 이유를 설명하시오.

13.124 셀로비오스(cellobiose)는 셀룰로스(cellulose)의 분해로 얻는 당류이다. 25.0 °C에서 셀로비오스 1.500 g을 포함하고 있는 200.0 mL 수용액이 407.2 mmHg의 삼투 압력을 발생시킨다면, 셀로비오스의 분자량은 얼마인가?

13.125 메트엔케팔린(met-enkephalin)은 소위 엔돌핀(endorphin)의 일종으로, 뇌에서 자연적으로 만들어지는 모르핀과 비슷한 화학 물질의 한 부류이다. 298 K에서 15.0 mg 메트엔케팔린을 포함하는 20.0 mL 수용액이 물기둥의 높이를 32.9 cm까지 지지한다면, 메크엔케팔린의 분자량은 얼마인가? 수은의 밀도는 298 K에서 13.534 g/mL이다.

13.126 물 500 g에 플루오린화 수소(HF) 1.00 mol을 용해시켜 만든 용액의 어는점은 −3.8 °C이지만, 물 500 g에 염화 수소(HCl) 1.00 mol을 용해시켜 만든 용액의 어는점은 −7.4 °C이다. 그 이유를 설명하시오.

13.127 물 1.00 kg에 Na_2SO_4 71 g을 용해시켜 만든 용액의 끓는점이 100.8 °C이다. 그 이유를 설명하시오.

13.128 당류인 슈크로스(sucrose, $C_{12}H_{22}O_{11}$)와 과당(fructose, $C_6H_{12}O_6$)의 혼합물 2.850 g을 물에 용해시켜 1.50 L 부피가 되게 하였을 때, 이 용액은 298.0 K에서 0.1843 atm의 삼투 압력을 나타낸다. 이 혼합물 중 $X_{슈크로스}$는 얼마인가?

13.129 글리세롤($C_3H_8O_3$)과 다이에틸폼아마이드($C_5H_{11}NO$)는 비휘발성이고 섞이는 액체이다. 글리세롤−다이에틸폼아마이드

혼합물 10.208 g을 물에 용해시켜 만든 용액의 부피가 1.75 L이고 이 용액이 298.0 K에서 삼투 압력이 1.466 atm이라면, 이 혼합물 중 $X_{글리세롤}$은 얼마인가?

13.130 벤젠의 어는점을 0.35 °C만큼 낮추려면, 150.0 g의 벤젠에 몇 그램의 나프탈렌(naphthalene, $C_{10}H_8$)(보통 가정에서 좀약으로 사용한다)을 추가해야 하는가? 벤젠의 K_f는 표 13.4를 참조하라.

13.131 브로민은 때때로 사염화 탄소(CCl_4)에 용해시켜 용액으로 이용한다. 300 K에서 1.50 g Br_2를 145.0 g의 CCl_4에 용해시킨 용액의 증기 압력(mmHg)은 얼마인가? 300 K에서 순수한 브로민의 증기 압력은 30.5 kPa이고, CCl_4의 증기 압력은 16.5 kPa이다.

13.132 바닷물이 3.5 질량 % NaCl 수용액이고 그 밀도가 1.00 g/mL라 가정할 때, 끓는점과 어는점을 °C로 계산하시오.

13.133 바닷물에는 NaCl 이외에 훨씬 더 많은 것들이 실제로는 용해되어 있다. 존재하는 주된 이온으로는 19,000 ppm Cl^-, 10,500 ppm Na^+, 2650 ppm SO_4^{2-}, 1350 ppm Mg^{2+}, 400 ppm Ca^{2+}, 380 ppm K^+, 140 ppm HCO_3^-, 65 ppm Br^- 등이 있다.

(a) 바닷물에 존재하는 모든 이온들의 전체 몰랄 농도는 얼마인가?

(b) 몰랄 농도와 몰농도가 같다고 가정하면, 300 K에서 바닷물의 삼투 압력(atm)은 얼마인가?

13.134 $CaCl_2$의 반트호프 인자는 2.71이다. $T_f = -1.14$ °C인 $CaCl_2$ 수용액의 질량 %는 얼마인가?

13.135 질량으로 5.00%이고 −1.21 °C에서 어는 K_2SO_4 수용액에서 K_2SO_4의 반트호프 인자는 얼마인가?

13.136 0.62 *m* 용액에서 LiCl의 반트호프 인자가 1.96이라면, 298 K에서 이 용액의 증기 압력 내림(mmHg)은 얼마인가? (298 K에서 물의 증기 압력은 23.76 mmHg이다.)

13.137 1.00 *m* KCl 수용액이 298 K에서 0.734 mmHg의 증기 압력 내림을 보인다면, KCl의 반트호프 인자의 값은 얼마인가? (298 K에서 물의 증기 압력은 23.76 mmHg이다.)

13.138 KCl, KNO_3, $Ba(NO_3)_2$의 고체 혼합물은 20.92 질량 % 염소를 포함하고, 25 °C에서 이 혼합물 1.000 g 시료가 들어 있는 500.0 mL 수용액의 삼투 압력이 744.7 mmHg이다. 이 혼합물에서 KCl, KNO_3, $Ba(NO_3)_2$의 질량 백분율은 얼마인가?

13.139 물과 메탄올(CH_3OH)의 혼합물에 LiCl이 들어 있는 용액의 증기 압력은 17 °C에서 39.4 mmHg, 27 °C에서 68.2 mmHg이다. 순수한 물의 증기 압력은 17 °C에서 14.5 mmHg, 27 °C에서 26.8 mmHg이다. 순수한 메탄올의 증기 압력은 17 °C에서 82.5 mmHg, 27 °C에서 140.3 mmHg이다. 이 용액의 조성은 질량 백분율로 어떻게 되는가?

13.140 어떤 유기 화합물의 수용액은 밀도가 1.063 g/mL, 삼투 압력은 25.0 °C에서 12.16 atm, 어는점은 −1.03 °C이다. 이 화합물은 물에서 해리하지 않는 것으로 알려져 있다. 이 화합물의 몰질량은 얼마인가?

13.141 60 °C에서 화합물 X는 96 mmHg의 증기 압력을, 벤젠(C_6H_6)은 395 mmHg의 증기 압력을 가지고, 벤젠과 X를 질량 50 : 50으로 섞은 혼합물은 299 mmHg의 증기 압력을 가진다. X의 몰질량은 얼마인가?

13.142 사우디아라비아와 같은 사막 국가들은 바닷물로부터 담수를 생산하는 역삼투 공장을 짓고 있다. 바닷물은 0.470 M NaCl과 0.068 M $MgCl_2$ 조성을 가지고, 두 화합물 모두 완전히 해리된다고 가정한다.

(a) 25 °C에서 바닷물의 삼투 압력은 얼마인가?

(b) 만일 역삼투 장비가 25.0 °C에서 최대 100.0 atm의 압력을 가한다면, 1.00 L 바닷물로부터 얻을 수 있는 담수의 최대 부피는 얼마인가?

13.143 나프탈렌(좀약) 0.250 g을 장뇌 35.00 g에 용해시켜 만든 용액은 어는점을 2.10 °C만큼 낮춘다. 나프탈렌의 몰질량은 얼마인가? 장뇌의 어는점 내림 상수는 37.7 (°C·kg)/mol이다.

다중 개념 문제

13.144 바이타민 A의 음식 원료인 *β*-카로텐(*β*-carotene)의 원소 분석은 이 화합물이 10.51% H와 89.49% C를 포함하고 있다는 것을 보여 준다. 0.0250 g *β*-카로텐을 1.50 g 장뇌에 녹이면 1.17 °C의 어는점 내림을 나타낸다. *β*-카로텐의 분자량과 화학식을 구하시오. [장뇌에 대한 K_f는 37.7 (°C·kg)/mol이다.]

13.145 단백질을 구성하는 아미노산의 하나인 라이신(lysine)은 원소 분석 결과 49.29% C, 9.65% H, 19.16% N, 21.89% O를 포함한다. 유기 용매 바이페닐 1.200 g에 30.0 mg 라이신을 녹여 만든 용액은 1.37 °C 어는점 내림을 보인다. 라이신의 분자량과 화학식을 구하시오. [바이페닐에 대한 K_f = 8.00 (°C·kg)/mol이다.]

13.146 스테로이드 호르몬인 에스트라다이올(estradiol)은 C, H, O 원소만 가지며, 이 시료 3.47 mg의 연소 분석 결과 10.10 mg CO_2와 2.76 mg H_2O를 생성하였다. 7.55 mg 에스트라다이올을 0.500 g 장뇌(camphor)에 용해시킬 때 장뇌의 녹는점은 2.10 °C만큼 낮아진다. 에스트라다이올의 분자량과 예상되는 화학식을 구하시오. [장뇌에 대한 K_f = 37.7 (°C·kg)/mol이다.]

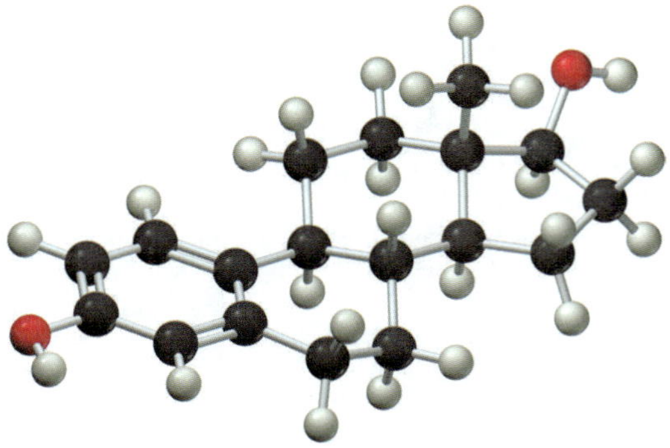

에스트라다이올

13.147 많은 산들은 수용액에서 부분적으로 해리된다. 예를 들어 트라이클로로아세트산(CCl_3CO_2H)의 경우, 다음 식에 따라 물에서 부분적으로 해리된다.

$$CCl_3CO_2H(aq) \rightleftharpoons H^+(aq) + CCl_3CO_2^-(aq)$$

1.00 *m* 트라이클로로아세트산 수용액의 어는점이 −2.53 °C 라면, 해리된 분자들의 백분율은 얼마인가?

13.148 2.238 *m* H_2SO_4(용액 밀도 = 1.1243 g/mL) 50.00 mL를 2.238 M $BaCl_2$ 50.00 mL에 가하면 흰색 침전이 생긴다.

(a) 침전물의 질량은 몇 g이나 되는가?

(b) 이 혼합물을 거르고 거른 액에 H_2SO_4 용액을 추가로 더 가하면 더 많은 침전물을 얻게 될까? 이에 답하고 설명하시오.

13.149 미지의 금속 M 1.385 g을 과량의 염산 수용액으로 처리하면, 20.0 °C, 755 mmHg 압력에서 382.6 mL 부피를 갖는 기체를 방출한다. 물과 남은 염산을 증발시키기 위해 반응 혼합물을 가열하면 백색 결정 화합물인 MCl_x가 생긴다. 이 화합물을 25.0 g의 물에 녹였더니, 용액의 녹는점은 −3.53 °C 이었다.

(a) 몇 몰의 H_2 기체가 발생하였는가?

(b) 생성된 MCl_x의 질량은 얼마인가?

(c) MCl_x 용액에서 입자들(이온들)의 몰랄 농도는 얼마인가?

(d) 용액에 있는 이온들의 몰수는 얼마인가?

(e) MCl_x의 화학식과 분자량은 얼마인가?

(f) 금속 M은 무엇인가?

13.150 C와 H만 가지고 있는 어떤 화합물을 과량의 산소 중에서 연소시켰을 때 CO_2와 H_2O를 생성하였다. 이 화합물 0.270 g을 연소시켰을 때 생성된 CO_2는 2.00 M NaOH 용액 20.0 mL와 완전히 반응하였으며, 반응식은 다음과 같다.

$$2\ OH^-(aq) + CO_2(g) \rightarrow CO_3^{2-}(aq) + H_2O(l)$$

이 화합물 0.270 g을 장뇌 50.0 g에 용해시켜 얻는 용액의 어는점은 177.9 °C이었다. [순수한 장뇌는 179.8 °C에서 얼고, K_f = 37.7(°C·kg)/mol이다.]

(a) 이 화합물의 실험식은 무엇인가?

(b) 이 화합물의 분자량은 얼마인가?

(c) 이 화합물의 분자식은 무엇인가?

13.151 남성 호르몬인 테스토스테론(testosterone) 36.72 mg 시료의 연소 분석 결과, 연소 생성물로 106.43 mg CO_2와 32.10 mg H_2O가 생성되었다. 25 °C에서 5.00 mg 테스토스테론을 15.0 mL의 적당한 용매에 녹였을 때, 21.5 mmHg의 삼투 압력이 측정되었다. 테스토스테론의 분자식은 무엇인가?

13.152 알칼리 금속 염화물(XCl)과 알칼리 토금속 염화물(YCl_2)의 혼합물 8.900 g을 물 150.0 g에 용해시켜 얻은 용액의 어는점은 −4.42 °C이었다. 이 용액에 과량의 $AgNO_3$ 수용액을 가하였더니 27.575 g의 백색 침전물을 생성되었다. 원래 혼합물에는 각 금속 염화물이 얼마나 있었는가? 그리고 두 가지 금속 X와 Y는 무엇인가?

13.153 울혈성 심부전 치료에 사용되는 화합물인 디지톡신(digitoxin) 시료 3.0078 g의 연소 분석 결과 CO_2 7.0950 g과 H_2O 2.2668 g이 생성되었다. 디지톡신 0.6617 g을 물에 용해시켜 총 부피가 0.800 L가 되게 하였을 때, 298 K에서 이 용액의 삼투 압력은 0.026 44 atm이었다. C, H, O만 포함하고 있는 디지톡신의 분자식은 무엇인가?

13.154 설탕($C_{12}H_{22}O_{11}$)과 식염(NaCl) 혼합물 100.0 g을 물 500.0 g에 용해시켜 만든 용액은 어는점이 −2.25 °C이다. 각 용질의 질량은 얼마인가? NaCl은 완전히 해리한다고 가정한다.

chapter 14

화학 반응 속도론

© Olga Miltsova/Shutterstock

CONTENTS

효소는 몸에서 중요한 반응의 속도를 증가시키는 거대한 생물학적 분자이다. 아밀레이스는 녹말을 포도당으로 분해하는 화학 반응을 빠르게 하는 효소이며, 이것은 에너지를 생산하는 첫 번째 단계이다.

효소는 어떻게 작용하는가?

이 질문의 답은 605쪽 INQUIRY ? 에 나와 있다.

화학자들은 화학 반응을 연구할 때 세 가지 근본적인 질문을 묻는다: 무엇이 일어나는가? 어느 정도 일어나는가? 얼마나 빨리 어떤 메커니즘으로 일어나는가? 첫 번째 질문의 해답은 균형 화학 반응식에 의해 주어진다. 이것은 반응물, 생성물 및 반응의 화학량론을 확인한다. 반응 정도에 관한 두 번째 질문의 해답은 **화학 평형**(**chemical equilibrium**)을 다루는 15장에서 찾을 수 있다. 이 장에서는 세 번째 질문인 속력, 즉 화학 반응의 속도와 메커니즘에 대한 해답을 살펴볼 것이다. **화학 반응 속도론**(**chemical kinetics**)이란 반응 속도와 반응이 일어나는 일련의 단계에 관심을 가지는 화학의 영역이다.

미리보기…
15장에서 **화학 평형**이란 반응물과 생성물의 농도가 시간에 따라 일정하게 유지되는 때에 도달한 상태라는 것을 알게 될 것이다.

화학 반응 속도론은 중대한 환경적, 생물학적 및 경제적 중요성을 가진 주제이다. 예를 들어, 대기 상층부에서 태양의 해로운 자외선으로부터 우리를 보호하는 오존층의 유지 또는 감소는 O_3 분자를 생성하고 파괴하는 반응의 상대적 속도에 의존한다. 우리 몸에서 **효소**(**enzyme**)라고 부르는 커다란 단백질 분자는 생명 과정에 필수적인 수많은 반응의 속도를 증가시킨다. 화학 공업에서 많은 과정의 수익성은 빠른 반응 속도를 필요로 한다. 예를 들어, 비료로 사용되는 암모니아의 경제적 합성은 N_2와 H_2 기체가 NH_3로 변환되는 속도에 의존한다. 몸에서 일어나는 생물학적 반응처럼, 공업적 반응 또한 **촉매**(**catalyst**)에 의해 촉진될 수 있다. 효소 및 다른 형태의 촉매들은 반응 과정에서 소모되지 않고 반응 속도를 증가시킨다.

미리보기…
왜 **촉매**가 화학 반응을 빠르게 하는지를 14.12절에서 알게 될 것이다.

이 장에서는 반응 속도를 기술할 것이고, 반응 속도가 농도와 온도 같은 변수에 의해 어떻게 영향을 받을 것인지를 살펴볼 것이다. 또한 화학자들이 반응이 일어나는 **메커니즘**(**mechanism**), 즉 경로를 제안하기 위해 속도 자료를 어떻게 사용하는지를 살펴볼 것이다. 반응 메커니즘을 이해함으로써 알려진 반응을 통제할 수 있고, 새로운 반응을 예측할 수 있다.

14.1 반응 속도

화학 반응의 속도는 매우 다르다. 소듐과 브로민의 연소 반응과 같은 반응은 즉시 일어난다. 에너지를 얻기 위한 음식의 분해나 과일의 숙성과 같은 반응은 몇 시간부터 며칠의 기간에 일어난다. 하지만 철이 녹스는 반응이나 화석 연료의 생성과 같은 반응들은 몇 달 또는 심지어 수천 년에 걸쳐 일어난다.

- 소듐과 브로민의 반응
- 음식을 분해하여 에너지를 얻는(방출하는) 반응
- 철이 녹스는 반응

▲ 화학 반응은 넓은 범위의 반응 속도를 보인다.

반응 속도를 정량적으로 기술하기 위해서는 반응물 또는 생성물의 농도가 단위 시간당 얼마나 빨리 변하는지를 명시해야 한다.

$$속도 = \frac{농도의\ 변화}{시간의\ 변화}$$

예를 들어, 오산화 이질소(N_2O_5) 기체가 일반적인 공기 오염 물질인 갈색의 이산화 질소와 산소 분자로 되는 열분해 반응을 살펴보자.

$$\underset{무색}{2\,N_2O_5(g)} \longrightarrow \underset{갈색}{4\,NO_2(g)} + \underset{무색}{O_2(g)}$$

시간의 함수로서의 농도 변화는 2개의 기체 분자가 5개의 기체 분자로 변환될 때 압력의 증가를 측정함으로써 결정될 수 있다. 그렇지 않으면, 농도 변화는 NO_2에 의한 갈색의 세기(진하기)를 측정함으로써 추적할 수 있다. 55 °C에서 반응물과 생성물의 농도가 시간의 함수로 **표 14.1**에 나열되어 있다.

▲ 이산화 질소(NO_2)는 갈색 기체로, 흡광도 분광 광도계를 사용하여 측정할 수 있다. © Dlogger/Shutterstock

표 14.1 55 °C에서 $2\ N_2O_5(g) \longrightarrow 4\ NO_2(g) + O_2(g)$ 반응의 경우 시간에 따른 농도의 변화

시간(s)	농도(M)		
	N_2O_5	NO_2	O_2
0	0.0200	0	0
100	0.0169	0.0063	0.0016
200	0.0142	0.0115	0.0029
300	0.0120	0.0160	0.0040
400	0.0101	0.0197	0.0049
500	0.0086	0.0229	0.0057
600	0.0072	0.0256	0.0064
700	0.0061	0.0278	0.0070

N_2O_5의 농도가 감소할 때 NO_2와 O_2의 농도가 증가하는 것을 주의하시오.

반응 속도(reaction rate)란 단위 시간당 **생성물**(product)의 **농도 증가** 또는 단위 시간당 **반응물**(reactant)의 **농도 감소**로 정의된다. 먼저 생성물의 생성을 살펴보자. N_2O_5의 분해에서 O_2의 생성 속도는 다음 식으로 주어진다.

$$O_2\text{의 생성 속도} = \frac{\Delta[O_2]}{\Delta t} = \frac{\text{시간 } t_2\text{에서 } O_2\text{의 농도} - \text{시간 } t_1\text{에서 } O_2\text{의 농도}}{t_2 - t_1}$$

▲ 가시광선의 흡수, 즉 색깔의 세기는 분광 광도계로 측정될 수 있다. © Rattiya Thongdumhyu/Shutterstock

여기서 O_2를 둘러싼 대괄호는 몰농도를 나타낸다. $\Delta[O_2]$는 O_2의 몰농도 변화, Δt는 시간 변화, $\Delta[O_2]/\Delta t$는 시간 t_1에서 t_2 구간 동안 O_2 몰농도의 평균 변화 속도이다. 예를 들어, 시간 구간 300~400 s에서 O_2의 평균 생성 속도는 9.0×10^{-6} M/s이다.

$$O_2\text{의 생성 속도} = \frac{\Delta[O_2]}{\Delta t} = \frac{0.0049\ \text{M} - 0.0040\ \text{M}}{400\ \text{s} - 300\ \text{s}}$$
$$= 9.0 \times 10^{-6}\ \text{M/s}$$

반응 속도의 가장 일반적인 단위는 초당 몰농도(M/s)이거나 동등한 값인 리터 초당 몰(mol/(L·s))이다. 우리는 속도가 반응의 규모에 무관하기를 원하기 때문에, 반응 속도를 양(mol)이 아닌 농도(mol/L)로 정의한다. 부피가 2배인 용기에서 2배의 0.0200 M N_2O_5가 분해될 때, 초당 생성되는 O_2의 몰수는 2배이지만, 초당 생성되는 **리터당** O_2의 몰수는 변하지 않는다.

표 14.1의 자료로 **그림 14.1**의 세 곡선을 그리면, 반응 속도의 개념에 대한 추가의 통찰력을 얻을 수 있다. O_2 곡선에서 시간 구간 300~400 s을 살펴보면, $\Delta[O_2]$와 Δt는 각각 직각 삼각형의 세로 변과 가로 변으로 표현된다. 삼각형의 빗변인 세 번째 변의 기울기는 그 시간 구간 동안 O_2의 평균 생성 속도인 $\Delta[O_2]/\Delta t$이다. 빗변의 기울기가 더 급할수록 속도는 더 빠르다. 예를 들어, $\Delta[NO_2]$와 Δt에 의해 정의되는 삼각형을 살펴보자. 시간 구간 300~400 s에서 NO_2의 평균 생성 속도는 3.7×10^{-5} M/s이다. 이것은 O_2의 생성 속도의 4배이며, N_2O_5 분해의 화학 반응식에서 NO_2와 O_2의 계수 비인 4:1과 일치한다.

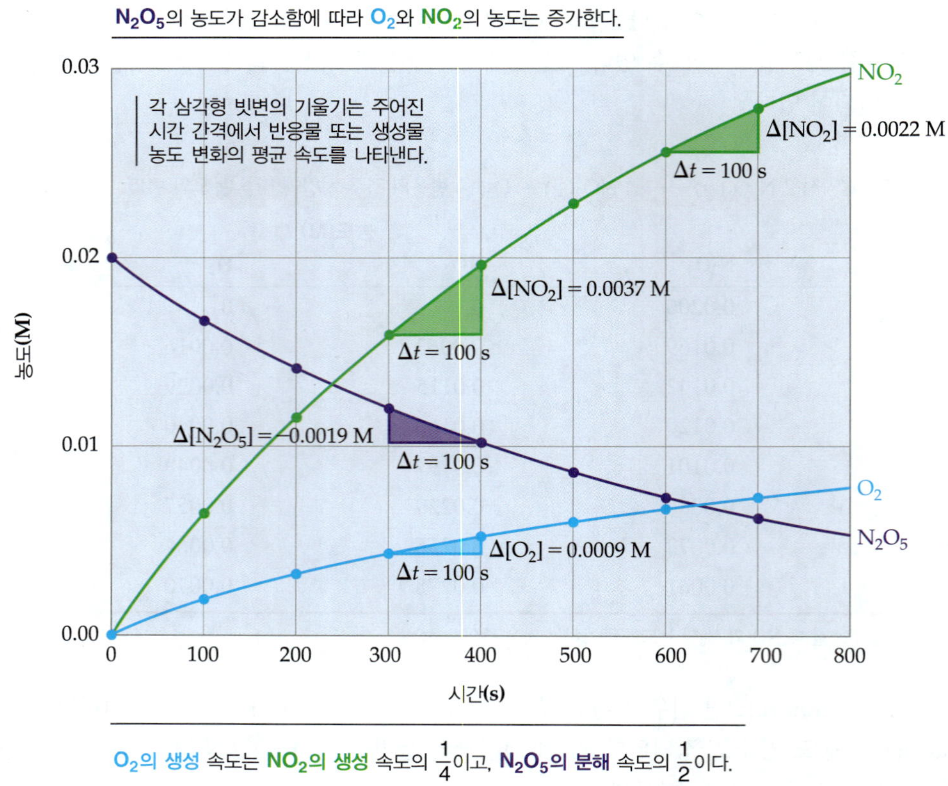

▶ 그림 14.1
55 °C에서 N_2O_5 기체가 NO_2와 O_2 기체로 분해될 때, 시간의 함수에 따른 농도

▶ 확인하기

(a) 어떤 생성물이 가장 큰 생성 속도를 가지는가? (b) 반응 과정에 걸쳐 NO_2의 평균 생성 속도 어떻게 변화하는지 기술하시오.

답 (a) 300~400 s처럼 특정한 시간 간격에서 나타나는 삼각형을 조사하시오. NO_2의 생성 속도가 최대이다. 단위 시간당 농도 변화가 가장 크기 때문이다. (b) 반응이 진행됨에 따라 NO_2의 평균 생성 속도는 감소한다.

개념탐구 질문 1

다음 반응에서 NO 농도 변화에 대한 어느 진술이 **옳은가**?

$$2\,NO(g) + O_2(g) \longrightarrow 2\,NO_2(g)$$

(a) NO 농도는 시간에 따라 증가한다.
(b) NO 농도의 변화 속도는 시간에 따라 증가한다.
(c) NO의 소멸 속도는 O_2의 소멸 속도의 2배이다.
(d) 일반적인 반응 속도는 NO의 소멸 속도와 같다.

$$NO_2\text{의 생성 속도} = \frac{\Delta[NO_2]}{\Delta t} = \frac{0.0197\text{ M} - 0.0160\text{ M}}{400\text{ s} - 300\text{ s}} = 3.7 \times 10^{-5}\text{ M/s}$$

O_2와 NO_2가 생성될 때 N_2O_5는 사라진다. 결과적으로 $\Delta[N_2O_5]/\Delta t$는 음이다. 이는 그림 14.1에서 $\Delta[N_2O_5]$와 Δt에 의해 정의되는 삼각형 빗변의 음의 기울기와 일치한다. **반응 속도는 양의 값으로 정의**되기 때문에, 반응물의 감소 속도를 계산할 때는 항상 음의 부호를 붙여야 한다. 예를 들어, 300~400 s 시간 간격에서 N_2O_5의 평균 분해 속도는 1.9×10^{-5} M/s이다.

$$N_2O_5\text{의 분해 속도} = \frac{-\Delta[N_2O_5]}{\Delta t} = \frac{-(0.0101\text{ M} - 0.0120\text{ M})}{400\text{ s} - 300\text{ s}} = 1.9 \times 10^{-5}\text{ M/s}$$

반응 속도를 인용할 때, 속도에 근거가 되는 반응물이나 생성물을 명시하는 것이 중요하다. 균형 화학 반응식의 계수에 따라 생성물의 생성 속도와 반응물의 소모 속도가 다를 수 있기 때문이다. N_2O_5의 분해에서 1 mol의 O_2가 생성될 때, 4 mol의 NO_2가 생성되고 2 mol의 N_2O_5가 사라진다. 그러므로 O_2의 생성 속도는 NO_2의 생성 속도의 $\frac{1}{4}$이고, N_2O_5의 분해 속도의 $\frac{1}{2}$이다.

$$(O_2\text{의 생성 속도}) = \frac{1}{4}(NO_2\text{의 생성 속도}) = \frac{1}{2}(N_2O_5\text{의 분해 속도})$$

즉 $$\frac{\Delta[O_2]}{\Delta t} = \frac{1}{4}\left(\frac{\Delta[NO_2]}{\Delta t}\right) = -\frac{1}{2}\left(\frac{\Delta[N_2O_5]}{\Delta t}\right)$$

여러 속도의 애매함을 피하기 위해, 일반적인 반응 속도는 반응물의 소모 속도 또는 생성물의 생성 속도를 균형 화학 반응식의 계수로 나눈 것과 같다고 화학자들은 정의한다. 다음 일반적인 반응을 보자.

$$a\,A + b\,B \longrightarrow c\,C + d\,D$$

위 식에서 a, b, c, d는 반응물과 생성물 A, B, C, D의 화학량론적 계수이며, 반응 속도는 다음과 같다.

일반적인 반응 속도 $$\text{속도} = -\frac{1}{a}\frac{\Delta[A]}{\Delta t} = -\frac{1}{b}\frac{\Delta[B]}{\Delta t} = \frac{1}{c}\frac{\Delta[C]}{\Delta t} = \frac{1}{d}\frac{\Delta[D]}{\Delta t}$$

따라서 반응

$$2\,N_2O_5(g) \longrightarrow 4\,NO_2(g) + O_2(g)$$

에서 반응 속도는 다음 식으로 주어진 단일 값을 가진다.

$$\text{속도} = -\frac{1}{2}\left(\frac{\Delta[N_2O_5]}{\Delta t}\right) = \frac{1}{4}\left(\frac{\Delta[NO_2]}{\Delta t}\right) = \frac{\Delta[O_2]}{\Delta t}$$

이 장에서 반응 '속도'를 기술할 때는 위에 정의된 반응 속도를 의미하는 것이다.

우리는 단지 한 반응물 또는 생성물의 농도를 실험적으로 측정할 수 있기 때문에, 가끔 특정한 물질의 **생성 속도**(rate of formation) 또는 **소모 속도**(rate of comsumption)로 속도를 정의할 필요가 있다. 예를 들어, N_2O_5의 분해 반응에서 NO_2의 생성 속도는 NO_2가 색를 띠고 가시광선을 흡수하기 때문에 측정될 수 있다. 특정한 물질의 속도는 반응물의 소모(또는 분해) 또는 생성물의 생성으로 나타낼 수 있을 것이다. 예를 들어,

$$NO_2\text{의 생성 속도} = \frac{\Delta[NO_2]}{\Delta t} \quad \text{또는} \quad N_2O_5\text{의 분해 속도} = -\left(\frac{\Delta[N_2O_5]}{\Delta t}\right)$$

속도를 인용할 때 시간을 명시하는 것이 중요하다. 반응이 진행될 때 속도가 변하기 때문이다. 예를 들어, NO_2의 평균 생성 속도는 시간 구간 300~400 s에서 3.7×10^{-5} M/s이지만, 600~700 s에서는 단지 2.2×10^{-5} M/s이다(그림 14.1). 정상적으로 반응 속도는 적어도 어떤 반응물의 농도에 의존하기 때문에, 반응 혼합물이 반응물을 다 써버릴 때 감소한다. 이것은 그림 14.1에서 시간이 지남에 따라 곡선의 기울기가 감소하는 것으로 나타난다.

가끔, 화학자들은 시간 간격 Δt에 걸친 평균 속도보다 특정한 시간 t에서의 반응 속도를 알기 원한다. 예를 들어, t = 300 s에서 NO_2의 생성 속도는 얼마인가?

시간 t에서 농도 대 시간 곡선의 접선 기울기를 그 특정한 시간에서의 **순간 속도**(**instantaneous rate**)라고 한다. **그림 14.2**는 t = 300 s에서 곡선에 대한 직선의 기울기를 나타낸다. 직선의 기울기 = (0.017 M)/(400 s) = 4.25×10^{-5} M/s는 t = 300 s에서 NO_2 생성의 순간 속도이다. 반응이 시작되는 점(t = 0)에서의 순간 속도를 **초기 속도**(**initial rate**)라고 한다.

▶ **그림 14.2**
55 °C에서 N_2O_5가 분해될 때 NO_2의 농도 대 시간. $t = 300$ s 일 때 곡선에서 그은 접선의 기울기는 NO_2 생성의 순간 속도이다.

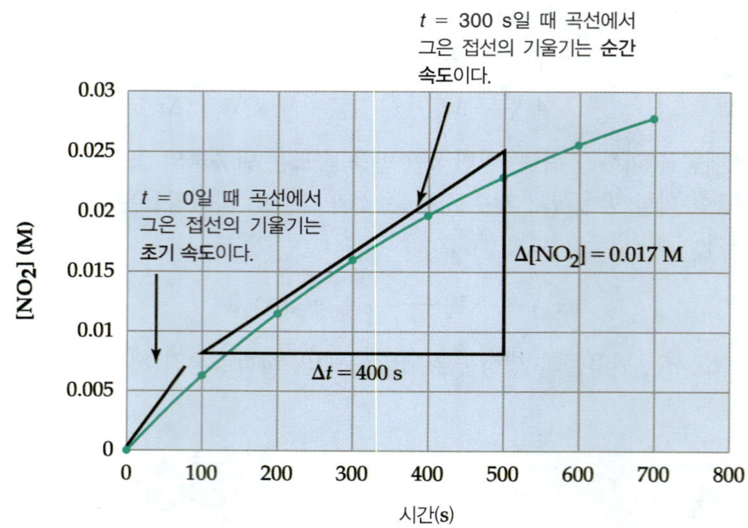

예제 14.1

생성물 생성과 반응물 소모의 상대 속도 구하기

알코올 음료의 활성 성분과 휘발유의 옥테인 촉진제인 에탄올(C_2H_5OH)은 포도당의 발효에 의해 생성된다. 균형 반응식은 다음과 같다.

$$C_6H_{12}O_6(aq) \longrightarrow 2\ C_2H_5OH(aq) + 2\ CO_2(g)$$

(a) 에탄올의 생성 속도는 포도당의 소모 속도와 어떤 관련이 있는가? 이 관계를 $\Delta[C_2H_5OH]/\Delta t$와 $\Delta[C_6H_{12}O_6]/\Delta t$로 쓰시오.

(b) $-\Delta[C_6H_{12}O_6]/\Delta t = 1.7 \times 10^{-3}$ M/s이면, 같은 시간 간격에서 $\Delta[C_2H_5OH]/\Delta t$의 값은 얼마인가?

(c) $\Delta[C_2H_5OH]/\Delta t = 3.6 \times 10^{-2}$ M/s이면, 같은 시간 간격에서 반응 속도는 얼마인가?

전략

상대 속도를 구하기 위해 균형 화학 반응식의 계수를 확인한다.

풀이

(a) 반응 속도 표현으로부터, 한 반응물 또는 생성물의 농도 변화 속도를 다른 물질의 농도 변화 속도와 관련지을 수 있다.

$$\text{속도} = -\frac{1}{1}\frac{\Delta[C_6H_{12}O_6]}{\Delta t} = \frac{1}{2}\frac{\Delta[C_2H_5OH]}{\Delta t}$$

C_2H_5OH의 생성 속도는 다음과 같다.

$$\frac{\Delta[C_2H_5OH]}{\Delta t} = -2\frac{\Delta[C_6H_{12}O_6]}{\Delta t}$$

(b) $$\frac{\Delta[C_2H_5OH]}{\Delta t} = 2\left(-\frac{\Delta[C_6H_{12}O_6]}{\Delta t}\right) = 2(1.7 \times 10^{-3}\ \text{M/s}) = 3.4 \times 10^{-3}\ \text{M/s}$$

(c) $$\text{속도} = \frac{1}{2}\frac{\Delta[C_2H_5OH]}{\Delta t} = \frac{1}{2}(3.6 \times 10^{-2}\ \text{M/s}) = 1.8 \times 10^{-2}\ \text{M/s}$$

점검

균형 반응식에 따르면, 포도당 1 mol이 반응할 때 에탄올 2 mol이 생성된다. 그러므로 에탄올 생성 속도는 포도당 소모 속도의 2배이다.

▶ **연습문제 14.1** 비소산(H_3AsO_4)에 의한 아이오딘화 이온의 산화는 다음 균형 반응식으로 기술된다.

$$3\ I^-(aq) + H_3AsO_4(aq) + 2\ H^+(aq) \longrightarrow I_3^-(aq) + H_3AsO_3(aq) + H_2O(l)$$

(a) $-\Delta[I^-]/\Delta t = 4.8 \times 10^{-4}$ M/s이면, 같은 시간 간격에서 $\Delta[I_3^-]/\Delta t$의 값은 얼마인가?

(b) 그 시간 간격에서 H^+의 평균 소모 속도는 얼마인가?

▶ **개념 응용문제 14.2**

(a) 다음 시간 농도 그래프를 이용하여 시간 구간 0~500 s에서 각 반응물과 생성물(A, B, C)의 평균 반응 속도를 계산하시오.

(b) 그래프의 자료에 일치하는 균형 반응식을 쓰시오.

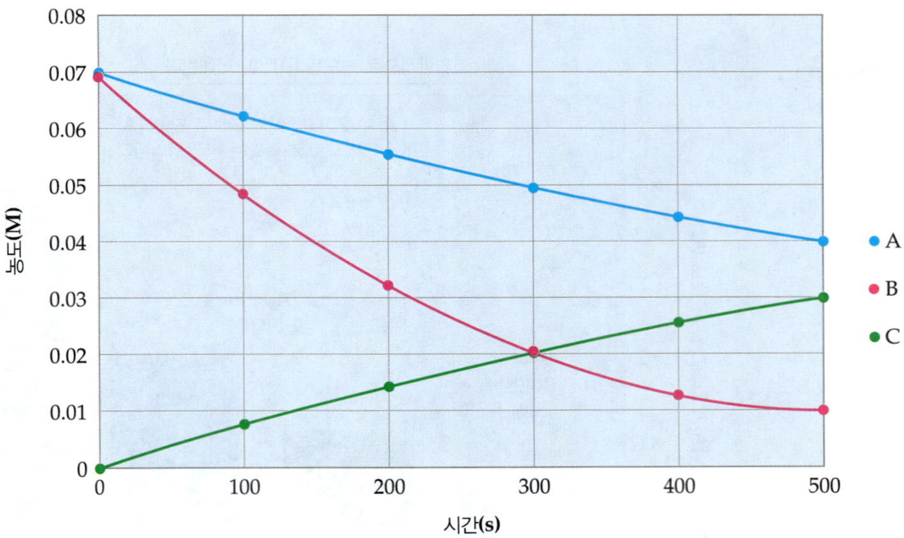

▲ 문제 14.2에 대한 자료

14.2 속도 법칙과 반응 차수

14.1절에서 N_2O_5의 분해 속도는 그 농도에 의존하며, N_2O_5의 농도가 감소함에 따라 느려진다는 것을 언급하였다. 반응 속도가 농도에 어떻게 의존하는지를 더 탐구하기 위해, 다음의 일반적인 반응을 생각해 보자.

$$a\,\mathrm{A} + b\,\mathrm{B} \longrightarrow \text{생성물}$$

여기서 A와 B는 반응물이고, a와 b는 균형 화학 반응식에서 화학량론적 계수이다. 각 반응물 농도에 대한 반응 속도의 의존성은 **속도 법칙**(**rate law**)이라고 하는 식으로 주어진다.

속도 법칙 속도 $= k[\mathrm{A}]^m[\mathrm{B}]^n$

이 식에서 k는 **속도 상수**(**rate constant**)라고 하는 비례 상수이다. 속도 법칙에서 지수 m과 n은 속도가 [A]와 [B]의 변화에 얼마나 민감한지를 나타낸다. 그들은 균형 반응식에 있는 계수 a와 b에 **관계가 없다**. 이 책에서 논의된 간단한 반응에서 지수는 보통 작은 양의 정수이다. 그러나 더 복잡한 반응에서 지수는 음수, 0, 심지어 분수가 될 수도 있다.

속도 법칙에서 지수가 반응 속도에 어떻게 영향을 미치는지를 설명하기 위해 반응물 A를 생각해 보자. 반응물 B 또는 반응물 둘 다를 조사할 수 있지만, 간단하게 반응물 A만을 가지고 시작하자. 이때 그림 14.3은 지수 m의 다양한 값에 대해, A의 농도가 2배가 될 때 속도가 어떻게 변하는지를 보여 준다. 일반적으로 속도는 $[\mathrm{A}]^m$에 비례한다.

> **개념탐구 질문 2**
> A + B → 생성물로 되는 반응에서 속도 법칙은 속도 $= k[\mathrm{A}]^2$이다. A의 농도가 3배로 되면, 속도 변화는 몇 배가 되는가?

- $m = -1$이면, 속도는 $[\mathrm{A}]^{-1}$, 즉 $1/[\mathrm{A}]$에 비례한다. [A]가 2배로 되면, 속도는 2배 감소한다.
- $m = 0$이면, 모든 수의 0 거듭제곱은 1과 같기 때문에 ($[\mathrm{A}]^0 = 1$) 속도는 [A]에 무관하다.
- $m = 1$이면, 속도는 $[\mathrm{A}]^1$, 즉 [A]에 비례한다. [A]가 2배로 되면, 속도는 2배가 된다.
- $m = 2$이면, 속도는 $[\mathrm{A}]^2$에 비례한다. [A]가 2배로 되면, 속도는 4배 증가한다.

▶ 그림 14.3
속도 법칙(속도 = $k[A]^m[B]^n$)에서 지수 m의 다른 값에 대해, 반응물 A의 농도가 2배가 될 때 반응 속도의 변화

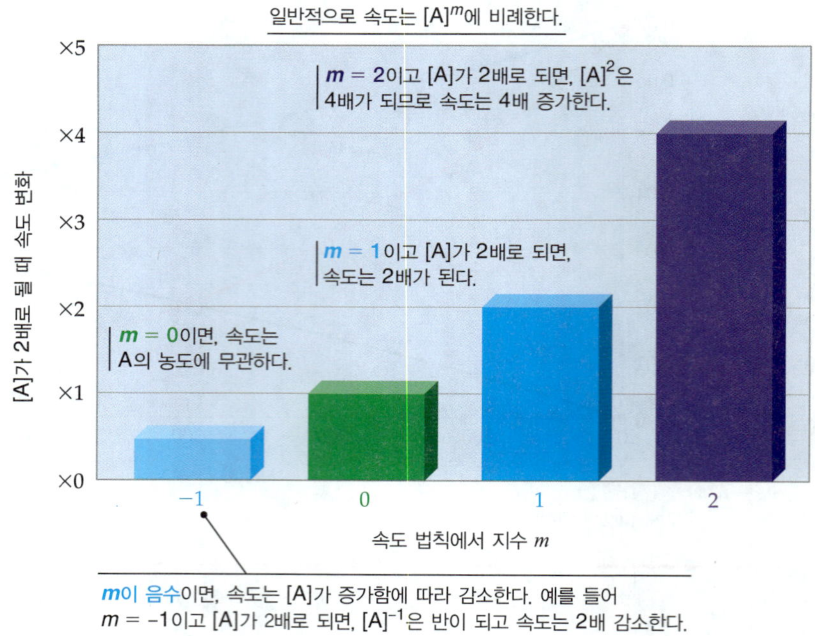

지수 m과 n의 값은 A와 B 각각에 대한 **반응 차수(reaction order)**를 결정한다. 속도 법칙에서 반응물의 지수가 0일 때 반응은 반응물에 대하여 **0차**이다. 비슷하게, 지수가 1일 때 반응은 반응물에 대해 **1차**이다. 지수가 2일 때 반응은 반응물에 대해 **2차**이다. 지수의 합($m + n$)은 **전체** 반응 차수를 정의한다. 따라서 만약 속도 법칙이

$$\text{속도} = k[A]^2[B] \quad m = 2;\ n = 1;\ m + n = 3$$

이면, 반응이 A에 대해 **2차**, B에 대해 **1차**이며 전체 **3차 반응**이라고 한다.

속도 법칙에서 지수의 값은 실험에 의해 결정되어야만 하며, 반응의 화학량론으로부터 추론할 수 없다. 표 14.2가 보여 주듯이, 균형 화학 반응식의 화학량론 계수와 속도 법칙의 지수 사이에 일반화된 관계는 없다. 예를 들어, 표14.2의 첫 번째 반응의 균형 반응식에서 $(CH_3)_3CBr$과 H_2O의 계수는 둘 다 1이지만, 속도 법칙에서 지수는 $(CH_3)_3CBr$에 대해 1이고 H_2O에 대해 0이다.

$$\text{속도} = k[(CH_3)_3CBr]^1[H_2O]^0 = k[(CH_3)_3CBr]$$

14.10절에서 속도 법칙의 지수가 반응 메커니즘에 의존한다는 것을 알게 될 것이다.

표 14.2 몇 가지 반응의 균형 화학 반응식과 실험적으로 결정된 속도 법칙

반응*	속도 법칙
$(CH_3)_3CBr(soln) + H_2O(soln) \longrightarrow (CH_3)_3COH(soln) + H^+(soln) + Br^-(soln)$	속도 $= k[(CH_3)_3CBr]$
$HCO_2H(aq) + Br_2(aq) \longrightarrow 2\ H^+(aq) + 2\ Br^-(aq) + CO_2(g)$	속도 $= k[Br_2]$
$BrO_3^-(aq) + 5\ Br^-(aq) + 6\ H^+(aq) \longrightarrow 3\ Br_2(aq) + 3\ H_2O(l)$	속도 $= k[BrO_3^-][Br^-][H^+]^2$
$H_2(g) + I_2(g) \longrightarrow 2\ HI(g)$	속도 $= k[H_2][I_2]$

일반적으로 속도 법칙의 지수는 반응의 균형 화학 반응식에서 화학량론적 계수와 같지 않다.
*첫 번째 반응에서 '($soln$)'은 비수용액을 나타낸다.

예제 14.2

속도 법칙으로부터 반응 차수 구하기

그림 14.4의 과정에서 보여 주는 표 14.2의 두 번째 반응은 다음과 같다.

$$\underset{\text{무색}}{HCO_2H(aq)} + \underset{\text{빨간색}}{Br_2(aq)} \longrightarrow 2\,H^+(aq) + \underset{\text{무색}}{2\,Br^-(aq)} + CO_2(g) \qquad \text{속도} = k[Br_2]$$

각 반응물의 반응 차수는 얼마인가? 전체 반응 차수는 얼마인가?

▲ 그림 14.4
폼산(HCO_2H)과 브로민(Br_2)의 반응. 시간이 흐를수록(왼쪽에서 오른쪽으로) 브로민의 빨간색은 사라진다. Br_2가 무색의 Br^- 이온으로 환원되기 때문이다. 시간의 함수로서의 Br_2의 농도, 즉 반응 속도는 색의 세기(진하기)를 측정함으로써 결정할 수 있다.

전략

각 반응물의 반응 차수를 구하기 위해서는 균형 화학 반응식의 계수가 아니라 속도 법칙의 지수를 살펴보시오. 그리고 전체 반응 차수를 구하기 위해 지수를 더한다.

풀이

폼산과 브로민의 반응에서 실험적으로 결정된 속도 법칙은 다음과 같다.

$$\text{속도} = k[Br_2]$$

HCO_2H(폼산)이 속도 법칙에 나타나지 않기 때문에, 속도는 HCO_2H 농도에 무관하다. 따라서 반응은 HCO_2H에 대해 0차이다. $[Br_2]$의 지수가 1(지수가 주어지지 않을 때 1로 이해한다.)이기 때문에 반응은 $[Br_2]$에 대해 1차이다. 지수의 합이 1이기 때문에 전체 반응은 1차이다.

▶ **연습문제 14.3** 다음 반응

$$BrO_3^-(aq) + 5\,Br^-(aq) + 6\,H^+(aq) \longrightarrow 3\,Br_2(aq) + 3\,H_2O(l)$$

의 속도 법칙은 속도 $= k[BrO_3^-][Br^-][H^+]^2$이다. 각 반응물의 반응 차수는 얼마인가? 그리고 전체 반응 차수는 얼마인가?

▶ **응용문제 14.4** 다음 반응에서 각 반응물의 차수는 농도를 변화시키면서 속도 변화를 측정하는 방법으로 결정되었다.

$$2\,NO(g) + Cl_2(g) \longrightarrow 2\,NOCl(g)$$

Cl_2의 농도가 일정하게 유지되는 동안에 NO의 농도가 2배로 되었을 때, 속도는 2배 증가하였다. 다른 실험에서 NO의 농도가 일정하게 유지되는 동안에 Cl_2의 농도가 반이 되었을 때, 속도는 4배 감소하였다.

각 반응물의 반응 차수는 얼마인가? 전체 반응 차수는 얼마인가?

14.3 초기 속도 방법: 속도 법칙의 실험적 결정

속도 법칙의 지수 값을 결정하는 한 가지 방법은 **초기 속도 방법**(method of initial rate)이다. 이것은 반응의 초기 속도를 여러 가지 다른 초기 농도의 함수로 일련의 실험을 수행하는 것이다. 예를 들어, 공기 중에서 산화 질소의 산화를 살펴보자. 이것은 산성비의 생성에 기여하는 반응 중 하나이다.

$$2\,NO(g) + O_2(g) \longrightarrow 2\,NO_2(g)$$

표 14.3에 몇 가지 초기 속도 자료가 수집되어 있다.

표 14.3 $2\,NO(g) + O_2(g) \longrightarrow 2\,NO_2(g)$ 반응의 초기 농도와 속도 자료

실험	초기 [NO]	초기 $[O_2]$	초기 반응 속도(M/s)
1	0.015	0.015	0.024
2	0.030	0.015	0.096
3	0.015	0.030	0.048
4	0.030	0.030	0.192

단일 반응물의 초기 농도가 변할 때 일어나는 초기 속도 변화를 조사하기 위해 실험의 짝이 설계된다는 것을 주목하라. 예를 들어, 처음 두 실험에서 O_2의 농도가 일정하게 유지되는 동안에 NO의 농도가 0.015 M에서 0.030 M로 2배가 된다. 초기 속도는 0.024 M/s에서 0.096 M/s로 4배 증가한다. 이것은 속도가 NO 농도의 제곱($[NO]^2$)에 의존하는 것을 나타낸다. [NO]는 일정하게 유지되고 $[O_2]$는 2배가 될 때(실험 1과 3), 초기 속도는 0.024 M/s에서 0.048 M/s로 2배가 된다. 이것은 속도가 O_2 농도의 1제곱($[O_2]^1$)에 의존하는 것을 나타낸다. 그러므로 반응에 대한 속도 법칙은 다음과 같다.

$$\text{속도} = k[NO]^2[O_2]$$

NO에 대해 2차, O_2에 대해 1차이고 전체 3차인 이 속도 법칙에 따르면, NO와 O_2의 농도가 둘 다 2배가 될 때(실험 1과 4), 초기 속도는 8배로 증가한다.

앞의 방법은 반응의 나중 단계의 속도보다 초기 속도를 사용하였다. 그 이유는 화학 반응이 가역적이므로 역반응(반응물 ← 생성물)으로부터 오는 복잡함을 피하기 위해서이다. 생성물의 농도가 커질수록 역반응의 속도가 증가하며, 측정되는 속도는 반응물과 생성물 모두의 농도에 의해 영향을 받는다. 그러나 반응의 초기에 생성물의 농도는 0이므로 생성물은 측정되는 속도에 영향을 줄 수가 없다. 우리가 초기 속도를 측정할 때는 정반응의 속도만을 측정하는 것이다. 따라서 반응물(그리고 촉매, 14.12절 참조)만 속도 법칙에 나타날 수 있다.

지금까지 살펴보았듯이, 속도 법칙을 결정하는 한 단계는 반응 차수를 정하는 것이다. 또 다른 단계는 속도 상수(k)의 값을 결정하는 것이다. 각 반응은 온도에만 의존하고 농도에는 상관없는 특정한 속도 상수 값을 가진다. 다음 반응의 k를 결정하기 위해,

$$2\,NO(g) + O_2(g) \longrightarrow 2\,NO_2(g)$$

표 14.3에 있는 어느 실험 자료라도 이용할 수 있다. k에 대해 속도 법칙을 풀고, 첫 번째 실험으로부터 초기 속도와 농도를 대입하면, 다음 값을 얻는다.

$$k = \frac{\text{속도}}{[NO]^2[O_2]} = \frac{0.024\ \text{M/s}}{(0.015\ \text{M})^2(0.015\ \text{M})} = 7.1 \times 10^3/(\text{M}^2 \cdot \text{s})$$

실험 2~4의 계산을 반복해 보고, 오차 범위 내에서 동일한 k값을 얻는다는 것을 보이라. 이 예에서 k의 단위는 $1/(\text{M}^2\cdot\text{s})$이며 '몰 제곱 초 분의 일'로 읽는다. k의 단위는 전체 반응 차수에 의존하며, k의 식에서 단위가 소거됨을 발견할 수 있다. 예를 들어, 일반적인 2차 반응, 속도 $= k[A][B]$에서 다음과 같이 k의 단위를 결정할 수 있다.

$$k = \frac{\text{속도}}{[A][B]} = \frac{\cancel{\text{M}}/\text{s}}{(\cancel{\text{M}})(\text{M})} = 1/(\text{M} \cdot \text{s}) \text{ or } \text{M}^{-1}\,\text{s}^{-1}$$

몇 가지 일반적인 경우의 단위는 다음과 같다.

속도 법칙	전체 반응 차수	k의 단위
속도 = k	0차	M/s 또는 M s^{-1}
속도 = k[A]	1차	1/s 또는 s^{-1}
속도 = k[A][B]	2차	1/(M·s) 또는 M^{-1} s^{-1}
속도 = $k[A][B]^2$	3차	$1/(M^2 \cdot s)$ 또는 M^{-2} s^{-1}

반응 속도와 속도 상수를 혼동하지 않도록 주의하라. 속도는 농도에 의존하는 반면, 속도 상수는 농도에 의존하지 않고 주어진 온도에서 어떤 값을 가진다. 속도는 대개 M/s의 단위로 표현되는 반면, 속도 상수의 단위는 전제 반응 차수에 의존한다.

예제 14.3은 속도 법칙이 초기 속도로부터 어떻게 결정될 수 있는지에 대한 또 다른 사례를 보여 준다.

예제 14.3

초기 속도로부터 속도 법칙의 결정

반응의 초기 속도 자료가 표에 나열되어 있다.

$$2\,NO(g) + 2\,H_2(g) \longrightarrow N_2(g) + 2\,H_2O(g)$$

950 ℃에서 초기 속도 자료는 다음과 같다.

실험	초기 [NO]	초기 $[H_2]$	초기 반응 속도(M/s)
1	0.200	0.122	0.0313
2	0.400	0.122	0.1250
3	0.200	0.244	0.0625

(a) 속도 법칙은 무엇인가?

(b) 속도 상수의 값과 그것의 단위는 무엇인가?

(c) 초기 농도가 [NO] = 0.300 M, $[H_2]$ = 0.150 M일 때, N_2의 초기 생성 속도는 얼마인가?

전략

(a) 반응의 속도 법칙은 다음과 같이 쓸 수 있다.

$$\text{속도} = k[NO]^m[H_2]^n$$

여기서 m은 NO의 반응 차수이고 n은 H_2의 반응 차수이다. 지수 m의 값을 구하기 위해, NO의 농도 변화(H_2의 농도가 일정하게 유지될 때)에 따른 초기 속도 변화를 비교한다. 지수 n의 값을 구하기 위해 H_2의 농도 변화(NO의 농도가 일정하게 유지될 때)에 따른 초기 속도 변화를 비교한다.

(b) 속도 상수 k의 값을 구하기 위해, k에 대한 속도 법칙을 푼다. 그다음에 세 실험 중 어느 하나의 자료를 대입한다.

(c) N_2의 초기 생성 속도를 계산하기 위해, 속도 법칙에 (b)에서 구한 속도 상수와 주어진 NO의 농도(0.300 M) 및 H_2의 농도(0.150 M)를 대입한다.

풀이

(a) **m의 결정.** 실험 1과 2의 비교는 NO의 농도가 2배로 될 때 초기 속도는 4배 증가되는 것을 보여 준다.

$$\frac{[NO]_2}{[NO]_1} = \frac{0.400\text{ M}}{0.200\text{ M}} = 2.00 \quad \frac{(\text{속도})_2}{(\text{속도})_1} = \frac{0.1250\text{ M/s}}{0.0313\text{ M/s}} = 4.0$$

초기 속도는 $[NO]^2$에 비례하고 m = 2이다.

이 문제에 접근하는 더 공식적인 방법은, 각 실험에 대해 속도 법칙을 쓰는 것이다.

$$(\text{속도})_1 = k[NO]^m[H_2]^n = k(0.200\text{ M})^m(0.122\text{ M})^n$$
$$(\text{속도})_2 = k[NO]^m[H_2]^n = k(0.400\text{ M})^m(0.122\text{ M})^n$$

첫 번째 식으로 두 번째 식을 나누면, 다음을 얻는다.

$$\frac{(\text{속도})_2}{(\text{속도})_1} = \frac{\cancel{k}(0.400\text{ M})^m\cancel{(0.122\text{ M})^n}}{\cancel{k}(0.200\text{ M})^m\cancel{(0.122\text{ M})^n}} = \left(\frac{0.400\text{ M}}{0.200\text{ M}}\right)^m = (2.0)^m$$

식의 오른쪽은 실험적인 속도의 비와 같다.

$$(2.0)^m = \frac{(0.1250\text{ M/s})}{(0.0313\text{ M/s})} = 4.0$$

$(2.0)^m = 4.0$ 식을 푸는 것은 비교적 간단하다. $(2.0)^2 = 4.0$이므로 $m = 2$이다. 지수 값을 쉽게 구할 수 없다면, 양변에 로그를 취하고 $\log x^m = m \log x$ (로그의 대한 복습은 부록 A.2 참조) 관계를 적용한다면, m에 대해 풀 수 있다.

$$\log (2.0)^m = \log 4.0$$
$$m \log 2.0 = \log 4.0$$
$$m = \frac{\log 4.0}{\log 2.0} = 2$$

m = 2이므로 반응은 NO에 대해 2차이다.

n의 결정. 실험 1과 3의 비교는 H_2의 농도가 2배로 될 때 초

기 속도는 2배 증가되는 것을 보여 준다.

$$\frac{[H_2]_3}{[H_2]_1} = \frac{0.244\ M}{0.122\ M} = 2.00 \quad \frac{(\text{속도})_3}{(\text{속도})_1} = \frac{0.0625\ M/s}{0.0313\ M/s} = 2.00$$

초기 속도는 $[H_2]$에 비례하고 $n = 1$이다. 공식적인 방법은 또한 실험 1과 3에 적용될 수 있으며, $n = 1$의 값을 준다. 그러므로 N_2 생성의 속도 법칙은 다음과 같다.

$$\text{속도} = k[NO]^2[H_2]$$

속도 법칙은 NO에 대해 2차, H_2에 대해 1차이고, 전체 3차이다.

(b) k에 대해 속도 법칙을 풀고 첫 번째 실험의 자료를 대입하면, 다음 값을 얻는다.

$$k = \frac{\text{속도}}{[NO]^2[H_2]} = \frac{0.0313\ M/s}{(0.200\ M)^2(0.122\ M)} = 6.41/(M^2 \cdot s)$$

(c) 속도 법칙에 NO의 초기 농도(0.300 M)와 H_2의 초기 농도(0.150 M) 및 (b)의 속도 상수(k) $6.41/(M^2 \cdot s)$를 대입하면 다음과 같다.

$$\text{속도} = \frac{\Delta[N_2]}{\Delta t} = k[NO]^2[H_2]$$
$$= \left(\frac{6.41}{M^2 \cdot s}\right)(0.300\ M)^2(0.150\ M) = 0.0865\ M/s$$

점검

(a) 속도 상수의 단위를 점검하는 것이 좋다. k의 단위, $1/(M^2 \cdot s)$는 3차 반응의 예상되는 단위이다.

(b) 초기 농도값은 실험 1과 2에 사용된 값 사이에 있다. 그러므로 속도는 실험 1과 2의 속도 사이에 있어야만 한다.

▶ **연습문제 14.5** 다음 표에 나열된 초기 속도는 엔진의 배기가스에서 일어나는, 이산화 질소와 일산화 탄소 사이의 반응에 대해 측정되었다.

$$NO_2(g) + CO(g) \longrightarrow NO(g) + CO_2(g)$$

실험	초기 $[NO_2]$	초기 [CO]	초기 반응 속도(M/s)
1	0.100	0.100	5.00×10^{-3}
2	0.150	0.100	1.13×10^{-2}
3	0.200	0.200	2.00×10^{-2}

(a) 속도 법칙은 무엇인가?

(b) 속도 상수값과 그것의 단위는 무엇인가?

▶ **응용문제 14.6** 다음 표에 나열된 초기 속도는 아래 반응에 대해 메탄올 용액에서 측정되었다.

$$C_2H_4Br_2 + 3\ I^- \longrightarrow C_2H_4 + 2\ Br^- + I_3^-$$

실험	초기 $[C_2H_4Br_2]$	초기 $[I^-]$	초기 반응 속도(M/s)
1	0.127	0.102	6.45×10^{-5}
2	0.343	0.102	1.74×10^{-4}
3	0.203	0.125	1.26×10^{-4}

(a) 속도 법칙은 무엇인가?

(b) 속도 상수값과 그것의 단위는 무엇인가?

(c) 반응물의 농도가 둘 다 0.150 M일 때, I_3^-의 초기 생성 속도는 얼마인가?

(d) 반응물의 농도가 둘 다 0.150 M일 때, I^-의 초기 소멸 속도는 얼마인가?

개념 예제 14.4

초기 속도 방법의 이용

용기 (1)~(4)에서 'A + 2 B → 생성물' 반응의 상대 속도는 1:2:2:4이다. 빨간색 구는 A 분자의 초기 개수를 나타내고, 파란색 구는 B 분자를 나타낸다.

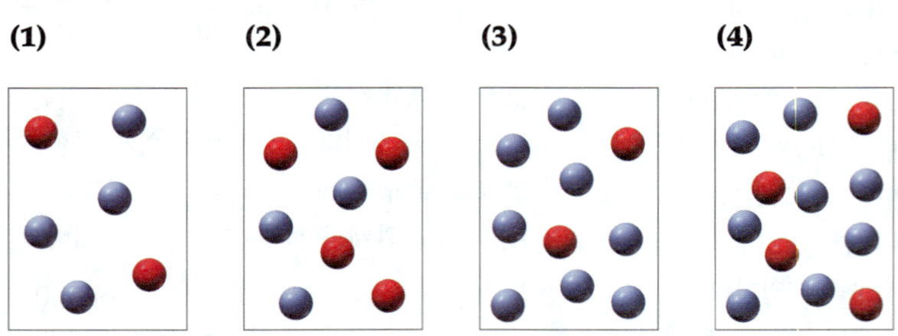

(a) A와 B에 대한 반응 차수는 얼마인가? 전체 반응 차수는 얼마인가?

(b) 속도 법칙을 쓰시오.

전략

(a) 반응 차수를 구하기 위해 초기 속도 방법을 적용한다. 용기 (1)~(4)에 있는 A와 B 분자의 개수를 세고, 각 종류의 분자의 상대 개수를 가지고 상대 속도를 비교한다. 4개의 용기가 모

두 같은 부피를 가진다고 가정하면, 농도는 분자의 개수에 비례한다.

(b) 속도 법칙은 속도 $= k[A]^m[B]^n$로 쓸 수 있고, 지수 m과 n은 각각 A와 B의 반응 차수이다.

풀이

(a) 다른 반응물의 농도가 일정하게 유지되는 동안 한 반응물의 농도가 변하는 용기의 짝을 비교한다. B의 농도가 일정하게 유지되는 동안, 용기 (2)에서 A 분자의 농도는 용기 (1)의 2배이다. 용기 (2)의 반응 속도가 용기 (1)의 2배이기 때문에 속도는 [A]에 비례한다. 그러므로 반응은 A에 대해 1차이다. A의 농도가 일정하게 유지되는 동안, B의 농도가 2배로 될 때(용기 (1)과 (3)를 비교) 속도는 2배가 된다. 따라서 반응은 B에 대해 1차이다. A와 B의 농도가 둘 다 2배로 될 때 (용기 (1)과 (4)를 비교) 속도는 4배로 증가된다. 이것은 A에 대해 1차이고 B에 대해 1차인 반응과 일치한다. 전체 반응 차수는 A와 B의 차수의 합, 즉 $1+1=2$이다.

(b) 반응이 A에 대해 1차, B에 대해 1차이기 때문에 속도 법칙은 속도 $= k[A][B]$이다. 속도 법칙에서 지수는 균형 화학 반응식(A + 2 B → 생성물)의 계수와 다르다.

개념 연습문제 14.7 용기 (1)~(4)에서 A + B → 생성물 반응의 상대 속도는 1:1:4:4이다. 빨간색 구는 A 분자를 나타내고, 파란색 구는 B 분자를 나타낸다.

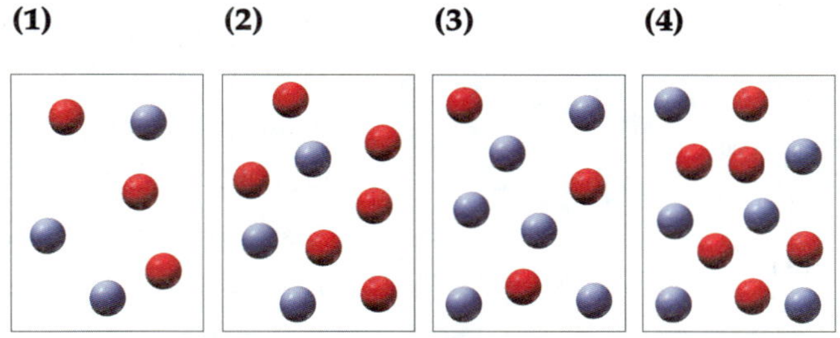

(a) A와 B의 반응 차수는 얼마인가? 전체 반응 차수는 얼마인가?

(b) 속도 법칙은 무엇인가?

개념 응용문제 14.8 A + B → C 반응의 속도 법칙은 속도 $= k[A]^2[B]$이다. 용기 1에서 초기 반응 속도는 0.01 M/s이다. 빨간색 구는 A 분자를 나타내고, 파란색 구는 B 분자를 나타낸다. 용기 2와 3에서 초기 반응 속도는 얼마인가?

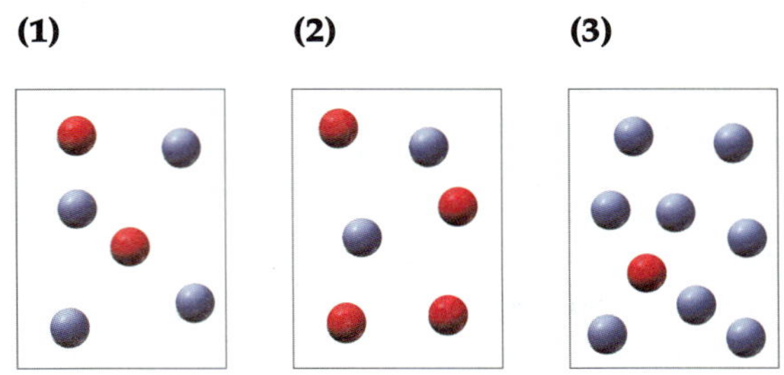

14.4 적분 속도 법칙: 0차 반응

지금까지는 반응 속도가 반응물의 농도에 어떻게 의존하는지를 말해 주는 식인 속도 법칙에 초점을 맞추었다. 그러나 우리는 또한 반응물과 생성물의 농도가 시간에 따라 어떻게 변하는지에 관심이 있다. 예를 들어, 약이 몸에서 반응하는 속도를 아는 것은 중요하지만, 주어진 시간(12시간) 후에 얼마나 많이 남아 있을 것인가와 농도가 주어진 양(가령 25%)까지 변하는 데 시간이 얼마나 걸릴 것인가를 알기 원한다. 0, 1 및 2차 반응에 대한 속도 법칙은 **적분 속도 법칙**(**integrated rate law**)이라고 하는 다른 형태로 변환하기 위해 미적분을 이용하여 적분될 수 있다. 적분 속도 법칙은 어떤 시간 t에 남아 있는 반응물의 농도를 계산할 수 있게 하는 **농도-시간 식**(concentration-time equation)이다. 그것은 또한 반응물의 초기 농도가 어떤 값 또는 초기 농도의 어떤 비율까지 떨어지는 데 필요한 시간을 계산하기 위해 이용될 수 있다.

개념탐구 질문 3
0차 반응의 속도는 시간에 따라 어떻게 변하는가?

0차 반응(**zeroth-order reaction**)이란 속도가 반응물의 농도에 무관한 반응이다. A에 대해 0차인 일반적인 'A → 생성물' 반응은 다음의 속도 법칙을 가질 것이다.

$$\text{A의 소모 속도} = -\frac{\Delta[\text{A}]}{\Delta t} = k[\text{A}]^0 = k(1) = k$$

속도 법칙을 적분하기 위해 미적분을 이용하면 다음의 식을 얻는다.

0차 반응의 적분 속도 법칙 $[\text{A}]_t = -kt + [\text{A}]_0$

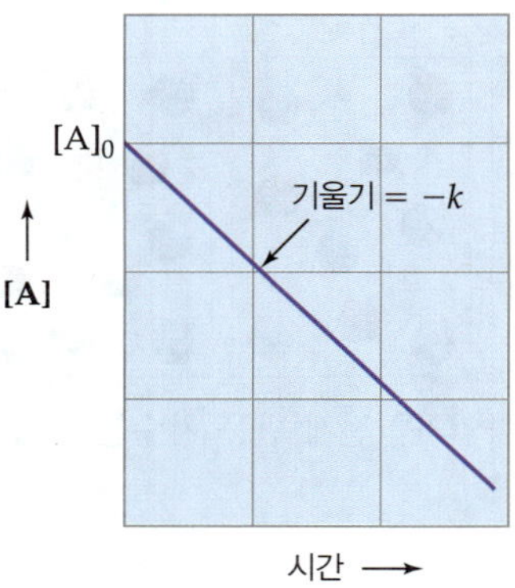

▲ **그림 14.5**
0차 반응에 대한 시간 함수로서 반응물 A의 농도

▶ 확인하기

0차 반응에서 속도 상수(k)는 어떻게 결정되는가?

답 시간에 대한 [A] 그래프에서 기울기는 $-k$와 같다.

이 식에서 $[A]_0$는 임의적으로 $t = 0$으로 고려되는 어떤 초기 시간에서 A의 농도이고, $[A]_t$는 그 후에 어떤 시간 t에서 A의 농도이다. 우리는 적분 속도 법칙을 이용할 수 있어야 하지만, 그것을 유도할 필요는 없다. 그러나 미적분을 좀 아는 학생들은 부록 A.5에 나타낸 유도에 관심을 가질 수도 있다.

적분 속도 법칙은 $y = mx + b$ 형태의 식이다. 따라서 [A] 대 시간의 그래프는 기울기 $= -k$를 가지는 직선이다(**그림 14.5**). 속도 상수 k와 0차 반응의 속도는 둘 다 [A] 대 시간의 그래프에서 기울기의 음(−)의 값과 같은 상수 값을 가지는 것을 주목하라.

0차 반응은 상대적으로 드물지만, 특별한 환경에서 일어날 수 있다. 예를 들어, 뜨거운 백금 표면에서 일어나는 암모니아 기체의 분해를 생각해 보자.

$$NH_3(g) \xrightarrow[\text{Pt 촉매}]{1130\ K} 1/2\ N_2(g) + 3/2\ H_2(g)$$

백금 표면은 NH_3 분자층에 의해 완전히 덮여 있다(**그림 14.6**). 표면에 접촉할 수 있는 NH_3 분자의 수는 크기 제한에 따라 제한되어 있고, NH_3 분자의 전체 수와 비교하여 매우 적다. 대부분의 NH_3는 표면 위에서 기체 상태로 있다. 표면에 있는 NH_3 분자만이 반응할 수 있기 때문에, 반응 속도는 일정하고 NH_3의 전체 농도에 무관하다.

$$속도 = k[NH_3]^0 = k$$

▶ **그림 14.6**
뜨거운 백금 표면에서 암모니아의 분해. 표면에 접촉한 NH_3 분자만이 반응할 수 있다.

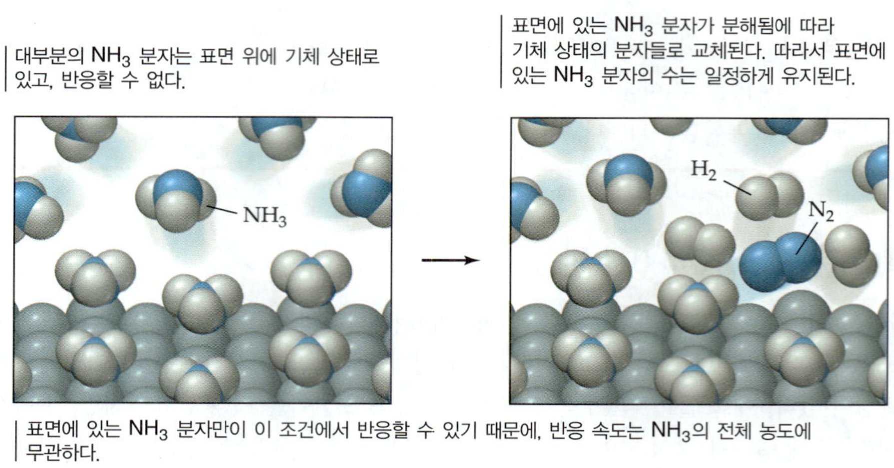

예제 14.5

0차 반응에 대한 적분 속도 법칙의 이용

856 °C에서 백금 표면 위에 있는 NH_3의 0차 분해 반응의 속도 상수는 1.50×10^{-6} M/s이다. NH_3의 초기 농도가 1.50×10^{-2} M이라면, 30 min 후 NH_3의 농도를 계산하시오.

문제 파악

알고 있는 것	알아내야 할 것
$k = 1.50 \times 10^{-6}$ M/s	최종 농도 $[A]_t$
$[A]_0 = 1.50 \times 10^{-2}$ M	
$t = 30.0$ min	

전략

속도 상수의 단위와 일치시키기 위해 min 단위를 s 단위로 변환한다. 0차 반응의 적분 속도 법칙에 알고 있는 값을 대입하고 $[A]_t$에 대해 푼다.

풀이

$$[A]_t = -kt + [A]_0$$

$$[A]_t = -(1.50 \times 10^{-6}\ M/s)\left(30.0\ min. \times \frac{60\ s}{1\ min.}\right) + 1.50 \times 10^{-2}\ M = 1.23 \times 10^{-2}\ M$$

연습문제 14.9 856 °C에서 백금 표면에 있는 NH_3의 0차 분해 반응의 속도 상수는 1.50×10^{-6} M/s이다. NH_3의 농도가 5.00×10^{-3} M에서 1.00×10^{-3} M까지 떨어지는 데 얼마나 많은 시간이 필요한가?

응용문제 14.10 다음 농도 대 시간 자료는 600 K에서 알루미나(Al_2O_3) 표면에 있는 에탄올(C_2H_5OH)의 분해에 대해 수집된 것이다.

$$C_2H_5OH(g) \longrightarrow C_2H_4(g) + H_2O(g)$$

시간(s)	$[C_2H_5OH]$
0	5.0×10^{-2}
100	4.6×10^{-2}
200	4.2×10^{-2}
300	3.8×10^{-2}
400	3.4×10^{-2}
500	3.0×10^{-2}

$[C_2H_5OH]$ 대 시간의 그래프를 준비하시오.

(a) 반응 차수는 얼마인가? 설명하시오.

(b) 에탄올 분해의 속도 상수는 얼마인가? (단위를 포함하시오.)

(c) 15.0 min 후 에탄올의 농도는 얼마인가?

14.5 적분 속도 법칙: 1차 반응

1차 반응(first-order reaction)이란 속도가 단일 반응물 농도의 1제곱에 의존하는 반응이다. 일반적인 반응 'A ⟶ 생성물'에 대해 속도 법칙은 다음과 같다.

$$\text{A의 소모 속도} = -\frac{\Delta[A]}{\Delta t} = k[A]$$

개념탐구 질문 4

1차 반응 속도는 시간에 따라 어떻게 변하는가?

[A]가 변하더라도 속도가 변하지 않는 0차 반응과 달리, 1차 반응에서는 [A]가 변할 때 속도는 변하고 [A]가 감소함에 따라 속도는 감소한다. 1차 속도 법칙을 적분하기 위해 미적분을 이용하면, 다음의 식을 얻는다.

1차 반응의 적분 속도 법칙 $\ln \frac{[A]_t}{[A]_0} = -kt$

이 식에서 ln은 자연 로그를 나타낸다. $[A]_0$는 임의로 $t = 0$으로 간주하는 어떤 초기 시간에서 A의 농도이고, $[A]_t$는 그 후에 어떤 시간 t에서 A의 농도이다(로그에 대한 복습은 부록 A.2 참조). $[A]_t/[A]_0$의 비는 시간 t에서 남아 있는 A의 분율이다. $\ln([A]_t/[A]_0) = \ln [A]_t - \ln [A]_0$이므로, 적분 속도 법칙을 다음과 같이 다시 쓸 수 있다.

$$\ln [A]_t = -kt + \ln [A]_0$$

이 식은 직선의 방정식인 $y = mx + b$ 형태이다. 따라서 $\ln [A]_t$는 시간의 일차 함수이다.

$$\underset{y}{\ln [A]_t} = \underset{m}{(-k)}\underset{x}{t} + \underset{b}{\ln [A]_0}$$

그러므로 ln [A] 대 시간의 그래프는 기울기 $m = -k$와 절편 $b = \ln [A]_0$를 가지는 직선이다(**그림 14.7b**). 속도 상수의 값은 간단히 직선의 기울기의 음(−)의 값과 같다.

$$k = -(\text{기울기})$$

예제 14.7에서 설명되는, 속도 상수를 결정하는 이 그래프 방법은 예제 14.3에서 사용된 초

▶ **그림 14.7**
1차 반응의 도시

(a) 반응물 농도 대 시간

(b) 반응물 농도의 자연 로그 대 시간

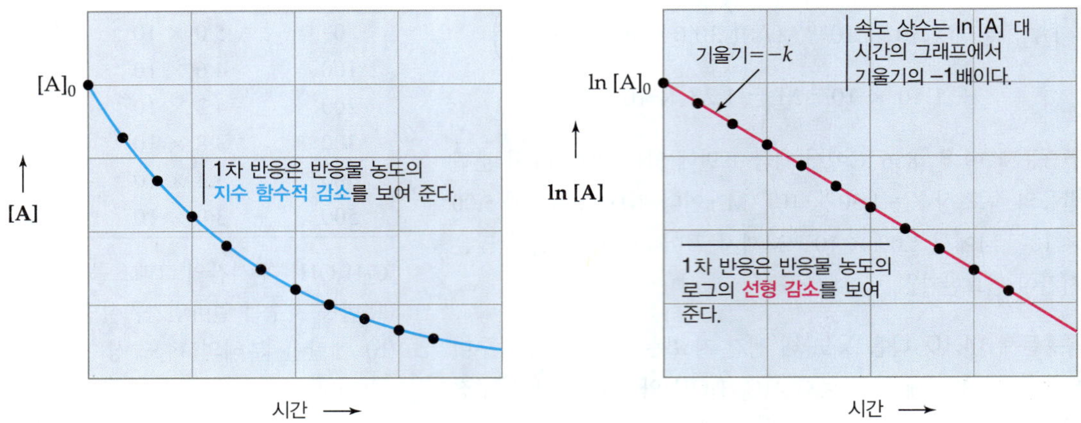

▶ **확인하기**

1차 반응의 속도 상수(k)는 어떻게 결정되는가?

답 [A] 대 시간의 도시에서 기울기는 $-k$이다.

기 속도 방법의 다른 대안이다. 그러나 반응이 A에 대해 1차일 때만 ln [A] 대 시간의 그래프는 직선이 된다. 실제로 반응이 1차인지를 확인하는 가장 좋은 방법은 이런 그래프의 모양을 조사하는 것이다.

예제 14.6

1차 반응의 적분 속도 법칙 이용

묽은 수산화 소듐 용액에서 과산화 수소의 분해는 다음 식으로 표현된다.

$$H_2O_2(aq) \longrightarrow H_2O(l) + 1/2\ O_2(g)$$

반응은 H_2O_2에 대해 1차이고, 20 °C에서 H_2O_2 소모에 대한 속도 상수는 $1.8 \times 10^{-5}\ s^{-1}$이며, H_2O_2의 초기 농도는 0.30 M이다.

(a) 4.00 h 후 H_2O_2의 농도는 얼마인가?
(b) H_2O_2의 농도가 0.12 M로 떨어지는 데 시간이 얼마나 걸리는가?
(c) H_2O_2의 90%가 분해되는 데 시간이 얼마나 걸리는가?

문제 파악

알고 있는 것	알아내야 할 것
(a) $k = 1.8 \times 10^{-5}\ s^{-1}$, $[H_2O_2]_0 = 0.030$ M, t = 4.00 h	$[H_2O_2]_t$
(b) $k = 1.8 \times 10^{-5}\ s^{-1}$, $[H_2O_2]_0 = 0.030$ M, $[H_2O_2]_t$ = 0.12 M	시간(t)
(c) $k = 1.8 \times 10^{-5}\ s^{-1}$, 90% 분해	시간(t)

전략

이 반응은 1차 속도 법칙 $-\Delta[H_2O_2]/\Delta t = k[H_2O_2]$을 가지기 때문에, 1차 반응의 적분 속도 법칙을 이용할 수 있다.

$$\ln \frac{[H_2O_2]_t}{[H_2O_2]_0} = -kt$$

각 부분의 알고 있는 값을 1차 속도 법칙에 대입하여 알아내야 할 것에 대해 푼다.

풀이

(a) k의 단위가 s^{-1}이므로 먼저 시간을 h에서 s로 변환해야 한다.

$$t = (4.00\ h)\left(\frac{60\ min}{h}\right)\left(\frac{60\ s}{min}\right) = 1.44 \times 10^4\ s$$

그 다음, 1차 적분 속도 법칙 식에 $[H_2O_2]_0$, k, t 값을 대입한다.

$$\ln \frac{[H_2O_2]_t}{0.30\ M} = -(1.8 \times 10^{-5}\ s^{-1})\ (1.44 \times 10^4\ s) = -0.259$$

양변에 역로그(antiln)를 취하면 다음 식을 얻는다.

$$\frac{[H_2O_2]_t}{0.30\ M} = e^{-0.259} = 0.772$$

여기서 수 e = 2.718 28 …는 자연 로그의 밑이다(부록 A.2 참조). 그러므로

$$[H_2O_2]_t = (0.772)(0.30\ M) = 0.23\ M$$

(b) 먼저, 시간에 대한 적분 속도 법칙을 푼다.

$$t = -\frac{1}{k}\ln\frac{[H_2O_2]_t}{[H_2O_2]_0}$$

그 다음, 농도와 k값을 대입하여 시간을 계산한다.

$$t = -\left(\frac{1}{1.8 \times 10^{-5}\ s^{-1}}\right)\left(\ln\frac{0.12\ M}{0.30\ M}\right)$$

$$= -\left(\frac{1}{1.8 \times 10^{-5}\ s^{-1}}\right)(-0.916) = 5.1 \times 10^4\ s$$

따라서 H_2O_2의 농도는 5.1×10^4 s, 즉 14 h의 시간에서 0.12 M에 도달한다.

(c) H_2O_2의 90%가 분해되면 10%가 남는다. 그러므로

$$\frac{[H_2O_2]_t}{[H_2O_2]_0} = \frac{(0.10)[H_2O_2]_0}{[H_2O_2]_0} = 0.10$$

90% 분해에 필요한 시간은

$$t = -\left(\frac{1}{1.8 \times 10^{-5}\ s^{-1}}\right)(\ln 0.10)$$

$$= -\left(\frac{1}{1.8 \times 10^{-5}\ s^{-1}}\right)(-2.30) = 1.3 \times 10^5\ s = 36\ h$$

점검

(a) 4 h 후에 H_2O_2의 농도(0.23 M)는 초기 농도(0.30 M)보다 더 작다. (b) 농도가 0.12 M로 떨어지려면 더 긴 시간(14 h)이 필요하다. (c) 농도가 0.030 M(처음 농도의 10%)로 떨어지려면 더 많은 시간(36 h)이 필요하다.

▶ **연습문제 14.11** 산성 수용액에서 자주색의 착이온 $Co(NH_3)_5Br^{2+}$은 브로민화 이온이 물 분자로 치환되는 느린 반응을 하여, 분홍–주황색의 착이온 $Co(NH_3)_5(H_2O)^{3+}$를 생성한다.

$$\underset{\text{자주색}}{Co(NH_3)_5Br^{2+}(aq)} + H_2O(l) \longrightarrow \underset{\text{분홍–주황색}}{Co(NH_3)_5(H_2O)^{3+}(aq)} + Br^-(aq)$$

반응은 $Co(NH_3)_5Br^{2+}$에 대해 1차이고, 25 °C에서 속도 상수는 $6.3 \times 10^{-6}\ s^{-1}$이며, $Co(NH_3)_5Br^{2+}$의 초기 농도는 0.100 M이다.

(a) 10.0 h 반응 후, $Co(NH_3)_5Br^{2+}$의 몰농도는 얼마인가?

(b) $Co(NH_3)_5Br^{2+}$가 75% 반응하는 데 얼마나 많은 시간이 필요한가?

▶ **응용문제 14.12** 일반적인 1차 반응 'A → 생성물'에서 14.2 h 후에 A가 55.0% 반응하였다. (a) h^{-1} 단위로 속도 상수의 값은 얼마인가? (b) A가 85% 반응하는 데 걸리는 시간은 얼마인가?

예제 14.7

1차 반응의 자료 도시

55 °C에서 기체 N_2O_5 분해의 실험 농도 대 시간의 자료는 표 14.1에 나열되어 있고, 그림 14.1에 도시되어 있다. 이 자료들을 이용하여 N_2O_5 분해가 1차 반응임을 확인하시오. N_2O_5 소모의 속도 상수 값은 얼마인가?

전략

반응이 1차임을 확인하기 위해 ln $[N_2O_5]$ 대 시간의 그래프가 직선으로 나타나는지를 점검한다. 1차 반응의 속도 상수는 직선의 음(−)의 기울기와 같다.

풀이

ln $[N_2O_5]$의 값은 다음 표에 나열되어 있고, 그래프에서는 시간에 대해 도시되어 있다.

시간(s)	$[N_2O_5]$	ln $[N_2O_5]$
0	0.0200	−3.912
100	0.0169	−4.080
200	0.0142	−4.255
300	0.0120	−4.423
400	0.0101	−4.595
500	0.0086	−4.756
600	0.0072	−4.934
700	0.0061	−5.099

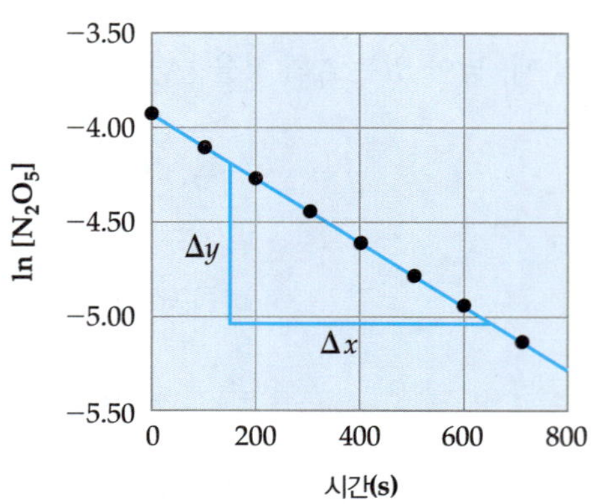

자료의 값이 직선상에 놓여 있기 때문에 반응은 N_2O_5에 대해 1차이다. 직선의 기울기는 직선상에 있는 멀리 떨어진 두 점의 좌표로부터 결정될 수 있고, 속도 상수 k는 기울기로부터 계산될 수 있다.

$$\text{기울기} = \frac{\Delta y}{\Delta x} = \frac{(-5.02) - (-4.17)}{650\ \text{s} - 150\ \text{s}} = \frac{-0.85}{500\ \text{s}} = -1.7 \times 10^{-3}\ \text{s}^{-1}$$

$$k = -(\text{기울기}) = 1.7 \times 10^{-3}\ \text{s}^{-1}$$

기울기는 음(−)이고, k는 양(+)인 것을 주의한다.

연습문제 14.13 높은 온도에서 사이클로프로페인은 폴리프로필렌 플라스틱을 만드는 물질인 프로펜으로 변환된다.

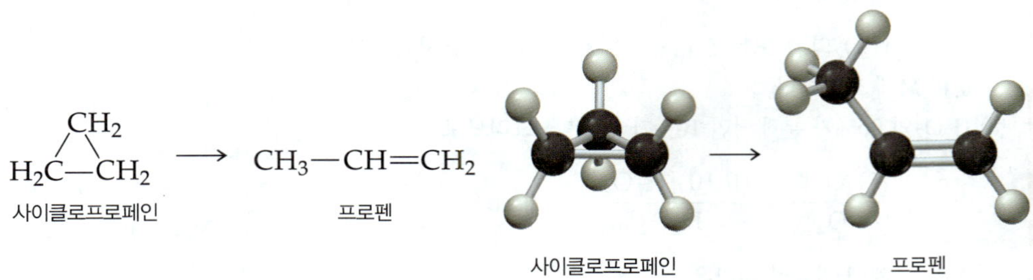

주어진 농도 자료로부터 반응이 1차인지를 확인하고, 속도 상수의 값을 계산하시오.

시간(min)	0	5.0	10.0	15.0	20.0
[사이클로프로페인]	0.098	0.080	0.066	0.054	0.044

응용문제 14.14 N_2O_5 기체의 분해가 35 °C에서 연구되었다.

$$N_2O_5(g) \longrightarrow 2\ NO_2(g) + 1/2\ O_2(g)$$

ln $[N_2O_5]$ 대 시간 그래프의 기울기는 $-9.8 \times 10^{-4}\ \text{s}^{-1}$이다. 만약 35 °C에서 1.0 L 플라스크에 0.100 mol의 N_2O_5가 더해진다면, 10 min 후 N_2O_5, NO_2, O_2의 농도를 계산하시오.

$t_{1/2}$로 표시되는 반응의 **반감기(half-life)**란 반응물의 농도가 처음 값의 $\frac{1}{2}$로 떨어지는 데 필요한 시간이다. 1차 반응을 생각해 보자.

$$\text{A} \longrightarrow \text{생성물}$$

반응의 반감기를 속도 상수와 관련시키기 위해 적분 속도 법칙을 가지고 시작하자.

$$\ln \frac{[\text{A}]_t}{[\text{A}]_0} = -kt$$

$t = t_{1/2}$일 때, 남아 있는 A의 분율 $[\text{A}]_t/[\text{A}]_0$은 1/2이다. 그러므로

$$\ln \frac{1}{2} = -kt_{1/2}$$

$$\text{따라서}\quad t_{1/2} = \frac{-\ln \frac{1}{2}}{k} = \frac{\ln 2}{k}$$

$$\text{즉}\quad t_{1/2} = \frac{0.693}{k}$$

그러므로 1차 반응의 반감기는 속도 상수로부터 쉽게 계산될 수 있다. 반대로, 속도 상수는 반

감기로부터 쉽게 계산된다.

1차 반응의 반감기는 반응물의 농도가 아니라 속도 상수에만 의존하기 때문에 일정하다. 이 점은 언급할 가치가 있는데, 1차가 아닌 반응은 농도에 의존하는 반감기를 가지기 때문이다. 즉, 1차가 아닌 반응에서는 반응물의 농도가 변할 때 반감기의 시간이 변한다.

1차 반응의 반감기는 일정하기 때문에, 각각의 연속적인 반감기는 반응물의 농도가 2배씩 감소하더라도 동일한 크기의 시간이다(그림 14.8).

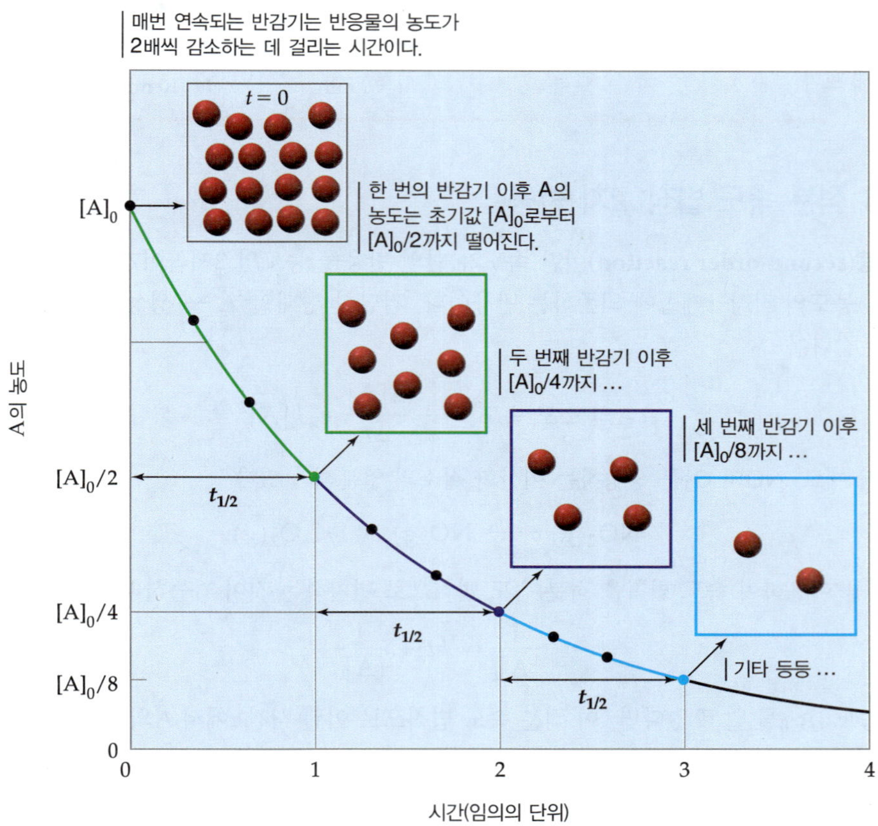

◀ **그림 14.8**
1차 반응에서 시간의 함수로서 반응물 A의 농도. 각 반감기는 동일한 시간의 크기를 나타낸다.

▶ 확인하기

반응물 농도가 처음 값의 1/8로 감소하는 데 반감기가 몇 번 지나는가?

답 세 번의 반감기

예제 14.8

1차 반응의 반감기 결정

높은 온도에서 사이클로프로페인이 프로펜으로 되는 1차 분해 반응의 속도 상수는 0.0400 min^{-1} 이다.

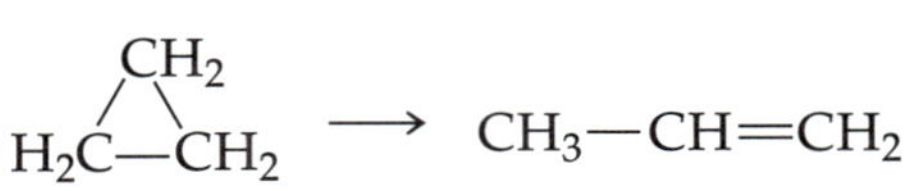

(a) 같은 온도에서 사이클로프로페인의 반감기를 계산하시오.
(b) 사이클로프로페인의 농도가 처음 값의 12.5%로 떨어지는 데 걸리는 시간은 얼마인가?

전략

(a) 1차 반응에서 반감기는 식 $t_{1/2} = 0.693/k$로부터 계산될 수 있다.

$$t_{1/2} = \frac{0.693}{0.0400(1/\text{min})} = 17.3\ \text{min}$$

(b) 초기 농도의 12.5%는 초기 농도의 1/8, 즉 $(1/2)^3$에 해당하기 때문에 필요한 시간은 3번의 반감기이다.

$$t = 3t_{1/2} = 3(17.3\ \text{min}) = 51.9\ \text{min}$$

연습문제 14.15 20 °C에서 $1.8 \times 10^{-5}\ s^{-1}$의 속도 상수를 가지는 H_2O_2의 1차 분해 반응을 생각해 보자.
이 반응의 반감기(h)는 얼마이고, 4번의 반감기 후에 H_2O_2의 몰농도는 얼마인가? H_2O_2의 초기 농도는 0.30 M이다.

개념 응용문제 14.16 A 분자(빨간색 구)가 B 분자(파란색 구)로 변환되는 1차 반응 'A → B'를 생각해 보자.

(a) t = 0 min과 t = 10 min에서 다음의 그림이 주어질 때, 반응의 반감기는 얼마인가?

(b) t = 15 min에서 A와 B 분자의 수를 보여 주는 그림을 그리시오.

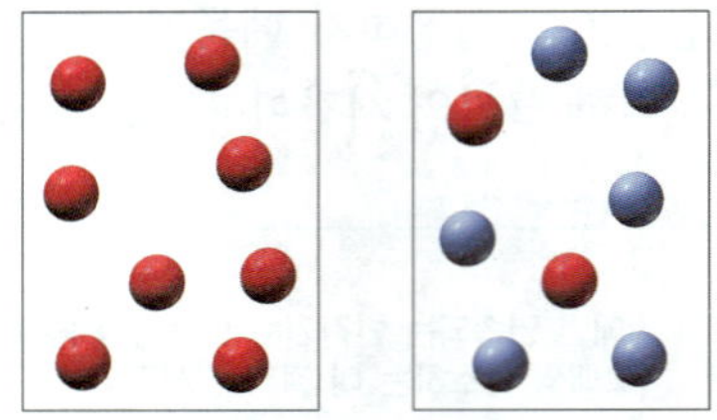

t = 0 min t = 10 min

14.6 적분 속도 법칙: 2차 반응

2차 반응(second-order reaction)이란 속도가 단일 반응물 농도의 2제곱이거나, 두 가지 다른 반응물 농도의 각각 1제곱에 의존하는 반응이다. 간단한 형태인 'A → 생성물'의 속도 법칙은 다음과 같다.

$$\text{A의 소모 속도} = -\frac{\Delta[\text{A}]}{\Delta t} = k[\text{A}]^2$$

한 가지 예로, NO와 O_2를 생성하는 이산화 질소의 열분해가 있다.

$$NO_2(g) \longrightarrow NO(g) + 1/2\ O_2(g)$$

미적분을 이용하여 속도 법칙을 적분 속도 법칙으로 변환하는 것이 가능하다.

$$\frac{1}{[\text{A}]_t} = kt + \frac{1}{[\text{A}]_0}$$

초기 농도 $[\text{A}]_0$를 알고 있다면, 이 적분 속도 법칙으로 어떤 시간 t에서 A의 농도를 계산할 수 있다.

적분 속도 법칙이 $y = mx + b$의 형태를 가지기 때문에, 반응이 2차라면 1/[A] 대 시간의 그래프는 직선이다.

$$\underset{\substack{\uparrow \\ y}}{\frac{1}{[\text{A}]_t}} = \underset{\substack{\uparrow\uparrow \\ mx}}{kt} + \underset{\substack{\uparrow \\ b}}{\frac{1}{[\text{A}]_0}}$$

직선의 기울기는 속도 상수 k이고, 절편은 $1/[\text{A}]_0$이다. 따라서 1/[A] 대 시간의 도시를 함으로써 반응이 2차인지 확인할 수 있고, 속도 상수의 값을 결정할 수 있다(예제 14.9 참조). 또한 적분 속도 법칙에 $[\text{A}]_t = [\text{A}]_0/2$와 $t = t_{1/2}$을 대입함으로써 2차 반응의 반감기 식을 얻을 수 있다.

$$\frac{1}{\left(\frac{[\text{A}]_0}{2}\right)} = kt_{1/2} + \frac{1}{[\text{A}]_0}$$

$$\text{따라서}\quad t_{1/2} = \frac{1}{k}\left(\frac{2}{[\text{A}]_0} - \frac{1}{[\text{A}]_0}\right)$$

$$\text{즉}\quad t_{1/2} = \frac{1}{k[\text{A}]_0}$$

1차 반응과 대조적으로 2차 반응에서는 A의 농도가 처음 값의 $\frac{1}{2}$로 떨어지는 데 필요한 시간이 속도 상수와 초기 농도 둘 다에 의존한다. 그러므로 각각의 연속적인 반감기의 시작점에서 $[A]_0$의 값이 2배씩 더 작아지기 때문에 $t_{1/2}$의 값은 반응이 진행됨에 따라 증가한다. 그 결과, 2차 반응의 각 반감기는 바로 이전 반감기의 2배이다(그림 14.9).

표 14.4는 'A → 생성물' 형태의 0차, 1차, 2차 반응 사이에 있는 몇 가지 중요한 차이점을 요약한 것이다.

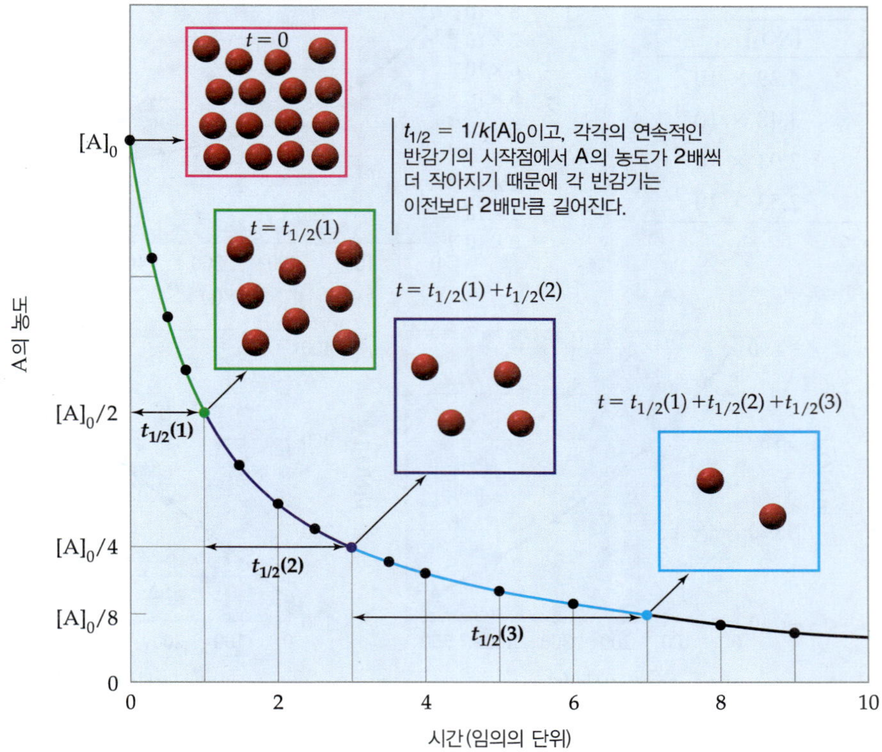

◀ 그림 14.9
2차 반응에서 시간 함수로서의 반응물 A의 농도

▶ 확인하기

2차 반응에서 반응이 진행됨에 따라 반감기는 어떻게 변하는가?

답 반응이 진행됨에 따라 각 반감기의 시간은 증가한다.

표 14.4 'A → 생성물' 형태 0차, 1차, 2차 반응의 특징

	0차	1차	2차
속도 법칙	$-\frac{\Delta[A]}{\Delta t} = k$	$-\frac{\Delta[A]}{\Delta t} = k[A]$	$-\frac{\Delta[A]}{\Delta t} = k[A]^2$
적분 속도 법칙	$[A]_t = -kt + [A]_0$	$\ln [A]_t = -kt + \ln [A]_0$	$\frac{1}{[A]_t} = kt + \frac{1}{[A]_0}$
직선 그래프	$[A]$ 대 t	$\ln [A]$ 대 t	$\frac{1}{[A]}$ 대 t
	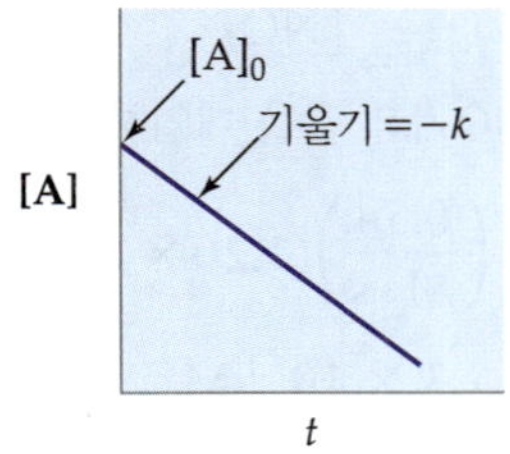	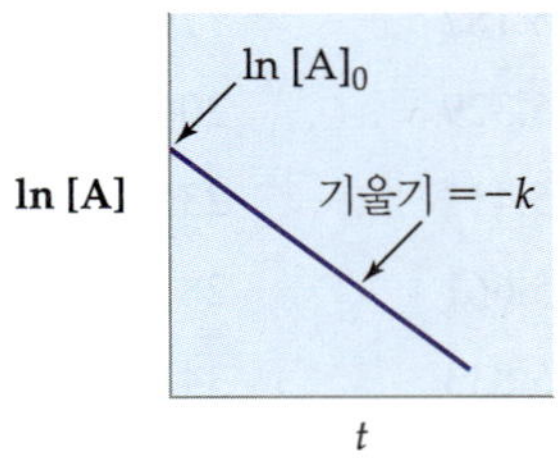	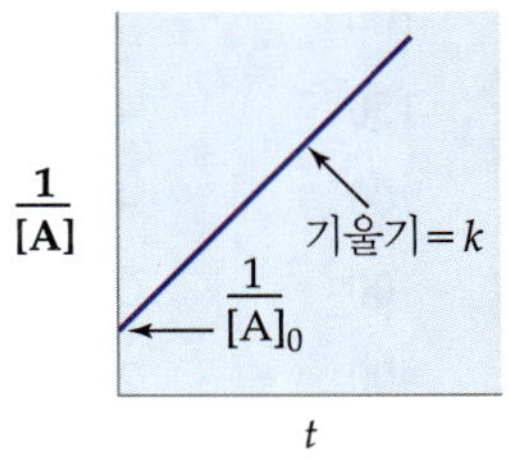
그래프에 의한 k의 결정	$k = -$(기울기)	$k = -$(기울기)	$k =$ 기울기
반감기	$t_{1/2} = \frac{[A]_0}{2k}$ (일정하지 않음)	$t_{1/2} = \frac{0.693}{k}$ (일정)	$t_{1/2} = \frac{1}{k[A]_0}$ (일정하지 않음)

예제 14.9

그래프로 반응 차수 결정

높은 온도에서 이산화 질소는 일산화 질소와 산소 분자로 분해된다.

$$NO_2(g) \longrightarrow NO(g) + 1/2\ O_2(g)$$

300 ℃에서 NO_2의 소모에 대한 농도-시간 자료는 다음과 같다.

시간(s)	$[NO_2]$	시간(s)	$[NO_2]$
0	8.00×10^{-3}	200	4.29×10^{-3}
50	6.58×10^{-3}	300	3.48×10^{-3}
100	5.59×10^{-3}	400	2.93×10^{-3}
150	4.85×10^{-3}	500	2.53×10^{-3}

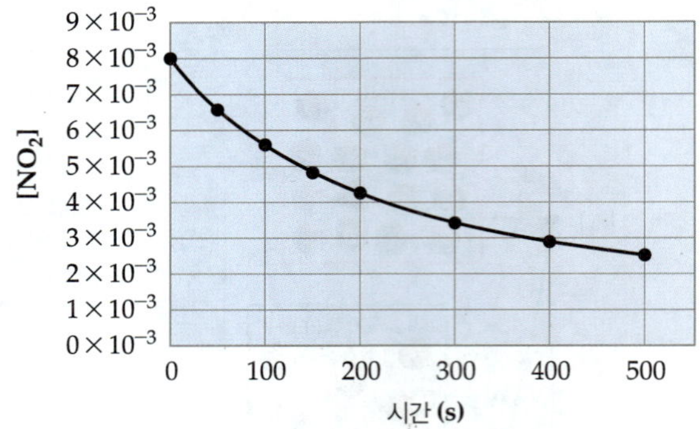

(a) 반응 차수는 얼마인가?

(b) NO_2 분해 반응의 속도 상수 값은 얼마인가?

(c) t = 20.0 min에서 NO_2의 농도는 얼마인가?

(d) NO_2의 초기 농도가 6.00×10^{-3} M일 때, 반응의 반감기는 얼마인가?

(e) $[NO_2]_0 = 3.00 \times 10^{-3}$ M일 때, $t_{1/2}$는 얼마인가?

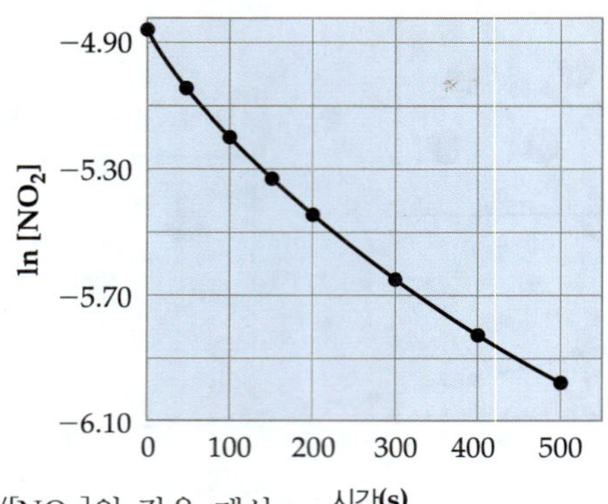

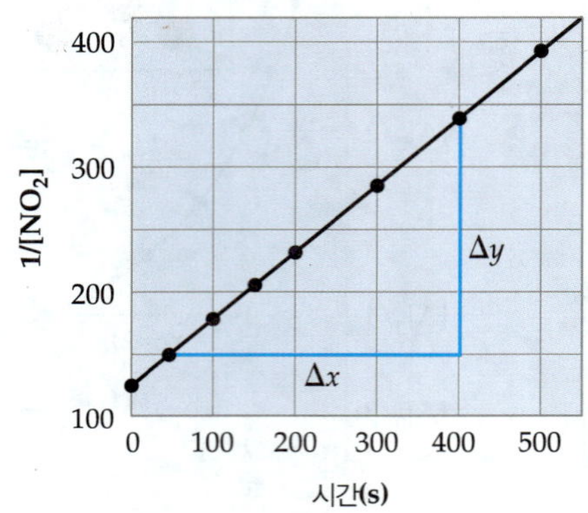

전략

반응 차수를 결정하기 위해 ln $[NO_2]$와 1/$[NO_2]$의 값을 계산한다. 그 다음, 시간에 대한 $[NO_2]$, ln $[NO_2]$, 1/$[NO_2]$의 그래프를 그린다. 속도 상수는 직선 그래프의 기울기로부터 구할 수 있고, 농도와 반감기는 표 14.4에 있는 적당한 식으로부터 계산할 수 있다.

풀이

시간(s)	$[NO_2]$	ln $[NO_2]$	1/$[NO_2]$
0	8.00×10^{-3}	−4.828	125
50	6.58×10^{-3}	−5.024	152
100	5.59×10^{-3}	−5.187	179
150	4.85×10^{-3}	−5.329	206
200	4.29×10^{-3}	−5.451	233
300	3.48×10^{-3}	−5.661	287
400	2.93×10^{-3}	−5.833	341
500	2.53×10^{-3}	−5.980	395

(a) $[NO_2]$ 대 시간과 ln $[NO_2]$ 대 시간의 그래프는 곡선이나, 1/$[NO_2]$ 대 시간의 그래프는 직선이다. 그러므로 반응은 NO_2에 대해 2차이다.

(b) 속도 상수는 1/$[NO_2]$ 대 시간의 그래프에서 직선의 기울기와 같다. 이것을 직선 위에 멀리 떨어진 두 점의 좌표로부터 계산할 수 있다.

$$k = \text{기울기} = \frac{\Delta y}{\Delta x} = \frac{340\ M^{-1} - 150\ M^{-1}}{400\ s - 50\ s} = \frac{190\ M^{-1}}{350\ s} = 0.54/(M \cdot s)$$

(c) t = 20.0 min(1.20×10^3 s)에서 NO_2의 농도는 적분 속도 법칙을 이용하여 계산할 수 있다.

$$\frac{1}{[NO_2]_t} = kt + \frac{1}{[NO_2]_0}$$

k, t, $[NO_2]_0$의 값을 대입하면 다음 식을 얻는다.

$$\frac{1}{[NO_2]_t} = \left(\frac{0.54}{M \cdot s}\right)(1.20 \times 10^3\ s) + \frac{1}{8.00 \times 10^{-3}\ M} = \frac{773}{M}$$

$$[NO_2]_t = 1.3 \times 10^{-3}\ M$$

(d) NO_2의 초기 농도가 6.00×10^{-3} M일 때, 이 2차 반응의 반감기는 속도 상수와 초기 농도로부터 계산할 수 있다.

$$t_{1/2} = \frac{1}{k[NO_2]_0} = \frac{1}{\left(\frac{0.54}{M \cdot s}\right)(6.00 \times 10^{-3}\ M)} = 3.1 \times 10^2\ s$$

(e) $[NO_2]_0$가 3.00×10^{-3} M일 때, $t_{1/2} = 6.2 \times 10^2$ s이다. ($[NO_2]_0$가 2배 더 작아졌기 때문에, 반감기는 $[NO_2]_0$가 6.00×10^{-3} M일 때의 2배로 길어진다).

연습문제 14.17 410 °C에서 아이오딘화 수소 기체는 다음과 같이 분해된다.

$$2\,HI(g) \longrightarrow H_2(g) + I_2(g)$$

다음 자료는 이 분해 번응을 나타낸 것이다.

시간(min)	0	20	40	60	80
[HI]	0.500	0.382	0.310	0.260	0.224

(a) 반응 차수는 얼마이며, HI 분해의 속도 상수 값은 얼마인가?

(b) HI의 농도가 0.100 M에 도달할 때까지 걸리는 시간(min)은 얼마인가?

응용문제 14.18 빨간색 염료 분자는 자외선에 노출되었을 때 반응식과 같이 무색의 생성물로 분해된다.

$$\underset{(빨간색)}{염료} \longrightarrow \underset{(무색)}{생성물}$$

염료 용액을 준비하여 그것의 흡광도를 시간의 함수로 측정하였다. 염료의 흡광도는 직접적으로 용액의 농도에 비례한다. 다음 자료를 이용하여, 이 반응의 반응 차수와 반감기를 구하시오.

시간(s)	흡광도	시간(s)	흡광도
0	0.5000	40	0.1460
10	0.3680	60	0.0793
20	0.2710	80	0.0429
30	0.1990	100	0.0232

14.7 반응 속도와 온도: 아레니우스 식

이제까지 우리의 논의는 반응 속도의 실험적인 측면에 초점을 맞추었다. 반응 속도가 반응물의 농도와 속도 상수의 값 둘 다에 의존한다는 것을 우리는 알고 있다.

그럼에도 불구하고, 반응 속도에 영향을 미치는 또 다른 요인은 온도이다. 우리는 온도가 증가함에 따라 화학 반응의 속도가 증가함을 매일 경험한다. 가스, 석유, 석탄 같이 친숙한 연료들은 상온에서는 비교적 비활성이지만, 높은 온도에서는 빠르게 연소한다. 음식물은 냉동실에 보관될 때에는 거의 무기한으로 오래가지만, 상온에서는 금방 부패한다. 마그네슘 금속은 차가운 물에서 비활성이지만, 뜨거운 물과는 반응한다(그림 14.10). 경험적으로 반응 속도는 온도가 10 °C 증가할 때마다 2배로 되는 경향이 있다.

반응 속도가 왜 온도에 의존하는지를 이해하기 위해, 반응이 어떻게 일어나는지에 대한 그림이나 모델이 필요하다. **충돌 이론**(**collision theory**) 모델에 따르면, 이분자 반응은 정확히 배향된 두 반응물 분자들이 충분히 강력한 충돌에 의해 하나로 합쳐질 때 일어난다. 구체적으로, 원자 A가 이원자 분자 BC와 반응하여 이원자 분자 AB와 원자 C를 생성하는 가장 간단한 반응 중 하나를 생각해 보자.

▲ 화학 반응은 원자와 분자 사이의 강력한 충돌의 결과로 일어난다.
ⓒHurst Photo/Shutterstock

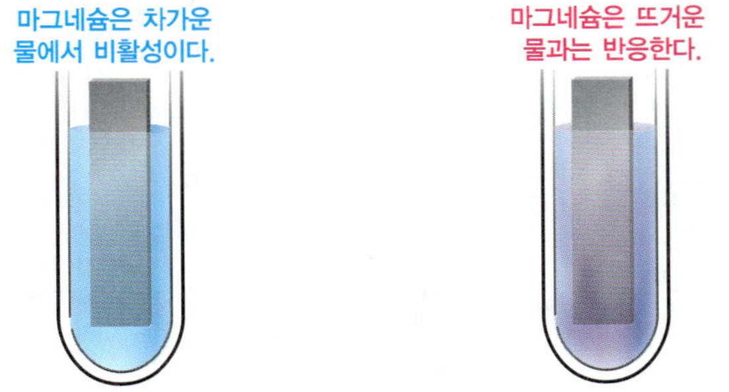

$$Mg(s) + 2\,H_2O(l) \longrightarrow Mg^{2+}(aq) + 2\,OH^-(aq) + H_2(g)$$

기체 방울의 형성과 염기성 용액임을 나타내는 페놀프탈레인의 분홍색은 반응의 증거가 된다.

◀ **그림 14.10**
마그네슘은 차가운 물에서 비활성이지만(왼쪽), 뜨거운 물과는 반응한다(오른쪽).

$$A + BC \longrightarrow AB + C$$

대기 화학의 한 예로, 산소 원자와 HCl 분자가 반응하여 OH 분자와 염소 원자를 생성하는 반응이 있다.

$$O(g) + HCl(g) \longrightarrow OH(g) + Cl(g)$$

만약 반응이 단일 단계로 일어난다면, 충돌 과정 동안에 기존의 결합 B−C가 깨지고 동시에 새로운 결합 A−B가 생기면서, 세 개의 핵 주위의 전자 분포가 변해야만 한다. 반응물과 생성물 단계 사이에서 핵들은 세 원자 모두가 약하게 서로 연결된 배열 구조를 거치게 된다. 반응의 진행을 다음과 같이 묘사할 수 있다.

$$A + B{-}C \longrightarrow A{-}{-}{-}B{-}{-}{-}C \longrightarrow A{-}B + C$$

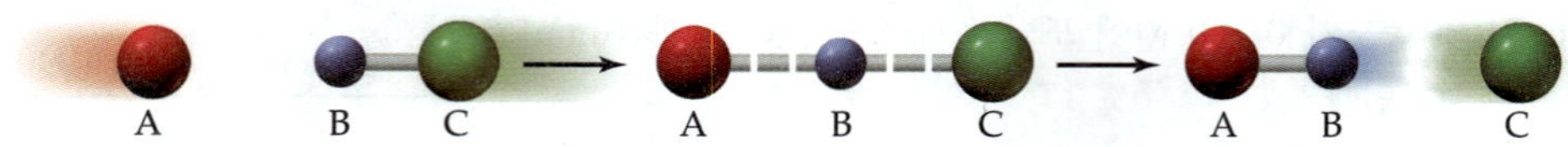

만약 A와 BC가 꽉 채워진 전자 껍질(홀전자가 없거나 비어 있는 낮은 에너지 오비탈이 없는)을 가지고 있다면, 그들은 서로 밀어낼 것이다. A−B−C 배열을 가지기 위해, 원자들은 이 반발을 극복하는 에너지가 필요하다. 이 에너지는 충돌하는 입자들의 운동 에너지로부터 오고 A−B−C의 퍼텐셜 에너지로 전환된다. 사실, A−B−C는 반응물이나 생성물 둘 다보다 퍼텐셜 에너지가 더 높다. 그러므로 **그림 14.11**의 퍼텐셜 에너지 단면도에서 그래프로 묘사된 것처럼, 반응물이 생성물로 변환하기 전에 극복해야만 하는 퍼텐셜 에너지 장벽이 있다.

장벽의 높이는 **활성화 에너지(activation energy, E_a)**라고 하며, 퍼텐셜 에너지 단면의 최고점에 있는 원자들의 배열은 **전이 상태(transition state)** 또는 **활성화물**이라고 한다. 충돌에서 에너지가 보존되기 때문에, 퍼텐셜 에너지 언덕을 오르는 데 필요한 모든 에너지는 충돌하는 분자들의 운동 에너지로부터 나와야만 한다. 만약 충돌 에너지가 E_a보다 더 적으면, 반응물 분자들은 장벽을 극복하지 못하고 단순히 튕겨 나간다. 그러나 충돌 에너지가 적어도 E_a 만큼 크다면, 반응물은 장벽을 타고 넘을 수 있고 생성물로 변환될 수 있다.

활성화 에너지 장벽의 개념에 대한 실험적 증거는 충돌 속도와 반응 속도의 비교로부터 나온다. 기체의 충돌 속도는 **분자 운동론(kinetic-molecular theory)**(10.6 절)으로 계산될 수 있다. 상온(298 K)과 1 atm의 기압에서 각 기체 분자는 초당 약 10^9 충돌, 즉 매 10^{-9} s마다 한

기억하기…
분자 운동론에 따르면, 기체 분자의 평균 운동 에너지와 평균 속력은 Kelvin 온도(K)에 의존한다. 충돌 속도는 충돌하는 분자의 농도, 지름 및 평균 속력의 증가에 따라 증가한다(10.6절).

▶ 그림 14.11
A + BC → AB + C 반응의 퍼텐셜 에너지 단면도

▶ 확인하기
반응에서 에너지가 가장 높은 곳은 무엇인가? 이곳을 극복하기 위해 필요한 에너지를 분자는 어디에서 얻는가?
답 전이 상태; 만약 분자의 충돌 에너지가 전이 상태의 에너지를 초과한다면, 반응물은 생성물로 변환될 것이다.

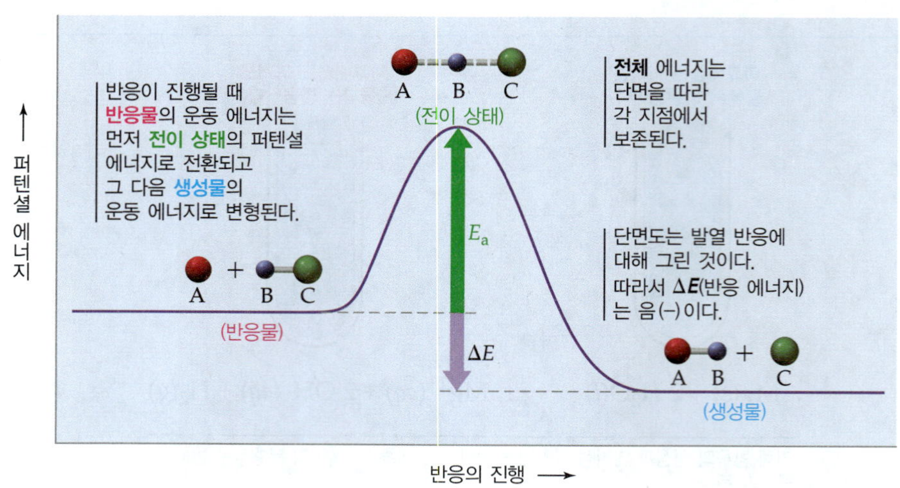

번 충돌한다. 그러므로 만약 매번 충돌할 때마다 반응이 일어난다면, 모든 기체상 반응은 약 10^{-9} s 안에 완결될 것이다. 그에 반해서 관찰된 반응들은 보통 수 분 또는 수 시간의 반감기를 가지고 있다. 이는 충돌의 단지 아주 작은 비율만이 반응을 일으킨다는 것을 말한다.

매우 작은 수의 충돌들이 활성화 에너지만큼 큰 충돌 에너지로 일어나기 때문에, 매우 작은 수의 충돌만이 반응을 일으킨다. 두 다른 온도에서 활성화 에너지 E_a와 같거나 더 큰 에너지를 가지고 있는 충돌 분율은, E_a의 오른쪽 곡선 아래의 면적으로 **그림14.12**에 나타나 있다.

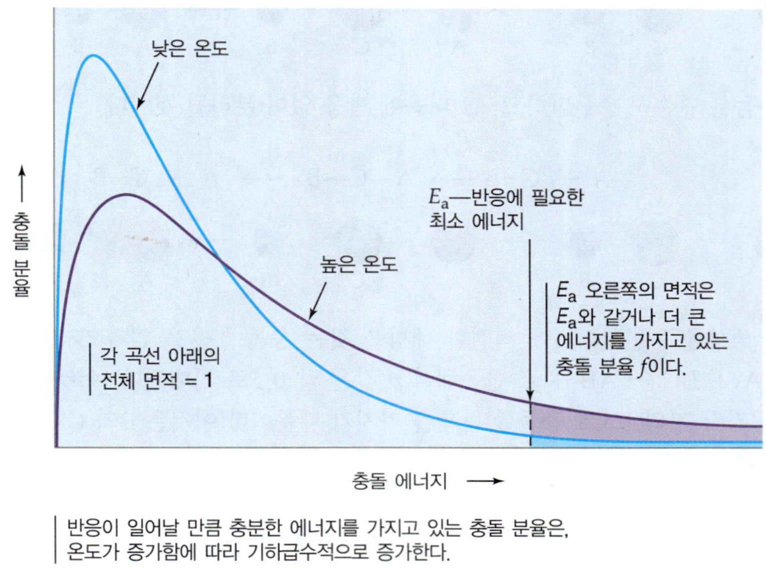

◀ 그림 14.12
두 다른 온도에서 특정한 에너지를 가지고 있는 충돌 분율의 도시

▶ 확인하기
온도가 올라갈 때 반응 속도가 증가하는가 감소하는가? 설명하시오.

답 증가; E_a의 오른쪽에 있는 곡선 아래의 더 큰 영역은 분자의 더 큰 부분이 E_a 이상의 에너지와 충돌함을 나타낸다.

E_a가 RT와 비교하여 클 때, 이 분율 f는 다음 식에 의해 대략적으로 나타낼 수 있다.

$$f = e^{-E_a/RT}$$

여기서 R은 기체 상수[8.314 J/(K·mol)]이고 T는 절대 온도(K)이다. f는 매우 작은 수라는 것에 주목하라. 예를 들어, 75 kJ/mol의 활성화 에너지를 가지는 반응에서 f 값은 298 K에서 7×10^{-14}이다.

$$f = \exp\left[\frac{-75{,}000\,\dfrac{\text{J}}{\text{mol}}}{\left(8.314\,\dfrac{\text{J}}{\text{K}\cdot\text{mol}}\right)(298\ \text{K})}\right] = e^{-30.3} = 7 \times 10^{-14}$$

그러므로, 100조 번의 충돌 중에서 단지 7번의 충돌만이 반응물에서 생성물로 변환되기에 충분한 에너지를 갖는다.

온도가 증가할 때 충돌 에너지의 분포는 넓어지고, 높은 에너지 쪽으로 이동한다(그림 14.12). 결과적으로 생성물을 만드는 충돌 분율이 빠르게 증가한다. 예를 들어, 308 K에서 $E_a = 75$ kJ/mol을 가지는 반응에서 계산된 f 값은 2×10^{-13}이다. 따라서 298 K로부터 308 K까지 단지 3%의 온도 증가는 f 값을 3배 증가시킨다. 그러므로 충돌 이론은 온도의 역수에 대한 반응 속도의 지수적 의존성을 잘 설명한다.

T가 증가($1/T$이 감소)할 때, $f = e^{-E_a/RT}$는 기하급수적으로 증가한다. 충돌 이론은 또한 왜 반응 속도가 충돌 속도보다 매우 작은지를 설명한다. 충돌 속도 또한 온도가 증가함에 따라 증가하지만, 단지 적은 양만 증가한다. 즉, 298 K로부터 308 K까지 증가하면서 2% 미만으

로 증가한다.

생성물로 되게 하는 충돌 분율은 배향 조건 때문에 더 감소한다. 심지어 반응물들이 충분한 에너지를 가지고 충돌하더라도, 반응물 짝들의 배향이 전이 상태 형성에 적절하지 않다면 반응하지 않을 것이다. 예를 들어, A와 BC 분자의 C쪽 끝의 충돌은 AB를 생성하지 못할 것이다.

개념탐구 질문 5
높은 온도에서 반응 속도가 증가하는 주요 이유는 무엇인가?

$$\mathrm{A + C{-}B \longrightarrow A{-}{-}{-}C{-}{-}{-}B \not\longrightarrow A{-}B + C}$$

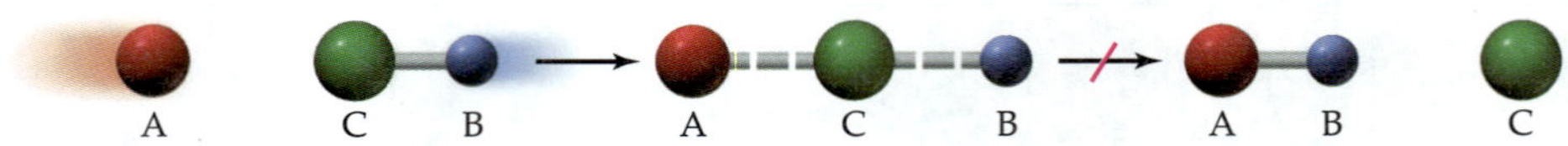

반응물 분자들은 단순히 충돌만하고, 그 다음에 반응 없이 분리될 것이다.

$$\mathrm{A + C{-}B \longrightarrow A{-}{-}{-}C{-}{-}{-}B \longrightarrow A + C{-}B}$$

반응물에서 생성물로 변화되기에 적절한 배향을 갖는 충돌 분율을 **입체 인자(steric factor, *p*)**라고 한다. A + BC → AB + C 반응에서 p 값은 약 0.5로 기대된다. 이것은 A가 BC의 양끝 B와 C와 각각 거의 1:1로 충돌할 확률을 가지기 때문이다(이것은 B와 C가 비슷한 크기와 전기적 성질을 갖는다고 가정한다). 더 크고 복잡한 분자의 반응에서 p는 0.5보다 훨씬 더 작다.

이제 두 인자 p와 f가 어떻게 속도 법칙에 들어가는지를 살펴보자. A와 B라고 하는 어떤 두 분자 사이의 이분자 충돌은 그들의 농도에 비례하는 속도로 일어나기 때문에 다음과 같이 쓸 수 있다.

$$\text{충돌 속도} = Z[\mathrm{A}][\mathrm{B}]$$

여기서 Z는 충돌 빈도와 관련된 상수로서 이차 속도 상수의 단위 1/(M·s), 즉 $\mathrm{M^{-1}s^{-1}}$을 가진다. 반응 속도는 충돌하는 분자들의 단지 일부만이 정확한 배향과 반응에 필요한 최소 에너지를 갖고 있기 때문에, 충돌 속도보다 $p \times f$배만큼 더 작다.

$$\text{반응 속도} = p \times f \times \text{충돌 속도} = pfZ[\mathrm{A}][\mathrm{B}]$$

속도 법칙이 다음과 같기 때문에

$$\text{반응 속도} = k[\mathrm{A}][\mathrm{B}]$$

충돌 이온에 의해 예측된 속도 상수는 $k = pfZ$, 즉 $k = pZe^{-E_a/RT}$이다.

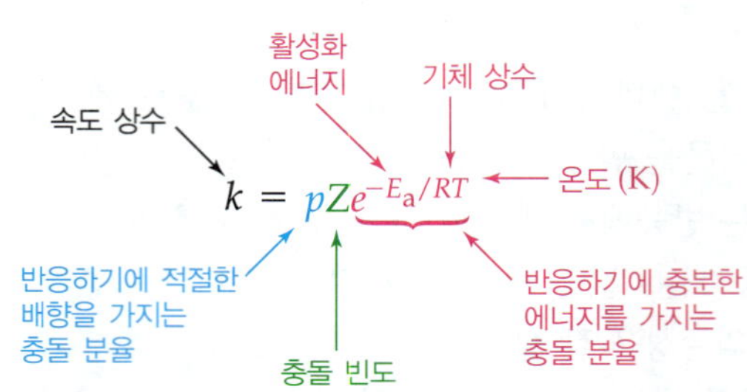

이 표현은 보통 **아레니우스 식(Arrhenius equation)**이라고 부른다. 이는 1889년 반응 속도의 실험적 연구에 기초하여 이것을 제안한 스웨덴 화학자 아레니우스(Svante Arrhenius)의 이

름을 따서 명명한 것이다.

아레니우스 식 $k = Ae^{-E_a/RT}$

인자 $A(= pZ)$는 **진동수 인자(frequency factor)** 또는 지수 앞 인자라고 한다. 지수의 음(−) 부호 때문에 속도 상수는 E_a가 증가할 때 감소하고, T가 증가할 때 증가한다.

개념 예제 14.10

반응의 퍼텐셜 에너지 단면도 해석

단일 단계 반응 AB + CD → AC + BD의 퍼텐셜 에너지 단면은 다음과 같다. 이 에너지는 임의의 영점 에너지에 대한 상대적인 값(kJ/mol)이다.

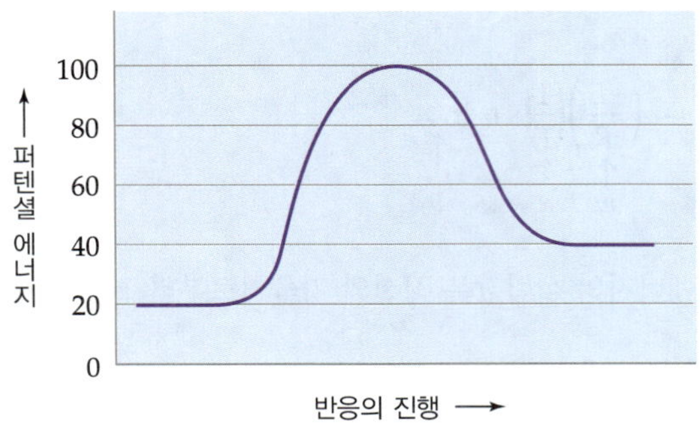

(a) 이 반응의 활성화 에너지 값은 얼마인가?

(b) 반응은 발열인가 흡열인가? 반응의 ΔE는 얼마인가?

(c) 역반응의 활성화 에너지는 얼마인가?

(d) 전이 상태의 타당한 구조를 제안하시오. 전이 상태에서 약하게 서로 결합된 원자들을 점선을 사용하여 나타내시오.

전략과 풀이

(a)~(c) 활성화 에너지란 전이 상태와 반응물 사이의 에너지 차이이다. ΔE는 생성물과 반응물 사이의 에너지 차이고, 역반응의 활성화 에너지는 전이 상태와 생성물 사이의 에너지 차이다. (E_a = 80 kJ/mol, ΔE = 20 kJ/mol(흡열 반응), E_a(역반응) = 60 kJ/mol)

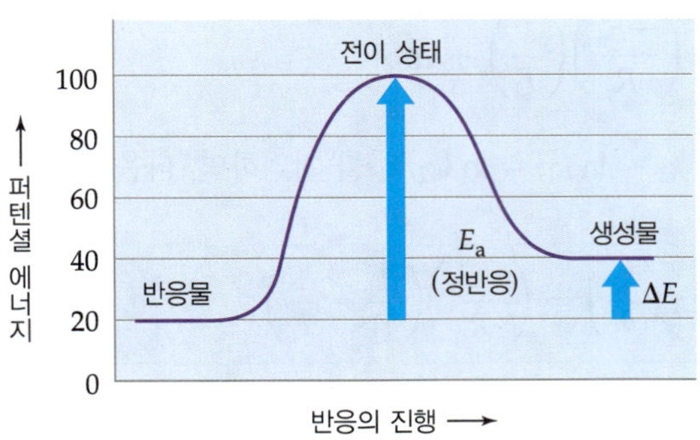

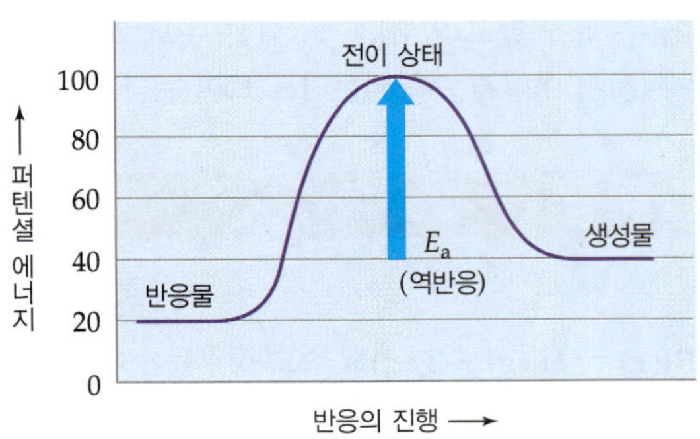

(d) 반응이 일어나기 위해 A는 C와 충돌해야만 하고 B는 D와 충돌해야만 하며, 전이 상태의 타당한 구조는 오른쪽에 나타내었다.

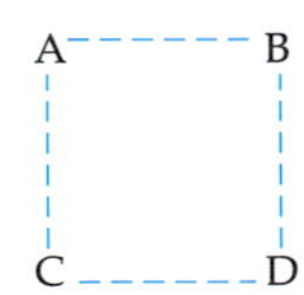

▶ **개념 연습문제 14.19**

$$NO_2(g) + CO(g) \longrightarrow NO(g) + CO_2(g)$$

반응은 단일 단계로 일어난다. 활성화 에너지는 132 kJ/mol이고, ΔE = −226 kJ/mol이다.

(a) 반응은 흡열인가 발열인가?

(b) 역반응의 활성화 에너지는 얼마인가?

▶ **개념 응용문제 14.20** 단일 단계 반응

$$NO_2(g) + CO(g) \longrightarrow NO(g) + CO_2(g)$$

에 대해 두 종류의 반응물 분자가 충돌할 수 있는 4가지 가능한 방법을 그리시오. 성공적인 반응을 일어나게 하는 것은 어느 것인가?

14.8 아레니우스 식의 이용

14.7절에서 보았듯이, 활성화 에너지 E_a는 화학 반응의 속도에 영향을 미치는 가장 중요한 요인 중 하나이다. 다른 온도에서의 속도 상수 값을 알고 있다면, 아레니우스 식을 이용하여 활성화 에너지 값을 결정할 수 있다.

아레니우스 식의 양변에 자연 로그를 취하면, 로그 형태를 얻는다.

아레니우스 식의 로그 형태 $\ln k = \ln A - \dfrac{E_a}{RT}$

이 식은 $y = mx + b$ 형태로 재정리될 수 있다. 따라서 **아레니우스 도시(Arrhenius plot)**라고 부르는 $\ln k$ 대 $1/T$의 그래프가 얻어진다. 이 직선의 기울기는 $m = -E_a/R$, 절편은 $b = \ln A$이다.

$$\underset{y}{\underset{\uparrow}{\ln k}} = \underset{m}{\underset{\uparrow}{\left(\frac{-E_a}{R}\right)}}\underset{x}{\underset{\uparrow}{\left(\frac{1}{T}\right)}} + \underset{b}{\underset{\uparrow}{\ln A}}$$

예제 14.11에서 볼 수 있듯이, 활성화 에너지의 실험값은 직선의 기울기로부터 결정될 수 있다.

$$E_a = -R(\text{기울기})$$

두 온도의 속도 상수로부터 활성화 에너지를 예측할 수 있는 아레니우스 식의 또 다른 형태를 유도할 수 있다. 온도 T_1에서

$$\ln k_1 = \left(\frac{-E_a}{R}\right)\left(\frac{1}{T_1}\right) + \ln A$$

그리고 온도 T_2에서

$$\ln k_2 = \left(\frac{-E_a}{R}\right)\left(\frac{1}{T_2}\right) + \ln A$$

두 번째 식에서 첫 번째 식을 빼자. $(\ln k_2 - \ln k_1) = \ln (k_2/k_1)$를 기억하면, 다음 식을 얻는다.

아레니우스 식의 두 점 형태 $\ln\left(\dfrac{k_2}{k_1}\right) = \left(\dfrac{-E_a}{R}\right)\left(\dfrac{1}{T_2} - \dfrac{1}{T_1}\right)$

이 식은 온도 T_1과 T_2에서의 속도 상수 k_1과 k_2로부터 E_a를 계산하는 데 이용될 수 있다. 마찬가지로, 한 온도 T_1에서의 E_a와 속도 상수 k_1을 알고 있다면, 또 다른 온도 T_2에서의 속도 상수 k_2를 계산할 수 있다. 예제 14.11은 이것이 어떻게 수행되는지를 보여 준다.

예제 14.11

아레니우스 식의 이용

아이오딘화 수소의 기체상 분해 반응 $2\ HI(g) \rightarrow H_2(g) + I_2(g)$의 속도 상수들이 다음 표에 나열되어 있다.

온도(°C)	$k(M^{-1}\ s^{-1})$	온도(°C)	$k(M^{-1}\ s^{-1})$
283	3.52×10^{-7}	427	1.16×10^{-3}
356	3.02×10^{-5}	508	3.95×10^{-2}
393	2.19×10^{-4}		

(a) 모든 자료를 이용하여 활성화 에너지(kJ/mol)를 구하시오.

(b) 283 °C와 508 °C에서의 속도 상수로부터 E_a를 계산하시오.

(c) 283 °C에서의 속도 상수와 (b)에서 구한 E_a 값이 주어질 때, 293 °C에서의 속도 상수는 얼마인가?

전략

(a) 활성화 에너지 E_a는 ln k 대 $1/T$를 도시하여 얻은 직선의 기울기로부터 결정될 수 있다.

(b) 두 온도의 속도 상수 값들로부터 E_a를 계산하기 위해 다음 식을 이용한다.

$$\ln\left(\frac{k_2}{k_1}\right) = \left(\frac{-E_a}{R}\right)\left(\frac{1}{T_2} - \frac{1}{T_1}\right)$$

(c) 같은 식과 알고 있는 T_1에서의 E_a와 k_1을 이용하여 T_2에서 k_2를 계산한다.

풀이

(a) 아레니우스 식에서 온도는 K로 표현되어 있기 때문에, 먼저 섭씨 온도(°C)를 절대 온도(K)로 변환해야만 한다. 그 다음에 $1/T$과 ln k의 값을 계산하고, ln k 대 $1/T$를 도시한다. 결과를 다음 표와 그래프에 나타내었다.

T(°C)	T(K)	$k(M^{-1}\ s^{-1})$	$1/T(1/K)$	ln k
283	556	3.52×10^{-7}	0.001 80	−14.860
356	629	3.02×10^{-5}	0.001 59	−10.408
393	666	2.19×10^{-4}	0.001 50	−8.426
427	700	1.16×10^{-3}	0.001 43	−6.759
508	781	3.95×10^{-2}	0.001 28	−3.231

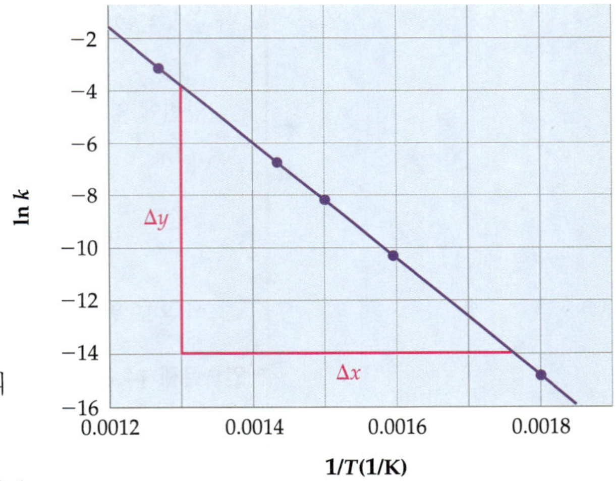

도시한 직선의 기울기는 직선 위에 멀리 떨어져 있는 임의의 두 점의 좌표로부터 결정될 수 있다.

$$\text{기울기} = \frac{\Delta y}{\Delta x} = \frac{(-14.0) - (-3.9)}{(0.001\ 75\ K^{-1}) - (0.001\ 30\ K^{-1})} = \frac{-10.1}{0.000\ 45\ K^{-1}} = -2.24 \times 10^4\ K$$

최종적으로, 이 기울기로부터 활성화 에너지를 계산한다.

$$E_a = -R(\text{기울기}) = -\left(8.314\frac{J}{K \cdot mol}\right)(-2.24 \times 10^4\ K)$$
$$= 1.9 \times 10^5\ J/mol = 190\ kJ/mol$$

아레니우스 도시의 기울기는 음(−)이고, 활성화 에너지는 양(+)이라는 것에 주목하여야 한다. 특정한 반응의 활성화 에너지가 더 커질수록 ln k 대 $1/T$ 그래프의 기울기는 더 가파르게 된다. 또한 주어진 온도 증가에 대해 속도 상수의 증가가 더 커진다.

(b) T_1 = 556 K(283 °C)에서의 $k_1 = 3.52 \times 10^{-7}\ M^{-1}s^{-1}$과 T_2 = 781 K(508 °C)에서의 $k_2 = 3.95 \times 10^{-2}\ M^{-1}\ s^{-1}$ 값을 다음 식에 대입하면

$$\ln\left(\frac{k_2}{k_1}\right) = \left(\frac{-E_a}{R}\right)\left(\frac{1}{T_2} - \frac{1}{T_1}\right)$$

다음과 같이 된다.

$$\ln\left(\frac{3.95 \times 10^{-2}\ M^{-1}\ s^{-1}}{3.52 \times 10^{-7}\ M^{-1}\ s^{-1}}\right) = \left(\frac{-E_a}{8.314 \frac{J}{K \cdot mol}}\right)\left(\frac{1}{781\ K} - \frac{1}{556\ K}\right)$$

이 식을 간단히 하면 다음과 같다.

$$11.628 = \left(\frac{-E_a}{8.314 \frac{J}{K \cdot mol}}\right)\left(\frac{-5.18 \times 10^{-4}}{K}\right)$$

$$E_a = 1.87 \times 10^5\ J/mol = 187\ kJ/mol$$

(c) 지금 알고 있는 값은

$T_1 = 556$ K(283 °C)에서 $k_1 = 3.52 \times 10^{-7}\ M^{-1}\ s^{-1}$
$E_a = 1.87 \times 10^5$ J/mol

이고 $T_2 = 566$ K(293 °C)에서의 k_2는 모르지만, (b)에서와 같은 식을 사용한다.

$$\ln\left(\frac{k_2}{3.52 \times 10^{-7}\ M^{-1}\ s^{-1}}\right) = \left(\frac{-1.87 \times 10^5 \frac{J}{mol}}{8.314 \frac{J}{K \cdot mol}}\right)\left(\frac{1}{566\ K} - \frac{1}{556\ K}\right) = 0.715$$

양변에 역로그(antiln)를 취하면, 다음 식을 얻는다.

$$\frac{k_2}{3.52 \times 10^{-7}\ M^{-1}\ s^{-1}} = e^{0.715} = 2.04$$

$$k_2 = 7.18 \times 10^{-7}\ M^{-1}\ s^{-1}$$

이 온도 범위에서 온도가 10 K 증가하면 속도 상수는 2배가 된다.

연습문제 14.21 오산화 이질소 기체 분해의 속도 상수는 25 °C에서 $3.7 \times 10^{-5}\ s^{-1}$이고, 55 °C에서 $1.7 \times 10^{-3}\ s^{-1}$이다.

$$N_2O_5(g) \longrightarrow 2\ NO_2(g) + 1/2\ O_2(g)$$

(a) 이 반응의 활성화 에너지(kJ/mol)는 얼마인가?
(b) 35 °C에서 속도 상수는 얼마인가?

응용문제 14.22 $CH_3Br(aq) + I^-(aq) \rightarrow CH_3I(aq) + Br^-(aq)$ 반응의 속도는 온도가 25 °C에서 36 °C까지 증가할 때 3배가 증가한다. 이 반응의 활성화 에너지는 얼마인가?

14.9 반응 메커니즘

14.7절에서 화학 반응이 적절하게 배향된 원자와 분자들의 강력한 충돌의 결과로 일어나는 것을 알았다. 반응은 보통 두 개 이상의 단계로 일어난다. 반응물로부터 생성물까지의 경로를 기술하는 반응 단계의 순서를 **반응 메커니즘(reaction mechanism)**이라고 한다. 화학자들은 알

고 있는 반응을 더 잘 통제하고 새로운 반응을 예측하기 위해, 다양한 반응 단계가 일어나는 순서를 알기 원한다.

반응 메커니즘 반응물로부터 생성물까지의 경로를 기술하는 반응 단계의 순서

반응 메커니즘에서 하나의 단계는 **단일 단계 반응(elementary reaction)** 또는 **단일 단계(elementary step)**라고 한다. 단일 단계 반응과 전체 반응 사이의 결정적인 차이를 명확하게 설명하기 위해, 이산화 질소와 일산화 탄소가 일산화 질소와 이산화 탄소를 생성하는 기체상 반응을 생각해 보자.

$$NO_2(g) + CO(g) \longrightarrow NO(g) + CO_2(g) \quad \text{전체 반응}$$

이 반응이 두 단계 메커니즘에 의해 일어난다는 것을 실험적 증거는 제안한다.

단계 1. $NO_2(g) + NO_2(g) \longrightarrow NO(g) + NO_3(g)$ 단일 단계 반응
단계 2. $NO_3(g) + CO(g) \longrightarrow NO_2(g) + CO_2(g)$ 단일 단계 반응

첫 번째 단일 단계에서, 2개의 NO_2 분자는 충분한 에너지를 가지고 충돌하여 하나의 N—O 결합을 깨고 다른 것을 생성한다. 결과적으로, 하나의 NO_2 분자로부터 다른 NO_2 분자로 하나의 산소 원자가 전이한 것이다. 두 번째 단계에서는, 첫 번째 단계에서 생성된 NO_3 분자가 CO 분자와 충돌하여 NO_3로부터 한 개의 산소 원자가 CO로 이동하여, NO_2 분자와 CO_2 분자를 생성한다(그림 14.13).

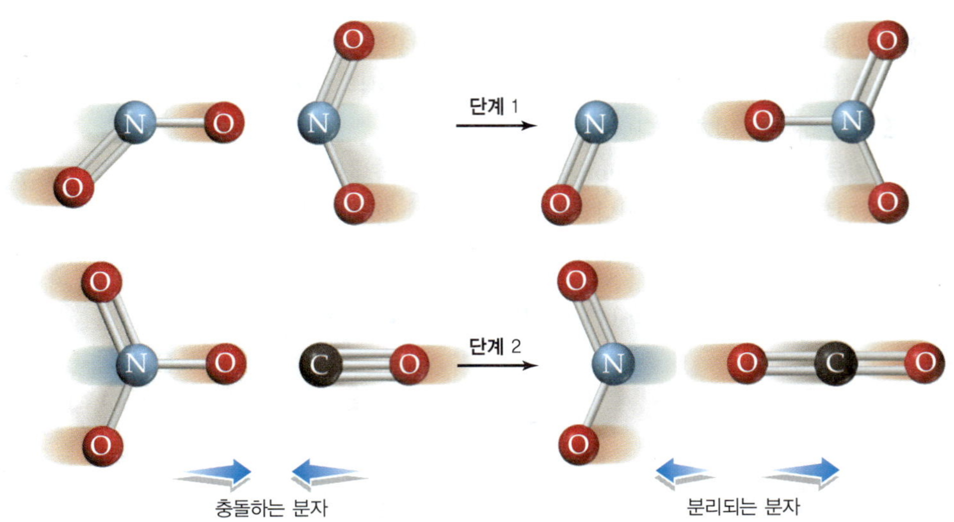

◀ 그림 14.13
NO_2와 CO 반응의 단일 단계

단일 단계 반응의 화학 반응식을 기술하는 것은 화학 결합의 깨짐 및/또는 생성에 포함된 개별 분자의 사건이다. 반면에, 전체 반응의 균형 화학 반응식은 전체 과정의 화학량론만을 기술하지, 반응이 어떻게 일어나는지에 대한 정보는 제공하지 않는다. 예를 들어, NO_2와 CO의 전체 반응의 반응식은 NO_2 분자로부터 산소 원자 하나가 CO 분자로 직접 전이되면서 반응이 일어난다는 것은 아니다.

▲ 아름다운 북극광, 즉 오로라는 북반구의 고위도 지역에서 가끔 관찰된다. 빛은 대기 상층부에서 들뜬 O 원자에 의해 부분적으로 만들어진다. © ginger_polina_bublik/Shutterstock

단일 단계 반응(elementary reaction) – 각 개별 분자의 사건을 기술한다.
전체 반응(overall reaction) – 반응의 화학량론을 기술한다.

제안된 반응 메커니즘에서 단일 단계들을 합해야만 전체 반응이 된다. 예를 들어, NO_2와 CO의 반응에서 단일 단계들을 합하면, 그 식의 양변에 같이 나타나는 분자들이 소거된다. 따라서 전체 반응을 얻는다.

단계 1.	$NO_2(g) + NO_2(g) \longrightarrow NO(g) + NO_3(g)$	단일 단계 반응
단계 2.	$NO_3(g) + CO(g) \longrightarrow NO_2(g) + CO_2(g)$	단일 단계 반응

$$NO_2(g) + \cancel{NO_2(g)} + \cancel{NO_3(g)} + CO(g) \longrightarrow NO(g) + \cancel{NO_3(g)} + \cancel{NO_2(g)} + CO_2(g)$$
$$NO_2(g) + CO(g) \longrightarrow NO(g) + CO_2(g) \quad \text{전체 반응}$$

앞의 예에서 NO_3처럼, 반응 메커니즘의 한 단계에서 형성되지만 다음 단계에서 소모되는 화학종을 **반응 중간체(reaction intermediate)**라고 한다. 반응 중간체는 전체 반응의 알짜 반응식에는 나타나지 않고, 그 존재가 언급되는 단일 단계를 살펴볼 때에만 나타난다.

단일 단계 반응들을 분류하는 기준은 **분자도(molecularity)**이다. 분자도란 화학 반응식의 반응물 쪽에 있는 분자(또는 원자)의 수를 말한다. 예를 들어, **일분자 반응(unimolecular reaction)**은 한 개의 반응물이 참여하는 단일 단계 반응이다. 대기 상층부에서 일어나는 오존의 일분자 분해가 그 예이다.

$$O_3^*(g) \longrightarrow O_2(g) + O(g)$$

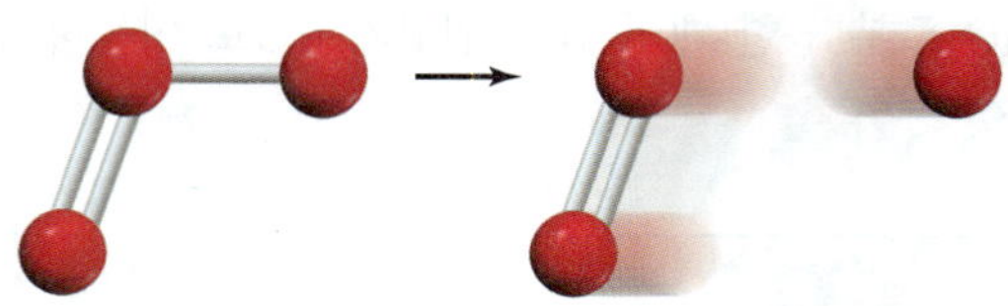

O_3 위의 별표는 에너지적으로 들뜬 상태에 있다는 것을 나타낸다. 오존 분자가 태양으로부터 오는 자외선을 흡수하기 때문이다. 이는 흡수된 에너지는 두 O—O 결합 중 하나를 끊음으로써 산소 원자 하나를 잃게 한다.

이분자 반응(bimolecular reaction)은 2개의 반응물 원자 또는 분자 사이에 강력한 충돌의 결과로 생기는 단일 단계 반응이다. 예를 들어, 대기 상층부에서 한 개의 오존 분자는 한 개의 산소 원자와 반응하여 2개의 O_2 분자를 생성할 수 있다.

$$O_3(g) + O(g) \longrightarrow 2\,O_2(g)$$

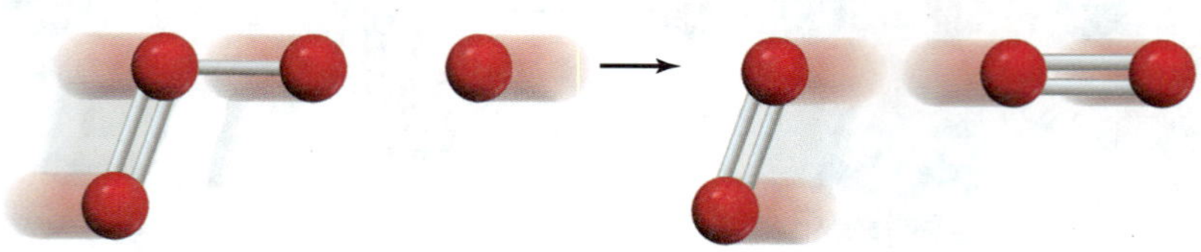

일분자와 이분자 반응은 둘 다 흔하지만, 3개의 원자 또는 분자가 관련되는 **삼분자 반응(termolecular reaction)**은 드물다. 당구 선수라면 누구나 알고 있듯이, 3-물체 충돌은 2-물체 충돌보다 가능성이 훨씬 더 적다. 그러나, 특히 두 원자가 결합하여 이원자 분자를 생성할 때처럼 3-물체 충돌이 필요한 몇 가지 반응이 있다. 예를 들어, 대기 상층부에서 산소 원자들은 어떤 제 3의 분자 M이 참여하는 충돌의 결과로 결합한다.

$$O(g) + O(g) + M(g) \longrightarrow O_2(g) + M(g)$$

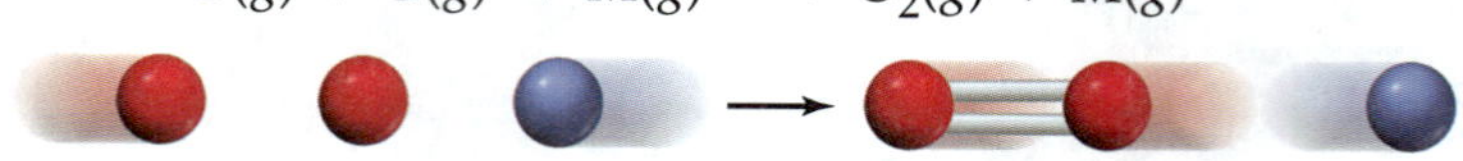

대기에서 M은 주로 N_2와 같은 것이지만, 원칙적으로 모든 원자 또는 분자일 수 있다. M의 역할은 O—O 결합이 형성될 때 방출되는 에너지를 가져가는 것이다. 만약 M이 충돌에 관련되지 않는다면, 두 산소 원자는 단순히 튕겨나가고 반응은 일어나지 않는다.

예제 14.12

반응 메커니즘에서 중간체와 분자도 확인

다음의 두 단계 메커니즘은 일산화 이질소(N_2O)의 기체상 분해에 대해 제안되었다.

단계 1. $N_2O(g) \longrightarrow N_2(g) + O(g)$

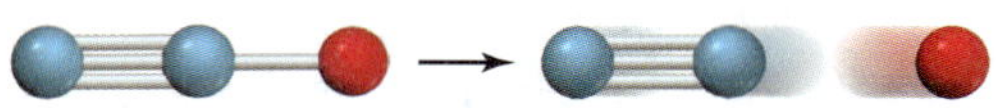

단계 2. $N_2O(g) + O(g) \longrightarrow N_2(g) + O_2(g)$

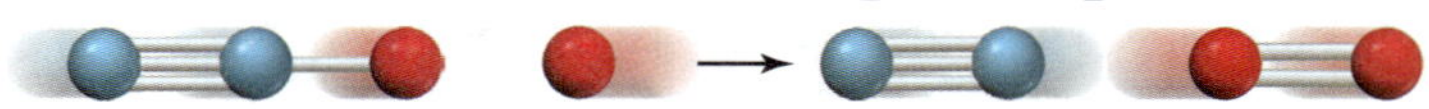

(a) 전체 반응의 화학 반응식을 쓰시오.
(b) 반응 중간체를 확인하시오.
(c) 각 단일 단계 반응의 분자도는 얼마인가?
(d) 전체 반응의 분자도는 얼마인가?

전략

전체 반응을 구하기 위해 단일 단계들을 합한다. 중간체와 분자도를 확인하기 위해 각각의 단계를 따로 살펴본다.

풀이

(a) 전체 반응은 두 단일 단계의 합이다.

단계 1	$N_2O(g) \longrightarrow N_2(g) + O(g)$	단일 단계 반응
단계 2	$N_2O(g) + O(g) \longrightarrow N_2(g) + O_2(g)$	단일 단계 반응
	$2\,N_2O(g) + \cancel{O(g)} \longrightarrow 2\,N_2(g) + \cancel{O(g)} + O_2(g)$	전체 반응
	$2\,N_2O(g) \longrightarrow 2\,N_2(g) + O_2(g)$	

(b) 산소 원자는 반응 중간체이다. 첫 번째 단일 단계에서 생성되었다가 두 번째 단계에서 소모되기 때문이다.

(c) 첫 번째 단일 단계 반응은 일분자 반응이다. 한 개의 반응물 분자가 관련되기 때문이다. 두 번째 단일 단계는 이분자 반응이다. 2개의 반응물 원자 또는 분자가 관련되기 때문이다.

(d) 전체 반응과 연관해서 분자도라는 단어를 사용하는 것은 적절하지 않다. 전체 반응이 개별적인 분자 사건을 기술하지 않기 때문이다. **분자도**란 오직 단일 단계 반응에서만 언급한다.

연습문제 14.23 이산화 질소와 플루오린 분자의 반응에 대하여 제안된 메커니즘은 다음과 같다.

단계 1. $NO_2(g) + F_2(g) \longrightarrow NO_2F(g) + F(g)$

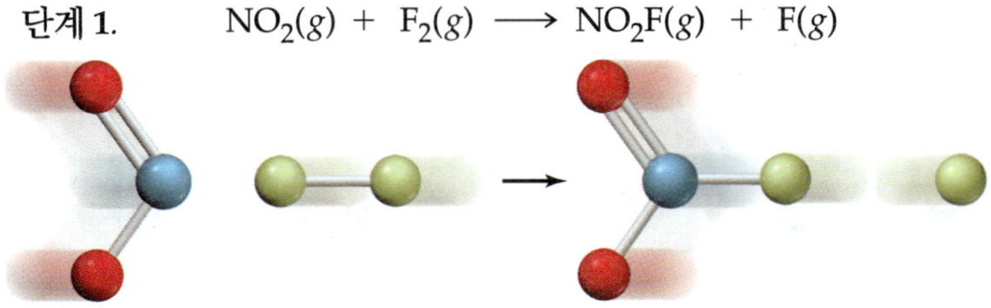

단계 2. $NO_2(g) + F(g) \longrightarrow NO_2F(g)$

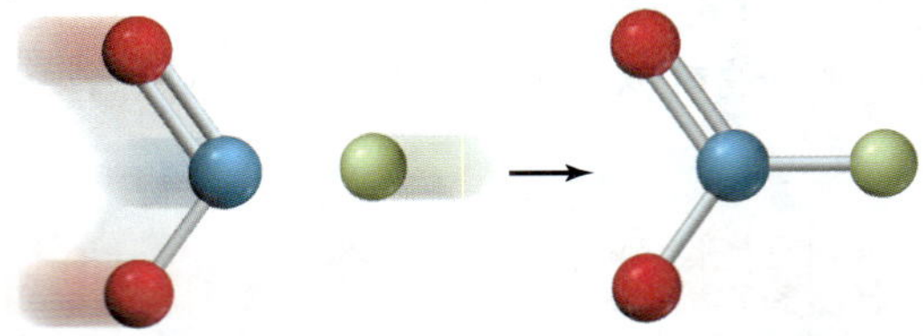

(a) 전체 반응의 화학 반응식을 쓰고, 반응 중간체를 확인하시오.
(b) 각 단일 단계 반응의 분자도는 얼마인가?

응용문제 14.24 과산화 수소의 분해에 대해 제안된 메커니즘은 다음과 같다.

단계 1. $H_2O_2(aq) \longrightarrow 2\ OH(aq)$
단계 2. $H_2O_2(aq) + OH(aq) \longrightarrow H_2O(l) + HO_2(aq)$
단계 3. $HO_2(aq) + OH(aq) \longrightarrow H_2O(l) + O_2(g)$

(a) 전체 반응의 화학 반응식을 쓰고, 반응 중간체를 확인하시오.
(b) 각 단일 단계 반응의 분자도는 얼마인가?

14.10 단일 단계 반응의 속도 법칙

전체 화학 반응의 속도 법칙은 반드시 실험적으로 결정되어야만 한다는 것을 14.3절로부터 다시 기억하라. 속도 법칙은 전체 반응의 균형 반응식에 있는 화학량론의 계수들로부터 추론될 수 없다. 그에 반해서 단일 단계 반응의 속도 법칙은 그것의 분자도로부터 직접적으로 얻어진다. 단일 단계 반응이 개별적인 분자의 사건이기 때문이다. 단일 단계 반응에서 각 반응물의 농도는 단일 단계 반응의 화학 반응식에 있는 계수와 동일한 지수로 속도 법칙에 나타난다.

예를 들어, 오존의 일분자 분해를 생각해 보자.

$$O_3(g) \longrightarrow O_2(g) + O(g)$$

개념탐구 질문 6

어떤 반응의 속도 법칙은 다음 중 어느 것의 화학량론으로부터 유도될 수 있는가? 전체 반응, 단일 단계 반응, 둘 다, 둘 다 아님

단위 시간당 분해하는 O_3의 리터당 몰수는 O_3의 몰농도에 직접적으로 비례한다.

$$O_3\text{의 분해 속도} = -\frac{\Delta[O_3]}{\Delta t} = k[O_3]$$

일분자 반응의 속도는 반응물 분자의 농도에 대해 항상 1차이다.

'$A + B \longrightarrow$ 생성물' 형태의 이분자 단일 단계 반응에 대하여, 반응 속도는 A와 B 분자 사이의 충돌 빈도에 의존한다. 어떤 **특정한** A 분자와 관련된 AB 충돌의 빈도는 B의 몰농도에 비례하고, **모든** A 분자와 관련된 AB 충돌의 전체 빈도는 A의 몰농도와 B의 몰농도의 곱에 비례한다(**그림 14.14**). 따라서 반응은 2차 속도 법칙을 따른다.

$$\text{속도} = k[A][B]$$

하나의 예는 염기성 용액에서 브로모메테인으로부터 메탄올로의 변환이다.

$$CH_3Br(aq) + OH^-(aq) \longrightarrow Br^-(aq) + CH_3OH(aq)$$

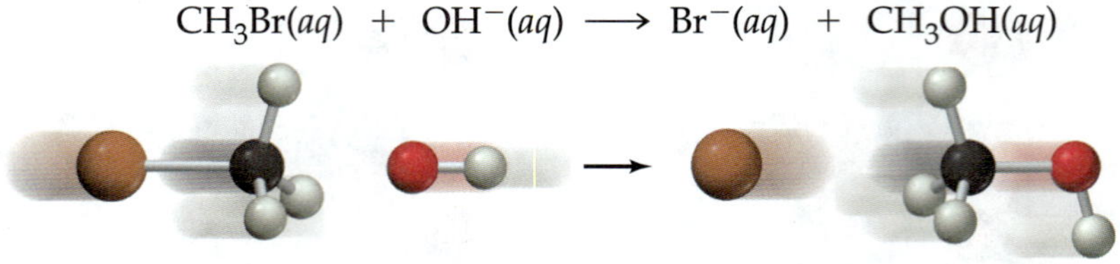

브로모메테인 수산화 이온 브로민화 이온 메탄올

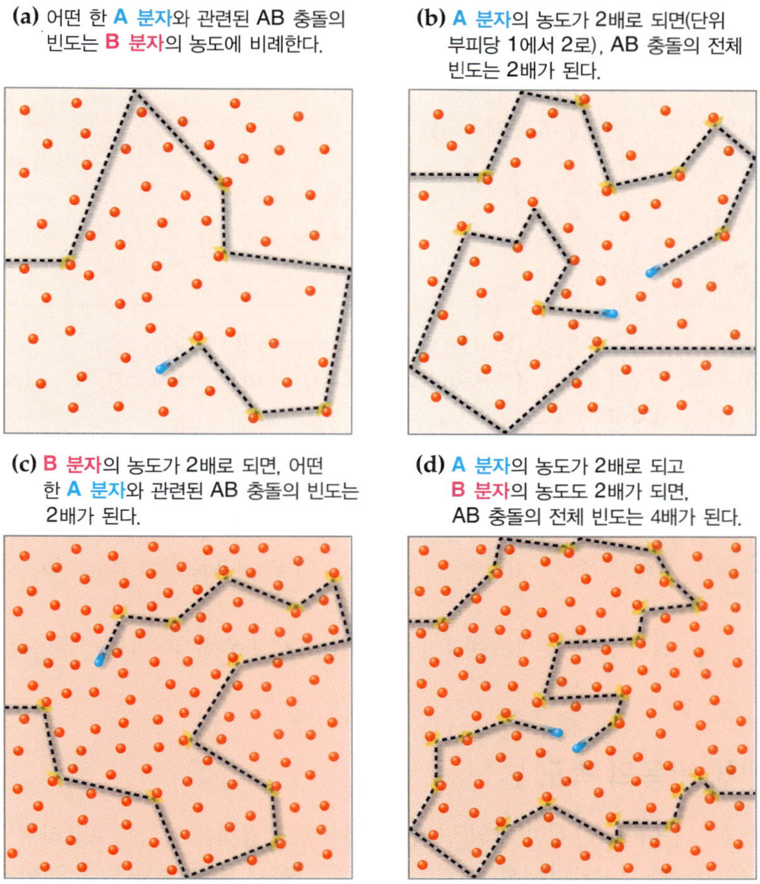

따라서 AB 충돌의 전체 빈도는 A 분자의 농도와 B 분자의 농도의 곱에 비례한다.

◀ **그림 14.14**
농도가 A 분자(파란색)와 B 분자(빨간색) 사이의 충돌 빈도에 미치는 효과

▶ 확인하기

만약 A의 농도가 3배가 되고 B의 농도가 절반이 되면, A 분자와 B 분자 사이의 충돌 빈도에 미치는 영향은 무엇인가?

답 충돌 빈도는 3/2 = 1.5배로 증가한다.

이 반응은 C—Br 결합이 끊어짐과 동시에 새로운 C—O 결합이 형성되는, 하나의 이분자 단계로 일어난다. 실험적인 속도 법칙은 다음과 같다.

$$속도 = k[CH_3Br][OH^-]$$

비슷한 논리로 다음 형태의 이분자 반응

$$A + A \longrightarrow 생성물$$

은 2차 속도 법칙을 가진다.

$$속도 = k[A][A] = k[A]^2$$

단일 단계 반응의 속도 법칙은 **표 14.5**에 요약되어 있다. 어떤 단일 단계 반응의 전체 반응 차수는 항상 그것의 분자도와 같음을 주목하라.

표 14.5 단일 단계 반응의 속도 법칙

단일 단계 반응	분자도	속도 법칙
$A \longrightarrow$ 생성물	일분자	속도 $= k[A]$
$A + A \longrightarrow$ 생성물	이분자	속도 $= k[A]^2$
$A + B \longrightarrow$ 생성물	이분자	속도 $= k[A][B]$
$A + A + B \longrightarrow$ 생성물	삼분자	속도 $= k[A]^2[B]$
$A + B + C \longrightarrow$ 생성물	삼분자	속도 $= k[A][B][C]$

예제 14.13

단일 단계 반응의 속도 법칙 쓰기

다음의 두 단계 메커니즘은 산화 이질소(N_2O)의 기체상 분해에 대해 제안되었다.

단계 1. $N_2O(g) \longrightarrow N_2(g) + O(g)$

단계 2. $N_2O(g) + O(g) \longrightarrow N_2(g) + O_2(g)$

단계 1과 단계 2에 있는 단일 단계 반응의 속도 법칙을 쓰시오.

전략

단일 단계 반응의 분자도는 속도 법칙을 결정한다. 즉, 일분자 반응은 1차이고 이분자 반응은 2차이며, 삼분자 반응은 3차이다.

풀이

단계 1. 속도 $= k[N_2O]$ **단계 2.** 속도 $= k[N_2O][O]$

연습문제 14.25 다음 각 단일 단계 반응의 속도 법칙을 쓰시오.

(a) $Br(g) + Br(g) + Ar(g) \longrightarrow Br_2(g) + Ar(g)$

(b) $O_3(g) + O(g) \longrightarrow 2\ O_2(g)$

(c) $Co(CN)_5(H_2O)^{2-}(aq) \longrightarrow Co(CN)_5{}^{2-}(aq) + H_2O(l)$

응용문제 14.26 문제 14.25에서 각 단일 단계 반응을 가장 잘 기술하는, 분자 충돌에 대한 진술을 고르시오.

i) 두 반응물 분자 사이의 충돌 없이 반응이 일어난다.

ii) 반응이 일어나는 데 두 반응물 분자 또는 원자 사이의 충돌이 필요하다.

iii) 반응이 일어나는 데 세 반응물 사이의 동시 충돌이 필요하다.

14.11 전체 반응의 속도 법칙

▲ 깔때기로 액체를 부을 때 속도 결정 단계는 액체가 좁은 관을 얼마나 빨리 통과하는가이다. ©Hand Robot/Shutterstock

앞 절에서 전체 반응이 한 단계인 단일 단계 반응의 속도 법칙은 분자도로부터 직접적으로 얻어진다는 것을 알았다. 이에 반해서, 다단계인 전체 반응에 대한 속도 법칙은 반응 메커니즘, 즉 단일 단계들의 순서와 그들의 상대적인 속도에 의존한다. 14.2절에서 강조되었듯이, 전체 반응의 속도 법칙은 실험에 의해 결정되어야만 한다. 이 후로는 이것을 관찰된, 즉 실험적인 속도 법칙으로 언급할 것이다.

전체 반응이 둘 이상의 단일 단계로 일어날 때, 단계 중 하나는 보통 다른 단계들보다 훨씬 더 느리다. 반응 메커니즘에서 이 가장 느린 단계를 **속도 결정 단계**(**rate-determining step**)라고 부른다. 그 이유는 반응물이 생성물로 변환할 수 있는 속도를 제한하는 병목처럼 작용하기 때문이다. 이 점에 있어서 화학 반응은 깔때기를 사용하여 용기 안에 액체를 붓는 것과 비슷하다. 깔때기로부터 액체가 빠져 나오는 속도는 액체가 좁은 관을 통해 흐르는 속도에 전적으로 의존한다. 일부분의 액체가 위쪽의 원추형 부분에 머무를 수 있기 때문에, 액체를 용기에 붓는 속도는 액체를 깔때기에 넣는 속도에 아무런 영향을 받지 않는다. 이 경우, 액체가 좁은 관으로 흐르는 속도가 속도 결정 단계이다. 전체 반응은 속도 결정 단계의 속도보다 더 빠르게 일어날 수 없다.

느린 초기 단계가 있는 다단계 반응

속도 결정 단계는 다단계 순서의 어느 곳에서나 일어날 수 있다. 예를 들어, 이산화 질소와 일산화 탄소와의 반응에서 메커니즘의 첫 번째 단계는 더 느려서 속도 결정 단계인 반면, 두 번째 단계는 더 빨리 일어난다.

$$NO_2(g) + NO_2(g) \xrightarrow{k_1} NO(g) + NO_3(g) \quad \text{더 느림, 속도 결정}$$
$$NO_3(g) + CO(g) \xrightarrow{k_2} NO_2(g) + CO_2(g) \quad \text{더 빠름}$$
$$NO_2(g) + CO(g) \longrightarrow NO(g) + CO_2(g) \quad \text{전체 반응}$$

앞의 식에서 화살표 위에 쓰인 상수 k_1과 k_2는 단일 단계 반응의 속도 상수이다. 전체 반응에 대한 속도는 더 느린 첫 번째 단계의 속도에 의해 결정된다. 두 번째 단계에서 불안정한 중간체(NO_3)는 형성되자마자 곧 반응한다.

전체 반응에 대한 속도 법칙은 반응 메커니즘에 의존하기 때문에 이것은 메커니즘에 대해 중요한 단서를 제공해 준다. 타당한 메커니즘은 다음 두 기준을 충족해야만 한다.

(1) 단일 단계들을 합하면 전체 반응이 되어야만 한다.
(2) 메커니즘은 전체 반응의 실험적 속도 법칙과 일치해야만 한다.

예를 들어, 전체 반응(NO_2와 CO의 반응)의 **실험적인** 속도 법칙은 다음과 같다.

$$속도 = k[NO_2]^2$$

제안된 메커니즘에 의해 **예상한** 속도 법칙은 속도 결정 단계(첫 번째 단계)에 대한 것이다. 따라서 그 단계의 분자도를 그대로 따른다.

$$속도 = k_1[NO_2]^2$$

실험적 속도 법칙과 예상한 속도 법칙이 같은 형태($[NO_2]$에 2차 의존)를 가지고 있기 때문에, 제안된 메커니즘은 실험적인 속도 법칙과 일치한다. 관찰된 속도 상수 k는 첫 번째 단일 단계의 속도 상수인 k_1과 같다.

빠른 초기 단계가 있는 다단계 반응

첫 번째 단계가 느리고 속도 결정인 반응과는 대조적으로, 일산화 질소와 수소의 반응에 대해 제안된 3단계 메커니즘을 살펴보자.

$$2\,NO(g) \underset{k_{-1}}{\overset{k_1}{\rightleftharpoons}} N_2O_2(g) \quad \text{빠름, 가역 반응}$$
$$N_2O_2(g) + H_2(g) \xrightarrow{k_2} N_2O(g) + H_2O(g) \quad \text{느림, 속도 결정}$$
$$N_2O(g) + H_2(g) \xrightarrow{k_3} N_2(g) + H_2O(g) \quad \text{빠름}$$
$$2\,NO(g) + 2\,H_2(g) \longrightarrow N_2(g) + 2\,H_2O(g) \quad \text{전체 반응}$$

빠르고 가역적인 첫 번째 단계는 작은 농도의 불안정한 중간체인 N_2O_2를 생성한다. 이 중간체는 첫 번째 단계의 역반응에서 빠르게 NO로 분해되거나, 두 번째 단계에서 H_2와 단지 느리게 반응하여 두 번째 중간체인 N_2O를 생성한다. 두 번째 단계는 속도 결정 단계이다. 세 번째 단계에서 N_2O는 H_2와 빠르게 반응하여 N_2와 H_2O를 생성한다. 이제 3개의 단일 단계들을 합하면, 두 중간체들은 소거되고 전체 반응의 균형 반응식을 얻는다. 제안된 메커니즘의 **예상한** 속도 법칙은 속도 결정 단계의 속도 법칙이다.

$$속도 = k_2[N_2O_2][H_2]$$

여기서 k_2는 그 단계의 속도 상수이다. 속도 결정 단계 다음의 빠른 반응(위의 예에서 세 번째 단계)은 반응의 속도에 영향을 주지 않는다.

전체 반응의 실험적 속도 법칙은 다음과 같다.

$$속도 = k[NO]^2[H_2]$$

여기서 k는 전체 반응의 관찰된 속도 상수이다. 제안된 메커니즘이 타당한지 결정하기 위해 실험적 속도 법칙과 예상한 속도 법칙을 비교할 필요가 있다. N_2O_2와 같은 반응 중간체의 농도는 실험적 속도 법칙에 나타나지 않는다. 그 농도가 보통 매우 작고 측정하기 어렵기 때문이다. 단지 반응물과 생성물(그리고 만약 있다면, 촉매)만이 전체 반응의 속도 법칙에 나타난다. 따라서 예상한 속도 법칙, 속도 = $k_2[N_2O_2][H_2]$로부터 $[N_2O_2]$를 제거해야만 한다.

이 식의 우변에서 N_2O_2를 제거하기 위해 메커니즘에서 빠르고 가역적인 첫 번째 단계는 동적 평형(15장에서 **화학 평형(chemical equilibrium)**에 대해 더 많이 배울 것이다.)에 도달한다고 가정한다. **빠르고 가역적인** 첫 번째 단계에서 정반응과 역반응의 속도는 다음과 같이 얻어진다.

미리보기…
15장에서 우리는 정반응과 역반응의 속도가 같을 때 **화학 평형**에 도달한다는 것을 알게 될 것이다.

$$\text{속도}_{\text{정반응}} = k_1[NO]^2 \quad \text{속도}_{\text{역반응}} = k_{-1}[N_2O_2]$$

기억하기…
액체–기체 평형에서 단위 시간당 액체로부터 탈출하는(기화) 분자의 수는 단위 시간당 액체로 되돌아가는(응축) 분자의 수와 같다(11.3절).

마치 기화와 응축의 속도가 **액체–기체 평형(liquid-vapor equilibrium**, 11.3절)에서 같은 것처럼, 정반응과 역반응의 속도는 화학 평형에서 같다. 그러므로

$$k_1[NO]^2 = k_{-1}[N_2O_2], \quad [N_2O_2] = \frac{k_1}{k_{-1}}[NO]^2$$

예상한 속도 법칙의 식에 $[N_2O_2]$의 이 표현을 대입하여 중간체를 제거하면, 단지 반응물과 생성물에 관하여 최종적으로 예상한 속도 법칙을 얻는다.

$$\text{속도} = k_2[N_2O_2][H_2] = k_2\frac{k_1}{k_{-1}}[NO]^2[H_2]$$

이제 예상한 속도 법칙과 실험적 속도 법칙은 같은 형태를 가진다. 즉, 둘 다 NO에 대해 2차, H_2에 대해 1차이다. 따라서 제안된 메커니즘은 실험과 일치하고 반응의 타당한 메커니즘이다. 두 속도 법칙을 비교하면, 관찰된 속도 상수 k는 k_2k_1/k_{-1}와 같다는 것을 알 수 있다.

반응 메커니즘 연구에서 사용되는 절차

화학자들이 반응 메커니즘을 밝히는 데 사용하는 절차를 요약해 보자. 첫째, 속도 법칙은 실험에 의해 결정된다. 그다음에 일련의 단일 단계들이 제안되고, 제안된 메커니즘으로부터 예상되는 속도 법칙을 만든다. 만약 관찰된 속도 법칙과 예상한 속도 법칙이 일치하지 않으면, 제안된 메커니즘은 버리고, 다른 메커니즘이 고안되어야만 한다. 관찰된 속도 법칙과 예상한 속도 법칙이 일치한다면, 제안된 메커니즘은 반응에 대해 타당한(반드시 정확하지 않더라도) 경로이다. **그림 14.15**는 절차를 요약한 것이다.

반응 중간체를 분리할 수 있거나 또는 불안정한 중간체를 검출할 수 있다면, 특별한 메커니즘의 경우가 상당히 보강된다. 메커니즘이 틀렸다는 걸 증명하기는 쉽지만, 실험적 사실에 일

▶ 그림 14.15
반응 메커니즘 연구에서 사용되는 논리를 설명하는 순서도

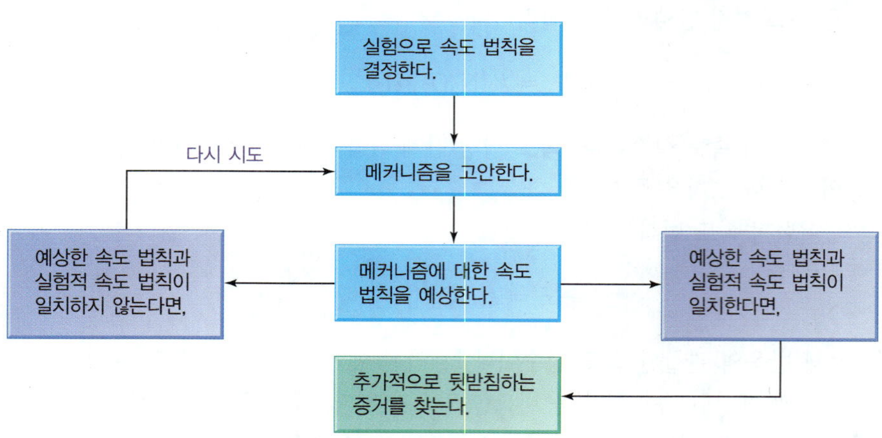

치하면서도 아직 예상하지 못한 다른 반응 경로가 있을 수 있기 때문에 메커니즘을 최종적으로 증명하기는 거의 불가능하다. 메커니즘 규명의 최선책은 메커니즘을 지지하는 설득력 있는 실험적 증거를 모으는 것이다. 반응 메커니즘을 증명하는 것은, 수학에서 어떤 정리를 증명하는 것보다는 법정에서 어떤 사건을 증명하는 것과 더 비슷하다.

예제 14.14

주어진 속도 법칙의 메커니즘 제안하기: 느린 초기 단계가 있는 반응

다음 반응은 2차 속도 법칙을 가진다.

$$H_2(g) + 2\,ICl(g) \longrightarrow I_2(g) + 2\,HCl(g) \qquad \text{속도} = k[H_2][ICl]$$

가능한 반응 메커니즘을 고안하시오.

전략

반응은 하나의 단일 단계로 일어나지 않는다. 만약 그렇게 일어난다면 속도 법칙이 3차(속도 = $k[H_2][ICl]^2$)일 것이기 때문이다. 만약 속도 결정 단계가 H_2와 ICl의 이분자 반응과 관련이 있다면, 관찰된 속도 법칙이 얻어질 것이다.

풀이

타당한 단일 단계의 순서는 다음과 같다.

$$\begin{array}{ll} H_2(g) + ICl(g) \xrightarrow{k_1} HI(g) + HCl(g) & \text{더 느림, 속도 결정} \\ HI(g) + ICl(g) \xrightarrow{k_2} I_2(g) + HCl(g) & \text{더 빠름} \\ \hline H_2(g) + 2\,ICl(g) \longrightarrow I_2(g) + 2\,HCl(g) & \text{전체 반응} \end{array}$$

이 메커니즘에 의해 예상한 속도 법칙, 속도 = $k_1[H_2][ICl]$은 관찰된 속도 법칙과 일치한다.

연습문제 14.27 다음 반응은 2차 속도 법칙을 가진다.

$$2\,NO(g) + Cl_2(g) \longrightarrow 2NOCl(g) \qquad \text{속도} = k[NO][Cl_2]$$

가능한 반응 메커니즘을 고안하시오.

응용문제 14.28 다음 반응은 1차 속도 법칙을 가진다.

$$Co(CN)_5(H_2O)^{2-}(aq) + I^-(aq) \longrightarrow Co(CN)_5I^{3-}(aq) + H_2O(l)$$
$$\text{속도} = k[Co(CN)_5(H_2O)^{2-}]$$

가능한 반응 메커니즘을 제안하고, 관찰된 속도 법칙과 일치하는지를 보이시오.

예제 14.15

주어진 속도 법칙의 메커니즘 제안하기: 빠른 초기 단계가 있는 반응

오존 분해의 실험적 속도 법칙은 오존에 대해 2차, 산소 분자에 대해 역 1차이다.

$$2\,O_3(g) \longrightarrow 3\,O_2(g) \qquad \text{속도} = k\frac{[O_3]^2}{[O_2]}$$

다음 메커니즘은 실험적 속도 법칙과 일치함을 보이고, 관찰된 속도 상수 k를 단일 단계 반응의 속도 상수들과 관련시키시오.

$$O_3(g) \underset{k_{-1}}{\overset{k_1}{\rightleftharpoons}} O_2(g) + O(g)$$ 빠름, 가역

$$O(g) + O_3(g) \xrightarrow{k_2} 2\,O_2(g)$$ 느림, 속도 결정

$$2\,O_3(g) \longrightarrow 3\,O_2(g)$$ 전체 반응

전략

메커니즘이 실험과 일치한다는 것을 보이기 위해, 우리는 메커니즘으로부터 예상한 속도 법칙을 유도하고 그것을 실험적 속도 법칙과 비교해야만 한다. 만약 빠르고 가역적인 단계가 평형에 있다고 가정한다면, 속도 결정 단계의 속도 법칙에서 중간체의 농도를 제거할 수 있다.

풀이

메커니즘으로부터 속도 법칙을 결정하는 첫 번째 단계는 속도 결정 단계의 속도 법칙을 쓰는 것이다.

$$\text{속도} = k_2[O][O_3]$$

그러나 속도 법칙에서 O 원자는 중간체이다. 그러므로 반응물 $[O_3]$에 대하여 [O]를 알기 위해 첫 번째의 빠른 평형 단계가 사용되어야만 한다.

더 빠르고 가역적인 단계에서 정반응과 역반응의 속도는 다음과 같이 주어진다.

$$\text{속도}_{\text{정반응}} = k_1[O_3] \quad \text{속도}_{\text{역반응}} = k_{-1}[O_2][O]$$

첫 번째 단계가 평형이라고 가정하면 정반응과 역반응의 속도가 같다고 놓을 수 있다. 그다음에 중간체 O 원자의 농도에 대해 풀 수 있다.

$$k_1[O_3] = k_{-1}[O_2][O] \quad \text{따라서} \quad [O] = \frac{k_1[O_3]}{k_{-1}[O_2]}$$

전체 반응의 예상한 속도 법칙에 [O]에 대한 이 표현을 대입하면, 단지 반응물과 생성물만으로 예상한 속도 법칙을 얻는다.

$$\text{속도} = k_2[O][O_3] = k_2\frac{k_1\,[O_3]^2}{k_{-1}\,[O_2]}$$

예상한 속도 법칙과 실험적 속도 법칙은 O_3와 O_2에 대해 같은 반응 차수를 가지고 있기 때문에, 제안된 메커니즘은 실험적 속도 법칙과 일치하고 반응의 타당한 메커니즘이다. 예상한 속도 법칙과 실험적 속도 법칙을 비교하면, 관찰된 속도 상수 k는 k_2k_1/k_{-1}와 같다는 것을 알 수 있다.

▶ **연습문제 14.29** 일산화 질소에서 이산화 질소로 산화되는 반응의 메커니즘이 제안되었다.

$$NO(g) + O_2(g) \underset{k_{-1}}{\overset{k_1}{\rightleftharpoons}} NO_3(g)$$ 더 빠름, 가역

$$NO_3(g) + NO(g) \xrightarrow{k_2} 2\,NO_2(g)$$ 더 느림, 속도 결정

전체 반응의 실험적 속도 법칙은 다음과 같다.

$$\text{속도} = k[NO]^2[O_2]$$

메커니즘으로부터 고안된 속도 법칙은 무엇인가? (메커니즘의 속도 상수를 단일 단계 반응의 속도 상수와 관련시키시오.)

▶ **응용문제 14.30** 수소 기체와 아이오딘 기체가 아이오딘화 수소를 생성하는 반응에 대해 다음 메커니즘이 제안되었다.

$$I_2(g) \underset{k_{-1}}{\overset{k_1}{\rightleftharpoons}} 2I(g)$$ 더 빠름, 가역

$$H_2(g) + I(g) \underset{k_{-2}}{\overset{k_2}{\rightleftharpoons}} H_2I(g)$$ 더 빠름, 가역

$$H_2I(g) + I(g) \xrightarrow{k_3} 2\,HI(g)$$ 더 느림, 속도 결정

전체 반응의 실험적 속도 법칙은 다음과 같다.

$$\text{속도} = k[H_2][I_2]$$

(a) 전체 반응의 균형 반응식을 쓰시오.
(b) 제안된 메커니즘이 실험적 속도 법칙과 일치한다는 것을 보이시오.
(c) 속도 상수 k를 단일 단계 반응의 속도 상수와 관련시키시오.

14.12 촉매

반응 속도는 반응물의 농도와 온도뿐만 아니라 **촉매**의 존재에 의해서도 영향을 받는다. **촉매(catalyst)**란 반응 동안에 자신은 소모되지 않으면서 반응의 속도를 증가시키는 물질이다. 한 예는 염소산 포타슘의 열분해를 가속하는 검은색 가루인 이산화 망가니즈이다.

$$2\,KClO_3(s) \xrightarrow[\text{열}]{MnO_2\ \text{촉매}} 2\,KCl(s) + 3\,O_2(g)$$

촉매가 없을 때 $KClO_3$은 매우 느리게 분해하는데, 심지어 가열해도 느리다. 그러나 가열하기 전에 소량의 MnO_2를 $KClO_3$와 섞어 주면 산소의 발생이 빠르게 일어난다. MnO_2는 반응

이 완결된 후에 변화 없이 회수할 수 있다.

촉매는 화학 공업과 생명체 둘 다에서 매우 중요하다. 필수적인 화학물질을 제조하는 거의 모든 공업적인 과정에서 촉매를 사용하면, 특정한 생성물의 생성을 촉진하고 반응 온도를 낮춤으로써 결과적으로 에너지 비용을 절감한다. 환경 화학에서 일산화 질소와 같은 촉매는 공기 오염물을 생성하는 역할을 하지만, 자동차 촉매 변환 장치에 있는 백금과 같은 촉매는 공기 오염을 통제하기 위한 강력한 무기이다. 생명체에서 끊임없이 일어나는 수십만 가지의 화학 반응 중 거의 모두는 **효소**라고 하는 거대 분자들에 의해 촉진된다. 예를 들어, 완두콩과 강낭콩 같은 콩과식물의 뿌리혹박테리아에 존재하는 효소인 질소 고정 효소는 대기의 질소를 암모니아로 변환시키는 데 촉매 작용을 한다. 이 암모니아는 식물 생장에 비료의 역할을 한다.

▲ MnO_2는 $KClO_3$가 KCl과 O_2가 되는 열분해 반응을 촉진한다.

촉매는 어떻게 작용하는가? 반응 속도를 가속시킨다. 그 방법은 촉매는 반응물이 생성물로 변환하는 데 더 낮은 에너지의 다른 메커니즘이 가능하게 만드는 것이다. 예를 들어, 염기성 수용액에서 과산화 수소의 분해를 생각해 보자.

$$2\,H_2O_2(aq) \longrightarrow 2\,H_2O(l) + O_2(g)$$

비록 과산화 수소는 물과 산소에 비해서 불안정하지만, 높은 활성화 에너지(76 kJ/mol)를 가지기 때문에 상온에서 매우 느리게 분해한다. 그러나 아이오딘화 이온이 존재할 때 반응은 상당히 더 빨라진다(**그림 14.16**). 이유는 반응이 다른 더 낮은 에너지 경로로 진행될 수 있기 때문이다.

개념탐구 질문 7

촉매가 있을 때 화학 반응 속도는 왜 증가하는가?

단계 1.	$H_2O_2(aq) + I^-(aq) \longrightarrow H_2O(l) + IO^-(aq)$	더 느림, 속도 결정
단계 2.	$H_2O_2(aq) + IO^-(aq) \longrightarrow H_2O(l) + O_2(g) + I^-(aq)$	더 빠름
	$2\,H_2O_2(aq) \longrightarrow 2\,H_2O(l) + O_2(g)$	전체 반응

H_2O_2는 촉매(I^-)를 하이포아아이오딘산 이온(IO^-)으로 먼저 산화시키고, 그다음에 중간체 IO^-를 I^-로 다시 환원시킨다. 촉매는 전체 반응에서 나타나지 않는다. 단계 1에서 소모되었다가 단계 2에서 재생되기 때문이다. 그러나 촉매는 반응에 직접적으로 참여하며, 관찰된 속도 법칙에 나타난다.

$$\text{속도} = k[H_2O_2][I^-]$$

속도 법칙은 H_2O_2와 I^-의 반응이 속도 결정 단계인 것과 일치한다. 일반적으로 촉매는 반응의 한 단계에서 소모되었다가 그다음 단계에서 재생되지만, 중간체는 한 단계에서 생성되

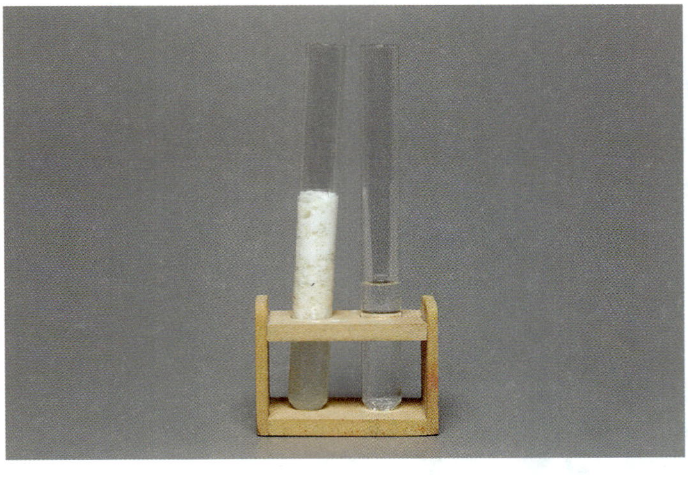

◀ **그림 14.16**
촉매에 의한 과산화 수소의 분해. 30% 과산화 수소(H_2O_2) 용액은 일상적인 조건에서 물(H_2O)과 산소(O_2)로 매우 느리게 분해된다. 촉매 작용을 하는 아이오딘화 포타슘(KI) 고체 가루를 넣어 주면, 분해 속도는 매우 증가한다.

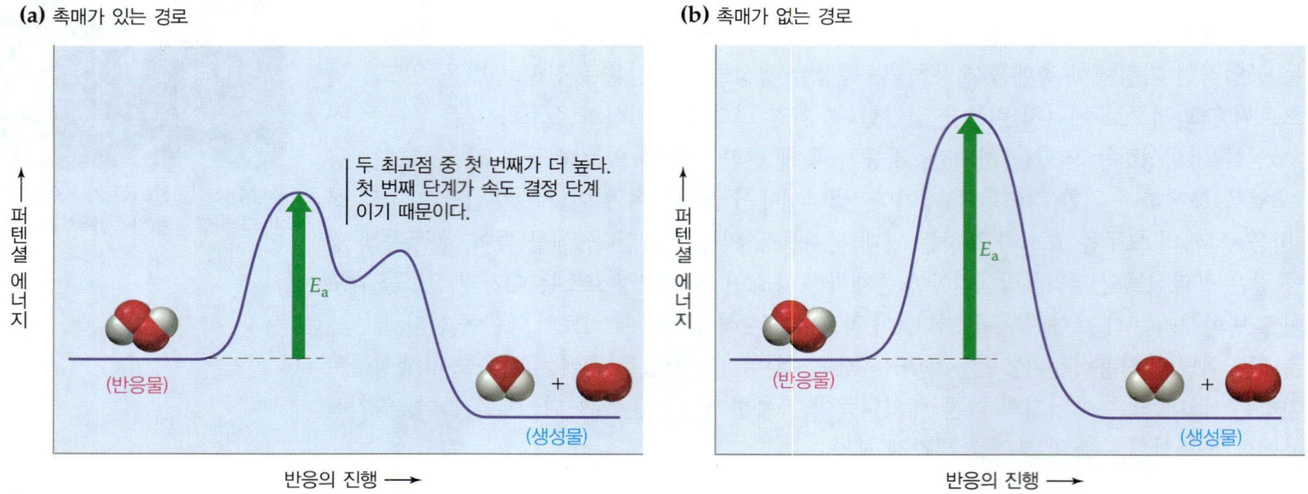

활성화 에너지 E_a는 촉매가 있는 경로에서 더 낮다. 촉매가 있는 경로에 대한 장벽의 모양은 H_2O_2의 분해에 적용된다.

▲ **그림 14.17**
촉매가 존재함으로써 활성화 에너지가 낮아지는 반응의 전형적인 퍼텐셜 에너지 단면도

었다가 그다음 단계에서 소모된다.

촉매가 있는 반응 경로는 촉매가 없는 경로보다 더 빠른 속도를 가질 수 있다. 아레니우스 식에서 더 큰 진동수 인자(A) 또는 더 작은 활성화 에너지(E_a)의 둘 중 하나 때문이다. 그렇지만 보통 촉매는 더 낮은 활성화 에너지를 가지고 있는 반응 경로가 가능하도록 작용한다(그림 14.17). 예를 들어, 과산화 수소의 분해에서 I^-에 의한 촉매 작용은 전체 반응의 E_a를 19 kJ/mol까지 낮춘다.

반응이 두 단계로 일어나기 때문에, 그림 14.17에서 촉매가 있는 경로의 에너지 단면은 두 개의 최고점(두 개의 전이 상태)을 보여 준다. 그들 사이에 첫 번째 단계 이후 존재하는 중간체의 에너지를 나타내는 최소점이 있다. 첫 번째 단계가 속도 결정이기 때문에 첫 번째 최고점이 두 번째보다 더 높고, 전체 반응의 활성화 에너지는 첫 번째 단계의 E_a이다. 그렇지만 두 단계의 최고점 모두 촉매가 없는 경로의 E_a보다 더 낮다. 촉매는 반응물과 생성물의 에너지에는 영향을 주지 않음을 주목하라. 그것은 촉매가 있거나 촉매가 없는 경로에 대해 같기 때문이다.

개념 예제 14.16

촉매가 있는 반응에서 초기 속도 방법의 이용

용기 (1)~(4)에서 A + B → AB 반응의 상대 속도는 1:2:1:2이다. 빨간색 구는 A 분자, 파란색 구는 B 분자, 노란색 구는 제3의 물질 C 분자를 나타낸다.

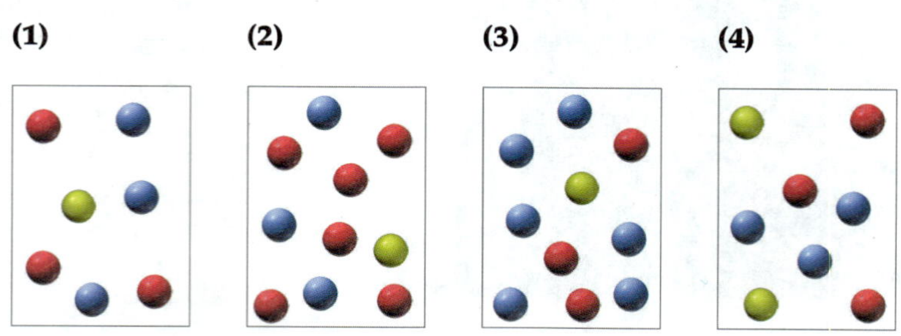

(a) A, B, C의 반응 차수는 얼마인가?
(b) 속도 법칙을 쓰시오.
(c) 속도 법칙과 일치하는 메커니즘을 쓰시오.
(d) 전체 반응의 반응식에 왜 C가 나타나지 않는가?

전략과 풀이

(a) 용기 (1)~(4)에 있는 각 형태의 분자 수를 세고, 분자의 상대적인 수를 가지고 상대 속도를 비교한다. 용기 (2)의 A 분자 농도는 용기 (1)의 2배이지만, B와 C의 농도는 일정하다. 용기 (2)의 반응 속도가 용기 (1)의 2배이므로 속도는 [A]에 비례한다. 따라서 반응은 A에 대해 1차이다. [B]가 2배가 되면[용기 (1)과 (3)을 비교] 속도는 변하지 않으므로 반응은 B에 대해 0차이다. [C]가 2배가 되면[용기 (1)과 (4)를 비교] 속도는 2배가 되므로 반응은 C에 대해 1차이다.

(b) 지수 m, n, p가 각각 A, B, C의 반응 차수라고 할 때, 속도 법칙은 속도 $= k[\mathrm{A}]^m[\mathrm{B}]^n[\mathrm{C}]^p$로 쓸 수 있다. 반응은 A와 C에 대해 1차이고, B에 대해 0차이므로 속도 법칙은 속도 $= k[\mathrm{A}][\mathrm{C}]$이다.

(c) 속도 법칙은 A와 C가 속도 결정 단계에서 충돌한다는 것을 말해 준다. 전체 반응의 속도 법칙은 속도 결정 단계의 속도 법칙이기 때문이다. 메커니즘에서 그다음 단계들은 속도 결정 단계보다 더 빠르고, 여러 단계들은 전체 반응을 만들기 위해 합해야만 한다. 그러므로 타당한 메커니즘은 다음과 같다.

$$\mathrm{A + C \longrightarrow AC} \quad \text{더 느림, 속도 결정}$$
$$\mathrm{AC + B \longrightarrow AB + C} \quad \text{더 빠름}$$
$$\mathrm{A + B \longrightarrow AB} \quad \text{전체 반응}$$

(d) C는 전체 반응에서 나타나지 않는다. 첫 번째 단계에서 소모되었다가 두 번째 단계에서 재생되기 때문이다. 그러므로 C는 촉매이다. AC는 중간체이다. 첫 번째 단계에서 생성되었다가 두 번째 단계에서 소모되기 때문이다.

▶ **연습문제 14.31** 용기 (1)~(4)에서 $\mathrm{2A + C_2 \rightarrow 2\,AC}$ 반응의 상대 속도는 1:1:2:3이다. 빨간색 구는 A 분자를 나타내고, 파란색 구는 B 분자를 나타내며, 결합된 노란색 구는 $\mathrm{C_2}$ 분자를 나타낸다.

(1) (2) (3) (4)

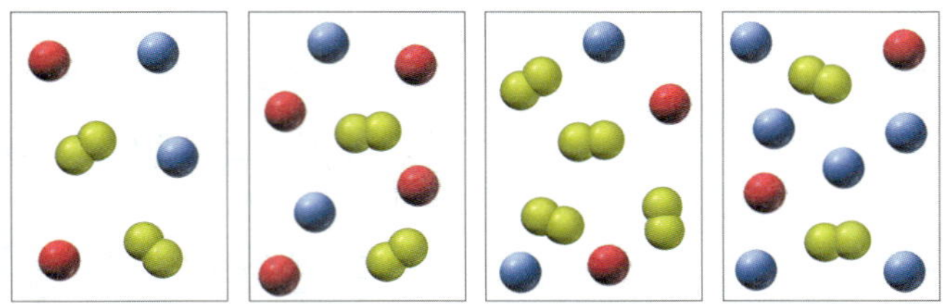

(a) 속도 법칙을 쓰시오.
(b) 다음 메커니즘은 속도 법칙과 일치하는가?

단계 1. $\mathrm{C_2 + B \longrightarrow C + CB}$ 더 느림, 속도 결정 단계
단계 2. $\mathrm{C + A \longrightarrow AC}$ 더 빠름
단계 3. $\mathrm{CB + A \longrightarrow AC + B}$ 더 빠름

(c) 메커니즘에서 모든 촉매와 중간체를 확인하시오.

▶ **응용문제 14.32**

(a) 문제 14.31에서 제안된 메커니즘의 퍼텐셜 에너지 도표를 그리시오. 단계 1은 흡열, 단계 2는 흡열, 전체 반응은 발열이다. 반응물, 생성물, 활성화 에너지를 표시하시오.
(b) 문제 14.31에 대한 속도 법칙과 일치하는 다른 메커니즘을 제안하시오. 메커니즘에서 모든 촉매와 중간체를 확인하시오.

14.13 균일 촉매와 불균일 촉매

촉매는 일반적으로 **균일 촉매** 또는 **불균일 촉매**의 두 가지로 분류된다. **균일 촉매(homogeneous catalyst)**란 반응물과 같은 상으로 존재하는 촉매이다. 예를 들어, 아이오딘화 이온은 과산화수소 수용액의 분해에 대한 균일 촉매이다. 이것은 $\mathrm{I^-}$와 $\mathrm{H_2O_2}$가 둘 다 같은 수용액상에 존재하기 때문이다.

대기 중에서 일산화 질소는 산소 분자의 오존($\mathrm{O_3}$)으로 변환되는 반응의 기체상 균일 촉매이고, 그 과정은 다음과 같은 일련 반응으로 기술된다.

$$1/2\ \mathrm{O_2}(g) + \mathrm{NO}(g) \longrightarrow \mathrm{NO_2}(g)$$
$$\mathrm{NO_2}(g) \xrightarrow{\text{햇빛}} \mathrm{NO}(g) + \mathrm{O}(g)$$
$$\mathrm{O}(g) + \mathrm{O_2}(g) \longrightarrow \mathrm{O_3}(g)$$
$$3/2\ \mathrm{O_2}(g) \longrightarrow \mathrm{O_3}(g) \quad \text{전체 반응}$$

일산화 질소는 먼저 대기의 O_2와 반응하여 갈색의 독성 기체인 이산화 질소를 생성한다. 연속적으로, NO_2는 햇빛을 흡수하고 분해되어 산소 원자 하나를 내놓는다. 그다음에, 이것이 O_2와 반응하여 오존을 생성한다. 늘 그렇듯이 촉매(NO)와 중간체(NO_2와 O)는 전체 반응의 화학 반응식에 나타나지 않는다.

불균일 촉매(heterogeneous catalyst)란 반응물과 다른 상으로 존재하는 촉매이다. 보통 불균일 촉매는 고체이고, 반응물은 기체 또는 액체 중 하나이다. 예를 들어, 합성 가솔린을 제조하는 피셔–트롭쉬(Fischer–Tropsch) 과정에서 알루미나(Al_2O_3) 위에 입힌 철 또는 코발트의 작은 금속 입자들은 일산화 탄소 기체와 수소 기체를 옥테인(C_8H_{18})과 같은 탄화수소로 변환시키는 데 촉매 작용을 한다.

$$8\ CO(g) + 17\ H_2(g) \xrightarrow[\text{촉매}]{Co/Al_2O_3} C_8H_{18}(l) + 8\ H_2O(l)$$

불균일 촉매의 메커니즘은 가끔 복잡하고 잘 이해가 되지 않는다. 그러나 중요한 단계는 주로 다음 과정을 포함한다. (1) **흡착**(adsorption)이라고 하는 과정으로 반응물이 촉매의 표면에 부착된다. (2) 표면에서 반응물이 생성물로 변환되고, (3) 표면에서 생성물이 탈착된다. 흡착 단계는 반응물의 결합이 끊어지거나 또는 최소한 약하게 되도록, 반응물이 매우 반응성이 큰 금속 표면에 화학 결합하는 것과 관련된다.

이를 설명하기 위해, C=C 이중 결합을 가지는 화합물의 촉매 수소화 반응을 생각해 보자. 이 반응은 식품 공업에서 불포화 식물성 기름을 고체 지방으로 변환하기 위해 이용된다. 이 반응은 Ni, Pd 또는 Pt 같은 금속의 작은 입자들에 의해 촉매 작용된다.

$$\underset{\text{에틸렌}}{H_2C{=}CH_2(g)} + H_2(g) \xrightarrow[\text{촉매}]{\text{금속}} \underset{\text{에테인}}{H_3C{-}CH_3(g)}$$

그림 14.18에서 볼 수 있듯이, 금속 표면의 역할은 반응물을 흡착하고 H_2 분자의 강한 H–H 결합을 끊음으로써 속도 결정 단계를 용이하게 하는 것이다. H–H 결합의 끊어짐과 동시에 분리된 H 원자가 표면 금속 원자에 결합하기 때문에, 이 과정의 활성화 에너지는 낮아진다.

▶ 그림 14.18
금속 표면에서 일어나는 에틸렌(C_2H_4)의 촉매 수소화에 대해 제안된 메커니즘

▶ 확인하기
촉매 표면은 에틸렌의 수소화의 활성화 에너지를 어떻게 낮추는가?
답 단계 (a)에서 H_2는 H–H 결합을 약하게 하는 표면에 흡착된다.

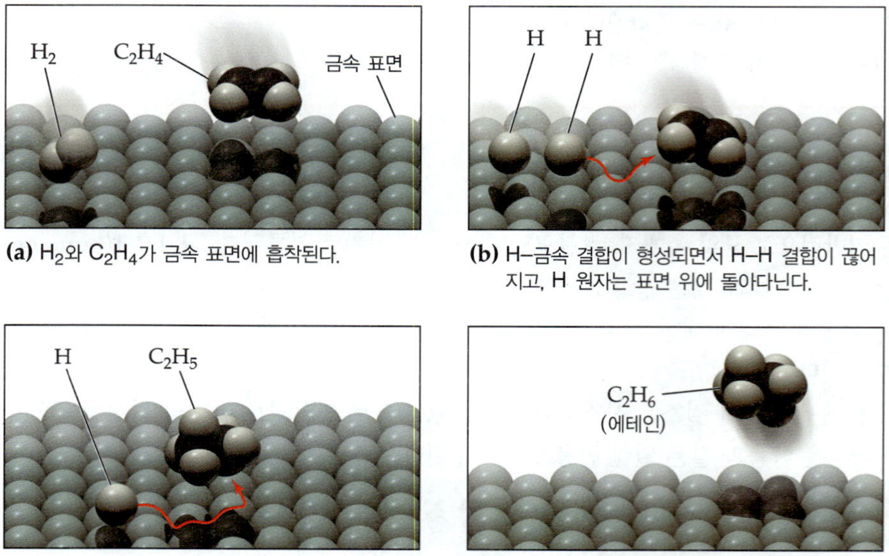

(a) H_2와 C_2H_4가 금속 표면에 흡착된다.

(b) H–금속 결합이 형성되면서 H–H 결합이 끊어지고, H 원자는 표면 위에 돌아다닌다.

(c) 한 개의 H 원자가 흡착된 C_2H_4의 C 원자와 결합을 형성하면서 금속에 결합된 C_2H_5기를 생성한다. 두 번째 H 원자가 C_2H_5기에 결합한다.

(d) 그 결과, C_2H_6 분자는 표면에서 탈착된다.

그다음에, H 원자들은 흡착된 C_2H_4 분자의 C 원자를 만날 때까지 표면 위에서 돌아다닌다. 두 개의 새로운 C—H 결합이 연속적이고 순차적으로 형성되면서 C_2H_6가 생성되고, 그것은 최종적으로 표면에서 탈착된다.

공업화학 공정에서 사용되는 대부분의 촉매는 불균일 촉매이다. 그 이유 중 하나는 이런 촉매들은 반응 생성물들로부터 쉽게 분리할 수 있기 때문이다. 표 14.6에 불균일 촉매를 사용하는 몇 가지 상업적 공정들이 나열되어 있다.

표 14.6 상업적으로 중요한 반응에서 사용되는 몇 가지 불균일 촉매

반응	촉매	상업적 공정	생성물: 상업적 용도
$2\,SO_2 + O_2 \longrightarrow 2\,SO_3$	Pt 또는 V_2O_5	황산 합성의 접촉법에서 중간 단계	H_2SO_4: 비료, 화합물의 제조, 기름 정제
$4\,NH_3 + 5O_2 \longrightarrow 4\,NO + 6H_2O$	Pt, Rh	질산 합성의 오스트발트 공정에서 첫 단계	HNO_3: 폭발물, 비료, 플라스틱, 염료, 래커의 제조
$N_2 + 3H_2 \longrightarrow 2\,NH_3$	Fe, K_2O, Al_2O_3	암모니아 합성의 하버 공정	NH_3: 비료, 질산의 제조
$H_2O + CH_4 \longrightarrow CO + 3\,H_2$	Ni	수소 합성을 위한 증기–탄화수소 개질 과정	H_2: 암모니아, 메탄올의 제조
$CO + H_2O \longrightarrow CO_2 + H_2$	ZnO, CuO	H_2 합성에서 수득률 향상을 위한 수성 가스 이동 반응	H_2: 암모니아, 메탄올의 제조 및 연료 전지의 수소 발생
$CO + 2H_2 \longrightarrow CH_3OH$	Cu, ZnO, Al_2O_3	메탄올의 공업적 합성	CH_3OH: 플라스틱, 접착제, 가솔린 첨가제, 공업용 용매의 제조
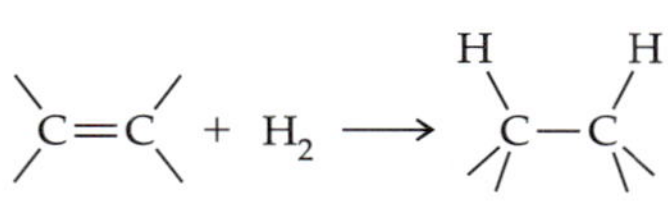	Ni, Pd, Pt	불포화 식물성 기름을 고체 지방으로 변환할 때 C=C 결합이 있는 화합물의 촉매 수소화	식료품: 마가린, 쇼트닝

불균일 촉매의 또 다른 중요한 응용은 자동차 촉매 변환 장치에 있다. 엔진 설계와 연료 조성에 관한 많은 노력에도 불구하고, 자동차의 배기가스에는 연소되지 않은 탄화수소(C_xH_y), 일산화 탄소, 일산화 질소와 같은 공기 오염 물질들이 포함되어 있다. 일산화 탄소는 탄화수소 연료의 불완전 연소의 결과로 생기고, 일산화 질소는 대기 중 질소와 산소가 자동차 엔진 내부의 높은 온도에서 결합하여 생성된다. 촉매 변환 장치는 문제가 되는 오염 물질을 이산화 탄소, 물, 질소, 산소로 변환하는 데 도움을 준다(그림 14.19).

$$C_xH_y(g) + (x + y/4)\,O_2(g) \longrightarrow x\,CO_2(g) + (y/2)\,H_2O(g)$$
$$2\,CO(g) + O_2(g) \longrightarrow 2\,CO_2(g)$$
$$2\,NO(g) \longrightarrow N_2(g) + O_2(g)$$

이런 반응들을 위한 전형적인 촉매들은 소위 귀금속이라고 부르는 Pt, Pd, Rh와, 전이 금속 산화물인 V_2O_5, Cr_2O_3, CuO이다. 촉매의 표면은 납의 흡착에 의해 무효화, 즉 오염이 된다. 이것 때문에 촉매 변환 장치를 장착한 자동차(1975년 이후 제조된 모든 자동차)는 무연 휘발유를 쓴다.

▶ **그림 14.19**

자동차 촉매 변환 장치. 자동차 엔진에서 배출되는 기체는 촉매 변환 장치를 통과시킨다. 여기서 연소되지 않은 탄화수소(C_xH_y), CO, NO와 같은 공기 오염 물질을 CO_2, H_2O, N_2, O_2로 변환된다. 촉매 변환 장치에는 불균일 촉매가 가득 주입되어 있는 구슬들이 들어 있다.

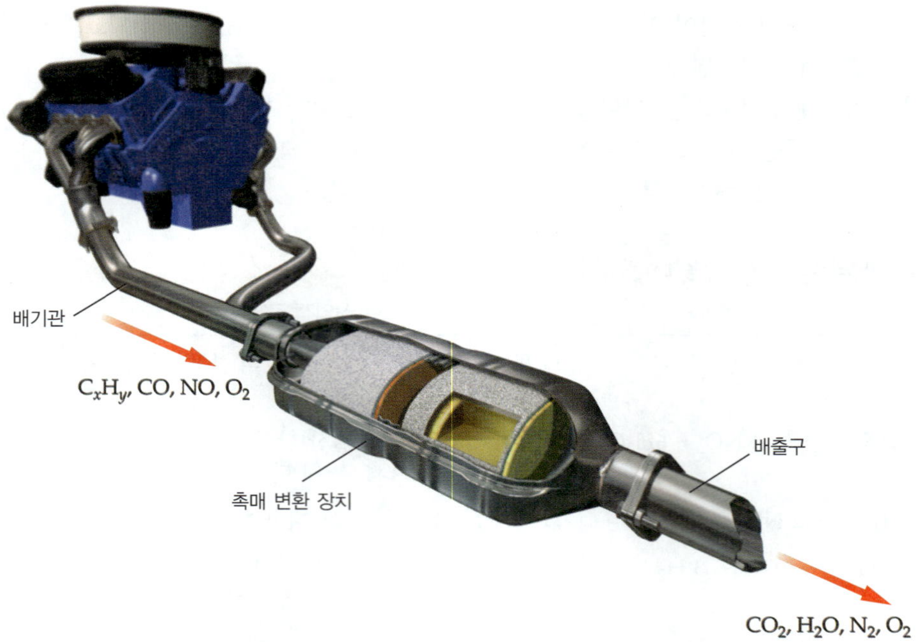

INQUIRY? 효소는 어떻게 작용하는가?

효소(enzyme)란 생물학적 반응의 촉매로서 작용하는 큰 단백질 분자이다. 이들은 간단한 무기 촉매들과 두 가지 중요한 점에서 다르다. 첫째, 효소는 분자 질량의 범위가 약 10^4~10^6 g/mol보다도 더 클 정도로 무기 촉매보다 훨씬 더 크고 더 복잡한 구조를 가지고 있다. 둘째, 효소는 무기 촉매보다 그들의 작용에서 훨씬 더 특이적인데, 가끔 효소의 **기질**(substrate)이라고 하는 한 가지 화합물의 단지 한 가지 반응에 대해서만 촉매 작용을 한다. 예를 들어, 사람의 소화 기관에서 발견되는 **아밀레이스**(amylase) 효소는 녹말을 분해하여 포도당으로 만드는 데 촉매 작용을 한다. 그러나 녹말과 셀룰로스가 구조적으로 비슷하더라도 셀룰로스에는 영향을 미치지는 않는다. 그러므로 사람은 감자(녹말)는 소화할 수 있지만, 풀(셀룰로스)은 소화하지 못한다.

$$\text{녹말} + H_2O \xrightarrow{\text{아밀레이스}} \text{많은 포도당 분자들}$$
$$\text{셀룰로스} + H_2O \xrightarrow{\text{아밀레이스}} \text{반응하지 않음}$$

효소의 촉매 활동도는 **전환수**(turnover number)에 의해 측정된다. 전환수란 초당 효소 한 분자가 작용하는 기질 분자의 수로 정의된다. 대부분의 효소는 1~20,000 범위의 전환수를 가지고 있지만, 어떤 것은 훨씬 더 큰 값을 가지고 있다. CO_2와 물이 반응하여 HCO_3^-을 생성하는 반응에 촉매로 작용하는 탄산 탈수 효소는 초당 600,000 기질 분자에 작용한다.

$$CO_2(aq) + H_2O(l) \rightleftharpoons H^+(aq) + HCO_3^-(aq)$$

정반응은 혈액이 조직에서 CO_2를 받아들일 때 일어나고, 역반응은 혈액이 폐에서 CO_2를 방출할 때 일어난다. 놀랍게도, 탄산 탈수 효소는 약 10^6배 정도로 이들 반응의 속도를 증가시킨다.

효소는 어떻게 작용할까? **자물쇠-열쇠**(lock-and-key model) 모형에 따르면, 효소는 가운데 갈라진 부문, 즉 틈을 가진 크고 불규칙한 모양의 분자로 묘사된다. 이 틈의 안쪽이 **활성 자리**(active site)로서, 기질과 결합하여 적합한 반응에 촉매 작용하기 위해 필요한 형태와 화학적 조성을 지닌 작은 영역이다. 다시 말해서, 활성 자리는 마치 오직 특정한 열쇠(기질)만 맞는 자물쇠처럼 작용한다(그림 14.20). 효소의 활성 자리는 다양한 산성, 염기성, 중성의 아미노산 곁사슬로 나열되어 있으며, 모두 기질과 최대로 상호 작용을 하기 에 적절하게 위치하고 있다.

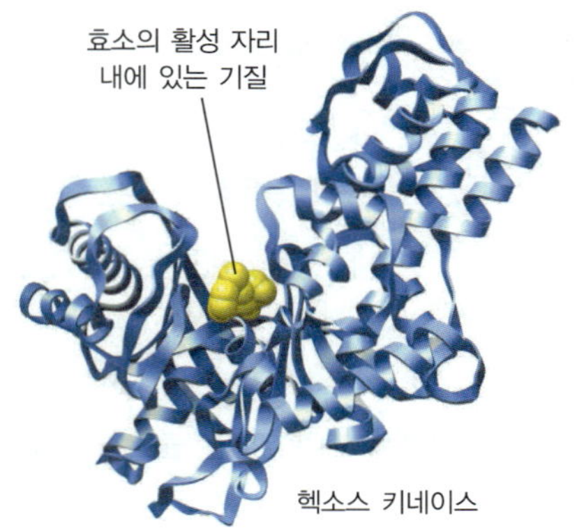

▲ 그림 14.20
효소의 활성 자리. 효소는 활성 자리를 가진 틈새를 포함하는 큰 3차원의 분자이다. 모양과 구조가 이런 활성 자리에 상보적인 기질만이 효소에 들어맞을 수 있다. 컴퓨터로 그린 이 구조는 헥소스 키네이스 효소의 활성 자리를 묘사하고 있다. 헥소스 키네이스는 6-탄당 분자에 인산기($-PO_3^{2-}$)를 첨가하는 반응을 촉진시킨다. 이것은 우리 몸에서 에너지를 저장하는 ATP 생성에 중요한 단계이다.

효소 촉매 반응은 기질이 **효소-기질 복합체**(enzyme-substrate complex)를 형성하기 위해 활성 자리로 옮겨갈 때 시작된다. 보통 공유 결합은 형성되지 않는다. 효소와 기질은 오직 수소 결합과 약한 분자간 인력에 의해서만 서로 결합되어 있다. 따라서 효소와 기질이 정확히 정의된 배열로 서로 결합하면, 활성 자리에 적합하게 위치한 원자들은 기질 분자의 화학 반응을 용이하게 한다. 그다음, 생성물과 더불어 효소가 분리된다.

반응은 다음의 간단한 메커니즘에 의해 기술될 수 있다.

$$E + S \underset{k_{-1}}{\overset{k_1}{\rightleftharpoons}} ES$$
$$ES \xrightarrow{k_2} E + P$$

여기서 E, S, P는 각각 효소, 기질, 생성물을 나타내고, ES는 효소-기질 복합체를 나타낸다. 생성물의 생성 속도는 다음과 같이 주어진다.

$$\frac{\Delta[P]}{\Delta t} = k_2[ES]$$

기질의 농도가 낮을 때, 효소-기질 복합체의 농도는 기질의 농도와 비례하고, 따라서 생성물의 생성 속도는 S에 대해

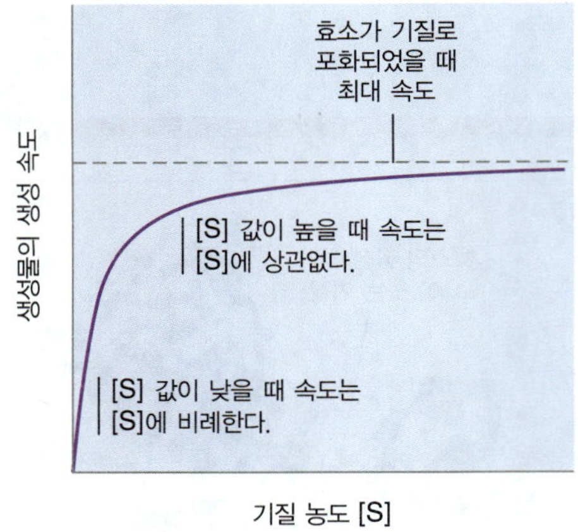

▲ 그림 14.21
효소 촉매 반응에서 기질 농도에 따른 생성물의 생성 속도

1차이다. 그러나 기질의 농도가 높을 때 효소가 기질로 포화된다. 즉, 모든 효소가 효소–기질 복합체의 형태로 있다. 그 점에서 반응 속도는 최댓값에 도달하고 기질의 농도에 상관없다(S에 대해 0차). 효소에 결합된 기질만이 반응할 수 있기 때문이다. 기질 농도에 따른 속도의 의존성은 **그림 14.21**에 나타나 있다.

문제 14.33 효소는 균일 촉매인가? 불균일 촉매인가?

문제 14.34 다음은 효소가 촉매 작용하는 메커니즘이다.

$$\mathrm{E + S \underset{k_{-1}}{\overset{k_1}{\rightleftharpoons}} ES} \qquad \text{더 빠름, 가역}$$

$$\mathrm{ES \xrightarrow{k_2} E + P} \qquad \text{더 느림, 속도 결정}$$

(a) 전체 반응의 균형 반응식을 쓰시오.
(b) 촉매와 중간체를 확인하시오.
(c) 메커니즘으로부터 예상한 속도 법칙을 결정하시오. 속도 법칙에 반응물과 촉매를 쓰시오. 속도 법칙에 중간체를 포함하지 마시오.
(d) 단일 단계 반응의 속도 상수와 속도 상수 k를 연관시키시오.

문제 14.35 문제 14.34의 효소 촉매 반응의 메커니즘에 대한 퍼텐셜 에너지 도표를 그리고, 그래프의 적절한 곳에 E, S, P, ES와 활성화 에너지 E_a를 표시하시오. 같은 그래프에 촉매가 없는 반응의 퍼텐셜 에너지를 그리시오.

문제 14.36 기질의 농도가 낮을 때 생성물의 생성 속도는 S에 대해 1차이다. 기질의 농도가 1.4×10^{-5} M로부터 3.4×10^{-5} M로 변할 때, 효소 촉매 반응의 속도는 얼마나 변하는가?

문제 14.37 기질의 농도가 높을 때 생성물의 생성 속도는 S에 대해 0차이다.
(a) 기질의 농도가 2.8×10^{-3} M로부터 4.8×10^{-3} M로 변할 때, 효소 촉매 반응의 속도는 얼마나 변하는가?
(b) 기질의 농도가 높을 때, 효소 촉매 반응은 왜 S에 대해 0차인가?

문제 14.38 키모트립신은 단백질을 분해하는 소화제의 소화 효소 성분이다. 키모트립신이 N-아세틸발린 에틸 에스터 기질과 반응할 때 일어나는 반응의 속도 상수는 $1.7 \times 10^{-1}\ \mathrm{s^{-1}}$이다.
(a) 이 반응의 반감기는 얼마인가?
(b) N-아세틸발린 에틸 에스터의 농도가 5.5×10^{-3} M에서 1.5×10^{-4} M에 도달할 때까지 얼마나 걸리는가?

정리

절	개념 요약	학습 목표	문제
14.1 반응 속도	**화학 반응 속도론**은 반응 속도에 관심이 있는 화학의 영역이다. **반응 속도**란 단위 시간당 생성물의 농도 증가 또는 반응물의 농도 감소로 정의된다. 그것은 주어진 기간 동안의 평균 속도, 특정한 시간에서의 **순간 속도** 또는 반응의 시작점에서의 **초기 속도**로 표현될 수 있다.	14.1 특정한 기간에 대한 평균 반응 속도를 결정하고, 농도 대 시간의 그래프로부터 순간 반응 속도를 추정한다.	문제 14.39, 14.50, 14.52, 14.54
		14.2 반응의 화학량론을 이용하여 어떤 반응물의 소모 속도와 어떤 생성물의 생성 속도를 관련짓는다.	예제 14.1; 문제 14.56, 14.58
14.2~14.3 속도 법칙, 반응 차수 및 초기 속도 방법	반응 속도는 반응물의 농도, 온도, 촉매의 존재에 의존한다. 농도 의존성은 **속도 법칙**, 속도 = $k[A]^m[B]^n$에 의해 주어진다. 여기서 k는 **속도 상수**, m과 n은 반응물 A와 B에 대한 **반응 차수**, $m+n$은 전체 반응 차수이다. m과 n은 실험에 의해 결정되어야만 하며, 전체 반응의 화학량론으로부터 추정할 수 없다. 속도 법칙을 결정하는 하나의 실험 방법은 한 반응물의 농도를 변화시킬 때 나타나는 반응 속도의 변화를 측정하는 **초기 속도 방법**이다.	14.3 각 반응물에 대한 차수, 전체 반응 차수, 주어진 속도 법칙에서 속도 상수의 단위를 구한다.	예제 14.2; 문제 14.60~14.61
		14.4 반응물의 농도가 특정한 양만큼 변할 때 반응 속도의 변화를 예상한다.	문제 14.40, 14.62, 14.64
		14.5 초기 속도와 농도 자료를 이용하여 속도 법칙과 속도 상수를 결정한다.	예제 14.3~14.4; 문제 13.66~14.68
14.4~14.6 0, 1, 2차 반응에 대한 적분 속도 법칙	**적분 속도 법칙**은 어떤 시간 t에서 농도 또는 초기 농도가 어떤 특정한 값에 도달하는 데 필요한 시간을 계산하게 하는 농도–시간 식이다. **0차 반응**의 경우, 적분 속도 법칙은 $[A]_t = -kt + [A]_0$이고 [A] 대 시간의 그래프는 $-k$와 같은 기울기를 가지는 직선이다. **1차 반응**의 경우, 적분 속도 법칙은 $[A]_t = -kt + \ln [A]_0$이고 ln [A] 대 시간의 그래프는 $-k$와 같은 기울기를 가지는 직선이다. **2차 반응**의 경우, 적분 속도 법칙은 $1/[A]_t = kt + 1/[A]_0$이고 1/[A] 대 시간의 그래프는 k와 같은 기울기를 가지는 직선이다. 반응의 **반감기**($t_{1/2}$)란 반응물의 농도가 처음값의 1/2로 떨어지는 데 필요한 시간이다. 어떤 차수 반응의 반감기 식은 적분 속도 법칙으로부터 유도될 수 있다.	14.6 0차 반응의 경우, 반감기와 다양한 시간에서 남아 있는 농도를 결정하기 위해 적분 속도 법칙을 이용한다.	예제 14.5; 문제 14.9~14.10
		14.7 1차 반응의 경우, 반감기와 다양한 시간에서 남아 있는 농도를 결정하기 위해 적분 속도 법칙을 이용한다.	예제 14.6, 14.8; 문제 14.41~14.42, 14.70, 14.72, 14.79, 14.85
		14.8 2차 반응의 경우, 반감기와 다양한 시간에서 남아 있는 농도를 결정하기 위해 적분 속도 법칙을 이용한다.	예제 14.9; 문제 14.74~14.77
		14.9 그래프로 반응 차수와 속도 상수를 결정한다.	예제 14.7, 14.9; 문제 14.81~14.83
14.7~14.8 반응 속도와 온도: 아레니우스 식	속도 상수의 온도 의존성은 **아레니우스 식**, $k = Ae^{-E_a/RT}$에 의해 기술된다. 여기서 A는 **진동수 인자**이고, E_a는 **활성화 에너지**이다. E_a의 값은 ln k 대 $1/T$의 직선 도시의 기울기로부터 결정될 수 있다. 그것은 반응물과 생성물 사이에 퍼텐셜 에너지 장벽의 높이로 해석될 수 있다. 장벽 꼭대기에서 원자들의 배열은 **전이 상태**라고 한다. **충돌 이론**에 따르면, 속도 상수는 $k = pZe^{-E_a/RT}$에 의해 주어진다. 여기서 p는 **입체 인자**(반응을 위해 분자들이 적절한 배향을 가지는 충돌의 분율)이며, Z는 충돌 빈도와 관련되는 상수이고, $e^{-E_a/RT}$는 E_a와 같거나 더 큰 에너지를 가지고 있는 충돌의 분율이다.	14.10 퍼텐셜 에너지 도표를 해석하고, 충돌 이론을 이용하여 성공적인 충돌과 전이 상태를 위한 기하 구조를 제안한다.	예제 14.10; 문제 14.90~14.92
		14.11 다른 온도에서의 속도 상수가 주어졌을 때, 아레니우스 식을 이용하여 반응의 활성화 에너지를 계산한다.	예제 14.11; 문제 14.94, 14.96, 14.98, 14.102
14.9~14.10 반응 메커니즘과 단일 단계 반응의 속도 법칙	**반응 메커니즘**은 반응물로부터 생성물까지 경로를 정의하는 **단일 단계 반응** 또는 **단일 단계**의 순서이다. 단일 단계 반응은 1개 2개 또는 3개의 반응물 분자(또는 원자)가 관련되는지에 의존하여 **일분자 반응**, **이분자 반응**, **삼분자 반응**으로 분류된다. 한 단일 단계 반응의 속도 법칙은 그것의 **분자도**를 직접적으로 따른다. 즉, 일분자 반응의 속도 = $k[A]$이고, 이분자 반응의 속도 = $k[A]^2$ 또는 속도 = $k[A][B]$이다.	14.12 반응 메커니즘이 주어질 때, 전체 반응을 쓰고 중간체를 확인하며 각 단일 단계의 분자도를 결정한다.	예제 14.12~13.13; 문제 14.106, 14.108, 14.110

절	개념 요약	학습 목표	문제
14.11 전체 반응의 속도 법칙	다단계, 전체 반응의 관찰된 속도 법칙은 단일 단계의 순서와 그들의 상대적 속도에 의존한다. 가장 느린 단계를 **속도 결정 단계**라고 한다. 하나의 단일 단계에서 생성되고 그 다음 단계에서 소모되는 화학종은 **반응 중간체**라고 한다. 타당한 메커니즘은 다음 두 기준을 충족해야만 한다. (1) 단일 단계를 합하면 전체 반응이 얻어져야 한다. (2) 메커니즘과 관찰된 속도 법칙이 일치해야만 한다.	14.13 느린 초기 단계를 가지고 있는 메커니즘에 대해, (a) 전체 반응의 속도 법칙을 예상하고, (b) 실험 속도 법칙과 일치하는 메커니즘을 제안한다.	예제 14.14; 문제 14.46, 14.111~14.112
		14.14 빠른 초기 평형 단계를 가지고 있는 메커니즘에 대해, 속도 법칙을 예상한다.	예제 14.15; 문제 14.113~14.115
14.12~14.13 촉매 작용	**촉매**란 반응에서 소모되지 않고 반응 속도를 증가시키는 물질이다. 촉매의 작용은 더 낮은 활성화 에너지를 가지고 있는 대안적인 반응 경로를 가능하게 한다. **균일 촉매**는 반응물과 같은 상으로 존재하지만, **불균일 촉매**는 다른 상으로 존재한다. **효소**란 생물학적 반응에 대해 촉매로 작용하는 거대한 단백질 분자이다.	14.15 속도 법칙을 결정하기 위해 촉매 반응의 분자 도표를 이용하여 속도 법칙을 결정하고, 속도 법칙과 일치하는 메커니즘을 제안한다.	예제 14.16; 문제 14.31~14.32, 14.47
		14.16 촉매 반응의 메커니즘에서 촉매와 중간체를 확인한다.	문제 14.118~14.119, 14.121
		14.17 촉매 반응의 메커니즘을 나타내는 퍼텐셜 에너지 도표를 해석한다.	문제 14.48

주요 용어

0차 반응	반응 속도	속도 상수	전이 상태
1차 반응	반응 중간체	순간 속도	진동수 인자
2차 반응	반응 차수	아레니우스 도시	초기 속도
균일 촉매	분자도	아레니우스 식	촉매
단일 단계	불균일 촉매	이분자 반응	충돌 이론
단일 단계 반응	삼분자 반응	일분자 반응	화학 반응 속도론
반감기	속도 결정 단계	입체 인자(p)	활성화 에너지(E_a)
반응 메커니즘	속도 법칙	적분 속도 법칙	효소

주요 식

- $a\,A + b\,B \longrightarrow c\,C + d\,D$ 반응의 반응 속도(14.1절)
- 일반적인 반응 속도 (14.1절)

$$속도 = -\frac{1}{a}\frac{\Delta[A]}{\Delta t} = -\frac{1}{b}\frac{\Delta[B]}{\Delta t} = \frac{1}{c}\frac{\Delta[C]}{\Delta t} = \frac{1}{d}\frac{\Delta[D]}{\Delta t}$$

여기서 a, b, c, d는 반응물과 생성물인 A, B, C, D의 화학량론적 계수이다.

- $a\,A + b\,B \longrightarrow$ 생성물 반응의 일반적인 속도 법칙 (14.2절)

속도 $= k[A]^m[B]^n$

여기서 k는 속도 상수, m은 A에 대한 반응 차수, n은 B에 대한 반응 차수이다.

- 0차 반응의 경우, 적분 속도 법칙과 반감기($t_{1/2}$) (14.4절)

$$[A]_t = -kt + [A]_0 \qquad t_{1/2} = \frac{[A]_0}{2k}$$

여기서 $[A]_t$는 시간 t일 때 A의 농도이고, $[A]_0$는 A의 초기 농도이다.

- 1차 반응의 경우, 적분 속도 법칙과 반감기($t_{1/2}$) (14.5절)

$$\ln \frac{[A]_t}{[A]_0} = -kt \qquad t_{1/2} = \frac{0.693}{k}$$

- 2차 반응의 경우, 적분 속도 법칙과 반감기($t_{1/2}$) (14.6절)

$$\frac{1}{[A]_t} = kt + \frac{1}{[A]_0} \qquad t_{1/2} = \frac{1}{k[A]_0}$$

- 충돌 이론으로 예상된 속도 상수: 아레니우스 식(14.7절)

$$k = pZe^{-E_a/RT} = Ae^{-E_a/RT}$$

여기서 p는 입체 인자, Z는 충돌 빈도, E_a는 활성화 에너지, $A(=pZ)$는 진동수 인자이다.

- 아레니우스 식의 두 가지 로그 형태(14.8절)

$$\ln k = \ln A - \frac{E_a}{RT} \qquad \ln\left(\frac{k_2}{k_1}\right) = \left(\frac{-E_a}{R}\right)\left(\frac{1}{T_2} - \frac{1}{T_1}\right)$$

여기서 k_1과 k_2는 온도 T_1과 T_2일 때 속도 상수이다.

복습 문제

LO는 학습 목표(Learning Objectives)를 나타낸다.

이 장을 학습한 후엔, 학습자의 이해도를 평가할 수 있는 방법이 있다. **복습 문제**를 푸는 것이다. **복습 문제**들은 이 장의 학습 목표와 연계되어 있다. 따라서 푼 답이 틀렸다면, 이 장의 끝부분에 나와 있는 **정리** 문단의 **학습 목표**를 참고하면 된다. 정리 문단에는 **개념 요약**이 제공되며, **예제**를 참고하면 문제 해결 방법을 모델링 할 수 있고, 제공되는 **추가 문제**들로 더 많은 연습을 할 수 있다.

다음 식과 그래프를 사용하여 문제 1과 2의 답을 구하시오. 410 ℃에서 아이오딘화 수소는 다음 반응과 같이 분해된다.

$$2\,HI(g) \longrightarrow H_2(g) + I_2(g)$$

그래프는 HI의 농도가 시간에 따라 어떻게 변하는지를 보여 준다.

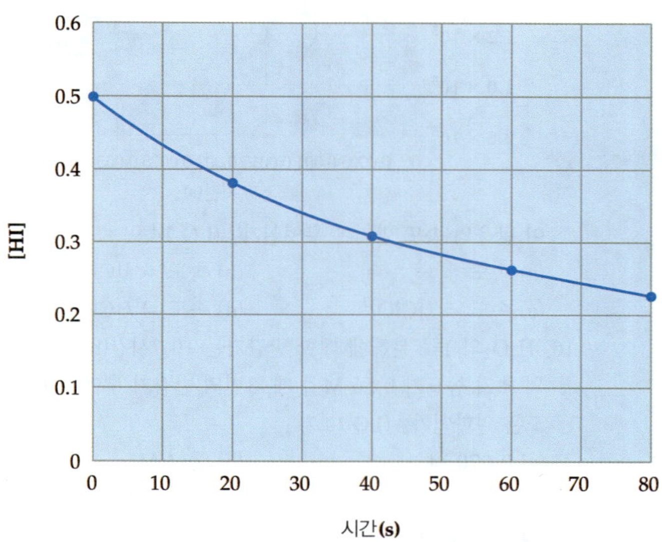

1. 0~40 s 동안 HI의 평균 소모 속도는 얼마인가? (**LO 14.1**)
   (a) 7.5×10^{-3} M/s (b) 4.8×10^{-3} M/s
   (c) 3.0×10^{-2} M/s (d) 3.5×10^{-3} M/s

2. 0~40 s 동안 H_2의 평균 생성 속도는 얼마인가? (**LO 14.2**)
   (a) 3.8×10^{-3} M/s (b) 4.8×10^{-3} M/s
   (c) 2.4×10^{-3} M/s (d) 9.6×10^{-3} M/s

3. 540 K에서 CO와 NO_2 사이의 반응 속도가 연구되었다. [CO] $= 5.1 \times 10^{-4}$ M, $[NO_2] = 7.0 \times 10^{-5}$ M일 때 초기 반응 속도는 6.8×10^{-8} M/min으로 밝혀졌다.

$$CO(g) + NO_2(g) \longrightarrow CO_2(g) + NO(g)$$
$$\text{속도} = k[CO][NO_2]$$

   반응 속도 상수는 얼마인가? (**LO 14.3**)
   (a) $1.9\ M^{-1}\ min^{-1}$ (b) $0.53\ M^{-1}\ min^{-1}$
   (c) $0.53\ min^{-1}$ (d) $1.9\ M^{-2}\ min^{-1}$

4. 다음 반응은 A에 대해 1차, B에 대해 1차이다.

$$A + B \longrightarrow AB \qquad \text{속도} = k[A][B]$$

(1)

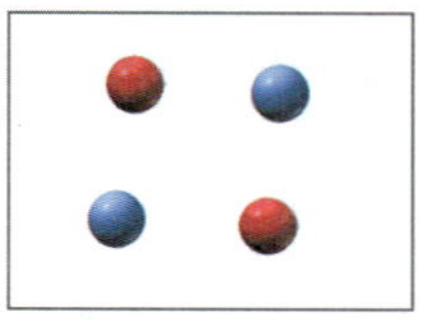

(a) **(b)**

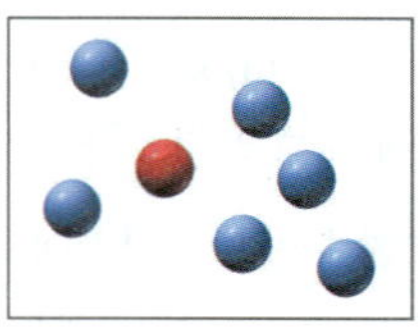

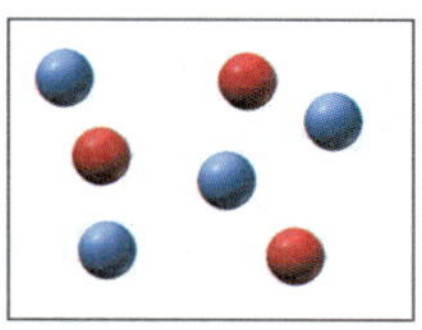

(c)

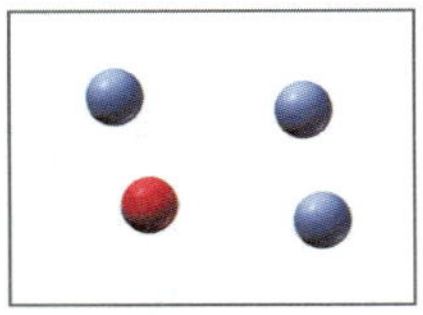

(d)

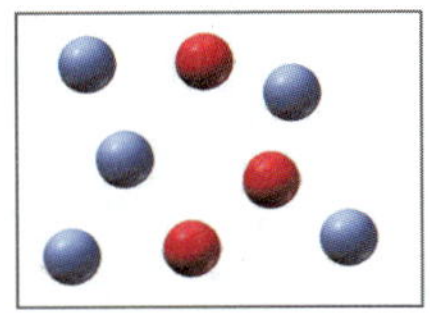

반응 속도가 그림 1보다 3배 더 빠른 A(빨간색 구)와 B(파란색 구)의 농도 그림은 어느 것인가? (**LO 14.4**)

5. 900 °C에서 다음 반응의 경우, 반응물의 다양한 초기 농도에서 반응 속도가 측정되었다.

$$2\,NO(g) + 2\,H_2(g) \longrightarrow N_2(g) + 2\,H_2O(g)$$

다음 표의 자료를 이용하여 반응의 속도 법칙을 결정하시오. (**LO 14.5**)

초기 [NO]	초기 [H_2]	초기 속도(M/S)
0.300	0.100	5.69×10^{-2}
0.150	0.100	1.42×10^{-2}
0.250	0.200	7.90×10^{-2}

(a) 속도 = $k[NO][H_2]$ (b) 속도 = $k[NO][H_2]^2$
(c) 속도 = $k[NO]^2[H_2]$ (d) 속도 = $k[NO]^2[H_2]^2$

6. 설탕인 슈크로스는 산성 용액에서 분해되어 글루코스와 과당을 생성한다. 반응은 슈크로스에 대해 1차이고, 25 °C에서 속도 상수는 $k = 3.60 \times 10^{-3}\ h^{-1}$이다. 만약 슈크로스의 초기 농도가 0.050 M이면, 2일 후에 슈크로스의 농도는 얼마인가? (**LO 14.7**)
(a) 0.013 M (b) 0.028 M
(c) 4.3×10^{-3} M (d) 0.042 M

7. 설탕인 슈크로스는 산성 용액에서 분해되어 글루코스와 과당을 생성한다. 반응은 슈크로스에 대해 1차이고, 25 °C에서 속도 상수는 $k = 3.60 \times 10^{-3}\ h^{-1}$이다. 슈크로스 용액의 80.0%가 반응할 때까지 시간이 얼마나 걸리는가? (**LO 14.7**)
(a) 2.56일 (b) 9.78일
(c) 18.6일 (d) 0.164일

8. HI 기체상 분해 반응의 속도 법칙은 다음과 같다.

$$2\,HI(g) \longrightarrow H_2(g) + I_2(g) \qquad \text{Rate} = k[HI]^2$$

443 °C에서 $k = 30.1\ M^{-1}\ min^{-1}$이다. HI의 초기 농도가 0.010 M일 때, 1.5시간 후에 HI의 농도는 얼마인가? (**LO 14.8**)
(a) 6.9×10^{-3} M (b) 1.8×10^{-3} M
(c) 3.6×10^{-4} M (d) 8.9×10^{-4} M

9. 일산화 염소(ClO)는 실온에서 다음 반응식으로 분해된다.

$$2\,ClO(g) \longrightarrow Cl_2(g) + O_2(g)$$

시간에 따라 ClO의 농도를 측정하여 그래프 세 개를 만들었다.

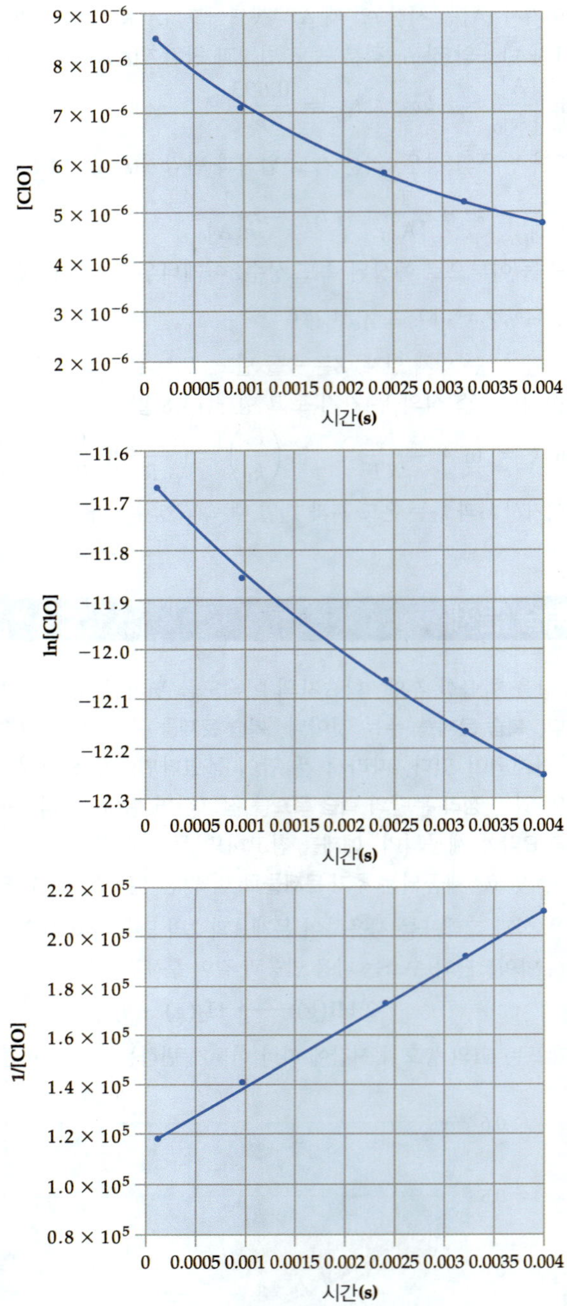

이 반응의 속도 법칙은 무엇인가? (LO 14.9)
(a) 속도 = k (b) 속도 = $k[ClO]$
(c) 속도 = $k[ClO]^2$ (d) 속도 = $k[ClO]^3$

10. H_2O_2의 1차 분해에 대한 반감기는 10.7시간(h)이다. H_2O_2의 초기 농도가 0.56 M일 때, 3번의 반감기 후에 H_2O_2의 농도는 얼마인가? (**LO 14.7**)
(a) 0.070 M (b) 0.14 M
(c) 0.047 M (d) 0.018 M

11. 대기 상층부에서 일어나는 주요 반응은 다음과 같다.

$$O_3(g) \quad + \quad O(g) \quad \longrightarrow \quad 2\,O_2(g)$$

이 과정에서 정반응의 활성화 에너지($E_{a(fwd)}$)는 19 kJ/mol이고, 반응 엔탈피 변화(ΔH_{rxn})는 −392 kJ/mol이다. 역반응의

활성화 에너지($E_{a(reverse)}$)는 얼마인가? (**LO 14.10**)

(a) 411 kJ/mol (b) 392 kJ/mol

(c) 373 kJ/mol (d) 196 kJ/mol

12. 만약 어떤 반응의 속도 상수가 500 K에서 9.51×10^{-9} L mol^{-1} s^{-1}, 600 K에서 1.10×10^{-5} L mol^{-1} s^{-1}라면, E_a의 값은 얼마인가? (**LO 14.11**)

문제 13~15의 답을 구하기 위해 다음 메커니즘을 참조하시오.

$H_2O_2(aq) + I^-(aq) \longrightarrow OH^-(aq) + HOI(aq)$ 더 느림, 속도 결정

$HOI(aq) + I^-(aq) \longrightarrow OH^-(aq) + I_2(aq)$ 더 빠름

$2\ OH^-(aq) + 2\ H_3O^+(aq) \longrightarrow 4\ H_2O(l)$ 더 빠름

13. 메커니즘에서 촉매와 중간체를 확인하시오. (**LO 14.12, 14.16**)
 (a) 촉매 = I^-, 중간체 = OH^-, HOI
 (b) 촉매 = H_3O^+, 중간체 = HOI
 (c) 촉매 없음, 중간체 = I_2
 (d) 촉매 없음, 중간체 = OH^-, HOI

14. 이 반응의 속도 법칙은 무엇인가? (**LO 14.13**)
 (a) 속도 = $k[H_2O_2][I^-]^2$
 (b) 속도 = $k[H_2O_2][I^-]$
 (c) 속도 = $k[H_2O_2][I^-]^2[H_3O^+]^2$
 (d) 속도 = $k[H_2O_2][I^-]$

15. 이 메커니즘의 퍼텐셜 에너지 도표가 옳은 것을 고르시오. (**LO 14.17**)

(a)

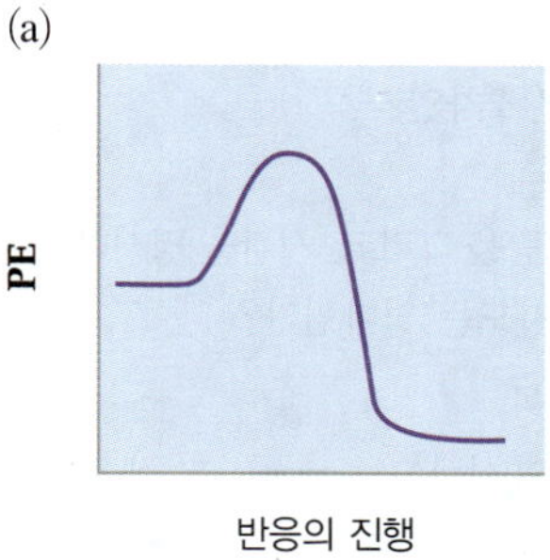

(b)

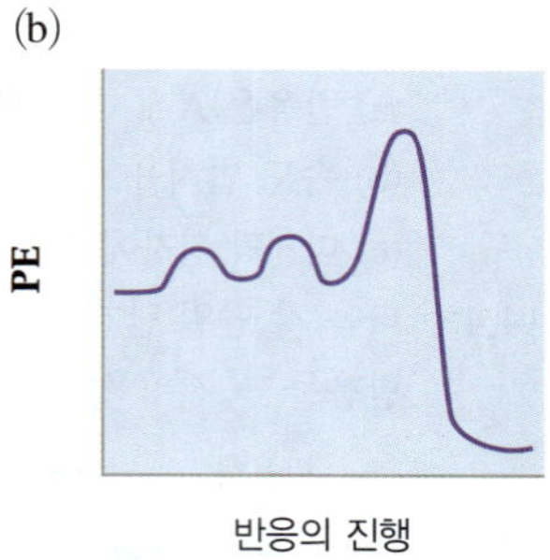

(c)

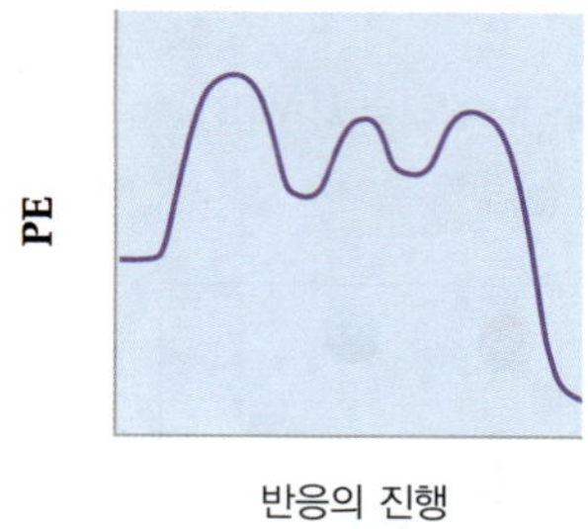

(d)

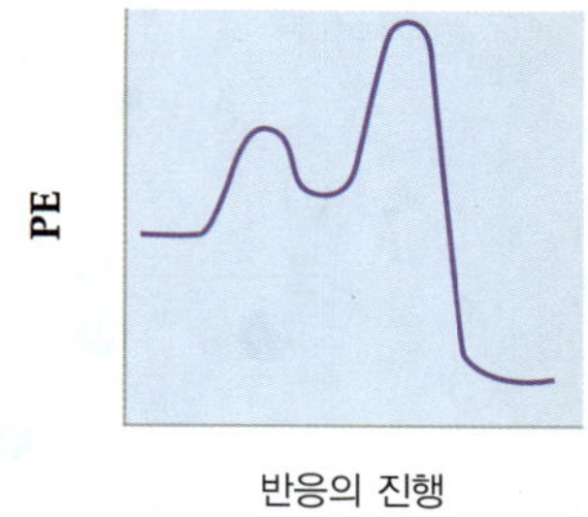

16. $H_2(g) + I_2(g) \longrightarrow 2\ HI(g)$ 반응은 두 단계 메커니즘으로 일어난다.

$I_2(g) \underset{k_{-1}}{\overset{k_1}{\rightleftharpoons}} 2\ I(g)$ 더 빠름

$H_2(g) + 2\ I(g) \xrightarrow{k_2} 2\ HI(g)$ 더 느림, 속도 결정

이 메커니즘의 속도 법칙은 무엇인가? 단일 단계의 속도 상수를 사용하여, 반응 속도 상수를 표현하시오. (**LO 14.14**)

(**a**) 속력 = $k_1[I_2]$ (**b**) 속력 = $\frac{k_1k_2}{k_{-1}}[H_2][I_2]^2$

(**c**) 속력 = $k_2[H_2][I]^2$ (**d**) 속력 = $\frac{k_1k_2}{k_{-1}}[H_2][I_2]$

답:

1. b, 2. c, 3. a, 4. b, 5. c, 6. d, 7. c, 8. c, 9. c, 10. a, 11. a, 12. b, 13. d, 14. b, 15. c, 16. d

개념 문제

문제 14.1~14.38**은 이 장의 본문 중에 있다.**

14.39 (a) 농도-시간의 다음 그래프를 이용하여, 시간 구간 0~250 s 동안 반응물과 생성물(A, B, C)의 평균 반응 속도를 계산하시오.
 (b) 그래프의 자료에 해당하는 균형 반응식을 쓰시오.

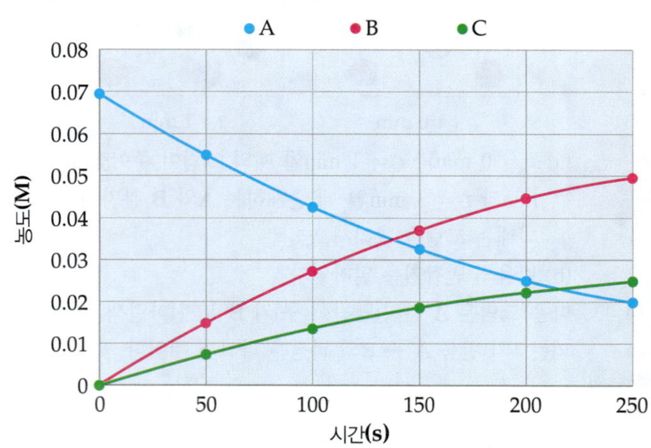

14.40 다음 반응은 A(빨간색 구)에 대해 1차, B(파란색 구)에 대해 1차이다.

$$A + B \longrightarrow \text{생성물} \quad \text{속도} = k[A][B]$$

(1) (2) (3) (4)

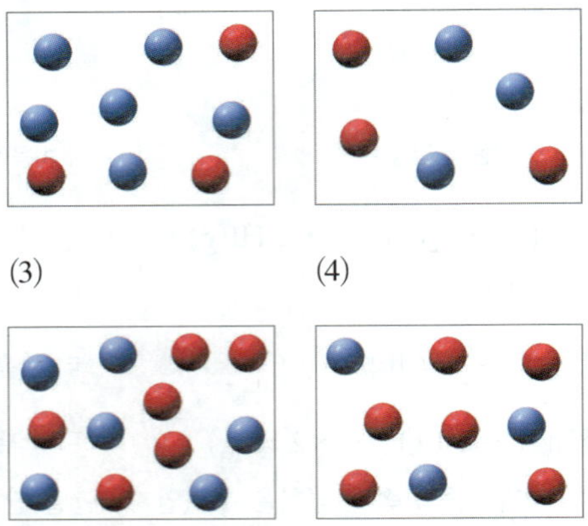

(a) 용기 (1)~(4)의 경우, 이 반응의 상대 속도는 얼마인가? 각 용기의 부피는 같다.

(b) 용기 (1)~(4)의 경우, 속도 상수 k의 상댓값은 얼마인가?

14.41 동일한 부피의 세 용기에서 A 분자(빨간색 구)의 1차 분해를 생각해 보자.

(1) (2) (3)

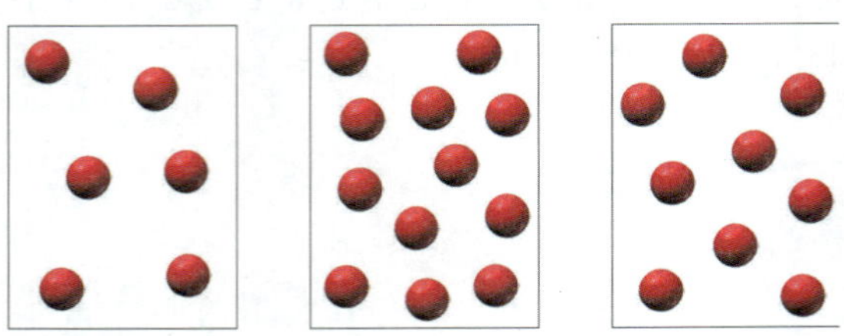

(a) 용기 (1)~(3)의 경우, 분해의 상대 속도는 얼마인가?

(b) 용기 (1)~(3)의 경우, 반응의 반감기는 상대적으로 얼마인가?

(c) 각 용기의 부피를 2배로 감소시킨다면, 속도와 반감기는 어떻게 영향을 받는가?

14.42 A 분자(빨간색 구)가 B 분자(파란색 구)로 변환되는 1차 반응 A → B를 생각해 보자.

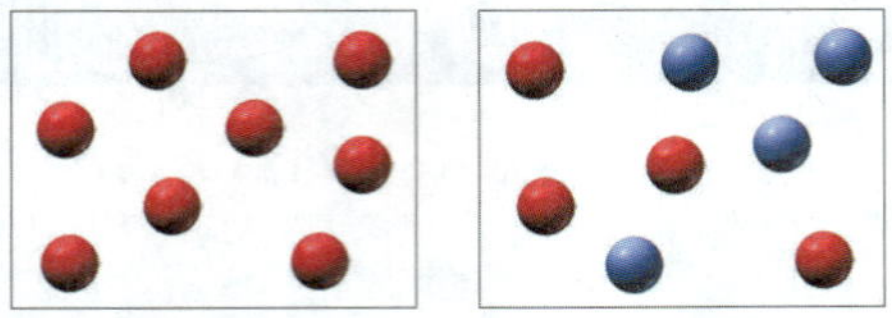

$t = 0$ min $t = 1$ min

(a) t = 0 min과 t = 1 min일 때의 그림이 주어졌다. t = 2 min과 t = 3 min일 때 존재하는 A와 B 분자의 수를 나타내는 그림을 그리시오.

(b) 반응의 반감기는 얼마인가?

14.43 다음 그림은 A 분자(빨간색 구)가 B 분자(파란색 구)로 변환되는 1차 반응 A → B의 과정을 나타낸 것이다.

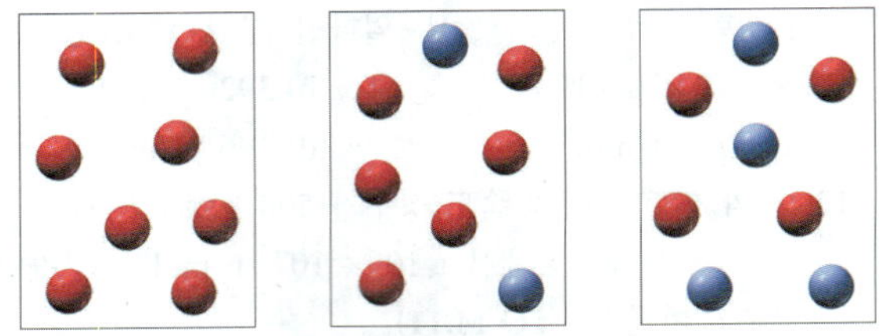

$t = 0$ min $t = 1$ min $t = 2$ min

(a) 반응 차수는 얼마인가?

(b) t = 3 min일 때 존재하는 A와 B 분자의 수를 나타내는 그림을 그리시오.

(c) 각 구는 6.0×10^{21}개의 분자를 나타내며 용기의 부피는 1.0 L라고 가정하자. 반응의 속도 상수는 보통의 단위로 얼마인가?

14.44 다음 그림은 2개의 A 분자가 더 복잡한 분자 A_2를 만들기 위해 결합하는 반응 2 A → A_2의 과정을 나타낸 것이다.

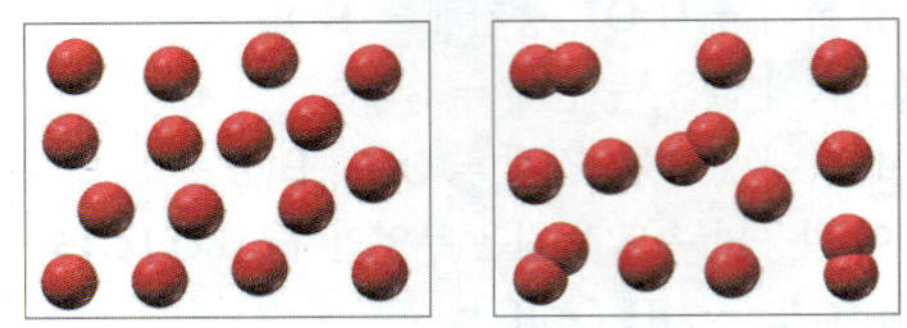

$t = 0$ min $t = 1$ min

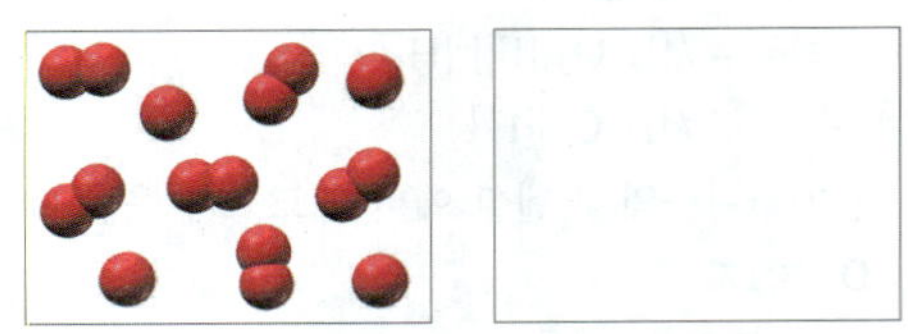

$t = 3$ min $t = ?$ min

(a) 반응은 A에 대해 1차인가? 2차인가?

(b) 속도 법칙을 쓰시오.

(c) 마지막 상자에서 적절한 그림을 그리고, 시간을 명시하시오.

14.45 다음 각 단일 단계 반응의 분자도는 얼마인가?

반응물 → 전이 상태 → 생성물

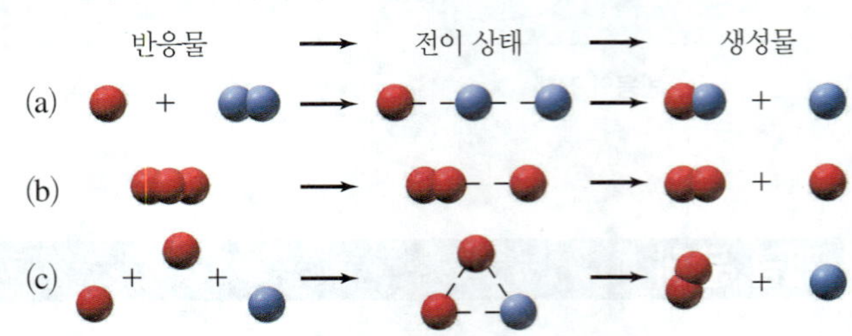

14.46 용기 (1)~(3)에서 일어나는 반응 A + B → AB의 상대 속도는 4:4:1이다. 빨간색 구는 A 분자를, 파란색 구는 B 분자를 나타낸다.

(1) (2) (3)

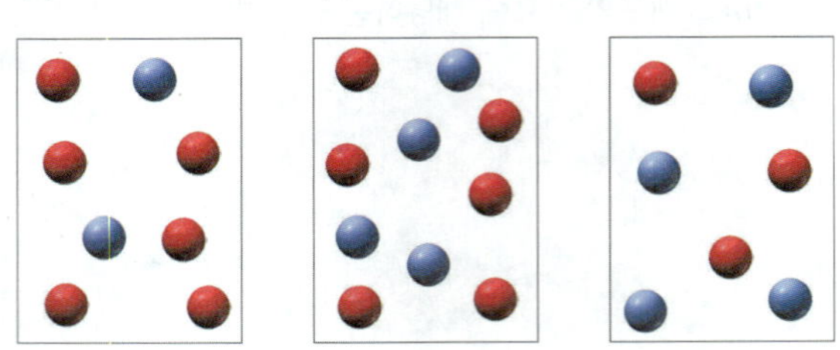

(a) A와 B의 반응 차수는 얼마인가?

(b) 속도 법칙을 쓰시오.

(c) 속도 법칙과 일치하는 메커니즘을 쓰시오.

(d) 메커니즘에서 모든 중간체를 확인하시오.

14.47 용기 (1)~(4)에서 일어나는 반응 $AB + B \rightarrow A + B_2$의 상대 속도는 2:1:1:4이다. 빨간색 구는 A, 파란색 구는 B, 초록색 구는 C를 나타낸다.

(1)

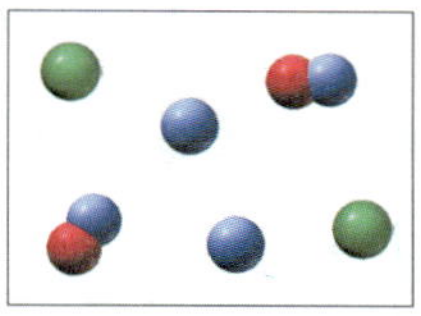

(2)

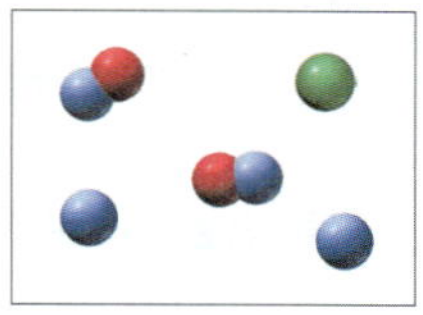

(3)

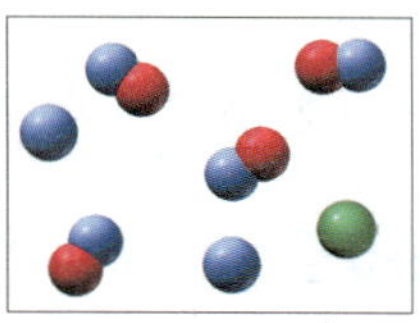

(4)

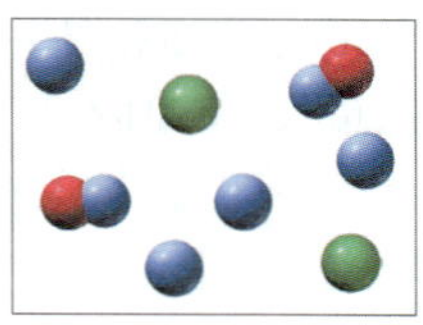

(a) 속도 법칙을 쓰시오.

(b) 속도 법칙과 일치하는 메커니즘을 쓰시오.

(c) 메커니즘에서 모든 중간체와 촉매를 확인하시오.

14.48 다음 메커니즘에 의해 일어나는 반응을 생각해 보자.

$$A + BC \rightarrow AC + B$$
$$AC + D \rightarrow A + CD$$

이 반응의 퍼텐셜 에너지 단면도는 다음과 같다.

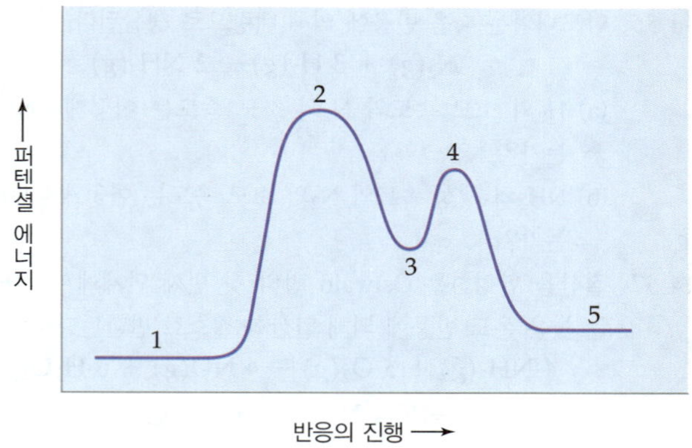

(a) 전체 반응의 반응식을 쓰시오.

(b) 반응 시기 1~5에 존재하는 모든 종의 구조식을 쓰시오. 반응물, 생성물, 촉매, 중간체, 전이 상태에 해당하는 각 종을 확인하시오.

(c) 메커니즘에서 두 단계 중 어느 것이 속도 결정 단계인가? 전체 반응의 속도 법칙을 쓰시오.

(d) 반응은 흡열인가 발열인가? 반응 에너지값 ΔE와 전체 반응의 활성화 에너지 E_a를 도표에 표시하시오.

14.49 일산화 질소와 오존의 이분자 반응의 경우, 타당한 전이 상태를 그리시오. 점선을 사용하여 전이 상태에서 약하게 서로 연결되어 있는 원자들을 나타내시오.

$$NO(g) + O_3(g) \longrightarrow NO_2(g) + O_2(g)$$

보충 문제

반응 속도(14.1절)

14.50 표 14.1의 자료를 이용하여, 시간 범위 200~300 s 동안에 N_2O_5의 평균 분해 속도와 O_2의 평균 생성 속도를 계산하시오.

14.51 표 14.1의 자료를 이용하여, 시간 범위 500~600 s 동안에 N_2O_5의 평균 분해 속도와 NO_2의 평균 생성 속도를 계산하시오.

14.52 표 14.1과 그림 14.1의 자료를 이용하여, t = 350 s를 중심으로 다음 시간 범위에 걸쳐 NO_2 출현의 평균 속도를 계산함으로써 t = 350 s에서 NO_2 출현의 순간 속도를 추정하시오.

(a) 0~700 s **(b)** 100~600 s

(c) 200~500 s **(d)** 300~400 s

어느 것이 가장 좋은 추정이며, 그 이유는 무엇인가?

14.53 이산화 질소의 분해에 대한 농도-시간 자료는 예제 14.9에 주어져 있다. t = 250 s를 중심으로 다음의 시간 범위에 걸쳐 NO_2 소멸의 평균 속도를 계산함으로써 t = 250 s일 때 NO_2 소멸의 순간 속도를 추정하시오.

(a) 0~500 s **(b)** 100~400 s

(c) 200~300 s

어느 것이 가장 좋은 추정이며, 그 이유는 무엇인가?

14.54 그림 14.1에 있는 농도-시간 자료의 도시로부터 다음을 추정하시오.

(a) t = 200 s일 때 N_2O_5 분해의 순간 속도

(b) N_2O_5 분해의 초기 속도

14.55 예제 14.9에 있는 농도-시간 자료의 도시로부터 다음을 추정하시오.

(a) t = 100 s일 때 NO_2 분해의 순간 속도

(b) NO_2 분해의 초기 속도

14.56 암모니아는 다음 반응에 의해 대량으로 생산된다.

$$N_2(g) + 3\,H_2(g) \rightarrow 2\,NH_3(g)$$

(a) H_2의 소모 속도와 N_2의 소모 속도는 어떻게 관련이 있는가?

(b) NH_3의 생성 속도와 N_2의 소모 속도는 어떻게 관련이 있는가?

14.57 질산을 합성하는 Ostwald 법의 첫 번째 단계에서 암모니아는 높은 온도 반응에 의해 일산화 질소로 변환된다.

$$4\,NH_3(g) + 5\,O_2(g) \rightarrow 4\,NO(g) + 6\,H_2O(g)$$

(a) O_2의 소모 속도와 NH_3의 소모 속도는 어떻게 관련이 있는가?

(b) NO와 H_2O의 생성 속도와 NH_3의 소모 속도는 어떻게 관련이 있는가?

14.58 다음 균형 반응식에 따라 아염소산염은 산성 용액에서 브로민화 이온에 의해 환원된다.

$$ClO_2^-(aq) + 4\,Br^-(aq) + 4\,H^+(aq) \rightarrow Cl^-(aq) + 2\,Br_2(aq) + 2\,H_2O(l)$$

(a) $\Delta[Br_2]/\Delta t = 4.8 \times 10^{-6}$ M/s이면, 같은 시간 간격 동안 $\Delta[ClO_2^-]/\Delta t$의 값은 얼마인가?

(b) 같은 시간 간격 동안 Br^- 소모의 평균 속도는 얼마인가?

14.59 2-뷰탄온($CH_3COC_2H_5$)이 수용액에서 세륨(IV) 이온에 의해 산화되어 아세트산(CH_3CO_2H)을 생성하는 반응은 다음 균형 반응식을 따라 일어난다.

$$CH_3COC_2H_5(aq) + 6\,Ce^{4+}(aq) + 3\,H_2O(l) \rightarrow 2\,CH_3CO_2H(aq) + 6\,Ce^{3+}(aq) + 6\,H^+(aq)$$

(a) 아세트산이 5.0×10^{-8} M/s의 평균 속도를 나타낸다면, 같은 시간 간격 동안 $\Delta[H^+]/\Delta t$는 얼마인가?

(b) 같은 시간 간격 동안 Ce^{4+}의 평균 소모 속도는 얼마인가?

속도 법칙(14.2~14.3절)

14.60 수소와 일염화 아이오딘의 기체상 반응은 H_2에 대해 1차, ICl에 대해 1차이다. 속도 법칙는 무엇이고, 속도 상수의 단위는 무엇인가?

$$H_2(g) + 2\,ICl(g) \rightarrow 2\,HCl(g) + I_2(g)$$

14.61 $2NO(g) + 2\,H_2(g) \rightarrow N_2(g) + 2\,H_2O(g)$ 반응은 H_2에 대해 1차, NO에 대해 2차이다. 속도 법칙을 쓰고, 속도 상수의 단위를 명시하시오.

14.62 브로모메테인은 알칼리성 용액에서 메탄올로 변환된다. 반응은 각 반응물에 대해 1차이다.

$$CH_3Br(aq) + OH^-(aq) \rightarrow CH_3OH(aq) + Br^-(aq)$$

(a) 속도 법칙을 쓰시오.

(b) OH^-의 농도가 5배 감소한다면, 반응 속도는 어떻게 변하는가?

(c) 반응물의 농도가 둘 다 2배로 된다면, 속도의 변화는 얼마인가?

14.63 산성 용액에서 BrO_3^-에 의한 Br^-의 산화는 다음 반응식과 같이 기술된다.

$$5\,Br^-(aq) + BrO_3^-(aq) + 6\,H^+(aq) \rightarrow 3\,Br_2(aq) + 3\,H_2O(l)$$

반응은 Br^-에 대해 1차, BrO_3^-에 대해 1차, H^+에 대해 2차이다.

(a) 속도 법칙을 쓰시오.

(b) 전체 반응 차수는 얼마인가?

(c) H^+의 농도가 3배로 된다면, 반응 속도는 어떻게 변하는가?

(d) Br^-와 BrO_3^-의 농도가 둘 다 1/2배로 된다면, 속도의 변화는 얼마인가?

14.64 산소 분자에 의한 비스(바이피리딘) 구리(I) 이온의 산화는 다음 반응식과 같이 기술된다.

$$Cu(C_{10}H_8N_2)_2^+(aq) + O_2(aq) \rightarrow \text{생성물}$$

반응은 산소에 대해 1차, $Cu(C_{10}H_8N_2)_2^+$에 대해 2차이다.

(a) 속도 법칙을 쓰시오.

(b) 전체 반응 차수는 얼마인가?

(c) $Cu(C_{10}H_8N_2)_2^+$의 농도가 4배 감소한다면, 반응 속도는 어떻게 변하는가?

14.65 수용액에서 일산화 질소의 산화는 다음 식을 따라 일어난다.

$$4\,NO(aq) + O_2(aq) + 2\,H_2O(l) \rightarrow 4\,HNO_2(aq)$$

반응은 일산화 질소에 대해 2차, 산소에 대해 1차이다.

(a) 속도 법칙을 쓰시오.

(b) 전체 반응 차수는 얼마인가?

(c) 산소의 농도가 2배로 된다면, 반응 속도는 어떻게 변하는가?

(d) 일산화 질소의 농도가 2배로 되고 산소의 농도가 1/2로 된다면, 반응 속도는 어떻게 변하는가?

14.66 표는 25 °C에서 다음 반응의 초기 속도 자료를 나열한 것이다.

$$NH_4^+(aq) + NO_2^-(aq) \rightarrow N_2(g) + 2\,H_2O(l)$$

실험	초기 $[NH_4^+]$	초기 $[NO_2^-]$	초기 반응 속도(M/s)
1	0.24	0.10	7.2×10^{-6}
2	0.12	0.10	3.6×10^{-6}
3	0.12	0.15	5.4×10^{-6}

(a) 속도 법칙을 쓰시오.

(b) 속도 상수의 값은 얼마인가?

(c) 초기 농도가 $[NH_4^+] = 0.39$ M, $[NO_2^-] = 0.052$ M일 때, 초기 속도는 얼마인가?

14.67 다음 표에 나열된 초기 속도는 아래 반응에 의해 결정되었다.

$$2\,NO(g) + Cl_2(g) \rightarrow 2\,NOCl(g)$$

실험	초기 [NO]	초기 $[Cl_2]$	초기 반응 속도(M/s)
1	0.24	0.10	7.2×10^{-6}
2	0.12	0.10	3.6×10^{-6}
3	0.12	0.15	5.4×10^{-6}

(a) 속도 법칙은 무엇인가?

(b) 속도 상수의 값은 얼마인가?

(c) 반응물의 초기 농도가 둘 다 0.12 M일 때, 초기 속도는 얼마인가?

14.68 다음 균형 반응식은 산성 용액에서 과산화 수소에 의한 아이오딘화 이온의 산화를 나타낸 것이다.

$$H_2O_2(aq) + 3\,I^-(aq) + 2\,H^+(aq) \rightarrow I_3^-(aq) + 2\,H_2O(l)$$

빨간색 트라이아이오딘화 이온의 생성 속도($\Delta[I_3^-]/\Delta t$)는 색깔이 나타나는 속도를 측정함으로써 결정할 수 있다.

25 ℃와 일정한 $[H^+]$에서 초기 속도 자료는 다음과 같다.

실험	초기 $[H_2O_2]$	초기 $[I^-]$	초기 반응 속도(M/s)
1	0.100	0.100	1.15×10^{-4}
2	0.100	0.200	2.30×10^{-4}
3	0.200	0.100	2.30×10^{-4}
4	0.200	0.200	4.60×10^{-4}

(a) 속도 법칙을 쓰시오.

(b) 속도 상수의 값은 얼마인가?

(c) 초기 농도가 $[H_2O_2] = 0.300$ M이고 $[I^-] = 0.400$ M일 때, 초기 속도는 얼마인가?

14.69 트라이메틸아민과 이산화 염소는 물에서 전자 이동 반응으로 반응하여 트라이메틸아민 양이온과 아염소산 이온을 생성한다.

$$(CH_3)_3\,N(aq) + ClO_2(aq) + H_2O(l) \rightarrow (CH_3)_3\,NH^+(aq) + ClO_2^-(aq) + OH^-(aq)$$

23 ℃에서 얻어진 초기 속도는 다음 표에 나열되어 있다.

실험	$[(CH_3)_3N]$	$[ClO_2]$	초기 반응 속도(M/s)
1	3.25×10^{-3}	4.60×10^{-3}	0.90
2	6.50×10^{-3}	2.30×10^{-3}	0.90
3	1.30×10^{-2}	2.30×10^{-3}	1.79
4	2.60×10^{-2}	9.20×10^{-3}	14.4

(a) 속도 상수의 값을 포함하는 속도 법칙을 쓰시오.

(b) 초기 농도 $[(CH_3)_3N] = 4.2 \times 10^{-2}$ M, $[ClO_2] = 3.4 \times 10^{-2}$ M인 실험에서 초기 속도는 얼마나 될까?

적분 속도 법칙; 반감기(14.4~14.6절)

14.70 500 ℃에서 사이클로프로페인(C_3H_6)은 프로펜($CH_3-CH=CH_2$)으로 재배열된다. 반응은 1차이고, 속도 상수는 $6.7 \times 10^{-4}\ s^{-1}$이다. C_3H_6의 초기 농도가 0.0500 M이라면

(a) 30분 후 C_3H_6의 몰농도는 얼마인가?

(b) C_3H_6의 농도가 0.0100 M로 떨어지는 데 몇 분 걸리는가?

(c) C_3H_6의 25%가 반응하는 데 몇 분이 걸리는가?

14.71 메틸 아이소나이트릴(CH_3NC)이 아세토나이트릴(CH_3CN)로 재배열되는 반응은 1차 반응이고, 속도 상수는 472 K에서 $5.11 \times 10^{-5} s^{-1}$이다.

$$CH_3-N\equiv C \longrightarrow CH_3-C\equiv N$$

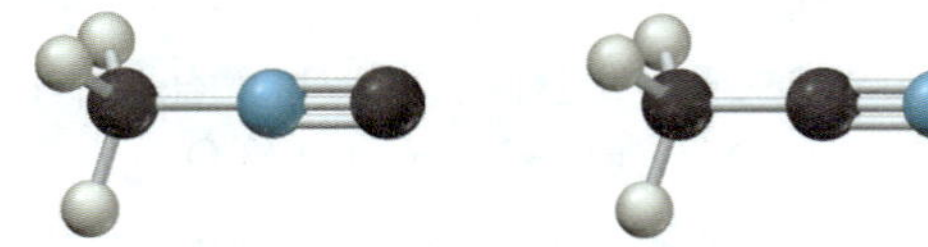

메틸 아이소나이트릴　　　　아세토나이트릴

CH_3NC의 초기 농도가 0.0340 M이라면

(a) 2시간 후 CH_3NC의 몰농도는 얼마인가?

(b) CH_3NC의 농도가 0.0300 M로 떨어지는 데 몇 분 걸리는가?

(c) CH_3NC의 20%가 반응하는 데 몇 분이 걸리는가?

14.72 문제 14.70에서 반응의 반감기(분)는 얼마인가? 사이클로프로페인의 농도가 처음 값의 6.25%로 떨어지는 데 몇 분 걸릴 것인가?

14.73 문제 14.71에서 반응의 반감기(시간)는 얼마인가? 메틸 아이소나이트릴의 농도가 처음 값의 12.5%로 떨어지는 데 몇 시간이 걸릴 것인가?

14.74 뷰타다이엔(C_4H_6)은 스스로 반응하여 화학식 C_8H_{12}인 이합체를 형성한다. 반응은 C_4H_6에 대해 2차이다. 특정 온도에서의 속도 상수는 $4.0 \times 10^{-2}\ M^{-1}s^{-1}$이고, C_4H_6의 초기 농도가 0.0200 M이라고 가정하자.

(a) 1.00 h의 반응 시간 후 몰농도는 얼마인가?

(b) C_4H_6 농도가 0.0020 M의 값에 도달하는 데 걸리는 시간(시간)은 얼마인가?

14.75 600 K에서 아이오딘화 수소는 H_2와 I_2로 느리게 분해된다. 반응은 HI에 대해 2차이고, 속도 상수는 $9.7 \times 10^{-6}\ M^{-1}s^{-1}$이다. HI의 초기 농도는 0.100 M이라고 가정하자.

(a) 6.00일의 반응 시간 후 몰농도는 얼마인가?

(b) HI의 농도가 0.085 M의 값에 도달하는 데 걸리는 시간(일)은 얼마인가?

14.76 문제 14.74에서 C_4H_6의 초기 농도가 0.0200 M일 때 반응의 반감기(분)는 얼마인가? C_4H_6의 농도가 0.0100 M에서 0.0050 M까지 떨어지는 데 몇 분 걸리는가?

14.77 문제 14.75에서 초기 농도가 0.100 M일 때 반응의 반감기(일)는 얼마인가? HI의 농도가 0.200 M에서 0.100 M까지 떨어지는 데 며칠 걸리는가?

14.78 25 ℃에서 어떤 1차 반응의 반감기는 248 s이다. 이 온도에서의 속도 상수 값은 얼마인가?

14.79 N_2O_5의 분해는 1차 반응이다. 25 ℃에서 농도가 0.120 M에서 0.060 M로 떨어지는 데 5.2 h 걸린다. 농도가 0.030 M에서 0.015 M로 떨어지는 데 몇 시간 걸리는가? 0.480 M에서 0.015 M로 떨어지는 데는 몇 시간 걸리는가?

14.80 다음 열분해 반응의 반응 차수와 속도 상수를 결정하려고 한다.

$$AB_2 \rightarrow 1/2\ A_2 + B_2$$

(a) 어떤 자료를 모아야 하는가?

(b) 반응이 0차, 1차, 2차인지를 결정하기 위해 이 자료를 어떻게 이용할 것인가?

(c) 속도 상수의 값을 어떻게 결정할 것인지 설명하시오.

14.81 높은 온도에서 일산화 이질소는 다음 식을 따라 분해된다.

$$N_2O(g) \rightarrow N_2(g) + 1/2\ O_2(g)$$

다음 자료가 주어질 때, 적절한 그래프를 도시하여 반응이 0차, 1차, 2차인지를 결정하시오. N_2O 소모에 대한 속도 상수의 값은 얼마인가?

시간(분)	0	60	90	300	600
$[N_2O]$	0.265	0.228	0.216	0.128	0.0630

14.82 브로민화 나이트로실은 10 °C에서 분해된다.

$$NOBr(g) \rightarrow NO(g) + 1/2\ Br_2(g)$$

다음의 반응 속도론 자료를 이용하여 반응 차수와 NOBr 소모의 속도 상수의 값을 결정하시오.

시간(초)	0	10	40	120	320
[NOBr]	0.0390	0.0301	0.0175	0.00812	0.003 76

14.83 분해 반응 AB ⟶ A + B의 다음 농도–시간 자료를 생각해 보자.

시간(분)	0	20	40	120	220
[AB]	0.215	0.196	0.181	0.117	0.036

(a) 반응 차수와 속도 상수의 값을 결정하시오.

(b) 192분의 반응 시간 후 AB의 몰농도는 얼마인가?

(c) AB의 농도가 0.0250 M에 도달하는 데 걸리는 시간(분)은 얼마인가?

14.84 낮은 온도에서 뒤틀린 고리 탄화수소인 트랜스–사이클로헵텐(C_7H_{12})은 시스–사이클로헵텐으로 변환된다. 이 분자 재배열은 60 °C에서 0.030 $M^{-1}s^{-1}$의 속도 상수를 가지는 2차 과정이다. 트랜스–사이클로헵텐의 초기 농도가 0.035 M이라면

(a) 1600 s의 반응 시간 후 트랜스–사이클로헵텐의 농도는 얼마인가?

(b) 농도가 처음 값의 1/20로 떨어지는 데 얼마의 시간이 걸릴 것인가?

(c) 0.075 M의 초기 농도에서 시스–사이클로헵텐의 반감기는 얼마인가?

14.85 11-시스-레티날에서 11-트랜스-레티날로의 광자극 변환은 인간의 시각 과정에서 가장 중요하다. 이 반응은 빛이 없을 때에도 (매우 느리게) 일어난다. 80 °C의 헵테인 용액에서 일어나는 반응은 1차이며, 속도 상수는 1.02×10^{-5}/s이다.

(a) 11-시스-레티날의 초기 농도가 3.50×10^{-3} M이라면, 6.00 h 후에 11-시스-레티날의 몰농도는 얼마인가?

(b) 11-시스-레티날의 25%가 반응하는 데 몇 분 걸리는가?

(c) 11-트랜스-레티날의 농도가 3.15×10^{-3} M에 도달하는 데 몇 시간 걸리는가?

아레니우스 식 (14.7~14.8절)

14.86 왜 반응물 분자들 사이의 모든 충돌이 화학 반응을 일으키지는 않는가?

14.87 두 반응은 활성화 에너지가 같지만, 같은 온도에서의 속도는 10배가 다르다. 이유를 설명하시오.

14.88 기체의 온도가 10 °C 증가할 때, 충돌 빈도는 단지 2% 증가하지만, 반응 속도는 100%(2배) 이상 증가한다. 이유를 설명하시오.

14.89 E_a = 50 kJ/mol일 때, 300 K에서 E_a와 같거나 더 큰 에너지를 가지고 충돌하는 기체 분자의 분율은 얼마인가? 또한, E_a = 100 kJ/mol일 때, 이 분율의 값은 얼마인가?

14.90 다음 반응에 대해 E_a = 183 kJ/mol과 ΔE = 9 kJ/mol이 측정되었다.

$$2\ HI(g) \rightarrow H_2(g) + I_2(g)$$

반응물, 생성물 및 전이 상태의 퍼텐셜 에너지를 나타내는 이 반응의 퍼텐셜 에너지 단면도를 그리시오. E_a와 ΔE를 정의하는 표시를 하시오.

14.91 다음 반응에 대해 E_a = 248 kJ/mol과 ΔE = 41 kJ/mol이 측정되었다.

$$H_2(g) + CO_2(g) \rightarrow H_2O(g) + CO(g)$$

(a) 반응물, 생성물, 전이 상태의 퍼텐셜 에너지를 나타내는 이 반응에 대한 퍼텐셜 에너지 단면을 그리시오. E_a와 ΔE를 정의하는 표시를 하시오.

(b) 반응물과 생성물의 기하학적 구조를 고려하여 전이 상태의 타당한 구조를 제안하시오.

14.92 E_a와 ΔE 값이 다른 3개의 반응을 생각해 보자.

반응 1. E_a = 20 kJ/mol; ΔE = −60 kJ/mol
반응 2. E_a = 10 kJ/mol; ΔE = −20 kJ/mol
반응 3. E_a = 40 kJ/mol; ΔE = +15 kJ/mol

(a) 각 반응의 반응물, 생성물, 전이 상태의 퍼텐셜 에너지를 나타내는 퍼텐셜 에너지 단면도를 그리시오. E_a와 ΔE를 정의하는 표시를 하시오.

(b) 3개의 반응 모두 같은 온도에서 수행되고, 같은 진동수 인자 A를 가진다고 가정할 때, 어느 반응이 가장 빠르고 어느 반응이 가장 느린가?

(c) 어느 반응이 가장 흡열 반응이고, 어느 반응이 가장 발열 반응인가?

14.93 아이오딘화 이온이 촉매 작용하는 H_2O_2의 분해에 대한 그림 14.17의 퍼텐셜 에너지 단면도를 생각해 보자. 단면의 어느 점이 반응의 첫 번째 단계에 대한 전이 상태의 퍼텐셜 에너지를 나타내는가? 어느 점이 두 번째 단계에 대한 전이 상태의 퍼텐셜 에너지를 나타내는가? 어느 점이 중간 생성물 $H_2O(l) + IO^-(aq)$의 퍼텐셜 에너지를 나타내는가?

14.94 $NO_2(g) + CO(g) \longrightarrow NO(g) + CO_2(g)$ 반응의 속도 상수는 700 K에서 1.3 $M^{-1}s^{-1}$이고, 800 K에서 23.0 $M^{-1}s^{-1}$이다.

(a) 활성화 에너지(kJ/mol)의 값은 얼마인가?

(b) 750 K에서 속도 상수의 값은 얼마인가?

14.95 어떤 1차 반응의 속도 상수는 25 °C에서 $1.0 \times 10^{-3}\ s^{-1}$이다.

(a) 온도가 35 °C로 증가할 때 반응 속도가 2배로 된다면, 이 반응의 활성화 에너지는 얼마인가?

(b) 같은 온도 변화가 속도를 3배로 증가시킨다면, E_a(kJ/mol)는 얼마인가?

14.96 다음 식은 항암제인 시스플라틴[$Pt(NH_3)_2Cl_2$]과 물의 반응을 기술한 것이다.

$$Pt(NH_3)_2Cl_2(aq) + H_2O(l) \longrightarrow Pt(NH_3)_2(H_2O)Cl^+(aq) + Cl^-(aq)$$

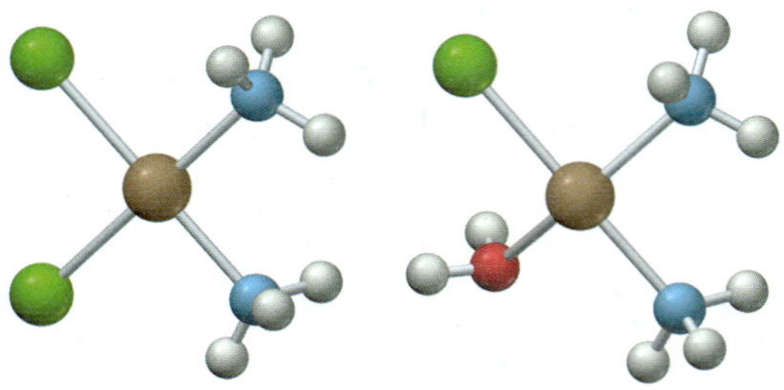

온도가 25 °C에서 50 °C로 올라갈 때 이 반응의 속도는 15배 증가한다. 활성화 에너지(kJ/mol)의 값은 얼마인가?

14.97 널리 사용되는 용매인 아세트산 에틸은 염기성 용액에서 다음과 같이 반응을 한다.

$$CH_3CO_2C_2H_5(aq) + OH^-(aq) \rightarrow CH_3CO_2^-(aq) + C_2H_5OH(aq)$$

온도가 15 °C에서 45 °C로 올라갈 때 이 반응의 속도는 6.37배 증가한다. 활성화 에너지(kJ/mol)의 값을 계산하시오.

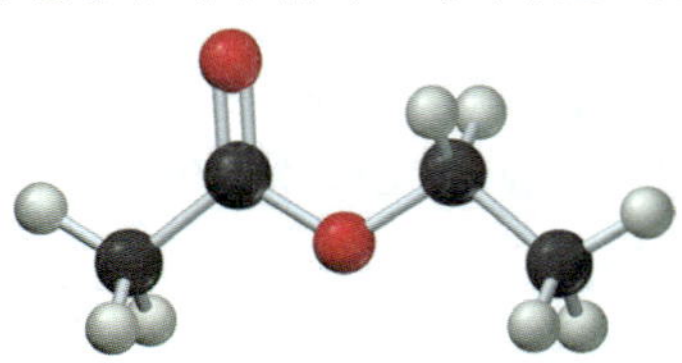

아세트산 에틸

14.98 온도가 20 °C에서 30 °C로 증가할 때 반응 속도가 2.5배 증가한다면, 활성화 에너지(kJ/mol)의 값은 얼마인가? 온도가 120 °C에서 130 °C로 증가할 때 이 반응의 속도는 몇 배 증가하는가?

14.99 호흡기 감염을 일으키는 인체 병원균인 **미코박테리움 아비움**(Mycobacterium avium)은 가끔 온수 욕조에서 발견된다. 미코박테리움 아비움은 염소, 이산화 염소, 오존과 같은 많은 소독제에 의해 비활성화될 수 있다. 이산화 염소에 의한 비활성화에서 다음의 속도 상수가 얻어졌다. 이산화 염소에 의해 미코박테리움 아비움이 비활성화되는 반응의 활성화 에너지(kJ)는 얼마인가?

온도(°C)	k **[L/(mg·min)]**
5	0.267
30	3.45

14.100 다음 1차 반응의 활성화 에너지를 결정하려고 한다.

$$A \longrightarrow B + C$$

(a) 어떤 자료를 모아야 하는가?

(b) 이 자료를 어떻게 이용하여 활성화 에너지를 결정할 것인가?

14.101 다음은 $N_2O_5(g) \longrightarrow 2\ NO_2(g) + 1/2\ O_2(g)$ 반응의 온도에 따른 속도 상수를 나타낸 것이다.

온도(°C)	$k(s^{-1})$	**온도(°C)**	$k(s^{-1})$
25	3.7×10^{-5}	55	1.7×10^{-3}
45	5.1×10^{-4}	65	5.2×10^{-3}

자료의 적절한 그래프를 도시하고, 이 반응의 활성화 에너지(kJ/mol)를 결정하시오.

14.102 다음은 이산화 질소 열분해의 속도 상수를 나타낸 것이다.

$$NO_2(g) \longrightarrow NO(g) + 1/2\ O_2(g)$$

온도(°C)	$k(M^{-1}s^{-1})$	**온도(°C)**	$k(M^{-1}s^{-1})$
330	0.77	378	4.1
354	1.8	383	4.7

자료의 적절한 그래프를 도시하고, 이 반응의 활성화 에너지 E_a(kJ/mol)를 계산하시오.

14.103 폴리에틸렌 테레프탈레이트는 섬유, 병, 포장재로 사용되는 합성 플라스틱이다. 이 물질은 다음 반응처럼 높은 온도(230~270 °C)와 압력에서 물과 처리하면 분해되어 재활용할 수 있다.

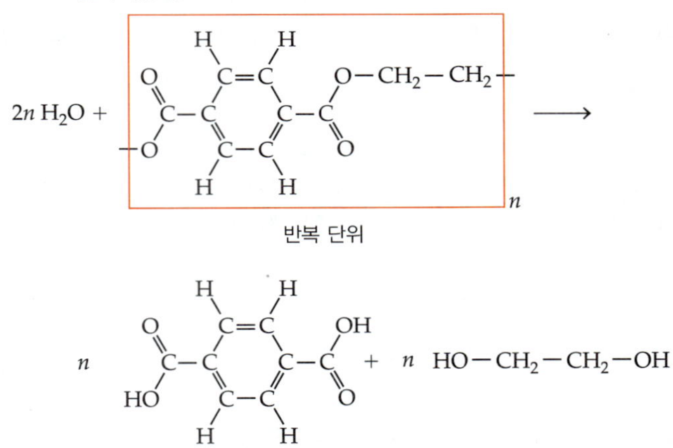

반응은 여러 가지 다른 온도에서 수행되었고, 다음 속도 상수 값들이 얻어졌다.

온도 (°C)	$k\ (M^{-3/2}s^{-1})$
235	2.95×10^{-5}
250	5.77×10^{-5}
265	1.44×10^{-4}

자료의 적절한 그래프를 도시하고, 이 반응의 활성화 에너지(kJ/mol)를 계산하시오.

반응 메커니즘(14.9~14.11절)

14.104 전체 반응의 균형 화학 반응식의 계수와 속도 법칙의 지수 사이에는 어떤 관계가 있는가?

14.105 반응 메커니즘에서 다른 단계의 속도 결정 단계를 구별하는 것은 무엇인가? 속도 결정 단계는 관찰된 속도 법칙에 어떻게 영향을 미치는가?

14.106 수소와 일염화 아이오딘의 반응의 경우, 다음 메커니즘을 생각해 보자.

단계 1. $H_2(g) + ICl(g) \rightarrow HI(g) + HCl(g)$
단계 2. $HI(g) + ICl(g) \rightarrow I_2(g) + HCl(g)$

(a) 전체 반응의 반응식을 쓰시오.
(b) 반응 중간체를 확인하시오.
(c) 각 단일 단계의 분자도는 얼마인가?

14.107 다음 메커니즘이 일산화 질소와 염소의 반응에 대해 제안되었다.

단계 1. $NO(g) + Cl_2(g) \rightarrow NOCl_2(g)$
단계 2. $NOCl_2(g) + NO(g) \rightarrow 2\,NOCl(g)$

(a) 전체 반응을 쓰시오.
(b) 반응 중간체를 확인하시오.
(c) 각 단일 단계의 분자도는 얼마인가?

14.108 다음 각 단일 단계 반응의 경우, 분자도와 속도 법칙을 구하시오.

(a) $O_3(g) + Cl(g) \rightarrow O_2(g) + ClO(g)$
(b) $NO_2(g) \rightarrow NO(g) + O(g)$
(c) $ClO(g) + O(g) \rightarrow Cl(g) + O_2(g)$
(d) $Cl(g) + Cl(g) + N_2(g) \rightarrow Cl_2(g) + N_2(g)$

14.109 다음 각 단일 단계 반응의 경우, 분자도를 확인하고 속도 법칙을 쓰시오.

(a) $I_2(g) \rightarrow 2\,I(g)$
(b) $2\,NO(g) + Br_2(g) \rightarrow 2\,NOBr(g)$
(c) $N_2O_5(g) \rightarrow NO_2(g) + NO_3(g)$

14.110 염화 나이트릴(NO_2Cl)의 열분해는 다음 메커니즘에 의해 일어난다고 생각된다.

$$NO_2Cl(g) \xrightarrow{k_1} NO_2(g) + Cl(g)$$
$$Cl(g) + NO_2Cl(g) \xrightarrow{k_2} NO_2(g) + Cl_2(g)$$

(a) 전체 반응을 쓰시오.
(b) 각 단일 단계의 분자도는 얼마인가?
(c) 첫 번째 단계가 속도 결정 단계라면, 이 반응 메커니즘으로 어떤 속도 법칙이 예상되는가?

14.111 헥사카보닐 몰리브데넘[$Mo(CO)_6$]과 다양한 다른 분자 L과의 치환 반응은 다음 메커니즘에 의해 일어난다고 생각된다.

$$Mo(CO)_6 \xrightarrow{k_1} Mo(CO)_5 + CO$$
$$Mo(CO)_5 + L \xrightarrow{k_2} Mo(CO)_5L$$

(a) 전체 반응을 쓰시오.
(b) 각 단일 단계의 분자도는 얼마인가?
(c) 첫 번째 단계가 속도 결정 단계라고 가정할 때, 속도 법칙을 쓰시오.

14.112 $2\,NO_2(g) + F_2(g) \rightarrow 2\,NO_2F(g)$ 반응은 2차 속도 법칙, 속도 = $k[NO_2][F_2]$를 가진다. 이 속도 법칙과 일치하는 메커니즘을 제안하시오.

14.113 상층 대기에서 오존의 분해는 NO에 의해 용이해진다. 전체 반응과 속도 법칙은 다음과 같다.

$$O_3(g) + O(g) \rightarrow 2\,O_2(g) \qquad \text{속도} = k[O_3][NO]$$

속도 법칙과 일치하는 메커니즘을 쓰시오.

14.114 일산화 질소가 이산화 이질소로 되는 산화 반응의 제안된 메커니즘은 문제 14.29에서 기술되었다. 이 반응 반응의 또 다른 가능한 메커니즘은 다음과 같다.

$$2\,NO(g) \underset{k_{-1}}{\overset{k_1}{\rightleftharpoons}} N_2O_2(g) \qquad \text{더 빠름, 가역}$$
$$N_2O_2(g) + O_2(g) \xrightarrow{k_2} 2NO_2(g) \qquad \text{더 느림, 속도 결정}$$

(a) 전체 반응 반응의 균형 반응식을 쓰시오.
(b) 이 메커니즘이 실험적 속도 법칙, 속도 = $k[NO]^2[O_2]$와 일치함을 보이시오.
(c) 속도 상수 k를 단일 단계 반응의 속도 상수와 관련시키시오.

14.115 다음 메커니즘은 오산화 이질소의 분해에 대해 제안되었으며, 실험적 속도 법칙은 속도 = $k[N_2O_5]$이다.

$$N_2O_5(g) \underset{k_{-1}}{\overset{k_1}{\rightleftharpoons}} NO_2(g) + NO_3(g) \qquad \text{더 빠름, 가역}$$
$$NO_2(g) + NO_3(g) \xrightarrow{k_2} NO(g) + NO_2(g) + O_2(g) \qquad \text{느림, 속도 결정}$$
$$NO(g) + NO_3(g) \xrightarrow{k_3} 2\,NO_2(g) \qquad \text{빠름}$$

전체 반응을 얻기 위해 첫 번째 단계에 2를 곱해야 함에 주의하시오.

(a) 전체 반응의 균형 반응식을 쓰시오.
(b) 반응 중간체를 확인하시오.
(c) 제안된 메커니즘이 실험적 속도 법칙과 일치함을 보이시오.
(d) 속도 상수 k를 단일 단계 반응의 속도 상수와 관련시키시오.

촉매 작용(14.13절)

14.116 다음 진술에 대해 논하시오. "촉매는 반응의 속도를 증가시키지만, 반응에 참여하지 않기 때문에 소모되지 않는다."

14.117 왜 촉매는 전체 화학 반응식에 나타나지 않는가?

14.118 상층 대기에서 $CFCl_3$와 같은 염화플루오린화탄소는 햇빛을 흡수한 뒤 분해되어 Cl 라디칼을 생성한다. 이 장의 Inquiry에서는 염소 라디칼에 의한 오존 파괴의 메커니즘을 제시하였다. 대안적인 메커니즘은 다음과 같다.

$$Cl(g) + O_3(g) \rightarrow ClO(g) + O_2(g)$$
$$ClO(g) + O(g) \rightarrow Cl(g) + O_2(g)$$

(a) 전체 반응의 화학 반응식을 쓰시오.
(b) 이 반응에서 Cl 원자의 역할은 무엇인가?
(c) ClO는 촉매인가 반응 중간체인가?
(d) 촉매와 중간체를 구별하는 것은 무엇인가?

14.119 다음 일련의 반응에서 이산화 황은 삼산화 황으로 산화된다.

$$2\ SO_2(g) + 2\ NO_2(g) \rightarrow 2\ SO_3(g) + 2\ NO(g)$$
$$2\ NO(g) + O_2(g) \rightarrow 2\ NO_2(g)$$

(a) 전체 반응의 화학 반응식을 쓰시오.
(b) 이 반응에서 촉매 또는 중간체로 작용하는 분자를 확인하시오.

14.120 수용액에서 나이트라마이드(NH_2NO_2) 분해의 다음 메커니즘을 생각해 보자.

$$NH_2NO_2(aq) + OH^-(aq) \rightarrow NHNO_2^-(aq) + H_2O(l)$$
$$NHNO_2^-(aq) \rightarrow N_2O(g) + OH^-(aq)$$

(a) 전체 반응의 화학 반응식을 쓰시오.
(b) 촉매와 반응 중간체를 확인하시오.
(c) HCl이 용액에 더해진다면, 전체 반응의 속도는 어떻게 영향을 받겠는가?

14.121 문제 14.113에서 일산화 질소에 의해 용이해진 오존의 분해 메커니즘을 적었다. 그 메커니즘은 촉매 또는 반응 중간체를 포함하는가? 설명하시오.

14.122 $A + B_2 \rightarrow AB + B$ 반응의 속도는 B_2의 농도에 정비례하고 A의 농도에 무관하며, 물질 C의 농도에 정비례한다.
(a) 속도 법칙은 무엇인가?
(b) 실험적 사실과 일치하는 메커니즘을 쓰시오.
(c) 이 반응에서 C의 역할은 무엇인가? 왜 전체 반응의 화학 반응식에서 C가 나타나지 않는가?

14.123 중성 수용액에서 전형적인 펩타이드 결합(단백질 골격에서 C—N 결합)의 반감기는 약 500년이다. 단백질 분해 효소가 펩타이드 결합에 작용할 때, 결합의 반감기는 약 0.010 s이다. 이 반감기가 1차 반응에 해당한다고 가정할 때, 효소는 펩타이드 결합을 파괴하는 반응의 속도를 몇 배를 증가시키는가?

다중 개념 문제

14.124 $H_2(g) + I_2(g) \rightarrow 2\ HI(g)$ 반응을 생각해 보자. 일정한 양의 H_2와 I_2의 반응은 움직이는 피스톤으로 막힌 실린더 안에서 조사되었다. 다음의 각 변화가 반응 속도에 주는 영향을 나타내시오.
(a) 일정한 부피에서 온도의 증가
(b) 일정한 온도에서 부피의 증가
(c) 촉매의 첨가
(d) 일정한 부피에서 아르곤(비활성 기체)의 첨가

14.125 다음 표는 A와 B가 D로 변환되는 반응의 농도-시간 자료를 나열한 것이다.

실험	시간(s)	[A]	[B]	[C]	[D]
1	0	5.00	2.00	1.00	0.00
	60	4.80	1.90	1.00	0.10
2	0	10.00	2.00	1.00	0.00
	60	9.60	1.80	1.00	0.20
3	0	5.00	4.00	1.00	0.00
	60	4.80	3.90	1.00	0.10
4	0	5.00	2.00	2.00	0.00
	60	4.60	1.80	2.00	0.20

(a) 반응의 균형 반응식을 쓰시오.
(b) A, B, C에 대한 반응 차수는 얼마인가? 전체 반응 차수는 얼마인가?
(c) 속도 법칙은 무엇인가?
(d) 이 반응에 촉매가 관련되는가? 설명하시오.
(e) 자료와 일치하는 메커니즘을 제안하시오.
(f) D의 생성에 대한 속도 상수를 계산하시오.

14.126 아이오딘화 이온과 하이포아염소산 이온(OCl^-)의 반응의 경우, 다음의 농도-시간 자료를 생각해 보자. 생성물은 염화 이온과 하이포아아이오딘산 이온(OI^-)이다.

실험	시간(s)	$[I^-]$	$[OCl^-]$	$[OH^-]$
1	0	2.40×10^{-4}	1.60×10^{-4}	1.00
	10	2.17×10^{-4}	1.37×10^{-4}	1.00
2	0	1.20×10^{-4}	1.60×10^{-4}	1.00
	10	1.08×10^{-4}	1.48×10^{-4}	1.00
3	0	2.40×10^{-4}	4.00×10^{-5}	1.00
	10	2.34×10^{-4}	3.40×10^{-5}	1.00
4	0	1.20×10^{-4}	1.60×10^{-4}	2.00
	10	1.14×10^{-4}	1.54×10^{-4}	2.00

(a) 반응의 균형 반응식을 쓰시오.
(b) 속도 법칙을 결정하고, 속도 상수의 값을 계산하시오.
(c) 반응이 단일 단계 메커니즘에 의해 일어나는가? 설명하시오.
(d) 속도 법칙과 일치하는 메커니즘을 제안하고, 속도 상수를 메커니즘에서의 단일 단계의 속도 상수로 표현하시오. (힌트: H_2O와 OCl^- 사이에 H^+ 이온의 이동은 빠른 가역 반응이다.)

14.127 두 분자 A와 B의 가역적인 1차 상호 변환을 생각해 보자.

$$A \underset{k_r}{\overset{k_f}{\rightleftharpoons}} B$$

여기서 $k_f = 3.0 \times 10^{-3}\ s^{-1}$은 정반응의 속도 상수이고, $k_r = 1.0 \times 10^{-3}\ s^{-1}$은 역반응의 속도 상수이다. 만약 속도 상수 k_f와 k_r가 비슷한 값을 가지고 있다면 반응은 완결되지 않는다. 대신, 반응물과 생성물이 비슷한 농도를 가지고 평형 상태에 도달한다는 것을 15장에 알게 될 것이다.

(a) 정반응과 역반응의 속도 법칙은 무엇인가?

(b) 정반응과 역반응의 속도가 시간에 따라 어떻게 변하는지를 보여 주는 정성적인 그래프를 그리시오.

(c) 정반응과 역반응의 속도가 같아질 때 A와 B의 상대적인 농도는 얼마인가?

14.128 1.000 L의 일정한 부피를 갖는 반응 용기에서 반응물 X가 생성물로 변환되는 1차 반응을 연구하고 있다고 가정하자. 오후 1:00에 1.000 mol 의 X를 가지고 25 °C에서 반응을 시작한다. 오후 2:00에 0.600 mol의 X가 남아 있는 것을 알고, 즉시 반응 혼합물의 온도를 35 °C로 증가시킨다. 오후 3:00에 0.200 mol의 X가 여전히 존재하는 것을 발견한다. 오후 4:00까지 반응을 끝내기 원하지만, 단지 0.010 mol 의 X가 남을 때까지 계속할 필요가 있다. 따라서 다시 한번 더 온도를 증가시키기로 결정한다. 오후 4:00까지 0.010 mol을 제외한 모든 X를 생성물로 변환시키는 데 필요한 최소의 온도는 얼마인가?

14.129 N_2O_4의 1차 분해에 대한 반감기는 1.3×10^{-5} s이다.

$$N_2O_4(g) \rightarrow 2\ NO_2(g)$$

N_2O_4를 17.0 mmHg의 압력에서 감압 플라스크에 넣으면, NO_2의 압력이 1.3 mmHg에 도달하는 데 몇 초가 필요한가?

14.130 어떤 반응들은 매우 빨라서 '확산 제어된다'라고 한다. 즉, 반응물은 충돌하자마자 재빨리 반응한다. 한 예는 OH^-에 의한 H_3O^+의 중화인데, 이것은 25 °C에서 $1.3 \times 10^{11}\ M^{-1}s^{-1}$의 2차 속도 상수를 가진다.

(a) 같은 부피의 2.0 M HCl과 2.0 M NaOH가 동시에 혼합된다면, 산의 99.999%가 중화되는 데 얼마나 시간이 필요한가?

(b) 일반적인 실험실 조건에서 산–염기 중화의 속도는 반응 속도 또는 혼합 속도 중 무엇에 의해 제한될 것으로 예상하는가?

14.131 $2\ NO(g) + O_2(g) \rightarrow 2\ NO_2(g)$ 반응은 3차 속도 법칙, 속도 $= k[NO]^2[O_2]$을 가지며, $k = 25\ M^{-2}s^{-1}$이다. $[NO] = 2\,[O_2]$의 조건에서 적분 속도 법칙은 다음과 같다.

$$\frac{1}{[O_2]^2} = 8\,kt + \frac{1}{([O_2]_0)^2}$$

초기 농도가 [NO] = 0.0200 M이고 $[O_2]$ = 0.0100 M일 때, 100.0 s 후에 NO, O_2, NO_2의 농도는 얼마인가?

14.132 NO_2의 기체상 분해에 대한 다음의 자료를 생각해 보자.

$$2\ NO_2(g) \rightarrow 2\ NO(g) + O_2(g)$$

온도 (K)	초기 $[NO_2]$	NO_2 분해의 초기 속도(M/s)
600	0.0010	5.4×10^{-7}
600	0.0020	2.2×10^{-6}
700	0.0020	5.2×10^{-5}

650 K에서 0.0050 mol의 NO_2를 1.0 L 플라스크에 넣고 분해시킨다면, NO_2의 농도가 0.0010 M까지 떨어지는 데 몇 초 걸리는가?

14.133 다음의 초기 속도 자료를 이용하여 A + B → C 반응의 활성화 에너지(kJ/mol)를 결정하시오.

실험	온도 (K)	초기 [A]	초기 [B]	초기 반응 속도(M/s)
1	700	0.20	0.10	1.8×10^{-5}
2	700	0.40	0.10	3.6×10^{-5}
3	700	0.10	0.20	3.6×10^{-5}
4	600	0.50	0.50	4.3×10^{-5}

14.134 다음의 실험 자료는 $2\ HI(g) \longrightarrow H_2(g) + I_2(g)$ 반응의 연구에서 얻어졌다. 650 K에서 1.0×10^{-5} M/s의 속도를 얻을 수 있는 HI의 농도를 예상하시오.

실험	온도 (K)	초기 [HI]	초기 반응 속도(M/s)
1	700	0.10	1.8×10^{-5}
2	700	0.30	1.6×10^{-4}
3	800	0.20	3.9×10^{-3}
4	650	?	1.0×10^{-5}

14.135 폴리테트라플루오로에틸렌(테플론)은 500 °C 이상 가열할 때 분해된다. 분해 속도 상수는 530 °C에서 $2.60 \times 10^{-4}\ s^{-1}$이고, 620 °C에서 $9.45 \times 10^{-3}\ s^{-1}$이다.

(a) 활성화 에너지(kJ/mol)는 얼마인가?

(b) 580 °C에서 이 물질의 반감기는 얼마인가?

14.136 A → C 반응은 반응물 A에 대해 1차이며, 또한 완결되는 반응으로 알려져 있다. 생성물 C는 색이 있고 550 nm에서 빛을 강하게 흡수하는 반면, 반응물과 중간체는 무색이다. A 용액을 준비하고 550 nm에서 C의 흡광도를 시간의 함수로 측정하였다(C의 흡광도는 그것의 농도에 정비례한다는 것에 주목하시오). 다음 자료를 이용하여, 이 반응의 반감기를 결정하시오.

시간(s)	흡광도
0	0.000
10	0.444
20	0.724
100	1.188
200	1.200
500	1.200

14.137 E_a = 6.3 kJ/mol과 $A = 6.0 \times 10^8/(M\cdot s)$의 값은 다음 이분자 반응에서 측정되었다.

$$NO(g) + F_2(g) \rightarrow NOF(g) + F(g)$$

(a) 25 °C에서 속도 상수를 계산하시오.

(b) 반응의 생성물은 플루오린화 나이트로실이다. 그것의 화

학식은 보통 NOF로 쓰지만, 그 구조는 실제로 ONF이다. ONF 분자는 직선형인가 굽은형인가?

(c) 반응의 타당한 전이 상태를 그리시오. 점선을 사용하여 전이 상태에서 약하게 함께 연결된 원자들을 나타내시오.

(d) 반응은 왜 이렇게 낮은 활성화 에너지를 가지는가?

14.138 0.0101 g/cm^{3}의 밀도를 가지는 HI 기체의 1.50 L 시료가 410 °C에서 가열되었다. 시간이 지나면서 HI는 기체 H_2와 I_2로 분해된다. 속도 법칙은 $-\Delta[\text{HI}]/\Delta t = k[\text{HI}]^2$이고, 410 °C에서 k = 0.031/(M·min)이다.

(a) I_2의 초기 생성 속도(분자/min)는 얼마인가?

(b) 8.00시간의 반응 시간 후 H_2의 부분 압력은 얼마인가?

14.139 NO_2 기체가 NO와 O_2로 분해되는 반응의 속도 상수는 383 °C에서 4.7/(M·s)이다. 383 °C의 5.00 L 반응 용기에서 초기 압력이 746 mmHg인 순수한 NO_2 시료의 분해를 생각해 보자.

(a) 반응 차수는 얼마인가?

(b) O_2의 초기 생성 속도[g/(L·s)]는 얼마인가?

(c) 1.00분의 반응 시간 후 용기에 있는 O_2의 질량은 얼마인가?

14.140 N_2O_5 기체에서 NO_2와 O_2로 되는 1차 분해의 속도 상수는 55 °C에서 $1.7 \times 10^{-3}\ s^{-1}$이다.

(a) 2.70 g의 N_2O_5 기체를 55 °C의 온도로 일정하게 유지되는 2.00 L 빈 용기에 넣었다면, 13.0분의 반응 시간 후에 용기의 전체 압력은 얼마인가?

(b) 부록 B의 자료를 이용하여, 반응 혼합물이 열(J/s)을 흡수하는 초기 속도를 계산하시오.(반응열은 온도와 무관하다고 가정한다.)

(c) 10.0분의 반응 시간 후 흡수된 열의 총량(kJ)은 얼마인가?

14.141 일산화 이질소의 열분해 $2\,N_2O(g) \rightarrow 2\,N_2(g) + O_2(g)$의 경우, 아레니우스 식의 변수 값은 $A = 4.2 \times 10^9\ s^{-1}$이고, E_a = 222 kJ/mol이다. N_2O의 기류가 0.75 L/min의 흐름 속도로 지름 25 mm, 길이 20 cm인 관을 통과한다면, 배출 기체에서 O_2 부분 압력이 1.0 mmHg이려면 관의 온도를 얼마로 유지해야 하는가? 관 안에 있는 기체의 압력은 1.50 atm으로 가정한다.

14.142 움직일 수 있는 피스톤이 부착된 0.500 L의 반응 용기에 3.00%의 과산화 수소 수용액이 꽉 채워져 있다. H_2O_2는 10.7시간의 반감기를 가지는 1차 반응을 통해 물과 O_2 기체로 분해된다. 반응이 진행됨에 따라 생성된 기체는 738 mmHg의 일정한 외부 대기압에 맞서서 피스톤을 밀어 낸다. 4.02시간의 반응 시간 후 수행된 PV 일(J)을 계산하시오. (용액의 밀도는 1.00 g/mL이고, 계의 온도는 20 °C로 유지된다고 가정한다.)

14.143 791 K와 상대적으로 낮은 압력에서 아세트알데하이드(CH_3CHO)의 기체상 분해는 아세트알데하이드에 대해 2차이다.

$$CH_3CHO(g) \rightarrow CH_4(g) + CO(g)$$

특정한 반응 혼합물의 전체 압력은 다음과 같이 변하였다.

시간(min)	0	75	148	308	605
전체 압력(atm)	0.500	0.583	0.641	0.724	0.808

(a) 압력 자료를 이용하여, 속도 상수($atm^{-1}s^{-1}$)의 값을 결정하시오.

(b) 속도 상수는 일반적인 단위인 $M^{-1}s^{-1}$로 얼마인가?

(c) 반응 혼합물의 부피가 1.00 L라면, 605 min의 반응 시간 후 방출된 열의 총량(J)은 얼마인가?

chapter 15

화학 평형

ⓒLukas Gojda/Shutterstock

CONTENTS

산에서 스키를 타면, 높은 고도에서의 낮은 산소 부분압에 의해 고산병이 생길 수 있다. 혈액을 통한 근육 조직으로의 산소 운반은 산소 운반 단백질인 헤모글로빈이 관련된 화학 평형에 달려 있다.

높은 고도는 신체의 산소 운반에 어떤 영향을 미치는가?

이 질문의 답은 659쪽 INQUIRY에 나와 있다.

14장을 시작하면서 화학 반응에 관한 세 가지 주요 문제를 제기하였다. 어떤 일이 일어나는가? 얼마나 빠르게 그리고 어떤 메커니즘에 의해 일어나는가? 어느 정도로 일어나는가? 첫 번째 질문에 대한 답은 균형 화학 반응식의 화학량론에 따라 얻어지고, 두 번째 질문에 대한 답은 반응 속도론에 따라 얻어진다. 이 장에서는 세 번째 질문에 대한 답을 살펴보기 위해, 화학 평형 상태에 도달하기 전에 화학 반응이 완결되는 방향으로 어느 정도 진행되는가를 알아보고자 한다. **화학 평형**(**chemical equilibrium**) 상태란 반응물과 생성물의 농도가 더 이상 변하지 않는 상태이다.

화학 평형 시간의 경과에 따라 반응물과 생성물의 농도가 일정하게 유지되는 상태

평형의 개념은 이미 액체 증발(11.2절)과 관련해서 언급하였다. 한 액체가 밀폐 용기 내에서 증발하면 곧 일정한 증기 압력에 도달하는데, 이러한 현상은 액체에서 증발하여 기체로 되는 분자 수와 기체에서 응축하여 액체로 되는 분자 수가 동일한 동적 평형에 의해 일어난다. 화학 반응은 대체로 이와 비슷한 거동을 한다. 화학 반응은 정방향과 역방향으로 모두 일어날 수 있고, 정방향과 역방향의 반응 속도가 동일하게 될 때 반응물과 생성물의 농도는 일정하게 유지된다. 바로 그 시점이 화학계가 동적 평형 상태에 있는 것이다.

화학 평형은 여러 가지 산업, 생명, 환경 공정에서 중요하다. 예를 들어 O_2 분자와 헤모글로빈 단백질이 관여하는 평형은, 폐로부터 신체 각 부위 세포로 산소를 운반하고 공급하는 데 중요한 역할을 한다. 이와 유사한 CO 분자와 헤모글로빈이 관여하는 평형은 일산화 탄소의 독성을 설명할 수 있다.

평형 상태에서 반응물과 생성물의 혼합물을 **평형 혼합물**(**equilibrium mixture**)이라고 한다. 이 장에서는 평형 혼합물의 조성에 관해 다음과 같은 여러 가지 중요한 문제를 다룰 것이다. 평형 혼합물에서 반응물과 생성물 농도 사이의 관계는 무엇인가? 초기 농도로부터 평형 농도를 어떻게 결정하는가? 어떤 인자들이 평형 혼합물의 조성 변화에 영향을 미치는가? 마지막 질문은 수소, 암모니아, 메탄올(CH_3OH)과 같은 공업용 화합물들의 합성 조건을 선택하는 데 특히 중요하다.

▲ 밀폐된 용기 속의 브로민 액체와 기체는 동적 평형에 있다. ©Rvkamalov gmail.com/shutterstock

15.1 평형 상태

앞 장에서 화학 반응은 일반적으로 반응물이 생성물로 완전히 전환된다고 가정하였다. 그러나 많은 반응은 완결되지 않는다. 예를 들어, 무색의 사산화 이질소(N_2O_4) 기체가 암갈색의 이산화 질소(NO_2) 기체로 분해되는 것을 생각해 보자.

$$\underset{\text{무색}}{N_2O_4(g)} \rightleftharpoons \underset{\text{갈색}}{2\,NO_2(g)}$$

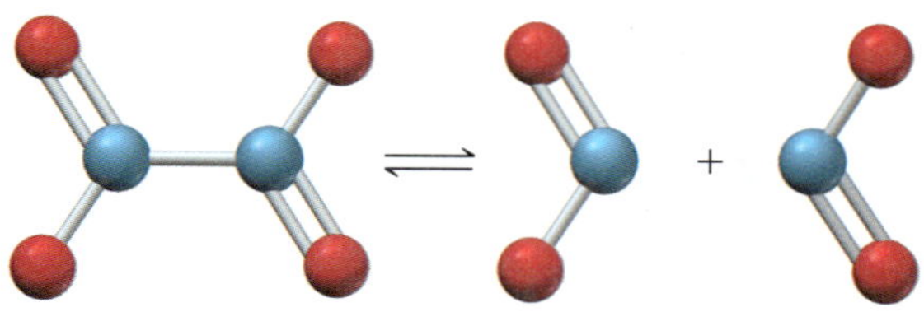

▲ 스모그로 덮인 홍콩의 낮. 스모그가 갈색인 이유는 주로 자동차 배기가스에서 방출된 NO_2 때문이다. ©iamlukyee/Shutterstock

그림 15.1에 무색의 사산화 이질소(N_2O_4) 기체가 갈색의 이산화 질소(NO_2) 기체를 생성하는 분해 반응이 나와 있다. 초기에는 N_2O_4만이 존재하기 때문에, N_2O_4가 NO_2로 분해되는 정반응만 일어난다. 생성물(NO_2)의 농도가 증가하면서, NO_2 분자가 결합하여 N_2O_4가 만들어지는 역반응도 상당한 속도로 일어나기 시작한다. NO_2의 형성에 의해 발생하는 갈색은 점점 진해지는데, 정반응 속도가 역반응 속도와 같아져서 평형에 도달할 때까지 지속된다.

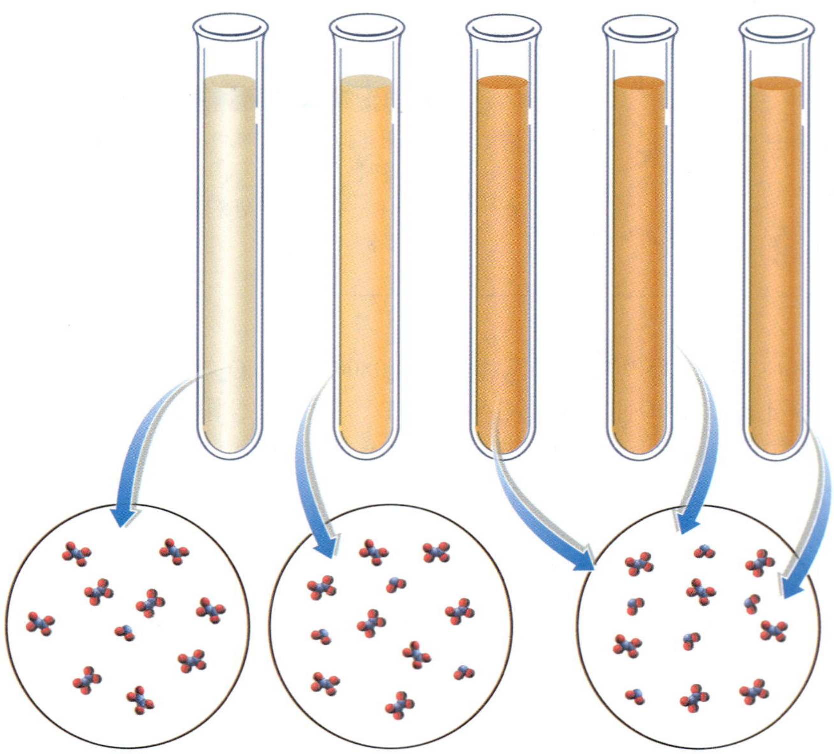

◀ **그림 15.1**
평형 반응($N_2O_4 \rightleftharpoons NO_2$)에 있는 기체들이 시험관에 들어 있다. 초기에 NO_2의 농도가 낮을 때는 정반응으로 인해 무색의 N_2O_4가 갈색인 NO_2로 전환된다. NO_2가 형성되면서 역반응이 일어나기 시작한다. 정반응 속도와 역반응 속도가 같아지면 평형이 이루어지고, 갈색이 일정하게 유지되는 것을 관찰할 수 있다.

그림 15.2는 25 °C에서 수행된 서로 다른 두 실험에서, N_2O_4와 NO_2의 농도를 시간의 함수로 나타낸 그래프이다. 첫 번째 실험(그림 15.2a)에서는 초기 농도가 0.0400 M인 N_2O_4로 시작하였다. NO_2가 생성되면 갈색이 나타나므로, NO_2 농도는 분광 광도계를 이용해 색의 짙은 정도를 측정하여 알 수 있다. 균형 화학 반응식에 따라 N_2O_4 1.0 mol당 NO_2 2.0 mol이 생성되므로, NO_2의 생성 속도는 N_2O_4의 분해 속도의 두 배이다. 시간이 지남에 따라 두 물질의 농도가 일정한 평형 상태에 도달할 때까지 N_2O_4 농도는 감소하고 NO_2 농도는 증가한다. 평형에서의 농도는 $[N_2O_4] = 0.0337$ M, $[NO_2] = 0.0125$ M이다.

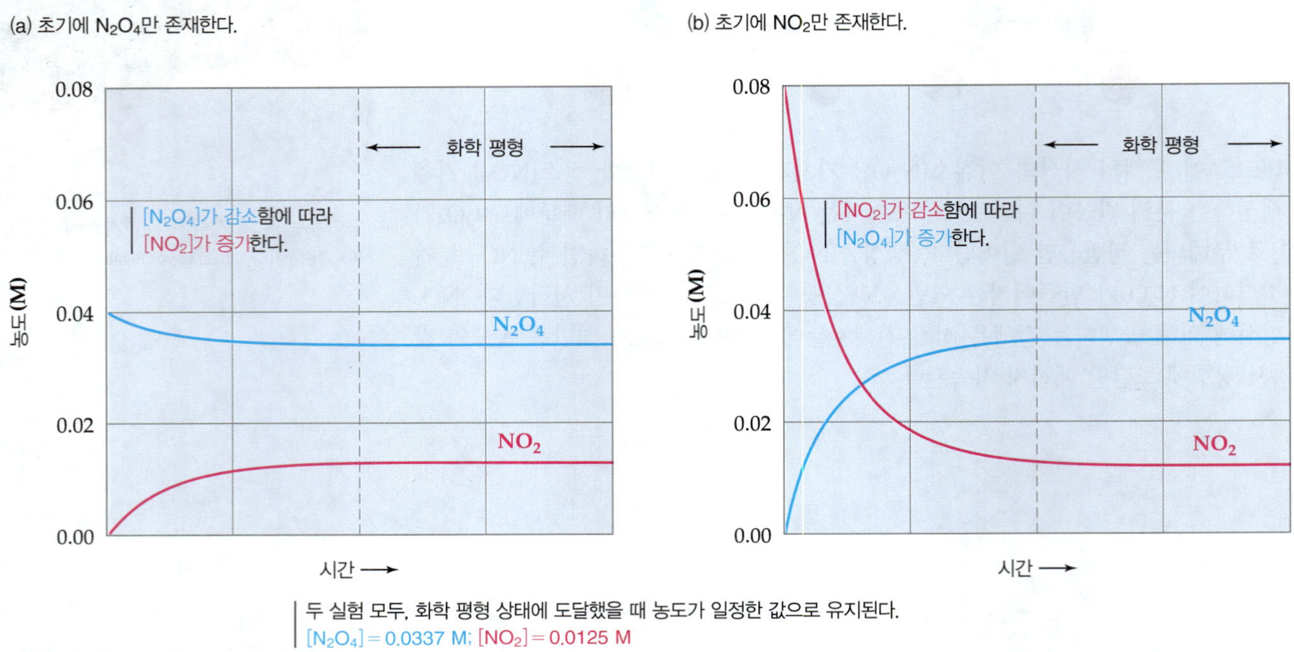

▲ **그림 15.2**
25 °C의 두 실험에서 시간에 따른 N_2O_4와 NO_2의 농도 변화

▲ 확인하기

일단 평형에 도달하면 N_2O_4와 NO_2의 농도가 변화하는가?

답 아니다. 평형에서는 반응물과 생성물의 농도가 일정하게 유지된다.

그림 15.2b에 나타낸 두 번째 실험은, 농도가 0.0800 M인 NO_2가 유일한 반응물로서 시작한다. NO_2에서 N_2O_4로의 변환 반응은, 두 물질 모두 첫 번째 실험에서 얻은 것과 동일한 농도의 평형에 도달할 때까지 진행된다. 두 실험 결과를 통해, N_2O_4와 NO_2의 상호 변환은 가역적이며, 어느 한 물질에서 실험을 시작하더라도 동일한 평형 상태에 도달한다는 것을 알 수 있다.

$$N_2O_4(g) \rightleftharpoons 2\ NO_2(g) \qquad \text{반응은 양쪽 방향으로 일어난다.}$$

반응이 정반응과 역반응 양쪽으로 진행할 수 있다는 것을 나타내기 위하여 양쪽 화살표를 이용하여 균형 반응식을 쓰며, 한 화살표는 반응물에서 생성물을 향하고 다른 화살표는 생성물에서 반응물을 향한다. (이 문맥에서 '반응물'과 '생성물'이라는 용어는 정반응의 생성물이 역반응의 반응물이므로 혼동될 수 있다. 혼란을 피하기 위하여 **반응물**이라는 용어는 화학 반응식의 왼쪽 물질들로 한정하고, **생성물**이라는 용어는 화학 반응식의 오른쪽 물질들로 한정한다.)

엄밀하게 말해서 **모든** 화학 반응은 가역적이다. 때때로 비가역 반응이라고 표현되는 것은 단순히 그 반응이 **거의** 완결되므로 평형 혼합물은 거의 모두 생성물만을 포함하고 반응물은 거의 포함하지 않는 경우이다. 그러한 반응에서 역반응은 속도가 매우 느려서 확인할 수 없다.

화학 반응이 왜 평형 상태에 도달하는가는 화학 반응 속도론으로부터 이해할 수 있다(14장). N_2O_4와 NO_2의 상호 변환을 다시 생각해 보자. 정반응($N_2O_4 \longrightarrow 2\ NO_2$)과 역반응($N_2O_4 \longrightarrow 2\ NO_2$)의 반응 속도는 다음과 같은 **속도 법칙**(**rate law**)으로 주어진다.

$$\text{정방향 속도} = k_f[N_2O_4] \qquad \text{역방향 속도} = k_r[NO_2]^2$$

정반응 속도는 반응물인 N_2O_4 농도가 낮아짐에 따라 감소하는 반면, 역반응 속도는 생성물인 NO_2 농도가 높아짐에 따라 증가한다. 결과적으로, 정반응의 감소 속도와 역반응의 증가 속도는 같아지며, 그 시점에서 더 이상 농도 변화는 없다. 이것은 반응이 중지되었기 때문이 아니라, N_2O_4와 NO_2 모두 생성되는 만큼 사라지기 때문이다. 그러므로 화학 평형은 정반응과 역반응이 동일한 속도로 계속되는 동적 평형 상태가 되어 반응물의 생성물로의 **알짜** 변환은 없다(**그림 15.3**).

기억하기…
반응 속도는 **속도 법칙**으로 주어지며, 일반적으로 반응물 농도에 의존한다. 대체로 반응 속도는 농도가 높아지면 증가하고, 농도가 낮아지면 감소한다(14.2절).

개념탐구 질문 1
화학 반응이 평형에 도달했을 때, 어떤 두 양이 같아지는가?

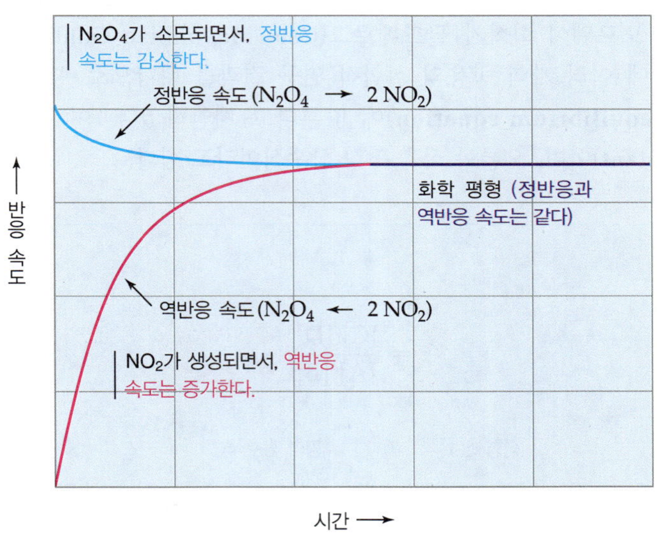

| 두 속도가 같아질 때 평형 상태가 되며, 더 이상의 농도 변화는 없게 된다.

◀ **그림 15.3**
N_2O_4가 NO_2로 분해되는 반응

◀ 확인하기
일단 평형에 도달하면 정반응 속도는 역반응 속도와 비교하여 어떤가?
답 정반응 속도와 역반응 속도는 같다.

15.2 평형 상수 K_c

표 15.1은 그림 15.2의 실험과 3가지 추가 실험의 농도 데이터를 보여 주고 있다. 실험 1과 2에서 평형 혼합물은 동일한 조성을 가지는데, 이것은 실험 1의 N_2O_4 초기 농도가 실험 2의 NO_2 초기 농도의 1/2이기 때문이다. 즉, 두 실험에서 전체 N과 O의 원자 수는 같다. 실험 3~5에서는 N_2O_4와 NO_2의 초기 농도가 다르므로 평형 농도도 서로 다르다. 그러나 모든 실험에서 평형 농도는 서로 관련되어 있다. 표 15.1의 맨 오른쪽 세로열은, 평형에서 $[NO_2]^2/[N_2O_4]$ 식이 실험 오차 범위 내에서 일정한 값 4.64×10^{-3} M을 가지는 것을 보여 준다.

$[NO_2]^2/[N_2O_4]$ 식은 $N_2O_4(g) \rightleftharpoons 2\ NO_2(g)$ 반응의 균형 화학 반응식과 관련이 있다. 즉,

생성물 농도를 균형 반응식의 계수로 거듭제곱한 것이 분자이고, 반응물의 농도가 분모이다. 모든 화학 반응에 대해 이와 유사하게 일정한 값을 갖는 식이 있을까? 만약 그렇다면 그 식의 형태는 화학 반응에 대한 균형 반응식과 어떤 관련이 있을까?

개념탐구 질문 2

평형 상수 값이 반응물이나 생성물의 초기 농도에 의존하는가?

표 15.1 25 ℃에서 반응 $N_2O_4(g) \rightleftharpoons 2\,NO_2(g)$에 대한 농도 자료

	초기 농도(M)		평형 농도(M)		평형 상수
실험	$[N_2O_4]$	$[NO_2]$	$[N_2O_4]$	$[NO_2]$	$[NO_2]^2/[N_2O_4]$
1	0.0400	0.0000	0.0337	0.0125	4.64×10^{-3}
2	0.0000	0.0800	0.0337	0.0125	4.64×10^{-3}
3	0.0600	0.0000	0.0522	0.0156	4.66×10^{-3}
4	0.0000	0.0600	0.0246	0.0107	4.65×10^{-3}
5	0.0200	0.0600	0.0429	0.0141	4.63×10^{-3}

▲ 동적 평형의 또 다른 예: 1층에서 2층으로 이동하는 사람의 속도와 2층에서 1층으로 이동하는 사람의 속도가 같으면 각 층에 사람의 수는 일정하게 남아 있게 되고 두 층에 있는 사람의 수는 동적 평형에 있게 된다. ©Igor Stepovik/Shutterstock

이에 답하기 위하여 일반적인 가역 반응을 생각해 보자.

$$a\,A + b\,B \rightleftharpoons c\,C + d\,D$$

여기서 A와 B는 반응물이고, C와 D는 생성물이다. a, b, c, d는 균형 화학 반응식의 화학량론적 계수이다. 노르웨이 화학자 굴드베르그(Cato Maximilian Guldberg)와 보게(Peter Waage)는 1864년에 여러 가역 반응의 실험적 연구 결과를 바탕으로 평형 혼합물 농도 값이 다음의 **평형식(equilibrium equation)**에 따른다고 제안하였다. 여기서 K_c는 **평형 상수(equilibrium constant)**이며, 오른쪽 식을 **평형 상수식**이라고 한다.

평형 상수식

$$K_c = \frac{[C]^c[D]^d}{[A]^a[B]^b}$$

생성물 (분자)
반응물 (분모)
평형 상수 (K_c)
평형 상수식 (분수식)

평형식의 대괄호는 괄호 안의 물질에 대한 몰농도를 나타내며, 따라서 K_c의 아래 첨자 c는 농도(concentration)를 의미한다. 평형 상수식의 물질은 기체나 용액 상태의 분자 또는 이온일 수 있지만 **순수한 고체**나 **순수한 액체**일 수는 없다. 이에 대해서는 15.4절에서 설명할 것이다. 평형식은 **질량 작용 법칙**(law of mass action)이라고도 알려져 있다. 이는 초기의 화학에서 농도를 '활성 질량(active mass)'이라고 불렀기 때문이다.

미리보기…

15.4절에서 **순수한 고체**나 **순수한 액체**는 평형 상수식에서 생략되는 이유를 설명할 것이다.

평형 상수 K_c는 모든 생성물의 평형 농도의 곱을 모든 반응물의 평형 농도의 곱으로 나누어 구한 값이며, 각 물질의 농도에 균형 화학 반응식의 계수로 거듭제곱하여 준다. **특정한 실험에서 각 평형 농도 값이 얼마든지 상관없이 특정한 온도에서 한 반응의 평형 상수는 항상 일정한 값이다.** 그러므로 $N_2O_4(g) \rightleftharpoons 2\,NO_2(g)$ 분해 반응에 대한 평형식은:

$$K_c = \frac{[NO_2]^2}{[N_2O_4]} = 4.64 \times 10^{-3} \qquad 25\ ℃에서$$

여기서 평형 상수식은 $[NO_2]^2/[N_2O_4]$이며, 25 ℃에서 평형 상수 K_c는 4.64×10^{-3}이다(표 15.1).

일반적으로 K_c 값은 단위 없이 쓴다. 왜냐하면, 평형 상수식의 농도는 각 물질의 몰농도를 **열역학적 표준 상태(thermodynamic standard state)**에서의 몰농도(1 M)로 나눈 농도비라고 생각하기 때문이다(9.5절). 단위들이 상쇄되므로 농도비인 K_c는 무차원다. 예를 들어 표 15.1의 실험 1의 경우,

기억하기…

열역학적 표준 상태는 열역학 측정이 이루어지는 조건을 의미한다. 즉 용액 속의 각 용질의 농도는 1 M, 각 기체의 압력은 1 atm, 온도는 일반적으로 25 ℃로 한다(9.5절).

$$K_c = \frac{[NO_2]^2}{[N_2O_4]} = \frac{\left(\dfrac{0.0125\ \cancel{M}}{1\ \cancel{M}}\right)^2}{\left(\dfrac{0.0337\ \cancel{M}}{1\ \cancel{M}}\right)} = 4.64\times10^{-3} \qquad 25\ ℃에서$$

평형 상수는 온도에 의존하므로, K_c 값을 말할 때는 반드시 온도를 함께 나타내야 한다. 예를 들어 N_2O_4 분해 반응의 평형 상수는 25 ℃에서 4.64×10^{-3}이지만, 127 ℃에서는 1.53으로 증가한다.

평형 상수식의 형태와 평형 상수 값은 균형 화학 반응식의 형태에 의존한다. 일반적인 반응에 대한 화학 반응식과 평형식에 대하여 다시 생각해 보자.

$$a\,A + b\,B \rightleftharpoons c\,C + d\,D \qquad K_c = \frac{[C]^c[D]^d}{[A]^a[B]^b}$$

화학 반응식을 **역방향**으로 쓰면 새로운 평형 상수식은 원래 식의 역수이고, 새로운 평형 상수 K_c(역반응)는 원래 평형 상수 K_c의 역수가 된다.

$$c\,C + d\,D \rightleftharpoons a\,A + b\,B \qquad K_c(\text{역반응}) = \frac{[A]^a[B]^b}{[C]^c[D]^d} = \frac{1}{K_c}$$

화학 반응에 공통 인수 n이 **곱해지면**, 새로운 평형 상수식은 원래 식의 각 성분들에 대해 n 제곱한 것으로 표현되며, 새로운 평형 상수 K_c'는 $(K_c)^n$과 같다.

$$n(a\,A + b\,B \rightleftharpoons c\,C + d\,D) \qquad K_c' = \frac{[C]^{nc}[D]^{nd}}{[A]^{na}[B]^{nb}} = \left(\frac{[C]^c[D]^d}{[A]^a[B]^b}\right)^n = (K_c)^n$$

주어진 K_c에 대해 균형 반응식의 형태를 명시하는 것이 중요하다. 이는 반응이 역으로 되거나 정수만큼 곱해질 때 K_c 값이 바뀌기 때문이다.

두 개 또는 그 이상의 화학 반응식이 **더해져서** 전체 반응식이 구성되는 경우, 전체 반응에 대한 평형 상수는 각 반응들에 대한 평형 상수의 곱과 같다.

$$a\,A \rightleftharpoons \cancel{b\,B} \qquad K_{c1} = \frac{[B]^b}{[A]^a}$$

$$\cancel{b\,B} \rightleftharpoons c\,C \qquad K_{c2} = \frac{[C]^c}{[B]^b}$$

$$a\,A \rightleftharpoons c\,C \qquad K_c(\text{전체}) = \frac{[C]^c}{[A]^a}$$

두 반응에 대한 K_c 값을 곱하면, 결괏값은 전체 반응의 평형 상수가 된다.

$$K_{c1} \times K_{c2} = \frac{\cancel{[B]^b}}{[A]^a} \times \frac{[C]^c}{\cancel{[B]^b}} = \frac{[C]^c}{[A]^a} = K_c(\text{전체})$$

예제 15.1

기체상과 수용액 반응의 평형 상수식

다음 각 반응에 대한 평형 상수식(K_c)을 쓰시오. (b)의 평형 상수에 대해 (a)의 평형 상수와의 수학적 관계를 유도하시오.

(a) 암모니아의 합성: $N_2(g) + 3\ H_2(g) \rightleftharpoons 2\ NH_3(g)$

(b) 암모니아의 분해: $NH_3(g) \rightleftharpoons 1/2\ N_2(g) + 3/2\ H_2(g)$

(c) 가솔린 첨가제인 메틸 *tert*-뷰틸 에터(MTBE)의 합성

$$\underset{\text{메탄올}}{CH_3OH(soln)} + \underset{tert\text{-뷰틸 알코올}}{C_4H_9OH(soln)} \underset{\text{촉매}}{\overset{H^+}{\rightleftharpoons}} \underset{\text{메틸 }tert\text{-뷰틸에터}}{C_4H_9OCH_3(soln)} + H_2O(soln)$$

이 식에서 *soln*은 주로 유기물로 구성된 용액을 의미하며, 물도 포함하고 있다.

▲ MTBE는 가솔린의 한 성분인데, 지하수 오염에 대한 위험성 때문에 단계적으로 사용이 제한되고 있다. ©Lubo Ivanko/Shutterstock

전략

평형 상수식을 쓰는 규칙은 수용액 반응이나 기체상 반응이나 모두 똑같이 적용한다. 생성물의 농도는 분자에, 반응물의 농도는 분모에 넣는다. 그 다음 각 물질의 농도에 균형 화학 반응식에서의 각 계수만큼 거듭제곱한다.

풀이

(a) $$K_c = \frac{[NH_3]^2}{[N_2][H_2]^3}$$

($[NH_3]^2$: NH_3의 계수, $[H_2]^3$: H_2의 계수)

(b) $$K_c\,(\text{new}) = \frac{[N_2]^{1/2}[H_2]^{3/2}}{[NH_3]} = \frac{1}{\sqrt{K_c}}$$

($1/2$: N_2의 계수, $3/2$: H_2의 계수)

(b)의 균형 반응식은 (a)의 균형 반응식에 1/2을 곱한 역반응이다. 원래 균형 반응식에 1/2을 곱하면 원래 평형 상수의 1/2 거듭제곱(제곱근)으로 바뀌고, 원래 균형 반응식의 역반응을 취하면 원래 평형 상수의 역수가 된다.

(c) $$K_c = \frac{[C_4H_9OCH_3]\,[H_2O]}{[CH_3OH]\,[C_4H_9OH]}$$

(분자: 생성물, 분모: 반응물)

▶ **연습문제 15.1** 이산화 황에서 삼산화 황으로의 산화 반응은 황산의 합성에 대한 산업 공정에서 중요한 단계이다.

아래 반응의 평형 상수식 K_c는 무엇인가?

$$2\ SO_2\ (g) + O_2(g) \rightleftharpoons 2\ SO_3(g)$$

아래 반응식의 평형 상수식 K_c(역반응)은 무엇인가?

$$2\ SO_3(g) \rightleftharpoons 2\ SO_2(g) + O_2(g)$$

평형 상수 K_c(역반응)는 K_c와 어떤 관계가 있는가?

▶ **응용문제 15.2** 광화학 스모그에 영향을 미치는 오염 물질인 이산화 질소는 다음 두 단계의 연속적인 반응으로 생성된다.

$$N_2(g) + O_2(g) \rightleftharpoons 2\ NO(g) \qquad K_{c1} = 4.3 \times 10^{-25}$$
$$2\ NO(g) + O_2(g) \rightleftharpoons 2\ NO_2(g) \qquad K_{c2} = 6.4 \times 10^{9}$$

$$N_2(g) + 2\ O_2(g) \rightleftharpoons 2\ NO_2(g) \qquad K_c(\text{전체}) = ?$$

(a) 전체 반응에 대한 평형 상수식을 쓰시오.

(b) K_c(전체) 값은 얼마인가?

예제 15.2

평형 상수 K_c의 계산

500 K에서 다음과 같이 평형 혼합물의 농도가 측정되었다. $[N_2] = 3.0 \times 10^{-2}$ M; $[H_2] = 3.7 \times 10^{-2}$ M; $[NH_3] = 1.6 \times 10^{-2}$ M. 500 K에서 각 반응에 대한 평형 상수를 계산하시오.

(a) $N_2(g) + 3\,H_2(g) \rightleftharpoons 2\,NH_3(g)$

(b) $2\,NH_3(g) \rightleftharpoons N_2(g) + 3\,H_2(g)$

전략

평형 상수 값을 계산하기 위해 평형식에 평형 농도를 대입한다.

풀이

(a) $$K_c = \frac{[NH_3]^2}{[N_2][H_2]^3} = \frac{(1.6 \times 10^{-2})^2}{(3.0 \times 10^{-2})(3.7 \times 10^{-2})^3} = 1.7 \times 10^2$$

(b) $$K_c(\text{역반응}) = \frac{[N_2][H_2]^3}{[NH_3]^2} = \frac{(3.0 \times 10^{-2})(3.7 \times 10^{-2})^3}{(1.6 \times 10^{-2})^2} = 5.9 \times 10^{-3}$$

K_c(역반응)는 K_c의 역수라는 점에 주목하라. 즉,

$$5.9 \times 10^{-3} = \frac{1}{1.7 \times 10^2}$$

연습문제 15.3 다음의 평형 농도는 800 K에서 측정되었다. $[SO_2] = 3.0 \times 10^{-3}$ M; $[O_2] = 3.5 \times 10^{-3}$ M; $[SO_3] = 5.0 \times 10^{-2}$ M. 800 K에서 다음 각 반응에 대한 평형 상수 K_c와 K_c(역반응)을 계산하시오.

$$2\,SO_2(g) + O_2(g) \rightleftharpoons 2\,SO_3(g) \qquad K_c = ?$$
$$2\,SO_3(g) \rightleftharpoons 2\,SO_2(g) + O_2(g) \qquad K_c(\text{역반응}) = ?$$

응용문제 15.4 격렬한 운동 과정에서 근육 조직에 축적되는 젖산(lactic acid)은 수용액 중에서 일부가 해리된다.

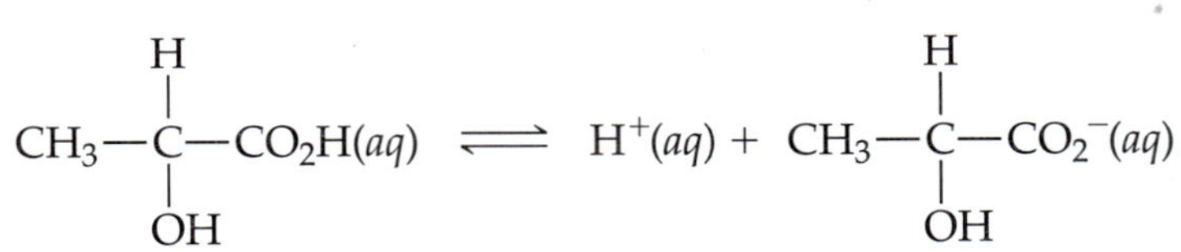

젖산 / 젖산 이온

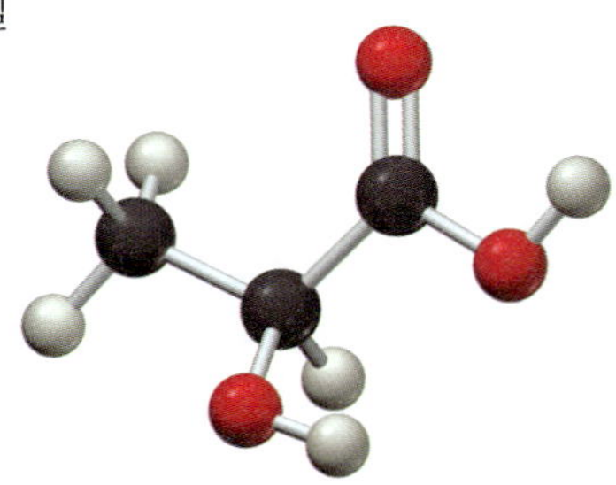

젖산

25 °C에서 다음의 평형 농도가 측정되었다.

$$\text{젖산}[C_3H_6O_3] = 9.64 \times 10^{-2}\text{ M}; [H^+] = 3.65 \times 10^{-3}\text{ M};$$
$$\text{젖산 이온}[C_3H_5O_3^-] = 3.65 \times 10^{-3}\text{ M}.$$

(a) 평형 상수 값을 계산하시오.

(b) 평형에서 농도가 $[C_3H_5O_3^-] = [H^+] = 1.17 \times 10^{-2}$ M이라면 젖산의 농도는 얼마인가?

예제 15.3

혼합물이 평형에 있는지의 판단

다음 그림은 A 분자(빨간색 구)와 B 분자(파란색 구)의 혼합물을 나타내며, 이들은 A $\rightleftharpoons$ B 식에 따라 상호 변환한다. 혼합물 (1)이 평형에 있다면 다른 혼합물 중 평형에 있는 것은 어느 것인가? 그 이유를 설명하시오.

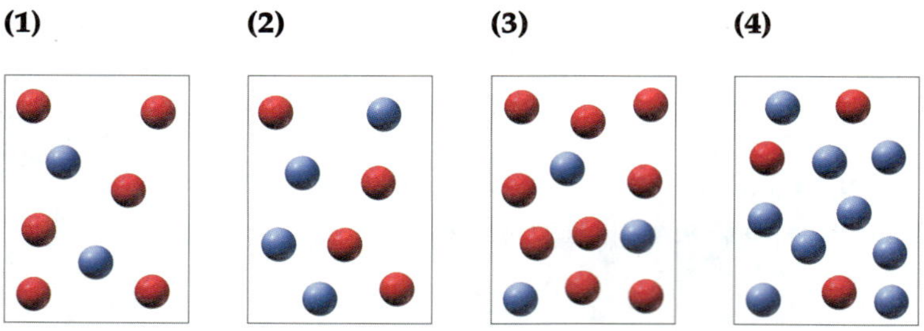

전략

이 반응에 대한 평형 상수는 $K_c = [B]/[A]$이다. 여기에서 농도는 mol/L 단위의 평형 농도이다. 평형 상수식의 분자와 분모에는 동일한 수의 농도 항이 있으므로 부피 단위는 삭제되어 K_c = (B의 몰수)/(A의 몰수)이 된다. 몰수는 분자 수에 정비례하므로 평형 혼합물 (1)에서 K_c = (B 분자 수)/(A 분자 수)이다. 다른 혼합물이 평형에 있는지 여부를 결정하기 위하여 분자 수를 세어 보고, 혼합물 (2)~(4)의 B/A비를 평형 혼합물의 B/A 비와 비교한다.

풀이

혼합물 (1)에 대하여 $K_c = [B]/[A] = 2/6 = 1/3$.
혼합물 (2)에 대하여 $[B]/[A] = 4/4 = 1 \neq K_c$.
혼합물 (3)에 대하여 $[B]/[A] = 3/9 = 1/3 = K_c$.
혼합물 (4)에 대하여 $[B]/[A] = 9/3 = 3 \neq K_c$.
혼합물 (3)이 평형에 있다. 그러나 혼합물 (2)와 (4)는 평형 상태가 아니다. 왜냐하면 평형 상수식 $[B]/[A]$가 K_c 값과 같지 않기 때문이다.

▶ **개념 연습문제 15.5** 다음 그림은 원자 A(빨간색 구), 원자 B(파란색 구), 그리고 분자 AB와 B_2를 포함하는 혼합물을 나타낸다. 이들은 반응식 $A + B_2 \rightleftharpoons AB + B$에 따라 상호 변환한다. 혼합물 (1)이 평형에 있다면 다른 혼합물 중 평형에 있는 것은 무엇인가? 그 이유를 설명하시오.

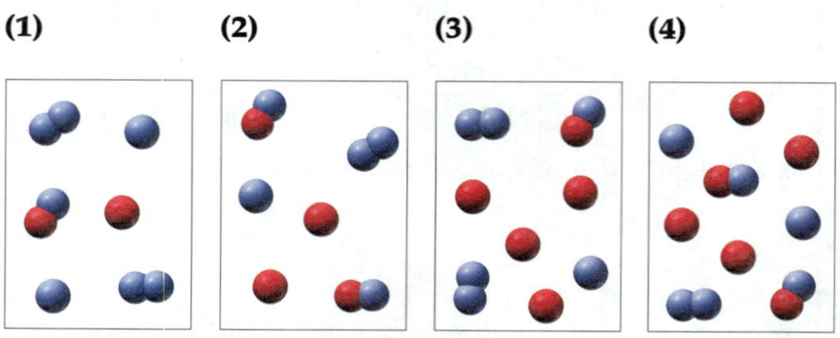

▶ **개념 응용문제 15.6** 반응 $B_2 \rightleftharpoons 2\ B$에 대한 평형 상수가 25 ℃에서 4.5이다. 평형에서 B_2와 B의 혼합물을 나타내는 예제 15.3에서 보인 것과 비슷한 분자 모형을 그리시오.

15.3 평형 상수 K_p

기억하기… 기체 혼합물에서 **부분 압력**이란 그 기체만이 단독으로 들어 있다고 가정했을 때의 압력이다. 기체 혼합물에서 한 기체의 부분 압력은 다른 기체의 부분 압력으로부터 독립적이다(10.5절).

기체 압력은 쉽게 측정될 수 있으므로 기체상의 반응에 대한 평형식은 대개 몰농도보다 **부분 압력**(**partial pressure**, 10.5절)을 이용하여 나타낸다. 예를 들어 N_2O_4 분해에 대한 평형식은 다음과 같이 쓸 수 있다.

$$K_p = \frac{(P_{NO_2})^2}{P_{N_2O_4}} \qquad \text{반응 } N_2O_4(g) \rightleftharpoons 2\ NO_2(g)\text{에 대하여}$$

여기에서 $P_{N_2O_4}$와 P_{NO_2}는 평형에서의 반응물과 생성물의 부분 압력을 기압 단위로 나타낸 것이다. **평형 상수 K_p**는 부분 압력으로 나타낸 평형 상수이고, 아래 첨자 p는 부분 압력을 의미한다. K_c의 경우처럼 K_p도 단위가 없다. 왜냐하면, 압력으로 나타낸 각 물질의 부분 압력을 1 atm 표준 상태의 부분 압력으로 나누어 단위가 삭제되기 때문이다. K_p에 대한 식이 몰농도 대신에 부분 압력으로 나타낸 것을 제외하면 평형 상수 K_p와 K_c는 같은 형태이다.

일반적인 기체상 반응 $a\ A + b\ B \rightleftharpoons c\ C + d\ D$에 대한 평형 상수 K_p와 K_c는 서로 연관되어 있다. 이는 이상 기체 혼합물에서 각 성분의 압력이 몰농도에 정비례하기 때문이다. 성분 A에 대해 예를 들면,

$$P_A V = n_A RT$$

따라서

$$P_A = \frac{n_A}{V} RT = [A]RT$$

마찬가지로 $P_B = [B]RT$, $P_C = [C]RT$, $P_D = [D]RT$이다. 그러므로 평형식 K_p는 다음과 같다.

$$K_p = \frac{(P_C)^c (P_D)^d}{(P_A)^a (P_B)^b} = \frac{([C]RT)^c ([D]RT)^d}{([A]RT)^a ([B]RT)^b} = \frac{[C]^c [D]^d}{[A]^a [B]^b} \times (RT)^{(c+d)-(a+b)}$$

오른쪽 첫째 항은 K_c와 같으므로 K_p와 K_c는 다음과 같은 관계를 가진다.

$$K_p = K_c(RT)^{\Delta n} \qquad \text{반응 } a\,A + b\,B \rightleftharpoons c\,C + d\,D \text{에 대하여}$$

여기서 R은 기체 상수, 0.08206 (L·atm)/(K·mol)이고, T는 절대 온도이며, $\Delta n = (c + d) - (a + b)$ = (기체 생성물의 몰수)−(기체 반응물의 몰수)이다.

N_2O_4 1 mol이 NO_2 2 mol로 분해되는 반응은 $\Delta n = 2 - 1 = 1$이므로 $K_p = K_c(RT)$이다.

$$N_2O_4(g) \rightleftharpoons 2\,NO_2(g) \qquad K_p = K_c(RT)$$

수소 1 mol과 아이오딘 1 mol이 아이오딘화 수소 2 mol로 되는 반응은 $\Delta n = 2 - (1 + 1) = 0$이므로 $K_p = K_c(RT)^0 = K_c$이다.

$$H_2(g) + I_2(g) \rightleftharpoons 2\,HI(g) \qquad K_p = K_c$$

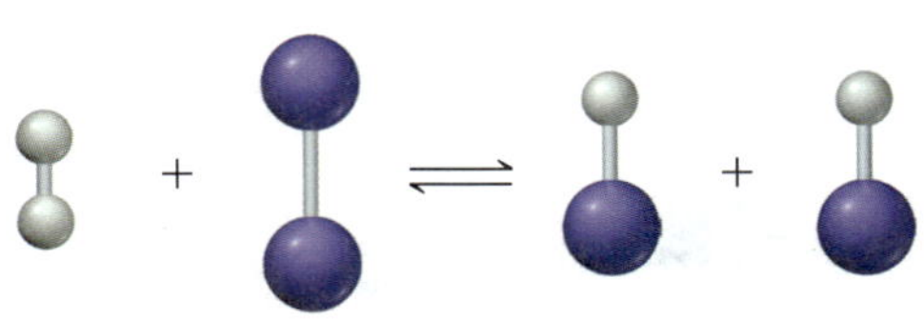

일반적으로 균형 화학 반응식 양쪽의 기체 몰수가 동일할 경우 $\Delta n = 0$이므로 K_p와 K_c는 같다.

예제 15.4

평형 상수 K_p 값의 계산

메테인(CH_4)은 황화 수소와 반응하여 H_2와 이황화 탄소로 된다. 이황화 탄소는 레이온과 셀로판 제조에 이용하는 용매이다.

$$CH_4(g) + 2\,H_2S(g) \rightleftharpoons CS_2(g) + 4\,H_2(g)$$

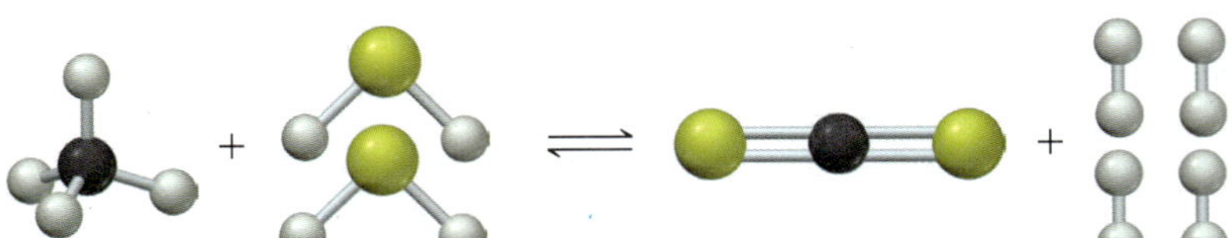

1000 K에서 평형 혼합물 중 각 기체의 부분 압력이 CH_4는 0.20 atm, H_2S는 0.25 atm, CS_2는 0.52 atm, H_2는 0.10 atm일 때 K_p 값은 얼마인가?

전략

K_p가 부분 압력으로 나타낸 평형 상수식과 같다고 하고 평형식을 쓴다. 생성물의 부분 압력을 분자에, 반응물의 부분 압력을 분모에 넣고 균형 화학 반응식의 각 계수를 써서 각 물질의 부분 압력을 거듭제곱으로 나타낸다. 그다음 부분 압력을 평형식에 대입하고 K_p에 대하여 푼다.

풀이

$$K_p = \frac{(P_{CS_2})(P_{H_2})^4}{(P_{CH_4})(P_{H_2S})^2}$$

H_2의 계수 (분자의 지수 4), H_2S의 계수 (분모의 지수 2)

$$K_p = \frac{(P_{CS_2})(P_{H_2})^4}{(P_{CH_4})(P_{H_2S})^2} = \frac{(0.52)(0.10)^4}{(0.20)(0.25)^2} = 4.2 \times 10^{-3}$$

기체의 표준 상태 부분 압력은 1 atm이므로 부분 압력은 atm 단위(mmHg가 아니다)로 나타내야 한다는 것에 유의하라.

▶ **연습문제 15.7** 수소의 공업적 합성에서 CO와 H_2 혼합물로부터 H_2를 농축하기 위하여 CO와 수증기를 반응시킨다. 이 수성 가스 전환 반응(water–gas shift reaction)에 대한 화학 반응식은 다음과 같다.

$$CO(g) + H_2O(g) \rightleftharpoons CO_2(g) + H_2(g)$$

700 K에서 평형 혼합물 중 각 기체의 부분 압력이 CO는 1.31 atm, H_2O는 10.0 atm, CO_2는 6.12 atm, H_2는 20.3 atm이라면 K_p 값은 얼마인가?

▶ **응용문제 15.8** 25 ℃에서 반응 $H_2(g) + I_2(g) \rightleftharpoons 2\ HI(g)$에 대하여 $K_p = 25$이다. 평형에서 H_2와 I_2 모두 부분 압력이 0.286 atm이다. 평형에서 HI의 부분 압력은 얼마인가?

예제 15.5

평형 상수 K_p와 K_c의 관계

수소는 공업적으로 수증기–탄화수소 개질 공정(steam–hydrocarbon reforming process)에 의하여 생산된다. 이 공정의 첫 단계에서 일어나는 반응은 다음과 같다.

$$H_2O(g) + CH_4(g) \rightleftharpoons CO(g) + 3\ H_2(g)$$

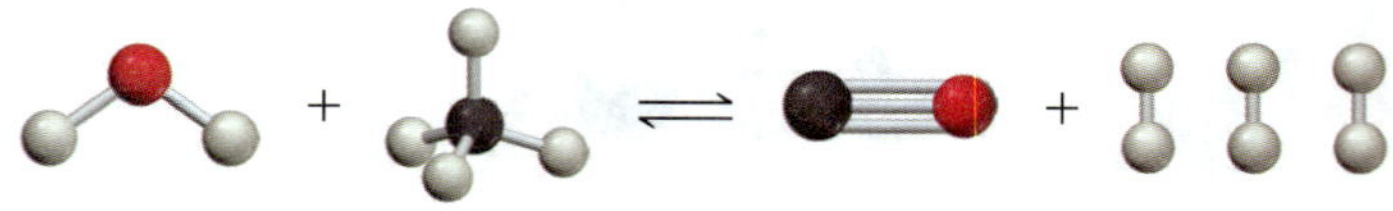

(a) 1000 K에서 $K_c = 3.8 \times 10^{-3}$이라면, 같은 온도에서 K_p 값은 얼마인가?
(b) 1125 ℃에서 $K_p = 6.1 \times 10^4$이라면, 1125 ℃에서 K_c 값은 얼마인가?

문제 파악

알고 있는 것	알아내야 할 것
(a) K_c, 온도(K), 균형 반응식	K_p
(b) K_p, 온도(K), 균형 반응식	K_c

전략

K_c로부터 K_p를 계산하려면 식 $K_p = K_c(RT)^{\Delta n}$을 이용한다. 여기서 R은 (L·atm)/(K·mol) 단위, T는 켈빈 온도, Δn은 기체 생성물의 몰수에서 기체 반응물의 몰수를 뺀 값이다.

풀이

(a) 이 반응의 $\Delta n = (1 + 3) - (1 + 1) = 2$이다. 그러므로,

$$K_p = K_c(RT)^{\Delta n} = K_c(RT)^2$$
$$= (3.8 \times 10^{-3})[(0.082\,06)(1000)]^2 = 26$$

(b) $K_p = K_c(RT)^2$ 식을 K_c에 대하여 정리하면

$$K_c = \frac{K_p}{(RT)^2} = \frac{6.1 \times 10^4}{[(0.082\,06)(1398)]^2} = 4.6$$

이 식에서의 온도는 절대 온도임을 유의하라. 따라서 1125 ℃는 1125 + 273 = 1398 K이다.

연습문제 15.9 일산화 질소는 산소와 반응하여 이산화 질소로 된다. 이는 공업적으로 질산을 합성하는 오스트발트 공정의 중요한 반응이다.

$$2\,NO(g) + O_2(g) \rightleftharpoons 2\,NO_2(g)$$

227 ℃에서 $K_c = 6.9 \times 10^5$이라면, 이 온도에서 K_P 값은 얼마인가?

응용문제 15.10 다음 반응은

$$2\,SO_2(g) + O_2(g) \rightleftharpoons 2\,SO_3(g) \qquad K_c = 245\,(1000\text{ K})$$

이다.

$2\,SO_3(g) \rightleftharpoons 2\,SO_2(g) + O_2(g)$ 반응에 대해 1000 K에서 K_P는 얼마인가?

15.4 불균일 평형

이제까지 **균일 평형(homogeneous equilibrium)**에 대하여 설명하였다. 균일 평형에서는 모든 반응물과 생성물이 단일상이고 일반적으로 기체 또는 용액이다. 이에 비하여 **불균일 평형(heterogeneous equilibrium)**에서는 반응물과 생성물이 둘 이상의 상으로 존재한다. 예를 들어, 시멘트 제조에 사용되는 고체 탄산 칼슘의 열분해 반응을 생각해 보자.

$$\underset{\text{석회석}}{CaCO_3(s)} \rightleftharpoons \underset{\text{석회}}{CaO(s)} + CO_2(g)$$

반응이 밀폐 용기에서 일어날 때 평형에서는 고체 탄산 칼슘, 고체 산화 칼슘, 기체 이산화 탄소의 세 가지 상이 존재한다. 화학 반응식에서 순수한 고체와 액체 성분의 농도는 평형 상수식에 포함되지 않는다. 왜냐하면, 평형식에서의 농도는 표준 상태 농도에 대한 실제 농도의 비로 주어지기 때문이다. 순수한 고체의 표준 상태는 순수한 고체 그 자체이므로, 평형식에서 순수한 고체의 농도비는 1이다. 마찬가지로, 순수한 액체의 표준 상태도 역시 순수한 액체 그 자체이므로, 농도비는 1이다. 그러므로 순수한 고체와 액체의 농도를 생략하면 평형식은 다음과 같이 간단하게 된다.

$$K_c = \frac{[CaO][CO_2]}{[CaCO_3]} = \frac{(1)[CO_2]}{(1)} = [CO_2]$$

▲ 시멘트 제조는 거대한 가마 속에서 석회석($CaCO_3$)을 열분해하는 것으로부터 시작된다. ©Rehan Qureshi/Shutterstock

압력으로 표현된 유사한 평형식은 $K_p = P_{CO_2}$이며, P_{CO_2}는 atm 단위로 나타낸 CO_2의 평형 압력이다.

$$K_c = [CO_2] \qquad K_p = P_{CO_2}$$

일반적으로 순수한 고체와 순수한 액체의 농도는 평형 상수식에 포함되지 않는다. 평형식에는 기체의 농도와 용액에서의 용질의 농도만 포함되는데, 그 이유는 이들 물질의 농도만 변하기 때문이다. 순수한 고체 또는 순수한 액체의 농도는 밀도에 의해 정의되며, 밀도는 몰농도의 단위로 나타낼 수 있다. 주어진 온도 조건에서 밀도는 일정하기 때문에, 순수한 고체와 액체의 농도도 변하지 않을 것이다.

개념탐구 질문 3
물질의 어느 상이 평형식에 포함되지 않는가?

고체 $CaCO_3$, 고체 CaO, 기체 CO_2 사이의 평형이 성립하려면 세 성분이 모두 존재해야 한다. 그러나 평형식은 $K_c = [CO_2]$, $K_p = P_{CO_2}$로 주어지므로, 평형에서 CO_2의 농도와 압력은 CaO와 $CaCO_3$의 양에 상관없이 일정한 값을 유지한다(그림 15.4). K_c와 K_p 값은 온도에 의존하므로 온도가 변하면 CO_2 농도와 압력도 변한다.

▶ **그림 15.4**
탄산 칼슘의 열분해

$CaCO_3(s) \rightleftharpoons CaO(s) + CO_2(g)$

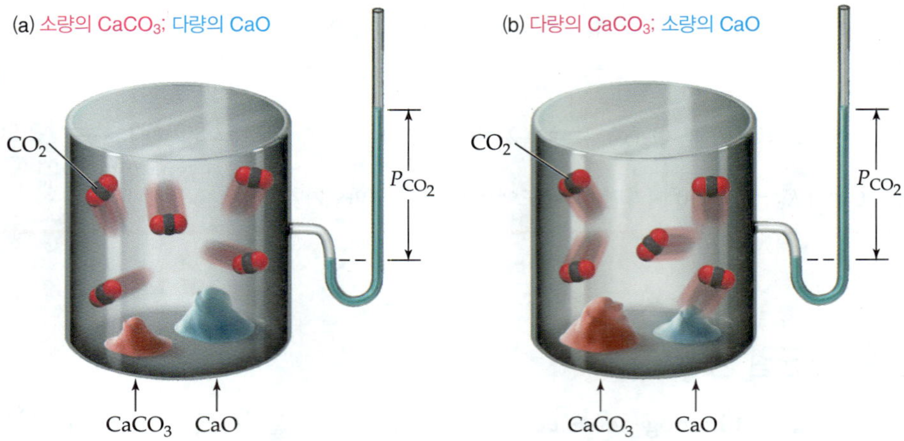

동일한 온도에서 CO_2의 평형 압력은 고체 $CaCO_3$와 CaO가 얼마나 존재하는가와는 무관하게 (a)와 (b) 모두에서 같다.

▶ 확인하기

$CaCO_3$의 양이 두 배로 되고 CaO의 양이 절반으로 된다면, 용기 (b)에서 CO_2의 평형 부분 압력은 어떻게 될까? (온도는 일정하다고 가정한다.)

답 CO_2의 부분 압력은 고체 $CaCO_3$와 CaO가 존재하는 한 변하지 않을 것이다.

예제 15.6

불균일 평형에 대한 평형식

다음 각 반응에 대한 평형식을 쓰시오.

(a) $CO_2(g) + C(s) \rightleftharpoons 2\ CO(g)$

(b) $Hg(l) + Hg^{2+}(aq) \rightleftharpoons Hg_2^{2+}(aq)$

전략

(a)에서는 순수한 고체 탄소를, (b)에서는 순수한 액체 수은을 생략하고, 일반 평형 상수식을 쓴다. 왜냐하면 이들 순수한 고체와 액체의 농도비가 1이기 때문이다.

풀이

(a) $K_c = \dfrac{[CO]^2}{[CO_2]}$

CO와 CO_2는 기체이므로 평형식은 부분 압력을 이용하여 다음과 같이 나타낼 수 있다.

$$K_p = \frac{(P_{CO})^2}{P_{CO_2}}$$

(b) $K_c = \dfrac{[Hg_2{}^{2+}]}{[Hg^{2+}]}$

이 경우, 반응물과 생성물이 기체가 아니므로 평형식을 K_p로 나타내는 것은 적절하지 않다.

▶ **연습문제 15.11** 다음 반응의 평형 상수식을 쓰시오.

$$SiCl_4(g) + 2\ H_2(g) \rightleftharpoons Si(s) + 4\ HCl(g)$$

▶ **응용문제 15.12** 수산화 마그네슘[$Mg(OH)_2$]은 제산제인 마그네시아유의 활성 성분이다. 고체 수산화 마그네슘이 물에 용해되었을 때 평형 농도가 $[Mg^{2+}] = 1.65 \times 10^{-4}$ M, $[OH^-] = 3.30 \times 10^{-4}$ M이라면, K_c 값은 얼마인가?

15.5 평형 상수의 이용

화학 반응에 대한 평형 상수 값을 알면 반응이 일어나는 정도를 판단하고 반응의 방향을 예측할 수 있으며, 초기 농도로부터 평형 농도를 계산할 수 있다. 각각의 내용에 대한 가능성을 살펴보자.

반응 진행 정도의 판단

한 반응에 대한 평형 상수 값은 반응물이 생성물로 전환되는 정도를 나타낸다. 즉, 평형 상태에 도달할 때까지 그 반응이 얼마나 더 진행할 것인가를 보여 준다. 예를 들어 H_2와 O_2의 반응을 생각해 보자. 이 반응은 매우 큰 평형 상수를 갖는다(500 K에서 $K_c = 2.4 \times 10^{47}$).

$$2\,H_2(g) + O_2(g) \rightleftharpoons 2\,H_2O(g)$$
$$K_c = \frac{[H_2O]^2}{[H_2]^2[O_2]} = 2.4 \times 10^{47} \qquad 500\text{ K에서}$$

생성물은 평형 상수식의 분자에, 반응물들은 분모에 나타내므로, 매우 큰 K_c 값은 반응물에 대한 생성물의 평형비가 매우 크다는 것을 의미한다. 다시 말해 이 반응은 거의 완결된다. 예를 들어, 화학량론적 양의 H_2와 O_2가 반응하여 평형에서의 $[H_2O] = 0.10$ M이라면 남아 있는 H_2와 O_2 농도는 무시할 정도로 작다. 각각의 농도는 $[H_2] = 4.4 \times 10^{-17}$ M, $[O_2] = 2.2 \times 10^{-17}$ M이다. (이들 농도 값을 위 평형식에 대입하여 평형 상수 값을 만족하는지 살펴보라.)

이와 반대로, 어떤 반응이 매우 작은 K_c 값을 가지면 반응물 농도에 대한 생성물 농도의 평형비는 매우 작고, 그 반응은 거의 진행되지 않은 상태에서 평형에 도달한다. 예를 들어, H_2와 O_2의 반응에 대한 역반응은 정반응에서 얻은 것과 동일한 평형 혼합물을 갖는다($[H_2] = 4.4 \times 10^{-17}$ M, $[O_2] = 2.2 \times 10^{-17}$ M, $[H_2O] = 0.10$ M). 역반응은 거의 일어나지 않는다. 왜냐하면 평형 상수가 매우 작기 때문이다: K_c(역반응) $= 1/K_c = 1/(2.4 \times 10^{47}) = 4.2 \times 10^{-48}$이다.

$$2\,H_2O(g) \rightleftharpoons 2\,H_2(g) + O_2(g)$$
$$K_c = \frac{[H_2]^2[O_2]}{[H_2O]^2} = 4.2 \times 10^{-48} \qquad 500\text{ K에서}$$

어떤 반응이 중간 정도의 K_c 값($10^{-3} \sim 10^3$ 범위의 값)을 가지면 평형 혼합물에는 반응물과 생성물 모두 어느 정도의 양으로 존재한다. 예를 들어, 700 K에서 수소와 아이오딘 반응의 $K_c = 57.0$이다.

$$H_2(g) + I_2(g) \rightleftharpoons 2\,HI(g) \qquad K_c = \frac{[HI]^2}{[H_2][I_2]} = 57.0 \qquad 700\text{ K에서}$$

H_2와 I_2 둘 다 평형 농도가 0.010 M이라면 평형에서 HI 농도는 0.075 M이다.

$$[HI]^2 = K_c[H_2][I_2]$$
$$[HI] = \sqrt{K_c[H_2][I_2]} = \sqrt{(57.0)(0.010)(0.010)} = 0.075\text{ M}$$

그러므로 반응물(0.010 M)과 생성물(0.075 M) 농도는 모두 어느 정도 큰 값이다.

(계산기의 $\sqrt{x}$ 단추를 누르면 양수가 되지만, 양수의 제곱근은 양수도 될 수 있고 음수도 될 수 있다. HI 농도에 대한 두 제곱근 값 ± 0.075 M 중에서 양수를 선택한다. 왜냐하면 화합물의 농도는 항상 양수 값을 갖기 때문이다.)

기체상의 N_2O_4가 NO_2로 분해되는 반응은 크지도 않고 작지도 않은 K_c 값을 갖는 또 다른 반응의 예이다. 25 ℃에서 $K_c = 4.64 \times 10^{-3}$이며, 평형 혼합물에는 표 15.1에서 제시된 바와 같이, N_2O_4와 NO_2 모두 어느 정도 크기의 농도로 존재한다.

평형 혼합물의 조성에 대하여 다음과 같이 정리할 수 있다.

- $K_c > 10^3$이면, 생성물이 반응물보다 많다. K_c 값이 매우 크면 그 반응은 거의 완결된다.
- $K_c < 10^{-3}$이면, 반응물이 생성물보다 많다. K_c 값이 매우 작으면 그 반응은 거의 일어나

지 않는다.

- K_c 값이 10^{-3}~10^3 범위이면 반응물과 생성물 모두 어느 정도의 농도로 존재한다.

이에 대한 내용을 **그림 15.5**에 나타내었다.

▶ **그림 15.5**
반응 진행 정도의 판단

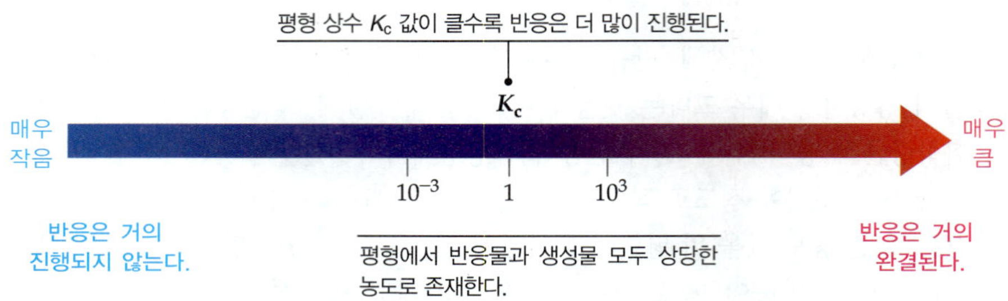

예제 15.7

반응 진행 정도의 판단

다음 반응이 평형에 도달했을 때, 평형 혼합물의 조성은 어떻게 되는가? 대부분 반응물인가 대부분 생성물인가?

(a) $NO(g) + O(g) \rightleftharpoons NO_2(g)$ $K_c = 1.5 \times 10^{48}$ 25 °C에서

(b) $N_2(g) + O_2(g) \rightleftharpoons 2\ NO(g)$ $K_c = 1.7 \times 10^{-3}$ 2025 °C에서

(c) $N_2(g) + O_2(g) \rightleftharpoons 2\ NO(g)$ $K_c = 4.5 \times 10^{-31}$ 25 °C에서

전략

K_c 값을 확인하라. K_c가 크면($>10^3$), 거의 모든 반응물은 생성물로 전환된다. K_c가 작으면($<10^{-3}$), 소량의 반응물만이 생성물로 전환된다. K_c가 중간 정도의 값($10^{-3}<K_c<10^3$)이면, 평형에서 반응물과 생성물 모두 어느 정도 상당히 존재한다.

풀이

(a) K_c가 크므로 평형에서 대부분 생성물이 존재한다.

(b) K_c가 중간 정도의 값을 가지므로 평형에서 반응물과 생성물 모두 어느 정도 상당히 존재한다.

(c) K_c가 작으므로 평형에서 대부분 반응물이 존재한다.

▶ **연습문제 15.13** 포도주가 산패할 때, 함유된 에탄올은 공기 중의 O_2에 의해 아세트산으로 산화된다.

$$\underset{\text{에탄올}}{CH_3CH_2OH(aq)} + O_2(aq) \rightleftharpoons \underset{\text{아세트산}}{CH_3CO_2H(aq)} + H_2O(l)$$

25 °C에서 이 반응의 K_c 값은 1.2×10^{82}이다. 반응이 평형에 도달했을 때 에탄올과 아세트산의 상대적인 양은 얼마나 되는가?

▶ **응용문제 15.14** 500 K에서 수소 기체의 분해 반응 $H_2(g) \rightleftharpoons 2\ H(g)$에 대한 K_c 값은 1.2×10^{-42}이다. 반응의 평형 혼합물은 H_2 분자 또는 H 원자 중에서 주로 어느 것을 포함하는가? 수소의 전자 배치를 사용하여 평형 위치를 설명하시오.

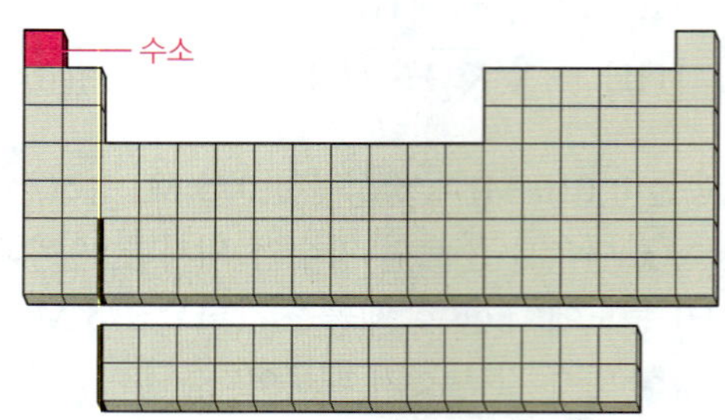

반응 방향의 예측

수소와 아이오딘의 기체 반응을 다시 생각해 보자.

$$H_2(g) + I_2(g) \rightleftharpoons 2HI(g) \quad K_c = 57.0 \quad 700\ \text{K에서}$$

700 K에서 $H_2(g)$, $I_2(g)$, $HI(g)$ 혼합물의 농도가 $[H_2]_t = 0.10$ M, $[I_2]_t = 0.20$ M, $[HI]_t = 0.40$ M이라고 생각하자. (농도에 붙은 첨자 t는 임의의 시간 t에서 측정한 농도를 의미하며, 반드시 평형 농도일 필요는 없다.) 이 농도들을 평형 상수식에 대입하면 **반응 지수(reaction quotient)** Q_c라고 부르는 값을 얻는다.

반응 지수 $$Q_c = \frac{[HI]_t^2}{[H_2]_t[I_2]_t} = \frac{(0.40)^2}{(0.10)(0.20)} = 8.0$$

반응 지수 Q_c는 평형 상수 K_c와 동일한 방법으로 정의한다. 단, Q_c에서 농도는 반드시 평형 값일 필요는 없다.

이 경우 Q_c 값(8.0)은 K_c 값(57.0)과 다르므로 $H_2(g)$, $I_2(g)$, $HI(g)$ 혼합물은 평형에 있지 않다. 하지만 시간이 지남에 따라 반응이 진행되면서 농도가 변하여 Q_c 값은 점점 증가하여 K_c 값에 가까워진다. 충분한 시간이 경과한 후에 반응은 평형 상태에 도달하고, $Q_c = K_c$가 된다.

반응 지수 Q_c는 유용하다. 왜냐하면, Q_c와 K_c 값을 비교하면 반응의 방향을 예측할 수 있기 때문이다. Q_c가 K_c보다 작으면, 반응물이 생성물로 변하면서 반응은 Q_c 값이 증가하는 방향으로 진행된다(즉, 알짜 반응은 왼쪽에서 오른쪽으로 진행된다). Q_c가 K_c보다 크면, 생성물이 반응물로 변환되면서 Q_c 값이 감소하는 방향으로 반응이 진행된다(즉 알짜 반응은 오른쪽에서 왼쪽으로 진행된다). Q_c와 K_c가 같으면, 반응 혼합물은 이미 평형에 있으며 알짜 반응은 일어나지 않는다.

그러므로 반응 방향에 관하여 다음과 같이 정리할 수 있다.

- $Q_c < K_c$이면, 알짜 반응은 왼쪽에서 오른쪽으로 진행된다(반응물이 생성물로).
- $Q_c > K_c$이면, 알짜 반응은 오른쪽에서 왼쪽으로 진행된다(생성물이 반응물로).
- $Q_c = K_c$이면, 알짜 반응은 일어나지 않는다.

이를 그림 15.6에 나타내었다.

개념탐구 질문 4

어떤 반응에 대해 $Q_c = 25$, $K_c = 2.5$라고 한다. 반응은 어느 방향으로 이동하여 평형에 도달하겠는가?

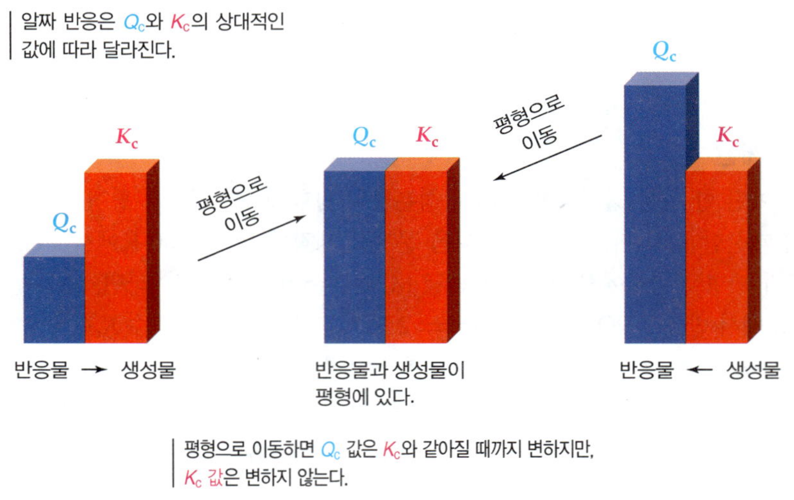

◀ **그림 15.6**
반응 방향의 예측

예제 15.8

반응 방향의 예측

500 K에서 N_2 1.57 mol, H_2 1.92 mol, NH_3 8.13 mol이 들어 있는 혼합물을 20.0 L 반응 용기에 넣었다. 이 온도에서 반응 $N_2(g) + 3\ H_2(g) \rightleftharpoons 2\ NH_3(g)$에 대한 평형 상수 K_c는 1.7×10^2이다. 이 반응 혼합물은 평형에 있는가? 아니라면, 알짜 반응의 방향은 어느 쪽인가?

전략

반응 혼합물이 평형에 있는지 판단하기 위해 반응 지수 Q_c 값을 계산한 다음, 평형 상수 K_c와 비교할 필요가 있다. 혼합물이 평형에 있지 않으면, Q_c와 K_c 값의 상대적 크기를 비교하여 알짜 반응의 방향을 알 수 있다. 물질의 양이 몰수로 주어졌으므로, Q_c에 대한 식에 대입하기 위해서는 우선 주어진 몰수를 몰농도로 바꿔야 한다.

풀이

N_2의 초기 농도는 (1.57 mol)/(20.0 L) = 0.0785 M이다. 마찬가지로 $[H_2] = 0.0960$ M, $[NH_3] = 0.406$ M이다. 이 농도를 반응 지수 식에 대입하면

$$Q_c = \frac{[NH_3]_t^2}{[N_2]_t[H_2]_t^3} = \frac{(0.406)^2}{(0.0785)(0.0960)^3} = 2.37 \times 10^3$$

Q_c가 K_c (1.7×10^2)와 같지 않으므로 이 반응 혼합물은 평형에 있지 않다. Q_c가 K_c보다 크므로, $Q_c = K_c = 1.7 \times 10^2$이 될 때까지 알짜 반응은 오른쪽에서 왼쪽으로 진행하여, NH_3 농도는 감소하고 N_2와 H_2 농도는 증가한다.

점검

대략적인 초기 농도는 반올림한 각 물질의 몰수를 부피로 나누어 계산할 수 있다. $[N_2] \approx$(1.6 mol)/(20 L)$\approx$0.08 M, $[H_2] \approx$ (2 mol)/(20 L)$\approx$0.1 M, $[NH_3] \approx$(8 mol)/(20 L) $\approx$ 0.4 M. 이 농도를 Q_c에 대한 식에 대입하면 Q_c의 대략적인 추정값이 된다.

$$Q_c = \frac{[NH_3]_t^2}{[N_2]_t[H_2]_t^3} \approx \frac{(0.4)^2}{(0.08)(0.1)^3} \approx 2 \times 10^3$$

이 값은 $(16 \times 10^{-2})/(8 \times 10^{-5})$과 같기 때문에 계산기가 없어도 계산할 수 있다. Q_c의 대략적인 추정값은 보다 정확한 값인 2.37×10^3과 마찬가지로 K_c보다 크고, 따라서 반응 혼합물은 평형에 있지 않다.

▶ **연습문제 15.15** 500 K에서 $2\ NO(g) + O_2(g) \rightleftharpoons 2\ NO_2(g)$ 반응에 대한 평형 상수 K_c는 6.9×10^5이다. 500 K에서 5.0 L 반응 용기에 0.060 mol NO, 1.0 mol O_2, 0.80 mol NO_2를 채웠다. Q_c 값은 얼마이고, 알짜 반응은 어느 방향으로 진행하는가?

▶ **개념 응용문제 15.16** 반응 $A_2 + B_2 \rightleftharpoons 2AB$의 평형 상수 $K_c = 4$이다. 다음 그림은 A_2 분자(빨간색 구), B_2 분자(파란색 구), AB 분자를 포함하는 반응 혼합물을 나타낸 것이다.

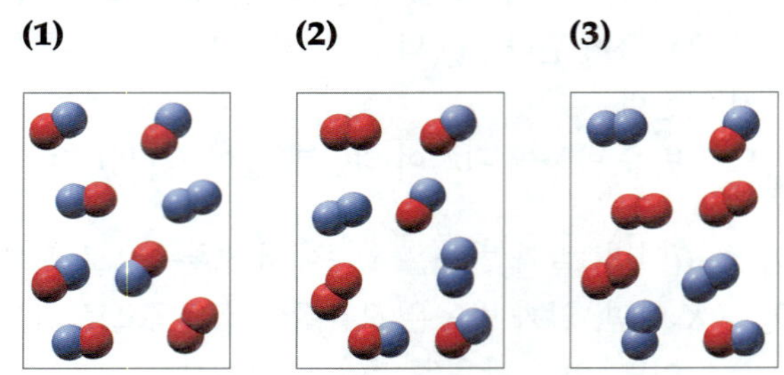

(a) 평형에 있는 반응 혼합물은 어느 것인가?
(b) 평형에 있지 않은 반응 혼합물은 평형에 도달하기 위하여 알짜 반응이 정방향으로 진행하는가 역방향으로 진행하는가?

평형 농도의 계산

평형 상수와 어떤 한 성분을 제외한 나머지 성분들의 평형 농도를 알면, 평형식으로부터 미지 농도를 직접 계산할 수 있다. 예를 들어 다음 문제를 생각해 보자. 500 K에서 NO, O_2, NO_2 기체의 농도가 평형 혼합물에서 O_2 1.0×10^{-3} M, NO_2 5.0×10^{-2} M이라면, NO 농도는 얼마인가? 이 온도에서 반응 $2\ NO(g) + O_2(g) \rightleftharpoons 2\ NO_2(g)$에 대한 평형 상수 K_c는 6.9×10^5이다.

이 문제에서 K_c와 한 성분을 제외한 모든 평형 농도는 주어져 있고, 미지의 한 성분에 대한 평형 농도를 계산해야 한다. 먼저 반응에 대한 평형식을 쓰고, 미지 농도에 대하여 푼다.

$$K_c = \frac{[NO_2]^2}{[NO]^2[O_2]} \qquad \therefore [NO] = \sqrt{\frac{[NO_2]^2}{[O_2]K_c}}$$

그다음, 주어진 K_c, $[O_2]$, $[NO_2]$ 값을 [NO]의 식에 대입하여 평형 농도를 계산한다. NO의 농도가 양의 값이기 때문에 양의 제곱근을 취하면 다음을 얻는다.

$$[NO] = \sqrt{\frac{(5.0 \times 10^{-2})^2}{(1.0 \times 10^{-3})(6.9 \times 10^5)}} = \sqrt{3.6 \times 10^{-6}} = 1.9 \times 10^{-3}\ M$$

실수가 있는지 확인하기 위하여 구한 값을 평형식에 대입하여 결과를 점검하는 것이 좋다.

$$K_c = 6.9 \times 10^5 = \frac{[NO_2]^2}{[NO]^2[O_2]} = \frac{(5.0 \times 10^{-2})^2}{(1.9 \times 10^{-3})^2(1.0 \times 10^{-3})} = 6.9 \times 10^5$$

또 다른 형태의 문제로는, 초기 농도를 알고 있고 평형 농도 중 어느 한 가지를 알지 못하는 경우가 있다. 이러한 문제를 풀기 위하여 **그림 15.7**에 요약한 일련의 단계를 살펴보고, 이를 활용하여 예제 15.9와 15.10을 풀어보자. 예제 15.11과 같은 방법으로 초기 부분 압력과 K_p로부터 평형 부분 압력도 계산할 수 있다.

단계 1. Q_c를 계산하고 반응의 방향을 결정하기 위해 K_c와 비교한다.

↓

단계 2. 반응에 대한 균형 반응식을 쓴다. 균형 반응식 아래에 반응에 관여하는 각 물질을 반영하는 표를 만든다.
(a) 초기 농도
(b) 평형에 도달할 때까지의 농도 변화
(c) 평형 농도
표를 만들 때, 한 물질에 대한 평형에 도달할 때까지의 농도(mol/L) 변화를 x라 하고 다른 물질들의 농도 변화를 화학량론에 의하여 x의 함수로 나타낸다.

↓

단계 3. 평형 농도를 평형식에 대입하고 x에 대하여 푼다. 2차 방정식으로 풀어야 한다면 화학적으로 의미를 갖는 수학적 해를 선택한다.

↓

단계 4. 계산된 x값으로부터 평형 농도를 계산한다.

↓

단계 5. 구한 평형 농도 값들을 평형식에 대입하여 결과를 검산한다.

◀ **그림 15.7**
초기 농도로부터 평형 농도를 계산하는 방법

예제 15.9

평형 농도의 계산(평형식의 양변에 제곱근 이용)

700 K에서 H_2와 I_2의 반응에 대한 평형 상수 K_c는 57.0이다.

$$H_2(g) + I_2(g) \rightleftharpoons 2\,HI(g) \qquad K_c = 57.0 \qquad 700\ \text{K에서}$$

700 K에서 H_2 1.00 mol과 I_2 1.00 mol이 10.0 L 용기에서 반응하여 평형에 도달하면 H_2, I_2, HI의 농도는 얼마인가? 평형 혼합물의 각 성분의 몰수는 얼마인가?

전략

초기 농도로부터 평형 농도를 계산해야 하므로 그림 15.7에서 설명한 방법을 이용한다.

풀이

단계 1. $Q_c = \frac{[HI]_t^2}{[H_2]_t[I_2]_t} = \frac{[0]^2}{[0.100][0.100]} = 0$

$Q_c(0) < K_c(57.0)$이므로 반응은 생성물 쪽으로 진행된다.

단계 2. 균형 반응식이 $H_2(g) + I_2(g) \rightleftharpoons 2\ HI(g)$로 주어진다.

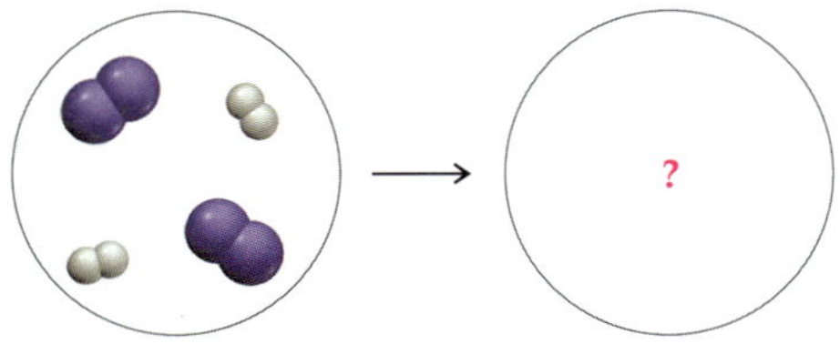

초기 상태 평형 상태

초기 농도는 $[H_2] = [I_2] = (1.00\ mol)/(10.0\ L) = 0.100\ M$이다. 편의상 반응한 H_2의 농도(mol/L) 를 x라 하자. 반응에 대한 균형 반응식과 반응의 방향에 따라 H_2 x mol/L가 I_2 x mol/L와 반응하여 HI $2x$ mol/L로 된다. 따라서 평형에 도달하면 H_2와 I_2의 농도는 초기 0.100 mol/L로부터 $(0.100 - x)$ mol/L로 감소하게 된다. 이러한 결과를 균형 반응식 아래에 표로 요약해 보자.

	$H_2(g)$	+	$I_2(g)$	$\rightleftharpoons$	$2\ HI(g)$
초기 농도(M)	0.100		0.100		0
변화(M)	$-x$		$-x$		$+2x$
평형 농도(M)	$(0.100 - x)$		$(0.100 - x)$		$2x$

단계 3. 평형 농도를 평형식에 대입한다.

$$K_c = 57.0 = \frac{[HI]^2}{[H_2][I_2]} = \frac{(2x)^2}{(0.100 - x)(0.100 - x)}$$

$$= \left(\frac{2x}{0.100 - x}\right)^2$$

이 식의 우변은 완전 제곱형이므로 양변에 제곱근을 취할 수 있다.

$$\sqrt{57.0} = \pm\ 7.55 = \frac{2x}{0.100 - x}$$

x에 대해 풀면 두 개의 답을 얻는다. 57.0의 양수 제곱근을 갖는 식을 정리하면 다음과 같다.

$$+7.55(0.100 - x) = 2x$$
$$0.755 = 2x + 7.55x$$
$$x = \frac{0.755}{9.55} = 0.0791\ M$$

57.0의 음수 제곱근을 갖는 식을 정리하면 다음과 같다.

$$-7.55(0.100 - x) = 2x$$
$$-0.755 = 2x - 7.55x$$
$$x = \frac{-0.755}{-5.55} = 0.136\ M$$

H_2와 I_2의 초기 농도가 0.100 M이기 때문에 x는 0.100 M을 초과할 수 없다. 그러므로 화학적으로 불합리한 $x = 0.136$ M은 버리고, 첫 번째 답인 $x = 0.0791$ M을 선택한다.

단계 4. 계산된 x값으로부터 평형 농도를 계산한다.

$$[H_2] = [I_2] = 0.100 - x = 0.100 - 0.0791 = 0.021\ M$$
$$[HI] = 2x = (2)(0.0791) = 0.158\ M$$

단계 5. 이 값들을 평형식에 대입하여 결과를 확인한다.

$$K_c = 57.0 = \frac{[HI]^2}{[H_2][I_2]} = \frac{(0.158)^2}{(0.021)(0.021)} = 57$$

▶ **연습문제 15.17** 일산화 탄소와 수소의 혼합물(합성가스라 부름)에서 H_2/CO 비는 수성 가스 전환 반응[$CO(g) + H_2O(g) \rightleftharpoons CO_2(g) + H_2(g)$]에 의해 증가하며, 800 K에서 평형 상수 $K_c = 4.24$이다. 초기에 CO와 H_2O만 0.150 M 농도로 존재한다면, 800 K에서 CO_2, H_2, CO, H_2O의 평형 농도를 계산하시오.

▶ **응용문제 15.18** 연습문제 15.17에서 만일 CO, H_2O, CO_2, H_2가 0.100 M의 초기 농도로 반응 용기에 첨가되면, 800 K에서의 평형 농도를 계산하시오.

예제 15.10

평형 농도의 계산(이차 방정식 이용)

초기 농도가 $[H_2] = 0.100$ M, $[I_2] = 0.200$ M이라면, 700 K에서 H_2, I_2, HI의 평형 농도를 계산하시오. 700 K에서 반응 $H_2(g) + I_2(g) \rightleftharpoons 2HI(g)$의 평형 상수 K_c는 57.0이다.

전략

이 문제는 H_2와 I_2의 초기 농도가 다르다는 것을 제외하고는 예제 15.9와 비슷하다. 다시 그림 15.7의 단계를 적용한다.

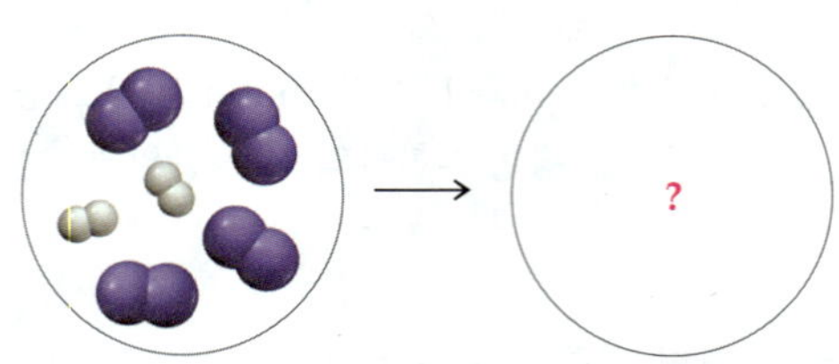

초기 상태 평형 상태

풀이

단계 1. $Q_c = \dfrac{[HI]_t^2}{[H_2]_t[I_2]_t} = \dfrac{[0]^2}{[0.100][0.200]} = 0$

$Q_c(0) < K_c(57.0)$이므로 반응은 생성물 쪽으로 진행된다.

단계 2. 균형 반응식은 $H_2(g) + I_2(g) \rightleftharpoons 2\ HI(g)$이다. 다시 반응한 H_2의 농도를 x라 하자. 균형 반응식 아래에 농도 표를 작성한다.

	$H_2(g)$	+	$I_2(g)$	$\rightleftharpoons$	$2\ HI(g)$
초기 농도(M)	0.100		0.200		0
변화(M)	$-x$		$-x$		$+2x$
평형 농도(M)	$(0.100 - x)$		$(0.200 - x)$		$2x$

단계 3. 평형 농도를 평형식에 대입한다.

$$K_c = 57.0 = \frac{[HI]^2}{[H_2][I_2]} = \frac{(2x)^2}{(0.100 - x)(0.200 - x)}$$

이 식의 우변이 완전 제곱형이 아니기 때문에, 이 경우 표준 이차 방정식 형태 $ax^2 + bx + c = 0$으로 정리하고 이차 방정식의 근의 공식을 이용하여 x를 구한다(부록 A.4).

$$x = \frac{-b \pm \sqrt{b^2 - 4ac}}{2a}$$

평형식을 다시 정리하면

$$(57.0)(0.0200 - 0.300x + x^2) = 4x^2$$

또는

$$53.0x^2 - 17.1x + 1.14 = 0$$

a, b, c를 근의 공식에 대입하면 두 개의 답을 얻는다.

$$x = \frac{17.1 \pm \sqrt{(-17.1)^2 - 4(53.0)(1.14)}}{2(53.0)} = \frac{17.1 \pm 7.1}{106}$$

$= 0.228$과 0.0943

답 중 하나($x = 0.228$)는 버린다. H_2 농도는 초기 농도(0.100 M) 이상으로 변할 수 없기 때문이다. 그러므로 다른 하나의 답($x = 0.0943$)을 선택한다.

단계 4. 계산된 x값으로부터 평형 농도를 계산한다.

$$[H_2] = 0.100 - x = 0.100 - 0.0943 = 0.006\ M$$
$$[I_2] = 0.200 - x = 0.200 - 0.0943 = 0.106\ M$$
$$[HI] = 2x = (2)(0.0943) = 0.189\ M$$

단계 5. 이 값들을 평형식에 대입하여 결과를 확인한다.

$$K_c = 57.0 = \frac{[HI]^2}{[H_2][I_2]} = \frac{(0.189)^2}{(0.006)(0.106)} = 56.2$$

한 자리 유효 숫자(6×10^1)로 반올림하면, K_c의 계산값(56.2)은 문제에서 제시한 값(57.0)과 일치한다.

▶ **연습문제 15.19** 초기 농도가 $[H_2] = 0.100$ M, $[I_2] = 0.300$ M이라면, 700 K에서 H_2, I_2, HI의 평형 농도를 계산하시오. 700 K에서 반응 $H_2(g) + I_2(g) \rightleftharpoons 2\ HI(g)$의 평형 상수 K_c는 57.0이다.

▶ **응용문제 15.20** 반응 용기 내 N_2O_4의 초기 농도가 0.500 M일 때, 25 ℃에서 N_2O_4와 NO_2의 평형 농도를 계산하시오. 25 ℃에서 반응 $N_2O_4(g) \rightleftharpoons 2\ NO_2(g)$의 평형 상수 K_c는 4.64×10^{-3}이다.

예제 15.11

평형 농도의 계산(x가 작을 때 근사를 이용)

초기 농도가 $[CO_2] = 1.50$ M, $[H_2] = 1.10$ M일 때, 298 K에서 CO_2, H_2, CO, 그리고 H_2O의 평형 농도를 계산하시오. 298 K에서 반응 $CO_2(g) + H_2(g) \rightleftharpoons CO(g) + H_2O(g)$의 평형 상수 K_c는 9.71×10^{-6}이다.

전략

그림 15.7에 설명된 방법을 사용한다.

풀이

단계 1. $Q_c = \frac{[CO][H_2O]}{[CO_2][H_2]} = \frac{(0)(0)}{(1.50)(1.10)} = 0$

$Q_c(0) < K_c(9.71 \times 10^{-6})$; 따라서 반응은 생성물 쪽으로 진행된다.

단계 2. 균형 반응식을 사용하여 초기 농도, 농도 변화, 평형 농도를 표시하는 농도표를 만든다. 반응한 CO_2의 농도를 x라 하자.

	$CO_2(g)$	+	$H_2(g)$	$\rightleftharpoons$	$CO(g)$	+	$H_2O(g)$
초기 농도(M)	1.50		1.10		0		0
변화(M)	$-x$		$-x$		$+x$		$+x$
평형 농도(M)	$(1.50 - x)$		$(1.10 - x)$		x		x

단계 3. 평형 농도를 평형식에 대입한다.

$$K_c = 9.71 \times 10^{-6} = \frac{[CO][H_2O]}{[CO_2][H_2]} = \frac{(x)(x)}{(1.50 - x)(1.10 - x)}$$

평형 상수 K_c가 매우 작은 값인 반응의 경우, 반응은 생성물 쪽으로 매우 조금 진전되므로 x는 초기 농도(1.50 M과 1.10 M)에 비해 무시할 정도가 된다. 따라서 두 개의 가정을 세워서 풀이 과정을 대폭 단순화시킬 수 있다. 가정은 다음과 같다.

$$(1.50 - x) \approx 1.50 \qquad (1.10 - x) \approx 1.10$$

이 가정을 사용하며, 평형식을 다음과 같이 쓸 수 있다.

$$K_c = 9.71 \times 10^{-6} = \frac{(x)(x)}{(1.50)(1.10)} = \frac{x^2}{1.65}$$

$$x^2 = 1.60 \times 10^{-5}$$

$$x = 4.00 \times 10^{-3}$$

x가 감해지는 숫자에 비해 작다는 가정이 유효한지 점검해야 한다. 초기 농도에 대해 x의 계산값이 몇 %나 되는지 계산한다.

$$\frac{4.00 \times 10^{-3}}{1.50} \times 100\% = 0.267\%$$

$$\frac{4.00 \times 10^{-3}}{1.10} \times 100\% = 0.364\%$$

x가 초기 농도의 5%보다 작다면 가정은 유효하며, 평형 농도 계산에 큰 오차를 만들지 않는다. 이 경우, 0.267%와 0.364%는 5%보다 작기 때문에 가정이 유효하다고 할 수 있다.

단계 4. 표의 마지막 행의 식과 x 값을 사용하여 평형 농도를 계산한다.

$$[CO_2] = 1.50 - x = 1.50 - 4.00 \times 10^{-3} = 1.50 \text{ M}$$
$$[H_2] = 1.10 - x = 1.10 - 4.00 \times 10^{-3} = 1.10 \text{ M}$$
$$[CO] = [H_2O] = x = 4.00 \times 10^{-3} \text{ M}$$

단계 5. 이 값들을 평형식에 대입하고, 평형 상수를 계산하여 평형 농도를 점검할 수 있다.

$$K_c = \frac{[CO][H_2O]}{[CO_2][H_2]} = \frac{(4.00 \times 10^{-3})(4.00 \times 10^{-3})}{(1.50)(1.10)}$$
$$= 9.70 \times 10^{-6}$$

평형 농도(9.70×10^{-6})를 사용하여, 계산된 K_c 값과 문제에 주어진 K_c 값(9.71×10^{-6})이 오차 한도 내에서 잘 맞는다.

▶ **연습문제 15.21** 초기 농도가 $[CO_2] = 0.750$ M, $[H_2] = 0.550$ M이라면, 298 K에서 CO_2, H_2, CO 그리고 H_2O의 평형 농도를 계산하시오. 298 K에서 반응 $CO_2(g) + H_2(g) \rightleftharpoons CO(g) + H_2O(g)$에 대한 평형 상수 K_c는 9.71×10^{-6}이다.

▶ **응용문제 15.22** 초기 농도가 $[H_2O] = 0.130$ M, $[Cl_2] = 0.250$ M이라면, 298 K에서 H_2O, Cl_2, HCl 그리고 O_2의 평형 농도를 계산하시오. 298 K에서 반응 $H_2O(g) + Cl_2(g) \rightleftharpoons HCl(g) + O_2(g)$에 대한 평형 상수 K_c는 8.96×10^{-9}이다.

예제 15.12

초기 부분 압력으로부터 평형 부분 압력의 계산

철광석으로부터 철을 제조하는 과정에서 일어나는 한 반응에서는, 산화 철(II)이 일산화 탄소에 의해 환원되어 금속 철과 이산화 탄소를 생성한다. 1000 K에서 이 반응에 대한 평형 상수 K_p는 0.259이다.

$$FeO(s) + CO(g) \rightleftharpoons Fe(s) + CO_2(g) \qquad K_p = 0.259 \qquad 1000 \text{ K에서}$$

초기 부분 압력이 $P_{CO} = 0.500$ atm, $P_{CO_2} = 1.000$ atm이라면, 1000 K에서 CO와 CO_2의 평형 부분 압력은 각각 얼마인가?

▲ 자동차를 만드는 데 사용되는 강철은 철광석과 일산화 탄소를 반응시켜 얻는다.

전략

초기 농도와 K_c로부터 평형 농도를 계산한 것과 동일한 방법으로 초기 부분 압력과 K_p로부터 평형 부분 압력을 계산할 수 있다. 그림 15.7의 단계들을 따르되, 농도를 부분 압력으로 대체한다.

풀이

단계 1. $Q_p = \frac{(P_{CO_2})_t}{(P_{CO})_t} = \frac{1.000 \text{ atm}}{0.500 \text{ atm}} = 2.00$

$Q_p(2.00) > K_p(0.259)$이므로, 반응은 반응물 쪽으로 진행된다.

단계 2. 균형 반응식은 $FeO(s) + CO(g) \rightleftharpoons Fe(s) + CO_2(g)$이다. 반응한 CO_2의 부분 압력을 x라 하자. 반응이 **반응물 쪽으로** 이동하기 때문에 반응물은 $+x$값을 가지고, 생성물은 $-x$값을 가진다. 균형 반응식 아래에 기체의 부분 압력 표를 작성한다.

	$FeO(s)$ + $CO(g)$	$\rightleftharpoons$ $Fe(s)$ + $CO_2(g)$
초기 압력(atm)	0.500	1.000
변화(atm)	$+x$	$-x$
평형 압력(atm)	$(0.500 + x)$	$(1.000 - x)$

단계 3. 평형 부분 압력을 K_p 평형식에 대입한다.

$$K_p = 0.259 = \frac{P_{CO_2}}{P_{CO}} = \frac{1.000 - x}{0.500 + x}$$

일반적인 불균일 평형에서처럼 순수한 고체는 평형식에서 생략한다. 평형식을 다시 정리하고 x에 대하여 풀면

$$0.1295 + 0.259x = 1.000 - x$$

$$\therefore x = \frac{0.8705}{1.259} = 0.691$$

단계 4. 계산된 x값으로부터 평형 부분 압력을 계산한다.

$$P_{CO} = 0.500 + x = 0.500 + (0.691) = 1.191 \text{ atm}$$
$$P_{CO_2} = 1.000 - x = 1.000 - (0.691) = 0.309 \text{ atm}$$

단계 5. 이 값들을 평형식에 대입하여 결과를 확인한다.

$$K_p = 0.259 = \frac{P_{CO_2}}{P_{CO}} = \frac{0.309}{1.191} = 0.259$$

▶ **연습문제 15.23** 1000 K에서 반응 $C(s) + H_2O(g) \rightleftharpoons CO(g) + H_2(g)$의 평형 상수 K_p는 2.44이다. 초기 부분 압력이 $P_{CO} = 1.00$ atm, $P_{H_2} = 1.00$ atm이라면, H_2O, CO, H_2의 평형 부분 압력은 얼마인가?

▶ **응용문제 15.24** 1000 K에서 반응 $C(s) + H_2O(g) \rightleftharpoons CO(g) + H_2(g)$의 평형 상수 K_p는 2.44이다. 초기 부분 압력이 $P_{H_2O} = 1.20$ atm, $P_{CO} = 1.00$ atm, $P_{H_2} = 1.40$ atm이라면, H_2O, CO, H_2의 평형 부분 압력은 얼마인가?

15.6 평형 혼합물의 조성을 변화시키는 인자: 르샤틀리에 원리

화학적 합성의 중요한 목적 중 하나는, 에너지 소비를 최소화하면서 반응물에서 생성물로의 변환을 최대화하는 것이다. 이러한 목적은 반응이 적당한 온도와 압력에서 거의 완결될 수 있다면 쉽게 달성된다. 그러나 어떤 반응의 평형 혼합물에 생성물은 적고 반응물이 많다면 그 실험 조건은 수정되어야 한다. 1913년에 독일의 화학자 하버(Fritz Haber, 1868~1934)가 개발한 N_2와 H_2로부터 암모니아를 합성하는 공정을 생각해 보자(그림 15.8).

$$N_2(g) + 3\,H_2(g) \rightleftharpoons 2\,NH_3(g)$$

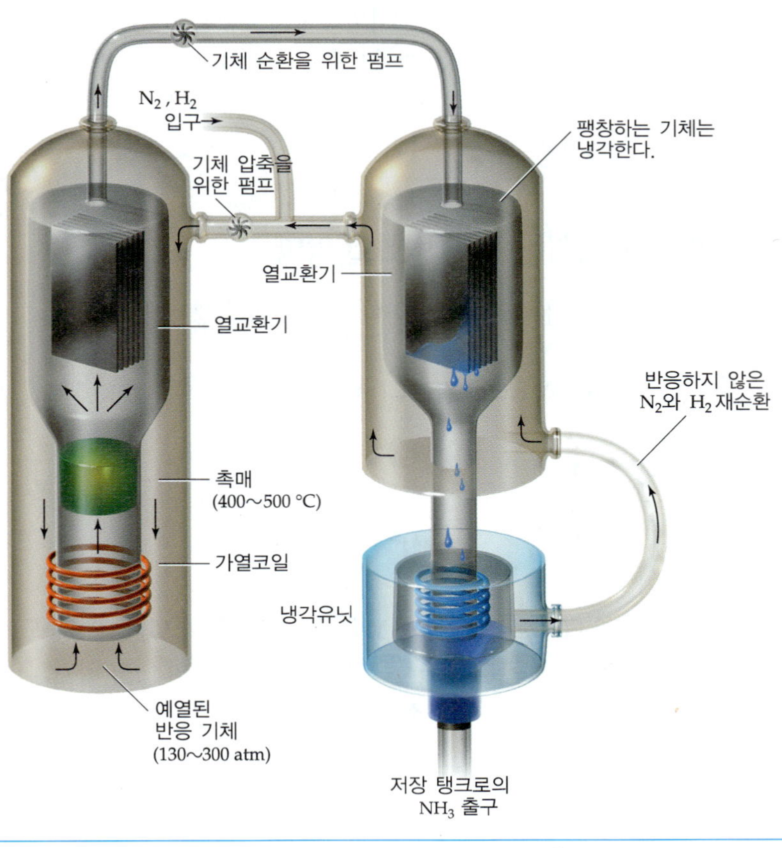

◀ **그림 15.8**
공업적 암모니아 생산의 하버–보슈 공정. 130~300 atm 압력의 H_2와 N_2 기체 혼합물이 400~500 °C 조건에서 촉매를 통과한다. $N_2(g) + 3\,H_2(g) \rightleftharpoons 2\,NH_3(g)$ 반응을 통해 암모니아가 생산된다. 반응물과 생성물의 기체 혼합물 중에서 NH_3는 액화되고, 반응하지 않은 N_2와 H_2는 재순환된다.

주로 비료로 이용되는 암모니아의 생산량이 매년 전 세계적으로 1억 3천만 톤에 달하므로, 하버 공정에서 실험 조건의 선택은 실질적으로 경제성에 있어 중요하다. 또한 암모니아의 공업적 생산은 하버–보슈 공정으로 알려져 있는데, 이는 암모니아의 대량 생산 기술을 개발한 보슈(Karl Bosch)를 기리기 위한 것이다. 하버–보슈 공정은 20세기의 가장 중요한 발명 중의 하나이다. 이는 암모니아를 이용하여 생산하는 질소 비료가 없었다면 세계 인구가 1900년대 16억 명에서 오늘날 70억 명으로 증가할 수 없었을 것이다. 오늘날 세계 인구의 거의 절반이 하버–보슈 공정의 결과물을 이용하여 생산된 농작물에 의존하고 있는 것으로 추정된다.

평형 혼합물의 조성을 변화시키기 위해, 다음의 몇 가지 인자들을 활용할 수 있다.

- 반응물과 생성물의 농도 변화
- 압력과 부피 변화
- 온도 변화

적용 가능한 네 번째 인자인 촉매의 첨가는 평형에 도달하는 속도만 증가시킨다. 15.10절에서 보겠지만, **촉매(catalyst)**는 평형 농도에 영향을 미치지 않는다.

미리보기…
촉매가 평형 상태의 조성은 변화시키지 않으면서 정반응과 역반응 속도를 모두 증가시킨다는 것을 15.10절에서 볼 것이다.

나열된 인자들의 변화가 평형 혼합물의 조성에 미치는 정성적인 영향은, 프랑스 화학자 르샤틀리에(Henri–Louis Le Châtelier, 1850~1936)가 처음으로 설명한 원리를 이용하면 예측할 수 있다.

르샤틀리에 원리 평형 상태에 있는 반응 혼합물에 스트레스를 가하면, 알짜 반응은 그 스트레스를 감소시키는 방향으로 일어난다.

이 문장에서 '스트레스'라는 용어는 본래의 평형을 방해하는 농도, 압력, 부피의 변화를 의미한다. 평형에 스트레스를 가하면 반응이 일어나며, 새로운 평형에 도달할 때까지 혼합물의 조성이 변한다. 반응은 스트레스를 완화하는 방향으로 일어난다(반응물이 생성물로 전환되거나 또는 그와 반대로 일어남). 다음의 3개 절에서 평형 혼합물의 조성을 변화시킬 수 있는 서로 다른 종류의 스트레스를 살펴보도록 하겠다.

15.7 평형 혼합물에 미치는 농도 변화의 영향

암모니아를 합성하는 하버 공정에서 일어나는 화학 평형에 대해 생각해 보자.

$$N_2(g) + 3\,H_2(g) \rightleftharpoons 2\,NH_3(g) \qquad K_c = 0.291 \qquad 700\text{ K에서}$$

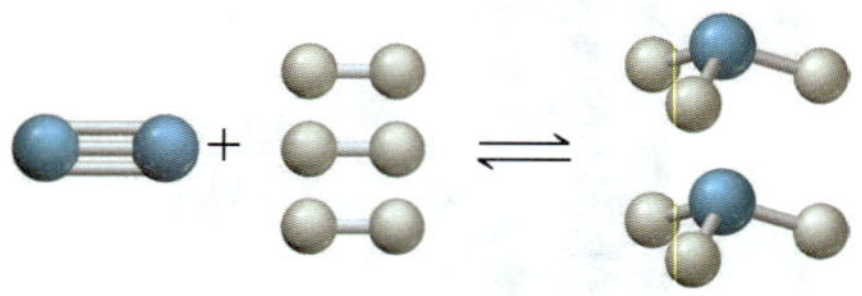

700 K에서 N_2 0.50 M, H_2 3.00 M, NH_3 1.98 M의 평형 혼합물이 있다. N_2 농도를 1.50 M로 증가시켜 그 평형을 방해한다고 생각하자. 르샤틀리에 원리에 의하면, 약간의 N_2가 NH_3로 변환되며, 반응은 증가한 N_2의 농도를 감소시키는 방향으로 진행된다. N_2 농도가 감소함에 따라 H_2 농도도 감소하고, NH_3 농도는 균형식의 화학량론에 맞춰 증가해야 한다. 이러한 변화를 그림 15.9에 나타내었다.

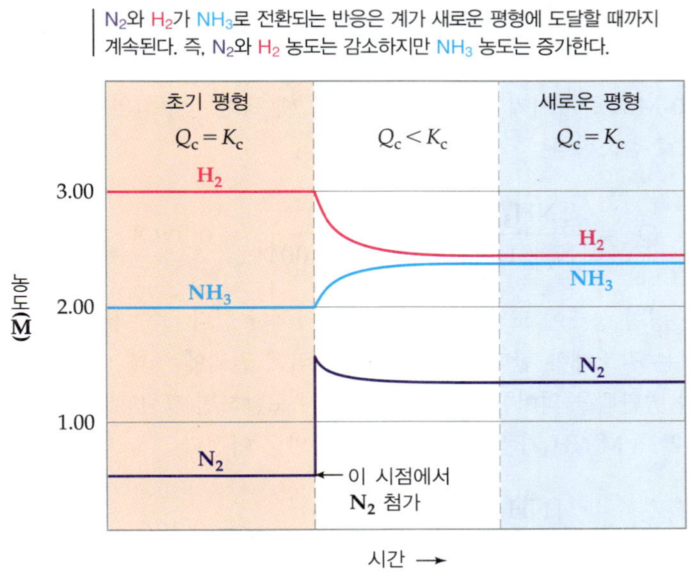

◀ **그림 15.9**
N_2, H_2, NH_3 평형 혼합물에 N_2를 가할 때의 농도 변화

◀ 확인하기

N_2를 첨가한 후 H_2, NH_3, N_2의 평형 농도는 첨가 전과 비교하여 어떻게 바뀌는가? K_c 값은 어떻게 되는가?

답 $[H_2]$ 감소, $[NH_3]$ 증가, $[N_2]$ 증가, 평형 상수 K_c는 변하지 않는다.

일반적으로, 반응물이나 생성물을 첨가 또는 제거하여 평형에 있는 계가 방해받을 때, 르샤틀리에 원리로 다음을 예상할 수 있다.

- **첨가된** 반응물 또는 생성물에 의한 농도 스트레스는, 첨가된 물질을 **소비하는** 방향으로 알짜 반응이 진행됨으로써 완화된다.
- **제거된** 반응물 또는 생성물에 의한 농도 스트레스는, 제거된 물질을 **보충하는** 방향으로 알짜 반응이 진행됨으로써 완화된다.

개념탐구 질문 5

생성물을 더 만들려면 알짜 반응의 방향을 어떻게 바꿀 수 있는가?

이러한 규칙을 $N_2(g) + 3\ H_2(g) \rightleftharpoons 2\ NH_3(g)$ 평형에 응용하면, N_2나 H_2 농도의 증가 또는 NH_3 농도의 감소에 의하여 암모니아 수득률을 증가시킬 수 있다(**그림 15.10**). 공업적 암모니아 생산에서 생성된 기체상의 암모니아(bp −33 ℃)를 액화시켜 기체 NH_3 농도를 감소시킴으로써 더 많은 양의 암모니아를 생산할 수 있다.

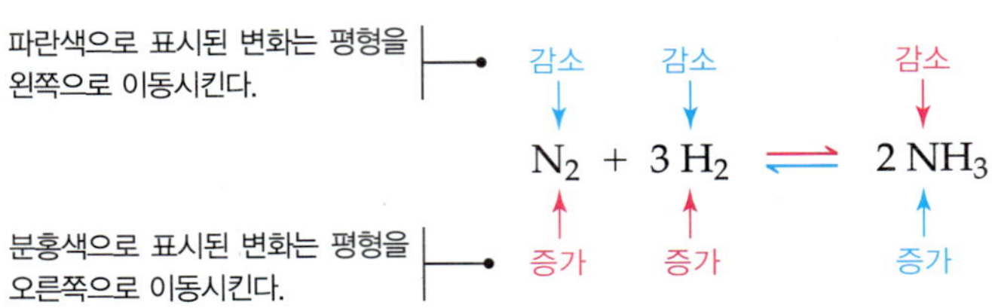

◀ **그림 15.10**
$N_2(g) + 3H_2(g) \rightleftharpoons 2NH_3(g)$ 평형에 대한 농도 변화 효과. N_2나 H_2 농도의 증가 또는 NH_3 농도의 감소는 평형을 왼쪽에서 오른쪽으로 이동시킨다. N_2나 H_2 농도의 감소 또는 NH_3 농도의 증가는 평형을 오른쪽에서 왼쪽으로 이동시킨다.

르샤틀리에 원리는 평형 혼합물의 조성 변화를 예측하는 데 편리하지만, **왜** 이러한 변화가 일어나는가는 설명하지 못한다. 르샤틀리에 원리가 어떻게 작용하는지 알아보기 위하여 반응 지수 Q_c를 다시 한번 살펴보자. 700 K에서 N_2 0.50 M, H_2 3.00 M, NH_3 1.98 M 평형 혼합물에 대한 Q_c는 그 계가 평형에 있기 때문에 K_c(0.291)와 같다.

$$Q_c = \frac{[NH_3]_t^2}{[N_2]_t[H_2]_t^3} = \frac{(1.98)^2}{(0.50)(3.00)^3} = 0.29 = K_c$$

N_2 농도를 1.50 M로 증가시켜 그 평형을 방해할 때 평형 상수식의 분모는 증가하고 Q_c는 K_c보다 작은 값으로 감소한다.

$$Q_c = \frac{[NH_3]_t^2}{[N_2]_t[H_2]_t^3} = \frac{(1.98)^2}{(1.50)(3.00)^3} = 0.0968 < K_c$$

그 계가 새로운 평형 상태에 도달하려면 Q_c가 증가해야 한다. 즉, 평형 상수식의 분자는 증가해야 하고 분모는 감소해야 한다. 이것은 르샤틀리에 원리에 의해 예측된 것과 같이 N_2와 H_2가 NH_3로 알짜 변환됨을 의미한다. 새로운 평형에 도달하면(그림 15.9), 그 농도는 1.31 M N_2, 2.43 M H_2, 2.36 M NH_3가 되고 Q_c는 다시 K_c와 같아진다.

$$Q_c = \frac{[NH_3]_t^2}{[N_2]_t[H_2]_t^3} = \frac{(2.36)^2}{(1.31)(2.43)^3} = 0.296 = K_c$$

▲ 대황의 강한 신맛을 가진 잎은 옥살산과 같은 독소를 함유하고 있으나 줄기와 뿌리에는 영양소가 풍부하다. ©thoughtsofjoyce /Shutterstock

농도 변화가 평형에 영향을 주는 또 다른 예로, 철 이온(III)과 싸이오사이안산 이온(SCN^-)이 녹아 있는 수용액에서 Fe−N 결합을 통해 빨간색 착이온($FeNCS^{2+}$) 화합물이 형성되는 평형 혼합물을 생각해 보자.

$$\underset{\text{연노란색}}{Fe^{3+}(aq)} + \underset{\text{무색}}{SCN^-(aq)} \rightleftharpoons \underset{\text{빨간색}}{FeNCS^{2+}(aq)}$$

평형의 이동은 여러 시약을 가할 때 용액의 색이 어떻게 변하는가를 관찰하여 알 수 있다(**그림 15.11**). $FeCl_3$ 수용액을 가하면, 르샤틀리에 원리에 의하여 예상한 것처럼 빨간색은 더 진하게 변한다. 첨가된 Fe^{3+}에 의한 농도 스트레스는 왼쪽에서 오른쪽으로의 알짜 반응에 의해 완화된다. 이에 따라 약간의 Fe^{3+}가 소비되고, $FeNCS^{2+}$ 농도가 증가한다. (Cl^-은 이 반응에 관여하지 않는다.) 마찬가지로, KSCN 수용액을 가하면 첨가된 SCN^-의 스트레스는 평형을 왼쪽에서 오른쪽으로 이동시켜 다시 빨간색을 더 진하게 변화시킨다.

Fe^{3+} 또는 SCN^- 이온을 제거하는 시약을 가하면, 평형을 반대 방향으로 이동시킬 수 있다. 예를 들어, 옥살산($H_2C_2O_4$)은 Fe^{3+}와 반응하여 안정한 노란색 착이온 $Fe(C_2O_4)_3{}^{3-}$를 형

(a) 처음 용액: Fe^{3+}(연노란색), SCN^-(무색), $FeNCS^{2+}$(빨간색)

(b) 용액 (a)에 $FeCl_3$를 첨가하면 [$FeNCS^{2+}$]가 증가한다.

(c) 용액 (a)에 KSCN을 첨가하면 [$FeNCS^{2+}$]가 증가한다.

(d) 용액 (a)에 $H_2C_2O_4$를 첨가하면 [$Fe(C_2O_4)_3{}^{3-}$]가 증가함에 따라 [$FeNCS^{2+}$]는 감소한다.

(e) 용액 (a)에 $HgCl_2$를 첨가하면 [$Hg(SCN)_4{}^{2-}$]가 증가함에 따라 [$FeNCS^{2+}$]는 감소한다.

▲ **그림 15.11**

Fe^{3+}(연노란색), SCN^-(무색), $FeNCS^{2+}$(빨간색)이 녹아 있는 평형 혼합물에 여러 시약을 첨가할 때 나타나는 색 변화

성함으로써 $Fe^{3+}(aq)$ 농도를 감소시킨다. 옥살산은 대황과 같은 식물의 잎에 존재하는 유독한 물질이다. 르샤틀리에 원리에 따라서 제거된 Fe^{3+}의 농도 스트레스는 Fe^{3+}을 보충하기 위해서 $FeNCS^{2+}$가 해리됨으로써 완화된다. $FeNCS^{2+}$ 농도가 감소하므로 용액의 빨간색은 사라진다.

$$3\ H_2C_2O_4(aq) + Fe^{3+}(aq) \longrightarrow Fe(C_2O_4)_3{}^{3-}(aq) + 6\ H^+(aq)$$
$$FeNCS^{2+}(aq) \longrightarrow Fe^{3+}(aq) + SCN^-(aq)$$

$HgCl_2$ 수용액을 첨가하면 역시 빨간색이 사라진다. 이는 $HgCl_2$가 SCN^- 이온과 반응하여 Hg−S 결합에 의해 무색의 안정한 착이온 $Hg(SCN)_4{}^{2-}$를 형성하기 때문이다. $SCN^-(aq)$가 제거되면 빨간색 $FeNCS^{2+}$ 이온이 해리되어 SCN^- 이온이 보충된다.

$$HgCl_2(aq) + 4\ SCN^-(aq) \longrightarrow Hg(SCN)_4{}^{2-}(aq) + 2\ Cl^-(aq)$$
$$FeNCS^{2+}(aq) \longrightarrow Fe^{3+}(aq) + SCN^-(aq)$$

예제 15.13

농도 변화에 대한 르샤틀리에 원리 적용

용광로에서 철광석을 금속 철로 환원시킬 때 산화 철(III)과 일산화 탄소의 반응이 일어난다.

$$Fe_2O_3(s) + 3\ CO(g) \rightleftharpoons 2\ Fe(l) + 3\ CO_2(g)$$

평형 혼합물을 다음과 같이 변화시켰을 때, 르샤틀리에 원리를 이용하여 알짜 반응의 방향을 예측하시오.

(a) Fe_2O_3 첨가
(b) CO_2 제거
(c) CO 제거; 또한 이 변화를 반응 지수 Q_c를 이용하여 설명하시오.

전략

반응 방향을 예측하기 위해서는, 농도 스트레스는 첨가된 물질을 소비하는 방향으로 또는 제거된 물질을 보충하는 방향으로 반응이 완화되는 것을 기억하라.

풀이

(a) Fe_2O_3는 순수한 고체이므로 그 농도는 평형식에 나타나지 않는다. 따라서 농도 스트레스가 없으므로 평형은 방해받지 않는다.

(b) 르샤틀리에 원리에 의하여, CO_2를 제거하는 농도 스트레스는 반응물에서 생성물로의 알짜 반응이 일어나 CO_2가 보충됨으로써 완화된다.

(c) 르샤틀리에 원리에 의하여, CO를 제거하는 농도 스트레스는 생성물로부터 반응물로의 알짜 반응이 일어나 CO가 보충됨으로써 완화된다. 반응 지수는 다음과 같다.

$$Q_c = \frac{[CO_2]_t^3}{[CO]_t^3}$$

평형이 [CO]의 감소에 의하여 방해받을 때 Q_c가 증가하므로 $Q_c > K_c$이다. 새로운 평형 상태에 도달하기 위해 Q_c는 감소해야 한다. 즉 $[CO_2]$는 감소하고, [CO]는 증가해야 한다. 따라서 알짜 반응은 르샤틀리에 원리에 의하여 예측된 바와 같이 생성물에서 반응물 쪽으로 진행된다.

▶ **연습문제 15.25** 수성 가스 전환 반응에 대한 평형을 생각해 보자.

$$CO(g) + H_2O(g) \rightleftharpoons CO_2(g) + H_2(g)$$

다음 중 어떤 변화가 H_2의 농도를 증가시키는가?

(a) CO 첨가
(b) CO_2 첨가
(c) H_2O 제거
(d) CO_2 제거
(e) (a)와 (d)를 함께

▶ **응용문제 15.26** 신장에 생기는 고체 입자들은 신장 결석이라 불리며 종종 극심한 통증을 일으킨다. 신장 결석의 일반적인 형태는 칼슘과 옥살산염의 침전 반응으로부터 형성된다.

$$Ca^{2+}(aq) + C_2O_4{}^{2-}(aq) \rightleftharpoons CaC_2O_4(s)$$

르샤틀리에 원리를 이용하여, 다음 내용을 설명하시오.

(a) 신장이 유체를 제거하도록 돕는 약인 이뇨제를 복용하는 사람은 신장 결석이 생길 위험이 증가한다.

(b) 소변의 칼슘 농도를 증가시키는 유전성 질환인 고칼슘뇨증을 앓고 있는 사람은 신장 결석이 생길 위험이 크다.

(c) 신장 결석의 간단한 치료법은 시금치, 대황, 견과류 같은 옥살산염이 많은 음식물의 섭취를 피하는 것이다.

(d) 신장 결석의 또 다른 간단한 치료법은 물을 많이 섭취하는 것이다.

15.8 평형 혼합물에 미치는 압력과 부피 변화의 영향

평형 혼합물이 부피 변화의 결과로 인한 압력 변화에 의해 어떻게 영향을 받는가를 설명하기 위해, 하버의 암모니아 합성으로 돌아가자. 이 반응에 대한 균형 반응식을 살펴보면, 반응식의 반응물 쪽에 4 mol의 기체가 있고, 생성물 쪽에 2 mol의 기체가 있다.

$$N_2(g) + 3\,H_2(g) \rightleftharpoons 2\,NH_3(g) \qquad K_c = 0.291 \qquad 700\text{ K에서}$$

기억하기…
이상 기체 법칙은 기체의 부피, 온도, 그리고 양에 따라 압력이 어떻게 변하는지를 설명한다; $P = nRT/V$ (10.3절).

부피가 감소하여 압력이 증가하면 평형 혼합물 조성에는 어떤 일이 생기겠는가? **이상 기체 법칙(ideal gas law)**에 따르면, 일정한 온도와 일정한 몰수에서 기체의 압력은 부피에 반비례한다. 따라서 부피가 감소하면 압력이 증가할 것이다. 르샤틀리에 원리에 따라, 알짜 반응은 압력 증가에 의한 스트레스를 완화하는 방향으로 일어난다. 이는 기체의 몰수가 감소하는 것을 의미한다. 그러므로 알짜 반응은 왼쪽에서 오른쪽으로 진행할 것으로 예상된다. 왜냐하면 정반응은 4 mol의 기체 반응물을 2 mol의 기체 생성물로 변환시키기 때문이다.

일반적으로 르샤틀리에 원리는 다음과 같이 예측한다.

- 부피 감소에 의해 압력이 **증가**하면, 알짜 반응은 전체 기체의 몰수를 **감소**시키는 방향으로 진행된다.
- 부피 증가에 의해 압력이 **감소**하면, 알짜 반응은 전체 기체의 몰수를 **증가**시키는 방향으로 진행된다.

르샤틀리에 원리가 압력(부피) 변화에 대하여 어떻게 적용되는가를 알아보기 위해, 700 K에서 N_2 0.50 M, H_2 3.00 M, NH_3 1.98 M의 평형 혼합물에 대한 반응 지수를 다시 살펴보자.

$$Q_c = \frac{[NH_3]_t^2}{[N_2]_t[H_2]_t^3} = \frac{(1.98)^2}{(0.50)(3.00)^3} = 0.29 = K_c$$

부피를 1/2로 감소시키면 전체 압력이 두 배로 될 뿐만 아니라, 각 반응물과 생성물의 부분 압력과 농도도 두 배로 된다(몰농도 = n/V이므로). 균형 반응식의 기체 반응물의 몰수가 기체 생성물의 몰수보다 크므로, 평형 상수식에서 분모 증가가 분자 증가보다 크고, 새로운 Q_c 값은 평형 상수 K_c보다 작아지게 된다.

$$Q_c = \frac{[NH_3]_t^2}{[N_2]_t[H_2]_t^3} = \frac{(3.96)^2}{(1.00)(6.00)^3} = 0.0726 < K_c$$

계가 새로운 평형 상태로 이동하기 위해서는 Q_c가 증가해야 하고, 이는 르샤틀리에 원리에 의하여 예측된 것처럼 알짜 반응이 반응물에서 생성물 쪽으로 진행되어야 함을 의미한다(**그림 15.12**). 실제로 하버 공정에서 암모니아의 수득률은 고압, 즉 전형적으로 130~300 atm의 높은 압력에서 반응이 진행되어 증가한다.

반응하는 기체의 몰수에 변화가 없는 경우, 평형 혼합물의 조성은 압력 변화의 영향을 받지 않는다. 예를 들어, 수소와 아이오딘의 반응은 균형 반응식의 양쪽에 2 mol의 기체를 갖는다.

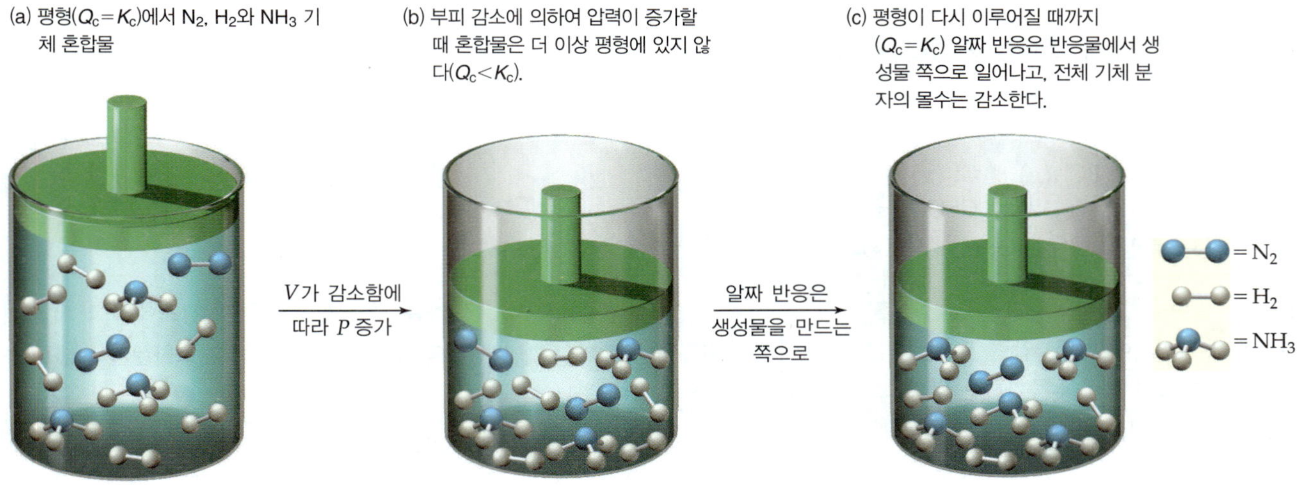

▲ **그림 15.12**
$N_2(g) + 3\,H_2(g) \rightleftharpoons 2\,NH_3(g)$ 평형에서 압력과 부피의 정성적 효과

▲ 확인하기

부피가 감소하면 반응은 왜 생성물 쪽으로 이동하는가?

답 부피의 감소에 의한 변화는 압력의 증가를 가져온다. 반응은 기체 몰수를 줄여서 압력을 줄이는 방향으로 이동해야 한다. 암모니아의 합성에서 생성물은 기체 2몰이고, 반응물은 기체 4몰이다.

$$H_2(g) + I_2(g) \rightleftharpoons 2\,HI(g)$$

부피를 반으로 줄여 압력을 두 배로 증가시키면, 반응 지수의 분자와 분모는 같은 배수로 변하므로 Q_c는 변하지 않고 그대로 유지된다.

$$Q_c = \frac{[HI]_t^2}{[H_2]_t[I_2]_t}$$

불균일 평형에 르샤틀리에 원리를 적용할 때, 고체와 액체의 부피(그리고 농도)는 거의 압력과 무관하므로 압력 변화가 고체와 액체에 미치는 영향은 무시할 수 있다. 예를 들어, 석탄을 기체 연료로 변환하는 첫 단계인 탄소와 수증기의 고온 반응을 생각해 보자.

$$C(s) + H_2O(g) \rightleftharpoons CO(g) + H_2(g)$$

탄소는 고체이므로 탄소를 무시하면 부피 감소(압력 증가)는 이 평형을 생성물에서 반응물 쪽으로 이동시킨다. 이는 역반응에 의해 기체의 양이 2 mol에서 1 mol로 감소하기 때문이다.

이 절에서는 르샤틀리에 원리의 응용을 **부피** 변화에 의한 압력 변화로 한정하기 위하여 조심스러웠다. 그렇다면, 부피를 일정하게 유지하고 반응과 관련 없는 아르곤과 같은 비활성 기체를 첨가하여 전체 압력을 증가시키면 어떤 일이 생기는가? 그 경우에 평형은 그대로 유지된다. 왜냐하면, 일정한 부피에서 비활성 기체를 첨가하더라도 반응에 참여하는 물질들의 부분 압력 또는 몰농도가 변화하지 않기 때문이다. 첨가된 기체가 반응물이나 생성물일 경우에만 반응 지수는 변한다.

예제 15.14

압력과 부피 변화에 대한 르샤틀리에 원리 적용

다음 각 평형이 부피 증가에 따라 압력이 감소할 때 생성물의 몰수는 증가하는가 감소하는가 그대로 유지되는가?

(a) $PCl_5(g) \rightleftharpoons PCl_3(g) + Cl_2(g)$
(b) $CaO(s) + CO_2(g) \rightleftharpoons CaCO_3(s)$
(c) $3\ Fe(s) + 4\ H_2O(g) \rightleftharpoons Fe_3O_4(s) + 4\ H_2(g)$

전략

르샤틀리에 원리에 따라, 압력 감소에 의한 스트레스는 기체 몰수가 증가하여 압력이 증가하는 방향으로 알짜 반응이 일어남으로써 완화된다.

풀이

(a) 정반응은 기체 1 mol을 기체 2 mol로 변환하므로, 알짜 반응은 반응물에서 생성물 쪽으로 진행되어 PCl_3와 Cl_2의 몰수가 증가한다.
(b) 균형 반응식의 반응물 쪽에 1 mol의 기체가 있고 생성물 쪽에는 기체가 없으므로, 압력 감소에 의한 스트레스는 생성물 쪽에서 반응물 쪽으로의 알짜 반응이 일어나 완화된다. 그러므로 $CaCO_3$의 몰수는 감소한다.
(c) 균형 반응식의 양쪽에 똑같이 4 mol의 기체가 있으므로 평형 혼합물의 조성은 압력 변화에 영향을 받지 않는다. Fe_3O_4와 H_2의 몰수는 똑같게 유지된다.

▶ **연습문제 15.27** 다음 각 평형에서 부피 감소에 따라 압력이 증가할 때 생성물의 몰수는 증가하는가 감소하는가 그대로 유지되는가?

$$2\ CO(g) \rightleftharpoons C(s) + CO_2(g)$$

▶ **개념 응용문제 15.28** 다음 그림은 기체상 반응 $A_2 \rightleftharpoons 2A$의 평형 혼합물을 나타낸다.

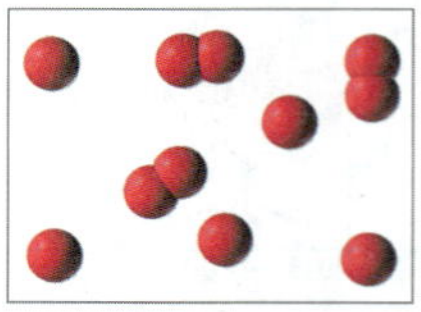

(a) 부피 감소에 따라 압력이 증가할 때 각 물질의 농도가 어떻게 변화하는지 그림으로 그리시오.
(b) 부피 감소에 따라 압력이 증가할 때 K_c 값은 그대로인가, 증가 또는 감소하는가?

15.9 평형 혼합물에 미치는 온도 변화의 영향

개념탐구 질문 6
평형 혼합물의 온도가 변화할 때, 무엇이 알짜 반응의 방향을 바꾸게 하는가?

평형이 농도, 압력, 부피의 변화에 의하여 방해를 받을 때, 반응 지수 Q_c는 더 이상 평형 상수 K_c와 같지 않으므로 평형 혼합물 조성이 변한다. 그러나 온도가 일정하면 농도, 압력, 부피가 변하더라도 평형 상수 값은 변하지 않는다. 반면에, 온도 변화는 평형 상수 값을 대체로 변화시킨다. 하버의 암모니아 합성은 발열 반응이고, 평형 상수 K_c 값이 300~1000 K 온도 범위에서 $1/10^{11}$ 수준으로 감소한다(그림 15.13).

$$N_2(g) + 3\ H_2(g) \rightleftharpoons 2\ NH_3(g) + 92.2\ kJ \quad \Delta H° = -92.2\ kJ$$

낮은 온도에서는 K_c 값이 크므로 평형 혼합물에는 NH_3가 많다. 반대로 높은 온도에서는 평형이 N_2와 H_2 쪽으로 이동한다.

일반적으로 평형 상수의 온도 의존성은 그 반응의 $\Delta H°$ 부호에 따라 결정된다.

- 발열 반응(음수 $\Delta H°$)의 평형 상수는 온도가 증가함에 따라 감소한다.
- 흡열 반응(양수 $\Delta H°$)의 평형 상수는 온도가 증가함에 따라 증가한다.

르샤틀리에 원리를 이용하여 K_c 값과 온도의 상관관계를 예측할 수도 있다. 흡열 반응의 경우 반응식의 반응물 쪽에 열을 가하고, 발열 반응의 경우 반응식의 생성물 쪽에 열을 가해 보자. N_2O_4의 흡열 열분해를 예로 들어 생각해 보자.

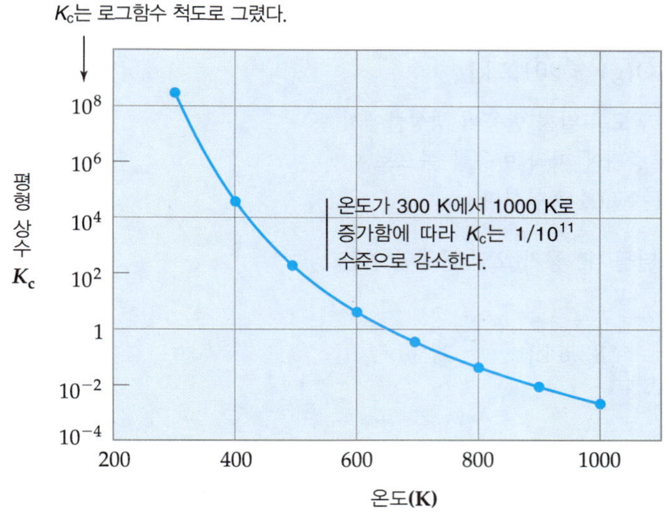

온도 (K)	K_c
300	2.6×10^8
400	3.9×10^4
500	1.7×10^2
600	4.2
700	2.9×10^{-1}
800	3.9×10^{-2}
900	8.1×10^{-3}
1000	2.3×10^{-3}

◀ **그림 15.13**
$N_2(g) + 3\ H_2(g) \rightleftharpoons 2\ NH_3(g)$ 반응에서 평형 상수의 온도 의존성

열을 가함 ↓

$$\underset{\text{무색}}{N_2O_4(g)} + 55.3\text{ kJ} \rightleftharpoons \underset{\text{갈색}}{2\ NO_2(g)} \qquad \Delta H° = +55.3\text{ kJ}$$

↓ 열을 제거함

르샤틀리에 원리에 의하면, 평형 혼합물에 열을 가하여 온도가 올라가면 알짜 반응은 가한 열에 의한 스트레스를 완화시키는 방향으로 일어난다. N_2O_4 분해와 같은 흡열 반응에서 열은 정반응에 의하여 흡수된다. 그러므로 이 평형은 더 높은 온도에서 생성물 쪽으로 이동한다. 이는 K_c 값이 온도 증가에 따라 증가함을 의미한다. N_2O_4는 무색이고 NO_2는 갈색이므로, N_2O_4–NO_2 평형에 대한 온도의 영향은 혼합물의 색으로 쉽게 판명된다(**그림 15.14**). NH_3의 하버 합성과 같은 발열 반응에서는 열이 역방향 알짜 반응에 의하여 흡수되므로 K_c 값은 온도 증가에 따라 감소한다.

열을 제거함 ↑

$$N_2(g) + 3\ H_2(g) \rightleftharpoons 2\ NH_3(g) + 92.2\text{ kJ} \qquad \Delta H° = -92.2\text{ kJ}$$

↑ 열을 가함

$N_2O_4(g) \rightleftharpoons 2\ NO_2(g);\ \Delta H° > 0$

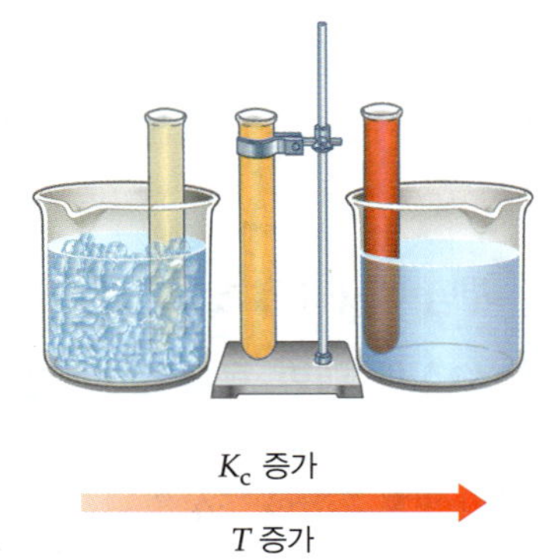

▲ **그림 15.14**
얼음물(왼쪽)과 실온(가운데), 뜨거운 물(오른쪽)에 담근 N_2O_4와 NO_2의 평형 혼합물이 들어 있는 시험관. 가장 높은 온도에서 시료의 갈색이 더 짙어지는 것은 흡열 반응에서 예측한 대로 온도가 증가할 때 반응 $N_2O_4(g) \rightleftharpoons 2\ NO_2(g)$의 평형이 반응물에서 생성물로 이동하였음을 나타낸다.

예제 15.15

온도 변화에 대한 르샤틀리에 원리 적용

질산을 합성하는 오스트발트 공정의 첫 단계에서 암모니아는 다음 반응에 의하여 일산화 질소로 산화된다.

$$4\ NH_3(g) + 5\ O_2(g) \rightleftharpoons 4\ NO(g) + 6\ H_2O(g) \quad \Delta H° = -901.2\text{ kJ}$$

평형에서 NO의 양은 온도 증가에 따라 어떻게 변하는가?

전략

르샤틀리에 원리에 의하면 온도를 증가시킬 때 가한 열의 스트레스는 열을 흡수하는 방향의 알짜 반응에 의하여 완화될 것이다. 균형 반응식에 열을 포함시킬 경우 이 반응이 흡열이면 반응물 쪽에, 또는 이 반응이 발열이면 생성물 쪽에 포함된다는 것은 상당히 유용하다.

풀이

암모니아의 산화는 발열 반응이므로 열(901.2 kJ)은 생성물 쪽에 추가한다.

$$4\ NH_3(g) + 5\ O_2(g) \rightleftharpoons 4\ NO(g) + 6\ H_2O(g) + 901.2\ kJ$$

온도를 증가시킬 때 가한 열에 의한 스트레스는 가한 열이 흡수되도록 알짜 반응이 생성물에서 반응물 쪽으로 진행됨으로써 완화된다. 그러므로 평형은 온도 증가에 따라 반응물 쪽으로 이동한다(K_c는 감소). 결과적으로 평형 혼합물은 고온에서 더 적은 NO를 포함한다.

▶ **연습문제 15.29** 자동차 엔진에서 공기가 매우 높은 온도로 가열될 때, 공기 오염 물질인 일산화 질소가 다음 반응에 의하여 생성된다.

$$N_2(g) + O_2(g) \rightleftharpoons 2\ NO(g) \quad \Delta H° = +182.6\ kJ$$

평형에서의 NO의 양은 온도 증가에 따라 어떻게 변하는가?

▶ **응용문제 15.30** 손톱 매니큐어 제거제로 이용하는 용매인 아세트산 에틸은 아세트산과 에탄올을 반응시켜 만든다.

$$\underset{\text{아세트산}}{CH_3CO_2H(soln)} + \underset{\text{에탄올}}{CH_3CH_2OH(soln)} \rightleftharpoons \underset{\text{아세트산 에틸}}{CH_3CO_2CH_2CH_3(soln)} + H_2O(soln)$$

$$\Delta H° = -2.9\ kJ$$

온도를 증가시킬 때 평형 혼합물에서 아세트산 에틸의 양은 증가하는가 감소하는가? 온도를 감소시킬 때 K_c는 어떻게 변하는가? 답을 르샤틀리에 원리를 이용하여 증명하시오.

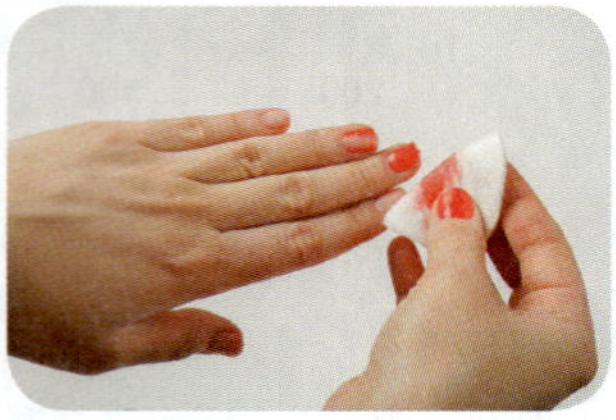

▲ 매니큐어는 아세트산 에틸로 녹여 제거할 수 있다. © ADragan/Shutterstock

개념 예제 15.16

온도 변화에 대한 르샤틀리에 원리 적용

다음 그림은 600 K와 650 K에서 일어나는 두 개의 A 분자의 결합 반응 $2\ A(g) \rightleftharpoons A_2(g)$의 평형 혼합물 조성을 나타낸 것이다.

이 반응은 흡열 반응인가 발열 반응인가? 르샤틀리에 원리를 이용하여 설명하시오.

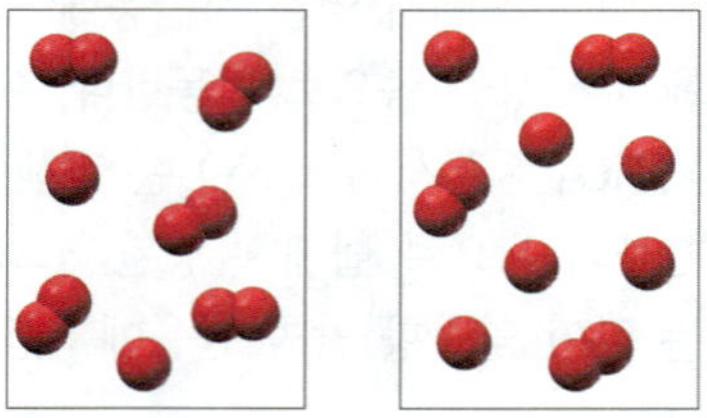

$T = 600$ K　　$T = 650$ K

전략

각 온도에서 A와 A_2 분자 수를 세어 보면, 온도가 증가했을 때 알짜 반응 방향이 어느 쪽인지 알 수 있다. 르샤틀리에 원리에 따르면, 온도가 높아짐에 따라 알짜 반응 방향이 반응물에서 생성물로 진행된다. 열은 화학 반응식의 반응물 쪽에 더하면 되고, 그 반응은 흡열 반응이다. 반대로, 온도가 높아짐에 따라 알짜 반응이 생성물에서 반응물로 진행되면 열은 생성물 쪽에 더하고, 그 반응은 발열 반응이다.

풀이

600 K에서는 A 분자 2개와 A_2 분자 5개, 650 K에서는 A 분자 6개와 A_2 분자 3개가 있다. 온도를 높임에 따라 알짜 반응은 생성물에서 반응물 쪽으로 진행되었다. 이는 화학 반응식에서 열이 생성물 쪽에 더해짐을 의미한다.

$$2\ A(g) \rightleftharpoons A_2(g) + \text{열}$$

그러므로 반응은 발열 반응이고, 이것은 생성물이 되기 위해 화학 결합이 형성되는 것으로부터 예상할 수 있다. 르샤틀리에 원리에 따르면, 알짜 반응은 가한 열을 다 써버리는 방향으로 일어난다는 것을 예측할 수 있다.

▶ **개념 연습문제 15.31** 다음 그림은 400 K와 500 K에서 반응 $A(g) + B(s) \rightleftharpoons AB(g)$에서 평형 혼합물의 조성을 나타낸 것이다.

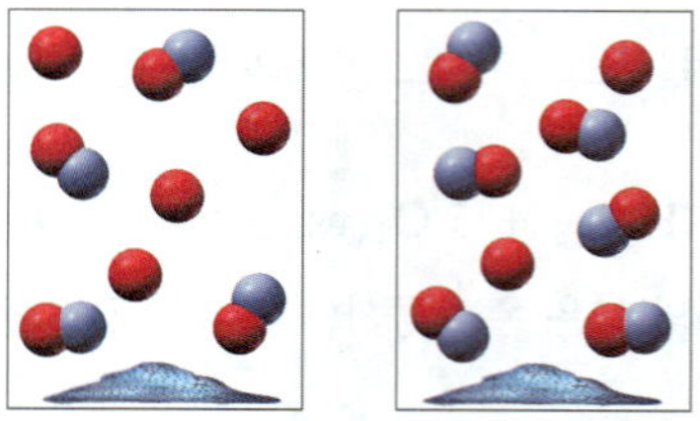

$T = 400$ K　　$T = 500$ K

이 반응은 흡열 반응인가 발열 반응인가? 르샤틀리에 원리를 이용하여 설명하시오.

개념 응용문제 15.32 다음 그림은 $BaCO_3$의 흡열 분해 반응의 결과로 얻은 고체 $BaCO_3$, 고체 BaO, 기체 CO_2의 평형 혼합물을 나타낸 것이다.

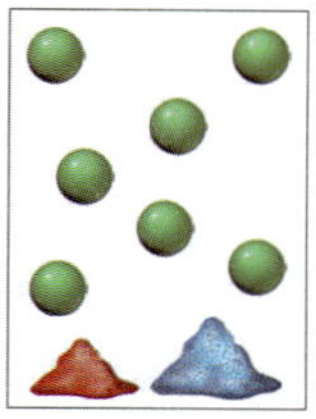

(a) 4개의 CO_2 분자가 첨가되었을 때 평형 혼합물을 나타내는 그림을 그리시오.

(b) 더 높은 온도에서 평형 혼합물을 나타내는 그림을 그리시오.

15.10 화학 평형과 화학 반응 속도와의 관계

15.1절에서 평형 상태는 반응물과 생성물의 농도가 일정하게 유지되는 동적 평형 상태라는 것을 강조하였다. 평형은 반응이 멈춘 것이 아니라 정반응 속도와 역반응 속도가 같은 것이다. 이 사실을 더 살펴보기 위해, 일반적인 가역 반응을 생각해 보자.

$$A + B \rightleftharpoons C + D$$

정반응과 역반응이 단일 이분자 과정, 즉 **단일 단계 반응(elementary reaction)**으로 일어난다고 가정하자(14.10절). 이 경우 속도 법칙은 다음과 같이 쓸 수 있다.

$$\text{정반응 속도} = k_f[A][B]$$
$$\text{역반응 속도} = k_r[C][D]$$

기억하기…
단일 단계 반응은 개별적인 분자의 거동을 나타내는 것으로, 단일 단계 반응의 속도 법칙은 화학량론과 직접적으로 연관된다(14.10절).

반응이 생성물은 없고 반응물만으로 시작된다면, $[C] = [D] = 0$이므로 역반응의 초기 반응 속도는 0이다. 정반응에 의해서 A와 B가 C와 D로 전환되므로, 정반응의 속도는 [A]와 [B]가 작아짐에 따라 감소한다. 동시에 역반응의 속도는 [C]와 [D]가 커지기 때문에 증가한다. 결국 정반응의 감소 속도와 역반응의 증가 속도가 같게 되고, 그 후부터는 각 물질의 농도가 일정하게 유지된다. 즉, 계는 화학 평형에 있다(그림 15.3).

평형에서 정반응의 속도와 역반응의 속도가 같으므로 다음과 같이 쓸 수 있다.

$$k_f[A][B] = k_r[C][D] \qquad \text{평형에서}$$

이를 정리하면 다음과 같다.

$$\frac{k_f}{k_r} = \frac{[C][D]}{[A][B]}$$

위 식의 우변은 정반응의 평형 상수식이고, 반응 혼합물이 평형에 있기 때문에 이것은 평형 상수 K_c와 같다.

$$K_c = \frac{[C][D]}{[A][B]}$$

그러므로 평형 상수는 정반응과 역반응의 속도 상수비로 주어진다.

$$K_c = \frac{k_f}{k_r}$$

K_c에 대한 이 식의 유도 과정에서 단일 단계 메커니즘이라고 가정하였다. 여러 단계 메커니즘에서는 각각의 단계가 고유한 반응 속도 상수비 k_f/k_r를 갖는다. 평형 상태에서는 반응 메커니즘에 있는 각 단계들도 평형 상태이어야 하며, 전체 반응의 K_c는 각 단계의 반응 속도 상수비의 곱으로 주어진다.

K_c와 k_f/k_r을 연결하는 위 식은 화학 평형과 화학 반응 속도 사이의 기본적인 관계를 보여 준다. 정반응과 역반응의 속도 상수의 상대적인 값은 평형 혼합물에서 조성을 결정한다. k_f가 k_r 보다 매우 큰 경우, K_c 값도 매우 커지며 반응은 거의 완결된 것과 같다. 이러한 반응은 역반응의 속도가 매우 느려서 측정하기가 어려우므로 때때로 비가역적이라고 한다. k_f와 k_r 값이 상당히 비슷하여 K_c가 1에 가까우면, 평형 상태에서 반응물과 생성물의 양이 비슷하게 존재할 것이다. 이러한 반응을 가역 반응이라고 한다.

$K_c = k_f/k_r$ 식은 평형 상수가 왜 온도에 의해 영향을 받는지를 설명하는 데에도 유용하다. **아레니우스 식(Arrhenius equation)** $k = Ae^{-E_a/RT}$에서 반응 속도 상수가 온도가 증가함에 따라 증가한다는 14.7절의 내용을 기억하라. 일반적으로 정반응과 역반응의 **활성화 에너지(activation energy)**가 다르므로, k_f와 k_r 값은 온도가 증가함에 따라 서로 다른 정도로 증가한다. 그러므로 $K_c = k_f/k_r$ 값은 온도의 영향을 받는다. 발열 반응의 경우, 역반응의 E_a가 정반응의 E_a보다 크므로 온도가 증가함에 따라 k_r은 k_f가 증가하는 것보다 더 많이 증가한다. 따라서 발열 반응의 $K_c = k_f/k_r$는 온도가 증가함에 따라 감소한다. 반대로 흡열 반응의 경우, K_c 값은 온도가 증가함에 따라 증가한다. 이러한 결과는 르샤틀리에 원리와도 부합한다(15.9절).

기억하기…
반응을 하기에 충분한 에너지를 가진 충돌의 분율이 $e^{-E_a/RT}$로 주어지므로, **아레니우스 식**은 속도 상수가 활성화 에너지 E_a가 증가할수록 감소하고, 온도가 증가할수록 증가한다는 것을 나타낸다(14.7 절).

기억하기…
활성화 에너지가 클수록 아레니우스 그래프(ln k 대 $1/T$의 그래프)의 기울기가 더 가파르며, T의 증가에 대하여 k의 증가를 더 크게 한다(14.8 절).

기억하기…
촉매는 반응에서 소모되지 않고 변환 속도만을 증가시키는 물질이다. (14.12절)

화학 반응 속도론은 평형에 있는 반응에 대한 촉매의 영향에 대해서도 설명해 준다. **촉매(catalyst)**는 반응물이 생성물로 전환되는 새로운 낮은 에너지 경로를 제공함으로써 반응 속도를 증가시킨다(14.12절). 정반응과 역반응이 동일한 전이 상태를 거치기 때문에, 촉매가 정확히 똑같은 양만큼의 정반응과 역반응에 대한 활성화 에너지를 낮춘다. 그 결과, 정반응과 역반응의 속도는 같은 비율만큼 증가한다(**그림 15.15**). k_f와 k_r이 같은 비율만큼 증가하기 때문에 k_f/k_r는 영향을 받지 않으며, 평형 상수 값 $K_c = k_f/k_r$ 또한 변하지 않고 그대로이다. 그러므로 촉매의 첨가는 평형 혼합물의 조성을 변화시키지는 않는다.

▶ 그림 15.15
촉매로 인해 활성화 에너지가 감소하는 반응의 퍼텐셜 에너지

▶ 확인하기
촉매를 첨가하는 것은 반응의 평형 상수에 어떤 영향을 미치는가?
답 촉매를 첨가하더라도 평형 상수는 바뀌지 않는데, 이는 활성화 에너지 장벽이 정반응과 역반응에 대해 동일한 만큼 낮아지기 때문이다.

활성화 에너지는 촉매가 있는 반응(빨간색 곡선)의 경우 촉매가 없는 반응(파란색 곡선)보다 ΔE_a만큼 더 낮다.

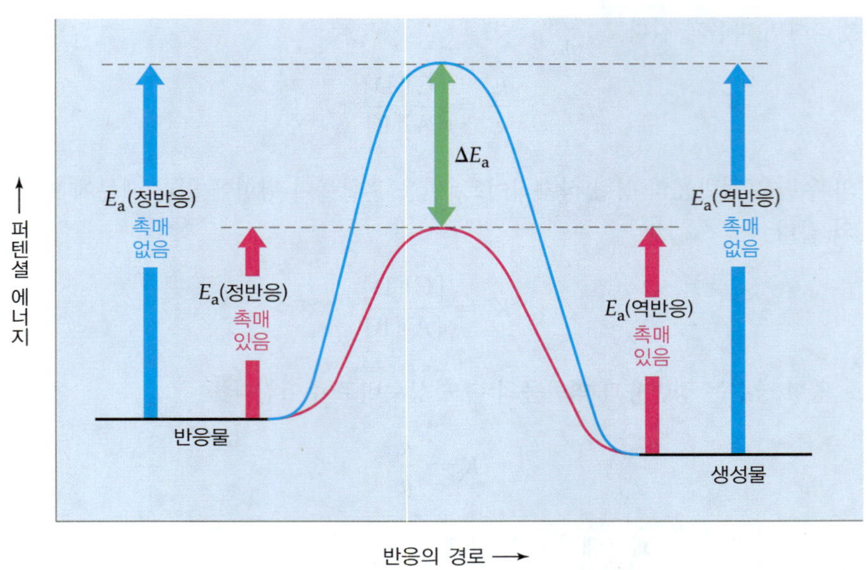

촉매는 정반응과 역반응에 대한 활성화 에너지 장벽을 정확히 동일한 양만큼 낮춘다. 따라서 촉매는 정반응과 역반응을 동일한 수준으로 가속시키고, 평형 혼합물의 조성은 변하지 않는다.

만일 반응 혼합물이 촉매가 없는 상태에서 평형에 있다면(즉, 정반응과 역반응 속도가 같다면) 촉매를 가한 뒤에도 정반응과 역반응의 속도가 더 빨라지기는 하지만 여전히 두 속도는 같으므로, 이 혼합물은 여전히 평형에 있을 것이다. 초기에 반응 혼합물이 평형 상태에 있지 않다면, 촉매는 반응이 평형에 도달하는 속도를 가속시킨다. 촉매는 평형 농도에 영향을 미치지 않기 때문에, 균형 화학 반응식 또는 평형 상수식에는 표현되지 않는다.

촉매는 평형의 조성을 변화시키지 못하지만, 반응을 위한 최적 조건을 찾는 데 상당한 영향을 미칠 수 있다. 하버의 암모니아 합성법을 다시 살펴보자. 반응 $N_2(g) + 3\ H_2(g) \rightleftharpoons 2\ NH_3(g)$는 발열 반응이므로 평형 상수는 온도 증가에 따라 감소하고, NH_3의 최적 수득률은 낮은 온도에서 얻어진다. 그러나 낮은 온도에서 실제로 평형에 도달하는 속도는 너무 느리다. 따라서 실질적으로는 온도를 낮추는 것이 아무 이득이 없는 상황이 된다. 고온에서는 반응 속도가 만족스러우나 수득률이 낮은 반면, 저온에서는 수득률이 좋지만 반응 속도가 느리다. 이 딜레마에 대한 해답은 촉매에서 찾을 수 있다.

촉매의 도입으로 인해 하버-보쉬 공정이 매우 효율적으로 되었다. 하버는 NH_3의 평형 농도가 충분히 높은 온도에서도 만족할 만한 속도로 반응이 일어나도록 하는 철과 특정 금속 산화물이 섞인 촉매를 발견하였다. NH_3의 수득률은 이 반응을 높은 압력에서 진행시킴으로써 더욱 개선될 수 있다. 암모니아의 공업적 합성에 대한 전형적 반응 조건은 400~500 ℃와 130~300 atm이다.

예제 15.17

화학 평형과 반응 속도와의 관계

700 K에서 수소와 아이오딘의 반응에 대한 평형 상수 K_c는 57.0이고, 이 반응은 흡열 반응($\Delta H = 9$ kJ)이다.

$$H_2(g) + I_2(g) \underset{k_r}{\overset{k_f}{\rightleftharpoons}} 2\ HI(g) \quad K_c = 57.0 \quad 700\text{ K에서}$$

(a) HI의 생성 속도 상수 k_f는 HI의 분해 속도 상수 k_r보다 큰가 작은가?

(b) 700 K에서 k_r 값은 $1.16 \times 10^{-3}\ M^{-1}\ s^{-1}$이다. 같은 온도에서 k_f 값은 얼마인가?

(c) k_f, k_r, K_c 값은 촉매 첨가에 의해 어떠한 영향을 받는가?

(d) k_f, k_r, K_c 값은 온도 증가에 의해 어떠한 영향을 받는가?

전략

위 질문에 답하기 위하여 $K_c = k_f/k_r$ 관계를 이용한다. 촉매는 k_f와 k_r을 같은 비율로 증가시키고, 속도 상수의 온도 의존성은 활성화 에너지의 증가에 따라 증가한다는 것을 기억하라(14.8절).

풀이

(a) $K_c = k_f/k_r = 57.0$이므로 HI 형성(정반응)의 속도 상수는 HI 분해(역반응)의 속도 상수보다 57.0배 크다.

(b) $K_c = k_f/k_r$이므로

$$k_f = (K_c)(k_r) = (57.0)(1.16 \times 10^{-3}\ M^{-1}\ s^{-1}) = 6.61 \times 10^{-2}\ M^{-1}\ s^{-1}$$

(c) 촉매는 정반응과 역반응에 대한 활성화 에너지 장벽을 같은 정도만큼 낮추므로 속도 상수 k_f와 k_r은 같은 수준만큼 증가한다. 평형 상수 K_c가 k_f/k_r 비와 같기 때문에, K_c의 값은 촉매의 첨가에 의해 영향을 받지 않는다.

(d) 흡열 반응이기 때문에, 정반응의 E_a가 역반응의 E_a보다 더 크다. 결과적으로 온도 증가에 따라 k_r보다 k_f가 더 많이 증가한다. 그 결과 $K_c = k_f/k_r$가 증가한다. 이는 르샤틀리에 원리와도 일치한다.

▶ **연습문제 15.33** 초음속 비행기 엔진으로부터 방출되는 일산화질소는 성층권의 오존 파괴에 영향을 미친다.

$$NO(g) + O_3(g) \underset{k_r}{\overset{k_f}{\rightleftharpoons}} NO_2(g) + O_2(g)$$

이 반응은 대단히 큰 발열 반응($\Delta H = -201$ kJ)이고, 300 K에서 평형 상수 K_c는 3.4×10^{34}이다.

(a) 속도 상수 k_f와 k_r 중에서 어느 것이 더 큰가?

(b) 300 K에서 k_f 값은 $8.5 \times 10^6\ M^{-1}\ s^{-1}$이다. 같은 온도에서 k_r 값은 얼마인가?

▲ 초음속 비행기로부터 방출되는 일산화 질소는 오존층 파괴의 한 원인이 된다. © Chris Parypa Photography/Shutterstock

응용문제 15.34 다음은 반응 $A \underset{k_r}{\overset{k_f}{\rightleftharpoons}} B$의 에너지 변화를 나타낸 것이다. 진동수 인자(A)는 정반응과 역반응에 대하여 비슷하다.

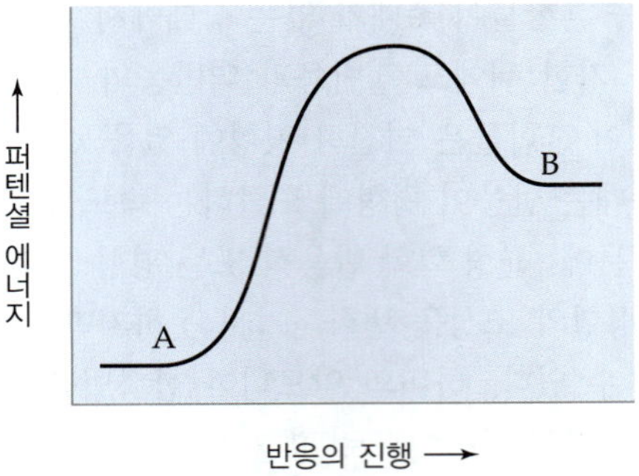

(a) 속도 상수 k_f와 k_r 중 어느 것이 더 큰가?

(b) 평형 상수가 1보다 큰지 작은지 예측하시오.

(c) 온도를 낮추는 것은 정반응과 역반응 속도 및 평형 상수에 어떤 영향을 미치는가?

INQUIRY? 높은 고도는 인체의 산소 운반에 어떤 영향을 미치는가?

모든 동물과 마찬가지로 인간 역시 산소가 필요하다. 물론 산소는 호흡을 통하여 공급된다. 사람은 한번 호흡할 때마다 평균적으로 약 500 mL의 공기를 폐로 받아들인다. 새로 흡입한 공기는 기관지 통로를 통하여 약 1억 5000만 개의 폐포낭에 들어가면서 수분을 얻게 되고, 그 이전 호흡에서 남아 있던 폐포낭 속의 공기와 혼합된다. 혼합될 때 수증기와 이산화 탄소의 농도는 증가한다. 이러한 기체 농도는 부분 압력으로 측정되는데, 일반적으로 폐 속의 산소 부분 압력은 약 100 mmHg이다(표 15.2). 그다음 산소는 정교한 폐포벽을 통하여 동맥 혈액 속으로 확산되어 모든 인체 조직으로 운반된다.

이 산소 중 약 3%만 혈액에 녹게 되며, 나머지는 화학적으로 **헤모글로빈** 분자(Hb)와 결합한다. 헤모글로빈은 큰 단백질 분자이고, 헤모글로빈 안에 **헴** 원자단이 묻혀 있다. 각 헤모글로빈 분자는 네 개의 헴 원자단을 가지며, 각 헴 원자단은 O_2 분자와 결합할 수 있는 철 원자를 가진다. 따라서 헤모글로빈 분자는 네 개의 산소 분자와 결합할 수 있다.

표 15.2 해수면을 기준으로 인간의 폐와 혈액 중 산소의 부분 압력

공급원	P_{O_2}(mmHg)
건조한 공기	159
폐포 공기	100
동맥혈	95
정맥혈	40

인체 내에서 모든 산소의 운반과 공급은, 다음과 같은 일련의 평형에 따라 헤모글로빈에 의하여 O_2와 결합하거나 O_2를 방출함으로써 이루어진다.

$$Hb + O_2 \rightleftharpoons Hb(O_2)$$
$$Hb(O_2) + O_2 \rightleftharpoons Hb(O_2)_2$$
$$Hb(O_2)_2 + O_2 \rightleftharpoons Hb(O_2)_3$$
$$Hb(O_2)_3 + O_2 \rightleftharpoons Hb(O_2)_4$$

여러 조직에서의 서로 다른 평형 위치는 O_2 부분 압력(P_{O_2}) 때문이다. 심한 운동을 하여 산소가 결핍된 근육은 P_{O_2}가 낮으므로, 르샤틀리에 원리에 따라 평형은 왼쪽으로 이동하며, 헤모글로빈은 산소를 내놓는다. P_{O_2}가 높은 폐에서는 평형이 오른쪽으로 이동하여 산소가 헤모글로빈으로 흡수된다.

주어진 P_{O_2} 값에서 헤모글로빈에 의하여 운반되는 산소량은 일반적으로 포화 백분율로 표시되고, 그림 15.16에 나타낸 곡선으로부터 알 수 있다. $P_{O_2} = 100$ mmHg인 경우 폐 속에서 97.5% 포화되어 각 헤모글로빈 분자들은 최대 결합 분자 수인 $4O_2$ 분자에 가까운 산소를 운반한다. 그러나 $P_{O_2} =$ 26 mmHg인 경우 그 포화도는 50%로 감소한다.

고산지역에 사는 사람들은 어떨까? 산악 스키장의 꼭대기에서의 고도는 10,156 ft이고, 폐 안의 O_2 부분 압력이 약 68 mmHg 정도밖에 되지 않는다. 이 압력에서 헤모글로빈은 O_2에 의하여 90% 정도 포화되므로 근육 조직에 공급할 산소가 부족하다. 해수면에서 높은 고도로 갑자기 오르는 사

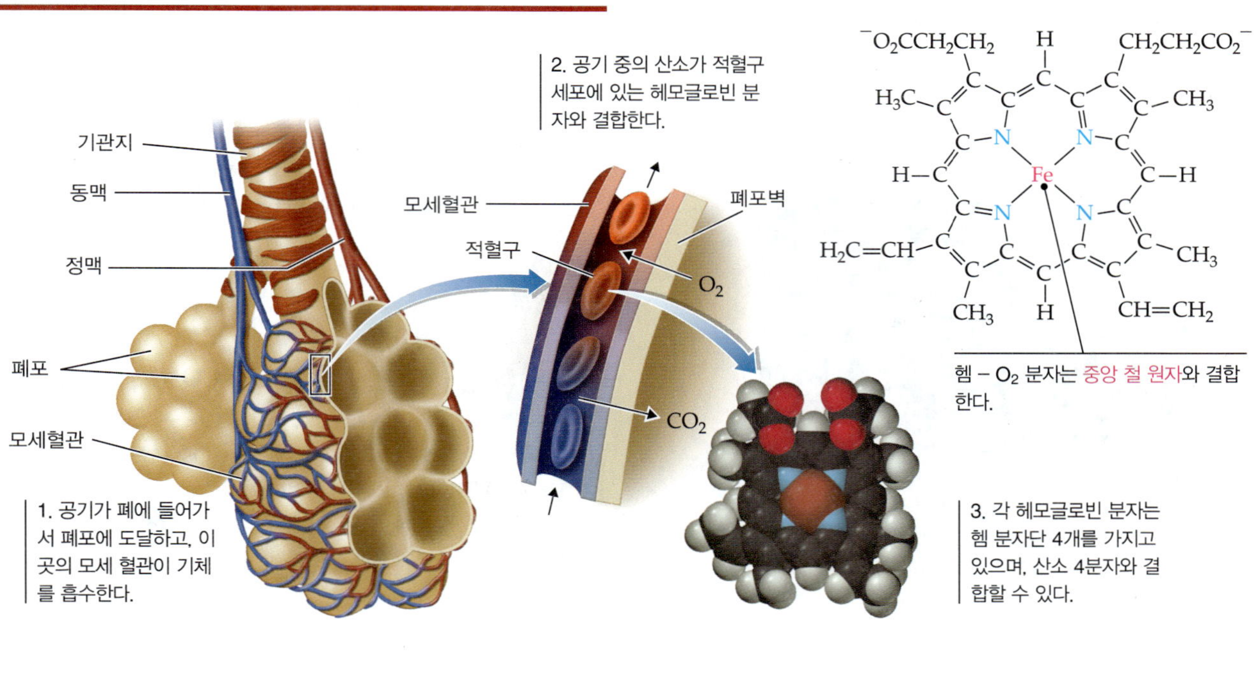

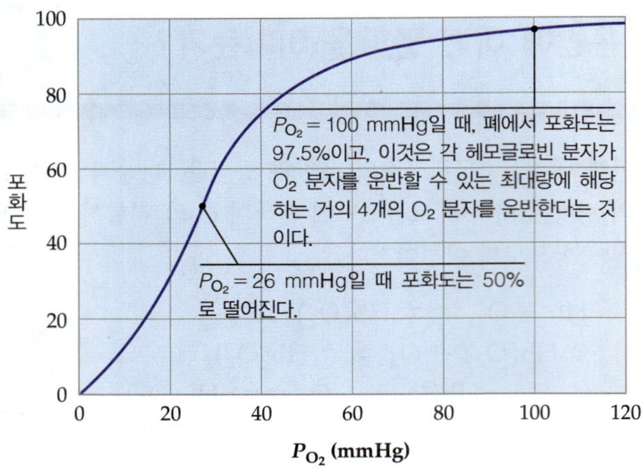

▲ **그림 15.16**

헤모글로빈에 의한 산소 운반 곡선. 헤모글로빈의 산소 결합 자리의 포화 백분율은 산소의 부분 압력(P_{O_2})에 의존한다.

람은 인체 조직에 충분한 산소가 공급되지 않을 때 나타나는 산소 결핍 또는 **저산소증**(hypoxia)을 경험한다. 이런 경우, 인체는 더 많은 헤모글로빈 분자를 생산하여 O_2 운반 능력을 더 높이고, 또한 Hb + O_2 반응을 진행하여 곧 그 상황을 극복한다. 인체는 낮아진 산소 수준에 대응하기 위해 헤모글로빈 분자를 더 많이 생산하는데, 이를 통해 산소 운반 능력을 증대시키면서, Hb + O_2 평형도 오른쪽으로 이동시킨다. 하지만, 낮은 O_2 압력에 적응하는 데 보통 며칠에서 몇 주가 걸리므로, 산으로 휴가를 즐기러 오는 사람들 상당수가 약간의 **고산병**(altitude sickness)을 겪게 된다. 고산병은 두통, 피로, 위장 장애, 현기증 등의 증상을 나타낸다. 보통 이러한 불편함이 며칠 후면 사라지지만, 어떤 경우에는 폐에 물이 차거나 뇌가 부풀어 오르는 심각한 증세가 진행되기도 한다. 고산병에 가장 좋은 치료법은 P_{O_2}가 증가하는 낮은 고도로 되돌아오는 것이다.

▲ 높은 고도에서 진행되는 스포츠 경기에 참가한 선수들의 신체는 낮은 O_2 압력에 대처하기 위해 더 많은 양의 헤모글로빈을 생산한다. ©Sergey Nivens/Shutterstock

문제 15.35 그림 15.16를 참조하여 다음 질문에 답하시오.

(a) 산소의 부분 압력이 40 mmHg인 휴식 근육 조직에서, 헤모글로빈의 포화 백분율을 계산하시오.

(b) 산소의 부분 압력이 15 mmHg인 작동 근육 조직에서, 헤모글로빈의 포화 백분율을 계산하시오.

(c) 포화 백분율 곡선의 가장 가파른 부분은 산소의 부분 압력이 10~40 mmHg 범위에 있다. 이러한 산소의 부분 압력 범위 내에서, 포화 백분율이 급격하게 변하는 것이 왜 중요한가?

문제 15.36 과격한 운동을 하는 동안 근육의 온도가 증가함에 따라 헤모글로빈과 산소의 평형 반응이 어느 쪽으로 이동할 것인가? 평형 이동에 대한 온도의 영향은 근육이 필요로 하는 산소를 얻는 데 효과적이겠는가?

$$\text{Hb} + 4\,\text{O}_2 \rightleftharpoons \text{Hb(O}_2)_4 \qquad \Delta H = -200\ \text{kJ/mol}$$

문제 15.37 25 °C에서 산소와 헤모글로빈이 결합하는 순차적인 평형 반응의 평형 상수들이 아래에 주어져 있다.

$$\text{Hb} + \text{O}_2 \rightleftharpoons \text{Hb(O}_2) \qquad K_{c1} = 1.5 \times 10^4$$
$$\text{Hb(O}_2) + \text{O}_2 \rightleftharpoons \text{Hb(O}_2)_2 \qquad K_{c2} = 3.5 \times 10^4$$
$$\text{Hb(O}_2)_2 + \text{O}_2 \rightleftharpoons \text{Hb(O}_2)_3 \qquad K_{c3} = 5.9 \times 10^4$$
$$\text{Hb(O}_2)_3 + \text{O}_2 \rightleftharpoons \text{Hb(O}_2)_4 \qquad K_{c4} = 1.7 \times 10^6$$

(a) 각각의 순차적인 결합 단계(K_{c1}~K_{c4})에 대하여, 평형 상수 값이 어떻게 변하는가?

(b) 평형 반응은 더 많은 생성물 또는 더 많은 반응물 중 어느 것을 유리하게 하는가?

(c) 순차적인 평형 반응들은 헤모글로빈의 산소 운반 용량에 어떻게 영향을 미치는가?

문제 15.38 문제 15.37에 주어진 평형 상수를 이용하여 다음 질문에 답하시오.

(a) 25 °C에서 다음 반응에 대한 평형 상수를 계산하시오.

$$\text{Hb} + 4\,\text{O}_2 \rightleftharpoons \text{Hb(O}_2)_4 \qquad K_c = ?$$

(b) 25 °C에서 산소의 부분 압력이 95 mmHg인 동맥 혈류에서 [Hb(O_2)$_4$]/[Hb]의 비를 계산하시오(25 °C에서 산소의 용해도는 1.61 μM/mmHg이다).

문제 15.39 헤모글로빈(Hb)의 CO에 대한 친화도는 O_2에 대한 친화도보다 훨씬 크다. 르샤틀리에 원리를 이용하여, CO가 Hb + O_2 $\rightleftharpoons$ Hb(O_2) 평형에 어떤 영향을 미치는지 예측하시오. CO의 독성에 대한 합당한 이유를 제시하시오.

문제 15.40 다음은 혈액 속으로 일산화 탄소가 들어갈 때 일어나는 평형 반응을 보여 준다. (평형식에서 *K* 값은 O_2와 CO의 부분 압력으로 표현된다.)

$$\text{Hb(O}_2)(aq) + \text{CO}(g) \rightleftharpoons \text{Hb(CO)}(aq) + \text{O}_2(g)$$
$$K = 207 \qquad 37\ °\text{C에서}$$

(a) 부피로 20%의 O_2와 0.15%의 CO를 포함하는 공기에서 [Hb(CO)/Hb(O_2)]의 비는 얼마인가?

(b) 경미한 일산화 탄소 중독의 치료는 순수한 산소를 호흡하는 것이다. 이 치료가 왜 효과가 있는지 르샤틀리에 원리를 이용하여 설명하시오.

정리

절	개념 요약	학습 목표	문제
15.1 평형 상태	**화학 평형**이란 정반응과 역반응의 속도가 같기 때문에 반응물과 생성물의 농도가 일정하게 유지되는 동적 평형 상태이다.	15.1 화학 평형에서 반응의 특성을 설명한다.	문제 15.41, 15.52~15.53
15.2 평형 상수 K_c	일반적인 반응 $aA + bB \rightleftharpoons cC + dD$에서 **평형 혼합물**의 농도는 **평형식**에 의해 표현된다. $K_c = \frac{[C]^c[D]^d}{[A]^a[B]^b}$ 식의 우변의 분수를 **평형 상수식**이라 한다. **평형 상수 K_c**는 평형 농도(mol/L 단위)를 평형 상수식에 대입했을 때 얻어진 수이다. K_c 값은 온도와 균형 화학 반응식의 형태에 따라 변한다.	15.2 기체와 용액상 반응에 대하여 평형 상수 K_c를 쓴다. 15.3 반응물이 변하거나 첨가될 때 새로운 평형 상수식을 결정한다. 15.4 주어진 반응물과 생성물의 농도로부터 평형 상수 값 K_c를 계산한다. 15.5 반응 혼합물을 분자로 표현한 그림으로부터 평형 상수를 계산한다.	예제 15.1; 문제 15.54, 15.56 문제 15.60, 15.62, 15.64 예제 15.2; 문제 15.66, 15.72 예제 15.3; 문제 15.43
15.3 평형 상수 K_p	**평형 상수 K_p**는 기체상 반응에 대하여 사용될 수 있다. 평형 상수 K_p는 평형 상수식이 몰농도 대신 부분 압력(기압 단위)으로 표시되는 것 외에는 K_c와 똑같은 방식으로 정의된다. 평형 상수 K_p와 K_c는 $K_p = K_c(RT)^{\Delta n}$ 관계를 가지며, 이때 $\Delta n = (c + d) - (a + b)$이다.	15.6 반응물과 생성물의 부분 압력에 관한 평형식 K_p를 쓴다. 평형 상수 K_p와 K_c를 관련짓는다.	예제 15.4~15.5; 문제 15.68, 15.70
15.4 불균일 평형	**균일 평형**은 모든 반응물과 생성물이 단일상에 있고, **불균일 평형**은 반응물과 생성물이 한 가지 이상의 상으로 존재한다. 불균일 평형의 평형식에는 순수한 고체 또는 순수한 액체의 농도를 포함하지 않는다.	15.7 불균일 평형을 포함하는 반응에 대한 평형 상수식을 쓴다.	예제 15.6; 문제 15.74~75
15.5 평형 상수의 이용	반응에 대한 평형 상수 값으로부터 반응 정도를 판단할 수 있고, 반응의 방향을 예측할 수 있으며, 초기 농도(또는 부분 압력)로부터 평형 농도(또는 부분 압력)를 계산할 수 있다. 반응이 완결되는 방향으로 진행될수록 더 큰 K_c 값을 가진다. 평형에 있지 않은 반응의 방향은 K_c와 **반응 지수 Q_c**의 상대적 값에 의존한다. 반응 지수는 평형 상수식에서 농도가 반드시 평형 농도가 아니라는 것을 제외하고는 K_c와 똑같은 방법으로 정의된다. 만일 $Q_c < K_c$이면, 알짜 반응은 평형에 도달하기 위해 반응물에서 생성물 쪽으로 진행한다. $Q_c > K_c$이면, 알짜 반응은 생성물에서 반응물 쪽으로 진행한다. $Q_c = K_c$이면, 계는 평형에 있다.	15.8 주어진 평형 상수로부터 반응의 진행 정도를 결정한다. 15.9 주어진 초기 농도들로부터 반응이 평형에 도달하기 위해 이동하는 방향을 예측한다. 15.10 평형에서 생성물과 반응물의 농도 또는 부분 압력을 계산한다. 15.11 수학적 방법을 통해 이차방정식을 사용하여 평형에서의 반응물과 생성물의 농도를 계산한다.	예제 15.7; 문제 15.76, 15.78 예제 15.8; 문제 15.80, 15.82 예제 15.9, 15.11; 문제 15.84, 15.86, 15.90, 15.116 예제 15.10, 15.12; 문제 15.88, 15.92
15.6~15.9 평형 혼합물의 조성을 변화시키는 인자: 르샤틀리에 원리(농도, 압력, 부피, 온도)	평형 혼합물의 조성은 농도, 압력(부피), 온도 변화에 의해 바뀔 수 있다. 이들 변화에 대한 정성적 효과는 **르샤틀리에 원리**에 의해 예측된다. 이것은 만일 평형 상태의 반응 혼합물에 스트레스가 가해지면, 알짜 반응은 그 스트레스를 완화시키는 방향으로 일어난다는 것을 설명한다. K_c가 온도에 의존하므로 온도 변화는 평형 농도에 영향을 미친다. 온도 증가에 따라 발열 반응에 대한 K_c는 감소하고, 흡열 반응에 대한 K_c는 증가한다.	15.12 반응물이나 생성물의 농도가 변할 때, 평형에 있는 반응의 이동 방향을 예측한다. 15.13 부피 또는 압력이 변할 때, 평형에 있는 반응의 이동 방향을 예측한다. 15.14 온도가 변할 때, 평형에 있는 반응의 이동 방향을 예측한다.	예제 15.13; 문제 15.45, 15.124, 15.128 예제 15.14; 문제 15.44, 15.120, 15.131 예제 15.15~15.16; 문제 15.46, 15.51, 15.122, 15.156
15.10 화학 평형과 화학 반응 속도와의 관계	단일 단계 반응에 대한 평형 상수는 정반응과 역반응에 대한 속도 상수의 비와 같다. $K_c = k_f/k_r$. 촉매는 화학 평형에 도달하는 속도를 증가시키지만, 평형 상수나 평형 농도에는 영향을 미치지 않는다.	15.15 평형 상수를 정반응과 역반응의 속도와 관련짓는다. 15.16 혼합물의 평형 위치에 미치는 촉매의 영향을 설명한다.	문제 15.50, 15.132 예제 15.17; 문제 15.134, 15.137~15.138

주요 용어

균일 평형	불균일 평형	평형식
르샤틀리에 원리	평형 상수 K_c	평형 혼합물
반응 지수 Q_c	평형 상수 K_p	화학 평형

주요 식

• 몰농도로 표현된 반응 $aA + bB \rightleftharpoons cC + dD$의 평형식(15.2절)

$$K_c = \frac{[C]^c[D]^d}{[A]^a[B]^b}$$

• 부분 압력으로 표현된 기체상 반응 $aA + bB \rightleftharpoons cC + dD$의 평형식(15.3절)

$$K_p = \frac{(P_C)^c(P_D)^d}{(P_A)^a(P_B)^b}$$

• 반응 $aA + bB \rightleftharpoons cC + dD$의 평형 상수 K_p와 K_c 사이의 관계(15.3절)

$$K_p = K_c(RT)^{\Delta n}$$

여기서 R은 기체 상수 [0.08206(L·atm)/(K·mol)], T는 절대 온도, $\Delta n = (c + d) - (a + b)$은 기체 생성물의 몰수에서 기체 반응물의 몰수를 뺀 값이다.

• 반응 $aA + bB \rightleftharpoons cC + dD$의 반응 지수 Q_c(15.5절)

$$Q_c = \frac{[C]_t^c[D]_t^d}{[A]_t^a[B]_t^b}$$

여기서 첨자 t는 임의의 시간 t에서의 농도를 의미하며, 반드시 평형 값일 필요는 없다.

• 평형 상수 K_c와 정반응과 역반응의 속도 상수와의 관계(15.10절)

$$K_c = k_f/k_r$$

복습 문제

LO는 학습 목표(Learning Objectives)를 나타낸다.

이 장을 학습한 후엔, 학습자의 이해도를 평가할 수 있는 방법이 있다. **복습 문제**를 푸는 것이다. **복습 문제**들은 이 장의 학습 목표와 연계되어 있다. 따라서 푼 답이 틀렸다면, 이 장의 끝부분에 나와 있는 **정리** 문단의 **학습 목표**를 참고하면 된다. 정리 문단에는 **개념 요약**이 제공되며, **예제**를 참고하면 문제 해결 방법을 모델링할 수 있고, 제공되는 **추가 문제**들로 더 많은 연습을 할 수 있다.

1. 수소는 다음 반응을 통해 합성된다.

$$CO(g) + H_2O(g) \rightleftharpoons CO_2(g) + H_2(g)$$

아래는 시간에 따른 $H_2O(g)$와 $H_2(g)$ 농도를 나타낸 그래프이다. 어느 시점(a~e)에 **처음**으로 평형에 도달했는가? (**LO 15.1**)

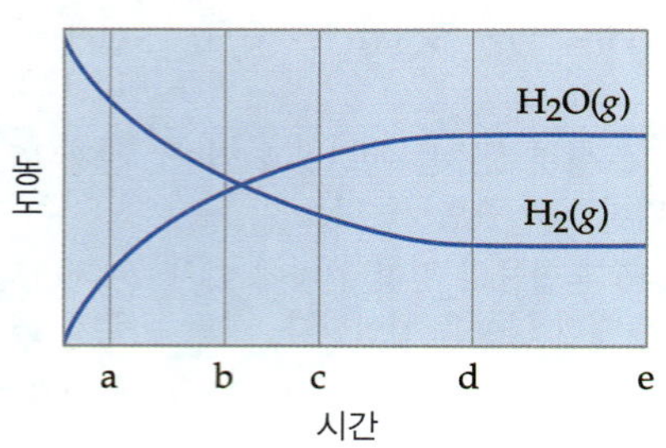

2. 금속 철과 수증기 반응의 평형식은 어느 것인가? (**LO 15.2, 15.6**)

$$2\ Fe(s) + 3\ H_2O(g) \rightleftharpoons Fe_2O_3(s) + 3\ H_2(g)$$

(a) $K_c = \dfrac{[H_2]^3[Fe_2O_3]}{[Fe][H_2O]^3}$

(b) $K_c = \dfrac{[Fe][H_2O]^3}{[H_2]^3[Fe_2O_3]}$

(c) $K_c = \dfrac{[H_2O]^3}{[H_2]^3}$

(d) $K_c = \dfrac{[H_2]^3}{[H_2O]^3}$

3. 다음은 298 K에서의 반응 데이터이다.

$$N_2(g) + O_2(g) \rightleftharpoons 2\ NO(g) \qquad K_p = 4.4 \times 10^{-31}$$

$$NO(g) + \frac{1}{2}O_2(g) \rightleftharpoons NO_2(g) \qquad K_p = 1.5 \times 10^{6}$$

298 K에서 아래 반응의 평형 상수 K_p 값을 계산하시오.

$N_2(g) + 2\ O_2(g) \rightleftharpoons 2\ NO_2(g)\quad K_p = ?$ **(LO 15.3)**

(a) $K_p = 6.6 \times 10^{-25}$ **(b)** $K_p = 1.3 \times 10^{-24}$
(c) $K_p = 9.9 \times 10^{-19}$ **(d)** $K_p = 5.4 \times 10^{-28}$

4. 황산 생산 과정에서 이산화 황이 산소와 반응하는 단계가 있다.

$$2\ SO_2(g) + O_2(g) \rightleftharpoons 2\ SO_3(g)\quad K_c = 7.9 \times 10^4\ (800\ K)$$

평형 농도가 $[SO_2] = 4.5 \times 10^{-3}$ M, $[O_2] = 1.5 \times 10^{-3}$ M이라면, $[SO_3]$는 얼마인가? **(LO 15.4)**

(a) $[SO_3] = 6.2 \times 10^{-7}$ M
(b) $[SO_3] = 4.9 \times 10^{-2}$ M
(c) $[SO_3] = 0.73$ M
(d) $[SO_3] = 2.4 \times 10^{-3}$ M

5. 반응 $A_2(g) + B_2(g) \rightleftharpoons 2\ AB(g)$의 평형 상수 $K_c = 9$이다. 다음 그림은 A_2 분자(빨간색), B_2 분자(파란색), AB 분자로 구성된 반응 혼합물을 나타낸다. 이 혼합물에 관한 설명 중 옳은 것은? **(LO 15.5)**

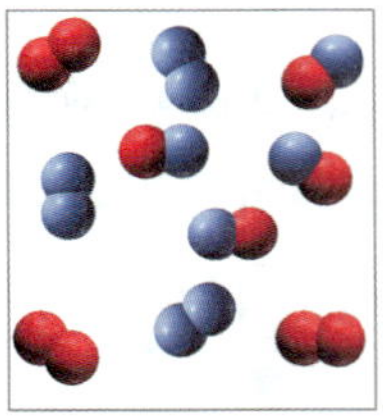

(a) 혼합물은 평형에 있으며, 반응의 방향에 알짜 변화는 없다.
(b) 반응은 반응물 쪽으로 이동하여 평형에 도달한다.
(c) 반응은 생성물 쪽으로 이동하여 평형에 도달한다.
(d) 이 질문에 답하기 위해서는 정보가 더 필요하다.

6. 400 ℃에서 반응 $2\ NH_3(g) \rightleftharpoons N_2(g) + 3\ H_2(g)$의 $K_p = 1.5 \times 10^3$이다. 같은 온도에서 이 반응의 K_c 값은 얼마인가? **(LO 15.6)**

(a) 4.6×10^6 **(b)** 1.4
(c) 1.8×10^{-1} **(d)** 4.9×10^{-1}

7. 기체상 반응인 $2\ SO_2(g) + O_2(g) \rightleftharpoons 2\ SO_3(g)$의 평형 상수 K_c는 600 ℃에서 5.8×10^3이다. 혼합물에는 $[SO_2] = 0.10$ M, $[O_2] = 0.100$ M, $[SO_3] = 0.200$ M 들어 있다. 다음 중 반응의 방향과 평형 혼합물에 대한 설명 중 옳은 것은? **(LO 15.8, 15.9)**

(a) 혼합물은 평형에 있으며, 상당량의 반응물과 생성물로 구성된다.
(b) 반응은 생성물을 더 만드는 쪽으로 이동할 것이고, 평형 혼합물은 상당량의 반응물과 생성물로 구성된다.
(c) 반응은 반응물을 더 만드는 쪽으로 이동할 것이고, 평형 혼합물은 대부분 생성물로 구성된다.
(d) 반응은 생성물을 더 만드는 쪽으로 이동할 것이고, 평형 혼합물은 대부분 반응물로 구성된다.

8. 반응 $2\ NOCl(g) \rightleftharpoons 2\ NO(g) + Cl_2(g)$를 생각해 보자. 반응을 개시하기 위해, $NOCl(g)$을 플라스크에 넣어 농도를 2.5 M로 만들었다. 평형에 도달한 후, $Cl_2(g)$의 농도는 0.60 M이었다. 이 실험이 수행된 온도에서의 평형 상수(K_c)를 계산하시오. **(LO 15.10)**

(a) 0.19 (b) 0.51
(c) 0.66 (d) 0.17

9. 430 ℃에서 반응 $H_2(g) + I_2(g) \rightleftharpoons 2\ HI(g)$의 평형 상수 $K_c = 54.3$이다. $H_2(g)$ 0.500 mol과 $I_2(g)$ 0.500 mol의 혼합물이 430 ℃인 1.00 L 스테인리스강 플라스크에 들어 있다고 생각하자. 평형에 도달했을 때, $HI(g)$의 농도를 계산하시오. **(LO 15.10)**

(a) 0.393 M (b) 0.107 M
(c) 0.500 M (d) 0.786 M

10. 다음 식처럼 이산화 질소는 일산화 질소와 산소로 분해된다.

$$2\ NO_2(g) \rightleftharpoons 2\ NO(g) + O_2(g)$$

초기에는 NO_2만이 압력 7.82 atm으로 존재하고 있다. 평형에 도달한 후, 전체 압력은 9.86 atm이 되었다. 이 온도에서 반응의 K_p 값은 얼마인가? **(LO 15.10)**

(a) 2.43 (b) 0.124
(c) 2.22 (d) 1.36

11. 다음 식처럼 오염화 인은 고온에서 삼염화인과 염소로 분해된다.

$$PCl_5(g) \rightleftharpoons PCl_3(g) + Cl_2(g)$$

250 ℃에서 플라스크에 0.250 M PCl_5를 넣었다. $K_c = 1.80$이라면 각 기체의 평형 농도는 얼마인가? **(LO 15.11)**

(a) $[PCl_5] = 0.028$ M, $[PCl_3] = 0.222$ M, $[Cl_2] = 0.222$ M
(b) $[PCl_5] = 0.125$ M, $[PCl_3] = 0.474$ M, $[Cl_2] = 0.474$ M
(c) $[PCl_5] = 1.80$ M, $[PCl_3] = 1.80$ M, $[Cl_2] = 1.80$ M
(d) $[PCl_5] = 2.27$ M, $[PCl_3] = 2.02$ M, $[Cl_2] = 2.02$ M

12. 다음 흡열 반응이 평형에 있다고 생각하자.

$$2\ CO(g) + O_2(g) \rightleftharpoons 2\ CO_2(g)$$

반응을 생성물 쪽으로 이동시키는 변화는 다음 중 어느 것인가? **(LO 15.12~15.15)**

(a) $CO(g)$를 제거한다.
(b) 온도를 올린다.
(c) 촉매를 첨가한다.
(d) 용기의 부피를 늘린다.

13. 일반적인 경우, 단일 단계로 일어나는 $A(g) + B(g) \rightleftharpoons AB(g)$, $K_c = 4.5 \times 10^{-6}$인 반응의 경우, 다음 설명 중 옳은 것은? **(LO 15.16)**

(a) E_a(정반응) $<$ E_a(역반응)
(b) 평형 혼합물은 대부분 생성물로 되어 있다.

(c) $k_r > k_f$

(d) 발열 반응이다.

답:

1. d, 2. d, 3. c, 4. b, 5. c, 6. d, 7. b, 8. b, 9. d, 10. a, 11. a, 12. b, 13. c

개념 문제

문제 15.1~15.40은 이 장의 본문 중에 있다.

15.41 반응 A ⇌ B에 따라 분자 A(빨간색)와 분자 B(파란색)의 상호 변환을 생각해 보자. 다음 각 그림은 왼쪽에서 오른쪽으로 시간에 따른 변화를 나타낸다.

(a) 평형 상태에 있는 것은 어느 것인가?

(b) 반응 A ⇌ B의 평형 상수 K_c는 얼마인가?

(c) 반응 용기의 부피를 모르는데, 어떻게 K_c를 계산할 수 있는가를 설명하시오.

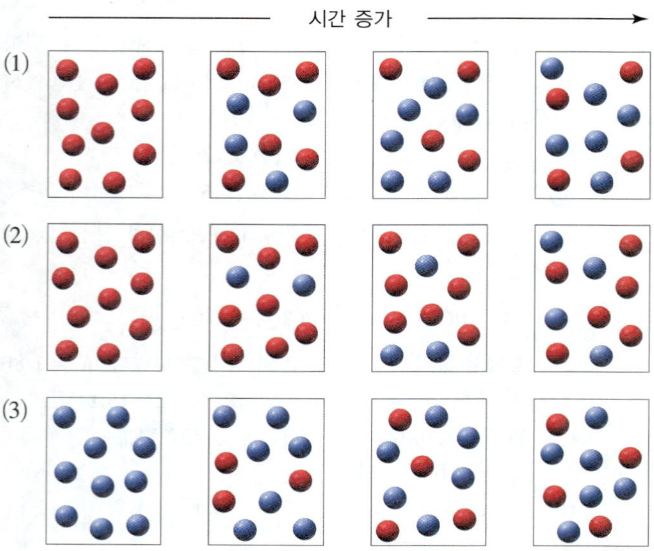

15.42 다음 그림은 반응 $A_2 + X_2 \rightleftharpoons 2\ AX$(X = B, C, D)의 세 가지 다른 반응의 평형 상태를 나타낸다.

$A_2 + B_2 \rightleftharpoons 2\ AB$ $A_2 + C_2 \rightleftharpoons 2\ AC$ $A_2 + D_2 \rightleftharpoons 2\ AD$

(a) 어느 반응의 평형 상수가 가장 큰가?

(b) 어느 반응의 평형 상수가 가장 작은가?

15.43 반응 $A_2 + B \rightleftharpoons A + AB$의 평형 상수 $K_c = 2$이다. 다음 그림은 원자 A(빨간색), 원자 B(파란색), A_2와 AB 분자를 포함하는 반응 혼합물을 나타낸다.

(1) **(2)** **(3)**

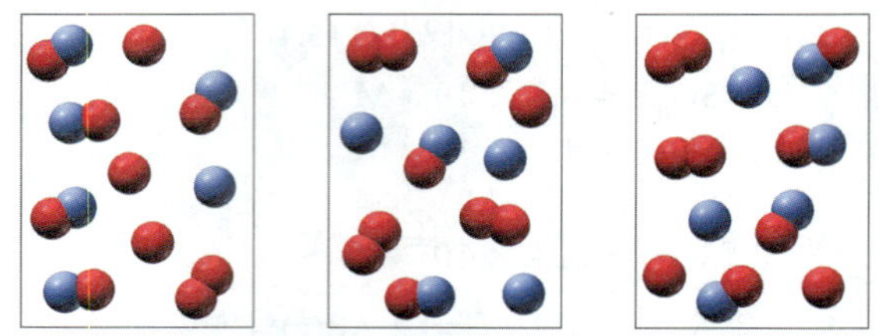

(a) 어느 반응 혼합물이 평형에 있는가?

(b) 평형에 도달하지 않은 혼합물은 그 반응이 평형에 도달하기 위하여 정방향과 역방향 중 어느 방향으로 진행되는가? 설명하시오.

15.44 다음 그림은 A_2 분자(빨간색)와 B 원자(파란색)가 AB 분자를 생성하는 반응의 초기 상태와 평형 상태를 나타낸다.

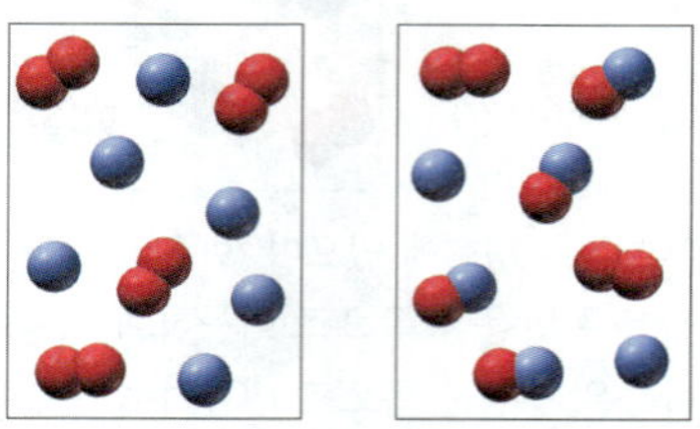

초기 상태 평형 상태

(a) 반응의 균형 화학 반응식을 쓰시오.

(b) 평형 혼합물의 부피가 감소할수록 AB 분자의 수는 증가하는가 감소하는가 그대로인가? 설명하시오.

15.45 반응 A + B ⇌ AB를 생각해 보자. 오른쪽 용기는 분자 A(빨간색), 분자 B (파란색), 분자 AB의 평형 혼합물을 포함한다. 잠금 꼭지를 열어 두 용기의 내용물을 섞으면 이 반응은 정방향으로 진행할까 역방향으로 진행할까? 설명하시오.

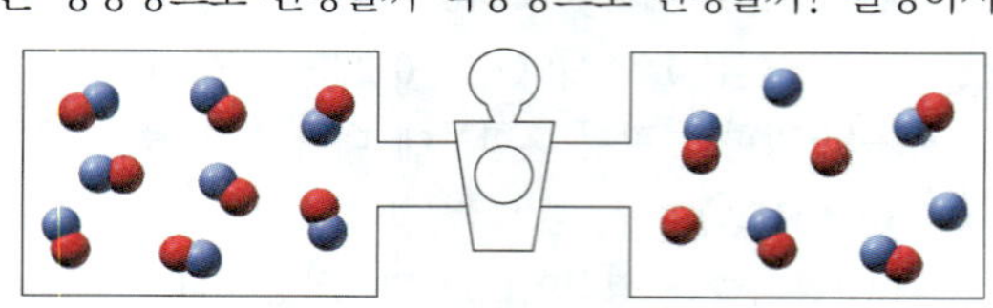

15.46 다음 그림은 300 K와 400 K에서 반응 A + B ⇌ AB의 평형 혼합물의 조성을 나타낸다.

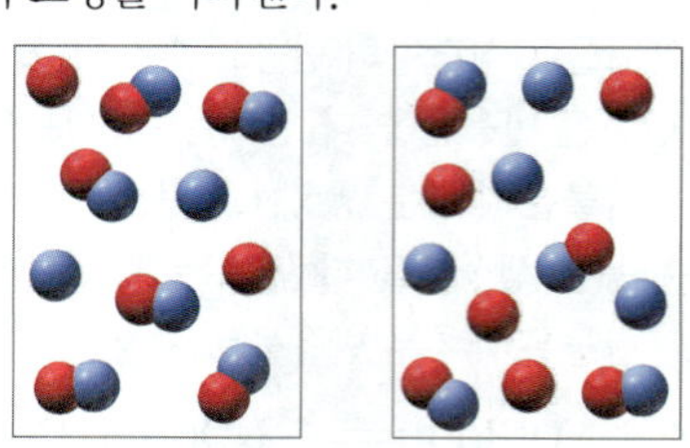

$T = 300$ K $T = 400$ K

이 반응은 발열 반응인가 흡열 반응인가? 르샤틀리에 원리를 이용하여 설명하시오.

15.47 다음 그림은 325 K와 350 K에서 A 원자(빨간색), B 원자(파란색), AB 분자를 포함하는 반응의 평형 혼합물을 나타낸다.

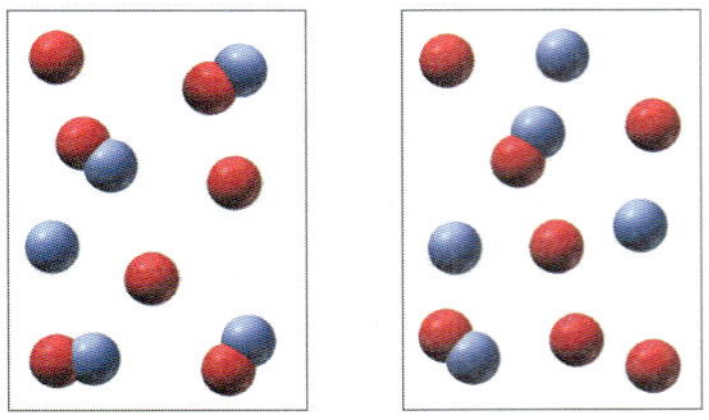

$T = 325$ K $T = 350$ K

(a) 온도가 증가할 때 일어나는 반응에 대한 균형 반응식을 쓰시오.

(b) 이 반응은 발열 반응인가 흡열 반응인가? 르샤틀리에 원리를 이용하여 설명하시오.

(c) 용기 부피를 증가시키면 A 원자 수는 증가하는가 감소하는가 그대로인가? 설명하시오.

15.48 다음 그림은 500 K에서 흡열 반응 $A_2 \rightleftharpoons 2A$의 평형 혼합물의 조성을 나타낸다.

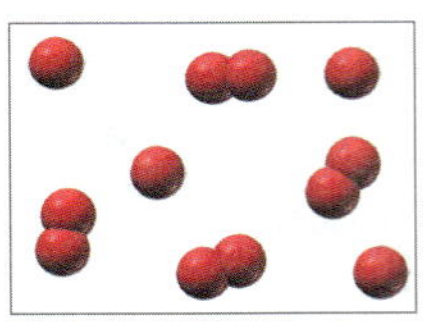

다음 각각의 변화 뒤에 평형 혼합물을 나타내는 그림을 그리시오.

(a) 촉매 첨가 (b) 부피 증가 (c) 온도 내림

15.49 다음 그림은 반응 $2\ AB \rightleftharpoons A_2 + B_2$의 평형 상태를 나타낸다.

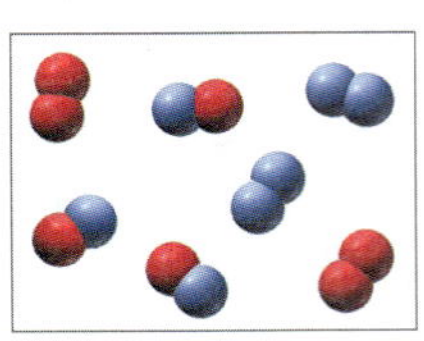

k_f와 k_r 중 어느 속도 상수가 더 큰지 설명하시오.

15.50 다음 그림은 기체 A 분자(빨간색)가 분해되어 기체 B 분자(파란색)가 생성되는 발열 반응의 초기 상태와 평형 상태를 나타낸 것이다.

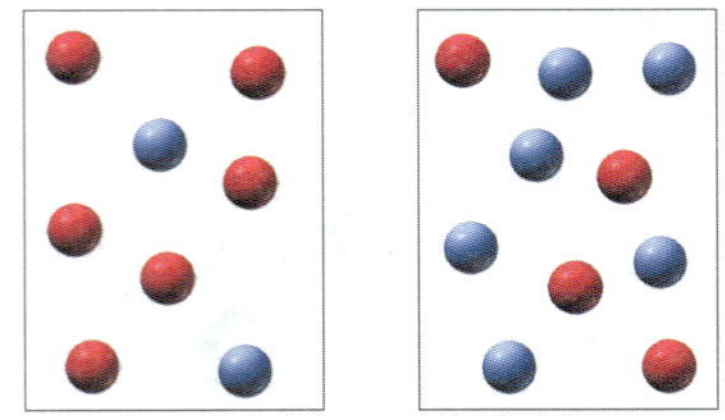

초기 상태 평형 상태

(a) 반응의 균형 화학 반응식을 쓰시오.

(b) 다음 각 변화 뒤에 평형 혼합물 속 A 분자 수는 증가할까 감소할까 그대로일까? 설명하시오.

(1) 온도 올림

(2) 부피 감소

(3) 비활성 기체 첨가에 의한 압력 증가

(4) 촉매 첨가

15.51 다음 그림은 고체 A(빨간색)와 기체 B_2(파란색)가 반응하여 기체 AB가 생성되는 발열 반응의 초기 상태와 평형 상태를 나타낸 것이다.

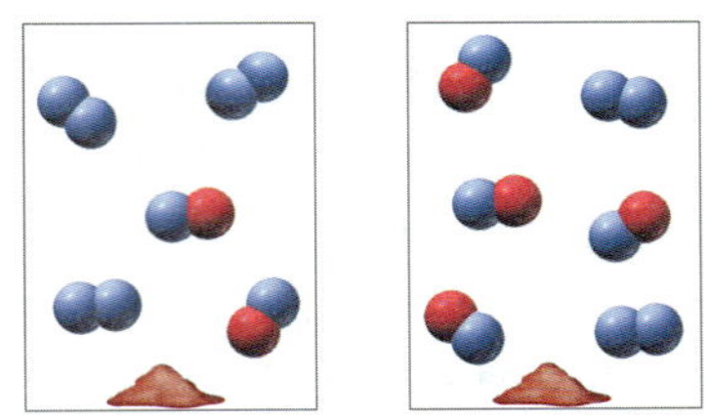

초기 상태 평형 상태

(a) 반응의 균형 화학 반응식을 쓰시오.

(b) 다음 각 변화 후에 평형 혼합물 속 AB 분자 수는 증가할까 감소할까 그대로일까? 설명하시오.

(1) B_2의 부분 압력 증가

(2) 고체 A의 추가

(3) 부피 증가

(4) 온도 올림

보충 문제

평형 상태(15.1절)

15.52 반응이 평형에 도달했을 때 정반응과 역반응에 대한 다음 설명이 참인지 밝히시오.

(a) 정반응과 역반응의 속도가 0이다.

(b) 정반응의 속도가 역반응의 속도보다 더 크다.

(c) 역반응의 속도가 정반응의 속도보다 더 크다.

(d) 정반응의 속도와 역반응의 속도가 같다.

15.53 반응 $A \rightleftharpoons B$가 평형에 도달했을 때 A와 B의 농도에 대한 다음 설명이 참인지 밝히시오.

(a) A의 농도가 B의 농도와 같다.

(b) A와 B의 농도가 일정하다.

(c) A의 농도는 감소하고 B의 농도는 증가한다.

(d) B의 농도는 감소하고 A의 농도는 증가한다.

평형 상수식과 평형 상수(15.2~15.4절)

15.54 마취제로 쓰였던 다이에틸 에터는 진한 황산과 에탄올을 함께 가열하여 합성한다. K_c에 대한 평형 상수식을 쓰시오.

$$2\,C_2H_5OH(soln) \rightleftharpoons C_2H_5OC_2H_5(soln) + H_2O(soln)$$

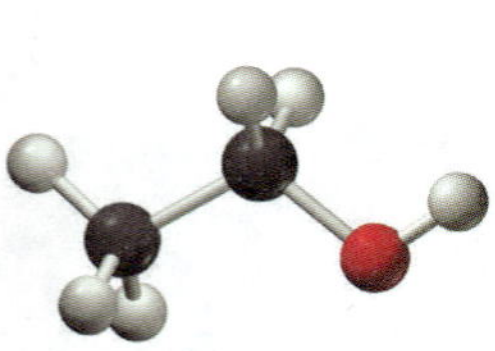

에탄올

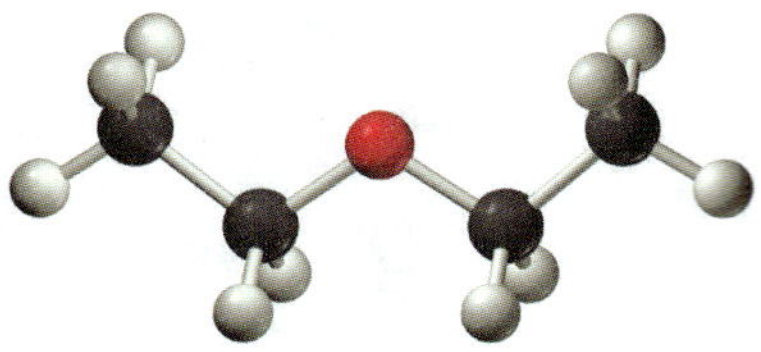

다이에틸 에터

15.55 자동차 라디에이터에서 부동액으로 쓰이는 에틸렌 글라이콜은 산화 에틸렌의 수화로 제조된다. 평형 상수식 K_c를 쓰시오.

$$\overset{\;\;O}{H_2C{-}CH_2}(soln) + H_2O(soln) \rightleftharpoons HOCH_2CH_2OH(soln)$$

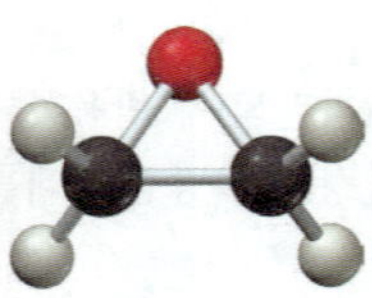

산화 에틸렌

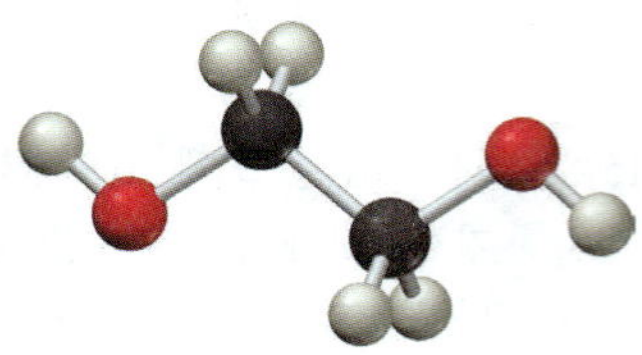

에틸렌 글라이콜

15.56 다음 각 평형의 K_c 평형 상수식을 쓰시오.

(a) $CH_4(g) + H_2O(g) \rightleftharpoons CO(g) + 3\,H_2(g)$

(b) $3\,F_2(g) + Cl_2(g) \rightleftharpoons 2\,ClF_3(g)$

(c) $H_2(g) + F_2(g) \rightleftharpoons 2\,HF(g)$

15.57 다음 각 평형의 K_c 평형 상수식을 쓰시오.

(a) $2\,C_2H_4(g) + O_2(g) \rightleftharpoons 2CH_3CHO(g)$

(b) $CO(g) + H_2O(g) \rightleftharpoons CO_2(g) + H_2(g)$

(c) $4\,NH_3(g) + 5\,O_2(g) \rightleftharpoons 4\,NO(g) + 6\,H_2O(g)$

15.58 문제 15.56에서 각 평형의 K_p 평형 상수식을 쓰고, K_c와 K_p의 관계식을 쓰시오.

15.59 문제 15.57에서 각 평형의 K_p 평형 상수식을 쓰고, K_c와 K_p의 관계식을 쓰시오.

15.60 1000 K에서 반응 $N_2(g) + O_2(g) \rightleftharpoons 2\,NO(g)$의 $K_c = 7.5\times10^{-9}$이면, 다음 반응의 1000 K에서 K_c 값을 구하시오.

(a) $2\,NO(g) \rightleftharpoons N_2(g) + O_2(g)$

(b) $NO(g) \rightleftharpoons 1/2\,N_2(g) + 1/2\,O_2(g)$

(c) $2\,N_2(g) + 2\,O_2(g) \rightleftharpoons 4\,NO(g)$

15.61 400 K에서 반응 $N_2O_4(g) \rightleftharpoons 2\,NO_2(g)$의 $K_p = 50.2$이면, 다음 반응의 400 K에서 K_p 값은 얼마인가?

(a) $2\,NO_2(g) \rightleftharpoons N_2O_4(g)$

(b) $2\,N_2O_4(g) \rightleftharpoons 4\,NO_2(g)$

(c) $NO_2(g) \rightleftharpoons 1/2\,N_2O_4(g)$

15.62 1073 K에서 반응 $2\,AsH_3(g) \rightleftharpoons As_2(g) + 3\,H_2(g)$의 $K_p = 7.2\times10^{7}$이다. 같은 온도에서 다음 각 반응의 K_p 값은 얼마인가?

(a) $As_2(g) + 3\,H_2(g) \rightleftharpoons 2\,AsH_3(g)$

(b) $4\,AsH_3(g) \rightleftharpoons 2\,As_2(g) + 6\,H_2(g)$

(c) $9\,H_2(g) + 3\,As_2(g) \rightleftharpoons 6\,AsH_3(g)$

15.63 873 K에서 반응 $2\,PH_3(g) + As_2(g) \rightleftharpoons 2\,AsH_3(g) + P_2(g)$의 $K_p = 2.9\times10^{-5}$이다. 다음 각 반응에 대한 K_p 값은 얼마인가?

(a) $2\,AsH_3(g) + P_2(g) \rightleftharpoons 2\,PH_3(g) + As_2(g)$

(b) $6\,PH_3(g) + 3\,As_2(g) \rightleftharpoons 3\,P_2(g) + 6\,AsH_3(g)$

(c) $2\,P_2(g) + 4\,AsH_3(g) \rightleftharpoons 2\,As_2(g) + 4\,PH_3(g)$

15.64 427 ℃에서 다음과 같이 평형 상수가 주어졌을 때,

$Na_2O(s) \rightleftharpoons 2\,Na(l) + 1/2\,O_2(g) \quad K_c = 2\times10^{-25}$

$Na_2O_2(s) \rightleftharpoons 2\,Na(l) + O_2(g) \quad K_c = 5\times10^{-29}$

427 ℃에서 아래 반응의 평형 상수 값을 계산하시오.

$$Na_2O(s) + 1/2\,O_2(g) \rightleftharpoons Na_2O_2(s)$$

15.65 어떤 온도에서 다음과 같이 평형 상수가 주어졌을 때,

$2\,H_2(g) + O_2(g) \rightleftharpoons 2\,H_2O(g) \quad K_c = 3.2\times10^{81}$

$N_2(g) + 3\,H_2(g) \rightleftharpoons 2\,NH_3(g) \quad K_c = 3.5\times10^{8}$

아래 반응의 평형 상수 값을 계산하시오.

$$4\,NH_3(g) + 3\,O_2(g) \rightleftharpoons 2\,N_2(g) + 6\,H_2O(g)$$

15.66 임의의 온도에서 PCl_5, PCl_3, Cl_2의 평형 혼합물이 8.3×10^{-3} M PCl_5, 1.5×10^{-2} M PCl_3, 3.2×10^{-2} M Cl_2를 포함한다. 반응 $PCl_5(g) \rightleftharpoons PCl_3(g) + Cl_2(g)$의 평형 상수 K_c를 계산하시오.

15.67 500 K에서 NO, Cl_2, NOCl의 평형 혼합물에서 부분 압력이 다음과 같다: $P_{NO} = 0.240$ atm, $P_{Cl_2} = 0.608$ atm, $P_{NOCl} = 1.35$ atm. 500 K에서 반응 $2\,NO(g) + Cl_2(g) \rightleftharpoons 2\,NOCl(g)$의 K_p는 얼마인가?

15.68 298 K에서 반응 $F(g) + O_2(g) \rightleftharpoons O_2F(g)$의 K_c는 2.2×10^{5}이다. 같은 온도에서 K_p는 얼마인가?

15.69 298 K에서 반응 $2\,NOCl(g) \rightleftharpoons 2\,NO(g) + Cl_2(g)$의 K_p는 1.6×10^{-6}이다. 같은 온도에서 K_c는 얼마인가?

15.70 25 ℃에서 물의 증기압은 0.0313 atm이다. 25 ℃에서 평형 $H_2O(l) \rightleftharpoons H_2O(g)$의 K_c와 K_p를 계산하시오.

15.71 좀약을 만드는 재료로 쓰이는 흰색 고체인 나프탈렌의 증기압은 27 ℃에서 0.10 mmHg이다. 27 ℃에서 다음 평형의 K_c와 K_p를 계산하시오. $C_{10}H_8(s) \rightleftharpoons C_{10}H_8(g)$

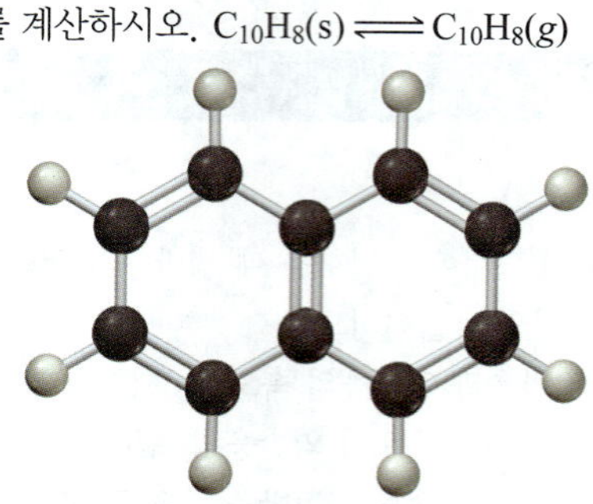

나프탈렌

15.72 일산화 염소와 이산화 염소는 성층권 오존의 촉매 파괴에 관여하고, 그 반응은 다음 반응과 관계가 있다.

$$2\,ClO(g) \rightleftharpoons Cl_2O_2(g)$$

253 K에서 K_c는 4.96×10^{11}이다. $[Cl_2O_2] = 6.00 \times 10^{-6}$ M인 평형 혼합물에서 [ClO]는 얼마인가?

15.73 이산화 황은 산소와 단계적으로 반응하여 황산을 생성한다.

$$2\,SO_2(g) + O_2(g) \rightleftharpoons 2\,SO_3(g) \quad K_c = 7.9 \times 10^4 \quad (800\text{ K})$$

$[SO_2] = 1.5 \times 10^{-3}$ M, $[O_2] = 3.0 \times 10^{-3}$ M인 평형 혼합물에서 $[SO_3]$는 얼마인가?

15.74 다음 각 평형의 K_c 평형 상수식을 쓰고, 가능한 경우 K_p 평형 상수식도 쓰시오.

(a) $Fe_2O_3(s) + 3\,CO(g) \rightleftharpoons 2\,Fe(l) + 3\,CO_2(g)$

(b) $4\,Fe(s) + 3\,O_2(g) \rightleftharpoons 2\,Fe_2O_3(s)$

(c) $BaSO_4(s) \rightleftharpoons BaO(s) + SO_3(g)$

(d) $BaSO_4(s) \rightleftharpoons Ba^{2+}(aq) + SO_4^{2-}(aq)$

15.75 다음 각 평형의 K_c 평형 상수식을 쓰고, 가능한 경우 K_p 평형 상수식도 쓰시오.

(a) $WO_3(s) + 3\,H_2(g) \rightleftharpoons W(s) + 3\,H_2O(g)$

(b) $Ag^+(aq) + Cl^-(aq) \rightleftharpoons AgCl(s)$

(c) $2\,FeCl_3(s) + 3\,H_2O(g) \rightleftharpoons Fe_2O_3(g) + 6\,HCl(g)$

(d) $MgCO_3(s) \rightleftharpoons MgO(s) + CO_2(g)$

평형 상수의 이용(15.5절)

15.76 다음 반응이 평형에 있을 때 그 평형 혼합물에는 반응물이 더 많이 들어 있는가? 아니면 생성물이 더 많이 들어 있는가?

(a) $H_2(g) + S(s) \rightleftharpoons H_2S(g) \quad K_c = 7.8 \times 10^5$

(b) $N_2(g) + 2\,H_2(g) \rightleftharpoons N_2H_4(g) \quad K_c = 7.4 \times 10^{-26}$

15.77 다음 반응에서 평형 혼합물의 반응물과 생성물 중 어느 것이 더 많이 존재하겠는가?

(a) $2\,Cu(s) + O_2(g) \rightleftharpoons 2\,CuO(s) \quad K_c = 4 \times 10^{45}$

(b) $H_3PO_4(aq) \rightleftharpoons H^+(aq) + H_2PO_4^-(aq) \quad K_c = 7.5 \times 10^{-3}$

(c) $2\,HBr(g) \rightleftharpoons H_2(g) + Br_2(g) \quad K_c = 2 \times 10^{-19}$

15.78 화학 공학자가 황산 제조의 한 단계 반응으로서 SO_3를 생산하기 위해 반응을 연구하고 있다. 500 K에서 반응 $2\,SO_2(g) + O_2(g) \rightleftharpoons 2\,SO_3(g)$의 K_p는 2.5×10^{10}이다. 평형에 도달될 때 SO_2와 O_2 혼합물이 더 많은 SO_3를 생성할 것인가?

15.79 25 ℃에서 반응 $3\,O_2(g) \rightleftharpoons 2\,O_3(g)$의 K_c 값은 1.7×10^{-56}이다. 25 ℃에서 O_2와 O_3(오존)가 평형에 있을 때 순수한 공기에서 더 많은 O_3를 포함할 것으로 기대하는가? 만일 25 ℃에서 평형 농도가 8×10^{-3} M이면 O_3의 평형 농도는 얼마인가?

15.80 1400 K에서 반응 $CH_4(g) + 2\,H_2S(g) \rightleftharpoons CS_2(g) + 4\,H_2(g)$의 $K_c = 2.5 \times 10^{-3}$이다. 1400 K에서 10 L 반응 용기에 CH_4 2.0 mol, CS_2 3.0 mol, H_2 3.0 mol, H_2S 4.0 mol이 들어 있다. 반응 혼합물이 평형에 있는가? 만일 아니라면 반응이 평형에 도달하기 위해 어느 방향으로 진행되는가?

15.81 수소의 공업적 합성의 첫 번째 단계는 합성 가스, 즉 일산화탄소와 수소의 혼합물을 얻기 위한 수증기와 메테인의 반응이다.

$$H_2O(g) + CH_4(g) \rightleftharpoons CO(g) + 3\,H_2(g) \quad K_c = 4.7 \quad 1400\text{ K에서}$$

1400 K에서 반응물과 생성물의 혼합물에는 0.035 M H_2O, 0.050 M CH_4, 0.15 M CO, 0.20 M H_2가 있다. 평형에 도달하기 위해 반응이 어느 방향으로 진행되는가?

15.82 포스핀(PH_3)은 높은 온도에서 P_2와 H_2로 분해된다.

$$2\,PH_3(g) \rightleftharpoons P_2(g) + 3\,H_2(g) \quad K_p = 398\ (873\text{ K에서})$$

(a) 초기 부분 압력이 $P_{PH_3} = 0.0260$ atm, $P_{P_2} = 0.871$ atm, $P_{H_2} = 0.517$ atm이라면 Q_p를 계산하고, 평형에 도달하기 위한 반응 방향을 결정하시오.

(b) 873 K에서 PH_3, P_2, H_2 혼합물이 평형에 있을 때 $P_{P_2} = 0.412$ atm와 $P_{H_2} = 0.822$ atm이다. P_{PH_3}는 얼마인가?

15.83 500 K에서 분해 반응 $H_2(g) \rightleftharpoons 2\,H(g)$의 평형 상수는 매우 작다($K_c = 1.2 \times 10^{-42}$).

(a) H_2의 평형 농도가 0.10 M이라면, 평형에서 H 원자의 몰농도는 얼마인가?

(b) 500 K에서 0.10 M H_2 1.0 L에 H 원자와 H_2 분자들이 얼마나 존재하는가?

15.84 초기 농도 0.0500 M의 N_2O_4를 포함하는 용기에 25 ℃에서 N_2O_4와 NO_2의 평형 농도를 계산하시오. 반응 $N_2O_4(g) \rightleftharpoons 2\,NO_2(g)$에 대한 평형 상수 K_c는 25 ℃에서 4.64×10^{-3}이다.

15.85 문제 15.84에서 초기 농도가 $[N_2O_4] = 0.0200$ M, $[NO_2] = 0.0300$ M이면 25 ℃에서 반응의 평형 상수를 계산하시오.

15.86 HI(9.30×10^{-3} mol) 시료를 1000 K에서 비어 있는 2.00 L 용기에 넣었다. 평형에 도달한 뒤에 I_2의 농도가 6.29×10^{-4} M이다. 1000 K에서 반응 $H_2(g) + I_2(g) \rightleftharpoons 2\,HI(g)$의 K_c 값을 계산하시오.

15.87 공업용 용매인 아세트산 에틸은 아세트산이 에탄올과 반응하여 생성된다.

$$\underset{\text{아세트산}}{CH_3CO_2H(soln)} + \underset{\text{에탄올}}{CH_3CH_2OH(soln)} \rightleftharpoons \underset{\text{아세트산 에틸}}{CH_3CO_2CH_2CH_3(soln)} + H_2O(soln)$$

(a) K_c 평형 상수식을 쓰시오.

(b) 아세트산 1.00 mol과 에탄올 1.00 mol을 혼합하여 제조된 용액은 평형에서 아세트산 에틸 0.65 mol을 포함한다. K_c 값을 계산하시오. 용액의 부피에 관한 정보 없이도 K_c를 계산할 수 있는 이유를 설명하시오.

15.88 아세트산 에틸의 독특한 반응은 문제 15.87의 역반응인 가수 분해이다. 아세트산 에틸 가수 분해의 평형식을 쓰고, 문제 15.87의 자료로부터 가수 분해 반응의 K_c를 계산하시오.

15.89 기체 이수소화 인듐은 높은 온도에서 각 원소 물질로부터 형성된다.

$$In(g) + H_2(g) \rightleftharpoons InH_2(g) \quad K_p = 1.48 \quad 973\ K에서$$

반응 용기에서 각각의 부분 압력이 다음과 같이 측정되었다. $P_{In} = 0.0600$ atm, $P_{H_2} = 0.0350$ atm, $P_{InH_2} = 0.0760$ atm.

(a) Q_p를 계산하고 평형에 도달하기 위해 반응이 어느 방향으로 진행될지 결정하시오.

(b) 모든 기체의 평형 상태의 부분 압력을 계산하시오.

15.90 298 K에서 사염화 탄소 용액 중에서 일어나는 다음 반응의 $K_c = 0.145$이다.

$$2\ BrCl(soln) \rightleftharpoons Br_2(soln) + Cl_2(soln)$$

농도의 측정값 $[BrCl] = 0.050$ M, $[Br_2] = 0.035$ M, $[Cl_2] = 0.030$ M이다.

(a) Q_c를 계산하고 평형에 도달하기 위해 반응이 어느 방향으로 진행될지 결정하시오.

(b) $BrCl$, Br_2, Cl_2의 평형 농도를 결정하시오.

15.91 700 K에서 N_2, H_2, NH_3의 평형 혼합물이 0.036 M N_2와 0.15 M H_2를 포함한다. 이 온도에서 반응 $N_2(g) + 3\ H_2(g) \rightleftharpoons 2\ NH_3(g)$의 K_c는 0.29이다. NH_3의 농도는 얼마인가?

15.92 O_2, SO_2, SO_3의 평형 혼합물이 똑같은 농도의 SO_2와 SO_3를 포함한다. 반응 $2\ SO_2(g) + O_2(g) \rightleftharpoons 2\ SO_3(g)$의 $K_c = 2.7 \times 10^2$이라면 O_2의 농도를 계산하시오.

15.93 공기 오염 물질 NO는 자동차 엔진에서 고온 반응에 의하여 생성된다. 2300 K에서 $N_2(g) + O_2(g) \rightleftharpoons 2\ NO(g)$; $K_c = 1.7 \times 10^{-3}$이다. 2300 K에서 N_2와 O_2의 초기 농도가 모두 1.40 M이라면, 반응 혼합물이 평형에 도달할 때 NO, N_2, O_2 농도는 얼마인가?

15.94 문제 15.93에서 초기 농도가 N_2 2.24 M, O_2 0.56 M일 때, 평형 농도를 계산하시오. (여기서 N_2/O_2 농도 비율은 공기에서의 비율과 같다.)

15.95 333 K에서 라이신 2,3-아미노뮤테이스 효소의 촉매로 아미노산 L-α-라이신은 L-β-라이신으로 변환된다. 이 반응의 $K_c = 7.20$이다.

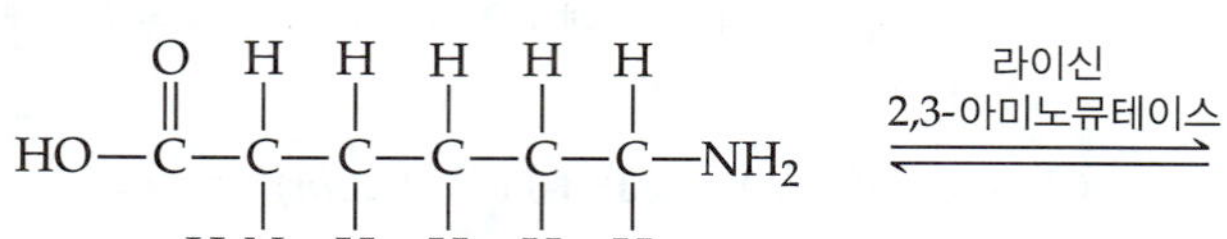

L-α-라이신

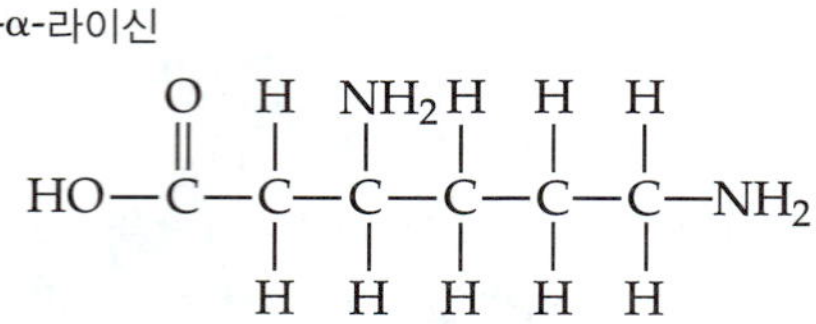

L-β-라이신

L-α-라이신은 단백질에 들어 있고, L-β-라이신은 항생제의 선구 물질이다. 333 K에서 농도가 3.00×10^{-3} M인 L-α-라이신의 용액이 라이신 2,3-아미노뮤테이스와 접촉하였다. L-α-라이신과 L-β-라이신의 평형 농도는 얼마인가?

15.96 25 ℃에서 아세트산과 에탄올 반응의 K_c 값은 3.4이다.

$$\underset{\text{아세트산}}{CH_3CO_2H(soln)} + \underset{\text{에탄올}}{CH_3CH_2OH(soln)} \rightleftharpoons \underset{\text{아세트산 에틸}}{CH_3CO_2CH_2CH_3(soln)} + H_2O(soln) \quad K_c = 3.4$$

(a) 25 ℃에서 아세트산 4.0 mol, 에탄올 6.0 mol, 물 12.0 mol이 있는 평형 혼합물에는 아세트산 에틸이 몇 mol 존재하는가?

(b) 아세트산 1.00 mol과 에탄올 10.00 mol을 섞어 만든 평형 혼합물 중 모든 반응물과 생성물의 몰수를 계산하시오.

15.97 염기성 용액에서 클로로메테인의 Cl^-은 OH^-으로 치환된다.

$$CH_3Cl(aq) + OH^-(aq) \rightleftharpoons CH_3OH(aq) + Cl^-(aq)$$

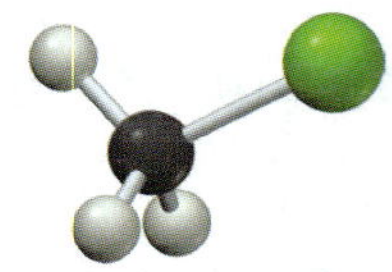

클로로메테인

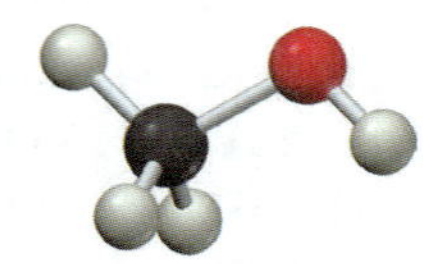

메탄올

평형 상수 K_c 값이 1×10^{16}이다. 0.1 M CH_3Cl과 0.2 M NaOH를 같은 부피로 혼합한 용액에서 CH_3Cl, CH_3OH, OH^-, Cl^-의 평형 농도를 계산하시오. (힌트: x 정의에서 반응은 100% 완결된다고 가정하며, 그리고 나서 소량의 역반응을 감안한다.)

15.98 700 K에서 $ClF_3(g) \rightleftharpoons ClF(g) + F_2(g)$ 반응의 평형 상수 $K_p = 0.140$이다. 초기에 ClF_3만 1.47 atm 부분 압력으로 존재하였다면, ClF_3, ClF, F_2의 평형 부분 압력은 얼마인가?

15.99 산화 철(III)과 일산화 탄소의 반응은 강철을 만드는 데 중요하다. 1200 K에서 다음 반응의 $K_p = 19.9$이다.

$$Fe_2O_3(s) + 3\ CO(g) \rightleftharpoons 2\ Fe(l) + 3\ CO_2(g)$$

초기에 CO만 0.978 atm 부분 압력으로 존재하였다면, CO와 CO_2의 평형에서의 부분 압력은 얼마인가?

15.100 특정 온도에서 기체 혼합물의 평형 농도가 0.13 M H_2, 0.70 M I_2, 2.1 M HI이다. 같은 온도에서 비어 있는 500.0 mL 용기에 HI 0.20 mol을 주입하였을 때 얻어지는 평형 농도는 얼마인가?

15.101 5.00 L 반응 용기에 1.00 mol의 H_2, 1.00 mol의 I_2, 2.50 mol의 HI를 채웠다. 500 K에서 H_2, I_2, HI의 평형 농도를 계산하시오. 500 K에서 반응 $H_2(g) + I_2(g) \rightleftharpoons 2\ HI(g)$의 평형 상수 K_c는 129이다.

15.102 1000 K에서 반응 $C(s) + H_2O(g) \rightleftharpoons CO(g) + H_2(g)$의 K_c 값은 3.0×10^{-2}이다. 5.00 L 용기에 수증기 6.00 mol과 과량의 고체 탄소를 넣고 가열하여 얻은 반응 혼합물 중 H_2O, CO_2, H_2의 평형 농도를 계산하시오. 평형 혼합물의 몰 조성은 얼마인가?

15.103 500 K에서 1.000 mol PCl_5를 5.000 L의 용기에 넣었을 때 PCl_5 중 78.50%가 해리하여 PCl_5, PCl_3, Cl_2의 평형 혼합물로 된다.

$$PCl_5(g) \rightleftharpoons PCl_3(g) + Cl_2(g)$$

(a) K_c와 K_p 값을 계산하시오.

(b) 초기 농도가 $[PCl_5] = 0.500$ M, $[PCl_3] = 0.150$ M, $[Cl_2] = 0.600$ M인 반응물과 생성물의 혼합물인 반응은 평형에 도달하기 위하여 어떤 방향으로 진행하는가? 그 혼합물이 평형에 도달할 때 농도는 얼마인가?

15.104 반응 $C(s) + CO_2(g) \rightleftharpoons 2\ CO(g)$을 생각해 보자. 1100 K에서 20.0 L 용기에 CO_2 1.50 mol과 과량의 고체 탄소를 넣고 가열했을 때 CO의 평형 농도가 7.00×10^{-2} M이다.

(a) CO_2의 평형 농도는 얼마인가?

(b) 1100 K에서 평형 상수 K_c 값은 얼마인가?

15.105 500 K에서 기체 상태인 염화 *tert*-뷰틸 열분해의 평형 상수 K_p는 3.45이다.

$$(CH_3)_3CCl(g) \rightleftharpoons (CH_3)_2C = CH_2(g) + HCl(g)$$

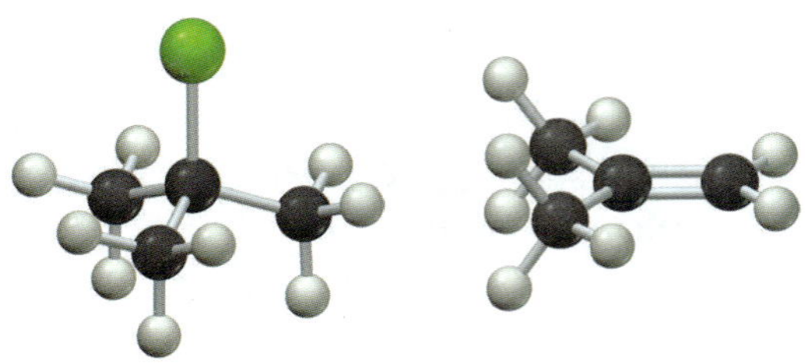

염화 *tert*-뷰틸　　　　아이소뷰틸렌

(a) 500 K에서 K_c 값을 계산하시오.

(b) 500 K에서 5.00 L의 용기에 들어 있는 1.00 mol의 염화 *tert*-뷰틸을 가열할 때 얻어지는 평형 혼합물에서 반응물과 생성물의 몰농도를 계산하시오.

(c) 아이소뷰틸렌(500 K에서 0.400 atm 부분 압력)과 HCl (500 K에서 0.600 atm 부분 압력)의 혼합물이 500 K에서 평형에 도달하였다. 염화 *tert*-뷰틸, 아이소뷰틸렌, HCl의 평형 부분 압력은 얼마인가?

15.106 100 ℃에서 반응 $2\ NO_2(g) \rightleftharpoons N_2O_4(g)$의 $K_c = 4.72$이다. 100 ℃에서 비어 있는 10.0 L 플라스크에 4.60 g NO_2를 채운다고 할 때, 평형에서 플라스크 안의 전체 압력은 얼마인가?

15.107 25 ℃에서 반응 $2\ NO_2(g) \rightleftharpoons N_2O_4(g)$의 $K_c = 216$이다. 25 ℃에서 NO_2와 N_2O_4 혼합물이 들어 있는 1.00 L 플라스크의 전체 압력이 1.50 atm이다. 각 기체의 부분 압력은 얼마인가?

15.108 500 ℃에서 F_2 기체는 안정하여 분해되지 않지만, 840 ℃에서는 다음과 같이 분해된다: $F_2(g) \rightleftharpoons 2\ F(g)$. 500 ℃에서 0.600 atm의 F_2를 가득 채운 플라스크를 840 ℃로 가열하였을 때 평형 상태에서의 압력이 0.984 atm으로 측정되었다. 840 ℃에서 F_2 기체의 분해 반응의 평형 상수 K_p는 얼마인가?

15.109 반응 $NO(g) + NO_2(g) \rightleftharpoons N_2O_3(g)$은 298K에서 $K_c = 13$이며 대기압 조건에서 일어난다. 2.0 mol의 NO와 3.0 mol의 NO_2, 초기 전체 압력이 1.65 atm인 기체 혼합물이 있다.

(a) 298 K에서 NO, NO_2, N_2O_3의 평형 부분 압력은 얼마인가?

(b) 용기의 부피는 얼마인가?

15.110 포스젠($COCl_2$)은 폐에 손상을 주는 유독 기체이다. 360 ℃에서 포스젠의 분해 반응의 평형 상수 $K_c = 8.4 \times 10^{-4}$이다. 만약 360 ℃에서 비어 있는 50.0 L 용기에 1.00 mol 포스젠을 채웠다면, 평형 상태에서 용기의 전체 압력은 얼마인가?

$$COCl_2(g) \rightleftharpoons CO(g) + Cl_2(g)$$

15.111 600 K에서 반응 $N_2(g) + 3\ H_2(g) \rightleftharpoons 2\ NH_3(g)$의 평형 상수 K_c는 4.20이다. 600 K에서 어떤 양의 기체 NH_3를 1.00 L 반응 용기에 넣고 반응이 평형에 도달하면, 이 용기에는 0.200 mol N_2가 포함되는 것으로 알려졌다. 그 용기 중 NH_3는 몇 몰이 들어 있는가?

15.112 45 ℃에서 반응 $N_2O_4(g) \rightleftharpoons 2\ NO_2(g)$의 $K_c = 0.619$이다. 2.00 L의 빈 용기에 N_2O_4 46.0 g을 가하였다면, 45 ℃ 평형 상태에서 NO_2, N_2O_4의 부분 압력은 얼마인가?

15.113 700.0 K에서 2.00 L의 빈 용기에 ClF_3 9.25 g을 가하면 ClF_3의 19.8%가 분해하여 ClF_3, ClF, F_2의 평형 혼합물을 만들었다.

$$ClF_3(g) \rightleftharpoons ClF(g) + F_2(g)$$

(a) 700.0 K에서 평형 상수 K_c는 얼마인가?

(b) 700.0 K에서 평형 상수 K_p는 얼마인가?

(c) 별도로 700.0 K에서 2.00 L의 빈 용기에 ClF_3 39.4 g을 가하면 평형 상태에서 ClF_3, ClF, F_2의 농도는 얼마인가?

15.114 다음 반응은 수용액에서 아스파테이스(aspartase) 효소에 의해 촉매 반응이 일어난다. 37 ℃에서 이 반응의 $K_c = 6.95 \times 10^{-3}$을 갖는다.

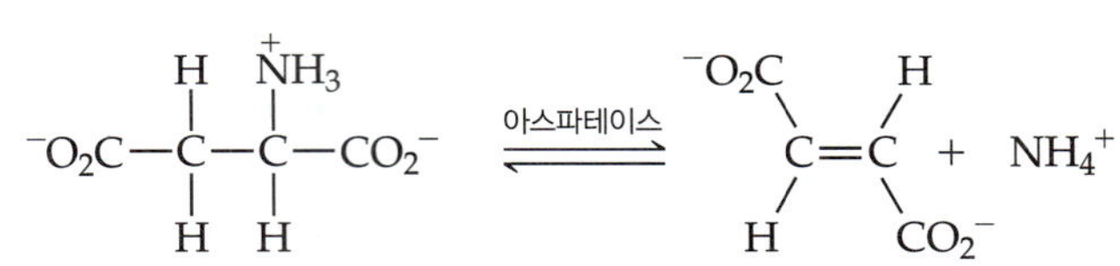

아스파트산 이온　　　　퓨마르산 이온

L-아스파트산 이온의 초기 농도가 8.32×10^{-3} M이라면, 37 ℃ 평형 상태에서의 L-아스파트산 이온, 퓨마르산 이온, 암모늄 이온의 농도는 얼마인가?

15.115 문제 15.114 반응에서 퓨마르산 이온(fumarate)은 퓨마레이스(fumarase) 효소 촉매 하에서 물과 반응하여 L-말산 이온(L-malate)을 형성한다. 37 ℃에서 $K_c = 3.3$이다.

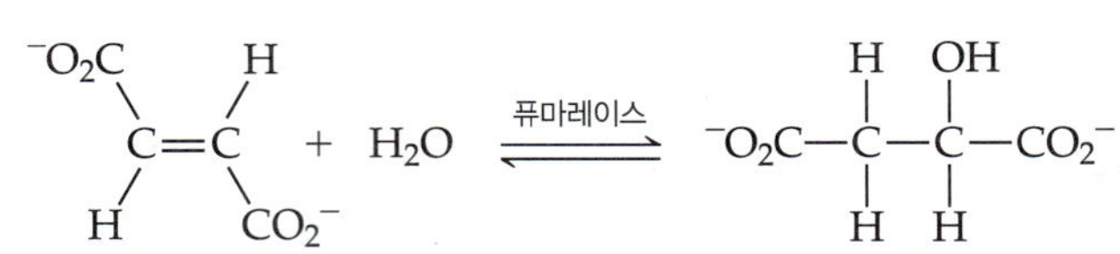

퓨마르산 이온　　　　말산 이온

[퓨마르산염] $= 1.56 \times 10^{-3}$ M, [L-말산염] $= 2.27 \times 10^{-3}$ M인 반응 혼합물이 37 ℃에서 퓨마레이스의 존재 하에 평형에 도달하면 퓨마르산염과 L-말산염의 평형 농도는 얼마인가? (묽은 용액에서 물의 농도는 실제적으로 순수한 물과 동일하기 때문에 물은 평형식에서 생략할 수 있다.)

15.116 초기 농도가 $[SO_2] = 1.50$ M, $[Cl_2] = 0.85$ M일 때, 298 K에서 SO_2, Cl_2, SO_2Cl_2의 평형 농도를 계산하시오. 298 K에서 $SO_2(g) + Cl_2(g) \rightleftharpoons SO_2Cl_2(g)$ 반응의 K_c는 8.40×10^{-3}이다.

15.117 초기 농도가 $[H_2O] = 0.050$ M, $[Cl_2] = 0.100$ M일 때, 298 K에서 $H_2O(g)$, $Cl_2(g)$, $HCl(g)$, $O_2(g)$의 평형 농도를 계산하시오. 298 K에서 $H_2O(g) + Cl_2(g) \rightleftharpoons 2\ HCl(g) + O_2(g)$ 반응의 K_c는 8.96×10^{-9}이다.

르샤틀리에 원리(15.6~15.9절)

15.118 다음 평형을 생각해 보자.

$$Ag^+(aq) + Cl^-(aq) \rightleftharpoons AgCl(s)$$

평형이 다음에 의하여 방해를 받을 때, 고체 염화 은의 양이 어떻게 변하는가를 르샤틀리에 원리를 이용하여 예측하시오.

(a) NaCl 첨가

(b) $AgNO_3$ 첨가

(c) Ag^+와 반응하여 착이온 $Ag(NH_3)_2^+$를 형성하는 NH_3 첨가

(d) Cl^- 제거; 또한 이 변화를 반응 지수 Q_c를 이용하여 설명하시오.

15.119 다음 평형을 생각해 보자.

$$NO_2Cl(g) + NO(g) \rightleftharpoons NOCl(g) + NO_2(g)$$

평형이 다음 변화로 방해받을 때, NO_2의 농도는 증가하겠는가 감소하겠는가 그대로 유지되겠는가?

(a) NOCl 첨가

(b) NO 첨가

(c) NO 제거

(d) NO_2Cl 첨가; 또한 반응 지수 Q_c를 이용하여 변화를 설명하시오.

15.120 다음 각 평형이 부피 감소의 결과 때문에 압력이 증가하여 방해를 받을 때, 반응 생성물의 몰수는 증가하겠는가 감소하겠는가 그대로 유지되겠는가?

(a) $2\ CO_2(g) \rightleftharpoons 2\ CO(g) + O_2(g)$

(b) $N_2(g) + O_2(g) \rightleftharpoons 2\ NO(g)$

(c) $Si(s) + 2\ Cl_2(g) \rightleftharpoons SiCl_4(g)$

15.121 다음 평형에서 부피를 증가시켰을 때 반응이 어떤 방향으로 진행될지, 르샤틀리에 원리를 이용하여 예측하시오.

(a) $C(s) + H_2O(g) \rightleftharpoons CO(g) + H_2(g)$

(b) $2\ H_2(g) + O_2(g) \rightleftharpoons 2\ H_2O(g)$

(c) $2\ Fe(s) + 3\ H_2O(g) \rightleftharpoons Fe_2O_3(s) + 3\ H_2(g)$

15.122 다음은 수성 가스 전환 반응이다.

$$CO(g) + H_2O(g) \rightleftharpoons CO_2(g) + H_2(g), \quad \Delta H° = -41.2\ kJ$$

평형 혼합물 중 H_2의 양은 온도가 높아질 때 증가하는가 감소하는가? 온도가 낮아질 때 K_c는 어떻게 변하는가? 르샤틀리에 원리를 이용하여 설명하시오.

15.123 반응 $3\ O_2(g) \rightleftharpoons 2\ O_3(g)$의 $\Delta H°$는 +285 kJ이다. 온도가 높아짐에 따라 평형 상수가 증가하는가 감소하는가? 르샤틀리에 원리를 이용하여 설명하시오.

15.124 다음 발열 반응을 생각해 보자.

$$CoCl_4^{2-}(aq) + 6\ H_2O(l) \rightleftharpoons Co(H_2O)_6^{2+}(aq) + 4\ Cl^-(aq)$$

이 반응은 파란색 $CoCl_4^{2-}$ 이온과 분홍색 $Co(H_2O)_6^{2+}$ 이온이 상호 변환하는 반응이다. 다음 변화가 일어날 때 $CoCl_4^{2-}$의 평형 농도는 증가하는가 감소하는가?

(a) HCl을 첨가한다.

(b) $Co(NO_3)_2$를 첨가한다.

(c) 용액을 물로 묽게 한다.

(d) 온도를 올린다.

15.125 다음 흡열 반응을 생각해 보자.

$$Fe^{3+}(aq) + Cl^-(aq) \rightleftharpoons FeCl^{2+}(aq)$$

르샤틀리에 원리를 이용하여 다음 변화가 일어날 때 $FeCl^{2+}$ 착이온의 평형 농도가 어떻게 될지 예측하시오.

(a) $Fe(NO_3)_3$를 첨가한다.

(b) $AgNO_3$를 첨가하여 Cl^-을 AgCl로 침전시킨다.

(c) 온도를 올린다.

(d) 촉매를 첨가한다.

15.126 메탄올(CH_3OH)은 $Cu/ZnO/Al_2O_3$ 촉매 존재 하에서 일산화 탄소와 수소를 반응시켜 제조된다.

$$CO(g) + 2\ H_2(g) \underset{\text{촉매}}{\overset{Cu/ZnO/Al_2O_3}{\rightleftharpoons}} CH_3OH(g) \quad \Delta H° = -91\ kJ$$

반응물과 생성물의 평형 혼합물이 다음 변화로 영향을 받을 때 메탄올의 양은 증가, 감소 아니면 똑같이 유지되는가?

(a) 온도를 올린다.

(b) 부피를 감소시킨다.

(c) 헬륨을 첨가한다.

(d) CO를 첨가한다.

(e) 촉매를 제거한다.

15.127 400 ℃ 기체 상태에서 아이소프로필 알코올(소독용 알코올)은 산업적으로 중요한 용매인 아세톤으로 분해된다.

$$\underset{\text{아이소프로필 알코올}}{(CH_3)_2CHOH(g)} \rightleftharpoons \underset{\text{아세톤}}{(CH_3)_2CO(g)} + H_2(g) \quad \Delta H° = +57.3\ kJ$$

반응물과 생성물의 평형 혼합물에 다음 변화를 줄 때 아세톤의 양은 증가하는가 감소하는가 그대로 유지되는가?

(a) 온도를 올린다.

(b) 부피를 증가시킨다.

(c) 아르곤을 첨가한다.

(d) H_2를 첨가한다.

(e) 촉매를 첨가한다.

15.128 금 광산에서 중요한 다음 반응을 생각해 보자.

$$4\ Au(s) + 8\ CN^-(aq) + O_2(g) + 2\ H_2O(l) \rightleftharpoons 4\ Au(CN)_2^-(aq) + 4\ OH^-(aq)$$

평형 상태에서 반응 혼합물에 다음 변화를 주면, 새로운 평형에 도달하기 위해 반응의 방향은 어떻게 되는가?

(a) 금 첨가

(b) OH^-의 농도 증가

(c) 산소의 부분 압력 증가

(d) CN^-과 $Fe(CN)_6^{3-}(aq)$ 착이온을 형성하는 $Fe^{3+}(aq)$ 첨가

15.129 다음 흡열 반응은 700 K에서 이리듐에 의해 촉매화된다.

$$CaO(s) + CH_4(g) + 2\,H_2O(g) \rightleftharpoons CaCO_3(s) + 4\,H_2(g)$$

700 K에서 평형에 있는 반응 혼합물에 다음 변화를 가하면, 새로운 평형에서 $CaCO_3$의 총량은 증가하는가 감소하는가 그대로 유지되는가?

(a) 온도 올림

(b) 산화 칼슘 첨가

(c) 메테인(CH_4) 제거

(d) 부피 증가

(e) 이리듐 첨가

15.130 반응 $PCl_5(g) \rightleftharpoons PCl_3(g) + Cl_2(g)$의 K_p는 600 K에서 3.81×10^2이고, 700 K에서 2.69×10^3이다.

(a) 이 반응은 흡열인가 발열인가?

(b) 다음에 의해 반응물과 생성물의 평형 농도에는 어떤 영향이 있겠는가? (i) 부피 증가, (ii) 비활성 기체 첨가, (iii) 촉매 첨가

15.131 베이킹소다(중탄산 소듐)를 가열하면 다음과 같이 분해된다.

$$2\,NaHCO_3(s) \rightleftharpoons Na_2CO_3(s) + CO_2(g) + H_2O(g) \quad \Delta H° = +136\ kJ$$

반응물과 생성물의 평형 혼합물은 닫힌 용기에 들어 있다고 생각하자. 혼합물에 다음과 같은 변화를 가할 때, CO_2 몰수는 어떻게 바뀌겠는가?

(a) 고체 $NaHCO_3$를 첨가

(b) 수증기 첨가

(c) 용기의 부피 감소

(d) 온도 올림

화학 평형과 화학 반응 속도론(15.10절)

15.132 백금 촉매는 일산화 탄소의 산화를 줄이기 위해 자동차 촉매 변환기에서 사용된다.

$$2\,CO(g) + O_2(g) \overset{Pt}{\rightleftharpoons} 2\,CO_2(g) \quad \Delta H° = -566\ kJ$$

$CO(g)$, $O_2(g)$, $CO_2(g)$의 평형 혼합물이 있는 반응 용기를 생각해 보자. 다음 조건 하에서 CO의 양이 증가하는가, 감소하는가, 그대로 유지되는가?

(a) 백금 촉매를 첨가한다.

(b) 온도를 올린다.

(c) 부피 감소로 인해 압력이 증가한다.

(d) 아르곤 기체의 첨가로 압력이 증가한다.

(e) O_2 기체의 첨가로 압력이 증가한다.

15.133 다음 기체상 반응을 생각해 보자.

$$2\,A(g) + B(g) \rightleftharpoons C(g) + D(g)$$

반응물과 생성물의 평형 혼합물이 다음 변화로 영향을 받는다고 한다.

(a) 부피 감소 (b) 온도 상승

(c) 반응물 첨가 (d) 촉매 첨가

(e) 비활성 기체 첨가

이들 변화 중 어느 것이 평형 상수 K_c의 값은 변화시키지 않은 채 평형 혼합물의 조성에 영향을 미치는가? K_c의 값에 영향을 미치는 것은 무엇인가? 평형 혼합물의 조성이나 K_c 어느 쪽도 영향을 미치지 않는 것은 무엇인가?

15.134 반응 $A_2 + 2\,B \rightleftharpoons 2\,AB$의 정반응 속도는 18 M/s이고 역반응 속도는 12 M/s이다. 반응은 평형 상태가 아니다. 반응이 평형에 도달하려면 정방향과 역방향 중 어느 방향으로 진행되겠는가?

15.135 반응 $2A_3 + B_2 \rightleftharpoons 2\,A_3B$의 정반응 속도는 0.35 M/s이고 역반응 속도는 0.65 M/s이다. 반응은 평형 상태가 아니다. 반응이 평형에 도달하려면 정방향과 역방향 중 어느 방향으로 진행되겠는가?

15.136 일반적인 $A + B \rightleftharpoons C$의 단일 단계 반응을 생각해 보자. 이때 평형 상수는 정반응의 속도 상수와 역반응의 속도 상수의 비 $K_c = k_f/k_r$와 같음을 보이시오.

15.137 평형 혼합물에서 반응물의 양이 많고 생성물의 양이 적을 때, k_f 와 k_r의 상대적인 값은 다음 중 어느 것인가?

(a) $k_f > k_r$ **(b)** $k_f = k_r$ **(c)** $k_f < k_r$

15.138 기체 상태에서 헥사플루오로아세톤[$(CF_3)_2CO$]의 수화 과정을 생각해 보자.

$$(CF_3)_2CO(g) + H_2O(g) \underset{k_r}{\overset{k_f}{\rightleftharpoons}} (CF_3)_2C(OH)_2(g)$$

76 ℃에서 정반응과 역반응의 속도 상수는 $k_f = 0.13\ M^{-1}\ s^{-1}$, $k_r = 6.2 \times 10^{-4}\ M^{-1}\ s^{-1}$이다. 이때 평형 상수 K_c 값은 얼마인가?

15.139 수용액에서 클로로메테인과 OH^-의 반응을 생각해 보자.

$$CH_3Cl(aq) + OH^-(aq) \underset{k_r}{\overset{k_f}{\rightleftharpoons}} CH_3OH(aq) + Cl^-(aq)$$

25 ℃에서 정반응의 속도 상수는 $6 \times 10^{-6}\ M^{-1}\ s^{-1}$이고 평형 상수 K_c는 1×10^{16}이다. 25 ℃에서 역반응의 속도 상수를 구하시오.

15.140 자동차 촉매 변환기에서 공기 오염 물질인 일산화 질소는 질소와 산소로 변환된다. 다음 표에 $2\,NO(g) \rightleftharpoons N_2(g) + O_2(g)$ 반응의 정반응과 역반응의 속도 상수가 나와 있다.

온도(K)	$k_f(M^{-1}\ s^{-1})$	$k_r(M^{-1}\ s^{-1})$
1400	0.29	1.1×10^{-6}
1500	1.3	1.4×10^{-5}

이 반응은 발열 반응인가 흡열 반응인가? 반응 속도론적인 관점에서 설명하시오.

15.141 반응 $CO_2(g) + N_2(g) \rightleftharpoons CO(g) + N_2O(g)$의 정반응과 역반응의 속도 상수가 온도 변화에 따라 다음과 같다.

온도(K)	$k_f(M^{-1}\ s^{-1})$	$k_r(M^{-1}\ s^{-1})$
1200	9.1×10^{-11}	1.5×10^{5}
1300	2.7×10^{-9}	2.6×10^{5}

이 반응은 발열 반응인가 흡열 반응인가? 반응 속도론적인 관점에서 설명하시오.

15.142 그림 15.15를 보면, 촉매는 정반응과 역반응의 활성화 에너지를 같은 양 ΔE_a만큼 낮춘다.

(a) 정반응과 역반응에 아레니우스 식 $k = Ae^{-E_a/RT}$를 적용하여, 촉매에 의해 정반응과 역반응의 속도가 똑같이 증가함을 보이시오.

(b) 평형 상수와 정반응과 역반응의 속도 상수 사이의 관계식 $K_c = k_f/k_r$를 이용하여, 촉매가 평형 상수 값에 아무런 영향을 미치지 않음을 보이시오.

15.143 아레니우스 식 $k = Ae^{-E_a/RT}$, 평형 상수, 정반응과 역반응의 속도 상수 사이의 관계인 $K_c = k_f/k_r$를 이용하여, 발열 반응의 경우 K_c 값이 왜 온도 증가에 따라 감소하는가를 설명하시오.

다중 개념 문제

15.144 식초는 수용액에서 부분적으로 해리하는 약산인 아세트산을 포함한다.

$$CH_3CO_2H(aq) \rightleftharpoons H^+(aq) + CH_3CO_2^-(aq)$$

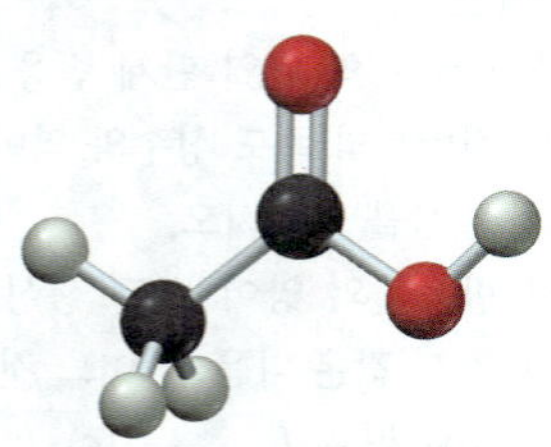

아세트산

(a) K_c에 대한 평형 상수식을 쓰시오.

(b) 1.0 M CH_3CO_2H의 분해 정도가 0.42%라면, K_c 값은 얼마인가?

15.145 중수, $D_2O(D = {}^2H)$는 핵반응에서 중성자 감속제로 쓰인다. 일반적인 물과의 혼합물에서 동위 원소는 다음 반응으로 교환된다.

$$H_2O + D_2O \rightleftharpoons 2\ HDO \quad K_c = 3.86 \quad 298\ \text{K에서}$$

H_2O 1.00 mol과 D_2O 1.00 mol이 반응할 때 298 K에서 H_2O, D_2O, HDO의 평형에서의 양(mol 단위)은 얼마인가? 혼합물의 밀도는 1.05 g/cm^{3}로 일정하다고 가정한다.

15.146 석유 정제 과정은 큰 탄화수소 분자를 더 작은 휘발성 분자로 만드는 크래킹 과정을 포함한다. 탄화수소 크래킹의 간단한 예는 뷰테인의 기체상 열분해로 에테인과 에틸렌을 얻는 과정이다.

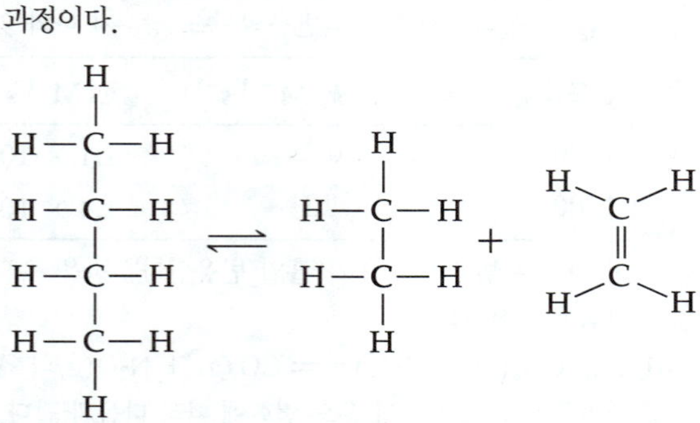

뷰테인(C_4H_{10}) 에테인(C_2H_6) 에틸렌(C_2H_4)

(a) K_p와 K_c의 평형 상수식을 쓰시오.

(b) 500 ℃에서 K_p 값은 12이다. K_c 값은 얼마인가?

(c) 50 atm 압력을 갖는 뷰테인 시료를 일정한 부피의 밀폐 용기에서 500 ℃로 가열한다. 평형에 도달할 때 뷰테인의 몇 %가 에테인과 에틸렌으로 변하는가? 평형에서 전체 압력은 얼마인가?

(d) (c)에서 몇 %가 부피 감소에 의한 영향을 받는가?

15.147 1000 K에서 반응 $H_2(g) + Br_2(g) \rightleftharpoons 2\ HBr(g)$의 $K_p = 2.1 \times 10^6$이고 $\Delta H° = -107.7$ kJ이다.

(a) 1000 K에서 1.22 mol H_2 기체를 포함한 1.00 L의 반응 용기에 0.974 mol Br_2를 가하였다. 평형에서 H_2, Br_2, HBr의 부분 압력은 얼마인가?

(b) (a)의 평형에서 다음의 각 변화는 HBr의 평형 부분 압력을 증가시킬 것이다. HBr의 압력을 가장 크게 증가시키는 변화를 고르고, 그 이유를 설명하시오.

(i) H_2 0.10 mol 첨가

(ii) Br_2 0.10 mol 첨가

(iii) 700 K까지 온도 내림

15.148 NOBr의 기체상 분해를 생각해 보자.

$$2\ NOBr(g) \rightleftharpoons 2\ NO(g) + Br_2(g)$$

(a) 0.0200 mol NOBr을 비어 있는 1.00 L 플라스크에 넣고 300 K에서 분해하여 평형에 도달하게 했을 때, 이 플라스크의 전체 압력은 0.588 atm이 되었다. 300 K에서 이 반응의 평형 상수 K_c는 얼마인가?

(b) 300 K에서 이 반응의 K_p는 얼마인가?

15.149 할로젠 램프는 일반적으로 소량의 할로젠(보통 브로민)을 포함하는 텅스텐 필라멘트 램프이다. 고온의 램프에서 할로젠은 분해되어 단일 원자로 존재한다.

(a) 일반적으로 텅스텐 램프 안의 뜨거운 텅스텐 필라멘트는 항상 일정하게 증발하고, 이 텅스텐은 비교적 차가운 전구의 벽에 응축된다. Br이 들어 있는 할로젠 램프에서 텅스텐은 Br 원자와 반응하여 기체 WBr_4로 된다. 약 900 K이 되는 이 전등의 벽에서 이 반응 $W(s) + 4\ Br(g)$

$\rightleftharpoons WBr_4(g)$의 평형 상수 K_p는 약 100이다. $Br(g)$의 평형 압력이 0.010 atm이면 전구 벽 가까이에서 $WBr_4(g)$의 평형 압력은 얼마인가?

(b) 약 2800 K이 되는 텅스텐 필라멘트 근처에서 (a) 반응의 K_p는 약 5.0이다. 이 반응은 발열 과정인가 흡열 과정인가?

(c) $WBr_4(g)$가 다시 필라멘트로 확산될 때 텅스텐이 다시 필라멘트에 침적된다. (a)로부터 WBr_4 압력이 (a) 반응을 2800 K에서 역방향으로 진행시키는 원인을 정량적으로 설명하시오. [$Br(g)$은 그대로 0.010 atm이다.] 텅스텐은 전구 벽으로부터 필라멘트로 계속해서 재순환하고 이 전구의 수명은 길어지고 더 밝다.

15.150 고체 카밤산 암모늄 $(NH_4)(NH_2CO_2)$이 기체 암모니아와 이산화 탄소로 분해되는 반응은 흡열 반응이다.

$$(NH_4)(NH_2CO_2)(s) \rightleftharpoons 2\ NH_3(g) + CO_2(g)$$

(a) 25 ℃에서 진공 상태의 플라스크에 고체 $(NH_4)(NH_2CO_2)$를 넣었을 때, 평형 상태에서 기체의 전체 압력이 0.116 atm이다. 25 ℃에서 K_p 값은 얼마인가?

(b) 위에 주어진 분해 반응에서 다음과 같이 변화를 주면 새로운 평형으로 가기 위하여 NH_3의 전체 양은 어떻게 되겠는가?

(i) CO_2 첨가

(ii) $(NH_4)(NH_2CO_2)$ 첨가

(iii) CO_2 제거

(iv) 전체 부피 증가

(v) 네온 첨가

(vi) 온도 올림

15.151 F_2의 F−F 결합은 한 F 원자에 있는 고립 전자쌍과 다른 F 원자에 있는 고립 전자쌍 간의 반발로 비교적 약하다. 1500 K에서 반응 $F_2(g) \rightleftharpoons 2\ F(g)$의 $K_p = 7.83$이다.

(a) 1500 K에서 F_2 분자의 평형 부분 압력이 0.200 atm이라면, F 원자의 평형 부분 압력(atm)은 얼마인가?

(b) 1500 K에서 F_2 분자가 해리되는 분율은 얼마인가?

(c) F_2의 F−F 결합은 Cl_2의 Cl−Cl 결합보다 왜 약한가?

15.152 400 K에서 4.00 L의 반응 용기에 N_2O_4 0.500 mol을 넣고 가열하면 N_2O_4의 79.3%가 NO_2로 분해된다.

(a) 400 K에서 반응 $N_2O_4(g) \rightleftharpoons 2\ NO_2(g)$의 K_c와 K_p를 계산하시오.

(b) NO_2 전자점 구조를 그리고, N_2O_4의 구조에 대한 합리적 설명을 하시오.

15.153 기체 상태에서 사이클로프로페인의 프로펜으로의 열분해 반응의 평형 상수 K_c가 500 K에서 1.0×10^5이다.

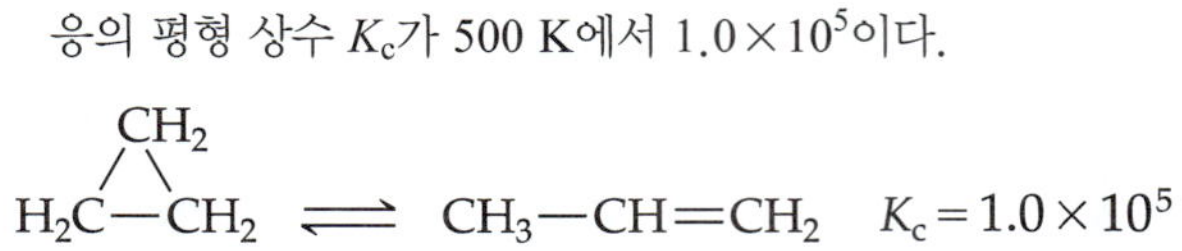

사이클로프로페인 프로펜

(a) 500 K에서 K_p 값은 얼마인가?

(b) 500 K에서 프로펜의 부분 압력이 5.0 atm일 때, 평형 상태에서 사이클로프로페인의 부분 압력은 얼마인가?

(c) 사이클로프로페인을 첨가하거나 용기의 부피를 줄이면 평형에서의 두 물질의 농도비는 어떻게 되겠는가? 설명하시오.

(d) 정반응과 역반응의 속도 상수 중 어느 것이 더 큰가?

(e) 왜 사이클로프로페인은 반응성이 큰가? (힌트: C 원자의 혼성 오비탈을 생각해 보자.)

15.154 아세트산은 수소 결합으로 이합체 $(CH_3CO_2H)_2$를 형성하려 한다.

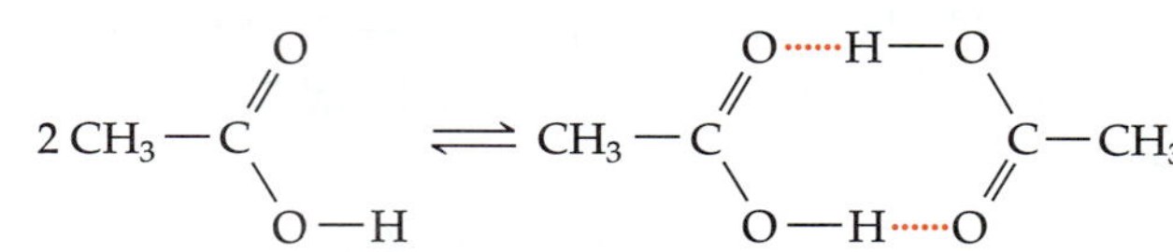

단위체 이합체

벤젠 용액에서 이 반응의 평형 상수 K_c는 1.51×10^2이지만, 수용액에서는 3.7×10^{-2}이다.

(a) 벤젠에서 0.100 M 아세트산의 단위체에 대한 이합체의 비율은 어떻게 되는가?

(b) 수용액에서 0.100 M 아세트산의 단위체에 대한 이합체의 비율은 어떻게 되는가?

(c) 왜 수용액에서의 K_c가 벤젠 용액에서의 K_c보다 작은가?

15.155 물 125.4 g과 물과 같은 몰수의 일산화 탄소를 10.0 L의 빈 용기에 넣고 700 K으로 가열하였다. 평형에서 CO의 부분 압력이 9.80 atm이다. 반응은 다음과 같다.

$$CO(g) + H_2O(g) \rightleftharpoons CO_2(g) + H_2(g)$$

(a) 700 K에서 K_p는 얼마인가?

(b) 반응 용기에 물 31.4 g을 첨가하여 새로운 평형에 도달하였다. 혼합물에서 각 기체의 평형 부분 압력은 얼마인가? H_2의 농도는 몇 분자 수/cm^3인가?

15.156 드라이아이스(고체 CO_2) 79.2 g과 흑연 30.0 g을 5.00 L의 빈 용기에 넣고 이 혼합물을 평형에 도달할 때까지 가열한다. 이 반응은 다음과 같다.

$$CO_2(g) + C(s) \rightleftharpoons 2\ CO(g)$$

(a) 1000 K에서 기체 밀도가 16.3 g/L라면 K_p 값은 얼마인가?

(b) 1100 K에서 기체 밀도가 16.9 g/L라면 K_p 값은 얼마인가?

(c) 이 반응은 발열 과정인가 흡열 과정인가? 설명하시오.

15.157 이산화 탄소와 일산화 탄소 기체 혼합물에서 이산화 탄소의 양은 과량의 $Ba(OH)_2$를 포함하는 수용액에 기체를 통과시켜 측정할 수 있다. CO_2는 반응하여 $BaCO_3$ 침전물을 만들지만 CO는 반응하지 않는다. 이 방법은 1100 K에서 1.000 L의 용기에서 CO_2 1.77 g과 흑연 2.0 g을 반응시켰을 때 얻은 기체의 평형 상태에서의 농도를 분석하는 데 쓰였다. 이 분석 방법으로 $BaCO_3$ 3.41 g을 얻었다. 이들 자료를 이용하여 1100 K에서 다음 반응의 K_p 값을 계산하시오.

$$CO_2(g) + C(s) \rightleftharpoons 2\ CO(g)$$

15.158 N_2O_4 14.58 g을 400 K에서 1.000 L 반응 용기에 넣었다. N_2O_4가 분해되어 N_2O_4와 NO_2 평형 혼합물의 전체 압력은 9.15 atm이 되었다.

(a) 400 K에서 반응 $N_2O_4(g) \rightleftharpoons 2\ NO_2(g)$의 K_c 값은 얼마인가?

(b) N_2O_4가 분해되어 평형 혼합물로 될 때 열(kJ)을 얼마나 흡수하는가? (표준 생성열은 부록 B에 있다.)

15.159 27 ℃에서 8.0 ft×10.0 ft×8.0 ft 크기의 방에서 좀약이 승화한다. 좀약은 순수한 고체 나프탈렌(밀도 1.16 g/cm^3)으로만 이루어졌다고 할 때, 구형의 좀약 지름이 12.0 mm이다. 27 ℃에서 나프탈렌의 승화에 대한 평형 상수 K_c는 5.40×10^{-6}이다.

$$C_{10}H_8(s) \rightleftharpoons C_{10}H_8(g)$$

(a) 과량의 좀약이 있다면, 평형 상태에서 방 안에는 얼마나 많은 기체 나프탈렌 분자가 있는가?

(b) 방을 기체 나프탈렌으로 포화시키려면 좀약이 얼마만큼 필요한가?

15.160 오존은 불안정하여 산소로 분해된다.

$$2\ O_3(g) \rightleftharpoons 3\ O_2(g) \quad K_p = 1.3 \times 10^{57}$$

25 ℃, 720 mmHg에서 평형 상태의 1000만 m^3 공기 중에 O_3 분자는 얼마나 존재하는가?

15.161 25 ℃, 벤젠 용액에서 아세트산의 이합체화에 대한 평형 상수는 1.51×10^2이다.

$$2\ CH_3CO_2H \rightleftharpoons (CH_3CO_2H)_2 \quad K_c = 1.51 \times 10^2 \quad 25\ ℃에서$$

(a) 25 ℃에서 순수한 아세트산 0.0300 mol을 충분한 양의 벤젠에 넣어 250.0 mL의 용액을 준비하였다. 단위체와 이합체의 평형에서의 농도는 얼마인가?

(b) 25 ℃에서 용액의 삼투 압력은 얼마인가?

15.162 600 K에서 분해 반응 $PCl_5(g) \rightleftharpoons PCl_3(g) + Cl_2(g)$의 $K_p = 381$이고, 700 K에서의 $K_c = 46.9$이다.

(a) 이 반응은 흡열 과정인가 발열 과정인가? 설명하시오. 답이 결합 에너지에 근거하여 예측한 것과 일치하는가?

(b) 700 K에서 1.25 g PCl_5를 진공 상태의 0.500 L 플라스크에 넣고 분해시켜 평형에 도달하게 하면, PCl_5는 몇 % 분해하고 이 플라스크의 전체 압력은 얼마가 되겠는가?

(c) PCl_5와 PCl_3의 전자점 구조를 쓰고, 이 분자들이 쌍극자 모멘트를 갖는지 여부를 말하고 이유를 설명하시오.

15.163 프로판올(PrOH)과 메타크릴산메틸(MMA)은 분자간 힘에 의해 용액에서 결합하여 PrOH·MMA의 부가 생성물을 만든다. 298 K에서 이 결합 반응의 평형 상수 K_c는 0.701이다.

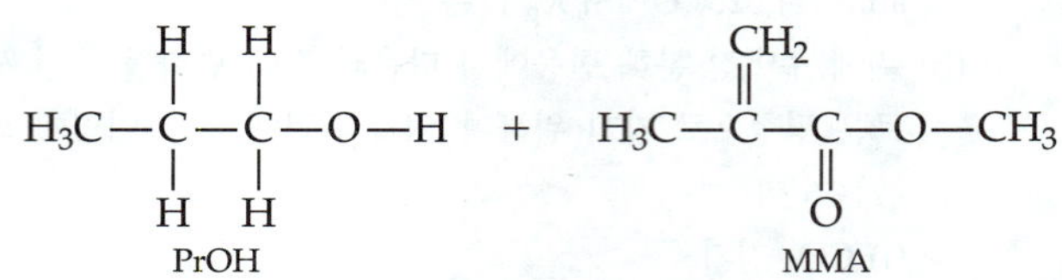

$$\rightleftharpoons \text{PrOH} \cdot \text{MMA}$$

(a) PrOH와 MMA 사이의 인력을 설명하는 가장 우세한 분자간 힘은 무엇인가?

(b) 부가 생성물인 PrOH·MMA의 가능한 구조를 그리시오. 분자간 인력을 점선(···)으로 나타내시오.

(c) [PrOH] = 0.100 M과 [MMA] = 0.0500 M의 초기 농도라면, PrOH, MMA, PrOH·MMA의 평형 상태에서의 농도를 계산하시오.

chapter 16

수용액 평형: 산과 염기

© Kenneth Keifer/Shutterstock

CONTENTS

산업 배출로 인해 대기 중에 형성된 황산과 질산은 20세기 후반에 비의 pH를 급격히 낮추었다. 산성비는 소나무와 호수의 수생 생물을 죽이고 전체 생태계를 파괴했다.

산성비 문제는 해결되었는가?

이 질문의 답은 716쪽 INQUIRY ?에 나와 있다.

앞 장에서는, 화학 평형의 원리에 대해 논의하였다. 이제 그 원리들을 산과 염기 용액에 대해 적용할 것이다. 산과 염기는 일상생활에 흔하며 식초에 있는 아세트산, 레몬과 감귤류에 들어 있는 시트르산(구연산), 제산제에 들어 있는 수산화 마그네슘, 가정용 세정제에 들어 있는 암모니아 등이 있다. 염산은 위액에 들어 있는 산이며, 위산으로 알려져 있다. 매일 위벽에서 분비되는 1.0리터 이상의 HCl 없이는 우리는 음식물을 소화할 수 없다.

산과 염기의 특성은 수세기 동안 알려져 왔다. 산은 철, 아연과 같은 금속들과 반응하여 H_2 기체를 생성하며, 식물 염료인 **리트머스**(litmus)를 푸른색에서 붉은색으로 변화시킨다. 반면에, 염기는 미끄럽고 리트머스를 붉은색에서 푸른색으로 변화시킨다. 산과 염기를 알맞은 비율로 혼합하면, 산과 염기의 특징은 사라지고 **염**(salts)이라는 새로운 물질로 바뀐다.

무엇이 산을 산으로, 그리고 염기를 염기로 작용하게 하는가? 이미 4.7절에서 이 질문을 제기하였다. 이제 화학자들이 산과 염기의 화학적 거동을 설명하기 위하여 발전시켜 온 몇 가지 개념들을 더욱 자세히 살펴볼 것이다. 또한 15장에서 다루었던 화학 평형의 원리를 산과 염기 수용액에 존재하는 물질의 농도를 결정하는 데 적용할 것이다. 모든 화학에서 아마도 가장 중요한 반응은 산-염기 반응이다. 이 관점에서 보면, 수많은 화학 반응을 이해할 수 있을 것이다.

16.1 산-염기 개념: 브뢴스테드-로리 이론

이제까지는 아레니우스의 산-염기 이론을 사용하였다(4.7절). 아레니우스에 따르면, 산은 물에서 해리하여 수소 이온(H^+)을 생성하는 물질이고, 염기는 물에서 해리하여 수산화 이온(OH^-)을 생성하는 물질이다. 따라서 HCl과 H_2SO_4는 산이고, NaOH와 $Ba(OH)_2$는 염기이다.

일반적인 아레니우스 산 $HA(aq) \rightleftharpoons H^+(aq) + A^-(aq)$
일반적인 아레니우스 염기 $MOH(aq) \rightleftharpoons M^+(aq) + OH^-(aq)$

아레니우스 이론은 많은 일반적인 산과 염기의 성질을 설명하지만, 중요한 한계를 갖고 있다. 한 가지는 아레니우스 이론은 수용액에만 적용되며, 또 다른 하나는 OH기가 없는 암모니아(NH_3)와 같은 물질의 염기성을 설명하지 못한다. 1923년에 덴마크 화학자 브뢴스테드(1879~1947)와 영국의 화학자 로리(1843~1909)는 각각 산과 염기에 대한 더 일반적인 이론을 제안하였다. **브뢴스테드-로리 이론(Brønsted-Lowry theory)**에 따르면, 산은 다른 물질에게 양성자(H^+ 이온)를 줄 수 있는 물질(분자나 이온)이고, 염기는 양성자를 받을 수 있는 물질이다. 간단히 말하면, 산은 양성자 주개, 염기는 양성자 받개이고, 산-염기 반응은 양성자-이동 반응이다.

브뢴스테드-로리 산 H^+를 줄 수 있는 물질
브뢴스테드-로리 염기 H^+를 받을 수 있는 물질

이 식에서 브뢴스테드-로리 산-염기 반응의 생성물인 BH^+와 A^-는, 그들 자신이 각각 산과 염기이다. 염기 B가 HA로부터 양성자를 받아 생성된 화학종 BH^+는, 자신이 다시 A^-에 양성자를 줄 수 있으므로 브뢴스테드-로리 산이라는 의미이다. 마찬가지로 HA가 양성자를 잃어 생성된 화학종 A^-는, 자신이 다시 BH^+로부터 양성자를 받을 수 있으므로 브뢴스테드-로리 염기라는 의미이다. 화학식에서 오직 양성자 하나만 차이나는 화학종들을 **짝산-염기쌍**

(**conjugate acid-base pairs**)이라고 부른다. 따라서 A^-는 산 HA의 **짝염기**(**conjugated base**)이고, HA는 염기 A^-의 **짝산**(**conjugated acid**)이다. 마찬가지로 B는 산 BH^+의 짝염기이고, BH^+는 염기 B의 짝산이다.

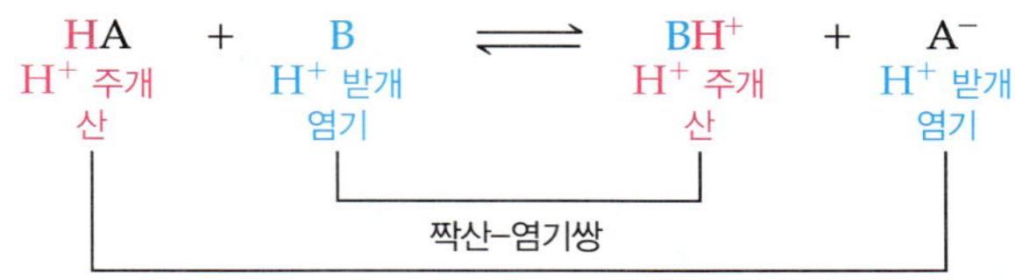

산–염기 반응에서 무슨 일이 생기는가 알려면 양성자에 주목하라. 예를 들어, 브뢴스테드–로리 산 HA가 물에 용해되면 **산 해리 평형**(acid–dissociation equilibrium)에 의해 물과 가역적으로 반응한다. 산은 염기(양성자 받개)로 작용하는 용매에 양성자를 준다. 생성물은 **하이드로늄 이온**(**hydronium ion**) $\mathbf{H_3O^+}$(H_2O의 짝산)과 A^-(HA의 짝염기)이다.

개념탐구 질문 1

브뢴스테드–로리 염기 OH^-의 짝산은 무엇인가?

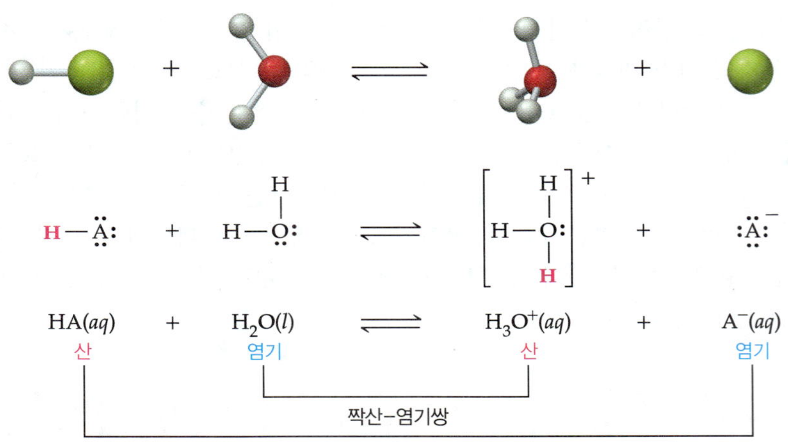

역반응에서는 H_3O^+가 양성자 주개(산)로, A^-가 양성자 받개(염기)로 작용한다. 브뢴스테드–로리 산의 전형적인 예로는, 전기적으로 중성 분자인 HCl, HNO_3, HF뿐만 아니라 NH_4^+, HSO_4^-, HCO_3^-와 같이 양성자를 내줄 수 있는 염의 양이온과 음이온까지 포함된다.

NH_3와 같은 브뢴스테드–로리 염기가 물에 용해되면 용매로부터 양성자를 받으며, 용매는 산으로 작용한다. 생성물은 수산화 이온 OH^-(물의 짝염기)와 암모늄 이온 NH_4^+(NH_3의 짝산)이다. 역반응에서는 NH_4^+가 양성자 주개로 작용하고, OH^-가 양성자 받개로 작용한다.

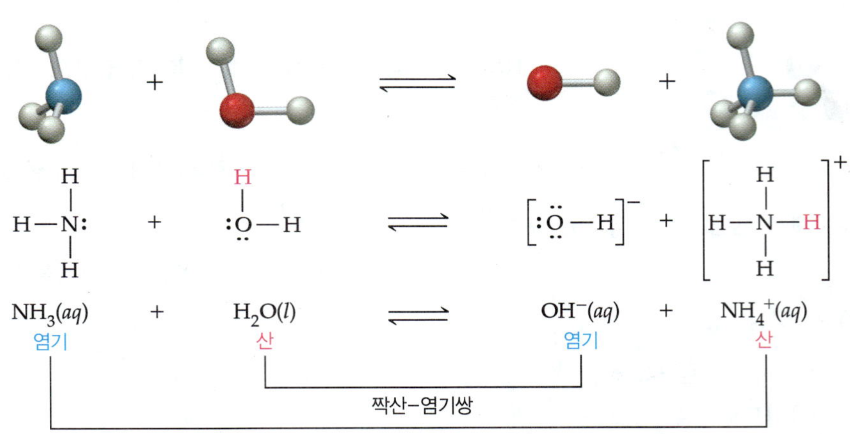

양성자를 받는 분자나 이온은 적어도 하나의 비공유 전자쌍을 가지고 있어야 양성자와 결합할 수 있다. 다음의 전자점 구조에서 보듯이, 모든 브뢴스테드-로리 염기는 하나 이상의 고립 전자쌍을 가지고 있다.

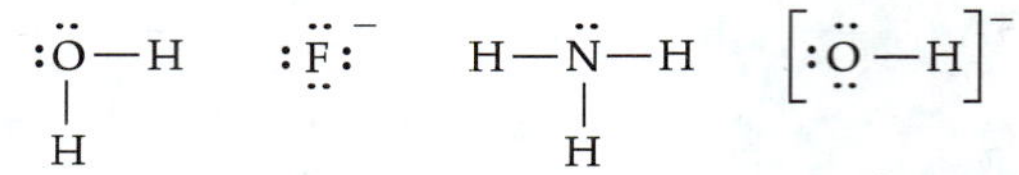

몇 가지 브뢴스테드-로리 염기

우리가 보았듯이, 양성자는 산에 대한 아레니우스와 브뢴스테드-로리의 정의에 필수적이다. 아레니우스의 정의에서 산(HA)은 해리되어 $H^+(aq)$로 표기되는 수화된 수소 이온, 또는 수화된 양성자를 낸다.

$$HA(aq) \rightleftharpoons H^+(aq) + A^-(aq)$$

하이드로늄 이온, H_3O^+

노출된 양성자, 즉 양전하를 띤 H^+ 이온은 너무 반응성이 커서 수용액에 존재할 수 없으며, 용매인 물 분자의 산소 원자와 결합하여 삼각뿔 구조의 하이드로늄 이온(H_3O^+)이 된다. 가장 간단한 양성자 수화물 $[H(H_2O)]^+$로 간주되는 H_3O^+ 이온은 수소 결합을 통해 더 많은 물 분자와 회합하여, $H_5O_2^+$, $H_7O_3^+$, $H_9O_4^+$와 같이 일반식 $[H(H_2O)_n]^+$($n = 2$, 3 또는 4)인 수화물을 형성한다. 산성 수용액에는 n값이 다양한 $[H(H_2O)_n]^+$ 이온들이 포함되어 있을 것이다. 그러나 이 책에서는 다양한 수의 물 분자로 수화된 양성자를 나타내는 데 기호 $H^+(aq)$와 $H_3O^+(aq)$를 사용할 것이다. 대개 산-염기 반응에서는 양성자 이동의 특성을 강조하기 위해 H_3O^+를 사용한다.

예제 16.1

아레니우스와 브뢴스테드-로리 이론으로 산도 설명

아레니우스 이론과 브뢴스테드-로리 이론을 사용하여, 아질산(HNO_2)의 산도(acidity)를 설명하고, HNO_2의 짝염기를 밝히시오.

전략

물질의 산도를 설명하려면, 물에서 어떻게 H^+ 이온을 생성하는가(아레니우스 이론)와 어떻게 양성자 주개로 작용하는가(브뢴스테드-로리 이론)를 고려하라.

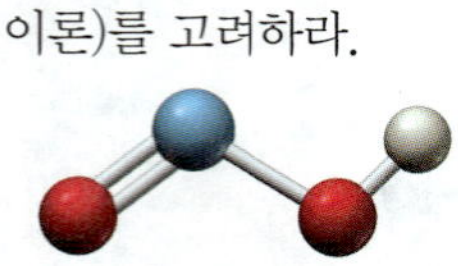

아질산

풀이

HNO_2는 물에서 해리되어 H^+ 이온을 생성하므로 아레니우스 산이다.

$$HNO_2(aq) \rightleftharpoons H^+(aq) + NO_2^-(aq)$$

아질산은 해리될 때 물에 양성자를 전이하여 하이드로늄 이온(H_3O^+)을 생성하며, 양성자 주개로 작용하므로 브뢴스테드-로리 산이다.

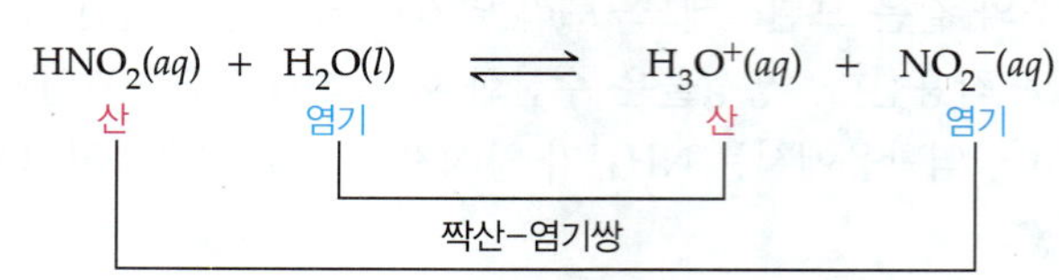

HNO_2의 짝염기는 NO_2^-이며, HNO_2가 양성자를 잃고 생성된 화학종이다.

▶ **연습문제 16.1** 브뢴스테드-로리 산 HSO_4^-가 물에서 해리되는 균형 반응식을 쓰시오.

▶ **응용문제 16.2** 탄산 이온(CO_3^{2-})과 물의 반응을 쓰시오.

개념 예제 16.2

브뢴스테드-로리 산, 염기 및 짝산-염기쌍 확인

수용액에서 일어나는 다음 반응의 경우, 브뢴스테드-로리 산, 염기, 짝산-염기쌍을 밝히시오.

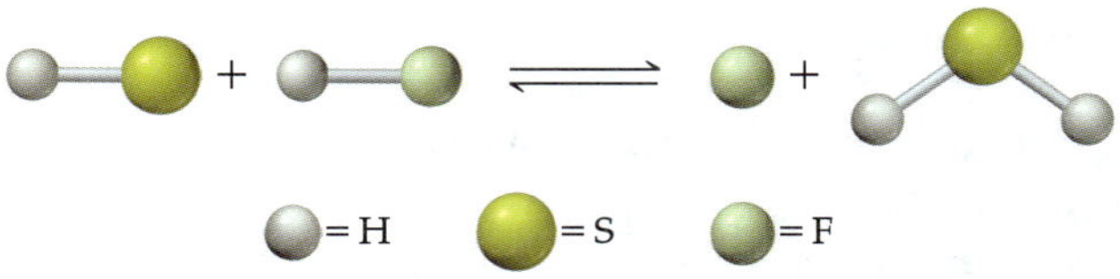

전략

가장 간단한 방법은 화학식을 비교했을 때 양성자 하나만 차이 나는 화학종인 짝산-염기쌍을 찾는 것이다.

풀이

두 번째 반응물은 HF이고, 첫 번째 생성물은 그것의 짝염기인 F^-이다. 두 번째 생성물은 H_2S이고, 첫 번째 반응물은 그 짝염기인 HS^-이다. 따라서 브뢴스테드-로리 산, 염기, 짝산-염기쌍은 다음과 같다.

$$\underset{\text{염기}}{HS^-(aq)} + \underset{\text{산}}{HF(aq)} \rightleftharpoons \underset{\text{염기}}{F^-(aq)} + \underset{\text{산}}{H_2S(aq)}$$

짝산-염기쌍

▶ **개념 연습문제 16.3** 다음의 수용액 반응에서 브뢴스테드-로리 산, 염기, 짝산-염기쌍을 밝히시오.

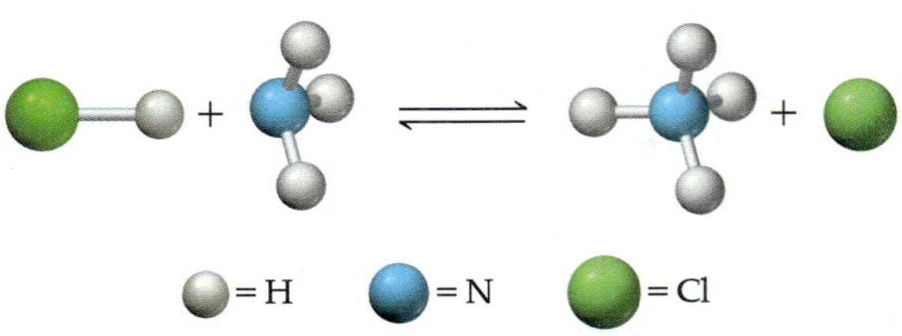

▶ **개념 응용문제 16.4** 다음의 수용액 반응에서 브뢴스테드-로리 산, 염기, 짝산-염기쌍을 밝히시오. 물은 어느 반응에서 산이고, 어느 반응에서 염기인가?

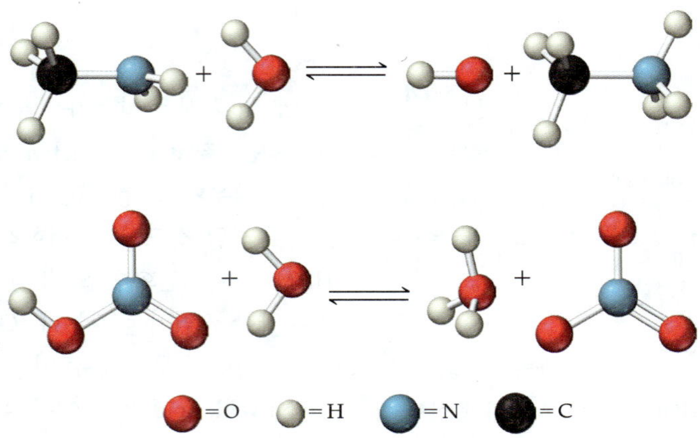

16.2 산의 세기와 염기의 세기

산 해리 평형을 고찰하는 유용한 방법이 있다. 두 염기인 H_2O와 A^-가 양성자를 얻기 위해 경쟁하고 있음을 인식하는 것이다.

$$\underset{\text{산}}{HA(aq)} + \underset{\text{염기}}{H_2O(l)} \rightleftharpoons \underset{\text{산}}{H_3O^+(aq)} + \underset{\text{염기}}{A^-(aq)}$$

위 식에서 두 염기는 H_2O와 A^-이다. 일반적으로 염기는 종종 화학식 A^-로 나타낸다. 음이온은 양성자(H^+)를 받을 수 있기 때문이다. 만일 H_2O가 A^-보다 더 강한 염기(더 강한 양성자 받개)이면, 대부분의 양성자는 HA에서 H_2O로 이동할 것이고, 용액은 주로 H_3O^+와 A^-를 함유할 것이다.

$$HA(aq) + H_2O(l) \rightleftharpoons H_3O^+(aq) + A^-(aq)$$

H_2O가 A^-보다 더 강한 염기이면 용액은 주로 생성물을 함유한다.

만일 A^-가 H_2O보다 더 강한 염기이면, A^- 이온은 양성자를 얻을 것이고, 용액은 주로 HA와 H_2O를 함유할 것이다.

$$HA(aq) + H_2O(l) \rightleftharpoons H_3O^+(aq) + A^-(aq)$$

A^-가 H_2O보다 더 강한 염기이면 용액은 주로 반응물을 함유한다.

동일한 농도의 반응물과 생성물로 시작할 때, **양성자는 항상 더 강한 염기 쪽으로 이동한다.** 이는 평형에 도달하기 위한 반응의 방향이 더 강한 산에서 더 강한 염기로 양성자가 이동하여, 더 약한 산과 더 약한 염기가 생성됨을 의미한다.

더 강한 산 + 더 강한 염기 ⟶ 더 약한 산 + 더 약한 염기

기억하기…
물에 녹아 전기를 전도하는 용액을 생성하는 물질을 **전해질(electrolytes)**이라고 한다. 물에서 대부분 이온으로 해리되는 분자성 물질을 강전해질, 적은 양만 이온으로 해리되는 물질을 약전해질이라고 한다(4.3절).

개념탐구 질문 2
HOCl은 HOI보다 강한 산이다. OCl^-와 OI^- 중 어느 것이 더 강한 염기인가?

서로 다른 산은 양성자를 주는 능력이 다르다. **강산(strong acid)**은 물에서 거의 완전히 해리되고 **강전해질(strong electrolyte)**이다(4.3절). 따라서 강산의 산 해리 평형은 거의 100% 오른쪽으로 치우치고, 용액은 거의 전부 H_3O^+와 A^-이온을 포함하며, 해리되지 않은 HA 분자의 양은 무시될 정도이다. 전형적인 강산으로는 과염소산($HClO_4$), 염산(HCl), 브로민화수소산(HBr), 아이오딘화수소산(HI), 질산(HNO_3), 황산(H_2SO_4)이 있다. 이 정의에 따르면, 강산은 매우 약한 짝염기를 갖는다. ClO_4^-, Cl^-, Br^-, I^-, NO_3^-, HSO_4^-는 수용액에서 양성자와 결합하는 경향이 무시할 수 있는 정도이다. 따라서 H_2O보다 훨씬 약한 염기이다.

약산(weak acid)은 물에서 일부분만 해리하므로 약전해질이다. 약산 분자들은 일부만 물에게 양성자를 전달한다. 따라서 용액은 대부분의 해리되지 않은 HA 분자와 소량의 H_3O^+와 짝염기 A^-를 함유한다. 전형적인 약산으로는 아질산(HNO_2), 플루오린화 수소산(HF), 아세

표 16.1 짝산–염기쌍의 상대적 세기

	산, HA		염기, A^-		
더 강한 산	$HClO_4$	**강산:** 수용액에서 100% 해리	ClO_4^-	**매우 약한 염기:** 수용액에서 무시할 정도의 양성자화 경향	더 약한 염기
	HCl		Cl^-		
	H_2SO_4		HSO_4^-		
	HNO_3		NO_3^-		
	H_3O^+		H_2O		
	HSO_4^-	**약산:** 수용액에서 HA, A^-, H_3O^+의 혼합물로 존재	SO_4^{2-}	**약염기:** 수용액에서 중간 정도의 양성자화 경향	
	H_3PO_4		$H_2PO_4^-$		
	HNO_2		NO_2^-		
	HF		F^-		
	CH_3CO_2H		$CH_3CO_2^-$		
	H_2CO_3		HCO_3^-		
	H_2S		HS^-		
	NH_4^+		NH_3		
	HCN		CN^-		
	HCO_3^-		CO_3^{2-}		
	H_2O		OH^-		
	NH_3	**매우 약한 산:** 무시할 정도의 해리 경향	NH_2^-	**강염기:** 수용액에서 100% 양성자화	
더 약한 산	OH^-		O^{2-}		더 강한 염기
	H_2		H^-		

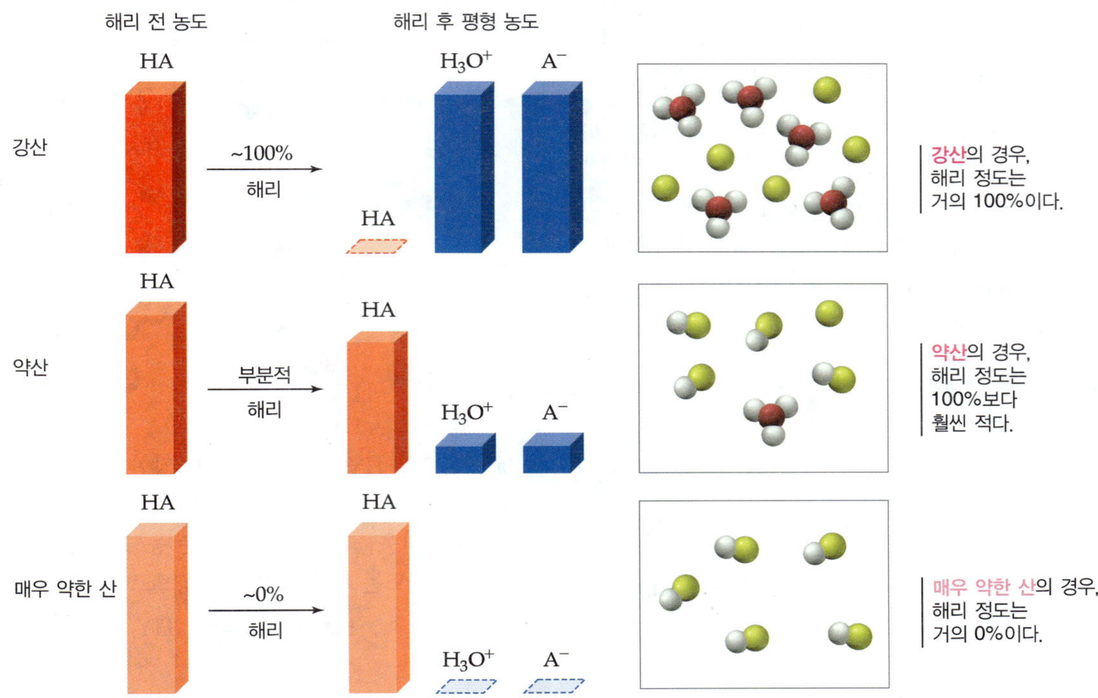

▲ **그림 16.1**
HA의 해리로 H^+가 H_2O로 이동하여 H_3O^+와 A^-를 생성한다.

▲ 확인하기

가장 높은 농도의 HA 분자를 갖는 일반 산 HA의 1 M 용액은 무엇인가? 어느 용액이 가장 높은 전기 전도도를 갖는가?

답 매우 약한 산은 그림과 같이 HA 농도가 가장 높다. 강산은 해리 후 가장 높은 이온 농도를 가지므로 전도도가 가장 높다.

트산(CH_3CO_2H)이 있다. NH_3, OH^-, H_2와 같이 매우 약한 산은 실제로 양성자를 물로 전달하는 경향이 없다. 따라서 산 해리 평형은 본질적으로 100% 왼쪽으로 치우친다. 이 정의에 따르면, 매우 약한 산은 강한 짝염기를 갖는다. 예로, NH_2^-, O^{2-}, H^- 이온들은 수용액에서 100% 양성자를 얻게 되며, H_2O보다 훨씬 더 강한 염기이다.

강산, 약산, 매우 약한 산의 경우, HA, H_3O^+, A^-의 평형 농도를 **그림 16.1**에 나타내었고, 산의 세기와 그 짝염기의 세기 사이의 반비례 관계는 **표 16.1**에 도시하였다.

예제 16.3

산-염기 반응의 방향 예측

만일 같은 농도의 반응물과 생성물을 섞는다면, 다음 반응 중 어느 것이 오른쪽으로 진행하며, 어느 것이 왼쪽으로 진행하겠는가?

(a) $H_2SO_4(aq) + NH_3(aq) \rightleftharpoons NH_4^+(aq) + HSO_4^-(aq)$

(b) $HCO_3^-(aq) + SO_4^{2-}(aq) \rightleftharpoons HSO_4^-(aq) + CO_3^{2-}(aq)$

전략

반응의 방향을 예측하기 위해, 균형 반응식을 사용하여 산과 염기를 구별한다. 또한 표 16.1을 사용하여 더 강한 산과 더 강한 염기를 확인한다. 반응물과 생성물이 같은 농도로 존재할 때 양성자 이동은 항상 더 강한 산에서 더 강한 염기로 일어난다.

풀이

(a) 이 반응에서 H_2SO_4와 NH_4^+는 산이고, NH_3와 HSO_4^-는 염

기이다. 표 16.1에 따르면, H_2SO_4는 NH_4^+보다 더 강한 산이고, NH_3는 HSO_4^-보다 더 강한 염기이다. 따라서 NH_3는 양성자를 받고, 반응은 왼쪽에서 오른쪽으로 진행한다.

$$\underset{\text{더 강한 산}}{H_2SO_4(aq)} + \underset{\text{더 강한 염기}}{NH_3(aq)} \longrightarrow \underset{\text{더 약한 산}}{NH_4^+(aq)} + \underset{\text{더 약한 염기}}{HSO_4^-(aq)}$$

(b) HCO_3^-와 HSO_4^-는 산이고, SO_4^{2-}와 CO_3^{2-}는 염기이다. 표 16.1에 따르면, HSO_4^-가 더 강한 산이고, CO_3^{2-}가 더 강한 염기이다. 따라서 CO_3^{2-}가 양성자를 받고, 반응은 오른쪽에서 왼쪽으로 진행된다.

$$\underset{\text{더 약한 산}}{HCO_3^-(aq)} + \underset{\text{더 약한 염기}}{SO_4^{2-}(aq)} \longleftarrow \underset{\text{더 강한 산}}{HSO_4^-(aq)} + \underset{\text{더 강한 염기}}{CO_3^{2-}(aq)}$$

연습문제 16.5 반응물과 생성물을 같은 농도로 섞는다면, 반응이 오른쪽 또는 왼쪽 중 어느 방향으로 진행하겠는가?

$$HF(aq) + NO_3^-(aq) \rightleftharpoons HNO_3(aq) + F^-(aq)$$

개념 응용문제 16.6 다음 그림은 두 가지 산 HA(A = X 또는 Y)의 수용액을 나타낸다. 물 분자는 생략하였다.

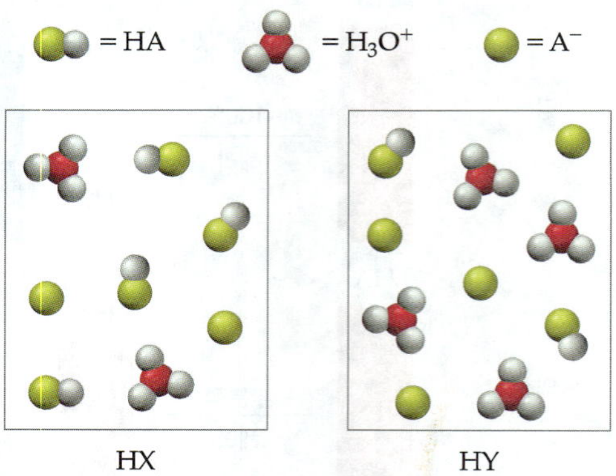

(a) HX 또는 HY 중 어느 것이 더 강한 산인가?
(b) X^- 또는 Y^- 중 어느 것이 더 강한 염기인가?
(c) 만일 반응물과 생성물을 같은 농도로 섞으면, 다음 반응은 오른쪽 또는 왼쪽 중 어느 방향으로 진행하겠는가?

$$HX + Y^- \rightleftharpoons HY + X^-$$

16.3 산의 세기에 영향을 주는 인자

기억하기…
결합의 세기는 **결합 해리 에너지**(D)로 측정된다. 이는 반응 $HA(g) \rightarrow H(g) + A(g)$로 나타낸 기체 상태 분자의 화학 결합을 끊기 위해 공급되어야 하는 에너지양이다(7.2절).

기억하기…
정전기 퍼텐셜 지도는 분자의 계산된 전자 분포를 색상을 사용하여 나타낸다. 빨간색은 전자가 풍부한 부분, 파란색은 전자가 부족한 부분이다. 노란색, 주황색, 초록색은 중간 부분이다(7.3절).

왜 어떤 산은 다른 산보다 더 강한가? 산의 세기를 결정하는 인자들에 대한 완벽한 분석은 복잡하다. 그러나 산 HA의 해리 정도를 결정하는 것은 종종 H—A 결합의 세기와 극성이다. 7.2절에서 보았듯이, H—A 결합의 세기는 **결합 해리 에너지(bond dissociation energy, D)**로 나타낸다. 이는 HA를 H와 A 원자로 해리하는 데 필요한 에너지양이다. H—A 결합의 극성은 A의 전기 음성도가 증가함에 따라 증가하며, H 원자로부터 A 원자로 전자가 전달되어 H^+ 양이온과 A^- 음이온을 생성하기 쉬운 정도와 관련이 있다. 일반적으로 H—A 결합이 약할수록, 극성이 클수록 더 강한 산이다.

먼저, 할로젠화 수소산인 HF, HCl, HBr, HI를 살펴보자. **정전기 퍼텐셜 지도(electrostatic potential map**, 7.3절)를 보면 이들 분자가 모두 극성이며, 할로젠 원자는 전자가 풍부하고(빨간색), 수소 원자는 전자가 부족함(파란색)을 보여 준다.

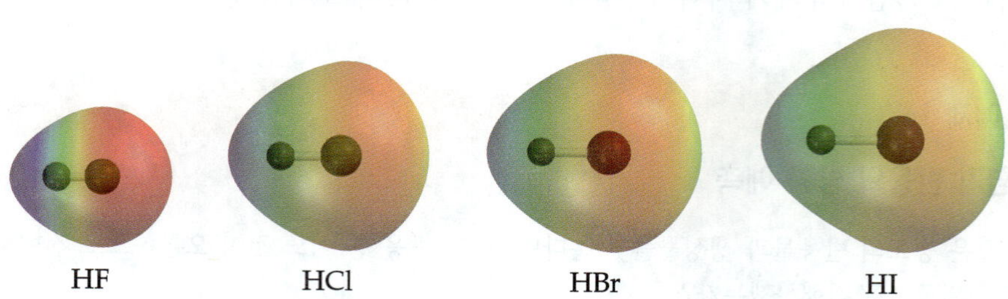

그러나 이 계열의 극성 변화는 결합 세기의 변화보다 훨씬 덜 중요하다. 결합 세기는 HF의 570 kJ/mol에서 HI의 298 kJ/mol로 크게 감소한다.

일반적으로, 주기율표의 **같은 족** 원소로 구성된 이성분 산의 경우, H—A 결합 세기가 산도의 가장 중요한 결정 요소이다. 일반적으로, 같은 족의 아래로 내려갈수록 원소 A의 크기가 증가하고, H—A의 결합 세기는 감소하며, 따라서 산도는 증가한다. 예를 들어, HA(A = F, Cl, Br, I)의 경우, A의 크기는 F에서 I로 갈수록 증가한다. 따라서 HF에서 HI로 갈수록 결합 세기는 감소하고 산도는 증가한다. HCl, HBr, HI는 강산인 반면, 플루오린화 수소산은 약산이다.

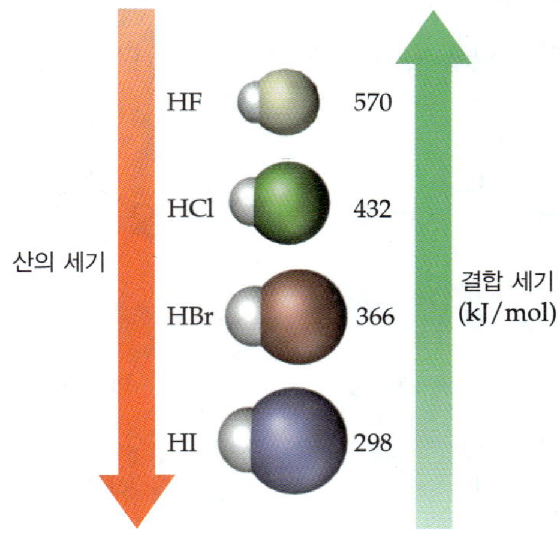

개념탐구 질문 3

산의 세기는 H–A 결합의 어떤 성질에 의해 결정되는가?

이런 효과의 또 다른 예로, H_2S는 H_2O보다 더 강한 산이다.

주기율표의 **같은 주기** 원소들로 이루어진 이성분 산의 경우, H–A 결합 세기의 변화는 더 작으며, H–A 결합의 극성이 산의 세기에 가장 중요한 결정 요소이다. 예를 들어, 2주기 원소의 이성분 산의 세기는 A의 전기 음성도가 증가함에 따라 증가한다.

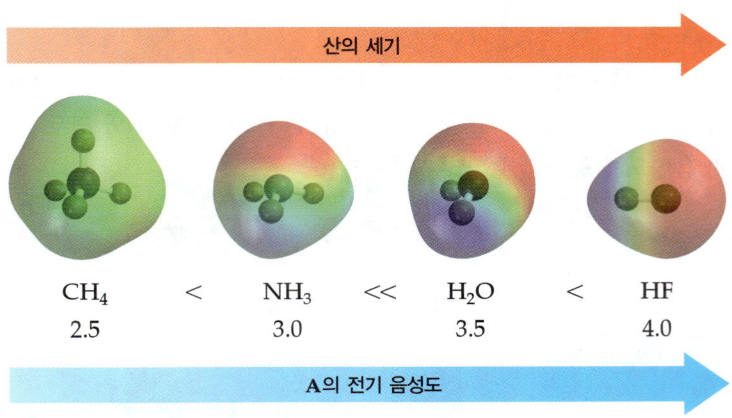

정전기 퍼텐셜 지도에서 보듯이, C–H 결합은 상대적으로 비극성이며, 메테인은 물에서 H_3O^+와 CH_3^- 이온으로 해리되는 경향이 없다. N–H 결합은 좀 더 극성이지만, NH_3가 H_3O^+와 NH_2^- 이온으로의 해리 정도는 여전히 무시할 정도로 작다. 그러나 물과 플루오린화 수소산으로 갈수록 산의 세기가 증가한다. 이성분 산 세기의 주기적 경향을 그림 16.2에 요약하였다.

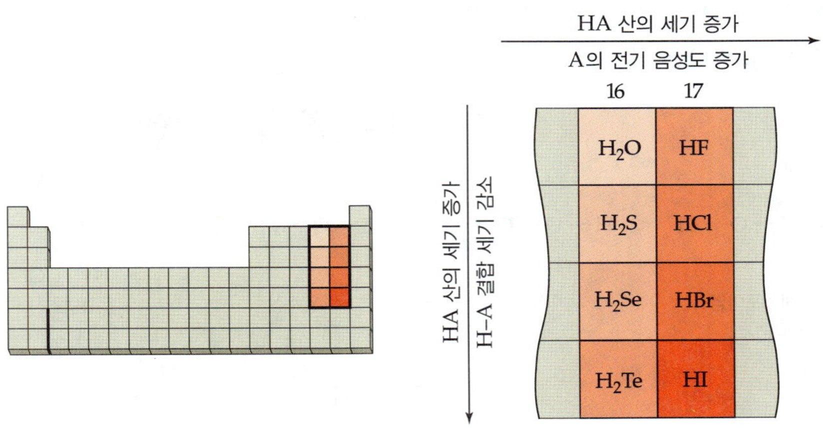

◀ **그림 16.2**

이성분 산 세기의 주기적 경향. 이성분 산 HA의 세기는 주기율표의 왼쪽에서 오른쪽으로 갈수록, A의 전기 음성도가 증가할수록, 위에서 아래로 갈수록, H–A의 결합 세기가 감소할수록 증가한다.

▶ **확인하기**

16족과 17족 원소의 이성분 산 중 어느 것이 가장 강한가? 그 이유는?

답 HI가 가장 강하다. 이성분 산의 세기는 족을 따라 아래로 내려갈수록, 주기에서 오른쪽으로 갈수록 강하기 때문이다.

산소산의 예로는 H_2CO_3, HNO_3, H_2SO_4, HClO이 있다. 산소산의 일반식은 H_nYO_m이며, 여기서 Y는 C, N, S, Cl과 같은 비금속 원자이고, n과 m은 정수이다. Y 원자는 항상 하나 이상의 수산기(OH)에 결합되어 있으며, 하나 이상의 산소 원자와 결합할 수도 있다.

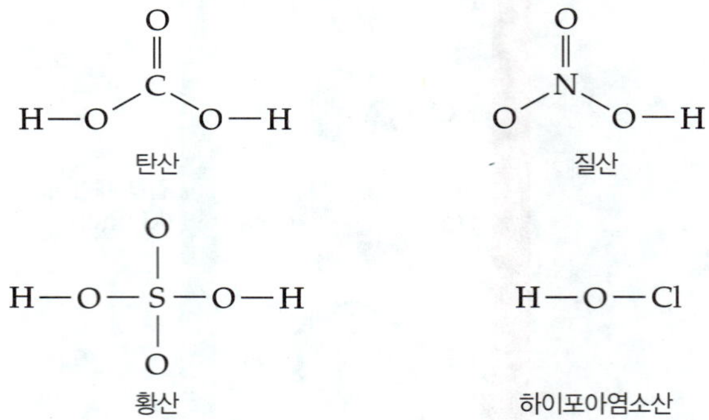

산소산이 해리하려면 O−H 결합이 끊어져야 한다. 따라서 O−H 결합을 약하게 하거나 극성을 증가시키는 요인이 산의 세기를 증가시킨다. 그러한 두 가지 요인은 Y의 전기 음성도와 일반적인 반응에서 나타나는 Y의 산화수이다.

$$-\overset{|}{\underset{|}{Y}}-O-H + H_2O \rightleftharpoons H_3O^+ + -\overset{|}{\underset{|}{Y}}-O^-$$

- **OH기의 수와 O의 수가 같은 산소산의 경우, 산의 세기는 Y의 전기 음성도가 증가함에 따라 증가한다.** 예로 하이포할로젠산 HOY(Y = Cl, Br, I)의 경우, 산의 세기는 할로젠의 전기 음성도가 증가함에 따라 증가한다.

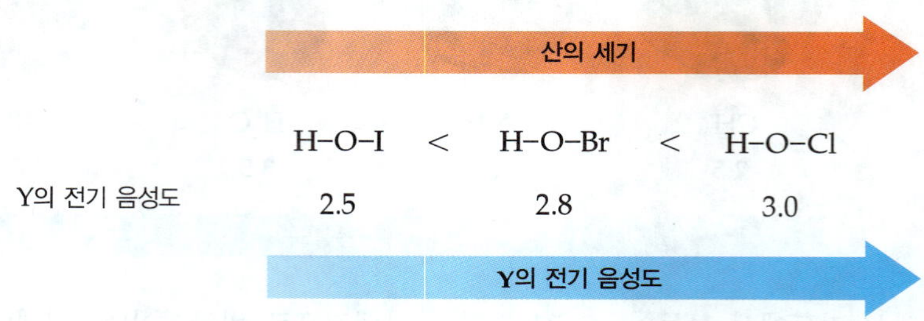

할로젠의 전기 음성도가 증가함에 따라 O−H 결합으로부터 할로젠으로 이동하는 전자 밀도의 양이 증가한다. 따라서 O−H 결합이 약해지며, 극성은 증가한다. 결과적으로 양성자는 더 쉽게 용매인 물 분자로 이동하게 되고, 산의 세기는 증가한다.

- **같은 원자 Y에 붙은 산소 원자의 수가 다른 산소산의 경우, Y의 산화수가 증가함에 따라 산의 세기가 증가한다.** 산소 원자의 수가 증가함에 따라 Y의 산화수는 증가한다. 이러한 효과는 염소의 산소산에서 잘 나타난다.

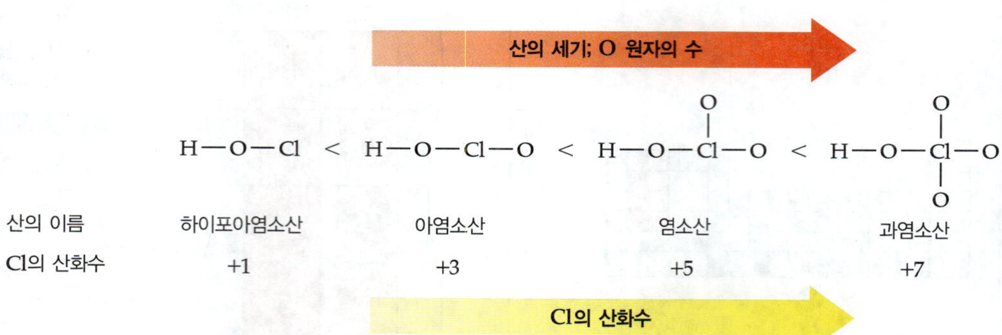

$HClO_m$에 있는 O 원자 수가 증가함에 따라 Cl 원자로부터 더 큰 전기 음성도를 갖는 O 원자 쪽으로 더 많은 전자 밀도가 이동한다. 따라서 Cl의 산화수가 증가함에 따라 Cl 원자의 양전하가 증가한다. Cl 원자의 증가된 양전하는 더 많은 전자 밀도를 O—H 결합으로부터 끌어당기게 된다. 따라서 O—H 결합은 약해지며, 그 극성은 증가한다. 그 결과, 양성자는 용매인 물 분자로 더 쉽게 이동한다.

산소산의 세기에 영향을 주는 또 다른 요인은 대응되는 산소산 음이온의 상대적 안정도이다. ClO_m^- 음이온은 $ClO^- < ClO_2^- < ClO_3^- < ClO_4^-$ 순서로, O 원자의 수가 증가함에 따라 더 안정해진다. 왜냐하면, 전기 음성도가 큰 O 원자 수가 많을수록 음이온의 음전하를 더 잘 수용할 수 있기 때문이다. 음이온의 안정성이 증가함에 따라 대응되는 산은 더 잘 해리하는 경향이 있다. O 원자 수의 증가에 따른 산의 세기 증가는 황의 산소산으로도 설명된다. 즉, H_2SO_4는 H_2SO_3보다 강한 산이다.

예제 16.4

분자 구조에 기초한 산의 세기 평가

다음의 각 쌍 중에서 더 강한 산을 밝히시오.

(a) H_2S 또는 HCl (b) $HClO_3$ 또는 $HBrO_3$ (c) H_2SO_4 또는 H_2SO_3

전략

주어진 산에 대해 H—A 결합의 세기와 극성을 평가하라. 여기서 A는 산성 수소 원자에 결합된 원소이다. 산의 세기는 H—A 결합의 세기가 감소할수록, 극성이 증가할수록 증가한다.

풀이

(a) H_2S와 HCl을 비교할 때, S와 Cl이 주기율표의 같은 주기에 있음에 주목하라. H—S 결합은 H—Cl 결합과 비슷한 세기를 가지므로, 결합의 극성이 산의 세기에 가장 중요한 결정 요소이다. Cl이 S보다 전기 음성도가 크므로 H—Cl 결합이 H—S 결합보다 더 극성이며, HCl이 더 강한 산이다.

(b) $HClO_3$와 $HBrO_3$는 같은 수의 O 원자를 지닌 산소산이며, 산의 세기는 중심원자의 전기 음성도에 의해 결정된다. Cl이 Br보다 전기 음성도가 크므로 O—H 결합으로부터 더 많은 전자 밀도를 끌어당기게 된다. 그 결과 O—H 결합은 $HClO_3$에서 더 약하고, 극성인 결합이 된다. 따라서 $HClO_3$가 더 강한 산이다.

(c) H_2SO_4와 H_2SO_3는 산소 원자의 수가 다른 산소산이며, 황의 산화수가 다르다. H_2SO_4에서 황의 산화수는 +6이며, H_2SO_3에서의 +4보다 높다. S 원자의 더 높은 양전하는 O—H 결합으로부터 전자 밀도를 더 효과적으로 끌어당긴다. 그 결과 O—H 결합은 H_2SO_4에서 더 약하고, 극성인 결합이 된다. 그러므로 H_2SO_4가 더 강한 산이다.

▶ **연습문제 16.7** 다음 각 쌍에서 더 강한 산을 왼쪽에 위치시킨 것은 어느 것인가?

(a) H_2S와 H_2Se (b) HNO_2와 HNO_3

(c) H_2Te와 HI (d) H_2SO_3와 H_2SeO_3

▶ **응용문제 16.8** H_3PO_4와 H_3AsO_4 중 어느 것이 더 강한 산인가?

16.4 물의 해리

물의 가장 중요한 특성 중 하나는, 물은 산과 염기로 모두 작용할 수 있다는 것이다. 산이 존재할 때 물은 염기로 작용하고, 반면에 염기가 존재할 때 물은 산으로 작용한다. 따라서 순수한 물에서 하나의 물 분자는 다른 물 분자에게 양성자를 줄 수 있다. 따라서 같은 반응에서 물이 동시에 산과 염기로 작용하는 것은 놀라운 것이 아니다.

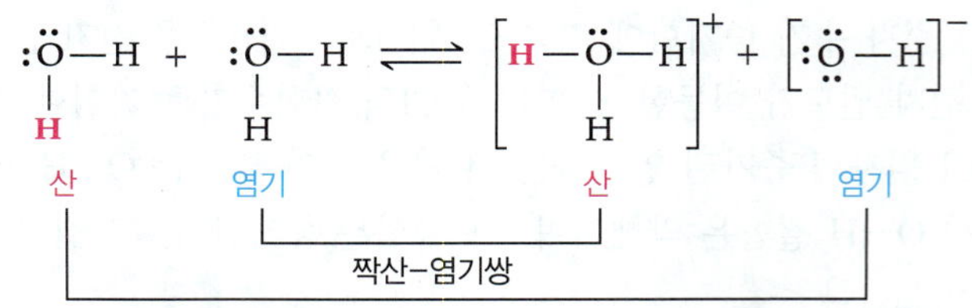

물의 해리라 부르는 이 반응은 평형식 $K_w = [H_3O^+][OH^-]$으로 나타낼 수 있다. 이때 평형 상수 K_w는 **물의 이온곱 상수**(ion-product constant for water)라 한다.

물의 해리 $2H_2O(l) \rightleftharpoons H_3O^+(aq) + OH^-(aq)$

물의 이온곱 상수 $K_w = [H_3O^+][OH^-]$

기억하기…
순수한 액체나 순수한 고체의 **농도**는 평형 상수식에서 생략된다. 왜냐하면, 그들의 실제 농도와 열역학적 표준 상태 농도의 비가 1이기 때문이다(15.4절).

15.4절에서 논의한 바와 같이, 물은 순수한 액체이므로 **물의 농도**는 평형 상수식에서 생략된다.

물의 해리에 있어 동적 평형의 두 가지 중요한 측면에 주목하라. 첫째, 정반응과 역반응은 매우 빠르다. 즉, 양성자가 한 화학종에서 다른 화학종으로 빠르게 이동함에 따라 H_2O 분자, H_3O^+ 이온, OH^- 이온은 끊임없이 상호 전환된다. 둘째, 평형의 위치는 왼쪽으로 훨씬 치우쳐 있다. 즉, 어느 순간에도 물 분자의 아주 적은 분율만이 H_3O^+와 OH^- 이온으로 해리된다. 거의 대부분의 H_2O 분자는 해리되지 않는다.

25 °C에서 순수한 물의 H_3O^+ 농도가 1.0×10^{-7} M이라는 실험적 측정으로부터 물 분자의 해리 정도를 계산할 수 있다.

$$[H_3O^+] = 1.0 \times 10^{-7}\ \text{M} \quad (25\ ^\circ\text{C에서})$$

물의 해리 반응은 같은 농도의 H_3O^+와 OH^- 이온을 생성하므로, 순수한 물의 OH^- 농도 역시 25 °C에서 1.0×10^{-7} M이다.

$$[H_3O^+] = [OH^-] = 1.0 \times 10^{-7}\ \text{M} \quad (25\ ^\circ\text{C에서})$$

또한, 물의 밀도와 몰질량으로부터 계산된 순수한 물의 몰농도는 25 °C에서 55.4 M이다.

$$[H_2O] = \left(\frac{997\ \text{g}}{\text{L}}\right)\left(\frac{1\ \text{mol}}{18.0\ \text{g}}\right) = 55.4\ \text{mol/L} \quad (25\ ^\circ\text{C에서})$$

이러한 사실로부터, 해리된 것과 해리되지 않은 물 분자의 비는 약 $2/10^9$이며, 이는 실제로 매우 작은 수라 할 수 있다.

$$\frac{[H_2O]_{\text{해리}}}{[H_2O]_{\text{비해리}}} = \frac{1.0 \times 10^{-7}\ \text{M}}{55.4\ \text{M}} = 1.8 \times 10^{-9}(\text{약 } 2/10^9)$$

또한, 25 °C에서 K_w 값이 1.0×10^{-14}이라는 것을 계산할 수 있다.

$$\begin{aligned} K_w = [H_3O^+][OH^-] &= (1.0 \times 10^{-7})(1.0 \times 10^{-7}) \\ &= 1.0 \times 10^{-14} \quad (25\ ^\circ\text{C에서}) \end{aligned}$$

매우 묽은 용액에서 물은 거의 순수한 액체이고, H_3O^+와 OH^- 농도의 곱은 용질의 존재에 의해 영향을 받지 않는다. 더 진한 용액에서는 그렇지 않다. 그러나 여기에서는 이러한 복잡한 점을 무시하고, 25 °C 수용액에서 H_3O^+와 OH^- 농도의 곱은 항상 1.0×10^{-14}로 가정한다.

H_3O^+와 OH^-의 상대적인 농도 값에 의해 산성, 중성, 염기성 수용액을 구별할 수 있다.

산성: $[H_3O^+] > [OH^-]$
중성: $[H_3O^+] = [OH^-]$
염기성: $[H_3O^+] < [OH^-]$

25 °C에서 산성 용액은 $[H_3O^+] > 1.0\times10^{-7}$ M, 중성 용액은 $[H_3O^+] = [OH^-] = 1.0\times10^{-7}$ M, 염기성 용액은 $[H_3O^+] < 1.0\times10^{-7}$ M이다(그림 16.3). 만일 $[H_3O^+]$ 또는 $[OH^-]$ 중 하나의 농도를 알면 다른 하나도 쉽게 계산된다.

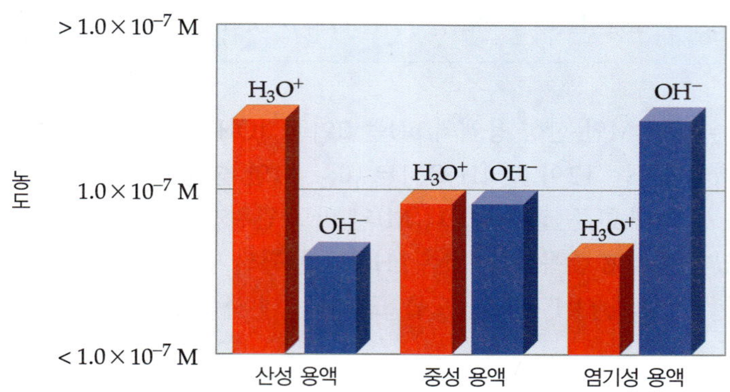

◀ **그림 16.3**
25 °C에서 산성, 중성, 염기성 용액의 H_3O^+와 OH^-의 농도 값

$$[H_3O^+][OH^-] = K_w = 1.0 \times 10^{-14}\text{이므로}$$

$$[H_3O^+] = \frac{1.0 \times 10^{-14}}{[OH^-]}\text{이고, } [OH^-] = \frac{1.0 \times 10^{-14}}{[H_3O^+]}\text{이다.}$$

앞의 논의에서, $K_w = 1.0\times10^{-14}$ 값이 25 °C에서만 적용된다는 것을 강조하였다. 모든 평형 상수와 마찬가지로 K_w도 온도의 영향을 받으며, 25 °C 이외의 온도에서는 중성 수용액의 H_3O^+와 OH^-의 농도가 1.0×10^{-7} M에서 벗어나기 때문이다(문제 16.10을 보라). 별도로 표시하지 않는 한 온도는 항상 25 °C로 가정한다.

예제 16.5

K_w와 $[H_3O^+]$로부터 $[OH^-]$ 계산

레몬주스 시료의 H_3O^+ 농도는 2.5×10^{-3} M이다. OH^- 이온의 농도를 계산하고, 용액을 산성, 중성, 염기성으로 분류하시오.

문제 파악

알고 있는 것	알아내야 할 것
$K_w = 1.0 \times 10^{-14}$ $[H_3O^+] = 2.5 \times 10^{-3}$ M	$[OH^-]$

전략

$[H_3O^+]$의 농도를 알면, OH^-의 농도는 $[OH^-] = K_w/[H_3O^+]$로부터 계산할 수 있다.

풀이

$$[OH^-] = \frac{K_w}{[H_3O^+]} = \frac{1.0 \times 10^{-14}}{2.5 \times 10^{-3}} = 4.0 \times 10^{-12}\ \text{M}$$

$[H_3O^+] > [OH^-]$이므로 용액은 산성이다.

점검

H_3O^+와 OH^- 농도의 곱은 10^{-14}이어야 하고, H_3O^+ 농도는 10^{-3} M에서 10^{-2} M 범위에 있기 때문에, OH^- 농도는 10^{-11} M에서 10^{-12} M 범위에 있어야 한다. 대략적인 검산과 답이 일치한다.

▶ **연습문제 16.9** 어느 탄광 유출수의 H_3O^+ 농도가 1.4×10^{-4} M이다. OH^- 농도를 계산하고, 용액을 산성, 중성, 염기성으로 분류하시오.

▶ **응용문제 16.10** 50 °C에서 $K_w = 5.5\times10^{-14}$이다. 50 °C의 중성 용액에서 H_3O^+와 OH^-의 농도는 얼마인가?

16.5 pH 척도

하이드로늄 이온의 농도를 몰농도로 표시하기보다는, **pH 척도**(pH scale)로 알려진 로그 척도로 표현하는 것이 더 편리하다. **pH**라는 용어는 프랑스어 *puissance d'hydrogène*('power of hydrogren')에서 유래하였고, 10의 거듭제곱(지수)을 사용하여 H_3O^+의 몰농도를 표현한다. 용액의 pH는 하이드로늄 이온의 몰농도에 −log를 취한 것으로 정의된다.

$$\mathrm{pH} = -\log[H_3O^+] \quad \text{또는} \quad [H_3O^+] = \mathrm{antilog}(-\mathrm{pH}) = 10^{-\mathrm{pH}}$$

따라서 $[H_3O^+] = 10^{-2}$ M인 산성 용액의 pH는 2이고, $[OH^-] = 10^{-2}$ M과 $[H_3O^+] = 10^{-12}$ M인 염기성 용액의 pH는 12이고, $[H_3O^+] = 10^{-7}$ M인 중성 용액의 pH는 7이다. 여기서 $[H_3O^+]$는 실제 농도 대 표준 상태 농도(1 M)의 비로 단위가 없기 때문에, $[H_3O^+]$에 대해 로그를 취할 수 있다는 것에 주목하라. 비록 pH보다는 훨씬 덜 사용되지만, pOH는 pH와 같은 방식으로 정의할 수 있고, OH^-의 몰농도를 표시하는 데 사용된다.

$$\mathrm{pOH} = -\log[OH^-]$$

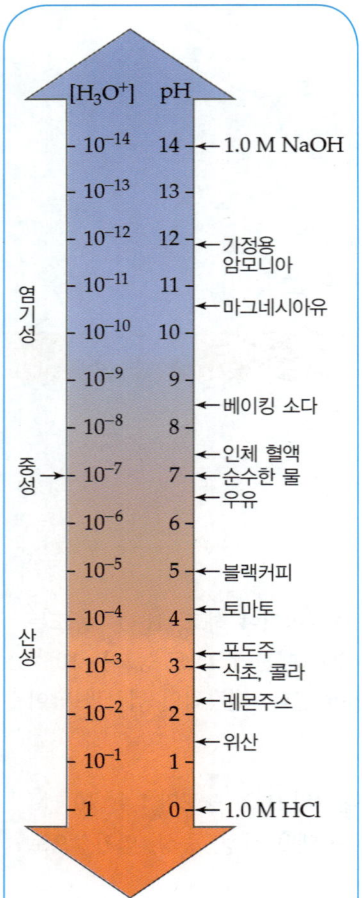

▲ 그림 16.4
pH 척도와 몇 가지 흔한 물질의 pH 값

식 $[H_3O^+][OH^-] = 1.0 \times 10^{-14}$로부터 당연히 pH + pOH = 14.00이 된다.

만일 계산기를 사용하여 H_3O^+ 농도로부터 pH를 계산하면, 적절한 유효 숫자 이상의 소수 자리 답을 얻게 될 것이다. 예를 들어, 예제 16.5에서 레몬주스($[H_3O^+] = 2.5 \times 10^{-3}$ M)의 pH는 계산기에 다음과 같이 나올 것이다.

$$\mathrm{pH} = -\log(2.5 \times 10^{-3}) = 2.60206$$

이 결과는 반올림해서 pH 2.60(유효 숫자 두 개)으로 답해야 한다. 왜냐하면, $[H_3O^+]$가 두 개의 유효 숫자를 갖기 때문이다. 로그에서 유효 숫자는 소수점 오른쪽 숫자뿐이라는 것에 주의하라. 소수점 왼쪽의 숫자는 $[H_3O^+]$의 지수 식에서 10의 거듭제곱에 해당하는 정확한 수이다.

$$\mathrm{pH} = -\log(\underbrace{2.5}_{\text{유효 숫자 2개}} \times \underbrace{10^{-3}}_{\text{정확한 수}}) = -\log 10^{-3} - \log 2.5 = \underbrace{3}_{\text{정확한 수}} - \underbrace{0.40}_{\text{유효 숫자 2개}} = \underbrace{2}_{\text{정확한 수}}.\underbrace{60}_{\text{유효 숫자 2개}}$$

pH 척도는 로그이므로, $[H_3O^+]$가 10배 변할 때 pH는 1단위 변하고, $[H_3O^+]$가 100배 변할 때 pH는 2단위 변하며, $[H_3O^+]$가 1,000,000배 변하면 pH는 6단위 변한다. pH 척도가 $[H_3O^+]$ 척도를 얼마나 압축한 것인지 실감하려면, 뒷마당 수영장 물의 pH를 바꾸는데 필요한 12 M HCl의 양을 비교해 보라. pH를 7에서 6으로 변화시키는 데 12 M HCl이 단지 100 mL 필요하다. 그러나 pH 7에서 1로 바꾸려면, 10,000 L 트럭 1대 분량의 12 M HCl이 필요하다.

그림 16.4는 pH 척도와 몇 가지 흔한 물질의 pH 값을 보여 준다. pH는 $[H_3O^+]$의 **음**(negative)의 로그 값이므로, $[H_3O^+]$가 증가함에 따라 pH는 감소한다. 따라서 $[H_3O^+]$가 10^{-7} M에서 10^{-6} M로 증가할 때 pH는 7에서 6으로 감소한다. 결과적으로, 산성 용액의 pH는 7보다 작고, 염기성 용액의 pH는 7보다 크다.

산성 용액: $\mathrm{pH} < 7$
중성 용액: $\mathrm{pH} = 7$
염기성 용액: $\mathrm{pH} > 7$

예제 16.6

H_3O^+ 농도로부터 pH 계산

OH^- 농도가 1.9×10^{-3} M인 암모니아 수용액의 pH를 계산하시오.

문제 파악

알고 있는 것	알아내야 할 것
$[OH^-] = 1.9 \times 10^{-3}$ M $K_w = 1.0 \times 10^{-14}$	pH

전략
먼저 OH^- 농도로부터 H_3O^+의 농도를 계산하고, $[H_3O^+]$의 음의 로그를 취하여 pH로 변환한다.

풀이

$$[H_3O^+] = \frac{K_w}{[OH^-]} = \frac{1.0 \times 10^{-14}}{1.9 \times 10^{-3}} = 5.3 \times 10^{-12}\ \mathrm{M}$$
$$\mathrm{pH} = -\log[H_3O^+] = -\log(5.3 \times 10^{-12}) = 11.28$$

$[H_3O^+]$가 유효 숫자 두 개(5.3)로 알려져 있으므로, pH는 유효 숫자 두 개(.28)로 나타낸다.

점검
$[OH^-]$가 10^{-3} M과 10^{-2} M 사이이므로, $[H_3O^+]$는 10^{-11} M과 10^{-12} M 사이이다. 따라서 pH는 11과 12 사이에 있다. 따라서 답과 부합한다.

연습문제 16.11 OH^- 농도가 1.58×10^{-6} M인 바닷물 시료의 pH를 계산하시오.

응용문제 16.12 광산이 가동되는 동안 황철광(FeS_2)이 대기에 노출되고, 산소와 반응하여 황산(H_2SO_4)이 생성된다. 캘리포니아의 Iron Mountain 광산에서 배출된 물은 $[H_3O^+] = 6.3$ M인 것으로 밝혀졌다. 이 광산에서 스며나온 물의 pH를 계산하시오.

▲ Iron Mountain에 있는 구리 광산들은 매우 산성이 높은 유출수를 발생한다. 주황–갈색 침전물은 $Fe(OH)_3(s)$이다. © Supitcha McAdam/Shutterstock

예제 16.7

pH로부터 H_3O^+ 농도 계산

산성비는 심각한 문제이다. 물의 pH가 4.5~5.0보다 낮으면 대부분의 어류가 죽기 때문이다. pH 4.50인 호수의 H_3O^+ 농도를 계산하시오.

문제 파악

알고 있는 것	알아내야 할 것
pH = 4.5	$[H_3O^+]$

전략
H_3O^+의 농도를 계산하는 방법은 음의 pH의 역대수를 취하는 것이다.

풀이
$[H_3O^+] = \mathrm{antilog}(-\mathrm{pH}) = 10^{-\mathrm{pH}} = 10^{-4.50} = 3.2 \times 10^{-5}$ M.

$[H_3O^+]$는 두 개의 유효 숫자로 기록한다. pH의 소수점 우측의 숫자가 두 개이기 때문이다. (어떤 수의 역대수 값을 찾는 데 도

움이 필요하면, 부록 A.2를 보라.)

점검

pH 4.5는 4와 5 사이에 있으므로, $[H_3O^+]$는 10^{-4} M과 10^{-5} M 사이에 있다. 따라서 답과 부합한다.

▶ **연습문제 16.13** 콜라 음료(pH 2.8)에 들어 있는 H_3O^+와 OH^-의 농도를 계산하시오.

▶ **응용문제 16.14** 우유의 pH는 6.6이고, 블랙커피의 pH는 5.0이다. 커피의 $[H_3O^+]$ 농도는 우유보다 몇 배 더 큰가?

16.6 pH 측정

특정 pH 범위에서 색이 변하는 **산-염기 지시약**(**acid-base indicator**)을 사용하면 용액의 대략적인 pH를 측정할 수 있다(그림 16.5). 지시약(약자로 HIn)은 약산이며, 산성형(HIn)과 짝염기형(In^-)의 색깔이 다르기 때문에 pH에 따라 지시약의 색이 변한다.

$$\underset{\text{색 A}}{HIn(aq)} + H_2O(l) \rightleftharpoons H_3O^+(aq) + \underset{\text{색 B}}{In^-(aq)}$$

예를 들어, 브로모티몰 블루(bromothymol blue)는 pH 6.0~7.6 범위에서 산성형인 노란색에서 염기성형인 파란색으로 변한다.

만능 지시약(universal indicator)으로 알려진 시판용 지시약 혼합물은 대략적인 pH 측정에 특히 편리하며, pH에 따라 다양한 색깔을 나타낸다(그림 16.9를 보라). 더 정확한 pH 값은 pH **미터**(pH meter)라는 전자기기로 측정할 수 있다. 이것은 시험용액의 pH에 의존하는 전위를 측정한다(그림 16.6).

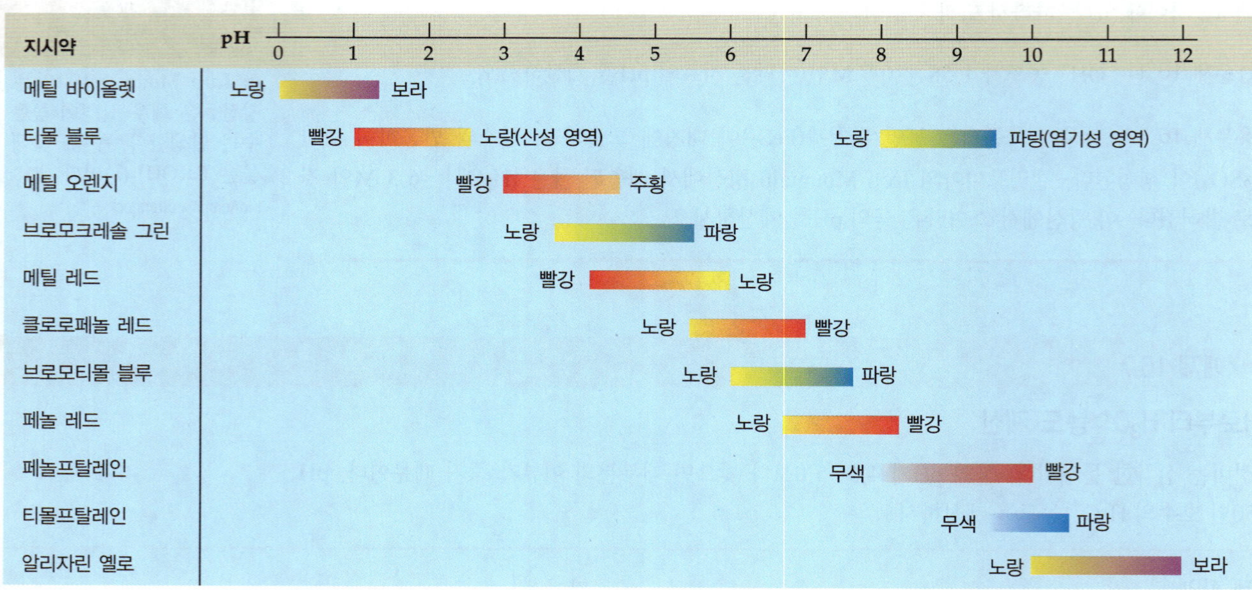

▲ 그림 16.5
몇 가지 일반적인 산-염기 지시약의 색변화. 지시약의 색은 약 2단위의 pH 범위에 걸쳐 변한다.

▲ 확인하기

pH 7에서 9로의 변화를 검출하는 데 어느 지시약이 가장 적합한가?

답 페놀프탈레인

16.7 강산 용액과 강염기 용액의 pH

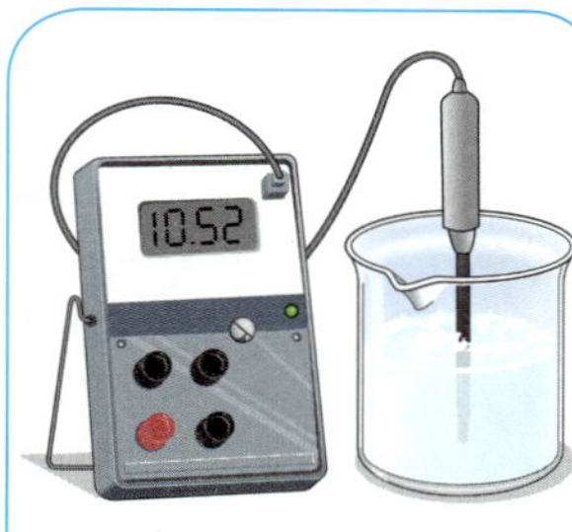

▲ 그림 16.6
마그네시아유에 전극을 담근 pH 미터. 정확한 pH 값(10.52)이 계기에 나타나 있다.

표 16.1에 수록된 일반적인 강산에는 한 개의 해리 가능한 양성자를 갖는 일양성자산(monoprotic acid)($HClO_4$, HCl, HNO_3)과 두 개의 해리 가능한 양성자를 갖는 이양성자산(diprotic acid)(H_2SO_4)이 포함되어 있다. 강한 일양성자산은 수용액에서 거의 100% 해리하므로, H_3O^+와 A^-의 농도는 산의 초기 농도와 같다. 해리되지 않은 HA 분자의 농도는 본질적으로 0이다.

$$HA(aq) + H_2O(l) \xrightarrow{100\%} H_3O^+(aq) + A^-(aq)$$

강한 일양성자산 용액의 pH는 예제 16.8a에서 본 것처럼 H_3O^+ 농도로부터 쉽게 계산된다. H_2SO_4 용액의 pH 계산은 좀 더 복잡하다. H_2SO_4 분자들은 H_3O^+와 HSO_4^- 이온으로 100% 해리되지만, 생성된 HSO_4^- 이온은 100%보다 훨씬 적게 H_3O^+와 SO_4^{2-} 이온으로 해리되기 때문이다. 16.11절에서 H_2SO_4 같은 이양성자산의 pH를 계산할 것이다.

강염기(**strong base**)의 가장 친숙한 예는, NaOH(**가성소다**)와 KOH(**가성칼리**)와 같은 알칼리 금속 수산화물인 MOH이다. 이 화합물들은 물에 용해되는 이온성 고체로서, 수용액에서 알칼리 금속 양이온(M^+)과 OH^- 음이온으로 존재한다.

$$MOH(s) \xrightarrow{H_2O} MOH(aq) \xrightarrow{100\%} M^+(aq) + OH^-(aq)$$

따라서 0.10 M NaOH는 0.10 M Na^+와 0.10 M OH^-를 함유한다. pH는 예제 16.8b에서 보인 것처럼 OH^- 농도로부터 쉽게 계산된다.

알칼리 토금속 수산화물 $M(OH)_2$(M = Mg, Ca, Sr, Ba) 또한 강염기이지만(~100% 해리), 물에 덜 용해되기 때문에 더 낮은 농도의 OH^-를 낸다. 실온에서 그들의 용해도는 상대적으로 잘 용해되는 $Ba(OH)_2$의 38 g/L부터 비교적 잘 용해되지 않는 $Mg(OH)_2$의 $\sim10^{-2}$ g/L까지 다양하다. **마그네시아유**(milk of magnesia)라 불리는 $Mg(OH)_2$ 현탁 수용액은 제산제로 사용된다. 가장 흔하고 저렴한 알칼리 토금속 수산화물인 $Ca(OH)_2$는 회반죽과 시멘트를 만드는 데 사용된다. $Ca(OH)_2$는 **소석회**(slaked lime)라 불리는데, **석회**(lime)인 CaO를 물로 처리하면 얻어지기 때문이다. 용해도가 겨우 ~1.3 g/L인 $Ca(OH)_2$의 수용액을 **석회수**(limewater)라고 한다.

CaO와 같은 알칼리 토금속 산화물은 해당 수산화물보다 더 강한 염기이다. 왜냐하면, 산화 이온(O^{2-})이 OH^-보다 더 강한 염기이기 때문이다(표 16.1). 실제로 O^{2-} 이온은 수용액에 존재할 수 없다. 이는 O^{2-}가 물에 의해 즉시 완전하게 양성자화되어 OH^- 이온을 생성하기 때문이다.

$$O^{2-}(aq) + H_2O(l) \xrightarrow{100\%} OH^-(aq) + OH^-(aq)$$

따라서 석회가 물에 용해되면 CaO 화학식 단위당 2개의 OH^- 이온을 낸다.

$$CaO(s) + H_2O(l) \longrightarrow Ca^{2+}(aq) + 2\,OH^-(aq)$$

석회는 세상에서 가장 중요한 강염기이다. 연간 전 세계 생산량은 약 2억 8,300만 톤에 달하며, 철강 제조, 물의 정화, 화학약품 제조에 사용된다. 석회는 800~1000 °C에서 석회석 $CaCO_3$를 열분해하여 만든다.

$$CaCO_3(s) \xrightarrow{\text{가열}} CaO(s) + CO_2(g)$$

예제 16.8

강산 용액과 강염기 용액의 pH 계산

다음 각 용액의 pH를 계산하시오.

(a) 0.025 M HNO_3 용액

(b) 0.10 M NaOH 용액

(c) 0.185 g의 소석회[$Ca(OH)_2$]를 충분한 물에 녹여 0.5 L로 만든 용액

문제 파악

알고 있는 것	알아내야 할 것
강산 또는 강염기의 농도	pH

전략

산 또는 염기의 해리 반응을 적고, 균형 반응식의 화학량론을 이용하여 용액의 $[H_3O^+]$ 또는 $[OH^-]$를 구한다. 강산과 강염기는 수용액에서 본질적으로 100% 해리된다. pH는 $-\log[H_3O^+]$이고, 강염기 용액의 $[H_3O^+]$는 K_w 식 $[H_3O^+] = K_w/[OH^-]$를 이용하여 $[OH^-]$로부터 구할 수 있다.

▲ 석회는 산성 토양의 pH를 높이기 위해 잔디밭과 정원에 뿌려진다.
©richsouthwales/Shutterstock

풀이

(a) 강산은 100% 해리하므로 $[H_3O^+]$는 HNO_3의 초기 농도와 같다.

$$HNO_3(aq) + H_2O(l) \xrightarrow{100\%} H_3O^+(aq) + NO_3^-(aq)$$

$$pH = -\log[H_3O^+] = -\log(2.5 \times 10^{-2}) = 1.60$$

(b) 강염기는 완전히 해리하므로, $[OH^-]$는 NaOH의 초기 농도(0.10 M)와 같다.

$$NaOH(s) \xrightarrow{H_2O} NaOH(aq) \xrightarrow{100\%} Na^+(aq) + OH^-(aq)$$

$$[H_3O^+] = \frac{K_w}{[OH^-]} = \frac{1.0 \times 10^{-14}}{0.10} = 1.0 \times 10^{-13}\ M$$

$$pH = -\log(1.0 \times 10^{-13}) = 13.00$$

(c) 먼저, 주어진 $Ca(OH)_2$의 질량과 몰질량(74.1 g/mol)으로부터 용해된 $Ca(OH)_2$의 몰수를 계산한다.

$$0.185\ g\ Ca(OH)_2 \times \frac{1\ mol\ Ca(OH)_2}{74.1\ g\ Ca(OH)_2} = 2.50 \times 10^{-3}\ mol$$

$Ca(OH)_2$의 몰수를 부피로 나누어 몰농도를 구한다.

$$[Ca(OH)_2] = \frac{2.50 \times 10^{-3}\ mol\ Ca(OH)_2}{0.50\ L} = 5.0 \times 10^{-3}\ M$$

소석회는 강염기이고 완전히 해리되므로, $Ca(OH)_2$ 화학식 단위당 2개의 OH^- 이온을 낸다. 따라서 $[OH^-] = 2(0.0050\ M) = 0.010\ M$이다.

$$Ca(OH)_2(s) \xrightarrow{H_2O} Ca(OH)_2(aq) \xrightarrow{100\%} Ca^{2+}(aq) + 2OH^-(aq)$$

$$[H_3O^+] = \frac{K_w}{[OH^-]} = \frac{1.0 \times 10^{-14}}{0.010} = 1.0 \times 10^{-12}\ M$$

$$pH = -\log(1.0 \times 10^{-12}) = 12.00$$

점검

산 용액은 pH < 7이고, 염기 용액은 pH > 7이므로 계산된 pH 값은 타당하다. 또한 pH는 $[H_3O^+]$의 음의 지수에 가까워야 한다.

연습문제 16.15 다음 각 용액의 pH를 계산하시오.

(a) 0.050 M $HClO_4$　　　　(b) 0.010 M $Ba(OH)_2$

응용문제 16.16 0.25 g의 CaO를 충분한 물에 용해시켜 1.50 L로 만든 용액의 pH를 계산하시오.

16.8 약산 용액의 평형

약산이 강산의 묽은 용액과 같지 않음을 인식하는 것은 중요하다. 강산은 수용액에서 100% 해리되는 반면, 약산은 일부분만 해리된다. 물론 묽은 강산의 완전 해리에 의해 생성된 H_3O^+의 농도는, 더 진한 약산의 부분적 해리에 의해 생성된 H_3O^+의 농도와 같을 수도 있다.

15장에서 논의한 평형 반응과 같이, 물에서 약산의 해리는 평형식으로 기술된다. 해리 반응의 평형 상수는 **산 해리 상수(acid-dissociation constant)**라고 하고, K_a로 표시한다.

산 해리 상수 K_a

$$HA(aq) + H_2O(l) \rightleftharpoons H_3O^+(aq) + A^-(aq) \qquad K_a = \frac{[H_3O^+][A^-]}{[HA]}$$

물이 평형식에서 생략되었다는 것에 유의하라. 묽은 용액에서 물의 농도는 순수한 물의 농도(55.4 M)와 근본적으로 같고, 순수한 액체는 평형식에서 항상 생략되기 때문이다(15.4절).

몇 가지 전형적인 약산의 K_a와 pK_a 값을 **표 16.2**에 수록하였다. pH가 $-\log[H_3O^+]$로 정의되는 것과 같이, 산의 pK_a는 $-\log K_a$로 정의된다. K_a가 증가함에 따라 pK_a는 감소함에 주의

개념탐구 질문 4

1 M HOI(pK_a = 10.6) 또는 1 M HOCl(pK_a = 7.46) 중 어느 용액의 pH가 더 작은가?

표 16.2 25 °C에서 산 해리 상수

	산	분자식	구조식	K_a	pK_a†
더 강한 산	염산	HCl	H—Cl	2×10^6	−6.3
	아질산	HNO_2	H—O—N=O	4.5×10^{-4}	3.35
	플루오린화 수소산	HF	H—F	3.5×10^{-4}	3.46
	폼산	HCO_2H	H—C(=O)—O—H	1.8×10^{-4}	3.74
	아스코브산 (바이타민 C)	$C_6H_8O_6$	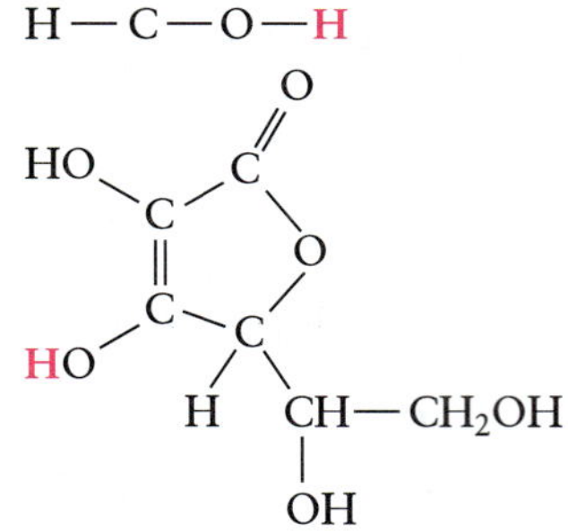	8.0×10^{-5}	4.10
	아세트산	CH_3CO_2H	CH_3—C(=O)—O—H	1.8×10^{-5}	4.74
	하이포아염소산	HOCl	H—O—Cl	3.5×10^{-8}	7.46
	사이안화 수소산	HCN	H—C≡N	4.9×10^{-10}	9.31
더 약한 산	메탄올	CH_3OH	CH_3—O—H	2.9×10^{-16}	15.54

*산이 해리될 때 물로 이동되는 양성자는 빨간색으로 나타내었다.

† $pK_a = -\log K_a$

하라. 평형식에서 알 수 있듯이, K_a값이 클수록 더 강한 산이다. 따라서 메탄올($K_a = 2.9 \times 10^{-16}$; $pK_a = 15.54$)은 표 16.2에 열거한 산 중에서 가장 약한 산이고, 아질산($K_a = 4.5 \times 10^{-4}$; $pK_a = 3.35$)은 열거한 약산 중에서 가장 강한 산이다. HCl과 같은 강산은 1보다 훨씬 큰 K_a 값을 갖고 pK_a는 음의 값을 갖는다. 더 많은 약산의 K_a 값 자료는 부록 C에 수록되어 있다. 산 해리 상수의 값은 예제 16.9에 보인 것처럼 pH 측정으로 결정된다.

예제 16.9

용액의 pH로부터 약산의 K_a와 pK_a 계산

0.250 M HF의 pH는 2.036이다. 플루오린화 수소산의 K_a와 pK_a 값은 얼마인가?

문제 파악

알고 있는 것	알아내야 할 것
HF의 농도(0.250 M) pH = 2.036	K_a, pK_a

전략

15.5절에서 기술한 평형 문제를 풀기 위한 일반적인 절차를 이용하라. 먼저, 해리 평형의 균형 반응식을 쓴다. 다음으로 평형 표의 '초기', '변화', '평형'의 행에 알고 있는 양을 쓴다. 해리된 HF의 농도를 x로 놓으면, x는 H_3O^+의 농도와 같으므로 pH로부터 계산할 수 있다. 마지막으로, 평형 농도를 평형식에 대입하여 K_a 값을 얻고, K_a의 음의 로그를 취해 pK_a를 얻는다.

풀이

	$HF(aq) + H_2O(l) \rightleftharpoons$	$H_3O^+(aq)$	$+ F^-(aq)$
초기 농도(M)	0.250	~0*	0
변화(M)	$-x$	$+x$	$+x$
평형 농도(M)	$(0.250 - x)$	x	x

*초기에 매우 적은 농도의 H_3O^+가 존재한다. 이는 물의 해리 때문이다.

pH로부터 x값을 계산할 수 있다.

$$x = [H_3O^+] = 10^{-pH} = 10^{-2.036} = 9.20 \times 10^{-3}\ M$$

다른 평형 농도들은 다음과 같다.

$$[F^-] = x = 9.20 \times 10^{-3}\ M$$
$$[HF] = 0.250 - x = 0.250 - 0.00920 = 0.241\ M$$

이 농도들을 평형식에 대입하면 K_a 값이 얻어진다.

$$K_a = \frac{[H_3O^+][F^-]}{[HF]} = \frac{(x)(x)}{(0.250 - x)} = \frac{(9.20 \times 10^{-3})(9.20 \times 10^{-3})}{0.241} = 3.51 \times 10^{-4}$$
$$pK_a = -\log K_a = -\log(3.51 \times 10^{-4}) = 3.455$$

점검

pH가 약 2이므로 $[H_3O^+]$와 $[F^-]$는 약 10^{-2} M이고, [HF]는 약 0.25 M($0.250 - 10^{-2}$ M)이다. 따라서 K_a 값은 약 $(10^{-2})(10^{-2})/0.25$, 즉 4×10^{-4}이고, pK_a는 3과 4 사이에 있다. 그러므로 추정값과 답이 일치한다.

연습문제 16.17 0.10 M 젖산($HC_3H_5O_3$) 용액의 pH는 2.42이다. 젖산의 K_a와 pK_a를 계산하시오.

개념 응용문제 16.18 다음 그림은 세 가지 산 HA(A = X, Y, Z)의 수용액을 나타낸다. 물 분자는 생략하였다.

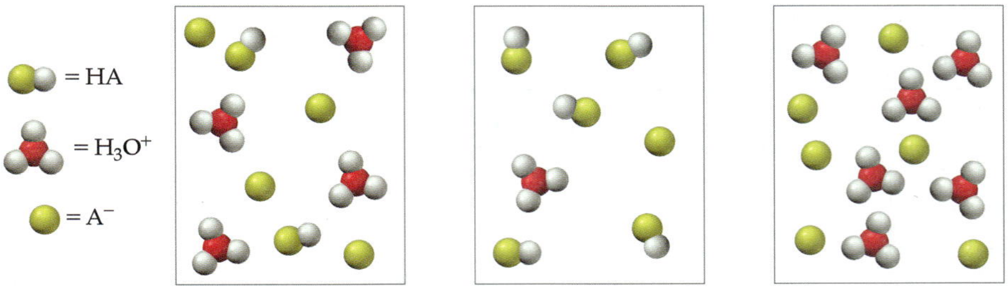

HX HY HZ

(a) K_a 값이 증가하는 순서로 세 가지 산을 나열하시오.

(b) 강산이 있다면 어느 것인가?

(c) 가장 높은 pH와 가장 낮은 pH를 갖는 용액은 각각 어느 것인가?

16.9 약산 용액의 평형 농도 계산

▲ 할로젠화 수소산 HF, HCl, HBr, HI 중에서 플루오린화 수소산만 약산이다. HF는 양의 pK_a 값을 갖는 반면, 강산인 HCl, HBr, HI는 음의 pK_a 값을 갖는다.

약산의 K_a 값이 일단 측정되면, 이를 사용하여 산 용액의 평형 농도와 pH 계산을 할 수 있다. 0.10 M HCN 용액에 존재하는 모든 화학종(H_3O^+, CN^-, HCN, OH^-)의 농도와 pH를 계산함으로써, 이런 문제에 대한 접근 방법을 설명할 것이다. 여기서 제시하는 방법은 매우 일반적이며, 앞으로 접할 여러 경우에 유용할 것이다.

산-염기 평형 문제를 푸는 열쇠는 브뢴스테드-로리 산과 염기 사이에 일어날 가능성이 있는 양성자 이동 반응을 고려하는 것이다.

단계 1. 산-염기 주반응의 균형 반응식을 쓴다. 산-염기 주반응(principal acid-base reaction)이란 가장 큰 평형 상수를 갖는 반응이다. 그 외의 양성자 이동 반응은 **부반응(subsidiary reaction)**이라고 한다. 해리되기 전 초기에 존재하는 화학종을 나열하고, 이를 산 또는 염기로 분류하는 것부터 시작하자. 물은 산 또는 염기로 거동할 수 있으며, 초기에 존재하는 화학종은 다음과 같다.

HCN	H_2O
산	산 또는 염기

두 가지 산(HCN, H_2O)과 하나의 염기(H_2O)가 있으므로 양성자 이동 반응은 두 개가 가능하다.

$$HCN(aq) + H_2O(l) \rightleftharpoons H_3O^+(aq) + CN^-(aq) \quad K_a = 4.9 \times 10^{-10}$$
$$H_2O(l) + H_2O(l) \rightleftharpoons H_3O^+(aq) + OH^-(aq) \quad K_w = 1.0 \times 10^{-14}$$

HCN의 K_a는 K_w보다 10,000배 이상 크므로, H_3O^+ 이온의 평형 농도는 더 강한 산인 HCN의 해리에 의해 결정된다고 가정할 수 있다.

$$[H_3O^+](\text{전체}) \approx [H_3O^+](\text{HCN으로부터})$$

그러므로 주반응의 균형 반응식은 약산인 HCN의 해리 반응이다.

$$HCN(aq) + H_2O(l) \rightleftharpoons H_3O^+(aq) + CN^-(aq) \quad K_a = 4.9 \times 10^{-10}$$

단계 2. 표를 작성한다. 이 표에는 균형 화학 반응식의 각 반응물과 생성물에 대한 초기 농도, 농도 변화, 평형 농도를 열거한다. 해리되는 HCN의 농도(x mol/L이라 하자)와 관련된 반응에 포함된 화학종의 농도를 표시한다. HCN 해리에 대한 균형 반응식에 따라, x mol/L의 HCN이 해리할 때 x mol/L의 H_3O^+와 x mol/L의 CN^-가 생성된다. 해리 전 HCN 초기 농도(이 예에서 0.10 mol/L)는 평형에서 $(0.10 - x)$ mol/L로 감소한다. 이들을 주반응 아래의 표에 요약해 보자.

주반응	$HCN(aq)$ + $H_2O(l)$ ⇌	$H_3O^+(aq)$ +	$CN^-(aq)$
초기 농도(M)	0.10	~0	0
변화(M)	$-x$	$+x$	$+x$
평형 농도(M)	$0.10 - x$	x	x

단계 3. 주반응의 평형 상수 식에 평형 농도를 대입하고, x에 대해 푼다.

$$K_a = 4.9 \times 10^{-10} = \frac{[H_3O^+][CN^-]}{[HCN]} = \frac{(x)(x)}{(0.10 - x)}$$

K_a가 매우 작으므로 반응은 오른쪽으로 많이 진행하지 않고, x는 0.10에 비하여 무시할 정도로 작을 것이다. 따라서 $(0.10 - x) \approx 0.10$으로 근사할 수 있어 풀이는 매우 간단해진다.

$$4.9 \times 10^{-10} = \frac{(x)(x)}{(0.10 - x)} = \frac{x^2}{0.10}$$

$$x^2 = 4.9 \times 10^{-11}$$

$$x = 7.0 \times 10^{-6}$$

빼는 수에 비해 x가 작다는 가정의 유효성을 확인해야 한다. 가정을 확인하려면, 초기 농도에 대한 계산된 x 값의 백분율을 계산하라.

$$\frac{7.0 \times 10^{-6}}{0.10} \times 100\% = 7.0 \times 10^{-3}\%$$

모든 문제에서 단순화된 근사법의 유효성을 확인하는 것은 중요하다. 이는 x가 항상 산의 초기 농도에 비해 무시할 정도는 아니기 때문이다. 예제 16.10은 이러한 경우를 보여 준다.

단계 4. 주반응에 포함된 모든 반응물 및 생성물의 농도를 계산한다. 계산된 x값을 사용하여, 반응에 포함된 모든 화학종의 평형 농도를 구한다.

$$[H_3O^+] = [CN^-] = x = 7.0 \times 10^{-6}\ M$$

$$[HCN] = 0.10 - x = 0.10 - (7.0 \times 10^{-6}) = 0.10\ M$$

농도가 작은 $[OH^-]$는 부반응인 물의 해리로부터 얻어진다.

$$[OH^-] = \frac{K_w}{[H_3O^+]} = \frac{1.0 \times 10^{-14}}{7.0 \times 10^{-6}} = 1.4 \times 10^{-9}\ M$$

단계 5. pH를 계산한다. 다음 식을 사용하라.

$$pH = -\log[H_3O^+] = -\log(7.0 \times 10^{-6}) = 5.15$$

그림 16.7에 이 문제의 풀이 과정을 단계별로 요약하였다. 이와 동일한 체계적인 접근은 이 장과 17장에 있는 모든 산 염기 평형 문제에 적용된다.

단계 1. 산-염기 주반응의 균형 반응식을 쓴다.

↓

단계 2. 표를 작성한다. 이 표에는 균형 화학 반응식의 각 반응물과 생성물에 대한 초기 농도, 농도 변화, 평형 농도를 열거한다.

↓

단계 3. 주반응의 평형 상수 식에 평형 농도를 대입하고, x에 대해 푼다.

↓

단계 4. 주반응에 포함된 모든 반응물 및 생성물의 농도를 계산한다.

↓

단계 5. pH를 계산한다.

◀ 그림 16.7
약산과 약염기에 관련된 문제를 푸는 단계

예제 16.10

약산 용액의 pH와 평형 농도 계산

0.050 M HF에 존재하는 모든 화학종(H_3O^+, F^-, HF, OH^-)의 농도와 pH를 계산하시오.

문제 파악

알고 있는 것	알아내야 할 것
HF의 농도(0.050 M)	pH
$K_a = 3.5 \times 10^{-4}$	H_3O^+, F^-, HF, OH^-의 평형 농도

전략

그림 16.7에 요약된 5단계 순서를 따른다.

풀이

단계 1. 산-염기 주반응의 균형 반응식을 쓴다. 초기에 존재하는 화학종은 다음과 같다.

HF (산)　　H_2O (산 또는 염기)

가능한 양성자 이동 반응은 다음과 같다.

$$HF(aq) + H_2O(l) \rightleftharpoons H_3O^+(aq) + F^-(aq) \qquad K_a = 3.5 \times 10^{-4}$$
$$H_2O(l) + H_2O(l) \rightleftharpoons H_3O^+(aq) + OH^-(aq) \qquad K_w = 1.0 \times 10^{-14}$$

$K_a \gg K_w$이므로 주반응은 HF의 해리이다.

$$HF(aq) + H_2O(l) \rightleftharpoons H_3O^+(aq) + F^-(aq) \qquad K_a = 3.5 \times 10^{-4}$$

단계 2. 표를 작성한다. 이 표에는 균형 화학 반응식의 각 반응물과 생성물에 대한 초기 농도, 농도 변화, 평형 농도를 열거한다.

주반응	$HF(aq) + H_2O(l) \rightleftharpoons$	$H_3O^+(aq)$	$+ F^-(aq)$
초기 농도(M)	0.050	~0	0
농도 변화(M)	$-x$	$+x$	$+x$
평형 농도(M)	$0.050 - x$	x	x

단계 3. 주반응의 평형식에 평형 농도를 대입하고, x에 대해 푼다.

$$K_a = 3.5 \times 10^{-4} = \frac{[H_3O^+][F^-]}{[HF]} = \frac{(x)(x)}{(0.050 - x)}$$

x는 산의 초기 농도에 비해 무시할 정도로 작다는 일반적인 근사법을 적용하자. $(0.050-x)\approx0.050$이라 가정하고, x의 근삿값을 구한다.

$$x^2 \approx (3.5 \times 10^{-4})(0.050)$$
$$x \approx 4.2 \times 10^{-3}$$

x는 무시될 수 있다는 가정을 점검하기 위해, 초기 농도에 대한 계산된 x 값의 백분율을 계산한다.

$$\frac{4.2 \times 10^{-3}}{0.050} \times 100\% = 8.4\%$$

만약 x가 초기 농도의 5% 미만이라면, 가정은 유효하다. 평형 농도에 심각한 오차를 유발하지 않는다. 이 경우는 8.4%가 5%보다 크기 때문에 그 가정은 유효하지 않다. 따라서 근사법을 사용하지 않고, 이차방정식을 풀어야 한다.

$$3.5 \times 10^{-4} = \frac{x^2}{(0.050 - x)}$$
$$x^2 + (3.5 \times 10^{-4})x - (1.75 \times 10^{-5}) = 0$$

근의 공식을 사용한다. (부록 A.4)

$$x = \frac{-b \pm \sqrt{b^2-4ac}}{2a}$$
$$= \frac{-(3.5 \times 10^{-4}) \pm \sqrt{(3.5 \times 10^{-4})^2 - 4(1)(-1.75 \times 10^{-5})}}{2(1)}$$
$$= \frac{(-3.5 \times 10^{-4}) \pm (8.37 \times 10^{-3})}{2}$$
$$= +4.0 \times 10^{-3} \quad \text{또는} \quad -4.4 \times 10^{-3}$$

x는 H_3O^+의 농도이므로, x의 두 해 중 양의 값만 물리적 의미를 갖는다. 따라서

$$x = 4.0 \times 10^{-3}$$

단계 4. 주반응의 모든 반응물과 생성물 농도를 계산한다.

$$[H_3O^+] = [F^-] = x = 4.0 \times 10^{-3}\ M$$
$$[HF] = (0.050 - x) = (0.050 - 0.0040) = 0.046\ M$$

농도가 작은 $[OH^-]$는 부반응인 물의 해리 평형으로부터 얻어진다.

$$[OH^-] = \frac{K_w}{[H_3O^+]} = \frac{1.0 \times 10^{-14}}{4.0 \times 10^{-3}} = 2.5 \times 10^{-12}\ M$$

단계 5. pH를 계산한다. 다음의 식을 이용한다.

$$pH = -\log[H_3O^+] = -\log(4.0 \times 10^{-3}) = 2.40$$

점검

K_a 식에 평형 농도를 대입하여, 그 값이 문제에 주어진 $K_a(3.5\times10^{-4})$의 값과 일치하는지 점검하라.

$$K_a = \frac{[H_3O^+][F^-]}{[HF]} = \frac{(4.0 \times 10^{-3})(4.0 \times 10^{-3})}{(0.046)} = 3.5 \times 10^{-4}$$

연습문제 16.19 아세트산(CH_3CO_2H)은 식초에 독특한 냄새와 신맛을 주는 용질이다. 0.100 M $CH_3CO_2H(K_a = 1.8\times10^{-5})$ 용액에 존재하는 모든 화학종(H_3O^+, $CH_3CO_2^-$, CH_3CO_2H, OH^-)의 농도와 pH를 계산하시오.

응용문제 16.20 pH = 2.00인 용액이 되려면 폼산의 농도는 얼마여야 하는가? 폼산의 K_a 값은 표 16.2를 참조하시오.

16.10 약산 용액의 해리 백분율

K_a 외에, 약산의 세기를 나타내는 또 다른 유용한 척도는 **해리 백분율(percent dissociation)**이다. 이는 해리된 산의 농도를 산의 초기 농도로 나눈 값에 100%를 곱한 값으로 정의된다.

$$\textbf{해리 백분율} = \frac{[HA]_{해리}}{[HA]_{초기}} \times 100\%$$

예제 16.10에서 보여 준 약산 문제를 푸는 절차를 사용하면, 아세트산의 여러 초기 농도에 대한 $[H_3O^+]$ 농도를 구할 수 있다. 1.00 M CH_3CO_2H 용액은 $[H_3O^+] = 4.2\times10^{-3}$ M이다. 또한 $[H_3O^+]$는 해리되는 CH_3CO_2H의 농도와 같으므로 해리 백분율은 0.42%이다.

$$\text{해리 백분율} = \frac{[CH_3CO_2H]_{해리}}{[CH_3CO_2H]_{초기}} \times 100\%$$

$$= \frac{4.2 \times 10^{-3}\ M}{1.00\ M} \times 100\% = 0.42\%$$

일반적으로, 해리 백분율은 산에 따라 다르고 K_a 값이 증가함에 따라 증가한다. 그림 16.8에서 보여 주듯이, 주어진 약산의 해리 백분율은 농도가 감소할수록 증가한다. 0.0100 M

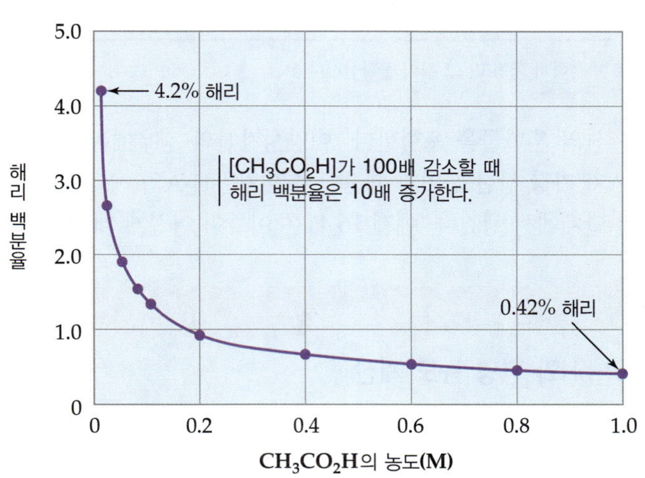

◀ **그림 16.8**
아세트산의 해리 백분율은 산의 농도가 감소함에 따라 증가한다.

▶ **확인하기**

0.500 M HF와 0.050 M HF 중 어느 용액의 해리 백분율이 더 큰지 예측하시오.

답 0.05 M의 HF 용액의 해리 백분율이 더 크다. 왜냐하면, 0.50 M HF 용액보다 농도가 더 낮기 때문이다.

CH_3CO_2H 용액은 $[H_3O^+] = 4.2 \times 10^{-4}$ M이고, 해리 백분율은 4.2%이다.

$$\text{해리 백분율} = \frac{[CH_3CO_2H]_{\text{해리}}}{[CH_3CO_2H]_{\text{초기}}} \times 100\%$$
$$= \frac{4.2 \times 10^{-4}\ \text{M}}{0.0100\ \text{M}} \times 100\% = 4.2\%$$

개념탐구 질문 5

약산인 아황산(H_2SO_3) 용액의 경우, pH는 1차와 2차 해리 중 주로 어느 것에 의해 결정되는가? 표 16.3에 H_2SO_3의 K_a 값이 수록되어 있다.

16.11 다양성자산

해리될 수 있는 양성자를 두 개 이상 포함하고 있는 산을 **다양성자산(polyprotic acid)**이라 한다. 다양성자산은 단계적으로 해리하며, 각 해리 단계는 K_{a1}, K_{a2} 등 고유의 산 해리 상수로 특징지어진다. 예를 들어, 탄산(H_2CO_3)은 이산화 탄소 기체가 물에 녹아 생성되는 이양성자산으로, 인체 혈액의 pH를 일정하게 유지하는 데 중요하다. 그 해리 반응은 다음과 같다.

$$H_2CO_3(aq) + H_2O(l) \rightleftharpoons H_3O^+(aq) + HCO_3^-(aq) \quad K_{a1} = \frac{[H_3O^+][HCO_3^-]}{[H_2CO_3]} = 4.3 \times 10^{-7}$$

$$HCO_3^-(aq) + H_2O(l) \rightleftharpoons H_3O^+(aq) + CO_3^{2-}(aq) \quad K_{a2} = \frac{[H_3O^+][CO_3^{2-}]}{[HCO_3^-]} = 5.6 \times 10^{-11}$$

표 16.3에서 보듯이, 다양성자산의 단계별 해리 상수는 $K_{a1} > K_{a2} > K_{a3}$의 순서로 대개 10^4에서 10^6배씩 감소한다. 정전기적 힘 때문에, HCO_3^-와 같은 음이온으로부터 양전하를 띤 양성자를 떼어내는 것은 H_2CO_3와 같이 전하를 띠지 않은 분자에서 양성자를 떼어내는 것보다 더 어렵다. 따라서 $K_{a2} < K_{a1}$이 된다. H_3PO_4 같은 삼양성자산의 경우, 2가 음이온(HPO_4^{2-})에서 H^+를 떼어내는 것은 1가 음이온($H_2PO_4^-$)에서 떼어내는 것보다 더 어렵다. 따라서 $K_{a3} < K_{a2}$이 된다.

▲ 탄산음료는 탄산과 인산 같은 다양성자산을 함유한다.
©MaraZe/Shutterstock

표 16.3 25 °C에서 다양성자산의 단계별 해리 상수

이름	화학식	K_{a1}	K_{a2}	K_{a3}
탄산	H_2CO_3	4.3×10^{-7}	5.6×10^{-11}	
황화 수소[a]	H_2S	1.0×10^{-7}	$\sim 10^{-19}$	
옥살산	$H_2C_2O_4$	5.9×10^{-2}	6.4×10^{-5}	
인산	H_3PO_4	7.5×10^{-3}	6.2×10^{-8}	4.8×10^{-13}
황산	H_2SO_4	매우 큼	1.2×10^{-2}	
아황산	H_2SO_3	1.5×10^{-2}	6.8×10^{-8}	

[a] H_2S의 K_{a2}는 매우 작으므로 측정하기 어렵고, 그 값이 불확실하다.

다양성자산 용액은 산의 혼합물을 포함한다. 이양성자산의 경우에는 H_2A, HA^-, H_2O의 혼합물이다. 여기서 H_2A가 가장 강한 산이기 때문에 주반응은 H_2A의 해리이다. 용액 중 거의 모든 H_3O^+는 첫 번째 해리 단계에서 생긴다. 예제 16.11은 이들이 어떻게 계산되는지를 보여 준다.

예제 16.11

이양성자산 용액의 pH와 평형 농도 계산

0.020 M 탄산 용액에 존재하는 모든 화학종(H_2CO_3, HCO_3^-, CO_3^{2-}, H_3O^+, OH^-)의 농도와 pH를 계산하시오.

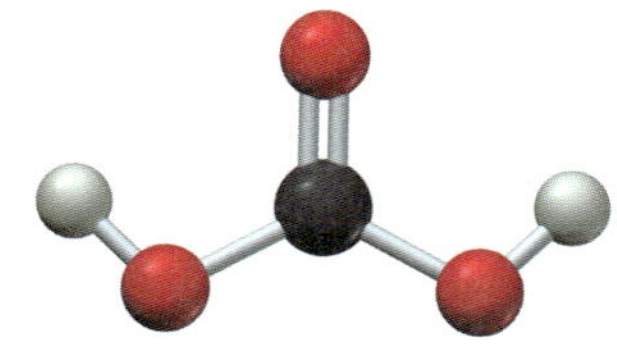

탄산

문제 파악

알고 있는 것	알아내야 할 것
H_2CO_3의 농도(0.020 M)	pH
$K_{a1} = 4.3 \times 10^{-7}$, $K_{a2} = 5.6 \times 10^{-11}$(표 16.3)	평형 농도

전략

그림 16.7에 요약된 5단계 절차를 이용하라.

풀이

단계 1. 산-염기 주반응의 균형 반응식을 쓴다. 초기에 존재하는 화학종은 H_2CO_3(산)와 H_2O(산 또는 염기)이다. $K_{a1}(4.3\times10^{-7}) \gg K_w(1\times10^{-14})$이므로 주반응은 H_2CO_3의 해리이다.

단계 2. 표를 작성한다. 이 표에는 균형 화학 반응식의 각 반응물과 생성물에 대한 초기 농도, 농도 변화, 평형 농도를 열거한다.

주반응	$H_2CO_3(aq)$ + $H_2O(l)$ $\rightleftharpoons$	$H_3O^+(aq)$ +	$HCO_3^-(aq)$
초기 농도(M)	0.020	~0	0
농도 변화(M)	$-x$	$+x$	$+x$
평형 농도(M)	$0.020 - x$	x	x

단계 3. 주반응의 평형식에 평형 농도를 대입하고, x에 대해 푼다.

$$K_{a1} = 4.3 \times 10^{-7} = \frac{[H_3O^+][HCO_3^-]}{[H_2CO_3]} = \frac{(x)(x)}{(0.020 - x)}$$

$(0.020 - x) \approx 0.020$이라 가정하면,

$$x^2 = (4.3 \times 10^{-7})(0.020)$$

$$x = 9.3 \times 10^{-5} \qquad \text{근사법 } (0.020 - x) \approx 0.020\text{은 타당하다.}$$

단계 4. 반응에 포함된 모든 반응물과 생성물의 농도를 계산한다.

$$[H_3O^+] = [HCO_3^-] = x = 9.3 \times 10^{-5}\ \text{M}$$

$$[H_2CO_3] = 0.020 - x = 0.020 - 0.000\,093 = 0.020\ \text{M}$$

CO_3^{2-}와 OH^-의 농도는 부반응 평형, 즉 (1) HCO_3^-의 해리와 (2) 물의 해리, 이미 결정된 농도로부터 얻어진다.

$$(1)\quad HCO_3^-(aq) + H_2O(l) \rightleftharpoons H_3O^+(aq) + CO_3^{2-}(aq)$$

$$K_{a2} = 5.6 \times 10^{-11} = \frac{[H_3O^+][CO_3^{2-}]}{[HCO_3^-]} = \frac{(9.3 \times 10^{-5})[CO_3^{2-}]}{(9.3 \times 10^{-5})}$$

$$[CO_3^{2-}] = K_{a2} = 5.6 \times 10^{-11}\ \text{M}$$

(일반적으로 약한 이양성자산 용액은 매우 작은 K_{a2} 값을 가지며, $[A^{2-}]=K_{a2}$이다.)

$$(2)\quad [OH^-] = \frac{K_w}{[H_3O^+]} = \frac{1.0 \times 10^{-14}}{9.3 \times 10^{-5}} = 1.1 \times 10^{-10}\ \text{M}$$

H_2CO_3의 두 번째 해리는 첫 번째 해리에서 얻은 H_3O^+에 비해 무시할 정도의 H_3O^+를 생성한다. 첫 번째 해리로 생성된 9.3×10^{-5} mol/L의 HCO_3^- 중, 단지 5.6×10^{-11} mol/L만 해리되어 H_3O^+와 CO_3^{2-}를 생성한다.

단계 5. pH를 계산한다.

$$pH = -\log[H_3O^+] = -\log(9.3 \times 10^{-5}) = 4.03$$

▲ 드라이아이스(고체 CO_2)는 물을 산성화한다. 드라이아이스를 물에 넣으면 CO_2가 승화되어, 물과 반응하여 탄산(H_2CO_3)을 생성한다. CO_2가 용해됨에 따라 용액의 pH가 변한다. 만능 지시약을 넣어 보면, 처음에는 물이 중성 pH를 갖지만, 이산화 탄소가 용해됨에 따라 산이 생성되어 색이 주홍색으로 변하게 된다.

점검

K_{a1} 식에 평형 농도를 대입하여, 그 값이 표 16.3에 주어진 값과 같은지 확인하여 계산을 점검하라.

$$K_{a1} = \frac{[H_3O^+][HCO_3^-]}{[H_2CO_3]} = \frac{(9.3 \times 10^{-5})(9.3 \times 10^{-5})}{(0.020)} = 4.3 \times 10^{-7}$$

연습문제 16.21 0.10 M 아스코브산($H_2C_6H_6O_6$) 용액에 존재하는 모든 화학종의 농도와 pH를 계산하시오. ($K_{a1} = 8.0 \times 10^{-5}$, $K_{a2} = 1.6 \times 10^{-12}$)

응용문제 16.22 탄산음료는 높은 압력에서 CO_2를 용해하여 제조한다. CO_2는 물과 반응하여 다음 식에 의해 탄산을 생성한다.

$$CO_2(g) + H_2O(l) \rightleftharpoons CO_2(aq) + H_2O(l) \rightleftharpoons H_2CO_3(aq)$$

$[H_2CO_3] = 0.16$ M인 탄산수 캔에 들어 있는 모든 화학종(H_2CO_3, HCO_3^-, CO_3^{2-}, H_3O^+, OH^-)의 농도와 pH를 계산하시오. H_2CO_3의 K_a 값은 표 16.3에 있다.

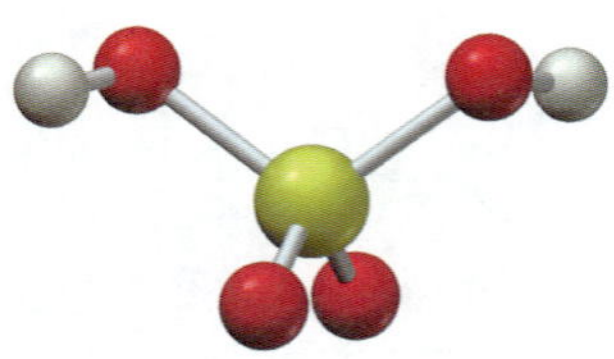

황산

황산(H_2SO_4)은 강산이다. 매우 큰 K_{a1} 값을 갖기 때문에 대부분의 다른 다양성자산과 다르다. 본질적으로 모든 H_2SO_4 분자는 해리하여 H_3O^+와 HSO_4^- 이온을 생성한다. 그러나 그 결과로 생긴 HSO_4^- 이온은 일부분만 해리하여 H_3O^+와 SO_4^{2-} 이온을 생성한다. 그림 16.7에 요약된 5단계 과정을 이용하면, 0.10 M H_2SO_4에 존재하는 모든 화학종(HSO_4^-, SO_4^{2-}, H_3O^+, OH^-)의 농도와 pH를 계산할 수 있다.

단계 1. 산-염기 주반응의 균형 반응식을 쓴다. H_2SO_4의 K_{a1}은 매우 크므로, 본질적으로 100% H_3O^+와 HSO_4^-로 해리된다. 첫 번째 해리 후에 존재하는 화학종은 $[H_3O^+] = 0.10$ M, $[HSO_4^-] = 0.10$ M, H_2O이다. $K_{a2}(1.2 \times 10^{-2}) \gg K_w(1.0 \times 10^{-14})$이므로, 주반응은 HSO_4^-의 해리이다.

$$HSO_4^-(aq) + H_2O(aq) \rightleftharpoons H_3O^+(aq) + SO_4^{2-}(aq) \quad K_{a2} = 1.2 \times 10^{-2}$$

단계 2. 표를 작성한다. 이 표에는 균형 화학 반응식의 각 반응물과 생성물에 대한 초기 농도, 농도 변화, 평형 농도를 열거한다.

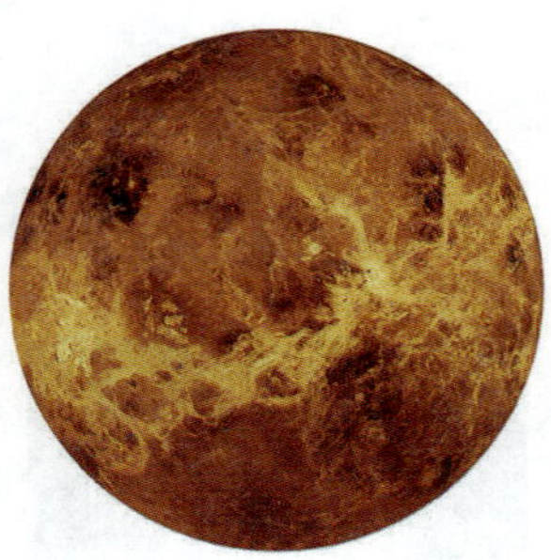

▲ 금성이 빛나는 것은 부분적으로는 상층 대기에 있는 반사율이 큰 두꺼운 구름 때문이다. 이 구름은 이산화 황과 황산 방울로 이루어져 있다. © Artsiom Petrushenka/Shutterstock

주반응	$HSO_4^-(aq)$	+ $H_2O(l)$ ⇌	$H_3O^+(aq)$	+ $SO_4^{2-}(aq)$
초기 농도(M)	0.10		0.10	0
농도 변화(M)	$-x$		$+x$	$+x$
평형 농도(M)	$0.10 - x$		$0.10 + x$	x

두 번째 해리 단계는 첫 번째 해리 단계에서 생성된 0.10 M H_3O^+의 존재 하에 일어난다는 것에 유의하라.

단계 3. 주반응의 평형식에 평형 농도를 대입하고, x에 대해 푼다.

$$K_{a2} = 1.2 \times 10^{-2} = \frac{[H_3O^+][SO_4^{2-}]}{[HSO_4^-]} = \frac{(0.10 + x)(x)}{(0.10 - x)}$$

0.10과 비교하여 x를 무시하고 풀면, 이 식은 $x = K_{a2} = 0.012$가 된다. 이는 0.10과 비교하여 무시될 수 없다. 따라서 이차방정식을 사용하여 x 값을 얻어야 한다.

$$0.0012 - 0.012x = 0.10x + x^2$$
$$x^2 + 0.112x - 0.0012 = 0$$
$$x = \frac{-b \pm \sqrt{b^2 - 4ac}}{2a} = \frac{-0.112 \pm \sqrt{(0.112)^2 - 4(1)(-0.0012)}}{2(1)}$$
$$= \frac{-0.112 \pm 0.132}{2}$$
$$= +0.010 \quad \text{또는} \quad -0.122$$

x는 SO_4^{2-}의 농도이므로 양수이어야 한다. 따라서 $x = 0.010$이다.

단계 4. 반응에 포함된 모든 반응물과 생성물의 농도를 계산한다.

$$[SO_4^{2-}] = x = 0.010 \text{ M}$$
$$[HSO_4^-] = 0.10 - x = 0.10 - 0.010 = 0.09 \text{ M}$$
$$[H_3O^+] = 0.10 + x = 0.10 + 0.010 = 0.11 \text{ M}$$
$$[OH^-] = \frac{K_w}{[H_3O^+]} = \frac{1.0 \times 10^{-14}}{0.11} = 9.1 \times 10^{-14} \text{ M}$$

단계 5. pH를 계산한다.

$$\text{pH} = -\log [H_3O^+] = -\log 0.11 = 0.96$$

이 경우에 가장 쉬운 점검은 단계 4에서 얻은 농도들을 두 번째 해리 단계의 평형식에 대입하여 평형 상수식이 K_{a2}와 같아지는지를 확인하는 것이다.

$$\frac{[H_3O^+][SO_4^{2-}]}{[HSO_4^-]} = \frac{(0.11)(0.010)}{0.09} = 0.012 = K_{a2}$$

$[H_3O^+]$가 약 10^{-1} M이므로, pH는 약 1이다. 따라서 상세히 풀어 얻은 답과 부합한다.

16.12 약염기 용액의 평형

암모니아와 같은 약염기는 물로부터 양성자를 받아 염기의 짝산과 OH^-이온을 생성한다.

$$NH_3(aq) + H_2O(l) \rightleftharpoons NH_4^+(aq) + OH^-(aq)$$

일반적인 염기 B와 물의 평형 반응을 규정하는 것은, 평형 반응식과 **염기 해리 상수(base-dissociation constant)**라고 하는 평형 상수 K_b이다.

염기 해리 상수 K_b

$$B(aq) + H_2O(l) \rightleftharpoons BH^+(aq) + OH^-(aq) \quad K_b = \frac{[BH^+][OH^-]}{[B]}$$

늘 그러듯이, $[H_2O]$는 평형 상수식에서 생략된다. **표 16.4**에 몇 가지 전형적인 약염기와 25 °C에서 그들의 K_b 값을 수록하였다. (**염기 양성자화 상수**(base-protonation constant)라는 용어가 K_b를 더 잘 표현한 명칭일 것이다. 그러나 **염기 해리 상수**(base-dissociation constant)라는 용어가 여전히 널리 사용된다.)

표 16.4 25 °C에서 몇 가지 약염기의 K_b 값과 그 짝산의 K_a 값

염기	화학식, B	K_b	짝산, BH^+	K_a
암모니아	NH_3	1.8×10^{-5}	NH_4^+	5.6×10^{-10}
아닐린	$C_6H_5NH_2$	4.3×10^{-10}	$C_6H_5NH_3^+$	2.3×10^{-5}
다이메틸아민	$(CH_3)_2NH$	5.4×10^{-4}	$(CH_3)_2NH_2^+$	1.9×10^{-11}
하이드라진	N_2H_4	8.9×10^{-7}	$N_2H_5^+$	1.1×10^{-8}
하이드록실아민	NH_2OH	9.1×10^{-9}	NH_3OH^+	1.1×10^{-6}
메틸아민	CH_3NH_2	3.7×10^{-4}	$CH_3NH_3^+$	2.7×10^{-11}

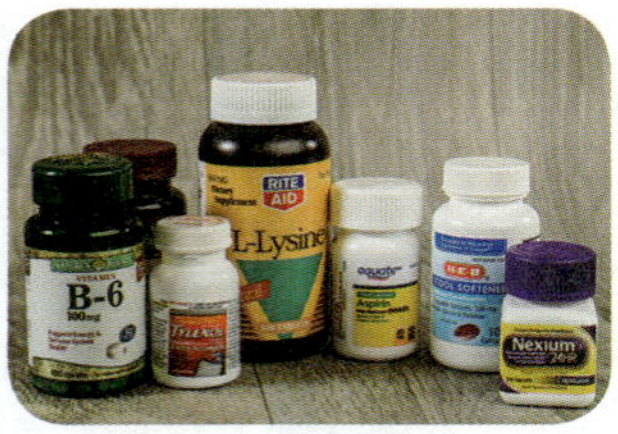

▲ 처방이 필요 없는 많은 의약품들은 아민과 염산으로부터 형성된 염을 함유한다. ©Warren Price Photography/Shutterstock

많은 약염기들은 아민(amines)이라 부르는 유기 화합물이다. 아민은 암모니아의 수소 원자 중 하나 이상이 메틸기(CH_3)와 같은 유기 원자단으로 치환된, 암모니아의 유도체들이다. 예를 들어, 메틸아민(CH_3NH_2)은 썩은 생선 냄새가 나는 유기 아민이다.

아민은 유기 화합물로, 염기성 질소 원자에 메틸기와 같은 치환기가 1개, 2개, 3개 붙어 있다.

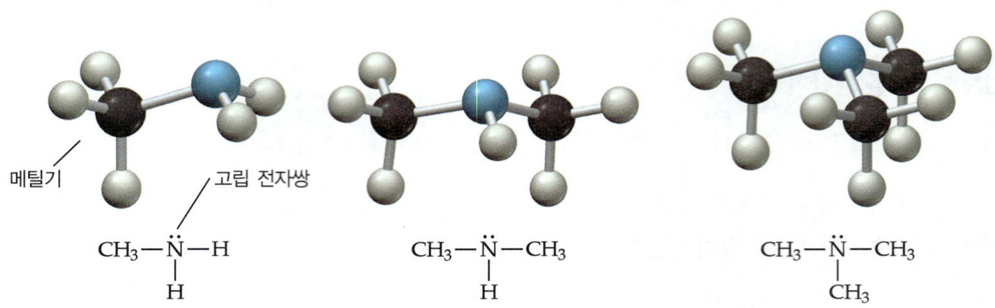

메틸아민 다이메틸아민 트라이메틸아민

아민의 염기성은 질소 원자에 있는 고립 전자쌍 때문이다. 이들은 양성자와 배위 공유 결합을 형성할 수 있다.

약염기 용액의 평형을 취급하는 방법은 약산을 포함한 문제를 풀 때와 같다. 예제 16.12에 그 과정이 잘 나타나 있다.

예제 16.12

약염기 용액의 pH와 평형 농도 계산

진통제와 기침약으로 사용되는 코데인($C_{18}H_{21}NO_3$)은 자연계에 존재하는 아민이며, $K_b = 1.6 \times 10^{-6}$이다. 0.0012 M 코데인 용액에 존재하는 모든 화학종의 농도와 pH를 계산하시오.

문제 파악

알고 있는 것	알아내야 할 것
코데인 농도(0.0012 M)	pH
$K_b = 1.6 \times 10^{-6}$	평형 농도

전략

그림 16.7에 요약된 절차를 사용하라.

풀이

단계 1. 산–염기 주반응의 균형 반응식을 쓴다. 코데인의 약자로 Cod를 사용하고, 그 짝산을 $CodH^+$

라고 하자. 초기에 존재하는 화학종은 Cod(염기)와 H_2O(산 또는 염기)이다.

가능한 양성자 이동 반응이 두 가지 있다.

$$Cod(aq) + H_2O(l) \rightleftharpoons CodH^+(aq) + OH^-(aq) \qquad K_b = 1.6 \times 10^{-6}$$
$$H_2O(l) + H_2O(l) \rightleftharpoons H_3O^+(aq) + OH^-(aq) \qquad K_w = 1.0 \times 10^{-14}$$

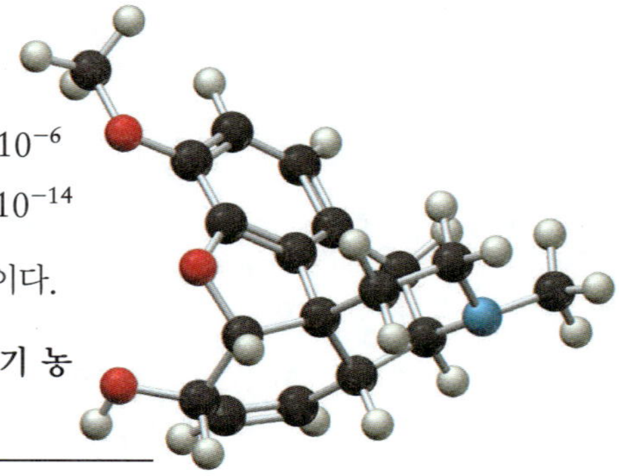

코데인

Cod는 H_2O보다 훨씬 강한 염기($K_b \gg K_w$)이므로, 주반응은 코데인의 양성자화 반응이다.

단계 2. 표를 작성한다. 이 표에는 균형 화학 반응식의 각 반응물과 생성물에 대한 초기 농도, 농도 변화, 평형 농도를 열거한다.

주반응	$Cod(aq)$ + $H_2O(l)$ ⇌	$CodH^+(aq)$ +	$OH^-(aq)$
초기 농도(M)	0.0012	0	~0
농도 변화(M)	$-x$	$+x$	$+x$
평형 농도(M)	$0.0012 - x$	x	x

단계 3. 주반응의 평형식에 평형 농도를 대입하고, x에 대해 푼다. 평형식으로부터 x 값을 얻는다.

$$K_b = 1.6 \times 10^{-6} = \frac{[CodH^+][OH^-]}{[Cod]} = \frac{(x)(x)}{(0.0012 - x)}$$

$(0.0012 - x) \approx 0.0012$라 가정하면,

$$x^2 = (1.6 \times 10^{-6})(0.0012)$$
$$x = 4.4 \times 10^{-5}$$

x는 무시될 수 있다는 가정을 점검하기 위해, 초기 농도에 대한 계산된 x 값의 백분율을 계산한다.

$$\frac{4.4 \times 10^{-5}}{0.0012} \times 100\% = 3.7\%$$

이 경우에 3.7%는 5% 미만이므로, 가정은 타당하다.

단계 4. 반응에 포함된 모든 반응물과 생성물의 농도를 계산한다.

$$[CodH^+] = [OH^-] = x = 4.4 \times 10^{-5}\ M$$
$$[Cod] = 0.0012 - x = 0.0012 - 0.000044 = 0.0012\ M$$

물의 해리 평형은 $[H_3O^+]$를 계산하기 위해 사용된다.

$$[H_3O^+] = \frac{K_w}{[OH^-]} = \frac{1.0 \times 10^{-14}}{4.4 \times 10^{-5}} = 2.3 \times 10^{-10}\ M$$

단계 5. pH를 계산한다. $pH = -\log[H_3O^+] = -\log(2.3 \times 10^{-10}) = 9.64$

점검

약염기 용액에 대해 예상되는 바와 같이, pH가 7보다 크다. K_b 식에 평형 농도를 대입하여, 그 값이 주어진 값(1.6×10^{-6})과 같은지 확인하여 계산을 점검하라.

$$K_b = \frac{[CodH^+][OH^-]}{[Cod]} = \frac{(4.4 \times 10^{-5})(4.4 \times 10^{-5})}{(0.0012)} = 1.6 \times 10^{-6}$$

연습문제 16.23 0.40 M NH_3($K_b = 1.8 \times 10^{-5}$)에 존재하는 모든 화학종의 농도와 pH를 계산하시오.

응용문제 16.24 젖산 링거(Lactated Ringer) 용액은 심한 혈액 손실을 겪은 환자의 체액을 보충하기 위해 정맥주사로 투여된다. 이 용액은 소듐, 포타슘, 염소, 칼슘, 젖산 이온($C_3H_5O_3^-$)을 포

함한 여러 이온들을 함유한다. 젖산 이온은 pH에 영향을 주는 유일한 화학종이다. 이 용액의 젖산 이온 농도는 0.028 M, pH는 8.16이다. 젖산 이온의 K_b 값은 얼마인가?

16.13 K_a와 K_b 사이의 관계

앞 절에서 산의 세기는 K_a 값으로 표현되고, 염기의 세기는 K_b 값으로 표현된다는 것을 보았다. 짝산–염기쌍의 두 평형 상수는 간단한 방식으로 관련되어 있어 어느 한 평형 상수로부터 다른 하나를 계산할 수 있다. 예를 들어, 짝산–염기쌍인 NH_4^+와 NH_3를 생각해 보자. K_a는 산 NH_4^+로부터 물로의 양성자 이동과 관련되고, K_b는 물로부터 염기 NH_3로의 양성자 이동과 관련된다. 두 반응의 합은 단순히 물의 해리이다.

$$\cancel{NH_4^+(aq)} + H_2O(l) \rightleftharpoons H_3O^+(aq) + \cancel{NH_3(aq)} \qquad K_a = \frac{[H_3O^+][NH_3]}{[NH_4^+]} = 5.6 \times 10^{-10}$$

$$\cancel{NH_3(aq)} + H_2O(l) \rightleftharpoons \cancel{NH_4^+(aq)} + OH^-(aq) \qquad K_b = \frac{[NH_4^+][OH^-]}{[NH_3]} = 1.8 \times 10^{-5}$$

$$\text{알짜: } 2\,H_2O(l) \rightleftharpoons H_3O^+(aq) + OH^-(aq) \qquad K_w = [H_3O^+][OH^-] = 1.0 \times 10^{-14}$$

알짜 반응의 평형 상수는 더해진 두 반응의 평형 상수를 곱한 것과 같다.

$$K_a \times K_b = \frac{[H_3O^+]\cancel{[NH_3]}}{\cancel{[NH_4^+]}} \times \frac{\cancel{[NH_4^+]}[OH^-]}{\cancel{[NH_3]}} = [H_3O^+][OH^-] = K_w$$

$$= (5.6 \times 10^{-10})(1.8 \times 10^{-5}) = 1.0 \times 10^{-14}$$

어떤 짝산–염기쌍의 산의 산 해리 상수와 그 짝염기의 염기 해리 상수를 곱한 것은 항상 물의 이온곱 상수와 같다.

$$\mathbf{K_a \times K_b = K_w}$$

$K_a \times K_b$는 1.0×10^{-14}로 일정하기 때문에, 산의 세기가 증가함에 따라(K_a가 클수록) 그 짝염기의 세기는 감소한다(K_b는 작아진다). 이러한 산의 세기와 그 짝염기의 세기 사이의 반비례 관계는 표 16.1에 정성적으로 설명되었다. $K_a \times K_b = K_w$ 식의 양변에 음의 로그를 취하면, 또 하나의 유용한 관계를 얻는다.

$$pK_a + pK_b = pK_w = 14.00$$

여기서 $pK_a = -\log K_a$, $pK_b = -\log K_b$, $pK_w = -\log K_w$이다.

부록 C와 같은 평형 상수 표는 일반적으로 K_a나 K_b 중 하나만 수록한다. 이는 K_a는 K_b로부터 쉽게 계산할 수 있기 때문이다. 그 역도 마찬가지이다.

$$K_a = \frac{K_w}{K_b} \quad \text{그리고} \quad K_b = \frac{K_w}{K_a}$$

마찬가지로, pK_a는 pK_b로부터 계산할 수 있고, 그 역도 성립한다.

$$pK_a = 14.00 - pK_b \quad \text{그리고} \quad pK_b = 14.00 - pK_a$$

예제 16.13

K_a, K_b 및 pK_a, pK_b의 관계

(a) 트라이메틸아민의 $K_b = 6.5 \times 10^{-5}$이다. 트라이메틸암모늄 이온 $(CH_3)_3NH^+$의 K_a를 계산하시오.
(b) HCN의 $K_a = 4.9 \times 10^{-10}$이다. CN^-의 K_b를 계산하시오.
(c) 유기 용매인 피리딘(C_5H_5N)의 p$K_b = 8.74$이다. 피리디늄 이온 $C_5H_5NH^+$의 pK_a는 얼마인가?

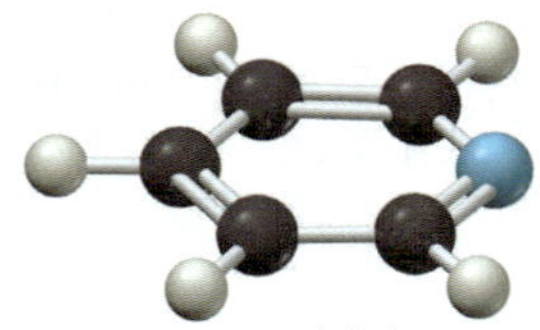

피리딘

전략

K_b로부터 K_a를 (또는 역으로) 계산하려면 식 $K_a = K_w/K_b$ 또는 $K_b = K_w/K_a$를 사용하라. pK_b로부터 pK_a를 계산하려면 p$K_a = 14.00 - pK_b$ 식을 사용하라.

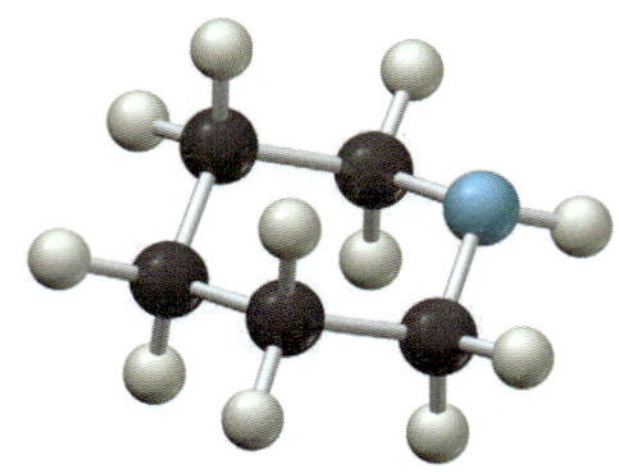

피페리딘

풀이

(a) $(CH_3)_3NH^+$의 K_a는 다음의 산 해리 반응의 평형 상수이다.

$$(CH_3)_3NH^+(aq) + H_2O(l) \rightleftharpoons H_3O^+(aq) + (CH_3)_3N(aq)$$

$K_a = K_w/K_b$이므로 $(CH_3)_3NH^+$의 K_a는 그 짝염기 $(CH_3)_3N$의 K_b로부터 구할 수 있다.

$$K_a = \frac{K_w}{K_b} = \frac{1.0 \times 10^{-14}}{6.5 \times 10^{-5}} = 1.5 \times 10^{-10}$$

(b) CN^-의 K_b는 염기 양성자화 반응의 평형 상수이다.

$$CN^-(aq) + H_2O(l) \rightleftharpoons HCN(aq) + OH^-(aq)$$

$K_b = K_w/K_a$이므로 CN^-의 K_b는 그 짝산 HCN의 K_a로부터 구할 수 있다.

$$K_b = \frac{K_w}{K_a} = \frac{1.0 \times 10^{-14}}{4.9 \times 10^{-10}} = 2.0 \times 10^{-5}$$

(c) $C_5H_5NH^+$의 pK_a는 C_5H_5N의 pK_b로부터 구할 수 있다.

$$pK_a = 14.00 - pK_b = 14.00 - 8.74 = 5.26$$

▶ **연습문제 16.25** 피페리딘($C_5H_{11}N$)은 후추에서 발견되는 아민이다. 피페리딘의 K_b를 부록 C에서 찾아 $C_5H_{11}NH^+$ 이온의 K_a를 계산하시오.

▶ **개념 응용문제 16.26** 다음 그림은 세 가지 산 HA(A = X, Y, Z)의 수용액을 나타낸다. 물 분자는 생략하였다.

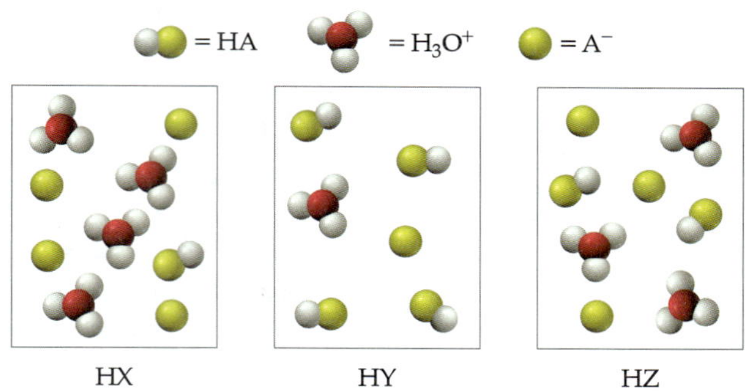

(a) 어느 산이 가장 큰 K_a 값을 갖는가?
(b) 어느 짝염기($A^- = X^-$, Y^-, Z^-)가 가장 큰 K_b 값을 갖는가?
(c) 어느 A^- 이온이 가장 약한 염기인가?

16.14 염의 산-염기 성질

산이 염기를 중화할 때 **염(salt)**이라고 하는 이온성 화합물이 생성된다는 4.7절을 상기하라. 염 용액은 양이온과 음이온 성분의 산-염기 성질에 따라 중성, 산성, 염기성이 될 수 있다(그림 16.9). 일반적인 규칙이 있다. 강산과 강염기의 반응으로 생긴 염은 중성이고, 강산과 약염기의 반응으로 생긴 염은 산성이며, 약산과 강염기의 반응으로 생긴 염은 염기성이다. 이는 더 강한 짝의 영향력이 지배하는 것과 마찬가지이다.

기억하기…
산과 염기 사이의 중화 반응으로 물과 **염**이 생성된다. 이 염은 염기의 양이온과 산의 음이온을 포함한다(4.7절).

강산 + **강염기** ⟶ **중성** 용액
강산 + 약염기 ⟶ **산성** 용액
약산 + **강염기** ⟶ **염기성** 용액

▶ **그림 16.9**
염 NaCl, NH_4Cl, $AlCl_3$, NaCN, $(NH_4)_2CO_3$의 수용액(0.10 M). 각 용액에 몇 방울의 만능 지시약을 첨가하였다. 만능 지시약은 pH 3에서 빨간색, pH 5에서 노란색, pH 7에서 초록색, pH ≥ 10에서 파란색이다.

중성 용액을 생성하는 염

강염기(NaOH)와 강산(HCl)으로부터 생성된, NaCl과 같은 염은 물에 용해되어 중성 용액이 된다. 왜냐하면, 그 양이온이나 음이온은 물과 반응하여 H_3O^+나 OH^- 이온을 생성하지 않기 때문이다. 강산의 짝염기인 Cl^-은 물로부터 양성자를 취하여 염기성 용액을 생성하는 경향이 없다. 강염기의 양이온인 수화된 Na^+ 이온은 용매 물 분자에게 양성자를 전이하여 산성 용액을 생성하는 경향이 거의 없다.

다음 이온들은 물과 반응하여 H_3O^+나 OH^- 이온을 생성하지 않는다.

- **강염기의 양이온들:**
  1족 알칼리 금속 양이온(Li^+, Na^+, K^+)
  2족 알칼리 토금속 양이온(Mg^{2+}, Ca^{2+}, Sr^{2+}, Ba^{2+}), Be^{2+}는 예외
- **강한 일양성자산의 음이온:**
  Cl^-, Br^-, I^-, NO_3^-, ClO_4^-

이런 이온들만을 포함하는 염은 순수한 물에서 중성 용액이 된다(pH = 7).

산성 용액을 생성하는 염

약염기(NH_3)와 강산(HCl)으로부터 생성된, NH_4Cl과 같은 염은 산성 용액을 생성한다. 이런 경우, 음이온은 산도 염기도 아니지만 양이온은 약산이다.

$$NH_4^+(aq) + H_2O(l) \rightleftharpoons H_3O^+(aq) + NH_3(aq)$$

아민에서 유도된 $[CH_3NH_3]Cl$, $[(CH_3)_2NH_2]Cl$, $[(CH_3)_3NH]Cl$과 같은 암모늄염은 산성 용액이 된다. 적어도 하나의 해리 가능한 양성자를 가진 양이온이 있기 때문이다. 산성 양이온을 함유한 용액의 pH는 그림 16.7에 요약된 표준 절차에 의해 계산할 수 있다. 0.10 M NH_4Cl 용액의 pH는 5.12이다. 염의 양이온 또는 음이온이 물과 반응하여 H_3O^+나 OH^- 이온을 생성하는 것을 **염의 가수 분해 반응**(salt hydrolysis reaction)이라 부른다. 그러나, 염의 가수 분해 반응과 브뢴스테드-로리의 산-염기 반응 사이에 근본적인 차이는 없다.

다른 유형의 산성 양이온으로는 Al^{3+}와 같이 크기가 작고 높은 전하를 가진, 수화된 금속 양이온이 있다. 수용액에서 Al^{3+} 이온은 여섯 개의 물 분자와 결합하여 수화된 양이온 $Al(H_2O)_6^{3+}$를 생성한다. **그림 16.10**에서 보는 바와 같이, 극성인 물 분자의 음의 말단인 산소는

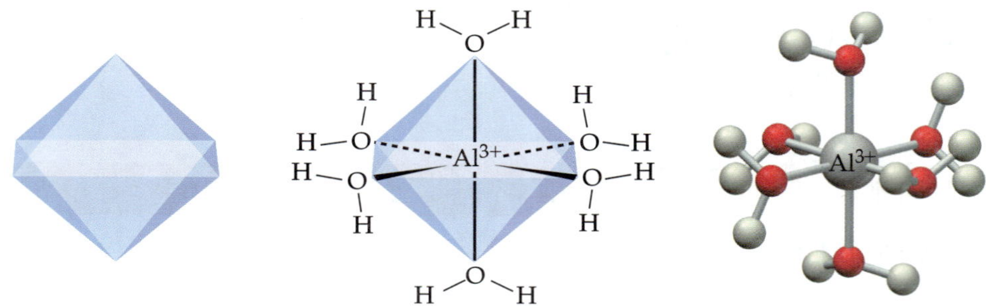

정팔면체에는 8개의 정삼각면과 6개의 꼭짓점이 있다.

6개의 Al−O 결합은 팔면체의 각 꼭짓점을 향한다.

6개의 H_2O 분자와 팔면체 배열로 결합된 $Al(H_2O)_6^{3+}$ 양이온의 모형

◀ **그림 16.10**
팔면체 구조의 $Al(H_2O)_6^{3+}$ 양이온

양전하를 띠는 금속 양이온에 결합되어 있고, 6개의 물 분자는 정팔면체의 꼭짓점에 위치한다.

모든 금속 이온은 수용액에서 수화된 양이온으로 존재한다. 그러나 수화된 양이온의 산성도는 금속 이온의 전하와 크기에 따라 많이 다르다. Al^{3+} 이온의 높은 전하(3+) 때문에, 결합된 물 분자의 O−H 결합의 전자들은 Al^{3+} 이온 쪽으로 끌려간다. 그 인력은 세다. Al^{3+} 이온은 작고, O−H 결합의 전자들은 양전하의 중심에 비교적 가깝기 때문이다. 결과적으로 전자 밀도가 O−H 결합으로부터 Al^{3+} 이온 쪽으로 이동한다. 따라서 O−H 결합은 약해지고, 극성은 증가한다. 이로 인해 용매 물 분자로의 양성자 이동이 쉬워진다.

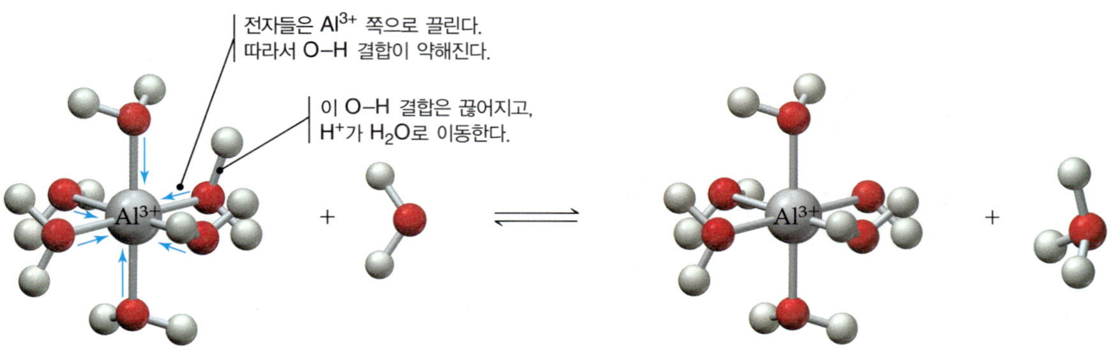

$$Al(H_2O)_6^{3+}(aq) + H_2O(l) \rightleftharpoons Al(H_2O)_5(OH)^{2+}(aq) + H_3O^+(aq)$$

$Al(H_2O)_6^{3+}$의 산 해리 상수 $K_a = 1.4 \times 10^{-5}$는 $K_w = 1.0 \times 10^{-14}$보다 훨씬 크다. 이는 수화된 양이온의 물 분자가 자유로운 용매 물 분자보다 훨씬 강한 양성자 주개라는 것을 의미한다. 실제로, $Al(H_2O)_6^{3+}$의 산의 세기는 아세트산의 $K_a = 1.8 \times 10^{-5}$과 견줄 만하다. 일반적으로 수화된 주족 양이온의 산도는, 주기율표의 왼쪽에서 오른쪽으로 갈수록 증가한다. 금속 이온의 전하는 증가하고, 이온 크기가 감소하기 때문이다($Li^+ < Be^{2+}$; $Na^+ < Mg^{2+} < Al^{3+}$). Zn^{2+}, Cr^{3+}, Fe^{3+}와 같은 전이 금속 양이온도 산성 용액을 생성한다. 그들의 K_a 값은 부록 C의 표 C.2에 수록되어 있다.

염기성 용액을 생성하는 염

강염기(NaOH)와 약산(HCN)으로부터 생성된, NaCN과 같은 염은 염기성 용액을 생성한다. 이 경우, 양이온은 산도 염기도 아니지만 음이온은 약염기이다.

$$CN^-(aq) + H_2O(l) \rightleftharpoons HCN(aq) + OH^-(aq)$$

NO_2^-, F^-, $CH_3CO_2^-$, CO_3^{2-}를 포함하여, 염기성을 나타내는 다른 음이온들이 표 16.1에 수록되어 있다. 산성 또는 염기성 염 용액의 pH는, 예제 16.14에서 보여 준 바와 같이 표준 절차에 따라 계산할 수 있다.

예제 16.14

염 용액의 pH 계산

다음 용액의 pH를 계산하시오.

(a) 0.10 M $AlCl_3$ 수용액; $Al(H_2O)_6^{3+}$의 K_a는 1.4×10^{-5}

(b) 0.10 M NaCN 수용액; HCN의 K_a는 4.9×10^{-10}

전략

양이온과 음이온을 조사함으로써 염이 산성 또는 염기성일지를 결정한다. pH를 계산하는 방법은 그림 16.7에 요약된 약산과 약염기의 문제를 푸는 방법을 이용하면 된다.

풀이 (a)

단계 1과 2. 산-염기 주반응의 균형 반응식을 쓰고, 평형 표를 작성한다. 초기에 존재하는 화학종은 $Al(H_2O)_6^{3+}$(산), Cl^-(비활성), H_2O(산 또는 염기)이다. $Al(H_2O)_6^{3+}$는 물보다 훨씬 강한 산이므로($K_a \gg K_w$), 주반응은 $Al(H_2O)_6^{3+}$의 해리이다.

주반응	$Al(H_2O)_6^{3+}(aq)$ + $H_2O(l)$ ⇌	$H_3O^+(aq)$ +	$Al(H_2O)_5(OH)^{2+}(aq)$
초기 농도(M)	0.10	~0	0
농도 변화(M)	$-x$	$+x$	$+x$
평형 농도(M)	$0.10 - x$	x	x

단계 3. 주반응의 평형식에 평형 농도를 대입하고, x에 대해 푼다.

$$K_a = 1.4 \times 10^{-5} = \frac{[H_3O^+][Al(H_2O)_5(OH)^{2+}]}{[Al(H_2O)_6^{3+}]} = \frac{(x)(x)}{(0.10-x)} \approx \frac{x^2}{0.10}$$

$$x = 1.2 \times 10^{-3}\ M$$

단계 4와 5. 평형 농도를 구하고, pH를 계산한다. 평형에서 $[H_3O^+] = x$임을 평형 표가 보여 준다.

$$[H_3O^+] = x = 1.2 \times 10^{-3}\ M \qquad pH = -\log(1.2 \times 10^{-3}) = 2.92$$

따라서 $Al(H_2O)_6^{3+}$는 NH_4^+보다 훨씬 강한 산이며, 그림 16.9에 있는 지시약의 색과 일치한다.

풀이 (b)

단계 1과 2. 산-염기 주반응의 균형 반응식과 초기 농도, 농도 변화, 평형 농도의 표를 작성한다. 초기에 존재하는 화학종은 Na^+(비활성), CN^-(염기), H_2O(산 또는 염기)이다.

가능한 양성자 이동 반응이 두 가지 있다.

$$CN^-(aq) + H_2O(l) \rightleftharpoons HCN(aq) + OH^-(aq) \quad K_b$$
$$H_2O(l) + H_2O(l) \rightleftharpoons H_3O^+(aq) + OH^-(aq) \quad K_w$$

$K_b = K_w/(\text{HCN의 } K_a) = 2.0 \times 10^{-5}$. $K_b \gg K_w$이므로, CN^-는 H_2O보다 더 강한 염기이기 때문에, 주반응은 H_2O로부터 CN^-로의 양성자 이동 반응이다.

주반응	$CN^-(aq)$ + $H_2O(l)$ ⇌	$HCN(aq)$ +	$OH^-(aq)$
초기 농도(M)	0.10	0	~0
농도 변화(M)	$-x$	$+x$	$+x$
평형 농도(M)	$0.10-x$	x	x

단계 3. 주반응의 평형식에 평형 농도를 대입하고, x에 대해 푼다.

$$K_b = 2.0 \times 10^{-5} = \frac{[HCN][OH^-]}{[CN^-]} = \frac{(x)(x)}{(0.10-x)} \approx \frac{x^2}{0.10}$$

$$x = 1.4 \times 10^{-3}\ M$$

단계 4와 5. 평형 농도를 구하고, pH를 계산한다. 평형에서 $x=[OH^-]$임을 평형 표가 보여 준다.

$$x = [OH^-] = 1.4 \times 10^{-3}\ M$$

$$[H_3O^+] = \frac{K_w}{[OH^-]} = \frac{1.0 \times 10^{-14}}{1.4 \times 10^{-3}} = 7.1 \times 10^{-12}$$

$$pH = -\log(7.1 \times 10^{-12}) = 11.15$$

용액은 염기성이며, 그림 16.9에 있는 지시약의 색과 일치한다.

연습문제 16.27 0.20 M $NaNO_2$ 용액이 중성, 산성, 염기성인지 예측하고, pH를 계산하시오(HNO_2의 K_a는 4.6×10^{-4}).

응용문제 16.28

(a) 0.40 M $ZnCl_2$ 용액으로부터 생성된 $Zn(H_2O)_6^{2+}$의 해리 백분율과 pH를 계산하시오. $Zn(H_2O)_6^{2+}$의 K_a는 2.5×10^{-10}이다.

(b) 0.40 M $Zn(H_2O)_6^{2+}$와 0.40 M $Fe(H_2O)_6^{3+}$ 중 어느 용액의 해리 백분율이 더 큰가?

산성 양이온과 염기성 음이온을 포함하는 염

마지막으로, 양이온과 음이온이 모두 양성자 이동 반응을 할 수 있는 $(NH_4)_2CO_3$와 같은 염을 살펴보기로 하자. NH_4^+는 약산이며 CO_3^{2-}는 약염기이므로, $(NH_4)_2CO_3$ 용액의 pH는 양이온 산과 음이온 염기의 상대적인 세기에 의존한다.

$$NH_4^+(aq) + H_2O(l) \rightleftharpoons H_3O^+(aq) + NH_3(aq) \qquad \text{산의 세기}(K_a)$$

$$CO_3^{2-}(aq) + H_2O(l) \rightleftharpoons HCO_3^-(aq) + OH^-(aq) \qquad \text{염기의 세기}(K_b)$$

다음 세 가지 가능한 경우로 구분할 수 있다.

- $K_a > K_b$: 양이온의 K_a가 음이온의 K_b보다 크면, 용액은 과량의 H_3O^+ 이온을 함유할 것이다($pH < 7$).
- $K_a < K_b$: 양이온의 K_a가 음이온의 K_b보다 작으면, 용액은 과량의 OH^- 이온을 함유할 것이다($pH > 7$).
- $K_a \approx K_b$: 양이온의 K_a와 음이온의 K_b가 비슷하면, 용액은 거의 같은 농도의 H_3O^+와 OH^- 이온을 함유할 것이다($pH \approx 7$).

$(NH_4)_2CO_3$ 용액이 산성, 염기성, 중성인지를 결정하기 위해, NH_4^+의 K_a와 CO_3^{2-}의 K_b 값

을 점검해 보자.

$$NH_4^+\text{의 } K_a = \frac{K_w}{NH_3\text{의 } K_b} = \frac{1.0 \times 10^{-14}}{1.8 \times 10^{-5}} = 5.6 \times 10^{-10}$$

$$CO_3^{2-}\text{의 } K_b = \frac{K_w}{HCO_3^-\text{의 } K_a} = \frac{K_w}{H_2CO_3\text{의 } K_{a2}} = \frac{1.0 \times 10^{-14}}{5.6 \times 10^{-11}} = 1.8 \times 10^{-4}$$

$K_a < K_b$이므로 이 용액은 염기성(pH > 7)이다. 그림 16.9의 지시약의 색과도 일치한다. 표 16.5에 염의 산–염기 성질이 요약되어 있다.

표 16.5 염의 산–염기 성질

염의 종류	예	물과 반응하는 이온	용액의 pH
강염기의 양이온; 강산의 음이온	NaCl, KNO_3, BaI_2	없음	~ 7
약염기의 양이온; 강산의 음이온	NH_4Cl, NH_4NO_3, $[(CH_3)_3NH]Cl$	양이온	< 7
큰 전하의 작은 양이온; 강산의 음이온	$AlCl_3$, $Cr(NO_3)_3$, $Fe(ClO_4)_3$	수화된 양이온	< 7
강염기의 양이온; 약산의 음이온	NaCN, KF, Na_2CO_3	음이온	> 7
약염기의 양이온; 약산의 음이온	NH_4CN, NH_4F, $(NH_4)_2CO_3$	양이온과 음이온	$K_a > K_b$이면, < 7 $K_a < K_b$이면, > 7 $K_a \approx K_b$이면, ≈ 7

16.15 루이스 산과 염기

브뢴스테드–로리가 양성자 주개/받개 성질로 산과 염기를 정의한 1923년에, 미국의 화학자 루이스(G. N. Lewis, 1875~1946)는 산과 염기의 더 일반적인 개념을 제안하였다. 루이스가 주목한 것은, 염기가 양성자를 받을 때 양성자와 고립 전자쌍을 공유하여, 새로운 공유 결합이 형성된다는 사실이다. 예로, 암모니아를 사용하여 반응을 다음의 형태로 쓸 수 있다. 여기서 굽은 화살표는 질소의 고립 전자쌍이 제공되어 H^+와 결합을 형성함을 나타낸다.

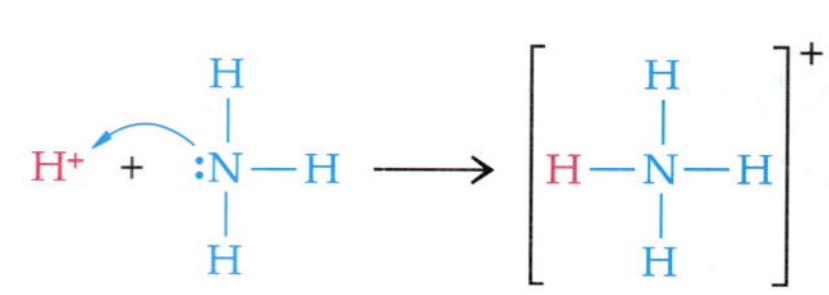

이 반응에서, 양성자는 전자쌍 받개로 거동하고, 암모니아 분자는 전자쌍 주개로 거동한다. 결과적으로, 산과 염기의 루이스 정의는 **루이스 산**은 전자쌍 받개이고, **루이스 염기**는 전자쌍 주개임을 말한다.

루이스 산 전자쌍 받개
루이스 염기 전자쌍 주개

모든 양성자 받개는 비공유 전자쌍을 가지고 있으며, 모든 전자쌍 주개는 양성자를 받을 수 있기 때문에, 염기에 대한 루이스와 브뢴스테드–로리의 정의는 단지 동일한 성질을 다른 관점에서 보는 것일 뿐이다. 모든 루이스 염기는 브뢴스테드–로리 염기이고, 모든 브뢴스테드–로리 염기는 루이스 염기이다. 그러나 산에 대한 루이스 정의는 브뢴스테드–로리 정의보다 훨씬 더 일반적이다. 루이스 산은 H^+뿐만 아니라, 루이스 염기가 제공하는 전자쌍을 공유할 수 있는 원자가 오비탈이 비어 있는 다른 양이온과 중성 분자도 포함한다.

양이온성 루이스 산의 일반적인 예는 Al^{3+}와 Cu^{2+} 같은 금속 이온이다. 예를 들어, Al^{3+} 이온의 수화 반응은 6개의 H_2O 분자들이 Al^{3+}에 전자쌍을 제공하여, 수화된 양이온 $Al(H_2O)_6{}^{3+}$를 형성하는 루이스 산–염기 반응이다.

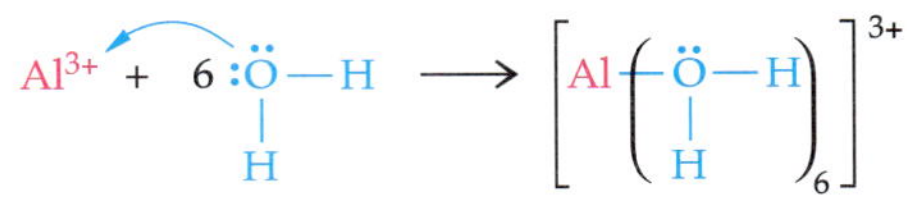

마찬가지로, Cu^{2+} 이온과 암모니아의 반응은 네 개의 NH_3 분자들이 Cu^{2+}에 전자쌍을 제공하여, 진한 파란색의 $Cu(NH_3)_4{}^{2+}$ 이온(**그림 16.11**)을 형성하는 루이스 산–염기 반응이다.

$$Cu^{2+} + 4\,:NH_3 \longrightarrow Cu(NH_3)_4{}^{2+}$$

루이스 산 루이스 염기

◀ **그림 16.11**
$Cu^{2+}(aq)$ 이온 용액에 암모니아 수용액을 첨가하는 것은 루이스 산–염기 반응이다.

중성 루이스 산의 예는 BF_3와 같은 13족 원소의 할로젠화물이다. 무색 기체인 트라이플루오린화 붕소는 삼각 평면형의 BF_3 분자에 있는 붕소 원자가 단지 6개의 원자가전자로 둘러싸여 있어, 아주 좋은 루이스 산이다(**그림 16.12**). 붕소 원자는 sp^2 혼성 오비탈을 사용하여 3개의 F 원자와 결합한다. 또한 한 개의 $2p$ 원자가 오비탈(valence orbital)이 비어 있어, NH_3 같은 루이스 염기로부터 전자쌍을 받을 수 있다.

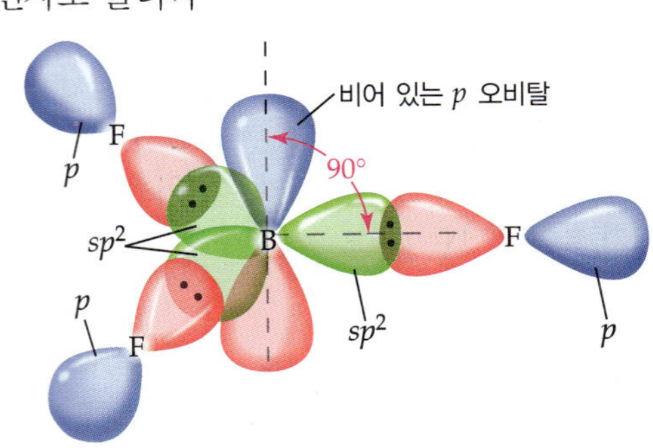

정전기 퍼텐셜 지도에서 루이스 산과 염기 부위는 전자가 부족한 B 원자(파란색)와 전자가 풍부한 N 원자(빨간색)로 명확히 나타난다. 생성물에서 붕소 원자는 안정한 팔전자계를 이루게 된다. 이 생성물은 **산–염기 첨가 생성물**(acid–base adduct)이라 부른다.

▶ 그림 16.12
루이스 산 BF_3와 루이스 염기 NH_3의 반응

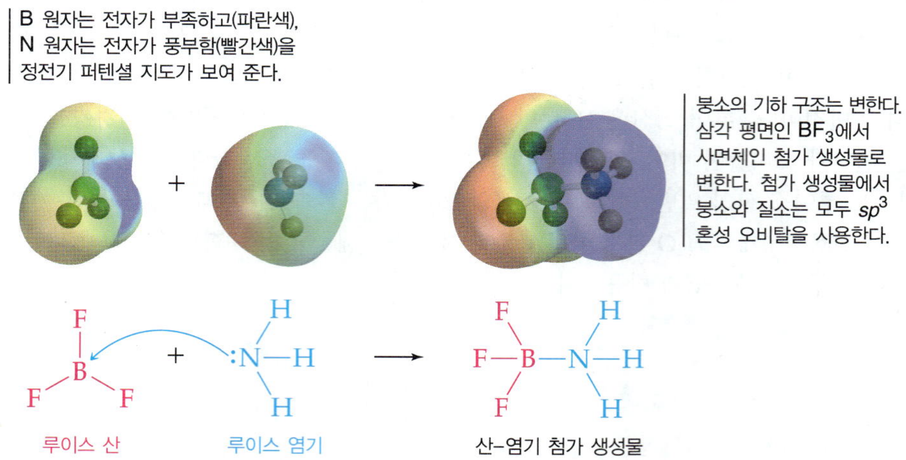

중성 루이스 산의 추가적인 예로, CO_2, SO_2, SO_3와 같은 비금속 산화물이 있다. 예로, SO_3와 물의 반응은 SO_3가 물 분자로부터 고립 전자쌍을 받는 루이스 산–염기 반응으로 볼 수 있다.

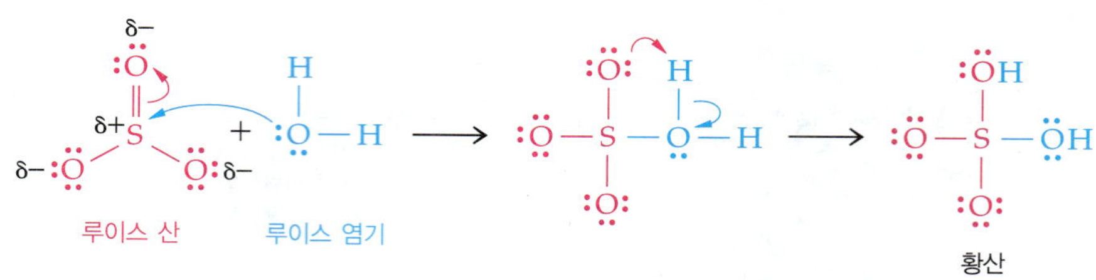

S—O 결합은 극성이며, 전기 음성도가 작은 S 원자가 부분 양전하(δ^+)를 띠게 되므로, S 원자가 H_2O로부터 전자쌍을 끌어당긴다. 물의 O 원자에서 S 원자로 결합이 형성되는 첫째 단계는, SO_3의 공유 전자쌍이 산소로 이동하는 것에 의해 촉진된다. 두 번째 단계에서, 양성자가 한 산소 원자로부터 다른 산소 원자로 이동하여 황산(H_2SO_4)을 생성한다.

예제 16.15

루이스 산과 염기의 확인

다음 각 반응의 경우, 루이스 산과 루이스 염기를 밝히시오.

(a) $CO_2 + OH^- \longrightarrow HCO_3^-$

(b) $B(OH)_3 + OH^- \longrightarrow B(OH)_4^-$

(c) $6\ CN^- + Fe^{3+} \longrightarrow Fe(CN)_6^{3-}$

전략

루이스 산과 루이스 염기를 확인하려면, 어느 분자나 이온이 전자쌍을 받고(루이스 산), 어느 것이 전자쌍을 주는가(루이스 염기)를 판별한다.

풀이

(a) O=C=O의 탄소 원자는 부분 양전하(δ+)를 띤다. 탄소가 산소보다 전기 음성도가 더 작기 때문이다. 따라서 탄소 원자는 OH^-로부터 전자쌍을 끌어당긴다. CO_2의 공유 전자쌍이 산소로 이동하는 것에 의해 OH^-에서 CO_2로의 공유 결합 형성이 촉진된다.

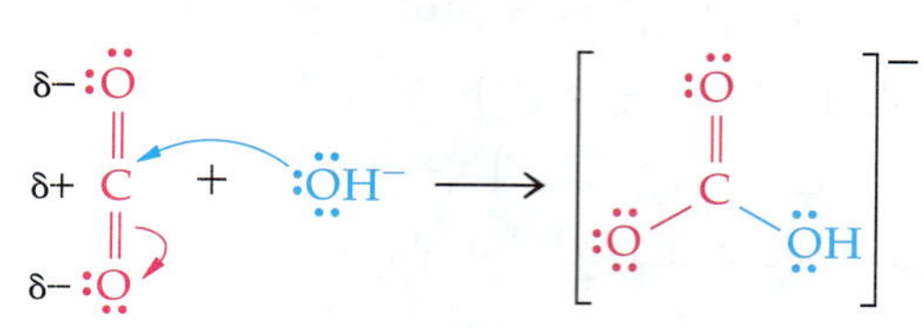

루이스 산(전자쌍 받개)은 CO_2이고, 루이스 염기(전자쌍 주개)는 OH^-이다.

(b) 루이스 산은 약산인 붕산[$B(OH)_3$]이다. 붕산은 눈 세척에 사용되는 자극성 없는 살균제이다. $B(OH)_3$의 붕소 원자는 빈 원자가 오비탈이 있어, 루이스 염기인 OH^-로부터 전자쌍을 받아 팔전자계(octet)를 완성한다.

(c) 루이스 산은 Fe^{3+}이고, 루이스 염기는 CN^-이다. 6개의 각 $[:C{\equiv}N:]^-$ 이온은 C 원자의 고립 전자쌍을, Fe^{3+} 이온과 공유함으로써 결합을 형성한다.

▶ **연습문제 16.29** $AlCl_3 + Cl^- \longrightarrow AlCl_4^-$의 반응에서, 루이스 산과 루이스 염기를 밝히시오.

▶ **개념 응용문제 16.30** 다음 루이스 산–염기 반응에서, 반응물과 생성물의 전자점 구조를 그리고, 굽은 화살표를 사용하여 루이스 염기에서 루이스 산으로 고립 전자쌍을 주는 것을 나타내시오.

$$BeCl_2 + 2\ Cl^- \rightarrow BeCl_4^{2-}$$

INQUIRY? 산성비 문제는 해결되었는가?

산성비는 최근 중요한 환경 문제 중 하나로 부각되었다. 수용액은 pH가 7 미만이면 산성으로 분류된다. 그러나 강우는 pH가 5.6 미만일 때 산성비로 분류된다. 정상 조건에서 비는 약산성(pH = 5.6)이다. 이는 CO_2가 빗방울에 녹아 물과 반응하여 탄산(H_2CO_3)을 생성하기 때문이다. 그러나 전력 생산, 제조업, 자동차 배기 등의 오염으로 인해 많은 산업화된 지역에 내리는 비의 pH는 3~4.5로 감소하였다.

산성비의 주요 원인 중 하나는 황산(H_2SO_4)이다. 황이 함유된 화석연료를 태우는 대형 발전소와 제련소는 매년 수백만 톤의 이산화 황(SO_2) 기체를 대기로 방출하며, 대기 중에서 이산화 황의 일부가 공기에 의해 산화되어 삼산화 황(SO_3)을 생성한다. 그다음에, 황 산화물들은 빗물에 용해되어 묽은 아황산과 황산을 생성한다.

$$SO_2(g) + H_2O(l) \rightarrow H_2SO_3(aq) \quad \text{아황산}$$
$$SO_3(g) + H_2O(l) \rightarrow H_2SO_4(aq) \quad \text{황산}$$

산성비의 또 다른 주요 원인은 질산(HNO_3)이다. 질소 산화물들은 석탄을 연소하는 발전소와 자동차 엔진에서 N_2와 O_2의 고온 반응으로 생성된다. 이산화 질소(NO_2)는 습기 있는 공기와 반응하여, 단순화된 다음 반응에 의해 질산(HNO_3)을 생성한다.

$$4\ NO_2(g) + 2\ H_2O(l) + O_2(g) \rightarrow 4\ HNO_3(aq)$$

황과 질소의 산화물들은 화산과 번갯불 같은 자연 발생원에 의해 생성되어 대기 중에 항상 존재해 왔다. 그러나 산업화로 인하여 지난 세기에 걸쳐 그 양이 급격하게 증가하였다.

산성비의 결과는 환경을 황폐화시킬 수 있다. 자연계의 많은 과정들은 좁은 pH 범위 밖에서는 작동하지 않기 때문이다. 뉴욕 주의 Adirondack 지역과 캐나다 남동부에 있는 수천 개의 호수들은 너무 산성화되어서 모든 어류들이 사라졌다. 산성비가 토양의 pH를 낮추고 유독성 금속들을 용해시켜, 유럽의 중부와 동부 전역에서 대량의 나무들이 고사하였다. 또한 셀 수 없이 많은 대리석상의 탄산 칼슘이, 산성비에 용해됨에 따라 서서히 파괴되고 있다.

$$CaCO_3(s) + 2\ H^+(aq) \rightarrow Ca^{2+}(aq) + H_2O(l) + CO_2(g)$$

다행히 1990년에 시작된 대기오염 방지법(Clean Air Act)과 산성비 대책(Acid Rain Program)의 결과로, 자동차와 발전소로부터 산성 물질 배출이 최근 몇 년간 크게 감소되었다. 질소 산화물을 N_2와 O_2로 분해시키는 촉매 변환 장치를 자동차에 장착함으로써 질소 산화물의 배출이 감소되었다(14.13절). 연소 생성물이 발전소 굴뚝에서 배출되기 전에 세정함으로써 발전소에서의 이산화 황 배출이 감소되었다. 이 공정에서 석회(CaO) 현탁 수용액이 연소실과 굴뚝에 투입된다. 석회는 SO_2와 반응하여 아황산 칼슘($CaSO_3$)을 생성한다.

▲ 산성비의 영향을 보여 주는 1870년대 건물 ©Chris Hellyar/Shutterstock

$$CaO(s) + SO_2(g) \rightarrow CaSO_3(s)$$

일부 세정기에서는 $CaSO_3$가 $CaSO_4 \cdot 2\ H_2O$(석고)로 산화된다. 석고는 건축 산업에서 건식벽체 제조에 사용된다. **그림 16.13**에서 보듯이, SO_2 배출량 감소는 미국 동부 지역의 비의 평균 pH를 1985년에서 2016년 사이에 상당히 증가시켰다.

불행히도, 빗물의 pH가 정상 수준으로 돌아온 후에도 호수와 하천이 회복되는 데 수년이 걸린다. 하나의 놀랍고도 예상치 못한 산성비의 장기적인 결과는 호수의 '젤리화(jellification)'이다. 젤리화는 **홀로물벼룩**(Holopedium glacialis)이라 불리는 젤리로 덮인 작은 무척추 동물의 우세가 증가함을 말한다. 산성비는 북아메리카 동부의 많은 호수에서 칼슘 수치를 감소시켰다. 따라서 **물벼룩**(Daphnia)과 같은 전통적인 플랑크톤이 감소했다. 칼슘 수치가 낮으면, 물벼룩이 칼슘이 풍부한 외골격을 만들어 보호할 수 없다. 대조적으로, 홀로물벼룩은 젤리와 같은 외부 덮개를 사용하여 포식자로부터 자신을 보호하고, 칼슘 수준이 낮은 물에서 번성할 수 있다.

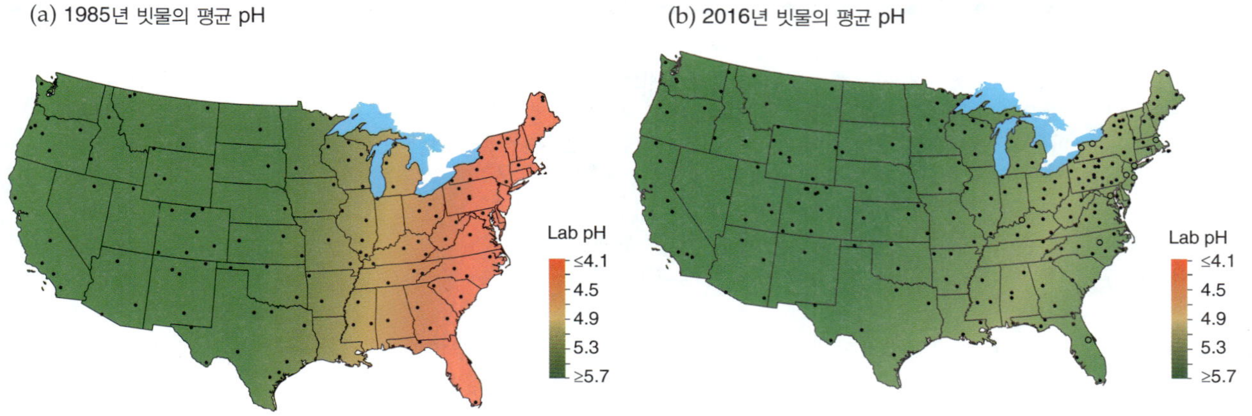

▲ **그림 16.13**
Central Analytical Lab에서 (a) 1985년과 (b) 2016년에 측정한 빗물 시료의 평균 pH

환경 규제를 통해 산성비를 크게 줄였지만, 산성화로부터 완전히 회복할 수는 없다. 호수는 완전히 새로운 생태계 상태로 밀려들었을 수도 있으며, 젤리로 덮인 유기체의 증가가 어류의 먹이 사슬에 중요한 영양분이 전달되는 것을 방지하거나, 식수를 위한 여과 시스템을 막히게 할 것이라고 과학자들은 예측한다. 암석과 광물의 자연 풍화에 의해 정상적인 칼슘 농도로 돌아가려면 수천 년이 걸릴 것이다. 더욱이 오염 감소 기술을 사용하지 않는 인도와 중국 같은 나라에서는, 산성비가 계속 큰 위협이 되고 있다.

▲ 캐나다 온타리오 호수에서 채집된 젤리로 덮인 홀로물벼룩(Holopedium glacialis) ©Lebendkulturen.de/Shutterstock

문제 16.31 산성비에 가장 크게 기여하는 두 가지 산의 이름과 화학식은 무엇인가?

문제 16.32 1985년과 2016년 미국 동부에 내리는 강우의 평균 pH 범위는 얼마인가? 그림 16.13을 참고하여, 질문에 답하시오.

문제 16.33 산성비의 영향을 완화하는 한 가지 방법은 호수와 하천에 석회(CaO)를 첨가하는 것이다. 라이밍(liming)이라고 하는 이 접근법은 노르웨이와 스웨덴에서 널리 사용되어 왔지만, 미국에서는 드물게 사용되었다. CaO가 산에 첨가될 때 일어나는 반응을 쓰시오.

문제 16.34

(a) '오염되지 않은' 보통 비는 pH가 5.6이다. 산성비의 pH가 3.6이 되도록, H_3O^+의 농도를 증가시키는 요인에는 어떤 것이 있는가?

(b) 캐나다 남동부 지역에 있는 호수들의 평균 pH는 5.1이다. 건강한 수중생태계에 요구되는 pH 6.5보다 상당히 낮다. pH = 5.10인 호수의 $[H_3O^+]$와 $[OH^-]$를 계산하시오.

문제 16.35 5.50 mg의 NO_2가 녹아 있는 1.00 L 빗물의 pH는 얼마인가? 모든 NO_2가 물과 반응하여, Inquiry 본문에 주어진 식에 따라 질산을 생성했다고 가정하라.

문제 16.36 발전소 세정기 내에서, 생석회(CaO)와 SO_2의 반응은 루이스 산–염기 반응이다. 설명하시오.

문제 16.37 황과 질소 산화물은 산성비의 주요 원인이기 때문에, 높은 수준의 NO_3^-와 SO_4^{2-}가 대기 중 미세 물방울에 존재한다. 건조한 날씨 동안, NH_4NO_3와 $(NH_4)_2SO_4$의 염을 포함하는 고체 에어로졸 입자가 육지와 물에 건식(dry) 침착된다. 이 염들은 산성, 염기성, 중성 중 무엇인가? (K_a와 K_b 값은 부록 C에 있다.)

정리

절	개념 요약	학습 목표	문제
16.1 산-염기 개념: 브뢴스테드-로리 이론	**아레니우스** 이론에 따르면, 산(HA)은 물에서 해리되어 $H^+(aq)$를 내는 물질이고, 염기(MOH)는 해리되어 $OH^-(aq)$를 내는 물질이다. 좀 더 일반적인 **브뢴스테드-로리 이론**은 산은 양성자 주개, 염기는 양성자 받개, 산-염기 반응은 양성자 이동 반응으로 정의한다. 브뢴스테드-로리 산의 예로 HCl, NH_4^+, HSO_4^-가 있고, 브뢴스테드-로리 염기의 예로는 OH^-, F^-, NH_3가 있다.	16.1 아레니우스 산과 염기, 브뢴스테드-로리 산과 염기, 짝산-염기쌍을 확인한다.	예제 16.1~16.2; 문제 16.38, 16.48, 16.52
16.2 산의 세기와 염기의 세기	**강산**(HA)은 거의 100% 해리되는 반면, **약산**(HA)은 일부만 해리되어 HA, H_3O^+, A^-의 평형 혼합물로 존재한다. $HA(aq) + H_2O(l) \rightleftharpoons H_3O^+(aq) + A^-(aq)$ 산(HA)의 세기와 그 **짝염기**(A^-)의 세기는 반비례 관계이다. 수화된 양성자 H_3O^+ 이온은 **하이드로늄 이온**이라 부른다.	16.2 용액에서 해리를 나타내는 분자 모양이 주어지면, 세기가 증가하는 순서로 산을 정렬한다. 16.3 짝산-염기쌍의 상대적인 세기에 기초하여, 반응의 방향을 예측한다.	문제 16.39 예제 16.3; 문제 16.56~16.57
16.3 산의 세기에 영향을 주는 인자	이성분산(HA)의 세기는, 주기율표의 같은 족 아래로 갈수록 H—A 결합의 세기가 감소함에 따라 증가하고, 같은 주기에서 왼쪽에서 오른쪽으로 갈수록 H—A 결합의 극성이 증가함에 따라 증가한다. 산소산 H_nYO_m(Y = C, N, S, Cl)의 세기는 중심 원자 Y의 전기 음성도 증가에 따라, 그리고 산화수 증가에 따라 증가한다.	16.4 화학적 구조에 기초하여, 이성분산(HA)과 산소산(H_nYO_m)의 상대적 세기를 예측한다.	예제 16.4; 문제 16.40, 16.60, 16.62, 16.66
16.4 물의 해리	물은 산과 염기로 모두 작용할 수 있고, 해리 반응 $H_2O + H_2O \rightleftharpoons H_3O^+ + OH^-$을 한다. 25 °C의 순수한 물에서 $[H_3O^+] = [OH^-] = 1.0 \times 10^{-7}$ M이다. **물의 이온곱 상수** $K_w = [H_3O^+][OH^-] = 1.0 \times 10^{-14}$이다.	16.5 K_w 값을 이용하여, $[H_3O^+]$ 또는 $[OH^-]$의 농도를 계산한다.	예제 16.5; 문제 16.68, 16.70
16.5~16.6 pH 척도와 pH 측정	수용액의 산성도는 **pH** 척도로 표시하는데, $pH = -\log[H_3O^+]$이다. 25 °C에서 산성 용액은 pH<7, 염기성 용액은 pH>7, 중성 용액은 pH=7이다. 용액의 pH는 **산-염기 지시약**이나 pH 미터를 이용하여 측정할 수 있다.	16.6 $[H_3O^+]$나 $[OH^-]$가 주어진 용액의 pH를 계산하거나, pH가 주어진 용액의 $[H_3O^+]$나 $[OH^-]$를 계산한다.	예제 16.6~16.7; 문제 16.74, 16.76
16.7 강산 용액과 강염기 용액의 pH	**강산**과 **강염기**는 수용액에서 거의 100% 해리된다. 따라서 $[H_3O^+]$나 $[OH^-]$는 산 또는 염기의 균형 해리 반응의 화학량론으로부터 결정할 수 있다.	16.7 강산 또는 강염기 용액의 pH를 계산한다.	예제 16.8; 문제 16.82, 16.84
16.8~16.10 약산 용액의 평형	약산 HA의 해리 정도는 **산 해리 상수**(K_a)로 판단된다. 그림 16.7에 요약된 5단계 절차는 약산이 관련된 평형 문제를 푸는 데 이용된다. 초기 농도가 상당히 변할 정도로 HA가 해리될 때는 이차방정식을 이용하여 $[H_3O^+]$를 구한다. HA의 초기 농도가 작거나 K_a 값이 클 때가 그런 경우이다.	16.8 주어진 약산의 초기 농도와 평형에서의 pH로부터 K_a 값을 계산한다. 16.9 주어진 약산의 K_a 값과 초기 농도로부터, 용액에 존재하는 모든 화학종의 농도, 해리 백분율, pH를 계산한다.	예제 16.9; 문제 16.90, 16.92 예제 16.10; 문제 16.94, 16.96
16.11 다양성자산	**다양성자산**은 해리될 수 있는 양성자를 두 개 이상 갖고 있고, 단계적으로 해리한다. 단계별 해리 상수는 $K_{a1} \gg K_{a2} \gg K_{a3}$ 순으로 감소하므로, 다양성자산 용액의 H_3O^+는 거의 모두 첫 번째 해리 단계에서 생성된다.	16.10 이양성자산 용액에 존재하는, 모든 화학종의 농도와 pH를 계산한다.	예제 16.11; 문제 16.106, 16.108

절	개념 요약	학습 목표	문제
16.12~16.13 약염기 용액의 평형 및 K_a와 K_a 사이의 관계	약염기 B의 해리 정도는 **염기 해리 상수** K_b로 판단된다. 약염기의 예는 NH_3와 **아민**(amine)이라는 NH_3의 유도체들이다. 그림 16.7에 요약된 5단계 절차는 약염기가 관련된 평형 문제를 푸는 데 이용된다. 짝산–염기쌍의 경우, (산의 K_a)×(염기의 K_b) = K_w이다.	16.11 약염기 용액의 pH와 평형 농도를 계산한다. 16.12 짝산–염기쌍에 대한 K_a, K_b 및 pK_a, pK_b의 관계를 기술한다.	예제 16.12; 문제 16.114, 16.116, 16.118 예제 16.13; 문제 16.120, 16.122
16.14 염의 산–염기 성질	염 수용액은 성분 이온들의 산–염기 성질에 따라 중성, 산성, 염기성이 될 수 있다. 1족 및 2족 양이온들(Be^{2+}는 제외)과 Cl^-와 같은 강산의 짝염기 음이온들은 물과 거의 반응하지 않으므로, H_3O^+ 또는 OH^- 이온을 생성하지 않는다. NH_4^+와 같은 약염기의 짝산 양이온들과, Al^{3+} 같이 작고 큰 전하를 띤 수화된 양이온들은 산성 용액을 생성한다. CN^-와 같은 약산의 짝염기 음이온들은 염기성 용액을 생성한다.	16.13 어떤 염이 산성, 염기성, 중성인지를 예측하고, 염 용액의 pH를 계산한다.	예제 16.14; 문제 16.44, 16.124, 16.128, 16.133~16.134
16.15 루이스 산과 염기	**루이스 산**은 전자쌍 받개이고, **루이스 염기**는 전자쌍 주개이다. 루이스 산은 H^+뿐만 아니라, 루이스 염기로부터 전자쌍을 받아 공유할 수 있는 다른 양이온들과 중성 분자도 포함한다. 루이스 산의 예로는 Al^{3+}, Cu^{2+}, BF_3, SO_3, CO_2가 있다.	16.14 루이스 산과 루이스 염기를 구별하고, 루이스 산–염기 반응에서 굽은 화살표를 사용하여 고립 전자쌍 제공을 표시한다.	예제 16.15; 문제 16.45~16.47, 16.142

주요 용어

pH
강산
강염기
다양성자산
루이스 산
루이스 염기
물의 이온곱 상수(K_w)
물의 해리
부반응
브뢴스테드–로리 산
브뢴스테드–로리 염기
브뢴스테드–로리 이론
산–염기 주반응
산–염기 지시약
산성비
산 해리 상수(K_a)
아레니우스 산
아레니우스 염기
약산
염기 해리 상수(K_b)
짝산
짝산–염기쌍
짝염기
하이드로늄 이온(H_3O^+)
해리 백분율

주요 식

• 물의 이온곱 상수(16.4절)

$K_w = [H_3O^+][OH^-] = 1.0 \times 10^{-14}$(25°C에서)

• pH의 정의(16.5절)

pH = $-\log [H_3O^+]$ 또는 $[H_3O^+] = 10^{-pH}$

• 약산 HA의 산 해리 상수(16.8절)

$$K_a = \frac{[H_3O^+][A^-]}{[HA]} \quad pK_a = -\log K_a$$

• 약산의 해리 백분율(16.10절)

$$\text{해리 백분율} = \frac{[HA]_{\text{해리}}}{[HA]_{\text{초기}}} \times 100\%$$

• 약염기 B의 염기 해리 상수 또는 염기 양성자화 상수(16.12절)

$$K_b = \frac{[BH^+][OH^-]}{[B]} \quad pK_b = -\log K_b$$

• 짝산-염기쌍의 K_a와 K_b의 관계(16.13절)

$$K_a \times K_b = K_w \quad pK_a + pK_b = pK_w = 14.00$$

복습 문제

LO는 학습 목표(Learning Objectives)를 나타낸다.

이 장을 학습한 후엔, 학습자의 이해도를 평가할 수 있는 방법이 있다. **복습 문제**를 푸는 것이다. **복습 문제**들은 이 장의 학습 목표와 연계되어 있다. 따라서 푼 답이 틀렸다면, 이 장의 끝부분에 나와 있는 **정리** 문단의 **학습 목표**를 참고하면 된다. 정리 문단에는 **개념 요약**이 제공되며, **예제**를 참고하면 문제 해결 방법을 모델링할 수 있고, 제공되는 **추가 문제**들로 더 많은 연습을 할 수 있다.

1. 다음 중 브뢴스테드-로리 염기이지만, 아레니우스 염기가 아닌 것은 어느 것인가? (**LO 16.1**)
   (a) HNO_3 (b) CsOH
   (c) CH_3NH_2 (d) CH_3OH

2. 다음의 그림은 3개의 산 HA(A = X, Y, Z)의 동일 부피의 수용액을 나타낸다. 물 분자는 생략되었다. 가장 강한 산은 어느 것인가? (**LO 16.2**)

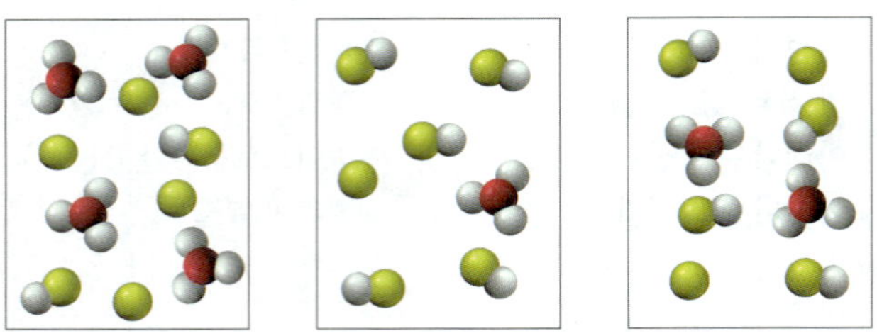

HX HY HZ

   (a) HX
   (b) HY
   (c) HZ
   (d) 세 가지 산 모두 강산이며 같은 세기를 갖는다.

3. 문제 2의 짝염기(X^-, Y^-, Z^-)를 고려하라. 같은 농도의 반응물과 생성물을 섞는다면, 다음 중 어떤 반응이 왼쪽으로 진행되는가? (**LO 16.3**)
   (a) $HX + Y^- \rightleftharpoons HY + X^-$
   (b) $HX + Z^- \rightleftharpoons HZ + X^-$
   (c) $HY + X^- \rightleftharpoons HX + Y^-$
   (d) $HZ + Y^- \rightleftharpoons HY + Z^-$

4. 어느 것이 가장 강한 산인가? (**LO 16.4**)
   (a) $HClO_3$ (b) $HBrO_3$
   (c) H_2SO_3 (d) H_2TeO_3

5. pH = 3.64인 와인 한 잔의 수산화 이온 농도 $[OH^-]$는 얼마인가? (**LO 16.5, 16.6**)
   (a) 2.3×10^{-4} M (b) 6.4×10^{-3} M
   (c) 6.8×10^{-9} M (d) 4.4×10^{-11} M

6. 25.0 ℃에서 6.3×10^{-5} M 농도의 $Ca(OH)_2$ 수용액의 pH는 얼마인가? (**LO 16.7**)
   (a) 4.20 (b) 10.10
   (c) 11.36 (d) 9.80

7. 어떤 산 용액 0.500 M의 pH가 3.21이다. 이 산의 K_a는 얼마인가? (**LO 16.8**)
   (a) 1.2×10^{-5} (b) 1.7×10^{-6}
   (c) 7.6×10^{-7} (d) 5.4×10^{-3}

8. $C_6H_5CO_2H$의 K_a가 6.5×10^{-5}라면, 1.5 M $C_6H_5CO_2H$ 용액의 pH는 얼마인가? (**LO 16.9**)
   (a) 4.01 (b) 5.32
   (c) 3.14 (d) 2.01

9. $K_{a1} = 1.3 \times 10^{-4}$ 및 $K_{a2} = 1.0 \times 10^{-11}$의 단계적 해리 상수를 갖는, 0.40 M H_2Se 용액에 존재하는 모든 화학종의 농도로 옳은 것은? (**LO 16.10**)
   (a) $[H_2Se] = 0.35$, $[HSe^-] = 5.0 \times 10^{-2}$, $[H_3O^+] = 3.0 \times 10^{-3}$, $[Se^{2-}] = 1.3 \times 10^{-4}$
   (b) $[H_2Se] = 0.39$, $[HSe^-] = 7.2 \times 10^{-3}$, $[H_3O^+] = 7.2 \times 10^{-3}$, $[Se^{2-}] = 1.0 \times 10^{-11}$
   (c) $[H_2Se] = 0.31$, $[HSe^-] = 9.0 \times 10^{-2}$, $[H_3O^+] = 9.0 \times 10^{-2}$, $[Se^{2-}] = 1.0 \times 10^{-11}$
   (d) $[H_2Se] = 0.40$, $[HSe^-] = 1.3 \times 10^{-4}$, $[H_3O^+] = 1.3 \times 10^{-4}$, $[Se^{2-}] = 1.0 \times 10^{-11}$

10. 암모니아(NH_3)의 염기 해리 상수(K_b)는 1.8×10^{-5}이다. pH 11.68을 갖는 암모니아 수용액의 농도는 얼마인가? (**LO 16.11**)
   (a) 0.28 M (b) 3.6 M
   (c) 9.0×10^{-3} M (d) 1.3 M

11. 다음 염들 중 어느 것이 물에 녹을 때 산성 용액을 생성하는가? (**LO 16.13**)
   (a) NaF (b) $NaNO_3$
   (c) $FeCl_3$ (d) NaCl

12. $NaNO_2$ 0.50 M 용액의 pH는 얼마인가? (HNO_2의 $K_a = 4.5 \times 10^{-4}$) (**LO 16.12, 16.13**)
   (a) 1.82 (b) 3.64
   (c) 10.35 (d) 8.52

13. 다음 $SO_2 + OH^- \rightarrow HSO_3^-$ 반응을 고려하라. 어느 반응식이 루이스 산과 루이스 염기를 바르게 표시하고, 굽은 화살표를 사용하여 전자쌍의 제공을 바르게 보여 주는가? (**LO 16.14**)

(a)

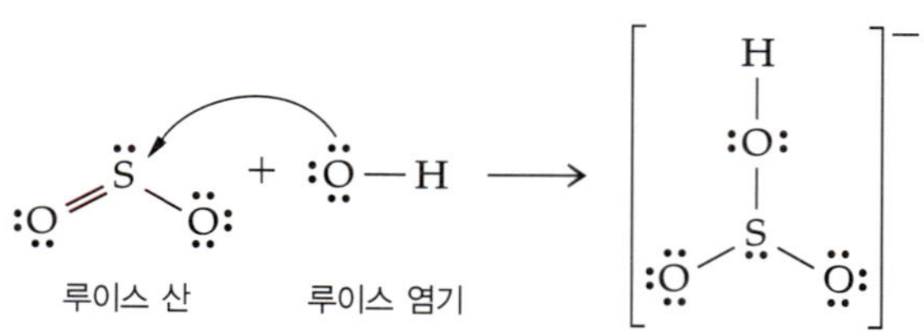

(b)

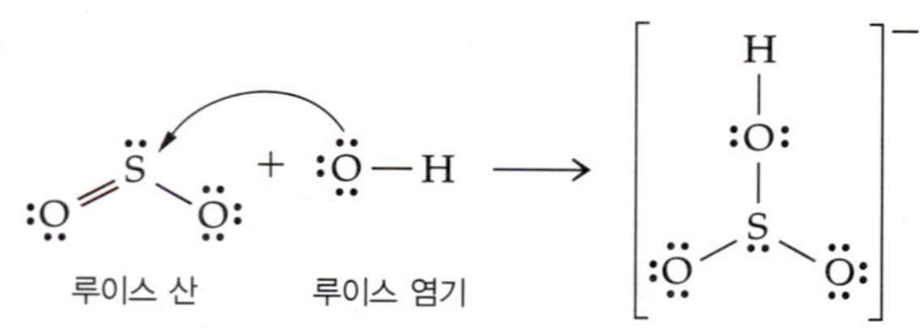

(c)

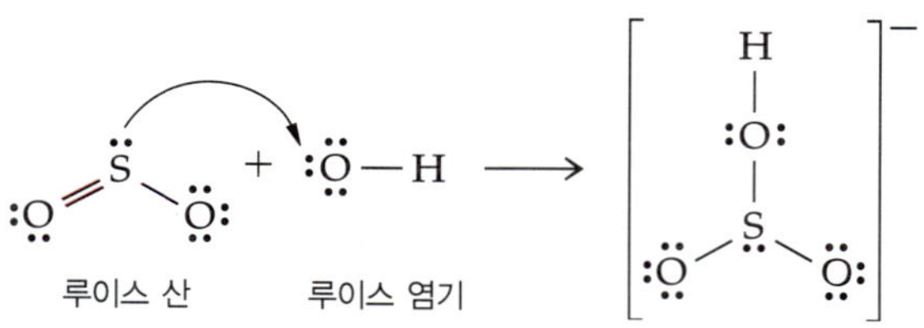

(d)

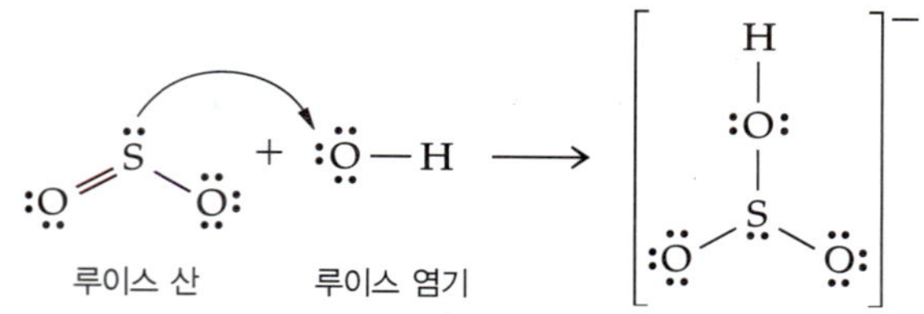

답: 1. c, 2. a, 3. c, 4. a, 5. d, 6. b, 7. c, 8. d, 9. b, 10. d, 11. c, 12. d, 13. a

개념 문제

문제 16.1~16.37은 이 장의 본문 중에 있다.

16.38 다음 각 반응의 경우, 브뢴스테드-로리 산과 염기를 밝히시오.

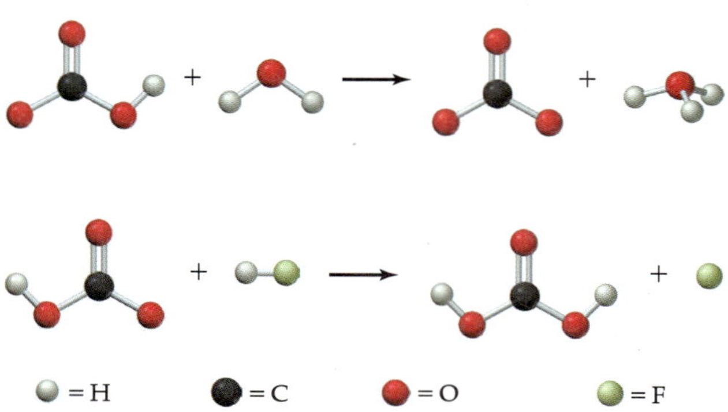

16.39 다음 그림은 세 가지 산 HA(A = X, Y, Z)의 수용액을 나타낸다. 물 분자는 생략하였다.

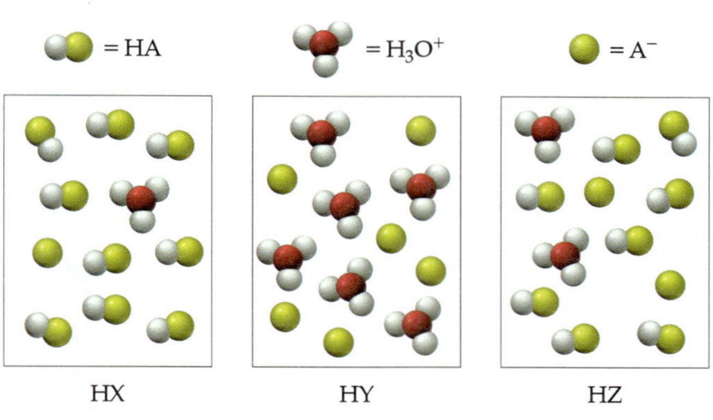

(a) 각 산의 짝염기는 무엇인가?

(b) 산의 세기가 증가하는 순서로 세 산을 나열하시오.

(c) 만약 있다면, 어느 것이 강산인가?

(d) 어떤 산의 K_a 값이 가장 작은가?

(e) HZ 용액의 해리 백분율은 얼마인가?

16.40 주기율표에서 황, 셀레늄, 염소, 브로민의 위치를 지정하시오.

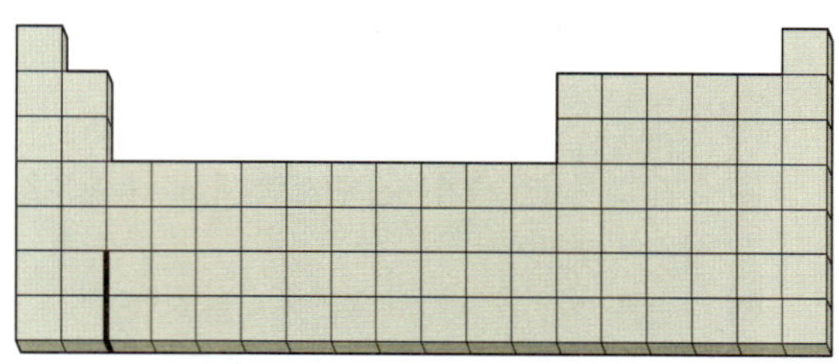

(a) 어느 이성분 산(H_2S, H_2Se, HCl, HBr)이 가장 세고, 어느 것이 가장 약한지 설명하시오.

(b) 어느 산소산(H_2SO_3, H_2SeO_3, $HClO_3$, $HBrO_3$)이 가장 세고, 어느 것이 가장 약한지 설명하시오.

16.41 다음 중 약산인 이양성자산 H_2A 용액을 나타내는 그림은 어느 것인가? (물 분자는 생략하였다.) 어느 그림이 불가능한 상황을 나타내는가? 그 이유를 설명하시오.

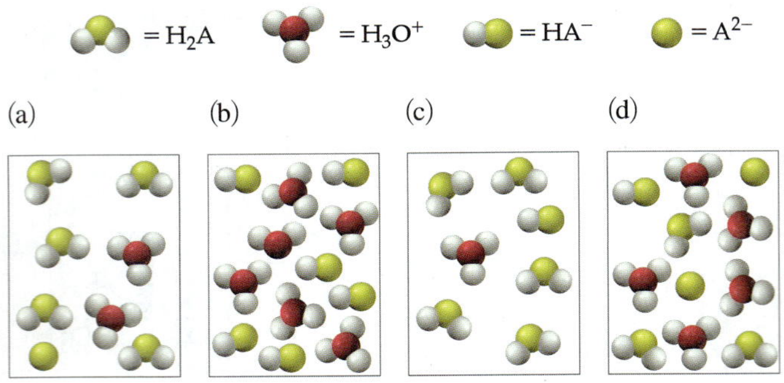

16.42 다음 중 황산 수용액을 가장 잘 표현한 그림은 어느 것인가? 그 이유를 설명하시오. (물 분자는 생략하였다.)

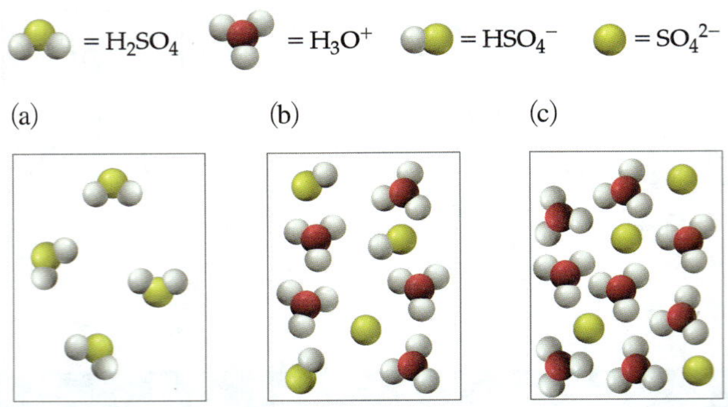

16.43 다음 그림은 세 가지 염 NaA($A^- = X^-$, Y^-, Z^-)의 용액을 나타낸다. (물 분자와 Na^+ 이온은 생략하였다.)

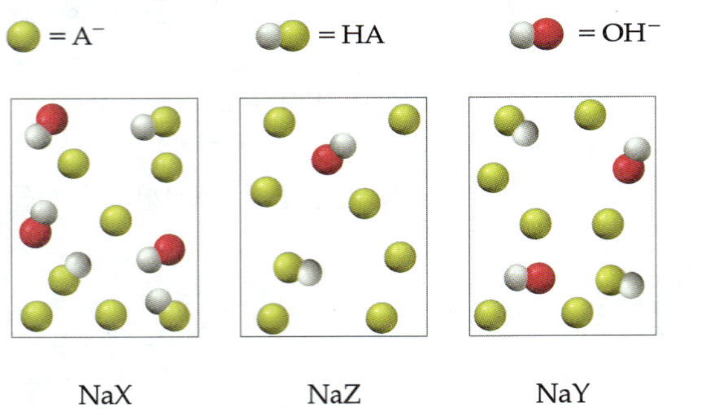

(a) 염기의 세기가 증가하는 순서로 세 A^- 음이온을 나열하시오.

(b) 어느 A^- 음이온이 가장 강한 짝산을 갖는가?

(c) 어느 A^- 음이온이 가장 작은 K_b 값을 갖는가?

(d) 각 상자 안에서 왜 HA 분자와 OH^- 음이온의 수가 같은가?

16.44 다음 그림은 수화된 금속 양이온 $M(H_2O)_6{}^{n+}$를 나타낸다, 여기서 $n = 1$, 2, 또는 3이다.

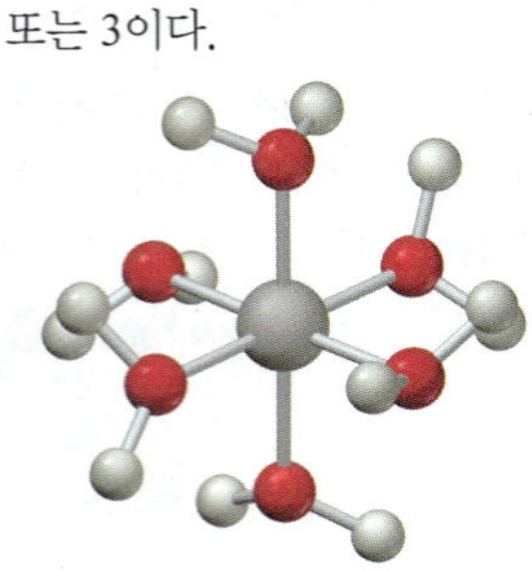

(a) $M(H_2O)_6{}^{n+}$와 물의 반응에 대한 균형 반응식을 쓰고, 반응의 평형식을 쓰시오.

(b) 평형 상수는 n이 증가함에 따라 증가하는가 감소하는가 변함이 없는가? 그 이유를 설명하시오.

(c) 어느 $M(H_2O)_6{}^{n+}$ 이온($n = 1$, 2 또는 3)이 가장 강한 산이며, 어느 것이 가장 강한 짝염기를 갖는가?

16.45 다음은 분자와 이온의 전자점 구조이다.

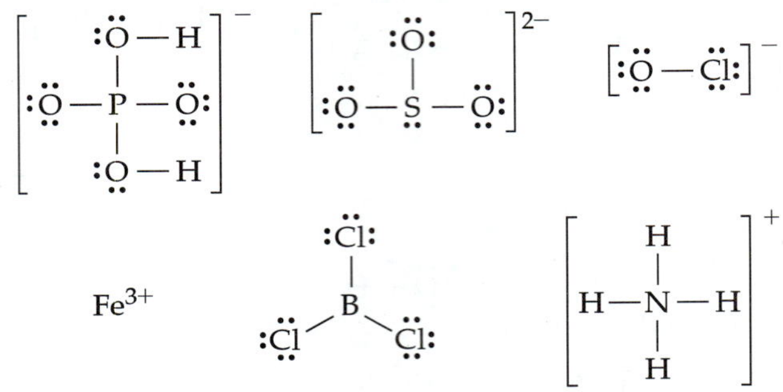

(a) 이 분자와 이온들 중 어느 것이 브뢴스테드–로리 산으로 작용하고, 어느 것이 브뢴스테드–로리 염기로 작용할 수 있는가?

(b) 어느 것이 루이스 산으로 작용하고, 어느 것이 루이스 염기로 작용할 수 있는가?

16.46 붕산(H_3BO_3)은 물에서 H_3O^+ 이온을 내는 약한 일양성자산이다. H_3BO_3는 실제로 루이스 산이지만, 브뢴스테드–로리 산 또는 루이스 산으로 거동할 수 있다.

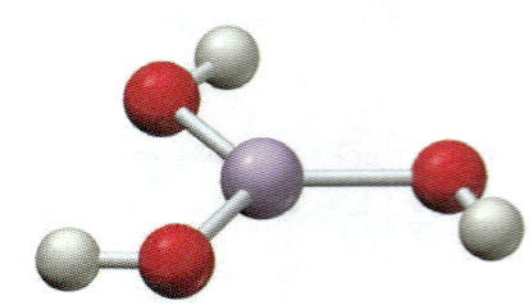

붕산

(a) H_3BO_3가 브뢴스테드–로리 산으로 작용하는 물과의 반응에 대한 균형 반응식을 쓰시오.

(b) H_3BO_3가 루이스 산으로 작용하는 물과의 반응에 대한 균형 반응식을 쓰시오. (힌트: 반응 생성물 중 하나는 사면체 구조의 붕소 원자를 갖는다.)

16.47 $PCl_4{}^+$와 Cl^-의 반응은 루이스 산–염기 반응이다. 반응물과 생성물의 전자점 구조를 그리고, 굽은 화살표 표기법(16.15절)을 사용하여 루이스 염기에서 루이스 산으로 고립 전자쌍을 주는 것을 표시하시오.

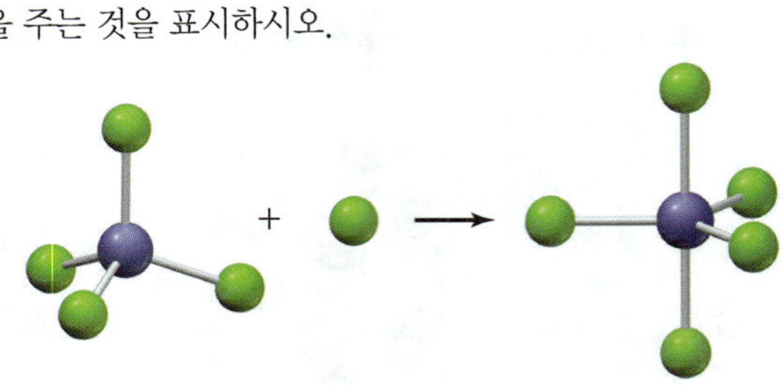

보충 문제

산-염기 개념(16.1절)

16.48 다음 중 브뢴스테드-로리 염기이지만 아레니우스 염기가 아닌 것은 어느 것인가?
(a) $Ca(OH)_2$ (b) NH_3
(c) HCO_3^- (d) NaOH

16.49 다음 중 브뢴스테드-로리 산과 브뢴스테드-로리 염기로 모두 작용할 수 있는 것은 어느 것인가?
(a) HCO_3^- (b) CN^-
(c) H_2O (d) H_2CO_3

16.50 다음의 브뢴스테드-로리 산의 짝염기 화학식을 각각 쓰시오.
(a) HSO_4^- (b) H_2SO_3 (c) $H_2PO_4^-$
(d) NH_4^+ (e) H_2O (f) NH_3

16.51 다음의 브뢴스테드-로리 염기의 짝산 화학식을 각각 쓰시오.
(a) SO_3^{2-} (b) H_2O (c) CH_3NH_2
(d) OH^- (e) HCO_3^- (f) H^-

16.52 다음의 각 반응에서 브뢴스테드-로리 산, 염기, 짝산-염기 쌍을 밝히시오.
(a) $CH_3CO_2H(aq) + NH_3(aq) \rightleftharpoons NH_4^+(aq) + CH_3CO_2^-(aq)$
(b) $CO_3^{2-}(aq) + H_3O^+(aq) \rightleftharpoons H_2O(l) + HCO_3^-(aq)$
(c) $HSO_3^-(aq) + H_2O(l) \rightleftharpoons H_3O^+(aq) + SO_3^{2-}(aq)$
(d) $HSO_3^-(aq) + H_2O(l) \rightleftharpoons H_2SO_3(aq) + OH^-(aq)$

16.53 다음의 각 반응에서 브뢴스테드-로리 산, 염기, 짝산-염기 쌍을 밝히시오.
(a) $CN^-(aq) + H_2O(l) \rightleftharpoons OH^-(aq) + HCN(aq)$
(b) $H_2PO_4^-(aq) + H_2O(l) \rightleftharpoons H_3O^+(aq) + HPO_4^{2-}(aq)$
(c) $HPO_4^{2-}(aq) + H_2O(l) \rightleftharpoons OH^-(aq) + H_2PO_4^-(aq)$
(d) $NH_4^+(aq) + NO_2^-(aq) \rightleftharpoons HNO_2(aq) + NH_3(aq)$

16.54 황화 수소 수용액은 다양한 농도로 H_2S, HS^-, S^{2-}, H_3O^+, OH^-, H_2O를 함유한다. 이 화학종들 중 어느 것이 산으로만 작용할 수 있는가? 어느 것이 염기로만 작용할 수 있는가? 산과 염기로 모두 작용할 수 있는 것은 어느 것인가?

16.55 더 강한 산이 양성자를 물로 이동시켜 해리되기 때문에 하이드로늄 이온 H_3O^+는 수용액에 존재할 수 있는 가장 강한 산이다. 수용액에 존재할 수 있는 가장 강한 염기는 무엇인가?

산의 세기와 염기의 세기(16.2절)

16.56 짝산-염기쌍 HSO_4^-/SO_4^{2-}, HF/F^-, NH_4^+/NH_3 중 하나를 선택하여 다음 반응식을 완결하시오. 이 반응의 평형 상수는 $K_c > 1$이다.

$$\_\_\_\_\_ + NO_2^- \rightarrow \_\_\_\_\_ + HNO_2$$

16.57 짝산-염기쌍 F^-/HF, NH_3/NH_4^+, NO_3^-/HNO_3 중 하나를 선택하여 다음 반응식을 완결하시오. 이 반응의 평형 상수는 $K_c > 1$이다.

$$\_\_\_\_\_ + H_2CO_3 \rightarrow \_\_\_\_\_ + HCO_3^-$$

16.58 다음의 각 쌍에서 더 강한 짝염기를 갖는 산은 어느 것인가? 짝산-염기쌍의 상대적 세기를 비교하려면, 표 16.1을 보시오.
(a) HCl 또는 HF
(b) HF 또는 NH_4^+
(c) HCN 또는 HSO_4^-

16.59 다음의 각 쌍에서 더 강한 짝산을 갖는 염기는 어느 것인가? 짝산-염기쌍의 상대적 세기를 비교하려면, 표 16.1을 보시오.
(a) Cl^- 또는 CO_3^{2-}
(b) CN^- 또는 NH_3
(c) HS^- 또는 O^{2-}

산의 세기에 영향을 주는 인자(16.3절)

16.60 다음 각 그룹의 화합물을 산의 세기가 증가하는 순서로 나열하고, 그 이유를 설명하시오.
(a) HCl, H_2S, PH_3
(b) NH_3, PH_3, AsH_3
(c) HBrO, $HBrO_3$, $HBrO_4$

16.61 다음 각 그룹의 화합물을 산의 세기가 감소하는 순서로 나열하고, 그 이유를 설명하시오.
(a) H_2O, H_2S, H_2Se
(b) $HClO_3$, $HBrO_3$, HIO_3
(c) PH_3, H_2S, HCl

16.62 다음 각 집단에서 가장 강한 산을 찾고, 그 이유를 설명하시오.
(a) H_2O, HF, HCl
(b) $HClO_2$, $HClO_3$, $HBrO_3$
(c) HBr, H_2S, H_2Se

16.63 다음 각 집단에서 가장 약한 산을 찾고, 그 이유를 설명하시오.
(a) H_2SO_3, $HClO_3$, $HClO_4$
(b) NH_3, H_2O, H_2S
(c) $B(OH)_3$, $Al(OH)_3$, $Ga(OH)_3$

16.64 다음의 각 쌍에서 더 강한 산을 찾고, 그 이유를 설명하시오.
(a) H_2Se 또는 H_2Te (b) H_3PO_4 또는 H_3AsO_4
(c) $H_2PO_4^-$ 또는 HPO_4^{2-} (d) CH_4 또는 NH_4^+

16.65 다음의 각 쌍에서 더 강한 염기를 찾고, 그 이유를 설명하시오.
(a) ClO_2^- 또는 ClO_3^- (b) HSO_4^- 또는 $HSeO_4^-$
(c) HS^- 또는 OH^- (d) HS^- 또는 Br^-

16.66 다음의 두 유기 화합물은 모두 O—H 결합을 가지고 있다. 어느 것이 더 산성인가?

(a) **(b)**

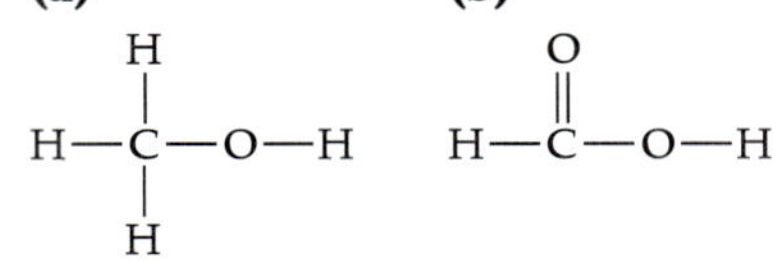

16.67 다음의 유기 화합물들은 모두 카복실산 작용기(COOH)를 가지고 있다. 가장 약한 산부터 가장 강한 산의 순으로 나열하시오.

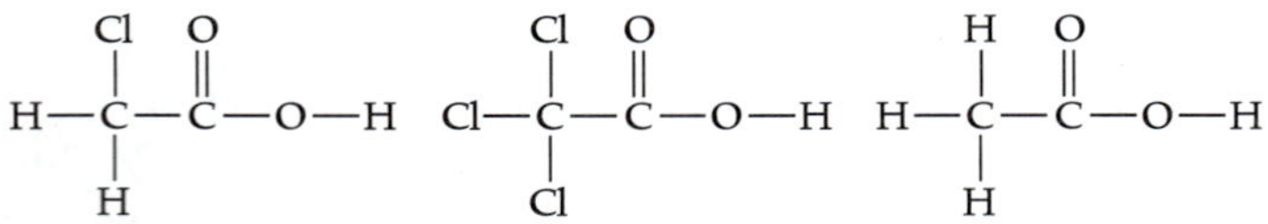

클로로아세트산 트라이클로로아세트산 아세트산

물의 해리; pH(16.4~16.6절)

16.68 바닷물 시료의 OH^- 농도는 2.0×10^{-6} M이다. H_3O^+ 이온의 농도를 계산하고, 용액이 산성, 중성, 염기성인지 구별하시오.

16.69 사람 혈액의 OH^- 농도는 2.24×10^{-7} M이다. H_3O^+ 이온의 농도를 계산하고, 용액이 산성, 중성, 염기성인지 구별하시오.

16.70 다음 각 용액의 경우, $[H_3O^+]$로부터 $[OH^-]$, 또는 $[OH^-]$로부터 $[H_3O^+]$를 계산하고, 산성, 염기성, 중성으로 구분하시오.
(a) $[H_3O^+]=3.4\times10^{-9}$ M (b) $[OH^-]=0.010$ M
(c) $[OH^-]=1.0\times10^{-10}$ M (d) $[H_3O^+]=1.0\times10^{-7}$ M
(e) $[H_3O^+]=8.6\times10^{-5}$ M

16.71 다음 각 용액의 경우, $[H_3O^+]$로부터 $[OH^-]$, 또는 $[OH^-]$로부터 $[H_3O^+]$를 계산하고, 산성, 염기성, 또는 중성으로 구분하시오.
(a) $[H_3O^+]=2.5\times10^{-4}$ M (b) $[H_3O^+]=2.0$ M
(c) $[OH^-]=5.6\times10^{-9}$ M (d) $[OH^-]=1.5\times10^{-3}$ M
(e) $[OH^-]=1.0\times10^{-7}$ M

16.72 750 atm의 가압 하에 200 °C로 과열된 물의 $K_w=1.5\times10^{-11}$이다. 200 °C에서 이 물의 $[H_3O^+]$와 $[OH^-]$는 얼마인가? 이 물은 산성, 중성, 염기성 중 무엇인가?

16.73 500 °C, 250 atm에서 물은 초임계 유체이며, K_w는 약 1.7×10^{-19}이다. 500 °C에서 이 물의 $[H_3O^+]$와 $[OH^-]$는 얼마인가? 이 물은 산성, 중성, 염기성 중 무엇인가?

16.74 다음의 H_3O^+ 또는 OH^- 농도를 갖는 용액의 pH를 정확한 유효 숫자까지 계산하시오.
(a) $[H_3O^+]=2.0\times10^{-5}$ M (b) $[OH^-]=4\times10^{-3}$ M
(c) $[H_3O^+]=3.56\times10^{-9}$ M (d) $[H_3O^+]=10^{-3}$ M
(e) $[OH^-]=12$ M

16.75 다음의 H_3O^+ 또는 OH^- 농도를 갖는 용액의 pH를 정확한 유효 숫자까지 계산하시오.
(a) $[OH^-]=7.6\times10^{-3}$ M (b) $[H_3O^+]=10^{-8}$ M
(c) $[H_3O^+]=5.0$ M (d) $[OH^-]=1.0\times10^{-7}$ M
(e) $[H_3O^+]=2.18\times10^{-10}$ M

16.76 다음 pH 값을 갖는 용액의 경우, H_3O^+ 농도를 정확한 유효 숫자까지 계산하시오.
(a) 4.1 (b) 10.82 (c) 0.00
(d) 14.25 (e) −1.0 (f) 5.238

16.77 다음 pH 값을 갖는 용액의 경우, H_3O^+ 농도를 정확한 유효 숫자까지 계산하시오.
(a) 9.0 (b) 7.00 (c) −0.3
(d) 15.18 (e) 2.63 (f) 10.756

16.78 그림 16.5에 주어진 티몰 블루, 알리자린 옐로, 클로로페놀 레드, 메틸 오렌지 중, 다음의 pH 변화를 탐지할 수 있는 가장 적당한 지시약은 어느 것인가?
(a) 7에서 5 (b) 8에서 10 (c) 3에서 5

16.79 그림 16.5에 주어진 메틸 바이올렛, 브로모크레솔 그린, 페놀 레드, 티몰프탈레인 중, 다음의 pH 변화를 탐지할 수 있는 가장 적당한 지시약은 어느 것인가?
(a) 4에서 6 (b) 8에서 10 (c) 2에서 0

강산과 강염기(16.7절)

16.80 다음 화학종 중, 수용액에서 강산이나 강염기로 작용하는 것은 어느 것인가?
(a) HNO_2 (b) HNO_3
(c) NH_4^+ (d) Cl^-

16.81 다음 화학종 중, 수용액에서 강산이나 강염기로 작용하는 것은 어느 것인가?
(a) H^- (b) O^{2-}
(c) H_2SO_4 (d) CsOH

16.82 다음 용액의 pH를 계산하시오.
(a) 1.0×10^{-3} M $Sr(OH)_2$
(b) 0.015 M HNO_3
(c) 0.035 M NaOH

16.83 다음 용액의 pH를 계산하시오.
(a) 0.48 M HCl
(b) 2.5×10^{-3} M $Ba(OH)_2$
(c) 0.075 M NaOH

16.84 다음과 같이 제조된 용액의 pH를 계산하시오.
(a) 4.8 g의 수산화 리튬을 물에 용해시켜 250 mL로 만든 용액
(b) 0.93 g의 염화 수소를 물에 용해시켜 0.40 L로 만든 용액
(c) 0.10 M HCl 용액 50.0 mL를 1.00 L로 묽힌 용액
(d) 2.0×10^{-3} M HCl 100.0 mL와 1.0×10^{-3} M $HClO_4$ 400.0 mL를 섞은 용액(부피는 가산적이라고 가정하라.)

16.85 다음과 같이 제조된 용액의 pH를 계산하시오.
(a) 0.20 g의 산화 소듐을 물에 용해시켜 100.0 mL로 만든 용액
(b) 1.26 g의 순수한 질산을 물에 용해시켜 0.500 L로 만든 용액
(c) 0.075 M $Ba(OH)_2$ 용액 40.0 mL를 300.0 mL로 묽힌 용액
(d) 같은 부피의 0.20 M HCl과 0.50 M HNO_3를 섞은 용액(부피는 가산적이라고 가정하라.)

16.86 CaO를 충분한 양의 물에 용해시켜 pH 10.50인 1.00 L 수용액을 만들려면, CaO 몇 g이 필요한가?

16.87 SrO를 충분한 양의 물에 용해시켜 pH 10.0인 2.00 L 수용

액을 만들려면, SrO 몇 g이 필요한가?

약산(16.8~16.10절)

16.88 부록 C에 있는 K_a 값을 이용하여, C_6H_5OH, HNO_3, CH_3CO_2H, HOCl을 다음 순서대로 나열하시오.
(a) 산의 세기가 증가하는 순서
(b) 해리 백분율이 감소하는 순서
(c) 각 산 1.0 M 용액의 $[H_3O^+]$를 추산하시오.

16.89 부록 C에 있는 K_a 값을 이용하여, HCO_2H, HCN, $HClO_4$, HOBr을 다음 순서대로 나열하시오.
(a) 산의 세기가 증가하는 순서
(b) 해리 백분율이 감소하는 순서
(c) 각 산 1.0 M 용액의 $[H_3O^+]$를 추산하시오.

16.90 0.040 M 하이포아브로민산(HOBr)의 pH는 5.05이다. HOBr 해리의 평형식을 쓰고, 산 해리 상수(K_a) 값을 계산하시오.

16.91 젖산($C_3H_6O_3$)은 신 밀크와 사우어크라우트(독일식 김치) 같은 음식에서 생기는 약한 일양성자산이다. 젖산 0.10 M 용액의 pH는 2.43이다. 젖산의 K_a와 pK_a는 얼마인가?

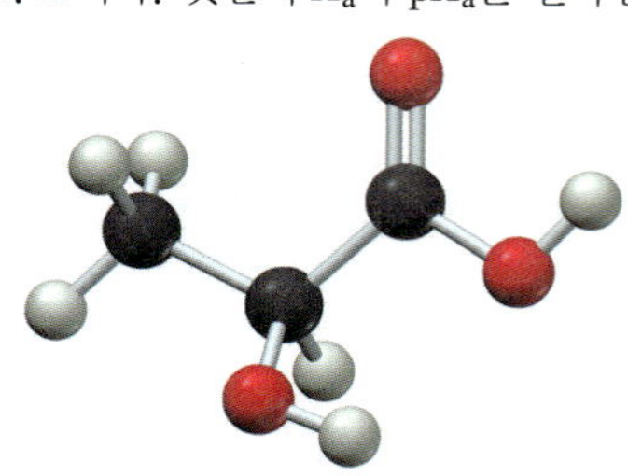

젖산

16.92 녹차 잎에서 발견되는 갈산 0.050 M의 pH는 2.86이다. 갈산의 K_a와 pK_a를 계산하시오.

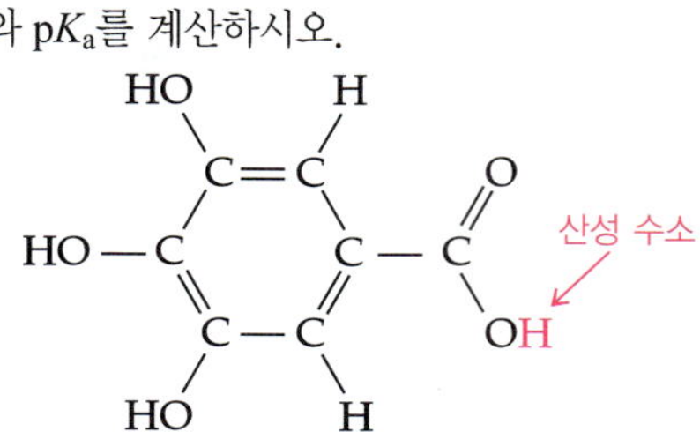

갈산

16.93 대사 경로에 관여하는 화합물인 피루브산 0.040 M의 pH는 1.96이다. 피루브산에 대한 K_a와 pK_a를 계산하시오.

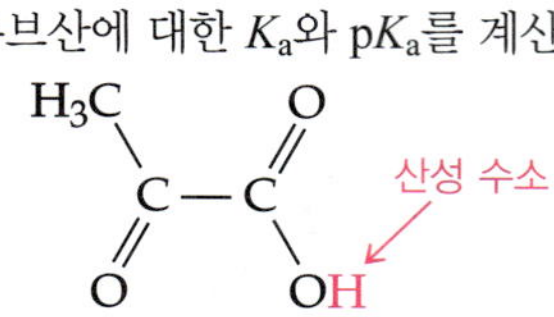

피루브산

16.94 아스코브산($C_6H_8O_6$; $K_a = 8.0 \times 10^{-5}$) 250 mg을 포함하는 바이타민 C 한 정을 250 mL의 물에 용해시켰다. 이 용액의 pH는 얼마인가?

16.95 식초에는 질량으로 3.50%의 아세트산(CH_3COOH; $K_a = 1.8 \times 10^{-5}$)이 들어 있다. 식초의 pH는 얼마인가? (식초의 밀도는 1.02 g/mL이다.)

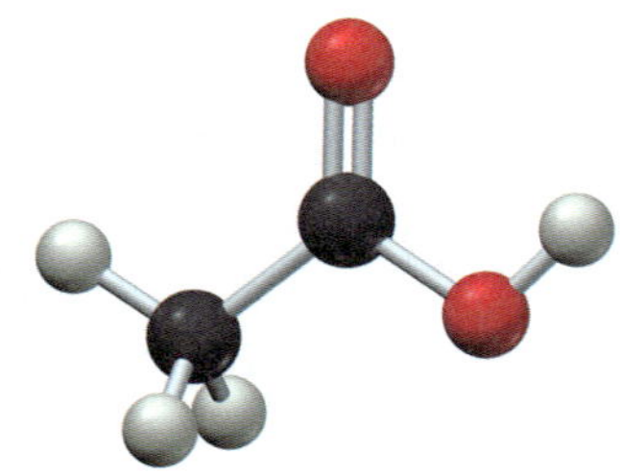

아세트산

16.96 아크릴산($C_3H_4O_2$)은 페인트와 플라스틱 제조에 사용되며, 아크릴산의 pK_a는 4.25이다.
(a) 0.150 M 아크릴산에 존재하는, 모든 화학종(H_3O^+, $C_3H_3O_2^-$, $C_3H_4O_2$, OH^-)의 농도와 pH를 계산하시오.
(b) 0.0500 M 아크릴산의 해리 백분율을 계산하시오.

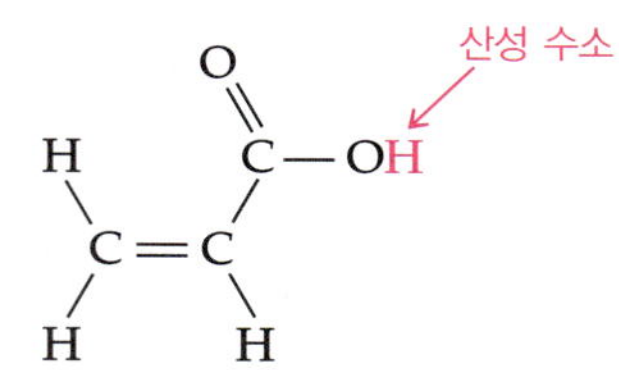

아크릴산

16.97 말의 오줌에 들어 있는 히푸르산($C_9H_9NO_3$)은 $pK_a = 3.62$이다.
(a) 0.100 M 히푸르산에 존재하는, 모든 화학종(H_3O^+, $C_9H_8NO_3^-$, $C_9H_9NO_3$, OH^-)의 농도와 pH를 계산하시오.
(b) 0.0750 M 히푸르산의 해리 백분율을 계산하시오.

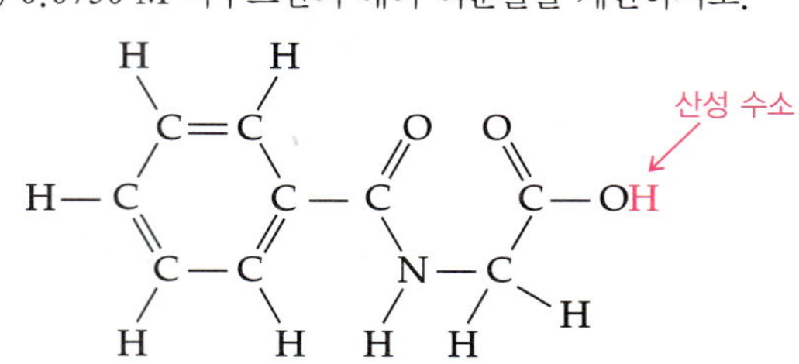

히푸르산

16.98 1.5 M HNO_2($K_a = 4.5 \times 10^{-4}$)의 pH와 해리 백분율을 계산하시오.

16.99 일반적인 아스피린 한 정에는 324 mg의 아스피린(아세틸살리실산, $C_9H_8O_4$)이 들어 있고, $K_a = 3.0 \times 10^{-4}$인 일양성자산이다. 300 mL의 물에 두 정의 아스피린을 용해시킨다면, 이 용액의 pH와 해리 백분율은 얼마인가?

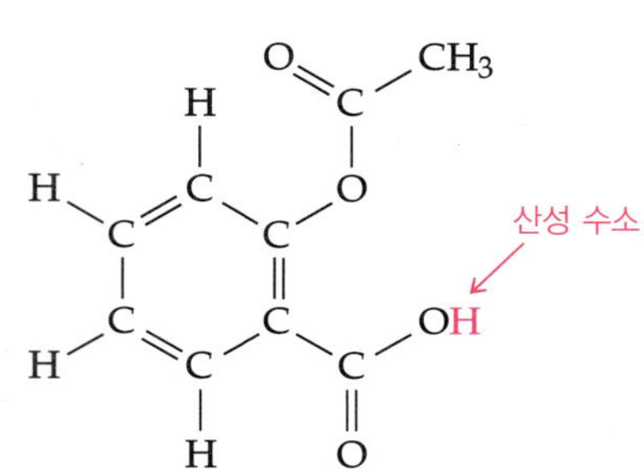

아세틸살리실산(아스피린)

16.100 다음 용액에서, HF($K_a = 3.5 \times 10^{-4}$)의 해리 백분율을 계산하시오.

(a) 0.050 M HF (b) 0.50 M HF

16.101 다음 용액에서, HNO_2($K_a = 4.5 \times 10^{-4}$)의 해리 백분율을 계산하시오.

(a) 0.010 M HNO_2 (b) 1.00 M HNO_2

다양성자산(16.11절)

16.102 이양성자산 H_2SeO_4의 단계별 해리에 대한 균형 알짜 이온 반응식과 평형식을 쓰시오.

16.103 삼양성자산 H_3PO_4의 단계별 해리에 대한 균형 알짜 이온 반응식과 평형식을 쓰시오.

16.104 0.010 M H_2CO_3($K_{a1} = 4.3 \times 10^{-7}$; $K_{a2} = 5.6 \times 10^{-11}$)에 존재하는, 모든 화학종($H_2CO_3$, HCO_3^-, CO_3^{2-}, H_3O^+, OH^-)의 농도와 pH를 계산하시오.

16.105 0.025 M H_2SO_3($K_{a1} = 1.5 \times 10^{-2}$; $K_{a2} = 6.3 \times 10^{-8}$)에 존재하는, 모든 화학종($H_2SO_3$, HSO_3^-, SO_3^{2-}, H_3O^+, OH^-)의 농도와 pH를 계산하시오.

16.106 옥살산($H_2C_2O_4$)은 대황과 시금치 같은 식물에 들어 있는 이양성자산이다. 0.20 M $H_2C_2O_4$($K_{a1} = 5.9 \times 10^{-2}$; $K_{a2} = 6.4 \times 10^{-5}$)의 pH와 $C_2O_4^{2-}$의 농도를 계산하시오.

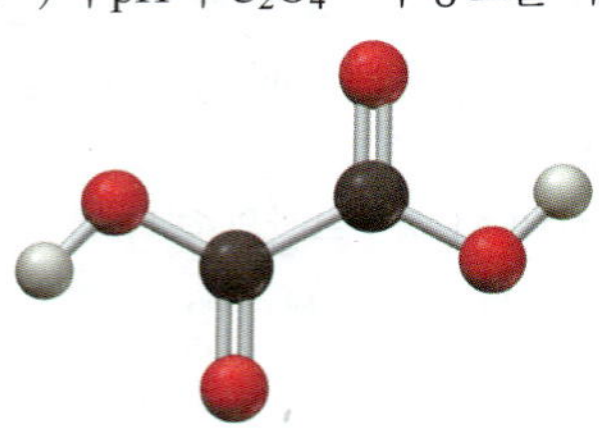

옥살산

16.107 타타르산($C_4H_6O_6$)은 이양성자산이며, 포도주의 pH를 박테리아가 살 수 없는 수준으로 낮추는 중요한 역할을 한다. 0.50 M 타타르산 용액의 pH를 계산하시오($pK_{a1} = 2.89$; $pK_{a2} = 4.40$).

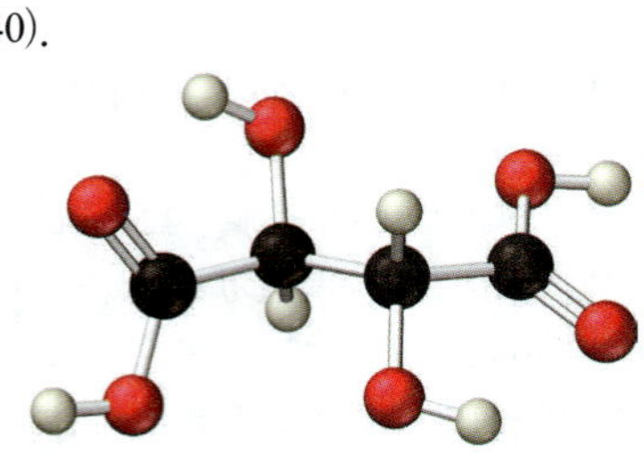

타타르산

16.108 셀레늄산(H_2SeO_4)은 황산과 같이 매우 큰 K_{a1} 값을 갖는 이양성자산이다. 0.50 M H_2SeO_4($K_{a2} = 1.2 \times 10^{-2}$)에 존재하는, 모든 화학종의 농도와 pH를 계산하시오.

16.109 같은 부피의 0.2 M HCl과 0.6 M H_2SO_4($K_{a2} = 1.2 \times 10^{-2}$)를 섞어 만든 용액의 H_3O^+와 SO_4^{2-}의 농도를 계산하시오.

16.110 퀴놀린산 $H_2C_7H_3NO_4$($pK_{a1} = 2.43$; $pK_{a2} = 4.78$)은 알츠하이머병의 진행과 관련이 있다. 0.050 M의 퀴놀린산 용액에 존재하는, 모든 화학종($H_2C_7H_3NO_4$, $HC_7H_3NO_4^-$, H_3O^+, OH^-)의 농도와 pH를 계산하시오.

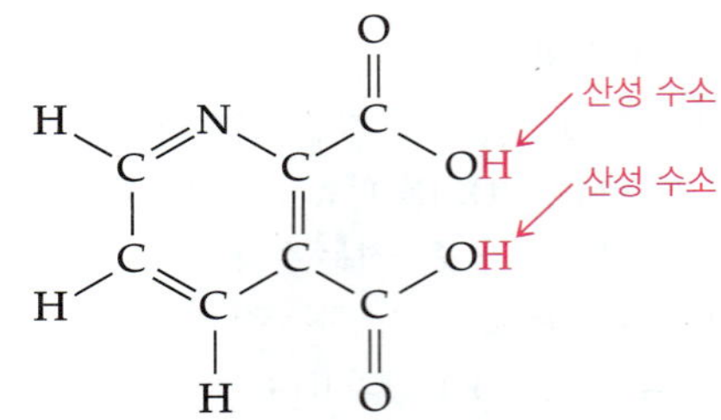

퀴놀린산

16.111 0.0250 M 프탈산 $H_2C_8H_4O_4$ 용액에 존재하는, 모든 화학종($H_2C_8H_4O_4$, $HC_8H_4O_4^-$, $C_8H_4O_4^{2-}$, H_3O^+, OH^-)의 농도와 pH를 계산하시오($pK_{a1} = 2.89$, $pK_{a2} = 5.51$).

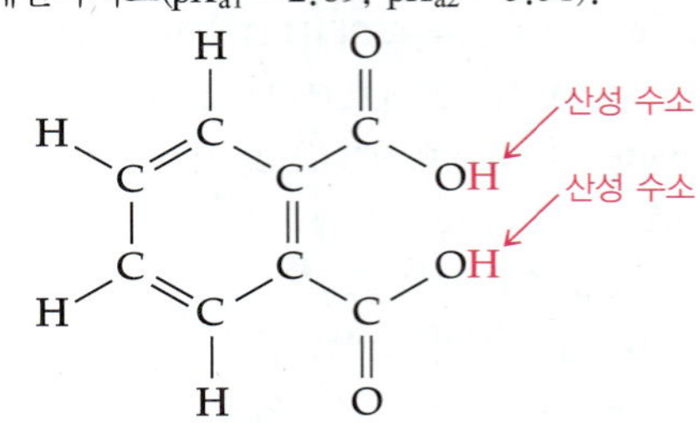

프탈산

약염기(16.12절)

16.112 다음 약염기와 물의 반응에 대한 균형 알짜 이온 반응식과 평형식을 쓰시오.

(a) 다이메틸아민, $(CH_3)_2NH$

(b) 아닐린, $C_6H_5NH_2$

(c) 사이안화 이온, CN^-

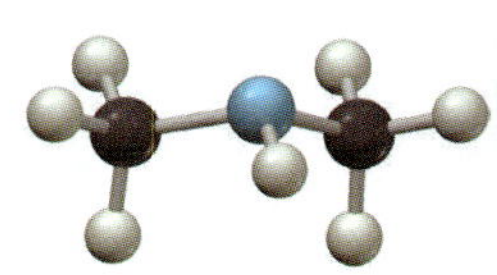

다이메틸아민

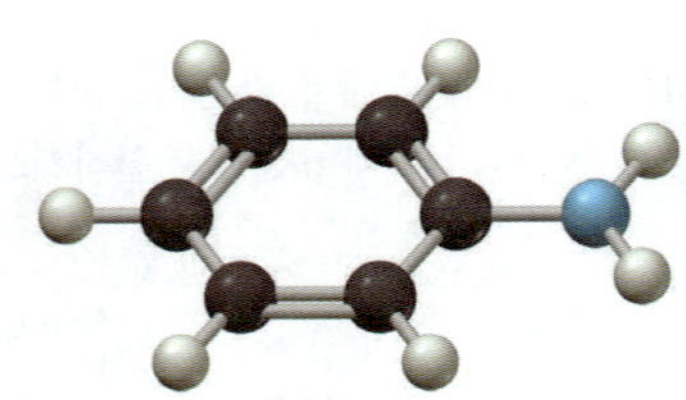

아닐린

16.113 다음 약염기와 물의 반응에 대한 균형 알짜 이온 반응식과 평형식을 쓰시오.

(a) 피리딘, C_5H_5N

(b) 에틸아민, $C_2H_5NH_2$

(c) 아세트산 이온, $CH_3CO_2^-$

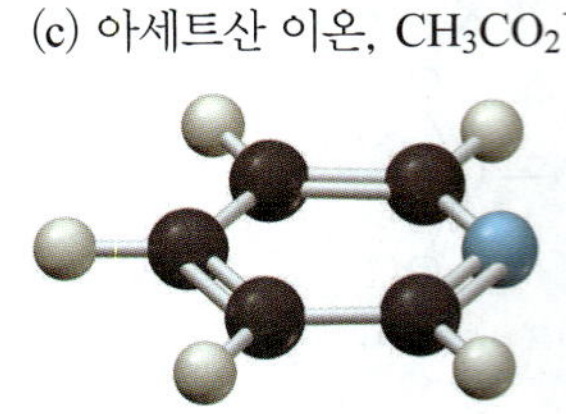

피리딘

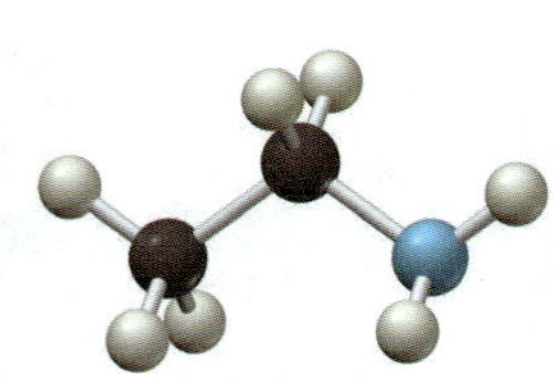

에틸아민

16.114 설치류를 죽이는 데 사용되는 치명적인 독인 스트리크닌($C_{21}H_{22}N_2O_2$)은 약염기로 $K_b = 1.8 \times 10^{-6}$이다. 스트리크닌이 포화된 용액(16 mg/100 mL)의 pH를 계산하시오.

16.115 0.05 M 암모니아(NH_3; $K_b = 1.8 \times 10^{-5}$) 용액의 pH는 얼마

인가?

16.116 진통제로 사용되는 마취약 모르핀($C_{17}H_{19}NO_3$)은 약한 유기 염기이다. 만일 모르핀 7.0×10^{-4} M 용액의 pH가 9.50이라면, K_b와 pK_b 값은 얼마인가?

16.117 말라리아를 치료하는 데 사용되는 퀴닌 1.00×10^{-3} M 용액의 pH가 9.75이다. K_b와 pK_b 값은 얼마인가?

16.118 마취성 진통제인 옥시코돈($C_{18}H_{21}NO_4$)은 $pK_b = 5.47$인 약 염기이다. 0.002 50 M 옥시코돈 용액에 존재하는, 모든 화학종($C_{18}H_{21}NO_4$, $HC_{18}H_{21}NO_4^+$, H_3O^+, OH^-)의 농도와 pH를 계산하시오.

16.119 모르폴린(C_4H_9NO)은 $pK_b = 5.68$인 약한 유기 염기이다. 0.0100 M 모르폴린 용액에 존재하는, 모든 화학종(C_4H_9NO, $HC_4H_9NO^+$, OH^-)의 농도와 pH를 계산하시오.

K_a와 K_b의 관계(16.13절)

16.120 부록 C에 있는 K_b 값을 이용하여, 다음 이온들의 K_a 값을 계산하시오.
(a) 프로필암모늄 이온, $C_3H_7NH_3^+$
(b) 하이드록실암모늄 이온, NH_3OH^+
(c) 아닐리늄 이온, $C_6H_5NH_3^+$
(d) 피리디늄 이온, $C_5H_5NH^+$

16.121 부록 C에 있는 K_a 값을 이용하여, 다음 이온들의 K_b 값을 계산하시오.
(a) 플루오린화 이온, F^-
(b) 하이포아브로민산 이온, OBr^-
(c) 황화 수소 이온, HS^-
(d) 황화 이온, S^{2-}

16.122 니코틴($C_{10}H_{14}N_2$)은 2개의 염기성 N 원자($K_{b1} = 1.0 \times 10^{-6}$; $K_{b2} = 1.3 \times 10^{-11}$)를 갖기 때문에 2개의 양성자를 받을 수 있다. 짝산 $C_{10}H_{14}N_2H^+$와 $C_{10}H_{14}N_2H_2^{2+}$의 K_a 값을 계산하시오.

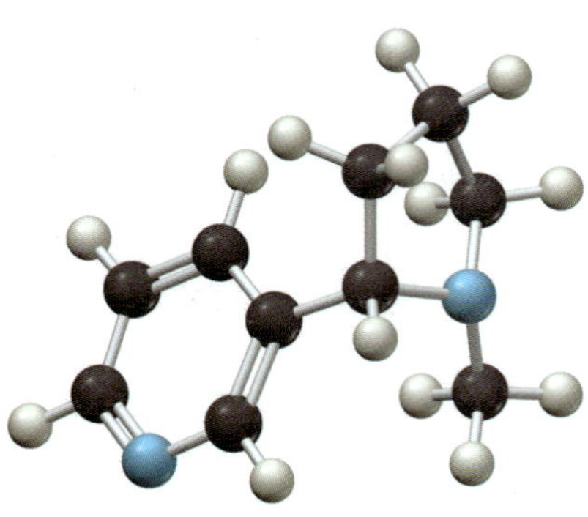

니코틴

16.123 벤조산 소듐($C_6H_5CO_2Na$)은 식품 방부제로 사용된다. 0.050 M 벤조산 소듐에 존재하는, 모든 화학종(Na^+, $C_6H_5CO_2^-$, $C_6H_5CO_2H$, H_3O^+, OH^-)의 농도와 pH를 계산하시오. 벤조산($C_6H_5CO_2H$)의 K_a는 6.5×10^{-5}이다.

염의 산-염기 성질(16.14절)

16.124 다음의 각 이온들과 물의 반응에 대한 균형 알짜 이온 반응식을 쓰고, 브뢴스테드-로리 산, 염기, 짝산-염기쌍을 밝히시오.
(a) $CH_3NH_3^+$ (b) $Cr(H_2O)_6^{3+}$
(c) $CH_3CO_2^-$ (d) PO_4^{3-}

16.125 다음의 각 염의 용액에서 주반응에 대한 균형 알짜 이온 반응식을 쓰고, 브뢴스테드-로리 산, 염기, 짝산-염기쌍을 밝히시오.
(a) Na_2CO_3 (b) NH_4NO_3
(c) NaCl (d) $ZnCl_2$

16.126 다음의 각 이온들은 물과 반응하여, 중성, 산성, 염기성 용액 중 어느 것으로 되는지 구분하시오.
(a) F^- (b) Br^- (c) NH_4^+
(d) $K(H_2O)_6^+$ (e) SO_3^{2-} (f) $Cr(H_2O)_6^{3+}$

16.127 다음 각 염의 용액을 중성, 산성, 염기성으로 분류하시오. 부록 C의 평형 상수 값을 참조하시오.
(a) $Fe(NO_3)_3$ (b) $Ba(NO_3)_2$ (c) NaOCl
(d) NH_4I (e) NH_4NO_2 (f) $(CH_3NH_3)Cl$

16.128 다음의 물질 0.10 M 용액에 존재하는, 모든 화학종의 농도와 pH를 계산하시오. 부록 C의 평형 상수 값을 참조하시오.
(a) 질산 에틸암모늄, $(C_2H_5NH_3)NO_3$
(b) 아세트산 소듐, $Na(CH_3CO_2)$
(c) 질산 소듐, $NaNO_3$

16.129 다음 물질의 0.020 M 용액에서 수화된 양이온의 pH와 해리 백분율을 계산하시오. 부록 C의 평형 상수 값을 참조하시오.
(a) $Fe(NO_3)_2$ (b) $Fe(NO_3)_3$

16.130 NH_4CN 수용액 내 양이온의 K_a와 음이온의 K_b를 계산하시오. 이 용액은 산성, 알칼리성, 중성인가?

16.131 다음 각 염 용액을 산성, 알칼리성, 중성으로 분류하시오.
(a) KBr (b) $NaNO_2$ (c) NH_4Br
(d) $ZnCl_2$ (e) NH_4F

16.132 수화된 양이온 $M(H_2O)_6^{3+}$의 $K_a = 10^{-4}$이고, 산 HA의 $K_a = 10^{-5}$이다. 다음 각 염의 수용액에서 주반응을 밝히고, 각 용액을 산성, 염기성, 중성으로 분류하시오.
(a) NaA (b) $M(NO_3)_3$
(c) $NaNO_3$ (d) MA_3

16.133 다음 각 염의 용액을 중성, 산성, 염기성으로 분류하시오. 평형 상수 값은 부록 C를 참조하시오.
(a) NH_4F (b) $(NH_4)_2SO_3$

16.134 문제 16.133의 각 염의 0.25 M 용액에 존재하는, 모든 화학종의 농도와 pH를 계산하시오. (힌트: 주반응은 양이온에서 음이온으로의 양성자 이동이다.)

16.135 다음 용액에서 수화된 양이온의 pH와 해리 백분율을 계산하시오. 부록 C의 평형 상수 값을 참조하시오.
(a) 0.010 M $Cr(NO_3)_3$ (b) 0.0050 M $Cr(NO_3)_3$

16.136 베이킹 파우더는 베이킹 소다($NaHCO_3$)와 소듐 명반, $NaAl(SO_4)_2 \cdot 12\ H_2O$ 같은 산성 물질을 포함한다. 이 성분들은 수용성 매질에서 반응하여 반죽을 '부풀게'하는 CO_2 기

체를 발생시킨다. 이 반응의 균형 알짜 이온 반응식을 쓰시오.

16.137 다음 각 물질의 0.10 M 수용액에서 $[H_3O^+]$가 증가하는 순서로 물질을 나열하시오.

(a) $Zn(NO_3)_2$ (b) Na_2O
(c) NaOCl (d) $NaClO_4$
(e) $HClO_4$

루이스 산과 염기(16.15절)

16.138 다음 각 반응의 경우, 루이스 산과 루이스 염기를 밝히시오.

(a) $SiF_4 + 2\ F^- \rightarrow SiF_6^{2-}$
(b) $4\ NH_3 + Zn^{2+} \rightarrow Zn(NH_3)_4^{2+}$
(c) $2\ Cl^- + HgCl_2 \rightarrow HgCl_4^{2-}$
(d) $CO_2 + H_2O \rightarrow H_2CO_3$

16.139 다음 각 반응의 경우, 루이스 산과 루이스 염기를 밝히시오.

(a) $2\ Cl^- + BeCl_2 \rightarrow BeCl_4^{2-}$
(b) $Mg^{2+} + 6\ H_2O \rightarrow Mg(H_2O)_6^{2+}$
(c) $SO_3 + OH^- \rightarrow HSO_4^-$
(d) $F^- + BF_3 \rightarrow BF_4^-$

16.140 문제 16.138에 있는 루이스 산-염기 반응의 경우, 반응물과 생성물의 루이스 전자점 구조를 그리고, 굽은 화살표를 이용하여 루이스 염기에서 루이스 산으로 고립 전자쌍을 주는 것을 나타내시오.

16.141 문제 16.139에 있는 루이스 산-염기 반응의 경우, 반응물과 생성물의 루이스 전자점 구조를 그리고, 굽은 화살표를 이용하여 루이스 염기에서 루이스 산으로 고립 전자쌍을 주는 것을 나타내시오.

16.142 다음을 루이스 산 또는 루이스 염기로 분류하시오.

(a) CN^- (b) H^+ (c) H_2O
(d) Fe^{3+} (e) OH^- (f) CO_2
(g) $P(CH_3)_3$ (h) $B(CH_3)_3$

16.143 다음 각 쌍에서 어느 것이 더 강한 루이스 산일 것으로 예측하는가? 그 이유를 설명하시오.

(a) BF_3 또는 BH_3 (b) SO_2 또는 SO_3
(c) Sn^{2+} 또는 Sn^{4+} (d) CH_3^+ 또는 CH_4

다중 개념 문제

16.144 0 °C에서 액체 물의 밀도는 0.9998 g/mL이고, K_w 값은 1.14×10^{-15}이다. 액체 물 분자는 0 °C에서 얼마나 해리되는가? 0 °C에서 해리 백분율은 얼마인가? 0 °C에서 중성 용액의 pH는 얼마인가?

16.145 1.0×10^{-10} M HCl의 pH는 얼마이며, H_3O^+ 이온의 주요 근원은 무엇인가? (힌트: 산 용액의 pH는 7을 초과할 수 없다.) 1.0×10^{-7} M HCl의 pH는 얼마인가?

16.146 0.10 M HF($K_a = 3.5 \times 10^{-4}$)와 0.10 M HCl을 포함하는 용액에 존재하는 모든 화학종(H_3O^+, F^-, HF, Cl^-, OH^-)의 농도와 pH를 계산하시오.

16.147 NO_2를 물에 불어 넣으면, HNO_3와 HNO_2로 완전히 전환된다.

$$2\ NO_2(g) + H_2O(l) \rightarrow HNO_3(aq) + HNO_2(aq)$$

물 1.00 L에 0.0500 mol의 NO_2를 용해시켜 만든 용액에 존재하는, 모든 화학종(H_3O^+, OH^-, HNO_2, NO_2^-, NO_3^-)의 농도와 pH를 계산하시오. HNO_2의 K_a 값은 4.5×10^{-4}이다.

16.148 정상적인 비는 대기 중 현재 수준 400 ppm의 이산화 탄소가 용해됨으로 인해 pH가 5.6이다. 다양한 모델에 따르면, 화석 연료의 연소가 대기 중 CO_2 농도를 2100년까지 500~1000 ppm(부피로)으로 증가시킬 것으로 예측된다. CO_2 농도가 750 ppm인 경우, 비의 pH를 계산하시오.

(a) 먼저, 헨리의 법칙을 사용하여 용해된 CO_2의 농도를 계산하시오. 용해도 $= k \times P$(12.4절)이며, 25 °C에서 CO_2에 대한 헨리의 법칙 상수(k)는 3.2×10^{-2} mol/(L·atm)이다.

(b) 다음에 비의 pH를 계산하시오. 이산화 탄소는 물과 반응하여 다음 식에 따라 탄산을 생성한다.

$$CO_2(aq) + H_2O(l) \rightleftharpoons H_2CO_3(aq)$$

모든 용존 CO_2가 H_2CO_3로 변환되었다고 가정하자. H_2CO_3의 산 해리 상수는 $K_{a1} = 4.3 \times 10^{-7}$, $K_{a2} = 5.6 \times 10^{-11}$이다. (예제 16.11은 이 계산의 본보기이다.)

(c) CO_2 수치의 상승은 비의 산성도에 영향을 주는가?

16.149 이산화 황은 물에 매우 잘 용해된다.

$$SO_2(g) + H_2O(l) \rightleftharpoons H_2SO_3(aq) \quad K = 1.33$$

생성된 H_2SO_3는 약한 이양성자산($K_{a1} = 1.5 \times 10^{-2}$; $K_{a2} = 6.3 \times 10^{-8}$)이다. 순수한 물에 1.00 atm의 압력에서, SO_2를 계속 불어넣어 만든 용액에 들어 있는 H_2SO_3, HSO_3^-, SO_3^{2-}의 농도와 pH를 계산하시오.

16.150 비슷한 K_a 값을 갖는 두 약산이 들어 있는 용액의 주반응은 하나가 아니다. 그러므로 두 산의 해리 평형 반응식을 동시에 풀어야 한다. 0.10 M 아세트산(CH_3CO_2H, $K_a = 1.8 \times 10^{-5}$)과 0.10 M 벤조산($C_6H_5CO_2H$, $K_a = 6.5 \times 10^{-5}$)이 섞여 있는 용액의 pH를 계산하시오. (힌트: x = 해리되는 $[CH_3CO_2H]$; y = 해리되는 $[C_6H_5CO_2H]$; $[H_3O^+] = x + y$로 하자.)

16.151 물 이외의 용매에서도 산과 염기의 거동은 관측된다. 흔히 사용되는 용매인 다이메틸 설폭사이드(DMSO)는 일양성자

산 'HSol'로 취급할 수 있다. 물이 산이나 또는 염기로 작용할 수 있는 것과 같이, HSol 또한 브뢴스테드–로리 산 또는 염기로 작용할 수 있다.

(a) HSol의 자체–해리 반응에 대한 평형 상수 K_{HSol}은 1×10^{-35}이다. 자체–해리 반응에 대한 화학 반응식과 평형식을 쓰시오. (힌트: 평형식은 물에 대한 평형식 K_w와 유사하다.)

(b) 약산 HCN의 HSol 용매에서 산 해리 상수는 $K_a = 1.3\times10^{-13}$이다. 0.010 mol의 NaCN이 1.00 L의 HSol에 용해되어 있다면, H_2Sol^+의 평형 농도는 얼마인가?

16.152 질량으로 7.0%의 H_3PO_4 수용액의 밀도는 1.0353 g/mL이다. 이 용액에 존재하는 모든 화학종(H_3PO_4, $H_2PO_4^-$, HPO_4^{2-}, PO_4^{3-}, H_3O^+, OH^-)의 몰농도와 pH를 계산하시오. 평형 상수 값은 부록 C에 있다.

16.153 매우 약한 산의 경우, 약산의 해리에 의한 $[H_3O^+]$와 비교하여 물의 해리에 의한 $[H_3O^+]$도 무시할 수 없다. 예를 들어, 설탕 대용물인 사카린($C_7H_5NO_3S$)은 $K_a = 2.1\times10^{-12}$로 매우 약한 산이며, 물에서 용해도는 348 mg/100 mL이다. 사카린 포화 용액의 $[H_3O^+]$를 계산하시오. (힌트: 사카린의 해리와 물의 해리에 대한 평형식을 함께 풀어야 한다.)

16.154 수용액에서 아세트산 소듐은 강한 전해질로서 Na^+ 양이온과 $CH_3CO_2^-$ 음이온을 생성한다. 어떤 아세트산 소듐 용액의 pH가 9.07이고 밀도가 1.0085 g/mL라면, 이 용액의 몰랄 농도와 어는점은 얼마인가?

16.155 어느 기간 동안 400만 톤의 SO_2가 대기 중으로 배출된 후 SO_3로 산화되었다. Inquiry에서 설명한 것처럼, SO_3가 물에 용해되어 생성된 산성비는 대리석상을 손상시킬 수 있다.

$$CaCO_3(s) + H_2SO_4(aq) \rightarrow CaSO_4(aq) + CO_2(g) + H_2O(l)$$

(a) 이 산성비에 의해 500 파운드 대리석상 몇 개가 손상될 수 있을까? (대리석상은 순수한 $CaCO_3$라 가정하고, 대리석상 질량의 3.0%가 용해되었을 때 손상되었다고 가정하자.)

(b) 부산물로 생성되는 CO_2 기체는 20 °C, 735 mmHg에서 몇 L가 되겠는가?

(c) H_2SO_4 수용액에 있는 양이온은 삼각평면형이 아니라 삼각뿔형이다. 그 이유를 설명하시오.

16.156 강산이나 강염기를 포함하는 중화 반응은 본질적으로 완전히 진행한다. 그러므로 산과 염기의 혼합물에서 농도를 계산하기 전에 그러한 중화 반응을 고려해야 한다. 3.28 g의 Na_3PO_4와 0.180 M HCl 300.0 mL의 혼합물을 생각해 보자. 이 중화 반응의 균형 알짜 이온 반응식을 쓰고, 이 용액의 pH를 계산하시오.

16.157 알칼리 금속 양이온은 물과 반응하여 H_3O^+를 거의 생성하지 않는다고 했지만, 사실 모든 양이온은 어느 정도 산성이다. 가장 산성이 강한 알칼리 금속 양이온은 가장 작은 Li^+이다. 이 반응의 $K_a = 2.5\times10^{-14}$이다.

$$Li(H_2O)_4{}^+(aq) + H_2O(l) \rightleftharpoons H_3O^+(aq) + Li(H_2O)_3(OH)(aq)$$

Li^+ 용액의 pH를 계산할 때, 이 반응과 물의 해리를 함께 고려해야 한다. 그럼에도 불구하고 그 용액은 pH≈7이다. 0.10 M LiCl의 pH를 계산하여, 이를 확인하시오.

16.158 20.0 °C, 0.601 atm의 압력에서, HF 기체 시료 1.000 L를 충분한 물에 용해시켜 플루오린화 수소산 50.0 mL를 만들었다.

(a) 이 용액의 pH는 얼마인가?

(b) 해리 백분율이 세 배가 되게 하려면, 이 용액의 부피를 얼마로 묽혀야 하는가?

16.159 0.350 M 아세트산(CH_3CO_2H) 시료 200.0 mL를 25 °C, 650.8 mmHg의 암모니아 기체 2.000 L와 반응시켰다. 용액의 부피가 변하지 않는다고 가정하고, 용액에 존재하는 모든 화학종(CH_3CO_2H, $CH_3CO_2^-$, NH_3, NH_4^+, H_3O^+, OH^-)의 농도와 pH를 계산하시오. 평형 상수 값은 부록 C에 있다.

16.160 여러분은 표백제를 암모니아와 섞지 말라고 들었을 것이다. 그 이유는 표백제(하이포아염소산 소듐)와 암모니아가 반응하면 NH_2Cl과 같은 유독한 클로라민(chloramine)을 생성하기 때문이다. 예를 들어, 염기성 용액에서는 다음과 같이 반응한다.

$$OCl^-(aq) + NH_3(aq) \rightarrow OH^-(aq) + NH_2Cl(aq)$$

(a) 25 °C 염기성 용액에서 이 반응의 초기 속도 자료는 다음과 같았다.

pH	초기 $[OCl^-]$	초기 $[NH_3]$	초기 속도(M/s)
12	0.001	0.01	0.017
12	0.002	0.01	0.033
12	0.002	0.03	0.100
13	0.002	0.03	0.010

이 반응의 속도 법칙은 무엇인가? 올바른 단위를 포함한 속도 상수 k 값은 얼마인가?

(b) 염기성 용액에서 반응 메커니즘이 다음과 같이 제안되었다.

$H_2O + OCl^- \rightleftharpoons HOCl + OH^-$; 빠름, 평형 상수 K_1

$HOCl + NH_3 \rightarrow H_2O + NH_2Cl$; 느림, 속도 상수 k_2

첫 번째 단계는 평형에 있고, 두 번째 단계가 속도 결정 단계라고 가정할 때, 두 번째 단계의 속도 상수 k_2 값을 계산하시오. HOCl의 $K_a = 3.5\times10^{-8}$이다.

chapter 17

수용액 평형의 응용

©RLS Photo/Shutterstock

CONTENTS

'바다 나비'라고도 불리는 작은 바다 생물체인 익족류는 바닷물에서 석회화 과정을 통해 Ca^{2+}와 CO_3^{2-} 이온으로부터 탄산 칼슘($CaCO_3$) 껍질을 만든다. 이런 보호 껍질을 만드는 생물체의 석회화 능력은 바닷물의 pH와 완충 용량의 영향을 크게 받는다. 이러한 생물체들은 해양 먹이 사슬 구성에 필수적인 요소이고 바다 산성화에 의해 완전히 피괴될 수가 있다.

바닷물을 산성화시키는 요인은 무엇인가?

이 질문의 답은 777쪽 **INQUIRY ?** 에 나와 있다.

수용액 평형은 많은 환경 및 생물학적 변화 과정에서 매우 중요한 역할을 한다. 예를 들어, 호수와 시냇물의 pH는 식물과 수생생물의 번성을 위하여 6.0~8.0 정도로 유지되어야 한다. H_2CO_3와 HCO_3^-의 짝산-염기쌍이 주로 관여하는 평형에 의하여 사람 혈액의 pH는 7.4 정도로 미세하게 조절된다. pH가 7.4보다 낮으면, 적혈구에서 산소 분자에 대한 헤모글로빈의 친화도가 감소되어 혈액의 산소 운반 능력이 떨어지게 된다. pH가 높으면, 산소 분자에 대한 헤모글로빈의 친화도가 증가하여 조직에서 필요한 산소의 방출이 어려워진다.

15장에서는 화학 평형의 원리에 대하여 공부하였다. 평형 방정식이 어떻게 세워지고 평형 혼합물에서 반응물과 생성물의 농도가 어떻게 주어지는지를 학습하였다. 16장에서는 이러한 원리를 약산이나 약염기의 수용액에서의 평형에 적용하였다. 이 장에서는 수용액 평형에서 몇 가지 응용을 공부할 것이다. 먼저 산과 염기 혼합물의 pH를 어떻게 계산할 것인지를 알아보고, 난용해성 이온 화합물의 용해와 침전, 용해도에 미치는 인자들에 대하여 알아볼 것이다. 염의 용해와 침전을 포함하는 수용액 평형은, 치아의 손상은 물론 산호초 및 석회암 동굴의 형성에 이르기까지 아주 많은 자연 과정에서 중요하게 작용한다.

17.1 중화 반응

지금까지 많은 경우에서 산과 염기의 중화 반응에 의해 물과 염이 생성되는 것을 보았다. 그러나 산과 염기 혼합물의 pH를 계산하기 전에, 이러한 중화 반응이 어느 정도에서 완결되는지를 예측할 수 있어야 한다. 이 장에서는 (1) 강산-강염기, (2) 약산-강염기, (3) 강산-약염기, (4) 약산-약염기의 네 가지 종류의 중화 반응에 대하여 알아보고자 한다.

강산-강염기

강산과 강염기의 반응에 대한 예로, 염산과 수산화 소듐이 반응하여 물과 염화 소듐 수용액을 형성하는 반응을 생각해 보자.

$$\mathrm{HCl}(aq) + \mathrm{NaOH}(aq) \longrightarrow \mathrm{H_2O}(l) + \mathrm{NaCl}(aq)$$

$HCl(aq)$, $NaOH(aq)$, $NaC1(aq)$은 완전히 해리할 것이므로 이 중화 반응에 대한 알짜 이온 반응식은 다음과 같다.

$$\mathrm{H_3O^+}(aq) + \mathrm{OH^-}(aq) \rightleftharpoons 2\,\mathrm{H_2O}(l)$$

만일 같은 몰수의 $HCl(aq)$과 $NaOH(aq)$를 섞으면, 중화 반응 후 NaCl 용액 속에 남아 있는 H_3O^+와 OH^-의 농도는 순수한 물에서의 경우처럼 $[H_3O^+] = [OH^-] = 1.0 \times 10^{-7}$ M일 것이다. 다시 말해서 HCl과 NaOH 반응은 오른쪽으로 많이 진행될 것이다.

이 반응의 평형 상수를 살펴보아도 같은 결론에 도달하게 될 것이다. 어떠한 강산과 강염기 사이의 중화 반응은 물의 해리의 반대 과정에 해당하고, 이때 평형 상수 K_n('n'은 중화 반응을 의미)은 물의 이온곱 상수의 역이다. 즉 $K_n = 1/K_w$이다.

$$\mathrm{H_3O^+}(aq) + \mathrm{OH^-}(aq) \rightleftharpoons 2\,\mathrm{H_2O}(l)$$
$$K_n = \frac{1}{[\mathrm{H_3O^+}][\mathrm{OH^-}]} = \frac{1}{K_w} = \frac{1}{1.0 \times 10^{-14}} = 1.0 \times 10^{14}$$

강산-강염기 반응에 대한 $K_n(1.0 \times 10^{14})$은 매우 큰 값을 가진다. 이것은 중화 반응이

100% 완결되는 쪽으로 진행됨을 의미한다. 같은 몰수에 해당하는 양만큼의 산과 염기로 중화한 후, 강산과 강염기로부터 생성되는 용액은 염을 포함한다. 이 염의 양이온이나 음이온은 산성이나 염기성을 띠지 않기 때문에, 용액의 pH는 7이다(16.14절).

약산-강염기

약산 HA는 거의 해리되어 있지 않기 때문에, 약산과 강염기 사이의 중화 반응에 대한 알짜 이온 반응식은 HA로부터 강염기 OH^-로의 수소 이온 이동을 포함한다.

$$HA(aq) + OH^-(aq) \rightleftharpoons H_2O(l) + A^-(aq)$$

예를 들어, 아세트산(CH_3CO_2H)은 NaOH 수용액과 반응하여 물과 아세트산 소듐(CH_3CO_2Na)을 생성한다.

$$CH_3CO_2H(aq) + OH^-(aq) \rightleftharpoons H_2O(l) + CH_3CO_2^-(aq)$$

NaOH와 CH_3CO_2Na는 둘 다 완전히 해리되므로, Na^+ 이온은 알짜 이온 반응식에 나타내지 않았다.

아세트산 중화 반응에 대한 평형 상수 K_n을 구하려면, 중화 반응의 알짜 이온 반응식을 구하기 위해 더해진 반응들의 이미 알려진 평형 상수를 곱해야 한다. CH_3CO_2H는 반응식의 왼쪽에 있고 $CH_3CO_2^-$는 오른쪽에 있기 때문에, 필요한 반응식은 CH_3CO_2H의 해리에 대한 것이다. 한편 H_2O는 식의 오른쪽에 있고 OH^-는 왼쪽에 있으므로 H_2O 해리의 역반응식이 필요하다. 두 반응식을 더할 경우 H_3O^+와 한 분자의 H_2O가 상쇄되는 것에 유의하라.

▲ 약산-강염기의 중화 반응

$CH_3CO_2H(aq) + OH^-(aq) \rightleftharpoons H_2O(l) + CH_3CO_2^-(aq)$

지시약인 페놀프탈레인을 함유하는 $CH_3CO_2H(aq)$에 $NaOH(aq)$를 가할 때, 아세트산의 중화 반응에 의해 용액은 염기성을 띠므로 지시약의 색깔은 pH 8.2~9.8 범위에서 무색에서 분홍색으로 변한다.

$$CH_3CO_2H(aq) + \cancel{H_2O(l)} \rightleftharpoons \cancel{H_3O^+(aq)} + CH_3CO_2^-(aq) \qquad K_a = 1.8 \times 10^{-5}$$

$$\cancel{H_3O^+(aq)} + OH^-(aq) \rightleftharpoons \cancel{H_2O(l)} + H_2O(l) \qquad 1/K_w = 1.0 \times 10^{14}$$

$$\text{알짜: } CH_3CO_2H(aq) + OH^-(aq) \rightleftharpoons H_2O(l) + CH_3CO_2^-(aq) \qquad K_n = (K_a)(1/K_w) = (1.8 \times 10^{-5})(1.0 \times 10^{14}) = 1.8 \times 10^9$$

15.2절에서 살펴보았듯이, 중화 반응의 알짜 반응에 대한 평형 상수는 더해진 반응식의 평형 상수들의 곱과 같다. 그러므로 위의 중화 반응에 대한 K_n을 얻기 위해서는 CH_3CO_2H에 대한 K_a와 K_w의 역수를 곱해야 한다. (여기서 물의 해리 반응을 역으로 쓰기 때문에 $1/K_w$를 이용한다.) 여기서 $K_n(1.8 \times 10^9)$ 값이 큰 것은 중화 반응이 거의 100% 완결되어 진행된다는 것을 의미한다.

일반적으로 OH^-는 수소 이온에 대하여 큰 친화성을 갖기 때문에 어떤 약산이 강염기에 의하여 중화될 때 100% 완결되는 방향으로 진행된다. 같은 몰수의 CH_3CO_2H와 NaOH가 중화되면 용액 속에는 산성이나 염기성을 띠지 않는 Na^+와 약염기인 $CH_3CO_2^-$이 존재한다. 그러므로 용액의 pH는 7보다 커지게 된다.

강산-약염기

강산 HA는 H_3O^+와 A^- 이온으로 완전히 해리되고, 약염기와의 중화 반응에서 수소 이온은 H_3O^+로부터 약염기 B로 이동한다.

$$H_3O^+(aq) + B(aq) \rightleftharpoons H_2O(l) + BH^+(aq)$$

예를 들면, 염산과 암모니아 수용액의 중화 반응에 대한 알짜 이온 반응식은 다음과 같다.

$$H_3O^+(aq) + NH_3(aq) \rightleftharpoons H_2O(l) + NH_4^+(aq)$$

약산–강염기의 경우와 마찬가지로, 알짜 이온 반응식을 구하기 위해 더해지는 반응의 평형 상수들을 곱하여 중화 반응에 대한 평형 상수를 구할 수 있다.

$$
\begin{array}{lll}
 & NH_3(aq) + \cancel{H_2O(l)} \rightleftharpoons NH_4^+(aq) + \cancel{OH^-(aq)} & K_b = 1.8 \times 10^{-5} \\
 & H_3O^+(aq) + \cancel{OH^-(aq)} \rightleftharpoons \cancel{H_2O(l)} + H_2O(l) & 1/K_w = 1.0 \times 10^{14} \\
\hline
\text{알짜:} & H_3O^+(aq) + NH_3(aq) \rightleftharpoons H_2O(l) + NH_4^+(aq) & K_n = (K_b)(1/K_w) \\
 & & \quad = (1.8 \times 10^{-5})(1.0 \times 10^{14}) \\
 & & \quad = 1.8 \times 10^{9}
\end{array}
$$

▲ 강산–약염기의 중화 반응
$H_3O^+(aq) + NH_3(aq) \rightleftharpoons H_2O(l) + NH_4^+(aq)$
산–염기 지시약인 메틸 레드를 함유하는 암모니아 수용액에 염산을 가할 때, 암모니아의 중화 반응에 의해 용액은 약한 산성을 띠므로 지시약의 색깔은 pH 4.2~6.0 범위에서 노란색에서 빨간색으로 변한다.

이 경우에도 평형 상수 K_n 값이 매우 크므로(1.8×10^9) 이 중화 반응은 거의 100% 오른쪽으로 완결된다고 할 수 있다. (CH_3CO_2H와 NaOH, 그리고 HCl과 NH_3의 중화 반응은 동일한 K_n 값을 보인다. CH_3CO_2H의 K_a와 NH_3의 K_b는 같기 때문에 두 K_n 값이 같다.)

H_3O^+는 강력한 양성자 주개이므로, 일반적으로 약염기를 강산으로 중화하는 경우 반응이 100% 완결되는 방향으로 진행한다. 같은 몰수에 해당하는 양의 NH_3와 HCl이 중화되면, 용액 속에는 약한 산성을 띠는 NH_4^+와 산성이나 염기성을 띠지 않는 Cl^-가 존재한다. 그러므로 용액의 pH는 7보다 작아진다.

약산–약염기

약산 HA와 약염기 B는 둘 다 거의 해리되지 않으며, 이들 사이의 중화 반응에서는 수소 이온이 약산으로부터 약염기로 이동한다. 예를 들어, 아세트산과 암모니아 수용액의 중화에 대한 알짜 이온 반응식은 다음과 같다.

$$CH_3CO_2H(aq) + NH_3(aq) \rightleftharpoons NH_4^+(aq) + CH_3CO_2^-(aq)$$

평형 상수 K_n은 (1) 아세트산의 산 해리에 대한 평형 상수, (2) 암모니아의 염기 해리에 대한 평형 상수, (3) 물의 해리에 대한 평형 상수의 역수를 곱하여 구할 수 있다.

$$
\begin{array}{lll}
 & CH_3CO_2H(aq) + \cancel{H_2O(l)} \rightleftharpoons \cancel{H_3O^+(aq)} + CH_3CO_2^-(aq) & K_a = 1.8 \times 10^{-5} \\
 & NH_3(aq) + \cancel{H_2O(l)} \rightleftharpoons NH_4^+(aq) + \cancel{OH^-(aq)} & K_b = 1.8 \times 10^{-5} \\
 & \cancel{H_3O^+(aq)} + \cancel{OH^-(aq)} \rightleftharpoons \cancel{2\,H_2O(l)} & 1/K_w = 1.0 \times 10^{14} \\
\hline
\text{알짜:} & CH_3CO_2H(aq) + NH_3(aq) \rightleftharpoons NH_4^+(aq) + CH_3CO_2^-(aq) & K_n = (K_a)(K_b)(1/K_w)
\end{array}
$$

$$K_n = (K_a)(K_b)\left(\frac{1}{K_w}\right) = (1.8 \times 10^{-5})(1.8 \times 10^{-5})(1.0 \times 10^{14}) = 3.2 \times 10^4$$

앞의 세 경우에 비하여 이 경우에는 K_n 값이 작다. 따라서 중화 반응은 완결될 때까지 진행되지 않는다.

일반적으로 약산–약염기 중화 반응은 강산 또는 강염기를 포함하는 중화 반응의 경우에 비하여 완결되는 경향이 적다. 예를 들어, 암모니아를 사용한 HCN 중화 반응의 경우 K_n 값은 1보다 작다. 이것은 절반 이하로 반응이 진행된다는 것을 의미한다.

$$HCN(aq) + NH_3(aq) \rightleftharpoons NH_4^+(aq) + CN^-(aq) \qquad K_n = 0.88$$

예제 17.1

중화 반응의 식을 쓰고, 용액의 pH 구하기

같은 몰수의 질산과 약염기인 메틸아민(CH_3NH_2)의 중화 반응의 균형 잡힌 알짜 이온 반응식을 쓰시오. 중화 반응 후 용액의 pH는 7보다 클지 작을지 같을지를 나타내시오.

전략

알짜 이온 반응식에 나타나는 화학식은 이들 산과 염기들이 강한가(완전히 해리하는가) 약한가(잘 해리하지 않는가)에 따라 다르다. 중화 반응 후에 나타나는 pH는 중화의 결과로 얻어진 염 용액에 있는 양이온과 음이온의 산-염기 특성에 의존한다(16.14절).

풀이

HNO_3는 강산이고 CH_3NH_2는 약염기이므로, 중화 반응이 진행하여 완결되고 알짜 이온 반응식은 다음과 같다.

$$H_3O^+(aq) + CH_3NH_2(aq) \longrightarrow H_2O(l) + CH_3NH_3^+(aq)$$

이 반응에서 CH_3NH_2는 H_3O^+로부터 양성자를 받아들이기 위해 N 원자의 비공유 전자쌍을 이용한다.

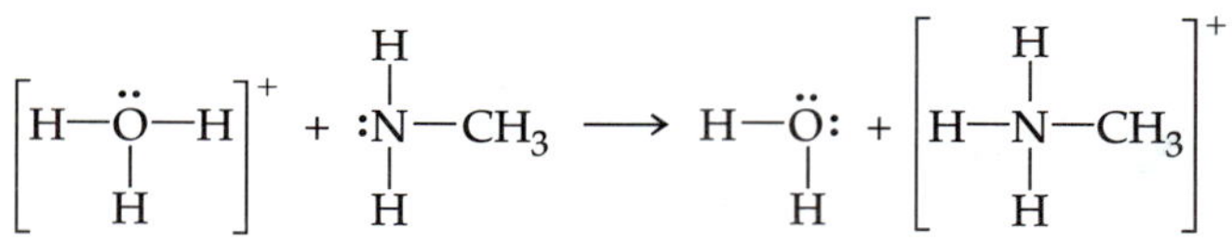

중화 반응 후 용액에는 약산 $CH_3NH_3^+$와 산이나 염기 성질이 없는 NO_3^-가 존재한다. 그러므로 pH는 7보다 작다.

▶ **연습문제 17.1** HNO_2와 KOH가 동일한 몰수로 중화될 때 균형 잡힌 알짜 이온 반응식을 쓰시오. 중화 반응 후 용액의 pH는 7보다 클 것인지 작을 것인지 같을 것인지를 나타내시오. K_a와 K_b 값은 부록 C에 있다.

▶ **응용문제 17.2** 다음 산-염기의 중화 반응에 대한 균형 잡힌 알짜 이온 반응식을 쓰고, 각 중화 반응에 대한 K_n을 계산하여 반응이 완결되려는 경향이 커지는 순서로 나열하시오. K_a와 K_b 값은 부록 C에 있다.

(a) HF와 NaOH

(b) HCl과 KOH

(c) HF와 NH_3

17.2 공통 이온 효과

약산과 그 짝염기의 용액은 중요한 산-염기 혼합물로, 이러한 혼합물들은 생체계에서 pH를 조절하는 역할을 한다. 약산(HA) 용액에 짝염기(A^-)를 넣을 때, 산 해리 반응에 의해 A^-가 이미 존재하므로 넣어 주는 A^-는 **공통 이온**(common ion)으로 고려할 수 있다.

$$HA(aq) + H_2O(l) \rightleftharpoons H_3O^+(aq) + \underset{\substack{\uparrow \\ \text{공통 이온}}}{A^-(aq)}$$

그림 17.1에서 공통 이온 효과의 의미를 살펴보자. 오른쪽 그림의 분홍색 용액은 0.10 M 아세트산 용액으로 $[H_3O^+]=1.3\times10^{-3}$ M이고 pH는 2.89를 나타낸다. 왼쪽의 노란색 용액은 0.10 M의 아세트산과 짝염기인 $CH_3CO_2^-$의 혼합 용액으로 $[H_3O^+]=1.8\times10^{-5}$ M이고 pH는 4.74를 나타낸다.

아세트산 용액에 아세트산 이온을 첨가하였을 때, $[H_3O^+]$가 감소하며 이는 공통 이온 효과의 한 예가 된다. 이미 평형에 관여하고 있는 이온에 대해, 그 이온의 농도를 증가시키는 물질을 첨가할 때 평형이 이동하는 것을 **공통 이온 효과**라고 한다. 그림 17.2에서 보여 주는 것처럼, 첨가된 아세트산 이온은 아세트산-해리 평형을 왼쪽으로 이동시킨다.

$$CH_3CO_2H(aq) + H_2O(l) \rightleftharpoons H_3O^+(aq) + CH_3CO_2^-(aq)$$

▲ **그림 17.1**
공통 이온 효과의 설명. 왼쪽의 0.10 M 아세트산–0.10 M 아세트산 소듐 용액은 오른쪽의 0.10 M 아세트산 용액보다 H_3O^+의 농도가 낮으므로 더 높은 pH를 나타낸다.

▶ **그림 17.2**
공통 이온 효과. $[H_3O^+]$를 로그 척도로 나타낸 것에 유의하라.

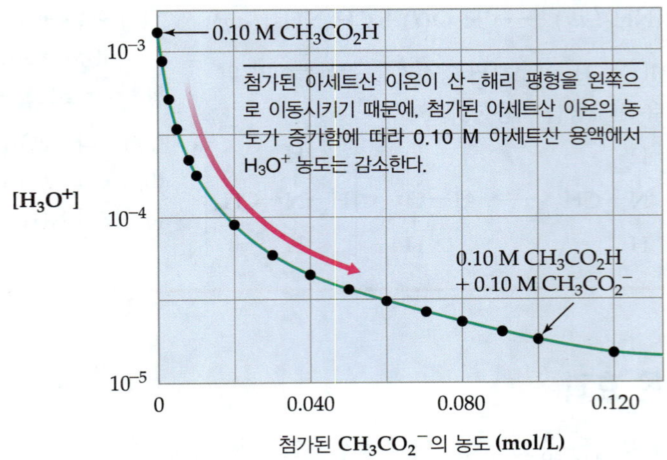

기억하기…
르샤틀리에 원리는 평형을 이루고 있는 반응 혼합물에 농도, 압력, 온도 등의 스트레스가 가해지면, 이러한 스트레스를 해소하는 방향으로 알짜 반응이 진행된다는 것을 말한다. 이러한 알짜 반응은 새로운 평형에 도달될 때까지 진행된다(15.6절).

개념탐구 질문 1
1.0 M 암모니아 용액 1 L에 고체 염화 암모늄 1.0 mol을 넣었을 때 pH 변화는 어떻게 되는가?

공통 이온 효과는 **르샤틀리에 원리**(15.6절)의 또 다른 예이다. 즉, 생성물 중 하나의 농도를 증가시켜 평형에 변화를 주면, 평형이 반응물 쪽으로 이동하여 가해진 변화가 해소된다. 예제 17.2는 약산과 그 짝염기로 이루어진 용액에서 pH를 어떻게 계산하는지를 보여 준다.

예제 17.2

농도, pH 및 해리 백분율에 미치는 공통 이온 효과 계산

0.10 M CH_3CO_2H($K_a = 1.8 \times 10^{-5}$)와 0.10 M $NaCH_3CO_2$ 혼합 용액에 존재하는 모든 화학종의 농도, 용액의 pH, 아세트산의 해리 백분율을 구하시오.(NaCH$_3$CO$_2$를 포함하지 않는 0.10 M CH_3CO_2H 용액의 pH는 2.89이고, 해리 백분율은 1.3%이다.)

문제 파악

알고 있는 것	알아내야 할 것
0.10 M CH_3CO_2H와 0.10 M $NaCH_3CO_2$ CH_3CO_2H의 $K_a = 1.8 \times 10^{-5}$	pH 모든 화학종의 농도 해리 백분율

전략

이 문제는 용액에 있는 여러 화학종의 산–염기 성질을 확인함으로써 풀 수 있다. 산–염기 문제를 해결하는 절차는 그림 16.7에 설명하였다.

풀이

단계 1. 산–염기 반응에 대한 균형 반응식을 적는다. 아세트산은 수용액에서 거의 대부분이 해리되지 않고, 아세트산 소듐 염은 거의 100% 해리되므로, 처음에 존재하는 화학종은 다음과 같다.

CH_3CO_2H	Na^+	$CH_3CO_2^-$	H_2O
산	비활성	염기	산 또는 염기

약산인 CH_3CO_2H의 K_a는 K_w보다 많이 크므로, 아세트산의 해리를 주반응으로 고려한다.

$$CH_3CO_2H(aq) + H_2O(l) \rightleftharpoons H_3O^+(aq) + CH_3CO_2^-(aq) \qquad K_a = 1.8 \times 10^{-5}$$

단계 2. 균형 반응식에서 나타나는 각 반응물과 생성물의 처음 농도, 농도 변화, 평형 농도가 수록된 표를 만든다.

해리되는 산의 농도, 여기서는 아세트산을 x라고 한다. 아세트산 이온은 두 군데서 생성된다는 것을 유념해야 한다. 처음에 존재하는 아세트산 소듐으로부터 생성되는 0.10 mol/L의 아세트산 이온과 아세트산의 해리로부터 생성되는 x mol/L을 고려해야 한다.

주반응	$CH_3CO_2H(aq)$	+ $H_2O(l)$ ⇌	$H_3O^+(aq)$	+ $CH_3CO_2^-(aq)$
초기 농도(M)	0.10		~0	0.10
변화(M)	$-x$		$+x$	$+x$
평형 농도(M)	$0.10 - x$		x	$0.10 + x$

단계 3. 반응 평형식에 평형 농도를 대입하고 x를 구한다.

$$K_a = 1.8 \times 10^{-5} = \frac{[H_3O^+][CH_3CO_2^-]}{[CH_3CO_2H]} = \frac{(x)(0.10 + x)}{(0.10 - x)}$$

K_a가 작기 때문에 $(0.10+x) \approx (0.10-x) \approx 0.10$으로 근사가 가능할 정도로 x가 작다는 것을 이용하면, 식을 다음과 같이 간단히 나타낼 수 있다.

$$1.8 \times 10^{-5} = \frac{(x)(0.10 + x)}{(0.10 - x)} \approx \frac{(x)(0.10)}{0.10}$$

$$x = 1.8 \times 10^{-5}\ \text{M}$$

근사가 타당한지 점검하기 위해, 계산된 x의 초기 농도에 대한 백분율을 계산하면 다음과 같다.

$$\frac{1.8 \times 10^{-5}}{0.10} \times 100\% = 0.018\%$$

x가 초기 농도의 5%보다 작다면, 근사는 타당하고 계산된 평형 농도에 큰 영향을 주지 않는다. 이 문제에서는 5%보다 작은 0.18%이므로, 근사는 타당하다는 것을 알 수 있다. x가 산의 초기 농도보다 항상 무시할 수 있을 정도로 작지는 않기 때문에, **모든 문제에서 근사가 타당한지를 점검하는 것은 중요하다.**

단계 4. 반응에 관여하는 모든 반응물과 생성물의 농도를 계산한다.

반응에 관여하는 모든 화학종의 평형 농도를 구하기 위해 x를 사용한다.

$$[CH_3CO_2H] = 0.10\ \text{M} - x = 0.10\ \text{M} - 1.8 \times 10^{-5} = 0.10\ \text{M}$$
$$[H_3O^+] = x = 1.8 \times 10^{-5}$$
$$[CH_3CO_2^-] = 0.10\ \text{M} + x = 0.10\ \text{M} + 1.8 \times 10^{-5} = 0.10\ \text{M}$$

단계 5. pH를 계산한다.

$$pH = -\log(1.8 \times 10^{-5}) = 4.74$$

아세트산의 해리 백분율은 다음과 같다.

$$\text{해리 백분율} = \frac{[CH_3CO_2H]_{\text{해리된}}}{[CH_3CO_2H]_{\text{초기}}} \times 100\% = \frac{1.8 \times 10^{-5}}{0.10} \times 100\% = 0.018\%$$

점검

$CH_3CO_2H/CH_3CO_2^-$ 용액에서 $CH_3CO_2^-$가 공통 이온이다. 이것의 농도가 증가하면 주반응식의 평형을 왼쪽으로 이동시킨다.

$$CH_3CO_2H(aq) + H_2O(l) \rightleftharpoons H_3O^+(aq) + CH_3CO_2^-(aq)$$

결과적으로, H_3O^+의 농도와 해리 백분율은 감소한다. 예상되는 것처럼, 계산된 pH 값(4.74)은 $CH_3CO_2^-$를 포함하지 않는 0.10 M CH_3CO_2H 용액의 pH(2.89)보다 더 크다.

▶ **연습문제 17.3** 0.025 M HCN과 0.010 M NaCN 혼합 용액에서 용액의 pH와 HCN($K_a = 4.9 \times 10^{-10}$)의 해리 백분율을 구하시오.

▶ **응용문제 17.4** 0.20 M 메틸아민(CH_3NH_2, $K_b = 3.7 \times 10^{-4}$)과 0.60 M CH_3NH_3Cl이 같은 부피로 섞인 용액의 pH를 구하시오.

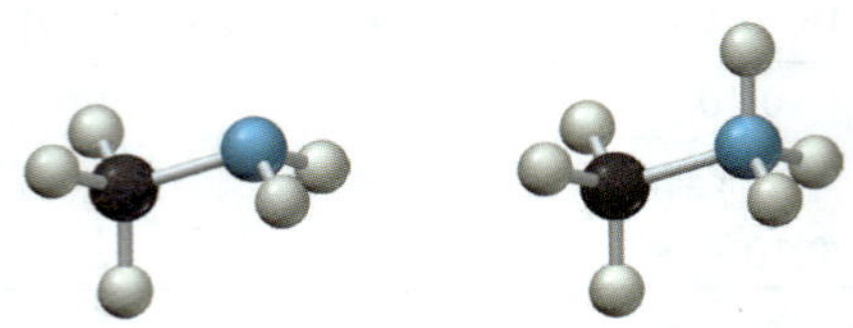

메틸아민 메틸암모늄 양이온

예제 17.3

pH와 해리 백분율에 미치는 공통 이온의 영향 결정

다음의 그림은 소듐 염 NaA를 포함하는 약산 HA 용액의 초기 농도를 나타낸 것이다. 어떤 용액의 pH가 가장 큰가? 어떤 용액에서 HA의 해리 백분율이 가장 크겠는가? (Na^+ 및 H_3O^+ 이온과 용매인 물 분자는 생략하였다.)

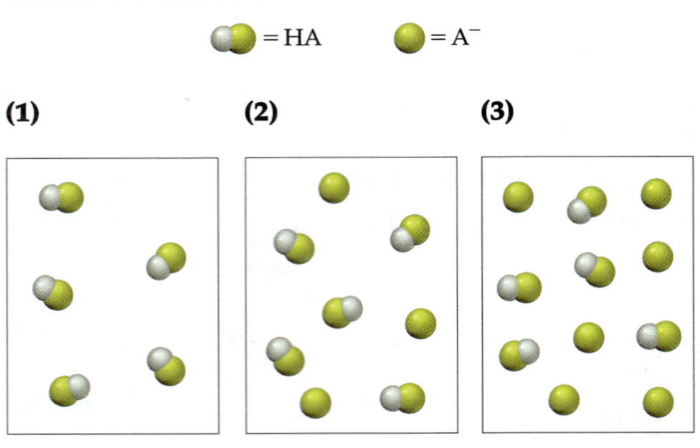

전략

pH와 HA의 해리 백분율은 반응 $HA(aq) + H_2O(l) \rightleftharpoons H_3O^+(aq) + A^-(aq)$에 의해 결정된다. 공통 이온 A^-를 더 많이 넣을수록 해리 평형은 왼쪽으로 이동하여 H_3O^+ 농도는 감소하고(pH 증가) 해리 백분율은 감소한다. 질문에 답을 하기 위해 A^- 이온의 개수를 세면 된다.

풀이

세 용액 모두 같은 수의 HA 분자를 가지나, A^- 이온의 수는 서로 다르다(용액 1에는 없고, 용액 2에는 3개, 용액 3에는 6개). 해리 평형은 용액 3이 가장 왼쪽으로 치우치게 되어, 가장 작은 H_3O^+ 농도와 가장 큰 pH를 갖는다. 용액 1은 HA의 해리를 억제하는 공통 이온이 없으므로, 가장 큰 해리 백분율을 갖는다.

▶ **개념 연습문제 17.5** 다음 그림은 소듐 염 NaF를 포함하는 약산 HF 용액의 초기 농도를 나타낸 것이다. 어떤 용액의 pH가 더 큰가? 어떤 용액에서 HF의 해리 백분율이 가장 크겠는가?

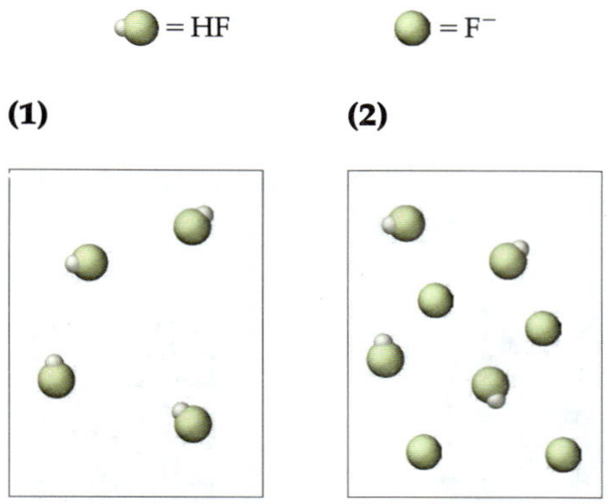

▶ **개념 응용문제 17.6** 다음 그림은 염화 염 BH^+Cl^-를 포함하는 약염기 B 용액의 초기 농도를 나타낸 것이다. 어떤 용액의 pH가 가장 낮은가? 어떤 용액에서 B의 해리 백분율이 가장 크겠는가?(Cl^- 및 OH^- 이온과 용매인 물 분자는 생략하였다.)

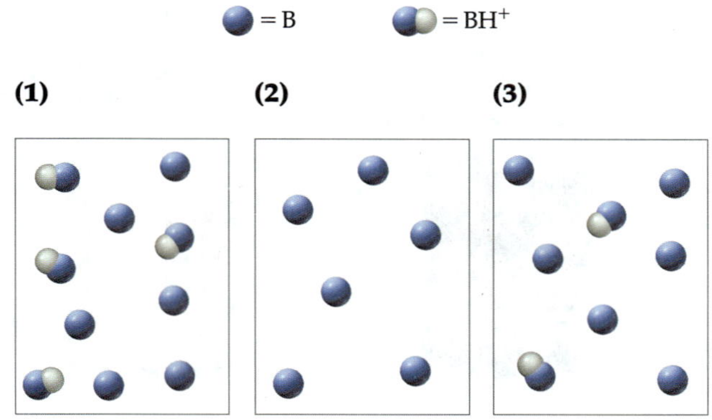

17.3 완충 용액

17.2절에서 살펴본 것과 같이, 어떤 약산과 그의 짝염기를 포함하는 용액을 **완충 용액(buffer solution)**이라 하고, 이러한 용액은 급격한 pH 변화에 저항하는 능력을 갖는다.

완충 용액

약산(HA) + 짝염기(A^-)

예:
- CH_3CO_2H + $CH_3CO_2^-$
- HF + F^-
- NH_4^+ + NH_3
- $H_2PO_4^-$ + HPO_4^{2-}

완충 용액은 pH 변화를 어느 정도나 막을 것인가? 어떤 완충 용액에 소량의 OH^-를 첨가할 경우 pH는 증가하지만, 그 변화는 크지 않다. 왜냐하면, 그 완충 용액 중의 산 성분이 첨가한 OH^-를 중화하기 때문이다. pH에 큰 영향을 미치는 수산화 이온(OH^-)은 HA와 반응하여 약염기로 pH에 영향이 작은 A^-를 생성한다.

$$\mathrm{HA}(aq) + \mathrm{OH^-}(aq) \longrightarrow \mathrm{H_2O}(l) + \mathrm{A^-}(aq)$$

반대로, 소량의 H_3O^+를 첨가하면 pH는 감소하지만, 그 변화는 크지 않다. 이 경우 역시 완충 용액의 염기 성분이 첨가한 H_3O^+를 중화시키키 때문이다. pH에 큰 영향을 미치는 하이드로늄 이온(H_3O^+)은 A^-와 반응하여 약산으로 pH에 영향이 작은 HA를 생성한다.

$$\mathrm{A^-}(aq) + \mathrm{H_3O^+}(aq) \longrightarrow \mathrm{H_2O}(l) + \mathrm{HA}\ (aq)$$

생체에서 완충 용액의 역할은 매우 중요하다. 예를 들어 혈액은 완충 용액 중 하나로, 생체 반응의 결과로 생성되는 산과 염기를 중화하여 pH 변화를 억제한다. 심장이 멈춰 혈액 순환이 중단되는 심장마비는 이산화 탄소가 쌓여 피를 산성화되게 하는 반면, 과호흡증은 신체에서 제거되는 이산화 탄소의 양을 증가시켜 혈액의 pH를 높인다. 인체 내 혈액의 pH는 주로 H_2CO_3와 그 짝염기 HCO_3^-의 짝산–염기쌍에 의해 7.35~7.45의 pH 범위에서 매우 세심하게 조절된다. 혈액에서 헤모글로빈의 산소 운반 능력은 0.1 정도의 범위 내에서 pH에 민감하게 영향을 받는다.

개념탐구 질문 2

다음의 그림은 약산 HA와/또는 소듐 염 NaA를 포함하는 용액의 **초기** 농도를 나타낸 것이다. 어떤 용액이 완충 용액인가? (Na^+와 용매인 물 분자는 생략하였다.)

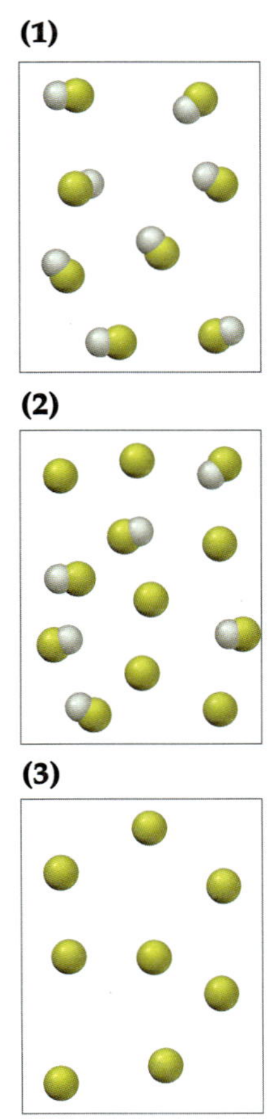

(a) 1.8 × 10^{-5} M HCl 1.00 L (pH = 4.74)

(b) (a) 용액에 0.10 M NaOH 몇 방울만 가해도 노란색 (pH > 5.4)으로 변한다.

(c) 0.10 M 아세트산 −0.10 M 아세트산 소듐 완충 용액 1.00 L (pH = 4.74)

(d) (c) 용액에 0.10 M NaOH 100 mL를 가해도 여전히 빨간색(pH < 5.4)을 유지한다.

▲ 그림 17.3

강산 용액과 완충 용액의 첨가된 염기를 흡수하는 능력. 각 용액의 색깔은 산–염기 지시약인 메틸 레드가 몇 방울 들어 있기 때문이다. 이 지시약은 pH가 약 5.4 이하에서 빨간색을 띠고, 그 이상에서는 노란색을 나타낸다.

완충 용액이 어떻게 pH를 일정하게 유지하는가를 이해하기 위하여, 0.10 M 아세트산–0.10 M 아세트산 소듐 용액과 1.8×10^{-5} M HCl에 대해 비교해 보자. 그림 17.3에서 보여 주는 것처럼, 강산의 희석 용액은 완충 용액과 같은 pH(4.74)를 갖지만, 첨가된 산 또는 염기에 대해 pH 변화를 완충하는 능력을 갖지 않는다. 예를 들면, 1.8×10^{-5} M HCl 1.00 L에 0.01 mol 고체 NaOH를 첨가하면, 무시할 수 있을 만큼 적은 양의 OH^-(1.8×10^{-5} mol)가 중화되고, 중화 후 OH^-의 농도는 0.01 mol/1.00 L = 0.01 M이 되어 pH는 4.74에서 12.0으로 증가하게 된다.

$$[H_3O^+] = \frac{K_w}{[OH^-]} = \frac{1.0\times10^{-14}}{0.01} = 1\times10^{-12}\text{ M}$$
$$\text{pH} = 12.0$$

이러한 pH 변화는 그림 17.3a의 빨간색에서 그림 17.3b의 노란색으로 용액의 색이 변화하는 것을 통해 알 수 있다. 이와 비교하여, 0.10 M 아세트산–0.10 M 아세트산 소듐 완충 용액에 0.01 mol 고체 NaOH를 넣었을 때는 pH가 거의 변하지 않아, 그림 17.3c와 17.3d에서 빨간색이 유지되는 것을 알 수 있다.

그림 17.4는 어떻게 완충 작용을 하는지를 보여 준다. pH 또는 $[H_3O^+]$는 약산의 K_a 값이 일정하게 유지되므로, 약산과 짝염기의 비율의 영향을 받는다.

$$[H_3O^+] = K_a\frac{[HA]}{[A^-]}$$

OH^-나 H_3O^+가 완충 용액에 첨가되면 짝염기에 대한 약산의 비율이 변한다. 만약 첨가된 OH^-나 H_3O^+의 양이 완충 용액에 들어 있는 약산과 염기에 비해 적다면 그 비와 pH는 단지 조금만 변할 것이다.

용액이 큰 pH 변화 없이 수용할 수 있는 산 또는 염기의 양을 나타내는 **완충 용량(buffer capacity)**이라는 용어를 사용하여 용액의 완충 능력을 판단한다. 완충 용량은 주어진 양의 산 또는 염기의 첨가로 얼마나 pH가 변하는지를 측정한다. 완충 용량은 얼마나 많은 몰수의 약산과 짝염기가 들어 있는지에 의존한다. 용액의 부피가 같으면 진한 용액일수록 더 큰 완충 용량을 갖고, 용액의 농도가 같으면 부피가 클수록 더 큰 완충 용량을 갖는다.

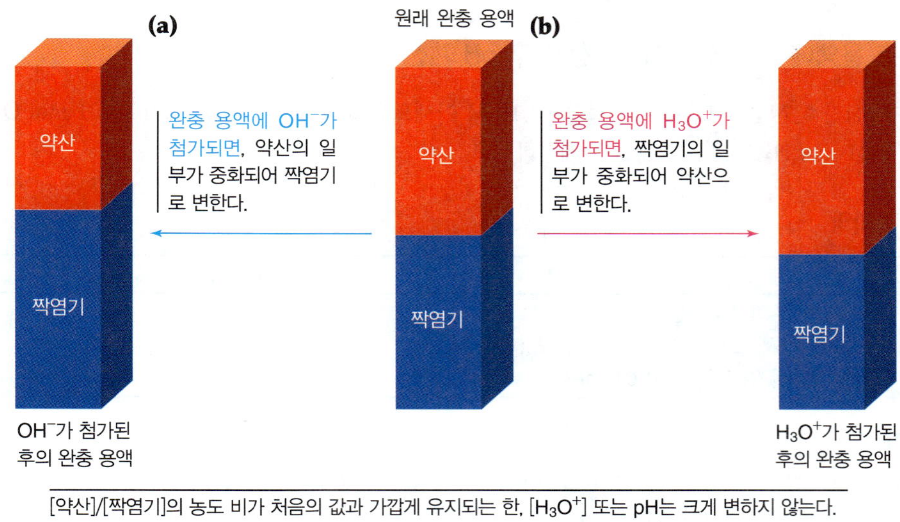

◀ **그림 17.4**
완충 용액에 (a) OH^-와 (b) H_3O^+의 첨가

▶ 확인하기

어떤 조건에서 OH^-와 H_3O^+의 첨가가 완충 용액의 pH를 크게 변화시키는가?

답 첨가된 OH^-와 H_3O^+의 양이 약산과 짝염기의 비를 크게 변화시킬 때 용액의 pH가 크게 변한다.

완충 용액이 어떻게 작동하는지 보기 위해, 17.2절에서 언급한 0.1 M 아세트산−0.10 M 아세트산 소듐 용액을 살펴보자. 이 용액의 주반응과 평형 농도는 다음과 같다.

주반응	$CH_3CO_2H(aq)$ + $H_2O(l)$	$\rightleftharpoons$ $H_3O^+(aq)$	+ $CH_3CO_2^-(aq)$
평형 농도(M)	$0.10 - x$	x	$0.10 + x$

$[H_3O^+]$에 대해 평형식을 풀면 다음과 같은 식을 얻는다.

$$K_a = \frac{[H_3O^+][CH_3CO_2^-]}{[CH_3CO_2H]}$$

$$[H_3O^+] = K_a\frac{[CH_3CO_2H]}{[CH_3CO_2^-]}$$

따라서 완충 용액에서 H_3O^+의 농도는 약산의 K_a 값에 가까운 값을 갖지만, [약산]/[짝염기] 비를 곱한 값만큼 다르다. 0.10 M 아세트산−0.10 M 아세트산 소듐 용액의 경우 그 농도 비율은 1이므로 $[H_3O^+]$는 K_a와 같다.

$$[H_3O^+] = K_a\frac{(0.10 - x)}{(0.10 + x)} = K_a\left(\frac{0.10}{0.10}\right) = K_a = 1.8 \times 10^{-5}\ \text{M}$$

$$\text{pH} = \text{p}K_a = -\log(1.8 \times 10^{-5}) = 4.74$$

이 결과를 계산할 때, 평형 농도 $(0.10-x)$와 $(0.10+x)$를 초기 농도 0.10과 같다고 근사하는 것에 유념한다. 왜냐하면, x는 초기 농도에 비하여 무시할 수 있을 정도로 작기 때문이다. 자주 사용하는 완충 용액의 경우 K_a 값은 매우 작고 초기 농도는 상대적으로 크다. 결과적으로, 일반적인 경우 x는 초기 농도에 비하여 무시할 수 있을 정도로 작으므로, 계산에서 그 초기 농도를 그대로 사용할 수 있다. 이제, 완충 용액에 H_3O^+나 OH^-를 넣었을 때 어떠한 일이 일어나는지 알아보도록 하자.

예제 17.4

완충 용액에 OH^- 또는 H_3O^+ 첨가 후 pH 계산

초기 pH가 4.74인 0.10 M 아세트산–0.10 M 아세트산 소듐 용액 1.00 L에 (a) 0.01 mol OH^- (b) 0.01 mol H_3O^+ 첨가 후 pH를 계산하시오.

문제 파악

알고 있는 것	알아내야 할 것
완충 용액의 부피(1.00 L) 아세트산과 아세트산 이온의 초기 농도(0.10 M) 첨가되는 산 및 염기의 양(0.01 mol)	최종 pH

전략

강산 또는 강염기를 포함하는 중화 반응이므로 반응은 100% 완결된다(17.1절). $[H_3O^+]$를 구하기 위해 평형 농도 표를 먼저 작성한다.

풀이(a)

완충 용액에 0.01 mol의 OH^-가 첨가되면, 약산 CH_3CO_2H와 반응한다. 중화 반응은 몰수에 따라 달라진다. 처음에 $(1.00\ L) \times (0.10\ mol/L) = 0.10$ mol의 아세트산과 동일한 양의 아세트산 이온이 있다. 여기에 OH^- 0.01 mol을 가하여 중화 반응이 일어나면 몰수는 다음과 같이 변할 것이다.

중화 반응	$CH_3CO_2H(aq)$	$+\ OH^-(aq)$	$\xrightarrow{100\%}\ H_2O(l)$	$+\ CH_3CO_2^-(aq)$
반응 전(mol)	0.10	0.01		0.10
변화(mol)	−0.01	−0.01		+0.01
반응 후(mol)	0.09	~0		0.11

용액 부피는 1.00 L로 아무런 변화가 없다면, 중화 반응 후 완충 용액 성분의 농도는 다음과 같다.

$$[CH_3CO_2H] = \frac{0.09\ mol}{1.00\ L} = 0.09\ M$$

$$[CH_3CO_2^-] = \frac{0.11\ mol}{1.00\ L} = 0.11\ M$$

이 농도를 $[H_3O^+]$에 관한 식에 대입하면 pH를 계산할 수 있다.

$$[H_3O^+] = K_a\frac{[CH_3CO_2H]}{[CH_3CO_2^-]} = (1.8 \times 10^{-5})\left(\frac{0.09}{0.11}\right) = 1.5 \times 10^{-5}\ M$$

$$pH = 4.82$$

점검(a)

0.01 mol NaOH를 가하면 농도 비율 [약산]/[짝염기]는 1.0에서 0.818(0.09/0.11)로 약간 변하므로 $[H_3O^+]$도 약간만 변한다. 그 결과 pH는 4.74에서 4.82로 단지 0.08만큼 변한다.

풀이(b)

완충 용액에 0.01 mol의 H_3O^+가 첨가되면, 약염기($CH_3CO_2^-$)와 반응한다. 첨가된 강산은 중화 반응에 의해 아세트산 이온 0.01 mol을 아세트산 0.01 mol로 변화시킬 것이다.

중화 반응	$CH_3CO_2^-(aq)$	$+\ H_3O^+(aq)$	$\xrightarrow{100\%}\ H_2O(l)$	$+\ CH_3CO_2H(aq)$
반응 전(mol)	0.10	0.01		0.10
변화(mol)	−0.01	−0.01		+0.01
반응 후(mol)	0.09	~0		0.11

중화 반응 후 $[CH_3CO_2H] = 0.11$ M, $[CH_3CO_2^-] = 0.09$ M, 그리고 이 농도들을 $[H_3O^+]$에 관한 식에 대입하면 pH를 계산할 수 있다.

$$[H_3O^+] = K_a\frac{[CH_3CO_2H]}{[CH_3CO_2^-]} = (1.8 \times 10^{-5})\left(\frac{0.11}{0.09}\right) = 2.2 \times 10^{-5}\ \text{M}$$

$$\text{pH} = 4.66$$

점검(b)

0.01 mol H_3O^+를 가하면, 농도 비율 [약산]/[짝염기]는 1.0에서 1.2 (0.11/0.09)로 약간 변하므로 $[H_3O^+]$도 약간만 변한다. 그 결과, pH는 4.74에서 4.66로 단지 −0.08만큼 변한다.

연습문제 17.7 pH가 3.76인 0.25 M HF−0.50 M NaF 완충 용액 0.100 L에 KOH 0.004 mol을 첨가한 후의 pH를 구하시오.

응용문제 17.8 (a) 0.050 M HF−0.100 M NaF 완충 용액 0.100 L에 HNO_3 0.002 mol을 넣었을 때 pH 변화를 구하시오.
(b) 용액이 2배로 희석되었을 때 pH가 변하는가?

17.4 헨더슨–하셀발흐 식

17.3절에서 완충 용액의 H_3O^+ 농도는 약산의 해리 상수와 농도 비율 [약산]/[짝염기]에 다음과 같이 의존하는 것을 보았다.

$$[H_3O^+] = K_a\frac{[\text{산}]}{[\text{염기}]}$$

이 식은 양쪽에 10을 밑으로 취하는 −log를 취하여 다시 쓸 수 있다.

$$\text{pH} = -\log[H_3O^+] = -\log\left(K_a\frac{[\text{산}]}{[\text{염기}]}\right) = -\log K_a - \log\frac{[\text{산}]}{[\text{염기}]}$$

$pK_a = -\log K_a$이고,

$$-\log\frac{[\text{산}]}{[\text{염기}]} = \log\frac{[\text{염기}]}{[\text{산}]}$$

이므로 **헨더슨–하셀발흐 식(Henderson-Hasselbalch equation)**은 다음과 같다.

헨더슨–하셀발흐 식 $$\text{pH} = pK_a + \log\frac{[\text{염기}]}{[\text{산}]}$$

헨더슨–하셀발흐 식은 완충 용액의 pH 값은 사용한 약산의 pK_a에 가까운 값을 가지며, 단지 log[염기]/[산]의 값에 따라 변하는 것을 나탄낸다. 만일 [염기]/[산] = 1일 때, 즉 log[염기]/[산] = 0일 때 pH는 pK_a와 같다.

헨더슨–하셀발흐 식은 pH가 약산의 해리 백분율에 어떻게 영향을 미치는가를 알려준다는 점에서 특히 생화학에서 중요하다. 예를 들어, 단백질을 구성하는 아미노산 중 하나인 글라이신을 포함하는 용액이 있고, 이 용액의 pH 값이 글라이신에 있는 아민기의 pK_a보다 2.00 pH 단위만큼 크다고 가정해 보자.

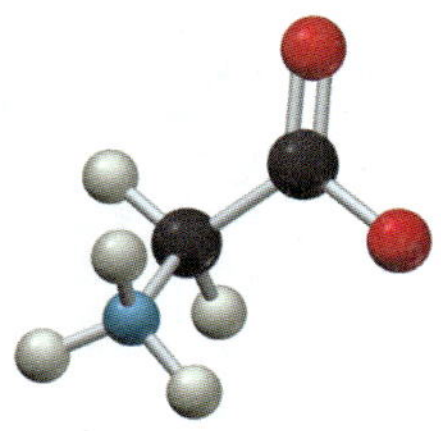

글라이신

$$\mathrm{H_3\overset{+}{N}CH_2\overset{\overset{\displaystyle O}{\|}}{C}O^-(\mathit{aq}) + H_2O(\mathit{l}) \rightleftharpoons H_2NCH_2\overset{\overset{\displaystyle O}{\|}}{C}O^-(\mathit{aq}) + H_3O^+(\mathit{aq})} \qquad K_a = 2.5 \times 10^{-10}$$

글라이신 $\qquad pK_a = 9.60$

$$pH = pK_a + 2.00 = 11.60$$

$pH = pK_a + 2.00$이므로 log[염기]/[산] = 2.00이고, [염기]/[산] = $1.0 \times 10^2 = 100/1$이다. 헨더슨–하셀발흐 식에 따르면, 101개 글라이신 분자마다 100개의 분자가 해리된다. 이것은 99% 해리에 해당한다.

$$\log \frac{[\text{염기}]}{[\text{산}]} = pH - pK_a = 2.00$$

$$\frac{[\text{염기}]}{[\text{산}]} = 1.0 \times 10^2 = \frac{100}{1} \quad 99\%\ \text{해리}$$

따라서 헨더슨–하셀발흐 식은 다음과 같은 관계들을 갖는다.

$$pH = pK_a + 2.00\text{에서} \quad \frac{[\text{염기}]}{[\text{산}]} = 1.0 \times 10^2 = \frac{100}{1} \quad 99\%\ \text{해리}$$

$$pH = pK_a + 1.00\text{에서} \quad \frac{[\text{염기}]}{[\text{산}]} = 1.0 \times 10^1 = \frac{10}{1} \quad 91\%\ \text{해리}$$

$$pH = pK_a + 0.00\text{에서} \quad \frac{[\text{염기}]}{[\text{산}]} = 1.0 \times 10^0 = \frac{1}{1} \quad 50\%\ \text{해리}$$

$$pH = pK_a - 1.00\text{에서} \quad \frac{[\text{염기}]}{[\text{산}]} = 1.0 \times 10^{-1} = \frac{1}{10} \quad 9\%\ \text{해리}$$

$$pH = pK_a - 2.00\text{에서} \quad \frac{[\text{염기}]}{[\text{산}]} = 1.0 \times 10^{-2} = \frac{1}{100} \quad 1\%\ \text{해리}$$

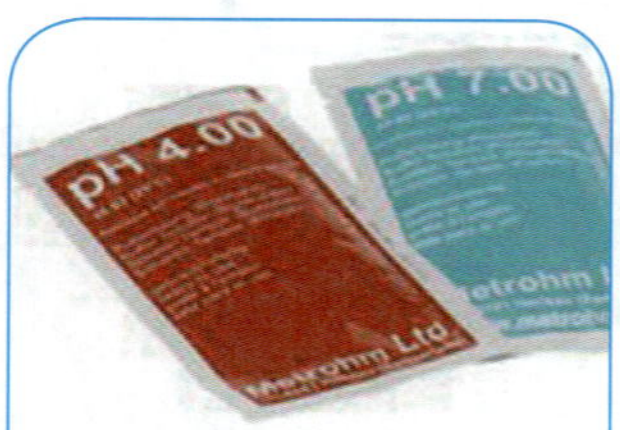

▲ **그림 17.5**
상업용으로 일정한 pH 완충 용액과 일정한 pH의 완충 용액을 제조하기 위한 고체 산–짝염기 혼합물 ⓒvictor wong/shuteerstock

헨더슨–하셀발흐 식은 원하는 pH의 완충 용액을 어떻게 만들 것인지도 가르쳐 준다. 일단 만들기 원하는 pH에 가까운 pK_a 값을 갖는 약산을 선택한다. 그리고 [염기]/[산] 비율을 헨더슨–하셀발흐 식에 따라 조절한다. 예를 들면, pH 7 근처에 해당하는 완충 용액을 만들려면 $H_2PO_4^-$–HPO_4^{2-}의 짝산–염기쌍을 선택한다. 왜냐하면, $H_2PO_4^-$의 pK_a는 $-\log(6.2 \times 10^{-8}) = 7.21$이기 때문이다. 비슷하게, NH_4Cl과 NH_3 혼합물도 pH 9 정도 되는 완충 용액을 만들 때 좋은 선택이 될 수 있다. 왜냐하면, NH_4^+의 pK_a 값이 $-\log(5.6 \times 10^{-10}) = 9.25$이기 때문이다. 경험적으로, 완충 용액의 약산 성분의 pK_a 값은 대략 원하는 pH의 ±1 pH 단위 범위에 있어야 한다.

완충 용액은 실험실이나 제약 분야에서 폭넓게 사용되므로, 정확한 pH를 갖는 완충 용액들을 상업적으로 쉽게 구할 수 있다(**그림 17.5**). 제조 회사들은 비슷한 pK_a 값을 갖는 완충 용액계를 선택하고, 첨가제의 양을 조절하여 산과 염기의 농도 비율을 맞추어 적절한 pH 값을 갖는 완충 용액을 얻는다.

완충 용액의 pH는 용액의 부피와 무관하다. 부피는 변화하여도 산과 염기의 농도는 같은 크기로 변하기 때문에 [염기]/[산] 비율과 pH 값은 변하지 않는다. 그러므로 완충 용액을 만들기 위하여 사용하는 물의 부피는 그렇게 중요하지 않고, pH 변화 없이 완충 용액을 묽게 할 수 있다. pH는 단지 pK_a 값과 약산 및 그 짝염기의 상대적 몰수에만 의존한다.

예제 17.5

헨더슨-하셀발흐 식을 이용한 완충 용액의 pH 계산

헨더슨-하셀발흐 식을 이용하여 0.45 M NH_4Cl과 0.15 M NH_3 완충 용액의 pH를 계산하시오.

문제 파악

알고 있는 것	알아내야 할 것
약산과 짝염기의 농도 (NH_4Cl 0.45 M과 NH_3 0.15 M)	pH

전략

NH_4^+–NH_3 완충 용액에서 NH_4^+는 약산이므로 NH_3의 K_b 값(부록 C)으로부터 NH_4^+의 pK_a 값을 구해야 한다. 그 다음 pH를 구하기 위해 $[NH_3]$, $[NH_4^+]$와 pK_a 값을 헨더슨-하셀발흐 식에 대입한다.

풀이

NH_3에 대한 K_b는 1.8×10^{-5}이므로 NH_4^+에 대한 K_a는 5.6×10^{-10}이며, p$K_a = 9.25$이다.

$$K_a = \frac{K_w}{K_b} = \frac{1.0 \times 10^{-14}}{1.8 \times 10^{-5}} = 5.6 \times 10^{-10}$$
$$pK_a = -\log K_a = -\log(5.6 \times 10^{-10}) = 9.25$$

[염기] = $[NH_3]$ = 0.15 M이고, [산] = $[NH_4^+]$ = 0.45 M이므로

$$pH = pK_a + \log\frac{[\text{염기}]}{[\text{산}]} = 9.25 + \log\left(\frac{0.15}{0.45}\right)$$
$$= 9.25 - 0.48 = 8.77$$

이 완충 용액의 pH는 8.77이다.

점검

헨더슨-하셀발흐 식을 사용할 때 범하는 일반적인 실수는 [염기]/[산]의 비율을 거꾸로 사용하는 것이다. 따라서 구한 답이 화학적으로 옳은 의미를 갖는지 확인하는 것이 좋다. 만일 산과 그 짝염기의 농도가 동일하면 pH는 pK_a 값과 같을 것이다. 산이 많으면 pH는 pK_a 값보다 작을 것이고, 그 짝염기가 많으면 pK_a 값보다 클 것이다. 이 경우에 [산] = $[NH_4^+]$가 [염기] = $[NH_3]$보다 크기 때문에 pH(8.77)는 pK_a(9.25)보다 작아야 한다.

▶ **연습문제 17.9** 헨더슨-하셀발흐 식을 사용하여 같은 부피의 0.20 M $NaHCO_3$와 0.10 M Na_2CO_3 용액을 섞어 만든 완충 용액의 pH를 계산하시오(HCO_3^-의 $K_a = 5.6 \times 10^{-11}$이다).

▶ **응용문제 17.10** 아미노산 세린의 pK_a는 9.15이다.

(a) 세린의 산성 형태와 염기성 형태의 비율이 50.0이 되는 pH를 구하시오.

(b) (a)의 pH에서 세린의 해리 백분율을 구하시오.

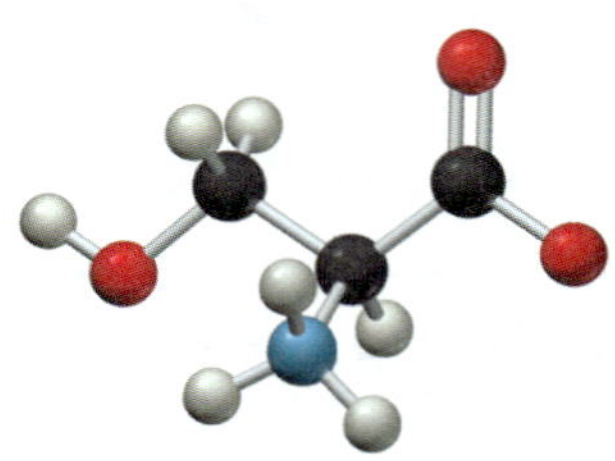

세린

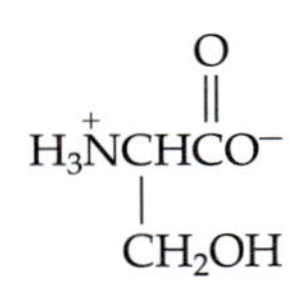

세린

pK_a = 9.15

예제 17.6

헨더슨-하셀발흐 식을 이용하여 완충 용액 만들기

pH = 7.00인 완충 용액이 되기 위하여 필요한 $[NH_3]/[NH_4^+]$ 비율이 얼마가 되어야 하는가? pH = 7.00 완충 용액 제조를 위해 NH_3와 NH_4Cl 혼합물은 좋은 선택인가?

문제 파악

알고 있는 것	알아내야 할 것
pH = 7.00 약산과 짝염기의 종류 (NH_4Cl–NH_3)	농도 비율 $[NH_3]/[NH_4^+]$

전략

표에 제시된 NH_3의 K_b 값(부록 C)으로부터 NH_4^+의 pK_b 값을 구하시오. 헨더슨-하셀발흐 식으로부터 필요한 $[NH_3]/[NH_4^+]$ 비율을 계산할 수 있다.

풀이

NH_3의 K_b 값은 1.8×10^{-5}이므로 NH_4^+의 K_a 값은 5.6×10^{-10}이고 pK_a는 9.25이다.

$$K_a = \frac{K_w}{K_b} = \frac{1.0 \times 10^{-14}}{1.8 \times 10^{-5}} = 5.6 \times 10^{-10}$$
$$pK_a = -\log K_a = -\log(5.6 \times 10^{-10}) = 9.25$$

pH = 7.00인 완충 용액을 위해 필요한 NH_3와 NH_4^+의 농도 비율을 구하기 위해 헨더슨–하세발흐 식을 다시 쓰면

$$\log \frac{[\text{염기}]}{[\text{산}]} = \text{pH} - \text{p}K_a = 7.00 - 9.25 = -2.25$$

$$\frac{[NH_3]}{[NH_4^+]} = \text{antilog}(-2.25) = 10^{-2.25} = 5.6 \times 10^{-3}$$

1.0 M $[NH_4^+]$에 대하여 필요한 NH_3 농도는 매우 작아야 한다(0.0056 M). 이러한 용액은 가한 산을 완충하는 용량이 부족하므로 좋은 완충 용액이라 할 수 없다. 또한 $[NH_3]/[NH_4^+]$ 비율이 1에 비해 멀리 떨어진 값이므로, H_3O^+나 OH^-를 소량만 가하여도 pH가 크게 변한다.

점검

원하는 pH(7.00)는 $\text{p}K_a$(9.25)에 비하여 훨씬 작으므로, 이 완충 용액은 짝염기보다 훨씬 많은 약산을 포함하여야 한다. 답도 또한 그러하다.

▶ **연습문제 17.11** pH = 10.40의 $NaHCO_3$–Na_2CO_3 완충 용액을 만드는 방법을 설명하시오.

▶ **응용문제 17.12** pH가 7.00으로 일정하게 유지될 필요가 있는 실험을 수행해야 한다고 생각해 보자.

(a) HOCl–NaOCl과 HOBr–NaOBr 중 어느 것이 더 적합한 완충 용액인가? 이들에 대한 K_a 값은 부록 C를 참고하시오.

(b) pH = 7.00인 완충 용액을 만들기 위해 필요한 약산에 대한 짝염기의 농도 비율을 구하시오.

17.5 pH 적정 곡선

기억하기…
적정이란 기지 농도의 표준 용액과 반응하는 부피를 정확히 측정함으로써 어떤 용액의 미지 농도를 결정하는 과정이다(4.9절).

산–염기 적정 과정에서 얻어지는 용액을 살펴봄으로써 산–염기 혼합물의 평형을 계속 공부하기로 하자. 전형적인 산–염기 **적정(titration)**(4.9절)에서는 농도를 알지 못하는 다른 산 용액(또는 염기 용액)에 농도를 아는 염기(또는 산)를 함유하는 용액을 뷰렛을 사용하여 서서히 가한다. pH 미터(그림 17.6a)를 사용하거나 적절한 산–염기 지시약의 색을 관찰하여 적정 진행 과정을 추적할 수 있다. pH 미터를 사용하면 가하는 적정액 부피에 대한 용액의 pH를 도시한 **pH 적정 곡선(pH titration curve)**을 작성할 수 있는 자료를 얻을 수 있다(그림 17.6b).

왜 적정 곡선을 공부하는가? pH 적정 곡선의 모양으로 적정에서 **당량점(equivalence point)**을 판별할 수 있다. 당량점에서 산과 염기는 화학량론적으로 동일한 양이 서로 섞인다. 적정

(a) 미지 농도의 HCl 용액에 0.100 M NaOH를 뷰렛으로 서서히 가한다. pH 미터를 사용하여 용액의 pH를 측정하고, 이것을 가한 NaOH의 부피의 함수로 기록한다.

(b) 0.100 M NaOH로 0.100 M HCl 40.0 mL를 적정할 때의 pH 적정 곡선

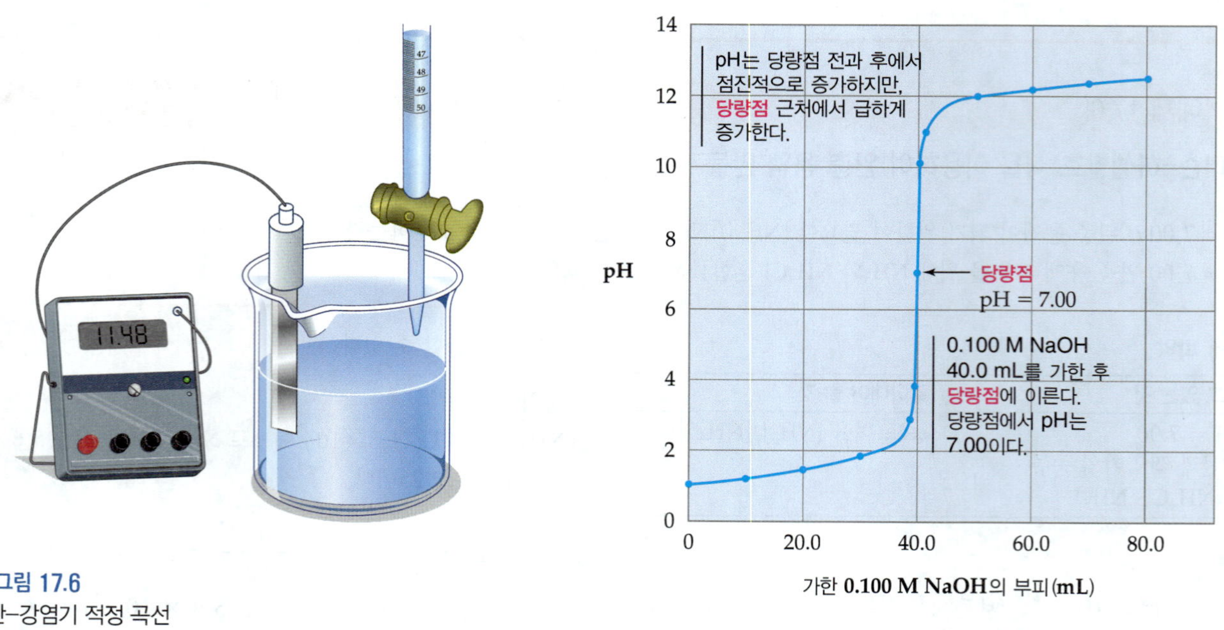

▲ 그림 17.6
강산–강염기 적정 곡선

곡선의 모양을 알면 당량점을 나타낼 수 있는 적절한 지시약의 선택이 편리하다. 이러한 당량점들에 대해서는 나중에 공부할 것이다.

16장에서 공부한 수용액 평형의 원리를 이용하여 pH 적정 곡선을 계산할 수 있다. 적정 곡선이 어떤 특정한 모양을 갖는지를 이해하기 위하여 (1) 강산-강염기, (2) 약산-강염기, (3) 약염기-강산, (4) 다양성자산-강염기에 해당하는 네 가지 종류의 적정 곡선에 대하여 계산을 해보자. 편의상 용질의 양을 mmol로 나타내고, 용액의 부피를 mL로 나타낸다. 따라서 몰농도는 mmol/mL로 나타낼 수 있으며, 이 단위는 mol/L와 동등하다.

$$\text{몰농도} = \frac{\text{용질의 몰수(mmol)}}{\text{용액의 부피(mL)}} = \frac{\text{용질의 몰수}(10^{-3}\ \text{mol})}{\text{용액의 부피}(10^{-3}\ \text{L})} = \frac{\text{용질의 몰수(mol)}}{\text{용액의 부피(L)}}$$

17.6 강산-강염기 적정

강산-강염기 적정의 예로, 그림 17.6에 나타낸 것처럼 0.100 M HCl 40.0 mL를 0.100 M NaOH를 사용하여 적정하는 경우를 생각해 보자. 전체 적정 곡선을 계산하는 과정을 보여 주기 위하여 적정 과정에서 선택한 몇 군데 점에서 pH를 계산해 보기로 하자.

1. **NaOH를 첨가하기 전**: HCl은 강산이므로 H_3O^+의 초기 농도는 0.100 M이고, pH는 1.00이다(pH 값은 유효숫자 두 자리까지 반올림하였다).
2. **당량점 이전**: 0.100 M NaOH 10.0 mL를 첨가한 다음 pH를 계산해 보자. 첨가한 OH^-는 다음과 같은 중화 반응에 의하여 H_3O^+의 농도를 감소시킬 것이다.

$$H_3O^+(aq) + OH^-(aq) \xrightarrow{100\%} 2\ H_2O(l)$$

각 반응물의 몰수에 대한 표를 만들면 다음과 같다.

중화 반응	$H_3O^+(aq)$	$+\ OH^-(aq)$	$\xrightarrow{100\%}\ 2\ H_2O(l)$
반응 전(mmol)	4.00	1.00	
변화(mmol)	−1.00	−1.00	
반응 후(mmol)	3.00	~0	

초기에 존재하던 H_3O^+의 mmol수는 HCl의 초기 부피와 몰농도를 곱한 값이다.

$$\text{초기 mmol } H_3O^+ = (40.0\ \text{mL})(0.100\ \text{mmol/mL}) = 4.00\ \text{mmol}$$

마찬가지로, OH^-의 mmol수는 첨가한 NaOH 부피와 몰농도를 곱한 값이다.

$$\text{첨가한 mmol } OH^- = (10.0\ \text{mL})(0.100\ \text{mmol/mL}) = 1.00\ \text{mmol}$$

중화 반응에 의하여 첨가한 OH^-의 mmol수에 대해 같은 양의 H_3O^+가 없어진다. 따라서 중화 반응 후 남은 H_3O^+의 mmol수는 다음과 같다.

$$\begin{aligned}\text{중화 후 mmol } H_3O^+ &= \text{mmol } H_3O^+{}_{\text{초기}} - \text{mmol } OH^-{}_{\text{첨가}} \\ &= 4.00\ \text{mmol} - 1.00\ \text{mmol} = 3.00\ \text{mmol}\end{aligned}$$

적정을 진행하는 동안 용액의 부피가 변하기 때문에, 농도에 대해서 계산하지 않고 산과 염기의 양, 즉 몰수(mmol)를 가지고 계산한다. 중화 반응 후 H_3O^+의 mmol수를 전체 부피, 즉 40.0 + 10.0 = 50.0 mL로 나누면 중화 후 H_3O^+ 농도를 얻을 수 있다.

$$\text{중화 후 } [H_3O^+] = \frac{3.00\ \text{mmol}}{50.0\ \text{mL}} = 6.00 \times 10^{-2}\ \text{M}$$

개념탐구 질문 3

적정 문제의 반응 표에서 농도가 아닌 몰수를 사용하는 이유는 무엇인가?

$$pH = -\log(6.00 \times 10^{-2}) = 1.22$$

이와 동일한 방법으로 당량점 이전의 다른 점에 대해 pH를 계산할 수 있는데, 그 결과를 **표 17.1**에 나타내었다.

3. 당량점: 0.100 M NaOH 40.0 mL를 가하면 이는 (40.0 mL)(0.100 mmol/mL) = 4.00 mmol NaOH로 된다. 이것은 초기에 존재하는 4.00 mmol HCl 중화에 꼭 필요한 OH^- 양이다.

중화 반응	$H_3O^+(aq)$	+ $OH^-(aq)$ $\xrightarrow{100\%}$ $2H_2O(l)$
반응 전(mmol)	4.00	4.00
변화(mmol)	−4.00	−4.00
반응 후(mmol)	~0	~0

바로 여기가 적정 당량점이며, 용액은 강산과 강염기로부터 만들어진 염인 NaCl과 물만 함유할 것이므로 pH는 7.00이다.

4. 당량점 이후: 0.100 M NaOH 60.0 mL를 가하면 (60.0 mL)(0.100 mmol/mL) = 6.00 mmol NaOH를 가한 것이고, 이것은 초기에 존재한 4.00 mmol HCl을 중화하고도 남는 양이다. 결론적으로 과량의 OH^-(6.00 − 4.00 = 2.00 mmol)가 존재하게 된다.

중화 반응	$H_3O^+(aq)$	+ $OH^-(aq)$ $\xrightarrow{100\%}$ $2H_2O(l)$
반응 전(mmol)	4.00	6.00
변화(mmol)	−4.00	−4.00
반응 후(mmol)	~0	2.00

표 17.1 0.100 M HCl 40.0 mL를 0.100 M NaOH로 적정할 때 여러 점에서 pH의 계산 결과

첨가한 NaOH의 부피(mL)	첨가한 OH^-의 mmol수	중화 후 H_3O^+의 mmol수	전체 부피 (mL)		중화 후 $[H_3O^+]$	pH
당량점 이전:						
0.0	0.0	4.00	40.0		1.00×10^{-1}	1.00
10.0	1.00	3.00	50.0		6.00×10^{-2}	1.22
20.0	2.00	2.00	60.0		3.33×10^{-2}	1.48
30.0	3.00	1.00	70.0		1.43×10^{-2}	1.84
39.0	3.90	0.10	79.0		1.27×10^{-3}	2.90
39.9	3.99	0.01	79.9		1.25×10^{-4}	3.90
당량점:						
40.0	4.00	0.00	80.0		1.00×10^{-7}	7.00
당량점 이후:						
		중화 후 OH^-의 mmol수		**중화 후 $[OH^-]$**		
40.1	4.01	0.01	80.1	1.25×10^{-4}	8.01×10^{-11}	10.10
41.0	4.10	0.10	81.0	1.23×10^{-3}	8.10×10^{-12}	11.09
50.0	5.00	1.00	90.0	1.11×10^{-2}	9.00×10^{-13}	12.05
60.0	6.00	2.00	100.0	2.00×10^{-2}	5.00×10^{-13}	12.30
70.0	7.00	3.00	110.0	2.73×10^{-2}	3.67×10^{-13}	12.43
80.0	8.00	4.00	120.0	3.33×10^{-2}	3.00×10^{-13}	12.52

전체 부피는 40.0 + 60.0 = 100.0 mL로 되었고, OH^- 농도는 다음과 같다.

$$\text{중화 후 } [OH^-] = \frac{2.00 \text{ mmol}}{100.0 \text{ mL}} = 2.00 \times 10^{-2} \text{ M}$$

H_3O^+의 농도와 pH는 다음과 같다.

$$[H_3O^+] = \frac{K_w}{[OH^-]} = \frac{1.0 \times 10^{-14}}{2.00 \times 10^{-2}} = 5.0 \times 10^{-13} \text{ M}$$

$$\text{pH} = -\log(5.0 \times 10^{-13}) = 12.30$$

당량점 이후의 다른 점들에 대한 pH 계산 결과도 표 17.1의 아래 부분에 나타내었다.

표 17.1의 pH 자료를 첨가한 NaOH 부피에 대한 함수로 나타내면, 그림 17.6b와 같은 pH 적정 곡선이 된다. 이 곡선은 당량점 전과 후에 점진적인 pH 값의 증가를 보이지만, 당량점 근처에서는 pH가 급격히 증가함을 보여 준다. 첨가한 NaOH 부피가 39.9 mL에서 40.1 mL로 증가할 때(0.2 mL는 뷰렛에서 약 4방울 부피에 해당) pH는 3.9에서 10.1로 크게 증가한다(표 17.1). 당량점 근처에서 급격한 pH 증가는 강산–강염기 적정 곡선의 특징이다. 이러한 특성으로부터 농도를 모르는 강산의 당량점을 알아낼 수 있다.

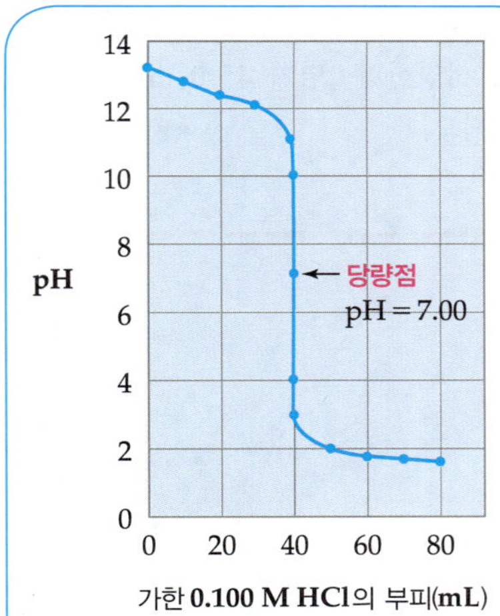

▲ **그림 17.7**
강산–강염기 적정 곡선. 0.100 M NaOH 40.0 mL를 0.100 HCl로 적정한 곡선을 보여 준다.

강산을 이용한 강염기의 적정에 대한 pH 적정 곡선도 이와 유사하지만, 초기 pH가 높고 산을 첨가함에 따라 pH가 감소한다(**그림 17.7**).

예제 17.7

강염기로 강산을 적정할 때의 pH 계산

0.250 M HNO_3 10.0 mL를 0.150 M NaOH로 적정한다. NaOH 용액 15.0 mL를 첨가한 후 용액의 pH를 구하시오.

문제 파악

알고 있는 것	알아내야 할 것
HNO_3의 농도와 부피(0.250 M, 10.0 mL) NaOH의 농도와 부피(0.150 M, 15.0 mL)	pH

전략

중화 반응식을 쓰고 몰 단위로 반응 표를 작성한다. 중화 반응이 일어난 후, 산이 과잉인지(**당량점 전**), 중성인지(**당량점**), 염기가 과잉인지(**당량점 후**)를 결정한다. 중화 반응 후 존재하는 화학종의 몰수를 최종 부피로 나누어 최종 농도를 구한다.

풀이

각 반응물에 대해 몰수 단위로 반응표를 작성한다.

중화 반응	$H_3O^+(aq)$	+ $OH^-(aq)$	$\xrightarrow{100\%}$ $2\,H_2O(l)$
반응 전(mmol)	2.50	2.25	
변화(mmol)	−2.25	−2.25	
반응 후(mmol)	0.25	~0	

초기에 존재하던 H_3O^+의 mmol수는 HNO_3의 초기 부피와 몰농도를 곱한 값이다.

$$\text{초기 } H_3O^+ \text{ mmol} = (10.0 \text{ mL})(0.250 \text{ mmol/mL}) = 2.50 \text{ mmol}$$

마찬가지로, OH^-의 mmol수는 첨가한 NaOH 부피와 몰농도를 곱한 값이다.

$$\text{첨가한 } OH^- \text{ mmol} = (15.0 \text{ mL})(0.150 \text{ mmol/mL}) = 2.25 \text{ mmol}$$

중화 반응에 의해 첨가한 OH^-의 mmol수와 같은 양의 H_3O^+가 없어진다. 따라서 중화 반응 후 남은 H_3O^+의 mmol수는 다음과 같다.

$$\begin{aligned}\text{중화 후 } H_3O^+ \text{mmol} &= \text{mmol } H_3O^+_{\text{초기}} - \text{mmol } OH^-_{\text{첨가}} \\ &= 2.50 \text{ mmol} - 2.25 \text{ mmol} \\ &= 0.25 \text{ mmol}\end{aligned}$$

중화 반응 후 H_3O^+의 mmol수를 전체 부피, 즉 10.0 + 15.0 = 25.0 mL로 나누면 H_3O^+ 농도를 얻을 수 있다.

$$\text{중화 후 } [H_3O^+] = \frac{0.25 \text{ mmol}}{25.0 \text{ mL}} = 1.00 \times 10^{-2} \text{ M}$$

$$\text{pH} = -\log(1.00 \times 10^{-2}) = 2.00$$

연습문제 17.13 0.100 M HCl 40.0 mL를 0.100 M NaOH로 적정한다. 염기 45.0 mL를 첨가한 후 용액의 pH를 계산하시오.

응용문제 17.14 0.100 M NaOH 40.0 mL를 0.0500 M HCl로 적정하였다. 다음 부피에 해당하는 산을 가할 때 용액의 pH를 계산하시오.

(a) 60.0 mL (b) 80.2 mL (c) 100.0 mL

17.7 약산–강염기 적정

약산–강염기 적정의 예로서, 0.100 M 아세트산($K_a = 1.8 \times 10^{-5}$, $pK_a = 4.74$) 40.0 mL를 0.100 M NaOH로 적정하는 경우를 생각해 보자. 적정 곡선 위의 몇 군데 점에 대한 pH 계산은 이미 평형 문제에서 다루었기 때문에 별다른 어려움이 없을 것이다.

기억하기…
약산(weak acid)을 포함하는 평형 문제를 해결하기 위한 각 단계를 그림 16.7에 개략적으로 나타내었다(16.9절).

1. **NaOH를 가하기 전**: 이 점에서 평형 문제는 **약산** 용액의 pH를 계산하는 것과 유사하다. 계산한 0.100 M 아세트산의 pH는 2.89이다.
2. **당량점 이전**: 아세트산은 잘 해리하지 않고 NaOH는 완전히 해리하므로 그 중화 반응은 다음과 같다.

$$CH_3CO_2H(aq) + OH^-(aq) \xrightarrow{100\%} H_2O(l) + CH_3CO_2^-(aq)$$

중화 반응 전/후 화학종의 양 변화에 대한 반응 표를 작성한다.

중화 반응	$CH_3CO_2H(aq)$	+ $OH^-(aq)$	$\xrightarrow{100\%}$ $H_2O(l)$	+ $CH_3CO_2^-(aq)$
반응 전(mmol)	4.00	1.00		0
변화(mmol)	−1.00	−1.00		+1.00
반응 후(mmol)	3.00	~0		1.00

0.100 M NaOH 10.0 mL에는 (10.0 mL)(0.100 mmol/mL) = 1.00 mmol의 NaOH가 들어 있고, 이것은 처음에 들어 있는 4.00 mmol의 CH_3CO_2H 중 1.00 mmol을 중화시킨다. 용액은 중화 반응으로 1.00 mmol의 $CH_3CO_2^-$와 4.00 − 1.00 = 3.00 mmol의 CH_3CO_2H를 포함하는 완충 용액이 된다. 따라서 [염기]/[산]의 비율이 1.00/3.00이므로 헨더슨–하셀발흐 식에 따라 pH는 4.26이 된다.

$$pH = pK_a + \log\frac{[\text{염기}]}{[\text{산}]} = 4.74 + \log\frac{1.00}{3.00} = 4.26$$

같은 0.100 M 아세트산 40.0 mL를 0.100 M NaOH로 적정할 때 다른 점에 대해 pH를 계산할 수 있는데, 그 결과를 **표 17.2**에 나타내었다.

3. **당량점의 중간점**: 0.100 M NaOH 20.0 mL를 가하면 이것은 2.00 mmol의 NaOH를 가한 것이고, 초기에 존재하던 4.00 mmol의 CH_3CO_2H 중 정확히 절반을 중화시킨다.

중화 반응	$CH_3CO_2H(aq)$	+ $OH^-(aq)$	$\xrightarrow{100\%}$ $H_2O(l)$	+ $CH_3CO_2^-(aq)$
반응 전(mmol)	4.00	2.00		0
변화(mmol)	−2.00	−2.00		+2.00
반응 후(mmol)	2.00	~0		2.00

중화 반응으로 2.00 mmol의 $CH_3CO_2^-$와 4.00 − 2.00 = 2.00 mmol의 CH_3CO_2H를 포함하는 완충 용액이 된다. 따라서 [염기]/[산]의 비율이 1이므로 $pH = pK_a$가 된다.

표 17.2 0.100 M 아세트산 40.0 mL를 0.100 M NaOH로 적정할 때 첨가한 NaOH 부피에 따른 용액의 pH

첨가한 NaOH의 부피(mL)	첨가한 OH^-의 mmol수	중화 후 $CH_3CO_2^-$의 mmol수	중화 후 CH_3CO_2H의 mmol수			pH
당량점 이전:						
0.0	0.0	0.0	4.00			2.89
10.0	1.00	1.00	3.00			4.26
20.0	2.00	2.00	2.00			4.74
30.0	3.00	3.00	1.00			5.22
당량점:						
40.0	4.00	4.00	0.00			8.72
당량점 이후:						
첨가한 NaOH의 부피(mL)	**첨가한 OH^-의 mmol수**	**중화 후 OH^-의 mmol수**	**전체 부피 (mL)**	**중화 후 $[OH^-]$**	**중화 후 $[H_3O^+]$**	**pH**
50.0	5.00	1.00	90.0	1.11×10^{-2}	9.0×10^{-13}	12.05
60.0	6.00	2.00	100.0	2.00×10^{-2}	5.0×10^{-13}	12.30

$$\mathrm{pH} = \mathrm{p}K_a + \log\frac{[\text{염기}]}{[\text{산}]} = \mathrm{p}K_a + \log\frac{2.00}{2.00} = \mathrm{p}K_a = 4.74$$

당량점의 중간점은 어떠한 약산과 강염기의 적정에서 용액의 pH가 약산의 pK_a와 같게 되는 특별한 점이다.

4. 당량점: 0.100 M NaOH 40.0 mL(4.00 mmol)를 가하면 당량점에 도달한다. 이는 초기에 존재한 CH_3CO_2H 4.00 mmol을 전부 중화하기에 충분한 양이다.

중화 반응	$CH_3CO_2H(aq)$	+ $OH^-(aq)$	$\xrightarrow{100\%}$ $H_2O(l)$ +	$CH_3CO_2^-(aq)$
반응 전(mmol)	4.00	4.00		0
변화(mmol)	−4.00	−4.00		+4.00
반응 후(mmol)	~0	~0		4.00

중화 반응 후 용액은 다음과 같이 0.0500 M $CH_3CO_2^-$를 함유한다.

$$[\mathrm{Na^+}] = [\mathrm{CH_3CO_2^-}] = \frac{4.00\ \mathrm{mmol}}{40.0\ \mathrm{mL} + 40.0\ \mathrm{mL}} = 0.0500\ \mathrm{M}$$

Na^+는 산도 염기도 아니고 $CH_3CO_2^-$는 약염기이므로 용액은 **염기성 염 용액(basic salt solution)**(16.14절)이 된다. 예제 16.14에서 설명한 방법에 따라 계산해 보면, 이 용액의 pH는 8.72이다. 약한 일양성자산–강염기 적정에서는 약산의 음이온이 염기이므로 당량점에서 pH는 **항상 7보다 크다.**

5. 당량점 이후: 0.100 M NaOH 50.0 mL를 가한 것은 5.00 mmol NaOH를 가한 것과 같고, 이것은 초기에 존재한 4.00 mmol CH_3CO_2H를 중화하고도 남는 양이다.

중화 반응	$CH_3CO_2H(aq)$	+ $OH^-(aq)$	$\xrightarrow{100\%}$ $H_2O(l)$ +	$CH_3CO_2^-(aq)$
반응 전(mmol)	4.00	5.00		0
변화(mmol)	−4.00	−4.00		+4.00
반응 후(mmol)	~0	1.00		4.00

개념탐구 질문 4

약산(HA)을 강염기(NaOH)로 적정한 적정 곡선에서 어느 점에서 완충 용액이 존재하는가?

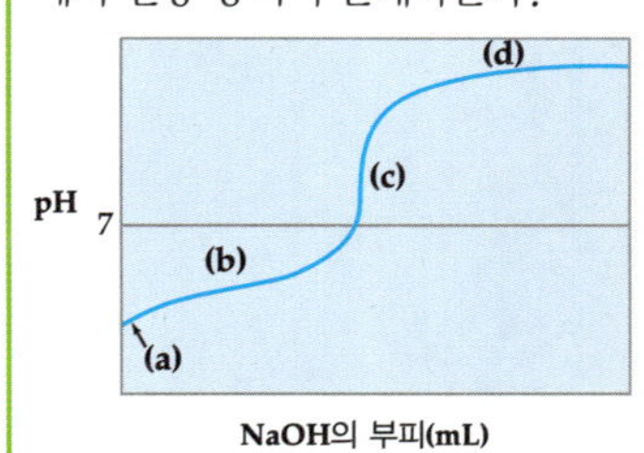

기억하기…

아세트산 이온은 물로부터 양성자를 받아들일 수 있기 때문에 **염기성 염 용액**, 즉 OH^-를 생성한다(16.14절).

$$CH_3CO_2^-(aq) + H_2O(l) \rightleftharpoons CH_3CO_2H(aq) + OH^-(aq)$$

전체 부피는 40.0 + 50.0 = 90.0 mL이며, 중화한 후 농도는 다음과 같다.

$$[CH_3CO_2^-] = \frac{4.00 \text{ mmol}}{90.0 \text{ mL}} = 0.0444 \text{ M}$$
$$[OH^-] = \frac{1.00 \text{ mmol}}{90.0 \text{ mL}} = 0.0111 \text{ M}$$

주반응은 당량점에서의 반응과 같다.

$$CH_3CO_2^-(aq) + H_2O(l) \rightleftharpoons CH_3CO_2H(aq) + OH^-(aq)$$

그러나 이 경우 주반응으로부터 생성된 $[OH^-]$는 과량의 NaOH로부터 생성된 $[OH^-]$에 비하면 무시할 수 있다. 따라서 H_3O^+ 이온 농도와 pH는 과량의 $[OH^-]$로부터 다음과 같이 계산할 수 있다.

$$[H_3O^+] = \frac{K_w}{[OH^-]} = \frac{1.0 \times 10^{-14}}{0.0111} = 9.0 \times 10^{-13} \text{ M}$$
$$pH = 12.05$$

일반적으로 당량점 이후 약산의 음이온이 물과 반응하여 나온 $[OH^-]$는 무시할 만하며, pH는 과량의 NaOH로부터 나온 OH^- 농도로부터 계산한다.

0.100 M CH_3CO_2H를 0.100 M NaOH로 적정한 용액의 pH 결과를 **그림 17.8**에 나타내었다. 약산–강염기 적정의 적정 곡선을 강산–강염기 적정의 경우와 비교하면 다음과 같은 몇 가지 특별히 다른 점을 볼 수 있다.

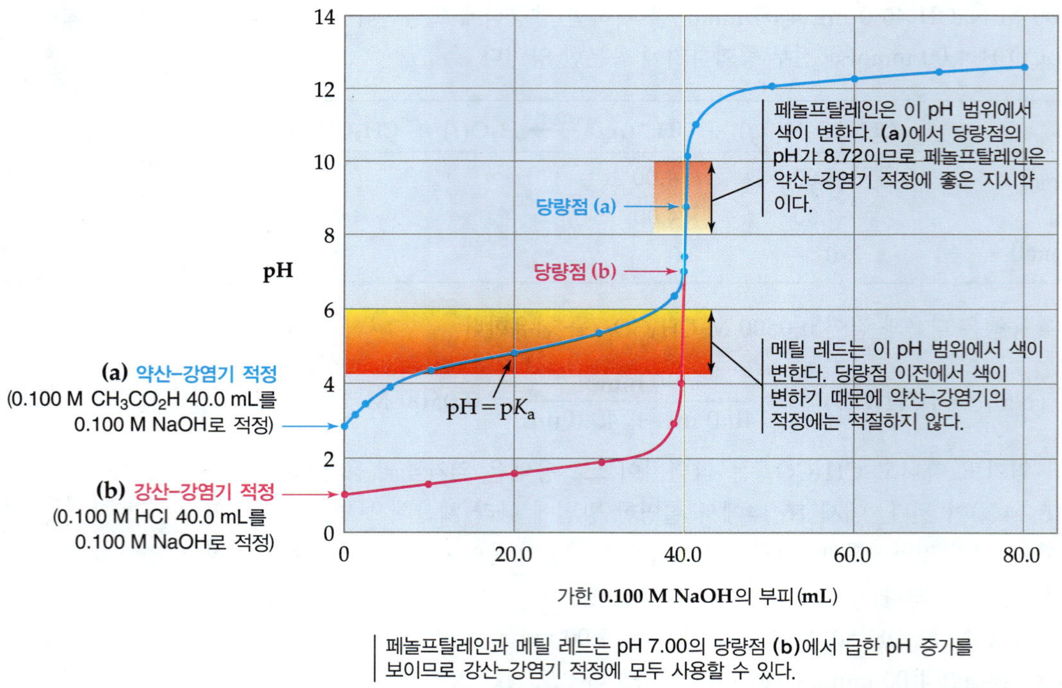

▲ **그림 17.8**
(a) 약산–강염기 적정 곡선(파란색)과 (b) 강산–강염기 적정 곡선(빨간색)의 비교. 산–염기 지시약인 페놀프탈레인과 메틸 레드의 변색 pH 범위를 나타내었다.

▲ 확인하기

강산–강염기의 적정에서보다 약산–강염기의 적정에서 당량점의 pH가 더 높은 이유는 무엇인가?

답 당량점에서 강산–강염기의 적정에서는 주반응의 결과로 H_2O만 존재하여 pH가 7이지만, 약산–강염기의 적정에서는 짝염기인 A^-가 존재하여 pH가 7보다 커진다.

- 초기 pH 증가는 강산보다 약산의 적정인 경우에 더 크지만, 당량점에 이르는 중간 부분에서는 그다지 크게 변하지 않는다. 이것은 약산–짝염기 혼합물의 완충 작용 때문이다. 이 곡선에서는 정확히 당량점까지의 중간에 해당하는 점에서 최소의 기울기를 가지며, 완충 효과는 최고가 되고, pH = pK_a(약산)가 된다.
- 당량점 근처에서의 약산의 pH 증가는 강산의 경우에 비하여 작다.
- 약산의 음이온은 염기이므로 약산 적정의 경우 당량점에서 pH는 7보다 크다.

당량점 이후 약산–강염기와 강산–강염기의 적정 곡선은 같다. 왜냐하면, 용액의 pH는 과량으로 가한 NaOH로부터 나온 OH^- 농도에 의하여 결정되기 때문이다.

그림 17.8은 pH 적정 곡선의 모양을 알면 당량점을 알아낼 수 있는 적절한 지시약을 선택할 수 있음을 보여 준다. 페놀프탈레인은 CH_3CO_2H–NaOH 적정에 매우 우수한 지시약이다. 왜냐하면, 당량점(8.72)이 페놀프탈레인 지시약의 변색 pH 범위(8.2~9.8) 안에 있기 때문이다. 그러나 메틸 레드는 당량점 이전인 pH 범위(4.2~6.0)에서 변색을 하기 때문에, 이 적정의 지시약으로 적절하지 않다. 미지 농도의 용액 속에 있는 아세트산의 함량을 알아내려고 할 때, 메틸 레드를 지시약으로 사용하면 용액의 산 농도는 실제 농도에 비하여 낮게 얻어질 것이다.

강산–강염기 적정의 경우 페놀프탈레인이나 메틸 레드 모두를 지시약으로 사용할 수 있다. 당량점 부근의 pH 증가는 매우 급하기 때문에, pH 4~10 범위 내에서 색깔이 변하는 어떤 지시약을 사용하더라도 큰 오차 없이 당량점을 찾을 수 있다.

그림 17.9는 0.100 M의 여러 가지 약산 40.0 mL를 0.100 M NaOH로 적정한 때의 곡선을 나타낸다. 각 산에 있어 당량점은 NaOH 40.0 mL를 넣었을 때이다. 산의 세기가 감소할수록 당량점에서의 pH가 증가함을 유의하라. 이러한 경향은 당량점에서 짝산의 해리가 주반응이기 때문이다.

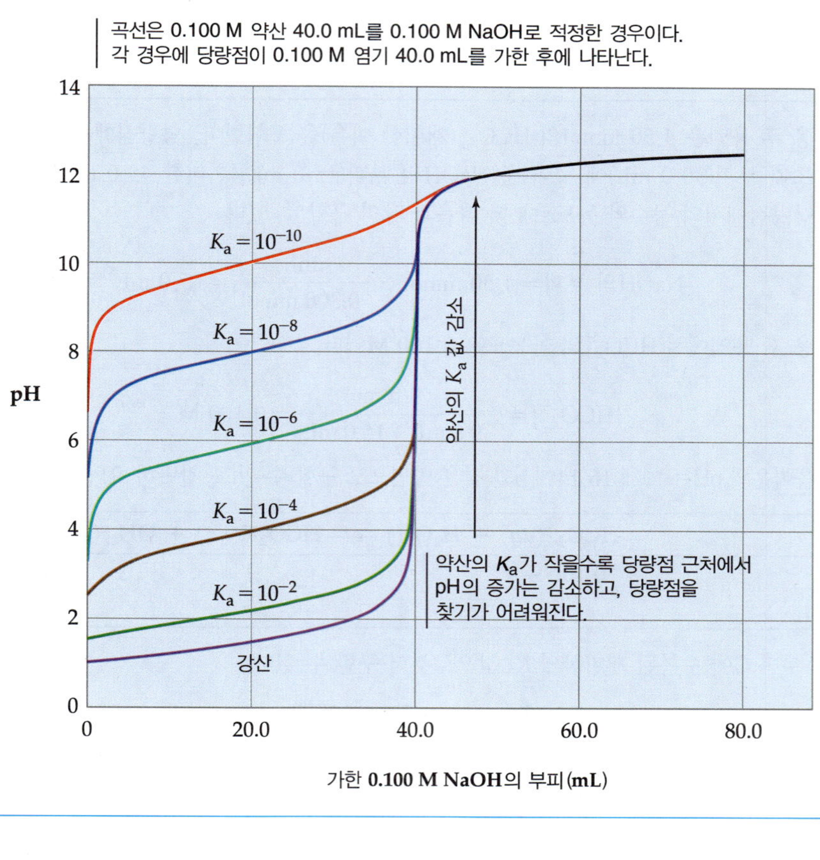

◀ **그림 17.9**
약산의 세기(K_a 값)에 따른 약산–강염기 pH 적정 곡선의 변화

$$A^-(aq) + H_2O(l) \rightleftharpoons HA(aq) + OH^-(aq)$$

약한 산일수록 짝염기의 염기 세기는 강하고, 더 큰 pH를 나타낸다. 또한 약한 산일수록 적정 곡선의 당량점 근처에서 pH의 증가가 작음을 유념하라.

예제 17.8

약산-강염기 적정의 당량점에서 pH 계산

0.150 M 개미산(formic acid) 30.0 mL를 0.300 M NaOH로 적정한다. 당량점에서 용액의 pH를 구하고, 다음 중 가장 적합한 지시약이 무엇인지 말하시오. 각 지시약의 변색 범위는 다음과 같다: 브로모티몰 블루(6.0~7.6), 페놀프탈레인(8.2~9.8), 알리자린 옐로(10.1~12.0)

문제 파악

알고 있는 것	알아내야 할 것
NaOH의 몰농도(0.300 M) HCO_2H의 농도와 부피(0.150 M, 30.0 mL)	당량점에서의 pH 지시약

전략

중화 반응식을 쓰고 몰 단위로 반응 표를 작성한다. 당량점에서 첨가한 NaOH의 몰수는 처음에 들어 있던 개미산의 몰수와 같다. 중화 반응 후 개미산 이온의 농도를 구하고, 약염기 평형 문제를 이용하여 용액의 pH를 계산한다.

풀이

각 반응물에 대해 몰수로 반응 표를 작성한다.

중화 반응	$HCO_2H(aq)$	+ $OH^-(aq)$	$\xrightarrow{100\%}$ $H_2O(l)$	+ $HCO_2^-(aq)$
반응 전(mmol)	4.50	4.50		0
변화(mmol)	−4.50	−4.50		+4.50
반응 후(mmol)	~0	~0		4.50

중화 반응 후 용액은 4.50 mmol의 HCO_2^-(개미산 이온)을 포함한다. 당량점에서 전체 부피는 개미산의 초기 부피(30.0 mL)에 넣어 준 NaOH의 부피(15.0 mL)를 더한 45.0 mL이다. NaOH의 부피는 당량점에서의 몰수와 농도로부터 다음과 같이 구할 수 있다.

$$\text{NaOH의 부피} = 4.50\ \text{mmol} \times \frac{\text{mL}}{0.300\ \text{mmol}} = 15.0\ \text{mL}$$

중화 반응 후 용액에서 HCO_2^-의 몰농도는 0.100 M이다.

$$[HCO_2^-] = \frac{4.50\ \text{mmol}}{30.0\ \text{mL} + 15.0\ \text{mL}} = 0.100\ \text{M}$$

염기성 음이온의 pH는 예제 16.14에서와 같은 방법으로 구할 수 있고, 간단히 요약하면 다음과 같다.

	$HCO_2^-(aq)$	+ $H_2O(l)$	$\rightleftharpoons$ $HCO_2H(aq)$	+ $OH^-(aq)$
평형 농도(M)	$0.100 - x$		x	x

K_b 값은 부록 C에 수록된 개미산의 K_a 값으로부터 구할 수 있다.

$$K_b = \frac{K_w}{HCO_2H\text{의 } K_a} = \frac{1.0 \times 10^{-14}}{1.8 \times 10^{-4}} = 5.6 \times 10^{-11}$$

x를 평형식으로부터 구하면 다음과 같다.

$$K_b = 5.6 \times 10^{-11} = \frac{[HCO_2H][OH^-]}{[HCO_2^-]} = \frac{(x)(x)}{(0.100 - x)} \approx \frac{x^2}{0.10}$$

$$x = [OH^-] = 2.4 \times 10^{-6}\ M$$

pH는 다음과 같다.

$$[H_3O^+] = \frac{K_w}{[OH^-]} = \frac{1.0 \times 10^{-14}}{2.4 \times 10^{-6}} = 4.2 \times 10^{-9}$$

$$pH = -\log(4.2 \times 10^{-9}) = 8.38$$

당량점에서의 pH를 고려할 때, 이 적정에서는 변색 범위가 8.2~9.8인 페놀프탈레인이 최적의 지시약이다.

점검

약산과 강염기가 반응하여 당량점에서 약한 염기성인 짝염기를 생성하므로, 당량점에서 pH가 7보다 크다는 것은 화학적으로 타당하다.

연습문제 17.15 0.0500 M HOCl($K_a = 3.5 \times 10^{-8}$) 100.0 mL를 0.100 M NaOH로 적정할 때, 당량점에서의 pH는 얼마인가?

개념 응용문제 17.16 다음의 그림은 약산 HA를 NaOH 수용액으로 적정하는 과정을 나타낸다. (Na^+ 이온과 용매 물 분자는 혼동을 피하기 위하여 생략하였다.)
어느 그림이 적정 과정 중 다음의 경우에 해당하는가?

(a) NaOH를 가하기 이전
(b) 당량점 이전
(c) 당량점
(d) 당량점 이후

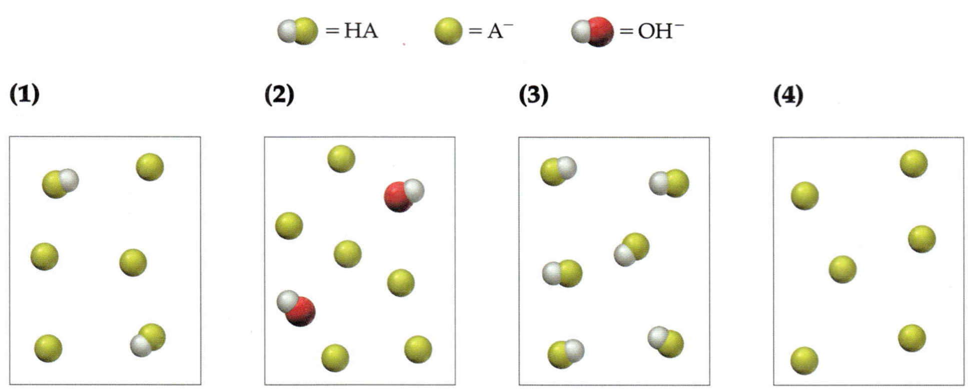

17.8 약염기–강산 적정

그림 17.10은 전형적인 약염기–강산, 즉 0.100 M NH_3 40.0 mL를 0.100 M HCl로 적정한 pH 적정 곡선이다. 각 영역에서의 pH 계산은 앞 절에서 설명한 것과 동일하다.

1. **HCl을 가하기 이전**: 적정 초기에서의 평형 문제는 **약염기 용액(solution of weak base)**의 pH를 계산하는 경우와 유사하다(16.12절).
   이 점에서 주반응은 물과 암모니아의 반응이다.

$$NH_3(aq) + H_2O(l) \rightleftharpoons NH_4^+(aq) + OH^-(aq) \quad K_b = 1.8 \times 10^{-5}$$

기억하기…
약염기 용액에서의 평형은 약산의 문제를 풀 때와 같은 방법으로 해결할 수 있다(16.12절).

▶ **그림 17.10**
약염기-강산 적정 곡선

▶ 확인하기

당량점에서 pH가 왜 7보다 작은가?

답 당량점에서 약염기인 NH_3가 짝산인 NH_4^+가 되기 때문이다.

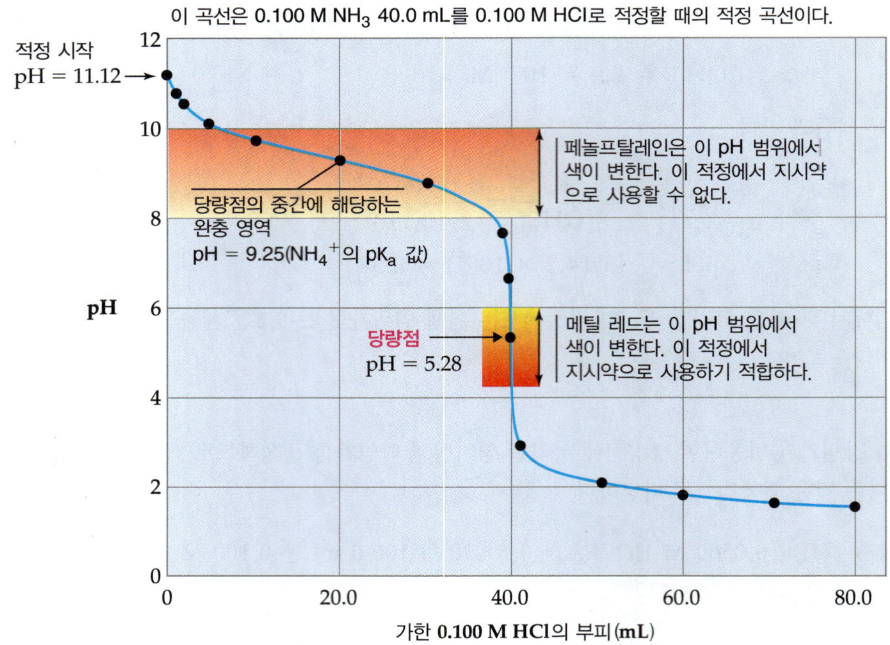

초기 pH는 11.12이다.

2. **당량점 이전**: NH_3 용액에 HCl을 첨가함에 따라 NH_3는 중화 반응에 의하여 NH_4^+로 된다.

$$NH_3(aq) + H_3O^+(aq) \xrightarrow{100\%} NH_4^+(aq) + H_2O(l)$$

중화 반응은 완결된다. 그러나 당량점 이전에 가한 H_3O^+ 양은 모든 NH_3를 NH_4^+로 바꾸기에 충분하지 않다. 그러므로 용액은 NH_4^+–NH_3 완충 용액이 되고, 이것은 적정 초기부터 당량점까지의 완충 용액 영역에서 나타나는 완만한 증가 곡선의 모양을 설명한다. 특정한 점에서 pH는 헨더슨-하셀발흐 식에 의하여 계산될 수 있다. 0.100 M HCl 20.0 mL를 가한 후, 즉 당량점까지의 중간에서 $[NH_3] = [NH_4^+]$가 되고, pH는 NH_4^+의 pK_a(9.25)와 같게 된다.

3. **당량점에서**: 0.100 M HCl 40.0 mL(4.00 mmol)를 가할 때 당량점에 도달한다. 이 점에서는 초기에 존재하던 4.00 mmol NH_3는 4.00 mmol NH_4^+로 바뀐다. 따라서 $[NH_4^+] = (4.00\text{ mmol})/(80.0\text{ mL}) = 0.0500$ M이다. NH_4^+는 약산이고, Cl^-는 산도 염기도 아니므로 산성염 용액이 된다(16.14절). 주반응은 다음과 같다.

$$NH_4^+(aq) + H_2O(l) \rightleftharpoons H_3O^+(aq) + NH_3(aq) \quad K_a = K_w/K_b = 5.6 \times 10^{-10}$$

당량점에서 pH는 5.28이다.

4. **당량점 이후**: 이 영역에서 모든 NH_3는 NH_4^+로 바뀌고, 과량의 HCl 때문에 H_3O^+가 과량 존재한다. NH_4^+의 산 해리에 의하여 생성되는 H_3O^+는 과량의 HCl로부터 나오는 H_3O^+에 비하여 무시할 수 있을 정도로 적으므로, pH는 과량의 HCl 농도로부터 직접 계산할 수 있다. 예를 들면, 0.100 M HCl 60.0 mL를 가할 때 다음과 같다.

$$[H_3O^+] = \frac{6.00\text{ mmol} - 4.00\text{ mmol}}{100.0\text{ mL}} = 0.0200\text{ M}$$
$$pH = 1.70$$

17.9 다양성자산–강염기 적정

산–염기 적정의 마지막 예로서, 양성자 2개를 갖는 알라닌(H_2A^+) 아미노산에 NaOH를 조금씩 가하는 경우를 생각해 보자. 아미노산은 산성과 염기성을 둘 다 가질 수 있고, HCl과 같은 강산으로부터 수소 이온을 받아 $H_2A^+Cl^-$ 염을 생성할 수 있다. 수소 이온이 첨가된 형태의 아미노산은 해리 가능한 2개의 수소를 가지며, 따라서 두 배의 몰수에 해당하는 OH^-와 반응하여 우선은 중성 형태가 되고, 이어서 음이온 형태가 된다.

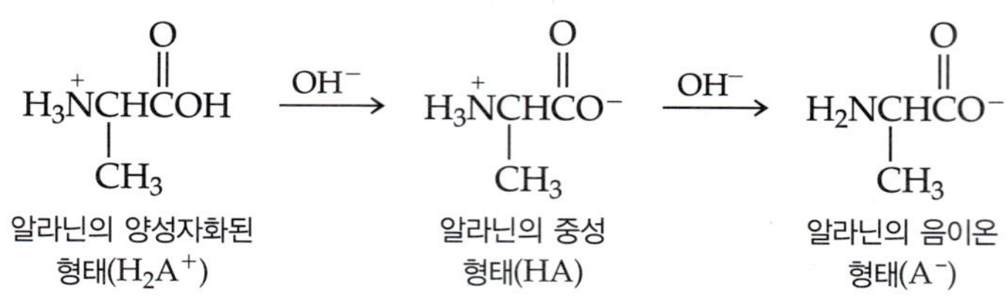

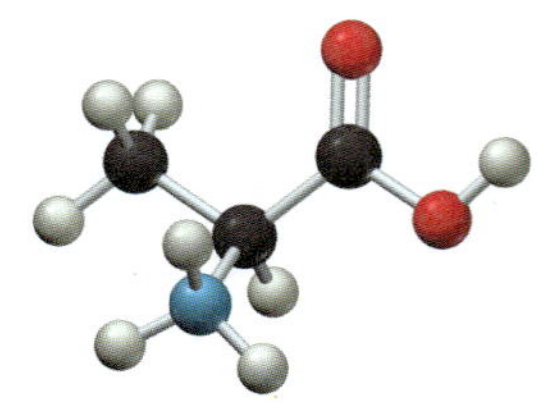

알라닌 양이온(H_2A^+)

$-CO_2H$기의 양성자는 $-NH_3^+$기의 양성자보다 더 산성이므로 먼저 중화된다. 그 결과로 생긴 중성 형태의 알라닌(HA)은 $-NH_3^+$에 양전하를, $-CO_2^-$기에 음전하를 띠므로 전체는 전기적으로 중성이다. 두 번째 단계로, $-NH_3^+$기에 있는 양성자가 중화되어 알라닌 음이온(A^-) 형태로 된다. 이것에 대한 해리 평형과 그 K_a는 다음과 같다.

$$H_2A^+(aq) + H_2O(l) \rightleftharpoons H_3O^+(aq) + HA(aq) \quad K_{a1} = 4.6 \times 10^{-3}; pK_{a1} = 2.34$$
$$HA(aq) + H_2O(l) \rightleftharpoons H_3O^+(aq) + A^-(aq) \quad K_{a2} = 2.0 \times 10^{-10}; pK_{a2} = 9.69$$

그림 17.11은 1.00 M H_2A^+(1.00 mol)의 용액 1.00 L에 NaOH를 가할 때 pH 적정 곡선을 표시한 것이다. K_{a1}과 K_{a2}는 10의 몇 승의 차이를 보이므로, 적정 곡선은 두 개의 잘 구분된 당량점과 두 완충 영역이 나타난다.

이양성자산–강염기 적정에 대한 계산

이 장과 16장에서 다루었던 많은 산–염기 문제에서처럼, 양성자화된 알라닌(H_2A^+)을 NaOH로 적정할 때 적정 곡선의 여러 점에서 pH를 계산해 보자. 첫 번째 당량점에서의 상황을 제외하고는, 모든 평형에 대한 문제는 이미 다루어 보았다. 계산을 간단히 하기 위하여 첨가하는 NaOH를 고체라고 가정하여 적정 과정에서의 부피 변화를 무시하자.

기억하기…
H_2A^+의 K_{a1}은 K_{a2}보다 매우 크므로 **주반응은 H_2A^+의 해리**이다. 기본적으로 용액 속의 모든 H_3O^+는 첫 번째 해리 과정에서 생성된다고 볼 수 있다(16.11절).

1. **NaOH를 가하기 전**: 적정을 시작하기 전의 pH 계산은 이양성자산 용액의 pH 계산 과정과 비슷하다(16.11절). **주반응은 H_2A^+의 해리 반응**인데, $[H_3O^+]$는 다음의 평형식으로부터 계산할 수 있다.

$$K_{a1} = 4.6 \times 10^{-3} = \frac{[H_3O^+][HA]}{[H_2A^+]} = \frac{(x)(x)}{1.00 - x}$$

이 이차방정식을 풀면 $[H_3O^+] = 0.068$ M, pH = 1.17이다.

2. **첫 번째 당량점의 중간점**: NaOH의 첨가에 따라 다음과 같은 중화 반응에 의하여 H_2A^+는 HA로 바뀐다.

$$H_2A^+(aq) + OH^-(aq) \xrightarrow{100\%} H_2O(l) + HA(aq)$$

첨가된 NaOH 0.50 mol은 처음에 존재하는 H_2A^+의 정확히 반을 중화시킬 수 있는 OH^-에 해당된다.

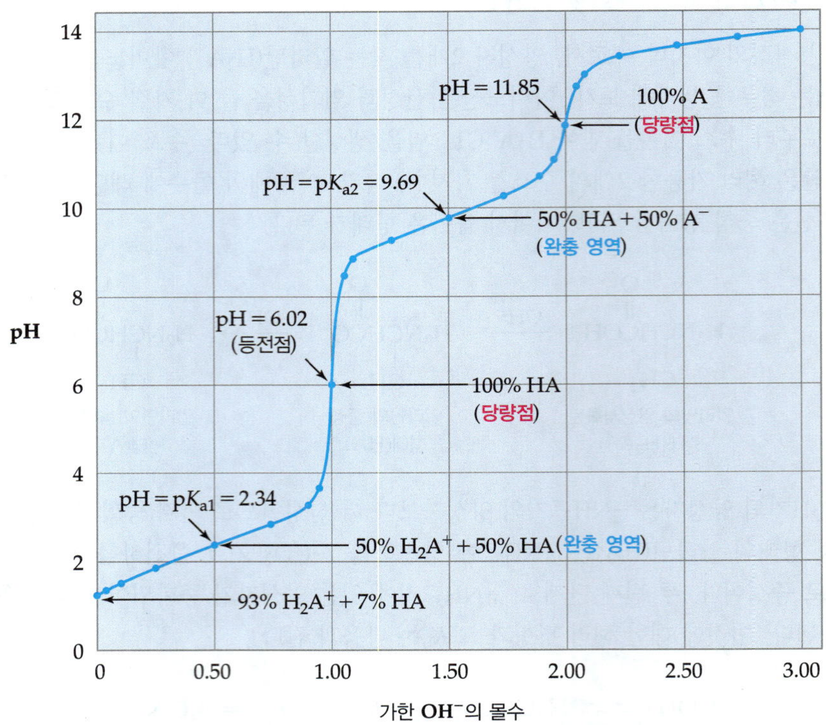

K_{a1}과 K_{a2}는 10의 몇 승 차이를 보이므로 적정 곡선은 pH 6.02와 11.85에서 두 당량점이 잘 나타나고, pH 2.34와 pH 9.69 근처에서 두 완충 영역을 보인다.

▲ **그림 17.11**
이양성자산-강염기 적정 곡선. 양성자화된 알라닌(H_2A^+) 1.00 M 용액 1.00 L에 고체 NaOH를 첨가할 때 pH의 변화

▲ **확인하기**
적정 곡선에서 pH가 pK_{a1} 및 pK_{a2}와 같은 점은 어디인가?
답 첫 번째 당량점까지의 중간에서 pH는 pK_{a1}과 같고, 첫 번째 당량점과 두 번째 당량점의 중간에서 pH는 pK_{a2}와 같다.

중화 반응	$H_2A^+(aq)$	+ $OH^-(aq)$	$\xrightarrow{100\%}$ $H_2O(l)$	+ $HA(aq)$
반응 전(mol)	1.00	0.50		0
변화(mol)	−0.50	−0.50		+0.50
반응 후(mol)	0.50	~0		0.50

첫 번째 당량점의 중간점에서 $[H_2A^+] = [HA]$인 H_2A^+–HA 완충 용액이 된다. 헨더슨–하셀발흐 식에 의하여 $pH = pK_{a1} = 2.34$이다.

3. **첫 번째 당량점**: 이때까지 넣어 준 NaOH는 H_2A^+를 HA로 완전히 중화시킬 수 있는 양이다.

중화 반응	$H_2A^+(aq)$	+ $OH^-(aq)$	$\xrightarrow{100\%}$ $H_2O(l)$	+ $HA(aq)$
반응 전(mol)	1.00	1.00		0
변화(mol)	−1.00	−1.00		+1.00
반응 후(mol)	~0	~0		1.00

첫 번째 당량점에서 주반응은 다음과 같은 HA 분자 사이의 수소 이온 전달 과정이다.

$$2\ HA(aq) \rightleftharpoons H_2A^+(aq) + A^-(aq) \qquad K = K_{a2}/K_{a1} = 4.3 \times 10^{-8}$$

이 점에서 pH는 두 pK_a의 평균값에 해당한다는 것을 보여 줄 수 있다.

$$\text{pH(첫 번째 당량점)} = \frac{pK_{a1} + pK_{a2}}{2}$$

H_2A^+는 $pK_{a1} = 2.34$와 $pK_{a2} = 9.69$를 가지므로, 첫 번째 당량점의 pH는 $(2.34 + 9.69)/2 = 6.02$이다. 첫 번째 당량점의 pH가 pK_{a1}과 pK_{a2}의 평균값에 해당한다는 사실은 대부분의 다양성자산에 적용된다. 첫 번째 당량점에서의 pH는 pK_{a1}과 pK_{a2}의 평균과 같다.

$(pK_{a1} + pK_{a2})/2$에 해당하는 아미노산의 pH 값을 **등전점**(isoelectric point)이라고 한다(그림 17.11). 이 점에서는 중성 HA의 농도가 가장 크고, H_2A^+와 A^-의 농도는 매우 작으면서 서로 같다. 생화학자들은 등전점을 이용하여 아미노산이나 단백질 혼합물을 분리한다.

4. **첫 번째 당량점과 두 번째 당량점의 중간점**: 이 점에서는 절반의 HA가 A^-로 다음과 같이 중화된다.

$$HA(aq) + OH^-(aq) \xrightarrow{100\%} H_2O(l) + A^-(aq)$$

중화 반응	$HA(aq)$	$+ OH^-(aq)$	$\xrightarrow{100\%} H_2O(l)$	$+ A^-(aq)$
반응 전(mol)	1.00	0.50		0
변화(mol)	−0.50	−0.50		+0.50
반응 후(mol)	0.50	~0		0.50

따라서 $[HA] = [A^-]$인 $HA-A^-$ 완충 용액이 되며, $pH = pK_{a2} = 9.69$이다.

5. **두 번째 당량점**: 이때까지 넣어 준 NaOH는 HA를 A^-로 완전히 중화하기에 충분한 양이다. 따라서 1.00 M **염기성 염**(**basic salt**) 용액이 된다(16.14절).

기억하기…
염기성 염은 약산의 음이온을 포함한다. 따라서 음이온은 양성자 받개이다(16.14절).

중화 반응	$HA(aq)$	$+ OH^-(aq)$	$\xrightarrow{100\%} H_2O(l)$	$+ A^-(aq)$
반응 전(mol)	1.00	1.00		0
변화(mol)	−1.00	−1.00		+1.00
반응 후(mol)	~0	~0		1.00

주반응은 다음과 같다.

$$A^-(aq) + H_2O(l) \rightleftharpoons HA(aq) + OH^-(aq)$$

평형 상수는 다음과 같다.

$$K_b = \frac{K_w}{\text{HA의 } K_a} = \frac{K_w}{K_{a2}} = \frac{1.0 \times 10^{-14}}{2.0 \times 10^{-10}} = 5.0 \times 10^{-5}$$

주반응의 평형식으로부터 $[OH^-]$를 구할 수 있고, $[H_3O^+]$와 pH는 보통의 방법으로 계산한다.

$$K_b = 5.0 \times 10^{-5} = \frac{[HA][OH^-]}{[A^-]} = \frac{(x)(x)}{1.00 - x} \qquad x = [OH^-] = 7.1 \times 10^{-3}\text{ M}$$

$$[H_3O^+] = \frac{K_w}{[OH^-]} = \frac{1.0 \times 10^{-14}}{7.1 \times 10^{-3}} = 1.4 \times 10^{-12}\text{ M}$$

$$pH = 11.85$$

초기 H_2A^+ 용액은 1.00 mol H_2A^+를 함유하므로, 두 번째 당량점에 필요한 NaOH 양은

2.00 mol이다. 이 두 번째 당량점 이후 pH는 과량의 NaOH 때문에 생기는 $[OH^-]$에 의하여 결정된다.

예제 17.9

이양성자산-강염기 적정에서의 pH 계산

수소 이온이 결합된 형태의 아미노산인 메싸이오닌(methionine, H_2A^+) 0.0600 M 30.0 mL를 0.0900 M NaOH로 적정한다. 0.0900 M NaOH를 다음과 같이 가했을 때, 용액의 pH를 계산하시오.

(a) 20.0 mL (b) 30.0 mL (c) 35.0 mL

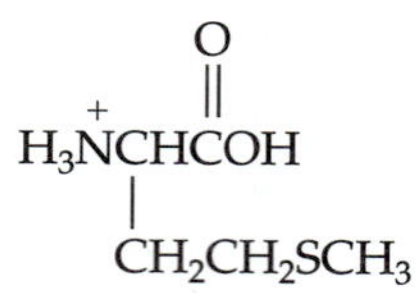

메싸이오닌 양이온(H_2A^+)
$K_{a1} = 5.2 \times 10^{-3}$
$K_{a2} = 6.2 \times 10^{-10}$

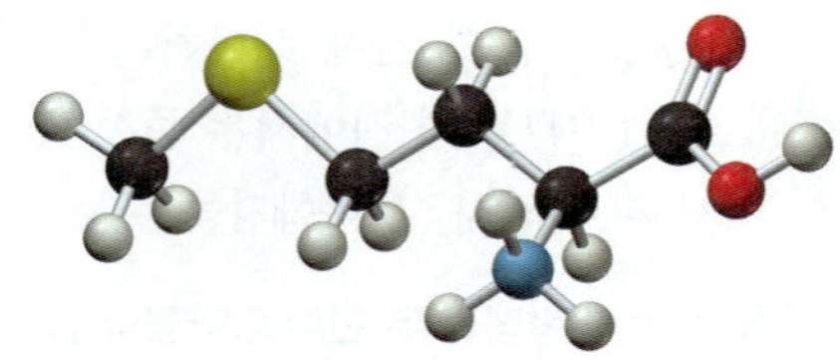

메싸이오닌 양이온

문제 파악

알고 있는 것	알아내야 할 것
H_2A^+의 농도와 부피(0.0600 M, 30.0 mL) NaOH의 농도(0.0900 M) NaOH의 부피(20.0 mL, 30.0 mL, 35.0 mL)	용액의 pH

전략

우선 초기에 존재하는 H_2A^+와 가한 NaOH mmol수를 계산한다. 그러면 중화한 다음 어떠한 화학종이 남아 있는지 알 수 있고, 풀어야 할 평형 문제가 어떠한 것인지 알 수 있게 된다.

풀이

(a) 초기에 존재하는 H_2A^+와 첨가한 NaOH mmol수는 다음과 같다.

$$\text{초기 } H_2A^+ \text{ mmol} = (30.0\text{ mL})(0.0600\text{ mmol/mL}) = 1.80\text{ mmol}$$

$$\text{첨가한 NaOH mmol} = (20.0\text{ mL})(0.0900\text{ mmol/mL}) = 1.80\text{ mmol}$$

첨가한 NaOH는 첫 번째 당량점에 도달하기에 충분한 양이므로, 모든 H_2A^+를 HA로 다음과 같이 중화할 수 있다.

중화 반응	$H_2A^+(aq)$	+ $OH^-(aq)$	$\xrightarrow{100\%}$ $H_2O(l)$	+ $HA(aq)$
반응 전(mmol)	1.80	1.80		0
변화(mmol)	−1.80	−1.80		+1.80
반응 후(mmol)	~0	~0		1.80

따라서 pH는 다음과 같이 pK_{a1}과 pK_{a2}의 평균값과 같다.

$$pH = \frac{pK_{a1} + pK_{a2}}{2} = \frac{[-\log(5.2 \times 10^{-3})] + [-\log(6.2 \times 10^{-10})]}{2} = \frac{2.28 + 9.21}{2} = 5.74$$

(b) 처음 존재하는 1.80 mmol H_2A^+에 넣어 준 NaOH의 양은 (30.0 mL)×(0.0900 mmol/mL) = 2.70 mmol이다. 이 양은 H_2A^+ 전부를 HA로 중화시키기에 충분한 양이고, 더 나아가 2.70 −1.80 = 0.90 mmol만큼 HA를 A^-로 중화시켜 용액에는 A^-가 0.90 mmol 존재한다.

중화 반응	$HA(aq)$	+ $OH^-(aq)$	$\xrightarrow{100\%}$ $H_2O(l)$	+ $A^-(aq)$
반응 전(mmol)	1.80	0.90		0
변화(mmol)	−0.90	−0.90		+0.90
반응 후(mmol)	0.90	~0		0.90

중화 반응 후 용액은 HA와 A^-가 같은 양(0.90 mmol) 존재하는 HA−A^- 완충 용액이 되고, pH는 메싸이오닌 양이온 H_2A^+의 pK_{a2} 값과 같다.

$$pH = pK_{a2} = -\log(6.2 \times 10^{-10}) = 9.21$$

(c) 처음 존재하는 1.80 mmol H_2A^+에 넣어 준 NaOH의 양은 (35.0 mL)×(0.0900 mmol/mL) = 3.15 mmol이다. 이 양은 H_2A^+ 전부를 HA로 중화시키기에 충분한 양이고, 더 나아가 3.15 − 1.80 = 1.35 mmol만큼 HA를 A^-로 중화시켜 용액에는 A^-가 1.35 mmol 존재한다.

중화 반응	$HA(aq)$	+ $OH^-(aq)$	$\xrightarrow{100\%}$ $H_2O(l)$	+ $A^-(aq)$
반응 전(mmol)	1.80	1.35		0
변화(mmol)	−1.35	−1.35		+1.35
반응 후(mmol)	0.45	~0		1.35

중화 반응 후 용액은 0.45 mmol HA와 1.35 mmol이 존재하는 HA−A^- 완충 용액이 되고, 헨더슨−하셀발흐 식을 이용하여 pH를 구할 수 있다.

$$pH = pK_{a2} + \log\frac{[\text{염기}]}{[\text{산}]} = 9.21 + \log\frac{1.35}{0.45} = 9.69$$

점검

(c)에서 짝염기가 우세하게 들어 있으므로 pH는 pK_{a2}보다 커야 한다. 이는 풀이와 일치한다. 넣어 준 NaOH 양이 많을수록 pH가 증가함에 주목하시오[(a)에서 5.74, (b)에서 9.21, (c)에서 9.69].

연습문제 17.17 0.0800 M H_2SO_3($K_{a1} = 1.5 \times 10^{-2}$; $K_{a2} = 6.3 \times 10^{-8}$) 40.0 mL를 0.160 M NaOH로 적정하는 경우를 생각하자. 0.160 M NaOH를 다음과 같이 가할 때 pH를 계산하시오.

(a) 20.0 mL (b) 30.0 mL

응용문제 17.18 수소 이온이 첨가된 형태의 아미노산 발린(valine, H_2A^+) 0.0250 M 40.0 mL를 0.100 M NaOH로 적정한다고 하자. 0.100 M NaOH를 다음과 같이 가할 때 pH를 계산하시오.

(a) 10.0 mL (b) 15.0 mL (c) 20.0 mL

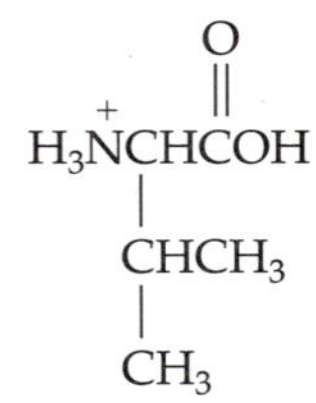

발린 양이온(H_2A^+)
$K_{a1} = 4.8 \times 10^{-3}$
$K_{a2} = 2.4 \times 10^{-10}$

17.10 이온 화합물의 용해도 평형

많은 생물학적 및 환경학적 과정은 잘 용해되지 않는 이온 화합물의 용해 및 침전과 관련이 있다. 예를 들면, 치아가 썩는 것은 당분이 많은 음식이 박테리아에 의하여 분해될 때 유기산이 생성되고, 하이드록시아파타이트[$Ca_5(PO_4)_3OH$]라는 무기질로 구성된 치아의 에나멜이 이 유기산과 반응하여 용해되면서 시작된다. 신장결석은 옥살산 칼슘(CaC_2O_4)과 같은 잘 용해되지 않는 칼슘 염이 긴 세월에 걸쳐 서서히 침전되어 형성된다. 이러한 용해와 침전 과정을 정량적으로 이해하기 위해서는 용해도 평형의 원리를 살펴야 한다.

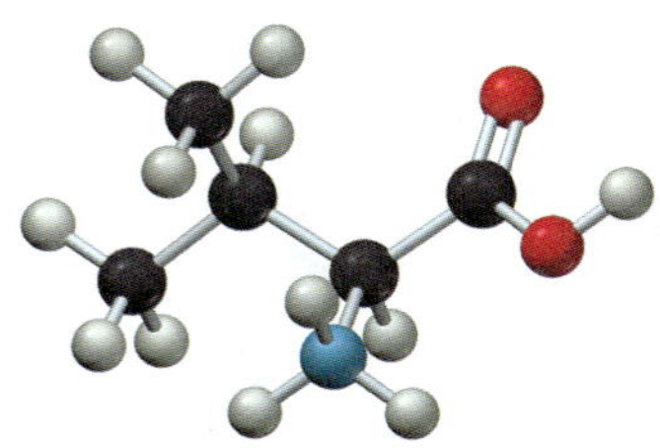

발린 양이온

과량의 고체 플루오린화 칼슘이 들어 있는 포화 용액의 용해도 평형에 대하여 생각해 보자. 대부분의 잘 용해되지 않는 이온성 용질의 경우처럼, 물에 용해된 플루오린화 칼슘은 강전해질이므로 수용액에서 완전히 해리된 상태의 수화 이온인 $Ca^{2+}(aq)$와 $F^-(aq)$로 존재한다. 평형에서 이온 농도는 항상 일정하다. 왜냐하면, 고체 CaF_2가 용해되어 $Ca^{2+}(aq)$와 $F^-(aq)$를 생성하는 속도와 이온들이 고체 CaF_2로 결정화하는 속도가 정확하게 같기 때문이다.

▲ 대부분의 담석은 옥살산 칼슘과 같은 불용성 칼슘염으로 구성되어 있다. ©remik44992/Shutterstock

$$CaF_2(s) \rightleftharpoons Ca^{2+}(aq) + 2\,F^-(aq)$$

용해 반응의 평형식은 다음과 같다.

$$K_{sp} = [Ca^{2+}][F^-]^2$$

이때 평형 상수 K_{sp}를 **용해도곱 상수**(solubility product constant) 또는 간단히 **용해도곱**(**solubility product**)이라고 한다. 일반적인 불균일 평형과 같이 **고체의 농도** [CaF_2]는 항상 일정하므로 평형식에서 생략한다(15.4절).

기억하기…
순수한 고체나 순수한 액체의 농도는 평형 상수식 표현에서 생략할 수 있다. 왜냐하면, 열역학적 표준 상태에서 그것의 농도와 실제 농도의 비는 1이기 때문이다(15.4절).

다음과 같은 일반적 용해도 평형에서

$$M_mX_x(s) \rightleftharpoons m\,M^{n+}(aq) + x\,X^{y-}(aq)$$

평형 상수 K_{sp}는 다음과 같이 나타낸다.

$$\textbf{용해도곱}\quad K_{sp} = [M^{n+}]^m[X^{y-}]^x$$

그러므로 K_{sp}는 항상 화학 반응식의 오른쪽에 있는 각 이온들의 평형 농도에 균형 반응식 계수의 거듭제곱으로 나타낸 값을 모두 곱한 것과 같다.

예제 17.10

K_{sp}에 대한 평형 상수 표현

크로뮴산 은(Ag_2CrO_4)의 용해도곱에 대한 식을 쓰시오.

전략과 풀이

먼저 용해도 평형의 균형 반응식을 쓴다.

$$Ag_2CrO_4(s) \rightleftharpoons 2\,Ag^+(aq) + CrO_4^{2-}(aq)$$

K_{sp} 평형 상수식의 지수는 균형 반응식의 계수와 같다. 따라서

$$K_{sp} = [Ag^+]^2[CrO_4^{2-}]$$

연습문제 17.19 $Ca_3(PO_4)_2$의 K_{sp} 평형 상수식을 쓰시오.

개념 응용문제 17.20 다음은 세 가지 은 염 AgX, AgY, AgZ 용액을 그림으로 나타내었다. 각 그림은 포화 용액을 나타낸다(다른 이온과 물 분자는 혼동을 피하기 위하여 생략하였다).

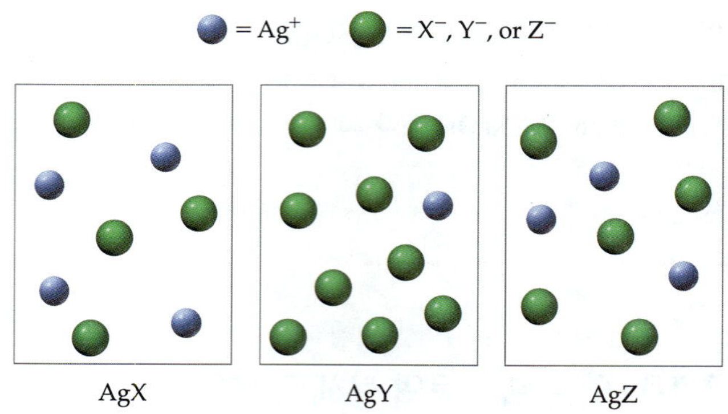

(a) K_{sp} 값이 가장 큰 염은 어느 것인가?

(b) K_{sp} 값이 가장 작은 염은 어느 것인가?

17.11 K_{sp} 측정과 K_{sp}로부터 용해도 계산

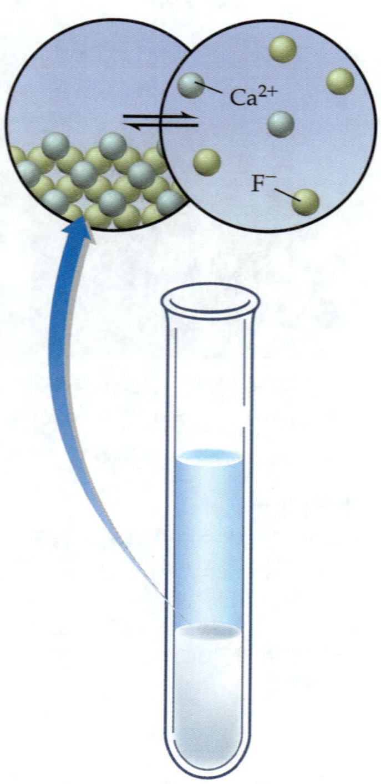

▲ 고체 CaF_2를 포함하는 플루오린화 칼슘 포화 용액은 평형에서 고체들이 용해되는 속도만큼 이온들이 결정화되기 때문에, 일정한 농도의 $Ca^{2+}(aq)$와 $F^-(aq)$를 함유한다.

용해도곱 K_{sp}는 실험적으로 측정하는 수치이다. 예를 들어, 물에 고체 CaF_2 과량을 넣고 저어 CaF_2 포화 용액으로 만든 다음, Ca^{2+}와 F^- 이온의 농도를 측정하면 K_{sp}를 구할 수 있다. 이온의 농도가 평형값에 도달한 것을 확인하기 위하여, 장시간 혼합물 용액을 젓고 반복하여 측정한다. 가령 $[Ca^{2+}] = 2.1 \times 10^{-4}$ M이고, $[F^-] = 4.1 \times 10^{-4}$ M이라는 결과를 얻었다고 하자($[F^-]$ 값은 $[Ca^{2+}]$ 값의 두 배이다. 그 이유는 CaF_2 1 mol이 용해될 때 Ca^{2+} 1 mol과 F^- 2 mol을 내놓기 때문이다). 이제 CaF_2의 K_{sp} 값을 다음과 같이 계산할 수 있다.

$$K_{sp} = [Ca^{2+}][F^-]^2 = (2.1 \times 10^{-4})(4.1 \times 10^{-4})^2 = 3.5 \times 10^{-11}$$

CaF_2의 K_{sp}를 측정하기 위한 또 다른 방법은 반대 방향으로부터 평형에 도달하는 방법이다. 즉, Ca^{2+}와 F^- 이온을 내놓는 화합물을 섞어 고체 CaF_2 침전과 CaF_2 포화 용액을 생성한다. 예를 들어, $CaCl_2$와 NaF를 섞고 평형에 도달할 때까지 기다린 결과, $[Ca^{2+}] = 3.5 \times 10^{-5}$ M이 되고 $[F^-] = 1.0 \times 10^{-3}$ M이 된다고 가정하자. 이들 이온 농도로부터 똑같은 K_{sp} 값을 얻는다.

$$K_{sp} = [Ca^{2+}][F^-]^2 = (3.5 \times 10^{-5})(1.0 \times 10^{-3})^2 = 3.5 \times 10^{-11}$$

용액이 충분히 묽으면, NaF로부터 나온 Na^+ 이온과 $CaCl_2$로부터 나온 Cl^- 이온의 존재는 K_{sp} 값에 아무런 영향을 주지 않는다. 이온 농도의 증가에 따라 이온들간의 정전기적 상호 작용에 의하여 K_{sp} 값이 약간 변한다. 그러나 여기서는 복잡하므로 이를 무시하겠다.

순수한 물에 CaF_2를 용해시키는 것 이외에 어떤 방법으로 포화 용액을 만들어도 $[Ca^{2+}]$와 $[F^-]$에 대한 특별한 제한이 없다. 다만, 이온 농도에 대해 평형 상수식 $[Ca^{2+}]\,[F^-]^2$ 값이 K_{sp}와 같아야 한다는 것이 유일한 조건이다. 이 조건을 만족하는 $[Ca^{2+}]$와 $[F^-]$의 조합 방법은 무수히 많기 때문에, 서로 다른 CaF_2 포화 용액을 여러 가지로 만들 수 있다. 예를 들면, $[F^-]$ 값이 1.0×10^{-2} M이면 다음 식에 따라 $[Ca^{2+}]$는 3.5×10^{-7} M이어야 한다.

$$[Ca^{2+}] = \frac{K_{sp}}{[F^-]^2} = \frac{3.5 \times 10^{-11}}{(1.0 \times 10^{-2})^2} = 3.5 \times 10^{-7}$$

25 °C에서 몇 가지 이온성 화합물들에 대한 K_{sp} 값을 **표 17.3**에 나타내었고, 부록 C에 더 많은 상수값을 나타내었다. 모든 평형 상수와 마찬가지로 K_{sp}는 온도에 의존한다(15.8절).

개념탐구 질문 5

표 17.3에 나온 CaF_2와 $PbCl_2$의 K_{sp} 값을 비교하시오. 어떤 염의 몰농도가 더 큰가?

표 17.3 몇 가지 이온성 화합물의 K_{sp} 값 (25 °C에서)

화합물	화학식	K_{sp}
수산화 알루미늄	$Al(OH)_3$	1.9×10^{-33}
탄산 바륨	$BaCO_3$	2.6×10^{-9}
탄산 칼슘	$CaCO_3$	5.0×10^{-9}
플루오린화 칼슘	CaF_2	3.5×10^{-11}
염화 납(II)	$PbCl_2$	1.2×10^{-5}
크로뮴산 납(II)	$PbCrO_4$	2.8×10^{-13}
염화 은	$AgCl$	1.8×10^{-10}
황산 은	Ag_2SO_4	1.2×10^{-5}

화합물의 K_{sp} 값을 측정하면, 단위 부피의 포화 용액에 용해되어 있는 물질의 양을 나타내는 용해도를 계산할 수 있다. 그러나 두 가지의 복잡성 때문에 계산된 용해도는 근삿값인 경우가 많다. 첫째, K_{sp} 값이 측정하기 어려운 경우로, 때로 여러 문헌에는 10배 이상 차이가 나는 값들이 수록되기도 한다. 둘째, 부반응으로 인하여 계산된 용해도는 측정값보다 작을 수도 있다. 예를 들면, $PbCl_2$가 해리되면 Pb^{2+}와 $PbCl^+$를 생성한다. 이것은 Pb^{2+} 이온과 Cl^- 이온의 회합에 의한 결과이다.

$$(1) \quad PbCl_2(s) \rightleftharpoons Pb^{2+}(aq) + 2\,Cl^-(aq)$$
$$(2) \quad Pb^{2+}(aq) + Cl^-(aq) \rightleftharpoons PbCl^+(aq)$$

이 책에서는 반응 (1)과 같이 이온성 용질이 완전히 해리된다는 가정에서 용해도의 근삿값을 계산할 것이다. $PbCl_2$의 경우 두 번째 평형을 무시하면, 계산 결과는 약 1/2배 정도 낮은 값을 갖는다.

▲ $AgNO_3$ 수용액에 K_2CrO_4 수용액을 가하면, 붉은색 Ag_2CrO_4 침전과 Ag_2CrO_4 포화 용액이 생긴다.

예제 17.11

이온 농도로부터 K_{sp} 계산

크로뮴산 은(Ag_2CrO_4) 포화 용액은 $[Ag^+] = 5.0 \times 10^{-5}$ M, $[CrO_4^{2-}] = 4.4 \times 10^{-4}$ M의 농도를 갖는다. Ag_2CrO_4의 K_{sp}는 얼마인가?

문제 파악

알고 있는 것	알아내야 할 것
$[CrO_4^{2-}] = 4.4 \times 10^{-4}$ M $[Ag^+] = 5.0 \times 10^{-5}$ M	K_{sp}

전략

Ag_2CrO_4의 K_{sp} 식에 주어진 평형 농도를 대입하면 K_{sp}를 구할 수 있다.

풀이

$$K_{sp} = [Ag^+]^2[CrO_4^{2-}] = (5.0 \times 10^{-5})^2(4.4 \times 10^{-4})$$
$$= 1.1 \times 10^{-12}$$

점검

$(5)^2(4) = 100$이므로 K_{sp} 값은 대략 $100 \times (10^{-5})^2(10^{-4})$이다. 따라서 K_{sp}는 약 10^{-12} 정도 된다. 이는 답과 거의 일치한다.

▶ **연습문제 17.21** $Ca_3(PO_4)_2$ 포화 용액 중 $[Ca^{2+}] = 2.01 \times 10^{-8}$ M이고, $[PO_4^{3-}] = 1.6 \times 10^{-5}$ M이다. $Ca_3(PO_4)_2$의 K_{sp}를 구하시오.

▶ **응용문제 17.22** 기증된 혈액에서 응고의 원인이 되는 Ca^{2+}는 옥살산 소듐($Na_2C_2O_4$)으로 침전시켜 제거한다. CaC_2O_4는 잘 용해되지 않는 염($K_{sp} = 2.3 \times 10^{-9}$)이다. $[Ca^{2+}]$를 3.0×10^{-8}보다 적게 유지하려고 할 때, 혈액에서 $Na_2C_2O_4$의 최소 농도는 얼마인가?

예제 17.12

K_{sp}로부터 용해도 계산

25 °C에서 물에 대한 MgF_2의 용해도를 다음 단위로 계산하시오.

(a) mol/L (b) g/L

문제 파악

알고 있는 것	알아내야 할 것
25 °C에서 $K_{sp}(7.4 \times 10^{-11})$ (부록 C)	용해도(M, g/L)

전략

(a) MgF_2의 완전 해리를 가정하고, 용해도 평형에 관한 균형 방정식을 적는다. 그리고 부록 C에서 MgF_2의 K_{sp} 값을 찾는다. 녹은 MgF_2의 몰수를 x라 하면, 이 포화 용액은 x mol/L의 Mg^{2+}와 $2x$ mol/L의 F^-를 포함할 것이다. 이 평형 농도를 K_{sp} 평형식에 대입하고 x에 대하여 풀면, 몰 용해도를 구할 수 있다.

(b) mol/L 단위의 용해도를 g/L 단위로 바꾸려면, MgF_2의 몰 용해도에 그 몰질량(62.3 g/mol)을 곱한다.

풀이

(a) MgF_2 용해의 평형 표는 다음과 같다.

용해도 평형	$MgF_2(s) \rightleftharpoons$	$Mg^{2+}(aq)$	$+\ 2\,F^-(aq)$
초기 농도(M)		0	0
변화(M)		$+x$	$+2x$
평형 농도(M)		x	$2x$

K_{sp} 식에 평형 농도를 대입하면

$$K_{sp} = 7.4 \times 10^{-11} = [Mg^{2+}][F^-]^2 = (x)(2x)^2$$
$$4x^3 = 7.4 \times 10^{-11}$$
$$x^3 = 1.8 \times 10^{-11}$$
$$x = [Mg^{2+}] = \text{몰 용해도} = 2.6 \times 10^{-4}\ \text{mol/L}$$

따라서 25 °C에서 물에 대한 MgF_2 몰 용해도는 2.6×10^{-4} M이다.

$(x)(2x)^2$의 식에서 2라는 숫자가 두 번 나타나는 것에 주목하라. 지수 2는 평형 상수식 $K_{sp} = [Mg^{2+}][F^-]^2$ 때문이고, $2x$에서 계수 2는 MgF_2 1 mol이 용해되면 $F^-(aq)$ 2 mol을 형성하기 때문이다.

$$\text{(b) 용해도(g/L)} = \frac{2.6 \times 10^{-4}\ \text{mol}}{\text{L}} \times \frac{62.3\ \text{g}}{\text{mol}}$$
$$= 1.6 \times 10^{-2}\ \text{g/L}$$

점검

(a) MgF_2의 몰 용해도는 $K_{sp}/4$의 세제곱근에 해당되고, 이는 20×10^{-12}이다. $(2)^3 = 8$, $(3)^3 = 27$이고, $(10^{-4})^3 = 10^{-12}$이므로 몰 용해도는 2×10^{-4} M과 3×10^{-4} M 사이일 것이다. 이러한 어림셈은 답과 거의 일치한다.

▶ **연습문제 17.23** 25 °C 물에서 Ag_2CrO_4의 몰 용해도는 얼마인가? ($K_{sp} = 1.1 \times 10^{-12}$)

▶ **응용문제 17.24** 상부 위장관 X선 촬영을 하기 전에 환자는 고체 $BaSO_4$를 함유하는 현탁액을 마신다(바륨에 의한 X선 산란은 사진의 품질을 좋게 한다). Ba^{2+}는 독성을 갖지만, $BaSO_4$는 잘 용해되지 않으므로 섭취해도 안전하다. 만일 $BaSO_4$를 물에 용해시켜 만든 포화 용액에서 $[Ba^{2+}] = 1.05 \times 10^{-5}$ M이면, $BaSO_4$의 K_{sp}는 얼마인가?

17.12 용해도에 영향을 미치는 요인

용해도와 공통 이온 효과

이미 약산과 약염기의 해리와 관련하여 공통 이온 효과를 설명한 적이 있다(17.2절). 공통 이

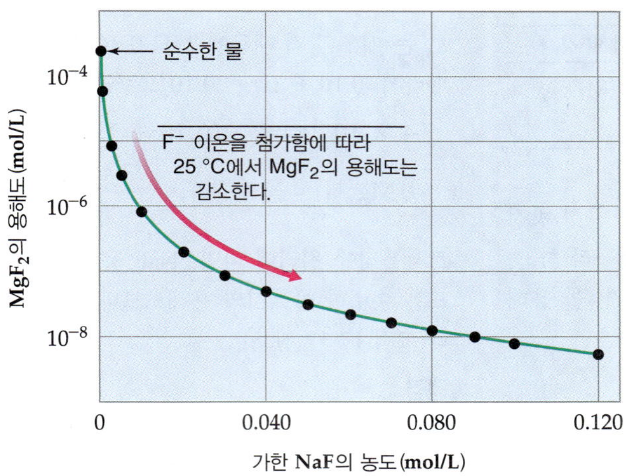

◀ **그림 17.12**
공통 이온 효과. 계산된 MgF_2의 용해도는 로그 척도로 나타내었다.

▶ **확인하기**

순수한 물과 0.080 M NaF 용액에서 MgF_2의 용해도 비는 얼마인가?

답 용해도 비는 대략 10,000이다. (0.080 M NaF 용액에서는 순수한 물에서보다 약 10,000배 적게 녹는다.)

온 효과가 용해도 평형의 위치에 어떠한 영향을 미치는지 알아보기 위하여 MgF_2의 용해도에 대하여 다시 살펴보자.

$$MgF_2(s) \rightleftharpoons Mg^{2+}(aq) + 2\,F^-(aq)$$

예제 17.12에 따르면, 순수한 물에서 MgF_2의 몰 용해도는 25 °C에서 2.6×10^{-4} M이라는 것을 알았다. 따라서

$$[Mg^{2+}] = 2.6 \times 10^{-4}\ M \qquad [F^-] = 2[Mg^{2+}] = 5.2 \times 10^{-4}\ M$$

NaF로부터 F^-가 나오는 경우와 같이, MgF_2가 다른 발생원으로부터 나오는 공통 이온이 들어 있는 용액에 용해될 때, 용해도 평형의 위치는 공통 이온 효과에 의하여 왼쪽으로 이동한다. $[F^-]$가 5.2×10^{-4} M보다 큰 경우에, 평형식 $[Mg^{2+}][F^-]^2$ 값이 $K_{sp} = 7.4 \times 10^{-11}$이라는 상수값을 유지하기 위하여 $[Mg^{2+}]$는 2.6×10^{-4} M보다 작아질 것이다. 따라서 $[Mg^{2+}]$가 더 작아진다는 것은, MgF_2가 순수한 물에서보다 플루오린화 소듐 용액에서 덜 용해한다는 것을 의미한다. 마찬가지로, $MgCl_2$와 같은 다른 Mg^{2+} 공급원으로부터 공급된 Mg^{2+}가 존재할 경우, 용해도 평형은 왼쪽으로 이동하여 MgF_2의 용해도는 감소한다.

이것은 감소해야 . . .　　. . . 이것이 증가한다면 . . .　　. . . 이것은 상수이기 때문이다.

$$[Mg^{2+}][F^-]^2 = K_{sp} = 7.4 \times 10^{-11}$$

이것이 증가한다면 . . .　　. . . 이것은 감소해야 . . .　　. . . 이것은 상수이기 때문이다.

일반적으로 잘 용해되지 않는 이온성 화합물은 르샤틀리에 원리(15.6절)에 따라, 용액 안에 공통 이온이 존재할 경우 그 용해도는 감소한다. 이러한 효과를 **그림 17.12**에 나타내었다. 공통 이온 효과의 정량적 개념을 예제 17.13에서 살펴보겠다.

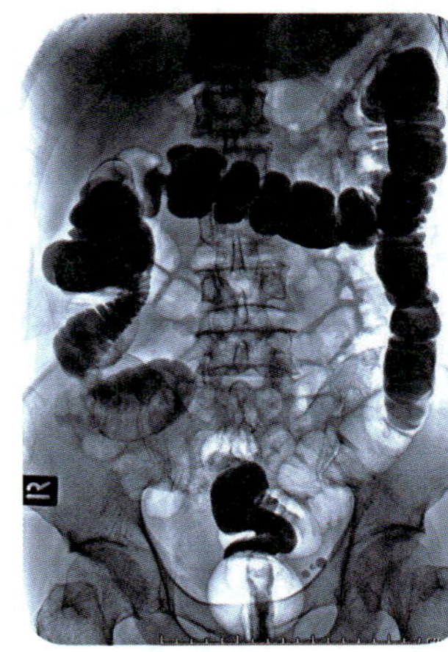

▲ 위와 창자의 X선 사진은 환자가 복용한 황산 바륨 용액에 의해 선명하게 보인다. ©samunella/Shutterstock

예제 17.13

공통 이온을 포함하는 용액에서 용해도 계산

25 °C에서 0.10 M NaF 용액 중에서 MgF_2의 몰 용해도를 계산하시오.

문제 파악

알고 있는 것	알아내야 할 것
25 °C에서 $K_{sp}(7.4 \times 10^{-11})$ (부록 C) 공통 이온의 농도(0.10 M NaF)	용해도(M)

전략

MgF_2의 완전 해리를 가정하고, 용해도 평형에 관한 균형 방정식을 적고 평형 표를 작성한다. MgF_2의 몰 용해도를 x라 하고, 평형 농도를 K_{sp} 평형식에 대입하여 x에 대하여 풀면, 몰 용해도를 구할 수 있다.

풀이

용해에 대한 평형 표를 작성하면 다음과 같다.

용해도 평형	$MgF_2(s) \rightleftharpoons$	$Mg^{2+}(aq)$	$+\ 2\,F^-(aq)$
초기 농도(M)		0	0.10
변화(M)		$+x$	$+2x$
평형 농도(M)		x	$0.10 + 2x$

MgF_2가 x mol/L 용해하면 x mol/L Mg^{2+}와 $2x$ mol/L의 F^-가 나오지만, 용액에는 이미 NaF로부터 나온 F^-가 0.10 mol/L 들어 있기 때문에, F^-의 전체 농도는 $(0.10 + 2x)$ mol/L가 된다. K_{sp} 식에 평형 농도를 대입하고 x에 대하여 풀면, 몰 용해도를 구할 수 있다.

$$K_{sp} = 7.4 \times 10^{-11} = [Mg^{2+}][F^-]^2 = (x)(0.10 + 2x)^2$$

K_{sp}는 매우 작기 때문에 $2x$도 0.10에 비하여 매우 작을 것이다. 따라서 $(0.10 + 2x) \approx 0.10$으로 근사할 수 있다. 즉,

$$7.4 \times 10^{-11} = (x)(0.10 + 2x)^2 \approx (x)(0.10)^2$$

$$x = [Mg^{2+}] = \text{몰 용해도} = \frac{7.4 \times 10^{-11}}{(0.10)^2} = 7.4 \times 10^{-9}\ \text{M}$$

르샤틀리에 원리에 따라, NaF 용액에서 계산된 MgF_2의 용해도는 순수한 물에서의 용해도보다 35,000배 작은 것에 주목하라(그림 17.12 참조).

점검

계산된 평형 농도를 K_{sp} 식에 대입하여 결과를 확인해 볼 수 있다.

$$K_{sp} = 7.4 \times 10^{-11} = [Mg^{2+}][F^-]^2 = (7.4 \times 10^{-9})(0.10)^2 = 7.4 \times 10^{-11}$$

▶ **연습문제 17.25** 25 °C에서 0.10 M $MgCl_2$ 용액에서의 MgF_2의 몰 용해도를 계산하시오.

▶ **응용문제 17.26** 25 °C pH = 11인 완충 용액에서 $Zn(OH)_2$의 몰 용해도를 구하시오($K_{sp} = 4.1 \times 10^{-17}$).

용해도와 용액의 pH

염기성 음이온을 함유하는 이온 화합물은 용액의 산성이 증가하면 용해도는 증가한다. 예를 들어, $CaCO_3$의 용해도는 용액의 pH가 감소함에 따라 증가한다(그림 17.13). 이것은 CO_3^{2-} 이온이 수소 이온과 결합하여 HCO_3^-를 생성하기 때문이다. 르샤틀리에 원리에서 알 수 있듯이, 용액으로부터 CO_3^{2-}는 제거되기 때문에 평형은 오른쪽으로 이동한다. 산성 용액에서 $CaCO_3$의 용해에 대한 알짜 반응은 Ca^{2+} 이온과 HCO_3^- 이온으로 된다.

◀ **그림 17.13**
25 °C에서 용액의 pH에 따른 $CaCO_3$의 용해도 그래프. 용해도는 로그 척도로 나타내었다.

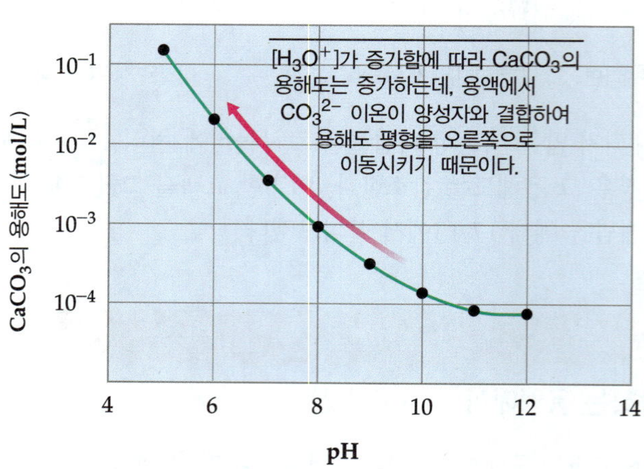

$$\begin{aligned} CaCO_3(s) &\rightleftharpoons Ca^{2+}(aq) + \cancel{CO_3^{2-}(aq)} \\ H_3O^+(aq) + \cancel{CO_3^{2-}(aq)} &\rightleftharpoons HCO_3^-(aq) + H_2O(l) \\ \hline \text{알짜: } CaCO_3(s) + H_3O^+(aq) &\rightleftharpoons Ca^{2+}(aq) + HCO_3^-(aq) + H_2O(l) \end{aligned}$$

CN^-, PO_4^{3-}, S^{2-}, F^-와 같은 염기성 음이온을 함유하는 다른 염류도 이와 비슷하게 행동한다. 이와 대조적으로, 강산의 음이온(Cl^-, Br^-, I^-, NO_3^-, ClO_4^-)들을 포함하는 염류는 그 음이온들이 H_3O^+와 결합하지 않기 때문에 용해도는 pH의 영향을 받지 않는다.

$CaCO_3$의 용해도에 대한 pH의 효과는 환경학적으로 중요한 결과를 초래한다. 예를 들면, 미국 켄터키주의 매머드 동굴과 같은 석회암 동굴의 형성은, 지하에 흐르는 약한 산성의 천연수에 의하여 $CaCO_3$로 이루어진 석회암이 서서히 녹아 없어져 생성된 것이다. 이 동굴의 종유석과 석순은 떨어지는 물로부터 $CaCO_3$의 느린 침전에 의한 것이다. $CaCO_3$의 또 다른 형태인 대리석도 산에 용해된다. 이것은 산성비에 대리석 기념물이 훼손되는 원인이기도 하다(16장 Inquiry).

▲ 석회암 동굴에서 고드름처럼 아래 방향으로 자라는 것을 종유석이라고 부르고, 위쪽으로 자라는 것을 석순이라고 부른다. 이는 모두 떨어지는 물속의 탄산 칼슘의 느린 침전으로 형성된 것이다. ©Jeff Schultes/Shutterstock

용해도에 대한 pH의 영향은 산성이 충치에 어떤 영향을 미치는지를 이해하는 데에도 중요하다. 치아의 에나멜질인 하이드록시아파타이트[hydroxyapatite, $Ca_5(PO_4)_3OH$]는 K_{sp}가 2.3×10^{-59}인 잘 용해되지 않는 염이다. 이렇게 작은 K_{sp}에도 불구하고 하이드록시아파타이트는 산과 반응하여 용해된다.

$$Ca_5(PO_4)_3(OH)(s) + 4\,H^+(aq) \underset{\text{재석회화}}{\overset{\text{탈회}}{\rightleftharpoons}} 5\,Ca^{2+}(aq) + 3\,HPO_4^{2-}(aq) + H_2O(l)$$

소다수와 같은 산성 음료나 치아에 남아 있는 녹말 및 설탕의 박테리아 대사로 생기는 산이 원인이 된다. 치아를 보호하기 위한 가장 간단하고 일반적인 방법은, 주기적으로 양치질을 하여 입안에 남아 있는 음식물이나 박테리아를 제거하는 것이다. 추가로, 묽은 불소 이온 용액으로 화학적인 처리를 하여 에나멜질이 산에 내식성을 갖게 하여 치아를 보호할 수 있다. 치아의 에나멜질이 물속의 F^- 이온이나 플루오린을 함유하는 치약과 만나면 $Ca_5(PO_4)_3OH$의 OH^-가 F^- 이온으로 치환되어, 무기질의 플루오르아파타이트[fluorapatite, $Ca_5(PO_4)_3F$]를 만든다.

$$Ca_5(PO_4)_3(OH)(s) + F^-(aq) \rightleftharpoons Ca_5(PO_4)_3(F)(s) + OH^-(aq)$$

F^-는 OH^-보다 훨씬 약한 염기이므로 $Ca_5(PO_4)_3F$는 $Ca_5(PO_4)_3OH$보다 산에 훨씬 더 잘 견딘다.

용해도와 착이온의 형성

용액에 금속 양이온과 **배위 공유 결합**(**coordinate covalent bond**)을 형성할 수 있는 **루이스 염기**(**Lewis base**)가 포함되어 있으면, 이온성 화합물의 용해도는 매우 크게 증가한다(7.5절). 예를 들어, 염화 은은 물과 산에는 거의 녹지 않으나 과량의 암모니아수에서는 **착이온**(**complex ion**)인 $Ag(NH_3)_2^+$를 형성하여 녹는다(그림 17.14). **착이온**은 금속 양이온 하나에 NH_3, CN^-, OH^-와 같은 분자나 음이온이 하나 이상 결합한 것을 말한다. 르샤틀리에 원리에 의하면, 암모니아는 착이온의 형태로 Ag^+ 이온과 결합하여, 용해도 평형을 다음과 같이 오른쪽으로 이동시킨다.

기억하기…
배위 공유 결합은 한 원자가 빈 오비탈을 가지고 있는 원자에 두 개의 전자(비공유 전자쌍)를 제공함으로써 이루어진다(7.5절).
전자쌍 주개는 **루이스 염기**이다(16.15절).

미리보기…
착이온의 예는 21장에서 많이 볼 것이다.

$$\begin{aligned} AgCl(s) &\rightleftharpoons Ag^+(aq) + Cl^-(aq) \\ Ag^+(aq) + 2\,NH_3(aq) &\rightleftharpoons Ag(NH_3)_2^+(aq) \end{aligned}$$

형성 과정은 단계적으로 일어나고, 각 단계별로 고유한 평형 상수를 갖는다. $Ag(NH_3)_2^+$ 착

▶ 그림 17.14
염화 은과 암모니아수와의 반응

▶ 확인하기

왜 암모니아를 첨가하면 염화 은의 용해도가 증가하는가?

답 암모니아는 은 이온과 안정한 착화합물을 형성해서 용액에서 은 이온을 제거하여, 염화 은의 용해 평형을 오른쪽으로 이동시킨다.

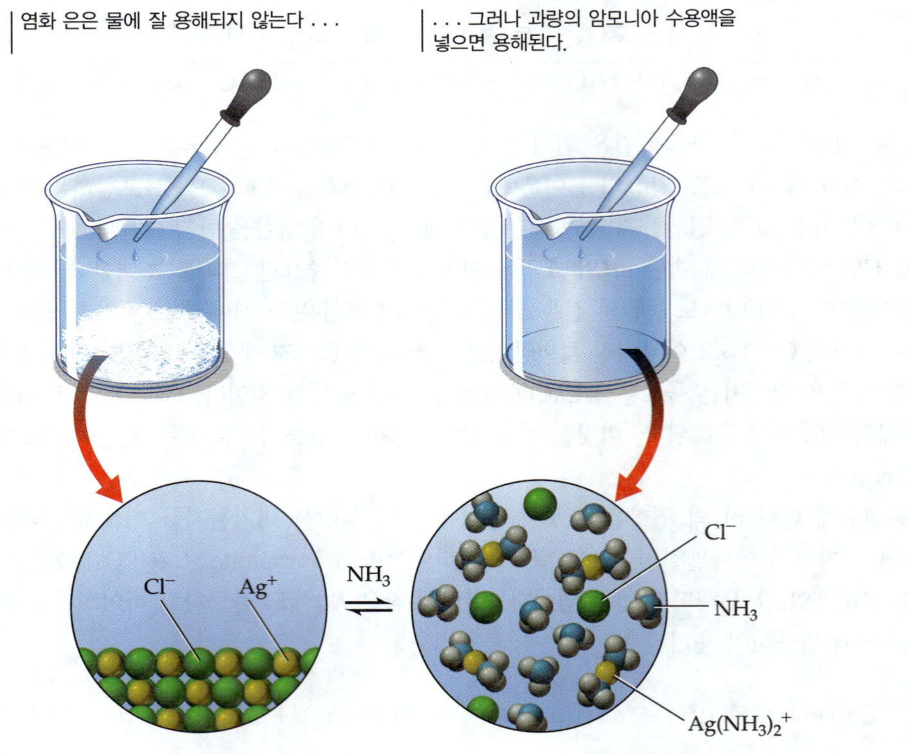

이온 형성 반응은 다음과 같다.

$$\begin{array}{lll} Ag^+(aq) + NH_3(aq) \rightleftharpoons Ag(NH_3)^+(aq) & & K_1 = 2.1 \times 10^3 \\ Ag(NH_3)^+(aq) + NH_3(aq) \rightleftharpoons Ag(NH_3)_2^+(aq) & & K_2 = 8.1 \times 10^3 \\ \hline \text{알짜: } Ag^+(aq) + 2\,NH_3(aq) \rightleftharpoons Ag(NH_3)_2^+(aq) & & K_f = 1.7 \times 10^7 \end{array}$$

$$K_1 = \frac{[Ag(NH_3)^+]}{[Ag^+][NH_3]} = 2.1 \times 10^3 \qquad K_2 = \frac{[Ag(NH_3)_2^+]}{[Ag(NH_3)^+][NH_3]} = 8.1 \times 10^3$$

$$K_f = K_1K_2 = \frac{[Ag(NH_3)_2^+]}{[Ag^+][NH_3]^2} = 1.7 \times 10^7 \quad (25\ ^\circ\text{C에서})$$

개념탐구 질문 6

다음 화합물 중 어느 것이 순수한 물보다 산성 용액에서 더 잘 용해되는가?

AgCN, PbI_2, $Al(OH)_3$, ZnS

착이온의 안정도는 수화 금속 이온의 착이온 형성에 대한 평형 상수인 **형성 상수(formation constant, K_f)** 또는 **안정도 상수**(stability constant)에 의하여 결정된다. $Ag(NH_3)_2^+$가 큰 K_f를 갖는 것은 이 착이온이 매우 안정하고, 암모니아 수용액에서 거의 모든 Ag^+는 $Ag(NH_3)_2^+$ 형태로 존재한다는 것을 의미한다(예제 17.14 참조).

암모니아 수용액에서 AgCl 용해에 대한 알짜 반응은 물에서의 AgCl의 용해와 $Ag^+(aq)$ 및 $NH_3(aq)$가 $Ag(NH_3)_2^+$를 형성하는 반응을 모두 더한 것이다.

$$\begin{array}{lll} AgCl(s) \rightleftharpoons Ag^+(aq) + Cl^-(aq) & & K_{sp} = 1.8 \times 10^{-10} \\ Ag^+(aq) + 2\,NH_3(aq) \rightleftharpoons Ag(NH_3)_2^+(aq) & & K_f = 1.7 \times 10^7 \\ \hline \text{알짜: } AgCl(s) + 2\,NH_3(aq) \rightleftharpoons Ag(NH_3)_2^+(aq) + Cl^-(aq) & & K = 3.1 \times 10^{-3} \end{array}$$

이 반응의 평형 상수 K는 모든 반응의 평형 상수를 곱한 값이다.

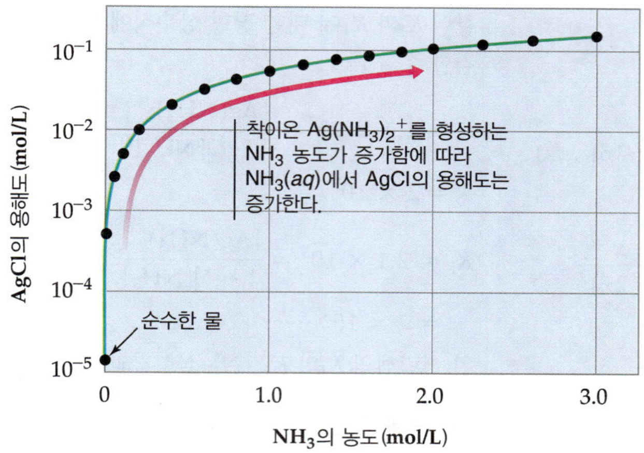

◀ **그림 17.15**
25 °C 암모니아 수용액에서 암모니아의 농도에 따른 AgCl 용해도 그래프. 그래프에서 용해도는 로그 척도로 나타내었다.

$$K = \frac{[Ag(NH_3)_2^+][Cl^-]}{[NH_3]^2} = (K_{sp})(K_f) = (1.8 \times 10^{-10})(1.7 \times 10^7) = 3.1 \times 10^{-3}$$

K는 K_{sp}에 비하여 매우 크기 때문에, 암모니아가 없는 경우에 비하여 암모니아가 존재할 경우 AgCl의 용해도 평형은 훨씬 더 오른쪽에 있다. 암모니아의 첨가에 따른 AgCl 용해도 증가를 **그림 17.15**에 나타내었다. 일반적으로 금속 이온이 착이온 형태로 결합하면 이온 화합물의 용해도는 증가한다. AgCl의 용해도에 대한 착물 형성의 정량적 영향을 예제 17.14에서 설명하였다.

예제 17.14

착이온의 농도 계산

3.0 M NH_3 1.0 L 용액에 0.10 mol $AgNO_3$를 가하여 만든 용액에서 Ag^+, $Ag(NH_3)^+$, $Ag(NH_3)_2^+$의 농도는 얼마인가? $K_f = 1.7 \times 10^7$, $K_1 = 2.1 \times 10^3$, $K_2 = 8.1 \times 10^3$이다.

문제 파악

알고 있는 것	알아내야 할 것
NH_3의 농도와 부피(3.0 M, 1.0 L) $AgNO_3$의 양(0.10 mol) 반응식과 평형 상수	$[Ag^+]$, $[Ag(NH_3)^+]$, $[Ag(NH_3)_2^+]$

전략

$Ag(NH_3)_2^+$의 K_1, K_2, K_f는 모두 큰 수치이므로, $AgNO_3$로부터 나온 대부분의 Ag^+는 $Ag(NH_3)_2^+$로 바뀌게 될 것이다.

$$Ag^+(aq) + 2\,NH_3(aq) \rightleftharpoons Ag(NH_3)_2^+(aq) \qquad K_f = 1.7 \times 10^7$$

농도를 계산하기 위하여, Ag^+ 이온의 100%가 모두 $Ag(NH_3)_2^+$로 바뀐 후 약간의 역반응[즉, $Ag(NH_3)_2^+$의 해리]이 일어나 평형에서 낮은 농도의 Ag^+를 생성한다고 생각하는 것이 좋다.

풀이

먼저 $Ag(NH_3)_2^+$로 100% 변한다고 가정한다. Ag^+ 0.10 mol/L가 $Ag(NH_3)_2^+$로 변하면 0.20 mol/L의 NH_3를 소모하므로 다음과 같이 농도를 구한다.

$$[Ag^+] = 0\text{ M}$$
$$[Ag(NH_3)_2^+] = 0.10\text{ M}$$
$$[NH_3] = 3.0 - 0.20 = 2.8\text{ M}$$

$Ag(NH_3)_2^+$의 해리에 대한 평형표를 작성한다.

	$Ag^+(aq)$	+ $2\,NH_3(aq)$	$\rightleftharpoons Ag(NH_3)_2^+(aq)$
초기 농도(M)	0	2.8	0.10
변화(M)	$+x$	$+2x$	$-x$
평형 농도(M)	x	$2.8 + 2x$	$0.10 - x$

역반응에서 $Ag(NH_3)_2^+$ x mol/L의 해리로 Ag^+ x mol/L와 $2x$ mol/L의 NH_3가 형성될 것이다. 따라서 평형에서 mol/L 단

위의 농도는 다음과 같다.

$$[Ag(NH_3)_2^+] = 0.10 - x$$
$$[Ag^+] = x$$
$$[NH_3] = 2.8 + 2x$$

K_f 식에 평형 농도를 대입하고, x가 0.10과 2.8에 비하여 무시할 수 있을 정도라면 다음과 같이 쓸 수 있다.

$$K_f = 1.7 \times 10^7 = \frac{[Ag(NH_3)_2^+]}{[Ag^+][NH_3]^2} = \frac{0.10 - x}{(x)(2.8 + 2x)^2}$$
$$= \frac{0.10}{(x)(2.8)^2}$$
$$[Ag^+] = x = \frac{0.10}{(1.7 \times 10^7)(2.8)^2} = 7.5 \times 10^{-10}\ M$$
$$[Ag(NH_3)_2^+] = 0.10 - x = 0.10 - (7.5 \times 10^{-10}) = 0.10\ M$$

$Ag(NH_3)^+$ 농도는 단계적 평형 중 어느 하나로부터 계산할 수 있다. Ag^+로부터 $Ag(NH_3)^+$ 형성에 대한 평형식을 사용하자.

$$K_1 = \frac{[Ag(NH_3)^+]}{[Ag^+][NH_3]} = 2.1 \times 10^3$$
$$[Ag(NH_3)^+] = K_1[Ag^+][NH_3] = (2.1\times10^3)(7.5\times10^{-10})(2.8) = 4.4 \times 10^{-6}\ M$$

따라서 거의 모든 Ag^+는 $Ag(NH_3)_2^+$로 존재한다.

점검

평형에서 농도는 대략 $[Ag^+] = 7\times10^{-10}$ M, $[Ag(NH_3)^+] = 4\times10^{-6}$ M, $[Ag(NH_3)_2^+] = 0.1$ M, $[NH_3] = 3$ M이다. 다음과 같이 K_f와 K_1에 대한 평형 상수식에 이들을 대입하여 결과를 점검할 수 있다.

$$K_f = 1.7 \times 10^7 = \frac{[Ag(NH_3)_2^+]}{[Ag^+][NH_3]^2} \approx \frac{0.1}{(7 \times 10^{-10})(3)^2} = 2 \times 10^7$$
$$K_1 = 2.1 \times 10^3 = \frac{[Ag(NH_3)_2^+]}{[Ag^+][NH_3]} \approx \frac{4 \times 10^{-6}}{(7 \times 10^{-10})(3)} = 2 \times 10^3$$

위 어림셈의 K_f와 K_1 값은 실험값과 일치한다.

▶ **연습문제 17.27** 과량의 $NH_3(aq)$ 수용액에서 Cu^{2+}는 진한 파란색의 $Cu(NH_3)_4^{2+}$ 착이온을 형성하고, 그 형성 상수는 $K_f = 5.6\times10^{11}$이다. 0.400 M NH_3 0.500 L에 5.0×10^{-3} mol의 $CuSO_4$를 가하여 만든 용액에서 Cu^{2+} 이온 농도를 계산하시오.

▶ **응용문제 17.28** 사이안화 이온은 Au^+와 물에 잘 녹는 착화합물을 만들기 때문에 금을 채광할 때 많이 사용된다. 금광석에서 사이안화 이온을 이용한 금 추출 방법의 타당성을 검토하기 위해, 3.0×10^{-2} $AuNO_3$ 25.0 mL와 1.0 M NaCN 35.0 mL를 섞었다. 용액에서 Au^+의 농도는 얼마인가? ($Au(CN)_2^-$의 K_f는 2×10^{38}이다.)

예제 17.15

용해도에 대한 착물 형성의 효과 조사

25 °C에서 다음 용액에 대한 AgCl의 몰 용해도를 계산하시오.

(a) 순수한 물 (b) 3.0 M NH_3

문제 파악

알고 있는 것	알아내야 할 것
25 °C에서 AgCl의 K_{sp} (1.8×10^{-10}) (부록 C) NH_3의 농도(3.0 M) $Ag(NH_3)_2^+$의 K_f (1.7×10^7) (부록 C)	용해도(M)

전략

해리 반응에 대한 균형 반응식을 쓰고, 녹은 AgCl을 mol/L 단위로 x라고 나타낸다. 평형에서 농도들을 x로 나타내고, 이를 적절한 평형식에 대입한다. x에 대하여 풀면 몰 용해도를 구할 수 있다.

풀이

(a) 순수한 물에서 용해도 평형은 다음과 같다.

$$AgCl(s) \rightleftharpoons Ag^+(aq) + Cl^-(aq)$$

두 평형 농도(x mol/L)를 K_{sp} 식에 대입하면

$$K_{sp} = 1.8 \times 10^{-10} = [Ag^+][Cl^-] = (x)(x)$$
$$x = \text{몰 용해도} = \sqrt{1.8 \times 10^{-10}} = 1.3 \times 10^{-5}\ M$$

(b) 암모니아 수용액에서 AgCl 해리에 대한 균형 반응식은

$$AgCl(s) \rightleftharpoons \cancel{Ag^+(aq)} + Cl^-(aq) \qquad K_{sp} = 1.8 \times 10^{-10}$$
$$\cancel{Ag^+(aq)} + 2\ NH_3(aq) \rightleftharpoons Ag(NH_3)_2{}^+(aq) \qquad K_f = 1.7 \times 10^7$$
$$\text{알짜:}\quad AgCl(s) + 2\ NH_3(aq) \rightleftharpoons Ag(NH_3)_2{}^+(aq) + Cl^-(aq) \qquad K = 3.1 \times 10^{-3}$$

반응의 평형 표를 작성한다.

	$AgCl(s)$ + $2\ NH_3(aq)$	$\rightleftharpoons$ $Ag(NH_3)_2{}^+(aq)$	+ $Cl^-(aq)$
초기 농도(M)	3.0	0	0
변화(M)	$-2x$	$+x$	$+x$
평형 농도(M)	$3.0 - 2x$	x	x

만약 녹은 AgCl을 x mol/L로 나타내면, 이 포화 용액은 x mol/L의 $Ag(NH_3)_2{}^+$와 x mol/L의 Cl^-, $(3.0-2x)$ mol/L의 NH_3를 포함한다[예제 17.14에서처럼 모든 Ag^+는 $Ag(NH_3)_2{}^+$ 형태로 존재한다고 가정한다]. 평형식에 평형 농도들을 대입하면 다음과 같다.

$$K = 3.1 \times 10^{-3} = \frac{[Ag(NH_3)_2{}^+][Cl^-]}{[NH_3]^2} = \frac{(x)(x)}{(3.0 - 2x)^2}$$

양변에 제곱근을 취하면 다음을 얻을 수 있다.

$$5.6 \times 10^{-2} = \frac{x}{3.0 - 2x}$$
$$x = (5.6 \times 10^{-2})(3.0 - 2x) = 0.17 - 0.11x$$
$$x = \frac{0.17}{1.11} = 0.15\ M$$

3.0 M NH_3 수용액에서 AgCl의 몰 용해도는 0.15 M이다. 따라서 그림 17.15와 같이, AgCl은 순수한 물보다 NH_3 수용액에 훨씬 잘 녹는다.

점검

계산한 평형 농도를 해당 평형식에 대입하여 검산하시오. 예를 들어, (b)의 경우 $[Ag(NH_3)_2{}^+] = [Cl^-] = x = 0.15$ M이고, $[NH_3] = 3.0 - 2x = 2.7$ M이다. $[NH_3]$는 3 M보다 10% 작고, $K = [Ag(NH_3)_2{}^+][Cl^-]/[NH_3]^2$은 $(0.15/3)^2 = (0.05)^2 = 2.5 \times 10^{-3}$보다 약 20% 더 크다. 대략의 검산과 실험값은 $K = 3.1 \times 10^{-3}$으로 일치한다.

연습문제 17.29 브로민화 은은 싸이오황산 소듐($Na_2S_2O_3$) 수용액에 녹아 착화합물 이온인 $Ag(S_2O_3)_2{}^{3-}$를 생성한다.

$$AgBr(s) + 2\ S_2O_3{}^{2-}(aq) \rightleftharpoons Ag(S_2O_3)_2{}^{3-}(aq) + Br^-(aq) \qquad K = ?$$

AgBr의 $K_{sp} = 5.4 \times 10^{-13}$이고, $Ag(S_2O_3)_2{}^{3-}$의 $K_f = 4.7 \times 10^{13}$이다. 이 값을 이용하여 해리 반응에 대한 평형 상수 K를 계산하고, 0.10 M $Na_2S_2O_3$에서 AgBr의 몰 용해도를 계산하시오.

응용문제 17.30 실험실에서 한 학생이 0.1 M $Cu(NO_3)_2$의 연푸른색 용액 3 mL에 3 M NH_3 3방울을 가하였더니, 침전이 형성되었다. (Cu^{2+} 이온이 존재하면 연푸른색을 띤다.) 이 학생이 3 M NH_3 15방울을 더 가하였더니, 침전이 녹고 진푸른색 용액이 되었다. 각 단계의 평형 반응을 써서 관찰 내용을 설명하시오. 용해도와 착이온 평형 반응 및 상수는 부록 C를 참조하시오.

수산화 알루미늄은 $Al^{3+}(aq)$에 NaOH 수용액을 가할 때 생성되며, 젤 상태의 흰색 침전물이다.

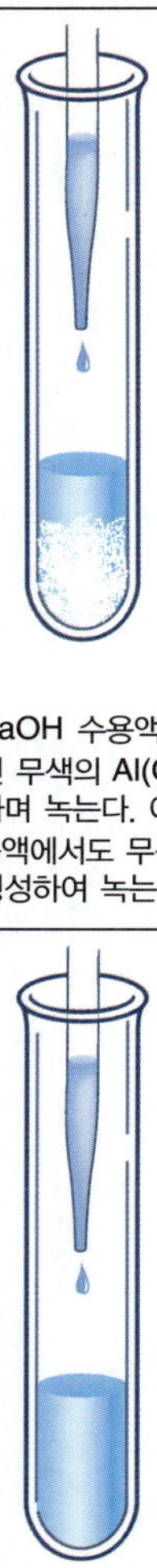

과량의 NaOH 수용액을 이 침전에 가하면 무색의 $Al(OH)_4^-$ 이온을 생성하며 녹는다. 이 침전은 HCl 수용액에서도 무색의 Al^{3+} 이온을 형성하여 녹는다.

▲ 그림 17.16
양쪽성의 수산화 알루미늄

용해도와 양쪽성

수산화 알루미늄과 같은 금속 수산화물은 강산과 강염기 용액 모두에 용해된다(그림 17.16).

$$\text{산에서 :}\quad Al(OH)_3(s) + 3\,H_3O^+(aq) \rightleftharpoons Al^{3+}(aq) + 6\,H_2O(l)$$
$$\text{염기에서:}\quad Al(OH)_3(s) + OH^-(aq) \rightleftharpoons Al(OH)_4^-(aq)$$

이러한 수산화물을 '양쪽 길'이라는 뜻의 그리스어인 amphoteros에 어원을 둔 **양쪽성**(amphoteric)이라고 부른다.

과량의 염기에 의하여 $Al(OH)_3$가 용해되는 것은 착이온 형성 효과가 용해도에 미치는 영향 중에서 특별한 경우에 해당한다. 과량 OH^- 이온이 $Al(OH)_3$를 가용성 $Al(OH)_4^-$ 착이온으로 바꾸기 때문이다. $Al(OH)_3$ 용해도에 대한 pH 영향을 그림 17.17에 나타내었다.

양쪽성 수산화물의 다른 예로 $Zn(OH)_2$, $Cr(OH)_3$, $Sn(OH)_2$, $Pb(OH)_2$ 등이 있다. 이들은 과량의 OH^-와 반응하여 각각 $Zn(OH)_4^{2-}$, $Cr(OH)_4^-$, $Sn(OH)_3^-$, $Pb(OH)_3^-$와 같은 가용성 착이온을 형성한다. 이것에 비하여 $Mn(OH)_2$, $Fe(OH)_2$, $Fe(OH)_3$와 같은 염기성 수산화물은 강산에 용해되지만 강염기에는 잘 용해되지 않는다.

17.13 이온 화합물의 침전

화학에서 자주 마주치는 문제는, 여러 이온이 혼합물로 용액에 있을 때 어떤 한 이온 화합물이 침전을 형성하는가에 대한 것이다. 예를 들어, $CaCl_2$ 용액과 NaF 용액을 섞으면 CaF_2는 침전될 것인가? 다시 말하면, 해리 반응이 오른쪽에서 왼쪽으로, 역반응이 일어날 것인가 하는 것이다.

$$CaF_2(s) \rightleftharpoons Ca^{2+}(aq) + 2\,F^-(aq)$$

이에 대한 문제를 4.6절에서 용해도 규칙을 설명하면서 간단히 다룬 적이 있다. 하지만 이제 더 정량적인 안목을 가질 수 있어야 한다. 이 답은 다음과 같이 표현하는 **이온곱**(**ion product, IP**) 값의 크기에 달려 있다.

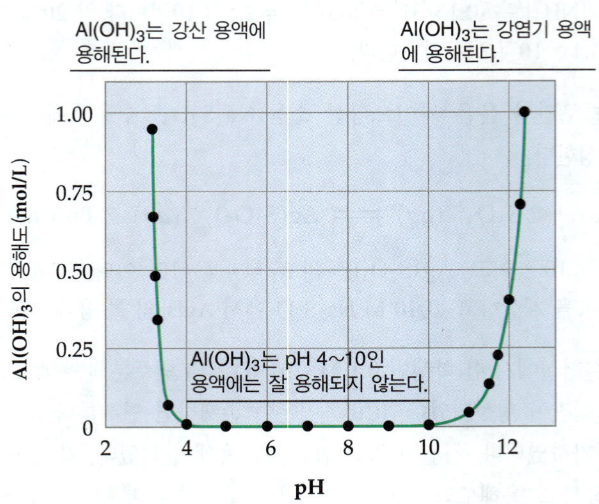

▲ 그림 17.17
$Al(OH)_3$가 양쪽성 수산화물이라는 것을 보여 주는 pH에 대한 용해도 곡선

$$IP = [Ca^{2+}]_t[F^-]_t^{\,2}$$

IP 식에서 사용하는 농도는 초기 농도라는 것을 제외하면, IP는 K_{sp}와 같은 방식으로 정의된다. 이것은 임의의 시간 t에서의 농도이고, 꼭 평형 농도일 필요는 없다. 그렇기 때문에 IP는 실제로 **반응 지수(reaction quotient, Q_c)**(15.5절)이지만, 고체 CaF_2는 평형 농도식에서 사용되지 않기 때문에 이온곱이라는 용어가 더 적합하다. 아래와 같은 일반적인 용해도 평형 반응에서

$$M_mX_x(s) \rightleftharpoons m\,M^{n+}(aq) + x\,X^{y-}(aq)$$

이온곱은 다음과 같이 주어진다.

이온곱 $\quad IP = [M^{n+}]_t^{\,m}[X^{y-}]_t^{\,x}$

만일 IP 값이 K_{sp}보다 클 경우, 용액은 CaF_2에 대하여 비평형의 과포화 상태로 된다. 이러한 경우, CaF_2는 침전되어 IP가 K_{sp}와 같아질 때까지 이온의 농도는 감소한다. 용액의 IP가 K_{sp}와 같아질 때 용액은 용해도 평형에 도달하고 이 용액은 포화되었다고 한다.

일반적으로 이온 화합물이 침전하는가를 결정하기 위해 단순히 IP 값을 계산하고, 이것을 K_{sp} 값과 비교할 필요가 있다. 다음 세 가지 경우 중 하나일 것이다.

1. 만일 IP $>$ K_{sp}이면 용액은 과포화되어 침전이 생길 것이다.
2. 만일 IP $=$ K_{sp}이면 용액은 이미 포화되어 평형 상태에 있다.
3. 만일 IP $<$ K_{sp}이면 용액은 불포화이고 침전이 생기지 않는다.

기억하기…
반응 지수(Q_c)는 평형 상수(K_c)와 같은 방법으로 표현되지만, 평형 상수처럼 평형에서의 농도 값을 사용하지 않는다(15.5절).

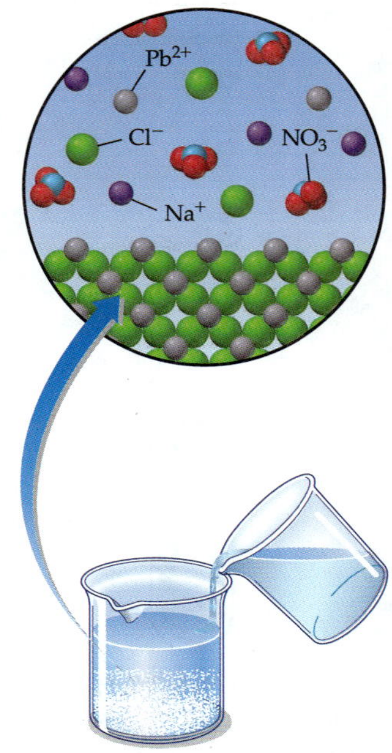

▲ 0.10 M $Pb(NO_3)_2$ 0.150 L와 0.20 M NaCl 0.100 L를 섞으면, IP는 K_{sp}보다 크기 때문에 흰색의 $PbCl_2$ 침전이 생긴다.

예제 17.16

용액을 섞었을 때 침전이 생길 것인가에 대한 결정

0.10 M $Pb(NO_3)_2$ 0.150 L를 0.20 M NaCl 0.100 L와 혼합하면 침전이 생기는가?

문제 파악

알고 있는 것	알아내야 할 것
반응물의 농도와 부피 (0.10 M $Pb(NO_3)_2$ 0.150 L) (0.20 M NaCl 0.100 L) $K_{sp} = 1.2 \times 10^{-5}$ (부록 C)	IP

전략

이온성 화합물은 강한 전해질이므로, 용액에서 $Pb(NO_3)_2$와 NaCl은 양이온과 음이온으로 분리되어 존재한다. 이온이 침전을 형성할 수 있는지 판단하기 위하여 4.6절의 용해도 지침을 이용하고, 혼합한 후 이들의 농도를 계산하시오. 가능한 침전에 대하여 IP를 계산하고 이것을 K_{sp} 값과 비교한다.

풀이

두 용액을 섞은 용액은 Pb^{2+}, NO_3^-, Na^+, Cl^-를 포함하고, 그 부피는 0.150 L + 0.100 L = 0.250 L가 된다. 소듐 염과 질산염은 물에 용해되기 때문에, 침전되는 화합물은 $PbCl_2$($K_{sp} = 1.2 \times 10^{-5}$, 부록 C)뿐이다. $PbCl_2$의 IP를 계산하기 위하여, 섞인 용액에서 Pb^{2+}와 Cl^-의 몰수를 먼저 계산한다.

Pb^{2+}의 몰수 $= (0.150\ L)(0.10\ mol/L) = 1.5 \times 10^{-2}\ mol$
Cl^-의 몰수 $= (0.100\ L)(0.20\ mol/L) = 2.0 \times 10^{-2}\ mol$

다음과 같이 몰수를 몰농도로 환산한다.

$$[Pb^{2+}] = \frac{1.5 \times 10^{-2}\ mol}{0.250\ L} = 6.0 \times 10^{-2}\ M$$

$$[Cl^-] = \frac{2.0 \times 10^{-2}\ mol}{0.250\ L} = 8.0 \times 10^{-2}\ M$$

이온곱은 다음과 같다.

$$IP = [Pb^{2+}]_t[Cl^-]_t^{\,2} = (6.0 \times 10^{-2})(8.0 \times 10^{-2})^2 = 3.8 \times 10^{-4}$$

$K_{sp} = 1.2 \times 10^{-5}$이고 IP는 K_{sp}보다 크므로 $PbCl_2$가 침전될 것이다.

연습문제 17.31 서로 같은 부피의 1.0×10^{-5} M $Ba(NO_3)_2$와 4.0×10^{-5} M Na_2CO_3 용액을 섞는다면, 침전이 생성될 것인가?

응용문제 17.32 0.20 M NH_4Cl과 0.20 M NH_3로 이루어진 완충 용액 200 mL에 1.0×10^{-3} M $MnSO_4$ 25 mL와 1.0×10^{-3} M $FeSO_4$ 25 mL를 넣으면, 침전이 생성될 것인가? (K_{sp} 값은 부록 C를 참조하시오.)

17.14 선택적 침전에 의한 이온의 분리

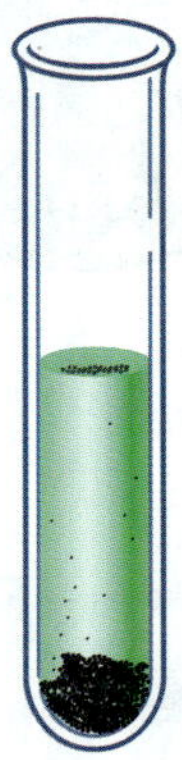

▲ Hg^{2+}와 Ni^{2+} 용액에 H_2S를 더하면 Hg^{2+}는 검은색 HgS로 침전되고, 초록색 Ni^{2+}는 용액 속에 남아 있다.

표 17.4 25 °C 산에서 금속 황화물의 용해도곱(K_{spa})

금속 황화물(MS)	K_{spa}
MnS	3×10^{7}
FeS	6×10^{2}
CoS	3
NiS	8×10^{-1}
ZnS	3×10^{-2}
PbS	3×10^{-7}
CuS	6×10^{-16}
HgS	2×10^{-32}

이온의 혼합물을 분리하는 가장 쉬운 방법은 일부 이온만을 침전시킬 수 있는 용액을 가하는 것이다. 예를 들어, 음이온 SO_4^{2-}와 Cl^-는 $Ba(NO_3)_2$ 용액을 가하여 분리할 수 있다. 난용성 $BaSO_4$는 침전이 일어나지만, Cl^-는 $BaCl_2$가 가용성이므로 용액에 남아 있게 된다. 비슷하게 양이온 Ag^+와 Zn^{2+}는 묽은 HCl을 가하여 분리할 수 있다. 염화 은(AgCl)은 침전이 되지만, Zn^{2+}는 $ZnCl_2$가 가용성이므로 용액에 용해되어 있다.

17.15절에서 금속 양이온(M^{2+})의 혼합물을 금속 황화물 MS의 선택적 침전에 의해 두 부류로 분리하는 것을 살펴볼 것이다. 예를 들어, 매우 난용성인 황화물을 형성하는 Pb^{2+}, Cu^{2+}, Hg^{2+}는 잘 용해되는 황화물을 형성하는 Mn^{2+}, Fe^{2+}, Co^{2+}, Ni^{2+}, Zn^{2+}로부터 분리할 수 있다. 분리는 산성 용액에서 이루어지며, 다음과 같은 용해 반응식이 사용된다.

$$MS(s) + 2\,H_3O^+(aq) \rightleftharpoons M^{2+}(aq) + H_2S(aq) + 2\,H_2O(l)$$

이 반응에 대한 평형 상수는 **산에서의 용해도곱**이라고 부르며 K_{spa}로 표시한다.

산에서의 용해도곱 $$K_{spa} = \frac{[M^{2+}][H_2S]}{[H_3O^+]^2}$$

분리는 H_3O^+ 농도에 의존한다. 용해도가 매우 낮은 불용성 황화물에 대해서는 반응 지수 Q_c가 K_{spa}보다 매우 크지만, 더 잘 용해되는 황화물에 대해서는 아니다(**표 17.4**).

금속 황화물에 대해 K_{sp}보다 K_{spa}를 사용하는 이유는 두 가지가 있다. 첫째, 이온 분리는 산성 용액에서 이루어지므로 K_{spa}의 사용이 더 편리하기 때문이다. 둘째, H_2S에 대한 K_{a2} ($\sim10^{-19}$)가 매우 작아 O^{2-}처럼 S^{2-}도 강한 염기성이고, 수용액에서는 중요한 화학종이 아니기 때문이다. 수용액에서 황을 포함하는 중요한 화학종은 산성 용액에서는 H_2S이며, 염기성 용액에서는 HS^-이다.

흔히 실험에서 M^{2+} 농도는 약 0.01 M이고, H_3O^+ 농도는 HCl을 넣어서 약 0.3 M로 조절한다. 그리고 용액에 H_2S 기체를 포화시키는데 H_2S의 농도는 약 0.10 M이 된다. 이 농도를 평형 상수식에 넣으면 반응 지수 Q_c가 1×10^{-2}임을 알 수 있다.

$$Q_c = \frac{[M^{2+}]_t[H_2S]_t}{[H_3O^+]_t^{\,2}} = \frac{(0.01)(0.10)}{(0.3)^2} = 1\times10^{-2}$$

이 Q_c 값은 PbS, CuS, HgS의 K_{spa}보다 크지만(표 17.4), MnS, FeS, CoS, NiS, ZnS의 K_{spa}보다는 크지 않다. 결과적으로 PbS, CuS, HgS는 산성 조건에서 침전되지만, Mn^{2+}, Fe^{2+}, Co^{2+}, Ni^{2+}, Zn^{2+}는 용액 속에 남아 있게 된다.

17.15 정성 분석

정성 분석(qualitative analysis)은 미지의 용액 속에 존재하는 이온들을 확인하는 과정이다. 이온들은 다른 화학적 방법을 이용해서도 확인할 수 있지만, 어떤 이온은 다른 이온에 대한 검사를 방해할 수도 있기 때문에 일단은 이온들을 분리해야만 한다. 금속 양이온 분석에 대한 전통적인 분석 계통도를 보면, 약 20여 종의 양이온은 선택적 침전에 의해 다섯 가지 족으로 나누어진다(그림 17.18).

- **I족: Ag^+, Hg_2^{2+}, Pb^{2+}.** 미지 용액에 HCl 수용액을 넣으면, I족의 양이온은 난용성 염화물($AgCl$, Hg_2Cl_2, $PbCl_2$)로 침전된다. 가용성 염화물을 형성하는 II~V족 양이온은 용액에 남아 있게 된다. $PbCl_2$는 약한 가용성이므로 용액 속에 Pb^{2+} 이온이 약간 남아 있게 된다.
- **II족: Pb^{2+}, Cu^{2+}, Hg^{2+}, Cd^{2+}, Bi^{3+}, Sn^{4+}.** 난용성 염화물을 제거한 후 용액을 H_2S로 처리하면, 난용성 황화물(PbS, CuS, HgS, CdS, Bi_2S_3, SnS_2)로서 II족의 양이온이 침전된다. 이때 용액은 강산성($[H_3O^+] \approx 0.3$ M)을 띠고 난용성 황화물만 침전되므로, 산-난용성 황화물은 용액에서 제거하면 된다.
- **III족: Mn^{2+}, Fe^{2+}, Co^{2+}, Ni^{2+}, Zn^{2+}, Al^{3+}, Cr^{3+}.** 여기서 암모니아 수용액을 가해 산을 조심스럽게 중화시키면 약한 염기성(pH ≈ 8)인 $NH_4^+-NH_3$ 완충 용액이 된다. $[H_3O^+]$가 감소하면 금속 황화물의 용해도 평형이 왼쪽으로 이동하고, 그 결과 III족 +2가 양이온들이 MnS, FeS, CoS, NiS, ZnS의 황화물로 침전된다. +3가 양이온은 염기성 용액에서 황화물 침전이 아니라, 난용성 수산화물인 $Al(OH)_3$와 $Cr(OH)_3$로 침전된다.
- **IV족: Ca^{2+}, Ba^{2+}.** 염기성에서 녹지 않는 황화물과 수산화물을 제거한 후 용액을 $(NH_4)_2CO_3$로 처리하면, IV족 양이온들이 $CaCO_3$ 또는 $BaCO_3$와 같은 난용성 탄산염으로 침전된다. 이때 탄산 마그네슘은 침전되지 않는다. 이것은 $NH_4^+-NH_3$ 완충 용액에서는 $[CO_3^{2-}]$가 작기 때문이다.

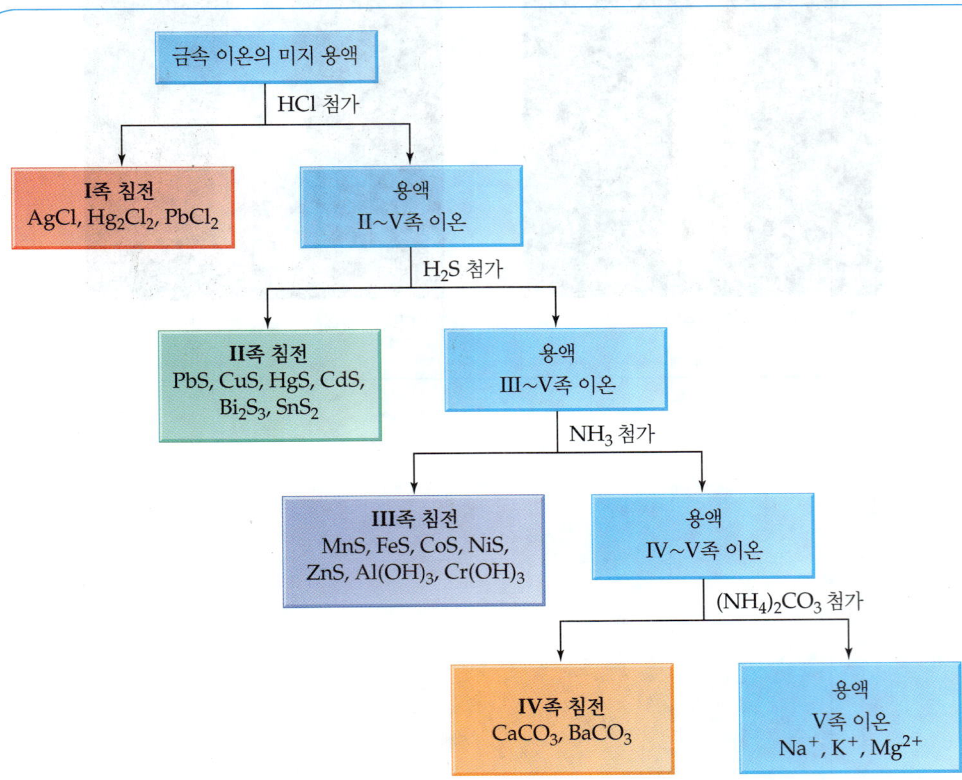

◀ 그림 17.18 정성 분석에서 금속 양이온의 분리 흐름도

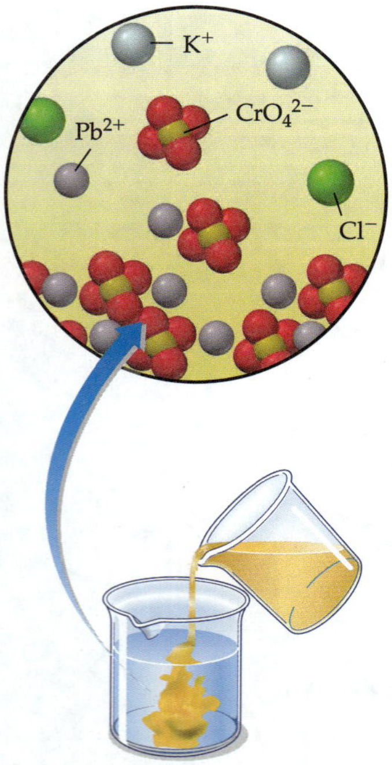

▲ Pb^{2+}를 함유하는 용액에 크로뮴산 포타슘 수용액을 가하면 노란색 $PbCrO_4$ 침전을 형성한다.

- **V족: Na^+, K^+, Mg^{2+}.** 용액 속에 남아 있는 이온들은 앞의 여러 반응 조건들에서도 녹을 수 있는 염화물, 황화물, 탄산염을 가지는 이온들이다. 마그네슘 이온은 $(NH_4)_2HPO_4$ 용액을 가하여 분리, 확인할 수 있다. 만일 Mg^{2+}가 존재하면 $Mg(NH_4)PO_4$의 흰색 침전이 형성될 것이다. 알칼리 금속 이온은 대개 분젠버너의 불꽃에서 나타내는 특유한 불꽃 색깔로 확인할 수 있다(**그림 17.19**).

일단 양이온이 여러 족으로 분리되면 다음 단계의 분리와 특정 시험을 통하여 각 족에 속하는 이온들의 존재 여부를 판별한다. 예를 들어, I족에서 납은 그 침전을 뜨거운 물로 처리하여 은이나 수은으로부터 분리할 수 있다. $PbCl_2$는 상대적으로 더 잘 용해되지만, $AgCl$과 Hg_2Cl_2는 그렇지 않다. Pb^{2+}를 검출하기 위하여 고체 염화물들을 제거한 후 용액을 K_2CrO_4로 처리할 경우, Pb^{2+}가 존재하면 노란색 $PbCrO_4$ 침전이 형성된다.

모든 이온들의 분리와 확인을 위한 자세한 과정은 일반화학 실험서에서 찾아볼 수 있다. 비록 요즘 금속 이온들의 분석은 정교한 분석기기를 사용하여 수행되고 있지만, 이러한 정성 분석은 아직까지도 일반화학 실험 교과서에 많이 소개되어 있다. 이는 이 실험을 통하여 실험기법을 터득하고 산-염기, 용해도 및 착이온 형성 평형에 대하여 배울 수 있는 좋은 주제이기 때문이다.

▶ **그림 17.19**
소듐과 포타슘의 불꽃 반응 실험

소듐은 노란색 불꽃을 보인다.

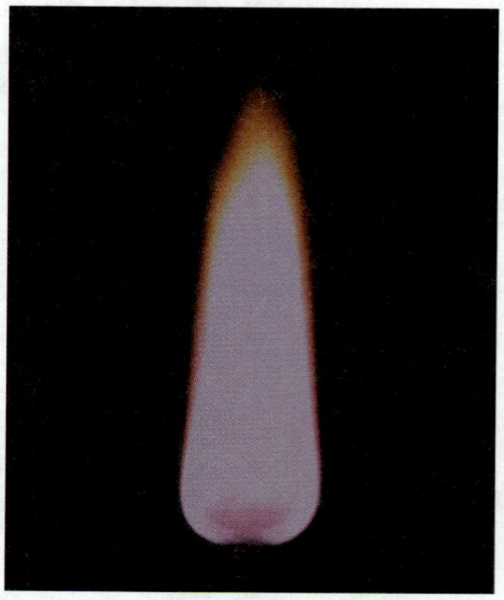

포타슘은 보라색 불꽃을 보인다.

INQUIRY ? 바닷물을 산성화시키는 요인은 무엇인가?

대기 중에서 이산화 탄소의 급격한 증가는 적외선 흡수로 인한 전체적인 지구 기후 변화의 원인이 된다(10.10 ~10.11절). 산업 혁명 시대까지 약 40만 년 동안 이산화 탄소의 농도는 280 ppmv를 넘지 않았으나, 에너지를 얻기 위한 화석연료의 연소로 2017년에 이르러서는 407 ppmv 수준까지 증가하였다. 매년 방출되는 이산화 탄소의 1/4을 흡수하는 바다는 대기권의 이산화 탄소 문제를 완화하는 역할을 할 수 있을 것으로 기대된다. 그러나 이산화 탄소가 용해될 때 일어나는 몇 가지 반응, 산도 증가 및 탄산수소 이온(HCO_3^-)과 탄산 이온(CO_3^{2-})의 증가는, 바닷물의 이산화 탄소 흡수에 원하지 않는 결과를 초래한다.

$$CO_2(g) + H_2O(l) \rightleftharpoons H_2CO_3(aq)$$

$$H_2CO_3(aq) + H_2O(l) \rightleftharpoons H_3O^+(aq) + HCO_3^-(aq) \qquad K_{a1} = 4.3 \times 10^{-7}$$

$$HCO_3^-(aq) + H_2O(l) \rightleftharpoons H_3O^+(aq) + CO_3^{2-}(aq) \qquad K_{a2} = 5.6 \times 10^{-11}$$

대기에서 이산화 탄소의 분압이 증가하면, 헨리의 법칙(13.5절)에 따라 용해되는 CO_2의 양이 증가할 것이다. 게다가 탄산 칼슘 껍데기를 생성하거나 바다 표면에서 심해로 탄산 이온을 전달하는 유기체에 의한 탄산 이온의 제거는, 반응 평형으로 예견되는 것보다 훨씬 많은 이산화 탄소가 용해될 것이다. 미국 국립 해양 대기 협회(NOAA)의 수십 년간의 관찰에 의하면, 해수 표면의 pH가 산업 혁명 전의 8.2에서 현재 8.1로 낮아졌음을 보여 준다. 비록 pH 변화가 작은 것처럼 보이기는 하지만, 이것은 H_3O^+의 농도가 26% 증가한 것에 해당된다. 산성화 정도는 온도가 낮아 이산화 탄소의 용해도가 큰 극지방에서 더 심각하다. **그림 17.20**에 하와이 마우나 로아 연구소 지역에 관찰된 대기 중 이산화 탄소 농도와 바닷물의 pH의 상관관계를 나타내었다.

바다의 산성화는 생물 종에 다양하게 영향을 미칠 것으로 예상된다. 이산화 탄소의 농도가 높은 환경에서는 광합성이 활발하여 해조류나 조류가 번창할 것이다. 반면, 좁은 pH 범위에서 최적화된 해양 생물계의 대사 반응 속도에 나쁜 영향을 미치고, 필수 광물질 흡수를 방해할 것이다. 가장 심각한 결과 중의 하나는, 석회화(calcification)라 불리는 탄산 칼슘($CaCO_3$) 껍데기나 골격을 형성하는데 필수적인 바닷물의 CO_3^{2-}의 농도를 감소시키는 것이다. **그림 17.21a**에 탄산 평형에서 pH에 따른 탄산 관련 화학종의 농도 분포를 나타내었다. 현재의 바다 pH(8.1) 조건

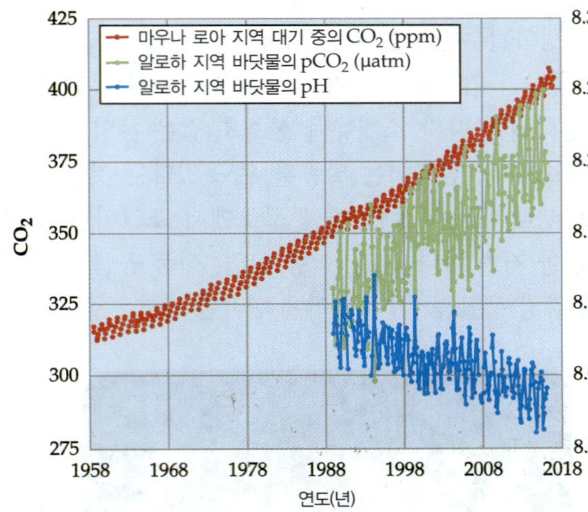

▲ **그림 17.20**
하와이 마우나 로아 지역의 대기 중 이산화 탄소 증가와 인근 해역의 이산화 탄소 증가 사이의 관계. 용해된 이산화 탄소의 양이 많을수록 바닷물의 pH가 낮아짐을 보여 준다.

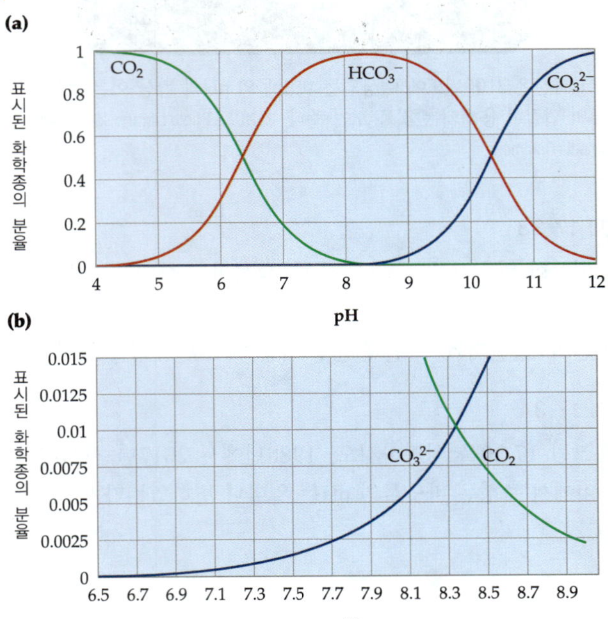

▲ **그림 17.21**
(a) $CO_2/HCO_3^-/CO_3^{2-}$ 평형에서 pH에 따른 화학종의 농도 분포
(b) 바닷물의 pH 영역에서 소량 존재하는 CO_2/CO_3^{2-}의 변화를 보여 주기 위해 확대한 그림

에서 주요 화학종은 HCO_3^-이고, CO_2와 CO_3^{2-}는 많이 존재하지 않는다. 그림 17.21b에 평형에서 소량 존재하는 물질들에 대하여 확대하여 나타내었고, pH 변화에 따른 CO_3^{2-} 양의 극적인 변화를 보여 준다. pH가 감소함에 따라 과잉의 H_3O^+ 이온이 반응하여 탄산 이온의 농도를 낮춘다.

물이 산성화될수록 탄산 칼슘의 용해도가 증가하고, 산호초나 해양 생물의 껍질을 녹이게 될 것이다. 이러한 연구는 바다가 산성화됨에 따라 조개류나 산호초 같은 해양 생물종의 개체가 감소하고, 심지어는 멸종될 수도 있다는 것을 시사한다. 해양 생태계의 복잡한 연결 구조에서 조그마한 변화는 여러 단계를 거쳐 바다 생활, 어류 산업, 식품 공급, 경제, 해변에서의 휴양 생활 등 여러 분야에 심각한 영향을 줄 수 있다.

▲ 이 사진은 2100년도에 예상되는 바닷물의 pH와 탄산 이온 농도에서 익족류의 껍질이 용해되는 것을 보여 준다. ©NOAA Photo Library/CC 2.0: Attribution/Wikimedia Commons

문제 17.33

(a) 이산화 탄소가 물에 용해될 때 생성되는 산의 화학식은 무엇인가?

(b) 산의 첫 번째와 두 번째 균형 맞춘 해리 반응식을 쓰시오.

문제 17.34

(a) 그림 17.20을 설명하시오. 1988년에서 2017년 사이에 하와이에서 측정된 바닷물의 pH는 얼마나 변하였는가?

(b) 별다른 이변이 없이 금세기 말까지 바닷물 표면의 H_3O^+ 농도가 1880년의 150% 수준까지 증가한다고 할 때, 대기 중의 이산화 탄소 농도를 구하시오. 만일 처음의 pH가 8.2였다면 2100년에는 pH가 얼마이겠는가?

$$\text{변화 백분율} = \frac{[H_3O^+]_{\text{최종}} - [H_3O^+]_{\text{초기}}}{[H_3O^+]_{\text{초기}}} = 100\%$$

문제 17.35 HCO_3^-와 CO_3^{2-}는 산성비와 용해되는 CO_2로 인한 pH 변화에 대해 완충 역할을 하는 주된 이온들이다. Inquiry에서 주어진 K_a 값을 이용하여, pH = 8.2와 7.9에서 $[HCO_3^-]/[CO_3^{2-}]$를 구하시오.

문제 17.36 산호와 해양 생물의 껍데기는 탄산 칼슘으로 구성된다. 순수한 물에서 $CaCO_3$의 몰 용해도를 구하시오. ($CaCO_3$의 K_{sp}는 5.0×10^{-9}이다.)

문제 17.37 다음은 CO_2가 물에 녹아 탄산(H_2CO_3)을 생성하여 산성화가 증가한 용액에서 $CaCO_3$의 용해에 관한 반응을 나타낸다.

$$\begin{aligned}
CaCO_3(s) &\rightleftharpoons Ca^{2+}(aq) + CO_3^{2-}(aq)\\
H_2CO_3(aq) + H_2O(l) &\rightleftharpoons H_3O^+(aq) + HCO_3^-(aq)\\
CO_3^{2-}(aq) + H_3O^+(aq) &\rightleftharpoons HCO_3^-(aq) + H_2O(l)\\
\hline
CaCO_3(s) + H_2CO_3(aq) &\rightleftharpoons Ca^{2+}(aq) + 2\,HCO_3^-(aq)\\
&K = ?
\end{aligned}$$

(a) Inquiry에서 주어진 K_a 값과 탄산 칼슘의 K_{sp} 값(5.0×10^{-9})을 이용하여, 전체 반응에 대한 K를 구하시오.

$$CaCO_3(s) + H_2CO_3(aq) \rightleftharpoons Ca^{2+}(aq) + 2\,HCO_3^-(aq) \quad K = ?$$

(b) 대기 중 이산화 탄소 농도가 증가할 때 탄산 칼슘의 몰 용해도에 미치는 영향을 예측하시오.

정리

절	개념 요약	학습 목표	문제
17.1 중화 반응	강산과(또는) 강염기를 포함하는 중화 반응은 매우 큰 평형 상수(K_n)을 가지며, 거의 100% 반응이 완결되는 쪽으로 진행한다. 약산-약염기의 중화는 완결되지 않는 경향이 있다.	17.1 중화 반응에 대한 균형 맞춘 반응식을 세우고, 평형 상수를 구한다. 중화 반응 후 용액의 pH가 7보다 큰지 같은지 작은지를 결정한다.	예제 17.1; 문제 17.38, 17.47, 17.49, 17.51
17.2 공통 이온 효과	평형에 관여하는 이온들 중 어느 하나와 같은 이온을 내놓는 물질을 첨가할 때 평형의 위치가 이동하는 현상을 **공통 이온 효과**라고 한다. 예를 들어, 짝염기를 가함으로써 그 약산의 해리 백분율이 감소하는 경우를 들 수 있다.	17.2 공통 이온이 있을 때, 용액에 존재하는 모든 화학종의 농도, pH, 약산의 해리 백분율을 계산한다.	예제 17.2~17.3; 문제 17.57, 17.59, 17.61
17.3~17.4 완충 용액과 헨더슨-하셀발흐 식	약산과 그 짝염기로 이루어진 용액은 급격한 pH의 변화를 억제하기 때문에 **완충 용액**이라고 한다. 소량의 산이나 염기를 가하더라도 pH가 급격하게 변하지 않는 완충 용액의 능력(**완충 용량**)은, 약산과 그 짝염기의 양이 증가할수록 커진다. 완충 용액의 pH는 약산의 pK_a($-\log K_a$) 값에 가까우며, **헨더슨-하셀발흐 식**에 의하여 계산할 수 있다. $\text{pH} = pK_a + \log \frac{[\text{짝염기}]}{[\text{약산}]}$	17.3 완충 용액의 초기 pH와 강산 또는 강염기를 첨가했을 때 pH를 계산한다. 17.4 완충 용액의 pH를 계산하기 위해 헨더슨-하셀발흐 식을 이용한다.	예제 17.4; 문제 17.67, 17.69 예제 17.5~17.6; 문제 17.71, 17.73, 17.75, 17.77
17.5~17.9 pH 적정 곡선: 강산-강염기; 약산-강염기; 약염기-강산, 이양성자산-강염기	**pH 적정 곡선**은 산-염기 적정의 과정에서 용액의 pH를 첨가한 염기(또는 산) 부피의 함수로 나타낸 것이다. 강산-강염기 적정에서 산과 염기의 양이 같은 당량점 근처에서는 pH의 급격한 변화를 나타낸다. 약산-강염기와 약염기-강산 적정 곡선은 적정 시작점과 당량점 사이의 지점에서 비교적 평탄한 영역을 보이고, 당량점 부근에서 pH가 크게 변하며, 당량점에서의 pH는 7.00이 아니다. 이양성자산-강염기의 적정 곡선은 2개의 당량점과 2개의 완충 영역을 갖는다.	17.5 강산-강염기의 적정에서 다양한 점에서의 pH를 계산한다. 17.6 약산-강염기 또는 약염기-강산의 적정에서 다양한 점에서의 pH를 계산한다. 17.7 이양성자산-강염기의 적정에서 다양한 점에서의 pH를 계산한다. 17.8 적정에서 존재하는 화학종을 확인하고, 적정 곡선을 이해한다.	예제 17.7; 문제 17.81, 17.83 예제 17.8; 문제 17.41, 17.85, 17.89 예제 17.9; 문제 17.95 문제 17.41~17.44
17.10~17.11 이온 화합물의 용해도 평형	이온 화합물의 **용해도곱**(K_{sp})은 물에서 용해에 대한 평형 상수이다.	17.9 이온 화합물의 용해에 대한 평형 상수를 나타내고, K_{sp} 값을 계산한다. 17.10 K_{sp} 값을 이용하여 평형에서의 이온 농도와 이온 화합물의 용해도를 계산한다.	예제 17.10~17.11; 문제 17.99, 17.101, 17.103 예제 17.12; 문제 17.107
17.12 용해도에 영향을 미치는 요인	이온 화합물의 용해도곱(K_{sp})은 물에서 용해에 대한 평형 상수이다. 화합물의 용해도와 K_{sp}는 용해 반응의 평형식과 관련되어 있다. 이온 화합물의 용해도는 (1) 용액 속에 공통 이온이 존재할 경우 낮아지고, (2) 만약 화합물이 OH^-, S^{2-}, CO_3^{2-}와 같은 염기 이온을 포함한다면 pH가 감소함에 따라서 용해도는 증가하고, (3) 금속 양이온과 결합하여 착이온을 형성할 수 있는 NH_3, CN^-, OH^- 등과 같은 루이스 염기가 존재하면 용해도가 증가한다. 착이온의 안정도는 그 **형성 상수**(K_f)에 의하여 결정된다.	17.11 분자 또는 이온 형태의 존재가 이온 화합물의 용해도에 어떻게 영향을 미치는지를 설명한다. 17.12 공통 이온을 포함하는 용액에서 용해도를 계산한다. 17.13 K_f를 이용하여 착화합물 이온을 포함하는 용액에서 이온의 농도를 계산한다. 17.14 K_f를 이용하여 양이온이 착화합물을 형성할 때 이온 화합물의 용해도를 계산한다.	문제 7.109, 17.113, 17.115, 17.117 예제 17.13; 문제 17.111 예제 17.14; 문제 17.119 예제 17.15; 문제 17.123, 17.125

절	개념 요약	학습 목표	문제
17.13~17.15 이온 화합물의 침전과 정성 분석에서 이온의 분리	가용성 이온 화합물 용액이 섞일 때 그 용액 중의 이온으로부터 난용성 화합물 침전이 생성될 수 있다. 이 경우가 그 난용성 화합물의 **이온곱(IP)**이 용해도곱(K_{sp})보다 큰 경우다. 이온곱은 K_{sp}와 동일한 식으로 규정되지만, 그 식에서 농도는 평형 농도일 필요는 없다는 점이 다르다. 어떤 금속 양이온은 그 금속의 황화물 형태로 선택적으로 침전하여 분리할 수 있다. 선택적 침전은 미지 용액에 들어 있는 이온의 종류를 밝혀내는 **정성 분석**에서 중요하다.	17.15 이온 화합물의 이온곱(IP)를 계산하고, 여러 용액을 섞을 때 침전의 생성 여부를 결정한다. 17.16 선택적인 침전에 근거하여 이온 분리 과정을 설계한다.	예제 17.16; 문제 17.127, 17.130 문제 17.136~17.137

주요 용어

pH 적정 곡선	양쪽성	용해도곱(K_{sp})	착이온
공통 이온 효과	완충 용량	이온곱(IP)	헨더슨-하셀발흐 식
당량점	완충 용액	정성 분석	형성 상수(K_f)

주요 식

- 완충 용액의 pH 계산을 위한 헨더슨-하셀발흐 식(17.4절)

$$pH = pK_a + \log \frac{[\text{짝염기}]}{[\text{약산}]}$$

- 이양성자산-강염기 적정에서 첫 번째 당량점에서의 pH(17.9절)

$$\text{첫 번째 당량점에서 } pH = \frac{pK_{a1} + pK_{a2}}{2}$$

- 용해 반응 $M_mX_x(s) \rightleftharpoons m\,M^{n+}(aq) + x\,X^{y-}(aq)$에서 용해도곱 K_{sp}(17.10절)

$$K_{sp} = [M^{n+}]^m[X^{y-}]^x$$

- 반응 $M_mX_x(s) \rightleftharpoons m\,M^{n+}(aq) + x\,X^{y-}(aq)$에 대한 이온곱(IP)(17.13절)

$$IP = [M^{n+}]_t{}^m[X^{y-}]_t{}^x$$

아래 첨자 t는 꼭 평형이 아니라 임의의 시간 t에서의 농도를 나타낸다.

- 반응 $MS(s) + 2\,H_3O^+(aq) \rightleftharpoons M^{2+}(aq) + H_2S(aq) + 2\,H_2O(l)$에 대한 산에서의 용해도곱($K_{sp}$)(17.14절)

$$K_{spa} = \frac{[M^{2+}][H_2S]}{[H_3O^+]^2}$$

복습 문제

LO는 학습 목표(Learning Objectives)를 나타낸다.

이 장을 학습한 후엔, 학습자의 이해도를 평가할 수 있는 방법이 있다. **복습 문제**를 푸는 것이다. **복습 문제**들은 이 장의 학습 목표와 연계되어 있다. 따라서 푼 답이 틀렸다면, 이 장의 끝부분에 나와 있는 **정리** 문단의 **학습 목표**를 참고하면 된다. 정리 문단에는 **개념 요약**이 제공되며, **예제**를 참고하면 문제 해결 방법을 모델링할 수 있고, 제공되는 **추가 문제**들로 더 많은 연습을 할 수 있다.

1. 다음 혼합물 중에서 pH가 가장 높은 것은 무엇인가? **(LO 17.1)**
   (a) 같은 부피의 1.0 M HCl과 1.0 M NaOH 혼합물
   (b) 같은 부피의 0.1 M HNO_3와 0.1 M KOH 혼합물
   (c) 같은 부피의 0.1 M HCN과 0.1 M NaOH 혼합물
   (d) 같은 부피의 0.1 M NaF와 0.1 M HCl 혼합물

2. 0.50 M 아세트산(CH_3CO_2H)과 0.10 M 아세트산 소듐($NaCH_3CO_2$) 용액에서 해리 백분율은 얼마인가? ($K_a = 1.8 \times 10^{-5}$) **(LO 17.2)**

(a) 0.08% (b) 0.090%
(c) 7.2×10^{-3}% (d) 2.3%

3. HF가 0.250 M이고 NaF가 0.250 M인 완충 용액 1.00 L에 1.00 M HCl 100.0 mL를 넣었을 때, pH를 구하시오. ($K_a = 3.5 \times 10^{-4}$) (**LO 17.3**)
(a) 4.11 (b) 3.82
(c) 3.46 (d) 3.09

4. 0.250 mol NaH_2PO_4와 0.075 mol NaOH를 용해시킨 완충 용액 1.00 L의 pH는 얼마인가? ($K_a(H_2PO_4^-) = 6.2 \times 10^{-8}$) (**LO 17.4**)
(a) 6.32 (b) 6.83
(c) 7.21 (d) 7.71

5. 다음 중 pH = 10.5인 완충 용액을 만들기 위한 가장 좋은 산–염기 쌍은 무엇인가? (**LO 17.4**)
(a) HOI와 OI^- $K_a = 2.0 \times 10^{-11}$
(b) HNO_2와 NO_2^- $K_a = 4.5 \times 10^{-4}$
(c) HIO_3와 IO_3^- $K_a = 1.7 \times 10^{-1}$
(d) $H_2PO_4^-$와 HPO_4^{2-} $K_a = 6.2 \times 10^{-8}$

6. 0.250 M HNO_3 25.0 mL를 0.100 M KOH로 적정한다. KOH 용액 62.6 mL를 넣었을 때 용액의 pH는 얼마인가? (**LO 17.5**)
(a) 4.52 (b) 5.67
(c) 7.00 (d) 8.95

7. 1.00 M CH_3COOH 50.0 mL를 1.00 M NaOH로 적정한다. NaOH 용액 15.00 mL를 넣었을 때 용액의 pH는 얼마인가? ($K_a = 1.8 \times 10^{-5}$) (**LO 17.6**)
(a) 4.37 (b) 4.74
(c) 5.10 (d) 6.78

8. 0.50 M HCO_2H를 1.0 M KOH로 적정할 때 당량점에서의 pH를 구하시오.($K_a = 1.8 \times 10^{-4}$) (**LO 17.6**)
(a) 3.53 (b) 7.00
(c) 8.63 (d) 9.78

9. 1.00 M CH_3CO_2H 25.00 mL를 1.00 M NaOH로 적정한다. NaOH 용액 30.00 mL를 넣었을 때 용액의 pH는 얼마인가? ($K_a = 1.8 \times 10^{-5}$) (**LO 17.6**)
(a) 6.90 (b) 9.36
(c) 11.54 (d) 12.95

10. 아미노산 글라이신의 양성자화된 형태(H_2A^+)의 0.100 M 30.0 mL를 0.15 M NaOH로 적정한다. NaOH 용액 28.0 mL를 첨가한 후 용액의 pH를 계산하시오.($K_{a1} = 4.57 \times 10^{-3}$, $K_{a2} = 2.51 \times 10^{-10}$) (**LO 17.7**)
(a) 10.60 (b) 9.42
(c) 4.69 (d) 2.34

11. 다음은 0.100 M 미지의 산 40.0 mL를 0.100 M NaOH로 적정할 때의 pH 적정 곡선을 나타낸 것이다. 이 산의 대략적인 pK_a는 얼마인가? (**LO 17.8**)

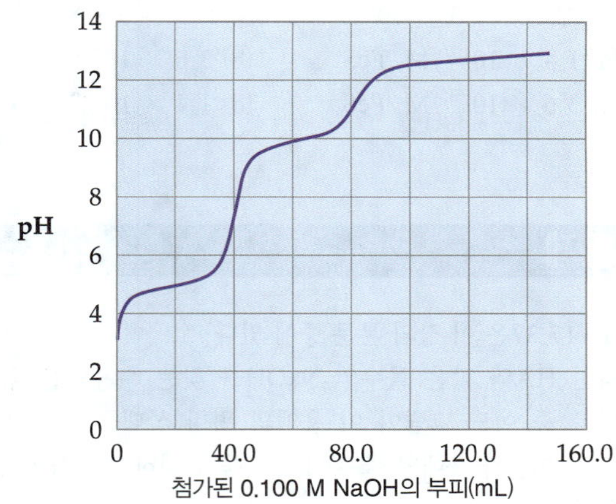

(a) $pK_{a1} = 5$, $pK_{a2} = 10$
(b) $pK_{a1} = 7$, $pK_{a2} = 11$
(c) $pK_{a1} = 5$, $pK_{a2} = 10$, $pK_{a3} = 13$
(d) $pK_{a1} = 5$, $pK_{a2} = 7$, $pK_{a3} = 10$

12. $Ca_3(PO_4)_2(s)$에 대한 용해도곱 상수를 나타낸 것은? (**LO 17.9**)
(**a**) $[Ca^{2+}]^3[PO_4^{3-}]^2$ (**b**) $\dfrac{[Ca^{2+}]^3[PO_4^{3-}]^2}{[Ca_3(PO_4)_2]}$
(**c**) $\dfrac{[Ca_3(PO_4)_2]}{[Ca^{2+}]^3[PO_4^{3-}]^2}$ (**d**) $[Ca^{2+}]^2[PO_4^{3-}]^3$

13. 물에서 Ag_2SO_3의 몰 용해도는 얼마인가? 25 °C에서 아황산 은의 용해도곱 상수는 1.5×10^{-14}이다. (**LO 17.10**)
(a) 1.2×10^{-7} M (b) 2.0×10^{-5} M
(c) 8.7×10^{-8} M (d) 1.6×10^{-5} M

14. 난용성 염 $BaCO_3$의 포화 용액에 다음 중 어떤 물질을 넣었을 때 용해도가 증가하는가? (**LO 17.11**)
(a) HNO_3 (b) Na_2CO_3
(c) $Ba(NO_3)_2$ (d) KOH

15. 0.0750 M LiF가 들어 있는 용액에서 BaF_2의 몰 용해도는 얼마인가? ($K_{sp} = 1.7 \times 10^{-6}$) (**LO 17.12**)
(a) 2.3×10^{-5} M (b) 3.0×10^{-4} M
(c) 1.2×10^{-2} M (d) 1.3×10^{-3} M

16. $NH_3(aq)$가 과잉일 때, Zn^{2+}는 착화합물 이온 $[Zn(NH_3)_4]^{2+}$을 생성하고, 그 형성 상수 $K_f = 7.8 \times 10^8$이다. 0.250 M NH_3 1.00 L에 $Zn(NO_3)_2$ 1.00×10^{-2} mol을 넣어 만든 용액에서 Zn^{2+}의 농도를 계산하시오. (**LO 17.13**)
(a) 7.9×10^{-4} M (b) 2.8×10^{-6} M
(c) 3.9×10^{-9} M (d) 6.4×10^{-11} M

17. 0.20 M NaCN 용액에서 AgI의 몰 용해도는 얼마인가? (**LO 17.14**)
$K_{sp}(AgI) = 8.5 \times 10^{-17}$ $K_f[Ag(CN)_2]^- = 3.0 \times 10^{20}$
(a) 6.2×10^{-4} M (b) 1.0×10^{-1} M
(c) 7.6×10^{-2} M (d) 2.1×10^{-3} M

18. 0.036 M Cu^{2+}와 0.044 M Fe^{2+}의 혼합 용액에 황 이온을 포함하는 용액을 첨가하였다. 침전이 생기기 시작하는 황 이온의 농도는 얼마인가? 침전은 무엇인가? (**LO 17.15, 17.16**)

$K_{sp}(CuS) = 1.3 \times 10^{-36}$ $K_{sp}(FeS) = 6.3 \times 10^{-18}$

(a) 1.4×10^{-16} M, FeS (b) 3.6×10^{-35} M, CuS

(c) 3.6×10^{-35} M, FeS (d) 1.4×10^{-16} M, C

답:

1. c, 2. a, 3. d, 4. b, 5. a, 6. c, 7. a, 8. c, 9. d, 10. b, 11. a, 12. a, 13. d, 14. a, 15. b, 16. c, 17. b, 18. b

개념 문제

문제 17.1~17.37은 이 장의 본문 중에 있다.

17.38 강산 HA와 같은 몰수의 NaOH를 갖는 수용액을 섞었다. 다음 중 어느 그림이 이 용액의 평형 상태를 나타내는가? (Na^+ 이온과 용매인 물 분자는 혼동을 피하기 위하여 생략하였다.)

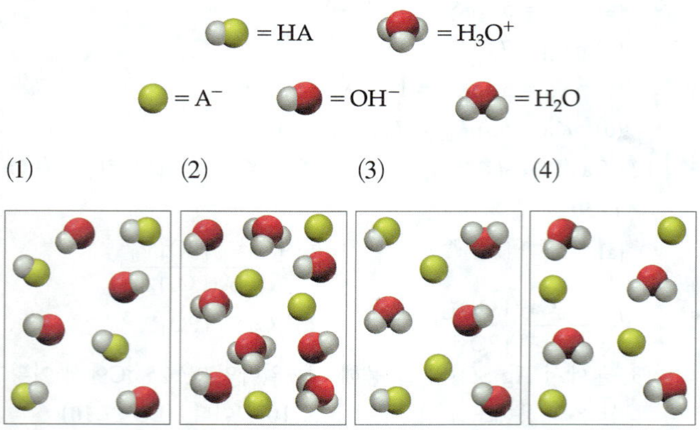

17.39 다음 그림은 약산 HA($pK_a = 6.0$)와 소듐염 NaA가 섞여 있는 용액을 나타낸다. (Na^+ 이온과 용매인 물 분자는 혼동을 피하기 위하여 생략하였다.)

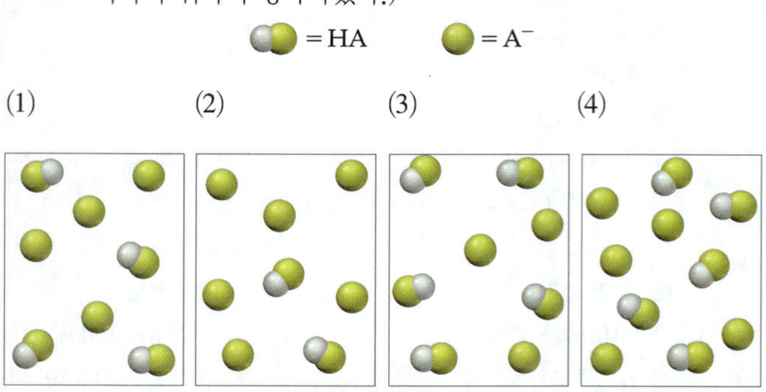

(a) pH가 가장 높은 용액은 어느 것인가? pH가 가장 낮은 용액은 어느 것인가?

(b) 용액 (1)에 2개의 H_3O^+를 첨가한 후 평형 상태를 나타내는 그림을 그리시오.

(c) 용액 (1)에 2개의 OH^-를 첨가한 후 평형 상태를 나타내는 그림을 그리시오.

17.40 다음 그림은 약한 이양성자산인 H_2A에 대해, H_2A, NaHA, Na_2A 중 하나 또는 하나 이상을 포함하는 용액을 나타낸다. (Na^+ 이온과 용매인 물 분자는 혼동을 피하기 위하여 생략하였다.)

(a) 완충 용액은 어느 것인가?

(b) 완충 용량이 가장 큰 것은 어느 것인가?

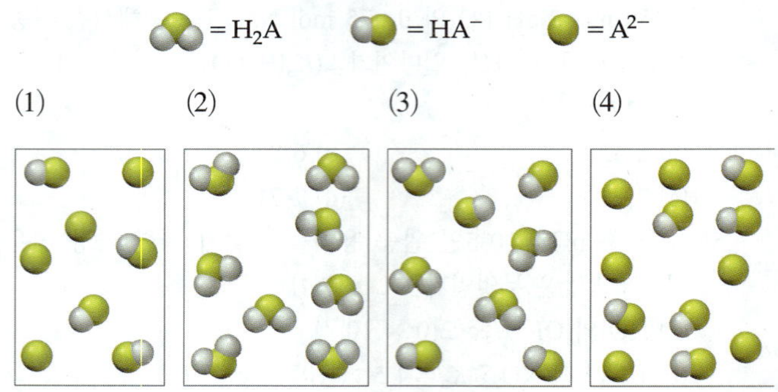

17.41 다음 그림은 두 개의 적정 곡선을 보여 준다. 각각은 0.100 M 산 50.0 mL를 0.100 M NaOH로 적정하는 것을 나타낸다.

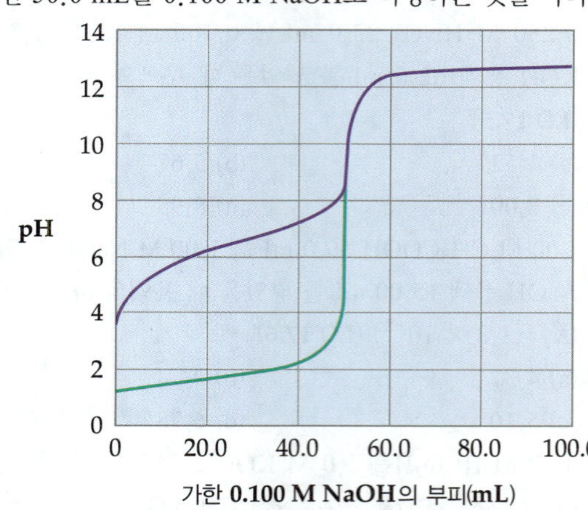

(a) 두 곡선 중 어느 것이 강산의 적정에 해당하는가? 어느 것이 약산의 적정에 해당하는가?

(b) 각 산의 당량점에서의 대략적인 pH 값은 얼마인가?

(c) 약산의 대략적인 pK_a 값은 얼마인가?

17.42 다음 그림은 약염기 B를 HCl 수용액으로 적정할 때 여러 단계에서의 용액 상태를 나타낸 것이다. (Cl^- 이온과 용매인 물 분자는 혼동을 피하기 위하여 생략하였다.)

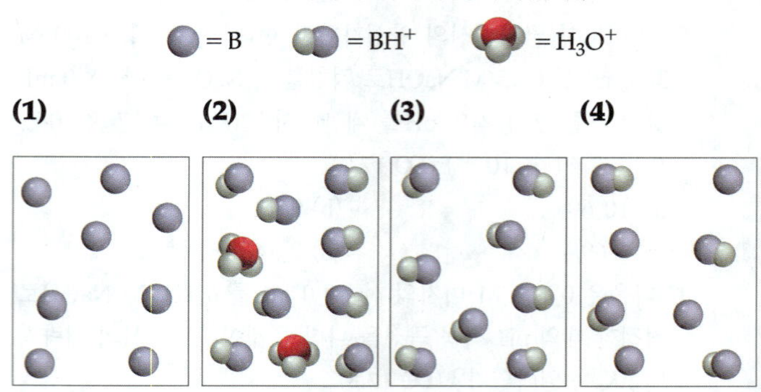

(a) 다음 단계 중 어느 것이 용액 (1)~(4)에 해당되는가?

(i) HCl 첨가 이전의 초기 상태
(ii) 당량점의 중간에서
(iii) 당량점에서
(iv) 당량점 이후

(b) 당량점의 pH는 7보다 큰가, 7보다 작은가?

17.43 다음 그림은 약한 이양성자산 H_2A를 NaOH 수용액으로 적정할 때 여러 단계에서의 용액 상태를 나타낸 것이다. (Na^+ 이온과 용매인 물 분자는 혼동을 피하기 위하여 생략하였다.)

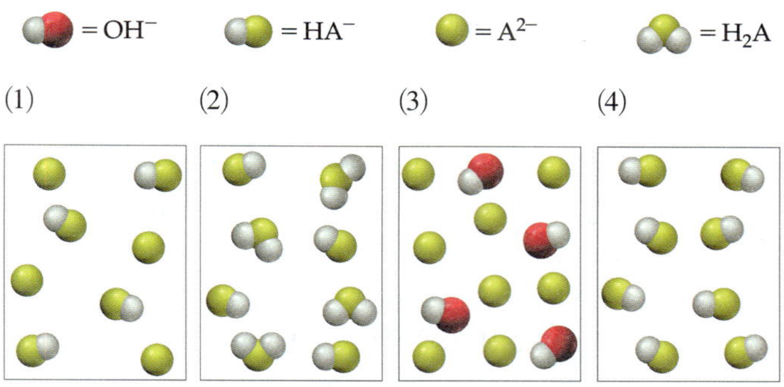

(a) 다음의 단계 중 어느 것이 용액 (1)~(4)에 해당되는가?
(i) 첫 번째 당량점의 중간
(ii) 첫 번째 당량점에서
(iii) 첫 번째 당량점과 두 번째 당량점의 중간
(iv) 두 번째 당량점 이후

(b) pH가 가장 높은 용액은 어느 것인가? pH가 가장 낮은 용액은 어느 것인가?

17.44 다음 그림은 황산 $H_2A(A^{2-} = SO_4^{\ 2-})$를 NaOH 수용액으로 적정할 때 여러 단계에서의 용액 상태를 나타낸 것이다. (Na^+ 이온과 용매인 물 분자는 혼동을 피하기 위하여 생략하였다.)

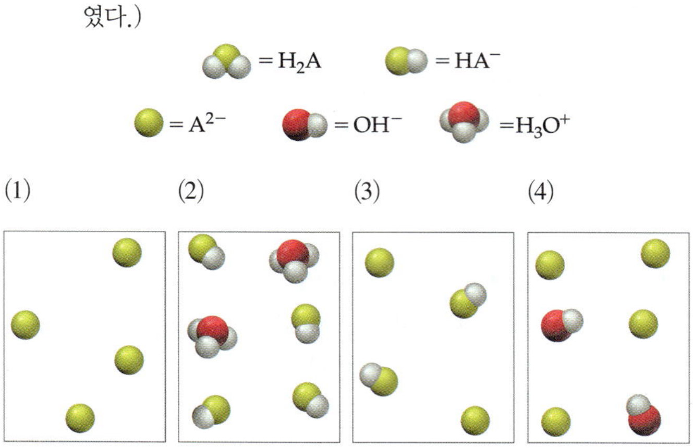

(a) 다음 단계 중 어느 것이 용액 (1)~(4)에 해당되는가?
(i) 첫 번째 당량점의 중간
(ii) 첫 번째 당량점과 두 번째 당량점의 중간
(iii) 두 번째 당량점에서
(iv) 두 번째 당량점 이후

(b) NaOH를 첨가하기 전 용액의 상태를 그리시오.

17.45 다음 그림은 AgCl의 용액을 나타낸다. 그림에는 나타내지 않았지만, Ag^+와 Cl^- 이외에 다른 이온이 포함되어 있을 수도 있다. 만약 용액 (1)이 AgCl 포화 용액을 나타낸다면, 용액 (2)~(4)는 불포화, 포화, 과포화 용액 중 어디에 해당하는가?

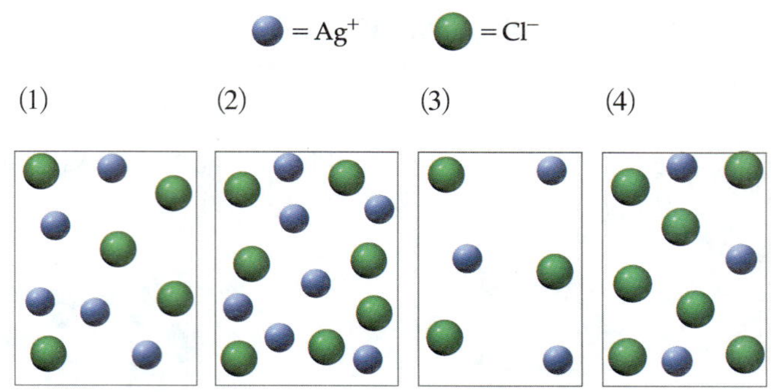

17.46 다음 그림은 Ag_2CrO_4 용액을 나타낸다. 그림에는 나타내지 않았지만, Ag^+와 $CrO_4^{\ 2-}$ 이온 외에 다른 이온이 포함되어 있을 수도 있다. 용액 (1)은 고체 Ag_2CrO_4와 평형을 이루고 있다. 용액 (2)~(4)에서 Ag_2CrO_4 침전이 생성되겠는가? 설명하시오.

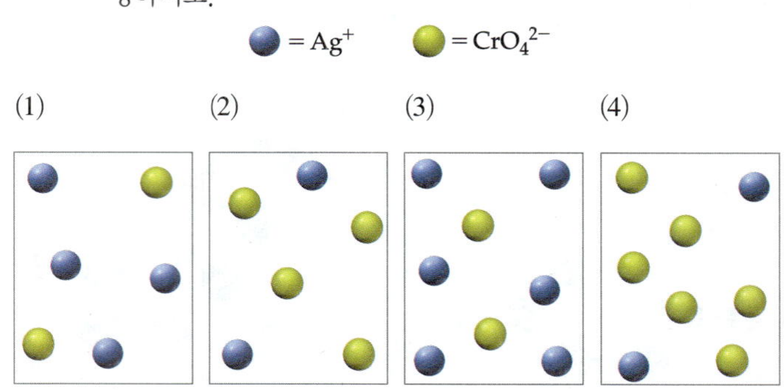

보충 문제

중화 반응(17.1절)

17.47 다음의 산–염기쌍을 중화하였을 때 pH는 7보다 큰가 작은가 같은가?

(a) HNO_3와 KOH
(b) HOI와 $Ba(OH)_2$
(c) HBr와 아닐린($C_6H_5NH_2$)
(d) HNO_2와 KOH

17.48 다음의 산–염기쌍을 중화하였을 때 pH는 7보다 큰가 작은가 같은가?
(a) NaOH와 벤조산($C_6H_5CO_2H$)
(b) NH_3와 $HClO_4$
(c) KOH와 HI
(d) $(CH_3)_3N$와 HOBr

17.49 다음 혼합물 중 pH가 더 높은 것은 무엇인가?
(a) 같은 부피의 0.10 M HCN과 0.10 M NaOH
(b) 같은 부피의 0.10 M $HClO_4$와 0.10 M NaOH

17.50 다음 혼합물 중 pH가 더 낮은 것은 무엇인가?
(a) 같은 부피의 0.10 M HI와 0.10 M KOH
(b) 같은 부피의 0.10 M HI와 0.10 M NH_3

17.51 페놀(C_6H_5OH, $K_a = 1.3 \times 10^{-10}$)은 구강세정제로 쓰이는 약산이고, 피리딘($C_5H_5N$, $K_b = 1.8 \times 10^{-9}$)은 용매로 쓰이는 약염기이다. 페놀과 피리딘의 중화 반응에 대한 K_n을 계산하시오. 이 중화 반응은 완전히 진행하지 않는가?

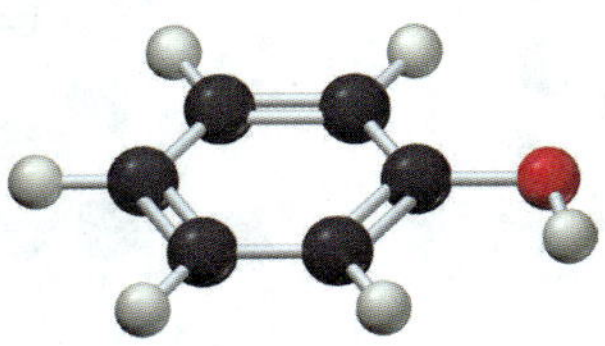
페놀

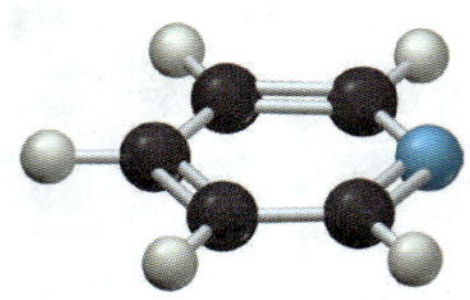
피리딘

17.52 아닐린($C_6H_5NH_2$, $K_b = 4.3 \times 10^{-10}$)은 염색약을 만드는 데 사용하는 약염기이다. 아닐린과 바이타민 C(아스코브산, $C_6H_8O_6$, $K_a = 8.0 \times 10^{-5}$)의 중화 반응의 K_n을 계산하시오. 평형에서 아닐린이 많이 남아 있는가?

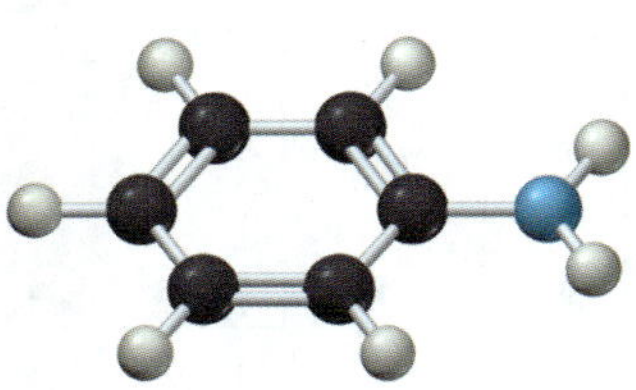
아닐린

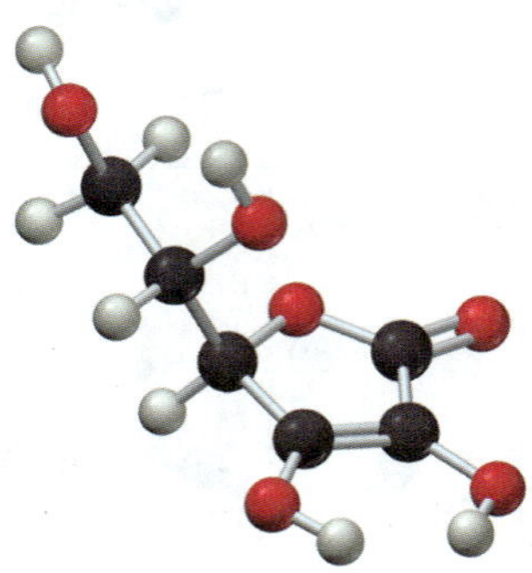
아스코브산

17.53 젖산($C_3H_6O_3$)과 요소(CH_4N_2O)의 중화 반응의 평형 상수 K_n은 2.1×10^{-4}이다. 요소의 K_b는 얼마인가? 젖산의 K_a 값은 부록 C를 참조하시오.

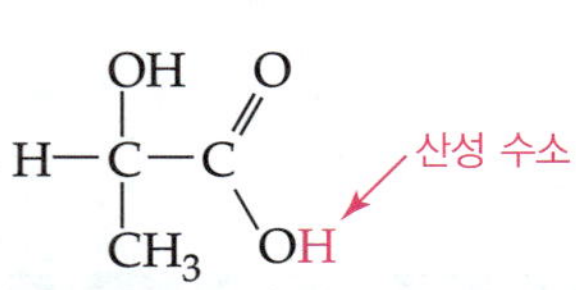

젖산

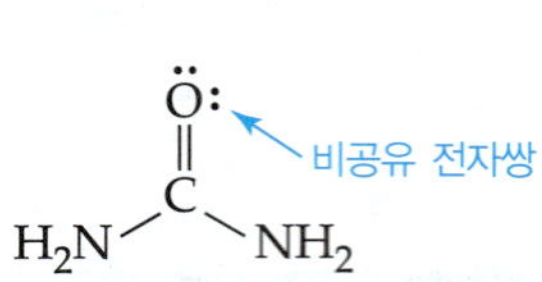

요소

17.54 붕산(H_3BO_3)과 카페인($C_8H_{10}N_4O_2$)의 중화 반응의 평형 상수 K_n은 24이다. 카페인의 K_b는 얼마인가? 붕산의 K_a 값은 부록 C를 참조하시오.

공통 이온 효과(17.2절)

17.55 다음 각 경우에 pH는 증가하는가 감소하는가 유지되는가?
(a) HF 용액에 LiF를 가할 경우
(b) HI 용액에 KI를 가할 경우
(c) NH_3 용액에 NH_4Cl을 가할 경우

17.56 다음 각 경우에 pH는 증가하는가 감소하는가 유지되는가?
(a) NH_3 용액에 NH_4NO_3를 가할 경우
(b) $NaHCO_3$ 용액에 Na_2CO_3를 가할 경우
(c) NaOH에 $NaClO_4$를 가할 경우

17.57 용액 중 HF의 농도는 0.25 M이고 NaF의 농도는 0.10 M인 혼합 용액의 pH를 계산하시오.

17.58 0.40 M NH_3 0.500 L에 고체 NH_4Cl 0.10 mol을 용해시켰을 때 pH를 구하시오. 부피 변화는 없다고 가정한다.

17.59 HN_3($K_a = 1.9 \times 10^{-5}$)과 NaN_3 용액의 pH는 4.86이다. HN_3의 몰농도가 0.016 M이면 NaN_3의 몰농도는 얼마인가?

17.60 NH_3와 NH_4Br 용액의 pH가 8.90이다. NH_3의 몰농도가 0.016 M이면 NH_4Br의 몰농도는 얼마인가?

17.61 0.10 M 하이드라진산(HN_3, $K_a = 1.9 \times 10^{-5}$)의 해리 백분율을 계산하시오. 0.10 M HCl이 존재하는 0.10 M HN_3 용액에서 해리 백분율을 다시 계산하고, 그 차이를 설명하시오.

17.62 NH_4NO_3 4.0 g을 첨가하기 전후의 0.30 M NH_3 100.0 mL의 pH를 계산하고, 그 차이를 설명하시오. 부피는 일정하다고 가정하시오.

완충 용액(17.3~17.4절)

17.63 다음의 두 용액을 같은 부피로 섞을 때 완충 용액이 되는 것은?
(a) 0.10 M HF와 0.10 M NaF
(b) 0.10 M HF와 0.10 M NaOH
(c) 0.20 M HF와 0.10 M NaOH
(d) 0.10 M HCl과 0.20 M NaF

17.64 다음의 두 용액을 같은 부피로 섞을 때 완충 용액이 되는 것은?
(a) 0.10 M NH_3와 0.10 M HCl
(b) 0.20 M NH_3와 0.10 M HCl
(c) 0.10 M NH_4Cl과 0.10 M NH_3
(d) 0.20 M NH_4Cl과 0.10 M NaOH

17.65 다음 중 어느 용액이 더 큰 완충 용량을 갖는가? 그 이유를 설명하시오.
0.30 M HNO_2–0.30 M $NaNO_2$ 100 mL 또는
0.10 M HNO_2–0.10 M $NaNO_2$ 100 mL

17.66 다음 중 어느 용액이 더 큰 완충 용량을 갖는가? 그 이유를 설명하시오.
0.20 M NH_4Br–0.30 M NH_3 50 mL 또는
0.40 M NH_4Br–0.60 M NH_3 50 mL

17.67 0.20 M HCN과 0.12 M NaCN 완충 용액의 pH를 계산하시오. 용액을 두 배로 묽히면 pH는 어떻게 변하는가? 그 이유

를 설명하시오.

17.68 0.20 L의 물에 $NaHCO_3$ 4.2 g과 Na_2CO_3 5.3 g을 녹여 만든 완충 용액의 pH를 계산하시오. 용액을 10배로 묽히면 pH는 어떻게 변하는가? 그 이유를 설명하시오.

17.69 0.36 M 폼산(formic acid)−0.30 M 폼산 소듐(sodium formate) 완충 용액의 pH와, 이 완충 용액 0.250 L에 (a) 0.0050 mol NaOH와 (b) 0.0050 mol HCl을 첨가한 후의 pH를 계산하시오. 부피는 일정하다고 가정한다.

17.70 0.18 M 아세트산−0.29 M 아세트산 소듐 완충 용액의 pH와, 이 완충 용액 0.375 L에 (a) 0.0060 mol KOH와 (b) 0.0060 mol HBr을 첨가한 후의 pH를 계산하시오. 부피는 일정하다고 가정한다.

17.71 헨더슨−하셀발흐 식을 이용하여, 폼산(HCO_2H)의 농도가 0.25 M이고 폼산 소듐(HCO_2Na)의 농도가 0.50 M인 완충 용액의 pH를 계산하시오.

17.72 산패유에서 젖산의 생성을 연구하는 식품화학자가 0.58 M 젖산($HC_3H_5O_3$)−0.36 M 젖산 소듐($NaC_3H_5O_3$) 완충 용액을 만들었다. 헨더슨−하셀발흐 식을 이용하여, 이 완충 용액의 pH를 구하시오.

17.73 헨더슨−하셀발흐 식을 이용하여, pH가 7.40인 혈액 속에 존재하는 H_2CO_3와 HCO_3^-의 비를 계산하시오. 37 °C 체온에서 탄산의 K_a는 7.9×10^{-7}이다.

17.74 혈액에서 H_2CO_3에 대한 HCO_3^-의 비는 'bicarb 수'라 하고 종합병원 응급실에서 혈액의 pH를 측정하는 데 사용된다. 케토산증과 'bicarb 수'가 10인 당뇨병 환자들은 응급실 입원이 허용된다. 이때 혈액의 pH를 구하시오. 37 °C 체온에서 탄산의 K_a는 7.9×10^{-7}이다.

17.75 각각의 농도가 1.0 M인 NH_4Cl과 NH_3 용액을 어떤 부피 비율로 섞어야 pH = 9.80 완충 용액을 만들 수 있는가?

17.76 CH_3CO_2H와 CH_3CO_2Na를 사용하여 pH가 4.44인 완충 용액을 만드는 방법을 설명하시오.

17.77 pH = 7.00인 완충 용액을 만들려고 할 때, 다음 중 어느 완충 용액 계를 선택하는 것이 좋을까? 그 이유를 설명하시오.
(a) H_3PO_4와 $H_2PO_4^-$
(b) $H_2PO_4^-$와 HPO_4^{2-}
(c) HPO_4^{2-}와 PO_4^{3-}

17.78 pH = 4.50인 완충 용액을 만들 때, 다음 중 어느 짝산−염기 쌍을 선택하는 것이 좋을까? 그 이유를 설명하시오.
(a) HSO_4^-와 SO_4^{2-}
(b) HOCl와 OCl^-
(c) $C_6H_5CO_2H$와 $C_6H_5CO_2^-$

17.79 같은 몰수의 $H_2PO_4^-$와 HPO_4^{2-}를 갖는 완충 용액이 있다. 이 완충 용액에 다음의 물질을 넣었을 때 pH는 증가하는가 감소하는가 그대로 유지되는가?
(a) Na_2HPO_4 (b) HBr (c) KOH
(d) KI (e) H_3PO_4 (f) Na_3PO_4

17.80 NaOH 20.0 g과 1.50 M NH_4Cl 0.500 L를 섞어 만든 용액에서 NH_4^+와 NH_3의 농도 및 pH를 계산하시오. (부피 변화는 없다고 가정하시오.)

강산−강염기 적정(17.5~17.6절)

17.81 0.150 M HNO_3 60.0 mL를 0.450 M NaOH로 적정하는 경우를 생각하자.
(a) 적정을 시작할 때 몇 mmol의 HNO_3가 존재하는가?
(b) 당량점 도달에 필요한 NaOH는 몇 mL인가?
(c) 당량점에서 pH는 얼마인가?
(d) pH 적정 곡선의 모양을 그리시오.

17.82 1.0 M NaOH 50.0 mL를 1.0 M HCl로 적정할 때 첨가된 산의 mL에 따른 용액의 pH를 도시한 그래프를 그리시오. 그래프의 다음의 각 점에서 pH를 구하고, 당량점 도달에 필요한 산의 mL를 결정하시오.
(a) 적정 시작
(b) 당량점
(c) 과량의 산이 가해진 후

17.83 0.125 M HCl 25.0 mL를 0.100 M KOH로 적정한다. 다음 부피의 염기를 가했을 때, 용액의 pH를 구하시오.
(a) 3.0 mL (b) 20 mL (c) 65 mL

17.84 0.116 M NaOH 50.0 mL를 0.0750 M HCl로 적정한다. 다음 부피의 산을 가했을 때, 용액의 pH를 구하시오.
(a) 5.0 mL (b) 50 mL (c) 0.10 L

약산−강염기 적정(17.7절)

17.85 0.250 M HF 40.0 mL를 0.200 M NaOH로 적정하는 경우를 가정하자. 당량점에 도달하려면 몇 mL의 NaOH가 필요한가? 또한 다음의 각 시점에서 용액의 pH를 계산하시오.
(a) 염기 10.0 mL를 가한 후
(b) 당량점의 중간에 해당하는 점
(c) 당량점에서
(d) 염기 80.0 mL를 가한 후

17.86 0.200 M HCO_2H 25.0 mL를 0.250 M NaOH로 적정하는 경우를 가정하자. 당량점에 도달하려면 몇 mL의 NaOH가 필요한가? 또한 다음의 각 시점에서 용액의 pH를 계산하시오.
(a) 염기 7.0 mL를 가한 후
(b) 당량점의 중간에 해당하는 점
(c) 당량점에서
(d) 염기 25.0 mL를 가한 후

17.87 (1) 강염기로 강산을 (2) 강염기로 약산을 적정할 때의 pH 적정 곡선을 한 그래프 위에 그리시오. 다음 항목들에 대해 두 곡선이 어떻게 다른지 설명하시오.
(a) 초기 pH
(b) 적정 초기에서 당량점까지 구간에서의 pH
(c) 당량점에서의 pH
(d) 당량점 이후의 pH
(e) 당량점까지 필요한 염기의 부피

17.88 0.010 M HA(K_a=1.0 × 10^{-4})를 0.010 M NaOH로 적정

한다.

(a) pH 적정 곡선을 그리고, 당량점을 표시하시오.
(b) 당량점까지 필요한 0.010 M NaOH의 부피는 얼마인가?
(c) 당량점에서의 pH는 7 보다 큰가 작은가 같겠는가?
(d) 당량점의 반인 지점에서 pH는 얼마인가?

약염기-강산 적정(17.8절)

17.89 0.100 M 메틸아민(CH_3NH_2, $K_b = 3.7 \times 10^{-4}$) 100.0 mL를 0.250 M HNO_3로 적정한다. 첨가한 산의 부피가 다음과 같을 때 용액의 pH를 계산하시오.
(a) 0.0 mL (b) 20.0 mL
(c) 40.0 mL (d) 60.0 mL

17.90 0.250 M 암모니아(NH_3, $K_b = 1.8 \times 10^{-5}$) 50.0 mL를 0.250 M HNO_3로 적정한다. 첨가한 산의 부피가 다음과 같을 때, 용액의 pH를 계산하시오.
(a) 0.0 mL (b) 25.0 mL
(c) 50.0 mL (d) 60.0 mL

17.91 미지의 산 세 개를 적정하였더니 당량점에서의 pH가 9.16(산 A), 8.88(산 B), 8.19(산 C)였다.
(a) 가장 강한 산은 무엇인가?
(b) 가장 약한 산은 무엇인가?

17.92 미지의 염기 세 개를 적정하였더니 당량점에서의 pH가 5.53(염기 A), 4.11(염기 B), 6.00(염기 C)였다.
(a) 가장 강한 염기는 무엇인가?
(b) 가장 약한 염기는 무엇인가?

17.93 다음의 0.10 M 산이나 염기 용액을 적정할 경우 당량점에서 pH는 얼마이고, 그림 17.5에서의 어떤 지시약이 각 적정에 적합한가?
(a) HNO_2와 NaOH
(b) HI와 NaOH
(c) 메틸아민(CH_3NH_2)과 HCl

17.94 다음의 0.20 M 산이나 염기 용액을 적정할 경우 당량점에서 pH는 얼마이고, 그림 15.5에 수록된 지시약 중 어느 것이 각 적정에 적합한가?
(a) $C_5H_{11}N$(피페리딘)과 HNO_3
(b) $NaHSO_3$와 NaOH
(c) $Ba(OH)_2$와 HBr

다양성자산-강염기 적정(17.9절)

17.95 양성자화된 아미노산 알라닌(H_2A^+, $K_{a1} = 4.6 \times 10^{-3}$, $K_{a2} = 2.0 \times 10^{-10}$) 0.100 M 용액 50.0 mL를 0.100 M NaOH로 적정한다. 첨가한 염기의 부피가 다음과 같을 때, 용액의 pH 를 계산하시오.
(a) 10.0 mL (b) 25.0 mL (c) 50.0 mL
(d) 75.0 mL (e) 100.0 mL

17.96 0.0200 M H_2CO_3 25.0 mL를 0.0250 M KOH로 적정한다. 첨가한 염기의 부피가 다음과 같을 때, 용액의 pH를 계산하시오.
(a) 10.0 mL (b) 20.0 mL (c) 30.0 mL
(d) 40.0 mL (e) 50.0 mL

17.97 1.00 M H_3PO_4 50.0 mL를 1.00 M KOH로 적정한다. 첨가한 염기의 부피가 다음과 같을 때, 용액의 pH 를 계산하시오.
(a) 25.0 mL (b) 50.0 mL
(c) 75.0 mL (d) 100.0 mL

17.98 이양성자산 용액 0.02500 L를 적정할 때, 두 번째 당량점에 도달할 때까지 34.72 mL의 0.1000 M NaOH가 소요되었다. 첫 번째 당량점에서의 pH는 3.95이고, 두 번째 당량점에서의 pH는 9.27이다. 0.2015 g의 산이 들어 있었다면, 이 산의 분자량, pK_{a1}, pK_{a2}는 얼마인가?

용해도 평형(17.10~17.11절)

17.99 다음의 각 화합물에 대하여 물에서의 해리 과정에 대한 알짜 균형 이온 반응식을 쓰고, 이들의 K_{sp} 평형 상수식을 나타내시오.
(a) Ag_2CO_3 (b) $PbCrO_4$
(c) $Al(OH)_3$ (d) Hg_2Cl_2

17.100 다음 각 화합물의 K_{sp} 평형 상수식을 나타내시오.
(a) $Ca(OH)_2$ (b) Ag_3PO_4
(c) $BaCO_3$ (d) $Ca_5(PO_4)_3OH$

17.101 어떤 PbI_2 포화 용액에서 $[Pb^{2+}] = 5.0 \times 10^{-3}$ M이고, $[I^-] = 1.3 \times 10^{-3}$ M이다.
(a) PbI_2의 K_{sp} 값은 얼마인가?
(b) $[Pb^{2+}] = 2.5 \times 10^{-4}$ M인 PbI_2 포화 용액에서 $[I^-]$는 얼마인가?
(c) $[I^-] = 2.5 \times 10^{-4}$ M인 포화 용액에서 $[Pb^{2+}]$는 얼마인가?

17.102 어떤 $Ca_3(PO_4)_2$ 포화 용액은 $[Ca^{2+}] = [PO_4^{3-}] = 2.9 \times 10^{-7}$ M 이다.
(a) $Ca_3(PO_4)_2$의 K_{sp} 값은 얼마인가?
(b) $[PO_4^{3-}] = 0.010$ M인 $Ca_3(PO_4)_2$ 포화 용액에서 $[Ca^{2+}]$는 얼마인가?
(c) $[Ca^{2+}] = 0.010$ M인 포화 용액에서 $[PO_4^{3-}]$는 얼마인가?

17.103 Ag_2CO_3를 녹여 만든 포화 수용액에서 $[Ag^+] = 2.56 \times 10^{-4}$ M이다. Ag_2CO_3의 K_{sp} 값은 얼마인가?

17.104 충격에 민감한 화합물인 아자이드화 납(II)($Pb(N_3)_2$)의 포화 수용액에서 $[Pb^{2+}] = 8.5 \times 10^{-4}$ M이다. $Pb(N_3)_2$의 K_{sp} 값은 얼마인가?

17.105 다음의 용해도 값을 이용하여 각 화합물의 K_{sp}를 계산하시오.
(a) SrF_2: 1.03×10^{-3} M
(b) CuI: 1.05×10^{-6} M
(c) MgC_2O_4: 0.094 g/L
(d) $Zn(CN)_2$: 4.95×10^{-4} g/L

17.106 다음의 용해도 값을 이용하여 각 화합물의 K_{sp}를 계산하시오.
(a) $CdCO_3$: 1.0×10^{-6} M
(b) $Ca(OH)_2$: 1.06×10^{-2} M
(c) $PbBr_2$: 4.34 g/L
(d) $BaCrO_4$: 2.8×10^{-3} g/L

17.107 부록 C에 있는 K_{sp} 값을 사용하여, 다음 화합물의 몰 용해도를 계산하시오.
(a) $BaCrO_4$ (b) $Mg(OH)_2$ (c) Ag_2SO_3

17.108 부록 C에 있는 K_{sp} 값을 사용하여, 다음 화합물의 용해도(g/L)를 계산하시오.
(a) Ag_2CO_3 (b) $CuBr$ (c) $Cu_3(PO_4)_2$

용해도에 영향을 미치는 인자(17.12절)

17.109 르샤틀리에 원리를 이용하여, Ag_2CO_3의 물에 대한 다음의 용해도 변화를 각각 설명하시오.
(a) $AgNO_3$를 가하니 용해도가 감소하였다.
(b) HNO_3를 가하니 용해도가 증가하였다.
(c) Na_2CO_3를 가하니 용해도가 감소하였다.
(d) NH_3를 가하니 용해도가 증가하였다.

17.110 르샤틀리에 원리를 이용하여, 다음의 각 물질을 첨가할 때 BaF_2의 용해도가 증가할지 감소할지 같을지를 예측하시오.
(a) HCl (b) KF
(c) $NaNO_3$ (d) $Ba(NO_3)_2$

17.111 다음 각 용액에서 $PbCrO_4$의 몰 용해도를 계산하시오.
(a) 순수한 물
(b) 1.0×10^{-3} M K_2CrO_4

17.112 다음 용액에서 SrF_2의 몰 용해도를 계산하시오.
(a) 0.010 M $Sr(NO_3)_2$
(b) 0.010 M NaF

17.113 다음 중 어느 화합물이 순수한 물보다 산성 용액에서 더 잘 용해되는가? 각 용해 반응의 균형 알짜 이온 반응식을 나타내시오.
(a) AgBr (b) $CaCO_3$
(c) $Ni(OH)_2$ (d) $Ca_3(PO_4)_2$

17.114 다음 중 어느 화합물이 순수한 물보다 산성 용액에서 더 잘 용해되는가? 각 용해 반응의 균형 알짜 이온 반응식을 나타내시오.
(a) MnS (b) $Fe(OH)_3$
(c) AgCl (d) $BaCO_3$

17.115 난용성 염인 AgBr의 포화 용액에 다음의 각 물질을 첨가했을 때, AgBr의 용해도가 증가하는가 감소하는가 영향을 받지 않는가?
(a) HBr (b) HNO_3
(c) $AgNO_3$ (d) NH_3

17.116 난용성 염인 $BaCO_3$의 포화 용액에 다음의 각 물질을 첨가했을 때, AgBr의 용해도가 증가하는가 감소하는가 영향을 받지 않는가?
(a) HNO_3 (b) $Ba(NO_3)_2$
(c) Na_2CO_3 (d) CH_3CO_2H

17.117 다음 물질을 첨가하였을 때 $Zn(OH)_2$의 용해도는 증가하는가 감소하는가 변화가 없는가? 각 용해 반응의 균형 알짜 이온 반응식을 나타내시오(착화합물의 화학식은 부록 C.6 참조).
(a) HCl (b) KOH (c) NaCN

17.118 다음 물질을 첨가하였을 때 $Fe(OH)_3$의 용해도는 증가하는가 감소하는가 변화가 없는가? 각 용해 반응에 대한 균형 알짜 이온 반응식을 나타내시오(착화합물에 대한 화학식은 부록 C.6 참조).
(a) HBr(aq) (b) NaOH(aq) (c) KCN(aq)

17.119 은 이온이 과량의 CN^-와 반응하여 무색 $Ag(CN)_2^-$ 착물을 형성한다. 이 착물의 형성 상수는 $K_f = 3.0 \times 10^{20}$이다. 2.0×10^{-3} M $AgNO_3$와 0.20 M NaCN을 같은 부피로 섞어 만든 용액에서 Ag^+의 농도를 계산하시오.

17.120 1.0 M NaOH 1.0 L에 $Cr(OH)_3 = 5.0 \times 10^{-3}$ mol을 용해시켜 착이온 $Cr(OH)_4^-$($K_f = 8 \times 10^{29}$)이 포함된 용액에서 착이온이 되지 않은 Cr^{3+}의 분율은 얼마인가?

17.121 다음 용해 반응의 균형 알짜 이온 반응식을 쓰고, 부록 C의 K_{sp}와 K_f를 이용하여 각 경우의 평형 상수를 계산하시오.
(a) AgI가 NaCN 수용액에 용해되어 $Ag(CN)_2^-$를 생성할 때
(b) $Al(OH)_3$가 NaOH 수용액에 용해되어 $Al(OH)_4^-$를 생성할 때
(c) $Zn(OH)_2$가 NH_3 수용액에 용해되어 $Zn(NH_3)_4^{2+}$를 생성할 때

17.122 다음의 용해 반응에 대한 균형 알짜 이온 반응식을 쓰고, 부록 C의 K_{sp}와 K_f를 이용하여 각 경우의 평형 상수를 계산하시오.
(a) $Zn(OH)_2$가 NaOH 수용액에 용해되어 $Zn(OH)_4^{2-}$를 생성할 때
(b) $Cu(OH)_2$가 NH_3 수용액에 용해되어 $Cu(NH_3)_4^{2+}$를 생성할 때
(c) AgBr이 NH_3 수용액에 용해되어 $Ag(NH_3)_2^+$를 생성할 때

17.123 다음 각 용액에서 AgI의 몰 용해도를 계산하시오.
(a) 순수한 물
(b) 0.10 M NaCN; $Ag(CN)_2^-$의 $K_f = 3.0 \times 10^{20}$

17.124 0.50 M NaOH에서 $Cr(OH)_3$($Cr(OH)_4^-$의 $K_f = 8 \times 10^{29}$)의 몰 용해도를 계산하시오.

17.125 수산화 아연($Zn(OH)_2$, $K_{sp} = 4.1 \times 10^{-17}$)은 물에 잘 용해되지 않는다. 그러나 강염기에서 Zn^{2+}가 용해성 착화합물, $Zn(OH)_4^{2-}$($K_f = 3.0 \times 10^{15}$)를 생성하므로 잘 용해된다.
(a) 순수한 물에서 $Zn(OH)_2$의 몰 용해도는 얼마인가? (물의 자동 이온화로 생성된 OH^-는 무시하시오.)
(b) (a)에서 생성된 용액의 pH는 얼마인가?
(c) 0.10 M NaOH 용액에서 $Zn(OH)_2$의 몰 용해도는 얼마인가?

17.126 구연산(H_3Cit)은 녹 얼룩 제거용 가정용 세제에 사용된다. $Fe(OH)_3$인 녹은 다음 반응과 같이, Fe^{3+}가 구연산 이온과 수용성 착화합물을 생성하여 물에 용해된다.

$$Fe(OH)_3(s) + H_3Cit(aq) \rightleftharpoons Fe(Cit)(aq) + 3\,H_2O(l)$$

(a) 부록 C에 수록되어 있는 평형 상수와 Fe(Cit)의 형성 상수 $K_f = 6.3 \times 10^{11}$를 이용하여, 이 반응의 평형 상수를

구하시오.

(b) 0.500 M H_3Cit 용액에서 $Fe(OH)_3$의 몰 용해도를 구하시오.

침전, 정성 분석(17.13~17.15절)

17.127 1.0×10^{-5} M $Ba(OH)_2$ 80.0 mL를 1.0×10^{-5} M $Fe_2(SO_4)_3$ 20.0 mL에 가할 때 어떤 침전 화합물이 생성되는가?

17.128 센물은 Ca^{2+}와 같은 알칼리 토금속 양이온을 포함하며 CO_3^{2-}와 반응하여 $CaCO_3$ 불용성 침전이 생성된다. $[Ca^{2+}]=8.0\times10^{-4}$ M인 250 mL의 센물에 다음과 같은 물질을 넣으면 $CaCO_3$ 침전이 생성되는가?

(a) 2.0×10^{-3} M Na_2CO_3 0.10 mL

(b) 고체 Na_2CO_3 10 mg

17.129 $[Mg^{2+}]=2.5\times10^{-4}$ M인 센물(문제 17.128) 시료의 pH를 10.80으로 조절하였다. $Mg(OH)_2$가 침전으로 생성되는가?

17.130 치아 부식을 방지하기 위해 수돗물에 불소 이온을 첨가한다. 대기 중의 CO_2와 석회석($CaCO_3$) 평형을 이루는 물에서 Ca^{2+}의 농도는 5.0×10^{-4} M이다. 만일 농도가 1.0 ppm이 되도록 불소 이온을 넣는다면 CaF_2($K_{sp}=3.5\times10^{-11}$) 침전이 생기겠는가?

17.131 정성 분석에서 Al^{3+}와 Mg^{2+}는 대략 pH가 8인 $NH_3-NH_4^+$ 완충 용액을 이용하여 분리한다. 양이온의 농도가 0.010 M일 때 $Al(OH)_3$ 침전은 생성되지만 $Mg(OH)_2$ 침전이 생성되지 않는 이유를 쓰시오.

17.132 Fe^{2+}가 0.01 M이고, Sn^{2+}가 0.01 M인 0.3 M HCl 용액에 H_2S 기체를 통과시킨다면 Fe^{2+}와 Sn^{2+}를 분리할 수 있는가? H_2S의 포화 용액 농도는 대략 0.10 M이고, K_{spa}는 FeS에 대해 6×10^2, SnS에 대해서는 1×10^{-5}이다.

17.133 Co^{2+}가 0.01 M이고, Zn^{2+}가 0.01 M인 0.3 M HCl 용액에 H_2S 기체를 통과시킨다면 Zn^{2+}와 Co^{2+}를 분리할 수 있는가? H_2S의 포화 용액 농도는 대략 0.10 M이고, K_{spa}는 CoS에 대해 3, ZnS에 대해서는 3×10^{-2}이다.

17.134 $Fe(NO_3)_2$가 0.10 M, HCl이 0.4 M, H_2S가 0.10 M인 용액에서 FeS 침전이 생성되는가? $NH_4^+-NH_3$ 완충 용액으로 pH를 8로 맞추면 FeS 침전이 생성되는가? 단, FeS의 K_{spa}는 6×10^2이다.

17.135 $Co(NO_3)_2$가 0.10 M, HCl이 0.5 M, H_2S가 0.10 M인 용액에서 CoS 침전이 생성되는가? $NH_4^+-NH_3$ 완충 용액으로 pH를 8로 맞추면 CoS 침전이 생성되는가? 단, CoS의 K_{spa}는 3이다.

17.136 그림 17.18에 있는 정성 분석 순서도를 이용하여 다음 이온쌍을 어떻게 분리하는지 설명하시오.

(a) Ag^+와 Cu^{2+}　(b) Na^+와 Ca^{2+}

(c) Mg^{2+}와 Mn^{2+}　(d) K^+와 Cr^{3+}

17.137 두 가지 물질만을 첨가하여 다음 이온쌍을 어떻게 분리할 수 있는지 설명하시오.

(a) Hg_2^{2+}와 Co^{2+}　(b) Na^+와 Mg^{2+}

(c) Fe^{2+}와 Hg^{2+}　(d) Ba^{2+}와 Pb^{2+}

17.138 다음 3가지 흰색 고체 NaCl, KCl 그리고 $MgCl_2$를 구별하기 위해 어떤 실험을 하여야 하는가?

17.139 정성 분석에서 Ag^+, Hg_2^{2+} 그리고 Pb^{2+}는 HCl을 첨가하여 다른 이온들로부터 분리할 수 있다. 금속 이온 농도가 0.030 M인 용액에서 (a) AgCl, (b) Hg_2Cl_2 그리고, $PbCl_2$의 침전이 생성되기 시작하는 Cl^-의 농도를 계산하시오. Ag^+가 침전되기 시작할 때 용액 중 남아 있는 Pb^{2+}의 분율은 얼마인가?

다중 개념 문제

17.140 묽은 플루오린화 이온 용액으로 화학적 처치를 하면 플루오린화 이온이 산에 대한 치아 법랑질의 내식성을 강하게 하여 충치 발생을 막을 수 있다. 플루오린화 이온은 법랑질의 재생 속도를 증가시키고 건강한 법랑질에서 OH^-를 F^-로 치환하여 하이드록시아파타이트를 플루오르아파타이트로 변화시킨다.

$$Ca_5(PO_4)_3(OH)(s) + F^-(aq) \rightleftharpoons Ca_5(PO_4)_3(F)(s) + OH^-(aq) \quad K = ?$$

각 화합물에 대해 주어진 K_{sp} 값을 이용하여 위 반응의 평형 상수를 구하시오.

$$Ca_5(PO_4)_3(OH)(s) \rightleftharpoons 5\,Ca^{2+}(aq) + 3\,PO_4^{3-}(aq) + OH^-(aq) \quad K_{sp} = 2.3\times10^{-59}$$

$$Ca_5(PO_4)_3(F)(s) \rightleftharpoons 5\,Ca^{2+}(aq) + 3\,PO_4^{3-}(aq) + F^-(aq) \quad K_{sp} = 3.2\times10^{-60}$$

17.141 H_2S로 포화된 0.30 M NH_4Cl−0.50 M NH_3 완충 용액에서 MnS의 몰 용해도를 계산하시오. H_2S 포화 용액의 농도는 대략 0.10 M이다. g/L로 나타낸 MnS 용해도는 얼마인가? (MnS의 K_{spa}는 3×10^7이다.)

17.142 레몬주스의 산도는 삼양성자산인 시트르산(H_3Cit)에 기인한다. pH 2.37인 주스에 포함된 H_3Cit, H_2Cit^-, $HCit^{2-}$, Cit^{3-}의 농도는 얼마인가? 네 종류의 시트르산의 전체 농도가 0.350 M인 경우 H_3Cit, H_2Cit^-, $HCit^{2-}$, Cit^{3-}의 농도는 얼마인가?

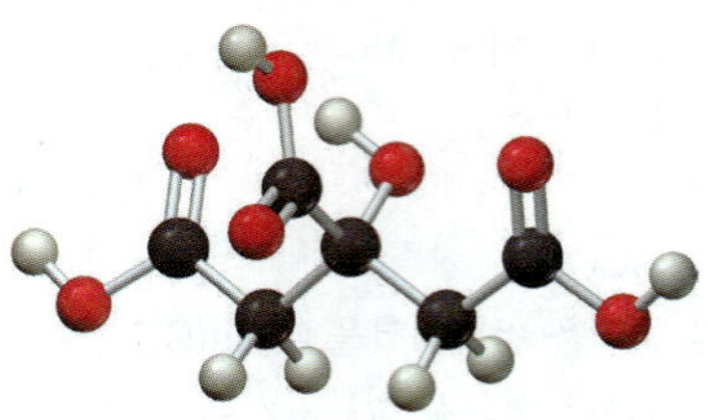

시트르산

17.143 100.0 mL 시료 용액은 0.100 M HCl과 0.100 M HCN을

함유한다. 이 용액을 0.100 M NaOH로 적정할 때 다음 부피의 NaOH를 가한 후 pH를 계산하시오.

(a) 0.0 mL (b) 75.0 mL
(c) 100.0 mL (d) 125.0 mL

17.144 물 100.0 mL에 고체 $Cd(OH)_2(K_{sp} = 5.3 \times 10^{-15})$ 0.0100 mol을 용해시켜 0.100 M HNO_3로 적정한다.

(a) 순수한 물에서의 $Cd(OH)_2$의 몰 용해도는 얼마인가? HNO_3 첨가 전 용액의 pH는 얼마인가?
(b) 0.100 M HNO_3 90.0 mL 첨가 후 pH는 얼마인가?
(c) $Cd(OH)_2$를 완전히 중화시키기 위해 필요한 0.100 M HNO_3는 몇 mL인가?

17.145 신장결석의 한 유형은 옥살산 칼슘(CaC_2O_4, $K_{sp} = 2.3 \times 10^{-9}$)의 침전물이다. Ca^{2+}의 농도가 2.5×10^{-3}이고, 옥살산($H_2C_2O_4$, $K_{a1} = 5.9 \times 10^{-2}$, $K_{a2} = 6.4 \times 10^{-5}$)의 농도가 1.1×10^{-4} M인 소변 시료에 대해 다음을 계산하시오.

(a) 소변의 pH는 보통 5.5이다. 이러한 조건 하에서 옥산살 칼슘이 침전하겠는가?
(b) 채소 식이요법은 소변의 pH를 7이상으로 높인다. pH가 높아지면 신장결석 생성량이 증가하는가 감소하는가?

17.146 대표적 이양성자산 $H_2A(K_{a1} = 10^{-4}$, $K_{a2} = 10^{-10})$를 NaOH로 적정할 때, 첫 번째 당량점에서 A를 함유하는 주된 화학종은 HA^-이다.

(a) HA^- 수용액에서 일어날 수 있는 네 가지의 모든 양성자 전달 반응을 고려할 때, 주반응이 $2HA^- \rightleftharpoons H_2A + A^{2-}$라는 것을 보이시오.
(b) 위 반응이 주반응이라는 가정 하에 첫 번째 당량점의 pH는 pK_{a1}과 pK_{a2}의 평균값과 같다는 것을 보이시오.
(c) 1.0 M NaHA 50.0 mL에는 A^{2-} 이온이 얼마나 존재하는가?

17.147 에틸렌다이아민($NH_2CH_2CH_2NH_2$, 약자로 en으로 표기)은 두 개의 양성자를 수용할 수 있는 유기 염기이다.

$$en(aq) + H_2O(l) \rightleftharpoons enH^+(aq) + OH^-(aq) \quad K_{b1} = 5.2 \times 10^{-4}$$

$$enH^+(aq) + H_2O(l) \rightleftharpoons enH_2^{2+}(aq) + OH^-(aq) \quad K_{b2} = 3.7 \times 10^{-7}$$

(a) 0.100 M 에틸렌다이아민 30.0 mL의 적정에서 0.100 M HCl 다음의 부피만큼 첨가하였을 때, pH 값을 계산하시오. 첨가된 HCl mL에 따른 pH의 대략적인 그래프를 그리시오.

(i) 0.0 mL (ii) 15.0 mL
(iii) 30.0 mL (iv) 45.0 mL
(v) 60.0 mL (vi) 75.0 mL

(b) 에틸렌다이아민의 구조를 그리고, 어떻게 두 개의 양성자를 수용할 수 있는지 설명하시오.
(c) 결합에 사용하는 N의 혼성 오비탈은 무엇인가?

17.148 HCl과 H_3PO_4의 혼합 용액 40.0 mL를 0.100 M NaOH로 적정하였더니, 첫 번째 당량점은 88.0 mL의 염기를 가한 후에 나타났고, 두 번째 당량점은 126.4 mL의 염기를 가한 후에 나타났다.

(a) 첫 번째 당량점에서의 H_3O^+ 이온의 농도는 얼마인가?
(b) HCl과 H_3PO_4의 초기 농도는 각각 얼마인가?
(c) 첫 번째 당량점에서 몇 %의 HCl이 중화되는가?
(d) 염기를 전혀 가하지 않을 때 용액의 pH는 얼마인가?
(e) pH 적정 곡선을 그린 다음, 완충 영역과 당량점을 표시하시오.
(f) 당량점을 알아내기 위하여 어떠한 지시약들이 사용될 수 있는가?

17.149 25 °C, 732.0 mmHg에서 HCl 기체 1.000 L가 Na_2CO_3 6.954 g과 물 250.0 g으로 이루어진 수용액에 모두 흡수되었다.

(a) 용액의 pH는 얼마인가?
(b) 용액의 어는점은 얼마인가?
(c) 용액의 증기 압력은 얼마인가? (25 °C에서 순수한 물의 수증기 압력은 23.76 mmHg이다.)

17.150 25 °C에서 이온성 염 MX가 포화된 용액의 삼투 압력이 74.4 mmHg이다. MX가 완전히 해리한다고 가정하면 K_{sp}는 얼마인가?

17.151 25 °C에서 0.560 M $NaHCO_3$ 50.0 mL와 0.400 M NaOH 50.0 mL를 섞은 용액에 대해 다음 질문에 답하시오.

(a) 균형 알짜 이온 반응식을 나타내시오.
(b) 반응 결과 용액의 pH는 얼마인가?
(c) 반응 결과 열(J)이 얼마나 발생하는가? (부록 B에 표준 생성 엔탈피가 수록되어 있다.)
(d) 용액의 최종 온도는 얼마인가? 방출된 모든 열은 용액에 의해 흡수된다고 가정한다. 용액의 질량은 100.0 g이고, 비열은 4.18 J/(g·°C)이다.

17.152 정성 분석에서 Ca^{2+}와 Ba^{2+}는 NH_3를 함유하는 $(NH_4)_2CO_3$ 수용액을 가하여 Na^+, K^+, Mg^{2+}로부터 분리할 수 있다(그림 17.18). 용액을 가한 후 $(NH_4)_2CO_3$의 농도는 0.080 M이고, NH_3의 농도는 0.16 M이라 가정할 때

(a) 초기에 용액에 존재하는 모든 브뢴스테드-로리 산과 염기를 나열하고, 주반응을 확인하시오.
(b) pH와 용액 중에 존재하는 모든 화학종의 농도를 계산하시오.
(c) 육안으로 침전이 생성되는지 판단하기 위해서는 매우 많은 이온들이 모여서 고체 입자를 형성해야 한다. 이러한 이유와 다른 이유로 일반적인 정성 분석에서 침전을 확인하기 위해서는, 침전되기 전 이온곱 값이 대체로 K_{sp}에 비하여 10^3배 정도 커야 한다. 이러한 사실을 고려하여, $MgCO_3$를 제외한 $CaCO_3$와 $BaCO_3$ 침전을 관찰하기에 충분한 CO_3^{2-}의 농도를 계산하시오. 각 금속 이온의 농도는 0.010 M이라고 가정한다.
(d) Mg^{2+}, Ca^{2+}, Ba^{2+} 중에서 어느 금속이 금속 수산화물로 침전되는지를 정량적으로 설명하시오.

(e) 0.080 M $(NH_4)_2CO_3$ 대신에 0.80 M Na_2CO_3를 사용하면 Ca^{2+}와 Ba^{2+}가 Mg^{2+}로부터 분리될 수 있는가? 답에 대한 이유를 정량적으로 설명하시오.

17.153 철도 탱크차가 탈선하여 진한 황산 36톤을 엎질렀다. 산은 98.0 질량 % 황산이고, 밀도는 1.836 g/mL이다.

(a) 산의 몰농도는 얼마인가?

(b) 산을 완전히 중화하는 데 탄산 소듐 몇 kg이 필요한가?

(c) 18 °C, 745 mmHg에서 부생성물로 생성된 이산화 탄소는 몇 L인가?

17.154 시판하는 남성용 모발 염색제에는 아세트산 납$[Pb(CH_3CO_2)_2]$이 함유되어 있다. 염색제 용액을 머리에 문지르면 Pb^{2+} 이온이 모발 단백질의 황 원자와 반응하여 검은색 황화 납(II) PbS를 형성한다. 대표적 염색제에는 0.3 질량 % $Pb(CH_3CO_2)_2$가 함유되어 있고, 한 번 염색할 때마다 약 2 mL 염색제가 사용된다.

(a) $Pb(CH_3CO_2)_2$의 30%가 PbS로 변한다고 가정할 때, 한 번 염색할 때마다 몇 mg의 PbS를 생성하는가?

(b) pH = 5.50의 물과 샴푸로 머리를 감는다고 가정할 때, 검은 PbS 50%를 제거하려면 몇 번을 감아야 하는가? 한 번 감을 때마다 3 gal의 물을 사용하고, 씻은 물은 PbS로 포화된다고 가정한다.

(c) 일반적 염색 주기에 비하여 계산된 머리 감는 횟수는 적절한 값인가? 어떠한 과정이 염색된 머리의 탈색에 영향을 미치는가?

chapter 18

열역학: 엔트로피, 자유 에너지와 자발성

ⓒadike/Shutterstock

CONTENTS

열역학 제2법칙은 모든 자발적인 과정이 무작위성을 증가시킨다는 것을 나타낸다. 그러나 살아 있는 유기체는 DNA와 같이 고도로 체계화된 구조를 만든다. DNA 분자는 두 개의 가닥을 가지고 있으며, 각각은 특정한 염기 서열을 가지고 있다.

고도로 정렬된 분자들의 생성은 열역학 제2법칙을 위반하는가?

이 질문의 답은 821쪽 INQUIRY ? 에 나와 있다.

우리는 매일 한 잔의 물에서 녹는 얼음 조각, 공기가 빠져나가는 펑크 난 타이어, 공기와 물에 장시간 노출되어 녹슨 금속과 같은 친숙한 과정을 관찰한다. 이 책에서 우리는 열전달의 양(열화학), 반응 속도(반응 속도론) 및 반응의 정도(평형)와 같은 화학적 및 물리적 변화의 다양한 측면을 공부하였다. 그러나 우리는 처음에 이러한 변화가 일어나지만, 그 반대로는 왜 일어나지 않는가에 대해 고려해 본 적이 없다. 왜 물은 상온에서 자발적으로 얼음으로 변하지 않을까? 펑크 난 타이어가 스스로 공기를 다시 채우지 않고, 녹슬었던 금속이 원래의 반짝이는 상태로 돌아가지 않는 이유는 무엇일까? 다시 말해, 한 과정의 방향과 정도를 결정짓는 것은 어떤 요인인가?

화학적 또는 물리적 과정의 **방향**은 반응물이 생성물로 변하는지 또는 그 반대인지를 알려준다. 우리는 한 잔의 물에 있는 얼음은 상온에서 항상 녹을 것이고, 액체 물은 고체 얼음으로 되돌아가지 않는다는 것을 알고 있다. 반응의 **정도**는 평형 상수 K의 값으로 기술되는 평형의 위치를 말한다. 주로 생성물로 구성된 평형 상태에 이르는 반응은 K 값이 크고, 주로 반응물을 평형에서 생성하는 반응은 K 값이 작다. 얼음 조각이 물에서 완전히 녹고, 25 °C에서 $H_2O(s)$가 $H_2O(l)$로 변하는 물리적 변화는 매우 큰 값의 K를 가진다는 것을 관찰한다.

화학적 및 물리적 변화가 일어나는 근본적인 이유를 이해하기 위해, 우리는 에너지 형태 간의 관계를 다루는 분야인 **열역학(thermodynamics)**을 이용한다. 분자의 무질서도와 관련된 엔트로피가 이러한 변화의 원동력이라는 것을 알게 될 것이다.

18.1 자발적 과정

9.12절에서 우리는 **자발적 과정(spontaneous process)**을 외부 영향 없이 스스로 진행하는 과정으로 정의하였다. 자발적 과정의 역방향은 항상 비자발적이며, 어떤 지속적인 외부 영향이 존재해야 일어난다. 예를 들어, 기체의 진공 팽창을 생각해 보자. 그림 18.1에 보이는 장치의 잠금 꼭지를 열면, 용기 A의 기체는 진공인 용기 B로 두 용기의 압력이 같아질 때까지 자발적으로 팽창한다. 모든 기체 분자가 한쪽의 용기로 이동하는 역과정은 자발적으로 일어나지 않는다. 기체를 큰 부피에서 작은 부피로 압축하려면 피스톤을 사용하여 기체를 밀어 넣어야 한다.

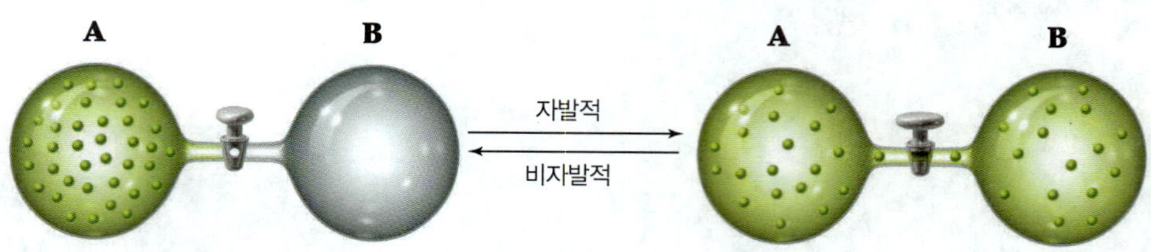

▶ 그림 18.1
기체의 진공 팽창. 잠금 꼭지를 열면 용기 A의 기체는 진공 용기 B로 자발적 팽창하여 가능한 모든 부피를 채운다. 한쪽 용기로 기체를 압축하는 역과정은 비자발적이다.

두 번째 예로, 백금 촉매 존재 하에 일어나는 수소와 산소의 결합 반응을 생각해 보자.

$$2\,H_2(g) + O_2(g) \xrightarrow{\text{촉매}} 2\,H_2O(l)$$

정반응은 자발적으로 일어나지만, 역반응인 물의 분해는 아무리 오래 기다려도 일어나지 않는다. 19.12절에서 **전기 분해(electrolysis)**에 의해 역반응을 일으킬 수는 있으나, 역반응은 비자발적이고 지속적인 전기 에너지의 주입을 필요로 한다는 것을 알게 될 것이다.

미리보기…
19.12절에서 다루게 될 **전기 분해**는 화학 변화를 일으키기 위해 전류를 사용하는 과정이다.

일반적으로, 정반응 또는 역반응이 자발적이냐 아니냐는 반응 혼합물의 온도, 압력, 조성에 달려 있다. 예를 들어, 암모니아의 하버 합성을 생각해 보자.

$$N_2(g) + 3\,H_2(g) \xrightleftharpoons{\text{촉매}} 2\,NH_3(g)$$

부분 압력이 각각 1 atm인 N_2, H_2, NH_3의 기체 혼합물이 300 K에서 자발적으로 반응하여 N_2와 H_2의 일부가 NH_3로 변환된다. 평형 상수 K와 **반응 지수(reaction quotient, Q)**의 상대적인 값으로부터 자발적 반응의 방향을 예측할 수 있다(15.5절). 300 K에서 $K_p = 4.4 \times 10^5$이고 부분 압력 1 atm에서 $Q_p = 1$로 Q_p가 K_p보다 작기 때문에 반응은 정방향으로 진행될 것이다. 이 조건 하에서 역반응은 비자발적이다. 그러나 700 K에서는 $K_p = 8.8 \times 10^{-5}$으로 Q_p가 K_p보다 크기 때문에 역반응이 자발적이다.

기억하기…
반응 지수 Q는 평형 상수 K와 같은 방법으로 정의된다. 사용되는 농도나 부분 압력의 값이 꼭 평형에서 얻어진 값일 필요는 없다(15.5절).

자발적 반응은 항상 반응 혼합물을 평형으로 이동시킨다. 반면에, 비자발적 반응은 혼합물의 조성을 평형 조성으로부터 멀어지게 한다. 자발적이란 말이 반드시 '빠르다'는 것을 의미하는 것은 아님을 기억하라. 자발적 반응은 빠를 수도 느릴 수도 있다. 예를 들어, 금속 철의 점진적인 부식은 느린 자발적 반응이다. 열역학은 반응이 어느 방향으로 일어나는가를 알려 줄 수는 있지만, 얼마나 오래 걸리는지에 대해서는 아무것도 말해 주지 않는다. 14.7절에서 논의한 대로, 반응의 속도는 온도, 농도, 반응물과 생성물 사이의 **활성화 에너지(activation energy)** 장벽의 높이에 의존한다(그림 18.2). 활성화 에너지의 값이 크면 반응 속도는 느려진다.

기억하기…
전이 상태와 반응물 사이의 에너지 차이인 **활성화 에너지 E_a**는 반응에 필요한 최소한의 충돌 에너지이다(14.7절).

바퀴의 가장자리가 녹스는 것은 느리지만, 자발적 반응이다.
ⓒEsther Booth/Shutterstock

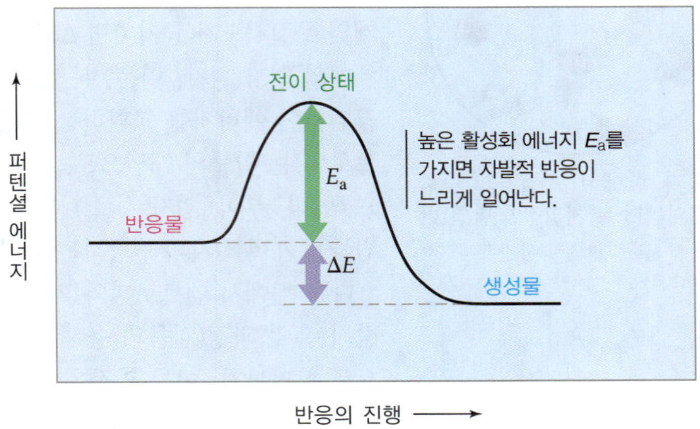

▲ **그림 18.2**
느린 자발적 반응의 친숙한 예와 반응의 퍼텐셜 에너지 도표. 반응 속도는 반응 속도론에 의존한다.

18.2 엔탈피, 엔트로피와 자발적 과정

자발적 과정과 그 과정을 일어나게 하는 열역학적 인자에 대해 좀 더 자세히 살펴보자. 9장에서 대부분의 자발적 반응은 퍼텐셜 에너지의 열변환을 수반한다는 것을 알았다. 예를 들어, 메테인(methane)이 공기 중에서 연소될 때, CH_4와 O_2의 화학 결합에 저장된 퍼텐셜 에너지가 일부 열로 바뀌어 계(반응물과 생성물)에서 주위로 흐른다.

$$CH_4(g) + 2\,O_2(g) \longrightarrow CO_2(g) + 2\,H_2O(l) \quad \Delta H° = -890.3\text{ kJ}$$

계가 열을 잃었기 때문에 반응은 발열이고, 표준 반응 엔탈피는 음의 값($\Delta H° = -890.3$ kJ)이다. 전체 에너지는 보존되므로, 계가 잃은 모든 에너지는 주위가 얻은 열로 나타난다.

자발적 반응은 종종 열을 방출하기 때문에, 19세기 프랑스 화학자인 베르틀로(Marcellin Berthelot)는 자발적인 화학적 또는 물리적 변화는 항상 발열이라고 주장하였다. 그러나 베르틀로의 제안은 맞을 수 없다. 예컨대, 얼음은 0 ℃ 이상에서 주위로부터 자발적으로 열을 흡

개념탐구 질문 1
다음 중 어느 것이 비자발적 과정인가?
(a) 뜨거운 물체로부터 찬 물체로 열 흐름
(b) $K = 0.20$인 A $\rightleftharpoons$ B의 반응에서, [A] = 2.0 M이고 [B] = 1.0 M의 혼합물에서 물질 A가 물질 B로 변화되는 과정
(c) 28 ℃에서 거울 위 증기가 액체 물로 응축되는 과정

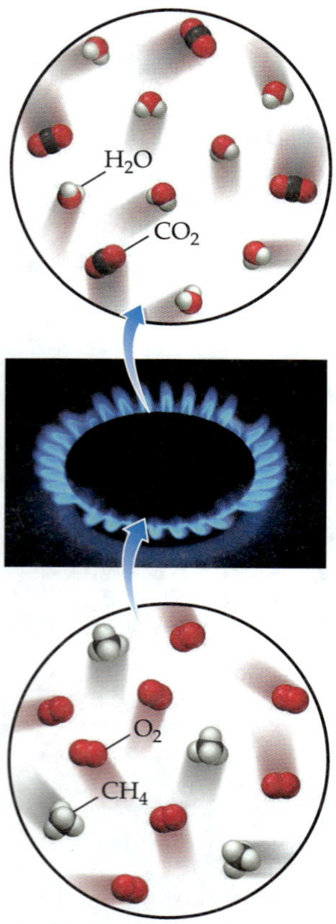

▲ 공기 중에서 천연가스(주로 CH_4)의 연소는 자발적인 발열 반응이다. ©Darren Pullman/Shutterstock

수하여 녹는다. 유사하게, 액체 물은 100 ℃ 이상에서 열을 흡수하여 자발적으로 끓는다. 또 다른 예로 N_2O_4 기체는 400 K에서 NO_2로 분해될 때 열을 흡수하고, 식염은 상온에서 물에 녹을 때 열을 흡수한다.

$$H_2O(s) \longrightarrow H_2O(l) \qquad \Delta H_{\text{융용}} = +6.01\ \text{kJ}$$
$$H_2O(l) \longrightarrow H_2O(g) \qquad \Delta H_{\text{증발}} = +40.7\ \text{kJ}$$
$$N_2O_4(g) \longrightarrow 2\,NO_2(g) \qquad \Delta H^\circ = +55.3\ \text{kJ}$$
$$NaCl(s) \longrightarrow Na^+(aq) + Cl^-(aq) \qquad \Delta H^\circ = +3.88\ \text{kJ}$$

이 모든 과정은 흡열이지만 자발적이다. 위의 모든 경우, 계는 주위로부터 열을 흡수하여 더 높은 엔탈피 상태로 자발적으로 이동한다.

어떤 자발적 반응은 발열이고, 어떤 자발적 반응은 흡열이다. 따라서 엔탈피만으로는 자발적 변화의 방향을 설명할 수 없고, 두 번째 요인이 포함되어야 한다. 자발적 변화의 두 번째 결정 요소는 무질서도가 최대인 상태로 움직이려는, 자연이 가진 성향이다(9.12절).

분자의 무질서도를 **엔트로피(entropy)**라고 하며, 기호 *S*로 표시한다. 엔트로피는 **상태 함수(state function**, 9.2절)이므로, 어떤 과정의 엔트로피 변화 ΔS는 계의 초기와 최종 상태에만 의존한다.

$$\Delta S = S_{\text{최종}} - S_{\text{초기}}$$

계의 무질서도가 증가하면 ΔS는 양의 값을 가지며, 무질서도가 감소하면 ΔS는 음의 값이 된다.

계의 입자(원자, 이온, 분자)는 접근할 수 있는 부피의 공간에서 움직이며, 서로 충돌하면서 끊임없이 에너지를 교환하는 운동을 하고 있기 때문에, 계의 무질서도가 생긴다. 무질서도(엔트로피)는 확률의 개념으로, 계의 특정한 상태에 도달할 수 있는 방법의 수와 관계가 있다. 온도, 압력, 부피, 입자 수로 나타내는 거시계의 특정 상태에 도달하는 방법은 수없이 많다. 그 방법들은 개별 입자의 변동하는 위치와 에너지는 달라도 부피와 총 에너지는 일정하다.

다음 절에서 엔트로피와 확률의 관계를 자세히 알아보겠지만, 먼저 앞에 언급한 네 개의 자발적 흡열 과정(얼음의 융해, 액체 물의 끓음, N_2O_4의 분해, 물에서 NaCl의 용해)을 정성적으로 살펴보자. 이들 과정은 계의 무질서도 증가를 포함하고 있다. 예를 들어, 얼음이 녹을 때 단단히 연결된 물 분자의 고도로 정렬된 결정 배열이 붕괴되어 분자들이 액체 내에서 자유로이 움직이게 되므로, 무질서도가 증가하게 된다. 액체 물이 증발할 때 무질서도는 더 증가하게 된다. 이것은 분자들이 훨씬 더 큰 기체 부피 내에서 독립적으로 움직일 수 있기 때문이다. 일반적으로 고체에서 액체로, 또는 액체에서 기체로 변환하는 과정은 무질서도의 증가를 포함하므로 엔트로피가 증가한다(**그림 18.3**).

기억하기…

상태 함수란 계가 현재 상태에 도달하기 위해 사용한 경로에는 의존하지 않고 계의 현재 상태(조건)에만 의존하는 함수나 성질을 말한다. 압력, 부피, 온도, 엔탈피, 엔트로피는 상태 함수이다(9.2절).

▶ 그림 18.3
고체, 액체, 기체가 상호 변환할 때 분자의 무질서도(엔트로피) 변화

▶ 확인하기

물질의 어떤 상태가 입자들이 배열하는 방법의 수가 가장 큰가?

답 기체

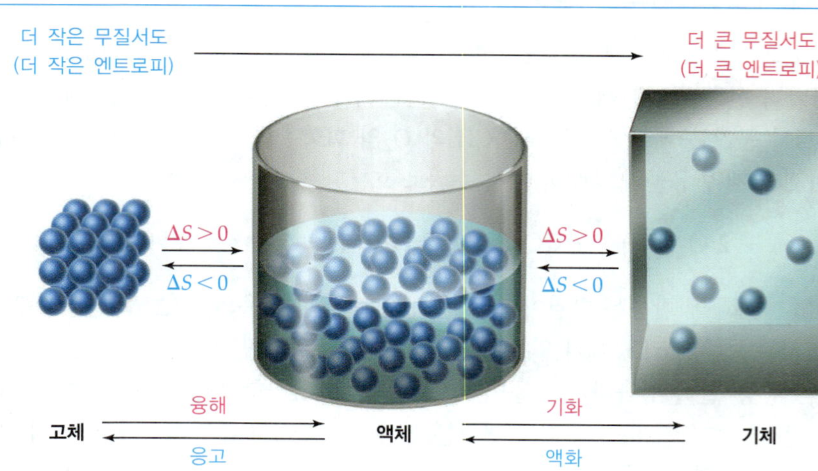

N_2O_4(O_2N-NO_2)의 분해는 무질서도의 증가를 수반한다. 이것은 N−N 결합이 깨져서 두 개의 NO_2 기체 분자 조각이 독립적으로 운동할 수 있기 때문이다. 어떤 분자가 둘 이상의 조각으로 쪼개지면 분자의 무질서도 값은 증가한다. 좀 더 일반적으로, 어떤 반응에서 기체 입자의 수가 증가하면 무질서도(엔트로피)는 증가한다(**그림 18.4**).

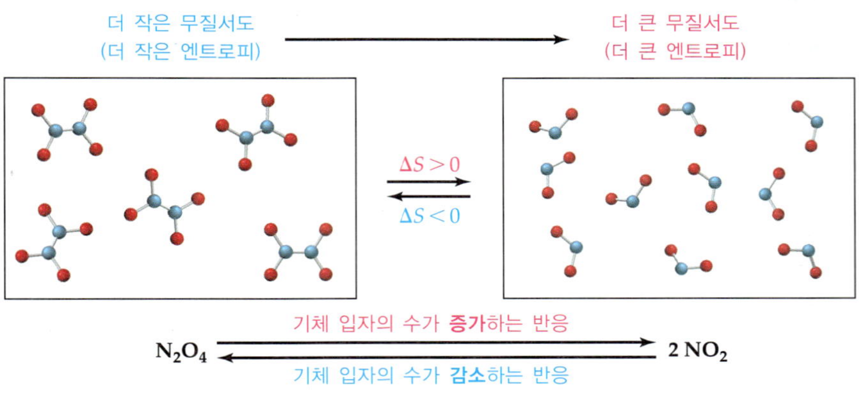

▲ **그림 18.4**
기체 입자의 수가 변할 때 분자의 무질서도(엔트로피) 변화

◀ 확인하기

기체 입자 수가 증가하면 왜 엔트로피가 증가하는가?

답 반응물에는 5개의 N_2O_4 분자가 있고, 생성물에는 10개의 NO_2 분자가 있다. 5개의 분자를 상대적으로 배열하는 방법보다 10개의 분자를 상대적으로 배열하는 방법이 더 많다. 배열 가능한 수가 증가하면 무질서도도 증가한다.

염화 소듐이 물에 용해될 때, 고체 NaCl의 결정 구조가 붕괴되어 Na^+와 Cl^- 이온이 **수화**(hydrated), 즉 용매인 물 분자의 잘 정렬된 껍질에 의해 둘러싸이기 때문에 엔트로피의 변화가 생긴다. 이온성 염이 물에 용해될 때 극성 물 분자와 전하를 띤 이온 사이에는 **이온−쌍극자 힘**(**ion−dipole forces**)이 형성된다는 것을 기억하자(8.6절). 결정의 붕괴는 무질서도를 증가시킨다. 이는 Na^+와 Cl^- 이온이 고체에서는 단단히 잡혀 있지만, 액체에서는 자유로이 움직이기 때문이다. 그러나 극성 물 분자가 이온을 수화시키는 과정에서 Na^+와 Cl^- 이온 주위에 규칙적으로 배열하기 때문에 무질서도는 **감소**하게 된다. 결과적으로, NaCl 용해 과정 전체의 무질서도는 증가하고, ΔS는 양의 값을 갖는다(**그림 18.5**). 이것은 $HgCl_2$와 같은 분자성 고체,

기억하기…
이온 − 쌍극자 힘은 이온과 극성 분자의 부분 전하 사이의 정전기적 인력의 결과이다(8.6절).

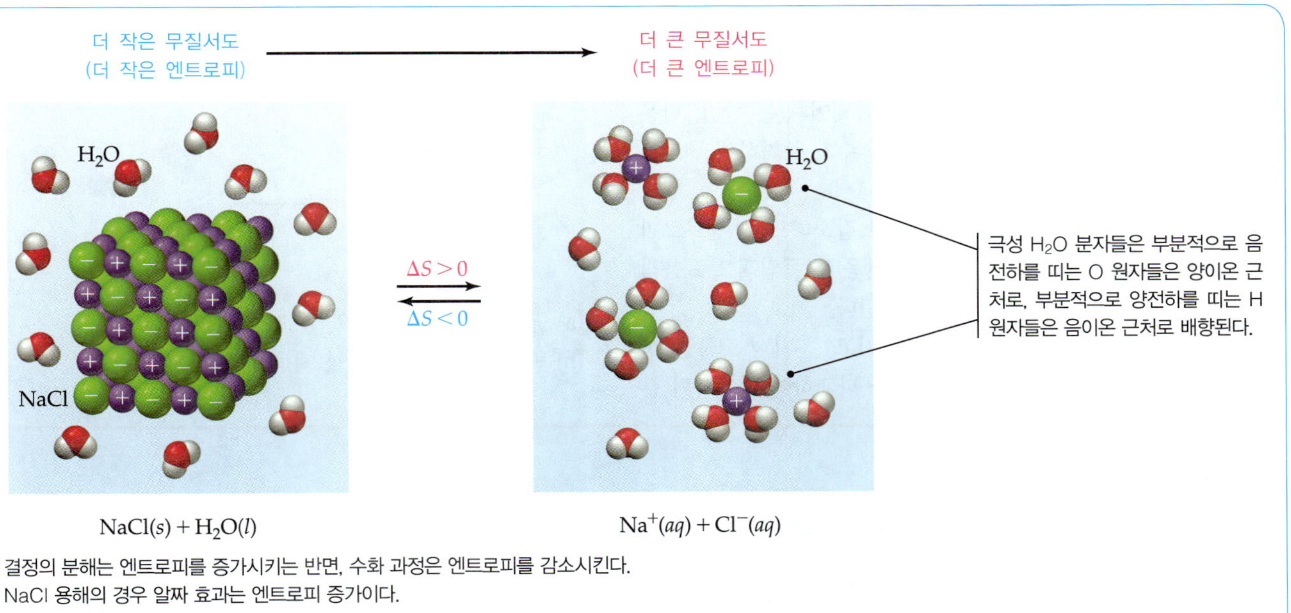

▲ **그림 18.5**
NaCl이 물에 용해될 때 분자의 무질서도, 즉 엔트로피 변화. NaCl이 물에 용해될 때 그 결정은 분해되고, Na^+와 Cl^- 이온들은 물 분자에 의하여 둘러싸여 수화된다.

+1가 양이온과 −1가 음이온을 포함하는 염의 용해에 흔한 경우이다. 더 큰 전하의 이온을 포함하는 $CaSO_4$와 같은 염은 물 분자가 더 강하게 이온에 붙들려 있어서, 용해 과정은 알짜 엔트로피의 감소를 가져온다. 다음 용해 반응은 이와 같은 내용을 설명해 준다.

$$HgCl_2(s) \longrightarrow HgCl_2(aq) \qquad \Delta S = +9\ J/(K \cdot mol)$$
$$NaCl(s) \longrightarrow Na^+(aq) + Cl^-(aq) \qquad \Delta S = +43\ J/(K \cdot mol)$$
$$CaSO_4(s) \longrightarrow Ca^{2+}(aq) + SO_4^{2-}(aq) \qquad \Delta S = -140\ J/(K \cdot mol)$$

예제 18.1

ΔS의 부호 예측

다음 각 과정의 계에 대해, ΔS의 부호를 예측하시오.

(a) $CO_2(s) \longrightarrow CO_2(g)$ (드라이아이스의 승화)
(b) $CaSO_4(s) \longrightarrow CaO(s) + SO_3(g)$
(c) $N_2(g) + 3H_2(g) \longrightarrow 2NH_3(g)$
(d) $I_2(s) \longrightarrow I_2(aq)$ (물에서 아이오딘의 용해)

전략

ΔS의 부호를 예측하기 위해서는 그 과정이 상변화, 기체 분자 수의 변화, 고체의 용해나 침전을 포함하는지를 살펴본다. 고체가 액체로, 또는 액체가 기체로 변하는 상전이, 기체 분자 수가 증가하는 반응, 분자성 고체나 +1가 양이온과 −1가 음이온을 포함하는 염의 용해 반응의 경우, 엔트로피는 일반적으로 증가한다.

풀이

(a) 기체 분자는 자유롭게 움직일 수 있는 데 비해, 고체 분자는 질서 있게 붙들려 있으므로, 고체가 승화하여 기체가 되면 무질서도가 증가하고 ΔS는 양의 값이다.
(b) 생성물에 1 mol의 기체 분자가 포함되어 있는 반면, 반응물에는 기체가 없으므로, 기체 분자 수가 증가하여 엔트로피 변화는 양의 값이다.
(c) 기체 분자 수가 4 mol에서 2 mol로 감소하므로, 엔트로피 변화는 음의 값이다. 반응 전보다 반응 후 독립적으로 움직일 수 있는 입자들의 수가 더 적게 된다.
(d) 아이오딘 분자는 전기적으로 중성이고, 분자성 고체를 형성한다. 용해 과정은 결정의 정렬을 파괴하여 아이오딘 분자가 용액 내에서 무질서하게 움직이도록 하므로, ΔS는 양의 값이다.

▶ **연습문제 18.1** 다음 중 어느 반응의 엔트로피가 감소하는가 ($\Delta S < 0$)?

(a) $CO_2(s) \longrightarrow CO_2(g)$
(b) $I_2(g) \longrightarrow 2\ I(g)$
(c) $CaCO_3(s) \longrightarrow CaO(s) + CO_2(g)$
(d) $Ag^+(aq) + Br^-(aq) \longrightarrow AgBr(s)$

▶ **개념 응용문제 18.2** A_2 분자(빨간색)와 B 원자(파란색)의 기체상 반응을 생각해 보자.

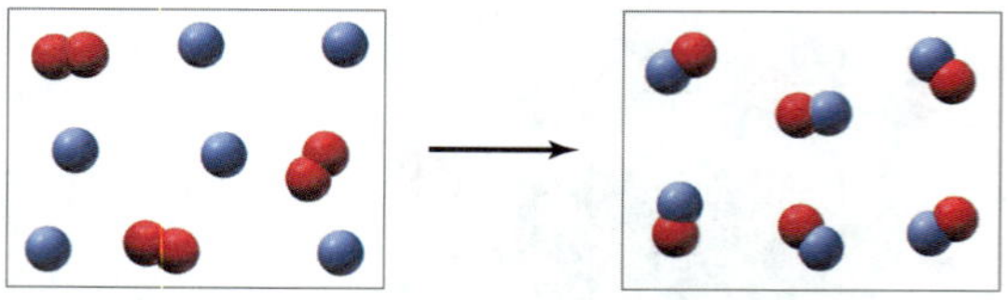

(a) 균형 반응식을 쓰시오.
(b) 반응에서 ΔS의 부호를 예측하시오.

18.3 엔트로피와 확률

18.2절에서 엔트로피 또는 무질서도의 증가를 수반한다는 것이 열을 흡수하는(흡열 과정) 자발적인 과정의 원동력이라는 것을 알았다. 무질서도가 최대인 상태로 계가 자발적으로 이동하려는 이유는 무엇일까? 해답은 입자가 무질서한 배열에 도달할 수 있는 방법이 규칙적인 배열보다 더 많아서 무질서한 배열이 일어날 가능성이 더 크기 때문이다. 입자들의 배열은 주어

진 상태의 계가 취할 수 있는 위치 또는 에너지 수준을 말한다. 간단한 예로, 20개의 동일한 동전이 들어 있는 상자를 흔들어 앞면(H)과 뒷면(T)의 수를 센다고 하자. 20개 모두가 앞면이 나올 가능성은 매우 희박하다. 즉, 20개 모두가 앞면(또는 20개의 뒷면)인 완벽히 정렬된 배열은 앞면과 뒷면이 임의로 섞인 배열보다 일어날 확률이 매우 작다.

정렬된 배열과 무질서한 배열의 확률은 그 배열에 도달할 수 있는 방법의 수에 비례한다. 20개가 앞면인 배열은 단일 배열이기 때문에 한 가지 방법에 의해서만 도달할 수 있다. 그렇다면, 무질서한 배열에 도달할 수 있는 방법은 몇 가지일까? 만일 상자 속의 동전이 두 개라면, 각 동전은 둘 중 하나(H 또는 T)로 나타나고, 두 개 동전 전체로는 $2 \times 2 = 2^2 = 4$가지(HH, HT, TH, TT) 방법으로 나타난다. 세 개의 동전은 $2 \times 2 \times 2 = 2^3 = 8$가지(HHH, THH, HTH, HHT, HTT, THT, TTH, TTT) 방법으로 나타난다. 동전이 20개인 경우, 가능한 배열의 수는 $2^{20} = 1{,}048{,}576$이 된다.

동전 20개가 모두 앞면(또는 모두 뒷면)인 배열은 한 가지 방법에 의해서만 얻어지고, 임의로 섞인 배열은 $2^{20} - 2 \approx 2^{20}$가지 방법으로 얻을 수 있다. 따라서 무질서한 배열은 완전히 정렬된 배열보다 2^{20}배 더 일어날 가능성이 높다. 만일 20개의 동전이 모두 앞면인 배열이 들어 있는 상자를 흔들어 섞는다면, 계는 앞면과 뒷면이 무질서하게 섞여 있는 상태로 이동한다. 이는 무질서한 상태가 일어날 가능성이 더 높기 때문이다. (동전의 무질서한 배열 상태는 두 개의 완전한 정렬 상태를 제외한 가능한 모든 배열이다.)

유사한 화학적 예가 일산화 탄소와 같은 이원자 분자를 포함하는 결정으로, CO 분자의 다른 양쪽 끝이 동전의 앞, 뒷면에 해당하는 것이다. 온도 0 K에서 결정 분자의 긴 배열이 수직으로 향하고 있는 경우를 생각해 보자(**그림 18.6**). 분자들이 완전히 정렬된 '앞면' 배열로 채워진 상태는(그림 18.6a) 한 가지 방법으로만 이룰 수 있지만, 분자들이 수직 방향에 대해 무질서하게 배열된 상태는 수많은 방법(20개의 CO 분자를 포함하는 가상 결정의 경우 2^{20}가지 방법)에 의해 도달할 수 있다(그림 18.6b). 따라서 분자들이 임의로 배열된 구조는 완전히 정렬된 '앞면' 배열 구조보다 2^{20}배 더 일어날 가능성이 높다.

▲ 20개의 동전이 들어 있는 상자를 흔들면 앞면과 뒷면이 무질서하게 섞인 배열이 된다. ©Rajesh Pattabiraman/Shutterstock

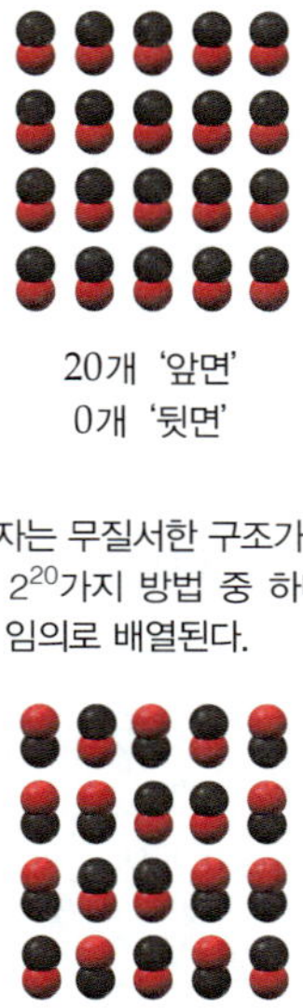

▲ **그림 18.6**
20개의 CO 분자를 포함하는 가상의 결정

볼츠만 식

오스트리아 물리학자 볼츠만(Ludwig Boltzmann)은, 특정한 상태의 엔트로피는 그 상태에 도달할 수 있는 방법의 수와 관계가 있다고 다음과 같이 제안하였다.

$$\textbf{볼츠만 식} \quad S = k \ln W$$

여기서 S는 그 상태의 엔트로피, $\ln W$는 상태에 도달할 수 있는 방법의 수에 대한 자연로그이다. k는 **볼츠만 상수**(Boltzmann's constant)라고 알려져 있고, 기체 상수 R을 아보가드로수로 나눈 보편적 상수이다($k = R/N_A = 1.38 \times 10^{-23}$ J/K). 로그 값은 차원이 없기 때문에, 엔트로피의 단위는 상수 k와 같은 J/K이라는 것을 볼츠만 식으로부터 알 수 있다.

이제 볼츠만 식을 20개의 CO 분자로 이루어진 가상의 결정에 적용해 보자. 완전히 정렬된 상태는 한 가지 방법에 의해서만 도달할 수 있고(볼츠만 식에서 $W = 1$), $\ln 1 = 0$이다. 따라서 완전히 정렬된 상태의 엔트로피는 0이다.

$$S = k \ln W = k \ln 1 = 0$$

일어날 가능성이 더 큰, 분자들이 무질서하게 배열된 상태는 2^{20}가지 방법에 의해 도달할 수 있으므로, 더 높은 엔트로피를 갖는다.

$$S = k \ln W = k \ln 2^{20}$$
$$= (1.38 \times 10^{-23} \text{ J/K})(20)(\ln 2)$$
$$= 1.91 \times 10^{-22} \text{ J/K}$$

여기서 $\ln x^a = a \ln x$(부록 A.2)를 사용하였다.

만일 결정이 1 mol CO 분자를 포함한다면, 완전히 정렬된 상태(6.02×10^{23}개의 C 원자가 위로 위치)의 엔트로피는 여전히 0이다. 그러나 CO 분자가 무질서하게 배열된 상태의 엔트로피는 훨씬 더 클 것이다. 이는 아보가드로수의 분자는 매우 많은 방법에 의해 임의로 배열될 수 있기 때문이다($W = 2^{N_A} = 2^{6.02 \times 10^{23}}$).

볼츠만 식에 의하면, CO 분자의 무질서한 배열 상태의 엔트로피는 다음과 같다.

$$S = k \ln W = k \ln 2^{N_A} = kN_A \ln 2$$

$k = R/N_A$이기 때문에,

$$S = R \ln 2 = (8.314 \text{ J/K})(0.693)$$
$$= 5.76 \text{ J/K}$$

실험에 의하면, 0 K 근처에서 고체 일산화 탄소 1 mol의 엔트로피는 5 J/K이다. 이는 CO 분자들이 거의 무질서한 배열을 가지고 있음을 나타낸다. 공간에서 분자의 무질서한 배열과 관련된 엔트로피를 위치 또는 배치 엔트로피라고 부르기도 한다.

기억하기…

쌍극자 모멘트(μ)는 분자의 알짜 분극성을 나타내는 척도이고, $\mu = Q \times r$로 정의된다. 여기서 Q는 분자 쌍극자의 양 끝에 있는 전하의 크기이고, r은 전하 간의 거리이다(8.5절).

쌍극자–쌍극자 힘은 인접하는 극성 분자 사이의 전기적 상호 작용에 기인한다(8.6절).

결정성 일산화 탄소에서 CO 분자의 무질서에 가까운 배열은 흔하지 않지만, 이는 분자 구조의 관점에서 이해될 수 있다. CO 분자는 **쌍극자 모멘트(dipole moment)**가 0.11 D에 불과하다. 분자간 **쌍극자–쌍극자 힘(dipole-dipole force)**은 매우 약하기 때문에(8.6절) CO 분자는 좀 더 낮은 에너지의 정렬된 배열을 선호하지 않는다. 반면에, 더 큰 쌍극자 모멘트 1.11 D를 갖는 HCl은 정렬된 결정성 고체를 형성하여, 0 K에서 1 mol의 고체 HCl의 엔트로피는 0 J/K이다.

이상 기체의 팽창

개념탐구 질문 2

삼각 평면 구조를 갖는 포스젠($COCl_2$) 분자의 무질서한 결정이 세 가지 가능한 방법 중 하나로 임의로 배향되어 있다고 생각해 보자. 그 결정이 1 mol의 $COCl_2$ 분자를 포함할 때 결정의 무질서한 상태의 엔트로피를 계산하시오.

기체가 왜 진공으로 팽창하는지를 볼츠만 식은 또한 설명해 준다. 만일 그림 18.1의 용기가 같은 부피를 갖는다면, 각 분자는 잠금 꼭지가 열렸을 때 두 번의 기회, 즉 한번은 용기 A에 있고(동전의 예에서 앞면) 다른 한번은 용기 B(뒷면)에 존재할 기회를 갖게 된다. 1 mol의 기체가 모두 용기 A에 있을 가능성은 거의 없다. 이것은 그 상태가 한 가지 방법에 의해서만 달성될 수 있기 때문이다. 아보가드로수의 분자가 용기 A와 B에 무질서하게 분포되어 있는 상태는 $2^{6.02 \times 10^{23}}$가지 방법에 의해 도달할 수 있다. 그 상태의 엔트로피는 정렬된 상태의 엔트로피보다 $R \ln 2 = 5.76$ J/K만큼 더 크다. 따라서 기체는 자발적으로 팽창한다. 부피가 더 큰 상태로 될 가능성이 더 크기 때문이다.

일정한 온도에서 이상 기체가 팽창할 때 생기는 엔트로피 변화의 일반식을 유도할 수 있다. 그 방법은 동일한 부피(v)를 갖는 상자나 칸 B개에 N개의 분자를 분포시키기를 고려하는 것이다.

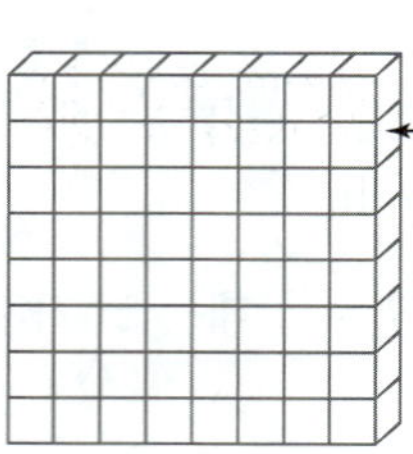

이상 기체의 에너지는 온도에만 의존하므로[10.6절의 **기체 분자 운동론(kinetic molecular theory of gas)**], 일정한 온도에서 이상 기체의 팽창에 대한 ΔE는 0이다. 볼츠만 식을 이용하여 엔트로피 변화 $\Delta S = S_{최종} - S_{초기}$를 계산하기 위해서는, N개의 분자를 B개의 상자에 분포시키는 방법의 수만 알면 된다.

기억하기…
분자 운동론에 의하면, 1 mol의 이상 **기체의 운동 에너지**는 $3RT/2$이고 압력과 부피에 무관하다(10.6절).

한 개의 분자는 어느 상자에도 들어갈 수 있으므로 B개의 상자에 B가지 방법으로 넣을 수 있다. 두 개의 분자를 상자에 넣는 방법의 수는 $B \times B = B^2$이고, 세 개의 분자는 $B \times B \times B = B^3$의 방법으로 채울 수 있다. N개의 분자를 B개의 상자에 넣는 방법의 수는 $W = B^N$이다.

이제, 초기 부피가 $B_{초기}$개의 상자로 이루어지고, 최종 부피는 $B_{최종}$개의 상자로 이루어진다고 가정하자.

$$V_{초기} = B_{초기}\,\boldsymbol{v}\text{와 } V_{최종} = B_{최종}\,\boldsymbol{v}$$

그러면 초기 및 최종 상태의 확률, 즉 그 상태에 도달할 수 있는 방법의 수는

$$W_{초기} = (B_{초기})^N\text{와 } W_{최종} = (B_{최종})^N$$

이다. 볼츠만 식에 의하면, 부피 변화에 따른 엔트로피 변화는

$$\Delta S = S_{최종} - S_{초기} = k\ln W_{최종} - k\ln W_{초기} = k\ln\frac{W_{최종}}{W_{초기}}$$
$$= k\ln\left(\frac{B_{최종}}{B_{초기}}\right)^N = kN\ln\frac{B_{최종}}{B_{초기}}$$

이다. $V_{초기} = B_{초기}\,\boldsymbol{v}$와 $V_{최종} = B_{최종}\,\boldsymbol{v}$이므로

$$\Delta S = kN\ln\left(\frac{V_{최종}/\boldsymbol{v}}{V_{초기}/\boldsymbol{v}}\right) = kN\ln\frac{V_{최종}}{V_{초기}}$$

마지막으로 $k = R/N_A$이고, 입자의 수(N)는 기체의 몰수와 아보가드로수의 곱이므로($N = nN_A$)

$$kN = \left(\frac{R}{N_A}\right)(nN_A) = nR$$

이다. 그러므로 일정 온도에서 이상 기체 n mol의 팽창(또는 압축)에 따른 엔트로피 변화는 다음과 같다.

개념탐구 질문 3
어떤 용기의 엔트로피가 더 큰 계를 나타내는가?
(a)
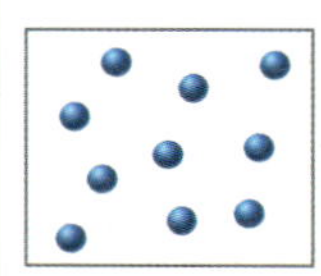
(b)
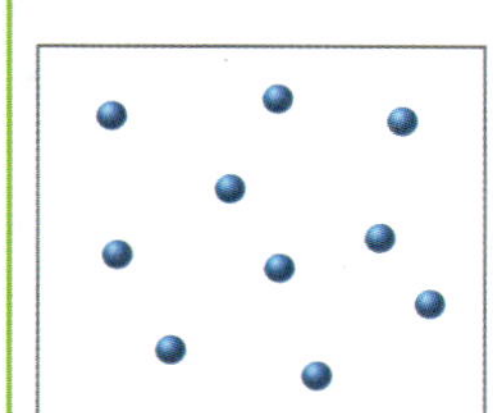

기체의 부피가 변할 때 엔트로피 변화 $\quad \Delta S = nR\ln\frac{V_{최종}}{V_{초기}}$

일정 온도에서 이상 기체 1 mol이 두 배로 팽창할 때, 엔트로피 변화는 앞에서 얻은 결과와 같은 $\Delta S = R\ln 2$가 된다.

이상 기체의 압력과 부피는 반비례하므로($P = nRT/V$), 다음과 같이 쓸 수 있다.

$$\Delta S = nR\ln\frac{P_{초기}}{P_{최종}}$$

그러므로 일정 온도에서 기체의 압력이 **감소**하면 엔트로피는 **증가**하고, 압력이 **증가**하면 엔트로피는 **감소**한다. 상식적으로, 기체를 압축하면 기체 분자의 공간이 작아진다. 따라서 무질서도가 감소한다.

예제 18.2

상태의 엔트로피(S) 계산

1000개의 이상 기체 분자가 부피가 동일한 3개의 둥근 플라스크(A, B, C)에 분포되어 있다고 생각해 보자. 각각 다음과 같은 상태에 있을 때, 각 상태에 도달할 수 있는 방법의 수(W)를 결정하고, 볼츠만 식을 이용하여 각 상태의 엔트로피를 계산하시오.

(a) 1000개의 분자가 둥근 플라스크 A에 있을 때

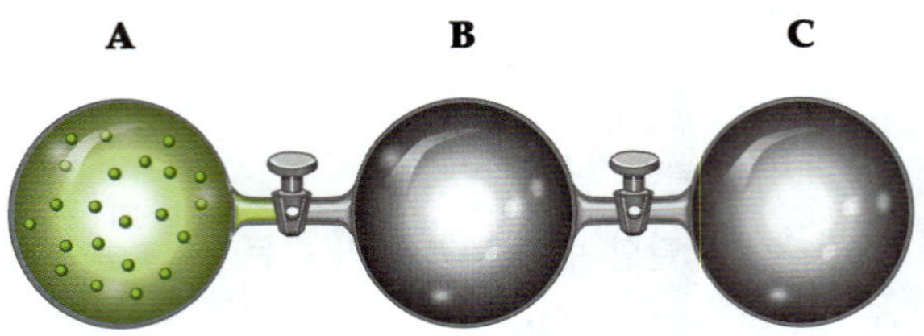

(b) 1000개의 분자가 둥근 플라스크 A, B, C에 무질서하게 분포될 때

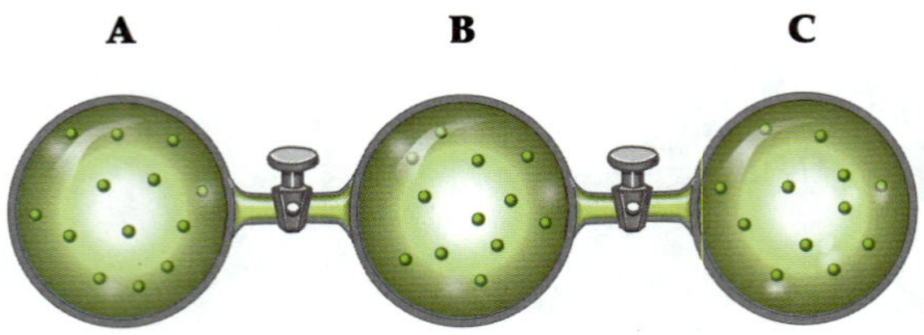

문제 파악

알고 있는 것	알아내야 할 것
분자의 수(N = 1000)	방법의 수(W)
둥근 플라스크(또는 상자)의 수(B = 3)	엔트로피(S)
볼츠만 식: $S = k \ln W$	

전략

N개의 분자들이 B개의 상자를 차지할 수 있는 방법의 수를 식 $W = B^N$을 이용하여 계산한다. 그런 다음, 볼츠만 식을 이용하여 엔트로피를 계산한다.

풀이

(a) $W = B^N = 1^{1000} = 1$

$S = k \ln W = (1.38 \times 10^{-23}\ \text{J/K})(\ln 1) = 0$

(b) $W = B^N = 3^{1000}$

$$\begin{aligned} S = k \ln W &= (1.38 \times 10^{-23}\ \text{J/K})(\ln 3^{1000}) \\ &= (1.38 \times 10^{-23}\ \text{J/K})(1000)(\ln 3) \\ &= 1.52 \times 10^{-20}\ \text{J/K} \end{aligned}$$

▶ **연습문제 18.3** 이상 기체 분자들이 부피가 동일한 3개의 둥근 플라스크(A, B, C)에 분포되어 있다고 생각해 보자. 다음 상태 중 어느 것이 1.52×10^{-22} J/K의 엔트로피를 갖는가?

(a) 둥근 플라스크 A에 있는 10개 분자

(b) 둥근 플라스크 A, B에 무질서하게 분포되어 있는 10개의 분자

(c) 둥근 플라스크 A, B, C에 무질서하게 분포되어 있는 10개의 분자

▶ **응용문제 18.4**

(a) 어떤 상태가 더 높은 엔트로피를 갖는가? 확률 관점에서 설명하시오.

상태 A: STP에서 N_2 기체 1 mol

상태 B: 273 K에서 부피 11.2 L인 N_2 기체 1 mol

(b) 상태 A에서 상태 B로 변할 때 엔트로피 변화(ΔS)를 계산하시오.

18.4 엔트로피와 온도

지금까지, 엔트로피는 공간에서 분자의 배향 및 분포와 관련이 있음을 알았다. 불규칙한 결정은 규칙적인 결정에 비하여 더 큰 엔트로피를 가지고, 팽창된 기체는 압축된 기체보다 큰 엔트로피를 갖는다.

엔트로피는 또한 분자 운동과 관계가 있다. 물질의 온도가 올라갈수록 무질서한 분자 운동이 증가한다. 이에 따라 분자의 평균 운동 에너지도 증가한다. 그러나 모든 분자가 같은 에너지를 갖는 것은 아니다. 10.6절에서 알게 되었듯이, 기체 분자는 속력 분포를 갖는데, 온도가 증가할수록 이 분포는 넓어지고 높은 속력 쪽으로 이동한다(그림 10.13). 고체, 액체, 기체에서 물질의 전체 에너지를 각 분자에 분배할 수 있는 방법의 수는 전체 에너지가 증가함에 따라 증가한다. 볼츠만 식에 의하면, 에너지를 분배하는 방법의 수가 많을수록 상태의 무질서도는 커지고, 엔트로피도 높아진다. 그러므로 온도가 올라갈수록 물질의 엔트로피는 증가한다(**그림 18.7**).

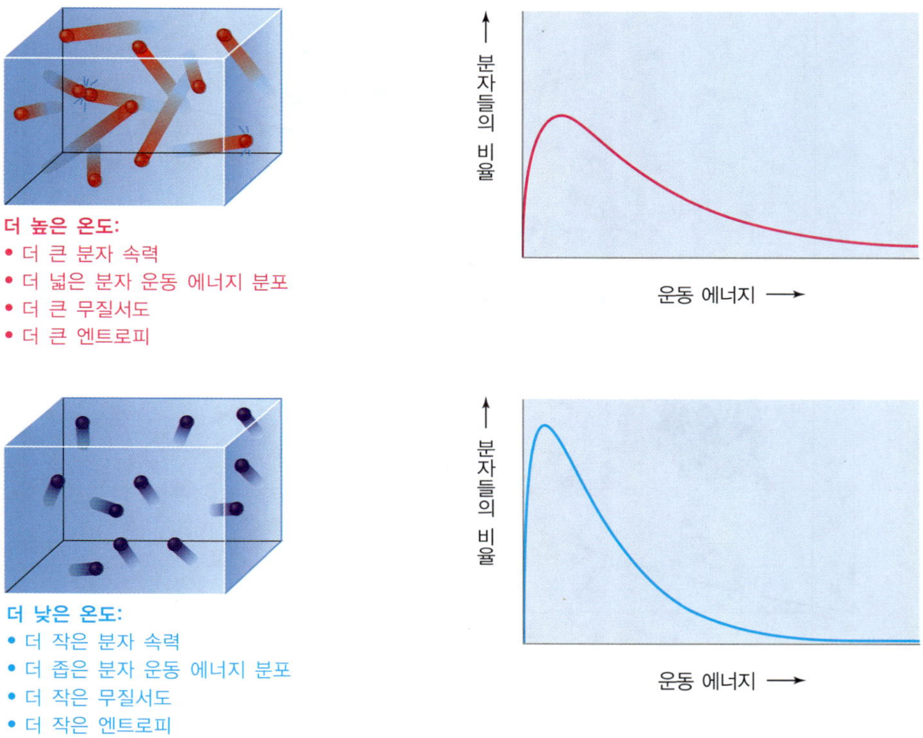

◀ **그림 18.7**
고온의 물질은 저온의 물질보다 더 큰 엔트로피를 갖는다.

◀ **확인하기**

왜 고온 물질은 저온 물질보다 더 큰 엔트로피를 갖는가?

답 고온에서 분자는 운동 에너지의 범위가 넓어서 에너지를 분배하는 방법이 더 많다.

온도에 대한 엔트로피의 전형적인 도표가 **그림 18.8**에 있다. 절대 온도 0도에서 모든 물질은 입자들이 결정 구조에 단단히 묶여 있는 고체이다. 만일 일산화 탄소와 같이 배향의 불규칙성이 남아 있지 않다면(그림 18.6b), 0 K에서 물질의 엔트로피는 0이 된다. 이것은 **열역학 제3법칙**(**third law of thermodynamics**)에서 요약되는 일반적 결과이다.

열역학 제3법칙 0 K에서 완전한 배열의 결정은 엔트로피가 0이다.

(열역학 제1법칙은 9.1절에서 논의하였다. 18.6절에서 제1법칙을 복습하고, 제2법칙에 대해 논의할 것이다.)

고체의 온도가 증가함에 따라 가해진 에너지는 결정 내 평형 위치에서 분자의 진동 운동을 증가시킨다. 온도가 오르면 진동 에너지를 분배하는 방법의 수가 증가하게 되어, 고체의 엔트로피는 온도가 증가하면 끊임없이 증가한다.

녹는점에서 엔트로피는 불연속적으로 급격히 증가한다. 이것은 고체보다는 액체에서 분자를 배열하는 방법의 수가 훨씬 많기 때문이다. 더구나 액체 속의 분자는 진동 운동뿐만 아니라 병진 운동과 회전 운동도 가능하기 때문에, 전체 에너지를 분배할 수 있는 방법이 훨씬 더 많다(그림 18.9). 끓는점에서는 더 급격한 엔트로피 증가를 관찰할 수 있다. 이것은 기체 분자는 훨씬 더 큰 부피를 자유롭게 차지할 수 있기 때문이다. 녹는점과 끓는점 사이에서는, 분자 운동과 전체 에너지를 각 분자에 분배할 수 있는 방법의 수가 증가할수록 액체의 엔트로피는 꾸준히 증가한다. 같은 이유로, 기체의 엔트로피도 온도 증가에 따라 꾸준히 증가한다.

▶ 그림 18.8
온도에 대한 엔트로피. 순수한 물질의 엔트로피는 0 K에서 0인데, 온도가 올라가면 꾸준히 증가하며 상전이 온도에서 불연속적으로 급증한다.

▶ 확인하기
고체에서 액체로 또는 액체에서 기체로의 상전이 중 어느 것이 더 큰 엔트로피의 변화를 초래하는가? 설명하시오.
답 액체에서 기체로의 상전이가 고체에서 액체로의 상전이보다 엔트로피의 증가가 더 크다. 입자들이 기화하는 동안 완전히 분리되어 입자를 배열하는 방법이 훨씬 더 많기 때문이다.

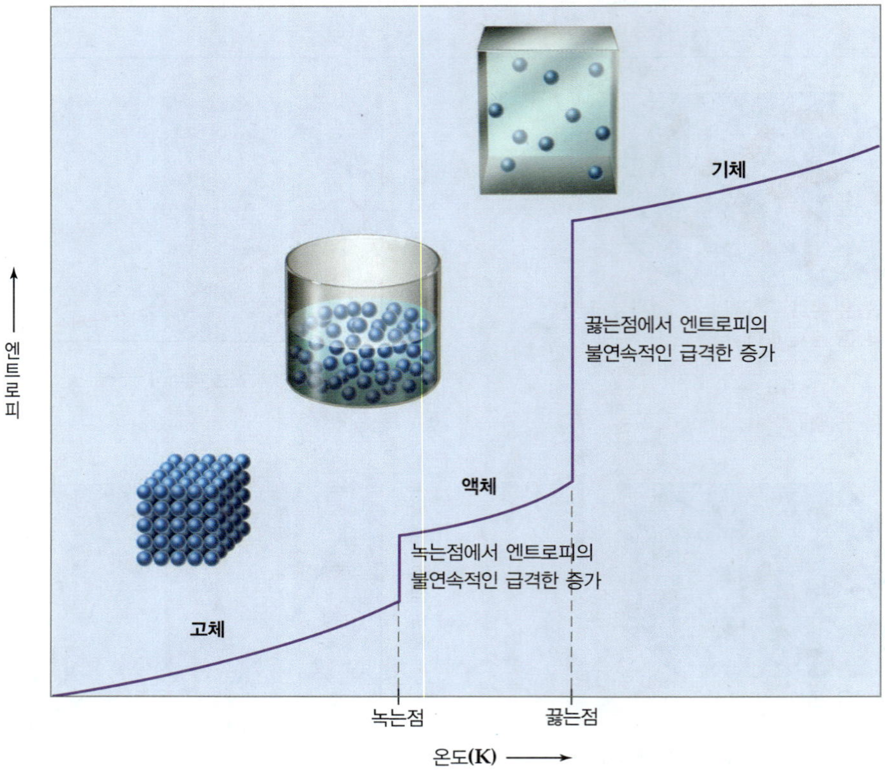

▶ 그림 18.9
이원자 분자의 분자 운동의 종류. 병진 운동은 질량 중심의 운동이다. 진동 운동은 화학 결합의 신축 운동이다. 회전 운동은 고정된 좌표축에 대한 분자의 회전 운동이다.

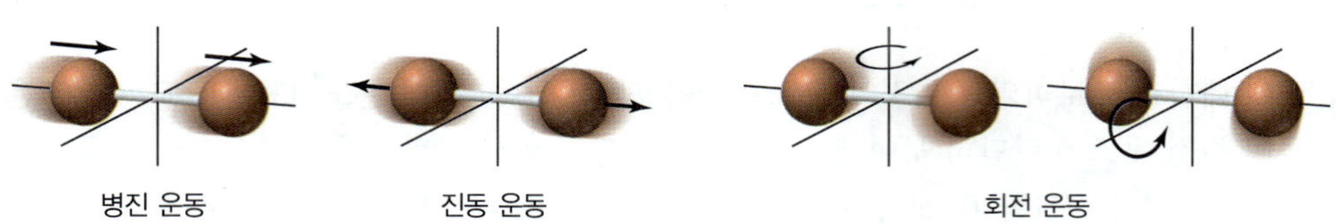

18.5 표준 몰 엔트로피와 표준 반응 엔트로피

기억하기…
몰열용량은 물질 1 mol의 온도를 1 ℃ 올리는 데 필요한 열량이다(9.7절).

우리는 물질의 엔트로피가 어떻게 결정되는지 설명하지는 않을 것이고, 엔트로피를 결정하는 다음 두 가지 접근법에만 주목하려 한다. 그 두 가지 방법은 다음과 같다. (1) 볼츠만 식에 의한 계산과 (2) 매우 낮은 온도까지 **열용량(heat capacity)**을 실험적으로 측정(9.7절)하는 방법이다. 많은 물질에 대해 $S°$로 나타내는 **표준 몰 엔트로피(standard molar entropy)**가 알려져 있다.

표준 몰 엔트로피 $S°$ 1 atm, 특정 온도(보통 25 ℃)에서 순수한 물질 1 mol의 엔트로피

25 ℃에서 몇 가지 물질의 $S°$ 값이 **표 18.1**에 수록되어 있고, 부록 B에 더 많은 자료가 주어져 있다. $S°$의 단위는 kJ이 아닌 J/(K·mol)임을 유의하라. 표준 몰 엔트로피는 종종 **절대 엔트로피**(absolute entropy)라고 부른다. 이것은 절대 기준점인 0 K에서 완전 결정 물질의 엔트로피[$T = 0$ K에서 $S° = 0$ J/(K·mol)]를 기준으로 측정되기 때문이다.

표준 몰 엔트로피는 동일한 온도와 압력에서 서로 다른 물질의 엔트로피를 비교할 수 있게 한다. 예컨대 표 18.1에 의하면 기체 물질의 엔트로피는 액체의 엔트로피보다, 액체의 엔트로피는 고체의 엔트로피보다 큰 경향이 있다. 또한 표 18.1은 분자 구조가 복잡할수록 $S°$ 값도 증가함을 보여 준다. 예를 들어, $S° = 127$ J/(K·mol)인 CH_3OH와 $S° = 161$ J/(K·mol)인 CH_3CH_2OH를 비교해 보라.

표 18.1 25 ℃에서 몇 가지 물질의 표준 몰 엔트로피

물질	화학식	$S°$ [J/(K·mol)]	물질	화학식	$S°$ [J/(K·mol)]
기체			**액체**		
아세틸렌	C_2H_2	200.8	아세트산	CH_3CO_2H	160
암모니아	NH_3	192.3	에탄올	CH_3CH_2OH	161
이산화 탄소	CO_2	213.6	메탄올	CH_3OH	127
일산화 탄소	CO	197.6	물	H_2O	69.9
에틸렌	C_2H_4	219.5	**고체**		
수소	H_2	130.6	탄산 칼슘	$CaCO_3$	91.7
메테인	CH_4	186.2	산화 칼슘	CaO	38.1
질소	N_2	191.5	다이아몬드	C	2.4
이산화 질소	NO_2	240.0	흑연	C	5.7
사산화 이질소	N_2O_4	304.3	철	Fe	27.3
산소	O_2	205.0	산화 철(III)	Fe_2O_3	87.4

표준 몰 엔트로피 값이 주어지면, 화학 반응의 엔트로피 변화를 쉽게 계산할 수 있다. **표준 반응 엔트로피**(**standard entropy of reaction**, $\Delta S°$)는, 생성물 전체의 표준 몰 엔트로피에서 반응물 전체의 표준 몰 엔트로피를 빼면 간단히 얻을 수 있다.

표준 반응 엔트로피 변화 $\Delta S° = S°(\text{생성물}) - S°(\text{반응물})$

$S°$ 값이 단위가 몰당(per mole)으로 주어지기 때문에 각 물질의 $S°$ 값에는 균형 화학식의 각 화학량론 계수를 곱해야 한다. 그러므로 일반적인 반응

$$a\,\text{A} + b\,\text{B} \longrightarrow c\,\text{C} + d\,\text{D}$$

에 대한 표준 반응 엔트로피는 다음과 같다.

표준 반응 엔트로피 변화

$$\Delta S° = [c\,S°(\text{C}) + d\,S°(\text{D})] - [a\,S°(\text{A}) + b\,S°(\text{B})]$$

이 식에서 계수의 단위는 mol이고, $S°$의 단위는 J/(K·mol)이다. 따라서 $\Delta S°$의 단위는 J/K가 된다.

예를 들어 다음 반응의 표준 반응 엔트로피 변화를 계산해 보자.

개념탐구 질문 4

다음 기체들을 엔트로피가 가장 작은 것부터 큰 순서로 나열하시오.

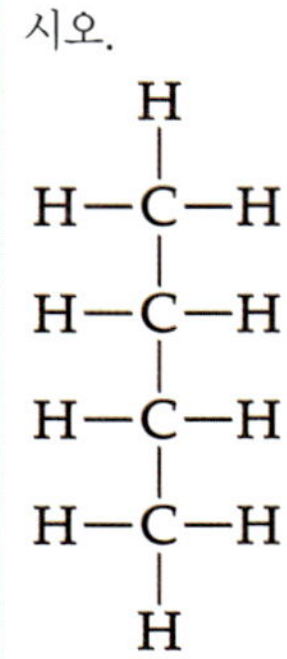
뷰테인(C_4H_{10})

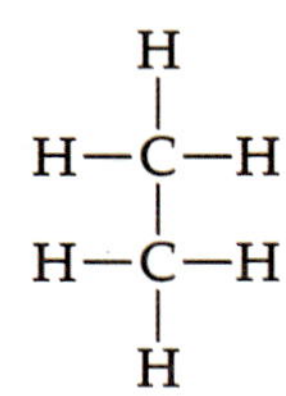
에테인(C_2H_6)

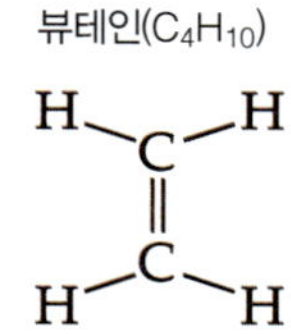
에틸렌(C_2H_4)

$$N_2O_4(g) \longrightarrow 2\ NO_2(g)$$

표 18.1에서 해당 $S°$ 값을 사용하면 $\Delta S° = 175.7$ J/K가 된다.

$$\begin{aligned}\Delta S° &= 2\,S°(NO_2) - S°(N_2O_4)\\ &= (2\text{ mol})\left(240.0\,\frac{\text{J}}{\text{K}\cdot\text{mol}}\right) - (1\text{ mol})\left(304.3\,\frac{\text{J}}{\text{K}\cdot\text{mol}}\right)\\ &= 175.7\text{ J/K}\end{aligned}$$

예상한 바와 같이, 더 복잡한 분자인 N_2O_4의 표준 몰 엔트로피가 NO_2보다 크지만, 이 반응의 $\Delta S°$는 양의 값이다. 1 mol의 N_2O_4가 2 mol의 NO_2로 바뀌었기 때문이다. 그림 18.4에서 본 바와 같이, 분자가 두 개 이상의 조각으로 쪼개지면 엔트로피는 증가할 것으로 예상된다.

예제 18.3

표준 반응 엔트로피 계산

25 ℃에서 암모니아 하버 합성 반응의 표준 엔트로피를 계산하시오.

$$N_2(g) + 3\,H_2(g) \longrightarrow 2\,NH_3(g)$$

문제 파악

알고 있는 것	알아내야 할 것
반응물과 생성물의 $S°$ 값(부록 B)	표준 반응 엔트로피($\Delta S°$)

전략

반응의 $\Delta S°$를 계산하기 위해, 모든 생성물의 표준 몰 엔트로피에서 반응물 전체의 표준 몰 엔트로피를 뺀다. 균형 화학 반응식에 나타난 각 성분의 계수를 각 물질의 $\Delta S°$ 값에 곱하는 것을 기억하자.

풀이

$$\begin{aligned}\Delta S° &= 2\,S°(NH_3) - [S°(N_2) + 3\,S°(H_2)]\\ &= (2\text{ mol})\left(192.3\,\frac{\text{J}}{\text{K}\cdot\text{mol}}\right)\\ &\quad -\left[(1\text{ mol})\left(191.5\,\frac{\text{J}}{\text{K}\cdot\text{mol}}\right) + (3\text{ mol})\left(130.6\,\frac{\text{J}}{\text{K}\cdot\text{mol}}\right)\right]\\ &= -198.7\text{ J/K}\end{aligned}$$

점검

반응에서 기체 분자 수가 4 mol에서 2 mol로 감소하기 때문에, $\Delta S°$는 음의 값이어야 한다.

▶ **연습문제 18.5** 25 ℃에서 수소 기체가 산소 기체와 반응하여 액체 물을 생성하는 반응의 표준 반응 엔트로피를 계산하시오.

$$2\,H_2(g) + O_2(g) \longrightarrow 2\,H_2O(l)$$

▶ **응용문제 18.6** 25 ℃에서 기체 프로페인(C_3H_8) 연소의 **불균형 화학 반응식**은 다음과 같다.

$$C_3H_8(g) + O_2(g) \longrightarrow CO_2(g) + H_2O(l) \qquad \Delta S° = -376.6\text{ J/K}$$

(a) 반응의 균형을 맞추고, $\Delta S°$가 왜 음수인지 설명하시오.

(b) 부록 B의 값을 이용하여 $C_3H_8(g)$의 $S°$[J/(K·mol)]를 계산하시오.

18.6 엔트로피와 열역학 제2법칙

지금까지, 분자들의 계가 최소 엔탈피와 최대 엔트로피를 갖는 상태로 자발적으로 움직이는 경향이 있음을 알았다. 하지만 어떤 특정한 반응에서 계의 엔탈피는 증가하거나 감소할 수 있다. 유사하게, 계의 엔트로피도 증가하거나 감소할 수 있다. 그렇다면 반응이 자발적으로 일어날 것인가를 어떻게 결정할 수 있을까? 9.13절에서 자발성의 척도는, $\Delta G = \Delta H - T\Delta S$로 나타내는 **자유 에너지 변화**(free-energy change) 값, 즉 ΔG라고 하였다. $\Delta G < 0$이면 반응은 자발적이고, $\Delta G > 0$이면 반응은 비자발적이다. $\Delta G = 0$이면 반응은 평형에 있다. 이 절과 다음 절에서는 자발성의 척도에 대한 결론을 얻을 것이다. 먼저 열역학 제1법칙과 제2법칙을 살펴보자.

열역학 제1법칙 어떤 과정이 자발적이든 또는 비자발적이든, 계와 그 주위의 전체 에너지는 일정하다.
열역학 제2법칙 어떤 **자발적**(spontaneous) 과정에서 계와 그 주위의 전체 엔트로피는 항상 증가한다.

제1법칙은 단순히 에너지 보존에 관한 언급이다(9.1절). 제1법칙은 에너지(또는 엔탈피)는 계와 주위 사이를 흐를 수 있으나, 계와 주위의 전체 에너지는 항상 일정하다고 말한다. 발열 반응에서 계는 주위로 엔탈피를 잃는다. 흡열 반응에서는 계가 주위로부터 엔탈피를 얻는다. 자발적이든 비자발적이든 모든 화학 과정에서 에너지는 보존된다. 따라서 제1법칙은 계와 주위 사이의 에너지 흐름을 추적 가능하게 하지만, 특정 반응이 자발적인지 비자발적인지에 대해서는 아무것도 알려 주지 않는다. 예를 들어, 제1법칙에 의하면 한 잔의 뜨거운 코코아가 주위의 공기 분자로 에너지를 전달하며, 식을 때 전체 에너지의 양은 보존된다. 이것은 왜 한 잔의 뜨거운 코코아가 주위로 열을 전달하는 것은 일어나면서, 실온의 공기가 열을 전달하여 한 잔의 차가운 액체를 따뜻하게 하는 것은 결코 일어나지 않는 이유를 설명하지 못한다.

그러나 제2법칙은 자발성에 대한 명쾌한 기준을 제시한다. 자발적 변화의 방향이 항상 전체 엔트로피 변화의 부호에 의해 결정됨을 이 법칙은 보여 준다.

전체 엔트로피 변화 $\Delta S_{전체} = \Delta S_{계} + \Delta S_{주위}$

구체적으로,

$\Delta S_{전체} > 0$이면, 반응은 자발적이다.
$\Delta S_{전체} < 0$이면, 반응은 비자발적이다.
$\Delta S_{전체} = 0$이면, 반응 혼합물은 평형에 있다.

모든 반응은 계와 주위의 엔트로피의 합이 증가하는 방향으로 자발적으로 진행된다. 정방향이 비자발적인 반응은 역방향으로는 자발적이다. 이것은 역반응의 $\Delta S_{전체}$는 정반응의 $-\Delta S_{전체}$와 같기 때문이다. 만일 $\Delta S_{전체}$가 0이면, 반응은 어느 방향으로도 자발적으로 가지 않으므로 반응 혼합물은 평형에 있다.

$\Delta S_{전체}$ 값을 결정하기 위해서는 계와 주위의 엔트로피 변화 값이 필요하다. 계의 엔트로피 변화 $\Delta S_{계}$는 반응 엔트로피인데, 예제 18.3에서 설명한 대로 표준 몰 엔트로피(표 18.1)로부터 계산할 수 있다. 일정 압력에서 일어나는 반응에서 주위의 엔트로피 변화는 다음 식과 같이 반응의 엔탈피 변화(ΔH)에 정비례하고, 주위의 절대 온도(T)에 반비례한다.

주위의 엔트로피 변화 $\Delta S_{주위} = \dfrac{-\Delta H}{T}$

▲ 차가운 주위에 열을 가하는 것은 고요한 호수에 돌을 던지는 것과 유사하다. 두 과정은 모두 움직임의 양을 상당히 증가시켜, 비교적 큰 엔트로피 증가를 가져온다. ©Akin Ozcan/Shutterstock

$\Delta S_{주위}$를 계산하기 위하여 이 식을 유도하지는 않겠지만, 그 형태가 옳다는 것을 증명할 수는 있다. 왜 $\Delta S_{주위}$가 $-\Delta H$에 비례하는가를 알기 위해, 발열 반응($\Delta H < 0$)에서 계가 주위로 열을 잃어버린다는 것을 기억하라(그림 18.10a). 그 결과, 주위에 있는 분자들의 무질서한 운동이 증가하고, 주위의 엔트로피도 증가한다($\Delta S_{주위} > 0$). 반면에, 흡열 반응($\Delta H > 0$)에서는 계

가 주위로부터 열을 얻으므로(그림 18.10b) 주위의 엔트로피는 감소한다($\Delta S_{주위} < 0$). ΔH가 음이면 $\Delta S_{주위}$는 양이 된다. 그 반대도 성립하므로 $\Delta S_{주위}$는 $-\Delta H$에 비례한다.

$$\Delta S_{주위} \propto -\Delta H$$

▶ **그림 18.10**
계의 엔탈피 변화(ΔH)와 주위의 엔트로피 변화($\Delta S_{주위}$)의 관계

▶ **확인하기**

얼음 조각이 녹을 때, $\Delta S_{주위}$의 부호는 무엇인가?

답 $\Delta S_{주위} < 0$. 얼음 조각을 녹이려면 열을 흡수해야 한다. ($\Delta H = +$, 흡열 과정)

$$\Delta S_{주위} = \frac{-\Delta H}{T}$$

(a) 계에서 발열 반응이 일어날 때 ($\Delta H < 0$), 주위는 열을 얻어 엔트로피가 증가한다($\Delta S_{주위} > 0$).

(b) 계에서 흡열 반응이 일어날 때 ($\Delta H > 0$), 주위는 열을 잃어 엔트로피가 감소한다($\Delta S_{주위} < 0$).

$\Delta S_{주위}$가 절대 온도 T에 반비례하는 이유는 좀 더 미묘하다. 주위는 온도의 변화 없이 열을 가할 수 있는 무한히 큰 항온조라고 생각할 수 있다. 만일 주위의 온도가 낮으면 무질서도가 작아서, 일정량의 열을 가하면 무질서도는 상당히 증가할 것이다(비교적 큰 $\Delta S_{주위}$의 값). 만일 주위 온도가 높으면 이미 큰 무질서도를 가지고 있으므로, 같은 양의 열을 가하면 무질서도의 양은 약간 증가할 것이다(비교적 작은 $\Delta S_{주위}$의 값). 그러므로 $\Delta S_{주위}$의 변화는 온도에 반비례한다.

$$\Delta S_{주위} \propto \frac{1}{T}$$

▲ 뜨거운 주위에 열을 가하는 것은 거친 파도의 호수에 돌을 던지는 것과 유사하다. 두 과정은 모두 움직임의 양을 조금 증가시켜 비교적 작은 엔트로피 증가를 가져온다.

주위에 열을 가하는 것은 호수에 돌을 던지는 것과 유사하다. 돌을 던지기 전에 호수 표면이 움직임 없이 잔잔하다면, 돌로 인한 충격은 원형 파동 모양의 상당히 큰 움직임을 만들 것이다. 만일 호수에 이미 거친 파도가 일고 있어 표면의 움직임이 상당하면, 돌이 물에 부딪힐 때 생기는 추가적인 움직임은 거의 알아보기 어렵다.

예제 18.4

반응의 자발성 결정

금속 철의 산화를 생각해 보자.

$$4\ Fe(s) + 3\ O_2(g) \longrightarrow 2\ Fe_2O_3(s)$$

$\Delta S_{전체}$의 값을 계산하여, 25 ℃에서 반응이 자발적인지 결정하시오.

문제 파악

알고 있는 것	알아내야 할 것
반응물과 생성물의 $\Delta H°_f$와 $\Delta S°$의 값 (부록 B)	$\Delta S_{전체}$

전략

$\Delta S_{전체} = \Delta S_{계} + \Delta S_{주위}$의 부호를 결정하려면, $\Delta S_{계}$와 $S_{주위}$ 값을 계산해야 한다. 계의 엔트로피 변화는 표준 반응 엔트로피와 같으므로, 표준 몰 엔트로피로부터 계산할 수 있다. $\Delta S_{주위} = -\Delta H°/T$를 얻기 위해서, 반응의 $\Delta H°$를 표준 생성열로부터 계산한다(9.9절).

풀이

$$\Delta S_{계} = \Delta S° = 2\,S°(Fe_2O_3) - [4\,S°(Fe) + 3\,S°(O_2)]$$

$$= (2\text{ mol})\left(87.4\,\frac{\text{J}}{\text{K}\cdot\text{mol}}\right) - \left[(4\text{ mol})\left(27.3\,\frac{\text{J}}{\text{K}\cdot\text{mol}}\right) + (3\text{ mol})\left(205.0\,\frac{\text{J}}{\text{K}\cdot\text{mol}}\right)\right]$$

$$= -549.5\text{ J/K}$$

$$\Delta H° = 2\,\Delta H°_f(Fe_2O_3) - [4\,\Delta H°_f(Fe) + 3\,\Delta H°_f(O_2)]$$

원소의 $\Delta H°_f = 0$이고 Fe_2O_3의 $\Delta H°_f = -824.2$ kJ/mol이므로 반응의 $\Delta H°$는

$$\Delta H° = 2\,\Delta H°_f(Fe_2O_3) = (2\text{ mol})(-824.2\text{ kJ/mol}) = -1648.4\text{ kJ}$$

이다. 그러므로 25 °C(= 298.15 K에서)

$$\Delta S_{주위} = \frac{-\Delta H°}{T} = \frac{-(-1{,}648{,}400\text{ J})}{298.15\text{ K}} = 5529\text{ J/K}$$

$$\Delta S_{전체} = \Delta S_{계} + \Delta S_{주위} = -549.5\text{ J/K} + 5529\text{ J/K} = 4980\text{ J/K}$$

전체 엔트로피 변화 값이 양이므로, 25 °C 표준 상태에서 이 반응은 자발적이다.

점검

반응에서 3 mol의 기체가 소모되므로 $\Delta S_{계}$는 음의 값이다. 금속 철의 산화는 매우 큰 발열 반응이므로, $\Delta S_{주위} = -\Delta H°/T$는 매우 큰 양의 값이다. $\Delta S_{주위}$ 값은 $\Delta S_{계}$의 절댓값보다 크기 때문에 $\Delta S_{전체}$는 양의 값이고, 해답과 일치한다.

▶ **연습문제 18.7** $\Delta S_{전체}$의 값을 계산하여 25 °C 표준 상태 조건에서 탄산 칼슘의 분해가 자발적인지 결정하시오. (힌트: 반응물과 생성물의 $\Delta H°_f$와 $\Delta S°$ 값은 부록 B를 참고하시오.)

$$CaCO_3(s) \longrightarrow CaO(s) + CO_2(g)$$

▶ **응용문제 18.8** 부록 B의 $\Delta H°_f$와 $\Delta S°$의 값을 이용하여 Br_2의 끓는점(°C)을 예측하시오.

18.7 자유 에너지와 화학 반응의 자발성

화학자들은 일반적으로 주위보다 계(반응 혼합물)에 더 관심을 갖는다. 따라서 제2법칙을 주위에 상관없이 계의 열역학 성질만으로 다시 기술하는 것이 편리하다. 이를 위해 **자유 에너지**(**free energy**)라는 열역학 성질을 이용한다. 자유 에너지는 화학 열역학의 기반을 놓은 미국의 수리물리학자인 깁스(J. Willard Gibbs, 1839~1903)를 기념하여 G로 나타낸다. 자유 에너지 G는 다음과 같이 정의된다.

자유 에너지 $G = H - TS$

그 명칭으로부터 예상하겠지만, 자유 에너지는 에너지의 단위(J 또는 kJ)를 갖는다.

엔탈피, 엔트로피, 온도는 상태 함수이므로 자유 에너지도 상태 함수이다. 따라서 어떤 과정의 자유 에너지 변화(ΔG)는 경로에 무관하다. 일정 온도에서 반응의 ΔG는 엔탈피 변화에서 온도와 엔트로피 변화의 곱을 뺀 것과 같다.

자유 에너지 변화 $\Delta G = \Delta H - T\Delta S$

자유 에너지 변화에 대한 이 식과 자발성이 무슨 관련이 있는가를 알기 위해, 다음 관계를 생각해 보자.

$$\Delta S_{전체} = \Delta S_{계} + \Delta S_{주위} = \Delta S + \Delta S_{주위}$$

여기서 아래 첨자 계는 삭제하였다. (일반적으로, 아래 첨자가 없는 기호는 주위가 아니라 계

를 가리킨다.) $\Delta S_{주위} = -\Delta H/T$이고 ΔH는 일정 압력에서 계가 얻은 열이므로, 다음과 같이 쓸 수 있다.

$$\Delta S_{전체} = \Delta S - \frac{\Delta H}{T}$$

양변에 $-T$를 곱하면

$$-T\Delta S_{전체} = \Delta H - T\Delta S$$

이 식의 우변은 바로 ΔG이다. 즉, 일정한 온도와 압력에서 계의 자유 에너지 변화이다. 그러므로,

$$-T\Delta S_{전체} = \Delta G$$

절대 온도 T는 항상 양수이므로, ΔG와 $\Delta S_{전체}$는 서로 부호가 반대라는 것에 유의하라.

열역학 제2법칙에 의하면, $\Delta S_{전체}$가 양이면 반응은 자발적이고, $\Delta S_{전체}$가 음이면 비자발적이며, $\Delta S_{전체}$가 0이면 반응은 평형에 있다. $-T\Delta S_{전체} = \Delta G$이고 ΔG와 $\Delta S_{전체}$는 부호가 반대이므로, 일정한 온도와 압력에서 일어나는 반응의 자발성에 대한 열역학 기준을 다음과 같이 설명할 수 있다.

$\Delta G < 0$이면, 반응이 자발적이다.
$\Delta G > 0$이면, 반응이 비자발적이다.
$\Delta G = 0$이면, 반응 혼합물은 평형에 있다.

다르게 표현하면, **일정한 온도와 압력의 자발적 과정에서 계의 자유 에너지는 항상 감소한다.**

자유 에너지 식 $\Delta G = \Delta H - T\Delta S$에서 ΔG에 기여하는 엔탈피와 엔트로피의 부호에 대한 관계는 표 18.2에 4가지 다른 경우로 요약되어 있다.

표 18.2 일정한 온도와 압력에서 엔탈피, 엔트로피, 자유 에너지 변화의 부호 및 반응의 자발성

ΔH	ΔS	$\Delta G = \Delta H - T\Delta S$	반응의 자발성	예
−	+	−	모든 온도에서 자발적	$2\ NO_2(g) \longrightarrow N_2(g) + 2\ O_2(g)$
+	−	+	모든 온도에서 비자발적	$3\ O_2(g) \longrightarrow 2\ O_3(g)$
−	−	− 또는 +	ΔH가 $T\Delta S$보다 큰 낮은 온도에서 자발적	$N_2(g) + 3\ H_2(g) \longrightarrow 2\ NH_3(g)$
			$T\Delta S$가 ΔH보다 큰 높은 온도에서 비자발적	
+	+	− 또는 +	$T\Delta S$가 ΔH보다 큰 높은 온도에서 자발적	$2\ HgO(s) \longrightarrow 2\ Hg(l) + O_2(g)$
			ΔH가 $T\Delta S$보다 큰 낮은 온도에서 비자발적	

개념탐구 질문 5
낮은 온도에서는 비자발적이고 높은 온도에서는 자발적인 반응에서, ΔS와 ΔH의 부호는 무엇인가?

경우 1. ΔH가 음이고 ΔS가 양이면, 모든 온도에서 ΔG는 음이다. 그러므로 양의 엔트로피 변화 값을 갖는 발열 반응은 항상 자발적이다.

경우 2. ΔH가 양이고 ΔS가 음이면, 모든 온도에서 ΔG는 양이다. 그러므로 음의 엔트로피 변화 값을 갖는 흡열 반응은 온도에 관계없이 항상 비자발적이다.

그러나 ΔH와 ΔS가 모두 음이거나 또는 모두 양이면, ΔG의 부호(그리고 반응의 자발성)는 온도에 의존한다. 식 $\Delta G = \Delta H - T\Delta S$에서 온도 T는 ΔG에 기여하는 엔탈피와 엔트로피의 상대적 중요성을 결정하는 가중치의 역할을 한다.

경우 3. ΔH와 ΔS가 모두 음이면, ΔH의 절댓값이 $T\Delta S$의 절댓값보다 클 때만 반응이 자발

적일 것이다. 이것은 $T\Delta S$에서 가중치 T가 작을 경우인 낮은 온도에서 가능성이 매우 크다.

경우 4. ΔH와 ΔS가 모두 양이면, 온도가 높아 $T\Delta S$가 ΔH보다 클 경우에만 반응이 자발적일 것이다. 이러한 경우는 용융 또는 증발과 같은 **상변화**(11.2절)에서 이미 다루었다.

경우 3, 4와 같이 ΔH와 ΔS가 모두 음이거나 모두 양이면 비자발적 반응이 자발이 되거나 또는 자발적 반응이 비자발적으로 되는 온도를 추정할 수 있다. 이것은 그 온도가 반응이 평형에 도달하는 온도이기 때문이다. 평형에서는 $\Delta G = \Delta H - T\Delta S = 0$이므로, 반응이 자발적에서 비자발적으로(혹은 비자발적에서 자발적으로) 변하는 교차 온도는 $T = \Delta H/\Delta S$로 주어진다.

$$\Delta G = \Delta H - T\Delta S = 0 \qquad \text{평형에서}$$

$$T = \frac{\Delta H}{\Delta S} \qquad \text{교차 온도}$$

이 식은 교차 온도의 정확한 값이 아닌 추정치를 제공할 뿐이다. 이것은 ΔH와 ΔS가 온도에 약간 의존하기 때문이다. 일반적으로 온도가 증가할 때 반응물과 생성물의 엔탈피 및 엔트로피는 증가하지만, 생성물의 엔탈피와 엔트로피 증가는 반응물의 증가에 의해 상쇄된다. 그 결과 반응의 ΔH와 ΔS는 작은 온도 범위에서는 상대적으로 온도에 무관하다.

기억하기…
얼음이 녹는 **상변화**는 0 ℃ 이상에서, 즉 $T\Delta S$가 ΔH보다 크고 ΔG가 음일 때 자발적이다. 그러나 0 ℃ 이하에서, 즉 ΔH가 $T\Delta S$보다 크고 ΔG가 양일 때는 비자발적이다(11.2절).

예제 18.5

반응이 자발적으로 되는 온도 결정

금속 철은 산화 철(III)을 수소로 환원하여 만들 수 있다.

$$Fe_2O_3(s) + 3\,H_2(g) \longrightarrow 2\,Fe(s) + 3\,H_2O(g) \quad \Delta H° = +98.8\text{ kJ};\ \Delta S° = +141.5\text{ J/K}$$

(a) 25 ℃ 표준 상태 조건에서 반응은 자발적인가?
(b) 어떤 온도에서 반응은 자발적으로 되는가?

문제 파악

알고 있는 것	알아내야 할 것
$\Delta H° = +98.8$ kJ	25 ℃에서 ΔG
$\Delta S° = +141.5$ J/K	자발성에 대한 온도(T)

전략

25 ℃에서 반응이 자발적인지를 결정하기 위해서 $\Delta G = \Delta H - T\Delta S$의 부호를 결정해야 된다. 반응이 자발적으로 되는 교차 온도를 찾기 위해 $T = \Delta H/\Delta S$를 이용한다.

풀이

(a) 25 ℃(298 K)에서 반응의 ΔG는

$$\Delta G = \Delta H - T\Delta S = (98.8\text{ kJ}) - (298\text{ K})(0.1415\text{ kJ/K})$$
$$= (98.8\text{ kJ}) - (42.2\text{ kJ})$$
$$= 56.6\text{ kJ}$$

양의 ΔH 항이 양의 $T\Delta S$ 항보다 크기 때문에 ΔG는 양이고, 298 K에서 반응은 비자발적이다.

(b) 식 $T = \Delta H/\Delta S$에 ΔH와 ΔS 값을 대입하면, ΔG가 양에서 음으로 바뀌는 교차 온도를 추정할 수 있다.

$$T = \frac{\Delta H}{\Delta S} = \frac{98.8\text{ kJ}}{0.1415\text{ kJ/K}} = 698\text{ K}$$

이 계산에서 ΔH와 ΔS 값이 표준 상태 온도 298 K에서 698 K 사이에 변하지 않는다고 가정했기 때문에 계산된 T 값은 추정치일 뿐이다.

점검

$\Delta H°$와 $\Delta S°$가 모두 양인 경우, $T\Delta S$가 ΔH보다 커지면 반응은 자발적이다. 높은 온도는 $T\Delta S$ 항의 크기를 증가시켜 ΔG가 음이 되고, 반응은 자발적이 된다. 따라서 반응이 자발적으로 되는 온도가 반응이 비자발적으로 되는 온도(298 K)보다 더 높다고 예측할 수 있다. 이 교차 온도(698 K)가 298 K보다 더 높다.

▶ **연습문제 18.9** 기체 N_2O_4의 분해를 생각해 보자.

$$N_2O_4(g) \longrightarrow 2\,NO_2(g)$$
$$\Delta H° = +55.3\text{ kJ};\ \Delta S° = +175.7\text{ J/K}$$

자발적인 반응의 온도 조건을 추정하시오.

개념 응용문제 18.10 A 원자(빨간색)와 B 원자(파란색)의 다음 자발적 반응에 대한 ΔH, ΔS, ΔG의 부호(+, − 또는 0)는 무엇인가?

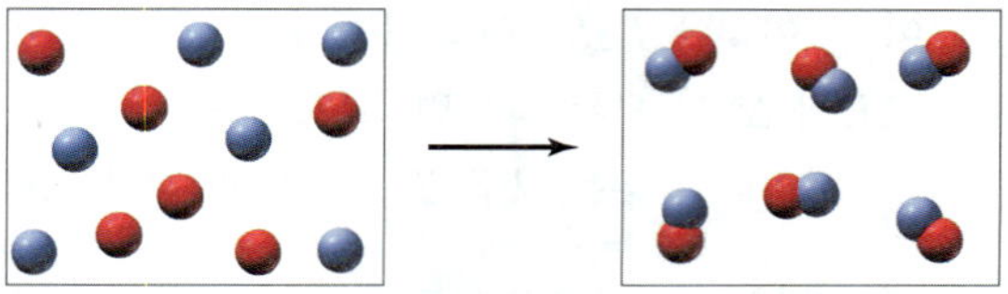

18.8 반응의 표준 자유 에너지 변화

물질의 자유 에너지는 엔탈피와 엔트로피처럼 온도, 압력, 물리적 상태(고체, 액체, 기체)와 농도(용액의 경우)에 의존한다. 그 결과, 화학 반응의 자유 에너지 변화는 잘 정의된 표준 상태 조건 하에서만 비교되어야 한다.

표준 상태 조건
- 1 atm에서 순수한 형태의 고체, 액체, 기체
- 1 M 농도의 용질
- 특정 온도, 보통 25 ℃

반응의 **표준 자유 에너지 변화**(**standard free-energy change**, $\Delta G°$)란 표준 상태에 있는 반응물이 표준 상태의 생성물로 변할 때 일어나는 자유 에너지 변화이다. $\Delta H°$와 같이 $\Delta G°$ 값은 균형 화학 반응식에 표기되는 몰수와 연관이 있는 **크기 성질**(**extensive property**)이다(2.3절). 예를 들면, 25 ℃에서 다음 반응의 $\Delta G°$는

기억하기… 질량, 부피와 같은 **크기 성질**은 시료의 크기에 따라 값이 변한다. 온도, 녹는점과 같은 세기 성질은 시료의 양과 관계가 없는 값을 가진다. (2.3절)

$$2\,Na(s) + 2\,H_2O(l) \longrightarrow H_2(g) + 2\,Na^+(aq) + 2\,OH^-(aq)$$

25 ℃에서 고체 소듐 2 mol이 액체 물 2 mol과 완전히 반응하여, 1 atm에서 수소 기체 1 mol과 Na^+ 이온 2 mol, OH^- 이온 2 mol을 포함하는 1 M 농도의 수용액을 생성할 때 생기는 자유 에너지 변화이다. 이 반응의 $\Delta G° = -364$ kJ이다.

일정한 온도와 압력에서 어떤 과정의 자유 에너지 변화는 $\Delta G = \Delta H - T\Delta S$이다. 따라서 반응의 표준 자유 에너지 변화 $\Delta G°$는 표준 엔탈피 변화 $\Delta H°$와 표준 엔트로피 변화 $\Delta S°$로부터 계산할 수 있다. 하버의 암모니아 합성을 다시 생각해 보자.

$$N_2(g) + 3\,H_2(g) \longrightarrow 2\,NH_3(g) \quad \Delta H° = -92.2\text{ kJ}; \Delta S° = -198.7\text{ J/K}$$

25 ℃(298 K)에서 표준 자유 에너지 변화는

$$\begin{aligned}\Delta G° = \Delta H° - T\Delta S° &= (-92.2 \times 10^3\text{ J}) - (298\text{ K})(-198.7\text{ J/K}) \\ &= (-92.2 \times 10^3\text{ J}) - (-59.2 \times 10^3\text{ J}) \\ &= -33.0 \times 10^3\text{ J} \quad \text{또는} \quad -33.0\text{ kJ}\end{aligned}$$

25 ℃에서 음의 $\Delta H°$ 항은 음의 $T\Delta S°$보다 크므로, 표준 상태 조건 하에서 $\Delta G°$는 음이고, 반응은 자발적이다.

표준 자유 에너지 변화는 실제 과정보다 가상의 과정에 적용된다는 점에 유의하는 것이 중요하다. 가상의 과정에서 표준 상태의 분리된 반응물은 표준 상태의 분리된 생성물로 완전히 전환된다. 그러나 실제 과정에서는 반응물과 생성물은 섞여 있고, 반응은 완전히 진행되지 않는다.

예로서, 하버 합성을 생각해 보자. 가상의 과정은

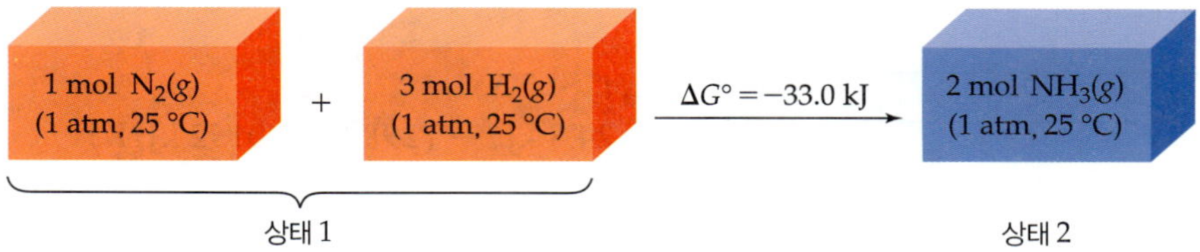

여기에서 $\Delta G° = -33.0$ kJ은 상태 1로부터 상태 2로 전환되는 계의 자유 에너지 변화이다. 그러나, 암모니아의 실제 합성에서는 반응물 N_2와 H_2는 분리되지 않고 서로 섞여 있다. 뿐만 아니라 이 반응은 완결되지 않고, 반응물과 생성물이 함께 존재하는 평형 상태에 도달한다.

그러면 실제 반응의 맥락에서 $\Delta G°$의 의미를 어떻게 생각해야 하는가? 한 가지 방법은 우리가 반응 용기에 N_2, H_2, NH_3의 혼합물을 각각 1 atm으로 가지고 있는 것으로 가정하는 것이다.

반응 용기는 반응물과 생성물의 압력을 1 atm으로 유지하기 위해서, 반응 속도에 맞춰 $N_2(g)$와 $H_2(g)$의 첨가를 허용하는 입구를 갖는다. 반응 용기는 또한 $NH_3(g)$의 압력을 1 atm으로 유지하기 위해, 생성 속도에 맞춰 NH_3를 제거하는 출구도 갖는다. (NH_3를 제거하는 한 가지 방법은, 반응 용기를 냉각시켜 N_2와 H_2보다 높은 끓는점을 갖는 NH_3를 선택적으로 응축시키는 것이다.)

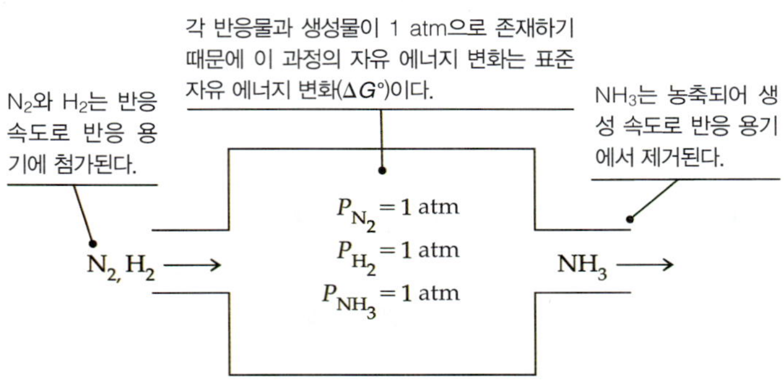

이러한 조건에서, 1 mol의 N_2가 3 mol의 H_2와 함께 2 mol의 NH_3를 생성하는 반응의 자유 에너지 변화는 표준 자유 에너지 변화($\Delta G° = -33.0$ kJ)이다. 각 반응물과 생성물이 1 atm으로 존재하기 때문이다.

항상 그렇듯이, $\Delta G°$의 값은 반응이 자발적인지 여부만을 나타내고, 그 속도에 대한 정보는 제공하지 않는다.

예제 18.6

$\Delta H°$와 $\Delta S°$로부터 반응의 $\Delta G°$ 계산

철광석에 포함된 산화 철(III)을 일산화 탄소로 환원시켜 금속 철을 상업적으로 제조한다.

$$Fe_2O_3(s) + 3\,CO(g) \longrightarrow 2\,Fe(s) + 3\,CO_2(g)$$

(a) 25 °C에서 이 반응의 표준 자유 에너지 변화를 계산하시오.
(b) 25 °C, 표준 상태 조건 하에서 반응은 자발적인가?
(c) 역반응은 고온에서 자발적인가? 설명하시오.

문제 파악

알고 있는 것	알아내야 할 것
온도(25°C)	$\Delta G°$
$\Delta H°_f$와 $\Delta S°$의 값	25 °C에서 자발적인가 비자발적인가
(부록 B)	자발성에 대한 조건

전략

(a) 표준 자유 에너지 변화는 $\Delta G° = \Delta H° - T\Delta S°$로부터 계산할 수 있다. 먼저 표준 생성열($\Delta H°_f$)과 표준 몰 엔트로피($S°$)로부터 $\Delta H°$ 와 $\Delta S°$를 구한다.

(b) $\Delta G°$가 음이면 표준 상태 조건 하에서 반응은 자발적이다.

(c) 고온에서 반응의 자발성은 $\Delta H°$와 $\Delta S°$의 부호와 크기에 의존한다.

풀이

(a) 다음 $\Delta H°_f$와 $S°$ 값은 부록 B에서 찾을 수 있다.

	$Fe_2O_3(s)$	$CO(g)$	$Fe(s)$	$CO_2(g)$
$\Delta H°_f$ (kJ/mol)	−824.2	−110.5	0	−393.5
$S°$[J/(K·mol)]	87.4	197.6	27.3	213.6

따라서,

$$\Delta H° = [2\ \Delta H°_f(Fe) + 3\ \Delta H°_f(CO_2)] - [\Delta H°_f(Fe_2O_3) + 3\ \Delta H°_f(CO)]$$

$$= [(2\text{ mol})(0\text{ kJ/mol}) + (3\text{ mol})(-393.5\text{ kJ/mol})] - [(1\text{ mol})(-824.2\text{ kJ/mol}) + (3\text{ mol})(-110.5\text{ kJ/mol})]$$

$$\Delta H° = -24.8\text{ kJ}$$

이고

$$\Delta S° = [2\ S°(Fe) + 3\ S°(CO_2)] - [S°(Fe_2O_3) + 3\ S°(CO)]$$

$$= \left[(2\text{ mol})\left(27.3\frac{\text{J}}{\text{K}\cdot\text{mol}}\right) + (3\text{ mol})\left(213.6\frac{\text{J}}{\text{K}\cdot\text{mol}}\right)\right] - \left[(1\text{ mol})\left(87.4\frac{\text{J}}{\text{K}\cdot\text{mol}}\right) + (3\text{ mol})\left(197.6\frac{\text{J}}{\text{K}\cdot\text{mol}}\right)\right]$$

$$\Delta S° = +15.2\text{ J/K}\ \ 또는\ \ 0.0152\text{ kJ/K}$$

그러므로

$$\Delta G° = \Delta H° - T\Delta S°$$
$$= (-24.8\text{ kJ}) - (298\text{ K})(0.0152\text{ kJ/K})$$
$$\Delta G° = -29.3\text{ kJ}$$

(b) $\Delta G°$가 음이므로 반응은 25 °C에서 자발적이다. 이것은 각 기체가 1 atm의 부분 압력을 갖는 $Fe_2O_3(s)$, $CO(g)$, $Fe(s)$, $CO_2(g)$의 혼합물이 25 °C에서 반응하여 더 많은 금속 철을 생산한다는 것을 의미한다.

(c) $\Delta H°$는 음이고 $\Delta S°$는 양이므로 $\Delta G°$는 모든 온도에서 음이다. 따라서, 정반응은 모든 온도에서 자발적이고, 역반응은 높은 온도에서 자발적이지 않다.

▶ **연습문제 18.11** 탄산 칼슘의 열분해 반응을 생각해 보자.

$$CaCO_3(s) \longrightarrow CaO(s) + CO_2(g)$$

(a) 부록 B의 자료를 이용하여, 25 °C에서 이 반응의 표준 자유 에너지 변화를 계산하시오.

(b) 고체 $CaCO_3$, 고체 CaO, 1 atm인 기체 CO_2의 혼합물은 25 °C에서 자발적으로 반응하여, 더 많은 CaO와 CO_2를 생성하는가?

▶ **개념 응용문제 18.12** 다음 AB_2 분자의 흡열 분해 반응을 생각해 보자.

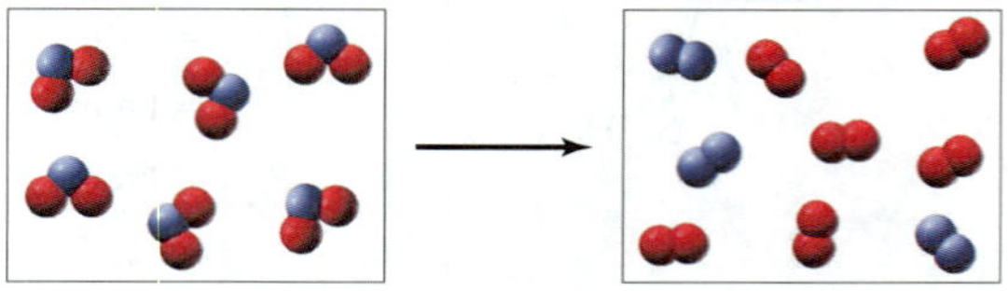

(a) 이 반응에 대한 $\Delta S°$의 부호(+, −, 0)는 무엇인가?

(b) 이 반응은 높은 온도에서 자발적일까 낮은 온도에서 자발적일까? 설명하시오.

18.9 표준 생성 자유 에너지

물질의 **표준 생성 자유 에너지**(**standard free energy of formation**, $\Delta G°_f$)란 표준 상태에서 가장 안정한 형태의 성분 원소로부터 표준 상태의 물질 1 mol이 생성되는 데 대한 자유 에너지 변화이다. 예를 들어, 18.8절에서 성분 원소로부터 2 mol의 NH_3 합성의 표준 자유 에너지 변화 $\Delta G°$는 −33.0 kJ임을 알았다.

$$N_2(g) + 3\ H_2(g) \longrightarrow 2\ NH_3(g) \qquad \Delta G° = -33.0\text{ kJ}$$

그러므로 암모니아의 $\Delta G°_f$는 −33.0 kJ/2 mol, 즉 −16.5 kJ/mol이다.

25 °C에서 몇 가지 물질의 $\Delta G°_f$ 값이 **표 18.3**에 수록되어 있고, 추가 자료는 부록 B에 있다.

25 ℃에서 가장 안정한 형태의 원소에 대한 $\Delta G°_f$는 0으로 정의된다는 것에 유의하라. 따라서 고체 흑연의 $\Delta G°_f = 0$ kJ/mol이지만, 25 ℃에서 덜 안정한 형태의 고체 탄소인 다이아몬드의 $\Delta G°_f = 2.9$ kJ/mol이다.

표 18.3 25 ℃에서 몇 가지 물질의 표준 생성 자유 에너지

물질	화학식	$\Delta G°_f$ [kJ/mol]	물질	화학식	$\Delta G°_f$ [kJ/mol]
기체			**액체**		
아세틸렌	C_2H_2	209.9	아세트산	CH_3CO_2H	−390
암모니아	NH_3	−16.5	에탄올	CH_3CH_2OH	−174.9
이산화 탄소	CO_2	−394.4	메탄올	CH_3OH	−166.6
일산화 탄소	CO	−137.2	물	H_2O	−237.2
에틸렌	C_2H_4	68.1	**고체**		
수소	H_2	0	탄산 칼슘	$CaCO_3$	−1129.1
메테인	CH_4	−50.8	산화 칼슘	CaO	−603.3
질소	N_2	0	다이아몬드	C	2.9
이산화 질소	NO_2	51.3	흑연	C	0
사산화 이질소	N_2O_4	99.8	산화 철(III)	Fe_2O_3	−742.2

표준 생성 엔탈피 $\Delta H°_f$와 마찬가지로, 가장 안정한 형태의 원소에 대한 0의 $\Delta G°_f$ 값은 다른 물질의 표준 자유 에너지 측정에 열역학적 '해수면', 즉 기준점으로 작용한다. 물질에 대한 자유 에너지의 절댓값은 측정할 수 없지만(엔트로피는 측정 가능), 반응물과 생성물 사이의 자유 에너지 **차이**에만 관심이 있기 때문에 이는 문제가 되지 않는다.

물질의 표준 생성 자유 에너지는 그 물질의 구성 원소에 대한 열역학적 안정성의 척도가 된다. 이산화 탄소나 물과 같이 $\Delta G°_f$가 음의 값을 갖는 물질은 표준 상태 조건에서 안정하여 성분 원소로 분해되지 않는다. 에틸렌이나 이산화 질소와 같이 양의 $\Delta G°_f$ 값을 갖는 물질은 그 구성 원소에 비해 열역학적으로 불안정하므로 원칙적으로는 분해될 수 있다. 그러나 실제로는 분해 속도가 느린 경우, 이런 물질은 오랫동안 존재할 수 있다.

만일 어떤 물질의 $\Delta G°_f$ 값이 양이면, 표준 상태 조건에서 구성 원소로부터 그 물질을 합성하려는 시도는 의미가 없다. 이런 물질은 다른 온도나 압력에서 만들거나, 자유 에너지 변화가 음인 반응을 이용하여 다른 출발 물질로부터 만들어야 한다. 그러므로 열역학적 지식이 있다면, 화학 합성에서 상당한 시간을 절약할 수 있다.

18.8절에서 표에 주어진 $\Delta H°_f$와 S° 값을 이용하여 $\Delta H°$와 $\Delta S°$를 구하고, $\Delta G° = \Delta H° - T\Delta S°$로부터 반응의 표준 자유 에너지 변화를 계산하였다. 다른 방법으로, 모든 생성물의 표준 생성 자유 에너지로에서 모든 반응물의 표준 생성 자유 에너지를 빼면, 직접 $\Delta G°$를 계산할 수 있다.

반응의 표준 자유 에너지 변화

$$\Delta G° = \Delta G°_f(\text{생성물}) - \Delta G°_f(\text{반응물})$$

일반적인 반응

$$a\,A + b\,B \longrightarrow c\,C + d\,D$$

의 표준 자유 에너지 변화는 다음과 같다.

반응의 표준 자유 에너지 변화

$$\Delta G° = [c\Delta G°_f(C) + d\Delta G°_f(D)] - [a\Delta G°_f(A) + b\Delta G°_f(B)]$$

예제 18.6의 반응[일산화 탄소에 의한 산화 철(III)의 환원]에 대해, 표준 자유 에너지 변화를 계산해 보자.

$$Fe_2O_3(s) + 3\ CO(g) \longrightarrow 2\ Fe(s) + 3\ CO_2(g)$$

표 18.3의 $\Delta G°_f$ 값을 이용하면 다음의 결과를 얻을 수 있다.

$$\begin{aligned}\Delta G° &= [2\ \Delta G°_f(Fe) + 3\ \Delta G°_f(CO_2)] - [\Delta G°_f(Fe_2O_3) + 3\ \Delta G°_f(CO)]\\ &= [(2\ mol)(0\ kJ/mol) + (3\ mol)(-394.4\ kJ/mol)]\\ &\quad -[(1\ mol)(-742.2\ kJ/mol) + (3\ mol)(-137.2\ kJ/mol)]\\ \Delta G° &= -29.4\ kJ\end{aligned}$$

이 결과는, 예제 18.6에서 $\Delta G° = \Delta H° - T\Delta S°$를 이용하여 계산된 값인 −29.3 kJ과 잘 일치한다.

예제 18.7

$\Delta G°_f$ 값으로부터 반응의 $\Delta G°$ 계산

(a) 일산화 질소(NO)와 물이 생성되는 암모니아 산화 반응의 표준 자유 에너지 변화를 계산하시오. 25 ℃ 표준 상태 조건에서, 이 반응은 촉매를 사용할 가치가 있는가?

$$4\ NH_3(g) + 5\ O_2(g) \longrightarrow 4\ NO(g) + 6\ H_2O(l)$$

(b) 25 ℃ 표준 상태 조건에서, 기체 N_2와 O_2로부터 NO를 합성하는 데 촉매를 사용할 만한 가치가 있는가?

문제 파악

알고 있는 것	알아내야 할 것
표준 생성 자유 에너지 $\Delta G°_f$ (부록 B)	$\Delta G°$

전략

아래 식을 사용하여, 표준 생성 자유 에너지로부터 $\Delta G°$를 매우 쉽게 계산할 수 있다.

$$\Delta G° = \Delta G°_f(\text{생성물}) - \Delta G°_f(\text{반응물})$$

균형 화학 반응식에서의 계수를 각 물질의 $\Delta G°$에 곱해 주는 것을 상기하라. 반응의 자유 에너지 변화가 음일 때만 촉매를 사용해 볼 만하다.

풀이

(a)
$$\begin{aligned}\Delta G° &= [4\ \Delta G°_f(NO) + 6\ \Delta G°_f(H_2O)]\\ &\quad - [4\ \Delta G°_f(NH_3) + 5\ \Delta G°_f(O_2)]\\ &= [(4\ mol)(87.6\ kJ/mol) + (6\ mol)(-237.2\ kJ/mol)]\\ &\quad -[(4\ mol)(-16.5\ kJ/mol) + (5\ mol)(0\ kJ/mol)]\\ \Delta G° &= -1006.8\ kJ\end{aligned}$$

음의 $\Delta G°$는 표준 상태 조건에서 반응이 자발적임을 의미하므로 촉매를 사용할 만하다. (이 반응은 질산을 생산하는 오스트발트 공정의 첫 번째 단계이다. 산업적으로는 백금–로듐 촉매를 사용하여 반응을 진행시킨다.)

(b) NO의 표준 생성 자유 에너지는 $\Delta G°_f = 87.6$ kJ/mol로 양의 값을 가지므로, 반응 $N_2(g) + O_2(g) \longrightarrow 2\ NO(g)$은 촉매를 사용할 가치가 없다. 이것은 25 ℃ 표준 상태 조건에서 NO가 불안정하여 N_2와 O_2로 분해된다는 것을 의미한다. 촉매는 분해 속도만 증가시킬 뿐이다. 촉매는 평형 혼합물의 조성에 영향을 줄 수 없기 때문에(15.11절), 반응의 방향을 되돌리지는 못한다.

연습문제 18.13 부록 B의 ΔG°_f 값을 이용하여, 탄화 칼슘(CaC_2)과 물의 반응에 대한 표준 자유 에너지 변화를 계산하시오. 이 반응을 아세틸렌(HC≡CH, 또는 C_2H_2) 합성에 이용할 수 있을까?

$$CaC_2(s) + 2\,H_2O(l) \longrightarrow C_2H_2(g) + Ca(OH)_2(s)$$

응용문제 18.14

(a) 표 18.3의 ΔG°_f값을 이용하여, 반응 $C_{다이아몬드}(s) \longrightarrow C_{흑연}(s)$의 표준 자유 에너지 변화 ΔG°를 계산하시오.

(b) 25 °C 표준 상태에서 다이아몬드 반지가 흑연으로 자발적으로 변하는가?

(c) 다이아몬드가 흑연으로 변하는 것을 관찰하지 못하는 이유를 설명하시오.

ⓒfocal point/Shutterstock

18.10 비표준 상태 조건에서 반응의 자유 에너지 변화

반응물과 생성물이 모두 표준 상태 조건에서 존재할 때, 표준 자유 에너지 변화 ΔG°의 부호는 자발적인 반응의 방향을 알려 준다. 그러나 실제 반응에서는 반응 혼합물의 조성이 좀처럼 표준 상태의 압력 및 농도와 일치하지 않는다. 뿐만 아니라, 부분 압력과 농도는 반응이 진행됨에 따라 변한다. 그렇다면, 반응물과 생성물이 표준 상태가 아닌 압력과 농도에서 존재할 때, 반응의 자유 에너지 변화 ΔG는 어떻게 계산하겠는가?

이에 대한 해답은 다음 관계식으로 주어진다.

비표준 상태에서 자유 에너지 변화 $\Delta G = \Delta G^\circ + RT \ln Q$

여기서 ΔG는 비표준 상태 조건에서 자유 에너지 변화, ΔG°는 표준 상태에서 자유 에너지 변화, R은 기체 상수, T는 절대 온도(켈빈), Q는 반응 지수이다. (기체를 포함하는 반응은 기체의 표준 상태가 1 atm이므로 Q_p를 사용하고, 용액 중 용질을 포함하는 반응은 용질의 표준 상태가 1 M 농도이므로 Q_c를 사용한다.) 반응 지수 Q_c는 농도가 평형 값일 필요가 없다는 것만 제외하면, 평형 상수 표현 K_c와 동일한 형태를 갖는다는 것을 15.5절로부터 기억하라. 유사하게, Q_p는 부분 압력이 임의의 값을 갖는 것을 제외하면, K_p와 동일한 형태이다. 예를 들어, 암모니아의 하버 합성에 대해서 다음과 같이 쓸 수 있다.

$$N_2(g) + 3\,H_2(g) \rightleftharpoons 2\,NH_3(g) \qquad Q_p = \frac{(P_{NH_3})^2}{(P_{N_2})(P_{H_2})^3}$$

기체 및 용액 중의 용질을 둘 다 포함하는 반응에서, 반응 지수 Q는 압력 단위로 표시된 기체의 부분 압력과 용질의 몰농도로 표현한다.

비표준 상태 조건에서 ΔG에 관한 식을 유도하지는 않을 것이다. 그러나 ΔG와 Q가 서로 관련되어 있다는 것은 놀랍지 않다. 그것은 ΔG와 Q가 반응의 방향성을 예측하기 때문이다. 예제 18.8은 이 식을 어떻게 사용하는지 보여 준다.

예제 18.8

비표준 상태 조건에서 반응의 ΔG 계산

25 ℃(298 K)에서 암모니아 합성의 자유 에너지 변화를 계산하시오. 주어진 부분 압력은 다음과 같다.

(a) 1.0 atm N_2, 3.0 atm H_2, 0.020 atm NH_3
(b) 0.010 atm N_2, 0.030 atm H_2, 2.0 atm NH_3

$$N_2(g) + 3\,H_2(g) \rightleftharpoons 2\,NH_3(g) \quad \Delta G° = -33.0\text{ kJ}$$

문제 파악

알고 있는 것	알아내야 할 것
반응물과 생성물의 부분 압력	ΔG
$T = 298$ K	
$\Delta G° = -33.0$ kJ	

전략

$\Delta G = \Delta G° + RT \ln Q$로부터 ΔG를 계산할 수 있다. 여기서 Q는 반응 $N_2(g) + 3\,H_2(g) \rightleftharpoons 2\,NH_3(g)$의 Q_p이다.

풀이

(a) Q_p 값은

$$Q_p = \frac{(P_{NH_3})^2}{(P_{N_2})(P_{H_2})^3} = \frac{(0.020)^2}{(1.0)(3.0)^3} = 1.5 \times 10^{-5}$$

이 Q_p 값을 ΔG 식에 대입하면

$$\begin{aligned}\Delta G &= \Delta G° + RT \ln Q_p \\ &= (-33.0 \times 10^3\text{ J/mol}) + [8.314\text{ J/(K}\cdot\text{mol)}](298\text{ K})(\ln 1.5 \times 10^{-5}) \\ &= (-33.0 \times 10^3\text{ J/mol}) + (-27.5 \times 10^3\text{ J/mol}) \\ \Delta G &= -60.5\text{ kJ/mol}\end{aligned}$$

이 계산에서 일치된 단위를 유지하기 위해 ΔG와 $\Delta G°$를 J/mol 단위로 표시했다. 이것은 R의 단위가 J/(K·mol)이기 때문이다. 여기서 몰당(per mole)은 균형 반응식의 계수로 표시되는 반응물과 생성물의 몰수가 분모에 있음을 의미한다. 그러므로 특정 조건에서 1 mol의 N_2와 3 mol의 H_2가 2 mol의 NH_3로 변환될 때, 자유 에너지 변화는 −60.5 kJ이다.

Q_p가 1보다 작고 $\ln Q_p$가 음수이므로, ΔG는 $\Delta G°$보다 더 음이다. 그리하여 이 반응은 열역학적으로 표준 상태 조건보다 제시된 조건에서 더 잘 일어나는 경향이 있다. 각 반응물과 생성물이 부분 압력 1 atm으로 존재할 때, $Q_p = 1$, $\ln Q_p = 0$. 따라서 $\Delta G = \Delta G°$가 된다.

(b) Q_p 값은

$$Q_p = \frac{(P_{NH_3})^2}{(P_{N_2})(P_{H_2})^3} = \frac{(2.0)^2}{(0.010)(0.030)^3} = 1.5 \times 10^{7}$$

해당하는 ΔG 값은

$$\begin{aligned}\Delta G &= \Delta G° + RT \ln Q_p \\ &= (-33.0 \times 10^3\text{ J/mol}) + [8.314\text{ J/(K}\cdot\text{mol)}](298\text{ K})(\ln 1.5 \times 10^{7}) \\ &= (-33.0 \times 10^3\text{ J/mol}) + (40.9 \times 10^3\text{ J/mol}) \\ \Delta G &= 7.9\text{ kJ/mol}\end{aligned}$$

ΔG가 양의 값을 갖도록 Q_p가 충분히 크기 때문에, 반응은 정방향으로 비자발적이지만 역방향으로는 자발적이다. 그러므로 반응이 자발적으로 진행하는 방향은 반응 혼합물의 조성에 달려 있다.

점검

(a) 르샤틀리에 원리(15.6절)에 의해, 반응물의 부분 압력 중 하나가 1 atm보다 크고 생성물의 부분 압력은 1 atm보다 작기 때문에, 표준 상태 조건보다 제시된 조건에서 반응이 일어날 경향이 더 클 것이라고 예상된다. 그러므로 Q_p는 1보다 작고 ΔG는 $\Delta G°$보다 더 음이 될 것으로 예측되므로, 풀이와 일치한다.

(b) 이 경우, 반응 혼합물에는 생성물은 많고 반응물은 적다. 그러므로 Q_p는 1보다 크고 ΔG는 $\Delta G°$보다 더 양이 될 것으로 예측되므로, 풀이와 일치한다.

연습문제 18.15 H_2 부분 압력이 100 atm, C_2H_4 부분 압력이 0.10 atm일 때, 25 ℃에서 탄소와 수소로부터 에틸렌(C_2H_4) 생성의 ΔG를 계산하시오.

$$2\,C(s) + 2\,H_2(g) \longrightarrow C_2H_4(g) \qquad \Delta G° = 68.1\text{ kJ}$$

이 반응은 정방향으로 자발적인가, 역방향으로 자발적인가?

개념 응용문제 18.16 다음과 같은 A_2(빨간색) 분자와 B_2(파란색) 분자의 기체상 반응을 생각해 보자.

$$A_2 + B_2 \rightleftharpoons 2\,AB \qquad \Delta G° = 15\text{ kJ}$$

(a) 다음 중 어느 반응 혼합물이 가장 큰 ΔG를 갖는가? 또 어느 것이 가장 작은 ΔG를 갖는가?

(1)

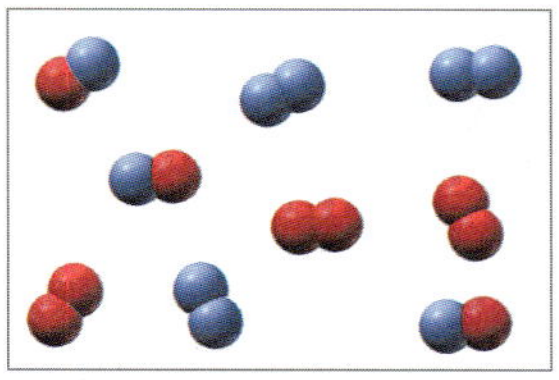

(2)

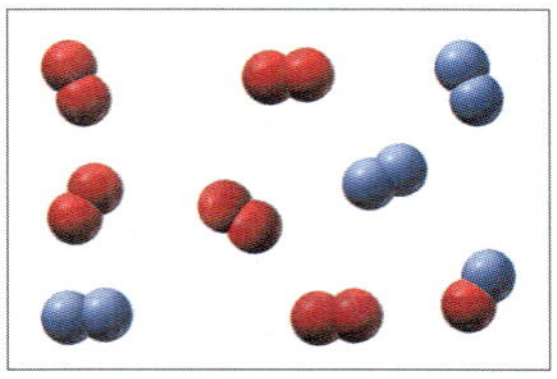

(3)

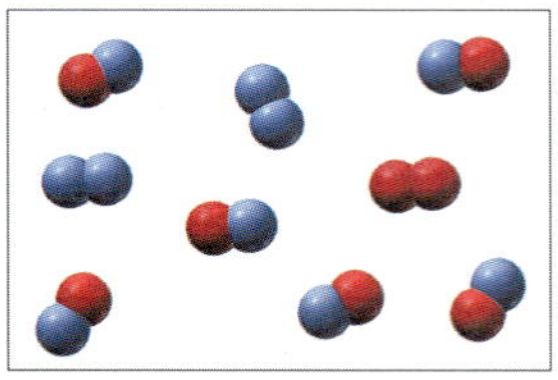

(b) 만일 반응 혼합물 (1)에서 각 반응물과 생성물의 부분 압력이 1 atm이라면, 반응 혼합물 (1)의 ΔG는 얼마인가?

18.11 자유 에너지와 화학 평형

반응의 ΔG가 반응 혼합물의 조성에 어떻게 의존하는가를 알았으니, 반응이 평형으로 진행됨에 따라 반응 혼합물의 전체 자유 에너지가 어떻게 변하는가를 이해할 수 있다. ΔG를 계산하는 식을 다시 살펴보면 다음과 같다.

$$\Delta G = \Delta G° + RT \ln Q$$

만일 반응 혼합물이 주로 반응물을 포함하고 생성물은 거의 없다면, Q는 1보다 훨씬 작고 $RT \ln Q$는 매우 큰 음수가 될 것이다($Q = 0$일 때 음의 무한대). 따라서 $\Delta G°$가 어떤 값을 가지든지(양 또는 음) 관계없이 음의 $RT \ln Q$ 항이 $\Delta G°$ 항보다 우세하게 되어, ΔG는 음이 된다. 이것은 생성물의 농도가 매우 작을 때 정반응이 항상 자발적임을 의미한다. 반대로, 반응 혼합물이 주로 생성물을 포함하고 반응물이 거의 없다면, Q는 1보다 훨씬 크고 $RT \ln Q$는 매우 큰 양수가 될 것이다(반응물이 존재하지 않을 때 양의 무한대). 따라서, 양의 $RT \ln Q$ 항이

개념탐구 질문 6

반응 생성물이 평형 혼합물에서 제거될 때, ΔG의 값은 어떻게 변하는가?

▶ 그림 18.11

반응 진행의 함수로서 반응 혼합물의 전체 자유 에너지. 그래프는 순수한 반응물과 순수한 생성물이 표준 상태에 있고, 반응의 $\Delta G°$는 음이기 때문에 평형 조성에 생성물이 많다는 가정 하에 그려진 것이다.

▶ 확인하기

(a) 자유 에너지 곡선이 최소일 때 반응물과 생성물의 농도는 얼마인가? (b) 계가 자유 에너지 곡선에서 최솟값의 오른쪽 지점에서 시작하면 어떤 반응이 일어나는가?

답 (a) 반응물과 생성물의 농도는 평형 농도이다. (b) 역반응이 일어난다. 생성물은 반응물로 전환된다.

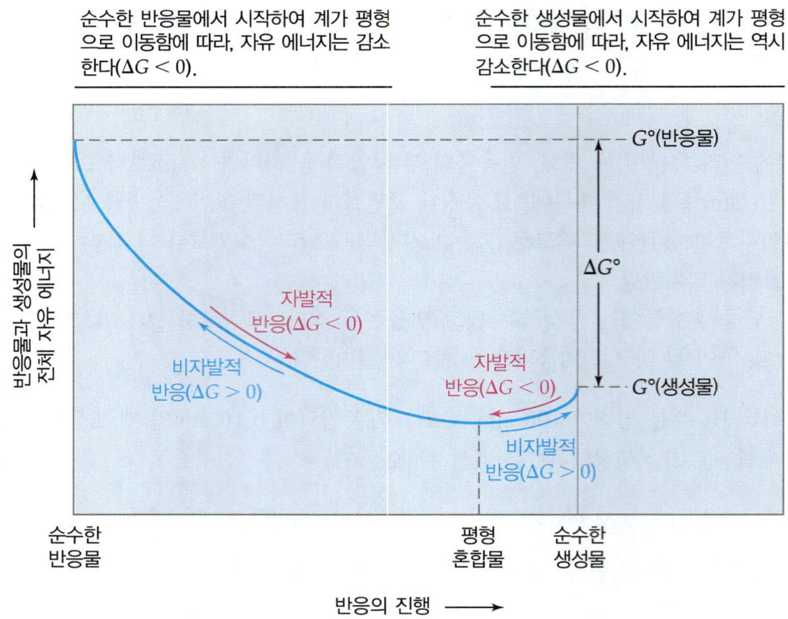

$\Delta G°$ 항보다 우세하게 되어 ΔG는 양이 될 것이다. 그러므로 역반응이 항상 자발적일 때는 반응물의 농도가 매우 작을 때이다. 이 조건을 요약하면 다음과 같다.

- 반응 혼합물이 대부분 반응물일 때

$$Q \ll 1 \qquad RT \ln Q \ll 0 \qquad \Delta G < 0$$

반응은 정방향으로 자발적으로 진행되고, 전체 자유 에너지는 감소한다.

- 반응 혼합물이 대부분 생성물일 때

$$Q \gg 1 \qquad RT \ln Q \gg 0 \qquad \Delta G > 0$$

반응은 역방향으로 자발적으로 진행되고, 전체 자유 에너지는 감소한다.

그림 18.11은 반응이 진행됨에 따라 반응 혼합물의 전체 자유 에너지가 어떻게 변하는가를 보여 준다. 자유 에너지는 순수한 반응물이 생성물을 형성할 때 감소하고, 순수한 생성물이 반응물을 형성할 때도 감소하므로, 자유 에너지 곡선은 순수한 반응물과 순수한 생성물 사이의 어디에서 최솟값을 가져야 한다. 그 최소 자유 에너지 조성에서 계는 평형에 있게 된다. 이것은 반응물이 생성물로, 또는 생성물이 반응물로 변환할 때 자유 에너지가 증가하기 때문이다. 계가 외부 영향에 의해 교란되지 않는다면, 평형 조성은 끝없이 지속된다.

반응에 대한 ΔG의 부호는 자유 에너지 곡선의 기울기 부호와 같다(그림 18.11). 평형 조성의 왼쪽은 ΔG와 곡선의 기울기가 음이고, 반응물이 생성물로 변환됨에 따라 자유 에너지는 감소한다. 평형 조성의 오른쪽에서는 ΔG와 곡선의 기울기가 양이다. 정확히 평형 조성에서는 ΔG와 곡선의 기울기는 0이고, 알짜 반응은 일어나지 않는다.

이제 자유 에너지와 평형 상수의 관계를 유도할 수 있다. 평형에서는 반응의 ΔG는 0이고, 반응 지수 Q는 평형 상수 K와 같다. $\Delta G = 0$과 $Q = K$를 식에 대입하면 다음과 같다.

$$\Delta G = \Delta G° + RT \ln Q$$
$$0 = \Delta G° + RT \ln K$$

표준 자유 에너지 변화와 평형 상수와의 관계

$$\Delta G^\circ = -RT \ln K$$

이 식에서 K는 기체를 포함하는 반응에서는 K_p이고, 용액 중에 용질을 포함하는 반응에서는 K_c이다. 기체와 용액 중에 용질이 모두 관여하는 반응에서는 평형 상수 표현이 기체의 부분 압력과 용질의 몰농도를 포함한다.

$\Delta G^\circ = -RT \ln K$ **식은 화학 열역학에서 가장 중요한 관계식 중 하나이다. 그 이유는 이 식이 반응의 평형 상수를 표준 자유 에너지 변화로부터 또는 반대로 계산할 수 있게 해주기 때문이다.** 이 관계식은 K를 측정하기 어려울 때 특히 유용하다. 반응이 매우 느려 평형에 도달하는 데 실험자의 수명보다 시간이 더 오래 걸리거나, 또는 본질적으로 완결되지만 반응물의 평형 농도가 극히 작아 측정하기 어려운 반응을 생각해 보자. 이런 경우 K를 직접 측정할 수는 없지만, ΔG°로부터 그 값을 계산할 수는 있다.

ΔG°와 평형 상수 K의 관계가 **표 18.4**에 요약되어 있다. ΔG° 값이 음인 반응은 1보다 큰 평형 상수를 갖는다. 이것은 그림 18.11의 자유 에너지 곡선에서 생성물이 더 많은 조성에서 최솟값이 존재하는 경우에 해당한다. 반면에, ΔG° 값이 양인 반응은 1보다 작은 평형 상수를 갖는다. 이것은 자유 에너지 곡선에서 반응물이 더 많은 조성에서 최솟값을 갖는다. $\Delta G^\circ > 0$인 경우에 대해 그림 18.11을 다시 그려 보라.

이제 이 장을 시작할 때 제기한 근본적인 질문에 대해 대답하려 한다. 무엇이 평형 상수를 결정하는가, 즉 자연의 어떤 성질이 특정한 화학 반응의 방향과 정도를 결정하는가? 해답은 평형 상수 값이 반응의 표준 자유 에너지 변화(ΔG°)에 의해 결정된다는 것이다. 이때 표준 자유 에너지 변화는 반응물과 생성물의 표준 생성열과 표준 몰 엔트로피에 의존한다.

표 18.4 반응의 표준 자유 에너지 변화와 평형 상수 사이의 관계: $\Delta G^\circ = -RT \ln K$

ΔG°	$\ln K$	K	설명
$\Delta G^\circ < 0$	$\ln K > 0$	$K > 1$	평형 혼합물은 주로 생성물이다.
$\Delta G^\circ > 0$	$\ln K < 0$	$K < 1$	평형 혼합물은 주로 반응물이다.
$\Delta G^\circ = 0$	$\ln K = 0$	$K = 1$	평형 혼합물은 비슷한 양의 반응물과 생성물을 포함한다.

예제 18.9

반응의 ΔG°로부터 평형 상수 계산

메탄올(CH_3OH)은 접착제, 섬유, 플라스틱의 제조에 이용되는 중요한 알코올이다. 메탄올은 공업적으로 다음 반응에 의해 합성된다.

$$CO(g) + 2\,H_2(g) \rightleftharpoons CH_3OH(g)$$

부록 B의 열역학 자료를 이용하여, 25 ℃에서 이 반응의 평형 상수를 계산하시오.

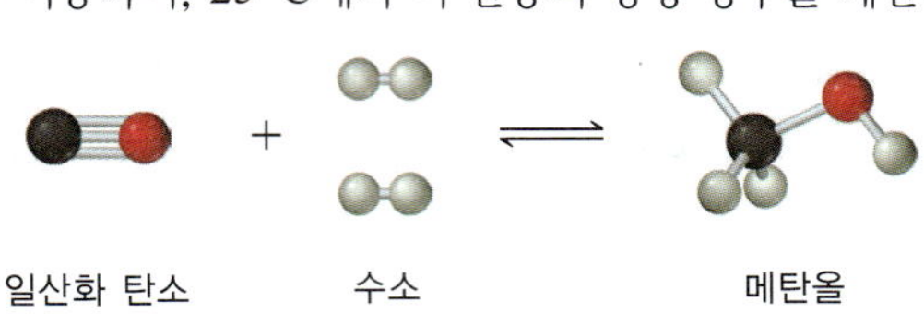

문제 파악

알고 있는 것	알아내야 할 것
표준 생성 자유 에너지($\Delta G°_f$) $T = 25$ °C	평형 상수(K_p)

전략
먼저, 표에 있는 반응물과 생성물의 $\Delta G°_f$를 이용하여, 반응의 $\Delta G°$를 계산한다. 그리고 $\Delta G° = -RT \ln K$ 식을 이용하여, 평형 상수 값을 구한다.

풀이

$$\Delta G° = \Delta G°_f(CH_3OH) - [\Delta G°_f(CO) + 2\,\Delta G°_f(H_2)]$$
$$= (1\text{ mol})(-162.3\text{ kJ/mol}) - [(1\text{ mol})(-137.2\text{ kJ/mol}) + (2\text{ mol})(0\text{ kJ/mol})]$$
$$\Delta G° = -25.1\text{ kJ}$$

$\Delta G° = -RT \ln K$ 식을 $\ln K$에 대해 풀면

$$\ln K = \frac{-\Delta G°}{RT} = \frac{-(-25.1 \times 10^3\text{ J/mol})}{[8.314\text{ J/(K·mol)}](298\text{ K})} = 10.1$$

그러므로 $K = K_p = e^{10.1} = 2 \times 10^4$이다.
반응물과 생성물이 기체이고 표준 상태는 압력을 사용하여 정의되기 때문에, 평형 상수는 K_p가 된다. K_c 값을 구하려면 $K_p = K_c(RT)^{\Delta n}$(15.3절)을 이용하여 계산해야 한다. 이때 기체 상수 R은 0.082 06 (L·atm)/(K·mol)을 사용해야 한다.

점검
$\Delta G°$는 음의 값이므로 평형 혼합물은 주로 생성물이어야 한다($K > 1$). 이것은 풀이와 일치한다.

▶ **연습문제 18.17** 부록 B에 주어진 자료로부터 25 °C에서 다음 반응의 K_p를 계산하시오.

$$CaCO_3(s) \rightleftharpoons CaO(s) + CO_2(g)$$

▶ **응용문제 18.18** 25 °C에서 물 해리 반응의 K_w가 1.0×10^{-14}이다. 다음 반응의 $\Delta G°$를 계산하시오.

$$2\,H_2O(l) \rightleftharpoons H_3O^+(aq) + OH^-(aq)$$

예제 18.10

$\Delta G°$로부터 증기 압력 계산

25 °C에서 기체 수은의 $\Delta G°_f$ 값은 31.85 kJ/mol이다. 25 °C에서 수은의 증기 압력은 얼마인가?

문제 파악

알고 있는 것	알아내야 할 것
$Hg(g)$, $\Delta G°_f = 31.85$ kJ/mol $T = 25$ °C	P_{Hg}

전략
증기 압력(atm)은 반응의 K_p와 같다.

$$Hg(l) \rightleftharpoons Hg(g) \quad K_p = P_{Hg}$$

$Hg(l)$은 순수한 액체이므로 평형 상수식에서 제외된다. 수은 원소의 표준 상태는 순수한 액체이므로 $Hg(l)$의 $\Delta G°_f = 0$이고, 증발의 $\Delta G°$는 $Hg(g)$의 $\Delta G°_f$(31.85 kJ/mol)와 같다. 예제 18.9와 같이 $\Delta G° = -RT \ln K_p$를 이용하여 K_p를 계산할 수 있다.

풀이

$$\ln K_p = \frac{-\Delta G°}{RT} = \frac{-(31.85 \times 10^3\text{ J/mol})}{[8.314\text{ J/(K·mol)}](298\text{ K})} = -12.86$$
$$K_p = e^{-12.86} = 2.6 \times 10^{-6}$$

K_p는 압력 단위로 정의되기 때문에 25 °C에서 수은의 증기 압력은 2.6×10^{-6} atm(0.0020 mmHg)이다. 증기 압력이 상당히 크고 폐에 유독하기 때문에, 수은은 적절한 배기 장치 없이 취급해서는 안 된다.

▲ 수은은 실온에서 상당한 증기 압력을 가지고 있으며, 취급시 적절한 환기가 필요하다.
ⓒMarcelClemens/Shutterstock

점검
$\Delta G°$가 양의 값이므로 증발은 반응이 많이 진행되지 않고 평형에 도달한다. 그러므로 K_p는 1보다 작다. 이것은 풀이와 일치한다.

▶ **연습문제 18.19** 부록 B의 자료를 이용하여, 25 °C에서 물의 증기 압력을 계산하시오.

▶ **응용문제 18.20** 25 °C에서 에탄올(CH_3CH_2OH)의 증기 압력이 60.6 mmHg라면, K_p와 $\Delta G°$의 값을 계산하시오.

INQUIRY ? 고도로 정렬된 분자들의 생성은 열역학 제2법칙을 위반하는가?

언뜻 보기에 생명체는 '모든 자발적인 과정은 우주의 엔트로피를 증가시킨다'는 열역학 제2법칙을 거스르는 것처럼 보인다. 생명체가 복잡해질수록 무질서도가 낮아져서 낮은 엔트로피를 갖기 때문이다. 만일 우주의 무질서도가 항상 증가한다면, 대단히 복잡한 구조를 갖는 생명체의 진화와 성장은 어떻게 가능할까? 이러한 생물학적 질서의 딜레마는 계와 주위를 동시에 살펴봄으로써 설명될 수 있다. 주위의 무질서도가 계의 무질서도 감소를 상쇄하고 남을 정도로 크게 증가한다면, 계의 무질서도 감소는 자발적으로 충분히 가능하다.

생물학적 질서의 분자의 예로, 두 개의 단일 DNA 가닥들로부터 형성되는 **데옥시리보핵산(deoxyribonucleic acid, DNA)**의 이중 나선 구조를 생각해 보자. DNA는 유전 암호를 저장하고, 수소 결합(8.6절)을 통해 자발적으로 연결된 두 개의 상보적인 분자 가닥으로 구성된다. 아래 그림처럼 DNA 염기들은 아데닌(A)과 타이민(T)이 한 쌍을 이루고, 구아닌(G)과 사이토신(C)이 한 쌍을 이룬다.

이중 가닥의 형성은 계의 엔트로피 감소를 초래한다. 이것은 용액 내에서 자유롭게 확산하고 회전하는 두 개의 단일 가닥들이 고정된 위치로 하나의 분자로 결합되기 때문이다. 두 개의 단일 DNA 가닥이 접근하면, DNA 염기들 간의 분자간 힘(특히 수소 결합)이 형성되어 많은 양의 열(염기 쌍 1 mol 당 250 kJ)을 방출한다. 이때 방출된 열로 인해 주위의 엔트로피가 증가한다. 전체 엔트로피를 계산하면, 주위의 엔트로피 증가가 계의 엔트로피 감소보다 커서 자발적 과정이 된다 ($\Delta S_{전체} = \Delta S_{계} + \Delta S_{주위} > 0$).

두 개의 상보적인 단일 가닥으로부터 자발적으로 이중 가닥 DNA를 형성하는 것과는 대조적으로, 많은 생물학적 반응은 전체 엔트로피가 증가하지 않기 때문에 비자발적이다 ($\Delta S_{전체} = \Delta S_{계} + \Delta S_{주위} < 0$). 예를 들면, 단백질은 특정한 순서로 연결된 아미노산들로 구성되고, 생물학적 기능(반응에서 촉매와 같은)을 수행하기 위해, 정확한 모양으로 접혀진 구조를 갖는 매우 질서정연한 생물학적 분자이다. 단백질의 합성은 아미노산 분자들을 서로 연결하는 것과 관련이 있다. 대표적인 예로, 두 개의 글라이신(Gly) 아미노산 분자들 간의 반응이 있다.

$$\mathrm{Gly_1}(aq) + \mathrm{Gly_2}(aq) \rightleftharpoons \mathrm{Gly_1{-}Gly_2}(aq) + \mathrm{H_2O}(l) \quad \Delta G^{\circ\prime} = +15\ \mathrm{kJ}$$

생화학 계에서, H_3O^+의 표준 상태 농도는 1 M이 아니라 1×10^{-7} M이고, 표준 자유 에너지 변화는 기호 $\Delta G^{\circ\prime}$을 쓴다. $\Delta G^{\circ\prime}$의 양의 값은 반응이 반응물 쪽을 선호하고, 평형에서 단지 작은 양의 생성물만이 형성된다는 것을 의미한다. 그러므로 성분 아미노산들로부터 단백질의 합성은 자유 에너지의 보충이 필요하다.

복잡한 생물학적 분자를 만들고 생명체를 유지하기 위한 에너지는 어디에서 올까? 식물의 엽록체 세포는 태양 에너지를 이용해서 동물의 주 에너지원인 포도당을 만든다. 포도당($C_6H_{12}O_6$)은 아래 반응식과 같이 체내에서 산화되어 에너지를 발생시킨다.

$$\mathrm{C_6H_{12}O_6}(s) + 6\ \mathrm{O_2}(g) \rightleftharpoons 6\ \mathrm{CO_2}(g) + 6\ \mathrm{H_2O}(l) \quad \Delta G^{\circ\prime} = -2870\ \mathrm{kJ}$$

동물이 위 반응을 통해 환경(주위)에 열과 단순한 배출 물질인 CO_2와 H_2O를 방출할 때, 주위의 엔트로피는 증가한다. 포도당의 산화를 통해 얻어진 자유 에너지는 단백질과 같은 분자를 만들고 조직화하기 위해 쓰인다. 포도당의 산화로 발생한 모든 자유 에너지를 곧바로 사용하는 대신, 아데노신 삼인산(ATP^{4-}, 그림 18.12)을 합성해서 편리한 양으로 에너지를 저장한다.

자유 에너지는 ATP^{4-}가 물과 반응(가수 분해)하여 다음과 같이 아데노신 이인산(ADP^{3-}, 그림 18.12)을 형성할 때는 방출된다.

$$\mathrm{ATP^{4-}}(aq) + \mathrm{H_2O}(l) \rightleftharpoons \mathrm{ADP^{3-}}(aq) + \mathrm{H_2PO_4^-}(aq) \quad \Delta G^{\circ\prime} = -30.5\ \mathrm{kJ}$$

두 개의 글라이신 분자가 결합하는 반응은 ATP 가수 분해와 짝을 이루어 전체 반응을 자발적으로 만들고, 평형을 생성물이 형성되는 쪽으로 이동시킨다.

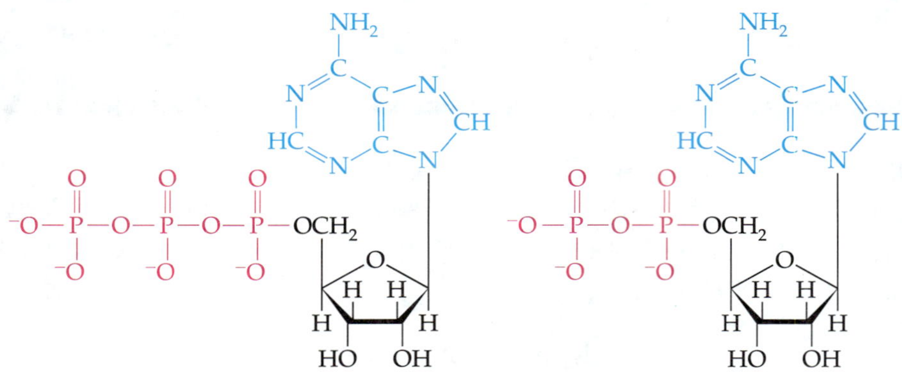

▲ **그림 18.12**
ATP^{4-}와 ADP^{3-}의 구조. ATP가 ADP와 인산염으로 분해될 때 에너지를 방출한다.

미리보기…
데옥시리보핵산(DNA) 및 단백질과 같은 생물학적 분자들의 화학 구조와 기능은 23장에서 논의될 것이다.

▲ 많은 과학자들이 ATP를 세포들의 에너지 통화라 부른다. 많은 상업적 거래에 현금이 이용되는 것처럼, ATP는 생물학적 계의 에너지 교환에서 중요한 매개체이다.

$$\mathrm{Gly_1}(aq) + \mathrm{Gly_2}(aq) \rightleftharpoons \mathrm{Gly_1{-}Gly_2}(aq) + \cancel{\mathrm{H_2O}(l)} \quad \Delta G°' = +15.0\ \mathrm{kJ}$$

$$\mathrm{ATP^{4-}}(aq) + \cancel{\mathrm{H_2O}(l)} \rightleftharpoons \mathrm{ADP^{3-}}(aq) + \mathrm{H_2PO_4^-}(aq) \quad \Delta G°' = -30.5\ \mathrm{kJ}$$

$$\mathrm{Gly_1}(aq) + \mathrm{Gly_2}(aq) + \mathrm{ATP^{4-}}(aq) \rightleftharpoons \mathrm{Gly_1{-}Gly_2}(aq) + \mathrm{ADP^{3-}}(aq) + \mathrm{H_2PO_4^-}(aq) \quad \Delta G°' = -15.5\ \mathrm{kJ}$$

짝을 이루는 반응은 반응물들이 매우 가까이 있고, 촉매의 활성 자리에 반응물들을 결합하는 효소에 의해 촉진될 때 잘 일어난다(14.14절). **그림 18.13**은 탄소가 포함된 식품의 산화, ADP와 ATP의 순환, 복잡한 생물학적 분자들의 합성에 관한 자유 에너지 관계를 요약한 것이다.

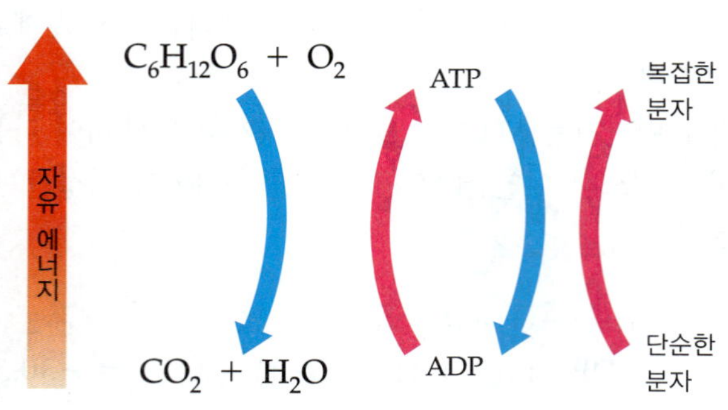

▲ **그림 18.13**
생명체 내에서 자유 에너지의 상호 변환. 포도당의 산화로 발생한 자유 에너지는 ADP로부터 ATP를 합성하는 데 쓰인다. ATP가 가수 분해되어 다시 ADP가 되면 자유 에너지가 발생한다. 이 에너지는 단백질과 같은 복잡한 생물학적 분자를 만드는 데 쓰인다.

문제 18.21 2개의 상보적인 DNA 가닥은 용액에 넣으면 자발적으로 이중 가닥을 형성한다.
(a) $\Delta S_{계}$의 부호는 무엇인가?
(b) ΔG의 부호는 무엇인가?
(c) 고도로 정렬된 분자들의 생성은 열역학 제2법칙을 위반하는가? 설명하시오.

문제 18.22 사람의 세포에서, 1 mol의 포도당이 산화하여 CO_2와 H_2O가 될 때마다 32 mol의 ATP^{4-}가 ADP^{3-}로부터 생성된다.
(a) 전체 반응식을 쓰고, $\Delta G°'$를 계산하시오.
(b) 이 반응은 자발적인가 비자발적인가?

문제 18.23 체내에서 에너지를 생산하는 포도당 산화의 첫 단계는 포도당이 포도당 6-인산염으로 전환하는 것이다.

$$\text{포도당}(aq) + \mathrm{H_2PO_4^-}(aq) \xrightleftharpoons{\mathrm{H_2O}} \text{포도당 6-인산염}(aq) + \mathrm{H_2O}(l) + \mathrm{H_3O^+}(aq) \quad \Delta G°' = 13.8\ \mathrm{kJ}$$

(a) 반응은 자발적인가 비자발적인가?
(b) 이 반응을 1 mol ATP^{4-}의 가수 분해와 짝짓고, $\Delta G°'$를 계산하시오. 전체 반응은 자발적인가 비자발적인가?
(c) 전체 반응의 평형 상수를 계산하시오(체온은 37 ℃이다).

문제 18.24 ATP^{4-}는 근육 수축의 에너지원이다.
(a) 활성 근육이 다음 농도 조건에 있을 때, ATP^{4-}의 가수 분해에 대한 $\Delta G'$를 계산하시오.
$ATP^{4-} = 8.0$ mM, $ADP^{3-} = 0.9$ mM, $H_2PO_4^- = 8.0$ mM
Inquiry에서 제공된 $\Delta G°'$ 값과 체온은 37 ℃임을 이용하시오.
(b) 근육 내의 생리적 조건에서, ATP^{4-}의 가수 분해로 발생하는 자유 에너지와 표준 자유 에너지의 양이 얼마나 되는지 비교하시오.

문제 18.25 체내에서 ATP^{4-}의 양은 근육 수축을 1초 이내에서 유지하게 한다. 강렬한 운동으로 저장된 ATP^{4-}가 소모되면, 크레아틴 인산이 ADP^{3-}를 ATP^{4-}로 전환시킨다. 크레아틴 인산은 ATP^{4-}를 단거리 질주의 첫 4~5초 동안 재생시키고, 크레아틴 인산이 모두 소모되면 신진 대사를 통해 ATP^{4-}가 재생된다. 크레아틴 인산의 가수 분해 반응은 아래와 같다.

$$\text{크레아틴 인산}(aq) + H_2O(l) \rightleftharpoons \text{크레아틴}(aq) + H_2PO_4^-(aq) \quad \Delta G°' = -43.1\text{ kJ}$$

이 반응의 $\Delta G°'$를 계산하시오.

$$\text{크레아틴 인산}(aq) + ADP^{3-}(aq) \rightleftharpoons \text{크레아틴}(aq) + ATP^{4-}(aq)$$

정리

절	개념 요약	학습 목표	문제
18.1 자발적 과정	**열역학**은 열과 다른 형태의 에너지 전환을 다루고, 화학 반응과 다른 **자발적 과정**의 방향과 정도를 예측하게 한다. 자발적 과정은 어떤 외부의 영향 없이 자체적으로 진행된다. 모든 자발적 과정은 평형을 향해 움직인다.	18.1 자발적 과정을 정의하고, 다양한 물리적 과정과 화학 반응을 자발적 또는 비자발적으로 분류한다.	문제 18.38, 18.40
18.2~18.4 엔트로피와 자발적 과정	S로 표기하는 **엔트로피**는 분자의 무질서도를 측정하는 상태 함수이다. 분자와 분자 에너지의 무질서한 분포를 갖는 계의 상태(큰 엔트로피 상태)는 질서정연한 상태보다 도달할 수 있는 방법(W)이 더 많기 때문에 그 상태로 존재할 가능성이 더 높다. 어떤 상태의 엔트로피는 **볼츠만 식** $S = k \ln W$로 계산될 수 있다. 계(반응물과 생성물)의 엔트로피는 다음 과정에서 증가한다(ΔS는 양): 고체가 액체로, 액체가 기체로 전환하는 상전이, 기체 입자 수가 증가하는 반응, 물에서 특정한 염과 고체 분자의 용해, 물질의 온도 상승, 일정 온도에서 기체의 팽창. **열역학 제3법칙**에 따라, 완전히 배열된 순수한 결정 물질의 엔트로피는 0 K에서 0이다.	18.2 물리적 과정과 화학 반응의 ΔS의 부호를 예측한다. 18.3 계의 배열의 수를 결정하고, 볼츠만 식을 이용하여 엔트로피를 계산한다. 18.4 일정한 온도에서 이상 기체의 팽창과 압축에 대한 ΔS를 계산한다. 18.5 어떤 상태의 물질이 더 큰 엔트로피를 갖는지 예측한다.	예제 18.1; 문제 18.26, 18.44~18.45 예제 18.2; 문제 18.49~18.50 문제 18.58 문제 18.54, 18.56
18.5 표준 몰 엔트로피와 표준 반응 엔트로피	물질의 **표준 몰 엔트로피**($S°$)는 특정 온도(보통 25 ℃)와 1 atm에서 순수한 물질 1 mol의 절대 엔트로피이다. **표준 반응 엔트로피**($\Delta S°$)는 다음 관계로부터 계산될 수 있다. $\Delta S° = S°(\text{생성물}) - S°(\text{반응물})$ 반응 $a\,A + b\,B \longrightarrow c\,C + d\,D$의 표준 엔트로피 변화는 다음 식으로 계산된다. $\Delta S° = [c\,S°(C) + d\,S°(D)] - [a\,S°(A) + b\,S°(B)]$	18.6 원자 구조가 물체의 엔트로피에 어떤 영향을 주는지 예측한다. 18.7 표준 몰 엔트로피($S°$)를 이용하여 표준 반응 엔트로피($\Delta S°$)를 계산한다.	문제 18.62~18.63 예제 18.3; 문제 18.64, 18.66
18.6 엔트로피와 열역학 제2법칙	**열역학 제1법칙**은 어떤 과정에서, 계와 그 주위의 전체 에너지가 일정하게 유지되는 것을 설명한다. **열역학 제2법칙**은 어떤 자발적 과정에서, 계와 주위의 전체 엔트로피($\Delta S_{\text{전체}} = \Delta S_{\text{계}} + \Delta S_{\text{주위}}$)가 항상 증가한다는 것을 말한다. $\Delta S_{\text{전체}} > 0$이면 화학 반응이 자발적이고, $\Delta S_{\text{전체}} < 0$이면 비자발적이며, $\Delta S_{\text{전체}} = 0$이면 평형에 있다. 정방향이 비자발적인 반응은 역방향이 자발적이다. 일정한 압력에서 반응의 $\Delta S_{\text{주위}} = -\Delta H/T$이고, $\Delta S_{\text{계}}$는 반응에 대한 ΔS이다.	18.8 반응의 자발성에 영향을 미치는 요인을 설명한다. 18.9 반응의 $\Delta S_{\text{계}}$, $\Delta S_{\text{주위}}$, $\Delta S_{\text{전체}}$의 값을 계산하고, 이 값에 의해 반응이 자발적인지를 결정한다.	문제 18.68, 18.70 예제 18.4; 문제 18.74, 18.76
18.7 자유 에너지와 화학 반응의 자발성	자유 에너지 $G = H - TS$는 반응이 자발적인지 비자발적인지를 나타내는 상태 함수이다. 일정 온도와 압력에서 반응은 $\Delta G < 0$이면 자발적이고, $\Delta G > 0$이면 비자발적이며, $\Delta G = 0$이면 평형이다. $\Delta G = \Delta H - T\Delta S$ 식에서 온도는 ΔG에 대한 엔탈피와 엔트로피의 상대적인 중요도를 결정하는 가중치이다.	18.10 ΔS, ΔH, 온도의 부호와 크기가 ΔG의 값과 반응의 자발성에 미치는 영향을 설명한다. 18.11 반응이 자발과 비자발 사이에서 변화를 일으킬 때의 온도를 계산한다.	문제 18.27~18.31, 18.82, 18.84, 18.86 예제 18.5; 문제 18.88, 18.90

절	개념 요약	학습 목표	문제
18.8~18.9 표준 자유 에너지 변화와 표준 생성 자유 에너지	반응의 **표준 자유 에너지 변화**(**$\Delta G°$**)는 표준 상태에 있는 반응물들이 표준 상태의 생성물로 완전히 전환될 때 일어나는 자유 에너지 변화이다. 물질의 **표준 생성 자유 에너지**(**$\Delta G°_f$**)는 표준 상태에 있는 구성 원소의 가장 안정된 형태로부터 표준 상태의 물질 1 mol이 생성될 때의 자유 에너지 변화이다. 음의 $\Delta G°_f$ 값을 갖는 물질은 열역학적으로 구성 원소들에 비해 더 안정하다. 반응의 $\Delta G°$는 다음 두 방법 중 하나로 계산할 수 있다. (1) $\Delta G° = \Delta G°_f$(생성물) − $\Delta G°_f$(반응물) (2) $\Delta G° = \Delta H° - T\Delta S°$	18.12 $\Delta H°$와 $\Delta S°$로부터 표준 자유 에너지 변화($\Delta G°$)를 계산하고, $\Delta G°$의 부호의 의미를 해석한다. 18.13 $\Delta G°_f$ 값들로부터 반응의 $\Delta G°$를 계산하고, 표준 상태 조건에서 자발 반응인지를 결정하고, 온도가 어떻게 자발성에 영향을 미치는지 결정한다.	예제 18.6; 문제 18.94~19.95 예제 18.7; 문제 18.96, 18.98, 18.100, 18.104
18.10~18.11 자유 에너지, 비표준 상태 조건 그리고 화학 평형	비표준 상태 조건에서 반응의 자유 에너지 변화 ΔG는 $\Delta G = \Delta G° + RT \ln Q$로 주어진다. 여기서 Q는 반응 지수이다. 평형에서 $\Delta G = 0$이고, $Q = K$이다. 결과적으로 $\Delta G° = -RT \ln K$이다. 이것은 $\Delta G°$로부터 평형 상수를(그리고 반대로도) 계산할 수 있게 해준다.	18.14 비표준 상태 조건에서 반응의 ΔG를 계산한다. 18.15 반응의 $\Delta G°$와 평형 상수 사이의 관계를 이용하여 하나로부터 다른 하나를 계산할 수 있다. 18.16 자유 에너지를 반응 진행에 따라 그린 그래프의 곡선의 모양을 이해한다.	예제 18.8; 문제 18.108, 18.110 예제 18.9~18.10; 문제 18.37, 18.112, 18.118 문제 18.34

주요 용어

엔트로피(S)
열역학
열역학 제1법칙
열역학 제2법칙
열역학 제3법칙
자발적 과정
자유 에너지(G)
표준 몰 엔트로피($S°$)
표준 반응 엔트로피($\Delta S°$)
표준 생성 자유 에너지($\Delta G°_f$)
표준 자유 에너지 변화($\Delta G°$)

주요 식

- 계의 상태에 대한 엔트로피 S를 그 상태에 도달하는 방법의 수 W로부터 계산하는 볼츠만 식(18.3절)

  $S = k \ln W$, 여기서 볼츠만 상수 $k = 1.38 \times 10^{-23}$ J/K

- 일정한 온도에서 n mol의 이상 기체의 팽창(또는 압축)에 대한 엔트로피 변화(18.3절)

  $\Delta S = nR \ln \dfrac{V_{최종}}{V_{초기}} \quad \Delta S = nR \ln \dfrac{P_{초기}}{P_{최종}}$

- 반응의 표준 엔트로피 변화(18.5절)

  $\Delta S° = S°$(생성물) − $S°$(반응물), 여기서 $S°$는 표준 몰 엔트로피이다.

- 반응 $a\,\mathrm{A} + b\,\mathrm{B} \longrightarrow c\,\mathrm{C} + d\,\mathrm{D}$의 표준 엔트로피 변화(18.5절)

  $\Delta S° = [cS°(\mathrm{C}) + dS°(\mathrm{D})] - [aS°(\mathrm{A}) + bS°(\mathrm{B})]$

- 반응의 전체 엔트로피 변화(18.6절)

  $\Delta S_{전체} = \Delta S_{계} + \Delta S_{주위}$

  여기서 $\Delta S_{계}$는 반응의 엔트로피이고, $\Delta S_{주위}$는 주위의 엔트로피 변화이다.

- 일정한 압력에서 반응에 대한 주위의 엔트로피 변화(18.6절)

  $\Delta S_{주위} = -\Delta H/T$

여기서 ΔH는 반응의 엔탈피이고, T는 주위의 켈빈 온도이다.

- 자유 에너지의 정의(18.7절)
  $G = H - TS$
- 일정한 온도와 압력에서 반응의 자유 에너지 변화(18.7절)
  $\Delta G = \Delta H - T\Delta S$
- 반응의 표준 자유 에너지 변화(18.9절)
  $\Delta G° = \Delta G°_f$(생성물) $- \Delta G°_f$(반응물), 여기서 $\Delta G°_f$는 표준 생성 자유 에너지이다.
- 반응 $a\,A + b\,B \longrightarrow c\,C + d\,D$의 표준 자유 에너지 변화(18.9절)
  $\Delta G° = [c\Delta G°_f(C) + d\Delta G°_f(D)] - [a\Delta G°_f(A) + b\Delta G°_f(B)]$
- 비표준 상태 조건에서 반응의 자유 에너지 변화(18.10절)
  $\Delta G = \Delta G° + RT \ln Q$, 여기서 Q는 반응 지수이다.
- 반응의 $\Delta G°$와 평형 상수의 관계(18.11절)
  $\Delta G° = -RT \ln K$

복습 문제

LO는 학습 목표(Learning Objectives)를 나타낸다.

이 장을 학습한 후엔, 학습자의 이해도를 평가할 수 있는 방법이 있다. **복습 문제**를 푸는 것이다. **복습 문제**들은 이 장의 학습 목표와 연계되어 있다. 따라서 푼 답이 틀렸다면, 이 장의 끝부분에 나와 있는 **정리** 문단의 **학습 목표**를 참고하면 된다. 정리 문단에는 **개념 요약**이 제공되며, **예제**를 참고하면 문제 해결 방법을 모델링할 수 있고, 제공되는 **추가 문제**들로 더 많은 연습을 할 수 있다.

1. 다음 과정 중 비자발적인 것은? (**LO 18.1**)
   (a) 25 ℃ 방에서 얼음 조각으로부터 공기로 열의 전달
   (b) 열린 비커에서 물의 증발
   (c) 따뜻한 물 한 잔에서 소금 한 티스푼의 용해
   (d) 25 ℃, 1 atm의 방에서 바닥에 쏟아진 액체 질소의 끓음
2. 다음 반응 중 어느 것이 $\Delta S_{계} > 0$인가? (**LO 18.2**)
   (a) $N_2(g) + 3\,H_2(g) \longrightarrow 2\,NH_3(g)$
   (b) $Ag^+(aq) + Cl^-(aq) \longrightarrow AgCl(s)$
   (c) $2\,H_2O_2(aq) \longrightarrow 2\,H_2O(l) + O_2(g)$
   (d) $2\,I(g) \longrightarrow I_2(g)$
3. 그림에 보이듯이 초기에 한 용기에 있던 1.0×10^{21} 기체 분자가 2개의 용기로 고르게 분포될 때 엔트로피의 변화(ΔS)는 얼마인가? (**LO 18.3**)

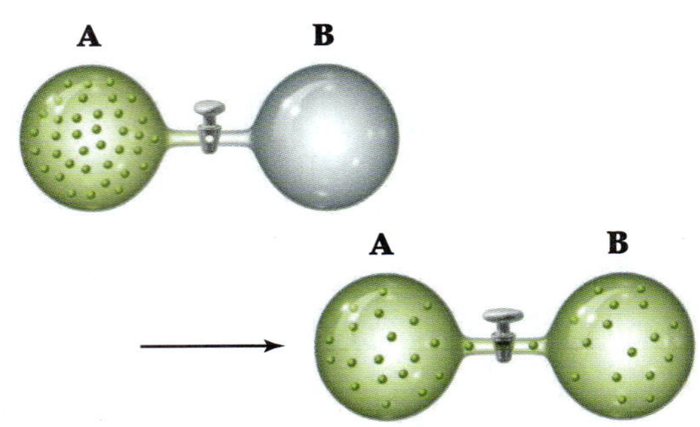

   (a) $\Delta S = +9.6 \times 10^{-3}$ J/K
   (b) $\Delta S = -9.6 \times 10^{-3}$ J/K
   (c) $\Delta S = +1.3 \times 10^{-21}$ J/K
   (d) $\Delta S = -1.3 \times 10^{-21}$ J/K
4. 0.100 atm에서 1.32 g의 프로페인(C_3H_8)이 20 ℃의 일정 온도에서 5배 압축될 때의 엔트로피 변화(ΔS)는 얼마인가? 프로페인은 이상 기체로 행동한다고 가정하시오. (**LO 18.4**)
   (a) $\Delta S = +13$ J/K
   (b) $\Delta S = -13$ J/K
   (c) $\Delta S = -0.40$ J/K
   (d) $\Delta S = +0.40$ J/K
5. 먼저 나열된 것이 더 큰 엔트로피를 갖는 쌍은 어느 것인가? (**LO 18.5, 18.6**)
   (a) 25 ℃에서 1 mol의 $NaCl(s)$ 또는 100 ℃에서 1 mol의 $NaCl(s)$
   (b) 50 ℃에서 1 mol의 $C_2H_4(g)$ 또는 50 ℃에서 1 mol의 $Ar(g)$

(c) 1 mol의 $N_2(l)$ 또는 1 mol의 $N_2(g)$

(d) 100 ℃, 1 atm에서 1 mol의 $O_2(g)$ 또는 100 ℃, 5 atm에서 1 mol의 $O_2(g)$

6. 다음 반응의 $\Delta S°$를 계산하시오. 각 종의 표준 몰 엔트로피($S°$)는 반응 아래에 주어진다. **(LO 18.7)**

	$4\,NH_3(g)$	+ $5\,O_2(g)$ ⟶	$4\,NO(g)$	+ $6\,H_2O(g)$
$S°$(J/K·mol)	192.8	205.2	210.8	188.8

(a) +287.4 J/K **(b)** −401.2 J/K
(c) +160.0 J/K **(d)** +178.8 J/K

7. 자발적 과정에 대해서 맞는 것은? **(LO 18.8)**

(a) 정방향으로 비자발적인 반응은 역방향으로 자발적이다.

(b) 촉매를 첨가하면 비자발적인 반응이 자발적으로 된다.

(c) 자발적 과정에서, 그 계의 엔트로피는 항상 감소한다.

(d) 흡열 반응은 항상 자발적이다.

8. $\Delta S_{전체}$를 계산하고, 표준 상태 조건에서 반응이 자발적인지 비자발적인지 결정하시오. **(LO 18.9)**

	$2\,Br^-(aq)$	+ $Cl_2(g)$ ⟶	$Br_2(l)$	+ $2\,Cl^-(aq)$
$\Delta H°_f$(kJ/mol)	−121.5	0	0	−167.2
$S°$(J/K·mol)	82.4	223.0	152.2	56.5

(a) −429 J/K; 비자발적

(b) −123 J/K; 자발적

(c) +3,530 J/K; 비자발적

(d) +184 J/K; 자발적

9. 기체상 AB_3 분자와 A_2 분자의 다음 흡열 반응을 고려하자.

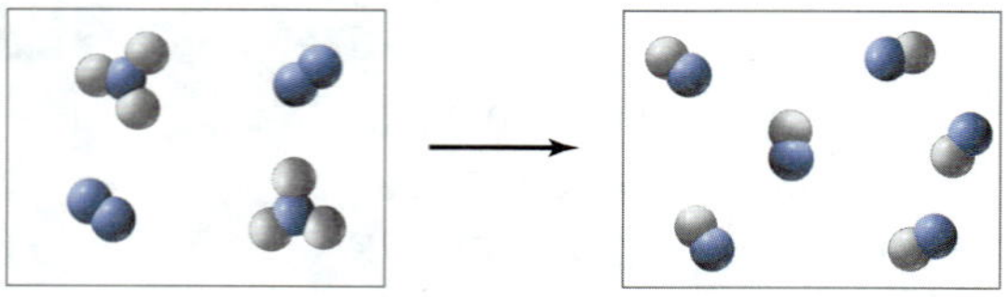

이 반응의 자발성에 대해 옳은 것은? **(LO 18.10)**

(a) 반응은 고온에서 자발적일 것이다.

(b) 반응은 저온에서 자발적일 것이다.

(c) 반응은 항상 자발적이다.

(d) 반응은 결코 자발적이지 않다.

10. 하버 공정은 암모니아의 공업적 합성에 이용된다.

$$N_2(g) + 3\,H_2(g) \longrightarrow 2\,NH_3(g) \quad \Delta H° = -92.2\text{ kJ}, \quad \Delta S° = -199\text{ J/K}$$

어떤 온도 조건에서 이 반응은 자발적인가? **(LO 18.11)**

(a) $T < 463$ K **(b)** $T > 463$ K
(c) $T > 291$ K **(d)** $T < 291$ K

11. 기체상 일산화 탄소가 고체 니켈과 접촉하면, 액체 니켈 테트라카보닐이 형성된다.

	$Ni(s)$	+ $4\,CO(g)$ ⟶	$Ni(CO)_4(l)$
$\Delta H°_f$(kJ/mol)	0	−110.5	−633.0
$S°$(J/K·mol)	29.9	197.6	313.4

표준 생성 엔탈피 $\Delta H°_f$ 값과 표준 몰 엔트로피($S°$) 값을 사용하여 $\Delta G°$를 계산하시오. 25 ℃ 표준 상태 조건에서 반응은 자발적인가 비자발적인가? **(LO 18.12)**

(a) +151 kJ; 비자발적

(b) −203 kJ; 비자발적

(c) +12.5 kJ; 비자발적

(d) −40.0 kJ; 자발적

12. 질소는 플루오린과 반응하여 플루오린화 질소를 생성한다.

$$N_2(g) + 3\,F_2(g) \longrightarrow 2\,NF_3(g) \quad \Delta H° = -249\text{ kJ}, \quad \Delta S° = -278\text{ J/K}$$

$\Delta G°$를 계산하고, 평형의 조성이 반응물을 선호하는지 생성물을 선호하는지 결정하시오. **(LO 18.12)**

(a) $\Delta G° = -6.7$ kJ; 평형 조성은 생성물을 선호한다.

(b) $\Delta G° = -332$ kJ; 평형 조성은 반응물을 선호한다.

(c) $\Delta G° = -166$ kJ; 평형 조성은 생성물을 선호한다.

(d) $\Delta G° = +82.6$ kJ; 평형 조성은 반응물을 선호한다.

13. 298 K에서 다음 반응의 평형 상수(K)는 얼마인가? 각 종의 표준 생성 자유 에너지($\Delta G°_f$)는 주어진다. **(LO 18.13, 18.15)**

	$2\,CO(g)$	+ $2\,H_2(g)$ ⟶	$CH_3OH(l)$
$\Delta G°_f$(kJ/mol)	−137.2	0	−166.6

(a) 1.4×10^5 **(b)** 1.3×10^{-19}
(c) 0.96 **(d)** 7.9×10^{18}

14. 황산은 다른 어떤 화학 물질보다 많은 양으로 생산된다. 그것은 비료 제조, 석유 정제 및 수백 가지 다른 공정에서 사용된다. H_2SO_4을 합성하는 산업 공정의 중간 단계는 이산화 황의 촉매 산화이다.

$$2\,SO_2(g) + O_2(g) \longrightarrow 2\,SO_3(g) \quad \Delta G° = -141.8\text{ kJ}$$

25 ℃에서 ΔG를 계산하시오. 부분 압력은 다음과 같이 주어진다: SO_2는 2 atm, O_2는 1 atm, SO_3는 10 atm **(LO 18.14)**

(a) +527 kJ **(b)** +7.83 kJ
(c) −150 kJ **(d)** −134 kJ

15. 악취탄 성분인 황화 수소 암모늄은 암모니아와 황화 수소로 분해된다.

$$NH_4HS(s) \longrightarrow NH_3(g) + H_2S(g)$$

진공 상태의 용기에 넣은 고체 NH_4HS의 전체 압력이 0.658 atm일 때, 25 ℃에서 이 반응의 표준 자유 에너지 변화를 계산하시오. **(LO 18.15)**

(a) −43.8 kJ **(b)** +1.04 kJ
(c) −462 kJ **(d)** +5.51 kJ

16. 다음과 같이 일반적인 반응(반응물 ⟶ 생성물)의 반응 진행에 따른 반응물과 생성물의 총 자유 에너지의 그래프를 고려하자. 4개의 점(a, b, c, d) 중 어느 점에서 $Q < K$ 인가? (**LO 18.16**)

(a) 점 a　　(b) 점 c와 d
(c) 점 a, c 그리고 d　　(d) 점 b

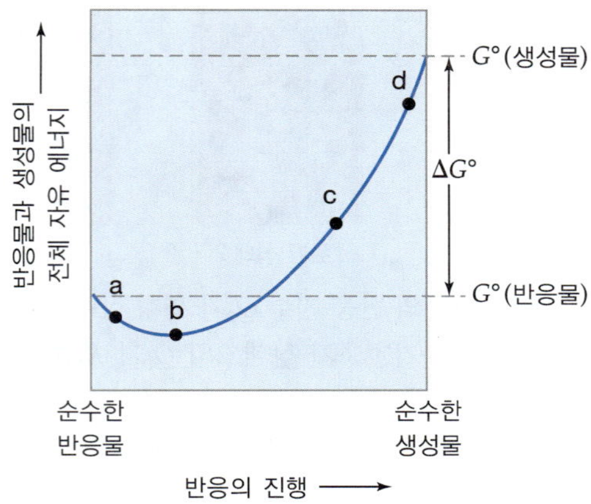

답:
1. a, 2. c, 3. a, 4. c, 5. b, 6. d, 7. a, 8. d, 9. a, 10. a, 11. d, 12. c, 13. b, 14. d, 15. d, 16. a

개념 문제

문제 18.1~18.25**는 이 장의 본문 중에 있다.**

18.26 AB_3와 A_2 분자의 기체상 반응을 고려하자.

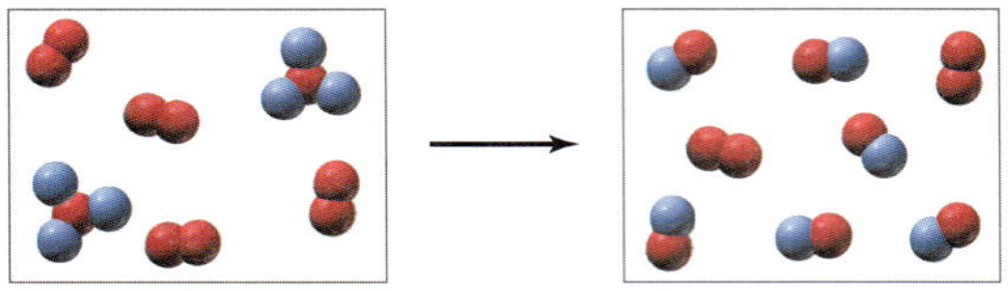

(a) 반응에 대해 균형 잡힌 반응식을 쓰시오.
(b) 반응에 대한 엔트로피 변화의 부호는 무엇인가?

18.27 이상 기체 A(빨간색)와 B(파란색)가 2개의 분리된 용기에 있다. 양쪽 용기의 내용물은 고립계의 초기 상태를 구성한다. 잠금 꼭지를 열면 일어나는 과정을 고려하자.

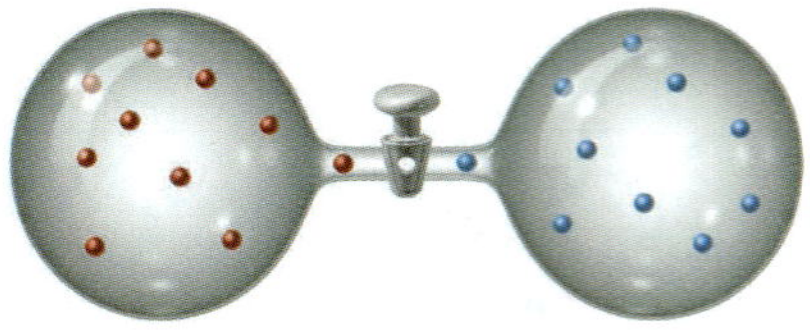

(a) 계의 최종(평형) 상태를 그리시오.
(b) 이 과정의 ΔH, ΔS, ΔG의 부호(+, − 또는 0)는 무엇인가? 설명하시오.
(c) 이 과정은 열역학 제2법칙을 어떻게 설명하는가?
(d) 역과정은 자발적인가 비자발적인가? 설명하시오.

18.28 결정성 고체의 자발적인 승화에 대한 ΔH, ΔS, ΔG의 부호(+, − 또는 0)는 무엇인가? 설명하시오.

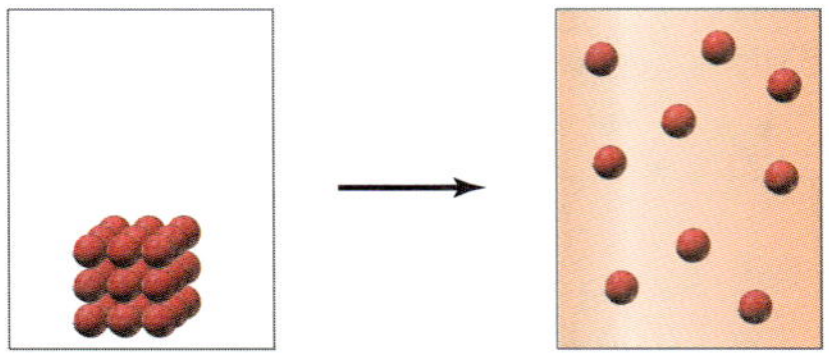

18.29 증기가 액체로 자발적인 응축에 대한 ΔH, ΔS, ΔG의 부호(+, − 또는 0)는 무엇인가? 설명하시오.

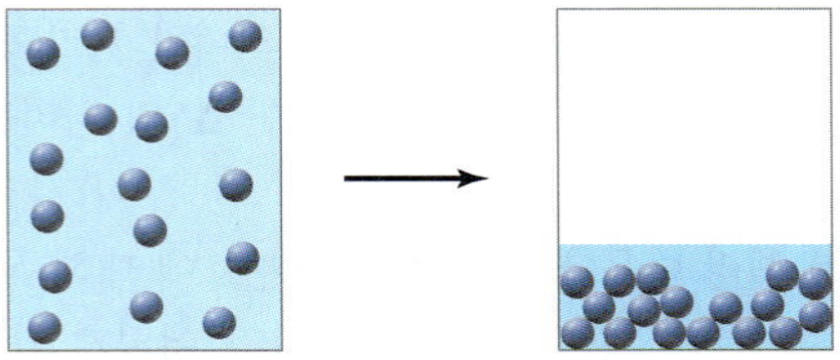

18.30 이상 기체가 일정 온도에서 압축된다. 이 과정에 대한 ΔH, ΔS, ΔG의 부호(+, − 또는 0)는 무엇인가? 설명하시오.

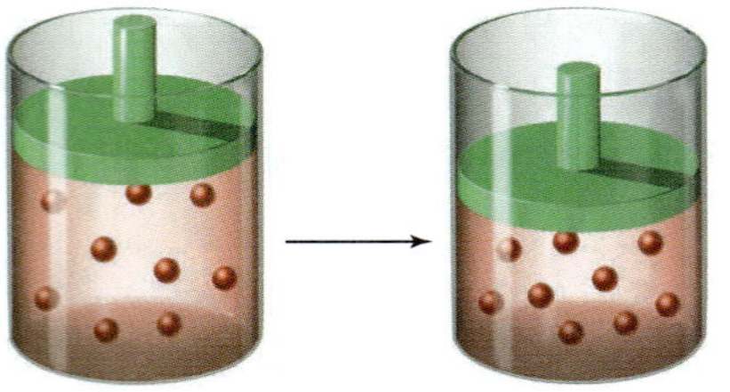

18.31 다음과 같은 A_2 분자(빨간색)와 B_2 분자(파란색)의 자발적인 반응을 고려하자.

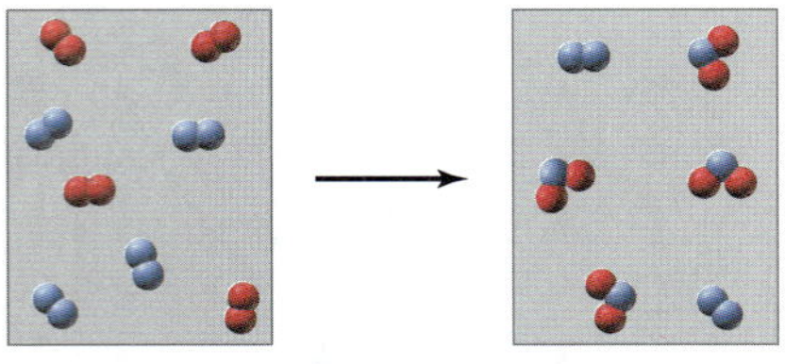

(a) 반응에 대한 균형 잡힌 반응식을 쓰시오.
(b) 이 반응의 ΔH, ΔS, ΔG의 부호(+, − 또는 0)는 무엇인가? 설명하시오.

18.32 해리 반응 $A_2(g) \rightleftharpoons 2\,A(g)$을 고려하자. 다음 그림은 계의 2개의 가능한 초기 상태와 평형 상태를 나타낸다.

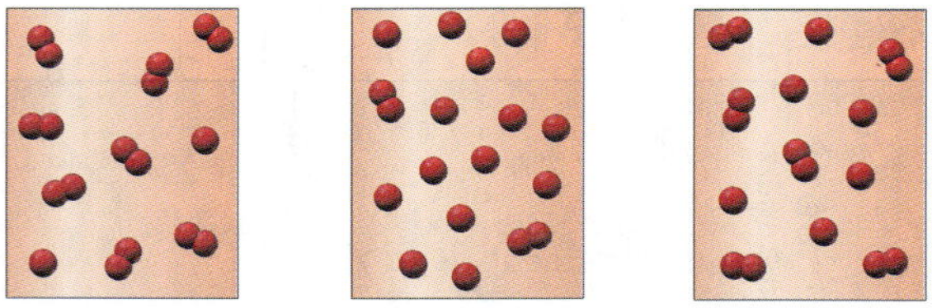

초기 상태 1　　초기 상태 2　　평형 상태

(a) 초기 상태 1의 반응 지수 Q_p가 평형 상수 K_p보다 큰가 작은가 같은가? 초기 상태 2의 Q_p가 K_p보다 큰가 작은가 같은가?

(b) 계가 초기 상태 1에서 평형 상태로 갈 때 ΔH, ΔS, ΔG의 부호(+, − 또는 0)는 무엇인가? 설명하시오. 이것은 자발적인 과정인가?

(c) 계가 초기 상태 2에서 평형 상태로 갈 때 ΔH, ΔS, ΔG의 부호(+, − 또는 0)는 무엇인가? 설명하시오. 이것은 자발적인 과정인가?

(d) 각 그림을 그림 18.11의 그래프와 연결 지으시오.

18.33 해리 반응 $A_2(g) \rightleftharpoons 2\,A(g)$을 고려하자(문제 18.32).

(a) 정반응의 표준 엔탈피 변화 $\Delta H°$와 표준 엔트로피 변화 $\Delta S°$의 부호(+, −, 또는 0)는 무엇인가?

(b) 해리 반응에 대한 $\Delta S°$의 의미와 계가 상태 1에서 평형 상태로 가는 과정에 대한 ΔS의 의미를 구별하시오(그림 18.32에서 묘사됨).

(c) 해리 반응에 대한 $\Delta G°$의 부호에 대해 무엇을 말할 수 있는가? $\Delta G°$는 온도에 따라 어떻게 달라지는가? 온도가 증가하면 $\Delta G°$는 증가하는가 감소하는가 동일하게 유지되는가?

(d) 온도가 증가하면 평형 상수 K_p는 증가하는가 감소하는가 동일하게 유지되는가? 온도가 올라가면 평형 상태(문제 18.32)에 대한 그림은 어떻게 변할 것인가?

(e) 계가 평형에 있을 때, 해리 반응에 대한 ΔG의 값은 얼마인가?

18.34 다음과 같이 일반적인 반응(반응물 ⟶ 생성물)의 반응 진행에 따른 반응물과 생성물의 총 자유 에너지의 그래프를 고려하자.

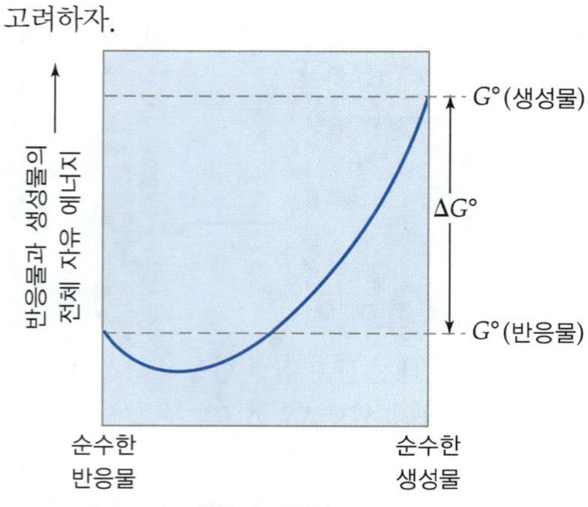

(a) 곡선의 모양을 설명하고, $\Delta G = 0$이 되는 점을 확인하시오. 그 점의 중요성은 무엇인가?

(b) 곡선의 최소점이 왜 그래프의 왼쪽에 존재하는가?

18.35 다음 그림은 A 분자(빨간색)와 X, Y, Z 분자(파란색)간의 상호 변환에 대한 평형 혼합물을 나타낸다.

(1)　**(2)**　**(3)**

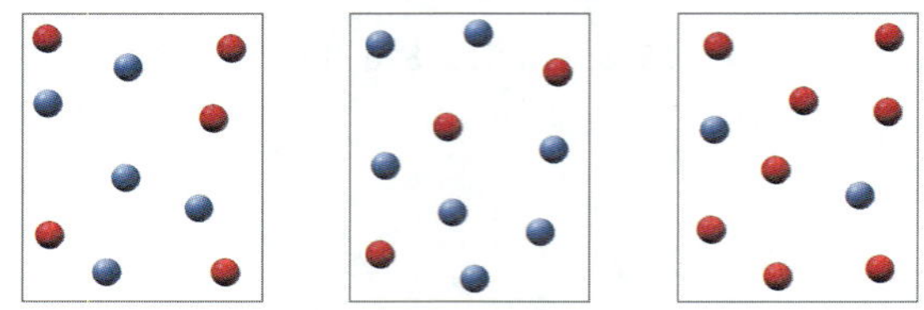

A ⇌ X　A ⇌ Y　A ⇌ Z

세 가지 각 반응에 대한 $\Delta G°$의 부호는 무엇인가?

18.36 다음 그림은 25 ℃와 45 ℃에서 반응 A ⇌ B에 대한 평형 혼합물의 조성을 나타낸다. 여기서 A 분자는 빨간색 구, B 분자는 파란색 구이다.

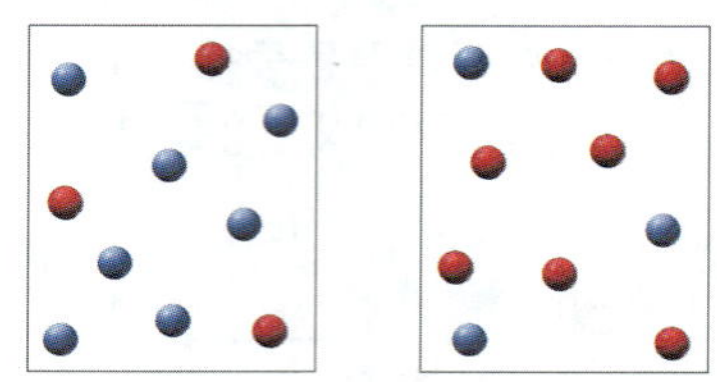

$T = 25$ ℃　$T = 45$ ℃

정반응 A ⟶ B에 대한 $\Delta H°$와 $\Delta S°$의 부호는 무엇인가? 설명하시오. ($\Delta H°$와 $\Delta S°$는 온도에 무관하다고 가정한다.)

18.37 다음 그림은 25 ℃에서 A_2(빨간색), B_2(파란색), AB 분자들의 혼합물을 나타낸다. 반응은 다음과 같다.

$$A_2(g) + B_2(g) \rightleftharpoons 2\,AB(g)$$

(1)　**(2)**

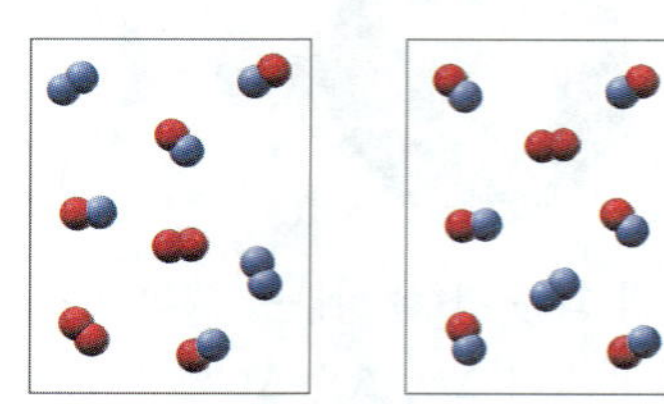

(a) 혼합물 (1)이 평형에 있다면, K_p와 $\Delta G°$를 계산하시오. 각 분자는 0.5 atm을 나타낸다고 가정한다.

(b) 혼합물 (2)의 ΔG 값을 계산하시오. 반응은 생성물 쪽으로 진행되는가 반응물 쪽으로 진행되는가?

보충 문제

자발적 과정(18.1절)

18.38 다음 중 어느 과정이 자발적이고, 어느 과정이 비자발적인가?
(a) 2 ℃에서 물이 어는 것
(b) 금속 철의 부식
(c) 주어진 부피를 채우려는 기체의 팽창
(d) 염화 포타슘(KCl)의 불포화 수용액을 고체 KCl과 액체 물로 분리

18.39 다음 과정이 자발적인지 비자발적인지를 말하시오.
(a) 뜨거운 커피에 설탕을 녹이는 것
(b) 25 ℃, 1 atm에서 NaCl이 고체 소듐과 염소 기체로 분해되는 것
(c) 브로민 증기와 질소 기체의 균일한 혼합
(d) 25 ℃, 1 atm에서 휘발유의 끓음

18.40 기체 반응물과 생성물이 부분 압력 1 atm에서 존재한다고 할 때, 다음 반응 중 정방향으로 자발적인 것은?
(a) $N_2(g) + 2\,H_2(g) \rightarrow N_2H_4(l); K_p = 7 \times 10^{-27}$
(b) $2\,Mg(s) + O_2(g) \rightarrow 2\,MgO(s); K_p = 2 \times 10^{198}$
(c) $MgCO_3(s) \rightarrow MgO(s) + CO_2(g); K_p = 9 \times 10^{-10}$
(d) $2\,CO(g) + O_2(g) \rightarrow 2\,CO_2(g); K_p = 1 \times 10^{90}$

18.41 용해된 반응물과 생성물이 1 M 농도로 존재한다고 가정할 때, 다음 반응 중 정방향으로 비자발적인 것은?
(a) $HCN(aq) + H_2O(l) \rightarrow H_3O^+(aq) + CN^-(aq);$ $K = 4.9 \times 10^{-10}$
(b) $H_3O^+(aq) + OH^-(aq) \rightarrow 2\,H_2O(l); K = 1.0 \times 10^{14}$
(c) $Ba^{2+}(aq) + CO_3^{2-}(aq) \rightarrow BaCO_3(s); K = 3.8 \times 10^8$
(d) $AgCl(s) \rightarrow Ag^+(aq) + Cl^-(aq); K = 1.8 \times 10^{-10}$

엔탈피, 엔트로피와 자발적 과정(18.2절)

18.42 엔트로피를 정의하고, 계의 엔트로피가 증가하는 과정을 예로 들어 보시오.

18.43 다음과 같은 서술에 대해 논하시오: 발열 반응은 자발적이지만, 흡열 반응은 비자발적이다.

18.44 다음 각 과정에 대해, 계의 엔트로피 변화의 부호를 예측하시오.
(a) 고체의 승화
(b) 액체의 응고
(c) Ag^+와 I^- 이온을 포함하는 용액에서 AgI의 침전
(d) 탄산음료로부터 CO_2 기체가 나오는 것

18.45 다음 각 반응에 대해, ΔS의 부호를 예측하시오.
(a) $PCl_5(s) \rightarrow PCl_3(l) + Cl_2(g)$
(b) $CH_4(g) + 2\,O_2(g) \rightarrow CO_2(g) + 2\,H_2O(l)$
(c) $2\,H_3O^+(aq) + CO_3^{2-}(aq) \rightarrow CO_2(g) + 3\,H_2O(l)$
(d) $Mg(s) + Cl_2(g) \rightarrow MgCl_2(s)$

18.46 문제 18.38의 각 과정에 대해, ΔS의 부호를 예측하시오.

18.47 문제 18.39의 각 과정에 대해, ΔS의 부호를 예측하시오.

엔트로피(18.3~18.4절)

18.48 한 쌍의 주사위를 굴릴 때, 총합이 3이 나오는 방법은 2가지(1+2; 2+1)가 있지만, 총합이 2가 나오는 방법은 한 가지뿐(1+1)이다. 총합이 4에서 12가 나오는 방법은 몇 가지가 있는가? 가장 가능성이 큰 총합은 얼마인가?

18.49 각 사면체 CH_3D 분자가 네 가지 가능한 방법 중 하나의 방법으로, 무질서하게 배열된 CH_3D 결정을 생각해 보자. 볼츠만 식을 이용하여, 다음 분자 수를 갖는 무질서한 상태인 결정의 엔트로피를 계산하시오.
(a) 12개의 분자
(b) 120개의 분자
(c) 1 mol의 분자
만일 각 CH_3D 분자의 C−D 결합이 같은 방향을 향한다면, 결정의 엔트로피는 얼마인가?

18.50 동일한 부피의 세 개의 용기(A, B, C)에 이상 기체 분자를 분배한다고 생각해 보자. 다음 각 상태에 대해 그 상태에 도달할 수 있는 방법의 수(W)를 결정하고, 볼츠만 식을 사용하여 엔트로피를 계산하시오.
(a) 용기 A에 2개의 분자
(b) 용기 A, B, C에 임의로 분배된 2개의 분자
(c) 용기 A에 3개의 분자
(d) 용기 A, B, C에 임의로 분배된 3개의 분자
(e) 용기 A에 1 mol의 분자
(f) 용기 A, B, C에 임의로 분배된 1 mol의 분자
상태 (e)로부터 상태 (f)로 변할 때의 ΔS는 얼마인가? 이 결과를 식 $\Delta S = nR\ \ln(V_{최종}/V_{초기})$로부터 얻은 ΔS와 비교하시오.

18.51 1000개의 상자로 이루어진 계에 들어 있는 100개 분자의 엔트로피는? 10,000개의 상자로 이루어진 계에 들어 있는 100개 분자의 엔트로피는?

18.52 1000개의 분자가 1.00×10^6개의 상자에서 1.00×10^7개의 상자로 이동하였다면, 엔트로피의 증가율은 얼마인가? 또 1.00×10^6개의 상자에서 1.00×10^{17}개의 상자로 이동하였다면, 그 증가율은? (유효 숫자 세 자리로 답하시오.)

18.53 만일 50,000개의 상자에 들어 있는 분자의 엔트로피가 3.73×10^{-20} J/K라면, 몇 개의 분자가 들어 있는가?

18.54 어느 상태가 더 높은 엔트로피를 갖는지 확률 관점으로 설명하시오.
(a) 고체 아산화 질소(N≡N−O)의 완전한 배열의 결정 또는 무작위로 배열된 분자들의 무질서한 결정

(b) 석영 유리(비정형의 고체) 또는 석영 결정

18.55 어느 상태가 더 큰 엔트로피를 갖는지 확률 관점에서 설명하시오.
(a) STP에서 1 mol의 N_2 기체 또는 273 K, 0.10 atm에서 1 mol의 N_2 기체
(b) 0 ℃에서의 NaCl 결정 또는 50 ℃에서의 NaCl 결정

18.56 다음의 각 쌍 중 어떤 상태가 물질 1 mol당 더 큰 엔트로피를 갖는가?
(a) 25 ℃에서 부피가 10 L인 H_2 또는 25 ℃에서 부피가 50 L인 H_2
(b) 25 ℃, 1 atm에서의 O_2 또는 25 ℃, 10 atm에서의 O_2
(c) 25 ℃, 1 atm에서의 H_2 또는 100 ℃, 1 atm에서의 H_2
(d) STP에서의 CO_2 또는 100 ℃, 0.1 atm에서의 CO_2

18.57 다음의 각 쌍 중 어떤 상태가 물질 1 mol당 더 큰 엔트로피를 갖는가?
(a) −40 ℃에서의 얼음 또는 0 ℃에서의 얼음
(b) STP에서의 N_2 또는 0 ℃, 10 atm에서의 N_2
(c) STP에서의 N_2 또는 0 ℃에서 부피가 50 L인 N_2
(d) 150 ℃, 1 atm에서의 수증기 또는 100 ℃, 2 atm에서의 수증기

18.58 일정 온도 75 ℃에서 1.6 g인 O_2의 부피가 2.5 L에서 3.5 L로 증가했을 때, 엔트로피 변화는 얼마인가? O_2는 이상 기체처럼 행동한다고 가정한다.

18.59 일정 온도 100 ℃에서 CH_4 2.4 g을 30.0 L에서 20.0 L로 압축했을 때, ΔS 값은 얼마인가? CH_4는 이상 기체처럼 행동한다고 가정한다.

18.60 0 K에서 298 K의 온도에 대한 메테인의 표준 엔트로피의 대략적이고 정성적인 그래프를 그리시오. 그래프에 다음의 데이터를 넣으시오: mp = −182 ℃; bp = −164 ℃; 25 ℃에서 $S° = 186.2$ J/(K·mol).

18.61 10 ℃와 100 ℃에서 메테인 기체의 운동 에너지에 대한 몰분율의 대략적이고 정성적인 그래프를 그리시오. 그래프를 이용하여, 왜 메테인 기체 시료가 100 ℃에서 더 높은 엔트로피를 갖는지 설명하시오.

표준 몰 엔트로피와 표준 반응 엔트로피(18.5절)

18.62 다음의 각 쌍 중 어떤 물질이 더 큰 표준 몰 엔트로피를 가질 것으로 기대되는가? 설명하시오.
(a) $C_2H_2(g)$ 또는 $C_2H_6(g)$
(b) $CO_2(g)$ 또는 $CO(g)$
(c) $I_2(s)$ 또는 $I_2(g)$
(d) $CH_3OH(g)$ 또는 $CH_3OH(l)$

18.63 다음의 각 쌍 중 어떤 물질이 더 큰 표준 몰 엔트로피를 가질 것으로 기대되는가? 설명하시오.
(a) $NO(g)$ 또는 $NO_2(g)$
(b) $CH_3CO_2H(l)$ 또는 $HCO_2H(l)$
(c) $Br_2(l)$ 또는 $Br_2(s)$
(d) $S(s)$ 또는 $SO_3(g)$

18.64 부록 B의 표준 몰 엔트로피를 사용하여, 일산화 탄소가 이산화 탄소로 산화되는 반응의 표준 반응 엔트로피를 계산하시오.

$$2\,CO(g) + O_2(g) \rightarrow 2\,CO_2(g)$$

18.65 부록 B의 표준 몰 엔트로피를 사용하여, 흑연이 이산화 탄소로 산화되는 반응의 표준 반응 엔트로피를 계산하시오.

$$C(s) + O_2(g) \rightarrow 2\,CO_2(g)$$

18.66 부록 B의 표준 몰 엔트로피를 사용하여, 25 ℃에서 다음 각 반응의 $\Delta S°$를 계산하시오. 각 경우에 엔트로피 변화의 부호를 설명하시오.
(a) $2\,H_2O_2(l) \rightarrow 2\,H_2O(l) + O_2(g)$
(b) $2\,Na(s) + Cl_2(g) \rightarrow 2\,NaCl(s)$
(c) $2\,O_3(g) \rightarrow 3\,O_2(g)$
(d) $4\,Al(s) + 3\,O_2(g) \rightarrow 2\,Al_2O_3(s)$

18.67 부록 B의 S° 값을 사용하여, 25 ℃에서 다음 각 반응의 $\Delta S°$를 계산하시오. 각 경우 $\Delta S°$ 부호의 이유를 제시하시오.
(a) $2\,S(s) + 3\,O_2(g) \rightarrow 2\,SO_3(g)$
(b) $SO_3(g) + H_2O(l) \rightarrow H_2SO_4(aq)$
(c) $AgCl(s) \rightarrow Ag^+(aq) + Cl^-(aq)$
(d) $NH_4NO_3(s) \rightarrow N_2O(g) + 2\,H_2O(g)$

엔트로피와 열역학 제2법칙(18.6절)

18.68 열역학 제2법칙을 서술하시오.

18.69 고립계는 주위와 물질 및 에너지를 교환하지 않는 계이다. 고립계에서 일어나는 자발적 변화의 엔트로피 기준은 무엇인가? 고립계의 자발적 과정에 대한 예를 들어 보시오.

18.70 주위의 엔트로피 변화를 계의 엔탈피 변화와 연결해 주는 식을 제시하시오. 다음 경우 $\Delta S_{주위}$의 부호는 무엇인가?
(a) 발열 반응
(b) 흡열 반응

18.71 주위에 열이 가해지면 주위의 엔트로피는 증가한다. $\Delta S_{주위}$는 주위의 온도에 어떻게 의존하는가? 설명하시오.

18.72 산화 수은(II)을 아연으로 환원하면 금속 수은이 생성된다.

$$HgO(s) + Zn(s) \rightarrow ZnO(s) + Hg(l)$$

(a) 이 반응의 $\Delta H° = -259.7$ kJ/mol이고, $\Delta S° = +7.8$ J/K이면 $\Delta S_{전체}$는 얼마인가? 25 ℃ 표준 상태 조건에서 이 반응은 자발적인가?
(b) 이 반응이 비자발적으로 되는 온도를 추정하시오.

18.73 원소 상태의 황은 황화 아연과 산소의 반응에 의해 생성된다.

$$2\,ZnS(s) + O_2(g) \rightarrow 2\,ZnO(s) + 2\,S(s)$$

(a) 이 반응의 $\Delta H° = -289.0$ kJ/mol, $\Delta S° = -169.4$ J/K

이면 $\Delta S_{전체}$는 얼마인가? 25 ℃ 표준 상태 조건에서 이 반응은 자발적인가?

(b) 이 반응이 비자발적으로 되는 온도를 추정하시오.

18.74 공기 중의 산소는 번개에 의해 오존으로 변환된다.

$$3\ O_2(g) \rightarrow 2\ O_3(g)$$

$\Delta S_{전체}$의 부호를 결정하여, 25 ℃에서 이 반응이 자발적인가를 보이시오.

18.75 석탄 화력 발전소로부터 나오는 이산화 황은 공기 중에서 삼산화 황으로 산화된다.

$$2\ SO_2(g) + O_2(g) \rightarrow 2\ SO_3(g)$$

$\Delta S_{전체}$의 부호를 결정하여, 25 ℃에서 이 반응이 자발적인가를 보이시오.

18.76 원소 상태의 수은은 수은 산화물로부터 생성된다.

$$2\ HgO(s) \rightarrow 2\ Hg(l) + O_2(g)$$

(a) 부록 B의 자료를 사용하여, 이 반응의 $\Delta S_{계}$, $\Delta S_{주위}$, $\Delta S_{전체}$를 계산하시오. 25 ℃ 표준 상태 조건에서 이 반응은 자발적인가?

(b) 이 반응이 자발적으로 되는 온도를 추정하시오.

18.77 오염화 인은 삼염화 인과 염소의 반응으로 생성된다.

$$PCl_3(g) + Cl_2(g) \rightarrow PCl_5(g)$$

(a) 부록 B의 자료를 사용하여, 이 반응의 $\Delta S_{계}$, $\Delta S_{주위}$, $\Delta S_{전체}$를 계산하시오. 25 ℃ 표준 상태 조건에서 이 반응은 자발적인가?

(b) 이 반응이 비자발적으로 되는 온도를 추정하시오.

18.78 벤젠이 증발할 때 $\Delta H_{증발} = 30.7$ kJ/mol이고, $\Delta S_{증발} = 87.0$ J/(K·mol)이다. 다음 온도에서 $\Delta S_{주위}$, $\Delta S_{전체}$를 계산하시오.

(a) 70 ℃ (b) 80 ℃ (c) 90 ℃

벤젠은 70 ℃, 1 atm에서 끓는가? 벤젠의 정상 끓는점을 계산하시오.

18.79 염화 소듐이 녹을 때 $\Delta H_{용융} = 28.16$ kJ/mol이고, $\Delta S_{용융} = 26.22$ J/(K·mol)이다. 다음 온도에서 $S_{주위}$, $\Delta S_{전체}$를 계산하시오.

(a) 1050 K (b) 1074 K (c) 1100 K

(d) NaCl이 1100 K에서 녹는가? NaCl의 녹는점을 계산하시오.

자유 에너지와 화학 반응의 자발성(18.7절)

18.80 일정한 온도와 압력에서 ΔH와 ΔS의 부호가 어떻게 반응의 자발성을 결정하는지 설명하시오.

18.81 어떤 비자발적 반응의 엔트로피 변화는 50 ℃에서 104 J/K이다.

(a) 이 반응은 흡열인가 발열인가?

(b) 이 반응에 대한 ΔH(kJ 단위)의 최솟값은 얼마인가?

18.82 다음 설명이 참인지 확인하시오. 자발적 반응은 다음 조건을 가져야 한다.

(a) 음의 엔탈피 변화

(b) 양의 엔탈피 변화

(c) 양의 엔트로피 변화

(d) 양의 자유 에너지 변화

(e) 음의 자유 에너지 변화

18.83 다음 반응 중 어느 것이 온도에 관계없이 항상 자발적인가?

(a) $\Delta H = +$, $\Delta S = -$ (b) $\Delta H = -$, $\Delta S = -$

(c) $\Delta H = +$, $\Delta S = +$ (d) $\Delta H = -$, $\Delta S = +$

18.84 벤젠의 녹는점은 5.5 ℃이다. 다음 온도에서 벤젠의 용융에 대해, ΔH, ΔS, ΔG의 부호를 예측하시오.

(a) 0 ℃ (b) 15 ℃

18.85 그림 18.1에 나타낸 25 ℃ 고립계에서 1 mol의 이상 기체가 2배로 팽창하는 과정을 생각해 보자.

(a) 이 과정의 ΔH, ΔS, ΔG 값은 얼마인가?

(b) 이 과정은 어떻게 열역학 제2법칙을 설명하는가?

18.86 문제 18.78에 주어진 자료를 이용하여, 다음 온도에서 벤젠의 증발에 대한 ΔG를 계산하시오.

(a) 70 ℃ (b) 80 ℃ (c) 90 ℃

1 atm, 각 온도에서 벤젠이 끓을지를 예측하시오.

18.87 문제 18.79에 주어진 자료를 이용하여, 다음 온도에서 염화 소듐의 용융에 대한 ΔG를 계산하시오.

(a) 1050 K (b) 1074 K (c) 100K

1 atm, 각 온도에서 염화 소듐이 녹을지를 예측하시오.

18.88 다음 자료를 이용하여, 벤조산($C_6H_5CO_2H$)의 녹는점을 계산하시오. $\Delta H_{용융} = 18.02$ kJ/mol이고, $\Delta S_{용융} = 45.56$ J/(K·mol)이다.

벤조산

18.89 나프탈렌($C_{10}H_8$)의 녹는점은 128 ℃, 용융 엔트로피는 47.7 J/(K·mol)이다. 나프탈렌의 용융 엔탈피를 계산하시오.

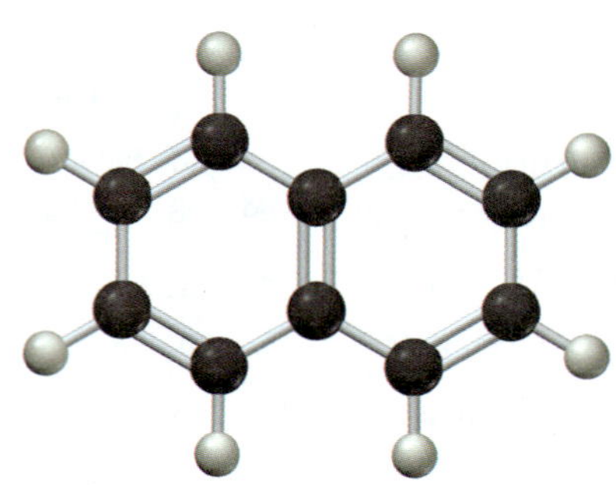

나프탈렌

18.90 에탄올(CH_3CH_2OH)의 증발 엔탈피는 38.6 kJ/mol이고, 증발 엔트로피는 110 J/(K·mol)이다. 에탄올의 정상 끓는점을 계산하시오.

18.91 클로로폼($CHCl_3$)의 정상 끓는점은 61 ℃이고, 증발 엔탈피는 29.24 kJ/mol이다. 61 ℃에서 $\Delta G_{증발}$과 $\Delta S_{증발}$의 값은 얼마인가?

표준 자유 에너지 변화와 표준 생성 자유 에너지(18.8~18.9절)

18.92 (a) 반응의 표준 자유 에너지 변화 $\Delta G°$와 (b) 물질의 표준 생성 자유 에너지 $\Delta G°_f$를 정의하시오.

18.93 물질의 표준 상태는 무엇을 의미하는가?

18.94 부록 B의 자료를 이용하여, 다음 각 반응의 $\Delta H°$와 $\Delta S°$를 계산하시오. $\Delta H°$와 $\Delta S°$ 값으로부터 25 ℃에서 $\Delta G°$를 계산하고, 각 반응이 표준 상태 조건에서 자발적인가 예측하시오.

(a) $N_2(g) + 2\,O_2(g) \rightarrow 2\,NO_2(g)$

(b) $CH_3CH_2OH(l) + O_2(g) \rightarrow CH_3CO_2H(l) + H_2O(l)$

18.95 부록 B의 자료를 이용하여, 다음 각 반응의 $\Delta H°$와 $\Delta S°$를 계산하시오. $\Delta H°$와 $\Delta S°$ 값으로부터 25 ℃에서 $\Delta G°$를 계산하고, 각 반응이 표준 상태 조건에서 자발적인가 예측하시오.

(a) $2\,SO_2(g) + O_2(g) \rightarrow 2\,SO_3(g)$

(b) $CH_3OH(l) + O_2(g) \rightarrow HCO_2H(l) + H_2O(l)$

18.96 부록 B의 표준 생성 자유 에너지를 이용하여, 25 ℃에서 다음 반응의 $\Delta G°$를 계산하시오.

$$2\,KClO_3(s) \rightarrow 2\,KCl(s) + 3\,O_2(g)$$

18.97 부록 B의 표준 생성 자유 에너지를 이용하여, 25 ℃에서 다음 반응의 $\Delta G°$를 계산하시오.

$$N_2(g) + 2\,H_2(g) \rightarrow N_2H_4(l)$$

18.98 부록 B의 자료를 이용하여, 25 ℃에서 다음 화합물 중 어느 것이 그 구성 원소에 비해 열역학적으로 안정한지 설명하시오.

(a) $BaCO_3(s)$ (b) $HBr(g)$

(c) $N_2O(g)$ (d) $C_2H_4(g)$

18.99 부록 B의 자료를 이용하여, 25 ℃에서 다음 화합물을 그 구성 원소로부터 합성하는 것이 열역학적으로 가능한지 결정하시오.

(a) $C_6H_6(l)$ (b) $NO(g)$

(c) $PH_3(g)$ (d) $FeO(s)$

18.100 부록 B의 $\Delta G°_f$ 값을 이용하여, 에틸렌과 염소로부터 다이클로로에테인을 합성하는 반응의 표준 자유 에너지 변화를 계산하시오.

$$C_2H_4(g) + Cl_2(g) \rightarrow CH_2ClCH_2Cl(l)$$

25 ℃, 1 atm의 C_2H_4 기체와 Cl_2 기체로부터 다이클로로에테인의 합성이 가능한가?

18.101 부록 B의 $\Delta G°_f$ 값을 이용하여, 암모니아를 하이드라진으로 전환하는 반응의 표준 자유 에너지 변화를 계산하시오.

$$2\,NH_3(g) \rightarrow H_2(g) + N_2H_4(l)$$

25 ℃, 표준 상태 조건에서 이 반응의 촉매를 찾아볼 가치가 있겠는가?

18.102 에탄올은 공업적으로 에틸렌의 수화 반응에 의해 제조된다.

$$CH_2 = CH_2(g) + H_2O(l) \rightarrow CH_3CH_2OH(l)$$

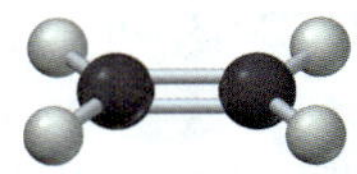
에틸렌

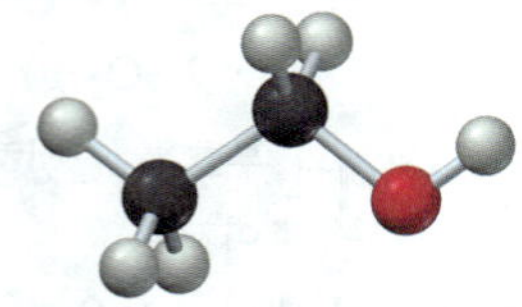
에탄올

부록 B의 자료를 이용하여, $\Delta G°$를 계산하고 이 반응이 25 ℃에서 자발적임을 보이시오. 왜 이 반응은 높은 온도에서 비자발적인가? 반응이 비자발적으로 되는 온도를 추정하시오.

18.103 석탄 화력 발전소로부터 방출되는 이산화 황은 산성비의 주요인 중 하나이다. SO_2 방출을 감소시키는 한 가지 방법은, SO_2를 H_2S로 부분 전환하고 남은 H_2S와 SO_2를 촉매를 통해 황 원소로 변환하는 것이다.

$$2\,H_2S(g) + SO_2(g) \rightarrow 3\,S(s) + 2\,H_2O(g)$$

부록 B의 자료를 이용하여, $\Delta G°$를 계산하고 이 반응이 25 ℃에서 자발적임을 보이시오. 왜 이 반응은 높은 온도에서 비자발적인가? 반응이 비자발적으로 되는 온도를 추정하시오.

18.104 아세틸렌이 벤젠으로 변환되는 반응을 생각해 보자.

$$3\,C_2H_2(g) \rightarrow C_6H_6(l)$$

아세틸렌

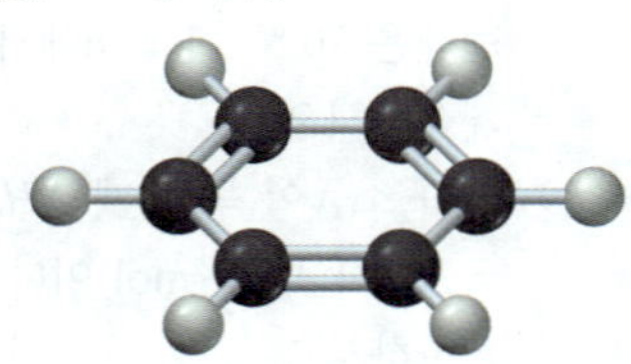
벤젠

이 반응의 촉매가 가능한가? 25 ℃, 1 atm에서 흑연과 H_2 기체로부터 벤젠의 합성이 가능한가?

18.105 1,2-다이클로로에테인이 PVC 플라스틱 제조의 원료 물질인 염화 바이닐로 변환되는 과정에 대해 생각해 보자.

$$CH_2ClCH_2Cl(l) \rightarrow CH_2 = CHCl(g) + HCl(g)$$

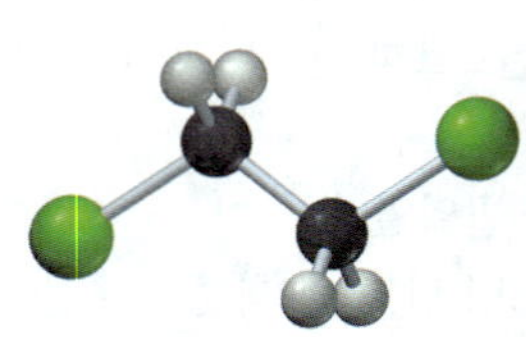
1,2-다이클로로에테인

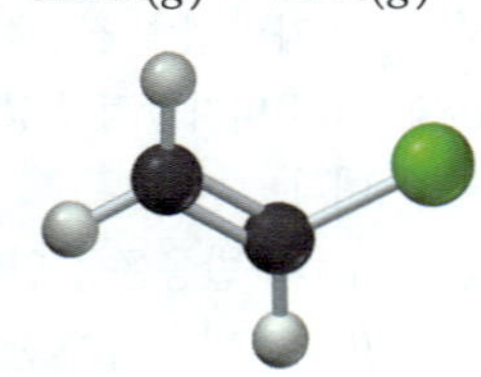
염화 바이닐

표준 상태 조건에서 이 반응은 자발적인가? HCl을 제거하기 위해 염기 존재 하에 반응을 진행시키는 것이 좋은가? 설명하시오. 25 ℃, 1 atm에서 흑연, H_2 기체, Cl_2 기체로부터 염화 바이닐을 합성하는 것이 가능한가?

비표준 상태 조건에서 반응의 자유 에너지 변화(18.10절)

18.106 비표준 상태 조건에서 자유 에너지 변화 ΔG, 표준 상태 조건에서 자유 에너지 변화 $\Delta G°$, 반응 지수 Q 사이에는 어떤 관계가 있는가?

18.107 다음 각 경우에 ΔG와 $\Delta G°$ 값을 비교하시오.
(a) $Q < 1$ (b) $Q = 1$ (c) $Q > 1$
Q가 증가할 때 열역학적으로 반응이 일어날 경향성이 증가하겠는가 감소하겠는가?

18.108 부록 B의 자료를 이용하여, NOCl의 부분 압력이 2.00 atm, NO가 1.00×10^{-3} atm, Cl_2가 1.00×10^{-3} atm일 때 25 ℃에서 염화 나이트로실의 분해에 대한 ΔG를 계산하시오.

$$2\,NO(g) + Cl_2(g) \rightarrow 2\,NOCl(g)$$

이 조건에서 반응은 정방향으로 자발적인가 역방향으로 자발적인가?

18.109 F_2의 부분 압력이 0.045 atm일 때 25 ℃에서 우라늄과 플루오린으로부터 고체 헥사플루오린화 우라늄이 생성되는 반응의 ΔG는 얼마인가? $UF_6(s)$의 표준 생성 자유 에너지는 −2068 kJ/mol이다.

$$U(s) + 3\,F_2(g) \rightarrow UF_6(s)$$

이 조건에서 반응은 정방향으로 자발적인가 역방향으로 자발적인가?

18.110 황산은 다른 어떤 화합물보다 무게로 더 많은 양이 생산된다. 황산은 비료 제조, 유류 정제와 다른 수백 가지의 공정에 이용된다. H_2SO_4의 공업적 합성 과정에서 중간 단계는 이산화 황의 촉매 산화 반응이다.

$$2\,SO_2(g) + O_2(g) \rightarrow 2\,SO_3(g) \quad \Delta G° = -141.8\ \text{kJ}$$

25 ℃, 다음의 각 부분 압력에서 ΔG를 계산하시오.
(a) SO_2 100 atm, CO_2 100 atm, SO_3 1.0 atm
(b) 각 반응물과 생성물의 부분 압력이 1.0 atm일 때

18.111 중요한 질소 비료인 요소(NH_2CONH_2)는 공업적으로 다음 반응에 의해 생산된다.

$$2\,NH_3(g) + CO_2(g) \rightarrow NH_2CONH_2(aq) + H_2O(l)$$

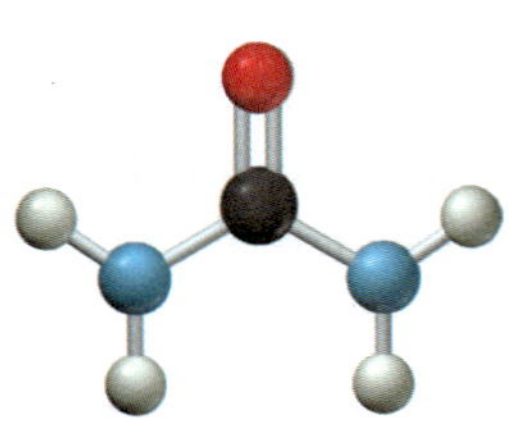
요소

$\Delta G° = -13.6$ kJ일 때, 25 ℃, 다음의 각 조건에서 ΔG를 계산하시오.
(a) NH_3 10 atm, CO_2 10 atm, NH_2CONH_2 1.0 M
(b) NH_3 0.10 atm, CO_2 0.10 atm, NH_2CONH_2 1.0 M
조건 (a)와 조건 (b)에서 반응은 자발적인가?

자유 에너지와 화학 평형(18.11절)

18.112 반응의 표준 자유 에너지 $\Delta G°$와 평형 상수 K는 어떤 관계가 있는가? 다음의 경우에 $\Delta G°$의 부호는 무엇인가?
(a) $K > 1$? (b) $K = 1$? (c) $K < 1$?

18.113 다음 $\Delta G°$ 값을 갖는 반응의 평형 상수 값은 크겠는가 작겠는가?
(a) $\Delta G°$가 양 (b) $\Delta G°$가 음

18.114 25 ℃에서 액체 에탄올(−174.9 kJ/mol)과 기체 에탄올(−167.9 kJ/mol)의 $\Delta G°$ 값을 이용하여, 25 ℃에서 에탄올의 증기 압력을 계산하시오.

18.115 25 ℃에서 아스피린($C_9H_8O_4$) 산 해리 상수 K_a는 3.0×10^{-4}이다. 다음 반응의 $\Delta G°$를 계산하시오.

$$C_9H_8O_4(aq) + H_2O(l) \rightleftharpoons H_3O^+(aq) + C_9H_7O_4^-(aq)$$

18.116 25 ℃에서 기체 브로민의 $\Delta G°_f$가 3.14 kJ/mol이라면, 25 ℃에서 브로민의 증기 압력은 얼마인가?

18.117 25 ℃에서 기체 아이오딘의 $\Delta G°_f$가 19.4 kJ/mol이라면, 25 ℃에서 고체 아이오딘으로부터 아이오딘 증기의 평형 부분 압력을 계산하시오.

18.118 산화 에틸렌(C_2H_4O)은 부동액(에틸렌 글라이콜, $HOCH_2CH_2OH$)을 만드는 데 사용된다. 산화 에틸렌은 공업적으로 촉매에 의해 에틸렌을 공기로 산화하여 제조한다.

$$2\,CH_2{=}CH_2(g) + O_2(g) \longrightarrow 2\,\overset{\text{O}}{CH_2{-}CH_2}(g)$$

산화 에틸렌

부록 B의 자료를 이용하여, 25 ℃에서 이 반응의 $\Delta G°$와 K_p를 계산하시오.

18.119 타이타늄 금속의 상업적 제조에서 첫 단계는 금홍석(TiO_2), 염소, 흑연의 반응이다.

$$TiO_2(s) + 2\,Cl_2(g) + 2\,C(s) \rightarrow TiCl_4(l) + 2\,CO(g)$$

부록 B의 자료를 이용하여, 25 ℃에서 이 반응의 $\Delta G°$와 평형 상수를 계산하시오.

18.120 질산 암모늄은 가열하면(때때로 폭발적으로) 분해하기 때문에 위험하다.

$$NH_4NO_3(s) \rightarrow N_2O(g) + 2\,H_2O(g)$$

(a) 부록 B의 자료를 이용하여, 25 ℃에서 이 반응이 자발적임을 보이시오.
(b) 온도를 올릴 때, 반응의 $\Delta G°$는 어떻게 변하는가?
(c) 25 ℃에서 평형 상수 K_p를 계산하시오.

(d) 각 기체의 부분 압력이 30 atm일 때 반응의 ΔG를 계산하시오.

18.121 25 ℃에서 $PbCrO_4$의 K_p는 2.8×10^{-13}이다. 25 ℃에서 $PbCrO_4(s) \rightleftharpoons Pb^{2+}(aq) + CrO_4^{2-}(aq)$ 반응의 표준 자유 에너지 변화를 계산하시오.

18.122 부록 B의 자료를 이용하여, 다음 시료를 포함하는 밀폐된 1 L 용기 안의 CO_2의 평형 압력을 계산하시오.

(a) 25 ℃에서 15 g의 $MgCO_3$와 1.0 g의 MgO

(b) 280 ℃에서 15 g의 $MgCO_3$와 1.0 g의 MgO

(c) 280 ℃에서 30 g의 $MgCO_3$와 1.0 g의 MgO

$\Delta H°$와 $\Delta S°$는 온도에 무관하다고 가정한다.

18.123 암모니아 수용액의 해리 평형 상수 K_b는 20 ℃에서 1.710×10^{-5}이고, 50 ℃에서 1.892×10^{-5}이다. 이 반응의 $\Delta H°$와 $\Delta S°$는 얼마인가?

$$NH_3(aq) + H_2O(l) \rightleftharpoons NH_4^+(aq) + OH^-(aq)$$

18.124 기체 NH_3의 하버 합성에 대해 생각해 보자(이 반응의 $\Delta H°_f = -46.1$ kJ/mol, $\Delta G°_f = -16.5$ kJ/mol이다).

$$N_2(g) + 3\,H_2(g) \rightarrow 2\,NH_3(g)$$

(a) 이 자료만 사용하여, 25 ℃에서 반응의 $\Delta H°$와 $\Delta S°$를 계산하시오.

(b) $\Delta S°$의 부호에 대해 설명하시오.

(c) 25 ℃, 표준 상태 조건에서 반응은 자발적인가? 설명하시오.

(d) 350 K에서 평형 상수 K_p와 K_c는 얼마인가?

$\Delta H°$와 $\Delta S°$는 온도에 무관하다고 가정한다.

18.125 25 ℃에서 물에서 AgBr의 용해 반응을 생각해 보자.

$$AgBr(s) \rightleftharpoons Ag^+(aq) + Br^-(aq)$$

(a) 부록 B의 표준 생성열과 표준 몰 엔트로피를 사용하여, 25 ℃에서 이 반응의 $\Delta G°$를 계산하시오.

(b) 25 ℃에서 AgBr의 K_{sp}를 계산하시오.

(c) $[Ag^+] = [Br^-] = 1.00 \times 10^{-5}$ M일 때, 25 ℃에서 AgBr 용해의 ΔG를 계산하시오.

결과가 Q와 K_{sp}의 상대적인 값과 일치하는가?

다중 개념 문제

18.126 트루톤 규칙(Trouton's rule)에 의하면 몰 증발열의 정상 끓는점(K)에 대한 비는 모든 액체가 대략적으로 같다. 그 값은 $\Delta H_{증발}/T_{끓는점} \approx 88$ J/(K·mol)이다.

(a) 다음 표에 있는 액체에 대해, 트루톤 규칙의 신뢰성을 확인하시오.

(b) 왜 액체는 같은 $\Delta H_{증발}/T_{끓는점}$을 갖는지 설명하시오.

(c) 표에서 어떤 액체가 트루톤 규칙을 벗어나는가? 설명하시오.

액체	끓는점(℃)	$\Delta H_{증발}$(kJ/mol)
암모니아	−33.3	23.4
벤젠	80.1	30.8
사염화 탄소	76.8	29.8
클로로폼	61.1	29.2
수은	356.6	59.11

18.127 평형 상수의 온도 의존성은 다음 식으로 주어진다.

$$\ln K = \frac{-\Delta H°}{R}\left(\frac{1}{T}\right) + \frac{\Delta S°}{R}$$

여기서 $\Delta H°$와 $\Delta S°$는 온도에 무관하다고 가정한다.

(a) 이 장에 주어진 식으로부터 이 식을 유도하시오.

(b) 여러 다른 온도에서의 K 값으로부터 $\Delta H°$와 $\Delta S°$ 측정값을 결정하는 데 이 식이 어떻게 이용되는지 설명하시오.

(c) 이 식을 이용하여, 온도가 증가할 때 평형 상수도 증가하는 반응에 대한 $\Delta H°$의 부호를 예측하시오. 반응은 흡열인가 발열인가? 예측이 르샤틀리에 원리와 일치하는가?

18.128 브로민(Br_2)의 정상 끓는점은 58.8 ℃이다. 증기와 액체의 표준 엔트로피는 $S°[Br_2(l)] = 152.2$ J/(K·mol); $S°[Br_2(g)] = 245.4$ J/(K·mol)이다. 브로민이 227 mmHg의 증기 압력을 갖는 온도는?

18.129 아이오딘화 납의 몰 용해도는 20 ℃에서 1.45×10^{-3} M이고, 80 ℃에서는 6.85×10^{-3} M이다. PbI_2 용해의 $\Delta H°$와 $\Delta S°$는 얼마인가?

$$PbI_2(s) \rightarrow Pb^{2+}(aq) + 2\,I^-(aq)$$

$\Delta H°$와 $\Delta S°$는 온도에 무관하다고 가정한다.

18.130 부록 B의 자료를 이용하여, 80 ℃에서 다음 반응의 평형 상수(K)를 계산하시오.

$$2\,Br^-(aq) + Cl_2(g) \rightarrow Br_2(l) + 2\,Cl^-(aq)$$

$\Delta H°$와 $\Delta S°$는 온도에 무관하다고 가정한다.

18.131 부록 B의 자료를 이용하여, 이황화 탄소(CS_2)의 정상 끓는점을 결정하시오.

18.132 습도 센서는 건조할 때는 파란색이고, 습할 때는 빨간색을 띠는 사각형 판지를 포함한다. 색깔 변화는 다음 반응에 기인한다.

$$\underset{\text{파란색}}{CoCl_2(s)} + 6\,H_2O(g) \rightleftharpoons \underset{\text{빨간색}}{[Co(H_2O)_6]Cl_2(s)}$$

25 °C에서 반응의 $\Delta H° = -352$ kJ/mol이고, $\Delta S° = -899$ J/(K·mol)이다. $\Delta H°$와 $\Delta S°$는 온도에 무관하다고 가정하면, 더운 여름날 35 °C에서 위 반응이 평형에 있을 때 물의 증기 압력(mmHg)은 얼마인가?

18.133 다음 반응은 때때로 실험실에서 소량의 산소 기체를 만드는 데 사용되며, 25 °C에서 $\Delta G° = -224.4$ kJ/mol이다.

$$2\,KClO_3(s) \rightarrow 2\,KCl(s) + 3\,O_2(g)$$

25 °C에서 다음 자료를 이용하여, O_2의 표준 몰 엔트로피 $S°$를 계산하시오.

$\Delta H°_f(KClO_3) = -397.7$ kJ/mol
$\Delta H°_f(KCl) = -436.5$ kJ/mol
$S°(KClO_3) = 143.1$ J/(K·mol)
$S°(KCl) = 82.6$ J/(K·mol)

18.134 반응 $N_2O_4(g) \rightleftharpoons 2\,NO_2(g)$의 평형을 생각해 보자.

(a) 부록 B의 열역학 자료를 이용하여, 전체 압력이 1.00 atm이고 NO_2를 N_2O_4의 두 배만큼 많이 함유하는 평형 혼합물이 존재하는 온도를 결정하시오. $\Delta H°$와 $\Delta S°$는 온도에 무관하다고 가정한다.
(b) 전체 압력이 1.00 atm인 평형 혼합물이 동일한 양의 NO_2와 N_2O_4를 포함하는 온도는 몇 도인가?

18.135 음식물의 감미료로 사용되는 물질인 소르비톨($C_6H_{14}O_6$)은 촉매 존재 하에 포도당을 수소와 반응시켜 만든다.

$$C_6H_{12}O(aq) + H_2(g) \rightarrow C_6H_{14}O_6(aq)$$

다음 중 어떤 것이 촉매의 영향을 받는가?

(a) 정반응 속도
(b) 역반응 속도
(c) 반응의 자발성
(d) $\Delta H°$
(e) $\Delta S°$
(f) $\Delta G°$
(g) 평형 상수
(h) 평형 도달 시간

18.136 5.00 L 용기에 있는 N_2 14.0 g과 H_2 3.024 g의 혼합물을 400 °C로 가열한다. 부록 B의 자료를 이용하여, 평형에서 N_2, H_2, NH_3의 몰농도를 계산하시오. $\Delta H°$와 $\Delta S°$는 온도에 무관하다고 가정하고, 기체의 표준 상태는 압력으로 정의됨을 기억하라.

$$N_2(g) + 3\,H_2(g) \rightleftharpoons 2\,NH_3(g)$$

18.137 상업적인 황산 합성의 한 단계는 이산화 황을 촉매 산화시키는 과정이다.

$$2\,SO_2(g) + O_2(g) \rightleftharpoons 2\,SO_3(g)$$

(a) SO_2 192 g, O_2 48.0 g과 V_2O_5 촉매를 15.0 L 용기에 넣어 800 K으로 가열하였다. 부록 B의 자료를 이용하여, 평형에서 SO_3, SO_2, O_2의 부분 압력을 계산하시오. $\Delta H°$와 $\Delta S°$는 온도에 무관하다고 가정한다.
(b) 온도를 800 K에서 1000 K로 올리면, SO_3의 수득 백분율이 증가하는가 감소하는가? 설명하시오.
(c) 온도를 800 K에서 1000 K로 올리면, 전체 압력이 증가하는가 감소하는가? 1000 K에서 전체 압력(atm)을 계산하시오.

18.138 납축전지는 다음 반응을 이용한다.

$$Pb(s) + PbO_2(s) + 2\,H^+(aq) + 2\,HSO_4^-(aq) \rightarrow 2\,PbSO_4(s) + 2\,H_2O(l)$$

(a) 부록 B의 자료를 이용하여, 이 반응의 $\Delta G°$를 계산하시오.
(b) 추운 겨울날(10 °F) 납축전지의 황산 농도가 0.100 M까지 떨어질 때, 이 반응의 ΔG를 계산하시오.

18.139 1.000 L CO_2 기체(20 °C, 731 mmHg)와 3.335 g의 고체 $Ca(OH)_2$를 충분한 양의 물에 녹여 만든 50 °C, 500.0 mL의 수용액에서 $CaCO_3$의 몰 용해도는 얼마인가? 50 °C에서 $CaCO_3$의 몰 용해도는 25 °C에서보다 큰가 작은가? $\Delta H°$와 $\Delta S°$는 온도에 무관하다고 가정한다.

18.140 25.0 °C, 744 mmHg에서 1.00 L의 기체 암모니아를 충분한 양의 물에 녹여 2.0 °C의 암모니아 수용액 500.0 mL를 만들었다. 2.0 °C에서 NH_3의 K_b는 얼마이고, 용액의 pH는 얼마인가? $\Delta H°$와 $\Delta S°$는 온도에 무관하다고 가정한다.

18.141 다음 불균형 반응식을 생각해 보자.

$$I_2(s) \rightarrow I^-(aq) + IO_3^-(aq)$$

(a) 염기성 용액에서 이 반응식의 균형을 맞추시오.
(b) 부록 B의 자료와 $IO_3^-(aq)$의 $\Delta G°_f = -128.0$ kJ/mol을 사용하여, 25 °C에서 반응의 $\Delta G°$를 계산하시오.
(c) 표준 상태 조건에서 반응은 자발적인가 비자발적인가?
(d) 25 °C에서 $[I^-] = 0.10$ M이고 $[IO_3^-] = 0.50$ M일 때, 반응이 평형에 도달하기 위한 pH는 얼마인가?

18.142 각각의 초기 부분 압력이 1.00 atm이고 온도가 100 °C인 NO_2와 N_2O_4의 혼합물이 반응한다.

$$N_2O_4(g) \rightleftharpoons 2\,NO_2(g)$$

(a) 부록 B의 자료를 이용하여, 평형에서의 부분 압력을 계산하시오. $\Delta H°$와 $\Delta S°$는 온도에 무관하다고 가정한다.
(b) N_2O_4 분자의 모양은 무엇이고, N 원자의 어떤 혼성 오비탈이 결합에 사용되는가?

chapter 19

전기 화학

© Kaukola Photography/Shutterstock

CONTENTS

도요타 사의 수소 자동차 미라이(Mirai)는 무공해 연료 전지를 이용하여 전력을 생산한다. 연료 전지는 배터리와 비슷하며, 화학 에너지를 전기 에너지로 변환한다. 도요타 사는 2020년까지 연료 전지 자동차 생산량을 연간 3만대로 늘릴 계획이다.

수소 연료 전지는 어떻게 작동할까?

이 질문의 답은 881쪽 **INQUIRY?** 에 나와 있다.

전지(배터리, battery)는 현대 사회에서 어디에나 존재한다. 잠시 멈추고, 오늘날 우리가 사용하고 있는 전지의 수를 세어 보자. 전지는 전류를 공급해 자동차의 시동을 걸고, 휴대폰, 시계, 노트북(랩톱) 컴퓨터, 계산기, 심장 박동기 등 다수의 제품을 작동시킨다. 하이브리드 자동차와 전기 자동차에서 전지는 가솔린 엔진을 보완하거나 대체하여 전기 모터를 작동시킨다. 전지는 화학 에너지와 전기 에너지가 상호 변환하는 **전기 화학 전지**(electrochemical cell)이다. 전지는 자발적인 화학 반응에 의해 생성되는 에너지를 이용하여 전기를 생산한다.

전기 화학(**electrochemistry**)은 화학 에너지와 전기 에너지 사이의 변환을 다루는 분야이며, 전지뿐만 아니라 중요한 화학 약품 및 재료 생산을 가능하게 하기 때문에 현대 과학과 기술에 매우 중요한 부분을 차지하고 있다. 예를 들면, 종이, 섬유, 비누, 세제의 생산에 이용되는 수산화 소듐은 염화 소듐 수용액에 전류를 통과시켜 얻을 수 있다. 폴리염화바이닐[poly(vinyl chloride), PVC]과 같은 플라스틱 생산에 꼭 필요한 염소 기체도 동일한 방법으로 생산된다. 금속 알루미늄과 전선에 쓰이는 구리도 전기 화학적 공정으로 생산된다.

이 장에서는 전기 화학 전지의 구조 및 작동과 관련된 원리를 살펴볼 것이다. 아울러 전기 화학과 열역학 사이의 중요한 연관성도 공부할 것이다.

19.1 반쪽 반응법에 의한 산화–환원 반응의 균형 맞추기

산화–환원(redox) 반응은 한 물질로부터 다른 물질로의 전자의 이동을 수반하는 과정이다. 또한 전기 화학 전지의 기본이다. 4.10절 내용을 상기해 보면, 산화는 물질에 의한 하나 이상의 전자의 손실을 의미하고, 환원은 물질에 의한 하나 이상의 전자의 획득을 의미한다. 우리는 다음 절에서 전기 화학 전지를 설명할 것이다. 그러나 먼저, 산화–환원 반응과 그들의 균형을 맞추는 법을 복습하도록 하자.

하나의 예로서, 다이크로뮴산 포타슘($K_2Cr_2O_7$) 수용액과 NaCl 수용액의 반응을 살펴보자. 반응은 산성 용액에서 일어나고, 불균형 알짜 이온 반응식은 아래와 같다.

$$Cr_2O_7^{2-}(aq) + Cl^-(aq) \longrightarrow Cr^{3+}(aq) + Cl_2(aq) \quad \text{불균형}$$

기억하기…
산화수는 어떤 원자가 중성인지, 전자가 많은지, 전자가 부족한지를 나타낸다. 그리고 산화–환원 반응의 전자 이동을 알기 위한 편리한 숫자이다. 4.10절에서 원자의 산화수를 결정하는 규칙을 다루었다.

4.10절에서처럼, **산화수**(**oxidation number**)를 사용하여 어떤 원자가 산화–환원 반응에서 산화되고 환원되는가를 결정할 수 있다. 4.10절에서 논의된 산화수 결정 규칙의 내용을 반드시 복습해야 한다. 원소의 산화수 증가는 그것이 산화되었음을 나타낸다. 반면에, 산화수 감소는 환원을 의미한다. 이 반응에서 염화 이온은 산화(−1에서 0으로)되었고, 크로뮴 원자는 환원(+6에서 +3으로)되었다.

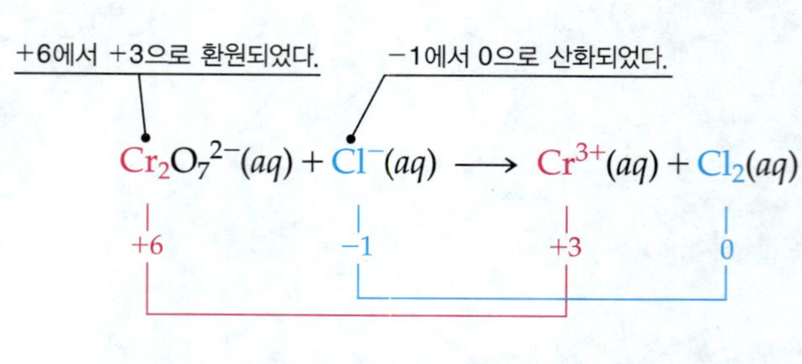

개념탐구 질문 1
다음 반응에서 어느 원소가 산화되는가?
$TiO_2(s) + C(s) + 2\,Cl_2(g) \longrightarrow TiCl_4(l) + CO_2(g)$

간단한 산화–환원 반응이라면 시행착오적인 방법을 통해 종종 균형을 맞출 수 있다. 그러나 대부분의 반응들은 너무 복잡하여 보다 체계적인 접근법을 사용해야 한다. 비록 산화–환원 반응의 균형을 맞추는 방법이 많이 있지만, 전자 전달에만 초점을 맞추는 **반쪽 반응법**(**half-**

단계 1. 불균형 알짜 이온 반응식을 쓴다.

↓

단계 2. 어느 원자가 산화되고 환원되었는가를 결정하고, 두 개의 불균형 반쪽 반응식을 쓴다.

↓

단계 3. O와 H 이외의 모든 원자에 대하여, 두 개의 반쪽 반응식의 균형을 맞춘다.

↓

단계 4. O를 적게 갖는 쪽에 물을 더하여 O에 대한 각 반쪽 반응식의 균형을 맞추고, H를 적게 갖는 쪽에 H^+를 더하여 H에 대한 균형을 맞춘다.

↓

단계 5. 더 큰 양전하를 갖는 쪽에 전자를 첨가하여, 전하에 대한 각 반쪽 반응의 균형을 맞춘다.

↓

단계 6. 적당한 인자를 곱하여, 두 개의 반쪽 반응 양쪽이 같은 전자 수를 갖게 한다.

↓

단계 7. 두 개의 균형 반쪽 반응식을 더하여, 반응식 양쪽에 나타나는 전자들과 기타 화학종을 삭제한다. (반응식이 원자와 전하의 균형이 맞았는지 확인한다.)

◀ **그림 19.1**
산성 용액에서 반쪽 반응법을 사용한 산화-환원 반응식 균형 맞추기 단계

reaction method)을 살펴볼 것이다. 반쪽 반응법의 주요 핵심은 산화-환원 반응을 두 부분, 즉 두 **반쪽 반응**(**half-reaction**)으로 표현한다는 것이다. 산화 반쪽 반응은 산화 부분을 설명하고, 환원 반쪽 반응은 환원 부분을 설명한다. 반쪽 반응 두 개의 균형을 맞추고 나서 더하면, 최종적으로 반응식을 구하게 된다. 그림 19.1은 산성 용액에서 반쪽 반응법으로 산화-환원 반응의 균형을 맞추기 위한 일곱 단계를 요약한 것이다. 예제 19.1은 산성 용액에서 산화-환원 반응의 균형을 맞추는 방법을 보여 준다. 예제 19.2는 염기성 용액에서 일어나는 반응의 반응식 균형을 맞추는 방법을 어떻게 이용하는가를 설명한다. 이 과정은 산성 용액에서 일어나는 반응의 균형을 맞추는 방법과 같다. 단지, 마지막 단계에서 식에 나타난 H^+ 이온을 중화하기 위하여 OH^- 이온을 더한다. 이것은 염기성 용액이 무시할 정도로 적은 양의 H^+와 상대적으로 많은 양의 OH^-를 포함하고 있다는 사실을 반영한 것이다.

예제 19.1

산성 용액에서 일어나는 반응의 산화-환원 반응식 균형 맞추기

반쪽 반응법을 사용하여, 산성 용액에서 일어나는 다이크로뮴산 이온과 염화 이온이 반응하는 반응식의 균형을 맞추시오.

$$Cr_2O_7^{2-}(aq) + Cl^-(aq) \longrightarrow Cr^{3+}(aq) + Cl_2(aq) \quad \text{불균형}$$

전략

그림 19.1에서 설명한 단계를 따른다.

풀이

단계 1. 불균형 알짜 이온 반응식을 작성한다.

$$Cr_2O_7^{2-}(aq) + Cl^-(aq) \longrightarrow Cr^{3+}(aq) + Cl_2(aq)$$

단계 2. 어느 원자가 산화되고 환원되는지를 결정하고, 불균형 반쪽 반응 두 개를 작성한다. 앞부분에서 설명한 것처럼, 염화 이온은 산화(−1에서 0으로)되었고, 크로뮴 원자는 환원(+6에서 +3으로)되었다. 따라서, 다음 두 개의 불균형 반쪽 반응을 작성할 수 있다.

산화 반쪽 반응 $Cl^-(aq) \longrightarrow Cl_2(aq)$

환원 반쪽 반응 $Cr_2O_7^{2-}(aq) \longrightarrow Cr^{3+}(aq)$

단계 3. O와 H 이외의 모든 원자들에 대하여, 반쪽 반응 양변의 균형을 맞춘다. 산화 반쪽 반응은 Cl^- 앞에 계수 2가 필요하고, 환원 반쪽 반응은 Cr^{3+} 앞에 계수 2가 필요하다.

Cl의 균형을 맞추기 위해 계수를 첨가한다.

산화 $2\,Cl^-(aq) \longrightarrow Cl_2(aq)$

Cr의 균형을 맞추기 위해 계수를 첨가한다.

환원 $Cr_2O_7^{2-}(aq) \longrightarrow 2\,Cr^{3+}(aq)$

단계 4. 산소의 양쪽 균형을 맞추기 위하여, 더 적은 O를 갖는 쪽에 H_2O를 더한다. 그리고 수소 양쪽 균형을 맞추기 위하여, 더 적은 H를 갖는 쪽에 H^+를 더한다. 산화 반쪽 반응은 H 또는 O를 갖지 않지만, 환원 반쪽 반응은 O에 대한 균형을 맞추기 위하여 생성물 쪽에 7 H_2O가 필요하고, H에 대한 균형을 맞추기 위하여 반응물 쪽에 14 H^+가 필요하다.

산화 $2\,Cl^-(aq) \longrightarrow Cl_2(aq)$

그 다음 H의 균형을 맞추기 위해 14 H^+를 더한다.

먼저 O의 균형을 맞추기 위해 7 H_2O를 더한다.

환원 $Cr_2O_7^{2-}(aq) + 14\,H^+(aq) \longrightarrow 2\,Cr^{3+}(aq) + 7\,H_2O(l)$

단계 5. 더 큰 양전하(또는 더 작은 음전하)를 갖는 쪽에 전자(e^-)를 첨가하여, 두 반쪽 반응의 전하 균형을 맞춘다. 산화 반쪽 반응은 반응물 쪽(2 Cl^-)에 −2 전하를 가지므로 생성물 쪽에 2 e^-를 첨가해야 하고, 환원 반쪽 반응은 반응물 쪽에 총 +12 전하를 가지고 생성물 쪽에 +6 전하를 가지므로 반응물 쪽에 6 e^-를 첨가해야 한다.

전하의 균형을 위해 맞추기 이들 전자를 첨가한다.

산화 $2\,Cl^-(aq) \longrightarrow Cl_2(aq) + 2\,e^-$

전하의 균형을 맞추기 위해 이들 전자를 첨가한다.

환원 $Cr_2O_7^{2-}(aq) + 14\,H^+(aq) + 6\,e^- \longrightarrow 2\,Cr^{3+}(aq) + 7\,H_2O(l)$

단계 6. 두 반쪽 반응의 전자 수가 같도록 만들기 위해, 적당한 계수를 반쪽 반응에 곱한다. 산화 반쪽 반응에서 방출된 전자 수가 환원 반쪽 반응에서 소비된 전자 수와 동일해야 한다. 환원 반쪽 반응은 6 e^-가 있지만, 산화 반쪽 반응은 2 e^-만 있다. 따라서, 전체 산화 반쪽 반응에 3을 곱해 주어야 한다.

두 반쪽 반응에서 전자 수를 같게 만들기 위해 이 계수를 곱한다.

산화 $3 \times [2\,Cl^-(aq) \longrightarrow Cl_2(aq) + 2\,e^-]$

즉 $6\,Cl^-(aq) \longrightarrow 3\,Cl_2(aq) + 6\,e^-$

환원 $Cr_2O_7^{2-}(aq) + 14\,H^+(aq) + 6\,e^- \longrightarrow 2\,Cr^{3+}(aq) + 7\,H_2O(l)$

단계 7. 반쪽 반응 두 개를 더하라. 그리고 양변의 같은 화학종과 전자를 소거한다.

$$6\,Cl^-(aq) \longrightarrow 3\,Cl_2(aq) + 6\,e^-$$
$$Cr_2O_7^{2-}(aq) + 14\,H^+(aq) + 6\,e^- \longrightarrow 2\,Cr^{3+}(aq) + 7\,H_2O(l)$$
$$Cr_2O_7^{2-}(aq) + 14\,H^+(aq) + 6\,Cl^-(aq) \longrightarrow 3\,Cl_2(aq) + 2\,Cr^{3+}(aq) + 7\,H_2O(l)$$

답을 검사하여, 원자와 전하의 균형을 확인한다.

$$Cr_2O_7^{2-}(aq) + 14\,H^+(aq) + 6\,Cl^-(aq) \longrightarrow 3\,Cl_2(aq) + 2\,Cr^{3+}(aq) + 7\,H_2O(l)$$

전하: $(-2) + (+14) + (6 \times -1) = +6$	전하: $(2 \times +3) = +6$
Cr = 2	Cr = 2
O = 7	O = 7
H = 14	H = 14
Cl = 6	Cl = 6

연습문제 19.1 다음 알짜 이온 반응식을 반쪽 반응법으로 균형을 맞추시오. 이 반응은 산성 용액에서 일어난다.

$$NO_3^-(aq) + Cu(s) \longrightarrow NO(g) + Cu^{2+}(aq) \qquad \text{불균형}$$

응용문제 19.2 다음 알짜 이온 반응식을 반쪽 반응법으로 균형을 맞추시오. 이 반응은 산성 용액에서 일어난다.

$$I^-(aq) + IO_3^-(aq) \longrightarrow I_3^-(aq) \qquad \text{불균형}$$

예제 19.2

염기성 용액에서 일어나는 반응의 산화–환원 반응식 균형 맞추기

하이포아염소산 소듐(NaOCl: 가정용 표백제) 수용액은 염기성 용액에서 아크로뮴산 이온 [$Cr(OH)_4^-$]과 반응하여 크로뮴산 이온(CrO_4^{2-})과 염화 이온을 만드는 강한 산화제이다. 다음 알짜 이온 반응식을 반쪽 반응법으로 균형을 맞추시오.

$$ClO^-(aq) + Cr(OH)_4^-(aq) \longrightarrow CrO_4^{2-}(aq) + Cl^-(aq) \qquad \text{불균형}$$

전략

그림 19.1에서 설명한 단계를 따르고, 마지막 단계에서 식에 나타난 H^+ 이온을 중화하기 위하여 OH^- 이온을 더한다.

풀이

단계 1. 불균형 알짜 이온 반응식을 작성한다.

$$ClO^-(aq) + Cr(OH)_4^-(aq) \longrightarrow CrO_4^{2-}(aq) + Cl^-(aq) \qquad \text{불균형}$$

단계 2. 어느 원자가 산화되고 환원되는지를 결정하고, 불균형 반쪽 반응 두 개를 작성한다. 불균형 알짜 이온 반응식은 크로뮴이 산화(+3에서 +6으로)되었고, 염소는 환원(+1에서 −1로)되었음을 보여 준다. 따라서 다음 반쪽 반응을 작성할 수 있다.

산화 반쪽 반응 $\quad Cr(OH)_4^-(aq) \longrightarrow CrO_4^{2-}(aq)$

환원 반쪽 반응 $\quad ClO^-(aq) \longrightarrow Cl^-(aq)$

단계 3. O와 H 이외의 모든 원자들에 대하여, 반쪽 반응 양변의 균형을 맞춘다. 반쪽 반응은 O와 H 이외의 다른 원자들에 대하여 이미 균형이 맞추어져 있다.

단계 4. 산소의 양쪽 균형을 맞추기 위하여, 더 적은 O를 갖는 쪽에 H_2O를 더한다. 그리고 수소의 양쪽 균형을 맞추기 위하여, 더 적은 H를 갖는 쪽에 H^+를 더한다.

산화 $Cr(OH)_4^-(aq) \longrightarrow CrO_4^{2-}(aq) + 4\,H^+(aq)$

환원 $ClO^-(aq) + 2\,H^+(aq) \longrightarrow Cl^-(aq) + H_2O(l)$

단계 5. 더 큰 양전하를 갖는 쪽에 전자(e^-)를 첨가하여, 두 반쪽 반응의 전하 균형을 맞춘다.

산화 $Cr(OH)_4^-(aq) \longrightarrow CrO_4^{2-}(aq) + 4\,H^+(aq) + 3\,e^-$

환원 $ClO^-(aq) + 2\,H^+(aq) + 2\,e^- \longrightarrow Cl^-(aq) + H_2O(l)$

단계 6. 두 반쪽 반응의 전자 수가 같도록 만들기 위해, 적당한 계수를 반쪽 반응에 곱한다. 산화 반쪽 반응은 2를 곱하고, 환원 반쪽 반응은 3을 곱하면, 둘 다 6개의 전자(e^-)가 된다.

산화 $2 \times [Cr(OH)]_4^-(aq) \longrightarrow CrO_4^{2-}(aq) + 4\,H^+(aq) + 3\,e^-]$

즉 $2\,Cr(OH)_4^-(aq) \longrightarrow 2\,CrO_4^{2-}(aq) + 8\,H^+(aq) + 6\,e^-$

환원 $3 \times [ClO^-(aq) + 2\,H^+(aq) + 2\,e^- \longrightarrow Cl^-(aq) + H_2O(l)]$

즉 $3\,ClO^-(aq) + 6\,H^+(aq) + 6\,e^- \longrightarrow 3\,Cl^-(aq) + 3\,H_2O(l)$

단계 7. 반쪽 반응 두 개를 더하라. 그리고 양변의 같은 화학종과 전자를 소거한다. 전자는 반드시 소거해야 한다.

$$2\,Cr(OH)_4^-(aq) \longrightarrow 2\,CrO_4^{2-}(aq) + 8\,H^+(aq) + \cancel{6\,e^-}$$
$$3\,ClO^-(aq) + 6\,H^+(aq) + \cancel{6\,e^-} \longrightarrow 3\,Cl^-(aq) + 3\,H_2O(l)$$
$$2\,Cr(OH)_4^-(aq) + 3\,ClO^-(aq) + 6\,H^+(aq) \longrightarrow 2\,CrO_4^{2-}(aq) + 3\,Cl^-(aq) + 3\,H_2O(l) + 8\,H^+(aq)$$

이제, 반응식의 양변에 나타나는 화학종을 소거한다. 생성물 쪽에는 8 H^+와 반응물 쪽에는 6 H^+가 있으므로, 소거한 결과 생성물 쪽에 2 H^+가 남는다.

$$2\,Cr(OH)_4^-(aq) + 3\,ClO^-(aq) \longrightarrow 2\,CrO_4^{2-}(aq) + 3\,Cl^-(aq) + 3\,H_2O(l) + 2\,H^+(aq)$$

마지막으로, 반응은 염기성 용액에서 일어난다. 따라서 오른쪽에 있는 2 H^+ 이온을 중화시키기 위해 반응식 양변에 2 OH^- 이온을 더하면, 2 H_2O가 추가로 형성된다.

$$2\,OH^-(aq) + 2\,Cr(OH)_4^-(aq) + 3\,ClO^-(aq) \longrightarrow 2\,CrO_4^{2-}(aq) + 3\,Cl^-(aq) + 3\,H_2O(l) + 2\,H^+(aq) + 2OH^-(aq)$$
$$2\,OH^-(aq) + 2\,Cr(OH)_4^-(aq) + 3\,ClO^-(aq) \longrightarrow 2\,CrO_4^{2-}(aq) + 3\,Cl^-(aq) + 3\,H_2O(l) + 2\,H_2O(l)$$

이제, 원자와 전하의 균형을 맞춘 최종 알짜 이온 반응식은 다음과 같다.

$$2\,Cr(OH)_4^-(aq) + 3\,ClO^-(aq) + 2\,OH^-(aq) \longrightarrow 2\,CrO_4^{2-}(aq) + 3\,Cl^-(aq) + 5\,H_2O(l)$$

전하: $(2 \times -1) + (3 \times -1) + (2 \times -1) = -7$	전하: $(2 \times -2) + (3 \times -1) = -7$
Cr = 2	Cr = 2
Cl = 3	Cl = 3
O = 13	O = 13
H = 10	H = 10

연습문제 19.3 다음 알짜 이온 반응식을 반쪽 반응법으로 균형을 맞추시오. 이 반응은 염기성 용액에서 일어난다.

$I^-(aq) + MnO_4^-(aq) \longrightarrow I_2(aq) + MnO_2(s)$ 불균형

응용문제 19.4 다음 알짜 이온 반응식을 반쪽 반응법으로 균형을 맞추시오. 이 반응은 염기성 용액에서 일어난다.

$Fe(OH)_2(s) + H_2O(l) + O_2(g) \longrightarrow Fe(OH)_3(s)$ 불균형

19.2 갈바니 전지

전기 화학 전지(electrochemical cells)에는 두 종류가 있다. **갈바니 전지(galvanic cells)**[또는 **볼타 전지**(voltaic cell)라고 부르며, 일반적으로 배터리로 알려져 있다.]와 **전해 전지(electrolytic cell)**이다. '갈바니'와 '볼타'라는 이름은 전기 화학 분야에서 선구적 연구를 주도한 이탈리아 과학자 갈바니(Luigi Galvani, 1737~1798)와 볼타(Alessandro Volta, 1745~1827)를 기념하여 붙여졌다. 갈바니 전지에서는 자발적인 화학 반응에 의해 전류가 발생한다. 전해 전지에서는 전류를 이용하여 비자발적 반응이 일어나게 한다. 따라서 이 두 전지는 서로 역반응 관계에 있다. 이 절에서는 먼저 갈바니 전지를 설명하고, 전해 전지는 나중에 설명하겠다.

우선 자발적 산화–환원 반응을 살펴보자. 이는 갈바니 전지를 만들 때 필요로 하는 반응이다. 만일 금속 아연을 황산 구리 수용액에 넣으면, 아연 표면에 짙은 색을 띤 고체 석출물이 형성되고, Cu^{2+} 이온의 특징적 파란색이 용액에서 점점 사라지는 것을 볼 수 있다(**그림 19.2**).

이를 화학적으로 분석하면, 짙은 색의 석출물은 고운 분말의 구리 금속의 미소 입자이고, 용액은 아연 이온을 포함하고 있음을 알 수 있다. 따라서 반응식은 다음과 같다.

$$Zn(s) + Cu^{2+}(aq) \longrightarrow Zn^{2+}(aq) + Cu(s)$$

아연판을 황산 구리 수용액에 넣는다.

금속–용액 계면에서, Zn 원자로부터 Cu^{2+} 이온으로 2개의 전자가 전달된다. 따라서 각각 Zn^{2+} 이온과 구리 원자가 형성된다.

시간이 흐름에 따라 짙은 색의 구리 금속이 아연 위에 나타나고, Cu^{2+}의 파란색은 용액에서 사라진다.

아연 표면은 구리 원자들로 덮이고, 용액에서는 Zn^{2+} 이온이 Cu^{2+} 이온을 대체한다.

◀ **그림 19.2**
아연 금속과 Cu^{2+} 이온 수용액의 산화–환원 반응

▶ **확인하기**

어느 원소가 환원되는가?
$Zn(s)$ 또는 $Cu^{2+}(aq)$

답 $Cu^{2+}(aq)$는 $Cu(s)$로 환원된다. $Cu(s)$는 금속 아연 표면 위에 석출된다.

이 산화-환원 반응에서 Zn은 Zn^{2+}로 산화되고, Cu^{2+}는 Cu로 환원된다. **산화**는 전자를 잃는 것(산화수의 증가)이고, **환원**은 전자를 얻는 것(산화수의 감소)임을 기억하라.

전체 반응을 **반쪽 반응**(half-reaction)으로 분리함으로써 산화와 환원의 측면으로 설명할 수 있다. 다음과 같이 한 반응은 산화 반응을 나타내고, 또 다른 하나는 환원 반응을 나타낸다.

$$\text{산화 반쪽 반응:}\quad Zn(s) \longrightarrow Zn^{2+}(aq) + 2\,e^-$$
$$\text{환원 반쪽 반응:}\quad Cu^{2+}(aq) + 2\,e^- \longrightarrow Cu(s)$$

Cu^{2+}는 **산화제**(oxidizing agent)라고 부른다. Zn으로부터 전자를 얻어 Zn을 Zn^{2+}로 산화시키기 때문이다. 마찬가지로, Zn은 **환원제**(reducing agent)라고 부른다. Cu^{2+}에 전자를 주어 Cu로 환원시키기 때문이다.

만약 반응이 그림 19.2에서와 같이 진행되면, 전자가 Zn으로부터 Cu^{2+}로 직접 전달되고, 반응 엔탈피는 주위에 열로 방출된다. 그러나 만약 반응이 **그림 19.3**에 설명한 대로 전기 화학 전지를 이용하여 진행되면, 반응에 의해 방출된 화학 에너지의 일부가 전기 에너지로 변환되어, 전구를 켜거나 전기모터를 작동하는 데 이용된다.

그림 19.3과 같은 장치는 다니엘 전지라고 부르는 갈바니 전지의 예이다. 1836년 이 전지를 처음 완성한 영국의 화학자 다니엘(John Frederick Daniell, 1790~1845)의 이름을 딴 것이

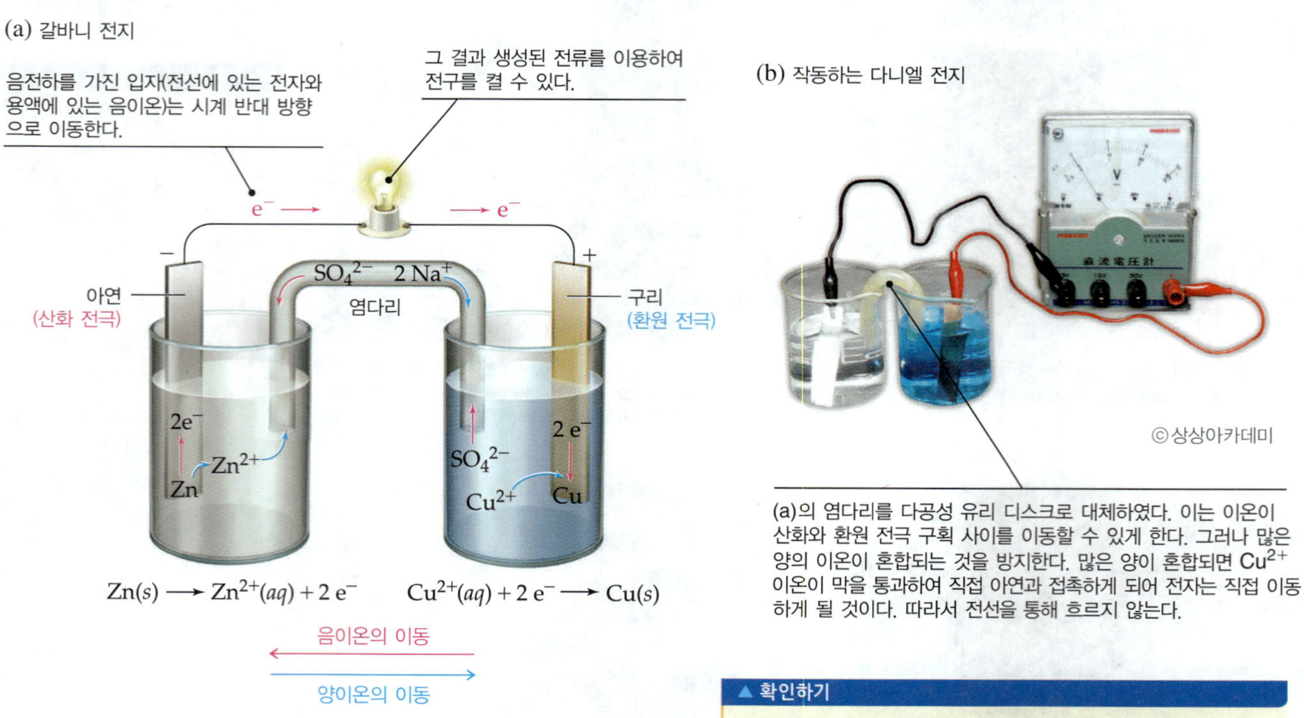

▲ **그림 19.3**
갈바니 전지 중 하나인 다니엘 전지. (a) 다니엘 전지는 금속 아연이 Zn^{2+} 이온으로 산화되고, Cu^{2+} 이온이 금속 구리로 환원되는 것을 이용한다. (b) 작동하는 다니엘 전지에서는 (a)의 전구가 디지털 전압계로 대체되었다(자세한 내용은 19.4절에 있다).

▲ 확인하기

(a) 전자는 산화 전극으로 흐르는가 환원 전극으로 흐르는가?
(b) 다니엘 전지에서 어떤 전극의 질량이 감소하고, 어떤 전극의 질량이 증가하는가?

답 **(a)** 전자는 Cu^{2+}의 환원 반응이 일어나는 환원 전극으로 흐른다. **(b)** $Cu^{2+}(aq)$가 $Cu(s)$로 환원되므로 Cu 전극의 질량은 증가할 것이며, $Zn(s)$가 $Zn^{2+}(aq)$로 산화되므로 Zn 전극의 질량은 감소할 것이다.

다. 발전의 핵심은 두 개의 분리된 반쪽 전지에 있다. 그 두 개의 반쪽 전지들은 황산 아연 수용액에 아연판이 담겨 있는 비커와, 황산 구리 수용액에 구리판이 담겨 있는 비커로 이루어진다. 아연판과 구리판을 **전극(electrode)**이라고 부르고, 이들은 도체로 연결된다. 두 용액은 **염다리(salt bridge)**에 의해 연결된다. 이것은 황산 소듐(Na_2SO_4)과 같이 반응성이 없는 젤 형태의 전해질 용액을 함유한 U자 모양의 관이다. 이 전해질을 구성하는 이온은 용액에 있는 어떤 다른 이온과 반응하지 않고, 전극에서 산화되거나 환원되지 않는다.

다니엘 전지에서 일어나는 반응은, Zn과 Cu^{2+} 이온이 직접 반응할 때 일어나는 반응과 동일하다. 그러나 전지에서는 금속 Zn과 Cu^{2+} 이온은 분리된 구획에 있으므로, 전자는 **전선을 통해**(through the wire) Zn으로부터 Cu^{2+}로 이동한다. 따라서 다른 전극에서 산화 반쪽 반응과 환원 반쪽 반응이 일어나고, 그 결과 전선을 통해 전류가 흐른다. 전자는 용액을 통해 이동하지 않는다. 금속 전선은 물보다 훨씬 좋은 도체이기 때문이다. 실제로, 자유 전자는 물과 빨리 반응하기 때문에 수용액에서 매우 불안정하다.

산화가 일어나는 전극을 **산화 전극(anode**, 이 예에서는 아연판)이라고 하고, 환원이 일어나는 전극을 **환원 전극(cathode**, 구리판)이라고 한다. 산화 전극과 환원 전극의 반쪽 반응을 더해야 전체 반응이 된다.

산화 전극(산화) 반쪽 반응:	$Zn(s) \longrightarrow Zn^{2+}(aq) + 2\,e^-$
환원 전극(환원) 반쪽 반응:	$Cu^{2+}(aq) + 2\,e^- \longrightarrow Cu(s)$
전체 전지 반응:	$Zn(s) + Cu^{2+}(aq) \longrightarrow Zn^{2+}(aq) + Cu(s)$

염다리는 전기 회로의 완성에 필요하다. 염다리가 없으면, 산화 전극 구획에 있는 용액은 Zn^{2+} 이온이 생성됨에 따라 양전하를 띠고, 환원 전극 구획에 있는 용액은 Cu^{2+} 이온이 제거되므로 음전하를 띠게 될 것이다. 전하의 불균형이 있다면, 전극 반응은 신속하게 멈춰지게 되고, 전선을 통한 전자의 흐름도 멈출 것이다.

이때 염다리로 두 용액을 연결하면, 이온의 이동에 의해 양쪽 산화, 환원 전극 구획에서 전기적 중성이 유지된다. 음이온(이 경우 SO_4^{2-})은 염다리를 거쳐 환원 전극 구획에서 산화 전극 구획으로 이동하고, 양이온은 반대로 염다리를 거쳐 산화 전극 구획에서 환원 전극 구획으로 이동한다. 그림 19.3과 같은 전지에서, Na^+ 이온은 염다리로부터 나와 환원 전극 구획으로 이동하고, Zn^{2+} 이온은 산화 전극 구획으로부터 염다리로 이동한다. 산화 전극과 환원 전극이라는 이름은 산화와 환원이 일어나는 구획 간의 이온 흐름의 방향으로부터 유래되었다. 즉, **음이온**(anion)은 **산화 전극**(anode)으로 이동하고, **양이온**(cation)은 **환원 전극**(cathode)으로 이동한다.

상업용 갈바니 전지의 전극은 일반적으로 플러스(+)와 마이너스(−)로 표시한다. 실제 전하량은 무한히 작고, 각 전극의 전하 부호가 관점에 따라 달라진다. 전선의 관점에서 보면, 산화 전극은 음전하를 띤 전자가 산화 전극으로부터 나오므로 (−)처럼 보인다. 그러나 용액의 관점에서 보면, 양전하를 가진 Zn^{2+} 이온이 산화 전극으로부터 이동해 나오므로 산화 전극이 (+)처럼 보인다. 갈바니 전지는 외부 회로에 전류 공급을 위하여 사용되므로, 전선의 관점을 수용하는 것이 좀 더 타당하다. 결과적으로, 산화 전극의 부호는 (−), 환원 전극의 부호는 (+)로 간주한다. 따라서, 전자는 산화 전극 반쪽 반응에 의해 생성되어 (−) 전극으로부터 외부 회로를 통해 (+) 전극으로 이동하며, 환원 전극의 반쪽 반응에 의해 소모된다.

개념탐구 질문 2

갈바니 전지에서, 전자는 _____ 기호의 전극 방향으로 이동한다. 해당 전극에서, ________ 반쪽 반응이 일어난다.

ⓒCyrilLutz/Shutterstock

어떤 갈바니 전지에서는 반쪽 전지 반응이 반응성이 없는 전극에서 일어나기도 한다. 예를 들어, 다음 반응을 전지에 이용한다면

$$Fe(s) + 2\ Fe^{3+}(aq) \longrightarrow 3\ Fe^{2+}(aq)$$

이 반응에서 금속 철은 Fe^{2+} 이온으로 산화되고, Fe^{3+} 이온은 Fe^{2+} 이온으로 환원된다. 따라서, 전지의 각 반쪽 반응은 다음과 같다.

$$\begin{array}{lr} \text{산화 전극(산화):} & Fe(s) \longrightarrow Fe^{2+}(aq) + 2\ e^- \\ \text{환원 전극(환원):} & 2 \times [Fe^{3+}(aq) + e^- \longrightarrow Fe^{2+}(aq)] \\ \hline \text{전체 전지 반응:} & Fe(s) + 2\ Fe^{3+}(aq) \longrightarrow 3\ Fe^{2+}(aq) \end{array}$$

환원 전극의 반쪽 반응에 2를 곱한 후, 두 개의 반쪽 반응을 더해야 전체 전지 반응을 얻는 것에 주의하라. 반쪽 반응들을 더할 때는 전자를 반드시 소거해야 한다. 전자는 전체 반응에는 나타나지 않는다. 그 이유는 환원제에 의해 소모된 전자가 산화제에 의해 얻어지기 때문이다.

▶ 그림 19.4
Fe/Fe^{2+} 반쪽 전지와 Fe^{3+}/Fe^{2+} 반쪽 전지로 구성된 갈바니 전지. 환원 전극 반응은 반응성이 없는 백금 전극에서 일어난다.

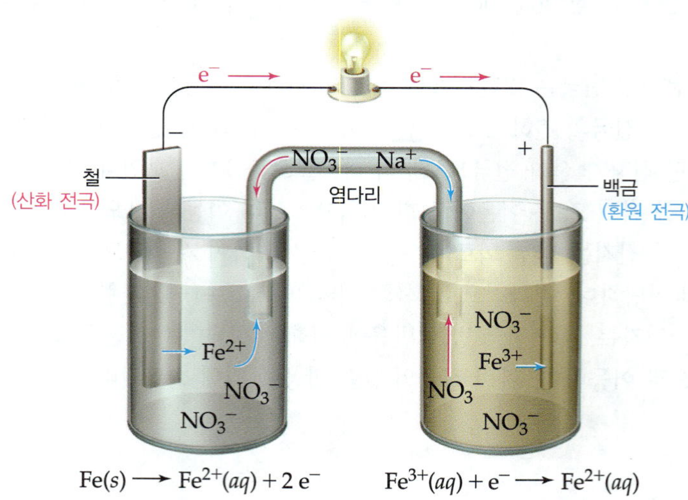

이 전지의 실험 장치를 **그림 19.4**에 나타내었다. 산화 전극 구획은 $Fe(NO_3)_2$ 수용액에 담겨 있는 금속 철 전극으로 구성한다. 반응성이 없는 어떤 전해질이라도 산화 전극 구획에서 전류를 전달하기 위해 사용될 수 있다. 즉, Fe^{2+} 이온은 처음에 존재할 필요는 없다. 산화 반쪽 반응의 반응물이 아니기 때문이다.

Fe^{3+}는 환원 반쪽 반응의 반응물이므로, $Fe(NO_3)_3$는 환원 전극 구획에서 좋은 전해질이다. 환원 전극으로는 용액에 있는 이온과 반응하지 않는 어떠한 전도체도 사용할 수 있다. 백금선은 흔히 사용되는 반응성이 없는 전극이다. 그러나 금속 철은 Fe^{3+}와 직접 반응하여 전지를 합선시키므로 사용할 수 없다. 그림에서 염다리는 $NaNO_3$를 사용하지만, 반응성이 없는 어떠한 전해질이라도 상관없다. 전자는 전선을 통하여, 철 산화 전극(−)에서 백금 환원 전극(+)으로 흐른다. 음이온은 환원 전극 구획에서 산화 전극 구획으로 이동한다. 반면에, 양이온은 산화 전극 구획에서 환원 전극 구획으로 이동한다.

개념 예제 19.3

갈바니 전지의 고안

다음 산화–환원 반응을 이용하는 갈바니 전지를 고안하시오.

$$2\ Cr(s) + 3\ Sn^{2+}(aq) \longrightarrow 2\ Cr^{3+}(aq) + 3\ Sn(s)$$

산화 전극 반쪽 반응과 환원 전극 반쪽 반응을 구별하고, 실험 장치를 그리시오. 산화 전극과 환원 전극을 표시하고, 전자와 이온이 흐르는 방향을 나타내고, 각 전극의 부호를 표시하시오.

전략

우선, 전체 전지 반응을 산화 전극 반쪽 반응과 환원 전극 반쪽 반응으로 나눈다. 그다음, 이 반쪽 반응을 이용하는 반쪽 전지를 준비하고, 전선과 염다리로 두 반쪽 전지를 연결한다.

풀이

전지 반응의 산화 전극에서는 Cr 금속이 Cr^{3+} 이온으로 산화되고, 환원 전극에서는 Sn^{2+} 이온이 Sn으로 환원된다.

산화 전극(산화): $2 \times [Cr(s) \longrightarrow Cr^{3+}(aq) + 3\ e^-]$

환원 전극(환원): $3 \times [Sn^{2+}(aq) + 2\ e^- \longrightarrow Sn(s)]$

전체 전지 반응: $2\ Cr(s) + 3\ Sn^{2+}(aq) \longrightarrow 2\ Cr^{3+}(aq) + 3\ Sn(s)$

산화 전극 반쪽 반응에 2를 곱하고 환원 전극 반쪽 반응에 3을 곱한 후 두 반쪽 반응을 더하면, 전자가 소거되고 전체 전지 반응을 얻게 된다.

가능한 실험 장치는 옆의 그림과 같다. 산화 전극 구획은 $Cr(NO_3)_3$ 수용액에 담겨 있는 금속 크로뮴 전극으로 구성하고, 환원 전극 구획은 $Sn(NO_3)_2$ 수용액에 담겨 있는 금속 주석 전극으로 구성한다. 염다리는 $NaNO_3$를 사용하지만, 반응성이 없는 어떠한 전해질이라도 상관없다. 전자는 전선을 통하여 크로뮴 산화 전극(−)에서 주석 환원 전극(+)으로 흐른다. 음이온은 환원 전극 구획에서 산화 전극 구획으로, 반면에 양이온은 산화 전극 구획에서 환원 전극 구획으로 이동한다.

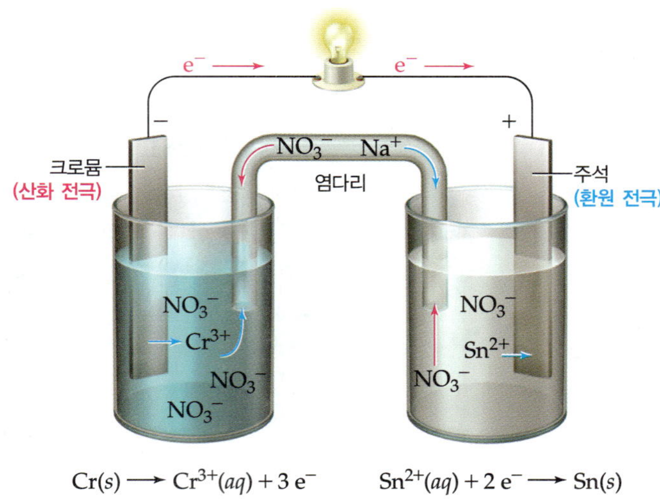

▶ **개념 연습문제 19.5** 다음 반응을 이용하는 갈바니 전지를 설명하시오.

$$2\ Ag^+(aq) + Ni(s) \longrightarrow 2\ Ag(s) + Ni^{2+}(aq)$$

산화 전극 반쪽 반응과 환원 전극 반쪽 반응을 구별하고, 실험 장치를 그리시오. 산화 전극과 환원 전극을 표시하고, 전자와 이온 흐름의 방향을 나타내고, 각 전극의 부호를 밝히시오.

개념 응용문제 19.6 오른쪽 갈바니 전지 그림을 이용하여, 산화 반쪽 반응과 환원 반쪽 반응을 구별하고, 균형 맞춘 전체 반응을 쓰시오. 그림에 산화 전극과 환원 전극을 표시하고, 각 전극의 부호를 밝히시오.

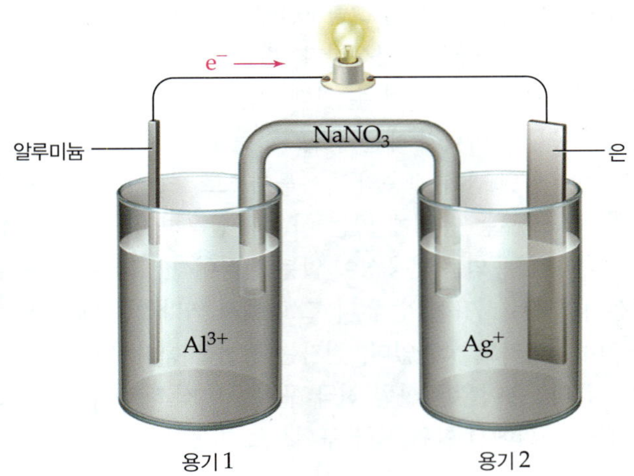

19.3 갈바니 전지의 간략 표기법

갈바니 전지는 말로 설명하는 것보다 전지를 나타내는 간략 표기법을 사용하는 것이 편리하다. 그림 19.3에서 설명된 다니엘 전지의 경우, 사용하는 반응식은 다음과 같다.

$$Zn(s) + Cu^{2+}(aq) \longrightarrow Zn^{2+}(aq) + Cu(s)$$

이 반응식은 다음과 같은 표현으로 쓸 수 있다.

$$Zn(s)\,|\,Zn^{2+}(aq)\,\|\,Cu^{2+}(aq)\,|\,Cu(s)$$

이 표기법에서, 단일 수직선(|)은 고체 전극과 수용액 사이에 있는 상 경계를 나타내고, 이중 수직선(||)은 염다리를 나타낸다. 산화 전극 반쪽 전지의 표기는 항상 염다리 기호의 왼쪽에, 환원 전극 반쪽 전지의 표기는 오른쪽에 쓴다. 산화 전극은 가장 왼쪽에, 환원 전극은 가장 오른쪽에 쓰고, 각 반쪽 전지에서 반응물을 먼저 쓰고, 생성물을 다음에 쓴다. 이러한 관습에 따르면, 전자는 외부 회로를 통해 왼쪽으로부터 오른쪽으로(산화 전극으로부터 환원 전극으로) 이동한다. 따라서 간략 표기법으로 나타낸 전체 전지 반응을 해석하면, Zn은 Zn^{2+}로 산화되고, Cu^{2+}는 Cu로 환원된다는 것을 의미한다.

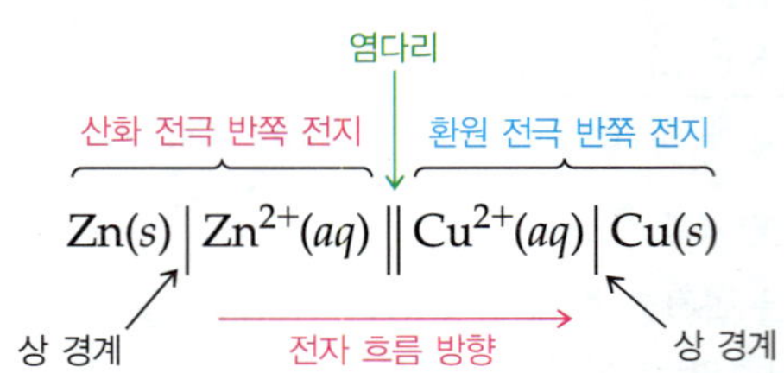

그림 19.4에 있는 갈바니 전지 반응의 반응식은 다음과 같고

$$Fe(s) + 2\,Fe^{3+}(aq) \longrightarrow 3\,Fe^{2+}(aq)$$

간략 표기법은 다음과 같다.

$$Fe(s)\,|\,Fe^{2+}(aq)\,\|\,Fe^{3+}(aq),\,Fe^{2+}(aq)\,|\,Pt(s)$$

환원 전극 반쪽 전지의 간략 표기는 전극(Pt)뿐만 아니라, 반응물(Fe^{3+})과 생성물(Fe^{2+}) 모두를 포함한다. $Fe^{3+}(aq)$와 $Fe^{2+}(aq)$ 두 이온은 수직선이 아닌 쉼표(,)로 구별한다. 두 이온이 같은 상에 있기 때문이다.

기체를 포함하는 경우라면, 수직선이 하나 더 필요하다. 상이 하나 더 존재하기 때문이다. 따라서 표기는 다음과 같다.

$$Cu(s)\,|\,Cu^{2+}(aq)\,\|\,Cl_2(g)\,|\,Cl^-(aq)\,|\,C(s)$$

구리는 구리 산화 전극에서 Cu^{2+}로 산화되고, Cl_2 기체는 비활성 흑연(탄소) 환원 전극에서 Cl^-로 환원되는 것을 나타낸다. 따라서 전지 반응식은 다음과 같다.

$$Cu(s) + Cl_2(g) \longrightarrow Cu^{2+}(aq) + 2\,Cl^-(aq)$$

좀 더 자세한 표기가 있다. 다음과 같이 이온의 농도와 기체의 압력을 포함하는 것이다.

$$Cu(s)\,|\,Cu^{2+}(1.0\text{ M})\,\|\,Cl_2(1\text{ atm})\,|\,Cl^-(1.0\text{ M})\,|\,C(s)$$

간략 표기법에서 산화 전극 반쪽 전지는 항상 왼쪽에 표기한다. 그러나 전지 그림에서 이들의 위치는 정해져 있지 않다. 따라서 전지 그림의 전극 위치로부터 어느 전극이 산화 전극인지 환원 전극인지 판단하기는 어렵다. 그러므로 각 반쪽 반응이 산화인지 환원인지를 판단한 후에, 산화 전극과 환원 전극을 표기해야 한다.

예제 19.4

갈바니 전지의 간략 표기법 해석

다음과 같이 주어진 간략 표기법의 경우,

$$Pt(s)\,|\,Sn^{2+}(aq), Sn^{4+}(aq)\,\|\,Ag^+(aq)\,|\,Ag(s)$$

전지 반응의 균형 반응식을 쓰고, 전지를 간단히 설명하시오.

전략

전지의 간략 표기법만 살펴보아도 반쪽 전지 반응의 반응식을 쓸 수 있다. 전지 반응의 균형 반응식을 쓰려면, 두 반쪽 반응식에 각각 적절한 상수를 곱한 다음 두 반쪽 반응을 더해야 전자가 소거될 수 있다. 간략 표기법은 산화 전극(가장 왼쪽)과 환원 전극(가장 오른쪽), 그리고 각 반쪽 전지 구획에는 반응물을 명시한다.

풀이

산화 전극은 표기법에서 항상 왼쪽에 나타나므로, 산화 전극의 반쪽 반응은 다음과 같다.

$$Sn^{2+}(aq) \longrightarrow Sn^{4+}(aq) + 2\,e^-$$

백금 전극은 반응성이 없고, 전자를 이동시키는 일만 수행한다. 환원 전극의 반쪽 반응은 다음과 같다.

$$2 \times [Ag^+(aq) + e^- \longrightarrow Ag(s)]$$

두 반쪽 반응을 더하여 전지 반응을 구할 때, 환원 전극 반쪽 반응에 2를 곱해야 전자가 소거된다. 전지 반응은 다음과 같다.

$$Sn^{2+}(aq) + 2\,Ag^+(aq) \longrightarrow Sn^{4+}(aq) + 2\,Ag(s)$$

전지는 $Sn(NO_3)_2(aq)$와 같은 Sn^{2+} 용액에 산화 전극으로 백금 선을 담그고, $AgNO_3(aq)$와 같은 Ag^+ 용액에 환원 전극으로 은 선을 담근 형태로 구성된다. 늘 그러하듯, 산화 전극 반쪽 전지와 환원 전극 반쪽 전지는 전선으로 연결하고, 용액은 비활성 이온을 함유하는 염다리로 연결한다.

▶ **연습문제 19.7** 다음과 같은 간략 표기법으로 표현되는 갈바니 전지의 경우, 전체 전지 반응의 균형 반응식을 쓰고, 전지를 간단히 설명하시오.

$$Pb(s)\,|\,Pb^{2+}(aq)\,\|\,Br_2(aq), Br^-(aq)\,|\,Pt(s)$$

▶ **개념 응용문제 19.8** 다음 갈바니 전지를 생각해 보자. 전자 흐름의 방향을 사용하여 (a)~(d)를 완성하시오.

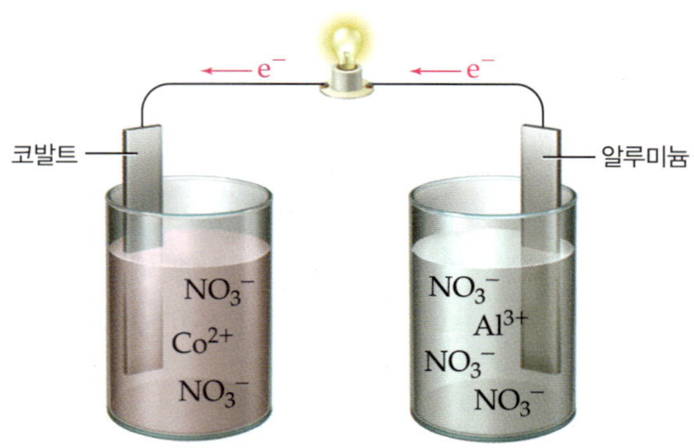

(a) 전지 작동에 중요한 성분을 첨가하여 그림을 완성하시오.

(b) 산화 전극과 환원 전극을 표시하고, 이온 흐름의 방향을 나타내시오.

(c) 전지 반응의 균형 반응식을 쓰시오.

(d) 전지의 간략 표기법을 쓰시오.

19.4 전지 반응의 전지 전위와 자유 에너지 변화

그림 19.3의 다니엘 전지로 다시 돌아가서, 전지 반응이 일어나는 경향의 전기적 측정량을 구해 보자. 전자는 아연 산화 전극으로부터 외부 회로를 통해 구리 환원 전극으로 이동한다. 전자는 아연 전극에 있을 때보다 구리 전극에 있을 때 에너지가 낮기 때문이다. 음의 전하를 갖는 전자를 산화 전극(−극)으로부터 밀어내고, 환원 전극(+극) 쪽으로 당기는 힘이 **기전력**(**electromotive force, emf**)이라고 부르는 전위이다. 전위는 **전지 전위**(**cell potential,** E) 또는 **전지 전압**(**cell voltage**)이라고도 한다. 전위의 SI 단위는 볼트(V)이고, 갈바니 전지의 전위는 양의 값으로 정의된다.

볼트, 에너지의 SI 단위(줄, J), 전하량(쿨롱, C) 사이의 관계식은 다음과 같다.

$$1\text{ J} = 1\text{ C} \times 1\text{ V}$$

기억하기…
암페어(1 A = 1 C/s)는 전류의 SI 단위이다(표 1.2).

여기서 1 C는 1 **암페어**(**ampere, A**)의 전류가 1초 동안 흐를 때 이동한 전하량이다. 1 V의 전위차를 갖는 두 전극 사이에 1 C 전하가 이동할 때, 그 전지에 의하여 방출되는 에너지의 양 1 J로 전기적 일을 할 수 있다.

와트(W), 암페어(A), 볼트(V) 사이의 관계식은 다음과 같다.

$$1\text{ W} = \frac{1\text{ J}}{\text{s}} = \frac{1\text{ C} \times 1\text{ V}}{\text{s}} = 1\text{ A} \times 1\text{ V}$$

여기서 1 W는 1 J/s이고, 1 A는 1 C/s이다. 따라서 110 V의 가정용 전압에서 75 W의 가정용 전구를 통하여 흐르는 전류는 대략 0.7 A이다. 이것은 전구를 통해 1초 동안 흐르는 전하량이 0.7 C라는 것을 의미한다.

전지의 전위는 **전압계**(voltmeter)라는 전자 장비로 측정된다(그림 19.3b). 전압계는 양(+)의 단자를 (+)극(환원 전극)에, 음(−)의 단자를 (−)극(산화 전극)에 연결시켰을 때 양의 값을 나타내도록 설계되었다. 양의 값이 나타나도록 전압계−전지를 연결하는 것은, 어느 전극이 산화 전극이고 어느 전극이 환원 전극인지를 알게 해준다.

기억하기…
어떤 반응의 **자유 에너지 변화** ΔG가 음의 값을 갖는다면, 그 반응은 자발적이다. ΔG가 큰 음의 값일수록 그 반응이 일어날 경향은 더욱 커진다(18.7절).

지금까지, 화학 반응이 일어나는 경향의 두 가지 정량적 척도, 즉 전기 화학적 양인 전지 전위 E와, 18.7절에서 다루었던 열화학적 양인 **자유 에너지 변화**(**free-energy change,** ΔG)를 알아보았다. ΔG와 E는 정비례하며, 관계식은 다음과 같다.

> **자유 에너지 변화와 전지 전위의 관계:** $\Delta G = -nFE$

여기서, n은 반응에서 이동한 전자의 몰수(mol), F는 1 mol의 전자가 지닌 전하량(96,485 C/mol e^-), 즉 **패러데이 상수**(Faraday constant)를 의미한다. 계산할 때는 F 값을 반올림하여 세 자리 유효 숫자만 이용한다.

$$F = 96{,}500\text{ C/mol e}^-$$

개념탐구 질문 3
갈바니 전지(배터리)에서, 반응의 자유 에너지 변화(ΔG)와 전지 전위(E)의 부호는 무엇인가?

패러데이는 19세기 영국 과학자로서, 전기에 대한 이해의 기초를 정립한 패러데이(Michael Faraday, 1791~1867)를 기념하여 붙인 이름이다.

$\Delta G = -nFE$ 식의 두 가지 특징은 다음과 같다. 단위와 마이너스 부호를 고찰해 볼 필요가 있다. 쿨롱으로 표시된 이동 전하(nF)를 볼트 단위로 표시된 전지 전위(E)와 곱하면, 줄 단위의 에너지(ΔG) 값을 얻는다. 이것은 1 J = 1 C×1 V라는 관계식과 일치한다. 식에 마이너스

부호를 꼭 붙여야 한다. 이는 E와 ΔG가 반대 부호를 가지기 때문이다. 갈바니 전지에서 자발적 반응은 전지 전위가 양의 값을 갖지만, 자유 에너지 변화는 음의 값을 갖는다(18.7절).

이 장 후반부에서 자유 에너지 변화와 마찬가지로, 전지 전위도 반응 혼합물의 조성에 따라 달라진다는 것을 알게 될 것이다. **표준 전지 전위(standard cell potential, $E°$)**는 반응물과 생성물 모두, 용질일 경우 1 M 농도, 기체일 경우 1 atm의 부분 압력, 그리고 고체와 액체일 경우 지정된 온도(일반적으로 25 ℃)에서의 순수한 형태를 말하는 표준 상태에서의 전위이다. 예를 들면, 다음 반응의 표준 전지 전위 $E°$는

$$Zn(s) + Cu^{2+}(aq) \longrightarrow Zn^{2+}(aq) + Cu(s) \quad E° = 1.10\ V$$

이며, 25 ℃에서 순수한 Zn과 Cu 금속 전극과, 1 M 농도의 Zn^{2+}와 Cu^{2+}로 구성된 전지의 전지 전위이다.

표준 자유 에너지 변화와 표준 전지 전위의 관계식은 다음과 같다.

$$\Delta G° = -nFE°$$

$\Delta G°$와 $E°$는 정비례 관계이므로, 전압계를 '자유 에너지 측정기'로 간주할 수 있다. 즉, $E°$를 측정한다는 것은 간접적으로 $\Delta G°$를 측정한다는 것과 같다.

예제 19.5

표준 전지 전위로부터 표준 자유 에너지 변화 계산

25 ℃에서 표준 전지 전위가 0.90 V인 다음 반응의 표준 자유 에너지 변화를 계산하시오.

$$2\ Al(s) + 3\ Zn^{2+}(aq) \longrightarrow 2\ Al^{3+}(aq) + 3\ Zn(s)$$

문제 파악

알고 있는 것	알아내야 할 것
표준 전지 전위($E° = 0.90$ V)	표준 자유 에너지 변화($\Delta G°$)

전략

$\Delta G°$를 구하기 위하여 $\Delta G° = -nFE°$ 식을 이용한다. n은 균형 화학 반응식으로부터 알아낼 수 있고, F는 96,500 C/mol e^-이며, $E°$는 주어졌다.

풀이

2 mol의 Al이 2 mol의 Al^{3+} 이온으로 산화될 때, 6 mol의 전자가 3 mol의 Zn^{2+} 이온으로 이동하여 3 mol의 Zn으로 환원된다. 따라서 $n = 6$ mol e^-이고, 표준 자유 에너지 변화는 아래와 같다.

$$\Delta G° = -nFE° = -(6\ \text{mol}\ e^-)\left(\frac{96{,}500\ \text{C}}{\text{mol}\ e^-}\right)(0.90\ \text{V})\left(\frac{1\ \text{J}}{1\ \text{C}\cdot\text{V}}\right)$$
$$= -5.2 \times 10^5\ \text{J} = -520\ \text{kJ}$$

점검

$\Delta G°$의 부호는 자발적 반응이라 예측했듯이 음이다. F는 대략 10^5 C/mol e^-이고 $E°$는 대략 1 V이기 때문에, $\Delta G° = -nFE°$에 대입하면, $\Delta G°$는 대략 $-(6\ \text{mol}\ e^-)(10^5\ \text{C/mol}\ e^-)(1\ \text{V}) = -6 \times 10^5$ J, 즉 −600 kJ이다. 이렇게 추정한 −600 kJ은 위의 풀이에서 구한 −520 kJ과 부호가 같고 크기가 유사하다.

▶ **연습문제 19.9** 25 ℃에서 표준 전지 전위가 1.20 V인 다음 반응의 표준 자유 에너지 변화는 얼마인가?

$$2\ Ag^+(aq) + Cd(s) \longrightarrow 2\ Ag(s) + Cd^{2+}(aq)$$

▶ **응용문제 19.10** 표준 자유 에너지 변화가 59.8 kJ인 다음 반응은 자발적인가 비자발적인가? 25 ℃에서 표준 전지 전위는 얼마인가?

$$Hg(l) + I_2(s) \longrightarrow Hg^{2+}(aq) + 2\ I^-(aq)$$

19.5 표준 환원 전위

모든 갈바니 전지의 표준 전위는, 산화 전극에서 일어나는 산화 반쪽 반응과 환원 전극에서 일어나는 환원 반쪽 반응의 표준 반쪽 전지 전위를 합한 것이다.

$$E°_{전지} = E°_{산화} + E°_{환원}$$

예를 들어, H_2 기체는 산화 전극에서 산화되어 H^+ 이온으로, Cu^{2+} 이온은 환원 전극에서 환원되어 구리 금속으로 되는 전지를 생각해 보자(**그림 19.5**).

$$\begin{array}{ll} \text{산화 전극(산화):} & H_2(g) \longrightarrow 2\,H^+(aq) + 2\,e^- \\ \text{환원 전극(환원):} & Cu^{2+}(aq) + 2\,e^- \longrightarrow Cu(s) \\ \hline \text{전체 전지 반응:} & H_2(g) + Cu^{2+}(aq) \longrightarrow 2\,H^+(aq) + Cu(s) \end{array}$$

[이 장에서는 수화된 양성자는 $H_3O^+(aq)$가 아닌 $H^+(aq)$로 표시하였다. 전자 전달에만 관심이 있고, 양성자 전달(16장)에는 관심이 없기 때문이다.] 25 ℃에서 이 전지의 표준 전위 0.34 V는 산화와 환원 반쪽 반응의 반응 경향성을 합한 값이다.

$$E°_{전지} = E°_{산화} + E°_{환원} = E°_{H_2 \rightarrow H^+} + E°_{Cu^{2+} \rightarrow Cu} = 0.34\text{ V}$$

만일 각 반쪽 반응의 $E°$ 값을 측정할 수 있다면, 얻어진 값을 결합시켜 전체 전지 반응의 $E°$ 값을 구할 수 있을 것이다. 불행하게도, 단일 전극의 전위 측정은 불가능하다. 다만, 전압계를 두 전극 사이에 배치하여 두 전극의 전위차만 측정할 수 있을 뿐이다. 그럼에도 불구하고, 임의의 반쪽 전지를 기준점으로 이용하여 그 전지에 임의의 전위를 부여한 후, 이 기준 전지에 상대적인 다른 모든 반쪽 전지의 전위를 표시함으로써, 표준 반쪽 전지 전위들을 측정할 수 있다. 9.9절에서 같은 접근 방법을 사용하여 **표준 생성 엔탈피(standard enthalpy of formation, $\Delta H°_f$)**를 구하였다는 것을 기억하자.

기억하기…
어떤 물질의 **표준 생성 엔탈피**, $\Delta H°_f$는 표준 상태에 있는 그 물질 구성 원소의 $\Delta H°_f = 0$ kJ/mol 값을 기준으로 상대적으로 표시한다(9.9절).

전기 화학적 '해수면'에 대한 기준을 정하기 위해, 화학자들은 **표준 수소 전극(standard hydrogen electrode**, S.H.E)이라는 기준 반쪽 전지를 선택하였다. 이는 그림 19.5에 산화 전

▶ **그림 19.5**
Cu^{2+}(1 M)/Cu 반쪽 전지와 표준 수소 전극(S.H.E.)으로 구성된 갈바니 전지. 25 °C에서 측정된 표준 전지 전위는 0.34 V이다.

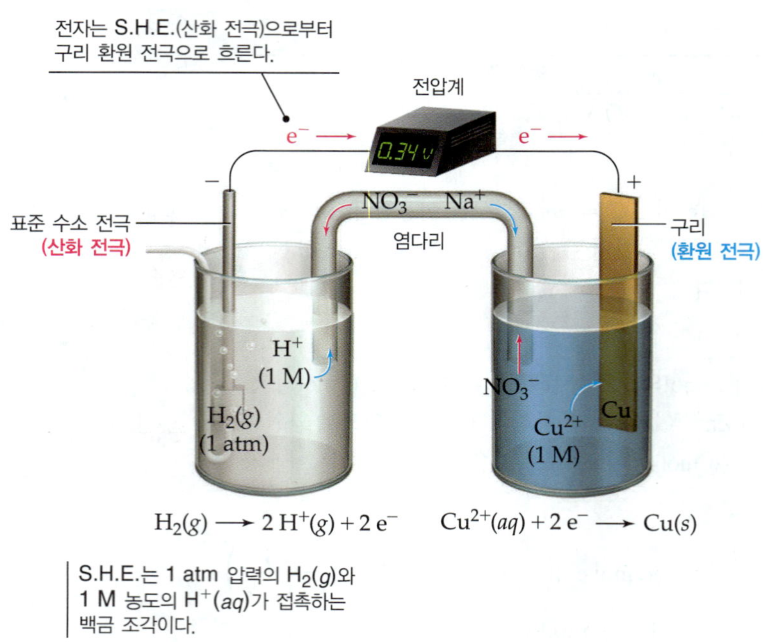

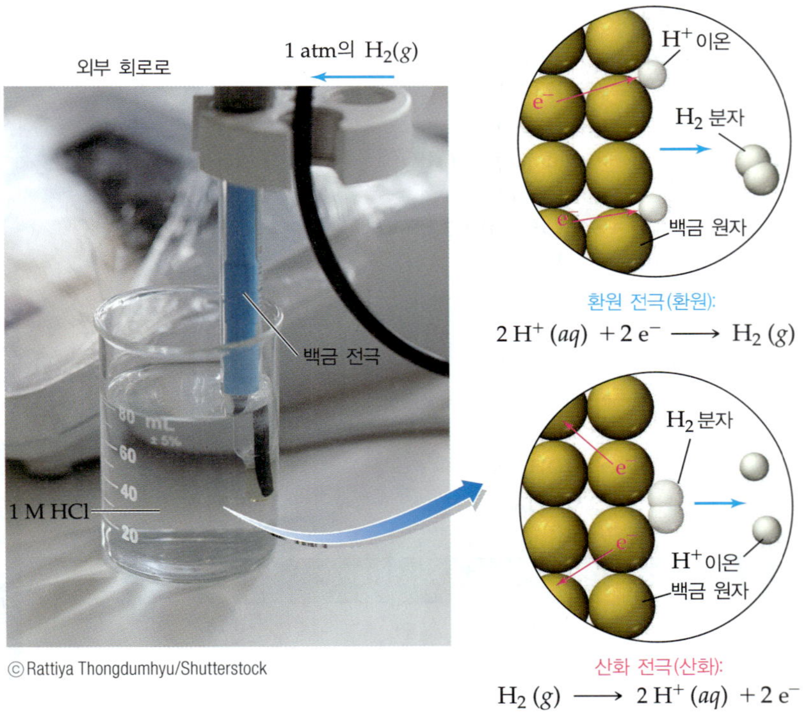

그림 19.6 표준 수소 전극(S.H.E.)은 기준 전극으로 사용되며, 임의로 주어진 전위는 0 V이다. 이 전극은 갈바니 전지에서 환원 또는 산화 전극으로 사용될 수 있다.

극으로 나타낸 것으로, **그림 19.6**에서 보다 자세하게 표현되었다. 이 전지는 표준 상태 조건 [1 atm $H_2(g)$, 1 M $H^+(aq)$, 25 ℃]에서 H_2 기체 및 H^+ 이온과 접촉되어 있는 백금 전극으로 구성된다. 어느 방향(산화 혹은 환원)으로 표기되더라도, 이 반쪽 전지의 전위를 임의로 정확히 0 V로 정한다.

$$2H^+(aq, 1\ M) + 2e^- \longrightarrow H_2(g, 1\ atm) \quad E° = 0\ V$$
$$H_2(g, 1\ atm) \longrightarrow 2H^+(aq, 1\ M) + 2e^- \quad E° = 0\ V$$

이렇게 표준 수소 전극을 표준 기준 전극으로 정하면, 다음 전지의 전체 전위는

$$Pt(s)\,|\,H_2(1\ atm)\,|\,H^+(1\ M)\,\|\,Cu^{2+}(1\ M)\,|\,Cu(s)$$

Cu^{2+}/Cu 반쪽 전지의 전위가 된다.

$$\underset{0.34\ V}{E°_{전지}} = \underset{0\ V}{E°_{H_2 \rightarrow H^+}} + \underset{0.34\ V}{E°_{Cu^{2+} \rightarrow Cu}} = 0.34\ V$$

Cu^{2+}/Cu 반쪽 반응은 환원 반응이므로, 해당하는 반쪽 전지 전위 $E° = 0.34$ V를 **표준 환원 전위(standard reduction potential)**라고 부른다.

$$Cu^{2+}(aq) + 2e^- \longrightarrow Cu(s) \qquad \text{표준 환원 전위: } E° = 0.34\ V$$

전지에서 이 반쪽 반응이 반대 방향으로 일어나면, 해당 반쪽 전지 전위의 크기는 같지만 부호는 반대이다.

$$Cu(s) \longrightarrow Cu^{2+}(aq) + 2e^- \quad E° = -0.34\ V$$

표 19.1 25 °C에서 표준 환원 전위

더 강한 산화제 / 더 약한 환원제

환원 반쪽 반응		$E°$(V)
$F_2(g) + 2\ e^-$	$\longrightarrow 2\ F^-(aq)$	2.87
$H_2O_2(aq) + 2\ H^+(aq) + 2\ e^-$	$\longrightarrow 2\ H_2O(l)$	1.78
$MnO_4^-(aq) + 8\ H^+(aq) + 5\ e^-$	$\longrightarrow Mn^{2+}(aq) + 4\ H_2O(l)$	1.51
$Cl_2(g) + 2\ e^-$	$\longrightarrow 2\ Cl^-(aq)$	1.36
$Cr_2O_7^{2-}(aq) + 14\ H^+(aq) + 6\ e^-$	$\longrightarrow 2\ Cr^{3+}(aq) + 7\ H_2O(l)$	1.36
$O_2(g) + 4\ H^+(aq) + 4\ e^-$	$\longrightarrow 2\ H_2O(l)$	1.23
$Br_2(aq) + 2\ e^-$	$\longrightarrow 2\ Br^-(aq)$	1.09
$Ag^+(aq) + e^-$	$\longrightarrow Ag(s)$	0.80
$Fe^{3+}(aq) + e^-$	$\longrightarrow Fe^{2+}(aq)$	0.77
$O_2(g) + 2\ H^+(aq) + 2\ e^-$	$\longrightarrow H_2O_2(aq)$	0.70
$I_2(s) + 2\ e^-$	$\longrightarrow 2\ I^-(aq)$	0.54
$O_2(g) + 2\ H_2O(l) + 4\ e^-$	$\longrightarrow 4\ OH^-(aq)$	0.40
$Cu^{2+}(aq) + 2\ e^-$	$\longrightarrow Cu(s)$	0.34
$Sn^{4+}(aq) + 2\ e^-$	$\longrightarrow Sn^{2+}(aq)$	0.15
$2\ H^+(aq) + 2\ e^-$	$\longrightarrow H_2(g)$	0
$Pb^{2+}(aq) + 2\ e^-$	$\longrightarrow Pb(s)$	−0.13
$Ni^{2+}(aq) + 2\ e^-$	$\longrightarrow Ni(s)$	−0.26
$Cd^{2+}(aq) + 2\ e^-$	$\longrightarrow Cd(s)$	−0.40
$Fe^{2+}(aq) + 2\ e^-$	$\longrightarrow Fe(s)$	−0.45
$Zn^{2+}(aq) + 2\ e^-$	$\longrightarrow Zn(s)$	−0.76
$2\ H_2O(l) + 2\ e^-$	$\longrightarrow H_2(g) + 2\ OH^-(aq)$	−0.83
$Al^{3+}(aq) + 3\ e^-$	$\longrightarrow Al(s)$	−1.66
$Mg^{2+}(aq) + 2\ e^-$	$\longrightarrow Mg(s)$	−2.37
$Na^+(aq) + e^-$	$\longrightarrow Na(s)$	−2.71
$Li^+(aq) + e^-$	$\longrightarrow Li(s)$	−3.04

더 약한 산화제 / 더 강한 환원제

언제나 반쪽 반응의 방향이 **반대로** 되는 경우라면, $E°$의 부호도 **반대로** 된다. 따라서 산화 반쪽 반응의 표준 전위는 표준 환원 전위의 음의 값이다.

표준 수소 전극 또는 다른 기준 전극을 사용하여 수백 가지 반쪽 반응의 전위들이 측정되었다. 표 19.1에 몇 가지를 나열하였고, 부록 D에는 더 완전한 목록이 수록되어 있다. 다음과 같은 규칙에 따라 반쪽 전지 전위 표가 구성되었다.

- **반쪽 반응은** 산화가 아닌 **환원 반응으로 표기한다.** 따라서 산화제와 전자가 반쪽 반응의 왼쪽에, 환원제는 오른쪽에 위치한다.
- **표의 반쪽 전지 전위는 표준 환원 전위이다.** 이는 **표준 전극 전위(standard electrode potential)**라고도 한다.
- **반쪽 반응은 표준 환원 전위 값이 감소하는 순서로 나열되어 있다.** 정방향 쪽으로는 감소하는 경향이 나타나고, 역방향 쪽으로는 증가하는 경향이 나타난다. 결과적으로, 가장 강한 산화제는 표의 왼쪽 위(F_2, H_2O_2, MnO_4^- 등)에, 가장 강한 환원제는 표의 오른쪽 아래(Li, Na, Mg 등)에 위치한다.

표준 수소 전극의 $E° = 0$ V라고 정하면 우리가 얻은 표준 환원 전위의 범위는 +3 V에서 −3 V이다.

표 19.1에서, 강한 산화제일수록 전자 친화도가 크거나, 주기율표의 오른쪽에 위치한 원

소임을 주목하라. F_2, Cl_2, 혹은 높은 산화수의 금속을 포함하는 산소산 음이온(MnO_4^-, $Cr_2O_7^{2-}$)이 이에 해당한다. 높은 산화수의 금속 원자는 높은 전자 친화도를 보이고, 상대적으로 쉽게 낮은 산화 상태로 환원된다. 또한 표 19.1에서, 강한 환원제일수록 주기율표의 왼쪽에 위치한 주족 금속임을 주목하라. 이들은 상대적으로 낮은 이온화 에너지를 가지며, 따라서 쉽게 산화된다.

마지막으로, 표 19.1에 표기된 반쪽 반응의 순서와 표 4.5에 표기된 활동도 서열의 순서가 일치한다는 사실에 주목하라. 활동도 서열에서 위쪽에 위치한, 활성이 큰 금속일수록 큰 산화 전위를 가진다. 따라서 더 큰 음수의 표준 환원 전위를 갖는다.

19.6 표준 환원 전위의 이용

표준 환원 전위 표는 매우 작지만 헤아릴 수 없이 많은 화학 정보를 담고 있다. 이 표를 이용하여 산화제나 환원제를 증가하는 세기 순서에 따라 나열할 수 있다. 또한 많은 산화–환원 반응이 자발적인지 혹은 비자발적인지를 예상할 수 있게 한다. 예를 들어, 표에는 100개의 반쪽 반응만 포함되어 있다고 가정하자. 각 환원 반쪽 반응은 나머지 99개 산화 반쪽 반응 중 어느 하나와 짝지우면 $100 \times 99 = 9900$개의 전지 반응을 만들 수 있다. 이들 전지 반응의 $E°$ 값을 계산해 보면, 이 반응 중 절반은 자발적이고, 나머지 절반은 비자발적 반응이라는 것을 알 수 있다. (왜 그런지 알 수 있는가?)

▲ 산화–환원 반응의 전위($E°$)는 반응물과 생성물에 의해 결정된다. 그리고 그 양과는 무관한다. 예를 들면, 동일한 산화–환원 반응을 갖는 전지는, 그 크기와 무관하게 동일한 전위(9 V)를 갖는다. 크기가 큰 전지라면, 오래 작동한다. 반응물의 양이 많기 때문이다. ©Biehler Michael/Shutterstock

표의 $E°$ 값을 이용하는 방법을 알아보기 위하여, $Ag^+(aq)$에 의한 $Zn(s)$ 산화의 $E°$를 계산해 보자.

$$2\,Ag^+(aq) + Zn(s) \longrightarrow 2\,Ag(s) + Zn^{2+}(aq)$$

먼저, 표 19.1에서 관련된 반쪽 반응을 찾은 다음, Ag^+의 환원과 Zn의 산화가 일어나는 적당한 방향을 쓴다. 그다음, 반쪽 반응을 더하여 전체 반응을 만든다. 그러나 두 반응을 더하기 전에 Ag^+/Ag 반쪽 반응에 2를 곱한다. 그래야 전자들이 소거된다.

$$\begin{array}{lrl}
\text{환원:} & 2 \times [Ag^+(aq) + e^- \longrightarrow Ag(s)] & E° = 0.80\text{ V} \\
\text{산화:} & Zn(s) \longrightarrow Zn^{2+}(aq) + 2\,e^- & E° = 0.76\text{ V} \\
\hline
\text{전체 반응:} & 2\,Ag^+(aq) + Zn(s) \longrightarrow 2\,Ag(s) + Zn^{2+}(aq) & E° = 1.56\text{ V}
\end{array}$$

그다음, 아연 산화의 $E°$ 값은 표 19.1에 주어진 표준 환원 전위(−0.76 V)에 음의 부호를 더해야 한다는 것을 기억하면서, 반쪽 반응의 $E°$ 값을 표로 만든다. 그러나 Ag^+의 $E°$ 값(0.80 V)에는 2를 곱하지 않는다. 전위는 반응물과 생성물의 양과는 무관하기 때문이다. 반쪽 반응의 전위는 반응물과 생성물의 종류에 의해 결정되며, 전자가 전달되는 경향을 나타낸다. 잘 알려진 예로는, 전지의 크기와는 무관하게 동일한 산화–환원 반응과 동일한 전위를 가지는 배터리를 들 수 있다.

$E°$ 값이 왜 반응물과 생성물의 양과 무관한지는 $\Delta G° = -nFE°$ 식을 살펴보면 이해할 수 있다. 자유 에너지는 물질의 양에 의존하는 **크기 성질(extensive property)**이다(2.3절). 환원된 Ag^+ 양이 두 배로 증가하면, 자유 에너지 변화($\Delta G°$)도 두 배로 된다. 이동한 전자 수(n)도 두 배로 되지만, $E° = -\Delta G°/nF$는 일정하다. 따라서 전위는 물질의 양과 무관한 **세기 성질(intensive property)**이다.

기억하기…
질량, 부피와 같은 **크기 성질**들은 시료의 크기에 의존하는 값을 갖는다. 온도, 녹는점과 같은 **세기 성질**들은 시료의 크기에 의존하지 않는 값을 갖는다(2.3절).

$Zn(s)$과 $Ag^+(aq)$가 반응하는 전체 반응의 $E°$ 값은 두 반쪽 반응의 $E°$ 값을 합한 값, 즉 0.80 V + 0.76 V = 1.56 V이다. $E°$는 양의 값이므로($\Delta G°$는 음의 값), Ag^+에 의한 Zn의 산화는 표준 상태 조건에서 자발적 반응이다. Ag^+가 Zn을 산화시킬 수 있는 것과 같이 Ag^+는 표 19.1

에서 Ag^+/Ag의 아래쪽에 위치하는 어떠한 환원제(Fe^{2+}, H_2O_2, Cu 등)도 산화시킬 수 있다. Ag^+/Ag 환원의 $E°$(0.80 V)값과, 이 반응 밑에 놓여 있는 산화 반쪽 반응의 $E°$를 더하면, 항상 양수 값의 $E°$로 된다.

일반적으로, 산화제는 표준 환원 전위 표에서 자신보다 아래쪽에 놓여 있는 어떠한 환원제도 산화시킬 수 있다. 그러나 자신보다 위쪽에 위치하는 환원제는 산화시킬 수 없다. 따라서 Ag^+는 Br^-, H_2O, Cr^{3+} 등을 산화시킬 수 없다. 그 이유는 전체 반응의 $E°$가 음의 값이기 때문이다. 표준 환원 전위 표에서 산화제와 환원제의 위치를 단지 확인하는 것만으로도 반응이 자발적인지 비자발적인지를 예측할 수 있다.

예제 19.6

세기가 증가하는 순서로 산화제와 환원제 배열

(a) 다음 산화제들을, 표준 상태 조건에서 산화력이 증가하는 순서로 배열하시오.

$Br_2(aq)$, $Fe^{3+}(aq)$, $Cr_2O_7^{2-}(aq)$

(b) 다음 환원제들을, 표준 상태 조건에서 환원력이 증가하는 순서로 배열하시오.

$Al(s)$, $Na(s)$, $Zn(s)$

전략

표 19.1에 주어진 산화제와 환원제가 포함되어 있는 반쪽 반응을 선택하라. 그리고 나서 $E°$ 값에 따라 배열하라. 산화제의 세기는 $E°$ 값이 증가함에 따라 증가하고, 환원제의 세기는 $E°$ 값이 감소함에 따라 증가한다.

풀이

(a) Br_2, Fe^{3+}, $Cr_2O_7^{2-}$를 포함하는 반쪽 반응을 다음과 같이 표 19.1에 나타난 순서대로 배열한다.

$$Cr_2O_7^{2-}(aq) + 14\,H^+(aq) + 6\,e^- \longrightarrow 2\,Cr^{3+}(aq) + 7\,H_2O(l) \qquad E° = 1.36\text{ V}$$
$$Br_2(aq) + 2\,e^- \longrightarrow 2\,Br^-(aq) \qquad E° = 1.09\text{ V}$$
$$Fe^{3+}(aq) + e^- \longrightarrow Fe^{2+}(aq) \qquad E° = 0.77\text{ V}$$

$Cr_2O_7^{2-}$가 가장 강한 환원 경향성(가장 큰 $E°$ 값)을 보이고, Fe^{3+}는 가장 약한 환원 경향성(가장 작은 $E°$ 값)을 보임을 알 수 있다. 가장 강한 환원 경향성을 보이는 물질이 가장 강한 산화제이다. 따라서 산화력은 $Fe^{3+} < Br_2 < Cr_2O_7^{2-}$ 순서로 증가한다. 간단히 말해서, 표 19.1의 왼쪽에 위치한 산화제의 세기는 표 위로 올라갈수록 증가한다.

(b) $Al(s)$, $Na(s)$, $Zn(s)$를 포함하는 반쪽 반응을 다음과 같이 표 19.1에 나타난 순서대로 배열한다.

$$Zn^{2+}(aq) + 2\,e^- \longrightarrow Zn(s) \qquad E° = -0.76\text{ V}$$
$$Al^{3+}(aq) + 3\,e^- \longrightarrow Al(s) \qquad E° = -1.66\text{ V}$$
$$Na^+(aq) + e^- \longrightarrow Na(s) \qquad E° = -2.71\text{ V}$$

마지막 반쪽 반응(가장 큰 음의 $E°$ 값)은 정방향으로 진행하는 경향이 가장 작고, 역방향으로 진행될 경향이 가장 크다.

$$Zn(s) \longrightarrow Zn^{2+}(aq) + 2\,e^- \qquad E° = +0.76\text{ V}$$
$$Al(s) \longrightarrow Al^{3+}(aq) + 3\,e^- \qquad E° = +1.66\text{ V}$$
$$Na(s) \longrightarrow Na^+(aq) + e^- \qquad E° = +2.71\text{ V}$$

따라서 Na는 가장 강한 환원제이다. 환원제의 세기는 Zn < Al < Na 순서로 증가한다. 간단히 말해서, 표 19.1의 오른쪽에 위치한 환원제의 세기는 아래로 갈수록 증가한다.

▶ **연습문제 19.11** $Cl_2(g)$, $Al(s)$, $Cu(s)$, $Zn^{2+}(aq)$ 중 가장 강한 환원제는 무엇인가?

▶ **응용문제 19.12** 다음 표준 환원 전위 표를 이용하여 물음에 답하시오.

환원 반쪽 반응	$E°$(V)
$A^{3+} + 2\,e^- \longrightarrow A^+$	1.47
$B^{2+} + 2\,e^- \longrightarrow B$	0.60
$C^{2+} + 2\,e^- \longrightarrow C$	−0.21
$D^+ + e^- \longrightarrow D$	−1.38

(a) 어느 것이 가장 강한 환원제인가? 어느 것이 가장 강한 산화제인가?

(b) 어느 것이 B^{2+}에 의해 산화될 수 있는가? 어느 것이 C에 의해 환원될 수 있는가?

(c) 최고 전압을 생산할 수 있는 전체 전지 반응의 균형 반응식을 쓰고, $E°$ 값을 계산하시오.

예제 19.7

산화–환원 반응이 자발적인지 아닌지 예측

표 19.1로부터 $Pb^{2+}(aq)$가 표준 상태에서 Al(*s*) 또는 Cu(*s*)를 산화시킬 수 있는지의 여부를 예측하시오. 25 ℃에서 각 반응의 *E*°를 계산하시오.

전략

산화–환원 반응이 자발적인지 아닌지를 예측하기 위해서, 산화제는 표에서 자신보다 밑에 있는 환원제들을 산화시킬 수 있지만, 위에 있는 환원제들을 산화시키지 못함을 기억하자. 산화–환원 반응의 *E*°를 계산하기 위해서는 환원 반쪽 반응과 산화 반쪽 반응의 *E*° 값을 더한다. 만일 *E*°가 양의 값이면, 그 반응은 자발적이다.

풀이

표에서 $Pb^{2+}(aq)$는 Al(*s*)보다는 위에 있고, Cu(*s*)보다는 밑에 있다. 그러므로 $Pb^{2+}(aq)$는 Al(*s*)을 산화시킬 수 있지만, Cu(*s*)를 산화시키지는 못한다. 이러한 예측을 확인하기 위해서는 전체 반응의 *E*° 값을 계산한다.

Pb^{2+}에 의한 Al 산화 반응의 *E*°는 양의 값(1.53 V)이므로 반응은 자발적이다.

$$\begin{array}{lr} 3\times[Pb^{2+}(aq) + 2\,e^- \longrightarrow Pb(s)] & E° = -0.13\ V \\ 2\times[Al(s) \longrightarrow Al^{3+}(aq) + 3\,e^-] & E° = 1.66\ V \\ \hline 3\,Pb^{2+}(aq) + 2\,Al(s) \longrightarrow 3\,Pb(s) + 2\,Al^{3+}(aq) & E° = 1.53\ V \end{array}$$

Pb^{2+}/Pb 반쪽 반응에 3을, 그리고 Al/Al^{3+} 반쪽 반응에 2를 곱하여 전자를 소거한다. 하지만 *E*° 값에는 이와 같은 계수를 곱해 주지 않는다는 것에 유의하라. 전지 전위는 세기 성질이기 때문이다.

Pb^{2+}에 의한 Cu 산화 반응의 *E*°는 음의 값(−0.47 V)이므로 반응은 비자발적이다.

$$\begin{array}{lr} Pb^{2+}(aq) + 2\,e^- \longrightarrow Pb(s) & E° = -0.13\ V \\ Cu(s) \longrightarrow Cu^{2+}(aq) + 2\,e^- & E° = -0.34\ V \\ \hline Pb^{2+}(aq) + Cu(s) \longrightarrow Pb(s) + Cu^{2+}(aq) & E° = -0.47\ V \end{array}$$

▶ **연습문제 19.13** 표 19.1을 이용하여 다음 반응에 대한 *E*° 값을 계산하고, 반응이 자발적인지 아닌지를 판단하시오.

$$2\,Fe^{3+}(aq) + 2\,I^-(aq) \longrightarrow 2\,Fe^{2+}(aq) + I_2(s)$$

▶ **응용문제 19.14** 표 19.1을 이용하여, Ag(*s*) 조각을 1.0 M $Mg(NO_3)_2(aq)$ 용액에 넣을 때 반응이 일어나는지를 예측하시오.

예제 19.8

표준 상태 조건에서 갈바니 전지의 전위 계산

다음 그림의 갈바니 전지 전위는 얼마일까? 산화 전극의 반쪽 반응은 무엇이며, 환원 전극의 반쪽 반응은 무엇일까? 어느 방향으로 전자 흐름이 일어나는가?

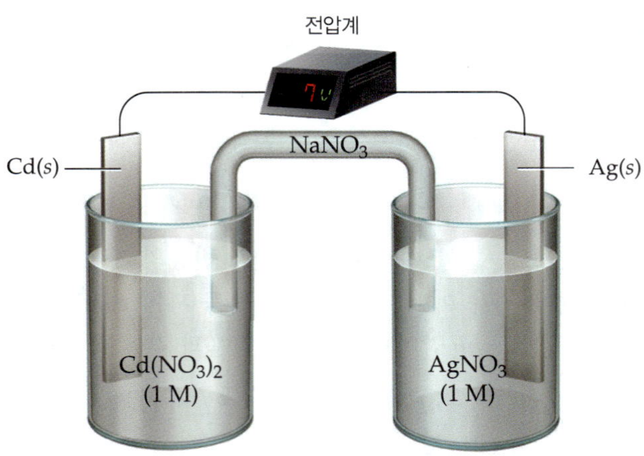

전략

갈바니 전지에서 산화 반쪽 반응과 환원 반쪽 반응은 반드시 있어야 하며, 두 반쪽 반응의 *E*° 합은 양의 값으로 나타나야 한다. 자발적인 산화–환원 반응이라면, 반드시 양의 *E*° 값을 가져야 한다.

표 19.1을 사용하여, 두 반쪽 반응의 $E°$ 값을 확인하고, 어느 반쪽 반응이 산화이고 어느 반쪽 반응이 환원인지를 결정한다.

풀이

표 19.1은 반드시 고려해야 할 두 반쪽 반응의 표준 환원 전위를 나타낸다.

$$Cd^{2+}(aq) + 2\,e^- \longrightarrow Cd(s) \qquad E° = -0.40\ V$$
$$Ag^{+}(aq) + e^- \longrightarrow Ag(s) \qquad E° = +0.80\ V$$

여기서 한 반응의 역반응은 산화 반응이다. 산화–환원 반응은 반드시 하나의 환원 반쪽 반응과 하나의 산화 반쪽 반응이 있어야 하기 때문이다. 갈바니 전지의 $E°$ 값은 반드시 양의 값이어야 한다. 따라서 산화 반쪽 반응은 $Cd(s)$가 $Cd^{2+}(aq)$로 산화되는 반응이다.

산화 전극(산화):	$Cd(s) \longrightarrow Cd^{2+}(aq) + 2\,e^-$	$E° = +0.40\ V$
환원 전극(환원):	$2 \times [Ag^{+}(aq) + e^- \longrightarrow Ag(s)]$	$E° = +0.80\ V$
전체 반응:	$2\,Ag^{+}(aq) + Cd(s) \longrightarrow 2\,Ag(s) + Cd^{2+}(aq)$	$E° = +1.20\ V$

카드뮴의 반쪽 반응이 환원(−0.40 V)에서 산화(+0.40 V)로 바뀌면 $E°$의 부호가 변한다는 것을 유의하라. 또한 은의 환원 반쪽 반응에 2를 곱하여도 $E°$ 값은 변하지 않는다. 전체 전지 반응의 $E°$ 값은 산화 반쪽 반응과 환원 반쪽 반응의 $E°$ 값을 합한 것으로, 0.80 V + 0.40 V= +1.20 V이다. 전자는 카드뮴 반쪽 전지에서 은 반쪽 전지로 흐르며, $Ag^{+}(aq)$는 $Ag(s)$로 환원된다.

연습문제 19.15 다음 물질들을 갈바니 전지를 만드는 데 사용할 수 있다고 하자.

1.0 M $NiCl_2$, 1.0 M $Zn(NO_3)_2$, $Ni(s)$, $Zn(s)$, 염다리

(a) 이 갈바니 전지의 전위는 얼마인가?

(b) 이 갈바니 전지의 간략 표기법을 나타내시오.

응용문제 19.16 다음 갈바니 전지의 표준 전위는 0.92 V이다.

$$Al(s)\,|\,Al^{3+}(1\ M)\,\|\,Cr^{3+}(1\ M)\,|\,Cr(s)$$

표 19.1에서 Al^{3+}/Al 반쪽 전지의 표준 환원 전위를 찾아보고, Cr^{3+}/Cr 반쪽 전지의 표준 환원 전위를 계산하시오.

19.7 비표준 상태 조건에서의 전지 전위: 네른스트 식

전지 전위는 자유 에너지 변화처럼, 온도와 반응 혼합물의 조성에 의존한다. 즉, 용질의 농도와 기체의 부분 압력에 의존한다. 이 의존성은 다음 식으로부터 유도할 수 있다.

$$\Delta G = \Delta G° + RT \ln Q$$

18.10절로부터 반응의 ΔG는 비표준 상태 조건에서 반응의 자유 에너지 변화이고, $\Delta G°$는 표준 상태 조건에서 반응의 자유 에너지 변화, Q는 **반응 지수(reaction quotient)**임을 기억하자. $\Delta G = -nFE$이고 $\Delta G° = -nFE°$이므로, ΔG는 다음과 같이 다시 쓸 수 있다.

기억하기…
반응 지수 Q는 평형 상수 K와 똑같은 형태를 갖는다(18.10절). 농도와 부분 압력이 반드시 평형 값일 필요가 없다는 점을 제외하면 같다.

$$-nFE = -nFE° + RT \ln Q$$

이것을 $-nF$로 나누면, **네른스트 식(Nernst equation)**을 얻는다. 이는 처음 이 식을 유도한 독일의 화학자 네른스트(Walther Nernst, 1864~1941)의 이름을 딴 것이다.

네른스트 식 $E = E° - \frac{RT}{nF}\ln Q$ 또는 $E = E° - \frac{2.303\ RT}{nF}\log Q$

전지 전압과 pH 간의 밀접한 연관성 때문에(19.8절), 네른스트 식을 우리는 밑이 10인 로그식으로 표시할 것이다. 즉, ln Q 대신에 log Q로 표시한다. 25 ℃에서 $2.303RT/F$ 값은 0.0592 V이다. 따라서, 네른스트 식은 다음과 같이 쓸 수 있다.

개념탐구 질문 4
만약 생성물의 농도는 일정하게 유지하면서 반응물의 농도를 증가시키면, 갈바니 전지의 전위는 어떻게 변할까?

$$E = E° - \frac{0.0592\ \text{V}}{n}\log Q \quad (\text{V 단위로, 25 °C에서})$$

실제 갈바니 전지에서는 반응물과 생성물의 농도와 부분 압력이 표준 상태의 값이다. 따라서 전지 반응의 진행에 따라 그 값이 변한다. 네른스트 식은 유용하다. 예제 19.9에서 볼 수 있는 것처럼, 비표준 상태 조건에서 전지 전위 구하기를 가능하게 해주기 때문이다.

예제 19.9

네른스트 식을 이용하여 비표준 상태 조건에서의 전지 전위 구하기

다음 반응을 이용하는 갈바니 전지를 생각해 보자.

$$Zn(s) + 2\ H^+(aq) \longrightarrow Zn^{2+}(aq) + H_2(g)$$

25 ℃에서 $[H^+] = 1.0$ M, $[Zn^{2+}] = 0.0010$ M, $P_{H_2} = 0.10$ atm일 때, 전지 전위를 구하시오

문제 파악

알고 있는 것	알아내야 할 것
농도($[H^+] = 1.0$ M, $[Zn^{2+}] = 0.0010$ M, $P_{H_2} = 0.10$ atm) 표준 환원 전위(표 19.1)	E

전략
표 19.1의 표준 환원 전위를 이용하여, 표준 전지 전위 $E°$ 값을 구한 다음, 네른스트 식을 이용하여 제시된 조건에서의 전지 전위 E를 구한다.

풀이
표준 전지 전위는 다음과 같다.

$$E° = E°_{Zn \to Zn^{2+}} + E°_{H^+ \to H_2} = (0.76\ \text{V}) + 0\ \text{V} = 0.76\ \text{V}$$

25 ℃ 비표준 상태 조건에서의 전지 전위는 네른스트 식으로 주어진다.

$$E = E° - \frac{0.0592\ \text{V}}{n}\log Q = E° - \left(\frac{0.0592\ \text{V}}{n}\right)\left(\log\frac{[Zn^{2+}](P_{H_2})}{[H^+]^2}\right)$$

여기서 반응 지수에는 용질의 몰농도와 기체의 부분 압력(atm 단위)이 들어 있다. 보통, 아연은 반응 지수에서 생략된다. 순수한 고체이기 때문이다. 이 반응에서, 전자 2 mol이 이동하므로 $n = 2$이다. 네른스트 식에 적절한 $E°$, n, $[H^+]$, $[Zn^{2+}]$, P_{H_2} 값을 대입하면, 다음과 같다.

$$E = (0.76\ \text{V}) - \left(\frac{0.0592\ \text{V}}{2}\right)\left(\log\frac{(0.0010)(0.10)}{(1.0)^2}\right)$$

$$= (0.76\ \text{V}) - \left(\frac{0.0592\ \text{V}}{2}\right)(-4.0)$$

$$= 0.76\ \text{V} + 0.12\ \text{V} = 0.88\ \text{V} \quad (25\ °\text{C에서})$$

점검
이 반응은 표준 상태 조건보다 제시된 조건 하에서 일어날 경향이 더 크다. 생성물의 농도가 표준 상태 값보다 작기 때문이다. 따라서 전지 전위 E는 표준 전지 전위 $E°$보다 크다고 예측할 수 있다. 이는 풀이와 일치한다.

▶ **연습문제 19.17** 다음 반응을 이용하는 갈바니 전지를 생각해 보자.

$$Cu(s) + 2\ Fe^{3+}(aq) \longrightarrow Cu^{2+}(aq) + 2\ Fe^{2+}(aq)$$

25 ℃에서 이온 농도가 다음과 같다고 할 때, 전지 전위는 얼마인가?

$[Fe^{3+}] = 1.0 \times 10^{-4}$ M $[Cu^{2+}] = 0.25$ M
$[Fe^{2+}] = 0.20$ M

응용문제 19.18 알루미늄 포일 조각을 실수로 씹으면, 알루미늄이 치아에 채워져 있는 아말감과 닿을 때면 날카로운 통증을 일으킨다. 은, 주석, 수은의 합금인 아말감 충전재는 아주 작은 갈바니 전지의 환원 전극으로 작용하고, 알루미늄은 산화 전극으로, 침은 전해질로 작용하게 된다. 알루미늄과 아말감이 맞닿을 때 전류가 알루미늄에서 아말감으로 흐르게 되고, 치아는 이에 있는 신경에 의해 느껴지게 된다. 알루미늄은 산화 전극에서 산화되고, 산소 기체는 환원 전극에서 물로 환원된다.

(a) 산화 전극, 환원 전극, 전체 전지 반응의 균형 반응식을 각각 쓰시오.
(b) 체온 37 ℃에 적용되는 네른스트 식을 쓰시오
(c) 37 ℃에서의 전지 전위를 계산하시오. 이때 $[Al^{3+}] = 1.0 \times 10^{-9}$ M, $P_{O_2} = 0.20$ atm, 침의 pH는 7.0이라고 가정하시오. 또한 37 ℃에서 $E°$는 표 19.1의 값과 같다고 가정하시오.

개념 예제 19.10

농도 변화가 전지 전위에 미치는 영향 조사

다음 갈바니 전지를 생각해 보자.

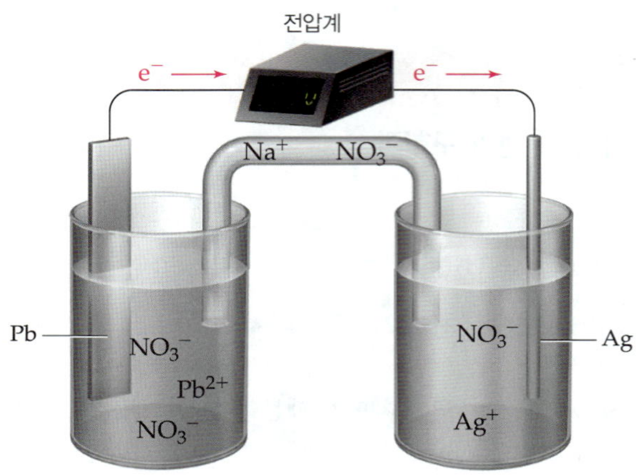

(a) 산화 전극 용액에 있는 이온의 농도가 10배 증가할 때, 전지 전위는 얼마나 변하는가?
(b) 환원 전극 용액에 있는 이온의 농도가 10배 증가할 때, 전지 전위는 얼마나 변하는가?

문제 파악

알고 있는 것	알아내야 할 것
농도 변화 전지 도표(전체 반응을 결정할 때 사용하는)	E의 변화

전략

그림에 표시된 전자 이동 방향에 의하면 납은 산화 전극이고, 은은 환원 전극이다. 그러므로 전지 반응은 다음과 같다.

$$Pb(s) + 2\,Ag^{+}(aq) \longrightarrow Pb^{2+}(aq) + 2\,Ag(s)$$

25 ℃에서 전지 전위의 네른스트 식에 $n = 2$, $Q = [Pb^{2+}]/[Ag^{+}]^2$를 대입하면, 다음과 같다.

$$E = E° - \frac{0.0592\ \text{V}}{n}\log Q = E° - \left(\frac{0.0592\ \text{V}}{2}\right)\left(\log\frac{[Pb^{2+}]}{[Ag^{+}]^2}\right)$$

네른스트 식에서 로그 항을 변화시킴으로써, 이온 농도의 변화에 따른 E의 변화를 구할 수 있다.

풀이

(a) Pb^{2+}는 산화 전극 구획에 있고, Ag^{+}는 환원 전극 구획에 있다. Pb^{2+}와 Ag^{+}의 원래 농도를 각각 1 M이라고 가정하면, $E = E°$이다. $[Pb^{2+}]$의 농도를 10 M로 증가시키면, 다음과 같다.

$$E = E° - \left(\frac{0.0592\ \text{V}}{2}\right)\left(\log\frac{(10)}{(1)^2}\right)$$

log 10 = 1.0이므로 $E = E° - 0.03$ V이다. 따라서 Pb^{2+}의 농도를 10배 증가시키면, 전지 전압은 0.03 V 감소한다.

(b) $[Ag^{+}]$의 농도를 10 M로 증가시키면, 다음과 같다.

$$E = E° - \left(\frac{0.0592\ \text{V}}{2}\right)\left(\log\frac{(1)}{(10)^2}\right)$$

$\log(10^{-2}) = -2.0$이므로 $E = E° + 0.06$ V이다. 따라서 Ag^+의 농도를 10배로 증가시키면, 전지 전압은 0.06 V 증가한다.

점검

생성 이온 농도($[Pb^{2+}]$)가 증가하면 반응이 일어날 경향성은 감소하고, 반응 이온 농도($[Ag^+]$)가 증가하면 반응이 일어날 경향성은 증가할 것이라고 예상된다. 따라서 전지 전위 E는 $[Pb^{2+}]$가 증가하면 감소하고, $[Ag^+]$가 증가하면 증가한다. 대략적인 점검과 풀이가 일치한다.

▶ **개념 연습문제 19.19** 다음 갈바니 전지를 생각해 보자.

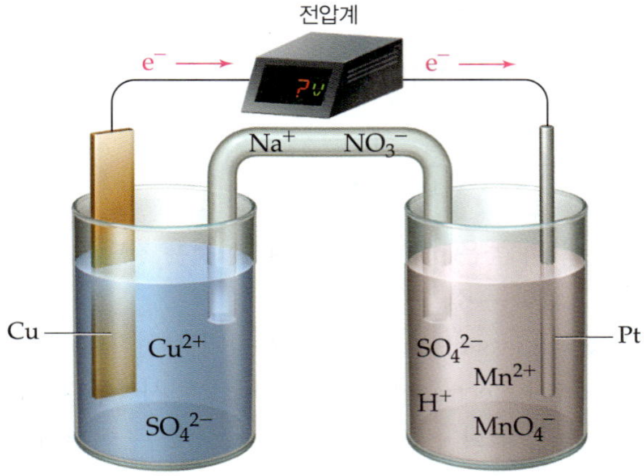

산화 전극 구획에 있는 이온의 농도가 100배 증가했을 때, 전지 전위는 얼마나 변하는가?

▶ **개념 응용문제 19.20** 다음 갈바니 전지를 생각해 보자.

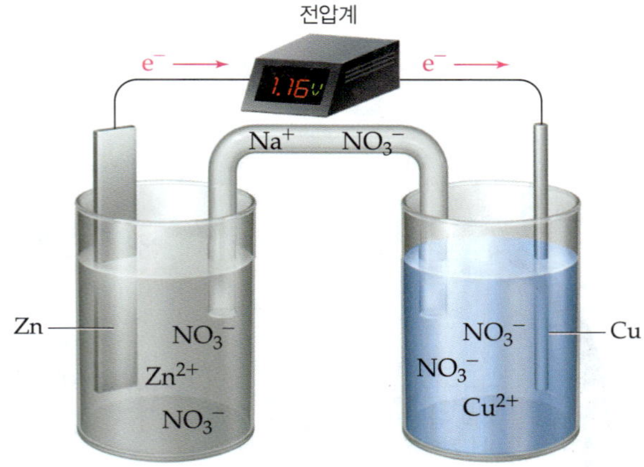

25 °C에서 측정된 전지 전위 값이 1.16 V 일 때, $Zn^{2+} : Cu^{2+}$ 농도비는 무엇인가?

19.8 pH의 전기 화학적 측정

pH 미터를 사용하여 전기 화학적 방법으로 pH를 측정하는 데 네른스트 식은 특히 중요하게 응용된다. 예를 들어, 수소 전극을 산화 전극으로, 다른 기준 전극을 환원 전극으로 이용하는 전지를 생각해 보자.

$$\text{Pt} | H_2(1\ \text{atm}) | H^+(?\ \text{M}) \| \text{기준 환원 전극}$$

수소 전극은 1 atm에서 H_2와 접촉하는 백금 선으로 구성된다. 또한 백금 선은 미지의 pH 용액 속에 담겨 있다. 이 전지의 전위는 다음과 같다.

$$E_{\text{전지}} = E_{H_2 \rightarrow H^+} + E_{\text{기준}}$$

수소 전극 반쪽 반응의 경우,

$$H_2(g) \longrightarrow 2\,H^+(aq) + 2\,e^-$$

이 반쪽 반응에 네른스트 식을 적용하면, 전위를 계산할 수 있다.

$$E_{H_2 \rightarrow H^+} = (E°_{H_2 \rightarrow H^+}) - \left(\frac{0.0592\ \text{V}}{n}\right)\left(\log \frac{[H^+]^2}{P_{H_2}}\right)$$

표준 수소 전극의 경우, $E° = 0$ V, $n = 2$, $P_{H_2} = 1$ atm이다. 따라서 이 식은 다음과 같이 다시 쓸 수 있다.

$$E_{H_2 \rightarrow H^+} = -\left(\frac{0.0592\ V}{2}\right)(\log\ [H^+]^2)$$

또한 $\log\ [H^+]^2 = 2\log\ [H^+]$이고 $-\log\ [H^+] = pH$이므로, 수소 전극의 반쪽 전지 전위는 pH에 비례한다.

$$E_{H_2 \rightarrow H^+} = -\left(\frac{0.0592\ V}{2}\right)(2)(\log\ [H^+]) = (0.0592\ V)(-\log\ [H^+])$$
$$= (0.0592\ V)(pH)$$

▲ 그림 19.7
유리 전극은 염화 은으로 코팅된 Ag 선으로 이루어져 있다. Ag 선은 묽은 염산 기준 용액에 담겨 있다.

전체 전지 전위는

$$E_{전지} = (0.0592\ V)(pH) + E_{기준}$$

이다. 따라서 pH는 전지 전위의 선형 함수이다.

$$pH = \frac{E_{전지} - E_{기준}}{0.0592\ V}$$

따라서 더 높은 전지 전위일수록 더 높은 pH를 나타낸다. 이것은 간단히 $E_{전지}$를 측정하여 용액의 pH를 측정할 수 있다는 것을 의미한다.

실제 pH 측정에서는 **유리 전극**(glass electrode)이 사용하기 불편한 수소 전극 대신 사용되고, **칼로멜 전극**(calomel electrode)이 기준 전극으로 사용된다. 유리 전극은 묽은 염산 기준 용액에 담긴, 염화 은으로 코팅된 Ag 선으로 이루어져 있다(그림 19.7). 염산은 얇은 유리막에 의해 미지의 pH를 갖는 측정 용액과 분리되어 있다. 다양한 상황에서 사용하기 위해서, 전극의 바깥 면은 유리관 끝을 보호하는 에폭시 수지로 만들어져 있다. 칼로멜 전극은 액체 수은 및 KCl 수용액과 접촉하는, 염화 수은(I)[흔히 칼로멜이라고 부르는 Hg_2Cl_2]으로 이루어져 있다. 전지 반쪽 반응은 다음과 같다.

$$2 \times [Ag(s) + Cl^-(aq) \longrightarrow AgCl(s) + e^-] \quad E° = -0.22\ V$$
$$Hg_2Cl_2(s) + 2\ e^- \longrightarrow 2\ Hg(l) + 2\ Cl^-(aq) \quad E° = 0.28\ V$$

전체 전지 전위 $E_{전지}$는 이 두 반쪽 반응의 전위에 의존할 뿐만 아니라, 측정 용액과 기준 HCl 용액을 분리하는 얇은 유리막을 통해 발생하는 경계 전위에도 의존한다. 경계 전위는 막 양쪽 용액의 pH 차이에 선형적으로 의존하므로, 측정 용액의 pH는 $E_{전지}$를 측정함으로써 결정할 수 있다. 전지 전위는 pH 미터로 측정된다. 이것은 $E_{전지}$를 pH로 전자적으로 변환시키는 전압 측정 장치이다. 그 결과가 pH 단위로 표시된다.

예제 19.11

네른스트 식을 이용한 pH의 전기 화학적 결정

다음 전지는 25 ℃에서 0.55 V의 전위를 갖는다.

$$Pt(s)\,|\,H_2(1\ atm)\,|\,H^+(?\ M)\,\|\,Cl^-(1\ M)\,|\,Hg_2Cl_2(s)\,|\,Hg(l)$$

산화 전극 구획에 있는 용액의 pH를 구하시오.

문제 파악

알고 있는 것	알아내야 할 것
$E_{전지} = 0.55$ V	pH
산화–환원 반응(간략 표기법으로부터)	
반쪽 전지의 표준 환원 전위(부록 D)	

전략

우선, 앞의 간략 표기법으로 전지 반응식을 쓴다. 그다음, 관측된 전지 전압과 부록 B에서 확인된 칼로멜 기준 전극의 반쪽 전지 전위로부터, 수소 전극의 반쪽 전위를 계산한다. 여기에 네른스트 식을 적용하여 pH를 구한다.

풀이

전지 반응은 다음과 같다.

$$H_2(g) + Hg_2Cl_2(s) \longrightarrow 2\,H^+(aq) + 2\,Hg(l) + 2\,Cl^-(aq)$$

그리고 전지 전위는 다음과 같다.

$$E_{전지} = E_{H_2 \rightarrow H^+} + E_{Hg_2Cl_2 \rightarrow Hg} = 0.55 \text{ V}$$

기준 전극이 $E = E° = 0.28$ V(부록 D) 값을 갖는 표준 칼로멜 전극이므로, 수소 전극에 대한 반쪽 전지 전위는 0.27 V이다.

$$E_{H_2 \rightarrow H^+} = E_{전지} - E_{Hg_2Cl_2 \rightarrow Hg} = 0.55 \text{ V} - 0.28 \text{ V} = 0.27 \text{ V}$$

$H_2(g) \longrightarrow 2H^+(aq) + 2e^-$ 반쪽 반응의 네른스트 식을 적용하면

$$E_{H_2 \rightarrow H^+} = (E°_{H_2 \rightarrow H^+}) - \left(\frac{0.0592 \text{ V}}{n}\right)\left(\log \frac{[H^+]^2}{P_{H_2}}\right)$$

위 식에 E, $E°$, n, P_{H_2} 값을 대입하면,

$$0.27 \text{ V} = (0 \text{ V}) - \left(\frac{0.0592 \text{ V}}{2}\right)\left(\log \frac{[H^+]^2}{1}\right) = (0.0592 \text{ V})(\text{pH})$$

그러므로 pH는

$$\text{pH} = \frac{0.27 \text{ V}}{0.0592 \text{ V}} = 4.6$$

이다.

▶ **연습문제 19.21** 다음 전지는 25 ℃에서 0.28 V의 전위를 나타낸다. 산화 전극 구획에 있는 용액의 pH를 구하시오.

$$Pt(s)\,|\,H_2(1 \text{ atm})\,|\,H^+(? \text{ M})\,\|\,Pb^{2+}(1 \text{ M})\,|\,Pb(s)$$

▶ **응용문제 19.22** 산화 전극 구획의 pH가 7.0일 때, 25 ℃에서의 전지 전위를 구하시오.

$$Pt(s)\,|\,H_2(1 \text{ atm})\,|\,H^+(? \text{ M})\,\|\,Cl^-(1 \text{ M})\,|\,Hg_2Cl_2(s)\,|\,Hg(l)$$

19.9 표준 전지 전위와 평형 상수

19.4절에서, 어떤 반응의 표준 자유 에너지 변화는 표준 전지 전위와 다음과 같은 관계가 있다는 것을 배웠다.

$$\Delta G° = -nFE°$$

또한 18.11절에서, 표준 자유 에너지 변화는 반응의 평형 상수와 다음과 같은 관계가 성립한다는 것을 보았다.

$$\Delta G° = -RT \ln K$$

기억하기…
평형에서는 $\Delta G = 0$이고 $Q = K$이므로, 방정식 $\Delta G° = -RT \ln K$는 $\Delta G = \Delta G° + RT \ln Q$로부터 직접 얻는다(18.11절).

위의 두 식을 합치면,

$$-nFE° = -RT \ln K$$

또는

표준 전지 전위와 평형 상수와의 관계

$$E° = \frac{RT}{nF}\ln K = \frac{2.303RT}{nF}\log K$$

25 ℃에서 2.303 RT/F 값은 0.0592 V이므로, 위의 식은 산화–환원 반응의 표준 전지 전위와 평형 상수를 연관시키는 공식으로 간단하게 표현할 수 있다.

개념탐구 질문 5

표준 전지 전위($E°$)가 -0.78 V인 산화–환원 반응이 있다. 이 반응이 평형 상태일 때, 반응물과 생성물의 농도를 어떻게 비교할 수 있는가?

표준 전지 전위와 평형 상수와의 단순 관계식

$$E° = \frac{0.0592\ \text{V}}{n}\log K \quad (\text{V 단위로, 25 °C에서})$$

매우 작은 농도는 측정하기가 어렵다. 따라서 K 값이 매우 크거나 매우 작을 때는 농도를 측정하여 평형 상수를 결정하는 것이 어렵다. 그러나 표준 전지 전위는 상대적으로 쉽게 측정할 수 있다. 따라서, 표준 전지 전위로부터 평형 상수를 계산할 때 이 식이 자주 이용된다.

예로서, 다니엘 전지에서 다음 반응의 K 값을 계산해 보자.

$$\text{Zn}(s) + \text{Cu}^{2+}(aq) \longrightarrow \text{Zn}^{2+}(aq) + \text{Cu}(s) \quad E° = 1.10\ \text{V}$$

$E°$와 $\log K$의 관계식에서 $\log K$에 대하여 풀고, $E°$ 값과 n 값을 대입하면 다음과 같다.

$$E° = \frac{0.0592\ \text{V}}{n}\log K$$

$$\log K = \frac{nE°}{0.0592\ \text{V}} = \frac{(2)(1.10\ \text{V})}{0.0592\ \text{V}} = 37.2$$

$$K = 10^{37.2} = 2 \times 10^{37} \quad (25\ °\text{C에서})$$

$K = [Zn^{2+}]/[Cu^{2+}]$는 매우 큰 숫자이므로, 반응은 실제로 거의 완결된다. 예를 들어, 평형에서 $[Zn^{2+}] = 1$ M일 때, $[Cu^{2+}]$는 10^{-37} M보다 작다.

앞에서 설명한 계산은, $E°(+1.10\ \text{V})$가 상대적으로 작다 할지라도 $K(2 \times 10^{37})$는 매우 크다는 것을 보여 주고 있다. $E°$가 양이면 $\log K$도 양이다. 따라서 $K > 1$이다. $E°$가 음이면 $\log K$도 음이다. 따라서 $K < 1$이다. 표 19.1에 수록된 표준 환원 전위는 약 6 V의 범위에 걸쳐 존재할 수 있기 때문에, 산화–환원 반응에 대한 $E°$ 값은 가장 강한 산화제와 가장 강한 환원제로 구성된 반응의 +6 V로부터, 가장 약한 산화제와 가장 약한 환원제로 구성된 반응의 −6 V까지의 범위에 존재할 수 있다. 그러나 +3 V에서 −3 V 사이를 벗어난 $E°$ 값은 보기 드물다. $n = 2$인 경우, $E°$와 K 값의 상관 관계가 **그림 19.8**에 표시되어 있다. 산화–환원 반응의 평형 상수는 10^{14}에서 10^{-14}에 걸쳐 분포하는 산–염기 반응의 평형 상수에 비해 매우 크거나

▶ 그림 19.8
$n = 2$인 산화–환원 반응에 대한 평형 상수 K와 표준 전지 전위 $E°$ 사이의 관계. K는 로그 눈금으로 도시된 것에 주목하라.

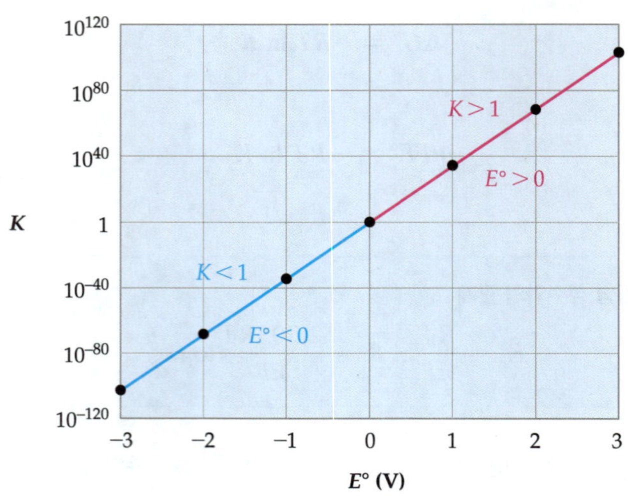

매우 작게 되려는 경향이 있다. 따라서, 산화–환원 반응은 대체로 완전히 완결되거나 거의 일어나지 않는다.

앞 장에서, 평형 상수 K 값을 구하는 두 가지 다른 방법, 즉 농도 자료로부터 구하는 방법(15.2절)과 열역학 자료로부터 구하는 방법(18.11절)을 논의하였다. 이 절에서는 전기 화학 자료로부터 평형 상수를 구하는 세 번째 방법을 추가했다. 다음은 각 계산법에서 필요한 주요 관계식이다.

1. 용질의 농도 자료로부터 K 값 구하기: $K = \dfrac{[C]^c[D]^d}{[A]^a[B]^b}$

2. 열역학 자료로부터 K 값 구하기: $\Delta G° = -RT \ln K; \quad \ln K = \dfrac{-\Delta G°}{RT}$

3. 전기 화학 자료로부터 K 값 구하기: $E° = \dfrac{RT}{nF} \ln K; \quad \ln K = \dfrac{nFE°}{RT}$

예제 19.12

표준 환원 전위를 이용한 평형 상수 계산

표 19.1에 수록된 표준 환원 전지를 이용하여, 25 ℃에서 다음 반응의 평형 상수를 구하시오.

$$6\,Br^-(aq) + Cr_2O_7^{2-}(aq) + 14\,H^+(aq) \longrightarrow 3\,Br_2(aq) + 2\,Cr^{3+}(aq) + 7\,H_2O(l)$$

문제 파악

알고 있는 것	알아내야 할 것
반쪽 반응의 표준 환원 전위($E°$)	평형 상수(K)

전략

예제 19.7처럼 표준 환원 전위로부터 반응의 $E°$를 계산한다. 그다음, 식 $\log K = nE°/\,0.0592$를 이용하여 평형 상수를 구한다.

풀이

표 19.1에서 해당하는 반쪽 반응을 찾는다. 그다음, Br^-의 산화 반응과 $Cr_2O_7^{2-}$의 환원 반응에 대하여 적절한 방향으로 식을 쓴다. 반쪽 반응을 더하여 전체 반응을 구하기 전에, Br^-/Br_2 반쪽 반응에 3을 곱하여 전자를 소거한다.

$$\begin{array}{lll} 3 \times [2\,Br^-(aq) & \longrightarrow Br_2(aq) + 2\,e^-] & E° = -1.09\text{ V} \\ Cr_2O_7^{2-}(aq) + 14\,H^+(aq) + 6\,e^- & \longrightarrow 2\,Cr^{3+}(aq) + 7\,H_2O(l) & E° = 1.36\text{ V} \\ \hline 6\,Br^-(aq) + Cr_2O_7^{2-}(aq) + 14\,H^+(aq) & \longrightarrow 3\,Br_2(aq) + 2\,Cr^{3+}(aq) + 7\,H_2O(l) & E° = 0.27\text{ V} \end{array}$$

Br^-/Br_2 산화 반응의 $E°$는 표에 있는 표준 환원 전위(1.09 V)의 음의 값인 것에 주의한다. 또한, 전위는 세기 성질이기 때문에 $E°$ 값은 상수 3을 곱하지 않음을 기억하라. 전체 반응의 $E°$ 값은 반쪽 반응의 $E°$ 값을 합한 값이다. 즉, $-1.09\text{ V} + 1.36\text{ V} = 0.27\text{ V}$이다. 평형 상수를 계산하기 위하여 $\log K$와 $nE°$ 사이의 관계를 이용하라. 이때 $n = 6$이다.

$$\log K = \frac{nE°}{0.0592\text{ V}} = \frac{(6)(0.27\text{ V})}{0.0592\text{ V}} = 27 \qquad K = 1 \times 10^{27} \quad (25\text{ ℃에서})$$

점검

$E°$가 양수이다. 따라서 K는 반드시 1보다 커야 한다. 따라서 풀이와 일치한다.

연습문제 19.23 표 19.1을 이용하여, 25 ℃에서 다음 반응의 평형 상수를 구하시오.

$$4\,Fe^{2+}(aq) + O_2(g) + 4\,H^+(aq) \longrightarrow 4\,Fe^{3+}(aq) + 2\,H_2O(l)$$

응용문제 19.24 평형 상수가 1.8×10^{-5}이고, 2 mol의 전자가 이동하는 산화–환원 반응의 $E°$ 값을 구하시오.

19.10 배터리

지금까지 갈바니 전지의 가장 중요한 실용적 응용은 **배터리**(batteries)로서의 용도이다. 자동차에서 사용되는 것과 같이, 멀티셀 배터리에서는 한 전지의 산화 전극을 이웃 전지의 환원 전극과 연결하는 방식으로 개별 갈바니 전지를 직렬로 연결한다. 배터리에 의해 공급되는 전압은 개별 전지 전압의 합이다.

배터리에서 요구되는 특징은 용도에 따라 다르다. 그러나 일반적으로, 상업화에 성공한 배터리는 작고, 가볍고, 튼튼하고, 값이 저렴하며, 비교적 오랜 시간 동안 안정적으로 전력을 공급해야 한다. 배터리 설계는 활발히 연구되는 분야의 하나이다. 또한, 전기 화학에 대한 확고한 지식과 함께 상당한 기술이 요구된다. 이제 상업용 배터리 중 가장 보편적인 형태를 몇 가지 살펴보기로 하자.

납축전지

납축전지(lead storage battery)는 모든 갈바니 전지 중에서 가장 친숙하다. 이는 거의 100년 동안 자동차 시동용 전력원으로 사용되었기 때문이다. 전형적인 12 V 배터리는 직렬로 연결된 6개의 전지로 구성되어 있고, 각 전지는 약 2 V의 전압을 공급한다. 전지의 설계도는 그림 19.9에 나타내었다. 산화 전극은 스펀지 형태의 납으로 채워진 일련의 납 격자로 구성되고, 환원 전극은 이산화 납으로 채워진 일련의 격자로 구성되며, 황산 수용액(무게로 38%) 전해질에 담겨져 있다. 전지가 방전될 때(전류를 공급할 때), 전극 반쪽 반응과 전체 전지 반응은 다음과 같다.

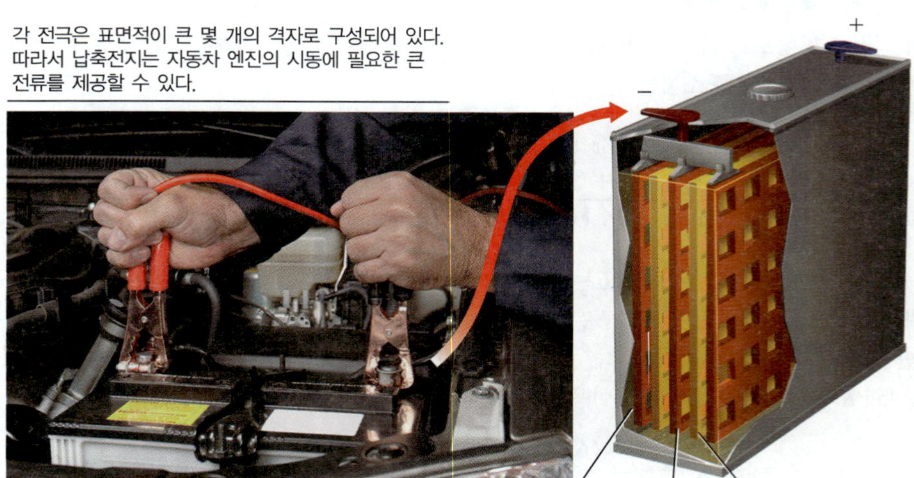

ⓒJoe Belanger/Shutterstock

▶ **그림 19.9** 납축전지와 전지 한 개의 단면도

산화 전극:	$Pb(s) + HSO_4^-(aq) \longrightarrow PbSO_4(s) + H^+(aq) + 2\,e^-$	$E° = 0.296\ V$
환원 전극:	$PbO_2(s) + 3\,H^+(aq) + HSO_4^-(aq) + 2\,e^- \longrightarrow PbSO_4(s) + 2\,H_2O(l)$	$E° = 1.628\ V$
전체 전지 반응:	$Pb(s) + PbO_2(s) + 2\,H^+(aq) + 2\,HSO_4^-(aq) \longrightarrow 2\,PbSO_4(s) + 2\,H_2O(l)$	$E° = 1.924\ V$

이 반응식은 SO_4^{2-}보다 HSO_4^- 이온을 포함한다는 것에 유의하라. SO_4^{2-}는 강한 산성 용액에서 양성자화되기 때문이다.

산화 전극에서 납은 황산 납으로 산화되고, 환원 전극에서 이산화 납은 황산 납으로 환원된다. 전지의 산화 전극과 환원 전극 구획을 분리할 필요가 없다. 산화제와 환원제(PbO_2와 Pb)는 모두 고체이고, 격자 사이에 절연 공간이 있어 서로 접촉되는 것이 방지되기 때문이다.

반응 생성물(고체 $PbSO_4$)은 전극 표면에 달라붙기 때문에, 모두 방전된 납축전지는 외부로부터 직류를 공급받아, 전지 반응이 역방향(비자발적 방향)으로 진행되어 재충전될 수 있다. 자동차에서 배터리는 지속적으로 재충전된다. 이것을 수행하는 장치가 엔진에 의해 구동되는 **교류 발전기**이다.

납축전지는 일반적으로 수년 동안 작동한다. 그러나 결국 스펀지 형태의 $PbSO_4$가 전극에 달라붙어, PbO_2와 Pb로 전환이 불가능한 딱딱한 결정체 형태로 된다. 이렇게 되면 배터리는 더 이상 재충전하는 것이 불가능하므로, 결국 교환해야 한다. 납은 독성이 매우 크기 때문에, 대부분의 국가에서 정한 것처럼 교체한 배터리는 반드시 재활용해야 한다.

건전지

건전지(*dry cell*) 또는 **르클랑셰 전지**(*Leclanché cell*)는 1866년 프랑스의 르클랑셰(Georges Leclanché, 1839~1882)에 의해서 특허 등록되었다. 건전지 손전등, 휴대용 라디오 등의 전력원으로 오랫동안 사용되었다. 산화 전극 역할을 하는 금속 아연 용기와, 환원 전극 역할을 하는 고체 이산화 망가니즈(MnO_2)와, 탄소 가루의 반죽으로 둘러싸인 비활성 흑연 막대로 구성된다(그림 19.10). MnO_2를 함유하는 반죽은, 다시 녹말에 염화 암모늄(NH_4Cl)과 염화 아연($ZnCl_2$)이 섞인 축축한 반죽 형태의 전해질로 둘러싸인다. 건전지는 완전히 건조하지는 않지만, 전해질이 액체 용액이 아닌 점성을 띤 습윤성 반죽이라는 사실로부터 그 이름이 유래되었다. 전극 반응은 조금 복잡하지만, 다음과 같이 간략하게 표시할 수 있다.

산화 전극: $Zn(s) \longrightarrow Zn^{2+}(aq) + 2\,e^-$

환원 전극: $2\,MnO_2(s) + 2\,NH_4^+(aq) + 2\,e^- \longrightarrow Mn_2O_3(s) + 2\,NH_3(aq) + H_2O(l)$

르클랑셰 전지는 주로 역사적 흥미거리가 되었다. NH_4Cl 산성 전해질을 NaOH 혹은 KOH

©Rhonda Roth/Shutterstock

◀ 그림 19.10
르클랑셰 건전지와 단면도

와 같은 염기성 전해질로 바꾼 **알칼리 건전지**(alkaline dry cell)로 대체되었기 때문이다. 르클랑셰 건전지에서처럼, 전극 반응에는 아연의 산화 반응과 이산화 망가니즈의 환원 반응이 있지만, 염기성 조건이므로 산화 반응 생성물은 산화 아연이다.

산화 전극: $Zn(s) + 2\ OH^-(aq) \longrightarrow ZnO(s) + H_2O(l) + 2\ e^-$
환원 전극: $2\ MnO_2(s) + H_2O(l) + 2\ e^- \longrightarrow Mn_2O_3(s) + 2\ OH^-(aq)$

산성 조건 하에서, 아연 산화 전극의 부식이 발생하는 심각한 부반응이 일어난다. 아연이 $H^+(aq)$와 반응하여 $Zn^{2+}(aq)$와 $H_2(g)$를 생성하기 때문이다. 하지만 염기성 조건 하에서는 아연의 부식이 느리게 진행되므로 전지의 수명이 더 길어진다. 알칼리 전지 역시 더 큰 전력과 전압을 공급한다. 염기성 전해질에서 이온 이동이 더 효율적이기 때문이다. 알칼리 전지의 전압은 약 1.5 V이다.

니켈-카드뮴 배터리

니켈-카드뮴(Nickel-cadmium 혹은 ni-cad) **배터리**는 주로 전자계산기와 휴대용 전동공구 등에 널리 사용된다. 대부분의 다른 건전지와는 달리 재충전할 수 있기 때문이다. 니켈-카드뮴 배터리의 산화 전극은 금속 카드뮴이고, 환원 전극은 니켈(III) 화합물인 NiO(OH)이다. 전극 반응은 다음과 같다.

산화 전극: $Cd(s) + 2\ OH^-(aq) \longrightarrow Cd(OH)_2(s) + 2\ e^-$
환원 전극: $NiO(OH)(s) + H_2O(l) + e^- \longrightarrow Ni(OH)_2(s) + OH^-(aq)$

니켈-카드뮴 배터리는 수백 번 재충전할 수 있다. 전극 반응의 고체 생성물이 전극의 표면에 점착되기 때문이다.

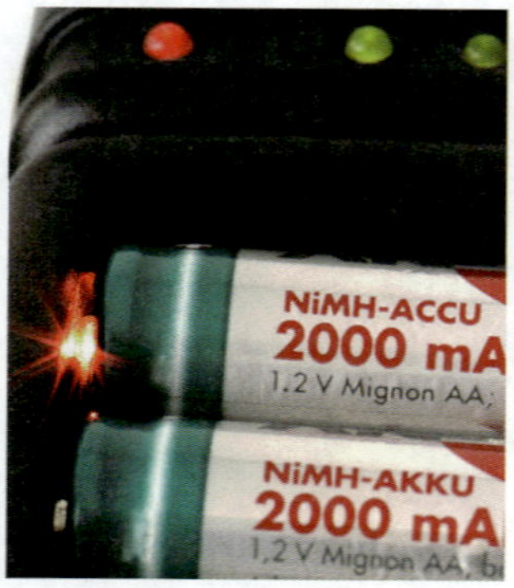

▲ 재충전이 가능한 니켈-금속 수소화물 배터리 ©pmphoto/Shutterstock

니켈-금속 수소화물 배터리

카드뮴은 값이 비싸고, 독성이 있는 중금속이기 때문에 니켈-카드뮴 배터리는 좀 더 가볍고, 환경 친화적인 **니켈-금속 수소화물 배터리**(nickel-metal hydride) 또는 NiMH **배터리**로 대체되었다. NiMH 배터리는 니켈-카드뮴 배터리와 같은 전압(1.2 V)을 제공한다. 그러나 단위 부피당 저장할 수 있는 에너지의 양, 즉 에너지 밀도가 2배 정도 크다. 이 두 배터리는 환원 전극이 같지만, 산화 전극은 다르다. NiMH 배터리의 산화 전극은 $LaNi_5$와 같은 특별한 금속 합금이다. 상온, 상압에서 많은 양의 수소를 흡수하거나 방출할 수 있다. 전지가 방전되었을 때 전체 반응식은 다음과 같다.

산화 전극: $MH_{ab}(s) + OH^-(aq) \longrightarrow M(s) + H_2O(l) + e^-$
환원 전극: $NiO(OH)(s) + H_2O(l) + e^- \longrightarrow Ni(OH)_2(s) + OH^-(aq)$
전체 전지 반응: $MH_{ab}(s) + NiO(OH)(s) \longrightarrow M(s) + Ni(OH)_2(s)$

여기서, M은 수소-흡착 금속 합금을 나타내고, H_{ab}는 흡착된 수소를 표시한다. 따라서 금속 수소화물은 산화 전극에서 산화되고, NiO(OH)는 환원 전극에서 환원되어, 전체 전지 반응은 KOH 전해질의 변화 없이, 수소를 산화 전극에서 환원 전극으로 전달한다.

NiMH 배터리는 많은 가전제품에 이용되고, 또한 하이브리드 가스-전기 자동차에도 사용된다. 이 차는 가솔린 엔진뿐만 아니라 전기 모터에 의하여 동력을 얻는다. 많은 NiMH 배터리로 구성된 배터리 팩은 전기모터에 에너지를 공급하고, 또한 브레이크를 걸었을 때 발생되는 에너지를 저장한다. 브레이크가 작동될 때 전기모터는 발전기 같은 역할을 하고, 배터리를 충전시킨다. 그렇지 않으면 열로 낭비되는 차의 운동 에너지 일부분이 전기 에너지로 전환된다. 따라서 가솔린 엔진의 사용을 감소하고 차의 연비를 증가시킨다.

리튬 및 리튬 이온 배터리

리튬 및 리튬 이온 배터리는 니켈을 기본으로 하는 배터리보다 휴대용 전자 제품에 더 많이 사용된다. 가볍고, 고전압(3~4V)을 발생하기 때문이다. 리튬은 다른 금속보다 산화 $E°$ 값이 크고 원자량이 작다. 1 mol의 전자를 공급하는 데 리튬 6.94 g이면 충분하다.

리튬 배터리는 리튬 금속 산화 전극과 유기 용매에서 $LiClO_4$와 같은 리튬염을 포함하는 전해질을 이용한다. 대다수의 리튬 배터리는 많은 수의 Li^+ 이온을 고체 상태 구조에 흡수할 수 있는, 이산화 망가니즈 환원 전극을 가지고 있다. 전극 반응은 산화 전극에서 리튬의 산화와 환원 전극에서 MnO_2의 환원이 관여한다.

$$\text{산화 전극:}\quad x\,\text{Li}(s) \longrightarrow x\,\text{Li}^+(soln) + x\,\text{e}^-$$
$$\text{환원 전극:}\quad \text{MnO}_2(s) + x\,\text{Li}^+(soln) + x\,\text{e}^- \longrightarrow \text{Li}_x\text{MnO}_2(s)$$

Li^+ 이온은 산화 전극에서 환원 전극으로 전해질을 따라서 이동한다. 반면에, 전자는 외부 도선을 따라서 산화 전극에서 환원 전극으로 이동한다. 리튬 배터리는 시계, 계산기, 작은 가전 기기에 사용된다.

리튬 배터리와 리튬 이온 배터리의 차이는 산화 전극의 특성에 따라 구별된다. 리튬 배터리가 리튬 금속 산화 전극을 사용하는 반면, 리튬 이온 배터리는 리튬 원자가 탄소 원자의 층 사이에 삽입된 흑연 산화 전극을 사용한다. 이른바 리튬 처리된 흑연(Li_xC_6)은 리튬 금속을 포함하지 않는다. 그래서 리튬 이온 배터리는 리튬 배터리라고 명명하지 않는다. 리튬 이온 배터리에서 보편적인 환원 전극은, Li^+ 이온을 구조 안에 흡수할 수 있는 또 다른 금속 산화물인 이산화 코발트(CoO_2)이다. 전해질은 유기 용매에 리튬염이 녹아 있는 용액이거나, Li^+ 이온을 이동시킬 수 있는 고체 상태의 고분자 전해질이다.

충전이 안된 리튬 이온 배터리는 흑연 산화 전극과 $LiCoO_2$ 환원 전극을 가지고 있기 때문에, 배터리 방전 시 전극 반응은 다음과 같이 표기할 수 있다.

$$\text{산화 전극:}\quad \text{Li}_x\text{C}_6(s) \longrightarrow x\,\text{Li}^+(soln) + 6\,\text{C}(s) + x\,\text{e}^-$$
$$\text{환원 전극:}\quad \text{Li}_{1-x}\text{CoO}_2(s) + x\,\text{Li}^+(soln) + x\,\text{e}^- \longrightarrow \text{LiCoO}_2(s)$$

배터리가 초기에 충전이 되거나 또는 그 후에 재충전이 될 때, 전극 반응은 역반응으로 일어난다.

리튬 이온 배터리의 사용처는 휴대폰, 노트북 컴퓨터, 디지털카메라, 전원 장치, 전기 자동차 등이다. 리튬 이온 배터리의 과열과 폭발 가능성을 개선하고자, $LiCoO_2$보다 열에 강한 $LiTiO_3$와 $LiFePO_4$ 같은 대체 전극 물질을 발전시키고 있다.

▲ 테슬라 모터스 사의 모델 3은 무공해 차로 6831개의 리튬 이온 배터리에 의해 구동되는 전기 자동차이다. 판매가격은 36,000 달러이다. 최고 속력는 141 mph이고, 5.1초 안에 0에서 60 mph의 가속력을 가진다. 주행 거리는 220마일이다.

19.11 부식

부식(**corrosion**)이란 철이 녹(대략적 조성이 $Fe_2O_3 \cdot H_2O$인 수화된 산화 철(III))으로 변환되는 것과 같이, 산화에 의해 금속의 품질이 저하되는 것을 말한다. 철이 녹스는 것은 막대한 경제적 손실을 가져온다. 미국에서 생산되는 강철 중 약 1/4은 부식에 의하여 파괴된 철 구조물이나 철강 제품을 교체하는 데 사용하는 것으로 추산된다.

부식을 방지하기 위해서는, 먼저 어떻게 부식이 발생하는지를 이해해야 한다. 한 가지 중요한 사실이 있다. 철이 녹스는 현상에는 산소와 수분이 필요하다는 것이다. 산소가 없는 물이

▲ 이 철로 교각은 콘크리트로 만들어진 교각 아랫부분과 볼트에 의해서 연결되어 있다. 이 볼트의 부식으로 토네이도가 오자 무너졌다.
ⓒZack Frank/Shutterstock

나 건조한 공기 중에서는 녹이 생기지 않는다. 또 다른 단서는, 녹스는 현상은 금속 표면에 조그만 구멍이 파이는(pitting) 것을 유발하는데, 녹은 이 파인 부분으로부터 떨어진 장소에 형성된다. 이것은 녹이 철과 산소의 직접 반응으로 생기는 것이 아니라, 오히려 표면의 한 장소에서 철의 산화가 일어나고 다른 장소에서 산소가 환원되는, 전기 화학 과정에 의해 생기는 것을 의미한다.

그림 19.11에서는 잘 알려진 사실과 일치하는 녹스는 현상의 메커니즘을 보여 준다. 철의 표면과 한 방울의 물 표면이 하나의 매우 작은 갈바니 전지를 구성한다. 전지에서 금속 표면의 서로 다른 부분이 산화 전극과 환원 전극으로 작용하고, 수용액은 전해질 역할을 한다. 철은 어떤 영역(산화 전극 영역)에서 다른 영역(환원 전극 영역)보다 쉽게 산화된다. 금속의 조성이 다소 불균일하고 표면이 불규칙하기 때문이다. 불순물 및 상의 경계, 기계적 억압과 같은 요인들이 표면의 특정 영역에서 산화가 쉽게 일어날 수 있도록 영향을 미친다.

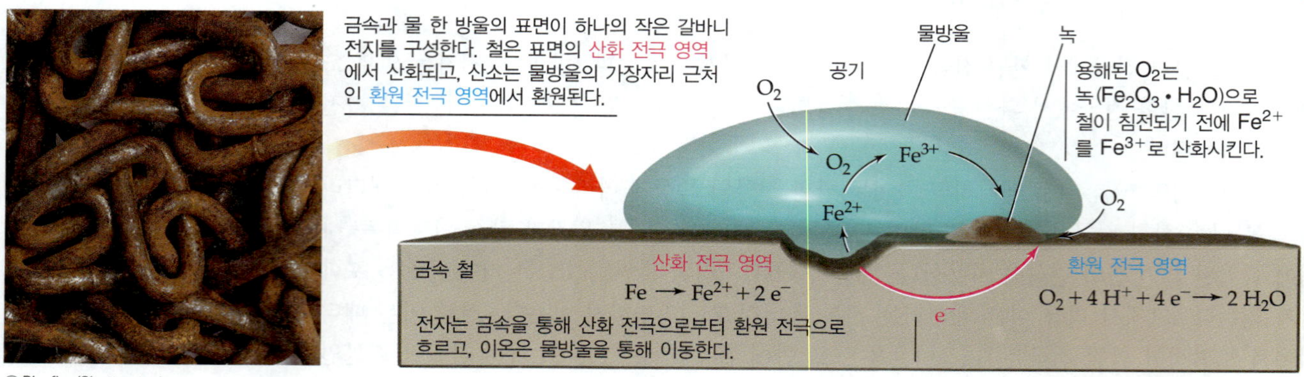

ⓒPicsfive/Shutterstock

▲ **그림 19.11**
철의 부식을 나타낸 그림

▲ 확인하기

(a) 제안된 부식의 메커니즘에서 어떤 물질이 산화 전극에서 산화되고 환원 전극에서 환원되는가? **(b)** 전기 화학 전지에서 전자는 어떻게 이동하는가?

답 (a) 산화 전극: $Fe(s)$가 $Fe^{2+}(aq)$로 산화된다. 환원 전극: $O_2(g)$가 $H_2O(l)$로 환원된다. (b) 전자는 금속 철을 통해 이동된다.

산화 전극 영역에서 철은 Fe^{2+} 이온으로 산화된다.

$$Fe(s) \longrightarrow Fe^{2+}(aq) + 2\,e^- \quad E° = 0.45\ V$$

반면에 환원 전극 영역에서 산소는 물로 환원된다.

$$O_2(g) + 4\,H^+(aq) + 4\,e^- \longrightarrow 2\,H_2O(l) \quad E° = 1.23\ V$$

환원 반쪽 반응의 실제 전위는 표준 전위(1.23 V)보다 낮다. 물방울은 H^+ 이온 농도가 1 M이 아니기 때문이다. (H^+ 이온은 주로 용해된 대기성 이산화 탄소와 물이 반응하여 생기므로, 실제로 물은 약한 산성이다.) 그러나 pH = 7에서도 환원 반쪽 반응 전위는 0.81 V이다. 따라서 전지 전위는 자발적 반응을 의미하는 큰 양수 값이다.

환원 전극 영역에서 O_2의 환원에 필요한 전자들은 더 쉽게 산화되는 산화 전극 영역으로부터 금속을 통하여 흐르는 전류에 의하여 공급된다(그림 19.11). 전기 회로는 물방울 속에 있는 이온의 이동에 의하여 완성된다. Fe^{2+} 이온이 파인 산화 전극 영역으로부터 이동할 때, 물방울의 표면 근처에 용해된 O_2와 접촉하여 Fe^{3+} 이온으로 산화가 조금 더 진행된다.

$$4\,Fe^{2+}(aq) + O_2(g) + 4\,H^+(aq) \longrightarrow 4\,Fe^{3+}(aq) + 2\,H_2O(l)$$

철(III)은 산성도가 보통 정도인 용액에서도 잘 녹지 않는 수화된 산화물을 생성한다. 따라서, 철(III)은 적갈색 물질인 녹으로 침전한다.

$$2\,Fe^{3+}(aq) + 4\,H_2O(l) \longrightarrow \underset{\text{녹}}{Fe_2O_3 \cdot H_2O(s)} + 6\,H^+(aq)$$

부식의 전기 화학적 메커니즘은 눈과 얼음을 녹일 때 염을 사용하는 지역의 자동차가 왜 더 빨리 녹스는가를 매우 훌륭하게 설명해 준다. 물방울에 용해된 염은 전해질의 전도도를 매우 빠르게 증가시킨다. 따라서 부식 속도를 가속화시킨다.

표준 환원 전위 표를 살펴보면, O_2/H_2O 반쪽 반응은 거의 모든 금속에 대한 M^{n+}/M 반쪽 반응보다 위쪽에 있다. 이것은 O_2가 금 및 백금과 같은 몇 가지 금속을 제외한 모든 금속을 산화시킬 수 있음을 의미한다. 예를 들면, 알루미늄은 Al^{3+}/Al 반쪽 반응에 대하여 $E° = -1.66$ V이므로, 철보다 쉽게 산화된다. 다시 말해서, 비행기나 자동차 부품, 창틀, 주방기구 및 청량음료 용기와 같은 알루미늄 제품의 부식은 심각한 문제가 될 수 있다. 그렇지만 다행히도, 알루미늄은 산화되어 매우 단단하고 내식성이 강한 Al_2O_3 피막을 금속 표면에 형성시킨다. 이것이 금속이 더 이상 산소와 접촉하고 반응하는 것을 방지해 준다. 마그네슘, 크로뮴, 타이타늄, 아연과 같은 다른 금속도 비슷한 산화물 보호막을 형성한다. 그러나 철의 경우는 녹이 너무 다공성이어서 밑에 있는 금속이 산화되는 것을 방지하지 못한다.

▲ 이 타이타늄 자전거는 산화를 방지하는 단단하고 내식성이 강한 TiO_2 층이 금속 표면에 흡착되어 금속이 더 이상 산화되지 않도록 보호하기 때문에 부식되지 않는다.

ⓒRudy Umans/Shutterstock

부식 방지

산소와 습기로부터 금속 표면을 보호하면, 철이 부식되는 것을 방지하거나 최소화할 수 있다. 페인트를 입히는 것은 일시적으로 효율적이다. 그러나, 페인트가 긁히거나 벗겨지자마자 곧바로 녹이 생성되기 시작한다. 크로뮴, 주석, 아연과 같은 금속은 철에 대하여 내구력이 있는 코팅을 제공한다. 예를 들면, 자동차 제조에 쓰이는 강철은 용융 아연통 속에 담그는 **아연도금(galvanizing)**이라는 공정을 통하여 코팅이 된다. 전위가 보여 주는 것처럼, 아연은 철보다 쉽게 산화되기 때문에 금속이 부식될 때 철 대신에 아연이 산화된다.

$$Fe^{2+}(aq) + 2\,e^- \longrightarrow Fe(s) \qquad E° = -0.45\ V$$
$$Zn^{2+}(aq) + 2\,e^- \longrightarrow Zn(s) \qquad E° = -0.76\ V$$

초기 철의 산화는 즉각적으로 복구된다. Zn이 즉시 Fe^{2+}를 Fe로 환원시키기 때문이다.

산화 전극:	$Zn(s) \longrightarrow Zn^{2+}(aq) + 2\,e^-$	$E° = 0.76$ V
환원 전극:	$Fe^{2+}(aq) + 2\,e^- \longrightarrow Fe(s)$	$E° = -0.45$ V
전체 반응:	$Fe^{2+}(aq) + Zn(s) \longrightarrow Fe(s) + Zn^{2+}(aq)$	$E° = 0.31$ V

아연과 철이 접촉하는 한, 비록 아연층이 긁힐지라도 아연은 철이 산화되는 것을 보호한다(그림 19.12).

개념탐구 질문 6

만일 아연을 아연도금 강판을 생산하는 데 사용할 수 없다면, 대체할 수 있는 금속으로는 무엇이 있겠는가: 니켈(Ni)? 알루미늄(Al)? (표 19.1의 표준 환원 전위를 참조하시오)

금속을 보다 쉽게 산화되는 다른 금속과 연결함으로써 부식을 방지하는 기술을 **음극화 보호(cathodic protection)**라고 부른다. 철의 아연도금처럼, 금속의 전체 표면을 두 번째 금속으로 덮을 필요는 없다. 필요한 과정은 두 번째 금속과의 전기적 연결이다. 예를 들면, 지하 송유관은 마그네슘 막대를 절연 전선을 통해 연결함으로써, 마그네슘이 **희생 산화 전극**(sacrificial anode)으로 작용하여 철 대신 부식되므로 보호된다. 실제로, 갈바니 전지이다. 이 배열은 쉽게 산화되는 마그네슘이 산화 전극으로 작용하고, 송유관이 환원 전극으로 행동하며, 습기 있는 토양이 전해질로 작용한다. 전지 반쪽 반응은 다음과 같다.

ⓒoc10424/Shutterstock

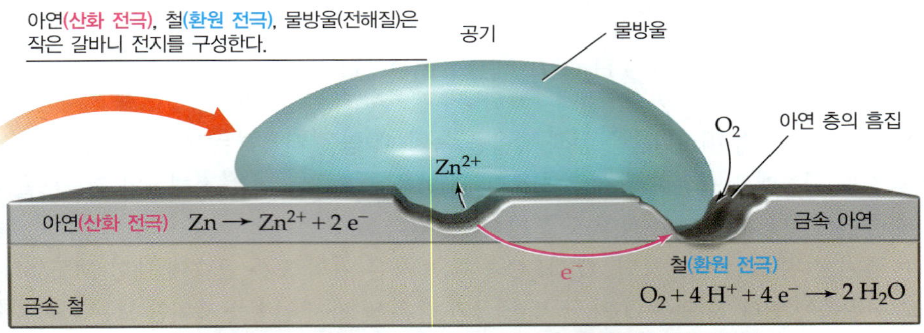

▲ **그림 19.12**
아연도금된 철. 아연 층이 긁힌 경우에도 아연 층은 철이 산화되는 것을 방지한다.

▲ **확인하기**

아연은 어떻게 녹으로부터 철을 보호하는가?

답 아연은 철보다 쉽게 산화되므로 철 대신 산소에 의해 산화된다.

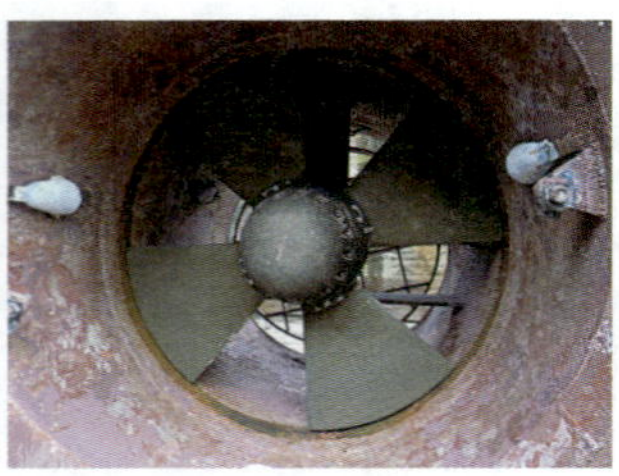

▲ 희생 산화 전극으로 작동하는 아연 조각을 부착한 배의 강철 프로펠러와 덮개. 아연은 철 대신 부식된다. ⓒKeith Michael Taylor/Shutterstock

$$\text{산화 전극:}\quad Mg(s) \longrightarrow Mg^{2+}(aq) + 2\,e^- \qquad E° = 2.37\text{ V}$$
$$\text{환원 전극:}\quad O_2(g) + 4\,H^+(aq) + 4\,e^- \longrightarrow 2\,H_2O(l) \qquad E° = 1.23\text{ V}$$

19.12 전기 분해와 전해 전지

지금까지, 전기 화학적 갈바니 전지에만 관심을 가졌다. 갈바니 전지에서는 자발적 산화–환원 반응에 의하여 전류를 생산한다. 두 번째로 중요한 전기 화학적 전지는 전류를 이용하여 비자발적 반응을 진행하는 전해 전지이다. 그러므로 갈바니 전지와 전해 전지에서 일어나는 과정은 서로 반대이다. 양의 E 값(그리고 음의 ΔG 값)을 갖는 반응이 평형을 향하여 진행되는 갈바니 전지는, 화학 에너지를 전기 에너지로 변환한다. 음의 E 값(그리고 양의 ΔG 값)을 갖는 반응이 전류에 의하여 평형으로부터 멀리 진행되는 전해 전지는, 전기 에너지를 화학 에너지로 변환한다.

전류를 사용하여 화학적 변화를 일으키는 공정을 **전기 분해(electrolysis)**라고 부른다. 두 종류의 전지에 대하여 E와 $\Delta G = -nFE$의 서로 반대인 부호 및 평형에 도달한 반응의 상태(작동하지 않는 배터리!)를 **표 19.2**에 요약하였다.

용융 염화 소듐의 전기 분해

전해 전지는 두 전극이 전해질에 담겨 있고, 배터리나 다른 직류 전원에 연결되어 있다. 예를 들면, 용융 소금의 전기 분해를 위한 전지는 **그림 19.13**에 나타나 있다. 배터리는 전자를 한 전극으로 밀어 보내고, 다른 전극으로부터 전자를 빼내는 전자 펌프의 역할을 한다. (−) 전극은 Na^+ 양이온을 끌어당긴다. Na^+ 양이온은 배터리에 의해 공급되는 전자와 결합하고, 액체 금

표 19.2 전지 전위 E와 자유 에너지 변화 ΔG의 관계

반응 종류	E	ΔG	전지 형태
자발적 반응	+	−	갈바니
비자발적 반응	−	+	전해
평형	0	0	작동하지 않는 배터리

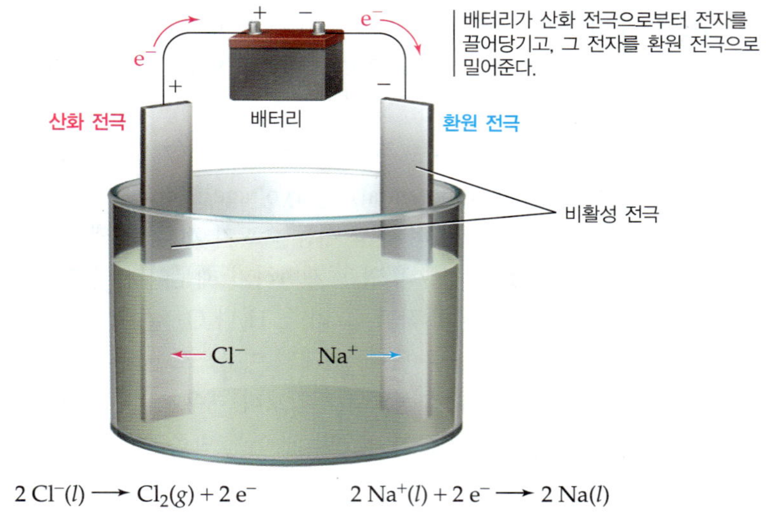

◀ **그림 19.13**

용융 염화 소듐의 전기 분해. 염화 이온은 산화 전극에서 Cl_2 기체로 산화되고, Na^+ 이온은 환원 전극에서 금속 소듐으로 환원된다.

▶ 확인하기

전해 전지와 갈바니 전지(그림 19.3)에서 전극의 전하와 전자의 이동 방향을 비교하시오. 두 개의 전지가 어떻게 다른가?

답 갈바니 전지와 전해 전지 모두, 전자는 산화 전극에서 환원 전극으로 흐른다. 갈바니 전지에서는 산화 전극이 (−)이고, 환원 전극이 (+)이다. 그러나 전해 전지에서는 산화 전극이 (+)이고, 환원 전극이 (−)이다.

속 소듐으로 환원된다. 비슷한 방식으로, (+) 전극은 Cl^- 음이온을 끌어당긴다. Cl^- 음이온은 배터리에 의해 제거된 전자를 보충하여 염소 기체로 산화된다. 전극 반응과 전체 전지 반응은 다음과 같다.

$$\begin{array}{ll} \text{산화 전극(산화):} & 2\,Cl^-(l) \longrightarrow Cl_2(g) + 2\,e^- \\ \text{환원 전극(환원):} & 2\,Na^+(l) + 2\,e^- \longrightarrow 2\,Na(l) \\ \hline \text{전체 전지 반응:} & 2\,Na^+(l) + 2\,Cl^-(l) \longrightarrow 2\,Na(l) + Cl_2(g) \end{array}$$

갈바니 전지에서와 마찬가지로, 산화 전극은 산화가 일어나는 전극이고, 환원 전극은 환원이 일어나는 전극이다. 그러나 두 전극의 부호는 갈바니 전지와 전해 전지의 경우 정반대이다. 갈바니 전지에서는 산화 전극이 외부 회로에 전자를 공급하므로 (−)극이다. 반면에, 전해 전지에서는 배터리에 의해서 산화 전극에서 전자가 제거되므로 (+)극으로 간주된다. 전해 전지에서 각 전극의 부호와 연결된 배터리 전극의 부호는 동일하다.

염화 소듐 수용액의 전기 분해

염화 소듐 수용액을 전기 분해할 때의 전극 반응은 용융 염의 전기 분해와 다를 수 있다. 물을 포함하기 때문이다. 예를 들어, 염화 소듐 수용액의 전기 분해에서 환원 전극 반쪽 반응은 용융 염화 소듐과 마찬가지로, Na^+가 금속 소듐으로 환원되거나 물이 수소 기체로 환원될 것이다.

$$\begin{array}{ll} Na^+(aq) + e^- \longrightarrow Na(s) & E° = -2.71\text{ V} \\ 2\,H_2O(l) + 2\,e^- \longrightarrow H_2(g) + 2\,OH^-(aq) & E° = -0.83\text{ V} \end{array}$$

Na^+의 환원 표준 전위보다 물의 환원 표준 전위가 훨씬 작은 음의 값이기 때문에, 물이 선택적으로 환원되어 환원 전극에서 수소 기체 기포가 발생한다.

산화 전극 반쪽 반응은 용융 염화 소듐에서처럼, Cl^- 이온이 Cl_2 기체로 산화되거나 물이 산화되어 산소 기체로 될 것이다.

$$\begin{array}{ll} 2\,Cl^-(aq) \longrightarrow Cl_2(g) + 2\,e^- & E° = -1.36\text{ V} \\ 2\,H_2O(l) \longrightarrow O_2(g) + 4\,H^+(aq) + 4\,e^- & E° = -1.23\text{ V} \end{array}$$

$E°$ 값에 의하면, 1 M 이온 농도 용액에서 물의 산화가 약간 우세할 것이라고 예상된다. 중성 용액($[H^+] = 10^{-7}$ M)에서, 물의 산화 전위는 pH 7에서 −0.81 V이므로, 훨씬 쉽게 물의 산화 반응이 일어날 것이다. 그렇지만 산화 전극에서 관찰되는 생성물은 O_2가 아니고 Cl_2이다. **과전압**(overpotential)이라는 현상 때문이다.

실험에 의하면, 전기 분해에 필요한 전압은 표준 환원 전위로부터 계산한 값보다 항상 크다. 이때 추가로 필요한 전압을 **과전압**(overpotential, overvoltage)이라고 한다. 과전압이 필요한 이유는 하나 혹은 양쪽 전지의 반쪽 반응의 전자 이동 속도가 전극–용액 경계면에서 종종 느려서, 결국 전해 전지를 통해 흐르는 전류의 양을 제한하기 때문이다. 용액이나 금속의 석출을 포함하는 반쪽 반응의 과전압은 상당히 작다. 그러나, H_2나 O_2 같은 기체의 생성을 포함하는 반쪽 반응의 과전압은 1 V까지 가질 수 있다. 현재의 이론으로는 과전압 크기를 예측할 수 없다. 그러나 O_2 형성의 과전압이 Cl_2 형성의 과전압보다 매우 크다는 것이 알려져 있다. 과전압 때문에, 경쟁하는 반쪽 반응의 $E°$ 값이 비슷할 때 어느 반쪽 반응이 일어날지 예측하는 것은 종종 어렵다. 그러한 경우에는 실험만이 실제로 어떤 반응이 일어나는지를 말할 수 있다.

염화 소듐 수용액의 전기 분해의 경우, 관찰된 전극 반응과 전체 전지 반응은 다음과 같다.

산화 전극(산화):	$2\,Cl^-(aq) \longrightarrow Cl_2(g) + 2\,e^-$	$E° = -1.36$ V
환원 전극(환원):	$2\,H_2O(l) + 2\,e^- \longrightarrow H_2(g) + 2\,OH^-(aq)$	$E° = -0.83$ V
전체 전지 반응:	$2\,Cl^-(aq) + 2\,H_2O(l) \longrightarrow Cl_2(g) + H_2(g) + 2\,OH^-(aq)$	$E° = -2.19$ V

소듐 이온은 구경꾼 이온처럼 행동하고, 전극 반응에는 참여하지 않는다. 즉, 염화 소듐 용액은 수산화 소듐 용액으로 바뀐다. 이 비자발적 반응이 표준 상태 조건에서 일어나도록 하는데 필요한 최소 전위는 2.19 V에 과전압을 더한 값이다.

물의 전기 분해

수용액의 전기 분해는 전해질이 있어야 한다. 용액 내에서 전류를 운반한다. 그러나 전해질의 이온이 물보다 쉽게 산화되거나 환원되지 않는 경우, 물이 양쪽 전극에서 반응한다. 예를 들어, 비활성 전해질인 Na_2SO_4 수용액을 전기 분해한다고 가정하자. 산화 전극에서는 SO_4^{2-} 이온보다 물의 산화가 선택적으로 잘 일어난다. 환원 전극에서는 Na^+ 이온보다 물의 환원이 선택적으로 잘 일어난다. 따라서 전극과 전체 전지 반응은 다음과 같다.

산화 전극(산화):	$2\,H_2O(l) \longrightarrow O_2(g) + 4\,H^+(aq) + 4\,e^-$
환원 전극(환원):	$4\,H_2O(l) + 4\,e^- \longrightarrow 2\,H_2(g) + 4\,OH^-(aq)$
전체 전지 반응:	$6\,H_2O(l) \longrightarrow 2\,H_2(g) + O_2(g) + 4\,H^+(aq) + 4\,OH^-(aq)$

산화 전극과 환원 전극 용액이 섞이면, H^+와 OH^- 이온이 반응하여 물을 생성한다.

$$4\,H^+(aq) + 4\,OH^-(aq) \longrightarrow 4\,H_2O(l)$$

따라서 알짜 전기 분해 반응은 물의 분해이다. 이것은 실험실에서 적은 양의 순수한 H_2와 O_2를 얻기 위해 가끔 사용하는 과정이다.

$$2\,H_2O(l) \longrightarrow 2\,H_2(g) + O_2(g)$$

19.13 전기 분해의 상업적 응용

전기 분해는 많은 중요한 화학 물질을 제조할 때와 금속의 정제와 전기 도금을 위한 수많은 공정에 이용된다. 몇 가지 예를 살펴보자.

소듐의 제조

금속 소듐은 상업적으로 **다운스 전지**(Downs cell)에서 생산된다. 여기서는 염화 소듐과 염화 칼슘의 용융 혼합물을 전기 분해하여 생산된다(그림 19.14). $CaCl_2$의 존재는 전지를 낮은 온도에서 조작할 수 있게 해준다. $NaCl-CaCl_2$ 혼합물의 녹는점(약 580 ℃)을 순수한 NaCl의 녹는점(801 ℃)보다 낮추기 때문이다. 원통형 강철 환원 전극에서 생성되는 액체 소듐은 용융된 염보다 밀도가 작아, 전지의 윗부분으로 떠올라 분리되어 적당한 용기에 옮겨진다. 염소 가스는 흑연 양극에서 형성된다. 또한 양극과 음극은 철 스크린으로 분리되며, 반응성이 높은 소듐과 염소를 서로 떨어져 있게 한다. 다운스 공정은 높은 전류(보통 25,000~40,000 A)를 필요로 하기 때문에, 소듐 생산 공장은 저렴한 수력발전 전기를 이용할 수 있는 곳 근처에 설치된다. 예를 들면, 미국 뉴욕 주의 나이아가라 폭포이다.

개념탐구 질문 7

금속 포타슘은 1807년 최초로 데이비(Humphrey Davy)에 의해 용융 수산화 포타슘을 전기 분해하여 제조되었다.

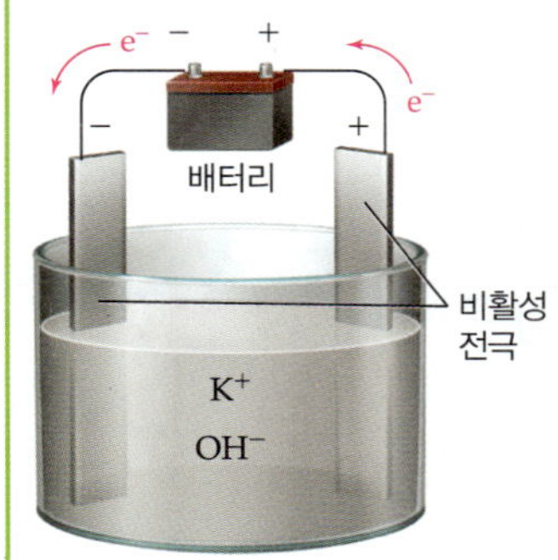

산화 전극에서는 어떠한 반응이 일어나는가? 또한 산화 전극의 부호는 무엇인가? (부록 D의 표준 환원 전위를 참조하시오.)

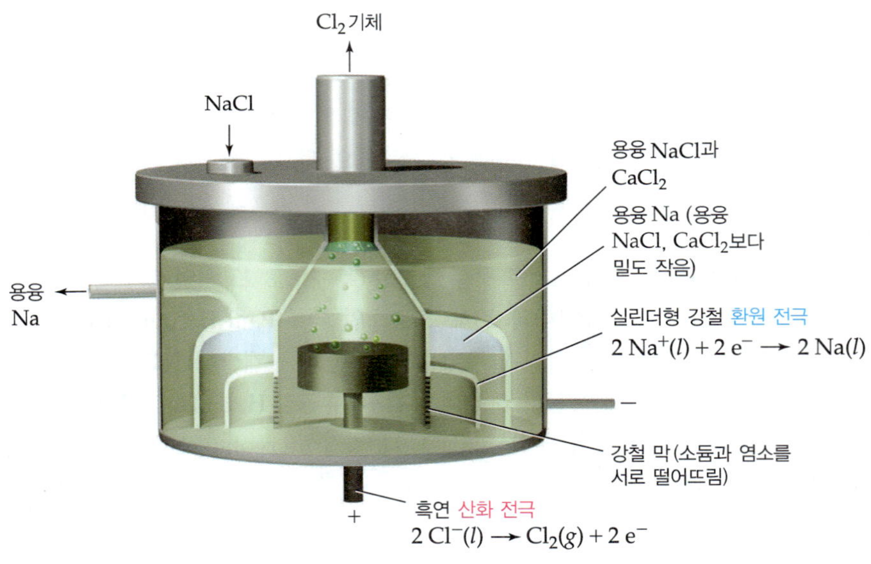

◀ **그림 19.14**
용융 염화 소듐을 전기 분해하여 금속 소듐을 상업적으로 생산하는 다운스 전지의 단면도. 전지는 소듐과 염소들이 서로 격리되어 있고, 공기와 접촉되지 않도록 설계되어 있다.

염소와 수산화 소듐의 제조

염화 소듐 수용액을 전기 분해하여 염소와 수산화 소듐을 생산하는 것은 **염소-알칼리 산업**(chlor-alkali industry)의 기초로, 미국에서만 연간 약 40억 달러의 매출을 창출하는 사업이다. 미국에서 염소의 연간 생산량은 약 1,000만 톤에 달하고, 수산화 소듐은 연간 800만 톤이 생산된다. 염소는 물과 오수 처리, 종이 생산에서 표백제, 폴리염화 바이닐(PVC)과 같은 플라스틱 생산에 사용된다. 수산화 소듐은 종이, 섬유, 비누, 세제를 만드는 데 쓰인다.

그림 19.15는 염소와 수산화 소듐의 상업적 생산에 사용되는, 막 전지의 본질적인 특징을 보여 준다. 포화 염화 소듐 수용액(소금물)은 Cl^-가 Cl_2 기체로 산화되는 산화 전극으로 흐른다. 또한, 물은 H_2 기체와 OH^- 이온으로 전환되는 환원 전극 구획으로 유입된다. 산화 전극과 환원 전극 구획 사이에는 양이온은 투과되고 음이온이나 물은 통과시키지 않는, 특수한 고분자

▶ 그림 19.15
Cl_2와 NaOH의 전기적 생산을 위한 막전지. 염화 이온은 산화 전극에서 Cl_2 기체로 산화되고, 물은 환원 전극에서 H_2 기체와 OH^- 이온으로 변환된다.

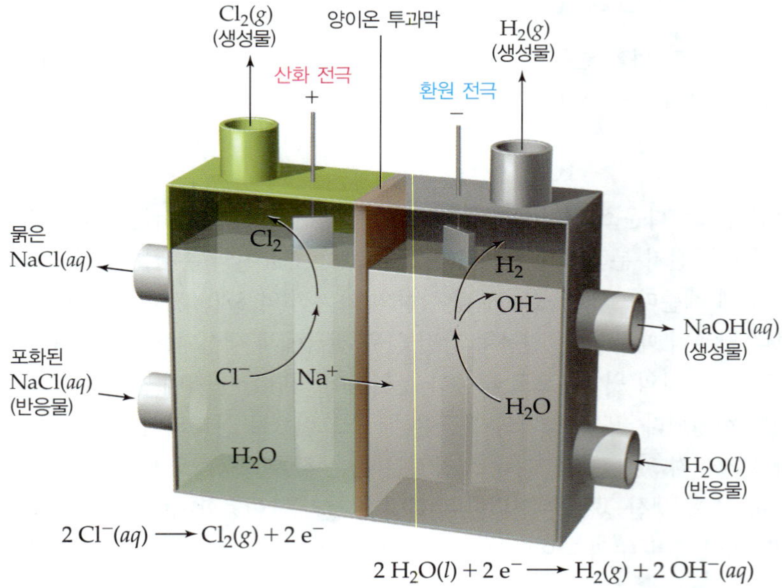

소듐 이온은 산화 전극 구획에서 양이온 투과막을 통해 환원 전극 구획으로 이동하여 NaOH 수용액이 되어 전지로부터 흘러나온다.

막이 있다. 막은 Cl_2와 OH^- 이온을 서로 분리하고, Na^+ 이온은 환원 전극 구획으로 흐르게 한다. 따라서 용액 내에서 전류를 운반하고, 양쪽 구획은 전기적으로 중성을 유지한다. Na^+와 OH^- 이온은 NaOH 수용액으로 되어 환원 전극 구획으로부터 흘러나온다.

▲ 워싱턴 주 위냇치에 위치한 콜롬비아 강가의 Alcoa 알루미늄 공장 ©J Brew/CC 2.0: Attribution-Share Alike/Flickr

알루미늄의 제조

알루미늄은 지구의 지각에서 세 번째로 풍부한 원소(무게로 8.23%)일지라도, 22세 미국인 홀(Charles Martin Hall, 1863~1914)과 23세 프랑스인 에루(Paul Héroult, 1863~1914)가 독자적으로 전기 분해에 의한 실용적인 알루미늄 생산 공정을 개발한 1886년까지는, 희귀하고 비싼 금속이었다. 오늘날에도 여전히 사용되는 **홀–에루 공정**(**Hall–Héroult process**)은, 흑연 전극이 있는 전지 안에서 산화 알루미늄(Al_2O_3)과 빙정석(cryolite, Na_3AlF_6)의 용융 혼합물을 1,000 ℃에서 전기 분해하는 방식이다(그림 19.16). 순수한 Al_2O_3의 전기 분해는 Al_2O_3가 매우 높은 온도(2045 ℃)에서 용융되기 때문에 실용적이지 못하다. 또한, Al^{3+} 수용액의 전기 분해는 Al^{3+} 이온보다 물이 우선적으로 환원되기 때문에 실현 가능성이 없다. 따라서 빙정석

▶ 그림 19.16
홀–에루 공정에 의하여 알루미늄을 제조하는 전해 전지

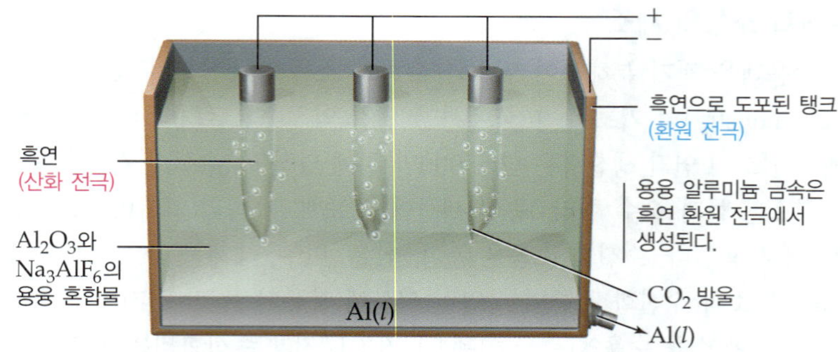

용융 알루미늄은 Al_2O_3–Na_3AlF_6 혼합물보다 밀도가 커서 전지의 바닥에 모아지고 주기적으로 수집한다.

을 Al_2O_3의 용매로 사용한 것이 홀–에루 공정의 성공 비결이다.

전극 반응이 아직까지 완벽하게 이해되지 않는다. 그러나, 아마도 Al_2O_3와 Na_3AlF_6의 반응에 의하여 생성된, $AlF_xO_y^{+3-x-2y}$ 형태의 음이온 착물이 관련되어 있는 것으로 여겨진다. 음이온 착물은 환원 전극에서 용융된 금속 알루미늄으로 환원되고, 산화 전극에서는 O_2 기체로 산화된 후, 흑연 산화 전극과 반응하여 CO_2로 방출된다. 결과적으로, 산화 전극은 빠르게 침식되므로 자주 교체되어야 한다. 1 mol 전자가 단지 9 g의 알루미늄을 생산하기 때문에, 전지는 낮은 전압(5~6 V)에서 작동하지만, 매우 높은 전류(250,000 A까지)가 필요하다. 전기 분해에 의한 알루미늄 제조는 오늘날 미국에서 전기를 가장 많이 소비한다. 따라서, 알루미늄 생산품을 재활용하는 것이 비용 효율이 높다. 소듐의 생산처럼, 알루미늄의 생산도 일반적으로 미국 워싱턴주의 콜롬비아강 같이 전기 생산 비용이 저렴한 수력발전소 근처에서 이루어진다.

전해 정제와 전기 도금

전기 분해를 이용하여 금속을 정제하는 것을 **전해 정제**(electrorefining)라고 한다. 예를 들어, 광석으로부터 얻은 불순물 구리는 전해 전지 안에서 순수한 구리로 변환된다(그림 19.17). 이 전지에서는 불순물 구리가 산화 전극, 순수한 구리가 환원 전극이다. 전해질은 황산 구리(II) 수용액이다.

불순물이 섞인 Cu 산화 전극에서는 아연 및 철과 같이 쉽게 산화되는 금속 불순물과 함께 구리가 산화된다. 은, 금, 백금과 같이 쉽게 산화되지 않는 불순물들은 전지 바닥에 **산화 전극 반죽**(anode mud)으로 쌓여, 다시 귀금속을 회수하기 위해 재처리된다. 순수한 Cu 환원 전극에서는 Cu^{2+} 이온이 순수한 금속 구리로 환원된다. 그러나 쉽게 환원되지 않는 금속 이온(Zn^{2+}, Fe^{2+} 등)들은 용액 중에 남는다.

$$\text{산화 전극(산화):} \quad M(s) \longrightarrow M^{2+}(aq) + 2\,e^- \quad (M = Cu, Zn, Fe)$$
$$\text{환원 전극(환원):} \quad Cu^{2+}(aq) + 2\,e^- \longrightarrow Cu(s)$$

▲ 금도금된 물질은 순수한 금을 다른 금속 위에 전기 도금함으로써 제작된다. © enchanted_fairy/Shutterstock

전해 전지 안에는, 불순물이 섞인 구리와 순수한 구리가 교대로 배열된 평판이, 구리 정제를 위한 전극으로 작용한다. © zhangyang13576997233/Shutterstock

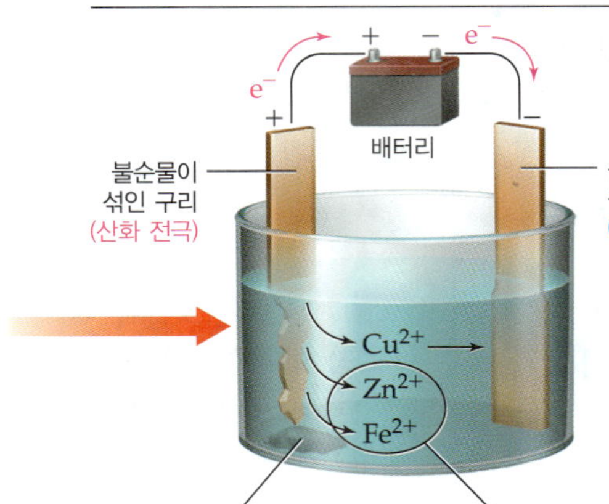

▲ 그림 19.17
금속 구리의 전해 정제

개념탐구 질문 8
영화 예술 및 과학 아카데미(Academy of Motion Pictures Arts and Sciences)가 연기 및 영화 제작 부문에서 우수성을 인정한 오스카상은 청동으로 만들어졌으며, 금으로 도금되어 있다. 전기 도금 공정에서, 어떤 전극을 이 오스카상에 연결해야 하나? 이 전극에서 발생하는 반쪽 반응은 무엇인가?

따라서, 알짜 전지 반응은 금속 구리를 불순물이 섞인 산화 전극으로부터 순수한 환원 전극으로 이동시킨다. 이 과정을 통해 얻어지는 구리의 순도는 99.95%이다.

전해 정제와 밀접한 관련이 있는 것은 **전기 도금**(electroplating)이다. 전기 도금은 한 금속을 다른 금속의 표면에 전기 분해를 이용하여 코팅하는 것이다. 예를 들면, 강철 오토바이 부품은 크로뮴 도금하여 부식으로부터 보호한다. 또한, 은도금을 사용하여 멋진 식탁 품목을 만든다. 도금할 물체를 세심하게 세척한 후, 전해 전지의 음극에 위치시킨다. 전해 전지에는 증착될 금속의 이온이 들어 있다.

19.14 전기 분해의 정량적 관점

1830년대에, 패러데이(Michael Faraday)는 한 전극에서 전기 분해에 의해 생성되는 물질의 양은 전지를 통해 흐르는 전하량에 의존한다는 것을 증명하였다. 예를 들어, 다운스 전지(Downs cell)에서 1 mol의 전자가 흐르면, 1 mol의 소듐(23.0 g)이 환원 전극에서 얻어진다.

$$\underset{1\text{ mol}}{Na^+(l)} + \underset{1\text{ mol}}{e^-} \longrightarrow \underset{1\text{ mol (23.0 g)}}{Na(l)}$$

비슷하게, 홀–에루 공정(Hall–Héroult process)에서 1 mol의 전자가 흐르면 1/3 mol(9.0 g)의 알루미늄이 생산된다. 이것은 다음 반응과 같이 1 mol의 Al^{3+}를 Al로 환원하기 위해 3 mol의 전자가 있어야 하기 때문이다.

$$\underset{1/3\text{ mol}}{Al^{3+}(l)} + \underset{1\text{ mol}}{3\,e^-} \longrightarrow \underset{1/3\text{ mol (9.0 g)}}{Al(l)}$$

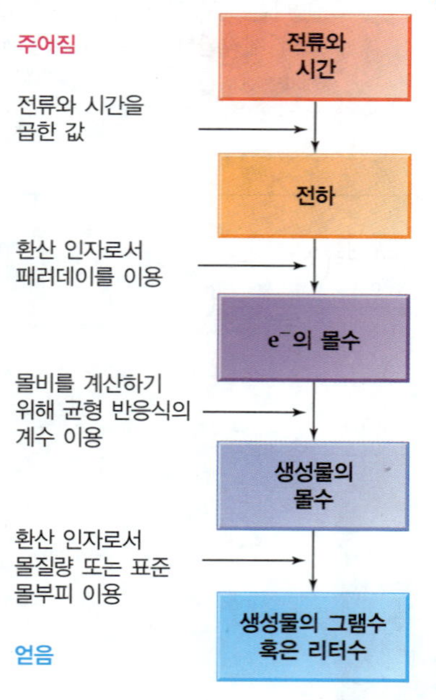

▲ 그림 19.18
일정한 시간 동안 전해 전지에 흘려 준 전류로부터, 생성된 생성물의 양을 구하는 환산 과정

일반적으로, 전극 반응에서 생산되는 생성물의 양은 반응의 화학량론과 생성물의 몰질량에 직접적인 관련이 있다.

특정한 실험에서 몇 mol의 전자가 전지를 통하여 흐르는가를 계산하기 위해, 전류와 전류가 흐른 시간을 측정해야 한다. 전지를 통해 흐른 전하량(쿨롱 단위)은, 암페어 단위의 전류(초당 쿨롱)와 시간(초 단위)의 곱이다.

$$\text{전하량(C)} = \text{전류(A)} \times \text{시간(s)}$$

전자 1 mol의 전하량은 96,500 C(19.4 절)이므로, 전지를 통해 흐른 전자의 몰수는 다음과 같다.

$$e^-\text{의 몰수} = \text{전하(C)} \times \frac{1\text{ mol }e^-}{96{,}500\text{ C}}$$

그림 19.18에 보인 환산 과정은, 정해진 시간 동안에 알고 있는 전류를 전지에 흘려 줌으로써 생성되는 생성물의 질량이나 부피를 계산하는 데 이용된다. 전자를 균형 화학식에서 '반응물'로 간주하고, 다른 화학량론적 문제와 같이 진행하여 계산하는 것이 핵심이다. 예제 19.13에 계산 과정을 예시하였다. 또한, 그림 19.18의 역방향 과정을 통해서는 제시된 생성물의 양으로 생산하는 데 필요한 전류(혹은 시간)를 구할 수 있다.

예제 19.13

전기 분해로 생성되는 생성물의 양 계산

30.0 A의 일정한 전류가 NaCl 수용액에 1.00 h 동안 흘렀다. 몇 g의 NaOH와 몇 L의 Cl_2 기체가 STP에서 생성되는가?

문제 파악

알고 있는 것	알아내야 할 것
NaCl(*aq*) 시간(1.00 h) 전류(30.0 A = 30.0 C/s) STP(STP에서 1몰의 기체는 22.4 L의 부피를 갖는다.)	생성물의 양 [NaOH의 질량(g)과 Cl_2의 부피(L)]

전략

전류와 시간을 생성물의 g이나 L로 변환시키기 위하여, 그림 19.18에 있는 환산 과정을 실행한다. 다른 전략은, 알고 있는 단위로부터 시작해서 변환을 이용하여 구하고자 하는 단위에 도달하는 것이다.

풀이

전자는 전기 분해 과정에서 반응물로 생각할 수 있기 때문에, 첫 단계에서는 전지를 통해 흐른 전하량과 전자의 몰수를 구한다.

$$\text{전하} = \left(30.0\ \frac{\text{C}}{\text{s}}\right)(1.00\ \text{h})\left(\frac{60\ \text{min}}{1\ \text{h}}\right)\left(\frac{60\ \text{s}}{1\ \text{min}}\right) = 1.08 \times 10^5\,\text{C}$$

$$\text{e}^-\text{의 몰수} = (1.08 \times 10^5\ \text{C})\left(\frac{1\ \text{mol e}^-}{96{,}500\ \text{C}}\right) = 1.12\ \text{mol e}^-$$

환원 전극 반응은 전자 2 mol마다 OH^- 2 mol을 얻는다(19.12절: 염화 소듐 수용액의 전기 분해). 따라서 NaOH 1.12 mol이 얻어진다.

$$2\,\text{H}_2\text{O}(l) + 2\,\text{e}^- \longrightarrow \text{H}_2(g) + 2\,\text{OH}^-(aq)$$

$$\text{NaOH의 몰수} = (1.12\ \text{mol e}^-)\left(\frac{2\ \text{mol NaOH}}{2\ \text{mol e}^-}\right) = 1.12\ \text{mol NaOH}$$

NaOH의 몰수를 NaOH의 그램수로 전환하면, 44.8 g의 NaOH가 된다.

$$\text{NaOH의 그램수} = (1.12\ \text{mol NaOH})\left(\frac{40.0\ \text{g NaOH}}{1\ \text{mol NaOH}}\right) = 44.8\ \text{g NaOH}$$

환원 전극에서 생성된 NaOH의 질량은, 다음과 같이 한 단계로 간단히 계산할 수 있다.

$$\left(30.0\ \frac{\text{C}}{\text{s}}\right)(1.00\ \text{h})\left(\frac{3600\ \text{s}}{\text{h}}\right)\left(\frac{1\ \text{mol e}^-}{96{,}500\ \text{C}}\right)\left(\frac{2\ \text{mol NaOH}}{2\ \text{mol e}^-}\right)\left(\frac{40.0\ \text{g NaOH}}{1\ \text{mol NaOH}}\right) = 44.8\ \text{g NaOH}$$

산화 전극 반응은 전자 2 mol마다 Cl_2 기체 1 mol을 발생한다. 따라서, Cl_2 기체 0.560 mol을 얻는다.

$$2\,\text{Cl}^-(aq) \longrightarrow \text{Cl}_2(g) + 2\,\text{e}^-$$

$$\text{Cl}_2\text{의 몰수} = (1.12\ \text{mol e}^-)\left(\frac{1\ \text{mol Cl}_2}{2\ \text{mol e}^-}\right) = 0.560\ \text{mol Cl}_2$$

이상 기체 1 mol은 STP에서 22.4 L 부피를 차지한다. 따라서 얻은 Cl_2의 부피는 12.5 L이다.

$$Cl_2\text{의 리터수} = (0.560\ \text{mol}\ Cl_2)\left(\frac{22.4\ \text{L}\ Cl_2}{\text{mol}\ Cl_2}\right) = 12.5\ \text{L}\ Cl_2$$

산화 전극에서 발생하는 Cl_2의 부피는 다음과 같이 한 단계로 간단히 계산할 수 있다.

$$\left(30.0\ \frac{\text{C}}{\text{s}}\right)(1.00\ \text{h})\left(\frac{3600\ \text{s}}{\text{h}}\right)\left(\frac{1\ \text{mol}\ e^-}{96{,}500\ \text{C}}\right)\left(\frac{1\ \text{mol}\ Cl_2}{2\ \text{mol}\ e^-}\right)\left(\frac{22.4\ \text{L}\ Cl_2}{\text{mol}\ Cl_2}\right)$$
$$= 12.5\ \text{L}\ Cl_2$$

점검

대략 1 mol의 전자가 전지를 통해 흐르고, 전극 반응으로 전자 1 mol마다 NaOH 1 mol과 Cl_2 0.5 mol을 얻는다. 따라서 NaOH 1 mol(약 40 g)과 Cl_2 0.5 mol(표준 상태에서 약 11 L)이 생성될 것이다. 대략적인 점검과 풀이가 일치한다.

연습문제 19.25 산화 알루미늄과 빙정석의 용융 혼합물에 8.00 h 동안 1.00×10^5 A의 일정한 전류가 흐를 때, 생산되는 알루미늄은 몇 kg인가?

응용문제 19.26 0.100 A의 일정한 전류를 이용하여 커피잔을 은으로 도금한다. 은 3.00 g을 도금하기 위해서 얼마 동안의 시간이 필요한가? (힌트: 그림 19.18의 역순으로 단계를 진행하시오)

INQUIRY ? 수소 연료 전지는 어떻게 작동할까?

온실가스 배출 증가에 의한 기후 변화(10.11절)를 뒷받침하는 과학적 증거가 쌓이고, 공해가 건강에 미치는 악영향이 밝혀짐에 따라, 무공해 에너지원의 필요성이 점점 시급해지고 있다. 바람이나 태양과 같은 재생 에너지로부터 얻는 수소는 청정 에너지원이 될 수 있다. NASA의 우주 프로그램에 사용되어 온 수소의 직접적 연소는 우주 왕복선이나 다른 로켓들을 행성으로 쏘아올릴 때 사용된다. 반면에, 연료 전지에서 수소의 전기 화학적 반응은 우주선 안의 전기를 생산할 때 사용된다. 연료 전지에서 부산물은 물(깨끗해서 우주 비행사가 마실 수 있는!)뿐이다.

연료 전지란 무엇인가? **연료 전지(fuel cell)**란 반응물 중 하나가 메탄올이나 수소와 같은 연료를 사용하는 갈바니 전지이다. 연료 전지는 반응물이 전지 내부에 저장되어 있지 않고, 대신에 외부 가스탱크로부터 지속적으로 공급된다는 점에서 일반적인 배터리와 구별된다. 아마도 가장 잘 알려진 예는 우주선에 전력 공급원으로 사용된 수소–산소 연료 전지이다(그림 19.19). 이 전지는 금속 촉매를 주입한 다공성의 탄소 전극과 고온의 KOH 수용액 전해질로 구성된다. 기체 상태의 H_2 연료와 기체 상태의 O_2 산화제는 직접 반응하지 않는다. 대신에, 분리된 전지 구획으로 흘러 들어가서 수소는 산화 전극에서 산화되고, 산소는 환원 전극에서 환원된다. 전체 반응은 단순히 수소와 산소가 물로 전환되는 반응이다.

산화 전극: $2\,H_2(g) + 4\,OH^-(aq) \longrightarrow 4\,H_2O(l) + 4\,e^-$
환원 전극: $O_2(g) + 2\,H_2O(l) + 4\,e^- \longrightarrow 4\,OH^-(aq)$
전체 전지 반응: $2\,H_2(g) + O_2(g) \longrightarrow 2\,H_2O(l)$

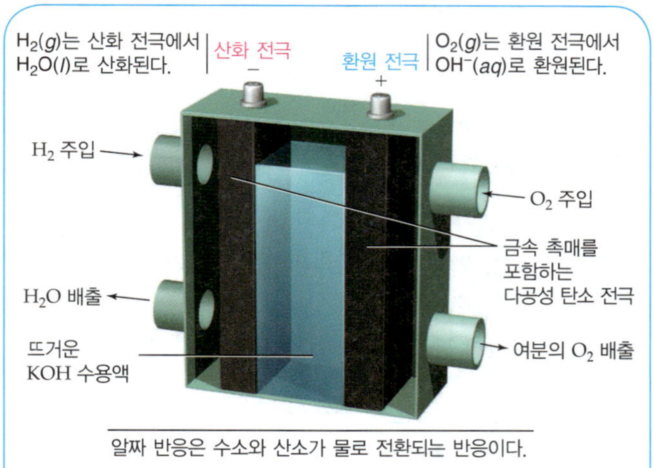

▲ 그림 19.19
수소–산소 연료 전지

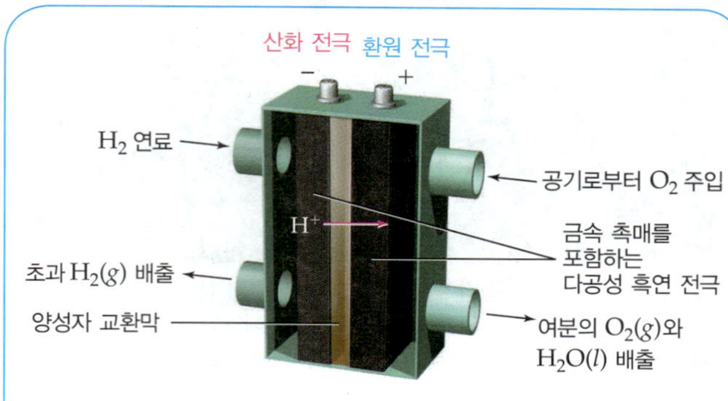

▲ 그림 19.20
양성자 교환막(proton–exchange membrane, PEM) 연료 전지

기차, 버스, 발전소에 필요한 전력을 공급하기 위해 설계된 연료 전지에서, KOH 수용액은 전자는 전도하지 않고 양성자만 전도하는 특별한 고분자막으로 대체되었다(그림 19.20). **양성자 교환막 연료 전지**[proton-exchange membrane(PEM) fuel cell]의 전극과 전체 전지 반응은 다음과 같다.

산화 전극: $2\,H_2(g) \longrightarrow 4\,H^+(aq) + 4\,e^-$
환원 전극: $O_2(g) + 4\,H^+(aq) + 4\,e^- \longrightarrow 2\,H_2O(l)$
전체 전지 반응: $2\,H_2(g) + O_2(g) \longrightarrow 2\,H_2O(l)$

양성자는 막을 통과하여 산화 전극에서 환원 전극으로 이동한다. 반면에, 전자는 외부 회선을 통하여 산화 전극에서 환원 전극으로 움직여 전기를 발생시킨다. 대부분의 연료 전지는 1.2 V 이하의 전력을 생산한다. 따라서 자동차에 동력을 공급하는 전기 모터를 작동하기 위해서는 여러 개의 전지가 필요하다. 연료 전지 자동차는 조용하고, 유일한 반응 생성물이 물이기 때문에 배기가스를 배출하지 않는다. 비록 수소를 얻기 위한 증기–탄화수소 개질 과정에서 CO_2가 생성되지만, 환경 오염 물질이나 지구 온난화를 초래하는 CO_2를 생성하지 않는다.

연료 전지로 구동되는 시연 자동차(FCVs)가 수년 동안 운행되고 있다. 북아메리카와 유럽의 여러 도시에서 연료 전지 버스가 시험 운행되어 왔고, 연료 전지로 구동되는 첫 번째 트럭이 미군에 인도되었다. 세 가지 연료 전지 자동차(혼다의 클래리티, 현대의 투싼, 도요타의 미라이가 대표적이다)가 34개의 수소 연료 충전소가 설치되어 있는 미국 캘리포니아 주에서 판매되거나 임대되고 있다. 연료 전지 자동차

▲ 충전중인 수소 연료 자동차. 수소는 물의 전기 분해에 의해 생산되었다. 이 전기 분해에 사용된 전기는 풍력이나 태양열과 같은 재생 에너지로부터 얻어진 전기를 이용하였다. ©metamorworks/Shutterstock

에 수소를 완전 충전하는 데 소요되는 시간은 단지 5분이며, 300마일 이상의 주행거리가 가능하다. 연료 전지 자동차의 대규모 상용화의 큰 장애물은, 상대적으로 높은 비용의 연료 전지 자동차, 높은 생산 비용, 오염을 발생시키지 않는 수소 생산 방식, 수소 연료 기간기설 개발 등이 있다. 화석 연료가 여전히 수소의 주요 공급원이지만, 태양열이나 풍력으로부터 생산되는 전기를 사용하는 물의 전기 분해는 청정한 생산 방법이다.

수소 연료 충전소를 설치하기 위해서는 2백만 달러에 가까운 높은 비용이 소요된다. 따라서 소수의 수소 연료 자동차를 위해서 많은 기반 설비 투자가 진행되기 어렵다.

연료 전지의 대중적 응용은 휴대폰, 노트북 컴퓨터 등과 같은 작은 전자기기에서 가능하게 될 것이다. 이와 같은 제품에 사용하기 위해 제안된 연료 전지가 **직접 메탄올 연료 전지**(direct methanol fuel cell, DMFC)이다. 이 전지는 PEM 연료 전지와 비슷하지만, 기체 상태의 수소를 사용하는 대신 메탄올(CH_3OH) 수용액을 연료로 사용한다.

산화 전극: $2\ CH_3OH(aq) + 2\ H_2O(l) \longrightarrow 2\ CO_2(g) + 12\ H^+(aq) + 12\ e^-$

환원 전극: $3\ O_2(g) + 12\ H^+(aq) + 12\ e^- \longrightarrow 6\ H_2O(l)$

전체 전지 반응: $2\ CH_3OH(aq) + 3\ O_2(g) \longrightarrow 2\ CO_2(g) + 4\ H_2O(l)$

DMFC는 일상적인 배터리보다 가볍고 에너지 밀도가 더 높다. 더욱이 메탄올은 수소보다 좀 더 쉽게 얻을 수 있고, 안전하며, 저장하는 것이 쉽다.

연료 전지는 또한, 병원, 호텔, 아파트 건물 등의 발전기에 사용되는 것을 볼 수 있다. 실제로 일본의 도쿄전력회사는 약 4,000여 가정에 전력을 공급할 수 있는, 11 MW 연료 전지 발전소를 2~3년 전부터 가동해왔다.

문제 19.27 어떤 면에서 연료 전지와 배터리가 비슷한가? 또한, 어떤 면에서 연료 전지와 배터리가 다른가?

문제 19.28 연료 전지 자동차를 대규모 상용화함에 있어 주요 장애물은 무엇인가?

문제 19.29 우주선(그림 19.19)에 쓰이는 수소-산소 연료 전지의 전지 반응은 다음과 같다.

$$2\ H_2(g) + O_2(g) \longrightarrow 2\ H_2O(l)$$

(a) 이 연료 전지의 표준 전위를 부록 D의 표준 환원 전위를 사용하여 계산하시오.

(b) 25 ℃에서의 $\Delta G°$(kJ)와 K 값을 계산하시오.

(c) 각 기체의 부분 압력이 25 atm일 때, 25 ℃에서의 전지 전위는 얼마인가?

문제 19.30

(a) 부록 D에 나와 있는 표준 환원 전위를 사용하여, 전기 자동차에 사용되는 PEM 연료 전지에서 전지 반응의 표준 전위를 계산하시오.

(b) H_2와 O_2의 부분 압력이 각각 6 atm과 0.2 atm일 때, 25 ℃에서의 전지 전위는 얼마인가?

문제 19.31 부록 B에 나와 있는 열역학 자료를 사용하여, 직접 메탄올 연료 전지에서 전지 반응의 25 ℃에서의 $\Delta G°$, 표준 전지 전위($E°$)와 평형 상수(K)를 계산하시오.

$$2\ CH_3OH(l) + 3\ O_2(g) \longrightarrow 2\ CO_2(g) + 4\ H_2O(l)$$

문제 19.32 증기-탄화수소 개질 과정이란, 연료 전지에서 사용하려고 화석 연료로부터 수소를 생산하는 방법이다. 첫 단계로, 증기는 촉매 존재 하에 높은 온도에서 CH_4와 같은 탄화수소와 반응하여 H_2와 CO를 생산한다. 두 번째 단계로, 물-기체 이동 반응이라 불리는 CO와 H_2O의 반응은, 유독한 일산화 탄소를 제거하고 더 많은 수소를 생산한다.

단계 1: $H_2O(g) + CH_4(g) \xrightarrow{1100°C,\ Ni\ 촉매} CO(g) + 3\ H_2(g)$

단계 2: $CO(g) + H_2O(g) \xrightarrow{400°C,\ 촉매} CO_2(g) + H_2(g)$

(a) 단계 1에서, 어떤 것이 산화되고 어떤 것이 환원되는가?

(b) 단계 2에서, 어떤 것이 산화되고 어떤 것이 환원되는가? 산화제와 환원제는 무엇인가?

(c) 수소를 생산할 때, 증기 개질의 단점은 무엇인가?

문제 19.33 또 다른 수소 생산 방법은 물의 전기 분해이다(19.12절). 만약, 화석 연료 대신 태양 에너지와 같은 청정 에너지원으로부터 전기가 생산된다면, 수소 생산 시 발생되는 오염이 더 적게 될 것이다.

산화 전극(산화): $2\,H_2O(l) \longrightarrow O_2(g) + 4\,H^+(aq) + 4\,e^-$

환원 전극(환원): $4\,H_2O(l) + 4\,e^- \longrightarrow 2\,H_2(g) + 4\,OH^-(aq)$

전체 전지 반응: $6\,H_2O(l) \longrightarrow 2\,H_2(g) + O_2(g) + 4\,H^+(aq) + 4\,OH^-(aq)$

(a) 250.0 A의 전류를 30.0분 동안 가하면, 몇 g의 $H_2(g)$가 생성되는가?

(b) O_2 25.0 mol을 생성시키려면, 500.0 A의 전류를 얼마나 오랫동안 가열해 주어야 하는가?

정리

절	개념 요약	학습 목표	문제
19.1 반쪽 반응법에 의한 산화–환원 반응의 균형 맞추기	산화–환원 반응은 한 개 이상의 전자가 반응물 간에 이동하는 과정이다. 산화는 하나 이상의 전자를 잃고, 환원은 하나 이상의 전자를 얻는다. 산화–환원 반응은 **반쪽 반응법**을 이용하여 균형을 맞출 수 있다. 이를 그림 19.1에 요약했다.	19.1 산화수를 계산하고, 반쪽 반응을 산화 반응과 환원 반응으로 분류한다.	문제 19.42, 19.46
		19.2 산성 용액 중에서 산화–환원 반응의 균형을 맞추기 위해 반쪽 반응법을 사용한다.	예제 19.1; 문제 19.50~19.51
		19.3 염기성 용액 중에서 반쪽 반응법을 사용하여 산화–환원 반응의 균형을 맞춘다.	예제 19.2; 문제 19.52~19.53
19.2~19.3 갈바니 전지	**전기 화학**은 화학 에너지와 전기 에너지 간의 상호 변환을 다루는 화학 분야이다. 화학 에너지는 전류를 생산하는 데 자발적 산화–환원 반응을 사용하는 **갈바니 전지**에서 전기 에너지로 바뀐다. 전지 반응을 반쪽 반응으로 분리하면 편리하다. 산화와 환원 반응이 각기 분리된 **전극**에서 일어나기 때문이다. 산화 반응이 일어나는 전극을 산화 전극, 환원 반응이 일어나는 전극을 환원 전극이라 부른다.	19.4 갈바니 전지 모식도 그리기. 산화 전극과 환원 전극을 표시하고, 전자와 이온의 흐름 방향을 나타낸다. 그리고 반쪽 반응과 전체 전지 반응의 균형 반응식을 작성한다.	예제 19.3; 문제 19.34, 19.56
		19.5 간략 표기법을 사용하여 갈바니 전지를 표현한다.	예제 19.4; 문제 19.58, 19.60, 19.62
19.4 전지 반응의 전지 전위와 표준 자유 에너지 변화	**전지 전위 *E***(또는 **전지 전압** 또는 **기전력**)는 전지 반응이 일어나는 경향의 전기적 척도이다. 전지 전압은 온도, 이온 농도, 기체의 압력에 의존한다. **표준 전지 전위 *E*°**란 반응물과 생성물이 표준 상태에 있을 때의 전지 전위이다. 전지 전위와 자유 에너지 변화의 관련식은 $\Delta G = -nFE$, $\Delta G° = -nFE°$이다. 여기서, n은 전지 반응에서 전달되는 전자의 몰수, $F = 96{,}500$ C/mol e^-는 **패러데이**(faraday), 즉 1 mol 전자가 갖는 전하량이다.	19.6 전기 화학 반응의 전지 전위와 표준 자유 에너지 변화를 상호 전환한다.	예제 19.5; 문제 19.68, 19.70, 19.72
19.5~19.6 표준 환원 전위	반쪽 반응의 **표준 환원 전위**($E°$)란, **표준 수소 전극**(**S.H.E.**)의 전위를 0 V로 했을 때의 상대적인 값으로 정의한다. $2\,H^+(aq, 1\,M) + 2\,e^- \longrightarrow H_2(g, 1\,atm) \quad E° = 0\,V$ 표준 환원 전위(**표준 전극 전위**) 표는 산화제의 세기 순으로 나열되어 있다. $E°$의 부호는 반쪽 반응이 역반응일 때 바뀐다. 전지 반응의 $E°$ 값은 산화 및 환원 반쪽 반응의 $E°$ 값을 합하면 계산할 수 있다. 양의 $E°$ 값은 자발적 반응을, 음의 $E°$ 값은 비자발적 반응을 의미한다.	19.7 반쪽 반응의 표준 환원 전위(부록 D)를 사용하여, 산화제나 환원제의 세기가 증가하는 순으로 물질을 정렬한다.	예제 19.6; 문제 19.74, 19.76, 19.78
		19.8 반쪽 반응의 표준 환원 전위를 사용하여 표준 전지 전위를 계산하고, 반응의 자발성을 결정한다.	예제 19.7; 문제 19.80, 19.82
		19.9 반쪽 반응의 표준 환원 전위를 사용하여 갈바니 전지의 전위를 계산한다.	예제 19.8; 문제 19.84, 19.86

절	개념 요약	학습 목표	문제
19.7~19.8 비표준 상태 조건에서의 전지 전위: 네른스트 식	비표준 상태 조건의 전지 전위는 네른스트 식을 사용하여 계산할 수 있다. $$E = E^\circ - \frac{0.0592\ \text{V}}{n}\log Q \quad (\text{V 단위, } 25\,^\circ\text{C})$$ 여기서 Q는 반응 지수이다.	19.10 네른스트 식을 사용하여, 비표준 상태 조건의 전지 전위를 계산한다. 19.11 전지 전위를 사용하여 용액의 농도를 계산한다.	예제 19.9~19.10; 문제 19.41, 19.94, 19.98 예제 19.11; 문제 19.104, 19.106
19.9 표준 전지 전위와 평형 상수	평형 상수 K와 표준 전지 전위 E°의 관계식은 다음과 같다. $$E = \frac{0.0592\ \text{V}}{n}\log K \quad (\text{V 단위, } 25\,^\circ\text{C})$$	19.12 표준 환원 전위를 사용하여 평형 상수를 계산한다.	예제 19.12; 문제 19.110, 19.112, 19.116
19.10~19.11 배터리와 부식	**배터리**는 한 개 이상의 갈바니 전지로 구성되어 있다. 철의 **부식**(녹스는 현상)이란 철이 금속 표면의 산화 전극 영역에서 산화되고, 산소가 환원 전극 영역에서 환원되는 전기 화학적 과정이다. 부식은 철을 아연과 같은 다른 금속으로 덮거나(이를 **아연도금**이라 부름), 또는 단순히 철보다 더 쉽게 산화되는 제2의 금속과 전기적으로 접촉시킴으로써(이를 **음극화 보호**라 부름) 막을 수 있다.	19.13 배터리와 연료 전지를 묘사하고, 전지 반응의 E°, ΔG°, K 값을 계산한다. 19.14 부식이 발생하는 과정과 부식을 방지하는 방법을 설명한다.	문제 19.118, 19.120, 19.122 문제 19.127~19.128, 19.130
19.12~19.14 전기 분해	**전해 전지**에서 전기 에너지는 화학 에너지로 전환된다. 이러한 전지에서 전류는 비자발적 반응을 일어나게 만든다. 소듐, 염소, 수산화 소듐, 알루미늄(**홀-에루 공정**)을 생산하는 **전기 분해**는 전류를 이용하여 화학적 변화를 가져오는 공정으로, **전해 정제**와 **전기 도금**에 이용된다. 전극에서 얻어진 생성물은 환원 전위와 **과전압**에 의존한다. 얻어진 생성물의 양은 전지에 흐른 전자의 몰수와 관련 있다. 이는 전류와 전류가 흐른 시간에 의존한다.	19.15 전해 전지를 도식화하고, 해석한다. 산화 전극과 환원 전극을 표시하고, 전자와 이온의 흐름 방향을 표시한다. 전극과 전체 전지 반응의 균형 반응식을 쓴다. 19.16 이온 결합 화합물의 수용액에서 전기 분해가 일어날 때, 형성된 생성물과 전극 및 전체 전지 반응을 예측한다. 19.17 전해 전지에서 전류, 시간, 생성물의 양 사이의 관계를 파악한다.	문제 19.38~19.39, 19.134 문제 19.136~19.137 예제 19.13; 문제 19.138, 19.142, 19.144

주요 용어

갈바니 전지	산화 전극	전기 분해	패러데이
과전압	아연도금	전기 화학	표준 수소 전극(S.H.E.)
기전력(emf)	연료 전지	전기 화학적 전지	표준 전극 전위
네른스트 식	염다리	전지 전압	표준 전지 전위(E°)
반쪽 반응	음극화 보호	전지 전위(E)	표준 환원 전위
반쪽 반응법	전극	전해 전지	홀-에루 공정
부식	전기 도금	전해 정제	환원 전극

주요 식

- 자유 에너지 변화와 산화–환원 반응의 전지 전위와의 관계(19.4절)

  $\Delta G = -nFE$ and $\Delta G° = -nFE°$　　여기서 n은 전지 반응에서 이동한 전자 수, F는 패러데이 상수(96,500 C/mol e$^-$)

- 비표준 상태 조건의 전지 전위(E)와 표준 상태의 전지 전위($E°$), 반응 지수 Q의 관계를 보여 주는 네른스트 식(19.7절)

  $$E = E° - \frac{RT}{nF}\ln Q \quad \text{또는} \quad E = E° - \frac{2.303\ RT}{nF}\log Q$$

  다음과 같이 단순화할 수 있다.

  $$E° = E° - \frac{0.0592\ \text{V}}{n}\log Q \qquad (\text{V 단위로, 25 °C})$$

- 표준 전지 전위와 평형 상수의 관계(19.9절)

  $$E° = \frac{RT}{nF}\ln K = \frac{2.303\ RT}{nF}\log K$$

  다음과 같이 단순화할 수 있다.

  $$E° = \frac{0.0592\ \text{V}}{n}\log K \qquad (\text{V 단위로, 25 °C})$$

복습 문제

LO는 학습 목표(Learning Objectives)를 나타낸다.

이 장을 학습한 후엔, 학습자의 이해도를 평가할 수 있는 방법이 있다. **복습 문제**를 푸는 것이다. **복습 문제**들은 이 장의 학습 목표와 연계되어 있다. 따라서 푼 답이 틀렸다면, 이 장의 끝부분에 나와 있는 **정리** 문단의 **학습 목표**를 참고하면 된다. 정리 문단에는 **개념 요약**이 제공되며, **예제**를 참고하면 문제 해결 방법을 모델링 할 수 있고, 제공되는 **추가 문제**들로 더 많은 연습을 할 수 있다.

1. 다음 불균형 반쪽 반응에서 산화 혹은 환원 반응이 정확하게 표시되어 있는 것은 어느 것인가? (**LO 19.1**)
   (a) $NO_3^-(aq) \longrightarrow NO(g)$; 환원
   (b) $Zn(s) \longrightarrow Zn^{2+}(aq)$; 환원
   (c) $ClO_3^-(aq) \longrightarrow Cl_2(g)$; 산화
   (d) $Br^-(aq) \longrightarrow Br_2(l)$; 환원

2. 다음 반응이 산성 용액에서 균형을 이룰 때, Sn^{2+}의 계수는 무엇인가? (**LO 19.2**)

   $$Sn^{2+}(aq) + IO_4^-(aq) \longrightarrow Sn^{4+}(aq) + I^-(aq)$$

   (a) 2　　(b) 4
   (c) 5　　(d) 7

3. 염기성 용액에서 산화–환원 반응이 균형을 이룰 때, 수산화 이온의 계수는 얼마이며, 반응식의 어느 쪽에 표시되는가? (**LO 19.3**)

   $$Mn^{2+}(aq) + H_2O_2(aq) \longrightarrow MnO_2(s) + H_2O(l)$$

   (a) 2 OH$^-$, 반응물 쪽　　(b) 4 OH$^-$, 생성물 쪽
   (c) 4 OH$^-$, 반응물 쪽　　(d) 3 OH$^-$, 반응물 쪽

   갈바니 전지의 모식도를 이용하여, 문제 4번과 5번을 답하시오.

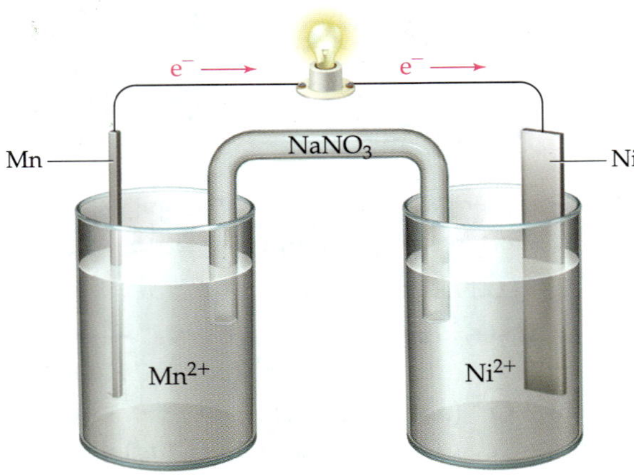

4. 산화 전극에서 일어나는 반응은 어느 것인가? (**LO 19.4**)
   (a) $Ni^{2+}(aq) + 2\ e^- \longrightarrow Ni(s)$
   (b) $Ni(s) \longrightarrow Ni^{2+}(aq) + 2\ e^-$
   (c) $Mn^{2+}(aq) + 2\ e^- \longrightarrow Mn(s)$
   (d) $Mn(s) \longrightarrow Mn^{2+}(aq) + 2\ e^-$

5. 갈비니 전지에 대한 간략 표기법은 어느 것인가? (**LO 19.5**)
   (a) $Mn(s)|Mn^{2+}(aq)\|Ni^{2+}(aq)|Ni(s)$
   (b) $Mn^{2+}(aq)|Mn(s)\|Ni^{2+}(aq)|Ni(s)$
   (c) $Ni(s)|Ni^{2+}(aq)\|Mn^{2+}(aq)|Mn(s)$
   (d) $Ni^{2+}(aq)|Ni(s)\|Mn(s)|Mn^{2+}(aq)$

6. 전동 공구에 사용되는 니켈–카드뮴 배터리의 전압은 1.20 V이다. 전지 반응의 표준 자유 에너지 변화(kJ 단위)를 계산하시오. (**LO 19.6**)

   $$Cd(s) + 2\ NiO(OH)(s) + 2\ H_2O(l) \longrightarrow Cd(OH)_2(s) + 2\ Ni(OH)_2(s)$$

(a) +347 kJ (b) −232 kJ
(c) −463 kJ (d) +115 kJ

7. 다음 표준 환원 전위 표를 참조하자.

환원 반쪽 반응	$E°$(V)
$D^{3+} + 3\ e^- \longrightarrow D$	1.50
$B^{2+} + 2\ e^- \longrightarrow B$	0.48
$C_2 + 2\ e^- \longrightarrow 2\ C^-$	0.17
$A + e^- \longrightarrow A^-$	−0.89

어떤 물질이 C^-에 의해 환원되는가? (**LO 19.7**)
(a) D, B (b) A^-
(c) D^{3+}, B^{2+} (d) A

8. 다음 두 용기 속 반쪽 반응으로 된 갈바니 전지를 고려해 보자.

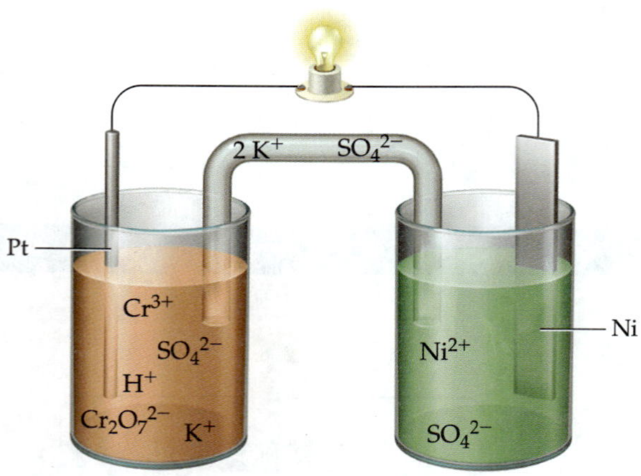

산화 전극에서 일어나는 반응은 무엇이며, 전지에서 발생되는 전압은 얼마인가? (표 19.1의 표준 환원 전위를 참조하시오.) (**LO 19.8, 19.9, 19.13**)
(a) $Cr_2O_7^{2-}(aq) + 14\ H^+(aq) + 6\ e^- \longrightarrow 2\ Cr^{3+}(aq) + 7\ H_2O(l)$, 1.62 V
(b) $2\ Cr^{3+}(aq) + 7\ H_2O(l) \longrightarrow Cr_2O_7^{2-}(aq) + 14\ H^+(aq) + 6\ e^-$, 1.10 V
(c) $Ni^{2+}(aq) + 2\ e^- \longrightarrow Ni(s)$, 1.10 V
(d) $Ni(s) \longrightarrow Ni^{2+}(aq) + 2\ e^-$, 1.62 V

9. 다음 반응의 갈바니 전지를 고려하자.

$$2\ Ag^+(aq) + Sn(s) \longrightarrow 2\ Ag(s) + Sn^{2+}(aq)$$

25 ℃에서 다음과 같은 이온 농도를 갖는 전지의 전위를 구하시오: $[Ag^+] = 0.010$ M, $[Sn^{2+}] = 0.020$ M. (부록 B의 표준 환원 전위를 참조하시오.) (**LO 19.10**)
(a) 0.94 V (b) 0.93 V
(c) 1.01 V (d) 0.87 V

10. 25 ℃에서 측정된 전지 전위가 0.58 V인 경우, 다음과 같은 전지의 환원 전극 구획에 있는 용액의 pH는 무엇인가? (**LO 19.11**)

$$Zn(s)\,|\,Zn^{2+}(1\ M)\,||\,H^+(?\ M)\,|\,H_2(1\ atm)\,|\,Pt(s)$$

(표 19.1의 표준 환원 전위를 참조하시오.)
(a) 8.0 (b) 4.5 (c) 2.2 (d) 3.0

11. 다음의 갈바니 전지의 전위는 25 ℃에서 0.578 V 전위이다.

$$Ag(s)\,|\,AgCl(s)\,|\,Cl^-(1.0\ M)\,||\,Ag^+(1.0\ M)\,|\,Ag(s)$$

25 ℃에서 AgCl의 K_{sp}를 계산하시오. (**LO 19.12**)
(a) 5.91×10^{9} (b) 7.83×10^{-6}
(c) 1.69×10^{-10} (d) 3.85×10^{-3}

12. 어떤 금속을, 자신보다 더 쉽게 산화되는 다른 금속과 연결하여 부식을 방지하는 기술을 음극화 보호라고 한다. 철의 음극화 보호에 적합한 금속은 다음 중 어느 것인가? (표 19.1의 표준 환원 전위를 참조하시오.) (**LO 19.14**)
(a) Al(s) (b) Cu(s) (c) Ni(s) (d) Ag(s)

13. 다음 전지는 갈바니 전지인가 전해 전지인가? 음극에서 일어나는 반쪽 반응은 무엇인가? (**LO 19.15**)
(a) 갈바니; $K^+(l) + e^- \longrightarrow K(l)$
(b) 전해; $K^+(l) + e^- \longrightarrow K(l)$
(c) 갈바니; $2\ I^-(l) \longrightarrow I_2(l) + 2\ e^-$
(d) 전해; $I_2(l) + 2\ e^- \longrightarrow 2\ I^-(l)$

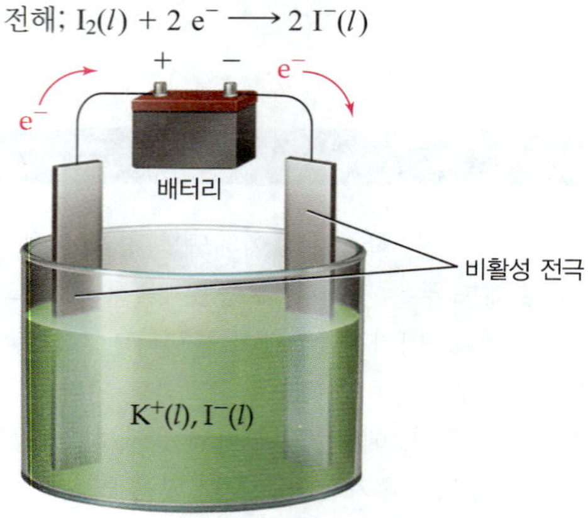

14. 수산화 소듐 수용액은 전기 분해할 때, 전체 반응의 생성물은 무엇인가? (표 19.1의 표준 환원 전위를 참조하시오.) (**LO 19.16**)
(a) Na(s)와 $O_2(g)$ (b) $H_2(g)$와 $O_2(g)$
(c) Na(s)와 $H_2(g)$ (d) Na(s)와 $H_2O_2(aq)$

15. 나일론 생산의 핵심 중간체인 아디포나이트릴(adiponitrile)은 아크릴로나이트릴(acrylonitrile)의 전해 공정을 통해 만들어진다.

산화 전극(산화 반응): $2\ H_2O \longrightarrow O_2 + 4\ H^+ + 4\ e^-$
환원 전극(환원 반응):

$$\underset{\text{아크릴로나이트릴}}{2\ CH_2CHCN} + 2\ H^+ + 2\ e^- \longrightarrow \underset{\text{아디포나이트릴}}{NC(CH_2)_4CN}$$

10시간 동안 3.00×10^3 A의 일정한 전류가 흐르는 전지에서, 아디포나이트릴 (M = 108.14 g/mol)은 몇 킬로그램이 만들어지는가? (**LO 19.17**)
(a) 289 kg (b) 579 kg
(c) 30.3 kg (d) 60.5 kg

답:
1. a, 2. b, 3. a, 4. d, 5. a, 6. b, 7. c, 8. d, 9. d, 10. d, 11. c, 12. a, 13. b, 14. b, 15. d

개념 문제

문제 19.1~19.33은 이 장의 본문 중에 있다.

19.34 다음 갈바니 전지는 납과 아연 전극으로 구성된다.

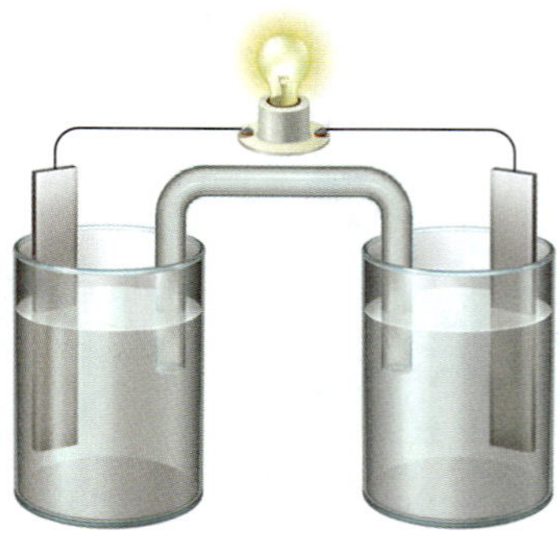

(a) 전극을 표시하고, 용액에 존재하는 이온이 무엇인지 나타내시오.

(b) 산화 전극과 환원 전극을 표시하시오.

(c) 전선에서의 전류의 흐름과 용액 안에서의 이온의 흐름을 나타내시오.

(d) 염다리에서 어떤 전해질이 사용될 수 있는지 답하고, 이온 흐름의 방향을 나타내시오.

(e) 전극과 전체 전지 반응의 균형 반응식을 쓰시오.

19.35 다음 표준 환원 전위 표를 고려해 보자.

환원 반쪽 반응	$E°$(V)
$A^+ + e^- \longrightarrow A$	0.80
$B^{2+} + 2\,e^- \longrightarrow B$	0.38
$C_2 + 2\,e^- \longrightarrow 2\,C^-$	0.17
$D^{3+} + 3\,e^- \longrightarrow D$	−1.36

(a) 어느 것이 가장 강한 산화제인가? 어느 것이 가장 강한 환원제인가?

(b) 어느 물질이 B^{2+}에 의해 산화되겠는가? D에 의해 환원되는 물질은 무엇인가?

(c) 표준 상태에서 기전력이 1.53 V인 전체 전지 반응의 균형 반응식을 쓰시오.

19.36 1.0 M 이온 농도의 다니엘 전지를 고려해 보자.

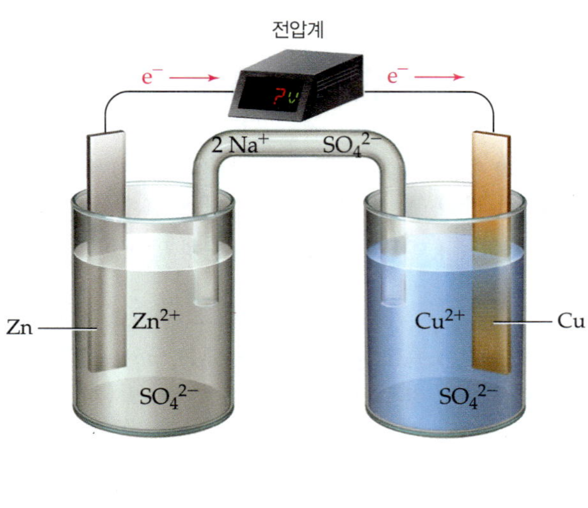

다음 변화가 일어날 때, 전지 전압은 증가하는가 감소하는가 변하지 않는가? 그 이유를 설명하시오.

(a) 환원 전극 구획에 5.0 M $CuSO_4$를 첨가할 경우

(b) 환원 전극 구획에 5.0 M H_2SO_4를 첨가할 경우

(c) 산화 전극 구획에 5.0 M $Zn(NO_3)_2$를 첨가할 경우

(d) 산화 전극 구획에 1.0 M $Zn(NO_3)_2$를 첨가할 경우

19.37 다음 갈바니 전지를 고려해 보자.

1. $Cu(s)\,|\,Cu^{2+}(1\text{ M})\,\|\,Fe^{3+}(1\text{ M}),\ Fe^{2+}(1\text{ M})\,|\,Pt(s)$

2. $Cu(s)\,|\,Cu^{2+}(1\text{ M})\,\|\,Fe^{3+}(1\text{ M}),\ Fe^{2+}(5\text{ M})\,|\,Pt(s)$

3. $Cu(s)\,|\,Cu^{2+}(0.1\text{ M})\,\|\,Fe^{3+}(0.1\text{ M}),\ Fe^{2+}(0.1\text{ M})\,|\,Pt(s)$

(a) 각 전지 반응의 균형 반응식을 쓰시오.

(b) 각 전지를 그리시오. 산화 전극과 환원 전극을 표시하고, 전자와 이온이 흐르는 방향을 표시하시오.

(c) 세 전지 중 어느 것이 가장 큰 전위를 갖는가? 어느 것이 가장 작은 전위를 갖는가? 설명하시오.

19.38 $CuBr_2$ 수용액의 전기 분해에 적합한, 비활성 전극이 있는 전지를 그리시오.

(a) 산화 전극과 환원 전극을 표시하시오.

(b) 전자와 이온이 흐르는 방향을 표시하시오.

(c) 산화 전극, 환원 전극, 전체 전지 반응의 균형 반응을 쓰시오.

19.39 다음 전기 화학 전지를 고려해 보자.

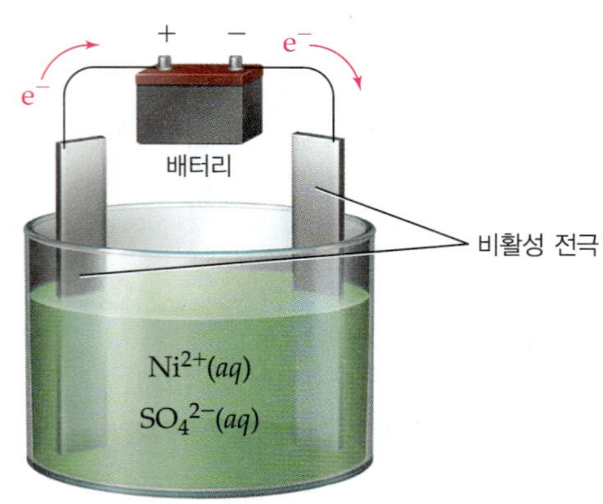

(a) 이 전지는 갈바니 전지인가 전해 전지인가? 설명하시오.

(b) 산화 전극과 환원 전극을 표시하고, 이온이 흐르는 방향을 표시하시오.

(c) 산화 전극, 환원 전극, 전체 전지 반응의 균형 반응식을 쓰시오.

19.40 기공성 TiO_2 조각은, 전해질이 용융 $CaCl_2$인 전기 화학 전지의 환원 전극에서 Ti 금속으로 환원될 수 있다. TiO_2가 환원될 때, O^{2-} 이온은 $CaCl_2$에 녹아 들어가 산화 전극에서 O_2로 산화된다. 이는 현재의 Ti 금속 생산 공정보다 비용이 적게 든다.

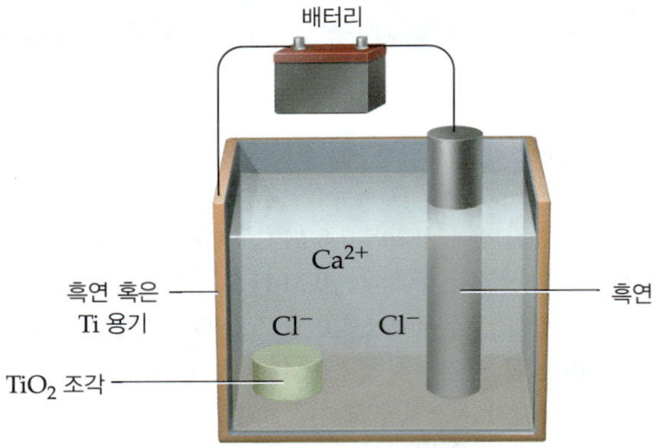

(a) 산화 전극과 환원 전극을 표시하고, 전극의 +, −를 표시하시오.

(b) 전자와 이온이 흐르는 방향을 표시하시오.

(c) 산화 전극, 환원 전극, 전체 전지 반응의 균형 반응식을 쓰시오.

19.41 0.1 M 이온 농도의 다니엘 전지를 고려해 보자.

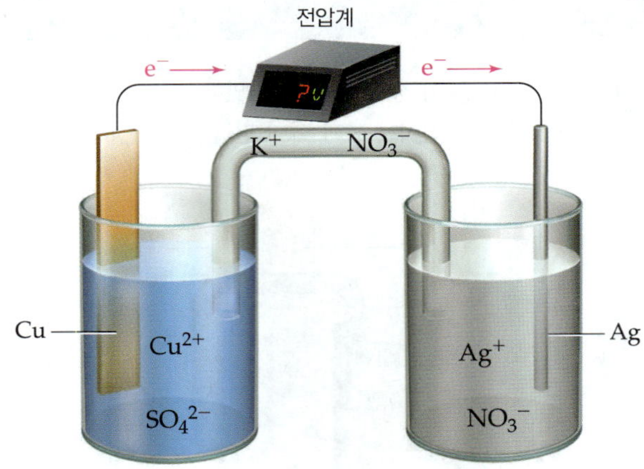

다음 변화가 일어날 때, 전압은 증가하는가 감소하는가 변하지 않는가? 그 이유를 설명하시오.

(a) 환원 전극 구획에 0.10 M NaCl을 첨가할 경우

(b) 산화 전극 구획에 0.10 M NaCl을 첨가할 경우

(c) 환원 전극 구획에 1.0 M NH_3를 첨가할 경우

(d) 산화 전극 구획에 1.0 M NH_3를 첨가할 경우

보충 문제

산화-환원 반응의 균형 맞추기(19.1절)

19.42 다음 불균형 반쪽 반응이 산화 반응인지 환원 반응인지를 분류하시오.

(a) $HClO(aq) \longrightarrow Cl_2(g)$

(b) $Pt^{2+}(aq) \longrightarrow Pt(s)$

(c) $Cr(s) \longrightarrow Cr^{3+}(aq)$

(d) $SbCl_4^-(aq) \longrightarrow SbCl_6^-(aq)$

19.43 다음 불균형 반쪽 반응이 산화 반응인지 환원 반응인지를 분류하시오.

(a) $O_2(g) \longrightarrow OH^-(aq)$

(b) $H_2O_2(aq) \longrightarrow O_2(g)$

(c) $MnO_4^-(aq) \longrightarrow MnO_4^{2-}(aq)$

(d) $CH_3OH(aq) \longrightarrow CH_2O(aq)$

19.44 문제 19.42에서, 반응이 산성 용액에서 일어난다고 가정하고, 반쪽 반응의 균형을 맞추시오.

19.45 문제 19.43에서, 반응이 염기성 용액에서 일어난다고 가정하고, 반쪽 반응의 균형을 맞추시오.

19.46 다음 반응의 불균형 산화 반쪽 반응식과 환원 반쪽 반응식을 쓰시오.

(a) $Te(s) + NO_3^-(aq) \longrightarrow TeO_2(s) + NO(g)$

(b) $H_2O_2(aq) + Fe^{2+}(aq) \longrightarrow Fe^{3+}(aq) + H_2O(l)$

19.47 다음 반응의 불균형 산화 반쪽 반응식과 환원 반쪽 반응식을 쓰시오.

(a) $Mn(s) + NO_3^-(aq) \longrightarrow Mn^{2+}(aq) + NO_2(g)$

(b) $Mn^{3+}(aq) \longrightarrow MnO_2(s) + Mn^{2+}(aq)$

19.48 다음 반쪽 반응의 균형을 맞추시오.

(a) (산성에서) $Cr_2O_7^{2-}(aq) \longrightarrow Cr^{3+}(aq)$

(b) (염기성에서) $CrO_4^{2-}(aq) \longrightarrow Cr(OH)_4^-(aq)$

(c) (염기성에서) $Bi^{3+}(aq) \longrightarrow BiO_3^-(aq)$

(d) (염기성에서) $ClO^-(aq) \longrightarrow Cl^-(aq)$

19.49 다음 반쪽 반응의 균형을 맞추시오.

(a) (산성에서) $VO^{2+}(aq) \longrightarrow V^{3+}(aq)$

(b) (염기성에서) $Ni(OH)_2(s) \longrightarrow Ni_2O_3(s)$

(c) (산성에서) $NO_3^-(aq) \longrightarrow NO_2(aq)$

(d) (염기성에서) $Br_2(aq) \longrightarrow BrO_3^-(aq)$

19.50 산성 용액에서, 다음 반응의 균형 알짜 이온 반응식을 쓰시오.

(a) $Zn(s) + VO^{2+}(aq) \longrightarrow Zn^{2+}(aq) + V^{3+}(aq)$

(b) $TeO_2(s) + Cr^{2+}(aq) \longrightarrow Te(s) + Cr^{3+}(aq)$

(c) $I^-(aq) + IO_3^-(aq) \longrightarrow I_3^-(aq)$

19.51 산성 용액에서, 다음 반응의 균형 알짜 이온 반응식을 쓰시오.

(a) $MnO_4^-(aq) + C_2H_5OH(aq) \longrightarrow Mn^{2+}(aq) + CH_3CO_2H(aq)$

(b) $ClO_4^-(aq) + Co(s) \longrightarrow Co^{2+}(aq) + ClO_3^-(aq)$

(c) $PbO_2(s) + Cl^-(aq) \longrightarrow PbCl_2(s) + O_2(g)$

19.52 염기성 용액에서, 다음 반응의 균형 알짜 이온 반응식을 쓰시오.

(a) $MnO_4^-(aq) + IO_3^-(aq) \longrightarrow MnO_2(s) + IO_4^-(aq)$

(b) $N_2(g) + NO_2^-(aq) \longrightarrow N_2H_4(aq) + NO_3^-(aq)$

(c) $H_2O_2(aq) + ClO_4^-(aq) \longrightarrow ClO_2^-(aq) + O_2(g)$

19.53 염기성 용액에서, 다음 반응의 균형 알짜 이온 반응식을 쓰

시오.

(a) $S_2O_3^{2-}(aq) + I_2(aq) \longrightarrow S_4O_6^{2-}(aq) + I^-(aq)$

(b) $ClO^-(aq) + MnO_2(s) \longrightarrow Cl^-(aq) + MnO_4^-(aq)$

(c) $Zn(s) + NO_3^-(aq) \longrightarrow NH_3(aq) + Zn(OH)_4^{2-}(aq)$

갈바니 전지(19.2~19.3절)

19.54 갈바니 전지의 환원 전극이 (+)극으로 간주되는 이유는 무엇인가?

19.55 갈바니 전지에서 염다리의 역할은 무엇인가?

19.56 다음 반응을 이용하는 갈바니 전지를 구성하시오. 각 경우에, 산화 전극과 환원 전극의 반쪽 반응을 쓰고, 실험 장치를 그리시오. 산화 전극과 환원 전극을 표시하고, 각 전극의 부호를 나타내시오. 전자와 이온의 흐름을 표시하시오.

(a) $Cd(s) + Sn^{2+}(aq) \longrightarrow Cd^{2+}(aq) + Sn(s)$

(b) $2\ Al(s) + 3\ Cd^{2+}(aq) \longrightarrow 2\ Al^{3+}(aq) + 3\ Cd(s)$

(c) $Cr_2O_7^{2-}(aq) + 6\ Fe^{2+}(aq) + 14\ H^+(aq) \longrightarrow 2\ Cr^{3+}(aq) + 6\ Fe^{3+}(aq) + 7\ H_2O(l)$

19.57 다음 반응을 이용하는 갈바니 전지를 구성하시오. 각 경우에, 산화 전극과 환원 전극의 반쪽 반응을 쓰고, 실험 장치를 그리시오. 산화 전극과 환원 전극을 표시하고, 각 전극의 부호를 나타내시오. 전자와 이온의 흐름을 표시하시오.

(a) $3\ Cu^{2+}(aq) + 2\ Cr(s) \longrightarrow 3\ Cu(s) + 2\ Cr^{3+}(aq)$

(b) $Pb(s) + 2\ H^+(aq) \longrightarrow Pb^{2+}(aq) + H_2(g)$

(c) $Cl_2(g) + Sn^{2+}(aq) \longrightarrow Sn^{4+}(aq) + 2\ Cl^-(aq)$

19.58 다음 갈바니 전지에서, 전체 전지 반응의 균형 반응식을 쓰시오. 또한, 산화 전극과 환원 전극에 왜 비활성 전극들이 필요한지를 설명하시오.

$$Pt(s)\,|\,Br^-(aq)\,|\,Br_2(l)\,\|\,Cl_2(g)\,|\,Cl^-(aq)\,|\,Pt(s)$$

19.59 다음 전지 반응을 이용하는 갈바니 전지의 표준 간략 표기법을 쓰시오. 필요하면 비활성 전극도 포함시키시오.

$$2\ Fe(s) + Cr_2O_7^{2-}(aq) + 14\ H^+(aq) \longrightarrow 2\ Fe^{3+}(aq) + 2\ Cr^{3+}(aq) + 7\ H_2O(l)$$

19.60 다음 전지 반응을 이용하는 갈바니 전지의 표준 간략 표기법을 쓰시오. 필요하면 비활성 전극도 포함시키시오.

$$2\ Al(s) + 3\ Cd^{2+}(aq) \longrightarrow 2\ Al^{3+}(aq) + 3\ Cd(s)$$

19.61 다음 전지 반응을 이용하는 갈바니 전지의 표준 간략 표기법을 쓰시오. 필요하면 비활성 전극도 포함시키시오.

$$Fe(s) + I_2(s) \longrightarrow Fe^{2+}(aq) + 2\ I^-(aq)$$

19.62 H_2/H^+ 반쪽 전지(산화 전극)와 Ag^+/Ag 반쪽 전지(환원 전극)가 전선과 염다리로 연결되어 있다.

(a) 전지를 그리고, 전자와 이온 흐름의 방향을 나타내시오.

(b) 전극과 전체 전지 반응의 균형 반응식을 쓰시오.

(c) 이 전지의 간략 표기법을 나타내시오.

19.63 Zn/Zn^{2+} 반쪽 전지(산화 전극)와 Cl_2/Cl^- 반쪽 전지(환원 전극)가 전선과 염다리로 연결되어 있다.

(a) 전지를 그리고, 전자와 이온 흐름의 방향을 나타내시오.

(b) 전극과 전체 전지 반응의 균형 반응식을 쓰시오.

(c) 이 전지의 간략 표기법을 나타내시오.

19.64 다음 갈바니 전지의 경우, 전극과 전체 전지 반응의 균형 반응식을 쓰시오. 각 전지를 그리고, 산화 전극과 환원 전극을 표시하고, 전자와 이온 흐름의 방향을 나타내시오.

(a) $Co(s)\,|\,Co^{2+}(aq)\,\|\,Cu^{2+}(aq)\,|\,Cu(s)$

(b) $Fe(s)\,|\,Fe^{2+}(aq)\,\|\,O_2(g)\,|\,H^+(aq),\ H_2O(l)\,|\,Pt(s)$

19.65 다음 갈바니 전지의 경우, 전극과 전체 전지 반응의 균형 반응식을 쓰시오. 각 전지를 그리고, 산화 전극과 환원 전극을 표시하고, 전자와 이온 흐름의 방향을 나타내시오.

(a) $Mn(s)\,|\,Mn^{2+}(aq)\,\|\,Pb^{2+}(aq)\,|\,Pb(s)$

(b) $Pt(s)\,|\,H_2(g)\,|\,H^+(aq)\,\|\,Cl^-(aq)\,|\,AgCl(s)\,|\,Ag(s)$

전지 전위와 자유 에너지 변화(19.4절)

19.66 전지 전위 E가 표준 전지 전위 $E°$로서 사용되려면, 어떤 조건들을 만족시켜야 하는가?

19.67 표준 환원 전위의 정의는 무엇인가?

19.68 시계에 사용하는 산화 은-아연 전지의 전압은 1.60 V이다. 다음 전지 반응의 자유 에너지 변화(kJ 단위)를 계산하시오.

$$Zn(s) + Ag_2O(s) \longrightarrow ZnO(s) + 2\ Ag(s)$$

19.69 납축전지의 표준 전지 전위는 1.924 V이다. 다음 전지 반응의 $\Delta G°$(kJ)를 계산하시오.

$$Pb(s) + PbO_2(s) + 2\ H^+(aq) + 2\ HSO_4^-(aq) \longrightarrow 2\ PbSO_4(s) + 2\ H_2O(l)$$

19.70 다음 반응의 $E° = 1.43$ V와 $\Delta G° = -414$ kJ이면, x는 얼마인가?

$$A + B^{x+} \longrightarrow A^{x+} + B$$

19.71 다음 반응의 $E° = 0.91$ V와 $\Delta G° = -527$ kJ이면, x, y는 얼마인가?

$$2\ A^{x+} + 3\ B \longrightarrow 2\ A + 3\ B^{y+}$$

19.72 부록 B의 표준 생성 자유 에너지를 이용하여, 수소-산소 연료 전지에서 일어나는 반응의 표준 전지 전위를 계산하시오.

$$2\ H_2(g) + O_2(g) \longrightarrow 2\ H_2O(l)$$

19.73 다음 반응을 이용하는 연료 전지를 고려해 보자.

$$CH_4(g) + 2\ O_2(g) \longrightarrow CO_2(g) + 2\ H_2O(l)$$

부록 B의 표준 생성 자유 에너지를 이용하여 이 전지 반응의

$E°$를 계산하면 얼마인가?

표준 환원 전위(19.5~19.6절)

19.74 표준 상태에서, 다음 산화제들을 산화력이 증가하는 순으로 나열하시오: $Br_2(aq)$, $MnO_4^-(aq)$, $Sn^{4+}(aq)$.

19.75 표준 상태에서, 다음 산화제들을 산화력이 증가하는 순으로 나열하시오: $Al(s)$, $Pd(s)$, $Fe(s)$.

19.76 다음 물질을 고려해 보자.

$$I_2(s),\ Fe^{2+}(aq),\ Cr_2O_7^{2-}(aq)$$

가장 강한 산화제와 가장 약한 산화제는 어느 것인가?

19.77 다음 물질을 고려해 보자.

$$Fe^{2+}(aq),\ Sn^{2+}(aq),\ I^-(aq)$$

가장 강한 환원제와 가장 약한 환원제는 어느 것인가?

19.78 다음 물질을 고려해 보자.

$$Fe(s),\ PdO_2(s),\ H^+(aq),\ Al(s),\ Ag(s),\ Cr_2O_7^{2-}(aq)$$

(a) 부록 D의 $E°$ 값을 이용하여, 위 물질을 산화제 혹은 환원제로 구분하시오.

(b) 가장 강한 산화제와 가장 약한 산화제는 어느 것인가?

(c) 가장 강한 환원제와 가장 약한 환원제는 어느 것인가?

(d) 어느 물질이 $Cu^{2+}(aq)$에 의해 산화되는가? 어느 물질이 $H_2O_2(aq)$에 의해 환원되는가?

19.79 다음 전지 반응은 자발적으로 일어난다.

$$B + A^+ \rightarrow B^+ + A$$
$$C + A^+ \rightarrow C^+ + A$$
$$B + C^+ \rightarrow B^+ + C$$

(a) 반응이 일어나는 정도가 감소되는 순으로 다음 환원 반쪽 반응을 나열하시오.

$A^+ + e^- \longrightarrow A$, $B^+ + e^- \longrightarrow B$, $C^+ + e^- \longrightarrow C$

(b) A, A^+, B, B^+, C, C^+ 중 어느 물질이 가장 강한 산화제인가? 어느 물질이 가장 약한 환원제인가?

(c) 3개의 전지 반응 중, 제일 높은 전압을 발생하는 것은 어느 것인가?

19.80 부록 D의 자료를 이용하여, 다음 반응이 표준 상태에서 일어날 수 있는지 예측하시오.

(a) $Sn^{2+}(aq)$를 $Br_2(aq)$로 산화

(b) $Ni^{2+}(aq)$를 $Sn^{2+}(aq)$로 환원

(c) $Ag(s)$를 $Pb^{2+}(aq)$로 산화

(d) $I_2(s)$를 $H_2SO_3(aq)$로 환원

19.81 부록 D의 자료를 이용하여, 다음 반응이 표준 상태에서 일어날 수 있는지 예측하시오.

(a) $Pb^{2+}(aq)$를 $Ni(s)$로 환원

(b) $Au^+(aq)$를 $Mn^{2+}(aq)$로 산화

(c) $I_2(s)$를 $Mn(s)$으로 환원

(d) $Fe^{2+}(aq)$를 $Br_2(aq)$로 산화

19.82 표준 상태 조건에서 다음 실험을 하였을 때, 일어나는 반응을 예측하시오.

(a) $Cr(NO_3)_3$ 산성 용액에 산소 기체를 넣을 경우

(b) $AgNO_3$ 수용액에 납 조각을 넣을 경우

(c) $H_2C_2O_4$ 수용액에 염소 기체를 넣을 경우

(d) HClO 수용액에 니켈 선을 넣을 경우

19.83 표준 상태 조건에서 다음 실험을 하였을 때, 일어나는 반응을 예측하시오.

(a) $Pb(NO_3)_2$ 수용액에 아연 조각을 넣을 경우

(b) $FeSO_4$ 산성 용액이 산소 기체에 노출될 경우

(c) $NiCl_2$ 수용액에 은 선을 넣을 경우

(d) $Cd(NO_3)_2$ 수용액에 수소 기체를 넣을 경우

19.84 다음 갈바니 전지의 표준 전위는 0.40 V이다.

$$Zn(s)\,|\,Zn^{2+}(aq)\,\|\,Eu^{3+}(aq),\ Eu^{2+}(aq)\,|\,Pt(s)$$

(유로퓸(Eu)은 란타넘족 원소 중 하나이다.) 표 19.1의 자료를 사용하여, Eu^{3+}/Eu^{2+} 반쪽 전지의 표준 환원 전위를 계산하시오.

19.85 다음 반응의 $E°$ 값은 0.27 V이다.

$$Cu^{2+}(aq) + 2\ Ag(s) + 2\ Br^-(aq) \longrightarrow Cu(s) + 2\ AgBr(s)$$

표 19.1의 자료를 이용하여, 다음 반쪽 반응의 표준 환원 전위를 계산하시오.

$$AgBr(s) + e^- \longrightarrow Ag(s) + Br^-(aq)$$

19.86 주어진 다음 반쪽 반응에서 두 개의 반쪽 반응을 결합하여, 가장 큰 양의 값을 갖는 $E°$가 되도록 전지 반응을 구성한 다음, 균형 반응식을 쓰고, $E°$와 $\Delta G°$를 계산하시오.

$$Co^{2+}(aq) + 2\ e^- \longrightarrow Co(s) \qquad E° = -0.28\ V$$
$$I_2(s) + 2\ e^- \longrightarrow 2\ I^-(aq) \qquad E° = 0.54\ V$$
$$Cu^{2+}(aq) + 2\ e^- \longrightarrow Cu(s) \qquad E° = 0.34\ V$$

19.87 문제 19.86의 두 개의 반쪽 반응을 결합하여, 가장 작은 $E°$를 갖는 자발적인 전지 반응을 구성한 다음, 균형 반응식을 쓰고, $E°$와 $\Delta G°$를 계산하시오.

19.88 다음 반응의 표준 전지 전위와 표준 자유 에너지 변화(kJ 단위)를 계산하시오. (부록 D의 표준 환원 전위를 참조하시오.)

$$2\ Al(s) + 3\ Cd^{2+}(aq) \longrightarrow 2\ Al^{3+}(aq) + 3\ Cd(s)$$

19.89 다음 반응의 $E°$와 $\Delta G°$(kJ 단위)를 계산하시오. (부록 D의 표준 환원 전위를 참조하시오.)

$$Cr_2O_7^{2-}(aq) + 6\ Fe^{2+}(aq) + 14\ H^+(aq) \longrightarrow 2\ Cr^{3+}(aq) + 6\ Fe^{3+}(aq) + 7\ H_2O(l)$$

19.90 다음 반응의 $E°$를 구하고, 어떤 반응이 표준 상태에서 자발적인지 말하시오.

(a) $2\ Fe^{2+}(aq) + Pb^{2+}(aq) \longrightarrow 2\ Fe^{3+}(aq) + Pb(s)$

(b) $Mg(s) + Ni^{2+}(aq) \longrightarrow Mg^{2+}(aq) + Ni(s)$

19.91 다음 반응의 $E°$를 구하고, 어떤 반응이 표준 상태에서 자발적인지 말하시오.

(a) $5\ Ag^+(aq) + Mn^{2+}(aq) + 4\ H_2O(l) \longrightarrow 5\ Ag(s) + MnO_4^-(aq) + 8\ H^+(aq)$

(b) $2\ H_2O_2(aq) \longrightarrow O_2(g) + 2\ H_2O(l)$

19.92 다음 반쪽 반응을 이용하는 갈바니 전지를 고려해 보자.

$$MnO_4^-(aq) + 8\ H^+(aq) + 5\ e^- \longrightarrow Mn^{2+}(aq) + 4\ H_2O(l)$$
$$Sn^{4+}(aq) + 2\ e^- \longrightarrow Sn^{2+}(aq)$$

(a) 전체 전지 반응의 균형 반응식을 쓰시오.
(b) 산화제와 환원제는 각각 무엇인가?
(c) 표준 전지 전위를 계산하시오.

19.93 다음 반쪽 반응과 $E°$ 값이 다음과 같이 주어졌다.

$$Mn^{3+}(aq) + e^- \longrightarrow Mn^{2+}(aq) \quad E° = 1.54\ V$$

$$MnO_2(s) + 4\,H^+(aq) + e^- \longrightarrow Mn^{3+}(aq) + 2\,H_2O(l) \quad E° = 0.95\ V$$

Mn^{3+}로부터 Mn^{2+}와 MnO_2가 형성된 경우, 균형 반응식을 쓰시오. 표준 상태 조건에서 반응이 자발적으로 일어나는가?

네른스트 식(19.7~19.8절)

19.94 다음 반응을 이용하는 갈바니 전지를 고려해 보자.

$$2\,Ag^+(aq) + Ni(s) \longrightarrow 2\,Ag(s) + Ni^{2+}(aq)$$

이온 농도가 $[Ag^+] = 0.010$ M, $[Ni^{2+}] = 0.100$ M일 때, 25 ℃에서 전지의 전위를 구하시오.

19.95 다음 반응을 이용하는 갈바니 전지를 고려해 보자.

$$2\,Fe^{2+}(aq) + Cl_2(g) \longrightarrow 2\,Fe^{3+}(aq) + 2\,Cl^-(aq)$$

$[Fe^{2+}] = 1.0$ M, $[Fe^{3+}] = 1.0 \times 10^{-3}$ M, $[Cl^-] = 3.0 \times 10^{-3}$ M, $P_{Cl_2} = 0.50$ atm일 때, 25 ℃에서 전지 전위를 구하시오.

19.96 다음 갈바니 전지의 전위는 25 ℃에서 얼마인가?

$$Pb(s)\,|\,Pb^{2+}(1.0\ M)\,\|\,Cu^{2+}(1.0 \times 10^{-4}\ M)\,|\,Cu(s)$$

만약, Pb^{2+}의 농도를 1.0 M로 유지하고 전지 전위를 0 V로 감소시키면, Cu^{2+}의 농도는 얼마인가?

19.97 0.10 M $FeSO_4$ 용액에 철 전극이 담겨 있고, $CuSO_4$ 용액에 구리 전극이 담겨 있는 갈바니 전지가 있다. 전지 전위가 25 ℃에서 0.67 V라면, $CuSO_4$ 용액의 Cu^{2+} 농도는 얼마인가?

19.98 다음 전지를 사용하여 측정한 전지 전위가 25 ℃에서 1.07 V이었다면, Zn^{2+}:Cu^{2+} 농도비는 얼마인가?

$$Zn(s)\,|\,Zn^{2+}(aq)\,\|\,Cu^{2+}(aq)\,|\,Cu(s)$$

19.99 다음 전지를 사용하여 측정한 전지 전위가 25 ℃에서 0.35 V이었다면, Fe^{2+}:Sn^{2+} 농도비는 얼마인가?

$$Fe(s)\,|\,Fe^{2+}(aq)\,\|\,Sn^{2+}(aq)\,|\,Sn(s)$$

19.100 네른스트 식은 전지 반응과 반쪽 반응에 모두 적용할 수 있다. 다음 특정한 조건의 경우, 반쪽 반응의 전위를 25 ℃에서 계산하시오.

(a) $I_2(s) + 2\,e^- \longrightarrow 2\,I^-(aq);\ [I^-] = 0.020$ M

(b) $Fe^{3+}(aq) + e^- \longrightarrow Fe^{2+}(aq);$
$[Fe^{3+}] = [Fe^{2+}] = 0.10$ M

(c) $Sn^{2+}(aq) \longrightarrow Sn^{4+}(aq) + 2\,e^-;$
$[Sn^{2+}] = 1.0 \times 10^{-3}$ M, $[Sn^{4+}] = 0.40$ M

(d) $2\,Cr^{3+}(aq) + 7\,H_2O(l) \longrightarrow Cr_2O_7^{2-}(aq) + 14\,H^+(aq) + 6\,e^-;$
$[Cr^{3+}] = [Cr_2O_7^{2-}] = 1.0$ M, $[H^+] = 0.010$ M

19.101 음주 운전자로 의심받는 사람이 음주측정기로 검사를 받으면, 호흡 시 발생한 알코올(에탄올)은 다이크로뮴산 포타슘의 산성 용액에서 아세트산으로 산화된다.

© nikamo/Shutterstock

$$\underset{\text{에탄올}}{3\,CH_3CH_2OH(aq)} + 2\,Cr_2O_7^{2-}(aq) + 16\,H^+(aq) \longrightarrow \underset{\text{아세트산}}{3\,CH_3CO_2H(aq)} + 4\,Cr^{3+}(aq) + 11\,H_2O(l)$$

용액의 색깔은 변한다. 오렌지색의 $Cr_2O_7^{2-}$이 녹색의 Cr^{3+}으로 변하기 때문이다. 음주측정기는 색깔 변화를 측정하고, 혈중 알코올 농도를 계산한다.

(a) 만약, 아세트산이 에탄올로 되는 환원 반응의 표준 반쪽 반응 전위가 0.058 V라면, 이 반응의 $E°$ 값은 무엇인가?
(b) 에탄올, 아세트산, $Cr_2O_7^{2-}$, Cr^{3+}의 농도가 1.0 M이고 pH가 4.00일 때, 이 반응의 E 값은 얼마인가?

19.102 25 ℃와 다음 반응 조건에서 수소 전극의 환원 전위는 얼마인가? 반쪽 반응은 다음과 같다.

$$2\,H^+(aq) + 2\,e^- \longrightarrow H_2(g,\ 1\ atm)$$

(a) 1.0 M HCl
(b) pH 4.00인 용액
(c) 순수한 물
(d) 1.0 M NaOH

19.103 한때 지구상에서 철은 주로 Fe(II)로 존재하였으나, 식물이 대기 중에 상당량의 산소를 발생시키면서 철은 철(III)로 산화되었다. 25 ℃에서 다음과 같은 합리적인 환경 조건을 가정할 때, $Fe^{2+}(aq)$가 $O_2(g)$에 의해 자발적으로 $Fe^{3+}(aq)$로 산화될 수 있음을 보이시오.

$$[Fe^{2+}] = [Fe^{3+}] = 1 \times 10^{-7}\ M;\ pH = 7.0;\ P_{O_2} = 160\ mmHg$$

19.104 Pb^{2+}/Pb와 Cd^{2+}/Cd 반쪽 반응의 표준 환원 전위는 각각 −0.13 V와 −0.40 V이다. 반쪽 반응이 동일한 환원 전위를 갖는 Pb^{2+}와 Cd^{2+}의 상대적인 농도는 얼마인가?

19.105 구리는 묽은 질산을 산화 질소(NO)로 환원시키지만, 진한 질산은 이산화 질소(NO_2)로 환원시킨다.

(1) $3\,Cu(s) + 2\,NO_3^-(aq) + 8\,H^+(aq) \longrightarrow 3\,Cu^{2+}(aq) + 2\,NO(g) + 4\,H_2O(l) \quad E° = 0.62$ V

(2) $Cu(s) + 2\,NO_3^-(aq) + 4\,H^+(aq) \longrightarrow Cu^{2+}(aq) + 2\,NO_2(g) + 2\,H_2O(l) \quad E° = 0.45$ V

$[Cu^{2+}] = 0.1$ M이고, NO와 NO_2의 부분 압력이 1.0×10^{-3} atm이라고 가정할 때, 25 ℃에서 반응 (1)과 (2)의 전위(E)를 계산하시오. 또한 HNO_3 농도가 다음과 같을 때, 어떤 반응의 열역학적 경향이 더 크게 발생하는지를 설명하시오.

(a) 1.0 M
(b) 10.0 M
(c) 반응 (1)과 (2)의 E 값이 동일한 HNO_3 농도는 얼마인가?

19.106 25 ℃에서 다음 전지의 전위는 0.15 V이다.

$$Pt(s)|H_2(1\ atm)|H^+(?\ M)\|Ni^{2+}(1\ M)|Ni(s)$$

산화 전극 구획에서 용액의 pH는 얼마인가?

19.107 만약 25 ℃에서 측정된 전지의 전위가 0.17 V라면, 다음 전지의 환원 전극 구획에 있는 용액의 pH는 얼마인가?

$$Zn(s)|Zn^{2+}(1\ M)\|H^+(?\ M)|H_2(1\ atm)|Pt(s)$$

표준 전지 전위와 평형 상수(19.9절)

19.108 $E°$, $\Delta G°$, K와 연관된 식을 이용하여, 양수 $E°$ 값을 갖는 반응의 경우 $\Delta G°$는 음수이고 $K>1$이라는 것을 증명하시오.

19.109 만약 어떤 반응의 평형 상수 $K<1$이면, $E°$는 양수이겠는가 음수이겠는가? $E°=0$ V일 때 K는?

19.110 표 19.1의 자료를 이용하여, 다음 반응의 25 ℃에서의 평형 상수를 구하시오.

$$Ni(s) + 2\ Ag^+(aq) \longrightarrow Ni^{2+}(aq) + 2\ Ag(s)$$

19.111 표준 환원 전위로부터, 25 ℃에서 다음 반응의 평형 상수를 구하시오.

$$2\ MnO_4^-(aq) + 10\ Cl^-(aq) + 16\ H^+(aq) \longrightarrow 2\ Mn^{2+}(aq) + 5\ Cl_2(g) + 8\ H_2O(l)$$

19.112 25 ℃에서 다음 반응의 평형 상수를 구하시오.

$$Cd(s) + Sn^{2+}(aq) \longrightarrow Cd^{2+}(aq) + Sn(s)$$

19.113 25 ℃에서 다음 반응의 평형 상수를 구하시오.

$$Cl_2(g) + Sn^{2+}(aq) \longrightarrow Sn^{4+}(aq) + 2\ Cl^-(aq)$$

19.114 25 ℃에서 다음 반응의 평형 상수를 구하시오. (부록 D의 표준 환원 전위를 참조하시오.)

$$Hg_2^{2+}(aq) \longrightarrow Hg(l) + Hg^{2+}(aq)$$

19.115 표준 환원 전위를 이용하여, 25 ℃에서 과산화 수소 분해 반응의 평형 상수를 구하시오.

$$2\ H_2O_2(l) \longrightarrow 2\ H_2O(l) + O_2(g)$$

19.116 다음 갈바니 전지의 전위는 25 ℃에서 1.214 V이다.

$$Hg(l)|Hg_2Br_2(s)|Br^-(0.10\ M)\|MnO_4^-(0.10\ M), Mn^{2+}(0.10\ M), H^+(0.10\ M)|Pt(s)$$

25 ℃에서 Hg_2Br_2의 K_{sp} 값을 계산하시오.

19.117 다음 반쪽 반응의 $E°=1.103$ V이다.

$$Cu^{2+}(aq) + 2\ CN^-(aq) + e^- \longrightarrow Cu(CN)_2^-(aq)$$

$Cu(CN)_2^-$의 형성 상수 K_f 값을 계산하시오.

배터리(19.10절)

19.118 납축전지가 충전될 때, 전체 전지 반응의 균형 반응식을 쓰시오. 19.10절을 참조하시오.

19.119 니켈–카드뮴 전지가 전류를 생성할 때, 전체 전지 반응의 균형 반응식을 쓰시오. 19.10절을 참조하시오.

19.120 며칠 동안 폭풍우가 휘몰아치는 해변에서 휴가를 보내고 있다. 마침 휴대폰이 방전되어 충전용 배터리를 만들고자 한다. 다음 물질들을 사용할 수 있다.

1.0 M Cu^{2+} 용액을 만드는 데 사용할 수 있는 황산 구리 조류 제거제
1.0 M Al^{3+} 용액을 만드는 데 사용할 수 있는 황산 알루미늄(명반)
알루미늄 포일, 구리 선, 염다리 제조에 사용되는 볼로냐
(a) 배터리의 반쪽 반응과 전체 반응은 무엇인가?
(b) 생성되는 전압은 얼마인가?
(c) 비커, 전압계, 염다리로 구성된 배터리의 모식도를 그리시오. 또한, 산화 전극, 환원 전극, 전자 흐름의 방향을 표기하시오.
(d) 아이폰을 충전하기 위해서는 5.0 V의 전압이 필요하다. 이 배터리로 휴대폰을 충전할 수 있는지 설명하시오.

19.121 폭풍우가 휘몰아치고 있고, 가정용품을 이용하여 휴대폰을 충전할 수 있는 배터리를 만들고자 한다. 다음 물질들을 사용할 수 있다.

1.0 M Al^{3+} 용액을 만드는 데 사용할 수 있는 황산 알루미늄(명반)
대략 1.0 M ClO^- 용액 표백제
알루미늄 포일, 백금 목걸이, 염다리 제조에 사용되는 볼로냐
(a) 배터리의 반쪽 반응과 전체 반응은 무엇인가?
(b) 생성되는 전압은 얼마인가?
(c) 비커, 전압계, 염다리로 구성된 배터리의 모식도를 그리시오. 또한, 산화 전극, 환원 전극, 전자 흐름의 방향을 표기하시오.
(d) 아이폰을 충전하기 위해서는 5.0 V의 전압이 필요하다. 이 배터리로 휴대폰을 충전할 수 있는지 설명하시오.

19.122 납축전지의 경우:
(a) 전지를 그려서 다음을 나타내시오. 산화 전극, 환원 전극, 전해질, 전자와 이온 흐름의 방향, 전극 부호.
(b) 산화 전극, 환원 전극, 전체 전지 반응을 쓰시오.
(c) $E°$ 값이 1.924 V일 때, 전지 반응의 평형 상수를 계산하시오.
(d) 전지 반응이 평형에 도달할 때, 전지 전압은 얼마인가?

19.123 수은 전지는 다음 전극 반쪽 반응을 이용한다.

$$HgO(s) + H_2O(l) + 2\ e^- \longrightarrow Hg(l) + 2\ OH^-(aq) \quad E° = 0.098\ V$$

$$ZnO(s) + H_2O(l) + 2\ e^- \longrightarrow Zn(s) + 2\ OH^-(aq) \quad E° = -1.260\ V$$

(a) 전체 전지 반응의 균형 반응식을 쓰시오.
(b) 25 ℃에서 전지 반응의 $\Delta G°$(kJ 단위)와 K를 계산하시오.
(c) 전해질에서 KOH 농도가 10배로 바뀌면, 전지 전압은 어떻게 변하는가? 설명하시오.

부식(19.11절)

19.124 녹이란 무엇인가? 녹이 생기는 원인은 무엇인가? 녹이 생기는 것을 방지하려면 어떻게 해야 하는가?

19.125 용액의 pH가 녹 형성에 미치는 영향은?

19.126 $Cr(s) \longrightarrow Cr^{3+}(aq) + 3\ e^-$ 반응의 표준 산화 전위는 0.74 V 이다. 산화 전위는 크고 양이지만, 크로뮴은 강철의 보호 코팅에 사용된다. 왜 크로뮴은 부식되지 않는가?

ⓒNick Stubbs/Shutterstock

19.127 다음 중 어떤 것이, 녹으로부터 강철을 보호하는 아연도금 과정을 기술한 것인가?

(a) 강철에 페인트로 코팅한다.

(b) 강철에 있는 철이 보호 산화막을 형성하도록 산화한다.

(c) 강철이 아연으로 코팅된다. 그 이유는 아연이 철보다 더 쉽게 산화되기 때문이다.

(d) 마그네슘 한 조각을 강철에 붙인다. 그 이유는 마그네슘이 철보다 더 쉽게 산화되기 때문이다.

19.128 음극화 보호의 의미는 무엇인가?

(a) 강철에 페인트로 코팅한다.

(b) 강철에 있는 철이 산화하여 보호 산화막을 형성한다.

(c) 강철이 아연으로 코팅된다. 그 이유는 아연이 철보다 더 쉽게 산화되기 때문이다.

(d) 마그네슘 한 조각을 강철에 붙인다. 그 이유는 마그네슘이 철보다 더 쉽게 산화되기 때문이다.

19.129 강철이 녹스는 것을 막기 위해, 아연을 배의 강철 프로펠러에 붙인다. (a) 아연이 존재할 경우, (b) 아연이 없을 경우, 부식 반응의 균형 반응식을 쓰시오.

19.130 다음 중 어떤 금속이 철을 음극화 보호할 수 있는가? 옳은 것을 모두 선택하시오.

Mn, Ni, Pb, Sn, Al

19.131 아연 금속을 아연도금 과정에서 이용할 수 없을 경우, 표준 환원 전위를 바탕으로 다음 중 어떤 금속을 선택하는 것이 합리적인 차선책인가? 옳은 것을 모두 선택하시오.

Mn, Cd, Mg, Co, Cr

전기 분해(19.12~19.14절)

19.132 금속 마그네슘은 비활성 전극을 이용하여 용융 염화 마그네슘을 전기 분해하여 생산된다.

(a) 전지를 그린 다음, 산화 전극과 환원 전극을 표시하고, 전극의 부호를 나타내고, 전자와 이온 흐름의 방향을 보이시오.

(b) 산화 전극, 환원 전극, 전체 전지 반응의 균형 반응식을 쓰시오.

19.133 (a) 황산 수용액을 전기 분해하는 데 적합한 비활성 전극으로 이루어진 전지를 그리시오. 산화 전극, 환원 전극을 표시하고, 전자와 이온의 흐름 방향, 전극의 부호를 표시하시오.

(b) 산화 전극, 환원 전극, 전체 전지 반응의 균형 반응식을 쓰시오.

19.134 비활성 전극으로 이루어진 전지에서 $MgCl_2$ 수용액을 전기 분해할 때 일어날 수 있는, 산화 전극과 환원 전극의 반쪽 반응을 열거하시오. 어느 반쪽 반응이 일어나는지를 예측하고, 그 이유를 설명하시오.

19.135 비활성 전극으로 이루어진 전지에서, 다음 반응물을 전기 분해할 때 형성되는 생성물은 무엇인가? 어떤 차이점이 있는지 설명하시오.

(a) 용융 KCl　　(b) KCl 수용액

19.136 비활성 전극으로 이루어진 전지에서 다음 염의 수용액을 전기 분해할 때, 산화 전극, 환원 전극, 전체 전지 반응을 예측하시오.

(a) NaBr　　(b) $CuCl_2$　　(c) LiOH

19.137 비활성 전극으로 이루어진 전지에서 다음 염의 수용액을 전기 분해할 때, 산화 전극, 환원 전극, 전체 전지 반응을 예측하시오.

(a) Ag_2SO_4　　(b) $Ca(OH)_2$　　(c) KI

19.138 질산 은 수용액을 2.40 A의 일정한 전류로 20.0분 동안 전기 분해할 때, 생성되는 은의 무게를 g 단위로 구하시오.

19.139 100.0 A의 일정한 전류를 불순물이 섞인 구리 산화 전극, 순수한 구리 환원 전극, $CuSO_4$ 전해질 수용액으로 이루어진 전해 전지에 통과시켰다. 24.0 시간 동안 몇 kg의 구리가 정제되는가?

19.140 3.00×10^4 A의 일정한 전류로 용융 NaCl을 전기 분해하여 1.00×10^3 kg의 소듐을 얻으려면, 몇 시간이 필요한가? 부산물로 얻어지는 Cl_2는 표준 상태에서 몇 L인가?

19.141 홀-에루 공정에서 알루미늄을 시간당 40.0 kg 생산하려면, 몇 A의 일정한 전류가 필요한가?

19.142 20.0 A의 일정한 전류를 사용하여, 금속 질산염 수용액 $M(NO_3)_2(aq)$를 325분 동안 전기 분해하여 111 g 금속을 얻었다. 이 금속 이온 M^{2+}를 예측하시오.

19.143 35.0 A의 일정한 전류를 사용하여, 금속 질산염 수용액 $M(NO_3)_2(aq)$를 4.00시간 동안 전기 분해하여 90.52 g의 금속을 얻었다. 이 금속 이온은 무엇인가?

19.144 알루미늄, 타이타늄, 몇몇 다른 금속들은 산화 처리(anodizing)라 부르는 전기 화학 과정에 의해 색을 띨 수 있다. 산화 처리에서는 금속 산화 전극이 산화(oxidizes)되어, 밝은 색을 띠기 위해 염료 분자를 포함시킬 수 있는 다공성 금속 산화물 피막을 생성한다. 예를 들어, 알루미늄의 산화에서 전극 반응은 다음과 같다.

환원 전극(환원): $6\ H^+(aq) + 6\ e^- \longrightarrow 3\ H_2(g)$

산화 전극(산화): $2\ Al(s) + 3\ H_2O(l) \longrightarrow Al_2O_3(s) + 6\ H^+(aq) + 6\ e^-$

전체 전지 반응: $2\ Al(s) + 3\ H_2O(l) \longrightarrow Al_2O_3(s) + 3\ H_2(g)$

산화 전극 위에 형성된 알루미늄 산화물 피막의 두께는, 전기 분해 과정 동안 흘려준 전류를 바꿈으로써 조절할 수 있다. 한 모서리의 길이가 10.0 cm인 정사각형 알루미늄 금속 위에 0.600 A의 전류를 흘려주어, 0.0100 mm 두께의 Al_2O_3(밀도: 3.97 g/cm^3) 피막을 입히려면, 소요되는 시간은 몇 분인가?

▲ 산화 처리된 알루미늄 스포츠용 물병 ©Juan Aunion/Shutterstock

19.145 타이타늄의 산화 처리 과정은 알루미늄의 경우와 매우 흡사하다. 그러나 결과적으로 형성된 TiO_2 막(10^{-4} mm)은 알루미늄 막(10^{-2} mm)보다 훨씬 얇다. 더욱이 산화된 타이타늄의 무지갯빛 색깔은 유기 염료의 흡수에 의한 것이 아니라, 빛이 산화 처리된 표면에서 반사될 때 빛의 간섭에 의한 것이다. 환원 전극의 반쪽 반응은 문제 19.144에서 나와 있는 알루미늄의 산화 처리에서와 같다. 산화 전극의 반쪽 반응이 다음과 같을 때 전체 전지 반응은 무엇이며, 타이타늄을 산화시키는 전지 전위는 얼마인가?

$$Ti(s) + 2\,H_2O(l) \longrightarrow TiO_2(s) + 4\,H^+(aq) + 4\,e^- \quad E° = +1.066\text{ V}$$

19.146 납축전지(19.10절)를 충전하기 위해서는 500.0 g의 $PbSO_4(s)$가 $PbO_2(s)$와 $Pb(s)$로 전환되어야 한다.

(a) 이 반응은 전해 전지와 갈바니 전지 중, 어느 것을 나타내는가?

(b) 필요한 전하량은 몇 C인가?

(c) 500 A의 전류가 사용되었다면, 반응 시간은 얼마나 걸리는가?

19.147 디지털 사진기에 사용되는 니켈–아연 전지가 충전될 때, 다음 반응이 일어난다.

$$2\,Ni(OH)_2(s) + Zn(OH)_2(s) \longrightarrow 2\,Ni(OH)_3(s) + Zn(s)$$

(a) $Ni(OH)_2$ 3.35×10^{-2} g이 소모될 때, 몇 g의 아연이 생성되는가?

(b) 아연 6.17×10^{-2} g을 포함하는 방전된 배터리가 0.100 A의 일정한 전류로 충전될 때, 충전이 완료될 때까지 몇 분이 걸리는가?

다중 개념 문제

19.148 다음 반쪽 반응과 $E°$ 값을 고려해 보자.

$$Ag^+(aq) + e^- \longrightarrow Ag(s) \quad E° = 0.80\text{ V}$$
$$Cu^{2+}(aq) + 2\,e^- \longrightarrow Cu(s) \quad E° = 0.34\text{ V}$$
$$Pb^{2+}(aq) + 2\,e^- \longrightarrow Pb(s) \quad E° = -0.13\text{ V}$$

(a) 위 식에 있는 금속과 이온 중 가장 강한 산화제와 가장 강한 환원제는 무엇인가?

(b) 위 반쪽 반응들은 세 가지 다른 갈바니 전지를 구성하는 데 사용될 수 있다. 가장 큰 전압을 만드는 갈바니 전지를 구성하고, 산화 전극과 환원 전극을 식별하고, 전자와 이온 흐름의 방향을 표시하시오.

(c) (b)의 전지 반응을 쓰시오. 이 반응의 $E°$, $\Delta G°$(kJ 단위), K 값을 25 °C에서 계산하시오.

(d) 이온의 농도가 모두 0.010 M이라면, (b)에서 구성된 전지의 전압을 계산하시오.

19.149 다음 반쪽 반응을 이용하는 갈바니 전지를 생각해 보자.

$$2\,H^+(aq) + 2\,e^- \longrightarrow H_2(g)$$
$$Al^{3+}(aq) + 3\,e^- \longrightarrow Al(s)$$

(a) 전극으로 사용되는 물질은 무엇인가? 산화 전극과 환원 전극을 구별하고, 전자와 이온 흐름의 방향을 나타내시오.

(b) 전지 반응의 균형 반응식을 쓰시오. 그리고 표준 전지 전위를 구하시오.

(c) 이온의 농도가 0.10 M이고 H_2의 부분 압력이 10.0 atm이라면, 25 °C에서 전지 전위를 계산하시오.

(d) 전지 반응의 $\Delta G°$(kJ 단위), K 값을 25 °C에서 계산하시오.

(e) 전지에 10.0 A의 일정한 전류가 25.0분 공급된 후, 알루미늄 전극의 무게 변화를 g 단위로 계산하시오.

19.150 염소 기체는 염산과 과망가니즈산 포타슘을 반응시켜 제조할 수 있다.

(a) 부록 D의 자료를 사용하여, 이 반응의 균형 반응식을 쓰시오. 환원 생성물은 Mn^{2+}이다.

(b) 반응의 $E°$, $\Delta G°$를 계산하시오.

(c) 1.0 atm, 25 °C에서 $KMnO_4$ 179 g과 과량의 HCl을 반응시키면, Cl_2는 몇 L 생성되는가?

19.151 소듐–황 배터리는 소듐 이온만 통과할 수 있는 세라믹인 β–알루미나로, 산화와 환원 구획이 분리되어 있는 몰리브데넘 전극을 갖는다. 이 배터리는 300 °C 이상에서 작동하기 때문에, 모든 반응물과 생성물은 용융된 용액에 들어 있다. 전지 전압은 약 2.0 V이다.

(a) 다음과 같은 간략 표기법으로 표현된 전지 반응은 무엇인가?

$Mo(s)\,|\,Na(soln),\ Na^+(soln)\,\|\,S(soln),\ S^{2-}(soln)\,|\,Mo(s)$

(b) 25 kW의 소듐−황 배터리가 32분 동안 전류를 생산할 때, 몇 kg의 소듐이 소모되는가?

19.152 다음 반쪽 반응의 합을 고려하자.

(1) $Fe^{3+}(aq) + 3e^- \longrightarrow Fe(s)$ $E°_1 = -0.04$ V
(2) $Fe(s) \longrightarrow Fe^{2+}(aq) + 2e^-$ $E°_2 = 0.45$ V
(3) $Fe^{3+}(aq) + e^- \longrightarrow Fe^{2+}(aq)$ $E°_3 = ?$

반쪽 반응 (1), (2)의 전자 개수가 다르기 때문에, (3)의 전체 반응은 다른 반쪽 반응이다. 따라서 $E°_3$은 $E°_1$과 $E°_2$의 합으로 얻어질 수 없다. 그러나 G는 상태 함수이기 때문에, 자유 에너지 변화는 더하기가 가능하다.

$$\Delta G°_3 = \Delta G°_1 + \Delta G°_2$$

(a) $\Delta G°$와 $E°$의 관계를 이용하여, 반쪽 반응 (1), (2), (3)의 $E°$ 값의 관계를 유도하시오.
(b) Fe^{3+}/Fe^{2+} 반쪽 반응의 $E°$를 계산하시오.
(c) (3)이 반쪽 반응이 아니라 전체 반응이면, $E°_3 = E°_1 + E°_2$가 가능하다. 이유를 설명하시오.

19.153 갈바니 전지에서 은 전극은 0.050 M $AgNO_3$ 용액에 담겨 있고, 구리 전극은 1.0 M $Cu(NO_3)_2$ 용액에 담겨 있다.
(a) 전지 반응의 균형 반응식을 쓰고, 25 ℃에서 전지 전위를 계산하시오.
(b) 과량의 $NaBr(aq)$을 $AgNO_3$ 용액에 넣어 AgBr 침전이 형성되었다. AgBr이 침전된 후 과량의 Br^-의 농도가 1.0 M이면, 25 ℃에서 전지 전위는 얼마인가? 이 조건에서 전지 반응의 균형 반응식을 쓰시오. (25 ℃에서 AgBr의 $K_{sp} = 5.4 \times 10^{-13}$이다.)
(c) (b)의 결과를 이용하여, 다음 반쪽 반응의 표준 환원 전위 $E°$를 구하시오.

$$AgBr(s) + e^- \longrightarrow Ag(s) + Br^-(aq)$$

19.154 25 ℃에서 표준 환원 전위가 주어졌을 때, (a) H_2MoO_4가 비소 원소와 산성 용액에서 반응하여 Mo^{3+}와 H_3AsO_4를 생성할 때의 균형 반응식을 쓰시오. (b) 이 반응의 $E°$를 계산하시오.

반쪽 반응	$E°$(V)
$H_3AsO_4(aq) + 2H^+(aq) + 2e^- \longrightarrow H_3AsO_3(aq) + H_2O(l)$	+0.560
$H_3AsO_3(aq) + 3H^+(aq) + 3e^- \longrightarrow As(s) + 3H_2O(l)$	+0.240
$H_2MoO_4(aq) + 2H^+(aq) + 2e^- \longrightarrow MoO_2(s) + 2H_2O(l)$	+0.646
$MoO_2(s) + 4H^+(aq) + e^- \longrightarrow Mo^{3+}(aq) + 2H_2O(l)$	−0.008

19.155 산성 용액에서 MnO_4^-와 옥살산($H_2C_2O_4$)이 반응하면, Mn^{2+}와 CO_2 기체를 생성한다. 이는 과망가니즈산 용액의 이온 농도를 결정하는 방법에 이용된다.
(a) 반응의 균형 알짜 이온 반응식을 쓰시오.
(b) 부록 D의 자료를 이용하여, 반응의 $E°$를 계산하시오.
(c) 25 ℃에서 $\Delta G°$와 K를 계산하여 반응이 완결됨을 보이시오.
(d) 옥살산 소듐($Na_2C_2O_4$) 1.200 g을 묽은 H_2SO_4에 녹이고, $KMnO_4$ 용액으로 적정하였다. 32.50 mL의 $KMnO_4$ 용액이 당량점에 도달하는 데 필요하였다면, $KMnO_4$ 용액의 몰농도는 얼마인가?

19.156 반응 $Ba^{2+}(aq) + 2Cl^-(aq) \longrightarrow BaCl_2(s)$의 $\Delta G° = 16.7$ kJ이다. $Ba^{2+} + 2e^- \longrightarrow Ba(s)$ 반응의 표준 환원 전위를 계산하시오. 부록 B와 D의 자료를 참조하시오.

19.157 농도 전지는 산화 전극과 환원 전극이 같은 반쪽 반응이다. 그러나 전위차가 발생하는 것은 두 전극의 농도 차이 때문이다.
(a) 측정된 전위가 0.0965 V라면, $Cu(s)\,|\,Cu^{2+}(x\ M)\,||\,Cu^{2+}(0.10\ M)\,|\,Cu(s)$에서 x는 얼마인가?
(b) 비슷한 전지에서 양쪽 Cu^{2+}의 농도가 0.10 M이다. 1당량의 에틸렌다이아민($NH_2CH_2CH_2NH_2$)을 한쪽 구획에 넣고 전위를 측정하니, 0.179 V이다. $Cu(NH_2CH_2CH_2NH_2)_2^{2+}$의 착이온 형성 상수($K_f$)를 구하시오. 부피 변화는 없다고 가정한다.

19.158 25 ℃에서 0.100 M $FeSO_4$ 용액 120.0 mL를 0.120 M $K_2Cr_2O_7$으로 산화−환원 적정한다(4.13절). 용액의 pH는 적절한 완충 용액에 의해 2.00으로 유지된다고 가정한다. 용액은 백금 전극과 접촉하여, 전기 화학 전지의 하나의 반쪽 전지를 구성한다. 다른 반쪽 전지는 표준 수소 전극이다. 두 반쪽 전지를 전선과 염다리로 연결하고, 적정 과정은 전압계로 전지 전압을 측정하여 모니터한다.
(a) 적정 반응의 균형 알짜 이온 반응식을 쓰시오. 단, Fe^{3+}와 Cr^{3+}가 생성물이라고 가정한다.
(b) 당량점에서 전지 전위는 얼마인가?

19.159 다음 반쪽 반응을 이용하는 갈바니 전지를 고려해 보자

산화 전극: $Zn(s) + H_2O(l) \longrightarrow ZnO(s) + 2H^+(aq) + 2e^-$
환원 전극: $Ag^+(aq) + e^- \longrightarrow Ag(s)$

(a) 전지 반응의 균형 반응식을 쓰시오. 부록 B에 수록된 열역학 자료를 이용하여, $\Delta H°$, $\Delta S°$, $\Delta G°$를 구하시오.
(b) 25 ℃에서 $E°$ 값과 평형 상수 K는 얼마인가?
(c) 암모니아수가 환원 전극 구획에 첨가되면, 전지 전압에는 어떤 일이 일어나는가? 환원 전극 구획에 있는 용액이 0.100 M $AgNO_3$(50.0 mL)와 4.00 M NH_3(50.0 mL)를 섞은 것일 때, 전지의 전압을 계산하시오.
(d) (c)의 용액에 0.200 M NaCl(10.0 mL)을 첨가하면 AgCl은 침전되는가? 0.200 M KBr(10.0 mL)을 (c)에서 만들어진 용액에 첨가하면 AgBr이 침전되는가?

19.160 니켈−철 배터리는 철 산화 전극, NiO(OH) 환원 전극, KOH 전해질로 구성되어 있다. 배터리는 다음 반쪽 반응을 이용하고, 25 ℃에서 $E°$ 값은 1.37 V이다.

$$Fe(s) + 2OH^-(aq) \longrightarrow Fe(OH)_2(s) + 2e^-$$
$$NiO(s) + H_2O(l) + e^- \longrightarrow Ni(OH)_2(s) + OH^-(aq)$$

(a) 전지 반응의 균형 반응식을 쓰시오.
(b) 25 ℃에서 전지 반응의 $\Delta G°$ 값과 평형 상수 K는 얼마인가?

(c) 25 ℃에서 KOH 전해질의 농도가 5.0 M이면, 전지 전압은 얼마인가?

(d) 배터리가 일정한 전류 0.250 A를 40.0분 동안 생산했을 때, 산화 전극에서 $Fe(OH)_2$는 몇 g 생성되는가? 과정에서 물 분자는 얼마나 소모되는가?

19.161 뷰테인(C_4H_{10})을 연료로 이용하는, 실험적 고체-산화물 연료 전지가 최근에 보고되었다. 이 전지는 복합 금속/금속 산화물 전극과 고체 금속 산화물 전해질을 포함한다. 전지의 반쪽 반응은 다음과 같다.

산화 전극: $C_4H_{10}(g) + 13\ O^{2-}(s) \longrightarrow 4\ CO_2(g) + 5\ H_2O(l) + 26\ e^-$

환원 전극: $O_2(g) + 4\ e^- \longrightarrow 2\ O^{2-}(s)$

(a) 전지 반응의 균형 반응식을 쓰시오.

(b) 부록 B에 수록된 열역학 자료를 이용하여, 25 ℃에서 전지 반응의 $E°$ 값과 평형 상수 K 값을 계산하시오. 온도 증가에 따라, $E°$ 값과 평형 상수 K는 증가하는가 감소하는가 변하지 않는가?

(c) 8.00시간 동안에 10.5 A의 일정한 전류를 생산하는 데 필요한 뷰테인은 몇 g인가? 20 ℃, 815 mmHg에서 몇 L의 뷰테인이 필요한가?

19.162 일반 알칼리 전지의 반쪽 반응은 다음과 같다.

산화 전극: $MnO_2(s) + H_2O(l) + e^- \longrightarrow MnO(OH)(s) + OH^-(aq)$

환원 전극: $Zn(s) + 2\ OH^-(aq) \longrightarrow Zn(OH)_2(s) + 2\ e^-$

1999년 이스라엘의 과학자들은 '슈퍼-철(super-iron)' 배터리라고 부르는 새로운 형태의 알칼리 전지를 보고하였다. 이 전지는 일반 알칼리 전지와 같은 산화 전극을 사용한다. 그러나 환원 전극에서는 FeO_4^{2-} 이온(K_2FeO_4로부터 얻어지는)이 환원되어 고체 $Fe(OH)_3$가 형성된다.

(a) 다음 표준 환원 전위와 부록 C, D의 자료를 이용하여, 일반 알칼리 전지의 표준 전지 전위를 계산하시오.

$$MnO(OH)(s) + H_2O(l) + e^- \longrightarrow Mn(OH)_2(s) + OH^-(aq)$$
$$E° = -0.380\ V$$

(b) 슈퍼-철 배터리의 환원 반쪽 반응의 균형 반응식을 쓰시오. 반쪽 반응은 염기성 환경에서 일어난다.

(c) 슈퍼-철 배터리는 동일한 크기와 질량을 가진 일반 알칼리 전지보다 오랫동안 작동된다. 환원 전극이 단위 질량당 많은 전하를 전달하기 때문이다. 10.0 g의 K_2FeO_4가 $Fe(OH)_3$로 환원될 때 방출되는 전하가 몇 쿨롱인지, 10.0 g의 MnO_2가 $MnO(OH)$로 환원될 때 방출되는 전하량과 정량적으로 비교하시오.

19.163 분쇄된 바위를 공기로 포화된 사이안화물 용액으로 처리하여 원광석으로부터 금은 추출된다. 균형이 맞지 않는 반응식은 다음과 같다.

$$Au(s) + CN^-(aq) + O_2(g) \longrightarrow Au(CN)_2^-(aq)$$

(a) 염기성 용액에서 이 반응의 균형 반응식을 쓰시오.

(b) 25 ℃에서의 다음 자료를 이용하여, 위 반응이 25 ℃에서 일어날 때의 $\Delta G°$를 구하시오. $Au(CN)_2^-$의 $K_f = 6.2 \times 10^{38}$, HCN의 $K_a = 4.9 \times 10^{-10}$이고, 표준 환원 전위는 다음과 같다.

$$O_2(g) + 4\ H^+(aq) + 4\ e^- \longrightarrow 2\ H_2O(l) \quad E° = 1.229\ V$$
$$Au^{3+}(aq) + 3\ e^- \longrightarrow Au(s) \quad E° = 1.498\ V$$
$$Au^{3+}(aq) + 2\ e^- \longrightarrow Au^+(aq) \quad E° = 1.401\ V$$

19.164 0.010 M Fe^{2+}가 포함된 1.50 M H_2SO_4 용액 100.0 mL를 0.010 M $KMnO_4$ 용액으로 산화-환원 적정하여 Fe^{3+}와 Mn^{2+}를 생성한다. 적정은 백금 전극과 칼로멜 기준 전극([Cl^-] = 2.9 M의 포화 KCl 용액과 접촉하는 Hg_2Cl_2/Hg 전극을 포함하고 있다.)으로 구성된 전기 화학 전지에서 진행한다. 부록 C, D의 자료를 이용하여, $KMnO_4$ 용액이 (a) 5.0 mL, (b) 10.0 mL, (c) 19.0 mL, (d) 21.0 mL 첨가되었을 때, 전지 전위를 계산하시오.

chapter 20

핵화학

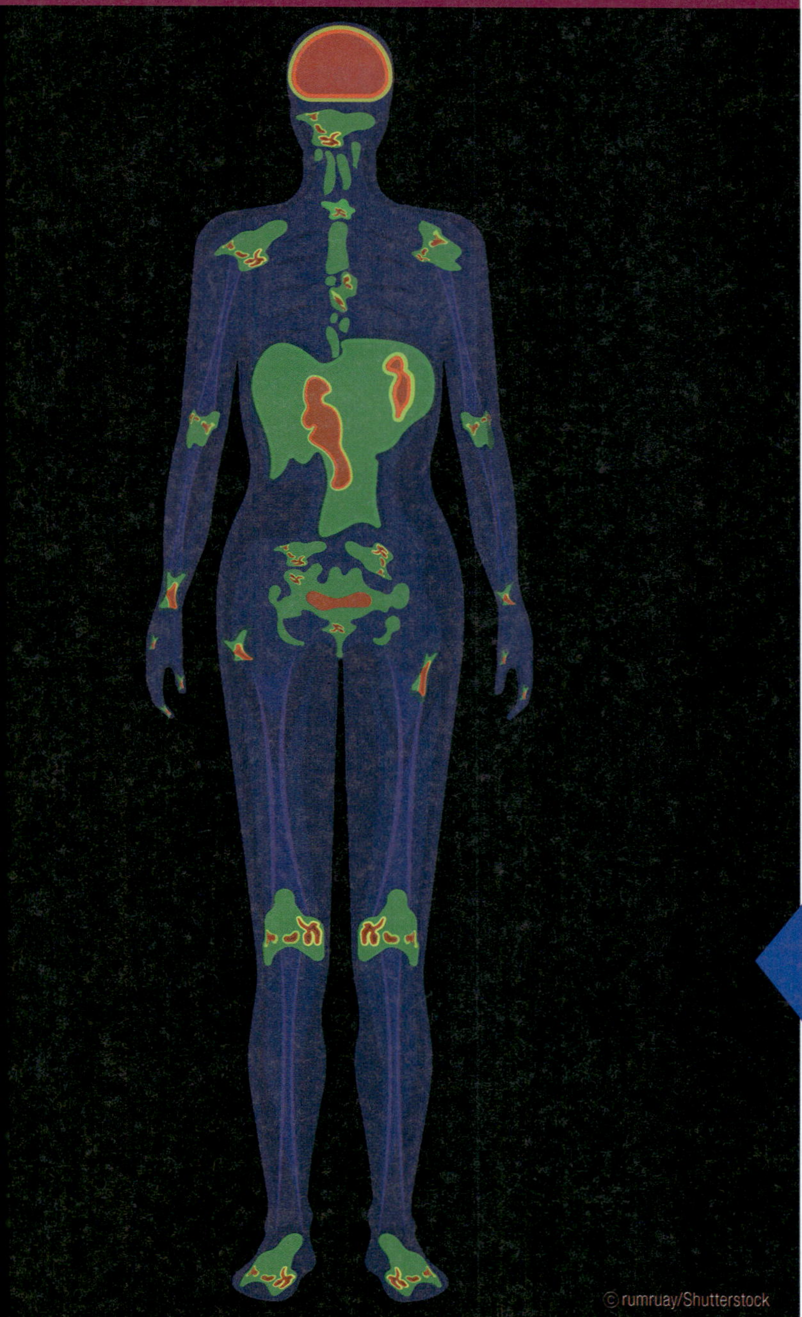

© rumruay/Shutterstock

CONTENTS

방사성 동위 원소는 신체와 질병 진단과 관련된 정보를 얻을 수 있는 영상을 만드는 데 사용된다. 주입된 방사성 동위 원소는 질병이 걸린 조직에 축적되고, 이어 방출된 감마선은 손상된 조직의 상태를 보여 주는 이미지를 만드는 데 사용된다.

의학 분야에서 방사성 동위 원소는 어떻게 사용될까?

이 질문의 답은 923쪽 INQUIRY ? 에 나와 있다.

원자핵의 특성과 반응에 관한 연구가 **핵화학**이다. 핵화학은 높은 사회적 중요성을 갖는 주제이다. 핵무기의 믿기 힘든 힘과 오랜 기간의 방사능 효과에 기인하여, 전 세계 190개 국가들은 무기 기술의 확산 방지와 비축된 무기들의 무장 해제, 핵 발전과 의료용과 같은 핵 기술의 평화적인 사용을 촉진하는 것을 목표로, 국제 핵 확산 금지 조약에 참여했다. **핵반응(nuclear reactions)**으로부터 전 세계 30개 국가와 미국 내 20% 정도의 전기를 생산하기 위해 핵발전소가 운영되고 있다. 몇몇 사람들은 공기 오염 물질 또는 이산화 탄소와 같은 온실 가스를 방출하지 않는다는 이유로, 핵에너지를 '깨끗한(clean)' 전력 생산의 원천이라고 생각한다. 그러나 핵 발전의 문제점은 장기간의 폐기물 처리 계획과 1986년 우크라이나의 체르노빌 발전소와 2011년 일본 Fukushima Daiichi 발전소와 같은 잠재적인 심각한 사고를 내포하고 있다. 비록 핵 사고로부터 발생하는 방사선은 공중 보건에 염려스러운 점이 있긴 하지만, 핵의학은 맹장염에서 암에 이르기까지 다양한 질병을 진단하고 치료하는 데 방사성 동위 원소를 이용한다. 이 장에서 우리는 원자핵의 변화, 핵반응의 에너지, 방사성 붕괴 속도를 포함한 핵반응의 다양한 측면에 대해서 공부하고자 한다.

20.1 핵반응과 특성

핵반응이 화학 반응과 다른 하나는 하나의 원소가 다른 원소로 바뀐다는 것이다. 예를 들면, 태양 에너지는 수소에서 헬륨이 만들어지는 융합 반응으로부터 생산된다.

$$^{1}_{1}\mathrm{H} + ^{2}_{1}\mathrm{H} \longrightarrow ^{3}_{2}\mathrm{He}$$

대조적으로, 화학 반응에서는 원자 사이의 결합의 변화만 있을 뿐, 원자의 동일성은 그대로 유지된다. 한 예로, 천연가스(메테인, CH_4)가 산소와 반응하여 연소되면 C, H, O 원자가 각기 다른 방법으로 결합하여 이산화 탄소(CO_2)와 물(H_2O)을 얻게 되고, 그 속에는 C, H, O 원자가 그대로 유지된다.

2.8절을 상기하면, 원자는 원자 번호인 Z와 질량수 A에 의해 특정 지어진다. 원소 기호의 왼쪽 아래 첨자로 표시된 원자 번호는 핵에 존재하는 양성자의 수를 나타낸다. 원소 기호의 왼쪽 위 첨자로 표시된 질량수는, 핵에 존재하는 전체 입자 수 또는 양성자와 중성자 모두를 나타내는 일반적인 용어인 **핵자(nucleons)**를 나타낸다. 예를 들면, 가장 풍부한 탄소의 동위 원소는 6개의 양성자와 6개의 중성자로 총 12개의 핵자를 갖는다.

질량수(A) → $^{12}_{6}\mathrm{C}$ ← 원자 번호(Z)

탄소-12

6개의 양성자
6개의 중성자
12개의 핵자

원자 번호는 같지만 질량수가 다른 원자를 동위 원소라 부르고(2.8절), 주어진 동위 원소의 핵을 **핵종(nuclide)**이라 부른다. 탄소 원소를 예로 들어 보자. 탄소의 동위 원소는 15개가 알려져 있다. 일반적으로 발생하는 두 개(^{12}C와 ^{13}C)와 대기권의 상층부에서 우주 방사선과 ^{14}N 원자의 반응으로 인해 아주 극소량 생성되는 하나(^{14}C)가 있다. 나머지 12개의 탄소 동위 원소는 20.7절에 소개된 것과 유사한 반응을 이용하여 인공적으로 생산하였다. 일반적으로 발생하는 두 개의 동위 원소만 안정하고, 나머지 13개는 자신의 핵으로 자발적 변화가 일어난다. 한 예로, 탄소-14는 질소-14와 하나의 전자로 천천히 붕괴된다. 이 과정을 아래와 같은 **핵반응식**(nuclear equation)으로 나타낼 수 있다.

$$^{14}_{6}\mathrm{C} \longrightarrow ^{14}_{7}\mathrm{N} + ^{\;0}_{-1}\mathrm{e}$$

핵 반응식(nuclear equation)에서, 원소 기호가 전체 중성 원자를 나타내기보다는 원자 중 하나의 **핵**을 나타낸다. 따라서 아래 첨자는 단지 핵전하(양성자)의 수를 나타낸다. 방출되는 전자는 ${}_{-1}^{0}e$로 나타낸다. 여기서 위 첨자인 0은 전자의 질량을 양성자 또는 중성자와 비교할 때 근본적으로 0임을 나타내고, 아래 첨자는 전하가 −1임을 나타낸다.

중성자와 양성자의 총수[총칭하여 **핵자**(nucleon)라 불리는] 또는 핵입자들이 반응식 양쪽 변에서 같기 때문에, 이 반응식은 **균형**(balanced)이 맞는다. 양변에서 핵의 전하와 다른 원소 단위의 입자(양성자와 전자) 수도 같다. 핵 반응식은 **반응물의 질량수의 합과 생성물의 질량수의 합이 같을 때** 균형이 맞는다. 마찬가지로, **반응물의 원자 수의 합과 생성물의 원자 수의 합이 같을 때** 반응의 균형이 맞는다.

$$ {}_{6}^{14}C \longrightarrow {}_{7}^{14}N + {}_{-1}^{0}e $$

질량수: 14 = 14 + 0

원자 번호: 6 = 7 + (−1)

${}^{14}C$의 ${}^{14}N$으로의 자발적인 변화와 같은 핵반응은 화학 반응과 구별된다. 구별 방법 몇 가지는 다음과 같다.

- 핵반응은 원자의 핵에서 일어나는 변화를 포함하고, 종종 다른 원소를 생산한다. 그와 대조적으로, 화학 반응은 다른 원자 사이에 결합이 일어나는 방법으로 변화하는 것을 포함한다. 화학 반응은 핵 자체가 변하거나 다른 원소를 생산하지 않는다.
- 어떤 원소의 다른 동위 원소는 화학 반응에 있어서의 거동은 본질적으로 같지만, 핵반응에서의 거동은 종종 완전히 다르다.
- 핵반응이 진행될 때 수반되는 에너지 변화는 화학 반응이 진행될 때 수반되는 에너지보다 훨씬 더 크다. 우라늄-235 (${}_{92}^{235}U$) 1 g의 핵변환이 탄소 1 g이 연소될 때보다 백만 배 이상의 에너지를 내놓는다.

개념탐구 질문 1

수소 기체 1 g의 연소 반응 또는 헬륨 기체를 형성하기 위한 1 g의 수소 기체의 융합 반응 중 어떤 반응이 더 많은 에너지를 방출할까?

20.2 방사능

1896년 이래로, 과학자들은 많은 핵들이 **방사성(radioactive)**임을 알았다. 즉, 자발적인 붕괴가 진행되고 어떤 형태의 **방사선**(radiation)을 방출한다는 것을 알았다. 1897년 Ernest Rutherford에 의해 진행된 **방사성 동위 원소(radioisotopes)**의 초기 연구는 그리스 알파벳의 첫 세 글자의 이름을 이용하여, **알파**(alpha, α), **베타**(beta, β), **감마**(gamma, γ) 방사선(radiation)으로 명명된, 현저하게 다른 성질을 갖는 방사선의 세 가지 일반적인 유형이 있음을 보여 주었다.

알파(α) 방사선

그림 20.1에 나타낸 것과 같은 간단한 실험을 이용하여, 러더퍼드(Rutherford)는 입자의 흐름으로 구성된, 양으로 하전된 전극에 저항하고 음으로 하전된 전극에 끌리면서 질량 대 전하비가 헬륨 핵(${}_{2}^{4}He^{2+}$)과 동일한 **α 방사선(α radiation)**을 발견하였다. 따라서 α 입자는 두 개의 양성자와 두 개의 중성자로 구성되어 있다.

핵으로부터의 α 입자 방출은 두 개의 양성자와 두 개의 중성자를 잃는 결과이기 때문에, 핵의 질량수는 4만큼 감소하고 원자 번호는 2만큼 감소한다. α 방출은 무거운 방사성 동위 원소에 있어 특히 일반적이다. 예를 들면, 우라늄-238은 자발적으로 α 입자를 방출하고 토륨-234 형태가 된다.

실험(Experiment)

차폐 상자의 방사선 공급원은 두 개의 전극 사이를 통과하면서 방사선을 방출한다.

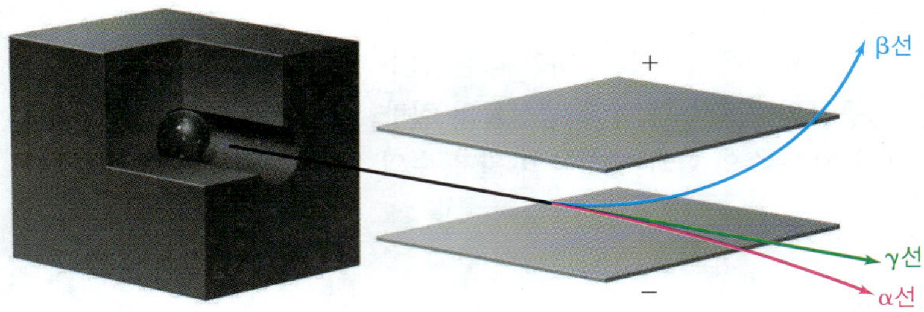

결과(Results)

베타 방사선(beta radiation)은 양극을 향하여 강하게 방향을 바꾼다.

감마 방사선(gamma radiation)은 방향을 바꾸지 않는다.

알파 방사선(alpha radiation)은 음극을 향하여 방향을 바꾼다.

결론(Conclusion)

알파 입자와 베타 입자는 모두 전기적으로 전하를 띠고 있지만, 반대의 부호를 가지고 있다. 알파 입자는 양전하를 띠고, 베타 입자는 음전하를 띤다. 감마선은 전기장에 의해 영향을 받지 않기 때문에, 전기적인 전하를 가지고 있지 않다.

▲ 그림 20.1

전기장이 α, β, γ선에 미치는 영향

$$^{238}_{92}\text{U} \longrightarrow {}^{4}_{2}\text{He} + {}^{234}_{90}\text{Th}$$

$$\text{질량수:}\quad 238 = 4 + 234$$

$$\text{원자 번호:}\quad 92 = 2 + 90$$

우라늄-238의 방사성 붕괴에 대한 핵 반응식은, 반응식의 양변의 질량수와 원자 번호의 합이 같기 때문에 균형이 맞는다. $^{238}_{92}\text{U}$의 붕괴로 $^{4}_{2}\text{He}$과 $^{234}_{90}\text{Th}$이 생성된다는 것은, 반응식 양변에 238개의 핵자와 92개의 핵전하가 있다는 것이다.

베타(β) 방사선

1800년대 후반 러더퍼드의 계속적인 연구를 통해 양극에 끌리고(그림 20.1), 음극에 저항하면서 질량 대 전하 비가 전자($^{0}_{-1}\text{e}$ 또는 β^-)와 동일한 입자의 흐름으로 구성된 **β 방사선(β radiation)**을 발견하였다. β 방출은 핵에 있는 중성자가 자발적으로 하나의 양성자와 전자로 붕괴되면서 방출될 때 발생한다. 핵 생성물은 하나의 중성자가 하나의 양성자로 변환되기 때문에 출발 핵과 같은 질량수를 갖고, 새롭게 생성된 양성자 때문에 더 높은 원자 번호를 갖는다. ^{131}I의 반응으로 ^{131}Xe을 얻는 것이 반응의 한 예이다.

$$^{131}_{53}\text{I} \longrightarrow {}^{131}_{54}\text{Xe} + {}^{0}_{-1}\text{e}$$

$$\text{질량수:}\quad 131 = 131 + 0$$

$$\text{원자 번호:}\quad 53 = 54 + (-1)$$

핵 반응식에서 $^{0}_{-1}\text{e}$로 β 입자 방출을 표기하는 것은 핵반응의 전하 균형을 분명하게 만들어 준다. 왼쪽에 있는 $^{131}_{53}\text{I}$ 핵의 아래 첨자(53)는 오른쪽에 있는 두 개의 아래 첨자의 합$(54-1=53)$에 의해 균형을 이룬다.

감마(γ) 방사선

감마 방사선[gamma(γ) radiation]은 전기장 또는 자기장에 아무런 영향을 받지 않고 질량이 없다(그림 20.1). 가시광선, 자외선, X선과 같이 γ 방사선은 매우 높은 에너지의 간단한 전자기 방사선이다. γ 방사선은 항상 에너지를 방출하기 위한 메커니즘으로 α와 β 방출을 수반한다. 그러나 생성되는 핵의 질량수나 원자 번호 모두 변하지 않기 때문에, γ 방사선은 종종 핵 반응식에 나타내지 않는다.

양전자 방출과 전자 포획

α, β, γ 방사선에 첨가하여, 두 개의 서로 다른 형태의 방사성 붕괴[양전자 방출과 전자 포획(positron emission and electron capture)] 또한 일반적으로 진행된다. **양전자 방출(positron emission)**은 핵에 있는 양성자가 중성자로 변환되면서 더해지고, **양전자**(positron, ${}^{0}_{+1}e$ 또는 β^+, 양전하를 갖는 전자로 인식할 수 있는 입자)를 방출함으로써 일어난다. 양전자는 전자와 같은 질량을 갖지만, 반대 전하를 갖는다.

양전자 방출의 결과는 생성되는 핵의 원자 번호는 감소하지만, 질량수에는 변화가 없다. 예를 들면, 포타슘-40이 양전자를 방출하면 아르곤-40을 얻는다. 이것은 바위의 지질학적 연대 결정에 중요한 핵반응이다. 핵 반응식의 오른쪽에 있는 두 개의 아래 첨자의 합(18 + 1 = 19)은 왼쪽의 ${}^{40}_{19}K$ 핵의 아래 첨자와 같다.

$$
\begin{array}{lccccc}
 & {}^{40}_{19}\mathrm{K} & \longrightarrow & {}^{40}_{18}\mathrm{Ar} & + & {}^{0}_{1}\mathrm{e} \\
\text{질량수:} & 40 & = & 40 & + & 0 \\
\text{원자 번호:} & 19 & = & 18 & + & 1
\end{array}
$$

의료 영상에 사용되는 약어인 PET는 **양전자 방출 단층촬영**(positron emission tomography)을 나타낸다는 것을 이미 알고 있을 것이다. PET는 체내에 ${}^{18}F$와 같은 양전자-방출 동위 원소를 포함하는 화합물을 주입함으로써 암을 검출하는 데 사용할 수 있다. 화합물은 암세포의 표면에 있는 단백질과 정확하게 결합하여 암세포 속에 축적된다. 붕괴가 일어나게 되면, 방출된 양전자는 주변에 있는 전자와 반응하여, 체내에서 위치를 확인할 수 있는 감마선을 방출한 다음 즉시 소멸한다.

전자 포획(Electron capture)은 원자 내에서 핵이 주변에 있는 전자 중 하나를 포획하여 양성자가 중성자로 전환되는 과정이다. 생성된 핵의 질량수는 변하지 않지만, 원자 번호는 양전자를 방출한 것처럼 1만큼 감소한다. 수은-197이 금-197로 전환되는 과정이 그 예이다.

$$
\begin{array}{lccccc}
 & {}^{197}_{80}\mathrm{Hg} & + & {}^{0}_{-1}\mathrm{e} & \longrightarrow & {}^{197}_{79}\mathrm{Au} \\
\text{질량수:} & 197 & + & 0 & = & 197 \\
\text{원자 번호:} & 80 & + & (-1) & = & 79
\end{array}
$$

다양한 종류의 방사성 붕괴 과정의 특징을 **표 20.1**에 요약하였다.

표 20.1 방사성 붕괴 과정의 요약

과정	기호	원자 번호 변화	질량수 변화	중성자 수 변화
α 방출	${}^{4}_{2}He$ 또는 α	−2	−4	−2
β 방출	${}^{0}_{-1}e$ 또는 β^-	+1	0	−1
γ 방출	${}^{0}_{0}\gamma$ 또는 γ	0	0	0
양전자 방출	${}^{0}_{1}e$ 또는 β^+	−1	0	+1
전자 포획	E. C.	−1	0	+1

예제 20.1

핵 반응식의 균형 맞추기

다음 주어진 과정에 대해 균형 핵 반응식을 쓰시오.

(a) 퀴륨-242로부터 알파 방출: ${}^{242}_{96}Cm \longrightarrow {}^{4}_{2}He + ?$

(b) 마그네슘-28로부터 베타 방출: ${}^{28}_{12}Mg \longrightarrow {}^{0}_{-1}e + ?$

(c) 제논-118로부터 양전자 방출: ${}^{118}_{54}Xe \longrightarrow {}^{0}_{1}e + ?$

전략
핵 반응식을 작성하는 열쇠는 반드시 반응물의 질량수의 합이 생성물의 질량수의 합과 같은지, 반응물의 원자 수의 합이 생성물의 원자 수의 합과 같은지 확인하는 것이다.

풀이
(a) α 방출은, 질량수는 4만큼 감소하고 원자 번호는 2만큼 감소하므로, 플루토늄-238을 얻는다.

$$^{242}_{96}\text{Cm} \longrightarrow {}^{4}_{2}\text{He} + {}^{238}_{94}\text{Pu}$$

질량수: 242 = 4 + 238
원자 번호: 96 = 2 + 94

(b) β 방출은, 질량수는 변화가 없고 원자 번호만 1만큼 증가하여, 알루미늄-28을 얻는다.

$$^{28}_{12}\text{Mg} \longrightarrow {}^{0}_{-1}\text{e} + {}^{28}_{13}\text{Al}$$

질량수: 28 = 0 + 28
원자 번호: 12 = (−1) + 13

(c) 양전자 방출은, 질량수는 변화가 없고 원자 번호만 1 감소하여, 아이오딘-118을 얻는다.

$$^{118}_{54}\text{Xe} \longrightarrow {}^{0}_{1}\text{e} + {}^{118}_{53}\text{I}$$

질량수: 118 = 0 + 118
원자 번호: 54 = 1 + 53

▶ **연습문제 20.1** 다음 과정의 균형 핵 반응식을 쓰시오.
(a) 루테늄-106으로부터 베타 방출: $^{106}_{44}\text{Ru} \longrightarrow {}^{0}_{-1}\text{e} + ?$
(b) 비스무트-189로부터 알파 방출: $^{189}_{83}\text{Bi} \longrightarrow {}^{4}_{2}\text{He} + ?$
(c) 폴로늄-204로부터 전자 포획: $^{204}_{84}\text{Po} + {}^{0}_{-1}\text{e} \longrightarrow ?$

▶ **개념 응용문제 20.2** 관련된 동위 원소를 확인하고, 주어진 핵 반응에서 어떤 종류의 붕괴 과정이 발생하는지 말하시오.

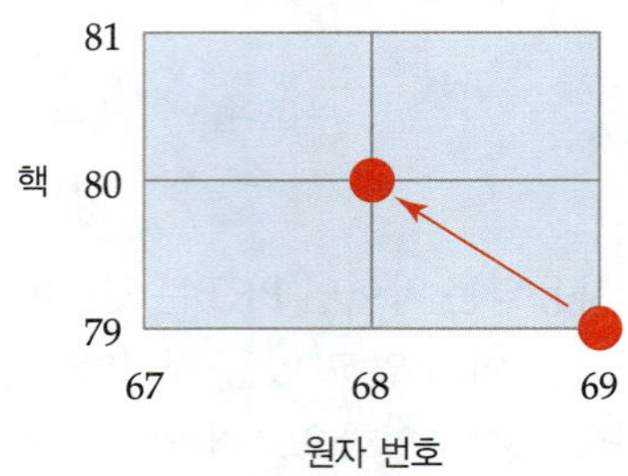

20.3 핵 안정성

자발적으로 방사성 붕괴가 일어나는 핵과 그렇지 않은 핵은 어떤 차이점이 있을까? 예를 들어 양성자가 6개이고 중성자가 8개인 탄소-14 핵은 β 입자를 방출하지만, 양성자가 6개이고 중성자가 7개인 탄소-13 핵은 왜 방사성 붕괴를 하지 않을까?

이에 대한 해답은 핵의 중성자/양성자 비와 핵을 붙잡아 줄 수 있는 힘과 관련이 있다. 핵 안정성에 중성자/양성자 비가 가지는 효과를 보기 위해, **그림 20.2**에 나타난 도표를 보자. y축

▶ **그림 20.2**
핵 안정성 띠. 이 띠는 여러 중성자/양성자 조합 중에서 비방사성이거나 또는 방사성이라도 천천히 붕괴하여 측정 가능한 시간 동안 존재 가능한 핵들을 보여 주고 있다.

▶ **확인하기**
100개의 중성자와 90개의 양성자로 구성된 핵종은 검출하기에 충분한 시간 동안 존재할까?
답 아니다. 100개의 중성자와 90개의 양성자에 대한 도표상의 지점은 안정성 영역에 있지 않다.

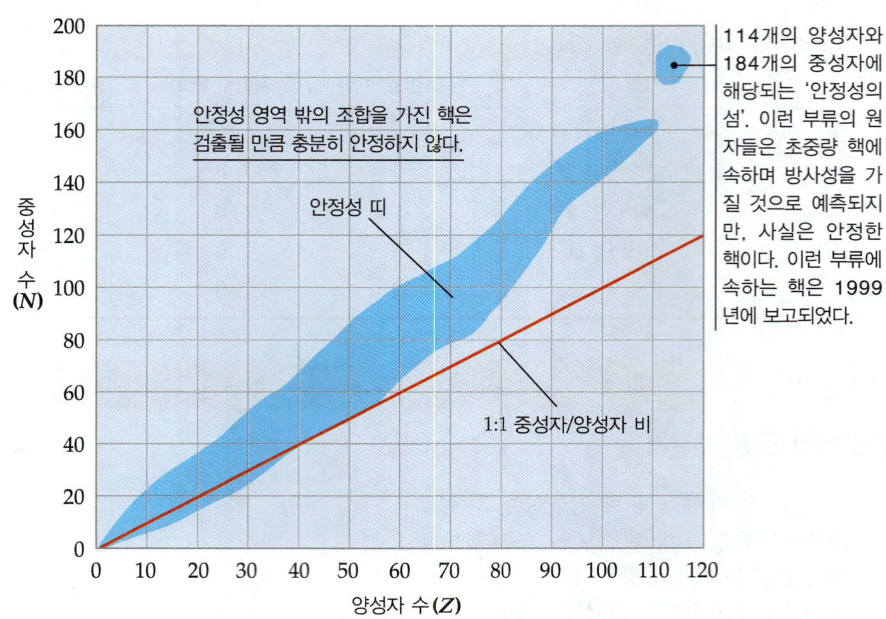

은 중성자 수를 나타내고, x축은 양성자 수를 나타낸다. 처음 92개 원소는 자연적으로 생성되고, 나머지 원소는 인공적으로 만들어진 **초우라늄 원소(transuranium elements)**이다. (실제로, 처음 92개 원소 중 90개만 자연적으로 생성된다. 테크네튬(technetium)과 프로메튬(promethium)은 모든 동위 원소가 방사성이고 매우 짧은 수명을 가지고 있기 때문에, 자연적으로 생성되지 않는다. 프랑슘(francium)과 아스타틴(astatine)은 매우 작은 양이 지구상에서 생성된다.)

그림 20.2에 나타낸 중성자/양성자 격자점에 3600개 이상의 알려진 동위 원소들이 곡선 띠[때로 **핵 안정성 띠**(band of nuclear stability)라고 부름] 안에 속하게 된다. 이러한 핵 안정성 띠 내에서도 264개의 동위 원소만 방사성을 가지지 않는다. 나머지 동위 원소들은 붕괴 속도가 상당한 차이가 있지만, 자발적으로 붕괴한다. 핵 안정성 띠 양쪽에는 불안정성 바다(sea of instability)라고 불리는 영역이 있는데, 불안정성을 가지는 중성자–양성자 조합을 가진 수많은 동위 원소들이 있으며, 이들은 한 번도 검출되지 않았다. 특별히 관심을 갖게 되는 것은 안정성의 섬(island of stability)이다. 이는 양성자 114개와 중성자 184개에 해당되는 극소수의 초중량 동위 원소가 여기에 존재할 것으로 예측된다. 이러한 초중량 동위 원소의 부류에 속하는 첫 번째 구성원들로서 $^{287}_{114}Fl$, $^{288}_{114}Fl$, $^{289}_{114}Fl$ 등이 1999년에 입자 반응기 안에서 칼슘-48의 핵과 플루토늄-244 표적의 폭발에 의해 만들어졌다. 플레로븀 원소(기호, Fl)는 Flerov 핵반응 연구소(Flerov Laboratory of Nuclear Reactions)에서 발견된 후, 2012년에 공식적으로 명명되었다. 안정성의 섬에 존재하는 초중량 원소의 다른 동위 원소($Z = 113$, 115, 117, 118)는 2003년에서 2005년 사이에 발견되었다. 원소명과 기호는 2016년에 승인되었으며, 오늘날 이들 원소는 주기율표에 나타난다. 이들 초중량 원소들의 실제적인 사용은 아직 알려지지 않았지만, 이들의 존재는 '안정성의 섬'에 대한 핵 이론을 지지하고, 과학자들이 핵이 서로 결합되어 있는 방법에 대해 더 잘 이해할 수 있도록 도와 준다.

핵 안정성에 대한 몇 가지 일반적인 성질을 다음과 같이 나타낼 수 있다.

- 주기율표에 있는 모든 원소는 방사성 동위 원소가 적어도 하나 있다.
- 수소는 중성자(0)보다 양성자(1)가 더 많이 포함된 가장 풍부한 동위 원소($^{1}_{1}H$)를 갖는 유일한 원소이다.
- 안정성의 띠 내에서는 양성자에 대한 중성자의 비율이 점진적으로 증가한다.
- 비스무트-209보다 무거운 동위 원소는 모두 방사성이지만, 느린 속도로 붕괴하며 자연적으로 생성될 만큼 충분히 안정하다.

핵 안정성 띠(그림 20.3)의 일부분을 확대해 보면 흥미로운 경향성을 발견할 수 있다. 방사성 핵은 높은 중성자/양성자 비(띠의 윗부분)를 가지면서 β 입자를 방출하는 경향이 있고, 중성자/양성자 비가 낮은 핵(띠의 아랫부분)은 양전자 방출, 전자 포획 또는 α 방출로 인해 핵붕괴가 일어나는 경향을 보인다.

그림 20.3에 나타낸 경향성은 다음을 고려하면 타당성이 있다: 안정성 띠의 상부에 있는 핵들은 중성자가 풍부하여 β 방출이 진행되고, 이는 중성자를 양성자로 변환시켜 중성자/양성자 비를 **낮춘다**(decrease). 그 결과로 생긴 새로운 동위 원소는 상단의 가장자리보다 안정성 띠 중심에 더 가깝다. 반면에, 띠 하단에 있는 핵들은 중성자가 부족하여 중성자/양성자 비를 **높이는**(increase) 과정을 거친다. α 방출은 중성자 수가 양성자 수보다 큰($n > p$) 무거운 핵들에서 중성자/양성자 비를 증가시킨다.

▶ 그림 20.3
핵 안정성 띠의 확대 관찰. $Z = 66$ (디스프로슘)부터 $Z = 79$(금)까지의 영역을 자세히 관찰해 보면, 다양한 방사성 동위 원소가 나타내는 방사성 과정의 유형을 알 수 있다.

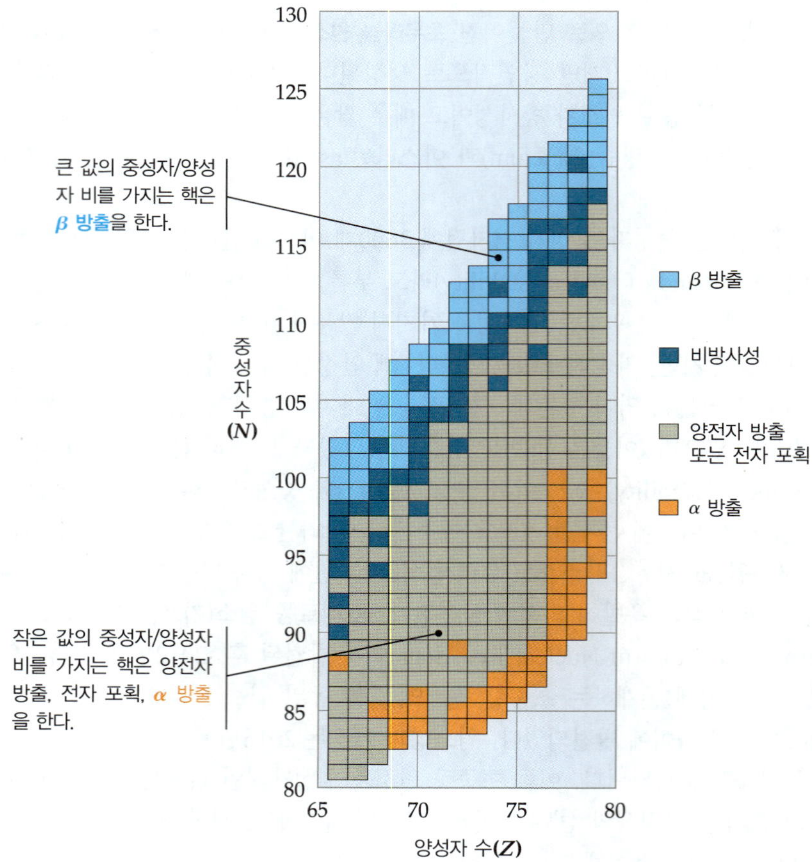

중성자/양성자 비를 감소시키는 과정:

β 방출: $^{131}_{53}I \longrightarrow\ ^{131}_{54}Xe + ^{0}_{-1}e$

중성자/양성자 비를 증가시키는 과정:

양전자 방출: $^{40}_{19}K \longrightarrow\ ^{40}_{18}Ar + ^{0}_{1}e$

전자 포획: $^{197}_{80}Hg + ^{0}_{-1}e \longrightarrow\ ^{197}_{79}Au$

α 방출: $^{238}_{92}U \longrightarrow\ ^{234}_{90}Th + ^{4}_{2}He$

개념탐구 질문 2

두 개의 동위 원소 ^{173}Au와 ^{199}Au 중 하나는 β 방출에 의해, 다른 하나는 α 방출에 의해 붕괴된다. 어느 것이 어느 것인가?

많은 방사성 핵은 단일 붕괴 과정을 통해 안정한 형태에 도달하지 않는다. 결과적으로, **방사성 붕괴 고리(radioactive decay chain)**라 불리는 핵붕괴 계열은 안정한 핵이 형성될 때까지 계속된다. 그림 20.4는 원자로에서 생성되는 방사성 동위 원소인 플루토늄-239에 대한 붕괴 고리를 보여 준다.

20.4 방사성 붕괴 속도

20.3절에서 우리는 많은 핵들이 방사성이라는 것을 보았다. 방사성 핵의 붕괴 속도는 시료의 절반이 사라진 시간으로 정의될 수 있고, 이 시간을 반감기($t_{1/2}$)라고 한다. 예를 들면, 백혈병 치료에 사용되는 방사성 동위 원소인 인-32는 14.26일의 반감기를 갖는다. 방사성 붕괴는 **1차**

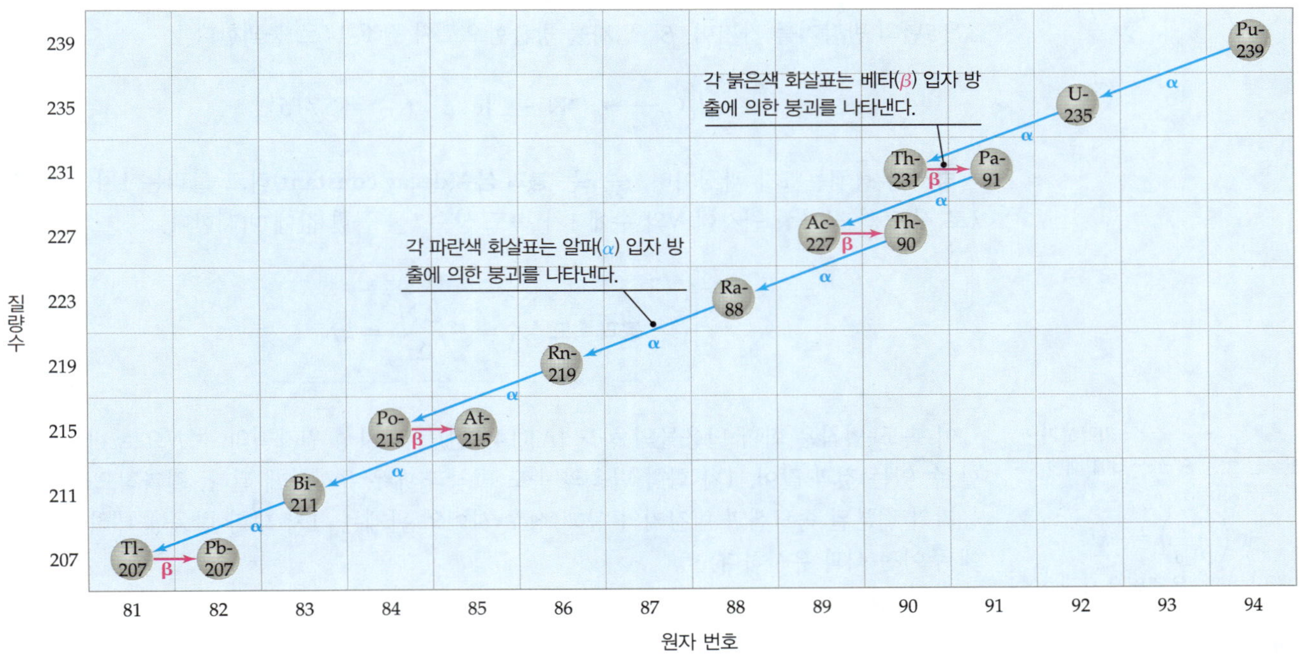

▲ **그림 20.4**

플루토늄-239에 대한 방사성 붕괴 고리. 안정한 핵인 납-207이 형성될 때까지 붕괴가 일어난다.

▲ **확인하기**

Pu-239로부터 얼마나 많은 α 입자와 β 입자가 방출되어 안정한 동위 원소인 Pb-207을 형성하는가?

답 8개의 α 입자와 4개의 β 입자

과정(**first-order process**)이기 때문에, 반감기는 일정하다. 따라서 14.26일을 주기로 하여 각 시간 후에는 방사성 인-32 핵의 수는 2배로 감소한다(**그림 20.5**).

다른 방사성 동위 원소의 반감기는 매우 다양하다. 우라늄-238은 수십억 년이 지난 후에

기억하기…

1차 과정은 그 속도가 단일 반응물 농도의 1제곱에 의존한다(14.5절).

| 각각의 연속되는 반감기는 같은 주기 동안 방사성 인-32의 수가 $\frac{1}{2}$배로 감소한다.

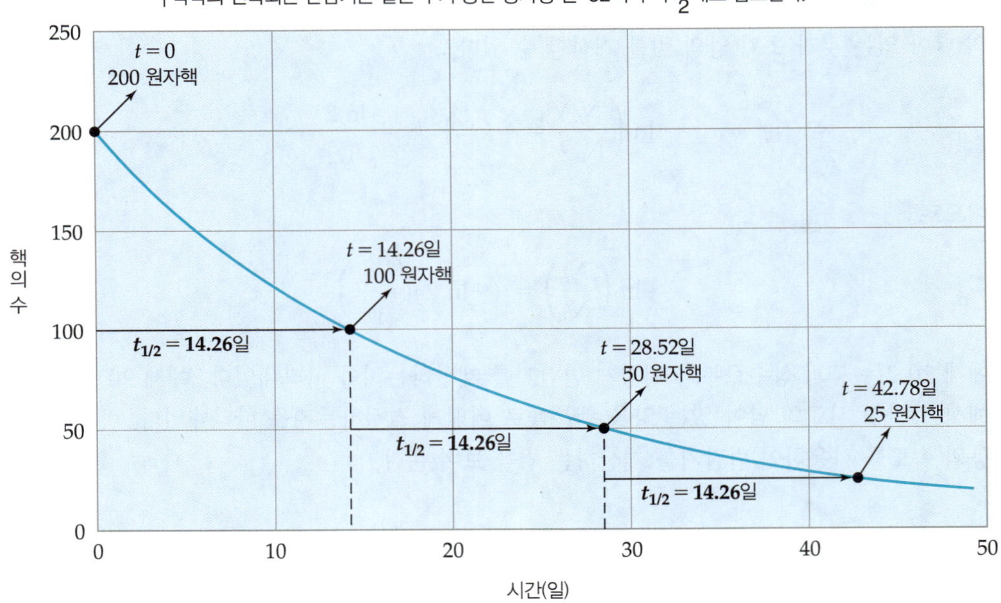

◀ **그림 20.5**

시간의 함수로서 방사성 인-32 핵의 수. 인-32의 반감기는 14.26일이다.

▶ **확인하기**

1000개의 핵을 포함하는 인-32 시료가 있다. 인-32 시료의 핵이 250개로 되는 데 필요한 시간은 얼마인가?

답 인-32 시료의 핵이 250개가 남았다면, 두 번의 반감기가 지나간 것을 알 수 있다. 인-32 시료의 반감기는 14.26일이므로 250개로 되는 데 필요한 시간은 28.52일이다.

겨우 감지할 정도로 붕괴하고, 탄소-21은 마이크로초 내로 붕괴한다. 예를 들면, 탄소-14는 5715년의 반감기를 가지며, β^- 입자를 방출함으로써 질소-14로 붕괴한다.

$$^{14}_{6}C \longrightarrow ^{14}_{7}N + ^{0}_{-1}e \qquad t_{1/2} = 5715\text{년}$$

방사성 붕괴는 1차 과정이며, 속도는 **붕괴 상수**(**decay constant**)라고 불리는 1차 속도 상수 k로 시료 안 방사성 원자핵 N의 수에 1차 속도 상수 k를 곱한 값에 비례한다.

$$\textbf{붕괴 속도 상수} = -\frac{\Delta N}{\Delta t} = kN$$

기억하기…
일반적인 반응 A ⟶ B에 대한 적분된 속도 법칙은

$$\ln\left(\frac{[A]_t}{[A]_0}\right) = -kt$$

이다. 이 방정식은 주어진 시간 후에 남아 있는 반응물의 양을 계산하는 데 사용할 수 있다(14.5절).

이 속도 법칙은 화학 반응물의 농도 [A](14.5절)를 방사성 원자핵의 수 N으로 바꾸면 확인할 수 있는 것과 같이, 1차 화학 반응의 속도 법칙과 매우 유사하게 된다. 결과적으로, 방사성 붕괴의 적분된 속도식과 반감기와 붕괴 상수 사이의 관계는, 1차 화학 반응에 대하여 14.5절에 주어진 식과 유사하다.

방사성 붕괴에 대한 적분된 속도 법칙 $\ln\left(\frac{N_t}{N_0}\right) = -kt$

N_0는 본래 시료에 존재하는 방사성 원자핵의 수이고, N_t는 시간 t에 남아 있는 방사성 원자핵의 수이다.

반감기와 붕괴 상수 사이의 관계

$$t_{1/2} = \frac{\ln 2}{k} \text{와} \quad k = \frac{\ln 2}{t_{1/2}}$$

따라서 만일 붕괴 상수 k 또는 반감기 $t_{1/2}$의 값을 안다면, 다른 값을 계산할 수 있다. 또한 만일 $t_{1/2}$ 값을 안다면, 적분된 속도 법칙에서 k를 대신하여 어떤 시간 t에서 방사성 시료 N_t/N_0의 남아 있는 것과 초기 양의 비를 계산할 수 있다.

$$\ln\left(\frac{N_t}{N_0}\right) = -kt\text{와} \quad k = \frac{\ln 2}{t_{1/2}}$$

이므로

$$\ln\left(\frac{N_t}{N_0}\right) = (-\ln 2)\left(\frac{t}{t_{1/2}}\right)$$

예제 20.2는 붕괴 상수로부터 어떻게 반감기를 계산하는지를 나타내었다. 예제 20.3은 시간 t에서 방사성 시료의 남아 있는 양을 백분율로 어떻게 결정하는지를 나타내었다. 예제 20.4는 붕괴 속도를 사용하여 반감기를 계산하는 법을 보여 준다.

예제 20.2

붕괴 상수로부터 반감기 계산

의학적으로 혈액 연구에 사용되는 방사성 동위 원소인 소듐-24의 붕괴 상수는 $4.63 \times 10^{-2}\ h^{-1}$이다. ^{24}Na의 반감기는 얼마인가?

문제 파악

알고 있는 것	알아내야 할 것
$k = 4.63 \times 10^{-2}\ h^{-1}$	$t_{1/2}$

전략

주어진 식을 이용하여 반감기는 붕괴 상수로부터 계산할 수 있다.

$$t_{1/2} = \frac{\ln 2}{k}$$

풀이

$k = 4.63 \times 10^{-2}\ h^{-1}$과 $\ln 2 = 0.693$을 주어진 식에 대입한다.

$$t_{1/2} = \frac{0.693}{4.63 \times 10^{-2}\ h^{-1}} = 15.0\ h$$

▶ **연습문제 20.3** 의학적으로 신장에 대한 정밀 진단을 할 때 사용하는 방사성 동위 원소인 수은-197의 붕괴 상수는 $1.08 \times 10^{-2}\ h^{-1}$이다. 수은-197의 반감기는 얼마인가?

▶ **응용문제 20.4** 일부 가정에서 건강에 위협을 줄 수 있는 방사성 기체인 라돈-222의 반감기는 3.82일이다. ^{222}Rn의 붕괴 상수는 얼마인가?

예제 20.3

반감기를 이용하여 남아 있는 양 계산

백혈병 치료에 사용되는 방사성 동위 원소인 인-32의 반감기는 14.26일이다. 35.0일 후에 남아 있는 시료의 양은 얼마인가?

문제 파악

알고 있는 것	알아내야 할 것
$t_{1/2} = 14.26$일 $t = 35.0$일	남아 있는 시료의 백분율$(N_t/N_0) \times 100$

전략

시간 t에서 방사성 시료의 남아 있는 양(N_t)과 초기 양(N_0)의 비는 방정식에 의해 주어진다.

$$\ln\left(\frac{N_t}{N_0}\right) = -kt$$

N_0를 100%로 하면, N_t를 얻어낼 수 있다. 속도 상수 값은 $k = 0.693/t_{1/2}$로부터 알아낼 수 있다.

풀이

속도 상수 값은 반감기를 사용하여 계산한다.

$$k = \frac{0.693}{14.26\text{일}} = 4.860 \times 10^{-2}\ \text{일}^{-1}$$

주어진 식에 t 값과 k 값을 대입하면

$$\ln\left(\frac{N_t}{N_0}\right) = (-4.860 \times 10^{-2}\ \text{일}^{-1})(35.0\text{일}) = -1.70$$

얻어진 −1.70의 자연 역대수를 취하면, N_t/N_0 값이 얻어진다.

$$\frac{N_t}{N_0} = \text{antiln}(-1.70) = e^{-1.70} = 0.183$$

^{32}P의 초기 양이 100%이기 때문에, $N_0 = 100\%$로 하면 N_t를 풀 수 있다.

$$\frac{N_t}{100\%} = 0.183 \quad \text{따라서} \quad N_t = (0.183)(100\%) = 18.3\%$$

35.0일 후에 ^{32}P 시료가 18.3% 남고, 100% − 18.3% = 81.7% 붕괴되었다.

점검

이 문제에서 반감기를 고려함으로써 답을 근사할 수 있다. 인-32는 14.26일의 반감기를 가지고 있고 주어진 시간이 35.0일이기 때문에, 반응 시간이 두 번의 반감기보다 더 큼을 알고 있다. 두 번의 반감기 후, 75%가 반응을 하고 25%가 남는다. 시간이 반감기가 두 번 이상 반복되기 때문에, 25%보다 적게 남아 있을 것으로 추정할 수 있고, 18.3%라는 답에 동의할 수 있다.

▶ **연습문제 20.5** 반감기가 5715년인 $^{14}_{6}C$가 16,230년 후에 남아 있을 시료의 백분율은 얼마인가?

▶ **응용문제 20.6** 세슘-137은 2011년 일본의 Fukushima Daiichi 핵 사고의 결과로서 방출된 방사성 동위 원소이다. 만일 5.00년 후에 89.2%가 남아 있다면, 반감기는 얼마인가?

예제 20.4

붕괴 속도를 이용한 반감기 계산

굴뚝에서 기체의 흐름을 측정하기 위해 사용하는 방사성 동위 원소인 ^{41}Ar 시료는 붕괴 초기에는 속도가 34,500 붕괴/분이지만, 75분 후에는 21,500 붕괴/분으로 붕괴 속도가 감소한다. ^{41}Ar의 반감기는 얼마인가?

▶ 굴뚝으로부터 나오는 기체의 흐름은 ^{41}Ar의 방출과 그 경로를 추적하는 것으로 측정할 수 있다.
©Viktorus/Shutterstock

문제 파악

알고 있는 것	알아내야 할 것
속도 $t = 0$(34,500 붕괴/분) 속도 $t = 75.0$분(21,500 붕괴/분)	$t_{1/2}$

전략

적분된 속도 법칙을 이용하여 붕괴 상수(k)를 찾는다.

$$\ln\left(\frac{N_t}{N_0}\right) = -kt$$

이 문제에서, N_t와 N_0 값 대신 붕괴 속도가 주어졌다. 속도 $= kN$인 1차 과정에서 붕괴 속도는 N에 정비례한다. 따라서 적분된 속도 법칙에서 N_t에 대한 방정식에서 시간(t)의 붕괴 속도를 사용할 수 있고, N_0에 대한 방정식에서는 시간 = 0에서의 붕괴 속도를 사용할 수 있다. 일단 k 값이 결정되면, 반감기와 붕괴 상수의 관계를 이용하여 반감기를 계산한다.

$$t_{1/2} = \frac{0.693}{k}$$

풀이

붕괴 속도는 핵의 수(N)에 정비례하기 때문에 초기 붕괴 속도는 N_0로 대신할 수 있고, 시간 t에서의 붕괴 속도는 N_t로 대신할 수 있다.

$$\ln\left(\frac{21{,}500}{34{,}500}\right) = -k(75.0\text{분})$$

$$k = 6.31 \times 10^{-3}\ \text{분}^{-1}$$

반감기와 붕괴 상수와의 관계는 반감기를 계산하는 데 사용된다.

$$t_{1/2} = \frac{0.693}{k} = \frac{0.693}{6.31 \times 10^{-3}\ \text{분}^{-1}} = 110\text{분}$$

▶ **연습문제 20.7** 의학적으로 빈혈증 진단에 사용되는 방사성 동위 원소인 철-59 시료의 초기 붕괴 속도가 16,800 붕괴/분이었다가, 28.0일 후에 10,860 붕괴/분의 속도로 붕괴된다면, 반감기는 얼마인가?

▶ **응용문제 20.8** 정확하게 40.0일 후에 철-59의 붕괴 속도(붕괴/분)는 얼마인가? 관련 정보는 문제 20.7을 참조하시오.

20.5 방사성 동위 원소를 이용한 연대 측정

성서의 두루마리들은 사해 근처의 동굴에서 발견되었다. 그것들은 얼마나 오래 되었을까? 미라(mummified body)로 만들어진 유해가 덴마크의 Ramten 근처의 토탄 습지에서 발견되었다. 그것은 얼마나 오래된 것일까? 미국의 New Mexico Arch 근처의 고고학 발굴에서 17세에서 19세 정도로 추정되는 팔레오 아메리칸(Paleo-American) 여성의 뼈들이 발견되었다. 이 지역에 사람이 얼마나 오래 살아왔을까? 이런 종류의 수많은 질문들에 대해 고고학자들은 **방사성 탄소 연대 측정**이라는 기술을 사용함으로써 답을 할 수 있다. 방사성 탄소 측정 결과, 사해 두루마리는 기원전 250~130년 정도, 습지 미라는 기원전 375~250년 정도, New Mexico의 인간 유적은 기원전 8000년 정도로 밝혀졌다.

고고학적 골동품의 방사성 탄소 연대 측정은 상층부 대기에서 질소 원자가 중성자와의 충돌에 의해 생성되는 방사성 탄소-14의 느리지만 일정한 속도에 의존한다. [중성자는 우주선(cosmic rays)에 의한 다른 원자와의 충돌에 의해 생성된다.]

$$^{14}_{7}N + ^{1}_{0}n \longrightarrow ^{14}_{6}C + ^{1}_{1}H$$

상층부 대기에서 생성된 탄소-14 원자는 산소와 결합하여 $^{14}CO_2$가 되고, 이것은 낮은 대기권으로 느리게 확산한다. 그리고 일반적인 $^{12}CO_2$와 섞여 광합성이 진행되는 동안 식물에 흡수된다. 이런 식물들을 먹으면 탄소-14는 먹이 사슬에 들어가서 결국 모든 생체에 고르게 분포된다.

식물이나 동물이 살아 있는 동안에 동적 평형이 이루어지며, $^{14}C/^{12}C$ 비율은 섭취할 때와 배출할 때 동일하게 된다. 그 결과 살아 있는 유기체에서 $^{14}C/^{12}C$ 비는 대기권과 동일하고, 일정한 값(약 $1/10^{12}$)을 유지하게 된다. 그러나 식물이나 동물이 죽으면 ^{14}C를 더 이상 섭취하지 못하므로, 생물 중 $^{14}C/^{12}C$ 비는 ^{14}C가 β 방출에 의하여 붕괴되기 때문에 느리게 감소하게 된다. 이때 ^{14}C의 반감기는 $t_{1/2} = 5715$년이다.

$$^{14}_{6}C \longrightarrow ^{14}_{7}N + ^{0}_{-1}e$$

유기체가 죽은 다음 5715년(한 번의 ^{14}C 반감기) 후에 $^{14}C/^{12}C$ 비는 $\frac{1}{2}$배로 감소하고, 11,430년 후에는 $^{14}C/^{12}C$ 비가 $\frac{1}{4}$배로 감소하며, 이렇게 계속 진행된다. 고고학자들은 한때 살았던 생물에 미량으로 존재하는 $^{14}C/^{12}C$ 비를 측정하여, 그 생물이 얼마나 오래 전에 죽었는가를 결정할 수 있다. 잘 보존된 잔해로부터 나오는 인간이나 동물의 털, 한때 살았던 나무로부터 나오는 숯이나 나무 조각, 한때 살았던 식물에서 나오는 목화나 아마직물 등은 방사성 탄소 연대 측정 소재로 유용하다. 시료가 오래되고 ^{14}C를 함유하는 시료의 양이 적을수록 정확도는 감소하지만, 1,000~20,000년 전의 시료에서는 비교적 정확하게 연대를 측정할 수 있다. 그 기술의 한계는 대략 50,000년 정도이다.

한때 존재했던 생물의 연대를 방사성 탄소로 측정한 것과 같이, 암석은 다른 방사성 동위원소를 측정하여 연대를 결정할 수 있다. 예를 들어, 우라늄-238은 반감기가 4.47×10^9년이고, 연속 붕괴를 통하여 납-206으로 된다. 그러므로 우라늄 함유 암석은 $^{238}U/^{206}Pb$ 비를 측정하여 연대를 결정할 수 있다. 마찬가지로, 포타슘-40은 반감기가 1.25×10^9년이고, 전자 포획과 양전자 방출에 의해 아르곤-40이 만들어진다. (이 두 가지 과정의 생성물은 동일하다.)

$$^{40}_{19}K + ^{0}_{-1}e \longrightarrow ^{40}_{18}Ar$$
$$^{40}_{19}K \longrightarrow ^{40}_{18}Ar + ^{0}_{1}e$$

암석의 연대는 시료를 파쇄할 때 나오는 ^{40}Ar 기체량을 측정하고, 시료에 남아 있는 ^{40}K의 양과 비교하여 결정한다. 이와 같은 방법을 통하여 지구의 연대는 대략 45억 4000만 년이라고 추정하였다.

▶ 방사성 탄소 연대 측정으로 어떤 습지 미라가 기원전 375~250년 정도라는 것을 알아낼 수 있다.

▲ 탄소-14의 방사성 붕괴 속도는 사해에서 발견된 두루마리가 기원전 250~130년 정도라는 것을 결정하는 데 사용되었다. ©Lerner Vadim/Shutterstock

예제 20.5

방사성 탄소 연대 측정 이용

예수의 매장 수의라고 추정되는 토리노 수의(Shroud of Turin)에 대한 1988년의 방사성 탄소 측정은 ^{14}C의 붕괴 속도가 탄소 1 g당 14.2 붕괴/분이라는 것을 보여 주고 있다. 현재 살아 있는 생물이 탄소 1 g당 15.3 붕괴/분 속도로 붕괴한다면, 이 결과로 추정하는 연대는 얼마인가? ^{14}C의 반감기는 5715년이다.

문제 파악

알고 있는 것	알아내야 할 것
$t_{1/2}$ = 5715년 t = 0에서의 속도(15.3 붕괴/분) t = ?에서의 속도(14.2 붕괴/분)	유물의 연대(t)

전략

반감기를 이용하여 붕괴 상수를 찾는다. 그런 다음, 적분된 속도 법칙을 이용하여 수의의 연대에 해당하는 시간(t)을 찾는다. 붕괴 속도는 핵의 수(N)에 직접 비례하기 때문에, 초기 붕괴 속도는 N_0로 치환될 수 있고, 시간 t에서의 붕괴 속도는 N_t로 치환될 수 있다.

풀이

반감기를 이용하여 붕괴 상수를 찾는다.

$$k = \frac{0.693}{t_{1/2}} = \frac{0.693}{5715\text{년}} = 1.213 \times 10^{-4}\ \text{년}^{-1}$$

적분된 속도 법칙을 이용하여, 수의의 연대에 해당하는 시간(t)을 찾는다.

$$\ln\left(\frac{N_t}{N_0}\right) = -kt$$

$$\ln\left(\frac{14.2}{15.3}\right) = -(1.213 \times 10^{-4}\text{년}^{-1})t$$

$$t = 615\text{년}$$

측정이 이루어진 연도에서 계산으로 얻어진 연대를 뺀다. 1988년에 615년 전의 것으로 계산된 물체의 연대는 1373년으로 추정된다.

$$1988 - 615 = 1373$$

이 결과는 토리노 수의가 중세 시대로부터 유래된 것임을 의미한다.

▶ **연습문제 20.9** 선사 시대의 동굴 벽화가 많은 프랑스 Lascaux 동굴에서 1950년에 발견된 숯은 탄소 1 g당 2.4 붕괴/분 속도로 붕괴하는 것이 확인되었다. 숯을 이용하여, 방사성 탄소 측정으로 연대를 결정하시오. 현재 살아 있는 생물이 탄소 1 g당 15.3 붕괴/분 속도로 붕괴하면, 이 숯의 연대는 얼마인가? ^{14}C의 반감기는 5715년이다.

▶ **응용문제 20.10** 마그마로부터 고체화된 화성암의 연대는 ^{40}K와 ^{40}Ar의 양을 분석하는 것으로 확인할 수 있다. 암석이 1.20 mmol의 ^{40}K와 0.95 mmol의 ^{40}Ar을 포함하고 있다면, 얼마나 오래 전에 암석이 냉각된 것인가? 포타슘-40의 반감기는 1.25×10^9년이다.

$$^{40}_{19}K \longrightarrow {}^{40}_{18}Ar + {}^{0}_{1}e$$

▲ 프랑스 Lascaux 동굴에 그려진 이 그림의 연대는? © thipjang/Shutterstock

20.6 핵반응의 에너지 변화

그림 20.2에서 보는 것처럼, 관측 가능한 핵의 경우 양성자 수에 따른 중성자 수의 그래프로 얻어지는 핵 안정성 띠는 약간의 곡선 형태를 가지고 있다. 가벼운 원소들의 중성자/양성자 비율은 거의 1:1이다. 그러나 무거운 원소들의 중성자/양성자 비율은 안정성을 위하여 중성자 대 양성자 비율이 어느 정도 높아야 한다.

이런 관찰은 중성자가 핵의 붕괴를 유발할 수 있는 양성자–양성자 반발을 극복하는 일종의 핵 접착제 역할을 한다는 것을 알려 준다. 핵에 양성자가 많을수록 더 많은 접착제가 필요하다.

원칙적으로, 어떤 핵을 그 구성 요소인 양성자와 중성자로 나누는 데 필요한 에너지를 측정하면, 핵을 붙잡고 있는 힘의 세기를 측정하는 것이 가능하다. 즉, 핵을 나누는 데 **필요한**(added) 에너지의 크기는 그 구성 입자들로부터 안정한 핵을 만들 때 **방출되는**(released) 에너지 크기와 수치적으로 동일하다. 두 과정은 단지 서로의 역반응이다. 예를 들면, 두 개의 중성자와 두 개의 양성자가 결합하여 $^{4}_{2}He$를 만들 때 생기는 에너지 변화는 헬륨-4 핵의 안정성을 직접 측정하는 것이다.

$$2\,{}^{1}_{1}H + 2\,{}^{1}_{0}n \longrightarrow {}^{4}_{2}He \qquad \Delta E = ?$$

기억하기…

활성화 에너지는 반응물이 생성물로 전환되기 위해 넘어야 하는 에너지 장벽을 말한다. 이 장벽의 높이는 반응 속도를 조절한다(14.7절).

불행하게도, 실제 측정에는 문제가 있다. 그것은 핵이 형성되려면 태양의 내부에 필적하는 온도(10^7 K)가 필요하기 때문이다. 즉, 소립자가 반응할 수 있을 만큼 가까이 접근하려면 아주 큰 **활성화 에너지**(activation energy)가 필요하다. 그럼에도 불구하고, 이 과정에 대한 에너지 변화는 유명한 공식 $\Delta E = \Delta mc^2$을 이용하여 계산할 수 있다. 이 식은 1905년에 Albert Einstein이 특수 상대성 이론의 일부분으로 발표한 것으로, 어떤 과정의 질량 변화(Δm)에 상응하는 에너지 변화(ΔE)를 나타낸다. (기호 c는 빛의 속도를 나타낸다. 그 값은 c = 299,792,458 m/s이다.)

아인슈타인의 질량과 에너지에 관련된 유명한 공식 $\Delta E = \Delta mc^2$

예를 들어 헬륨-4 핵을 이용하여 계산해 보면, 핵을 형성하는 두 개의 중성자와 두 개의 양성자의 질량은 4.031 90 **통합 원자 질량 단위(u)**이다.

$$\begin{array}{ll} \text{두 개의 중성자 질량} = (2)(1.008\ 67) & = 2.017\ 34 \\ \text{두 개의 양성자 질량} = (2)(1.007\ 28) & = 2.014\ 56 \\ \hline \text{2n + 2p의 전체 질량} & = 4.031\ 90 \end{array}$$

헬륨-4 **핵**(nucleus)의 질량은 실험적으로 측정한 헬륨-4 **원자**(atom)의 질량(4.002 60)에서 두 전자의 질량을 빼서 구할 수 있다.

$$\begin{array}{lcr} \text{헬륨-4의 질량} & = & 4.002\ 60 \\ -\ \text{전자 두 개의 질량} = -(2)(5.486 \times 10^{-4}) & = & -0.001\ 10 \\ \hline \text{헬륨-4 핵의 질량} & = & 4.001\ 50 \end{array}$$

헬륨의 중성자와 양성자 성분을 합친 질량(4.031 90)으로부터 헬륨 핵의 질량(4.001 50)을 빼면, 그 차이가 0.030 40이 된다. 즉, 두 양성자와 두 중성자가 헬륨-4 핵을 형성할 때 0.030 40 u (또는 0.030 40 g/mol)을 잃는다.

$$\begin{array}{lcr} \text{2n + 2p의 질량} & = & 4.031\ 90 \\ -\ ^4\text{He 핵의 질량} & = & -4.001\ 50 \\ \hline \text{질량 차이} & = & 0.030\ 40 \end{array}$$

$$\text{그램으로 표시된 질량 차이} = \left(0.030\ 40\,\frac{\cancel{\text{u}}}{\text{원자}}\right)\left(1.6605 \times 10^{-24}\,\frac{\text{g}}{\cancel{\text{u}}}\right) = 5.048 \times 10^{-26}\ \text{g/원자}$$

$$\text{g/mol로 표시된 질량 차이} = \left(5.048 \times 10^{-26}\,\frac{\text{g}}{\cancel{\text{원자}}}\right)\left(6.022 \times 10^{23}\,\frac{\cancel{\text{원자}}}{\text{mol}}\right) = 3.040 \times 10^{-2}\ \frac{\text{g}}{\text{mol}}$$

양성자와 중성자가 결합하여 핵을 형성할 때 생기는 질량 손실을 핵의 **질량 결손(mass defect)**이라고 한다. 이러한 질량 손실은 핵반응이 진행되는 동안 방출되는 에너지로 변환된다. 따라서 핵이 형성되는 데 필요한 **결합 에너지(binding energy)**의 직접적인 척도가 된다. 결합 에너지가 클수록 핵은 더 안정하다. 헬륨-4 핵의 결합 에너지는 다음과 같다.

$$\Delta E = \Delta mc^2 = (5.048 \times 10^{-26}\ \cancel{\text{g}})\left(10^{-3}\,\frac{\text{kg}}{\cancel{\text{g}}}\right)\left(3.00 \times 10^8\,\frac{\text{m}}{\text{s}}\right)^2$$

$$= 4.54 \times 10^{-12}\left(\frac{\text{kg}\cdot\text{m}^2}{\text{s}^2}\right) = 4.54 \times 10^{-12}\ \text{J}$$

결합 에너지는 줄(J)을 킬로줄(kJ)로 변환하고, 아보가드로수를 곱한 kJ/mol로 표현할 수 있다.

기억하기…

주어진 원자 질량은 ^{12}C 원자 질량의 1/12로 정의된 **통합 원자 질량 단위(unified atomic mass unit, u)**를 이용한 것이다. 이 단위는 보통 표시하지 않는다. 원자 질량은 단위 없이 쓰인다(2.9절).

개념탐구 질문 3

핵의 질량은 핵의 구성 성분인 양성자와 중성자를 결합한 질량과 어떻게 비교할 수 있나?

$$\text{결합 에너지} = \left(4.54 \times 10^{-12} \frac{\cancel{\text{J}}}{\cancel{\text{원자}}}\right)\left(\frac{1\ \text{kJ}}{1000\ \cancel{\text{J}}}\right)\left(6.022 \times 10^{23} \frac{\cancel{\text{원자}}}{\text{mol}}\right)$$
$$= 2.73 \times 10^{9} \frac{\text{kJ}}{\text{mol}}$$

헬륨-4 핵의 결합 에너지는 4.54×10^{-12} J 또는 2.73×10^{9} kJ/mol이다. 바꿔 말하면, 2개의 양성자와 2개의 중성자로부터 헬륨-4 핵이 형성될 때 4.54×10^{-12} J이 방출되며, 헬륨-4 핵을 양성자와 중성자로 분리하기 위해서는 4.54×10^{-12} J의 에너지를 공급해야 한다. 이 에너지의 양은 일반적인 화학 반응과 관련된 에너지 변환보다 1000만 배 더 크다.

기억하기…
핵자란 양성자나 중성자와 같은 핵 입자를 가리키는 일반적인 용어이다(20.1절).

서로 다른 핵종을 더 쉽게 비교하기 위해, 종종 **핵자(nucleon)**당 결합 에너지로 표시하고, 에너지 단위로는 **전자볼트**(electron volts, eV)를 사용한다. 여기서 1 eV = 1.60×10^{-19} J이고, 100만 전자볼트(1 MeV) = 1.60×10^{-13} J이다. 그러므로 헬륨-4의 결합 에너지는 7.09 MeV/핵자이다.

$$\text{헬륨-4 결합 에너지} = \left(4.54 \times 10^{-12} \frac{\cancel{\text{J}}}{\cancel{\text{핵}}}\right)\left(\frac{1\ \text{MeV}}{1.60 \times 10^{-13}\ \cancel{\text{J}}}\right)\left(\frac{1\ \cancel{\text{핵}}}{4\ \text{핵자}}\right)$$
$$= 7.09\ \text{MeV/핵자}$$

기억하기…
질량 보존 법칙이란 화학 반응에서 질량이 생성되거나 소멸되지 않는다는 것을 말한다(2.4절).

각 원소 중 가장 안정한 동위 원소에 대한 핵자당 결합 에너지의 그래프를 **그림 20.6**에 나타내었다. 핵자당 결합 에너지가 증가하면 더 안정하기 때문에, 가장 안정한 핵은 곡선의 가장 위쪽에 있고 덜 안정한 핵은 곡선 아래쪽에 있다. 8.79 MeV/핵자 핵결합 에너지를 갖는 철-56은 가장 안정한 동위 원소라고 알려져 있다.

기억하기…
에너지 보존 법칙이란 에너지는 생성되거나 소멸되지 않고, 다만 한 형태에서 다른 형태로 전환된다는 것을 말한다(9.1절).

질량과 에너지가 서로 변환할 수 있다는 생각은, 화학의 토대를 이루고 있는 두 원리, **질량 보존 법칙(law of mass conservation)**과 **에너지 보존 법칙(law of energy conservation)**에 위배되는 것처럼 보인다. 실제로, 질량–에너지 상호 변환이 의미하는 것은 질량이나 에너지가 독립적으로 보존되지 않고, 오히려 질량과 에너지의 **결합**(combination)이 보존된다는 것이다. 핵반응이든 화학 반응이든 반응할 때마다 질량과 에너지는 상호 변환되지만, 이 둘의 결합은 보존된다. 그러나 전형적인 화학 반응과 관련된 에너지 변화에서 이 영향이 매우 작으므로, 반응에서의 질량 변화를 최고의 분석 저울로도 검출할 수 없다. 예제 20.7은 화학 반응에 대한 질량–에너지 계산을 보여 주고 있다.

▶ **그림 20.6**
자연적으로 존재하는 각 원소의 가장 안정한 동위 원소에 대한 핵자당 핵결합 에너지

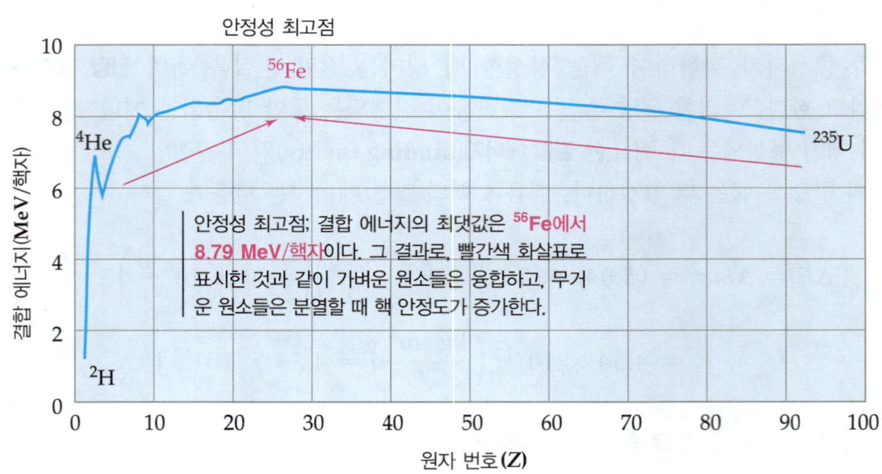

▶ **확인하기**
핵당 결합 에너지가 가장 높은 핵은 어느 것인가? 어떤 핵이 가장 안정한가?
답 ^{56}Fe가 핵당 가장 높은 결합 에너지를 갖기 때문에 가장 안정한 핵이다.

예제 20.6

질량 결손과 결합 에너지 계산

헬륨-6은 반감기가 $t_{1/2}=0.807$초인 방사성 동위 원소이다. ^{6}He 핵 형성의 질량 결손을 g과 g/mol 단위로 계산하시오. 그리고 결합 에너지를 MeV/핵자와 kJ/mol 단위로 계산하시오. ^{6}He 핵은 ^{4}He 핵보다 더 안정한가 덜 안정한가? ^{6}He 원자의 질량은 6.018 89이다.

문제 파악

알고 있는 것	알아내야 할 것
^{6}He 원자의 질량(6.018 89 u)	핵결합 에너지 (MeV/핵자와 kJ/mol)
$t_{1/2}=0.807$초 (이 문제와 관련이 없다.)	

전략

^{6}He 핵의 질량을 성분 핵자의 질량에서 빼서 질량 결손을 계산한 다음, Einstein의 유명한 식($\Delta E=\Delta mc^2$)을 이용하여 ^{6}He 결합 에너지를 계산한다. 그리고 Avogadro 수(6.022×10^{23} mol^{-1})를 사용하여 몰당 값을 구한다.

풀이

첫째, 핵자의 전체 질량(4n + 2p)을 계산한다.

4중성자의 질량	= (4)(1.008 67)	= 4.034 68
2양성자의 질량	= (2)(1.007 28)	= 2.014 56
4 n + 2 p의 질량		= 6.049 24

다음은, 두 전자의 질량을 ^{6}He 원자 질량에서 빼서 ^{6}He 핵의 질량을 계산한다.

헬륨-6의 질량	= 6.018 89
−전자 2개의 질량 = −(2)(5.486 × 10^{-4})	= −0.001 10
헬륨-6 핵의 질량	= 6.017 79

그리고, ^{6}He 핵의 질량을 핵자의 질량에서 빼고 통합 원자 질량 단위를 g 단위로 변환하여 질량 결손을 계산한다.

$$\text{질량 결손(u)} = \text{핵자의 질량} - \text{핵의 질량} = (6.049\ 24\ \text{u}) - (6.017\ 79\ \text{u}) = 0.031\ 45\ \text{u}$$

$$\text{질량 결손(g)} = \left(0.031\ 45\ \frac{\text{u}}{\text{원자}}\right)\left(1.6605\times10^{-24}\ \frac{\text{g}}{\text{u}}\right) = 5.222\times10^{-26}\ \text{g/원자}$$

$$\text{질량 결손(g/mol)} = \left(5.222\times10^{-26}\ \frac{\text{g}}{\text{원자}}\right)\left(6.022\times10^{23}\ \frac{\text{원자}}{\text{mol}}\right) = 3.145\times10^{-2}\ \frac{\text{g}}{\text{mol}}$$

이제, 아인슈타인 식을 이용하여 질량 결손을 결합 에너지로 변환한다.

$$\Delta E=\Delta mc^2=(5.222\times10^{-26}\ \text{g})\left(\frac{1\ \text{kg}}{1000\ \text{g}}\right)\left(3.00\times10^8\ \frac{\text{m}}{\text{s}}\right)^2 = 4.70\times10^{-12}\ \text{J}$$

결합 에너지(MeV/핵자)

$$=\left(4.70\times10^{-12}\ \frac{\text{J}}{\text{핵}}\right)\left(\frac{1\ \text{MeV}}{1.60\times10^{-13}\ \text{J}}\right)\left(\frac{1\ \text{핵}}{6\ \text{핵자}}\right) = 4.90\ \text{MeV/핵자}$$

결합 에너지(kJ/mol)

$$=\left(4.70\times10^{-12}\ \frac{\text{J}}{\text{원자}}\right)\left(\frac{1\ \text{kJ}}{1000\ \text{J}}\right)\left(6.022\times10^{23}\ \frac{\text{원자}}{\text{mol}}\right) = 2.83\times10^9\ \frac{\text{kJ}}{\text{mol}}$$

방사성 ^{6}He 핵의 결합 에너지는 4.90 MeV/핵자이고, 결합 에너지가 7.09 MeV/핵자인 ^{4}He 핵보다 덜 안정하다.

▶ **연습문제 20.11** 산소-16 핵 형성의 질량 결손을 g 단위와 g/mol 단위로 계산하시오. 그리고 결합 에너지를 MeV/핵자와 kJ/mol로 계산하시오. ^{16}O 원자의 질량은 15.994 91이다.

▶ **응용문제 20.12** 리튬-6 핵의 질량 결손은 0.034 37 g/mol이다. 리튬-6의 원자 질량은 얼마인가? 리튬-6 핵결합 에너지는 MeV/핵자로 얼마인가?

예제 20.7

화학 반응에서 질량 결손 계산

수소 원자(H)가 결합하여 수소 분자(H_2)를 형성할 때, 수소의 질량 변화는 g/mol로 얼마인가?

$$2\,H \longrightarrow H_2 \quad \Delta E = -436\ kJ/mol$$

문제 파악

알고 있는 것	알아내야 할 것
$\Delta E = -436$ kJ/mol	Δm

전략

에너지 변화 ΔE 값이 알려져 있을 때 질량 결손 Δm을 계산하는 방법을 묻는 문제이다. 이것을 계산하려면, 아인슈타인 식을 재정리하여 질량에 대하여 풀어야 한다. $1\,J = 1\ kg{\cdot}m^2/s^2$임을 기억하라.

풀이

$$\Delta m = \frac{\Delta E}{c^2} = \frac{\left(-436\frac{kJ}{mol}\right)\left(\frac{1000\ J}{1\ kJ}\right)\left(\frac{1\ kg \cdot m^2/s^2}{J}\right)\left(\frac{1000\ g}{1\ kg}\right)}{\left(3.00 \times 10^8\ \frac{m}{s}\right)^2}$$

$$= -4.84 \times 10^{-9}\ \frac{g}{mol}$$

수소 원자로부터 H_2 분자 1 mol의 형성에 수반되는 질량 손실은 4.84×10^{-9} g/mol이다. 이것은 어떤 저울로도 검출하기에 너무 작은 양이며, 약 10^{-2} g/mol로 계산되는 안정한 핵의 질량 결손보다도 훨씬 작다.

▶ **연습문제 20.13** 소듐 금속과 염소 기체(Cl_2)가 반응하여 염화 소듐이 생성되는 반응에서, NaCl의 질량 변화는 g/mol로 얼마인가?

$$2\,Na(s) + Cl_2(g) \longrightarrow 2\,NaCl(s) \quad \Delta E = -820\ kJ$$

▶ **응용문제 20.14** 석탄과 메테인(CH_4)과 같은 화석 연료를 연소하여 1년간 생산되는 에너지 중 3.9×10^7 kJ을 기본적으로 일반 가정에서 사용한다. 이들 연료를 태워 한 가정에 에너지를 공급할 때, 질량 손실을 g 단위로 계산하시오.

20.7 핵분열과 핵융합

그림 20.5에서 핵자당 결합 에너지와 원자 번호 사이의 도표를 살펴보면, 몇 가지 흥미롭고 매우 중요한 결론에 이른다. 핵자당 결합 에너지는 비교적 낮은 $^{2}_{1}H$에서 시작해서 $^{56}_{26}Fe$에서 최고에 도달하고, 그 다음에 점점 감소한다. 이 사실은 철-56 근처의 중간 무게 핵보다 더 가볍고 더 무거운 핵들이 덜 안정하다는 것을 의미한다. 그러므로 매우 무거운 핵들이 조각으로 분해되어 중간 무게 핵으로 되면서 에너지를 방출하여 안정해진다. 반면에, 매우 가벼운 핵들은 융합하여 에너지를 방출하고 안정해진다. 무거운 핵이 조각나는 **분열(fission)**과 가벼운 핵이 함께 결합하는 **융합(fusion)**의 두 과정은, 1930년대 후반부터 1940년대 초반에 발견된 이후 세상을 변화시켰다.

핵분열

예를 들어, 우라늄-233, 우라늄-235, 플루토늄-239와 같은 핵은 간단한 방사성 붕괴 이상의 과정을 진행한다. 중성자와 충돌할 때 여러 조각들로 나눠진다. **그림 20.7**에 묘사된 것과 같이, 핵은 접근하는 중성자에 의해 대략 같은 크기의 좀 더 작은 두 조각으로 분할된다.

핵분열은 언제나 동일한 방식으로 일어나지 않는다. 우라늄-235로부터 서로 다른 약 800개의 핵분열 생성물이 확인되었다. 자주 일어나는 경로 중 하나는, 바륨-142와 크립톤-91을 만들면서 핵분열 개시에 사용된 중성자 외에 2개의 중성자를 추가로 생성하는 과정이다.

$$^{1}_{0}n + {}^{235}_{92}U \longrightarrow {}^{142}_{56}Ba + {}^{91}_{36}Kr + 3\,{}^{1}_{0}n$$

^{235}U 핵의 분열에 의하여 방출된 3개의 중성자는 세 번의 핵분열을 더 유발하여 9개의 중

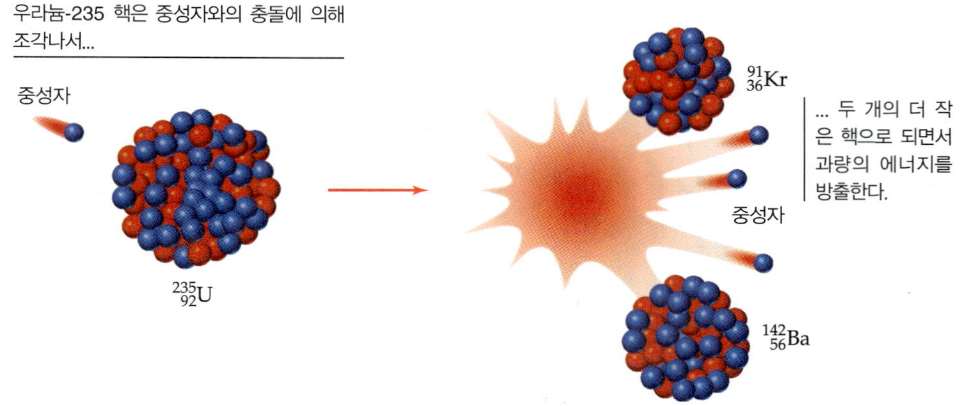

◀ **그림 20.7**
핵분열의 모식도

▶ 확인하기

하나의 ^{235}U 핵이 핵분열에 의해 3개의 중성자를 생성할 경우, 생성된 중성자가 3개의 ^{235}U의 핵분열을 일으킨다면, 몇 개의 중성자가 생성되는가?

답 9개의 중성자

성자를 생성한다. 그것은 아홉 번의 핵분열을 더 유발하여 27개의 중성자를 생성하며, 이 과정은 무한히 계속된다. 그 결과로, 외부에서 중성자 공급을 중지하여도 계속해서 **연쇄 반응**(**chain reaction**)이 일어난다. 만일 시료의 크기가 작다면, 추가 핵분열을 개시하기 전에 많은 중성자들이 탈출하여, 곧 연쇄 반응이 중지된다. 그렇지만, **임계 질량**(**critical mass**)이라고 부르는 충분한 양의 ^{235}U가 존재한다면, 자동적으로 연쇄 반응을 유지하기에 충분한 중성자들이 남게 된다. 고압 조건에서 ^{235}U를 좁은 공간에 가두어 두면, 연쇄 반응이 대단히 빠르게 일어나서 핵폭발이 일어난다. ^{235}U는 임계 질량이 56 kg이지만, 탈출하는 중성자의 반향을 유발시키기 위해 ^{235}U 주위를 ^{238}U로 피복하면 15 kg으로 감소시킬 수 있다.

▲ 제어되지 않는 핵 연쇄 반응에 수반되는 폭발로 거대한 양의 에너지가 방출된다. ©Everett Historical/Shutterstock

^{235}U의 분열을 기반으로 하는 핵무기에 우라늄을 사용하기 위해서는 ^{235}U를 가공 처리해야 한다. 자연계에 존재하는 우라늄은 두 개의 주된 동위 원소의 혼합물이기 때문이다. 분열할 수 없는 ^{238}U 동위 원소는 99.3%의 자연 존재비를 갖고, 분열 가능한 ^{235}U는 단지 0.7% 정도 존재한다. 핵무기로 이용 가능한 수준의 우라늄은 분열 가능한 ^{235}U 동위 원소를 85% 이상 포함하고 있어야 한다. 시료 내 ^{235}U의 존재비를 증가시키는 과정을 농축이라고 한다. 우라늄을 농축시키기 위한 선행 기술 중 하나는, 10.7절에 언급한 것과 같이 $^{235}UF_6$와 $^{238}UF_6$의 확산 속도 차이를 이용하는 것에 기반을 두고 있다. 우라늄 농축의 현대적인 방법은 기체 원심 분리이다. 이 방법은 기체 확산보다 에너지가 덜 필요하다. ^{238}U을 포함하는 더 무거운 기체 분자는 회전하는 원통의 바깥쪽 가장자리로 더 많이 이동하고, ^{235}U를 포함하는 더 가벼운 기체 분자는 원통 중심에 더 가깝게 농축된다.

핵분열 동안에 방출된 에너지의 양은 예제 20.8에서와 같이 수반되는 질량 변화를 계산한 다음, 앞 절에서 설명한 아인슈타인의 질량-에너지 관계식을 이용하여 계산할 수 있다. (핵반응에서 질량 변화를 계산할 때, 핵 자체의 질량보다 관련 있는 핵에 상응하는 **원자**의 질량을 이용하는 것이 가장 간단하다. 왜냐하면, 전자 수는 반응물과 생성물에서 모두 같아 계산할 때 제거되기 때문이다.)

예제 20.8

핵반응에서 방출되는 에너지 계산

우라늄-235의 핵분열에 의해 바륨-142와 크립톤-91이 형성될 때, 에너지를 얼마나 방출하는가? J과 kJ/mol로 답하시오. 원자 질량은 ^{235}U(235.0439), ^{142}B(141.9164), ^{91}Kr(90.9234)이고,

$^{1}_{0}n$(1.008 67)이다.

$$^{1}_{0}n + ^{235}_{92}U \longrightarrow ^{142}_{56}Ba + ^{91}_{36}Kr + 3\,^{1}_{0}n$$

문제 파악

알고 있는 것	알아내야 할 것
모든 반응물과 생성물의 질량	J과 kJ/mol로 표시되는 에너지 양(ΔE)

전략

반응물인 ^{235}U의 질량으로부터 생성물의 질량을 빼서 질량 변화(Δm)를 계산한 다음, 아인슈타인 식을 이용하여 질량을 에너지로 환산한다.

풀이

^{235}U의 질량	=	235.0439
$-$ ^{142}Ba의 질량	=	$-$141.9164
$-$ ^{91}Kr의 질량	=	$-$90.9234
$-$ $2\,^{1}_{0}n$의 질량 $= -(2)(1.008\ 67)$	=	$-$2.0173
질량 변화(Δm):	=	0.1868

g 단위로 표시된 질량 차이

$$= \left(0.1868\ \frac{u}{\text{원자}}\right)\left(1.6605 \times 10^{-24}\ \frac{g}{u}\right)$$

$$= 3.102 \times 10^{-25}\ \text{g/원자}$$

$$\Delta E = \Delta mc^2$$

$$= (3.102 \times 10^{-25}\ g)\left(\frac{1\ kg}{1000\ g}\right)\left(3.00 \times 10^8\ \frac{m}{s}\right)^2$$

$$= 2.79 \times 10^{-11}\ \text{J/원자}$$

ΔE in kJ/mol

$$= \left(2.79 \times 10^{-11}\ \frac{J}{\text{원자}}\right)\left(\frac{1\ kJ}{1000\ J}\right)\left(6.022 \times 10^{23}\ \frac{\text{원자}}{mol}\right)$$

$$= 1.68 \times 10^{10}\ \frac{kJ}{mol}$$

^{235}U 원자의 핵분열은 2.79×10^{-11} J 또는 1.68×10^{10} kJ/mol의 에너지를 방출한다.

점검

매우 높은 발열 화학 반응이 대략 10^3 kJ/mol의 에너지를 방출한다. 핵분열 반응은 10^7(천만)배 더 많은 에너지를 방출하므로 받아들일 수 있다.

▶ **연습문제 20.15** ^{235}U의 핵분열이 일어나는 동안 텔루륨-137과 지르코늄-97이 생성된다. 이 분열 과정 동안 방출되는 에너지는 몇 kJ/mol인가?

$$^{1}_{0}n + ^{235}_{92}U \longrightarrow ^{137}_{52}Te + ^{97}_{40}Zr + 2\,^{1}_{0}n$$

질량은 ^{235}U(235.0439), ^{137}Te(136.9254), ^{97}Zr(96.9110), $^{1}_{0}n$(1.008 67)이다.

▶ **응용문제 20.16** 우라늄-238은 α 붕괴를 통해 토륨-234로 분열한다.

(a) 균형 핵 반응식을 쓰시오.

(b) 질량 변화(g/mol)와 에너지 변화(kJ/mol)를 계산하시오.

(c) 우라늄이 방사성 붕괴가 일어났을 때, 에너지가 흡수되겠는가 방출되겠는가?

질량은 ^{238}U(238.0508), ^{234}Th(234.0436), ^{4}He(4.0026)이다.

원자로

제어되지 않는 조건에서 핵폭발이 일어나는 것과 동일한 분열 과정을 이용하면, 원자로에서 핵을 제어하는 방법을 통해 전력을 생산할 수 있다(**그림 20.8**). 원자로의 원리는 간단하다. 우라늄 연료는 물로 둘러싼, 압력이 가해진 격납 용기 안에 있고 붕소와 카드뮴으로 만들어진 **제어봉**(control rod)을 함께 넣는다. 물은 핵분열 동안 방출되는 중성자를 느리게 하여 탈출하지 못하게 하고 제어봉은 이를 흡수하므로, 제어봉을 상하로 움직여 중성자의 흐름을 조절한다. 결과적으로, 핵분열은 과열을 방지하기 위한 자기 지속 속도(self-sustaining rate) 근처에서 유지된다. 제어 핵분열에서 나오는 에너지는 순환 냉각제를 가열하고, 여기서 나오는 증기가 터빈을 돌려 전기를 생산한다.

전형적인 원자로에서, 연료는 ^{235}U 동위 원소 농도를 약 3%로 농축한 다음, 압축 UO_2 펠릿(pellet)으로 만들고 지르코늄 막대 안에 넣는다. 그 막대를 물로 채운 압력 용기에 넣으면, 중성자를 느리게 만드는 조절제로 작용하여 중성자를 더 쉽게 포획할 수 있다. 원자로에서는 핵

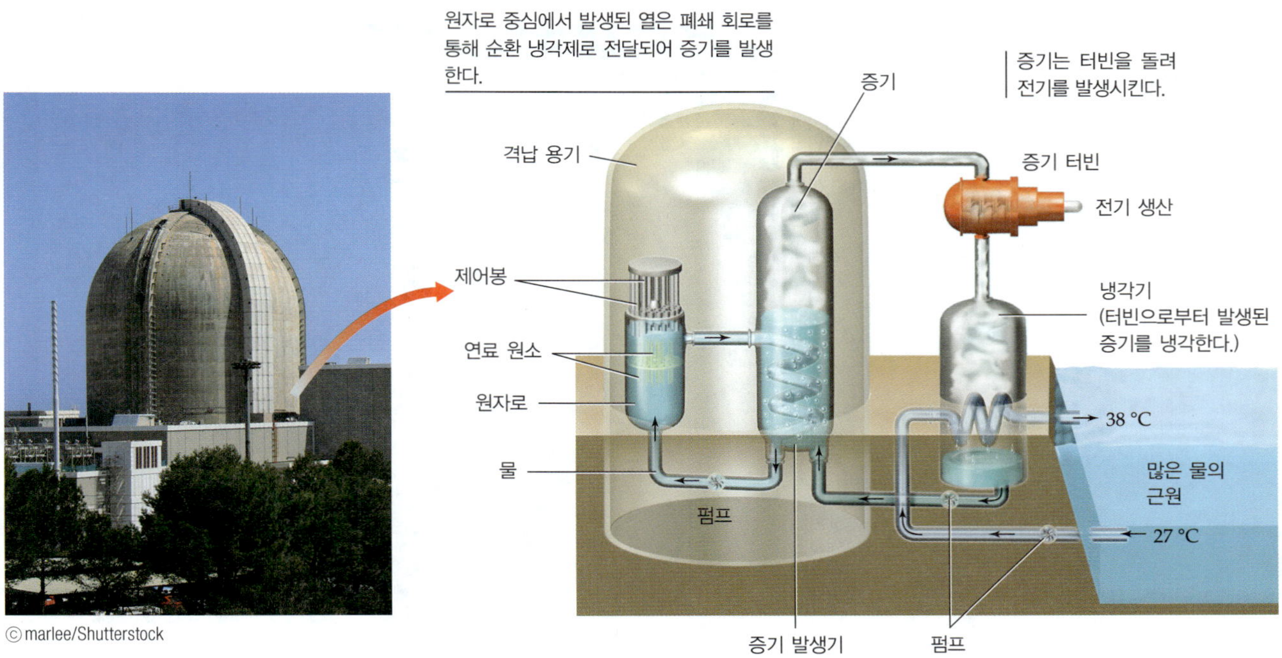

▲ **그림 20.8**
핵발전소

▲ 확인하기

반응기를 통해 흐르는 물은 핵연료와 접촉하여 감속제와 냉각제 두 가지 기능을 한다. 이 물이 그대로 주변으로 배출되는가?

답 아니다. 방사성 물질과 접촉한 물은 주변으로의 방사능 유출을 막기 위해 재순환 루프에 보관한다.

분열이 가능한 연료의 양과 농도가 아주 작을 뿐 아니라, 연료에 압력을 가해 작은 부피로 압축해 놓은 것이 아니기 때문에, 폭발은 일어나지 않는다. 연료봉의 농축 수준(3%)은 핵무기에 필요한 농축 수준(>85%)보다 훨씬 더 낮다. 그러나 최악의 경우, 제어되지 않은 핵분열이 발생하면, 심각하게 과열되어 원자로와 격납 용기를 녹이게 된다. 결과적으로, 많은 양의 방사능이 주위로 방출될 수 있다. 2011년 5월 11일, 일본에서 지진과 해일이 발전소를 덮쳤을 때 발생한 Fukushima Daiichi 핵 재앙 사고가 바로 이렇게 발생한 것이다. 새로운 원자로들은 전자적 피드백이나 운영자의 개입 없이도 원자로의 가열을 자동으로 느리게 해 주는, 소위 **피해 최소화 안정 장치**(passive safety)라는 디자인을 도입하여 이 문제를 해결하고 있다. 그러나 Fukushima 원자로는 이런 기술을 적용하기에는 너무 오래된 것이었다.

현재 세계 30여 개 국가에서 전력의 일부를 원자력 에너지로부터 얻는다(그림 20.9). 미국은 다른 어떤 나라보다 더 많은 원자력 에너지를 생산한다. 99개의 상업적인 원자로로부터 연간 10만 메가와트(MW)의 전력을 생산한다. 프랑스는 58개의 핵발전소로부터 전체 전력의 75%라는 높은 비율로 전기를 생산하고 있다. 전 세계적으로, 2017년까지 451개의 원자로가 운영되고 있다. 여기에 더하여 58개의 원자로가 건설 중이거나 계획 중이다. 전체 발전 총량은 395,000 메가와트로, 전 세계 전력의 거의 15%를 담당하고 있다.

미래 핵발전소 개발을 막는 중요한 문제 중 하나는, 핵발전소에서 생긴 방사성 폐기물을 어떻게 폐기하느냐이다. 폐기된 스트론튬-90이 안전한 수준으로 붕괴하는 데 적어도 600년이 걸리며, 플루토늄-239 붕괴에는 최소한 200,000년이 걸리기 때문에 문제가 된다.

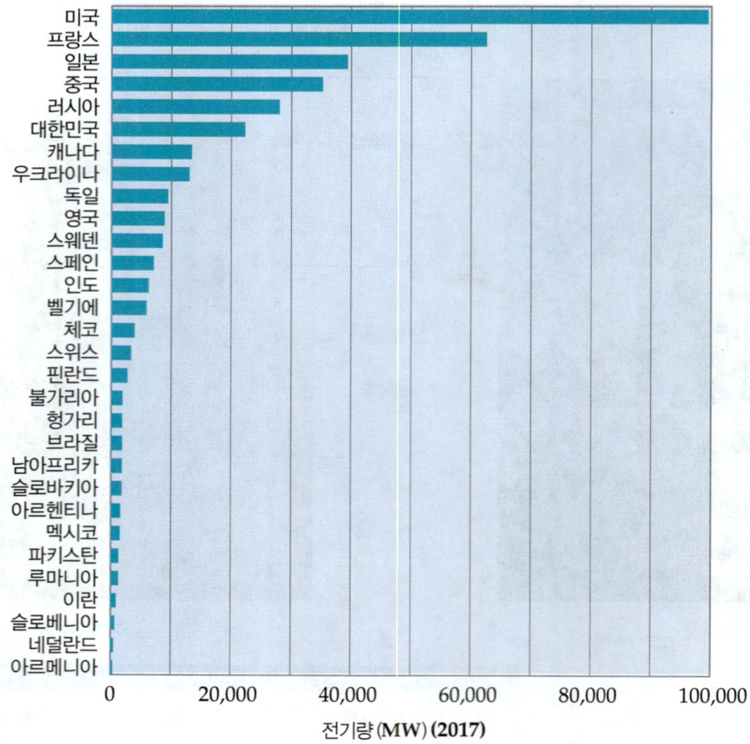

▶ 그림 20.9
2017년에 원자력 발전에 의해 생산된 전기량(MW)

핵융합

^{235}U와 같은 무거운 핵종이 **핵분열**(fission)을 할 때 에너지를 방출하는 것과 마찬가지로, 수소 동위 원소처럼 매우 가벼운 핵은 **융합**(fusion)할 때 거대한 에너지를 방출한다. 실제로, 수소 핵의 융합 반응으로 헬륨이 되는 것이 바로 태양과 다른 별들이 내는 에너지이다. 태양에서 일어나는 것으로 생각되는 과정들에는 헬륨-4까지 이르는 다음의 연속 과정이 있다.

$$^{1}_{1}\mathrm{H} + ^{1}_{1}\mathrm{H} \longrightarrow ^{2}_{1}\mathrm{H} + ^{0}_{1}\mathrm{e}$$

$$^{1}_{1}\mathrm{H} + ^{2}_{1}\mathrm{H} \longrightarrow ^{3}_{2}\mathrm{He}$$

$$^{3}_{2}\mathrm{He} + ^{3}_{2}\mathrm{He} \longrightarrow ^{4}_{2}\mathrm{He} + 2\,^{1}_{1}\mathrm{H}$$

$$^{3}_{2}\mathrm{He} + ^{1}_{1}\mathrm{H} \longrightarrow ^{4}_{2}\mathrm{He} + ^{0}_{1}\mathrm{e}$$

전력원으로서 핵융합의 주된 매력은 연료로 사용하는 수소 동위 원소가 값싸고 풍부하며, 핵융합 생성물이 비방사성이면서 환경을 오염시키지 않는다는 점이다. 그러나 실제적이고 제어 가능한 핵융합 법을 개발하기 전에 반드시 해결해야 할 기술적인 문제들이 있다. 핵융합 과정을 개시하는 데 대략 4000만 K의 온도가 필요하다는 것은 문제도 아니다.

20.8 핵변환

알려진 3600개 이상의 동위 원소 중 300개 이하만 자연적으로 존재한다. 그 나머지는 한 원소를 다른 원소로 변환시키는 **핵변환**(**nuclear transmutation**)에 의해 생성된다. 이러한 핵변환은 종종 양성자, 중성자, α 입자와 같은 고에너지 입자에 의한 충격으로 유발된다. 입자와 원소 사이에 계속되는 충돌에 의해 불안정한 상태의 핵이 순간적으로 생성되었다가, 핵 변화에 의해 전혀 다른 원소가 생성된다. 첫 번째 핵변환은 1917년에 Ernest Rutherford에 의해 실현되었다. 그는 α 입자를 ^{14}N 핵에 충돌시켜 ^{17}O를 만들었다.

$$^{14}_{7}N + ^{4}_{2}He \longrightarrow ^{17}_{8}O + ^{1}_{1}H$$

다른 핵변환은 지구상에 존재하지 않는 완전히 새로운 원소를 합성할 수 있다. 실제로, 92보다 큰 원자 번호를 갖는 모든 초우라늄 원소는 변환으로 만들어졌다. 예를 들어, 플루토늄은 우라늄-238과 α 입자와의 충돌로 만들 수 있다.

$$^{238}_{92}U + ^{4}_{2}He \longrightarrow ^{241}_{94}Pu + ^{1}_{0}n$$

우라늄-238의 충격에 의해 생성되는 플루토늄-241은 반감기가 14.3년인 방사성 동위 원소이고, β 방출에 의해 붕괴되면서 아메리슘(americium)-241로 된다. (만일 이름이 친숙하게 들린다면, 판매용 연기 검출기에 아메리슘이 이용되기 때문이다.) 아메리슘-241도 방사성 물질이며, α 방출로 붕괴되고 반감기는 433년이다.

$$^{241}_{94}Pu \longrightarrow ^{241}_{95}Am + ^{0}_{-1}e$$
$$^{241}_{95}Am \longrightarrow ^{237}_{93}Np + ^{4}_{2}He$$

충격용으로 중성자, 양성자, 심지어 모든 원자를 이용하여 핵변환을 시킬 수 있다. 암 환자의 방사선 치료에 이용하는 코발트-60은 철-58과 중성자와의 충돌에 의해 만들 수 있다. 철-58은 처음에 하나의 중성자를 흡수하여 철-59로 되고, 철-59는 β 붕괴하여 코발트-59가 된다. 그리고 코발트-59는 그 다음에 두 번째 중성자를 흡수하여 코발트-60으로 된다.

$$^{58}_{26}Fe + ^{1}_{0}n \longrightarrow ^{59}_{26}Fe$$
$$^{59}_{26}Fe \longrightarrow ^{59}_{27}Co + ^{0}_{-1}e$$
$$^{59}_{27}Co + ^{1}_{0}n \longrightarrow ^{60}_{27}Co$$

전체 변화는 다음과 같이 쓸 수 있다.

$$^{58}_{26}Fe + 2\,^{1}_{0}n \longrightarrow ^{60}_{27}Co + ^{0}_{-1}e$$

2016년에, 국제 순수 및 응용 화학 연합(the International Union of Pure and Applied Chemistry, IUPAC)에서 니호늄(nihonium, Nh, $Z = 113$), 모스코븀(moscovium, Mc, $Z = 115$), 테네신(tennessine, Ts, $Z = 117$), 오가네손(oganesson, Og, $Z = 118$)과 같은 네 가지 원소를 주기율표에 추가하였다. 이 원소들의 합성 및 특성 분석을 위한 핵변환 실험은, 러시아의 Flerov 핵반응 연구소(Flerov Laboratory of Nuclear Reactions)와 미국의 Lawrence Livermore 국립 연구소의 분석 및 핵화학 사업부에서 공동 연구로 진행되었다. 모스코븀(Mc, $Z = 115$)을 합성하기 위해, 사이클로트론은 중성자가 풍부한 칼슘(^{48}Ca) 이온 빔(beam)을 빛의 속도의 10%에 가까운 속도로 가속시켜 ^{243}Am을 포함하는 목표물에 조준했다. ^{287}Mc와 네 개의 중성자는 핵변환 반응의 결과물이다. 모스코븀-287은 5번의 알파 붕괴 과정인 첫 번째 붕괴를 통해 니호늄(Nh, $Z = 113$)을 생성한다.

$$^{243}_{95}Am + ^{48}_{20}Ca \rightarrow ^{287}_{115}Mc + 4\,^{1}_{0}n$$
$$^{287}_{115}Mc \rightarrow ^{283}_{113}Nh + ^{4}_{2}He$$

▶ 러시아 Dubna에 위치한 Flerov 핵반응 연구소에서는 입자 가속기를 이용해 네 개의 새로운 원소($Z = 113, 115, 117, 118$)를 합성하여 주기율표에 추가하였다. ^{48}Ca 이온은 246 MeV로 가속되었다.

예제 20.9

핵 변환식의 균형 맞추기

버클륨(berkelium) 원소는 1949년 미국 University of California, Berkeley에서 $^{241}_{95}Am$의 α 충돌에 의해 처음으로 만들어졌다. 반응하는 동안 2개의 중성자도 생성된다. 이 변환에서 생기는 버클륨 동위 원소는 무엇인가? 균형 핵 반응식을 쓰시오.

전략과 풀이

주기율표에 따르면, 버클륨은 $Z = 97$이다. 반응물 질량수의 합은 $241 + 4 = 245$이고, 2개의 중성자를 생성하므로, 버클륨 동위 원소는 질량수가 $245 - 2 = 243$이다.

$$^{241}_{95}Am + ^{4}_{2}He \longrightarrow ^{243}_{97}Bk + 2\,^{1}_{0}n$$

▶ **연습문제 20.17** 1996년에 ^{70}Zn 핵이 중(heavy)이온 가속기에서 ^{208}Pb로 제작된 목표물을 향해 발사되면서 새로운 원소가 합성되었다. 새로운 원소와 하나의 중성자가 반응에 의해 형성된다. 형성된 새로운 동위 원소는 어떤 것인가?

▶ **응용문제 20.18** 캘리포늄-246은 우라늄-238 원자의 충돌에 의해 형성된다. 부산물로서 4개의 중성자가 형성된다면, 어떤 입자를 충돌용으로 사용해야 하는가?

20.9 방사능의 검출 및 측정

방사선의 방출은 눈으로 볼 수 없다. 아무리 많은 양을 조사(dose)하더라도 보고, 듣고, 냄새를 맡고, 만지고, 맛보고 할 수 없다. 그러나, 가이거 계측기(Geiger counter)와 같은 적절한 기기를 이용하여 방사선을 측정하고 검출할 수 있으며(그림 20.10), 살아 있는 유기체에 대한 방사선의 영향 등을 쉽게 관찰할 수 있다.

▶ **그림 20.10**
가이거 계측기

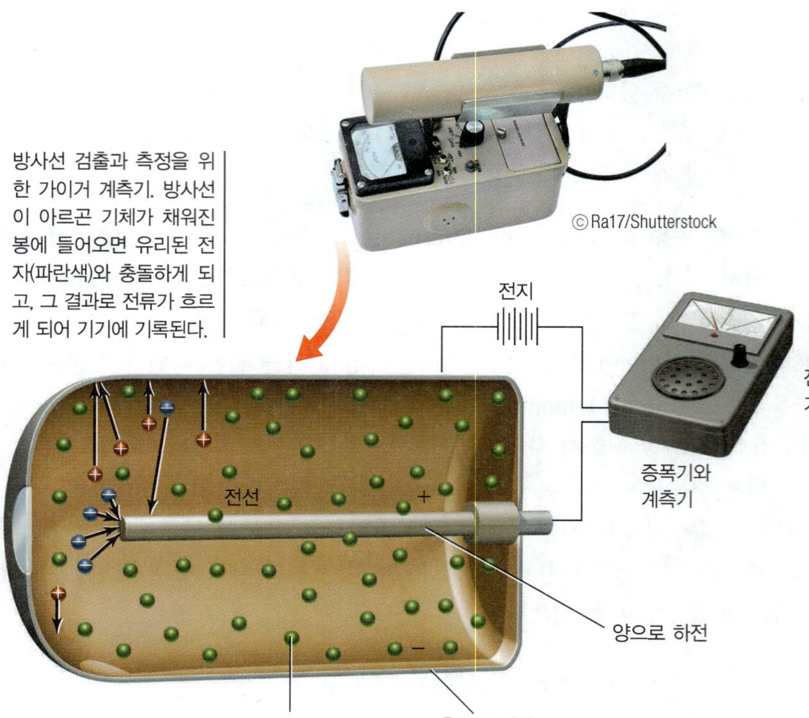

표 20.2 방사선 측정 단위

단위	측정량	설명
베크렐(Bq)	붕괴 건수	1 Bq = 1 붕괴/초
큐리(Ci)	붕괴 건수	1 Ci = 3.7×10^{10} 붕괴/초
그레이(Gy)	조직 kg당 흡수 에너지	1 Gy = 1 J/kg 조직
래드(Rad)	조직 kg당 흡수 에너지	1 rad = 0.01 Gy
시버트(Sv)	조직 손상	1 Sv = 1 J/kg
렘(Rem)	조직 손상	1 rem = 0.01 Sv

방사선 세기는 무엇을 측정하는가에 따라 서로 다른 방식으로 표시된다. 어떤 측정기는 핵붕괴 수를 측정 단위로 하고, 다른 측정 장비의 경우에는 방사선에 대한 노출량 또는 방사선에 의한 생물학적 결과를 측정 단위로 한다(**표 20.2**).

- **베크렐**(becquerel, Bq)이란 시료 중에서 매 초당 일어나는 핵붕괴 수를 측정하는 SI 단위로 1 Bq = 1 붕괴/초이다. **큐리**(curie, Ci)와 **밀리큐리**(millicurie, mCi)도 단위 시간당 붕괴 속도로 측정하지만, 베크렐보다 훨씬 더 큰 단위이고, 특히 의학과 생화학에서 주로 사용한다. 1 Ci는 라듐 1 g의 붕괴 속도이고, 3.7×10^{10} Bq과 같다.

$$1 \text{ Bq} = 1 \text{ 붕괴/초}$$
$$1 \text{ Ci} = 3.7 \times 10^{10} \text{ Bq} = 3.7 \times 10^{10} \text{ 붕괴/초}$$

  예를 들어, 삼중수소 시료 1.5 mCi는 5.6×10^7 Bq과 같다. 그것은 5.6×10^7 붕괴/초를 의미한다.

$$(1.5 \text{ mCi})\left(10^{-3}\frac{\text{Ci}}{\text{mCi}}\right)\left(3.7 \times 10^{10}\frac{\text{Bq}}{\text{Ci}}\right) = 5.6 \times 10^7 \text{ Bq}$$

- **그레이**(gray, Gy)란 방사선원에 노출된 조직 1 kg당 흡수된 에너지양을 측정하는 SI 단위로 1 Gy = 1 J/kg이다. **래드**(rad, radiation absorbed dose)도 방사선에 노출된 조직을 측정하는 단위로, 의학 분야에서 주로 사용한다.

$$1 \text{ Gy} = 1 \text{ J/kg} \qquad 1 \text{ rad} = 0.01 \text{ Gy}$$

- **시버트**(sievert, Sv)란 방사선에 의해 입은 조직 손상 정도를 측정하는 SI 단위이다. 이것은 조직 1 kg당 흡수된 에너지뿐만 아니라, 다른 방사선 종류에 따른 생물학적 효과도 고려한 것이다. 예를 들면, α 방사선 1 Gy는 γ 방사선 1 Gy보다 20배 더 많은 조직 손상의 원인이 되지만, α 방사선 1 Sv와 γ 방사선 1 Sv는 동일한 조직 손상의 원인이 된다. **램**(rem, roentgen equivalent for man)은 비 SI 단위의 일종으로, 의학 분야에서 주로 이용된다.

$$1 \text{ rem} = 0.01 \text{ Sv}$$

인체에 대한 방사선 효과는 방사선의 종류와 에너지, 노출 시간, 방사선의 근원이 외부인지 내부인지에 따라 달라진다. X선과 γ 방사선의 근원이 인체 외부일 경우, 의복과 피부를 통과하기 때문에 α와 β 입자보다 더 위험하다. 그러나 α와 β 입자의 근원이 인체 내부일 경우에는 입자들의 모든 에너지가 주변 조직에 전달되기 때문에 특히 위험하다. 비록 외부로부터 오는 알파 방사체의 경우 비교적 무해하지만, 인체 내부로부터 발생하는 경우에는 특히 위험하

개념탐구 질문 4

알파 방출을 하는 아메리슘-241은 연기 검출기로 사용된다. 이 방사성 동위 원소가 가정에 존재해도 안전한 이유는 무엇인가?

기 때문에 의학적으로는 절대 이용하지 않는다.

상대적으로 큰 질량을 갖는 α 입자는 느리게 이동하고(빛의 속도의 1/10 정도), 몇 장의 종이 또는 피부 표피층에 의해서 차단된다. 베타 입자는 훨씬 더 가볍기 때문에, 빛의 속도의 9/10 정도로 이동하고 투과력은 α 입자보다 약 100배 정도 강하다. β 방사선을 차단하려면 나무 덩어리 또는 무거운 보호용 의류가 필요하다. 그렇지 않으면 침투하여 피부에 화상을 입힌다.

감마선과 X선은 빛의 속도로 이동하고, α 입자 투과력의 약 1000배 정도 된다. γ와 X선을 차단하기 위해서는 수 인치 두께의 납덩어리가 필요하고, 만일 침투할 경우 인체의 내부 기관을 손상시킨다. 몇 가지 서로 다른 종류의 방사선 성질을 표 20.3에 요약하였다.

표 20.3 몇 가지 방사선의 성질

방사선 종류	에너지 범위	물속에서의 투과 거리[a]
α	3~9 MeV	0.02~0.04 mm
β	0~3 MeV	0~4 mm
X	100 eV~10 keV	0.01~1 cm
γ	10 keV~10 MeV	1~20 cm

[a]방사선의 절반이 차단되는 거리

서로 다른 방사선량에 대한 생물학적 효과를 표 20.4에 나타내었다. 비록 그 효과가 무서운 소리로 들릴 수 있지만, 대부분의 사람들은 연평균 약 120 mrem의 방사선에 노출되어 있다. 이 방사선의 약 70%는 암석과 같은 자연과 우주선(cosmic ray, 성간 공간에서 오는 에너지 입자)에서 온다. 나머지 30%는 X선과 같은 의료 과정에서 온다. 원자력 발전소와 1950년대 대기권에서 수행한 핵무기 시험의 낙진으로부터 기인하는 방사선의 양은 거의 검출되지 않는 수준이다.

표 20.4 단기간 방사선이 인체에 미치는 생물학적 효과

방사선량(rem)	생물학적 효과
0~25	검출 가능한 효과 없음
25~100	백혈구 세포의 일시적 감소
100~200	메스꺼움, 구토, 백혈구 세포의 장기간 감소
200~300	구토, 설사, 식욕 감소, 의욕 상실
300~600	구토, 설사, 출혈, 어떤 경우에는 사망
600 이상	거의 모든 경우에 사망

INQUIRY ? 방사성 동위 원소를 의학적으로 어떻게 이용할까?

핵 의학의 기원은 1901년에 프랑스 내과 의사 Henri Danlos가 결핵성 피부 질환의 치료에 라듐을 처음 사용한 때이다. 이후부터 방사선의 이용은 현대 의학에서 진단과 치료에 중요한 역할을 하고 있다. 현재 핵 기술은 (1) **생체 내**(in vivo) 시술, (2) 치료 시술, (3) 영상 시술의 세 가지 종류로 나눌 수 있다.

생체 내 시술(In Vivo Procedures)

인체 내에서 일어나는 현상에 대해 알아보는 생체 내 연구는 특정한 기관이나 기능을 알기 위하여 수행된다. 방사 의약품을 환자에게 투여하고, 그것이 흡수, 배출, 희석, 농축되었는지 등의 체내 경로를 혈액 시료 또는 소변 시료를 분석하여 결정한다.

방사성 시약을 사용하는 많은 생체 내 시술의 예로는 방사성 크로뮴-51로 표지된 정확한 양의 적혈구를 주사하여 전체 혈액 부피를 결정하는 것이다. 표지된 세포가 체내에 고르게 분포될 만한 적당한 시간이 경과한 후에, 혈액 시료를 취하여 ^{51}Cr의 희석 정도를 측정하여 혈액 부피를 계산한다.

치료 시술

질병 조직을 파괴하기 위해 방사선을 이용하는 치료 시술은 외부 혹은 내부 방사선원을 포함한다. 암 치료용 외부 방사선 요법은 코발트-60 선원으로부터 발생하는 γ선을 이용한다. 높은 방사선원을 두꺼운 납 용기로 가리고, 종양 위치로 향하는 작은 구멍으로만 빛살이 향하게 한다. 방사선 빛살의 초점을 종양에 맞추고 환자의 몸을 회전하여 종양에 충분히 조사되게 하면서, 종양 주변의 다른 신체 부위의 노출은 최소화한다. 그럼에도 불구하고, 대부분의 환자들은 노출된 방사선으로 고통을 겪게 된다.

내부 방사선 요법은 외부 요법보다 훨씬 더 선택적인 치료 방법이다. 붕소 중성자 포획 요법(Boron Neutron Capture Therapy, BNCT)은 주위 조직에 과도한 손상을 입히는 외부 방사선원으로 치료하기 어려운 뇌종양 또는 다른 종양 치료에 사용되는 치료법이다. 종양 세포에 선택성을 갖는 붕소-10 화합물을 체내에 주사한 다음, 낮은 에너지의 중성자를 종양을 향해 조사한다. 중성자를 포획한 붕소-10은 붕소-11과 같은 들뜬 상태가 되고(위첨자 m으로 나타내었다.), 이 화학종은 알파 입자와 리튬-7을 방출한다.

$$^{10}_{5}\text{B} + ^{1}_{0}\text{n} \longrightarrow ^{11m}\text{B} \longrightarrow ^{7}_{3}\text{Li} + ^{4}_{2}\text{He}$$

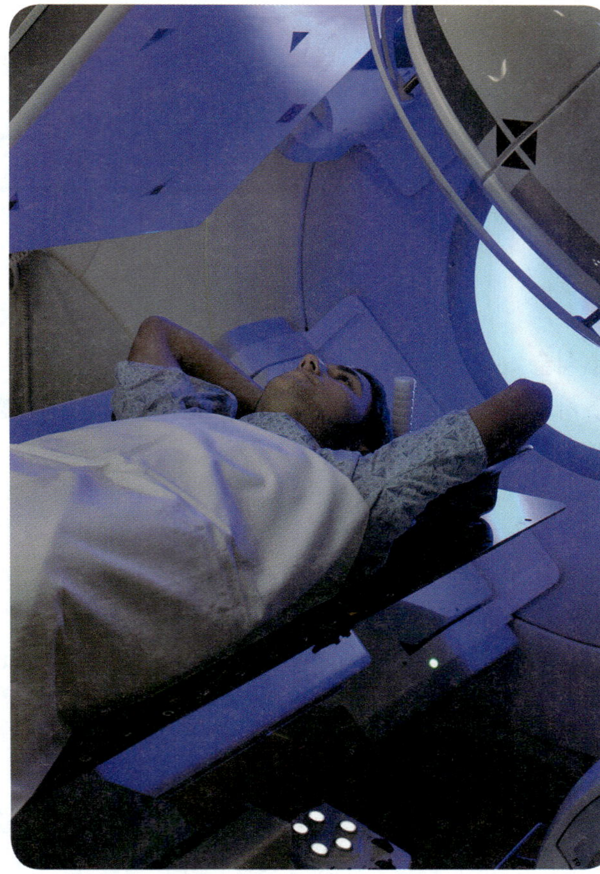

▲ 악성 종양은 코발트-60 선원에서 발생하는 γ선을 조사함으로써 치료할 수 있다. ©Mark_Kostich/Shutterstock

알파 입자는 수 마이크로미터 정도 침투가 가능하며, 붕소 원소가 존재하는 종양 세포를 효과적으로 파괴할 수 있다. 이 치료법의 성공 여부는, 붕소-10 화합물이 종양 세포에는 충분한 양이 전달되고 주변의 정상 세포에는 소량이 선택적으로 전달되는 것에 달려 있다.

BNCT 방사선 치료의 화학적 국소화(편재화)와는 달리, 방사선근접치료법은 ^{125}I와 같은 방사선원을 치료가 필요한 부위 근처의 신체 내부에 봉합 캡슐 또는 철사와 같은 형태로 위치시켜 암을 치료하는 방법이다. ^{125}I는 전자를 포획하여 들뜬 상태의 ^{125}Te가 되고, 이 화학종은 γ선을 방출하여 종양을 향해 높은 선량의 국소 방사선을 제공한다.

의학적으로 유용한 몇 가지 방사성 동위 원소의 반감기는 **표 20.5**와 같다. 예상할 수 있는 바와 같이, 인체 내부에서 의학적으로 사용되는 방사성 동위 원소는 반감기가 매우 짧아서 즉시 붕괴되고, 장기간 건강에 영향을 주지 않는다.

표 20.5 몇 가지 유용한 방사성 동위 원소의 반감기

방사성 동위 원소	기호	방사선	반감기	용도
플루오린-18	$^{18}_{9}F$	β^+	110분	PET 정밀 촬영
인-32	$^{32}_{15}P$	β^-	14.28일	백혈병 치료
코발트-60	$^{60}_{27}Co$	β^-, γ	5.27년	암 치료
테크네튬-99*m*[a]	$^{99m}_{43}Tc$	γ	6.01시간	뇌 정밀 촬영
아이오딘-123	$^{123}_{53}I$	γ	13.2시간	갑상선 치료

[a]테크네튬-99*m*의 *m*은 준안정하다(metastable)는 것을 의미하고, 그것은 γ 방출을 하지만 질량수 또는 원자 번호를 변화시키지 않는다는 것을 의미한다.

영상 시술

영상 시술은 인체에 들어오는 방사성 동위 원소의 분포 양상을 분석하여, 인체 기관의 건강에 관한 진단 정보를 제공한다. 특정 조직이나 기관에 농축되는 것으로 알려진 방사성 의약품을 신체 내에 주사하고, 그것의 분포 양상을 외부의 방사선 탐지기로 검출한다. 질병에 걸린 기관은 정상 기관보다 방사성 의약품을 더 농축할 수 있다. 이에 따라 방사성 '열(hot)'점이 '차가운(cold)' 배경에 나타난다. 반대로, 병든 기관이 방사성 의약품을 정상 기관보다 덜 농축할 수 있고, 그러면 냉(cold)점이 뜨거운(hot) 배경에 나타난다. 오늘날 가장 많이 사용되는 방사성 동위 원소는 테크네튬-99*m*으로, 6.01시간의 짧은 반감기는 환자에게 해로운 노출 효과를 최소화한다. 방사성 추적기인 ^{99m}Tc를 이용한 방출 감마선의 명칭인 감마 주사법은 피로 골절, 암, 다른 상태의 진단에 중요한 도구이다.

문제 20.19 소듐-24를 포함하는 식염수는 혈액의 흐름을 추적하고 순환계 내 장애물을 검출하기 위해 혈류에 주사할 수 있다. 소듐-24의 β 붕괴에 대한 균형 핵 반응식을 쓰시오.

문제 20.20 양전자 방출 단층 촬영(PET)에 사용되는 플루오린-18은 입자 가속기에서 생성된다.

(a) 플루오린-18을 만드는 한 가지 방법은 높은 에너지의 양성자를 산소-18과 충돌시키는 것이다. 이 핵 반응을 통해 생성되는 다른 입자는 무엇인가?

$$^{18}_{6}O + ^{1}_{1}H \longrightarrow ^{18}_{9}F + ?$$

(b) 플루오린-18을 만드는 다른 방법으로는 산소-16과 ^{3}He을 충돌시키는 것이다. 이 핵 반응을 통해 생성되는 다른 입자는 무엇인가?

$$^{16}_{8}O + ^{3}_{2}He \longrightarrow ^{18}_{9}F + ?$$

문제 20.21 방사선근접치료에 사용되는 아이오딘-125의 반감기는 59.5일이다. 방사선량이 초기 수준의 10%에 도달하는 데 얼마나 오랜 시간이 필요할까?

문제 20.22 혈액량 측정은 4.10 mCi/mL의 활성을 갖는 Cr-51을 방사성으로 표지된 혈액 20.0 mL와 함께 주사한 환자에 의해 수행되었다. 잠시 체내에서 섞일 수 있도록 시간을 보낸 다음, 분석을 위해 환자로부터 혈액을 채취했다. 불행하게도 실험실에서 착오로 즉각적인 분석이 불가능하여 17.0일 후에 혈액의 측정이 진행되었다. 그 결과, 방사선의 수준이 0.00935 μCi/mL로 결정되었다. 만일 ^{51}Cr의 반감기가 27.7일이라면 환자의 혈액량은 얼마인가?

문제 20.23 붕소 중성자 포획 요법이라는 암 치료법에서, 붕소-10을 포함하고 있는 화합물이 환자에게 주사되면 선택적으로 암 세포에 결합하게 된다. 붕소 화합물이 결합되어 있는 암 세포 주변에 중성자를 조사하면, 다음과 같은 반응이 진행된다:

$$^{10}B + ^{1}n \rightarrow ^{4}He + ^{7}Li + \gamma$$

α선은 암 세포는 죽이지만, 주변 세포에는 아무런 영향을 주지 않는다. 이 핵 반응의 반응물은 근본적으로 운동 에너지를 가지고 있지 않지만, 생성물은 2.31 MeV의 운동 에너지를 가지고 있다. 방출되는 γ 광자의 에너지는 얼마인가? 관련된 질량은 다음과 같다.

^{4}He(4.002 603), ^{7}Li(7.016 004), ^{10}B(10.012 937), e^-(0.000 548 6), $^{1}_{0}n$(1.008 665)

문제 20.24 감마 나이프 방사선외과 수술로 뇌종양을 치료하기 위해, 환자의 머리는 201개의 개별적인 ^{60}Co 선원이 달린 반구형 돔 안에 위치하며, 좁은 광선은 종양 표적 지점을 향해 안쪽으로 향한다. 모든 광선이 종양 위로 조사되기 때문에 매우 높은 선량의 방사선을 받는 반면에, 정상 조직에는 단 하나의 광선에 해당하는 방사선을 조사받게 된다. 규정된 선량이 1800 rad인 경우, 만일 1.0 rad의 선량을 얻기 위해 ^{60}Co의 2.2×10^{11} 붕괴가 필요하다면, 얼마나 오랜 시간 동안 방사선 치료를 진행해야 할까? 모든 선원은 각각 30 Ci의 활성을 갖고 종양을 향한다고 가정하시오.

정리

절	개념 요약	학습 목표	문제
20.1~20.2 핵반응과 방사능	**핵반응**은 다른 원소를 생산해내는 것과 같이, 원자핵의 변화를 포함하고 있어 화학 반응과는 차이가 있다. 핵반응은 균형 **핵 반응식**으로 작성된다. 여기서 원소 기호는 중성 원자들보다는 핵만을 나타낸다. **방사성**은 불안정한 핵으로부터 방사선의 자발적인 방출이다. **알파 방사선**은 두 개의 양성자와 두 개의 중성자를 포함하는 작은 입자인 헬륨 핵($^4_2He^{2+}$)으로 구성되어 있다. **베타 방사선**은 전자($^{0}_{-1}e$)로 구성되어 있고, **감마 방사선**은 질량이 없는 높은 에너지를 갖는 전자기 복사선으로 구성되어 있다. **양전자 방출**은 전자와 같은 질량을 갖지만, 양전하를 띠는 입자인 양전자(positron, ^0_1e 또는 β^+)의 방출이다. **전자 포획**이란 핵에 있는 양성자가 주변의 전자를 붙잡는 것이다.	20.1 서로 다른 종류의 방사성 붕괴와 균형 핵 반응식을 작성한다.	예제 20.1; 문제 20.30, 20.34, 20.36
20.3 핵 안정성	주어진 핵의 안정성은 핵의 중성자/양성자 비와 관련 있다. 핵의 양성자 수가 증가하는 만큼, 또한 안정한 핵이 되기 위해 곡선 형태의 안정성 띠로 주어지는 것과 같이, 양성자에 대한 중성자의 비가 증가한다. 비스무트-209보다 무거운 모든 동위 원소는 느리게 붕괴하고, 자연계에 존재할 만큼 안정하다고 하더라도 방사성이다. 많은 방사성 동위 원소는 안정한 핵에 도달할 때까지 **방사성 붕괴 계열**이라고 불리는 방출 계열을 진행한다.	20.2 주어진 동위 원소에 대해 방사성 붕괴 종류를 예상한다. 20.3 방사성 붕괴 계열에 대한 균형 핵반응을 작성한다.	문제 20.40, 20.42 문제 20.44, 20.46, 20.48
20.4 방사성 붕괴 속도	방사성 붕괴는 1차 과정이고, 속도는 시료에 들어 있는 방사성 핵의 수(N)와 **붕괴 상수**라고 명명된 1차 속도 상수(k)에 비례한다. 어떤 시간 t에 남아 있는 방사성 핵의 수 N_t는 적분된 속도식[$\ln (N_t/N_0) = -kt$, N_0는 원래 존재하는 방사성 핵의 수]으로 계산할 수 있다.	20.4 반감기와 붕괴 상수와의 관계를 설명한다. 20.5 주어진 시간이 지난 다음 남아 있는 방사성 동위 원소의 양을 계산한다. 20.6 붕괴 상수, 반감기 또는 남아있는 양과 붕괴 속도와의 관계를 설명한다.	예제 20.2; 문제 20.50, 20.56 예제 20.3; 문제 20.52, 20.54, 20.62 예제 20.4; 문제 20.58~20.59
20.5 방사성 동위 원소를 이용한 연대 측정	방사성 동위 원소를 이용한 연대 측정은 초기 방사성 동위 원소 및 그것의 붕괴 생성물의 양을 측정하여, 암석 또는 탄소 기반 물질의 연대를 결정하는 데 이용하는 기술이다.	20.7 방사성 동위 원소를 이용한 대상의 연대를 계산한다.	예제 20.5; 문제 20.64, 20.66, 20.70
20.6 핵반응의 에너지 변화	관련된 힘의 세기는 주어진 핵의 질량과 구성 핵자(중성자와 양성자)의 총 질량의 합의 차이인 원자의 **질량 결손**을 계산함으로써 측정할 수 있다. 아인슈타인 식인 $\Delta E = \Delta mc^2$을 적용하면, **핵결합 에너지**를 계산할 수 있다. 핵반응에 수반되는 에너지 변화는 어떤 화학 반응에 수반되는 에너지보다 훨씬 더 크다.	20.8 질량 결손과 핵결합 에너지를 계산한다. 20.9 핵반응에서 질량과 에너지 변화를 계산한다.	예제 20.6; 문제 20.76, 20.78, 20.86 예제 20.7; 문제 20.84~20.85
20.7 핵분열과 핵융합	우라늄-235와 같은 무거운 핵은, 중성자와 충돌하면, 핵 조각으로 나눠지고, 막대한 양의 에너지를 방출하면서 **핵분열**이 일어난다. 수소 동위 원소와 같이 가벼운 핵은, 충분히 높은 온도의 열이 가해지면 에너지를 방출하면서 무거운 핵종이 형성되면서 **핵융합**이 일어난다.	20.10 핵분열과 핵융합 반응의 주요 개념과 원자력 발전과 무기에서 그들의 역할을 확인한다. 20.11 핵분열 또는 핵융합과 관련된 에너지 변화를 계산한다.	문제 20.88, 20.93 예제 20.8; 문제 20.94~20.96

절	개념 요약	학습 목표	문제
20.8 핵변환	3600개 이상의 알려진 동위 원소 중 대부분은 하나의 원소로부터 다른 원소로 바뀌는 **핵변환**에 의해 만들어진다. 이와 같은 전환은 종종 원자에 양성자, 중성자, α 입자, ^{48}Ca와 같이 중성자가 풍부한 핵종과 같은 높은 에너지를 가진 입자와의 충돌에 의해 일어난다.	20.12 핵변환 반응에 대한 균형 반응식을 작성한다.	예제 20.9; 문제 20.98, 20.100, 20.104
20.9 방사능의 검출 및 측정	방사선 세기는 어떤 특성을 측정했느냐에 따라 다른 방법으로 표현된다. 베크렐(Bq)과 큐리(Ci)는 시료에서 초당 붕괴되는 방사선의 수를 측정한다. 그레이(Gy)와 래드는 조직의 kg당 흡수된 방사선의 양을 측정한다. 시버트(Sv)와 렘은 방사선에 의해 손상된 조직의 양을 측정한다. 방사선의 영향은 인체에 25램이 노출되면 주의해야 하고, 600램 이상에 노출되면 치명적이다.	20.13 방사성 시료의 방사선 세기와 방사선 세기의 단위 사이의 변환을 계산한다.	문제 20.108, 20.110, 20.112

주요 용어

감마(γ) 방사선	붕괴 상수	질량 결손	핵융합
결합 에너지	알파(α) 방사선	초우라늄 원소	핵자
방사능	양전자 방출	핵반응	핵종
방사성 동위 원소	연쇄 반응	핵 반응식	핵화학
방사성 붕괴 고리	임계 질량	핵변환	
베타(β) 방사선	전자 포획	핵분열	

주요 식

- 방사성 붕괴 속도의 1차 과정(20.4절)

$$\text{붕괴 속도} = -\frac{\Delta N}{\Delta t} = kN$$

- 방사성 붕괴의 적분된 속도 법칙(20.4절)

$$\ln\left(\frac{N_t}{N_0}\right) = -kt$$

N_0는 초기에 존재하는 방사성 핵의 수, N_t는 시간 t에서 남아 있는 핵의 수이다.

- 반감기와 붕괴 상수 사이의 관계(20.4절)

$$t_{1/2} = \frac{\ln 2}{k} \text{과} \quad k = \frac{\ln 2}{t_{1/2}}$$

- 핵반응 과정 중 질량 변화(Δm)에 대응하는 에너지 변화(ΔE) 사이의 관계(20.6절).

$\Delta E = \Delta mc^2$ 여기서 c는 빛의 속도이다: $c = 299\ 792\ 458$ m/s

복습 문제

LO는 학습 목표(Learning Objectives)를 나타낸다.

이 장을 학습한 후엔, 학습자의 이해도를 평가할 수 있는 방법이 있다. **복습 문제**를 푸는 것이다. **복습 문제**들은 이 장의 학습 목표와 연계되어 있다. 따라서 푼 답이 틀렸다면, 이 장의 끝부분에 나와 있는 **정리** 문단의 **학습 목표**를 참고하면 된다. 정리 문단에는 **개념 요약**이 제공되며, **예제**를 참고하면 문제 해결 방법을 모델링할 수 있고, 제공되는 **추가 문제**들로 더 많은 연습을 할 수 있다.

1. 플루토늄-238의 알파 붕괴에 대한 균형 핵 반응식은 어느 것인가? (**LO 20.1**)
   (a) ${}^{238}_{94}\text{Pu} \longrightarrow {}^{234}_{92}\text{U} + {}^{4}_{2}\text{He}$
   (b) ${}^{238}_{94}\text{Pu} + {}^{4}_{2}\text{He} \longrightarrow {}^{242}_{96}\text{Cm}$
   (c) ${}^{238}_{94}\text{Pu} \rightarrow {}^{238}_{95}\text{Am} + {}^{0}_{-1}\text{e}$
   (d) ${}^{238}_{94}\text{Pu} \rightarrow {}^{238}_{93}\text{Np} + {}^{0}_{1}\text{e}$

2. 다음 중 베타 방출이 가능한 방사성 동위 원소는 어느 것인가? (이 질문을 답하기 위해서는 그림 20.2를 참조하시오.) (**LO 20.2**)
   (a) ${}^{196}\text{Rn}$ (b) ${}^{27}\text{P}$
   (c) ${}^{90}\text{Ru}$ (d) ${}^{109}\text{Mo}$

3. 우라늄-235는 α, β, α, α, α, α, β, α, β, α, β 입자의 연속적인 손실을 포함하는 방사성 붕괴 계열이 진행된다. 최종적으로 안정환 핵종은 어느 것인가? (**LO 20.3**)
   (a) ${}^{211}\text{W}$ (b) ${}^{211}\text{Pt}$
   (c) ${}^{207}\text{Pb}$ (d) ${}^{207}\text{Pt}$

4. 플루오린-18은 1.10×10^{2}분의 반감기를 가지고 양전자를 방출한다. 만일 어떤 환자에게 PET 스캔을 위해 250 mg 용량을 투여했다면, 플루오린-18의 양이 75 mg으로 되는 데 시간이 얼마나 걸릴 것인가? (**LO 20.4**와 **20.5**)
   (a) 56분 (b) 96분
   (c) 132분 (d) 191분

5. 심장의 기능을 결정하는 데 사용되는 방사성 동위 원소인 ${}^{201}\text{Tl}$ 시료는 초기에 25,700 붕괴/분의 속도로 붕괴되지만, 50.0 시간 후에는 15,990 붕괴/분으로 붕괴 속도가 감소한다. ${}^{201}\text{Tl}$의 반감기는 몇 시간인가? (**LO 20.6**)
   (a) 73.0시간 (b) 105시간
   (c) 1.56×10^{-2}시간 (d) 3.84×10^{2}시간

6. Oregon의 한 동굴에서, 고고학자들은 뼈, 식물의 잔해, 화석화된 배설물을 발견했다. 배설물에 남아 있는 DNA는 인간의 기원을 나타내지만, 나이를 나타내는 것은 아니다. 유물의 연대를 알기 위해 붕괴 속도가 측정되었고, 탄소 1그램당 2.71 붕괴/분이라는 것을 알 수 있었다. 현재 살아 있는 유기체의 경우, 탄소 1그램당 15.3 붕괴/분의 분해 속도를 갖고 ${}^{14}\text{C}$의 반감기는 5715년이다. 유물의 연대는 어떻게 되는가? (**LO 20.7**)
   (a) 1460년 (b) 9900년
   (c) 14,300년 (d) 18,600년

7. 우라늄-235의 결합 에너지를 MeV/핵자 단위로 계산하시오. ${}^{235}\text{U}$ 원자 질량은 235.043 929, 양성자 질량은 1.007 28, 중성자 질량은 1.008 67, 전자 질량은 5.486×10^{-4}이다 ($1\ \text{MeV} = 1.60 \times 10^{-13}\ \text{J}$). (**LO 20.8**)
   (a) 2.84 MeV/핵자
   (b) 1.70×10^{3} MeV/핵자
   (c) 11.3 MeV/핵자
   (d) 7.62 MeV/핵자

8. 원자력 발전소와 핵무기에 관한 진실을 확인하시오. (**LO 20.10**)
   (a) 원자력 발전소와 핵무기 모두 U-235가 약 90% 농축된 우라늄을 사용한다.
   (b) 원자력 발전소는 석탄 발전소와 같이 많은 양의 CO_2를 방출한다.
   (c) 미국은 원자력 에너지로부터 1% 미만의 전력을 생산한다.
   (d) 핵무기는 2종의 분열 가능한 우라늄-235가 함께 임계 질량에 도달하면 폭발한다.

9. 우라늄-235의 분열에 의해 바륨-140과 크립톤-93을 형성할 때, 몇 kJ/mol의 에너지가 방출되는가? 원자 질량은 ${}^{235}\text{U}$ (235.0439), ${}^{140}\text{Ba}$ (139.9106), ${}^{93}\text{Kr}$ (92.9313), ${}^{1}_{0}\text{n}$(1.00867). ($c = 3.00 \times 10^{8}$ m/s) (**LO 20.10**)

$${}^{1}_{0}\text{n} + {}^{235}_{92}\text{U} \longrightarrow {}^{140}_{56}\text{Ba} + {}^{93}_{36}\text{Kr} + 3\,{}^{1}_{0}\text{n}$$

   (a) 6.59×10^{9} kJ/mol (b) 1.66×10^{10} kJ/mol
   (c) 1.98×10^{11} kJ/mol (d) 1.66×10^{16} kJ/mol

10. 아르곤-40과 양성자의 반응에 대한 균형 핵 반응식의 생성물은 무엇인가? (**LO 20.12**)

$${}^{40}_{18}\text{Ar} + {}^{1}_{1}\text{H} \longrightarrow ? + {}^{1}_{0}\text{n}$$

   (a) ${}^{42}\text{K}$ (b) ${}^{40}\text{K}$
   (c) ${}^{41}\text{Cl}$ (d) ${}^{40}\text{Cl}$

11. 전신 뼈 스캔에 사용된 ${}^{99m}\text{Tc}$의 활동도는 600 MBq이다. 활동도를 만일 반감기가 6.01시간이라면, 주사된 ${}^{99m}\text{Tc}$의 질량은 얼마인가? (**LO 20.13**)
   (a) 3.1 ng (b) 8.4 μg
   (c) 67 μg (d) 2.7 mg

답:

1. a, 2. d, 3. c, 4. d, 5. a, 6. c, 7. d, 8. d, 9. b, 10. b, 11. a

개념 문제

문제 20.1~20.24는 이 장의 본문 중에 있다.

20.25 동위 원소 A는 다음 일련의 단계를 통해 동위 원소 E로 붕괴한다. 여기서 각각의 붕괴에 의한 생성물은 방사성이며 최종적으로 안정적인 핵종에 도달할 때까지 계속 붕괴된다. 두 가지의 과정이 나타나 있다. 하나는 짧은 화살표로 오른쪽을 가리키고, 다른 하나는 긴 화살표로 왼쪽을 가리킨다.

(a) 각 화살표는 어떤 종류의 핵붕괴 과정에 해당하는가?

(b) 단계에서 표시된 각 동위 원소를 $^{A}_{Z}X$ 기호를 쓰고 분류하시오.

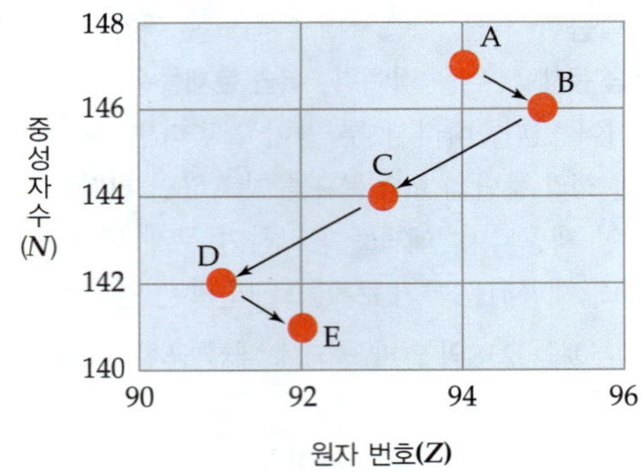

보충 문제

핵반응과 방사성(20.1~20.2절)

20.26 양전자 방출과 전자 포획은 반응 핵보다 원자 번호가 1 작은 핵을 생성한다. 이유를 설명하시오.

20.27 α 입자와 헬륨 원자의 차이가 무엇인가?

20.28 베타 방출은 생성물의 원자 번호를 증가(raise)시키고, 양전자 방출은 원자 번호를 감소(lower)시킨다. 그 이유는 무엇인가?

20.29 감마 방출이 생성물의 원자 번호를 변화시키지 않는 이유는 무엇인가?

20.30 다음 핵 반응식의 균형을 맞추고 완성하시오.

(a) $^{126}_{50}Sn \longrightarrow {}^{0}_{-1}e + ?$ (b) $^{210}_{88}Ra \rightarrow {}^{4}_{2}He + ?$

(c) $^{77}_{37}Rb \rightarrow {}^{0}_{1}e + ?$ (d) $^{76}_{36}Kr + {}^{0}_{-1}e \rightarrow ?$

20.31 다음 핵 반응식의 균형을 맞추고 완성하시오.

(a) $^{90}_{38}Sr \longrightarrow {}^{0}_{-1}e + ?$ (b) $^{247}_{100}Fm \rightarrow {}^{4}_{2}He + ?$

(c) $^{49}_{25}Mn \rightarrow {}^{0}_{1}e + ?$ (d) $^{37}_{18}Ar + {}^{0}_{-1}e \longrightarrow ?$

20.32 토륨-214가 라듐-210으로 붕괴될 때 생성되는 입자는 무엇인가?

20.33 우라늄-239가 넵튬-239로 붕괴될 때 생성되는 입자는 무엇인가?

20.34 다음 각 붕괴 반응에서 생성되는 입자는 무엇인가?

(a) $^{188}_{80}Hg \longrightarrow {}^{188}_{79}Au + ?$ (b) $^{288}_{85}At \longrightarrow {}^{214}_{83}Bi + ?$

(c) $^{234}_{90}Th \longrightarrow {}^{234}_{91}Pa + ?$

20.35 다음 각각의 붕괴 반응에서 생성되는 입자는 무엇인가?

(a) $^{24}_{11}Na \longrightarrow {}^{24}_{12}Mg + ?$ (b) $^{135}_{60}Nd \longrightarrow {}^{135}_{59}Pr + ?$

(c) $^{170}_{78}Pt \rightarrow {}^{166}_{76}Os + ?$

20.36 다음 과정의 균형 핵 반응식을 적으시오.

(a) ^{162}Re의 알파 방출

(b) ^{138}Sm의 전자 포획

(c) ^{188}W의 베타 방출

(d) ^{165}Ta의 양전자 방출

20.37 다음 과정의 균형 핵 반응식을 적으시오.

(a) ^{157}Eu의 베타 방출

(b) ^{126}Ba의 전자 포획

(c) ^{146}Sm의 알파 방출

(d) ^{125}Ba의 양전자 방출

20.38 방사성 물질인 ^{100}Tc는 ^{100}Mo로 붕괴한다. 이 붕괴 과정에는 두 개의 가능한 경로가 있다. 각각의 균형 반응식을 적으시오.

20.39 ^{226}Ac는 α 방출, β 방출, 전자 포획과 같은 세 가지 다른 경로에 의해 붕괴된다. 각 과정에 의한 ^{226}Ac 붕괴의 균형 핵 반응식을 적으시오.

핵 안정성(19.3절)

20.40 텅스텐의 두 동위 원소인 ^{160}W와 ^{185}W 중, 하나는 β 방출에 의해, 다른 하나는 α 방출에 의해 붕괴한다. 어느 것이겠는가? 설명하시오.

20.41 아이오딘의 두 동위 원소인 ^{136}I와 ^{122}I 중, 하나는 β 방출에 의해, 다른 하나는 양전자 방출에 의해 붕괴한다. 어느 것이겠는가? 설명하시오.

20.42 납의 두 동위 원소인 ^{196}Pb와 ^{206}Pb 중, 하나는 비방사성 원소이고, 다른 하나는 양전자 방출에 의해 붕괴한다. 어느 것이 어느 것인가? 설명하시오.

20.43 중성자가 풍부한 핵이 β 입자를 방출하는지 그 이유를 설명하시오. 중성자가 부족한 핵이 왜 α 입자 또는 양전자 방출 또는 전자 포획 반응이 진행되는 이유를 설명하시오.

20.44 연기 검출에 사용되는 방사성 동위 원소인 아메리슘-241은 순차적으로 α, α, β, α, α, β, α, α, α, β, α, β 입자 결손을 포함하는 12번의 반응에 의해 붕괴된다. 각 붕괴 과정 중의 중간체인 핵과 최종적으로 생성되는 안정한 핵을 결정하시오.

20.45 라돈-222는 세 번의 α 방출과 두 번의 β 방출에 의해 붕괴된다. 최종적으로 안정한 핵은 무엇인가?

20.46 토륨-232는 10 단계의 붕괴에 의해 마지막으로 납-208을 얻는다. 얼마나 많은 α 입자와 얼마나 많은 β 입자가 방출되었는가?

20.47 ^{235}U가 11 단계의 붕괴에 의해 ^{207}Pb가 될 때, 얼마나 많은 α 입자와 얼마나 많은 β 입자가 방출되었는가?

20.48 넵투늄-237은 비스무트-209로 단계를 거쳐 붕괴된다. 이 붕괴 과정을 통해 얼마나 많은 α 입자와 β 입자가 방출되었는가?

20.49 자연적으로 발생하는 우라늄-238은 방사성 붕괴를 통해 8개의 α 입자와 6개의 β 입자를 방출한다. 이 단계에서 최종적으로 안정한 핵은 무엇인가?

방사성 붕괴 속도(20.4절)

20.50 백혈구 세포의 분포를 연구할 때 사용하는 인듐-111의 반감기는 $t_{1/2} = 2.805$일이다. ^{111}In의 붕괴 상수는 얼마인가?

20.51 원자로 폐기물인 플루토늄-239의 붕괴 상수는 2.88×10^{-5}/년이다. ^{239}Pu의 반감기는 얼마인가?

20.52 ^{35}S의 붕괴 상수는 7.95×10^{-3}/일이다. 185일 후에 남아 있는 ^{35}S 시료의 비율은 얼마인가?

20.53 플루토늄-239는 2.88×10^{-5}/년의 붕괴 상수를 가지고 있다. 1000년 후에 남아 있는 ^{239}Pu 시료의 비율은 얼마인가? 25,000년 후에는? 100,000년 후에는?

20.54 α 방사체인 폴로늄-209는 102년의 반감기를 가지고 있다. ^{209}Po 시료 1.0 ng으로부터 1.0초 동안 얼마나 많은 α 입자가 방출되겠는가?

20.55 β 방사체인 염소-36은 3.0×10^{5}년의 반감기를 가지고 있다. ^{36}Cl 시료 5.0 mg으로부터 1.0분 동안 얼마나 많은 양의 β 입자가 방출되겠는가?

20.56 ^{79}Se 시료 1.0 mg은 초기에 1.5×10^{5} 붕괴/초의 속도로 붕괴한다. ^{79}Se의 반감기는 몇 년인가?

20.57 ^{44}Ti 시료 1.0 ng의 초기 붕괴 속도가 4.8×10^{3} 붕괴/초라면, 반감기는 몇 년인가?

20.58 ^{37}Ar 시료는 초기에는 8540 붕괴/분이지만, 10.0일 후에는 6990 붕괴/분의 속도로 붕괴한다. ^{37}Ar의 반감기는 며칠인가?

20.59 ^{28}Mg 시료는 초기에는 53,500 붕괴/분의 속도로 붕괴하지만, 48.0 시간 후에는 10,980 붕괴/분의 속도로 붕괴한다. ^{28}Mg의 반감기는 몇 시간인가?

20.60 방사성 붕괴는 1차 속도 법칙에 따른다. 속도 $= -\Delta N/\Delta t = kN$에서 N은 시간 t에서 존재하는 방사성 핵의 수를 나타낸다. 위험한 핵분열 생성물인 스트론튬-90의 반감기는 29년이다.

(a) 세 번의 반감기 후에 남아 있는 스트론튬-90의 분율은 얼마인가?

(b) 스트론튬-90의 붕괴 상수값은 얼마인가?

(c) 스트론튬-90의 99%가 사라지기 위해 몇 년이 필요한가?

20.61 포타슘 이온(K^{+})은 대부분의 음식에 포함되어 있고 인체의 필수 영양소이다. 그러나 자연계에 0.0117% 정도만 존재하는 포타슘-40은 반감기가 $t_{1/2} = 1.25 \times 10^{9}$년인 방사성이다. ^{40}K의 붕괴 상수는 얼마인가? KCl 1.00 g에 얼마나 많은 $^{40}K^{+}$이 존재하는가? KCl 1.00 g은 초당 몇 번 붕괴하겠는가?

20.62 2006년 1월 19일에 발사되어 2015년 7월 14일에 명왕성에 가장 근접한 우주선 뉴 호라이즌스(New Horizons) 호의 전자 시스템은 열에 의해 만들어지는 전기로 작동한다. 열은 우주선에 실려 있는 11 kg의 $^{238}PuO_2$에 있는 ^{238}Pu의 방사성 붕괴에 의해 발생한다. 우주선에는 240 W의 발전기가 실려 있다. 만일 발전량이 발전기의 ^{238}Pu의 양에 직접 비례한다면, 우주선이 명왕성에 도달했을 때 발전량은 얼마인가? ^{238}Pu의 반감기는 87.7년이다.

20.63 방사성 동위 원소 ^{226}Ac는 α 방출, β 방출, 전자 포획의 세 가지 다른 과정을 통하여 붕괴된다.

(a) ^{226}Ac의 세 가지 붕괴 과정이 각각 일어날 때, 균형 핵 반응식을 적으시오.

(b) 모든 과정이 조합되어 ^{226}Ac의 붕괴가 일어날 때, 1차 반응 속도 상수 $k = 0.555$/일이다. 80.0%의 ^{226}Ac 시료가 붕괴될 때까지 며칠이 걸릴까?

방사성 탄소를 이용한 연대 측정(20.5절)

20.64 한때 생존했던 유기체의 어떤 유물의 연대는 유물에 존재하는 방사성 ^{14}C의 농도를 결정하는 과정인 방사성 탄소 연대 측정에 의해 결정할 수 있다. 방사성 ^{14}C의 평형 농도를 포함하고 있는 모든 살아 있는 유기체는 탄소 1 g당 15.3 붕괴/분의 핵붕괴 현상이 평균적으로 일어난다. 그러나 유기체가 죽은 다음, 더 이상의 ^{14}C를 취하지 못하므로 ^{14}C의 농도는 방사성 붕괴 현상이 발생하여 천천히 감소한다. 고고학적 발굴에 의해 발견된 뼛조각이 탄소 1 g당 2.3 붕괴/분의 핵붕괴 현상이 평균적으로 일어났다면, 뼛조각의 연대는 얼마인가? ^{14}C의 반감기는 $t_{1/2} = 5715$년이다.

20.65 3000년 전 나무로 만들어진 물체의 1.0 g/분당 일어나는 ^{14}C의 붕괴 활성은 얼마인가? 모든 살아 있는 유기체는 탄소 1 g당 15.3 붕괴/분의 핵붕괴 현상이 평균적으로 일어난다. ^{14}C의 반감기는 $t_{1/2} = 5715$년이다.

20.66 보이니치(Voynich) 원고는 현재 예일대학교의 Beineke 희귀서적 도서관에 소장되어 있다. 이 문서는 한때 신성로마제국의 황제 Rudolph II의 소유였으며, 암호화되어 있고 판독하기 어려운 언어로 작성되어 있다. 이 문서는 천문학적 특징과 알려지지 않은 식물의 이상한 그림으로 구성되어 있으며, 그 목적이 분명하지 않은 것으로 알려져 있다. 이 원고에 대해 1990년 진행된 방사성 탄소 연대 측정은 탄소 1 g당 14.4 붕괴/분의 붕괴 속도를 보여 준다. 현재 살아 있는 유기체가 탄소 1 g당 15.3 붕괴/분의 속도로 분해한다면, 이 결과에 의해 추정되는 연대는 언제인가? ^{14}C의 반감기는 5715년이다.

20.67 Arlington Springs Man 유적은 1959년 남부 캘리포니아 연안의 Santa Rosa 섬에 있는 Arlington 협곡의 침식된 벽에서 발견되었다. 1987년에 새로운 방사성 탄소 연대 측정법에 의

해 Arlington Springs Man은 13,000년 전의 유해라는 것이 밝혀졌다. 현재 살아 있는 유기체가 탄소 1 g당 15.3 붕괴/분의 속도로 분해한다면, 이 결과에 의해 추정되는 연대는 언제인가? ^{14}C의 반감기는 5715년이다.

20.68 스위스의 Niederweningen에서 발견된 매머드 뼈는 약 46,000년 전 것으로 분석에 의해 결정되었다. ^{14}C의 몇 %가 시료에 남아 있는가? ^{14}C의 반감기는 5715년이다.

20.69 탄소 1 g당 평균 5.6 붕괴/분을 나타내는 뼛조각의 연대는 얼마인가? 현재 살아 있는 유기체가 탄소 1 g당 15.3 붕괴/분의 속도로 분해한다면, 이 결과에 의해 추정되는 연대는 언제인가? ^{14}C의 반감기는 5715년이다.

20.70 우라늄-238의 반감기는 4.47×10^9년이고, 일련의 과정을 통해 납-206이 생성된다. ^{238}U 105 μmol과 ^{206}Pb 33 μmol을 포함하는 암석의 연대를 예측하시오. 모든 ^{206}Pb는 ^{238}U의 붕괴로부터 나온다고 가정하시오.

20.71 우라늄-238의 반감기는 4.47×10^9년이고, 일련의 과정을 통해 납-206이 생성된다. ^{238}U 125 μmol과 ^{206}Pb 38 μmol을 포함하는 암석의 연대를 예측하시오. 모든 ^{206}Pb는 ^{238}U의 붕괴로부터 나온다고 가정하시오.

20.72 마그마로부터 고체화된 화성암의 연대는 ^{40}K와 ^{40}Ar의 양을 분석하면 확인할 수 있다. 포타슘-40은 양전자를 방출에 의해 아르곤-40을 생성하고 ^{40}K의 반감기는 1.25×10^9년이다.

$$^{40}_{19}K \rightarrow {}^{40}_{18}Ar + {}^{0}_{1}e$$

만일 암석이 3.35 mmol의 ^{40}K와 0.25 mmol의 ^{40}Ar을 포함하고 있다면, 얼마나 오래 전에 암석이 냉각되었는가?

20.73 마그마로부터 고체화된 화성암의 연대는 ^{40}K와 ^{40}Ar의 양을 분석하면 확인할 수 있다. 포타슘-40은 양전자를 방출하여 아르곤-40을 생성한다. ^{40}K의 반감기는 1.25×10^9년이다. $^{40}Ar/^{40}K$의 비율이 1.42라면, 암석의 연대는 얼마인가?

핵반응의 에너지 변화(20.6절)

20.74 주어진 핵의 질량이 핵을 구성하고 있는 양성자와 중성자의 합보다 작은 이유는 무엇인가?

20.75 흡열 반응인 화학 반응에서 생성물은 반응물보다 질량이 많은가 적은가 같은가? 설명하시오.

20.76 다음 핵의 질량 결손을 g/mol 단위로 계산하시오.
(a) ^{52}Fe(원자량 = 51.948 11)
(b) ^{92}Mo(원자량 = 91.906 81)

20.77 다음 핵의 질량 결손을 g/mol 단위로 계산하시오.
(a) ^{32}S(원자량 = 31.972 07)
(b) ^{40}Ca(원자량 = 39.962 59)

20.78 다음 핵의 질량 결손을 g/mol 단위로, 결합 에너지를 MeV/핵자 단위로 계산하시오. 두 핵 중 어느 것이 더 안정한가?
(a) ^{50}Cr(원자량 = 49.946 05)
(b) ^{64}Zn(원자량 = 63.929 15)

20.79 다음 핵의 질량 결손을 g/mol 단위로, 결합 에너지를 MeV/핵자 단위로 계산하시오. 두 핵 중 어느 것이 더 안정한가?
(a) ^{7}Li(원자량 = 7.016 004)
(b) ^{39}K(원자량 = 38.963 706)

20.80 다음 핵의 결합 에너지를 MeV/핵자 단위로 계산하시오.
(a) ^{58}Ni(원자량 = 57.935 35)
(b) ^{84}Kr(원자량 = 83.911 51)

20.81 다음 핵의 결합 에너지를 MeV/핵자 단위로 계산하시오.
(a) ^{63}Cu(원자량 = 62.939 60)
(b) ^{84}Sr(원자량 = 83.913 43)

20.82 ^{174}Ir로부터 α 입자가 방출될 때 에너지 변화(ΔE)는 몇 kJ/mol인가? ^{174}Ir 원자 질량은 173.966 66, ^{170}Re 원자 질량은 169.958 04, ^{4}He 원자 질량은 4.002 60이다.

$$^{174}_{77}Ir \rightarrow {}^{170}_{75}Re + {}^{4}_{2}He \quad \Delta E = ?$$

20.83 마그네슘-28은 β 방출하여 알루미늄-28로 붕괴한다. 방출된 에너지는 몇 kJ/mol인가? ^{28}Mg 원자 질량은 27.983 88, ^{28}Al 원자 질량은 27.981 91이다.

20.84 H_2와 N_2로부터 NH_3가 형성될 때 수반되는 NH_3의 질량 변화는 몇 g/mol인가?

$$N_2(g) + 3H_2(g) \rightarrow 2\,NH_3(g) \quad \Delta H° = -92.2\text{ kJ}$$

20.85 수성 기체 반응(water-gas reaction)에서 1몰의 CO_2와 1몰의 H_2가 형성될 때, 수반되는 질량 변화는 몇 g/mol인가?

$$C(s) + H_2O(g) \rightarrow CO(g) + H_2(g) \quad \Delta H° = +131\text{ kJ}$$

20.86 토륨-232는 α 입자 6개와 β 입자 4개를 방출하면서 10단계의 핵반응에 의해 납-208로 된다. 전체 과정에서 방출되는 에너지는 몇 kJ/mol인가? 관련된 질량은 다음과 같다. ^{232}Th = 232.038 054, ^{208}Pb = 207.976 627, 전자 = 0.000 548 6, ^{4}He = 4.002 603

20.87 방사성 동위 원소인 ^{100}Tc는 붕괴하여 안정한 동위 원소인 ^{100}Mo가 된다.
(a) 이 붕괴 과정에는 가능한 경로가 두 가지 있다. 두 경로의 대한 균형 핵 반응식을 적으시오.
(b) 이 경로 중 하나만 관측된다. 두 가지 경로에 의한 방출된 에너지를 계산하고, 하나만 관측되는 이유를 설명하시오. 관련된 질량은 ^{100}Tc = 99.907 657, ^{100}Mo = 99.907 48, 전자 = 0.000 548 6이다.

핵분열과 핵융합(20.7절)

20.88 핵분열에 대하여 잘못된 부분을 확인하시오.
(a) 핵분열은 U-235 시료와 베타 입자의 충돌에 의해서 유도된다.
(b) 핵분열은 무거운 원소가 가벼운 원소로 분리되는 것이다.
(c) 핵분열에서 질량은 에너지로 변환된다.
(d) 핵분열은 화학 반응과 비교할 때 엄청난 양의 에너지를 방출한다.
(e) 핵분열은 연쇄 반응을 일으킬 수 있다. 핵자 각각의 분열에 의해 생성된 여분의 중성자 때문이다.

20.89 1954년 9월 6일, 아이젠하워(Dwight David Eisenhower) 대

통령은 Colorado Denver에서 중성자 계측기 위에서 '중성자 지팡이'를 흔드는 의식을 수행하고, 펜실베이니아의 선적항에서는 불도저를 선적함으로써 첫 번째 원자력 발전소의 건설이 시작되었다. 원자력 발전소에서 중성자의 역할을 설명하시오.

20.90 원자로 내에 있는 제어봉은 중성자의 흡수 때문에 주로 붕소로 만들어진다. 붕소-10이 중성자를 흡수하여 리튬-7과 알파 입자를 생산하는 과정의 핵 반응식을 적으시오.

20.91 원자력 발전소 안에 있는 우라늄 연료봉과 원자력 무기로 사용되는 우라늄 연료의 차이는 무엇인가?

20.92 발전소에서 사용하는 연료봉은 다른 조작 없이 핵무기로 사용이 가능한가? 설명하시오.

20.93 핵에너지의 원천으로 핵분열을 통한 핵융합을 사용하는 것의 장점은 무엇인가? 융합 발전소가 아직 건설되지 않은 이유는 무엇인가?

20.94 ^{2}H의 핵융합 반응을 이용하여 1 mol의 ^{3}He를 생산할 때, 발생되는 에너지는 몇 kJ인가?

$$2\,{}^{2}_{1}H \rightarrow {}^{3}_{2}He + {}^{1}_{0}n$$

^{2}H 원자 질량은 2.0141이고 ^{3}He 원자 질량은 3.0160이다.

20.95 다음에 주어진 플루토늄-239의 핵융합 반응으로부터 생산되는 에너지는 몇 kJ/mol인가?

$${}^{239}_{94}Pu + {}^{1}_{0}n \rightarrow {}^{146}_{56}Ba + {}^{91}_{38}Sr + 3\,{}^{1}_{0}n$$

원자 질량은 ^{239}Pu(239.052 16), ^{146}Ba(145.930 22), ^{91}Sr(90.910 20), ${}^{1}_{0}n$(1.008 67)이다.

20.96 ^{2}H와 ^{3}He의 융합 반응에서 방출되는 에너지는 몇 kJ/mol인가?

$${}^{2}_{1}H + {}^{3}_{2}He \rightarrow {}^{4}_{2}He + {}^{1}_{1}H$$

관련된 질량은 ^{2}H(2.0141), ^{3}He(3.0160), ^{4}He(4.0026), ^{1}H(1.0078)이다.

20.97 ^{1}H와 ^{2}H 원자의 융합 반응에서 방출되는 에너지는 몇 kJ/mol인가?

$${}^{1}_{1}H + {}^{2}_{1}H \rightarrow {}^{3}_{2}He$$

관련된 질량은 ^{1}H(1.007 83), ^{2}H(2.014 10), ^{3}He(3.016 03)이다.

핵변환(20.8절)

20.98 다음 핵반응의 생성물을 나타내시오.

(a) ${}^{109}_{47}Ag + {}^{4}_{2}He \rightarrow ?$

(b) ${}^{10}_{5}B + {}^{4}_{2}He \rightarrow ? + {}^{1}_{0}n$

20.99 ^{235}U의 핵융합에 대한 반응식의 균형을 맞추시오.

(a) ${}^{235}_{92}U \rightarrow {}^{160}_{62}Sm + {}^{72}_{30}Zn + ?\,{}^{1}_{0}n$

(b) ${}^{235}_{92}U \rightarrow {}^{87}_{35}Br + ? + 2\,{}^{1}_{0}n$

20.100 109번 원소(${}^{266}_{109}Mt$)는 1982년에 ^{209}Bi와 ^{58}Fe의 충돌에 의해 만들어졌다. 반드시 생성되어야 할 다른 생성물을 확인하고, 만일 다른 생성물이 없다고 가정했을 때의 균형 핵 방정식을 적으시오.

20.101 몰리브데넘-99는 Mo의 자연 생성 동위 원소와 중성자의 충돌에 의해 생성된다. 만일 하나의 중성자가 흡수되고 다른 부산물이 생성되지 않았다고 가정할 때, 출발 동위 원소는 무엇인가?

20.102 우라늄-238과 중양자(${}^{2}_{1}H$)의 반응에 대한 균형 핵 방정식을 적으시오.

$${}^{238}_{92}U + {}^{2}_{1}H \rightarrow ? + 2\,{}^{1}_{0}n$$

20.103 다음 변환 반응의 균형을 맞추시오.

(a) ${}^{246}_{96}Cm + {}^{12}_{6}C \rightarrow ? + 4\,{}^{1}_{0}n$

(b) ${}^{253}_{99}Es + ? \rightarrow {}^{256}_{101}Md + {}^{1}_{0}n$

(c) ${}^{250}_{98}Cf + {}^{11}_{5}B \rightarrow ? + 4\,{}^{1}_{0}n$

20.104 2016년에 주기율표에 추가된 초중량 원소 중 하나는 ^{48}Ca 이온빔이 ^{249}Cf와 충돌시켜 합성하였다.

(a) 이 원소의 생성에 대한 균형 핵 방정식을 적으시오.

$${}^{249}_{98}Cf + {}^{48}_{20}Ca \rightarrow ? + 3\,{}^{1}_{0}n$$

(b) (a)에서 핵변환 반응에 의해 생성된 핵종이 4번의 알파 입자 방출에 의해 생성된 동위 원소는 무엇인가?

20.105 2016년에 주기율표에 추가된 초중량 원소 중 하나는 ^{48}Ca 이온빔이 ^{243}Am과 충돌하여 합성되었다.

(a) 이 원소의 생성에 대한 균형 핵 방정식을 적으시오.

$${}^{243}_{95}Am + {}^{48}_{20}Ca \rightarrow ? + 3\,{}^{1}_{0}n$$

(b) (a)에서 핵변환 반응에 의해 생성된 핵종이 1번의 알파 입자 방출에 의해 생성된 동위 원소는 무엇인가?

(c) 최종 붕괴 생성물인 동위 원소 ^{268}Db에 도달하기 위해 얼마나 많은 알파 입자를 방출하겠는가?

20.106 과학에 있어서 사기 행위는 드물지만, 가끔 발생하기도 한다. 1999년에 ^{208}Pb가 ^{86}Kr과 충돌할 때 세 개의 초중량 원소(그 중 하나는 새로운 것)가 생긴다는 것이 주장되었다. 그 주장은 결과적으로 사기임이 밝혀졌고 철회되었다. 여기에서 주장되었던 X, Y, Z 동위 원소를 결정하시오.

$${}^{208}_{82}Pb + {}^{86}_{36}Kr \xrightarrow{-n} X \xrightarrow{-\alpha} Y \xrightarrow{-\alpha} Z$$

20.107 우라늄 중에서 가장 많이 존재하는 ^{238}U는 핵분열을 하지 않는다. 그러나 증식 원자로(breeder reactor)에서, ^{238}U는 중성자 하나를 포획하고 두 개의 β 입자를 방출하여 핵분열 가능한 플루토늄으로 되고, 그런 다음 원자로의 연료로 이용할 수 있다. 균형 핵 방정식을 적으시오.

방사능의 검출 및 측정(20.9절)

20.108 위장관 X선은 5000 μSv의 방사선을 환자에게 노출한다. X선의 경우 1 Sv = 1 Gy이다. 60 kg의 사람에게 몇 joule이 흡수되었는가?

20.109 255 g의 실험실 쥐가 23.2 rad에 노출되었다. 쥐가 흡수한 것은 몇 gray인가? 쥐에 의해 흡수된 것은 몇 joule인가?

20.110 음용수에서 라돈의 최대 허용량은 4.0 pCi(4.0×10^{-12} Ci)/mL이다.

(a) 최대 수준의 라돈일 경우, 1 mL의 물에서 분당 얼마나

많은 라돈이 붕괴할까?

(b) 만일 방사성 동위 원소가 $^{222}Rn(t_{1/2} = 3.8$일)이라면, 물 1 mL 안에 얼마나 많은 ^{222}Rn이 있을까?

20.111 ^{226}Rn 10.0 mg의 방사능을 Bq와 Ci 단위로 결정하시오. ^{226}Rn의 반감기는 1600년이다.

20.112 질소-16은 원자력 발전소의 고온 원자로 중심을 통해 흐르는 냉각수에서 형성된다. 그것은 산소가 중성자를 포획한 다음 β 입자 방출을 통해 형성된다. ^{16}N 50.0 mg의 활동도를 Bq와 Ci로 나타내시오.

20.113 일본 Fukushima 원자력 발전소 복구 작업을 하는 근로자들의 최대 허용 방사선량은 100 mSv로 결정되었다. 위장관(Gastrointestinal, GI) X선량은 5,000 μSv이다. Fukushima 근로자의 방사선 피폭은 몇 번의 위장관 X선량과 동일한가?

다중 개념 문제

20.114 제안된 핵 이론이 제시한 내용은 우라늄 동위 원소 ^{235}U와 ^{238}U의 상대적인 존재비는 그들이 형성되었을 당시와 거의 동일하다는 것이다. 오늘날, 이들 동위 원소 $^{235}U/^{238}U$의 관찰된 비율은 7.25×10^{-3}이다. 방사성 붕괴의 반감기가 ^{235}U가 7.04×10^8년이고 ^{238}U가 4.47×10^9년이라면, 원소의 연대를 계산하시오.

20.115 양전자는 전자와 같은 질량(9.109×10^{-31} kg)을 갖지만, 전하는 반대이다. 두 입자가 서로 부딪쳤을 때 소멸이 일어나면서 γ선만 생성된다. 이때 생성되는 에너지는 몇 kJ/mol인가?

20.116 에너지가 1.50 MeV인 γ선의 파장은 몇 nm인가?

20.117 에너지가 6.82 keV인 X선의 진동수는 몇 Hz인가?

20.118 미국 New Mexico, Clovis 유적지에서 나온 작은 나무 조각을 O_2 존재 하에서 연소하여 생성된 CO_2를 $Ba(OH)_2$ 용액에 통과시켜 $BaCO_3$ 침전을 생성하였다. $BaCO_3$ 침전을 걸러 모은 1.000 g 시료는 4.0×10^{-3} Bq 방사능을 갖는다. ^{14}C의 반감기는 5715년이다. 살아 있는 생물은 ^{14}C에 의한 방사능이 탄소 1 g당 15.3 붕괴/분이다. 1960년에 분석을 했다고 가정할 때, Clovis 유적지의 연대는 언제인가?

20.119 자연적으로 존재하는 방사성 동위 원소인 폴로늄-210은 α 방사체이고, 반감기는 $t_{1/2} = 138$일이다. 0.700 mg의 ^{210}Po 시료를 250.0 mL 플라스크에 넣고 진공 처리한 다음, 밀봉하여 그대로 방치한다고 가정하자. 만일 방출된 α 입자가 모두 헬륨 원자로 되었다면, 20 °C에서 365일 후에 플라스크 내 압력은 몇 mmHg인가?

20.120 소량의 방사성 ^{28}Mg를 포함하고 있는 0.007 50 M $MgCl_2$ 수용액이 준비되어 있다고 가정하자. ^{28}Mg의 반감기는 20.91시간이고 $MgCl_2$ 용액의 초기 활동도는 0.112 μCi/mL이다. 이 $MgCl_2$ 용액 20.00 mL에 0.012 50 M Na_2CO_3 용액 15.00 mL를 첨가하여 침전물을 여과시켜 제거한 다음, 순수한 여과 용액만 남았다고 가정하자. 다음 측정을 하기까지 오랜 시간 방치한 다음, 실험 시작 후 2.40시간 지난 때에 여과 용액의 활동도가 0.029 μCi/mL임을 알았다. 여과 용액 속의 Mg^{2+}와 CO_3^{2-}의 몰농도는 얼마인가? $MgCO_3$의 용해도곱 상수는 얼마인가?

chapter 21

전이 원소와 배위 화학

CONTENTS

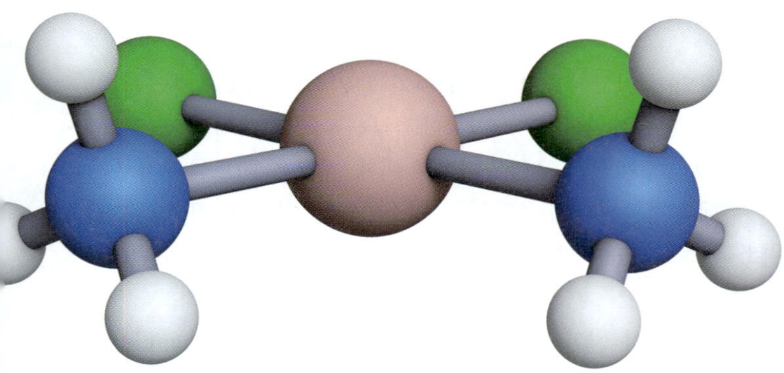

Cisplatin
$Pt(NH_3)_2Cl_2$
anticancer drug

시스플라틴 $Pt(NH_3)_2Cl_2$은 배위 화합물이며, 고환암, 난소암, 방광암, 폐암, 위암에 효과적인 항암제이다.

시스플라틴이 어떻게 암세포를 죽일까?

이 질문의 답은 971쪽 **INQUIRY?** 에 나와 있다.

전이 원소(transition element)는 주기율표 왼쪽의 1, 2족인 활성 *s* 구역 금속과 오른쪽 금속, 준금속, 13~18족의 *p* 구역 비금속 사이를 연결하는 중앙에 자리하고 있다(그림 21.1). 전이 원소는 *d* 부껍질에 전자가 채워져 있어 주기율표에서 *d* 구역에 위치하고 있으므로, ***d* 구역 원소**(*d* block element)라고도 한다.

▶ 그림 21.1
전이 원소는 주기율표의 중앙에 위치한다.

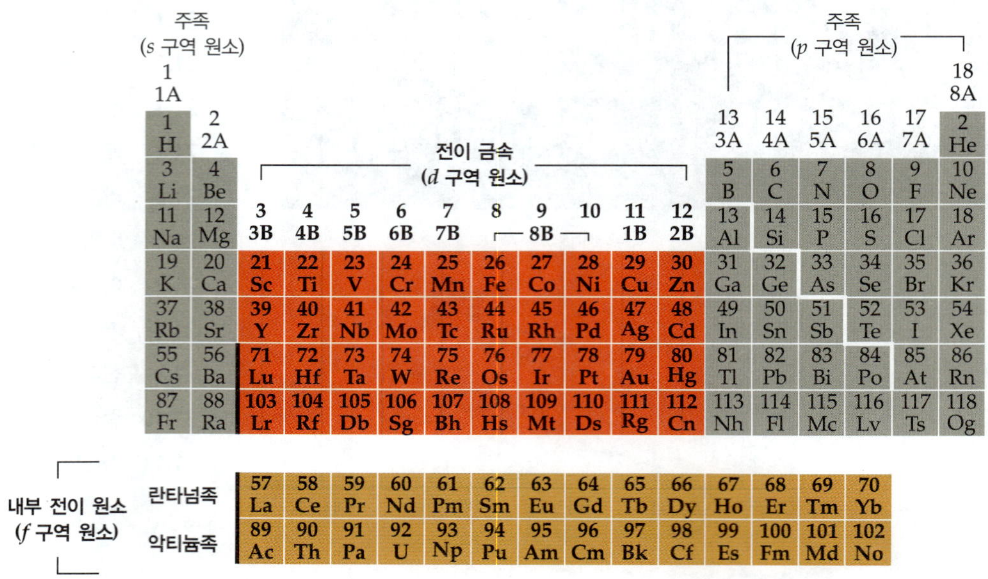

각 *d* 부껍질은 5개의 오비탈로 구성되어 있고 총 10개의 전자가 채워질 수 있다. 따라서 각 전이 계열은 10개의 원소로 구성된다. 첫 번째 계열은 스칸듐에서부터 아연까지이며, 크로뮴, 철, 구리와 같이 친숙한 많은 금속들이 이 계열에 포함된다. 두 번째 계열은 이트륨에서부터 카드뮴까지이다. 세 번째 계열은 루테튬에서부터 수은까지의 원소들을 포함한다. 또한 네 번째 계열은 불안정하고 방사성 원소들인 로렌슘에서부터 최근에 발견된 112번 코페르니슘(Cn)까지의 원소들로 구성되어 있다.

주기율표에서 바륨(원자 번호 56)과 루테튬(원자 번호 71) 사이에는 **란타넘족**(lanthanide)이 있다. 14개의 금속 원소로 이루어져 있는 란타넘족은, 7개의 4*f* 오비탈이 순차적으로 채워지게 된다. 라듐(원자 번호 88) 다음에는 14개의 원소들로 구성되어진 두 번째 계열인 **악티늄족**(actinide)이 있다. 이들은 5*f* 부껍질이 순차적으로 채워지는 원소들이다. 란타넘족과 악티늄족을 모두 ***f* 구역 원소**(*f* block element) 또는 **내부 전이 원소**(inner transition element)라고 한다.

전이 금속인 철과 구리는 고대로부터 알려져 왔으며, 문명의 발전에 중요한 역할을 했다. 강철의 주성분인 철은 구조 물질로서 매우 중요하다. 2017년도에 전 세계의 강철 총 생산량은 116억 톤이었다. 최신 기술에 있어 그 밖의 전이 원소들 역시 매우 유용하다. 예를 들어, 강하고 가벼운 금속인 타이타늄은 현대 제트기의 주요 성분이며, 인공 관절과 치과 임플란트에도 사용된다. 전이 금속들은 또한 자동차 촉매 변환 장치와 황산, 질산, 암모니아 등과 같은 필수 화합물의 제조 공정에서 불균일 촉매로 사용된다.

생명체에서도 전이 원소의 역할은 상당히 중요하다. 철은 우리 몸 안에 폐에서부터 다른 신체 기관으로 산소를 전달해 주는 헤모글로빈과 같은 생체 분자에 존재한다. 코발트는 바이타민 B_{12}의 필수 구성 성분이다. 니켈, 구리, 아연은 생화학 반응에서 촉매 역할을 하는 많은 효소들과 큰 단백질 분자를 구성하는 주요한 구성 성분이다.

이 장에서는, 전이 금속 화합물의 성질과 화학적 거동을 살펴보고, 중심 금속 이온 또는 원자(일반적으로 전이 금속)가 주위 분자나 이온과 배위 공유 결합(7.5절)함에 따라 생성된 **배위 화합물**(coordination compound)에 대하여 집중적으로 기술하고자 한다.

21.1 전자 배치

포타슘과 칼슘의 전자 배치를 살펴보자. 이들은 제1 전이 원소의 맨 앞에 위치한 s 구역 원소이다. 이 원자들은 4s 원자가전자를 가지고 있으며 d 전자는 없다.

$$\textbf{K}\ (Z = 19)\text{: [Ar] } 3d^0\, 4s^1 \qquad \textbf{Ca}\ (Z = 20)\text{: [Ar] } 3d^0\, 4s^2$$

원자 번호 21인 스칸듐부터는 3d 부껍질에 전자가 채워지기 시작하여 원자 번호 30인 아연에서는 부껍질이 완전히 채워지게 된다.

$$\textbf{Sc}\ (Z = 21)\text{: [Ar] } 3d^1\, 4s^2 \longrightarrow \textbf{Zn}\ (Z = 30)\text{: [Ar] } 3d^{10}\, 4s^2$$

(원자가전자를 채우는 순서는 전자가 채워지는 오비탈의 순서보다는 주양자수의 순서에 의하는 것이 편리하다. 이온을 형성할 때, 4s의 전자를 먼저 잃어버리기 때문이다.)

주족 원소의 경우, 원자가전자는 일반적으로 가장 바깥 껍질에 존재하는 전자를 말한다. 이는 가장 바깥 껍질에 존재하는 전자가 화학 결합에 참여하기 때문이다. 그러나 전이 원소들은 $(n-1)d$ 전자와 ns 전자가 모두 결합에 참여하므로 둘 다 원자가전자로 여긴다.

3d 부껍질이 채워지는 일반적인 방법은 **훈트 규칙(Hund's rule)**에 따라 5개의 3d 오비탈에 전자가 각 1개씩 먼저 채워지고, 남는 전자가 다시 5개의 오비탈에 짝을 이루며 채워진다(5.10절). 이 채움 규칙에 단 두 개의 예외가 있는데, 크로뮴과 구리이다.

기억하기…
훈트 규칙에 따르면, 두 개 이상의 오비탈이 같은 에너지 상태일 때, 전자는 각 오비탈에 한 개씩 들어가 절반만 채워지며, 절반만 채워진 오비탈에 전자들은 같은 스핀 상태가 된다(5.10절).

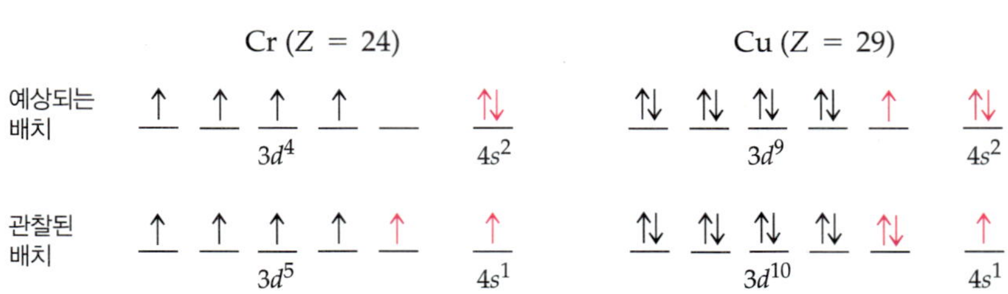

전자 배치는 오비탈의 에너지와 전자–전자 간 반발에 의해 결정된다. 결론적으로, 두 원자가 부껍질이 비슷한 에너지를 가지고 있을 때 전자 배치를 예상하는 것은 항상 가능하지 않다. 그러나 때때로 절반, 또는 완전히 채워진 부껍질에서 전자가 오비탈에 채워질 때 규칙에 예외가 발생한다. 예를 들어 크로뮴의 경우, 3d와 4s 부껍질의 에너지는 비슷하다. 4s 부껍질에 있는 전자 하나를 3d 부껍질로 이동시켜 전자–전자 간 반발력을 낮추고, 반만 채워진 두 개의 부껍질로 만드는 것이 훨씬 유리하다. 각각의 원자가전자가 분리된 오비탈에 있기 때문에, 예상된 전자 배치인 4s 오비탈에 두 개의 전자가 채워질 때보다 전자–전자 간 반발이 감소하기 때문이다. 구리의 경우, 4s에서 3d로 유사한 하나의 전자 이동이 일어나면서 3d 부껍질은 모두 채워지고, 4s 부껍질은 반만 채우지게 된다.

중성 원자의 경우, 하나 또는 이상의 전자를 잃게 되면 남아 있는 전자는 덜 가려지게 된다. 따라서 유효 핵전하(Z_{eff})가 증가한다. 결론적으로 남아 있는 전자는 더 강하게 핵 쪽으로 당겨지게 된다. 따라서 그들의 오비탈의 에너지는 감소한다. Z_{eff}가 증가하게 되면 d 오비탈은 s 오비탈에 비해 에너지가 급격히 감소하게 되므로 양이온의 d 오비탈은 s 오비탈의 경우보다 더 낮은 에너지를 가진다. 즉, 더 낮은 에너지를 가지는 전자 배치가 더 안정하므로, s 오비탈은 비게 되고 모든 원자가전자는 d 오비탈에 채워진다.

중성의 전이 금속 원자가 양이온을 형성할 때, d 오비탈에 있는 원자가전자를 잃어버리기 전에 s 오비탈에 있는 원자가전자를 먼저 잃어버린다는 것이 매우 중요하다. 예를 들어, 2+와 3+ 양이온을 형성하는 철의 경우, 원자가전자 배치는 다음과 같다.

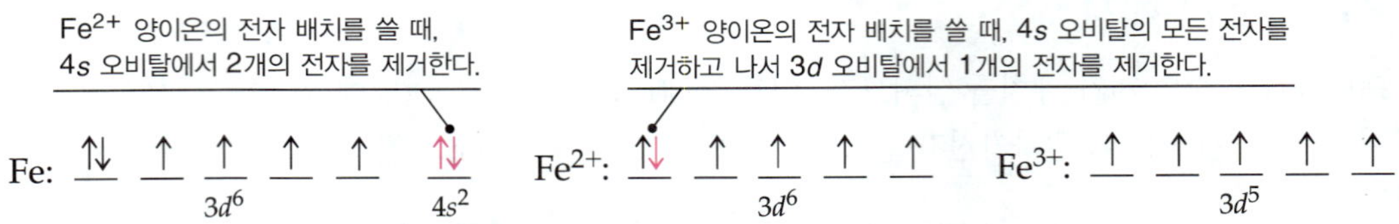

중성 분자와 착물 음이온의 경우, 금속 원자는 일반적으로 양의 산화 상태를 가진다. 따라서 부분 양전하를 형성하고 중성 원자보다는 더 높은 Z_{eff}를 가진다. 결과적으로, d 오비탈의 원자가전자는 s 오비탈의 원자가전자에 비해 더 낮은 에너지를 가진다. 따라서 모든 금속의 원자가전자는 d 오비탈을 채운다. 예를 들어, VCl_4와 MnO_4^{2-}에서 금속 원자의 전자 배치는 $4s^1$이 아니라 $3d^1$이다. 제1 전이 원소의 원자들과 이온들의 전자 배치와 기타 성질은 **표 21.1**에 정리되어 있다.

표 21.1 제1 전이 원소의 선택적 성질

족:	3	4	5	6	7		8		11	12
원소:	**Sc**	**Ti**	**V**	**Cr**	**Mn**	**Fe**	**Co**	**Ni**	**Cu**	**Zn**
원자가전자 배치										
M 원자	$3d^1 4s^2$	$3d^2 4s^2$	$3d^3 4s^2$	$3d^5 4s^1$	$3d^5 4s^2$	$3d^6 4s^2$	$3d^7 4s^2$	$3d^8 4s^2$	$3d^{10} 4s^1$	$3d^{10} 4s^2$
M^{2+} 이온		$3d^2$	$3d^3$	$3d^4$	$3d^5$	$3d^6$	$3d^7$	$3d^8$	$3d^9$	$3d^{10}$
M^{3+} 이온	$3d^0$	$3d^1$	$3d^2$	$3d^3$	$3d^4$	$3d^5$	$3d^6$	N/A	N/A	N/A
전기 전도도*	3	4	8	11	1	17	24	24	96	27
녹는점(°C)	1541	1668	1910	1907	1246	1538	1495	1455	1085	420
끓는점(°C)	2836	3287	3407	2671	2061	2861	2927	2913	2562	907
밀도(g/cm^3)	2.99	4.51	6.0	7.15	7.3	7.87	8.86	8.90	8.96	7.13
원자 반지름(pm)	162	147	134	128	127	126	125	124	128	134
E_i (kJ/mol)†										
제1	633	659	651	653	717	762	760	737	745	906
제2	1235	1310	1410	1591	1509	1562	1648	1753	1958	1733
제3	2389	2653	2828	2987	3248	2957	3232	3395	3555	3833

*Ag에 대한 전기 전도도 값을 임의로 100이라고 정할 때의 상대적인 전기 전도도
†이온화 에너지
N/A는 이온이 존재하지 않는 것을 의미한다.

역사적으로, 전이 원소는 주기율표의 3~12족에 위치한다. 원자가전자의 형태가 주족인 1~18족에 속하는 원소들과 유사하기 때문이다. 따라서 11족인 구리([Ar] $3d^{10}4s^1$)와 12족인 아연([Ar] $3d^{10}4s^2$)은 각각 1족의 포타슘([Ar] $4s^1$), 2족의 칼슘([Ar] $3d^{10}4s^2$)과 유사한 원자가전자 배치를 가진다. 3족인 스칸듐([Ar] $3d^14s^2$)에부터 8족인 철([Ar] $3d^64s^2$)까지는 13족인 알루미늄([Ne] $3s^23p^1$)부터 18족인 아르곤([Ne] $3s^23p^6$)까지의 p 구역 원소 원자와 비슷한 원자가전자를 가진다. 9개 또는 10개의 원자가전자를 가진 주족 원소는 없으므로, 코발트([Ar] $3d^74s^2$)와 니켈([Ar] $3d^84s^2$)은 9족, 10족으로 한다.

예제 21.1

전이 금속의 전자 배치 쓰기

다음 원자와 이온에 있는 각 금속의 전자 배치를 쓰시오.

(a) Ni (b) Cr^{3+} (c) FeO_4^{2-}(철산 이온)

전략

제1 전이 원소들이 중성 원자일 때 4*s* 오비탈은 2개의 전자로 채워져 있고, 나머지 전자들은 3*d* 오비탈을 채운다. 전이 금속 이온의 전자 배치를 쓸 때는 $(n-1)d$ 원자가 오비탈보다 *ns* 원자가 오비탈에서 전자를 먼저 제거한다. 다원자 이온의 경우, 전이 금속의 산화수를 먼저 결정한 후, 금속이 단순 이온 상태일 때와 같은 방법으로 원자가전자를 할당한다.

풀이

(a) 니켈($Z=28$)에는 아르곤 핵심부의 18개를 포함하여 총 28개의 전자가 있다. 10개의 원자가전자 중 2개는 4*s* 오비탈에 있고, 나머지 8개의 전자는 3*d* 오비탈에 할당된다. 따라서 전자 배치는 [Ar] $3d^8 4s^2$가 된다.

Ni: ↑↓ ↑↓ ↑↓ ↑ ↑ (3*d*) ↑↓ (4*s*)

(b) 중성 Cr 원자($Z=24$)는 원자가전자가 6개이다. 따라서 전자 배치는 [Ar] $3d^5 4s^1$이다. Cr^{3+} 이온은 원자가전자를 3개 잃었으므로 전자 배치는 [Ar] $3d^3$가 된다.

Cr: ↑ ↑ ↑ ↑ ↑ (3*d*) ↑ (4*s*) Cr^{3+}: ↑ ↑ ↑ _ _ (3*d*) _ (4*s*)

(c) FeO_4^{2-}에 있는 산소 원자 4개의 산화수는 각각 −2이고, 옥소 음이온의 전체 전하도 −2이다. 따라서 철의 산화수는 +6이 된다. 철 원자는 원자가전자가 8개이다. 따라서 전자 배치는 [Ar] $3d^6 4s^2$이다. 철(VI) 원자가 원자가전자를 6개 잃었으므로 전자 배치는 [Ar] $3d^2$이다.

Fe: ↑↓ ↑ ↑ ↑ ↑ (3*d*) ↑↓ (4*s*) Fe^{6+}: ↑ ↑ _ _ _ (3*d*) _ (4*s*)

▲ 루비의 색은 Cr^{3+} 이온의 *d* 전자 전이에 기인한 것이다.

연습문제 21.1 MnO_2에서 Mn의 전자 배치를 쓰시오. MnO_2에서 홀전자 수는 몇 개인가?

개념 응용문제 21.2 다음 전자 배치를 갖는 금속 원자 또는 이온의 위치를 아래의 주기율표에서 찾으시오. 각 원자 또는 이온은 무엇인가?

(a) 원자: [Ar] $3d^5 4s^2$ (b) 2+ 이온: [Ar] $3d^8$

(c) 원자: [Kr] $4d^{10} 5s^1$ (d) 3+ 이온: [Kr] $4d^3$

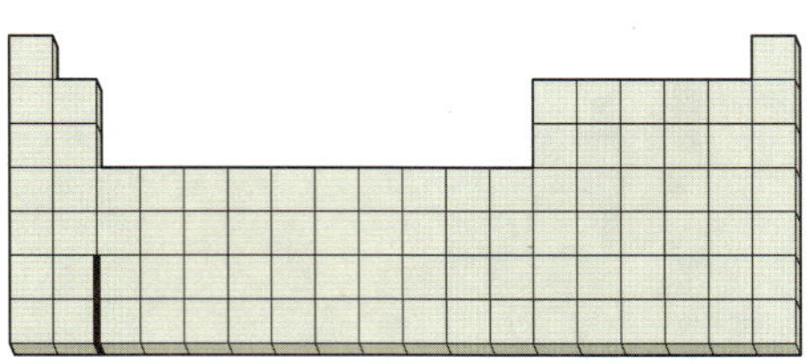

21.2 전이 원소의 성질

표 21.1에 나타난 전이 원소의 몇 가지 경향을 살펴보고, 전자 배치의 관점에서 이들을 이해하자.

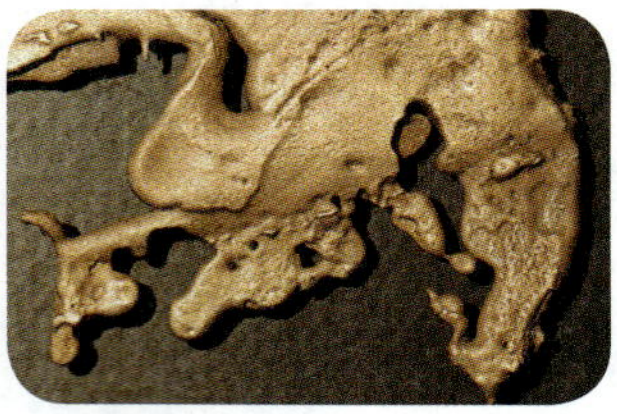

▲ 자연산 구리 © AlessandroZocc/Shutterstock

금속성

모든 전이 원소는 금속이다. 1족과 2족의 금속과 같이 전이 금속 또한 전성, 연성, 광택이 있고, 열과 전기의 좋은 도체이다. 은은 상온에서 다른 어떤 원소에 비해 가장 큰 전기 전도도를 가지며, 구리는 그다음이다. 전이 금속은 *s* 전자뿐만 아니라 *d* 전자를 공유하여 훨씬 더 강한 결합을 형성하기 때문에, 1족이나 2족 금속에 비해 더 단단하고, 녹는점과 끓는점이 더 높고 밀도 또한 크다.

제1 전이 원소는 왼쪽에서 오른쪽으로 갈수록 녹는점이 Sc의 1541 °C에서 증가하다가 5족 V의 1910 °C로 최대가 된 후, 다시 감소하여 Zn의 420 °C로 낮아진다(표 21.1, **그림 21.2**). 제2, 제3 전이 원소도 녹는점에서 비슷한 최댓값을 보인다. 6족인 Mo(2623 °C)와 W(3422 °C)는 5족보다 높고, 최고의 녹는점을 가진다. 녹는점은 결합에 참여할 수 있는 *d* 오비탈의 홀전자 수가 증가함에 따라 높아지다, 결합에 참여하지 못하는 짝지은 전자의 수가 늘어나면서 낮아진다. 아연($3d^{10}4s^2$)의 경우, *d*와 *s* 전자 모두 짝짓고 있어 상대적으로 녹는점이 낮다(420 °C). 수은($4f^{14}5d^{10}6s^2$)은 상온에서 액체이다(mp −39 °C).

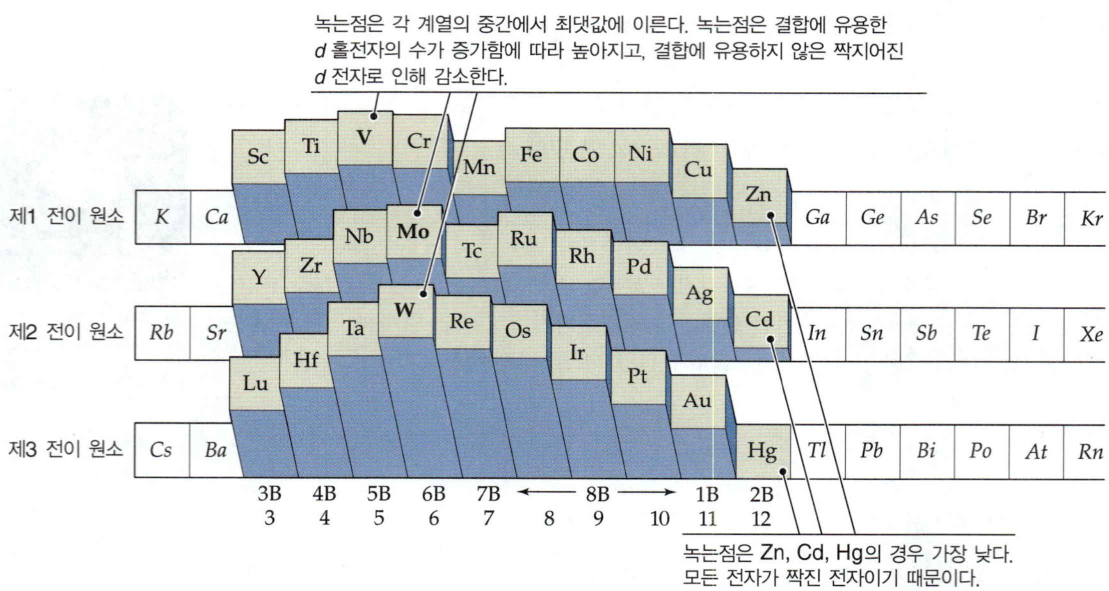

▲ **그림 21.2**
전이 원소의 상대적인 녹는점 비교

▲ 확인하기

짝짓지 않은 전자의 수는 전이 금속의 녹는점에 어떤 영향을 미치는가?

답 결합에 참여할 수 있는 짝짓지 않은 전자의 수가 많을수록 녹는점이 높아진다.

기억하기…
원자가전자는 핵으로부터 같은 거리에 있는 같은 부껍질 내의 전자에 의해 아주 약하게 **가로막혀** 있다(5.9절).

기억하기…
전자가 핵으로부터 느끼는 실제 전하를 유효 **핵전하**(Z_{eff})라고 한다(5.9절).

원자 반지름과 밀도

원자 반지름은 **그림 21.3**에 나타내었다. 전이 원소 계열에서 왼쪽에서 오른쪽으로 갈수록 원자 반지름이 감소한다. 처음에는 눈에 띄게 감소하다가, 6족 이후부터는 점차적으로 감소 차이가 작아진다. 각 전이 원소 계열의 오른쪽 끝으로 갈수록 원자 반지름은 다시 증가한다. 원자 번호가 증가함에 따라 원자 반지름이 감소하게 된다. 이는 추가된 *d* 전자가 증가하는 핵전하에 대해 부분적인 **가림(shield)**이 일어나기 때문이다(5.9절). 결과적으로, **유효 핵전하(Z_{eff})**가 증가한다. Z_{eff}가 증가함에 따라, 전자는 핵 쪽으로 더 강하게 끌리게 되므로 원자 반지름은 줄어든

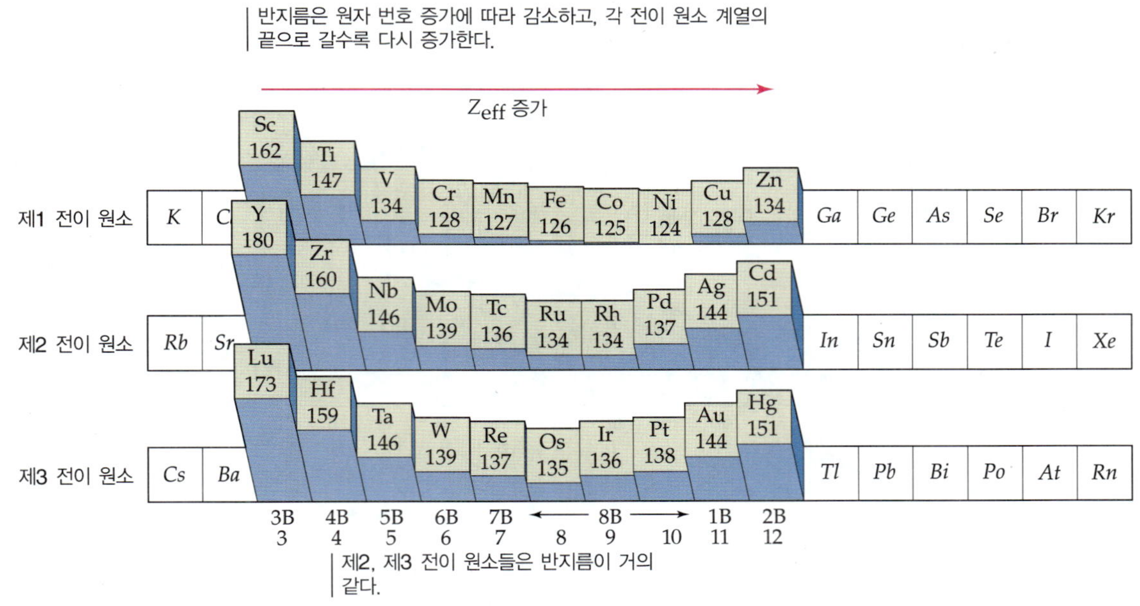

▲ 그림 21.3
전이 원소의 원자 반지름(단위 pm)

▲ 확인하기

전이 금속 원소들의 원자 반지름이 주기율표에서 왼쪽에서 오른쪽으로 갈수록 증가하는 이유는 무엇인가?

답 초기에는 오른쪽으로 갈수록 유효 핵전하 Z_{eff}가 증가한다. 핵의 양전하가 증가하면 전자를 강하게 잡아당겨서 그 결과 원자의 반지름이 감소한다. 오비탈 내의 전자들이 쌍을 이루게 되면 전자–전자 반발이 증가하여 원자 반지름이 다시 증가한다.

다. 각 전이 원소 계열에서 오른쪽 끝으로 갈수록 반지름이 줄어드는 것은, d 오비탈에 전자가 완전히 채워질수록 가림 효과가 더 커지고 전자–전자 간 반발이 증가하기 때문이다. 주족 원소의 반지름이 크게 변하는 것과 대조적으로, 모든 전이 금속 원자의 원자 반지름이 꽤 비슷하다. 따라서 구리와 아연의 합금인 황동과 같은 혼합물이 잘 형성됨을 설명해 준다.

제2, 제3 전이 원소 계열의 4족 원소부터 원자 반지름은 거의 동일하다. 하지만 전자의 주양자 껍질 전체가 증가할 때 원자의 크기도 증가할 것으로 예상한다. 제3 전이 원소의 크기가 예상보다 작아지는 현상은 **란타넘족 수축(lanthanide contraction)** 때문이다. 이것은 제2, 제3 전이 원소 계열 사이에서 f 구역 란타넘족 원소의 원자 반지름이 점진적으로 작아지는 현상이다(그림 21.4).

란타넘족 수축은 원자 번호가 증가함에 따라 $4f$ 부껍질이 채워지게 되어 유효 핵전하가 증가하기 때문이다. 란타넘족 끝에 있는 원자에서 큰 Z_{eff} 값으로 인해 크기가 **작아지는** 것은, 전

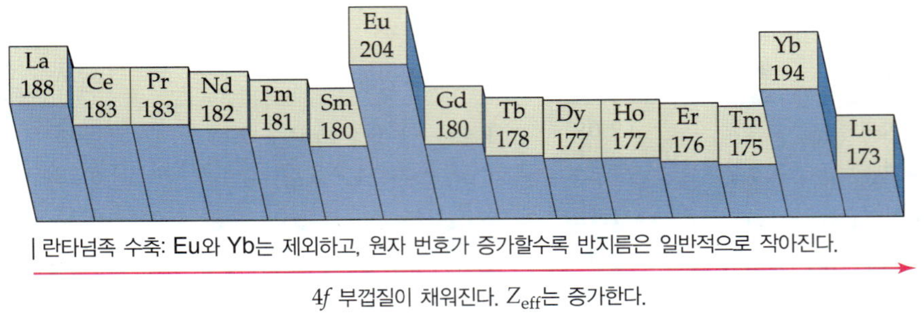

◀ 그림 21.4
란타넘족 원소의 원자 반지름(단위 pm)

▶ 그림 21.5
전이 금속의 상대적 밀도

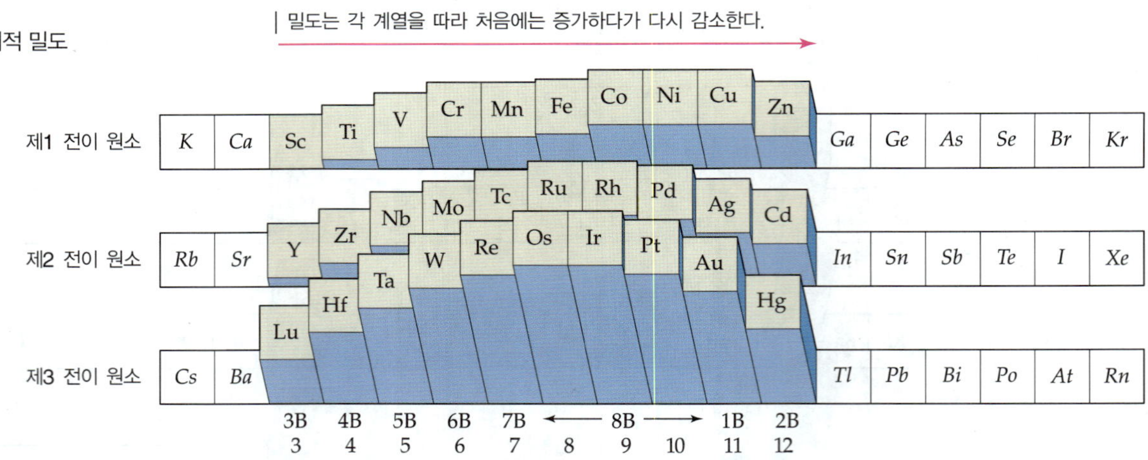

자의 양자 껍질이 추가됨에 따른 크기의 **증가**를 정확히 상쇄시킨다. 따라서, 제3 전이 원소 계열 원자와 제2 전이 원소 계열 원자의 반지름은 매우 유사하다(그림 21.3). 그림 21.4에서 Eu과 Yb의 불규칙적으로 큰 원자 반지름은 4*f* 부껍질의 반만 채워진 것과 완전히 채워진 것과 관련이 있다. 즉, Eu는 $[Xe]4f^{7}6s^{2}$, Yb는 $[Xe]4f^{14}6s^{2}$이다. 그러나 두 원자의 비정상적인 반지름을 완벽히 설명하는 것은 어렵다.

전이 금속의 밀도는 원자 반지름에 반비례한다(**그림 21.5**). 밀도는 각 전이 원소 계열의 왼쪽에서 오른쪽으로 갈수록 증가하다가, 맨 오른쪽 끝으로 갈수록 감소한다. 제2, 제3 전이 원소는 거의 동일한 원자 부피를 갖지만, 훨씬 더 무거운 제3 전이 원소의 밀도가 비정상적으로 더 크다. 오스뮴과 이리듐의 경우 22.6 g/cm^{3}로 밀도가 가장 크다.

이온화 에너지와 산화 전위

이온화 에너지는 일반적으로 각 계열의 왼쪽에서 오른쪽으로 갈수록 점진적으로 증가한다. 반면에, 표 21.1에서 나타난 것처럼 제1 전이 원소의 경우 불규칙적이다. 일반적인 경향성은 유효 핵전하가 클수록 원자 반지름이 감소하는 것과 관련이 있다.

표 21.2에 제1 전이 금속의 표준 산화 전위 $E°$를 나타내었다. 표 19.1에 주어진 전위 값들은 표준 환원 전위의 음의 값임에 주목하라. 구리를 제외한 모든 $E°$는 양의 값이다. 이는 고체 금속이 수용액 상태의 양이온으로 산화되는 것이, H_2 기체가 $H^+(aq)$로 산화되는 것보다 더 빠르다는 것을 의미한다.

$$M(s) \longrightarrow M^{2+}(aq) + 2\,e^- \qquad E° > 0\ \text{V} \qquad \text{M = Sc인 경우 } M^{3+}\text{가 생성됨.}$$
$$H_2(g) \longrightarrow 2\,H^+(aq) + 2\,e^- \qquad E° = 0\ \text{V}$$

표 21.2 제1 전이 금속의 표준 산화 전위

산화 반쪽 반응	$E°$(V)	산화 반쪽 반응	$E°$(V)
$Sc(s) \rightarrow Sc^{3+}(aq) + 3\,e^-$	2.08	$Fe(s) \rightarrow Fe^{2+}(aq) + 2\,e^-$	0.45
$Ti(s) \rightarrow Ti^{2+}(aq) + 2\,e^-$	1.63	$Co(s) \rightarrow Co^{2+}(aq) + 2e^-$	0.28
$V(s) \rightarrow V^{2+}(aq) + 2\,e^-$	1.18	$Ni(s) \rightarrow Ni^{2+}(aq) + 2\,e^-$	0.26
$Cr(s) \rightarrow Cr^{2+}(aq) + 2\,e^-$	0.91	$Cu(s) \rightarrow Cu^{2+}(aq) + 2\,e^-$	−0.34
$Mn(s) \rightarrow Mn^{2+}(aq) + 2\,e^-$	1.18	$Zn(s) \rightarrow Zn^{2+}(aq) + 2\,e^-$	0.76

다르게 표현하면, 구리를 제외한 제1 전이 금속은 H_2 기체보다 더 강한 환원제이다. 따라서 산화 음이온이 없는 HCl과 같은 산의 H^+ 이온에 의해 쉽게 산화된다.

$$M(s) + 2\,H^+(aq) \longrightarrow M^{2+}(aq) + H_2(g) \quad E° > 0\text{ V}\ (\text{M = Cu인 경우는 예외})$$

구리의 산화에는 HNO_3와 같이 더 강한 산화제가 필요하다.

금속의 표준 산화 표준 전위 값이 의존하는 복합 특성 세 가지가 있다. 금속 승화의 $\Delta G°$ 값, 금속 원자의 이온화 에너지, 금속 이온 수화의 $\Delta G°$ 값이다.

$$M(s) \xrightarrow{\Delta G°_{\text{승화}}} M(g) \xrightarrow{E_i(-2e^-)} M^{2+}(g) \xrightarrow{\Delta G°_{\text{수화}}} M^{2+}(aq)$$

그럼에도 표 21.2에 나타낸 $E°$ 값의 일반적인 경향은 표 21.1에 나타낸 이온화 에너지와 서로 관련이 있다. Sc에서 Zn으로 전이 원소의 이온화 에너지가 증가할수록 금속의 산화는 어려워진다(Mn과 Zn은 $E°$ 값이 줄어드는 경향과 다르다). 따라서 **초기 전이 금속**이라 불리는, 즉 d 구역의 왼쪽에 위치한 원소(Sc에서 Mn)는 쉽게 산화되어 강한 환원제이다.

개념탐구 질문 1
제2 전이 금속 원소들 중, 어느 원소가 가장 산화되기 쉬울 것으로 예상되는가? Mo, Y, Zr

21.3 전이 원소의 산화 상태

전이 원소는 대부분의 주족 금속과는 달리, 다양한 산화 상태를 나타낸다. 예를 들어, 소듐, 마그네슘, 알루미늄 등은 주기율표상 같은 족 번호와 단일 산화수(Na^+, Mg^{2+}, Al^{3+})를 가지지만, 전이 원소는 흔히 그들의 족 번호보다 작은 산화수를 가진다. 예를 들어, 7족의 망가니즈의 경우 $Mn^{2+}(aq)$에서는 +2, $Mn(OH)_3(s)$에서는 +3, $MnO_2(s)$에서는 +4, $MnO_4^{2-}(aq)$(망가니즈산 이온)에서는 +6, $MnO_4^-(aq)$(과망가니즈산 이온)에서는 +7의 산화 상태를 보여 준다. 그림 21.6은 제1 전이 원소 계열 원소들의 일반적인 산화 상태를 요약하였다. 가장 많이 관찰되는 산화 상태는 빨간색으로 표시하였다.

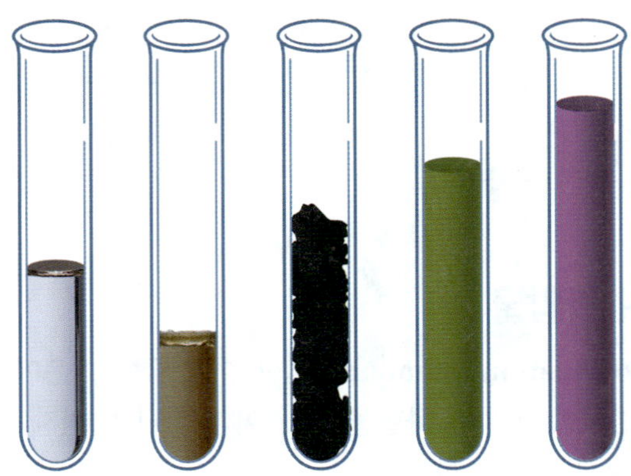

망가니즈 화학종:	Mn^{2+} (aq)	$Mn(OH)_3$ (s)	MnO_2 (s)	MnO_4^{2-} (aq)	MnO_4^- (aq)
망가니즈의 산화 상태:	+2	+3	+4	+6	+7

◀ 망가니즈의 산화 상태는 다양하며, 이들 이온과 고체 화합물의 색은 다양하다.

스칸듐을 제외한 모든 제1 전이 원소는 4s의 원자가전자를 2개 잃고 2+ 양이온을 형성한다. 3d와 4s 오비탈은 비슷한 에너지를 가지고 있기 때문에, 3d 오비탈의 전자 또한 쉽게 잃어버릴 수 있다. 따라서 $V^{3+}(aq)$, $Cr^{3+}(aq)$, $Fe^{3+}(aq)$와 같은 3+ 양이온을 형성한다. 세 번째 전자를 제거하기 위해서는 추가적인 에너지가 필요하다. 그러나 훨씬 더 큰 전하의 3+ 양이온의 수화에 대한 큰 $\Delta G°$ 값(더 큰 음의 값)에 의해 보충된다. 더 높은 산화 상태는 추가적인 d 전자의 손실이나 공유 때문에 나타난다. 가장 높은 산화 상태의 전이 원소는 가장 전기 음성도가 큰 원

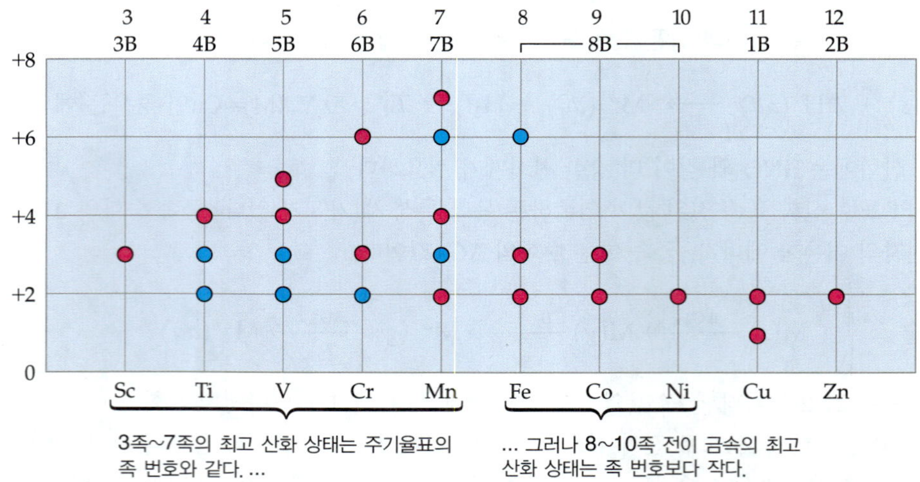

▶ **그림 21.6**
제1 전이 원소의 일반적인 산화 상태. 가장 많이 관찰된 산화 상태는 붉은색으로 나타내었다. 대부분의 전이 원소는 일반적으로 산화 상태가 둘 이상이다.

▶ 확인하기

Cr의 가장 높은 산화 상태는 무엇인가? 설명하시오.

답 Cr의 가장 높은 산화 상태는 +6이다. 크로뮴에는 원자가전자가 6개 있기 때문이다.

소(F와 O)와 결합한다. 예를 들어, 바나듐은 $VF_5(l)$, $V_2O_5(s)$를 형성하고, 크로뮴은 CrO_4^{2-}(크로뮴산 이온), $Cr_2O_7^{2-}$(다이크로뮴산 이온)를 형성하며, 망가니즈는 MnO_4^-를 형성한다.

그림 21.6에 주목하라. 3~7족 금속의 가장 높은 산화 상태는 족 번호와 관련되며, *s*, *d* 원자가전자를 모두 잃거나 공유했을 때의 수와 같다. 8~10족 전이 금속의 경우, 증가한 유효 핵전하 Z_{eff} 값 때문에 모든 원자가전자를 잃거나 공유하는 것이 에너지적으로 불가능하다. 따라서 이들 전이 금속은 더 낮은 산화 상태만 가능하다. 예를 들면, FeO_4^{2-}의 경우 +6, Co^{3+}의 경우 +3이다. 특히, 이들은 더 낮은 산화 상태로 감소하려는 경향이 있다. 예를 들어, 수용액상의 Co^{3+} 이온은 불안정하다. 물을 산화시켜 O_2 기체를 만들고 자신은 Co^{2+}로 환원되기 때문이다.

$$4\,Co^{3+}(aq) + 2\,H_2O(l) \longrightarrow 4\,Co^{2+}(aq) + O_2(g) + 4\,H^+(aq) \qquad E° = +0.58\text{ V}$$

일반적으로 높은 산화 상태의 전이 금속을 포함하는 이온, 예를 들어 $Cr_2O_7^{2-}$, MnO_4^-, FeO_4^{2-}는 좋은 산화제이다. 반대로, 낮은 산화 상태의 앞쪽 전이 금속 이온, 예를 들어 V^{2+}, Cr^{2+}은 좋은 환원제이다. *d* 구역의 오른쪽 뒷부분에 위치한 전이 금속의 2가 이온, 즉 Co^{2+}, Ni^{2+}, Cu^{2+}, Zn^{2+}은 Z_{eff} 값이 크기 때문에 약한 환원제이다. 사실, 아연은 단지 하나의 안정한 산화 상태(+2)만을 가진다.

개념탐구 질문 2

제1 전이 원소 계열의 왼쪽에서 오른쪽으로 갈수록 유효 핵전하 Z_{eff}는 어떻게 변하는지 말하시오.

Sc	Ti	V	Cr	Mn	Fe	Co	Ni	Cu	Zn

Z_{eff}에 근거할 때, 어느 M^{2+} 이온이 가장 강한 환원제인가?
Ti^{2+}, Cr^{2+}, Fe^{2+}, Co^{2+}

개념탐구 질문 3

Z_{eff}에 근거할 때, 어느 옥소 음이온이 가장 강한 산화제인가?
CrO_4^{2-}, MnO_4^{2-}, FeO_4^{2-}

21.4 배위 화합물

배위 화합물(coordination compound)이란 중심 금속 이온이나 원자가 주위의 분자나 이온과 배위 공유 결합하여 형성된 화합물이다. 이때 하나의 원자가 공유 전자쌍을 제공한다. 좋은 예로, 녹색의 니켈(II) 육수화물 $[Ni(H_2O)_6]^{2+}$ 이온은 6개의 물 분자 중 산소 원자의 비공유 전자쌍이 니켈(II) 이온에 결합한 것이다.

▲ 녹색의 니켈(II) 육수화물 $[Ni(H_2O)_6]^{2+}$는 황산 니켈(II)을 물에 녹여 얻을 수 있다.

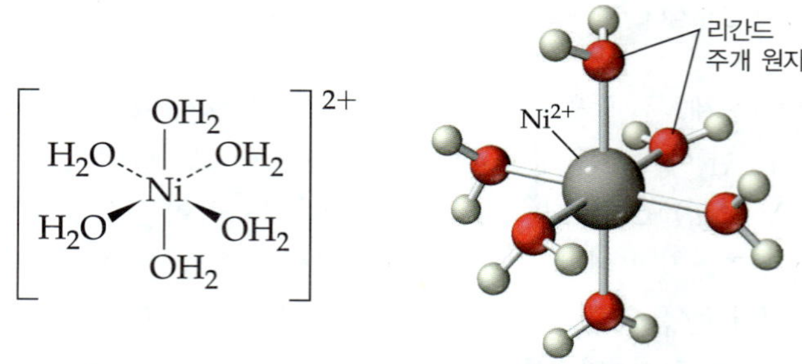

$[Ni(H_2O)_6]^{2+}$

배위 화합물에서 중심 금속 이온 주위의 분자나 이온을 리간드라고 하고, 금속에 직접적으로 결합하는 원자를 **리간드 주개 원자(ligand donor atom)**라고 한다. 예를 들어, $[Ni(H_2O)_6]^{2+}$의 경우, 리간드는 물 분자이며 리간드 주개 원자는 산소가 된다. 배위 화합물의 생성은 **루이스 산–염기 반응(Lewis acid–base reaction)**이다. 리간드는 루이스 염기, 즉 전자쌍 주개로, 중심 금속 이온은 루이스 산, 즉 전자쌍 받개로 작용한다(16.15절).

많은 배위 화합물은 염 형태로, $[Ni(H_2O)_6]SO_4$와 $K_3[Fe(CN)_6]$와 같이 전체적으로 전기 중성 화합물을 이루도록, 반대 전하의 이온을 충분히 가진 착물의 양이온이나 음이온을 포함한다. 착이온이 불연속적인 구조 단위라는 것을 강조하기 위해, 항상 염의 화학식을 대괄호로 표기한다. 따라서, $[Ni(H_2O)_6]SO_4$는 $[Ni(H_2O)_6]^{2+}$ 양이온과 SO_4^{2-} 음이온을 포함한다. **금속 착물(metal complex)** 혹은 간략히 착물이라는 용어는 $[Ni(H_2O)_6]^{2+}$, $[Fe(CN)_6]^{3-}$와 같은 착이온과 항암제인 시스플라틴 $Pt(NH_3)_2Cl_2$와 같은 중성 분자를 말한다.

착물에서 중심 금속 이온을 둘러싸고 있는 리간드 주개 원자의 수를 금속의 **배위수(coordination number)**라 한다. 따라서 니켈(II)는 $[Ni(H_2O)_6]^{2+}$에서 배위수가 6이며, 백금(II)는 $Pt(NH_3)_2Cl_2$에서 배위수가 4이다. 가장 흔한 배위수는 4와 6이지만, 다른 배위수를 가지는 것들도 잘 알려져 있다(표 21.3). 특정 착물에서 금속 이온의 배위수는 금속 이온의 크기, 전하, 전자 배치, 리간드의 크기와 모양에 의해서 결정된다.

기억하기…
루이스 산–염기 반응에서 배위 결합은 루이스 산이, 전자쌍 주개로 작용하는 루이스 염기로부터 전자를 공유할 때 형성된다(16.15절).

표 21.3 다양한 배위수를 갖는 착물의 예

배위수	착물
2	$[Ag(NH_3)_2]^+$, $[CuCl_2]^-$
3	$[HgI_3]^-$
4	$[Zn(NH_3)_4]^{2+}$, $[Ni(CN)_4]^{2-}$
5	$[Ni(CN)_5]^{3-}$, $Fe(CO)_5$
6	$[Cr(H_2O)_6]^{3+}$, $[Fe(CN)_6]^{3-}$
7	$[ZrF_7]^{3-}$
8	$[Mo(CN)_8]^{4-}$

금속 착물은 금속 이온의 배위수에 따라 특정한 모양을 가진다. $[Ag(NH_3)_2]^{2+}$와 같은 2 배위 착물은 선형이다. 4 배위 착물은 사면체이거나 사각 평면이다. 예를 들어, $[Zn(NH_3)_4]^{2+}$는 사면체이고, $[Ni(CN)_4]^{2-}$는 사각 평면이다. 거의 모든 6 배위 착물은 팔면체이다. 좀 더 일반적인 배위 기하 구조를 그림 21.7에 나타내었다. 배위 기하 구조는 스위스 화학자 베르너(Alfred Werner)에 의해 처음으로 거론되어졌다. 그는 선구자적인 공로로 1913년 노벨 화학상을 수상하였다.

금속 착물의 전하는 금속 이온의 전하(그것의 산화 상태)와 전체 리간드 전하를 합한 것과 같다. 즉, 각 리간드 전하와 착물의 전하를 알면 예제 21.2에서 보여 주듯이 금속의 산화 상태를 쉽게 알 수 있다.

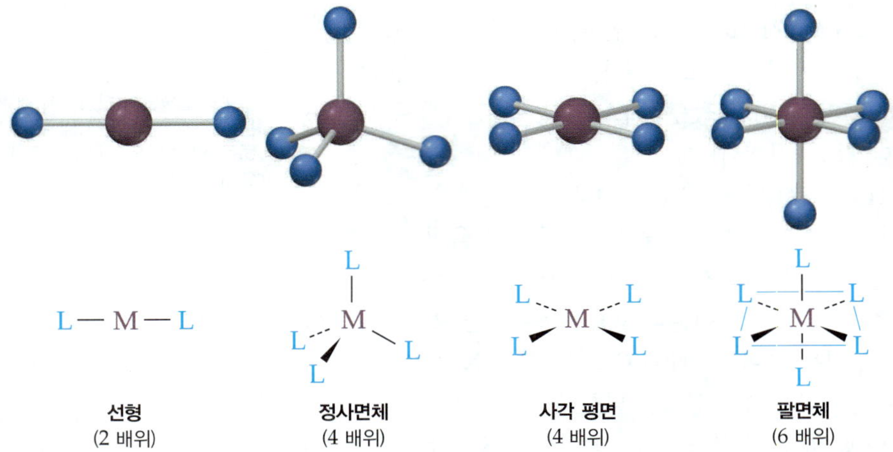

▲ 그림 21.7
배위수가 2, 4, 6인 ML_n 착물에서 리간드 주개 원자(L)의 배열

▲ 확인하기

배위수 6인 금속 착물의 기하 구조와 결합각은 무엇인가?

답 팔면체, 90°

예제 21.2

배위 화합물에서 금속의 산화 상태 결정

배위 화합물 $K[Pt(NH_3)Cl_5]$에서 백금의 산화수는 얼마인가?

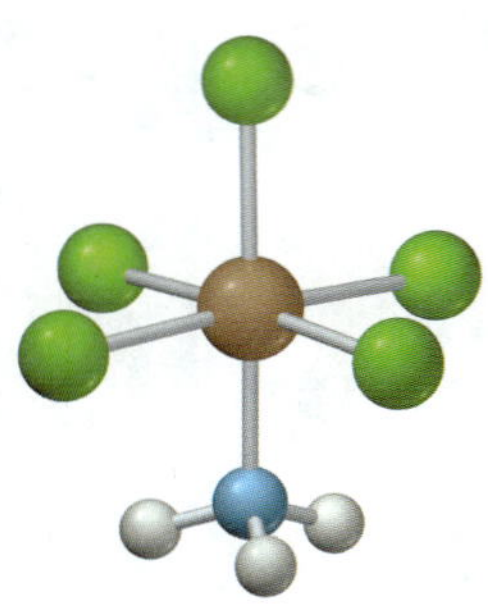

$[Pt(NH_3)Cl_5]^-$

전략

화합물은 전체적으로 전기적으로 중성이고, 착물 음이온마다 한 개의 K^+ 양이온을 포함하기 때문에 음이온은 $[Pt(NH_3)Cl_5]^-$여야 한다. 암모니아는 중성이고 염화 이온은 −1 전하를 가지므로, 산화수의 전체 합은 $+1+n+0+(5)(-1)=0$이다. 여기에서 n은 Pt의 산화수이다.

$$\begin{array}{ccccccccc} K^+ & & Pt^{n+} & & NH_3 & & 5\ Cl^- & & \\ +1 & + & n & + & 0 & + & (5)(-1) & = 0; & \text{따라서 } n = +4 \end{array}$$

풀이

백금의 산화수는 +4이다.

연습문제 21.3 $Na_4[Fe(CN)_6]$에서 철의 산화 상태는 무엇인가?

응용문제 21.4 전하가 −1인 어떤 크로뮴 착물은 두 개의 암모니아와 네 개의 싸이오사이안산(SCN^-) 리간드를 포함한다. 크로뮴의 산화 상태는 얼마인가?

21.5 리간드

몇 가지 대표적인 리간드 구조를 그림 21.8에 나타내었다. 이들은 금속과 결합할 수 있는 리간드 주개 원자의 개수에 따라, **한 자리** 또는 **여러 자리** 리간드로 구분될 수 있다. H_2O, NH_3, Cl^-와 같은 리간드는 하나의 주개 원자가 한 개의 전자쌍을 제공하므로, **한 자리 리간드**(**monodentate ligand**, 글자 그대로 '한 개의 이빨'을 가진 리간드)라고 한다. 둘 이상의 주개

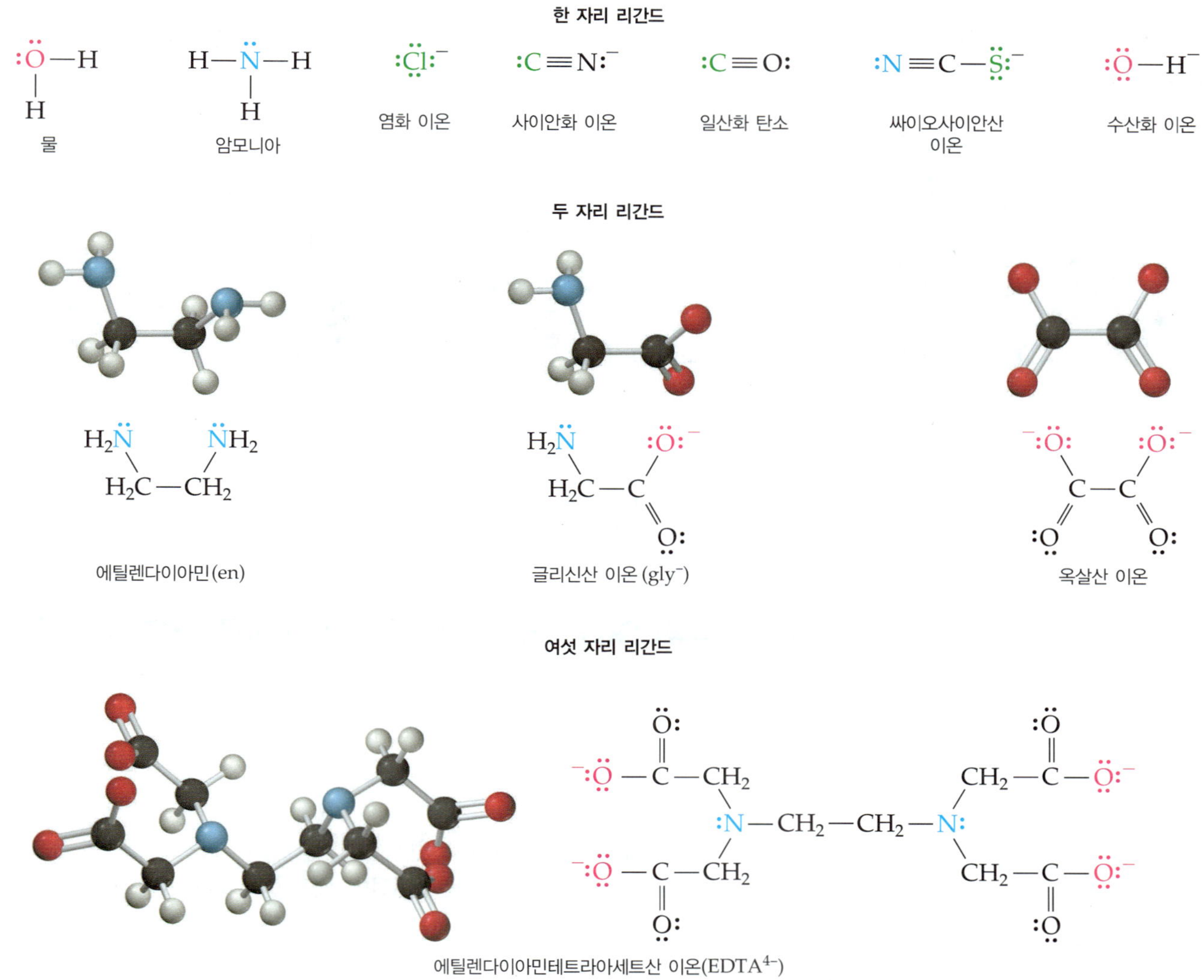

▲ **그림 21.8**
몇 가지 일반 리간드의 구조. 리간드 주개 원자는 색으로 표시하였다. 싸이오사이안산 이온은 S 또는 N 원자가 금속과 결합한다.

원자의 전자쌍으로 결합하는 리간드를 **여러 자리 리간드(polydentate ligand**, 글자 그대로 '여러 이빨'을 가진 리간드)라고 한다. 예를 들어, 에틸렌다이아민($NH_2CH_2CH_2NH_2$, 간단히 en으로 표기)은 두 개의 질소 원자가 각각의 전자쌍을 이용하여 금속에 결합하기 때문에, **두 자리 리간드(bidentate ligand)**라고 한다. **여섯 자리 리간드(hexadentate ligand)**인 에틸렌다이아민테트라아세트산 이온(ethylenediaminetetraacetate ion, $EDTA^{4-}$)은 6개의 주개 원자(N 원자 2개, O 원자 4개)에 있는 전자쌍이 금속과 결합한다.

여러 자리 리간드는 **킬레이트제**(집게발, 'claw'를 의미하는 그리스어 chele에서 유래됨)로 알려졌다. 왜냐하면, 여러 자리 리간드는 금속 이온과 여러 자리에서 결합하는 것이 마치 게(crab)의 집게발로 물건을 잡는 것과 유사하기 때문이다. 예를 들어, 에틸렌다이아민은 두 개의 질소 주개 원자의 두 집게발로 코발트(III) 이온을 잡는다(**그림 21.9**). 그 결과 Co(III) 이온과 리간드의 두 개의 N 원자, 두 개의 C 원자로 구성된 오원자 고리를 **킬레이트 고리(chelate ring)**라고 부른다. 한 개 이상의 킬레이트 고리를 가지고 있는 $[Co(en)_3]^{3+}$나 $[Co(EDTA)]^-$와

한 개의 코발트(III) 이온, 두 개의 N 원자, 두 개의 C 원자로 구성된 킬레이트 고리

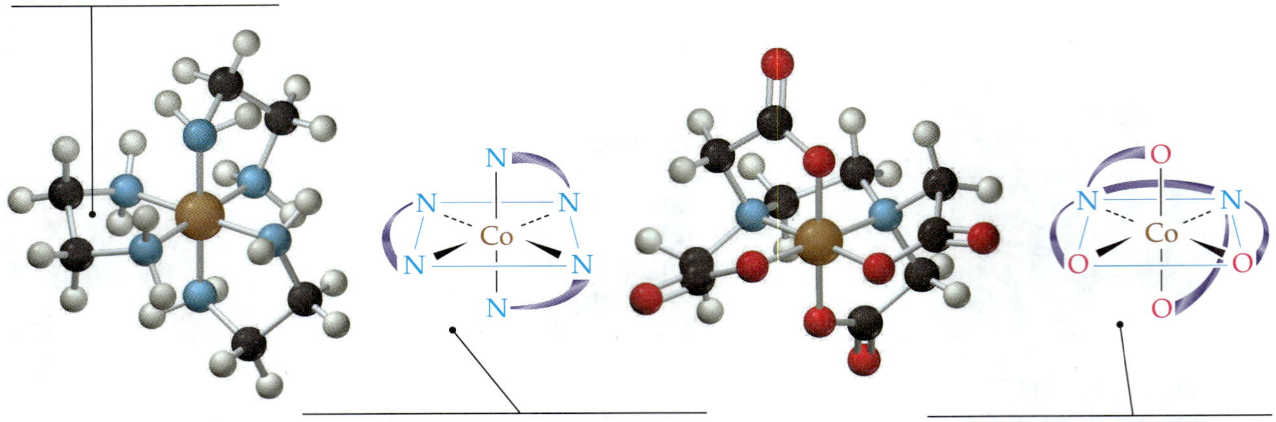

$[Co(en)_3]^{3+}$

$[Co(en)_3]^{3+}$ 이온의 간략한 표현. 착물은 세 개의 코발트–에틸렌다이아민 킬레이트 고리를 가진다. N⌒N은 두 자리 리간드인 $NH_2CH_2CH_2NH_2$ 리간드를 나타낸다. 이는 팔면체의 인접한 모퉁이에 걸쳐 있다.

$[Co(EDTA)]^-$

$[Co(EDTA)]^-$ 이온의 간략한 표현. 여섯 자리 $EDTA^{4-}$ 리간드는 두 개의 N 원자와 네 개의 O 원자를 이용하여 금속과 결합하여, 5개의 킬레이트 고리를 형성한다.

▲ 그림 21.9
$[Co(en)_3]^{3+}$와 $[Co(EDTA)]^-$의 구조

▲ 확인하기

코발트–EDTA 착이온에서 킬레이트 고리를 찾으시오. 고리 안에는 몇 개의 원자가 있는가?

답 5개의 원자가 있다. 한 개의 코발트(III) 이온, 한 개의 산소 원자, 두 개의 탄소 원자, 한 개의 질소 원자

개념탐구 질문 4

그림 21.8에 글리신산(gly^-)리간드의 구조가 나와 있는 것을 보고, $Cr(gly)_3$ 착화합물의 구조를 그리시오. (힌트: 글리신산(gly^-) 리간드의 약칭 기호로 N⌒O를 사용하라). 크로뮴의 배위수는 얼마이며, 배위 구조, 리간드 주개 원자, 산화 상태를 말하시오.

같은 착물은 금속 **킬레이트(chelate)**라고 알려져 있다.

$EDTA^{4-}$는 6개의 주개 원자와 금속 이온이 결합하기 때문에 특히 안정한 착물을 형성하고, 종종 용액에서 금속 이온을 붙잡고자 할 때 이용된다. 예를 들어, 납 중독을 치료할 때 $EDTA^{4-}$는 Pb^{2+}와 결합하고 용해되어 안정한 $[Pb(EDTA)]^{2-}$ 킬레이트 형태로 콩팥을 통해 배출된다. $EDTA^{4-}$는 일반적으로 시판되고 있는 샐러드드레싱과 같은 식품 제조 공정에 첨가되어, 미량으로 존재하는 금속 양이온과 착물을 형성하도록 한다. 그렇지 않으면, 자유 금속 이온이 기름 산화를 촉진 시켜 불쾌한 냄새의 원인이 된다.

자연적으로 발생하는 킬레이트 리간드는 많은 중요한 생체 분자의 필수구성 성분이다. 예를 들어, 헤모글로빈의 헴 그룹은 평면의 네 자리 리간드를 포함하고, 네 개의 N 원자는 각각의 비공유 전자쌍을 이용하여 철(II) 이온과 결합한다. 헴의 리간드는 포르핀 분자(그림 21.10a)의 유도체인 포피린(**porphyrin**)으로, 포르핀 말단의 H 원자는 다양한 치환 원자 그룹(헴의 $-CH_3$, $-CH{=}CH_2$, $-CH_2CH_2CO_2^-$)으로 치환된다. Fe(II) 이온에 대한 포피린 결합은 먼저 두 개의 NH 양성자를 잃고 Fe(II)를 위한 공간을 만든 다음, 4개의 N 원자 사이에 형성된 공간을 차지한다.

헤모글로빈에서 헴은 그림 21.10b에서 보여 주듯이, 추가적인 Fe–N 결합을 통해 단백질(글로빈, globin)과 결합한다. 더 나아가, Fe(II)는 O_2 분자와 결합할 수 있어 6 배위 팔면체 착물인 옥시헤모글로빈(oxyhemoglobin)을 형성한다. 그 분자의 단백질 부분의 3차원 모양은 O_2와 가역적으로 결합할 수 있다.

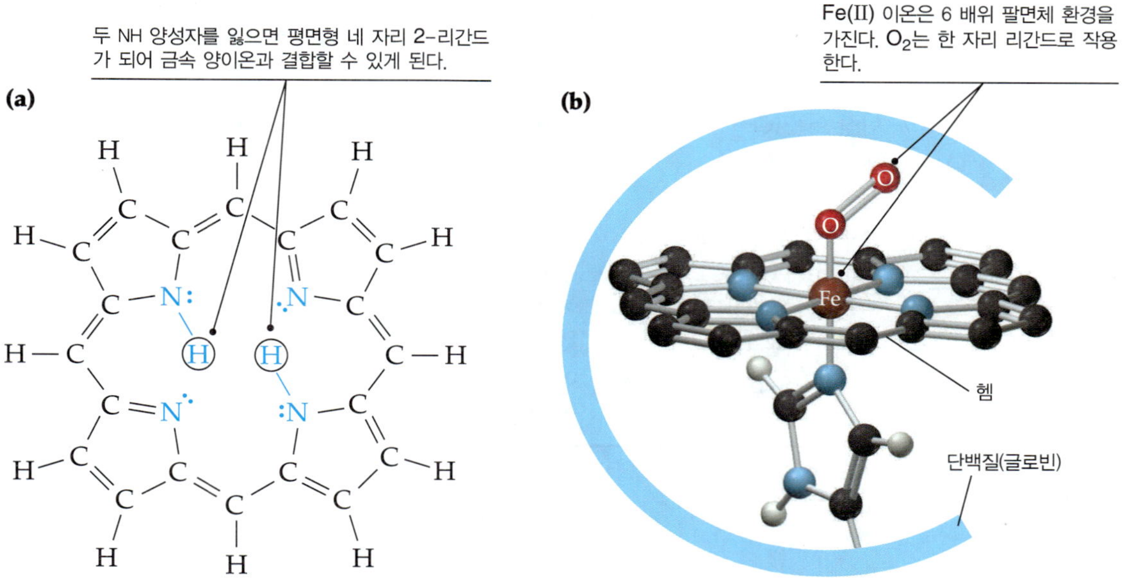

▲ 그림 21.10
생체 분자의 킬레이트 리간드. (a) 포르핀 분자의 구조. 포피린은 포르핀의 말단 H 원자들이 여러 가지 치환기로 치환된 포르핀의 유도체이다. (b) 평면형 헴기. 연결된 단백질 사슬, 옥시헤모글로빈에 결합한 O_2 분자. 이들을 나타낸 모형이다.

▲ 확인하기

여기에서 보이는 헴 착물 내 철의 배위수는 얼마인가? 리간드의 주개 원자는 무엇인가?

답 철의 배위수는 6이다. Fe는 리간드의 주개 원자인 질소와 산소와 배위 공유 결합을 형성한다.

21.6 배위 화합물 명명법

배위 화학 초기에는, 배위 화합물은 발견자의 이름이나 색깔에 따라 명명되었다. 지금은 체계적 명명법을 사용한다. 즉, 각 특정 유형 리간드 수, 금속, 금속의 산화 상태를 명시한다. 배위 화합물의 명명에 사용되는 규칙을 열거하기 전에, 그 규칙을 적용하는 방법을 보여 주는 몇 가지 예를 고려해 보자.

$K_3[Fe(CN)_6]$ 헥사사이아노철(III) 포타슘
- 헥사사이아노: $6\ CN^-$ 리간드
- 철(III): 금속 +3 산화 상태
- (헥사사이아노철(III): 음이온)
- 포타슘: 양이온

$Pt(NH_3)_2F_2$ 다이암민다이플루오로백금(II)
- 다이암민: $2\ NH_3$ 리간드
- 다이플루오로: $2\ F^-$ 리간드
- 백금(II): 금속 +2 산화 상태

$[Cr(H_2O)_4Cl_2]Cl$ 염화 테트라아쿠아다이클로로크로뮴(III)
- 염화: 음이온
- 테트라아쿠아: $4\ H_2O$ 리간드
- 다이클로로: $2\ Cl^-$ 리간드
- 크로뮴(III): 금속 +3 산화 상태
- (테트라아쿠아다이클로로크로뮴(III): 양이온)

다음 목록은 IUPAC(International Union of Pure and Applied Chemistry)과 대한화학회에

표 21.4 일반적인 리간드의 이름

음이온 리간드	리간드 이름	중성 리간드	리간드 이름
브로민화 이온(Br^-)	브로모	암모니아(NH_3)	암민
탄산 이온(CO_3^{2-})	카보네이토	물(H_2O)	아쿠아
염화 이온(Cl^-)	클로로	일산화 탄소(CO)	카보닐
사이안화 이온(CN^-)	사이아노	에틸렌다이아민(en)	에틸렌다이아민
플루오린화 이온(F^-)	플루오로		
글리신 이온(gly^-)	글리시네이토		
수산화 이온(OH^-)	하이드록소		
옥살산 이온($C_2O_4^{2-}$)	옥살레이토		
싸이오사이안산 이온(SCN^-)	싸이오사이안에이토*		
	아이소싸이오사이안에이토†		

* 리간드 주개 원자는 S이다.
† 리간드 주개 원자는 N이다.

서 추천한 착화합물 명명법을 요약한 것이다.

1. 만일 화합물이 염이면, 간단한 염의 명명법처럼 음이온 먼저, 그리고나서 양이온의 순서로 명명한다(영어식 명명법은 양이온, 음이온의 순으로 명명한다). 예를 들어 $K_3[Fe(CN)_6]$는 헥사사이아노철(III)산 포타슘[potassium hexacyanoferrate(III)]이라고 한다.
2. 착이온이나 중성 착물을 명명할 때, 리간드 먼저, 그리고나서 금속의 순서로 명명한다. 음이온 리간드는 끝에 **-오**(*-o*)를 붙인다. 표 21.4에 보여 주듯이, 일반적으로 음이온 끝에 -아이드(*-ide*)를 **-오**(*-o*)로, **-에이트**(*-ate*)를 **-에이토**(*-ato*)로 바꾸어서 명명한다. 중성 리간드는 아쿠아(aqua), 암민(ammine), 카보닐(carbonyl)이라고 부르는 H_2O, NH_3, CO를 제외하고는 보통 이름 그대로를 부른다. 착물의 이름은 한 단어이다. 여러 리간드 이름 사이에 공간을 두지 않고, 마지막 리간드와 금속 사이에도 공백을 두지 않는다.
3. 착물이 특별한 형태의 리간드를 둘 이상 포함하면, 적당한 그리스어 접두사 **다이-**(*di-*), **트라이-**(*tri-*), **테트라-**(*tetra-*), **펜타-**(*penta-*), **헥사-**(*hexa-*) 등으로 개수를 나타낸다. 리간드의 접두사 개수는 무시하고, 리간드 이름만의 알파벳 순서로 열거한다. 따라서 $[Cr(H_2O)_4Cl_2]Cl$의 이름에서 테트라아쿠아(tetraaqua)를 다이클로로(dichloro) 앞에 쓴다. 즉, 이 화합물은 염화 테트라아쿠아다이클로로크로뮴(III)[tetraaquadichlorochromium(III) chloride]이라고 명명한다.
4. 리간드 그 자체의 이름에 그리스어 접두사가 포함되면, 예를 들어 에틸렌**다이**아민(ethylenediamine) 리간드 이름을 괄호 안에 넣고, 리간드의 수를 표시하는 접두사 대신에 **비스-**(*bis-*, 2), **트리스-**(*tris-*, 3), **테트라키스-**(*tetrakis-*, 4) 등을 사용한다. 따라서 $[Co(en)_3]Cl_3$는 염화 트리스(에틸렌다이아민)코발트(III)[tris(ethylenediamine) cobalt(III) chloride]라고 명명한다.
5. 금속의 이름 바로 다음 괄호 안에 로마 숫자를 사용하여 금속의 산화 상태를 나타낸다. 앞의 예에서 보듯이, 금속의 이름과 괄호 사이에는 공백이 없다.
6. 고체 화합물이 물 분자를 포함하고 있으면 **수화물**(**hydrate**)이라고 부른다. 그 예로 $K_3[Fe(C_2O_4)_3] \cdot 3\ H_2O$가 있다. 수화물의 구조는 때론 매우 복잡하거나 잘 알지 못하기 때문에, 구성 성분을 특정하기 위해서 화학식에 점으로 나타낸다. 이때 물 분자가 어떻게 금속과 결합되어 있는지에 대해서는 알 수 없다. 수화물에서 물 분자의 개수는 그리스어의 접두사를 사용하여 **이**(*di-*), **삼**(*tri-*), **사**(*tetra-*), **오**(*penta-*), **육**(*hexa-*) 등으로 나타낸다.

▲ 포타슘 트라이옥살레이토철(III) 삼수화물 $K_3[Fe(C_2O_4)_3] \cdot 3\ H_2O$ 시료. 녹 얼룩이 생기는 Fe_2O_3가 옥살산에 녹을 때, $[Fe(C_2O_4)_3]^{3-}$ 이온이 형성된다.

$K_3[Fe(C_2O_4)_3]\cdot 3H_2O$의 이름은 트라이옥살레이토철(III) 산 포타슘 삼수화물이다.

7. 금속이 음이온 착물이면 금속의 이름 끝에 **산**(-*ate*)을 사용한다. 따라서 $[Fe(CN)_6]^{3-}$는 헥사사이아노철(III)산[hexacyanoferrate(III)] 음이온이다. 금속 이름으로부터 금속 음이온 착물의 이름을 명명할 때 간단한 규칙이 없다. 왜냐하면, 일부 금속 음이온 착물은 라틴어 이름을 갖기 때문이다. 몇 가지 일반적인 예를 표 21.5에 나타내었다.

표 21.5 몇 가지 일반적인 금속산 음이온의 이름

금속	음이온 이름	금속	음이온 이름
알루미늄	알루미늄산(aluminate)	철	철산(ferrate)
크로뮴	크로뮴산(chromate)	망가니즈	망가니즈산(manganate)
코발트	코발트산(cobaltate)	니켈	니켈산(nickelate)
구리	구리산(cuprate)	백금	백금산(platinate)
금	금산(aurate)	아연	아연산(zincate)

배위 화합물을 명명하는 규칙을 이용하면 화학식으로부터 체계적인 이름을, 또는 체계적인 이름으로부터 적당한 화학식을 찾을 수 있다. 예제 21.2와 예제 21.4에 몇 가지 예가 있다.

예제 21.3

화학식으로부터 각 배위 화합물의 이름 결정

다음 화합물들을 명명하시오.

(a) 1798년에 타세르(B.M. Tassaert)에 의해 제조되었고 일반적으로 최초의 배위 화합물이라고 생각되는 $[Co(NH_3)_6]Cl_3$

(b) 100 °C에서 $[Rh(NH_3)_5(H_2O)]I_3$를 가열하여 얻은 노란색 화합물인 $[Rh(NH_3)_5I]I_2$

(c) 매우 독성이 강한 휘발성 액체 화합물인 $Fe(CO)_5$

(d) 다른 백금 착물의 제조할 때 반응 물질로 사용되는 주홍색 염 $[PtCl_4]^{2-}$

전략

예제 21.2에 있는 것처럼 먼저 금속의 산화 상태를 결정한다. 그리고 화합물이나 이온을 명명하는 위의 7가지 규칙을 적용한다.

풀이

(a) 염화 이온의 전하는 −1이며 암모니아는 중성이므로, 코발트의 산화 상태는 +3이다. 접두사 **헥사**(*hexa*-)를 이용하여 6개의 NH_3 리간드를 가지는 양이온을 나타낸다. 또한 괄호 안에 로마 숫자 III을 사용하여 코발트의 산화 상태를 나타낸다. $[Co(NH_3)_6]Cl_3$는 염화 헥사암민코발트(III)[hexaamminecobalt(III) chloride]이다.

(b) 아이오딘화 이온의 전하는 −1이기 때문에 착물 양이온은 $[Rh(NH_3)_5I]^{2+}$이다. 따라서 로듐의 산화 상태는 +3이다. 아이오도(iodo) 리간드 앞에 암민(ammine) 리간드를 쓴다. 알파벳 순서 규칙 때문이다. 접두사 **펜타**-(*penta*-)를 사용하여 5개의 NH_3 리간드를 나타낸다. 따라서 $[Rh(NH_3)_5I]I_2$의 명명은 아이오딘화 펜타암민아이오도로듐(III)[pentaammineiodorhodium(III) iodide]이다.

(c) 카보닐 리간드는 중성이므로 철의 산화 상태는 0이다. $Fe(CO)_5$의 체계적 이름은 펜타카보닐철(0)[pentacarbonyliron(0)]이지만, 보통 iron pentacarbonyl이라는 이름을 관용적으로 자주 사용한다.

(d) $[PtCl_4]^{2-}$의 전체 전하가 −2이고, 각각의 염화 리간드의 전하가 −1이므로 백금의 산화 상태는 +2여야 한다. 착물은 음이온이므로 금속에는 백금(II)을 사용하여 명명한다. $[PtCl_4]^{2-}$의 명명은 테트라클로로백금(II)산 이온[tetrachloroplatinate(II) ion]이다.

▶ **연습문제 21.5** $[Cu(NH_3)_2(H_2O)_2]Cl_2$의 이름은 무엇인가?

▶ **개념 응용문제 21.6** 주어진 구조식의 배위 화합물을 명명하시오. (갈색 = Co, 초록색 = Cl, 파란색 = N, 흰색 = H).

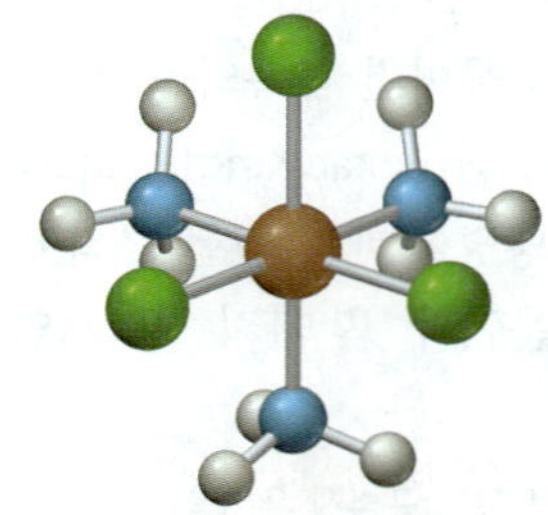

예제 21.4

배위 화합물의 이름으로부터 화학식 결정

다음 화합물 이름으로부터 각각의 화학식을 쓰시오.

(a) 테트라사이아노니켈(II)산 포타슘[potassium tetracyanonickelate(II)]

(b) 염화 아쿠아클로로비스(에틸렌다이아민)코발트(III)산[aquachlorobis(ethylenediamine) cobalt(III) chloride]

(c) 다이암민은(I) 이온[diamminesilver(I) ion]

전략

착물 양이온이나 음이온의 화학식과 전하를 구하려면 화합물이나 이온의 이름에 존재하는 각 종류의 리간드 수, 그들의 전하, 금속의 산화 상태 등에 주목하라. 이름이 전기적으로 중성인 화합물을 언급한다면, 착물 양이온이나 음이온의 전하를 상쇄할 수 있는 적당한 이온의 개수를 사용하여 균형을 맞추라.

풀이

(a) Ni^{2+}에 4개의 CN^- 리간드가 결합하여 $[Ni(CN)_4]^{2-}$ 음이온을 생성하므로, 2개의 K^+ 양이온으로 균형을 맞추어야 한다. 따라서 화합물의 화학식은 $K_2[Ni(CN)_4]$이다. 이 화합물은 니켈(II)염 용액에 과량의 KCN을 가하면 얻어진다.

(b) 착물 양이온이 한 개의 H_2O, 한 개의 Cl^-, 두 개의 중성 en 리간드를 포함하고 금속은 Co^{3+}이기 때문에 양이온은 $[Co(en)_2(H_2O)Cl]^{2+}$이다. 양이온의 2+ 전하는 2개의 Cl^- 음이온으로 균형을 맞추어야 한다. 따라서 화합물의 화학식은 $[Co(en)_2(H_2O)Cl]Cl_2$이다. 이 양이온은 $[Co(en)_2Cl_2]^+$가 물과 반응할 때 생성되는 첫 번째 생성물이다.

(c) 다이암민은(I) 이온의 화학식은 $[Ag(NH_3)_2]^+$이다. 그리스어 접두사 **다이**(*di-*)는 숫자 2를 의미하고, 2개의 암모니아 리간드가 있음을 나타낸다. Ag의 산화 상태는 +1이고, 암모니아는 중성이다. 따라서 착이온의 전하는 +1이다.

▶ **연습문제 21.7** 염화 다이암민 다이 하이드록소백금(IV) diamminedihydroxo-platinum(IV) chloride의 화학식은 무엇인가?

▶ **개념 응용문제 21.8** 주어진 구조식으로부터 착화합물의 화학식과 이름을 쓰시오. (갈색 = Pt, 파란색 = N, 초록색 = Cl, 흰색 = H).

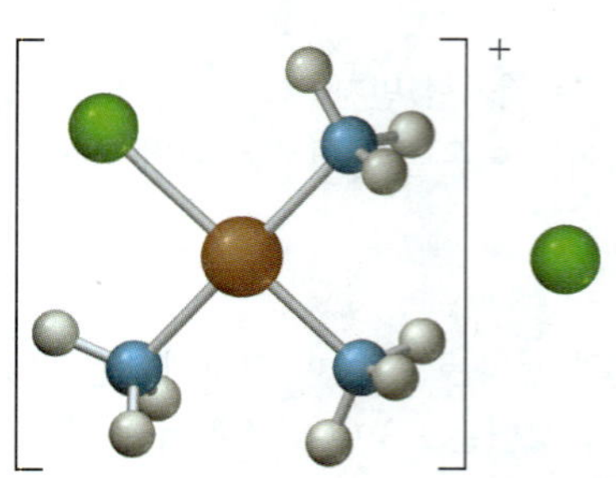

21.7 이성질체

배위 화학의 보다 흥미로운 것 중 하나는 **이성질체(isomer)**의 존재이다. 이성질체란 화학식은 같지만, 구성 원자들의 배열이 다른 화합물이다. 그 원자들이 서로 다르게 배열되어 있기 때문에 이성질체는 서로 다른 화학 반응성, 색깔, 용해도, 녹는점과 같은 서로 다른 물리적 성질을 가지는, 서로 다른 화합물이다. **그림 21.11**은 배위 화학의 몇 가지 이성질체를 분류하여 도표

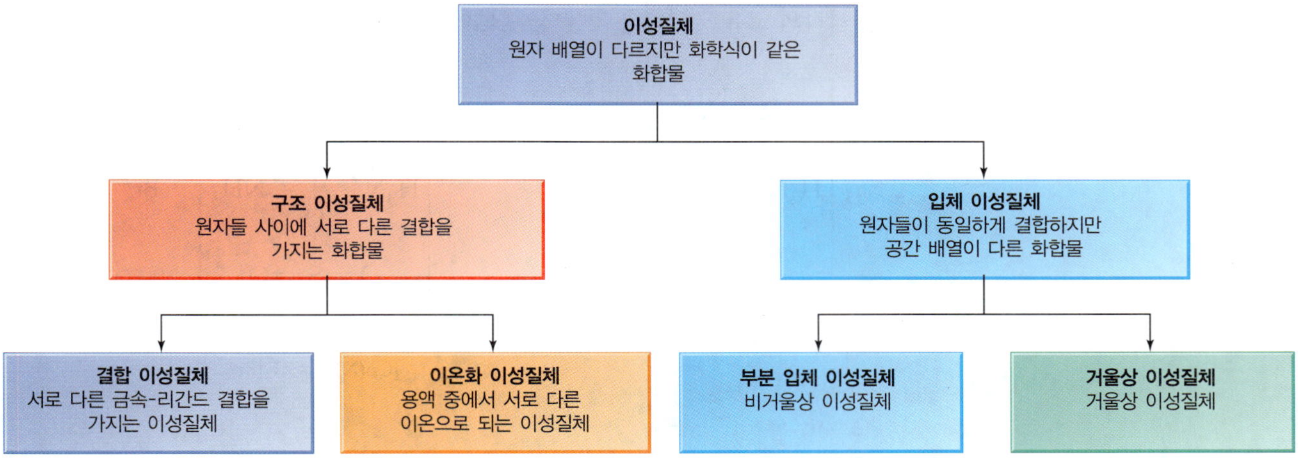

▲ **그림 21.11**
배위 화학에서 이성질체의 종류를 나타낸 분류표. 예는 본문을 참고하라.

로 정리한 것이다. 23장에서 공부하겠지만, 이성질체는 유기화학에서도 또한 중요하다.

구조 이성질체

그들의 구성 원자 사이에 서로 다른 결합을 가지는 이성질체를 **구조 이성질체(constitutional isomers)**라고 한다. 여러 종류의 구조 이성질체 중, **결합 이성질체**(linkage isomers)와 **이온화 이성질체**(ionization isomers)의 두 가지 종류만 다룰 것이다.

결합 이성질체(Linkage isomers)는 하나의 리간드가 서로 다른 두 개의 주개 원자 중에서 어느 하나가 금속과 결합할 때 생긴다. 예를 들어, 아질산(NO_2^-) 이온은 서로 다른 두 종류의 펜타암민코발트(III) 착물을 생성한다. 즉, Co—N 결합을 갖는 노란색 나이트로(nitro) 착물 $[Co(NH_3)_5(NO_2)]^{2+}$와 Co—O 결합을 가지는 빨간색 나이트리토(nitrito) 착물 $[Co(NH_3)_5(ONO)]^{2+}$가 대표적인 예이다(**그림 21.12**). 나이트리토 착물의 리간드는 산소 원자를 통해 코발트와 결합한다는 것을 강조하기 위해 ONO라고 쓴다. 싸이오사이안산(SCN^-) 이온은 황 원자를 통해 금속과 결합하여 싸이오사이아나토(thiocyanato) 착물을 형성하거나, 질소 원자를 통해 금속과 결합하여 아이소싸이오사이아나토(isothiocyanato) 착물을 형성할 수 있으므로, 결합 이성질체를 보여 주는 또 다른 리간드이다.

이온화 이성질체(ionization isomers)는 금속 이온과 결합하는 음이온이 다르다. Co—Br 결합과 자유 황산 음이온을 가지는 보라색 화합물인 $[Co(NH_3)_5Br]SO_4$와, Co—황산 결합과 자

(a) N 결합 NO_2^- 리간드 (b) O 결합 NO_2^- 리간드

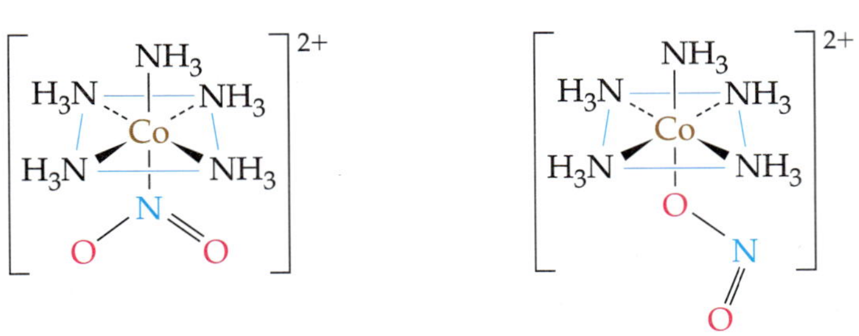

◀ **그림 21.12**
결합 이성질체.
(a) 나이트로 착물 $[Co(NH_3)_5(NO_2)]^{2+}$와
(b) 나이트리토 착물 $[Co(NH_3)_5(ONO)]^{2+}$의 구조와 시료

유 브로민 이온을 가지는 빨간색 착물인 $[Co(NH_3)_5SO_4]Br$의 쌍이 대표적인 예이다. 이온화 이성질체는 각각의 고유한 이름을 갖는다. 용액에서 서로 다른 이온을 생성하기 때문이다.

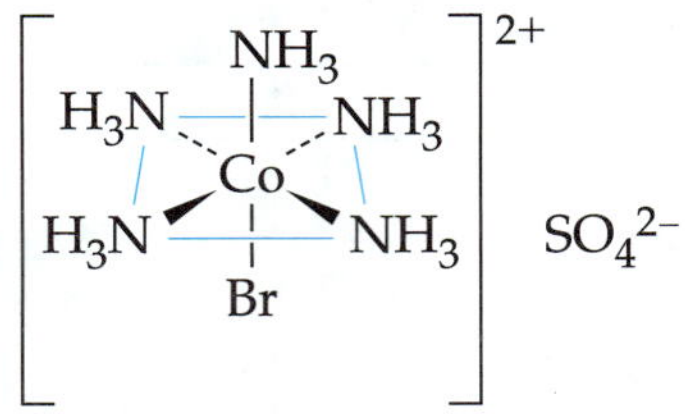

$[Co(NH_3)_5Br]SO_4$

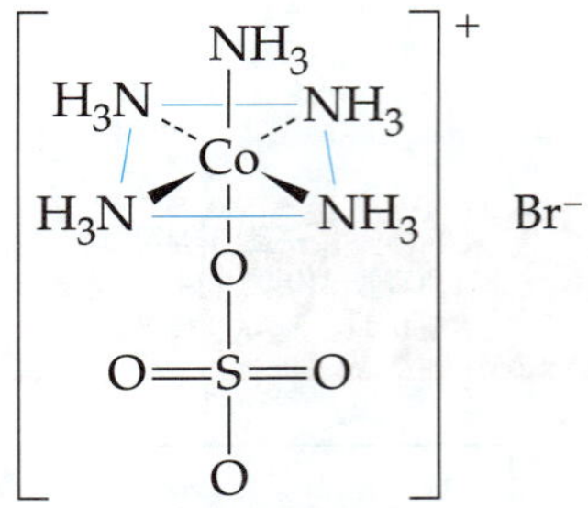

$[Co(NH_3)_5SO_4]Br$

입체 이성질체

원자 사이에 같은 결합을 갖지만, 공간에서 원자 배열이 서로 다른 이성질체를 **입체 이성질체**(**stereoisomers**)라고 한다. 배위 화학에는 두 종류의 입체 이성질체가 존재한다. **부분 입체 이성질체**(diastereoisomers)와 **거울상 이성질체**(enantiomers)가 그것이다. 여기서는 부분 입체 이성질체만 다루고, 21.8절에서 거울상 이성질체를 설명할 것이다.

부분 입체 이성질체(**diastereoisomers**)는 비거울상 이성질체로, **기하 이성질체**(geometric isomers)라고도 한다. 예를 들어, 사각 평면 착물 $Pt(NH_3)_2F_2$에서 두 개의 Pt—F 결합은 그림 21.13에서 보여 주듯이, 90° 각도로 이웃에 위치하거나 180° 각도로 서로 반대 위치에 있을 수 있다. 동일한 리간드들이 사각형의 인접한 모퉁이를 점유하는 이성질체를 시스 이성질체(cis isomer)라고 하고, 동일한 리간드들이 각각 서로 다른 쪽 대각선에 위치하는 이성질체를 트랜스 이성질체(trans isomer)라고 한다(라틴어에서 *cis*-는 '이웃'이라는 뜻이고, *trans*-는 '반대쪽'이라는 뜻이다).

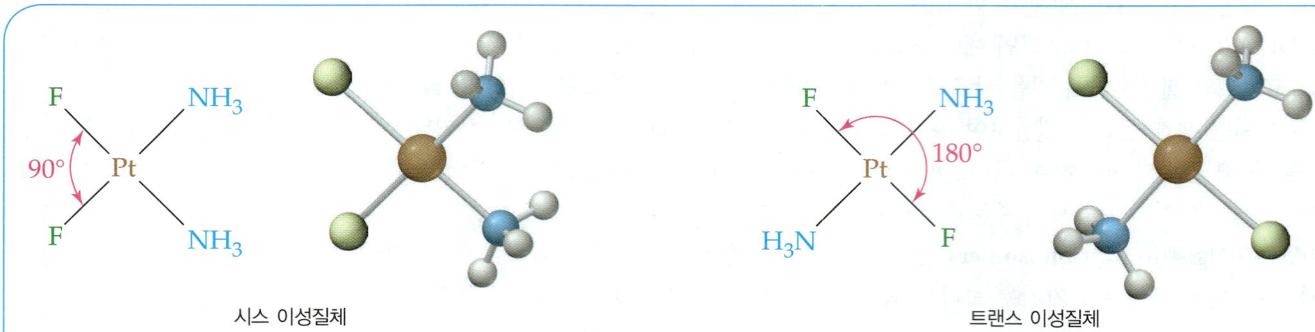

▲ 그림 21.13
사각 평면 착물 $Pt(NH_3)_2F_2$의 부분 입체 이성질체. 두 화합물은 원자 사이에 같은 결합을 갖지만, 공간에서 원자 배열이 다르다.

▲ 확인하기

시스 이성질체와 트랜스 이성질체에서 플루오로 리간드들 사이의 결합각은 얼마인가?

답 시스 이성질체에서 결합각은 90°이고, 트랜스 이성질체에서 결합각은 180°이다.

시스와 트랜스 이성질체는 서로 다른 성질을 가지는, 서로 다른 화합물이다. 따라서 *cis*-$Pt(NH_3)_2F_2$는 극성 분자이며, *trans*-$Pt(NH_3)_2F_2$보다 물에 더 잘 녹는다. 트랜스 이성질체는 무극성이다. 두 개의 Pt—F와 두 개의 Pt—NH_3 결합에 의한 쌍극자가 서로 반대로 향하고 있어 극성이 서로 상쇄되기 때문이다. 이 장의 마지막 부분에서 $Pt(NH_3)_2Cl_2$의 시스와 트랜스 이성질체가 우리 몸 안에서 매우 다르게 작용한다는 사실을 보게 될 것이다.

일반적으로 MA_2B_2와 MA_2BC 형태의 사각 평면 착물에서 M은 금속 이온이고, A, B, C는 리간드로서 시스–트랜스 이성질체로 존재한다. 하지만 4 배위 사면체 착물은 시스–트랜스 이성질체가 불가능한데, 이는 사면체의 네 개의 모퉁이가 모두 서로 인접하여 동등하기 때문이다.

MA_4B_2 형태의 팔면체 착물은 부분 입체 이성질체로 존재할 수 있다. 이는 두 개의 B 리간드가 팔면체의 이웃한 모퉁이 또는 서로 반대인 대각선 모퉁이에 있을 수 있기 때문이다. 예로서, 보라색인 *cis*-$[Co(NH_3)_4Cl_2]Cl$ 화합물과 초록색인 *trans*-$[Co(NH_3)_4Cl_2]Cl$ 화합물이 있다. 그림 21.14에서 보여 주듯이, 각 착물은 공간 안에서 회전할 수 있기 때문에 시스와 트랜스 이성질체를 그리는 방법에는 여러 가지가 있을 수 있다. 보는 관점에 따라 달리 보이기는 하지만, 그것이 이성질체의 실체는 아니다.

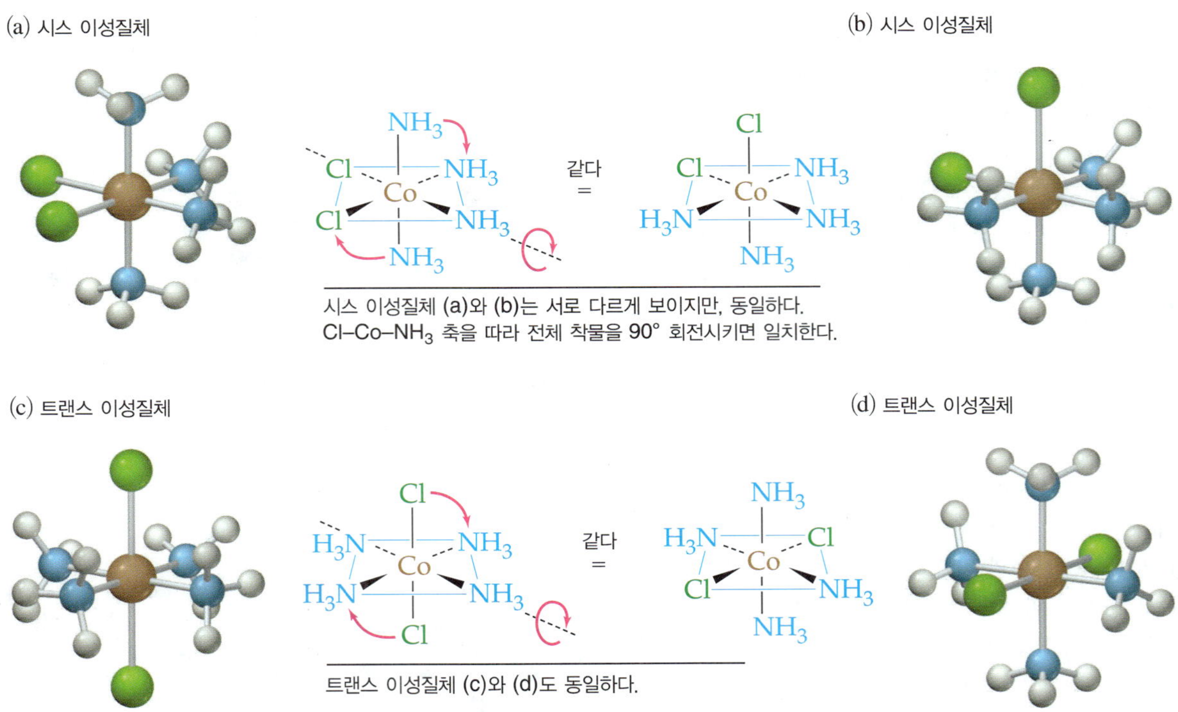

▲ 그림 21.14 $[Co(NH_3)_4Cl_2]^+$ 이온의 부분 입체 이성질체

▲ 확인하기

구조 (a)와 (c)는 이성질체인가? 구조 (c)와 (d)는 이성질체인가?

답 구조 (a)와 (c)는 이성질체이다. 각 구조에서 염화 리간드들의 배열이 다르기 때문이다. 염화 리간드들은 (a)에서는 90°, (c)에서는 180° 떨어져 있다. 구조 (c)와 (d)는 분자가 회전하기 때문에 다르게 보이나, 이성체질은 아니다. 염화 리간드가 두 구조에서 180° 떨어져 있기 때문에 구조 (c)와 구조 (d)는 동일하다.

$[Co(NH_3)_4Cl_2]^+$ 이온의 부분 입체 이성질체가 단 두 개만 존재한다고 어떻게 확신할 수 있는가? 첫 번째 Cl^- 리간드는 팔면체의 6개의 모퉁이 중 어느 하나에 위치하게 된다. 그러나 일단 하나의 Cl^-가 한 자리를 차지하면, 나머지 5개의 모퉁이는 더 이상 동등하지 않다. 두 번째 Cl^-가 처음의 Cl^-에 인접한 4개의 모퉁이 중 하나에 위치하여 시스 이성질체가 되거나, 처음 Cl^-에 대해 정반대의 모퉁이에 위치하여 트랜스 이성질체가 된다. 따라서 MA_4B_2(그리고 MA_4BC) 형태의 착물은 단 두 개의 부분 입체 이성질체만이 가능하다.

개념 예제 21.5

부분 입체 이성질체의 구분

$[Co(NH_3)_4(H_2O)Cl]^{2+}$ 이온의 다음 구조 그림들을 생각해 보자.

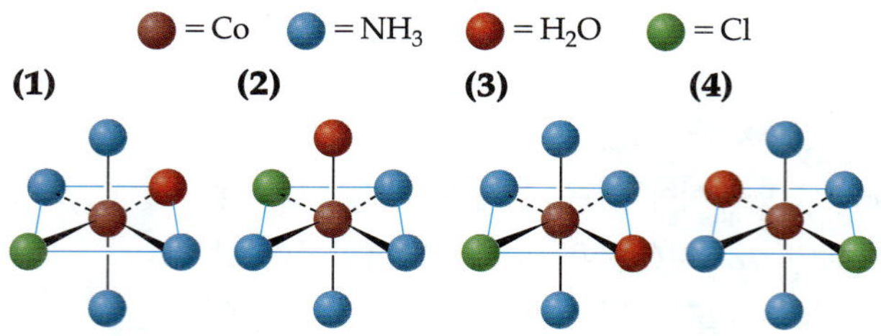

(a) 시스인지, 트랜스인지를 표시하시오.

(b) 어느 이성질체가 같고, 어느 것이 다른가?

전략

부분 입체 이성질체란 원자들의 결합 형태와 화학식이 동일한 화합물이지만, 공간상에서 서로 다른 배열을 하고 있는 화합물이다. 부분 입체 이성질체 여부를 확인하기 위해서는, 원자들이 공간상에서 다른 배치를 가지는지 구조를 고려해야 한다. 두 개의 구조가 서로 다르게 보일지라도, 한 구조를 회전시켰을 때 다른 한 구조로 변환될 수 있다면, 이러한 두 개의 구조는 이성질체가 아니다. 팔면체 착물에서 시스와 트랜스 이성질 현상은 두 개의 리간드가 결합각이 90°(시스) 또는 180°(트랜스)일 때 일어난다.

풀이

(a) 착이온 $[Co(NH_3)_4(H_2O)Cl]^{2+}$에서 H_2O와 Cl^-의 위치를 주의 깊게 보라. H_2O와 Cl^-가 90°의 결합각을 가지고, 팔면체의 인접한 모퉁이에 위치한 경우가 시스이다. 반면에, H_2O와 Cl^-가 180°의 결합각을 가지고, 팔면체의 서로 반대쪽 모퉁이에 위치한 경우가 트랜스이다. 따라서 이성질체 (2)와 (3)은 H_2O와 Cl^-가 팔면체의 인접한 곳에 위치하고 있으므로 시스 이성질체이다.

(b) MA_4BC 형태의 착물에는 두 가지 이성질체만 가능하기 때문에 모든 시스 이성질체끼리는 같고, 모든 트랜스 이성질체끼리도 같다. 화합물 (1)과 (4)는 같다. 수직의 z축에 대해서 반시계 방향으로 90°만큼 (1)을 회전시키면 (4)와 같게 됨을 알 수 있기 때문이다.

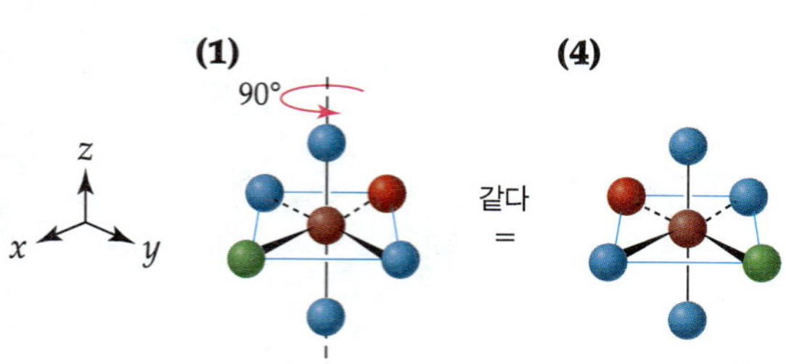

(2)와 (3)은 서로 같다. 화합물 (2)를 x축 주위로 90° 시계 방향으로 회전시키고, 그다음 y축 주위로 90° 반시계 방향으로 회전하면 알 수 있기 때문이다.

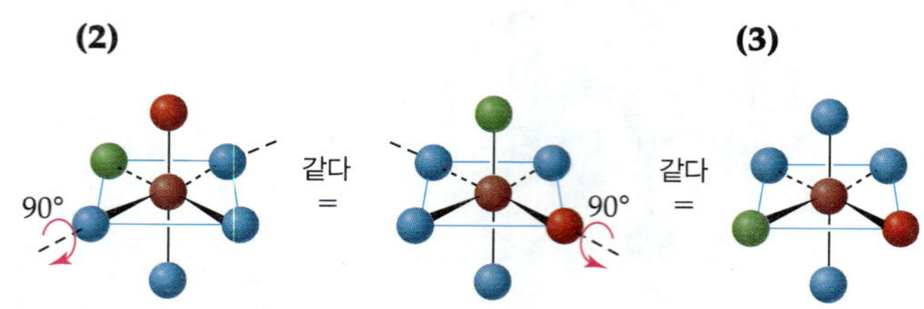

▶ **개념 연습문제 21.9** 다음 $[Pt(H_2O)_2Cl_3Br]$ 이성질체 중 어느 것이 같고, 어느 것이 다른가?

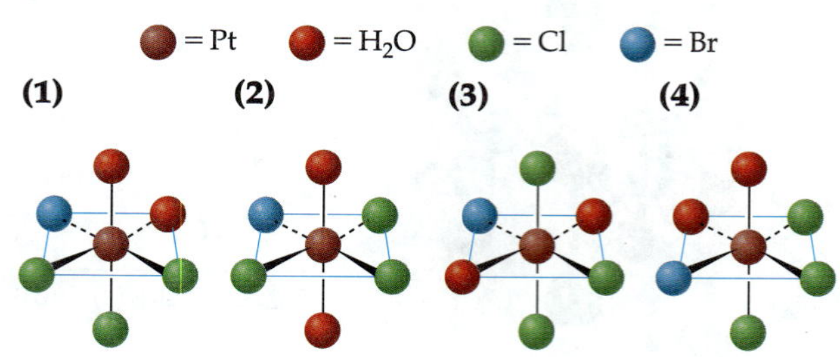

▶ **개념 응용문제 21.10** 다음 $[Co(en)(NH_3)_3Cl]^{2+}$ 이성질체 중 어느 것이 같고, 어느 것이 다른가?

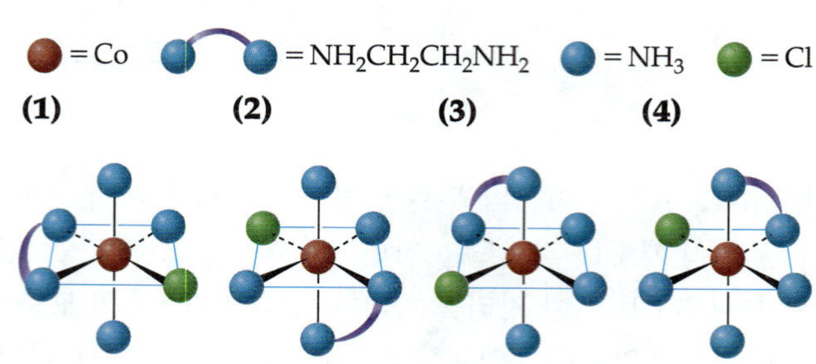

예제 21.6

사각 평면형 착물과 팔면체 착물의 부분 입체 이성질체 그리기

백금(II)는 사각 평면 착물을 생성하고, 백금(IV)는 팔면체 착물을 형성한다. 다음 각 착물의 가능한 부분 입체 이성질체는 몇 개인가? 그들의 구조를 그리고, 시스–트랜스 이성질체를 말하시오.

(a) $[Pt(NH_3)_3Cl]^+$ **(b)** $[Pt(NH_3)Cl_5]^-$ **(c)** $Pt(NH_3)_2Cl(NO_2)$
(d) $[Pt(NH_3)_4ClBr]^{2+}$ **(e)** $Co(NH_3)_3Cl_3$

전략

부분 입체 이성질체란 원자들의 연결은 같지만, 공간상 배열이 다른 이성질체를 말한다. 부분 입체 이성질체를 판명하려면, 분자의 그림을 그리고 원자의 위치를 바꾸어 다른 공간 배열을 만들어 낸다. 두 구조가 얼핏 달라 보이지만, 하나를 회전하여 다른 것과 같은 형태가 얻어진다면 이들은 이성질체가 아니다. 사각 평면과 팔면체 착물에서 두 리간드의 결합각이 90°(시스) 또는 180°(트랜스)로 배열될 수 있을 때 시스–트랜스 이성질 현상이 일어난다. MA_3B나 MA_5B 착물에서와 같이, 리간드 하나만 다른 경우에는 시스–트랜스 이성질체가 가능하지 않다.

풀이

(a) MA_3B 형태의 사각 평면 착물 $[Pt(NH_3)_3Cl]^+$에는 가능한 이성질체가 없다.

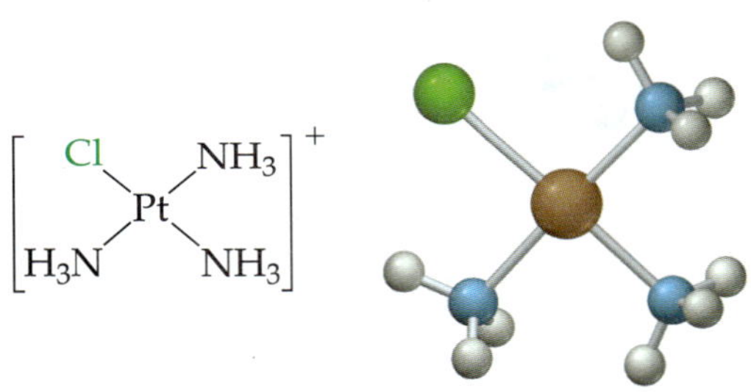

(b) MA_5B 형태의 팔면체 착물 $[Pt(NH_3)Cl_5]^-$에는 가능한 이성질체가 없다.

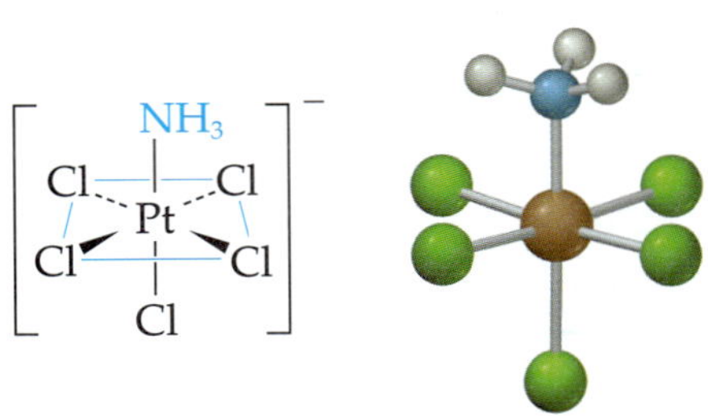

(c) MA_2BC 형태의 사각 평면 착물 $Pt(NH_3)_2Cl(NO_2)$에는 시스–트랜스 이성질체가 가능하다. Cl^-와 NO_2^- 리간드는 사각 모퉁이의 이웃(결합각 90°)이나 반대쪽 모퉁이(결합각 180°)에 놓일 수 있다.

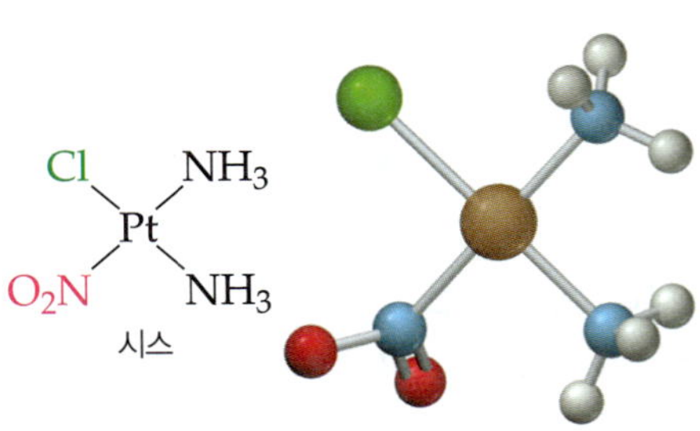

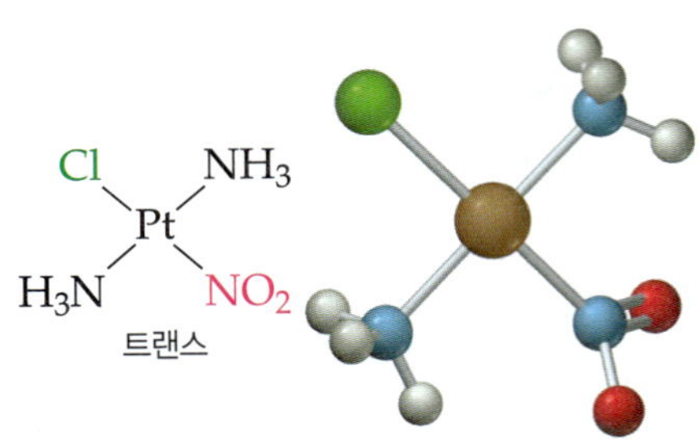

(d) MA_4BC 형태의 팔면체 착물 $[Pt(NH_3)_4ClBr]^{2+}$에는 시스–트랜스 이성질체가 가능하다. Cl^-와 Br^- 리간드는 팔면체 모퉁이의 이웃(결합각 90°)이나 반대쪽(결합각 180°)에 놓일 수 있다.

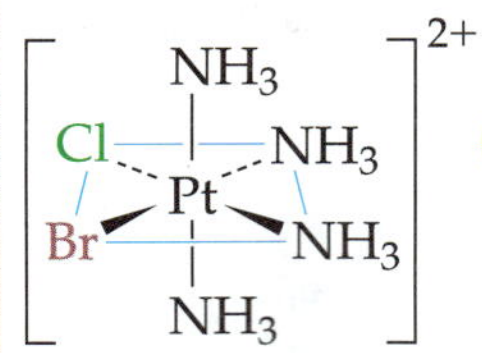

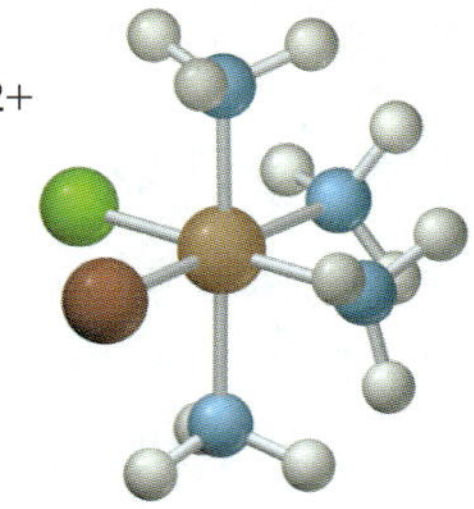

시스

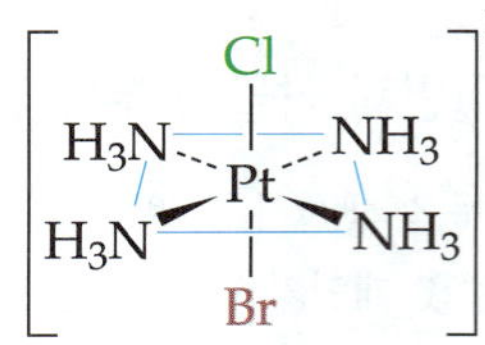

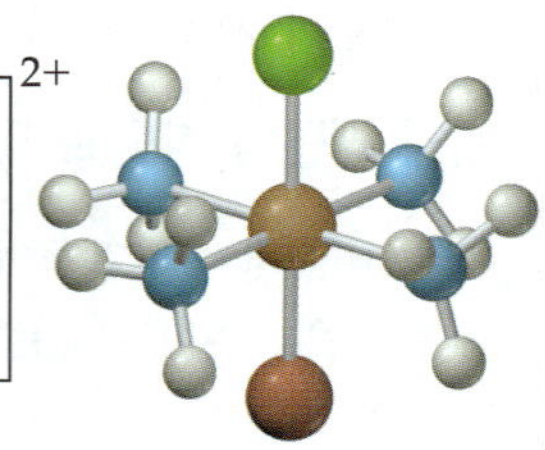

트랜스

(e) MA_3B_3 형태의 팔면체 착물에는 두 개의 부분 입체 이성질체가 가능하다. 이성질체 (1)은 팔면체의 삼각면에 인접한 위치에 있는 3개의 Cl^- 리간드를 보여 준다. 이성질체 (2)는 Co(III) 이온을 포함한 평면에 모두 3개의 Cl^- 리간드를 갖는다. 이성질체 (1)에서 3개의 Cl−Co−Cl 결합각은 모두 90°이지만, 이성질체 (2)에서 Cl−Co−Cl 결합각은 두 개는 90°, 세 번째의 것은 180°이다.

(1)

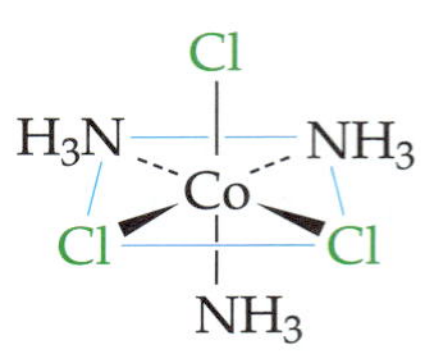

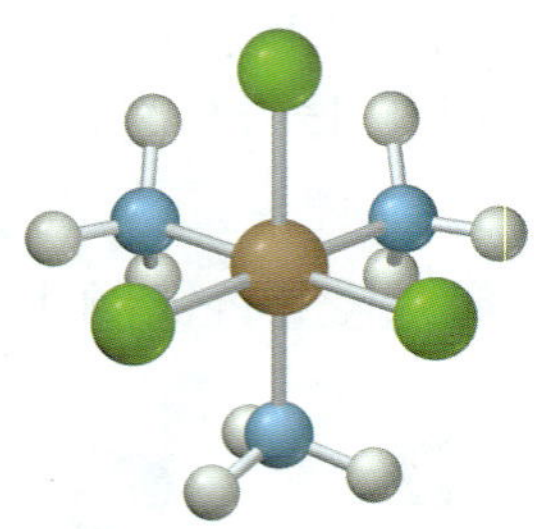

(2)

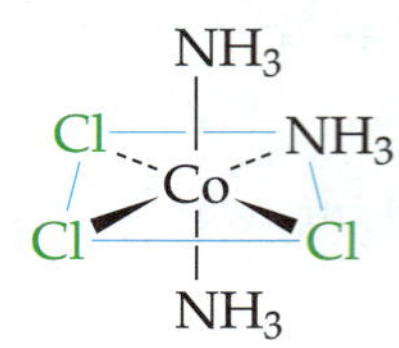

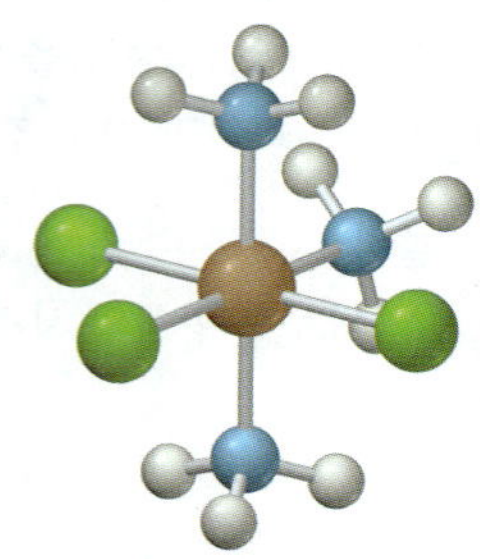

연습문제 21.11 $[Cr(en)_2Cl_2]^+$ 착이온의 경우, 가능한 부분 입체 이성질체는 몇 개인가? 각 부분 입체 이성질체의 구조를 그리시오.

응용문제 21.12 다음 착물의 경우, 가능한 부분 입체 이성질체는 몇 개인가? 각 부분 입체 이성질체의 구조를 그리시오.

(a) $[CoCl_2Br_2]^{2-}$ (사면체)
(b) $Pt(en)Cl_2$ (사각 평면)
(c) $Pt(NH_3)_2(SCN)_2$ (사각 평면)
(d) $Co(NH_3)_3(NO_2)_3$

대칭면

커피 잔과 같은 비카이랄성 물체는 대칭면을 가지고 있다. 이 대칭면은 분자를 관통하며, 두 개의 반쪽 거울상을 만든다.

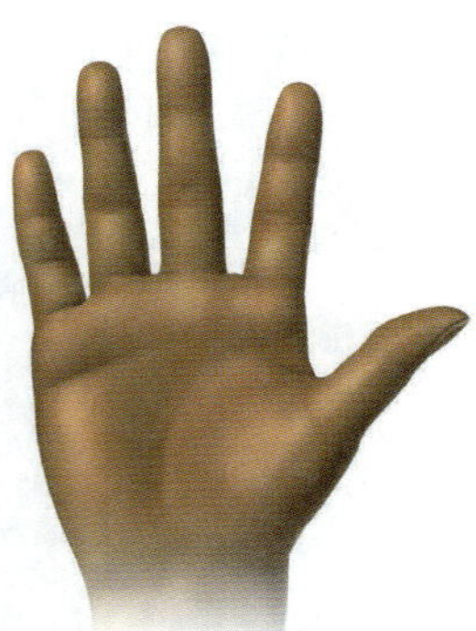

손과 같은 손대칭성 물체는 대칭면을 가지지 않는다. 이는 반으로 나누었을 때 서로 거울상이 아니기 때문이다.

▲ **그림 21.15**
대칭면의 의미

▶ **확인하기**

다음 중 카이랄성인 것은 어느 것인가? 의자, 발, 타래 송곳, 축구공

답 타래 송곳과 발은 대칭면이 존재하지 않는다. 따라서 카이랄이다. 그러나 의자와 축구공은 대칭면이 존재하므로 비카이랄이다.

21.8 거울상 이성질체와 분자의 손 대칭성

부분 입체 이성질체는 비교적 쉽게 구분할 수 있다. 시스와 트랜스 이성질체에 다양한 결합들이 서로 다른 방향을 향하고 있기 때문이다. 그러나 **거울상 이성질체**는 다음과 같이 미묘한 방식에서 차이가 있다. **거울상 이성질체(enantiomers)**란 그들의 손 대칭성 때문에 각각이 거울상이면서 서로 동일하지 않은 분자나 이온을 말한다.

손 대칭성은 우리의 거의 모든 생활에 영향을 미친다. 소프트볼의 왼손 글로브가 오른손에 맞지 않는다는 것을 우리는 알고 있다. 이러한 차이에 대한 이유는 우리의 손은 거울상으로서 동일하지 않기 때문이다. 왼손을 들어 거울에 비추면 그 상은 오른손처럼 보일 것이다(한번 해 보라).

모든 물체가 항상 손 대칭성을 가지는 것은 아니다. 오른손잡이용 테니스공이나 왼손잡이용 커피잔은 없다. 테니스공 또는 커피잔을 거울에 비춰 보면, 거울에 비친 공이나 잔의 이미지는 그 자체와 똑같다. 손 대칭성을 가진 물체를 **카이랄성(chiral)**이라고 하고('손'을 의미하는 그리스어 *cheir*에서 유래한다), 손 대칭성이 없는 물체를 **비카이랄성**(nonchiral 또는 **achiral**)이라고 한다.

어떤 물체는 카이랄성이고, 어떤 것은 그렇지 않다. 그 이유는 무엇인가? 일반적으로, 물체가 커피잔과 같이 비카이랄성이면, 물체의 절반이 다른 절반의 거울상이 되도록 가운데를 관통하여 절단한 **대칭면(symmetry plane)**을 가진다. 즉, 커피잔을 반으로 절단하면 커피잔의 반은 다른 절반의 거울상이 될 것이다. 하지만, 손은 대칭면을 가지고 있지 않기 때문에 카이랄성이다. 만약 손을 둘로 절단하면 손의 '반쪽'은 다른 '반쪽'의 거울상이 아니다(그림 21.15).

손과 같은 어떤 물체가 카이랄성인 것과 마찬가지로, 어떤 분자와 이온 또한 카이랄성이 있다. 예를 들어, 트리스(에틸렌다이아민)코발트(III)[tris(ethylenediamine)cobalt(III)] 이온 $[Co(en)_3]^{3+}$는 3개의 날개를 가진 프로펠러 모양의 이온이다(그림 21.16). $[Co(en)_3]^{3+}$ 양이온은 대칭면을 가지지 않는다. 그것의 두 반쪽이 거울상이 아니기 때문이다. 따라서, $[Co(en)_3]^{3+}$는 카이랄성이고, 두 개의 같지 않은 거울상의 형태로 존재할 수 있다. 그림 21.16에 그려진 바와 같이, 하나의 거울상 이성질체는 '오른손잡이성'으로, 세 개의 에틸렌다이아민 리간드가 축 주위에서 오른쪽(시계 방향)으로 나선형을 이루고 있다. 다른 거울상 이성질체는 '왼쪽손잡이성'으로, 세 개의 에틸렌다이아민 리간드가 축 주위에서 왼쪽(반시계 방향)으로 나선형을 이룬다. 반면에, 유사한 암모니아 착물 $[Co(NH_3)_6]^{3+}$는 커피잔과 같이 대칭면을 가지고 있으므로

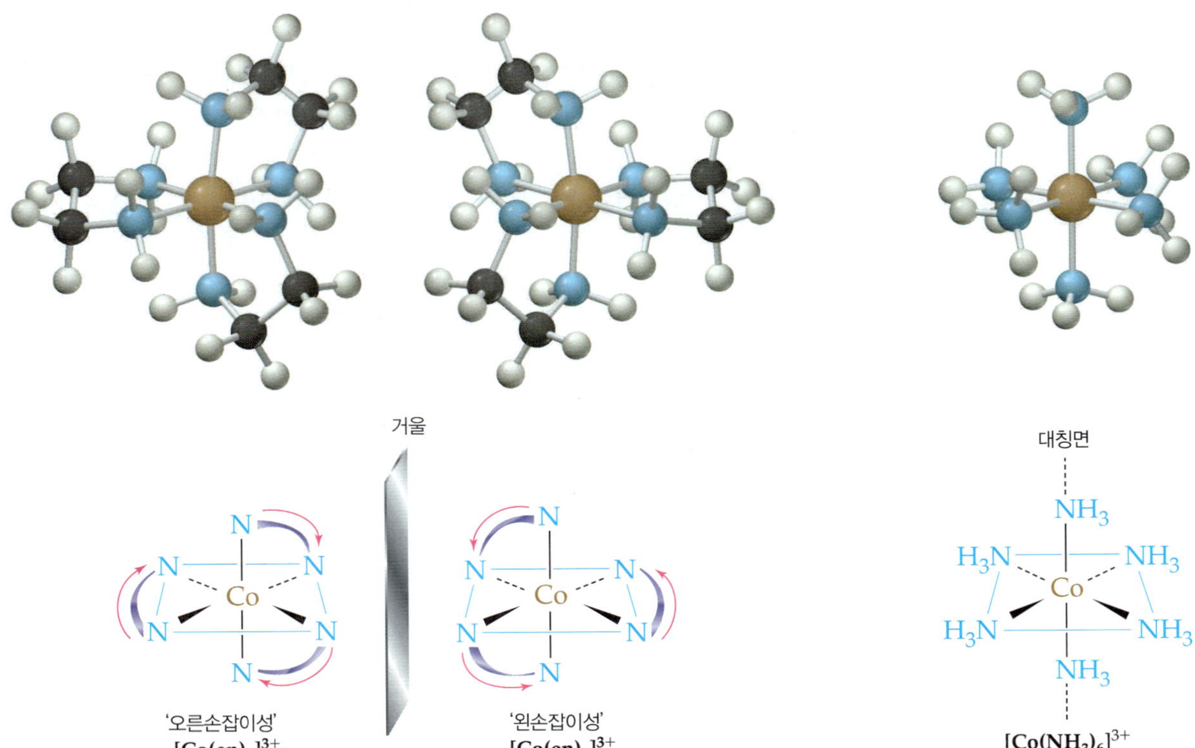

$[Co(en)_3]^{3+}$는 세 개의 en 리간드가 나선을 따라서 놓여 있는 나선형 구조이다. 한 거울상 이성질체는 '오른손잡이성'이고, 빨간색 화살표는 이것이 오른쪽(시계 방향)으로 회전할 때 이 종이면 안쪽으로 들어가는 것을 의미한다. 다른 거울상 이성질체는 '왼손잡이성'이다. 이는 그것을 왼쪽(시계 반대 방향)으로 회전할 때 이 종이면 안쪽으로 들어가기 때문이다.

$[Co(NH_3)_6]^{3+}$는 몇 개의 대칭면을 가지고 있는 비카이랄성이다(한 대칭면 만을 나타내었다).

▲ **그림 21.16**
카이랄성 $[Co(en)_3]^{3+}$ 거울상 이성질체와 비카이랄성 $[Co(NH_3)_6]^{3+}$ 이온의 구조

▲ 확인하기

착이온 $[Co(en)_3]^{2+}$은 대칭면을 가지는가? 카이랄인가? 비카이랄인가?

답 $[Co(en)_3]^{2+}$은 대칭면을 가지지 않는다. 따라서 카이랄 분자이다. '왼손잡이성' 거울상 이미지를 회전하여 '오른손잡이성' 원래 이미지로 변환할 수 없다.

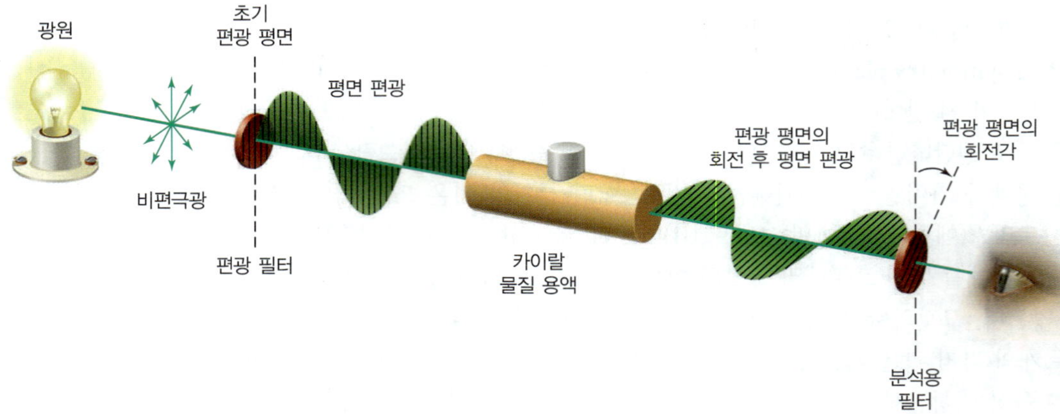

▲ 그림 21.17
편광계의 기본 형태. 편광계는 빛이 카이랄성 물질의 용액을 통과하여 지날 때 평면 편광면이 회전하여 관통하는 각도를 측정한다.

비카이랄성이다(그림 21.16에서는 단 한 개만 보이지만, $[Co(NH_3)_6]^{3+}$는 여러 개의 대칭면을 가진다). 즉, $[Co(NH_3)_6]^{3+}$는 한 가지 형태로 존재하고, 거울상 이성질체를 가지지 않는다.

거울상 이성질체는 다른 카이랄성 물질과 반응 및 **평면 편광**(plane-polarized light)에 대한 그들의 효과를 제외하면, 같은 성질을 가진다. 보통의 빛에서, 빛의 전기적 진동은 빛이 움직이는 방향과 평행한 모든 평면에서 일어난다. 그러나 평면 편광에서 전기적 진동은 그림 21.17에서 보여지는 것처럼 하나의 평면으로 한정된다. 평면 편광은 특정 선글라스에서 발견되는 것처럼 보통의 빛을 편광 필터에 통과시킴으로써 얻게 된다. 평면 편광이 하나의 거울상 이성질체의 용액을 통과하게 되면, 편광 면은 오른쪽(시계 방향)이나 왼쪽(반시계 방향)으로 회전한다. 빛이 다른 거울상 이성질체의 용액을 통과하게 되면 편광 면은 같은 각도로 회전하지만, 방향은 반대이다. 평면 편광에 대한 그들의 효과 때문에 이러한 거울상 이성질체는 때로 **광학 이성질체**(optical isomers)라고 부른다.

거울상 이성질체는 편광 면의 회전 방향에 따라 (+)와 (−)로 구분된다. 예를 들어, $[Co(en)_3]^{3+}$의 한 이성질체가 편광 면을 오른쪽으로 회전시킨다면 (+)−$[Co(en)_3]^{3+}$로 분류한다. 반면에, 편광 면을 왼쪽으로 회전시킨다면 (−)−$[Co(en)_3]^{3+}$로 나타낸다. (+)와 (−) 이성질체가 1:1의 비율로 혼합된 것을 **라셈 혼합물**(**racemic mixture**)이라 하는데, 광학적으로 회전하지 않는다. 라셈 혼합물은 각 거울상 이성질체에 의해 생성된 회전이 정확히 상쇄되기 때문이다.

예제 21.7

부분 입체 이성질체와 거울상 이성질체 그리기

$[Co(en)_2Cl_2]^+$의 가능한 부분 입체 이성질체와 거울상 이성질체 구조를 모두 그리시오.

전략

에틸렌다이아민은 두 개의 N 원자 사이의 거리가 비교적 짧기 때문에, N 원자는 언제나 팔면체의 이웃 모퉁이로 걸쳐진다(그림 21.8 참조). 그러나 Cl^- 리간드는 반대쪽이나 이웃 모퉁이로도 연결될 수 있다. 따라서 시스와 트랜스 두 개의 부분 입체 이성질체가 존재한다. 트랜스 이성질체는 Co와 en 리간드를 통하여 절단하면 몇 개의 대칭면이 있으므로 비카이랄성이고, 거울상 이성질체가 없다. 그러나 시스 이성질체는 카이랄성이고, 한 쌍의 거울상 이성질체로 존재한다. 그것은 동일하지 않은 거울상이다.

풀이

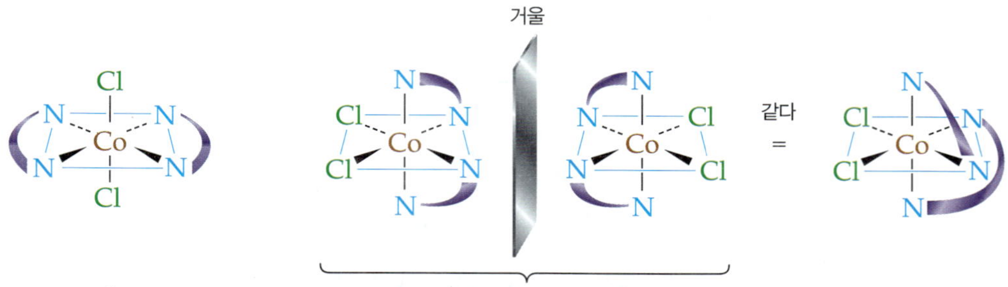

오른쪽 시스 거울상 이성질체를 수직 N—Co—N을 축으로 하여 180° 회전하면 왼쪽의 것과 같지 않다는 것을 알 수 있다.

연습문제 21.13 $[Rh(en)Cl_2Br_2]^-$ 착이온은 카이랄성인가? 만일 그렇다면, 두 개의 거울상 이성질체를 그리시오.

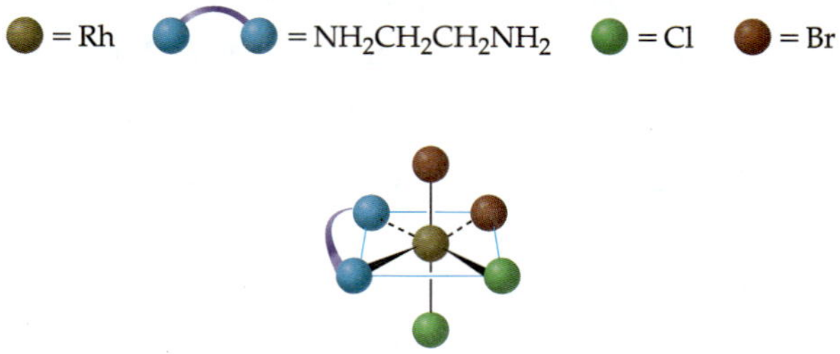

개념 응용문제 21.14 아래에 있는 로듐의 에틸렌다이아민 착물을 생각해 보자.

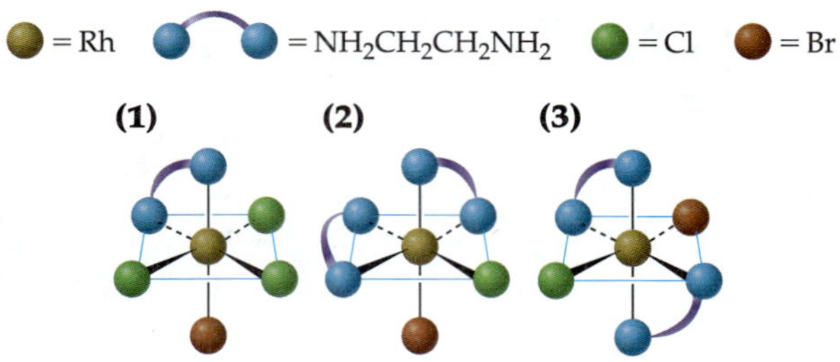

(a) 어느 착물이 카이랄성이고, 어느 것이 비카이랄성인가?
(b) 각 카이랄성 착물의 거울상 이성질체를 그리시오.

21.9 전이 금속 착물의 색깔

대부분의 전이 금속 착물은 금속과 리간드의 특성에 따른 아름다운 색을 가진다. 예를 들어, 아쿠아 착물의 색은 금속에 따라 다르다. 즉, $[Co(H_2O)_6]^{2+}$는 분홍색, $[Ni(H_2O)_6]^{2+}$는 초록색, $[Cu(H_2O)_6]^{2+}$는 파란색, $[Zn(H_2O)_6]^{2+}$는 무색이다(**그림 21.18**). 금속을 일정하게 유지하고 리간드를 달리해도 색깔은 변한다. 예를 들어, $[Ni(H_2O)_6]^{2+}$는 초록색, $[Ni(NH_3)_6]^{2+}$는 파란색, $[Ni(en)_3]^{2+}$는 보라색이다.

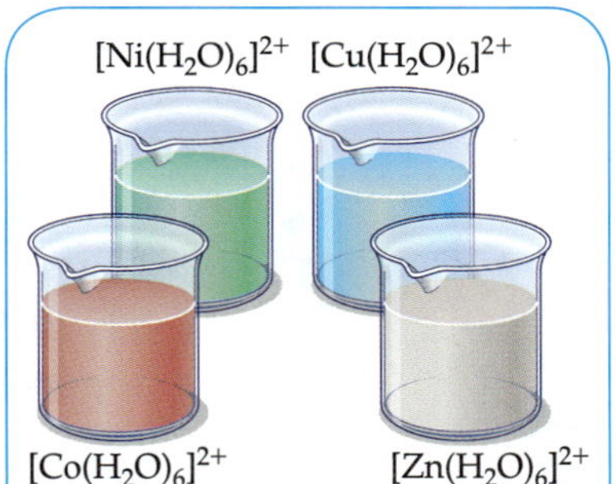

다른 금속, 같은 리간드

▲ **그림 21.18**
코발트(II), 니켈(II), 구리(II) 아연(II)의 질산염 수용액

전이 금속 착물의 색깔을 어떻게 설명할 수 있을까? 백색광은 서로 다른 색을 나타내는 파장의 연속 스펙트럼으로 구성된다는 것을 기억하자(5.1절). 백색광이 색을 가진 물체와 부딪칠 때, 일부 파장은 다른 파장이 흡수되는 동안 투과된다. 원자가 빛을 흡수하면 원자의 에너지 준위 사이에 전자 전이가 일어나서 **원자 스펙트럼**이 발생하는

기억하기…
원자 선 스펙트럼은 서로 다른 에너지를 가지는 두 상태 사이를 전자가 이동할 때 발생한다(5.3절).

기억하기…
두 에너지 상태 사이의 전자 전이가 일어나려면, 광자의 에너지가 **두 상태의 에너지 차와 일치**해야 한다(5.4절).

개념탐구 질문 5
$NiSO_4$를 물에 녹였을 때, 수용액은 초록색을 나타낸다. 착이온인 $[Ni(H_2O)_6]^{2+}$를 형성하기 때문이다. 이 착이온이 흡수 스펙트럼에서 가장 강하게 흡수되는 파장은 얼마인가? 450 nm, 520 nm, 570 nm, 660 nm

것처럼, 금속 착물도 빛을 흡수하면 가장 낮은(바닥 상태) 에너지에서 더 높은(들뜬 상태) 에너지로 전자 전이가 일어난다.

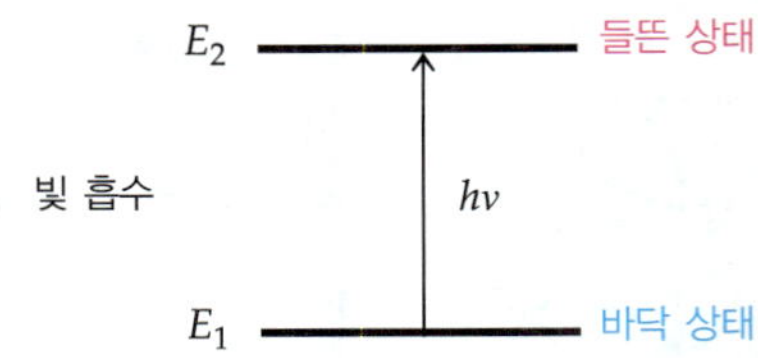

금속 착물이 흡수한 빛의 파장 λ는 **두 상태 사이의 에너지 분리 $\Delta E = E_2 - E_1$**에 의존하며, 에너지 분리는 $\Delta E = h\nu = hc/\lambda$(식 5.4절)로 주어진다. 여기서 h는 플랑크 상수, ν는 빛의 진동수, c는 빛의 속도이다.

$$\Delta E = E_2 - E_1 = h\nu = \frac{hc}{\lambda} \quad \text{또는} \quad \lambda = \frac{hc}{\Delta E}$$

물질이 흡수한 빛의 측정값을 **흡광도**(absorbance)라 하고, 흡광도와 파장 사이의 관계를 도식한 것을 **흡수 스펙트럼**(absorption spectrum)이라 한다. 예를 들어, 적자색의 $[Ti(H_2O)_6]^{3+}$ 이온의 흡수 스펙트럼은 가시광선 스펙트럼의 청색 부분의 500 nm 파장 부근에서 넓은 흡수 띠를 가진다(그림 21.19). 일반적으로, 우리가 볼 수 있는 색깔은 흡수한 색의 보색이다(그림 21.20).

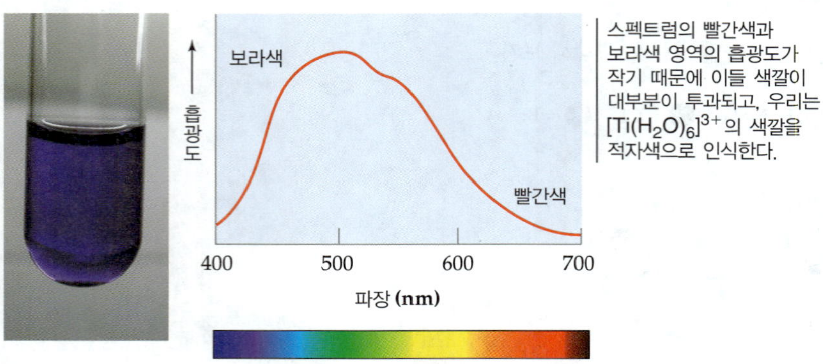

▲ 그림 21.19
$[Ti(H_2O)_6]^{3+}$ 이온이 들어 있는 용액과 이 이온의 가시광선 영역 흡수 스펙트럼

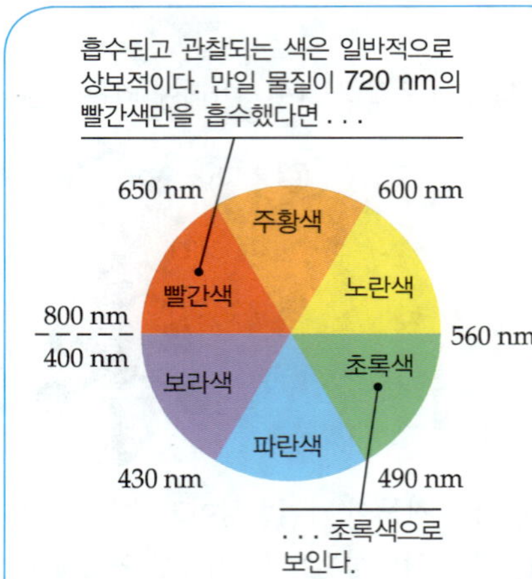

▲ 그림 21.20
화가의 색상환. 관찰되는 물질의 색은 물질에 흡수된 빛의 보색이므로, 색상환의 반대쪽에 위치한다.

21.10 결정장 이론

21.9절에서 전이 금속 착물은 종종 색깔을 띤 고체 물질로 나타났다. 따라서 물에 용해되면 착색된 용액을 생성한다. 이러한 착물은 또한 흥미롭고 다양한 자기적 특성을 가진다. 이러한 특성을 설명하기 위해 **결정장 이론**(**crystal field theory**)이 필요하다. 이 모형은 착물의 결합이 정전기적 상호 작용으로부터 생기는 것으로 보고, 리간드 전하가 금속 이온 d 오비탈의 에너지에 미치는 영향을 고려하는 것이다. 이 모형은 처음에 이온 결정의 전이 금속 이온에 적용되었으므로 결정장 이론이라 부른다. 또한, 금속 착물에도 적용되는 '결정장'은 리간드의 전하나 쌍극자 때문에 생기는 전기장이다.

팔면체 착물

먼저, $[TiF_6]^{3-}$와 같은 팔면체 착물을 생각해 보자(그림 21.21). 결정장 이론에 따르면 결합은 이온성이고, 양전하를 띤 Ti^{3+}와 음전하를 띤 F^- 리간드 사이에 정전기적 인력이 있다. 물론, F^- 리간드는 서로 반발한다. 따라서 F^- 리간드들이 가능하면 서로 멀리 떨어진 곳에 위치하려는 기하 구조(팔면체)를 선택하게 된다. 금속−리간드 간 인력이 리간드−리간드 간 반발력보다 더 크기 때문에, 착물은 이온으로 분리되어 있을 때보다 결합을 형성함으로써 더 안정화된다.

결정장 이론은 원자가 결합 이론(8.2절), 분자 오비탈 이론(8.7절)과 같은 다른 결합 모형들과는 다르다. 원자가 결합 모형은 원자 또는 혼성 오비탈의 겹침으로 결합을 설명할 수 있고, 21.11절에서 전이 금속 착물에 적용될 것이다. 분자 오비탈 모형은 분자 내 주어진 공간 안에서 전자를 발견할 확률을 나타내는 것으로, 원자 오비탈을 수학적으로 결합하여 형성된 분자 오비탈이라 부른다. 결정장 이론에는 공유 결합, 전자 공유, 혼성 오비탈도 없으며, 다만 이온의 배열 사이에 정전기적 상호 작용만 존재한다. H_2O와 NH_3와 같은 중성의 쌍극자 리간드를 포함하는 착물에서 정전기적 상호 작용은 이온−쌍극자 형태이다(8.6절). 예를 들어, $[Ti(H_2O)_6]^{3+}$에서 Ti^{3+} 이온은 물 분자 쌍극자의 음성 말단을 끌어당긴다.

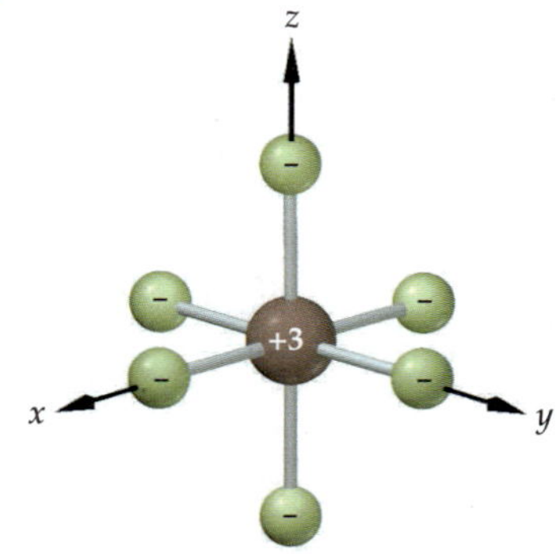

▲ 그림 21.21
$[TiF_6]^{3-}$ **팔면체 착물의 결정장 모형.** 금속 이온과 리간드를 정전기적 인력에 의해 끌리는 하전된 입자로 간주한다. 리간드는 $\pm x$, $\pm y$, $\pm z$ 축을 따라서 놓여 있다.

착물이 왜 색깔을 띠는지 설명하려면, 리간드 전하가 d 오비탈이 에너지에 미치는 영향을 자세히 살펴볼 필요가 있다. 4개의 ***d* 오비탈**(***d* orbital**)은 클로버 잎과 같은 모양이고, 다섯 번째(d_{z^2})는 도넛 내부의 아령과 같은 모양이다(5.7절). 그림 21.22는 x, y, z 좌표축을 따라 위치

기억하기…
비록 *d* 오비탈들의 모양이 다르지만, 자유 금속 이온의 5개 *d* 오비탈의 에너지는 모두 같다(5.7절).

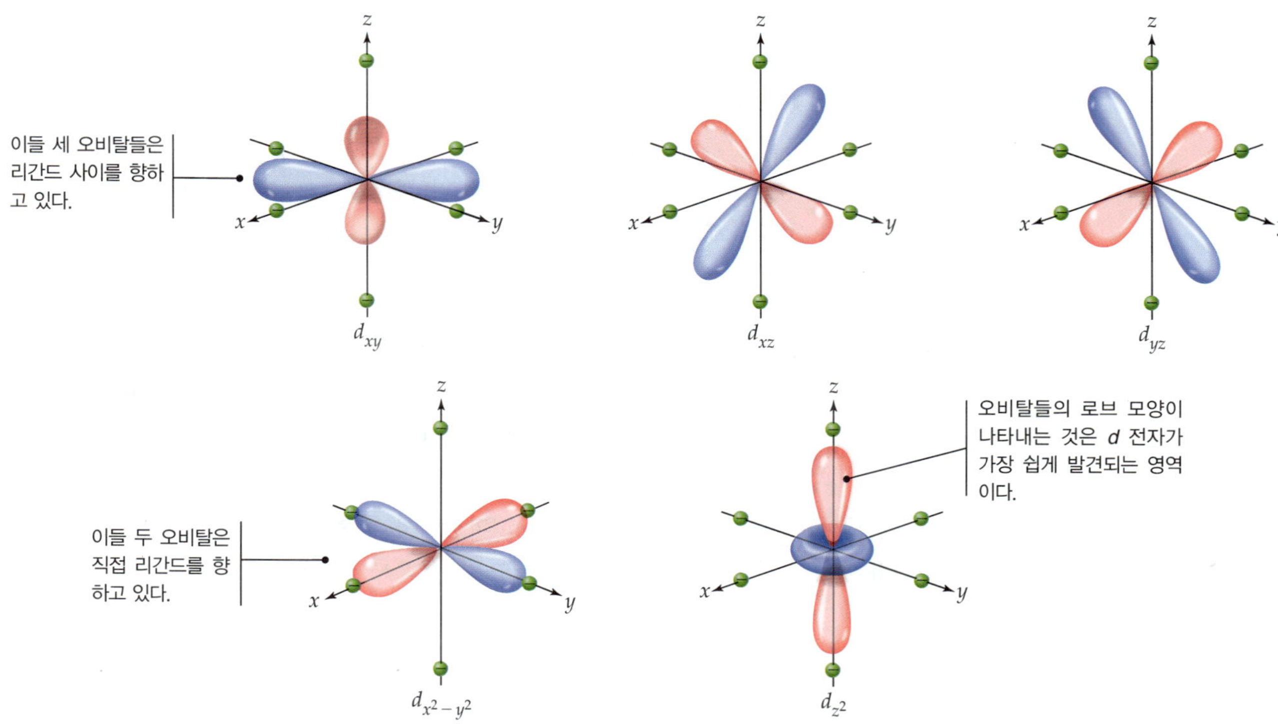

▲ 그림 21.22
하전된 리간드의 팔면체 배열에 대한 5개 d 오비탈의 모양과 배향

▲ 확인하기
x, y, z 축을 따라서 배향되는 오비탈은 무엇인가?
답 d_{z^2}와 $d_{x^2-y^2}$ 오비탈은 x, y, z 축을 따라서 배향된다. 그러나 d_{xy}, d_{xz}, d_{yz} 오비탈은 축 사이로 배향된다.

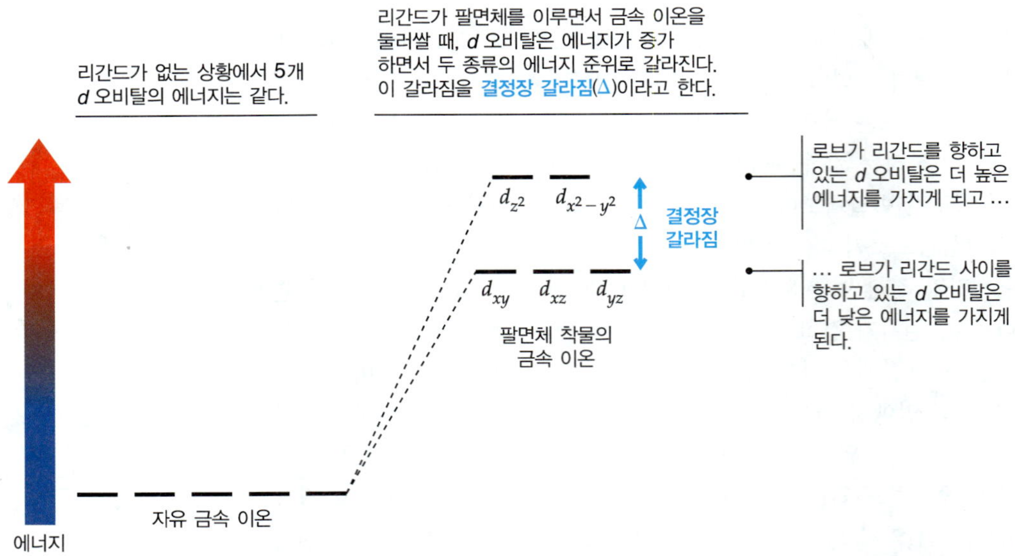

▲ **그림 21.23**
자유 금속 이온과 팔면체 착물 내 금속 이온의 d 오비탈 에너지 준위 도표

▲ 확인하기

왜 d_{z^2}와 $d_{x^2-y^2}$ 오비탈의 에너지가 d_{xy}, d_{xz}, d_{yz} 오비탈의 에너지보다 높은가?

답 d_{z^2}와 $d_{x^2-y^2}$ 오비탈은 들어오는 리간드와 정면으로 축선상에 놓여 있다. 따라서 리간드와 정면으로 위치하지 않는 d_{xy}, d_{xz}, d_{yz} 오비탈보다 d 전자의 반발이 증가하게 된다.

한, 하전된 리간드의 팔면체 배열에 대한 d 오비탈의 공간적 배향을 보여 준다.

d 전자는 음전하를 띠기 때문에 그들은 음전하를 띤 리간드와 서로 반발한다. 따라서 그들의 오비탈 에너지는 자유 금속 이온일 때보다 착물에서 더 높다. 그러나 모든 d 오비탈이 동일한 에너지 양만큼 증가하지는 않는다. 그림 21.23에서 보여 주듯이, 직접적으로 리간드를 향하고 있는 d_{z^2}과 $d_{x^2-y^2}$ 오비탈은 리간드 사이에 위치한 d_{xy}, d_{xz}, d_{yz} 오비탈보다 더 크게 에너지가 증가된다. 이 두 세트의 d 오비탈 사이에 분리되는 에너지를 **결정장 갈라짐(crystal field splitting)**이라 하고, 그리스 문자로 Δ로 나타낸다.

일반적으로, 결정장 갈라짐 에너지 Δ는 스펙트럼의 가시광선 영역에 있는 빛의 파장에 해당하므로, 착물의 색깔은 d 오비탈의 낮은 에너지와 높은 에너지 사이의 전자 전이에 의해 나타나게 된다. 예를 들어, $[Ti(H_2O)_6]^{3+}$ 착물을 고려해 보자. 이 착물은 한 개의 d 전자를 가진다(Ti^{3+}는 $[Ar]3d^1$ 전자 배치를 가진다). 바닥 상태 에너지에서, d 전자는 더 낮은 에너지 오비탈인 xy, xz, yz 오비탈 중 하나를 점령한다(지금부터 모든 d 오비탈을 단순화하여 아래 첨자로 나타낸다). $[Ti(H_2O)_6]^{3+}$가 약 500 nm 파장에서 청록색 빛을 흡수할 때, 흡수된 에너지는 d 전자를 더 높은 에너지 오비탈인 z^2 또는 x^2-y^2으로 올라가게 한다.

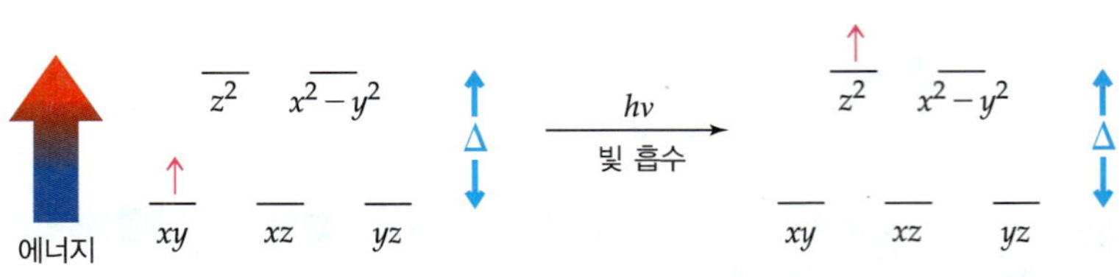

흡수된 빛의 파장으로부터 Δ 값을 계산할 수 있다.

> **결정장 갈라짐 에너지** $\Delta = h\nu = \dfrac{hc}{\lambda}$

약 500 nm에서 흡수하는 $[Ti(H_2O)_6]^{3+}$의 경우, Δ 값은 다음과 같다.

$$\Delta = \frac{hc}{\lambda} = \frac{(6.626 \times 10^{-34}\ \text{J}\cdot\text{s})(3.00 \times 10^{8}\ \text{m/s})}{500 \times 10^{-9}\ \text{m}} = 4.0 \times 10^{-19}\ \text{J}$$

이것은 한 개의 $[Ti(H_2O)_6]^{3+}$ 이온을 들뜨게 하는 데 필요한 에너지이다. Δ 값을 몰 단위로 나타내기 위해 아보가드로수를 곱한다.

$$\Delta = \left(\frac{4.0 \times 10^{-19}\ \text{J}}{\text{이온}}\right)\left(\frac{6.02 \times 10^{23}\ \text{이온}}{\text{mol}}\right) = 2.4 \times 10^{5}\ \text{J/mol} = 240\ \text{kJ/mol}$$

서로 다른 착물의 흡수 스펙트럼은 리간드의 성질에 따른 결정장 갈라짐의 크기를 나타낸다. 예를 들어, Ni^{2+}($[Ar]3d^8$) 착물의 Δ는 리간드가 H_2O에서 NH_3로, 그리고 에틸렌다이아민(en)으로 다양하게 변화함에 따라 결정장 갈라짐 Δ는 증가한다. 따라서 리간드가 H_2O에서 NH_3로, 그리고 en으로 다양하게 변화함에 따라 전자 전이는 더 높은 에너지(더 짧은 파장)로 이동한다. 따라서 관찰되었던 색의 변화가 설명된다. **그림 21.24**에서는 다양한 니켈 착물 수용액의 색을 보여 준다. $[Ni(H_2O)_6]^{2+}$는 초록색 수용액이다. Δ 값이 작고 낮은 에너지인 적색광(~675 nm)이 흡수되기 때문이다. $[Ni(NH_3)_6]^{2+}$는 파란색 수용액이다. Δ 값이 크고 더 높은 에너지인 오렌지광(~625 nm)이 흡수되기 때문이다. $[Ni(en)_3]^{2+}$는 보라색 수용액이다. Δ 값이 더 크고 더 높은 에너지인 황색광(~580 nm)이 흡수되기 때문이다.

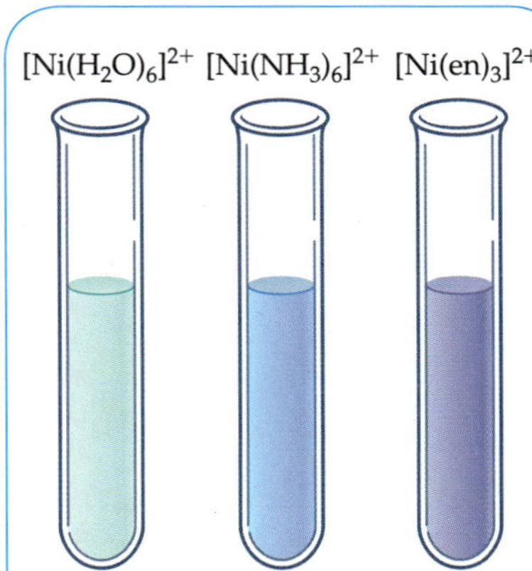

같은 금속, 다른 리간드

▲ **그림 21.24**
$[Ni(H_2O)_6]^{2+}$, $[Ni(NH_3)_6]^{2+}$, $[Ni(en)_3]^{2+}$을 포함하고 있는 수용액

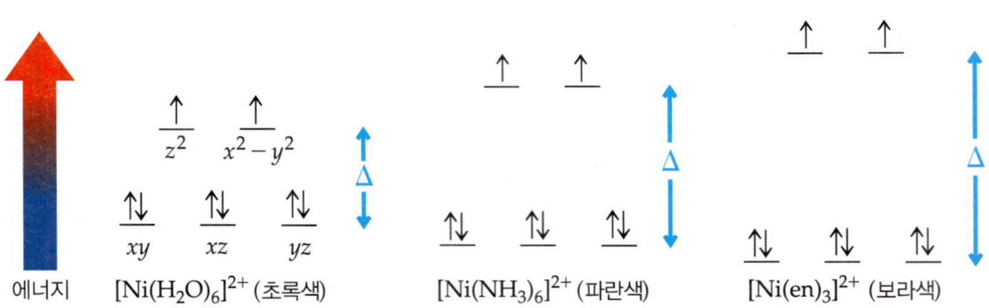

일반적으로, 결정장 갈라짐은 리간드가 **분광 화학적 계열(spectrochemical series)**로 알려진 다음 순서에 따라 증가한다.

> **분광 화학적 계열**
>
> 약한장 리간드 $I^- < Br^- < Cl^- < F^- < H_2O < NH_3 < en < CN^-$ 강한장 리간드
>
> Δ 증가 →

개념탐구 질문 6
빛의 가장 짧은 파장에서 흡수 스펙트럼의 최댓값을 갖는 착이온은 다음 중 어느 것인가?
$[Co(NH_3)_5Cl]^{2+}$, $Co(NH_3)_6]^{2+}$, $[Co(NH_3)_5H_2O]^{3+}$

할로젠과 H_2O와 같이 비교적 작은 Δ 값을 가지는 리간드는 **약한장 리간드(weak-field ligands)**라고 한다. NH_3, en, CN^-와 같이 비교적 큰 Δ 값을 가지는 리간드는 **강한장 리간드(strong-field ligands)**라고 한다. 서로 다른 금속 이온은 서로 다른 Δ 값을 가진다. 따라서 같

은 리간드를 가지는 착물이라도 왜 서로 다른 색을 나타내는지 그 이유를 설명해 준다(그림 21.18). Ti^{4+}와 같은 d^0 이온, Zn^{2+}와 같은 d^{10} 이온, 그리고 주족 이온들은 부분적으로 채워진 d 부껍질을 가지지 않기 때문에, 그들은 d–d 전자 전이가 발생할 수 없다. 따라서 그들 착물의 대부분은 무색이다.

결정장 이론으로 착물의 색뿐만 아니라 착물의 자기적 성질도 설명할 수 있다. $[CoF_6]^{3-}$와 같은 약한장 리간드를 가진 착물은 작은 결정장 갈라짐 에너지를 가지고, d 전자는 전자가 짝짓기 전에 궤도를 한 번에 하나씩 채우는 Hund 규칙에 따라 채워지게 된다. $[CoF_6]^{3-}$ 경우, Co^{3+}([Ar]$3d^6$)의 6개 d 전자는 높은 에너지와 낮은 에너지의 d 오비탈 모두를 차지한다. 약한장 리간드는 **고스핀 착물(high-spin complexes)**을 생성하여 짝짓지 않은 전자의 최대 수를 제공한다. $[Co(CN)_6]^{3-}$와 같은 강한장 리간드를 가진 착물은 큰 결정장 갈라짐 에너지를 가지고, 전자가 쌍을 지으며 높은 에너지 d 오비탈(d_{z^2}와 $d_{x^2-y^2}$)을 채우기 전에 더 낮은 에너지 d 오비탈(d_{xy}, d_{xz}, d_{yz})을 먼저 채운다. $[Co(CN)_6]^{3-}$의 경우, 모든 6개의 d 전자는 낮은 에너지의 오비탈에서 스핀 짝지음을 한다. 강한장 리간드는 d 전자가 높은 에너지의 d 오비탈을 점유하기 전에 낮은 에너지인 d 오비탈에서 짝을 짓게 되는 **저스핀 착물(low-spin complexes)**을 형성하게 된다.

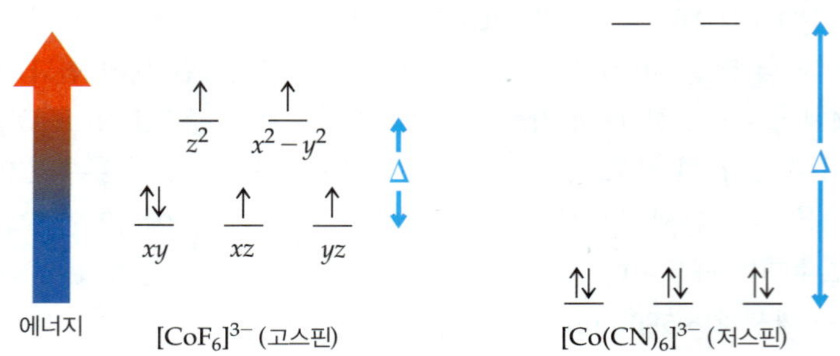

두 스핀 상태 (고스핀 또는 저스핀) 중 어느 것이 더 낮은 에너지를 갖는가를 어떻게 결정하는가? 일반적으로, 전자가 z^2 또는 x^2-y^2 오비탈로부터 더 낮은 에너지 오비탈 중 하나로 이동할 때, 오비탈 에너지는 Δ만큼 감소한다. 전자–전자 반발 때문에 이미 다른 전자를 포함하고 있는 궤도에 전자를 넣기 위해서는 에너지가 필요하다. 이때, 필요한 에너지를 스핀 짝지음 에너지(P)라고 한다. $[Co(CN)_6]^{3-}$의 경우처럼, Δ 값이 P보다 크면 저스핀 배열은 더 낮은 에너지를 가진다. $[CoF_6]^{3-}$의 경우처럼, Δ 값이 P보다 작으면 고스핀 배열은 더 낮은 에너지를 갖는다. 따라서 관찰되는 스핀 상태는 Δ와 P의 상대적 값에 의존한다. 일반적으로, 강한장 리간드는 저스핀 착물이 되고, 약한장 리간드는 고스핀 착물이 된다.

고스핀과 저스핀 전자 배치에 대한 선택은 4개에서 7개의 d 전자를 가지는 금속 이온 착물, 이른바 d^4–d^7 착물에만 해당한다. d^1–d^3와 d^8–d^{10} 착물의 경우, 오직 한 가지의 바닥 상태 전자 배치만 가능하다. d^1–d^3 착물에서 모든 전자는 Δ 값과 관계없이 낮은 에너지의 d 오비탈을 차지한다. d^8–d^{10} 착물에서 낮은 에너지의 d 오비탈은 세 개의 전자쌍으로 채워진다. 반면에, 높은 에너지 오비탈은 Δ 값에 관계없이 2개, 3개, 4개의 전자를 포함한다.

예제 21.8

팔면체 착물의 결정장 에너지 준위 도표 그리기

다음 각 착물의 결정장 오비탈 에너지 준위 도표를 그리시오. 또한 홀전자의 수를 예측하시오.

(a) $[Cr(en)_3]^{3+}$ (b) $[Mn(CN)_6]^{3-}$ (c) $[Co(H_2O)_6]^{2+}$

전략

세 착물 모두 팔면체이다. 따라서 에너지 준위 도표는 3개의 낮은 에너지와 2개의 높은 에너지의 d 오비탈을 보여 줄 것이다. d^1–d^3와 d^8–d^{10} 착물에서 전자는 최대의 홀전자 수가 되도록 훈트 규칙에 따라 오비탈을 채운다. d^4–d^7 착물에서 오비탈 점유와 홀전자의 수는 분광 화학적 계열의 리간드 위치에 의존한다.

풀이

(a) Cr^{3+}([Ar]$3d^3$)는 홀전자가 3개이다. 착물에서 그들은 낮은 에너지의 d 오비탈을 차지한다.

(b) Mn^{3+}([Ar]$3d^4$)는 고스핀이나 저스핀 배열을 가질 수 있다. CN^-는 강한장 리간드이므로, 4개의 d 전자는 모두 낮은 에너지 d 오비탈 안으로 들어간다. 착물은 저스핀이고, 홀전자는 2개이다.

(c) Co^{2+}([Ar]$3d^7$)는 3개의 홀전자를 갖는 고스핀 배열을 갖는다. H_2O가 약한장 리간드이기 때문이다.

다음 오비탈 에너지 준위 도표에서 결정장 갈라짐의 상대적인 Δ 값은 분광 화학적 계열에서 리간드의 위치와 일치한다(H_2O < en < CN^-).

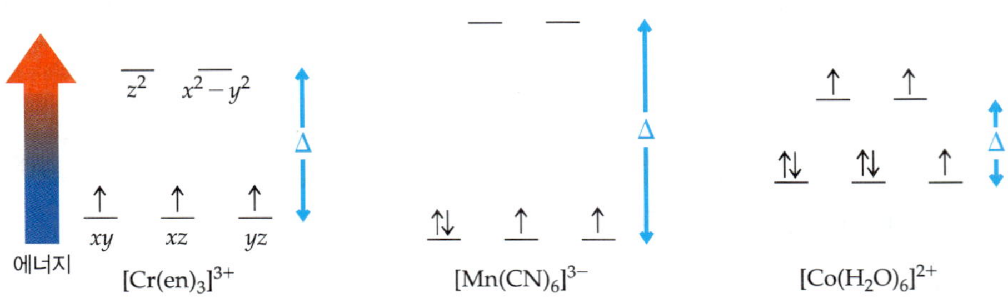

연습문제 21.15 $[Fe(CN)_6]^{4-}$ 착물에서 결정장 d 오비탈 에너지 준위 도표를 그리고, 홀전자 수를 예측하시오.

응용문제 21.16 $[FeCl_6]^{3-}$와 $[Fe(CN)_6]^{3-}$ 중 어느 착물이 상자기성이 더 큰가?

사면체 착물과 사각 평면 착물

리간드들의 기하학적 구조가 다르면 d 오비탈의 에너지 갈라짐이 달라진다. 그림 21.25는 사면체 착물과 사각 평면 착물의 d 오비탈 에너지 준위 도표를 보여 준다.

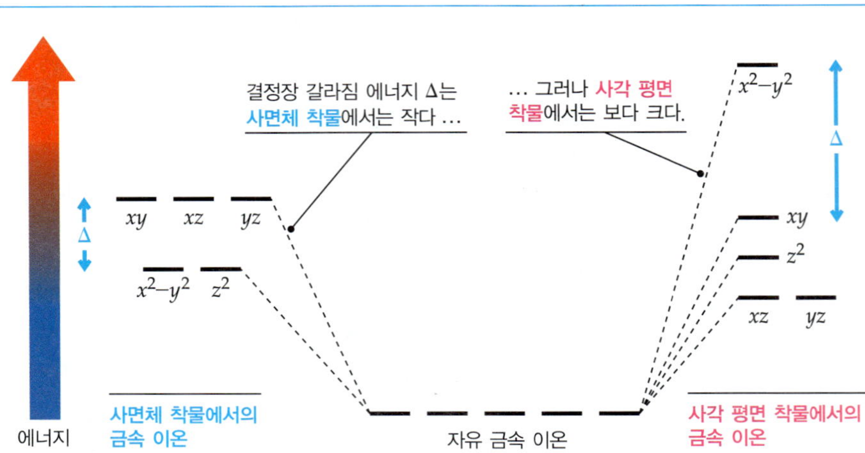

◀ **그림 21.25**
사면체 착물과 사각 평면 착물에서 d 오비탈 에너지는 자유 금속 이온의 에너지와 관련된다.

사면체 착물의 갈라짐 유형은 팔면체 착물의 갈라짐 유형과 반대이다. 즉, xy, xz, yz 오비탈은 x^2-y^2, z^2 오비탈보다 더 높은 에너지를 가진다. (팔면체 착물과 마찬가지로, 에너지 순서는 오비탈 로브와 리간드의 상대적인 방향에 따른다. 그러나 결과를 유도하지 않을 것이다.) 사면체 기하 구조에서 d 오비탈의 어느 것도 리간드에 대하여 직접 향하지 않고, 6개가 아닌 단지 4개의 리간드만 있으므로, 사면체 착물에서 결정장 갈라짐은 팔면체 착물의 절반이다. 결과적으로, Δ는 거의 항상 스핀 짝지음 에너지 P보다 작고, 거의 모든 사면체 착물은 고스핀이다.

사각 평면 착물은 z축을 따라 두 개의 트랜스 리간드가 없는 것을 제외하면 팔면체(그림 21.22)와 같아 보인다. 사각 평면 착물에서, x^2-y^2 오비탈은 에너지가 크다(그림 21.25). x와 y축을 따라 놓이는 모든 4개의 리간드들에 대해 오비탈이 모두 직접적으로 향하고 있기 때문이다. 갈라짐 유형은 팔면체와 사면체 착물에 비해 더 복잡하지만, 여기서 기억해야 할 점은 x^2-y^2 오비탈과 4개의 낮은 에너지 오비탈 사이에 큰 에너지 차이가 존재한다는 것이다. 사각 평면 기하 구조는 d^8 전자 배치를 갖는 금속 이온에서 가장 일반적이다. d^8 전자 배치는 4개의 낮은 에너지 오비탈이 모두 채워져 있고, 더 높은 에너지 x^2-y^2 오비탈이 비어 있어 저스핀 착물을 좋아하기 때문이다. 일반적인 예로 $[Ni(CN)_4]^{2-}$, $[PdCl_4]^{2-}$, $Pt(NH_3)_2Cl_2$가 있다.

예제 21.9

사면체 착물과 사각 평면 착물의 결정장 에너지 준위 도표 그리기

다음 착물의 결정장 에너지 준위 도표를 그리시오. 또한 홀전자 수를 예측하시오.

(a) $[FeCl_4]^-$(사면체)　　(b) $[PtCl_4]^{2-}$ (사각 평면)

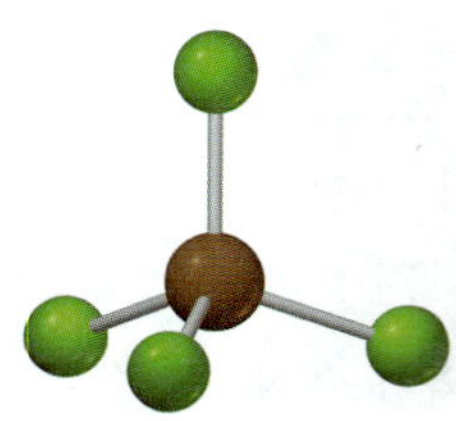

$[FeCl_4]^-$

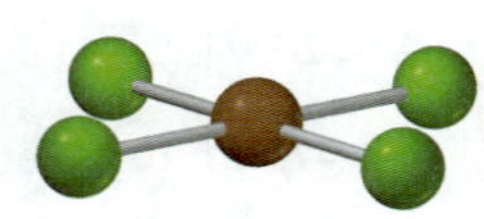

$[PtCl_4]^{2-}$

전략

그림 21.25의 에너지 준위 도표와 함께 시작하자. 그리고 거의 모든 사면체 착물은 고스핀(작은 Δ 값)이라는 것을 기억하자. 반면에, 사각 평면 착물은 x^2-y^2 오비탈과 4개의 낮은 에너지 오비탈 사이에는 큰 에너지 차이(큰 Δ 값)가 있다.

풀이

(a) Fe^{3+}($[Ar]3d^5$)의 5개 d 전자는 다음과 같이 더 높은 에너지와 더 낮은 에너지 오비탈 사이에 분포한다. 사면체 착물은 Δ 값이 작기 때문에, $[FeCl_4]^-$는 5개의 홀전자를 갖는 고스핀 착이온이다.

(b) Pt^{2+}($[Xe]4f^{14}5d^8$)는 d 전자가 8개이다. 사각 평면 착물은 Δ 값이 크기 때문에, 모든 전자는 4개의 낮은 에너지 d 오비탈을 차지한다. 홀전자는 없고, 착물은 반자기성이다.

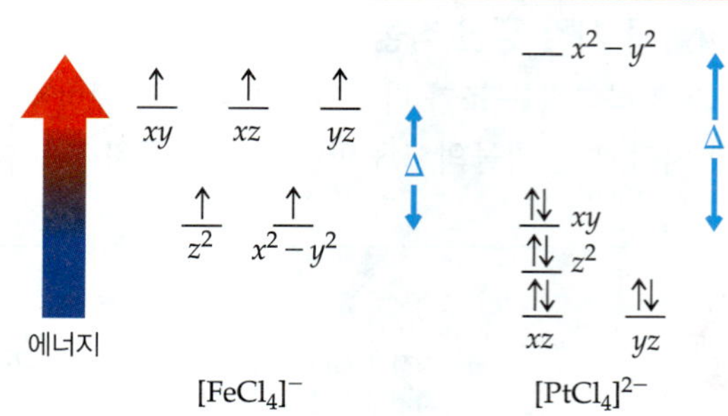

▶ **연습문제 21.17** 사면체 기하 구조를 가지는 $[MnCl_4]^{2-}$ 착물의 경우 결정장 에너지 준위 도표를 그리시오. 또한 홀전자의 수를 예측하시오.

▶ **응용문제 21.18** $[Ni(CN)_4]^{2-}$는 반자기성으로 알려져 있다. 이 착물의 구조로 타당한 것은 사면체와 사각 평면 중 어느 것인가?

21.11 착물의 결합: 원자가 결합 이론

결정장 이론이 전이 금속 착물의 색깔과 자기성을 설명하는 데 유용한 모형이다. 그럼에도 원자가 결합 모형은 착화합물의 기하 구조를 합리화하는 데 필요하다. **원자가 결합 이론(valence bond theory)**에 따르면(8.2절), 금속 착물의 결합은, 금속 이온의 비어 있는 혼성 오비탈이 한 개의 전자쌍으로 채워진 리간드의 오비탈과 중첩하여 배위 공유 결합할 때 일어난다.

기억하기…
원자가 결합 이론에서는, 공유 결합이란 오비탈 중첩의 결과로 두 원자 사이에 공유되는 반대 스핀의 전자쌍으로 설명한다(8.2절).

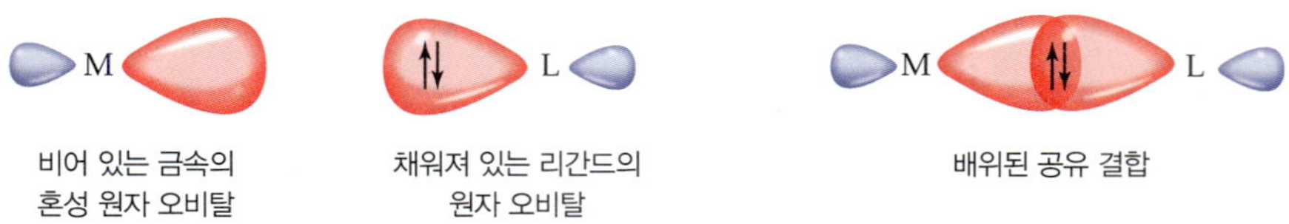

금속 이온이 리간드 전자들을 공유받기 위해 사용하는 **혼성 오비탈(hybrid orbitals)**은 리간드 방향으로 향한다. 선형 금속 착물의 경우 금속은 *sp* 혼성을 이용한다. 반면에, 사면체 착물의 경우에 금속은 sp^3 혼성을 이용한다. 기하 구조와 혼성화는 서로 연관이 있음을 기억하자. 착물의 기하 구조를 알면, 자동적으로 금속 이온이 사용하는 혼성 오비탈을 알 수 있다.

팔면체 착물의 경우, 금속 이온은 원자가 *d* 오비탈 외에도 *s*와 *p* 오비탈을 이용하여 리간드와 6개 결합을 형성한다. 혼성화는 2개의 *d* 오비탈, 1개의 *s* 오비탈, 3개의 *p* 오비탈의 조합으로 일어난다. 결과적으로 6개의 d^2sp^3 혼성, 또는 6개의 sp^3d^2 혼성이 일어난다. 나중에 보게 되겠지만, d^2sp^3와 sp^3d^2 혼성의 차이점은 *d* 오비탈의 주양자수에 달려 있다. **그림 21.26**에서 보여 주듯이, 두 종류의 혼성 모두 정팔면체의 여섯 모퉁이를 향하고 있다. 6개의 오비탈 모두 동등하며, 인접한 두 오비탈이 이루는 각도는 모두 90°이다.

기억하기…
혼성 오비탈은 원자 오비탈 파동함수를 결합시켜 만든다. 하나의 *s* 오비탈과 하나의 *p* 오비탈이 결합하여, 두 개의 동등한 *sp* 혼성 오비탈 한 세트를 만든다. 이 오비탈은 서로 180°의 각을 이룬다. 하나의 *s* 오비탈과 세 개의 *p* 오비탈이 결합하여, 네 개의 동등한 sp^3 혼성 오비탈 한 세트를 만든다. 이들은 서로 109.5°의 각을 이루며, 정사면체의 각 꼭짓점을 향한다(8.3, 8.4절).

사각 평면 착물의 경우, 금속 이온은 1개의 *d* 오비탈, 1개의 *s* 오비탈, 2개의 *p* 오비탈의 혼성으로 이루어진 4개의 동등한 dsp^2 혼성 오비탈을 이용한다. 이러한 혼성은 **그림 21.27**에서

◀ **그림 21.26**
6개 d^2sp^3와 sp^3d^2 혼성 오비탈의 팔면체 구조

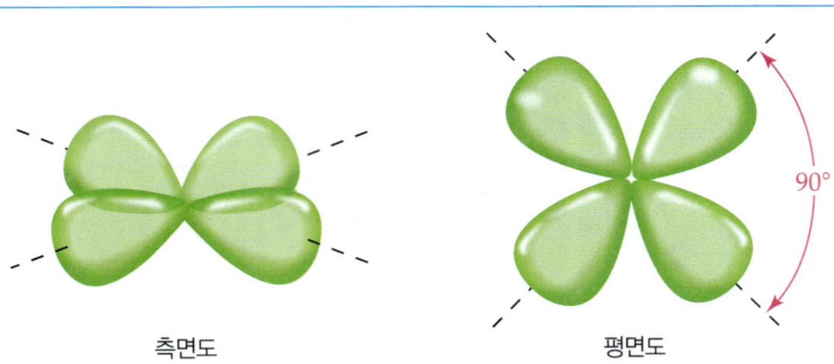

◀ **그림 21.27**
4개 dsp^2 혼성 오비탈의 사각 평면 구조

표 21.6 일반적인 배위 구조와 혼성 오비탈

배위수	기하 구조	혼성 오비탈	예
2	선형	sp	$[Ag(NH_3)_2]^+$
4	사면체형	sp^3	$[CoCl_4]^{2-}$
4	사각 평면형	dsp^2	$[Ni(CN)_4]^{2-}$
6	팔면체형	d^2sp^3 또는 sp^3d^2	$[Cr(H_2O)_6]^{3+}$, $[Co(H_2O)_6]^{2+}$

보듯이 사각형의 네 꼭짓점을 향하고 있다.

착물의 기하 구조와 금속 이온이 사용하는 혼성 오비탈과의 관계는 **표 21.6**에 정리하였다.

기하 구조와 혼성화의 관계를 설명하기 위해, 사면체 착물인 $[CoCl_4]^{2-}$를 생각해 보자. 자유 Co^{2+} 이온의 전자 배치는 [Ar] $3d^7$이고, 오비탈 그림은 다음과 같다.

Co^{2+}: [Ar] ↑↓ ↑↓ ↑ ↑ ↑ (3*d*) __ (4*s*) __ __ __ (4*p*)

$[CoCl_4]^{2-}$의 기하 구조는 사면체이므로, Co^{2+}가 네 쌍의 리간드 전자쌍을 공유하기 위해 사용하는 혼성 오비탈은 비어 있는 4*s*와 4*p* 오비탈로 형성된 sp^3 혼성이 되어야 한다. 다음 오비탈 그림은 착물의 결합을 표현한 것으로, 금속 오비탈의 혼성화와 금속과 리간드 간의 결합에 사용된 네 쌍의 리간드 전자 쌍을 보여 준다.

$[CoCl_4]^{2-}$: [Ar] ↑↓ ↑↓ ↑ ↑ ↑ (3*d*) ↑↓ (4*s*) ↑↓ ↑↓ ↑↓ (4*p*)

4개의 sp^3가 리간드와 결합한다.

이 설명에 따르면 $[CoCl_4]^{2-}$는 3개의 홀전자를 가지며, 상자기성이다. 8.8절에 따르면, **상자기성(paramagnetic)** 물질은 홀전자를 포함하고, 자기장에 끌린다. 반면에, 반자기성 물질은 짝지어진 전자만 포함하고, 자기장에 약하게 반발한다. 전이 금속 착물에 있는 홀전자의 수를 결정하는 방법은 자기장이 착물에 가하는 힘을 측정하는 것이다.

기억하기…
O_2 분자는 두 개의 π^*_{2p} 홀전자를 가지고 있어, **상자기성**이다. 반면에, N_2와 F_2는 홀전자가 한 개도 없어 반자기성이다(8.8절).

사각 평면형 착물의 예로 $[Ni(CN)_4]^{2-}$를 생각해 보자. 자유 Ni^{2+} 이온은 8개의 3*d* 전자를 가지고 있고, 이들 중에서 2개는 짝을 이루지 않는다.

Ni^{2+}: [Ar] ↑↓ ↑↓ ↑↓ ↑ ↑ (3*d*) __ (4*s*) __ __ __ (4*p*)

$[Ni(CN)_4]^{2-}$는 사각 평면형 착물이므로 dsp^2 혼성을 사용해야 한다. 두 개의 짝을 짓지 않은 *d* 전자가 짝을 지으면서 하나의 *d* 오비탈에 채워지고, 비어 있는 3*d* 오비탈을 얻을 수 있게 된다. 이 빈 *d* 오비탈은 4*s* 오비탈과 두 개의 4*p* 오비탈과 함께 혼성을 이루어, 사각 평면의 dsp^2 혼성을 형성한다. 이 혼성은 네 쌍의 리간드 전자를 받아들여 리간드와 결합을 형성한다.

$[Ni(CN)_4]^{2-}$: [Ar] ↑↓ ↑↓ ↑↓ ↑↓ ↑↓ (3*d*) ↑↓ (4*s*) ↑↓ ↑↓ __ (4*p*)

4개의 dsp^2가 리간드와 결합한다.

이러한 설명과 일치하는 $[Ni(CN)_4]^{2-}$는 반자기성이다.

팔면체 착물에서, 금속 이온은 sp^3d^2 또는 d^2sp^3 혼성 오비탈을 이용한다. 이러한 두 종류의 혼성의 차이를 알아보기 위하여 $[CoF_6]^{3-}$와 $[Co(CN)_6]^{3-}$ 코발트(III) 착물을 생각해 보자. 자유 Co^{3+} 이온은 6개의 3*d* 전자를 가지며, 그 중 4개는 홀전자이다.

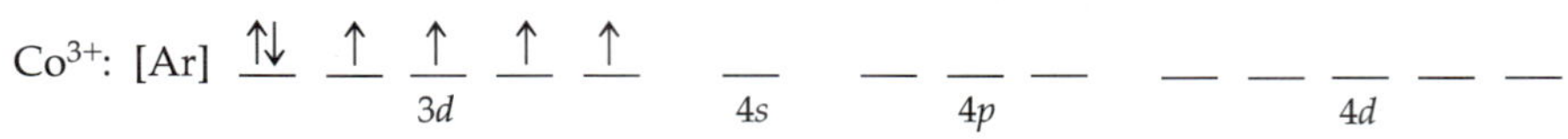

자성 측정에 의하면 $[CoF_6]^{3-}$는 상자기성으로, 4개의 홀전자가 있다는 것을 나타낸다. 분명히 3*d* 오비탈의 어느 것도 리간드 전자를 받아 공유할 수 없다. 왜냐하면, 각 오비탈은 적어도 이미 부분적으로 채워져 있기 때문이다. 따라서 Co^{3+}가 사용하는 팔면체 혼성은 비어 있는 4*s*, 4*p*, 4*d* 오비탈로부터 형성된다. 이러한 오비탈을 sp^3d^2 혼성이라고 한다. 다음의 오비탈 그림에서 보듯이 6쌍의 리간드 전자들을 공유한다.

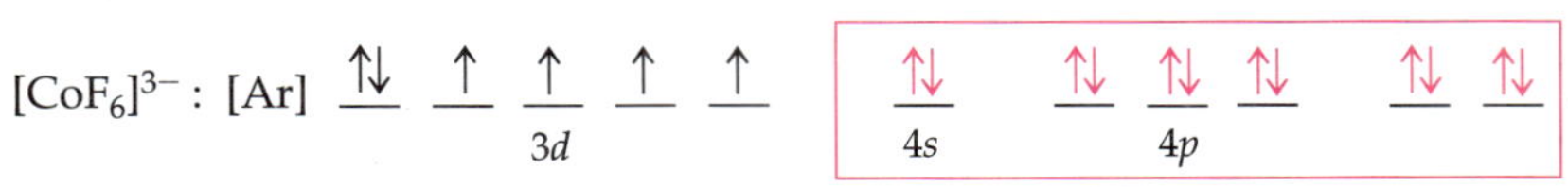

6개의 sp^3d^2가 리간드와 결합한다.

자성 측정에 의하면 $[Co(CN)_6]^{3-}$는 $[CoF_6]^{3-}$와는 달리 반자기성이다. 그러므로 6개의 3*d* 전자는 모두 쌍을 이루고, 5개의 3*d* 오비탈 중에서 3개만 점유한다. 남은 2개의 3*d* 오비탈은 비어 있는 4*s*, 4*p* 오비탈과 조합하여, 6개의 팔면체 d^2sp^3 혼성을 이룬다. d^2sp^3 혼성은 6쌍의 리간드 전자들을 받아 공유 결합을 형성한다.

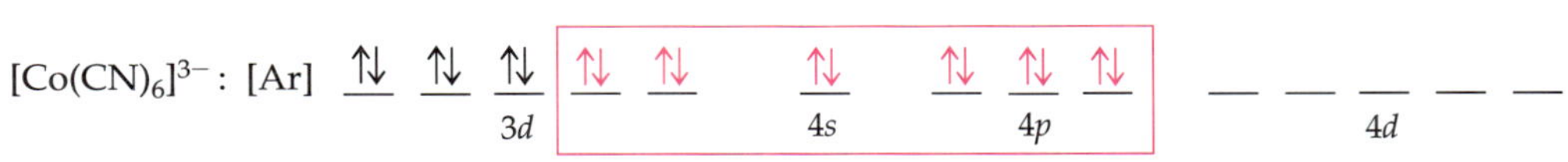

6개의 d^2sp^3가 리간드와 결합한다.

d^2sp^3와 sp^3d^2 혼성의 다른 점은 *d* 오비탈의 주양자수에 달려 있다. d^2sp^3 혼성에서 *d* 오비탈의 주양자수가 *s*와 *p* 오비탈의 주양자수보다 하나 작다. sp^3d^2 혼성에서는 *s*, *p*, *d* 오비탈의 주양자수가 모두 같다. 어떤 주어진 착물에서 사용하는 혼성이 무엇인가를 결정하려면 착물의 자기적 성질을 알아야 한다.

둘 이상의 스핀 상태를 나타내는 Co^{3+}와 같은 금속 착물은 **고스핀**이나 **저스핀**으로 분류한다. $[CoF_6]^{3-}$와 같은 **고스핀 착물(high-spin complex)**은 *d* 전자가 훈트 규칙에 따라 배열되어, 홀전자의 수가 최대이다. $[Co(CN)_6]^{3-}$와 같은 **저스핀 착물(low-spin complex)**은 *d* 오비탈에 짝진 전자들의 수는 최대가 되고, 홀전자의 수는 최소가 된다.

예제 21.10

원자가 결합 혼성 오비탈의 개념으로 착물의 결합 설명

$[V(NH_3)_6]^{3+}$의 결합을 원자가 결합 이론으로 설명하시오. 자유 금속 이온과 착물의 금속 이온의 경우, 오비탈 그림을 나타내시오. 금속 이온이 사용하는 혼성 오비탈은 무엇인지를 말하고, 홀전자의 수를 나타내시오.

전략 및 풀이

자유 V^{3+} 이온의 전자 배치는 [Ar] $3d^2$이며, 오비탈 그림은 다음과 같다.

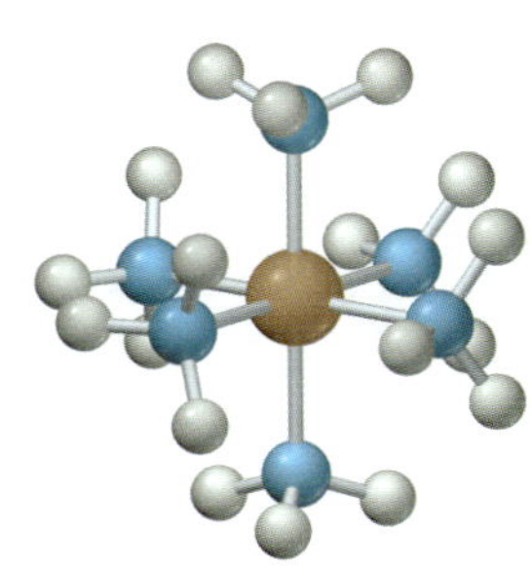

$[V(NH_3)_6]^{3+}$

V^{3+}: [Ar] ↑ ↑ __ __ __ (3d) __ (4s) __ __ __ (4p)

$[V(NH_3)_6]^{3+}$는 팔면체이므로, V^{3+} 이온은 6개의 NH_3 리간드로부터 6개의 전자쌍을 받아들일 때 d^2sp^3나 sp^3d^2 혼성 오비탈을 사용해야 한다. d^2sp^3 혼성을 더 선호한다. 몇 개의 3*d* 오비탈이 비어 있고, d^2sp^3 혼성이 sp^3d^2 혼성보다 더 낮은 에너지를 가지기 때문이다(3*d* 오비탈이 4*d* 오비탈보다 더 낮은 에너지를 가지기 때문). 따라서 $[V(NH_3)_6]^{3+}$의 오비탈 그림은 다음과 같다.

$[V(NH_3)_6]^{3+}$: [Ar] ↑ ↑ __ ⇅ ⇅ (3d) ⇅ (4s) ⇅ ⇅ ⇅ (4p)

6개의 d^2sp^3가 리간드와 결합한다.

이 착물은 두 개의 홀전자를 가지며, 따라서 상자기성이다.

연습문제 21.19 사각 평면 착물 $[PtCl_4]^{2-}$의 결합을 원자가 결합 이론으로 설명하시오. 자유 금속 이온과 착물의 금속 이온의 경우, 오비탈의 그림도 나타내시오. 금속 이온이 사용하는 혼성 오비탈이 무엇인지를 말하고, 홀전자 수를 말하시오.

응용문제 21.20 다음 각 착물의 결합을 원자가 결합 이론으로 설명하시오. 자유 금속 이온과 착물의 금속 이온의 경우, 오비탈의 그림도 나타내시오. 금속 이온이 사용하는 혼성 오비탈이 무엇인지를 말하고, 홀전자 수를 말하시오.

(a) $[Fe(CN)_6]^{3-}$ (저스핀) (b) $[Co(H_2O)_6]^{2+}$ (고스핀)

INQUIRY ? 시스플라틴이 어떻게 암세포를 죽일까?

1965년에 미시간 주립 대학교의 생물리학자인 로젠버그(Barnett Rosenberg)는 세포 분열에서 전기장의 영향을 탐색하던 중 놀라운 발견을 하였다. 그는 박테리아 일종인 *Escherichia coli*(*E. coli*)의 염화 암모늄 완충 용액에 전류를 통과시키는 실험을 하였는데, 이때 전극으로 백금 전극을 사용하였다. 그는 세포들이 일정 기간이 지난 후에 정상 세포들보다 약 300배 길게 늘어난 세포가 있음을 관찰하였다. 이러한 모양의 변화는 세포 분열이 억제되었기 때문이었다. 초기에 로젠버그는 전류가 세포 분열을 억제하는 것으로 제안하였으나, 그는 곧 백금 전극이 염화 암모늄과 반응하여 금속 착물인 $Pt(NH_3)_2Cl_2$를 만든다는 사실을 알아냈다. 이 시스 이성질체가 DNA와 반응하여 DNA 복제를 억제시켰다. 반면에 트랜스 이성질체는 DNA와 반응하지 않았다(**그림 21.28**).

이러한 실험 결과로 시스플라틴이라고 하는 시스 이성질체인 $Pt(NH_3)_2Cl_2$ 화합물은 유용한 항암제로서 고려되었다. 암세포의 증식을 빠르게 억제하는 능력 때문이었다. 시스플라틴은 1974년에 인디애나 대학교 암병동에서 고환암 환자인 클릴랜드(John Cleland)(22세 수의과 학생)의 치료를 위해 최초로 사용되었다. 그 당시에, 림프절과 폐로 이동하는 전이성 고환암의 생존률은 5% 미만이었다. 젊은 종양학자인 아인혼(Larry Einhorn)은 클릴랜드를 살리기 위해서 최후의 방편으로 시스플라틴과 다른 두 개의 약제를 처방하였다. 치료 후 클릴랜드는 10여 일 동안의 정기 검사를 받았는데, 놀랍게도 폐암 세포가 거의 사라졌다. 수년에 걸쳐서 시스플라틴은 괄목할 만한 임상적 성공을 거두었다. 잘 알려진 사이클 선수인 암스트롱(Lance Armstrong)의 경우를 포함하여 고환암의 경우 90% 이상의 치료 효과를 나타내었다. 또한 시스플라틴은 난소암, 방광암, 폐암, 위암에도 광범위하게 처방되고 있다. 시스플라틴의 성공은 엄청난 것이었으나, 환자들은 관절 통증, 심신 허약, 지속적인 메스꺼움 등의 심각한 부작용을 겪었다. 치료를 받은 환자들은 평균적으로 하루에 12번 구토를 하는 것으로 알려져 있으나, 현재 새로운 약제가 시스플라틴 치료 후 부작용을 다소 줄일 수 있도록 개발되었다.

어떻게 시스플라틴이 DNA 복제를 억제하는 것일까? 이와 같은 경로에 대해서는 아직까지 명확하게 설명되고 있지 않지만, 시스플라틴이 DNA와 결합을 통해서 암세포를 죽이는 것으로 믿고 있으며, 실제로 이와 같은 결합은 암세포를 죽음에 이르게 한다. 시스플라틴과 많은 항암 화학요법이 모든 세포를 죽이지만, 이 효과는 빠르게 분열하는 암세포에서 더 두드러진다. 하지만 불행히도 모발, 위벽과 같이 빠르게 분열하는 다른 세포들도 크게 영향을 받는다. 시스플라틴이 혈장 내의 염화 이온의 농도(100 mM)가 충분한 신체에 주입되었을 때, 물에 의한 염화 이온(Cl^-) 리간드의 치환은 제한적이다. 시스플라틴이 세포막을 통해 염화물 농도가 낮은 (4~20 mM) 세포 내부로 확산된다. 이때 시스플라틴은 물과 반응하여 반응성이 큰 전하를 가지는 $[Pt(NH_3)_2(H_2O)Cl]^+$를 생성한다. 이 생성물은 구아닌 또는 아데닌 염기의 질소 원자를 통해서 DNA에 배위하게 된다(**그림 21.29**). 남은 염화 이온 리간드 역시 백금이 두 번째 뉴클레오타이드 염기와 결합할 수 있도록 물에 의해서 치환된다. 이때 DNA 가닥의 심한 뒤틀림이 일어난다(**그림 21.30**). 시스플라틴–DNA 첨가 생성물에 의해서 야기된 DNA 가닥의 굽힘은 DNA에서 결합

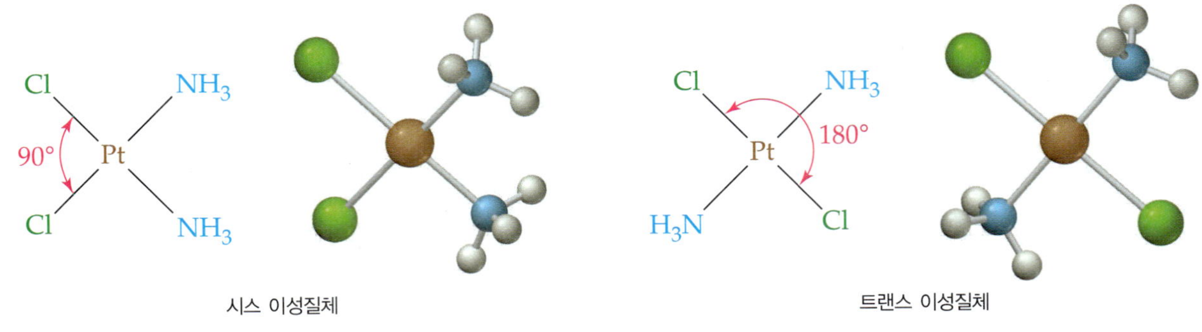

▲ **그림 21.28**
사각 평면 착물 $Pt(NH_3)_2Cl_2$의 부분 입체 이성질체. 두 화합물들은 원자들 사이의 결합은 동일하지만, 공간상에서 다른 원자 배열을 가진다.

을 검출하도록 설계된 DNA '교정(proofreading)' 과정을 수반하는 단백질이 인지한다. 시스플라틴에 의해서 야기된, DNA의 결함에 대한 검출은 세포 사멸에 이르게 하는 신호 전달 체계를 개시하게 한다.

시스플라틴이 효과적인 항암제임에도 불구하고, 연구자들은 보다 효과적이고 부작용이 적은 다른 종류의 백금 착물을 개발하고 있다. 가장 보편적인 백금 착물은 카보플라틴이며, 진행성 난소암 처치에 적합한 항암제로 1989년에 파라플라틴이라는 이름으로 미국 시장에 진입하였으며, 지금은 시스플라틴보다 더 많이 팔리고 있다. 카보플라틴[*cis*-diamine(1,1-cyclobutanedicarboxylato)platinum(II)]은 독성이 덜하다. 독성 유도체로 변환되는 착물의 분해 과정이 느리기 때문이다. 또한 백금 원자가 두 개 이상인 화합물들도 연구되고 있다. 화합물 BBR 3464는 시스플라틴보다 효능이 더 좋으며, 백금에 저항하는 세포계에 대항할 수 있는 가능성을 보여 준다.

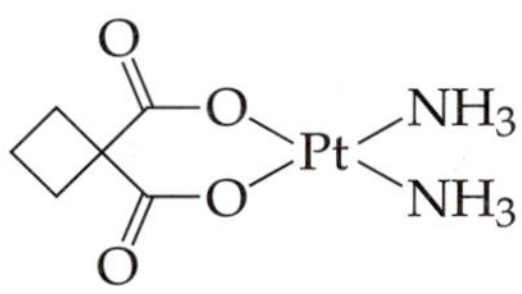

카보플라틴

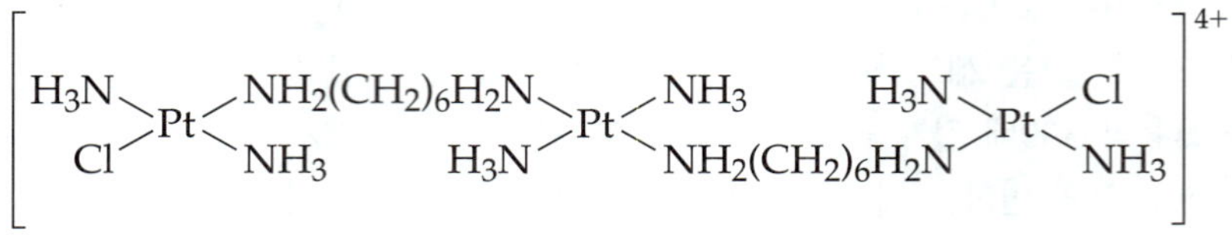

화합물 BBR 3464

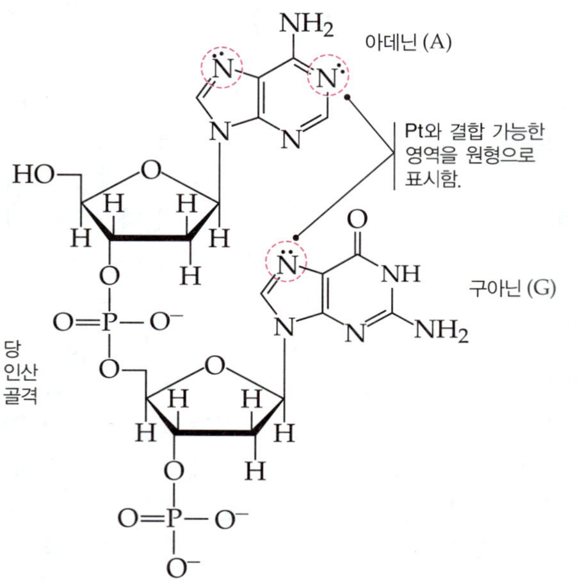

▲ 그림 21.29
구아닌과 아데닌 염기에 Pt의 결합 가능 영역을 보여 주는 일부 DNA 가닥의 모식도. $[Pt(NH_3)_2(H_2O)Cl]^+$의 초기 선호 결합 자리는 구아닌의 질소 원자이다.

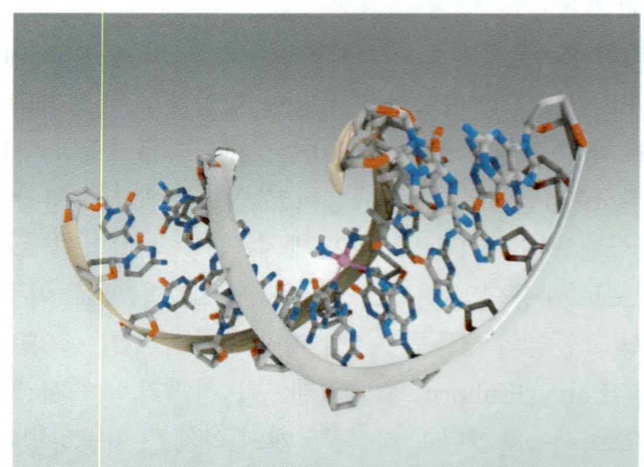

▲ 그림 21.30
시스플라틴은 2개의 구아닌 염기를 함유하는 DNA에 배위되었다. 시스플라틴이 결합하면 DNA가 구부러져 세포가 분열되는 것을 방지한다. 세포는 손상을 복구하려고 하지만 복구할 수 없다. 따라서 세포 사멸이 시작된다.

문제 21.21 그림 21.29는 항암제인 시스플라틴에서 Pt와 결합하는 DNA 염기 아데닌 및 구아닌의 위치를 보여 주고 있다. 리간드의 주개 원자는 무엇인가? 왜 이 원자가 주개 원자로서 작용할 수 있는가?

문제 21.22 항암제인 시스플라틴 $Pt(NH_3)_2Cl_2$에 대하여 다음 물음에 답하시오.

(a) 시스플라틴은 일반 명칭이다. 이 화합물을 명명법에 따라 명명하시오.

(b) Pt의 산화 상태와 배위수는 무엇인가?

(c) 암모니아 및 염화 이온이 Pt^{2+}와 반응하여 시스플라틴을 형성했을 때, 루이스 산과 염기로 작용하는 것은 무엇인가?

(d) 시스플라틴에서 Pt의 전자 배치를 쓰시오.

문제 21.23 결정장 이론에 따라 *d* 오비탈 에너지 준위 도표를 그리고, 사각 평면 시스플라틴 분자의 홀전자 수를 예측하시오.

문제 21.24 수용액 상에서 시스플라틴은 다음과 같은 평형 상태로 존재한다.

$$Pt(NH_3)_2Cl_2(aq) + H_2O(l) \rightleftharpoons [Pt(NH_3)_2(H_2O)Cl]^+(aq) + Cl^-(aq)$$

(a) 정반응이 혈장 내에서는 매우 제한적으로 진행되지만, 세포 내부에서는 활발히 일어나는 이유를 설명하시오.

(b) 착이온 $[Pt(NH_3)_2(H_2O)Cl]^+$을 명명하시오.

(c) Cl^- 리간드가 H_2O 리간드로 치환될 경우, 최대 흡수 파장이 어떻게 이동할지 예측하시오.

문제 21.25 시스플라틴 외에, DNA 복제를 억제시키는 매우 효과적인 백금 착물은 $PtCl_4(NH_3)_2$이다.

(a) 백금의 산화 상태는 무엇인가?

(b) 이 화합물을 명명하시오.

(c) 가능한 부분 입체 이성질체를 그리시오.

(d) 거울상 이성질체가 존재하는가?

정리

절	개념 요약	학습 목표	문제
21.1 전자 배치	**전이 원소** 또는 ***d* 구역 원소**는 주기율표 중앙에 위치하고 있는 금속성 원소이다. 대부분의 중성 원자는 $(n-1)d^{1\sim10}ns^2$의 전자 배치를 갖고, 양이온은 $(n-1)d^{0\sim10}$의 전자 배치를 갖는다.	21.1 전이 금속의 전자 배치를 쓰고, 전이 금속 이온에서 홀전자 수를 예측한다.	예제 21.1; 문제 21.16~21.17, 21.37~21.38
21.2 전이 원소의 성질	전이 금속 원소는 전성을 가지며, 열과 전기의 좋은 전도체이다. 원자 반지름, 이온화 에너지, 산화 전위의 경향성은 유효 핵전하와 전자–전자 반발을 검토함으로써 설명할 수 있다.	21.2 주기율표에서 전이 금속 원소의 물리적, 화학적 성질의 경향성을 설명한다. 이러한 경향성을 보이는 이유를 설명한다.	문제 21.28, 21.40, 21.42, 21.45, 21.48
21.3 전이 원소의 산화 상태	전이 금속은 다양한 산화 상태를 보여 준다. 금속 이온이 높은 산화 상태이면 좋은 산화제($Cr_2O_7^{2-}$, MnO_4^-)이며, 낮은 산화 상태의 초기 전이 금속 이온(V^{2+}, Cr^{2+})은 좋은 환원제이다.	21.3 전이 금속 이온의 산화와 환원 세기는 금속 이온의 산화 상태 및 주기율표에서의 위치와 관련이 있다.	문제 21.56, 21.58, 21.60
21.4 배위 화합물	**배위 화합물**(금속 착물)이란 배위 공유 결합에 의해서 중심 금속 이온과 주위의 일련의 **리간드**와 결합한 화합물이다. 금속과 결합한 리간드 주개 원자의 수를 금속의 **배위수**라고 한다. 일반적인 배위수와 기하 구조는 2(선형), 4(사면체 또는 사각 평면), 6(팔면체)이다. 착물의 체계적인 명명으로 리간드의 수, 금속 및 금속의 산화 상태를 명시할 수 있다.	21.4 배위 화합물에서 루이스 산, 염기, 리간드와 주개 원자들을 확인한다. 21.5 배위 화합물의 화학식을 결정하고, 금속 원자의 산화 상태와 배위수를 확인하며, 그 착물의 구조를 그린다.	문제 21.74~21.75 예제 21.2; 문제 21.62, 21.66, 21.68, 21.70
21.5 리간드	리간드는 금속과 배위 가능한 **리간드 주개 원자** 수에 따라 **한 자리** 또는 **여러 자리 리간드**가 있다. 여러 자리 리간드는 **킬레이트제**라고도 한다. 이 리간드는 **킬레이트 고리**로 알려진 고리를 갖는 금속 킬레이트 착물을 형성한다.	21.6 리간드를 화학 구조에 따라 한 자리, 두 자리, 네 자리, 여섯 자리 리간드로 분류한다.	문제 21.30~21.31
21.6 배위 화합물 명명법	배위 화합물은 IUPAC에서 정한 규칙에 따라 명명된다. 명명 규칙은 이온 결합 화합물의 명명과 유사하다. 첫 번째로 양이온을, 두 번째로 음이온을 쓴다. 리간드의 명명은 알파벳 순서에 따르며, 리간드의 숫자를 나타내기 위해 그리스어 접두사를 사용한다. 전이 금속 이온의 산화 상태는 로마자 숫자 체계를 따르며 괄호 안에 표시한다.	21.7 배위 화합물의 체계적인 이름을 명명한다.	예제 21.3~21.4; 문제 21.32, 21.78, 21.82
21.7 이성질체	많은 착물에는, 화학식은 동일하지만 구성하고 있는 원자가 다른 배치를 갖는 **이성질체**가 존재한다. **결합 이성질체**와 **이온화 이성질체** 등의 **구조 이성질체**는 화합물을 구성하고 있는 원자 사이의 연결이 다르다. **입체 이성질체**는 화합물을 구성하고 있는 원자들 사이의 연결은 동일하나, 공간상의 원자 배열이 다르다. **부분 입체 이성질체**는 사각 평면과 팔면체 착물의 **시스**와 **트랜스 이성질체**의 예와 같이, 거울상이 존재하지 않는 입체 이성질체이다.	21.8 그림 21.11의 분류표에 따라 이성질체를 분류한다. 21.9 팔면체와 사각 평면 착물의 부분 입체 이성질체를 그린다.	예제 21.5; 문제 21.84~21.85, 21.94 예제 21.6; 문제 21.86~21.87

절	개념 요약	학습 목표	문제
21.8 거울상 이성질체	손대칭성을 가진 화합물을 **카이랄성**이라고 한다. 나머지 다른 모든 분자는 **비카이랄성**이다. 거울상 이성질체는 거울상이 존재하는 입체 이성질체로 '좌회전성'과 '우회전성'의 $[Co(en)_3]^{3+}$이 있다. 하나의 거울상 이성질체는 오른쪽 방향'으로 편광면을 회전시키고, 다른 하나는 반대 방향으로 같은 각도만큼 편광면을 회전시킨다. 두 개의 거울상 이성질체 1:1 혼합물을 **라셈 혼합물**이라고 한다.	21.10 배위 화합물을 카이랄과 비카이랄로 구분하고, 카이랄 화합물의 거울상 이성질체를 그린다.	예제 21.7; 문제 21.88, 21.90, 21.96
21.9 전이 금속 착물의 색깔	많은 전이 금속 착물은 아름다운 색깔을 가진다. 전자기 스펙트럼에서 가시광선 영역에 존재하는 들뜬 상태와 바닥 상태의 에너지 차이 때문이다. 금속 착물에 의해서 흡수된 빛의 파장(λ)은 **두 상태 사이의 에너지 차이 $\Delta E = E_2 - E_1$**에 의해 결정되며, 에너지는 $\Delta E = h\nu = hc/\lambda$이다. 이때 h는 플랑크 상수, ν는 빛의 진동수, c는 빛의 속도이다.	21.11 금속 착물의 색깔, 흡수한 빛의 파장, 바닥 상태와 들뜬 상태의 에너지와 차이의 관계를 말한다.	문제 21.100~21.101
21.10 결정장 이론	**결정장 이론**은 금속-리간드 결합이 완전히 이온성인 것으로 가정한다. d 전자와 리간드 사이의 정전기적 반발 때문에 d 오비탈 에너지는 상승한다. **결정장 갈라짐**(Δ)이라 부르는 에너지 분리에 의해 d 오비탈이 갈라진다. 팔면체 착물에서 d_{z^2}와 $d_{x^2-y^2}$ 오비탈은 d_{xy}, d_{xz}, d_{yz} 오비탈보다 더 큰 에너지를 갖는다. 사면체와 사각 평면 착물은 서로 다른 갈라짐 모양을 보인다. 착물의 색은 d 오비탈 중 한 오비탈에서 다른 오비탈로 전자 전이에 의존한다. 전이 에너지는 **분광 화학적 계열** 내 리간드의 위치에 의존한다. **약한장 리간드**는 Δ 값이 작고, **강한장 리간드**는 Δ 값이 크다. 결정장 이론은 Δ 값의 상대적 크기와 스핀 짝지음 에너지 P로 착물의 자기적 성질을 설명한다. 작은 Δ 값은 **고스핀 착물**을 형성하고, 큰 Δ 값은 **저스핀 착물**을 형성한다.	21.12 팔면체와 사각 평면 착물의 결정장 에너지 준위 도표를 그린다. 강한장 또는 약한장 리간드를 구분하고, 착물의 색과 자기성을 결정장 이론에 의거하여 설명한다.	예제 21.8~21.9; 문제 21.104, 21.106, 21.108, 21.114, 21.116, 21.124
21.11 착물의 결합: 원자가 결합 이론	원자가 결합 이론은 착물의 결합을 2-전자 배위 공유 결합으로 설명한다. 즉, 리간드로 향하고 있는 금속의 비어 있는 혼성 오비탈[sp(선형), sp^3(사면체), dsp^2(사각 평면), d^2sp^3 또는 sp^3d^2(팔면체)]에 채워진 리간드 오비탈이 겹쳐짐으로써 결합이 형성된다는 것이다.	21.13 금속 착물의 결합을 원자가 결합 이론으로 설명한다. 여기에는 오비탈 그림, 금속 원자와 홀전자 수를 이용한 혼성 오비탈을 포함한다.	예제 21.10; 문제 21.16, 21.128

주요 용어

강한장 리간드
거울상 이성질체
결정장 갈라짐(Δ)
결정장 이론
결합 이성질체
고스핀 착물
구조 이성질체
금속 착물
대칭면
두 자리 리간드
라셈 혼합물
란타넘족 수축
리간드
리간드 주개 원자
배위수
배위 화합물
부분 입체 이성질체
분광 화학적 계열
비카이랄성
수화물
시스 이성질체
약한장 리간드
여러 자리 리간드
여섯 자리 리간드
이성질체
이온화 이설질체
입체 이성질체
저스핀 착물
카이랄
킬레이트
킬레이트 고리
킬레이트제
트랜스 이성질체
한 자리 리간드
흡수 스펙트럼

주요 식

• 결정장 갈라짐 에너지 Δ와 d–d 전자 전이에서 흡수되는 빛의 파장 λ 사이의 관계(21.9절)

$$\Delta = h\nu = \frac{hc}{\lambda}$$

여기서 h는 플랑크 상수, ν은 빛의 진동수, c는 빛의 속도이다.

복습 문제

LO는 학습 목표(Learning Objectives)를 나타낸다.

이 장을 학습한 후엔, 학습자의 이해도를 평가할 수 있는 방법이 있다. **복습 문제**를 푸는 것이다. **복습 문제**들은 이 장의 학습 목표와 연계되어 있다. 따라서 푼 답이 틀렸다면, 이 장의 끝부분에 나와 있는 **정리** 문단의 **학습 목표**를 참고하면 된다. 정리 문단에는 **개념 요약**이 제공되며, **예제**를 참고하면 문제 해결 방법을 모델링할 수 있고, 제공되는 **추가 문제**들로 더 많은 연습을 할 수 있다.

1. Co^{2+}의 전자 배치를 쓰시오. 자유 금속 이온에서 홀전자는 몇 개인가? (**LO 21.1**)
   (a) $[Ar]3d^5\,4s^2$; 5개의 홀전자
   (b) $[Ar]3d^5\,4s^2$; 1개의 홀전자
   (c) $[Ar]3d^7$; 3개의 홀전자
   (d) $[Ar]3d^7$; 1개의 홀전자

2. 유효 핵전하(Z_{eff})에 근거했을 때, 다음 이온 중 가장 강한 산화제는? (**LO 21.3**)
   (a) Cu^{2+} (b) Ni^{2+}
   (c) Fe^{2+} (d) Mn^{2+}

3. 옥살산 이온이 망가니즈와 반응하여 $[Mn(C_2O_4)_3]^{2-}$를 생성할 때 루이스 염기는 무엇이고, Mn의 산화 상태와 착물의 배위수는 얼마인가? (**LO 21.4, 21.5**)
   (a) 루이스 염기는 $C_2O_4{}^{2-}$; Mn의 산화수는 +3; 배위수는 3
   (b) 루이스 염기는 $C_2O_4{}^{2-}$; Mn의 산화수는 +4; 배위수는 6
   (c) 루이스 염기는 Mn^{2+}; Mn의 산화수는 +2; 배위수는 3
   (d) 루이스 염기는 Mn^{4+}; Mn의 산화수는 +4; 배위수는 6

   아래 리간드 구조를 참고하여 문제 4와 5에 답하시오.

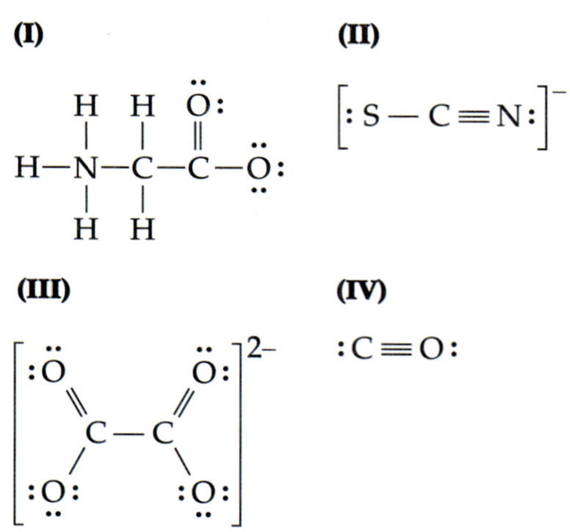

4. 다음 중 한 자리 리간드인 것은? (**LO 21.6**)
   (a) III (b) I과 II
   (c) IV (d) I, II와 IV

5. 다음 중 결합 이성질체에 참여할 수 있는 것은? (**LO 21.8**)
   (a) 모두 (b) I, II와 III
   (c) I과 IV (d) II와 IV

6. 화합물 $[Fe(H_2O)_5SCN]Cl_2$의 이름은 무엇인가? (**LO 21.7**)
   (a) 염화 펜타아쿠아싸이오사이안산철(III)
   (b) 펜타아쿠아클로로싸이오사이안산 철(III)
   (c) 이염화 펜타아쿠아싸이오사이안산철(III)
   (d) 염화 펜타아쿠아싸이오사이안산철(II)

7. 아래에 있는 착이온 $[Fe(en)_2Cl_2]^+$의 구조에 대한 설명으로 옳지 않은 것은? (**LO 21.9, 21.10**)

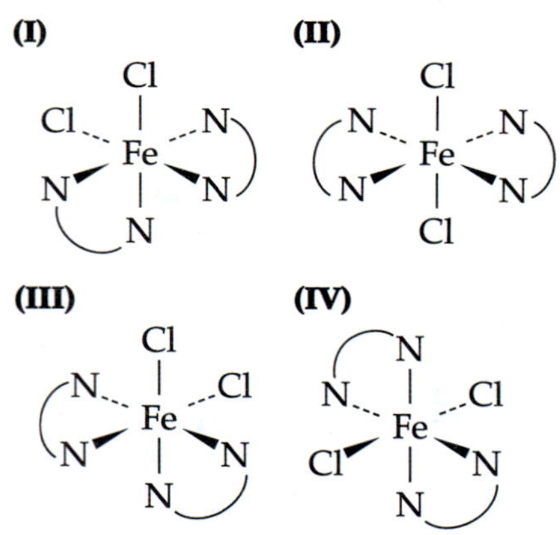

   (a) I과 II 구조는 시스–트랜스 이성질체이다.
   (b) I과 IV 구조는 시스–트랜스 이성질체이다.
   (c) I과 III 구조는 거울상 이성질체이다.
   (d) II와 IV 구조는 거울상 이성질체이다.

8. 코발트 착물의 최대 흡광도 파장에 근거해서, 다음 각 리간드를 약한장 리간드로부터 강한장 리간드 순서로 나열하시오. (**LO 21.11, 21.12**)

배위 착물	최대 흡광 파장
$[Co(NH_3)_6]^{2+}$	430 nm
$[Co(NH_3)_5Cl]^{2+}$	522 nm
$[Co(NH_3)_5NCS]^{3+}$	470 nm
$[Co(NH_3)_5H_2O]^{3+}$	500 nm

(a) $Cl^- < NCS^- < H_2O < NH_3$
(b) $NH_3 < NCS^- < H_2O < Cl^-$
(c) $H_2O < Cl^- < NH_3 < NCS^-$
(d) $Cl^- < H_2O < NCS^- < NH_3$

9. 착물 $[Fe(NH_3)_6]^{3+}$의 결정장 에너지 도표는 다음 중 어느 것인가? (**LO 21.12**)

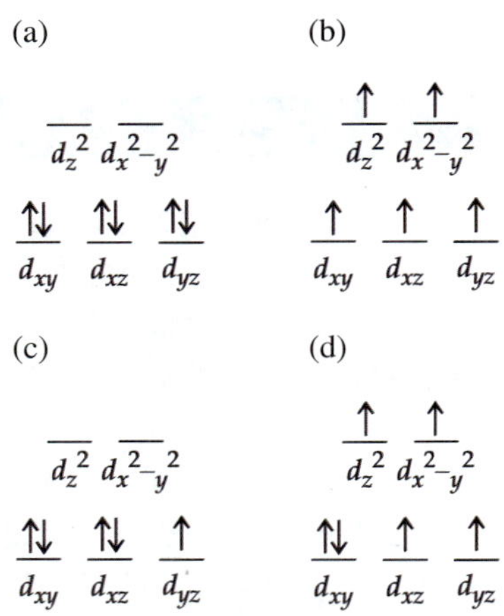

10. 사면체 구조를 갖는 $[VCl_4]^-$ 착이온에서 금속 이온의 혼성 오비탈은 무엇이며, 홀전자는 몇 개인가? (**LO 21.13**)
(a) sp^3; 2개의 홀전자
(b) sp^3; 2개의 홀전자
(c) sp^3d^2; 3개의 홀전자
(d) sp^3d^2; 4개의 홀전자

답:

1. c, 2. a, 3. b, 4. d, 5. d, 6. a, 7. d, 8. d, 9. c, 10. a

개념 문제

문제 21.1~21.25는 이 장의 본문 중에 있다.

21.26 다음 전자 배치를 갖는 전이 원소를 아래 주기율표에 표시하고, 이름을 밝히시오.
(a) [Ar] $3d^7\ 4s^2$ (b) [Ar] $3d^5\ 4s^1$
(c) [Kr] $4d^2\ 5s^2$ (d) [Xe] $4f^3\ 6s^2$

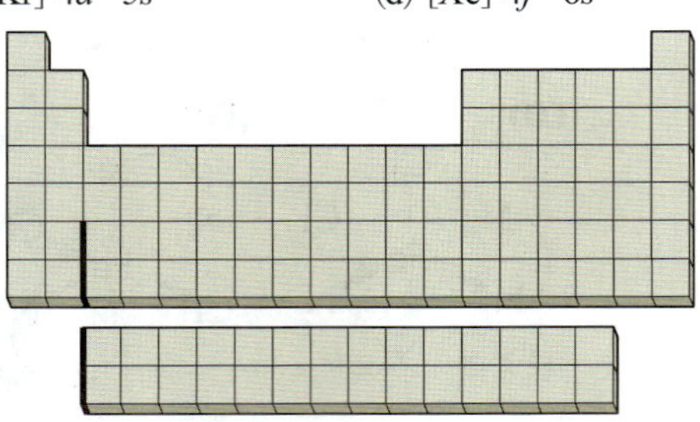

21.27 원소 A, B, C, D의 주기율표상 위치는 그림과 같다.

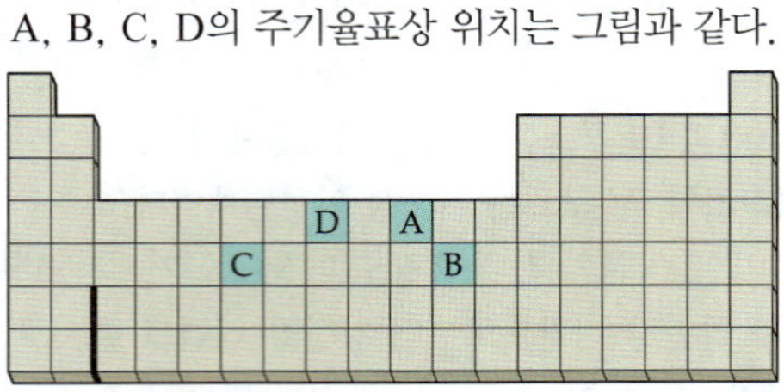

다음 전이 금속 이온들의 전자 배치를 나타내시오.
(a) A^{2+} (b) B^+
(c) C^{3+} (d) DO_4^{2-}

21.28 제1 전이 원소(Sc에서 Zn까지)의 왼쪽에서 오른쪽으로 감에 따라 나타나는 일반적인 경향은 무엇인가? 각 경향을 설명하시오.

Sc	Ti	V	Cr	Mn	Fe	Co	Ni	Cu	Zn

(a) 원자 반지름
(b) 밀도
(c) 이온화 에너지
(d) 표준 산화 전위

21.29 옥살산 이온은 그림 21.8에서 보듯이 두 자리 리간드이다. 탄산 이온은 한 자리 리간드일지, 두 자리 리간드일지 예상하시오. 그 이유를 설명하시오.

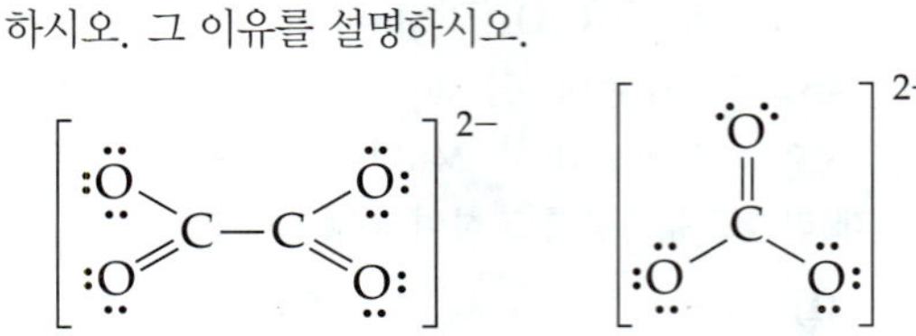

옥살산 이온 탄산 이온

21.30 다음 리간드를 한 자리 리간드, 두 자리 리간드, 세 자리 리간드, 네 자리 리간드 등으로 분류하시오. 어떤 리간드가 킬레이트 고리를 형성하는가?

(a)

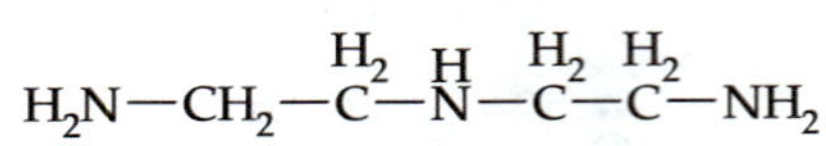

(b)

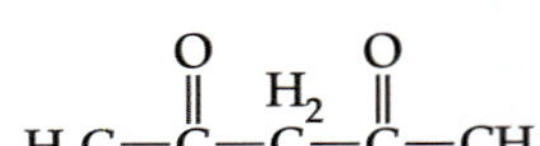

(c)

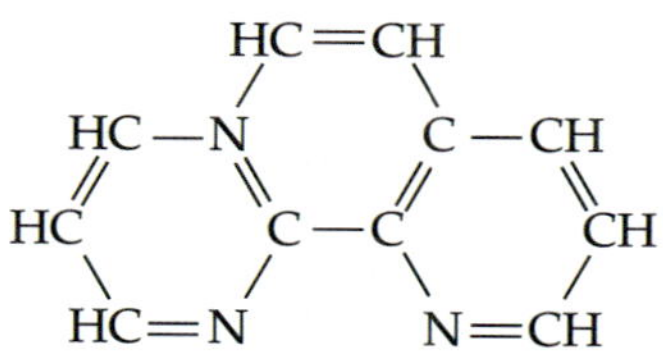

(d)

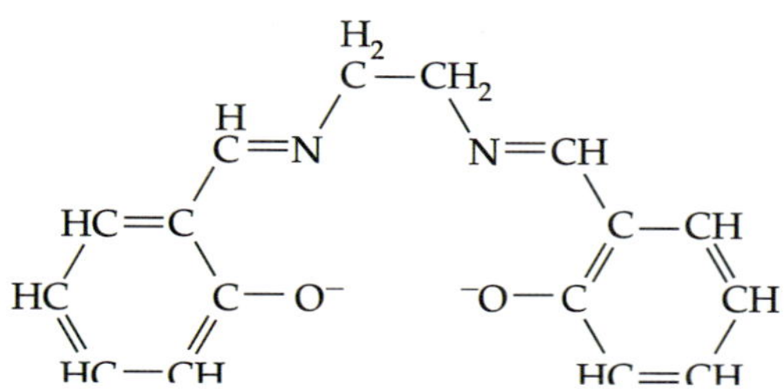

21.31 다음 리간드를 한 자리 리간드, 두 자리 리간드, 세 자리 리간드 등으로 분류하시오. 킬레이트 고리를 형성하는 것은 어느 것인가?

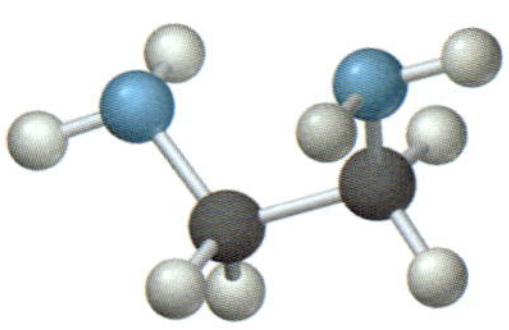

(a) $NH_2CH_2CH_2NH_2$

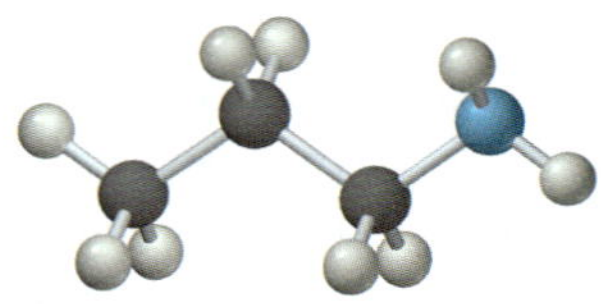

(b) $CH_3CH_2CH_2NH_2$

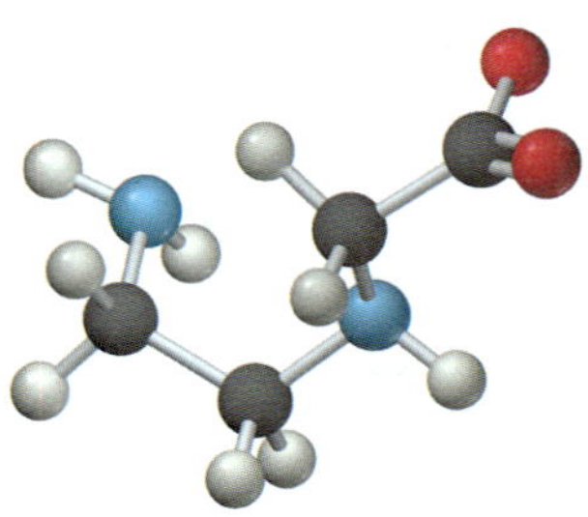

(c) $NH_2CH_2CH_2NHCH_2CO_2^-$

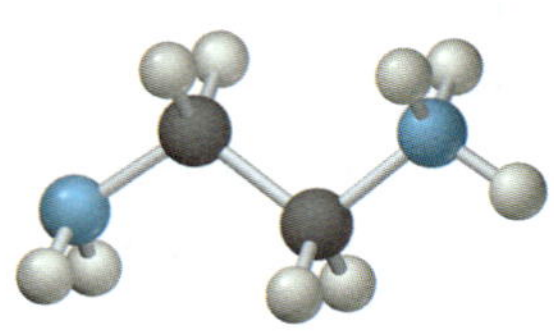

(d) $NH_2CH_2CH_2NH_3^+$

21.32 다음 분자 또는 이온의 체계적인 이름은 무엇인가? 부분 입체 이성질체의 경우, 시스, 트랜스 접두사를 포함시키시오. 백금은 사각 평면 착물일 경우 Pt(II)이고, 팔면체 착물일 경우 Pt(IV)이다.

● = Pt ●⌒● = $NH_2CH_2CH_2NH_2$ ● = NH_3 ● = Cl ● = H_2O

(1)

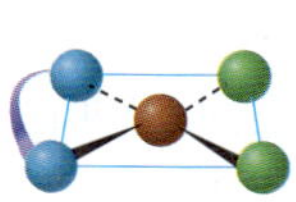

(2)

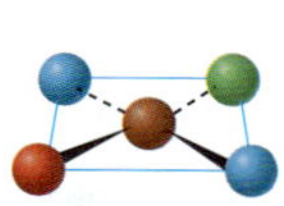

(3)

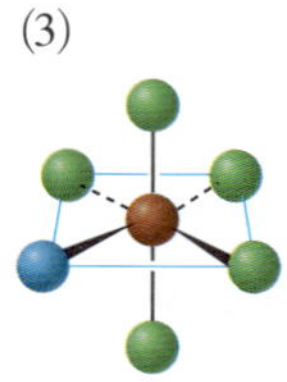

(4)

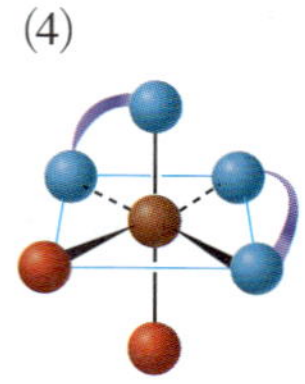

21.33 $[Cr(NH_3)_2Cl_4]^-$의 다음 이성질체를 생각해 보자.

● = Cr ● = NH_3 ● = Cl

(1)

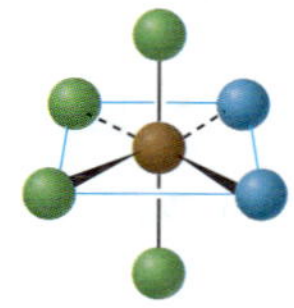

(2)

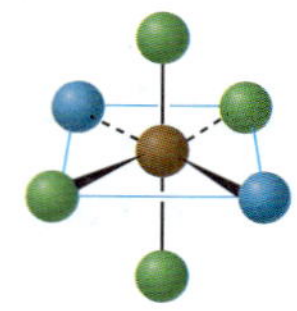

(3)

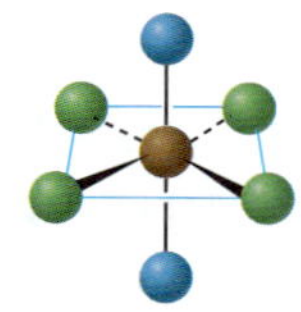

(4)

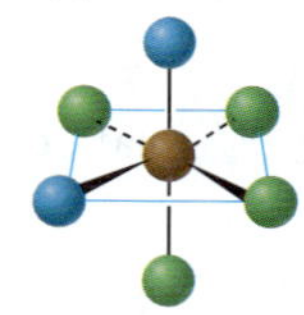

(a) 각 이성질체를 시스 또는 트랜스로 구분하시오.

(b) 어떤 이성질체가 같은 것이고, 어떤 이성질체가 다른 것인가?

(c) 이 중에서 거울상 이성질체가 존재하나? 설명하시오.

21.34 다음 에틸렌다이아민 착물을 생각해 보자.

● = Cr ●⌒● = $NH_2CH_2CH_2NH_2$ ● = Cl

(1)

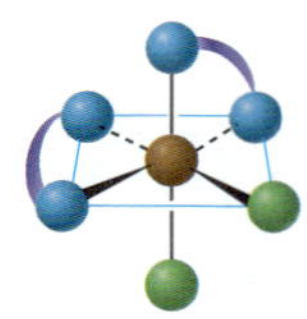

(2)

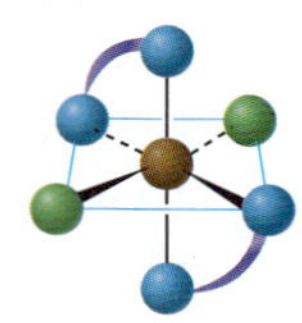

(3)

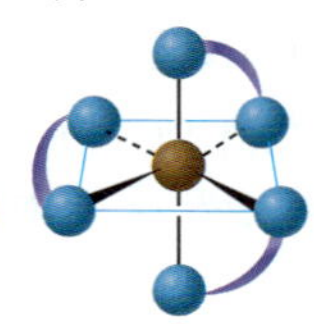

(4)

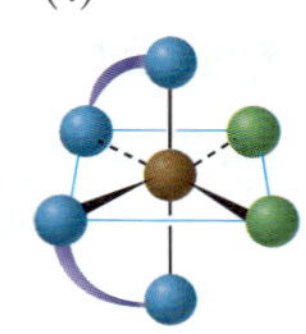

(a) 어떤 착물이 카이랄성이고, 어떤 것이 비카이랄성인가?

(b) 각 카이랄성 착물의 거울상 이성질체를 그리시오.

(c) 이들 카이랄성 착물 중 서로 거울상 이성질체인 것은 어느 것인가?

21.35 두 개의 착물을 생각해 보자. 하나는 사면체, 하나는 사각 평면 착물이다. 이들은 중심 원자가 다음에 다른 색으로 나타낸 네 개의 다른 리간드와 결합하고 있다. 이들은 카이랄성인가? 설명하시오.

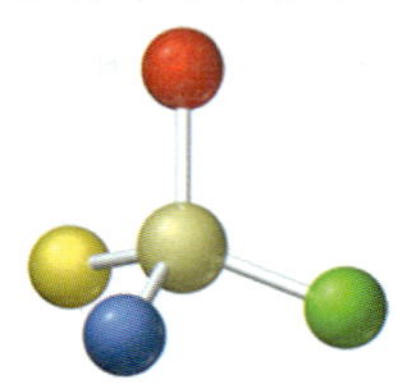

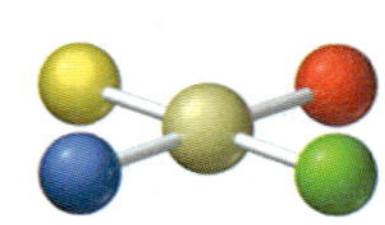

보충 문제

전자 배치(21.1절)

21.36 주기율표를 이용하여 다음 각 원자와 이온의 전자 배치를 쓰시오.

(a) Co (b) Co^{2+}

(c) CoO_4^{3-}에서 Co(V) (d) CoF_6^{2-}에서 Co(IV)

21.37 다음 각 원자와 이온의 전자 배치를 쓰시오.

(a) Cr (b) Cr^{3+}

(c) $Cr_2O_4^{2-}$에서 Cr(III) (d) $Cr_2O_7^{2-}$에서 Cr(VI)

21.38 다음 각 이온의 홀전자 수를 예측하시오.

(a) Cu^{2+} (b) Ti^{2+}

(c) Zn^{2+} (d) Cr^{3+}

21.39 다음 각 이온의 홀전자 수를 예측하시오.

(a) Sc^{3+} (b) Co^{2+}

(c) Mn^{3+} (d) Cr^{2+}

전이 원소의 성질(21.2절)

21.40 제트 비행기 엔진 제조에 사용되는 타이타늄은 포타슘이나 칼슘보다 훨씬 더 단단하다. 이유를 설명하시오.

21.41 몰리브데넘(녹는점 2623 °C)은 이트륨(녹는점 1522 °C)이나 카드뮴(녹는점 321 °C)보다 녹는점이 높다. 이유를 설명하시오.

21.42 다음을 간단히 설명하시오.

(a) 원자 반지름은 Sc > Ti > V의 순서로 감소한다.

(b) 밀도는 Ti < V < Cr의 순서로 증가한다.

21.43 다음 원자들을 원자 반지름이 작은 순으로 나열하고, 그 경향을 설명하시오.

(a) Cr (b) Ti (c) Mn (d) V

21.44 란타넘족 수축이란 무엇이며, 왜 일어나는가?

21.45 지르코늄(160 pm)과 하프늄(159 pm)의 원자 반지름은 거의 비슷하다. 이를 설명하시오.

21.46 제1 전이 원소의 처음 두 이온화 에너지를 합하고, 일반적인 경향을 설명하시오.

21.47 Sc부터 Zn까지 제1 전이 금속의 표준 산화 전위에 나타나는 경향성은 무엇인가? 이런 경향성을 갖는 이유는 무엇인가?

21.48 Ti와 Zn 중 어느 것이 더 쉽게 산화되는가?

21.49 Sc와 Co 중 어느 것이 더 쉽게 산화되는가?

21.50 공기가 없는 상태에서 다음 각 금속들이 염산과 반응할 때 균형 알짜 이온 반응식을 쓰시오. 반응이 일어나지 않으면 '반응 없음'이라고 표기하시오.

(a) Cr (b) Zn (c) Cu (d) Fe

21.51 공기가 없는 상태에서 다음 금속들과 묽은 황산이 반응할 때, 이 반응의 균형 알짜 이온 반응식을 쓰시오. 만일 반응이 일어나지 않으면 '반응 없음'이라고 표기하시오.

(a) Mn (b) Ag (c) Sc (d) Ni

산화 상태(21.3절)

21.52 다음 중 산화 상태가 둘 이상인 전이 금속 원소는 어느 것인가?

(a) Ti (b) V (c) Cr (d) Zn

21.53 다음 중 산화 상태가 오직 하나인 원소는 어느 것인가?

(a) Cu (b) Mn (c) Ni (d) Sc

21.54 Sc에서 Zn까지에서 각 원소의 최고 산화 상태는 무엇인가?

21.55 전이 금속 중 앞쪽에 존재하는 금속 Sc, Ti, V, Cr, Mn의 최고 산화 상태는 주기율표의 족 수와 같다. 주기율표 뒤쪽에 존재하는 금속 Fe, Co, Ni의 최고 산화 상태는 주기율표 족 수보다 항상 작다. 그 이유를 설명하시오.

21.56 Cr^{2+}와 Cu^{2+} 중 더 강한 산화제는 어느 것인가? 그 이유를 설명하시오.

21.57 Ti^{2+}와 Ni^{2+} 중 더 강한 환원제는 어느 것인가? 그 이유를 설명하시오.

21.58 산화 상태가 +2인 바나듐을 포함한 화합물이 산화제인가 환원제인가? 그 이유를 설명하시오.

21.59 Fe^{6+}를 포함한 화합물은 산화제인가 환원제인가? 그 이유를 설명하시오.

21.60 산화제로서의 세기가 증가하는 순으로 다음 물질들을 나열하시오. 그 경향성을 설명하시오.

(a) Mn^{2+} (b) MnO_2 (c) MnO_4^-

21.61 환원제로서의 세기가 증가하는 순으로 다음 물질들을 나열하시오. 그 경향성을 설명하시오.

(a) Cr^{2+} (b) Cr^{3+} (c) $Cr_2O_7^{2-}$

배위 화합물(21.4절)

21.62 다음 각 착물 내 금속의 배위수는 얼마인가?

(a) $AgCl_2^-$ (b) $[Cr(H_2O)_5Cl]^{2+}$

(c) $[Co(NCS)_4]^{2-}$ (d) $[ZrF_8]^{4-}$

(e) $[Fe(EDTA)(H_2O)]^-$

21.63 다음 각 착물 내 금속의 배위수는 얼마인가?

(a) $[Ni(CN)_5]^{3-}$ (b) $Ni(CO)_4$

(c) $[Co(en)_2(H_2O)Br]^{2+}$ (d) $[Cu(H_2O)_2(C_2O_4)_2]^{2-}$

(e) $Co(NH_3)_3(NO_2)_3$

21.64 문제 21.62의 각 착물 내 금속의 산화 상태는 무엇인가?

21.65 문제 21.63의 각 착물 내 금속의 산화 상태는 무엇인가?

21.66 다음 각 화합물 내 금속의 산화 상태를 확인하시오.

(a) $Co(NH_3)_3(NO_2)_3$ (b) $[Ag(NH_3)_2]NO_3$

(c) $K_3[Cr(C_2O_4)_2Cl_2]$ (d) $Cs[CuCl_2]$

21.67 다음 각 화합물 내 금속의 산화 상태는 얼마인가?

(a) $(NH_4)_3[RhCl_6]$ (b) $[Cr(NH_3)_4(SCN)_2]Br$

(c) $[Cu(en)_2]SO_4$ (d) $Na_2[Mn(EDTA)]$

21.68 다음 각 화합물의 경우, 전하를 포함한 화학식은 무엇인가?

(a) 3개의 암모니아와 3개의 Cl^- 이온 리간드를 가진 이리듐(III) 착물

(b) 2개의 물과 2개의 옥살산 리간드를 가진 크로뮴(III) 착물

(c) 2개의 에틸렌다이아민과 2개의 싸이오사이안산 리간드를 가진 백금(IV) 착물

21.69 다음 각 화합물의 경우, 전하를 포함한 화학식은 무엇인가?

(a) 6개의 물 분자 리간드를 가진 철(III) 착물

(b) 2개의 에틸렌다이아민과 2개의 브로민화 이온 리간드를 가진 니켈(II) 착물

(c) 2개의 염화 이온과 2개의 암모니아 리간드를 가진 백금(II) 착물

21.70 옥살산 철 착물 $[Fe(C_2O_4)_3]^{3-}$의 구조를 그리시오. 배위 구조를 설명하고, 킬레이트 고리를 밝히시오. 철의 배위수와 산화수는 얼마인가?

21.71 에틸렌다이아민 백금 $[Pt(en)_2]^{2+}$의 구조를 그리시오. 배위 구조를 설명하고, 킬레이트 고리를 밝히시오. 철의 배위수와 산화수는 얼마인가?

21.72 다음 각 착물의 구조를 그리시오. 각 착물 내 금속의 배위수와 산화수는 얼마인가?

(a) $Na[Au(CN)_2]$ (b) $[Cr(NH_3)_2(C_2O_4)_2]NO_2$

21.73 다음 각 착물의 구조를 그리시오. 각 착물 내 금속의 배위수와 산화수는 얼마인가?

(a) $Pt(en)_2$ (b) $[Co(H_2O)_5Cl]SO_4$

리간드(21.5절)

21.74 (a) 에틸렌다이아민($H_2NCH_2CH_2NH_2$)과 Ni^{2+}의 반응으로부터 $[Ni(en)_3]^{2+}$를 생성하는 반응에서 루이스 산과 염기를 구별하시오.

(b) 리간드와 주개 원자는 무엇인가?

(c) 이 착물 내 금속의 기하 구조와 배위수는 얼마인가?

21.75 옥살산 이온($C_2O_4^{2-}$)과 Fe^{3+}의 반응으로부터 $[Fe(C_2O_4)_3]^{3-}$를 생성하는 반응에서 루이스 산과 염기를 구별하시오.

(a) 리간드와 주개 원자는 무엇인가?

(b) 이 착물 내 금속의 기하 구조와 배위수는 얼마인가?

21.76 마요네즈의 미량 첨가제로서 $EDTA^{4-}$은 어떤 역할을 하는가? 글리신산 이온($H_2NCH_2CO^-$)을 $EDTA^{4-}$ 대신 사용할 수 있는가?

21.77 샴푸의 미량 첨가제로서 $EDTA^{4-}$은 어떤 역할을 하는가? 에틸렌다이아민($H_2NCH_2CH_2NH_2$)을 $EDTA^{4-}$ 대신 사용할 수 있는가?

배위 화합물 명명법(21.6절)

21.78 다음 각 이온의 체계적 이름은 무엇인가?

(a) $[MnCl_4]^{2-}$ (b) $[Ni(NH_3)_6]^{2+}$

(c) $[Co(CO_3)_3]^{3-}$ (d) $[Pt(en)_2(SCN)_2]^{2+}$

21.79 다음 각 이온의 체계적 이름은 무엇인가?

(a) $[AuCl_4]^-$ (b) $[Fe(CN)_6]^{4-}$

(c) $[Fe(H_2O)_5NCS]^{2+}$ (d) $[Cr(NH_3)_2(C_2O_4)_2]^-$

21.80 다음 배위 화합물 각각의 체계적 이름은 무엇인가?

(a) $Cs[FeCl_4]$ (b) $[V(H_2O)_6](NO_3)_3$

(c) $[Co(NH_3)_4Br_2]Br$ (d) $Cu(gly)_2$

21.81 다음 화합물 각각의 체계적 이름은 무엇인가?

(a) $[Cu(NH_3)_4]SO_4$ (b) $Cr(CO)_6$

(c) $K_3[Fe(C_2O_4)_3]$ (d) $[Co(en)_2(NH_3)CN]Cl_2$

21.82 다음 각 화합물의 화학식을 쓰시오.

(a) 염화 테트라암민백금(II) [tetraammineplatinum(II) chloride]

(b) 헥사사이아노철(III)산 소듐 [sodium hexacyanoferrate(III)]

(c) 황산 트리스(에틸렌다이아민)백금(IV) [tris(ethylenediamine)platinum(IV) sulfate]

(d) 트라이암민트라이싸이오사이아나토로듐(III) [triamminetrithiocyanatorhodium(III)]

21.83 다음 각 화합물의 화학식을 쓰시오.

(a) 질산 다이암민은(I) [diamminesilver(I) nitrate]

(b) 다이아쿠아다이옥살레이토코발트(III)산 포타슘 [potassium diaquadioxalatocobaltate(III)]

(c) 헥사카보닐몰리브데넘(0) [hexacarbonylmolybdenum(0)]

(d) 염화 다이암민비스(에틸렌다이아민)크로뮴(III) [diamminebis(ethylenediamine)chrominum(III) chloride]

이성질체(21.7~21.8절)

21.84 루테늄(II) 배위 화합물의 구조 이성질체는 아래와 같다.

(1)

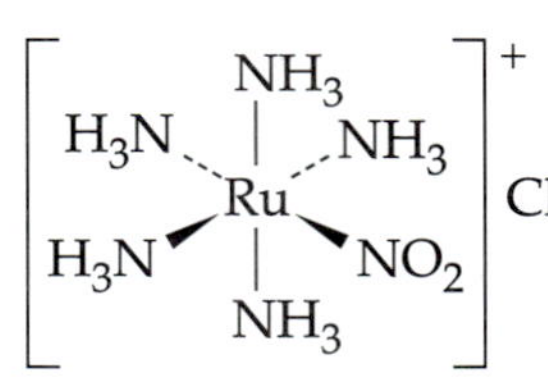

(2)

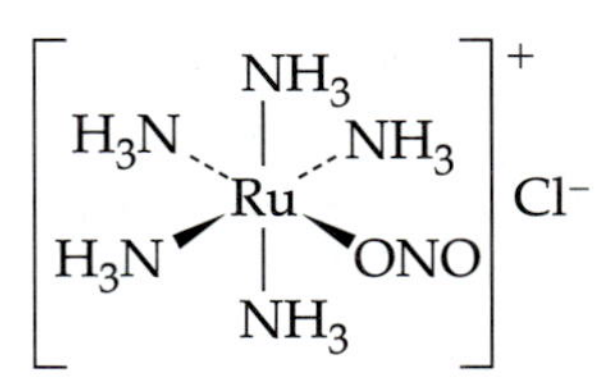

(3)

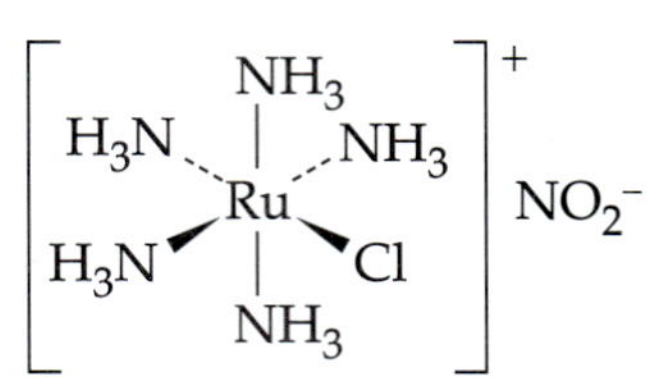

(a) 구조 1~3의 이름과 화학식은 무엇인가?

(b) 어느 구조가 결합 이성질체인가?

(c) 어느 구조가 이온화 이성질체인가?

21.85 2개의 Cl^-와 2개의 SCN^- 리간드를 가지는 사각 평면 팔라듐(II) 착물의 이성질체 6개는 아래와 같다.

(1)

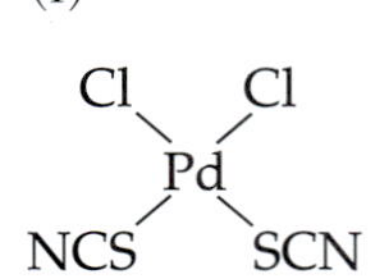

(2)

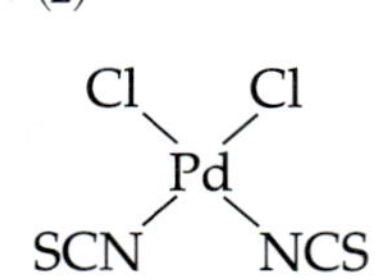

(3)

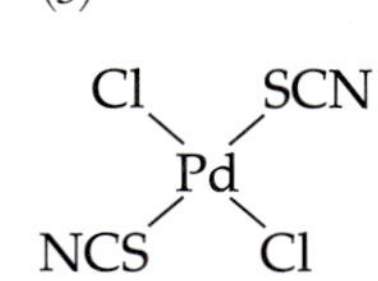

(4)
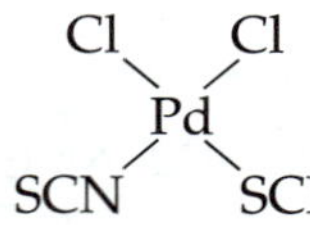

(5)
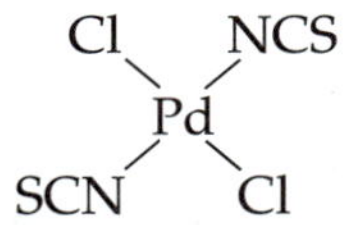

(6)
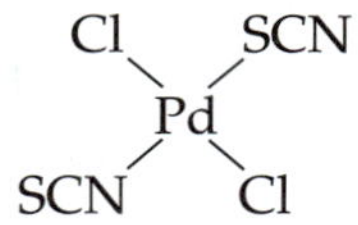

(a) 시스-트랜스 이성질체는 어느 것인가?
(b) 결합 이성질체는 어느 것인가?

21.86 다음 착물 중 어느 것이 부분 입체 이성질체로 존재할 수 있는가?
(a) $[Cr(NH_3)_2Cl_4]^-$
(b) $[Co(NH_3)_5Br]^{2+}$
(c) $[MnCl_2Br_2]^{2-}$(사면체)
(d) $[Pt(NH_3)_2Br_2]^{2-}$(사각 평면)

21.87 다음 각 착물의 경우 몇 개의 부분 입체 이성질체가 존재하는지 쓰고, 그 구조를 각각 그리시오.
(a) $Pt(NH_3)_3Cl$(사각 평면)
(b) $[FeBr_2Cl_2(en)]^-$
(c) $[Cr(H_2O)_4Cl_2]^+$
(d) $Ru(NH_3)_3I_3$

21.88 다음 착물 중 카이랄성인 것은 무엇인가?
(a) $Pt(en)Cl_2$ (b) *cis*-$[Co(NH_3)_4Br_2]^+$
(c) *cis*-$[Cr(en)_2(H_2O)_2]^{3+}$ (d) $[Cr(C_2O_4)_3]^{3-}$

21.89 다음 각 착물 중 거울상 이성질체로 존재할 수 있는 것은 어느 것인가? 그들의 구조를 그리시오.
(a) $[Cr(en)_3]^{3+}$
(b) *cis*-$[Co(en)_2(NH_3)Cl]^{2+}$
(c) *trans*-$[Co(en)_2(NH_3)Cl]^{2+}$
(d) $[Pt(NH_3)_3Cl_3]^+$

21.90 $[Cr(C_2O_4)_2(H_2O)_2]^-$의 가능한 모든 부분 입체 이성질체를 그리시오. 그 중 어느 것들이 거울상 이성질체의 쌍으로 존재할 수 있는가?

21.91 $[Co(trien)Cl_2]^+$의 가능한 3개의 부분 입체 이성질체를 그리시오. trien 리간드 $H_2NCH_2CH_2NHCH_2CH_2NHCH_2CH_2NH_2$를 N⌒N⌒N⌒N으로 간단히 표현하시오. 어떤 이성질체가 거울상 이성질체의 쌍으로 존재할 수 있는가?

21.92 평면 편광은 보통 빛과 어떻게 다른가? 평면 편광면을 회전시키는 크로뮴 착물의 구조를 그리시오.

21.93 라셈 혼합물은 무엇인가? 이들은 평면 편광을 일으킬 수 있는가? 설명하시오.

21.94 팔면체 착물 $[NbX_2Cl_4]^-$ ($X^- = NCS^-$)의 이성질체 구조를 모두 그리고, 결합 이성질체를 나타내시오.

21.95 글리신산 음이온($gly^- = H_2NCH_2CO_2^-$)의 N 또는 O가 금속 이온과 결합한다. gly^-를 N⌒O로 사용해서 $Co(gly)_3$의 4개의 입체 이성질체 구조를 그리시오.

21.96 화학식이 $MA_2B_2C_2$인 팔면체 착물의 가능한 모든 부분 입체 이성질체를 그리시오. 이 중 거울상을 이루는 부분 입체 이성질체가 있다면 어느 것인가?

21.97 간단히 tren으로 표시하는 Tris(2-aminoethyl)amine은 4자리 리간드 $N(CH_2CH_2NH_2)_3$이다. (N⌒N)을 사용하여 리간드의 세 $NCH_2CH_2NH_2$ 부분을 각각 나타내고, 정팔면체 착물 $[Co(tren)BrCl]^+$의 가능한 모든 이성질체를 그리시오.

21.98 팔면체 $[Co(en)(dien)Cl]^{2+}$ 착물을 고려해 보자. 여기서 dien $=H_2NCH_2CH_2NHCH_2CH_2NH_2$이며, N⌒N⌒N으로 축약할 수 있다.
(a) dien(diethylenetriamine) 리간드는 세 자리 리간드이다. '세 자리 리간드'의 의미를 설명하시오. 왜 dien은 세 자리 리간드로 작용할 수 있는가?
(b) dien은 매우 유동성이 있는 리간드이다. $[Co(en)(dien)Cl]^{2+}$ 착물의 가능한 모든 입체 이성질체를 그리시오. 어느 입체 이성질체가 카이랄성이며, 어느 것이 비카이랄성인가?

21.99 팔면체 착물 $[Co(NH_3)_3(NO_2)_3]$와 HCl이 반응하면 두 염화 이온 리간드 Cl^-가 트랜스인 $[Co(NH_3)_3(H_2O)Cl_2]^+$ 착물을 생성한다.
(a) 출발 물질인 $[Co(NH_3)_3(NO_2)_3]$의 가능한 입체 이성질체 두 개를 그리시오. (세 개의 NO_2^- 리간드 모두 N 원자가 Co와 결합하고 있다.)
(b) NH_3는 그 자리에 그대로 남아 있다고 가정하면, 출발 물질인 두 이성질체 중 어느 것이 관찰된 생성물로 되는가?

착물의 색과 결정장 이론(21.9~21.10절)

21.100 흡수 스펙트럼은 무엇인가? 착물의 흡수 스펙트럼이 455 nm에서 한 띠만 가지면, 착물은 어떤 색인가?

21.101 붉은색 착물은 가시광선 영역에서 단 하나의 흡수 띠를 갖는다. 이 흡수 띠의 대략적인 파장을 예측하시오.

21.102 $[Ti(H_2O)_6]^{3+}$에서 타이타늄 3*d* 오비탈의 결정장 에너지 준위 도표를 그리시오. 결정장 갈라짐을 나타내고, $[Ti(H_2O)_6]^{3+}$가 왜 색깔을 나타내는지 설명하시오.

21.103 정팔면체 착물에서 d_{xy}와 $d_{x^2-y^2}$ 오비탈이 다른 에너지를 갖는 이유를 그림으로 설명하시오. 이 중 어떤 두 오비탈이 높은 에너지를 갖는가?

21.104 $[Ti(NCS)_6]^{3-}$ 이온은 544 nm에서 한 흡수 띠를 나타낸다. 결정장 갈라짐 에너지 Δ(kJ/mol)를 계산하시오. NCS^-는 물보다 강한장 리간드인가 약한장 리간드인가? $[Ti(NCS)_6]^{3-}$의 색을 예측하시오.

21.105 $[Cr(H_2O)_6]^{3+}$ 이온은 보라색이고 $[Cr(CN)_6]^{3-}$ 이온은 노란색이다. 결장장 이론을 이용하여 이를 설명하시오. 분광 화학적 계열 내 H_2O와 CN^-의 순서를 이용하시오.

21.106 다음 각 착물의 결정장 에너지 준위 도표를 그리고, 오비탈에 전자를 할당한 후 홀전자 수를 예측하시오.
(a) $[CrF_6]^{3-}$
(b) $[V(H_2O)_6]^{3+}$
(c) $[Fe(CN)_6]^{3-}$

21.107 다음 각 착물의 결정장 에너지 준위 도표를 그리고, 오비탈에 전자를 할당한 후 홀전자 수를 예측하시오.

(a) $[Cu(en)_3]^{2+}$
(b) $[FeF_6]^{3-}$
(c) $[Co(en)_3]^{3+}$ (저스핀)

21.108 $Ni^{2+}(aq)$ 양이온은 초록색이지만 $Zn^{2+}(aq)$는 무색이다. 이를 설명하시오.

21.109 $Cr^{3+}(aq)$ 양이온은 보라색이지만 $Y^{3+}(aq)$은 무색이다. 이를 설명하시오.

21.110 약한장 리간드는 고스핀 착물을 만들려 하지만, 강한장 리간드는 저스핀 착물을 만드는 경향이 있다. 이를 설명하시오.

21.111 대부분의 사면체 착물은 왜 고스핀인지 설명하시오.

21.112 사각 평면 착물의 결정장 에너지 준위 도표를 그리고, 왜 사각 평면 구조가 특히 d^8 착물에 일반적인지 설명하시오.

21.113 다음 착물의 결정장 에너지 준위 도표를 그리시오. 오비탈에 전자를 할당한 후, 홀전자 수를 예측하시오.
(a) $[Pt(NH_3)_4]^{2+}$ (사각 평면)
(b) $[MnCl_4]^{2-}$ (사면체)
(c) $[Co(NCS)_4]^{2-}$ (사면체)
(d) $[Cu(en)_2]^{2+}$ (사각 평면)

21.114 다음 착물 중 어느 것이 상자기성인가?
(a) $[Mn(CN)_6]^{3-}$
(b) $[Zn(NH_3)_4]^{2+}$ (사면체)
(c) $[Fe(CN)_6]^{4-}$
(d) $[FeF_6]^{4-}$

21.115 다음 착물 중 어느 것이 반자기성인가?
(a) $[Ni(H_2O)_6]^{2+}$
(b) $[Co(CN)_6]^{3-}$
(c) $[HgI_4]^{2-}$ (사면체)
(d) $[Cu(NH_3)_4]^{2+}$ (사각 평면)

21.116 Cl^-는 약한장 리간드인 반면, CN^-는 강한장 리간드이다. 그러나 $[CrCl_6]^{3-}$와 $[Cr(CN)_6]^{3-}$는 거의 같은 크기의 상자기성을 나타낸다. 이를 설명하시오.

21.117 팔면체 착물은 d^4~d^7 착물에서만 고스핀과 저스핀 전자 배치를 선택한다. 이를 설명하시오.

21.118 다음 착물의 결장장 에너지 준위 도표를 그리고, 홀전자 수를 예측하시오.
(a) $[Mn(H_2O)_6]^{2+}$
(b) $Pt(NH_3)_2Cl_2$
(c) $[FeO_4]^{2-}$
(d) $[Ru(NH_3)_6]^{2+}$ (저스핀)

21.119 $[CoCl_4]^{2-}$(파란색)와 $[Co(H_2O)_6]^{2+}$(분홍색)가 다른 색을 나타내는 이유를 설명하시오. 어느 착물의 흡수 띠가 더 장파장 영역에서 나타나는가?

21.120 그림 21.12에 있는 이성질체 착물의 색을 보자. 이로부터 나이트로($-NO_2$)와 나이트리토($-ONO$) 중 강한장 리간드는 어떤 것인지 예측하시오. 그 이유를 설명하시오.

21.121 선형 ML_2 착물의 결정장 에너지 준위 도표를 예측하여 그리시오. 이 착물은 두 개의 리간드가 $\pm z$축을 따라서 배향하고 있다.

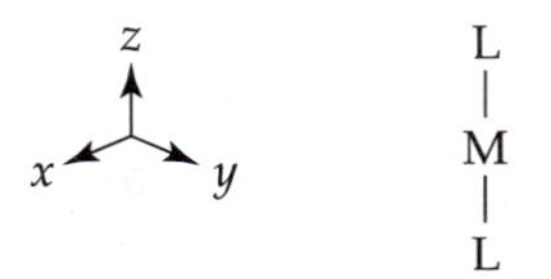

21.122 사각뿔 ML_5 착물의 결정장 에너지 준위 도표를 예상하여 그리시오. 이 착물은 두 개의 리간드가 각각 $\pm x$축과 $\pm y$축 상에 놓여 있고, 나머지 리간드 하나는 z축을 따라서 배향하고 있다. 그리게 될 도표는 팔면체 ML_6 착물과 사각 평면 ML_4 착물의 중간체 형태가 될 것이다.

21.123 다음에 대하여 각각을 수행하시오. (i) 화합물의 체계적 이름을 쓰고, 전이 금속의 산화 상태를 명시하시오. (ii) 결정장 에너지 준위 도표를 그리고, 오비탈에 d 전자를 채우시오. (iii) d^4~d^7 착물에 대하여 어느 착물이 고스핀 또는 저스핀인지 나타내시오. (iv) 홀전자 수를 명시하시오.
(a) $(NH_4)[Cr(H_2O)_6](SO_4)_2$
(b) $Mo(CO)_6$ (CO는 강한장 리간드임.)
(c) $[Ni(NH_3)_4(H_2O)_2](NO_3)_2$
(d) $K_4[Os(CN)_6]$
(e) $[Pt(NH_3)_4](ClO_4)_2$
(f) $Na_2[Fe(CO)_4]$

21.124 약물인 니프리드(Nipride, $Na_2[Fe(CN)_5NO]$)는 무기 착물이다. 외과 수술에서 혈압을 낮추기 위한 NO의 제공원으로 사용된다.
(a) 이 착물에서 나이트로실 리간드는 중성인 NO보다는 NO^+로 존재한다고 여겨지고 있다. 철의 산화 상태는 무엇이며, $Na_2[Fe(CN)_5NO]$의 체계적인 이름은 무엇인가?
(b) $[Fe(CN)_5NO]^{2-}$의 결정장 에너지 준위 도표를 그리고, 오비탈에 전자를 할당한 후, 홀전자 수를 예측하시오.

21.125 Cr(III) 착물의 색은 다음과 같다. $Cr(acac)_3$는 빨간색, $[Cr(H_2O)_6]^{3+}$는 보라색, $[CrCl_2(H_2O)_4]^+$는 초록색, $[Cr(요소)_6]^{3+}$는 초록색, $[Cr(NH_3)_6]^{3+}$는 노란색, $Cr(CH_3CO_2)_3(H_2O)_3$는 청자색이다. Cr(III) 착물의 색에 근거하여, 다음 분광 화학적 계열 리간드를 결정장 갈라짐 Δ 값이 증가하는 순서로 나열하시오. $acac^-$(두 자리 리간드), $CH_3CO_2^-$(아세트산), Cl^-, H_2O, NH_3, 요소

원자가 결합 이론(21.11절)

21.126 다음 각 착물의 결합을 원자가 결합 이론으로 설명하시오. 자유 금속 이온과 착물 내부 금속 이온의 오비탈 그림을 그리시오. 결합에 사용한 금속 이온의 혼성 오비탈을 나타내고, 홀전자 수를 명시하시오.
(a) $[Ti(H_2O)_6]^{3+}$
(b) $[NiBr_4]^{2-}$ (사면체)

(c) $[Fe(CN)_6]^{3-}$(저스핀)

(d) $[MnCl_6]^{3-}$(고스핀)

21.127 다음 각 착물의 결합을 원자가 결합 이론으로 설명하시오. 자유 금속 이온과 착물 내부 금속 이온의 오비탈 그림을 그리시오. 결합에 사용한 금속 이온의 혼성 오비탈을 나타내고, 홀전자 수를 명시하시오.

(a) $[AuCl_4]^-$(사각 평면형)

(b) $[Ag(NH_3)_2]^+$

(c) $[Fe(H_2O)_6]^{2+}$(고스핀)

(d) $[Fe(CN)_6]^{4-}$(저스핀)

21.128 3개의 홀전자를 갖는 제1 전이 금속 $[M(OH)_4]^-$ 착물에는 두 가지가 있다.

(a) 이러한 착물을 만들 수 있는 금속 M은 무엇이며, 산화 상태는 얼마인가?

(b) 오비탈 그림을 이용하여 각 착물의 결합을 원자가 결합 이론으로 설명하시오.

(c) 제1 전이 금속의 일반적인 산화 상태(그림 21.6)에 근거할 때, 두 가지 $[M(OH)_4]^-$ 착물 중 어느 것이 더 안정한가?

21.129 두 개의 제1 전이 금속은 $[MCl_4]^{2-}$ 형태의 착물을 형성할 때, 3개의 홀전자를 갖는다.

(a) 이러한 이온을 만들 수 있는 금속 M은 무엇이며, 그 산화 상태는 얼마인가?

(b) 가능한 두 이온의 원자가 결합성 오비탈 그림을 그리시오.

(c) 제1 전이 금속의 일반적인 산화 상태(그림 20.6)에 근거할 때, 어떤 이온이 더 안정한가?

다중 개념 문제

21.130 실험식이 $Co(NH_3)_3(NO_2)_3$인 배위 화합물은 세 가지가 있다. 단, 여기서 NO_2 리간드는 N 원자만이 금속에 결합한다. 두 이성질체는 분자량은 같고, 0이 아닌 다른 쌍극자 모멘트를 갖는다. 세 번째 화합물은 1가 전하를 띠는 이온으로 이루어진 염이며, 분자량은 다른 화합물의 두 배이다.

(a) 이러한 이성질체의 구조를 그리시오

(b) 세 번째 화합물의 화학식을 쓰시오.

21.131 화학식 NiX_2L_2로 표현되는 니켈(II) 착물은 사각 평면이나 사면체가 된다. 여기서 X^-는 Cl^- 또는 N이 금속과 결합하는 NCS^-이고, L은 한자리 리간드인 트라이페닐포스핀 $P(C_6H_5)_3$이다.

(a) 사각 평면형과 사면체 니켈(II) 착물의 결정장 에너지 준위 도표를 각각 그리고, 오비탈을 점유하고 있는 전자의 배치를 보이시오.

(b) $NiCl_2L_2$는 상자기성이고 $Ni(NSC)_2L_2$는 반자기성이라면, 두 착물 중 어느 것이 사면체 착물이고 어느 것이 사각 평면 착물인가?

(c) 각 NiX_2L_2 착물에 대하여 가능한 구조를 그리고, 어느 것이 쌍극자 모멘트를 갖게 될 것인지 말하시오.

21.132 결정장 이론과 원자가 결합 이론을 이용하여 $[Mn(CN)_6]^{3-}$의 결합을 기술하시오. 이때 적당한 결정장 d 오비탈 에너지 준위 도표와 원자가 결합성 오비탈 도표를 포함하여 기술하시오. 이 중 홀전자 수를 예측할 수 있는 모형은 어떤 것인가? 몇 개의 홀전자가 있는가?

21.133 제1 전이 금속 착물의 상자기성 값은 대략 스핀만의 자기 모멘트와 관련이 있다. 보어 마그네톤(BM)의 단위로서 스핀만의 자기 모멘트는 $\sqrt{n(n+2)}$로 나타낸다. 여기에서 n은 홀전자 수이다. (a) 약한장 리간드와 (b) 강한장 리간드를 가지는 팔면체 착물에서 제1 전이 금속(Sc는 제외)의 +2 이온에 대한 스핀만의 자기 모멘트 값을 계산하시오. 어느 전자 배치에서 고스핀과 저스핀 전자 배치 사이의 자기 모멘트를 분별할 수 있는가?

21.134 시금치는 많은 양의 철을 포함하고 있다. 시금치에서 철은 대부분 옥살산 착물인 $[Fe(C_2O_4)_3]^{3-}$ 형태로 고정되어 있으므로, 식생활에서 시금치는 철의 좋은 제공원이 되지는 못한다.

(a) $[Fe(C_2O_4)_3]^{3-}$의 형성 상수(K_f)는 3.3×10^{20}이다. 0.100 M $[Fe(C_2O_4)_3]^{3-}$ 용액에 존재하는 자유 Fe^{3+}의 평형 농도를 계산하시오(단, 모든 산-염기 반응은 무시한다).

(b) 위장의 산성 조건에서는 Fe^{3+}의 농도가 증가해야 한다. 다음 반응 때문이다.

$$[Fe(C_2O_4)_3]^{3-}(aq) + 6\,H_3O^+(aq) \rightleftharpoons Fe^{3+}(aq) + 3\,H_2C_2O_4\,(aq) + 6\,H_2O(l)$$

그러나 이 반응은 표준 상태에서 자발 반응이 아님을 보이시오($H_2C_2O_4$의 K_{a1}과 K_{a2}는 각각 5.9×10^{-2}와 6.4×10^{-5}이다).

(c) $[Fe(C_2O_4)_3]^{3-}$의 결정장 에너지 준위 도표를 그리고, 홀전자 수를 예측하시오($C_2O_4{}^{2-}$는 약한장 두 자리 리간드이다).

(d) $[Fe(C_2O_4)_3]^{3-}$의 구조를 그리고, 이 착물의 카이랄성을 예측하시오.

21.135 니켈(II)의 암모니아와 에틸렌다이아민 착물인 형성 상수는 $Ni(en)_3{}^{2+}$가 $Ni(NH_3)_6{}^{2+}$보다 훨씬 안정함을 나타낸다.

$$(1)\; Ni(H_2O)_6{}^{2+}(aq) + 6\,NH_3(aq) \rightleftharpoons Ni(NH_3)_6{}^{2+}(aq) + 6\,H_2O(l) \qquad K_f = 2.0 \times 10^8$$

$$(2)\; Ni(H_2O)_6{}^{2+}(aq) + 3\,en(aq) \rightleftharpoons Ni(en)_3{}^{2+}(aq) + 6\,H_2O(l) \qquad K_f = 4 \times 10^{17}$$

두 반응의 엔탈피 변화 $\Delta H°_1$과 $\Delta H°_2$는 거의 같아야 한다. 두 착물 모두 6개의 Ni−N 결합을 가지고 있기 때문이다.

(a) 두 반응 중 어느 것의 엔트로피 변화($\Delta S°$)가 더 큰가? 이를 설명하시오.

(b) 두 반응의 상대적 $\Delta S°$ 값을 근거로, $Ni(en)_3{}^{2+}$가 더 큰 안정도를 가짐을 설명하시오.

(c) $\Delta H°_2 - \Delta H°_1 = 0$이라 가정하고, $\Delta S°_2 - \Delta S°_1$ 값을 계산하시오.

21.136 철광석 내 철의 함량(%)을 결정하는 방법은 먼저 산에 철광석을 녹인 후 Fe^{2+}로 환원하고, 이를 $KMnO_4$ 수용액으로 적정하는 것이다. 반응의 최종 산물은 Fe^{2+}와 Mn^{2+}이다.

(a) 적정 반응의 균형 알짜 이온 반응식을 쓰시오.

(b) 부록 D의 $E°$ 값을 이용하여 반응의 $\Delta G°$ 값을 kJ 단위로 구하고, 평형 상수를 계산하시오.

(c) 반응물과 생성물인 $MnO_4{}^-$, $[Fe(H_2O)_6]^{2+}$, $[Fe(H_2O)_6]^{3+}$, $[Mn(H_2O)_6]^{2+}$의 결정장 에너지 준위 도표를 그리고, 각 화합물에 존재하는 홀전자 수를 예측하시오.

(d) 반응이 진행됨에 따라 용액의 상자기성은 증가하는가 감소하는가? 이를 설명하시오.

(e) 철광석 1.265 g으로부터 생성된 Fe^{2+}를 적정하여 당량점에 도달하는 데 0.051 32 M $KMnO_4$ 용액 34.83 mL가 사용되었다면, 철광석 내 철의 함량(%)은 얼마인가?

21.137 금속 크로뮴 2.60 g이 1.200 M 농도 H_2SO_4 50.00 mL와 공기가 없는 가운데 완전히 반응하여 파란색 용액으로 되고, 25 ℃, 735 mmHg 압력에서 무색 기체를 생성 후 포집되었다.

(a) 이 반응의 균형 알짜 이온 반응식을 쓰시오.

(b) 기체는 몇 L 생성되는가?

(c) 용액의 pH는 얼마인가?

(d) 결정장 이론과 원자가 결합 이론을 이용하여 파란색 이온의 결합을 설명하시오. 적절한 결정장 *d* 오비탈 에너지 준위 도표와 원자가 결합성 오비탈 그림을 제시하시오. 원자가 결합 설명을 이용하여 혼성 오비탈을 구별하시오.

(e) 그 용액에 과량의 KCN을 가할 때 색이 변한다. 또한 그 용액의 상자기성은 감소한다. 이를 설명하시오.

21.138 산성 수용액에서 착물 *trans*-$[Co(en)_2Cl_2]^+$은 다음 치환 반응을 일으킨다.

$$trans\text{-}[Co(en)_2Cl_2]^+(aq) + H_2O(l) \rightarrow$$
$$trans\text{-}[Co(en)_2(H_2O)Cl]^{2+}(aq) + Cl^-(aq)$$

반응은 *trans*-$[Co(en)_2Cl_2]^+$에 1차 속도식을 가지며, 속도 상수는 25 ℃에서 $3.2 \times 10^{-5}\ s^{-1}$이다.

(a) 반응의 반감기는 시간 단위로 얼마인가?

(b) 만일 *trans*-$[Co(en)_2Cl_2]^+$의 초기 농도가 0.138 M이라면, 반응 16.5시간 후 착물의 몰농도는 얼마인가?

(c) 일분자 속도 결정 단계를 가지는 가능한 반응 메커니즘을 고안하시오.

(d) 반응 생성물은 카이랄성인가 비카이랄성인가? 설명하시오.

(e) *trans*-$[Co(en)_2Cl_2]^+$의 결정장 에너지 준위 도표를 그리시오. 이때 Cl^-가 에틸렌다이아민에 비하여 약한장 리간드란 사실을 고려하시오.

21.139 크로뮴의 세 가지 이성질체 화합물 A, B, C가 있다. 그 조성 백분율은 Cr 19.52%, Cl 39.91%, H_2O 40.57%이다. 각 화합물 시료를 물에 녹여 $AgNO_3$ 수용액을 가할 때 즉시 AgCl이 침전된다. A 화합물 0.225 g은 0.363 g의 AgCl을 침전시키고, B 화합물 시료 0.263 g은 0.283 g의 AgCl을 침전시키며, C 화합물 시료 0.358 g은 0.193 g의 AgCl을 침전시킨다. 이 화합물 중 하나는 보라색이고, 다른 두 가지는 초록색이다. 세 가지 화합물 모두 크로뮴의 배위수는 6이다.

(a) A, B, C의 실험식은 무엇인가?

(b) A, B, C의 추정되는 구조식은 무엇인가? 각 화합물의 양이온의 구조를 그리시오. 어느 양이온이 부분 입체 이성질체로 존재하는가?

(c) 세 화합물 중 보라색이라고 생각되는 것은 어느 것인가? 설명하시오.

(d) A, B, C 화합물 모두 완전히 해리한다고 가정하면, 0.25 *m* 농도 용액의 어는점은 약 얼마인가?

21.140 트라이플루오로아세틸아세토네이트 코발트(III)[$Co(tfac)_3$]은 6배위 정육면체 금속 킬레이트 착물이다(여기서 3개의 평면 두 자리 리간드인 tfac는 중심 Co 원자에 결합되어 있다).

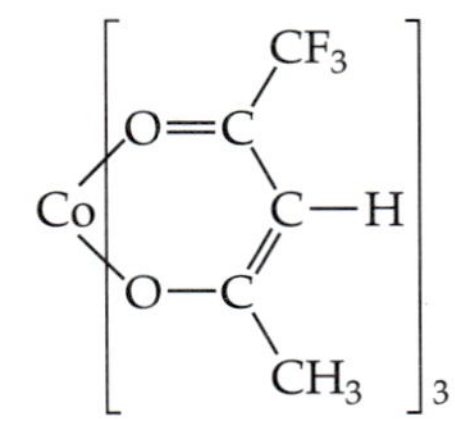

(a) $Co(tfac)_3$의 가능한 모든 부분 입체 이성질체와 거울상 이성질체를 그리시오.

(b) 부분 입체 이성질체 A와 B의 쌍극자 모멘트는 각각 6.5 D와 3.8 D이다. 어느 부분 입체 이성질체가 A이고, 어느 것이 B인가?

(c) 클로로폼 용액에서 이성질화 반응 A → B는 1차 속도식을 따르며, 66.1 ℃와 99.2 ℃에서 속도 상수는 각각 0.0889 h^{-1}과 0.0870 min^{-1}이다. 반응의 활성화 에너지는 얼마인가?

(d) tfac가 강한장 리간드로 작용한다고 할 때, $Co(tfac)_3$의 결정장 에너지 준위 도표를 그리고, 자성을 예측하시오.

21.141 다음 반응의 평형 상수는 1.00×10^{14}이다.

$$2\ CrO_4{}^{2-}(aq) + 2\ H^+(aq) \rightleftharpoons Cr_2O_7{}^{2-}(aq) + H_2O(l)$$

(a) 이 반응의 평형식을 쓰시오. 또한 왜 염기성 용액에서는 $CrO_4{}^{2-}$ 이온이 일반적이고, 산성 용액에서는 $Cr_2O_7{}^{2-}$ 이온이 일반적인지 설명하시오.

(b) 크로뮴의 총 농도가 0.100 M, pH 4.000인 용액에서 $CrO_4{}^{2-}$와 $Cr_2O_7{}^{2-}$ 농도를 계산하시오.

(c) 만일 pH가 2.000이라면, $CrO_4{}^{2-}$와 $Cr_2O_7{}^{2-}$ 농도는 어떠하겠는가?

21.142 싸이오사이안산 이온을 이용한 금광석 침출법은 사이아나이드 침출 방법을 대체할 수 있다. 이때 싸이오사이안산 이온은 사각 평면형 금(III) 착물인 $[Au(SCN)_4]^-$를 형성한다.

(a) $[Au(SCN)_4]^-$의 형성 상수(K_f)가 10^{37}이라면, 0.050 M $[Au(SCN)_4]^-$ 용액에 존재하는 Au^{3+}의 평형 농도는 얼마인가?

(b) $[Au(SCN)_4]^-$의 결정장 에너지 준위 도표를 그리고, 홀전자 수를 예측하시오.

chapter 22

주족 원소

© Werner Spremberg/Shutterstock

CONTENTS

수소는 연소 반응의 생성물로 물만 나오며 깨끗하고 친환경적이기 때문에 대단히 매력적인 연료이다. 그 결과, 소위 '수소 경제(hydrogen economy)' 시대를 마음속에 그려보는 사람들도 있다. 이때는 우리에게 필요한 에너지가 기체, 액체, 고체 상태의 수소로 제공될 것이다.

수소 경제로 가는 길에 장애물은 무엇인가?

이 질문의 답은 1025쪽 INQUIRY ?에 나와 있다.

주족 원소는 주기율표의 1~18족을 차지하는 50개의 원소들이다. 이들은 *s* 구역 원소와 *p* 구역 원소로 나뉜다. *s* 구역 원소는 1족과 2족으로, ns^1 또는 ns^2의 원자가전자 배치를 갖는다. *p* 구역 원소는 3~18족으로, $ns^2np^{1\sim6}$의 원자가전자 배치를 갖는다. 주족 원소는 자연에 풍부히 존재하고 상업적으로 가치가 있는 화합물의 구성 요소이므로 매우 중요하다. 지구 표면에 가장 풍부하게 존재하는 원소 10개 중 8개가 주족 원소이고, 인체에 가장 많이 존재하는 원소 10개는 모두 주족 원소이다(그림 22.1). 가장 널리 쓰이는 많은 공업용 화합물은 주족 원소로 이루어져 있다. 예로, 황산(H_2SO_4)은 비료, 원유 정제, 화합물 제조에 쓰이고, 에틸렌(C_2H_4)은 플라스틱과 부동액에 사용된다. 석회(CaO)는 제강과 수처리에, 암모니아(NH_3)는 비료에, 염소(Cl_2)는 수처리와 플라스틱에 쓰인다.

▶ 그림 22.1
지각과 인체에 질량 기준으로 가장 많이 존재하는 10개의 원소. 철과 타이타늄을 제외한 모든 원소는 주족 원소이다.

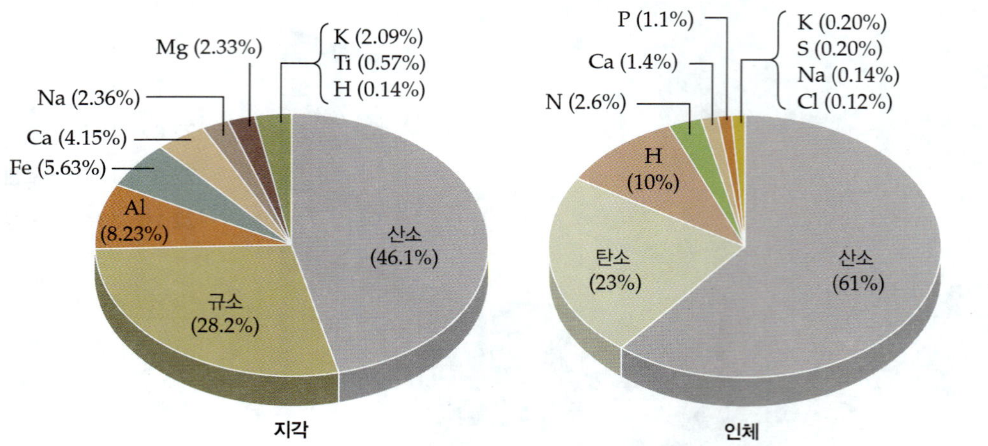

22.1 일반적 성질과 주기적 경향의 복습

주족 원소의 주기적 경향을 살펴보는 것으로부터 시작하자. 주기적 경향을 알면 금속, 비금속, 준금속으로 분류할 수 있다. 그림 22.2는 주기율표의 주족 원소의 영역을 보여 준다. 굵은 계단 모양의 선의 왼쪽은 금속이고, 오른쪽은 비금속이며, 선을 따라서 있는 것이 중간 성질을 갖는 준금속이다. 일반적으로, 준금속으로 분류되는 원소는 붕소(13족), 규소와 저마늄(14족), 비소와 안티모니(15족), 텔루륨(16족), 아스타틴(17족)이다.

기억하기…
전자에 의해 실제로 느끼는 핵전하를 **유효 핵전하**(Z_{eff})라고 하는데, 이는 전자 가림 때문에 실제의 핵전하보다 작다. 원자가전자는 안쪽 껍질에 있는 전자에 의해서는 많이 가려지고, 다른 원자가전자에 의해서는 적게 가려진다(5.10절).

주기율표의 왼쪽에서 오른쪽으로 가면서 **유효 핵전하**(**effective nuclear charge**, Z_{eff})는 증가한다. 왜냐하면, 추가되는 각 원자가전자가 증가하는 핵전하를 완전히 가리지 못하기 때문이다(5.10절). 그 결과 원자의 전자들은 핵에 더 강하게 붙잡혀 있게 되고, 이온화 에너지는 증가하고, 원자 반지름은 감소하며, 전기 음성도는 증가한다(그림 22.2). 주기율표의 왼쪽에 있는 원소들은 전자를 잃고 양이온이 되려는 경향이 있고, 오른쪽에 있는 원소들은 전자를 얻어 음이온이 되려는 경향이 있다. 따라서 왼쪽에서 오른쪽으로 갈수록 금속성은 감소하고, 비금속성은 증가한다. 예를 들어, 제3주기에서 소듐, 마그네슘, 알루미늄은 금속이고, 규소는 준금속이며, 인, 황, 염소는 비금속이다.

주기율표에서 한 족의 위에서 아래로 갈수록 전자 껍질이 추가된다. 따라서 원자 반지름은 증가한다. 원자가전자는 핵에서 더 멀어지게 되므로 이온화 에너지와 전기 음성도는 일반적으로 감소한다. 그 결과, 위에서 아래로 갈수록 금속성은 증가하고 비금속성은 감소한다. 예

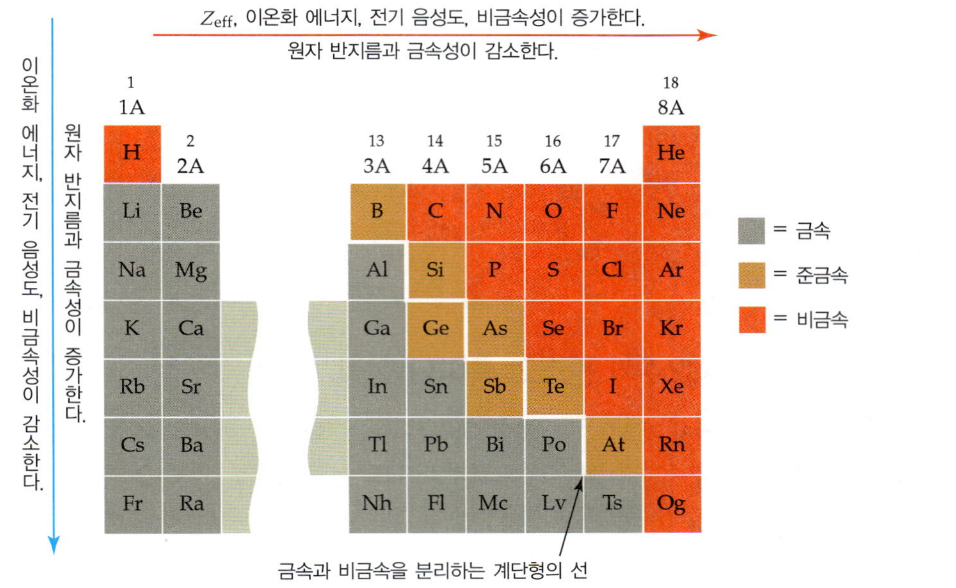

▲ **그림 22.2**
주족 원소의 화학적 특성의 주기적 경향

▶ 확인하기

비금속은 주기율표에서 어디에 있는가? 황(S)과 알루미늄(Al) 중 어느 원소가 더 높은 유효 핵전하(Z_{eff})와 높은 전기 음성도를 갖는가?

답 비금속은 주기율표에서 오른편의 위쪽에 위치한다. 주기율표에서 오른쪽으로 갈수록 유효 핵전하(Z_{eff})와 전기 음성도가 증가하므로 황(S)이 더 높은 유효 핵전하와 전기 음성도를 갖는다.

를 들어 14족에서 탄소는 비금속이고, 규소와 저마늄은 준금속이며, 주석과 납은 금속이다. 주기율표에서 수평과 수직 방향의 경향성을 합치면, 주기율표의 왼쪽 가장 낮은 곳에 금속성이 가장 큰 원소(프랑슘)가 있고, 오른쪽 가장 높은 곳에 비금속성이 가장 큰 원소(플루오린)가 있으며, 한가운데 대각선의 계단을 따라 준금속이 있다. **표 22.1**에 금속과 비금속을 구분하는 몇 가지 성질을 요약하였다.

표 22.1 금속과 비금속 원소의 성질

금속	비금속
25 °C에서 모두 고체이다.(예외: Hg는 액체)	25 °C에서 11개는 기체, 1개는 액체(Br), 5개는 고체(C, P, S, Se, I)이다.
대부분 은색 광택	대부분 금속 광택이 없음.
전성과 연성	전성이 없고 부서지기 쉬움.
우수한 열과 전기 전도체	흑연을 제외하고는 열과 전기 전도성이 나쁨.
비교적 작은 이온화 에너지	비교적 큰 전기 음성도
비교적 작은 전기 음성도	비교적 큰 이온화 에너지
전자를 잃고 양이온 생성	전자를 얻고 음이온 생성, 전자를 공유하여 산소 음이온 생성

예제 22.1

주기율표를 이용한 금속성 예측

주기율표를 이용하여, 다음 각 쌍 중 어느 것의 금속성이 더 큰지를 예측하시오.

(a) Ga와 As (b) P와 Bi (c) Sb와 S (d) Sn과 Ba

전략

금속성은 주기율표의 오른쪽에서 왼쪽으로 갈수록, 위에서 아래로 갈수록 증가하므로, 각 쌍에서 어느 것이 표의 왼쪽 아랫부분에 위치하는지를 비교한다.

풀이

(a) Ga와 As는 주기율표에서 같은 주기에 있다. 그러나 Ga(13족)가 As(15족)보다 더 왼쪽에 있으므로 Ga가 금속성이 더 크다.

(b) Bi는 15족에서 P보다 아래에 있으므로 금속성이 더 크다.

(c) Sb(15족)는 S(16족)보다 더 아래, 더 왼쪽에 있으므로 금속성이 더 크다.

(d) Ba(2족)는 Sn(14족)보다 더 아래, 더 왼쪽에 있으므로 금속성이 더 크다.

▶ **연습문제 22.1** 다음 원소 중 어느 것의 비금속성이 더 큰가? Cl과 Sb

▶ **응용문제 22.2** 원소 B와 비교할 때, 원소 A는 이온화 에너지와 전기 음성도가 더 작고, 크기가 더 크다. 어느 원소의 금속성이 더 큰가?

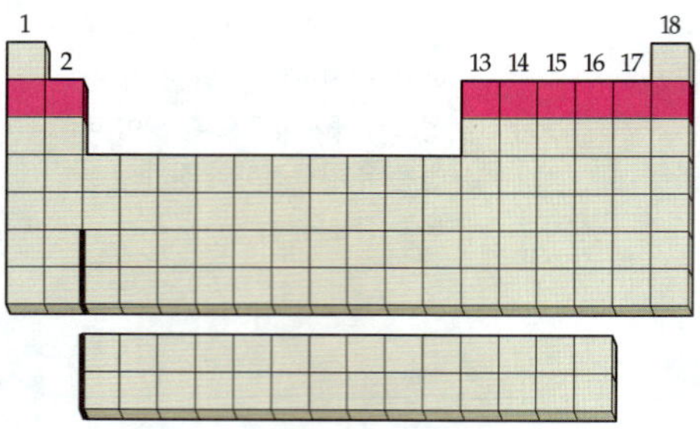

22.2 제2주기 원소의 특이한 성질

주기율표에서 제2주기 원소의 성질은 같은 족의 더 무거운 원소들과는 현저히 다르다. 제2주기 원소는 특히 크기가 작고 전기 음성도가 크다. 예를 들어, 15족에서 N의 전기 음성도는 3.0인 반면, P, As, Sb, Bi의 전기 음성도는 2.1~1.9 범위의 값을 갖는다. 그림 7.4에서 전기 음성도의 비연속성을 보여 주고 있다. 즉, 제2주기의 원소가 같은 족의 다른 원소들보다 구별된다는 것이다.

제2주기 원소의 작은 크기와 큰 전기 음성도, 이 둘은 그들의 비금속성 거동을 두드러지게 만든다. 붕소는 주로 공유 결합성 분자 화합물을 형성한다는 점에서 13족의 금속 원소들과는 다르다. 예를 들어, BF_3(bp = −100 ℃)는 기체로 존재하는 분자성 할로젠화물이다. 그러나 AlF_3(mp = 1290 ℃)는 전형적으로 녹는점이 높은 이온 결합성 고체이다. 더구나, 전기 음성도가 큰 제2주기 원소인 N, O, F의 화합물만이 **수소 결합(hydrogen bonding)**을 할 수 있다(8.6절). 또한 강산인 HCl, HBr, HI와는 달리, HF만 유일하게 **약한 할로젠화 수소산(weak hydrohalic acid)**이다(16.3절).

기억하기…
수소 결합이란 전기 음성도가 매우 큰 원자(O, N, F)에 결합된 H와, 다른 전기 음성도가 큰 원자에 있는 비공유 전자쌍 사이에 끌어당기는 상호 작용이다(8.6절).

기억하기…
약산 HA는 물에 녹아서 극히 일부만 H_3O^+와 A^- 이온을 형성한다. 반면에, 강산은 거의 100% 해리한다(15.3절).

제2주기 원소는 크기가 작기 때문에, 일반적으로 최대 4개의 공유 결합을 형성한다. 이와는 대조적으로, 보다 큰 제3주기 원소는 5개 이상의 이웃을 가질 수 있다. 따라서 5개 이상의 결합을 형성할 수 있다. 그러므로 질소는 NCl_3만 형성하지만, 인은 PCl_3와 PCl_5를 모두 형성한다.

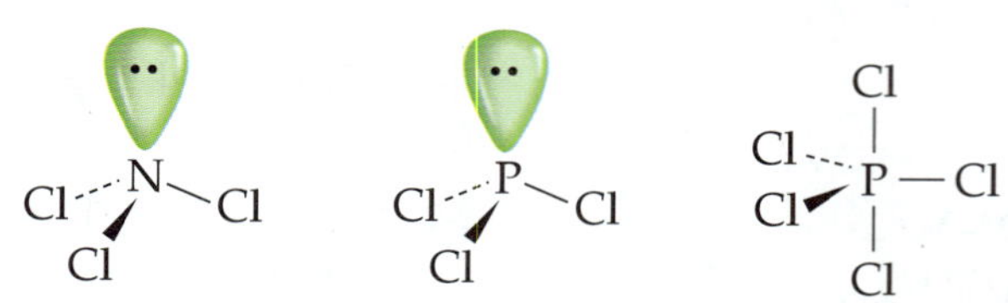

제2주기 원소인 C, N, O의 작은 크기가 가지는 또 다른 중요성이 있다. 2*p* 오비탈의 π 겹침으로 다중 결합을 형성할 수 있다는 것이다. 대조적으로, 제3주기 원소인 Si, P, S의 3*p* 오비탈은 더 퍼져 있고, 원자의 결합 길이가 더 길다. 따라서 약한 π 겹침이 된다.

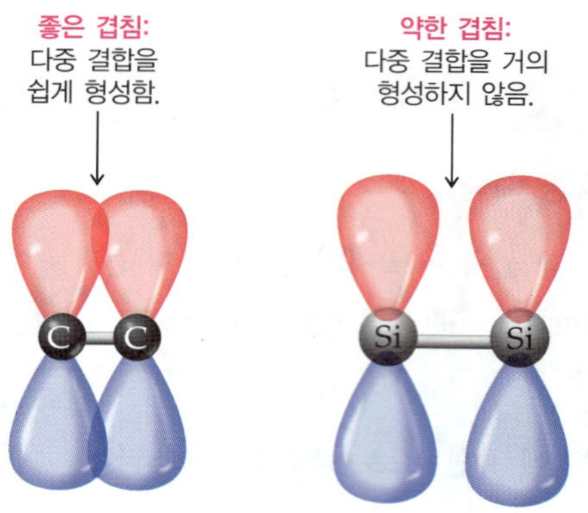

이러한 약한 겹침 때문에 p 오비탈이 포함된 π 결합은 제3주기 이상의 원소에서는 드물다. C=C와 C≡C 다중 결합을 갖는 화합물은 흔히 볼 수 있을지라도, Si=Si와 Si≡Si 다중 결합을 갖는 분자는 흔치 않고 아주 최근에서야 합성이 되었다. 15족에서 질소 원소는 삼중 결합 N_2 분자를 갖지만, 흰인은 사면체의 P_4 분자를 갖는다. 이때 각 P 원자는 한 개의 삼중 결합이 아닌 세 개의 단일 결합을 형성한다. 마찬가지로, O_2는 O=O 이중 결합을 갖는 반면, 황 원자는 왕관 모양의 S_8 고리를 형성한다. 이때 각 S 원자는 한 개의 이중 결합을 형성하는 대신, 두 개의 단일 결합을 형성한다.

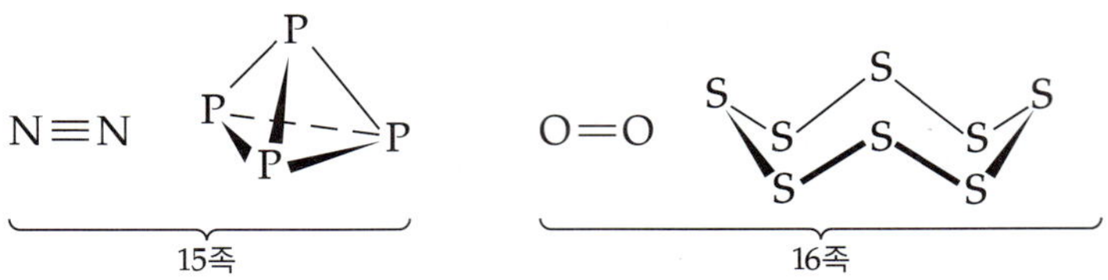

예제 22.2

제2주기 원소와 제3주기 원소의 차이 탐구

다음 관찰 결과를 설명하시오.

(a) CO_2는 기체 분자 물질인 반면에, SiO_2는 공유 결합성 그물 구조의 고체이다. 여기서 SiO_4 사면체는 산소 원자를 공유함으로써 네 개의 이웃한 SiO_4 사면체와 연결되어 있다.

이산화 탄소

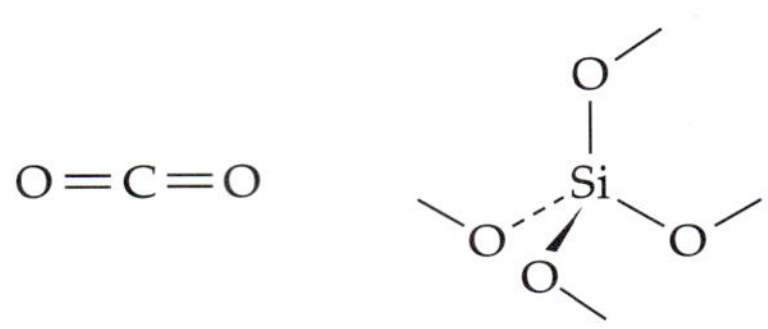

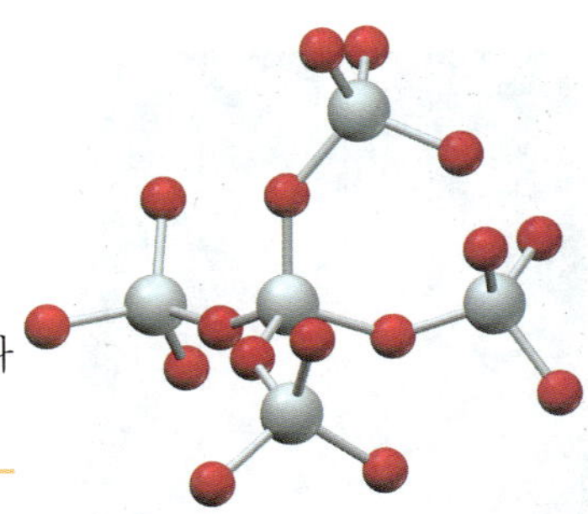

SiO_2 구조의 일부분

(b) SiO_2로 이루어진 유리는 플루오린화 수소에 의해 침식되어 SiF_6^{2-} 음이온을 형성한다. 그러나 이와 유사한 CF_6^{2-} 음이온은 존재하지 않는다.

전략

이러한 차이를 설명하기 위해서는 다음을 기억해야 한다.

(a) 제2주기 원자는 제3주기 원자보다 더 작고 더 강한 다중 결합을 형성한다.

(b) 제3주기 원자는 5개 이상의 결합을 형성할 수 있다. 크기가 크기 때문이다.

풀이

(a) 탄소는 크기가 작고 다른 원자들과의 π 겹침이 좋기 때문에, 두 산소와 강한 이중 결합을 형성하여 독립된 CO_2 분자를 만든다. 더 큰 Si 원자는 다른 원자들과 좋은 π 겹침을 하지 않기 때문에, 이중 결합을 만드는 대신 4개의 원자가전자로 4개의 단일 결합을 형성한다.

(b) 더 큰 규소 원자는 6개의 F^- 이온과 결합할 수 있다. 반면에, 더 작은 탄소 원자는 최대 4개의 결합만을 형성할 수 있다.

연습문제 22.3 유기 용매인 아세톤의 분자식은 $(CH_3)_2CO$이다. 이와 비슷한 규소 화합물은 열적으로 안정한 윤활제이며, 화학식이 $[(CH_3)_2SiO]_n$인 고분자이다. 두 구조의 차이를 설명하시오.

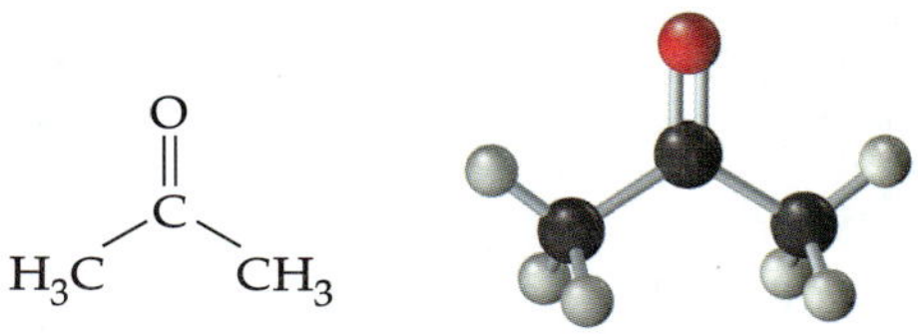

아세톤

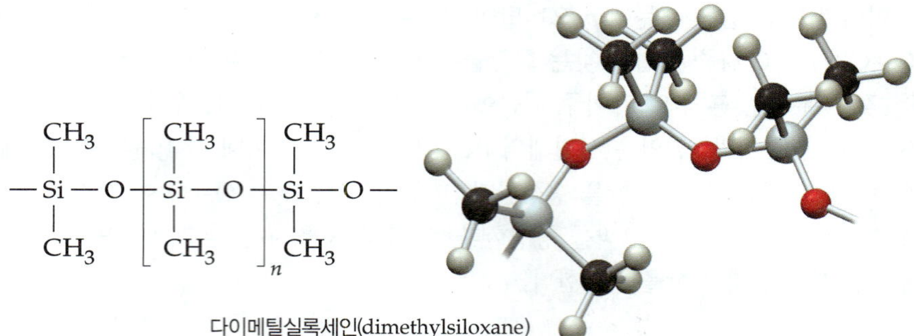

다이메틸실록세인(dimethylsiloxane) 고분자 사슬의 일부분

▶ **응용문제 22.4** 인은 PCl_5을 형성하는 데 반해, 질소는 최대 세 개의 Cl 원자와 결합하여 NCl_3를 형성한다. 왜 그런지 설명하시오.

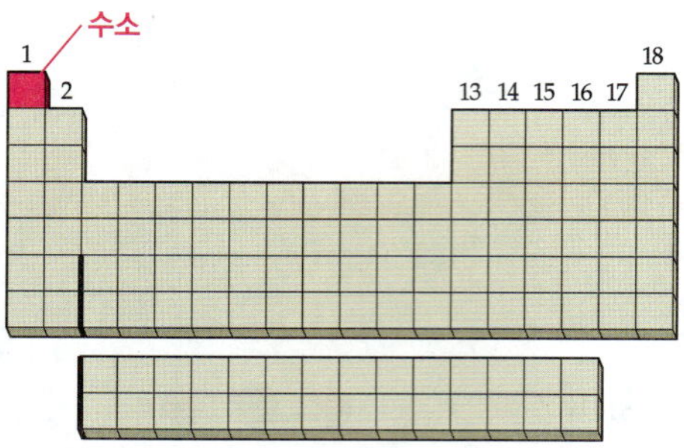

22.3 1족: 수소

22.1절에서 설명했듯이, 금속성은 족의 아래로 갈수록 증가한다. 이는 원자가전자가 핵으로부터 멀어지면서 이온화 에너지와 전기 음성도가 감소하기 때문이다. 수소는 1족의 맨 위에 위치해 있지만 비금속이다. 나머지 1족 원소인 알칼리 금속과 화학적 성질과 물리적 성질이 다르다.

수소 원소

보통의 온도와 압력에서, 수소는 이원자 분자인 H_2로 이루어진 무색, 무취의 기체이다. 수소는 전자 두 개만을 가지는 무극성 분자이기 때문에, 분자간 힘은 매우 약하다. 그 결과, 수소는 녹는점(−259.2 ℃)과 끓는점(−252.8 ℃)이 매우 낮다. 그러나 H_2 분자 내에서의 결합력은 매우 강하다. 따라서 H−H 결합 해리 에너지는 436 kJ/mol이다. 이는 같은 원소로 된 2원자 단일 결합 중 가장 강하다(7.2절).

$$H_2(g) \longrightarrow 2\,H(g) \qquad D = 436\ \text{kJ/mol}$$

1 atm에서 2000 K까지 온도를 높여도 2500개의 H_2 분자 중 겨우 1개만이 H 원자로 해리될 정도이다.

▲ 궁수자리(Sagittarius)에 있는 석호 성운(Lagoon Nebula). 성간 기체는 우주에서 가장 풍부한 원소인 수소 원자로 구성되어 있다. 기체는 가까운 별에서 나오는 방사선에 의해서 가열된다. 특징적인 빨간 빛은 수소의 방출 스펙트럼에 의한 것이다.

수소는 우주 질량의 약 75%를 차지하고 있는 것으로 생각되고 있다. 예를 들어, 우리의 태양과 다른 별들은 주로 수소로 구성되어 있다. 수소는 이 별들에서 핵연료의 역할을 한다. 그렇지만 우리 지구에서는 결합하지 않은 H 원자의 상태로는 거의 발견되지 않는다. 이는 지구의 중력이 너무 약해서 가벼운 분자를 붙잡을 수 없기 때문이다. H_2 분자는 현재 대기 중에는 부피로 0.53 ppm만이 존재한다. 지각과 대양 중에서 수소는 질량 기준으로 9번째로 많은 원소이고(0.9 질량%), 원자 기준으로는 3번째로 많다(15.4 원자%). 수소는 물, 석유, 단백질, 탄수화물, 수많은 화합물에서 발견된다.

이 장의 끝에 있는 Inquiry에서 대규모로 수소를 생산하는 방법을 논의할 것이다. 그러나 소량의 수소는 실험실에서 쉽게 만들 수 있다. 아연 같은 활성 금속을 묽은 산과 반응시키면 된다.

$$Zn(s) + 2\,H^+(aq) \longrightarrow H_2(g) + Zn^{2+}(aq)$$

수소를 발생시키고 모으는 전형적인 장치를 **그림 22.3**에 나타내었다.

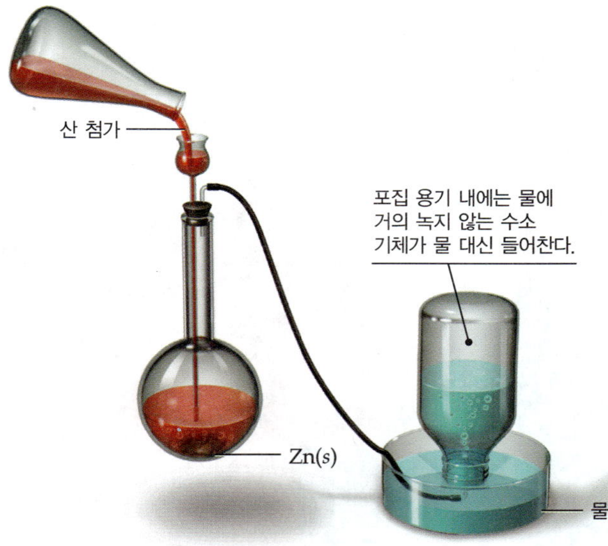

◀ 그림 22.3
아연 금속과 묽은 산을 반응시켜 수소를 제조하는 그림

수소 화합물

수소 원자는 모든 원자 중에서 가장 간단하고, 1*s* 전자 1개와 양성자 1개가 있다. 대부분의 주기율표에서 수소는 1족의 알칼리 금속 위에 위치해 있다. 그것은 수소의 원자가전자가 1개이기 때문이다. 수소를 17족의 할로젠 위에 놓을 수도 있다. 수소는 할로젠처럼 비활성 기체의 배열(He)에서 전자가 1개 부족하기 때문이다. 수소 원자는 전자를 1개 잃고 수소 양이온(H^+)을 형성하거나, 전자 1개를 얻어 수소화 이온(H^-)이 된다.

개념탐구 질문 1
스트론튬과 수소를 함유한 화합물의 화학식은 어떻게 되는가? 이 화합물은 공유 결합을 형성하는가 이온 결합을 형성하는가?

$$\text{알칼리 금속 유사 반응:}\quad H(g) \longrightarrow H^+(g) + e^- \qquad E_i = +1312\ \text{kJ/mol}$$
$$\text{할로젠 유사 반응:}\quad H(g) + e^- \longrightarrow H^-(g) \qquad E_{ea} = -73\ \text{kJ/mol}$$

수소 원자는 화학 반응에서 원자가전자를 완전히 내어주지 않는다. 이온화하는 데 필요한 에너지가 매우 크기 때문이다(E_i = 1312 kJ/mol). 그 대신, 수소는 비금속 원소와 공유하여 CH_4, NH_3, H_2O, HF와 같은 공유 결합 화합물을 형성한다. 이런 점에서 수소는 알칼리 금속과는 현저하게 다르다. 알칼리 금속은 이온화 에너지가 훨씬 작아서 520 kJ/mol(Li의 경우)에서 376 kJ/mol(Cs의 경우) 범위의 값을 가지며, 비금속과 결합하여 이온 결합 화합물을 형성한다.

수소에 전자 1개가 첨가될 때 방출되는 에너지(E_{ea} = −73 kJ/mol)는, 할로젠에 전자 1개가 첨가될 때 방출되는 에너지(E_{ea} = −295~−349 kJ/mol)보다 적다. 하지만 수소는 활동도가 큰 금속으로부터 전자 1개를 받아들여, NaH 또는 CaH_2 같은 이온성 수소화물을 형성한다. 이런 점에서 보면, NaCl이나 $CaCl_2$ 같은 이온성 할로젠화물을 만드는 할로젠과 수소의 거동이 비슷하다고 볼 수 있다.

이성분 수소화물

이성분 수소화물(binary hydride)이란 수소와 다른 한 원소가 있는 화합물이다. 주족 원소 중에서 가장 간단한 수소화물의 화학식과 녹는점을 그림 22.4에 나타내었다. 이성분 수소화물은 이온 결합성, 공유 결합성, 금속 결합성으로 분류된다. **이온 결합성 수소화물(ionic hydride)**은 염과 비슷하고, 녹는점이 높으며, 알칼리 금속 또는 Ca, Sr, Ba 같이 더 무거운 알칼리 토금속에 의해서 형성되는 결정성 화합물이다. 이온 결합성 수소화물은 약 400 ℃에서 해당 원소와 직접 반응하여 생성된다.

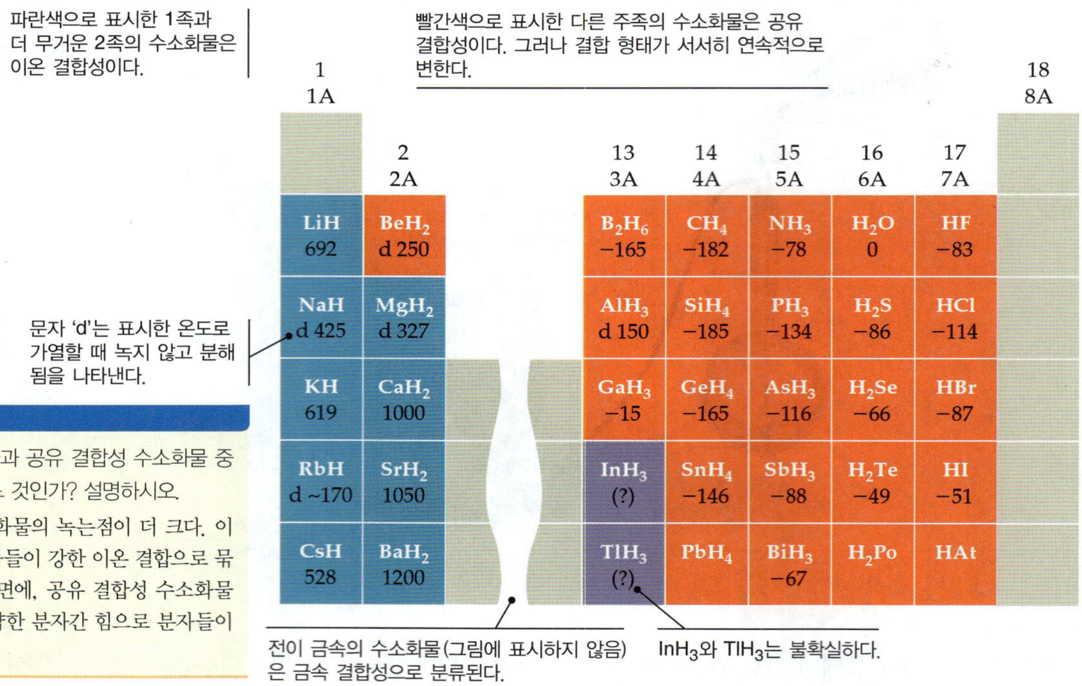

▶ **그림 22.4**
가장 간단한 주족 원소의 수소화물이 가진 화학식과 녹는점(°C)

◀ 확인하기

이온 결합성 수소화물과 공유 결합성 수소화물 중 녹는점이 큰 것은 어느 것인가? 설명하시오.

답 이온 결합성 수소화물의 녹는점이 더 크다. 이는 결정 격자에서 원자들이 강한 이온 결합으로 묶여 있기 때문이다. 반면에, 공유 결합성 수소화물은 이온 결합보다는 약한 분자간 힘으로 분자들이 묶여 있다.

$$2\ \mathrm{Na}(l) + \mathrm{H_2}(g) \longrightarrow 2\ \mathrm{NaH}(s) \qquad \Delta H^\circ = -112.6\ \mathrm{kJ}$$
$$\mathrm{Ca}(s) + \mathrm{H_2}(g) \longrightarrow \mathrm{CaH_2}(s) \qquad \Delta H^\circ = -181.5\ \mathrm{kJ}$$

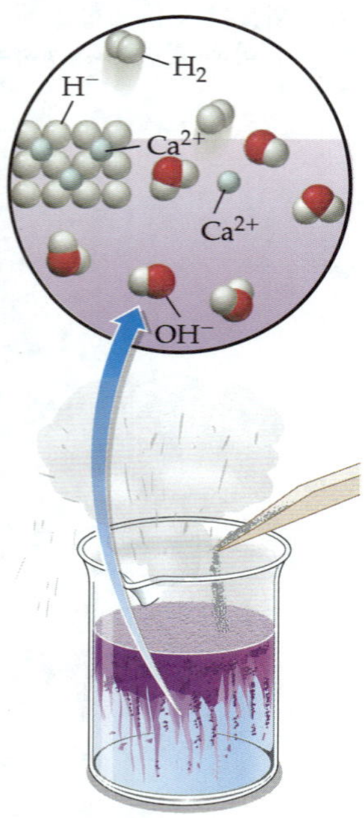

▲ 수소화 칼슘은 물과 반응하여 H_2 기체 거품과 OH^- 이온을 생성한다. 빨간색은 첨가한 페놀프탈레인 때문이다. 염기 존재 하에서 페놀프탈레인은 무색에서 빨간색으로 변한다.

알칼리 금속의 수소화물은 염화 소듐과 같은 면심 입방 결정 구조에, 알칼리 금속 양이온과 H^- 음이온으로 구성되어 있다(11.7절).

H^- 음이온은 양성자 받개(브뢴스테드-로리 염기)이다. 따라서 이온 결합성 수소화물은 물과 반응하여 H_2 기체와 OH^- 이온으로 된다.

$$\underset{-1}{\mathrm{CaH_2}}(s) + 2\ \underset{+1}{\mathrm{H_2}}\mathrm{O}(l) \longrightarrow 2\ \underset{0}{\mathrm{H_2}}(g) + \mathrm{Ca^{2+}}(aq) + 2\ \mathrm{OH^-}(aq)$$

(산화수) −1, +1, 0

이러한 이온 결합성 수소화물과 물의 반응은 산-염기 반응처럼 산화-환원 반응이다. 수소화물은 H_2O(H 산화 상태 +1)를 H_2(H 산화 상태 0)로 환원시키며, 그다음은 수소화물(H 산화 상태 −1)이 H_2로 산화되기 때문이다. 일반적으로 이온 결합성 수소화물은 좋은 환원제이다.

공유 결합성 수소화물(covalent hydride)이란 그 이름이 의미하는 것처럼, 수소가 공유 결합에 의해서 다른 원소에 붙어 있는 화합물이다. 가장 흔한 예는 다이보레인(B_2H_6), 메테인(CH_4), 암모니아(NH_3), 물(H_2O), 할로젠화 수소(HX; X = F, Cl, Br, I)와 같은 비금속 원소의 수소화물이다. 그림 22.4에는 가장 간단한 공유 결합성 수소화물들만 나열되었다. 하지만 과산화 수소(H_2O_2)나 하이드라진(N_2H_4)처럼 더 복잡한 화합물도 알려져 있다. 대부분의 공유 결합성 수소화물은 비교적 약한 분자간 힘을 갖는 독립된 작은 분자로 구성되어 있기 때문에, 이들은 상온에서 기체 또는 휘발성 액체이다.

금속 결합성 수소화물(metallic hydride)은 란타넘족, 악티늄족, *d* 구역 전이 금속이 다양한 함량의 수소와 반응하여 형성된다. 일반적인 화학식은 MH_x이다. 여기서 아래 첨자 x는 가장 간단한 화학식의 H 원자 개수를 나타낸다. 때로는 이들을 **틈새형 수소화물(interstitial hydride)**이라고 한다. 큰 금속 원자들 사이의 구멍 또는 **틈새(interstice)**를 차지하고 있는 작은 수소 원자와 금속 원자의 결정 격자로 구성되어 있다고 생각하기 때문에 붙여진 이름이다(**그림 22.5**).

금속 결합성 수소화물의 결합 성질은 분명하지 않다. 수소가 중성 H 원자, H^+ 양이온, H^- 음이온 중 어떤 것으로 존재하는지도 알려져 있지 않다. 수소 원자는 수많은 틈새를 채울 수 있다. 그래서 많은 금속 결합성 수소화물을 **비화학량론적 화합물(nonstoichiometric compound)**이라고 표현한다. 이 용어는 이들의 원자 성분을 작은 정수비로 표시할 수 없다는 것을 의미한다. 예를 들면 $TiH_{1.7}$, $ZrH_{1.9}$, PdH_x($x<1$) 등이 있다. 반면에, 다른 금속 결합성 수소화물인 TiH_2와 UH_3는 화학량론적 화합물이다. 금속 결합성 수소화물의 성질은 그들의 조성에 의존한다. 이 조성은 주위에 있는 H_2 기체의 부분 압력의 함수이다. 예를 들어 PdH_x는 x 값이 작을 때는 금속성 도체로 거동하고, x 값이 0.5에 다다르면 **반도체(semiconductor)**가 된다.

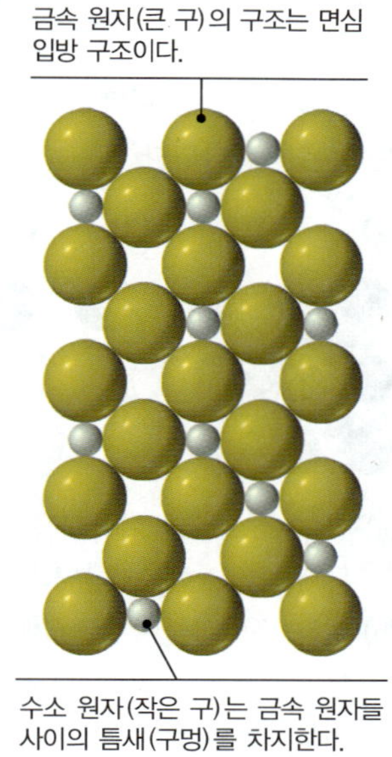

▲ **그림 22.5**
틈새형 수소화물의 한 평면 구조

기억하기…
반도체란 전기 전도도가 금속과 절연체의 중간인 물질이다(21.7절).

개념 예제 22.3

이성분 수소화물의 화학식과 성질 결정

다음 그림은 이성분 화합물 AH_x를 나타낸 것이다. 여기서 A = K, Ti, C, F이다. 상아색의 구는 H 원자 또는 이온을 나타내고, 적자색의 구는 원소 A의 원자 또는 이온을 나타낸다.

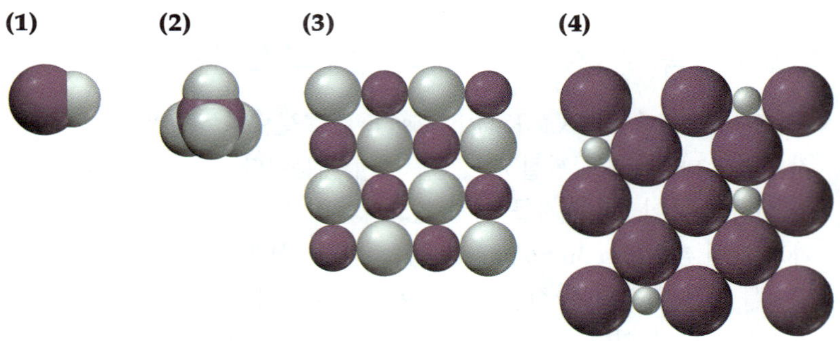

(a) 각 수소화물의 화학식을 쓰고, 이온 결합성, 공유 결합성, 틈새형 수소화물로 분류하시오.
(b) 어느 수소화물의 녹는점이 가장 낮은가? 설명하시오.
(c) 어느 수소화물이 25 ℃에서 물과 반응하여 H_2 기체를 형성하는가?

전략

(a) 주기율표에서 각 원소의 위치는 그 원소가 형성하는 수소화물의 화학식과 유형을 말해 준다. 알칼리 금속은 이온 결합성 수소화물을 형성하고, 화학식은 AH로 표시된다. 몇몇 전이 원소는 틈새형 수소화물을 형성하고, 가끔 비화학량론적 화학식 AH_x를 가진다. 비금속은 공유 결합성 수소화물을 형성하며, 화학식은 족에 따라 다르다.

(b) 공유 결합성 수소화물의 녹는점은 낮다. 분자간 힘이 상대적으로 약하기 때문이다.

(c) 이온 결합성 수소화물은 물과 반응하여 H_2 기체를 형성한다.

풀이

(a) 그림 (1)과 (2)는 독립된 AH와 AH_4 분자를 나타내므로, 이들은 비금속 원소인 F와 C의 공유 결합성 수소화물인 HF와 CH_4이다. 그림 (3)은 화학식이 AH인 고체 이온 결합성 수소화물의 면심 입방 결정 구조의 한 단면이다. 따라서 수소화물 (3)은 이온 결합성 수소화물인 KH이다. 그림 (4)는 비화학량론적 틈새형 수소화물 구조의 한 단면이므로 TiH_x이어야 한다.

(b) 녹는점이 가장 낮은 것은 공유 결합성 수소화물인 HF 또는 CH_4 중 하나이다. 극성인 HF 분자는 쌍극자–쌍극자 힘, 수소 결합, 분산력을 가진다. 따라서 CH_4의 녹는점이 가장 낮다.

(c) 유일한 이온 결합성 수소화물인 KH는 25 ℃에서 물과 반응하여 H_2 기체를 형성한다.

$$KH(s) + H_2O(l) \longrightarrow H_2(g) + K^+(aq) + OH^-(aq)$$

개념 연습문제 22.5 다음 그림은 이성분 화합물 AH_x를 나타낸 것이다. 여기서 A = Br, Li, P, Zr이다. 상아색의 구는 H 원자 또는 이온을 나타내고, 적자색의 구는 원소 A의 원자 또는 이온을 나타낸다.

(1) **(2)** **(3)** **(4)**

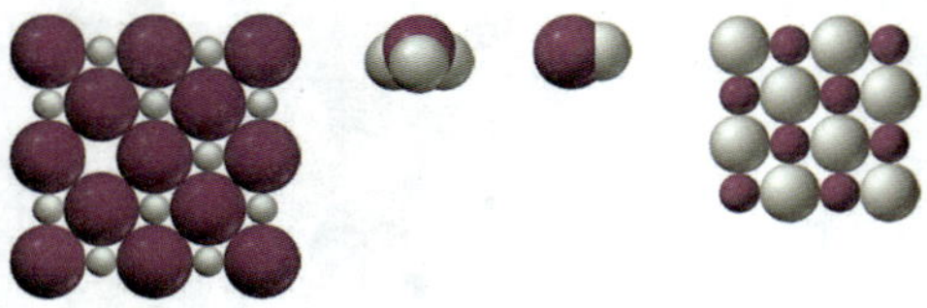

(a) 각 수소화물의 화학식을 쓰고, 이온 결합성, 공유 결합성, 틈새형 수소화물로 분류하시오.

(b) 어느 수소화물이 25 ℃에서 고체인가? 기체인 수소화물은 어느 것인가? 설명하시오.

(c) 어느 수소화물이 25 ℃에서 물과 반응하여 염기성 용액을 형성하는가?

응용문제 22.6 다음 주기율표에 표기된 원소 A, B, C, D의 위치를 고려하여 물음에 답하시오.

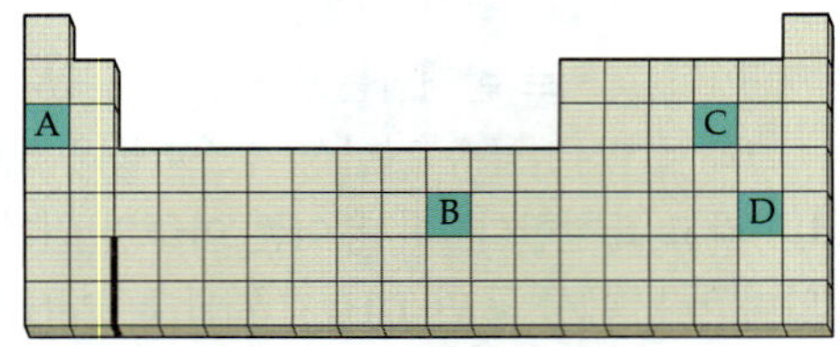

(a) 각 원소의 가장 간단한 이성분 수소화물의 화학식을 쓰시오.

(b) 각 이성분 수소화물을 이온 결합성, 공유 결합성, 틈새형 수소화물로 분류하시오.

(c) 분자로 존재하는 수소화물은 어느 것인가? 무한대로 확장되는 3차원 결정 구조를 가지며, 고체로 존재하는 수소화물은 어느 것인가?

(d) A, B, C, D의 수소화물에서 수소와 각 원소의 산화수를 각각 말하시오.

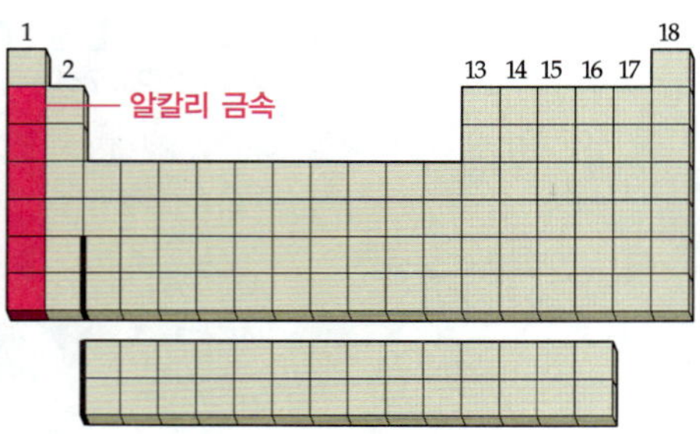

22.4 1족: 알칼리 금속, 2족: 알칼리 토금속

1족 알칼리 금속(Li, Na, K, Rb, Cs, Fr)은 모든 원소 중에서 최소 이온화 에너지를 갖는다. 원자가 껍질 ns^1 전자 배치 때문이다. 그러므로 알칼리 금속은 화학 반응에서 이 ns^1 전자를 쉽게 잃고 +1 이온으로 된다. 따라서 주기율표에서 가장 강한 **환원제(reducing agent)**에 속한다. 실제로, 알칼리 금속의 화학은 한 전자를 다른 원소 또는 화합물에 내어주는 능력이 뛰어나다.

기억하기…
환원제란 한 개 이상의 전자를 잃어, 자신이 산화되는 물질이다. 산화제란 한 개 이상의 전자를 얻어, 자신이 환원되는 물질이다(4.11절).

족의 이름이 의미하는 것처럼, 알칼리 금속은 **금속성**(metallic)이다. 알칼리 금속은 광택이 있고, 겉모양이 은빛이며, 연성이고, 좋은 전도체이다. 그렇더라도 철과 같은 일반적인 금속과는 다르게, 알칼리 금속은 모두 무딘 칼로 절단할 수 있을 정도로 아주 연하며, 녹는점이 낮고, 밀도가 작다. 그리고 반응성이 대단히 커서 기름 속에 보관해야 한다. 이는 알칼리 금속이 산소 및 수분과 만날 경우에 순식간에 일어나는 반응을 방지하기 위함이다. 어떤 알칼리 금속도 자연에서 원소 상태로는 발견되지 않고, 염으로만 발견된다. 알칼리 금속의 성질은 표 22.2에 요약하였다.

알칼리 금속은 그들의 염화염을 환원시켜서 공업적으로 얻는다. 물론 정확한 생산법은 각

표 22.2 알칼리 금속의 성질

이름	녹는점(°C)	끓는점(°C)	밀도(g/cm³)	제1 이온화 에너지(kJ/mol)	지구 존재량(%)	원자 반지름(pm)	이온(M^+) 반지름(pm)
리튬	180.5	1342	0.534	520.2	0.0020	152	68
소듐	97.7	883	0.971	495.8	2.36	186	102
포타슘	63.3	759	0.862	418.8	2.09	227	138
루비듐	39.3	688	1.532	403.0	0.0090	248	152
세슘	28.4	671	1.873	375.7	0.00010	265	167
프랑슘	—	—	—	~400	미량	—	—

원소마다 다르다. 리튬과 소듐 금속은 **전기 분해**(electrolysis)로 제조된다. 이 과정에서 전류를 용융염에 통과시키게 된다(19.13절). 염을 액체로 바꾸기 위해서는 높은 온도가 필요하다.

$$2\ LiCl(l) \xrightarrow[450\ °C]{KCl\ 중에서\ 전기\ 분해} 2\ Li(l) + Cl_2(g)$$

$$2\ NaCl(l) \xrightarrow[580\ °C]{CaCl_2\ 중에서\ 전기\ 분해} 2\ Na(l) + Cl_2(g)$$

▲ 소듐 금속 시료

ⓒDnn87/CC 3.0: Attribution-Share Alike/Wikimedia Commons

포타슘, 루비듐, 세슘 금속은 전기 분해보다는 화학적 환원으로 제조된다. 포타슘 제조에는 소듐이 환원제로 사용되고, 루비듐과 세슘 제조에는 포타슘이 환원제로 사용된다.

알칼리 금속 화합물

알칼리 금속은 17족 원소(할로젠)와 급격히 반응하여, **할로젠화물**(halide)이라고 하는 무색의 결정성 염을 만든다. 이온화 에너지가 감소하면서 알칼리 금속의 반응성은 증가하므로, 반응성의 순서는 Cs > Rb > K > Na > Li이다. 세슘은 가장 반응성이 크고, 거의 폭발적으로 할로젠과 결합한다.

$$2\ M(s) + X_2 \longrightarrow \underset{금속\ 할로젠화물}{2\ MX(s)}$$

M = 알칼리 금속(Li, Na, K, Rb, Cs)

X = 할로젠(F, Cl, Br, I)

모든 알칼리 금속은 산소와 빠르게 반응한다. 그러나 금속에 따라 다른 종류의 생성물이 형성된다. 리튬은 O_2와 반응하여 **산화물**(oxide) Li_2O를 만들고, 소듐은 과산화물(peroxide) Na_2O_2를 만든다. 나머지 알칼리 금속 K, Rb, Cs는 과산화물이나 초과산화물(superoxide)을 만드는데, 이는 얼마나 많은 산소가 존재하느냐에 따라 달라진다. 다른 생성물이 만들어지는 이유는 여러 생성물의 안정도 차이와, 이온이 결정에서 충전되는 방식의 차이 때문이다. 알칼리 금속 양이온은 모든 경우에 산화수가 +1이다. 그러나 산소 음이온은 O^{2-}, O_2^{2-}, O_2^- 등이 될 수 있다.

$4\ Li(s) + O_2(g) \longrightarrow 2\ Li_2O(s)$ **산화물**, 음이온은 O^{2-}

$2\ Na(s) + O_2(g) \longrightarrow Na_2O_2(s)$ **과산화물**, 음이온은 O_2^{2-}

$K(s) + O_2(g) \longrightarrow KO_2(s)$ **초과산화물**, 음이온은 O_2^-

이온성 고체는 이온의 크기와 전하에 따라서 서로 다른 다양한 단위 세포를 취할 수 있다(12.4절). **그림 22.6**은 염화 세슘과 산화 소듐의 단위 세포를 보여 주고 있다. 염화 세슘은 체심 입방 구조를 취한다. 산화 소듐은 O^{2-} 음이온이 면심 입방 배열을 하고, Na^+ 양이온이 사면체 구멍에 위치한다.

알칼리 금속과 물이 만나면 격렬하게 반응하여 수소 기체와 알칼리 금속 수산화물(MOH)을 만든다. 매우 잘 알려진 반응으로, 이 반응 덕분에 족의 이름을 얻게 되었다. 반응 생성물인 금속 수산화물이 **알칼리성**(alkaline), 즉 염기성을 보이기 때문이다. 리튬은 수소를 방출하면서 심하게 거품을 내며 반응한다. 소듐은 열을 내면서 빠르게 반응하고, 포타슘은 대단히 격렬하게 반응하므로 수소는 즉시 불꽃으로 발화한다. 루비듐과 세슘은 거의 폭발적으로 반응한다.

개념탐구 질문 2

Cs 고체를 물에 넣었을 때 일어나는 화학 반응의 균형 화학식은 어떻게 되는가?

$$2\ M(s) + 2\ H_2O(l) \longrightarrow 2\ M^+(aq) + 2\ OH^-(aq) + H_2(g)$$

M = Li, Na, K, Rb, Cs

▶ **그림 22.6**
(a) CsCl의 단위 세포, (b) Na_2O의 단위 세포

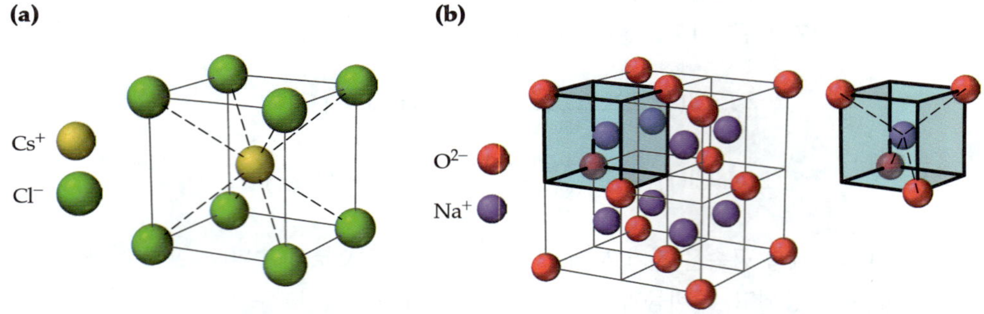

▶ **확인하기**

단위 세포에 존재하는 양이온과 음이온의 개수는 몇 개인가?

답 CsCl의 경우, 단위 세포의 체심에 1개의 Cs^+ 양이온이 있고, 단위 세포 안에 Cl^- 음이온도 1개 들어 있다. 이는 단위 세포의 8개 꼭지점마다 1/8개의 Cl^- 이온이 존재하기 때문이다. Na_2O의 경우, 단위 세포 안에 8개의 Na^+ 양이온이 있다. 이는 그림과 같이 단위 세포를 8개의 작은 입방체로 나눌 수 있고, 각 작은 입방체 중심에 양이온이 하나씩 존재하기 때문이다. 단위 세포 안에 O^{2-} 음이온이 4개 들어 있다. 이는 단위 세포의 꼭지점마다 1/8개의 O^{2-} 이온이 존재하며, 아울러 6개의 면마다 중심에 1/2개의 O^{2-}가 존재하기 때문이다.

▶ 모든 알칼리 금속은 물과 반응하여 H_2 기체를 발생한다.

리튬은 거품을 내면서 심하게 반응한다.

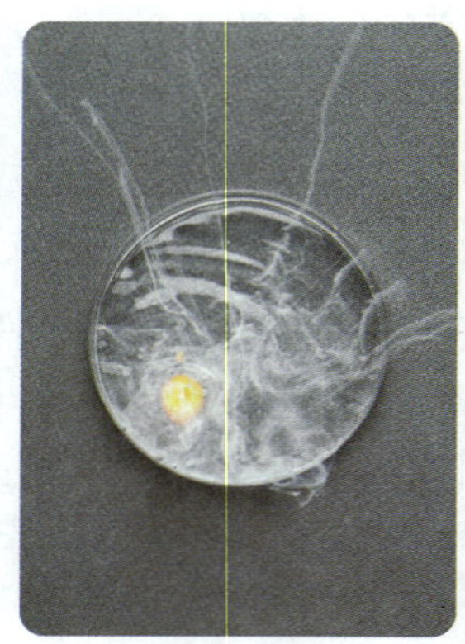

소듐은 격렬하게 반응한다.

포타슘은 거의 폭발적으로 반응한다.

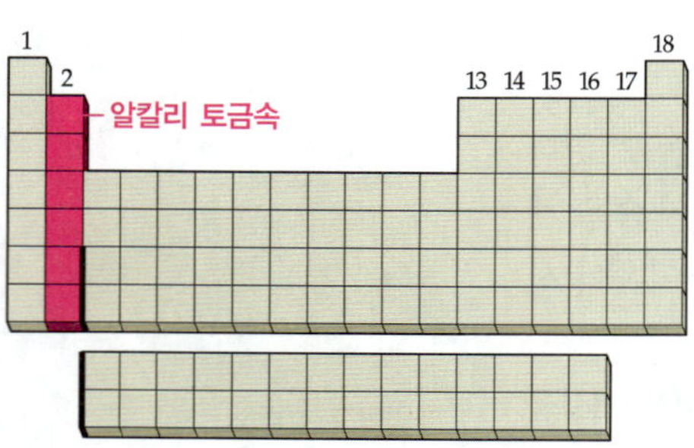

2족: 알칼리 토금속

2족 알칼리 토금속(Be, Mg, Ca, Sr, Ba, Ra)은 여러 가지 점에서 알칼리 금속과 비슷하다. 그러나 알칼리 토금속은 ns^2 원자가 껍질 전자 배치를 가지므로, 산화–환원 반응에서 2개의 전자를 잃어 +2가 양이온 M^{2+}를 형성할 수 있다. 2족 금속의 이온화 에너지는 알칼리 금속보다 더 크기 때문에, 2족 금속의 반응성은 알칼리 금속보다 더 작다. 일반적인 반응성 경향은 Ba > Sr > Ca > Mg > Be이다.

비록 알칼리 토금속 원소는 이웃 1족보다 단단할지라도 여전히 상대적으로 무르고, 은빛이 나는 금속이다. 그러나 **표 22.3**에 나열한 것처럼, 알칼리 토금속은 알칼리 금속보다 녹는점이 더 높고 밀도가 더 크다. 알칼리 토금속 원소는 산소와 물에 대한 반응성이 알칼리 금속보다 떨어지지만, 그럼에도 천연에서는 원소 상태가 아닌 염으로만 발견된다.

알칼리 금속처럼, 순수한 알칼리 토금속 원소는 그들의 염을 환원시켜서 공업적으로 얻는다. 환원은 화학적 방법이나 전기 분해 방법을 사용한다. 베릴륨은 BeF_2를 마그네슘으로 환원하여 제조하고, 마그네슘은 염화 마그네슘을 용융하여 전기 분해로 제조한다.

표 22.3 알칼리 토금속의 성질

이름	녹는점(°C)	끓는점(°C)	밀도(g/cm³)	제1 이온화 에너지(kJ/mol)	지구 존재량(%)	원자 반지름(pm)	이온(M^{2+}) 반지름(pm)
베릴륨	1287	2471	1.848	899.4	0.00028	112	44
마그네슘	650	1090	1.738	737.7	2.33	160	66
칼슘	842	1484	1.55	589.8	4.15	197	99
스트론튬	777	1382	2.54	549.5	0.038	215	112
바륨	727	1897	3.62	502.9	0.042	222	134
라듐	700	1140	~5.0	509.3	미량	223	143

$$BeF_2(l) + Mg(l) \xrightarrow{1300\ °C} Be(l) + MgF_2(l)$$

$$MgCl_2(l) \xrightarrow[750\ °C]{\text{전기 분해}} Mg(l) + Cl_2(g)$$

칼슘, 스트론튬, 바륨은 모두 그 산화물을 고온에서 알루미늄 금속으로 환원하여 만든다.

$$3\ MO(l) + 2\ Al(l) \xrightarrow{\text{고온}} 3\ M(l) + Al_2O_3(s)$$
$$M = Ca, Sr, Ba$$

알칼리 토금속 화합물

알칼리 토금속은 할로젠과 반응하여 이온성 할로젠화물(MX_2)로 되고, 산소와 반응하여 산화물(MO)로 된다.

$$M + X_2 \longrightarrow MX_2 \qquad M = Be, Mg, Ca, Sr, Ba$$
$$2\ M + O_2 \longrightarrow 2\ MO \qquad X = F, Cl, Br, I$$

▶ 칼슘 금속은 상온에서 물과 매우 천천히 반응한다.

베릴륨과 마그네슘은 실온에서 산소에 대한 반응성이 작지만, 불꽃에 점화하면 밝은 백색 섬광과 함께 연소한다. 칼슘, 스트론튬, 바륨은 반응성이 크므로 공기와 접촉하지 못하도록 기름 속에 넣어 보관해야 한다. 무거운 알칼리 금속처럼, 스트론튬과 바륨도 과산화물 MO_2를 형성한다.

베릴륨을 제외한 알칼리 토금속 원소는 물과 반응하여 금속 수산화물 $M(OH)_2$로 된다. 마그네슘은 물과 100 °C 이상에서만 반응하고, 칼슘과 스트론튬은 실온에서 액체 물과 느리게 반응한다. 바륨은 실온에서 격렬하게 반응한다.

개념탐구 질문 3
알칼리 토금속의 물리적, 화학적 성질은 알칼리 금속과 어떻게 다른가?

$$M(s) + 2\ H_2O(l) \longrightarrow M(OH)_2 + H_2(g)$$
$$M = Mg, Ca, Sr, Ba$$

22.5 13족 원소

13족 원소는 붕소, 알루미늄, 갈륨, 인듐, 탈륨이다. 이들은 ***p* 구역 원소**(***p* block element**, 5.13절)에 처음으로 등장하며, 원자가전자 배치는 ns^2np^1이다(113번 원소의 전자 배치와 화학적 성질은 아직 알려지지 않았다. 이는 114~118번 원소에도 해당되는 말이다. 그 이유는 최근에서야 이 원소들의 원자가 소수 발견되었으며, 방사성 원소들이 합성되었기 때문이다). ns^2np^1의 원자가전자 배치를 갖는 13족 원소의 기본 산화 상태는 +3이다. 또한 더 무거운 원

기억하기…
채워지는 부껍질에 따라 주기율표는 여러 영역으로 나눌 수 있다. 1족과 2족에 속한 원소는 *s* 구역 원소, 13~18족에 속한 원소는 ***p* 구역 원소**이다(5.13절).

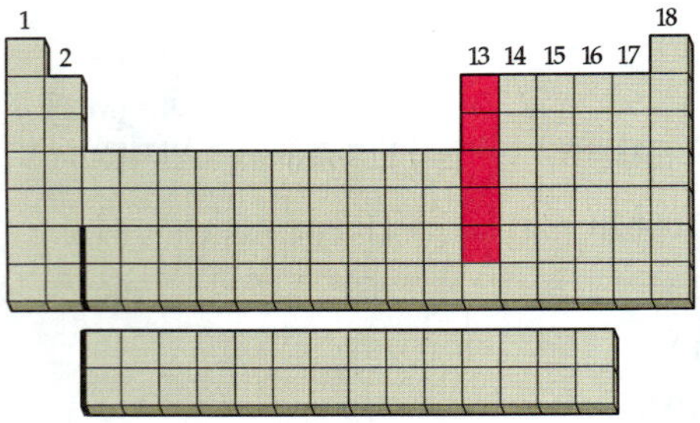

소들의 산화 상태는 +1이 된다. 이러한 산화 상태는 갈륨이나 인듐에서는 보기 드물지만, 탈륨에서는 가장 안정한 산화 상태이다.

13족 원소는 약간 불규칙하기는 하지만, 일반적으로 족의 아래로 갈수록 금속성이 증가한다(**표 22.4**). 붕소는 족의 다른 원소들보다 원자 반지름이 작고, 전기 음성도가 커서 다른 특성을 갖는다. 13족 원소들은 겉보기에 은색 광택이 나는 금속이며, 좋은 전도체이다. 하지만 붕소는 금속이라기보다는 준금속이다. 붕소는 다른 원소에 전자를 주지 않고 공유 결합을 하여 원자가전자를 공유한다. 알루미늄은 13족에서 가장 중요한 원소이다. 알루미늄은 항공기, 전기 송전선, 요리 기구, 음료수 캔 등 수많은 상업 용품을 만드는 데 사용된다. 갈륨은 녹는점이 낮고(29.8 ℃), 액체로 존재하는 온도 범위가 매우 넓다(29.8~2204 ℃)는 점에서 주목할 만하다. 갈륨의 가장 중요한 용도는 비소화 갈륨(GaAs)을 만드는 것이다. 비소화 갈륨은 레이저 프린터, 콤팩트디스크 플레이어, 광섬유 통신 장치 등에 사용되는 다이오드 레이저를 만드는 데 사용되는 반도체 물질이다. 인듐 역시 트랜지스터나 **서미스터**(thermistor)라고 하는 전기 저항 온도계와 같은 반도체 장치의 제조에 사용된다. 탈륨은 독성이 커서 탈륨 할로젠화물이 적외선 분광학에 특화된 시료 홀더로 사용된다.

▲ 갈륨 금속(녹는점 29.8 ℃)은 체온에 녹는다. ©e_rik/Shutterstock

붕소 원소

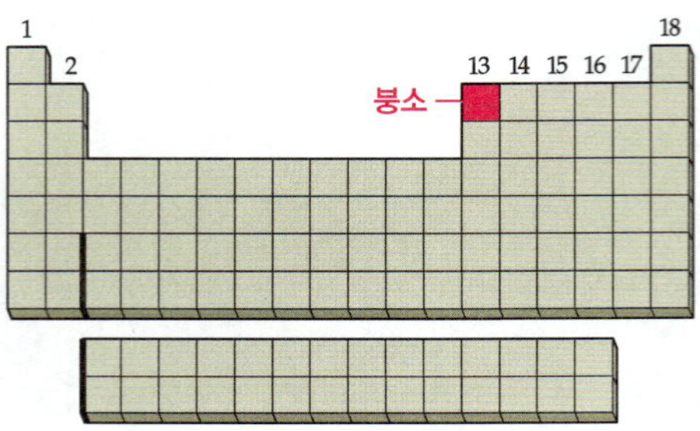

붕소는 비교적 희귀한 원소로서 지각에 질량비로 0.001% 정도만 들어 있다. 그럼에도 불구하고, 쉽게 얻을 수 있다. 붕소는 붕사($Na_2B_4O_7 \cdot 10H_2O$)와 같은 농축된 붕산염 광물로 존재하기 때문이다.

고순도의 결정성 붕소를 얻는 가장 좋은 방법은, 삼브로민화 붕소와 수소를 고온으로 가열한 탄탈럼 필라멘트 위에서 반응시켜 만드는 것이다.

$$2\ BBr_3(g) + 3\ H_2(g) \xrightarrow[1200\ ℃]{\text{Ta 선}} 2\ B(s) + 6\ HBr(g)$$

▲ 미국 캘리포니아의 보론(Boron) 근처에 있는 노천 붕사 광산의 붕산염 광물은, 한때 존재했던 온천수가 증발하여 형성된 것으로 생각된다. ©Tom Grundy/Shutterstock

표 22.4 13족 원소의 성질

성질	붕소	알루미늄	갈륨	인듐	탈륨
원자가전자 배치	$2s^22p^1$	$3s^23p^1$	$4s^24p^1$	$5s^25p^1$	$6s^26p^1$
녹는점(℃)	2075	660	29.8	157	304
끓는점(℃)	4000	2519	2204	2072	1473
밀도(g/cm^3)	2.34	2.70	5.91	7.31	11.8
지각 존재량(질량%)	0.0010	8.23	0.0019	0.000 02	0.000 08
일반적인 산화 상태	+3	+3	+3	+3	+3, +1
원자 반지름(pm)	83	143	135	167	170
M^{3+} 이온 반지름(pm)	–	54	62	80	89
제1 이온화 에너지(kJ/mol)	801	578	579	558	589
전기 음성도	2.0	1.5	1.6	1.7	1.8
$M^{3+}(aq) + 3e^- \longrightarrow M(s)$ 의 산화-환원 전위 $E°$(V)	−0.87*	−1.66	−0.55	−0.34	−0.34†

*$B(OH)_3(aq) + 3H^+(aq) + 3e^- \longrightarrow B(s) + 3H_2O(l)$의 $E°$

†$Tl^+(aq) + e^- \longrightarrow Tl(s)$의 $E°$

결정성 붕소는 강하고, 단단하고, 녹는점이 높은 물질(mp 2075 ℃)이며, 플루오린과의 반응을 제외하면 실온에서 화학적으로 비활성이다. 이러한 성질을 갖기 때문에, 붕소 섬유는 스포츠 장비와 군사용 항공기 등에 쓰이는 고강도 **복합 재료(composite material)**의 유용한 성분으로 사용된다. 금속성의 전도체인 Al, Ga, In, Tl과는 달리, 붕소는 반도체이다.

기억하기…
복합 재료란 금속, 유기고분자, 다른 세라믹이 혼합된 세라믹 재료이다(12.10절).

붕소 화합물

붕소 할로젠화물(boron halide) 붕소 할로젠화물은 삼각 평면의 BX_3 분자로 이루어진 반응성이 매우 큰 휘발성의 공유 결합성 화합물이다. 이들의 가장 중요한 반응에서 붕소 할로젠화물은 루이스 산으로 작용한다. 예를 들어, BF_3는 암모니아와 반응하여 루이스 산–염기 첨가 생성물(Lewis acid–base adduct)인 $F_3B{-}NH_3$를 형성한다(16.15절). 이것은 금속 플루오린화물과 반응하여 정사면체의 BF_4^- 음이온을 포함하는 염을 생성하고, 공업적으로 중요한 많은 유기 반응에서 루이스 산 촉매로 이용된다. 이러한 모든 반응에서 붕소 원자는 빈 2*p* 오비탈을 이용하여 루이스 염기로부터 전자쌍을 받아들인다.

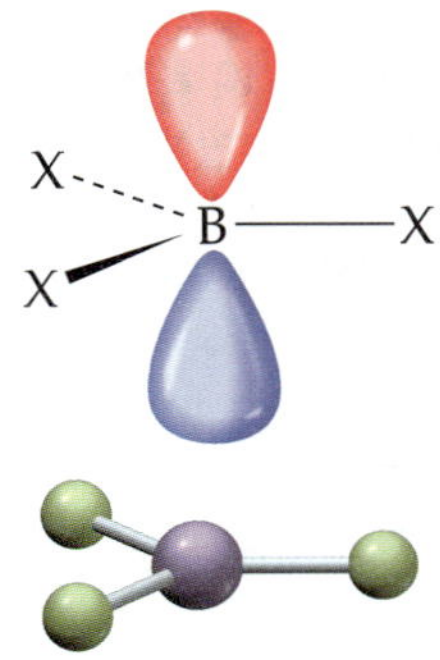

▲ 할로젠화 붕소는 루이스 산이다. 비어 있는 2*p* 오비탈을 갖고 있기 때문이다.

붕소 수소화물(boron hydride) 붕소 수소화물, 즉 보레인(borane)은 휘발성의 분자 화합물로, 화학식은 B_nH_m이다. 가장 간단한 것은 불안정한 BH_3의 이합체인 다이보레인(diborane, B_2H_6)이다.

보레인은 특이한 구조와 결합 때문에 흥미를 끄는 물질이다. 다이보레인 분자는 두 개의 BH_2기가 다리 역할을 하는 두 수소 원자에 의해 연결된 구조를 하고 있다. B 원자 주위의 기하학적 구조는 대략 사면체이고, 다리 걸친(bridging) B—H 결합은 가장자리의(terminal) B—H 결합보다 훨씬 더 길다(133 pm 대 119 pm). 이 구조는 에테인(C_2H_6)의 구조와는 다르고 특이하다. 왜냐하면 수소는 일반적으로 한 개의 결합만을 형성하기 때문이다.

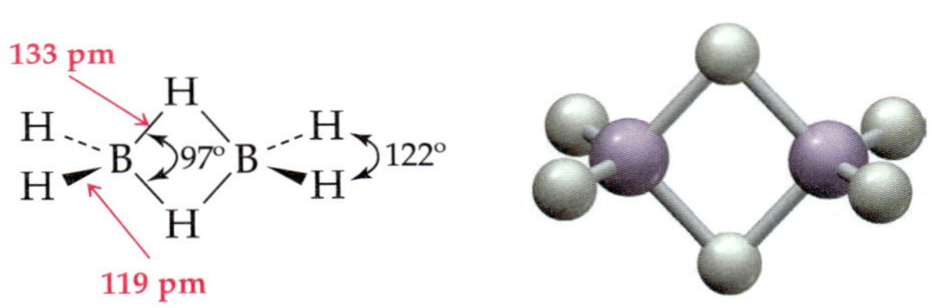

다이보레인

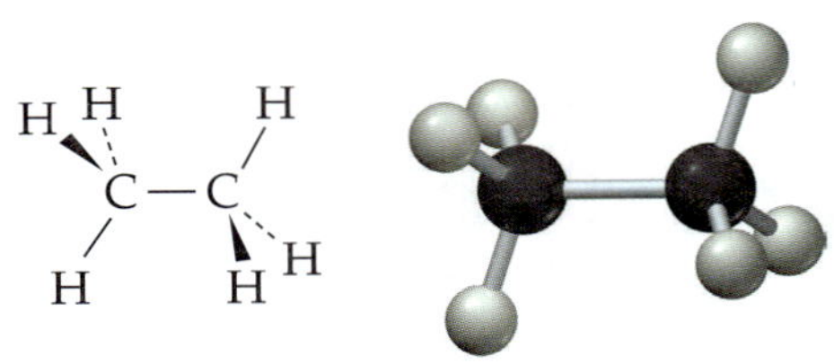

에테인

만약 다이보레인의 구조식에서 각 선이 두 원자 사이에서 일어나는 보통의 2-전자 공유 결합을 나타낸다면(2-중심, 2-전자, 2c—2e 결합), 여기에는 8쌍, 즉 16개의 원자가전자가 있을 것이다. 그러나 다이보레인은 총 12개의 원자가전자만을 갖는다. 즉, 각 붕소 원자로부터 3개의 전자와 각 수소로부터 1개의 전자를 갖는다. 그러므로 다이보레인은 **전자 부족(electron deficient)**이라고 말한다. 이것은 각각의 결합된 원자쌍 사이에 2c—2e 결합을 형성하기에는 충분하지 않은 전자를 가지고 있다는 것을 의미한다.

B 원자 주위의 기하학적 구조는 대략 사면체이기 때문에, 각 붕소는 sp^3 혼성 오비탈을 이용하여 4개의 이웃하는 수소 원자와 결합한다고 가정할 수 있다. 가장자리에 있는 4개의 B—H 결합은 붕소의 sp^3 혼성 오비탈과 수소의 1*s* 오비탈이 겹쳐서 형성된, 통상적인 2c—2e 결합이라고 추정된다. 따라서 6개의 전자쌍 중 4개를 사용한다. 남아 있는 2개의 전자쌍은 각각의 다리 걸친 H 원자를 두 B 원자와 연결하는 **3-중심, 2-전자 결합**(3c—2e 결합)을 형성한다. 각 전자쌍은 3개의 원자 오비탈, 즉 각각의 B 원자에서 하나씩의 sp^3 혼성 오비탈과 다리 걸친 H 원자에서 하나의 1*s* 오비탈의 상호 작용에 의해서 형성된, 3-중심 분자 오비탈을 점유한다(그림 22.7). B—H—B 다리에 있는 2개의 전자는 세 원자에 퍼져 있기 때문에, 이웃하는 원자 사이의 전자 밀도는 원래의 2c—2e 결합보다 더 작다. 따라서 다리 걸친 B—H 결합은 말단 B—H 결합보다 약하고 더 길다.

▶ 그림 22.7
다이보레인의 3-중심 결합성 분자 오비탈

▶ 확인하기

3c−2e 결합은 2c−2e 결합과 어떻게 다른가?

답 3c−2e 결합에서 한 쌍의 전자를 3개의 원자가 나누어 갖게 된다. 그래서 원자 사이의 전자 밀도는 2c−2e 결합보다 낮다. 3c−2e 결합은 2c−2e 결합보다 더 길고 약하다.

두 개의 3-중심(3c) 결합(다른 것보다 진하게 칠해진 것)의 각각은, 각 B 원자의 sp^3 혼성 오비탈과 다리 걸친 H 원자의 1s 오비탈이 상호 작용하여 형성된다.

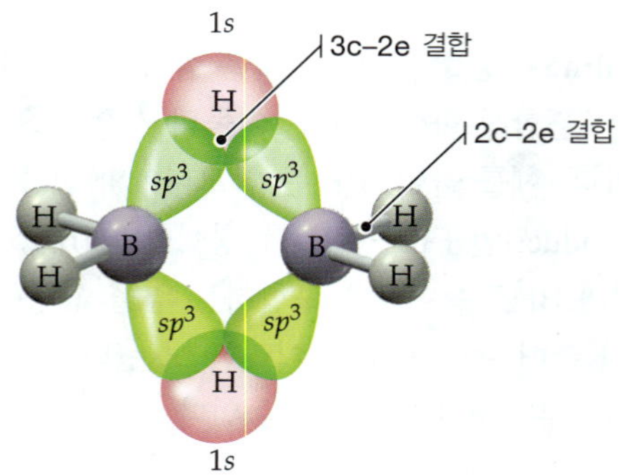

3-중심(3c) 결합의 각각은 전자쌍 한 쌍에 점유되며, 하나의 B–H–B 다리 결합을 설명한다.

개념탐구 질문 4

다이보레인(B_2H_6)은 왜 에테인(C_2H_6)과 비슷한 분자 구조를 갖지 않는가?

22.6 14족 원소

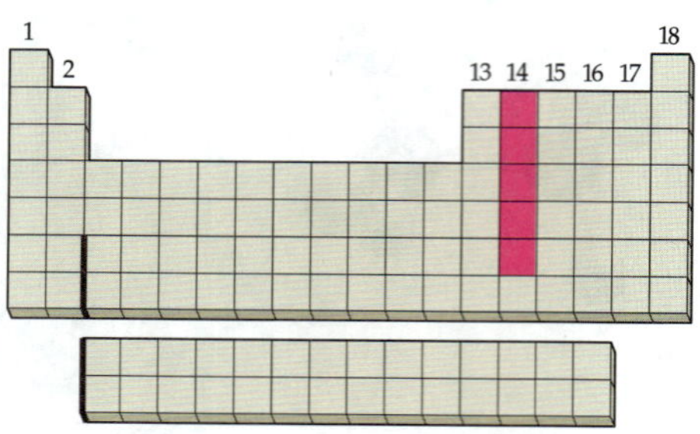

14족 원소(탄소, 규소, 저마늄, 주석, 납)는 산업적인 측면에서, 그리고 살아 있는 유기체에서 특히 중요하다. 탄소는 모든 식물과 동물에 들어 있고 인체에는 질량으로 23% 들어 있으며, 생명의 기초가 되는 분자들의 필수 성분이다. 광물의 세계에서는 규소가 똑같이 중요한 역할을 한다. 규소는 규산염 광물로 다량 존재하며, 지각에서 두 번째로 풍부한 원소이다. 규소와 저마늄은 오늘날 고체 상태의 전자 장치를 제조하는 데 사용된다. 주석과 납은 고대 이래로 알려져 사용되어 왔다.

14족 원소는 주기율표의 아래로 갈수록 금속성이 증가한다. 즉 탄소는 비금속이고, 규소와 저마늄은 준금속이며, 주석과 납은 금속이다. 원자의 크기, 이온화 에너지, 전기 음성도에 대한 통상의 주기적 경향은 **표 22.5**의 자료를 보면 분명히 알 수 있다.

표 22.5 14족 원소의 성질

성질	탄소	규소	저마늄	주석	납
원자가전자 배치	$2s^22p^2$	$3s^23p^2$	$4s^24p^2$	$5s^25p^2$	$6s^26p^2$
녹는점(°C)	~8700*	1414	938	232†	327
끓는점(°C)	–	3265	2833	2602	1749
밀도(g/cm^3)	3.51*	2.33	5.32	7.29†	11.3
지각 존재량(질량%)	0.020	28.2	0.0005	0.0002	0.0013
일반적 산화 상태	+2, +4	+4	+4	+2, +4	+2, +4
원자 반지름(pm)	77	118	122	140	175
제1 이온화 에너지(kJ/mol)	1086	787	762	709	716
전기 음성도	2.5	1.8	1.8	1.8	1.9
$M^{2+}(aq) + 2\,e^- \longrightarrow M(s)$ 의 산화-환원 전위 $E°$(V)	–	–	–	−0.14	−0.13

*다이아몬드; $6\sim10\times10^6$ atm에서의 녹는점

†흰색 주석

14족 원소 중 무거운 원소의 물리적 성질은 준금속 성질에서 금속 성질로 점차 바뀌는 모습에서 예를 찾을 수 있다. 저마늄은 상대적으로 녹는점이 높으며, 부스러지기 쉬운 반도체이며, 다이아몬드나 규소와 같은 결정 구조를 갖고 있다. 주석은 두 가지 동소체로 존재한다. 흔히 볼 수 있는 은백색 금속은 **흰색 주석**(white tin)이라고 하고, 다이아몬드 구조로 이루어진 부스러지기 쉬운 반도체 형태는 **회색 주석**(gray tin)이라고 한다. 흰색 주석은 상온에서 안정한 형태이나 13 ℃ 이하에서 오래 보관하면 회색 주석으로 천천히 부스러진다. 이 현상은 주석병(tin disease)으로 알려져 있다.

저마늄 ⓒBjoern Wylezich/Shutterstock

$$\text{흰색 주석} \xrightleftharpoons{13\ ^\circ\text{C}} \text{회색 주석}$$

흰색 주석과 납은 둘 다 부드럽고, 전성을 보이며, 녹는점이 낮은 금속이다. 납은 금속 형태로만 존재한다.

주석 ⓒAlbert Russ/Shutterstock

14족 원소는 원자가전자 배치가 ns^2np^2이므로 CCl_4, $SiCl_4$, $GeCl_4$, $SnCl_4$, $PbCl_4$에서 볼 수 있듯이 +4의 산화 상태를 가질 수 있다. 이 화합물들은 휘발성이고 분자성 액체이다. 여기서 14족 원소는 사면체의 sp^3 혼성 오비탈을 이용하여 Cl 원자와 공유 결합을 형성한다. +2의 산화 상태는 주석과 납에서 나타나며, 납의 가장 안정한 산화 상태이다. $Sn^{2+}(aq)$와 $Pb^{2+}(aq)$ 이온은 용액 중에서 흔히 볼 수 있다. 그러나 14족 원소의 간단한 $M^{4+}(aq)$ 이온은 존재하지 않는다. 그 대신, M(IV) 화학종은 SiF_6^{2-}, $GeCl_6^{2-}$, $Sn(OH)_6^{2-}$, $Pb(OH)_6^{2-}$와 같이 공유 결합된 착이온으로 용액 중에 존재한다. 일반적으로, +4 산화 상태의 화합물은 공유 결합성이고, +2 산화 상태의 주석과 납 화합물은 주로 이온 결합성이다.

납 ⓒcoderm22854/Shutterstock

탄소 원소

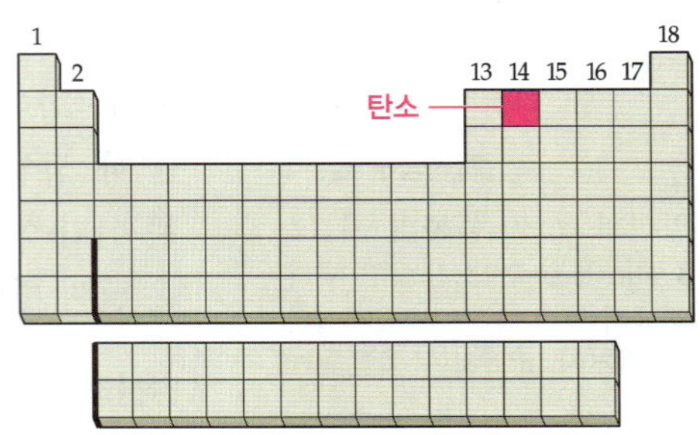

탄소(carbon)는 생명체에서는 두 번째로 많이 들어 있는 원소일지라도, 지각에는 질량비로 단 0.02%만 존재한다. 탄소는 석회석($CaCO_3$)과 같은 탄산염 광물질이나 석탄, 석유, 천연가스와 같은 화석 연료에 존재한다. 12.5절을 상기해 보면, 탄소는 다이아몬드, 흑연(graphite), 풀러렌(fullerene)과 같은 동소체(allostropes)가 40여 종 이상 있다. 그림 12.13은 다이아몬드와 흑연의 서로 다른 공유 결합 그물 구조를 보여 준다. 그림 12.14는 두 개의 풀러렌 구조를 보여 주는데, 이는 비어 있는 구형 혹은 튜브 형태를 한 탄소 분자이다. 흑연과 밀접한 관련이 있는 물질로 **그래핀**(graphene)이 있다. 단지 원자 한 개의 두께로 육각형으로 배열된 탄소 원자들이 이차원 구조를 이루고 있는 물질이다. 끈끈한 테이프로 흑연의 한 층을 떼어내는 방법을 이용하여 2004년에 처음 만들어졌다. 그래핀은 아주 강하고 잘 구부러지며, 아주 훌륭한 전기 도체이다. 그래핀에서 각 C 원자는 sp^2 혼성 오비탈을 이용하여, 이웃하고 있는 세 개의 C 원자와 삼각 평면형의 σ 결합을 형성한다. 또한 각 C 원자는 남아 있는 판상 구조 평면에 대해서 수직으로 있는 p 오비탈을 이용하여, π 결합을 형성한다. π 결합의 전자들은 비편재화되어 있고, 판상 구조의 평면을 따라서 전자들이 자유롭게 이동할 수 있기 때문에, 그 결과 매우 높은 전기 전도도를 갖게 된다. 미래에 활용 가능한 분야로는, 새롭고 작고 더 빠른 컴퓨터 칩, 태양 전지와 LCD 표시 장치의 코팅, 고강도 물질을 만들기 위한 첨가 재료 등이다. 가임(Andre Geim)과 노보셀로프(Konstantin Novoselev)는 그래핀을 만들고 연구한 업적으로 2010년에 노벨 물리학상을 받았다.

탄소 화합물

탄소는 4천만 가지 이상의 화합물을 형성한다. 그 중 대부분은 **유기물**로 분류된다. 반면에, CO, CO_2, $CaCO_3$, HCN, CaC_2, 소수의 다른 화합물만이 **무기물**로 분류된다. 이러한 차이는

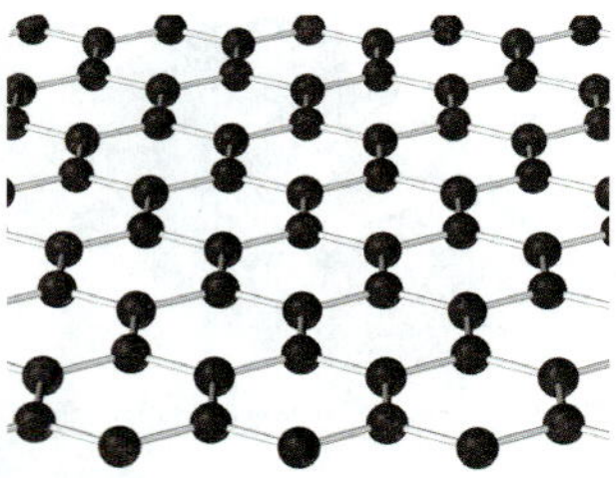

▲ 그래핀의 결정 구조를 공-막대 모형으로 보여 주고 있다. 육각형으로 정렬된 탄소 원자들이 이루는 2차원 배열이다.

▲ '침묵의 암살자'라고 알려진 일산화 탄소는 미국에서 독성에 의한 사고사의 주요 원인이다. 가정용 일산화 탄소 검출기는 일정 기간 동안 CO 농도를 측정하고, 생명을 위협하는 수준에 이르기 전에 경고음을 내도록 고안되어 있다. ©Danny E Hooks/Shutterstock

개념탐구 질문 5

일산화 탄소 중독의 치료는 3 atm의 순수한 산소 기체 환경에서 호흡하게 하는 것이다. 왜 이것이 효과적인 치료 방법인가?

23장에서 더 자세히 설명하겠지만, 과학적이라기보다는 역사적인 이유에서 비롯되었다. 여기서는 몇 가지 간단한 무기 화합물만을 다룰 것이다.

탄소의 산화물 가장 중요한 탄소의 산화물은 일산화 탄소(CO)와 이산화 탄소(CO_2)이다. 일산화 탄소는 무색, 무취의 독성 기체로서 탄소 또는 탄화수소가 제한된 양의 산소 분위기에서 연소할 때 생성된다. 과량의 산소 하에서 CO는 다시 연소하여 CO_2로 된다.

$$2\ C(s) + O_2(g) \longrightarrow 2\ CO(g) \qquad \Delta H° = -221\ kJ$$
$$2\ CO(g) + O_2(g) \longrightarrow 2\ CO_2(g) \qquad \Delta H° = -566\ kJ$$

CO의 강한 독성은 적혈구 세포에 있는 산소 운반 단백질인 헤모글로빈의 철(II) 원자와 강하게 결합하는 능력 때문이다. 헤모글로빈은 CO에 대한 친화도가 O_2에 대한 친화도보다 200배 더 크기 때문에, 낮은 농도의 CO가 혈액 중에 있어도 상당한 양의 옥시헤모글로빈(oxyhemoglobin; 산소가 결합된 헤모글로빈)을 **카복시헤모글로빈**(carboxyhemoglobin; CO가 결합된 헤모글로빈)으로 전환할 수 있다. 따라서 헤모글로빈이 산소를 조직까지 운반하는 능력을 떨어뜨린다.

$$\underset{\text{옥시헤모글로빈}}{Hb{-}O_2} + CO \rightleftharpoons \underset{\text{카복시헤모글로빈}}{Hb{-}CO} + O_2$$

공기 중의 CO 농도가 200 ppm만 되어도 두통, 현기증, 메스꺼움과 같은 증상을 초래할 수 있다. 또한 1000 ppm이 되면 4시간 안에 죽을 수 있다. 담배 연기의 위험 중 하나는 낮은 농도의 CO에 장기간 노출되게 한다는 점이다. CO는 O_2를 운반하는 능력을 떨어뜨리기 때문에, 심장은 조직에 O_2를 공급하기 위해서 더 많은 일을 해야 한다. 따라서 심장 발작의 위험을 증가시킨다.

이산화 탄소는 무색, 무취의 무독성 기체이다. 이것은 연료를 과량의 산소 존재 하에서 태울 때 생성되고, 사람과 동물 대사의 최종 생성물로 만들어진다. 대기 중의 이산화 탄소 농도는 산업 혁명 이후에 극적인 증가를 보이고 있다. 이산화 탄소가 환경적 우려를 낳고 있는 것은 날씨 변화(10.11절)와 바다의 pH(17장, Inquiry) 등에 미치는 영향 때문이다.

탄산염(carbonate) 탄산(H_2CO_3)은 두 계열의 염, 즉 삼각 평면 구조의 CO_3^{2-} 이온을 포함하는 탄산염과, HCO_3^- 이온을 포함하는 탄산수소염을 형성한다. 탄산염 이온은 센물에서 Ca^{2+}와 Mg^{2+} 같은 양이온을 제거하고, 직물에 붙은 기름을 제거하는 데 도움을 주는 OH^- 이온을 내어주는 염기로 작용한다.

$$Ca^{2+}(aq) + CO_3^{2-}(aq) \longrightarrow CaCO_3(s)$$
$$CO_3^{2-}(aq) + H_2O(l) \rightleftharpoons HCO_3^-(aq) + OH^-(aq)$$

탄산수소 소듐($NaHCO_3$)은 베이킹 소다(baking soda)라고 한다. 식품에 들어 있는 산성 물질과 반응하여 빵 반죽을 부풀게 만드는 CO_2 기체를 발생하기 때문이다.

$$NaHCO_3(s) + H^+(aq) \longrightarrow Na^+(aq) + CO_2(g) + H_2O(l)$$

사이안화 수소(**hydrogen cyanide**)와 **사이안화물**(**cyanide**) 사이안화 수소는 금속 사이안화물을 산성화할 때 생성되는, 독성이 매우 큰 휘발성 물질이다(bp 26 ℃).

$$CN^-(aq) + H^+(aq) \longrightarrow HCN(aq)$$

사이안산이라고 알려진 HCN 수용액은 아주 약한 산성이다($K_a = 4.9 \times 10^{-10}$).

사이안화 이온 CN^-은 루이스 염기로 작용하여 탄소에 있는 고립 전자쌍을 통해서 전이 금속과 결합한다. HCN과 다른 사이안화물이 독성을 나타내는 이유는, CN^-가 음식물의 산화에 관련이 있는 중요한 효소인 사이토크롬 산화 효소(cytochrome oxidase) 중의 철 (III)과 강한 결합을 형성하기 때문이다. CN^-가 철과 반응하면 효소는 작용을 할 수 없게 된다. 따라서 세포의 에너지 생산이 중지되고, 갑작스런 죽음에 이르게 된다.

▶ 러시아 하카스(Khakassia)에 있는 Zolotaya Zvezda 채광 회사는 금을 추출하는 용도로 사이안화물 침출용 연못을 운영하고 있다.

CN^-와 금 또는 은의 결합은 광석에서 이들 금속을 추출하는 데 이용된다. 소량의 귀금속을 포함하는 분쇄 광물을 공기를 주입한 사이안산으로 처리하고 나서, $M(CN)_2^-$ 착이온을 아연으로 환원하여 얻는다. 금의 경우 반응식은 다음과 같다.

$$4\,Au(s) + 8\,CN^-(aq) + O_2(g) + 2\,H_2O(l) \longrightarrow 4\,Au(CN)_2^-(aq) + 4\,OH^-(aq)$$
$$2\,Au(CN)_2^-(aq) + Zn(s) \longrightarrow 2\,Au(s) + Zn(CN)_4^{2-}(aq)$$

사이안화물의 독성 때문에, 현재 미국의 여러 주와 외국에서는 이 방법을 금지시키고 있다.

탄소화물(carbide) 탄소는 탄소화물이라고 하는 여러 가지 이성분 무기 화합물을 형성한다. 이때 탄소는 음의 산화 상태를 갖는다. 이러한 예로, CaC_2와 Al_4C_3 같은 활성 금속의 이온 결합성 탄소화물, Fe_3C 같은 전이 금속의 틈새형 탄소화물, SiC 같은 공유 결합성 그물 구조 탄소화물이 있다. NaCl 형태의 구조를 가지는 탄화 칼슘은 Na^+ 대신 Ca^{2+} 이온을, Cl^- 대신 C_2^{2-} 이온을 갖는, 녹는점이 높고 무색인 고체이다. 탄화 칼슘은 석회(CaO)와 코크스(C)를 고온에서 가열하여 제조하며, 용접용 아세틸렌(C_2H_2)을 제조하는 데 사용된다.

$$CaO(s) + 3\,C(s) \xrightarrow{2200\ °C} CaC_2(s) + CO(g)$$
$$CaC_2(s) + 2\,H_2O(l) \longrightarrow C_2H_2(g) + Ca(OH)_2(s)$$

규소 원소

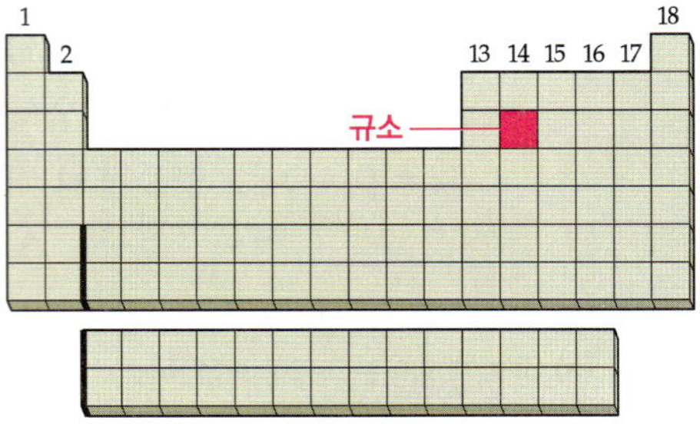

규소(silicon)는 1414 °C에서 녹는 단단한 회색의 반도체성 고체이다. 규소는 다이아몬드와 같은 구조로 결정화된다. 그러나 흑연과 같은 동소체는 형성하지 않는다. π 오비탈의 겹침이 약하기 때문이다. 자연 상태에서 규소는 일반적으로 산소와 결합하여 SiO_2나 다양한 규산염 광물로 발견된다. 규소는 전기로에서 실리카 모래(SiO_2)를 코크스(C)로 환원하여 원소 형태로 얻는다.

$$SiO_2(l) + 2\,C(s) \xrightarrow{\text{가열}} Si(l) + 2\,CO(g)$$

트랜지스터, 컴퓨터 칩, 태양 전지와 같은 고체상의 반도체 장치를 만드는 데 사용되는 규소는, 10^{-7}% (1 ppb) 이내의 불순물이 들어 있는 초고순도여야 한다. 전자공학에 이용하기 위해서 규소는, 분별 증류(12.9절)로 불순물을 제거하여 얻을 수 있는 휘발성 액체인 $SiCl_4$(bp 58 °C)로 전환하고 나서, 수소로 환원하여 원소 상태의 규소로 다시 전환시킨다.

$$Si(s) + 2\,Cl_2(g) \longrightarrow SiCl_4(l)$$
$$SiCl_4(g) + 2\,H_2(g) \xrightarrow{\text{가열}} Si(s) + 4\,HCl(g)$$

규소는 **띠정제(zone refining)**라고 하는 과정으로 더 순수하게 정제한다(그림 22.8a). 여기서 히터는 좁은 영역의 규소 봉을 녹인다. 불순물은 고체에서보다는 액체상에서 더 잘 녹기 때문

▶ 그림 22.8

고체 상태 반도체 장비에 쓰이는 초고순도 규소. (a) 띠정제에 의한 규소의 정제. (b) 초고순도의 규소 봉 및 봉에서 자른 규소 웨이퍼 ©Bjoern Wylezich/Shutterstock

(a)

히터 코일을 용융된 구역을 따라 내리면 불순물은 봉의 아래쪽에 모인다. 봉이 냉각된 후, 불순물은 봉의 아래 끝을 잘라주어 제거한다.

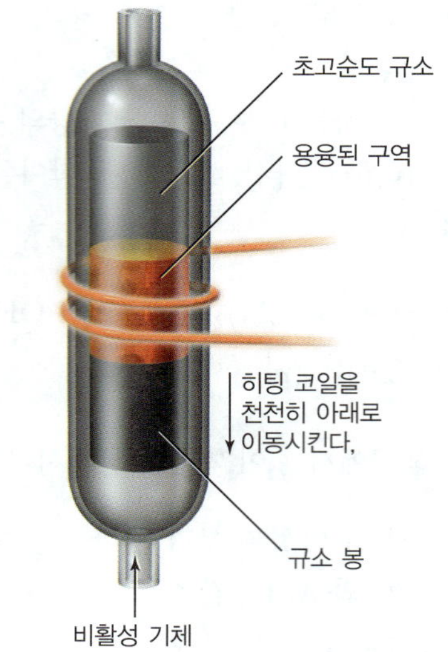

(b)

규소 웨이퍼의 용도는 고체 상태의 전자 장치에서 볼 수 있는 집적 회로 칩을 제조하는 데 사용된다.

에 용융된 구역에 농축된다. 규소 봉을 따라 히터를 천천히 내리면 초고순도의 규소가 용융된 구역의 가장자리를 따라 결정화되고, 불순물은 봉의 아래 끝에 모인다. **그림 22.8b**는 몇 가지 초고순도의 규소 시료를 보여 준다.

규소 화합물

지각의 약 90%는 음이온의 음전하와 균형을 이루고 있는 Na^+, K^+, Mg^{2+}, Ca^{2+}와 같은 양이온과 함께, 규소 옥소 음이온을 포함하는 이온 결합 화합물인 규산염(silicate)으로 이루어져 있다. **그림 22.9**에 나타낸 바와 같이, 규산염의 기본 구조 형태는, 지르콘 광물질($ZrSiO_4$)에 간단한 오쏘규산염($SiO_4{}^{4-}$)으로 존재하는 단위인 SiO_4 사면체이다. 두 개의 SiO_4 사면체가 공통의 O 원자를 공유하면, $Sc_2Si_2O_7$에서 발견되는 이규산염 음이온인 $Si_2O_7{}^{6-}$가 만들어진다.

(a) $SiO_4{}^{4-}$ 음이온 그림이 보여 주는 사면체의 SiO_4 구조 단위

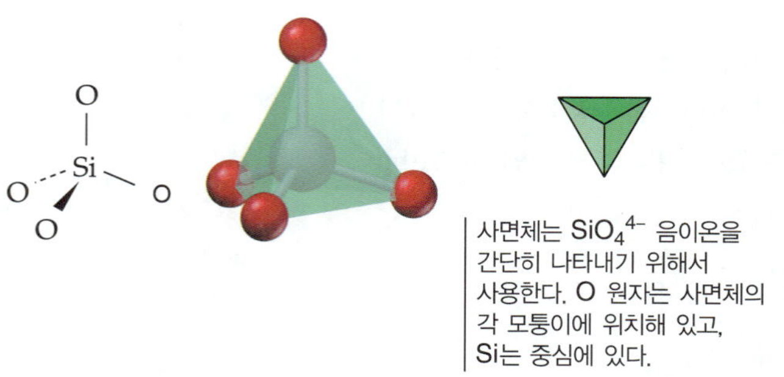

(b) $Si_2O_7{}^{6-}$의 음이온 그림

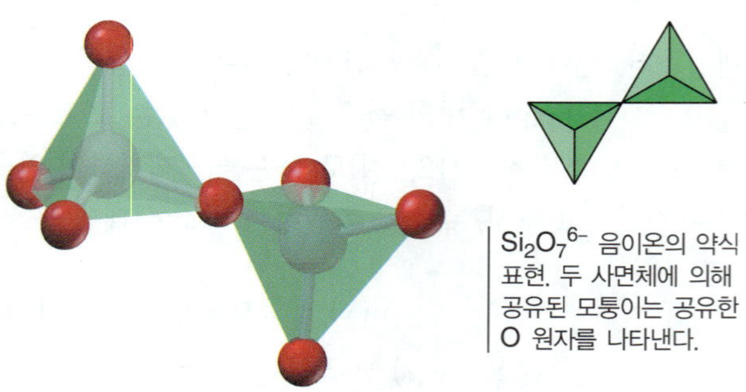

▶ 그림 22.9

$SiO_4{}^{4-}$, $Si_2O_7{}^{6-}$ 및 이들의 약식 표현

SiO_4^{4-}와 $Si_2O_7^{6-}$ 같은 간단한 음이온은 규산염 광물질에서는 비교적 드물다. 보다 흔한 예는 둘 이상의 O 원자가 Si 원자 사이에 다리 결합하여 고리, 사슬, 층, 확장된 삼차원 구조를 이루고 있는 큰 음이온이다. SiO_4 사면체 하나당 두 개의 O 원자를 공유하면, $Si_6O_{18}^{12-}$ 같은 고리 형태의 음이온을 형성하거나, 반복된 $Si_2O_6^{4-}$ 단위를 갖는 무한히 확장된 사슬형 음이온을 형성한다(**그림 22.10**). $Si_6O_{18}^{12-}$ 고리형 음이온은 녹주석 광물($Be_3Al_2Si_6O_{18}$)과 녹주석에서 Al^{3+}의 약 2%가 녹색의 Cr^{3+} 양이온으로 치환된 에메랄드 보석에 존재한다. 사슬 구조의 양이온은 투휘석(diopside, $CaMgSi_2O_6$)과 같은 광물에서 발견된다.

▲ 지르콘 광물($ZrSiO_4$)은 비교적 저렴한 보석이다. ⓒNickKnight/Shutterstock

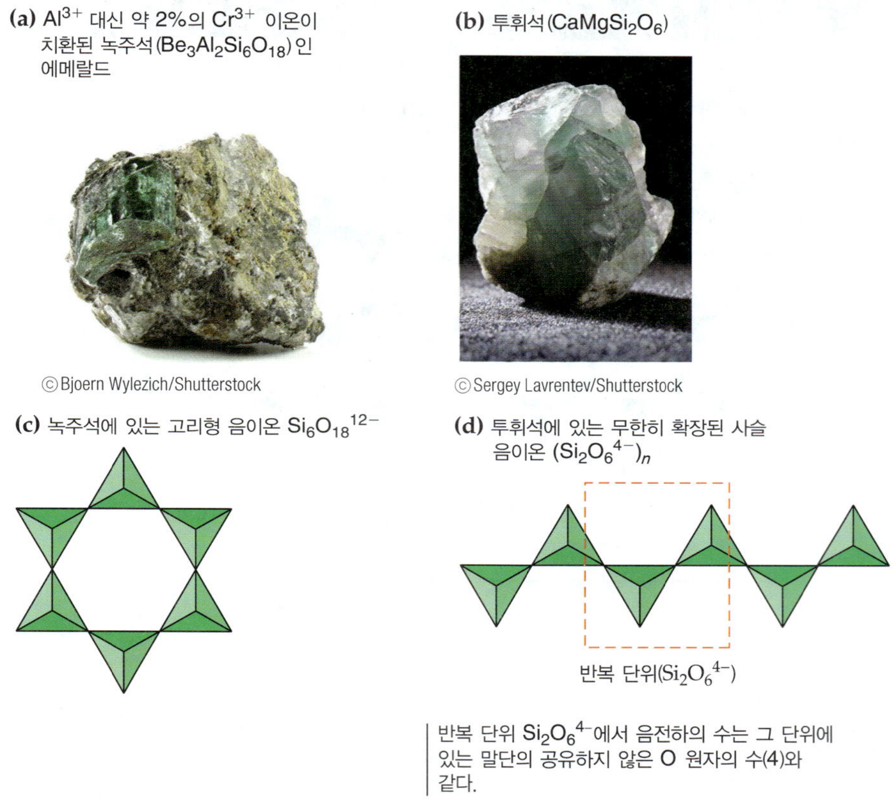

◀ **그림 22.10**
규산염 광물인 에메랄드, 투휘석 시료, 그 음이온들의 구조

그림 22.11에 나타내었듯이, O 원자들이 추가로 공유되면 투각섬석[tremolite, $Ca_2Mg_5(Si_4O_{11})_2(OH)_2$]과 같은 석면 광물이나 점토 광물, 운모, 활석[$Mg_3(OH)_2(Si_4O_{10})$]에서 발견되는 무한히 확장된 이차원의 층상 음이온$(Si_4O_{10}^{4-})_n$에서 발견되는 두 가닥의 사슬 구조 음이온을 형성한다. 석면은 그림에서 보여 주듯이 섬유상이다. 왜냐하면, 규산염 사슬 음이온과 사슬 사이에 존재하며, 이들을 잡고 있는 Ca^{2+}, Mg^{2+} 양이온과의 이온 결합이 비교적 약하여 쉽게 깨지기 때문이다. 마찬가지로 운모는 판상이다. 왜냐하면, 이차원의 층상 음이온과 가운데 있는 금속 양이온 사이의 이온 결합이 층상 음이온 내의 Si—O 공유 결합보다 훨씬 약하기 때문이다.

만약 그림 22.11d의 층상 음이온들이 층상 구조를 하고 있고, 말단의 O 원자가 공유되어 있다면, 각 SiO_4 사면체에 있는 네 개의 각 O 원자는 두 Si 원자 사이에 공유되어 실리카(silica, SiO_2)를 형성하게 된다. 석영 광물은 SiO_2의 많은 결정성 형태 중 하나이다.

▶ **그림 22.11**
석면과 운모의 예, 그리고 이들 음이온들의 구조

(a) 석면은 사슬 구조를 가지므로 섬유상 물질이다.

ⓒphotominer/Shutterstock

(b) 운모는 이차원 층상 구조를 가지므로 얇은 판으로 쪼개진다.

ⓒHenri Koskinen/Shutterstock

(c) 석면 광물에서의 두 가닥 사슬 음이온 $(Si_4O_{11}{}^{6-})_n$

그림 22.10d의 두 단일 가닥은 나란히 놓여 있고, SiO_4 사면체의 반은 여분의 O 원자를 공유한다.

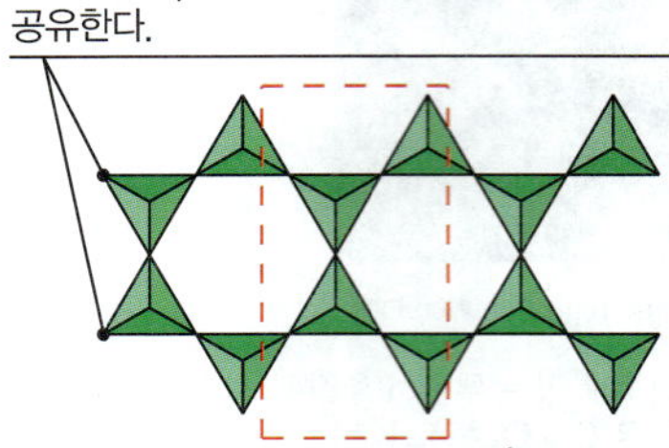

반복 단위($Si_4O_{11}{}^{6-}$)

(d) 운모에서의 층상 음이온 $(Si_4O_{10}{}^{4-})_n$은 SiO_4 사면체당 세 개의 O 원자를 공유함으로써 형성된다.

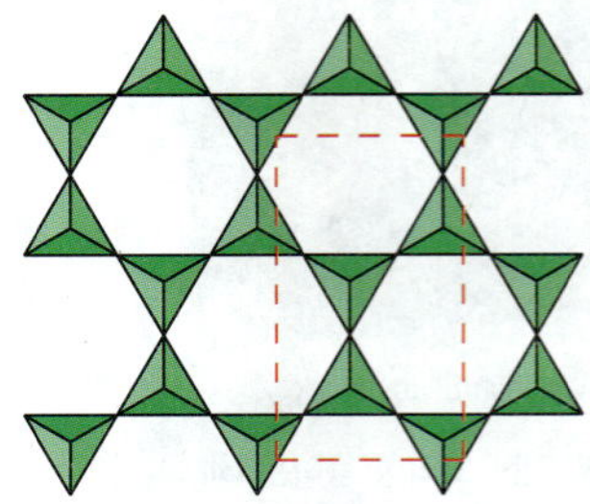

반복 단위($Si_4O_{10}{}^{4-}$)

각 반복 단위의 음전하의 수와 그 단위에 있는 말단 O 원자의 수는 같다.

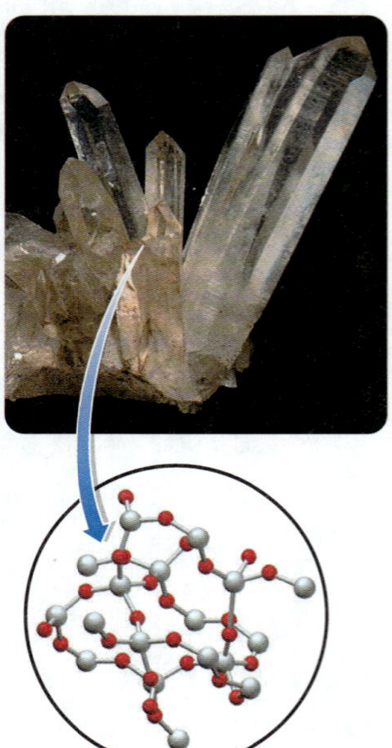

▲ SiO_2의 한 형태인 순수한 결정성 석영은 무색이다. ⓒgontar/Shutterstock

개념 예제 22.4

규산염 음이온 표시 해석

다음 그림은 규산염 음이온을 나타낸 것이다. 각 음이온의 화학식과 전하는 무엇인가?

(a)

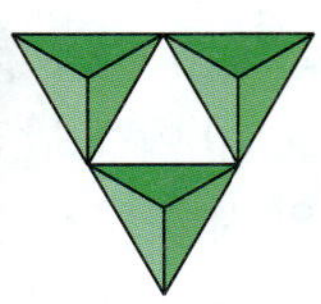

(b)

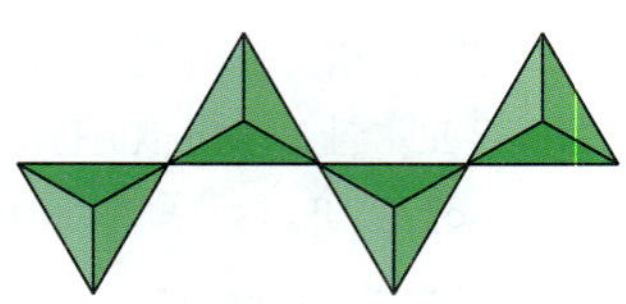

전략

각 사면체는 SiO_4 구조 단위를 나타낸다. 중심에 Si 원자가 있고, 각 모퉁이에는 O 원자가 있다. 각 말단의 공유하지 않은 O 원자는 옥텟 규칙을 완성하기 위해서 전자 한 개가 필요하므로 −1의 전하를 갖는다. 다리 결합(공유하고 있는) O 원자는 두 Si 원자와 결합하여 팔전자계를 완성하고 있으므로 전기적으로 중성이다. 구조식에서 Si 원자의 수를 알아보려면 모퉁이(공유한 것과 공유하지 않은 것) 수를 세어 보면 알 수 있다. 음이온의 전하를 알아보려면 공유되지 않은 모퉁이를 세어 보면 된다.

풀이

(a) 그림은 3개의 사면체로 되어 있다. 여기에는 3개의 공유한 모퉁이와 6개의 공유하지 않은 모퉁

이(총 9개)가 있다. 따라서 음이온은 $Si_3O_9{}^{6-}$이다.

(b) 그림은 4개의 사면체로 되어 있다. 여기에는 3개의 공유한 모퉁이와 10개의 공유하지 않은 모퉁이(총 13개)가 있다. 따라서 음이온은 $Si_4O_{13}{}^{10-}$이다.

점검

규산염 음이온의 전하를 알 수 있는 방법은 규소와 산소의 산화 상태를 각각 +4와 −2로 할당하면 된다. 따라서 음이온 (a)의 전하는 (3)(4)+(9)(−2)=−6이고, 음이온 (b)의 전하는 (4)(4)+(13)(−2)=−10이다.

개념 연습문제 22.7 아래 규산염 음이온의 화학식과 전하는?

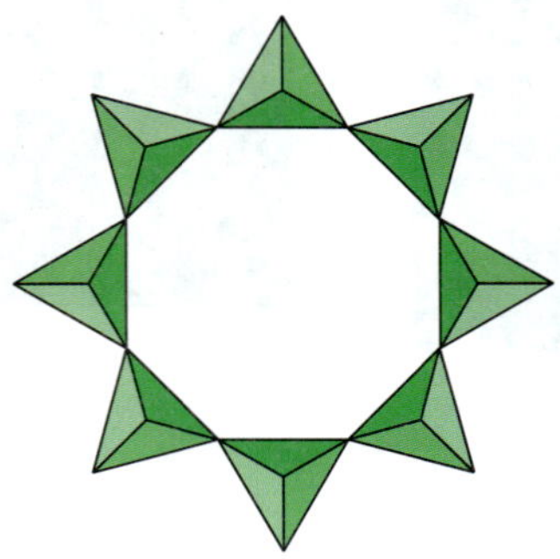

개념 응용문제 22.8 광물 규회석(wollastonite) $Ca_3Si_3O_9$ 내 규산염 음이온의 타당한 구조를 제안하시오(SiO_4 구조 단위는 사면체로 표시한다).

22.7 15족 원소

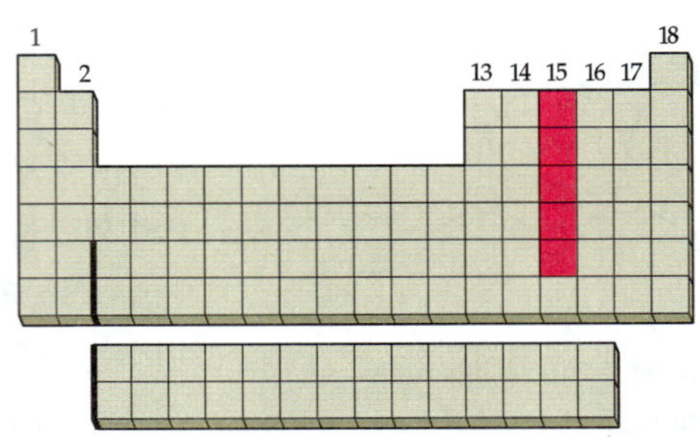

15족 원소는 질소, 인, 비소, 안티모니, 비스무트이다. **표 22.6**에 나타낸 바와 같이, 이 원소들은 N에서 Bi로 내려감에 따라 원자의 크기가 증가하고, 이온화 에너지가 감소하며, 전기 음성도가 감소하는 예상대로의 경향을 보인다. 따라서 금속성도 같은 순서로 증가한다. 즉 N과 P는 전형적인 비금속이고, As와 Sb는 준금속이며, Bi는 금속이다. 따라서 질소 원자는 N_2 분자를 구성하는 기체상의 물질이지만, 비스무트는 확장된 삼차원 구조를 갖는 은빛의 고체이다.

표 22.6 15족 원소의 성질

성질	질소	인	비소	안티모니	비스무트
원자가전자 배치	$2s^22p^3$	$3s^23p^3$	$4s^24p^3$	$5s^25p^3$	$6s^26p^3$
녹는점(°C)	−210	44*	614†	631	271
끓는점(°C)	−196	280		1587	1564
원자 반지름(pm)	75	110	120	140	150
제1 이온화 에너지(kJ/mol)	1402	1012	944	831	703
전기 음성도	3.0	2.1	2.0	1.9	1.9

* 흰인

† 승화한다.

비소
ⓒvvoe/Shutterstock

안티모니
ⓒColdmoon Photoproject/Shutterstock

비스무트
ⓒJunjira Limcharoen/Shutterstock

15족 원소의 원자가전자 배치는 ns^2np^3이다. 이 원소들은 HNO_3와 PF_5 같은 화합물에서 최고 산화 상태는 +5이다. 여기서 이들은 전기 음성도가 더 큰 원소와 모두 5개의 원자가전자를 공유한다. 이들은 NH_3와 PH_3 같은 화합물에서 최소 산화 상태는 −3이다. 여기서 이들은 전기 음성도가 더 작은 원소와 3개의 원자가전자를 공유한다. −3의 산화 상태는 N^{3-} 음이온을 포함하는 Li_3N과 Mg_3N_2 같은 이온 결합 화합물에서도 나타난다.

질소와 인은 −3과 +5 사이의 모든 산화 상태를 갖는다는 점에서 유별난 원소이다. 비소와 안티모니에서 가장 중요한 산화 상태는 $AsCl_3$, As_2O_3, H_3AsO_3에서와 같은 +3과, AsF_5, As_2O_5, H_3AsO_4에서와 같은 +5이다. +5의 산화 상태는 As에서 Sb로, 그리고 Bi로 갈수록 점점 덜 안정해진다. 족의 아래로 갈수록 금속성이 증가하는 또 다른 표시가 있다. $Sb_2(SO_4)_3$와 $Bi(NO_3)_3$ 같은 염에서 Sb^{3+}와 Bi^{3+} 양이온이 존재하는 것이다. 이와는 대조적으로, N이나 P의 화합물에서는 어떤 간단한 양이온도 발견되지 않는다.

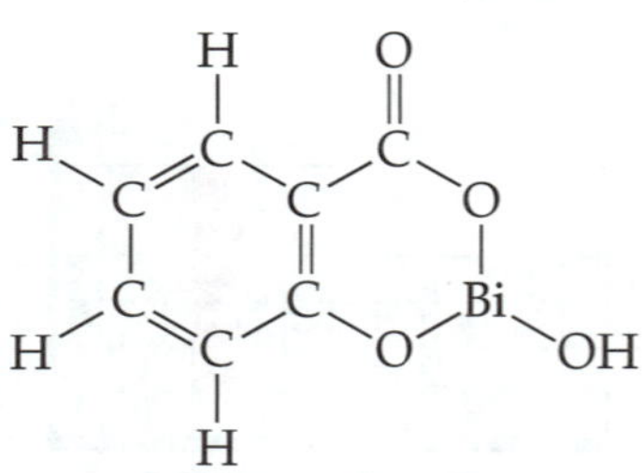

▲ 펩토-비스몰(bismuth subsalicylate, $C_7H_5BiO_4$)

As, Sb, Bi는 모두 황화물 광석에서 발견되며, 여러 가지 금속 합금을 만드는 데 사용된다. 비소는 또한 살충제와 GaAs 같은 반도체를 만드는 데 사용된다. 비스무트 화합물은 펩토-비스몰(Pepto-Bismol) 같은 의약품에 들어 있다.

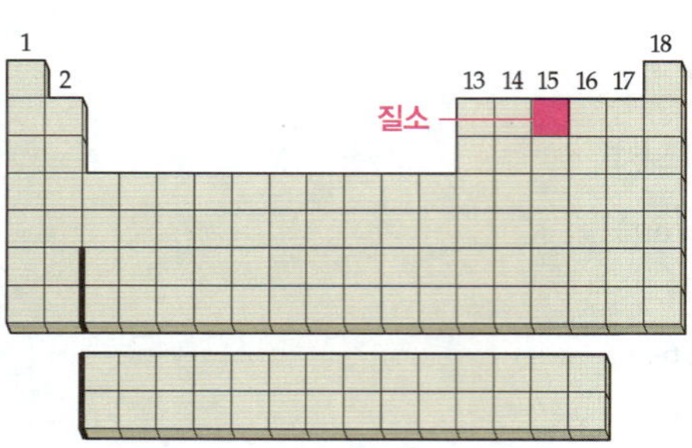

질소 원소

질소(nitrogen) 원소는 지구 대기 중 부피비로 78%를 차지하고 있는 무색, 무취, 무미의 기체이다. 질소(bp −196 ℃)는 액체 공기 중에서 휘발성이 가장 큰 성분이기 때문에 분별 증류에 의해서 휘발성이 덜한 산소(bp −183 ℃)와 아르곤(bp −186 ℃)으로부터 쉽게 분리된다. 질소 기체는 제조 공정에서 보호용 비활성 분위기를 만드는 데 사용한다. 액체 질소는 냉각제로 사용된다. 그러나 무엇보다도 중요한 질소의 용도는 질소 비료에 사용되는 암모니아 제조를 위한 하버 공정이다(15.7절).

대부분의 조건에서 질소는 반응성이 없다. 이는 강한 질소-질소 삼중 결합을 끊는 데 많은 에너지가 필요하기 때문이다.

$$:N{\equiv}N: \longrightarrow 2\ :\dot{\underset{\cdot}{N}}\cdot \qquad \Delta H^\circ = 945\ \text{kJ}$$

결과적으로, N_2를 포함하는 반응은 종종 큰 활성화 에너지를 갖거나 작은 평형 상수를 갖는다. 예를 들면, N_2와 O_2는 25 ℃에서는 서로 결합하여 산화 질소를 형성하지 않는다. 이는 25 ℃에서 이 반응의 평형 상수 값이 2.0×10^{-31}로 매우 작기 때문이다.

$$N_2(g) + O_2(g) \rightleftharpoons 2\ NO(g) \qquad \Delta H° = 182.6\ kJ; \qquad K_c = 2.0 \times 10^{-31}\ (25°C에서)$$

그러나 고온에서는 반응이 일어난다. 이 반응이 흡열 반응이어서 **온도가 상승함에 따라 평형이 오른쪽으로 이동**하기 때문이다(15.9절). 실제로 자동차 엔진 내부에서 고온에서 공기로부터 형성되는 NO는 대기 오염의 주범이다. 대기 중의 N_2와 O_2는 또한 전기 폭풍 중에 서로 반응하여 NO를 형성하는데, 여기서 번갯불 방전은 큰 흡열 반응에 필요한 에너지를 제공한다.

기억하기…
평형 상수 *K*의 온도 의존성은 그 반응에 대한 $\Delta H°$의 부호에 의존한다. **흡열 반응($\Delta H° > 0$)의 경우 *K*는 *T*가 증가함에 따라 증가한다**(15.9절).

질소 화합물

중요한 질소 화합물로는 암모니아, 하이드라진, 질소 산화물, 질산 등이 있다.

암모니아(ammonia) 암모니아 및 하버 공정에 의한 그 합성은 질소 화학의 관문이다. 왜냐하면, 암모니아는 질산과 같이 다른 중요한 질소 화합물의 공업적 합성에 있어 출발 물질이기 때문이다. 농업에서 비료로 사용하는 암모니아는 상업적으로 가장 중요한 질소 화합물이다.

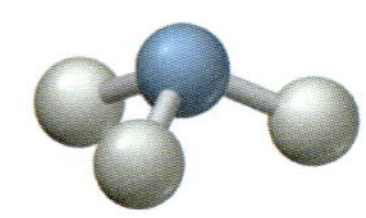
암모니아

암모니아는 무색이나 코를 찌르는 냄새를 갖는 기체로, N 원자에 고립 전자쌍을 갖는 극성인 삼각 피라미드 형태의 NH_3 분자이다. 수소 결합(8.6절) 때문에 기체상의 NH_3는 물에 매우 잘 녹고, NH_3 액체로 쉽게 응축된다. 끓는점은 −33 ℃이다. 물에 녹은 암모니아를 산으로 중화하면 암모늄염이 된다. 이것의 용해도는 알칼리 금속의 염과 비슷하다.

하이드라진(hydrazine) 하이드라진(H_2NNH_2)은 H 원자 한 개가 아미노(NH_2)기로 치환된 NH_3 유도체로 볼 수 있다. 하이드라진은 암모니아를 하이포아염소산 소듐(NaOCl)의 염기성 용액과 반응시켜 만들 수 있다.

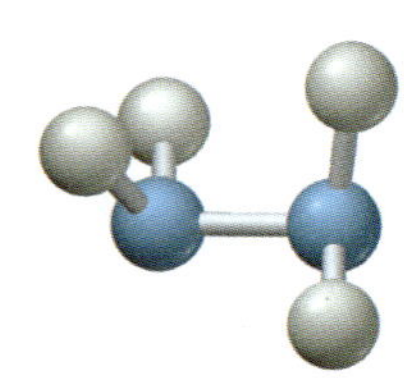
하이드라진

$$2\ NH_3(aq) + OCl^-(aq) \longrightarrow N_2H_4(aq) + H_2O(l) + Cl^-(aq)$$

가정용 세제는 섞으면 안된다는 이야기를 들어보았을 것이다. 발열 반응을 일으키거나 위험한 생성물이 만들어질 수 있기 때문이다. 가정용 암모니아와 하이포아염소산을 함유하는 염소 표백제를 혼합할 때 하이드라진이 형성되는 것이 대표적인 예이다.

순수한 하이드라진은 암모니아와 같은 냄새가 나며, 2 ℃에서 얼고 114 ℃에서 끓는, 독성이 있는 무색의 액체이다. 하이드라진은 수용액에서 안전하게 다룰 수 있다. 수용액에서는 약한 염기($K_b = 8.9 \times 10^{-7}$)이며, 다목적 환원제로 작용하기 때문이다. 예를 들어, 하이드라진은 Fe^{3+}를 Fe^{2+}로, I_2를 I^-로, Ag^+를 Ag 금속으로 환원시킨다.

질소 산화물(oxides of nitrogen) 질소는 많은 산화물을 형성한다. 그러나 여기서는 일산화 이질소(N_2O), 일산화 질소(NO), 이산화 질소(NO_2)만을 다룰 것이다.

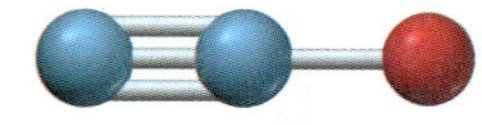
일산화 이질소

일산화 이질소(N_2O)는 질산 암모늄을 약 270 ℃에서 서서히 가열할 때 얻어지는, 무색의 향기로운 냄새가 나는 기체이다. 세게 가열하면 폭발할 수 있다. 소량으로도 가볍게 취하게 하기 때문에, '웃음 기체'라고 알려진 일산화 이질소는 치과용 마취제와 거품 크림을 만들기 위한 압축 기체로 사용된다.

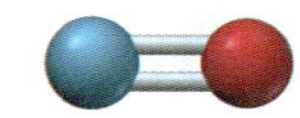
일산화 질소

일산화 질소(NO)는 실험실에서 구리 금속을 묽은 염산으로 처리하여 얻어지는, 무색의 기체이다.

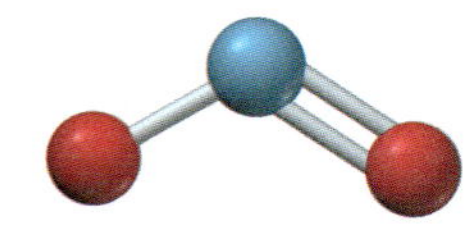
이산화 질소

$$3\ Cu(s) + 2\ NO_3^-(aq) + 8\ H^+(aq) \longrightarrow 3\ Cu^{2+}(aq) + 2\ NO(g) + 4\ H_2O(l)$$

일산화 질소는 많은 생물학적 과정에서도 중요하다. NO는 신경세포 사이의 메시지 전달을 돕고 해로운 박테리아를 죽인다. 이것은 또한 혈관을 확장시켜 줌으로써 불충분한 산소 농도로부터 심장을 보호하는 데 도움을 준다. 협심증의 고통을 덜어 주는 데 오랫동안 사용되어 온 의약품인 나이트로글리세린이 일산화 질소의 공급원으로 작용하여 막힌 동맥을 확장하는 것으로 알려졌다.

이산화 질소(NO_2)는 일산화 질소가 공기에 노출되면 급격하게 생성되는, 독성이 크고 적갈색을 띠는 기체이다(그림 22.12).

개념탐구 질문 6

다음 중 어느 화합물의 질소 산화수가 가장 낮은가? N_2O, NO_2, N_2H_4, NH_3

$$2\,NO(g) + O_2(g) \longrightarrow 2\,NO_2(g)$$

NO_2 역시 구리를 진한 질산과 반응시켜 얻는다.

$$Cu(s) + 2\,NO_3^-(aq) + 4\,H^+(aq) \longrightarrow Cu^{2+}(aq) + 2\,NO_2(g) + 2\,H_2O(l)$$

▶ 그림 22.12

일산화 질소(NO)와 이산화 질소(NO_2)

일산화 질소는 무색의 기체이다.

NO는 공기와 접촉하면 갈색으로 변한다. NO_2로 빠르게 산화되기 때문이다.

구리는 진한 질산(HNO_3)과 반응하여 유독한 적갈색 NO_2 증기를 생성한다. 용액의 파란색은 Cu^{2+} 이온 때문이다.

개념탐구 질문 7

NO_2가 이합체화하여 N_2O_4를 생성하는 반응은 발열 반응이다. 높은 온도에서 평형은 어떤 물질을 더 선호하는가?

NO_2는 홀수 개(17개)의 전자를 가지기 때문에 이합체화하여 무색의 N_2O_4를 형성한다. 즉, 두 NO_2 분자의 홀전자가 쌍을 이루어 N−N 결합을 형성한다. 기체상에서 NO_2와 N_2O_4는 다음과 같이 평형 상태로 존재한다.

$$\underset{\text{갈색}}{O_2N\cdot} + \cdot NO_2 \rightleftharpoons \underset{\text{무색}}{O_2N{-}NO_2} \qquad \Delta H° = -55.3\text{ kJ}$$

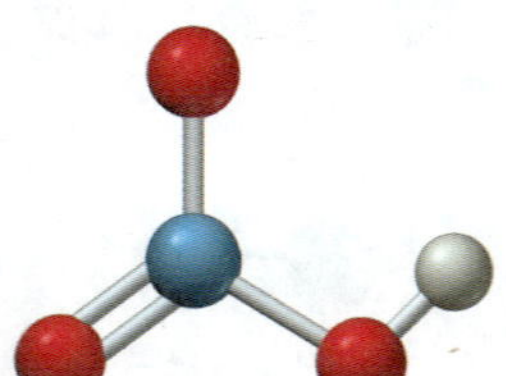

질산

질산(nitric acid) 가장 중요한 무기산의 하나인 질산은 주로 비료를 위한 질산 암모늄을 만드는 데 사용된다. 그러나 폭약, 플라스틱, 염료를 만드는 데에도 사용된다. 미국에서 질산의 연간 생산량은 약 630만 미터톤이다.

실험실에서 진한 질산이 황갈색을 띠는 것은 질산이 약간 분해되어 소량의 이산화 질소(NO_2)가 생기기 때문이다.

$$4\,HNO_3(aq) \longrightarrow 4\,NO_2(aq) + O_2(g) + 2\,H_2O(l)$$

질산은 강산이므로 물에서 100% 해리한다. 이것은 또한 강한 산화제이다. 더 낮은 산화 상태로의 환원 반응에 대한 $E°$ 값이 큰 양의 값을 갖는 것이 이를 말해 준다.

$$NO_3^-(aq) + 2\,H^+(aq) + e^- \longrightarrow NO_2(g) + H_2O(l) \qquad E° = 0.79\ V$$

$$NO_3^-(aq) + 4\,H^+(aq) + 3\,e^- \longrightarrow NO(g) + 2\,H_2O(l) \qquad E° = 0.96\ V$$

그러므로 질산은 $H^+(aq)$보다 강한 산화제이며, HCl 수용액에서는 산화되지 않는 구리나 은과 같이 비교적 반응성이 없는 금속을 산화시킬 수 있다.

HNO_3보다 훨씬 더 강한 산화제는 **왕수**(aqua regia)이다. 진한 염산과 진한 질산을 3:1의 부피비로 섞은 혼합물이다. 왕수는 HCl이나 HNO_3와는 반응을 하지 않는, 심지어 금처럼 반응성이 없는 금속까지도 산화시킬 수 있다.

$$Au(s) + 3\,NO_3^-(aq) + 6\,H^+(aq) + 4\,Cl^-(aq) \longrightarrow AuCl_4^-(aq) + 3\,NO_2(g) + 3\,H_2O(l)$$

여기서 NO_3^- 이온은 산화제로 작용한다. 또한 Cl^-는 Au(III) 산화 생성물을 $AuCl_4^-$ 착이온으로 전환시킴으로써 이 반응을 촉진시킨다.

▶ 새로 준비한 진한 질산을 세워두면 황갈색으로 변하는데, 이는 질산이 분해되어 갈색의 NO_2가 생겼기 때문이다.

인 원소

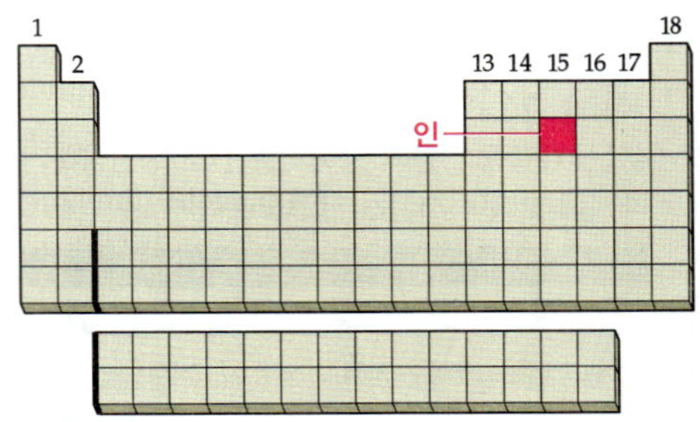

인(phosphorus)은 질량비로 지각의 0.10%를 차지하는, 15족에서 가장 풍부한 원소이다. 인은 대부분이 인산 칼슘[$Ca_3(PO_4)_2$]과 플루오린화인산 칼슘[$Ca_5(PO_4)_3F$]인 인산염 암석에서 발견된다. 플루오린화인산 칼슘은 화학식이 $3\,Ca_3(PO_4)_2 \cdot CaX_2$인 인산염 광물이며, X^-는 보통 F^- 또는 OH^-이다. 인은 또한 생명체에 중요하고, 인체에서 6번째로 많은 원소이다(그림 22.1). 우리의 뼈는 섬유상 단백질인 콜라젠과 함께 대부분이 수산화인회석[$Ca_5(PO_4)_3OH$]이고, 치아의 법랑질은 거의 순수한 수산화인회석이다. 인산기는 한 세대에서 다음 세대로 유전 정보를 전달해 주는 분자인 DNA와 RNA에서 없어서는 안 되는 중요한 부분이다. 인산기가 포함된 분자인 인지질은 세포막의 주요 성분이다.

원소 인은 약 1500 ℃의 전기로에서 인산염 광석, 코크스, 실리카 모래를 가열하여 공업적으로 생산한다. 이 반응은 간단한 식으로 다음과 같이 나타낼 수 있다.

$$2\,Ca_3(PO_4)_2(s) + 10\,C(s) + 6\,SiO_2(s) \longrightarrow P_4(s) + 10\,CO(g) + 6\,CaSiO_3(l)$$

인은 공업적으로 중요한 10개 화학 물질의 하나인 인산을 제조하는 데 사용된다.

인은 흰인과 붉은인의 두 동소체로 존재한다(**그림 22.13**). 공업적으로 합성되는 흰인은 독성의 말랑말랑한 흰색 고체로서, 사면체의 P_4 분자를 갖는다. 이와는 대조적으로 붉은인은 본질적으로 독성이 없으며, 중합체 구조를 갖는다.

작고 무극성인 분자를 포함하는 분자성 고체에 대해서 예상할 수 있는 것처럼, 흰인은 녹는점이 낮으며(44 ℃), 이황화 탄소(CS_2)와 같은 무극성 용매에 잘 녹는다. 흰인은 반응성이 커서 공기에 노출되면 불꽃을 내며 타기 때문에 물속에 저장한다. 흰인을 공기를 차단하고 약 300 ℃에서 가열하면 보다 안정한 붉은인으로 전환된다. 붉은인은 중합체 구조를 하고 있어서 흰인보다 녹는점이 더 높고(579 ℃), 용해도와 반응성이 더 작으며, 공기와 접촉하여도 발화하지 않는다(그림 22.13).

흰인의 반응성이 큰 이유는 정사면체 P_4 분자에 상당한 긴장을 유발하는 특이한 결합 때문이다. 각 P 원자가 세 개의 3p 오비탈을 이용하여 세 개의 P—P 결합을 형성한다면, 모든 결합이 90°가 되어야 한다. 그러나 P_4의 기하학적 구조는 모든 결합이 60°의 각을 가져야 한다. 따라서 이것은 p 오비탈들이 정면으로 겹칠 수 없음을 의미한다. 결과적으로 P—P 결합은 '굽어 있어' 비교적 약하며, 반응성이 크다(**그림 22.14**).

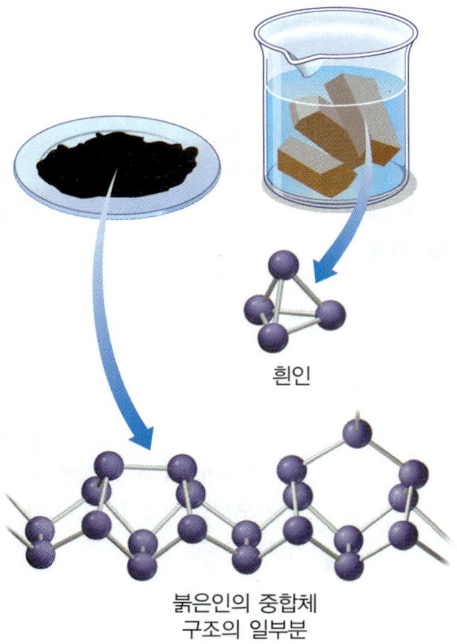

▲ 그림 22.13
붉은인(왼쪽)과, 공기 중에서는 산소와 반응하기 때문에 물속에 저장된 흰인(오른쪽)

▲ 확인하기

붉은인과 흰인의 화학 구조를 토대로 할 때, 어느 화합물의 녹는점이 더 낮은가?

답 흰인의 녹는점이 더 낮다. 흰인은 분자간 상호 작용이 비교적 약한 P_4 분자를 함유하고 있기 때문이다. 붉은인은 모든 인 원자 사이에 강한 공유 결합을 하고 있다. 따라서 녹는점이 더 높다.

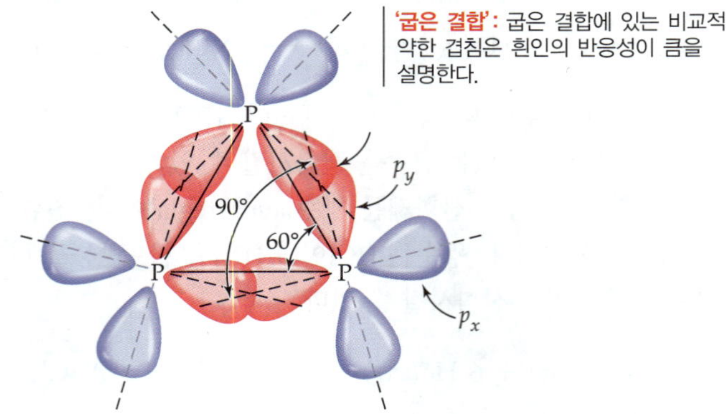

▲ 그림 22.14
p 오비탈 사이의 60°와 90° 결합각을 보여 주는 사면체 P_4 분자의 정삼각형의 한 면

▲ 확인하기

흰인은 공기에 노출되면 불꽃을 내며 탈 것이다. 왜 흰인은 반응성이 매우 높은가?

답 P_4 분자의 60° 결합각으로 인해 p 오비탈이 약하게 중첩된다. 따라서 약한 화학 결합을 형성하기 때문이다.

인 화합물

질소와 마찬가지로, 인은 −3부터 +5까지의 모든 산화 상태를 갖는 화합물을 형성한다. 그러나 PCl_3, P_4O_6, H_3PO_3에서와 같은 +3 상태와 PCl_5, P_4O_{10}, H_3PO_4에서 같은 +5 상태가 가장 흔하다. 인은 질소와 비교하면 양의 산화 상태로 더 잘 발견된다. 전기 음성도가 더 작기 때문이다.

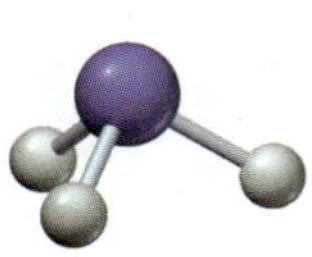

포스핀

포스핀(phosphine) 무색이고 맹독성인 포스핀(PH_3)은 가장 간단한 인의 수소화물이다. NH_3와 같이 포스핀은 삼각 피라미드 구조를 가지며, −3 산화 상태의 15족 원소를 갖는다. 그러나 NH_3와는 달리, 포스핀의 수용액은 중성이다. 이것은 PH_3가 약한 양성자 받개임을 나타낸다. 인의 전기 음성도가 작은 이유로 포스핀은 쉽게 산화하여 공기 중에서 타며, 인산을 형성한다.

$$PH_3(g) + 2\ O_2(g) \longrightarrow H_3PO_4(l)$$

삼염화 인

인 할로젠화물(phosphorus halide) 인은 모든 할로젠과 반응하여 반응물의 상대적인 양에 따라, 인(III) 할로젠화물(PX_3) 또는 인(V) 할로젠화물(PX_5)(X = F, Cl, Br, I)을 형성한다.

$$\text{제한된 양의 } X_2\text{:}\quad P_4 + 6\ X_2 \longrightarrow 4\ PX_3$$
$$\text{과량의 } X_2\text{:}\quad P_4 + 10\ X_2 \longrightarrow 4\ PX_5$$

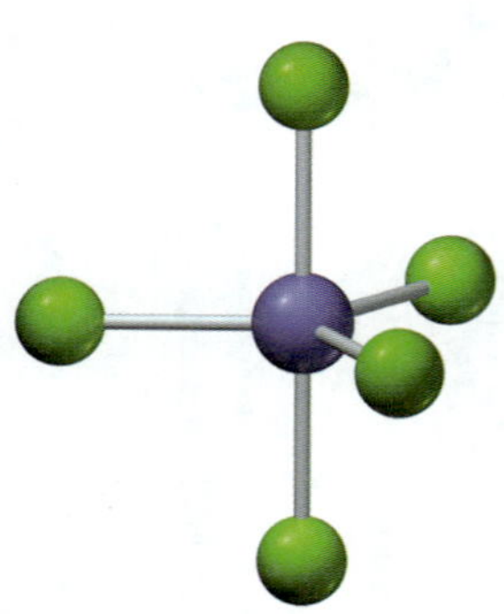

오염화 인

실온에서 이 할로젠화물들은 기체, 휘발성 액체, 또는 녹는점이 낮은 고체이다. 예를 들면, 삼염화 인은 무색의 액체로, 끓는점이 76 ℃이다. 오염화 인은 167 ℃에서 황백색 고체로, 녹는점은 167 ℃이다.

인의 산화물과 산소산(oxides and oxoacids of phosphorous) 인을 공기나 산소 중에서 태우면, 산소의 양에 따라 P_4O_6(mp 24 ℃) 또는 P_4O_{10}(mp 420 ℃)이 얻어진다.

$$\text{제한된 양의 } O_2\text{:}\quad P_4(s) + 3\ O_2(g) \longrightarrow P_4O_6(s)$$
$$\text{과량의 } O_2\text{:}\quad P_4(s) + 5\ O_2(g) \longrightarrow P_4O_{10}(s)$$

두 산화물은 모두 분자성 화합물이고, 흰인처럼 P 원자가 사면체 배열을 한 구조를 가진다. 한 개의 O 원자는 P_4 사면체의 각 6개의 모서리와 다리 결합을 하고, 말단에 있는 여분의 O 원자는 P_4O_{10}에 있는 각 P 원자와 결합한다.

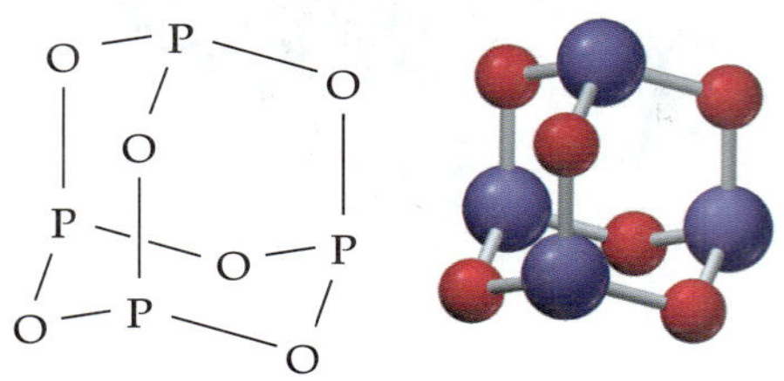

P_4O_6

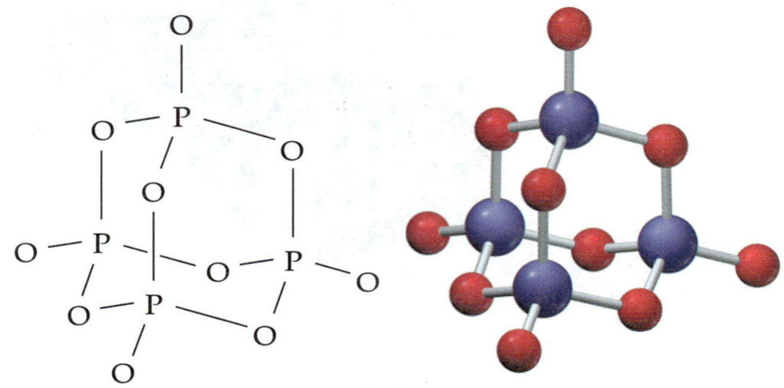

P_4O_{10}

아인산(H_3PO_3)은 약한 이양성자산이다. 3개의 H 원자 중 2개만이 산소와 결합하고 있기 때문이다. 인에 직접 결합되어 있는 H 원자는 산성을 띠지 않는다. 이는 인과 수소의 전기 음성도가 같아서 P—H 결합이 무극성이기 때문이다. 그러나 인산에서는 3개의 수소가 모두 산소와 결합하고 있기 때문에 인산은 삼양성자산이다. 이들 두 분자에서 P 원자를 중심으로 하는 기하학적인 구조는 예상한 대로 사면체이다. 약 10^5씩 **연속 해리 상수는 감소한다**(16.11절).

기억하기…

연속 해리 상수는 $K_{a1} > K_{a2} > K_{a3}$의 **순으로 감소한다**. 왜냐하면 음이온($H_2PO_4^-$)에서보다는 중성 분자(H_3PO_4)에서 H^+를 떼어내는 것이 더 쉽기 때문이다. 마찬가지로 −2가의 음이온(HPO_4^{2-})에서보다는 $H_2PO_4^-$에서 H^+를 떼어내는 것이 더 쉽다(16.11절).

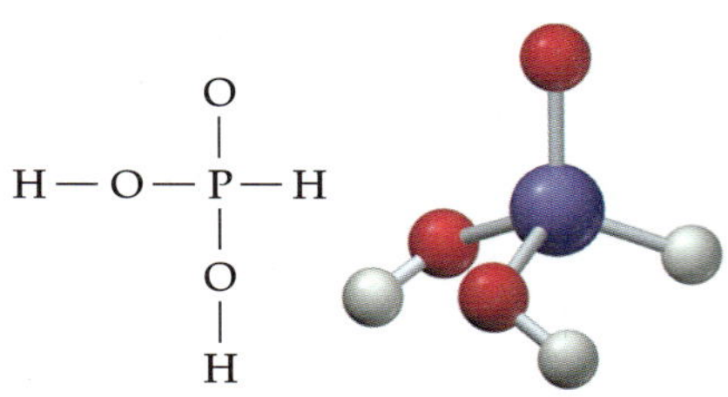

아인산(H_3PO_3)
$K_{a1} = 1.0 \times 10^{-2}$
$K_{a2} = 2.6 \times 10^{-7}$

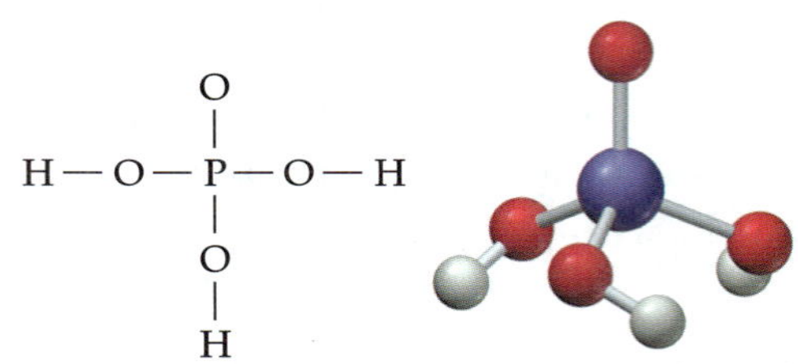

인산(H_3PO_4)
$K_{a1} = 7.5 \times 10^{-3}$
$K_{a2} = 6.2 \times 10^{-8}$
$K_{a3} = 4.8 \times 10^{-13}$

순수한 인산은 녹는점이 낮고 무색의 결정성 고체이지만(mp 42 ℃), 실험실용으로 상업적으로 구입하는 인산은 질량비로 약 82%의 H_3PO_4를 포함하는 끈적끈적한 수용액이다. 청량음료에서 시큼한 맛을 낼 때 사용하는 식품 첨가제로 인산을 사용하기 위해서는, 물과 증기의 혼합물에서 용융 인을 태워 순수한 인산을 만든다. 비료를 만드는 데 사용하는 순수하지 않은 인산은 인산염 광석을 황산으로 처리하여 만든다.

$$Ca_3(PO_4)_2(s) + 3\,H_2SO_4(aq) \longrightarrow 2\,H_3PO_4(aq) + 3\,CaSO_4(aq)$$

22.8 16족 원소

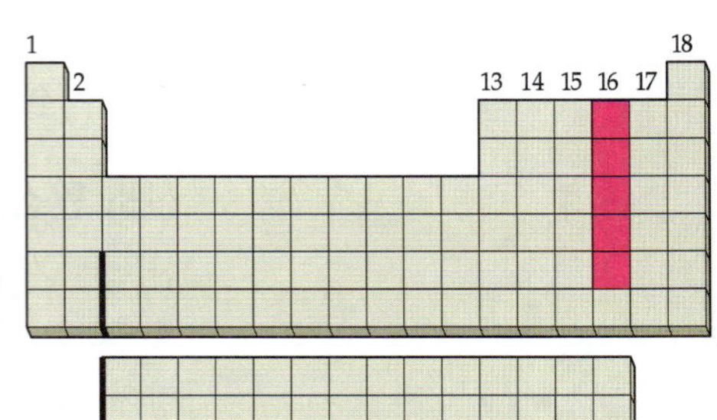

16족 원소는 산소, 황, 셀레늄, 텔루륨, 폴로늄이다. **표 22.7**에 나타낸 바와 같이, 이들의 성질은 통상적인 주기적 경향을 보인다. 산소와 황은 전형적인 비금속이다. 셀레늄과 텔루륨은 일차적으로는 비금속성이지만, 가장 안정한 셀레늄의 동소체인 회색 셀레늄은 광택성이 있는 반도체성 고체이다. 텔루륨 또한 반도체이며, 통상적으로 반금속으로 분류된다. 우라늄 광석에 미량 들어 있는 방사성 원소인 폴로늄은 은백색의 금속이다.

원소 셀레늄
ⓒBjoern Wylezich/Shutterstock

원소 텔루륨
ⓒBjoern Wylezich/Shutterstock

원자가전자 배치가 ns^2np^4인 16족 원소는 팔전자계 배치에서 전자 2개가 모자란다. 따라서 보통 −2의 산화 상태를 갖는다. 그러나 −2의 상태는 부록 D의 $E°$ 값이 보여 주는 것처럼, 금속 성질이 증가함에 따라 감소한다. 따라서 산소는 강력한 산화제이지만, Se와 Te의 환원 전위 $E°$ 값은 음이다. 이는 H_2Se와 H_2Te가 환원제임을 의미한다. S, Se, Te는 산소보다 전기 음성도가 작기 때문에, SF_4, SO_2, H_2SO_3의 +4, SF_6, SO_3, H_2SO_4의 +6과 같이 양의 산화 상태로 발견되는 것이 보통이다.

▲ 교통 신호등의 적색 유리 색은 셀레늄화 카드뮴(CdSe)으로 만든다. ⓒBennian/Shutterstock

셀레늄이 적색 유리를 만드는 데 사용되고 사진 복사기와 레이저 프린터에 사용되고 있긴 하지만, Se, Te, Po의 상업적 용도는 제한되어 있다. 텔루륨은 기계적 성질을 향상시키기 위한 합금에 사용되며, 폴로늄(^{210}Po)은 우주 장치의 열원과 과학적 연구에서 알파 입자원으로 사용된다.

표 22.7 16족 원소의 성질

성질	산소	황	셀레늄	텔루륨	폴로늄
원자가전자 배치	$2s^22p^4$	$3s^23p^4$	$4s^24p^4$	$5s^25p^4$	$6s^26p^4$
녹는점(°C)	−219	113*	221†	450	254
끓는점(°C)	−183	445	685	988	962
원자 반지름(pm)	66	104	116	143	167
X^{2-} 이온 반지름(pm)	140	184	198	221	
제1 이온화 에너지(kJ/mol)	1314	1000	941	869	812
전자 친화도(kJ/mol)	−141	−200	−195	−190	−183
전기 음성도	3.5	2.5	2.4	2.1	2.0
$X + 2H^+ + 2e^- \longrightarrow H_2X$ 의 산화-환원 전위 $E°$(V)	1.23	0.14	−0.40	−0.79	−

* 사방정계 S
† 회색 Se

산소 원소

산소는 지구 표면에서 가장 풍부한 원소이고, 인간의 생명에 매우 중요하다. 산소는 우리가 호흡하는 공기 속에, 마시는 물 속에, 먹는 음식물 속에 들어 있다. 산소는 우리 몸의 대사과정에서 음식물을 '태우는' 데 관여하는 산화제이며, 생물 분자의 중요한 성분이다. 살아 있는 유기체에 들어 있는 원소의 약 1/4이 산소이다.

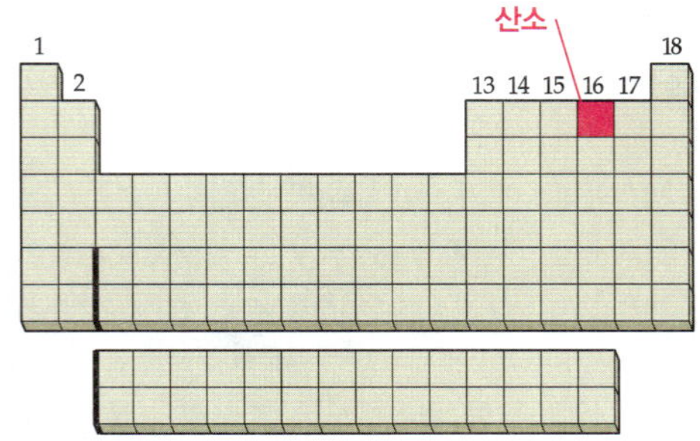

질량 기준으로, 산소는 대기권의 23%(부피 기준으로는 21%), 암석권(지각)의 46%, 수권의 85% 이상을 차지한다. 대기권 중에서 산소는 주로 **이산소**(dioxygen)라고도 하는 O_2로 존재한다. 수권에 있는 산소는 H_2O의 형태로 존재하며, 충분한 양의 O_2가 녹아 있어서 수중 생명체가 살아갈 수 있다. 암석권에서 산소는 규산염, 탄산염, 산화물, 산소 함유 광물로 이루어진 암석 안에서 다른 원소와 결합되어 있다.

기체 상태의 O_2는 −183 ℃에서 응축되어 연한 푸른색의 액체가 되고, −219 ℃에서 응고되어 옅은 푸른색의 고체가 만들어진다. 그림 8.20에서 보여 준 것처럼, 물리적 상태에 상관없이 O_2는 상자기성이다. O_2의 결합 길이(121 pm)는 H_2O_2의 O−O 단일 결합 길이(148 pm)보다 짧다. O_2의 결합 에너지(498 kJ/mol)는 F_2 경우(단일 결합, 159 kJ/mol)와 N_2 경우(삼중 결합, 945 kJ/mol)의 중간이다. 이는 O_2에 **이중 결합(double bond)**이 존재한다는 사실과 일치한다(8.8절).

기억하기…
분자 오비탈 이론으로 산소(O_2) 분자의 상자기성과 **이중 결합**의 존재를 예측할 수 있다.

대량의 산소를 얻는 공업적 방법은 액화된 공기를 분별 증류하는 것이다. 이렇게 하면 질소, 아르곤, 산소를 한꺼번에 얻을 수 있다. 액화된 공기를 적당한 분별 증류관에 넣고 온도를 조금 높이면, 휘발성이 큰 성분인 질소(bp −196 ℃)와 아르곤(bp −186 ℃)은 증류관의 맨 꼭대기에서 기체로 제거할 수 있고, 휘발성이 작은 산소(bp −183 ℃)는 아래에 액체로 남게 된다. 산소는 미국에서 황산과 질소에 이어서 세 번째로 많이 생산되는 공업용 화합물이다(연간 2900만 미터톤).

▲ 액체 산소는 연한 푸른색을 띤다. ©Staff Sgt. Nika Glover, U.S. Air Force/Wikimedia Commons

공업적으로 생산된 산소의 2/3 이상은 강철을 만드는 데 사용된다. 또한 산소는 하수 처리할 때 나쁜 냄새가 나는 화합물을 파괴하거나, 종이 표백할 때 원하지 않는 색을 띠는 화합물을 산화시키는 데 사용한다. 이 모든 응용 과정에서, O_2는 값싸고 쉽게 얻을 수 있는 산화제로 작용한다.

산소 화합물

산소의 반응성은 산소 원자의 전자 배치($1s^22s^22p^4$)와 산소의 큰 전기 음성도로부터 예상할 수 있다. 산소는 6개의 원자가전자를 가지므로, 다음 비활성 기체인 네온의 안정한 팔전자 전자 배치보다 전자가 2개 부족하다. 그러므로 산소는 활성 금속으로부터 2개의 전자를 받거나, 공유 결합을 통하여 추가로 2개의 전자를 공유함으로써 팔전자 전자 배치를 이룰 수 있다. 그리하여 산소는 리튬이나 마그네슘 같은 활성 금속과 반응하여 **이온 결합성 산화물**(ionic oxide)을 만든다.

▲ O_2 기체로 불순물을 산화시키면, 가공하지 않은 철이 강철로 바뀐다. ©Yermolov/Shutterstock

$$4\,\mathrm{Li}(s) + \mathrm{O_2}(g) \longrightarrow 2\,\mathrm{Li_2O}(s)$$
$$2\,\mathrm{Mg}(s) + \mathrm{O_2}(g) \longrightarrow 2\,\mathrm{MgO}(s)$$

이와는 반대로, 산소는 수소, 탄소, 황, 인과 같은 비금속과는 **공유 결합성 산화물**(covalent oxide)을 형성한다.

$$2\,\mathrm{H_2}(g) + \mathrm{O_2}(g) \longrightarrow 2\,\mathrm{H_2O}(l)$$
$$\mathrm{C}(s) + \mathrm{O_2}(g) \longrightarrow \mathrm{CO_2}(g)$$
$$\mathrm{S_8}(s) + 8\,\mathrm{O_2}(g) \longrightarrow 8\,\mathrm{SO_2}(g)$$
$$\mathrm{P_4}(s) + 5\,\mathrm{O_2}(g) \longrightarrow \mathrm{P_4O_{10}}(s)$$

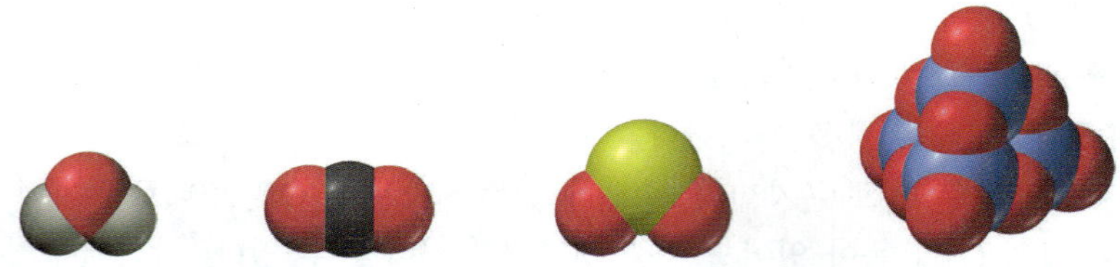

기억하기…
시그마(σ) 결합은 오비탈의 정면 겹침(σ 겹침)으로 형성된다. 파이(π) 결합은 오비탈의 측면 겹침(π **겹침**)으로 형성된다(8.4절).

공유 결합 화합물에서 산소는 일반적으로 H_2O처럼 2개의 단일 결합을 형성하거나, CO_2처럼 하나의 이중 결합을 형성하여 팔전자 전자 배치를 이룬다. 산소는 자주 탄소나 질소 같은 작은 원자와 이중 결합을 형성한다. 2주기 원자의 p 오비탈은 작고 치밀하여 서로 좋은 **π 겹침(π overlap)**을 이루기 때문이다(8.4절). 그러나 규소 같은 큰 원자와는 π 겹침이 덜 효율적이기 때문에 이중 결합이 형성되는 예는 드물다(그림 22.15).

▶ 그림 22.15
산소와 다른 원자의 p 오비탈 끼리의 π 겹침

▶ 확인하기
왜 산소는 탄소와 같은 작은 원자와는 이중 결합을 형성하지만, 규소와 같은 큰 원자와는 단일 결합을 형성할까?
답 π 결합은 p 오비탈의 겹침이 충분해야만 한다. 산소와 규소는 π 결합을 만들지 않는다. 규소의 $3p$는 크고 멀리 떨어져 있어서 산소의 $2p$와 제대로 겹쳐지지 않기 때문이다.

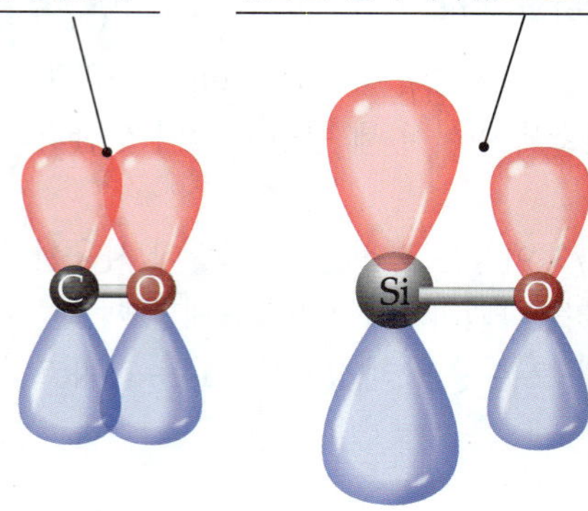

산화물의 산-염기 성질

산화수가 −2인 산소를 포함하고 있는 이성분 화합물을 **산화물(oxide)**라고 한다. 산화물은 그림 22.16에 나타난 것처럼, 염기성, 산성, 양쪽성(염기성과 산성을 모두 가짐)으로 분류할 수 있다. **염기성 산화물**(basic oxide)은 염기 무수물이라고도 한다. 이온 결합성이고, 주기율표의 왼쪽에 있는 금속에 의해서 형성된다. Na_2O처럼 물에 용해되는 염기성 산화물은 물과 반응하여 OH^- 이온을 생성한다.

$$Na_2O(s) + H_2O(l) \longrightarrow 2\ Na^+(aq) + 2\ OH^-(aq)$$

MgO처럼 물에 용해되지 않는 염기성 산화물은 강산에 용해된다. 그 이유는 산에서 나온 H^+ 이온이 O^{2-} 이온과 결합하여 물을 생성하기 때문이다.

$$MgO(s) + 2\ H^+(aq) \longrightarrow Mg^{2+}(aq) + H_2O(l)$$

산성 산화물(acidic oxide)은 산 무수물이라고도 한다. 공유 결합성이고, 주기율표의 오른쪽에 있는 비금속에 의해서 형성된다. 오산화 이질소(N_2O_5)처럼 물에 용해되는 산성 산화물은 물과 반응하여 H^+ 이온을 생성한다.

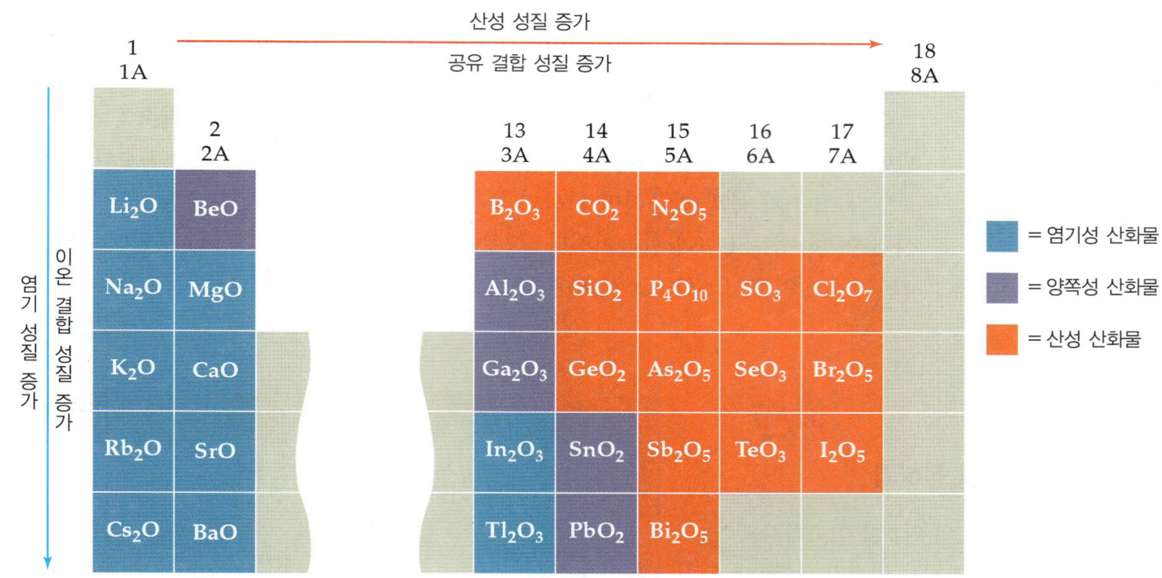

▲ **그림 22.16**
가장 높은 산화 상태를 가지는 주족 원소의 산화물에 대한 화학식, 산–염기 성질, 공유 결합–이온 결합의 특성

$$N_2O_5(s) + H_2O(l) \longrightarrow 2\ H^+(aq) + 2\ NO_3^-(aq)$$

이산화 규소(SiO_2)처럼 물에 용해되지 않는 산성 산화물은 강염기에 용해된다.

$$SiO_2(s) + 2\ OH^-(aq) \longrightarrow SiO_3^{2-}(aq) + H_2O(l)$$

양쪽성 산화물(acidic oxide)은 17.12절에서 다룬 **양쪽성 수산화물(amphoteric hydroxide)**처럼 산성과 염기성을 모두 보인다. 예를 들어 Al_2O_3는 물에 용해되지는 않지만, 강산과 강염기에는 용해된다. Al_2O_3는 산과 반응할 때는 염기로 작용하여 Al^{3+} 이온을 생성하지만, 염기와 반응할 때는 산으로 작용하여 알루민산 이온 $Al(OH)_4^-$를 생성한다.

기억하기…
$Al(OH)_3$, $Cr(OH)_3$, $Zn(OH)_2$, $Sn(OH)_2$, $Pb(OH)_2$와 같은 몇몇 수산화물을 **양쪽성**이라고 한다. 이들이 강산에도 용해되고, 강염기에도 용해되기 때문이다(17.12절).

염기로 작용: $Al_2O_3(s) + 6\ H^+(aq) \longrightarrow 2\ Al^{3+}(aq) + 3\ H_2O(l)$

산으로 작용: $Al_2O_3(s) + 2\ OH^-(aq) + 3\ H_2O(l) \longrightarrow 2\ Al(OH)_4^-(aq)$

양쪽성 산화물을 형성하는 원소는 중간 정도의 전기 음성도를 가진다. 또한 그 산화물에 있는 결합도 이온 결합과 공유 결합의 중간 성질을 가진다.

어떤 원소의 산화물에 대한 산–염기 특성과 이온 결합–공유 결합 성질은 그 원소의 주기율표에서의 위치에 의존한다. 그림 22.16에 나타낸 것처럼, 산화물의 산성 성질과 공유 결합 성질은 주기율표에서 주기의 오른쪽으로 가로질러 갈수록 증가한다. 왼쪽에는 활성이 큰 금속이 있고, 오른쪽에는 전기 음성도가 큰 비금속이 존재한다. 3주기를 예로 들면, Na_2O와 MgO는 염기성이고, Al_2O_3는 양쪽성이며, SiO_2, P_4O_{10}, SO_3, Cl_2O_7은 산성이다. 산화물의 염기성 성질과 이온 결합 성질은 주기율표에서 족의 아래로 갈수록 증가한다. 위쪽에는 전기 음성도가 큰 원소가 있고, 바닥 쪽에는 전기 음성도가 작은 원소가 있다. 13족을 예로 들면, B_2O_3는 산성이고, Al_2O_3와 Ga_2O_3는 양쪽성이며, In_2O_3, Tl_2O_3는 염기성이다. 산도에 있어서 수평 방향과 수직 방향의 경향을 결합시켜 보면, 주기율표의 오른쪽 위에는 가장 산성인 산화물이 있고, 주기율표의 왼쪽 아래에는 가장 염기성이 큰 산화물이 있다. 또한 중간의 대각선에는 양쪽성 산화물이 있음을 알 수 있다.

같은 원소로 된 다른 산화물의 산성 특성과 공유 결합 성질은 그 원소의 산화 상태가 증가함에 따라서 증가한다. 따라서 SO_3(S 산화수 +6)가 SO_2(S 산화수 +4)보다 더 강한 산성을 보인다. SO_3가 물과 반응하면 강산인 황산(H_2SO_4)이 만들어지지만, SO_2가 물과 반응하면 약산인 아황산(H_2SO_3)이 만들어진다. 크로뮴의 산화물도 같은 경향을 보인다. CrO_3(Cr 산화수 +6)는 산성이고, Cr_2O_3(Cr 산화수 +3)는 양쪽성이며, CrO(Cr 산화수 +2)는 염기성이다.

개념 예제 22.5

산화물의 화학식과 성질 정하기

주기율표에서 원소 A, B, C의 위치를 참고하시오.

(a) 가장 높은 산화 상태를 가지는 원소의 산화물에 대한 화학식을 쓰시오.

(b) 이온 결합성이 가장 큰 산화물은 어느 것인가? 공유 결합성이 가장 큰 것은 어느 것인가?

(c) 각 산화물을 염기성, 산성, 양쪽성으로 분류하시오.

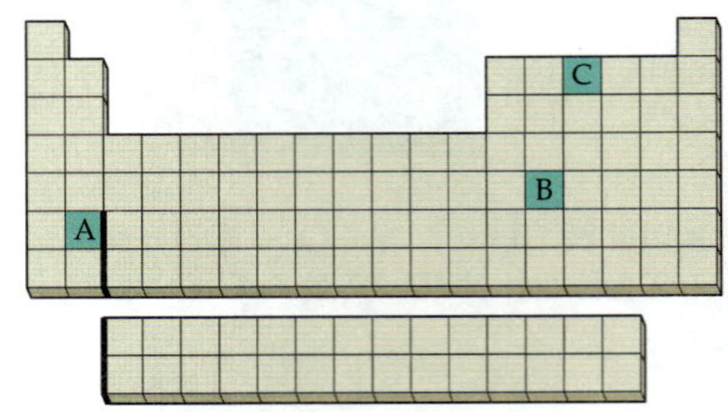

전략

(a) 주족 원소의 가장 높은 산화 상태와 그 산화물의 화학식은 주기율표에서 그 원소의 위치에 따라서 결정된다. 예를 들어 1족에 있는 원소 M은 산화수가 +1이고, 그 산화물의 화학식은 M_2O이다. 이는 산화물에 있는 산소의 산화수는 −2이고, 중성 화합물에서 모든 원자의 산화수 합은 0이기 때문이다.

(b) 주기율표의 왼쪽에서 오른쪽으로, 아래에서 위로 갈수록 이온 결합성은 감소하고 공유 결합성은 증가한다는 것을 상기한다.

(c) 주기율표의 왼쪽에서 오른쪽으로, 아래에서 위로 갈수록 염기성은 감소하고 산성은 증가한다는 것을 상기한다.

풀이

(a) 원소 A, B, C는 각각 Ba, Sn, N이라고 할 수 있다. Ba, Sn, N은 각각 2, 14, 15족에 위치하기 때문에 가장 높은 산화 상태의 화학식은 각각 BaO, SnO_2, N_2O_5이다.

(b) BaO가 이온 결합성이 가장 크다. 이는 주기율표에서 BaO가 가장 낮은 왼쪽에 있고, N_2O_5가 가장 높은 오른쪽에 있기 때문이다.

(c) BaO는 염기성이고, N_2O_5는 산성이며, SnO_2는 양쪽성이다. Sn은 양쪽성 산화물을 형성하는 5개의 주족 원소의 하나라는 것을 유념하라(그림 22.16).

▶ **개념 연습문제 22.9** 주기율표에서 원소 A, B, C의 위치를 참고하시오.

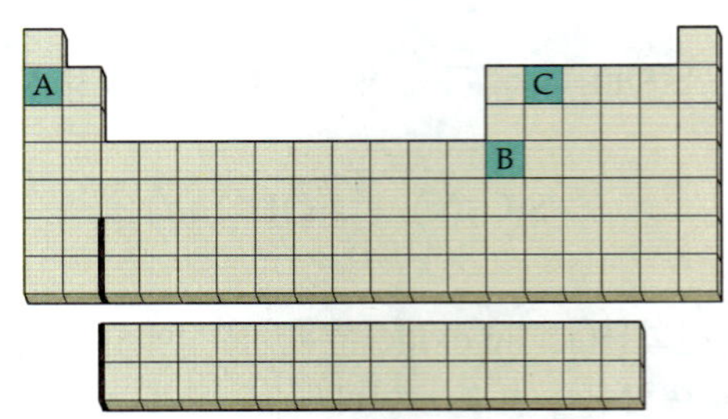

(a) 가장 높은 산화 상태를 가지는 원소의 산화물에 대한 화학식을 쓰시오.

(b) 이온 결합성이 가장 큰 산화물은 어느 것이고, 공유 결합성이 가장 큰 것은 어느 것인가?

(c) 산성이 가장 큰 산화물은 어느 것이고, 염기성이 가장 큰 것은 어느 것인가?

(d) $H^+(aq)$와도 반응하고 $OH^-(aq)$와도 반응할 수 있는 산화물은 어느 것인가?

▶ **응용문제 22.10** 다음 각 반응의 균형 알짜 이온 반응식을 쓰시오.

(a) 물에서 고체 Li_2O의 용해

(b) 물에서 SO_3의 용해

(c) 강산에서 양쪽성 산화물 Cr_2O_3의 용해

(d) 강염기에서 Cr_2O_3가 용해되어 $Cr(OH)_4^-$ 이온을 생성

황 원소

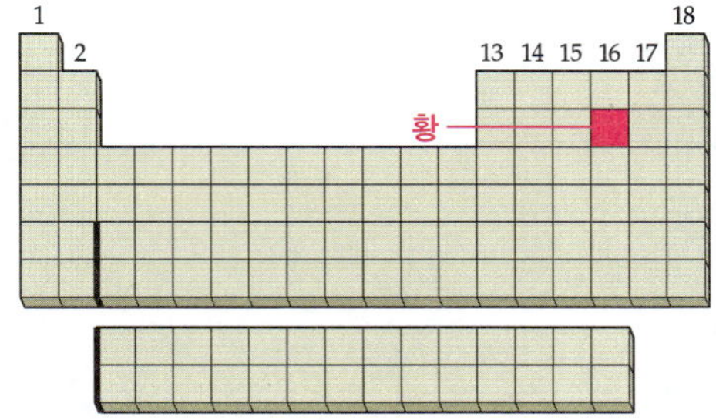

황은 커다란 지하 광상에 원소 형태로 있다. 황철광(S_2^{2-} 이온을 함유하는 FeS_2), 방연광(PbS), 진사(HgS), 석고($CaSO_4 \cdot 2\ H_2O$)와 같은 여러 광물에 존재한다. 황은 또한 H_2S로 천연가스에 들어 있고, 또한 유기 황 화합물로 원유에 들어 있다. 식물과 동물에서 여러 가지 단백질에 존재한다. 또한 황은 인체의 10대 원소 중 하나이다(그림 22.1).

황 원소는 지하 광상에서 얻으며, 천연가스와 원유에서 발견된다. 미국에서 생산되는 황의 90%는 황산 제조에 사용된다.

황은 여러 동소체로 존재한다. 그러나 25 ℃에서 가장 안정한 것은 왕관 모양의 S_8 고리를 갖는 노란색의 결정성 고체(mp 113 ℃)인 사방정계 황이다.

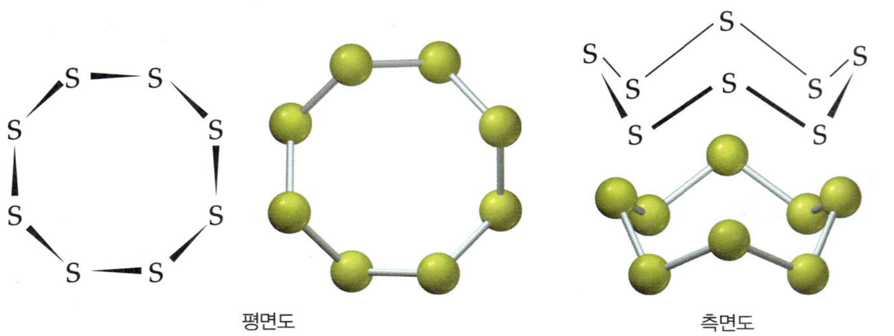

▲ 황철광(FeS_2)은 가끔 바보의 금(fool's gold)이라 한다. 금빛의 노란색 때문이다. 이것은 이황화 이온(S_2^{2-})을 포함하고 있다. © Marco Fine/Shutterstock

95 ℃ 이상에서 사방정계 황은 고리 형태의 S_8 분자들이 다른 형태의 결정을 이루고 있는 동소체인 단사정계 황(mp 119 ℃) 보다 덜 안정하다. 그러나 사방정계 황으로부터 단사정계 황으로의 상전이는 매우 느리다. 그러나 사방정계 황은 보통 속도로 가열하면 113 ℃에서 간단히 녹는다.

그림 22.17에서 보여 주듯이, 녹은 황은 온도가 증가할 때 몇 가지 놀라운 변화를 나타낸다. 녹는점 바로 위에서 황은 유동성이 있고 밀짚 빛깔을 띠는 액체이지만, 160 ℃와 195 ℃ 사이에서는 진한 적갈색이 되고 점도가 10,000배 이상 증가한다. 더 높은 온도에서 이 액체는 다시 유동성이 더 커지고, 445 ℃에서 끓는다. 액체를 물속에 부어 급히 냉각하면 **플라스틱 황**(plastic sulfur)이라고 하는, 무정형에 고무와 같이 탄력 있는 물질이 된다.

▲ 가장 안정한 황의 동소체인 사방정계 황 시료 © losmandarinas/Shutterstock

160~195 ℃에서 용융된 황의 점도가 급격하게 증가하는 이유는 S_8 고리가 열려 S_8 사슬을 형성하기 때문이다. 여기서 사슬은 200,000개 이상의 S 원자를 가지는 긴 중합체이다.

$$S_8 \text{ 고리} \xrightarrow{\text{가열}} \cdot S{-}S_6{-}S\cdot \text{ 사슬}$$

$$\cdot S{-}S_6{-}S\cdot \text{ 사슬} + S_8 \text{ 고리} \longrightarrow \cdot S{-}S_{14}{-}S\cdot \text{ 사슬}$$

$$\longrightarrow S_n \text{ 사슬}$$

$$n > 200{,}000$$

크기가 작은 S_8 고리는 액체에서 다른 고리 위로 쉽게 미끄러지는 반면에, 긴 중합체 사슬은 엉클어지게 되어 점도가 증가한다. 200 ℃ 이상에서 중합체 사슬은 작은 조각으로 잘라지기 시작한다. 따라서 점도가 감소한다. 급격히 냉각하면 사슬은 무질서하게 뒤엉킨 배열 상태로 일시적으로 얼게 된다. 이것이 플라스틱 황이 탄성을 갖는 이유이다.

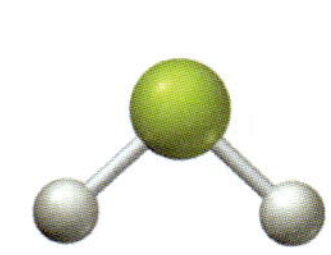

황화 수소

▶ 그림 22.17
황의 성질에 대한 온도 효과

약 120°C에서 유동성이 있고 밀짚 빛깔을 띠는 액체 황

약 180°C에서 점성이 있는 적갈색의 액체 황

액체 황을 물속에 부어서 얻은 플라스틱 황. 이것은 불안정하다. 실온에 두면 사방정계 황으로 되돌아간다.

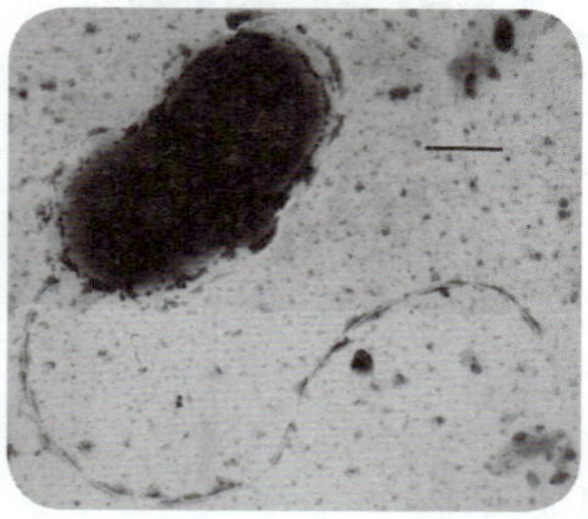

▲ *Desulfovibrio vulgaris*는 황-환원 박테리아로, 유기 물질을 산화시켜서 에너지를 얻는다. 이때 SO_4^{2-}는 H_2S로 환원된다. 이 미생물은 산소 농도가 낮은 환경에서 산소 대신 황을 '호흡'한다. 화학 반응에서 산소 대신 황이 환원되면서 유기체에 필요한 에너지를 얻는다.

황 화합물

황화 수소(hydrogen sulfide) 황화 수소는 지독한 악취를 갖는 무색의 기체이다(bp −60 ℃). 달걀 썩는 냄새는 황을 함유하는 단백질이 박테리아에 의해서 분해되기 때문이다. 황화 수소는 독성이 아주 강해서 10 ppm에서도 두통과 메스꺼움을 야기하고, 100 ppm에서는 갑작스런 마비와 죽음을 초래한다. 처음 노출되었을 때에는 약 0.02 ppm에서도 H_2S 냄새를 감지할 수 있지만, 불행히도 이 기체는 후각을 둔화시키는 경향이 있다. 따라서 H_2S는 HCN보다 훨씬 위험한, 방심할 수 없는 독극물이다.

실험실에서 H_2S는 황화 철(II)을 묽은 황산으로 처리하여 얻을 수 있다.

$$FeS(s) + 2\,H^+(aq) \longrightarrow H_2S(g) + Fe^{2+}(aq)$$

황화 수소는 매우 약한 이양성자산($K_{a1} = 1.0\times10^{-7}$, $K_{a2} \approx 10^{-19}$)이고, 약한 환원제이다. 약한 산화제와의 반응에서 황화 수소는 산화되어 우유와 같이 흰 황 원소의 현탁액으로 된다.

$$H_2S(aq) + 2\,Fe^{3+}(aq) \longrightarrow S(s) + 2\,Fe^{2+}(aq) + 2\,H^+(aq)$$

이산화 황

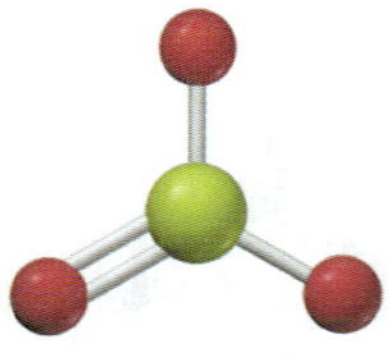

삼산화 황

황의 산화물과 산소산(oxides and oxoacids of sulfur) 이산화 황(SO_2)과 삼산화 황(SO_3)은 황의 여러 산화물 중에서 가장 중요하다. 이산화 황은 미생물에 대해 독성이 있기 때문에, 말린 과일이나 와인을 살균할 때 사용된다. 자극적이고 숨 막히는 냄새를 가진 무색의 독성 기체(bp −10 ℃)인 이산화 황은 황을 공기 중에서 태울 때 생성된다.

$$S(s) + O_2(g) \longrightarrow SO_2(g)$$

이산화 황은 대기 중에서 천천히 산화하여 SO_3로 된다. 이것은 빗물에 녹아 황산이 된다. 따라서 황을 포함한 연료의 연소는 산성비의 주요 원인이 된다(16장, Inquiry).

미국에서는 해마다 약 4000만 미터톤의 황산을 생산한다. 황산은 주로 가용성 인산염과 황산 암모늄 비료를 만드는 데 사용되지만, 다른 여러 산업에서도 필수적이다. 그림 22.18은 미국에서 황산의 주요 용도를 보여 준다. 산업화된 국가에서 황산의 사용은 광범위하기 때문에, 황산의 생산량은 때때로 경제 활동의 지표로 간주된다.

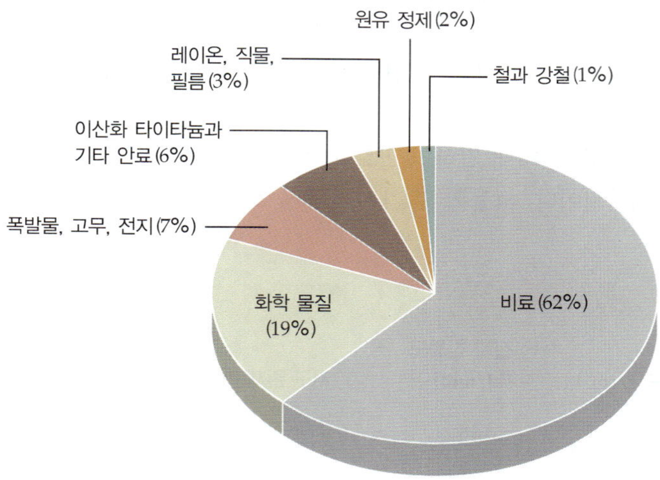

▲ 그림 22.18
미국에서 황산의 용도

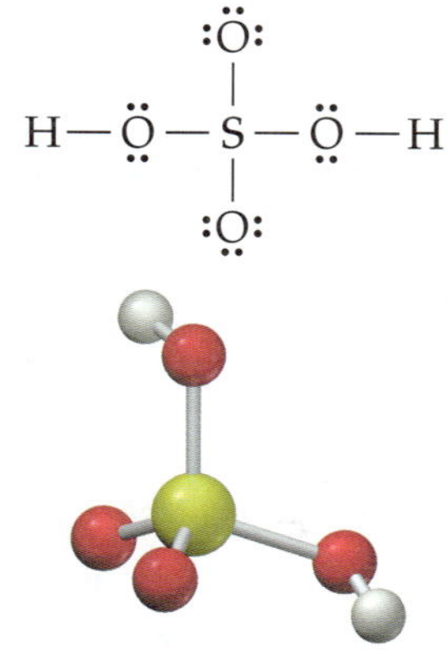

황산

황산(H_2SO_4)은 세계에서 가장 중요한 공업용 화학 물질이다. 황산은 세 단계 반응인 **접촉법**(contact process)으로 제조한다. (1) 황을 공기 중에서 태워 SO_2를 얻고, (2) SO_2를 산화 바나듐(V) 촉매 존재 하에서 산화시켜 SO_3를 얻은 후, (3) SO_3를 물과 반응시켜 H_2SO_4를 얻는다.

1. $S(s) + O_2(g) \longrightarrow SO_2(g)$
2. $2\ SO_2(g) + O_2(g) \xrightarrow[V_2O_5\ \text{촉매}]{\text{가열}} 2\ SO_3(g)$
3. $SO_3(g) + H_2O$ (진한 H_2SO_4 중에서) $\longrightarrow H_2SO_4(aq)$

세 번째 단계에서 SO_3는 물 대신 진한 황산에 흡수시킨다. 왜냐하면, SO_3가 물에 용해되는 속도가 느리기 때문이다.

황산은 첫 번째 양성자가 해리할 경우에는 강산으로 작용하며, 두 번째 양성자 해리값은 $K_{a2} = 1.2\times10^{-2}$이다. 이양성자산으로서 황산은 두 계열의 염, 즉 $NaHSO_4$ 같은 황산 수소염(hydrogen sulfate)과 Na_2SO_4 같은 황산염(sulfate)을 형성한다.

개념탐구 질문 8

다음과 같은 황을 포함하는 옥소 음이온을 생각해 보자.

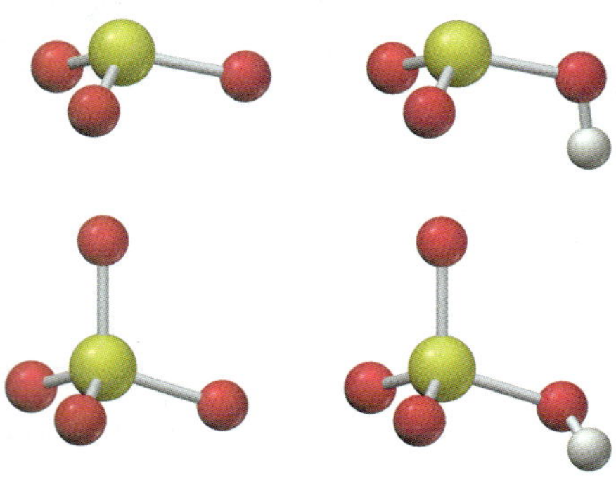

어느 옥소 음이온이 가장 강한 산인가? 어느 옥소 음이온이 가장 강한 염기인가?

황산의 산화 성질은 그 농도와 온도에 의존한다. 실온에서 묽은 용액 H_2SO_4는 HCl처럼 거동한다. 활동도 서열 (표 4.5)에서 수소 앞에 위치하고 있는 금속을 산화시킨다.

$$Fe(s) + 2\ H^+(aq) \longrightarrow Fe^{2+}(aq) + H_2(g)$$

뜨거운 진한 황산은 묽고 차가운 황산보다 더 강한 산화제이다. $H^+(aq)$에 의해서 산화되지 않는 구리 같은 금속을 산화시킬 수 있다. 이 과정에서 H_2SO_4는 SO_2로 환원된다.

$$Cu(s) + 2\ H_2SO_4(l) \longrightarrow Cu^{2+}(aq) + SO_4^{2-}(aq) + SO_2(g) + 2\ H_2O(l)$$

22.9 17족: 할로겐

17족 할로겐은 F, Cl, Br, I, At이다. 할로겐은 자연에서 자유 원소로 존재하기에는 반응성이 너무 크다. 그 대신에, 여러 가지 염과 광물에서 음이온으로만 발견된다. **할로겐**(halogen)이

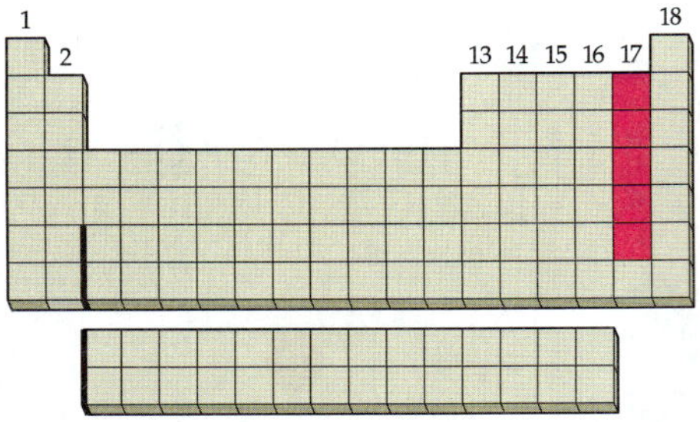

라는 이름은 반응성을 의미한다. 그리스어 hals(염)와 gennan(만들다)에서 나왔기 때문이다. 그러므로 할로젠은 문자 그대로 '염을 만드는 물질'이다. 할로젠은 금속이 아닌 비금속이고, 독립된 원자 상태가 아닌 이원자 분자로 존재한다. 이들은 산화–환원 반응을 할 때 전자를 잃기보다는 얻는 경향이 있다. ns^2np^5 전자 배치 때문이다. 바꿔 말하면 할로젠의 특성은 큰 음의 전자 친화도와 큰 양의 이온화 에너지이다. 그들의 몇 가지 성질을 **표 22.8**에 나열하였다.

표 22.8 할로젠의 성질

이름	녹는점(°C)	끓는점(°C)	밀도(g/cm³)	전자 친화도 (kJ/mol)	지구 존재량(%)	원자 반지름(pm)	이온(X^-) 반지름(pm)
플루오린	−220	−188	1.50(*l*)	−328	0.062	72	133
염소	−101	−34	2.03(*l*)	−349	0.013	99	181
브로민	−7	59	3.12(*l*)	−325	0.000 3	114	196
아이오딘	114	184	4.930(*s*)	−295	0.000 05	133	220
아스타틴	–	–	–	−270	미량	–	–

모든 자유 할로젠의 공업적 제법은 그들의 음이온을 산화시켜 만든다. 플루오린과 염소는 모두 전기 분해로 생산한다. 플루오린은 KF와 HF의 1:2 용융 혼합물로부터, 염소는 용융 NaCl로 부터 전기 분해한다.

$$2\,HF(l) \xrightarrow[100\,°C]{\text{전기 분해}} H_2(g) + F_2(g)$$
$$2\,NaCl(l) \xrightarrow[580\,°C]{\text{전기 분해}} 2\,Na(l) + Cl_2(g)$$

브로민과 아이오딘은 해당 할로젠화 이온을 염소로 산화하여 만든다. 자연에서 5000 ppm 농도까지 존재하는 브로민화 이온의 수용액은 미국의 아칸소주와 이스라엘 사해에서 발견된다. 100 ppm 농도의 아이오딘화 이온 용액이 미국 오클라호마와 미시간주에서 발견되었다.

$$2\,Br^-(aq) + Cl_2(g) \longrightarrow Br_2(l) + 2\,Cl^-(aq)$$
$$2\,I^-(aq) + Cl_2(g) \longrightarrow I_2(s) + 2\,Cl^-(aq)$$

할로젠 화합물

개념탐구 질문 9
어느 할로젠이 가장 반응성이 높은가? 그리고 그렇게 높은 반응성의 이유는 무엇인가?

할로젠은 주기율표에서 반응성이 가장 큰 원소들에 속한다. 실제로 플루오린은 비활성 기체 중에서 He, Ne, Ar을 제외한 모든 원소와 화합물을 형성한다. 앞에서 지적한 것처럼, 큰 음의 전자 친화도 때문에 할로젠은 다른 원자로부터 전자를 받아 할로젠화 음이온 X^-가 된다.

할로젠은 주기율표의 모든 금속과 반응하여 금속 할로젠화물을 만든다. 알칼리 및 알칼리 토금속과 반응할 때 생성되는 할로젠화물의 화학식은 쉽게 예상할 수 있다. 그러나 전이 금속과의 반응에서, 때로는 반응 조건과 존재하는 반응물의 양에 따라 두 가지 이상의 화합물을 형성한다. 예를 들어, 철은 Cl_2와 반응하여 $FeCl_2$ 또는 $FeCl_3$를 만든다. 금속과 할로젠의 반응은 다음과 같이 일반화할 수 있다.

$$2\,M + n\,X_2 \longrightarrow 2\,MX_n \qquad M = \text{금속}, \quad X = F, Cl, Br, I$$

금속 원소와 다르게 할로젠은 주기율표의 아래로 갈수록 반응성이 작아진다. 일반적으로 전자 친화도가 감소하기 때문이다. 따라서 반응성 순서는 $F_2 > Cl_2 > Br_2 > I_2$이다. 플루오린은 때로 격렬하게 반응하며, 염소와 브로민은 반응성이 떨어지고, 아이오딘은 주로 잘 반응하지 않는다.

할로젠은 수소 기체와 반응하여 할로젠화 수소(HX)로 된다. 플루오린은 수소와 접촉하면 곧 폭발적으로 반응한다. 염소도 일단 스파크나 자외선에 의하여 반응이 시작되면 폭발적으로 반응한다. 그러나 빛이 없으면 기체 혼합물은 암실에서는 안정하다. 브로민과 아이오딘은 더 느리게 반응한다.

$$H_2(g) + X_2 \longrightarrow 2\ HX(g) \qquad X = F, Cl, Br, I$$

할로젠화 수소는 물에 용해되면 H^+를 내놓는 산으로 거동하므로 유용하게 사용할 수 있다. 염산이라고 부르는 HCl 수용액은 화학 공업의 수많은 과정에서 널리 이용되고 있다. 강철 표면에 덮여 있는 철 산화물을 제거하기 위해 강철을 염산으로 닦기도 하고, 동물 뼈를 용해시켜 젤라틴을 만드는 데 사용되기도 한다.

$$HX \xrightarrow{H_2O\text{에 용해}} H^+(aq) + X^-(aq)$$

플루오린화 수소(HF)는 유리의 에칭(etching)에 널리 사용된다. 유리와 반응하는 몇 안 되는 물질 중 하나이기 때문이다.

▲ 이 아름다운 유리 공예품은 기체 HF로 에칭한 것이다. HF는 유리(SiO_2)와 반응하는 몇 안되는 물질 중의 하나이기 때문에 유리의 에칭(etching)에 널리 사용된다. 다음과 같이 반응한다. ©Simon Bratt/Shutterstock

$$SiO_2(s) + HF(g) \longrightarrow SF_4(g) + 2H_2O(l)$$

이들은 또한, 비금속과 전자 한 개를 공유하여 HCl, BCl_3, PF_5, SF_6와 같은 분자 화합물을 형성한다. 이 모든 화합물에서 할로젠은 −1의 산화 상태를 갖는다. 양의 산화 상태에 있는 할로젠의 화합물 중에서 가장 중요한 것은 Cl, Br, I의 산소산(**표 22.9**)과 그에 상응하는 산소산 염들이다. 이러한 화합물에서 할로젠은 전기 음성도가 더 큰 원소인 산소와 원자가전자를 공유한다(전기 음성도는 O 3.5, Cl 3.0, Br 2.8, I 2.5). 할로젠 산소산의 일반적인 화학식은 HXO_n이고, 할로젠의 산화 상태는 n 값에 따라 +1, +3, +5, +7을 갖는다.

표 22.9 할로젠의 산소산

산화 상태	일반명 (화학식)	염소	브로민	아이오딘
+1	하이포아할로젠산(hypohalous acid, HXO)	HClO	HBrO	HIO
+3	아할로젠산(halous acid, HXO_2)	$HClO_2$	–	–
+5	할로젠산(halic acid, HXO_3)	$HClO_3$	$HBrO_3$	HIO_3
+7	과할로젠산(perhalic acid, HXO_4)	$HClO_4$	$HBrO_4$	HIO_4, H_5IO_6

표 22.9에 수록한 산 중에서 단 4개, 즉 과염소산($HClO_4$), 아이오딘산(HIO_3), 메타과아이오딘산(HIO_4), 파라과아이오딘산(H_5IO_6)만이 순수한 형태로 분리되었다. 다른 것들은 수용액 또는 염의 형태로만 안정하다. 아브로민산($HBrO_2$)은 유일하게 알려진 불안정한 반응 중간체이며, 아아이오딘산(HIO_2)은 알려져 있지 않다.

할로젠 산소산의 산의 세기는 **할로젠의 산화 상태가 증가함에 따라 증가한다**(16.3절). 예를 들면, 산의 세기는 약산인 HClO($K_a = 3.5 \times 10^{-8}$)에서 매우 강산인 $HClO_4$($K_a \gg 1$)로 갈수록 증가한다. 할로젠산의 분자식을 보통 HXO_n이라고 쓰지만, 산성의 양성자는 할로젠과 결합한 것이 아니고 산소와 결합하고 있다. 모든 할로젠 산소산과 그 염은 강한 산화제이다.

기억하기…

HXO_n에서 **할로젠의 산화 상태가 클수록** 전자 밀도는 O−H 결합에서 할로젠 쪽으로 더 이동하므로, O−H 결합은 약해지고 그 극성은 증가하여 HXO_n으로부터 용매인 물 분자로의 양성자 이동을 촉진시킨다(16.3절).

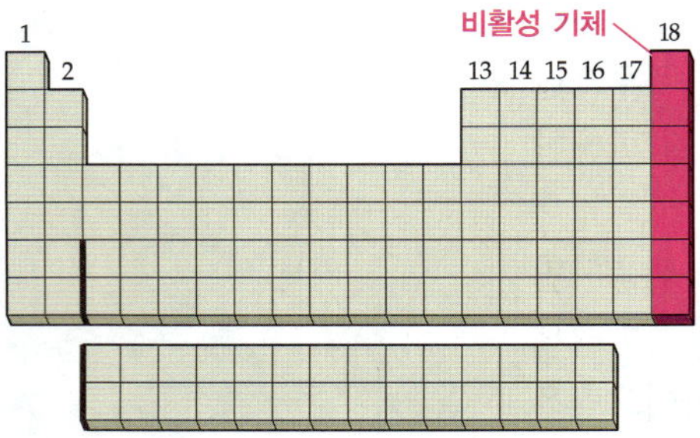

22.10 18족: 비활성 기체

18족 비활성 기체(noble gas)는 He, Ne, Ar, Kr, Xe, Rn이다. 이들은 금속도 아니고, 할로젠처럼 반응성이 있는 비금속도 아니다. 오히려 무색, 무취의 반응성이 없는 기체이다. 비활성 기체의 $1s^2$(He)와 ns^2np^6(다른 비활성 기체) 원자가 전자 배치는 이미 팔전자를 가지고 있기 때문에, 비활성 기체들은 전자를 얻거나 잃기가 어렵다.

때로 희귀한 기체(rare gas)라고도 불렀지만, 이러한 오래된 이름은 실제로 정확하지 않다. 왜냐하면 18족은 희귀하지도 않고, 완전히 비활성이지도 않기 때문이다. 예를 들어, 아르곤은 건조한 공기 중에 부피로 약 1%를 점유하고, 크립톤과 제논은 천연에 존재하지 않지만, 수십 가지의 화합물이 알려져 있다. 비활성 기체의 몇 가지 성질을 **표 22.10**에 나열하였다.

표 22.10 비활성 기체의 성질

이름	녹는점(°C)	끓는점 (°C)	제1 이온화 에너지(kJ/mol)	건조 공기 중 부피존재량(%)
헬륨	−272.2	−268.9	2372.3	5.2×10^{-4}
네온	−248.6	−246.1	2080.6	1.8×10^{-3}
아르곤	−189.3	−185.9	1520.4	0.93
크립톤	−157.4	−153.2	1350.7	1.1×10^{-4}
제논	−111.8	−108.0	1170.4	9×10^{-6}
라돈	−71	−61.7	1037	미량

XeF_2

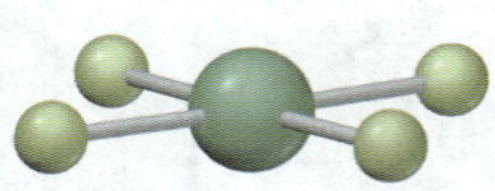
XeF_4

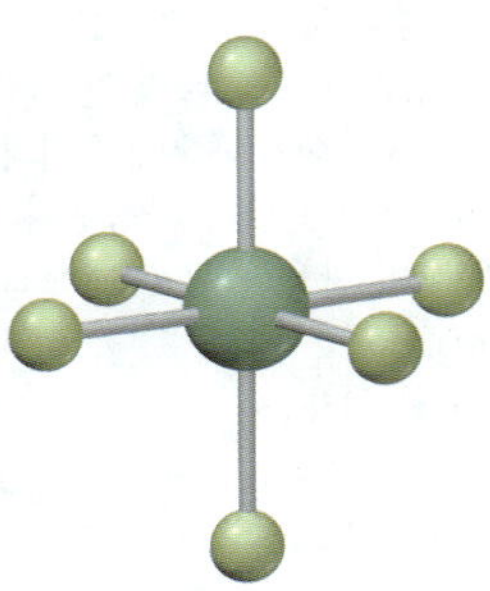
XeF_6

헬륨, 네온은 화학 반응을 하지 않으며, 알려진 화합물도 없다. 아르곤은 HArF 만을 형성하며, 크립톤과 제논은 플루오린과만 반응한다. 제논은 반응 조건과 존재하는 반응물의 양에 따라, 세 가지 서로 다른 플루오린화물 XeF_2, XeF_4, XeF_6를 형성한다.

$$Xe(g) + F_2(g) \longrightarrow XeF_2(s)$$
$$Xe(g) + 2\,F_2(g) \longrightarrow XeF_4(s)$$
$$Xe(g) + 3\,F_2(g) \longrightarrow XeF_6(s)$$

비활성 기체의 반응성 부족은 대단히 큰 이온화 에너지와, 비정상적으로 작은 전자 친화도 때문이다. 이는 원자가전자 배치로부터 나온 결과이다.

INQUIRY 수소 경제의 장벽은 무엇인가?

수소는 대단히 매력적인 연료이다. 연소 반응의 생성물로 단지 물만 나오며 깨끗하고 친환경적이기 때문이다. 게다가, 수소가 연소할 때 방출하는 열은 242 kJ/mol (121 kJ/g)으로 가솔린, 석유, 천연가스의 2배 이상이다.

$$H_2(g) + 1/2\ O_2(g) \longrightarrow H_2O(g) \quad \Delta H^\circ = -242\ \text{kJ}$$

그 결과, 소위 말하는 '수소 경제(hydrogen economy)' 시대를 마음 속에 그려보는 사람들도 있다. 이때는 우리에게 필요한 에너지가 기체, 액체, 고체 상태의 수소로 제공될 것이다. 수소의 장점은 너무 다양하다. 그렇다면 수소 경제의 장벽은 무엇인지 알아보자.

수소의 생산

수소 경제의 한 가지 장벽은 수소를 생산할 때 비싸지 않고 환경을 오염시키지 않는 방법이 있는가 하는 가능성이다. 수소는 화석 연료처럼 편리한 천연 저장고를 지구상에서 가질 수 없다. 물에서 보듯이 대부분의 수소는 산소에 붙어 있다. 연료로 사용 가능한 형태로 수소를 추출하기 위해서는 에너지가 소모되어야 한다. 수소를 생산하는 대부분의 방법은 물을 이용하는 것이다. 물이 가장 싸고 쉽게 접할 수 있는 수소의 원천이기 때문이다.

현재 가장 중요한 공업적 방법은, 3단계로 이루어진 **수증기–탄화수소 개질 공정(steam-hydrocarbon reforming process)**이다. 공정의 첫 번째 단계는, 수증기와 메테인(CH_4)을 일산화 탄소와 수소 혼합물로 변환시키는 것이다. 이 혼합물은 **합성가스(synthesis gas)**라고도 불리운다. 그 이유는 액체 연료를 합성하는 과정에서 출발 물질로 사용되기 때문이다. 이 반응은 높은 온도, 높은 압력, 니켈 촉매가 필요하다.

$$H_2O(g) + CH_4(g) \xrightarrow[\text{Ni 촉매}]{1100\ ^\circ\text{C}} CO(g) + 3\ H_2(g) \qquad \Delta H^\circ = +206\ \text{kJ}$$

두 번째 단계는, 합성가스와 추가된 수증기를 400 ℃에서 금속 산화물 촉매 위로 지나가게 하는 것이다. 이렇게 하면, 합성가스의 성분인 일산화 탄소와 수증기가 이산화 탄소와 더 많은 수소로 변환된다. CO와 H_2O의 반응을 **수성가스 이동 반응(water gas shift reaction)**이라고 한다. 독성의 일산화 탄소가 제거되고, 경제적으로 중요한 수소가 더 많이 생산되어 합성가스의 조성이 이동되기 때문에 붙여진 이름이다.

$$CO(g) + H_2O(g) \xrightarrow[\text{촉매}]{400\ ^\circ\text{C}} CO_2(g) + H_2(g) \qquad \Delta H^\circ = -41\ \text{kJ}$$

비록 메테인으로 수소를 만드는 것이 가능하다고 할지라도, 부산물로 나오는 CO_2 때문에 환경에 영향을 미칠 수 있다. CO_2를 포획하여 폐기된 천연가스정(gas well)이나 깊은 염대수층(deep saline aquifer)에 격리시키면, 환경에 미치는 영향을 피할 수 있기는 하다.

수소를 생산하는 좀 더 깨끗한 방법은 전기 분해이다. 부산물 없이 순도가 높은 수소와 산소만 생산되기 때문이다(그림 22.19).

산화 전극(산화): $2\ H_2O(l) \longrightarrow O_2(g) + 4\ H^+(aq) + 4\ e^- \quad E^\circ = -1.23\ \text{V}$

환원 전극(환원): $4\ H_2O(l) + 4\ e^- \longrightarrow 2\ H_2(g) + 4\ OH^-(aq) \quad E^\circ = -0.83\ \text{V}$

전체 전지 반응: $6\ H_2O(l) \longrightarrow 2\ H_2(g) + O_2(g) + 4\ H^+(aq) + 4\ OH^-(aq) \quad E^\circ = -2.06\ \text{V}$

전기 분해 반응에 사용된 전기의 원천에 따라, 수소가 진짜로 '깨끗한' 연료인지, 화석 연료 같이 환경을 오염시키는지 판단할 수 있다. 광전지, 핵발전, 풍력이나 수력과 같은 대체

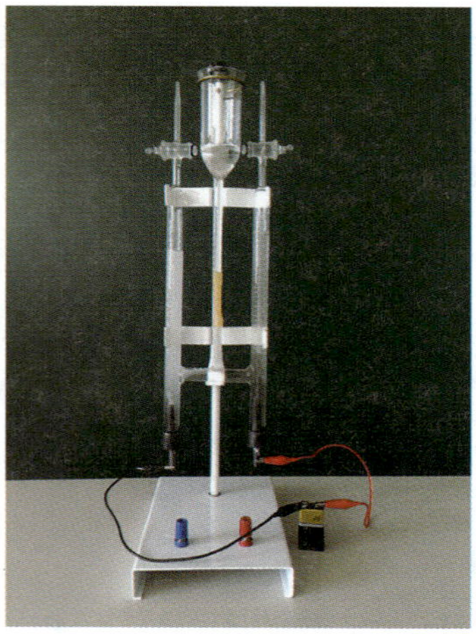

▲ 그림 22.19
배터리를 동력원으로 하여 물을 전기 분해하면, 한 전극에서는 H_2 기체가, 다른 전극에서는 O_2 기체가 모인다.

▲ 확인하기

어느 전극에서 어떤 기체가 생성되는가?

답 물 가수 분해의 균형 반응식에 따르면, 1 mol의 O_2마다 2 mol의 H_2가 생성된다. 사진의 왼쪽에 있는 전극의 기체는 부피가 2배이므로 이 전극에서 수소가 생성된다.

에너지원을 이용해서 만든 전기는 바람직하지 않는 오염 물질을 만들어 내지 않는다.

다른 접근법으로는, 태양 에너지를 이용하여 물을 H_2와 O_2로 '갈라놓는' 것이다. MIT(매사추세츠 공과 대학)의 노세라(Daniel Nocera) 교수는 **인조 나뭇잎**(artificial leaf)이라는 장치를 고안하였다. 이 장치는 광합성처럼 태양 에너지를 직접 화학 연료로 바꾼다. 광합성에서 이산화 탄소와 산소는 포도당($C_6H_{12}O_6$)으로 변환되고, 이는 식물의 에너지원으로 쓰인다. 인조 나뭇잎은 얇고 평평한 3겹의 실리콘 태양 전지이다. 실리콘의 양쪽 면에는 코발트와 니켈로 만들어진 값싼 촉매를 결합시켜 놓았다. 물이 들어 있는 비커에 이 장치를 담그고 태양광을 쪼이면, 실리콘이 광자를 흡수하여 물이 수소와 산소로 갈라진다(그림 22.20).

수소의 저장과 운반

수소 경제의 다른 장벽은 수소의 저장과 운반을 위한 안전하고 널리 쓰일 수 있는 방법의 가능성이다. 가정 난방용이라면, 수소 기체를 천연가스처럼 땅 밑 파이프를 통해 옮길 수 있다. 액체 수소라면, 커다란 진공 절연 탱크에 담아 트럭이나 기차로 옮길 수 있다. 19장 처음에 등장하는 사진처럼, 자동차에는 압축 수소 기체, 액체 수소, '고체 수소'를 원동력으로 할 수 있다. 고체 수소란 표면적이 큰 다공성 고체인 고체 금속 수소화물에 저장된 수소, 또는 NH_3BH_3 같은 고체 수소 저장 화합물을 의미한다. 수소 기체를 다른 물질과 반응시켜 수소 저장 물질로 변환시키면, 상대적으로 쉽게 운반할 수 있다. 사용할 때는 수소 저장 물질을 분해시켜서 수소 기체를 발생시키면 된다.

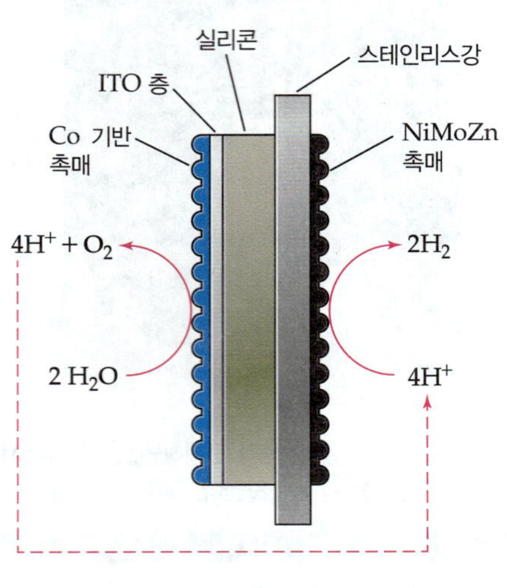

▲ **그림 22.20**
'인조 나뭇잎'의 도식. '인조 나뭇잎'은 실리콘 태양 전지를 응용한 장치이며, 태양광을 이용하여 물을 수소와 산소로 갈라놓는 데 사용된다. 한쪽 면에서는 수소가 발생되고, 다른 쪽 면에서는 산소가 발생된다.

틈새형 전이 금속 수소화물(22.3절)은 흥미로운 잠재적 수소 저장 장치이다. 이유는 아주 많은 양의 수소를 저장할 수 있기 때문이다. 예를 들어, 팔라듐은 자체 부피의 935배까지 H_2를 흡수할 수 있는데, 이 정도의 양이면 액체 수소의 밀도와 비슷하다. 연료로 사용하기 위해 수소는 PdH_x로 저장하고, 필요하면 PdH_x를 단순히 가열하면 된다.

$$\text{Pd}(s) + \frac{x}{2}\,\text{H}_2(g) \rightleftharpoons \text{PdH}_x(s)$$

높은 온도에서 선호 (←)　　낮은 온도에서 선호 (→)

그러나 이 방법은 팔라듐의 높은 가격과 무게 때문에, 다른 저장 및 운송법에 비해서 비경제적일 수 있다. 다른 새로운 화학적 접근법은 다음 반응처럼 암모니아-보레인 물질을 이용하는 것이다.

$$\text{NH}_3\text{BH}_3(s) \xrightarrow{(\sim 120\ ^\circ\text{C})} \text{NH}_2\text{BH}_2(s) + \text{H}_2(g) \xrightarrow{(\sim 160\ ^\circ\text{C})} \text{NHBH}(s) + \text{H}_2(g)$$

연료 전지에서 적당히 온도를 높이면, 암모니아 보레인(NH_3BH_3)은 2 mol의 수소를 내보낸다.

문제 22.11 미국 우주 프로그램에서는 다년간 액체 수소를 연료로 사용하였다. 우주 왕복선의 연료 탱크에 1.45×10^6 L의 액체 수소(밀도 0.088 kg/L)가 들어간다. 과량의 산소 조건에서 이 수소를 모두 태웠을 때 발생하는 열(kJ 단위로)은 얼마인가? 수소를 모두 태우는 데 필요한 산소는 몇 kg인가?

문제 22.12
(a) 수증기-탄화수소 개질 공정(steam-hydrocarbon reforming process)의 균형 화학 반응식을 쓰시오.
(b) 수증기-탄화수소 개질 공정(steam-hydrocarbon reforming process)은 왜 기후 변화에 영향을 미치는가?

문제 22.13 물과 다음 물질을 이용하여, H_2와 CO의 혼합물인 합성가스를 생산하는 과정의 균형 화학 반응식을 쓰시오.
(a) 흑연　　(b) 프로페인 $C_3H_8(g)$

문제 22.14 수소는 상온에서 기체이다. 고체로 저장하는 방법을 설명하시오.

문제 22.15 만일 팔라듐 금속(밀도 12.0 g/cm^3)이 STP에서 자체 부피의 935배 만큼의 H_2를 흡수한다면, PdH_x의 x 값은 얼마인가? PdH_x에서 수소의 밀도(g/cm^3)는 얼마인가? (H 원자가 틈새로 들어가도 팔라듐의 부피는 변하지 않는다고 가정하시오.)

문제 22.16 타이타늄 수소화물(TiH_2)의 밀도는 3.75 g/cm^{3}이다.

(a) TiH_2에서 수소의 밀도를 계산하시오. 액체 수소의 밀도(0.070 g/cm^3)와 비교하시오.

(b) STP에서 1 cm^{3}의 TiH_2를 만드는 데 흡수되는 $H_2(l)$는 몇 L인가?

문제 22.17 (a) 암모니아(NH_3)가 보레인(BH_3)과 반응하여 수소 저장 물질인 암모니아 보레인(NH_3BH_3)을 형성하였다. 어느 것이 루이스 산이고, 어느 것이 루이스 염기인가?

(b) 암모니아 보레인의 전자점 구조를 그리시오. N과 B의 혼성 오비탈과 결합각을 VSEPR 이론으로 예측하시오.

정리

절	개념 요약	학습 목표	문제
22.1 일반적 성질과 주기적 경향의 복습	주족 원소란 1족과 2족의 *s* 구역 원소와 13~18족의 *p* 구역 원소를 말한다. 주기율표에서 왼쪽에서 오른쪽으로 갈수록 이온화 에너지, 전기 음성도, 비금속 성질은 일반적으로 증가하는 반면에, 원자 반지름과 금속성은 감소한다. 주기율표에서 족의 위에서 아래로 갈수록 이온화 에너지, 전기 음성도, 비금속 성질은 일반적으로 감소하는 반면에, 원자 반지름과 금속성은 증가한다.	22.1 주기율표를 사용하여, 주족 원소의 화학적 성질과 물리적 성질을 예측한다.	예제 22.1; 문제 22.18~22.19, 22.32, 22.38, 22.40
22.2 제2주기 원소의 특이한 성질	2주기 원소는 강한 다중 결합을 형성한다. 그러나 원자의 크기가 작기 때문에 네 개 이상의 결합을 형성하지 못한다.	22.2 2주기 원소 화합물의 결합 개수와 형태가 3주기나 더 큰 주기 원소 화합물의 경우와 어떻게 다른지 비교한다.	예제 22.2; 문제 22.29, 22.46, 22.48, 22.50, 22.51
22.3 1족: 수소	수소는 상온에서 안정한, 이원자 분자인 H_2로 존재한다. 수소는 세 가지 형태의 **이성분 수소화물**을 형성한다. 활성 금속은 LiH나 CaH_2 같은 **이온 결합성 수소화물**을, 비금속은 NH_3, H_2O, HF 같은 **공유 결합성 수소화물**을, 전이 금속은 PdH_x 같은 **금속 결합성**(또는 **틈새형**) **수소화물**을 형성한다. 틈새형 수소화물은 주로 **비화학량론적 화합물**이다.	22.3 이온성 수소화물과 물이 반응하는 경우의 균형 반응식을 쓴다. 22.4 이성분 화합물을 분류하고, 그들의 결합과 성질을 설명한다.	문제 22.66~22.67 예제 22.3; 문제 22.21~22.23, 22.58, 22.60
22.4 1족: 알칼리 금속, 2족: 알칼리 토금속	알칼리 금속은 무르고, 은빛 광택이 나며, 반응성이 매우 크다. 알칼리 금속은 쉽게 할로젠과 반응하여 할로젠화물이라고 하는 이온 결합 화합물을 형성하는데, 화학식은 MX이다. 알칼리 금속이 산소와 만나면, 산화물, 과산화물, 초과산화물을 만든다. 알칼리 금속이 물과 만나면, 수소 기체와 알칼리 금속 수산화물(MOH)을 형성한다. 알칼리 토금속은 상대적으로 무르고 은빛 광택이 나며, 반응성은 알칼리 금속보다 약간 떨어진다. 알칼리 토금속은 할로젠과 만나서 화학식이 MX_2인 이온성 할로젠화물을 만든다. 알칼리 토금속 역시 산소와 만나면, 산화물, 과산화물, 초과산화물을 만든다. 알칼리 토금속이 물과 만나면 수소 기체와 금속 수산화물 $M(OH)_2$를 형성한다.	22.5 주기적 경향을 사용하여, 1족과 2족 원소의 성질을 예측한다. 22.6 알칼리 금속 및 알칼리 토금속과 할로젠, 산소, 물 사이에서 일어나는 반응의 균형 반응식을 쓴다. 22.7 용융염을 전기 분해하여 알칼리 금속 및 알칼리 토금속을 생성하는 전기 분해에서 전극 반응을 쓰고 계산을 한다.	문제 22.68 문제 22.70, 22.72 문제 22.76~22.77
22.5 13족 원소	13족 원소(B, Al, Ga, In, Tl)는 붕소를 제외하고는 금속이다. 붕소는 반도체이고, 분자 화합물을 형성한다. 다이보레인(B_2H_6)과 같은 **보레인**은 **3-중심, 2-전자 결합**(B−H−B)이 있는 전자가 부족한 분자이다.	22.8 주기적 경향을 사용하여, 13족 원소의 화학적 성질과 물리적 성질을 예측한다. 22.9 붕소 할로젠화물과 다이보레인의 구조와 결합을 설명한다.	문제 22.80~22.82 문제 22.84~22.87

절	개념 요약	학습 목표	문제
22.6 14족 원소	14족 원소(C, Si, Ge, Sn, Pb)는 족의 아래로 갈수록 금속성이 증가한다. 이들은 가끔 +4의 산화 상태를 하고 있지만, Ge에서 Sn으로, 그리고 Pb로 감에 따라 +2의 상태가 더 안정하게 된다. 탄소는 원소의 형태로서 다이아몬드, 흑연, 풀러렌으로 존재한다. 지각에서 두 번째로 풍부한 원소인 규소는 실리카 모래(SiO_2)를 코크스로 환원하여 얻는다. 규소는 반도체 산업에 이용하기 위해서 **띠정제** 방법으로 정제한다. **규산염**에서 SiO_4 사면체는 O 원자를 공유하여 고리, 사슬, 층, 확장된 삼차원 구조를 갖는 규소 옥소 음이온을 형성한다.	22.10 14족 원소가 포함된 주족 화합물에서 분자나 이온의 전자점 구조를 그려보고, 이들의 기하학적 모양과 혼성 오비탈을 예측한다. 22.11 규산염 음이온을 나타내는 약식 표시법을 이용하여, 전하와 화학식을 알아내는 방법을 설명한다.	문제 22.90, 22.92~22.93 예제 22.5; 문제 22.31, 22.100~22.101
22.7 15족 원소	질소 분자(N_2)는 강한 NN 삼중 결합을 하고 있어서 반응성이 없다. 질소는 −3과 +5 사이의 모든 산화 상태를 나타낸다. 가장 풍부한 15족 원소인 인은 두 가지의 흔한 동소체로 존재한다. 흰인은 반응성이 매우 큰 사면체의 P_4 분자로 되어 있고, 붉은인은 중합체 구조를 하고 있다. P의 가장 흔한 산화 상태는 포스핀(PH_3)에서 볼 수 있는 −3, PCl_3에서 볼 수 있는 +3, PCl_5에서 볼 수 있는 +5이다.	22.12 질소와 인이 포함된 주족 화합물에서 분자나 이온의 전자점 구조를 그려보고, 이들의 구조, 결합, 성질을 설명한다. 22.13 산에서 질소와 인의 산화 상태를 결정하고, 산–염기 반응을 쓴다.	문제 22.28, 22.108, 22.110, 22.114 문제 22.106~22.107, 22.112
22.8 16족 원소	산소는 상온에서 이원자 분자로 존재하고, 금속과 이온 결합성 산화물을 형성하며, 비금속과는 공유 결합성 산화물을 형성한다. 이온 결합성 산화물은 일반적으로 염기성이고, 공유 결합성 산화물은 일반적으로 산성이다. 산소가 중간 정도의 전기 음성도를 가진 원소와 결합하면 양쪽성 산화물을 형성한다. 황은 지하 광상에서 얻는다. 황의 성질은 가열함에 따라서 극적으로 변화한다. 사방정계 황의 S_8 고리가 열리고 중합하여 긴 사슬로 되며, 더 높은 온도에서는 분해된다. S의 가장 흔한 산화 상태는 H_2S에서 볼 수 있는 −2, SO_2에서 볼 수 있는 +4, SO_3에서 볼 수 있는 +6이다.	22.14 16족 원소로 이루어진 산화물을 이온 결합성, 공유 결합성으로 분류한다. 또한 산성, 염기성, 양쪽성으로 분류하고, 산화물이 물에 용해되었을 때 발생하는 화학 반응의 균형 반응식으로 쓴다. 22.15 산소와 황이 포함된 주족 화합물에서 분자나 이온의 전자점 구조를 그리고, 이들의 구조, 결합, 성질에 대하여 설명한다.	예제 22.6; 문제 22.24, 22.26, 22.130 문제 22.140~22.143
22.9 17족: 할로젠	할로젠은 비금속이며, 이원자 분자로 존재한다. 할로젠은 모든 금속과 반응하여 금속 할로젠화물 MX_n을 형성한다. 염소, 브로민, 아이오딘은 하이포아할로젠산(HXO), 아할로젠 산(HXO_2, X = Cl), 할로젠산(HXO_3), 과할로젠산(HXO_4)과 같은 일련의 산소산을 형성한다. 산의 세기는 할로젠의 산화 상태가 +1에서 +7로 증가함에 따라 증가한다. 할로젠의 산소산과 그 염은 강한 산화제이다.	22.16 할로젠 형성 반응의 균형 반응식을 쓴다. 할로젠 화합물 반응의 균형 반응식을 쓴다. 22.17 산소산에서 할로젠의 산화 상태를 결정하고, 산소산의 상대적인 세기를 예측한다.	문제 22.146, 22.148~22.149 문제 22.150, 22.154
22.10 18족: 비활성 기체	비활성 기체는 무색, 무취이며 반응성이 없다. 헬륨과 네온은 전혀 반응하지 않지만, 아르곤, 크립톤, 제논은 플루오린과 반응하여 분자 화합물을 만든다.	22.18 비활성 기체가 있는 이온과 분자의 전자점 구조를 그리고, 기하학적 구조를 예측한다.	문제 22.157~22.158

주요 용어

3-중심, 2-전자 결합	금속 결합성 수소화물	산화물	이온 결합성 수소화물
결합	띠정제	수성 가스 이동 반응	접촉법
공유 결합성 수소화물	보레인	수증기–탄화수소 개질 반응	탄소화물
규산염	비화학량론적 화합물	이성분 수소화물	틈새형 수소화물

복습 문제

LO는 학습 목표(Learning Objectives)를 나타낸다.

이 장을 학습한 후엔, 학습자의 이해도를 평가할 수 있는 방법이 있다. **복습 문제**를 푸는 것이다. **복습 문제**들은 이 장의 학습 목표와 연계되어 있다. 따라서 푼 답이 틀렸다면, 이 장의 끝부분에 나와 있는 **정리** 문단의 **학습 목표**를 참고하면 된다. 정리 문단에는 **개념 요약**이 제공되며, **예제**를 참고하면 문제 해결 방법을 모델링 할 수 있고, 제공되는 **추가 문제**들로 더 많은 연습을 할 수 있다.

1. 다음 원소 중 전기 전도도가 가장 좋은 것은 어느 것인가? (**LO 22.1**)
   (a) N (b) As
   (c) P (d) Bi

2. 2주기 원소의 특징을 고려하여, HNO_3와 H_3PO_4 분자의 최고 전자점 구조를 선택하시오. (**LO 22.2**)

(a)

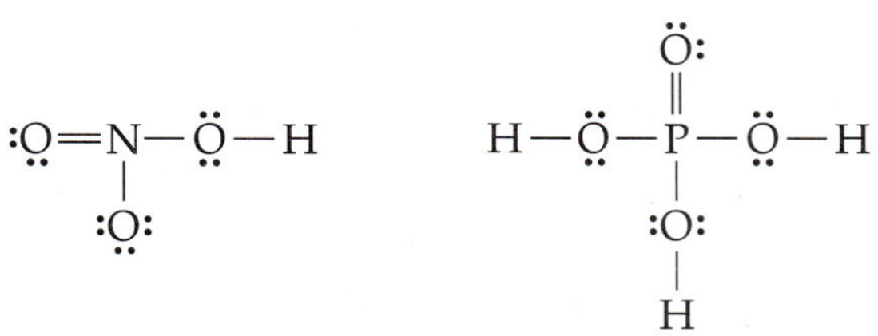

(b)

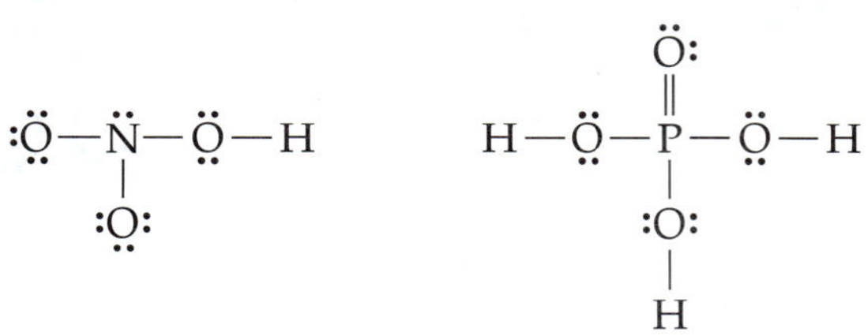

(c)

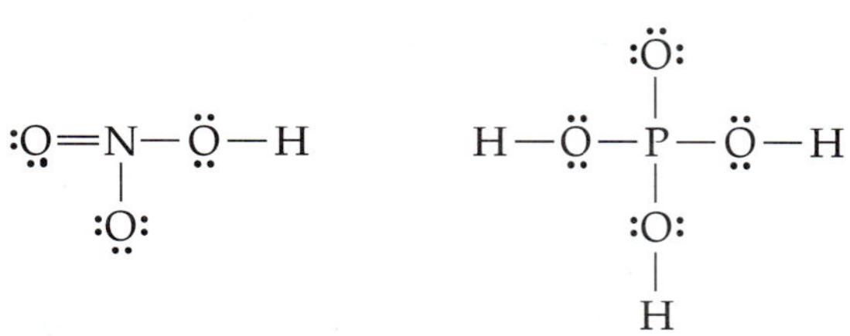

(d)

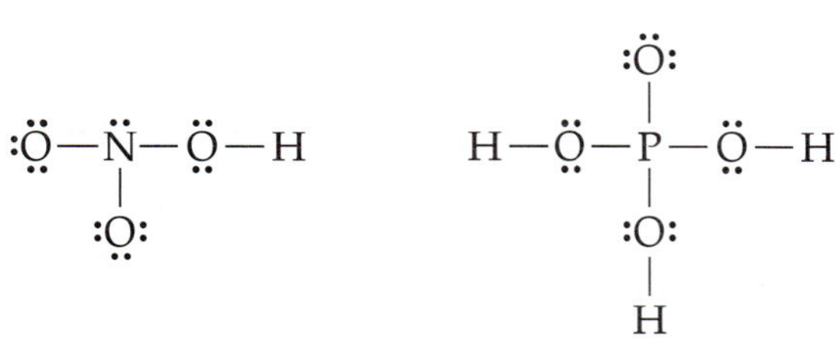

3. 다음 중 어느 원소(X)가 실온에서 기체로 존재하는 공유 결합 수소화물(XH_3)을 형성하는가? (**LO 22.4**)
   (a) Al (b) As (c) Ba (d) Se

4. 어느 원소가 물과 가장 격렬하게 반응하는가? 그리고 일어나는 화학 반응은 어느 것인가? (**LO 22.5, LO 22.6**)
   (a) 리튬: $2\ Li(s) + 2\ H_2O(l) \rightarrow 2\ Li^+(aq) + 2\ H^-(aq) + H_2O_2(aq)$
   (b) 포타슘: $2\ K(s) + 2\ H_2O(l) \rightarrow 2\ K^+(aq) + 2\ OH^-(aq) + H_2(g)$
   (c) 망가니즈: $Mg(s) + 2\ H_2O(l) \rightarrow Mg^{2+}(aq) + 2\ OH^-(aq) + H_2(g)$
   (d) 바륨: $Ba(s) + 2\ H_2O(l) \rightarrow Ba^{2+}(aq) + 2\ H^-(aq) + H_2O_2(aq)$

5. BH_3의 전자점 구조를 그리시오. 붕소와 수소의 공유 결합에서 형성되는 혼성 오비탈은 어떤 것인가? BH_3는 루이스 산인가 루이스 염기인가? (**LO 22.9**)
   (a) sp^3, 루이스 산 (b) sp^3, 루이스 염기
   (c) sp^2, 루이스 산 (d) sp^2, 루이스 염기

6. 광석 kinoite에 들어 있는 규산염 음이온은 다음 구조로 표현된다. 이 광석은 Ca^{2+} 이온, Cu^{2+} 이온, 물 분자를 1:1:1의 비율로 포함하고 있다. 규산염 음이온의 화학식과 전하를 제시하시오. 그리고 이 광석의 완전한 화학식을 제시하시오. (**LO 22.11**)

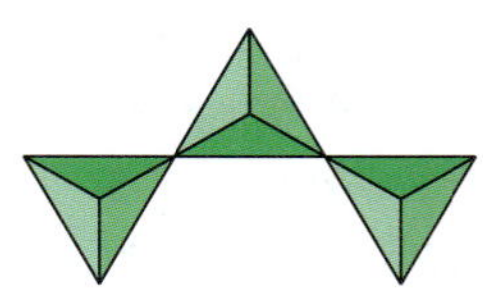

   (a) $Si_3O_{10}{}^{8-}$; $Ca_2Cu_2Si_3O_{10} \cdot 2\ H_2O$
   (b) $Si_3O_8{}^{10-}$; $Ca_3Cu_2Si_3O_8 \cdot 2\ H_2O$
   (c) $Si_3O_4{}^{4-}$; $CaCuSi_3O_8 \cdot H_2O$
   (d) $Si_3O_{12}{}^{12-}$; $Ca_3Cu_3Si_3O_{12} \cdot 3\ H_2O$

7. 다음 15족 원소(X)에서 XCl_5 화학식을 갖는 화합물을 형성할 수 없는 원소는 어느 것인가? (**LO 22.12**)
   (a) N (b) P (c) As (d) Sb

8. 아인산(H_3PO_3)과 과량의 수산화 소듐(NaOH)의 화학 반응에서 균형 화학 반응식은 무엇인가? (**LO 22.13**)

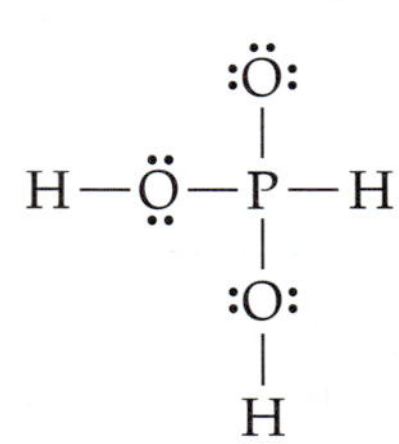

   (a) $H_3PO_3(aq) + NaOH(aq) \rightarrow NaH_2PO_3(aq) + H_2O(l)$
   (b) $H_3PO_3(aq) + 2\ NaOH(aq) \rightarrow Na_2HPO_3(aq) + 2\ H_2O(l)$
   (c) $H_3PO_3(aq) + 3\ NaOH(aq) \rightarrow Na_3PO_3(aq) + 3\ H_2O(l)$

(d) 아인산이 약산이기 때문에 반응이 일어나지 않는다.

9. 다음 산화물 중 산성 용액에서 용해도가 더 높은 것은 어느 것인가? (**LO 22.14**)

(a) SiO_2 (b) NO_2 (c) BaO (d) B_2O_3

10. 다음과 같은 산소산이 있다($HClO$, $HClO_2$, $HClO_3$, $HClO_4$). 어느 산소산의 염소가 +5의 산화 상태를 가지고 있는가? 어느 산소산이 가장 강한 산인가? (**LO 22.17**)

(a) $HClO$, $HClO_4$

(b) $HClO_2$, $HClO$

(c) $HClO_3$, $HClO_4$

(d) $HClO_4$, $HClO$

답:

1. d, 2. c, 3. b, 4. b, 5. c, 6. a, 7. a, 8. b, 9. c, 10. c

개념 문제

문제 22.1~22.17은 이 장의 본문 중에 있다.

22.18 주기율표에 다음 각 원소들의 위치를 표시하시오.

(a) 주족 원소 (b) *s* 구역 원소

(c) *p* 구역 원소 (d) 주족 금속

(e) 비금속 (f) 준금속

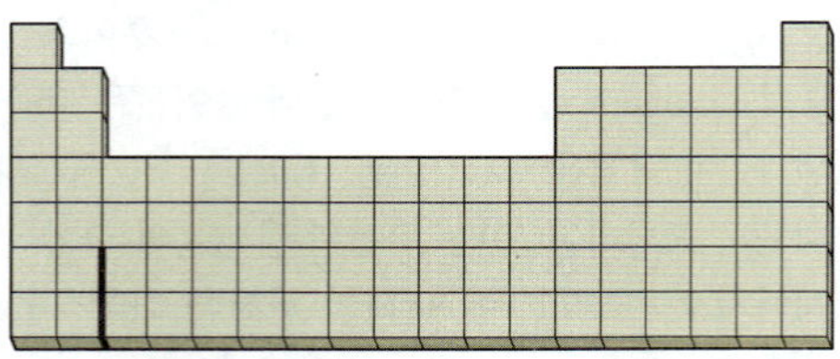

22.19 주기율표에 다음 각 원소의 위치를 표시하시오.

(a) 이온화 에너지가 가장 작은 원소

(b) 전기 음성도가 가장 큰 원소

(c) 원자 반지름이 가장 큰 14족 원소

(d) 원자 반지름이 가장 작은 16족 원소

(e) 반도체인 13족 원소

(f) 가장 강한 *p* 결합을 형성하는 15족 원소

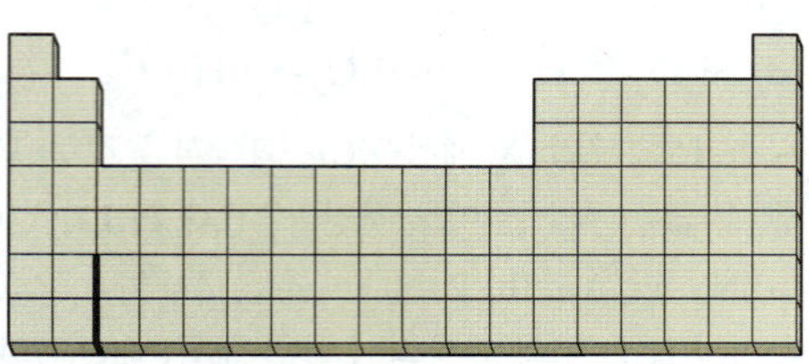

22.20 주기율표에 표시된 원소 A, B, C, D에 관한 질문이다.

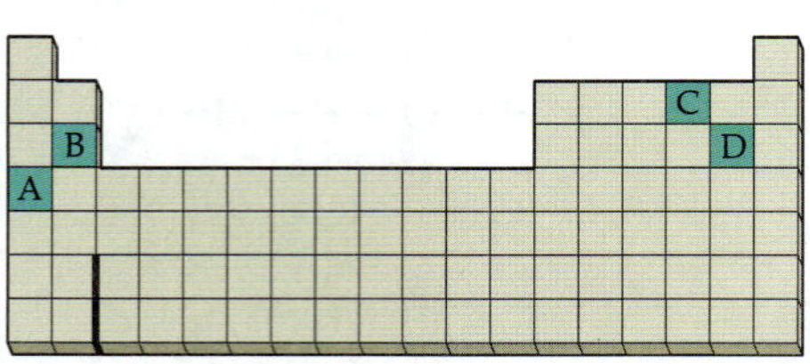

(a) 각 원소로 만들어진, 가장 간단한 이성분 수소화물의 화학식을 쓰시오.

(b) 이들 중 끓는점이 가장 낮은 수소화물은 어느 것인가?

(c) 이들 중 물과 반응하여 H_2 기체를 생성하는 수소화물은 어느 것인가? 각 반응에 대해서 균형 알짜 이온 반응식을 쓰시오.

(d) 이들 중 물과 반응하여 산성 용액을 만드는 수소화물은 어느 것이며, 염기성 용액을 만드는 수소화물은 어느 것인가?

22.21 다음 그림은 이성분 수소화물을 나타낸 것이다. 상아색 구는 H 원자나 이온을, 자주색 구는 다른 원소의 원자나 이온을 나타낸다.

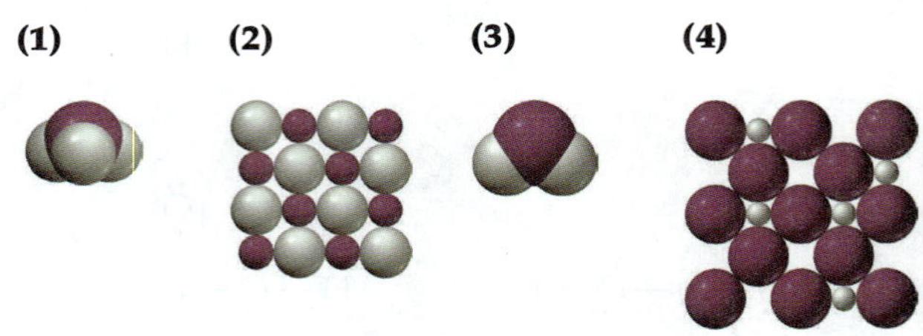

(a) 각 수소화물을 이온 결합성, 공유 결합성, 틈새형으로 분류하시오.

(b) 위의 화합물 (1), (2), (3)에서 수소의 산화수는 얼마인가? 다른 원소의 산화수는 얼마인가?

22.22 다음 모형은 2주기 원소의 이성분 수소화물에 대한 구조를 나타낸 것이다.

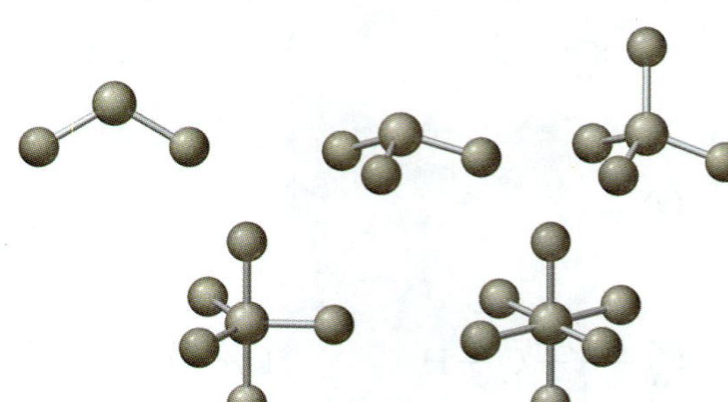

(a) 각 경우에서 수소가 아닌 원자를 확인하고, 각 수소화물의 분자식을 쓰시오.

(b) 각 수소화물의 전자점 구조를 그리시오. 구조를 그리는데 문제가 있는 수소화물은 어느 것인가? 설명하시오

22.23 다음 그림은 2주기 원소의 수소화물을 나타낸 것이다.

(1) (2) (3) (4)

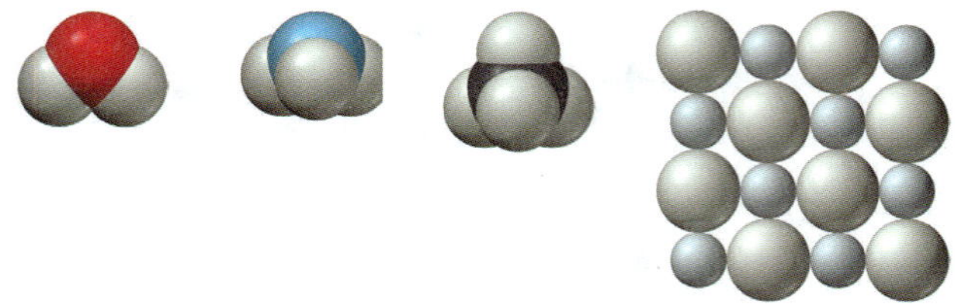

(a) 녹는점이 가장 높은 수소화물은 어느 것인가?
(b) 끓는점이 가장 낮은 수소화물은 어느 것인가?
(c) 함께 섞었을 때 H_2 기체를 방출하는 수소화물은 어느 것인가?

22.24 다음 그림은 산화물을 나타낸 것이다. 빨간색 구는 O 원자 또는 이온을, 초록색 구는 2주기 또는 3주기 원소의 원자나 이온을 나타낸다.

(1) (2) (3)

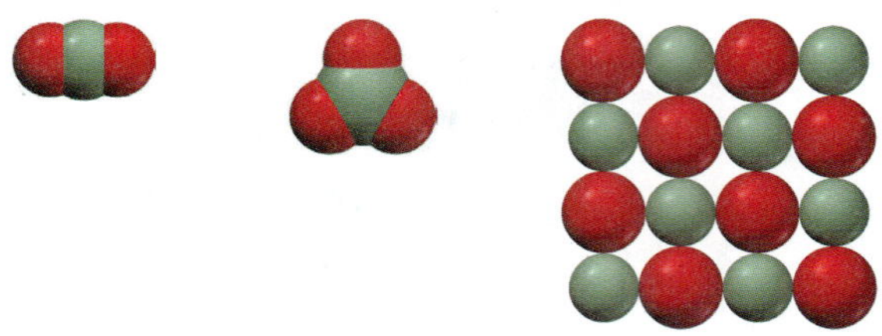

(a) 각 산화물에서 산소의 산화수는 얼마인가? 다른 원소의 산화수는 얼마인가?
(b) 각 산화물을 이온 결합성, 공유 결합성으로 분류하시오.
(c) 각 산화물을 산성, 염기성으로 분류하시오.
(d) 화합물 (1)과 (2)에서, 다른 원소는 무엇인지 말하시오.

22.25 다음 그림은 산화물을 나타낸 것이다. 빨간색 구는 O 원자나 이온을, 초록색 구는 1주기 또는 2주기 원소의 원자나 이온을 나타낸다.

(1) (2) (3)

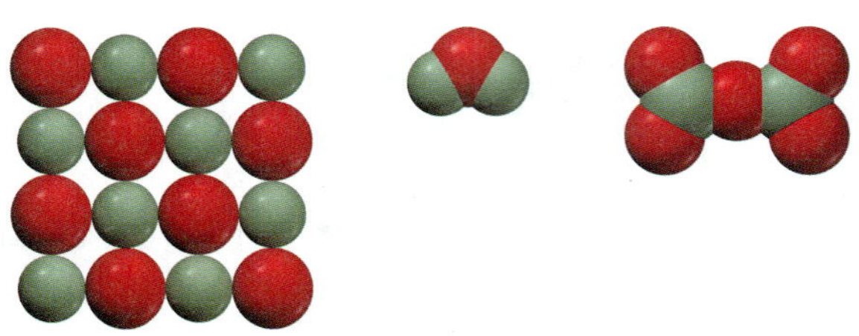

(a) 각 산화물에서 산소의 산화수는 얼마인가? 다른 원소의 산화수는 얼마인가?
(b) 독립된 분자 구조인 산화물은 어느 것인가? 무한히 확장된 3차원 구조를 갖는 산화물은 어느 것인가?
(c) 기체나 액체로 존재하는 산화물은 어느 것인가? 녹는점이 높은 고체로 존재하는 산화물은 어느것인가?
(d) 화합물 (2)과 (3)에서, 다른 원소는 무엇인지 말하시오.

22.26 주기율표에 표시된 원소 A, B, C, D의 위치를 보자.

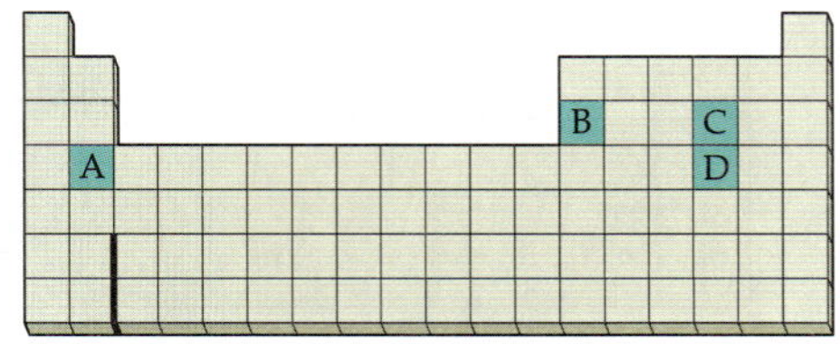

(a) 가장 높은 산화수 상태의 원소를 가진 산화물의 화학식을 쓰시오.
(b) 각 산화물을 염기성, 산성, 양쪽성으로 분류하시오.
(c) 이온 결합성이 가장 큰 산화물은 어느 것인가? 공유 결합성이 가장 큰 산화물은 어느 것인가?
(d) 독립된 분자 구조인 산화물은 어느 것인가? 무한히 확장된 3차원 구조를 갖는 산화물은 어느 것인가?
(e) 녹는점이 가장 높은 산화물은 어느 것인가? 끓는점이 가장 낮은 산화물은 어느 것인가?

22.27 주기율표에 다음 원소의 위치를 표시하고, 각 답을 정당화할 수 있는 화합물의 화학식을 쓰시오.

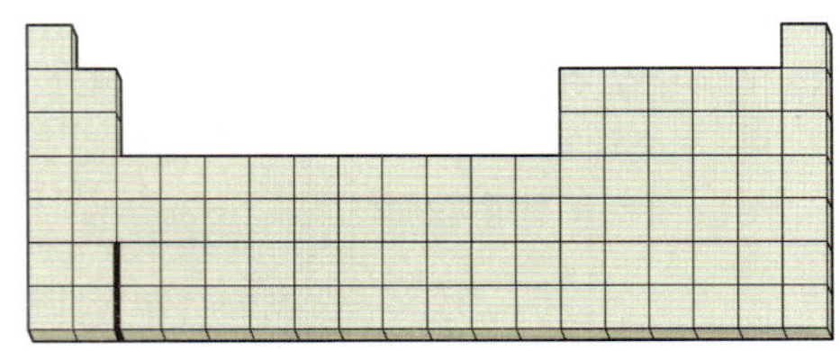

(a) 4개 이상의 결합을 형성할 수 있는 비금속 원소 2개
(b) 최대 4개의 결합을 형성하는 비금속 원소 2개
(c) 25 ℃에서 기체인 산화물을 형성하는 비금속 원소 2개
(d) 25 ℃에서 고체인 산화물을 형성하는 비금속 원소 1개

22.28 주기율표의 15~17족의 2, 3주기 원소 6개를 생각해 보자.

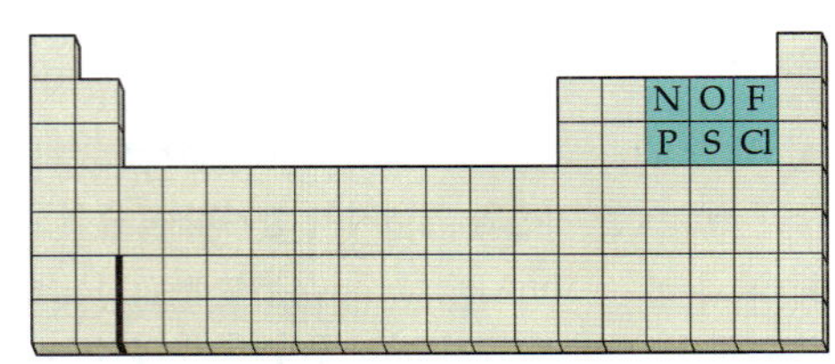

이들의 동소체의 분자 구조는 다음 그림과 같다.

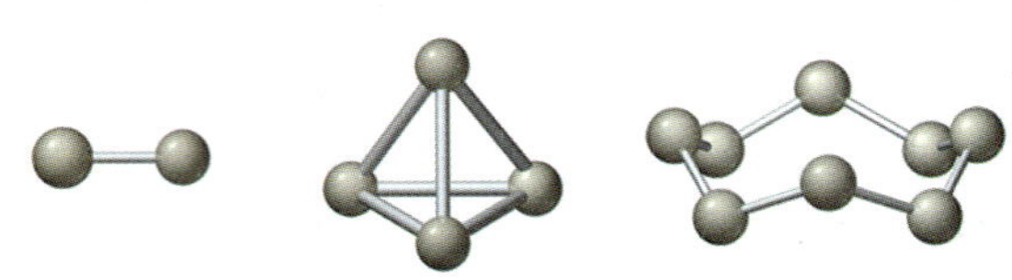

(a) 6개 원소의 각각의 분자 구조는 무엇인가?
(b) 전자점 구조를 이용하여, 각 원소가 특정한 구조를 갖게 되는 이유를 설명하시오.
(c) 플루오린이나 염소는 같은 구조를 가지고 있다. 하지만 질소와 인은 서로 다른 구조를 가지고 있고, 산소와 황도 서로 다른 구조를 가지고 있다. 그 이유를 설명하시오.

2.29 주기율표의 14~16족의 2, 3주기 원소 6개를 생각해 보자.

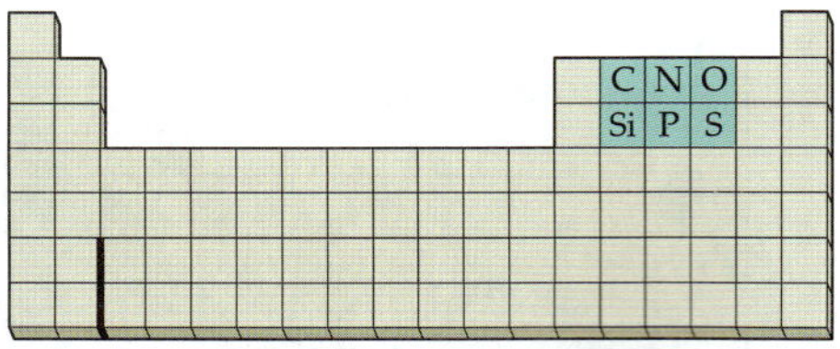

산화수가 가장 큰 상태의 원소를 가진 이성분 플루오린 화합물의 구조를 다음에 나타내었다.

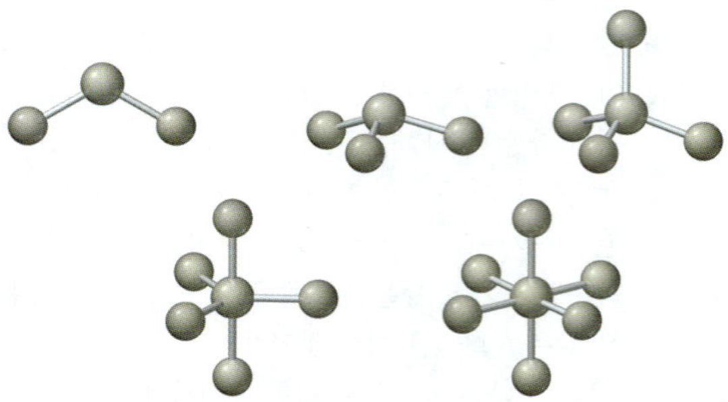

(a) 각 경우에서 플루오린이 아닌 원자를 확인하고, 각 플루오린 화합물의 분자식을 쓰시오.

(b) 질소와 인의 플루오린 화합물은 다른 분자 구조를 가지나, 탄소와 규소의 플루오린 화합물은 같은 분자 구조를 갖는 이유를 설명하시오.

22.30 다음 모형은 가장 높은 산화수 상태의 2주기와 3주기 원소를 가진 이성분 산화물의 구조를 나타낸 것이다.

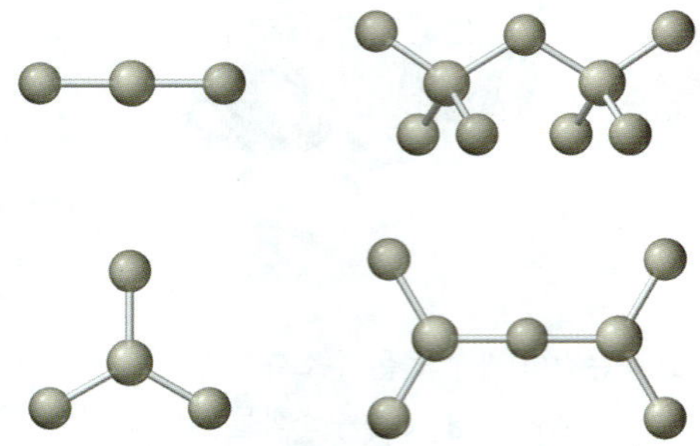

(a) 각 경우에서 산소가 아닌 원자를 확인하고, 각 산화물의 분자식을 쓰시오.

(b) 각 산화물의 전자점 구조를 그리시오. 공명 구조가 필요한 산화물은 어느 것인가?

22.31 다음 그림은 여러 가지 규산염 음이온을 나타낸 것이다. 각 음이온의 화학식과 전하를 쓰시오.

(a) **(b)**

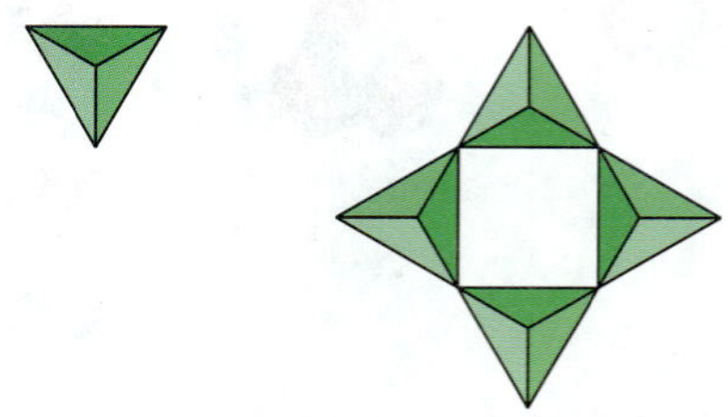

보충 문제

일반적 성질(22.1절)

22.32 다음 각 쌍 중에서 이온화 에너지가 더 큰 원소는 어느 것인가?

(a) As와 Cl (b) Mg와 Ba

22.33 다음 원소들을 이온화 에너지가 증가하는 순서로 나열하시오.

(a) N (b) Ca (c) Rb (d) Se

22.34 다음 각 쌍 중에서 원자 반지름이 더 큰 원소는 어느 것인가?

(a) Sn과 P (b) Ge와 Br

22.35 다음 원소들을 원자 반지름이 증가하는 순서로 나열하시오.

(a) Rb (b) F (c) Sb (d) S

22.36 다음 각 쌍 중에서 전기 음성도가 더 큰 원소는 어느 것인가?

(a) Sb와 I (b) P와 Sb

22.37 다음 원소들을 전기 음성도가 증가하는 순서로 나열하시오.

(a) Sr (b) Cl (c) Sn (d) Ge

22.38 다음 각 쌍 중에서 금속성이 더 큰 원소는 어느 것인가?

(a) Bi와 As (b) Ge와 Si

22.39 다음 각 쌍 중에서 비금속성이 더 큰 원소는 어느 것인가?

(a) Se와 Te (b) Br과 As

22.40 다음 각 쌍 중에서 이온 결합성이 더 큰 화합물은 어느 것인가?

(a) CaH_2와 NH_3 (b) P_4O_6와 Ga_2O_3

(c) $SiCl_4$와 KCl (d) BCl_3와 $AlCl_3$

22.41 다음 각 쌍 중에서 공유 결합성이 더 큰 화합물은 어느 것인가?

(a) PCl_3와 AlF_3 (b) CaO와 NO

(c) NH_3와 KH (d) SnO_2와 SiO_2

22.42 다음 중 어느 것이 분자성 화합물이며, 어느 것이 확장된 삼차원 구조를 갖는가?

(a) B_2H_6 (b) $KAlSi_3O_8$

(c) SO_3 (d) $GeCl_4$

22.43 다음 중 어느 것이 분자성 화합물이며, 어느 것이 확장된 삼차원 구조를 갖는가?

(a) KF (b) P_4O_{10}

(c) $SiCl_4$ (d) $CaMgSi_2O_6$

22.44 원소 C, Se, B, Sn, Cl 중 다음 각 설명에 맞는 원소는 어느 것인지 밝히시오.

(a) 원자 반지름이 가장 크다.

(b) 전기 음성도가 가장 크다.

(c) 전기 전도성이 가장 크다.

(d) 최대 산화수가 +6이다.

(e) 실험식이 XH_3인 수소화물이다.

22.45 원소 N, Si, Al, S, F 중 다음 각 설명에 맞는 원소는 어느 것인지 확인하시오.
(a) 이온화 에너지가 가장 크다.
(b) 금속성이 가장 크다.
(c) 반도체이다.
(d) 2− 음이온을 형성한다.

2주기 원소의 특이한 성질(22.2절)

22.46 BF_3는 F^-와 반응하여 BF_4^-를 형성한다. 그러나 AlF_3는 F^-와 반응하여 AlF_6^{3-}를 형성한다. 설명하시오.

22.47 $GeCl_4$는 Cl^-와 반응하여 $GeCl_6^{2-}$를 형성한다. 그러나 CCl_4는 Cl^-와 반응하지 않는다. 설명하시오.

22.48 보통 온도에서 황은 S_8로 존재한다. 그러나 산소는 O_2로 존재한다. 설명하시오.

22.49 탄소, 질소, 산소는 π 결합을 형성한다. 그러나 플루오린은 형성하지 않는다. 설명하시오.

22.50 질소는 N_2로 존재한다. 그러나 흰인은 P_4로 존재한다. 설명하시오.

22.51 Mn, Al, C, S 원소 중에서 어느 원소가 가장 강한 π 결합을 형성하는가?

1족: 수소(22.3절)

22.52 다음 각 출발 물질을 이용하여 수소를 생성하는 균형 반응식을 쓰시오.
(a) Zn (b) C (c) CH_4 (d) H_2O

22.53 다음 각 반응을 완결하고, 균형 반응식을 쓰시오.
(a) $Fe(s) + H^+(aq) \rightarrow$
(b) $Ca(s) + H_2O(l) \rightarrow$
(c) $Al(s) + H^+(aq) \rightarrow$
(d) $C_2H_6(g) + H_2O(g) \xrightarrow[\text{촉매}]{\text{가열}}$

22.54 칼슘 수소화물은 편리하고 운반하기 쉬운 수소 공급원으로 쓰인다. 기상 관측용 기구를 채울 수소는 CaH_2와 물의 반응으로 만든다. 기구를 공중으로 띄우는 데 25 ℃와 1 atm에서 2.031 05 L의 수소가 필요하다고 가정하자. 필요한 CaH_2는 몇 kg인가?

22.55 수소로 가득 채워진 비행선 힌덴부르크의 부피는 1.993 108 L이다. 다음과 같이 탄소와 수증기를 이용한 반응으로 수소를 만들었다면, 20 ℃와 740 mmHg에서 비행선을 채우기 위해 필요한 탄소는 몇 kg인가?

$$C(s) + H_2O(g) \rightarrow CO(g) + H_2(g)$$

22.56 수소와 다음 원소를 포함한 화합물의 화학식을 쓰시오. 어느 화합물이 이온성이고, 어느 화합물이 공유성인가?
(a) Na (b) C

22.57 수소와 다음 원소를 포함한 화합물의 화학식을 쓰시오. 어느 화합물이 이온성이고, 어느 화합물이 공유성인가?
(a) K (b) S

22.58 다음 화합물에서 수소는 H^+, H^-, 공유 결합으로 연결된 H 원자 중 어느 것으로 존재하는가?
(a) MgH_2 (b) PH_3 (c) KH (d) HBr

22.59 다음 화합물에서 수소는 H^+, H^-, 공유 결합으로 결합한 H 원자 중 어느 것으로 존재하는가?
(a) H_2Se (b) RbH (c) CaH_2 (d) GeH_4

22.60 H_2S, NaH, PdH_x의 물리적 성질을 비교하시오.

22.61 $TiH_{1.7}$, HCl, CaH_2의 물리적 성질을 비교하시오.

22.62 다음 각 분자의 기하 구조를 설명하시오.
(a) H_2Se (b) AsH_3 (c) SiH_4

22.63 다음 각 분자의 기하 구조를 예측하시오.
(a) GeH_4 (b) H_2S (c) NH_3

22.64 비화학량론적 화합물이란 무엇인가? 예를 들고, 구조와 관련하여 화학량론적으로 부족한 것을 설명하시오.

22.65 틈새형 수소화물에서 수소는 이동 가능하다. 그 이유를 설명하시오.

22.66 다음 수소 화합물과 물의 화학 반응에서 균형 알짜 이온 반응식을 쓰시오.
(a) SrH_2 (b) NH_3

22.67 다음 수소 화합물과 물의 화학 반응에서 균형 알짜 이온 반응식을 쓰시오.
(a) HI (b) KH

1족과 2족: 알칼리 금속과 알칼리 토금속(22.4절)

22.68 표 22.2에 정리해 놓은 알칼리 금속의 성질을 참고하여, 프랑슘의 녹는점, 끓는점, 밀도, 원자 반지름의 합리적인 값을 예측하시오.

22.69 1족과 2족에서, 위에서 아래쪽 원소로 내려갈수록 반응성이 증가하는 이유는?

22.70 포타슘과 다음 물질의 반응에서 균형 반응식을 쓰시오. 반응이 일어나지 않으면 N.R.(반응 안 함)이라고 쓴다.
(a) H_2O (b) Br_2 (c) O_2

22.71 칼슘과 다음 물질의 반응에서 균형 반응식을 쓰시오. 반응이 일어나지 않으면 N.R.(반응 안 함)이라고 쓴다.
(a) H_2O (b) He (c) Br_2 (d) O_2

22.72 같은 숫자와 같은 종류의 원소가 화학 반응식 양쪽에 올 수 있도록, 다음 화학식을 완성하시오. 반응이 일어나지 않으면 N.R.(반응 안 함)이라고 쓰시오.
(a) $Cs(s) + H_2O(l) \rightarrow ?$ **(b)** $Rb(s) + O_2(g) \rightarrow ?$

22.73 아래 화학 반응식의 생성물을 예측하고, 같은 숫자와 같은 종류의 원소가 화학 반응식 양쪽에 올 수 있도록, 균형 화학식을 완성하시오.
(a) $Be(s) + Br_2(l) \rightarrow ?$
(b) $Sr(s) + H_2O(l) \rightarrow ?$
(c) $Mg(s) + O_2(g) \rightarrow ?$

22.74 소화제로 널리 쓰이는 마그네시아유제는 $Mg(OH)_2$를 물에 용해시킨 현탁액이다. 마그네슘 금속으로부터 $Mg(OH)_2$를 만드는 방법을 설명하시오.

22.75 바륨 산화물을 알루미늄과 함께 1200 ℃에서 가열하면 바륨 금속을 얻을 수 있다(다른 생성물로는 산화 알루미늄이 나온

다). 이 반응 온도에서, 산화물은 고체이고, 알루미늄은 액체이고, 바륨은 기체이다. 이 반응의 균형 반응식을 쓰시오.

22.76 용융된 염화 마그네슘을 비활성 전극을 이용하여 전기 분해하면, 마그네슘 금속을 얻을 수 있다. 산화 전극과 환원 전극을 예측하고, 전체 전지 반응을 쓰시오.

22.77 용융된 $MgCl_2$를 전기 분해하여 10.0 kg의 마그네슘 금속을 얻으려고 한다. 1.003 104 A의 전류를 몇 시간이나 흘려보내야 하는가? STP에서 Cl_2는 몇 L나 얻을 수 있는가?

22.78 다음 화합물에서 산소를 포함하는 음이온에 전하를 할당하시오.
(a) Na_2O (b) K_2O_2

22.79 다음 화합물에서 산소를 포함하는 음이온에 전하를 할당하시오.
(a) CsO_2 (b) BaO_2

13족 원소(22.5절)

22.80 다음 각 설명에 가장 적합한 13족 원소를 쓰시오.
(a) 이 족에서 가장 풍부한 원소이다.
(b) +1 산화 상태에서 가장 안정하다.
(c) 반도체이다.

22.81 다음 각 설명에 가장 적합한 13족 원소를 쓰시오.
(a) 녹는점이 특이하게 낮다.
(b) 가장 전기 음성도가 크다.
(c) 독성이 매우 강하다.

22.82 13족 원소 각각의 경우, 가장 보편적인 산화수는 얼마인가?

22.83 다음 각 화합물 내 13족 원소의 산화수는 얼마인가?
(a) $NaBF_4$ (b) $GaCl_3$ (c) TlCl (d) B_2H_6

22.84 붕소의 성질은 다른 13족 원소의 성질과 어떻게 다른지 세 가지를 쓰시오.

22.85 붕소의 성질이 다른 13족 원소의 성질과 크게 다른 이유를 설명하시오.

22.86 (a) 전자 부족 분자가 의미하는 바를 설명하시오.
(b) 3-중심, 2-전자 결합이 의미하는 바를 설명하시오.
(c) 다이보레인(B_2H_6)의 구조를 설명하시오. 다리 결합 B−H의 결합 길이는 말단에 있는 B−H 결합 길이보다 길다. 이유를 설명하시오.

22.87 알루미늄−붕소 혼합 수소화물($AlBH_6$)의 구조를 제안하시오.

14족 원소(22.6절)

22.88 다음 각 설명에 가장 적합한 14족 원소를 쓰시오.
(a) +2 산화 상태를 선호한다.
(b) 가장 강한 π 결합을 형성한다.
(c) 지각에서 두 번째로 풍부한 원소이다.
(d) 산성이 가장 큰 산화물을 형성한다.

22.89 다음 각 설명에 가장 적합한 14족 원소를 쓰시오.
(a) 염기성이 가장 큰 산화물을 형성한다.
(b) 밀도가 가장 작은 준금속이다.
(c) 인체에서 두 번째로 풍부한 원소이다.
(d) 전기 음성도가 가장 큰 원소이다.

22.90 다음 각 분자나 이온의 기하학적 구조를 설명하고, 중심 원자가 어떤 혼성 오비탈을 사용하는지 말하시오.
(a) $GeBr_4$ (b) CO_2 (c) CO_3^{2-} (d) $SnCl_3^-$

22.91 다음 각 분자나 이온의 기하학적 구조를 설명하고, 중심 원자가 어떤 혼성 오비탈을 사용하는지 말하시오.
(a) SiO_4^{4-} (b) CCl_4 (c) $SnCl_2$ (d) HCN

22.92 CO, CO_2, CO_3^{2-}의 전자점 구조를 그리고, 어느 물질이 가장 강한 탄소−산소 결합을 가질지 예측하시오.

22.93 그래핀에서 탄소 원자 주위의 혼성 오비탈과 기하학적 구조는 어떻게 되는가? 왜 그래핀은 탁월한 전기 전도도를 보이는지 설명하시오.

22.94 14족 원소에서 다이아몬드와 구조적 동소체는 무엇인가? 어느 것이 금속성 동소체인가? 14족 원소의 구조적인 변화가 어떻게 주기에 따른 금속성의 변화로 나타나는가?

22.95 이온 결합성 탄소화물의 예를 드시오. 이 화합물에서 탄소의 산화수는 얼마인가?

22.96 CO와 CN^-는 인체에 유독하다. 그 이유를 설명하시오.

22.97 실리카 모래로부터 규소를 제조하는 방법을 설명하고, 규소를 반도체 장치에 사용하기 위해서는 어떻게 정제하는지 말하시오. 모든 반응에 대한 균형 반응식을 쓰시오.

22.98 규소와 저마늄의 구조 및 성질은 주석과 납의 경우와 다르다. 어떻게 다른지 설명하시오.

22.99 그림 22.9의 약식 표현법을 이용하여, 다음 규산염 음이온의 구조를 그리시오.
(a) K_4SiO_4 (b) $Ag_{10}Si_4O_{13}$
각 음이온의 전하와 말단 O 원자 수의 관계는 무엇인가?

22.100 그림 22.9의 약식 표현법을 이용하여, 다음에 묘사하는 고리 형태의 규산염 음이온의 구조를 그리시오. 음이온은 4개의 SiO_4 사면체가 이웃 사면체와 산소 원자를 공유하여 전체적으로 고리 모양을 이루고 있다. 결과적으로, Si와 O가 교대로 나타나는 8원자 고리이다. 음이온의 화학식과 전하를 제시하시오.

22.101 토르트바이타이트($Sc_2Si_2O_7$) 광물에서 규산염 음이온의 타당한 구조를 제시하시오

22.102 탄소는 생명의 기반을 이루고 있는 분자의 핵심적인 원소이다. 규소도 동일하게 핵심적인 원소인가? 설명하시오.

22.103 북유럽에서 난방이 잘 되지 않는 교회에 있는 오르간 파이프는 표면에 작은 자국이 나기도 하고, 가루로 부스러지기도 한다. 파이프는 주석으로 만들어진다는 것을 염두에 두고, 이 현상을 설명하시오.

15족 원소(22.7절)

22.104 다음 각 설명에 가장 적합한 15족 원소(들)를 쓰시오.
(a) 뼈와 이의 구성 성분이다.
(b) M^{3+} 이온을 함유하는 안정한 염을 형성한다.

(c) 대기 중에서 가장 풍부한 원소이다.
(d) 염기성 산화물을 형성한다.

22.105 다음 각 설명에 가장 적합한 15족 원소를 쓰시오.
(a) 가장 강한 π 결합을 형성한다.
(b) 금속이다.
(c) 지각에서 가장 풍부한 15족 원소이다.
(d) +1, +2, +4의 산화 상태에서 산화물을 형성한다.

22.106 다음 각 화합물의 화학식을 제시하고, 15족 원소의 산화 상태를 표시하시오.
(a) 일산화 이질소(nitrous oxide)
(b) 하이드라진(hydrazine)
(c) 인화 칼슘(calcium phosphide)
(d) 아인산(phosphorous acid)
(e) 비산(arsenic acid)

22.107 다음 각 화합물의 화학식을 제시하고, 15족 원소의 산화 상태를 표시하시오.
(a) 일산화 질소(nitrogen monoxide)
(b) 아질산(nitrous acid)
(c) 포스핀(phosphine)
(d) 십산화 사인(tetraphosphorus decoxide)
(e) 인산(phosphoric acid)

22.108 N_2에 대한 전자점 구조를 그리고, 이 분자가 반응성이 없는 이유를 설명하시오.

22.109 인의 흰색 및 붉은색 동소체의 구조를 설명하고, 흰인이 반응성이 큰 이유를 설명하시오.

22.110 다음 각 분자나 이온의 기하 구조를 예측하시오.
(a) NO_2^- (b) PH_3 (c) PF_5 (d) PCl_4^+

22.111 다음 분자의 구조를 그리시오.
(a) 육산화 사인(tetraphosphorus hexoxide)
(b) 십산화 사인(tetraphosphorus decoxide)
(c) 아인산(phosphorous acid)
(d) 인산(phosphoric acid)

22.112 다음 관측 사항을 설명하시오.
(a) 질산은 강한 산화제이지만, 인산은 그렇지 않다.
(b) 아인산은 이양성자산이다.

22.113 암모니아와 포스핀의 성질과 구조를 비교하시오.

22.114 N_2O의 모든 공명 구조를 그리고, 형식 전하를 표시하시오. 어느 공명 구조가 공명 혼성에서 가장 큰 기여를 하는가?

22.115 P_4 분자에서 완전한 p 오비탈 대신 sp^3 혼성 오비탈을 사용하면, P_4 분자의 변형이 줄어들게 되는가? 설명하시오.

16족 원소(22.8절)

22.116 다음 설명에 가장 적합한 16족 원소를 쓰시오.
(a) 전기 음성도가 가장 크다.
(b) 준금속이다.
(c) 방사성이다.
(d) 지각에서 가장 풍부한 원소이다.

22.117 다음 설명에 가장 적합한 16족 원소를 쓰시오.
(a) 금속이다.
(b) 인체에서 가장 풍부한 원소이다.
(c) 가장 강한 산화제이다.
(d) 전자 친화도가 가장 큰 음의 값을 갖는다.

22.118 산업에서 산소는 액화 공기의 분별 증류를 통해 생산된다. 공기의 주요 성분은 산소, 질소, 아르곤이다. 이 성분들을 끓는점이 낮은 것에서 높은 것 순으로 쓰고, 그 이유를 설명하시오.

22.119 자연에서 흔히 발견되는 산소의 형태는 무엇인가?

22.120 다음 각 원소와 과량의 O_2가 반응할 때, 균형 반응식을 쓰시오.
(a) Li (b) P (c) Al (d) Si

22.121 다음 각 원소와 과량의 O_2가 반응할 때, 균형 반응식을 쓰시오.
(a) Ca (b) C (c) As (d) B

22.122 산성 산화물을 형성하는 어떤 원소가 있다. 이 원소로 수소화물을 만들면, 이온 결합성일까 공유 결합성일까?

22.123 이온 결합성 수소화물을 형성하는 어떤 원소가 있다. 이 원소로 산화물을 만들면 산성일까 염기성일까?

22.124 다음 각 산화물을 공유 결합성이 증가하는 순서로 나열하시오.
B_2O_3, BeO, CO_2, Li_2O, N_2O_5

22.125 다음 각 산화물을 이온 결합성이 증가하는 순서로 나열하시오.
SiO_2, K_2O, P_4O_{10}, Ga_2O_3, GeO_2

22.126 다음 각 산화물을 염기성이 증가하는 순서로 나열하시오.
Al_2O_3, Cs_2O, K_2O, N_2O_5

22.127 다음 각 산화물을 산성이 증가하는 순서로 나열하시오.
BaO, Cl_2O_7, SO_3, SnO_2

22.128 산성이 더 강한 것은 어느 것인가?
(a) Cr_2O_3와 CrO_3 (b) N_2O_5와 N_2O_3 (c) SO_2와 SO_3

22.129 염기성이 더 강한 것은 어느 것인가?
(a) CrO와 Cr_2O_3 (b) SnO_2와 SnO (c) As_2O_3와 As_2O_5

22.130 다음 각 산화물이 물과 반응할 때, 균형 알짜 이온 반응식을 쓰시오.
(a) Cl_2O_7 (b) K_2O (c) SO_3

22.131 다음 각 산화물이 물과 반응할 때, 균형 알짜 이온 반응식을 쓰시오.
(a) BaO (b) Cs_2O (c) N_2O_5

22.132 양쪽성 산화물 ZnO와 다음 각 물질이 반응할 때, 균형 알짜 이온 반응식을 쓰시오.
(a) 염산 수용액
(b) 수산화 소듐 수용액; 생성물은 $Zn(OH)_4^{2-}$이다.

22.133 양쪽성 산화물 Ga_2O_3과 다음 각 물질이 반응할 때, 균형 알짜 이온 반응식을 쓰시오.
(a) 황산 수용액
(b) 수산화 포타슘 수용액; 생성물은 $Ga(OH)_4^-$이다.

22.134 다음 황 분자의 구조를 설명하시오.
(a) 사방정계 황(rhombic sulfur)
(b) 단사정계 황(monoclinic sulfur)
(c) 플라스틱 황(plastic sulfur)
(d) 160 ℃ 이상에서 액체 황

22.135 액체 황의 점도는 160 ℃ 근처에 다다르면 급격히 증가하지만, 200 ℃가 넘으면 감소한다. 설명하시오.

22.136 다음 각 반응의 균형 알짜 이온 반응식을 쓰시오.
(a) $Zn(s)$ + 묽은 $H_2SO_4(aq) \rightarrow$?
(b) $BaSO_3(s) + HCl(aq) \rightarrow$?
(c) $Cu(s)$ + 뜨겁고 진한 $H_2SO_4(l) \rightarrow$?
(d) $H_2S(aq) + I_2(aq) \rightarrow$?

22.137 다음 각 반응의 균형 알짜 이온 반응식을 쓰시오.
(a) $ZnS(s) + HCl(aq) \rightarrow$?
(b) $H_2S(aq) + Fe(NO_3)_3(aq) \rightarrow$?
(c) $Fe(s)$ + 묽은 $H_2SO_4(aq) \rightarrow$?
(d) $BaO(s) + H_2SO_4(aq) \rightarrow$?

22.138 다음 각 관찰 결과를 설명하시오.
(a) H_2SO_4는 H_2SO_3보다 더 강한 산이다.
(b) SF_4는 존재하지만, OF_4는 존재하지 않는다.

22.139 다음 각 관찰 결과를 설명하시오.
(a) 산소는 황보다 전기 음성도가 더 크다.
(b) 황은 긴 S_n 사슬을 형성하지만, 산소는 그렇지 못하다.

22.140 다음 분자들의 전자점 구조를 그리고, VSEPR 이론을 이용하여 각각의 구조를 예측하시오.
(a) H_2S (b) SO_2 (c) SO_3

22.141 (a) 왜 SO_3 분자는 삼각 평면인데 반해, SO_3^{2-} 이온은 삼각 피라미드인가?
(b) 왜 S_8 고리는 평면이 아닌가?

22.142 다음 그림은 탄소와 황의 산화물을 나타낸 것이다. 어느 쪽이 더 강한 결합을 하고 있는가? 설명하시오.

(1)

(2)

22.143 황 삼산화물이 황산 무수물에 용해되어 $H_2S_2O_7$을 형성할 때 발연황산(fuming sulfuric acid)이 생성된다. S−O−S 결합을 포함하는 $H_2S_2O_7$의 구조를 제안하시오.

17족과 18족: 할로젠과 비활성 기체(22.9~22.10절)

22.144 아스타틴(At)의 화학에 대해서는 알려진 것이 거의 없다. 하지만 합리적인 예측은 할 수 있다.
(a) 아스타틴은 기체, 액체, 고체 중 어느 것일까?
(b) 아스타틴은 소듐과 반응하는가? 그렇다면 그 생성물의 화학식은 무엇인가?

22.145 17족에서 위에서 아래쪽으로 내려갈수록 반응성이 감소하는 이유는?

22.146 브로민 원소를 처음 제조한 방법은 다음과 같다. 고체인 산화 망가니즈(IV)를 이용하여 브로민화 포타슘 수용액을 산화시키는 것이다. 산성 용액에서 일어나는 이 반응의 균형 알짜 이온 반응식을 표현하시오(Mn^{2+}도 생성물이다).

22.147 염소 원소를 처음 제조한 방법은 브로민의 합성법과 비슷하다(문제 22.146 참조). 나중에 나온 방법은 400 ℃에서 염화수소와 물을 반응시키는 것이다. 이 반응의 균형 반응식을 쓰시오(물도 생성물이다).

22.148 300 ℃에서 타이타늄과 염소를 반응시키면, Ti의 질량비가 25.25%인 금속 염화물이 형성된다. 이 금속 염화물의 녹는점(−24 ℃)과 끓는점(136 ℃)은, 이것이 이온 결합 화합물이 아니라 분자 화합물임을 암시한다.
(a) 분자식이 실험식과 같다고 가정하고, 이 화합물의 화학식과 이름을 말하시오.
(b) 이 반응의 균형 반응식을 쓰시오.
(c) 이 화합물을 마그네슘과 반응시키면, 고순도의 타이타늄이 생성된다. 이 반응의 균형 반응식을 쓰시오.

22.149 실온에서 나이오븀과 플루오린을 반응시키면, Nb의 질량비가 49.44 %인 고체 이성분 혼합물이 형성된다.
(a) 이 화합물의 실험식은 무엇인가?
(b) 이 반응의 균형 반응식을 쓰시오.
(c) 이 화합물을 수소와 반응시키면 금속 나이오븀이 재생된다. 이 반응의 균형 반응식을 쓰시오.

22.150 다음 각 화합물의 화학식을 쓰고, 할로젠의 산화 상태를 나타내시오.
(a) 브로민산(bromic acid)
(b) 하이포아이오딘산(hypoiodous acid)

22.151 다음 각 화합물의 화학식을 쓰고, 할로젠의 산화 상태를 나타내시오.
(a) 파라과아이오딘산(paraperiodic acid)
(b) 아염소산(chlorous acid)

22.152 다음 각 분자나 이온의 전자점 구조를 쓰고, 기하 구조를 예측하시오.
(a) HIO_3 (b) ClO_2^- (c) HOCl (d) IO_6^{5-}

22.153 다음 각 분자나 이온의 전자점 구조를 쓰고, 기하 구조를 예측하시오.
(a) BrO_4^- (b) ClO_3^- (c) HIO_4 (d) HOBr

22.154 산의 세기가 다음 순서로 증가하는 이유를 설명하시오.
$HClO < HClO_2 < HClO_3 < HClO_4$

22.155 산의 세기가 다음 순서로 증가하는 이유를 설명하시오.
$HIO < HBrO < HClO$

22.156 아이오딘 원소는 산 무수물인 I_2O_5를 형성한다. 산 무수물인 I_2O_5와 물의 화학 반응의 균형 화학 반응식을 쓰시오. 그리고 이때 형성되는 산의 이름을 쓰시오.

22.157 염소와 용융된 황이 반응하면 노란색 액체인 이염화 이황(disulfur dichloride)이 생성된다. 이염화 이황의 구조를 그리시오.

22.158 1960년대 초, 크립톤이 방전 상태인 −183 ℃에서 플루오

린 기체와 반응한다는 것이 알려졌다. 이때 생성된 화합물은 KrF_2이다. 이 화합물에서 Kr과 F의 산화 상태를 쓰시오. 이 화합물의 전자점 구조와 기하학적 구조를 그리시오.

22.159 플루오린은 제논과 직접 반응하는 유일한 원소이다. 그러나 다른 제논 화합물은 제논 할로젠과 물 등의 다른 화합물과의 반응을 통해 생성될 수 있다.

$$XeF_2(s) + H_2O(l) \rightarrow XeO_3(s) + 6\ HF(g)$$

XeO_3의 전자점 구조와 기하학적 구조는 어떻게 되는가? 그려보시오.

다중 개념 문제

22.160 다음 설명에 적합한 주족 화학의 예를 들어 보시오.

(a) 공유 결합성 그물 구조의 고체
(b) 불균등화 반응(disproportionation reaction)
(c) 상자기성 산화물
(d) 팔전자 규칙에 위배되는 극성 분자
(e) 루이스 산
(f) 양쪽성 산화물
(g) 반도체
(h) 강한 산화제
(i) 동소체

22.161 암모니아, 하이드라진, 하이드록실아민 중에서, 약산 HNO_2와 가장 잘 반응하는 물질은 어느 것인가? (평형 상수는 부록 C를 참조하시오.)

22.162 (a) H_3PO_4, (b) $B(OH)_3$와 물의 화학 반응에서 균형 화학 반응식으로 쓰시오. 각각의 산을 브뢴스테드-로우리 산 혹은 루이스 산으로 구분해서 표시하시오.

22.163 일산화 질소(NO)의 중요한 생리학적 반응은, 초과산화 이온(O_2^-)과 반응하여 과산화 아질산 이온($ONOO^-$)을 형성하는 것이다.

(a) NO, O_2^-, $ONOO^-$의 전자점 구조를 쓰고, $ONOO^-$에 있는 O—N—O 결합각을 예측하시오.

(b) NO의 결합 길이(115 pm)는 NO 삼중 결합과 NO 이중 결합의 중간 값을 갖는다. 분자 오비탈 이론을 사용하여 NO의 결합 길이와 상자기성을 설명하시오.

22.164 아인산 H_3PO_3는 다양성자산이다.

(a) H_3PO_3의 경우 두 가지 타당한 구조를 그리시오. 각각의 경우에 NaOH 수용액으로 적정을 하면 어떻게 되는지 적정 곡선을 그리시오(H_3PO_3에서 $K_{a1} = 1.0 \times 10^{-2}$이다).

(b) H 원자가 서로 다른 환경에 놓이는 경우의 구조를 살펴보자. 첫 번째와 두 번째 당량점에서 pH를 계산하시오(30.00 mL의 0.1240 M H_3PO_3($K_{a2} = 2.6 \times 10^{-7}$)를 0.100 M NaOH로 적정한다고 가정하시오).

22.165 +1의 산화 상태는 인듐에서는 흔하지 않지만, 탈륨에서는 가장 안정한 상태이다. 다음 불균등화 반응의 $E°$와 $\Delta G°$(kJ)를 계산하여 이 사실을 증명하시오.

$$3M^+(aq) \rightarrow M^{3+}(aq) + 2M(s) \qquad M = \text{In 또는 Tl}$$

In^+와 Tl^+의 불균등화 반응은 자발적인 반응인가? (관련된 반쪽 반응의 표준 환원 전위는 다음과 같다.)

$$In^{3+}(aq) + 2e^- \rightarrow In^+(aq) \qquad E° = -0.44\ V$$
$$In^+(aq) + e^- \rightarrow In(s) \qquad E° = -0.14\ V$$
$$Tl^{3+}(aq) + 2e^- \rightarrow Tl^+(aq) \qquad E° = +1.25\ V$$
$$Tl^+(aq) + e^- \rightarrow Tl(s) \qquad E° = -0.34\ V$$

22.166 흰인 5.00 g을 과량의 산소 안에서 연소시켰다. 반응 생성물을 충분한 양의 물에 용해시켜 250.0 mL의 용액으로 만들었다.

(a) 이 반응의 균형 반응식을 쓰시오.
(b) 이 용액의 pH는 얼마인가?
(c) 이 용액을 과량의 $Ca(NO_3)_2$ 수용액으로 처리하였더니, 흰색 침전물이 생겼다. 이 반응의 반응식을 쓰고, 침전물의 양(g)을 구하시오.
(d) 위의 질문 (c)에서 생긴 침전물을 제거하였다. 남은 용액을 과량의 아연으로 처리하였더니, 무색의 기체가 발생하였다. 이 기체를 20 ℃, 742 mmHg에서 포집하였다. 이 기체는 무엇인가? 기체의 부피는 얼마인가?

22.167 25 ℃, 753 mmHg에서 평형 상태에 있는 N_2O_4와 NO_2의 기체 혼합물 시료가 있다. 기체 혼합물 시료 500.0 mL를 충분한 양의 물과 반응시켜 25 ℃에서 250.0 mL의 용액이 되게 만들었다. 녹아 있는 모든 N_2O_4가 NO_2로 전환되며, 이것은 물에서 불균등화 반응을 하여 아질산과 질산의 용액을 형성한다고 가정하시오. 또한 이 불균등화 반응은 완결되고, 아질산은 불균등화 반응을 하지 않는다고 가정하시오. 반응 $N_2O_4(g) \rightleftharpoons 2\ NO_2(g)$의 평형 상수 K_p는 25 ℃에서 0.113이다. HNO_2의 K_a는 25 ℃에서 4.5×10^{-4}이다.

(a) 불균등화 반응의 균형 반응식을 쓰시오.
(b) NO_2^-의 몰농도는 얼마인가? 이 용액의 pH는 얼마인가?
(c) 대기 중에서 이 용액의 삼투압은 얼마인가?
(d) 이 용액을 중화하기 위해서는 몇 g의 석회(CaO)가 필요한가?

chapter 23

유기 및 생물 화학

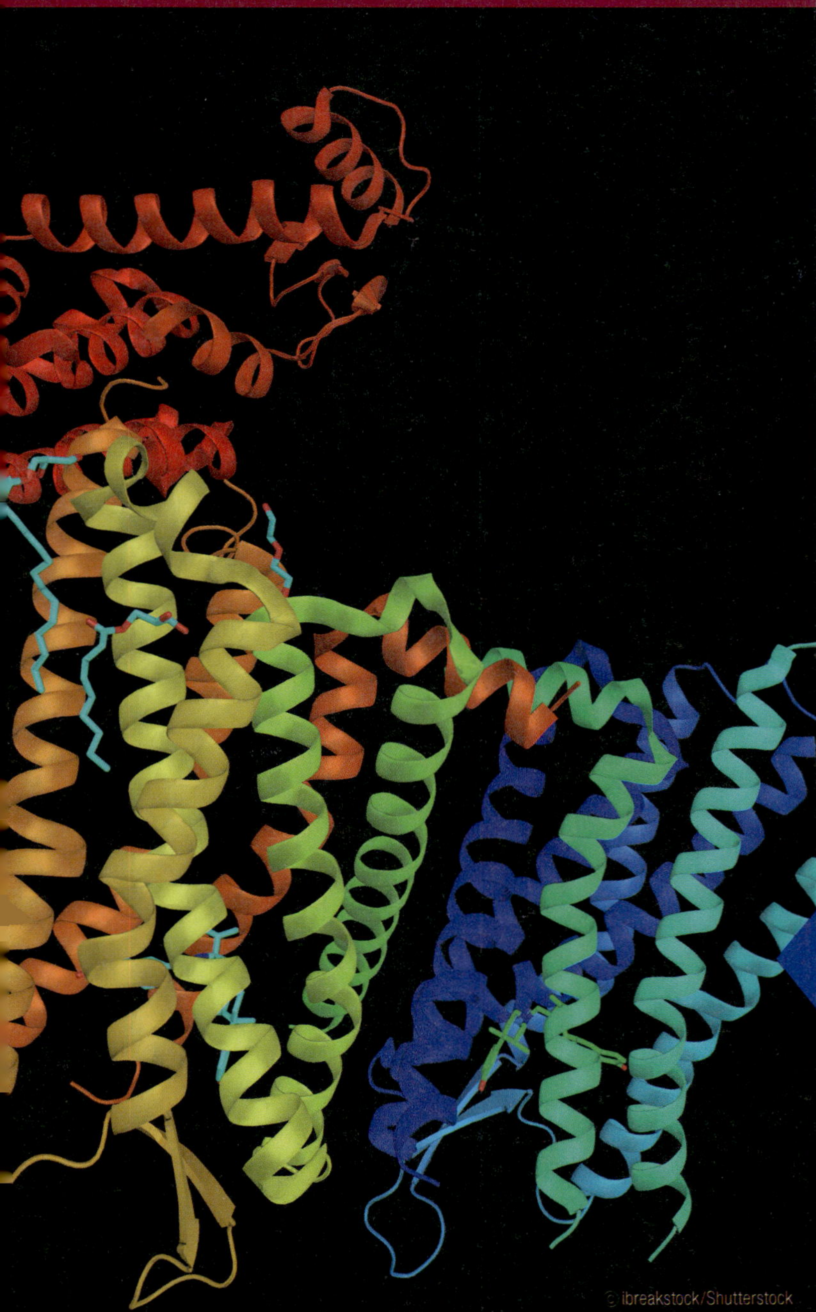

© ibreakstock/Shutterstock

CONTENTS

인간 오피오이드 수용체에 대한 작가의 그림. 뇌세포의 표면에 존재하는 이 수용체는 오피오이드와 결합하고 기쁨, 고통, 중독에 관여한다. 생물학적 수용체에 대한 분자의 결합은 분자의 모양에 의해 결정된다. 거울상 이성질체는 미묘한 모양의 차이와 매우 다른 생물학적 영향을 보여 주는 서로 동일하지 않은 거울상인 분자들이다.

거울상 이성질체들은 왜 다른 생물학적 반응을 보일까?

이 질문의 답은 1081쪽 **INQUIRY?** 에 나와 있다.

화학의 궁극적인 목적이 분자 수준에서 우리 주변의 세계를 이해하는 것이라면, 생물체의 화학인 **생화학**(**biochemistry**)의 지식은 그 목적의 주요한 부분을 차지한다. 결국 유기 화학(organic chemistry)의 한 분야인 생화학은 본래 살아 있는 유기체에서 유래된 화합물의 연구를 의미하는 용어이며, 무기 화학(inorganic chemistry)은 무생물에서 유래된 화합물의 연구에 사용된 용어였다. 그러나 오늘날, 우리는 유기 화합물과 무기 화합물 사이에 근본적인 차이가 없음을 알고 있다. 동일한 원리가 모두에게 적용된다. 생물로부터 유래된 화합물이 갖는 유일한 공통적인 특징은 모두 탄소 원소를 포함하고 있다는 것이다. 따라서 현재 **유기 화학**(**organic chemistry**)은 탄소 화합물에 대한 연구로 정의된다.

그렇다면 무슨 이유로 탄소는 특별하고, 왜 화학자들은 여전히 유기 화학을 과학의 독립된 분야로 간주할까? 이러한 질문에 대한 답에는 탄소 원자들이 서로 결합하여 긴 사슬과 고리를 형성하는 능력이 포함되어 있다. 모든 원소 중에 탄소만이 유일하게 탄소 원자가 하나인 메테인부터 수십억 개의 탄소 원자로 이루어진 데옥시리보핵산(DNA)까지, 광대한 수의 화합물을 형성할 수 있다. 실제로, 전 세계의 실험실에서 6700만 개 이상의 유기 화합물이 만들어졌으며, 생물체에는 수백만 개가 더 존재한다.

이 장에서는 7장과 8장에서 다룬 구조와 결합의 중요한 개념들을 복습하고, 이 개념들을 유기 화합물에 적용할 것이다. 또한 분자 구조의 중요한 특징이 탄수화물, 지질, 단백질, 핵산과 같은 주요 생물학적 분자들의 기능에서 어떻게 중요한 역할을 하는지 알아볼 것이다.

23.1 유기 분자와 그 구조: 구조 이성질체

왜 그렇게 많은 유기 화합물이 존재할까? 그 답은 비교적 소수의 원자들이 매우 다양한 방법으로 서로 결합할 수 있기 때문이다. 탄소와 수소만으로 이루어진 **탄화수소**(**hydrocarbon**) 중 단일 결합만으로 이루어진 분자를 살펴보자. 그러한 화합물이 속한 유기 화합물의 집단을 **알케인**(**alkane**)이라고 한다. 탄소 원자는 네 개의 바깥 껍질 전자를 가지고 네 개의 공유 결합을 형성하므로(7.5절), 탄소가 한 개인 알케인은 메테인(CH_4)이 유일하다. 마찬가지로, 탄소가 두 개인 알케인은 에테인(C_2H_6)이 유일하며, 탄소가 세 개인 알케인은 프로페인(C_3H_8)이 유일하다.

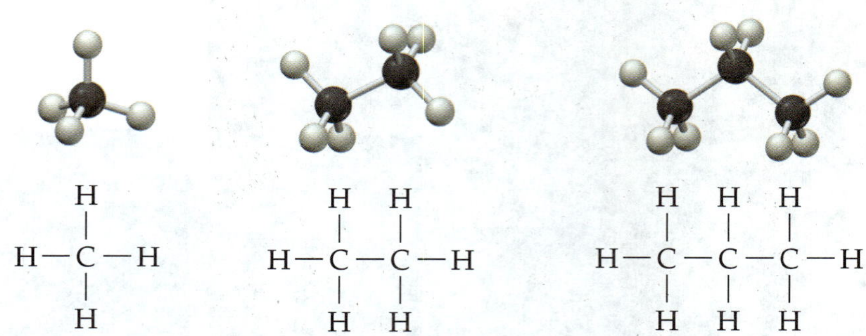

메테인(CH_4) 에테인(C_2H_6) 프로페인(C_3H_8)

그러나 많은 수의 탄소가 수소와 결합할 때에는 두 개 이상의 구조가 생길 수 있다. 예를 들면, 화학식 C_4H_{10}인 네 개의 탄소로 이루어진 알케인은 두 가지가 존재한다. 어떤 화합물은 네 개의 탄소가 한 줄로 연결되어 있으며, 어떤 화합물은 가지 달린 배열을 가지고 있다. 이와 비슷하게 화학식 C_5H_{12}인 알케인은 세 가지가 존재하며, 더 큰 알케인의 경우에는 더 많은 구조가 가능하다. 모든 탄소가 한 줄로 연결된 화합물을 **곧은 사슬 알케인**(**straight-chain alkane**)이라고 하며, 탄소가 가지로 연결된 화합물을 **가지 달린 사슬 알케인**(**branched-chain alkane**)이라고 한다.

두 개의 서로 다른 C_4H_{10} 분자와 세 개의 서로 다른 C_5H_{12} 분자와 같이, 분자식은 같으나 원자들이 서로 다르게 연결된 화합물을 **구조 이성질체(consitutional isomer)**라고 한다. 예를 들면, 뷰테인의 경우 왼쪽에서 두 번째 탄소는 두 개의 탄소 원자와 두 개의 수소 원자와 결합하고 있다. 구조 이성질체인 2-메틸프로페인의 두 번째 탄소는 세 개의 탄소 원자 및 한 개의 수소 원자와 결합하고 있다. 5개의 이성질체가 가능한 C_6H_{14} 분자부터 60조 개 이상의 이성질체가 가능한 $C_{40}H_{82}$ 분자와 같이, 알케인의 가능한 이성질체의 수는 탄소 원자의 수가 늘어남에 따라 급격하게 증가한다. 21.7절에서 언급하였듯이 이성질체는 서로 다른 화합물이다. 이들은 구조가 다를 뿐만 아니라 화학적 성질 및 녹는점, 끓는점과 같은 물리적 성질이 다르다.

기억하기…
이성질체는 화학식은 같으나 원자들의 배열된 방식이 서로 다른 화합물이다. 구조 이성질체란 화학식은 같으나 원자들이 서로 다르게 연결되어 있는 화합물이다(21.7절).

C_4H_{10}

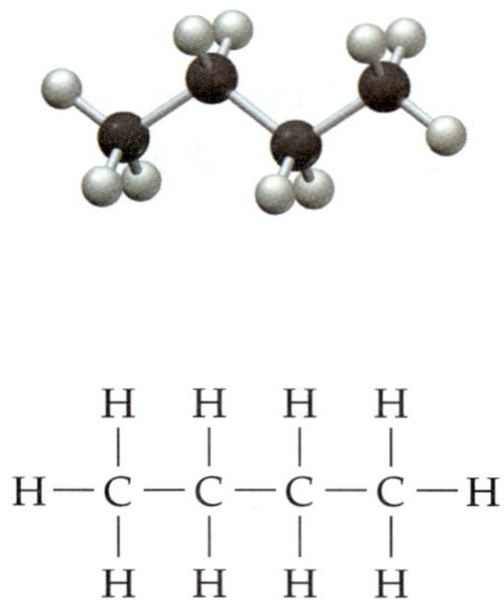

뷰테인(곧은 사슬)

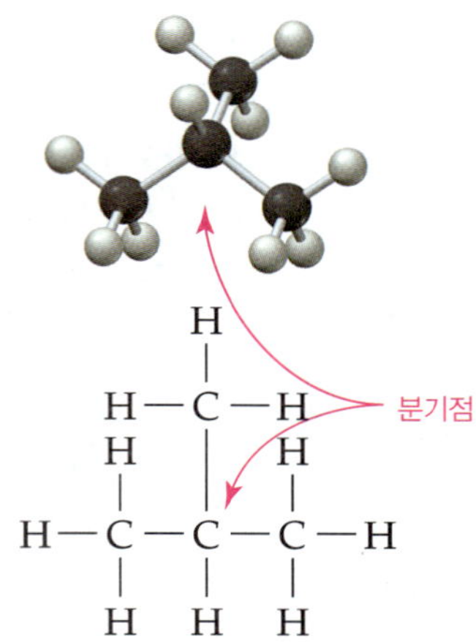

2-메틸프로페인(가지 달린 사슬)

C_5H_{12}

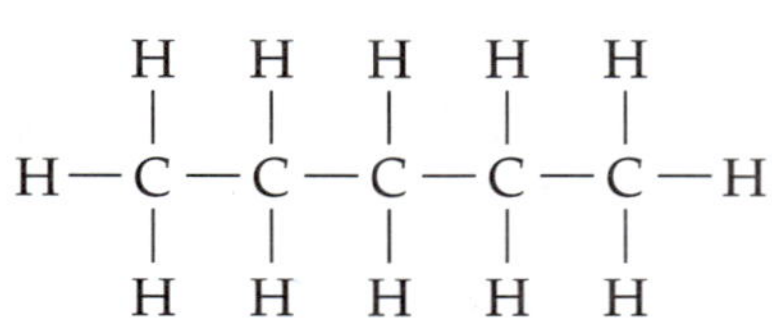

펜테인(곧은 사슬)

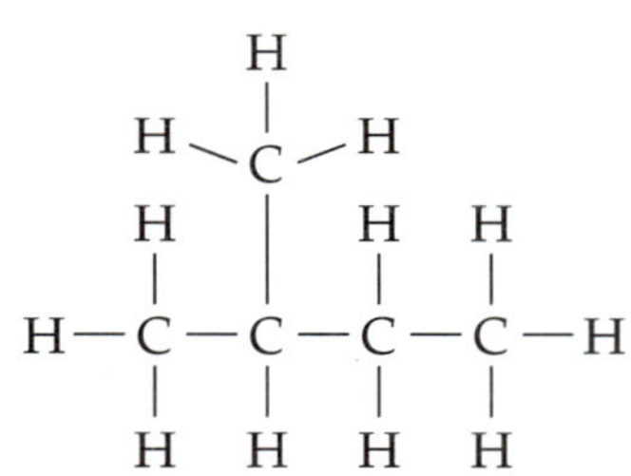

2-메틸뷰테인(가지 달린 사슬)

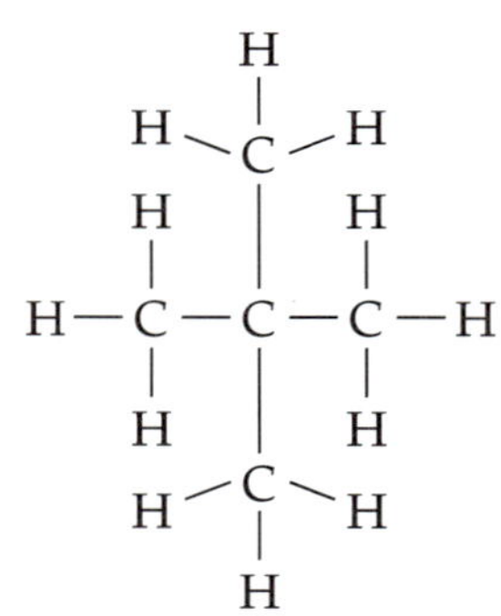

2,2-다이메틸프로페인(가지 달린 사슬)

유기 분자의 모든 결합과 원자를 그리는 것은 번거롭고 시간도 낭비되므로, 화학자들은 **축약 구조식(condensed structure)**이라는 속기법을 종종 사용한다. 축약 구조식에서는 탄소–수소 결합 및 대부분의 탄소–탄소 단일 결합이 표현되지 않지만, 그러한 결합들이 있는 것으로 '이해하면' 된다. 한 탄소 원자에 세 개의 수소가 결합되어 있다면 CH_3, 두 개의 수소가 결합되어 있다면 CH_2와 같이 쓴다. 예를 들어, 네 개의 탄소를 가진 곧은 사슬 알케인 (뷰테인)과 가지 달린 사슬 이성질체(2-메틸프로페인 또는 아이소뷰테인)는 다음과 같이 쓸 수 있다.

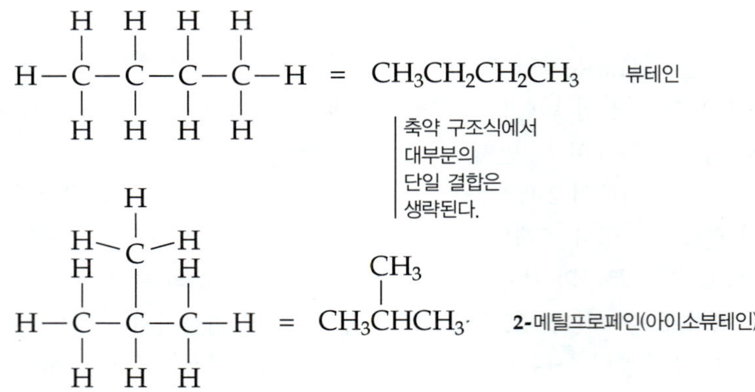

단순히 서로 옆에 놓인 CH_3와 CH_2 단위와 같은 탄소 사이의 수평 결합은 나타내지 않으나, 2-메틸프로페인에서의 수직 결합은 구조를 명확하게 표현하기 위해서 나타낸다.

유기 분자의 축약 구조식은 그 원자 사이의 연결만 나타낼 뿐 3차원적 모양에 대해서는 아무 것도 나타내지 않으며, 그 모양은 **VSEPR 모형(VSEPR model)**에 의해 예측할 수 있다. 따라서 한 분자는 여러 다른 방식으로 자유롭게 그릴 수 있다. 예를 들어, 2-메틸뷰테인이라는 이름을 가진 가지 달린 사슬 알케인은 아래의 어떤 구조로든 나타낼 수 있다. 모든 구조에서 네 개의 탄소는 한 줄로 연결되어 있으며, 끝에서 두 번째 탄소에 $-CH_3$ 가지가 있다.

기억하기…
VSEPR 모형에서는 한 원자 주위의 전하 구름의 수를 계산하고, 이러한 구름이 가능하면 공간에서 서로 멀리 떨어져 있는 방향으로 위치한다고 가정하여 기하 구조를 예측한다. 탄소가 네 개의 단일 결합을 가지고 있을 때에는 결합각이 약 109.5°인 사면체 기하 구조이지만, 탄소가 두 개의 단일 결합과 한 개의 이중 결합을 가지고 있을 때에는 결합각이 약 120°인 삼각 평면 기하 구조가 된다. 탄소가 한 개의 단일 결합과 한 개의 삼중 결합을 가지고 있을 때에는 선형 기하 구조이다(8.1절).

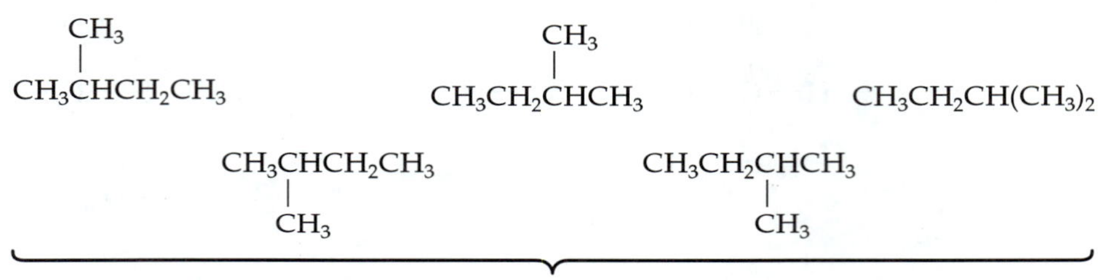

2-메틸뷰테인의 몇 가지 표현 방법

실제로 2-메틸뷰테인은 탄소–탄소 단일 결합에서 회전이 일어나기 때문에 한 가지 모양으로 존재하지 않는다. 한 개의 C—C 단일 결합으로 연결된 분자의 두 부분은 그 결합을 중심으로 회전할 수 있기 때문에 가능한 3차원 구조, 즉 **형태**(conformation)가 무수히 많이 존재한다. 따라서 2-메틸뷰테인의 큰 표본은 그 모양을 계속하여 바꾸는 매우 많은 수의 분자들을 포함하고 있다. 어떤 주어진 순간에 대부분의 분자들은 다른 가능한 구조보다 약간 더 안정한, 옆으로 펼쳐진 지그재그 모양을 한다. 다른 알케인에 대해서도 이 점이 동일하게 적용된다. 3차원 구조를 그릴 때 보통의 선은 종이면에 있는 결합을 나타내고, 쐐기(wedge)는 종이에서 보는 사람 쪽으로 향하는 결합을 나타내며, 파선(dashed line)은 종이 뒤편으로 보는 사람으로부터 멀어지는 결합을 나타낸다는 점을 기억하라(8.1절).

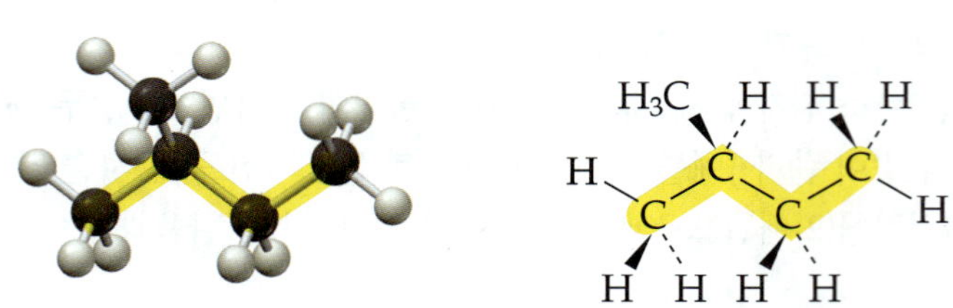

2-메틸뷰테인에서 탄소 사슬은 지그재그 모양을 가진다.

선 구조식(line drawing)은 탄소 사슬의 결합만을 표시하며, 구조를 나타내는 편리하고 간단한 방법 중 하나이다. 선 구조식은 탄소 사슬을 지그재그 모양으로 나타내는데, 이것은 탄소 원자의 사슬이 위의 2-메틸뷰테인의 구조에서 보이는 것과 같은 모양을 하고 있기 때문이다. 각 꼭짓점이나 종말점은 탄소 원자를 나타낸다. 탄소와 수소 사이의 결합은 나타내지 않지만, **탄소 원자가 네 개의 결합을 형성한다**는 사실로부터 수소 원자의 개수를 결정할 수 있다. 따라서 다른 탄소와 하나의 결합을 하고 있는 탄소 원자는 세 개의 수소와 결합할 것이다. 다른 탄소 원자와 두 개의 결합을 하고 있는 탄소 원자는 두 개의 수소와 결합할 것이다. 2-메틸뷰테인의 선 구조식은 다음과 같이 나타낸다.

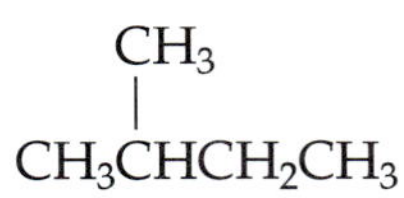

2-메틸뷰테인

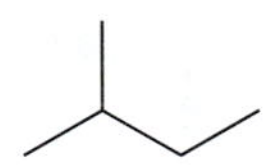

2-메틸뷰테인의 선 구조식

지금까지 살펴본 알케인은 열린 사슬 화합물, 즉 **비고리**(acyclic) 화합물 구조를 하고 있었다. **고리**(cyclic) 화합물은 탄소 원자들의 **고리**(ring)를 포함한다. 고리 화합물도 잘 알려져 있으며, 자연계에 널리 분포하고 있다. 3개에서 30개까지의 탄소로 이루어진 모든 크기의 고리 화합물과 그 이상의 큰 고리 화합물도 합성되었다.

가장 간단한 고리 화합물은 사이클로알케인(cycloalkane)으로, 열린 사슬 알케인처럼 C−C와 C−H 단일 결합만으로 이루어져 있다. 그림 23.1에 3개(사이클로프로페인), 4개(사이클로뷰테인), 5개(사이클로펜테인), 6개(사이클로헥세인)의 탄소를 가진 화합물을 나타내었다. 축약 구조식으로 고리 화합물을 그리는 것은 어색하기 때문에, 사이클로알케인을 나타내기 위해서는 대체로 선 구조식이 사용된다. 각 선이 만나는 점에는 하나의 탄소 원자가 있으며, 탄소 원자는 네 개의 결합을 형성하므로 수소 원자의 수를 결정할 수 있다. 고리 화합물에서 각각의 탄소 원자는 다른 탄소 원자들과 두 개의 결합을 하고 있으므로, 수소와는 두 개의 결합을 하고 있다.

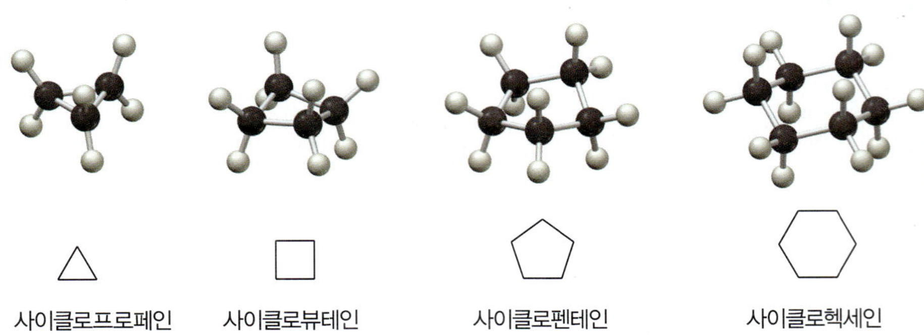

◀ **그림 23.1**
몇 가지 간단한 사이클로알케인의 선 구조식과 구조. 고리를 다각형으로 나타내었다.

◀ **확인하기**

사이클로펜테인의 화학식은 무엇인가? 5개의 탄소 원자가 곧은 사슬 구조를 하고 있는 펜테인에서의 수소 원자의 수와 비교하여, 사이클로펜테인의 수소 원자의 수는 얼마인가?

답 사이클로펜테인의 화학식은 C_5H_{10}이다. 고리 구조의 사이클로펜테인은 펜테인(C_5H_{12})보다 두 개의 수소를 적게 가진다.

예상했던 것처럼, 사이클로프로페인과 사이클로뷰테인의 C−C−C 결합각은 이상적인 사면체 값인 109.5°에서 상당히 벗어나 있다. 예를 들어, 정삼각형 모양을 가지는 사이클로프로페인의 C−C−C 결합각은 60°이다. 따라서 삼원자 고리나 사원자 고리의 결합은 정상적인 경우보다 약하고, 이러한 분자는 다른 알케인보다 반응성이 더 크다. 그러나 그림 23.1의 모형에 나타난 것과 같이, 사이클로펜테인, 사이클로헥세인 및 더 큰 사이클로알케인은 결합각이 정상적인 정사면체 값에 가까운 모양을 가지도록 꺾여 있다.

개념 예제 23.1

분자 모형을 선 구조식으로 바꾸기

다음 알케인의 분자 모형을 선 구조식으로 바꾸시오.

(a)

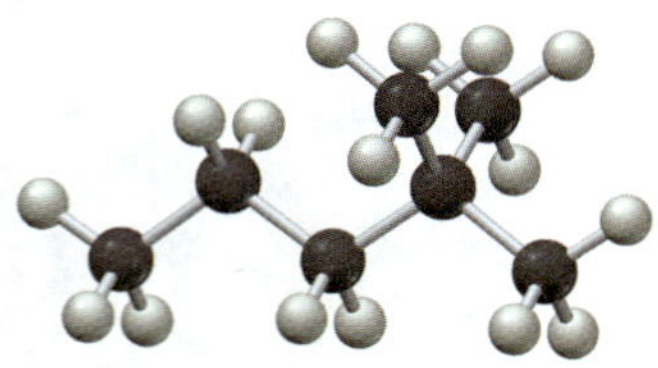

2,2-Dimethylpentane
2,2-다이메틸펜테인

(b)

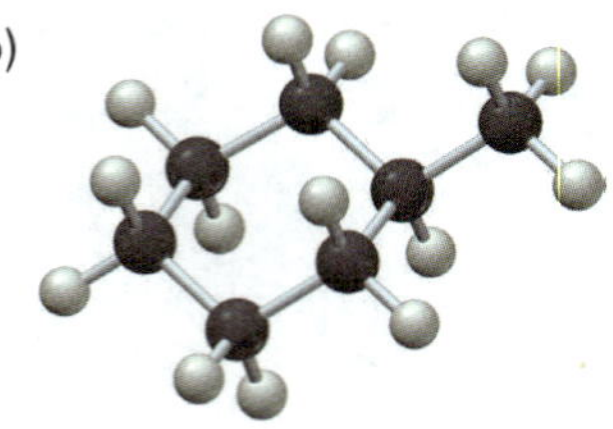

Methylcyclohexane
메틸사이클로헥세인

전략

먼저, 각 꼭짓점이나 종점이 탄소 원자를 나타낸다는 것을 이용하여 탄소 사슬 구조를 그린다. 탄소 원자들은 단일 결합으로 연결한다.

풀이

(a)

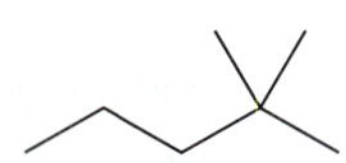

(b)

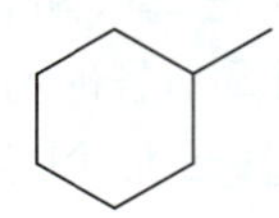

▶ **개념 연습문제 23.1** 다음 알케인의 분자 모형을 선 구조식으로 바꾸시오.

(a) 에틸사이클로펜테인 (b) 3,5-다이메틸헵테인

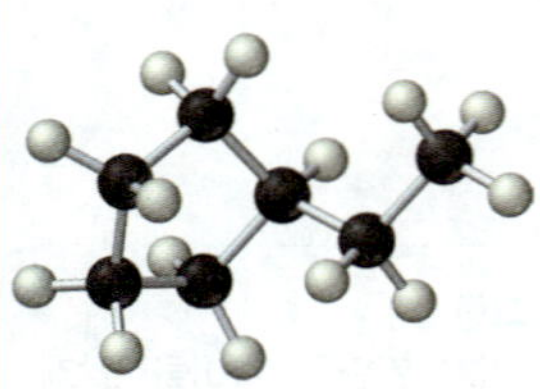

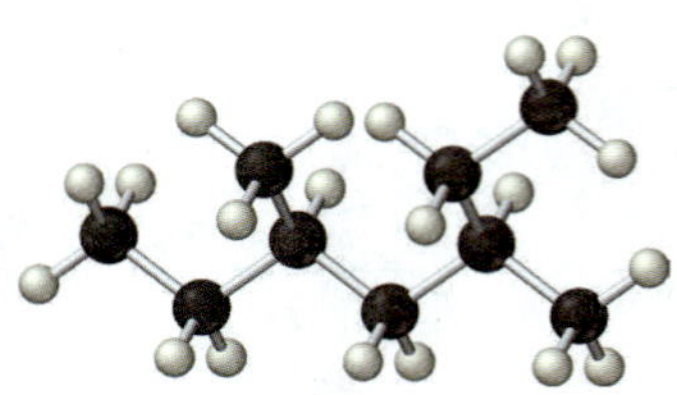

▶ **응용문제 23.2** 선 구조식으로부터 다음 알케인의 분자식을 결정하시오.

(a)

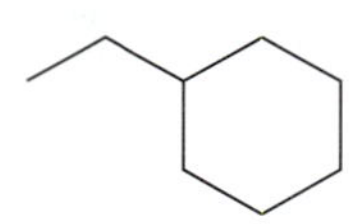

(b)

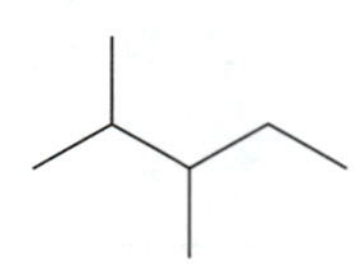

예제 23.2

구조 이성질체의 확인

다음 축약 구조식의 분자식은 모두 C_8H_{18}이다. 이 중에서 어느 것들이 같은 분자이며, 어느 것들이 이성질체인가?

(a)

CH_3 CH_3
$CH_3CHCH_2CHCH_2CH_3$

(b)

CH_3 CH_3
$CH_3CH_2CHCH_2CHCH_3$

(c)

CH_3 CH_3
$CH_3CHCH_2CH_2CHCH_3$

전략

원자 사이의 연결에 집중한다. 구조를 오른쪽에서 왼쪽으로 쓰는 것에 비해, 반대로 쓰는 경우에 구조식이 겉보기에 다르다고 오해하지 말라.

풀이

구조 (a)는 끝에서 두 번째와 네 번째 탄소에 $-CH_3$ 가지가 있는 탄소 6개의 곧은 사슬이다. 구조 (b)도 끝에서 두 번째와 네 번째 탄소에 $-CH_3$ 가지가 있는 탄소 6개의 곧은 사슬이므로 (a)와 동일하다. (a)와 (b) 사이의 유일한 차이는 하나는 '앞에서부터' 쓴 것이고, 다른 것은 '뒤에서부터' 쓴 것이라는 점이다. 구조 (c)는 끝에서 두 번째와 다섯 번째 탄소에 $-CH_3$ 가지가 있는 탄소 6개의 곧은 사슬이므로 (a)와 (b)의 이성질체이다.

연습문제 23.3 다음 구조 중 어느 것이 같은가?

(a)

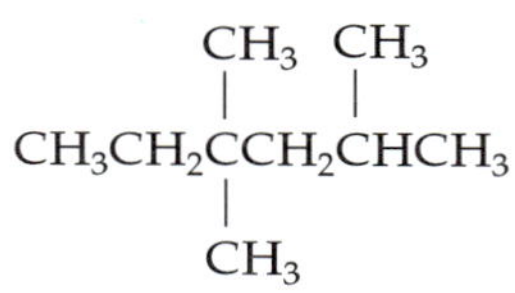

(b)

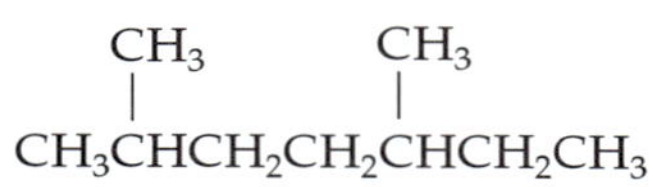

(c)

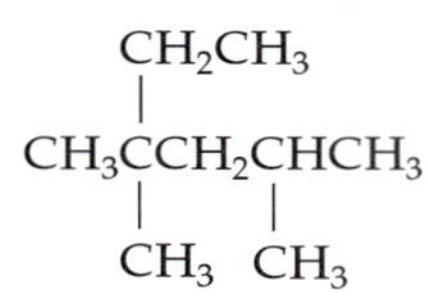

응용문제 23.4 화학식이 C_6H_{14}인 알케인에 대한 5가지 이성질체의 축약 구조식과 선 구조식을 그리시오.

23.2 입체 이성질체: 카이랄 분자

유기 및 생물학적 분자의 가장 중요한 특징 중 하나는 카이랄성(chirality)이다. 21장에서 논의한 것처럼, 자신의 거울상과 겹쳐지지 않는 분자나 대상을 **카이랄(chiral)**하다고 한다. 카이랄성을 설명하기 위해 손바닥을 마주하며 양손을 들어보자. 두 손은 서로 거울상이며, 그들을 어떻게 돌리더라도 서로 겹쳐질 수 없다(시도해 보라). 왼손 장갑이 오른손에는 맞지 않는다는 사실로부터 일상 생활에서 손에 대한 카이랄성을 관찰할 수 있다. 카이랄 물질은 이러한 손대칭성(handedness)을 가지고 있으며, 대칭면을 가지지 않음을 확인할 수 있다. 반면에, **비카이랄**(achiral) **물질**은 대칭면을 가지고 있으며, 거울상은 본래의 구조와 겹쳐진다. **그림 23.2**에 카이랄과 비카이랄 물질의 예를 나타내었다. 야구공은 대칭면을 가지고 있으므로 비카이랄이다. 야구공을 통과하는 수직선을 그려보면, 두 반쪽은 서로 거울상이다. 가위에는 대칭면이 존재하지 않으므로 카이랄하다는 것을 알 수 있다.

▲ 오른손은 왼손 장갑이 아니라 상보적인 모양을 가지는 오른손 장갑에만 꼭 맞는다. ©Eight Photo/Shutterstock

기억하기…
대칭면을 가지지 않는 분자를 **카이랄** 분자라고 한다(21.8절).

야구공은 중심을 통과하는 대칭면을 가지고 있으므로 비카이랄 물질이다. 대칭면이 공을 두 쪽으로 나누며, 그들은 서로 거울상이다(하나의 대칭면만 보이나 다른 것도 가능하다). ©Roman Baiadin/Shutterstock

가위는 대칭면이 없기 때문에 카이랄 물질이다. 오른손잡이용 가위와 왼손잡이용 가위로 구분된다. ©MNI/Shutterstock

◀ **그림 23.2**
비카이랄 물질과 카이랄 물질

◀ 확인하기
커피잔은 카이랄 물질인가 비카이랄 물질인가?
답 커피잔은 손잡이를 포함하는 대칭면을 가지므로 비카이랄 물질이다.

카이랄성과 분자 구조는 어떤 관련이 있을까? 분자도 손대칭성을 띠는 모양을 가질 수 있으므로, 오른손 대칭성 및 왼손 대칭성과 같은 거울상이 존재한다. 카이랄 분자의 왼손 대칭성 및 오른손 대칭성 이성질체가 서로 동일하지 않은 거울상인 경우를 **거울상 이성질체(enantiomer)**라고 한다. 거울상 이성질체는 **입체 이성질체(stereoisomer)**의 한 부류에 속한다. 구조 이성질체와는 달리, 입체 이성질체는 원자 사이의 연결은 같으나 공간 상에서 원자의 배

기억하기…
입체 이성질체는 원자 사이의 연결은 같으나 공간상에서 원자의 배열이 다르다(21.7절).

열이 다르다. 거울상 이성질체는 동일한 물리적 · 화학적 특성을 가지나, 다른 카이랄 물질과의 반응 및 평면 편광에 대한 결과가 다르다. 평면 편광을 회전시키는 능력 때문에 거울상 이성질체를 흔히 **광학 이성질체(optical isomer)**라고 한다. 이 장의 Inquiry에서는 거울상 이성질체가 어떻게 맛, 냄새, 약물 작용과 같은 생물학적 반응에서 매우 다른 특성을 보이는지 알아볼 것이다.

기억하기…
카이랄 분자와 이 분자에 겹치지 않는 거울상을 **거울상 이성질체**라고 한다. 평면 편광을 회전시키는 능력 때문에 거울상 이성질체를 흔히 **광학 이성질체**라고 한다.

가장 간단한 카이랄 분자는 아래의 화합물 1과 같이 사면체 중심의 원자와 네 개의 서로 다른 치환기를 가진 분자이다. 이 분자는 거울상의 치환기가 공간상에서 다른 기하학적 배열을 하고 있으므로 카이랄 분자이다. 화합물 1의 치환기 A, B, C 및 D는 시계 방향으로 배열되어 있는 반면에, 거울상의 치환기는 시계 반대 방향으로 배열되어 있다. 거울상은 그 치환기를 화합물 1과 동일한 위치에 자리하도록 회전시킬 수 없다. 그 결과, 화합물 1과 거울상은 서로 겹쳐지지 않는다(non-superimposable).

회전된 거울상은 화합물 1과 겹쳐지지 않는다. A와 B의 위치는 화합물 1과 같으나 C와 D는 다르게 위치한다.

화합물 2와 같이 사면체 중심의 원자와 두 개의 같은 치환기를 가진 분자를 살펴보자. 화합물 2가 카이랄인지 비카이랄인지를 결정하기 위해서, 거울상을 그린 다음 화합물 2의 구조와 겹쳐질 수 있는지 회전시켜 본다. 아래와 같이 화합물 2의 구조와 겹쳐지도록 거울상을 회전시킬 수 있으므로 화합물 2는 비카이랄이다. 또한, 화합물 2는 이 종이의 평편한 면과 같이 원자 A와 B를 포함하는 대칭면을 가지고 있다. 대칭면을 가지는 모든 분자는 비카이랄이다.

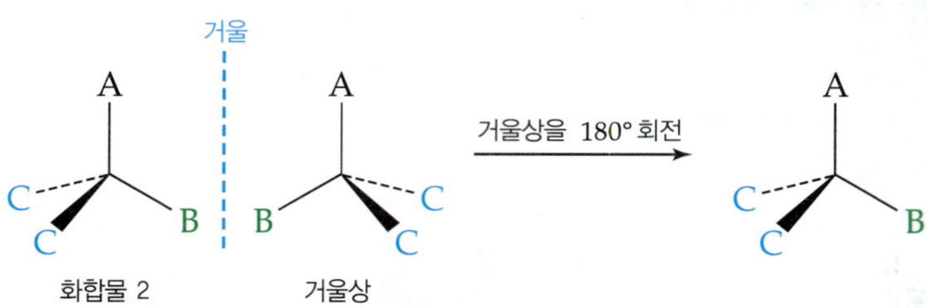

본래의 구조와 겹쳐지도록 거울상을 회전시킬 수 있으므로 화합물 2는 비카이랄이다.

큰 유기 분자는 분자 내에 카이랄 중심 여러 개를 가질 수 있다. **카이랄 중심(central conter)**은 네 개의 서로 다른 치환기와 사면체의 기하 구조를 가지는 원자이다. 각각의 카이랄 중심에서 왼손 대칭성과 오른손 대칭성과 같이 분자는 두 개의 다른 배열이 가능하다. 이성질체의 최대 수는 카이랄 중심의 수에 따라 증가하며, n개의 카이랄 중심을 가진 분자는 2^n개의 이성질체가 존재한다.

예제 23.3

카이랄 분자의 확인

암페타민은 중추 신경계를 자극하여 주의력결핍 과잉행동장애(ADHD)의 치료에 사용된다. 암페타민은 카이랄인가? 그렇다면 카이랄 중심을 확인하시오.

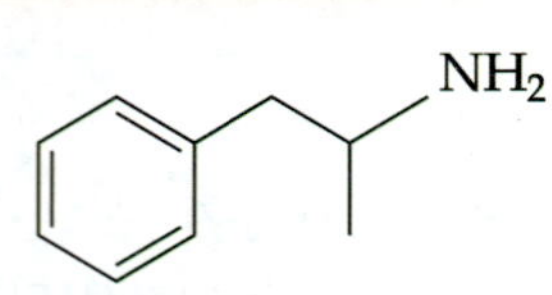

암페타민

전략

카이랄 중심은 네 개의 서로 다른 치환기와 사면체의 기하 구조를 가진 원자이다.

풀이

선 구조식에서 수소 원자와의 결합을 인식하는 것이 익숙해질 때까지 선 구조식을 전자점 구조로 변환하는 것이 유용할 수도 있다. 전자점 구조에서 네 개의 서로 다른 치환기를 가지고 있는 사면체 구조의 탄소 원자를 하나 볼 수 있다. 따라서 암페타민은 카이랄 분자이다.

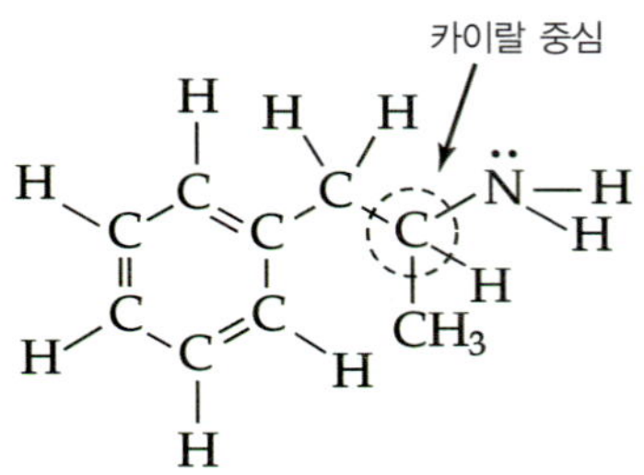

▶ **연습문제 23.5** 바이타민 C로 알려진 아스코브산은 감귤류에서 발견되며 건강보조식품으로 사용된다. 괴혈병은 충분한 양의 바이타민 C를 섭취함으로써 예방할 수 있다. 아스코브산은 카이랄인가? 그렇다면 카이랄 중심을 확인하시오.

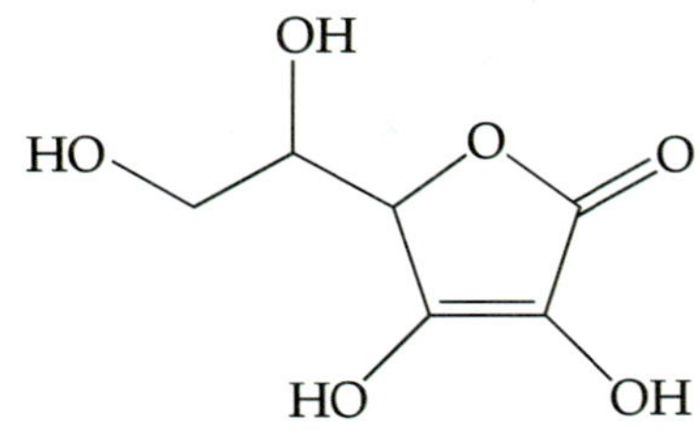

아스코브산

▶ **응용문제 23.6** 글루코스의 곧은 사슬 구조는 아래와 같다. 카이랄 중심을 확인하고, 그로부터 존재할 수 있는 이성질체의 개수를 쓰시오.

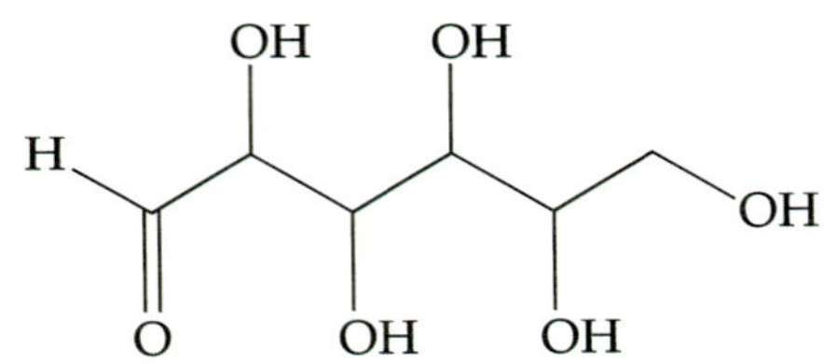

23.3 유기 화합물 집단: 작용기

화학자들은 경험을 통해 배운 것이 있다. 유기 화합물들을 그 구조적 특성에 따라서 집단으로 분류할 수 있다는 것과, 특정한 집단을 구성하고 있는 화합물들이 종종 유사한 화학적 반응성을 가진다는 것이다. 무작위로 화학적 거동을 보이는 4,500만 개의 화합물을 대신하여 거동을 합리적으로 예측할 수 있는 소수의 화합물 집단이 존재한다.

화합물을 집단으로 분류하는 것을 가능하게 해주는 구조적 특징을 작용기라고 한다. **작용기(functional group)**란 독특한 화학적 거동을 하는 분자 내의 한 원자나 원자단을 말하며, 동일한 작용기를 포함하는 모든 분자들은 동일한 종류의 반응을 일으킨다. 예를 들어, 탄소–탄소 **이중 결합(double bond)** 작용기를 보자. 이중 결합을 가진 가장 간단한 화합물인 에틸렌($H_2C{=}CH_2$)은, 박하 기름에서 유래하는 훨씬 더 크고 복잡한 분자인 멘텐(menthene, $C_{10}H_{18}$)과 놀라울 정도로 유사하게 반응한다. 두 물질은 Br_2와 반응하여, Br 원자가 각각의 이중 결합 탄소에 첨가된 생성물을 형성한다(그림 23.3).

그림 23.3은 유기 분자의 화학은 그 크기와 복잡성에 상관없이 그 분자 내에 존재하는 작용기에 의해 좌우된다는 대표적인 예이다.

표 23.1에 가장 흔한 작용기와 그것들의 실례가 나와 있다. 작용기는 탄소–탄소 이중 결합을 가진 **알켄(alkene)**, 탄소–탄소 삼중 결합을 가진 **알카인(alkyne)**과 같이 다중 결합을 가진 탄화수소일 수 있다. 산소, 질소, 할로젠과 같은 원소들과 단일 결합을 포함하고 있는 작용기도 있으며, 탄소–산소 이중 결합을 가진 작용기도 있다. 특히, 대부분의 생물학적 분자는 **카보닐기(carbonyl group)**라고 하는 C=O 결합을 가지며, 몇 가지 다른 작용기에도 카보닐기는 존재한다.

기억하기…

이중 결합은 원자 사이에 두 개의 전자쌍, 즉 네 개의 전자를 공유함으로써 형성된다(7.5절).

개념탐구 질문 1

다음 분자의 작용기를 찾고, 확인하시오.

(a) 상한 우유에서 발생하는 젖산

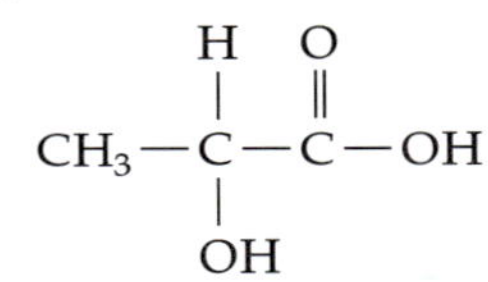

(b) 폴리스타이렌(polystyrene) 합성에 사용되는 스타이렌(styrene)

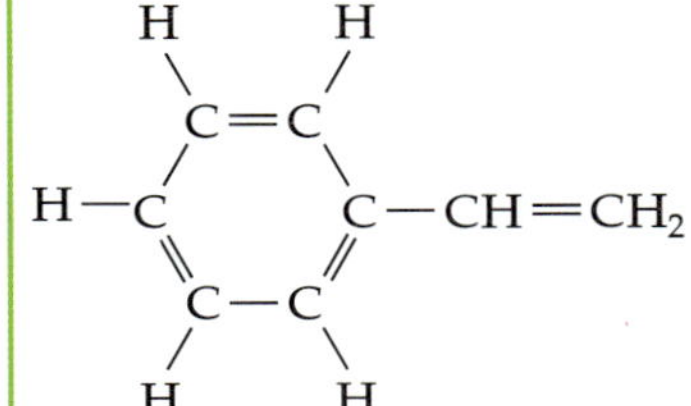

표 23.1 유기 화합물의 몇 가지 집단

집단명	작용기 구조	간단한 예	이름	이름의 접미사
알케인	(C−H와 C−C 단일 결합만 포함)	CH_3CH_3	에테인(ethane)	-에인(*-ane*)
알켄	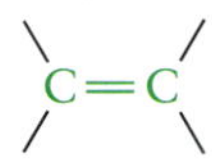	$H_2C{=}CH_2$	에텐(ethene) (에틸렌)	-엔(*-ene*)
알카인	$-C\equiv C-$	$H-C\equiv C-H$	에타인(ethyne) (아세틸렌)	-아인(*-yne*)
아렌(방향족)	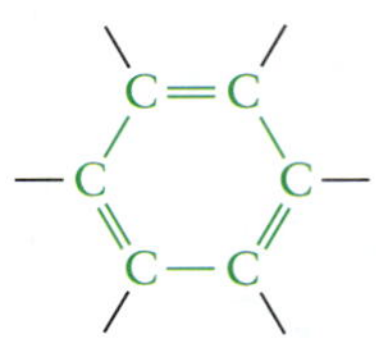	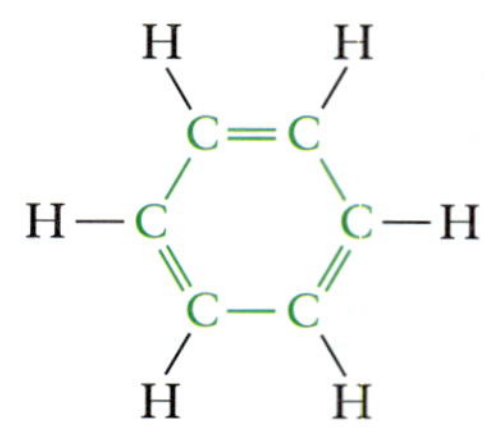	벤젠(benzene)	없음
알코올	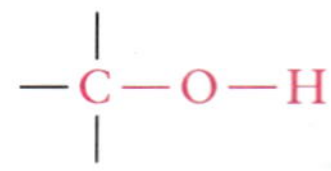	CH_3OH	메탄올(methanol)	-올(*-ol*)
에터	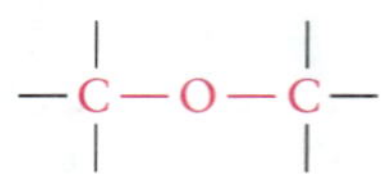	CH_3OCH_3	다이메틸 에터 (dimethyl ether)	에터(*ether*)
아민	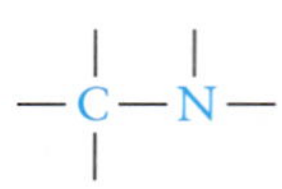	CH_3NH_2	메틸아민 (methylamine)	-아민(*-amine*)
알데하이드	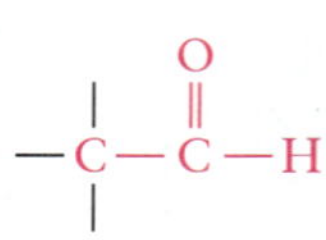	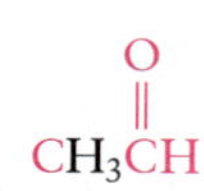	에탄알(ethanal) (아세트알데하이드)	-알(*-al*)
케톤	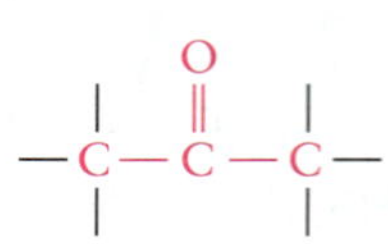	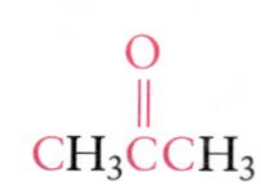	프로판온(propanone) (아세톤)	-온(*-one*)
카복실산	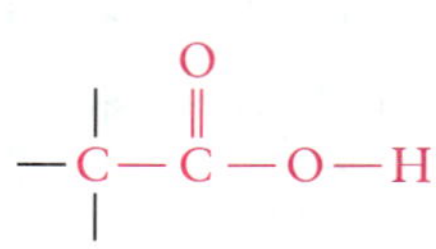	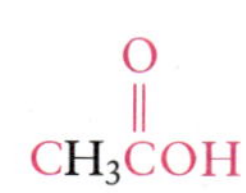	에탄산(ethanoic acid) (아세트산)	-산(*-oic acid*)
에스터	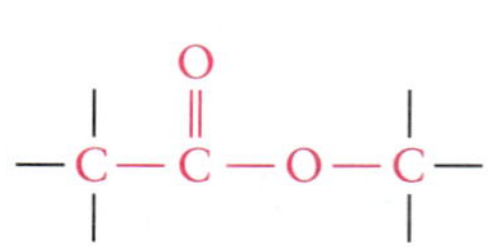	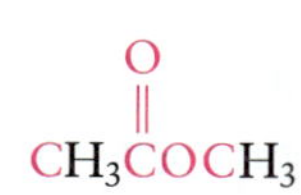	에탄산 메틸 (methyl ethanoate) (아세트산 메틸)	-산(*-ate*)
아마이드	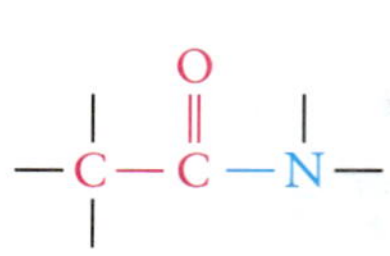	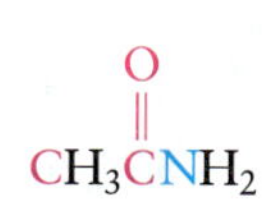	에탄아마이드 (ethanamide) (아세트아마이드)	-아마이드(*-amide*)

연결이 명시되지 않은 결합은 분자의 나머지 부분에 탄소 또는 수소 원자가 붙은 것으로 가정한다.

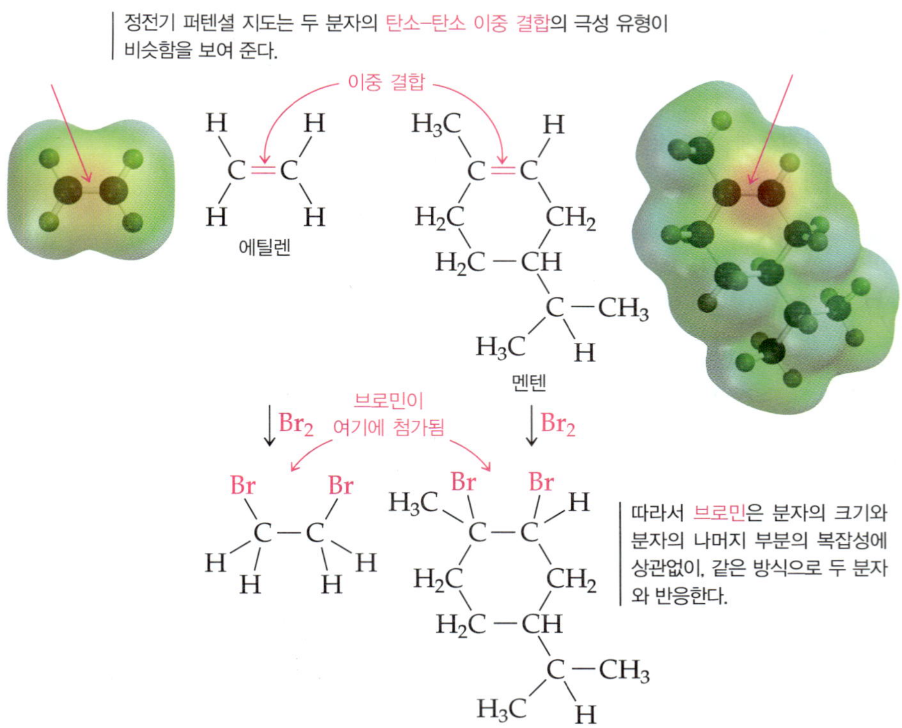

◀ 그림 23.3
에틸렌과 멘텐의 탄소–탄소 이중 결합과 브로민의 반응

개념 예제 23.4

작용기를 가진 분자의 선 구조식 해석

멜라토닌(melatonin)은 수면에 드는 형태를 조절하기 위해 인체에서 생성되는 호르몬이다. 멜라토닌의 완전한 전자점 구조을 그리시오.

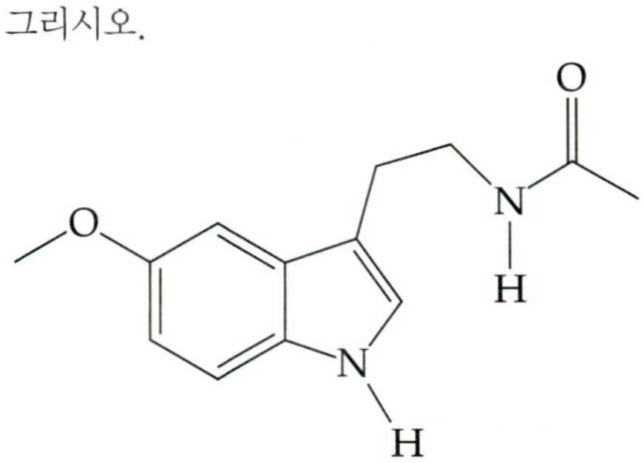

멜라토닌

전략과 풀이

단계 1. 연결된 원자들이 보이도록 골격 구조를 그린다. 아래와 같이 선 구조식에서 각 종점과 꼭짓점에 탄소를 그린다.

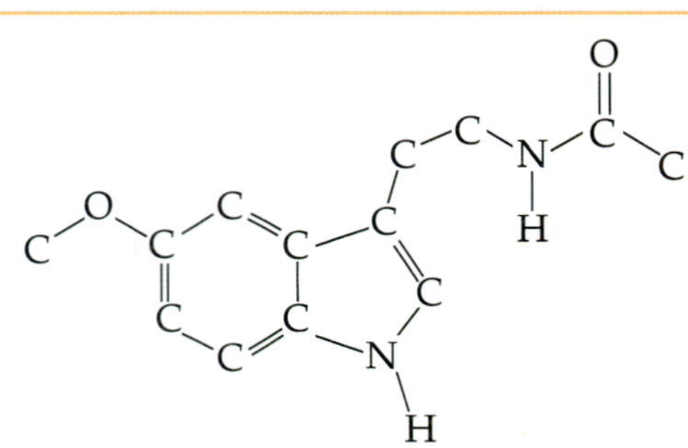

단계 2. 각 원자의 팔전자계를 완성한다. 선 구조식은 탄소와 결합한 수소 원자는 나타내지 않으나, 질소 또는 산소와 같은 다른 원자와 결합한 수소 원자는 나타낸다. 선 구조식은 고립 전자쌍도 나타내지 않는다. 탄소 원자가 네 개의 결합수를 가지도록 수소와의 결합을 그림으로써 각 탄소의 팔전자계를 완성한다. 탄소 이외의 원자들은 고립 전자쌍을 더하여 팔전자계를 완성한다.

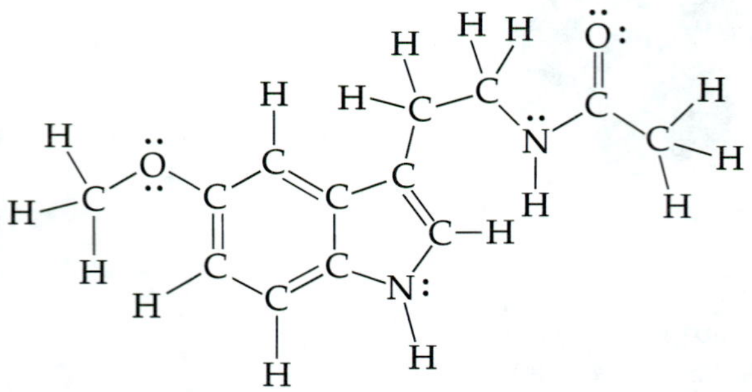

연습문제 23.7 통증과 열을 완화하기 위해 사용되는 아세트아미노펜(acetaminophen)의 완전한 전자점 구조를 그리시오.

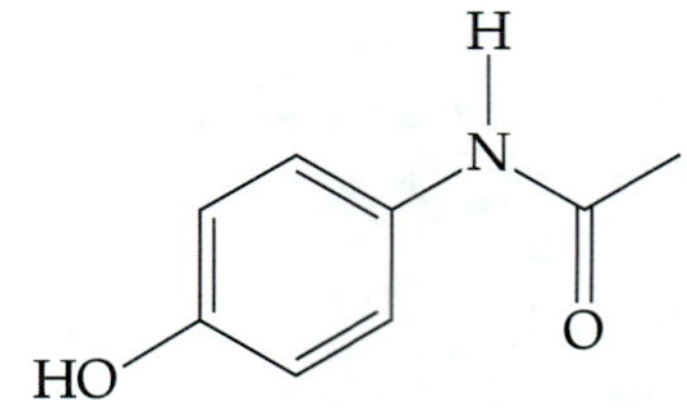

아세트아미노펜

응용문제 23.8 리모넨(limonene)은 감귤류 껍질 기름의 주요 성분이며, 오렌지향을 가진다. 전자점 구조를 선 구조식으로 전환하시오.

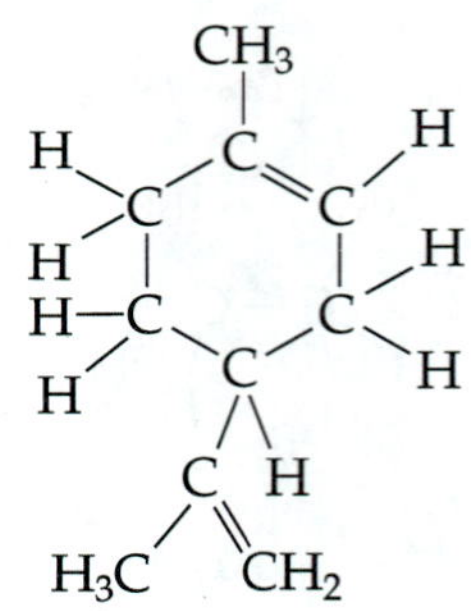

리모넨

23.4 탄수화물: 이성질체의 생물학적 예

알케인의 가지치기가 변화할 때나 알켄의 이중 결합과 같은 작용기의 위치가 변화할 때처럼, 분자의 원자들이 서로 다른 방식으로 연결될 때 이성질체가 생성되는 방법을 알아보았다. 탄수화물(carbohydrate)은 모든 생물체에서 발견되는 분자이며, 몇 가지 다른 형태의 이성질 현상을 보인다. 익숙한 탄수화물로는 식품의 녹말과 풀의 셀룰로스가 있다. 변형된 탄수화물은 모든 세포의 외피의 일부를 형성하며, 일부 탄수화물은 한 세대에서 다음 세대로 유전 정보를 전달하는 DNA에서 발견된다.

탄수화물(carbohydrate)이라는 말은 원래 $C_6H_{12}O_6$의 분자식을 가지는 글루코스를 의미하는 데 사용되었으며, 글루코스를 $C_6(H_2O)_6$로 나타내듯이 한때는 $(C{\cdot}H_2O)_n (n \geq 3)$의 일반적인 분자식을 가지는 '탄소의 수화물'로 생각되었다. 이러한 관점은 곧 사라졌으나, 이 단어는 계속 남아서 현재는 **탄수화물(carbohydrate)**이 흔히 당(sugar)이라고 하는 폴리하이드록실화 알데하이드와 케톤의 큰 부류를 나타내는 데 사용된다. 예를 들어, 글루코스는 5개의 하이드록실(OH)기를 가진 6개의 탄소로 이루어진 알데하이드이다.

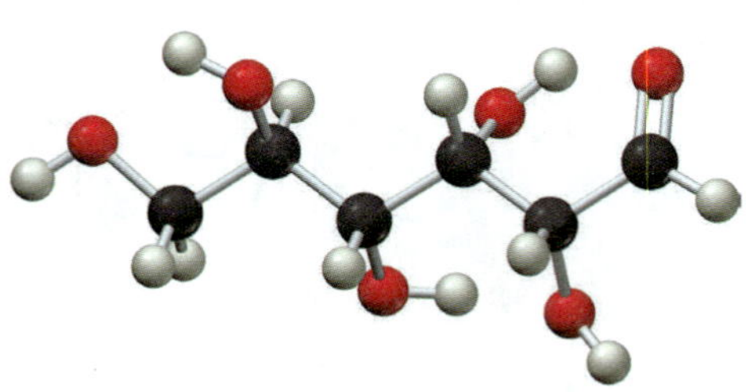

글루코스–펜타하이드록시 알데하이드

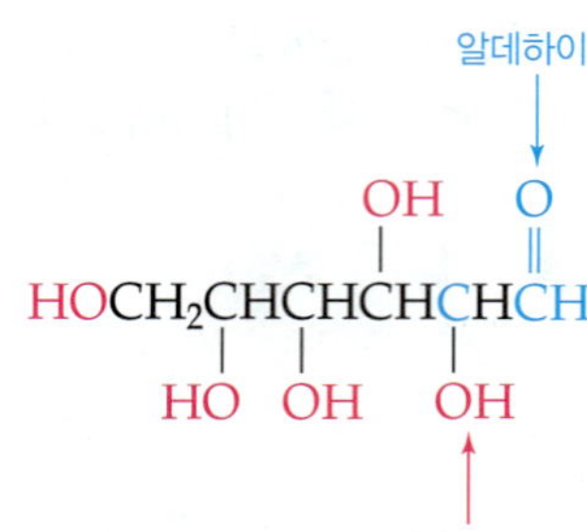

탄수화물은 단순당이나 복합당으로 분류된다. 단순당 또는 **단당류**(**monosaccharide**)는 수용성 산과의 가수 분해에 의해 더 작은 분자로 분해될 수 없는 글루코스(포도당)나 프럭토스(과당)와 같은 탄수화물이다. 복합당 또는 **다당류**(**polysaccharide**)는 많은 수의 단순당이 서로 연결되어 있으면서 가수 분해에 의해 분해될 수 있는 셀룰로스나 녹말과 같은 화합물이다.

단당류

카보닐기의 위치, 포함된 탄소 원자의 수, 원자의 삼차원적 배열이라는 세 가지 다른 특징에 의해서 단당류는 분류된다. **알도스**(**aldose**)는 알데하이드 작용기에 카보닐기(C=O)를 가지고 있다. **케토스**(**ketose**)는 케톤 작용기에 카보닐기를 가지고 있다. 접미사 오스(*-ose*)는 당을 의미하며, 수를 나타내는 접두사인 트라이-(*tri-*), 테트르-(*tetr-*), 펜트-(*pent-*), 헥스-(*hex-*)를 사용하여 당에 존재하는 탄소의 수를 나타낸다. 예를 들면, 글루코스는 알도헥소스(aldohexose, 6개의 탄소와 알데하이드를 가진 당), 프럭토스는 케토헥소스(ketohexose, 6개의 탄소와 케톤을 가진 당), 리보스는 알도펜토스(aldopentose, 5개의 탄소와 알데하이드를 가진 당)이다. 가장 흔히 발견되는 당은 알도펜토스이거나 알도헥소스이다.

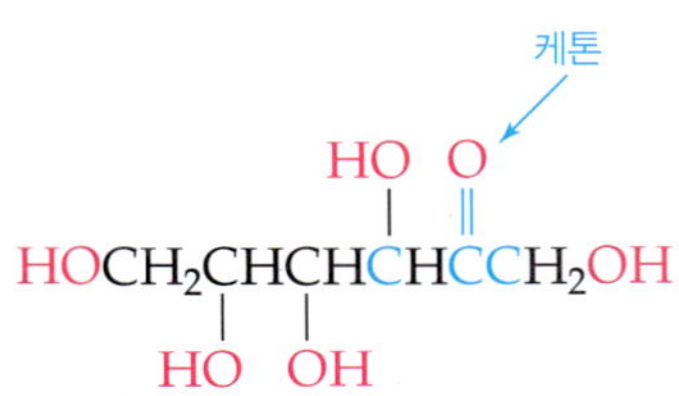

프럭토스–케토헥소스
$C_6H_{12}O_6$

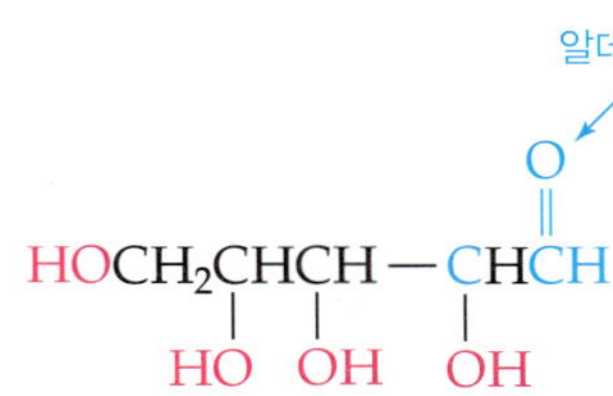

리보스–알도펜토스
$C_5H_{10}O_5$

개념탐구 질문 2
아래의 탄수화물은 어떤 부류인가?

$$HOCH_2\overset{\overset{\displaystyle O}{\|}}{C}CH_2OH$$

탄수화물은 다양한 이성질체의 형태로 존재할 수 있으나, **구조 이성질체**(constitutional isomer), **거울상 이성질체**(enantiomer), **아노머**(anomer)라는 세 가지 유형에 대해서만 알아보자. 가장 작은 단당류는 세 개의 탄소 원자로 이루어져 있다. 이들 중 글리세르알데하이드와 다이하이드록시아세톤은 원자들이 다른 방식으로 연결된 구조 이성질체의 예이다.

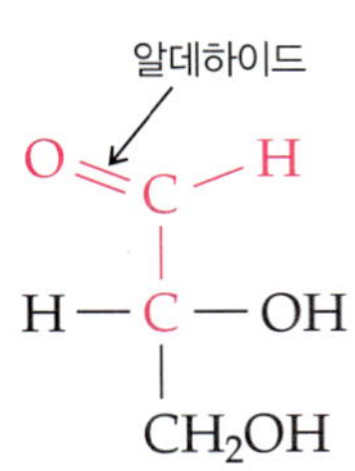

글리세르알데하이드
($C_3H_6O_3$)

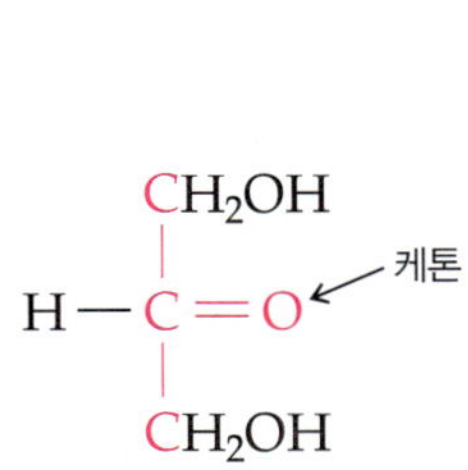

다이하이드록시아세톤
($C_3H_6O_3$)

탄수화물은 동일하지 않은 거울상인 거울상 이성질체로도 존재할 수 있다. 카이랄 분자는 거울상 이성질체를 가지며, 양손처럼 겹쳐지지 않는 거울상이기 때문에 '손대칭성(handedness)'을 나타낸다고 한다. 라틴어 접두사 덱스트로(dextro, D)와 레보(levo, L)는 각각 '오른쪽'과 '왼쪽'을 의미한다. 글리세르알데하이드는 카이랄 분자이며, 그 거울상 이성질체는 다음과 같다.

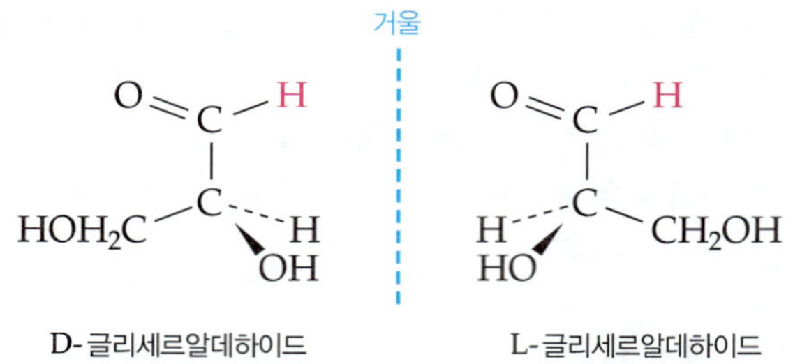

글루코스와 다른 단당류는 편의상 흔히 열린 사슬 구조로 표현한다. 그러나 실제로는 사슬의 한쪽 끝에 가까운 —OH 기가 다른 쪽 끝이나 근처의 카보닐기에 첨가되어 형성된, 고리 분자로 주로 존재하고 있다. 글루코스에서의 고리 형성은 C5의 —OH 기와 C1의 C=O 기 사이에서 일어난다(**그림 23.4**).

▶ 그림 23.4
글루코스의 α형과 β형

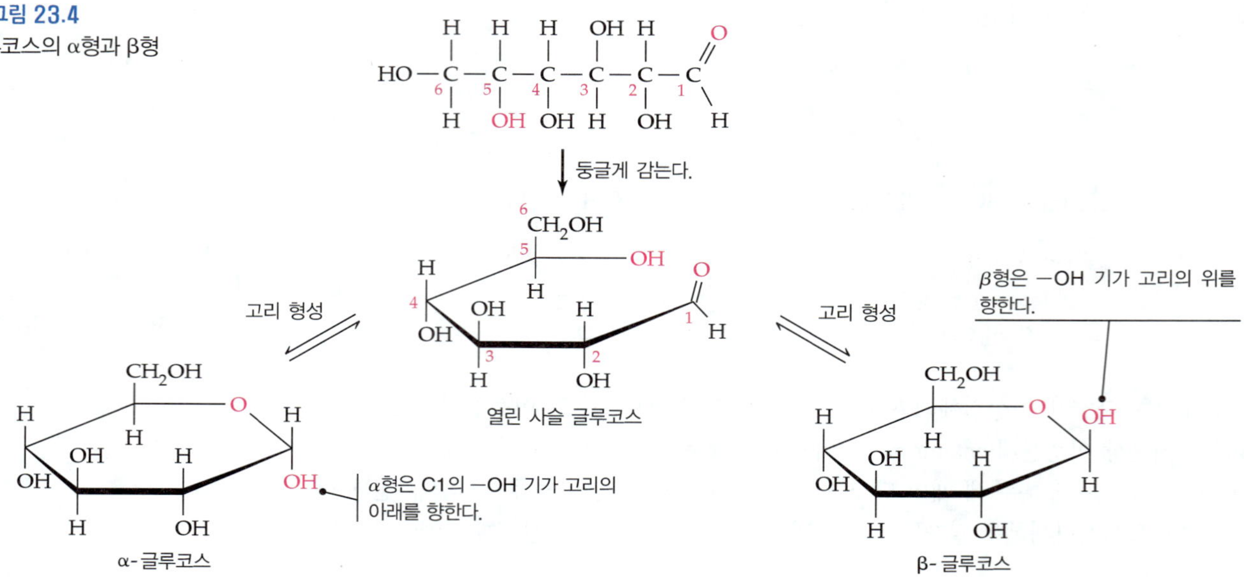

고리가 형성될 때 새로 생성되는 C1의 —OH 기가 고리의 아랫면 또는 윗면에 위치하는지에 따른 글루코스의 두 가지 고리 형태를 **아노머(anomer)**라고 한다. 여러분이 시약병에서 흔히 보는 결정성 글루코스는 C1의 —OH 기가 고리의 아랫면에 위치한 α형이다. 그러나 수용액 상의 평형에서는 열린 사슬 구조가 0.02%, α형이 36%, β형이 64%의 비율로 세 가지 구조가 모두 존재한다.

다당류

보통 설탕이라고 하는 슈크로스는, 아마도 세계에서 가장 흔하게 볼 수 있는 순수한 유기 물질이다. 슈크로스는 다수의 식물에서 발견되며, 사탕무(질량비로 20%)와 사탕수수(질량비로 15%)가 가장 흔한 공급원이다. 화학적으로 슈크로스는 두 개의 단당류가 연결된 이당류(disaccharide)이며, 글루코스 한 분자와 프럭토스 한 분자의 글리코사이드 결합(glycosidic linkage)으로 이루어져 있다. 슈크로스의 가수 분해로부터 형성되는 글루코스와 프럭토스의 1:1 혼합물을 흔히 반전당(invert sugar)이라 부르며, 주로 식품 첨가제로 사용된다.

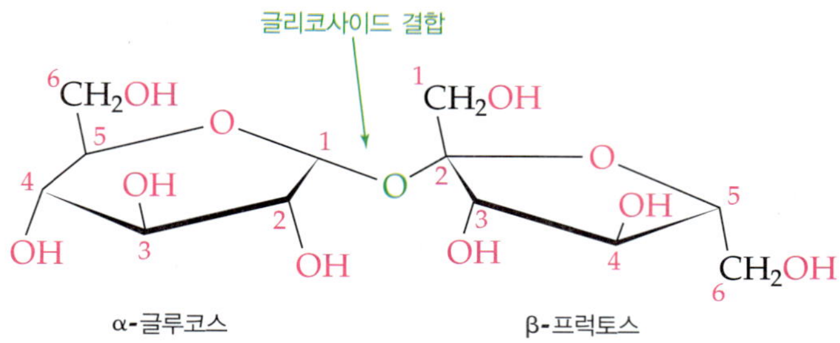

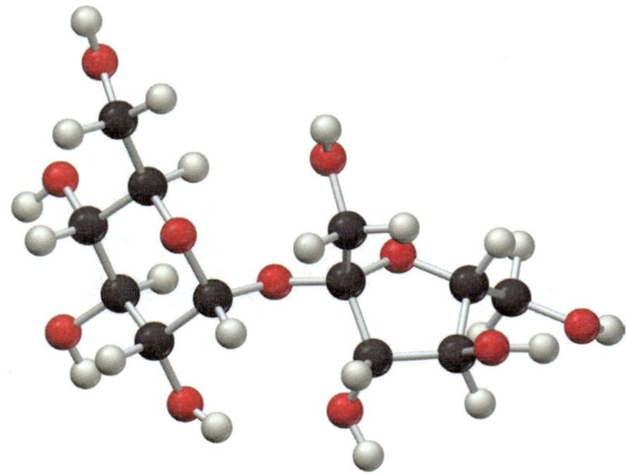

슈크로스

풀, 잎, 줄기의 구조를 이루는 섬유질인 셀룰로스는 수천 개의 β-글루코스가 서로 결합되어 거대한 사슬을 형성한 다당류이다.

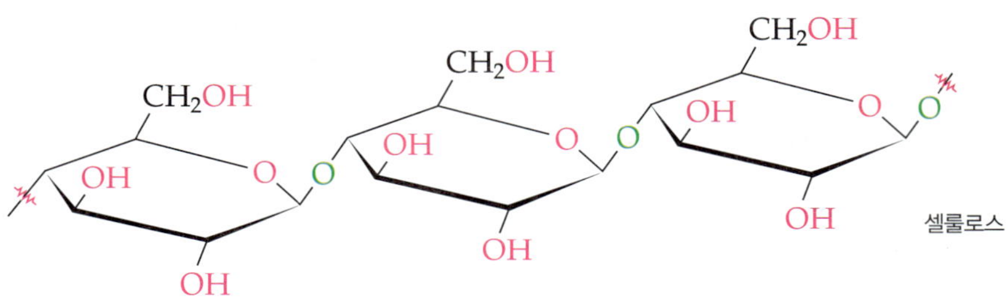

β-글루코스 단위들

녹말도 수천 개의 글루코스 단위로 이루어져 있으나, 셀룰로스와는 달리 인간이 소화할 수 있다. 실제로 콩, 쌀, 감자 같은 식물에 들어 있는 녹말은 인간의 식단에 필수적인 요소이다. 두 다당류 사이의 차이점은 셀룰로스는 β-글루코스 단위를 가지는 반면에, 녹말은 α-글루코스 단위를 가진다는 점이다. 인간의 위에는 매우 특이하게 작용하는 효소가 있으며, 녹말 분자는 소화할 수 있으나 셀룰로스는 소화하지 못한다.

23.5 원자가 결합 이론과 오비탈 겹침 그림

전자점 구조와 선 구조식은 비교적 간단한 모형으로, 분자에서 원자의 연결과 다중 결합 및 고립 전자쌍의 위치를 나타낸다. 그러나 이런 간단한 모형들에는 한계가 있다. 데옥시리보핵산(DNA)의 구성 요소인 사이토신을 생각해 보자.

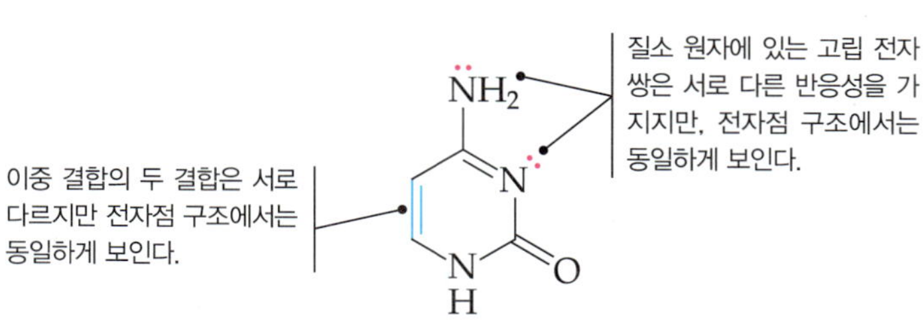

사이토신

전자점 구조에서 이중 결합의 두 결합(청색으로 강조함)은 동일하게 보인다. 그러나 실제로는 두 종류의 결합으로, 세기와 반응성이 서로 다르다. 마찬가지로, 두 질소 원자에 있는 고립 전자쌍(분홍색)은 반응성에서 차이점을 보일 것으로 예측할 수는 없지만, 서로 매우 다르다. 이런 차이를 이해하려면, 분자의 결합과 전자 분포를 나타내는 더 완전한 그림이 필요하다.

원자가 결합 이론(8.2절)은 화학 결합에서 전자쌍이 공유되는 방법을 나타내기 위하여 오비탈 겹침 그림을 이용한다. 전자 한 개가 채워진 원자가 오비탈들이 공간적으로 겹쳐져서 전자들이 양쪽 핵에 모두 끌리면 공유 결합이 생성된다. 원자가 결합 이론을 유기 분자에 적용하는 것은 다른 분자와 근본적으로 차이가 없으며, 오비탈 겹침 그림은 구조와 반응성을 이해하는 데 중요하다. 이 시점에서 8.2~8.4절의 원자가 결합 이론과 혼성에 대하여 알아보는 것이 좋을 것이며, 다음을 할 수 있어야 한다.

1. 전자점 구조에서 중심 원자의 혼성을 결정하기
2. 시그마(σ) 결합과 파이(π) 결합의 차이점을 설명하기
3. 시그마(σ) 결합과 파이(π) 결합을 형성하기 위한 오비탈의 겹침을 그리기

예제 23.5는 단일 결합을 가진 유기 분자의 오비탈 겹침을 설명하고, 예제 23.6은 이중 결합을 가진 유기 분자의 오비탈 겹침을 설명한다.

예제 23.5

단일 결합을 가진 유기 분자의 오비탈 겹침 나타내기

메탄올(목정이라고도 함) CH_3OH의 오비탈 겹침 그림을 그리시오.

전략

CH_3OH의 전자점 구조를 그리고, 각 중심 원자의 혼성을 결정한다. 단일 결합을 만들기 위해, 원자 오비탈이나 혼성 오비탈을 겹치고 전자점 구조에 나타난 고립 전자쌍을 비결합성 오비탈에 채운다.

풀이

메탄올의 전자점 구조는 다음과 같다.

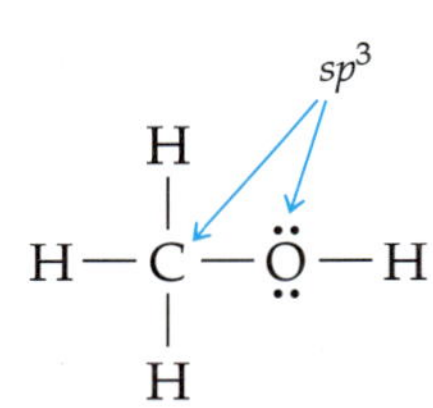

탄소 원자는 수소와 세 개, 산소와 한 개의 결합을 형성하므로 sp^3 혼성이다. 산소는 두 개의 결합과 고립 전자쌍 두 개를 가지며, 역시 sp^3 혼성이다. 세 개의 탄소 sp^3 오비탈은 수소의 1*s* 오비탈과 겹쳐서 C—H 결합을 형성한다. 나머지 탄소의 sp^3 오비탈은 산소의 sp^3 오비탈은 겹쳐서 C—O 결합과 형성한다. 산소의 다른 sp^3 오비탈은 수소의 1*s* 오비탈과 겹쳐서 O—H 결합을 형성한다. 산소의 고립 전자쌍 두 개는 산소의 비결합(nonbonding) sp^3 오비탈에 위치한다.

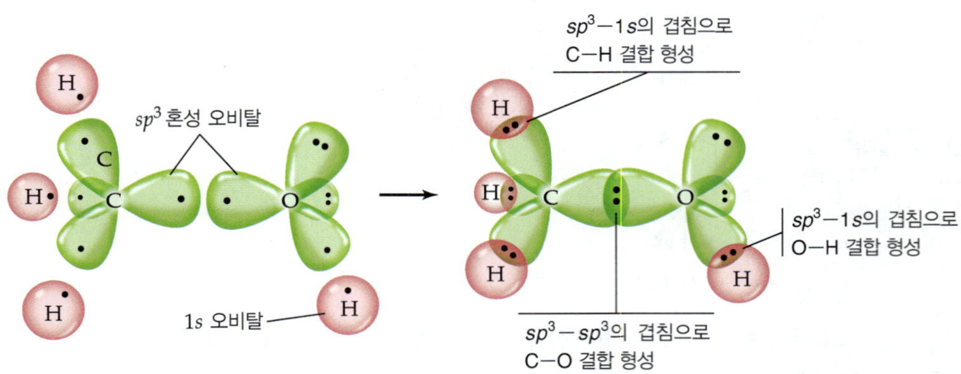

▶ **연습문제 23.9** 생선과 유사한 강한 냄새를 가진 메틸아민(CH_3NH_2)의 오비탈 겹침 그림을 그리시오. C—H 결합, C—N 결합, N—H 결합을 형성하기 위해서는 어느 오비탈들이 겹치는가?

▶ **응용문제 23.10** 사이클로프로페인은 비교적 불안정한 고리형 유기 화합물이다. 오비탈 겹침 그림을 그리고, 이를 이용하여 불안정성을 설명하시오.

예제 23.6

다중 결합을 가진 유기 분자의 오비탈 겹침 나타내기

쓰레기 봉지를 만드는 데 사용되는 플라스틱의 단위체인 프로펜의 오비탈 겹침 그림을 그리시오. 프로펜의 구조는 $CH_2=CHCH_3$이다.

전략

프로펜의 전자점 구조를 그리고, 중심 원자들의 혼성을 결정한다. 원자 오비탈이나 혼성 오비탈을 겹쳐 시그마(σ) 결합을 만들고, 혼성화되지 않은 *p* 오비탈들을 겹쳐 파이(π) 결합을 만든다.

풀이

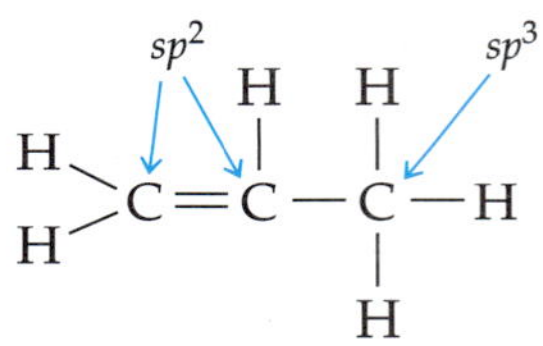

C=C 이중 결합을 만들려면, sp^2 혼성 탄소 원자들에서 각각 한 개의 sp^2 혼성 오비탈을 겹쳐 σ 결합을 만들고, *p* 오비탈들을 옆으로 겹치게 배열하여 π 결합을 만든다. 나머지 sp^2 오비탈은 모두 같은 평면에 놓여야 한다. 그 중 세 개는 세 개의 수소 원자의 1*s* 오비탈과 겹쳐서 C—H 결합을 만든다. 중심 탄소 원자의 세 번째 sp^2 오비탈과 오른쪽 탄소의 sp^3 오비탈을 겹쳐서 C—C 단일 결합을 만든다. 탄소의 sp^3 오비탈과 세 개의 수소 원자의 1*s* 오비탈을 겹쳐서 나머지 C—H 결합을 만든다.

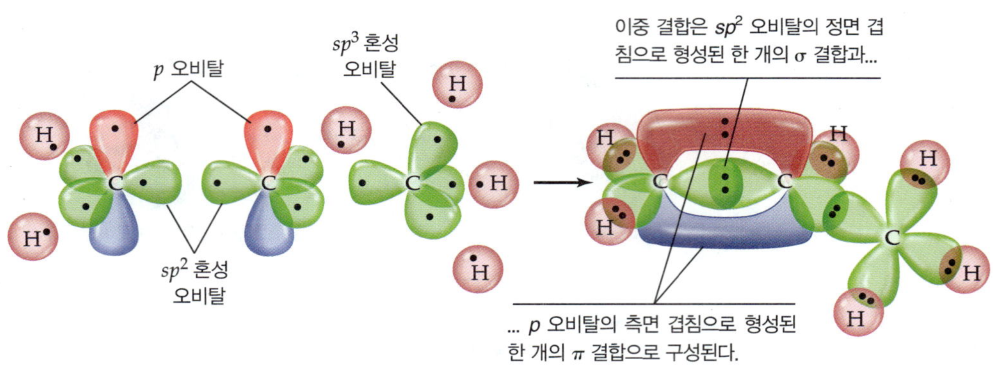

▶ **연습문제 23.11** 폼알데하이드 $O=CH_2$의 오비탈 겹침 그림을 그리시오.

(a) 고립 전자쌍들은 π 결합과 같은 평면에 있는가?

(b) 고립 전자쌍들은 수소 원자와 같은 평면에 있는가?

▶ **응용문제 23.12**

(a) C_2H_2O 화합물의 전자점 구조를 그리시오(탄소 원자들은 연결되어 있다).

(b) 오비탈 겹침 그림을 그리시오.

유기 분자에 *sp* 혼성 원자도 존재하지만, 비교적 드물다. 그러나 sp^2 혼성 원자는 흔하며, 매우 중요하다. π 결합의 오비탈 겹침은 결합 축 주위의 회전을 제한한다. 이는 유기 분자의 구조에 중요한 영향을 미친다. 예를 들면, 2-뷰텐에는 두 개의 기하 이성질체인 **시스-트랜스 이성질체(cis-trans isomers)**가 존재한다. 이것들은 이중 결합에 대한 기하 구조가 서로 다르다. 즉, 시스 이성질체는 두 $-CH_3$기가 이중 결합의 같은 쪽에 있고, 트랜스 이성질체는 두 $-CH_3$ 기가 이중 결합의 반대 쪽에 있다.

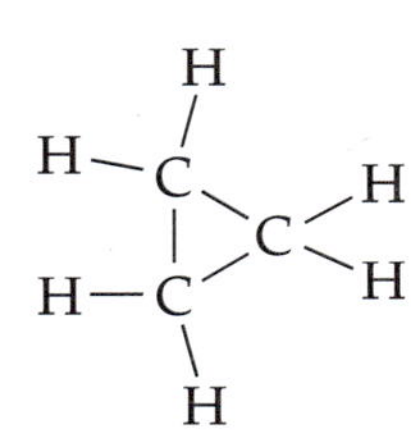

사이클로프로페인

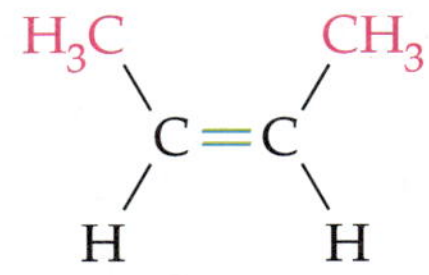

시스-2-뷰텐
(메틸기들이
같은 쪽에 있음)

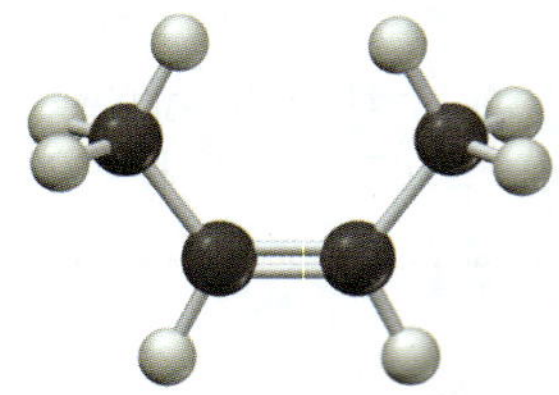

(평면도)

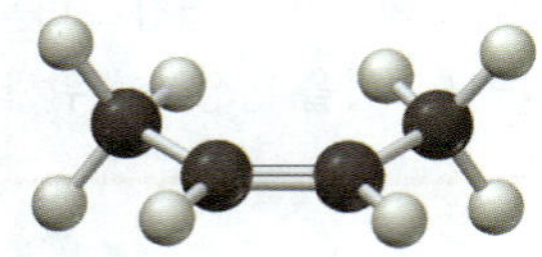

(측면도)

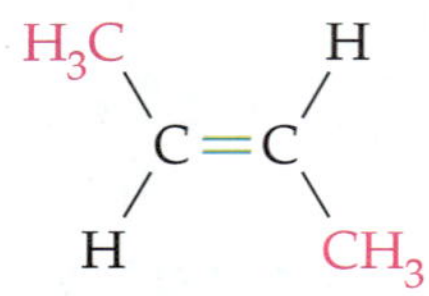

트랜스-2-뷰텐
(메틸기들이
반대쪽에 있음)

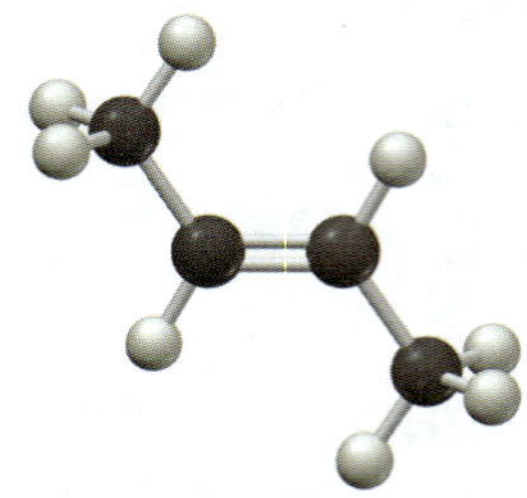

(평면도)

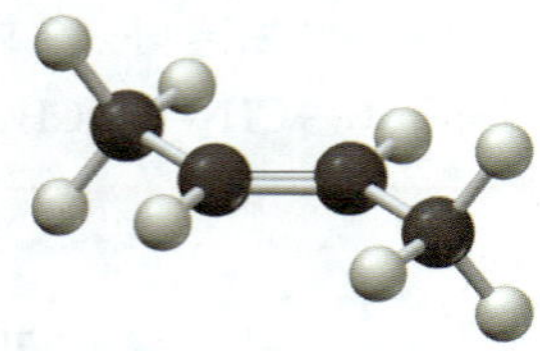

(측면도)

알켄의 시스–트랜스 이성질 현상은 결합 회전을 에너지적으로 불리하게 만드는 이중 결합의 전자 구조 때문에 생겨난다. 회전이 일어나면, 평행한 두 *p* 오비탈의 옆으로 늘어선 겹침을 방해하여 이중 결합의 π 결합이 깨질 것이다(**그림 23.5**). 2-뷰텐의 결합 회전을 일으키는 데는 240 kJ/mol의 에너지가 필요하다.

▶ 그림 23.5
탄소–탄소 이중 결합 주위의 회전

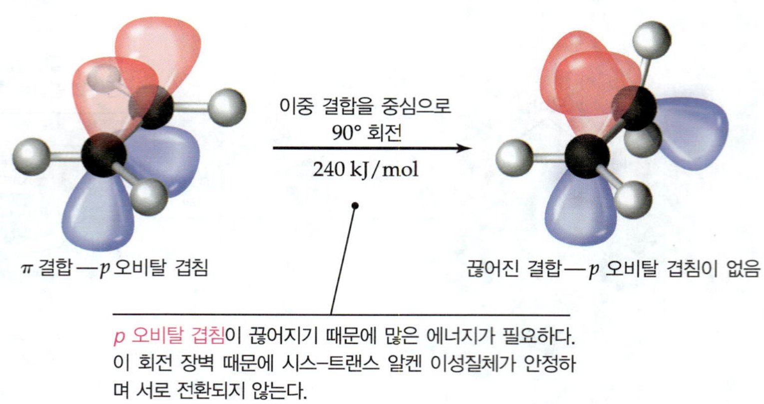

예제 23.7

시스–트랜스 이성질체의 확인과 그리기

다음 (a)~(c) 중 어느 분자가 시스–트랜스 이성질 현상을 나타내는가? 이런 유형의 이성질체를 갖는 분자의 경우, 해당하는 시스나 트랜스 이성질체를 선 구조식으로 나타내시오.

(a)

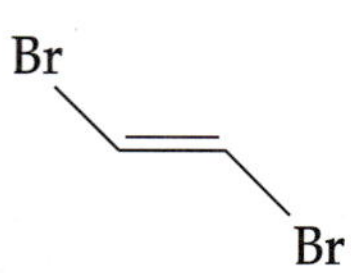

(b)

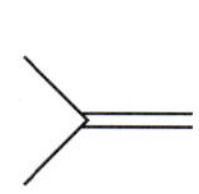

(c)

전략

흔히 선 구조식을 구조식으로 다시 변환하면 구조를 인식하기 더 쉽다. 시스-트랜스 이성질 현상은 이중 결합의 각 탄소 원자에 두 개의 서로 다른 치환기가 결합되었을 때 나타난다.

풀이

(a) 시스-트랜스 이성질체가 존재한다. Br 원자들이 이중 결합의 같은 쪽에 있거나 반대쪽에 있을 수 있기 때문이다.

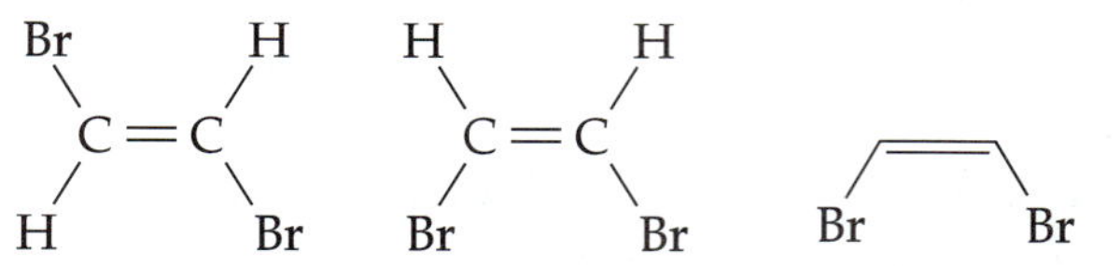

트랜스 시스 시스 이성질체의 선 구조식

(b) 시스-트랜스 이성질체가 존재하지 않는다. 이 구조는 두 개의 $-CH_3$(methyl)기를 같은 탄소에 가지고 있기 때문이다.

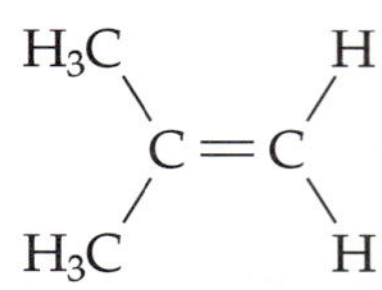

(c) 시스-트랜스 이성질체가 존재한다. 각 탄소 원자에 서로 다른 두 개의 치환기가 결합되어 있기 때문이다.

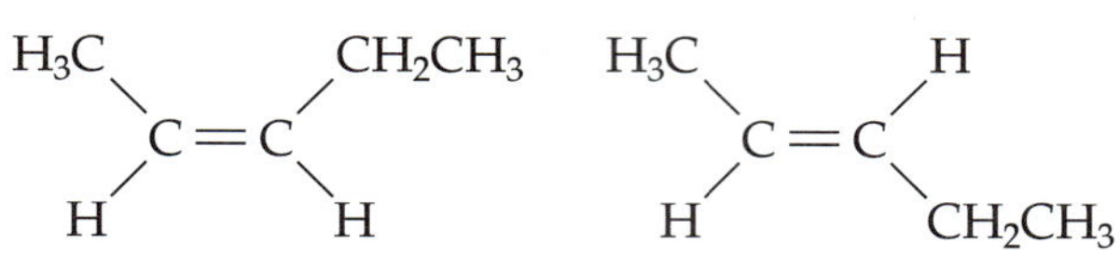

시스 트랜스

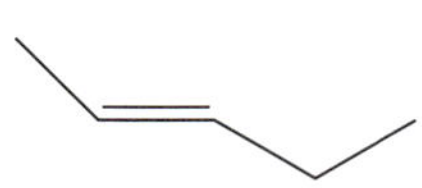

트랜스 이성질체의 선 구조식

▶ **연습문제 23.13** 다음 중 어느 분자가 시스-트랜스 이성질 현상을 보이는가? 이런 이성질체가 존재한다면, 시스나 트랜스 이성질체를 선 구조식으로 나타내시오.

(a) (b) (c)

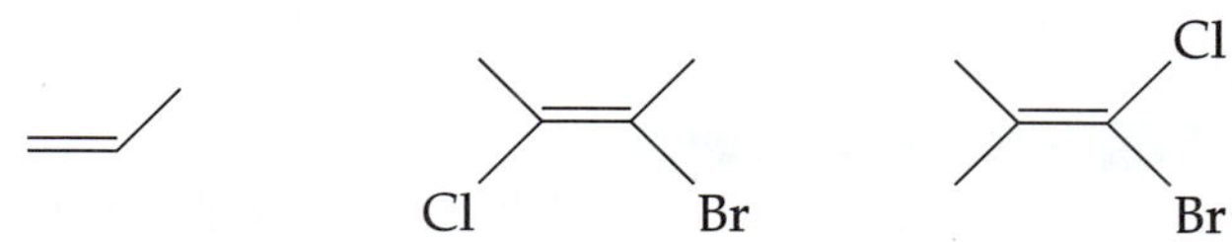

▶ **응용문제 23.14** 크레브스(Krebs) 회로(시트르산 회로)란 탄수화물로부터 에너지를 얻는 대사 경로이다. 그 과정에서 석신산(succinic acid)이 푸마르산(fumaric acid)으로 전환된다.

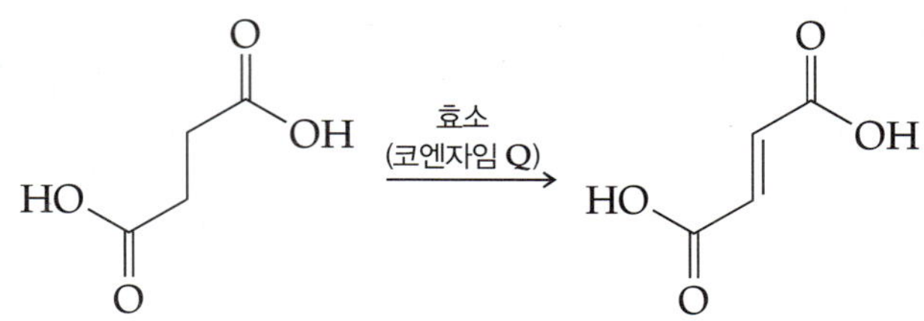

석신산 푸마르산

(a) 푸마르산은 시스인가 트랜스인가?

(b) 푸마르산의 기하 이성질체인 말레산(maleic acid)의 구조를 그리시오.

(c) 석신산은 시스와 트랜스 이성질체를 가지는가? 설명하시오.

23.6 지질: 시스-트랜스 이성질 현상의 생물학적 예

지질은 연료의 공급원, 식물과 곤충의 보호막, 모든 세포를 감싸는 막의 성분으로 쓰이는 등 많은 중요한 생물학적 기능을 가진다. 화학적으로 **지질(lipid)**이란 식물이나 동물 조직의 시료를 으깨거나 갈았을 때, 무극성 유기 용매에 용해되는 유기 분자를 말한다. 지질은 화학적 구조가 아니라 물리적 성질인 용해도에 의하여 정의되기 때문에, 대단히 많은 종류의 지질이 있다는 점은 놀라운 일이 아니다(그림 23.6). 그림 23.6의 모든 지질은 용해도 거동을 설명해 주는 큰 탄화수소 부분을 가지고 있음에 주목하라.

동물성 지방과 식물성 기름은 자연에서 가장 풍부한 지질이다. 이들은 물리적으로 다르게 보이지만, 그 구조는 비슷하다. 버터나 돼지기름 같은 동물성 지방은 실온에서 흔히 고체이고, 옥수수나 땅콩기름 같은 식물성 기름은 액체이다. 모든 지방과 기름은 **지방산(fatty acid)**이라고 부르는 세 개의 긴 사슬 형태의 카복실산과 글리세롤(1,2,3-프로페인트라이올)

▶ 그림 23.6
몇 가지 대표적인 지질의 구조. 모두 식물과 동물 조직을 무극성 용매로 추출하여 분리되었으며, 모두 큰 탄화수소 부분을 가지고 있다.

▶ 확인하기

왜 지질은 무극성 유기 용매에 녹는가?

답 지질은 분자의 대부분이 탄소와 수소만으로 이루어져 있는 무극성 분자이다. 따라서 무극성 용매에 높은 용해도를 보인다. 무극성 용질은 무극성 용매에 녹는다.

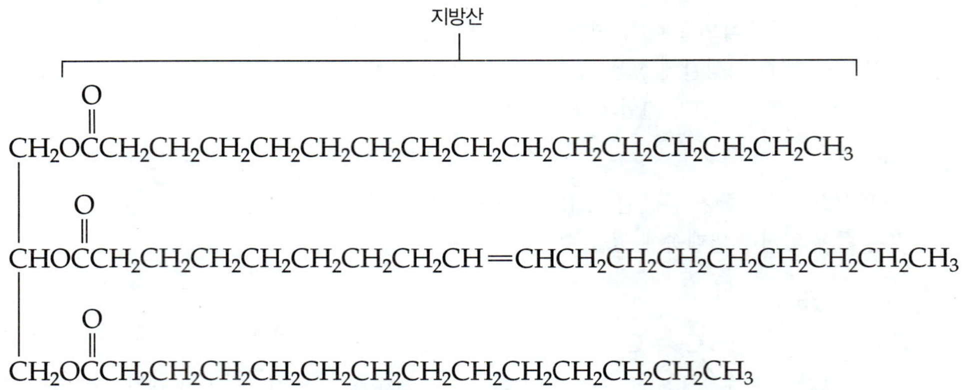

트라이글리세라이드(동물성 지방 또는 식물성 기름)

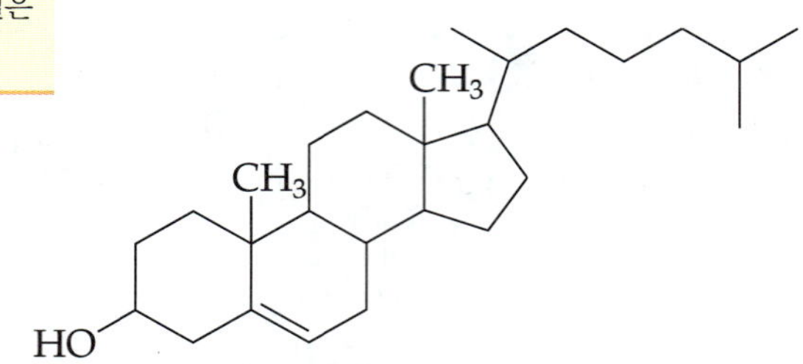

콜레스테롤–스테로이드

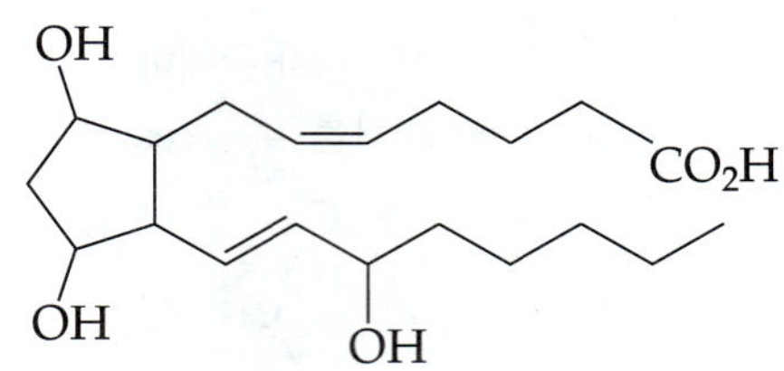

$PGF_{2\alpha}$–프로스타글란딘

표 23.2 몇 가지 흔한 지방산의 구조

이름	탄소의 수	이중 결합의 수	구조
포화			
미리스트산	14	0	$CH_3(CH_2)_{12}CO_2H$
팔미트산	16	0	$CH_3(CH_2)_{14}CO_2H$
스테아르산	18	0	$CH_3(CH_2)_{16}CO_2H$
불포화			
올레산	18	1	$CH_3(CH_2)_7CH{=}CH(CH_2)_7CO_2H$ 시스
리놀레산	18	2	$CH_3(CH_2)_4CH{=}CHCH_2CH{=}CH(CH_2)_7CO_2H$ 모두 시스
리놀렌산	18	3	$CH_3CH_2CH{=}CHCH_2CH{=}CHCH_2CH{=}CH(CH_2)_7CO_2H$ 모두 시스

사이의 트라이에스터(triester)인 **트라이아실글리세롤(triacylglycerol)** 또는 **트라이글리세라이드(triglyceride)**이다. 지방산은 흔히 가지가 없고, 12~22개의 짝수 탄소 원자를 가지고 있다.

그림 23.6의 트라이아실글리세롤 구조에서 알 수 있듯이, 한 분자의 세 지방산이 모두 같을 필요는 없다. 더욱이 한 공급원에서 얻은 지방이나 기름이라도 다양한 트라이아실글리세롤의 복잡한 혼합물이다. 표 23.2은 흔히 볼 수 있는 몇 가지 지방산의 구조를 보여 준다.

가능한 최대의 수소 수를 가진, 알케인 사슬로 이루어져 있는 지방산은 포화되어 있다. 반면에, 이중 결합을 가진 지방산은 탄소당 더 적은 수의 수소 원자를 가지므로 불포화 지방산으로 분류된다. 자연에 존재하는 지방산은 대략 40가지이다. 팔미트산(C_{16})과 스테아르산(C_{18})은 가장 풍부한 포화 지방산(saturated fatty acid)이며, 올레산과 리놀레산(모두 C_{18})은 가장 풍부한 불포화 지방산(unsaturated fatty acid)이다. 올레산은 이중 결합이 하나 밖에 없는 단불포화 지방산(monounsaturated fatty acid)이지만, 리놀레산과 리놀렌산은 탄소–탄소 이중 결합을 하나 이상 가진 **다불포화 지방산**(polyunsaturated fatty acid)이다. 포화 지방이 풍부한 식단은 총 콜레스테롤과 저밀도 지단백(LDL) 콜레스테롤을 높은 수치로 이끌어 동맥경화를 촉진하고, 심장 마비의 위험을 증가시킨다.

동물성 지방과 식물성 기름의 주요 차이점은, 일반적으로 식물성 기름은 동물성 지방보다 불포화 지방산의 비율이 더 높다는 점이다. 이것은 그들의 거시적 성질들을 설명하는 데 유용하다. 왜 실온에서 동물성 기름은 고체인데, 식물성 기름은 액체일까? 이것은 지방에 존재하는 불포화 지방산의 수와 기하 구조를 고려하면 설명할 수 있다. 그림 23.7에서 포화 지방산으로 주로 구성된 지방은 탄화수소 꼬리가 서로 나란히 늘어설 수 있어 **런던 분산력**(**London dispersion force**)이 최대화되는 것을 보여 준다. 개개의 런던 분산 상호 작용은 상대적으로 약하지만, 다수의 상호 작용이 누적되면 지방산 분자들을 서로 강하게 붙잡아서 고체로 만들

기억하기…
런던 분산력이란 분자의 전자 분포가 순간적으로 이동할 때 생기는 일시적 쌍극자로 인해 발생하는 분자 간 힘이다(8.6절).

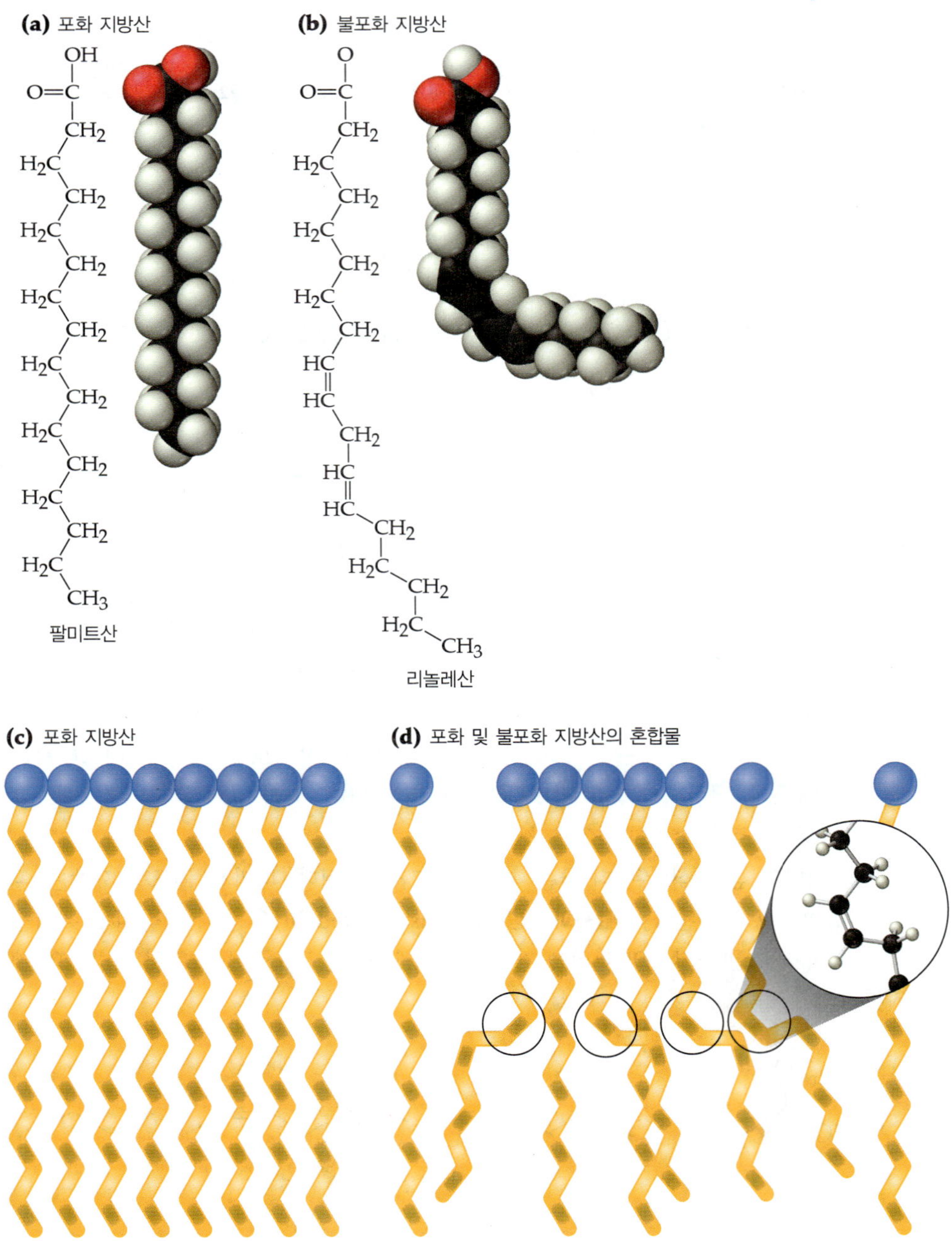

그림 23.7
(a) 포화 지방산인 팔미트산은 곧은 사슬 형태의 탄화수소 꼬리를 보인다. (b) 불포화 지방산인 리놀레산은 탄화수소 꼬리의 이중 결합에서 굴곡이 보인다. (c) 포화 지방산은 서로 단단하게 쌓여 강한 런던 분산력을 유발한다. (d) 시스 배열의 불포화 지방산의 기하 구조는 쌓임을 방해한다.

수 있다. 반면에, 식물성 기름은 시스 배열의 불포화 지방산을 상당히 많이 가지고 있다. 이런 기하 구조는 분자간 힘을 상당히 방해하여 실온에서 기름을 액체로 유지시킨다.

화학 과정을 통해, 자연적으로 존재하는 기름이 다른 성질을 갖게 할 수도 있다. 불포화된 식물성 기름을 마가린이나 조리용 지방에 사용되는 포화 지방산으로 변환할 수 있다. 금속 촉매 존재 하에서 수소를 첨가하는 **수소화 반응(hydrogenation)**이 상업적으로 이용된다(그림 23.8). 조심스럽게 수소화 반응의 정도를 조절하여 최종 생성물은 원하는 점도를 가질 수 있다. 더 많은 시스 이중 결합을 포함하는 스프레드(spread)는 낮은 녹는점을 가진다. 더 많은 포화 지방을 포함하는 스프레드는 더 높은 녹는점을 가지며, 실온에서 더 단단하다. 예를 들면, 마가린은 출발 물질인 식물성 기름에 존재하는 이중 결합이 3분의 2 정도만을 수소화하여 생산한다.

▶ 그림 23.8
금속 촉매 하에서 지방산의 수소화 반응

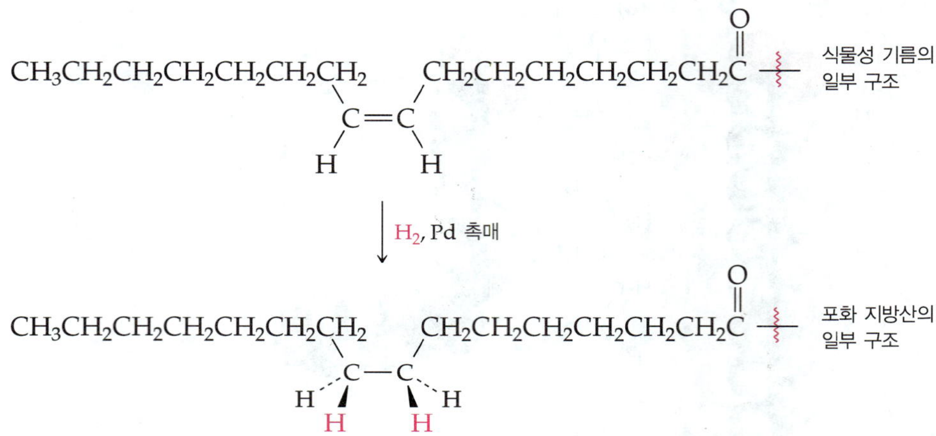

▲ 식물성 기름은 더 많은 불포화 지방산을 가지며, 포화 지방산으로 구성된 버터보다 녹는점이 낮다.

부분적으로 수소화된 지방은 부패하는 데 더 많은 시간이 걸린다. 불포화 지방산은 산소와 반응하기가 더 쉽기 때문이다. 냉장고가 없던 시대에는 귀중한 낙농 제품을 더 오래 보관할 수 있기 때문에 이것이 더 중요하였다. 그러나 불리한 면도 존재한다. 수소화 과정의 부반응으로서 이중 결합을 이성질화시킬 수 있다. 따라서 마가린에 남아 있는 시스 이중 결합의 일부분이 트랜스 이중 결합으로 변환된다. 이러한 '트랜스 지방(trans fat)'이 포함된 식단은 혈관에서 지방 플라그의 축적에 원인이 되는 저밀도 지단백(LDL) 또는 '나쁜' 콜레스테롤의 수준을 높이기 때문에, 심장병의 높은 발병률과 관련되어 있다. 따라서 화학자들은 트랜스 지방을 형성하지 않는 새로운 수소화 과정을 찾고 있다.

불포화 지방이 높은 식단은 더 좋은 심장 건강과 연관된다. 따라서 불포화 지방은 흔히 '건강한' 지방이라고 생각된다. **다불포화 지방(polyunsaturated fat)**은 하나 이상의 π 결합을 가진 지방이며, 추가적인 건강상의 이점을 가진 것으로 보인다. 고도로 불포화된 지방산의 예는 아라키돈산이다.

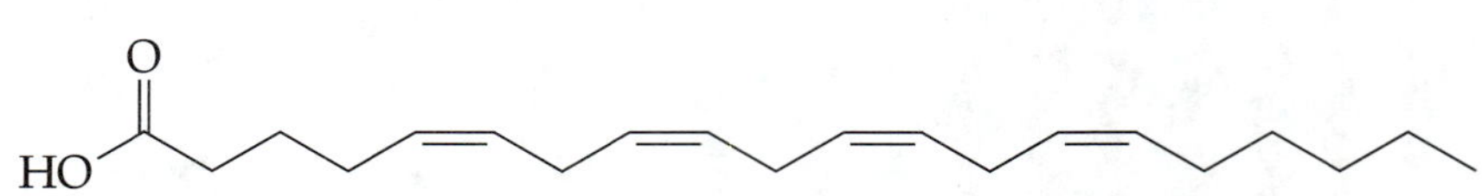

아라키돈산

개념탐구 질문 3

지방산에서 이중 결합 주위의 배열을 시스나 트랜스로 표시하시오

(a) 엘라이드산($C_{18}H_{34}O_2$)

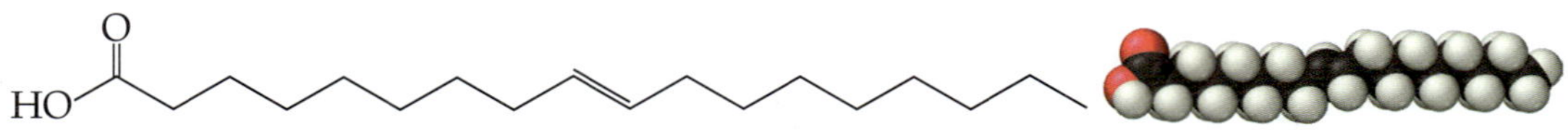

(b) 올레산($C_{18}H_{34}O_2$)

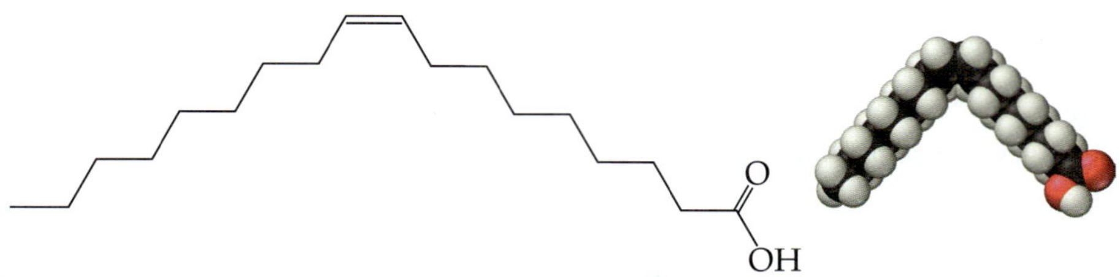

23.7 유기 화합물의 형식 전하와 공명

유기 화합물의 **형식 전하**(**formal charge**)와 **공명**(**resonance**)은 구조와 반응성을 이해하는 데 중요한 역할을 한다. 올바른 해석을 위해서는 선 구조식에 반드시 형식 전하를 표시해야 한다. 형식 전하를 표시하지 않은 구조식은 부정확한 것이다. 대부분의 유기 반응은 형식 전하에 의해서 흔히 표시되는, 전자 밀도의 높고 낮은 지역들 사이에서 발생한다. 예제 23.8은 유기 분자의 선 구조식에서 형식 전하를 계산하고 나타내는 방법을 보여 준다.

기억하기…
형식 전하는 전자점 구조에서 고립된 원자의 원자가전자 수에서 원자에 따라 정해진 원자가전자의 수를 뺀 것이다(7.10절).

기억하기…
물질의 서로 다른 **공명** 형태는 결합 전자와 비결합 전자의 위치에서만 차이가 생긴다. 원자 사이의 연결과 원자의 상대적 위치는 그대로 유지된다(7.9절).

예제 23.8

유기 분자의 형식 전하 계산

다음 전자점 구조의 선 구조식을 그리고, 0이 아닌 형식 전하를 원자에 표시하시오. (주의: 비어 있는 오비탈로 인해 전자가 부족한 탄소 원자를 가진 공명 구조를 그릴 수 있다. 그러나 탄소는 결코 팔전자를 넘지 않는다.)

(a)

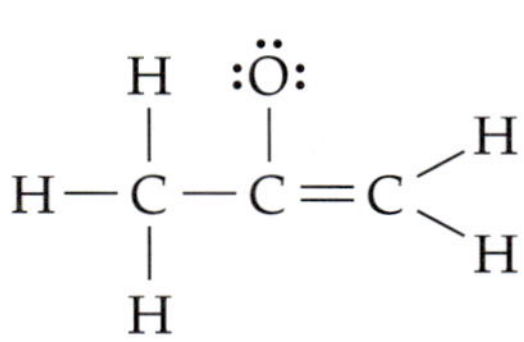

(b)

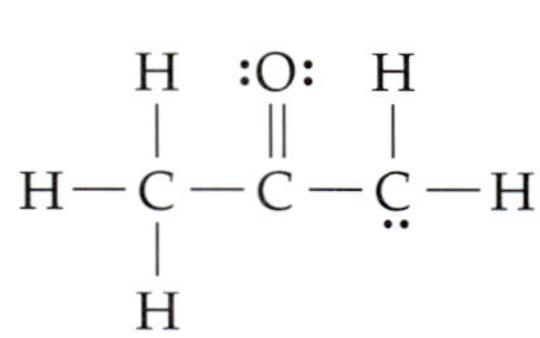

(c)

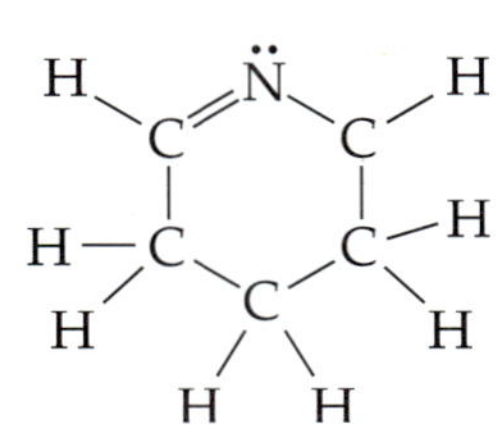

전략

단계 1. 7.10절에 주어진 형식 전하 계산식을 각 구조의 탄소 원자와 산소 원자에 적용한다.

$$\text{형식 전하} = (\text{자유 원자의 원자가전자 수}) - \frac{1}{2}(\text{결합 전자 수}) - (\text{비결합 전자 수})$$

(a)

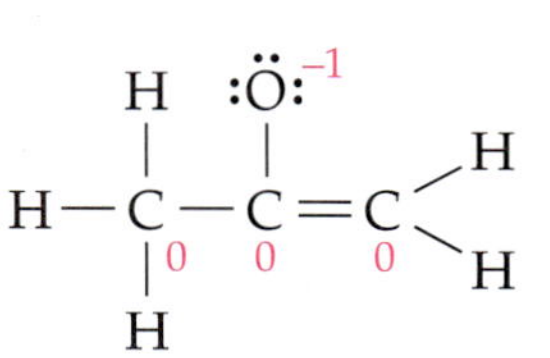

(b)

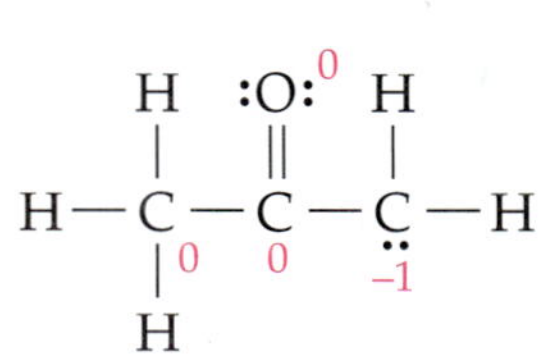

(c)

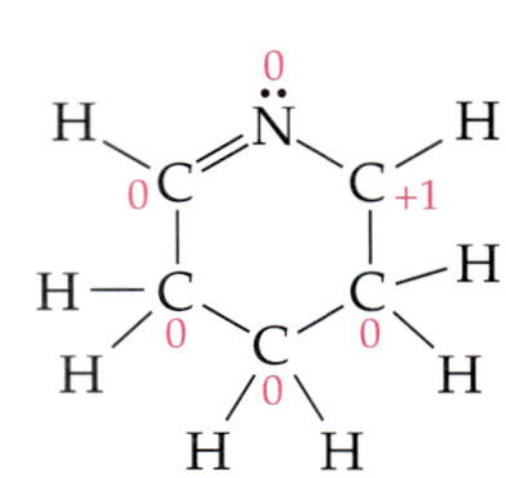

단계 2. 탄소–탄소 결합을 선으로 나타내어 전자점 구조를 선 구조식으로 변환한다. 수소 원자와 고립 전자쌍은 표시하지 않는다. 선 구조식의 원자들에 0이 아닌 형식 전하를 모두 나타내도록 한다.

풀이

(a)

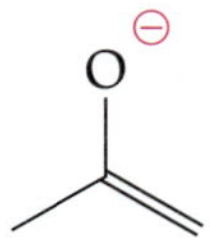

(b)

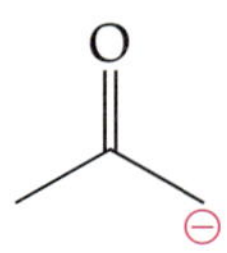

(c)

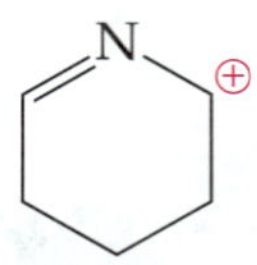

연습문제 23.15 다음 전자점 구조의 선 구조식을 그리고, 원자에 0이 아닌 형식 전하를 모두 표시하시오.

(a)

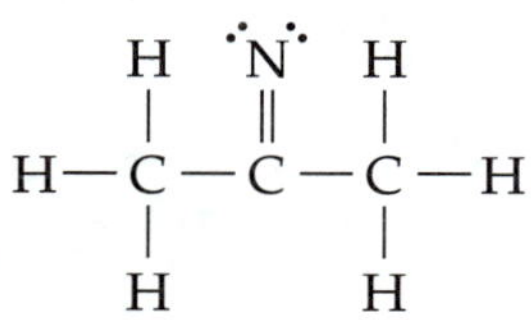

(b)

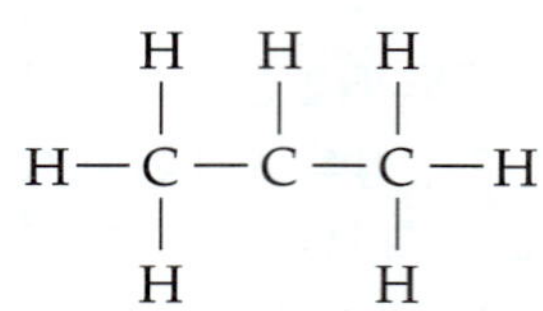

(c)

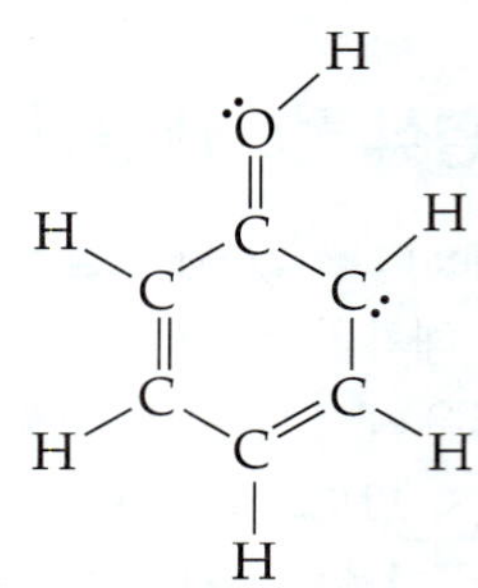

응용문제 23.16 선 구조식에 고립 전자쌍과 수소 원자를 더하여 완전한 전자점 구조를 그리시오.

(a)

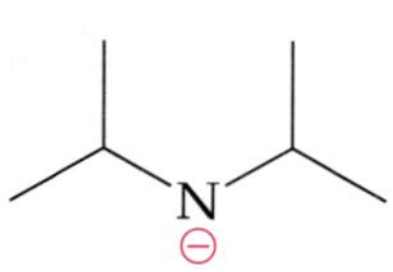

(b)

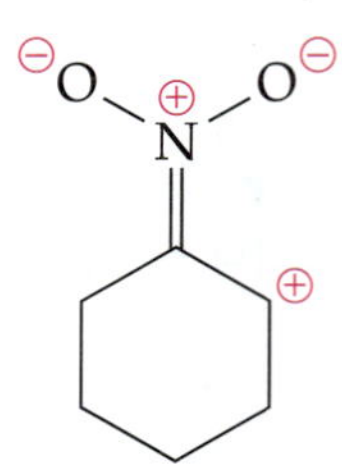

(c)

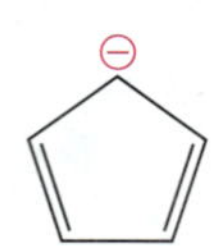

공명 이론은 오존과 같은 작은 무기 분자와 마찬가지로, 커다란 유기 분자에서도 결합 길이와 세기에 대한 실험적 관측을 설명한다(7.9절). 전자 밀도가 높고 낮은 곳과 안정성을 예측하여, 화합물이 어떻게 반응하는지 설명하는 데도 도움이 된다. 벤젠 C_6H_6은 유기 화합물의 공명에 관한 대표적인 예이다. 벤젠은 런던의 가로등에 쓰였던 기름 잔여물로부터 1825년에 처음 분리되었다. 현재는 의약품, 플라스틱, 세제, 농약을 생산하는 데 사용하는 중요한 산업적 화학 물질이다. 벤젠 C_6H_6은 단일 결합과 이중 결합이 교대로 구성된 6개의 탄소 원자 고리이다.

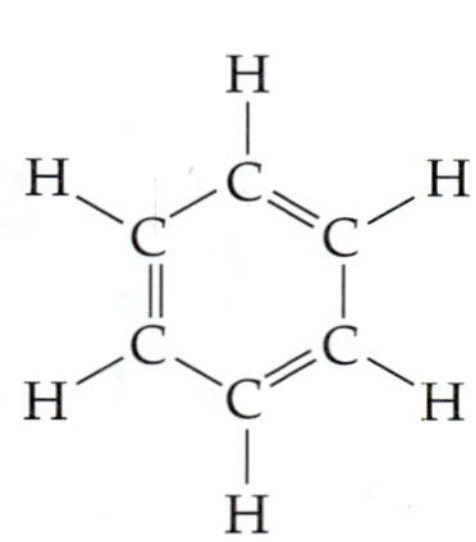

구조식

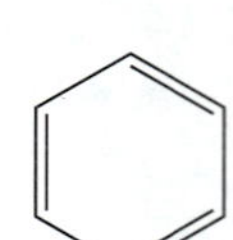

선 구조식

그림 23.9는 벤젠에 대하여 그릴 수 있는 두 개의 공명 구조를 보여 준다. 굽은 화살표는 한 형태에서 다른 형태로 상호 전환을 보여 준다. 벤젠의 공명 혼성은 기여하는 두 개의 공명 구조의 혼합을 나타내기 위해, 일반적으로 중심에 원을 가진 육각형의 고리로 표현된다. 원은 이중 결합의 전자들이 고리의 6개의 탄소 원자 모두에 분포, 즉 비편재화되어 있음을 나타낸다. 전자의 비편재화는 더 넓은 부피에 걸쳐 전자 밀도를 확산시켜 전자–전자 반발을 줄이고, 분자를 안정화한다. 공명 혼성은 두 공명 구조의 **평균**이라 생각할 수 있다. 그 결과 탄소–탄소 결합은 단일 결합과 이중 결합의 사이에 있게 된다. 벤젠의 구조에 대한 실험적인 결정을 통해, 139 pm의 결합 길이를 가지는 6개의 동등한 탄소–탄소 결합을 확인하였다. 이 값은 C—C 단일 결합(154 pm)과 C=C 이중 결합(134 pm) 사이에 있다. 정전기 퍼텐셜 지도는 전자 밀도가 탄소 원자 고리의 전체에 걸쳐 고르게 퍼져 있음을 보여 준다.

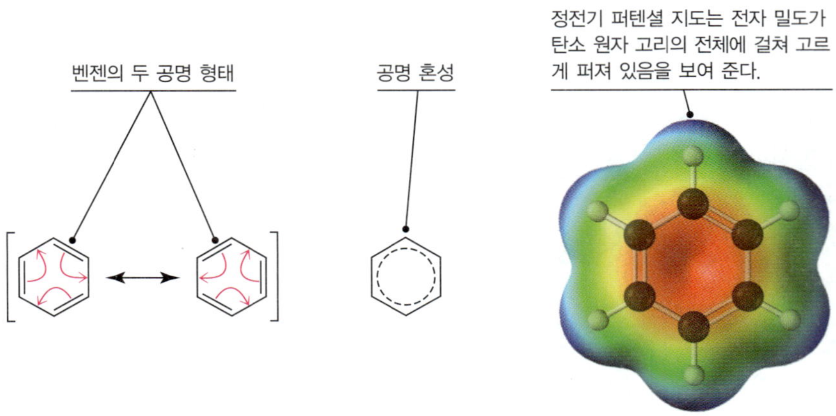

◀ **그림 23.9**
벤젠의 공명 구조

유기 분자의 공명 구조를 그릴 수 있는 일반적인 유형을 인지하는 것은 매우 유용하다. 아래에 세 가지 중요한 유형을 요약하였다.

1. 첫 번째 유형은 π 결합으로부터 σ 결합 하나의 거리에 있는 원자가 고립 전자쌍을 가질 때 발생한다. 오존 분자(7.9절)가 이런 유형의 예이며, 공명 구조는 아래와 같다.

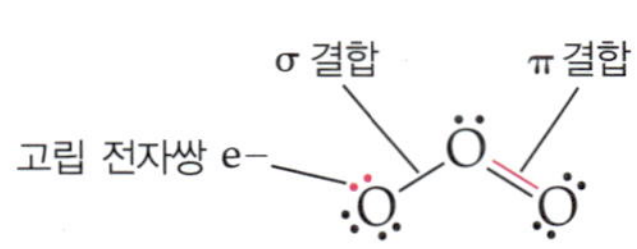

오존

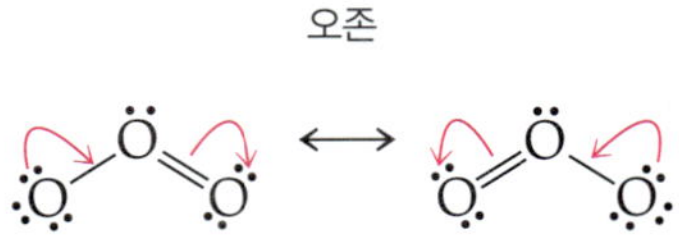

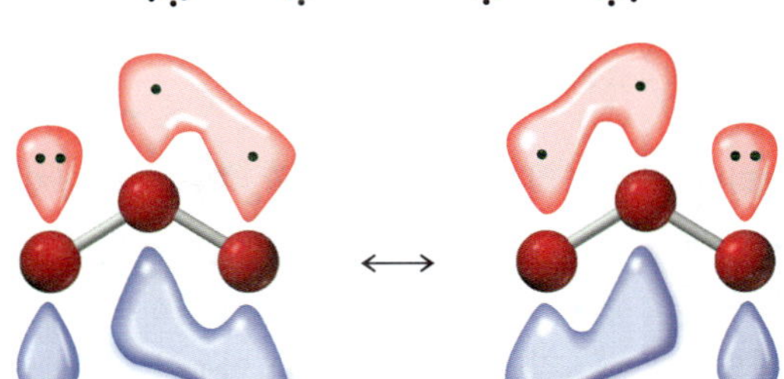

오존과 같은 공명의 유형을 보이는 유기 분자의 예는 다음과 같다.

개념탐구 질문 4

다음 화합물의 공명 구조를 그릴 수 있는가? 그렇다면 공명 구조를 그리시오.

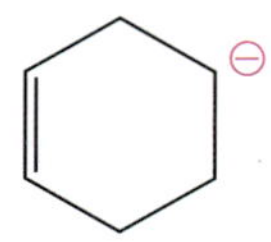

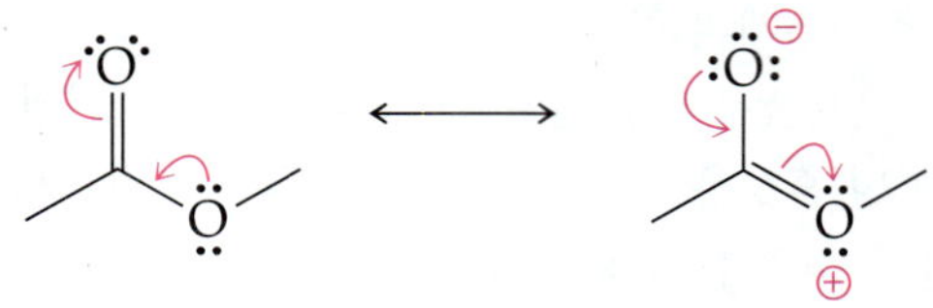

2. 두 번째 유형은 C=O 결합과 같이 극성 π 결합을 가질 때 발생한다. 이 유형에서 π 결합은 전기 음성도가 큰 산소 원자의 고립 전자쌍으로 다시 쓰여질 수 있다.

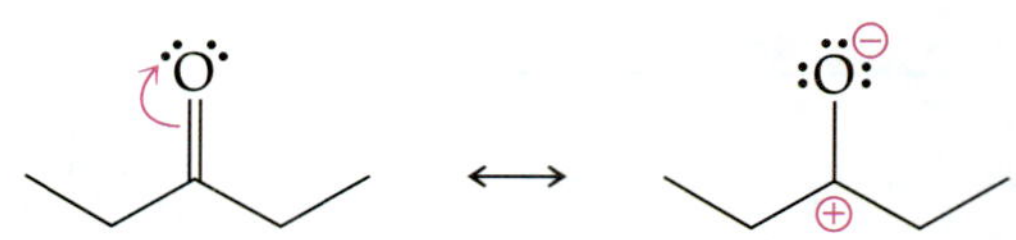

3. 세 번째 유형은 π 결합으로부터 σ 결합 하나의 거리에 있는 탄소 원자가 양의 형식 전하를 가질 때 발생한다.

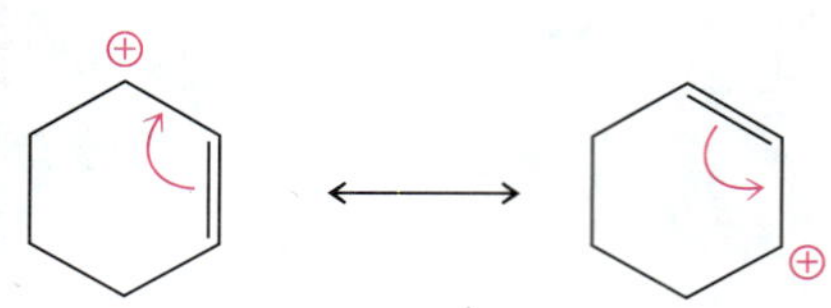

예제 23.9

유기 분자의 공명 구조 그리기

아래의 굽은 화살표의 결과로 생성되는 전자점 구조를 그리시오. 옳지 않은 구조가 생긴다면, 그 이유를 설명하시오. 옳은 구조의 선 구조식을 그리고, 형식 전하에 근거하여 어느 공명 구조가 더 바람직한지 나타내시오.

(a)

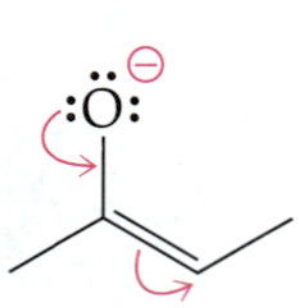

(b)

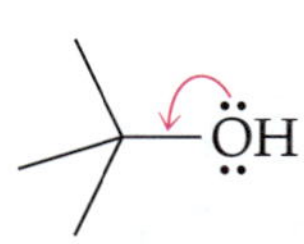

(c)

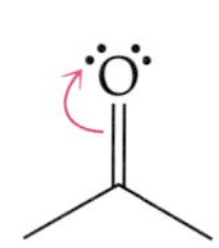

(d)

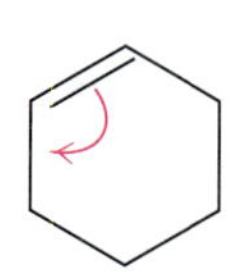

전략

수소 원자와 고립 전자쌍을 넣어 완전한 전자점 구조를 그린다. 다음으로, 굽은 화살표에 표시된 대로 전자를 재배열하고, 팔전자 규칙을 벗어나지 않는지 확인한다. 형식 전하를 표시하고, 아래에 요약한 것과 같은 기준(7.10절)에 근거하여 가장 바람직한 구조를 찾아낸다.

- 더 작은 형식 전하(양전하든지 음전하든지)가 큰 것보다 선호된다. −1보다는 0이 선호되며, −2보다는 −1이 선호된다.
- 음의 형식 전하는 전기 음성도가 더 큰 원자에 놓여야 한다.
- 같은 종류의 전하가 이웃한 원자에 있어서는 안 된다.

풀이

(a) 음의 형식 전하가 전기 음성도가 더 큰 산소에 있으므로 왼쪽의 공명 구조가 더 바람직하다.

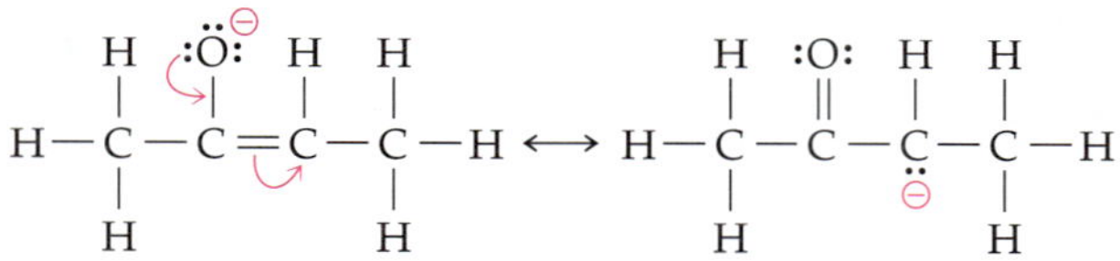

(b) 화살표가 지시하는 전자 재배열의 결과, 탄소가 5개의 결합을 가진 옳지 않은 전자점 구조가 그려진다.

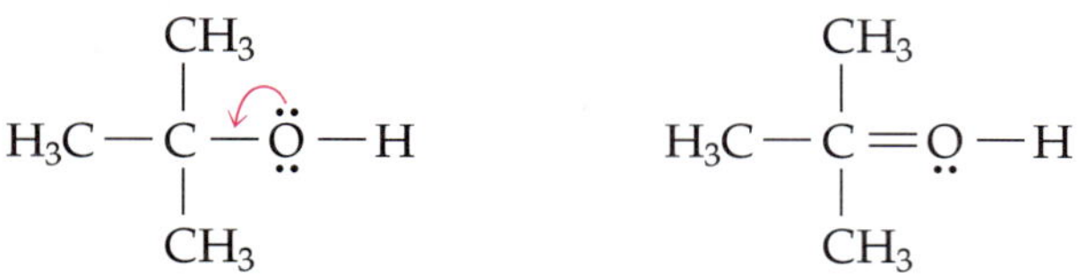

탄소는 확장된 팔전자계를 가질 수 없으므로 틀린 전자점 구조이다.

(c) 모든 원자의 형식 전하가 0이므로 왼쪽이 더 바람직하다. +와 −전하를 분리하려면 에너지가 필요하므로, 형식 전하를 가지지 않는 구조가 형식 전하를 가진 구조보다 낮은 에너지를 가질 것이다.

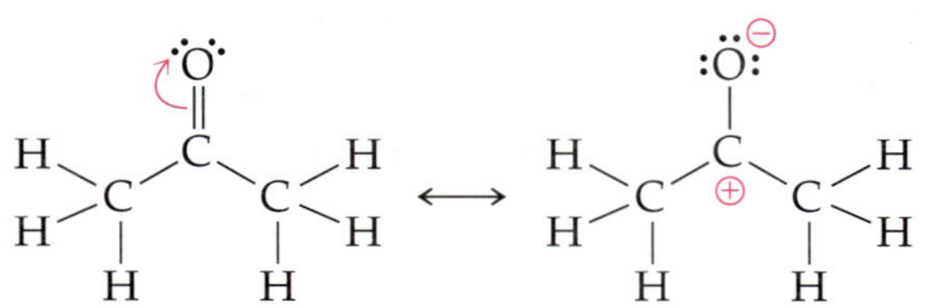

(d) 화살표가 지시하는 전자 재배열의 결과, 탄소가 5개의 결합을 가진 옳지 않은 전자점 구조가 그려진다.

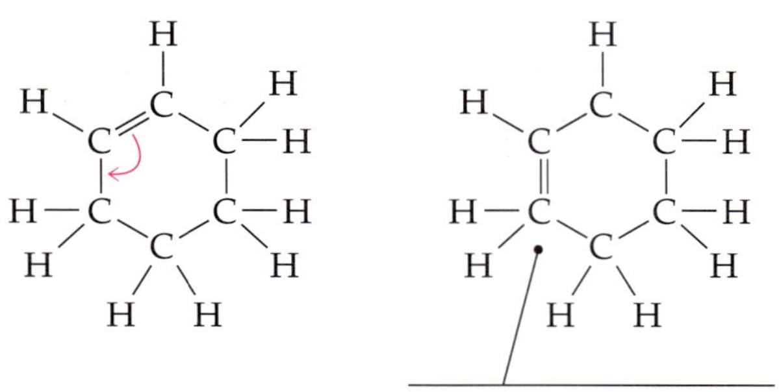

탄소는 확장된 팔전자 계를 가질 수 없으므로 이 구조는 틀렸다.

▶ **연습문제 23.17** 화살표가 나타내는 전자 재배열에서 생기는 새로운 전자점 구조가 옳은지 결정하시오. 옳지 않은 구조가 생긴다면, 그 이유를 설명하시오. 옳은 구조에 대하여 공명 구조의 선 구조식을 그리시오. 형식 전하에 근거하여, 어느 공명 구조가 더 바람직한지를 나타내시오.

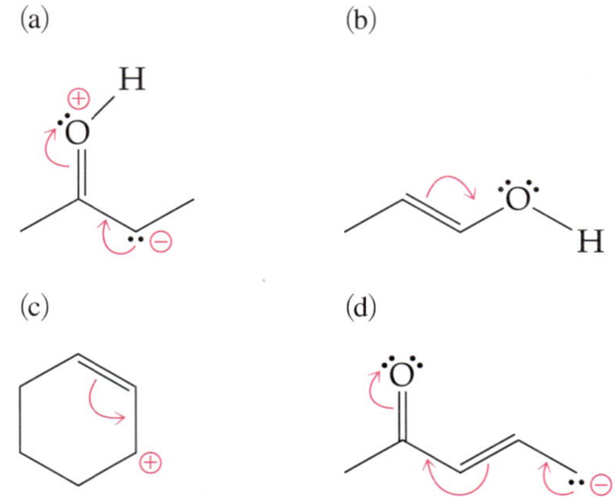

▶ **응용문제 23.18**

(a) DNA의 구성 요소인 사이토신의 선 구조식에 수소 원자와 고립 전자쌍을 넣어, 완전한 전자점 구조를 그리시오.

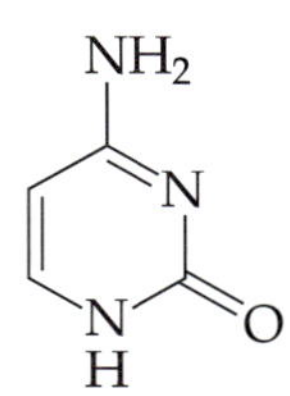

(b) (a)에서 그린 전자점 구조에 굽은 화살표를 그려서, 다음의 공명 구조를 만드시오.

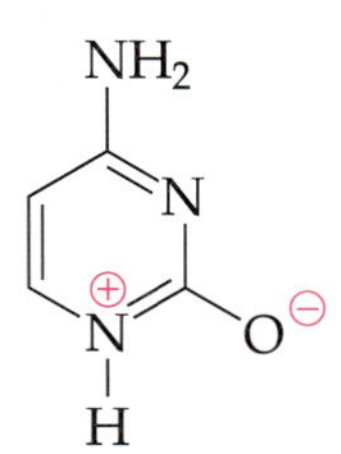

23.8 콘쥬게이션 계

선 구조식과 오비탈 겹침 그림을 이용하면, 유기 분자 결합의 매우 훌륭한 그림을 얻을 수 있다. 오비탈 겹침 그림은 분자 내 전자의 위치를 보여 주는 데 반하여, 선 구조식은 간단하다는 이점이 있다. π 결합을 가진 분자를 고려할 경우, 때로는 두 가지 접근 방법을 혼용하는 것이

유익하다. π 결합의 전자는 두 핵 사이에 정확히 놓여 있지 않으므로 σ 결합의 전자보다 높은 반응성을 보인다. 유용하면서 최대한 간단한 그림을 그리기 위해서 때때로 구조상의 σ 결합을 선 구조식으로, p 오비탈은 sp^2 혼성 원자들 위로 겹쳐지게 그린다. 장미와 시트로넬라 기름의 주성분인 제라니올(geraniol)을 예로 들어 보자. 이 분자의 완전한 오비탈 겹침 그림을 그리기는 매우 어렵겠지만, **그림 23.10**과 같이 p 오비탈 겹침을 강조한 그림을 그릴 수 있다.

▶ 그림 23.10
제라니올의 π 결합성 오비탈 겹침을 단순화한 그림

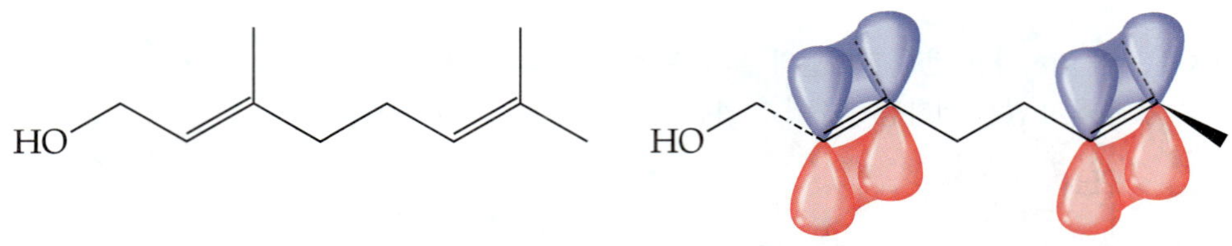

이와 같은 그림은 제라니알 같은 분자를 이해하는 데 더 유용하다. 제라니알(geranial)은 제라니올과 밀접한 관련이 있으며 강한 레몬 냄새를 가진 분자이다(**그림 23.11**). 제라니알은 두 개 이상의 p 오비탈이 서로 이웃하는 파이(π) 계를 포함한다. 제라니알에는 네 개의 sp^2 혼성 원자가 잇달아 있다. π 계의 두 π 결합은 독립적이지 않으며, 네 개의 원자 전체에 걸쳐 전자가 비편재화된다.

다음의 p 오비탈 그림을 살펴봄으로써 π 계를 설명될 수 있다. 선 구조식은 하나의 C=O π 결합과 하나의 C=C π 결합으로 구별된 2개의 π 결합을 보여 주지만, 오비탈 그림은 네 개의 p 오비탈 사이에 약간의 겹침이 있다는 것을 분명하게 보여 준다. 네 개의 원자들은 오비탈의 관점에서는 모두 '서로 이어져' 있다. **콘쥬게이션 계(conjugation system)**는 단일 결합과 다중 결합이 교대로 존재하는 화합물에서 p 오비탈이 연결될 때 발견된다. 두 개의 π 결합이 하나의 σ 결합에 의해 분리된 경우를 콘쥬게이션되었다고 한다.

▶ 그림 23.11
제라니알 분자의 콘쥬게이션된 π 결합과 고립된 π 결합

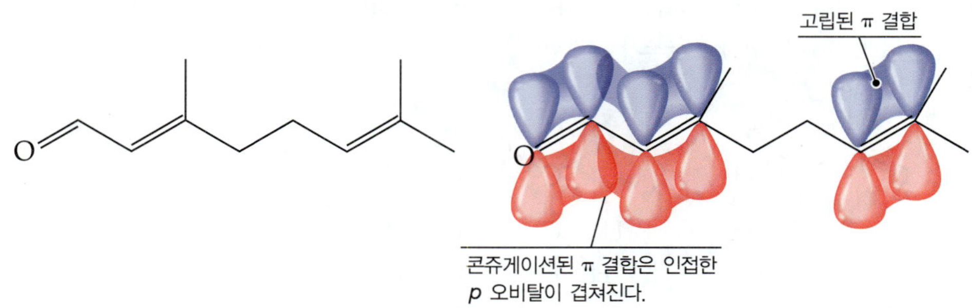

예제 23.10

π 계의 간단한 오비탈 겹침 그림 그리기

바이타민 A의 간단한 오비탈 겹침 그림을 그리고, 콘쥬게이션 계를 이룬 원자들을 확인하시오.

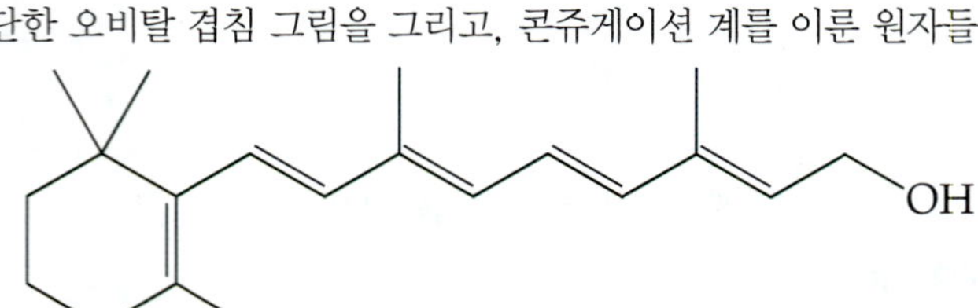

전략

바이타민 A의 선 구조식에 π 결합의 p 오비탈을 서로 겹친다. 서로 겹치는 p 오비탈을 가진 원자들을 모두 찾아서 콘쥬게이션을 확인한다.

풀이

바이타민 A는 하나의 π 계에 10 개의 탄소 원자를 가진다. 10 개의 모든 탄소 원자들은 콘쥬게이션되어 있다.

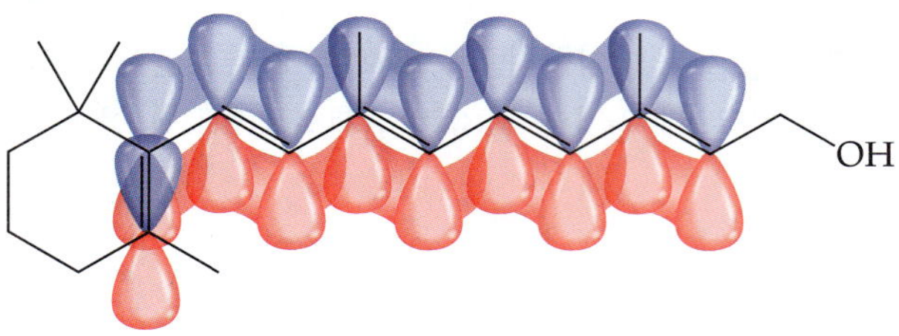

▶ **연습문제 23.19** 향수의 성분인 베타-베티본(beta-vetivone)의 간단한 오비탈 겹침 그림을 그리시오. 숫자가 쓰인 π 결합들이 콘쥬게이션인지 비콘쥬게이션인지 표시하시오.

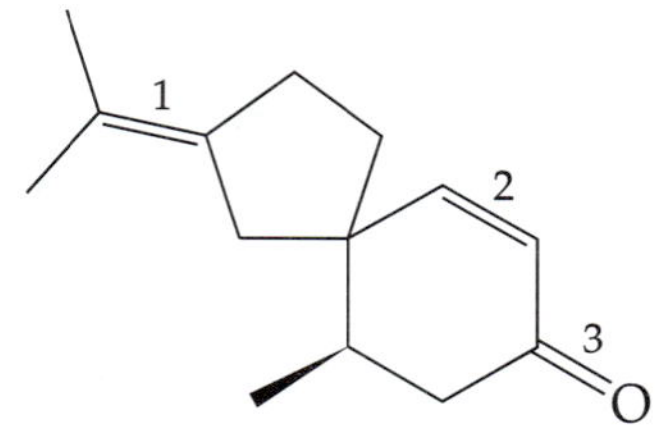

▶ **응용문제 23.20** 아래 분자에서 삼중 결합은 이웃한 이중 결합과 콘쥬게이션된 한 개의 π 결합과 콘쥬게이션되지 않은 한 개의 π 결합을 가진다. 간단한 오비탈 겹침 그림을 그리고, 왜 삼중 결합의 한 π 결합의 전자는 비편재화되고, 다른 하나의 π 결합의 전자는 그렇지 않은지 설명하시오. (각 원자의 혼성을 표시하였다.)

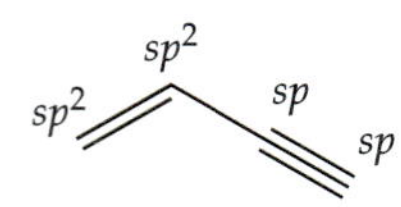

콘쥬게이션과 공명

선 구조식에서는 전자들은 두 원자 사이의 결합에 국한된 것으로 보인다. 그러나 콘쥬게이션 계에 있는 전자들은 **비편재화되어(delocalized)** 있거나 분자 내의 하나 혹은 둘 이상의 원자들과 연관되어 있다고 더 잘 묘사할 수 있다. 우리는 이미 8.7절과 8.8절에서 비편재화에 대한 좋은 설명을 제공하는 **분자 오비탈(molecular orbital, MO)**을 배웠으며, 23.10절에서는 이 개념에 대해 더 살펴볼 것이다. 우선은 원자가 결합 이론의 개념을 확장하여 비편재화를 설명할 수 있다.

기억하기…
분자 오비탈(MO)은 파동 함수이며, 그 제곱은 전체 분자에 걸쳐서 펼쳐진 공간 지역에서 전자를 발견할 수 있는 확률을 나타낸다(8.7절).

콘쥬게이션의 가장 유용한 측면 중 하나는, 공명 개념의 구조적 근거를 제공해 줄 수 있다는 점이다. 폼아마이드 분자를 생각해 보자.

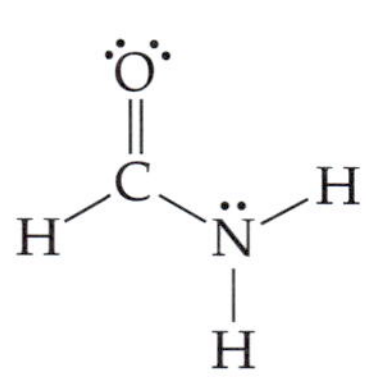

23.7절에서 π 결합으로부터 하나의 σ 결합 거리에 있는 원자에 고립 전자쌍이 있는 유형을 인지하여 공명 구조를 그리는 법을 배웠다. 두 구조를 혼합한 것이 공명 혼성 구조이다. 이 구조는 각각의 공명 구조 그 자체보다 전자의 분포를 더 잘 나타낸다.

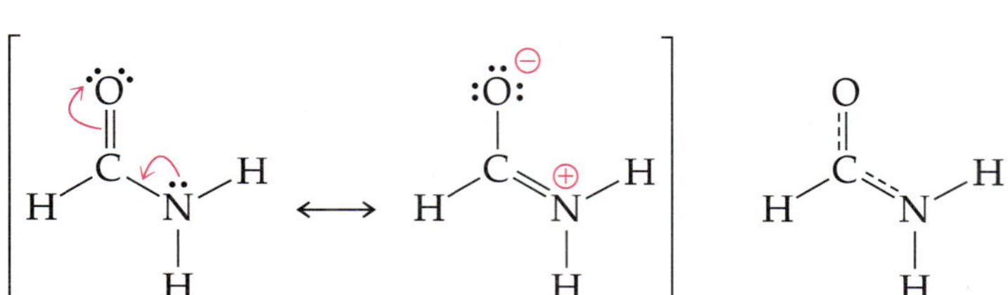

그렇다면 분자의 실제 구조는 무엇일까? 공명 이론에 따르면, 이중 결합은 C=O와 C=N 사이에서 오가는 것이 아니라 항상 양쪽에 모두 존재한다. 이것이 어떻게 가능할까? 이것은 탄소, 질소, 산소 원자가 모두 sp^2 혼성이고, p 오비탈이 콘쥬게이션되어 있기 때문에 가능하다. 폼아마이드의 간단한 오비탈 그림은 σ 결합의 편재화된 전자와 π 결합의 비편재화된 전자들을 보여 준다.

세 오비탈이 모두 겹쳐지면 세 p 오비탈 모두를 가로지르는 결합이 가능하다. 간단한 전자점 구조는 전자들이 별개의 π 결합과 별개의 고립 전자쌍으로 존재하는 것을 암시하지만, 콘쥬게이션 그림은 공명 개념을 지지하여 네 개의 모든 전자들이 세 개의 원자들 전체에 걸쳐 분산되어 있음을 보여 주고, 공명 개념을 뒷받침한다. 공명 이론에 따르면 질소에는 고립 전자쌍이 없다. 오히려 이 고립 전자쌍은 세 원자에 걸쳐 비편재화됨으로써 **공명 안정화**(resonance stabilized)된다.

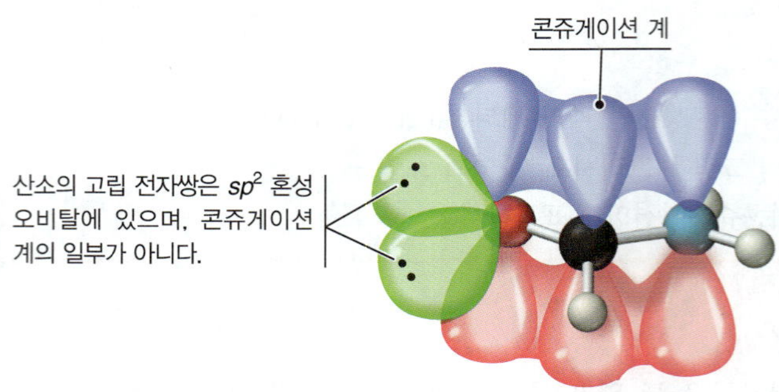

폼아마이드의 콘쥬게이션 계

개념탐구 질문 5

아래 분자에서 얼마나 많은 전자들이 비편재화되어 있는가?

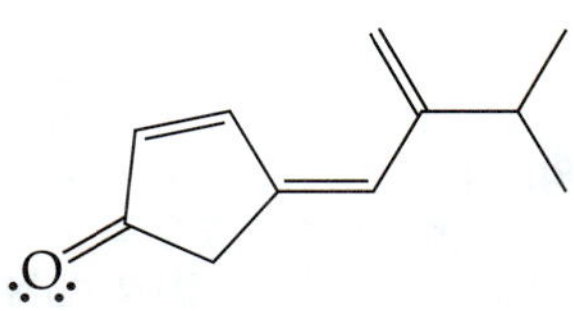

간단한 오비탈 겹침 그림은 공명 혼성에 있는 이중 결합의 구조에 대해서도 설명해 준다. 혼성 모형은 탄소와 산소 원자뿐 아니라 탄소와 질소 원자 사이의 이중 결합성을 암시한다. 반대로, 산소의 고립 전자쌍은 sp^2 혼성 오비탈을 점유하고 있으므로 한 원자에 편재화되어 있다.

콘쥬게이션과 혼성화

원자가 결합 이론의 중요한 원리는 혼성을 취한다는 것이다. 그래야 원자들의 전체 에너지를 낮춤으로써 분자를 가장 안정하게 만들 수 있다. 분자의 가장 안정한 구조 그림을 만들기 위해 다음의 두 가지 원리를 기억하라.

1. **콘쥬게이션은 대단히 안정하므로 항상 분자 내에서 콘쥬게이션 계를 먼저 찾아라.** 콘쥬게이션 계는 공명 구조의 특징과 같은 경향을 가진다. 즉, π 결합에서 하나의 σ 결합 거리에 있는 원자의 고립 전자쌍, 하나의 σ 결합을 사이에 두고 떨어져 있는 두 개의 π 결합, 혹은 π 결합에서 하나의 σ 결합 거리에 있는 원자의 양의 형식 전하이다. 콘쥬게이션 계에 포함되어 있는 원자들이 콘쥬게이션을 위한 p 오비탈을 갖기 위해서는 반드시 sp 혹은 sp^2 혼성이어야 한다는 것을 명심하라.
2. **콘쥬게이션에 참여하지 않는 원자는 VSEPR 모형에 따라 안정한 혼성을 취할 것이다.** 콘쥬게이션 계에 참여하지 않는 전자들은 최대한 서로 밀어 내려는 경향이 있다.

기억하기…

VSEPR(원자가 껍질 전자쌍 반발) 모형은 결합과 고립 전자쌍의 전자들이 전하 구름으로써 서로 반발하여 분자가 특정한 모양을 가진다고 생각한다(8.1절).

예제 23.11

π 결합을 가진 유기 분자에서 원자의 혼성 결정

폼산 이온은 개미가 물었을 때 따가운 원인이 되는 화합물이다. 폼산 이온에서 각 원자의 혼성을 결정하고, 적절한 오비탈에 위치한 고립 전자쌍을 포함하는 폼산 이온의 간단한 오비탈 겹침 그림을 그리시오.

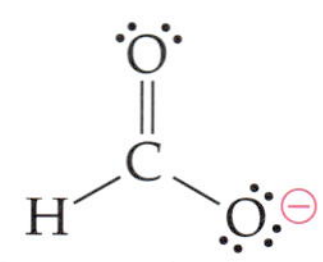

전략

먼저 콘쥬게이션을 찾아 각 원자의 혼성을 결정하고, 필요하면 VSEPR을 이용한다. 다음으로 오비탈 겹침 그림을 그린다.

풀이

전자점 구조는 산소 원자들 중 하나와 탄소 원자 사이에 π 결합을 보여 준다. 나머지 산소 원자는 π 결합으로부터 σ 결합 하나의 거리에 있으며, 고립 전자쌍을 가지므로 콘쥬게이션계이다. 따라서 탄소 원자와 두 산소 원자는 sp^2 혼성을 하고 있다. 산소 원자의 한 고립 전자쌍은 π 계에 비편재화된다. 산소의 나머지 고립 전자쌍은 sp^2 혼성 오비탈에 위치한다.

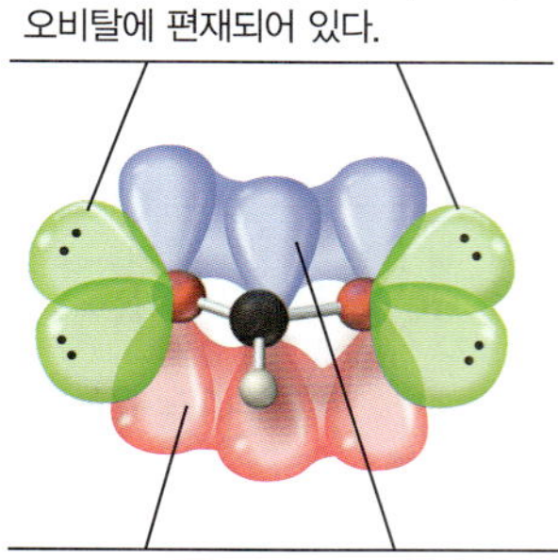

▶ **연습문제 23.21** 바이타민 B_6의 전구체인 피리독신은 아래와 같다. 숫자가 쓰인 각 산소 원자들의 혼성은 무엇인가?

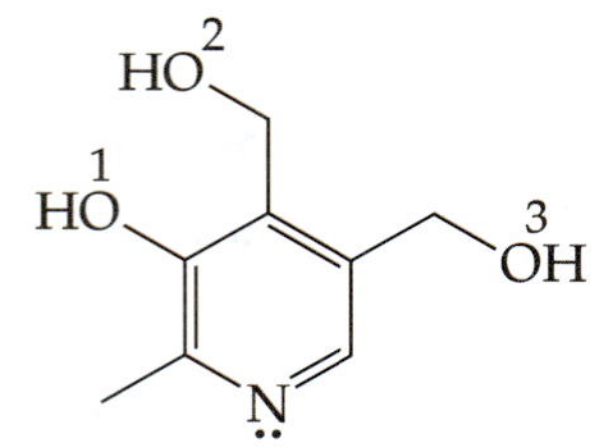

▶ **응용문제 23.22** 조효소 NADH의 전구체인 나이아신아마이드는 아래와 같다. 질소의 고립 전자쌍 중 한 개는 편재화되어 있고, 나머지는 비편재화되어 있다. 질소에 있는 각 고립 전자쌍이 편재화되어 있는지 비편재화되어 있는지를 표시하시오.

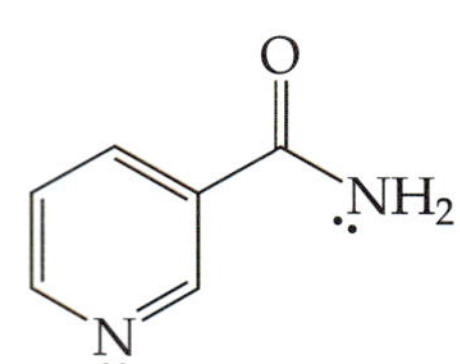

23.9 단백질: 콘쥬게이션의 생물학적 예

'비편재화된 전자'와 같은 개념이 약간은 추상적으로 보일 수 있다. 이것을 생명에 어떻게 적용할 수 있을까? 전자의 콘쥬게이션과 비편재화가 단백질과 같은 중요한 부류의 생물학적 분자의 구조와 기능에서 핵심적인 역할을 한다는 것이 밝혀졌다.

'주요한(primary)'이란 의미를 가진 그리스어 proteios에서 유래한 **단백질**(protein)이라는 이름은 모든 생명체에게 가장 중요한 생체 분자의 한 집단이라는 것을 적절하게 표현하고 있다. 인체의 건조 중량의 약 50%는 단백질이며, 인체에서 일어나는 거의 모든 반응은 단백질에 의해 촉진된다. 실제로 인체에는 15만 가지 이상의 단백질이 있는 것으로 여겨진다.

단백질은 많은 다양한 생물학적 기능을 가진다. 피부, 머리카락, 손톱에 있는 케라틴과 같은 일부 단백질은 구조적인 용도로 기여한다. 탄수화물의 대사를 조절하는 인슐린과 같은 다른 단백질은 유기체 내에서 여러 세포들의 활동도를 조정하는 화학적 전령인 호르몬 역할을

▲ 새의 깃털은 주로 케라틴 단백질로 만들어진다. © WitthayaP/Shutterstock

한다. 그 외에도 DNA 중합 효소와 같은 단백질은 신체 내의 화학 반응을 수행하는 생물학적 촉매로서 **효소**(enzyme)라고 한다. 이는 14장 Inquiry에서 논의되었다.

화학적으로 단백질은 다수의 아미노산(amino acid) 분자들이 서로 연결되어 긴 사슬을 형성하고 있다. 그 이름이 의미하듯이, 아미노산은 두 작용기, 즉 염기성인 아미노($-NH_2$)기와 산성인 카복실($-CO_2H$)기를 가지고 있다. 알라닌은 가장 간단한 예 중 하나이다.

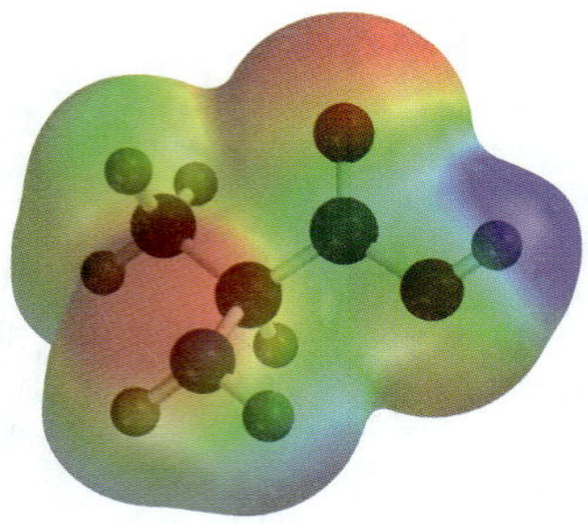
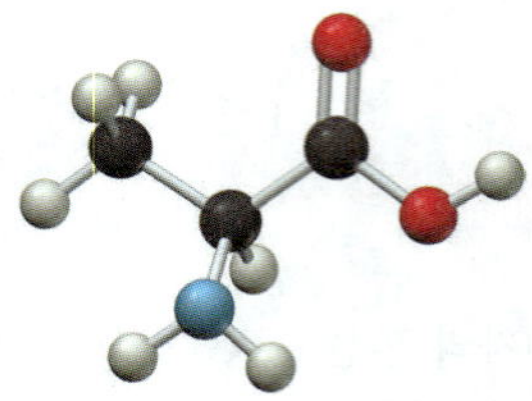
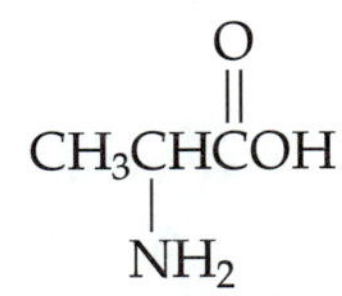

알라닌–아미노산의 한 예

한 아미노산의 $-NH_2$기와 다른 아미노산의 $-CO_2H$기 사이에서 흔히 **펩타이드 결합**(**peptide bond**)이라고 하는 아마이드 결합이 만들어지면 둘 이상의 아미노산들이 서로 연결될 수 있다. 두 개의 아미노산이 한 개의 아마이드 결합에 의해 연결되면 다이펩타이드(dipeptide)가 생기며, 세 개의 아미노산이 두 개의 아마이드 결합에 의해 연결되면 트라이펩타이드(tripeptide)가 생긴다. 50개까지의 아미노산이 연결된 짧은 사슬을 보통 **펩타이드**(**peptide**)라고 한다. 더 긴 사슬에 대해서는 일반적으로 폴리펩타이드(polypeptide)와 단백질(protein)이라는 용어를 사용한다.

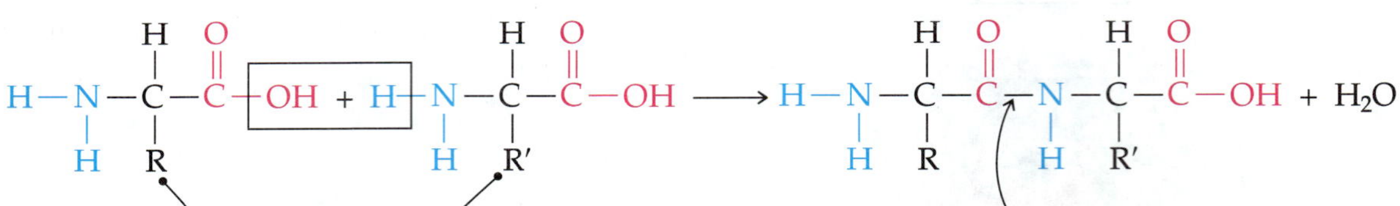

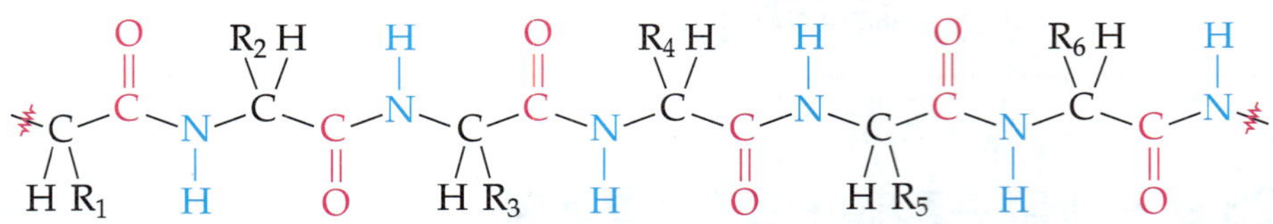

단백질 뼈대의 한 부분. 각각의 아미노산 곁사슬 R은 뼈대의 치환기이다.

폴리펩타이드

앞 절에서 논의한 콘쥬게이션과 혼성의 개념은 펩타이드 결합의 구조를 이해하는 데 필수적이다. π 결합에서 하나의 σ 결합 거리에 있는 질소 원자에는 고립 전자쌍이 있으며, 두 개의 공명 구조는 다음과 같다.

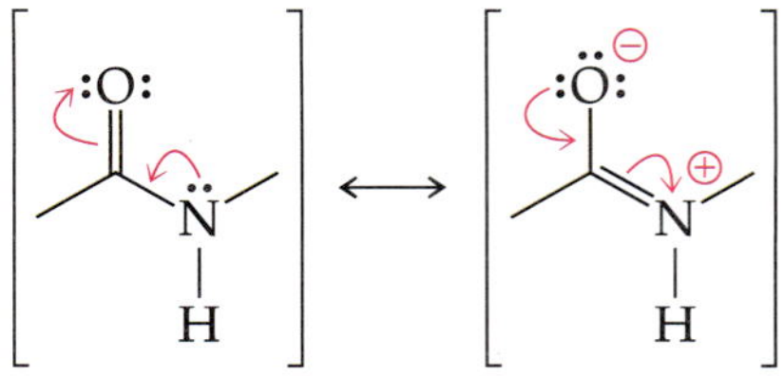

공명은 펩타이드 결합의 질소 원자가 sp^2 혼성이며, 그 고립 전자쌍이 콘쥬게이션 계에 있음을 보여 준다. 따라서 탄소–질소 결합의 상당한 p 오비탈 겹침으로 인해 펩타이드 결합은 매우 큰 이중 결합의 성질을 가진다.

실험을 통해 결정한 구조의 몇 가지 특징은 펩타이드 결합의 (C—N) 결합이 상당한 정도로 이중 결합의 성질을 가진다는 것을 보여 준다. 펩타이드 결합의 (C—N) 결합의 길이는 132 pm이며, 이 값은 평균적인 (C—N) 단일 결합의 길이 147 pm와 평균적인 (C=N) 이중 결합의 길이인 127 pm의 사이에 위치한다. 또한 펩타이드 결합에 있는 원자들은 **그림 23.12**에 보이는 것처럼 모두 한 평면에 놓여 있다.

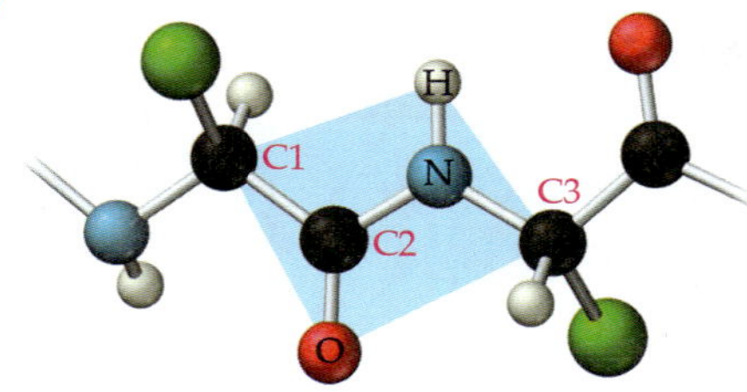

▲ **그림 23.12**

펩타이드 결합의 구조 표현. C2와 N이 sp^2 혼성이므로 펩타이드 결합은 평면이다. 연결된 아미노산 쌍에서 C1, C2, O, N, H, C3는 한 평면에 놓여 있다. 녹색 공은 아미노산의 곁사슬을 나타낸다.

▲ 확인하기

C—N 결합의 회전과 세기에 대한 공명의 영향은 무엇인가?

답 공명은 C—N 결합이 약간의 이중 결합 성격을 가지게 하며, 단일 결합보다 더 강하고 회전을 감소시킨다. 제한된 회전으로 인해 펩타이드 결합은 시스와 트랜스 이성질체를 가질 수 있다. 대부분의 펩타이드 결합은 트랜스 배열을 가지며, 탄소 원자들은 결합의 반대편에 존재한다.

그림 23.13에 나타낸 것과 같이 20가지의 아미노산이 단백질에서 흔히 발견된다. 인체는 20개의 아미노산 중 11개만을 합성할 수 있다. 그림 23.13에서 강조된 나머지 9개의 아미노산은 음식물로부터 얻어야 하기 때문에 **필수 아미노산**(essential amino acid)이라고 한다. 편의상 각 아미노산을 Ala(alanine), Gly(glycine), Pro(proline)과 같이 세 문자의 약어로 나타낸다. 20가지 모든 아미노산을 **알파–아미노산**(**α-amino acid**)이라 부른다. 그 이유는 각각의 아민의 질소 원자가 카복실기의 탄소 원자의 알파 위치(바로 옆)에 연결되어 있기 때문이다. 20가지 중에서 19가지는 $—NH_2$ 아미노기를 가지고 있고, 하나(프롤린)는 고리의 일부인 —NH— 아미노기를 가지고 있다.

20가지 아미노산은 α 탄소에 붙어 있는 원자단이 다르다. **곁사슬**(side chain)이라고 하는 이 원자단은 일반적으로 문자 R로 나타낸다.

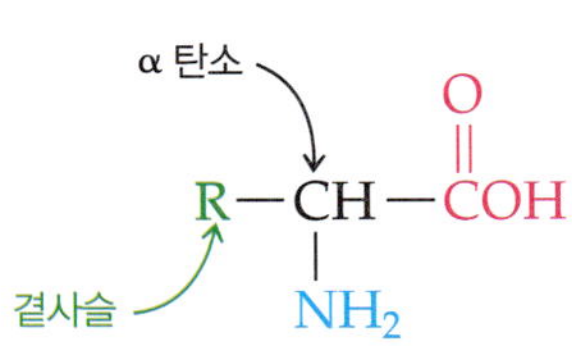

α-아미노산의 일반적 구조

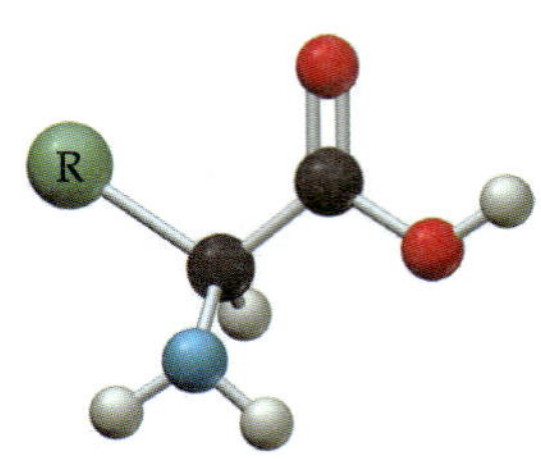

20가지 아미노산은 곁사슬의 구조에 따라 **중성**(neutral), **염기성**(basic), **산성**(acidic)으로 분류된다. 20가지 중에서 15가지가 중성인 곁사슬을 가지고 있다. 두 가지 아미노산(아스파트산과 글루탐산)은 곁사슬에 카복실기를 추가로 가지고 있기 때문에 산성 아미노산으로 분류된다. 세 가지 아미노산(라이신, 아르지닌, 히스티딘)은 곁사슬에 아민 작용기를 추가로 가지고 있기 때문에 염기성 아미노산으로 분류된다. 15가지 중성 아미노산은 무극성 곁사슬이 있는 것과, 아마이드와 하이드록실기처럼 극성 작용기가 있는 것으로 더 구분할 수 있다. 무극성 곁사슬은 물과의 친화력이 없기 때문에 소수성(hydrophobic, 물을 싫어하는)이라고 한다. 반면, 극성 곁사슬은 물과의 친화력이 있기 때문에 친수성(hydrophilic, 물을 좋아하는)이라고 한다. 단백질이 복잡한 구조로 접힐 때 소수성 곁사슬을 가진 아미노산은 흔히 단백질의 무극성 내부에 위치한다. 반면에, 친수성 곁사슬을 가진 아미노산은 단백질의 외부에서 극성 물 분자에 노출된다.

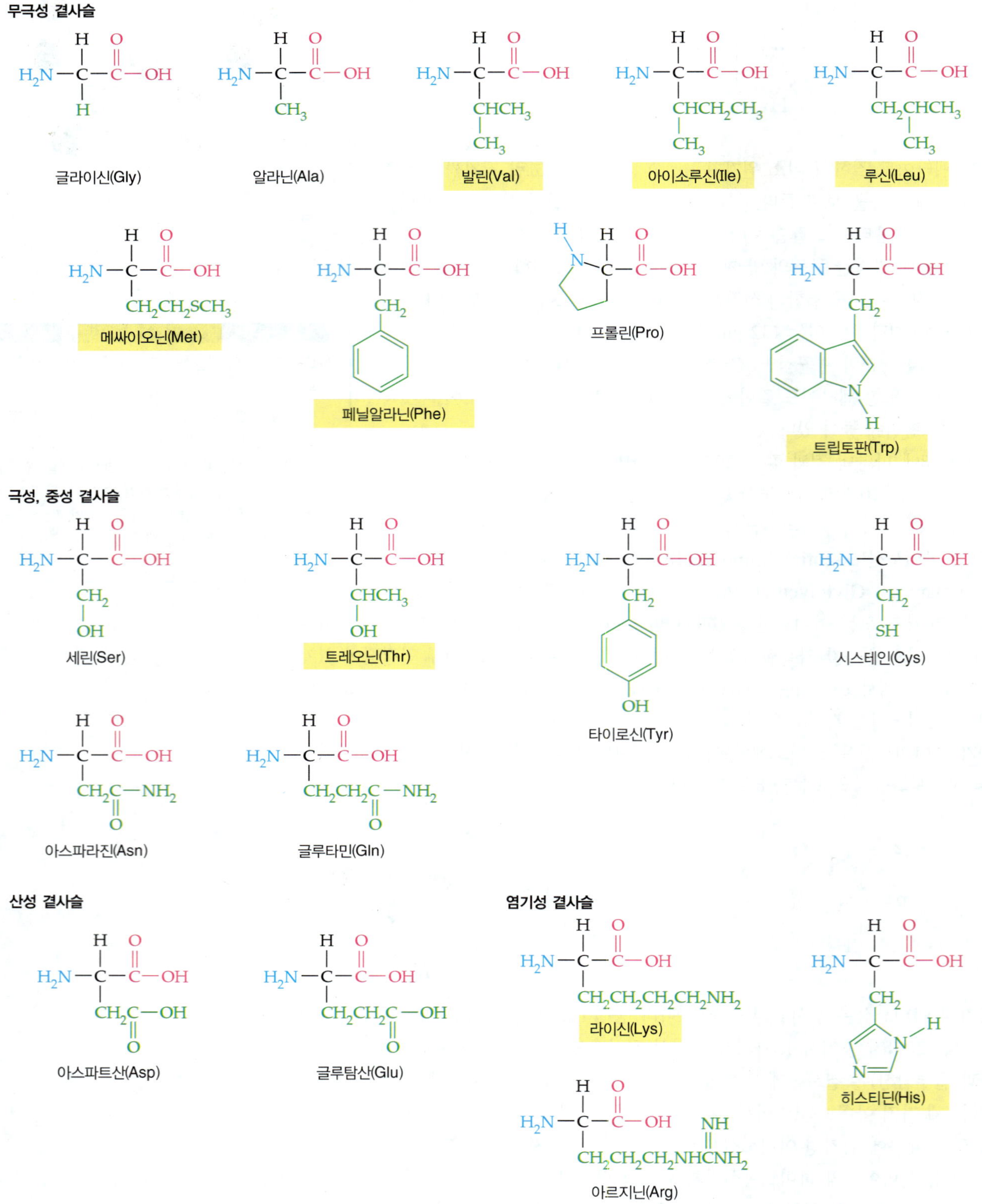

▲ **그림 23.13**

단백질에서 발견되는 20가지 α-아미노산의 구조. 20가지 중에서 15가지는 중성 곁사슬을 가지고 있고, 둘은 산성, 셋은 염기성 곁사슬을 가지고 있다. 9가지 필수 아미노산의 이름은 노란색으로 강조하였다.

아미노산의 어느 $-CO_2H$기가 어느 $-NH_2$기와 아마이드 결합을 형성하는지에 따라 어떤 순서로도 조합될 수 있기 때문에, 아미노산의 수가 증가할수록 가능한 단백질 이성질체의 수는 급격히 증가한다. 세 가지 다른 아미노산이 연결될 수 있는 방법은 6가지가 있지만, 혈압 조절 호르몬인 안지오텐신(angiotensin) II에 존재하는 8가지 아미노산이 연결될 수 있는 방법은 40,000가지 이상이고(그림 23.14), 근육 섬유의 주성분인 마이오신(myocin)에 들어 있는 1800가지 아미노산을 배열할 수 있는 방법은 엄청나게 많다.

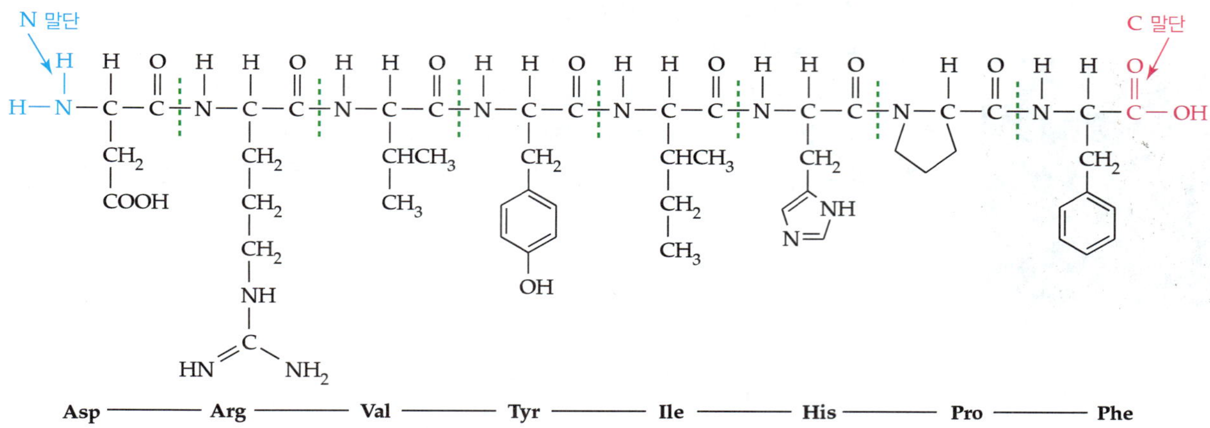

▲ 그림 23.14
혈장에 존재하는 옥타펩타이드인 안지오텐신 II의 구조

사슬의 길이에 상관없이, 모든 비고리형 단백질에는 한쪽 끝에 자유 $-NH_2$가 있는 **N 말단 아미노산**(*N*-terminal amino acid)과 다른 쪽 끝에 자유 $-CO_2H$가 있는 **C 말단 아미노산**(*C*-terminal amino acid)이 있다. 관례에 따라 단백질의 왼쪽에 자유 $-NH_2$가 오고 오른쪽에 자유 $-CO_2H$가 오도록 그리며, 이름은 그림 23.13에 나온 세 문자의 약어로 나타낸다.

예제 23.12

펩타이드 구조 그리기

다이펩타이드 Ala-Ser의 구조를 그리시오.

전략

먼저 두 아미노산인 Ala(알라닌)과 Ser(세린)의 이름과 구조를 찾아본다. 알라닌이 N 말단이고 세린이 C 말단이므로, Ala-Ser은 알라닌의 $-CO_2H$와 세린의 $-NH_2$ 사이에 아마이드 결합을 가져야 한다.

풀이

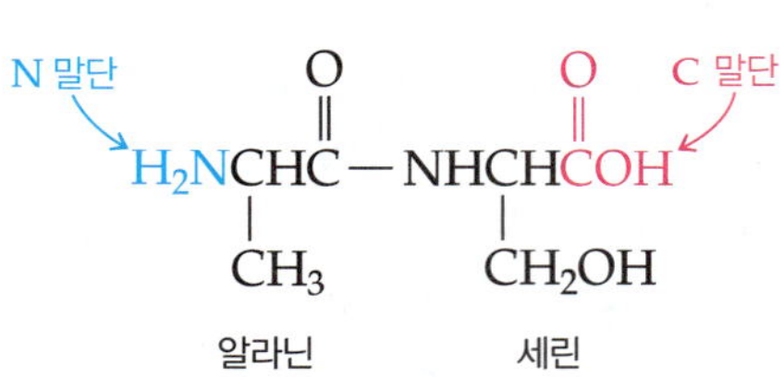

Ala-Ser

▶ 연습문제 23.23 트라이펩타이드 Val-Cys-Phe의 구조를 그리시오.

▶ 응용문제 23.24

(a) 아래의 펩타이드에는 몇 개의 아미노산이 있는가?

(b) 아미노산을 확인하고, 그 곁사슬이 극성인지 무극성인지 분류하시오.

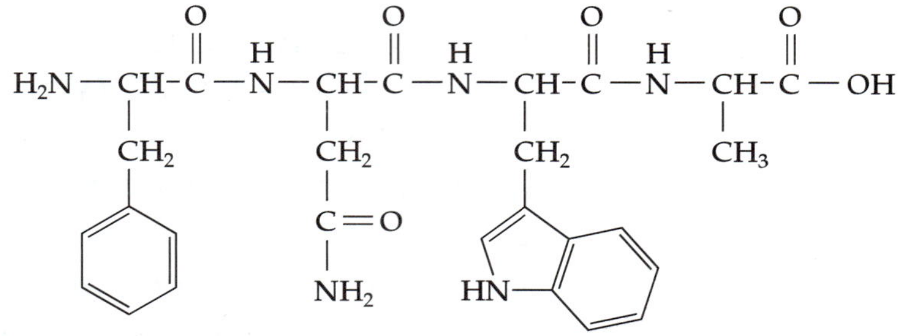

23.10 방향족 화합물과 분자 오비탈 이론

▲ 벤젠과 구조적으로 가까운 벤즈알데하이드는 체리향을 내는 방향족 화합물이다. ©Samo Trebizan/Shutterstock

전자점 구조, 혼성, 원자가 결합 이론을 이용하여 분자의 구조와 결합을 매우 정교한 시각으로 볼 수 있었다. 그러나, 이러한 모형으로 설명할 수 없는 분자의 반응성이 종종 관찰된다. **방향족 화합물**(aromatic compound)이라 불리는 매우 불포화된 화합물들의 집단을 생각해 보자. 유기 화학의 초기에 이들이 과일 및 다른 천연자원으로부터 발견된 향이 나는 물질에 존재하였기 때문에 방향족이라는 말을 사용하였다. 그러나 화학자들은 방향족으로 분류되는 물질들이 대부분의 다른 유기 화합물과는 화학적으로 다른 방식으로 거동한다는 사실을 이내 깨달았다. 오늘날 방향족이라는 용어는 고리를 이루고, 평면이며, 고리 주위에 인접한 p 오비탈을 가진 화합물의 한 부류를 말한다. 벤젠은 방향족 화합물의 가장 흔한 예이며, 단일 결합과 이중 결합이 번갈아 위치한 육원자 고리를 가지고 있다. 아스피린, 스테로이드 성호르몬인 에스트라다이올 및 많은 중요한 생체 분자와 의약품도 방향족 고리들을 포함하고 있다.

벤젠

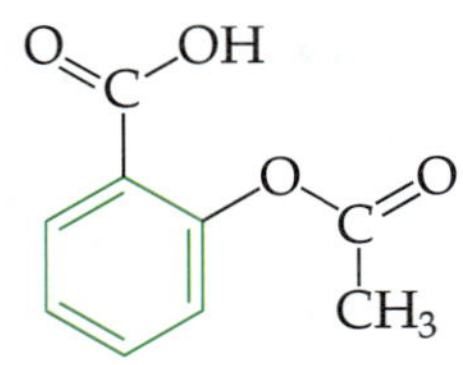

아스피린

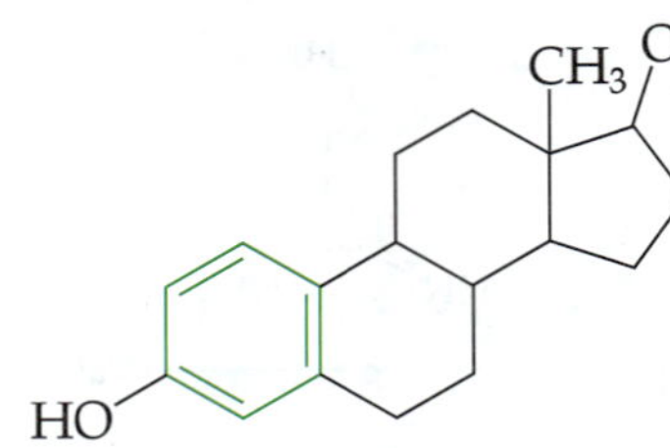

에스트라다이올

벤젠은 두 가지 동등한 공명 구조를 가진다. 벤젠의 6개의 탄소는 각각 sp^2 혼성이며, 고리에 수직인 p 오비탈을 가지고 있다(그림 23.15). p 오비탈들이 옆으로 겹치면 6개의 전자가 콘쥬게이션 π 계를 이룬다.

▶ **그림 23.15**
벤젠의 몇 가지 표현

(a) 벤젠은 두 가지 동등한 공명 구조를 가지며, 이중 결합의 위치만 서로 다르다.

(b) 벤젠의 p 오비탈은 고리를 이루며 겹쳐진다.

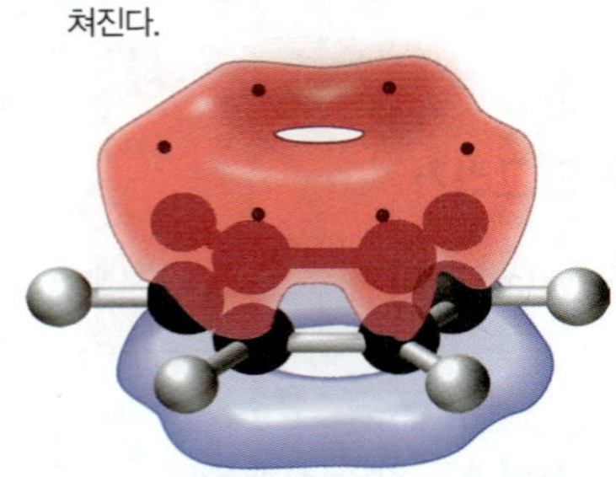

콘쥬게이션과 공명은 벤젠의 구조를 이해하는 데 도움이 되는 반면에, 원자가 결합 이론은 벤젠의 특이한 안정성을 설명하지 못한다. 분자가 안정할수록 반응성은 작아진다. 분자 오비탈(MO) 이론은 벤젠의 전자 구조와 반응성을 설명하는 데 훨씬 유용한 모형이다. MO 이론에 따르면, 전자는 분자 전체를 포함하는 분자 오비탈에 존재한다. 그림 23.16은 벤젠의 6개의 원자 오비탈 p로부터 수학적 조합을 통해서 6개의 새로운 MO가 형성되는 것을 보여 준다. 세 개의 분자 오비탈은 결합성 분자 오비탈이며, 원자 오비탈 p보다 낮은 에너지 준위를 가진다. 결합성 MO는 같은 위상을 가진 로브의 상호 작용으로부터 형성되며, 핵 사이에 전자 밀도가 집중된다. 나머지 세 개의 분자 오비탈은 반결합성 분자 오비탈이며, 원자 오비탈 p보다 높은 에너지 준위를 가진다. 반결합성 MO는 반대 위상을 가진 로브의 상호 작용으로부터 형성되며, 핵 사이에 마디(전자를 발견할 확률이 0인 지역)를 가진다.

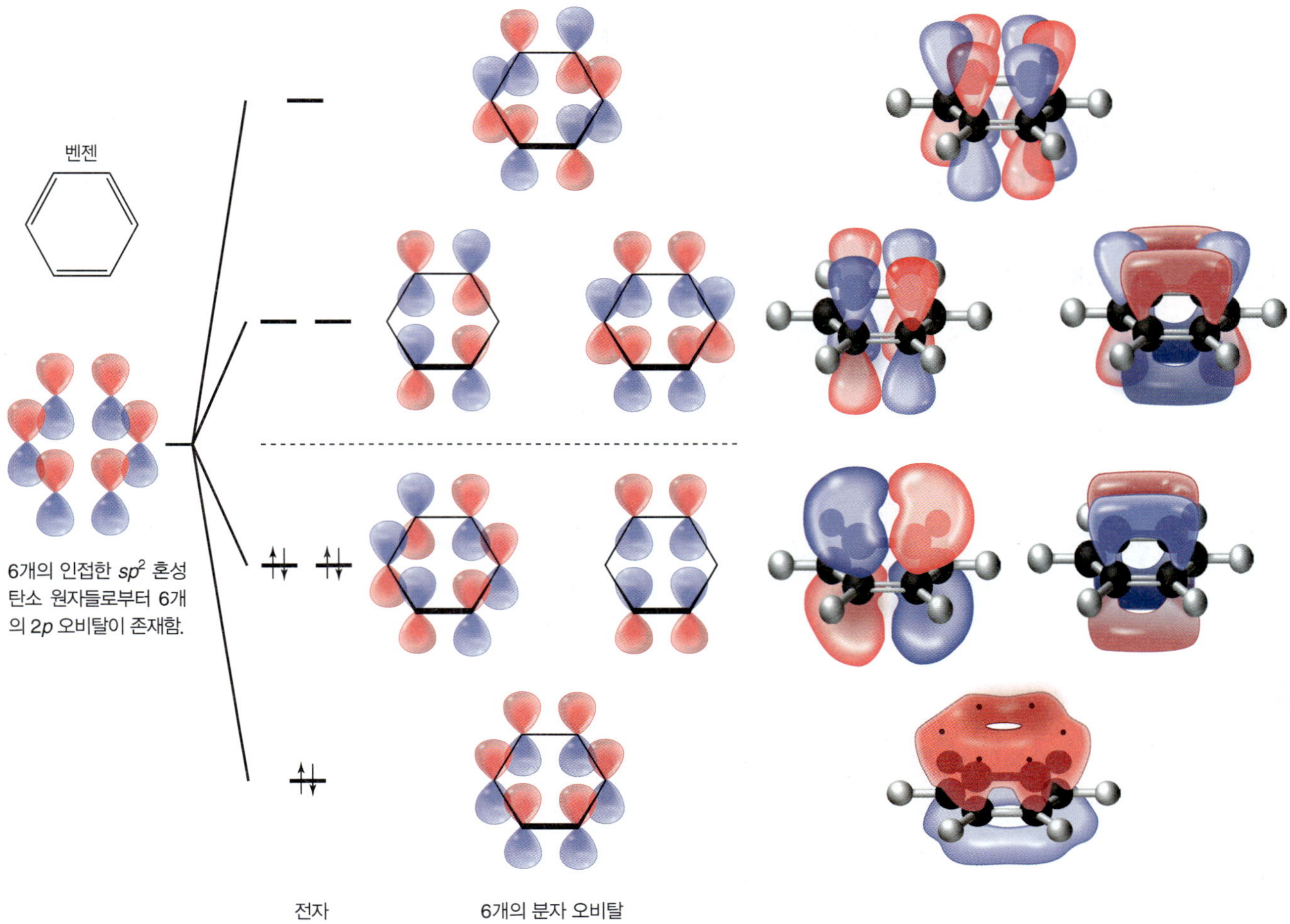

▲ 그림 23.16
벤젠의 분자 오비탈

MO 이론은 수학적으로 복잡하지만, MO의 에너지 준위에 집중함으로써 그 의미를 정성적으로 이해할 수 있다. 벤젠에는 전자를 하나씩 가진 6개의 *p* 오비탈이 존재하므로 총 6개의 전자를 가진다. *p* 오비탈이 조합하여 분자 오비탈을 형성하면, 6개의 전자는 가장 낮은 에너지를 가진 MO부터 채워진다. 따라서 6개의 전자는 원자 오비탈 *p*보다 낮은 에너지를 가진 결합성 MO에서 쌍을 이룸으로써 분자를 안정시킨다.

π 계의 전자 수는 방향족 화합물의 또 다른 중요한 특징이다. 벤젠의 π 계에 네 개의 전자만 있다면, 두 개의 전자는 MO 도표에서 짝을 이루지 못하고 불안정한 배열이 될 것이다. π 계에 8개의 전자가 있다면, 마지막 두 개의 전자는 반결합성 MO에서 쌍을 이루지 못하고 역시 불안정한 영향을 보일 것이다. 독일의 물리학자 휘켈(Erich Hückel)은 방향족 화합물에 필요한 전자쌍의 수를 설명하였다. **휘켈 규칙(Hückel's rule)**에 의하면 고리의 π 전자 수가 $4n+2$개이면 그 화합물은 방향족이다. 여기에서 n은 0이거나 양의 정수이다. 따라서 π 전자 수는 2, 6, 10, 14, 18 등이 된다. 방향족인 생물학적 분자들은 흔히 6이나 10개의 π 전자를 가진다.

요약하면 방향족 화합물은 다음의 특징을 가져야 한다.

1. 고리형이어야 한다.
2. *p* 오비탈이 겹치고 수학적으로 혼합되어 MO를 형성하도록 평면이어야 한다.

3. 고리 둘레의 인접한 원자들이 p 오비탈을 가져야 한다.
4. 고리에 $(4n+2)$개의 π 전자를 가져야 한다.

예제 23.13

유기 화합물이 방향족인지 예측

몇 개의 아미노산은 그 곁사슬에 방향족 그룹을 가지므로 방향족 아미노산으로 분류된다. 히스티딘은 방향족 아미노산으로 분류될 수 있는가?

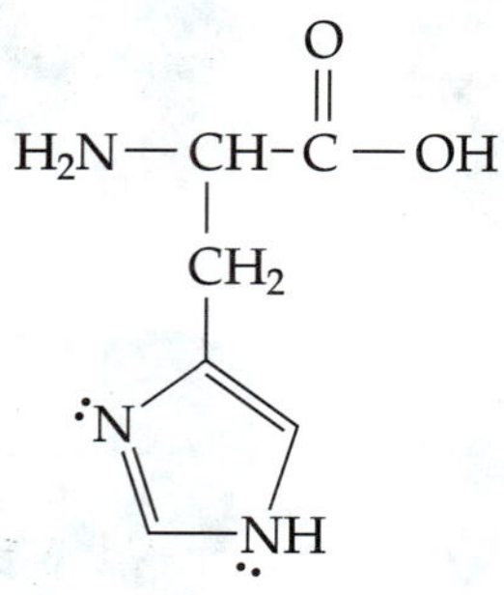

히스티딘

전략

모든 원자가 sp^2 혼성이고 π 전자가 콘쥬게이션 계의 일부인 고리가 있는지 결정한다. 다음으로, 고리의 π 전자 수를 세어 $4n+2$ 규칙을 만족하는지 결정한다.

풀이

히스티딘의 곁사슬은 세 개의 탄소와 두 개의 질소 원자로 이루어진 오원자 고리를 가지고 있으며, 모든 원자들은 sp^2 혼성이다. 두 개의 이중 결합은 π 계에 네 개의 π 전자를 제공한다. 이제 고립 전자쌍을 세어 보자. p 오비탈에 있는 고립 전자쌍(콘쥬게이션되어 있는 것)은 포함시키고 sp^2 혼성 오비탈을 점유하는 고립 전자쌍은 π 계에 포함되지 않는다.

이중 결합에 인접한 NH기의 전자는 콘쥬게이션되어 있다. 따라서 그들은 p 오비탈을 점유하며, π 계의 일부가 된다. 고리의 나머지 N 원자의 고립 전자쌍은 sp^2 혼성 오비탈을 점유하며 π 계에 속하지 않는다. π 결합의 네 개의 전자와 NH기의 고립 전자쌍의 두 개의 전자를 더하면 총 6개의 전자가 있으므로 이 아미노산은 방향족이다.

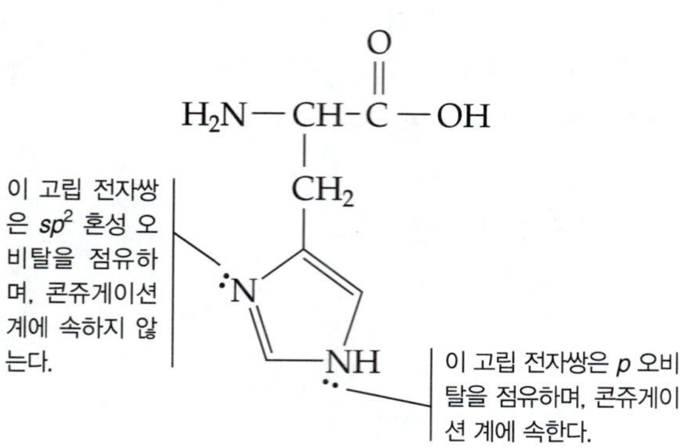

▶ **연습문제 23.25** 프롤린이나 타이로신을 방향족 아미노산이라고 할 수 있는가? 설명하시오.

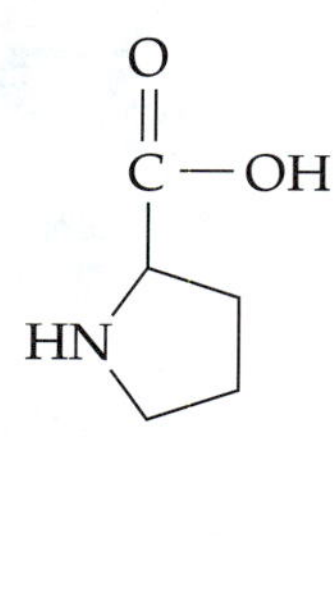

프롤린

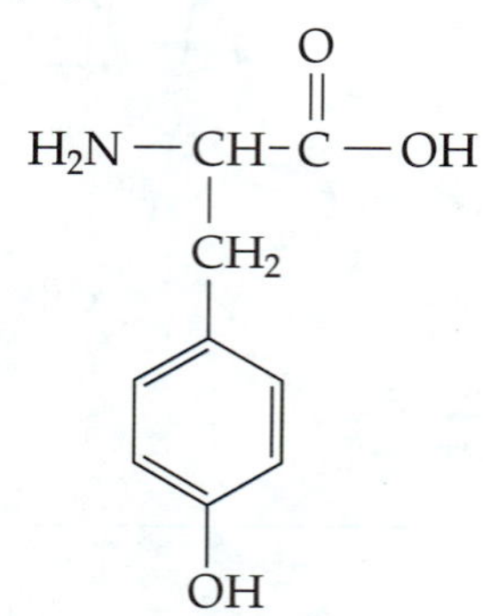

타이로신

▶ **응용문제 23.26** 트립토판의 구조는 아래와 같다.

(a) 트립토판의 π 계에 대한 오비탈 겹침 그림을 그리시오.

(b) 이 그림과 이 절에서 소개한 개념을 이용하여 트립토판이 방향족 아미노산인 이유를 설명하시오.

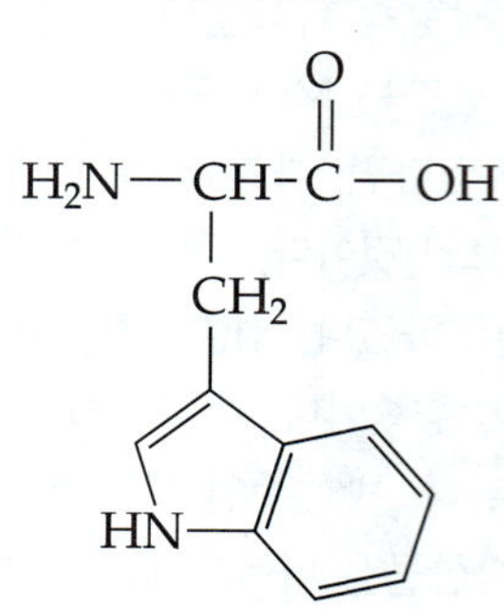

트립토판

23.11 핵산: 방향족성의 생물학적 예

씨앗이 자라서 무슨 종류의 식물이 될지를 어떻게 알 수 있을까? 수정란이 인간으로 성장할지를 어떻게 알 수 있을까? 세포가 신체의 어떤 부분인지를 어떻게 알 수 있을까? 이러한 질문에 대한 답은 세포의 정보를 운반하는 분자인 **핵산**(**nucleic acid**)이라는 생물학적 분자와 관련이 있다. 핵산의 구조와 방향성의 중요한 역할을 이해해야만 비로소 핵산이 작용하는 방법을 이해할 수 있다.

데옥시리보핵산(**deoxyribonucleic acid, DNA**)과 **리보핵산**(**ribonucleic acid, RNA**)은 생물체의 유전 정보를 화학적으로 운반한다. 생물체의 DNA에는 생물체의 성질과 생물체가 필요로 하는 수천 가지의 단백질을 만드는 데 필요한 모든 지시 사항이 암호화되어 있다.

아미노산들이 서로 결합하여 단백질을 만들듯, **뉴클레오타이드**(**nucleotide**)가 서로 긴 사슬로 연결되면 핵산이 만들어진다. 각 뉴클레오타이드는 **뉴클레오사이드**(**nucleoside**)와 인산(H_3PO_4)으로 구성되어 있으며, 각 뉴클레오사이드는 알도펜토스 당과 아민 염기로 이루어져 있다.

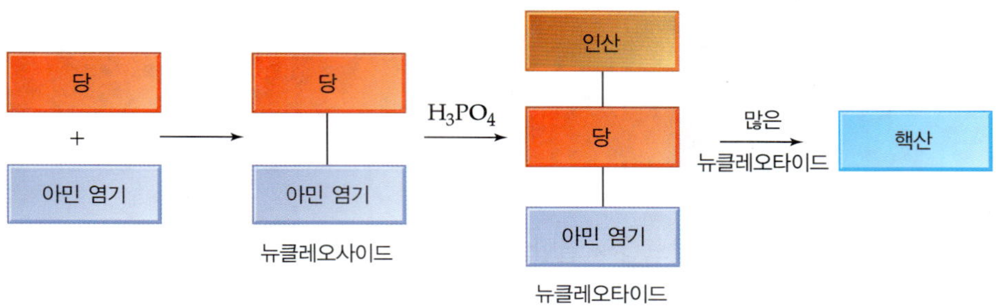

RNA의 당 성분은 리보스이고, DNA의 당 성분은 2-데옥시리보스인데, '2-데옥시'는 리보스의 C2에 산소가 없음을 의미한다.

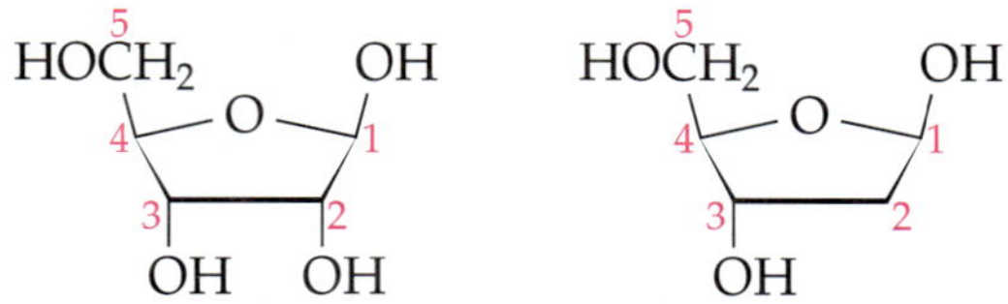

DNA에는 아데닌, 구아닌, 사이토신, 타이민의 네 가지 고리형 아민 염기가 존재한다. 아데닌, 구아닌, 사이토신은 RNA에도 존재하지만, RNA에서는 타이민 대신에 유라실이라고 하는 비슷한 구조의 염기가 들어 있다.

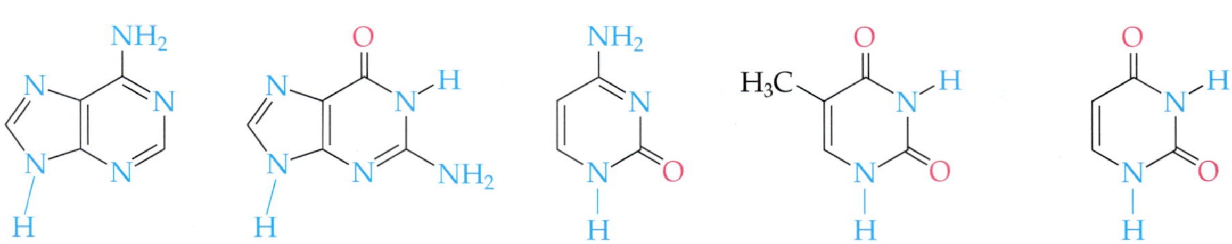

DNA와 RNA에서 고리형 아민 염기는 당의 C1′에, 인산은 당의 C5′ 위치에 결합되어 있다. (프라임 위 첨자가 있는 숫자는 뉴클레오타이드의 당 성분의 위치를 의미한다.)

핵산에서 한 뉴클레오타이드의 5′ 위치의 인산기와 다른 뉴클레오타이드의 3′ 위치에 있는 하이드록실기 사이에서 결합이 형성되면 뉴클레오타이드가 서로 연결된다(**그림 23.17**).

▶ **그림 23.17**
핵산의 일반 구조

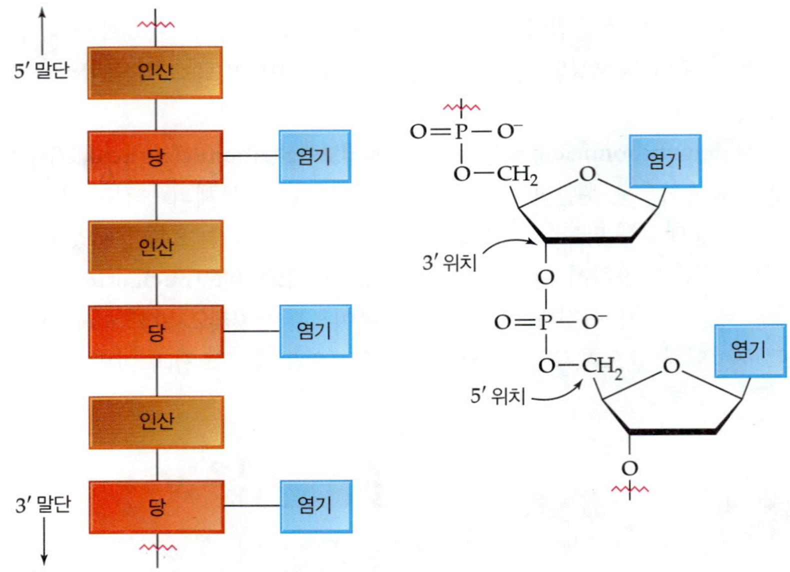

단백질의 구조가 개개의 아미노산의 결합 순서에 달려 있듯이, 핵산의 구조는 개개의 뉴클레오타이드의 결합 순서에 달려 있다. 그 결합 순서는 사슬의 5′ 인산 말단에서 시작하여 순서대로 염기를 밝혀 나타낸다. 각각의 뉴클레오타이드는 아데노신 A, 구아노신 G, 사이티딘 C, 타이미딘 T, 유라실 U와 같이 약자로 나타낸다. 따라서 일반적인 DNA 결합 순서를 -T-A-G-G-C-T- 처럼 나타낼 수 있다.

흥미롭게도 같은 종의 다른 조직에서 분리된 DNA 분자의 뉴클레오타이드의 비율은 같으나 다른 종에서 얻어진 DNA 분자의 비율은 완전히 다르다. 예를 들면, 인간의 DNA는 A와 T가 각각 약 30%이고, G와 C는 각각 약 20%이다. 그러나 박테리아 Clostridium perfringens의 경우 A와 T는 각각 약 37%이고, G와 C는 각각 약 13%이다. 두 경우로부터 염기는 쌍으로 존재하는 점에 주목하라. 아데닌과 타이민은 항상 같은 양으로 존재하며, 구아닌과 사이토신도 그렇다. 왜 그럴까?

왓슨–크릭 모형(Watson-Crick model)에 따르면, DNA는 나선형 계단의 난간처럼 이중 나선(double helix)으로 서로 꼬인 두 개의 폴리뉴클레오타이드 사슬로 이루어져 있다. 당–인산 골격은 나선의 외부에, 아민 염기는 내부에 있으며, 한 사슬의 염기는 다른 사슬의 염기 쪽을 향하고 있다. 이 두 사슬은 반대 방향으로 진행하고 있으며, 서로 염기쌍 사이의 수소 결합에 의하여 묶여 있다. 아데닌과 타이민은 서로 두 개의 강한 수소 결합을 형성하지만, G나 C와는 형성하지 않는다. G와 C는 서로 세 개의 강한 수소 결합을 형성하지만, A나 T와는 형성하지 않는다(**그림 23.18**).

DNA 이중 나선의 두 사슬은 동일하지 않지만 서로 상보적이다. 한 사슬에 G 염기가 올 때마다 수소 결합 때문에 그 반대편의 다른 사슬에서는 C 염기가 나타난다. 한 사슬에서 A 염기가 올 때에는 다른 사슬에는 T 염기가 나타난다. 이러한 염기의 상보적 짝지음은 왜 A와 T, G와 C가 항상 같은 양으로 존재하는지를 설명해 준다. **그림 23.19**는 두 개의 상보적 사슬이 이중 나선으로 꼬이는 방법을 보여 준다.

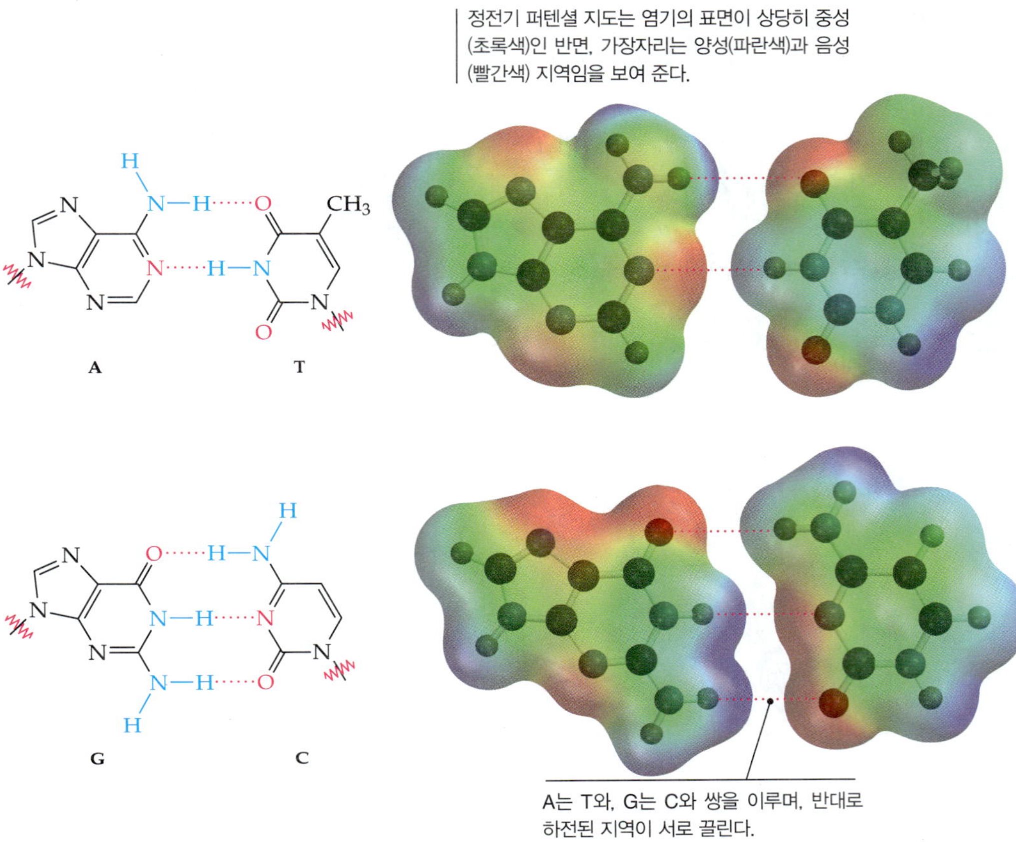

◀ **그림 23.18**
DNA 이중 나선에서 염기쌍 사이의 수소 결합

◀ 확인하기

DNA의 어느 지역이 더 높은 녹는점을 가지는가? A-T 염기쌍 지역인가 G-C 염기쌍 지역인가?

답 G-C 쌍은 3개의, A-T 쌍은 2개의 수소 결합을 형성하므로 G-C 염기쌍이 풍부한 DNA 지역이 더 높은 녹는점을 가진다. 수소 결합의 수가 많을수록 두 사슬 사이의 힘이 더 강해진다.

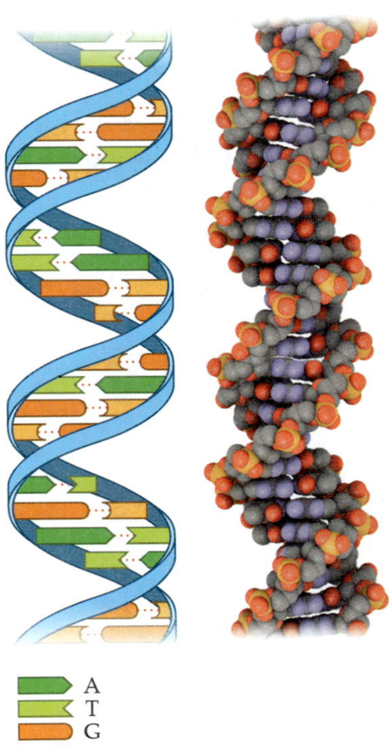

◀ **그림 23.19**
DNA 이중 나선. DNA 이중 나선의 외부에는 당–인산 골격의 코일이 보이지만, 내부에는 수소 결합된 아민 염기쌍이 평평하게 놓여 있다.

그러나 이 복잡한 구조에 들어맞으려면 서로 쌓일 수 있도록 염기는 평면이어야만 한다. 이 **염기 쌓임(base stacking)**은 DNA 이중 나선의 안정성에 중요하며, 쌓임 상호 작용은 모든 염기가 방향족이라는 사실로부터 발생한다. 이런 평면이고 방향족인 염기는 염기들 사이의 분자간 상호 작용이 증가되면 특별히 단단하게 쌓인다.

타이민이 뉴클레오사이드에 들어가면 DNA의 구축 단위인 타이미딘이 만들어진다. 언뜻 보면, 전자점 구조의 한계로 인해 염기는 방향족이 아닌 것으로 보인다. 공명 구조를 고려하지 않는다면 질소 원자들은 sp^3 혼성으로 보인다. 방향성의 요구 조건은 평면이며, sp^2 혼성 원자로 된 고리형 화합물이라는 점을 상기하라.

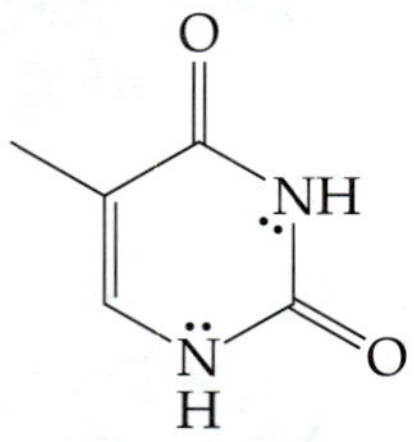

타이민

이중 결합에 인접한 각 질소 원자는 고립 전자쌍을 가진다. 따라서 타이민의 공명 구조는 아래와 같이 그릴 수 있다.

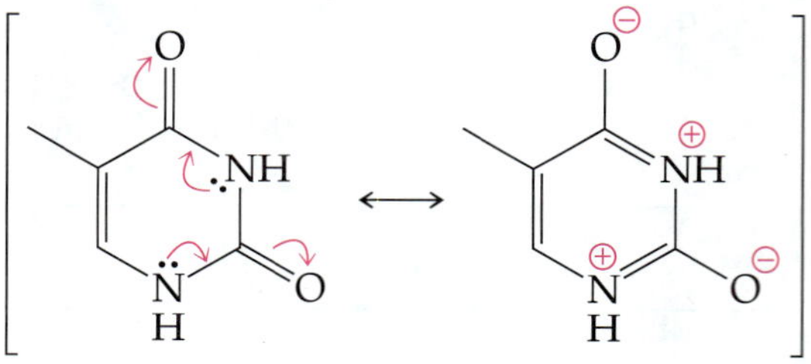

개념탐구 질문 6

사이토신이 방향족임을 보여주는 공명 구조를 그리시오.

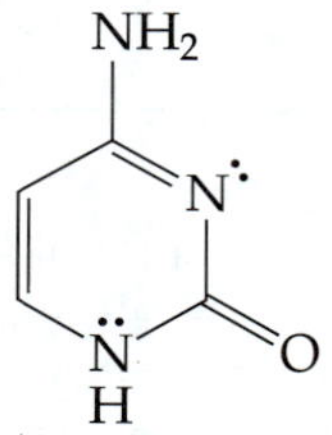

사이토신

오른쪽 공명 구조는 각 원자가 sp^2 혼성인 육원자 고리를 가진다. 따라서 각 원자가 가지고 있는 원자 오비탈 p는 인접한 원자의 p 오비탈과 겹쳐질 것이며, π 계에서 전자의 비편재화가 가능해진다. 세 개의 π 결합은 총 6개의 π 전자를 제공하므로 타이민은 방향족이고 평면이다. DNA의 다른 아민 염기들도 공명 구조를 그림으로써 방향족임을 알 수 있다.

INQUIRY 왜 거울상 이성질체는 다른 생물학적 반응을 보일까?

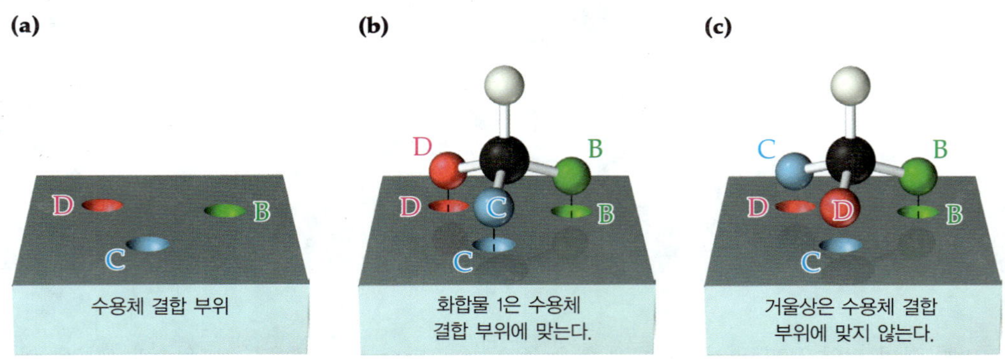

▲ 그림 23.20
화합물 1과 상호 작용할 수 있지만, 거울상과 상호 작용하지 않는 수용체 결합 부위의 개략도

당신의 몸에서 약이 왜 특정 효과가 있는지 의아해해본 적이 있는가? 아세트아미노펜과 모르핀은 통증을 완화하고, 에페드린과 카페인은 중추 신경계를 자극하며, 페니실린은 박테리아 감염과 맞서 싸운다. 그 답은 작은 분자(또는 큰 분자의 일부)가 생물학적 분자의 매우 특정한 수용체 부위에 결합하여 반응을 촉진하거나 저해한다는 것이다. 미각과 후각부터 신경 자극, 약물 반응까지 당신의 몸에서 일어나는 거의 모든 과정이 생물학적 수용체와 특정 표적 분자 사이의 분자 인식으로 인해 발생한다. 이 인식은 분자의 형태에 의존하며, 보통은 자물쇠–열쇠 모형이라고 한다. 일부 상호 작용에서 분자는 수용체의 활성 부위와 같은 형태이며, 다른 경우에서는 결합이 발생하도록 분자가 활성 부위의 형태의 변화를 촉발시킨다. 결합에서 분자의 형태가 하나의 중요한 기준이지만, 분자는 수용체 결합 부위의 제자리에 위치해야만 한다. 일부 분자는 공유 결합의 형성을 통해 수용체와 비가역적으로 결합하지만, 많은 경우 분자는 정전기적 인력, 수소 결합, 쌍극자–쌍극자 인력, 분산력과 같은 약한 분자간 힘을 통해 표적과 가역적으로 결합한다.

효소와 같은 거대한 생물학적 분자에서 특정 결합 부위는 카이랄 분자의 오른손과 왼손 형태, 즉 거울상 이성질체를 구별할 수 있다(23.2절). 사면체 중심과 네 개의 다른 치환기를 가진 간단한 카이랄 분자를 생각해 보자(화합물 1). 화합물 1과 그 거울상은 거울상 이성질체이다.

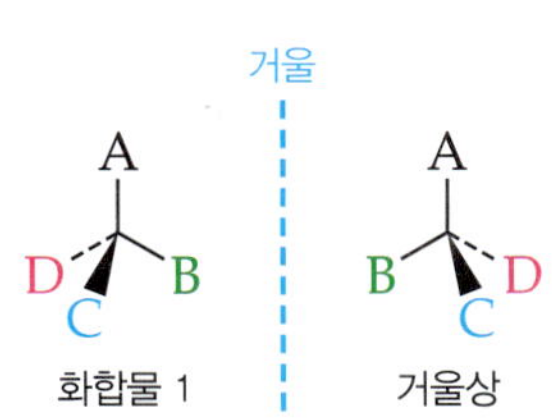

그림 23.20에서 보여 주는 수용체 상의 결합 부위를 살펴보자. 이 결합 부위는 화합물 1의 특정 치환기와 잘 들어 맞으므로 결합한다(그림 23.20b). 그러나 화합물 1의 거울상에서 치환기는 수용체 결합 부위와 맞지 않는다. 치환기 B가 그 수용체 부위와 정렬하도록 거울상 분자를 회전시키면 치환기 C와 D는 정렬하지 않고 결합은 일어나지 않는다(그림 23.20c).

그림 23.20은 왜 거울상 이성질체가 다른 생물학적 특성을 갖는지 설명해 준다. 오른손 장갑이 오른손에만 맞듯이, 카이랄 분자는 상보적인 형태의 수용체 부위에만 결합되는 특정한 형태를 가지고 있다. 이들 분자의 거울상 형태는 수용체 자리에 들어맞지 않으며, 따라서 동일한 생물학적 결과를 이끌어내지 못한다. 분자 형태의 생물학적 결과는 극적일 수 있다. 예를 들어 덱스트로메토판과 레보메토판의 구조를 살펴보자. 이 장의 표지 그림에서 묘사된 것처럼, 두 분자 모두 아편 유사(opioid) 수용체에 결합한다. (라틴어 접두사인 덱스트로와 레보는 각각 '오른쪽'과 '왼쪽'을 의미한다.) 덱스트로메토판은 처방전 없이 살 수 있는 많은 감기약에 공통적으로 들어 있는 기침 억제제이지만, 이것의 거울상인 레보메토판은 모르핀과 비슷한 효과를 갖는 강력한 마약성 진통제이다. 거울상 이성질체는 화학식은 같으나, 다른 생물학적 반응을 일으키는 다른 '손대칭성'을 가진다. 카본(carvone)이라는 물질은 카이랄 효과의 또 다른 예이다. 왼손 대칭성 카본은 박하 식물에서 발견되며 스피어민트 고유의 냄새를 가진다. 반면에, 오른손 대칭성 카본은 여러 약초에서 발견되며, 캐러웨이 열매(향신료) 냄새를 가진다. 이 경우에도 손대칭성을 제외하고 두 개의 구조는 똑같지만, 냄새는 전혀 다르다.

▶ 카이랄 분자는 동일하지 않은 거울상인 거울상 이성질체를 가진다. 거울상 이성질체는 다른 '손대칭성'을 가지며, 종종 극적으로 다른 생물학적 반응을 보인다.

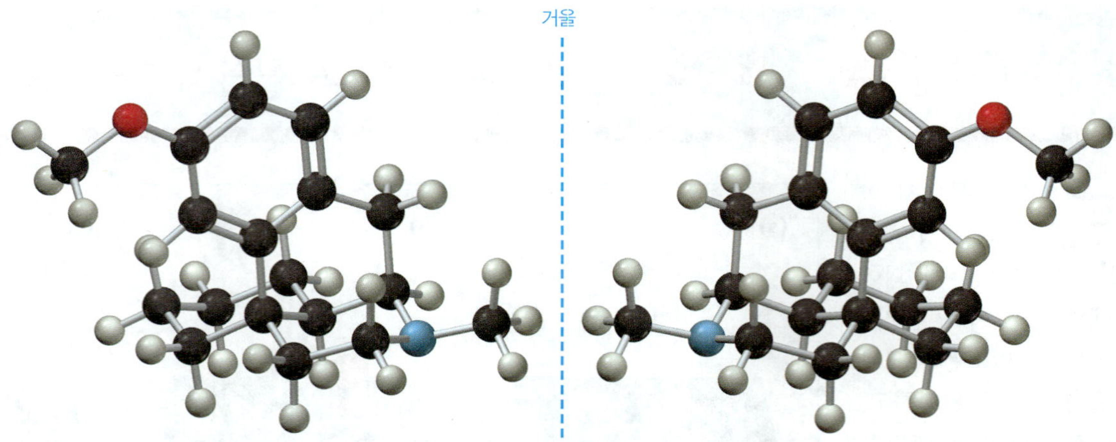

레보메토판(마약 진통제) 덱스트로메토판(기침 억제제)

정밀한 분자 모양은 모든 생명체에게 매우 중요하다. 탄수화물, 아미노산과 같은 많은 생물학적 분자는 카이랄하며, 보통 특정한 유기체에 대해서 단 하나의 거울상 이성질체만 자연계에 존재한다. 다른 하나의 거울상 이성질체는 종종 실험실에서 합성할 수 있지만, 자연적으로 생기지는 않는다. 생명체에서 일어나는 수많은 화학적 상호 작용은 카이랄 분자와 카이랄 수용체 사이의 상보성에 의해 제어된다. 과학자들은 실험적으로 아편 오피오이드 수용체(이 상의 표지 사진에 나와 있음)와 같은 분자의 3차원적 원자 구조를 결정할 수 있다. 이 수용체는 덱스트로메토판 및 레보메토판과 결합할 뿐만 아니라 다른 수십 가지의 합법, 불법적인 약들과도 결합한다. 상세한 원자의 모양은 더 안전하고 더 효과적인 약물 설계를 위한 길을 열어 준다.

문제 23.27 아스파라진은 두 개의 거울상 형태로 존재하는 자연적으로 발생하는 아미노산이다. 한 개의 형태는 쓴맛인 반면에, 다른 형태는 달콤한 맛이다.

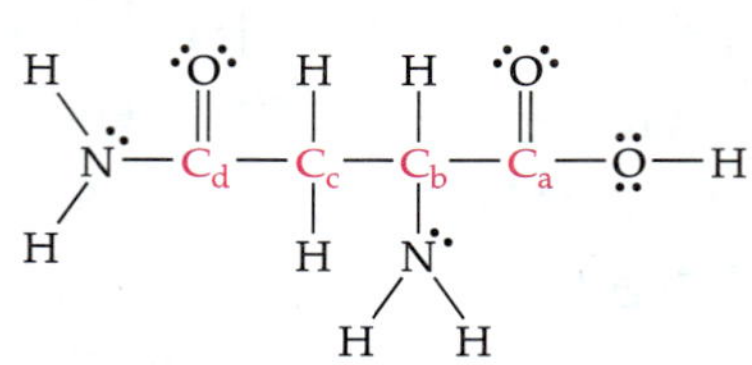

(a) a–d로 표시된 탄소 원자 중 카이랄 중심을 표시하시오.

(b) 아스파라진 분자는 얼마나 많은 σ 결합과 π 결합을 가지는가?

(c) a–d로 표시된 탄소 원자의 혼성을 표시하시오.

(d) 아스파라진 수용체 부위와의 수소 결합에 참여할 수 있는 원자에 원을 그리시오.

문제 23.28 왼손과 오른손 대칭인 카본(carvone) 분자는 모양의 차이로 인해 다른 냄새 수용체에 들어맞는다.

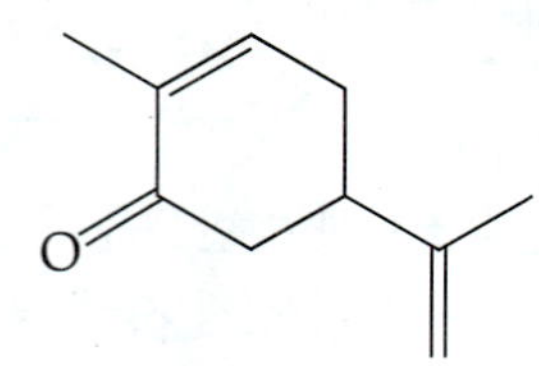

'왼손 대칭성' 카본
(스피어민트 냄새)

(a) 카본의 화학식은 무엇인가?

(b) 어느 탄소 원자가 카이랄 중심인가?

(c) 카본은 방향족인가?

문제 23.29 알레브(Aleve)의 활성 성분인 나프록센(naproxen)은 비스테로이드성 항염증제이다.

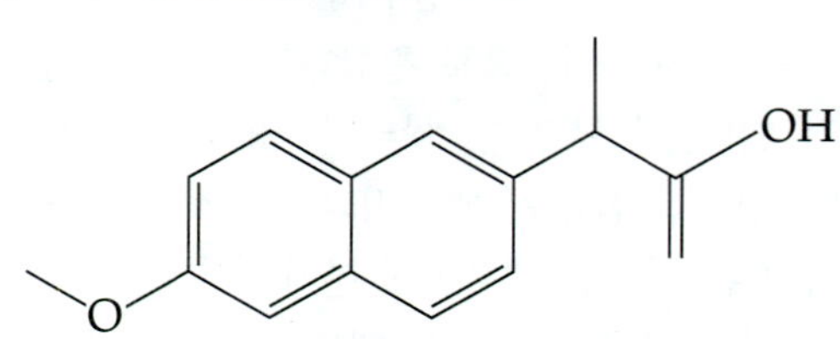

나프록센

(a) 어느 탄소 원자가 카이랄 중심인가?

(b) 나프록센은 방향족인가?

(c) 나프록센의 공명 구조를 그리시오.

(d) 수용체 부위와의 수소 결합에 참여할 수 있는 원자에 원을 그리시오.

정리

절	개념 요약	학습 목표	문제
23.1 유기 분자와 그 구조: 구조 이성질체	**유기화학**은 탄소 화합물에 대한 연구이다. 가장 간단한 화합물은 **알케인**이며, 이는 탄소와 수소만을 포함하며(**탄화수소**), 단일 결합만을 가진다. **곧은 사슬 알케인**은 모든 탄소가 한 줄로 연결되어 있고, **가지 달린 사슬 알케인**은 그들의 사슬에 곁가지를 가지고 있으며, **사이클로알케인**은 탄소 원자 고리를 가지고 있다. **구조 이성질체**란 같은 화학식을 가지나 원자의 연결이 다른 화합물이다.	23.1 알케인을 축약 구조식이나 선 구조식으로 나타낸다. 23.2 알케인의 구조 이성질체를 찾아내고 그린다.	예제 23.1; 문제 23.42~23.43 예제 23.2; 문제 23.44~23.45
23.2 입체 이성질체: 카이랄 분자	**입체 이성질체**는 같은 화학식과 같은 원자의 연결을 가지나 공간 상에서 원자의 배열이 서로 다른 분자이다. **카이랄 분자**는 대칭면을 가지지 않으며, 카이랄 분자의 거울상은 본래의 분자와 겹쳐지지 않는다.	23.3 분자 내의 카이랄 중심을 찾고, 카이랄과 비카이랄 분자를 구별한다.	예제 23.3; 문제 23.49~23.52
23.3 유기 화합물 집단: 작용기	알려진 4,500만 가지 이상의 알려진 유기 화합물은 그것들이 포함하고 있는 작용기에 따라 집단으로 체계화할 수 있다. **작용기**란 특징적인 화학적 거동을 가지는 원자나 원자단이다.	23.4 유기 분자의 작용기를 찾아내고, 명명한다. 23.5 축약된 구조식과 선 구조식을 이용하여 작용기를 가진 분자를 나타낸다.	문제 23.33~23.34 예제 23.4; 문제 23.58, 23.61, 23.64, 23.66
23.4 탄수화물: 이성질체의 생물학적 예	**탄수화물**은 폴리하이드록시 알데하이드와 케톤이다. 간단한 탄수화물, 즉 **단당류**는 더는 작은 분자로 가수분해될 수 없다. 녹말과 셀룰로스 같은 복합 탄수화물은 서로 결합된 많은 단순당을 포함한다. 단당류는 구조 이성질체, **거울상 이성질체**, **아노머**를 포함하는 서로 다른 이성질체로 존재한다.	23.6 단당류를 알도스나 케토스로 분류하고, 대표적인 열린 사슬 구조를 그린다. 23.7 단당류의 이성질 유형을 분류한다.	문제 23.70~23.73 문제 23.74~23.75
23.5 원자가 결합 이론과 오비탈 겹침 그림	탄소–탄소 이중 결합 주위로 회전이 불가능하기 때문에, 치환된 알켄에서는 **시스–트랜스 이성질체**가 가능하다. 시스 이성질체에서는 두 치환기가 이중 결합의 같은 쪽에 위치하고, 트랜스 이성질체에서는 두 치환기가 서로 반대 쪽에 위치한다.	23.8 유기 화합물의 결합을 설명하기 위한 오비탈 겹침 그림을 그린다. 23.9 시스–트랜스 이성질체를 구별하고 그린다.	예제 23.6; 문제 23.76, 23.78~23.79 예제 23.7; 문제 23.80~23.85
23.6 지질: 시스–트랜스 이성질 현상의 생물학적 예	**지질**은 무극성 용매에 녹는 천연적으로 존재하는 유기 분자이다. 동물성 지방과 식물성 기름은 **트라이아실글리세롤**이며, 이것은 세 개의 긴 지방산 사슬이 있는 글리세롤의 에스터이다. **지방산**은 가지가 없고, 짝수 개의 탄소 원자를 가지며, 포화되어 있거나 불포화되어 있을 수 있다.	23.10 트라이아실글리세롤을 알아내고 구조를 그린다. 23.11 지질의 구조와 물리적 성질을 연관시킨다.	문제 23.88~23.89 문제 23.92~23.93
23.7 유기 화합물의 형식 전하와 공명	공명 구조와 형식 전하는 유기 화합물과 생물학적 화합물의 구조와 반응성을 이해하는 데 중요한 개념이다. 선 구조식을 옳게 그리려면 형식 전하를 표시해야 한다. 형식 전하는 서로 다른 공명 구조의 공명 혼성에 대한 상대적 기여도를 평가하는 데 이용된다.	23.12 공명 구조를 그리기 위해 굽은 화살표를 이용하고, 형식 전하를 결정한다.	예제 23.8~23.9; 문제 23.96, 23.98, 23.100, 23.102
23.8 콘쥬게이션 계	**콘쥬게이션 계**는 인접한 원자에 있는 두 개 이상의 p 오비탈로 구성된다. p 오비탈은 π 계에 있는 모든 원자에서 겹치고 비편재화된다. 콘쥬게이션 계의 공명 구조를 그릴 수 있으며, 원자들은 전체 에너지를 낮추어 주는 혼성을 취한다. 콘쥬게이션 계의 일부인 p 오비탈의 전자들은 비편재화되고, 혼성 오비탈에 있는 전자들은 편재화된다.	23.13 콘쥬게이션 계의 오비탈 겹침 그림을 그리고, 편재화된 전자와 비편재화된 전자를 구별한다. 23.14 콘쥬게이션 계를 찾아내고, 계에 속한 원자들의 혼성을 구별한다.	예제 23.10; 문제 23.112~23.113 예제 23.11; 문제 23.108~23.109
23.9 단백질: 콘쥬게이션의 생물학적 예	단백질은 **α-아미노산**이 아마이드 또는 펩타이드 결합으로 서로 연결된 거대한 생체 분자이다. 단백질에는 흔히 20가지 아미노산이 존재한다.	23.15 아미노산을 찾아내고, 펩타이드의 구조를 그린다.	예제 23.12; 문제 23.115~23.117

절	개념 요약	학습 목표	문제
23.10 방향족 화합물과 분자 오비탈 이론	**방향족** 화합물은 고리형이고, 평면이며, 고리 주위에 인접한 p 오비탈이 있으며, $(4n+2)$개의 π 전자를 가지는 화합물의 한 부류이다. 방향족 화합물은 결합성 분자 오비탈을 점유하는 쌍을 이룬 전자들로 인해 추가의 안정성을 가진다.	23.16 유기 화합물이 방향족인지를 예측한다.	예제 23.13; 문제 23.120~23.122, 23.124
23.11 핵산: 방향족성의 생물학적 예	**데옥시리보핵산**(DNA)과 **리보핵산**(RNA)은 생물체 유전 정보의 화학적 운반체이다. 그것은 서로 연결되어 긴 사슬을 형성하는 뉴클레오타이드로 구성되어 있다. 각각의 **뉴클레오타이드**는 당의 C1에 연결된 고리형 아민 염기로 구성되어 있고, 당은 차례차례 인산에 연결되어 있다. RNA의 당 성분은 리보스이며, DNA의 당 성분은 2-데옥시리보스이다. DNA의 염기는 아데닌(A), 구아닌(G), 사이토신(C), 타이민(T)이며, RNA의 염기는 아데닌, 구아닌, 사이토신, 유라실(U)이다. DNA 분자는 수소 결합에 의해 서로 결합된 상보적인 뉴클레오타이드 두 가닥으로 구성되며 이중 나선으로 감겨 있다.	23.17 서로 다른 핵산 성분들이 결합되는 방법을 나타내는 구조를 그리고, 특정한 가닥에 상보적인 DNA 결합 순서를 적는다. 23.18 DNA 염기가 방향족임을 보이는 공명 구조를 그린다.	문제 23.128~23.130 문제 23.132~23.133

주요 용어

가지 달린 사슬 알케인
곧은 사슬 알케인
구조 이성질체
뉴클레오사이드
뉴클레오타이드
다당류
다불포화 지방
단당류
단백질
데옥시리보핵산(DNA)
리보핵산(RNA)
방향성
불포화
비편재화
사이클로알케인
생화학
선 구조식
수소화 반응
시스-트랜스 이성질체
아노머
알카인
알케인
알켄
알파(α)-아미노산
염기 쌓임
왓슨-크릭 모형
유기 화학
작용기
지방산
지질
축약된 구조식
카보닐기
콘쥬게이션 계
탄수화물
트라이아실글리세롤
파이(π) 계
펩타이드
펩타이드 결합
포화
핵산
효소
휘켈 규칙

복습 문제

LO는 학습 목표(Learning Objectives)를 나타낸다.

이 장을 학습한 후엔, 학습자의 이해도를 평가할 수 있는 방법이 있다. **복습 문제**를 푸는 것이다. **복습 문제**들은 이 장의 학습 목표와 연계되어 있다. 따라서 푼 답이 틀렸다면, 이 장의 끝부분에 나와 있는 **정리** 문단의 **학습 목표**를 참고하면 된다. 정리 문단에는 **개념 요약**이 제공되며, **예제**를 참고하면 문제 해결 방법을 모델링 할 수 있고, 제공되는 **추가 문제**들로 더 많은 연습을 할 수 있다.

1. 다음 중 어느 것이 구조 이성질체들로 짝지어져 있는가? (**LO 23.1, 23.2**)

(a)

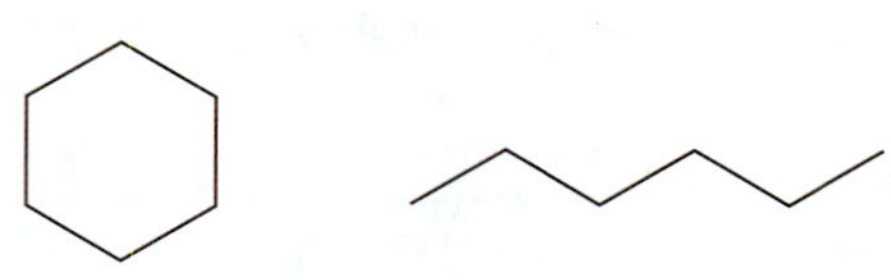

(b)

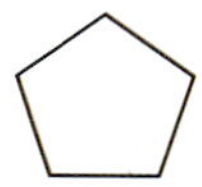

(c)

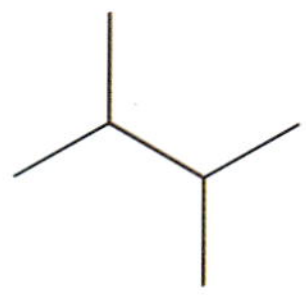

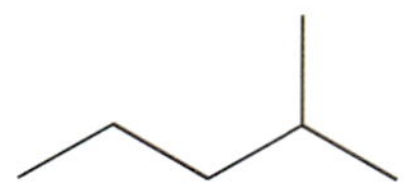

(d)

2. 이부프로펜(ibuprofen)은 카이랄 약물이다. 원으로 표시된 원자 중 어느 것이 카이랄 중심인가? (**LO 23.3**)

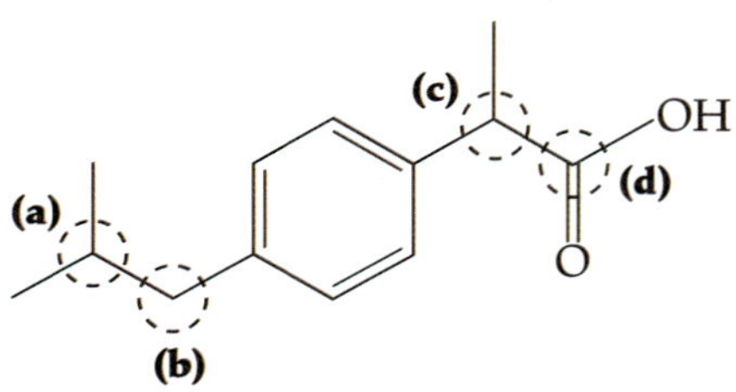

이부프로펜

3. 다음 화합물의 분자식은 무엇이고, 존재하는 작용기는 무엇인가? (**LO 23.4, 23.5**)

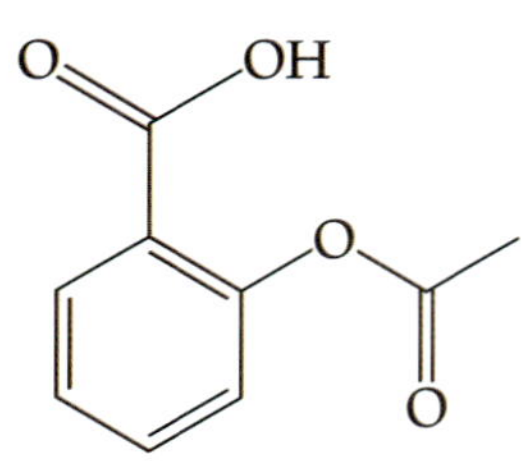

(a) $C_9H_8O_4$; 방향족 고리, 카복실산, 케톤, 에터
(b) $C_8H_{10}O_4$; 방향족 고리, 케톤, 알코올, 에스터
(c) $C_8H_{10}O_4$; 방향족 고리, 에스터, 케톤, 알코올
(d) $C_9H_8O_4$; 방향족 고리, 에스터, 카복실산

4. 다음 구조 중 알도펜토스는 어느 것인가? (**LO 23.6**)

(a)

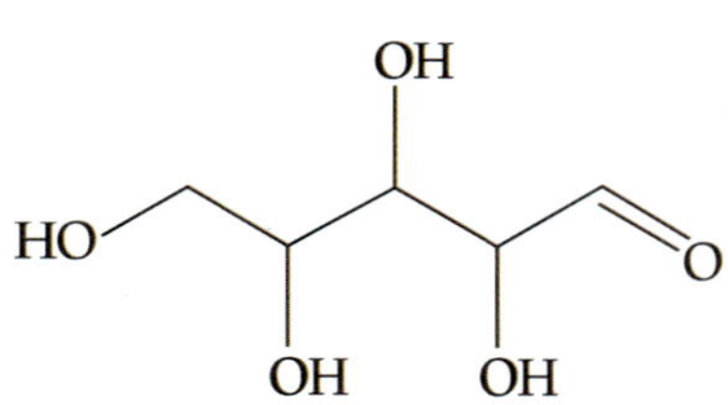

(b)

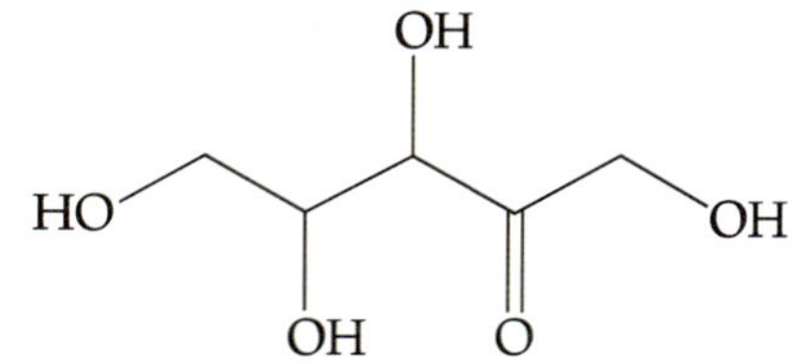

(c)

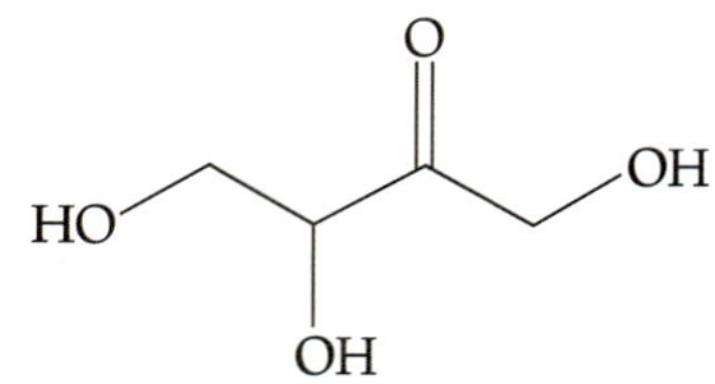

(d)

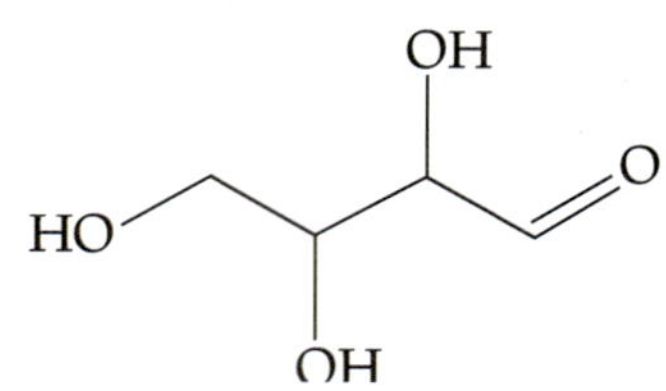

5. 아스코브산에서 화살표가 가리키는 탄소–탄소 결합을 형성하기 위해, 어떤 오비탈이 겹쳐져야 하는가? (**LO 23.8**)

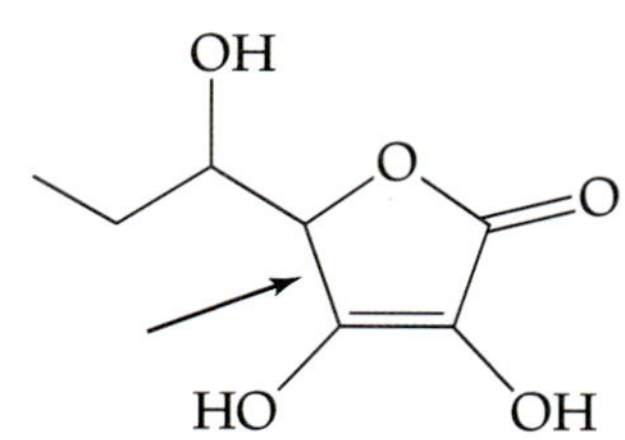

아스코브산

(a) sp^2와 sp^2
(b) sp^3와 sp^3
(c) sp^3와 sp^2
(d) sp^2와 $2p$

6. 다음 중 어느 것이 시스–트랜스 이성질체로 짝지어져 있는가? (**LO 23.9**)

(a)

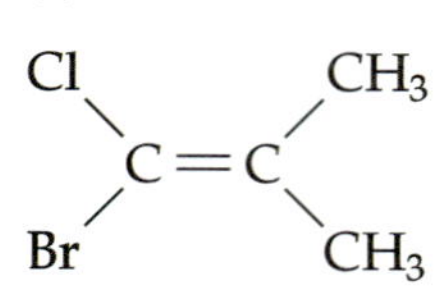

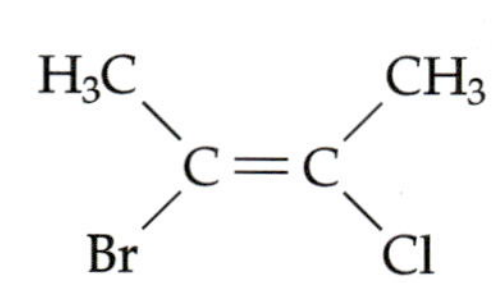

(b)

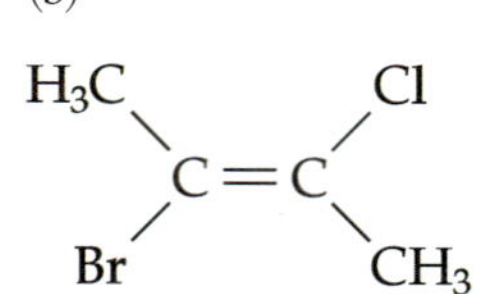

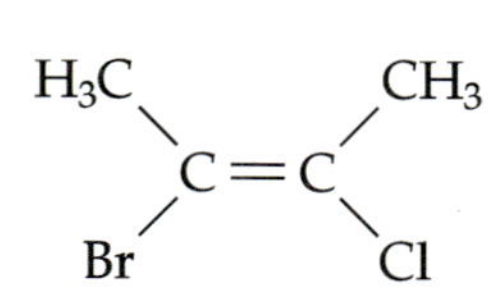

(c)

(d)

7. 다음 구조 중 질소 원자가 π 계에 비편재화되어 있는 고립 전자쌍을 가진 구조는 어느 것인가? (**LO 23.13, 23.14**)

(a)

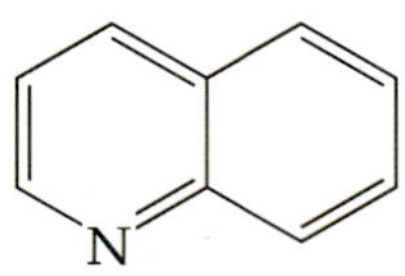

(b)

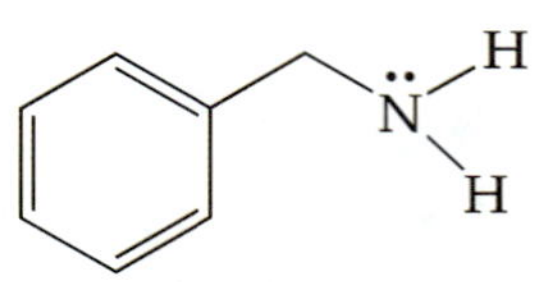

(c)

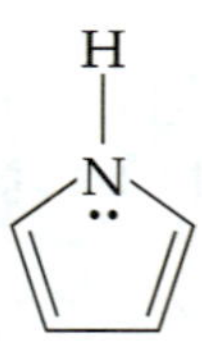

(d) 이 모든 구조에서 질소 원자의 고립 전자쌍은 비편재화되어 있다.

8. 다이펩타이드(Cys-Tyr)를 나타내는 구조는 어느 것인가? (**LO 23.15**)

(a)

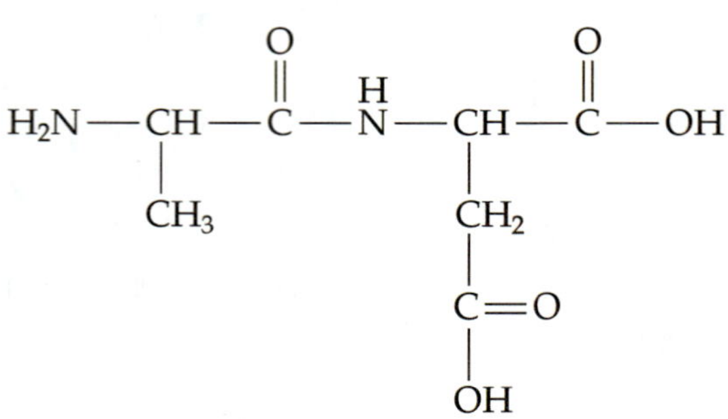

(b)

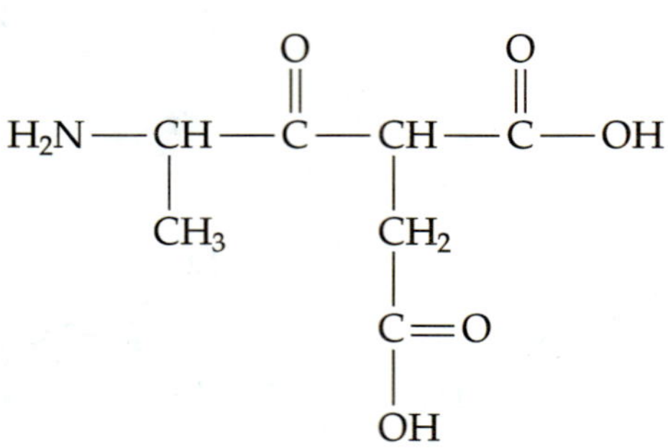

(c)

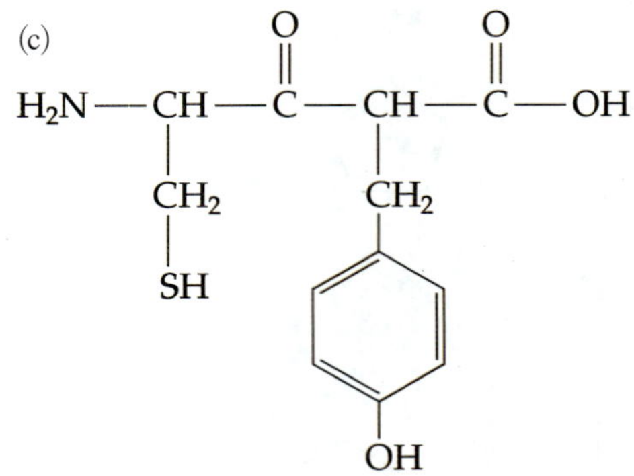

(d)

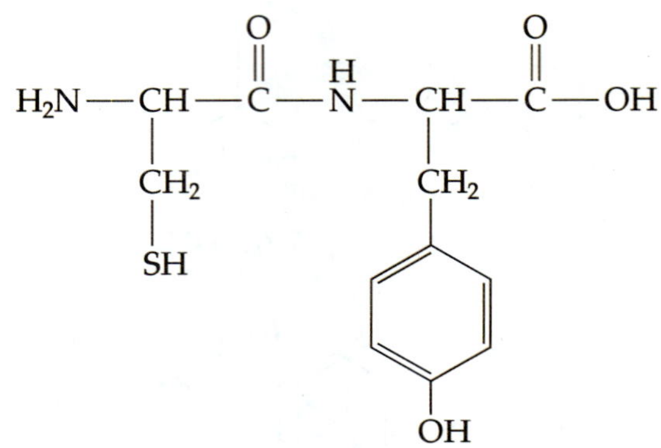

9. 다음 분자 중 어느 것이 방향족인가? (**LO 23.16**)

(a)

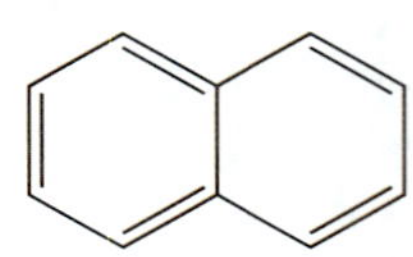

(b)

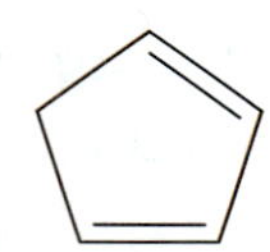

(c)

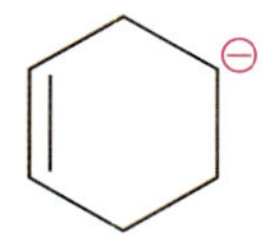

(d)

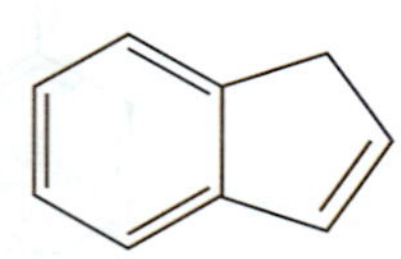

10. DNA 염기인 구아닌의 공명 화살표가 나와 있다. 다음 중 화살표가 나타내는 전자 재배열의 결과로 생성되는 공명 구조는 어느 것인가? 원자의 형식 전하를 표시하도록 한다. (**LO 23.12, 23.18**)

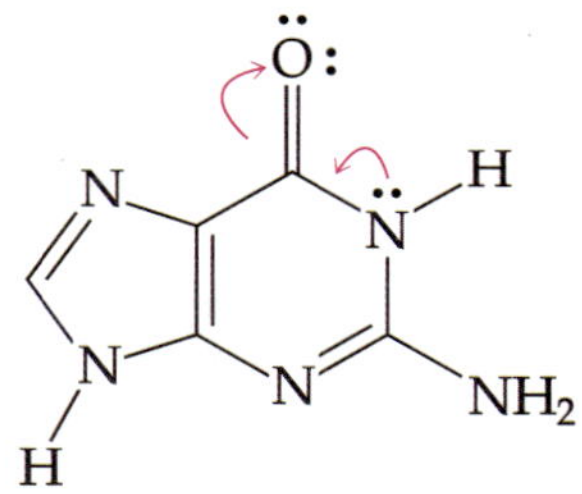

(a)

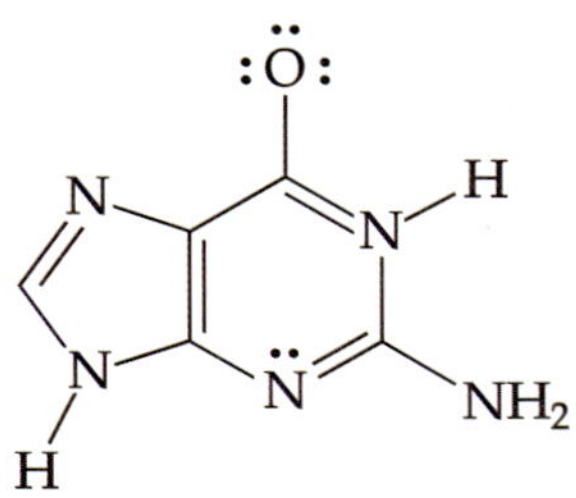

(b)

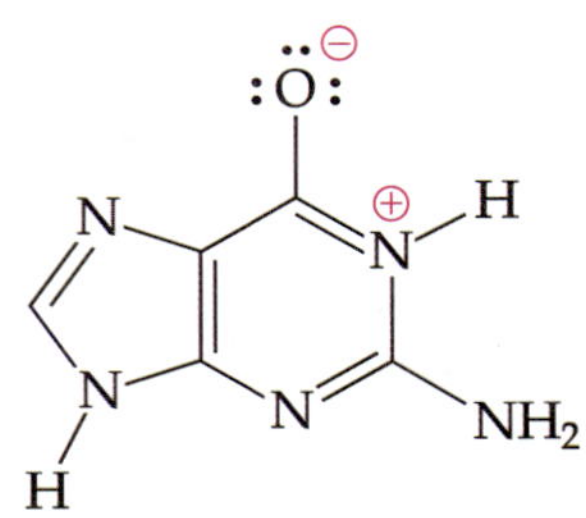

(c)

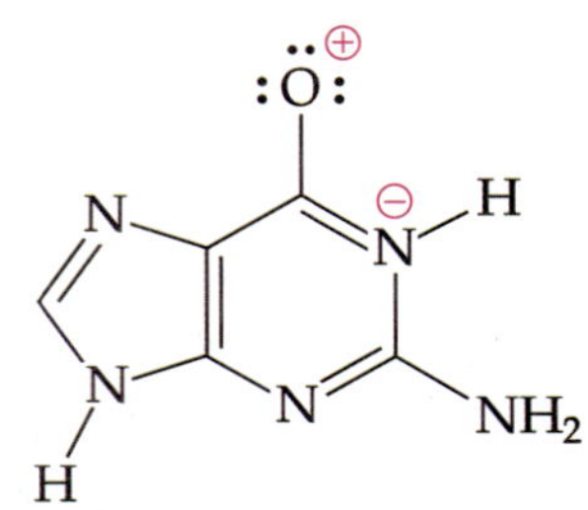

(d) 이 화살표는 옳은 공명 구조를 제공하지 않는다.

답:

1. c, 2. c, 3. d, 4. a, 5. c, 6. b, 7. c, 8. d, 9. a, 10. b

개념 문제

문제 23.1–23.29는 이 장의 본문 중에 있다.

23.30 다음 모형을 축약 구조식과 선 구조식으로 바꾸시오. 두 이성질성 화합물의 구조를 그리시오.

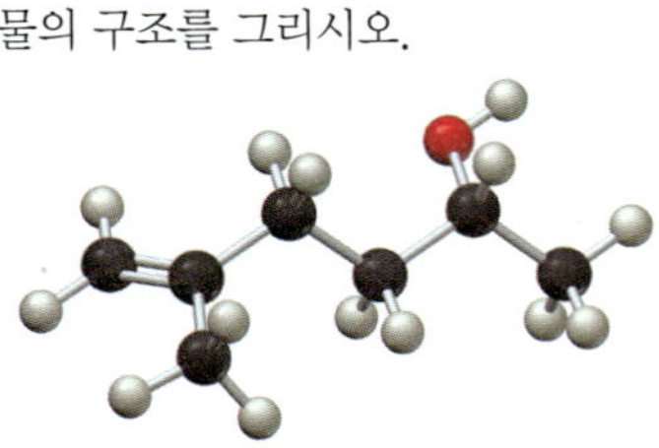

23.31 다음 모형을 축약된 구조식과 선 구조식으로 바꾸시오.

(a)

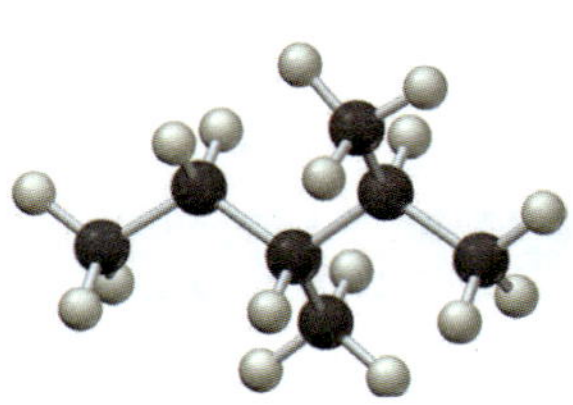

(b)

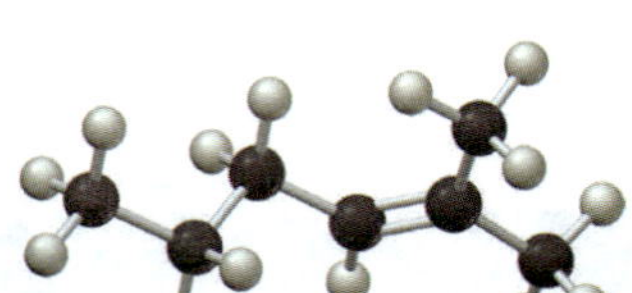

23.32 다음 분자 중 하나는 카이랄이고 두 가지 거울상 형태로 존재할 수 있는 반면, 다른 것은 그렇지 않다. 어느 것이 카이랄이며, 왜 그런가?

(a)

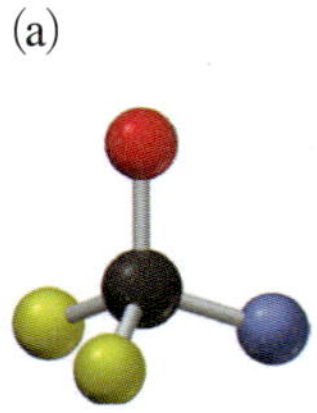

(b)

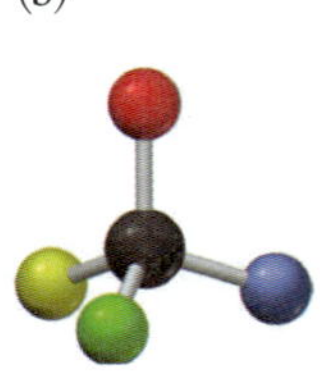

23.33 다음 각 화합물의 작용기는 무엇인가?

(a)

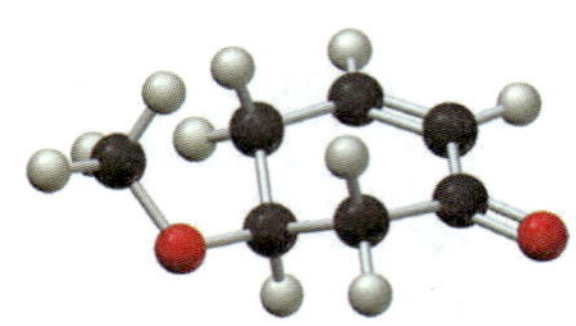

(b)

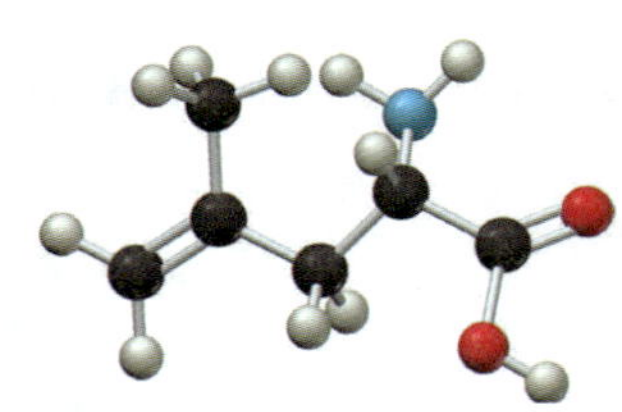

23.34 코카인의 작용기는 무엇인가?

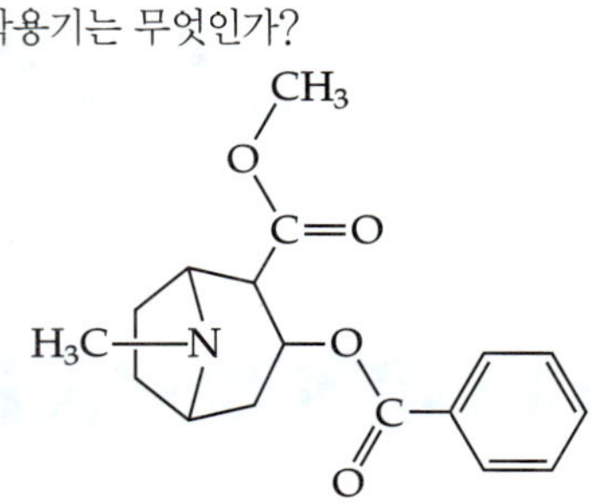

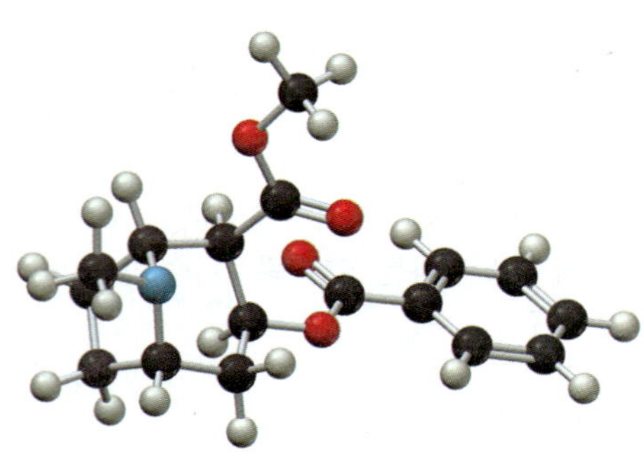

코카인

23.35 다음 구조는 단백질을 구성하는 아미노산 중 하나인 트립토판을 나타낸 것이다. 고립 전자쌍이 존재하는 곳을 나타내어 완전한 구조를 완성하시오(빨간색 = O, 회색 = C, 파란색 = N, 상아색 = H). 선 구조식을 그리고, 분자식을 결정하시오.

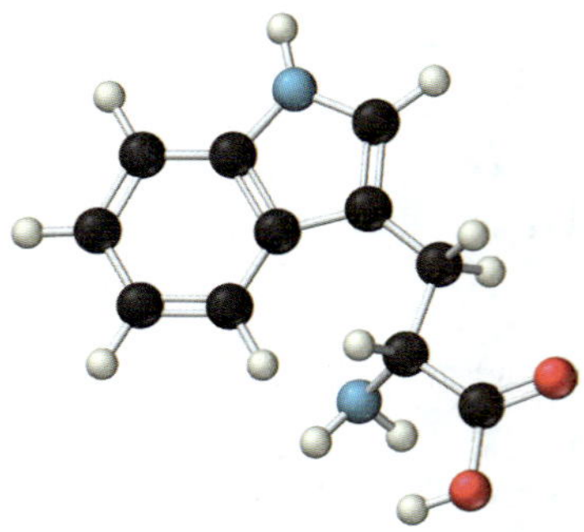

트립토판

23.36 다음 구조는 DNA 구성 성분의 하나인 타이민을 나타낸 것이다. 고립 전자쌍이 존재하는 곳을 나타내어 완전한 구조를 완성하시오(빨간색 = O, 회색 = C, 파란색 = N, 상아색 = H). 선 구조식을 그리고, 분자식을 결정하시오.

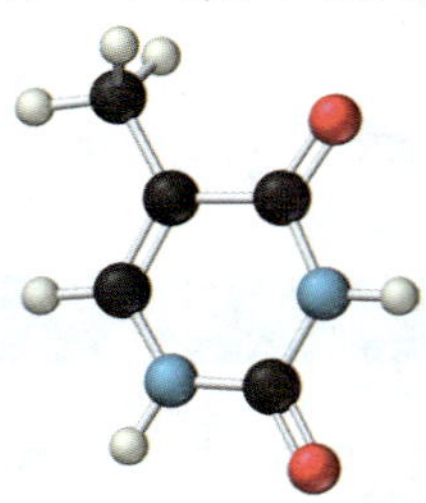

타이민

23.37 이중 결합의 위치를 나타내면서 나프탈렌의 세 가지 공명 구조를 그리시오.

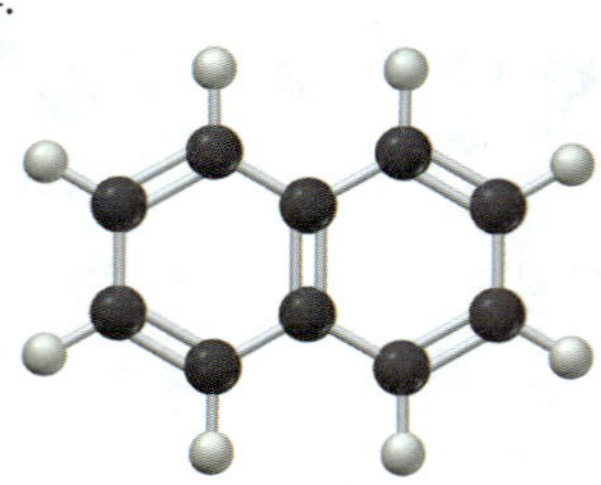

23.38 다음 아미노산은 무엇인가? (노란색 = S)

(a)

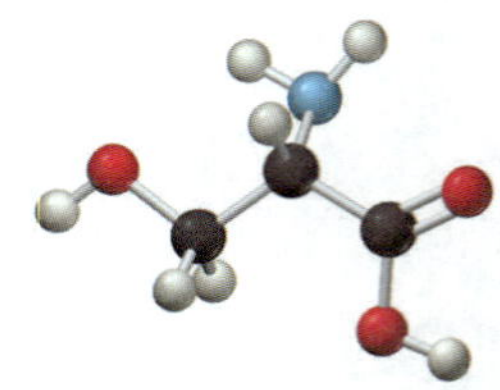

(b)

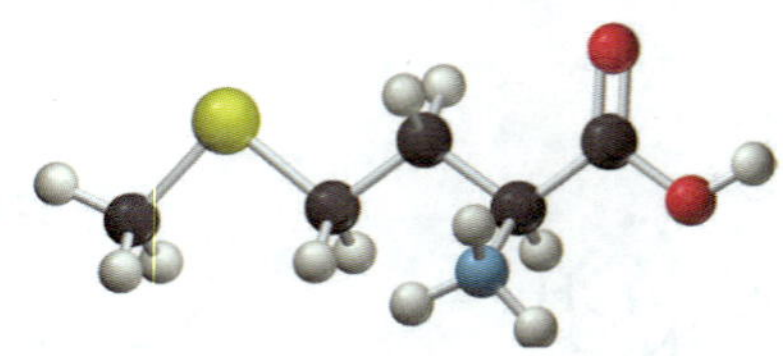

23.39 다음 다이펩타이드는 무엇인가?

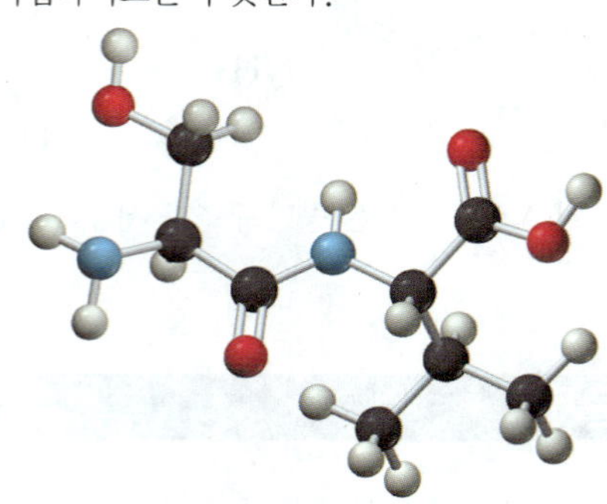

보충 문제

유기 분자와 구조 이성질체(23.1절)

23.40 곧은 사슬 알케인과 가지 달린 사슬 알케인의 차이점은 무엇인가?

23.41 같은 수의 탄소 원자를 가진 곧은 사슬 알케인과 사이클로알케인의 화학식에서의 차이점은 무엇인가?

23.42 6개의 탄소 원자를 가진 곧은 사슬 알케인의 축약된 구조식과 선 구조식을 그리시오.

23.43 7개의 탄소 원자를 가진 곧은 사슬 알케인의 축약된 구조식과 선 구조식을 그리시오.

23.44 다음 알케인 쌍이 구조 이성질체인지 결정하시오. 그렇지 않다면 이유를 설명하시오.

(a)

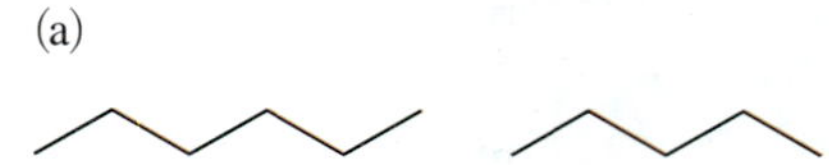

(b)

(c)

23.45 다음 알케인 쌍이 구조 이성질체인지 결정하시오. 그렇지 않다면 이유를 설명하시오.

(a)

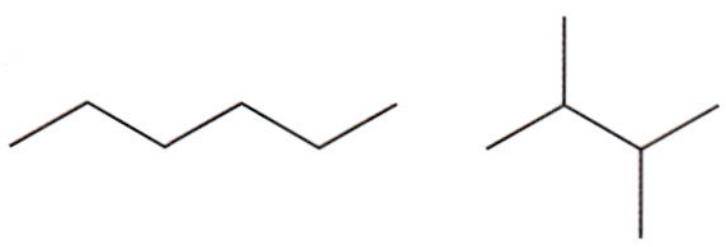

(b)

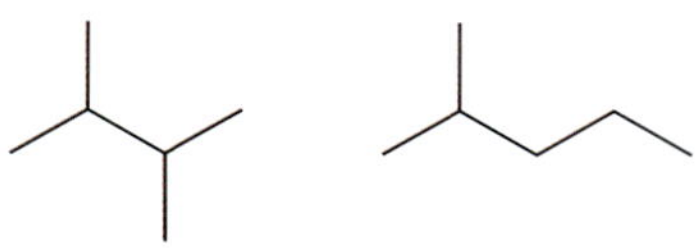

(c)

23.46 다음 선 구조식은 두 아미노산인 루신과 아이소루신을 나타낸다. 이 두 화합물은 구조 이성질체인가? 이유를 설명하시오.

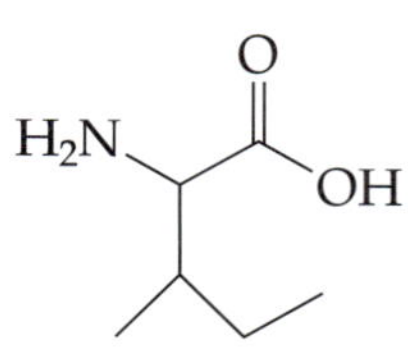

아이소루신

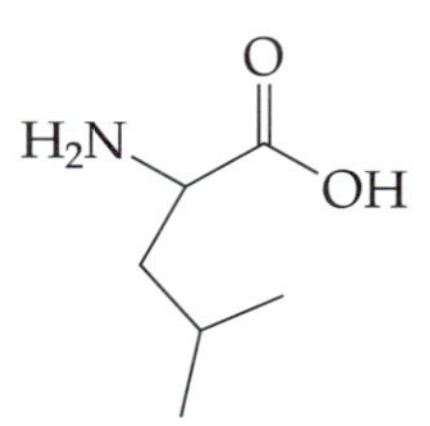

루신

23.47 이 두 화합물은 구조 이성질체인가? 이유를 설명하시오.

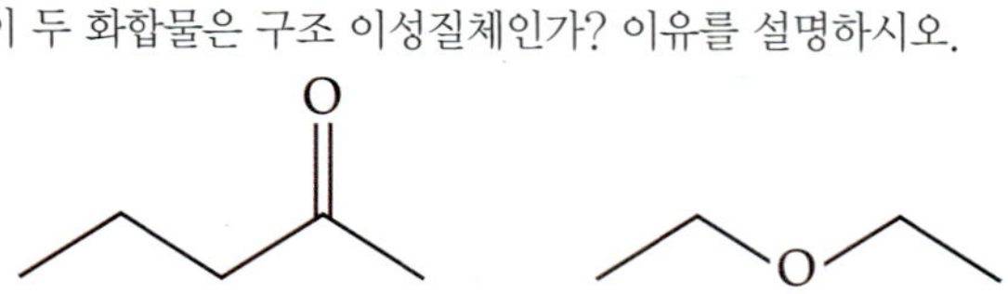

입체 이성질체: 카이랄 분자(23.2절)

23.48 어떤 것이 카이랄인가? (손대칭성을 보이시오.)

(a) 농구공 (b) 발
(c) 골프채 (d) 커피잔
(e) 나선형으로 꼬인 조개껍데기

23.49 다음 분자들 중에서 어떤 것이 두 개의 거울상 형태로 존재할 수 있는 카이랄인지 확인하시오.

(a) 젖산: 근육이 수축할 때 형성됨

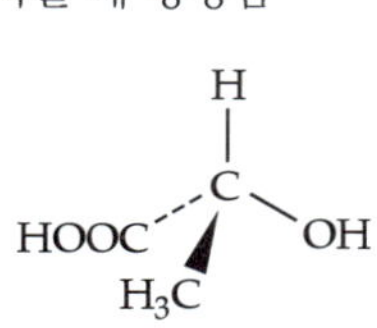

(b) 아세트산: 식초의 주성분

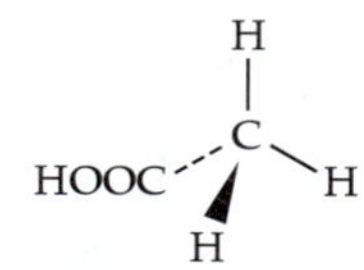

(c) 프로판산: 곰팡이의 성장을 저해하는 방부제

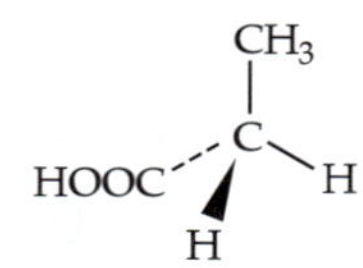

23.50 다음 중 카이랄 분자는? 그렇다면 카이랄 중심을 확인하시오.

(a)

(b)

(c)

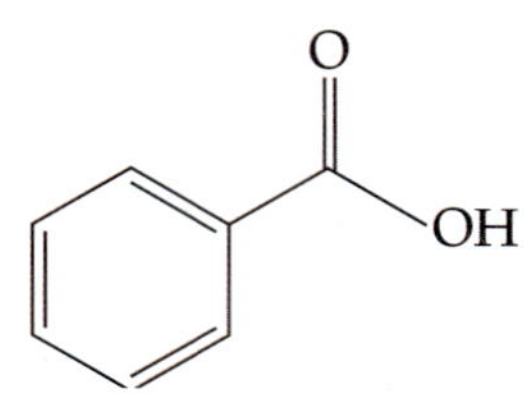

(d)

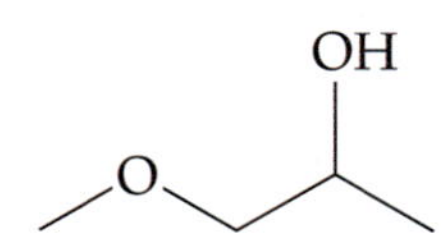

23.51 다음 중 카이랄 분자는? 그렇다면 카이랄 중심을 확인하시오.

(a)

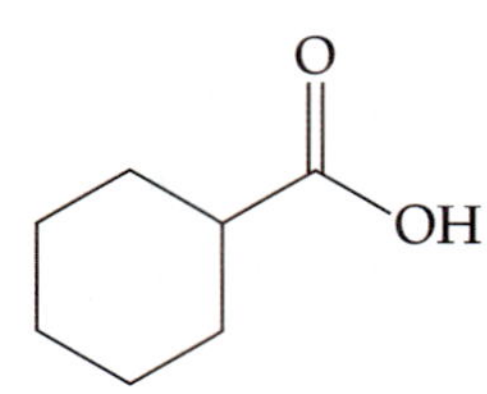

(b)

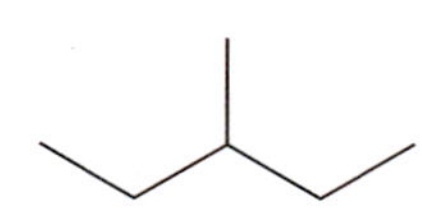

(c)

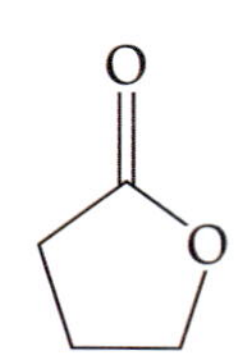

(d)

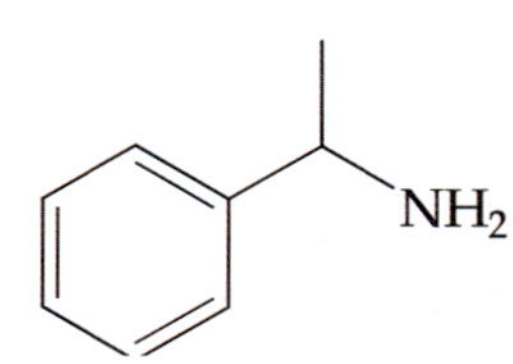

23.52 카이랄 약물인 페니실아민의 구조이다. 하나의 거울상 이성질체는 만성 관절염에 효과적이나, 다른 거울상 이성질체는 독성이 강하다. 페니실아민의 카이랄 중심을 확인하시오.

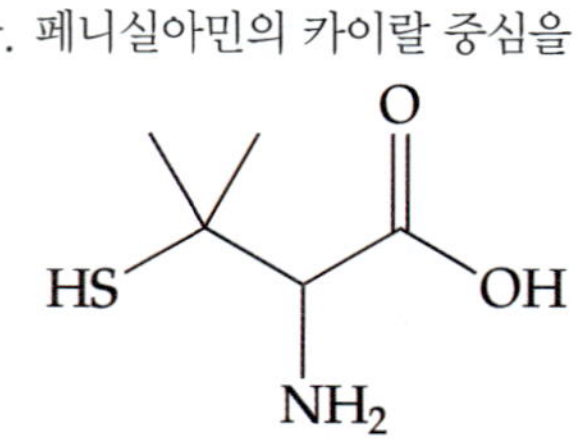

23.53 카이랄 약물인 나프록센의 구조이다. 하나의 거울상 이성질체는 염증에 효과적이나, 다른 거울상 이성질체는 간 독성을 보인다. 나프록센의 카이랄 중심을 확인하시오.

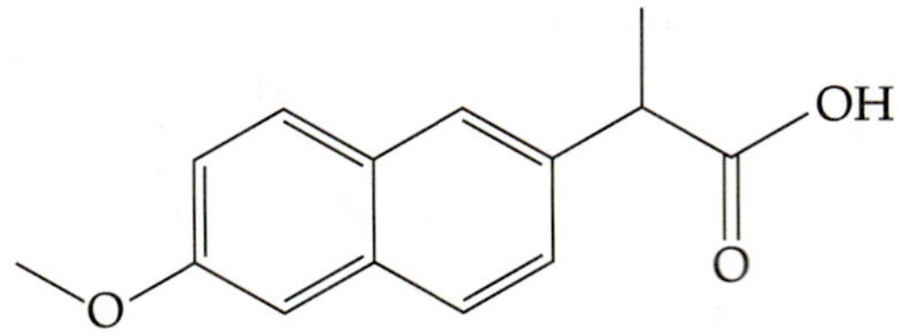

작용기(23.3절)

23.54 작용기란 무엇인가? 또한 왜 중요한가?

23.55 다음 각 집단의 작용기 구조를 그리시오.

(a) 알켄 (b) 알코올

(c) 에스터 (d) 아민

23.56 다음 내용에 맞는 분자의 구조와 축약 구조식을 제안하시오.

(a) 화학식이 $C_5H_{10}O$인 케톤

(b) 화학식이 $C_6H_{12}O_2$인 에스터

(c) 아민이면서 카복실산이고 화학식이 $C_2H_5NO_2$인 화합물

23.57 다음 분자식의 선 구조식을 그리시오. 경우에 따라서는 고리나 다중 결합을 이용해야 할 수도 있다.

(a) C_2H_7N (b) C_4H_8

(c) C_2H_4O (d) CH_2O_2

23.58 다음 서술에 맞는 화합물의 선 구조식과 분자식을 쓰시오.

(a) 탄소 원자 3개와 1개의 삼중 결합을 가진 선형 알카인

(b) 탄소 원자 4개와 1개의 이중 결합을 가진 선형 알켄

(c) 고리에 탄소 원자 5개와 2개의 이중 결합을 가진 알켄

23.59 다음 서술에 맞는 화합물의 선 구조식과 분자식을 쓰시오.

(a) 탄소 원자 4개를 가진 선형 알케인

(b) 고리에 탄소 원자 6개와 1개의 이중 결합을 가진 알켄

(c) 탄소 원자 6개와 2개의 삼중 결합을 가진 선형 알카인

23.60 분자식 C_5H_8인 다이엔(이중 결합이 두 개인 화합물)은 몇 개가 있는가? 최대한 많은 구조를 그리시오.

23.61 분자식이 C_3H_8O인 구조를 제안하고, 세 가지 이성질체의 축약 구조식을 그리시오.

23.62 누군가가 분자식 C_3H_9인 화합물의 합성을 보고하였다면, 대부분의 화학자들은 의심을 품을 것이다. 그 이유는 무엇인가?

23.63 다음 각 구조는 어디가 잘못되었는가?

(a) $CH_3=HCH_2CH_2OH$

(b) $CH_3CH_2CH{=}\overset{\overset{\displaystyle O}{\|}}{C}CH_3$

(c) $CH_3CH_2C{\equiv}CH_2CH_3$

23.64 다음 작용기를 가진 알케인의 완전한 전자점 구조를 그리고, 분자식을 결정하시오.

(a) 알코올 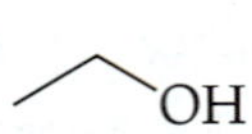

(b) 아민 

(b) 고리형 아민 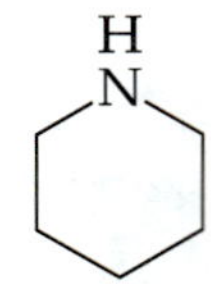

(d) 에터 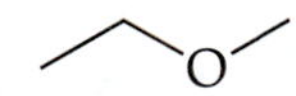

(e) 할로젠 

(f) 케톤 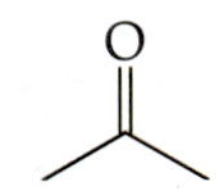

23.65 다음 작용기를 가진 알케인의 완전한 전자점 구조를 그리고, 분자식을 결정하시오.

(a) 발린(아미노산) 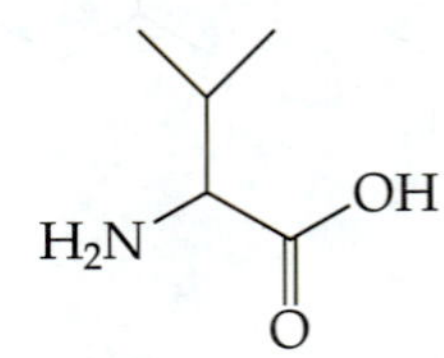

(b) 메틸 *tert*-뷰틸 에터(MTBE) (휘발유 첨가제) 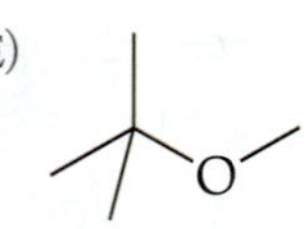

(c) 바비투르산 (바비투르산계 약물의 모체) 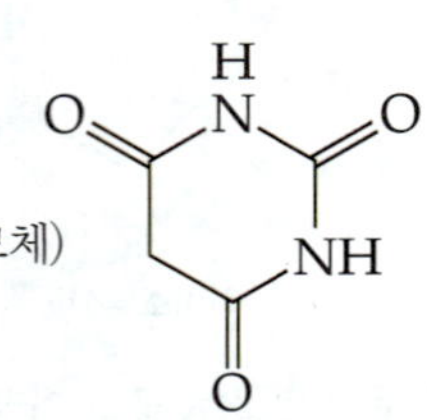

23.66 다음 유기 분자의 완전한 전자점 구조를 그리고, 분자식을 결정하시오.

(a) 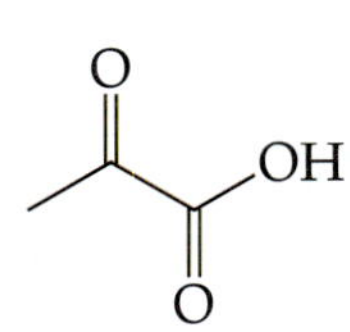

(b) 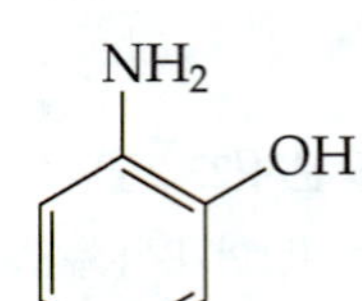

(c) 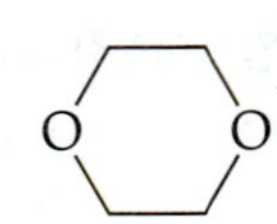

23.67 다음 유기 분자의 완전한 전자점 구조를 그리고, 분자식을 결정하시오.

(a) 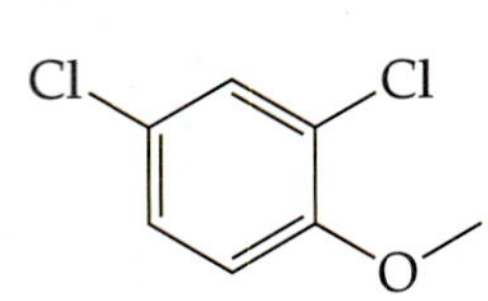

(b) 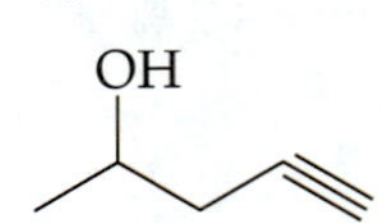

(c) 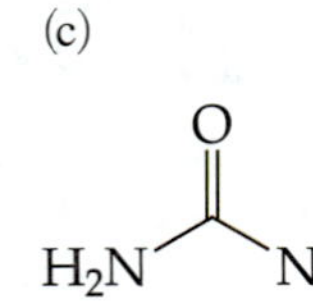

23.68 메틸페니데이트(methylphenidate)는 주의력 결핍 장애의 치료에 쓰이는 약품인 리탈린(Ritalin)의 활성 성분이다. 메틸페니데이트에는 어떤 작용기가 들어 있는가?

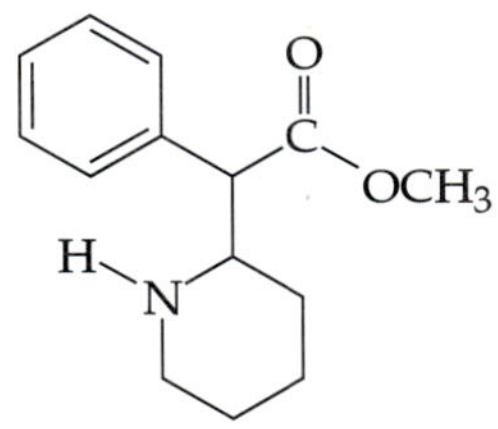

메틸페니데이트

23.69 벤자인(C_6H_4)은 매우 에너지가 높고 반응성이 큰 분자이다. 탄소 원자들은 육원자 고리로 연결되어 있다. 벤자인의 선 구조식을 그리시오. 어떤 작용기가 존재하는가?

탄수화물(23.4절)

23.70 알도스와 케토스의 구조적 차이는 무엇인가?

23.71 다음 탄수화물을 카보닐기의 종류 및 탄소 원자의 수를 바탕으로 분류하시오. 예를 들면 글루코스는 알도헥소스이다.

(a)

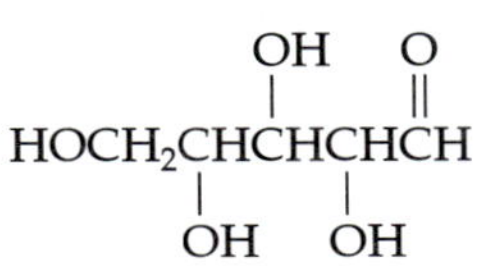

(b)

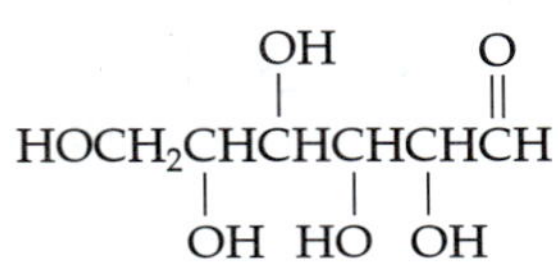

(c)

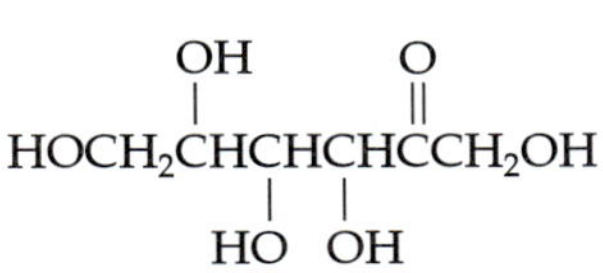

23.72 케토테트로스의 열린 사슬 구조를 쓰시오.

23.73 사탄소 데옥시 당의 열린 사슬 구조를 쓰시오.

23.74 다음 탄수화물은 이성질체인가? 그렇다면 이성질체의 유형을 분류하시오.

(a)

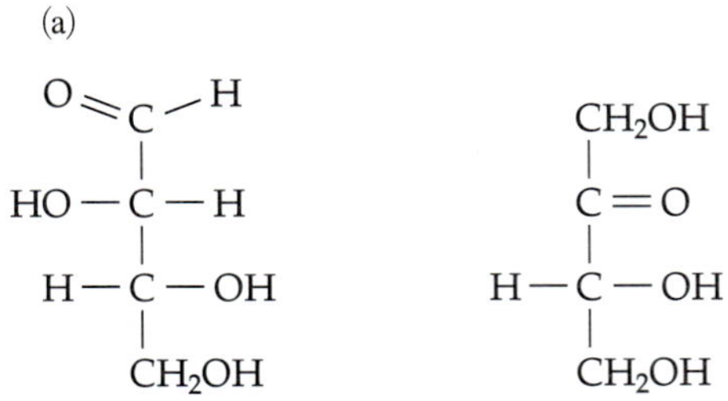

(b)

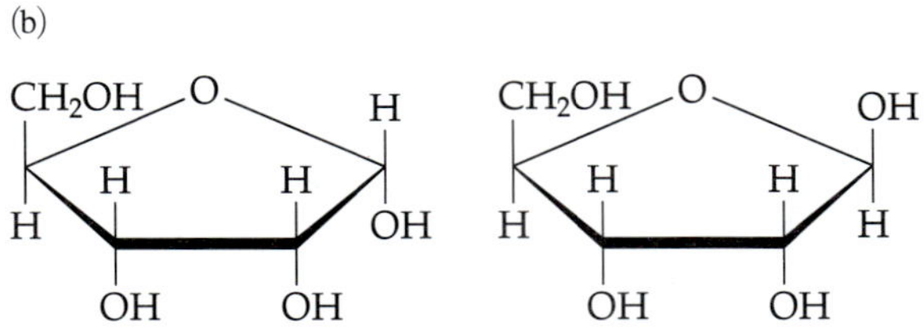

23.75 다음 탄수화물은 이성질체인가? 그렇다면 이성질체의 유형을 분류하시오.

(a)

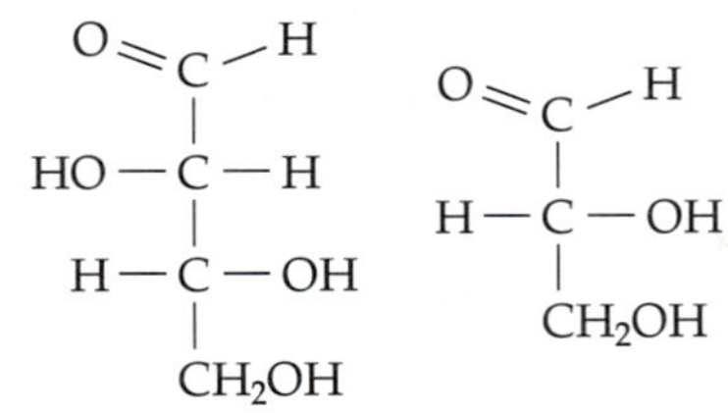

(b)

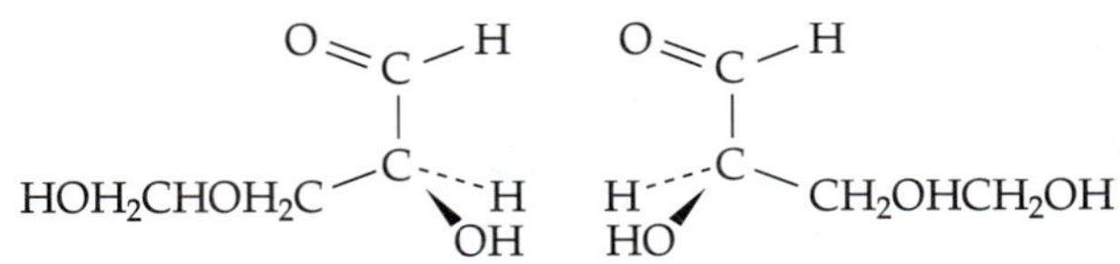

원자가 결합 이론과 오비탈 겹침 그림(23.5절)

23.76 (a) 두 탄소 원자가 모두 sp^3 혼성이라고 가정하고, 에테인(CH_3CH_3)의 오비탈 겹침 그림을 그리시오. 이 그림에서 C—H 결합각은 얼마인가?

(b) 두 탄소 원자가 모두 sp^2 혼성이라고 가정하고, 에테인의 오비탈 겹침 그림을 그리시오. 이 그림에서 C—H 결합각은 얼마인가?

(c) 에테인의 실제 구조는 (a)에서 그린 그림과 비슷하다. VSEPR 이론을 이용하여, (a)의 그림이 (b)의 그림보다 더 안정한 분자인 이유를 설명하시오.

23.77 탄소 원자가 sp^3 혼성인 메테인(CH_4)의 오비탈 겹침 그림과 탄소가 sp^2 혼성인 메테인의 오비탈 겹침 그림을 그리시오. sp^2 혼성보다 sp^3 혼성인 메테인이 더 안정한 이유를 설명하시오.

23.78 시스 배열의 이중 결합을 트랜스 형태의 이중 결합으로 전환하려면 π 결합이 끊어져야 한다. 이것은 두 p 오비탈이 전혀 겹치지 않는 전이 상태를 필요로 한다. 전이 상태에서 p 오비탈을 채워서 끊어진 π 결합의 간단한 오비탈 겹침 그림을 그리시오.

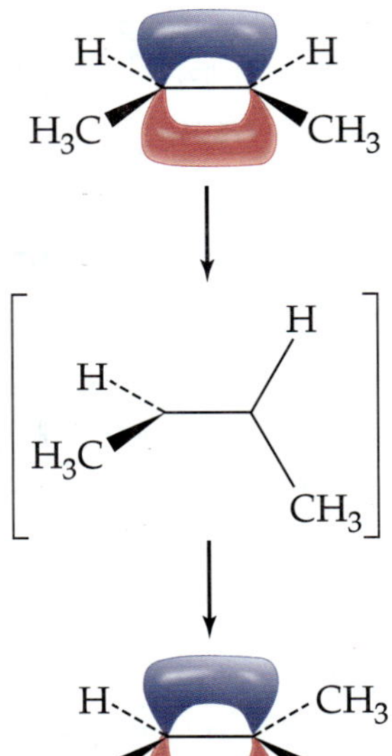

23.79 다음 분자의 간단한 오비탈 겹침 그림을 그리고, 모든 탄소와 수소가 같은 평면에 존재하는 이유를 설명하시오.

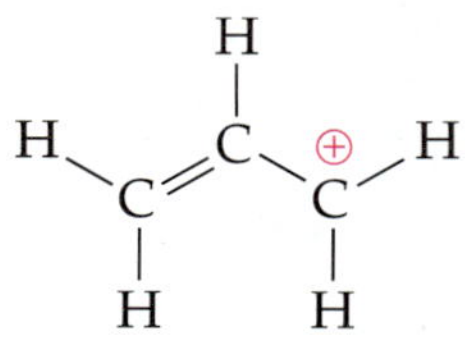

23.80 팔메롤라이드 A(palmerolide A)는 해양 생물체에서 분리된 화학 물질이며, 흑색종 암세포를 죽이는 것으로 증명되었다. 팔메롤라이드 A와 밀접하게 연관된 구조를 나타내었다. 각 탄소–탄소 이중 결합에 대하여 시스인지 트랜스인지 어느 것도 아닌지 표시하시오.

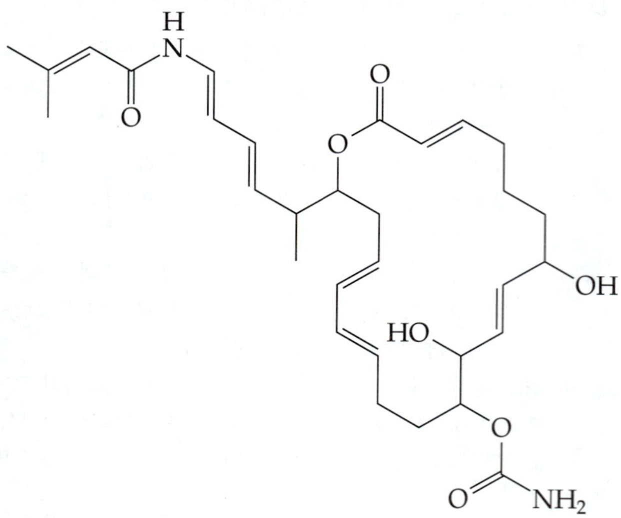

23.81 큰 고리를 가진 팔메롤라이드 A(문제 23.80)와 달리, 육원자의 고리형 분자는 시스형 이중 결합만 가질 수 있으며, 트랜스 이중 결합을 가질 수 없다. 탄소 원자 6개와 1개의 이중 결합으로 구성된 고리형 분자의 선 구조식을 그리시오. 왜 이것이 트랜스 이중 결합을 가질 수 없는지 설명하시오.

23.82 다음 화합물 중 시스–트랜스 이성질 현상을 나타내는 것은 어느 것인가? 이성질체가 존재한다면, 해당하는 시스나 트랜스 이성질체의 선 구조식을 나타내시오.

(a)

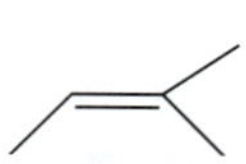

(b)

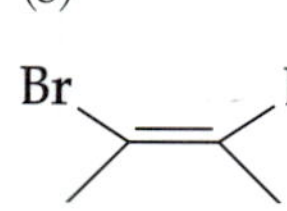

(c)

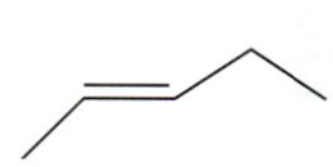

23.83 다음 화합물 중에서 시스–트랜스 이성질 현상을 나타내는 것은 어느 것인가? 이성질체가 존재한다면, 해당하는 시스나 트랜스 이성질체의 선 구조식을 나타내시오.

(a)

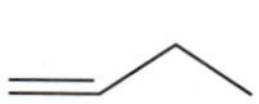

(b)

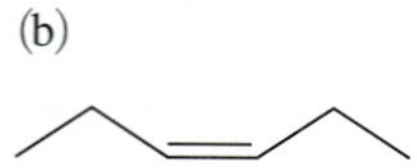

(c)

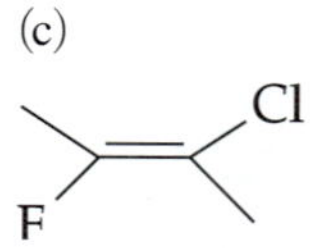

23.84 다음 화합물 중에서 시스–트랜스 이성질체로 존재할 수 있는 것은?

(a) 1–헥센 (b) 2–헥센 (c) 3–헥센

23.85 다음 화합물 중에서 시스–트랜스 이성질체로 존재할 수 있는 것은?

(a)

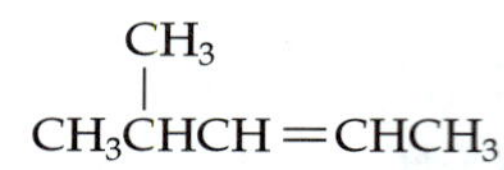

(b)

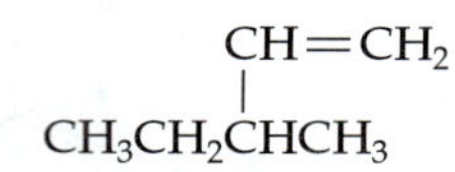

(c)

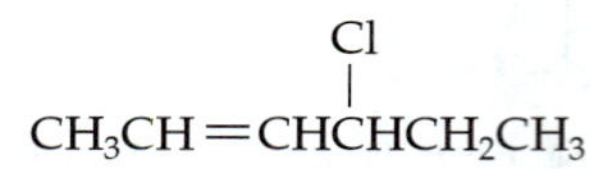

지질(23.6절)

23.86 지방산이란 무엇인가?

23.87 지방과 기름이 트라이아실글리세롤이라는 것은 무엇을 의미하는가?

23.88 미리스트산 글리세롤은 글리세롤과 미리스트산 세 분자로부터 만들어지는 지방이다. 미리스트산 글리세롤의 구조를 그리시오(표 23.2 참조).

23.89 글리세릴 트라이올리에이트는 글리세롤과 올레산 세 단위로부터 만들어지는 지방 분자이다. 글리세릴 트라이올리에이트의 구조를 그리시오.

23.90 향유고래에서 분리된 향을 풍기는 물질인 경랍(spermaceti)은 1976년에 고래의 멸종을 막기 위하여 사용이 금지될 때까지 화장품에 흔히 사용되는 성분이었다. 화학적으로 경랍은 세틸 알코올(곧은 사슬 C_{16} 알코올)의 팔미트산 에스터인 팔미트산 세틸이다(표 23.2 참조). 경랍의 구조를 그리시오.

23.91 구성 성분이 글리세롤, 팔미트산 1개, 스테아르산 2개로 이루어진 지방 분자에는 이성질체가 두 개 있다(표 23.2 참조). 두 구조를 모두 그리고, 어디가 다른지를 설명하시오.

23.92 다음 지방산 중 어느 것이 트라이아실글리세라이드가 실온에서 지방이 아닌 기름 상태를 유지하는 데 크게 기여하겠는가?

(a)

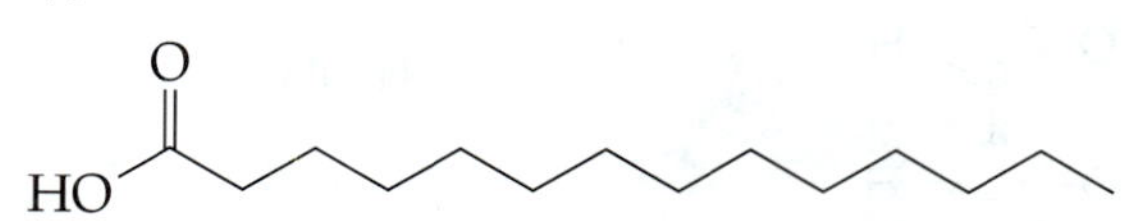

(b)

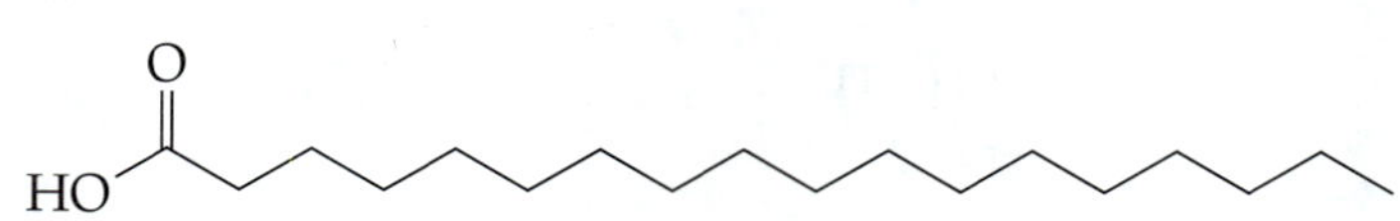

(c)

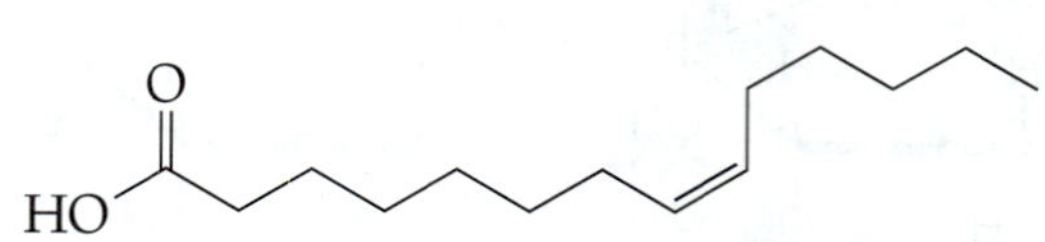

23.93 다음 지방산 중 어느 것이 트라이아실글리세라이드가 실온에서 기름이 아닌 지방 상태를 유지하는 데 크게 기여하겠는가?

(a)

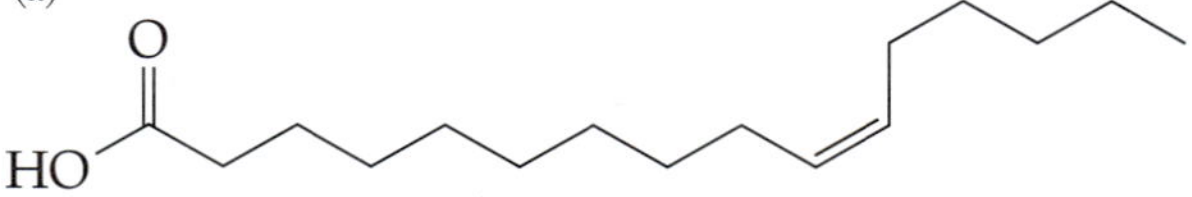

(b)

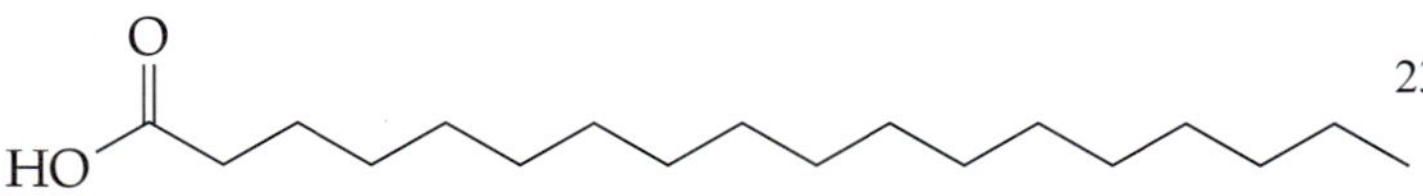

(c)

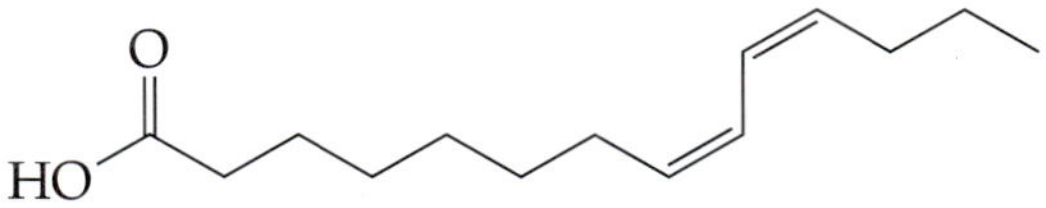

23.94 양초와 화장품에 사용되는 호호바 왁스는 부분적으로 스테아르산과 곧은 사슬 C_{22} 알코올의 에스터로 이루어져 있다. 이 에스터의 구조를 그리시오.

23.95 마루와 가구의 광택제로 사용하는 브라질 밀랍 야자의 성분 중의 하나는 C_{32} 곧은 사슬 알코올과 C_{20} 곧은 사슬 카복실산의 에스터이다. 이 에스터의 구조를 그리시오.

형식 전하와 공명(23.7절)

23.96 표시한 굽은 화살표로부터 생기는 전자점 구조를 그리시오. 화살표가 타당하다면, 공명 구조의 선 구조식을 그리시오. 틀린 구조의 경우, 구조가 존재하지 않는 이유를 설명하시오.

(a)

(b)

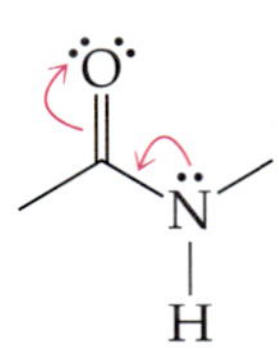

(c)

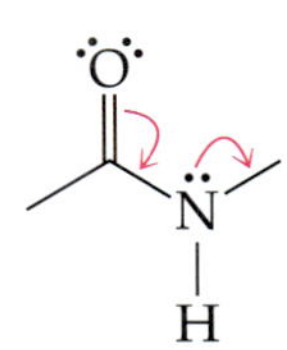

23.97 표시한 굽은 화살표로부터 생기는 전자점 구조를 그리시오. 화살표가 타당하다면, 공명 구조의 선 구조식을 그리시오. 틀린 구조의 경우, 구조가 존재하지 않는 이유를 설명하시오.

(a)

(b)

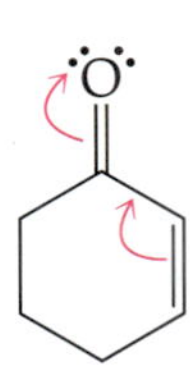

(c)

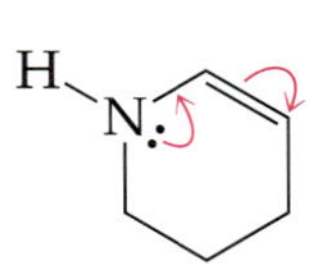

23.98 표시한 굽은 화살표로부터 생기는 전자점 구조를 그리시오. 화살표가 타당하다면, 공명 구조의 선 구조식을 그리시오. 틀린 구조의 경우, 구조가 존재하지 않는 이유를 설명하시오.

(a)

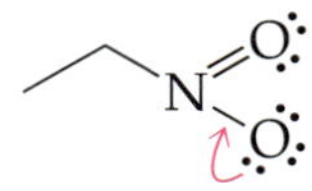

(b)

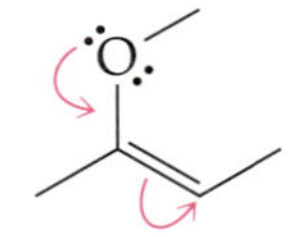

(c)

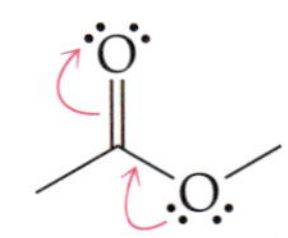

23.99 표시한 굽은 화살표로부터 생기는 전자점 구조를 그리시오. 화살표가 타당하다면, 공명 구조의 선 구조식을 그리시오. 틀린 구조의 경우, 구조가 존재하지 않는 이유를 설명하시오.

(a)

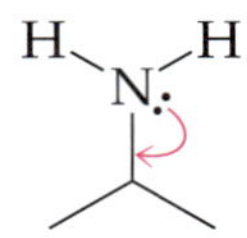

(b)

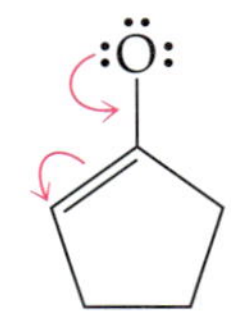

(c)

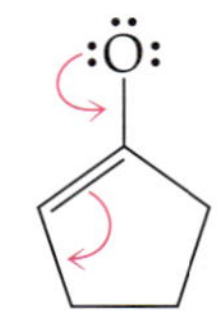

23.100 표시한 화살표로부터 생기는 공명 구조를 그리시오. 형식 전하를 나타내고, 각 구조의 공명 혼성에 대한 상대적 기여도를 평가하시오.

(a)

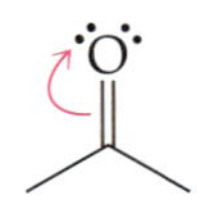

(b)

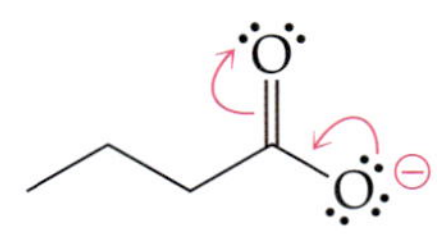

23.101 표시한 화살표로부터 생기는 공명 구조를 그리시오. 형식 전하를 나타내고, 각 구조의 공명 혼성에 대한 상대적 기여도를 평가하시오.

(a)

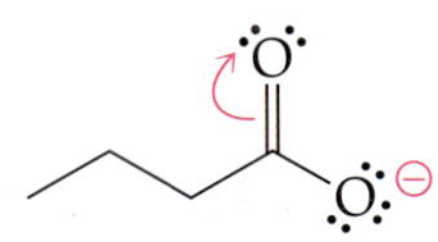

(b)

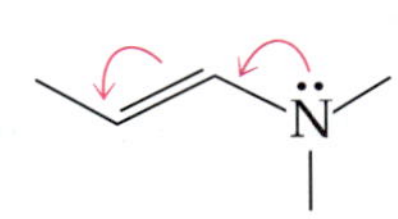

23.102 표시한 화살표로부터 생기는 공명 구조를 그리시오. 형식 전하를 나타내고, 각 구조의 상대적 공명 혼성에 대한 기여도를 평가하시오.

(a)

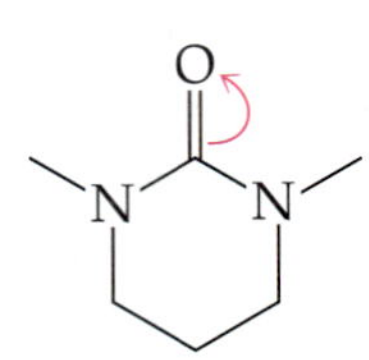

(b)

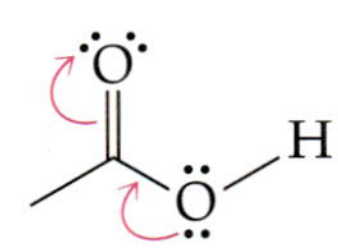

23.103 표시한 화살표로부터 생기는 공명 구조를 그리시오. 형식 전하를 나타내고, 각 구조의 상대적 공명 혼성에 대한 기여도를 평가하시오.

(a)

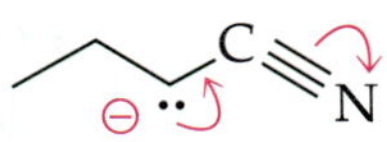

(b)

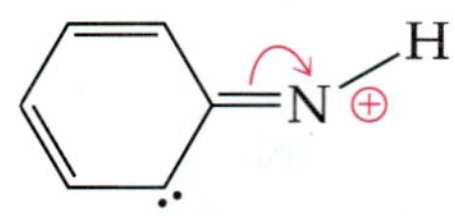

23.104 다음 두 구조는 구조 이성질체인가 공명 구조인가?

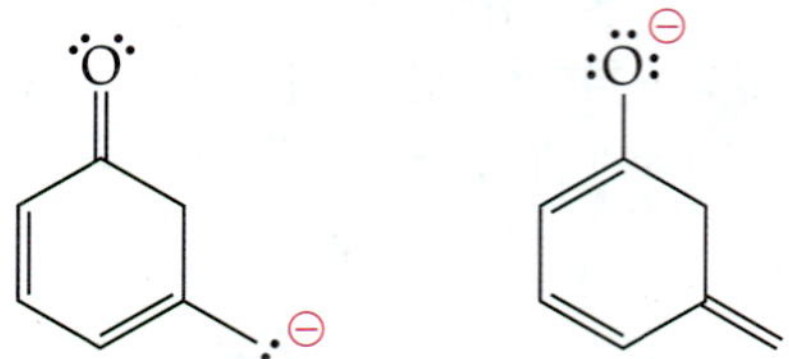

23.105 다음 두 구조는 구조 이성질체인가 공명 구조인가?

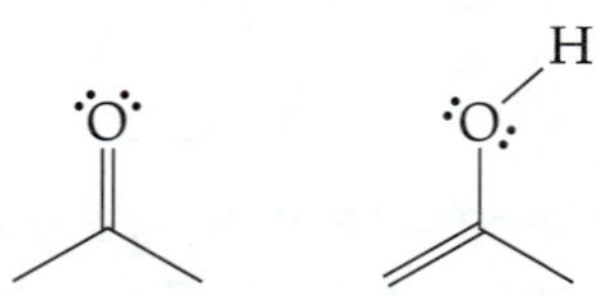

23.106 굽은 화살표를 그려서 첫 번째 구조를 공명 구조로 어떻게 전환하는지를 보이시오.

(a)

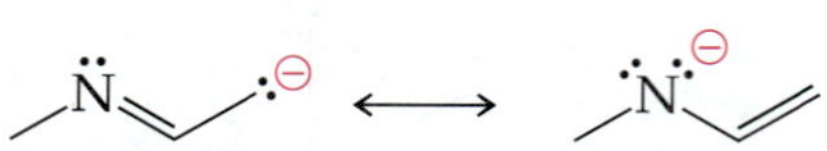

(b)

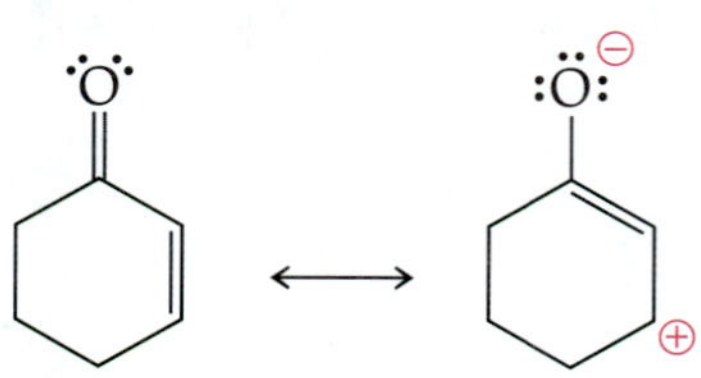

23.107 나프록센(Naproxen)은 통증과 열을 완화하기 위하여 흔히 사용되는 비스테로이드성 항염증제(NSAID)이다.

(a) 선 구조식에 고립 전자쌍과 수소 원자를 넣어 완전한 전자점 구조를 그리시오.

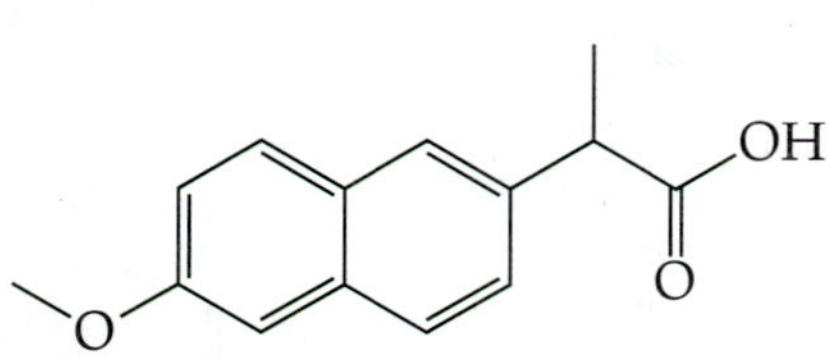

(b) 다음에 나타낸 공명 구조들이 만들어지도록, (a)에서 그린 전자점 구조에 굽은 화살표를 그리시오.

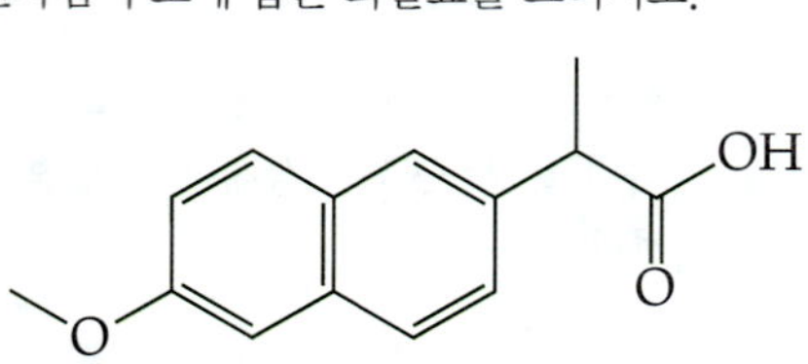

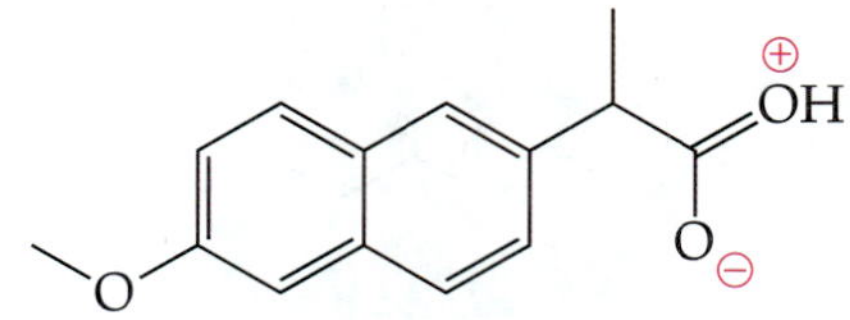

콘쥬게이션 계(23.8절)

23.108 다음 분자에서 어떤 원자들이 콘쥬게이션 계의 일부인지를 표시하시오.

(a)

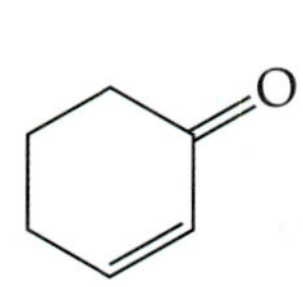

(b)

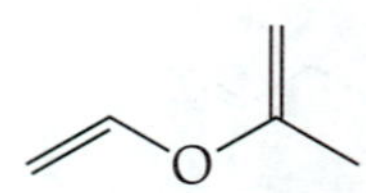

(c)

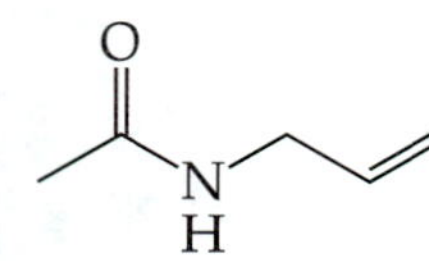

23.109 다음 분자에서 어떤 원자들이 콘쥬게이션 계의 일부인지를 표시하시오.

(a)

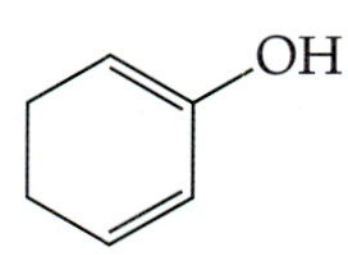

(b)

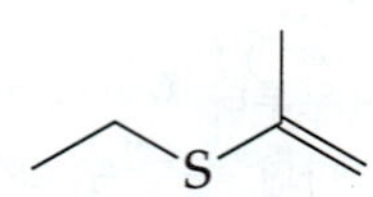

(c)

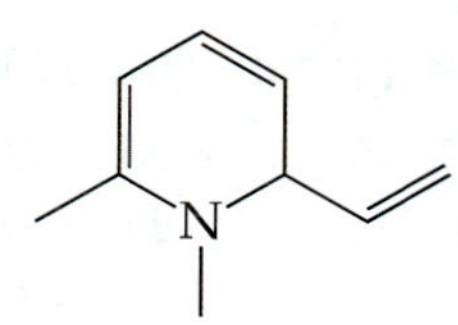

23.110 바이타민 B_7에서 각 N, O, S 원자의 혼성을 나타내시오.

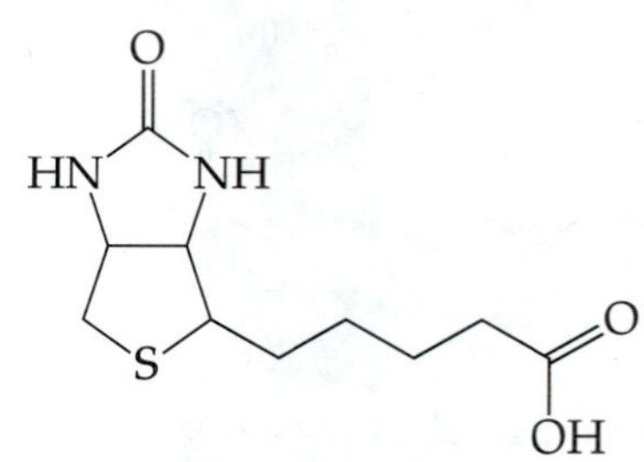

23.111 아스피린에서 각 O 원자의 혼성을 표시하시오.

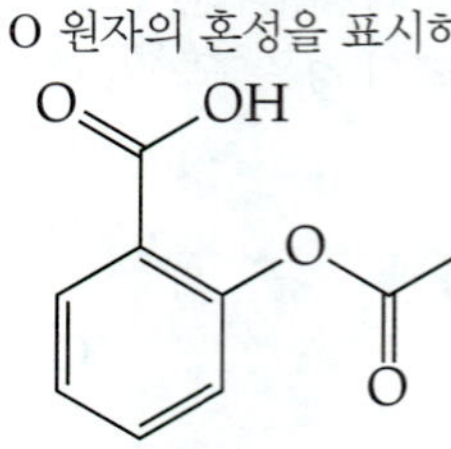

23.112 다음 분자의 간단한 오비탈 겹침 그림을 그리고, 편재화된 고립 전자쌍과 비편재화된 고립 전자쌍을 표시하시오.

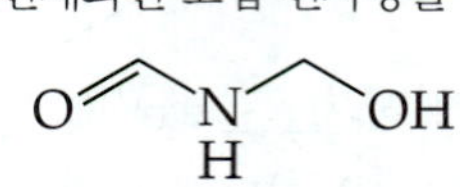

23.113 다음 분자의 간단한 오비탈 겹침 그림을 그리고, 편재화된 고립 전자쌍과 비편재화된 고립 전자쌍을 표시하시오.

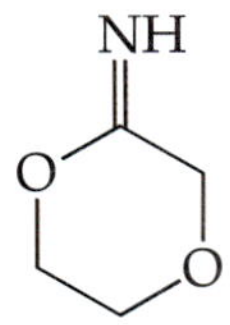

단백질(23.9절)

23.114 다음 약어가 나타내는 아미노산은 무엇인가?
(a) Ser (b) Thr (c) Pro
(d) Phe (e) Cys

23.115 다음 설명에 부합하는 아미노산을 명명하고, 구조를 그리시오.
(a) 아이소프로필기를 가지고 있다.
(b) 알코올기를 가지고 있다.
(c) 싸이올(—SH)기를 가지고 있다.
(d) 방향족 고리를 가지고 있다.

23.116 다음 트라이펩타이드에 존재하는 아미노산을 확인하시오.

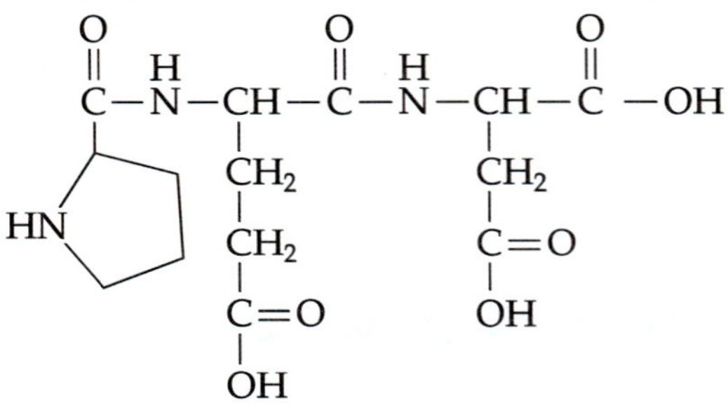

23.117 Equal, NutraSweet, Canderel 같은 상표명으로 팔리는 아스파탐(aspartame)은 칼로리가 없는 감미료로서, 간단한 다이펩타이드의 메틸 에스터이다. 아스파탐에 존재하는 두 아미노산을 찾으시오.

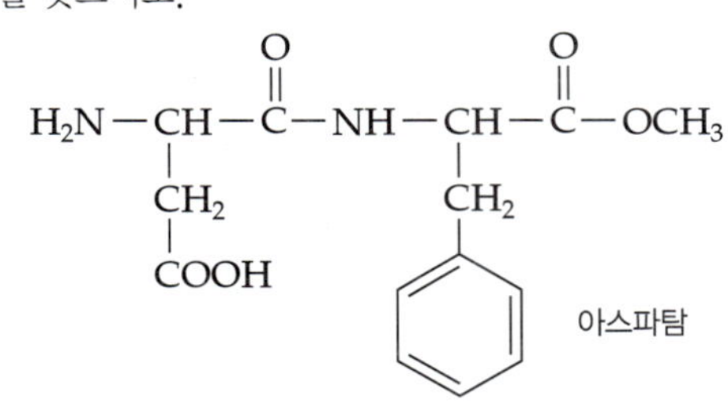

아스파탐

23.118 메싸이오닌, 아이소루신, 라이신을 포함하는 모든 트라이펩타이드의 이름을 세 문자 약어로 쓰시오.

23.119 알라닌, 세린, 루신, 글루탐산을 포함하는 테트라펩타이드에는 몇 개가 있을 것이라고 생각하는가? 세 문자 약어를 이용하여 그 중 세 개를 쓰시오.

방향성과 분자 오비탈 이론(23.10절)

23.120 다음 분자 중 방향족인 것은?

(a)

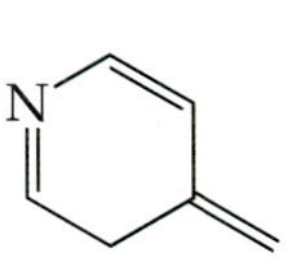

(b)

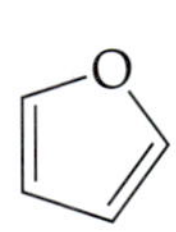

(c)

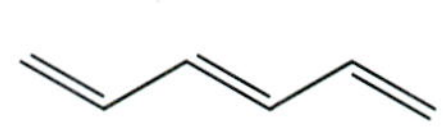

23.121 다음 분자 중 방향족인 것은?

(a)

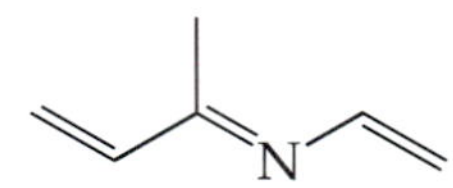

(b)

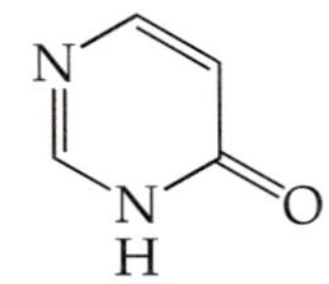

(c)

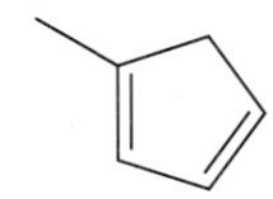

23.122 위궤양과 속쓰림을 치료하는 데 사용되는 약품인 Tagamet® 의 방향족 계에는, 몇 개의 전자가 있는가?

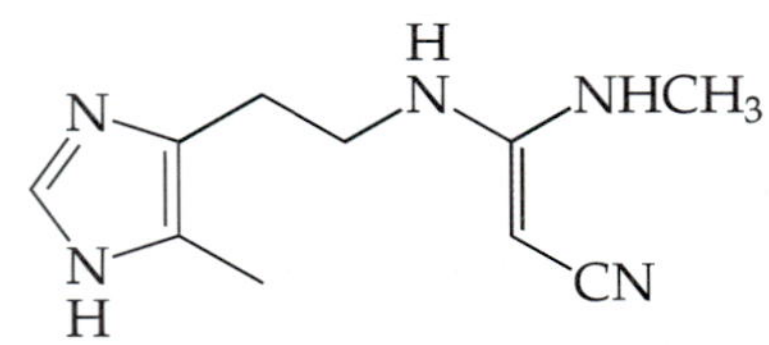

23.123 말라리아 치료에 사용되는 약품인 키니네의 방향족 계에는, 몇 개의 전자가 있는가?

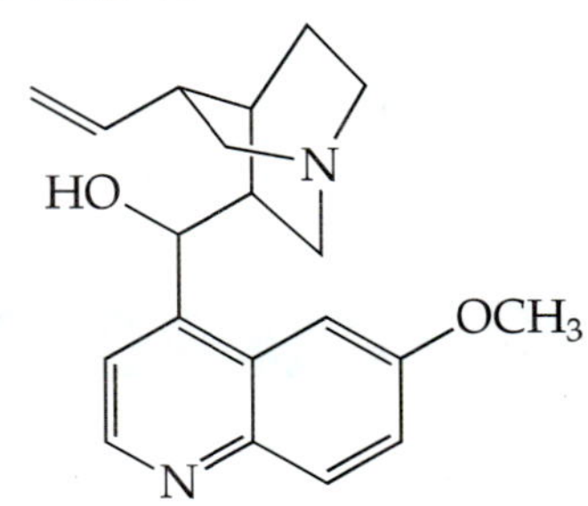

23.124 카페인은 미국에서 가장 널리 사용되는 향정신성 자극제이다. 이것은 차와 커피 같은 몇몇 식물의 씨와 잎에 천연으로 존재하며, 실험실에서 합성될 수 있다.
(a) 다음 화살표를 따라서 생기는 공명 구조를 그리시오. 관련된 형식 전하도 표시하시오.
(b) 공명 구조의 두 고리에 있는 각 C와 N 원자의 혼성은 무엇인가?
(c) 카페인은 방향족 화합물인가?

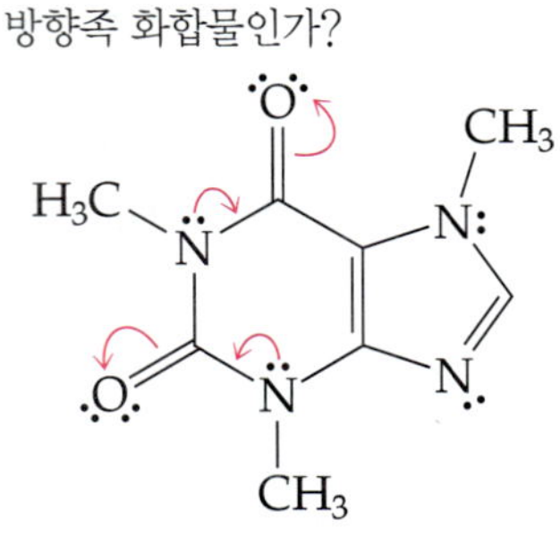

카페인

23.125 비아그라(Viagra®)의 간략화한 화학 구조는 다음과 같다. 나타낸 부분은 방향족인가 아닌가? 휘켈 규칙을 사용하여 설명하시오(힌트: 콘쥬게이션과 공명을 잊지 말고 고려하시오).

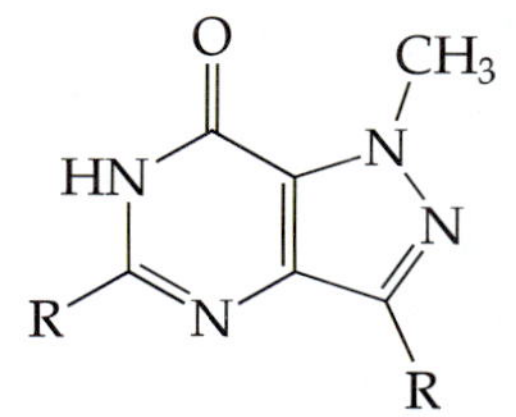

핵산(23.11절)

23.126 뉴클레오타이드란 무엇이고, 여기에 들어 있는 세 가지 성분은 무엇인가?

23.127 DNA와 RNA에 있는 당의 이름은 무엇이고, 당들은 어떻게 다른가?

23.128 핵산의 인산과 당 성분이 어떻게 연결되어 있는지 구조를 그려서 나타내시오.

23.129 핵산의 당과 아민 염기 성분이 어떻게 연결되어 있는지 구조를 그려서 나타내시오.

23.130 DNA 한 가닥의 결합 순서가 T-A-C-C-G-A이면, 이에 상보적인 다른 가닥의 결합 순서는 무엇인가?

23.131 성게의 DNA에는 약 32%의 A와 약 18%의 G가 있다. 그렇다면 성게의 DNA에는 몇 %의 T와 C가 있을 것이라고 예상되는가? 설명하시오.

23.132 방향족 콘쥬게이션 이중 결합을 보여 주는 RNA 염기 유라실의 공명 구조를 그리시오.

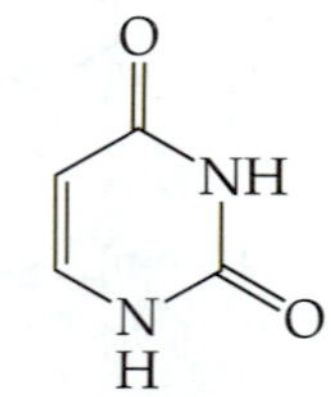

23.133 방향족 콘쥬게이션 이중 결합을 보여 주는 DNA 염기 구아닌의 공명 구조를 그리시오. 공명 구조의 고리에 있는 각 원자의 혼성을 표시하시오.

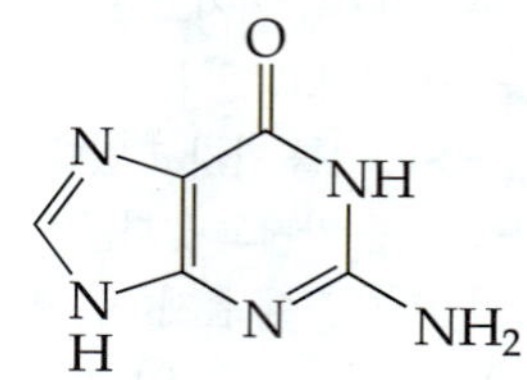

다중 개념 문제

23.134 다음 분자에 대하여 답하시오.

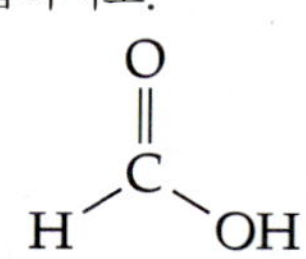

(a) π 계와 편재화된 고립 전자쌍이 나타나도록 간단한 오비탈 겹침 그림을 그리시오.

(b) 편재화된 고립 전자쌍과 비편재화된 고립 전자쌍을 표시하시오.

(c) 이 화합물의 공명 구조를 그리시오.

23.135 푸마르산은 식품 첨가물로 널리 사용되는 유기 물질이다. 그 원소 성분은 C 41.4%, H 3.5%, O 55.1%이다. 푸마르산 0.1500 g을 물에 녹여 부피 100.0 mL로 만든 용액은 298 K에서 삼투 압력이 240.3 mmHg이다. 0.573 g의 시료를 적정하는 데 당량점에 도달하기 위하여 94.1 mL의 0.105 M NaOH가 필요하였다. 푸마르산은 1 mol의 H_2와 반응하여 수소화 반응 생성물을 만든다.

(a) 푸마르산의 실험식은 무엇인가?

(b) 푸마르산의 분자량은 얼마인가?

(c) 푸마르산에 대한 세 가지 가능한 구조를 그리시오.

(d) 푸마르산이 트랜스 이중 결합 한 개를 포함한다면, 어느 구조가 옳은가?

23.136 사이토크롬 c는 모든 호기성 유기체의 세포에서 발견되는 중요한 효소이다. 사이토크롬 c의 원소 분석에 의하면 철이 0.43% 들어 있다. 이 효소의 최소 분자량은 얼마인가?

23.137 알라닌 같은 중성 아미노산의 양성자 첨가형은 이양성자산 H_2A^+이며, $-NH_3^+$기와 $-CO_2H$기에 대한 두 개의 산 해리 상수를 가진다.

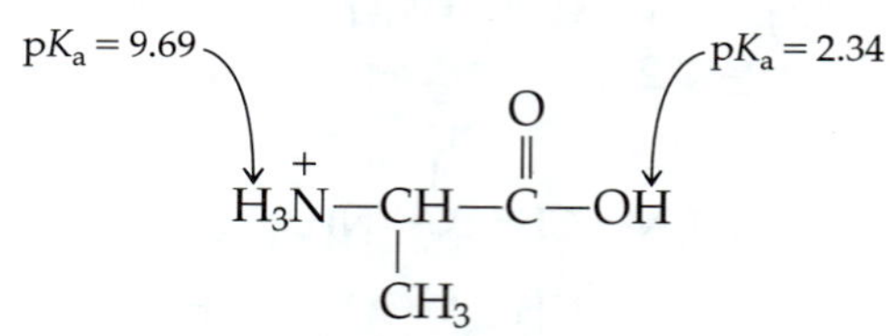

알라닌
(양성자 첨가형)

(a) $-NH_3^+$와 $-CO_2H$ 중 어느 기가 더 산성인가?

(b) pH = 4.00인 수용액에 존재하는 양성자 첨가형(H_2A^+), 중성형(HA), 탈양성자형(A^-)의 비율은 각각 얼마인가?

(c) pH = 8.50인 수용액에 존재하는 양성자 첨가형(H_2A^+), 중성형(HA), 탈양성자형(A^-)의 비율은 각각 얼마인가?

(d) 중성형이 최대로 존재하는 pH는 얼마인가?

23.138 지방이나 기름의 상대적 불포화도는 **아이오딘 값**(iodine number)으로 표현된다. 예를 들면, 매우 불포화되어 있는 올리브 기름은 아이오딘 값이 172이고, 훨씬 덜 불포화되어 있는 버터는 아이오딘 값이 37이다. 아이오딘 값은 지방 100 g당 흡수되는 I_2의 양으로 정의되며, 지방과 기름에 있는 탄소–탄소 이중 결합이 I_2와 첨가 반응을 한다는 사실에 근거를 두고 있다. 이중 결합의 수가 많을수록 반응하는 I_2의 양도 많아진다.

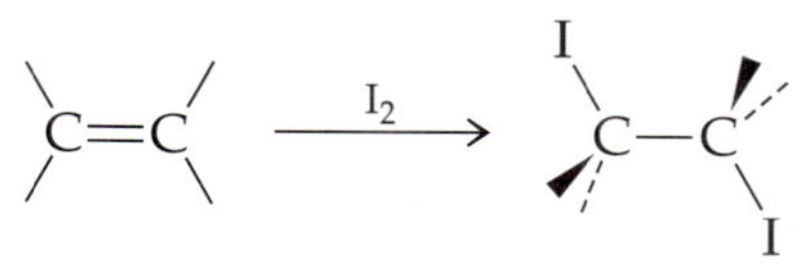

아이오딘 값을 결정하기 위해서 일정량의 지방을 일정한 양의 I_2와 반응시킨다. 첨가 반응이 완결되면 남아 있는 과량의 I_2은 다음 반응식에 따라 $Na_2S_2O_3$로 적정하여 결정된다.

$$2\ Na_2S_2O_3(aq) + I_2(aq) \longrightarrow Na_2S_4O_6(aq) + 2\ NaI(aq)$$

처음에 첨가된 I_2의 양과 반응 후 남아 있는 양을 모두 알면, 아이오딘 값을 계산할 수 있다. 모유에 포함된 지방 0.500 g을 0.200 M I_2 용액 25.0 mL와 반응시킨 후, 과량의 I_2와 완전히 반응하는 데 0.100 M $Na_2S_2O_3$ 81.99 mL가 필요하였다.

(a) 처음에 첨가된 I_2는 몇 g인가?

(b) 모유의 지방과 반응한 I_2는 몇 g이며, 과잉은 몇 g인가?

(c) 모유의 아이오딘 값은 얼마인가?

(d) 모유에 포함된 지방의 분자량이 800이라면, 지방에는 분자 당 평균 몇 개의 이중 결합이 포함되어 있는가?

부록 A

수학 연산

A.1 과학적 표기

화학에서 만나는 숫자는 종종 매우 크거나 매우 작을 때가 있다. 예를 들어, 물 1.0 mL에는 H_2O 분자가 약 33,000,000,000,000,000,000,000개가 있으며, H_2O 분자에서 H와 O 원자 사이의 거리는 0.000 000 000 095 7 m이다. 이러한 양은 과학적 표기법을 이용하여 각각 3.3×10^{22}개의 분자나 9.57×10^{-11} m로 쓰는 것이 더 편리하다. 과학적 표기법에서는 수를 $A \times 10^n$의 지수꼴로 나타낸다. 여기서 A는 1과 10 사이의 수이며, 지수 n은 양이나 음의 정수이다.

보통의 표기법으로 쓴 숫자를 과학적 표기법으로 어떻게 전환하는가? 그 수가 10 이상이면 1과 10 사이의 수를 얻을 때까지 소수점을 **왼쪽**으로 n만큼 옮긴다. 그리고 10^n을 곱한다. 예를 들어 숫자 8137.6은 과학적 표기법으로 8.1376×10^3으로 쓴다.

$$8137.6 = 8.1376 \times 10^3$$

소수점을 왼쪽으로 3만큼 옮겨 1과 10 사이의 수를 얻는다. ← 소수점을 왼쪽으로 옮긴 횟수

소수점을 왼쪽으로 3번 옮기면 $10 \times 10 \times 10 = 1000 = 10^3$의 수로 나눈 것과 같은 효과이다. 따라서 10^3을 곱해 주어 그 값이 변하지 않도록 해야 한다.

1보다 작은 수를 과학적 표기법으로 전환하기 위해서는 1과 10 사이의 수를 얻을 때까지 소수점을 오른쪽으로 n만큼 옮긴다. 그리고 10^{-n}을 곱한다. 예를 들어, 숫자 0.012는 과학적 표기법으로 1.2×10^{-2}으로 쓴다.

$$0.012 = 1.2 \times 10^{-2}$$

소수점을 오른쪽으로 2만큼 옮겨 1과 10 사이의 수를 얻는다. ← 소수점을 오른쪽으로 옮긴 횟수

소수점을 오른쪽으로 2번 옮기면 $10 \times 10 = 100 = 10^2$을 곱한 것과 같은 효과이다. 따라서 10^{-2}을 곱해 주어 그 값이 변하지 않도록 해야 한다($10^2 \times 10^{-2} = 10^0 = 1$).

다음 표는 몇 가지 예이다. 과학적 표기법을 일반적인 표기법으로 전환하려면 단순히 위의 과정을 반대로 하면 된다. 따라서 숫자 5.84×10^4을 보통의 표현으로 바꾸어 쓰려면 10^4을 떼어내고 소수점을 4자리 **오른쪽**으로 옮긴다($5.84 \times 10^4 = 58{,}400$). 숫자 3.5×10^{-1}을 보통의 표현으로 바꾸어 쓰려면 10^{-1}을 떼어내고 소수점을 1자리 **왼쪽**으로 옮긴다($3.5 \times 10^{-1} = 0.35$). $10^0 = 1$이므로 1과 10 사이의 수에 대해서는 과학적 표기법이 필요없다는 것을 유념하라.

수	과학적 표기법
58,400	5.84×10^4
0.35	3.5×10^{-1}
7.296	$7.296 \times 10^0 = 7.296$

덧셈과 뺄셈

과학적 표기법으로 표기된 두 수를 더하거나 빼려면 두 수가 같은 지수를 가져야 한다. 따라서 7.16×10^3과 1.32×10^2을 더하려면, 먼저 나중 숫자를 0.132×10^3으로 쓰고 더한다.

$$\begin{array}{r} 7.16 \times 10^3 \\ +0.132 \times 10^3 \\ \hline 7.29 \times 10^3 \end{array}$$

답은 유효 숫자 3개를 가진다(유효 숫자는 1.9절에서 논의하였다). 또는 먼저 숫자를 71.6×10^2으로 쓰고 더한다.

$$\begin{array}{r} 71.6 \times 10^2 \\ +1.32 \times 10^2 \\ \hline 72.9 \times 10^2 \end{array} = 7.29 \times 10^3$$

곱셈과 나눗셈

과학적 표기법으로 표기된 두 수를 곱하려면, 10의 지수 앞에 있는 인수를 곱하고 지수를 더한다.

$$(A \times 10^n)(B \times 10^m) = AB \times 10^{n+m}$$

예를 들면

$$(2.5 \times 10^4)(4.7 \times 10^7) = (2.5)(4.7) \times 10^{4+7} = 12 \times 10^{11} = 1.2 \times 10^{12}$$
$$(3.46 \times 10^5)(2.2 \times 10^{-2}) = (3.46)(2.2) \times 10^{5+(-2)} = 7.6 \times 10^3$$

답은 모두 두 개의 유효 숫자를 가진다.

과학적 표기법으로 표기된 두 수를 나누려면, 10의 지수 앞에 있는 인수를 나누고 분자에 있는 지수에서 분모에 있는 지수를 뺀다.

$$\frac{A \times 10^n}{B \times 10^m} = \frac{A}{B} \times 10^{n-m}$$

예를 들면

$$\frac{3 \times 10^6}{7.2 \times 10^2} = \frac{3}{7.2} \times 10^{6-2} = 0.4 \times 10^4 = 4 \times 10^3 \qquad \text{(유효 숫자 1개)}$$
$$\frac{7.50 \times 10^{-5}}{2.5 \times 10^{-7}} = \frac{7.50}{2.5} \times 10^{-5-(-7)} = 3.0 \times 10^2 \qquad \text{(유효 숫자 2개)}$$

거듭제곱과 제곱근

숫자 $A \times 10^n$을 m 제곱하려면 인수 A를 m 제곱하고 지수 n에 제곱수 m을 곱한다.

$$(A \times 10^n)^m = A^m \times 10^{n \times m}$$

예를 들어, 3.6×10^2을 세제곱하면 다음과 같이 되어 4.7×10^7이다.

$$(3.6 \times 10^2)^3 = (3.6)^3 \times 10^{2 \times 3} = 47 \times 10^6 = 4.7 \times 10^7 \qquad \text{(유효 숫자 2개)}$$

숫자 $A \times 10^n$의 m 제곱근을 취하려면 $1/m$ 제곱하면 된다. 즉, 인수 A를 $1/m$ 제곱하고 지수 n을 제곱수 m으로 나눈다.

$$\sqrt[m]{A \times 10^n} = (A \times 10^n)^{1/m} = A^{1/m} \times 10^{n/m}$$

예를 들어, 9.0×10^8의 제곱근은 다음과 같이 되어 3.0×10^4이다.

$$\sqrt[2]{9.0 \times 10^8} = (9.0 \times 10^8)^{1/2} = (9.0)^{1/2} \times 10^{8/2} = 3.0 \times 10^4 \qquad \text{(유효 숫자 2개)}$$

답에 지수(n/m)를 정수로 표기하기 때문에, 때로는 지수 n이 제곱근을 하는 숫자 m의 정수배가 되도록 원래 숫자에서 소수점을 이동하여 다시 써야 한다. 예를 들어, 6.4×10^{10}의 세제곱근을 취하려면 지수(9)가 제곱근을 나타내는 숫자 3의 정수배가 되도록 먼저 이 숫자를 64×10^9으로 써야 한다.

$$\sqrt[3]{6.4 \times 10^{10}} = \sqrt[3]{64 \times 10^9} = (64)^{1/3} \times 10^{9/3} = 4.0 \times 10^3$$

과학적 표기법과 전자계산기

전자계산기를 가지고 과학적 표기법으로 표현된 계산을 할 수 있다. 설명서를 참고해서 특정 계산기를 써서 지수 형식으로 표현된 숫자를 입력하고 처리하는 방법을 익혀야 한다. 대부분의 계산기에서 $A \times 10^n$을 입력하는 방법은 다음과 같다. (i) 숫자 A를 입력한다. (ii) EXP나 EE 키를 누른다. (iii) 지수 n을 입력한다. 지수가 음수이면 n 값을 입력하기 전에 +/− 키를 누른다(숫자 10은 입력하지 않는다는 것을 기억하라). 계산기는 숫자 $A \times 10^n$을 왼쪽에 있는 숫자 A에 이어 약간의 간격을 두고 지수 n을 나타낸다.

예를 들면, 4.625×10^2은 4.625 02로 나타난다.

지수를 더하거나 빼거나 곱하거나 나누려면, 보통 숫자를 가지고 할 때와 마찬가지의 순서로 키를 누른다. 계산기에서 덧셈이나 뺄셈을 할 때 숫자들이 같은 지수를 가질 필요가 없다. 계산기가 다른 지수라도 자동으로 계산한다. 하지만 계산기에서는 보통 유효 숫자가 허용된 것보다 더 많은 자릿수를 나타낸다는 것을 기억하라. 때로는 유효 숫자의 개수를 따라가기 위해서 앞의 예에서처럼 종이에 계산을 대략 표시하는 것이 유용하다.

대부분의 계산기에는 숫자를 제곱하거나 제곱근을 계산하기 위한 x^2과 $\sqrt{x}$ 키가 있다. 숫자를 입력하고 맞는 자판을 누르기만 하면 된다. 어떤 수의 제곱꼴을 계산할 때에는 y^x(또는 a^x) 키를 사용한다. 예를 들어, 4.625×10^2의 세제곱을 계산하려면 다음과 같이 한다. (i) 숫자 4.625×10^2을 보통처럼 입력한다. (ii) y^x 키를 누른다. (iii) 제곱수 3을 입력하고, (iv) = 키를 누른다. 결과는 9.8931641 07로 나타나지만, 유효 숫자 4개로 반올림하여야 한다. 따라서 $(4.625 \times 10^2)^3 = 9.893 \times 10^7$이다.

어떤 수의 m 제곱근을 구하려면 그 수에 $1/m$ 제곱을 하면 된다. 예를 들어, 4.52×10^{11}의 다섯제곱근을 구하려면 다음과 같이 한다. (i) 숫자 4.52×10^{11}을 입력한다. (ii) y^x 키를 누른다. (iii) 숫자 5를 입력하고(다섯제곱근이므로), (iv) $1/x$ 키를 누른다(다섯제곱근을 1/5 제곱으로 전환). (v) = 키를 누른다. 결과는 다음과 같다.

$$\sqrt[5]{4.52 \times 10^{11}} = (4.52 \times 10^{11})^{1/5} = 2.14 \times 10^2$$

계산기는 정수가 아닌 지수 11/5을 취급할 수 있으므로 지수가 다섯제곱근인 5의 정수배가 되도록 45.2×10^{10}으로 숫자를 입력할 필요가 없다.

문제 A.1 다음 계산을 하고, 결과를 올바른 유효 숫자를 고려하여 과학적 표기법으로 나타내시오. 계산기를 사용할 필요는 없다.

(a) $(1.50 \times 10^4) + (5.04 \times 10^3)$ **(b)** $(2.5 \times 10^{-2}) - (5.0 \times 10^{-3})$
(c) $(4.0 \times 10^4)^2$ **(d)** $\sqrt[3]{8 \times 10^{12}}$ **(e)** $\sqrt{2.5 \times 10^5}$

답:
(a) 2.00×10^4 **(b)** 2.0×10^{-2} **(c)** 1.6×10^9 **(d)** 2×10^4 **(e)** $\pm 5.0 \times 10^2$

문제 A.2 다음 계산을 하고, 결과를 올바른 유효 숫자를 고려하여 과학적 표기법으로 나타내시오. 계산기를 사용하시오.

(a) $(9.72 \times 10^{-1}) + (3.4823 \times 10^{2})$ **(b)** $(3.772 \times 10^{3}) - (2.891 \times 10^{4})$
(c) $(7.62 \times 10^{-3})^{4}$ **(d)** $\sqrt[3]{8.2 \times 10^{7}}$ **(e)** $\sqrt[5]{3.47 \times 10^{-12}}$

답:
(a) 3.4920×10^{2} **(b)** -2.514×10^{4} **(c)** 3.37×10^{-9}
(d) 4.3×10^{2} **(e)** 5.11×10^{-3}

A.2 로그

상용로그

어떤 양수 x는 10의 z승꼴로 나타낼 수 있다. 즉, $x = 10^{z}$이라고 쓸 수 있다. 지수 z는 숫자 x의 **상용로그**(common logarithm) 또는 밑이 10인 로그라고 하며, $\log_{10} x$ 또는 간단히 $\log x$라고 쓴다.

$$x = 10^{z} \qquad \log x = z$$

예를 들어, 100은 10^{2}이라고 쓸 수 있으며, 따라서 log 100은 2와 같다.

$$100 = 10^{2} \qquad \log 100 = 2$$

비슷하게 다음 식이 성립한다.

$$\begin{aligned} 10 &= 10^{1} & \log 10 &= 1 \\ 1 &= 10^{0} & \log 1 &= 0 \\ 0.1 &= 10^{-1} & \log 0.1 &= -1 \end{aligned}$$

일반적으로 어떤 수 x의 로그값은 10의 z승이 x와 같아지도록 하는 수 z이다.

그림 A.1에서 보는 바와 같이, 1보다 큰 수의 로그값은 양수이고, 1의 로그값은 0이며, 1 미만 수의 로그값은 음수이다. 10의 어떤 수에 제곱을 해도 양수이므로($x = 10^{z} > 0$), 음수의 로그값은 정의되어 있지 않다.

계산기를 써서 10의 정수 제곱꼴이 아닌 어떤 수의 로그값을 구할 수 있다. 예를 들어, 61.2의 로그값을 구하려면 단순히 61.2를 입력하고 LOG 키를 누르면 된다. 61.2가 10^{1}과 10^{2} 사이의 값이므로 로그값은 1과 2 사이의 값이어야 한다. 계산기가 계산한 값은 1.786751422이지만, 61.2의 유효 숫자가 3개이므로 1.787로 반올림해야 한다.

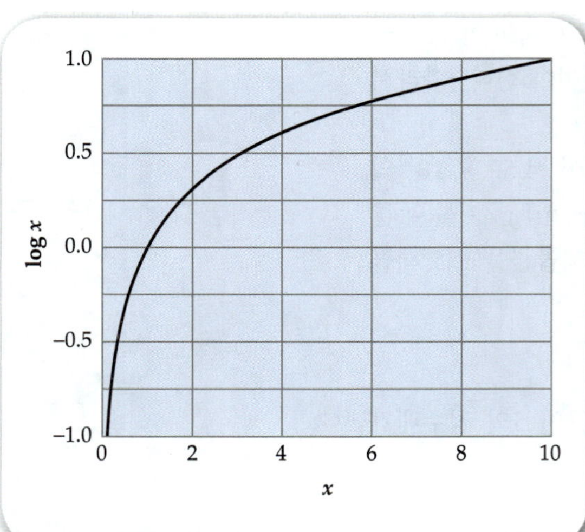

▲ 그림 A.1
0.1에서 10까지의 x 값에 대한 $\log x$ 값

유효 숫자와 상용로그

로그값에서 유효 숫자는 소수점 오른쪽에 있는 숫자뿐이다. 소수점 왼쪽에 있는 숫자는 정확한 수로 로그값을 지수꼴로 나타낼 때 10의 제곱수와 관련이 있는 수이다. 따라서 유효 숫자가 3개인 61.2의 로그값은 다음과 같이 쓴다.

$$\underbrace{\log 61.2}_{\text{유효 숫자 3개}} = \log(\underbrace{6.12}_{\text{유효 숫자 3개}} \times \underbrace{10^{1}}_{\text{정확한 수}}) = \log 6.12 + \log 10^{1} = \underbrace{0.787}_{\text{유효 숫자 3개}} + \underbrace{1}_{\text{정확한 수}} = \underbrace{1}_{\text{정확한 수}}.\underbrace{787}_{\text{유효 숫자 3개}}$$

로그값(1.787)에서 소수점 왼쪽에 있는 숫자(1)는 정확한 수이며, 유효 숫자가 아니다. 그것은 단지 숫자 61.2에서 소수점의 위치만을 나타낸다. 61.2의 유효 숫자가 3개뿐이므로 로그값은 유효 숫자가 3개뿐이다(7, 8, 7). 비슷하게 $\log 61 = 1.79$(유효 숫자 2개)이고, $\log(6 \times 10^1) = 1.8$(유효 숫자 1개)이다.

역로그

antilog로 쓰는 역로그는 상용로그의 역이다. z가 x의 로그값이라면 x는 z의 역로그값이다. 하지만, x를 10^z로 쓸 수 있으므로 z의 역로그는 10^z이다.

$$만일\ z = \log x이면\ x = \text{antilog}\ z = 10^z$$

다시 말하면, 어떤 수의 역로그는 그 수의 10의 제곱값이다. 예를 들어 2의 역로그값은 $10^2 = 100$이고, 3.71의 역로그값은 $10^{3.71}$이다.

antilog 3.71 값을 구하려면 계산기를 사용한다. 계산기에 10^x 키가 있으면 3.71을 입력하고 10^x 키를 누른다. 계산기에 y^x 키가 있으면 다음과 같이 한다. (i) 10을 입력한다. (ii) y^x 키를 누른다. (iii) exponent 3.71을 입력한다. (iv) = 키를 누른다. 계산기에 INV(inverse) 키가 있으면 3.71을 입력하고 INV 키를 누른 후, LOG 키를 누르면 된다. 그러면 계산기에 antilog $3.71 = 5.12861384 \times 10^3$이 나타나겠지만, 로그값(3.71)이 소수점 오른쪽이 2개이어서 유효 숫자가 2개이므로 반올림하여 5.1×10^3(유효 숫자 2개)으로 써야 한다.

자연로그

$\pi = 3.141\ 59\cdots$와 같이 $e = 2.718\ 28\cdots$ 도 많은 과학 문제에 나오는 수이다. 따라서 10을 밑으로 하는 로그값을 정의한 것처럼, e를 밑으로 하는 로그값을 정의하는 것이 편리하다. 숫자 x를 10^z로 쓸 수 있는 것과 마찬가지로 e^u로 쓸 수 있다. 지수 u는 숫자 x의 **밑이** e인 **자연로그값**이라고 하고, $\log^e x$ 또는 더 간단히 $\ln x$라고 쓴다.

$$x = e^u \qquad \ln x = u$$

어떤 수 x의 자연로그값은 e를 어떤 수로 u제곱했을 때 수 x와 같아지는 수 u이다. 예를 들어, 수 10.0은 $e^{2.303}$으로 쓸 수 있으므로 10.0의 자연로그값은 2.303과 같다.

$$10.0 = e^{2.303} = (2.718\ 28\cdots)^{2.303} \qquad \ln 10.0 = 2.303 \qquad (유효\ 숫자\ 3개)$$

계산기로 어떤 수의 자연로그값을 구하려면, 단순히 숫자를 입력하고 LN 키를 누르면 된다.

antiln이라고 쓰는 자연 역로그는 자연로그의 역이다. u가 x의 자연로그값이라면, $x(= e^u)$는 u의 자연 역로그값이다.

$$u = \ln x이면\ x = \text{antiln}\ u = e^u이다.$$

다시 말하면, 어떤 수의 자연 역로그는 그 수의 e의 제곱값이다. 예를 들어, 3.71의 자연 역로그값은 $e^{3.17}$이고, 이것은 41이다.

$$\text{antiln}\ 3.71 = e^{3.71} = 41 \qquad (유효\ 숫자\ 2개)$$

계산기에 INV(inverse) 키나 e^x가 있을 것이다. 어떤 수, 예를 들어 3.71의 자연 역로그값을 구하려면, 3.71을 입력하고 INV 키를 누른 후 LN 키를 누르면 된다. 또는 3.71을 입력하고 e^x 키를 누른다.

로그의 수학적 성질

로그는 지수이기 때문에 지수의 대수적 성질은 다음 관계에 따라 사용할 수 있다.

1. 곱 xy의 로그값(상용로그이든 자연로그이든)은 x의 로그값과 y의 로그값의 합과 같다.

$$\log xy = \log x + \log y \qquad \ln xy = \ln x + \ln y$$

2. 비 x/y의 로그값(상용로그이든 자연로그이든)은 x의 로그값과 y의 로그값의 차와 같다.

$$\log \frac{x}{y} = \log x - \log y \qquad \ln \frac{x}{y} = \ln x - \ln y$$

또한 다음 관계가 성립한다.

$$\log \frac{y}{x} = -\log \frac{x}{y} \qquad \ln \frac{y}{x} = -\ln \frac{x}{y}$$

$\log 1 = \ln 1 = 0$이므로 다음 식이 또한 성립한다.

$$\log \frac{1}{x} = -\log x \qquad \ln \frac{1}{x} = -\ln x$$

3. x의 a제곱의 로그값은 x의 로그값의 a배이다.

$$\log x^a = a \log x \qquad \ln x^a = a \ln x$$

마찬가지로

$$\log x^{1/a} = \frac{1}{a} \log x \qquad \ln x^{1/a} = \frac{1}{a} \ln x$$

여기서

$$x^{1/a} = \sqrt[a]{x}$$

상용로그와 자연로그 사이의 관계는 무엇인가? 그것을 유도하기 위하여 $\log x$와 $\ln x$의 정의로부터 시작해 보자.

$$\log x = z \qquad \text{여기서 } x = 10^z$$
$$\ln x = u \qquad \text{여기서 } x = e^u$$

10^z로 $\ln x$를 쓰고, $\ln x^a = a \ln x$라는 성질을 이용하면

$$\ln x = \ln 10^z = z \ln 10$$

$z = \log x$이고 $\ln 10.0 = 2.303$이므로 자연로그값은 상용로그값에 2.303을 곱한 것과 같다.

$$\ln x = 2.303 \log x$$

자연로그값과 상용로그값이 2.303이라는 인수의 차이만 있으므로, 같은 규칙이 유효 숫자의 개수를 찾을 때에도 적용된다. 자연로그값과 상용로그값 모두에서 유효 숫자의 개수는 소수점의 오른쪽 숫자의 개수와 같다.

문제 A.3 계산기를 사용하여 다음을 계산하고, 올바른 유효 숫자를 고려하여 반올림하시오.

(a) $\log 705$ **(b)** $\ln (3.4 \times 10^{-6})$ **(c)** antilog (-2.56) **(d)** antiln 8.1

답:

(a) 2.848 **(b)** -12.59 **(c)** 2.8×10^{-3} **(d)** 3×10^3

A.3 직선 그래프와 선형식

과학 실험의 결과는 대개 그래프의 형태로 요약된다. 어떤 성질 y가 어떤 변수 x의 함수로 측

정되는 실험을 생각해 보자(실례로 기체의 부피를 온도의 함수로 측정하는 것이 있는데, 일반적인 논의를 위해 x와 y를 사용하자). 다음 실험값을 얻었다고 가정해 보자.

x	y
−1	−5
1	1
3	7
5	13

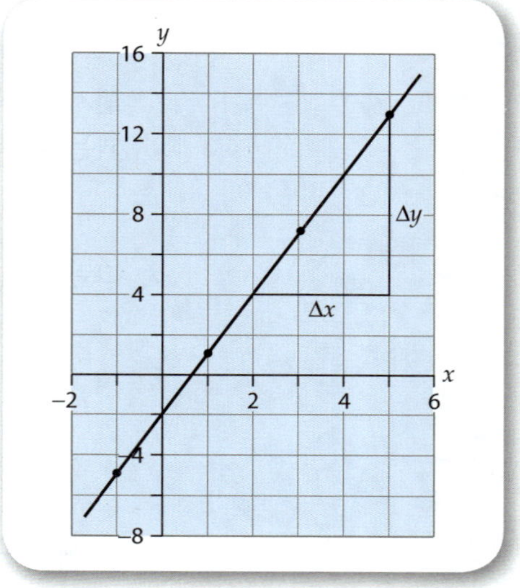

▲ 그림 A.2
표에 있는 자료로 그린 x대 y 직선

그림 A.2의 그래프는 수평축을 따라 독립 변수라고 부르는 x 값과 수직축을 따라 종속 변수라고 부르는 y 값을 보여 주고 있다. x와 y 실험값의 각 쌍을 그래프에 점으로 나타낸다. 이 특정 실험에서 네 자료의 점이 직선상에 놓여 있다.

직선 식은 다음과 같이 쓸 수 있다.

$$y = mx + b$$

여기서 m은 직선의 기울기이고, b는 직선이 y축과 만나는 점에서의 y 값, 즉 $x = 0$에서의 y 값인 절편이다. 선의 기울기는 x 값의 변화(Δx)에 대한 y의 변화(Δy)이다.

$$m = 기울기 = \frac{\Delta y}{\Delta x}$$

그림 A.2에서 오른쪽 삼각형은 x가 2에서 5로 변할 때 y가 4에서 13으로 변함을 보여 준다. 따라서 선의 기울기는 3이다.

$$m = 기울기 = \frac{\Delta y}{\Delta x} = \frac{13 - 4}{5 - 2} = \frac{9}{3} = 3$$

이 그래프는 y 절편이 −2이고$(b = -2)$이고, 따라서 선의 식은 다음과 같다.

$$y = 3x - 2$$

$y = mx + b$ 형태의 식은 이 식을 만족하는 x와 y 값이 직선상에 위치해 있으므로 **선형 방정식**(linear equation)이라 부른다. 또한 y를 x의 **선형 함수**(linear function)라고 부르고, y는 x에 **정비례**한다고 한다. 이 예에서 y의 변화 속도는 x의 3배이다.

A.4 이차방정식

이차방정식은 다음 형태로 쓸 수 있는 방정식이다.

$$ax^2 + bx + c = 0$$

여기서 a, b, c는 상수이다. 이 식은 x의 제곱만을 포함하고 있고, 가장 높은 승수가 2이므로 이차식이라고 한다. 이차방정식의 해는 다음과 같이 주어진다.

$$x = \frac{-b \pm \sqrt{b^2 - 4ac}}{2a}$$

여기서 ±는 +부호의 해와 −부호의 해인 두 개의 해가 있음을 나타낸다. 예를 들어 다음 식을 풀어 보자.

$$x^2 = \frac{2 - 6x}{3}$$

먼저 3을 곱하고 2 − 6x를 좌변으로 이항하여 식을 $ax^2 + bx + c = 0$의 형태로 놓는다. 그 결과는 다음과 같다.

$$3x^2 + 6x - 2 = 0$$

그런 다음 $a = 3$, $b = 6$, $c = -2$를 공식에 넣는다.

$$x = \frac{-6 \pm \sqrt{(6)^2 - 4(3)(-2)}}{2(3)}$$
$$= \frac{-6 \pm \sqrt{36 + 24}}{6} = \frac{-6 \pm \sqrt{60}}{6} = \frac{-6 \pm 7.746}{6}$$

두 해는 다음과 같다.

$$x = \frac{-6 + 7.746}{6} = \frac{1.746}{6} = 0.291, \qquad x = \frac{-6 - 7.746}{6} = \frac{-13.746}{6} = -2.291$$

A.5 적분형 속도식의 미분

0차 반응

0차 반응의 반응 속도식은 다음과 같다.

$$\text{속력} = -\frac{\Delta[A]}{\Delta t} = k$$

미분형 속도식은 다음과 같이 쓸 수 있다.

$$-\frac{d[A]}{dt} = k$$
$$\text{또는} \quad d[A] = -kdt$$

$t = 0$에서 $t = t$까지 적분하면 다음과 같다.

$$\int_{[A]_0}^{[A]_t} d[A] = -k\int_0^t dt$$
$$[A]_t - [A]_0 = -kt$$
$$\text{또는} \quad [A]_t = -kt + [A]_0$$

1차 반응

1차 반응의 반응 속도식은 다음과 같다.

$$\text{속도} = -\frac{\Delta[A]}{\Delta t} = k[A]$$

미분형 속도식은 다음과 같이 쓸 수 있다.

$$-\frac{d[A]}{dt} = k[A]$$

$$\text{또는} \quad \frac{d[A]}{[A]} = -kdt$$

$t=0$에서 $t=t$까지 적분하면 다음과 같다.

$$\int_{[A]_0}^{[A_t]} \frac{d[A]}{[A]} = -k\int_0^t dt$$

$$\ln [A]_t - \ln [A]_0 = -kt$$

$$\text{또는} \quad \ln \frac{[A]_t}{[A]_0} = -kt$$

2차 반응

2차 반응의 반응 속도식은 다음과 같다.

$$\text{속도} = -\frac{\Delta[A]}{\Delta t} = k[A]^2$$

미분형 속도식은 다음과 같이 쓸 수 있다.

$$-\frac{d[A]}{dt} = k[A]^2$$

$$\text{또는} \quad \frac{d[A]}{[A]^2} = -kdt$$

$t=0$에서 $t=t$까지 적분하면 다음과 같다.

$$\int_{[A]_0}^{[A]_t} \frac{d[A]}{[A]^2} = -k\int_0^t dt$$

$$-\frac{1}{[A]_t} + \frac{1}{[A]_0} = -kt$$

$$\text{또는} \quad \frac{1}{[A]_t} = kt + \frac{1}{[A]_0}$$

부록 B

25 °C에서 열역학적 성질

표 B.1 무기물

물질과 상태	$\Delta H°_f$ (kJ/mol)	$\Delta G°_f$ (kJ/mol)	$S°$ [J/(K·mol)]
Aluminum			
Al(*s*)	0	0	28.3
Al(*g*)	330.0	289.4	164.5
$AlCl_3(s)$	−704.2	−628.8	109.3
$Al_2O_3(s)$	−1676	−1582	50.9
Barium			
Ba(*s*)	0	0	62.5
Ba(*g*)	180.0	146.0	170.1
$Ba^{2+}(aq)$	−537.6	−560.8	9.6
$BaCl_2(s)$	−855.0	−806.7	123.7
BaO(*s*)	−548.0	−520.3	72.1
$BaCO_3(s)$	−1213.0	−1134.4	112.1
$BaSO_4(s)$	−1473.2	−1362.2	132.2
Beryllium			
Be(*s*)	0	0	9.5
BeO(*s*)	−609.4	−580.1	13.8
$Be(OH)_2(s)$	−902.5	−815.0	45.5
Boron			
B(*s*)	0	0	5.9
$BF_3(g)$	−1136.0	−1119.4	254.3
$BCl_3(g)$	−403.8	−388.7	290.0
$B_2H_6(g)$	36.4	87.6	232.0
$B_2O_3(s)$	−1273.5	−1194.3	54.0
$H_3BO_3(s)$	−1094.3	−968.9	90.0
Bromine			
Br(*g*)	111.9	82.4	174.9
$Br^-(aq)$	−121.5	−104.0	82.4
$Br_2(l)$	0	0	152.2
$Br_2(g)$	30.9	3.14	245.4
HBr(*g*)	−36.3	−53.4	198.6
Cadmium			
Cd(*s*)	0	0	51.8
Cd(*g*)	111.8	77.3	167.6
$Cd^{2+}(aq)$	−75.9	−77.6	−73.2
$CdCl_2(s)$	−391.5	−343.9	115.3
CdO(*s*)	−258.4	−228.7	54.8
CdS(*s*)	−161.9	−156.5	64.9
$CdSO_4(s)$	−933.3	−822.7	123.0

물질과 상태	$\Delta H°_f$ (kJ/mol)	$\Delta G°_f$ (kJ/mol)	$S°$ [J/(K·mol)]
Calcium			
Ca(*s*)	0	0	41.4
Ca(*g*)	177.8	144.0	154.8
$Ca^{2+}(aq)$	−542.8	−553.6	−53.1
$CaF_2(s)$	−1228.0	−1175.6	68.5
$CaCl_2(s)$	−795.4	−748.8	108.4
$CaH_2(s)$	−181.5	−142.5	41.4
$CaC_2(s)$	−59.8	−64.8	70.0
CaO(*s*)	−634.9	−603.3	38.1
$Ca(OH)_2(s)$	−985.2	−897.5	83.4
$CaCO_3(s)$	−1207.6	−1129.1	91.7
$CaSO_4(s)$	−1434.1	−1321.9	107
$Ca_3(PO_4)_2(s)$	−4120.8	−3884.7	236.0
Carbon			
C(*s*, graphite)	0	0	5.7
C(*s*, diamond)	1.9	2.9	2.4
C(*g*)	716.7	671.3	158.0
CO(*g*)	−110.5	−137.2	197.6
$CO_2(g)$	−393.5	−394.4	213.6
$CO_2(aq)$	−413.8	−386.0	117.6
$CO_3^{2-}(aq)$	−677.1	−527.8	−56.9
$HCO_3^-(aq)$	−692.0	−586.8	91.2
$H_2CO_3(aq)$	−699.7	−623.2	187.4
HCN(*l*)	108.9	125.0	112.8
HCN(*g*)	135.1	124.7	201.7
$CS_2(l)$	89.0	64.6	151.3
$CS_2(g)$	116.7	67.1	237.7
$COCl_2(g)$	−219.1	−204.9	283.4
Cesium			
Cs(*s*)	0	0	85.2
Cs(*g*)	76.5	49.6	175.6
$Cs^+(aq)$	−258.3	−292.0	133.1
CsF(*s*)	−553.5	−525.5	92.8
CsCl(*s*)	−443.0	−414.5	101.2
CsBr(*s*)	−405.8	−391.4	113.1
CsI(*s*)	−346.6	−340.6	123.1

표 B.1 무기물(계속)

물질과 상태	ΔH°_f (kJ/mol)	ΔG°_f (kJ/mol)	S° [J/(K·mol)]
Chlorine			
Cl(*g*)	121.3	105.3	165.1
$Cl^-(aq)$	−167.2	−131.3	56.5
$Cl_2(g)$	0	0	223.0
HCl(*g*)	−92.3	−95.3	186.8
HCl(*aq*)	−167.2	−131.2	56.5
$ClO_2(g)$	102.5	120.5	256.7
$Cl_2O(g)$	80.3	97.9	266.1
Chromium			
Cr(*s*)	0	0	23.8
Cr(*g*)	396.6	351.8	174.4
$Cr_2O_3(s)$	−1140	−1058	81.2
Cobalt			
Co(*s*)	0	0	30.0
CO(*g*)	424.7	380.3	179.4
CoO(*s*)	−237.9	−214.2	53.0
Copper			
Cu(*s*)	0	0	33.1
Cu(*g*)	337.4	297.7	166.3
$Cu^{2+}(aq)$	64.8	65.5	−99.6
CuCl(*s*)	−137.2	−119.9	86.2
$CuCl_2(s)$	−220.1	−175.7	108.1
CuO(*s*)	−157.3	−129.7	42.6
$Cu_2O(s)$	−168.6	−146.0	93.1
CuS(*s*)	−53.1	−53.6	66.5
$Cu_2S(s)$	−79.5	−86.2	120.9
$CuSO_4(s)$	−771.4	−662.2	109.2
Fluorine			
F(*g*)	79.4	62.3	158.7
$F^-(aq)$	−332.6	−278.8	−13.8
$F_2(g)$	0	0	202.7
HF(*g*)	−273.3	−275.4	173.7
Hydrogen			
H(*g*)	218.0	203.3	114.6
$H^+(aq)$	0	0	0
$H_2(g)$	0	0	130.6
$OH^-(aq)$	−230.0	−157.3	−10.8
$H_2O(l)$	−285.8	−237.2	69.9
$H_2O(g)$	−241.8	−228.6	188.7
$H_2O_2(l)$	−187.8	−120.4	110
$H_2O_2(g)$	−136.3	−105.6	232.6
$H_2O_2(aq)$	−191.2	−134.1	144
Iodine			
I(*g*)	106.8	70.3	180.7
$I^-(aq)$	−55.2	−51.6	111
$I_2(s)$	0	0	116.1
$I_2(g)$	62.4	19.4	260.6
HI(*g*)	26.5	1.7	206.5
Iron			
Fe(*s*)	0	0	27.3
Fe(*g*)	416.3	370.3	180.5
$FeCl_2(s)$	−341.8	−302.3	118.0
$FeCl_3(s)$	−399.5	−334.0	142.3
FeO(*s*)	−272	−255	61
$Fe_2O_3(s)$	−824.2	−742.2	87.4
$Fe_3O_4(s)$	−1118	−1015	146
$FeS_2(s)$	−178.2	−166.9	52.9
Lead			
Pb(*s*)	0	0	64.8
Pb(*g*)	195.2	162.2	175.3
$PbCl_2(s)$	−359.4	−314.1	136.0
$PbBr_2(s)$	−278.7	−261.9	161.5
PbO(*s*)	−217.3	−187.9	68.7
$PbO_2(s)$	−277	−217.4	68.6
PbS(*s*)	−100	−98.7	91.2
$PbCO_3(s)$	−699.1	−625.5	131.0
$PbSO_4(s)$	−919.9	−813.2	148.6
Lithium			
Li(*s*)	0	0	29.1
Li(*g*)	159.3	126.6	138.7
$Li^+(aq)$	−278.5	−293.3	13
LiF(*s*)	−616.0	−587.7	35.7
LiCl(*s*)	−408.6	−384.4	59.3
LiBr(*s*)	−351.2	−342.0	74.3
LiI(*s*)	−270.4	−270.3	86.8
$Li_2O(s)$	−597.9	−561.2	37.6
LiOH(*s*)	−487.5	−441.5	42.8
Magnesium			
Mg(*s*)	0	0	32.7
Mg(*g*)	147.1	112.5	148.6
$MgCl_2(s)$	−641.6	−591.8	89.6
MgO(*s*)	−601.7	−569.4	26.9
$MgCO_3(s)$	−1096	−1012	65.7
$MgSO_4(s)$	−1284.9	−1170.6	91.6
Manganese			
Mn(*s*)	0	0	32.0
Mn(*g*)	280.7	238.5	173.6
MnO(*s*)	−385.2	−362.9	59.7
$MnO_2(s)$	−520.0	−465.1	53.1
Mercury			
Hg(*l*)	0	0	76.0
Hg(*g*)	61.32	31.85	174.8
$Hg^{2+}(aq)$	171.1	164.4	−32.2
${Hg_2}^{2+}(aq)$	172.4	153.5	84.5
$HgCl_2(s)$	−224.3	−178.6	146.0
$Hg_2Cl_2(s)$	−265.4	−210.7	191.6

표 B.1 무기물(계속)

물질과 상태	$\Delta H°_f$ (kJ/mol)	$\Delta G°_f$ (kJ/mol)	$S°$ [J/(K·mol)]
$HgO(s)$	−90.8	−58.6	70.3
$HgS(s)$	−58.2	−50.6	82.4
Nickel			
$Ni(s)$	0	0	29.9
$Ni(g)$	429.7	384.5	182.1
$NiCl_2(s)$	−305.3	−259.1	97.7
$NiO(s)$	−240	−212	38.0
$NiS(s)$	−82.0	−79.5	53.0
Nitrogen			
$N(g)$	472.7	455.6	153.2
$N_2(g)$	0	0	191.5
$NH_3(g)$	−46.1	−16.5	192.3
$NH_3(aq)$	−80.3	−26.6	111
$NH_4^+(aq)$	−132.5	−79.4	113
$N_2H_4(l)$	50.6	149.2	121.2
$N_2H_4(g)$	95.4	159.3	238.4
$NO(g)$	91.3	87.6	210.7
$NO_2(g)$	33.2	51.3	240.0
$N_2O(g)$	82.0	104.2	219.7
$N_2O_4(g)$	11.1	99.8	304.3
$N_2O_5(g)$	13.3	117.1	355.6
$NOCl(g)$	51.7	66.1	261.6
$NO_2Cl(g)$	12.6	54.4	272.1
$HNO_3(l)$	−174.1	−80.8	155.6
$HNO_3(g)$	−133.9	−73.5	266.8
$HNO_2(aq)$	−119	−50.6	136
$HNO_3(aq)$	−207.4	−111.3	146.4
$NO_3^-(aq)$	−207.4	−111.3	146.4
$NH_4Cl(s)$	−314.4	−202.9	94.6
$NH_4NO_3(s)$	−365.6	−184.0	151.1
Oxygen			
$O(g)$	249.2	231.7	160.9
$O_2(g)$	0	0	205.0
$O_3(g)$	143	163	238.8
Phosphorus			
$P(s$, white)	0	0	41.1
$P(s$, red)	−18	−12	22.8
$P_4(g)$	58.9	24.5	279.9
$PH_3(g)$	5.4	13.5	210.1
$PCl_3(l)$	−319.7	−272.3	217.1
$PCl_3(g)$	−287.0	−267.8	311.7
$PCl_5(s)$	−443.5		
$PCl_5(g)$	−374.9	−305.0	364.5
$P_4O_{10}(s)$	−2984	−2698	228.9
$PO_4^{3-}(aq)$	−1277.4	−1018.7	−220.5
$HPO_4^{2-}(aq)$	−1292.1	−1089.2	−33.5
$H_2PO_4^-(aq)$	−1296.3	−1130.2	90.4
$H_3PO_4(s)$	−1284.4	−1124.3	110.5

물질과 상태	$\Delta H°_f$ (kJ/mol)	$\Delta G°_f$ (kJ/mol)	$S°$ [J/(K·mol)]
Potassium			
$K(s)$	0	0	64.7
$K(g)$	89.2	60.6	160.2
$K^+(aq)$	−252.4	−283.3	102.5
$KF(s)$	−567.3	−537.8	66.6
$KCl(s)$	−436.5	−408.5	82.6
$KBr(s)$	−393.8	−380.7	95.9
$KI(s)$	−327.9	−324.9	106.3
$K_2O(s)$	−361.5		
$K_2O_2(s)$	−494.1	−425.1	102.1
$KO_2(s)$	−284.9	−239.4	116.7
$KOH(s)$	−424.6	−379.4	81.2
$KOH(aq)$	−482.4	−440.5	91.6
$KClO_3(s)$	−397.7	−296.3	143.1
$KClO_4(s)$	−432.8	−303.1	151.0
$KNO_3(s)$	−494.6	−394.9	133.1
Rubidium			
$Rb(s)$	0	0	76.8
$Rb(g)$	80.9	53.1	170.0
$Rb^+(aq)$	−251.2	−284.0	121.5
$RbF(s)$	−557.7		
$RbCl(s)$	−435.4	−407.8	95.9
$RbBr(s)$	−394.6	−381.8	110.0
$RbI(s)$	−333.8	−328.9	118.4
Selenium			
$Se(s$, black)	0	0	42.44
$H_2Se(g)$	29.7	15.9	219.0
Silicon			
$Si(s)$	0	0	18.8
$Si(g)$	450.0	405.5	167.9
$SiF_4(g)$	−1615.0	−1572.8	282.7
$SiCl_4(l)$	−687.0	−619.8	239.7
$SiO_2(s$, quartz)	−910.7	−856.3	41.5
Silver			
$Ag(s)$	0	0	42.6
$Ag(g)$	284.9	246.0	173.0
$Ag^+(aq)$	105.6	77.1	72.7
$AgF(s)$	−204.6		
$AgCl(s)$	−127.1	−109.8	96.2
$AgBr(s)$	−100.4	−96.9	107.1
$AgI(s)$	−61.8	−66.2	115.5
$Ag_2O(s)$	−31.1	−11.2	121.3
$Ag_2S(s)$	−32.6	−40.7	144.0
$AgNO_3(s)$	−124.4	−33.4	140.9
Sodium			
$Na(s)$	0	0	51.2
$Na(g)$	107.3	76.8	153.6

표 B.1 무기물(계속)

물질과 상태	ΔH°_f (kJ/mol)	ΔG°_f (kJ/mol)	S° [J/(K·mol)]
$Na^+(aq)$	−240.1	−261.9	59.0
$NaF(s)$	−576.6	−546.3	51.1
$NaCl(s)$	−411.2	−384.2	72.1
$NaBr(s)$	−361.1	−349.0	86.8
$NaI(s)$	−287.8	−286.1	98.5
$NaH(s)$	−56.3	−33.5	40.0
$Na_2O(s)$	−414.2	−375.5	75.1
$Na_2O_2(s)$	−510.9	−447.7	95.0
$NaO_2(s)$	−260.2	−218.4	115.9
$NaOH(s)$	−425.6	−379.5	64.5
$NaOH(aq)$	−470.1	−419.2	48.2
$Na_2CO_3(s)$	−1130.7	−1044.5	135.0
$NaHCO_3(s)$	−950.8	−851.0	102
$NaNO_3(s)$	−467.9	−367.0	116.5
$NaNO_3(aq)$	−447.5	−373.2	205.4
$Na_2SO_4(s)$	−1387.1	−1270.2	149.6
Sulfur			
$S(s$, rhombic)	0	0	31.8
$S(s$, monoclinic)	0.3		
$S(g)$	277.2	236.7	167.7
$S_2(g)$	128.6	79.7	228.2
$H_2S(g)$	−20.6	−33.6	205.7
$H_2S(aq)$	−39.7	−27.9	121
$HS^-(aq)$	−17.6	12.1	62.8
$SO_2(g)$	−296.8	−300.2	248.1
$SO_3(g)$	−395.7	−371.1	256.6
$H_2SO_4(l)$	−814.0	−690.1	156.9
$H_2SO_4(aq)$	−909.3	−744.6	20
$HSO_4^-(aq)$	−887.3	−756.0	132
$SO_4^{2-}(aq)$	−909.3	−744.6	20
Tin			
$Sn(s$, white)	0	0	51.2
$Sn(s$, gray)	−2.1	0.1	44.1
$Sn(g)$	301.2	266.2	168.4
$SnCl_4(l)$	−511.3	−440.1	258.6
$SnCl_4(g)$	−471.5	−432.2	365.8
$SnO(s)$	−280.7	−251.9	57.4
$SnO_2(s)$	−577.6	−515.8	49.0
Titanium			
$Ti(s)$	0	0	30.6
$Ti(g)$	473.0	428.4	180.2
$TiCl_4(l)$	−804.2	−737.2	252.3
$TiCl_4(g)$	−763.2	−726.3	353.2
$TiO_2(s)$	−944.0	−888.8	50.6
Tungsten			
$W(s)$	0	0	32.6
$W(g)$	849.4	807.1	174.0
$WO_3(s)$	−842.9	−764.0	75.9
Zinc			
$Zn(s)$	0	0	41.6
$Zn(g)$	130.4	94.8	160.9
$Zn^{2+}(aq)$	−153.9	−147.1	−112.1
$ZnCl_2(s)$	−415.1	−369.4	111.5
$ZnO(s)$	−350.5	−320.5	43.7
$ZnS(s)$	−206.0	−201.3	57.7
$ZnSO_4(s)$	−982.8	−871.5	110.5

표 B.2 유기물

물질과 상태	화학식	$\Delta H°_f$ (kJ/mol)	$\Delta G°_f$ (kJ/mol)	$S°$ [J/(K·mol)]
Acetaldehyde(*g*)	CH_3CHO	−166.2	−133.0	263.8
Acetic acid(*l*)	CH_3CO_2H	−484.5	−390	160
Acetylene(*g*)	C_2H_2	227.4	209.9	200.8
Benzene(*l*)	C_6H_6	49.1	124.5	173.4
Butane(*g*)	C_4H_{10}	−126	−17	310
Carbon tetrachloride(*l*)	CCl_4	−135.4	−65.3	216.4
Dichloroethane(*l*)	CH_2ClCH_2Cl	−165.2	−79.6	208.5
Ethane(*g*)	C_2H_6	−84.0	−32.0	229.1
Ethanol(*l*)	C_2H_5OH	−277.7	−174.9	161
Ethanol(*g*)	C_2H_5OH	−234.8	−167.9	281.5
Ethylene(*g*)	C_2H_4	52.3	68.1	219.5
Ethylene oxide(*g*)	C_2H_4O	−52.6	−13.1	242.4
Formaldehyde(*g*)	HCHO	−108.6	−102.5	218.8
Formic acid(*l*)	HCO_2H	−424.7	−361.4	129.0
Glucose(*s*)	$C_6H_{12}O_6$	−1273.3	−910	209.2
Methane(*g*)	CH_4	−74.8	−50.8	186.2
Methanol(*l*)	CH_3OH	−239.2	−166.6	127
Methanol(*g*)	CH_3OH	−201.0	−162.3	239.8
Propane(*g*)	C_3H_8	−103.8	−23.4	270.2
Vinyl chloride(*g*)	$CH_2{=}CHCl$	35	51.9	263.9

부록 C

25 °C에서의 평형 상수

표 C.1 25 °C에서 산 해리 상수

산	화학식	K_{a1}	K_{a2}	K_{a3}
구연산(시트르산)(Citric)	$C_6H_8O_7$	7.1×10^{-4}	1.7×10^{-5}	4.1×10^{-7}
과산화 수소(Hydrogen peroxide)	H_2O_2	2.4×10^{-12}		
물(Water)	H_2O	1.8×10^{-16}		
벤조산(Benzoic)	$C_6H_5CO_2H$	6.5×10^{-5}		
붕산(Boric)	H_3BO_3	5.8×10^{-10}		
비산(Arsenic)	H_3AsO_4	5.6×10^{-3}	1.7×10^{-7}	4.0×10^{-12}
사이안화수소산(Hydrocyanic)	HCN	4.9×10^{-10}		
사카린(Saccharin)	$C_7H_5NO_3S$	2.1×10^{-12}		
셀레늄산(Selenic)	H_2SeO_4	매우 큼	1.2×10^{-2}	
아비산(Arsenious)	H_3AsO_3	6×10^{-10}		
아세트산(Acetic)	CH_3CO_2H	1.8×10^{-5}		
아세틸살리실산(Acetylsalicylic)	$C_9H_8O_4$	3.0×10^{-4}		
아셀레늄산(Selenious)	H_2SeO_3	3.5×10^{-2}	5×10^{-8}	
아스코브산(Ascorbic)	$C_6H_8O_6$	8.0×10^{-5}		
아이오딘산(Iodic)	HIO_3	1.7×10^{-1}		
아인산(Phosphorous)	H_3PO_3	1.0×10^{-2}	2.6×10^{-7}	
아질산(Nitrous)	HNO_2	4.5×10^{-4}		
아황산(Sulfurous)	H_2SO_3	1.5×10^{-2}	6.3×10^{-8}	
옥살산(Oxalic)	$H_2C_2O_4$	5.9×10^{-2}	6.4×10^{-5}	
인산(Phosphoric)	H_3PO_4	7.5×10^{-3}	6.2×10^{-8}	4.8×10^{-13}
젖산(락트산)(Lactic)	$HC_3H_5O_3$	1.4×10^{-4}		
클로로아세트산(Chloroacetic)	CH_2ClCO_2H	1.4×10^{-3}		
타타르산(Tartaric)	$C_4H_6O_6$	1.0×10^{-3}	4.6×10^{-5}	
탄산(Carbonic)	H_2CO_3	4.3×10^{-7}	5.6×10^{-11}	
페놀(Phenol)	C_6H_5OH	1.3×10^{-10}		
폼산(Formic)	HCO_2H	1.8×10^{-4}		
플루오린화수소산(Hydrofluoric)	HF	3.5×10^{-4}		
하이드라조산(Hydrazoic)	HN_3	1.9×10^{-5}		
하이포브로민산(Hypobromous)	HOBr	2.0×10^{-9}		
하이포아이오딘산(Hypoiodous)	HOI	2.3×10^{-11}		
하이포염소산(Hypochlorous)	HOCl	3.5×10^{-8}		
황산(Sulfuric)	H_2SO_4	매우 큼	1.2×10^{-2}	
황화수소산(Hydrosulfuric)	H_2S	1.0×10^{-7}	$\sim 10^{-19}$	

표 C.3 25 ℃에서 수화된 금속 양이온에 대한 산 해리 상수

양이온	K_a
$Fe^{2+}(aq)$	3.2×10^{-10}
$Co^{2+}(aq)$	1.3×10^{-9}
$Ni^{2+}(aq)$	2.5×10^{-11}
$Zn^{2+}(aq)$	2.5×10^{-10}
$Be^{2+}(aq)$	3×10^{-7}
$Al^{3+}(aq)$	1.4×10^{-5}
$Cr^{3+}(aq)$	1.6×10^{-4}
$Fe^{3+}(aq)$	6.3×10^{-3}

예를 들어 $Fe^{2+}(aq)$의 K_a는 다음 식의 평형 상수이다.

$$Fe(H_2O)_6{}^{2+}(aq) + H_2O(l) \rightleftharpoons H_3O^+(aq) + Fe(H_2O)_5(OH)^+(aq)$$

표 C.3 25 ℃에서 염기 해리 상수

염기	화학식	K_b
다이메틸아민 (Dimethylamine)	$(CH_3)_2NH$	5.4×10^{-4}
메틸아민 (Methylamine)	CH_3NH_2	3.7×10^{-4}
모르핀 (Morphine)	$C_{17}H_{19}NO_3$	1.6×10^{-6}
스트리크닌 (Strychnine)	$C_{21}H_{22}N_2O_2$	1.8×10^{-6}
아닐린 (Aniline)	$C_6H_5NH_2$	4.3×10^{-10}
암모니아 (Ammonia)	NH_3	1.8×10^{-5}
에틸아민 (Ethylamine)	$C_2H_5NH_2$	6.4×10^{-4}
코데인 (Codeine)	$C_{18}H_{21}NO_3$	1.6×10^{-6}
트라이메틸아민 (Trimethylamine)	$(CH_3)_3N$	6.5×10^{-5}
프로필아민 (Propylamine)	$C_3H_7NH_2$	5.1×10^{-4}
피리딘 (Pyridine)	C_5H_5N	1.8×10^{-9}
피페리딘 (Piperidine)	$C_5H_{11}N$	1.3×10^{-3}
하이드라진 (Hydrazine)	N_2H_4	8.9×10^{-7}
하이드록실아민 (Hydroxylamine)	NH_2OH	9.1×10^{-9}

표 C.4 25 °C에서 용해도곱 상수

화합물	화학식	K_{sp}
Aluminum hydroxide	$Al(OH)_3$	1.9×10^{-33}
Barium carbonate	$BaCO_3$	2.6×10^{-9}
Barium chromate	$BaCrO_4$	1.2×10^{-10}
Barium fluoride	BaF_2	1.8×10^{-7}
Barium hydroxide	$Ba(OH)_2$	5.0×10^{-3}
Barium sulfate	$BaSO_4$	1.1×10^{-10}
Cadmium carbonate	$CdCO_3$	1.0×10^{-12}
Cadmium hydroxide	$Cd(OH)_2$	5.3×10^{-15}
Calcium carbonate	$CaCO_3$	5.0×10^{-9}
Calcium fluoride	CaF_2	3.5×10^{-11}
Calcium hydroxide	$Ca(OH)_2$	4.7×10^{-6}
Calcium phosphate	$Ca_3(PO_4)_2$	2.1×10^{-33}
Calcium sulfate	$CaSO_4$	7.1×10^{-5}
Chromium(III) hydroxide	$Cr(OH)_3$	6.7×10^{-31}
Cobalt(II) hydroxide	$Co(OH)_2$	5.9×10^{-15}
Copper(I) bromide	$CuBr$	6.3×10^{-9}
Copper(I) chloride	$CuCl$	1.7×10^{-7}
Copper(II) carbonate	$CuCO_3$	2.5×10^{-10}
Copper(II) hydroxide	$Cu(OH)_2$	1.6×10^{-19}
Copper(II) phosphate	$Cu_3(PO_4)_2$	1.4×10^{-37}
Iron(II) hydroxide	$Fe(OH)_2$	4.9×10^{-17}
Iron(III) hydroxide	$Fe(OH)_3$	2.6×10^{-39}
Lead(II) bromide	$PbBr_2$	6.6×10^{-6}
Lead(II) chloride	$PbCl_2$	1.2×10^{-5}
Lead(II) chromate	$PbCrO_4$	2.8×10^{-13}
Lead(II) iodide	PbI_2	8.5×10^{-9}
Lead(II) sulfate	$PbSO_4$	1.8×10^{-8}
Magnesium carbonate	$MgCO_3$	6.8×10^{-6}
Magnesium fluoride	MgF_2	7.4×10^{-11}
Magnesium hydroxide	$Mg(OH)_2$	5.6×10^{-12}
Manganese(II) carbonate	$MnCO_3$	2.2×10^{-11}
Manganese(II) hydroxide	$Mn(OH)_2$	2.1×10^{-13}
Mercury(I) bromide	Hg_2Br_2	6.4×10^{-23}
Mercury(I) chloride	Hg_2Cl_2	1.4×10^{-18}
Mercury(I) iodide	Hg_2I_2	5.3×10^{-29}
Mercury(II) hydroxide	$Hg(OH)_2$	3.1×10^{-26}
Nickel(II) hydroxide	$Ni(OH)_2$	5.5×10^{-16}
Silver bromide	$AgBr$	5.4×10^{-13}
Silver carbonate	Ag_2CO_3	8.4×10^{-12}
Silver chloride	$AgCl$	1.8×10^{-10}
Silver chromate	Ag_2CrO_4	1.1×10^{-12}
Silver cyanide	$AgCN$	6.0×10^{-17}
Silver iodide	AgI	8.5×10^{-17}
Silver sulfate	Ag_2SO_4	1.2×10^{-5}
Silver sulfite	Ag_2SO_3	1.5×10^{-14}
Strontium carbonate	$SrCO_3$	5.6×10^{-10}
Tin(II) hydroxide	$Sn(OH)_2$	5.4×10^{-27}
Zinc carbonate	$ZnCO_3$	1.2×10^{-10}
Zinc hydroxide	$Zn(OH)_2$	4.1×10^{-17}

표 C.5 25 ℃에서 산에서의 용해도곱(K_{spa}) 상수

화합물	화학식	K_{spa}
황화 구리(II)(Copper(II) sulfide)	CuS	6×10^{-16}
황화 납(II)(Lead(II) sulfide)	PbS	3×10^{-7}
황화 니켈(II)(Nickel(II) sulfide)	NiS	8×10^{-1}
황화 망가니즈(II)(Manganese(II) sulfide)	MnS	3×10^{7}
황화 수은(II)(Mercury(II) sulfide)	HgS	2×10^{-32}
황화 아연(Zinc sulfide)	ZnS	3×10^{-2}
황화 은(Silver sulfide)	Ag_2S	6×10^{-30}
황화 주석(II)(Tin(II) sulfide)	SnS	1×10^{-5}
황화 철(II)(Iron(II) sulfide)	FeS	6×10^{2}
황화 카드뮴(Cadmium sulfide)	CdS	8×10^{-7}
황화 코발트(II)(Cobalt(II) sulfide)	CoS	3

주: MS의 K_{spa}는 다음 식의 평형 상수이다.

$$MS(s) + 2\,H_3O^+(aq) \rightleftharpoons M^{2+}(aq) + H_2S(aq) + 2\,H_2O(l)$$

전통적인 K_{sp} 값이 오차가 큰 H_2S의 K_{a2} 값을 기초로 하고 있어 잘못되었다고 알려졌기 때문에 금속의 황화물에 대해서는 K_{sp} 대신에 K_{spa}를 사용한다. (R. J. Myers, *J. Chem. Educ.*, **1986**, 63, 687~690 참조)

표 C.6 25 ℃에서 착이온 형성 상수

착이온	K_f
$Ag(CN)_2^-$	3.0×10^{20}
$Ag(NH_3)_2^+$	1.7×10^{7}
$Ag(S_2O_3)_2^{3-}$	4.7×10^{13}
$Al(OH)_4^-$	3×10^{33}
$Be(OH)_4^{2-}$	4×10^{18}
$Cr(OH)_4^-$	8×10^{29}
$Cu(NH_3)_4^{2+}$	5.6×10^{11}
$Fe(CN)_6^{4-}$	3×10^{35}
$Fe(CN)_6^{3-}$	4×10^{43}
$Ga(OH)_4^-$	3×10^{39}
$Ni(CN)_4^{2-}$	1.7×10^{30}
$Ni(NH_3)_6^{2+}$	2.0×10^{8}
$Ni(en)_3^{2+}$	4×10^{17}
$Pb(OH)_3^-$	8×10^{13}
$Sn(OH)_3^-$	3×10^{25}
$Zn(CN)_4^{2-}$	4.7×10^{19}
$Zn(NH_3)_4^{2+}$	7.8×10^{8}
$Zn(OH)_4^{2-}$	3×10^{15}

부록 D

25 °C에서 표준 환원 전위

반쪽 반응	$E°$(V)
$F_2(g) + 2\,e^- \longrightarrow 2\,F^-(aq)$	2.87
$O_3(g) + 2\,H^+(aq) + 2\,e^- \longrightarrow O_2(g) + H_2O(l)$	2.08
$S_2O_8{}^{2-}(aq) + 2\,e^- \longrightarrow 2\,SO_4{}^{2-}(aq)$	2.01
$Co^{3+}(aq) + e^- \longrightarrow Co^{2+}(aq)$	1.81
$H_2O_2(aq) + 2\,H^+(aq) + 2\,e^- \longrightarrow 2\,H_2O(l)$	1.78
$Ce^{4+}(aq) + e^- \longrightarrow Ce^{3+}(aq)$	1.72
$MnO_4{}^-(aq) + 4\,H^+(aq) + 3\,e^- \longrightarrow MnO_2(s) + 2\,H_2O(l)$	1.68
$PbO_2(s) + 3\,H^+(aq) + HSO_4{}^-(aq) + 2\,e^- \longrightarrow PbSO_4(s) + 2\,H_2O(l)$	1.628
$2\,HClO(aq) + 2\,H^+(aq) + 2\,e^- \longrightarrow Cl_2(g) + 2\,H_2O(l)$	1.61
$Mn^{3+}(aq) + e^- \longrightarrow Mn^{2+}(aq)$	1.54
$MnO_4{}^-(aq) + 8\,H^+(aq) + 5\,e^- \longrightarrow Mn^{2+}(aq) + 4\,H_2O(l)$	1.51
$2\,BrO_3{}^-(aq) + 12\,H^+(aq) + 10\,e^- \longrightarrow Br_2(l) + 6\,H_2O(l)$	1.48
$ClO_3{}^-(aq) + 6\,H^+(aq) + 5\,e^- \longrightarrow 1/2\,Cl_2(g) + 3\,H_2O(l)$	1.47
$Au^{3+}(aq) + 2\,e^- \longrightarrow Au^+(aq)$	1.40
$Cl_2(g) + 2\,e^- \longrightarrow 2\,Cl^-(aq)$	1.36
$Cr_2O_7{}^{2-}(aq) + 14\,H^+(aq) + 6\,e^- \longrightarrow 2\,Cr^{3+}(aq) + 7\,H_2O(l)$	1.36
$O_2(g) + 4\,H^+(aq) + 4\,e^- \longrightarrow 2\,H_2O(l)$	1.23
$MnO_2(s) + 4\,H^+(aq) + 2\,e^- \longrightarrow Mn^{2+}(aq) + 2\,H_2O(l)$	1.22
$2\,IO_3{}^-(aq) + 12\,H^+(aq) + 10\,e^- \longrightarrow I_2(s) + 6\,H_2O(l)$	1.20
$Br_2(l) + 2\,e^- \longrightarrow 2\,Br^-(aq)$	1.09
$HNO_2(aq) + H^+(aq) + e^- \longrightarrow NO(g) + H_2O(l)$	0.98
$NO_3{}^-(aq) + 4\,H^+(aq) + 3\,e^- \longrightarrow NO(g) + 2\,H_2O(l)$	0.96
$2\,Hg^{2+}(aq) + 2\,e^- \longrightarrow Hg_2{}^{2+}(aq)$	0.92
$HO_2{}^-(aq) + H_2O(l) + 2\,e^- \longrightarrow 3\,OH^-(aq)$	0.88
$Hg^{2+}(aq) + 2\,e^- \longrightarrow Hg(l)$	0.85
$ClO^-(aq) + H_2O(l) + 2\,e^- \longrightarrow Cl^-(aq) + 2\,OH^-(aq)$	0.84
$Ag^+(aq) + e^- \longrightarrow Ag(s)$	0.80
$Hg_2{}^{2+}(aq) + 2\,e^- \longrightarrow 2\,Hg(l)$	0.80
$NO_3{}^-(aq) + 2\,H^+(aq) + e^- \longrightarrow NO_2(g) + H_2O(l)$	0.79
$Fe^{3+}(aq) + e^- \longrightarrow Fe^{2+}(aq)$	0.77
$O_2(g) + 2\,H^+(aq) + 2\,e^- \longrightarrow H_2O_2(aq)$	0.70
$MnO_4{}^-(aq) + e^- \longrightarrow MnO_4{}^{2-}(aq)$	0.56
$H_3AsO_4(aq) + 2\,H^+(aq) + 2\,e^- \longrightarrow H_3AsO_3(aq) + H_2O(l)$	0.56
$I_2(s) + 2\,e^- \longrightarrow 2\,I^-(aq)$	0.54

반쪽 반응	$E°$(V)
$Cu^+(aq) + e^- \longrightarrow Cu(s)$	0.52
$H_2SO_3(aq) + 4\,H^+(aq) + 4\,e^- \longrightarrow S(s) + 3\,H_2O(l)$	0.45
$O_2(g) + 2\,H_2O(l) + 4\,e^- \longrightarrow 4\,OH^-(aq)$	0.40
$Cu^{2+}(aq) + 2\,e^- \longrightarrow Cu(s)$	0.34
$BiO^+(aq) + 2\,H^+(aq) + 3\,e^- \longrightarrow Bi(s) + H_2O(l)$	0.32
$Hg_2Cl_2(s) + 2\,e^- \longrightarrow 2\,Hg(l) + 2\,Cl^-(aq)$	0.28
$AgCl(s) + e^- \longrightarrow Ag(s) + Cl^-(aq)$	0.22
$SO_4{}^{2-}(aq) + 4\,H^+(aq) + 2\,e^- \longrightarrow H_2SO_3(aq) + H_2O(l)$	0.17
$Cu^{2+}(aq) + e^- \longrightarrow Cu^+(aq)$	0.15
$Sn^{4+}(aq) + 2\,e^- \longrightarrow Sn^{2+}(aq)$	0.15
$S(s) + 2\,H^+(aq) + 2\,e^- \longrightarrow H_2S(aq)$	0.14
$AgBr(s) + e^- \longrightarrow Ag(s) + Br^-(aq)$	0.07
$2\,H^+(aq) + 2\,e^- \longrightarrow H_2(g)$	0
$Fe^{3+}(aq) + 3\,e^- \longrightarrow Fe(s)$	−0.04
$Pb^{2+}(aq) + 2\,e^- \longrightarrow Pb(s)$	−0.13
$CrO_4{}^{2-}(aq) + 4\,H_2O(l) + 3\,e^- \longrightarrow Cr(OH)_3(s) + 5\,OH^-(aq)$	−0.13
$Sn^{2+}(aq) + 2\,e^- \longrightarrow Sn(s)$	−0.14
$AgI(s) + e^- \longrightarrow Ag(s) + I^-(aq)$	−0.15
$Ni^{2+}(aq) + 2\,e^- \longrightarrow Ni(s)$	−0.26
$Co^{2+}(aq) + 2\,e^- \longrightarrow Co(s)$	−0.28
$PbSO_4(s) + H^+(aq) + 2\,e^- \longrightarrow Pb(s) + HSO_4{}^-(aq)$	−0.296
$Tl^+(aq) + e^- \longrightarrow Tl(s)$	−0.34
$Se(s) + 2\,H^+(aq) + 2\,e^- \longrightarrow H_2Se(aq)$	−0.40
$Cd^{2+}(aq) + 2\,e^- \longrightarrow Cd(s)$	−0.40
$Cr^{3+}(aq) + e^- \longrightarrow Cr^{2+}(aq)$	−0.41
$Fe^{2+}(aq) + 2\,e^- \longrightarrow Fe(s)$	−0.45
$2\,CO_2(g) + 2\,H^+(aq) + 2\,e^- \longrightarrow H_2C_2O_4(aq)$	−0.49
$Ga^{3+}(aq) + 3\,e^- \longrightarrow Ga(s)$	−0.55
$Cr^{3+}(aq) + 3\,e^- \longrightarrow Cr(s)$	−0.74
$Zn^{2+}(aq) + 2\,e^- \longrightarrow Zn(s)$	−0.76
$2\,H_2O(l) + 2\,e^- \longrightarrow H_2(g) + 2\,OH^-(aq)$	−0.83
$Cr^{2+}(aq) + 2\,e^- \longrightarrow Cr(s)$	−0.91
$Mn^{2+}(aq) + 2\,e^- \longrightarrow Mn(s)$	−1.18
$Al^{3+}(aq) + 3\,e^- \longrightarrow Al(s)$	−1.66
$Mg^{2+}(aq) + 2\,e^- \longrightarrow Mg(s)$	−2.37
$Na^+(aq) + e^- \longrightarrow Na(s)$	−2.71
$Ca^{2+}(aq) + 2\,e^- \longrightarrow Ca(s)$	−2.87
$Ba^{2+}(aq) + 2\,e^- \longrightarrow Ba(s)$	−2.91
$K^+(aq) + e^- \longrightarrow K(s)$	−2.93
$Li^+(aq) + e^- \longrightarrow Li(s)$	−3.04

부록 E

물의 성질

정상 녹는점	0 °C = 273.15 K
정상 끓는점	100 °C = 373.15 K
융해열	6.01 kJ/mol (0 °C에서)
기화열	44.94 kJ/mol (0 °C에서)
	44.02 kJ/mol (25 °C에서)
	40.67 kJ/mol (100 °C에서)
비열	4.179 J/(g·°C) (25 °C에서)
이온곱 상수(K_w)	1.15×10^{-15} (0 °C에서)
	1.01×10^{-14} (25 °C에서)
	5.43×10^{-13} (100 °C에서)

표 E.1 여러 온도에서 물의 증기 압력

온도(°C)	P_{vap}(mmHg)	온도(°C)	P_{vap}(mmHg)
0	4.58	60	149.4
10	9.21	70	233.7
20	17.5	80	355.1
30	31.8	90	525.9
40	55.3	100	760.0
50	92.5	105	906.0

선택 문제 해답

CHAPTER 1

1.2. (a) 7×10^{-5} m; (b) 2×10^{13} kg **1.3.** 801 °C, 1074 K **1.4.** liquid state **1.5.** 6.32 mL **1.6.** the bracelet is made of pure silver. **1.8.** 42.5 m/s **1.10.** 4.55 mL **1.12.** high precision accuracy is low **1.14.** 2.23×10^{-2} g/mL **1.16.** 2.52 cm^3 **1.18.** 6×10^{-11} cm^3, 0.06 pL **1.21.** 1,000 times; (b) 10,000 times **1.26.** (a) 30%; (b) 15%

Conceptual Problems

1.28. 32.2°C

1.30.

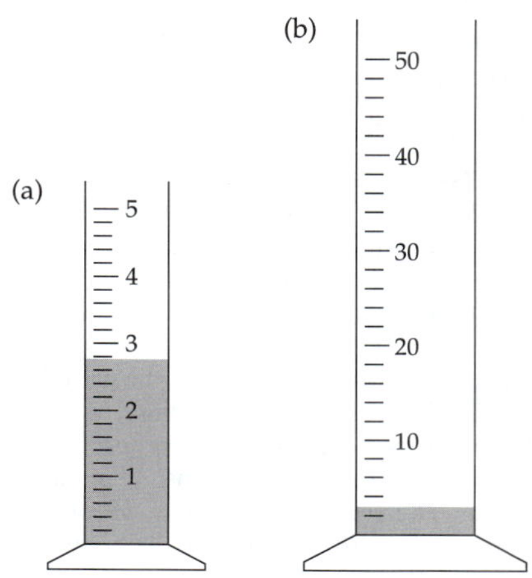

The 5 mL graduated cylinder can be read to ± 0.02 mL. The 50 mL graduated cylinder can only be read to ± 0.2 mL. The 5 mL graduated cylinder will give more accurate measurements.

Section Problems

Scientific Method (Section 1.1)

1.32. (a) experiment; (b) hypothesis; (c) observation **1.34.** (a), (b) and (d) are quantitative. (c) and (e) are qualitative.

SI Units and Scientific Notation (Section 1.2)

1.38. (a) kilogram, kg; (b) meter, m; (c) kelvin, K; (d) cubic meter, m^3; (e) joule, $(kg \cdot m^2)/s^2$; (f) kg/m^3 or g/cm^3 **1.42.** cL is centiliter (10^{-2} L) **1.48.** (a) 4.5332×10^2 mg; (b) 4.21×10^{-5} mL; (c) 6.67×10^5 g.

Measurement of Mass, Length, and Temperature (Sections 1.3–1.5)

1.54. 103.8 °F (goat), 72.0 °F (Australian spiny anteater) **1.56.** 347 °F **1.58.** (a) 1.021 °E/°C; (b) 0.5675 °E/°F; (c) H_2O melting point, 119.8 °E, H_2O boiling point, 222.0 °E; (d) 157.6 °E; (e) sweater or light jacket. **1.60.** melting point 801°C; 1474 °F boiling point 1413 °C; 2575 °F

Derived Units: Volume and Density (Sections 1.6–1.7)

1.66. 2.212 g/cm^3 **1.70.** H_2: 11.2 L, Cl_2: 11.03 *L* **1.72.** $11 \frac{8}{cm^3}$ **1.74.** not pure silver. **1.76.** 75.85 mL

Energy (Section 1.8)

1.78. car **1.80.** 169 kcal **1.82.** (a) 2300 kJ; (b) 6.3 h

Accuracy, Precision, and Significant Figures (Sections 1.9–1.10)

1.84. (a) and (b) **1.86.** (a) 6; (b) 6; (c) 4; (d) 3; (e) 2, 3, 4, or 5; (f) 5 **1.88.** 3.666×10^6 m^3, 3.7×10^6 m^3 **1.90.** (a) 3.567×10^4 or 35,670 m; 35,670.1 m; (b) 69 g, 68.5 g; (c) 4.99×10^3 cm; (d) 2.3098×10^{-4} kg **1.92.** (a) 10.0; (b) 26; (c) 0.039; (d) 5526; (e) 87.6; (f) 13

Unit Conversions (Section 1.11)

1.94. (a) 110 g; (b) 443.2 m; (c) 76181×10^{12} m^2 **1.96.** 11.394 mi/h **1.98.** (a) 43,560 ft^3; (b) 3.92×10^8 acre–ft **1.100.** 121 lb **1.102.** 72.6 kg; 1.5 mg

Multiconcept Problems

1.112. (a) 200 kisses; (b) 3.3 mL; (c) 26 Cal/kiss; (d) 51 calories **1.114.** −40 °C (−40 °F).

CHAPTER 2

2.2. (a) K, potassium, metal; (b) shiny, metallic solid; (c) It would deform and not crack; (d) It would conduct electricity, but it is not a good choice for wiring because it reacts when exposed to oxygen and humidity (water) in the atmosphere. Potassium is also a soft metal which makes it unsuitable for use as a wire. **2.4.** SO_3 **2.5.** 2×10^4 Au atoms **2.6.** 40 times **2.7.** 34 protons, 34 electrons, 41neutrons. **2.8.** Cr; $^{52}_{24}Cr$. **2.9.** 63.55 **2.10.** (a) gallium-69; (b) ^{69}Ga 60.11%; ^{71}Ga; 39.89% **2.11.** 0.0487 mol Pt **2.93** $\times 10^{22}$ atoms Pt **2.12.** Ca **2.15.** (b) **2.16.** (a) Figures (b) and (d); (b) Figures (a) and (c); (c) Figures (b) and (d). **2. 17.**

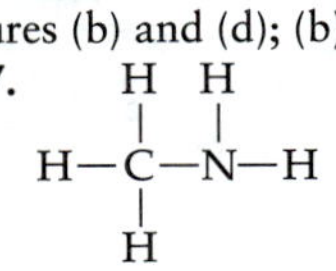

2.18. $C_9H_{13}NO_3$ **2.20.** Figure (a) ionic Figure; (b) molecular **2.21.** (a) MgF_2; (b) SnO_2; (c) Fe_2S_3 **2.22.** red – potassium sulfide, K_2S; green – strontium iodide, SrI_2; blue – gallium oxide, Ga_2O_3 **2.24.** Drawing 1 Only (c) $CaCl_2$. Drawing 2 (a) LiBr and (b) $NaNO_2$ **2.26.** (a) phosphorus pentachloride; (b) dinitrogen monoxide

Conceptual Problems

2.36. americium (Am) 95. actinide **2.38.** (a) **2.40.** (b) and (c) are isotopes (a) is a different element.

Section Problems

Elements and the Periodic Table (Sections 2.1–2.3)

2.46. 118; 90 naturally. **2.48.** (a) Gd; (b) Ge; (c) Tc; (d) As. **2.50.** (a) tellurium; (b) rhenium; (c) beryllium; (d) argon; (e) plutonium **2.52.** (a) Tin is Sn, Ti is titanium; (b) Manganese is Mn, Mg is magnesium; (c) Potassium is K, Po is Polonium; (d) The symbol for helium is He. **2.56.** periods groups. **2.58.** similar chemical properties. **2.60.**

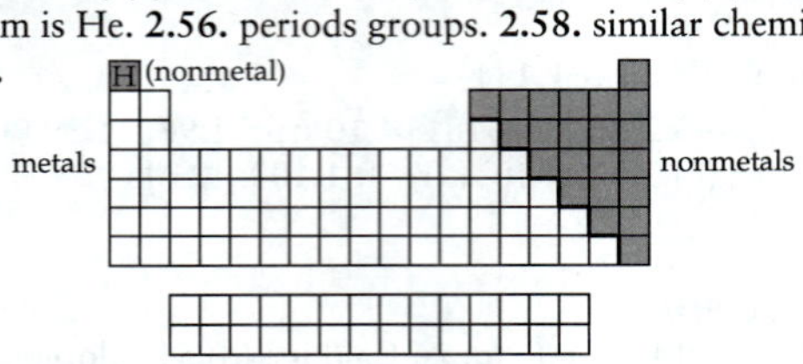

2.62. (a) Ti, metal; (b) Te, semimetal; (c) Se, nonmetal; (d) Sc, metal; (e) Si, semimetal **2.64.** (a) The alkali metals are shiny, soft, low-melting metals that react rapidly with water to form products that are alkaline; (b) The noble gases are gases of very low reactivity; (c) The halogens are nonmetallic and corrosive. They are found in nature only in combination with other elements. **2.66.** F, Cl, Br, and I. **2.68.** metal. **2.70.** nonmetal. **2.72.** 2A and 7A.

Atomic Theory (Sections 2.4–2.5)

2.76. The law of mass conservation in terms of Dalton's atomic theory states that chemical reactions only rearrange the way that atoms are combined; the atoms themselves are not changed. The law of definite proportions in terms of Dalton's atomic theory states that the chemical combination of elements to make different substances occurs when atoms join together in small, whole-number ratios. **2.78.** 3.7 g **2.80.** not methane.

$$\frac{\text{C:H mass ratio in “other”}}{\text{C:H mass ratio in methane}} = \frac{4}{3}$$

2.82. $\dfrac{\text{C:H mass ratio in benzene}}{\text{C:H mass ratio in ethane}} = \dfrac{3}{1}$, $\dfrac{\text{C:H mass ratio in benzene}}{\text{C:H mass ratio in ethylene}} = \dfrac{2}{1}$, $\dfrac{\text{C:H mass ratio in ethylene}}{\text{C:H mass ratio ethane}} = \dfrac{3}{2}$

2.84. $\dfrac{\text{O:C mass ratio in compound 2}}{\text{O:C mass ratio in compound 1}} = \dfrac{2}{1}$, CO_2.

Elements and Atoms (Sections 2.6–2.8)

2.86. electron **2.90.** (a) -1.010×10^{-18} C **2.92.** (a) The alpha particles would pass right through the gold foil with little to no deflection. **2.94.** 1.8×10^7 Pb atoms thick **2.96.** The atomic number is equal to the number of protons. The mass number is equal to the sum of the number of protons and the number of neutrons. **2.98.** one can readily look up the atomic number in the periodic table. **2.100.** (a) carbon, C; (b) argon, Ar; (c) vanadium, V. **2.102.** (a) $^{220}_{86}Rn$; (b) $^{210}_{84}Po$; (c) $^{197}_{79}Au$ **2.104.** (a) 7 protons, 7 electrons, 8 neutrons; (b) 27 protons, 27 electrons, 33 neutrons; (c) 53 protons, 53 electrons, 78 neutrons, 58 protons, 58 electrons, 84 neutrons **2.106.** (a) magnesium; (b) nickel; (c) palladium; (d) tungsten **2.108.** $^{12}_{5}C$, $^{33}_{35}Br$, $^{11}_{5}Bo$

Atomic Weight, Moles, and Mass Spectrometry (Sections 2.9–2.10)

2.116. ^{63}Cu **2.118.** 10.8 **2.120.** 25.982 **2.122.** 63.55 **2.124.** (a) 72.04 g Ti; (b) 7.75 g Na; (c) 614.8 g U **2.126.** X grams. **2.128.** Kr.

Chemical Compounds (Sections 2.11–2.12)

2.134. A covalent bond results when two atoms share several (usually two) of their electrons. An ionic bond results from a complete transfer of one or more electrons from one atom to another.

2.136. Element symbols are composed of one or two letters. If the element symbol is two letters, the first letter is uppercase and the second is lowercase. CO stands for carbon and oxygen in carbon monoxide. **2.138.** (a) 4 protons and 2 electrons; (b) 37 protons and 36 electrons; (c) 34 protons and 36 electrons; (d) 79 protons and 76 electrons **2.140.** C_3H_8O **2.142.**

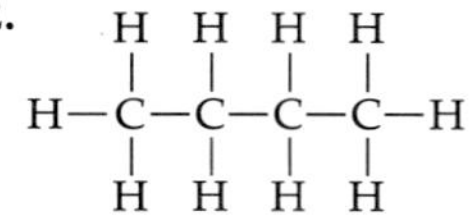

2.144.

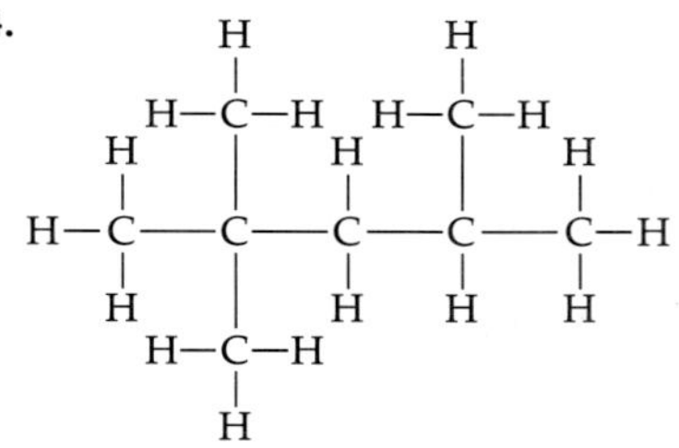

2.146. (a) cesium fluoride; (b) potassium oxide; (c) copper(II) oxide. **2.147.** (a) barium sulfide; (b) beryllium bromide; (c) iron(III) chloride **2.148.** (a) KCl; (b) $SnBr_2$; (c) CaO; (d) $BaCl_2$; (e) AlH_3 **2.150.** (a) $Ca(CH_3CO_2)_2$; (b) $Fe(CN)_2$; (c) $Na_2Cr_2O_7$; (d) $Cr_2(SO_4)_3$; (e) $Hg(ClO_4)_2$. **2.152.** (a) calcium hypochlorite; (b) silver(I) thiosulfate or silver thiosulfate; (c) sodium dihydrogen phosphate; (d) tin(II) nitrate; (e) lead(IV) acetate; (f) ammonium sulfate **2.154.** (a) $CaBr_2$; (b) $CaSO_4$; (c) $Al_2(SO_4)_3$ **2.156.** (a) $CaCl_2$; (b) CaO; (c) CaS **2.158.** (a) SO_3^{2-}; (b) PO_4^{3-}; (c) Zr^{4+}; (d) CrO_4^{2-}; (e) $CH_3CO_2^-$; (f) $S_2O_3^{2-}$ **2.160.** (a) carbon tetrachloride; (b) chlorine dioxide; (c) dinitrogen monoxide; (d) dinitrogen trioxide. **2.162.** (a) nitrogen monoxide; (b) dinitrogen monoxide; (c) nitrogen dioxide; (d) dinitrogen tetroxide; (e) dinitrogen pentoxide **2.164.** (a) Na_2SO_4; (b) $Ba_3(PO_4)_2$; (c) $Ga_2(SO_4)_3$

Multiconcept Problems

2.166. 0.505 g H; 0.337 g H.

CHAPTER 3

3.1. 3 A_2 + 2 B → 2 BA_3. **3.2.** reactants, box (d), and products, box (c) **3.4.** 8 $KClO_3$ + $C_{12}H_{22}O_{11}$ → 8 KCl + 12 CO_2 + 11 H_2O **3.6.** 342.3, 342.3 g/mol **3.7.** 0.0626 mol $NaHCO_3$ **3.8.** 15.0 g 4 tablets; 5.02×10^{22} molecules; **3.9.** 3.33 g **3.10.** 7.66 g; (b) 3.34 g **3.11.** 63% **3.12.** 27.9 g; (b) 143 g **3.13.** (a) A + B_2 → AB_2; (b) Limiting reactant is A, excess reactant is B_2; (c) 6 molecules of AB_2 **3.14.**

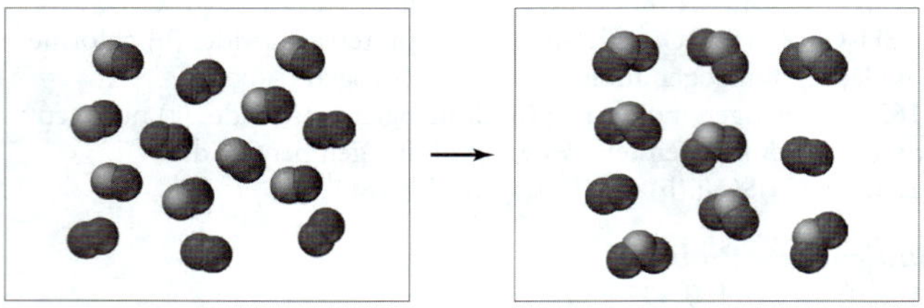

B_2 is in excess, AB is the limiting reactant. **3.16.** Yes, 411.7 g CO_2 **3.17.** $MgCO_3$. **3.18.** CH_2O, %C = 40.0%; %H = 6.7%, %O = 53.3% **3.19.** $C_{10}H_{20}O$. **3.20.** Empirical formula is C_5H_{11} and Molecular formula is $C_{10}H_{22}$ **3.21.** $C_{12}H_{10}$ **3.22.** C_5H_5N, empirical formula and molecular formula are the same. **3.25.** (a) 56 million tons of monoethanolamine; (b) 11 million tons of CO_2

Conceptual Problems

3.32. (a) A_2 + 3 B_2 → 2 AB_3; B_2 is the limiting reactant; (b) 2/3 mol AB_3

Section Problems

Balancing Equations (Section 3.2)

3.36. (b) **3.38.** (a) Mg + 2 HNO_3 → H_2 + $Mg(NO_3)_2$; (b) CaC_2 + 2 H_2O → $Ca(OH)_2$ + C_2H_2; (c) 2 S + 3 O_2 → 2 SO_3; (d) UO_2 + 4 HF → UF_4 + 2 H_2O **3.40.** (a) $SiCl_4$ + 2 H_2O → SiO_2 + 4 HCl; (b) P_4O_{10} + 6 H_2O → 4 H_3PO_4; (c) $CaCN_2$ + 3 H_2O → $CaCO_3$ + 2 NH_3; (d) 3 NO_2 + H_2O → 2 HNO_3 + NO

Molecular Weights and Molar Mass (Section 3.3)

3.44. (a) 472.1; (b) 88.1; (c) 120.9 **3.46.** (a) 558.7; (b) 444.5; (c) 321.8 **3.48.** (a) 47.87 g; (b) 159.81 g; (c) 200.59 g; (d) 18.02 g **3.50.** 0.867 mol **3.52.** 119. **3.54.** 1.97×10^{-3}mol, 1.19×10^{21} Fe(II)atoms **3.56.** 6.44×10^{-4} mol, 3.88×10^{20} molecules **3.58.** neon (Ne). **3.60.** 166.8 kg

Stoichiometry (Section 3.4)

3.62. (a) 2 Fe_2O_3 + 3 C → 4 Fe + 3 CO_2; (b) 4.93 mol C; (c) 59.2 g C **3.64.** (a) 2 Mg + O_2 → 2 MgO; (b) 16.5 g O_2 41.5 g MgO; (c) 38.0 g Mg, 63.0 g MgO **3.66.** (a) 2 HgO → 2 Hg + O_2; (b) 42.1 g Hg, 3.36 g O_2, 451 g HgO **3.68.** AgCl. **3.70.** (a) 581 g; (b) 1847 g

Reaction Yield and Limiting Reactants (Sections 3.5–3.6)

3.72. (a) 12.0 g; (b) 14.9 g **3.74.** 15.8 g NH_3 83.3 g N_2 left over **3.76.** 5.22 g **3.78.** $CaCO_3$ is the limiting. 0.526 L CO_2 **3.80.** 3.2 g. **3.82.** 86.8%

Percent Composition and Empirical Formulas (Section 3.7)

3.86. %C = 20.0% %H = 6.72% %N = 46.6% %O = 26.6% **3.88.** (a) $C_9H_8O_4$.; (b) $FeTiO_3$; (c) $Na_2S_2O_3$. **3.90.** SnF_2.

Formulas and Elemental Analysis (Section 3.8)

3.92. C_7H_7Cl, **3.94.** C_7H_8. **3.96.** 13,000 u **3.98.** 6 **3.100.** $C_{12}Br_{10}O$.

Mass Spectrometry (Section 3.9)

3.102. A neutral molecule will travel in a straight, undeflected, path in a mass spectrometer. Ionization is necessary as electric and magnetic fields will only exert a force on a charged species, not a neutral molecule. Ions of different masses are then accelerated by an electric field and passed between the poles of a strong magnet, which deflects them through a curved, evacuated pipe. The radius of deflection of a charged ion, M^+, as it passes between the magnet poles depends on its mass, with lighter ions deflected more strongly than heavier ones. **3.104.** C_4H_6O. **3.106.** CH, C_6H_6

Multiconcept Problems

3.108. High resolution mass spectrometry is capable of measuring the mass of molecules with a particular isotopic composition. **3.110.** 18.1 lb **3.112.** the mass %'s for the pulverized rock are different from the mass %'s for pure $CaCO_3$ **3.114.** 4.4 g Fe_2O_3 5.6 g FeO **3.116.** $C_6H_{12}O_6$ + 6 O_2 → 6 CO_2 + 6 H_2O; 97.2 g 56.1 L **3.118.** 31.1, P **3.120.** mass ratio of NH_4NO_3 to $(NH_4)_2HPO_4$ in the mixture is 2 to 1. **3.122.** 80; Br. 64; Cu **3.124.** (a) $C_{12}H_5Cl_5$; (b) $C_{12}H_5Cl_5$; (c) No, combustion analysis only directly gives the mass of carbon and hydrogen. The mass of *one* extra element can be found by subtracting the mass of carbon and hydrogen from the original mass of the compound. In this case, the mass of two elements is unknown.

CHAPTER 4

4.5. 0.656 M **4.6.** 6.94 mL **4.7.** 0.675 M. **4.8.** (a) A_2Y is the strongest A_2X is the weakest; (b) = 0.700 M, Y ions = 0.350 M.; (c) 20% **4.10.** $Ag^+(aq) + Cl^-(aq) \rightarrow AgCl(s)$, $2\ AgNO_3(aq) + CaCl_2(aq) \rightarrow 2\ AgCl(s) + Ca(NO_3)_2(aq)$ **4.12.** $3\ Ca^{2+}(aq) + 2\ PO_4^{3-}(aq) \rightarrow Ca_3(PO_4)_2(s)$ **4.14.** $PbBr_2$.

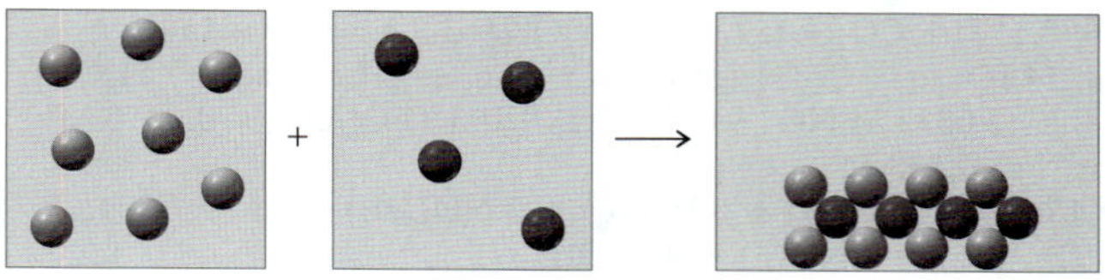

Anion = Br^- Cation = Pb^{2+}

4.16. (a) H_3PO_3; (b) H_2Se
4.18. $Mg^{2+}(aq) + 2\ OH^-(aq) + 2\ H^+(aq) + 2\ Cl^-(aq) \rightarrow Mg^{2+}(aq) + 2\ Cl^-(aq) + H_2O(l)$ $H^+(aq) + OH^-(aq) \rightarrow H_2O(l)$
4.19. 10.0 mL **4.20.** 0.0547 M **4.21.** 0.758 M **4.22.** 66.7 mL
4.23. (a) Cl −1, Sn + 4; (b) O −2, Cr + 6; (c) O −2, Cl −1, V + 5; (d) O −2, V + 3; (e) O −2, H + 1, N + 5; (f) O −2, S + 6, Fe + 2
4.24. (a) +2, ClO, chlorine monoxide; +3, Cl_2O_3, dichlorine trioxide; +6, ClO_3, chlorine trioxide; +7, Cl_2O_7, dichlorine heptoxide; (b) Cl_2O_7 **4.26.** (a) C in C_2H_5OH oxidized and Cr in $K_2Cr_2O_7$ gets reduced; (b) $K_2Cr_2O_7$ is the oxidizing agent; C_2H_5OH is the reducing agent. **4.29.** 1.98 M **4.30.** 50.0 mg **4.31.** Sodium chloride, sodium citrate, and potassium dihydrogen phosphate are strong electrolytes citric acid and vitamin B3 are weak electrolytes fructose is a nonelectrolyte; (b) Sodium chloride, potassium dihydrogen phosphate, and sodium citrate **4.32.** 0.018 M; 0.0025 M
4.33. 0.528 g **4.36.** 0.0190 M

Conceptual Problems

4.38. (a) box (1); (b) box (2); (c) box (3). **4.40.** HY is the strongest HX is the weakest **4.42.** 0.040 M; 67% **4.44.** (a) $Sr^+ + At \rightarrow Sr + At^+$ No reaction; (b) $Si + At^+ \rightarrow Si^+ + At$ Reaction would occur; (c) $Sr + Si^+ \rightarrow Sr^+ + Si$ Reaction would occur.

Section Problems

Molarity (Section 4.1)

4.46. (a) 0.0420 mol; (b) 0.12 mol **4.48.** 160 mL **4.50.** 0.0685 M
4.52. 0.958 M **4.54.** (a) 25.0 g; (b) 67.6 g

Dilutions (Section 4.2)

4.58. 1.71 M

Electrolytes (Section 4.3)

4.62. (a) bright; (b) dark; (c) dim **4.64.** $Ba(OH)_2$ dissociates into $Ba^{2+}(aq)$ and $2\ OH^-(aq)$, and conducts electricity. H_2SO_4 dissociates into $H^+(aq)$ and $HSO_4^-(aq)$. H_2SO_4 solutions conduct electricity. When equal molar solutions of $Ba(OH)_2$ and H_2SO_4 are mixed, the insoluble $BaSO_4$ is formed $BaSO_4$ does not produce any appreciable amount of ions and the mixture does not conduct electricity. **4.66.** (a) strong electrolyte; (b) weak electrolyte; (c) strong electrolyte; (d) strong electrolyte; (e) weak electrolyte; (f) nonelectrolyte **4.68.** (a) 2.25 M; (b) = 1.42 M
4.70. Na^+ 0.147 M Ca^{2+} 0.002 98 M K^+ 0.004 02 M Cl^- 0.157 M

Net Ionic Equations and Aqueous Reactions (Sections 4.4–4.5)

4.72. (a) precipitation; (b) redox; (c) acid-base neutralization

Precipitation Reactions and Solubility Guidelines (Section 4.6)

4.76. (a) insoluble; (b) soluble; (c) insoluble; (d) soluble **4.78.** (a) No; (b) $Fe^{2+}(aq) + 2\ OH^-(aq) \rightarrow Fe(OH)_2(s)$; (c) No (d) No
4.80. (a) not form; (b) $BaSO_4(s)$ will precipitate; (c) AgCl(s) will precipitate
4.82. (a) $Pb(NO_3)_2(aq) + Na_2SO_4(aq) \rightarrow PbSO_4(s) + 2\ NaNO_3(aq)$; (b) $3\ MgCl_2(aq) + 2\ K_3PO_4(aq) \rightarrow Mg_3(PO_4)_2(s) + 6\ KCl(aq)$; (c) $ZnSO_4(aq) + Na_2CrO_4(aq) \rightarrow ZnCrO_4(s) + Na_2SO_4(aq)$
4.84. 0.645 g AgCl **4.86.** Add HCl(aq); it will selectively precipitate AgCl(s). **4.88.** Cs^+ and/or NH_4^+.
4.90. (a) Add HCl $Hg_2^{2+}(aq) + 2Cl^-(aq) \rightarrow Hg_2Cl_2(s)$; (b) Add H_2SO_4 $pb^{2+}(aq) + SO_4^{2-}(aq) \rightarrow PbSO_4(s)$; (c) Add Na_2CO_3 $Ca^{2+}(aq) + CO_3^{2-}(aq) \rightarrow CaCO_3(s)$; (d) Add Na_2SO_4 $Ba^{2+}(aq) + SO_4^{2-}(aq) \rightarrow BaSO_4(s)$

Acids, Bases, and Neutralization Reactions (Section 4.7)

4.94. Add the solution to an active metal, such as magnesium. Bubbles of H_2 gas indicate the presence of an acid.
4.96. (a) $2\ H^+(aq) + 2\ ClO_4^-(aq) + Ca^{2+}(aq) + 2\ OH^-(aq) \rightarrow Ca^{2+}(aq) + 2\ ClO_4^-(aq) + 2\ H_2O(l)$; (b) $CH_3CO_2H(aq) + Na^+(aq) + OH^-(aq) \rightarrow CH_3CO_2^-(aq) + Na^+(aq) + H_2O(l)$ $H^+(aq) + OH^-(aq) \rightarrow H_2O(l)H^+(aq) + OH^-(aq) \rightarrow H_2O(l)$

Solution Stoichiometry and Titration (Sections 4.8–4.9)

4.100. 15.5 g **4.102.** 57.2 mL **4.104.** (a) 9.0 mL; (b) 11.0 mL **4.106.** (a) basic; (b) basic

Oxidation Numbers (Section 4.10)

4.108. (a) O −2, N + 4; (b) O −2, S + 6; (c) O −2, Cl −1, C + 4; (d) Cl −1, H + 1, C 0; (e) O −2, K + 1, Cl + 5; (f) O −2, H + 1, N + 5 **4.110.** (a) O −2, Cl + 5; (b) O −2, S + 4; (c) O −2, C + 3; (d) O −2, N + 3; (e) O −2, Br + 1; (f) O −2, As + 5 **4.112.** (a) +1, N_2O, nitrous oxide; +2, NO, nitric oxide; +4, N_2O_4, dinitrogen tetroxide; +5, N_2O_5, dinitrogen pentoxide; (b) N_2O_5

Redox Reactions (Section 4.11)

4.114. The best reducing agents are at the bottom left of the periodic table. The best oxidizing agents are at the top right of the periodic table (excluding the noble gases). **4.116.** (a) gains; (b) loses; (c) loses; (d) gains **4.118.** (a) Ca(s) is oxidized Sn^{2+}(aq) is reduced; (b) No oxidation numbers change.

Activity Series (Section 4.12)

4.120. (a) no reaction; (b) no reaction; (c) no reaction; (d) $Au^{3+}(aq) + 3\ Ag(s) \rightarrow 3\ Ag^{+}(aq) + Au(s)$. **4.122.** (a) A > B > C > D; (b) 1. no reaction. 2. no reaction.

Redox Titrations (Section 4.13)

4.124. 0.670 g I_2 **4.126.** 1.130 M **4.128.** 0.134 M As (III) **4.130.** 80.32% **4.132.** 0.101%

Multiconcept Problems

4.138. 0.4450 % Cu **4.144.** Cu **4.148.** empirical formula is $C_7H_6O_3$. empirical formula is the molecular formula **4.150.** (a) Ba; (b) 0.1571 L CO_2 **4.152.** 6.5 g $Ba(OH)_2$ 3.5 g NaOH **4.154.** (a) $14\ H^{+}(aq) + Cr_2O_7^{2-}(aq) + 6\ Cr^{2+}(aq) \rightarrow 8\ Cr^{3+}(aq) + 7\ H_2O(l)$; (b) K^+ 0.0833 M NO_3^- 0.617 M H^+ 0.183 M $Cr_2O_7^{2-}$ = 0.0250 M Cr^{3+} = 0.133 M
4.156. (a) 1. $3\ Cu(s) + 8\ H^{+}(aq) + 2\ NO_3^{-}(aq) \rightarrow 3\ Cu^{2+}(aq) + 2\ NO(g) + 4\ H_2O(l)$
2. $2\ Cu^{2+}(aq) + 2\ SCN^{-}(aq) + H_2O(l) + HSO_3^{-}(aq) \rightarrow 2\ CuSCN(s) + HSO_4^{-}(aq) + 2\ H^{+}(aq)$,
3. $10\ Cu^{+}(aq) + 12\ H^{+}(aq) + 2\ IO_3^{-}(aq) \rightarrow 10\ Cu^{2+}(aq) + I_2(aq) + 6\ H_2O(l)$
4. $I_2(aq) + 2\ S_2O_3^{2-}(aq) \rightarrow 2\ I^{-}(aq) + S_4O_6^{2-}(aq)$,
5. $2\ ZnNH_4PO_4 \rightarrow Zn_2P_2O_7 + H_2O + 2\ NH_3$; (b) 77.1% Cu; (c) 19.5% Zn **4.158.** (a) $5\ H_3MO_3(aq) + 2\ MnO_4^{-}(aq) + 6\ H^{+}(aq) \rightarrow 5\ H_3MO_4(aq) + 2\ Mn^{2+}(aq) + 3\ H_2O(l)$; (b) 1.34×10^{-3} mol M_2O_3; 2.68×10^{-3} mol M; (c) As.

CHAPTER 5

5.2. (b) higher frequency; (b) more intense (b) represents blue light; (a) represents red light. **5.3.** IR, 77.2 kJ/mol; UV, 479 kJ/mol, X ray, 2.18×10^4 kJ/mol **5.4.** 1.4×10^3 mol photons **5.5.** Electrons will not be ejected. **5.6.** (a) Ag; (b) Rb **5.8.** (a) 1875 nm; (b) 820.4 nm **5.10.** 7×10^6 m/s
5.12.

n	l	m_l	Orbital	No. of Orbitals
5	0	0	5s	1
	1	−1, 0, +1	5p	3
	2	−2, −1, 0, +1, +2	5d	5
	3	−3, −2, −1, 0, +1, +2, +3	5f	7
	4	−4, −3, −2, −1, 0, +1, +2, +3, +4	5g	9
	25			

5.13. n = 4, l = 0, 4s **5.14.** four **5.16.** (a) Tc; (b) Ni **5.18.** C–I **5.21.** (a) The fluorescent bulb does not emit all the wavelengths of light that would be emitted from a white light source; (b) Fluorescent light does appear as "white light" because its line spectrum has contributions from all the colors **5.22.** (a) [Xe] $6s^24f^{14}5d^{10}$; (b) [Xe]

↑ (6s) ↑↓ ↑↓ ↑↓ ↑↓ ↑↓ ↑↓ ↑↓ (4f) ↑↓ ↑↓ ↑↓ ↑↓ ↑↓ (5d);

(c) no unpaired electrons. **5.23.** (a) [Xe] $6s^14f^{14}5d^{10}6p^1$;

(b) [Xe] ↑ (6s) ↑↓ ↑↓ ↑↓ ↑↓ ↑↓ ↑↓ ↑↓ (4f)

↑↓ ↑↓ ↑↓ ↑↓ ↑↓ (5d) ↑ ___ (6p); (c) 2

5.24. (a) n = 7, l = 2, m_l = −2, −1, 0, 1, 2; (b) n = 6, l = 1, m_l = −1, 0, 1; (c) 275 kJ/mol **5.25.** 126.8 nm corresponds to 8p → 6s; 140.2 nm corresponds to 7p → 6s; and 185.0 nm corresponds to 6p → 6s.

Conceptual Problems

5.26. (a) has the greater intensity. (a) has the higher energy radiation. (a) represents yellow light. (b) represents infrared radiation. **5.28.** (a) $3p_y$ $n = 3, l = 1$; (b) $4d_{z^2}$ $n = 4, l = 2$ **5.30.** molybdenum, Its anomalous electron configuration is [Ar] $5s^1$ $4d^5$ because of the resulting half-filled d-orbitals. **5.32.** selenium

Se, [Ar] ↑↓ (4s) ↑↓ ↑↓ ↑↓ ↑↓ ↑↓ (3d) ↑↓ ↑ ↑ (4p)

Section Problems

Wave Properties of Radiant Energy (Section 5.1)

5.34. Violet has the higher frequency and energy. Red has the higher wavelength. **5.36.** visible completely within this range ultraviolet and infrared regions are partially in this range. **5.38.** 5.5×10^{-8} m **5.40.** (a) 36.4 cm; (b) 34.3 cm

Particlelike Properties of Radiant Energy (Section 5.2)

5.42. (a) 99.5 MHz 3.97×10^{-5} kJ/mol 1150 kHz 4.589×10^{-7} kJ/mol FM radio wave (99.5 MHz) has the higher energy; (b) 3.44×10^{-9} m 3.48×10^4 kJ/mol 6.71×10^{-2} m 1.78×10^{-3} kJ/mol X ray ($\lambda = 3.44 \times 10^{-9}$ m) has the higher energy. **5.44.** (a) 1320 nm, near IR; (b) 0.149 m, radio wave; (c) 65.4 nm, UV **5.46.** (a) 1.0×10^{-10} m; (b) 1.2×10^6 kJ/mol; (c) X rays **5.50.** (a) 779 nm 2.55×10^{-19} J; (b) 649 nm 3.06×10^{-19} J; (c) 405 nm 4.91×10^{-19} J **5.52.** Both (c) & (d) no electrons would be ejected; (b) would eject the least number **5.54.** 1.09×10^{15} Hz

Atomic Line Spectra and Quantized Energy (Section 5.3)

5.56. continuous **5.58.** n = 3; 182.3kJ/mol n = 4; 246.1kJ/mol n = 5; 275.6kJ/mol **5.60.** 91.16 nm 1312kJ/mol **5.62.** 4051 nm 1312 kJ/mol 2625 nm 45.60 kJ/mol, IR **5.64.** 410.2 nm 291.6 kJ/mol

Wavelike Properties of Particles (Section 5.4)

5.66. 2.45×10^{-12} m, γ ray **5.68.** 1.06×10^{-34} m too small **5.70.** 9.14×10^{-24} m/s

Orbitals and Quantum Mechanics (Sections 5.5–5.8)

5.72. 8×10^{-31} m **5.74.** The Heisenberg uncertainty principle states that one can never know both the position and the velocity of an electron beyond a certain level of precision. This means we cannot think of electrons circling the nucleus in specific orbital paths, but we can think of electrons as being found in certain three-dimensional regions of space around the nucleus, called orbitals. **5.76.** n is the principal quantum number. The size and energy level of an orbital depends on n. l is the angular-momentum quantum number. l defines the three-dimensional shape of an orbital. m_l is the magnetic quantum number. m_l defines the spatial orientation of an orbital. m_s is the spin quantum number. m_s indicates the spin of the electron and can have either of two values, $+^1/_2$ or $-^1/_2$.
5.78. (a) n = 4; l = 0; m_l = 0; m_s = $\pm^1/_2$; (b) l = 1; m_l = −1, 0, + 1; m_s = $\pm^1/_2$; (c) l = 3; m_l = −3, −2, −1, 0, + 1, + 2, + 3; m_s = $\pm^1/_2$; (d) n = 5; l = 2; m_l = −2, −1, 0, + 1, + 2; m_s = $\pm^1/_2$ **5.80.** (c) **5.82.** 138 electrons **5.84.** 363kJ/mol
5.86.

n	l	m_l	m_s
1	0	0	$+^1/_2$
1	0	0	$-^1/_2$
2	0	0	$+^1/_2$
2	0	0	$-^1/_2$
2	1	−1	$+^1/_2$
2	1	0	$+^1/_2$

5.88.

n	l	m_l	m_s
5	0	0	$+^1/_2$
5	0	0	$-^1/_2$

5.90. three

Orbital Energy Levels in Multielectron Atoms (Section 5.9)

5.94. Part of the electron-nucleus attraction is canceled by the electron-electron repulsion, an effect we describe by saying that the electrons are shielded from the nucleus by the other electrons. The net nuclear charge actually felt by an electron is called the effective nuclear charge, Z_{eff}, and is often substantially lower than the actual nuclear charge, Z_{actual}. **5.96.** 4s > 4d > 4f **5.98.** The number of elements in successive periods of the periodic table increases by the progression 2, 8, 18, 32 because the principal quantum number n increases by 1 from one period to the next. As the principal quantum number increases, the number of orbitals in a shell increases. The progression of elements parallels the number of electrons in a particular shell. **5.100.** (a) 5d; (b) 4s; (c) 6s **5.102.** (a) 3d; (b) 4p; (c) 6d; (d) 6s

Electron Configurations (Sections 5.10–5.12)

5.104. (a) $1s^2\ 2s^2\ 2p^6\ 3s^2\ 3p^6\ 4s^2\ 3d^2$;
(b) $1s^2\ 2s^2\ 2p^6\ 3s^2\ 3p^6\ 4s^2\ 3d^{10}\ 4p^6\ 5s^2\ 4d^6$;
(c) $1s^2\ 2s^2\ 2p^6\ 3s^2\ 3p^6\ 4s^2\ 3d^{10}\ 4p^6\ 5s^2\ 4d^{10}\ 5p^2$;
(d) $1s^2\ 2s^2\ 2p^6\ 3s^2\ 3p^6\ 4s^2\ 3d^{10}\ 4p^6\ 5s^2$;
(e) $1s^2\ 2s^2\ 2p^6\ 3s^2\ 3p^6\ 4s^2\ 3d^{10}\ 4p^4$ **5.106.** (a) [Kr] $\underset{5s}{\underline{\uparrow}}$;

(b) [*Xe*] $\underset{6s}{\underline{\uparrow\downarrow}}$ $\underset{4f}{\underline{\uparrow\downarrow}\ \underline{\uparrow\downarrow}\ \underline{\uparrow\downarrow}\ \underline{\uparrow\downarrow}\ \underline{\uparrow\downarrow}\ \underline{\uparrow\downarrow}\ \underline{\uparrow\downarrow}}$ $\underset{5d}{\underline{\uparrow}\ \underline{\uparrow}\ \underline{\uparrow}\ \underline{\uparrow}\ \underline{\ \ }}$;

(c) $\underset{4s}{\underline{\uparrow\downarrow}}$ $\underset{3d}{\underline{\uparrow\downarrow}\ \underline{\uparrow\downarrow}\ \underline{\uparrow\downarrow}\ \underline{\uparrow\downarrow}\ \underline{\uparrow\downarrow}}$ $\underset{4p}{\underline{\uparrow}\ \underline{\uparrow}\ \underline{\ \ }}$;

(d) $\underset{5s}{\underline{\uparrow\downarrow}}$ $\underset{4d}{\underline{\uparrow}\ \underline{\uparrow}\ \underline{\ \ }\ \underline{\ \ }\ \underline{\ \ }}$

5.108. (a) 2; (b) 2; (c) 1; (d) 3

5.110. (a) Ra [Rn] $7s^2$ [Rn] $\underset{7s}{\underline{\uparrow\downarrow}}$;

(b) Sc [Ar] $4s^2\ 3d^1$ [Ar] $\underset{4s}{\underline{\uparrow\downarrow}}$ $\underset{3d}{\underline{\uparrow}\ \underline{\ \ }\ \underline{\ \ }\ \underline{\ \ }\ \underline{\ \ }}$;

(c) Lr [Rn] $7s^2\ 5f^{14}\ 6d^1$ [Rn] $\underset{7s}{\underline{\uparrow\downarrow}}$ $\underset{5f}{\underline{\uparrow\downarrow}\ \underline{\uparrow\downarrow}\ \underline{\uparrow\downarrow}\ \underline{\uparrow\downarrow}\ \underline{\uparrow\downarrow}\ \underline{\uparrow\downarrow}\ \underline{\uparrow\downarrow}}$ $\underset{6d}{\underline{\uparrow}\ \underline{\ \ }\ \underline{\ \ }\ \underline{\ \ }\ \underline{\ \ }}$;

(d) B [He] $2s^2\ 2p^1$ [He] $\underset{2s}{\underline{\uparrow\downarrow}}$ $\underset{2p}{\underline{\uparrow}\ \underline{\ \ }\ \underline{\ \ }}$;

(e) Te [Kr] $5s^2\ 4d^{10}\ 5p^4$ [Kr] $\underset{5s}{\underline{\uparrow\downarrow}}$ $\underset{4d}{\underline{\uparrow\downarrow}\ \underline{\uparrow\downarrow}\ \underline{\uparrow\downarrow}\ \underline{\uparrow\downarrow}\ \underline{\uparrow\downarrow}}$ $\underset{5p}{\underline{\uparrow\downarrow}\ \underline{\uparrow}\ \underline{\uparrow}}$

5.112. Z = 121 **5.114.** $1s^2\ 2s^2\ 2p^6$ **5.116.** [Rn] $7s^2\ 5f^{14}\ 6d^{10}\ 7p^4$

Electron Configurations and Periodic Properties (Section 5.13)

5.118. Atomic radii increase down a group because the electron shells are farther away from the nucleus. **5.120.** F < O < S **5.122.** (a) K; (b) Ta; (c) V; (d) Ba

Multiconcept Problems

5.124. 164 nm **5.132.** 940 kJ/mol **5.134.** $\Delta E = \dfrac{Z^2e^2}{2a_o}\left[\dfrac{1}{{n_1}^2} - \dfrac{1}{{n_2}^2}\right]$
This is similar to the Balmer-Rydberg equation where 1/λ or ν for the emission spectra of atoms is proportional to $\left[\dfrac{1}{m^2} - \dfrac{1}{n^2}\right]$ where m and n are integers with n > m.
5.136. (a) $1.09 \times 10^{15}\ s^{-1}$; (b) 1.8 nm **5.138.** (a) 5f subshell: n = 5, l = 3, m_l = −3, −2, −1, 0, +1, +2, +3 3d subshell: n = 3, l = 2, m_l = −2, −1, 0, +1, +2; (b) 1282 nm; (c) 146 kJ/mol

CHAPTER 6

6.1. (a) Ra^{2+} [Rn]; (b) Ni^{2+} [Ar] $3d^8$; (c) N^{3-} [Ne]. **6.2.** (b)(c). **6.4.** Cl^- is yellow, K^+ is green, and Ca^{2+} is red. **6.6.** (c) < (b) < (a) < (d). **6.8.** Al. **6.10.** The least favorable E_{ea} is for Kr (red). The most favorable E_{ea} is for Ge (blue). **6.12.** gain 2 electrons. 2−. **6.13.** −1119 kJ/mol. **6.14.** −863 kJ/mol. **6.16.** (a) is NaCl and (b) is MgO. MgO has the larger lattice energy. **6.18.** The cation has an irregular shape and one or both of the ions are large and bulky. **6.19.** (a) Tetraheptylammonium bromide corresponds to picture (ii) and tetraheptylammonium iodide corresponds to picture (i); (b) Tetraheptylammonium bromide; (c) Tetraheptylammonium bromide has melting point of 88°C and tetraheptylammonium iodide has a melting point of 39°C. **6.20.** (a) F^-, $1s^2\,2s^2\,2p^6$
Se^{2-}, $1s^2\,2s^2\,2p^6\,3s^2\,3p^6\,4s^2\,3d^{10}\,4p^6$
O^{2-}, $1s^2\,2s^2\,2p^6$
Br^-, $1s^2\,2s^2\,2p^6\,3s^2\,3p^6\,4s^2\,3d^{10}\,4p^6$;
(b) F^- and O^{2-}; Se^{2-} and Br^-. (c) Br^-.

Conceptual Problems

6.26. (a) ionic; (b) covalent

Section Problems

Electron Configuration of Ions (Section 6.1)

6.34. A covalent bond results when two atoms share several (usually two) of their electrons. An ionic bond results from a complete transfer of one or more electrons from one atom to another.
6.36. A molecule is the unit of matter that results when two or more atoms are joined by covalent bonds. An ion results when an atom gains or loses electrons. **6.38.** (a) 4 protons and 2 electrons; (b) 37 protons and 36 electrons; (c) 34 protons and 36 electrons; (d) 79 protons and 76 electrons **6.40.** (a) [Xe]; (b) [Kr] $4d^{10}$; (c) [Kr] $5s^2\,4d^{10}$. **6.42.** [Ar]; [Ar] $3d^2$ **6.44.** Mg^{2+}. **6.46.** Cr^{2+} Fe^{2+}

Ionic Radii (Section 6.2)

6.48. (a) S^{2-}; (b) Ca; (c) O^{2-}. **6.50.** $Sr^{2+} < Rb^+ < Br^- < Se^{2-}$.

Ionization Energy (Section 6.3)

6.56. largest 8A smallest 1A.

6.58.

	Lowest E_{i1}	Highest E_{i1}
(a)	K	Li;
(b)	B	Cl;
(c)	Ca	Cl

Higher Ionization Energies (Section 6.4)

6.60. (a) Ca; (b) Ca. **6.62.** (a) P; (b) Ar; (c) Ca Ar has the highest E_{i2}. Ar has the lowest E_{i7}. **6.64.** boron.

Electron Affinity (Section 6.5)

6.66. same magnitude but opposite signs. **6.68.** Na^+ more than either. **6.70.** Energy is usually released when an electron is added to a neutral atom but absorbed when an electron is removed from a neutral atom because of the positive Z_{eff}. **6.72.** The electron-electron repulsion is large and Z_{eff} is low.

Octet Rule (Sections 6.6)

6.74. (a) [Ne], N^{3-}; (b) [Ar], Ca^{2+}; (c) [Ar], S^{2-}; (d) [Kr], Br^-
6.78. (a) metal; (b) nonmetal; (c) X_2Y_3; (d) X 3A Y 6A.

Formation of Ionic Compounds (Section 6.7)

6.82. −325 kJ/mol. **6.86.** −537 **6.88.** −176 kJ/mol
6.90. −294 kJ/mol. MgF(s) −1114 $MgF_2(s)$ MgF_2 will form
6.94. +640 kJ/mol for $Cl^+Na^-(s)$ formation of Cl^+Na^- is not favored because the net energy change is positive whereas it is negative for the formation of Na^+Cl^-.

Lattice Energy (Section 6.8)

6.98. $MgCl_2$ > LiCl > KCl > KBr.

Multiconcept Problems

6.100. When moving diagonally down and right on the periodic table, the increase in atomic radius caused by going to a larger shell is offset by a decrease caused by a higher Z_{eff}. Thus, there is little net change in the charge density.

CHAPTER 7

7.2. H is positively polarized (blue). O is negatively polarized (red). This is consistent. **7.6.** (a) OF_2; (b) $SiCl_4$ **7.8.** (a)(b)(c) **7.12.** O_2^-

7.14.

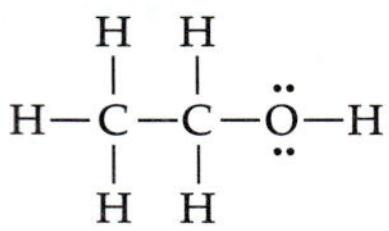

and

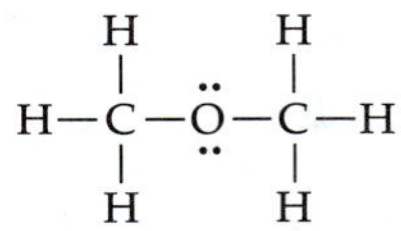

7.15. Molecular formula: $C_4H_5N_3O$

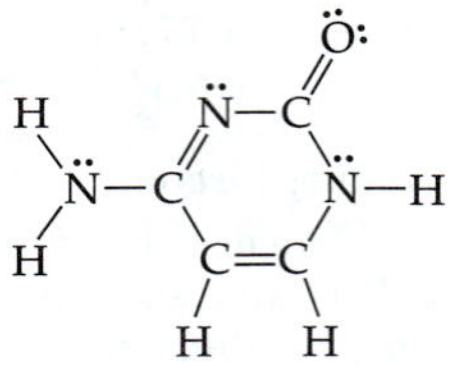

7.17. (a)

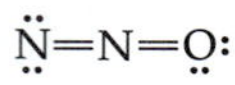

(b)

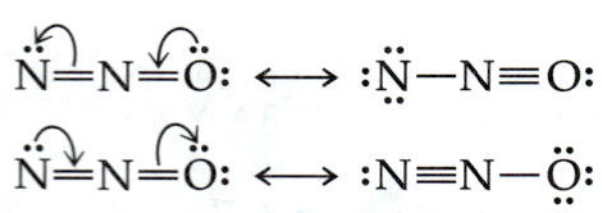

7.18.

(a)

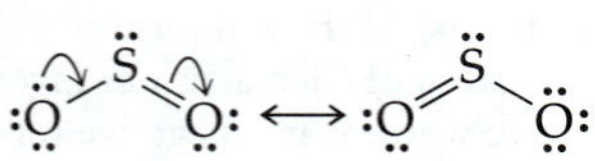

(b)

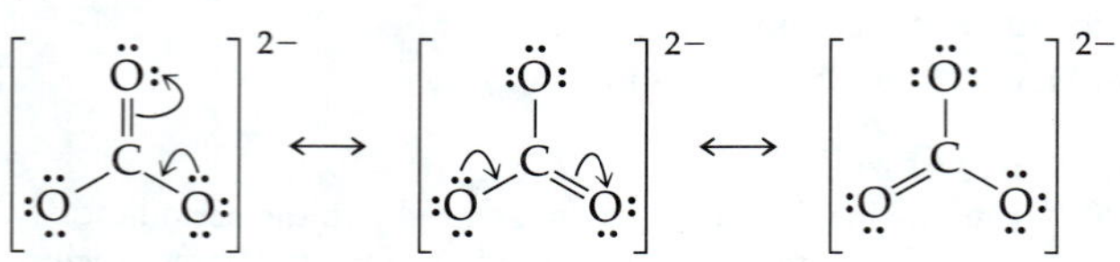

(c)

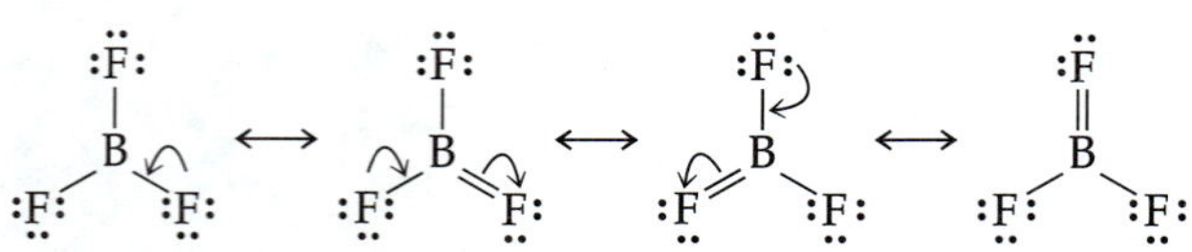

7.19. (a) This is a valid resonance structure; (b) not a valid resonance structure. **7.20.**

(a)

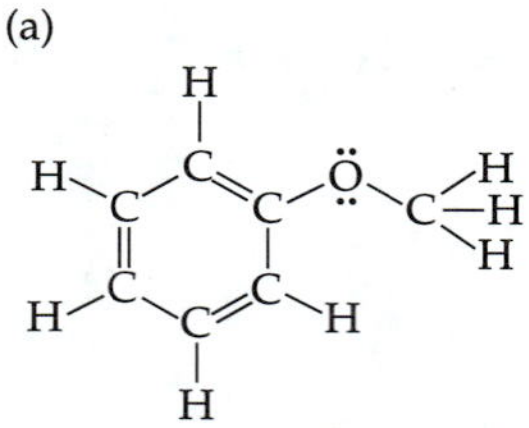

(b)

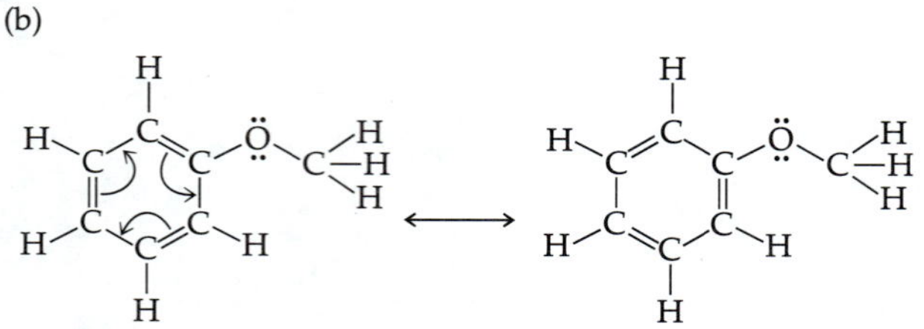

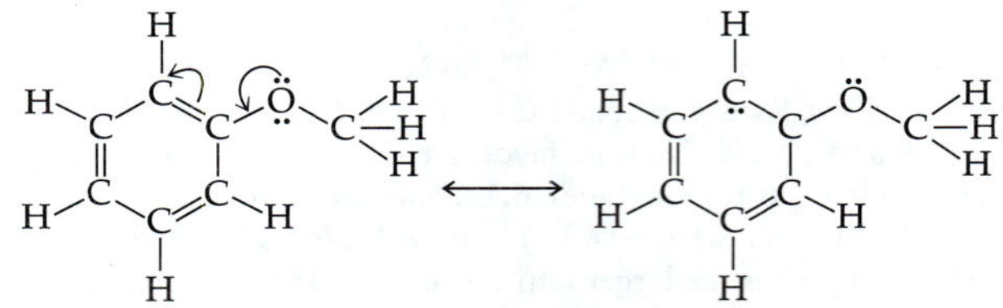

7.22.

(a)

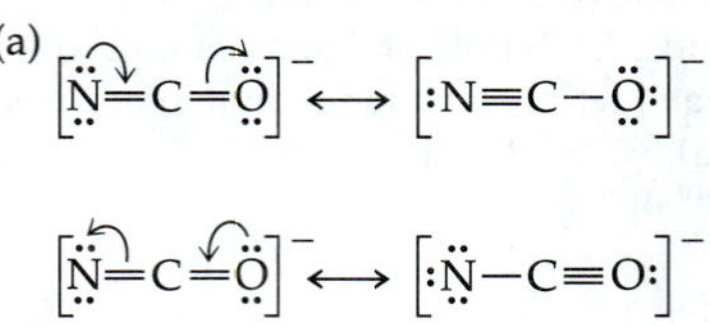

(b)

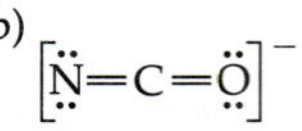

nitrogen: −1
carbon: 0
oxygen: 0
nitrogen: 0
carbon: 0
oxygen: −1
nitrogen: −2
carbon: 0
oxygen: +1 first two structures; (c) Carbon–nitrogen
7.23. All atoms 0
top oxygen: −1
right oxygen: +1
other atoms 0
structure without formal charges makes a larger contribution
7.24 All atoms in structures 1 & 2 have 0 structure 3: carbon: −1 oxygen: +1 other atoms 0 formal 1 and 2 larger contribution
7.26. (a) Cl; (b) CF_3 **7.27.** Phosphorus can utilize d orbitals and form more than four bonds. **7.28.** $C_{11}H_{19}N_2PSO_3$

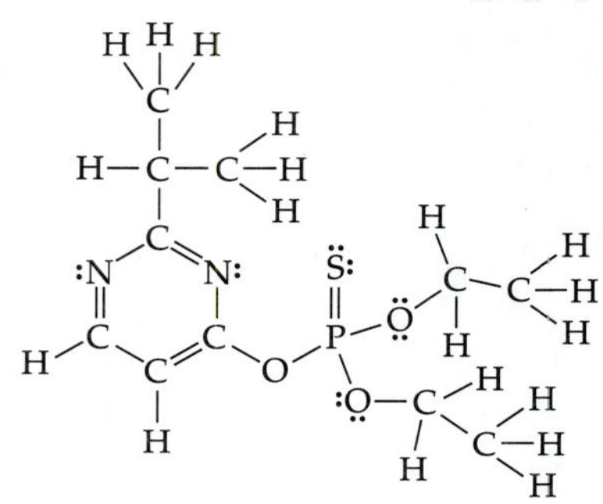

7.29. phosphorus: 0
top oxygen: 0
right oxygen: 0
fluorine: 0
carbon: 0

Conceptual Problems

7.32. C–D A–B **7.34.** (a) fluoroethane; (b) ethane; (c) ethanol; (d) acetaldehyde

7.36. (a) $C_8H_9NO_2$

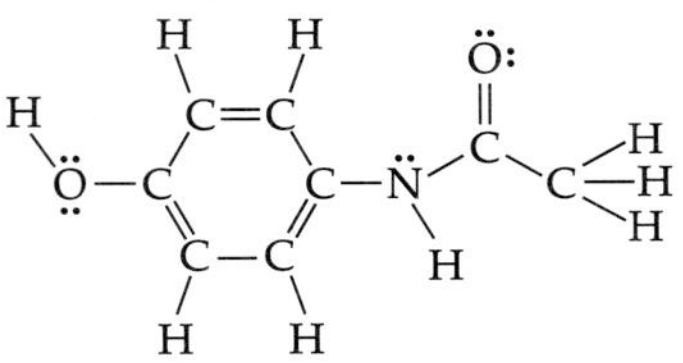

7.38.

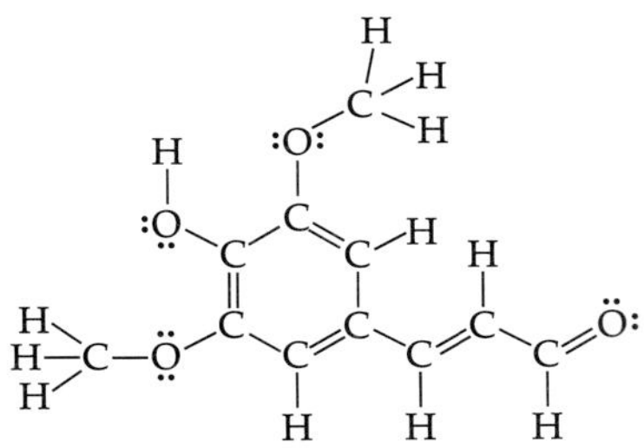

Section Problems

Covalent Bonding (Section 7.1)

7.40 (a) ionic; (b) nonpolar covalent; (c) covalent

Strengths of Covalent Bonds (Section 7.2)

7.42. increased bond polarity leads to increased bond strength.
7.44. O—H

Polar Covalent Bonds: Electronegativity (Section 7.3)

7.46. Electronegativity increases from left to right across a period and decreases down a group. **7.48.** $K < Li < Mg < Pb < C < Br$
7.56. (a) $CCl_4 \sim ClO_2 < TiCl_3 < BaCl_2$ **7.58.** (a) $MgBr_2$; (b) PBr_3
7.60. 5.05%

A Comparison of Ionic and Covalent Compounds (Section 7.4)

7.62. (a)

Electron-Dot Structures and Resonance (Sections 7.5–7.7)

7.64. The octet rule states that main-group elements tend to react so that they attain a noble gas electron configuration. The transition metals are characterized by partially filled d orbitals that can be used to expand their valence shell beyond the normal octet of electrons.
7.66.

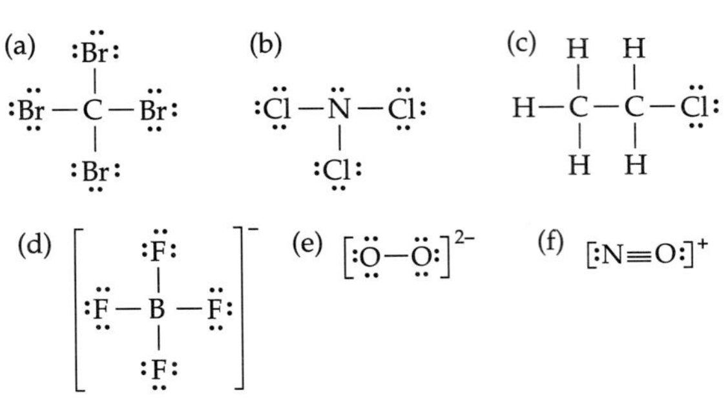

7.68. (c) **7.70.**

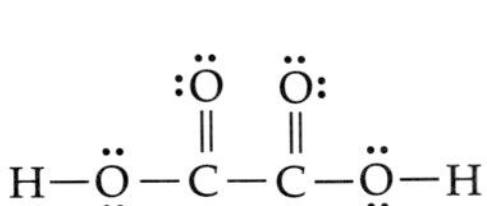

7.72. (a) Al; (b) P.
7.74.

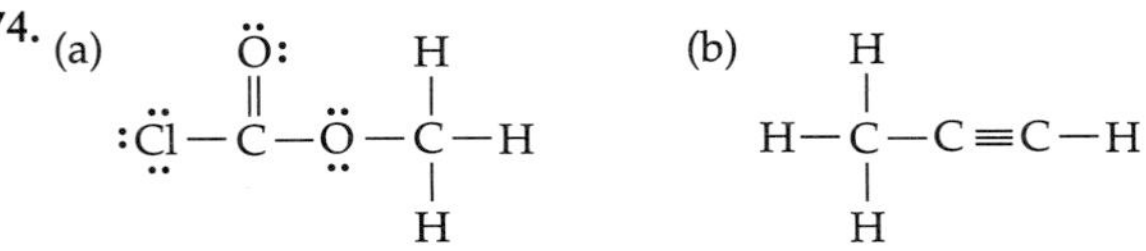

7.76. N_2H_2
7.78.

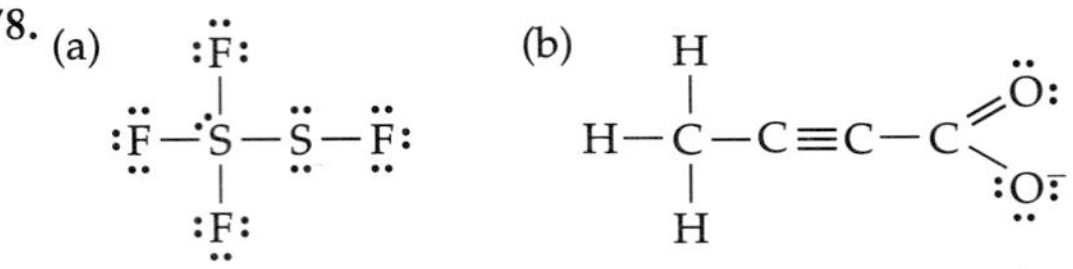

Electron-Dot Structures for Molecules with Second-Row Elements (Section 7.8)

7.80.

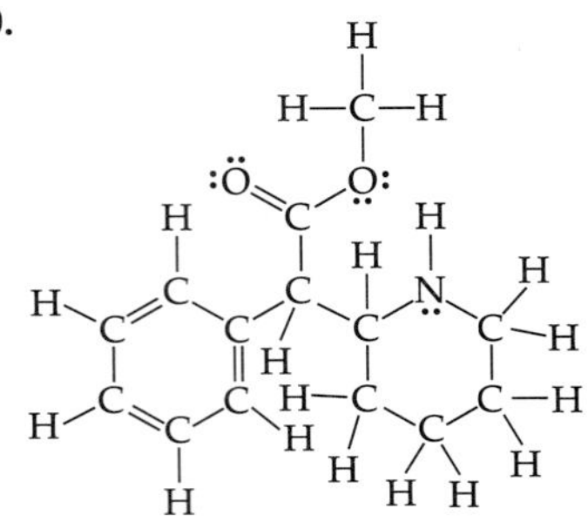

7.82.

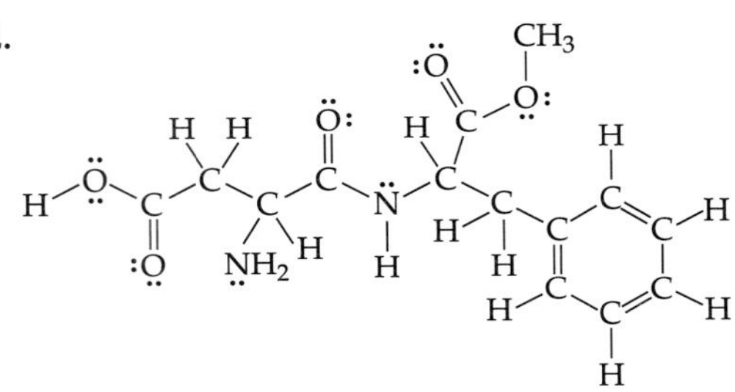

Resonance (Section 7.9)

7.84.

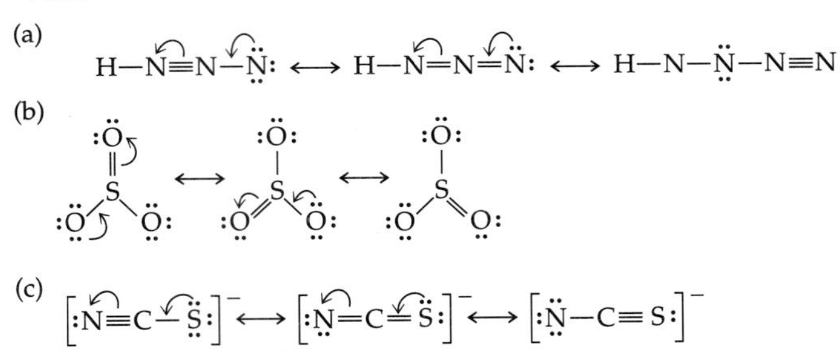

7.86. (a) yes; (b) no; (c) yes; (d) yes
7.88.

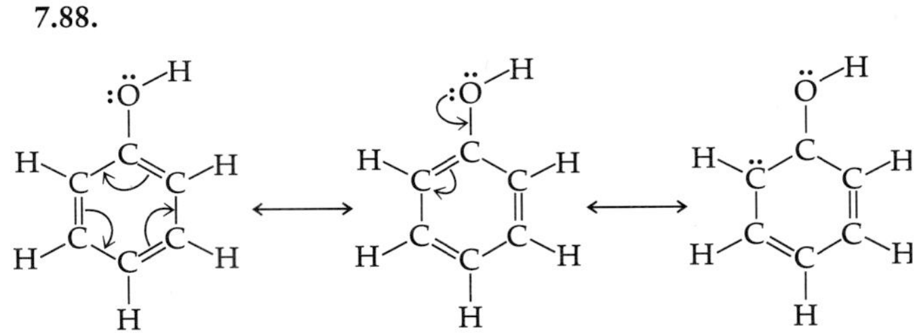

7.90. (a)

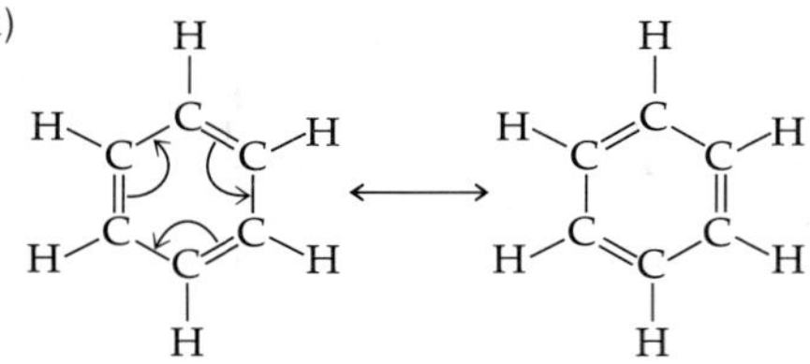

7.92. (a)

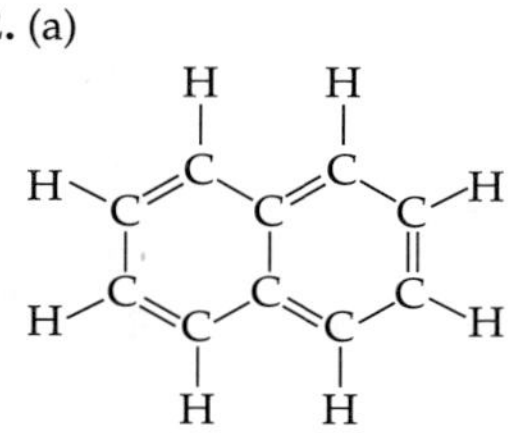

(b)

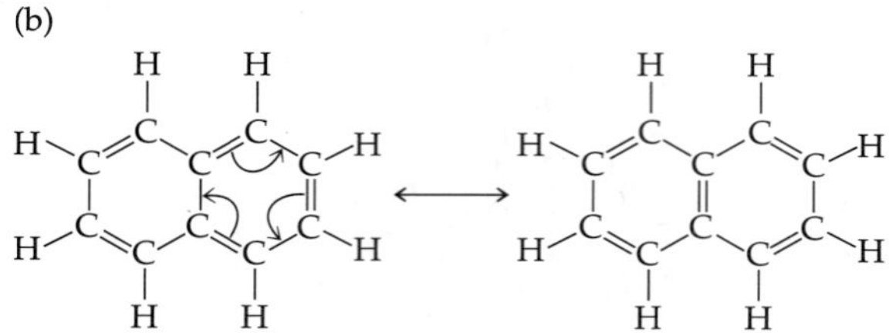

Formal Charges (Section 7.10)

7.94. carbon: −1
oxygen: +1

7.96.

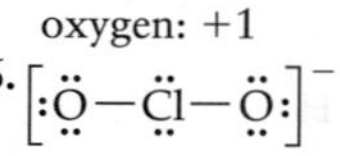

For both oxygens: −1
chlorine: +1

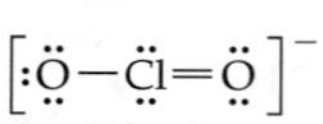

For left oxygen: −1
right oxygen: 0
chlorine: 0

7.98. (a)

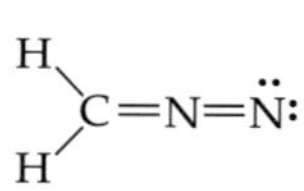

hydrogen: 0
nitrogen (central): +1
nitrogen (terminal): −1
carbon: 0; (b)

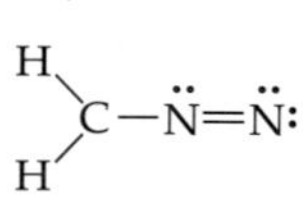

hydrogen: 0
nitrogen (central): 0
nitrogen (terminal): −1
carbon: +1 (a)

7.100.

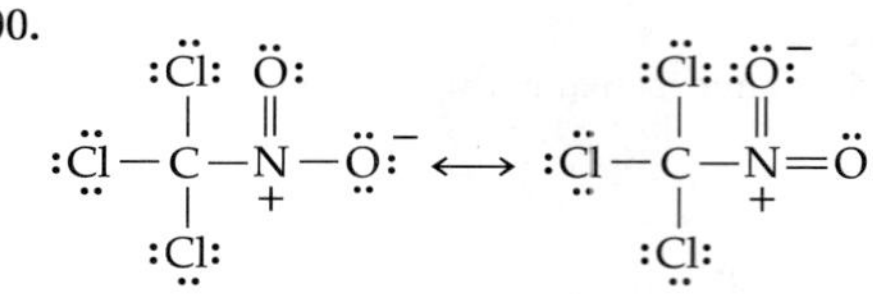

chlorine: 0
carbon: 0 nitrogen: +1 oxygen (double bonded): 0
oxygen (single bonded): −1

7.102. All atoms 0

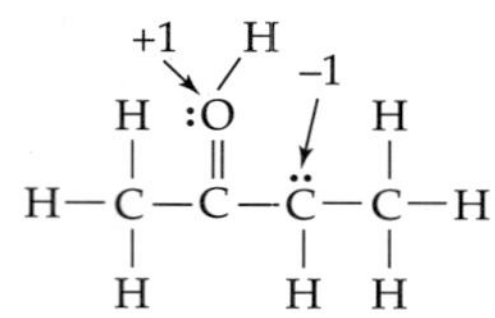

oxygen: +1
carbon: −1
other atoms 0
original structure is the larger contributor.

Multiconcept Problems

7.108.

(a)

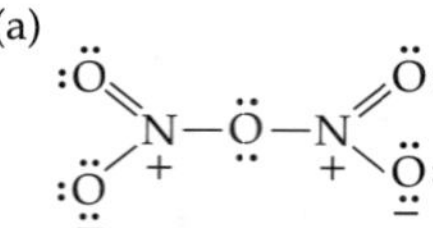

(b)

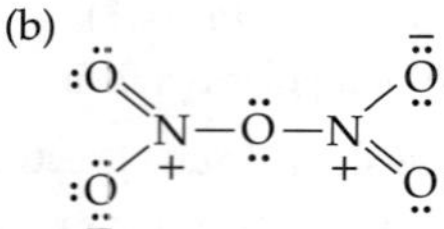

(d)

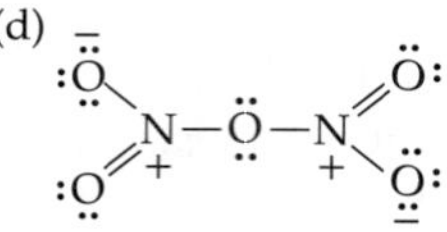

(e)

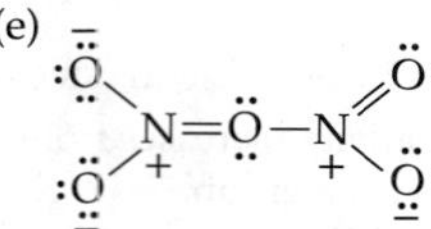

(g)

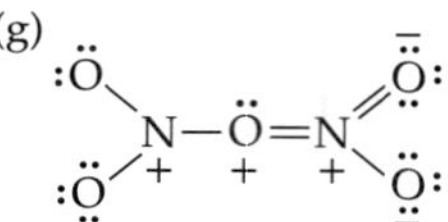

(h)

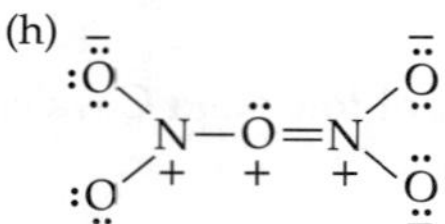

(c)

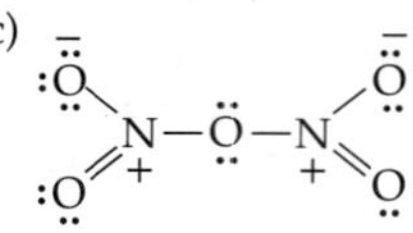

(f)

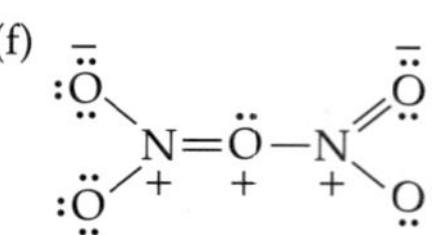

(a)–(d) make more important

CHAPTER 8

8.2. (a) 4 tetrahedral tetrahedral molecular geometry; (b) 5 trigonal bipyramidal seesaw molecular geometry.

8.3.

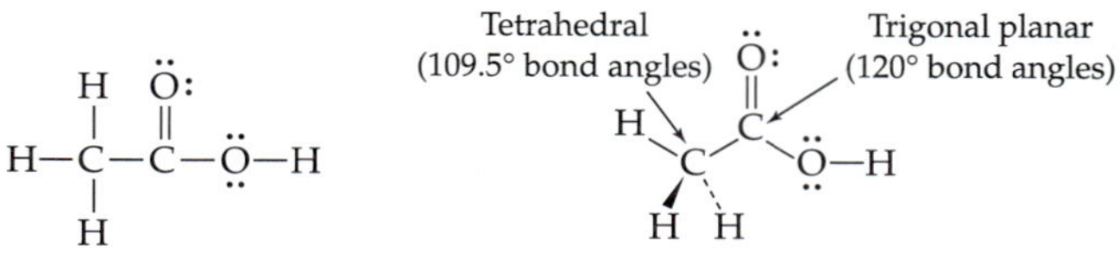

8.4.

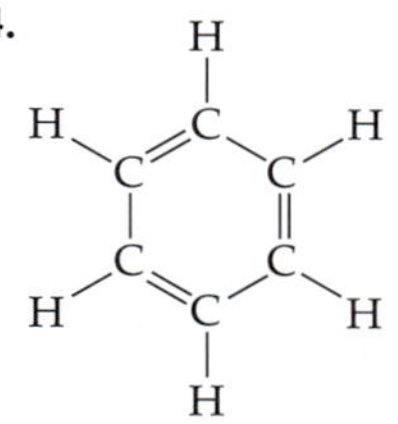

The bond angle around every carbon is 120° (trigonal planar).

8.5. The C—H bonds are formed by the overlap of one singly occupied sp^3 orbital on C with a singly occupied H 1s orbital. The C—Cl bonds are formed by the overlap of one singly occupied sp^3 orbital on C with a singly occupied Cl 2p orbital.

8.6.

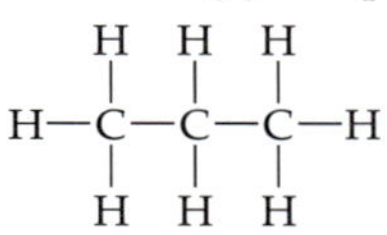

The C—C bonds are formed by the overlap of one singly occupied sp^3 hybrid orbital from each C. The C—H bonds are formed by the overlap of one singly occupied sp^3 orbital on C with a singly occupied H 1s orbital. The carbon in formaldehyde is sp^2 hybridized.

8.10.

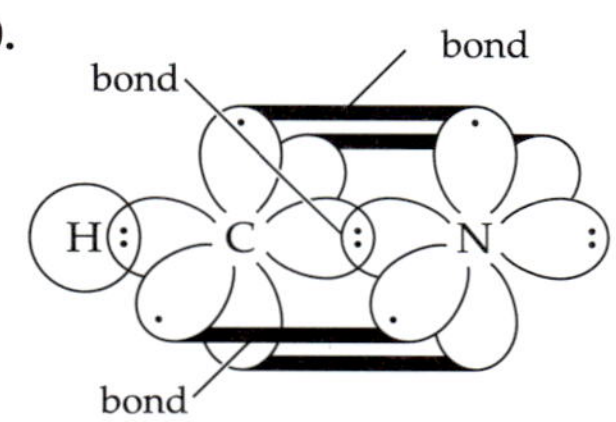

In HCN the carbon is sp hybridized.

8.12. (a) CF_4; (b) CH_2F_2; (c) CHF_3; (d) CH_3F

8.14.

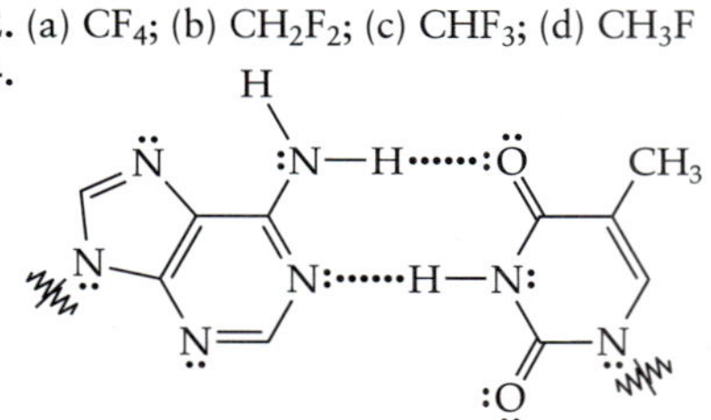

A **T**

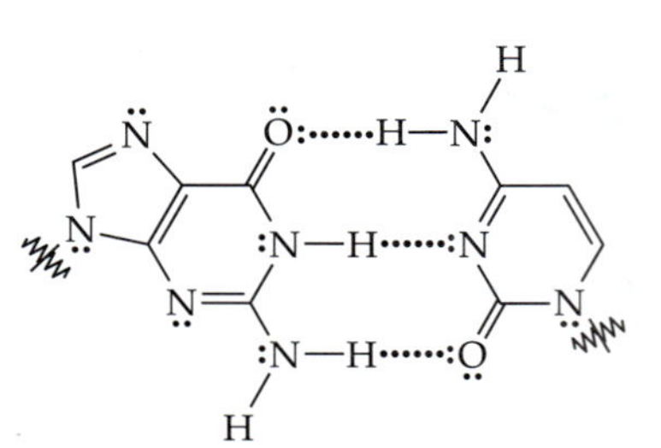

G **C**

high in G–C pairs

8.16. H_2S dipole-dipole, dispersion
CH_3OH hydrogen bonding, dipole-dipole, dispersion
C_2H_6 dispersion
Ar dispersion
Ar < C_2H_6 < H_2S < CH_3OH

8.17. For He_2^+ σ^*_{1s} ↑
σ_{1s} ↑↓
1/2 stable

8.18. He_2^{2+} stronger bond

8.20. The bond orders are: $O_2^{2-} = 1$, $O_2^- = 1.5$, $O_2 = 2$, $O_2^+ = 2.5$, $O_2^{2+} = 3$. The order from weakest to strongest bond is: $O_2^{2-} < O_2^- < O_2 < O_2^+ < O_2^{2+}$. The order from shortest to longest bond is: $O_2^{2+} < O_2^+ < O_2 < O_2^- < O_2^{2-}$.

8.21.

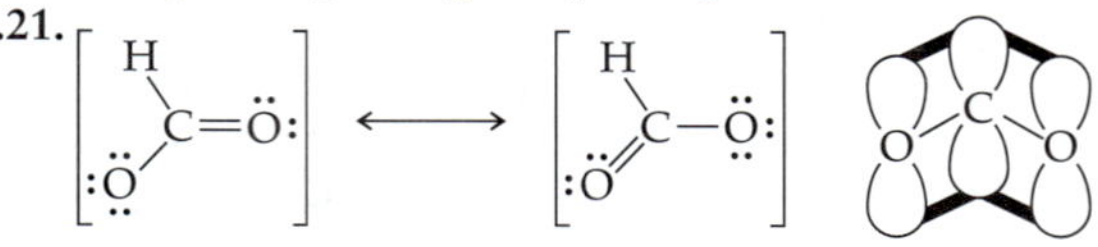

8.22.

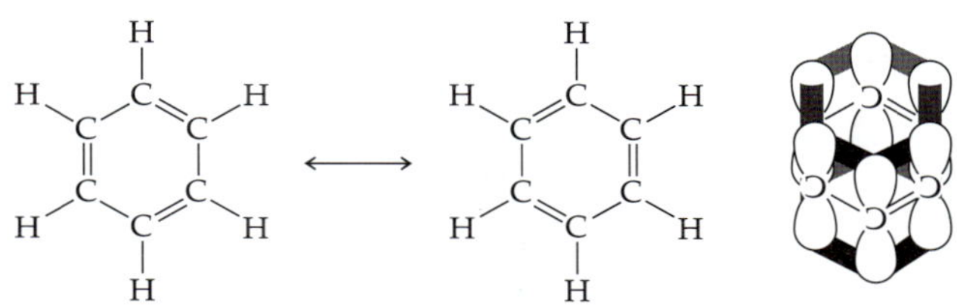

Conceptual Problems

8.28. (a) trigonal bipyramidal; (b) tetrahedral; (c) (4 ligands one hidden) **8.30.** (a) sp^2; (b) sp; (c) sp^3 **8.32.** (a) $C_8H_9NO_2$ (b), (c) & (d)

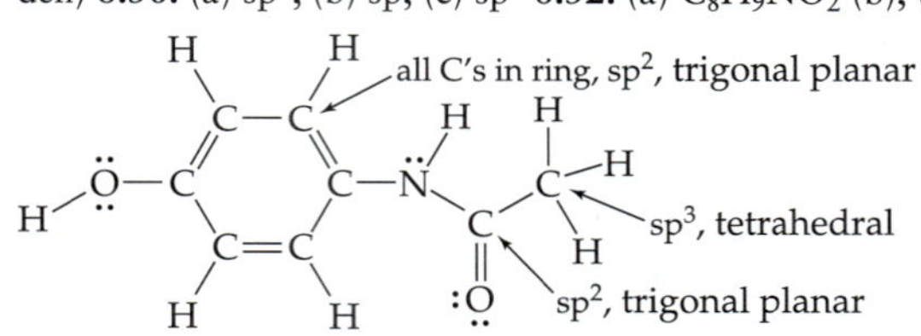

8.34. The electronegative O atoms are electron rich (red), while the rest of the molecule is electron poor (blue). **8.36.** The N atom is electron rich (red). The C and H atoms are electron poor (blue)

Section Problems

The VSEPR Model (Section 8.1)

8.38. (a) trigonal planar; (b) trigonal bipyramidal; (c) linear; (d) octahedral **8.40.** (a) tetrahedral, 4; (b) octahedral, 6; (c) bent, 3 or 4; (d) linear, 2 or 5; (e) square pyramidal, 6; (f) trigonal pyramidal, 4. **8.42.** (a) bent; (b) tetrahedral; (c) bent; (d) trigonal planar. **8.44.** (a) trigonal bipyramidal; (b) see saw; (c) trigonal pyramidal; (d) tetrahedral. **8.46.** (a) tetrahedral; (b) tetrahedral; (c) tetrahedral; (d) trigonal pyramidal; (e) tetrahedral; (f) linear **8.48.** (a) 109°; (b) 120°; (c) 90°; (d) 120°.

8.50.

H-C_a-H	~120°	C_b-C_c-N	~180°
H-C_a-C_b	~120°	C_a-C_b-H	~120°
C_a-C_b-C_c	~120°	H-C_b-C_c	~120°

8.52.

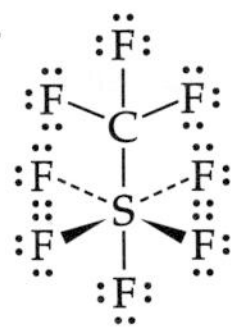

109.5° around carbon and 90° around S. **8.54.** 109°. Because the geometry about each carbon is tetrahedral, the cyclohexane ring cannot be flat.

Valence Bond Theory and Hybridization (Sections 8.2–8.4)

8.58. In a π bond, the shared electrons occupy a region above and below a line connecting the two nuclei. A σ bond has its shared electrons located along the axis between the two nuclei. **8.60.** (a) sp; (b) sp^2; (c) sp^3 **8.62.** (a) sp^2; (b) sp^2; (c) sp^3; (d) sp^2 **8.64.** Carbons a, b, and d are sp^2 hybridized and carbon c is sp^3 hybridized. carbons a, b, and d are ~120°. carbon c are ~109°. H—O—C bond angles are ~109°.

8.66.

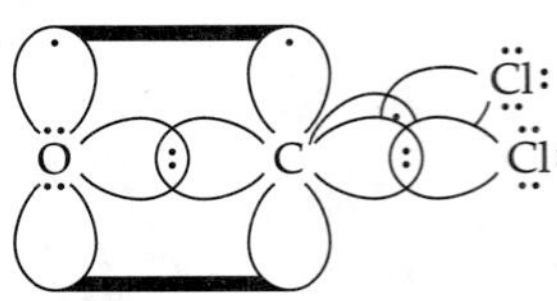

carbon is sp^2 hybridized.

8.68.

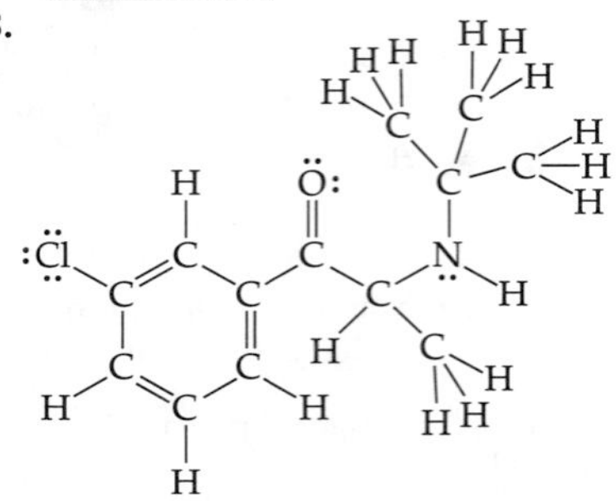

(a) 34 σ and 4 π; (b) and (c) Each C with four single bonds is sp^3 hybridized with bond angles of 109.5°. Each C with a double bond is sp^2 hybridized with bond angles of 120°; (d) The nitrogen is sp^3 hybridized. **8.70.** Both B and N are sp^2 hybridized. 120°. planar.

Dipole Moments (Sections 8.5)

8.78.

(a)

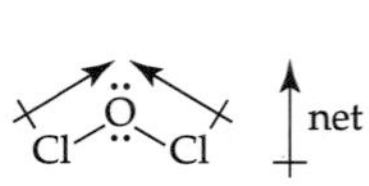

(b)

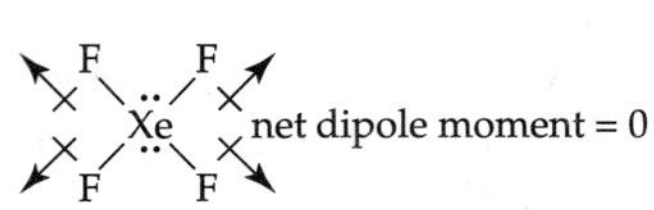

(c)

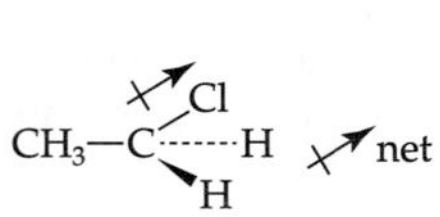

(d)

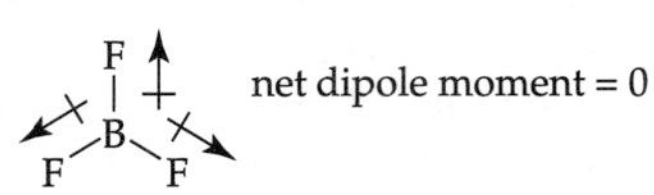

8.80. SO_2 is bent and the individual bond dipole moments add CO_2 is linear bond dipole moments can

8.82. (a)

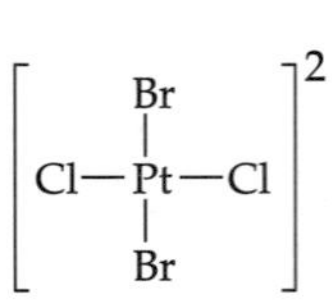

(b)

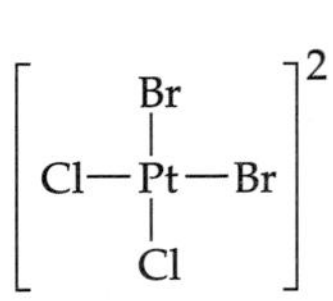

8.84. If a molecule has polar covalent bonds, the molecular shape (and location of lone pairs of electrons) determines whether the bond dipoles cancel and thus whether the molecule has a dipole moment.

Intermolecular Forces (Section 8.6)

8.88. (a) Dipole-dipole; (b) London dispersion; (c) London dispersion; (d) Dipole-dipole and hydrogen bonding **8.90.** CH_3OH can hydrogen bond; CH_4 cannot. For 1-decanol and decane, dispersion forces are comparable and relatively large. 1-decanol can hydrogen bond; decane cannot.

8.92.

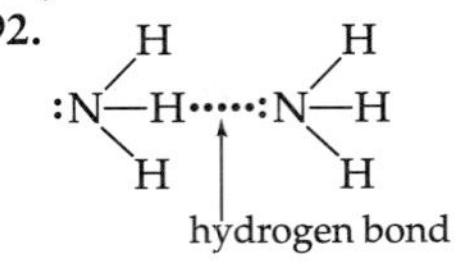

8.94. (ii) a nd (iii)

Molecular Orbital Theory (Sections 8.7–8.9)

8.96. Electrons in a bonding molecular orbital spend most of their time in the region between the two nuclei, helping to bond the atoms together. Electrons in an antibonding molecular orbital cannot occupy the central region between the nuclei and cannot contribute to bonding. **8.98.** O_2^+ 2.5

O_2 2

O_2^- 1.5. All are stable. All have unpaired electrons.

8.100. (a) 2; (b) Add one electron; (c) 2.5 **8.102.** (a) diamagnetic; (b) paramagnetic; (c) paramagnetic; (d) diamagnetic; (e) paramagnetic

Multiconcept Problems

8.110.

(a)

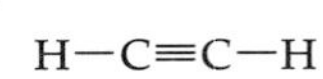

(b)

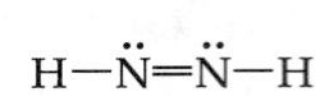

(c)

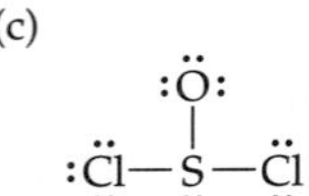

8.112.

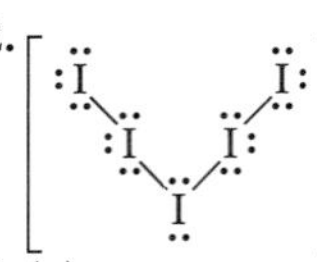

8.114. (a)

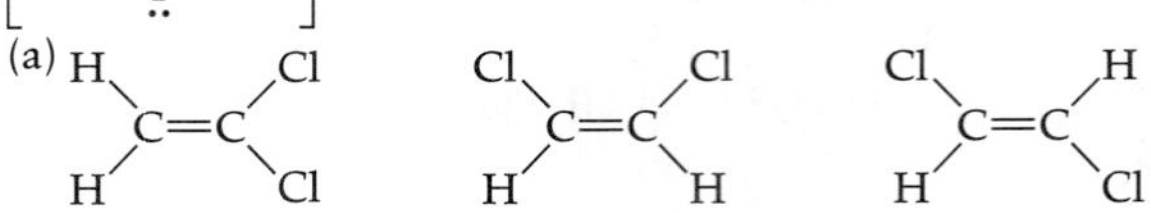

polar　　polar　　nonpolar

(b) All three molecules are planar. The first two structures are polar because they both have an unsymmetrical distribution of atoms about the center of the molecule and bond polarities do not cancel. Structure 3 is nonpolar because the H's and Cl's, respectively, are symmetrically distributed about the center of the molecule, both being opposite each other. In this arrangement, bond polarities cancel; (c) 599 kJ/mol; (d)

The π bond must be broken before rotation can occur.

CHAPTER 9

9.2. −0.25 kJ system does work on the surroundings. **9.4.** (a) $P\Delta V$ is negative because the system volume is decreased at constant pressure; (b) ΔH is slightly more negative than ΔE; **9.6.** 39 kg C_3H_8 **9.9.** 26.9 J/(mol·C) **9.10.** 825 J/°C **9.15.** +131.3 kJ **9.16.** (a) $A + 2\,B \rightarrow D$; $\Delta H° = -100\text{ kJ} + (-50\text{ kJ}) = -150\text{ kJ}$; (b) red arrow step 1: $A + B \rightarrow C$ green arrow step 2: $C + B \rightarrow D$ blue arrow overall reaction; (c) top level A + 2 B. middle level C + B. bottom level D. **9.18.** −250 kJ/mol **9.21.** negative because the reaction decreases the number of moles of gaseous molecules. **9.22.** reaction proceeds from a solid and a gas (reactants) to all gas (product) $\Delta S°$ is positive. **9.23.** ΔH is negative. ΔS is negative. ΔG is negative. **9.24.** (a) $2\,A_2 + B_2 \rightarrow 2\,A_2B$; (b) ΔH is negative. ΔS is negative; (c) favored at low temperatures **9.25.** spontaneous. 190 °C **9.26.** The temperature should be increased to make the reaction spontaneous. **9.31.** (a) +2.47 kJ Work energy is transferred to the system; (b) −1365 kJ/mol

Conceptual Problems

9.34. $\Delta H > 0$ and $w < 0$

9.36. (a)

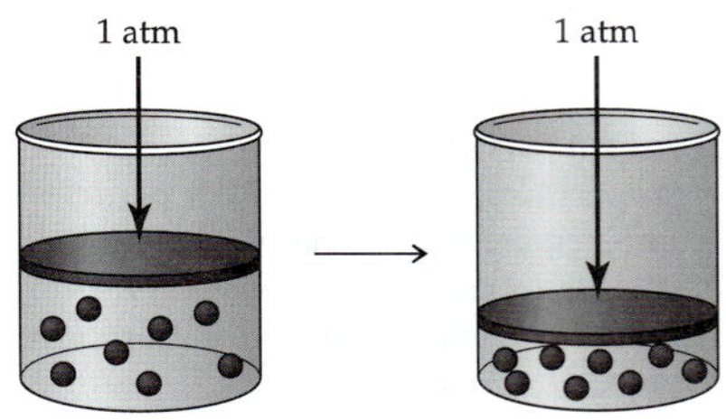

(b)

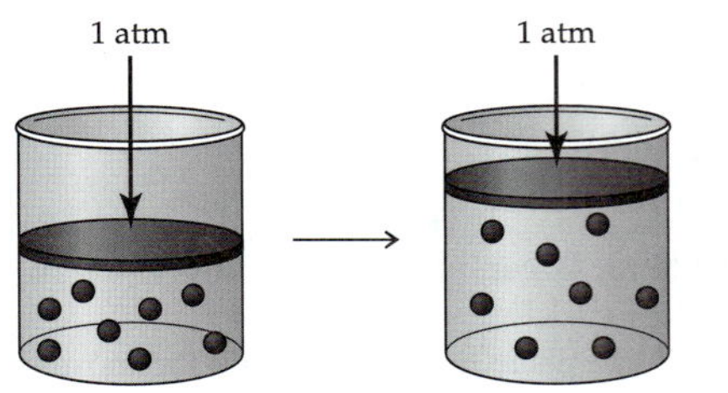

9.38. (a) Diagram 1; (b) $\Delta H° = +30\text{ kJ}$ **9.40.** (a) $2\,AB_2 \rightarrow A_2 + 2\,B_2$; (b) ΔH is negative. ΔS is positive; (c) at all temperatures. **9.42.** ΔG is negative ΔS is positive. ΔS is positive

Section Problems

Heat, Work, and Energy (Section 9.1–9.3)

9.44. Heat is the energy transferred from one object to another as the result of a temperature difference between them. Temperature is a measure of the kinetic energy of molecular motion. Energy is the capacity to do work or supply heat. Work is defined as the distance moved times the force that opposes the motion. Kinetic energy is the energy of motion. Potential energy is stored energy. **9.46.** car **9.48.** (a) and (b) (c) is not. **9.50.** −70 J; The energy change is negative. **9.52.** (a) 35 min; (b) 150 min. **9.54.** (a) −593 J; (b) 26.4 cm **9.56.** = −15.1 L·atm

Energy and Enthalpy (Section 9.4)

9.58. $\Delta E = q_v$ is the heat change associated with a reaction at constant volume. Since $\Delta V = 0$, no PV work is done. $\Delta H = q_p$ is the heat change associated with a reaction at constant pressure. Since $\Delta V \neq 0$, PV work can also be done. **9.60.** −45.2 kJ **9.62.** −0.30 kJ **9.64.** = 45.4 kJ

Thermochemical Equations for Chemical and Physical Changes (Section 9.5–9.6)

9.66. (a) to the system, endothermic, $\Delta H° > 0$; (b) to the surroundings, exothermic, $\Delta H° < 0$; (c) to the system, endothermic, $\Delta H° > 0$ **9.68.** 25.5 kJ **9.70.** 131 kJ is released. **9.72.** (a) 780. kJ evolved; (b) 1.24 kJ absorbed. **9.74.** 0.388 kJ is evolved. exothermic.

Calorimetry and Heat Capacity (Section 9.7)

9.76. Heat capacity is the amount of heat required to raise the temperature of a substance a given amount. Specific heat is the amount of heat necessary to raise the temperature of exactly 1 g of a substance by exactly 1 °C. **9.78.** 1.23 J/(g· °C) **9.80.** −32 kJ **9.82.** 3.0°C **9.84.** −83.7 kJ **9.90.** −120 kJ/mol citric acid

Hess's Law (Section 9.8)

9.92. The standard state of an element is its most stable form at 1 atm and the specified temperature, usually 25 °C. The sum of the enthalpy changes for the individual steps in a reaction is equal to the overall enthalpy change for the entire reaction, a relationship known as Hess's law. **9.94.** −202 kJ

Heats of Formation (Section 9.9)

9.98. A compound's standard heat of formation is the amount of heat associated with the formation of 1 mole of a compound from its elements (in their standard states). **9.100.** (a) gas; (b) liquid; (c) gas; (d) solid **9.102.** (a) $2\,Fe(s) + 3/2\,O_2(g) \rightarrow Fe_2O_3(s)$; (b) $12\,C(s) + 11\,H_2(g) + 11/2\,O_2(g) \rightarrow C_{12}H_{22}O_{11}(s)$; (c) $U(s) + 3\,F_2(g) \rightarrow UF_6(s)$; **9.104.** −395.7 kJ/mol **9.106.** −909.3 kJ **9.108.** +104 kJ/mol **9.110.** −16.9 kJ/mol **9.112.** +179.2 kJ **9.114.** +179.2 kJ **9.116.** (a) +172.5 kJ; (b) −189.2 kJ; (c) −24.8 kJ

Free Energy and Entropy (Section 9.11–9.12)

9.122. Entropy is a measure of molecular randomness. **9.124.** if ΔS is positive the $T\Delta S$ term is larger than ΔH. **9.126.** (a) positive; (b) negative **9.128.** (a) zero; (b) zero; (c) negative **9.130.** ΔS is positive. The reaction increases the total number of molecules. **9.132.** (a) spontaneous; exothermic; (b) nonspontaneous; exothermic; (c) spontaneous; endothermic; (d) nonspontaneous; endothermic. **9.134.** 570 K **9.136.** (a) spontaneous at all temperatures; (b) crossover temperature; (c) crossover temperature; (d) nonspontaneous at all temperatures. **9.138.** 31.6 J/(K·mol) **9.140.** 59 °C **9.142.** −238.6 kJ spontaneous at all temperatures.

Multiconcept Problems

9.144. 7.22 kJ −224 kJ **9.146.** (a) $\Delta G = -T\Delta S_{total}$; (b) −9399 J/(K·mol) **9.148.** 3.72 g $NaNO_3$ 6.3 g KF

CHAPTER 10

10.3. 0.650 atm
10.4. (a)

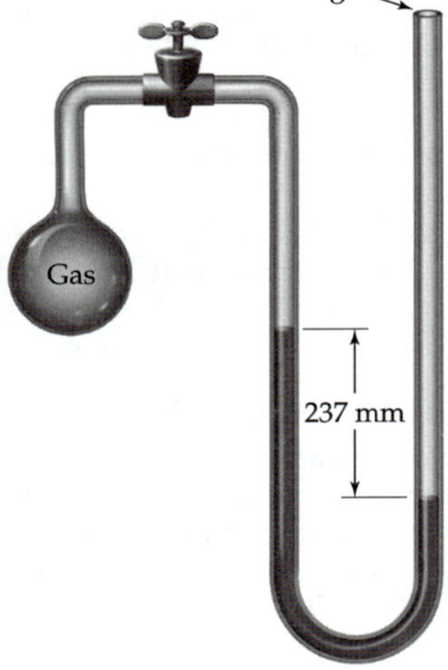

10.6.

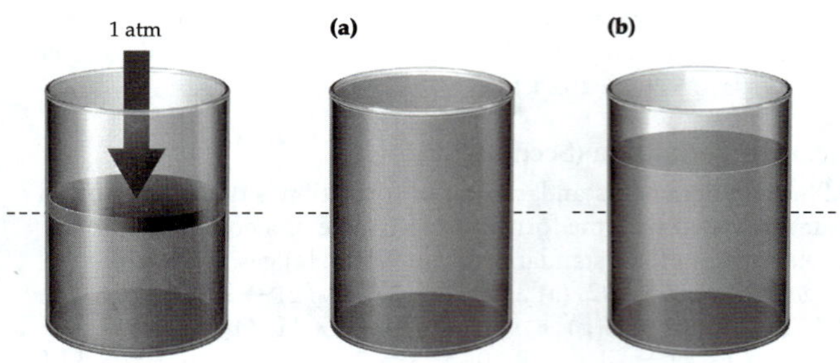

10.8. 5.0 atm **10.9.** 28°C. **10.10.** 142 L,
10.12. 750.0 L H_2 250.0 L N_2 **10.13.** 34.1 H_2S, hydrogen sulfide.
10.14. (a) 1.80 g/L; (b) higher molar mass **10.16.** 0.025
10.18. 32.00; O_2.

Conceptual Problems

10.24. The gas pressure in the bulb in mm Hg is equal to the difference in the height of the Hg in the two arms of the manometer. **10.32.** The picture on the right will be the same as that on the left

Section Problems

Gases and Gas Pressure (Section 10.1)

10.34. 14.7 psi 1.93×10^{-2} psi **10.38.** 0.632 atm; 6.40×10^4 Pa **10.40.** 930 mm Hg **10.42.** 1.046×10^5 Pa **10.44.** 1155 mm Hg **10.46.** 28.96

The Gas Laws (Sections 10.2–10.3)

10.48. (a) pressure would triple; (b) pressure would be $\frac{1}{3}$ the initial pressure; (c) pressure would increase by 1.8 times; (d) The pressure would be 0.17 times the initial pressure. **10.50.** They all contain the same number of gas molecules. **10.52.** 7210 L 51.5 L

10.54. 2.1×10^4 mm Hg **10.56.** 1×10^{-17} mm Hg **10.60.** ice
10.62. Weigh the containers. heavier contains O_2.

Gas Stoichiometry (Section 10.4)

10.64. 1.5×10^4 g O_2 **10.66.** (a) 0.716 g/L; (b) 1.96 g/L; (c) 1.43 g/L **10.68.** 34.0 **10.70.** 0.5469 L **10.72.** (a) 9.44 L; (b) 6.05 g Zn **10.74.** (a) 380 g CO_2; (b) 5.4 days **10.76.** 0.464 g He **10.78.** 15 L

Dalton's Law and Mole Fraction (Section 10.5)

10.80. P_{N_2} 0.7808 atm; P_{O_2} 0.2095 atm; P_{Ar} 0.0093 atm; P_{CO_2} 0.000 38 atm the rest are negligible. **10.82.** P_{O_2} 0.970 atm; P_{CO_2} 0.007 11 atm; **10.84.** $X_{HCl} = 0.026$; $X_{H_2} = 0.094$; $X_{Ne} = 0.88$;
10.86. (a) 1.68 atm; (b) 0.219 atm; **10.88.** 723 mm Hg 3.36 g Mg

Kinetic-Molecular Theory (Section 10.6)

10.92. The kinetic-molecular theory is based on the following assumptions:

1. A gas consists of tiny particles, either atoms or molecules, moving about at random.
2. The volume of the particles themselves is negligible compared with the total volume of the gas; most of the volume of a gas is empty space.
3. The gas particles act independently; there are no attractive or repulsive forces between particles.
4. Collisions of the gas particles, either with other particles or with the walls of the container, are elastic; that is, the total kinetic energy of the gas particles is constant at constant T.
5. The average kinetic energy of the gas particles is proportional to the Kelvin temperature of the sample.

10.94. 443 m/s **10.96.** −32 °C **10.98.** He **10.100.** −272.83 °C

Graham's Law (Section 10.7)

10.106. HCl > F_2 > Ar

Real Gases (Section 10.8)

10.110. (a) high; (b) larger; **10.112.** 20.5 atm 20.3 atm

The Earth's Atmosphere, Greenhouse Gases, and Climate Change (Sections 10.9–10.11)

10.116. Troposphere, stratosphere, mesosphere, and thermosphere. Temperature changes **10.118.** The force of gravity is strongest at the earth's surface and becomes weaker at higher altitude.
10.120. (a) visible and UV; (b) UV; (c) infrared; (d) infrared
10.122. Because of nuclear fusion, the Sun emits all forms of electromagnetic radiation. The Earth absorbs visible radiation, warms up, and radiates Infrared radiation back to space. **10.124.** Nitrogen and oxygen are diatomic molecules that do not have a dipole moment. As the bond stretches in a vibration, the molecule still does not have a dipole moment. Since no change in dipole moment occurs, IR radiation will not be absorbed. **10.126.** Symmetric stretch does not absorb the asymmetric stretch absorbs **10.128.** The atmosphere has a much higher concentration of CO_2. **10.130.** CO_2, N_2O, and CH_4
10.132. The Earth's average temperature has risen about 1°C since 1900.

Multiconcept Problems

10.134. 1.68 mi **10.138.** (a) 0.007 06 mol; (b) 0.004 71 moles; (c) 0.872 g/L; (d) 46.3;
(e) $Hg_2CO_3(s) + 6\ HNO_3(aq) \rightarrow$

$$2\ Hg(NO_3)_2(aq) + 3\ H_2O(l) + CO_2(g) + 2\ NO_2(g)$$

Daily Peak AQI (Combined $PM_{2.5}$ and O_3) August 8, 2012

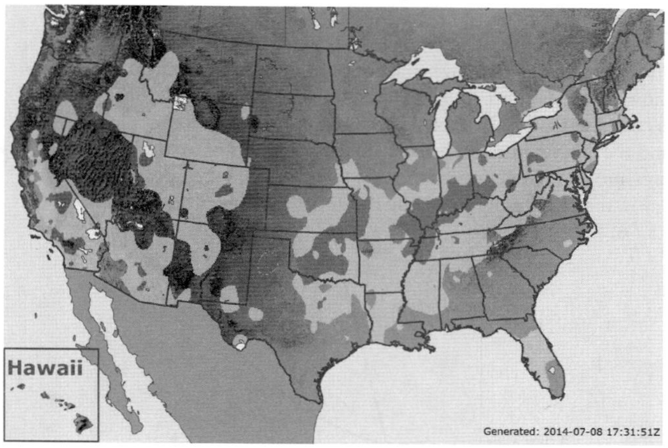

Daily Peak AQI (Combined $PM_{2.5}$ and O_3) December 5, 2012

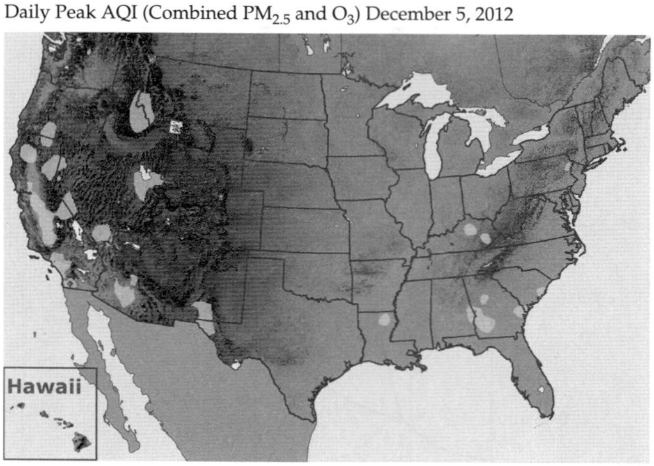

10.140. $P_{CO_2} = 0.600$ atm $P_{SO_2} = 1.20$ atm $P_{O_2} = 0.600$ atm **10.146.** (a) C_2H_6O $C_2H_6O + 3\ O_2 \rightarrow 2\ CO_2 + 3\ H_2O$; (b) It is an empirical formula because it is the smallest whole number ratio of atoms. It is also a molecular formula because any higher multiple such as $C_4H_{12}O_2$ does not correspond to a stable electron-dot structure; (c)

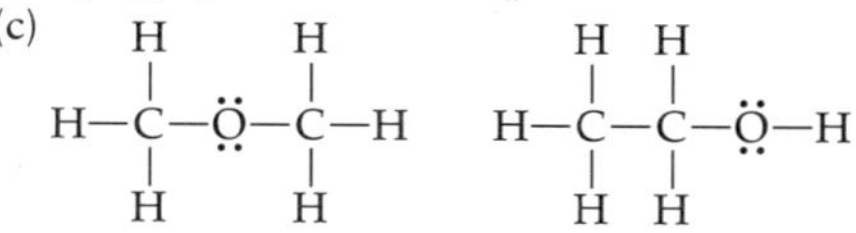

(d) −183.8 kJ/mol **10.148.** (a) 492 °R.; (b) $0.0456 \frac{L \cdot atm}{°R \cdot mol}$; (c) 116 atm **10.150.** (a) $C_5H_{12}O$; (b) 88.1 g/mol the molecular formula and empirical formula are the same. $C_5H_{12}O$; (c) $C_5H_{12}O(l) + 15/2\ O_2(g) \rightarrow 5\ CO_2(g) + 6\ H_2O(l)$; (d) −313.6 kJ/mol

CHAPTER 11

11.1. 31.4 kJ/mol **11.2.** 83.0 °C **11.3.** 109.7 J/(K · mol) **11.4.** 334 K **11.5.** 7.00 kJ **11.6.** −4.59 kJ

11.8. (a)

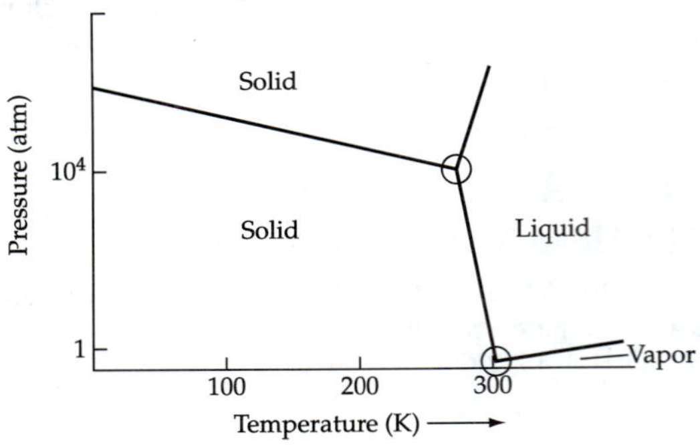

(b) two; (c) Increasing the pressure favors the liquid phase, liquid phase is more dense

Conceptual Problems

11.16. (a) normal boiling point ≈ 300 K; normal melting point ≈ 180 K; (b) (i) solid (ii) gas (iii) supercritical fluid

Section Problems

Properties of Liquids (Section 11.1)

11.20. surface tension **11.22.** (a) CH_2Br_2; (b) Ethylene glycol **11.24.** Oleic acid is a much larger molecule than H_2O with larger dispersion forces. It can also hydrogen bond.

Vapor Pressure and Boiling Point (Section 11.2)

11.26. 28.0 kJ/mol

11.30.

$\ln P_{vap}$	1/T
4.383	0.003 802
4.8949	0.003 663
5.3627	0.003 534
5.7979	0.003 413
6.2054	0.003 300
6.5853	0.003 195

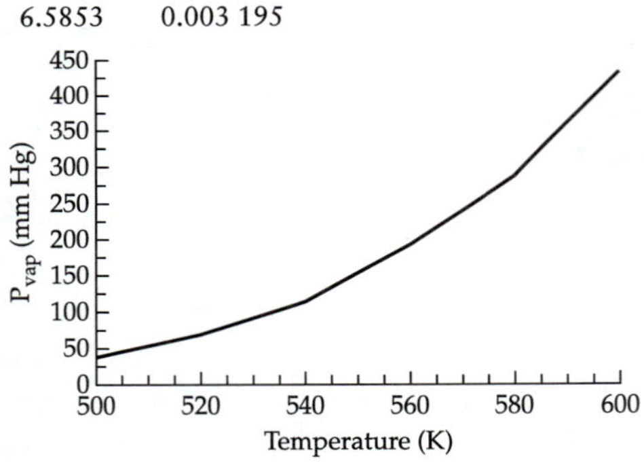

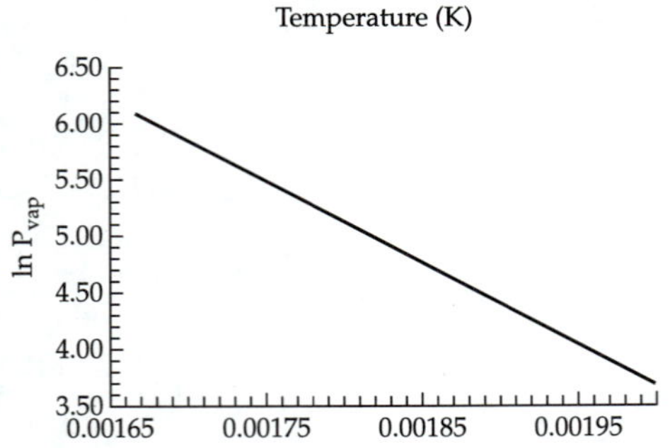

11.36. −30.7 °C

Phase Changes (Sections 11.3–11.4)

11.38. ΔH_{vap} is the heat required to overcome all intermolecular forces. **11.40.** 88.2 J/(K · mol) **11.44.** (a) $Hg(l) \rightarrow Hg(g)$; (b) no change of state; (c) $Hg(g) \rightarrow Hg(l) \rightarrow Hg(s)$ **11.46.** 2.40 kJ **11.48.** 3.73 kJ

Phase Diagrams (Section 11.5)

11.52. As the pressure over the liquid H_2O is lowered, H_2O vapor is removed by the pump. As H_2O vapor is removed, more of the liquid H_2O is converted to H_2O vapor. This conversion is an endothermic process and the temperature decreases. The combination of both a decrease in pressure and temperature takes the system across the liquid/solid boundary in the phase diagram so the H_2O that remains turns to ice.

11.56.

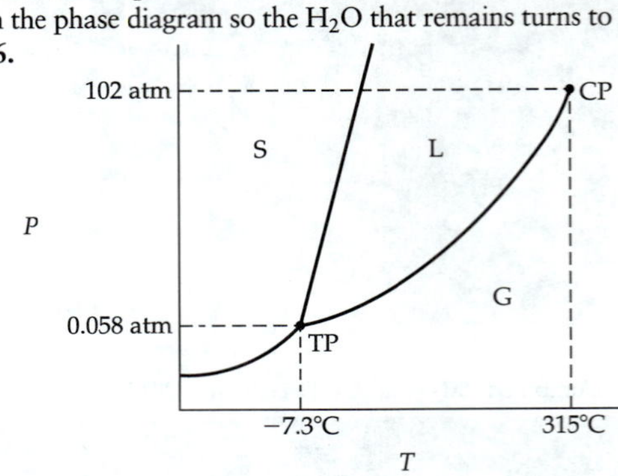

11.62.

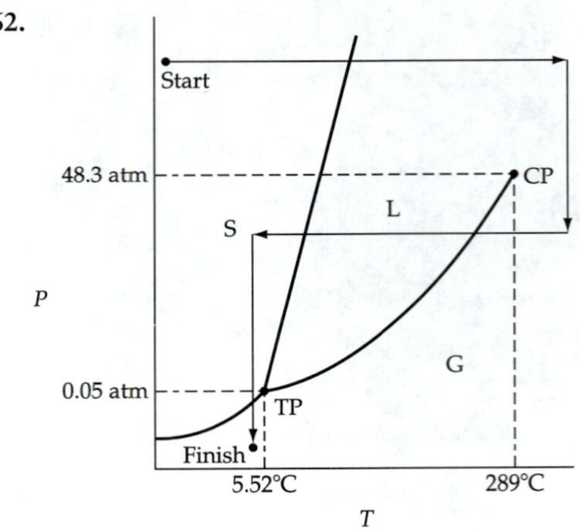

11.66. cannot be liquified

Multiconcept Problems

11.74. Al_2O_3, ionic (greater lattice energy than NaCl) F_2, dispersion; H_2O, H–bonding, dipole-dipole; Br_2, dispersion (larger and more polarizable than F_2), ICl, dipole-dipole, NaCl, ionic
$F_2 < Br_2 < ICl < H_2O < NaCl < Al_2O_3$

CHAPTER 12

12.1. 557 pm **12.2.** 167 pm **12.3.** 9.31 g/cm^3 **12.4.** 192.2 g/mol Ir. **12.5.** (a) 1/8 S^{2-} at 8 corners = 1 S^{2-}; 1/2 S^{2-} at 6 faces = 3 S^{2-}; 4 Zn^{2+}; (b) ZnS; (c) 2+; (d) tetrahedral **12.6.** (a) $CaTiO_3$; (b) +4; (c) all octahedral. **12.7.** The electron configuration for Hg is [Xe] $4f^{14}$ $5d^{10}$ $6s^2$. Assuming the 5d and 6s bands overlap, the composite band can accomodate 12 valence electrons per metal atom. Weak bonding and a low melting point are expected for Hg because both the bonding and antibonding MOs are occupied. **12.8.** (a) The s-d band is 1/4 full, so Hf is picture (1). The s-d band is 5/6 full, so Pt is picture (2). The s-d band is 7/12 full, so Re is picture (3); (b) Re has an excess of 5 bonding electrons and it has the highest melting point and is the hardest of the three; (c) Pt has an excess of only 2 bonding electrons and it has the lowest melting point and is the softest of the three. **12.9.** Ge doped with As is an n-type semiconductor because As has an additional valence electron. The extra electrons are in the conduction band. The number of electrons in the conduction band of the doped Ge is much higher than for pure Ge, and the conductivity of the doped semiconductor is higher. **12.10.** (a) (1), silicon; (2), white tin; (3), diamond; (4), silicon doped with aluminum; (b) (3) < (1) < (4) < (2), Diamond (3) is an insulator with a large band gap. Silicon (1) is a semiconductor with a band gap smaller than diamond. Silicon doped with aluminum (4) is a p-type semiconductor that has fewer electrons than needed for bonding and has vacancies (positive holes) in the valence band. White tin (2) has a partially filled s-p composite band and is a metallic conductor.
12.11. $Si(OCH_3)_4 + 4\ H_2O \longrightarrow Si(OH)_4 + 4\ HOCH_3$
12.12. $Ba[OCH(CH_3)_2]_2 + Ti[OCH(CH_3)_2]_4 + 6\ H_2O \longrightarrow BaTi(OH)_6(s) + 6\ HOCH(CH_3)_2$
$BaTi(OH)_6(s) \xrightarrow{\text{Heat}} BaTiO_3(s) + 3\ H_2O(g)$
12.13. The color of quantum dots depends on the wavelength of light that they absorb, which is determined by band-gap energy. Different sizes have different band-gap energies. **12.14.** (a) 5.0 nm; (b) 2.2 nm; (c) 3.5nm **12.15.** 25000 **12.16.** (a) size (a) is green, size (b) is blue, size (c) is purple, and size (d) is red. (b) sizes (d), (c), (b), (a) **12.17.** The smaller the particle, the larger the band gap and the greater the shift in the color of the emitted light from the red to the violet. The yellow quantum dot is larger because yellow is closer to the red than is the blue.

Conceptual Problems

12.22. (a) (1) and (4) are semiconductors; (2) is a metal; (3) is an insulator; (b) (3) < (1) < (4) < (2). The conductivity increases with decreasing band gap; (c) (1) and (4) increases; (2) decreases; (3) not much change.

12.24.

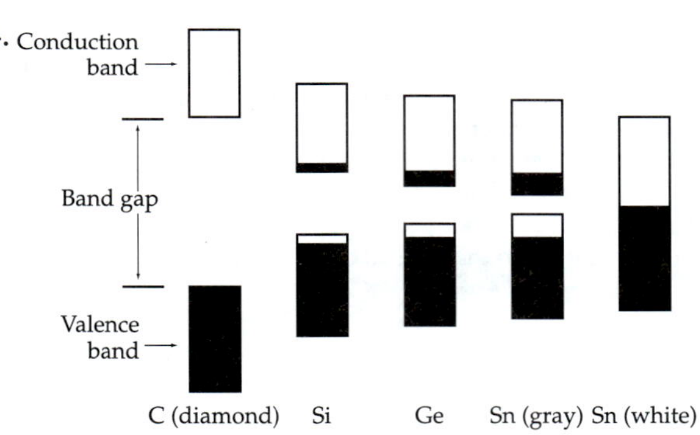

Section Problems

Types of Solids (Section 12.1)

12.26. molecular solid, CO_2, I_2; metallic solid, any metallic element; covalent network solid, diamond; ionic solid, NaCl **12.28.** (a) rubber; (b) Na_3PO_4; (c) CBr_4; (d) quartz; (e) Au **12.30.** covalent network solid.

X-Ray Crystallography (Section 12.2)

12.32. 201 pm

The Packing of Spheres in Crystalline Solids: Unit Cells (Section 12.3)

12.34. Hexagonal and cubic closest packing are the most efficient; Simple cubic packing is the least efficient **12.36.** 8.90 g/cm^3 **12.38.** 404.9 pm **12.40.** 137 pm **12.42.** face-centered cubic **12.44.** face-centered cube**12.46.** 60% **12.48.** 6.01×10^{23} atoms/mol

Structures of Ionic Solids (Section 12.4)

12.50. Six Na^+ six H^- **12.52.** 244 pm

Structures of Covalent Network Solids (Section 12.5)

12.54.

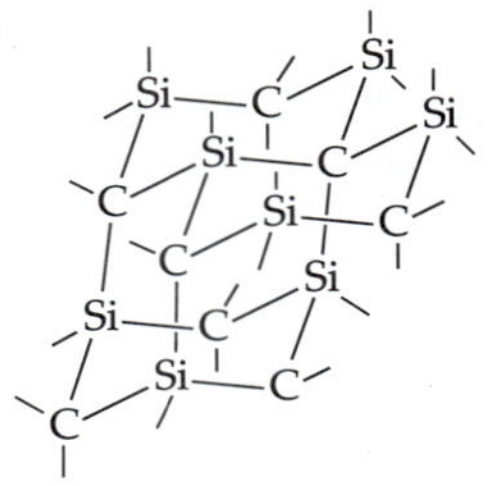

Bonding in Metals (Section 12.6)

12.58.

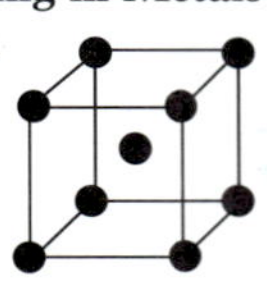

Each K has a single valence electron and has eight nearest neighbor K atoms. The valence electrons can't be localized in an electron-pair bond between any particular pair of K atoms. **12.60.** Malleability and ductility of metals follow from the fact that the delocalized bonding extends in all directions. When a metallic crystal is deformed, no localized bonds are broken. Instead, the electron sea simply adjusts to the new distribution of cations, and the energy of the deformed structure is similar to that of the original. Thus, the energy required to deform a metal is relatively small. **12.62.** Ionic bonding is stronger than metallic bonding **12.64.** The energy required to deform a transition metal like W is greater than that for Cs because W has more valence electrons and hence more electrostatic "glue." **12.66.** The difference in energy between successive MOs in a metal decreases as the number of metal atoms increases so that the MOs merge into an almost continuous band of energy levels. Consequently, MO theory for metals is often called band theory. **12.68.** The energy levels within a band occur in degenerate pairs; one set of energy levels applies to electrons moving to the right, and the other set applies to electrons moving to the left. In the absence of an electrical potential, the two sets of levels are equally populated. As a result there is no net electric current. In the presence of an electrical potential those electrons moving to the right are accelerated, those moving to the left are slowed down, and some change direction. The number of electrons moving to the right is now greater than the number moving to the left, and so there is a net electric current.

12.70. (a)

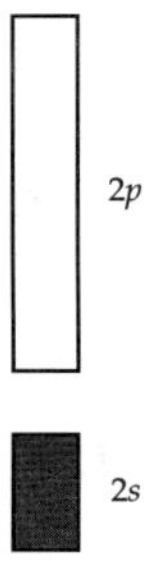

(b)

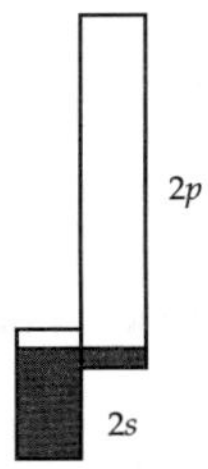

Diagram (b) shows the 2s and 2p bands overlapping in energy and the resulting composite band is only partially filled. Thus, Be is a good electrical conductor. **12.72.** Transition metals have a d band that can overlap the s band to give a composite band consisting of six MOs per metal atom. Half of the MOs are bonding and half are antibonding, and thus one expects maximum bonding for metals that have six valence electrons per metal atom. Accordingly, the melting points of the transition metals go through a maximum at or near group 6B.

Semiconductors (Section 12.7–12.8)

12.76. A semiconductor is a material that has an electrical conductivity intermediate between that of a metal and that of an insulator. Si, Ge, and Sn (gray) are semiconductors.

12.78. (a) (b)

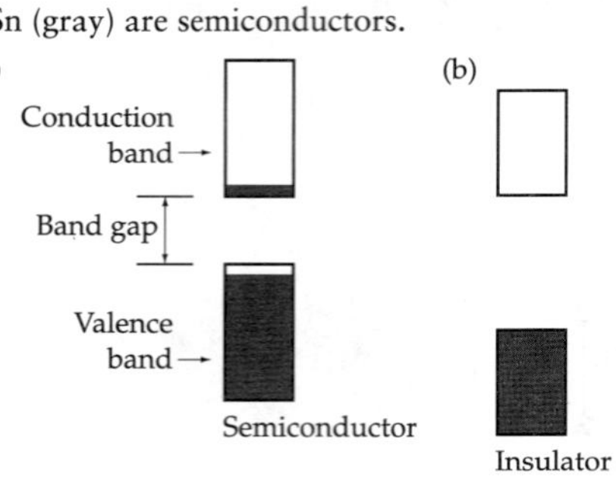

The MOs of a semiconductor are similar to those of an insulator, but the band gap in a semiconductor is smaller. As a result, a few electrons have enough energy to jump the gap and occupy the higher-energy, conduction band. When an electrical potential is applied to a semiconductor, it conducts a small amount of current because the potential can accelerate the electrons in the partially filled bands. **12.80.** As the band gap increases, the number of electrons able to jump the gap and occupy the higher-energy conduction band decreases, and thus the conductivity decreases. **12.82.** An n-type semiconductor is a semiconductor doped with a substance with more valence electrons than the semiconductor itself. Si doped with P is an example.

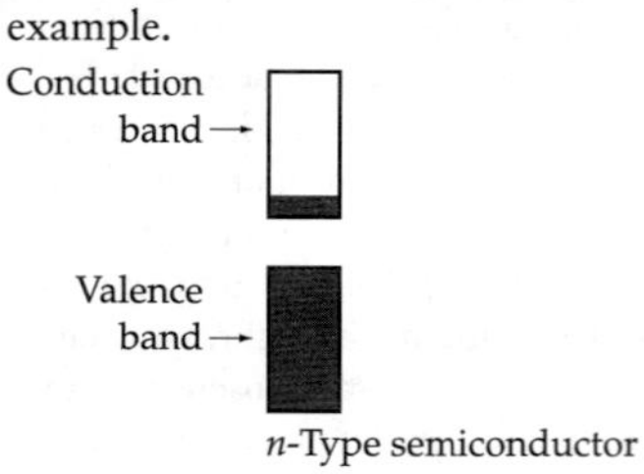

12.84. In the MO picture, the extra electrons occupy the conduction band. The number of electrons in the conduction band of the doped Ge is much greater than for pure Ge, and the conductivity of the doped semiconductor is correspondingly higher. **12.86.** (a) p-type; (b) n-type; (c) n-type
12.88. $Cd(CH_3)_2(g) + H_2Se(g) \longrightarrow CdSe(s) + 2\ CH_4(g)$
12.90. $Al_2O_3 < Ge < Ge$ doped with $In < Fe < Cu$
12.92. In a diode, current flows only when the junction is under a forward bias (negative battery terminal on the n-type side). A p-n junction that is part of a circuit and subjected to an alternating potential acts as a rectifier, allowing current to flow in only one direction, thereby converting alternating current to direct current. **12.94.** Both an LED and a photovoltaic cell contain p-n junctions, but the two devices involve opposite processes. An LED converts electrical energy to light; a photovoltaic, or solar, cell converts light to electricity. **12.98.** (a) GaN; (b) green GaP, ultraviolet GaN
12.100. GaP0.50As0.50 < GaP0.80As0.20 < GaP1.00As0.00
12.102. (a) 1118 nm; (b) no, at 1118 nm the intensity is about half of the maximum **12.104.** GaAs is a semiconductor. GaAs is isoelectronic with Ge.

12.108. (a)

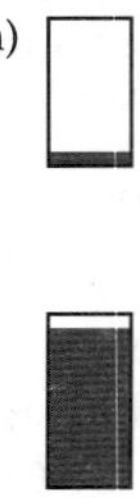

(b) The electrical conductivity of a semiconductor increases with increasing temperature because the number of electrons with sufficient energy to occupy the conduction band increases as the temperature rises; (c) (i) The conductivity of GaAs would increase when doped with Zn because it would produce positive holes in the valence band. Zn doped GaAs would be a p-type semiconductor. (ii) The conductivity of GaAs would increase when doped with S because it would put extra electrons in the conduction band. S doped GaAs would be an n-type semiconductor.

Superconductors (Section 12.9)

12.110. A superconductor is able to levitate a magnet. A superconductor has no electrical resistance. **12.112.** Some K^+ ions are surrounded octahedrally by six $C_{60}{}^{3-}$ ions; others are surrounded tetrahedrally by four ions.

Ceramics and Composites (Section 12.10)

12.116. Ceramics are inorganic, nonmetallic, nonmolecular solids, including both crystalline and amorphous materials. Ceramics have higher melting points, and they are stiffer, harder, and more resistant to wear and corrosion than are metals. **12.118.** Ceramics are stiffer, harder, and more wear resistant than metals because they have stronger bonding. **12.120.** The brittleness of ceramics is due to strong chemical bonding. The strong, highly directional covalent bonds prevent the planes of atoms from sliding over one another when the solid is subjected to a stress. As a result, the solid can't deform to relieve the stress. It maintains its shape up to a point, but then the bonds give way suddenly and the material fails catastrophically when the stress exceeds a certain threshold value. By contrast, metals are able to deform under stress because their planes of metal cations can slide easily in the electron sea. **12.122.** Ceramic processing is the series of steps that leads from raw material to the finished ceramic object.

12.124. $Zr[OCH(CH_3)_2]_4 + 4\,H_2O \longrightarrow Zr(OH)_4 + 4\,HOCH(CH_3)_2$
12.126. $(HO)_3Si{-}O{-}H + H{-}O{-}Si(OH)_3 \longrightarrow (HO)_3Si{-}O{-}Si(OH)_3 + H_2O$ On heating, SiO_2 is obtained.
12.128. $2\,Ti(BH_4)_3(soln) \longrightarrow 2\,TiB_2(s) + B_2H_6(g) + 9\,H_2(g)$
12.130. $3\,SiCl_4(g) + 4\,NH_3(g) \longrightarrow Si_3N_4(s) + 12\,HCl(g)$
12.132. because of their high strength-to-weight ratios.

Multiconcept Problems

12.134. (a) 1.926 g Fe; (b) Fe_3O_4; (c) 24 Fe 32 O
12.140. 1.0×10^{16} photons/s, 1.6 mA
12.142. (a)

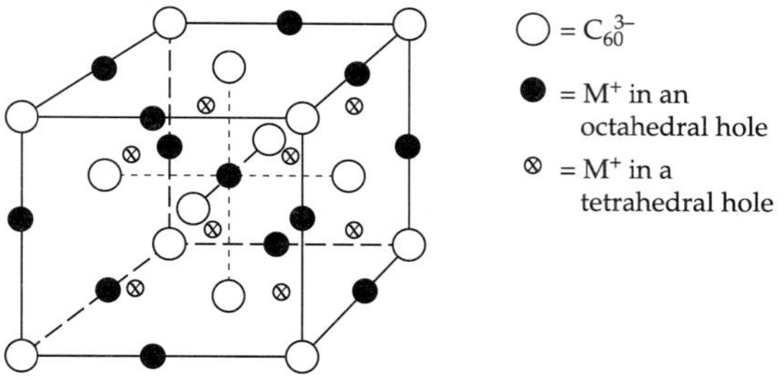

(b) There are 4 C_{60}^{3-} ions, 4 octahedral holes, and 8 tetrahedral holes per unit cell; (c) Octahedral holes: (1/2, 1/2, 1/2), (1/2, 0, 0), (0, 1/2, 0), (0, 0, 1/2) Tetrahedral holes: (1/4, 1/4, 1/4), (3/4, 1/4, 1/4), (1/4, 3/4, 1/4), (3/4, 3/4, 1/4),(1/4, 1/4, 3/4), (3/4, 1/4, 3/4), (1/4, 3/4, 3/4), (3/4, 3/4, 3/4); (d) R(octahedral hole) = 207 pm, R(tetrahedral hole) = 112 pm; (e) Na^+ will fit into the octahedral and tetrahedral holes without expanding the C_{60}^{3-} framework. K^+ and Rb^+ will fit into the octahedral holes without expanding the C_{60}^{3-} framework but will fit into the tetrahedral holes only if the C_{60}^{3-} framework is expanded.

CHAPTER 13

13.1. KBr < 1,5 pentanediol < toluene **13.2.** Vitamin E **13.3.** 5.52 mass % **13.4.** 185 g H_2O **13.5.** 25.0 ppb exceeds limit **13.6.** 4.6 × 10^{-5} g CO_2 **13.7.** 312 g **13.8.** 0.0249 *m* 2.96 × 10^{-3} **13.10.** 0.251 M **13.13.** 223.8 mm Hg **13.14.** 2.6 **13.15.** 46.6 mm Hg **13.16.** red and blue curves pure liquids green mixture. **13.18.** (a) 62 °C; (b) 2 *m* **13.19.** 7.06 atm **13.20.** (a) 0.17 M; (b) net transfer of water from outside the cell to the inside of the cell and the cell would swell. **13.21.** 180.5 g/mol **13.22.** powder is sucrose.

13.23. Both solvent molecules and small solute particles can pass through a semipermeable dialysis membrane. Only solvent molecules can pass through a semipermeable membrane. **13.24.** Solvent–solvent is hydrogen bonding, solvent–solute is hydrogen bonding, and solute–solute is hydrogen bonding. **13.25.** (a) 7.23 atm; (b) dialysis solution to blood. **13.26.** 24 mg

Conceptual Problems

13.28. (a)<(b)<(c) **13.30.** (a) 37 °C (b) 1.5 *m* **13.32.** (a) red curve solution of a volatile solute green curve represents the solution of a nonvolatile solute. (b) & (d)

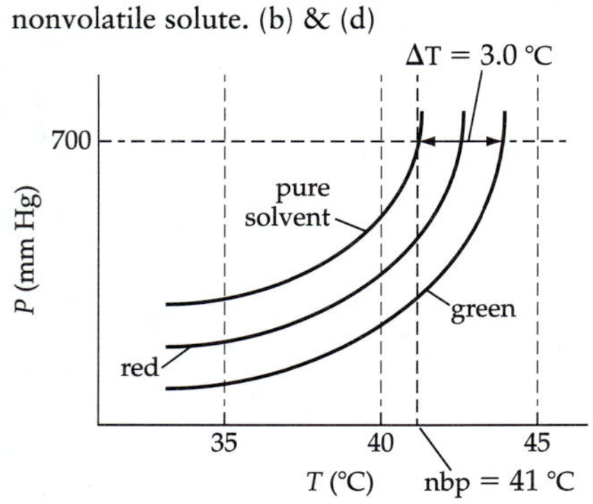

(c) 1.5 *m* **13.34.**

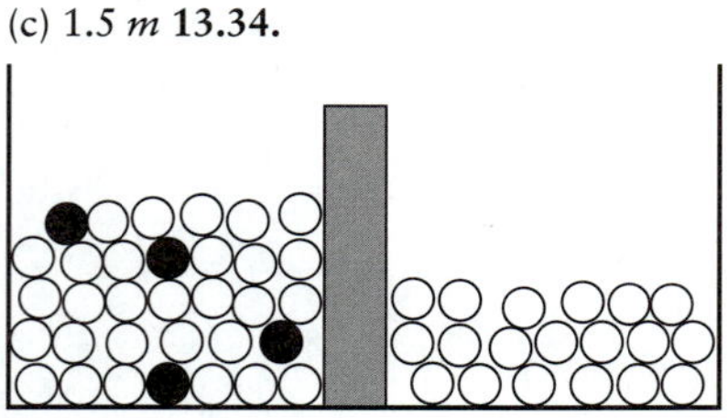

Section Problems

Solutions, Energy Changes, and Solubility (Sections 13.1–13.3)

13.36. The larger the surface area, the more rapidly the solid will dissolve. Powdered NaCl has a much larger surface area **13.38.** (a) Na^+; (b) Ba^{2+} **13.40.** Solvent-solvent is hydrogen bonding, solvent–solute is dispersion and solute–solute is dispersion. I_2 is not soluble in water. **13.44.** Both Br_2 and CCl_4 are nonpolar, and intermolecular forces for both are dispersion forces. H_2O is a polar molecule with dipole-dipole forces and hydrogen bonding. **13.46.** greater in water. **13.48.** toluene < Br_2 < KBr
13.50. three

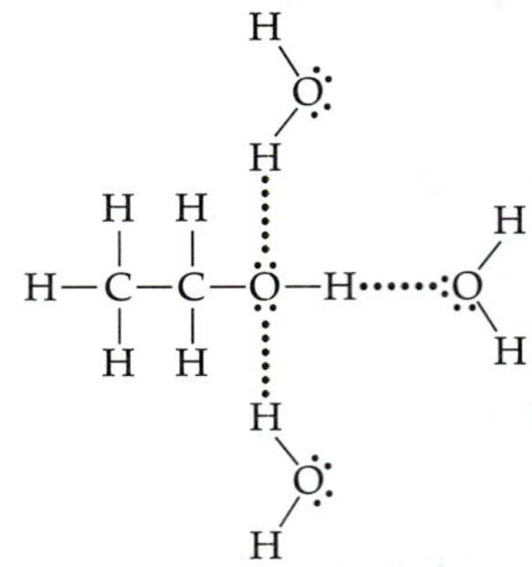

13.52. Ethyl alcohol and water are both polar with small dispersion forces. They both can hydrogen bond. Pentyl alcohol is slightly polar and can hydrogen bond. It has, however, a relatively large solute-solute dispersion force because of its size, which limits its water solubility. **13.54.** 42.5 °C

Units of Concentration (Section 13.4)

13.56. 0.614 M **13.58.** (a) 0.049 ppb; (b) 1.9 × 1^{-1} mol/L **13.60.** (a) Dissolve 0.150 mol of glucose in water; dilute to 1.00 L; (b) Dissolve 1.135 mol of KBr in 1.00 kg of H_2O; (c) Mix together 0.15 mol of CH_3OH with 0.85 mol of H_2O. **13.62.** Dissolve 4.42 × 10^{-3} mol (0.540 g) of $C_7H_6O_2$ in enough $CHCl_3$ to make 165 mL of solution. **13.64.** (a) 0.500 M KCl; (b) 1.75 M **13.66.** (a) 11.2 mass %; (b) 0.002 70 mass % KBr; (c) 3.65 mass % aspirin **13.68.** 0.20 ppm **13.70.** (a) 0.196 *m*; (b) $X_{C_{10}H_{14}N_2}$ 0.0145; $X_{CH_2Cl_2}$ = 0.985 **13.72.** 1.81 M **13.76.** 3.7 g **13.78.** (a) 0.0187; (b) 16.0%; (c) 1.06 *m*

Solubility and Henry's Law (Section 13.5)

13.82. 0.068 M **13.84.** 0.06 atm **13.86.** 4.8 × 10^{-4} mol/L **13.90.** $CaCl_2$ < $FeCl_3$ < glucose

Colligative Properties (Sections 13.6–13.9)

13.89. When solid $CaCl_2$ is added to liquid water, the temperature rises because ΔH_{soln} for $CaCl_2$ is exothermic.
When solid $CaCl_2$ is added to ice at 0 °C, some of the ice will melt (an endothermic process) and the temperature will fall because the $CaCl_2$ lowers the freezing point of an ice/water mixture. **13.92.** 98.6 mm Hg **13.94.** −3.55 °C **13.96.** 1.9 **13.98.** NaCl is a nonvolatile solute. Methyl alcohol is a volatile solute. When NaCl is added to water, the vapor pressure of the solution is decreased, which means that the boiling point of the solution will increase. When methyl alcohol is added to water, the vapor pressure of the solution is increased which means that the boiling point of the solution will decrease.

13.100.

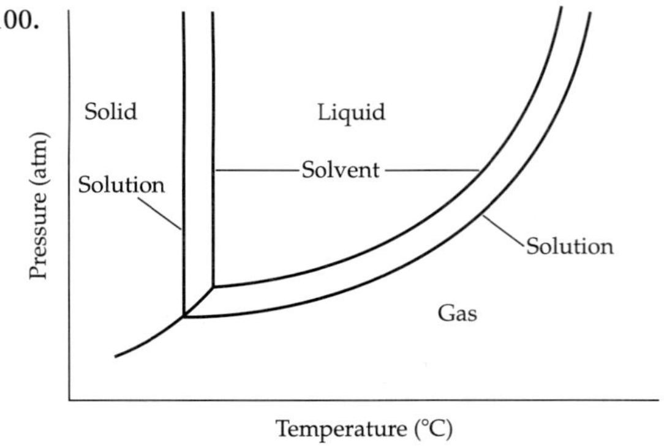

13.102. (a) 70.5 mm Hg; (b) 68.0 mm Hg **13.106.** 2.3 **13.108.** 0.514 **13.110.** 219 mm Hg **13.114.** 3.6 $\frac{°C \cdot kg}{mol}$ **13.116.** 0.573 *m*

13.118. (a) 13.0 atm; (b) 65.2 atm **13.120.** 0.197 M **13.122.** $\frac{°C \cdot kg}{mol}$ Reasonable amounts of salt are capable of lowering the freezing point (ΔT_f) of the snow below an air temperature of −2 °C. Reasonable amounts of salt, however, are not capable of causing a ΔT_f of more than 30 °C **13.124.** 342.5 **13.126.** HCl completely dissociates into two solute particles per each HCl. Only a few percent of the HF molecules dissociates into ions. **13.128.** 0.442 **13.130.** 1.3 g $C_{10}H_8$ **13.132.** freezing point −2.3 °C boiling point 100.63 °C **13.134.** 2.45% **13.136.** 0.51 mm Hg **13.140.** 334 g/mol **13.144.** 538 $C_{40}H_{56}$

Multiconcept Problems

13.146. 271 $C_{18}H_{24}O_2$ **13.148.** (a) 24.07 g $BaSO_4$; (b) More precipitate will form **13.152.** 89.8 g of $C_{12}H_{22}O_{11}$ 10.2 g of NaCl

CHAPTER 14

14.1. (a) 1.6×10^{-4} M/s; (b) -3.2×10^{-4} M/s **14.2.** (a) -6.0×10^{-5} M/s, -1.2×10^{-4} M/s, 6.0×10^{-5} M/s; (b) $A + 2B \rightarrow C$ **14.4.** order for NO is 1, reaction order for Cl_2 is 2, 3rd order overall **14.6.** (a) Rate = $k[C_2H_4Br_2][I^-]$; (b) $4.98 \times 10^{-3}/(M \cdot s)$; (c) 1.12×10^{-4} M/s; (d) -3.36×10^{-4} M/s **14.8.** vessel 2, 0.02 M/s, vessel 3, 0.005 M/s **14.9.** 44.4 min **14.10.** (a) graph of $[C_2H_5OH]$ vs time is linear, zeroth order in $[C_2H_5OH]$; (b) 4.0×10^{-5} M/s; (c) 0.014 M **14.11.** (a) 0.080 M; (b) 61 h **14.12.** (a) 0.0562 h^{-1}; (b) 33.8 h **14.13.** A plot of ln[cyclopropane] versus time is linear, first-order reaction, $k = 6.6 \times 10^{-4}$/s (0.040/min) **14.16.** $t_{1/2}$ = 5 min, After 15 min, one A molecule would remain **14.18.** A graph of In Abs vs time is linear, first order in dye $t_{1/2}$ = 22.6 s

14.20. Unsuccessful Successful

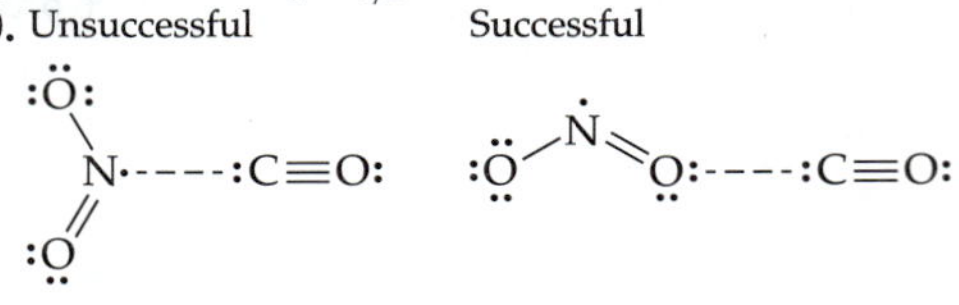

Unsuccessful Unsuccessful

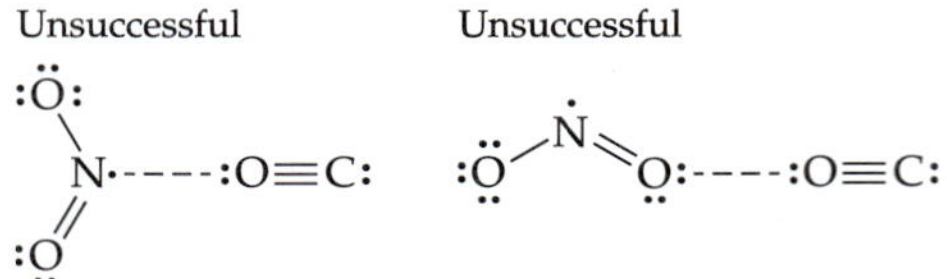

14.22. 76.5 kJ/mol **14.23.** (a) $2NO_2(g) + F_2(g) \rightarrow 2NO_2F(g)$, F(g), reaction intermediate; (b) each elementary reaction is bimolecular **14.24.** (a) $2\ H_2O_2(aq) \rightarrow 2\ H_2O(l) + O_2(g)$, OH(aq) and HO_2(aq), reaction intermediates; (b) Step 1 is unimolecular, Steps 2 and 3 are bimolecular **14.26.** (a) ii); (b) iii); (c) i) **14.27.** $NO(g) + Cl_2(g) \rightarrow NOCl(g) + Cl(g)$ (slow), $NO(g) + Cl(g) \rightarrow NOCl(g)$ (fast) **14.28.** $Co(CN)_5(H_2O)^{2-}(aq) \rightarrow Co(CN)_5{}^{2-}(aq) + H_2O(l)$ (slow), $Co(CN)_5{}^{2-}(aq) + I^-(aq) \rightarrow Co(CN)_5I^{3-}(aq)$ (fast), The predicted rate law is the rate law for the first (slow) elementary reaction: Rate = $k[Co(CN)_5(H_2O)^{2-}]$ **14.30.** (a) $H_2(g) + I_2(g) \rightarrow 2\ HI(g)$; (b) Rate = $k_3\frac{k_1\ k_2}{k_{-1}k_{-2}}[H_2][I_2]$; (c) $k = \frac{k_1k_2k_3}{k_{-1}k_{-2}}$

Conceptual Problems

14.40. (a)–(d) are 2 : 1 : 4 : 2; (b) k's are all the same **14.42.** (a)

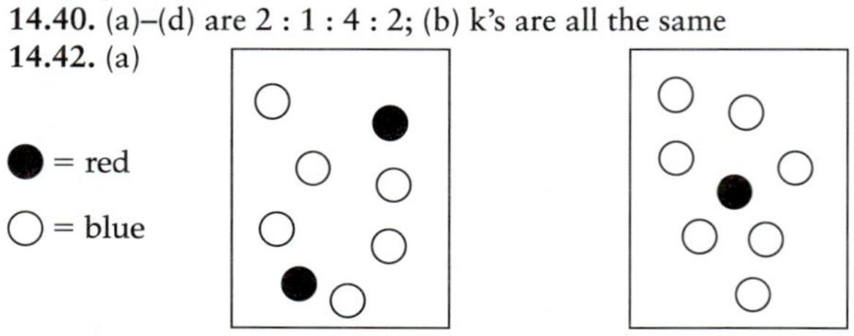

t = 2 min t = 3 min

(b) 1 minute. **14.44.** (a) second-order in A; (b) Rate = $k[A]^2$; (c) (For fourth box, t = 7 min)

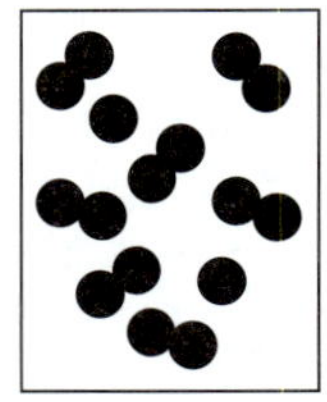

t = 3 min + 4 min = 7 min

14.46. (a) zeroth-order in B, second-order in A; (b) Rate = $k[A]^2$; (c) $2\ A \rightarrow A_2$ (slow), $A_2 + B \rightarrow AB + A$; (d) A_2 is an intermediate **14.48.** (a) $BC + D \rightarrow B + CD$; (b) 1. B—C + D (reactants), A (catalyst); 2. B—C—A (transition state), D (reactant), 3. A—C (intermediate), B (product), D (reactant), 4. A—C—D (transition state), B (product), 5. A (catalyst), C—D + B (products); (c) first step, Rate = $k[A][BC]$; (d) Endothermic

Section Problems

Reaction Rates (Section 14.1)

14.56. (a) The rate of consumption of H_2 is 3 times faster; (b) The rate of formation of NH_3 is 2 times faster. **14.58.** (a) -2.4×10^{-6} M/s; (b) 9.6×10^{-6} M/s

Rate Laws (Sections 14.2–14.3)

14.60. Rate = $k[H_2][ICl]$; units for k are $\frac{L}{mol \cdot s}$ or $1/(M \cdot s)$ **14.62.** (a) Rate = $k[CH_3Br][OH^-]$; (b) decrease by a factor of 5; (c) increase by a factor 4 **14.64.** (a) Rate = $k[Cu(C_{10}H_8N_2)_2^+]^2[O_2]$; (b) 3; (c) rate will decrease by 1/16 **14.66.** (a) Rate = $k[NH_4^+][NO_2^-]$; (b) $3.0 \times 10^{-4}(M \cdot s)$; (c) 6.1×10^{-6} M/s

Integrated Rate Law; Half-Life (Sections 14.4–14.6)

14.70. (a) 0.015 M; (b) 40 min; (c) 7.2 min **14.74.** (a) 1, 5.2×10^{-3} M; (b) 3.1 h **14.78.** 2.79×10^{-3}/s

The Arrhenius Equation (Sections 14.7–14.8)

14.86. Very few collisions involve a collision energy greater than or equal to the activation energy, and only a fraction of those have the proper orientation for reaction. **14.88.** there is an exponential increase in the fraction of the collisions that leads to products.

14.92.
(a)

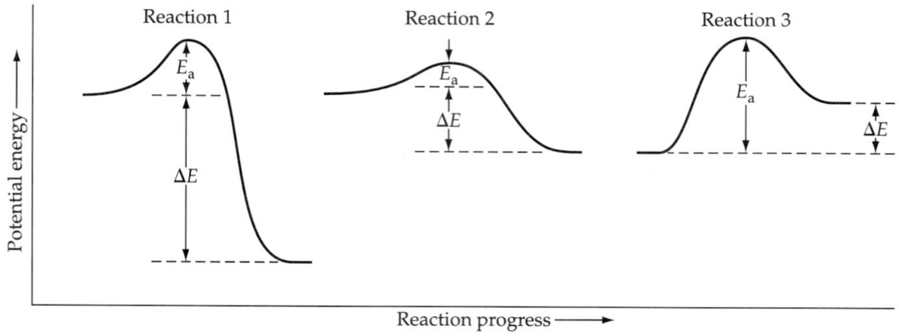

(b) Reaction 2 is the fastest (smallest E_a), and reaction 3 is the slowest (largest E_a); (c) Reaction 3 is the most endothermic, reaction 1 is the most exothermic **14.94.** (a) 134 kJ/mol; (b) 6.0/(M·s) **14.96.** 87 kJ/mol **14.98.** 68 kJ/mol, 1.7 **14.100.** (a) Measure the change in the concentration of A as a function of time at several different temperatures; (b) Plot In [A] versus time, for each temperature. Straight line graphs will result and k at each temperature equals –slope. Graph In k versus 1/K, Determine the slope of the line. $E_a = -R(\text{slope})$

Reaction Mechanisms (Sections 14.9–14.11)

14.104. There is no relationship unless the overall reaction occurs in a single elementary step **14.106.** (a) $H_2(g) + 2ICl(g) \rightarrow I_2(g) + 2HCl(g)$; (b) HI(g); (c) bimolecular **14.108.** (a) bimolecular, Rate $= k[O_3][Cl]$; (b) unimolecular, Rate $= k[NO_2]$; (c) bimolecular, Rate $= k[ClO][O]$; (d) termolecular, Rate $= k[Cl]^2[N_2]$ **14.110.** (a) $2\,NO_2Cl(g) \rightarrow 2\,NO_2(g) + Cl_2(g)$; (b) 1. unimolecular; 2. bimolecular; (c) Rate $= k[NO_2Cl]$ **14.112.** $NO_2(g) + F_2(g) \rightarrow NO_2F(g) + F(g)$ (slow), $F(g) + NO_2(g) \rightarrow NO_2F(g)$ (fast) **14.114.** (a) $2\,NO(g) + O_2(g) \rightarrow 2\,NO_2(g)$; (b) $2k_2\frac{k_1}{k_{-1}}[NO]^2[O_2]$; (c) $k = \frac{2k_2k_1}{k_{-1}}$

Catalysis (Sections 14.13–14.15)

14.116. A catalyst does participate in the reaction, but it is not consumed because it reacts in one step of the reaction and is regenerated in a subsequent step. **14.118.** (a) $O_3(g) + O(g) \rightarrow 2\,O_2(g)$; (b) Cl acts as a catalyst; (c) ClO is a reaction intermediate; (d) A catalyst reacts in one step and is regenerated in a subsequent step. A reaction intermediate is produced in one step and consumed in another. **14.120.** (a) $NH_2NO_2(aq) \rightarrow N_2O(g) + H_2O(l)$; (b) OH^- catalyst $NHNO_2^-$, intermediate; (c) decrease

Multiconcept Problems

14.126. (a) $I^-(aq) + OCl^-(aq) \rightarrow Cl^-(aq) + OI^-(aq)$; (b) Rate $= k\frac{[I^-][OCl^-]}{[OH^-]}$, 60/s; (c) does not occur by a single-step mechanism because OH^- appears in the rate law but not in the overall reaction; (d) $OCl^-(aq) + H_2O(l) \rightleftharpoons$

$HOCl(aq) + OH^-(aq)$ (fast)

$HOCl(aq) + I^-(aq) \rightarrow HOI(aq) + Cl^-(aq)$ (slow)

$HOI(aq) + OH^-(aq) \rightarrow H_2O(l) + OI^-(aq)$ (fast)

Rate $= k\frac{[OCl^-][I^-]}{[OH^-]}$ where $k = \frac{k_1k_2[H_2O]}{k_{-1}}$; **14.128.** 49 °C **14.130.** (a) 7.7×10^{-7} s; (b) speed of mixing **14.132.** 2.7×10^2 s **14.136.** 15 s

CHAPTER 15

15.2. (a) $K_c(\text{overall}) = \dfrac{[NO_2]^2}{[N_2][O_2]^2}$; (b) 2.8×10^{-15} **15.4.** (a) $K_c = 1.38 \times 10^{-4}$; (b) 0.992 M **15.5.** For a mixture to be at equilibrium, [AB][B] must be equal to 1, (2), = 1 at equilibrium. (3), = 0.125 not at equilibrium. (4), = 1 at equilibrium.
15.6.

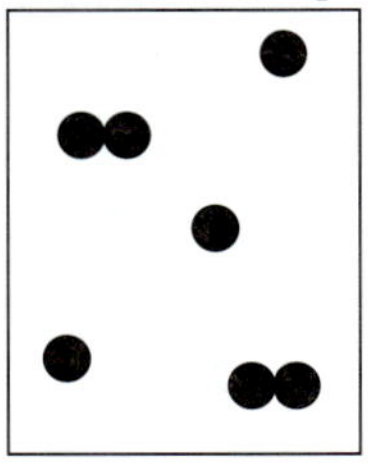

15.7. 9.48 **15.8.** 1.43 atm **15.10.** 0.335 **15.12.** 1.80×10^{-11} **15.16.** (a) (2); (b) (1), reverse; (3), forward **15.17.** $[CO_2] = [H_2] = 0.101$ M, $[CO] = [H_2O] = 0.049$ M **15.18.** $[CO_2] = [H_2] = 0.135$ M $[CO] = [H_2O] = 0.065$ M **15.19.** $[H_2] = 0.0032$ M, $[I_2] = 0.2032$, $[HI] = 0.1936$ M **15.20.** $[N_2O_4] = 0.476$ M, $[NO_2] = 0.0470$ M **15.24.** $P_{H_2O} = 0.90$ atm, $P_{CO} = 1.30$ atm, $P_{H_2} = 1.70$ atm **15.26.** (a) The concentration of both Ca^{2+} and $C_2O_4^{2-}$ will increase as fluid is lost and the reaction will proceed towards products; (b) Increasing the concentration of Ca^{2+} will cause the reaction to proceed toward products; (c) Decreasing the concentration of $C_2O_4^{2-}$ will cause the reaction to proceed towards reactants and the kidney stone will dissolve; (d) The concentration of both Ca^{2+} and $C_2O_4^{2-}$ will decrease causing the reaction proceed towards reactants and the kidney stone will dissolve **15.28.** (a)

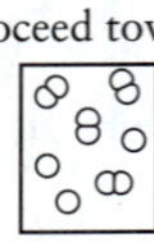

(b) the same

15.29. more NO, the higher the temperature. **15.30.** decreases, increase in K_c. **15.31.** There are more AB(g) molecules at the higher temperature. The equilibrium shifted to the right at the higher temperature, which means the reaction is endothermic. **15.32.** (a) (b)

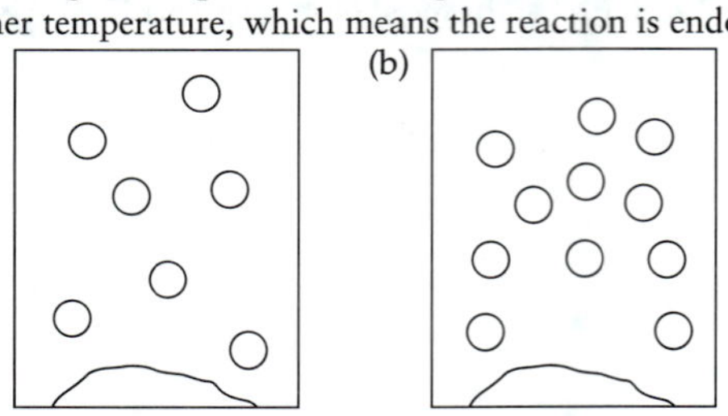

15.34. (a) k_r is larger; (b) < 1; (c) forward and reverse reactions both decrease. K_c decreases **15.35.** (a) 75%; (b) 20%; (c) An efficient unloading of oxygen occurs in working muscle tissue **15.36.** towards reactants, releasing oxygen from hemoglobin and making it available for use by the muscles. **15.37.** (a) become larger; (b) more product favored; (c) greatly increased **15.38.** (a) 5.3×10^{19}; (b) 2.9×10^4 **15.39.** If CO binds to Hb, Hb is removed from the reaction and the reaction will shift to the left **15.40.** (a) 1.6; (b) increase in oxygen will shift the equilibrium toward reactants

Conceptual Problems

15.42. (a) $A_2 + C_2 \rightleftarrows 2\ AC$; (b) $A_2 + B_2 \rightleftarrows 2\ AB$ **15.44.** (a) $A_2 + 2\ B \rightleftarrows 2\ AB$; (b) fewer molecules **15.46.** exothermic
15.48. (a) (b) (c)

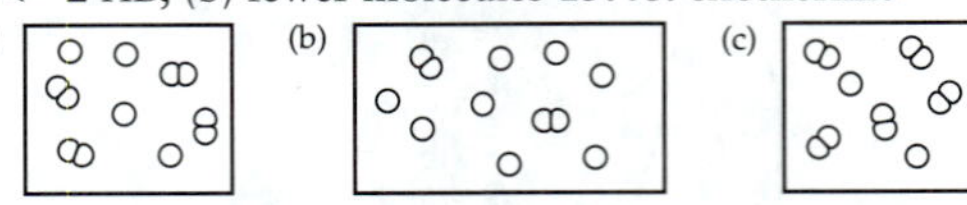

15.50. (a) $A \rightarrow 2\ B$; (b) (1) A increases, (2) A increases. (3) the same. (4) the same.

Section Problems

The Equilibrium State (Section 15.1)

15.52. (d)

Equilibrium Constant Expressions and Equilibrium Constants (Section 15.2–15.4)

15.54. $K_c = \dfrac{[C_2H_5OC_2H_5][H_2O]}{[C_2H_5OH]^2}$ **15.56.** (a) $K_c = \dfrac{[CO][H_2]^3}{[CH_4][H_2O]}$; (b) $K_c = \dfrac{[ClF_3]^2}{[F_2]^3[Cl_2]}$; (c) $K_c = \dfrac{[HF]^2}{[H_2][F_2]}$ **15.60.** (a) 1.3×10^8; (b) 1.2×10^4; (c) 5.6×10^{-17} **15.62.** (a) 1.4×10^{-8}; (b) 5.2×10^{15}; (c) 2.7×10^{-24} **15.64.** 4×10^3 **15.66.** 0.058 **15.68.** 9.0×10^3 **15.70.** 0.0313 atm, 1, 1.28×10^{-3} **15.72.** 3.48×10^{-9} M **15.74.** (a) $K_c = \dfrac{[CO_2]^3}{[CO]^3}$, $K_p = \dfrac{(P_{CO_2})^3}{(P_{CO})^3}$; (b) $K_c = \dfrac{1}{[O_2]^3}$, $K_p = \dfrac{1}{(P_{O_2})^3}$; (c) $K_c = [SO_3]$, $K_p = P_{SO_3}$; (d) $K_c = [Ba^{2+}][SO_4^{2-}]$

Using the Equilibrium Constant (Section 15.5)

15.76. (a) product; (b) reactants **15.78.** much SO_3 **15.80.** not at equilibrium reverse direction **15.82.** (a) 178; forward; (b) 0.0240 atm **15.84.** $[N_2O_4] = 0.0429$ M, $[NO_2] = 0.0141$ M **15.86.** 29.0 **15.88.** $CH_3CO_2C_2H_5(soln) + H_2O(soln) \rightleftarrows CH_3CO_2H(soln) + C_2H_5OH(soln)$, 0.29 **15.90.** (a) 0.49; reverse; (b) $[BrCl] = 0.068$ M, $[Br_2] = [Cl_2] = 0.026$ M **15.92.** 3.7×10^{-3} M **15.94.** $[N_2] = 2.22$ M, $[O_2] = 0.54$ M, $[NO] = 0.045$ M **15.96.** (a) 6.8 moles; (b) mol $CH_3CO_2H = 0.03$ mol, mol $C_2H_5OH = 9.03$ mol, mol $CH_3CO_2C_2H_5 = 0.97$ mol **15.98.** $P_{ClF} = P_{F_2} = 0.389$ atm, $P_{ClF_3} = 1.08$ atm **15.100.** $[H_2] = [I_2] = 0.045$ M; $[HI] = 0.31$ M **15.102.** $[CO] = [H_2] = 0.18$ M; $[H_2O] = 1.02$ M

Le Châtelier's Principle (Sections 15.6–15.9)

15.118. (a) increases; (b) increases; (c) decreases; (d) decreases decreasing $[Cl^-]$ increases Q_c reaction must go from right to left

15.120. (a) decreases; (b) same; (c) increases **15.122.** K_c increases **15.124.** (a) increases; (b) increases; (c) decreases; (d) increases **15.126.** (a) decreases; (b) increases; (c) no change; (d) increases; (e) no change **15.128.** (a) no shift; (b) toward reactants; (c) toward products; (d) toward reactants

Chemical Equilibrium and Chemical Kinetics (Section 15.10)

15.132. (a) same; (b) increases; (c) decreases; (d) same; (e) decreases **15.134.** forward **15.136.** $\frac{k_f}{k_r} = \frac{[C]}{[A][B]} = K_c$ **15.138.** 210 **15.140.** E_a (reverse) is greater than E_a (forward), exothermic

Multiconcept Problems

15.146. (a) $K_c = \frac{[C_2H_6][C_2H_2]}{[C_4H_{10}]}$ $K_p \frac{(P_{C_2H_6})(P_{C_2H_4})}{P_{C_4H_{10}}}$; (b) 0.19; (c) 69 atm; (d) decrease **15.148.** (a) 1.6×10^{-3}; (b) 0.039 **15.152.** (a) 49.6; (b)

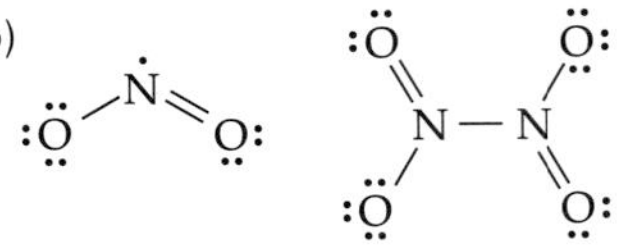

15.154. (a) 2.5; (b) 0.0034; (c) H_2O can hydrogen bond with acetic acid, thus preventing acetic acid dimer formation. Benzene cannot hydrogen bond with acetic acid. **15.156.** (a) 1.47; (b) 10.3; (c) endothermic **15.158.** (a) 1.52; (b) 6.65 kJ **15.160.** 6.0×10^2 O_3 molecules **15.162.** (a) endothermic; (b) 99.97%;
(c)

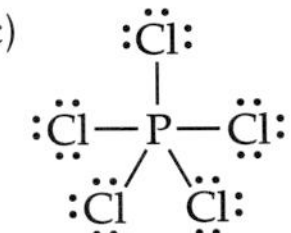

no dipole moment,

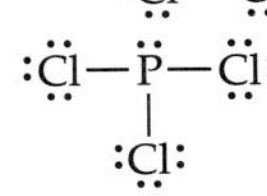

a dipole moment

CHAPTER 16

16.3. $HCl(aq) + NH_3(aq) \rightleftharpoons NH_4^+(aq) + Cl^-(aq)$
Acid Base Acid Base
Conjugate acid–base pairs

16.4. (a) $CH_3NH_2(aq) + H_2O(l) \rightleftharpoons OH^-(aq) + CH_3NH_3^+(aq)$
Base Acid Base Acid
conjugate acid-base pairs

(b) $HNO_3(aq) + H_2O(l) \rightleftharpoons H_3O^+(aq) + NO_3^-(aq)$
Acid Base Acid Base
conjugate acid-base pairs

16.6. (a) HY; (b) (X^-); (c) to the left. **16.9.** 7.1×10^{-11} M, acidic. **16.10.** $[H_3O^+] = [OH^-] = 2.3 \times 10^{-7}$ M **16.12.** −0.80 5×10^{-12} M **16.14.** 40 times **16.16.** 11.77 **16.18.** (a) K_a (HY) < K_a (HX) < K_a (HZ); (b) HZ; (c) HY has the highest pH; HX has the lowest pH **16.20.** 0.57 M **16.23.** $[OH^-] = 2.7 \times 10^{-3}$ M, $[NH_4^+] = 2.7 \times 10^{-3}$ M; $[NH_3] = 0.40$ M, $[H_3O^+] = 3.7 \times 10^{-12}$ M, pH = 11.43 **16.24.** 7.0×10^{-11} **16.26.** (a) HX; (b) Y^-; (c) X^- **16.28.** (a) 5.00, 2.5×10^{-3}%; (b) $Fe(H_2O)_6^{3+}$
16.30.

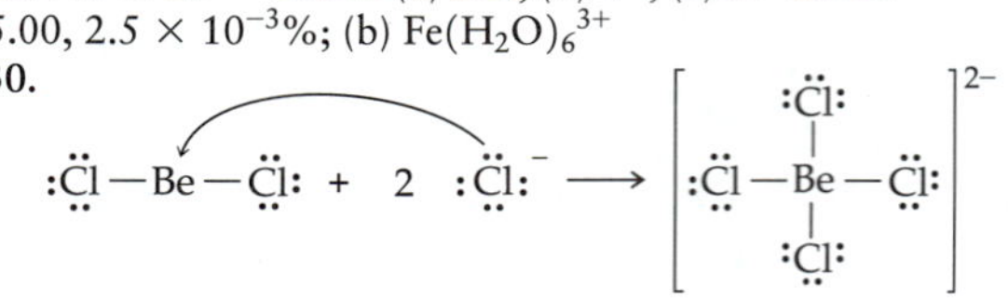

16.34. (a) 100; (b) $[H_3O^+] = 7.9 \times 10^{-6}$ M, $[OH^-] = 1.3 \times 10^{-9}$ M **16.35.** 3.921 **16.36.** Lewis acids include, cations and neutral molecules having vacant valence orbitals that can accept a share in a pair of electrons. The O^{2-} from CaO is the Lewis base and SO_2 is the Lewis acid. **16.37.** NH_4NO_3 is an acidic salt, $(NH_4)_2SO_4$ is an acidic salt.

Conceptual Problems

16.38. (a) acids, HCO_3^- and H_3O^+; bases, H_2O and CO_3^{2-}; (b) acids, HF and H_2CO_3; bases HCO_3^- and F^- **16.40.** (a) H_2S, weakest; HBr, strongest; (b) H_2SeO_3, weakest; $HClO_3$, strongest. **16.46.** (a) $H_3BO_3(aq) + H_2O(l) \rightleftharpoons H_3O^+(aq) + H_2BO_3^-(aq)$; (b) $H_3BO_3(aq) + 2\,H_2O(l) \rightleftharpoons H_3O^+(aq) + B(OH)_4^-(aq)$

Section Problems

Acid–Base Concepts (Section 16.1)

16.48. (b) NH_3; (c) HCO_3^- **16.50.** (a) SO_4^{2-}; (b) HSO_3^-; (c) HPO_4^{2-}; (d) NH_3; (e) OH^-; (f) NH_2^-
16.52. (a) $CH_3CO_2H(aq) + NH_3(aq) \rightleftharpoons NH_4^+(aq) + CH_3CO_2^-(aq)$
Acid Base Acid Base

(b) $CO_3^{2-}(aq) + H_3O^+(aq) \rightleftharpoons H_2O(l) + HCO_3^-(aq)$
Base Acid Base Acid

(c) $HSO_3^-(aq) + H_2O(l) \rightleftharpoons H_3O^+(aq) + SO_3^{2-}(aq)$
Acid Base Acid Base

(d) $HSO_3^-(aq) + H_2O(l) \rightleftharpoons H_2SO_3(aq) + OH^-(aq)$
Base Acid Acid Base

16.54. H_2S acid only, HS^- an acid and a base, S^{2-} base only, H_2O an acid and a base, H_3O^+ acid only, OH^- base only.

Acid and Base Strength (Section 16.2)

16.56. HSO_4^-, SO_4^{2-}

Factors That Affect Acid Strength (Section 16.3)

16.60. (a) $PH_3 < H_2S < HCl$; electronegativity increases from P to Cl; (b) $NH_3 < PH_3 < AsH_3$; X—H bond strength decreases from N to As (down a group); (c) $HBrO < HBrO_2 < HBrO_3$; acid strength increases with the number of O atoms **16.62.** (a) HCl; The strength of a binary acid H_nA increases as A moves from left to right and from top to bottom in the periodic table; (b) $HClO_3$; The strength of an oxoacid increases with increasing electronegativity and increasing oxidation state of the central atom; (c) HBr; The strength of a binary acid H_nA increases as A moves from left to right and from top to bottom in the periodic table. **16.64.** (a) H_2Te, weaker X—H bond; (b) H_3PO_4, P has higher electronegativity; (c) $H_2PO_4^-$, lower negative charge; (d) NH_4^+, higher positive charge and N is more electronegative than C **16.66.** (b)

Dissociation of Water; pH (Sections 16.4–16.6)

16.68. 5.0×10^{-9} M **16.70.** (a) 2.9×10^{-6} M, basic; (b) 1.0×10^{-12} M, basic; (c) 1.0×10^{-4} M, acidic; (d) 1.0×10^{-7} M, neutral; (e) 1.2×10^{-10} M, acidic **16.72.** $[H_3O^+] = [OH^-] = 3.9 \times 10^{-6}$ M, neutral. **16.74.** (a) 4.70; (b) 11.6; (c) 8.449; (d) 3; (e) 15.08 **16.76.** (a) 8×10^{-5} M; (b) 1.5×10^{-11} M; (c) 1.0 M; (d) 5.6×10^{-15} M; (e) 10 M; (f) 5.78×10^{-6} M **16.78.** (a) chlorphenol red; (b) thymol blue; (c) methyl orange

Strong Acids and Strong Bases (Section 16.7)

16.82. (a) 11.30; (b) 1.82; (c) 12.54 **16.84.** (a) 13.90; (b) 1.19; (c) 2.92 **16.86.** 0.0089 g CaO

Weak Acids (Sections 16.8–16.10)

16.88. (a) $C_6H_5OH < HOCl < CH_3CO_2H < HNO_3$;
(b) $HNO_3 > CH_3CO_2H > HOCl > C_6H_5OH$
1 M HNO_3, $[H_3O^+] = 1$ M; (c)
1 M CH_3CO_2H, $[H_3O^+] = 4 \times 10^{-3}$ M,
1 M HOCl, $[H_3O^+] = 2 \times 10^{-4}$ M
1 M C_6H_5OH, $[H_3O^+] = [HA] \times K_a = 1 \times 10^{-5}$ M **16.90.** 2.0×10^9 **16.92.** 3.92×10^{-5}, 4.41 **16.94.** pH = 3.20 **16.96.** (a) 0.0029 M = $[H_3O^+] = [C_3H_3O_2^-]$, $[HC_3H_3O_2] = 0.147$ M pH = 2.54, $[OH^-] = 3.4 \times 10^{-12}$ M; (b) 3.3% **16.98.** 1.59, 1.7% **16.100.** (a) 8.0%; (b) 2.6%

Polyprotic Acids (Section 16.11)

16.102. $H_2SeO_4(aq) + H_2O(l) \rightleftharpoons H_3O^+(aq) + HSeO_4^-(aq)$;

$$K_{a1} = \frac{[H_3O^+][HSeOS_4^-]}{[H_2SeO_4]}$$

$HSeO_4^-(aq) + H_2O(l) \rightleftharpoons H_3O^+(aq) + SeO_4^{2-}(aq)$;

$$K_{a2} = \frac{[H_3O^+][SeO_4^{2-}]}{[HSeO_4^-]}$$

16.104. $[H_3O^+] = [HCO_3^-] = 6.6 \times 10^{-5}$ M; $[H_2CO_3] = 0.010$ M $[CO_3^{2-}] = 5.6 \times 10^{-11}$ M, $[OH^-] = 1.5 \times 10^{-10}$ M, pH = 4.18 **16.106.** 1.08, 6.4×10^{-5} M **16.108.** $[H_2SeO_4] = 0$ M; $[HSeO_4^-] = 0.49$ M; $[SeO_4^{2-}] = 0.011$ M, $[H_3O^+] = 0.51$ M, pH = 0.29, $[OH^-] = 2.0 \times 10^{-14}$ M

Weak Bases (Section 16.12)

16.112.

(a) $(CH_3)_2NH(aq) + H_2O(l) \rightleftarrows (CH_3)_2NH_2^+(aq) + OH^-(aq)$

$$K_b = \frac{[(CH_3)_2NH_2^+][OH^-]}{[(CH_3)_2NH]}$$

(b) $C_6H_5NH_2(aq) + H_2O(l) \rightleftarrows C_6H_5NH_3^+(aq) + OH^-(aq)$

$$K_b = \frac{[C_6H_5NH_3^+][OH^-]}{[C_6H_5NH_2]}$$

(c) $CN^-(aq) + H_2O(l) \rightleftarrows HCN(aq) + OH^-(aq)$;

$$K_b = \frac{[HCN][OH^-]}{[CN^-]}$$

16.114. 9.45 **16.116.** $K_b = 1 \times 10^{-6}$, $pK_b = 5.8$ **16.118.** 9.0×10^{-5} M $= [OH^-] = [HC_{18}H_{21}NO_4^+]$, $[C_{18}H_{21}NO_4] = 0.0024$ M, $[H_3O^+] = 1.1 \times 10^{-10}$ M, pH = 9.96

Relation between K_a and K_b (Section 16.13)

16.120. (a) 2.0×10^{-11}; (b) 1.1×10^{-6}; (c) 2.3×10^{-5}; (d) 5.6×10^{-6} **16.122.** 1.0×10^{-8}, 7.7×10^{-4}

Acid–Base Properties of Salts (Section 16.14)

16.124. (a) $CH_3NH_3^+(aq) + H_2O(l) \rightleftharpoons H_3O^+(aq) + CH_3NH_2(aq)$

Acid Base Acid Base

(b) $Cr(H_2O)_6^{3+}(aq) + H_2O(l) \rightleftharpoons H_3O^+(aq) + Cr(H_2O)_5OH^{2+}(aq)$

Acid Base Acid Base

(c) $CH_3CO_2^-(aq) + H_2O(l) \rightleftharpoons CH_3CO_2H(aq) + OH^-(aq)$

Base Acid Acid Base

(d) $PO_4^{3-}(aq) + H_2O(l) \rightleftharpoons HPO_4^{2-}(aq) + OH^-(aq)$

Base Acid Acid Base

16.126. (a) basic; (b) neutral; (c) acidic; (d) neutral; (e) basic; (f) acidic **16.128.** (a) 1.2×10^{-6} M $= [H_3O^+] = [C_2H_5NH_2]$, pH = 5.90 $[C_2H_5NH_3^+] = 0.10$ M; $[NO_3^-] = 0.10$ M, $[OH^-] = 8.0 \times 10^{-9}$; (b) 7.5×10^{-6} M $= [CH_3CO_2H] = [OH^-]$, $[CH_3CO_2^-] = 0.10$ M; $[Na^+] = 0.10$ M, $[H_3O^+] = 1.3 \times 10^{-9}$ M, pH = 8.89; (c) $[Na^+] = [NO_3^-] = 0.10$ M, $[H_3O^+] = [OH^-] = 1.0 \times 10^{-7}$ M; pH = 7.00 **16.130.** For NH_4^+, 5.6×10^{-10}, For CN^-, 2.0×10^{-5}, basic. **16.132.** (a) $A^-(aq) + H_2O(l) \rightleftarrows HA(aq) + OH^-(aq)$; basic; (b) $M(H_2O)_6^{3+}(aq) + H_2O(l) \rightleftarrows H_3O^+(aq) + M(H_2O)_5(OH)^{2+}(aq)$; acidic; (c) $2\,H_2O(l) \rightleftarrows H_3O^+(aq) + OH^-(aq)$; neutral; (d) $M(H_2O)_6^{3+}(aq) + A^-(aq) \rightleftarrows HA(aq) + M(H_2O)_5(OH)^{2+}(aq)$; acidic **16.136.** $HCO_3^-(aq) + Al(H_2O)_6^{3+}(aq) \rightarrow H_2O(l) + CO_2(g) + Al(H_2O)_5(OH)^{2+}(aq)$

Lewis Acids and Bases (Section 16.15)

16.138. (a) Lewis acid, SiF_4; Lewis base, F^-; (b) Lewis acid, Zn^{2+}; Lewis base, NH_3; (c) Lewis acid, $HgCl_2$; Lewis base, Cl^-; (d) Lewis acid, CO_2; Lewis base, H_2O **16.142.** (a) base; (b) acid; (c) base; (d) acid; (e) base; (f) acid; (g) base; (h) Lewis acid

Multiconcept Problems

16.144. pH = 7.472, fraction dissociated $= 6.09 \times 10^{-10}$, % dissociation $= 6.09 \times 10^{-8}$ % **16.148.** (a) 2.4×10^{-5} M; (b) 5.52; (c) will increase but only slightly. **16.150.** 2.54 **16.152.** 6.2×10^{-8} M $= [HPO_4^{2-}]$, 4.2×10^{-19} M $= [PO_4^{3-}]$, $[H_3PO_4] = 0.67$ M, $[H_2PO_4^-] = [H_3O^+] = 0.0708$ M, $[OH^-] = 1.4 \times 10^{-13}$ M, pH = 1.15 **16.154.** 0.25 m, −0.93 °C **16.156.** $H_3O^+(aq) + PO_4^{3-}(aq) \rightleftarrows HPO_4^{2-}(aq) + H_2O(l)$, $H_3O^+(aq) + HPO_4^{2-}(aq) \rightleftarrows H_2PO_4^-(aq) + H_2O(l)$, $H_3O^+(aq) + H_2PO_4^-(aq) \rightleftarrows H_3PO_4(aq) + H_2O(l)$, pH = 2.02 **16.158.** (a) 1.88; (b) 0.48 L, because the concentration of HF that dissociates can't be neglected compared with the initial HF concentration. **16.160.** (a) Rate $= k\dfrac{[OCl^-][NH_3]}{[OH^-]}$, $17\ s^{-1}$; (b) $5.9 \times 10^7\ M^{-1}s^{-1}$

CHAPTER 17

17.2. (a) $HF(aq) + OH^-(aq) \rightleftharpoons H_2O(l) + F^-(aq)$, 3.5×10^{10}; (b) $H_3O^+(aq) + OH^-(aq) \rightleftharpoons 2\,H_2O(l)$, 1.0×10^{14}; (c) $HF(aq) + NH_3(aq) \rightleftharpoons NH_4^+(aq) + F^-(aq)$, 6.3×10^5, reaction (c) < reaction (a) < reaction (b) **17.4.** pH = 10.08 **17.5.** solution 2 also five F^- ions. solution 2 has higher pH. solution 1 larger percent dissociation. **17.6.** Solution (2) largest percent dissociation. Solution (1) lowest pH. **17.8.** (a) pH = 3.76, pH = 3.5; (b) pH does not change. **17.11.** make the Na_2CO_3 concentration 1.4 times the concentration of $NaHCO_3$. **17.12.** (a) HOCl, $K_a = 3.5 \times 10^{-8}$, pK_a HOCl − NaOCl; (b) $\frac{[OCl^-]}{[HOCl]}$ 0.35 **17.14.** (a) 12.00; (b) 4.08; (c) 2.15 **17.16.** (a) (3), only HA present; (b) (1), HA and A^- present; (c) (4), only A^- present; (d) (2), A^- and OH^- present **17.18.** (a) 5.97; (b) 9.62; (c) 10.91 **17.21.** 2.1×10^{-33} **17.22.** 0.077 M **17.24.** 1.10×10^{-10} **17.25.** 1.4×10^{-5} M **17.26.** 4.1×10^{-11} M **17.27.** 1.1×10^{-12} M **17.28.** $= 2 \times 10^{-40}$ M **17.29.** 25.4 0.045 mol/L **17.30. Step 1.** $Cu^{2+}(aq) + 2\,OH^-(aq) \rightleftharpoons Cu(OH)_2(s)$, **Step 2.** $Cu(OH)_2(s) + 4\,NH_3(aq) \rightleftharpoons Cu(NH_3)_4^{2+}(aq) + 2\,OH^-(aq)$ **17.32.** For $Mn(OH)_2$, no precipitate For $Fe(OH)_2$, precipitate will form.

Conceptual Problems

17.38. (4); **17.40.** (a) (1), (3), and (4); (b) (4)
17.42. (a) i. (1), ii. (4), iii. (3), iv. (2); (b) less than 7

Section Problems

Buffer Solutions (Sections 17.3–17.4)

17.80. $[NH_4^+]$ 0.50 M; $[NH_3]$ 1.0 M 9.55

Weak Acid–Strong Base Titrations (Section 17.7)

17.88. (a)

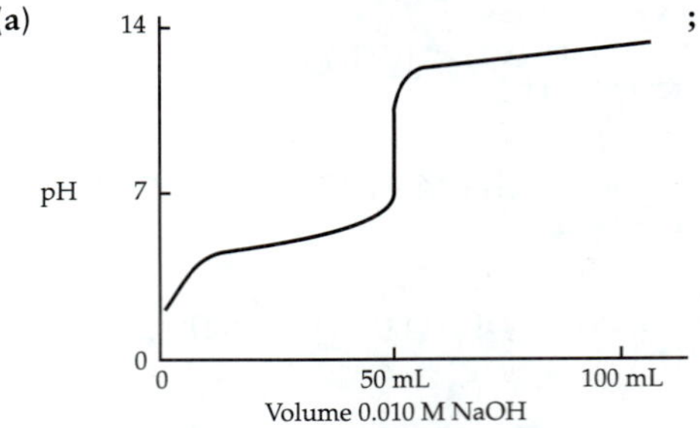

; (b) 50 mL; (c) > 7.00; (d) pH = pK_a = 4.00

Precipitation; Qualitative Analysis (Sections 17.13–17.15)

17.132. Fe^{2+} and Sn^{2+} can be separated
17.134. (i) not precipitate, (ii) will precipitate
17.136. (a) add Cl^- to precipitate AgCl; (b) add CO_3^{2-} to precipitate $CaCO_3$; (c) add H_2S to precipitate MnS; (d) add NH_3 and NH_4Cl to precipitate $Cr(OH)_3$, (Need buffer to control $[OH^-]$;
17.138. Prepare aqueous solutions of the three salts. Add a solution of $(NH_4)_2HPO_4$. If a white precipitate forms, the solution contains Mg^{2+}. Perform flame test on the other two solutions. A yellow flame test indicates Na^+. A violet flame test indicates K^+.

CHAPTER 18

18.2. (a) negative; (b) positive; (c) positive; (d) negative; (e) negative; **18.4.** (a) (larger volume, more randomness); (b) $\Delta S = -5.76$ J/K **18.6.** (a) $C_3H_8(g) + 5\,O_2(g) \rightarrow 3\,CO_2(g) + 4\,H_2O(l)$; 6 mol of gas in the reactants are converted to 3 mol; (b) 272.0 J/(K·mol) **18.8.** 58.4 °C **18.10.** $\Delta H < 0$, $\Delta S < 0$, $\Delta G < 0$ **18.12.** (a) positive; (b) high temperature **18.14.** (a) −2.9 kJ; (b) spontaneous; (c) reaction rate is extremely low. **18.16.** (a) Reaction (3) largest ΔG Reaction (2) smallest ΔG; (b) 15 kJ **18.17.** 9×10^{-24} **18.18.** 80 kJ/mol **18.19.** 0.03 atm **18.20.** 6.27 kJ **18.22.** (a) $C_6H_{12}O_6(s) + 6\,O_2(g) + 32\,ADP^{3-}(aq) + 32\,H_2PO_4^-(aq) \rightleftharpoons 6\,CO_2(g) + 32\,ATP^{4-}(aq) + 38\,H_2O(l)$; (b) spontaneous. **18.23.** (a) not spontaneous; (b) spontaneous; (c) 652 **18.24.** (a) (b) The amount of free-energy released increases at the concentrations present in muscle cells. **18.25.** −12.6 kJ

Conceptual Problems

18.26. (a) $A_2 + AB_3 \rightarrow 3\,AB$; (b) positive **18.28.** $\Delta H > 0$ (heat is absorbed), $\Delta S > 0$ (gas has more randomness), $\Delta G < 0$ spontaneous **18.30.** $\Delta H = 0$ (ideal gas at constant temperature),
$\Delta S < 0$ less randomness,
$\Delta G > 0$ not spontaneous
18.32. (a) initial state 1, $Q_p < K_p$,
initial state 2, $Q_p > K_p$; (b) $\Delta H > 0$ involves bond breaking,
$\Delta S > 0$ more randomness,
$\Delta G < 0$ spontaneously; (c) $\Delta H < 0$ bond making,
$\Delta S < 0$ less randomness,
$\Delta G < 0$ spontaneously;
(d) State 1 lies to the left of the minimum State 2 lies to the right
18.34. (a) free energy curve must go through a minimum somewhere. At the minimum point, $\Delta G = 0$ and the system is at equilibrium; (b) left side of the equilibrium composition is rich in reactants. **18.36.** ($\Delta H < 0$). $\Delta S°$ is negative.

Section Problems

Spontaneous Processes (Section 18.1)

18.38. (a) and (d) nonspontaneous; (b) and (c) spontaneous **18.40.** (b) and (d) spontaneous

Enthalpy, Entropy, and Spontaneous Processes (Section 18.2)

18.42. Molecular randomness is called entropy. For the following reaction, the entropy increases: $H_2O(s) \rightarrow H_2O(l)$ at 25 °C.; **18.44.** (a) +; (b) −; (c) −; (d) +

Entropy (Sections 18.3–18.4)

18.52. 1.17 1.06 **18.56.** (a) 50 L; (b) 1 atm; (c) 100 °C; (d) 100 °C, 0.1 atm **18.58.** 0.14 J/K

18.60.

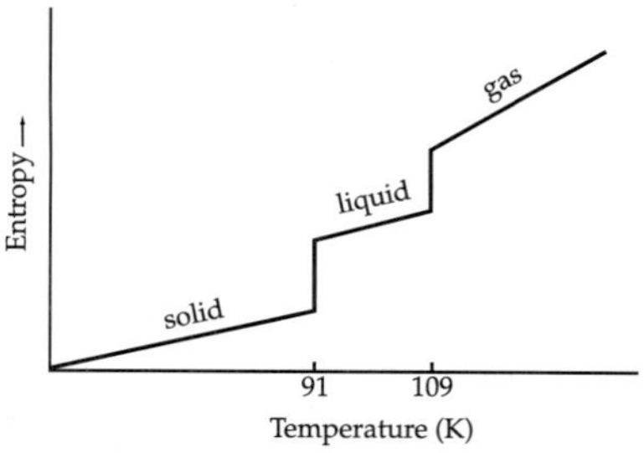

Standard Molar Entropies and Standard Entropies of Reaction (Section 18.5)

18.62. (a) $C_2H_6(g)$; more atoms/molecule; (b) $CO_2(g)$; more atoms/molecule; (c) $I_2(g)$; gas has more randomness; (d) $CH_3OH(g)$; gas has more randomness **18.64.** −173.0 J/K **18.66.** (a) +125 J/K (+, because moles of gas increase); (b) −181.2 J/K (−, because moles of gas decrease); (c) +137.4 J/K (+, because moles of gas increase); (d) −626.4 J/K (−, because moles of gas decrease)

Entropy and the Second Law of Thermodynamics (Section 18.6)

18.68. In any spontaneous process, the total entropy of a system and its surroundings always increases. **18.70.** $\Delta S_{surr} = \dfrac{-\Delta H}{T}$
(a) positive; (b) negative **18.72.** (a) +879.3 J/K; (b) no temperature **18.74.** $\Delta S_{total} < 0$, not spontaneous **18.76.** +216.4 J/K, ΔS_{surr} − 609.4 J/K, ΔS_{total} − 393.0 J/K, not spontaneous; (b) 839.2 K **18.78.** (a) −89.5 J/(K·mol), −2.5 J/(K·mol); (b) −87.0 J/(K·mol), 0; (c) −84.6 J/(K·mol),

+2.4 J/(K·mol), not boil at 70 °C ,normal boiling point is 80 °C

Free Energy (Section 18.7)

18.80. ΔH ΔS $\Delta G = \Delta H - T\Delta S$ Reaction Spontaneity,

ΔH	ΔS	ΔG	Reaction Spontaneity
−	+	−	Spontaneous at all temperatures,
−	−	− or +	Spontaneous at low temperatures where $\lvert\Delta H\rvert > \lvert T\Delta S\rvert$,
			Nonspontaneous at high temperatures where $\lvert\Delta H\rvert < \lvert T\Delta S\rvert$,
+	−	+	Nonspontaneous at all temperatures,
+	+	− or +	Spontaneous at high temperatures where $T\Delta S > \Delta H$,
			Nonspontaneous at low temperature where $T\Delta S < \Delta H$

18.82. (e) a negative free-energy change. **18.84.** (a) 0 °C $\Delta H > 0, \Delta S > 0, \Delta G > 0$; (b) 15 °C $\Delta H > 0, \Delta S > 0, \Delta G < 0$ **18.86.** (a) +0.9 kJ/mol, not boil; (b) 0 boiling point; (c) −0.9 kJ/mol; boils **18.88.** 122.4 °C **18.90.** 78 °C

Standard Free-Energy Changes and Standard Free Energies of Formation (Sections 18.8–18.9)

18.92. (a) $\Delta G°$ is the change in free energy that occurs when reactants in their standard states are converted to products in their standard states; (b) $\Delta G°_f$ is the free-energy change for formation of one mole of a substance in its standard state from the most stable form of the constituent elements in their standard states. **18.98.** Stable, (a) yes; (b) yes; (c) no; (d) no **18.100.** −147.7 kJ, can be synthesized **18.102.** −6.1 kJ reaction becomes nonspontaneous at high temperatures because $\Delta S°$ is negative, nonspontaneous at 72 °C. **18.104.** reaction is possible. Look for a catalyst, benzene from graphite and gaseous H_2 at 25 °C and 1 atm pressure is not possible.

Free Energy for Reactions under Nonstandard-State Conditions (Section 18.10)

18.106. $\Delta G = \Delta G° + RT \ln Q$ **18.108.** +11.8 kJ/mol, spontaneous in the reverse direction. **18.110.** (a) −176.0 kJ/mol; (b) −133.8 kJ/mol; (c) −141.8 kJ/mol

Free Energy and Chemical Equilibrium (Section 18.11)

18.112. $\Delta G° = -RT \ln K$, (a) negative; (b) 0; (c) positive. **18.114.** 0.059 atm **18.116.** 0.28 atm **18.118.** −162.4 kJ 2.9×10^{28} **18.122.** (a) 3×10^{-9} atm; (b) 0.39 atm; (c) 0.39 atm **18.124.** (a) $\Delta H° = -92.2$ kJ, $\Delta S° = -199$ J/K; (b) negative mol of gas molecules decreases; (c) spontaneous; (d) K_p 2.3×10^3, $K_c = 1.9 \times 10^6$

Multiconcept Problems

18.126. (a)

	$\Delta H_{vap}/T_{bp}$,
ammonia	98 J/K
benzene	87 J/K
carbon tetrachloride	85 J/K
chloroform	87 J/K
mercury	94 J/K

(b) All processes are the conversion of a liquid to a gas at the boiling point; (c) NH_3 deviates from Trouton's rule because of hydrogen bonding. Hg has metallic bonding

CHAPTER 19

19.1. $2\ NO_3^-(aq) + 8\ H^+(aq) + 3\ Cu(s) \rightarrow 3\ Cu^{2+}(aq) + 2\ NO(g) + 4\ H_2O(l)$
19.5.

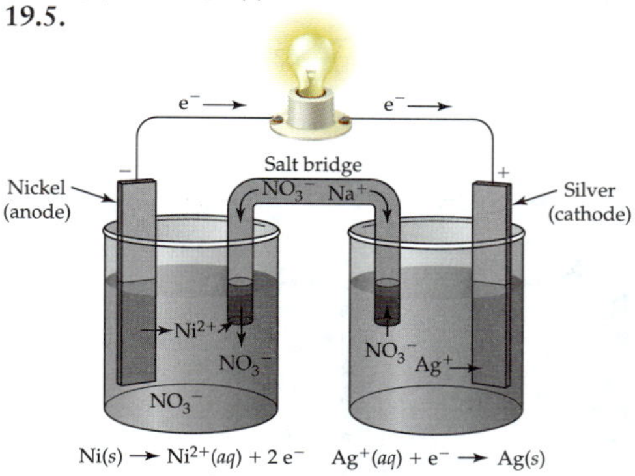

19.6. $Al(s) \rightarrow Al^{3+}(aq) + e^-$ anode, $Ag^+(aq) + e^- \rightarrow Ag(s)$ cathode, $Al(s) + 3\ Ag^+(aq) \rightarrow Al^{3+}(aq) + 3Ag(s)$, Anode Al(s) minus, cathode Ag(s) positive. **19.10.** nonspontaneous −3.10 V **19.12.** (a) D is the strongest reducing agent. A^{3+} is the strongest oxidizing agent; (b) B^{2+} can oxidize C and D. C can reduce A^{3+} and B^{2+}; (c) $A^{3+} + 2D \rightarrow A^+ + 2D^+$ 2.85 V **19.15.** $2Ag^+(aq) + Ni(s) \rightarrow 2\ Ag(s) + Ni^{2+}(aq)$ 1.06 $Ni(s)/Ni^{2+}(1M)//Ag^+(1M)/Ag(s)$, Ni anode, Ag cathode **19.16.** −0.74 V **19.17.** 0.25 V
19.18. (a)

$$\begin{array}{lll} \text{anode:} & 4[Al(s) \rightarrow Al^{3+}(aq) + 3\ e^-] & E° = 1.66\ V \\ \text{cathode:} & 3[O_2(g) + 4\ H^+(aq) + 4\ e^- \rightarrow 2\ H_2O(l)] & E° = 1.23\ V \\ \hline \text{overall:} & 4\ Al(s) + 3\ O_2(g) + 12\ H^+(aq) \rightarrow 4\ Al^{3+}(aq) + 6\ H_2O(l) & \\ & & E° = 2.89\ V \end{array}$$

(b) &(c) $E = E° - \dfrac{2.303\ RT}{nF} \log \dfrac{[Al^{3+}]^4}{(P_{O_2})^3[H^+]^{12}}$, 2.63 V **19.21.** 6.9 **19.22.** 0.14 V **19.24.** −0.140 V **19.27.** A fuel cell and a battery are both galvanic cells that convert chemical energy into electrical energy utilizing a spontaneous redox reaction. A fuel cell differs from an ordinary battery in that the reactants are not contained within the cell but instead are continuously supplied from an external reservoir. **19.31.** cell potential = 0.80 V, $K = 10^{162}$ **19.32.** (a) H is reduced and is the oxidizing agent, carbon is oxidized and is the reducing agent; (b) Carbon is oxidized and is the reducing agent. H is reduced and is the oxidizing agent; (c) Production of CO_2 and pollution caused in production of high temperatures and use of fuels to generate high temperatures. **19.33.** (a) 4.7 g; (b) 5.36 hr

Conceptual Problems

19.38. (a)-(b)

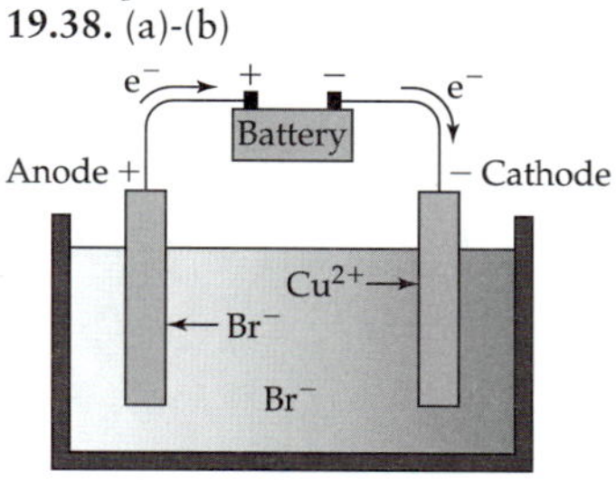

(c)
$$\begin{array}{ll} \text{anode reaction} & 2\ Br^-(aq) \rightarrow Br_2(aq) + 2\ e^- \\ \text{cathode reaction} & Cu^{2+}(aq) + 2\ e^- \rightarrow Cu(s) \\ \hline \text{overvall reaction} & Cu^{2+}(aq) + 2\ Br^-(aq) \rightarrow Cu(s) + Br_2(aq) \end{array}$$

19.40. (a) & (b)

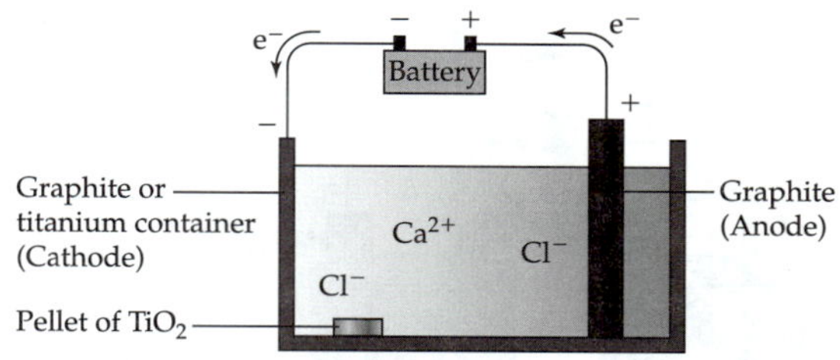

(c)
$$\begin{array}{ll} \text{anode reaction} & 2\ O^{2-} \rightarrow O_2(g) + 4\ e^- \\ \text{cathode reaction} & TiO_2(s) + 4\ e^- \rightarrow Ti(s) + 2\ O^{2-} \\ \hline \text{overall reaction} & TiO_2(s) \rightarrow Ti(s) + O_2(g) \end{array}$$

Section Problems

Balacing Redox Reactions (Section 19.1)

19.44. (a) $3\ e^- + 4\ H^+(aq) + NO_3^-(aq) \rightarrow NO(g) + 2\ H_2O(l)$; (b) $Zn(s) \rightarrow Zn^{2+}(aq) + 2\ e^-$; (c) $Ti^{3+}(aq) + 2\ H_2O(l) \rightarrow TiO_2(s) + 4\ H^+(aq) + e^-$; (d) $Sn^{4+}(aq) + 2\ e^- \rightarrow Sn^{2+}(aq)$
19.46. (a) oxidation: $Te(s) \rightarrow TeO_2(s)$, reduction: $NO_3^-(aq) \rightarrow NO(g)$; (b) oxidation: $Fe^{2+}(aq) \rightarrow Fe^{3+}(aq)$, reduction: $H_2O_2(aq) \rightarrow H_2O(l)$ **19.48.**
(a) $14\ H^+(aq) + Cr_2O_7^{2-}(aq) + 6\ e^- \rightarrow 2\ Cr^{3+}(aq) + 7\ H_2O(l)$;
(b) $4\ H_2O(l) + CrO_4^{2-}(aq) + 3\ e^- \rightarrow Cr(OH)_4^-(aq) + 4\ OH^-(aq)$;
(c) $Bi^{3+}(aq) + 6\ OH^-(aq) \rightarrow BiO_3^-(aq) + 3\ H_2O(l) + 2\ e^-$;
(d) $H_2O(l) + ClO^-(aq) + 2\ e^- \rightarrow Cl^-(aq) + 2\ OH^-(aq)$

Galvanic Cells (Sections 19.2–19.3)

19.54. because electrons flow through the external circuit toward the positive electrode (the cathode).
19.56. (a)

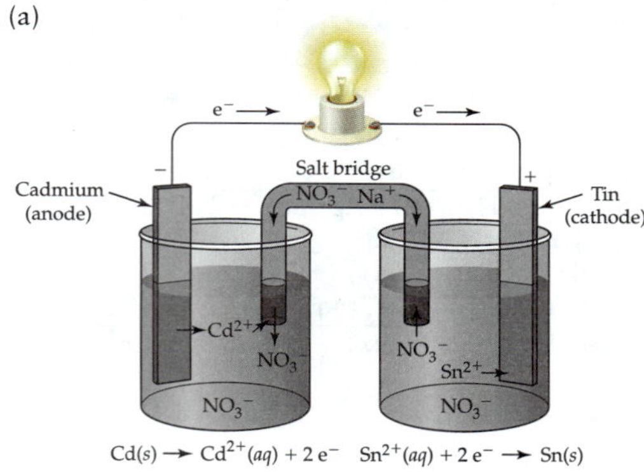

(b)

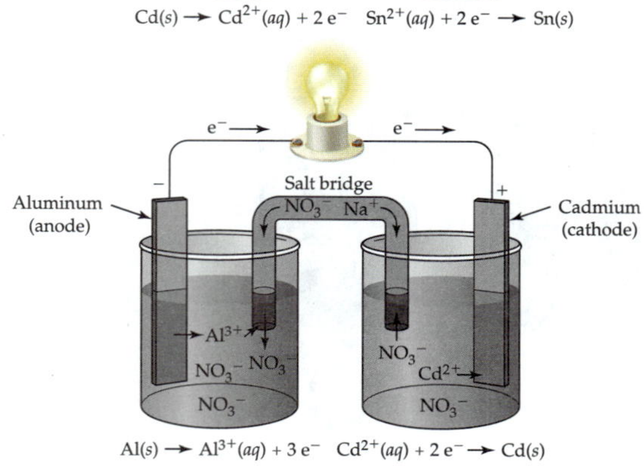

(c)

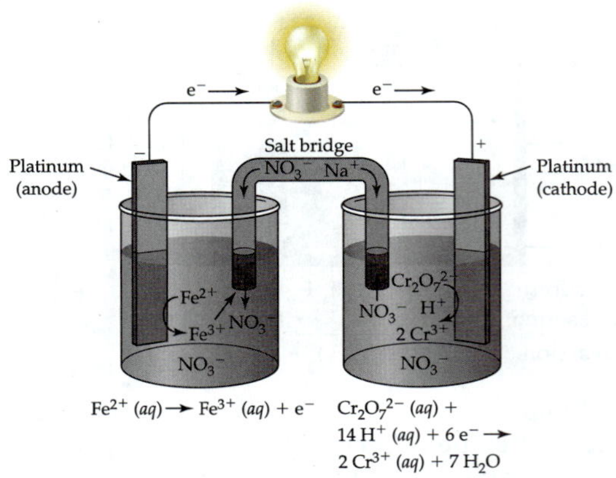

19.58. Inert electrodes are required because none of the reactants or products is an electrical conductor.
19.60. $Al(s)|Al^{3+}(aq)\|Cd^{2+}|Cd(s)$
19.62. (a)

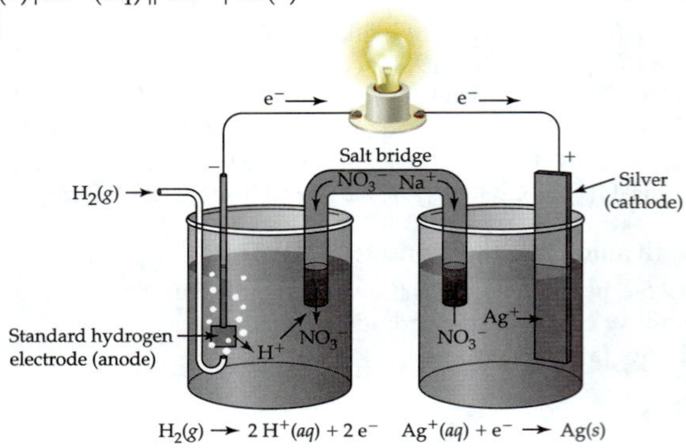

(b) anode reaction $H_2(g) \rightarrow 2\ H^+(aq) + 2\ e^-$
cathode reaction $2\ Ag^+(aq) + 2\ e^- \rightarrow 2\ Ag(s)$
overall reaction $H_2(g) + 2\ Ag^+(aq) \rightarrow 2\ H^+(aq) + 2\ Ag(s)$

(c) $Pt(s)|H_2(g)|H^+(ag)\|Ag^+(aq)|Ag(s)$

19.64. (a) anode reaction $Co(s) \rightarrow Co^{2+}(aq) + 2\ e^-$
cathode reaction $Cu^{2+}(aq) + 2\ e^- \rightarrow Cu(s)$
overall reaction $Co(s) + Cu^{2+}(aq) \rightarrow Co^{2+}(aq) + Cu(s)$

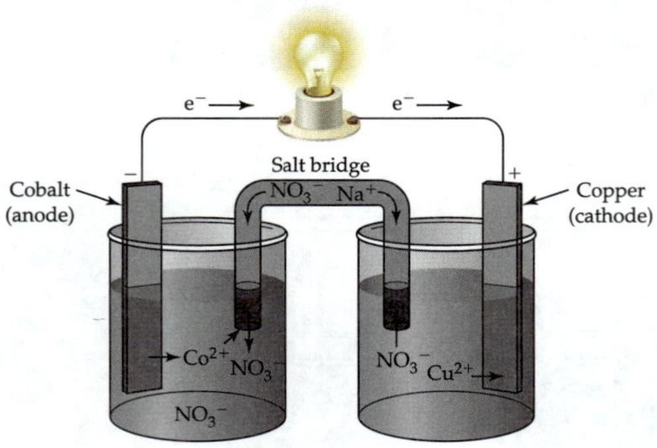

(b) anode reactoin $2\ Fe(s) \rightarrow 2\ Fe^{2+}(aq) + 4\ e^-$
cathode reaction $O_2(g) + 4\ H^+(aq) + 4e^- \rightarrow 2\ H_2O(l)$
overall reaction
$2\ Fe(s) + O_2(g) + 4H^+(aq) \rightarrow 2\ Fe^{2+}(aq) + 2H_2O(l)$

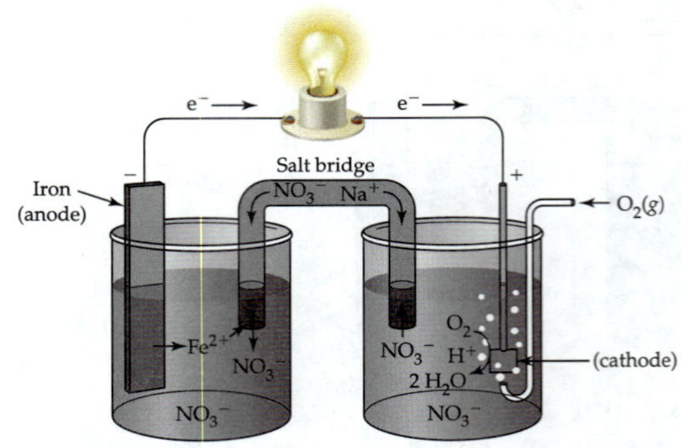

Cell Potentials and Free-Energy Changes (Section 19.4)

19.66. E is the standard cell potential (E°) when all reactants and products are in their standard states—solutes at 1 M concentrations, gases at a partial pressure of 1 atm, solids and liquids in pure form, all at 25°C. **19.68.** −309 kJ **19.70.** 3 mol e^- **19.72.** +1.23 V

Standard Reduction Potentials (Sections 19.5–19.6)

19.74. $Sn^{4+}(aq) < Br_2\ (aq) < MnO_4^-$ **19.76.** $Cr_2O_7^{2-}$ is the strongest oxidizing agent. $Fe^{2+}(aq)$ is the weakest oxidizing agent. **19.80.** (a) $Sn^{2+}(aq)$ can be oxidized by $Br_2(aq)$; (b) $Ni^{2+}(aq)$ cannot be reduced by $Sn^{2+}(aq)$; (c) Ag (s) cannot be oxidized by $Pb^{2+}(aq)$; (d) $I_2(s)$ can be reduced by H_2SO_3. **19.82.** (a) no reaction; (b) $Pb(s) + 2\ Ag^+(aq) \rightarrow Pb^{2+}(aq) + 2\ Ag(s)$; (c) $Cl_2(g) + H_2C_2O_4(aq) \rightarrow 2\ Cl^-(aq) + 2\ CO_2(g) + 2\ H^+(aq)$; (d) $Ni(s) + 2\ HClO(aq) + 2\ H^+(aq) \rightarrow Ni^{2+}(aq) + Cl_2(g) + H_2O(l)$ **19.84.** −0.36 V**19.86.** overall $I_2(s) + Co(s) \rightarrow Co^{2+}(aq) + 2\ I^-(aq)$ E° = 0.82 V, -1.6×10^2 kJ **19.88.** E° = 1.26 V, −730 kJ **19.90.** (a) −0.90 V, nonspontaneous; (b) 2.11 V, spontaneous.

The Nernst Equation (Sections 19.7–19.8)

19.96. 1×10^{-16} M **19.98.** $\dfrac{[Zn^{2+}]}{[Cu^{2+}]} = 10$ **19.100.** (a) 0.64 V; (b) 0.77 V; (c) −0.23 V; (d) −1.08 V **19.104.** $\dfrac{[Cd^{2+}]}{[Pb^{2+}]} = 1 \times 10^9$

Standard Cell Potetials and Equilibrium Constants (Section 19.9)

19.108. $K = 10^{\frac{nE°}{0.0592}}$ If E° is positive, the exponent is positive (because n is positive), and K is greater than 1. **19.110.** 6×10^{35} **19.112.** 6.3×10^8 **19.114.** 9×10^{-3}

Batteries (Section 19.10)

19.122. (a)

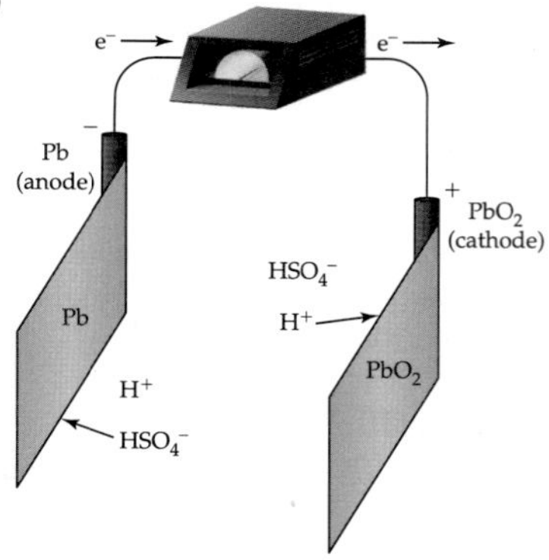

(b) anode:

$Pb(s) + HSO_4^-(aq) \rightarrow PbSO_4(s) + H^+(aq) + 2\,e^-$ $E° = 0.296$ V

cathode:

$PbO_2(s) + 3\,H^+(aq) + HSO_4^-(aq) + 2\,e^- \rightarrow PbSO_4(s) + 2\,H_2O(l)$ $E° = 1.628$ V

overall

$Pb(s) + PbO_2(s) + 2\,H^+(aq) + 2\,HSO_4^-(aq) \rightarrow 2\,PbSO_4(s) + 2\,H_2O(l)E° = 1.924$ V

(c) $K = 1 \times 10^{65}$; (d) 0.

Corrosion (Section 19.11)

19.124. Rust is a hydrated form of iron(III) oxide ($Fe_2O_3 \cdot H_2O$). Rust forms from the oxidation of Fe in the pressure of O_2 an H_2O. Rust can be prevented by coating Fe with Zn (galvanizing). **19.126.** Cr forms a protective oxide coating similar to Al. **19.128.** (d) A strip of magnesium is attached to steel because the magnesium is more easily oxidized than iron. **19.130.** Mn and Al

Electrolysis (Sections 19.12–19.14)

19.132. (a)

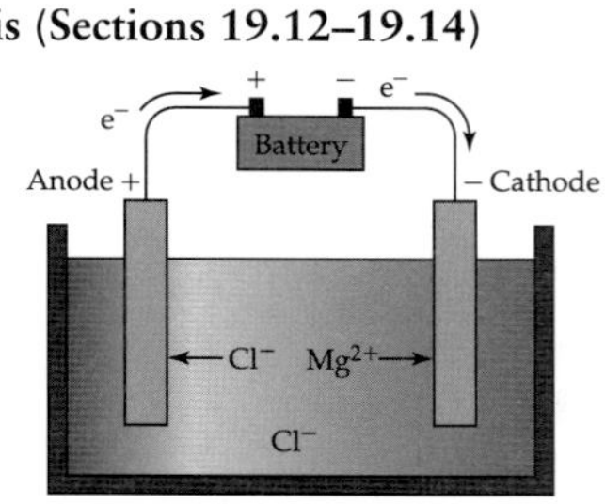

(b) anode: $2\,Cl^-(l) \rightarrow Cl_2(g) + 2\,e^-$

cathode: $Mg^{2+}(l) + 2\,e^- \rightarrow Mg(l)$

overall: $Mg^{2+}(l) + 2\,Cl^-(l) \rightarrow Mg(l) + Cl_2(g)$

19.134. Possible anode reactions:

$$2\,Cl^-(aq) \rightarrow Cl_2(g) + 2\,e^-$$
$$2\,H_2O(l) \rightarrow O_2(g) + 4\,H^+(aq) + 4\,e^-$$

Possible cathode reactions:

$$2\,H_2O(l) + 2\,e^- \rightarrow H_2(g) + 2\,OH^-(aq)$$
$$Mg^{2+}(aq) + 2\,e^- \rightarrow Mg(s)$$

Actual reactions:

anode: $2\,Cl^-(aq) \rightarrow Cl_2(g) + 2\,e^-$

cathode: $2\,H_2O(l) + 2\,e^- \rightarrow H_2(g) + 2\,OH^-(aq)$

This anode reaction takes place because of a high overvoltage for formation of gaseous O_2. This cathode reaction takes place because H_2O is easier to reduce than Mg^{2+}.

19.136. (a) NaBr

anode: $2\,Br^-(aq) \rightarrow Br_2(l) + 2\,e^-$

cathode: $2\,H_2O(l) + 2\,e^- \rightarrow H_2(g) + 2\,OH^-(aq)$

overall: $2\,H_2O(l) + 2\,Br^-(aq) \rightarrow Br_2(l) + H_2(g) + 2\,OH^-(aq)$

(b) $CuCl_2$

anode: $2\,Cl^-(aq) \rightarrow Cl_2(g) + 2\,e^-$

cathode: $Cu^{2+}(aq) + 2\,e^- \rightarrow Cu(s)$

overall: $Cu^{2+}(aq) + 2\,Cl^-(aq) \rightarrow Cu(s) + Cl_2(g)$

(c) LiOH

anode: $4\,OH^-(aq) \rightarrow O_2(g) + 2\,H_2O(l) + 4\,e^-$

cathode: $4\,H_2O(l) + 4e^- \rightarrow 2\,H_2(g) + 4\,OH^-(aq)$

overall: $2\,H_2O\,(l) \rightarrow O_2(g) + 2\,H_2(g)$

19.138. 3.22 g **19.140.** 38.9 h, 4.87×10^5 L Cl_2 **19.144.** 62.6 min

Multiconcept Problems

19.152. (a) $E°_3 = \dfrac{n_1E°_1 + n_2E°_2}{n_3}$ (b) 0.78 V;

(c) E° values would be additive ($E°_3 = E°_1 + E°_2$) if reaction (3) is an overall cell reaction because the electrons in the two half reactions, (1) and (2), cancel. **19.154.** $15\,H^+(aq) + 5\,H_2MoO_4(aq) + 3\,As(s) \rightarrow 5\,Mo^{3+}(aq) + 3\,H_3AsO_4(aq) + 8\,H_2O(l)$, +0.060 V 19.156. $E° = -2.91$ V

19.158. (a) $Cr_2O_7^{2-}(aq) + 6\,Fe^{2+}(aq) + 14\,H^+(aq) \rightarrow 2\,Cr^{3+}(aq) + 6\,Fe^{3+}(aq) + 7\,H_2O(l)$; (b) 1.05 V

CHAPTER 20

20.1. (a) $^{106}_{44}Ru \rightarrow {}^{0}_{-1}e + {}^{106}_{45}Rh$; (b) $^{189}_{83}Bi \rightarrow {}^{4}_{2}He + {}^{185}_{81}Tl$; (c) $^{204}_{84}Po + {}^{0}_{-1}e \rightarrow {}^{204}_{83}Bi$ **20.2.** $^{148}_{69}Tm$ decays to $^{148}_{68}Er$ by either positron emission or electron capture. **20.3.** 64.2 h **20.4.** 0.181 d^{-1} **20.5.** 14.0% **20.6.** 30.0 y **20.7.** 44.5 d **20.8.** 141 d^{-1} **20.10.** 3.1817×10^{-24}, 1.91611 g/mol, 7.62 MeV/nucleon **20.12.** 6.01677 u, 5.35 Mev/nucleon **20.13.** -9.11×10^{-9} g **20.14.** 4.333×10^{-4} g **20.18.** $^{238}_{92}U + {}^{12}_{6}C \rightarrow {}^{246}_{98}Cf + 4\,{}^{1}_{0}n$ **20.24.** 1.8 s

Section Problems

Nuclear Reactions and Radioactivity (Sections 20.1–20.2)

20.26. Positron emission is the conversion of a proton in the nucleus into a neutron plus an ejected positron. Electron capture is the process in which a proton in the nucleus captures an inner-shell electron and is thereby converted into a neutron. **20.28.** In beta emission a neutron is converted to a proton and the atomic number increases. In positron emission a proton is converted to a neutron and the atomic number decreases. **20.30.** (a) $^{126}_{50}Sn \rightarrow {}^{0}_{-1}e + {}^{126}_{51}Sb$; (b) $^{210}_{88}Ra \rightarrow {}^{4}_{2}He + {}^{206}_{86}Rn$; (c) $^{77}_{37}Rb \rightarrow {}^{0}_{1}e + {}^{77}_{36}Kr$; (d) $^{76}_{36}Kr + {}^{0}_{-1}e \rightarrow {}^{76}_{35}Br$ **20.32.** alpha **20.34.** (a) $^{0}_{1}e$; (b) $^{4}_{2}He$; (c) $^{0}_{-1}e$ **20.36.** (a) $^{162}_{75}Re \rightarrow {}^{158}_{73}Ta + {}^{4}_{2}He$; (b) $^{138}_{62}Sm + {}^{0}_{-1}e \rightarrow {}^{138}_{61}Pm$; (c) $^{188}_{74}W \rightarrow {}^{188}_{75}Re + {}^{0}_{-1}e$; (d) $^{165}_{73}Ta \rightarrow {}^{165}_{72}Hf + {}^{0}_{1}e$

20.38. $^{100}_{43}Tc \rightarrow {}^{0}_{1}e + {}^{100}_{42}Mo$ (positron emission)
$^{100}_{43}Tc + {}^{0}_{-1}e \rightarrow {}^{100}_{42}Mo$ (electron capture)

Nuclear Stability (Section 20.3)

20.40. ^{160}W is neutron poor and decays by alpha emission. ^{185}W is neutron rich and decays by beta emission. **20.44.** $^{237}_{93}Np$, $^{233}_{91}Pa$, $^{233}_{92}U$, $^{229}_{90}Th$, $^{225}_{88}Ra$, $^{225}_{89}Ac$, $^{221}_{87}Fr$, $^{217}_{85}At$, $^{213}_{83}Bi$, $^{213}_{84}Po$, $^{209}_{82}Pb$, $^{209}_{83}Bi$ **20.46.** 6 alpha 4 β **20.48.** 7 alpha, 4 β

Radioactive Decay Rates (Section 20.4)

20.50. 0.247 d^{-1} **20.52.** N = 23.0% **20.54.** 621 **20.56.** 1.1×10^{6} y **20.58.** 34.6 d **20.60.** (a) 1/8; (b) 0.024 y^{-1}; (c) 193 y

Radiocarbon Dating (Section 20.5)

20.64. 1.6×10^{4} y **20.70.** 1.76×10^{9} y

Energy Changes during Nuclear Reactions (Section 20.6)

20.74. The lost mass is converted into the binding energy that is used to hold the nucleons together. **20.84.** 1.02×10^{-9} g

Fission and Fusion (Section 20.7)

20.88. (a) **20.90.** B-10 + n → Li-7 + He-4 **20.92.** Fuel rods contain too low a concentration of U-235.

Nuclear Transmutation (Section 20.8)

20.98. (a) $^{113}_{49}In$; (b) $^{13}_{7}N + {}^{1}_{0}n$ **20.100.** $^{209}_{83}Bi + {}^{58}_{26}Fe \rightarrow {}^{266}_{109}Mt + {}^{1}_{0}n$ **20.102.** $^{238}_{92}U + {}^{2}_{1}H \rightarrow {}^{238}_{93}Np + 2\,{}^{1}_{0}n$

Detecting and Measuring Radioactivity (Section 20.9)

20.108. 0.30 J **20.108.** $^{238}_{92}U + {}^{1}_{0}n \rightarrow {}^{239}_{94}Pu + 2\,{}^{0}_{-1}e$ **20.110.** (a) 8.9 dis/min; (b) 7.02×10^{4} atoms

Multiconcept Problems

20.114. 5.9×10^{9} y **20.116.** 0.000 828 nm

CHAPTER 21

21.2. 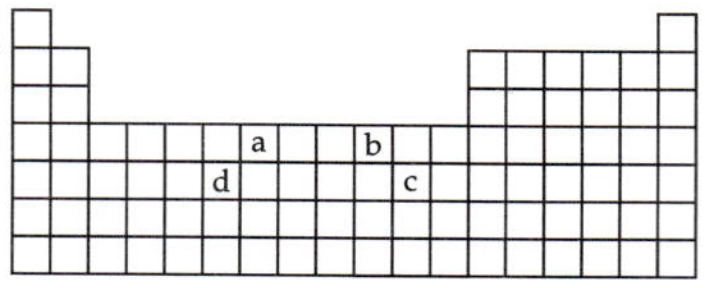

(a) Mn; (b) Ni^{2+}; (c) Ag; (d) Mo^{3+} **21.3.** +2. **21.6.** triamminetrichlorocobalt (III) **21.8.** triamminechloroplatinum(I) **21.16.** $[FeCl6]^{3-}$ **21.18.** square planar **21.20.**

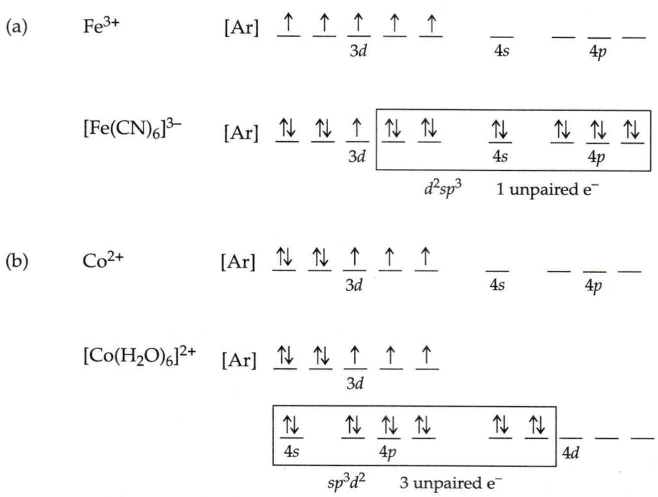

21.22. (a) diamminedichloroplatinum (II); (b) +2, 4; (c) Chloride and ammonia are bases, platinum is the acid; (d) Pt-[Xe] $5d^8$

21.23. 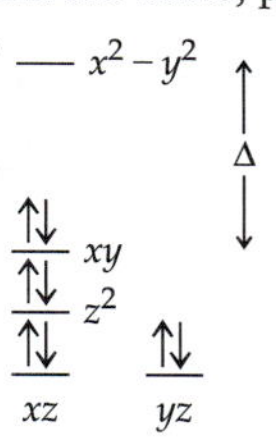

no unpaired electrons. **21.24.** (a) The chloride concentration is higher in blood plasma than inside the cell; (b) diammineaquachloroplatinum (II); (c) reduce the wavelength. **21.25.** (a) (IV); (b) diamminetetrachloroPlatin um(IV); (c) The diastereomers are like the cis and trans isomers on page 869 except these isomers have ammonia where those have chloride and these have chloride where those have ammonia.; (d) Both isomers are achiral.

Conceptual Problems

21.26. 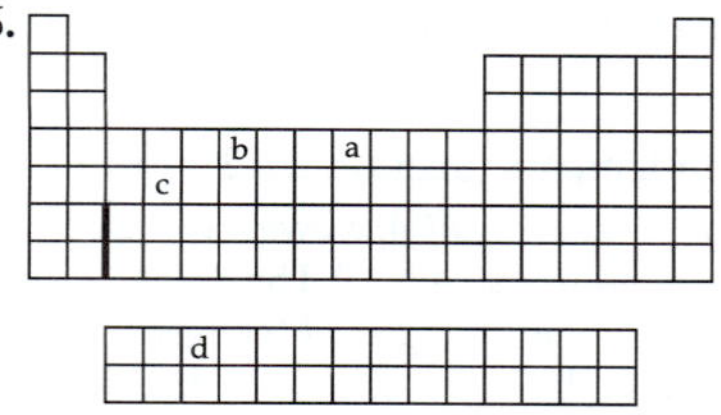

(a) Co ; (b) Cr; (c) Zr ; (d) Pr **21.28.** (a) The atomic radii decrease, at first markedly and then more gradually. Toward the end of the series, the radii increase again. The decrease in atomic radii is a result of an increase in Z_{eff}. The increase is due to electron-electron repulsions in doubly occupied d orbitals; (b) The densities of the transition metals are inversely related to their atomic radii. The densities initially increase from left to right and then decrease toward the end of the series; (c) Ionization energies generally increase from left to right across the series. The general trend correlates with an increase in Z_{eff} and a decrease in atomic radii; (d) The standard oxidation potentials generally decrease from left to right across the first transition series. This correlates with the general trend in ionization energies. **21.34.** (a) (1) chiral; (2) achiral; (3) chiral; (4) chiral;

(b)

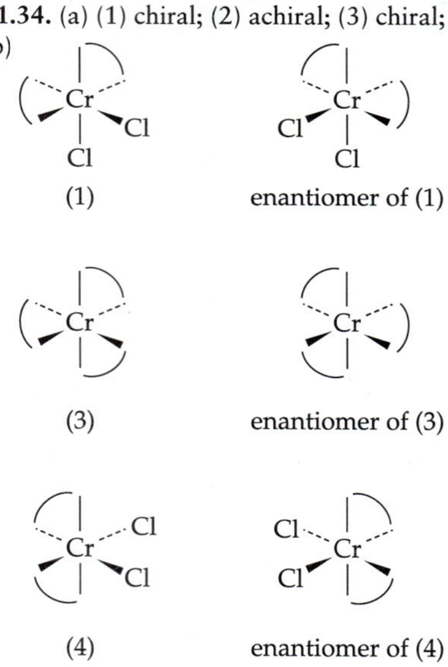

(c) (1) and (4) are enantiomers.

Section Problems

Electron Configurations (Section 21.1)

21.38. (a) 1; (b) 2; (c) 0; (d) 3

Properties of Transition Elements (Section 21.2)

21.40. Ti is harder because the sharing of d, as well as s, electrons results in stronger metallic bonding. **21.42.** (a) The decrease in radii with increasing atomic number is expected because the added d electrons only partially shield the added nuclear charge; (b) The densities of the transition metals are inversely related to their atomic radii. **21.44.** The smaller than expected sizes of the third-transition series atoms are associated with what is called the lanthanide contraction, the general decrease in atomic radii of the f-block lanthanide elements. The lanthanide contraction is due to the increase in Z_{eff} as the 4f subshell is filled. **21.46.** Sc 1866 kJ/mol, Ti 1969 kJ/mol, V 2061 kJ/mol, Cr 2224 kJ/mol, Mn 2226 kJ/mol, Fe 2324 kJ/mol, Co 2408 kJ/mol, Ni 2490 kJ/mol, Cu 2703 kJ/mol, Zn 2639 kJ/mol, Across the first transition element series, Z_{eff} increases and there is an almost linear increase in the sum of the first two ionization energies. This is what is expected if the two electrons are removed from the 4s orbital. Higher than expected values for the sum of the first two ionization energies are observed for Cr and Cu because of their anomalous electron configurations (Cr $3d^5\ 4s^1$; Cu $3d^{10}\ 4s^1$). An increasing Z_{eff} affects 3d orbitals more than the 4s orbital and the second ionization energy for an electron from the 3d orbital is higher than expected. **21.48.** Ti
21.50. (a) $Cr(s) + 2\ H^+(aq) \longrightarrow Cr^{2+}(aq) + H_2(g)$;
(b) $Zn(s) + 2\ H^+(aq) \longrightarrow Zn^{2+}(aq) + H_2(g)$; (c) N.R.;
(d) $Fe(s) + 2\ H^+(aq) \longrightarrow Fe^{2+}(aq) + H_2(g)$

Oxidation States (Section 21.3)

21.54. Sc(III), Ti(IV), V(V), Cr(VI), Mn(VII), Fe(VI), Co(III), Ni(II), Cu(II), Zn(II) **21.56.** Cu^{2+} is a stronger oxidizing agent than Cr^{2+} because of a higher Z_{eff}. **21.58.** A compound with vanadium in the +2 oxidation state is expected to be a reducing agent, because early transition metal atoms have a relatively low effective nuclear charge and are easily oxidized to higher oxidation states.
21.60. $Mn^{2+} < MnO_2 < MnO_4^-$ because of increasing oxidation state of Mn.

Coordination Compounds (Section 21.4)

21.62. (a) 2; (b) 6; (c) 4; (d) 8; (e) 7 **21.66.** (a) +3; (b) +1; (c) +3; (d) +1 **21.68.** (a) $Ir(NH_3)_3Cl_3$; (b) $[Cr(H_2O)_2(C_2O_4)_2]^-$; (c) $[Pt(en)_2(SCN)_2]^{2+}$

21.70.

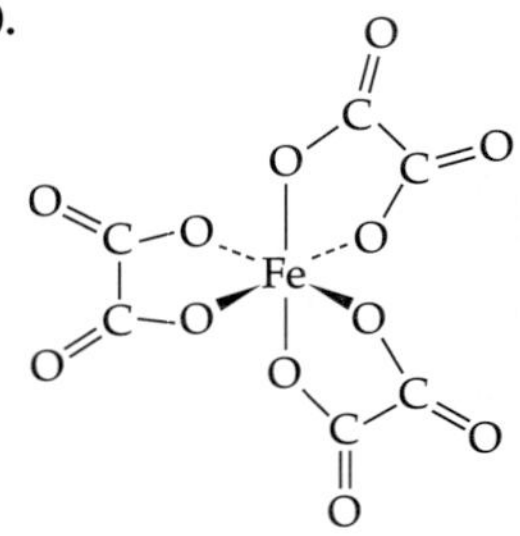

The iron is in the +3 oxidation state, and the coordination number is six. The geometry about the Fe is octahedral. The oxalate ligand is behaving as a bidentate chelating ligand. There are three chelate rings, one formed by each oxalate ligand.

Ligands (Section 21.5)

21.74. (a) base ethylenediamine, acid Ni^{2+}; (b) ligands ethylenediamine, donor atoms N; (c) 6 octahedral **21.76.** $EDTA^{4-}$ in mayonnaise will complex any metal cations that are present in trace amounts. Free metal ions can catalyze the oxidation of oils, causing the mayonnaise to become rancid. The bidentate ligand $H_2NCH_2CO_2^-$ will not bind to metal ions as strongly as does the hexadentate $EDTA^{4-}$ and so would not be an effective substitute for $EDTA^{4-}$.

Naming Coordination Compounds (Section 21.6)

21.78. (a) tetrachloromanganate(II); (b) hexaamminenickel(II); (c) tricarbonatocobaltate(III); (d) bis(ethylenediamine) dithiocyanatoplatinum(IV) **21.80.** (a) cesium tetrachloroferrate(III); (b) hexaaquavanadium(III) nitrate; (c) tetraamminedibromocobalt(III) bromide; (d) diglycinatocopper(II) **21.82.** (a) $[Pt(NH_3)_4]Cl_2$; (b) $Na_3[Fe(CN)_6]$; (c) $[Pt(en)_3](SO_4)_2$; (d) $Rh(NH_3)_3(SCN)_3$

Isomers (Sections 21.7–21.8)

21.84. (a) (1) $[(NH_3)_5(NO_2)Ru]^+Cl^-$ pentamminenitroruthenium(II) chloride (2) $[(NH_3)_5(ONO)Ru]^+Cl^-$ pentamminenitritoruthenium(II) chloride (3) $[(NH_3)_5ClRu]^+NO_2^-$ pentamminecholoruthenium(II) nitrite; (b) (1) and (2); (c) (1) and (3) **21.88.** (c) cis-$[Cr(en)_2(H_2O)_2]^{3+}$; (d) $[Cr(C_2O_4)_3]^{3-}$

21.90.

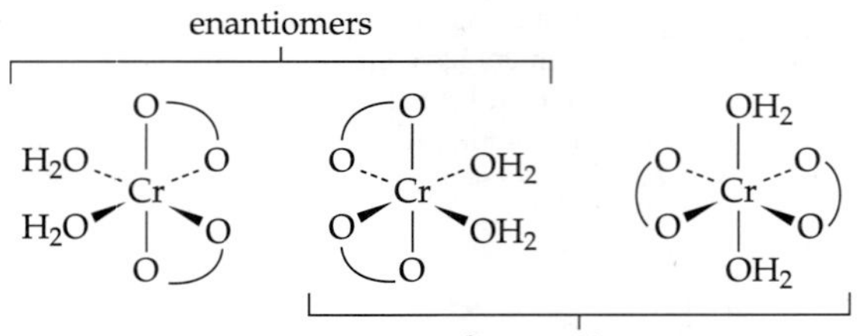

21.92. Plane-polarized light is light in which the electric vibrations of the light wave are restricted to a single plane. The following chromium complex can rotate the plane of plane-polarized light.

$[Cr(en)_3]^{3+}$ 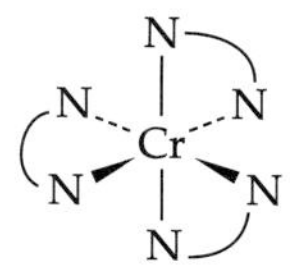

21.94.

Linkage isomers:

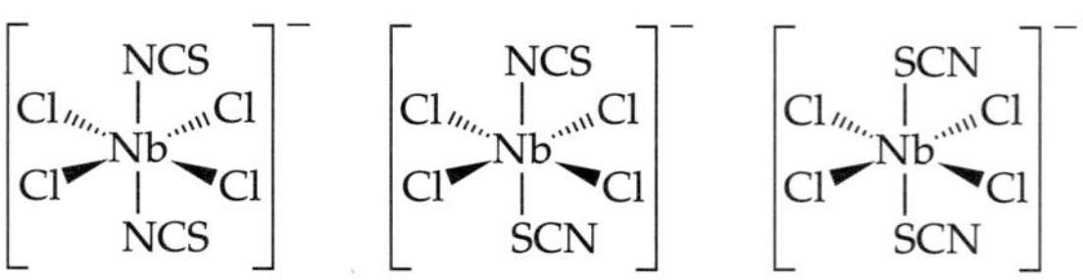

Linkage isomers:

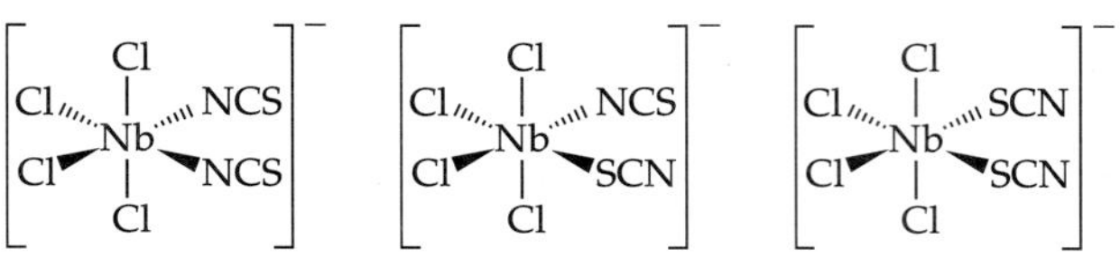

Color of Complexes and Crystal Field Theory (Sections 21.9–21.10)

21.100. The measure of the amount of light absorbed by a substance is called the absorbance, and a graph of absorbance versus wavelength is called an absorption spectrum orange

21.102.

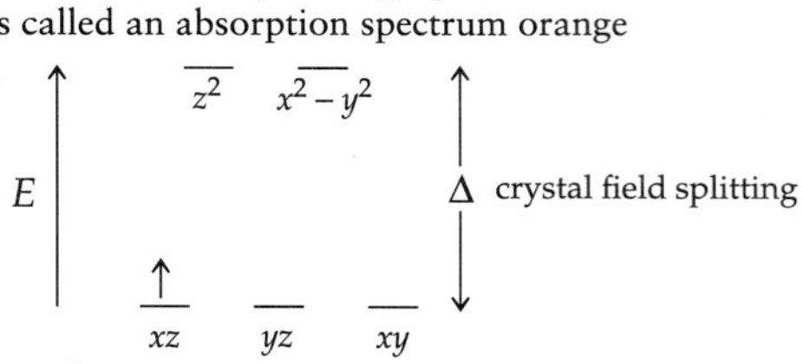

$[Ti(H_2O)_6]^{3+}$ is colored because it can absorb light in the visible region, exciting the electron to the higher-energy set of orbitals. **21.104.** 220 kJ/mol, NCS^- is a weaker-field ligand than H_2O red

21.106. (a) $[CrF_6]^{3-}$ (b) $[V(H_2O)_6]^{3+}$ (c) $[Fe(CN)_6]^{3-}$

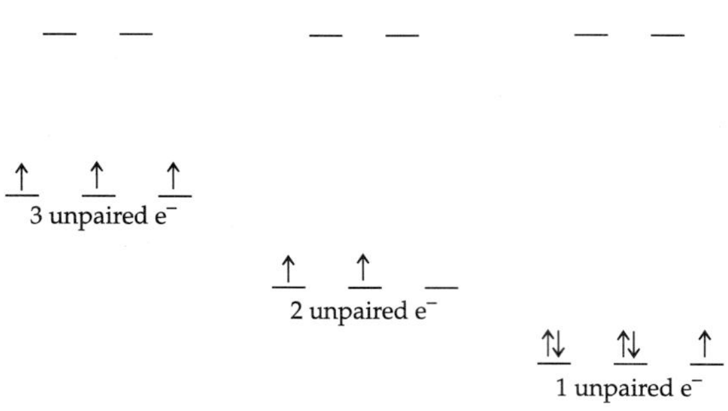

21.108. $Ni^{2+}(aq)$ is green because the Ni^{2+} ion can absorb light, which promotes electrons from the filled d orbitals to the higher energy half-filled d orbitals. $Zn^{2+}(aq)$ is colorless because the d orbitals are completely filled and no electrons can be promoted, so no light is absorbed. **21.110.** Weak-field ligands produce a small Δ. Strong-field ligands produce a large Δ. For a metal complex with weak-field ligands, $\Delta < P$, where P is the pairing energy, and it is easier to place an electron in either d_{z^2} or $d_{x^2-y^2}$ than to pair up electrons; high-spin complexed result. For a metal complex with strong-field ligands, $\Delta > P$ and it is easier to pair up electrons than to place them in either d; low-spin complexes result.

21.112.

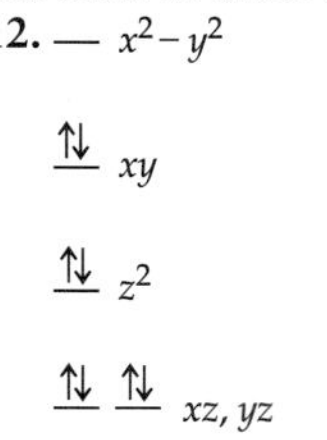

Square planar geometry is most common for metal ions with d^8 configurations because this configuration favors low-spin complexes in which all four lower energy d orbitals are filled, and the higher energy $d_{x^2-y^2}$ orbital is vacant. **21.116.** Cr^{3+} is a $3d^3$ ion. Regardless of the crystal field splitting energy, the three electrons singly occupy the three lower energy d orbitals.

21.118. (a) $[Mn(H_2O)_6]^{2+}$ high-spin Mn^{2+}, $3d^5$

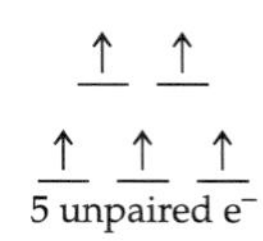

(b) $Pt(NH_3)_2Cl_2$ square-planar Pt^{2+}, $5d^8$

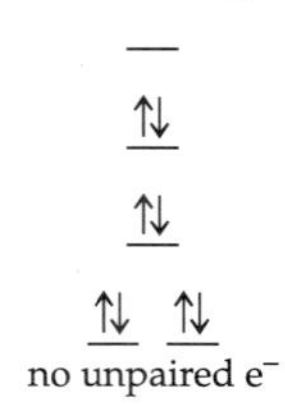

(c) $[FeO_4]^{2-}$ tetrahedral Fe(VI), $3d^2$

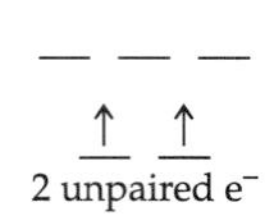

(d) $[Ru(NH_3)_6]^{2+}$ low-spin Ru^{2+}, $4d^6$

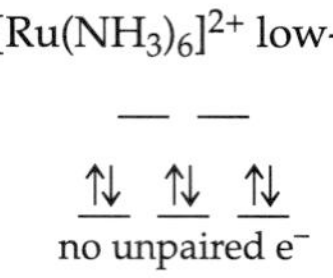

21.120. The nitro ($-NO_2$) complex is orange which means it absorbs in the blue region (see color wheel) of the visible spectrum. The nitrito ($-ONO$) is red which means it absorbs in the green region. The energy of the absorbed light is related to ligand field strength. Blue is higher energy than green, therefore nitro ($-NO_2$) is the stronger field ligand.

Valence Bond Theory (Section 21.11)

21.126. (a) $[Ti(H_2O)_6]^{3+}$

Ti^{3+}

[Ar] ↑ _ _ _ _ (3*d*) _ (4*s*) _ _ _ (4*p*)

$[Ti(H_2O)_6]^{3+}$

[Ar] ↑ _ _ (3*d*) [⇅ ⇅ ⇅ (4*s*) ⇅ ⇅ ⇅ (4*p*)]

d^2sp^3 1 unpaired e⁻

(b) $[NiBr_4]^{2-}$

Ni^{2+}

[Ar] ⇅ ⇅ ⇅ ↑ ↑ (3*d*) _ (4*s*) _ _ _ (4*p*)

$[NiBr_4]^{2-}$

[Ar] ⇅ ⇅ ⇅ ↑ ↑ (3*d*) [⇅ (4*s*) ⇅ ⇅ ⇅ (4*p*)]

sp^3 2 unpaired e⁻

(c) $[Fe(CN)_6]^{3-}$ (low-spin)

Fe^{3+}

[Ar] ↑ ↑ ↑ ↑ ↑ (3*d*) _ (4*s*) _ _ _ (4*p*)

$[Fe(CN)_6]^{3-}$

[Ar] ⇅ ⇅ ↑ (3*d*) [⇅ ⇅ ⇅ (4*s*) ⇅ ⇅ ⇅ (4*p*)]

d^2sp^3 1 unpaired e⁻

(d) $[MnCl_6]^{3-}$ (high-spin)

Mn^{3+}

[Ar] ↑ ↑ ↑ ↑ _ (3*d*) _ (4*s*) _ _ _ (4*p*)

$[MnCl_6]^{3-}$

[Ar] ↑ ↑ ↑ ↑ _ (3*d*)

[⇅ (4*s*) ⇅ ⇅ ⇅ (4*p*) ⇅ ⇅] _ _ _ (4*d*)

sp^3d^2 4 unpaired e⁻

21.128. (a) +3, M = Cr or Ni;

(b)

$[Cr(OH)_4]^-$: [Ar] ↑ ↑ ↑ _ _ (3*d*) [⇅ (4*s*) ⇅ ⇅ ⇅ (4*p*)]

Four sp^3 bonds to the ligands

$[Ni(OH)_4]^-$: [Ar] ⇅ ⇅ ↑ ↑ ↑ (3*d*) [⇅ (4*s*) ⇅ ⇅ ⇅ (4*p*)]

Four sp^3 bonds to the ligands

(c) $[Cr(OH)_4]^-$

CHAPTER 22

22.2. A **22.8.** The silicate ion is like (a) in worked example 22.5 **22.9.** (a) Li_2O, Ga_2O_3, CO_2; (b) Li_2O is the most ionic. CO_2 is the most covalent; (c) CO_2 is the most acidic. Li_2O is the most basic; (d) Ga_2O_3
22.10. (a) $Li_2O(s) + H_2O(l) \longrightarrow 2\ Li^+(aq) + 2\ OH^-(aq)$;
(b) $SO_3(l) + H_2O(l) \longrightarrow H^+(aq) + HSO_4^-(aq)$;
(c) $Cr_2O_3(s) + 6\ H^+(aq) \longrightarrow 2\ Cr^{3+}(aq) + 3\ H_2O(l)$;
(d) $Cr_2O_3(s) + 2\ OH^-(aq) + 3\ H_2O(l) \longrightarrow 2\ Cr(OH)_4^-(aq)$
22.11. 1.5×10^{10} kJ, 1.0×10^6 kg **22.13.** (a) 1000 °C $H_2O(g) + C(s) \longrightarrow CO(g) + H_2(g)$;
(b) $C_3H_8(g) + 3\ H_2O(g) \longrightarrow 7\ H_2(g) + 3\ CO(g)$ **22.14.** Hydrogen can be stored as a solid in the form of solid interstitial hydrides or in the recently discovered tube-shaped molecules called carbon nanotubes. **22.15.** $PdH_{0.74}$, 0.0841 g/cm^3; **22.16.** (a) 0.15 g/cm^3; 2.1 times the density of liquid H_2; (b) 1.7×10^3 cm^3 **22.17.** (a) N is the Lewis base, B the acid (b) N and B have tetrahedral hybridization and bond angles

Conceptual Problems

22.28. (a) N_2, O_2, F_2, P_4 (tetrahedral), S_8 (crown-shaped ring), Cl_2;
(b) :N≡N: :Ö=Ö: :F̤̈—F̤̈: :C̤̈l—C̤̈l:

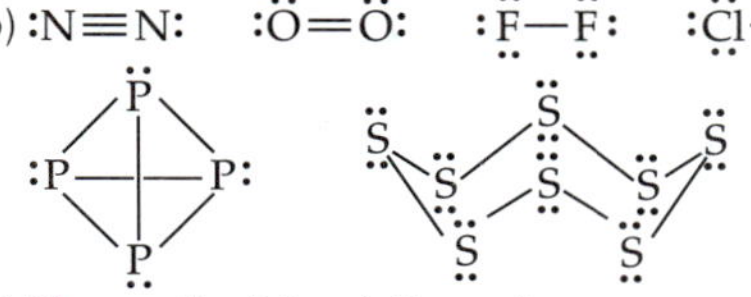

(c) The smaller N and O can form strong π bonds, whereas P and S cannot. In both F_2 and Cl_2, the atoms are joined by a single bond.
22.30. (a) CO_2, Cl_2O_7, SO_3, N_2O_5;

(b) :Ö=C=Ö:

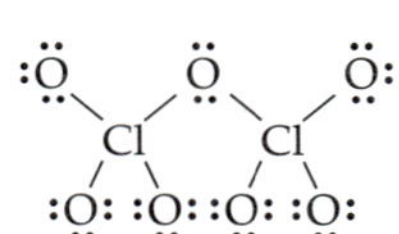

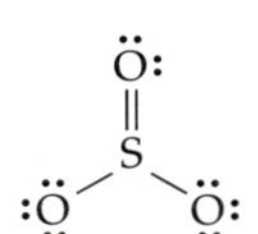

(resonance structures are needed)

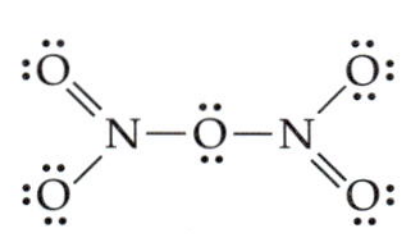

(resonance structures are needed)

Section problems

Periodic Trends (Sections 22.1)

22.40. (a) CaH_2; (b) Ga_2O_3; (c) KCl; (d) $AlCl_3$ **22.42.** Molecular, (a) B_2H_6; (b) $KAlSi_3O_8$; (c) SO_3; (d) $GeCl_4$, Extended three-dimensional structure **22.44.** (a) Sn; (b) Cl; (c) Sn; (d) Se; (e) B

Distinctive Properties of the Second-Row Elements (Section 22.2)

22.46. The smaller B atom can bond to a maximum of four nearest neighbors, whereas the larger Al atom can accommodate more than four nearest neighbors. **22.48.** In O_2 a π bond is formed by 2p orbitals on each O. S does not form strong π bonds with its 3p orbitals, which leads to the S_8 ring structure with single bonds.

Group 1A: Hydrogen (Section 22.3)

22.52. (a) $Zn(s) + 2\ H^+(aq) \longrightarrow H_2(g) + Zn^{2+}(aq)$;
(b) at 1000 °C, $H_2O(g) + C(s) \longrightarrow CO(g) + H_2(g)$; (c) at 1100 °C with a Ni catalyst, $H_2O(g) + CH_4(g) \longrightarrow CO(g) + 3\ H_2(g)$;
(d) There are a number of possibilities. (b) and (c) above are two; electrolysis is another: $2\ H_2O(l) \longrightarrow 2\ H_2(g) + O_2(g)$
22.54. $= 1.7 \times 10^2$ kg CaH_2 **22.58.** (a) MgH_2, H^-; (b) PH_3, covalent; (c) KH, H^-; (d) HBr, covalent
22.60. H_2S – covalent hydride, gas, weak acid in H_2O,
NaH – ionic hydride, solid (salt like), reacts with H_2O to produce H_2,
PdH_x – metallic (interstitial) hydride, solid, stores hydrogen
22.62. (a) bent; (b) trigonal pyramidal; (c) tetrahedral **22.64.** A nonstoichiometric compound is a compound whose atomic composition cannot be expressed as a ratio of small whole numbers. An example is PdH_x. The lack of stoichiometry results from the hydrogen occupying holes in the solid state structure.

Group 1A and 2A: Alkali and Alkaline Earth Metals (Section 22.4)

22.68. Predicted for Fr: melting point ≈ 23 °C boiling point ≈ 650 °C, density ≈ 2 g/cm^3, atomic radius ≈ 275 pm
22.70. (a) $2\ K(s) + 2\ H_2O(l) \longrightarrow 2\ K^+(aq) + 2\ OH^-(aq) + H_2(g)$;
(b) $2\ K(s) + Br_2(l) \longrightarrow 2\ KBr(s)$; (c) $K(s) + O_2(g) \longrightarrow KO_2(s)$
22.72. (a) $2\ Cs(s) + 2\ H_2O(l) \longrightarrow$
$2\ Cs^+(aq) + 2\ OH^-(aq) + H_2(g)$; (b) $Rb(s) + O_2(g) \longrightarrow RbO_2(s)$
22.74. $2\ Mg(s) + O_2(g) \longrightarrow 2\ MgO(s)$, $MgO(s) + H_2O(l) \longrightarrow$
$Mg(OH)_2(aq)$ **22.76.** anode $2\ Cl^- \longrightarrow Cl_2\ (g) + 2\ e^-$ cathode
$Mg^{2+} + 2\ e^- \longrightarrow Mg(l)$ overall $MgCl_2 \longrightarrow Mg(l) + Cl_2\ (g)$
22.78. (a) O^{2-}, (b) O_2^{2-}, (c) O_2^-

Group 3A Elements (Section 22.5)

22.80. (a) Al; (b) Tl; (c) B **22.82.** +3 for B, Al, Ga and In; +1 for Tl **22.84.** Boron is a hard semiconductor with a high melting point. Boron forms only molecular compounds and does not form an aqueous B^{3+} ion. $B(OH)_3$ is an acid.

Group 4A Elements (Section 22.6)

22.88. (a) Pb; (b) C; (c) Si; (d) C **22.90.** (a) $GeBr_4$, tetrahedral; Ge is sp^3 hybridized; (b) CO_2, linear; C is sp hybridized; (c) CO_3^{2-}, trigonal planar; C is sp^2 hybridized; (d) $SnCl_3^-$, trigonal pyramidal; Sn is sp^3 hybridized. **22.92.** CO has the strongest bond **22.94.** C, Si, Ge and Sn have allotropes with the diamond structure. Sn and Pb have metallic allotropes. C (nonmetal), Si (semimetal), Ge (semimetal), Sn (semimetal and metal), Pb (metal) **22.96.** CO bonds to hemoglobin

and prevents it from carrying O_2. CN^- bonds to cytochrome oxidase and interferes with the electron transfer associated with oxidative phosphorylation. **22.98.** Silicon and germanium are semimetals, and tin and lead are metals. Silicon is a hard, gray, semiconducting solid that melts at 1414 °C. It crystallizes in a diamond-like structure but does not form a graphite-like allotrope because of the relatively poor overlap of silicon p orbitals. Germanium is a relatively high-melting, brittle semiconductor that has the same crystal structure as diamond and silicon. Tin exists in two allotropic forms: the usual silvery white metallic form called white tin and a brittle, semiconducting form with the diamond structure called gray tin. Both white tin and lead are soft, malleable, low-melting metals. Only the metallic form occurs for lead.
22.100.

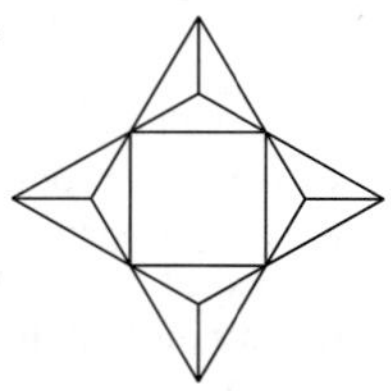

$Si_4O_{12}^{8-}$

22.102. Carbon is a versatile element that can form millions of very stable compounds with elements such as N, O, and H. Biomolecules contain chains and rings with many C—C bonds. Si—Si bonds are much less stable and chains of Si atoms are uncommon. In addition, carbon can form very stable $p\pi$-$p\pi$ multiple bonds. On the other hand, the chemistry of silicon (which cannot form stable $p\pi$-$p\pi$ bonds) is dominated by structures based on the SiO_4^{4-} anion.

Group 5A Elements (Section 22.7)

22.104. (a) P; (b) Sb and Bi; (c) N; (d) Bi **22.106.** (a) N_2O, +1; (b) N_2H_4, −2; (c) Ca_3P_2, −3; (d) H_3PO_3, +3; (e) H_3AsO_4, +5 **22.108.** :N≡N: N_2 is unreactive because of the large amount of energy necessary to break the N≡N triple bond.

Group 6A Elements (Section 22.8)

22.116. (a) O; (b) Te; (c) Po; (d) O
22.120. (a) $4\ Li(s) + O_2(g) \longrightarrow 2\ Li_2O(s)$;
(b) $P_4(s) + 5\ O_2(g) \longrightarrow P_4O_{10}(s)$;
(c) $4\ Al(s) + 3\ O_2(g) \longrightarrow 2\ Al_2O_3(s)$;
(d) $Si(s) + O_2(g) \longrightarrow SiO_2(s)$ **22.122.** An element that forms an acidic oxide is more likely to form a covalent hydride. C and N are examples. **22.124.** $Li_2O < BeO < B_2O_3 < CO_2 < N_2O_5$

22.126. $N_2O_5 < Al_2O_3 < K_2O < Cs_2O$
22.128. (a) CrO_3; (b) N_2O_5; (c) SO_3
22.130. (a) $Cl_2O_7(l) + H_2O(l) \longrightarrow 2\ H^+(aq) + 2\ ClO_4^-(aq)$;
(b) $K_2O(s) + H_2O(l) \longrightarrow 2\ K^+(aq) + 2\ OH^-(aq)$;
(c) $SO_3(l) + H_2O(l) \longrightarrow H^+(aq) + HSO_4^-(aq)$
22.132. (a) $ZnO(s) + 2\ H^+(aq) \longrightarrow Zn^{2+}(aq) + H_2O(l)$;
(b) $ZnO(s) + 2\ OH^-(aq) + H_2O(l) \longrightarrow Zn(OH)_4^{2-}(aq)$
22.134. (a) rhombic sulfur; (b) an allotrope of sulfur in which the S_8 rings pack differently in the crystal; (c) when sulfur is cooled rapidly, the sulfur forms disordered, tangled chains, yielding an amorphous, rubbery material called plastic sulfur; (d) dark reddish-brown and very viscous forming long polymer chains (S_n, n > 200,000).
22.136. (a) $Zn(s) + 2\ H_3O^+(aq) \longrightarrow Zn^{2+}(aq) + H_2(g) + 2\ H_2O(l)$; (b) $BaSO_3(s) + 2\ H_3O^+(aq) \longrightarrow H_2SO_3(aq) + Ba^{2+}(aq) + 2\ H_2O(l)$; (c) $Cu(s) + 2\ H_2SO_4(l) \longrightarrow Cu^{2+}(aq) + SO_4^{2-}(aq) + SO_2(g) + 2\ H_2O(l)$; (d) $H_2S(aq) + I_2(aq) \longrightarrow S(s) + 2\ H^+(aq) + 2\ I^-(aq)$
22.138. (a) Acid strength increases as the number of O atoms increases; (b) In comparison with S, O is much too electronegative to form compounds of O in the +4 oxidation state. Also, an S atom is large enough to accommodate four bond pairs and a lone pair in its valence shell, but an O atom is too small to do so; (c) Each S is sp^3 hybridized with two lone pairs of electrons. The bond angles are therefore 109.5°. A planar ring would require bond angles of 135°.
22.140.
(a) H—S̤̈—H, bent;

(b) :Ö—S̈=Ö: ⟷ :Ö=S̈—Ö:, bent, S is sp^2 hybridized;

(c) 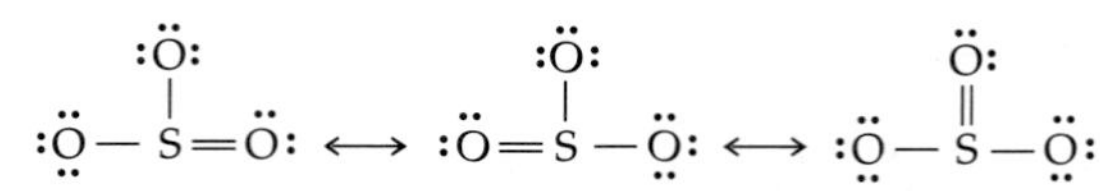

trigonal planar, S is sp^2 hybridized
22.142. (1) is CO_2. There are two C=O double bonds. (2) is SO_2. There is one S—O single bond and one S=O double bond. CO_2 has the stronger bonds.

Group 7A and 8A: The Halogens and Noble Gases (Sections 22.9–22.10)

22.144. (a) At, should be a solid; (b) At is likely to react with Na just like the other halogens, yielding NaAt. **22.146.** $MnO_2(s) + 2\ Br^-(aq) + 4\ H^+(aq) \longrightarrow Mn^{2+}(aq) + 2\ H_2O(l) + Br_2(aq)$ **22.148.** (a) $TiCl_4$; (b) $Ti(s) + 2\ Cl_2(g) \longrightarrow TiCl_4(g)$; (c) $TiCl_4(l) + 2\ Mg(s) \longrightarrow Ti(s) + 2\ MgCl_2(s)$ **22.150.** (a) $HBrO_3$, +5; (b) HIO, +1

22.152. (a) 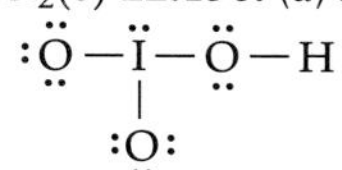 trigonal pyramidal

(b) 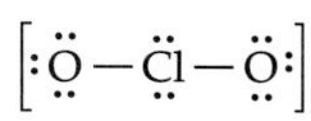 bent

(c) 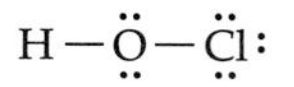 bent

(d) 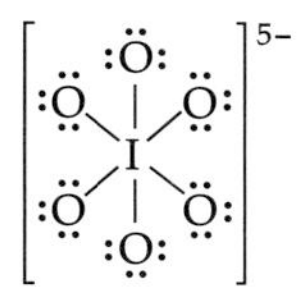 octahedral

22.154. Oxygen atoms are highly electronegative. Increasing the number of oxygen atoms increases the polarity of the O—H bond and increases the acid strength.
22.156. $I_2O_5(aq) + H_2O(l) \longrightarrow 2\ HIO_3(aq)$; HIO_3 is iodic acid.

Multiconcept Problems

22.160. (a) C as diamond; (b) $Cl_2(g) + H_2O(l) \longrightarrow HOCl(aq) + H^+(aq) + Cl^-(aq)$; (c) NO; (d) NO_2; (e) BF_3; (f) Al_2O_3; (g) Si; (h) HNO_3; (i) C as diamond, graphite, and fullerene.

22.164.

(a) 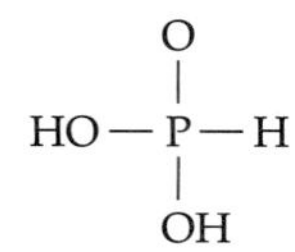

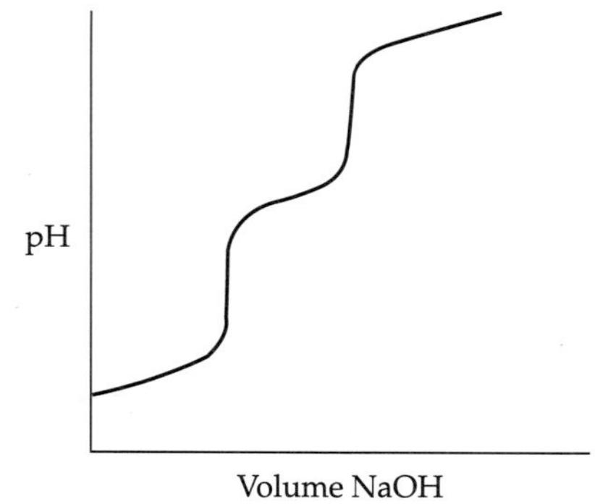

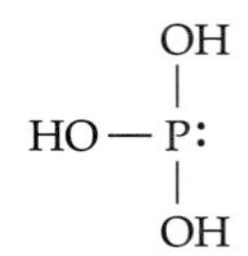

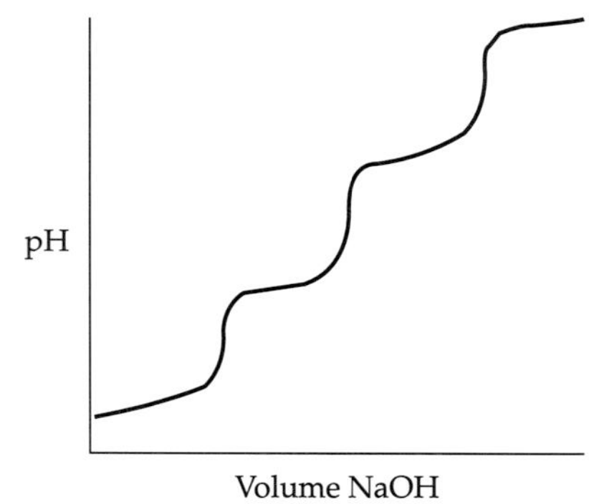

(b) 4.29, 9.57 **22.166.** (a) $P_4(s) + 5\ O_2(g) \longrightarrow P_4O_{10}(s)$
$P_4O_{10}(s) + 6\ H_2O(l) \longrightarrow 4\ H_3PO_4(aq)$; (b) 1.18; (c)
$3\ Ca^{2+}(aq) + 2\ H_3PO_4(aq) \longrightarrow Ca_3(PO_4)_2(s) + 6\ H^+(aq)$, 25.0 g
(d) H_2, 5.96 L

CHAPTER 23

23.1. (a)

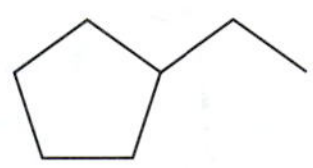

(b)

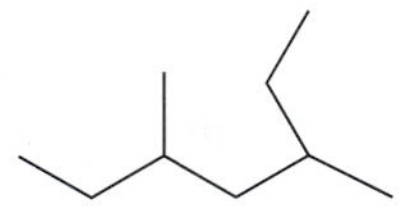

23.2. (a) C_8H_{16}; (b) C_7H_{16} **23.3.** Structures (a) and (c)

23.4.

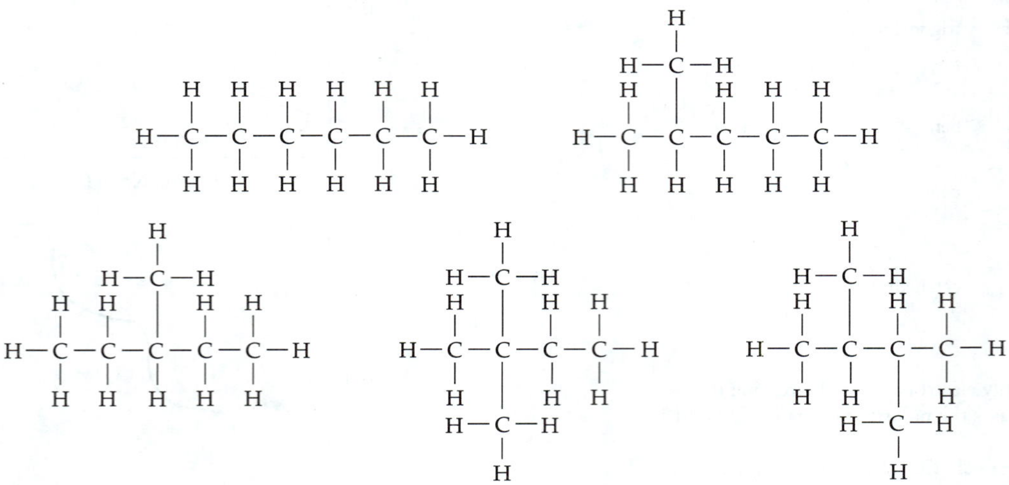

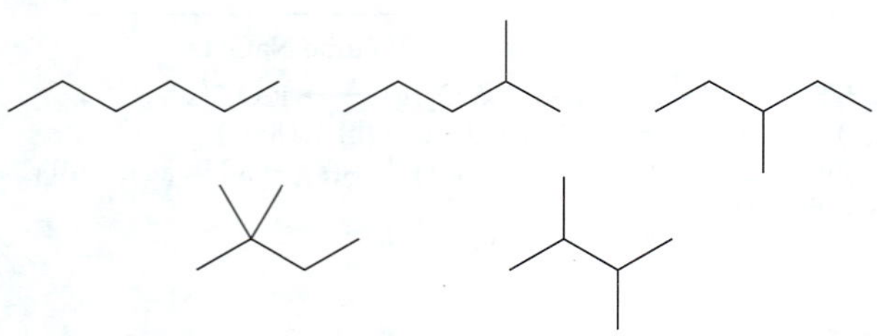

23.10. The molecule is unstable because the C—C bonds are relatively weak due to the less effective orbital overlap in a molecule with 60° bond angles.

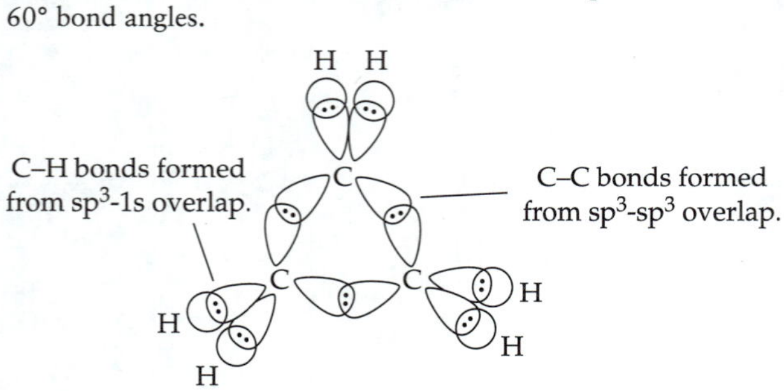

23.12.

(a)

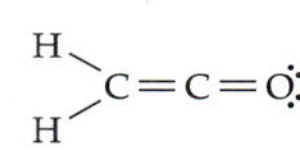

(b)

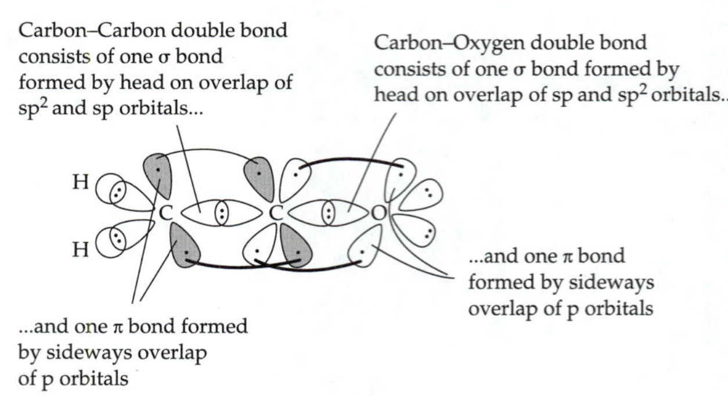

23.13. (a) Does not exhibit cis-trans isomerism; (b) The cis isomer was given in the problem. The structure for the trans isomer is:

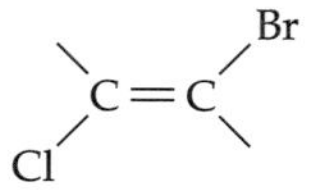

(c) Does not exhibit cis-trans isomerism.

23.14. (a) Fumaric acid is a trans isomer;

(b)

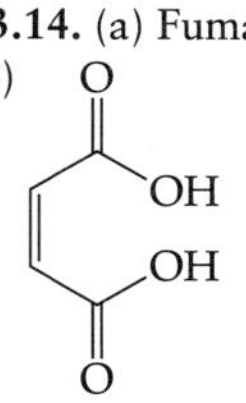

Maleic acid

(c) No, because succinic acid does not have a carbon–carbon double bond.

23.15.

(a) 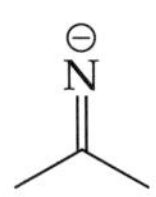 (b) 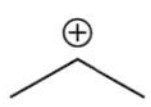 (c) 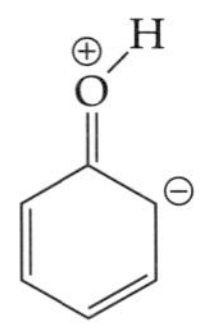

23.16.

(a) 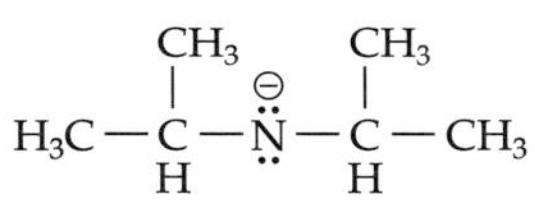

(b) 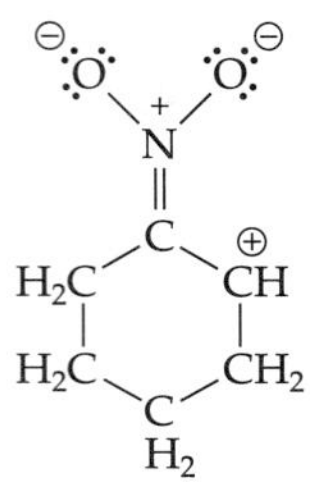

(c) 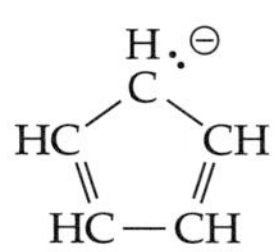

23.17.

(a) 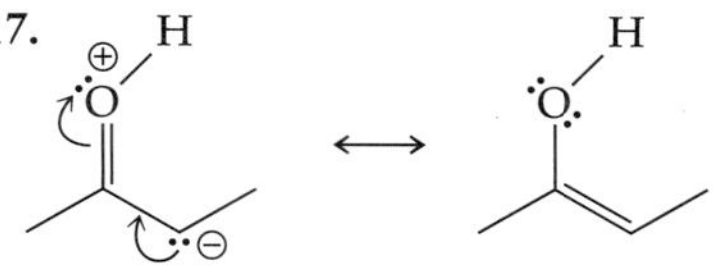

Preferred structure because formal charges are zero.

(b) 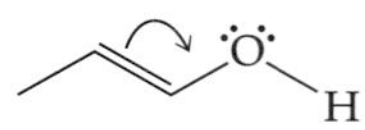

Moving electrons as indicated would result in an incorrect electron-dot structure because oxygen would have an expanded octet.

(c) 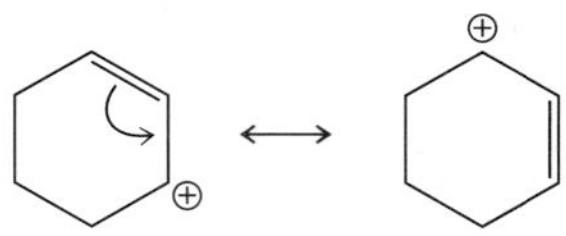

Both resonance structures are equivalent.

(d) 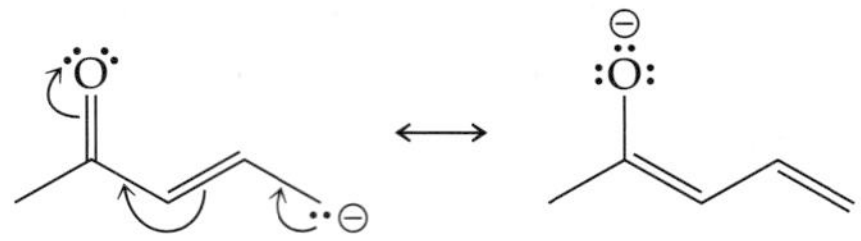

Preferred resonance structure because negative formal charge is on more electronegative oxygen.

23.18. (a)

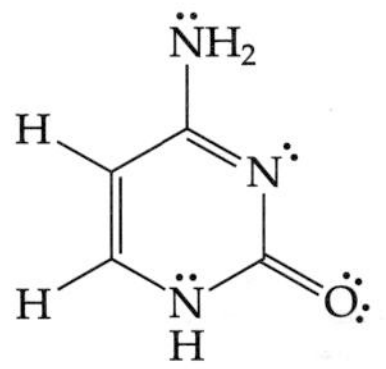

(b)

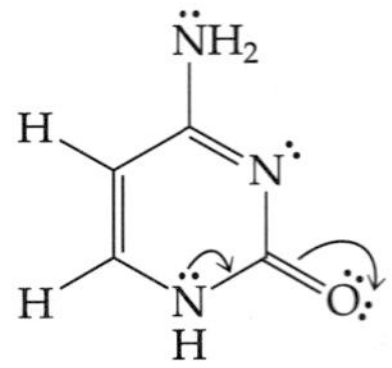

23.19.

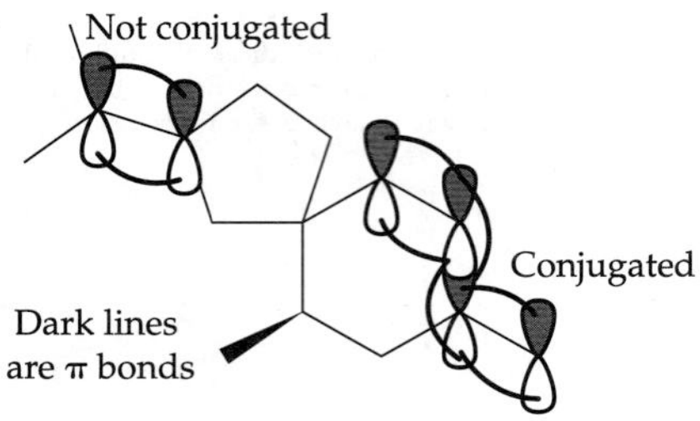

23.20. In the triple bond one of the π bonds is perpendicular to the other π bonds in the molecule. Therefore, it cannot have sideways overlap with the p orbitals that make up the other π bonds

23.21.

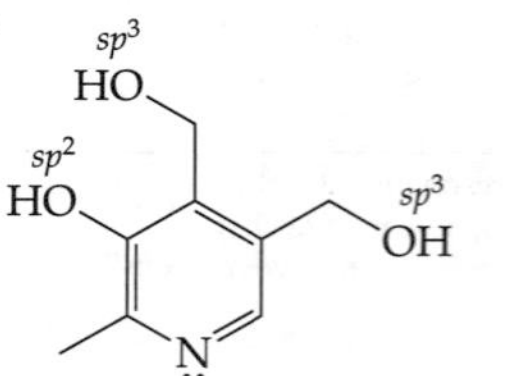

23.22.

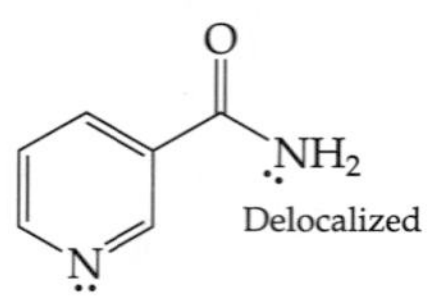

Localized because the electrons used to make π bonds are all in the same plane and delocalized. The lone pair of electrons is in an sp^2 hybrid orbital in a different plane.

23.24. (a) 4; (b) Phe-nonpolar, Asn-polar, Trp-nonpolar, Ala-nonpolar **23.25.** Proline is not aromatic because it does not have a ring of sp^2 hybridized atoms. Tyrosine is aromatic because it has a six-member ring of sp^2 hybridized carbon atoms that are part of a conjugated system. There are 6π electrons and satisfying the $4n + 2$ rule for aromaticity.

23.26. (a)

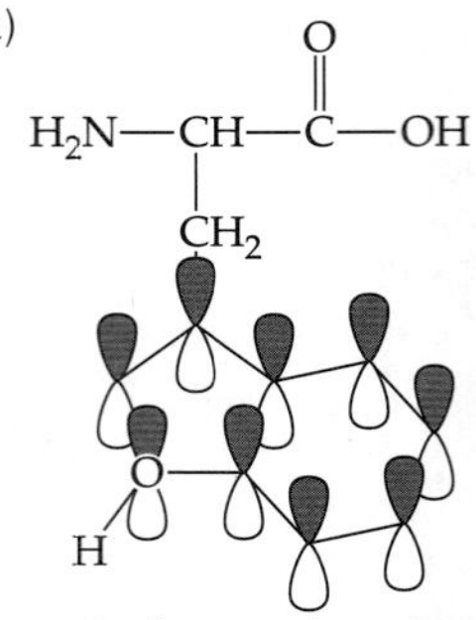

(b) All atoms in the two-ring system of the side chain of tryptophan are sp^2 hybridized and conjugated. Four double bonds contribute 8 π electrons and one lone pair contributes 2 π electrons for a total of 10 π electrons, satisfying the $4n + 2$ rule.

Conceptual Problems

23.32. (a) no handedness; (b) is a handedness **23.34.** ester, aromatic ring, and amine **23.38.** (a) serine; (b) methionine

Section Problems

Organic Molecules and Constitutional Isomers (Section 23.1)

23.40. In a straight-chain alkane, all the carbons are connected in a row. In a branched-chain alkane, there are branching connections of carbons along the carbon chain.

Stereioisomers: Chiral Molecules (Section 23.2)

23.48. (b), (c) and (e)

Functional Groups (Section 23.3)

23.54. A functional group is a part of a larger molecule and is composed of an atom or group of atoms that has a characteristic chemical behavior. They are important because their chemistry controls the chemistry in molecules that contain them.

23.56.

(a) 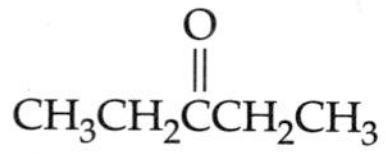 (b) 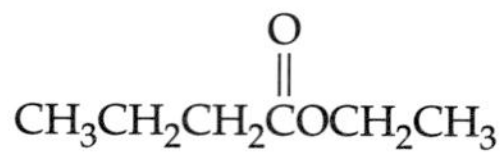 (c) 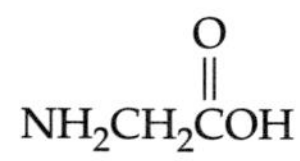

23.58. (a)  C_3H_4; (b) 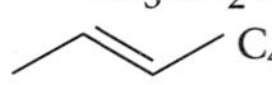 C_4H_8; (c) 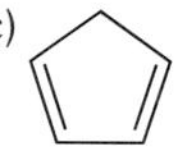 C_5H_6;

23.60.

$CH_2{=}C{=}CHCH_2CH_3$　　$CH_2{=}CHCH{=}CHCH_3$　　$CH_2{=}CHCH_2CH{=}CH_2$

$CH_3CH{=}C{=}CHCH_3$　　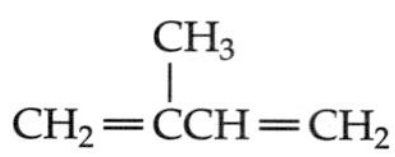　　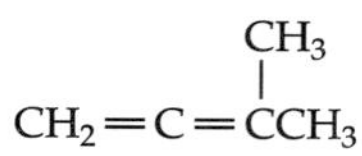

23.64. (a) 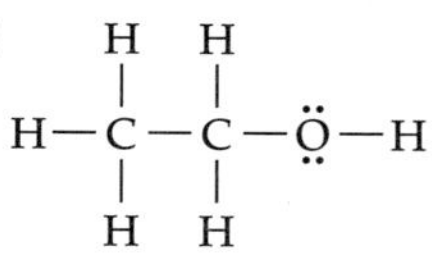 C_2H_6O; (b) 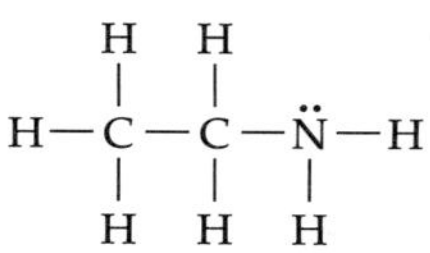 C_2H_7N; (c) 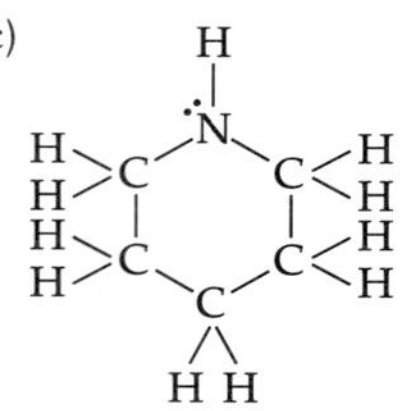 $C_5H_{11}N$;

(d) 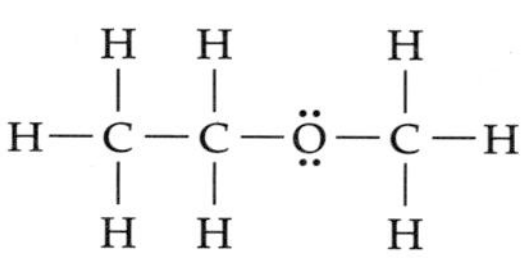 C_3H_8O;

(e) 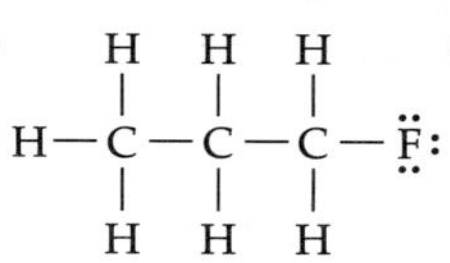 C_3H_7F; (f) 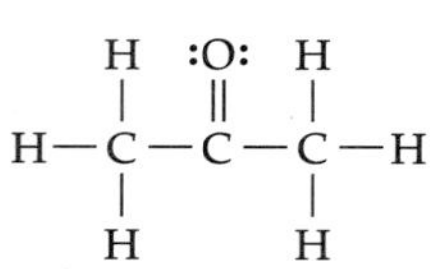 C_3H_6O

23.66. (a) 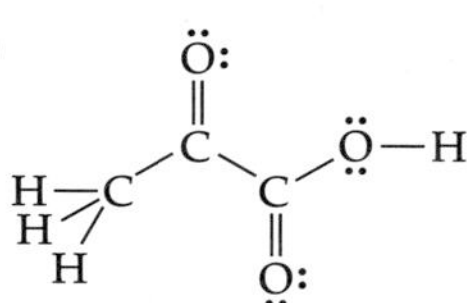 $C_3H_4O_3$;

(b) 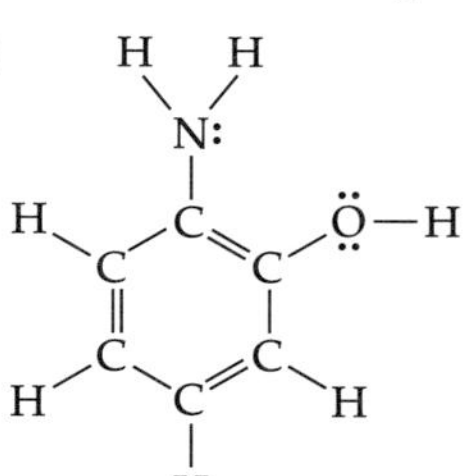 C_6H_7NO; (c) 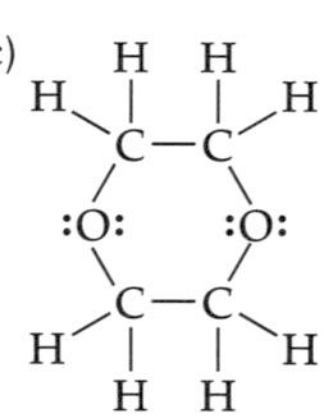 $C_4H_8O_2$

Carbohydrates (Section 23.4)

23.70. An aldose contains the aldehyde functional group while a ketose contains the ketone functional group.

23.72. 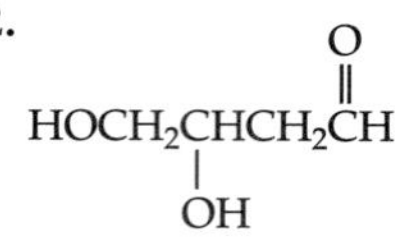

23.74. (a) constitutional isomers; (b) anomers

Valence Bond Theory, Cis–Trans Isomers (Section 23.5)

23.76. (a) All C—H bond angles are ~109.5°;

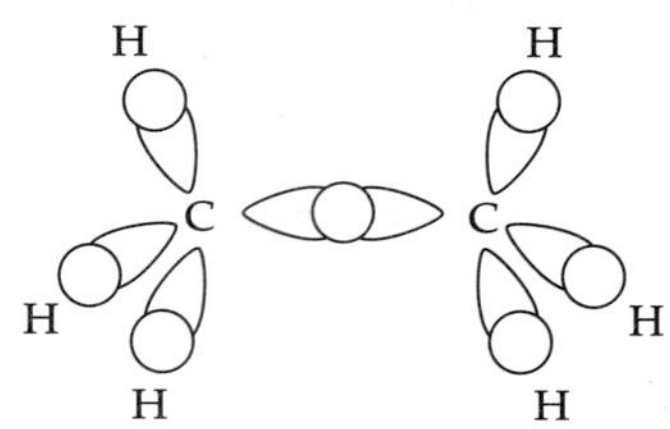

(b) Two C—H bond angles are ~120° and one is 90°;

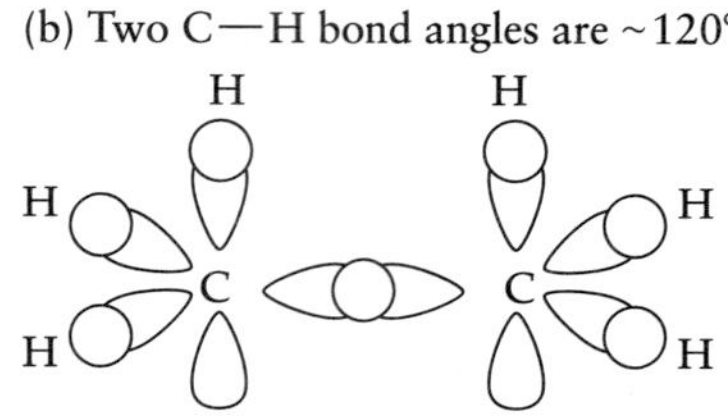

(c) In structure (b), the 90° bond angle introduces a larger repulsion and lower stability.

23.78.

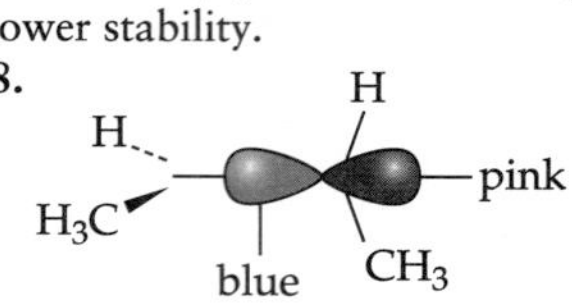

23.80.

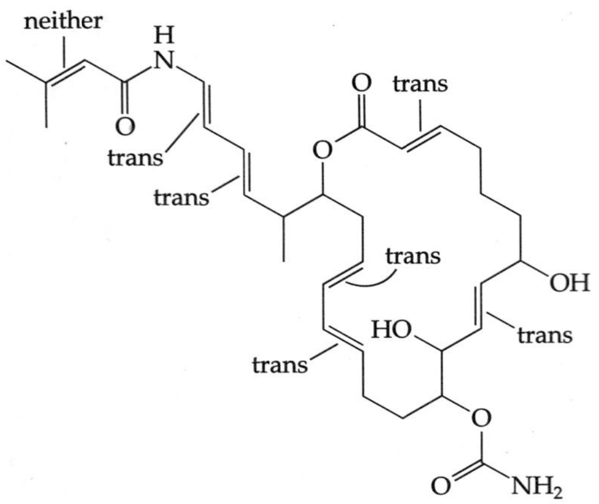

23.82. (b) 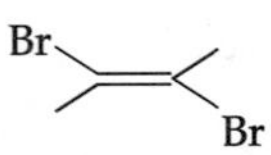 (c) 

23.84. (b) $CH_3CH{=}CHCH_2CH_2CH_3$;
(c) $CH_3CH_2CH{=}CHCH_2CH_3$

Lipids (Section 23.6)

23.86. Long-chain carboxylic acids are called fatty acids. Fatty acids are usually unbranched and have an even number of carbon atoms in the range of 12-22.

23.88. 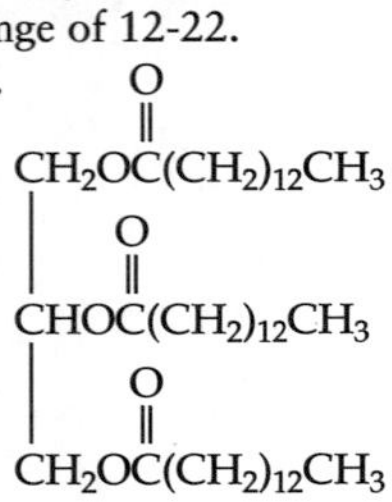

23.90. $CH_3(CH_2)_{14}\overset{O}{\overset{\|}{C}}O(CH_2)_{15}CH_3$

23.92. (c) **23.94.** $CH_3(CH_2)_{16}\overset{O}{\overset{\|}{C}}O(CH_2)_{21}CH_3$

Formal Charge and Resonance (Section 23.7)

23.96. (a) 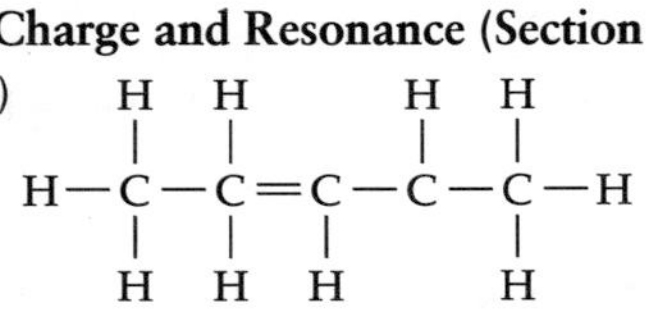

This structure is not valid because there are five bonds on the second carbon.

(b) 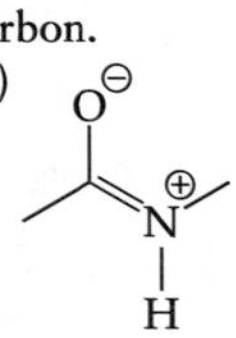 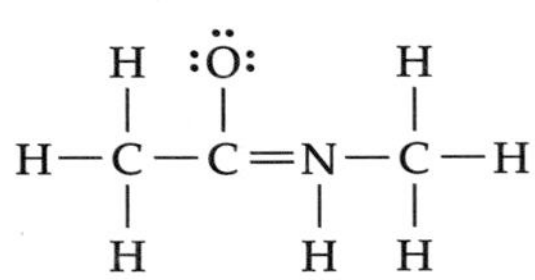

(c) 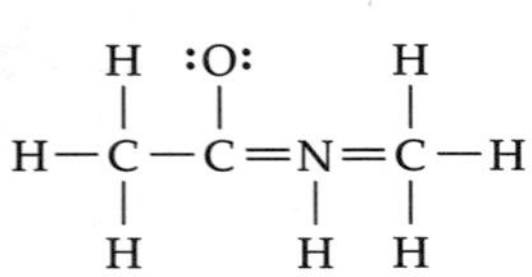

This structure is not valid because the nitrogen and one of the carbons bonded to it both have five bonds. The oxygen does not have a complete octet.

23.98. (a) 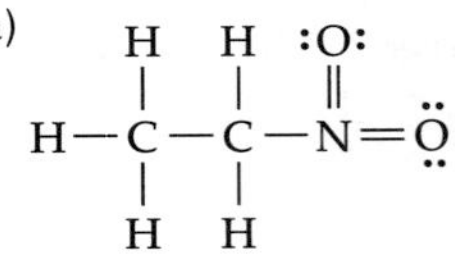

This structure is not valid because there are five bonds on the nitrogen.

(b) 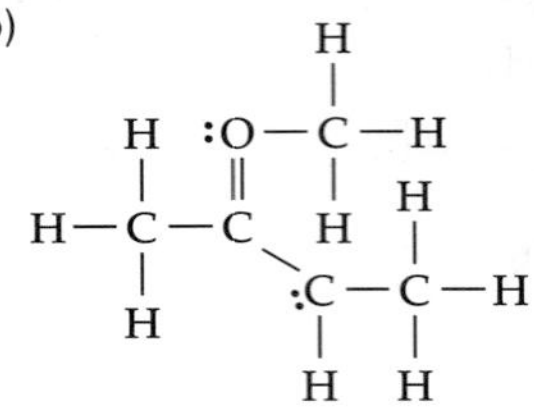 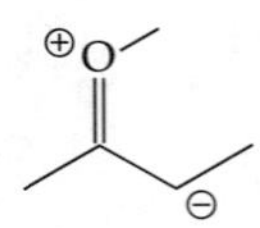

(c) 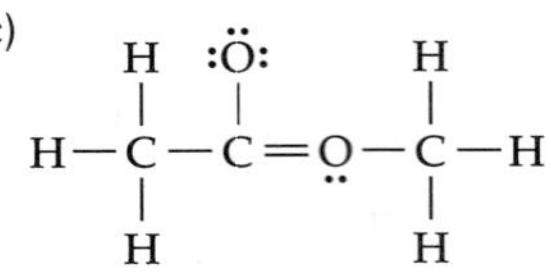 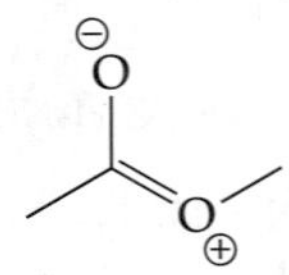

23.100. (a) 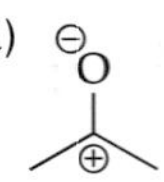 The original structure contributes more to the resonance hybrid because all formal charges are zero.

(b) 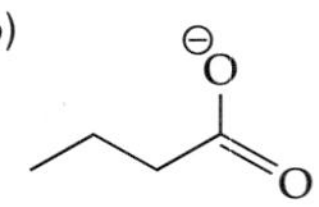 The two structures are identical and are equal contributors to the resonance hybrid.

23.102. (a) 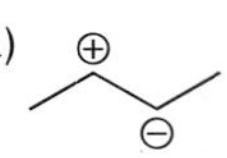 The original structure contributes more to the resonance hybrid because all formal charges are zero.

(b) 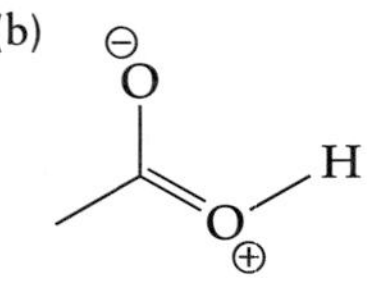 The original structure contributes more to the resonance hybrid because all formal charges are zero.

23.104. They are resonance structures.

23.106. (a) 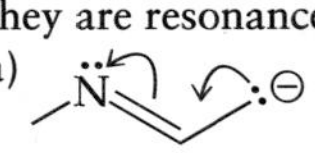 (b) 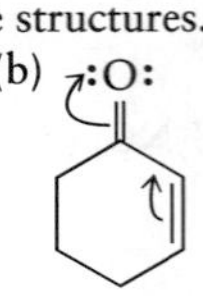

Conjugation Systems (Section 23.8)

23.108.

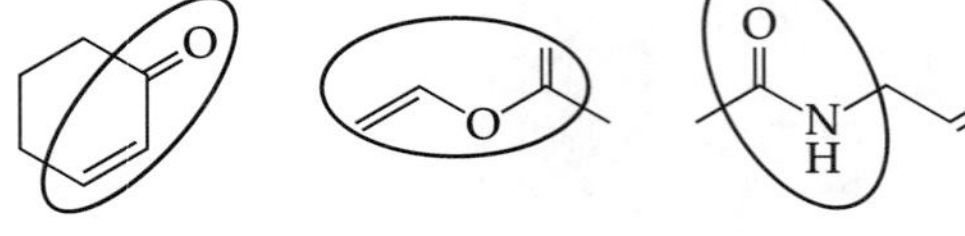

23.110.

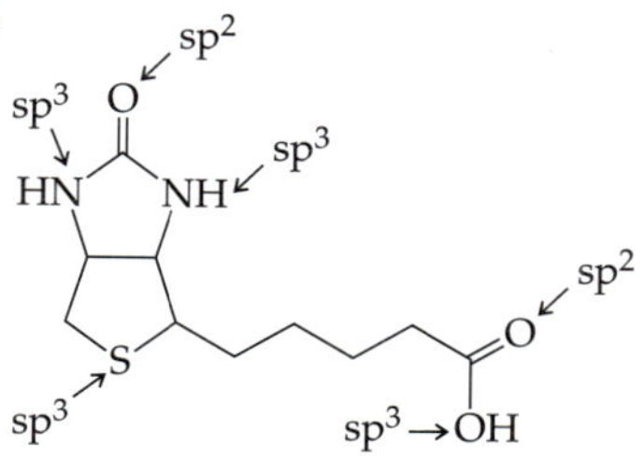

23.112.

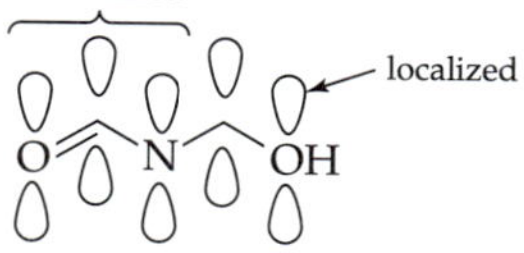

Proteins (Section 23.9)

23.114. (a) serine; (b) threonine; (c) proline; (d) phenylalanine; (e) cysteine **23.118.** Met-Ile-Lys, Met-Lys-Ile, Ile-Met-Lys, Ile-Lys-Met, Lys-Met-Ile, Lys-Ile-Met

Aromaticity and Molecular Orbital Theory (Section 23.10)

23.120. Only (b) is aromatic. **23.122.** There are 6 π-electrons, 2 each in the 2 π bonds and 2 in the p-orbital of the NH nitrogen.

Nucleic Acids (Section 23.11)

23.126. nucleic acids are polymers made up of nucleotide units linked together to form a long chain. Each nucleotide contains a phosphate group, an aldopentose sugar, and an amine base.

23.128.

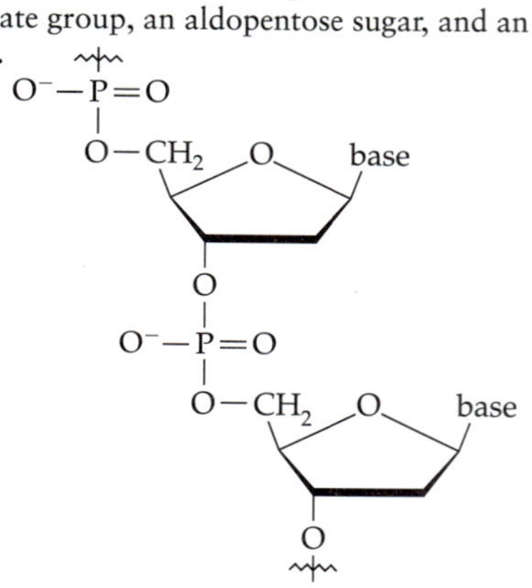

23.130. A—T—G—G—C—T **23.132.**

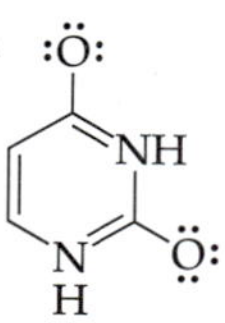

Multiconcept Problems

23.134. (a) CHO; (b) 116

(c)

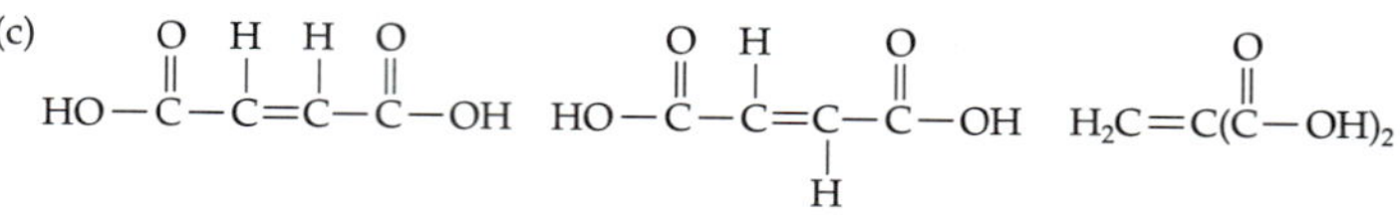

(d)

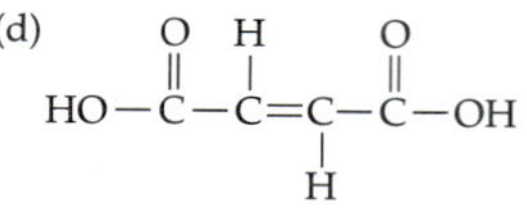

23.136. (a) $—CO_2H$; (b) HA = 98%, H_2A^+ = 2.1%; (c) HA = 94%, A^- = 6.1%; (d) 6.01.

찾아보기

ㄱ

ㅇ

ㅈ

ㅊ

ㅋ

화학교재연구회 (번역)

강동진 · 강미숙 · 강영종 · 강위경 · 곽지훈 · 구자경 · 김경찬 · 김도희 · 김동욱 · 김두리 · 김미라 · 김민경 · 김상헌
김선환 · 김성곤 · 김수연 · 김승준 · 김영수 · 김영일 · 김운중 · 김자헌 · 김종식 · 김종훈 · 김지영 · 김 철 · 김태용
김학준 · 김현주 · 김효준 · 남궁미옥 · 남기평 · 남병욱 · 노재근 · 명승운 · 박현 · 박명기 · 박수민 · 박영태 · 박종식
박현호 · 배상수 · 배재영 · 배진우 · 백경수 · 변창규 · 송재희 · 송현민 · 신권수 · 신승훈 · 신웅희 · 신은주 · 신익수
심상덕 · 양진국 · 윤국노 · 윤나오 · 윤미경 · 윤석준 · 윤소원 · 윤영상 · 윤태현 · 이경림 · 이삼근 · 이성광 · 이승호
이영희 · 이윤경 · 이인호 · 이재욱 · 이종대 · 이주운 · 이진호 · 이창섭 · 이효성 · 임은희 · 임춘우 · 임홍철 · 장낙한
장진호 · 장효원 · 전근호 · 정 현 · 정대일 · 정병서 · 정영미 · 정용주 · 정종진 · 정진갑 · 정회일 · 조남준 · 조대원
조승구 · 조정환 · 주상우 · 채영기 · 최대옥 · 최성호 · 최원호 · 최효성 · 표명호 · 하동수 · 하영근 · 한진욱
Victor Sukbong Hong · 황정숙

화학교재연구회 (감수)

강상욱 · 권도균 · 권오형 · 김봉수 · 김영식 · 김원준 · 김유영 · 김호태 · 김희준 · 명노승 · 박건용 · 박동호 · 박준동
박지애 · 박진균 · 박희준 · 방대석 · 백대진 · 봉필훈 · 서동철 · 서문규 · 송정환 · 안철진 · 양영석 · 오일환 · 원영도
원태진 · 윤관한 · 이경구 · 이상철 · 이원호 · 이은석 · 이종호 · 이준희 · 이해성 · 이희영 · 임재민 · 장의순 · 장지웅
장진해 · 전석진 · 전영진 · 정경혜 · 정윤성 · 정인찬 · 정현민 · 조동환 · 조봉래 · 조성기 · 지광환 · 최이준 · 한혜철
홍성엽 · 홍인석

편수: 전종호

일반화학 제8판

|저 자 Robinson · McMurry · Fay
|역 자 화학교재연구회
|발 행 인 김지영
|발 행 처 자유아카데미
|주 소 경기도 파주시 회동길 37-42
파주출판도시
|전 화 031-955-1321
|팩 스 031-955-1322
|전자우편 main@freeaca.com(대표)
editor@freeaca.com(편집)
crm@freeaca.com(영업)
|홈페이지 www.freeaca.com
|등 록 제406-2003-017호, 1980. 7. 12
|제8판1쇄 2020년 3월 5일 발행
|제8판6쇄 2025년 2월 15일 발행
|정 가 53,000원

PEARSON www.pearsonhighered.com

Printed in Korea
ISBN 979-11-5808-244-4 93430

Useful Conversion Factors and Relationships

Length
SI unit: meter (m)

- 1 km = 10^3 m = 0.621 37 mi
- 1 mi = 5280 ft = 1760 yd = 1.6093 km
- 1 m = 10^2 cm = 1.0936 yd
- 1 in. = 2.54 cm (exactly)
- 1 cm = 0.393 70 in.
- 1 Å = 10^{-10} m = 100 pm

Mass
SI unit: kilogram (kg)

- 1 kg = 10^3 g = 2.2046 lb
- 1 lb = 16 oz = 453.59 g
- 1 oz = 28.35 g
- 1 ton = 2000 lb = 907.185 kg
- 1 metric ton = 10^3 kg = 1.102 tons
- 1 u = $1.660\ 54 \times 10^{-27}$ kg

Temperature
SI unit: kelvin (K)

- 0 K = −273.15 °C = −459.67 °F
- K = °C + 273.15
- $°C = \frac{5}{9}(°F - 32)$
- $°F = \frac{9}{5}(°C) + 32$

Energy (derived)
SI unit: joule (J)

- 1 J = 1 $(kg \cdot m^2)/s^2$ = 0.239 01 cal
  = 1 C × 1 V
- 1 cal = 4.184 J (exactly)
- 1 eV = $1.602\ 176 \times 10^{-19}$ J
- 1 MeV = $1.602\ 176 \times 10^{-13}$ J
- 1 kWh = 3.600×10^6 J
- 1 Btu = 1055 J

Pressure (derived)
SI unit: pascal (Pa)

- 1 Pa = 1 N/m^2 = 1 $kg/(m \cdot s^2)$
- 1 atm = 101,325 Pa = 1.013 25 bar
  = 760 mm Hg (torr)
  = 14.70 $lb/in.^2$
- 1 bar = 10^5 Pa

Volume (derived)
SI unit: cubic meter (m^3)

- 1 L = 10^{-3} m^3 = 1 dm^3 = 10^3 cm^3
  = 1.0567 qt
- 1 gal = 4 qt = 3.7854 L
- 1 cm^3 = 1 mL
- 1 $in.^3$ = 16.4 cm^3

Fundamental Constants

Atomic mass unit	1 u	$= 1.660\ 539 \times 10^{-27}$ kg
	1 g	$= 6.022\ 141 \times 10^{23}$ u
Avogadro's number	N_A	$= 6.022\ 141 \times 10^{23}$/mol
Boltzmann's constant	k	$= 1.380\ 649 \times 10^{-23}$ J/K
Electron charge	$-e$	$= -1.602\ 177 \times 10^{-19}$ C
Electron charge-to-mass ratio	$-e/m_e$	$= -1.758\ 820 \times 10^{11}$ C/kg
Electron mass	m_e	$= 5.485\ 798 \times 10^{-4}$ u
		$= 9.109\ 383 \times 10^{-31}$ kg
Elementary charge	e	$= 1.602\ 177 \times 10^{-19}$ C
Faraday's constant	F	$= 9.648\ 534 \times 10^{4}$ C/mol
Gas constant	R	$= 8.314\ 462$ J/(mol · K)
		$= 0.082\ 058\ 1$ (L · atm)/(mol · K)
Neutron mass	m_n	$= 1.008\ 665$ u
		$= 1.674\ 927 \times 10^{-27}$ kg
Pi	π	$= 3.141\ 592\ 6536$
Planck's constant	h	$= 6.626\ 069\ 57 \times 10^{-34}$ J · s
Proton mass	m_p	$= 1.007\ 276$ u
		$= 1.672\ 622 \times 10^{-27}$ kg
Rydberg constant	R_∞	$= 1.097\ 373 \times 10^{7}$/m
Speed of light	c	$= 2.997\ 924\ 58 \times 10^{8}$ m/s

Index of Important Information